现代农业科技专著大系

名录卷

刘　旭　杨庆文　主编

中国作物及其野生近缘植物

董玉琛　刘　旭　总主编

中国农业出版社

图书在版编目（CIP）数据

中国作物及其野生近缘植物．名录卷/刘旭、杨庆文主编．—北京：中国农业出版社，2013.12
ISBN 978-7-109-18451-0

Ⅰ．中…　Ⅱ．①刘…②杨…　Ⅲ．①作物-种质资源-介绍-中国②蔬菜-种质资源-名录-中国 Ⅳ．①S329.2

中国版本图书馆CIP数据核字（2013）第243600号

中国农业出版社出版
（北京市朝阳区农展馆北路2号）
（邮政编码　100125）
责任编辑　孟令洋　干锦春　常瑞娟　赵立山

北京通州皇家印刷厂印刷　　新华书店北京发行所发行
2013年12月第1版　　2013年12月北京第1次印刷

开本：787mm×1092mm　1/16　　印张：85.75　　插页：2
字数：2 800千字
定价：360.00元

Vol. Name List

Chief editors: Liu Xu Yang Qingwen

CROPS AND THEIR WILD RELATIVES IN CHINA

Editors in chief: Dong Yuchen Liu Xu

China Agriculture Press

内容提要

本书是《中国作物及其野生近缘植物》系列书之一，以名录的形式汇集了中国与人类生产生活密切相关的栽培植物及其野生近缘植物10 446个种（含206个变种和96个亚种），隶属于298个科，2 378个属。按用途可分为12类，其中，粮食作物类289个种，经济作物类575个种，蔬菜类362个种，果树类1 061个种，饲用及绿肥类1 216个种，观赏植物类4 549个种，林木类532个种，蜜源植物类398个种，药用植物类1 571个种，有毒植物类932个种，杂草类522个种，生态防护类228个种，共计12 235个种（含类别间的重复）。

本书收录的植物主要是我国原生以及部分从国外引进但在我国种植年代久远的物种。本书载明了每个物种的地理分布、特征特性和用途等主要属性，并对我国起源或特有的物种进行了特别标注。本书收录的物种数多，提供的信息丰富，可供从事植物保护、研究、育种和资源开发等领域的农业科技人员和大专院校师生参考。

Summary

As one of the Volumes of *Chinese Crops and Their Wild Relative Plants*, this book listed plant species possibly related to human life and development. It includes 10 446 wild and cultivated plant species including 96 subspecies and 206 varieties which belong to 2 378 genus from 298 families. The wild plants are mainly native to China while the cultivated plants maybe include some foreign species which have been cultivated in China for a long time. For each plant species, the properties such as origin, distribution, main characteristics and potential utilization aspects are described. All species could be divided into 12 groups based on their potential utilization purposes. There are 289, 575, 362, 1 061, 1 216, 4 549, 532, 398, 1 571, 522, 932 and 228 species in groups of food plants, cash plants, vegetables, fruits, forages, ornamental plants, forest trees, honey plants, medicinal plants, field weeds, poisonous plants and ecosystem protection plants respectively. The total number of listed species is 12 235 because some species have more than one potential uses.

This book provides valuable and necessary information on the plant species related to human life and development for people whom are interested in research and use of plant resources. It could be as the reference for experts, teachers and graduate students in universities and research institutes.

《中国作物及其野生近缘植物》
编辑委员会

总主编 董玉琛　刘　旭

副主编 朱德蔚　郑殿升　方嘉禾　顾万春

编　委（以姓氏笔画为序）

万建民　王述民　王德槟　方嘉禾　任庆棉　朱德蔚
刘　旭　刘　红　刘青林　李　玉　李长田　李文英
李先恩　李锡香　杨庆文　陈英歌　武保国　郑勇奇
郑殿升　赵永昌　费砚良　贾定贤　贾敬贤　顾万春
常汝镇　葛　红　蒋尤泉　董玉琛　黎　裕

名录卷编著者

主　编 刘　旭　杨庆文

编著者（以姓氏笔画为序）

方嘉禾　朱德蔚　刘　旭　刘青林　杨庆文　李先恩
李锡香　郑殿升　郑勇奇　费砚良　秦文斌　高凤菊
葛　红　蒋尤泉

Crops and Their Wild Relatives in China

Editorial Commission

Vol. Name List

前言

作物即栽培植物。众所周知，中国作物种类极多。瓦维洛夫在他的《主要栽培植物的世界起源中心》中指出，中国起源的作物有136种（包括一些类型）。卜慕华在《我国栽培作物来源的探讨》一文中列举了我国的350种作物，其中史前或土生栽培植物237种，张骞在公元前100年前后由中亚、印度一带引入的主要作物有15种，公元以后自亚、非、欧各洲陆续引入的主要作物有71种，自美洲引入的主要作物27种。中国农学会遗传资源学会编著的《中国作物遗传资源》一书中，列出了粮食作物32种，经济作物69种，蔬菜作物119种，果树作物140种，花卉（观赏植物）139种，牧草和绿肥83种，药用植物61种，共计643种（作物间有重复）。中国的作物究竟有多少种？众说纷纭。多年以来我们就想写一部详细介绍中国作物多样性的专著。本书的主要目的首先是对中国作物种类进行阐述，并对作物及其野生近缘植物的遗传多样性进行论述。

中国不仅作物种类繁多，而且品种数量大，种质资源丰富。目前，我国在作物长期种质库中保存的种质资源达34万余份，国家种质圃中保存的无性繁殖作物种质资源共4万余份（不包括林木、观赏植物和药用植物），其中80%为国内材料。我们日益深切地感到，对于数目如此庞大的种质资源，在妥善保存的同时，如何科学地研究、评价和管理，是作物种质资源工作者面临的艰巨任务。本书着重阐述了各种作物特征特性的多样性。

在种类繁多的种质资源面前，科学地分类极为重要。掌握作物分类，便可了解所从事作物的植物学地位及其与其他作物的内在关系。掌握作物内品种的分类，可以了解该作物在形态上、生态上、生理上、生化上及其他方面的多样性情况，以便有效地加以研究和利用。作物的起源和进化对于种质资源研究同样重要。因为一切作物都是由野生近缘植物经人类长期栽培驯化而来的。了解所研究的作物是在何时、何地、由何种野生植物驯化而来，又是如何演化的，对于收集种质资源，制定品种改良策略具有重要意义。因此，本书对每种作物的起源、演化和分类都进行了详细阐述。

在过去63年中，我国作物育种取得了巨大成绩。以粮食作物为例，1949年我国粮食作物单产1 029kg/hm^2，至2012年提高到5 302kg/hm^2，63年间增长了约4倍。大宗作物大都经历了6～8次品种更换，每次都使产量显著提高。各个时期起重要作用的品种也常常是品种改良的优异种质资源。为了记录这些重要品种的历史功绩，本书中对每种作物的品种演变历史都做了简要叙述。

我国农业上举世公认的辉煌成绩是，以世界不足9%的耕地养活了世界21%的人口。今后，我国耕地面积难以再增加，但人口还要不断增长。为了选育出更加高产、优质、高抗的品种，有必要拓宽作物的遗传基础，开拓更加广阔的基因资源。为此，本书中详细介绍了各个作物的野生近缘植物，以供育种家根据各种作物的不同情况，选育遗传基础更加广阔的品种。

本书分为总论、粮食作物、经济作物、果树、蔬菜、牧草和绿肥、观赏植物、药用植物、林木、食用菌、名录共11卷，每卷独立成册，出版时间略有不同。各作物卷首为共同的“导论”，阐述了作物分类、起源和遗传多样性的基本理论和主要观点。

全书设编辑委员会，总主编和副主编；各卷均另设主编。全书是由全国100多人执笔，历经多年努力，数易其稿完成的。著者大都是长期工作在作物种质资源学科领域的优秀科学家，具有丰富工作经验，掌握大量科学资料，为本书的写作尽心竭力。在此我们向所有编著人员致以诚挚的谢意！向所有关心和支持本书出版的专家和领导表示衷心的感谢！

本书集科学性、知识性、实用性于一体，是作物种质资源学专著。希望本书的出版对中国作物种质资源学科的发展起到促进作用。由于我们的学术水平和写作能力有限，书中的错误和缺点在所难免，希望广大读者提出宝贵意见。

编辑委员会

2013年6月于北京

编写说明

在中国35 000多个植物物种中，经过驯化和改良的栽培植物虽然只有1 100多种，但众多的野生植物特别是作物野生近缘植物被广泛应用于人类生产生活的各个方面，为人类的生存发展和环境改善作出了重大贡献。随着现代农业和生物技术的发展，人类开发利用野生植物的种类越来越多，范围越来越广，利用方式也从直接利用转变为对其优异基因的开发。

作为《中国作物及其野生近缘植物》系列书中的一卷，本书以名录形式载列了与人类生产生活密切相关的10 446个作物及其野生近缘植物物种（含206个变种和96个亚种），隶属于298个科，2 378个属。按照统一格式，每个物种内容包括拉丁学名、中文名、所属科、特征及特性、类别、原产地、目前分布/种植区7部分。其中，“拉丁学名”部分是指国际公认的植物分类学名称的拉丁文；“中文名”部分不仅包括标准的中文学名，而且在括号中还将别名和异名也一一列出；“所属科”部分列出了物种所属科的英文和中文名称；“特征与特性”部分包括主要分类学特征和农艺学特性，力求简明扼要；“类别”部分主要根据用途将这些物种分为12类，其中，粮食作物类289个种，经济作物类575个种，蔬菜类362个种，果树类1 061个种，饲用及绿肥类1 216个种，观赏植物类4 549个种，林木类532个种，蜜源植物类398个种，药用植物类1 571个种，有毒植物类932个种，杂草类522个种，生态防护类228个种，共计12 235个种。由于有些物种具有两种或两种以上的用途，所以，这12类所包含的物种总数中存在着部分重复；在“原产地”和“目前分布/种植区”部分，由于有些物种的原产地和分布区或种植区还不明确或存有争议，因而没有填写相关信息。

本书所列野生植物主要为中国原生的物种，栽培植物除中国本土物种外，还包括部分从国外引进但在中国种植历史较长的物种，对于引进时间较短但对中国经济社会产生重要影响的物种也选择性地列出了一部分。对中国起源或中国特有物种，书中亦明确指出。本书记录的所有物种在所列参考文献中均有详细论述或说明，是前人经过系统研究的结晶。

本书正文是按照拉丁学名的字母顺序排列的，但为了中文查阅方便，还按照中文名的拼音字母顺序附有中文索引，根据索引，方便查找其在本书中的位置，部分物种还可获得其在《中国作物及其野生近缘植物》系列书中的卷号和页码信息，便于读者查阅《中国作物及其野生近缘植物》系列书中对这些物种的详细论述。

在本书的编写过程中，于寿娜、郭青、李钰、毛绪妍、石涛、程云连、陈友桃、田冬等付出了辛勤劳动。特此致谢！

编写委员会

2012.10

名录卷

目录

名录卷

Contents

导　论

第一节　中国作物的多样性

作物是指对人类有价值并为人类有目的地种植栽培并收获利用的植物。从这个意义上说，作物就是栽培植物。狭义的作物概念指粮食作物、经济作物和园艺作物；广义的作物概念泛指粮食、经济、园艺、牧草、绿肥、林木、药材、花草等一切人类栽培的植物。在农林生产中，作物生产是根本。作物生产为人类生命活动提供能量和其他物质基础，也为以植物为食的动物和微生物的生命活动提供能量。所以说，作物生产是第一性生产，畜牧生产是第二性生产。作物能为人类提供多种生活必需品，例如，蛋白质、淀粉、糖、油、纤维、燃料、调味品、兴奋剂、维生素、药、毒药、木材等，还可以保护和美化环境。从数千年的历史看，粮食安全是保障人类生活、社会安定的头等大事，食物生产是其他任何生产不能取代的。从现代化的生活看，环境净化、美化是人类生活不可缺少的，所有这些需求均有赖于多种多样的栽培植物提供。

一、中国历代的作物

我国作为世界四大文明发源地之一，作物生产历史非常悠久，从最先开始驯化野生植物发展到现代作物生产已近万年。在新石器时代，人们根据漫长的植物采集活动中积累的经验，开始把一些可供食用的植物驯化成栽培植物。例如，在至少 8 000 年前，谷子就已经在黄河流域得到广泛种植，黍稷也同时被北方居民所驯化。以关中、晋南和豫西为中心的仰韶文化和以山东为中心的北辛—大汶口文化均以种植粟黍为特征，北部辽燕地区的红山文化也属粟作农业区。在南方，水稻最早被驯化，在浙江余姚河姆渡发现了距今近7 000年的稻作遗存，而在湖南彭头山也发现了距今 9 000 年的稻作遗存。刀耕火种农业和迁徙式农业是这个时期农业的典型特征。一直到新石器时代晚期，随着犁耕工具的出现，以牛耕和铁耕为标志的古代传统农业才开始逐渐成形。

从典籍中可以比较清晰地看到在新石器时代之后我国古代作物生产发展演变的脉络。例如，在《诗经》（前 11—前 5）中频繁地出现黍的诗，说明当时黍已经成为我国最主要的粮食作物，其他粮食作物如谷子、水稻、大豆、大麦等也被提及。同时，《诗经》还提到了韭菜、冬葵、菜瓜、蔓菁、萝卜、葫芦、莼菜、竹笋等蔬菜作物，榛、栗、桃、李、梅、杏、枣等果树作物，桑、花椒、大麻等纤维、染料、药材、林木等作物。此外，在《诗经》中还对黍稷和大麦有品种分类的记载。《诗经》和另一本同时期著作《夏小正》还对植物的生长发育如开花结实等的生理生态特点有比较详细的记录，并且这些知识被广泛用于指导当时的农事活动。

在春秋战国时期（前 770—前 221），由于人们之间的交流越来越频繁，人们对植物与环境之间的关系认识逐渐加深，对适宜特定地区栽培的作物和适宜特定作物生长的地区有了更多了解。因此，在这个时期，不少作物的种植面积在不断扩大。

在秦汉至魏晋南北朝时期（前 221—公元 580），古代农业得到进一步发展。尤其是公元前 138 年西汉张骞出使西域，在打通了东西交流的通道后，很多西方的作物引入了我国。据《博物志》记载，在这个时期，至少胡麻、蚕豆、苜蓿、胡瓜、石榴、胡桃和葡萄等从西域引到了中国。另外，由于秦始皇和汉武帝大举南征，我国南方和越南特产的作物的种植区域迅速向北延伸，这些作物包括甘蔗、龙眼、荔枝、槟榔、橄榄、柑橘、薏苡等。北魏贾思勰所著的《齐民要术》是我国现存最早的一部完整农书，书中提到的栽培植物有 70 多种，分为四类，即谷物（卷二）、蔬菜（卷三）、果树（卷四）和林木（卷五）。《齐民要术》中对栽培植物的变异即品种资源给予了充分的重视，并且对引种和人工选种做了比较详尽的描述。例如，大蒜从河南引种到山西就变成了百子蒜、芜菁引种到山西后根也变大、谷子选种时需选“穗纯色者”等。

在隋唐宋时期（公元 581—1278），人们对栽培植物（尤其是园林植物和药用植物）的兴趣日益增长，不仅引种驯化的水平在不断提高，生物学认识也日趋深入。约成书于 7 世纪或 8 世纪初的《食疗本草》记述了 160 多种粮、油、蔬、果植物，从这本书中可以发现这个时期的一些作物变化特点，如一些原属粮食的作物已向蔬菜转化，还在不断驯化新的作物（如牛蒡子、苋菜等）。同时，在隋唐宋时期还不断引入新的作物种类，如莴苣、菠菜、小茴香、龙胆香、安息香、波斯枣、巴旦杏、油橄榄、水仙花、木波罗、金钱花等。在这个时期，园林植物包括花卉的驯化与栽培得到了空前的发展，人们对花木的引种、栽培和嫁接进行了大量研究和实践。

在元明清时期（公元 1279—1911），人们对药用植物和救荒食用植物的研究大大提高了农艺学知识水平。19 世纪初的植物学名著《植物名实图考》记载了 1 714 种植物，其中谷类作物有 52 种、蔬菜 176 种、果树 102 种。明末清初，随着中外交流的增多，一些重要的粮食作物和经济作物开始传入中国，其中包括甘薯、玉米、马铃薯、番茄、辣椒、菊芋、甘蓝、花椰菜、烟草、花生、向日葵、大丽花等，这些作物的引进对我国人民的生产和生活影响很大。明清时期是我国人口增长快而灾荒频繁的时代，寻找新的适应性广、抗逆性强、产量高的粮食作物成为了摆在当时社会面前的重要问题。16 世纪后半叶甘薯和玉米的引进在很大程度上解决了当时的粮食问题。在 18 世纪中叶和 19 世纪初，玉米已在我国大规模推广，成为仅次于水稻和小麦的重要粮食作物。另外，明末传入我国的烟草也对当时甚至今天的人民生活带来了巨大影响。

二、中国当代作物的多样性

近百年来中国栽培的主要作物有 600 多种（林木未计在内），其中粮食作物 30 多种，经济作物约 70 种，果树作物约 140 种，蔬菜作物 110 多种，饲用植物（牧草）约 50 种，观赏植物（花卉）130 余种，绿肥作物约 20 种，药用作物 50 余种（郑殿升，2000）。林木中主要造林树种约 210 种（刘旭，2003）。

总体来看，50 多年来，我国的主要作物种类没有发生重大变化。我国种植的作物长期以粮食作物为主。20 世纪 80 年代以后，实行农业结构调整，经济作物和园艺作物种植面积和产量才有所增加。我国最重要的粮食作物曾是水稻、小麦、玉米、谷子、高粱和甘薯。现在谷子和高粱的生产已明显减少。高粱在 20 世纪 50 年代以前是我国东北地区的主要粮食作物，也是华北地区的重要粮食作物之一，但现今面积已大大缩减。谷子（粟），虽然在其他国家种植很少，但在我国一直是北方的重要粮食作物之一。民间常说，小米加步枪打败了日本帝国主义，可见 20 世纪 50 年代以前粟在我国北方粮食作物中的地位十分重要，现今面积虽有所减少，但仍不失为北方比较重要的粮食作物。玉米兼作饲料作物，近年来发展很快，已成为我国粮饲兼用的重要作物，其总产量在我国已超过小麦而居第二位。我国历来重视豆类作物生产。自古以来，大豆就是我国粮油兼用的重要作物。我国豆类作物之多为任何国家所不及，豌豆、蚕豆、绿豆、小豆种植历史悠久，分布很广；菜豆、豇豆、小扁豆、饭豆种植历史也在千年以上；木豆、刀豆等引入我国后都有一定种植面积。荞麦在我国分布很广，由于生育期短，多作为备荒、填闲作物。在薯类作物中，甘薯多年来在我国部分农村充当粮食；而马铃薯始终主要作蔬菜；木薯近年来在海南和两广地区发展较快。

我国最重要的纤维作物仍然是棉花。各种麻类作物中，苎麻历来是衣着和布匹原料；黄麻、红麻、青麻、大麻是绳索和袋类原料。我国最重要的糖料作物仍然是南方的甘蔗和北方的甜菜，甜菊自 20 世纪 80 年代引入我国后至今仍有少量种植。茶和桑是我国的古老作物，前者是饮料，后者是家蚕饲料。作为饮料的咖啡是海南省的重要作物。

我国最重要的蔬菜作物，白菜、萝卜和芥菜种类极多，遍及全国各地。近数十年来番茄、茄子、辣椒、甘蓝、花椰菜等也成为头等重要的蔬菜。我国的蔬菜中瓜类很多，如黄瓜、冬瓜、南瓜、丝瓜、瓠瓜、苦瓜、西葫芦等。葱、姜、蒜、韭是我国人们离不开的菜类。绚丽多彩的水生蔬菜，如莲藕、茭白、荸荠、慈姑、菱、芡实、莼菜等更是独具特色。近 10 余年来引进多种新型蔬菜，城市的餐桌正在发生变化。

我国最重要的果树作物，在北方梨、桃、杏的种类极多；山楂、枣、猕猴桃在我国分布很广，野生种多；苹果、草莓、葡萄、柿、李、石榴也是常见水果。在南方柑橘类十分丰富，有柑、橘、橙、柚、金橘、柠檬及其他多种；香蕉种类多，生产量大；荔枝、龙眼、枇杷、梅、杨梅为我国原产；椰子、菠萝、木瓜、芒果等在海南等地和台湾省普遍种植。干果中核桃、板栗、榛、榧、巴旦杏也是受欢迎的果品。

在作物中，种类的变化最大的是林木、药用作物和观赏作物。林木方面，我国有乔木、灌木、竹、藤等树种约 9 300 多种，用材林、生态林、经济林、固沙林等主要造林树种约 210 种，最多的是杨、松、柏、杉、槐、柳、榆，以及枫、桦、栎、桉、桐、白蜡、皂角、银杏等。中国的药用植物过去种植较少，以采摘野生为主，现主要来自栽培。现药用作物约有 250 种，甚至广西药用植物园已引种栽培药用植物近 3 000 种，分属菊科、豆科等 80 余科，其中既有大量的草本植物，又有众多的木本植物、藤本植物和蕨类植物等，而且种植方式和利用部位各不相同。观赏作物包括人工栽培的花卉、园林植物和绿化植物，其中部分观赏作物也是林木的一部分。据统计，中国原产的观赏作物有 150 多科、554 属、1 595 种（薛达元，2005）。牡丹、月季、杜鹃、百合、梅、兰、菊、桂种类繁多，荷花、茶花、茉莉、水仙品种名贵。

第二节　作物的起源与进化

一切作物都是由野生植物经栽培、驯化而来。作物的起源与进化就是研究某种作物是在何时、何地、由什么野生植物驯化而来的，怎样演化成现在这样的作物的。研究作物的起源与进化对收集作物种质资源、改良作物品种具有重要意义。

大约在中石器时代晚期或新石器时代早期，人类开始驯化植物，距今约 10 000 年。被栽培驯化的野生植物物种是何时形成的也很重要。一般说来，最早的有花植物出现在距今 1 亿多年前的中生代白垩纪，并逐渐在陆地上占有了优势。到距今 6 500 万年的新生代第三纪草本植物的种数大量增加。到距今 200 万年的第四纪植物的种继续增加。以至到现在仍有些新的植物种出现，同时有些植物种在消亡。

一、作物起源的几种学说

作物的起源地是指这一作物最早由野生变成栽培的地方。一般说来，在作物的起源地，该作物的基因较丰富，并且那里有它的野生祖先。所以了解作物的起源地对收集种质资源有重要意义。因而，100 多年来不少学者研究作物的起源地，形成了不少理论和学说。各个学说的共同点是植物驯化发生于世界上不同地方，这一点是科学界的普遍认识。

（一）康德尔作物起源学说的要点

瑞士植物学家康德尔（Alphonse de Candolle，1806—1893）在 19 世纪 50 年代之前还一直是一个物种的神创论者，但后来他逐渐改变了观点。他是最早的作物起源研究奠基人，他研究了很多作物的野生近缘种、历史、名称、语言、考古证据、变异类型等资料，认为判断作物起源的主要标准是看栽培植物分布地区是否有形成这种作物的野生种存在。他的名著《栽培植物的起源》（1882）涉及到 247 种栽培植物，给后人研究作物起源提供了典范，尽管从现在看来，书中引用的资料不全，甚至有些资料是错误的，但他在作物起源研究上的贡献是不可磨灭的。康德尔的另一大贡献是 1867 年首次起草了国际植物学命名规则。这个规则一直沿用至今。

（二）达尔文进化论的要点

英国博物学家达尔文（Charles Darwin，1809—1882）在对世界各地进行考察后，于 1859 年出版了名著《物种起源》。在这本书中，他提出了以下几方面与起源和进化有关的理论：①进化肯定存在；②进化是渐进的，需要几千年到上百万年；③进化的主要机制是自然选择；④现存的物种来自同一个原始的生命体。他还提出在物种内的变异是随机发生的，每种生物的生存与消亡是由它适应环境的能力来决定的，适者生存。

（三）瓦维洛夫作物起源学说的要点

俄国（苏联）遗传学家瓦维洛夫（N. I. Vavilov，1887—1943）不仅是研究作物起源的著名学者，同时也是植物种质资源学科的奠基人。在 20 世纪 20～30 年代，他组织了若干次遍及四大洲的考察活动，对各地的农作系统、作物的利用情况、民族植物学甚至环境情况进行了仔细的分析研究，收集了多种作物的种质资源 15 万份，包括一部分野生近缘种，对它们进行了表型多样性研究。最后，瓦维洛夫提出了一整套关于作物起源的理论。

在瓦维洛夫的作物起源理论中，最重要的学说是作物起源中心理论。在他于 1926 年撰写的《栽培植物的起源中心》一文中，提出研究变异类型就可以确定作物的起源中心，具有最大遗传多样性的地区就是该作物的起源地。进入 20 世纪 30 年代以后，瓦维洛夫对自己的学说不断修正，又提出确定作物起源中心，不仅要根据该作物的遗传多样性的情况，而且还要考虑该作物野生近缘种的遗传多样性，并且还要参考考古学、人文学等资料。瓦维洛夫经过多年增订，于 1935 年分析了 600 多个物种（包括一部分野生近缘种）的表型遗传多样性的地理分布，发表了《主要栽培植物的世界起源中心》[Мировые очаги（центры происхождения）важнейших культурных растений]。在这篇著名的论文中指出，主要作物有 8 个起源中心，外加 3 个亚中心（图 0-1）。这些中心在地理上往往被沙漠或高山所隔离。它们被称为“原生起源中心”（primary centers of origin）。作物野生近缘种和显性基因常常存在于这类中心之内。瓦维洛夫又发现在远离这类原生起源中心的地方，有时也会产生很丰富的遗传多样性，并且那里还可能产生一些变异是在其原生起源中心没有的。瓦维洛夫把这样的地区称为“次生起源中心”（secondary centers of origin）。在次生起源中心内常有许多隐性基因。瓦维洛夫认为，次生起源中心的遗传多样性是由于作物自其原生起源中心引到这里后，在长期地理隔离的条件下，经自然选择和人工选择而形成的。

瓦维洛夫把非洲北部地中海沿岸和环绕地中海地区划作地中海中心；把非洲的阿比西尼亚（今埃塞俄比亚）作为世界作物起源中心之一；把中亚作为独立于前亚（近东）之外的另一个起源中心；中美和南美各自是一个独立的起源中心；再加上中国和印度（印度—马来亚）两个中心，就是瓦维洛夫主张的世界八大主要作物起源中心。

“变异的同源系列法则”（the Law of Homologous Series in Variation）也是瓦维洛夫的作

图 0-1 瓦维洛夫的栽培植物起源中心

1. 中国 2. 印度 2a. 印度—马来亚 3. 中亚 4. 近东

5. 地中海地区 6. 埃塞俄比亚 7. 墨西哥南部和中美

8. 南美（秘鲁、厄瓜多尔、玻利维亚） 8a. 智利 8b. 巴西和巴拉圭

（来自 Harlan，1971）

物起源理论体系中的重要组成部分。该理论认为，在同一个地理区域，在不同的作物中可以发现相似的变异。也就是说，在某一地区，如果在一种作物中发现存在某一特定性状或表型，那么也就可以在该地区的另一种作物中发现同一种性状或表型。Hawkes（1983）认为这种现象应更准确地描述为“类似（analogous）系列法则”，因为可能不同的基因位点与此有关。Kupzov（1959）则把这种现象看作是在不同种中可能在同一位点发生了相似的突变，或是不同的适应性基因体系经过进化产生了相似的表型。基因组学的研究成果也支持了该理论。

此外，瓦维洛夫还提出了“原生作物”和“次生作物”的概念。“原生作物”是指那些很早就进行了栽培的古老作物，如小麦、大麦、水稻、大豆、亚麻和棉花等；“次生作物”指那些开始是田间的杂草，然后较晚才慢慢被拿来栽培的作物，如黑麦、燕麦、番茄等。瓦维洛夫对于地方品种的意义、外国和外地材料的意义、引种的理论等方面都有重要论断。

瓦维洛夫的“作物八大起源中心”提出之后，其他研究人员对该理论又进行了修订。在这些研究人员中，最有影响的是瓦维洛夫的学生茹科夫斯基（Zhukovsky），他在 1975 年提出了“栽培植物基因大中心（megacenter）理论”，认为有 12 个大中心，这些大中心几乎覆盖了整个世界，仅仅不包括巴西、阿根廷南部，加拿大、西伯利亚北部和一些地处边缘的国家。茹科夫斯基还提出了与栽培种在遗传上相近的野生种的小中心（microcenter）概念。他指出野生种和栽培种在分布上有差别，野生种的分布很窄，而栽培种分布广泛且变异丰富。他还提出了“原生基因大中心”的概念，认为瓦维洛夫的原生起源中心地区狭窄，而把栽培种传播到的地区称为“次生基因大中心”。

（四）哈兰作物起源理论的要点

美国遗传学家哈兰（Harlan）指出，瓦维洛夫所说的作物起源中心就是农业发展史很长，并且存在本地文明的地域，其基础是认为作物变异的地理区域与人类历史的地理区域密切相关。但是，后来研究人员在对不同作物逐个进行分析时，却发现很多作物并没有起源于瓦维洛夫所指的起源中心之内，甚至有的作物还没有多样性中心存在。

以近东为例，在那里确实有一个小的区域曾有大量动植物被驯化，可以认为是作物起源中心之一；但在非洲情况却不一样，撒哈拉以南地区和赤道以北地区到处都存在植物驯化活动，这样大的区域难以称为“中心”，因此哈兰把这种地区称为“泛区”（non-center）。他认为在其他地区也有类似情形，如中国北部肯定是一个中心，而东南亚和南太平洋地区可称为“泛区”；中美洲肯定是一个中心，而南美洲可称为“泛区”。基于以上考虑，哈兰（1971）提出了他的“作物起源的中心与泛区理论”。然而，后来的一些研究对该理论又提出了挑战。例如，研究发现近东中心的侧翼地区包括高加索地区、巴尔干地区和埃塞俄比亚也存在植物驯化活动；在中国，由于新石器时代的不同文化在全国不同地方形成，哈兰所说的中国北部中心实际上应该大得多；中美洲中心以外的一些地区（包括密西西比流域、亚利桑那和墨西哥东北部）也有植物的独立驯化。因此，哈兰（1992）最后又抛弃了以前他本人提出的理论，并且认为已没有必要谈起源中心问题。

哈兰（Harlan，1992）根据作物进化的时空因素，把作物的进化类型分为以下几类：

1. 土著（endemic）**作物** 指那些在一个地区被驯化栽培，并且以后也很少传播的作物。例如，起源于几内亚的臂形草属植物（*Brachiaria deflexa*）、埃塞俄比亚的树头芭蕉（*Ensete ventricosa*）、西非的黑马唐（*Digitaria iburua*）、墨西哥古代的莠狗尾草（*Setaria genicula-*

ta)、墨西哥的美洲稷（*Panicum sonorum*）等。

2. 半土著（semiendemic）**作物**　指那些起源于一个地区但有适度传播的作物。例如，起源于埃塞俄比亚的苔夫（*Eragrostic tef*）和*Guizotia abyssinica*（它们还在印度的某些地区种植）、尼日尔中部的非洲稻（*Oryza glaberrima*）等。

3. 单中心（monocentric）**作物**　指那些起源于一个地区但传播广泛且无次生多样性中心的作物。例如，咖啡、橡胶等。这类作物往往是新工业原料作物。

4. 寡中心（oligocentric）**作物**　指那些起源于一个地区但传播广泛且有一个或多个次生多样性中心的作物。例如，所有近东起源的作物（包括大麦、小麦、燕麦、亚麻、豌豆、小扁豆、鹰嘴豆等）。

5. 泛区（noncentric）**作物**　指那些在广阔地域均有驯化的作物，至少其中心不明显或不规则。例如，高粱、普通菜豆、油菜（*Brassica campestris*）等。

1992年，哈兰在他的名著《作物和人类》（第二版）一书中继续坚持他多年前就提出的"作物扩散起源理论"（diffuse origins）。其意思是说，作物起源在时间和空间上可以是扩散的，即使一种作物在一个有限的区域被驯化，在它从起源中心向外传播的过程中，这种作物会发生变化，而且不同地区的人们可能会给这种作物迥然不同的选择压力，这样到达某一特定地区后形成的作物与其原先的野生祖先在生态上和形态上会完全不同。他举了一个玉米的例子，玉米最先在墨西哥南部被驯化，然后从起源中心向各个方向传播。欧洲人到达美洲时，玉米已经在从加拿大南部至阿根廷南部的广泛地区种植，并且在每个栽培地区都形成了具有各自特点的玉米种族。有意思的是，在一些比较大的地区，如北美，只有少数种族，并且类型相对单一；而在一些小得多的地区，包括墨西哥南部、危地马拉、哥伦比亚部分地区和秘鲁，却有很多种族，有些种族的变异非常丰富，在秘鲁还发现很多与其起源中心截然不同的种族。

（五）郝克斯作物起源理论的要点

郝克斯（Hawkes，1983）认为作物起源中心应该与农业的起源地区别开来，从而提出了一套新的作物起源中心理论，在该理论中把农业起源的地方称为核心中心，而把作物从核心中心传播出来，又形成类型丰富的地区称为多样性地区（表0-1）。同时，郝克斯用"小中心"（minor centers）来描述那些只有少数几种作物起源的地方。

表0-1　栽培植物的核心中心和多样性地区

（Hawkes，1983）

核心中心	多样性地区	外围小中心
A. 中国北部（黄河以北的黄土高原地区）	Ⅰ. 中国	1. 日本
	Ⅱ. 印度	2. 新几内亚
	Ⅲ. 东南亚	3. 所罗门群岛、斐济、南太平洋
B. 近东（新月沃地）	Ⅳ. 中亚	4. 欧洲西北部
	Ⅴ. 近东	
	Ⅵ. 地中海地区	

（续）

核心中心	多样性地区	外围小中心
	Ⅶ. 埃塞俄比亚	
	Ⅷ. 西非	
C. 墨西哥南部（Tehuacan 以南）	Ⅸ. 中美洲	5. 美国、加拿大
		6. 加勒比海地区
D. 秘鲁中部至南部（安第斯地区、安第斯坡地东部、海岸带）	Ⅹ. 安第斯地区北部（委内瑞拉至玻利维亚）	7. 智利南部 8. 巴西

（六）确定作物起源中心的基本方法

如何确定某一种特定栽培植物的起源地，是作物起源研究的中心课题。康德尔最先提出只要找到这种栽培植物的野生祖先的生长地，就可以认为这里是它最初被驯化的地方。但问题是：①往往难以确定在某一特定地区的植物是否是真的野生类型，因为可能是从栽培类型逃逸出去的类型；②有些作物（如蚕豆）在自然界没有发现存在其野生祖先；③野生类型生长地也并非就一定是栽培植物的起源地，如在秘鲁存在多个番茄野生种，但其他证据表明栽培番茄可能起源于墨西哥；④随着科学技术的发展，发现以前认定的野生祖先其实与栽培植物并没有关系。例如，在历史上曾认为生长在智利、乌拉圭和墨西哥的野生马铃薯是栽培马铃薯的野生祖先，但后来发现它们与栽培马铃薯亲缘并不近。因此在研究过程中必须谨慎。

此外，在研究作物起源时，还需要谨慎对待历史记录的证据和语言学证据。由于绝大多数作物的驯化出现在文字出现之前，后来的历史记录往往源于民间传说或神话，并且在很多情况下以讹传讹地流传下来。例如，罗马人认为桃来自波斯，因为他们在波斯发现了桃，故而把桃的拉丁文学名定为 *Prunus persica*，而事实上桃最先在中国驯化，然后在罗马时代时传到波斯。谷子的拉丁文定名为 *Setaria italica* 也有类似情况。

因此，在研究作物起源时，应该把植物学、遗传学和考古学证据作为主要的依据，即要特别重视作物本身的多样性，其野生祖先的多样性，以及考古学的证据。历史学和语言学证据只是一个补充和辅助性依据。

二、几个重要的世界作物起源中心

（一）中国作物起源中心

在瓦维洛夫的《主要栽培植物的世界起源中心》中涉及 666 种栽培植物，他认为其中有 136 种起源于中国，占 20.4%，因此中国成了世界栽培植物八大起源中心的第一起源中心。以后作物起源学说不断得到补充和发展，但中国作为世界作物起源中心的地位始终为科学界所公认。卜慕华（1981）列举了我国史前或土生栽培植物 237 种。据估计，我国的栽培植物中，有近 300 种起源于本国，占主要栽培植物的 50%左右（郑殿升，2000）。由于新石器时期发展起来的文化在全国各地均有发现，作物没有一个比较集中的起源地。因此，把整个中国作为了一个作物起源中心。有趣的是，在 19 世纪以前中国本土起源的作物向外传播得非常慢，而引进栽培植物却很早，且传播得快。例如，在 3 000 多年前引进的作物就有大麦、小麦、高粱、冬瓜、茄子等，而蚕豆、豌豆、绿豆、苜蓿、葡萄、石榴、核桃、黄瓜、胡萝卜、葱、蒜、红花和芝麻等引进我国至少也有 2 000 多年了（卜慕华，1981）。

1. 中国北方起源的作物 中国出现人类的历史已有 150 万～170 万年。在我国北方尤其是黄河流域，新石器时期早期出现的磁山—裴李岗文化大约在距今 7 000 年到 8 500 年之间，在这段时间里人们驯化了猪、狗和鸡等动物，同时开始种植谷子、黍稷、胡桃、榛、橡树、枣等作物，其驯化中心在河南、河北和山西一带（黄其煦，1983）。总的来看，北方的古代农业以谷子和黍稷为根本。

在中国北方起源的作物主要是谷子、黍稷、大豆、小豆等；果树和蔬菜主要的有萝卜、芜菁、荸荠、韭菜、土种甜瓜等，驯化的温带果树主要有中国苹果（沙果）、梨、李、栗、樱桃、桃、杏、山楂、柿、枣、黑枣（君迁子）等；还有纤维作物大麻、青麻等；油料作物紫苏；药用作物人参、杜仲、当归、甘草等，还有银杏、山核桃、榛子等。

2. 中国南方起源的作物 在我国南方，新石器时期的文化得到独立发展。在长江流域尤其是下游地区，人们很早就驯化植物，其中最重要的就是水稻（*Oryza sativa*），其开始驯化的时间至少在 7 000 年以前（严文明，1982）。竹的种类极为丰富。在中国南方被驯化的木本植物还有茶树、桑树、油桐、漆树（*Rhus vernicifera*）、蜡树（*Rhus succedanea*）、樟树（*Cinnamomum camphora*）、榧等；蔬菜作物主要有芸薹属的一些种、莲藕、百合、茭白（菰）、水菱、慈姑、芋类、甘露子、莴笋、丝瓜、茼蒿等，白菜和芥菜可能也起源于南方；果树中主要有柑橘类的多个物种，如枸橼类、檬类、柚类、柑类、橘类、金橘类、枳类等，还有枇杷、梅、杨梅、海棠等；粮食作物有食用稗、芡实、菜豆、玉米的蜡质种等；纤维作物有苎麻、葛等；绿肥作物有紫云英等。华南及沿海地区最早驯化栽培的作物可能是荔枝、龙眼等果树，以及一些块茎类作物和辛香作物，如花椒、桂（*Cinnamomum cassia*）、八角等，还有甘蔗的本地种（*Sacharum sinense*）及一些水生植物和竹类等。

（二）近东作物起源中心

近东包括亚洲西南部的阿拉伯半岛、土耳其、伊拉克、叙利亚、约旦、黎巴嫩、巴勒斯坦地区及非洲东北部的埃及和苏丹。这里的现代人大约在 2 万多年前产生，而农业开始于 12 000 年至 11 000 年前。众所周知，在美索不达米亚和埃及等地区，高度发达的古代文明出现很早，这些文明成了农业发达的基石。研究表明，在古代近东地区，人们的主要食物是小麦、大麦、绵羊和山羊。小麦和大麦种植的历史均超过万年。以色列、约旦地区可能是大麦的起源地（Badr et al.，2000）。在美索不达米亚流域大麦一度是古代的主要作物，尤其是在南方。4 300 年前大麦几乎一度完全代替了小麦，其原因主要是因为灌溉水盐化程度越来越高，小麦的耐盐性不如大麦。在埃及，二粒小麦曾经种植较多。

近东是一个非常重要的作物起源中心，瓦维洛夫把这里称为前亚起源中心，指的主要是小亚细亚全部，还包括外高加索和伊朗。瓦维洛夫在他的《主要栽培植物的世界起源中心》中提出 84 个种起源于近东。在该地区，广泛分布着野生大麦、野生一粒小麦、野生二粒小麦、硬粒小麦、圆锥小麦、东方小麦、波斯小麦（亚美尼亚和格鲁吉亚）、提莫菲维小麦，还有普通小麦的本地无芒类群，以及小麦的祖先山羊草属的许多物种。已经公认小麦和大麦这两种重要的粮食作物起源于近东地区。黑麦、燕麦、鹰嘴豆、小扁豆、羽扇豆、蚕豆、豌豆、箭筈豌豆、甜菜也起源在这里。果树中有无花果、石榴、葡萄、欧洲甜樱桃、巴旦杏，以及苹果和梨的一些物种。起源于这里的蔬菜有胡萝卜、甘蓝、莴苣等。还有重要的牧草苜蓿和波斯三叶草，重要的油料作物胡麻、芝麻（本地特殊类型），以及甜瓜、南瓜、罂粟、芫荽等也起源在这里。

（三）中南美起源中心

美洲早在1万年以前就开始了作物的驯化。但无论其早晚，每个地区均是先驯化豆类、瓜类和椒类（*Capsicum* spp.）。从地域上讲，自美国中西部至少到阿根廷北部都有驯化活动；从时间上讲，作物的驯化和进化至少跨了几千年。在瓦维洛夫的《主要栽培植物的世界起源中心》中把中美和南美作为两个独立的起源中心对待，他提出起源于墨西哥南部和中美的作物有45种，起源于南美的作物有62种。

玉米是起源于美洲的最重要的作物。尽管目前对玉米的来源还存在争论，但已经比较肯定的是玉米驯化于墨西哥西南部，其栽培历史至少超过7 000年（Benz，2001）。最重要的块根作物之一甘薯的起源地可能在南美北部，驯化历史已超过10 000年。另外，包括25种块根块茎作物也起源于美洲，其中包括世界性作物马铃薯和木薯，马铃薯的种类十分丰富。一年生食用豆类的驯化比玉米还早，这些豆类包括普通菜豆、利马豆、红花菜豆和花生等。普通菜豆的祖先分布很广（从墨西哥到阿根廷均有分布），它和利马豆一样可能断断续续驯化了多次。世界上最重要的纤维作物陆地棉（*Gossypium hirsutum*）和海岛棉（*G. barbadense*）均起源于美洲厄瓜多尔和秘鲁、巴西东北部的西海岸地区，驯化历史至少有5 500年。烟草有10个左右的种被驯化栽培过，这些种都起源于美洲，其中最重要的普通烟草（*Nicotiana tabaccum*）起源于南美和中美。美洲还驯化了一些高价值水果，包括菠萝、番木瓜、鳄梨、番石榴、草莓等。许多重要蔬菜起源在这个中心，如番茄、辣椒等。番茄的野生种分布在厄瓜多尔和秘鲁海岸沿线，类型丰富。南瓜类型也很多，如西葫芦（*Cucurbita pepo*）是起源于美洲最早的作物之一，至少有10 000年的种植历史（Smith，1997）。重要工业原料作物橡胶（*Hevea brasiliensis*）起源于亚马孙地区南部。可可是巧克力的重要原料，它也起源于美洲中心。另外，美洲还是许多优良牧草的起源地。

在北美洲起源的作物为数不多，向日葵是其中之一，它大约是3 000年前在密西西比到俄亥俄流域被驯化的。

（四）南亚起源中心

南亚起源中心包括印度的阿萨姆和缅甸的主中心和印度—马来亚地区，在瓦维洛夫的《主要栽培植物的世界起源中心》中提出起源于主中心的有117种作物，起源于印度—马来亚地区的有55种作物。其中的主要作物包括水稻、绿豆、饭豆、豇豆、黄瓜、苦瓜、茄子、木豆、甘蔗、芝麻、中棉、山药、圆果黄麻、红麻、印度麻（*Crotalaria juncea*）等。薯蓣（*Dioscorea* L.）、薏苡起源于马来半岛，芒果起源于马来半岛和印度，柠檬、柑橘类起源于印度东北部至缅甸西部再至中国南部，椰子起源于南太平洋岛屿，香蕉起源于马来半岛和一些太平洋岛屿，甘蔗起源于新几内亚，等等。

（五）非洲起源中心

地球上最古老的人类出现在约 200 万年前的非洲。当地农业出现至少在 6 000 多年以前（Harlan，1992）。但长期以来，人们对非洲的作物起源情况了解很少。事实上，非洲与其他地方一样也是相当重要的作物起源中心。大量的作物在非洲被首先驯化，其中最重要的世界性作物包括咖啡、高粱、珍珠粟、油棕、西瓜、豇豆和龙爪稷等，另外还有许多主要对非洲人相当重要的作物，包括非洲稻、薯蓣、葫芦等。但与近东地区不同的是，起源于非洲的绝大多数作物的分布范围比较窄（其原因主要来自部落和文化的分布而不是生态适应性），植物驯化没有明显的中心，驯化活动从南到北、从东至西广泛存在。

不过，从古至今，生活在撒哈拉及其周边地区的非洲人一直把采集收获野生植物种子作为一项重要生活内容，甚至把这些种子商业化。在撒哈拉地区北部主要收获三芒草属的一个种（*Aristida pungens* Desf.），在中部主要收获圆锥黍（*Panicum turgidum* Forssk.），在南部主要收获蒺藜草属的 *Cenchrus biflorus* Roxb.。他们收获的野生植物还包括埃塞俄比亚最重要的禾谷类作物苔夫（*Eragrostic tef*）的祖先种画眉草（*E. pilosa*）和一年生巴蒂野生稻（*Oryza glaberrima* spp. *barthii*）等。

三、与作物进化相关的基本理论

作物的进化就是一个作物的基因源（gene pool，或译为基因库）在时间上的变化。一个作物的基因源是该作物中的全部基因。随着时间的发展，作物基因源内含有的基因会发生变化，由此带来作物的进化。自然界中作物的进化不是在短时间内形成的，而是在漫长的历史时期进行的。作物进化的机制是突变、自然选择、人工选择、重组、遗传漂移（genetic drift）和基因流动（gene flow）。一般说来，突变、重组和基因流动可以使基因源中的基因增加，遗传漂移、人工选择和自然选择常常使基因源中的基因减少。自然界中，在这些机制的共同作用下，植物群体中遗传变异的总量是保持平衡的。

（一）突变在作物进化中的作用

突变是生命过程中 DNA 复制时核苷酸序列发生错误造成的。突变产生新基因，为选择创造材料，是生物进化的重要源泉。自然界生物中突变是经常发生的（详见第四节）。自花授粉作物很少发生突变，杂种或杂合植物发生突变的几率相对较高。自然界发生的突变多数是有害的，中性突变和有益突变的比例各占多少不得而知，可能与环境及性状的详情有关。绝大多数新基因常常在刚出现时便被自然选择所淘汰，到下一代便丢失。但是，由于突变有重复性，有些基因会多次出现，每个新基因的结局因环境和基因本身的性质而不同。对生物本身有害的基因，通常一出现就被自然选择所淘汰，难以进入下一代。但有时它不是致命的害处，又与某个有益基因紧密连锁，或因突变与选择之间保持着平衡，有害基因也可能低频率地被保留下来。中性基因，大多数在它们出现后很早便丢失。其保留的情况与群体大小和出现频率有关。有利基因，大多数出现以后也会丢失，但它会重复出现，经过若干世代，丢失几次后，在群体中的比例逐渐增加，以至保留下来。基因源中基因的变化带来物种进化。

（二）自然选择在作物进化中的作用

达尔文是第一个提出自然选择是物种起源主要动力的科学家。他提出，“适者生存”就是自然选择的过程。自然选择在作物进化中的作用是消除突变中产生的不利性状，保留适应性状，从而导致物种的进化。环境的变化是生物进化的外因，遗传和变异是生物进化的内因。定向的自然选择决定了生物进化的方向，即在内因和外因的共同作用下，后代中一些基因型的频率逐代增高，另一些基因型的频率逐代降低，从而导致性状变化。例如，稻种的自然演化，就是稻种在不同环境条件下，受自然界不同的选择压力，而导致了各种类型的水稻产生。

（三）人工选择在作物进化中的作用

人工选择是指在人为的干预下，按人类的要求对作物加以选择的过程，结果是把合乎人类要求的性状保留下来，使控制这些性状的基因频率逐代增大，从而使作物的基因源（gene pool）朝着一定方向改变。人工选择自古以来就是推动作物生产发展的重要因素。古代，人们对作物（主要指禾谷类作物）的选择主要在以下两方面：第一是与收获有关的性状，结果是种子落粒性减弱、强化了有限生长、穗变大或穗变多、花的育性增加等，总的趋势是提高种子生产能力；第二是与幼苗竞争有关的性状，结果是通过种子变大、种子中蛋白质含量变低且碳水化合物含量变高，使幼苗活力提高，另外通过去除休眠、减少颖片和其他种子附属物使发芽更快。现代，人们还对产品的颜色、风味、质地及储藏品质等进行选择，这样就形成了不同用途的或不同类型的品种。由于在传统农业时期人们偏爱种植混合了多个穗的种子，所以形成的“农家品种”（地方品种）具有较高的遗传多样性。近代育种着重选择纯系，所以近代育成品种的遗传多样性较低。

（四）人类迁移和栽培方式在作物进化中的作用

农民的定居使他们种植的作物品种产生对其居住地区的适应性。但农民有时也有迁移活动，他们往往把种植的品种或其他材料带到一个新地区。这些品种或材料在新区直接种植，并常与当地品种天然杂交，产生新的变异类型。这样，就使原先有地理隔离和生态分化的两个群体融合在一起了（重组）。例如，美国玉米带的玉米就是北方硬粒类型和南方马齿类型由人们不经意间带到一起演化而来。

栽培方式也对作物的驯化和进化有影响。例如，在西非一些地区，高粱是育苗移栽的，这和亚洲的水稻栽培相似，其结果是形成了高粱的移栽种族；另外，当地人们还在雨季种植成熟期要比移栽品种长近1倍的雨养种族。这两个种族也有相互杂交的情况，这样又产生了新的高粱类型。

（五）重组在进化中的作用

重组可以把父母本的基因重新组合到一个后代中。它可以把不同时间、不同地点出现的基因聚到一起。重组是遵循一定遗传规律发生的，它基于同源染色体间的交换。基因在染色体上作线性排列，同源染色体间交换便带来基因重组。重组不仅能发生在基因之间，而且还能发生在基因之内。一个基因内的重组可以形成一个新的等位基因。重组在进化中有重要意义。在作物育种工作中，杂交育种就是利用重组和选择的机制促进作物进化，达到人类要求的目的。

（六）基因流动与杂草型植物在作物进化中的作用

当一个新群体（物种）迁入另一个群体中时，它们之间发生交配，新群体能给原有群体带来新基因，这就是基因流动。当野生种侵入栽培作物的生境后，经过长期的进化，形成了作物的杂草类型。杂草类型的形态学特征和适应性介于栽培类型和野生类型之间，它们适应了那种经常受干扰的环境，但又保留了野生类型的易落粒习性、休眠性和种子往往有附属物存留的特点。已有大量证据表明杂草类型在作物驯化和进化中起着重要作用。尽管杂草类型和栽培类型之间存在相当强的基因流动屏障，这样彼此之间不可能发生大规模的杂交，但研究发现，当杂草类型和栽培类型生活在一起时，确实偶尔也会发生杂交事件，杂交的结果就是使下代群体有了更大的变异。正如 Harlan（1992）所说，该系统在进化上是相当完美的，因为如果杂草类型和栽培类型之间发生了太多的基因流动，就会损害作物，甚至两者可能会融为一个群体，从而导致作物被抛弃；但是，如果基因流动太少，在进化上也就起不到多大作用。这就意味着基因流动屏障要相当强但又不能滴水不漏，这样才能使该系统起到作用。

四、与作物进化有关的性状演化

与作物驯化有关的性状是指那些在作物和它的野生祖先之间存在显著差异的性状。总的来说，与野生祖先比较，作物有以下特点：①与其他种的竞争力降低；②收获器官及相关部分变大；③收获器官有丰富的形态变异；④往往有广泛的生理和环境适应性；⑤落粒性降低或丧失；⑥自我保护机制削弱或丧失；⑦营养繁殖作物的不育性提高；⑧生长习性改变，如多年生变成一年生；⑨发芽迅速且均匀，休眠期缩短或消失；⑩在很多作物中产生了耐近交机制。

（一）种子繁殖作物

1. 落粒性 落粒性的进化主要是与收获有关的选择有关。研究表明，落粒性一般是由 1 对或 2 对基因控制。在自然界可以发现半落粒性的情况，但这种类型并不常见。不过在有的情况下，半落粒性也有其优势，如半落粒的埃塞俄比亚杂草燕麦和杂草黑麦就一直保留下来。落粒性和穗的易折断程度往往还与收获的方法有关。例如，北美的印第安人在收获草本植物种子时是用木棒把种子打到篮子中，这样易折断的穗反而变成了一种优势。这可能也是为什么在美洲有多种草本植物被收获或种植，但驯化的禾谷类作物却很少的原因之一。

2. 生长习性 生长习性的总进化方向是有限生长更加明显。禾谷类作物中生长习性可以分为两大类：一类是以玉米、高粱、珍珠粟和薏苡等为代表，其野生类型有多个侧分枝，驯化和进化的结果是因侧分枝减少而穗更少了、穗更大了、种子更大了、对光照的敏感性更强了、成熟期更整齐了；另一类以小麦、大麦、水稻等为代表，主茎没有分枝，驯化和进化的结果是各个分蘖的成熟期变得更整齐，这样有利于全株收获。对前者来说，从很多小穗到少数大穗的演化常常伴随着种子变大的过程，产量的提高主要来自穗变大和粒变大两个因素。这些演化过程的结果造成了栽培类型的形态学与野生类型的形态学有极大的差异。而对小粒作物来说，它们主茎没有分枝，成熟整齐度的提高主要靠在较短时间内进行分蘖，过了某一阶段则停止分蘖。小粒禾谷类作物的产量提高主要来自分蘖增加，大穗和大粒对产量提高也有贡献，但与玉米、高粱等作物相比就不那么突出了。

3. 休眠性 大多数野生草本植物的种子都具有休眠性，这种特性对野生植物的适应性是很有利的。野生燕麦、野生一粒小麦和野生二粒小麦对近东地区的异常降雨有很好的适应性，其原因就是每个穗上都有两种种子，一种没有休眠性，另一种有休眠性，前者的数量约是后者的 2 倍。无论降雨的情况如何，野生植物均能保证后代的繁衍。然而对栽培类型来说，种子的休眠一般来说没有好处。因此，栽培类型的种子往往休眠期很短或没有休眠期。

（二）无性繁殖作物

营养繁殖作物的驯化过程和种子作物有较大差别。总的来看，营养繁殖作物的驯化比较容易，而且野生群体中蕴藏着较大的遗传多样性。以木薯（*Manihot* spp.）为例，由于可以用插条来繁殖，只需要剪断枝条，在雨季插入地中，然后就会结薯。营养繁殖作物对选择的效应是直接的，并且可以马上体现出来。如果发现有一个克隆的风味更好或有其他期望性状，就可以立即繁殖它，并培育出品种。在诸如薯蓣和木薯等的大量营养繁殖作物中，很多克隆已失去有性繁殖能力（不开花和花不育），它们被完全驯化，其生存完全依赖于人类。有性繁殖能力的丧失对其他无性繁殖作物如香蕉等是一个期望性状，因为二倍体的香蕉种子多，对食用不利，因此不育的二倍体香蕉突变体被营养繁殖，育成的三倍体和四倍体香蕉（无种子）已被广泛推广。

第三节 作物的分类

作物的分类系统有很多种。例如，按生长年限划分有一年生、二年生（或称越年生）和多年生作物。按生长条件划分有旱地作物和水田作物。按用途可分为粮食作物、经济作物、果树、蔬菜、饲料与绿肥作物、林木、花卉、药用作物等。但是最根本的和各种作物都离不开的是植物学分类。

一、作物的植物学分类及学名

（一）植物学分类的沿革和要点

植物界下常用的分类单位有：门（division）、纲（class）、目（order）、科（family）、属（genus）、种（species）。在各级分类单位之间，有时因范围过大，不能完全包括其特征或系统关系，而有必要再增设一级时，在各级前加“亚”（sub）字，如亚科（subfamily）、亚属（subgenus）、亚种（subspecies）等。科以下除分亚科外，有时还把相近的属合为一族（tribe）；在属下除亚属外，有时还把相近的种合并为组（section）或系（series）。种以下的分类，在植物学上，常分为变种（variety）、变型（form）或种族（race）。

经典的植物分类可以说从 18 世纪开始。林奈（C. Linnaeus，1735）提出以性器官的差异来分类，他在《自然系统》（*Systerma Naturae*）一书中，根据雄蕊数目、特征及其与雌蕊的关系将植物界分为 24 纲。随后他又在《植物的纲》（*Classes Plantarum*，1738）中列出了 63 个目。到了 19 世纪，堪德尔（de Candolle）父子又根据植物相似性程度将植物分为 135 目（科），后发展到 213 科。自 1859 年达尔文的《物种起源》一书发表后，植物分类逐渐由自然分类走向了系统发育分类。达尔文理论产生的影响有三：①“种”不是特创的，而是在生命长河中由另一个种演化来的，并且是永远演化着的；②真正的自然分类必须是建立在系谱上的，即任何种均出自一个共同祖先；③“种”不是由“模式”显示的，而是由变动着的居群（population）所组成的（吴征镒等，2003）。科学的植物学分类系统是系统发育分类系统，即应客观地反映自然界生物的亲缘关系和演化发展，所以现在广义的分类学又称为系统学。近几十年来，植物分类学应用了各种现代科学技术，衍生出了诸如实验分类学、化学分类学、细胞分类学和数值分类学等研究流域，特别是生物化学和分子生物学的发展大大推动了经典分类学不再停留在描述阶段而向着客观的实验科学发展。

（二）现代常用的被子植物分类系统

现代被子植物的分类系统常用的有四大体系。

1. 德国学者恩格勒（A. Engler）和普兰特（K. Prantl）合著的 23 卷巨著《自然植物科志（1887—1895）》在国际植物学界有很大影响。Engler 系统将被子植物门分为单子叶植物纲（Monocotyledoneae）和双子叶植物纲（Dicotyledoneae），认为花单性、无花被或具一层花被、风媒传粉为原始类群，因此按花的结构由简单到复杂的方向来表明各类群间的演化关系，认为单子叶植物和双子叶植物分别起源于未知的已灭绝的裸子植物，并把“柔荑花序类”作为原始的有花植物。但是这些观点已被后来的研究所否定，因为多数植物学家认为单子叶植物作为独立演化支起源于原始的双子叶植物；同时，木材解剖学和孢粉学研究已经否认了“柔荑花序类”作为原始的类群。

2. 英国植物学家哈钦松（J. Hutchinson）在 1926—1934 年发表了《有花植物科志》，创立了 Hutchinson 系统，以后 40 年内经过两次修订。该系统将被子植物分为单子叶植物（Monocotyledones）和双子叶植物（Dicotyledones），共描述了被子植物 111 目 411 科。他提出两性花比单性花原始；花各部分分离、多数比联合和定数原始；木本比草本原始；认为木兰科是现存被子植物中最原始的科；被子植物起源于 Bennettitales 类植物，分别按木本和草本两支不同的方向演化，单子叶植物起源于双子叶植物的草本支（毛茛目），并按照花部的结构不同，分化为三个进化支，即萼花、冠花和颖花。但由于他坚持把木本和草本作为第一级系统发育的区别，导致了亲缘关系很近的类群被分开，因此该分类系统也存在很大的争议。

3. 苏联学者 A. Takhtajan 在 1954 年提出了 Takhtajan 系统，1964 和 1966 年又得到修订。该系统仍把被子植物分为双子叶植物纲（Magnoliopsida）和单子叶植物纲（Liliopsida），共包括 12 亚纲、53 超目（superorder）、166 目和 533 科。Takhtajan 认为被子植物的祖先应该是种子蕨（Pteridospermae），花各部分分离、螺旋状排列，花蕊向心发育、未分化成花丝和花药，常具三条纵脉，花粉二核，有一萌发孔，外壁未分化，心皮未分化等性状为原始性状。

4. 美国学者 A. Cronquist 在 1958 年创立了 Cronquist 系统，该系统与 Takhtajan 系统相近，但取消了超目这一级分类单元。Cronquist 也认为被子植物可能起源与种子蕨，木兰亚纲是现存的最原始的被子植物。在 1981 年的修订版中，共分 11 亚纲、83 目、383 科。这两个系统目前得到了更多学者的支持，但他们在属、科、目等分类群的范围上仍然有较大差异，而且在各类群间的演化关系上仍有不同看法。

Engler 系统和 Hutchinson 系统目前仍被国内外广泛采用。近年来我国当代著名植物分类学家吴征镒等发表了《中国被子植物科属综论》，提出了被子植物的八纲分类系统。他们提出建立被子植物门之下一级分类的原则是：①要反映类群间的系谱关系；②要反映被子植物早期（指早白垩世）分化的主传代线，每一条主传代线可为一个纲；③各主传代线分化以后，依靠各方面资料并以多系、多期、多域的观点来推断它们的古老性和它们之间的系统关系；④采用 Linnaeus 阶层体系的命名方法（吴征镒等，2003）。该书中描述了全世界的 8 纲（class），40 个亚纲（subclass），202 个目（order），572 个科（family）中在中国分布的 157 目，346 科。

（三）作物的植物学分类

"种"是生物分类的基本单位。"种"一般是指具有一定的自然分布区和一定的形态特征和生理特性的生物类群。18 世纪植物分类学家林奈提出，同一物种的个体之间性状相似，彼此之间可以进行杂交并产生能生育的后代，而不同物种之间则不能进行杂交，或即使杂交了也不能产生能生育的后代。这是经典植物学分类最重要的原则之一。但是，在后来针对不同的研究对象时，这个原则并没有始终得到遵守，因为有时不是很适宜，例如，栽培大豆（*Glycine max*）和野生大豆（*Glycine soja*）就能够相互杂交并产生可育的后代；亚洲栽培稻（*Oryza sativa*）和普通野生稻（*Glycin rufipogon*）的关系也是这样。但是，它们一个是野生的，一个是栽培的，一定要把它们划为一个种是不很适宜的。因此，尽管作物的植物学分类非常重要，但是具体到属和种的划分又常常出现争论。回顾各种作物及其野生近缘种的分类历史，可以发现多种作物都面临过分类争议和摇摆不定的情形。例如，各种小麦曾被分类成 2 个种、3 个种、5 个种，甚至 24 个种；有些人把山羊草当作单独的一个属（*Aegilops*），另外一些人又把它划到小麦属（*Triticum*），因为普通小麦三个基因组之中两个来自山羊草。正因这种例子不胜枚举，故科学家们往往根据自己的经验进行独立的、非正式的人为分类，结果甚至造成了同一作物也存在不同分类系统的局面。因此，当前的植物学分类应遵循"约定俗成"和"国际通用"两个原则，在研究中可以根据科学的发展进行适当修正，尽量贯彻以上提到的"林奈原则"。

作物具有很丰富的物种多样性，因为这些作物来自多个植物科，但大多数作物来自豆科（Leguminoseae）和禾本科（Gramineae）。如果只考虑到食用作物，禾本科有 30 种左右的作物，豆科有 40 余种作物。另外，茄科（Solanaceae）有近 20 种作物，十字花科（Cruciferae）有 15 种左右作物，葫芦科（Cucurbitaceae）有 15 种左右作物，蔷薇科（Rosaceae）有 10 余种作物，百合科（Liliaceae）有 10 余种作物，伞形科（Umbelliferae）有 10 种左右作物，天南星科（Araceae）有近 10 种作物。

（四）作物的学名及其重要性

正因为植物学分类能反映有关物种在植物系统发育中的地位，所以作物的学名按植物分类学系统确定。国际通用的物种学名采用的是林奈的植物"双名法"，即规定每个植物种的学名由两个拉丁词组成，第一个词是"属"名，第二个词是"种"名，最后还附定名人的姓名缩写。学名一般用斜体拉丁字母，属名第一个字母要大写，种名全部字母要小写。对种以下的分类单位，往往采用"三名法"，即在双名后再加亚种（或变种、变型、种族）名。

应用作物的学名是非常重要的。因为在不同国家或地区，在不同时代，同一种作物有不同名称。例如，甘薯［*Ipomoea batatas*（L.）Lam.］在我国有多种名称，如红薯、白薯、番薯、红苕、地瓜等。同时，同名异物的现象也大量存在，如地瓜在四川不仅指甘薯，又指豆薯（*Pachyrhizus erosus* Urban），两者其实分别属于旋花科和豆科。这种名称上的混乱不仅对品种改良和开发利用是非常不利的，而且给国际国内的学术交流带来了很大的麻烦。这种情况，如果普遍采用拉丁文学名，就能得到根本解决。也就是说，在文章中，不管出现的是什么植物和材料名称，要求必须附其植物学分类上的拉丁文学名，这样，就可以避免因不同语言（包括方言）所带来的名称混乱问题。

（五）作物的细胞学分类

从20世纪30年代初期开始，细胞有丝分裂时的染色体数目和形态就得到了大量研究。到目前为止，约40%的显花植物已经做过染色体数目统计，利用这些资料已修正了某些作物在植物分类学上的一些错误。因此，染色体核型（指一个个体或种的全部染色体的形态结构，包括染色体数目、大小、形状、主缢痕、次缢痕等）的差异在细胞分类学发展的60多年里，被广泛地用作确定植物间分类差别的依据（徐炳声等，1996）。

此外，根据染色体组（又称基因组）进行的细胞学分类也是十分重要的。例如，在芸薹属中，分别把染色体基数为10、8和9的染色体组命名为AA组、BB组和CC组，它们成为区分物种的重要依据之一。染色体倍性同样是分类学上常用的指标。

二、作物的用途分类

按用途分类是农业中最常用的分类。本丛书就是按此系统分类的，计包括粮食作物、经济作物、果树、蔬菜、饲料作物、林木、观赏作物（花卉）、药用作物八篇。

但需要注意到，这里的分类系统也具有不确定性，其原因在于基于用途的分类肯定随着其用途的变化而有所变化。例如，玉米在几十年前几乎是作为粮食作物，而现在却大部分作为饲料，因此在很多情况下已把玉米称为粮饲兼用作物。高粱、大麦、燕麦、黑麦甚至大豆也有与此相似的情形。另外，一些作物同时具有多种用途，例如，用作水果的葡萄又大量用作酿酒原料，在中国用作粮食的高粱也用作酿酒原料，大豆既是食物油的来源又可作为粮食，亚麻和棉花可提供纤维和油，花生和向日葵可提供蛋白质和油，因此很难把它们截然划在那一类作物中。同时，这种分类方法与地理区域也存在很大关系，例如，籽粒苋（*Amaranthus*）在美洲认为是一种拟禾谷类作物（pseudocereal），但在亚洲一些地区却当作一种药用作物。独行菜（*Lepidium*）在近东地区作为一种蔬菜，但在安第斯地区却是一种粮用的块根作物。

三、作物的生理学、生态学分类

按照作物生理及生态特性，对作物有如下几种分类方式：

（一）按照作物通过光照发育期需要日照长短分为长日照作物、短日照作物和中性作物

小麦、大麦、油菜等适宜昼长夜短方式通过其光照发育阶段的为长日照作物，水稻、玉米、棉花、花生和芝麻等适宜昼短夜长方式通过其光照发育阶段的为短日照作物，豌豆和荞麦等为对光照长短没有严格要求的作物。

(二) C_3和 C_4作物

以 C_3 途径进行光合作用的作物称为 C_3 作物，如小麦、水稻、棉花、大豆等；以 C_4 途径进行光合作用的作物称为 C_4 作物，如高粱、玉米、甘蔗等。后者往往比前者的光合作用能力更强，光呼吸作用更弱。

(三) 喜温作物和耐寒作物

前者在全生育期中所需温度及积温都较高，如棉花、水稻、玉米和烟草等；后者则在全生育期中所需温度及积温都较低，如小麦、大麦、油菜和蚕豆等。果树分为温带果树、热带果树等。

(四) 根据利用的植物部位分类

如蔬菜分为根菜类、叶菜类、果菜类、花菜类、茎菜类、芽菜类等。

四、作物品种的分类

在作物种质资源的研究和利用中，各种作物品种的数量都很多。对品种进行科学的分类是十分重要的。作物品种分类的系统很多，需要根据研究和利用的内容和目的而确定。

(一) 依据播种时间对作物品种分类

如玉米可分成春玉米、夏玉米和秋玉米，小麦可分成冬小麦和春小麦，水稻可分成早稻、中稻和晚稻，大豆可分成春大豆、夏大豆、秋大豆和冬大豆等。这种分类还与品种的光照长短反应有关。

(二) 依据品种的来源分类

如分为国内品种和国外品种，国外品种还可按原产国家分类，国内品种还可按原产省份分类。

(三) 依据品种的生态区（生态型）分类

在一个国家或省范围内，根据该作物分布区气候、土壤、栽培条件等地理生态条件的不同，划分为若干栽培区，或称生态区。同一生态区的品种，尽管形态上相差很大，但它们的生态特性基本一致，故为一种生态型。如我国小麦分为十大麦区，即十大生态类型。

(四) 依据产品的用途分类

如小麦品种分强筋型、中筋型、弱筋型，玉米品种分粮用型、饲用型、油用型，高粱品种分食用型、糖用型、帚用型等。

(五) 以穗部形态为主要依据分类

如我国高粱品种分为紧穗型、散穗型、侧散型，我国北方冬麦区小麦品种分为通常型、圆颖多花型、拟密穗型等。

（六）结合生理、生态、生化和农艺性状综合分类

以水稻为例，我国科学家丁颖提出，程侃声、王象坤等修订的我国水稻 4 级分类系统：第一级分籼、粳；第二级分水、陆；第三级分早、中、晚；第四级分黏、糯。

第四节　作物的遗传多样性

遗传多样性是指物种以内基因丰富的状况，故又称基因多样性。作物的基因蕴藏在作物种质资源中。作物种质资源一般分为地方品种、选育品种、引进品种、特殊遗传材料、野生近缘植物（种）等种类。各类种质资源的特点和价值不同。地方品种又称农家品种，它们大都是在初生或次生起源中心经多年种植而形成的古老品种，适应了当地的生态条件和耕作条件，并对当地常发生的病虫害产生了抗性或耐性。一般来说，地方品种常常是包括有多个基因型的群体，蕴含有较高的遗传多样性。因此，地方品种不仅是传统农业的重要组成部分，而且也是现代作物育种中重要的基因来源。选育品种是经过人工改良的品种，一般说来，丰产性、抗病性等综合性状较好，常常被育种家首选作进一步改良品种的亲本。但是，选育品种大都是纯系，遗传多样性低，品种的亲本过于单一会带来遗传脆弱性。那些过时的，已被生产上淘汰的选育品种，也常含有独特基因，同样应予以收集和注意。从国外或外地引进的品种常常具备本地品种缺少的优良基因，几乎是改良品种不可缺少的材料。我国水稻、小麦、玉米等主要作物 50 年育种的成功经验都离不开利用国外优良品种。特殊遗传材料包括细胞学研究用的遗传材料，如单体、三体、缺体、缺四体等一切非整倍体；和基因组研究用的遗传材料，如重组近交系、近等基因系、DH 群体、突变体、基因标记材料等；属间和种间杂种及细胞质源；还有鉴定病菌用的鉴定寄主和病毒指示植物。野生近缘植物是与栽培作物遗传关系相近，能向栽培作物转移基因的野生植物。野生近缘植物的范围因作物而异，普通小麦的野生近缘植物包括整个小麦族，亚洲栽培稻的野生近缘植物包括稻属，而大豆的野生近缘植物只是黄豆亚属（*Glycine* subgenus *Soja*）。一般说来，一个作物的野生近缘植物常常是与该作物同一个属的野生植物。野生近缘植物的遗传多样性最高。

一、作物遗传多样性的形成与发展

（一）作物遗传多样性形成的影响因素

作物遗传多样性类型的形成是下面五个重要因素相互作用的结果：基因突变、迁移、重组、选择和遗传漂移。前三个因素会使群体的变异增加，而后两个因素则往往使变异减少，它们在特定环境下的相对重要性就决定了遗传多样性变化的方向与特点。

1. 基因突变　基因突变对群体遗传组成的改变主要有两个方面：一是通过改变基因频率来改变群体遗传结构；二是导致新的等位基因的出现，从而导致群体内遗传变异的增加。因此，基因突变过程会导致新变异的产生，从而可能导致新性状的出现。突变分自然突变和人工突变。自然突变在每个生物体中甚至每个位点上都有发生，其突变频率在 10^{-6}～10^{-3}（另一资料在 10^{-12}～10^{-10}）。到目前为止还没有证明在野生居群中的突变率与栽培群体中的突变率有什么差异，但当突变和选择的方向一致时，基因频率改变的速度就变得更快。

虽然大多数突变是有害的，但也有一些突变对育种是有利的。

2. 迁移 尽管还没有实验证据来证明迁移可以提高变异程度，但它确实在作物的进化中起了重要作用，因为当人类把作物带到一个新地方之后，作物必须要适应新的环境，从而增加了地理变异。当这些作物与近缘种杂交并进行染色体多倍化时，会给后代增加变异并提高其适应能力。迁移在驯化上的重要性，可以用小麦来作为一个很好的例子，小麦在近东被驯化后传播到世界各个地方，形成了丰富多彩的生态类型，以至于中国变成了世界小麦的多样性中心之一。

3. 重组 重组是增加变易的重要因素（详见第二节）。作物的生殖生物学特点是影响重组的重要因素之一。一般来说，异花授粉作物由于在不同位点均存在杂合性，重组概率高，因而变异程度较高；相反自花授粉作物由于位点的纯合性很高，重组概率相对较少，故变异程度相对较低。还有必要注意到，有一些作物是自花授粉的，而它们的野生祖先却是异花授粉的，其原因可能与选择有关。例如，番茄的野生祖先多样性中心在南美洲，在那里野生番茄通过蜜蜂传粉，是异花授粉的。但它是在墨西哥被驯化的，在墨西哥由于没有蜜蜂，在人工选择时就需要选择自交方式的植株，栽培番茄就成了自花授粉作物。

4. 选择 选择分自然选择和人工选择，两者均是改变基因频率的重要因素。选择在作物的驯化中至关重要，尤其是人工选择。但是，选择对野生居群和栽培群体的作用是显然有巨大差别的。例如，选择没有种子传播能力和整齐的发芽能力对栽培作物来说非常重要，而对野生植物来说却是不利的。人工选择是作物品种改良的重要手段，但在人工选择自己需要的性状时常常无意中把很多基因丢掉，使遗传多样性更加狭窄。

5. 遗传漂移 遗传漂移常常在居群（群体）过小的情况下发生。存在两种情况：一种是在植物居群中遗传平衡的随机变化。这是指由于个体间不能充分的随机交配和基因交流，从而导致群体的基因频率发生改变；另一个称为"奠基者原则（founder principle)"，指由少数个体建立的一种新居群，它不能代表祖先种群的全部遗传特性。后一个概念对作物进化十分重要，如当在禾谷类作物中发现一个穗轴不易折断的突变体时，对驯化很重要，但对野生种来说是失去了种子传播机制。由于在小群体中遗传漂移会使纯合个体增加，从而减少遗传变异，同时还由于群体繁殖逐代近交化而导致杂种优势和群体适应性降低。在自然进化过程中，遗传漂移的作用可能会将一些中性或对栽培不利的性状保留下来，而在大群体中不利于生存和中性性状会被自然选择所淘汰。在栽培条件下，作物引种、选留种、分群建立品系、近交，特别是在种质资源繁殖时，如果群体过小，很有可能造成遗传漂移，致使等位基因频率发生改变。

（二）遗传多样性的丧失与遗传脆弱性

现代农业的发展带来的一个严重后果是品种的单一化，这在发达国家尤其明显，如美国的硬红冬小麦品种大多数有来自波兰和俄罗斯的两个品系的血缘。我国也有类似情况。例如，目前生产上种植的水稻有50%是杂交水稻，而这些杂交水稻的不育系绝大部分是"野败型"，而恢复系大部分为从国际水稻所引进的IR系统；全国推广的小麦品种大约一半有南大2419、阿夫、阿勃、欧柔4个品种或其派生品种的血统，而其抗病源乃是以携带黑麦血统的洛夫林系统占主导地位；1995年，全国53%的玉米面积种植掖单13、丹玉13、中单2号、掖单2号和掖单12这五个品种；全国61%的玉米面积严重依赖Mo17、掖478、黄早四、丹340和E28

这五个自交系。这就使得原来的遗传多样性大大丧失，遗传基础变得很狭窄，其潜在危险就是这些作物极易受到病虫害袭击。一旦一种病原菌的生理种族成灾而作物又没有抗性，整个作物在很短时间内会受到毁灭性打击，从而带来巨大的经济损失。这样的例子不少，最经典的当数 19 世纪 40 年代爱尔兰的马铃薯饥荒。19 世纪欧洲的马铃薯品种都来自两个最初引进的材料，导致 40 年代晚疫病的大流行，使数百万人流浪他乡。美国在 1954 年暴发的小麦秆锈病事件、在 1970 年爆发的雄性不育杂交玉米小斑病事件、苏联在 1972 年小麦产量的巨大损失（当时的著名小麦品种“无芒 1 号”种植了 1 500 万 hm^2，大部因冻害而死）等都令人触目惊心。品种单一化是造成遗传脆弱性的主要原因。

二、遗传多样性的度量

（一）度量作物遗传多样性的指标

1. 形态学标记　有多态性的、高度遗传的形态学性状是最早用于多样性研究的遗传标记类型。这些性状的多样性也称为表型多样性。形态学性状的鉴定一般不需要复杂的设备和技术，少数基因控制的形态学性状记录简单、快速和经济，因此长期以来表型多样性是研究作物起源和进化的重要度量指标。尤其是在把数量化分析技术如多变量分析和多样性指数等引入之后，表型多样性分析成为了作物起源和进化研究的重要手段。例如，Jain 等（1975）对 3 000 多份硬粒小麦材料进行了表型多样性分析，发现来自埃塞俄比亚和葡萄牙的材料多样性最丰富，次之是来自意大利、匈牙利、希腊、波兰、塞浦路斯、印度、突尼斯和埃及的材料，总的来看，硬粒小麦在地中海地区和埃塞俄比亚的多样性最高，这与其起源中心相一致。Tolbert 等（1979）对 17 000 多份大麦材料进行了多样性分析，发现埃塞俄比亚并不是多样性中心，大麦也没有明显的多样性中心。但是，表型多样性分析存在一些缺点，如少数基因控制的形态学标记少，而多基因控制的形态学标记常常遗传力低、存在基因型与环境互作，这些缺点限制了形态学标记的广泛利用。

2. 次生代谢产物标记　色素和其他次生代谢产物也是最早利用的遗传标记类型之一。色素是花青素和类黄酮化合物，一般是高度遗传的，在种内和种间水平上具有多态性，在 20 世纪 60 年代和 70 年代作为遗传标记被广泛利用。例如，Frost 等（1975）研究了大麦材料中的类黄酮类型的多样性，发现类型 A 和 B 分布广泛，而类型 C 只分布于埃塞俄比亚，其多样性分布与同工酶研究的结果非常一致。然而，与很多其他性状一样，色素在不同组织和器官上存在差异，基因型与环境互作也会影响到其数量上的表达，在选择上不是中性的，不能用位点/等位基因模型来解释，这些都限制了它的广泛利用。在 20 世纪70～80 年代，同工酶技术代替了这类标记，被广泛用于研究作物的遗传多样性和起源问题。

3. 蛋白质和同工酶标记　蛋白质标记和同工酶标记比前两种标记数目多得多，可以认为它是分子标记的一种。蛋白质标记中主要有两种类型：血清学标记和种子蛋白标记。同工酶标记有的也被认为是一种蛋白质标记。

血清学标记一般来说是高度遗传的，基因型与环境互作小，但迄今还不太清楚其遗传特点，难以确定同源性，或用位点/等位基因模型来解释。由于动物试验难度较大，这些年来利用血清学标记的例子越来越少，不过与此有关的酶联免疫检测技术（ELISA）在系统发育研究（Esen and Hilu，1989）、玉米种族多样性研究（Yakoleff et al.，1982）和玉米自交系多样性研究（Esen et al.，1989）中得到了很好的应用。

种子蛋白（如醇溶蛋白、谷蛋白、球蛋白等）标记多态性较高，并且高度遗传，是一种良好的标记类型。所用的检测技术包括高效液相色谱、SDS-PAGE、双向电泳等。种子蛋白的多态性可以用位点/等位基因（共显性）来解释，但与同工酶标记相比，种子蛋白检测速度较慢，并且种子蛋白基因往往是一些紧密连锁的基因，因此难以在进化角度对其进行诠释（Stegemann and Pietsch，1983）。

同工酶标记是DNA分子标记出现前应用最为广泛的遗传标记类型。其优点包括：多态性高、共显性、单基因遗传特点、基因型与环境互作非常小、检测快速简单、分布广泛等，因此在多样性研究中得到了广泛应用（Soltis and Soltis，1989）。例如，Nevo等（1979）用等位酶研究了来自以色列不同生态区的28个野生大麦居群的1 179个个体，发现野生大麦具有丰富的等位酶变异，其变异类型与气候和土壤密切相关，说明自然选择在野生大麦的进化中非常重要。Nakagahra等（1978）用酯酶同工酶研究了776份亚洲稻材料，发现不同国家的材料每种同工酶的发生频率不同，存在地理类型，越往北或越往南类型越简单，而在包括尼泊尔、不丹、印度Assam、缅甸、越南和中国云南等地区的材料酶谱类型十分丰富，这个区域也被认定为水稻的起源中心。然而，也需要注意到存在一些特点上的例外，如在番茄、小麦和玉米上发现过无效同工酶、在玉米和高粱上发现过显性同工酶、在玉米和番茄上发现过上位性同工酶，在某些情况下也存在基因型与环境互作。

然而，蛋白质标记也存在一些缺点，这包括：①蛋白质表型受到基因型、取样组织类型、生育期、环境和翻译后修饰等共同作用；②标记数目少，覆盖的基因组区域很小，因为蛋白质标记只涉及到编码区域，同时也并不是所有蛋白质都能检测到；③在很多情况下，蛋白质标记在选择上都不是中性的；④有些蛋白质具有物种特异性；⑤用标准的蛋白质分析技术可能检测不到有些基因突变。这些缺点使蛋白质标记在20世纪80年代后慢慢让位于DNA分子标记。

4. 细胞学标记　细胞学标记需要特殊的显微镜设备来检测，但相对来说检测程序简单、经济。在研究多样性时，主要利用的两种细胞遗传学标记是染色体数目和染色体形态特征，除此之外，DNA含量也有利用价值（Price，1988）。染色体数目是高度遗传的，但在一些特殊组织中会发生变化；染色体形态特征包括染色体大小、着丝粒位置、减数分裂构型、随体、次缢痕和B染色体等都是体现多样性的良好标记（Dyer，1979）。在特殊的染色技术（如C带和G带技术等）和DNA探针的原位杂交技术得到广泛应用后，细胞遗传学标记比原先更为稳定和可靠。但由于染色体数目和形态特征的变化有时有随机性，并且这种变异也不能用位点/等位基因模型来解释，在多样性研究中实际应用不多。迄今为止，细胞学标记在变异研究中，最多的例子是在检测离体培养后出现的染色体数目和结构变化。

5. DNA分子标记　20世纪80年代以来，DNA分子标记技术被广泛用于植物的遗传多样性和遗传关系研究。相对其他标记类型来说，DNA分子标记是一种较为理想的遗传标记类型，其原因包括：①核苷酸序列变异一般在选择上是中性的，至少对非编码区域是这样；②由于直接检测的是DNA序列，标记本身不存在基因型与环境互作；③植物细胞中存在3种基因组类型（核基因组、叶绿体基因组和线粒体基因组），用DNA分子标记可以分别对它们进行分析。目前，DNA分子标记主要可以分为以下几大类，即限制性片段长度多态性（RFLP）、随机扩增多态性DNA（RAPD）、扩增片段长度多态性（AFLP）、微卫星或称为简单序列重复（SSR）、单核苷酸多态性（SNP）。每种 DNA 分子标记均有其内在的优缺点，它们的应用随不同的具体情形而异。在遗传多样性研究方面，应用 DNA 分子标记技术的报道已不胜枚举。

（二）遗传多样性分析

关于遗传多样性的统计分析可以参见 Mohammadi 等（2003）进行的详细评述。在遗传多样性分析过程中需要注意到以下几个重要问题。

1. 取样策略 遗传多样性分析可以在基因型（如自交系、纯系和无性繁殖系）、群体、种质材料和种等不同水平上进行，不同水平的遗传多样性分析取样策略不同。这里着重提到的是群体（杂合的地方品种也可看作群体），因为在一个群体中的基因型可能并不处于 Hardy Weinberg 平衡状态（在一个大群体内，不论起始群体的基因频率和基因型频率是多少，在经过一代随机交配之后，基因频率和基因型频率在世代间保持恒定，群体处于遗传平衡状态，这种群体叫做遗传平衡群体，它所处的状态叫做哈迪—温伯格平衡）。遗传多样性估算的取样方差与每个群体中取样的个体数量、取样的位点数目、群体的等位基因组成、繁育系统和有效群体大小有关。现在没有一个推荐的标准取样方案，但基本原则是在财力允许的情况下，取样的个体越多、取样的位点越多、取样的群体越多越好。

2. 遗传距离的估算 遗传距离指个体、群体或种之间用 DNA 序列或等位基因频率来估计的遗传差异大小。衡量遗传距离的指标包括用于数量性状分析的欧式距离（D_E），可用于质量性状和数量性状的 Gower 距离（DG）和 Roger 距离（RD），用于二元数据的改良 Roger 距离（GD_{MR}）、Nei & Li 距离（GD_{NL}）、Jaccard 距离（GD_J）和简单匹配距离（GD_{SM}）等：

$D_E = [(x_1 - y_1)^2 + (x_2 - y_2)^2 + \cdots (x_p - y_p)^2]^{1/2}$，这里 x_1，x_2，…，x_p 和 y_1，y_2，…，y_p 分别为两个个体（或基因型、群体）i 和 j 形态学性状 p 的值。

两个自交系之间的遗传距离 $D_{smith} = \sum [(x_{i(p)} - y_{j(p)})^2 / \mathrm{var}x_{(p)}]^{1/2}$，这里 $x_{i(p)}$ 和 $y_{j(p)}$ 分别为自交系 i 和 j 第 p 个性状的值，$\mathrm{var}x_{(p)}$ 为第 p 个数量性状在所有自交系中的方差。

$DG = 1/p\sum w_k \mathrm{d}_{ijk}$，这里 p 为性状数目，d_{ijk} 为第 k 个性状对两个个体 i 和 j 间总距离的贡献，$d_{ijk} = | d_{ik} - x_{jk} |$，$d_{ik}$ 和 d_{jk} 分别为 i 和 j 的第 k 个性状的值，$w_k = 1/R_k$，R_k 为第 k 个性状的范围（range）。

当用分子标记作遗传多样性分析时，可用下式：$d_{(i,j)} = constant\ (\sum | X_{ai} - X_{aj} |^r)^{1/r}$，这里 X_{ai} 为等位基因 a 在个体 i 中的频率，n 为每个位点等位基因数目，r 为常数。当 $r=2$ 时，则该公式变为 Roger 距离，即 $RD = 1/2\ [\sum (X_{ai} - X_{aj})^2]^{1/2}$。

当分子标记数据用二元数据表示时，可用下列距离来表示：

$$GD_{NL} = 1 - 2N_{11} / (2N_{11} + N_{10} + N_{01})$$

$$GD_J = 1 - N_{11} / (N_{11} + N_{10} + N_{01})$$

$$GD_{SM} = 1 - (N_{11} + N_{00}) / (N_{11} + N_{10} + N_{01} + N_{00})$$

$$GD_{MR} = [(N_{10} + N_{01}) / 2N]^{1/2}$$

这里 N_{11} 为两个个体均出现的等位基因的数目；N_{00} 为两个个体均未出现的等位基因数目；N_{10} 为只在个体 i 中出现的等位基因数目；N_{01} 为只在个体 j 中出现的等位基因数目；N 为总的等位基因数目。谱带在分析时可看成等位基因。

在实际操作过程中，选择合适的遗传距离指标相当重要。一般来说，GD_{NL} 和 GD_J 在处理显性标记和共显性标记时是不同的，用这两个指标分析自交系时排序结果相同，但分析杂交种中的杂合位点和分析杂合基因型出现频率很高的群体时其遗传距离就会产生差异。根据以前的研究结果，建议在分析共显性标记（如 RFLP 和 SSR）时用 GD_{NL}，而在分析显性标记（如 AFLP 和 RAPD）时用 GD_{SM}或 GD_{J}。GD_{SM}和 GD_{MR}，前者可用于巢式聚类分析和分子方差分析（AMOVA），但后者由于有其重要的遗传学和统计学意义更受青睐。

在衡量群体（居群）的遗传分化时，主要有三种统计学方法：一是 χ^2 测验，适用于等位基因多样性较低时的情形；二是 F 统计（Wright，1951）；三是 G_{ST} 统计（Nei，1973）。在研究中涉及到的材料很多时，还可以用到一些多变量分析技术，如聚类分析和主成分分析等。

三、作物遗传多样性研究的实际应用

（一）作物的分类和遗传关系分析

禾本科（Gramineae）包括了所有主要的禾谷类作物如小麦、玉米、水稻、谷子、高粱、大麦和燕麦等，还包括了一些影响较小的谷物如黑麦、黍稷、龙爪稷等。此外，该科还包括一些重要的牧草和经济作物如甘蔗。禾本科是开花植物中的第四大科，包括 765 个属，8 000～10 000 个种（Watson and Dallwitz，1992）。19 世纪和 20 世纪科学家们（Watson and Dallwitz，1992；Kellogg，1998 等）曾把禾本科划分为若干亚科。

由于禾本科在经济上的重要性，其系统发生关系一直是国际上多年来的研究热点之一。构建禾本科系统发生树的基础数据主要来自以下几方面：解剖学特征、形态学特征、叶绿体基因组特征（如限制性酶切图谱或 RFLP）、叶绿体基因（*rbcL*，*ndhF*，*rpoC2* 和 *rps4*）的序列、核基因（rRNA，*waxy* 和控制细胞色素 B 的基因）的序列等。尽管在不同研究中用到了不同的物种，但却得到了一些共同的研究结果，例如，禾本科的系统发生是单一的（monophyletic）而不是多元的。研究表明，在禾本科的演化过程中，最先出现的是 Pooideae、Bambusoideae 和 Oryzoideae 亚科（约在 7 000 万年前分化），稍后出现的是 Panicoideae、Chloridoideae 和 Arundinoideae 亚科及一个小的亚科 Centothecoideae。

图 0 - 2 是种子植物的系统发生简化图，其中重点突出了禾本科植物的系统发生情况。在了解不同作物的系统发生关系和与其他作物的遗传关系时，需要先知道该作物的高级分类情况，再对照该图进行大致的判断。但更准确的方法是应用现代的各种研究技术进行实验室分析。

（二）比较遗传学研究

在过去的十年中，比较遗传学得到了飞速发展。Bennetzen 和 Freeling（1993）最先提出了可以把禾本科植物当作一个遗传系统来研究。后来，通过利用分子标记技术的比较作图和基于序列分析技术，已发现和证实在不同的禾谷类作物之间基因的含量和顺序具有相当高的保守性（Devos and Gale，1997）。这些研究成果给在各种不同的禾谷类作物中进行基因发掘和育种改良提供了新的思路。RFLP 连锁图还揭示了禾本科基因组的保守性，即已发现水稻、小麦、玉米、高粱、谷子、甘蔗等不同作物染色体间存在部分同源关系。比较遗传作图不仅在起源演化研究上具有重要意义，而且在种质资源评价、分子标记辅助育种及基因克隆等方面也有重要作用。

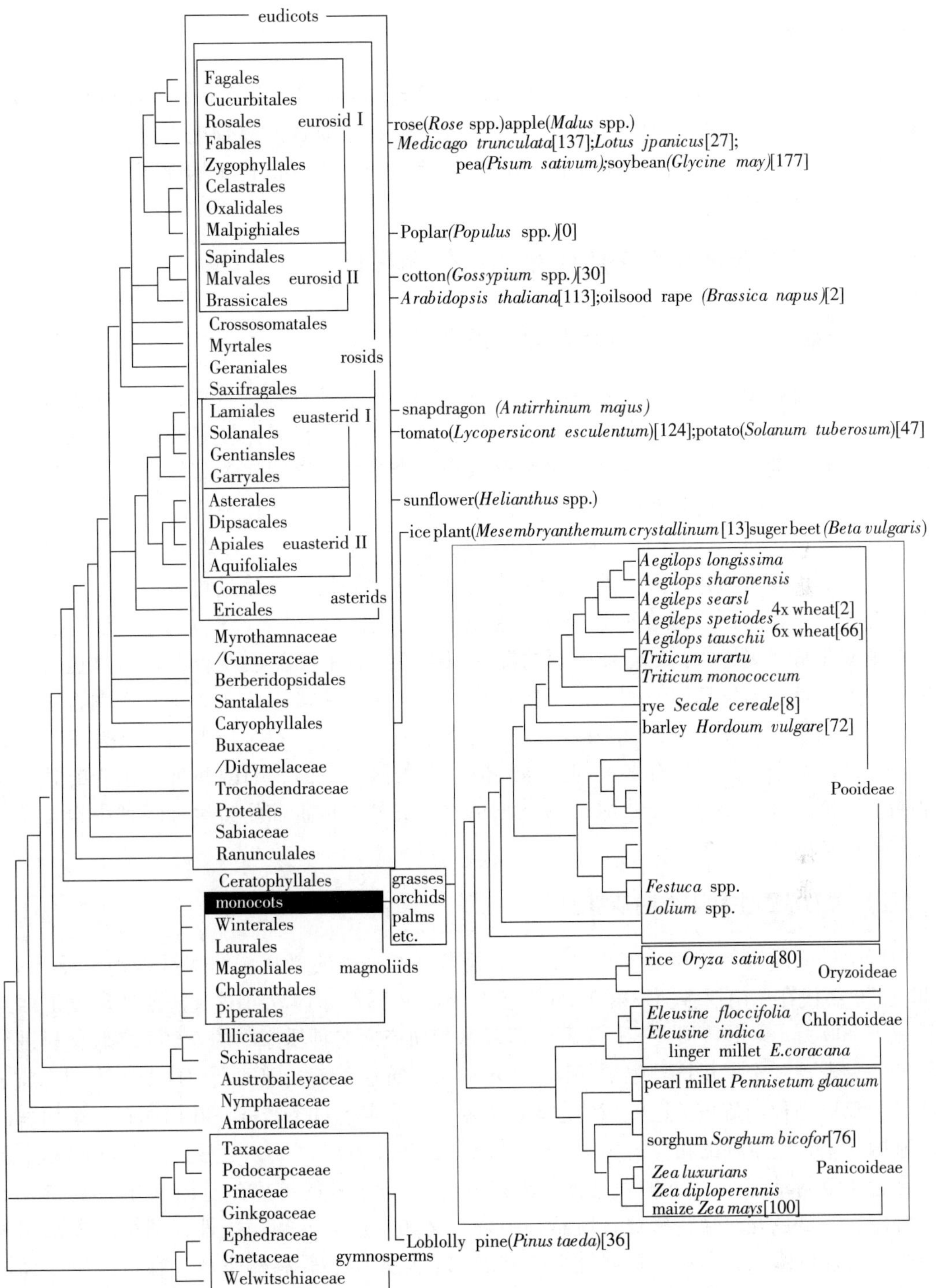

图 0-2　种子植物的系统发生关系图

［左边的总体系统发生树依据 Soltis et al.（1999），右边的禾本科系统发生树依据 Kellogg（1998）。在各分支点之间的水平线长度并不代表时间尺度］

（Laurie and Devos，2002）

（三）核心种质构建

Frankel 等人在 1984 年提出构建核心种质的思想。核心种质是在一种作物的种质资源中，以最小的材料数量代表全部种质的最大遗传多样性。在种质资源数量庞大时，通过遗传多样性分析，构建核心种质是从中发掘新基因的有效途径。在中国已初步构建了水稻、小麦、大豆、玉米等作物的核心种质。

四、用野生近缘植物拓展作物的遗传多样性

（一）作物野生近缘植物常常具有多种优良基因

野生种中蕴藏着许多栽培种不具备的优良基因，如抗病虫性、抗逆性、优良品质、细胞雄性不育及丰产性等。无论是常规育种还是分子育种，目前来说比较好改良的性状仍是那些遗传上比较简单的性状，利用的基因多为单基因或寡基因。而对于产量、品质、抗逆性等复杂性状，育种改良的进展相对较慢。造成这种现象的原因之一是在现代品种中针对目标性状的遗传基础狭窄。在 70 多年前，瓦维洛夫就预测野生近缘种将会在农业发展中起到重要作用；而事实上也确实如此，因为野生近缘种在数百万年的长期进化过程中，积累了各种不同的遗传变异。作物的野生近缘种在与病原菌的长期共进化过程中，积累了广泛的抗性基因，这是育种家非常感兴趣的。尽管在一般情况下野生近缘种的产量表现较差，但也包含一些对产量有很大贡献的等位基因。例如，当用高代回交—数量性状位点（QTL）作图方法，在普通野生稻（*Oryza rufipogon*）中发现存在两个数量性状位点，每个位点都可以提高产量 17%左右，并且这两个基因还没有多大的负向效应，在美国、中国、韩国和哥伦比亚的独立实验均证明了这一点（Tanksley and McCouch，1997）。此外，在番茄的野生近缘种中也发现了大量有益等位基因。

（二）大力从野生种中发掘新基因

由野生种向栽培种转移抗病虫性的例子很多，如水稻的草丛矮缩病是由褐飞虱传染的，20 世纪 70 年代在东南亚各国发病 11.6 万多 hm^2，仅 1974—1977 年这种病便使印度尼西亚的水稻减产 300 万 t 以上，损失 5 亿美元。国际水稻研究所对种质库中的 5 000 多份材料进行抗病筛选，只发现一份尼瓦拉野生稻（*Oryza nivara*）抗这种病，随即利用这个野生种育成了抗褐飞虱的栽培品种，防止了这种病的危害。小麦中已命名的抗条锈病、叶锈病、秆锈病和白粉病的基因，来自野生种的相应占 28.6%、38.6%、46.7%和 56.0%（根据第 9 届国际小麦遗传大会论文集附录统计，1999）；马铃薯已有 20 多个野生种的抗病虫基因（如 X 病毒、Y 病毒、晚疫病、蠕虫等）被转移到栽培品种中来。又如甘蔗的赤霉病抗性、烟草的青霉病和跳甲抗性，番茄的螨虫和温室白粉虱抗性的基因都是从野生种转移过来的。在抗逆性方面，葡萄、草莓、小麦、洋葱等作物野生种的抗寒性都曾成功地转移到栽培品种中，野生番茄的耐盐性也转移到了栽培番茄中。许多作物野生种的品质优于栽培种，如我国的野生大豆蛋白质含量有的达 54%～55%，而栽培种通常为 40%左右，最高不过 45%左右。Rick（1976）把一种小果野番茄（*Lycopersicon pimpinellifolium*）含复合维生素的基因转移到栽培种中。野生种细胞质雄性不育基因利用，最好的例子当属我国杂交稻的育成和推广，它被誉为第二次绿

色革命。关于野生种具有高产基因的例子，如第1节中所述。

尤其值得重视的是，野生种的遗传多样性十分丰富，而现代栽培品种的遗传多样性却非常贫乏，这一点可以在DNA水平上直观地看到（Tanksly 和 McCouch，1997）。

21世纪分子生物技术的飞速发展，必然使种质资源的评价鉴定将不只是根据外在表现，而是根据基因型对种质资源进行分子评价，这将大大促进野生近缘植物的利用。

（黎 裕 董玉琛）

主要参考文献

黄其煦 . 1983. 黄河流域新石器时代农耕文化中的作物：关于农业起源问题探索三 . 农业考古（2）.

刘旭 . 2003. 中国生物种质资源科学报告 . 北京：科学出版社，P. 118.

卜慕华 . 1981. 我国栽培作物来源的探讨 . 中国农业科学（4）：86 - 96.

吴征镒，路安民，汤彦承，等 . 2003. 中国被子植物科属综论 . 北京：科学出版社 .

严文明 . 1982. 中国稻作农业的起源 . 农业考古（1）.

郑殿升 . 2000. 中国作物遗传资源的多样性 . 中国农业科技导报，2（2）：45 - 49.

Вавилов НИ. 董玉琛，译 . 1982. 主要栽培植物的世界起源中心 . 北京：农业出版社 .

Badr A，K Muller，R Schafer Pregl，H El Rabey，S Effgen，HH Ibrahim，2000. On the origin and domestication history of barley（*Hordeum vulgare*）. Mol. Biol. & Evol. 17：499 - 510.

Bennetzen JL，M Freeling. 1993. Grasses as a single genetic system：genome composition，colinearity and compati-bility. Trends Genet，9：259 - 261.

Benz BF. 2001. Archaeological evidence of teosinte domestication from Guila Naquitz，Oaxaca. Proc. Ntal. Acad. Sci. USA 98.

Devos KM，MD Gale. 1997. Comparative genetics in the grasses. Plant Molecular Biology，35：3 - 15.

Dyer AF. 1979. Investigating Chromosomes. Wiley，New York.

Esen A，KW Hilu. 1989. Immunological affinities among subfamilies of the Poaceae. Am. J. Bot.，76：196 -203.

Esen A，K Mohammed，GG Schurig，et al.. 1989. Monoclonal antibodies to zein discriminate certain maize inbreds and gentotypes. J. Hered，80：17 - 23.

Frankel OH，AHD Brown，1984，Current plant genetic resources a critical appraisal. In Genetics，New Frontiers（vol Ⅳ），New Delhi，Oxford and IBH Publishing.

Frost S，G Holm，S Asker. 1975. Flavonoid patterns and the phylogeny of barley. Hereditas 79（1）：133 -142.

Harlan JR. 1971. Agricultural origins：centers and noncenters. Science，174：468 - 474.

Harlan JR. 1992. Crops & Man（2nd edition）. ASA，CSS A，Madison，Wisconsin，USA.

Hawkes JW. 1983. The Diversity of Crop Plants. Harvard University Press，Cambridge，Massachusetts，London，England.

Jain SK. 1975. Population structure and the effects of breeding system. In Crop Genetic Resources for Today and Tomorrow. In：OH Frankel，JG Hawkes，eds. Cambridge University Press，15 - 36.

Kellogg EA. 1998. Relationships of cereal crops and other grasses. Proc. Natl. Acad. Sci.，95：2005 -2010.

Mohammadi SA，BM Prasanna. 2003. Analysis of genetic diversity in crop plantssalient statistical tools and consideration. Crop Sci.，43：1 235－1 248.

Nakagahra M. 1978. The differentiation，classification and center of genetic diversity of cultivated rice（*Orgza sativa* L.）by isozyme analysis. Tropical Agriculture Research Series，No. 11，Japan.

Nei，M. 1973. Analysis of gene diversity in subdivided populations. Proc. Natl. Acad. Sci. USA，70：3321－3323.

Nevo E，D Zohary，AHD Brown，et al.，1979. Genetic diversity and environmental associations of wild barley，*Hordeum spontaneum*，in Israel. Evolution.，33：815－833.

Price HJ. 1988. DNA content variation among higher plants. Ann. Mo. Bot. Gard.，75：1 248－1 257.

Rick CM. 1976. Tomato *Lycopersicon esculentum*（Solanaceae）. In Evolution of crop plants. Edited by N. W. Simmonds. Longman，London，pp. 268－273.

Smith BD. 1997. The initial domestication of *Cucurbita pepo* in the Americas 10 000 years ago. Science，276：5314.

Soltis D，CH Soltis. 1989. Isozymes in Plant Biology. Advances in plant science series，4，Series ed：T. Dudley，Dioscorides Press，Portland，OR.

Stegemann H，G Pietsch. 1983. Methods for quantitative and qualitative characterization of seed proteins of cereals and legumes. p. 45－75. In W Gottschalk and HP Muller（eds.）Seed Proteins：Biochemistry，Gentics，Nutritive Value. Martius Nijhoff/Dr. W. Junk，The Hague，The Netherlands.

Tanksley SD，SR McCouch. 1997. Seed banks and molecular maps：unlocking genetic potential form the wild. Science，277：1 063－1 066.

Tolbert DM，CD Qualset，SK Jain，et al. 1979. Diversity analysis of a world collection of barley. Crop Sci.，19：784－794.

Vavilov NI. 1926. Studies on the Origin of Cultivated Plants. Inst. Appl. Bot. Plant Breed.，Leningrad.

Watson L，MJ Dallwitz. 1992. The Grass Genera of the World. CAB International，Wallingford，Oxon，UK.

Wright S. 1951. The general structure of populations. Ann. Eugen.，15：323－354.

Yakoleff G，VE Hernandez，XC Rojkind de Cuadra，et al. 1982. Electrophoretic and immunological characterization of pollen protein of *Zea mays* races. Econ. Bot.，36：113－123.

Zeven AC，PM Zhukovsky. 1975. Dictionary of Cultivated Plants and their Centers of Diversity. PUDOC，Wageningen，the Netherelands.

名录

中国作物及其野生近缘植物

序号	拉丁学名	中文名	所属科	特征及特性	类别	原产地	目前分布/种植区
1	*Abelia biflora* Turcz.	六道木（神仙菜，神仙叶子，鸡骨头）	Caprifoliaceae 忍冬科	落叶灌木；单叶互生；花两朵并生小枝末端，长萼裂片4，花冠狭钟状，雄蕊4；瘦果状核果	蜜源		河北、山西、辽宁、内蒙古
2	*Abelia chinensis* R. Br.	糯米条（茶条树）	Caprifoliaceae 忍冬科	落叶丛生灌木；枝开展，叶对生，背面脉间或基部密生白色柔毛；花冠漏斗状，白色或粉红色	观赏	中国江西、湖南、湖北、四川、云南、福建、广东、广西	
3	*Abelia grandiflora* Rhed.	大花六道木	Caprifoliaceae 忍冬科	半常绿灌木；枝条长至1.8m；聚伞花序顶生，小花钟形，较大，粉红至浅玫瑰色，夏秋开花	观赏		
4	*Abelia uniflora* R. Br.	短枝六道木（蓪梗花）	Caprifoliaceae 忍冬科	落叶灌木；幼枝红褐色，叶两面疏被柔毛；聚伞花序，花生于侧生短枝顶端叶腋，花冠红色，狭钟形，5裂稍呈二唇形；果长圆柱形	观赏	中国河南、陕西、甘肃、广西、四川、贵州、云南	
5	*Abeliophyllum distichum* Nakai.	朝鲜雪柳	Oleaceae 木犀科	落叶灌木；高1m；花白色似连翘，但花冠筒与裂片等长，花径2cm成短总状花序，先叶开放，生满去年枝条上	观赏	朝鲜	
6	*Abelmoschus esculentus* (L.) Moench	黄秋葵（羊角豆，秋葵）	Malvaceae 锦葵科	一年生草本；茎赤绿色，圆柱形；叶掌状五裂，互生，有硬毛；花大而黄，雌雄同体，单花腋生；蒴果横断面为五角或六角形	蔬菜，药用	印度	我国广为栽培
7	*Abelmoschus manihot* (L.) Medik.	黄蜀葵（秋葵，豹子眼睛花，霸天伞）	Malvaceae 锦葵科	一年或多年生草本；有分枝，疏生长硬毛，叶大，掌状5～9深裂，花大，淡黄色，中心暗褐色，花萼佛焰苞状	观赏	中国云南、四川、贵州、广西、广东、湖南、福建	
8	*Abelmoschus moschatus* (L.) Medik.	黄葵（黄秋葵）	Malvaceae 锦葵科	一、二年生草本；直立，分枝，被硬毛，叶3～5深裂，花黄色，中心褐红色，小苞片线状	观赏	中国广东、海南、云南	
9	*Abelmoschus sagittifolius* (Kurz) Merr.	箭叶秋葵（铜皮）	Malvaceae 锦葵科	多年生草本；具萝卜状肉质根，叶形多样，两面疏被毛；花单生叶腋，花萼佛焰苞状，密被细绒毛，花冠红色或黄色；蒴果	观赏	中国云南、贵州、广西、广东、海南	
10	*Abies beshanzuensis* M. H. Wu	百山祖冷杉	Pinaceae 松科	常绿乔木；叶螺旋状排列，在小枝上面辐射伸展或不规则两列；雌雄同株，球花单生于去年生枝叶腋；雄球花下垂，雌球花直立；球果	林木		浙江江南部百山祖南坡

（续）

序号	拉丁学名	中文名	所属科	特征及特性	类别	原产地	目前分布/种植区
11	*Abies beshanzuensis* var. *ziyuanensis* (L. K. Fu et S. L. Mo) L. K. Fu et Nan Li	资源冷杉	Pinaceae 松科	常绿乔木；高 20～25m，胸径 40～90cm；树皮灰白色，片状开裂；叶片先端有凹缺，树脂道边生；球果直立，椭圆状圆柱形	林木		广西、湖南新宁和城步
12	*Abies chayuensis* C. Y. Cheng et L. K. Fu	察隅冷杉	Pinaceae 松科	乔木；高 30m；一、二年生枝淡褐灰色；枝条上面的叶两侧有白粉气孔带；幼果紫色，圆柱形	林木		西藏察隅
13	*Abies chensiensis* Tiegh.	秦岭冷杉	Pinaceae 松科	常绿乔木；叶在小枝下面 2 列，在上面呈不规则 V 形排列，线形；球果圆柱形或卵状圆柱形，种鳞近肾形，种子倒三角状椭圆形	林木		河南、湖北、陕西、甘肃
14	*Abies delavayi* Franch.	苍山冷杉	Pinaceae 松科	乔木；高达 25m；枝条上面之叶下面中脉两侧各有一条粉白色气孔带；球果圆柱形或卵状圆柱形	林木、经济作物（纤维类、橡胶类）		云南
15	*Abies ernestii* Rehder	黄果冷杉	Pinaceae 松科	乔木；高达 60m，胸径 2m，树皮暗灰色，纵裂成薄片，树冠塔形；叶质地较薄，先端有凹缺；球果圆柱形或卵状圆柱形	观赏		湖北西部神农架林区、四川西部及北部、西藏东部
16	*Abies fabri* (Mast.) Craib	冷杉	Pinaceae 松科	常绿乔木；树高可达 40m，小枝淡褐色至灰黄色，沟槽内梳生短毛或无毛；叶端微凹或钝，长 1.5～3cm，边缘略翻卷，叶内树脂道边生；球果孢鳞微露出，尖头通常向外反曲	林木，观赏	中国	四川西部
17	*Abies fanjingshanensis* W. L. Huang, Y. L. Tu et S. T. Fang	梵净山冷杉	Pinaceae 松科	常绿乔木；叶在小枝下面呈梳状，在上面密集，向外向上伸展；叶上有树脂道 2 个，边生或近边生；球果圆柱状长圆形	观赏		贵州梵净山、烂茶场、锯齿山、白云寺
18	*Abies fargesii* Franch.	巴山冷杉	Pinaceae 松科	乔木；高达 40m；枝条上面之叶下面沿中脉两侧有 2 条粉白色气孔带；球果柱状矩圆形或圆柱形	林木，经济作物（纤维类、橡胶类）		河南、湖北、四川、陕西、甘肃

（续）

序号	拉丁学名	中文名	所属科	特征及特性	类别	原产地	目前分布/种植区
19	*Abies fargesii* var. *faxoniana* (Rehder et E. H. Wilson) Tang S. Liu	岷江冷杉	Pinaceae 松科	常绿乔木；树皮深灰色，呈不规则的块片状开裂；叶在枝上螺旋状排列，条形；球果圆柱形或卵圆形，顶端平或微凹	观赏		四川岷江中上游流域以及甘肃白龙江流域
20	*Abies ferreana* Bordères et Gaussen	中甸冷杉	Pinaceae 松科	乔木；高达 20m；主枝叶下面有 2 条粉白色气孔带；球果短圆柱形或圆柱状卵圆形	林木，经济作物（橡胶类）		云南西北部、四川西南部
21	*Abies firma* Siebold et Zucc.	日本冷杉	Pinaceae 松科	常绿乔木；高达 50m；树皮粗糙或裂成鳞片状；叶条形，先端成二叉状；球果圆筒形	观赏	日本	大连、青岛、北京、南京、杭州、庐山、台湾等地引种栽培
22	*Abies forrestii* Coltm. -Rog.	川滇冷杉	Pinaceae 松科	乔木；高达 20m；叶在枝条下面成两列，叶下面沿中脉两侧各有一条白色气孔带；球果卵状圆柱形或矩圆形	林木，经济作物（橡胶类）		云南西北部、四川西南部、西藏东部
23	*Abies georgei* Orr.	长苞冷杉	Pinaceae 松科	常绿乔木；树干通直，冬芽有树脂；叶在小枝下面呈不规则两列，在小枝上面向上开展，线形；球果直立；卵状圆柱形	林木		四川、云南、西藏
24	*Abies holophylla* Maxim.	辽东冷杉（杉松）	Pinaceae 松科	常绿绿乔木；高达 30m；树冠宽圆锥形，老树宽伞形；叶条形，先端突尖或渐尖，无凹缺，上面深绿色有光泽，背面沿中脉两侧各有 1 条白色气孔带；球果圆柱形	观赏		东北牡丹江流域山区、长白山区及辽宁东部海拔 500～1 200m 地带
25	*Abies kawakamii* (Hayata) T. Ito	台湾冷杉	Pinaceae 松科	常绿乔木或灌木；高可达 16m；叶条形，先端微凹或钝；雌雄同株，雄花腋生，圆柱形，具多数雄蕊；球果椭圆状卵圆形	观赏		台湾中部山区
26	*Abies nephrolepis* (Trautv. ex Maxim.) Maxim.	臭冷杉（臭松，白松）	Pinaceae 松科	常绿乔木；叶条形，排成两列；球果卵状圆柱形；种鳞多为肾形或扇状肾形，种翅通常比种子短或略长	林木，观赏		小兴安岭、长白山区、张广才岭

（续）

序号	拉丁学名	中文名	所属科	特征及特性	类别	原产地	目前分布/种植区
27	*Abies nukiangensis* C. Y. Cheng et L. K. Fu	怒江冷杉	Pinaceae 松科	乔木；高达 20m；枝条叶下面中脉两侧各有一条白粉气孔带；球果圆柱形熟时黑色	林木，经济作物（纤维类、橡胶类）		云南西北部怒江、澜沧江流域
28	*Abies recurvata* Mast.	紫果冷杉	Pinaceae 松科	常绿乔木；高达 40m；树皮暗灰色或淡灰褐色；叶上面常有 2~8 条不连续的气孔线，微被白粉，下面有两条白粉带，树脂道 2 个，边生；球果椭圆状卵形或圆柱状卵形	观赏		甘肃南部白龙江流域、四川西北部
29	*Abies sibirica* Ledeb.	西伯利亚冷杉	Pinaceae 松科	常绿乔木；冬芽圆球形；叶在小枝下面 2 列，在上面密生，向前伸，线形，有气孔线，下面有两条灰白色的气孔带；球果圆柱形	林木		新疆阿尔泰山西北部
30	*Abies spectabilis* (D. Don) Spach	西藏冷杉	Pinaceae 松科	乔木；高达 50m；叶上面光绿色，下面有 2 条白粉带；球果大，圆柱形，成熟前深紫色，熟时深褐色	林木		西藏南部
31	*Abies squamata* Mast.	鳞皮冷杉	Pinaceae 松科	乔木；高达 40m；叶中部以上或近先端有时具 3~15 条不规则气孔线，下面有 2 条白粉气孔带；球果短圆柱形或长卵圆形	林木，经济作物（纤维类），生态防护		四川、青海、西藏
32	*Abies yuanbaoshanensis* Y. J. Lu et L. K. Fu	元宝山冷杉	Pinaceae 松科	常绿乔木；冬芽圆锥形；叶在小枝下面 2 列，上面的叶密集，中脉凹下，下面有两条粉白色气孔带，横切面有两个边生树脂道；球果短圆柱形	林木		广西元宝山老虎口以北
33	*Abrus cantoniensis* Hance	鸡骨草（大黄草，黄食草，红母鸡草）	Leguminosae 豆科	小灌木；生于干旱坡地灌丛边或草丛中；双数羽状复叶互生；荚果先端有喙	药用	中国	广东、广西
34	*Abrus mollis* Hance	毛相思子	Leguminosae 豆科	藤本；羽状复叶，小叶膜质，长圆形，最上部两枚长为倒卵形；总状花序腋生，花冠粉红色或淡紫色；荚果长圆形，扁平；种子黑色或暗褐色，卵形	药用		福建、广东、广西

（续）

序号	拉丁学名	中文名	所属科	特征及特性	类别	原产地	目前分布/种植区
35	*Abrus precatorius* L.	相思子（红豆，相思豆）	Leguminosae 豆科	缠绕藤本；双数羽状复叶，小叶长椭圆状倒披针形；总状花序腋生，数朵簇生序轴各短枝上；花冠淡紫色；荚果	有毒		台湾、福建、广东、广西、云南
36	*Abutilon gebauerianum* Hand. -Mazz.	滇西苘麻	Malvaceae 锦葵科	灌木；高达 3m；叶卵心形，先端长尾状渐尖头；花单生叶腋，花钟形，橘黄色，花瓣楔状倒卵形；分果爿 8～10，种子肾形	经济作物		云南
37	*Abutilon hirtum* （Lam.） Sweet	恶味苘麻	Malvaceae 锦葵科	亚灌木状草本；高约 80cm；叶圆心形，被星状绒毛；托叶线形；花单生叶腋，花橘黄色，内面基部紫色；蒴果近圆球形	经济作物		云南金平、福建古田
38	*Abutilon hybridum* Voss	杂种苘麻	Malvaceae 锦葵科	常绿小灌木，当年枝近草质，叶掌状 3～5 深裂；花橙黄色，半开时形如风铃，绽放时则与扶桑花形似	观赏		
39	*Abutilon indicum* （L.） Sweet	磨盘草	Malvaceae 锦葵科	一年生或多年生半灌木状草本；高 1～2.5m；叶互生，圆卵形；花单生叶腋，花黄色；蒴果近球形，分果爿 15～20，顶端具短芒	药用		云南、贵州、广西、广东、福建、台湾
40	*Abutilon paniculatum* Hand. -Mazz.	圆锥苘麻	Malvaceae 锦葵科	落叶灌木；高达 2m，被星状绒毛；叶卵心形，先端长尾状；塔状圆锥花序顶生，花黄色至黄红色；果近圆球形，分果爿 10	经济作物		四川、云南
41	*Abutilon pictum* （Gillies ex Hooker） Walp.	金铃花	Malvaceae 锦葵科	常绿灌木；高达 1m；叶掌状 3～5 深裂；托叶钻形；花单生叶腋，花钟形，橘黄色，具紫色条纹，子房钝头；果未见	观赏	南美洲的巴西、乌拉圭等地	福建、浙江、江苏、湖北、北京、辽宁
42	*Abutilon roseum* Hand. -Mazz.	红花苘麻	Malvaceae 锦葵科	一年生草本；高约 1m；叶正圆形，上部叶卵形，叶缘具浅波状齿牙；圆锥花序，花瓣红色；分果爿 7，被长硬毛，先端具短芒 2	经济作物		云南西北部、四川西南部
43	*Abutilon sinense* Oliv.	华苘麻	Malvaceae 锦葵科	灌木；高约 3.5m；叶近圆卵形；花单生叶缘，花黄色，钟状，内面基部紫红色；蒴果顶端尖，种子肾形	药用		湖北、四川、贵州、云南、广西

（续）

序号	拉丁学名	中文名	所属科	特征及特性	类别	原产地	目前分布/种植区
44	*Abutilon theophrasti* Medik.	苘麻（青麻，白麻，磨盘草）	Malvaceae 锦葵科	一年生草本；高 1～2m；叶互生，圆心形，密生星状柔毛；花单生叶腋，花萼杯状，花瓣 5，倒卵形，花黄色；蒴果半球形	经济作物（纤维类）	中国	全国广布
45	*Acacia aulacocarpa* A. Cunn. ex Benth.	纹荚相思	Leguminosae 豆科	常绿乔木；高 10～35m；叶状柄灰绿色或暗灰色，多成镰刀状；花灰白色或浅黄色；荚果长圆形；种子横在荚果内，黑色有光泽，顶端具灰白色假种皮，种子具蜡质层	林木	澳大利亚新南威尔士北部至巴布亚新几内亚	海南、广东、广西、云南、福建
46	*Acacia auriculiformis* A. Cunn. ex Benth.	大叶相思	Leguminosae 豆科	常绿乔木；高 8～30m；叶状柄宽具 3 条明显纵脉，叶状柄基部有一个明显的腺体；穗状花序，黄色，成对着生于叶状柄上部；荚果扁平，成熟时呈不规则螺旋状扭曲；种子在荚果内横生	观赏，蜜源，饲用及绿肥	澳大利亚、巴布亚新几内亚和印度尼西亚	广东、广西、福建、云南、海南、四川
47	*Acacia caesia* (L.) Willd.	尖叶相思	Leguminosae 豆科	攀缘藤本；二回羽状复叶，小叶长圆形；头状花序，1～4 个一簇再排成圆锥花序，花黄色；荚果直，带形	药用，观赏		四川、广东
48	*Acacia catechu* (L. f.) Willd.	儿茶（孩儿茶，黑儿茶）	Leguminosae 豆科	落叶乔木；叶互生，二回双数羽状复叶，羽片 10～20 对；总状花序腋生，花蝶形，花瓣 5，黄色或白色；荚果	药用		云南、广东、广西、浙江
49	*Acacia confusa* Merr.	大叶相思	Leguminosae 豆科	常绿乔木；叶状柄镰状长圆形；穗状花序，1 至数枝簇生叶腋或枝顶，花橙黄色，花瓣长圆形；荚果成熟时旋卷	林木，饲用及绿肥	中国、新西兰、澳大利亚北部	广东、台湾
50	*Acacia crassicarpa* A. Cunn ex Benth.	厚荚相思	Leguminosae 豆科	常绿乔木或大型灌木；叶状柄光滑、弧形，纵脉 3～7 条呈黄色；穗状花序淡黄色；荚果暗褐色，木质，扁平，具不明显斜纹；种子椭圆形，具灰白色珠柄，有光泽	林木	澳大利亚、巴布亚新几内亚及印度尼西亚伊里安岛	广东、广西、海南、福建、云南
51	*Acacia cyanophylla* Lindl.	澳洲金合欢	Leguminosae 豆科	常绿灌木；高 3m；花黄色，每花序有花 40 朵以上；花黄色，极芳香；早春开花	观赏	澳大利亚	
52	*Acacia dealbata* Link	银荆树	Leguminosae 豆科	常绿乔木；高 15cm；树皮灰绿色；花序头状，花黄色；冬季开花	观赏	澳大利亚东南部	江苏、上海

（续）

序号	拉丁学名	中文名	所属科	特征及特性	类别	原产地	目前分布/种植区
53	*Acacia farnesiana* (L.) Willd.	金合欢（鸭皂树）	Leguminosae 豆科	有刺小灌木或小乔木；二回羽状复叶，羽状4～8对，小叶10～20对；总状花序2～4个，簇生叶腋；花有香气；荚果	饲用及绿肥		福建、台湾、海南、广东、广西、四川、云南
54	*Acacia glauca* (L.) Moench	灰金合欢	Leguminosae 豆科	无刺灌木；高3～8m；托叶披针形，小叶长圆形；总状花序长圆形或近圆形，2～6个花序簇生于叶腋或与枝顶排成圆锥花序；荚果长圆形	药用	西印度群岛	福建、广东
55	*Acacia holosericea* A. Cunn. ex G. Don.	绢毛相思	Leguminosae 豆科	常绿小乔木或灌木，高7m；叶状柄具3条（极少为2条）平行脉和明显的网状支脉；穗状花序，单生或对生，花两性，黄色；荚果密簇、螺旋状，膜质或木质；种子黑色，直角形，在基部具黄色假种皮	林木，生态防护，饲用及绿肥	澳大利亚西北至昆士兰东北，再向南至澳大利亚中部	广东、海南、广西、云南、福建
56	*Acacia mangium* Willd.	马占相思	Leguminosae 豆科	常绿大乔木、小乔木或大灌木；叶具4条主脉和许多网状支脉；花序为疏散穗状、单生或对生；成熟荚果呈螺旋状，微木质；种子黑色有光泽，具黄色株柄	林木	澳大利亚、巴布亚新几内亚和印度尼西亚东部	华南、西南及江西、湖南、湖北、台湾
57	*Acacia mearnsii* De Wild.	黑荆树	Leguminosae 豆科	常绿乔木；小枝具棱；二回羽状复叶，羽状8～20对，小叶30～60对；头状花序组成腋生总状花序；荚果	经济作物（橡胶类）	澳大利亚	华南、华东及江西、四川
58	*Acacia megaladena* Desv.	钝叶金合欢	Leguminosae 豆科	木质藤本；二回羽状复叶，托叶线形，小叶长圆形；花组成圆球形头状花序，再排成顶生或腋生的圆锥花序；荚果长圆形，纸质；种子扁平	药用，观赏		云南广西
59	*Acacia nilotica* (L.) Willd. ex Delile	阿拉伯胶（阿拉伯相思树）	Leguminosae 豆科	木本；侧枝密而横展，茎皮灰棕色，外皮常呈纵裂，幼枝色棕红；叶互生，二回偶数羽状复叶，复叶基有两灰白色直刺	经济作物（橡胶类）	西非及东非尼罗河上游	广东、云南
60	*Acacia pennata* (L.) Willd.	羽叶金合欢（蛇藤，南蛇簕藤）	Leguminosae 豆科	攀缘多刺藤本；二回羽状复叶；羽片22～30对；小叶30～45(～50)对，无柄；头状花序直径约1cm；总花梗被淡黄褐色柔毛，花乌白色；荚果薄带状	蔬菜，药用	中国	云南、广东、福建

（续）

序号	拉丁学名	中文名	所属科	特征及特性	类别	原产地	目前分布/种植区
61	*Acacia richii* A. Gray	台湾相思（相思树，相思仔）	Leguminosae 豆科	乔木；枝灰色或褐色，无刺；叶退化，叶柄变为叶片状，披针形；头状花序；花黄色，花瓣淡绿色；雄蕊多数；荚果	有毒		台湾、福建、广东、广西、云南
62	*Acacia sinuata*（Lour.）Merr.	藤金合欢	Leguminosae 豆科	木质藤本；高达5m，枝和叶柄有散生的倒钩刺；二回羽状复叶，叶柄近基部有一个大腺体，小叶15～25对，条状矩圆形；头状花序，数个再组成腋生的大型圆锥花序，花黄色或白色，萼漏斗状；荚果条形	饲用及绿肥		广东、广西
63	*Acacia teniana* Harms	无刺金合欢	Leguminosae 豆科	无刺小乔木或灌木；二回羽片复叶，小叶斜披针形或线状披针形；头状花序，2～6个腋生或在小枝顶端排成圆锥花序；荚果长圆形	药用，观赏		云南、四川
64	*Acacia yunnanensis* Franch.	云南相思树	Leguminosae 豆科	灌木；高4～5m；托叶长圆形，小叶长圆形；总状花序长2～5cm，2～3个簇生或排成圆锥花序式；荚果长圆形，种子扁平，棕色	药用，观赏		云南、四川
65	*Acaena caesiiglauca*（Bitter）Bergmans.	蓝灰芒刺果	Rosaceae 蔷薇科	多年生草本，匍匐，高约13cm；叶蓝色，覆白粉；花球形，具短柄；果实红褐色	杂草	新西兰	
66	*Acaena inermis* Hook. f.	无刺芒刺果	Rosaceae 蔷薇科	多年生草本；匍匐；叶片蓝灰色，边缘和叶脉蓝紫色；花瓣4，白色，雄蕊2，花柱2	杂草	新西兰	
67	*Acalypha australis* L.	铁苋菜（海蚌含珠，野麻草，血见愁）	Euphorbiaceae 大戟科	一年生草本；单叶互生，卵状披针形或长卵圆形；穗状花序腋生，花单性，雌雄同株且同序，雄花序位于雌花序上部；蒴果钝三棱状	药用，饲用及绿肥		东北、西北及长江以南各地区
68	*Acalypha hispida* Burm. f.	狗尾红	Euphorbiaceae 大戟科	常绿或落叶小灌木；株高2～3cm；叶卵圆形，长12～15cm，亮绿色，背面稍浅，叶柄有绒毛；花红色，着生于尾巴状的长穗状花序上，花序长30～60cm	观赏	新几内亚	我国温暖地区植于公园或庭院、在北方地区温室盆栽
69	*Acalypha supera* Forssk.	短穗铁苋菜	Euphorbiaceae 大戟科	一年生草本；高15～50cm；茎直立或铺散；叶卵形、菱形或宽卵形；穗状花序腋生，常数朵集成短穗状或头状；蒴果近球形	杂草		河北、陕西、湖北、江西、浙江、四川、云南

（续）

序号	拉丁学名	中文名	所属科	特征及特性	类别	原产地	目前分布/种植区
70	*Acalypha wilkesiana* Müll. Arg.	红桑	Euphorbiaceae 大戟科	直立多枝灌木；高 2～5m；叶阔卵形，先端渐尖，基部浑圆或短尖；穗状花序淡紫色，雄花序长达 20cm，花聚生，雌花的苞片阔三角形，有明显的锯齿	观赏	斐济群岛	
71	*Acanthochlamys bracteata* P. C. Kao	芒苞草	Amaryllidaceae 石蒜科	多年生草本；叶基生或簇生枝顶，半圆柱状，两面各具一纵沟，鞘披针形，苞片叶状，花两性，辐射对称，花被花冠状，具花被管，裂片 6，明显排成两轮	观赏	中国四川、西藏	
72	*Acantholimon diapensioides* Boiss.	刺矶松	Plumbaginaceae 白花丹科	灌木；花玫瑰色或白色，常有紧贴的苞片，排成一头状花序或短尖塔形、分枝的穗状花序或总状花序；萼带状，有 10 棱；花瓣基部合生；雄蕊 5；柱头 5，头状；果为一胞果	观赏		
73	*Acanthospermum australe* (Loefl.) Kuntze	刺苞果	Compositae (Asteraceae) 菊科	一年生草本；高 35～50cm；根纺锤状；叶无柄对生，宽椭圆形，抱茎；头状花序，雌花 1 层，花冠舌状，两性花不结实；瘦果长圆形	杂草	南美洲	云南
74	*Acanthus balcanicus* Heyw. et I. Rich.	巴尔干老鼠簕	Acanthaceae 爵床科	多年生草本；株高 0.6～1.5cm；花序穗状；花冠玫瑰紫色；花期 6～7 月	观赏	巴尔干半岛	
75	*Acanthus ilicifolius* L.	老鼠簕	Acanthaceae 爵床科	直立灌木；高 2m，茎粗壮，圆柱状；花冠白色或淡蓝色；花期从春到秋	观赏	中国海南、广东、福建	
76	*Acanthus mollis* L.	茛力花	Acanthaceae 爵床科	多年生草本；高 1m，花冠白色，长 3～4cm，冠管长约 7mm，上唇极退化，下唇阔大，伸展，阔倒卵形，上面(内面)两侧各有一条宽 3～4mm 的带状被毛区多雄蕊近等长，花丝近软骨质	观赏	意大利	
77	*Acer acutum* W. P. Fang	锐角槭	Aceraceae 槭树科	落叶小乔木；高 10～15m；叶纸质，基部心脏形；伞房花序；花黄绿色；小坚果压扁状	林木		江西北部
78	*Acer amplum* Rehder	阔叶槭	Aceraceae 槭树科	落叶高大乔木；高 10～20m；叶纸质，基部近于心脏形或截形；伞房花序；花黄绿色；小坚果压扁状	林木		西南及湖北、湖南、广东、江西、安徽、浙江

（续）

序号	拉丁学名	中文名	所属科	特征及特性	类别	原产地	目前分布/种植区
79	*Acer amplum* subsp. *bodinieri* (H. Lév.) Y. S. Chen	纳雍槭	Aceraceae 槭树科	落叶小乔木，高约 5m；叶纸质，基部近于圆形；花的特性未详；果序伞房状；小坚果压扁状，卵形	林木		贵州西部
80	*Acer amplum* subsp. *catalpifolium* (Rehder) Y. S. Chen	梓叶槭	Aceraceae 槭树科	落叶大乔木，高 20～25m，胸径可达 1m 左右；伞房花序长 6cm，树冠伞形，冠幅较大；雄花与两性花同株；小坚果扁压状	林木		四川中部
81	*Acer buergerianum* Miq.	三角槭（三角枫）	Aceraceae 槭树科	落叶或半常绿乔木；树皮长片状剥落，叶 3 裂，伞房状圆锥花序，翅果张开成锐角或近直立	观赏	中国长江中下游地区	长江流域各省、北达山东省、南至广东省东南至台湾
82	*Acer cappadocicum* Gled.	青皮槭	Aceraceae 槭树科	落叶乔木；冬芽卵圆形，小枝平滑紫绿色，叶纸质常 5～7 裂，裂片三角形，主脉 5 条，花序伞房状黄绿色；坚果翅张开近于水平或称钝角	观赏	中国云南、西藏南部	
83	*Acer chingii* Hu	黔桂槭	Aceraceae 槭树科	落叶乔木；高 10～15m；叶薄纸质，近于圆形；圆锥花序；花杂性，黄绿色；小坚果近于球形	林木		贵州南部、广西北部
84	*Acer coriaceifolia* H. Lév.	樟叶槭（桂叶槭）	Aceraceae 槭树科	常绿乔木；当年生枝淡紫褐色，密被绒毛，多年生枝淡红褐色或黑褐色；叶革质，长椭圆形，有白粉和绒毛；伞房花序顶生，有绒毛；翅果张开成直角或锐角	观赏	中国浙江、福建、江西、湖北、湖南、贵州、广东、广西	
85	*Acer davidii* Franch.	青榨槭	Aceraceae 槭树科	落叶乔木；枝干绿色平滑，有蛇皮状白色条纹，叶卵状椭圆形，翅果张开成钝角或近于平角	观赏	中国西南、华东及河北、山西、河南	
86	*Acer davidii* subsp. *grosseri* (Pax) P. C. DeJong	葛罗槭（蛙皮槭）	Aceraceae 槭树科	落叶乔木；树皮光滑，淡褐色；当年枝绿色或紫绿色，多年生枝灰黄色或灰褐色；叶纸质，卵形，边缘具密而尖锐的重锯齿	观赏		
87	*Acer elegantulum* W. P. Fang et P. L. Chiu	秀丽槭	Aceraceae 槭树科	落叶乔木；高 15m；叶基部深心形或近心形，5 裂，裂片卵形或三角状卵形；花瓣深绿色，倒卵形或长圆状倒卵形；果核凸起，近球形	生态防护，观赏		浙江西北部、安徽南部、江西

（续）

序号	拉丁学名	中文名	所属科	特征及特性	类别	原产地	目前分布/种植区
88	*Acer fabri* Hance	罗浮槭（红翅槭）	Aceraceae 槭树科	常绿乔木；当年生枝紫绿色或绿色，多年生枝绿色或绿褐色；叶革质，披针形或长圆披针形；伞房花序紫色，花瓣5，白色倒卵形；翅果淡黄褐色，张开成直角	观赏	中国广东、广西、江西、湖北、湖南、四川	
89	*Acer flabellatum* Rehder	扇叶槭	Aceraceae 槭树科	落叶乔木；冬芽卵圆形，叶薄纸质或膜质，常7裂，裂片卵状长圆形；圆锥花序，花瓣5，淡黄色，倒卵形；翅果淡黄褐色，张开近于水平	观赏	中国江西、湖北、四川、贵州、云南、广西北部、江西	
90	*Acer forrestii* Diels	丽江槭	Aceraceae 槭树科	落叶乔木；当年生枝紫色或红紫色，多年生枝灰褐色或深褐色，冬芽紫色；叶纸质，长圆卵形3裂；总状花序黄绿色，翅果张开成钝角，成熟时黄褐色	观赏	中国云南西北部、四川西南部、西藏	
91	*Acer fulvescens* Rehder	黄毛槭	Aceraceae 槭树科	落叶乔木；高约10m；叶纸质，基部心脏形；伞房花序；小坚果压扁状	林木		四川西部至西北部
92	*Acer griseum* (Franch.) Pax	血皮槭（马梨光）	Aceraceae 槭树科	落叶纤细乔木；树皮薄片状裂，卷曲不凋，枝条红褐色，光滑，叶具3小叶，椭圆形，叶背有绒毛，带白粉；翅果大	观赏	中国河南、湖北、陕西、甘肃、四川	
93	*Acer henryi* Pax	建始槭	Aceraceae 槭树科	乔木；高约10m；树皮浅褐色；3出复叶，对生、小叶长椭圆形；穗状花序下垂，花单性，雌雄异株；翅果张开成锐角或近于直立	林木		山西、河南、陕西、甘肃、江苏、浙江、安徽、湖北、湖南、四川、贵州
94	*Acer japonicum* Thunb.	日本槭	Aceraceae 槭树科	乔木；叶较大，掌状7～11裂；花大而紫红色，与叶同放；花梗细长，下垂繁密，颇为美观；伞房花序5月开放，9～10月果成熟	观赏		华东
95	*Acer longipes* Franch. ex Rehder	长柄槭	Aceraceae 槭树科	落叶乔木；常高4～5m；叶纸质，基部近于心脏形；伞房花序；花淡绿色；小坚果压扁状	林木		河南、陕西、湖北、四川、安徽
96	*Acer mandshuricum* Maxim.	白牛槭	Aceraceae 槭树科	落叶乔木；高约20m，聚伞花序顶生，翅果淡黄褐色，小坚果凸起	蜜源		东北

（续）

序号	拉丁学名	中文名	所属科	特征及特性	类别	原产地	目前分布/种植区
97	*Acer maximowiczii* Pax	五尖槭（重齿槭，马斯槭，马氏槭）	Aceraceae 槭树科	落叶乔木；树皮黑褐色，当年生枝紫色或红紫色，多年生枝深褐色或灰褐色，叶纸质，卵形或三角卵形，叶5裂；总状花序，花黄绿色，花瓣5，倒卵形；翅果紫色，成熟后黄褐色	观赏	中国山西、陕西、甘肃、青海至湖南、贵州	
98	*Acer miaotaiense* Tsoong	庙台槭（留坝槭）	Aceraceae 槭树科	落叶乔木；高10～20(～25)m；叶宽卵形，常3～5浅裂；伞房花序顶生，花杂性，花瓣5，淡黄绿色；小坚果扁平	观赏		陕西、甘肃
99	*Acer negundo* L.	梣叶槭（复叶槭）	Aceraceae 槭树科	落叶乔木；高达20m；奇数羽状复叶，小叶3～7(～9)；花单性异株，雄花序伞房状，雌花序总状；果翅狭长，展开成锐角或直角	观赏	北美	东北、华北、内蒙古、新疆至长江流域
100	*Acer oblongum* Wall. ex DC.	飞蛾槭（见风干）	Aceraceae 槭树科	落叶乔木；高10～20m；叶矩圆形或卵形；伞房花序顶生，有短柔毛；话绿色或黄绿色，杂性；翅果长2.5cm，小坚果凸出	观赏		陕西、甘肃、湖南、湖北、四川、贵州、云南、西藏
101	*Acer oliverianum* Pax	五裂槭	Aceraceae 槭树科	落叶乔木；高4～7m；单叶对生，叶纸质，叶长4～8cm，宽5～9cm；伞房花序，杂性花，萼片紫绿色，卵形或椭圆状转卵形；翅果长2.8～3cm，翅镰形	观赏		四川、陕西、河南、甘肃、湖北、湖南、贵州、广西、云南
102	*Acer palmatum* Thunb.	鸡爪槭（青枫，雅枫）	Aceraceae 槭树科	落叶小乔木；小枝紫色或灰紫色，叶交互对生，常7裂；顶生伞房花序，花紫色；翅果开展成钝角	观赏	中国山东、河南、江苏、浙江、安徽、江西、湖北、湖南、贵州	
103	*Acer pauciflorum* Fang	毛鸡爪槭	Aceraceae 槭树科	落叶乔木；当年生枝绿色或紫绿色，多年生枝灰绿色或灰褐色，冬芽紫色；叶膜质，常5裂，裂片披针形；伞房花序紫色，花瓣5，淡黄色，阔卵形；翅果紫褐色张开成钝角	观赏	中国浙江西北部和东部	
104	*Acer paxii* Franch.	金沙槭	Aceraceae 槭树科	常绿乔木；叶厚革质，近于长圆卵形、倒卵形或圆形，全缘或3裂，叶背密被白粉，叶柄紫绿色；伞房花序绿色，花瓣5，白色，线状披针形或线状倒披针形；翅果张开成钝角	观赏	中国云南西北部、四川西南部	

（续）

序号	拉丁学名	中文名	所属科	特征及特性	类别	原产地	目前分布/种植区
105	*Acer pentaphyllum* Diels	五小叶槭	Aceraceae 槭树科	落叶乔木；高达10m；掌状复叶，小叶4～7，小叶披针形；伞房花序由着叶的小枝顶端生出，花淡绿色，杂性；小坚果淡紫色	观赏		四川
106	*Acer pictum* subsp. *mono* (Maxim.) Ohashi	地锦槭（色木槭）	Aceraceae 槭树科	落叶乔木；高20m，叶掌状5裂，纸质；伞房花序顶生，淡黄色；小坚果，扁平	林木，经济作物（茶类），药用		东北、华北、西至陕西、四川、湖北、南达江苏、浙江、安徽、江西
107	*Acer pilosum* Maxim.	疏毛槭（秦陇槭，陇秦槭，川康槭）	Aceraceae 槭树科	落叶小乔木；高8m；叶长3～6cm，宽4～7cm，基部平截，稀近心形，3深裂，裂片披针形或长圆状披针形；翅果长2cm，黄褐色，翅长圆形，成锐角	观赏		四川、陕西户县涝峪两涝、河北、山西、甘肃
108	*Acer pilosum* var. *stenolobum* (Rehder) W. P. Fang	细裂槭	Aceraceae 槭树科	落叶乔木；高约5m；伞房花序无毛，花淡绿色，杂性，雄花与两性花同株；萼片5，卵形；花瓣5，长圆形或线状长圆形；雄蕊5，花药卵圆形	观赏	中国内蒙古、山西、宁夏、陕西、甘肃	
109	*Acer platanoides* L.	挪威槭	Aceraceae 槭树科	落叶乔木，高9～12m；树冠卵圆形；树皮表面有细长的条纹；叶片宽而浓密	观赏	欧洲	北至辽宁南部、南至江苏、安徽、湖北北部区
110	*Acer pseudosieboldianum* (Pax) Kom.	紫花槭（假色槭）	Aceraceae 槭树科	落叶小乔木；当年生枝被白色柔毛，多年生枝被蜡纸白粉，冬芽卵圆形，叶纸质掌状9～11裂；伞房花序紫色，花瓣5，白色或淡黄白色，倒卵形；翅果开展成钝角或直角，嫩时紫色成熟后紫黄色	观赏	中国黑龙江东部至东南部、吉林东南部、辽宁东部	东北
111	*Acer robustum* Pax	杈叶槭（粗槭，杈杈叶，红色槭）	Aceraceae 槭树科	落叶乔木；高10m；叶纸质，近圆形，7裂，稀为9裂，裂片狭卵形；伞房花序，花淡绿色，雄花和两性花同株；翅果黄绿色，两翅近水平状开展，呈钝角；小坚果球形	观赏		陕西眉县、河南、甘肃、湖北、四川、云南
112	*Acer saccharinum* L.	糖槭	Aceraceae 槭树科	落叶乔木；成年树高达25m以上，树冠卵形至圆形；叶对生，夏季叶背银色，秋季叶色亮黄色和柠檬色；先花后叶，翅果4月成熟	观赏	美国	

（续）

序号	拉丁学名	中文名	所属科	特征及特性	类别	原产地	目前分布/种植区
113	*Acer semenovii* Regel et Herd.	天山槭	Aceraceae 槭树科	落叶乔木；高 3～5m；花序伞房状，被短而粗的腺毛，花多而密集，淡绿色；花期 5～6 月	观赏	中国新疆西部天山	
114	*Acer sinense* Pax	密果槭	Aceraceae 槭树科	落叶乔木；树皮深褐色或灰褐色，小枝紫褐色，叶近于革质，常 7 裂，翅果张开成钝角，嫩时淡紫色，成熟时黄褐色	观赏	中国云南东南部、广西西部	
115	*Acer stachyophyllum* Hiern	毛叶槭	Aceraceae 槭树科	落叶乔木；高 10m；叶纸质，卵形；萼片卵形，具睫毛，花瓣条状长圆状，与萼片近等长；翅果淡黄色，长 3～4.5cm，翅镰形，翅直立或成锐角	观赏		四川木里、九龙、云南西北部
116	*Acer sterculiaceum* subsp. *franchetii* （Pax） A. E. Murray	房县槭（富氏槭，山枫香树，毛果槭）	Aceraceae 槭树科	落叶乔木，高 15m；叶对生，纸质；花黄绿色单性，雌雄异株，总状花序下垂；翅果	林木，经济作物（橡胶类）		河南、甘肃、湖北、湖南、四川、贵州、云南、陕西
117	*Acer tataricum* subsp. *ginnala* (Maxim.) Wesmael	茶条槭（茶条）	Aceraceae 槭树科	落叶小乔木；叶卵状椭圆形，常 3 裂，中裂特大，叶柄及主脉常带紫红色，花序圆锥状；果翅不开张	观赏	中国东北、华北、华东、华中、西南	黄河流域长江中下游及东北
118	*Acer tegmentosum* Maxim.	青楷槭	Aceraceae 槭树科	落叶乔木；高约 15m，单叶互生，心形或近心形；总状花序，花黄绿色，翅果黄褐色；小坚果，卵圆形	蜜源		东北
119	*Acer tenellum* Pax	薄叶槭	Aceraceae 槭树科	落叶乔木；高 7m；叶膜质或薄纸质；伞房花序无毛顶生；花黄绿色；小坚果压扁状	林木		四川东部
120	*Acer tibetense* W. P. Fang	察隅槭	Aceraceae 槭树科	落叶乔木；高约 10 多 m；叶纸质；花序伞房状；花小，绿色；小坚果压扁状	林木		西藏昌都南部
121	*Acer triflorum* Kom.	三花槭（柠筋槭）	Aceraceae 槭树科	落叶乔木；当年生枝紫色或淡紫色，多年生枝淡紫褐色，复叶由 3 小叶组成，纸质长圆卵形或长圆披针形；伞房状花序；翅果张开成锐角或近于直角	观赏	中国东北	东北
122	*Acer truncatum* Bunge	元宝槭（平基槭，华北五角枫）	Aceraceae 槭树科	落叶小乔木；单叶对生，掌状 5 裂，叶基通常截形；顶生聚伞花序，花小而黄绿色；翅果扁平，形似元宝	生态防护，观赏，蜜源	中国吉林、辽宁、内蒙古、河北、山西、山东、江苏、河南、陕西、甘肃	吉林、辽宁、内蒙古、河北、山西、山东、江苏、山西、河南、甘肃

（续）

序号	拉丁学名	中文名	所属科	特征及特性	类别	原产地	目前分布/种植区
123	*Acer tschonoskii* subsp. *koreanum* Murray	小楷槭	Aceraceae 槭树科	落叶小乔木；高达 6m；单叶对生，叶卵圆形；花单性，雌雄异株；总状花序，花与叶同时开放，花黄绿色；小坚果很扁，长圆形，一面凸，一面凹	蜜源		吉林、辽宁
124	*Acer tsinglingense* W. P. Fang et C. C. Hsieh	秦岭槭	Aceraceae 槭树科	落叶乔木；高 10m；叶长与宽 4～6cm，基部圆，稀近心形，3 裂，中裂片长圆卵形；花序被柔毛．花梗长 1～1.5cm，被柔毛；翅果长 4～4.2cm，翅镰形，近直立	林木，生态防护，蜜源		华中及陕西、山西、河南、四川、甘肃
125	*Acer ukurundense* Trautv. Et C. A. Mey.	花楷槭	Aceraceae 槭树科	落叶乔木；花黄绿色，顶生总状圆锥花序，长 8～10cm；萼片 5，淡黄绿色，披针形；花瓣 5，白色微现淡黄，倒披针形	蜜源		东北
126	*Acer wilsonii* Rehder	三峡槭	Aceraceae 槭树科	落叶乔木；高 10～15m；花杂性，雄花与两性花同株，常生成无毛的圆锥花序；花萼 5，黄绿色，卵状长圆形；花瓣 5，白色，长圆形；雄蕊 8，花丝无毛，花药黄褐色；花柱近无毛，柱头平展；花期 4 月	观赏	中国湖北、四川、江西、湖南、贵州、云南、广东、广西	
127	*Achillea acuminata*（Ledeb.）Sch. Bip.	齿叶蓍（单叶蓍）	Compositae（Asteraceae）菊科	多年生草本；叶披针形，长 4～7cm，宽 3～7mm，边缘具小重锯齿；总苞片半球形，舌状花白色，舌片卵圆形；瘦果宽倒披针形	饲用及绿肥		东北及内蒙古、陕西、甘肃、青海
128	*Achillea ageratifolia* Boiss.	银毛蓍草	Compositae（Asteraceae）菊科	多年生草本；株高 10～20cm；叶银色柔毛；花白色；花期夏季，头状花序异形，小，有短梗，排成稠密的伞房状花序，花黄色	观赏	希腊北部	
129	*Achillea ageratum* L.	香叶蓍草（常春蓍草）	Compositae（Asteraceae）菊科	多年生草本；株高 40cm；叶片有腺点；头状花序异形，小，有短梗，排成稠密的伞房状花序，花黄色；花期夏季	观赏	南欧	
130	*Achillea alpina* L.	高山蓍（蓍草）	Compositae（Asteraceae）菊科	多年生草本；高 30～110cm；茎仅在花序上半部分枝；叶篦齿状羽状浅裂至深裂，裂片线形或披针形；头状花序集成伞房状；瘦果倒卵形	有毒，观赏		东北、华北、西北、华东

（续）

序号	拉丁学名	中文名	所属科	特征及特性	类别	原产地	目前分布/种植区
131	*Achillea filipendulina* Lam.	凤尾蓍草	Compositae（Asteraceae）菊科	多年生草本；株高达 1.5m；花序头状；花金黄色；花期夏季，头状花序异形，小，有短梗，排成稠密的伞房状花序	观赏	高加索	
132	*Achillea millefolium* L.	千叶蓍（洋蓍草，多叶蓍）	Compositae（Asteraceae）菊科	多年生草本；叶披针形，二至三回羽状分裂；头状花序排成复伞房状；总苞片 3 层；舌状花白色，中央管状花两性；瘦果	有毒		东北、华北、西北
133	*Achillea wilsoniana* Heimerl	土一枝蒿（飞天蜈蚣）	Compositae（Asteraceae）菊科	多年生草本；叶无柄，2 回羽状深裂；头状花序排成平顶形的复伞房花序；舌状花雌性，中央管状花两性；瘦果	有毒		西南、华中及山西、陕西
134	*Achimenes erecta* H. P. Fuchs	直立圆盘花	Gesneriaceae 苦苣苔科	多年生草本；株高 46cm，茎多毛；叶片卵形至椭圆形，下表面有红色脉；花冠红或玫瑰红色	观赏	牙买加、墨西哥、巴拿马	
135	*Achimenes grandiflora* DC.	大花圆盘花	Gesneriaceae 苦苣苔科	多年生草本；具根状茎，株高 60cm，具硬毛；花大，鲜红紫色，高 10～20cm，叶深绿，长椭圆形，锯齿缘，花腋出，花冠长筒形	观赏	墨西哥	
136	*Achimenes longiflora* DC.	长花圆盘花	Gesneriaceae 苦苣苔科	多年生草本；植株较矮；花冠碟形有长筒，上部堇蓝色，下部白色	观赏	墨西哥、巴拿马	
137	*Achimenes mexicana*（Seem.）Benth. & Hook. f. ex Fritsch	墨西哥圆盘花	Gesneriaceae 苦苣苔科	多年生草本植物；花腋出，花冠筒状，花径 3～8cm，花色有白、紫、深红、粉红、蓝、橘、黄等色	观赏	墨西哥	
138	*Achimenes skinneri* Lindl.	斯氏圆盘花	Gesneriaceae 苦苣苔科	多年生草本；株高 90cm；叶片卵形，尖端有锯齿，多毛；花冠玫瑰色，喉部黄色	观赏	牙买加、墨西哥、巴拿马	
139	*Achnatherum breviaristatum* Keng et P. C. Kuo	短芒芨芨草	Gramineae（Poaceae）禾本科	多年生；叶舌长达 13mm；圆锥花序紧缩，颖具 5～7 脉，外稃背部两侧被白色长柔毛，芒直或微弯	饲用及绿肥		甘肃
140	*Achnatherum caragana*（Trin. et Rupr.）Nevski	小芨芨草（锦鸡儿芨芨草）	Gramineae（Poaceae）禾本科	多年生；秆平滑无毛；叶舌仅在 1mm 以下；圆锥花序开展，颖近等长，外稃背部密生短柔毛，芒直或微弯	饲用及绿肥		新疆北部

（续）

序号	拉丁学名	中文名	所属科	特征及特性	类别	原产地	目前分布/种植区
141	*Achnatherum chinense* (Hitchc.) Tzvelev	中华落芒草	Gramineae (Poaceae) 禾本科	多年生；疏丛；鞘口具纤毛，叶舌极短；花序分枝孪生，颖长3.5～4.5mm；外稃贴生短毛，芒长4～8mm	饲用及绿肥		内蒙古、山西、河北、陕西、甘肃、宁夏
142	*Achnatherum henryi* (Rendle) S. M. Phillips et Z. L. Wu	湖北落芒草	Gramineae (Poaceae) 禾本科	多年生；叶鞘口被纤毛，叶舌极短；花序每节具分枝3枚以上，小穗长圆状披针形，外稃长圆形，芒长8～12mm	饲用及绿肥		陕西、甘肃、湖北、四川、贵州、云南
143	*Achnatherum inebrians* (Hance) Keng ex Tzvelev	醉马草（药草）	Gramineae (Poaceae) 禾本科	多年生杂草；秆高60～100cm，基部具鳞芽；叶条形，常卷折；圆锥花序线形，小穗灰绿色，外稃具3脉，内稃具2脉；颖果圆柱形	杂草，有毒		甘肃、青海、内蒙古
144	*Achnatherum pekinense* (Hance) Ohwi	远东芨芨草	Gramineae (Poaceae) 禾本科	多年生；叶舌截平，长约1mm；花序每节着生3～6枝分枝，小穗长6～9mm；颖片背部平滑，外稃的芒一回膝曲	饲用及绿肥		东北、华北、西北及山东、安徽
145	*Achnatherum saposhnikovii* (Roshev.) Nevski	钝基草（帖木儿草）	Gramineae (Poaceae) 禾本科	多年生；小穗长5～6mm；颖背部点状粗糙，外稃具3脉，侧脉在顶端与中脉汇合，芒长约4mm；基盘短钝，具毛	饲用及绿肥		青海、新疆
146	*Achnatherum sibiricum* (L.) Keng ex Tzvelev	羽茅	Gramineae (Poaceae) 禾本科	多年生；叶扁平或边缘内卷；圆锥花序较紧缩，基部着生小穗，小穗草绿色或紫色；颖长圆状披针形；颖果圆柱形	有毒		东北、华北
147	*Achnatherum splendens* (Trin.) Nevski	芨芨草（积芨）	Gramineae (Poaceae) 禾本科	多年生草本；须根具沙套；秆丛生，高0.5～2.5m；叶坚韧，常卷折；圆锥花序开展，小穗含1小花；颖果圆柱形	饲用及绿肥	中国	东北、西北、青藏高原、华北北部
148	*Achyranthes aspera* L.	土牛膝	Amaranthaceae 苋科	多年生草本；高20～120cm；茎方形；叶对生，椭圆状长圆形；穗状花序顶生，花向下折与总花梗贴近；胞果卵形	药用	中国	华中、华南、西南及福建、台湾
149	*Achyranthes bidentata* Blume	牛膝（山苋菜，怀牛膝）	Amaranthaceae 苋科	多年生草本；高60～120cm；茎有棱角或四方形；叶椭圆形或椭圆状披针形；穗状花序顶生或腋生，花向下折与总花梗贴近；胞果长圆形	蔬菜，药用	中国	除东北、新疆外，各省份都有分布

（续）

序号	拉丁学名	中文名	所属科	特征及特性	类别	原产地	目前分布/种植区
150	*Achyranthes longifolia* (Makino) Makino	柳叶牛膝	Amaranthaceae 苋科	多年生草本；叶片披针形或宽披针形；小苞片针状，退化雄蕊方形；花果期9～11月	药用	中国陕西、浙江、江西、湖南、湖北、四川、云南、贵州、广东、台湾	
151	*Acidanthera bicolor* Hochst.	二色菖蒲鸢尾	Iridaceae 鸢尾科	多年生草本；疏散穗状花序，花1至数朵，花径5～7.5cm；外佛焰苞片绿色，花乳白色，略下垂，具长圆筒状花管；浓香；花期8～9月	观赏	热带地区、非洲南部	
152	*Acidanthera murielae* Hort.	紫斑菖蒲鸢尾	Iridaceae 鸢尾科	多年生草本；花序硬而直立，5～6花，花被筒10～13cm，下部3瓣片具紫绯红色斑块	观赏	热带地区、非洲南部	
153	*Acidosasa nanunica* (McClure) C. S. Chao et G. Y. Yang	长舌茶秆竹	Gramineae (Poaceae) 禾本科	竿直立，高达4m；节下方被白粉，后变黑色；节间劲直，黄绿色，圆筒形；小枝具2～4叶；叶鞘厚纸质；无叶耳和繸毛；叶舌较长；叶片椭圆形或长椭圆形；花枝未见	观赏		湖南南部、广东
154	*Acidosasa notata* (Z. P. Wang et G. H. Ye) S. S. You	斑箨茶秆竹	Gramineae (Poaceae) 禾本科	竿高3.5m，幼竿被厚白粉，老竿具黑色粉垢；竿环略高于箨环；小枝具2或3叶，叶鞘无毛；无叶耳和繸毛；叶舌截形；叶片椭圆状披针形；花枝未见	观赏		福建崇安县小武夷山三姐妹峰
155	*Aconitum alpinonepalense* Tamura	高峰乌头	Ranunculaceae 毛茛科	多年生草本；基生叶肾形，三深裂；茎生叶，三全裂；花序有花1～3朵；萼片蓝紫色；花瓣距不明显	有毒		西藏南部
156	*Aconitum anthoroideum* DC.	拟黄花乌头（新疆乌头）	Ranunculaceae 毛茛科	草本；叶片五角形，3全裂，中央裂片宽菱形，侧全裂片斜扇形，总状花序顶生，轴和花梗密被淡黄色柔毛，萼片淡黄色，花瓣无毛；蓇葖果，种子黑褐色	有毒，观赏	中国新疆北部	新疆北部
157	*Aconitum barbatum* Pers.	细叶黄乌头	Ranunculaceae 毛茛科	茎圆柱形；叶肾形或圆肾形，三全裂；总状花序顶生，具密集的花，下部苞片狭线形，中部的披针状钻形；蓇葖长约1cm，种子倒卵球形	有毒		黑龙江西部
158	*Aconitum brachypodum* Diels	短柄乌头（雪上一支蒿，一支蒿）	Ranunculaceae 毛茛科	多年生直立草本；块根纺锤状圆锥形；叶互生，三全裂；总状花序，苞片叶状，花瓣上部内曲，具短距；蓇葖长圆形	有毒，观赏		云南、四川

（续）

序号	拉丁学名	中文名	所属科	特征及特性	类别	原产地	目前分布/种植区
159	*Aconitum carmichaelii* Debeaux	乌头（川乌，草乌）	Ranunculaceae 毛茛科	多年生草本；块根倒圆锥形；茎中叶五角形，薄革质或纸质，有长柄；萼片蓝紫色；蓇葖果	有毒	中国	我国大部分地区
160	*Aconitum changianum* W. T. Wang	察瓦龙乌头	Ranunculaceae 毛茛科	多年生草本；块根胡萝卜形；基生叶五角状肾形，三深裂；总状花序有 2～5 朵花，萼片堇色，花瓣距长 2mm	有毒		西藏东南部
161	*Aconitum chasmanthum* Stapf	展花乌头	Ranunculaceae 毛茛科	多年生草本；块根胡萝卜形；叶片五角状圆形，三全裂；总状花序狭长，萼片蓝堇色；花瓣距极短，瓣片无毛	有毒		西藏中南部
162	*Aconitum contortum* Finet et Gagnep.	苍山乌头（白草乌）	Ranunculaceae 毛茛科	多年生草本；块根胡萝卜形；叶片五角形，三全裂；总状花序有 2～5 朵花；萼片蓝紫色；蓇葖果，种子三角形	有毒		云南大理
163	*Aconitum coreanum* （H. Lév.）Rapaics	黄花乌头（关白附，白附子）	Ranunculaceae 毛茛科	多年生草本；块根倒卵球形或纺锤形；叶宽菱状卵形，三全裂；总状花序顶生；萼淡黄色；花瓣距头形；种子椭圆形	有毒，观赏		黑龙江、吉林、辽宁、河北
164	*Aconitum creagromorphum* Lauener	叉苞乌头	Ranunculaceae 毛茛科	多年生草本；块根胡萝卜形或纺锤形；叶片心状圆形或心状肾形，三全裂；总状花序；萼淡红紫色或紫蓝色；花瓣距头形	有毒		西藏东南部
165	*Aconitum delavayi* Franch.	马耳山乌头	Ranunculaceae 毛茛科	块根圆锥形；叶圆五角形，三全裂；总状花序顶生，下部苞片叶状，其他苞片三裂或线形，萼片蓝紫色，子房密被黄色柔毛	有毒		云南马耳山
166	*Aconitum dunhuaense* S. H. Li	敦化乌头	Ranunculaceae 毛茛科	茎高 80cm 以上；茎生叶具柄；下部叶叶片近圆形；腋生花序的轴呈之字形弯曲，叉状分枝；苞片叶状	有毒		吉林敦化
167	*Aconitum episcopale* H. Lév.	紫乌头	Ranunculaceae 毛茛科	块根倒圆锥形；茎缠绕，茎中叶圆五角形；总状花序有花 4～8，萼片蓝紫色；蓇葖长 1.1～1.4cm，种子三棱形	药用，有毒		云南、四川
168	*Aconitum finetianum* Hand. -Mazz.	赣皖乌头（破叶莲，鸡脑王）	Ranunculaceae 毛茛科	多年生草本；根圆柱形，叶五角状肾形；总状花序；萼 白色带淡紫色；花瓣与上萼片等长；种子倒圆锥状三角形	有毒		湖南、江西、安徽、浙江

（续）

序号	拉丁学名	中文名	所属科	特征及特性	类别	原产地	目前分布/种植区
169	*Aconitum fischeri* Rchb.	薄叶乌头	Ranunculaceae 毛茛科	多年生草本；块根圆锥形；叶近五角形，三深裂；花序总状，茎顶端花序有4～6朵；萼片淡紫蓝色；花瓣无毛；蓇葖果	有毒		黑龙江
170	*Aconitum flavum* Hand.-Mazz.	伏毛铁棒锤（铁棒锤）	Ranunculaceae 毛茛科	多年生草本；块根胡萝卜形；叶宽卵形，三全裂，细裂裂片线形；顶生总状花序狭长；萼片黄绿色或暗紫色；蓇葖果	有毒		内蒙古、宁夏、甘肃、青海、西藏、四川
171	*Aconitum forrestii* Stapf	丽江乌头（黑乌头）	Ranunculaceae 毛茛科	多年生草本；块根胡萝卜形；叶宽卵形或五角状形；总状花序顶生，具多数密集的花；萼紫蓝色；花瓣二浅裂	有毒		云南西北部、四川西南部
172	*Aconitum franchetii* Finet et Gagnep.	大渡乌头	Ranunculaceae 毛茛科	块根胡萝卜形；叶心状五角形；总状花序顶生，上部苞片线形，中部以下的叶状，萼片蓝色，上萼片盔形，心皮3或5	有毒		四川西部
173	*Aconitum georgei* H. F. Comber	长喙乌头	Ranunculaceae 毛茛科	多年生草本；叶无毛，茎中部叶三深裂，中深裂片近菱形，花序顶生，萼片蓝紫色	观赏	中国云南西北部	
174	*Aconitum glabrisepalum* W. T. Wang	无毛乌头	Ranunculaceae 毛茛科	多年生草本；叶薄革质，圆五角形，三全裂，中央裂片宽倒卵形，小裂片线形，总状花序，萼片蓝紫色	观赏	中国四川西部、西南部	
175	*Aconitum gymnandrum* Maxim.	露蕊乌头	Ranunculaceae 毛茛科	根一年生；叶宽卵形或三角状卵形；总状花序有6～16花，萼片常蓝紫色；蓇葖长0.8～1.2cm，种子倒卵球形	药用，有毒		甘肃、青海、西藏、四川
176	*Aconitum hemsleyanum* E. Pritz.	瓜叶乌头（草乌，羊角七）	Ranunculaceae 毛茛科	多年生草本；茎缠绕，叶互生，茎中部叶五角形或卵状五角形，茎上部叶渐变小，总状花序，萼蓝紫色，上萼高盔形或圆筒状盔形	药用，有毒		河南、陕西、安徽、江西、湖北、湖南、四川
177	*Aconitum henryi* E. Pritz.	松潘乌头（蔓乌药，火焰子）	Ranunculaceae 毛茛科	块根长圆形；叶五角形，三全裂；总状花序有花5～9朵，下部苞片三裂，其他苞片线形，萼片淡蓝紫色；蓇葖1～1.5cm，种子三棱形	药用，有毒		甘肃、陕西、宁夏、山西、青海、四川
178	*Aconitum karakolicum* Rapaics	多根乌头	Ranunculaceae 毛茛科	多年生草本；叶五角形，三全裂，中央全裂片宽棱形，二回羽状细裂；顶生总状花序；萼紫色；花瓣距向后弯曲	有毒		新疆

（续）

序号	拉丁学名	中文名	所属科	特征及特性	类别	原产地	目前分布/种植区
179	*Aconitum kongboense* Lauener	工布乌头	Ranunculaceae 毛茛科	块根近圆柱形；叶心状卵形，多少带五角形，三全裂；总状花序，下部苞片叶状，其他苞片披针形或钻形，萼片白色带紫色；心皮3～4	药用，有毒		吉林、辽宁
180	*Aconitum kusnezoffii* Rehder	北乌头（草乌，五毒根，蓝靰鞡花）	Ranunculaceae 毛茛科	多年生草本；块根圆锥形或胡萝卜形；叶五角形，三全裂；总状花序顶生；萼紫蓝色；花瓣距向后弯曲或拳卷；蓇葖果	有毒		东北及山西、河北、内蒙古
181	*Aconitum legendrei* Hand.-Mazz.	冕宁乌头	Ranunculaceae 毛茛科	块根倒圆锥形；茎高1～1.2m；叶坚纸质，宽卵形或五角形，三全裂；总状花序狭长，有多数密集的花；蓇葖直，9月开花	有毒		四川西南部
182	*Aconitum leucostomum* Vorosch.	白喉乌头	Ranunculaceae 毛茛科	基生叶约1枚，叶线状与高乌头极为相似；总状花序有多数密集的花，萼片蓝紫色，下部带白色；蓇葖1～1.2cm，种子倒卵形	有毒		新疆、甘肃
183	*Aconitum liangshanicum* W. T. Wang	金阳乌头	Ranunculaceae 毛茛科	茎基部倒圆锥形，3.2～4cm；花序二歧，多花；萼片暗紫色；花瓣稀疏多毛，雄蕊稀疏多毛，心皮5	有毒		四川凉山
184	*Aconitum monticola* Steinb.	山地乌头	Ranunculaceae 毛茛科	叶圆肾形，三深裂；总状花序长约25cm，具密集的花，基部苞片三裂，其他的线状披针形至线形，萼片黄色，心皮3	有毒		新疆
185	*Aconitum napellus* L.	舟形乌头	Ranunculaceae 毛茛科	多年生草本；植株细弱，高90cm；叶片披针形；花序总状，紫色花；蓇葖果	观赏	欧洲北部	
186	*Aconitum pendulum* Busch	铁棒锤（铁牛七）	Ranunculaceae 毛茛科	多年生草本；块根倒圆锥形；茎中叶宽卵形，小裂片线形；总状花序顶生；萼常黄绿色；花瓣距向后弯曲；蓇葖果	有毒		河南、陕西、甘肃、青海、四川、云南、西藏
187	*Aconitum piepunense* Hand.-Mazz.	中甸乌头	Ranunculaceae 毛茛科	多年生草本；茎上部被反曲段柔毛，叶片五角形，3深裂，中央裂片菱形，侧裂片斜扇形，总状花序顶生，轴和花梗密被淡黄色短柔毛，萼片蓝色	观赏	中国云南西北部	

（续）

序号	拉丁学名	中文名	所属科	特征及特性	类别	原产地	目前分布/种植区
188	*Aconitum septentrionale* Koelle	紫花高乌头	Ranunculaceae 毛茛科	多年生草本；高达1m以上；叶较大，具长柄，圆状肾形；总状花序顶生，花序长约30cm，多花，花较大，蓝紫色	有毒		黑龙江、辽宁
189	*Aconitum sinomontanum* Nakai	高乌头	Ranunculaceae 毛茛科	基生叶1枚，叶肾形或圆肾形；总状花序，具密集的花，萼片蓝紫色或淡紫色；蓇葖长1.1～1.7cm，种子倒卵形	药用有毒，		青海、甘肃、陕西、山西、河北、四川、贵州
190	*Aconitum soongaricum*（Regel）Stapf	准噶尔乌头	Ranunculaceae 毛茛科	多年生草本；块根倒圆锥形；茎中叶五角形，三全裂；总状花序顶生；萼紫蓝色；花瓣距向后弯曲；蓇葖果，种子倒圆锥形	有毒		新疆
191	*Aconitum spicatum* Stapf	亚东乌头	Ranunculaceae 毛茛科	块根狭倒圆锥形；叶心状五角形；花序长6～15cm；萼片紫色，上萼片盔形或低盔形，心皮5，子房密被淡黄色柔毛	药用，有毒		西藏南部
192	*Aconitum stylosum* Stapf	显柱乌头	Ranunculaceae 毛茛科	块根胡萝卜形；叶五角形，三深裂；总状花序长17～25cm，萼片蓝紫色或白色，上萼片盔形或船状盔形，心皮5	有毒		云南
193	*Aconitum taipeicum* Hand.-Mazz.	太白乌头	Ranunculaceae 毛茛科	块根倒卵形或胡萝卜形，茎中叶五角形，三深裂；总状花序有花2～4朵，苞片三裂或长圆形，萼片蓝色；种子三棱形	药用，有毒		陕西、河南
194	*Aconitum tanguticum*（Maxim.）Stapf	甘青乌头	Ranunculaceae 毛茛科	块根纺锤形或倒圆锥形；叶圆形或圆肾形；总状花序顶生，苞片线形，萼片常蓝紫色，上萼片船形；种子倒卵形	药用，有毒		陕西、甘肃、青海、西藏、四川、云南
195	*Aconitum transsectum* Diels	直缘乌头	Ranunculaceae 毛茛科	块根胡萝卜形；茎中叶五角形，三裂；顶生总状花序长30～45cm，萼片浅蓝色，上萼片盔形；蓇葖约1cm，种子三棱形	药用，有毒		云南
196	*Aconitum umbrosum*（Korsh.）Kom.	草地乌头	Ranunculaceae 毛茛科	根近圆柱形基生叶约3枚，叶肾状五角形，三深裂；总状花序顶生，萼片黄色，花瓣距比唇长，拳卷；心皮3	有毒		黑龙江、吉林、河北

（续）

序号	拉丁学名	中文名	所属科	特征及特性	类别	原产地	目前分布/种植区
197	*Aconitum vilmorinianum* Kom.	黄草乌（草乌，大草乌）	Ranunculaceae 毛茛科	多年生草本；茎缠绕；块根椭圆球形或胡萝卜形；叶五角形，三全裂达或近基部；萼紫蓝色；花瓣距长约3mm；蓇葖果	有毒		云南、四川、贵州
198	*Aconitum volubile* Pall. ex Koelle	蔓乌头	Ranunculaceae 毛茛科	茎缠绕；茎中叶五角形，三全裂；花序有花3～5朵，萼片蓝紫色，瓣长6～10mm，矩长1.5～3mm；种子狭倒金字塔形	有毒		黑龙江
199	*Acorus calamus* L.	菖蒲（水菖蒲）	Araceae 天南星科	多年生草本；具红色根状茎；叶剑形，基部抱茎；花葶基生，花小，两性，子房2～4室，顶端呈圆锥状；果密靠合	药用，有毒		全国各地均有分布
200	*Acorus gramineus* Soland.	石菖蒲（九节菖蒲，岩菖蒲）	Araceae 天南星科	多年生草本；根茎横卧；叶根生，剑状线形；花茎扁三棱形；佛焰苞叶状；肉穗花序自佛焰苞中部长出；浆果肉质	有毒		黄河以南各省份
201	*Acorus rumphianus* S. Y. Hu	长苞菖蒲	Araceae 天南星科	多年生草本；肉穗花序白色，直立，圆柱形；叶状佛焰苞线形，为肉穗花序长的7倍，先端渐尖；花期12月	观赏	中国云南麻栗坡老君山	
202	*Acrocarpus fraxinifolius* Wight ex Arn.	顶果木（岑叶豆）	Leguminosae 豆科	落叶大乔木；高达40m，树干通直；二回偶数羽状复叶，小叶对生或近对生，卵形；总状花序腋生，花大而密，花瓣5，淡紫红色；荚果具长柄，扁平，长舌形	林木，经济作物（纤维类）		广西、云南
203	*Acroceras tonkinense* (Balansa) C. E. Hubb. ex Bor	山鸡谷草	Gramineae (Poaceae) 禾本科	多年生；秆下部平卧，节易生根，高达1 m；第二小花两性，外稃平滑，近先端增厚呈尖头状，内稃先端2浅裂	饲用及绿肥		海南、云南
204	*Acroglochin persicarioides* (Poir.) Moq.	千针苋	Chenopodiaceae 藜科	一年生草本；茎多分枝；叶卵形，羽状浅裂；复二歧聚伞花序腋生，最末端分枝针刺状，花被分裂；盖果半球形	饲用及绿肥		陕西、甘肃、湖南、云南、西藏
205	*Acronychia pedunculata* (L.) Miq.	山油柑（降真香，山塘梨）	Rutaceae 芸香科	常绿乔本；叶对生，长圆形；聚伞花序，常生于枝的近顶部；花两性，花瓣青白色，狭披针形或线形；黄色核果	果树，有毒		广东、广西、云南

（续）

序号	拉丁学名	中文名	所属科	特征及特性	类别	原产地	目前分布/种植区
206	*Acroptilon repens*（L.）DC.	顶羽菊（苦蒿）	Compositae（Asteraceae）菊科	多年生草本；高 40～70cm；茎具纵棱；叶互生，长椭圆形、披针形至线形；头状花序单生，或于茎顶排成伞房状；瘦果倒长卵形	杂草		新疆、甘肃、陕西、山西、内蒙古
207	*Actaea asiatica* H. Hara	类升麻	Ranunculaceae 毛茛科	多年生草本；二至三回三出复叶，小叶卵圆形，具齿，总状花序，小花白色	观赏		西南、东北
208	*Actinidia arguta*（Siebold et Zucc.）Planch. ex Miq.	软枣猕猴桃（软枣子）	Actinidiaceae 猕猴桃科	落叶藤本；枝蔓髓部白色至褐色；单叶，叶无花斑；花药紫色；果实卵圆形至长圆形	果树		东北、西北、长江流域、山东
209	*Actinidia arguta* var. *giraldii* (Diels) Vorosch.	广西猕猴桃	Actinidiaceae 猕猴桃科	木质藤本；叶卵形或长方卵形，顶端尾状短渐尖，基部圆形；每一花序大多有花 3 多	果树		广西罗城县大苗山
210	*Actinidia callosa* Lindl.	硬齿猕猴桃（京梨猕猴桃）	Actinidiaceae 猕猴桃科	大型落叶藤本；叶卵形、阔卵形或椭圆形；花序有花 1～3 朵，通常 1 花单生，花白色，花瓣 5，倒卵形；果实墨绿色	果树		长江以南各省、西起云贵高原和四川内陆、东至台湾
211	*Actinidia callosa* var. *discolor* C. F. Liang	梵净山猕猴桃	Actinidiaceae 猕猴桃科	叶片椭圆形、矩圆状椭圆形至倒卵形，6～12cm×3.5～6cm；花序和叶片无毛；果实球形或卵形长 1.5～2cm	果树		
212	*Actinidia chengkouensis* C. Y. Chang	城口猕猴桃	Actinidiaceae 猕猴桃科	攀缘的灌木；花丝约 5mm；花药黄，卵球形，约 1.5mm，箭头形的在基部；不育的子房球状，密被淡黄被绒毛	果树		广东、广西、湖南、陕西
213	*Actinidia chinensis* Planchon	中华猕猴桃（猕猴桃，藤桃）	Actinidiaceae 猕猴桃科	大型落叶藤本；叶倒阔卵形至倒卵形或阔卵形至近圆形；聚伞花序 1～3 花；花白色变淡黄色；果黄褐色，近球形、圆柱形、倒卵形或椭圆形	果树，有毒	中国	华中、华东、西北、西南、华南
214	*Actinidia chinensis* var. *deliciosa*（A. Chev.）A. Chev.	美味猕猴桃	Actinidiaceae 猕猴桃科	攀缘灌木；高约 9m；叶互生，卵形至近圆形，基部心形，长 7.5～12.5cm；果实卵形或矩圆形，长 6.25cm，黄褐色果皮密被硬毛	果树		

（续）

序号	拉丁学名	中文名	所属科	特征及特性	类别	原产地	目前分布/种植区
215	*Actinidia chrysantha* C. F. Liang	金花猕猴桃	Actinidiaceae 猕猴桃科	大型落叶藤本；叶阔卵形或卵形至披针状长卵形；花序 1～3 花；花金黄色，花瓣 5 片；果柱状圆球形或卵珠形	果树		岭南山地、广西、广东、湖南
216	*Actinidia cylindrica* C. F. Liang	柱果猕猴桃	Actinidiaceae 猕猴桃科	小中型半常绿藤本；叶厚膜质，椭圆形至倒卵披针形；花序通常 1～2 花；果实圆柱形，种子小	果树		广西
217	*Actinidia eriantha* Benth.	毛花猕猴桃（毛杨桃，毛冬瓜）	Actinidiaceae 猕猴桃科	大型落叶藤本；叶卵形至阔卵形；聚伞花序 1～3 花；花淡绿色；花瓣顶端和边缘橙黄色，中央和基部桃红色；果柱状卵珠形	果树，有毒		浙江、福建、江西、湖南、贵州、广西、广东
218	*Actinidia farinosa* C. F. Liang	粉毛猕猴桃	Actinidiaceae 猕猴桃科	中型半常绿藤本；叶阔卵形或卵状近圆形；聚伞花序 1～3 花；花颜色未详；花瓣 5 片，两性花；果卵珠状圆柱形	蜜源		广西田林县
219	*Actinidia fasciculoides* C. F. Liang	簇花猕猴桃	Actinidiaceae 猕猴桃科	大型落叶藤本；叶矩圆状近圆形或菱状椭圆形；花未见；果序繁多；果暗绿色，圆卵形或柱状长圆形	果树		云南和广西交界地区
220	*Actinidia fortunatii* Finet et Gagnep.	华南猕猴桃	Actinidiaceae 猕猴桃科	小型落叶或半落叶藤本；叶卵形、卵状披针形至披针形或长方椭圆形；花序一般有花 3 朵；花淡红色，花瓣 5 片；果灰绿色，圆柱形或卵状圆柱形	果树		南岭、广东、广西
221	*Actinidia fulvicoma* Hance	黄毛猕猴桃	Actinidiaceae 猕猴桃科	中型半常绿藤本；叶卵形、阔卵形、长卵形至披针状长卵形或卵状长圆形；聚伞花序密被黄褐色绵毛；花白色，花瓣 5 片；果卵珠形至卵状圆柱形	果树		华东、华南
222	*Actinidia fulvicoma* var. *cinerascens*（C. F. Liang）J. Q. Li et Soejarto	灰毛猕猴桃	Actinidiaceae 猕猴桃科	小型半常绿藤本；叶长卵形、卵状披针形或长方披针形；聚伞花序密被茶褐色茸毛；花白色，花瓣 5 片；果卵状圆柱形	果树		广东罗浮山、英德、五华等地

（续）

序号	拉丁学名	中文名	所属科	特征及特性	类别	原产地	目前分布/种植区
223	*Actinidia glaucocallosa* C. Y. Wu	粉叶猕猴桃	Actinidiaceae 猕猴桃科	大型落叶藤本；叶长卵形至卵状披针形或长方披针形；雄花花序有花 3 朵，雌花一般单生；花黄绿色；果近球形	果树		云南景东、龙陵、腾冲等地
224	*Actinidia grandiflora* C. F. Liang	大花猕猴桃	Actinidiaceae 猕猴桃科	大型落叶藤本；叶倒卵形；花序一般 3 花；雄花淡黄色；花瓣 6 片；果未见	果树		四川天全二郎山
225	*Actinidia hemsleyana* Dunn	长叶猕猴桃	Actinidiaceae 猕猴桃科	大型落叶藤本；叶长方椭圆形、长方披针形至长方倒披针形；伞形花序 1～3 花；花淡红色；花瓣 5 片；果卵状圆柱形	观赏		福建、浙江
226	*Actinidia henryi* Dunn	蒙自猕猴桃	Actinidiaceae 猕猴桃科	中型至大型半常绿藤本；叶长方长卵形至长方披针形；聚伞花序，有花 3～10 朵；花白色；花瓣 5 片；果卵状圆柱形	果树		云南南部
227	*Actinidia holotricha* Finet et Gagnep.	金毛猕猴桃	Actinidiaceae 猕猴桃科	大型落叶藤本；聚伞花序柄很短，2～3 花；苞片椭圆形，钝短尖，外面被小硬毛，内面无毛；花瓣 5 片，白色；雄蕊花丝丝状，长约为花药的 3 倍，花药箭头状，内向，顶部黏合，基部叉开	果树		四川、云南
228	*Actinidia hypoleuca* Nakai	白背叶猕猴桃	Actinidiaceae 猕猴桃科	藤本；花白色；花被通常 5 数，萼片及花柄无毛；雄蕊多数，花药干时带黑色；花柱丝状，多数	果树		
229	*Actinidia indochinensis* Merr.	中越猕猴桃	Actinidiaceae 猕猴桃科	大型落叶藤本；叶幼时膜质，老时软革质，卵形至椭圆形；花序 1～3 花，薄被茶褐色短茸毛，花白色，花瓣 5；果实绿褐色，具斑点	果树		广东、广西、云南
230	*Actinidia kolomikta* （Maxim. et Rupr.）Maxim.	狗枣猕猴桃（狗枣子）	Actinidiaceae 猕猴桃科	大型落叶藤本；叶阔卵形、长方卵形至长方倒卵形；聚伞花序，雄性有花 3 朵，雌雄通常 1 花单生；花白色或粉红色；果柱状长圆形、卵形或球形	果树		黑龙江、吉林、辽宁、河北、四川、云南
231	*Actinidia laevissima* C. F. Liang	滑叶猕猴桃	Actinidiaceae 猕猴桃科	中型落叶藤本；叶膜质，卵形至矩状卵形；花单生，粉红色，花瓣 5，倒卵形；果暗绿色，具黄褐色斑点	果树		贵州

（续）

序号	拉丁学名	中文名	所属科	特征及特性	类别	原产地	目前分布/种植区
232	*Actinidia lanceolata* Dunn	小叶猕猴桃	Actinidiaceae 猕猴桃科	小型落叶藤本；叶卵状椭圆形至椭圆披针形；聚伞花序，二回分歧；花淡绿色，花瓣5片；果小，绿色，卵形	果树		浙江、江西、福建、广东、湖南
233	*Actinidia latifolia* (Gardner et Champ.) Merr.	阔叶猕猴桃（毛果猕猴桃）	Actinidiaceae 猕猴桃科	大型落叶藤本；叶阔卵形，有时近圆形或长卵形；花序为3～4歧多花的大型聚伞花序；花淡绿色；果暗绿色，圆柱形或卵状圆柱形	果树		四川、云南、贵州、安徽、浙江、台湾、福建、江西、湖南、广西、广东
234	*Actinidia liangguangensis* C. F. Liang	两广猕猴桃	Actinidiaceae 猕猴桃科	大型常绿藤本；叶卵形或长圆形；聚伞花序1～3花；花白色，花瓣5片；果幼时圆柱形，成熟时卵珠状至柱状长圆形	果树		广东西部和广西东部交界地区
235	*Actinidia macrosperma* C. F. Liang	大籽猕猴桃	Actinidiaceae 猕猴桃科	中小型落叶藤本或灌木状藤本；叶幼时膜质，老时近革质，卵形或椭圆形	果树		
236	*Actinidia macrosperma* var. *mumoides* C. F. Liang	梅叶猕猴桃	Actinidiaceae 猕猴桃科	小型落叶灌木状藤本；花白色，通常单生；萼片绿色，草质，通常3片，偶见2片，顶端有喙，两面均无毛；花瓣7～12片；花药黄色，卵形箭头状，长约1.5mm；子房瓶状，无毛	果树		江苏、浙江、安徽、江西
237	*Actinidia melanandra* Franch.	圆果猕猴桃	Actinidiaceae 猕猴桃科	大型落叶藤本；叶幼时膜质，成熟时坚纸质，卵形或阔卵形；聚伞花序，一至二回分枝，有花1～7朵，花小，绿白色；果常见为单生，圆球形	果树		湖南、广西
238	*Actinidia melliana* Hand.-Mazz.	美丽猕猴桃	Actinidiaceae 猕猴桃科	中型半常绿藤本；叶长方椭圆形、长方披针形或长方倒卵形；聚伞花序腋生，花白色；果成熟时秃净，圆柱形	果树		广东、广西、海南、湖南、江西
239	*Actinidia obovata* Chun ex C. F. Liang	倒卵叶猕猴桃	Actinidiaceae 猕猴桃科	大型落叶藤本；叶倒长卵形；花白色，花瓣5片，花药黄色；果未见	果树		贵州清镇
240	*Actinidia pilosula* (Finet et Gagnep.) Stapf ex Hand.-Mazz.	疏毛猕猴桃	Actinidiaceae 猕猴桃科	攀缘的灌木；花淡黄，花瓣5，倒卵状长圆形；花丝4～6mm；花药黄，卵圆形、圆形，在两末端	果树		云南

（续）

序号	拉丁学名	中文名	所属科	特征及特性	类别	原产地	目前分布/种植区
241	*Actinidia polygama* (Siebold et Zucc.) Maxim.	葛枣猕猴桃（木天蓼，葛枣子）	Actinidiaceae 猕猴桃科	大型落叶藤本；叶卵形或椭圆卵形；花序1～3花；花白色，花瓣5片；果成熟时淡橘色，卵珠形或柱状卵珠形	蜜源，有毒		东北、华中、西南及甘肃、陕西、河北、山东
242	*Actinidia rubricaulis* Dunn	红茎猕猴桃	Actinidiaceae 猕猴桃科	较大中型半常绿藤本；叶坚纸质至革质，长方披针形至倒披针形；花序通常单花，花白色或红色；果暗绿色	果树		云南
243	*Actinidia rubricaulis* var. *coriacea* (Finet et Gagnep.) C. F. Liang	革叶猕猴桃	Actinidiaceae 猕猴桃科	木质藤本；叶革质，倒披针形，顶端急尖，上部有若干粗大锯齿；花红色	果树		四川、云南、贵州、广西、湖南、湖北
244	*Actinidia rubus* H. Lév.	蔗状猕猴桃	Actinidiaceae 猕猴桃科	攀缘灌木；花单生或几花成簇，萼片5，卵形，不等，先端急尖至渐尖，外面无毛；花瓣5，黄色倒卵形，多少不等，先端圆形；花丝细，花药黄色	果树		云南
245	*Actinidia rudis* Dunn	糙叶猕猴桃	Actinidiaceae 猕猴桃科	大型半落叶藤本；叶纸质，卵形至长卵形；聚伞花序近无柄，有花3～5朵，花白色，花瓣5；果圆柱状	果树		
246	*Actinidia rufotricha* C. Y. Wu	红毛猕猴桃	Actinidiaceae 猕猴桃科	中型半常绿藤本；每一着花小枝有花序4个，呈密集簇花状；叶可越年生，纸质，长方长卵形；聚伞花序1～3花；果圆柱形	果树		云南
247	*Actinidia sabiifolia* Dunn	钱叶猕猴桃	Actinidiaceae 猕猴桃科	小型落叶藤本；叶薄纸质，一般卵形；花序1～3花，洁净无毛，花白色；果实暗绿色，具细小斑点，卵株状	果树		广东、广西、福建
248	*Actinidia sorbifolia* C. F. Liang	花楸猕猴桃	Actinidiaceae 猕猴桃科	大型落叶藤本；叶薄纸质，倒卵形；果单生或1序2果，果暗绿色	果树		贵州
249	*Actinidia stellatopilosa* C. Y. Chang	星毛猕猴桃	Actinidiaceae 猕猴桃科	大型落叶藤本；叶纸质，阔卵形至倒阔卵形；花白色，花瓣5～6，瓢状倒卵形；退化子房球形	果树		四川

（续）

序号	拉丁学名	中文名	所属科	特征及特性	类别	原产地	目前分布/种植区
250	*Actinidia strigosa* Hook. f. & Thomson	糙毛猕猴桃	Actinidiaceae 猕猴桃科	幼枝被铁锈色硬毛状刺毛；叶阔卵形或近圆形；花直径1.8cm左右；果实近球形至椭圆形，被长硬毛	果树		台湾
251	*Actinidia styracifolia* C. F. Liang	安息香猕猴桃	Actinidiaceae 猕猴桃科	中型落叶藤本；叶纸质，椭圆状卵形或倒卵形；聚伞花序二回分歧，5～7花，雄花橙红色，花瓣5，雌性花雄花退化子房颗粒状	果树		湖南、福建
252	*Actinidia suberifolia* C. Y. Wu	栓叶猕猴桃	Actinidiaceae 猕猴桃科	大型粗壮落叶藤本；叶厚纸质，长方椭圆形；雌雄花序互异，雄花花序为腋生总状花序，雌花花序为一至二回聚伞花序，花橘黄色；果实近球形	果树		云南
253	*Actinidia tetramera* Maxim.	四萼猕猴桃（四瓣猕猴桃）	Actinidiaceae 猕猴桃科	中型落叶藤本；叶薄纸质，长方卵形或椭圆披针形；花白色，渲染淡红色，通常1花单生，花瓣4；果实卵株状，橘黄色	果树		陕西、甘肃、湖北、四川
254	*Actinidia trichogyna* Franch.	毛蕊猕猴桃	Actinidiaceae 猕猴桃科	中型落叶藤本；叶卵形至长卵形；花序1～3花，洁净无毛，花瓣5，倒卵形；果实暗绿色，秃净，具褐色斑点	果树		湖北、四川、云南
255	*Actinidia ulmifolia* C. F. Liang	榆叶猕猴桃	Actinidiaceae 猕猴桃科	中型落叶藤本；雄花花序有花1～3朵，花淡红色，直径2cm左右；花瓣6片，浅瓢状倒卵形，长12～14mm，顶端浑圆，基部收窄似柄	果树		云南、四川
256	*Actinidia umbelloides* C. F. Liang	伞花猕猴桃	Actinidiaceae 猕猴桃科	大型落叶藤本；叶薄纸质，卵形、矩卵形或菱状近圆形；(雌)花序3～5花	果树		云南
257	*Actinidia valvata* Dunn	对萼猕猴桃	Actinidiaceae 猕猴桃科	中型落叶藤本；叶近膜质，阔卵形至长卵形；花序2～3或1花单生，花白色；果实卵株状，橙黄色	果树		华东、中南
258	*Actinidia venosa* Rehder	显脉猕猴桃	Actinidiaceae 猕猴桃科	大型落叶藤本；叶纸质，长卵形或长圆形；聚伞花序一回或二回分枝，有花1～7朵，花淡黄色	果树		西南

（续）

序号	拉丁学名	中文名	所属科	特征及特性	类别	原产地	目前分布/种植区
259	*Actinidia vitifolia* C. Y. Wu	葡萄叶猕猴桃	Actinidiaceae 猕猴桃科	大型落叶藤本；叶膜质或软纸质，圆卵形；花白色，单生，花瓣8，匙状倒卵形，子房近球形；果球形，具密集黄褐色斑点	果树		云南、四川
260	*Actinostemma tenerum* Griff.	盒子草	Cucurbitaceae 葫芦科	一年生喜温湿草本；茎攀缘，卷须不分裂或2裂；单叶互生，叶多狭长三角状戟形；花小，黄绿色，子房1室；蒴果卵形	药用		我国南北各地均有分布
261	*Adansonia digitata* L.	猴面包树	Bombacaceae 木棉科	落叶乔木；树冠巨大；果实巨大如足球，甘甜汁多，是猴子、猩猩、大象等动物最喜欢的美味；当果实成熟时，猴子就成群结队而来，爬上树去摘果子吃，所以它叫“猴面包树”	果树	非洲	云南、福建、广东
262	*Adenanthera pavonina* L.	海红豆（红豆，相思树）	Leguminosae 豆科	落叶乔木；二回羽状复叶；总状花序顶生排列成圆锥状或单生叶腋；花白色或淡黄；萼与花梗被金黄色柔毛；荚果	有毒		广东、广西、贵州、云南
263	*Adenia heterophylla* (Blume) Koord.	三开瓢	Passifloraceae 西番莲科	木质大藤本；茎圆柱形，具线条纹，叶纸质，宽卵圆形或卵圆形；聚伞花序腋生，花瓣5有红色条纹，长圆匙形；蒴果，果瓢黄白色	观赏	中国云南	
264	*Adenophora capillaris* Hemsl.	丝裂沙参（龙胆草，泡参）	Campanulaceae 桔梗科	多年生草本；有白色乳汁；茎生叶互生，无柄；叶片菱状狭卵形至菱状披针形，边缘有齿；圆锥花序，花冠淡紫蓝色或白色；花柱长1.6~2.2cm	蔬菜，药用，粮食	中国	陕西、四川、贵州、湖北
265	*Adenophora khasiana* (Hook. f. et Thomson) Collett et Hemsl.	云南沙参	Campanulaceae 桔梗科	多年生草本；花序成狭圆锥状或无分枝；花淡紫色或蓝色；花期7~10月	观赏	中国云南、四川南部，印度也有	
266	*Adenophora liliifolia* (Linn.) Ledeb. ex A. DC.	新疆沙参	Campanulaceae 桔梗科	多年生草本；叶常有柄；花梗细长，长达2.5cm；花萼裂片常有齿；花冠蓝色或淡蓝色；花期7~8月	观赏	中国新疆	

（续）

序号	拉丁学名	中文名	所属科	特征及特性	类别	原产地	目前分布/种植区
267	*Adenophora nikoensis* Franch et Sav.	日光沙参	Campanulaceae 桔梗科	多年生草本；有白色乳汁，植株高 40cm；花大，喇叭状，紫色，花冠 5 浅裂，雄蕊 5；蒴果在基部 3 孔裂	观赏	日本	
268	*Adenophora potaninii* Korsh.	泡沙参（灯花草）	Campanulaceae 桔梗科	多年生草本；高 90cm；根胡萝卜状；茎生叶互生，狭卵形或长圆形；圆锥花序，花冠紫蓝色；蒴果球状椭圆形	药用		陕西、甘肃、宁夏、山西、四川、青海
269	*Adenophora stricta* Miq.	沙参（白参，南沙参）	Campanulaceae 桔梗科	多年生草本；高 40～80cm；主根黄棕色圆锥形；基生叶具长柄心形，茎生叶互生椭圆形；花序成假总状花序或狭圆锥花序；蒴果近球形	药用，观赏		华东、华中及内蒙古、河北、贵州
270	*Adenophora stricta* subsp. *stricta* Miq.	杏叶沙参	Campanulaceae 桔梗科	多年生草本；基生叶丛生，卵形、长椭圆形或近圆形，茎生叶互生，花序圆锥状，萼杯状，裂片 5 线状披针形，花冠蓝紫色，钟状	观赏	中国四川、贵州、广西、湖南、湖北、江西、浙江、江苏、安徽、河南、陕西	
271	*Adenophora tetraphylla*（Thunb.）Fisch.	轮叶沙参（四叶沙参，沙参）	Campanulaceae 桔梗科	根胡萝卜形，黄褐色，有横纹；茎生叶 4～6 个轮生，叶卵形或披针形，长约 6cm，边缘有齿；花序圆锥状，长达 35cm；花下垂；花冠蓝色，口部微缩成坛状	蔬菜，药用，粮食	中国	云南、贵州、广东、广西、华东、山西、山东、东北
272	*Adenophora trachelioides* Maxim.	荠苨（杏叶菜，灯笼菜）	Campanulaceae 桔梗科	多年生草本；有白色乳汁；茎呈之字形曲折；茎生叶心形或三角状卵形；圆锥花序长达 35cm，分枝长而近平展；花冠筒淡蓝紫色或白色	蔬菜，药用	中国	辽宁、河北、内蒙古、山西、山东、安徽、江苏、浙江
273	*Adenostemma lavenia*（L.）Kuntze	下田菊（猪耳朵叶）	Compositae（Asteraceae）菊科	一年生草本；茎被白色短柔毛；叶对生，长椭圆状披针形，叶柄有狭翼；头状花序排成伞房或伞房圆锥花序，花冠白色；瘦果倒披针形	杂草		华东、华南、西南及台湾、江西
274	*Adiantum capillus-junonis* Rupr.	团羽铁线蕨	Adiantaceae 铁线蕨科	多年生细弱草本蕨类植物；叶簇生，近膜质，深栗色，叶片披针形，奇数一回羽状复叶，羽片团扇形，孢子囊群盖长圆形或肾形，棕色	观赏	中国山东、河南、北京、河北、甘肃、四川、云南、贵州、广西、广东、台湾	

（续）

序号	拉丁学名	中文名	所属科	特征及特性	类别	原产地	目前分布/种植区
275	*Adiantum capillus-veneris* L.	铁线蕨	Adiantaceae 铁线蕨科	多年生细弱草本蕨类植物；叶近生，质薄，叶柄紫黑色，叶片卵状三角形，二至四回羽状复叶，深绿色	观赏	中国陕西、甘肃、河北、长江以南各省区	
276	*Adiantum caudatum* L.	鞭叶铁线蕨	Adiantaceae 铁线蕨科	多年生细弱草本蕨类植物；叶簇生，纸质，一回羽状复叶，羽片为对开式斜方形，叶柄密被褐色或棕色硬毛，孢子囊群盖圆形或长圆形，褐色	观赏	中国福建、广东、海南、广西、贵州、云南、台湾	
277	*Adiantum davidii* Franch.	白背铁线蕨	Adiantaceae 铁线蕨科	多年生细弱草本蕨类植物；叶远生，叶片三角状卵形，三回羽状复叶，羽片3～5对，互生，孢子囊群盖肾形或圆肾形褐色	观赏	中国河北、河南、山西、陕西、甘肃、四川、云南	
278	*Adiantum flabellulatum* L.	扇叶铁线蕨	Adiantaceae 铁线蕨科	多年生细弱草本蕨类植物；叶簇生，近革质，扇形，叶柄紫黑色，二至三回二叉分枝，叶轴和羽轴上有密红棕色短刚毛，孢子囊群盖半圆形或长圆形，黑褐色	观赏	中国福建、江西、广东、海南、湖南、浙江、广西、贵州、四川、台湾	
279	*Adiantum pedatum* L.	掌叶铁线蕨	Adiantaceae 铁线蕨科	叶簇生或近生，阔扇形，叶柄顶部二叉成左右两个弯弓形分枝，每个分枝上侧生出4～6片一回羽状羽片，20～30对小叶对生，叶轴、各回羽轴和小羽片栗红色，孢子囊群每小羽片4～6枚，囊群盖淡灰绿色或褐色	观赏	中国东北及河北、河南、山西、陕西、甘肃、四川、云南	
280	*Adiantum pubescens* Schkuhr	硬毛铁线蕨	Adiantaceae 铁线蕨科	蕨类植物；根茎短，匍匐、直立，全株被粗短毛；叶柄顶端分成2枝以上，形成羽状复叶，小叶矩圆形至肾形，暗绿色	观赏	澳大利亚、新西兰	
281	*Adiantum raddianum* K. Presl.	秀丽铁线蕨	Adiantaceae 铁线蕨科	蕨类植物；植株丛生状，羽状复叶，小叶三角形，叶柄黑色，具光泽，似铁线，光滑美丽	观赏	热带及温带地区	我国有引种
282	*Adina pilulifera* (Lam.) Franch. ex Drake	水团花	Rubiaceae 茜草科	常绿灌木至小乔木；叶对生，厚纸质椭圆形至椭圆状披针形，头状花序腋生，花冠白色，窄漏斗形，裂片卵状长圆形；蒴果楔形	观赏	中国长江以南各地	

（续）

序号	拉丁学名	中文名	所属科	特征及特性	类别	原产地	目前分布/种植区
283	*Adina rubella* Hance	细叶水团花（水杨梅，水杨柳）	Rubiaceae 茜草科	落叶或半常绿丛生灌木；枝暗褐色被柔毛，单叶对生，卵状椭圆形至披针形，头状花序，花冠紫红色	观赏	中国浙江、江苏、安徽、福建、广东、广西	
284	*Adinandra bockiana* E. Pritz. ex Diels	四川红淡（川黄瑞木）	Theaceae 山茶科	常绿灌木或小乔木；叶革质，矩圆状卵形，花单生叶腋，白色，花梗弓形	观赏	中国江西、福建、广东、广西、湖南、贵州、四川	
285	*Adinandra millettii*（Hook. et Arn.）Benth. et Hook. f. ex Hance	毛药红淡（黄瑞木）	Theaceae 山茶科	灌木或小乔木；高约 5m；花白色，单独腋生，花梗纤细；萼片 5，卵状三角形，边缘近干膜质，有细腺齿和睫毛；花冠裂片 5，无毛；雄蕊约 25，花药密生白色柔毛；子房 3 室，有白色柔毛，花柱无毛	蜜源		福建、浙江、安徽、江西、湖南、广东、广西
286	*Adlumia fungosa*（Ait.）Greene ex B. S. P.	荷包藤	Papaveraceae 罂粟科	草质藤本；圆锥花序腋生，有 5～11（～20）花；苞片狭披针形，膜质；花梗细；萼片卵形，早落；花瓣 4，外面 2 枚先端分离部分披针形，淡紫红色，里面 2 枚分离部分圆匙形	观赏	中国黑龙江、吉林	
287	*Adonis aestivalis* L.	夏侧金盏花	Ranunculaceae 毛茛科	一年生草本；茎下部有稀疏短柔毛，叶二至三回羽状细裂，末回裂片线形或披针状线形；花单生茎顶，花瓣约 8，橙黄色，下部黑紫色；瘦果卵球形	观赏	中国新疆西部	
288	*Adonis aleppica* Boiss.	叙利亚侧金盏	Ranunculaceae 毛茛科	多年生草本；株高 30cm；叶互生，细裂；萼片与花瓣相连；瘦果	杂草	叙利亚、伊朗以及欧洲东南部	
289	*Adonis amurensis* Regel et Radde	侧金盏花（冰凉花，顶冰花）	Ranunculaceae 毛茛科	多年生草本；基部有数个膜质鳞片；茎下叶三角形，二至三回细裂；萼灰淡紫色；花瓣黄色；瘦果倒卵球形；具宿存花柱	有毒，观赏	中国辽宁、吉林、黑龙江东部	东北及新疆
290	*Adonis autumnalis* L.	秋侧金盏	Ranunculaceae 毛茛科	多年生花卉；高 60cm；花深红色；基生叶 2～5cm，具柄，茎生叶无柄或近无柄；花径 1.5～2.5cm，花瓣 6～10，暗红色，花期略晚至初秋	观赏	中国、西亚、中欧	

（续）

序号	拉丁学名	中文名	所属科	特征及特性	类别	原产地	目前分布/种植区
291	*Adonis chrysocyathus* Hook. f. et Thomson	金黄侧金盏花	Ranunculaceae 毛茛科	多年生草本；茎基部有鞘状鳞片，叶卵状五角形，三回羽状全裂，末回裂片卵状菱形或近披针形，花单生，花瓣金黄色倒披针形，花萼淡紫色，聚合果球形	观赏	中国新疆西部	
292	*Adonis davidii* Franch.	短柱侧金盏花	Ranunculaceae 毛茛科	多年生草本；叶片五角形或三角状卵形，末回裂片狭卵形，花瓣白色，倒卵状长圆形或长圆形，萼片椭圆形，瘦果倒卵形	观赏	中国西藏、云南、四川、甘肃、山西	
293	*Adonis sutchuenensis* Franch.	蜀侧金盏花	Ranunculaceae 毛茛科	多年生草本；叶卵状五角形，三全裂；萼淡绿色，多为倒披针形，花瓣 8～12，黄色，倒披针形或长圆状倒披针形	药用，有毒		陕西、四川
294	*Adonis vernalis* L.	春侧金盏花	Ranunculaceae 毛茛科	多年生宿根草木，高 20cm～35cm，叶二型，花单生于主茎和少数分枝的顶端，花黄色或白色，有重瓣类型；花期春季	观赏	中国东北	
295	*Adoxa moschatellina* L.	五福花	Adoxaceae 五福花科	多年生矮小草本；茎单一，小叶宽卵形或圆形，茎生叶 2 枚，对生，3 深裂，聚伞性头状花序，花黄绿色，花萼浅杯状，花冠幅状，顶生花花冠裂片 4，侧生花为 5	观赏	中国黑龙江、辽宁、山西、河北、新疆、青海、四川、云南	
296	*Aechmea chantinii* (Carrière) Baker	光萼荷（萼凤梨）	Bromeliaceae 凤梨科	多年生花卉；莲座状叶丛榄绿色；复穗状花序，从叶丛中伸出，小花序扁平；花期 4～5 月	观赏	亚马孙盆地、哥比伦比亚、厄瓜多尔	
297	*Aechmea fasciata* Bak.	美叶光萼荷（蜻蜓凤梨）	Bromeliaceae 凤梨科	多年生花卉；高 40～60cm；叶莲座状；花序圆锥状；花初开为蓝色后变为红色	观赏	巴西东南部	
298	*Aechmea fulgens* Brongn.	珊瑚凤梨	Bromeliaceae 凤梨科	多年生花卉；叶丛较松，绿色；花序圆锥状；花紫色；浆果红色	观赏	巴西、圭亚那	
299	*Aechmea recurvata* L. B. smith	弯光萼荷	Bromeliaceae 凤梨科	多年生花卉；叶丛密莲座状；花序短筒状，苞片红色；花红色和白色	观赏	巴西	

（续）

序号	拉丁学名	中文名	所属科	特征及特性	类别	原产地	目前分布/种植区
300	*Aegiceras corniculatum* (L.) Blanco	蜡烛果（黑枝，黑榄）	Myrsinaceae 紫金牛科	常绿树种、灌木或小乔木；高达 4m；叶倒卵形；两性花，花冠白色，裂片 5，卵形，花后脱落；蒴果，种子与果同形	生态防护，观赏	中国	广东、广西、福建、海南、台湾沿海诸岛
301	*Aegilops ariabilis* Eig.	易变山羊草	Gramineae (Poaceae) 禾本科	一年生；总状花序；可育小穗包含 2 小花；小穗矩圆形，两侧扁；颖片短于小穗，第一枚颖片矩圆形，为第二枚颖片的 2 倍长，坚韧；外稃椭圆形，坚韧；浆片 2，有纤毛	粮食		
302	*Aegilops aucheri* Boiss.	东方山羊草	Gramineae (Poaceae) 禾本科	一年生草本；穗状花序具芒；小穗有 2～5 小花，单生、膨胀或圆柱形；花序成熟时于其基部整个断落或逐节断落；颖具 3 芒或 1 芒	粮食		
303	*Aegilops bicornis* (Forsk.) Jaub. et Sp.	双角山羊草	Gramineae (Poaceae) 禾本科	穗较细小，小穗多在 12 个以下；顶小穗和中部小穗外稃均具 2 芒，顶小穗外稃的芒基部无齿	粮食		
304	*Aegilops biuncialis* (Vill) Vis.	欧山羊草	Gramineae (Poaceae) 禾本科	秆高 30～40cm，具 3～5 节；叶鞘紧包茎；叶两面疏生白毛；穗状花序，小穗常含二小花；颖近于矩形，顶端具 2 芒	粮食		青海、陕西
305	*Aegilops caudata* L.	尾状山羊草	Gramineae (Poaceae) 禾本科	小穗近圆柱形；不特别膨大；顶小穗颖的芒长大于穗长，顶小穗外稃的芒长显著短于颖芒	粮食		
306	*Aegilops columnaris* Cyto-plasm	小亚山羊草	Gramineae (Poaceae) 禾本科	小穗 4～6 个，通常 5 个，下部 2～3 个可育，基部小穗具不等宽的 2 芒，其余颖具 3 芒	粮食		
307	*Aegilops comosa* Sibth. et Sm.	顶芒山羊草	Gramineae (Poaceae) 禾本科	小穗卵形或梨形，略膨大；顶小穗至少有一颖具 3 芒，中间者最长	粮食		
308	*Aegilops crassa* Boiss.	肥山羊草	Gramineae (Poaceae) 禾本科	穗串珠形，颖与外稃上密被银白色短柔毛；顶小穗外稃的芒扁平，其基部两侧无齿，下部小穗外稃的芒较上部小穗的长，樽落	粮食		

（续）

序号	拉丁学名	中文名	所属科	特征及特性	类别	原产地	目前分布/种植区
309	*Aegilops cylindrica* Host.	柱穗山羊草	Gramineae (Poaceae) 禾本科	秆光滑无毛，具4～5节，高50～60cm；叶鞘紧包茎；叶舌膜质；叶两面疏生细毛；穗状花序，颖长圆形	粮食		青海、陕西、河北
310	*Aegilops juvenalis*（Thell.）Eig.	牡山羊草	Gramineae (Poaceae) 禾本科	穗串珠形，颖与外稃上密被银白色短柔毛；顶小穗外稃的芒断面为三角形，下部小穗外稃的芒基部两侧有短芒或齿；小穗散落	粮食		
311	*Aegilops kotschyi* Puroindoline	黏果山羊草	Gramineae (Poaceae) 禾本科	穗较窄，穗长2～3cm，通常发育小穗4个，基部退化小穗2～3个；颖具3芒，下部颖中间的芒常缺失或被一齿或丘代替；外稃的芒长与颖芒相等	粮食		
312	*Aegilops longissima* Schw. et Musch	高大山羊草	Gramineae (Poaceae) 禾本科	穗较长，小穗多在15个以上，顶小穗外稃具强大的长芒，芒基部两侧有齿，中部小穗外稃无芒	粮食		
313	*Aegilops mutica* Boiss.	无芒山羊草	Gramineae (Poaceae) 禾本科	穗长可达30cm以上，小穗排列很稀；小穗短于相邻的穗轴节片；颖和稃均无芒；颖梯形，顶部有2～4个钝齿；外稃与颖近等长，小穗楔落（断小穗下有柄）；籽粒带皮	粮食		
314	*Aegilops ovata* L.	卵穗山羊草	Gramineae (Poaceae) 禾本科	秆高20～30cm；叶片长3～5cm；穗状花序具2～3小穗，小穗含2～3小花	粮食	中国青海、陕西、河北	
315	*Aegilops recta*（Zhuk.）Chennav.	直山羊草	Gramineae (Poaceae) 禾本科	基部小穗颖常具3芒，上部瘦小，小穗短于对应的穗轴节间长	粮食		
316	*Aegilops searsii* Feldman et Kislev.	西尔斯山羊草	Gramineae (Poaceae) 禾本科	穗较细小，小穗多在12个以下；顶小穗外稃具强大的长芒，芒长等于或大于穗长，其基部两侧各着生一细短芒，中部小穗外稃无芒	粮食		
317	*Aegilops sharonensis* Eig.	沙融山羊草	Gramineae (Poaceae) 禾本科	穗较长，小穗多在15个以上，顶小穗外稃具强大的长芒，芒基部两侧有齿，中部小穗外稃有芒	粮食		

（续）

序号	拉丁学名	中文名	所属科	特征及特性	类别	原产地	目前分布/种植区
318	*Aegilops speltoides* Tausch.	拟斯卑脱山羊草	Gramineae (Poaceae) 禾本科	小穗排列较稀；颖窄，具1短钝齿或无齿；顶小穗外稃有凸起长芒，中部小穗外稃无芒或有细芒；小穗楔落（断小穗下有柄），偶有樽落（断小穗下无柄）	粮食		
319	*Aegilops tauschii* Coss.	粗山羊草	Gramineae (Poaceae) 禾本科	一年生草本；秆高20～40cm，丛生；叶鞘紧包秆；穗状花序圆柱形，小穗圆柱形，含3～4（～5）小花，颖革质；颖果椭圆形	粮食		陕西、河南、山东、江苏
320	*Aegilops triaristata* Wild.	三芒山羊草	Gramineae (Poaceae) 禾本科	秆高20～30cm，具3～5节；叶鞘及鞘口具细长白毛；叶舌平截；叶片两面稀被细毛；穗状花序常具3小穗，小穗含2～3小花；颖倒卵形	粮食	中国青海、陕西、河北	
321	*Aegilops triuncialis* L.	钩刺山羊草	Gramineae (Poaceae) 禾本科	秆高30～50cm，具3～5节；叶鞘口及边缘具细白毛；叶舌顶部平截；叶两面稀生细白毛；花序长2～3cm，小穗含3～4小花	粮食		
322	*Aegilops umbellulata* Zhuk	小伞山羊草	Gramineae (Poaceae) 禾本科	秆高30～50cm，具3～5节；叶鞘口及边缘具细白毛；叶舌顶部平截；叶两面稀生细白毛；花序长2～3cm，小穗含3～4小花	粮食		青海、陕西
323	*Aegilops uniaristata* Vis.	单芒山羊草	Gramineae (Poaceae) 禾本科	一年生草本；小穗卵形或梨形，略膨大；顶小穗两颖均具单生芒	粮食		
324	*Aegilops vavilovii* (Zhuk.) Chenn.	叙利亚山羊草（瓦维洛夫山羊草）	Gramineae (Poaceae) 禾本科	一年生草本；穗状花序圆柱形，顶生，小穗单生而紧贴于穗轴，外稃披针形，常具5脉，背部圆形无脊，基部无基盘，顶端常具3齿，并延伸成芒，叶轮生，全缘，无托叶，雌雄异株，花瓣绿色	粮食		
325	*Aegilops ventricosa* Tausch.	偏凸山羊草	Gramineae (Poaceae) 禾本科	秆高40～60cm，具4～5节；叶鞘口及外缘具细柔毛，并有小叶耳；叶舌平截；叶两面疏被细白毛；花序线状圆柱形，小穗鳞茎状，含2～3小花；颖卵圆形	粮食	中国青海、陕西、河北	

（续）

序号	拉丁学名	中文名	所属科	特征及特性	类别	原产地	目前分布/种植区
326	*Aeginetia indica* L.	野菰（土灵芝草，烟管头草，蛇箭草）	Orobanchaceae 列当科	一年生寄生草本；高 15～40cm；茎黄褐色或紫红色；花单生茎顶，花梗常具紫红色条纹，花萼佛焰苞状，子房 1 室；蒴果	药用		华东及湖南、广东、广西、台湾、四川、贵州、云南
327	*Aeginetia sinensis* Beck	中国野菰（横杯草）	Orobanchaceae 列当科	一年生寄生草本；高 15～30cm；鳞片状叶疏生茎基部；花单生，花梗紫红色，具明显条纹，花萼佛焰苞状，船形，子房 1 室；蒴果	药用		华东、西南华南、华中及台湾
328	*Aegle marmelos*（L.）Corrêa	印度枳	Rutaceae 芸香科	木本植物；树枝上密生有硬刺；黄色或灰色浆果，为圆球形，成熟时直径可达 10cm	果树	印度	云南、台湾
329	*Aegopodium podagraria* L.	羊角芹	Umbelliferae（Apiaceae）伞形科	多年生草本；匍匐根状茎，基生叶有长柄，2～3 回三出羽状全裂或 2 回羽状全裂，终裂片长卵表或椭圆形	观赏		
330	*Aeluropus sinensis*（Debeaux）Tzvelev	獐毛（马牙头，马绊草）	Gramineae（Poaceae）禾本科	多年生；叶片无毛，长 3～6cm，宽 3～6mm；圆锥花序分枝排列紧密而重叠呈穗型，小穗长 4～6mm；外稃常无毛	饲用及绿肥，生态防护		东北、华北、西北、西南及江苏、山东、河南
331	*Aeonium arboretum* Webb et Berthl.	荷花掌	Crassulaceae 景天科	多浆植物；叶长圆披针形，深绿色，长 5～7.5cm；花黄色	观赏	摩洛哥、加那利群岛	我国各地广为栽培
332	*Aeonium haworthii* Webb et Berthl.	红缘莲花掌	Crassulaceae 景天科	多浆植物；株高 30～60cm；叶倒卵形，灰绿色；花钟状，黄色带红晕；花期春、夏季	观赏	大西洋的加那利群岛	
333	*Aeonium simsii*（Sweet）Stearn	毛叶莲花掌	Crassulaceae 景天科	亚灌木，低矮多分枝；叶排列成莲座状，线状披针形，长 6～9cm，宽 0.6cm，浅绿色，具红线，叶缘有 0.2～0.4cm 长的白毛；花金黄色	观赏	大西洋的加那利群岛	
334	*Aeonium spathulatum*（Hornem.）Prag.	匙叶莲花掌	Crassulaceae 景天科	多浆植物；植株呈半圆形树冠；叶片长圆状匙形；花径约 1cm	观赏	大西洋的加那利群岛	
335	*Aeonium tabulaeformis* Webb. et Berth.	平叶莲花掌	Crassulaceae 景天科	多年生肉质草本植物；植株低矮，由 100～200 枚肉质叶组成莲座状叶盘，其最大直径可达 50cm；叶片无柄，匙形，叶色草绿至灰绿、深绿，叶缘有白色绒毛	观赏	加那利群岛	

（续）

序号	拉丁学名	中文名	所属科	特征及特性	类别	原产地	目前分布/种植区
336	*Aerides falcatum* Lindl.	镰形指甲兰	Orchidaceae 兰科	兰科花卉；株高 20cm；花序总状；萼片、花瓣白色，有紫色斑纹，唇瓣紫红色；花期春季	观赏	中国云南东南部	
337	*Aerides multiflora* Roxb.	多花指甲兰	Orchidaceae 兰科	兰科花卉；株高 23cm；花序总状；萼片、花瓣白色，有紫色斑纹，唇瓣堇紫色，中部深紫色；花期夏秋季	观赏	中国广西西南部、贵州西南部、云南东南部至南部	
338	*Aerides odorata* Lour.	指甲兰	Orchidaceae 兰科	兰科花卉；茎粗壮；叶 2 枚，叶狭矩圆形；花序总状；萼片和花瓣淡白色；花期 6～7 月	观赏	中国云南东部	
339	*Aerides rosea* Lodd. ex Lindl. et Paxt.	玫红指甲兰	Orchidaceae 兰科	附生兰；总状花序，下垂，花白色带紫色斑点，唇瓣中裂片近菱形，矩短圆锥形	观赏	中国贵州、云南南部、广西	
340	*Aerides vandarum* Rchb. f.	万带指甲兰	Orchidaceae 兰科	附生兰；花序常有短分枝，花疏生；花大，白色萼片和花瓣长达 4cm，边缘波状，基部收窄为短爪，侧萼片与唇瓣并行伸展	观赏		
341	*Aeschynanthus acuminatus* Wall. ex A. DC.	芒毛苣苔（大叶榕根，石难风，白背风）	Gesneriaceae 苦苣苔科	茎 25～150cm，无毛；聚伞花序腋生或者假顶生，1～3 开花；花冠红色，很少带绿色，外面无毛，在背面的唇的被微柔毛的在基部里面，清楚的瓣片二唇形；正面的唇竖立；背面唇反折	药用		福建、台湾、广东、广西、四川、云南、西藏
342	*Aeschynanthus buxifolius* Hemsl.	黄杨叶芒毛苣苔（岩豇豆，上树蜈蚣）	Gesneriaceae 苦苣苔科	常绿灌木；叶对生，厚肉质，长圆状椭圆形或椭圆形，萼管状，裂片 5，花冠紫红色，裂片 5；蒴果长条形	观赏	中国云南东南部、广西东北部	
343	*Aeschynanthus micranthus* C. B. Clarke	小花口唇花	Gesneriaceae 苦苣苔科	附生小灌木；叶色翠绿有光泽，花深红色筒状；可育雄蕊 4，二强；子房 1 室，2 侧膜胎座内伸近子房室中央；蒴果线形、室背纵列成 2 瓣	观赏		
344	*Aeschynanthus mimetes* B. L. Burtt	大花芒毛苣苔	Gesneriaceae 苦苣苔科	附生木质常绿藤本；叶对生，革质，花数朵簇生茎或短枝顶端，花冠橘红色，裂片中央有暗紫色斑，花萼钟状筒形，5 浅裂，裂片三角形；蒴果线形	观赏	中国西藏东南部、云南西部及南部	

（续）

序号	拉丁学名	中文名	所属科	特征及特性	类别	原产地	目前分布/种植区
345	*Aeschynanthus pulcher* G. Don	口红花	Gesneriaceae 苦苣苔科	草质藤本；叶广椭圆形；花冠小筒状，鲜红色；花期自夏至冬	观赏	马来半岛及爪哇	
346	*Aeschynanthus radicans* Jack	毛萼口红花	Gesneriaceae 苦苣苔科	草质藤本；茎下垂，多分枝；叶椭圆形、倒卵形或卵形；花冠筒状，有绒毛，鲜红色；有连续开花习性	观赏	马来半岛、爪哇	
347	*Aeschynomene americana* L.	美洲合萌	Leguminosae 豆科	一年生或短期多年生；茎高 0.7～2m，被绒毛；偶数羽状复叶；荚果线形；种子深褐色	饲用及绿肥		广西、海南
348	*Aeschynomene indica* L.	合萌（田皂，夜关闭）	Leguminosae 豆科	一年生草本或亚灌木状；偶数羽状复叶，小叶线状长圆形；总状花序腋生，花冠淡黄色，旗瓣近圆形，翼瓣蓖状；荚果线状长圆形	药用，饲用及绿肥	中国	长江以南
349	*Aesculus chinensis* var. *wilsonii* （Rehder） Turland et N. H. Xia	天师栗（娑罗果，娑罗子）	Hippocastanaceae 七叶树科	落叶乔木；掌状复叶对生，小叶 5～7；圆锥花序顶生，花杂性，白色；雄花多生于花序上部，两性花生于下部；蒴果	有毒		西南、华中及广东
350	*Aesculus hippocastanum* L.	欧洲七叶树（马栗树）	Hippocastanaceae 七叶树科	落叶乔木；掌状复叶对生，小叶 5～7，倒卵形，无柄；圆锥花序顶生；雄花与两性花同株；蒴果具刺	有毒	阿尔巴尼亚和希腊	上海、青岛
351	*Aesculus turbinata* Blume	日本七叶树	Hippocastanaceae 七叶树科	落叶乔木；高 30m，胸径 2m；圆锥花序顶生，直立，有绒毛或无毛；花瓣 4，直径 1.5cm；花萼管状或管状钟形，5 裂；花瓣 4，近于圆形，白色或淡黄色，有红色斑点；花期 5～7 月	观赏	日本	青岛、上海
352	*Aesculus wangii* Hu	云南七叶树	Hippocastanaceae 七叶树科	落叶乔木；高 15～20m；掌状复叶对生，小叶 5～7，纸质；圆锥花序顶生，花白色，花瓣 4，倒匙形；蒴果梨形或扁球形	观赏，生态防护		云南
353	*Afgekia filipes* (Dunn) R. Geesink	猪腰豆	Leguminosae 豆科	落叶攀缘状灌木；奇数羽状复叶互生；总状花序生枝顶，常数个集生，花序轴及花梗密生红色刚毛，花蝶形，血青色，花瓣 5	观赏	中国云南西双版纳、思茅、临沧、广西	云南、广西

（续）

序号	拉丁学名	中文名	所属科	特征及特性	类别	原产地	目前分布/种植区
354	*Afzelia xylocarpa* (Kurz) Craib	缅茄	Leguminosae 豆科	常绿乔木；高 15～25m；树皮褐色；小叶卵形、阔椭圆形至近圆形；花序被柔毛；花瓣淡紫色，倒卵形至过圆形；荚果扁长圆形；种子卵形或近圆形；花期 4～5 月；果期 11～12 月	药用，林木，观赏		广东、海南、广西、云南
355	*Aganosma marginata* (Roxb.) G. Don	香花藤	Apocynaceae 夹竹桃科	常绿攀缘灌木；有乳汁，叶纸质，对生，聚伞花序腋生，花冠漏斗状或高脚碟状，白色，花冠筒圆筒形，种子顶端有白色绢毛	观赏	中国海南、广东	
356	*Aganosma schlechteriana* H. Lév.	海南香花藤	Apocynaceae 夹竹桃科	常绿攀缘灌木；具乳汁，叶椭圆形至长圆状椭圆形，背面叶脉不明显，聚伞花序顶生，被黄色短柔毛，花冠白色，种子顶端具白色绢毛	观赏	中国海南、云南、四川、贵州、广西、广东	
357	*Agapanthus africanus* (L.) Hoffmanns.	百子莲	Liliaceae 百合科	球根花卉；叶线状披针形，深绿色；花序伞形；花漏斗形，由鲜蓝色转为紫红色；花期夏季	观赏	南非	
358	*Agapanthus orientalis* Leighton	东方百子莲	Liliaceae 百合科	球根花卉；叶宽而软，向下弯曲；花序伞形，有花 40～110 朵	观赏	南非	
359	*Agapanthus pendulus* L. Bolus.	垂花百子莲	Liliaceae 百合科	草本；球根花卉；花深紫色或深蓝色，下垂，苞片 2，佛焰苞状，早落；花被合瓣，漏斗状，裂片长椭圆形；雄蕊 6；子房上位，3 室	观赏	南非	
360	*Agapetes lacei* Craib	灯笼花（树萝卜，深红树萝卜）	Ericaceae 杜鹃花科	附生常绿灌木；枝条具平展刚毛，叶互生革质，椭圆形，花腋生或生于老枝上，萼陀螺状，花冠深红色，圆筒状，裂片 5 三角状披针形	观赏	中国云南西部、西藏东南部	
361	*Agapetes pubiflora* Airy Shaw	毛花树萝卜	Ericaceae 杜鹃花科	附生常绿灌木；叶 2 列，厚革质，边缘浅波状并有疏而大的圆形腺体，伞房状花序侧生老枝，花冠圆筒状，檐部深红色，裂片绿色，萼片卵状三角形	观赏	中国云南西北部、西藏东南部	
362	*Agapetes serpens* (Wight) Sleum.	垂枝树萝卜	Ericaceae 杜鹃花科	常绿灌木；高 1m，枝下垂；叶披针形至长椭圆形；花冠筒状，钱红色或橙红色；花期 2～6 月；果期 7～11 月	观赏	中国西藏南部	

（续）

序号	拉丁学名	中文名	所属科	特征及特性	类别	原产地	目前分布/种植区
363	*Agastache foeniculum*（Pursh）O. Kuntze	莳萝藿香	Labiatae 唇形科	多年生草本；高 90～100cm，茎直立；叶片卵形；花序穗状，苞片紫堇色，花冠蓝色；花期 4～9 月	观赏	美国中北部	
364	*Agastache mexicana*（Kunth）Lint et Epl.	墨西哥藿香	Labiatae 唇形科	多年生草本；高 50cm；花冠淡紫蓝色，冠筒直，微超出花萼或与之相等，内无毛环，冠檐二唇形，上唇直立，2 裂，下唇开展，3 裂；雄蕊 4，后对较长，均伸出，花药 2 室	观赏	墨西哥、秘鲁	
365	*Agastache rugosa*（Fisch. et C. A. Mey.）Kuntze	藿香 （合香，排香草）	Labiatae 唇形科	多年生草本；茎具 4 棱；叶卵形或披针形；轮状花序，在主茎或侧枝上顶生密集假穗状花序；萼齿狭三角形；小坚果	药用	中国	全国各地均有分布
366	*Agathis dammara*（Lamb.）Rich. et A. Rich.	贝壳杉	Araucariaceae 南洋杉科	常绿乔木；高 50m，径 50cm；树皮厚，带红褐色；叶长圆状披针形或椭圆形；雌雄同株；球果球形或广圆形	观赏	马来西亚、菲律宾	厦门、福州
367	*Agave amaniensis* T. et. N.	兰剑麻	Amaryllidaceae 石蒜科	多年生植物；叶蓝色，叶呈莲座式排列，大而肥厚，刺红褐色，长约 1.7m，基部厚，剑形	经济作物（纤维类）		
368	*Agave americana* L.	龙舌兰 （剑兰，洋棕，宽叶龙舌兰）	Amaryllidaceae 石蒜科	多年生草本；叶灰绿色，叶面多蜡粉；圆锥花序巨大，花大，苹果绿色，子房长约 4cm，花后萌生珠芽很少；蒴果长圆形	有毒	墨西哥	广东、广西、浙江、云南、四川
369	*Agave angustifolia* Haw.	短叶龙舌兰 （假菠萝麻）	Amaryllidaceae 石蒜科	多年生草本；叶片多、短、薄，边缘有钩状小刺；圆锥花序，花蕾长 3～4cm，花小；蒴果，同时长出珠芽	观赏	墨西哥	广东、广西
370	*Agave atrovirens* Torr	暗绿龙舌兰	Amaryllidaceae 石蒜科	茎基部密生剑状革质叶；柱状花茎很长，上部着生许多黄红色花	经济作物		
371	*Agave cantula* Roxb.	马盖麻 （狭叶龙舌兰）	Amaryllidaceae 石蒜科	多年生草本；叶狭长，边缘有暗褐色钩刺；花淡绿色，花蕾较大，雌、雄蕊上有紫红色小斑点；蒴果	药用	东印度	台湾、福建、广东、广西
372	*Agave fourcroydes* Lem.	灰叶剑麻	Amaryllidaceae 石蒜科	多年生草本；叶肉质狭长，叶面多蜡粉，边缘有刺；圆锥花序，花灰黄色，花蕾较短	经济作物（纤维类）	墨西哥	海南、广东、广西、福建

（续）

序号	拉丁学名	中文名	所属科	特征及特性	类别	原产地	目前分布/种植区
373	*Agave lecheguilla* Toll	列次奎拉麻	Amaryllidaceae 石蒜科	无茎，通常具吸根，丛生莲座状；叶多直立，浅绿色或黄绿色，边缘平滑；穗状花序，密集于末端1/2处；花每簇2～3朵，花瓣黄色，少带红色或紫色，钟状，近相等；雄蕊伸出花被	经济作物（纤维类）		
374	*Agave sisalana* Perrine ex Engelm.	剑麻（西沙尔麻）	Amaryllidaceae 石蒜科	多年生草本；叶片无叶柄，剑形，表面有白色蜡粉；圆锥花序顶生，花黄绿色，完全花；蒴果	经济作物（纤维类），药用	墨西哥	广东、广西、福建、海南
375	*Agave victoriaereginae* T. Moore	鬼脚掌	Amaryllidaceae 石蒜科	多年生草本；叶丛莲座状，叶坚硬；叶背面呈龙骨状突起，暗绿色，边缘有白色纵条，无刺状齿	观赏	美洲中部	
376	*Ageratina adenophora*（Spreng.）R. M. King et H. Rob.	紫茎泽兰（解放草，破坏草，细升麻，花升麻）	Compositae（Asteraceae）菊科	多年生草本或亚灌木；高1～2.5m；叶对生，卵状三角形；头状花序，排成伞房状；瘦果黑褐色	药用	中美洲	云南、广西、贵州、四川、台湾、广东、西藏
377	*Ageratum conyzoides* L.	藿香蓟（胜红蓟）	Compositae（Asteraceae）菊科	一年生草本；高30～60cm；叶卵形或近三角形；钟状头状花序，排成紧密顶生伞房花序；管状花花冠檐部淡紫色；瘦果稍呈楔形	饲用及绿肥	西印度、墨西哥、中美洲、南美洲	华东、华中、华南、西南及台湾
378	*Ageratum houstonianum* Mill.	熊耳草	Compositae（Asteraceae）菊科	一年生草本；高70～100cm；茎具白色长柔毛；叶对生，卵圆形或三角形；头状花序在茎顶排成伞房或复伞房状花序；瘦果略成楔形	药用	墨西哥、危地马拉及洪都拉斯	福建、广东、广西、海南、台湾
379	*Aglaia duperreana* Pierre	四季米兰	Meliaceae 楝科	常绿灌木或小乔木；分枝茂密，常形成圆球形树冠；奇数羽状复叶，互生，叶轴有窄翅，叶较小，花黄色，芳香；全年开花	观赏	中国广东、四川、云南及东南亚等地	
380	*Aglaia elaeagnoidea*（A. Jussieu）Bentham	台湾米兰	Meliaceae 楝科	常绿乔木；小枝、叶柄、叶轴和花序均密被银色或淡黄色星状鳞片，小叶7～11枚，薄革质，对生，倒卵形或倒卵状椭圆形；圆锥花序腋生，花瓣5，长圆形，覆瓦状排列；浆果	观赏	中国台湾	
381	*Aglaia lawii*（Wight）C. J. Saldanha et Ramamorthy	粗枝木楝（红椤）	Meliaceae 楝科	常绿乔木；奇数羽状复叶，小叶长圆形；圆锥花序腋生，密被黄色星状鳞片，花球形；蒴果近梨形或近球形	观赏	中国	海南、云南

（续）

序号	拉丁学名	中文名	所属科	特征及特性	类别	原产地	目前分布/种植区
382	*Aglaia odorata* Lour.	米仔兰（碎米兰，鱼子兰，夜兰）	Meliaceae 楝科	常绿灌木或小乔木；叶轴和叶柄具狭翅，小叶 3～5 枚，对生，厚纸质；圆锥花序腋生，花瓣 5，黄色，长圆形或近圆形，花萼 5 裂，裂片圆形；浆果卵形或近球形	观赏	中国广东、广西	福建、西川、贵州、云南
383	*Aglaia rimosa* (Blanco) Merr.	椭圆叶米仔兰	Meliaceae 楝科	常绿灌木或小乔木；小叶薄革质，长圆形；圆锥花序腋生，密被棕色鳞片；花瓣 5，黄色，卵形，覆瓦状排列；坚果椭圆形，外被棕褐色鳞片	观赏	中国	台湾
384	*Aglaonema costatum* N. E. Br.	爪哇亮丝草	Araceae 天南星科	多年生花卉；茎很短，基部分枝；叶卵形或椭圆状卵形，较厚，暗绿色有光泽；花序大，前伸	观赏	马来西亚、半岛	
385	*Aglaonema pictum* (Roxb.) Kunth	斑叶亮丝草	Araceae 天南星科	多年生花卉，单性，雌雄同序，雌花在下，雄花在上，无花被，雄花具雄蕊 2；雌花子房 1 室，稀 2 室，每室具胚珠 1 枚，浆果	观赏	苏门答腊和马来西亚	
386	*Agrimonia pilosa* Ledeb.	龙芽草（仙鹤草）	Rosaceae 蔷薇科	多年生草本；高 50～100cm，被柔毛；叶互生，羽状复叶，两小叶间常附有小叶数对；总状花序顶生，花黄色，花瓣 5；瘦果萼裂片宿存	饲用及绿肥		全国各地均有分布
387	*Agriophyllum squarrosum* (L.) Moq.	沙蓬（沙米，灯索）	Chenopodiaceae 藜科	一年生草本；茎高 14～60cm；叶无柄，披针形或线形；穗状花序紧密，无总梗；果卵圆形，先端有两个长喙状突起	饲用及绿肥		东北、华北、西北及西藏
388	*Agropyron cristatum* (L.) Gaertn.	冰草（大麦草）	Gramineae (Poaceae) 禾本科	多年生草本；根须状密生；秆高 30～60cm，具 2～3 节；叶鞘紧包茎，叶边缘常内卷；穗状花序矩形或两端稍狭，小穗呈两行；颖果矩圆形	饲用及绿肥		华北、东北及甘肃、青海、新疆
389	*Agropyron cristatum* var. *pectinatum* (M. Bieb.) Rosevitz ex B. Fedtschenko	光穗冰草	Gramineae (Poaceae) 禾本科	本变种的主要特征在于：颖与外稃全部平滑无毛或疏被 0.1～0.2mm 的短刺毛	饲草与绿肥		东北西部、内蒙古、河北、青海、新疆
390	*Agropyron desertorum* (Fisch. ex Link) Schultes	沙生冰草	Gramineae (Poaceae) 禾本科	多年生；花序细瘦，条形；穗轴节间长 1～1.5mm；小穗排列紧密，向上斜升，不呈篦齿状；外稃通常无毛	粮食		内蒙古、山西、甘肃、新疆

（续）

序号	拉丁学名	中文名	所属科	特征及特性	类别	原产地	目前分布/种植区
391	*Agropyron michnoi* Roshev.	根茎冰草（米氏冰草）	Gramineae (Poaceae) 禾本科	冰草相似，但植株具多分枝的根茎，穗状花序的篦齿状不明显	饲用及绿肥		内蒙古
392	*Agropyron mongolicum* Keng	沙芦草（蒙古冰草）	Gramineae (Poaceae) 禾本科	为多年生疏丛型禾草，根须状，具沙套；秆直立，高50～100cm，基部节常膝曲；叶片灰绿色；穗状花序，小穗排列较疏松，含3～8朵小花；颖果椭圆形	粮食	中国	内蒙古、山西、陕西、宁夏、甘肃
393	*Agropyron sibiricum*（Willd.）P. Beauv.	西伯利亚冰草	Gramineae (Poaceae) 禾本科	多年生；花序粗10～15mm，节间长4～6mm，小穗排列疏松，长5～20mm，含9～11小花，外稃7～9脉，背部无毛	饲用及绿肥		内蒙古、陕西
394	*Agrostemma githago* L.	麦仙翁（麦毒草）	Caryophyllaceae 石竹科	一年生或二年生草本；高30～80cm，全株有白色长硬毛；叶线形或线状披针形；花大，花瓣5枚，暗蔷薇色；蒴果卵形	有毒	欧洲	东北及新疆、山东
395	*Agrostis alba* L.	小糠草	Gramineae (Poaceae) 禾本科	多年生草本；根状茎；叶平展而粗糙；花序圆锥状，穗紫红色；种子细小	观赏	北美	
396	*Agrostis capillaris* L.	细弱翦股颖	Gramineae (Poaceae) 禾本科	植株具短根状茎，低矮而细弱；叶舌长约1.0mm；花序开展，长约15cm，小穗紫褐色，外稃无芒，内稃长为外稃的2/3	饲用及绿肥		内蒙古、山西、宁夏、新疆、四川、贵州
397	*Agrostis clavata* Trin.	华北翦股颖	Gramineae (Poaceae) 禾本科	多年生草本；秆高35～95cm，具3～4节；叶扁平，线形；圆锥花序疏松开展，每节具2至多数分支，上端生小穗，下端裸露，颖果纺锤形	饲用及绿肥		东北及河北、四川
398	*Agrostis divaricatissima* Mez	歧序翦股颖	Gramineae (Poaceae) 禾本科	植株，较高大；叶舌长2～2.5mm；花序开展，分枝基部无小穗，深紫色，内稃长为外稃的2/3	饲用及绿肥		东北及内蒙古、河北
399	*Agrostis gigantea* Roth	巨序翦股颖（小糠草，红顶草）	Gramineae (Poaceae) 禾本科	植株具根状茎，高大；叶舌长5～6mm；花序长10～25cm，颖片背部无毛，外稃无芒，内稃长为外稃的1/3以上	饲用及绿肥		全国各地均有分布

（续）

序号	拉丁学名	中文名	所属科	特征及特性	类别	原产地	目前分布/种植区
400	*Agrostis hookeriana* C. B. Clarke	疏花翦股颖	Gramineae (Poaceae) 禾本科	秆下部膝曲，具 3 节；外稃长 1.5～1.9mm；芒着生于外稃背面中部，膝曲，长 4～8mm，内稃长约 0.3mm	饲用及绿肥		西南及内蒙古、甘肃、青海
401	*Agrostis hugoniana* Rendle	甘青翦股颖（穗序翦股颖）	Gramineae (Poaceae) 禾本科	植株丛密而矮小；花序紧缩呈穗状，分枝基部密生小穗，外稃顶端具极短的芒，外稃长 2～2.5mm，内稃长约 0.5mm	饲用及绿肥		云南、四川、陕西、甘肃、青海、西藏
402	*Agrostis infirma* Büse	玉山翦股颖	Gramineae (Poaceae) 禾本科	植株直立，呈密丛；叶片呈针状；花序开展，基部无小穗，小穗暗紫色，长 2～4mm；外稃无芒	饲用及绿肥		台湾、贵州、四川
403	*Agrostis micrantha* Steud.	多花翦股颖	Gramineae (Poaceae) 禾本科	植株，基部倾卧膝曲上升，具 4～5 节；叶片披针形；小穗长约 1.8mm，外稃无芒，内稃长为外稃的 1/3 以下	饲用及绿肥		四川、广西、湖南
404	*Agrostis nervosa* Nees ex Trin.	丽江翦股颖	Gramineae (Poaceae) 禾本科	植株密丛型；秆具 3～4 节；花序深紫色，分枝粗糙；小穗长 0.5～2.0mm；外稃无芒；内稃长为外稃的 1/4 以下	饲用及绿肥		云南、四川、贵州
405	*Agrostis sinorupestris* L. Liu ex S. M. Phillips & S. L. Lu	岩生翦股颖	Gramineae (Poaceae) 禾本科	植株矮小；叶片线形，宽 1～1.5mm；外稃长 2.1～2mm，芒自背面中部伸出，长 4～5mm，膝曲，内稃长约 0.6mm	饲用及绿肥		云南、西藏
406	*Agrostis stolonifera* L.	匍匐翦股颖	Gramineae (Poaceae) 禾本科	多年生草本；秆基部卧地面，节着地生根；叶扁平线形；圆锥花序卵状长圆形，每节具 5 分枝，小穗外稃无芒；颖果长圆形	杂草		甘肃、河北、河南、浙江、江西
407	*Agrostis turkestanica* Drobow	北疆翦股颖	Gramineae (Poaceae) 禾本科	秆细瘦，1～2 节；颖长 2～2.2mm；外稃长约 1.9mm，芒着生于背面中部以上，长 2.5～3mm，直立；内稃长约 2mm	饲用及绿肥		新疆
408	*Aidia cochinchinensis* Lour.	山黄皮（茜树）	Rubiaceae 茜草科	常绿小乔木或灌木；小枝硬挺，光滑；单叶对生，椭圆状长圆形至长圆状披针形；聚伞花序；浆果近球形，紫黑色	观赏	中国西南及长江流域以南各地亚热带及热带地区，亚洲至澳大利亚热带	

（续）

序号	拉丁学名	中文名	所属科	特征及特性	类别	原产地	目前分布/种植区
409	*Ailanthus altissima* (Mill.) Swingle	臭椿（樗树，白椿）	Simarubaceae 苦木科	落叶乔木；高可达30m；圆锥花序顶生，花白色；蒴果椭圆形，种子多数，有扁平膜质的翅	蜜源		华北、西北、华东
410	*Ailanthus fordii* Noot.	常绿臭椿	Simarubaceae 苦木科	常绿小乔木；小叶长圆状卵圆形；圆锥花序顶生；花单性或杂性；翅果	林木		广东南部沿海地区、云南西双版纳地区
411	*Ailanthus giraldii* Dode	四川臭椿（毛臭椿）	Simarubaceae 苦木科	落叶乔木；高10m；羽状复叶，小叶9～16对，宽披针形或镰状披针形；圆锥花序长达30cm，5花瓣，镊合状排列；翅果长4.5～6cm，宽1.5～2cm	药用		四川、陕西、甘肃
412	*Ailanthus triphysa* (Dennst.) Alston	岭南臭椿（毛叶南臭椿）	Simarubaceae 苦木科	常绿乔木；高15～20m；小叶片薄革质，卵状披针形或长圆状披针形；圆锥花序腋生；花瓣5，无毛或近无毛；翅果长4.5～8cm	林木		福建、广东、广西、云南
413	*Ailanthus vilmoriniana* Dode	刺臭椿	Simarubaceae 苦木科	落叶乔木；通常高10m；奇数羽状复叶；小叶8～17对，小叶披针状椭圆形；圆锥花序长约30cm；翅果长约5cm	观赏	中国湖北、四川、云南	
414	*Aira caryophyllea* L.	银须草	Gramineae (Poaceae) 禾本科	一年生草本；秆高5～30cm；叶细线形，纵卷，叶舌披针形；圆锥花序分枝3出，小穗卵形，银灰色或银白色；颖果卵形	杂草		西藏西部
415	*Ajania achilloides* (Turcz) Poljak. Ex Grubov	蓍状亚菊（蓍状艾菊）	Compositae (Asteraceae) 菊科	小半灌木；叶二回羽状全裂，小裂片条形，两面被绢状短柔毛及腺点；头状花序3～6个排列成伞房花序，总苞钟状	饲用及绿肥		内蒙古（阿拉善）、宁夏
416	*Ajania fastigiata* (C. Winkl.) Poljakov	新疆亚菊	Compositae (Asteraceae) 菊科	多年生草本；叶二回羽状全裂，具叶柄，长约1cm，两面被短柔毛；头状花序排列成复伞房花序，花序中央为两性花	饲用及绿肥		新疆（天山、准噶尔）
417	*Ajaniopsis penicilliformis* C. Shih	画笔菊	Compositae (Asteraceae) 菊科	一年生草本；全株被白色长柔毛，叶羽状全裂或3全裂，末回羽片线形，头状花序顶生排成伞房状，黄色，总苞倒卵形，边缘花雌性瓶状，中央盘花两性管状	观赏	中国西藏	

（续）

序号	拉丁学名	中文名	所属科	特征及特性	类别	原产地	目前分布/种植区
418	*Ajuga bracteosa* Wall. ex Benth.	九味一枝蒿（散血草）	Labiatae 唇形科	多年生草本；具两种茎，匍匐茎细弱，具花的茎直立；叶匙形、倒卵形、倒披针形或几圆形；轮伞花序密集组成间断穗状花序；小坚果	药用		台湾、云南、四川
419	*Ajuga ciliata* Bunge	筋骨草	Labiatae 唇形科	多年生草本；高 25～40cm；叶卵状椭圆形至狭椭圆形；轮伞花序密集组成穗状花序，花冠紫色，具蓝色条纹；小坚果	药用		华北、华东、西南及甘肃
420	*Ajuga multiflora* Bunge	多花筋骨草	Labiatae 唇形科	多年生草本；高 6～20cm；叶椭圆状长圆形或卵圆形；轮伞花序向上密集成连续穗状聚伞花序，花冠蓝紫或蓝色；小坚果	药用		东北及河北、安徽、山东、江苏
421	*Akebia longeracemosa* Matsum.	长序木通	Lardizabalaceae 木通科	常绿木质藤本；掌状复叶具长柄，小叶长圆形或倒卵状长圆形；总状花序，总轴基部 1～2 朵为雌花，以上全部为雄花；果孪生或单生	药用		
422	*Akebia quinata*（Houtt.）Decne.	木通（野木瓜）	Lardizabalaceae 木通科	木质藤本；掌状复叶；花雌雄同株同序，总状花序腋生；雄花在上，花被片 3，雄蕊 6，雌花在下，雌蕊 3～6，退化雄蕊 6；肉质果实	有毒，经济作物（茶类）		长江以南及山东、河南、陕西
423	*Akebia trifoliata*（Thunb.）Koidz.	三叶木通（三叶拿藤，八月瓜）	Lardizabalaceae 木通科	落叶藤本植物；三出复叶，簇生短枝上，小叶卵圆形；总状花序，花单性，雄花序生于花序上部，雌花序生于下部；蓇葖果肉质	有毒，经济作物（茶类）		河南、河北、山西、山东、甘肃、陕西
424	*Akebia trifoliata* subsp. *australis* (Diels) T. Shimizu	台湾木通	Lardizabalaceae 木通科	木质藤本；总状花序腋生在上短枝，约 10cm；花序梗纤细；雄花 10～20；萼片 3，反折，椭圆形，舟形，无毛；雌花 1 或 2；萼片 3，倒卵形，舟形；心皮 3 或 4	观赏		
425	*Alangium chinense*（Lour.）Harms	八角枫（华瓜木，白龙须）	Alangiaceae 八角枫科	落叶小乔木或灌木；叶互生；二歧聚伞花序，花白色或黄白色，花瓣开后常反卷；核果	有毒		我国南部广大地区
426	*Alangium kurzii* Craib	毛八角枫	Alangiaceae 八角枫科	落叶小乔木；当年生枝紫绿色，有淡黄色绒毛和短柔毛，多年生枝深褐色，具淡白色圆形皮孔；叶互生，纸质，近圆形或阔卵形，聚伞花序，花瓣 6～8 线形，初白色后变淡黄色；核果	观赏	中国云南、江苏、浙江、安徽、江西、湖南、贵州、广东、广西	

（续）

序号	拉丁学名	中文名	所属科	特征及特性	类别	原产地	目前分布/种植区
427	*Alangium platanifolium* (Sieb. et Zucc.) Harms	瓜木（猪耳桐，八角枫）	Alangiaceae 八角枫科	落叶小乔木或灌木；叶互生，叶片通常3～5裂；花常1至数朵组成腋生聚伞花序；核果	有毒		华北、华中、西北及辽宁、四川、浙江
428	*Alangium salviifolium* (L. f.) Wangerin	割舌罗（土坛树，南八角枫）	Alangiaceae 八角枫科	乔木或灌木；叶倒卵形或长圆状披针形；花3～8朵排成聚伞花序，腋生；花瓣白绿色；核果	有毒		广东、海南
429	*Albizia attopeuensis* (Pierre) I. C. Nielsen	海南合欢	Leguminosae 豆科	落叶乔木；高约10m；二回羽状复叶，小叶2～4对，革质或近革质，长圆形或长卵形；头状花序，花淡黄色，芳香，无梗；荚果	林木		海南
430	*Albizia bracteata* Dunn	蒙自合欢	Leguminosae 豆科	乔木；二回偶数羽状复叶，对生，偏倒卵形或椭圆形；头状花序呈圆锥状排列；花白色，花冠漏斗状；荚果	有毒		云南
431	*Albizia chinensis* (Osbeck) Merr.	中华楹（山施，水相思，母引）	Leguminosae 豆科	落叶乔木；二回羽状复叶，小叶长椭圆形；头状花序呈圆锥状排列顶生或腋生；花黄绿色，雄蕊绿白色；荚果	有毒		福建、广东、湖南、广西、云南
432	*Albizia corniculata* (Lour.) Druce	天香藤	Leguminosae 豆科	攀缘灌木或藤本；长约20m；二回羽状复叶，小叶4～10对，长圆形或倒卵形；头状花序有花6～12朵，再排成顶生或腋生的圆锥花序	蜜源		广东、广西、福建
433	*Albizia crassiramea* Lace	白花合欢	Leguminosae 豆科	乔木；高8～10m；二回羽状复叶，小叶4～6对，椭圆形、卵形或倒卵形；花白色，无梗，7～10朵聚成头状；荚果	林木		云南、广西
434	*Albizia garrettii* I. C. Nielsen	光腺合欢	Leguminosae 豆科	乔木；高15m；二回羽状复叶，小叶13～20对，长圆形；花约20朵排成头状花序；荚果	林木		广西北部
435	*Albizia julibrissin* Durazz.	合欢（马缨花，夜合树）	Leguminosae 豆科	乔木；高16m，花序头状，呈伞房状排列，顶生或腋生，淡红色；荚果条形，扁平	药用，饲用及绿肥		华东、华南、西南及辽宁、河北、河南、陕西
436	*Albizia kalkora* (Roxb.) Prain	山合欢（山槐）	Leguminosae 豆科	落叶小乔木或灌木；通常高3～8m；二回羽状复叶，小叶长圆形或长圆状卵形；头状花序2～7枚生于叶腋，或于枝顶排成圆锥花序；荚果带状；种子倒卵形	林木，有毒，观赏		华北、西北、华东、华南至西南各省份

（续）

序号	拉丁学名	中文名	所属科	特征及特性	类别	原产地	目前分布/种植区
437	*Albizia lebbeck* (L.) Benth.	阔荚合欢（大叶合欢）	Leguminosae 豆科	乔木；二回羽状复叶，小叶长椭圆形；偏倒卵形或椭圆形；头状花序聚生叶腋；花冠绿黄色；雄蕊白色至淡绿色；荚果	有毒，观赏		台湾、福建、广东
438	*Albizia lucidior* (Steud.) I. C. Nielsen	光叶合欢	Leguminosae 豆科	乔木；二回羽状复叶小叶椭圆形或长圆形；头状花序排成腋生的伞形圆锥花序，花萼钟状，花冠裂片披针形；荚果带状	观赏，林木，有毒		
439	*Albizia mollis* (Wall.) Boivin	毛叶合欢	Leguminosae 豆科	高大乔木；头状花序排列为大型圆锥花序；花淡黄色，有香味；荚果棕色，开裂，在嫩荚上有毛；种子 8～12 粒	有毒		云南宾川
440	*Albizia odoratissima* (L. f.) Benth.	黑格（香合欢，山思，相思格）	Leguminosae 豆科	大乔木；高 5～15m；花数朵聚为头状花序，头状花序再呈圆锥状排列；花无梗，淡黄色；萼与花冠同被锈色短柔毛	有毒		广东、广西、贵州、云南
441	*Albizia procera* (Roxb.) Benth.	白格（白垢哥，白相思，鹿角）	Leguminosae 豆科	落叶树种、乔木；高 10～25m；叶为羽状复叶，互生，小叶 6～12 对；两性花，数个头状花序排成圆锥花序，圆锥花序顶生或生于上部叶腋内，黄白色；荚果，矩圆形，有种子 8～12 颗	观赏	中国	海南、台湾、福建以及喜马拉雅山区
442	*Albizia sherriffii* Baker	藏合欢	Leguminosae 豆科	乔木；高 6～9m；二回羽状复叶，小叶近镰状长圆形；头状花序有花 40～50 朵，花无梗，花冠黄白色；荚果带状	林木		西藏、云南
443	*Alcea nudiflora* (Lindl.) Boiss.	裸花蜀葵	Malvaceae 锦葵科	二年生草本；全株被星状柔毛，叶卵形，下部的叶掌状 5～6 裂，上部的叶 3～5 裂，两面密被星状糙硬毛；总状花序顶生，花冠白色，基部淡绿色，花瓣 5 倒卵形	观赏	中国新疆	
444	*Alcea rosea* L.	蜀葵（一丈红，端午花，大熟季花）	Malvaceae 锦葵科	多年生草本作二年生栽培；茎直立，叶互生，近圆形，叶缘 5～7 浅裂，花腋生，花有红、白、紫红、粉红、黄等色	观赏		我国南北各地普遍栽培
445	*Alchemilla japonica* Nakai et H. Hara	羽衣草（日本羽衣草，斗篷草）	Rosaceae 蔷薇科	多年生草本；伞房状聚伞花序较紧密；花黄绿色，花梗长 2～3cm，无毛或近于无毛；萼筒外被稀疏柔毛，萼片三角卵形；雄性长约萼片之半，花柱线形	观赏		内蒙古、陕西、甘肃、青海、新疆、四川

（续）

序号	拉丁学名	中文名	所属科	特征及特性	类别	原产地	目前分布/种植区
446	*Alchemilla pinguis* Juz.	阿尔泰羽衣草	Rosaceae 蔷薇科	多年生草本，高 5～15cm；茎生叶肾状圆形、边缘浅裂、背面被毛；伞房状聚伞花序、花小、无花瓣、具萼、无毛	饲用及绿肥		新疆
447	*Alchornea davidii* Franch.	山麻杆（桂圆树）	Euphorbiaceae 大戟科	落叶灌木；幼枝密被绒毛，老干光滑，紫红色，叶互生，幼叶紫红色后变浅绿色，雌花为总状花序，雄花为穗状花序，无花瓣	观赏	中国河南、陕西、江苏、浙江、安徽、湖北、湖南、贵州、四川	
448	*Alchornea trewioides* （Benth.）Müll. Arg.	红背山麻杆（红背娘）	Euphorbiaceae 大戟科	灌木；高 1～3m；雌花序顶生，不分枝，5～6cm，被微柔毛；苞片狭三角形，长约 4mm	蜜源		我国中部、东南
449	*Alcimandra cathcartii*（Hook. f. et Thomson）Dandy	长蕊木兰	Magnoliaceae 木兰科	常绿乔木；高可达 30m，胸径可达 60cm；叶革质，长圆状倒卵形或长圆状椭圆形；花纯白色，无托叶痕；蓇葖果 8～13 个	观赏，生态防护	中国西藏南部至东南部、云南西南部至东南部	
450	*Aldrovanda vesiculosa* L.	貉藻	Droseraceae 茅膏菜科	多年生食虫水生植物；无根，茎圆柱形，叶 6～8 枚轮生，单花	观赏	中国东北	
451	*Aletris alpestris* Diels	高山粉条儿菜（一支箭，高山肺筋草）	Liliaceae 百合科	多年生细弱草本；具细长的纤维根；基生叶近莲座状；子房半下位，卵形，突然收缩，具短花柱；蒴果近球形，种子多数	药用		陕西、四川、贵州、云南
452	*Aletris capitata* F. T. Wang et Ts. Tang	头花粉条儿菜	Liliaceae 百合科	植株较矮小，具细长的纤维根；叶硬纸质，条形；花葶高 10～35cm，密生短毛；总状花序缩短成头状或短圆柱状，密生多花；蒴果卵形	蔬菜		四川
453	*Aleurites moluccanus*（L.）Willd.	石栗	Euphorbiaceae 大戟科	常绿乔木；高 15m；树皮灰色，具浅纵裂；树冠近似圆 锥状塔形；叶卵形至心形；花序圆锥状；核果圆球形	观赏	中国福建、台湾、广东、海南、广西、云南	
454	*Aleuritopteris argentea*（Gmel.）Fée	通经草（铁刷子，铜丝草，猪鬃草）	Sinopteridaceae 中国蕨科	多年生常绿蕨类植物；叶簇生，背面有乳黄色粉粒，叶柄栗棕色，叶片五角形，羽片 3，顶生羽片近菱形，侧生羽片三角形	观赏	中国云南、广西、江西、浙江、陕西、山西、河北、山东、内蒙古、辽宁、吉林、台湾	

（续）

序号	拉丁学名	中文名	所属科	特征及特性	类别	原产地	目前分布/种植区
455	*Alhagi camelorum* Fisch.	骆驼刺（疏叶骆驼刺）	Leguminosae 豆科	半灌木；高 50～103cm；叶互生，长卵形；总状花序腋生，花冠蝶形，紫红色；荚果，弯曲；种子圆形，棕黑色	饲用及绿肥，观赏		新疆、甘肃、内蒙古
456	*Alisma canaliculatum* A. Braun et Bouché	窄叶泽泻	Alismaceae 泽泻科	多年生草本；叶基生，条状披针形或披针形；圆锥花序，花序上分枝轮生，外轮花被 3 片，萼状，内轮花被 3 片，花瓣状；瘦果	杂草		华中、华南、西南、华东
457	*Alisma gramineum* Lej.	草泽泻	Alismaceae 泽泻科	多年生沼泽草本；叶基生，水生叶条形，陆生叶长圆状披针形或披针形；花轮生成伞房状，整株花序为圆锥状；瘦果	药用		东北、西北及内蒙古、山西
458	*Alisma plantago-aquatica* L.	欧泻	Alismaceae 泽泻科	多年生草本；具地下球茎；叶基生，长椭圆形或宽卵形；花葶直立，花轮生呈伞房状，再集成大型轮生状圆锥花序；瘦果	药用		我国各省份均有分布
459	*Allamanda cathartica* L.	软枝黄蝉	Apocynaceae 夹竹桃科	藤状灌木；具乳汁；叶 3～4 枚轮生或对生；叶长圆形；花冠漏斗状，裂片 5，冠筒喉部有白色斑点；蒴果	有毒	巴西	广西、广东、福建、台湾
460	*Allamanda schottii* Pohl	黄蝉	Apocynaceae 夹竹桃科	直立灌木；具乳汁；叶 3～5 枚轮生；叶椭圆形或长圆形；聚伞花序顶生；花冠漏斗状；5 枚雄蕊生喉部；蒴果	有毒	巴西	我国南方各省份
461	*Allium albopilosum* Wright	波斯葱	Liliaceae 百合科	多年生草本；具鳞茎；花序圆球状伞形，径达 30cm；花淡紫色，具小花 80 朵以上	观赏	土耳其	
462	*Allium altaicum* Pall.	阿尔泰葱	Liliaceae 百合科	多年生草本；鳞茎卵状圆柱形，外皮红褐色，薄革质；叶和花葶均为中空的圆筒形；小花梗粗壮，比花被片长 1.5 倍	饲用及绿肥		黑龙江、内蒙古、新疆
463	*Allium ampeloprasum* L.	南欧蒜（洋大蒜）	Liliaceae 百合科	叶片深绿、密集，蜡粉多；叶肉厚，质硬；假茎粗扁，白色；蒜球近圆形，白色，每头 18～28 瓣，蒜头大，蒜头粗	蔬菜	中亚	山东、陕西
464	*Allium anisopodium* Ledeb.	矮韭（矮葱）	Liliaceae 百合科	多年生草本；鳞茎数枚聚生，外皮紫褐色，膜质；小花梗不等长，基部无小苞片；花被片长 3.9～4.9mm，先端钝圆	饲用及绿肥，有毒		东北及内蒙古、山东、河北、宁夏、新疆

（续）

序号	拉丁学名	中文名	所属科	特征及特性	类别	原产地	目前分布/种植区
465	*Allium atrosanguineum* Schrenk	蓝苞韭（蓝苞葱）	Liliaceae 百合科	多年生草本；鳞茎单生，外皮灰褐色，呈纤维状；叶管状，中空；花黄色，后变红；花丝比花被片短，1/3～3/4 合生成管状	饲用及绿肥		甘肃、青海、新疆、四川、云南、西藏
466	*Allium beesianum* W. W. Sm.	蓝花韭	Liliaceae 百合科	多年生草本；鳞茎外皮褐色，纤维状；花蓝色；花被片狭矩圆形，长 11～14mm，全缘；花丝常为花被片长的 4/5	饲用及绿肥		四川、云南、西藏
467	*Allium bidentatum* Fisch. ex Prokh. et Ikonn. -Gal.	沙韭（双齿葱）	Liliaceae 百合科	多年生草本；鳞茎外皮褐色，薄膜质；叶半圆柱状；花丝略短于花被片，内轮的 4/5 扩大成卵状矩圆形，每侧各具 1 钝齿	饲用及绿肥		东北、华北及宁夏、新疆
468	*Allium caeruleum* Pall.	棱叶韭（深蓝葱）	Liliaceae 百合科	多年生草本；鳞状茎球形；叶条形，背面具 1 纵棱；花天蓝色，花丝比花被片稍长，基部合生，并与花被片贴生	饲用及绿肥		新疆
469	*Allium carolinianum* Redouté	镰叶韭	Liliaceae 百合科	具不明显的短的直生根状茎；叶宽条形，扁平，呈镰刀状弯曲；花葶下部被叶鞘；总苞常带紫色，2 裂；伞形花序球状，具多而密集的花，花紫红色，淡紫色，淡红色至白色	蔬菜	中国、苏联中亚地区、阿富汗、尼泊尔	甘肃、青海、新疆、西藏
470	*Allium cepa* L.	洋葱	Liliaceae 百合科	洋葱变种；分蘖力强，不抽薹；其管状叶比普通洋葱细；叶面有蜡粉；鳞茎外皮紫红色；肉质鳞片带有微紫色晕斑	蔬菜	中国	湖北、四川、吉林、黑龙江
471	*Allium cepa* var. *multiplicans* Bailey	分蘖洋葱	Liliaceae 百合科	植株丛生，分蘖力强，单株可形成 7～9 个球形小鳞茎；叶深绿色，叶面有蜡粉；鳞茎圆球形，外皮半革质、紫红色；肉质鳞片白色，带有微紫色晕斑	蔬菜		湖北省房县、四川省奉节、巫山等县
472	*Allium cepa* var. *proliferum* Regel	红葱	Liliaceae 百合科	鳞茎卵状至卵状矩圆形；伞形花序具有大量珠芽，间有数花，常常珠芽在花序上就发出幼叶；花被片白色，具淡红色中脉	蔬菜		甘肃、陕西、宁夏、河北、河南
473	*Allium cepa* var. *viviparum* Metz.	顶球洋葱	Liliaceae 百合科	植株丛生，叶呈细管状，叶面有蜡粉；植株分蘖力强，每株可生成多个鳞茎，鳞茎多为纺锤形；花薹上着生气生鳞茎球，有黄皮和紫红皮两种类型．有的气生鳞茎在薹上即生出小叶	蔬菜		黑龙江省哈尔滨市、吉林省双阳县

（续）

序号	拉丁学名	中文名	所属科	特征及特性	类别	原产地	目前分布/种植区
474	*Allium chinense* G. Don	薤	Liliaceae 百合科	鳞茎数枚聚生，狭卵状；鳞茎外皮白色或带红色，膜质；叶 2～5 枚，圆柱状，中空；伞形花序近半球状，较松散；花淡紫色至暗紫色	蔬菜	中国	长江流域和以南各省份
475	*Allium chinense* G. Don	藠头（薤，藠子）	Liliaceae 百合科	多年生宿根草本；叶细长，长 41～42cm，三棱管状；须根弦状，长 31～32cm；鳞茎纺锤形，一个鳞茎可分蘖 10～20 个；花淡蓝紫色	蔬菜	中国	四川、贵州、湖南、湖北、云南、广西
476	*Allium chrysanthum* Regel	野葱（沙葱，山葱）	Liliaceae 百合科	鳞茎外皮褐色或红褐色；小花梗近等长，从略短于花被片到时花被片长的 1.5 倍，花柱伸出花被外；果实如小葱头大小	蔬菜	中国西北、西伯利亚	陕西、甘肃、青海、西藏、四川、湖北、云南
477	*Allium condensatum* Turcz.	黄花葱	Liliaceae 百合科	多年生草本；鳞茎外皮红褐色，有光泽；叶圆柱状，中空；花葶实心，总苞 2 裂，小花梗基部具小苞片，花黄色，花丝无齿	饲用及绿肥		东北、华北及山东、甘肃
478	*Allium decipiens* Fisch. ex Roem. et Schult.	星花蒜	Liliaceae 百合科	鳞茎单生；叶宽条形至条状皮针形；花葶圆下部被叶鞘；总苞 2 裂；伞形花序近半球状或球状，花星芒状开展，淡红紫色至紫红色；子房近球状，外部具细的疣状突起	蔬菜	中国、苏联中亚地区和西伯利亚西部	新疆西北部
479	*Allium fasciculatum* Rendle	粗根韭	Liliaceae 百合科	鳞茎单生；叶 3～5 枚，条形；花葶下部 1/4～2/5 被叶鞘；伞形花序球状，具密而多的花，花白色；子房为具 3 圆棱的扁球状，每室两胚珠	蔬菜	中国、尼泊尔、印度、不丹	西藏东南部、青海南部
480	*Allium fetisowii* Regel	多籽蒜	Liliaceae 百合科	鳞茎单生，球状；叶宽条形；花葶圆柱状；伞形花序半球状至球状，多花紧密，花星芒状开展，紫红色；子房近球状，每室具 4～6 胚珠，外壁具细的疣状突起，腹缝线基部具缝状的蜜穴	蔬菜	中国	新疆
481	*Allium fistulosum* L.	葱（大葱）	Liliaceae 百合科	草本；簇生，有异臭味；叶基生，管状，膨大而中空；花多密集，花被钟状，白色；蒴果三棱形，室背开裂花葶圆柱状	蔬菜	中国	我国各地广为栽培
482	*Allium fistulosum* var. *caespitosum* Makino	分葱	Liliaceae 百合科	株高 20～30cm；叶绿色，圆筒形，中空，先端渐尖；开花为繖形花序，小花白绿色，聚生成团，鳞茎基部易连生，群生状，成熟时外被红色薄膜	蔬菜		我国南方各地普遍栽培

（续）

序号	拉丁学名	中文名	所属科	特征及特性	类别	原产地	目前分布/种植区
483	*Allium fistulosum* var. *viviparum* Makino	楼葱	Liliaceae 百合科	弦状根；叶长圆锥、深绿色、中空；假茎较短，入土部分白色；花茎圆柱形、中空。花茎顶部由花器发生若干小气生鳞茎（或称珠菜），继由气生小鳞茎发育成3～10个小葱株	蔬菜		我国南北部分地区
484	*Allium funckiifolium* Hand.-Mazz.	玉簪叶韭（天韭，虎耳韭）	Liliaceae 百合科	鳞茎圆柱状，外包残存的棕网状叶鞘；叶1～2枚，卵状心形；叶鞘白色；花茎纤细，高35～45cm；花白色	蔬菜，药用	中国	四川、湖北
485	*Allium galanthum* Kar. et Kir.	实莛葱	Liliaceae 百合科	植株粗壮，鳞茎常数枚聚生，圆柱状，基部稍膨大；鳞茎外皮褐红色，薄革质；叶圆柱状，中空；伞形花序球状，具多而密集的花	蔬菜		新疆北部
486	*Allium giganteum* Regel	大花葱	Liliaceae 百合科	多年生草本；具鳞茎；花葶高120cm；花序球状大伞形；花鲜淡紫色，小花达2 000～3 000朵；花期5～6月	观赏	亚洲中部	
487	*Allium grisellum* J. M. Xu	灰皮葱	Liliaceae 百合科	鳞茎数枚聚生，狭卵状；叶光滑，半圆柱状至近圆柱状；伞形花序具少数花，花白色，稍带红色	蔬菜		新疆托克逊东北的小草湖
488	*Allium henryi* C. H. Wright	疏花韭	Liliaceae 百合科	鳞茎圆柱形，细长；鳞茎外皮暗褐色，老时纤维质；花葶细长，14～25cm；叶条形，比花葶长；伞形花序，少花，5～8朵	蔬菜	中国	四川、湖北
489	*Allium hookeri* Thwaites	宽叶韭（根韭）	Liliaceae 百合科	叶片为宽披针形，中肋突出而两侧叶肉较薄；花薹圆形而稍扁，两侧有微棱；整个花序紧凑，呈圆球状	蔬菜	云南	四川、贵州、西藏、云南
490	*Allium hymenorhizum* Ledeb.	北疆韭	Liliaceae 百合科	鳞茎单生或数枚聚生，近圆柱状；叶4～6枚，条形；花葶圆柱状；伞形花序球状或半球状，具多而密集的花；花淡红色至紫红色；子房倒卵形至近球状，腹锋线基部具凹陷的蜜穴	蔬菜	中国	新疆北部
491	*Allium kaschianum* Regel	草地韭	Liliaceae 百合科	多年生草本；鳞茎少数聚生，外皮棕色；叶狭条形，宽1～1.5mm；总苞具短喙，花淡紫色，子房基部不具凹陷的蜜穴	饲用及绿肥		新疆

（续）

序号	拉丁学名	中文名	所属科	特征及特性	类别	原产地	目前分布/种植区
492	*Allium ledebourianum* Schultes et Schult. f.	胡葱（火葱，蒜头葱）	Liliaceae 百合科	鳞茎数枚聚生或单生，花淡紫色，花被片卵状披针形至披针形，长5～8mm，宽2～3mm，有时外轮的稍短，具紫色的中脉，先端具短尖，花丝等长	蔬菜	中亚	长江以南地区
493	*Allium leucocephalum* Turcz. ex Ledeb.	白头韭（白头葱）	Liliaceae 百合科	多年生草本；鳞茎外皮暗黄褐色；叶半圆柱状，中空；花白色，内轮花色每侧各具1齿，有时齿端又分裂为2～4个小齿	饲用及绿肥		内蒙古、黑龙江、甘肃
494	*Allium macrostemon* Bunge	薤白（山蒜，团葱）	Liliaceae 百合科	多年生草本；鳞茎近球形；叶3～5片，半圆柱状线形，中空；花葶圆柱形，伞形花序；蒴果	蔬菜	中国	全国均有分布（除新疆、青海）
495	*Allium moly* L.	黄花茖葱	Liliaceae 百合科	多年生草本；具鳞茎；花葶高40cm；花序径7cm，花梗长于花被片；花鲜黄色	观赏	欧洲	
496	*Allium mongolicum* Turcz. ex Regel	沙葱（蒙古韭）	Liliaceae 百合科	多年生草本；鳞茎密丛，外皮呈纤维状；叶半圆形；花葶下部被叶鞘，小花梗比花被片长1倍，基部无小苞片，花淡紫色	饲用及绿肥		西北及内蒙古、辽宁
497	*Allium mutans* L.	红花葱	Liliaceae 百合科	多年生草本；具鳞茎；花葶高70cm；花梗2倍长于花被片；花白色或粉红色	观赏	墨西哥	
498	*Allium neapolitanum* Cyr.	那波利葱（南欧葱）	Liliaceae 百合科	多年生草本；鳞茎；叶广线形，弯曲，淡灰绿色；花序球形；小花白色；花期春季	观赏	墨西哥、地中海	
499	*Allium nutans* L.	齒丝山韭	Liliaceae 百合科	具横生或斜生的粗壮根状茎；鳞茎单生或2枚聚生；叶条形，略呈镰状弯曲；伞形花序球状，具多而密集的花；花淡红色至淡紫色	蔬菜		新疆阿尔泰山区
500	*Allium oreoprasum* Schrenk	滩地韭	Liliaceae 百合科	鳞茎簇生，近狭卵状圆柱形；叶狭条形；花葶下部被叶鞘；伞形花序近扫帚状至进半球状，花淡红色至白色；子房近球形，基部无凹陷的蜜穴	蔬菜	中国	新疆、西藏
501	*Allium ovalifolium* Hand.-Mazz.	卵叶韭	Liliaceae 百合科	鳞茎外皮灰褐色，网状纤维质；叶片卵状矩圆形或卵状披针形；叶有乳头状突起；花梗为花被的1.5～4倍长	蔬菜	中国	陕西、甘肃、青海、湖北、四川、贵州、云南

（续）

序号	拉丁学名	中文名	所属科	特征及特性	类别	原产地	目前分布/种植区
502	*Allium paepalanthoides* Airy Shaw	天蒜	Liliaceae 百合科	多年生草本；叶条形；总苞具长喙，长达7cm，花白色，花丝长为花被片的1.5～2.5倍，子房具有帘的凹陷蜜穴	饲用及绿肥		山西、陕西、河北、河南、四川
503	*Allium pallasii* Murray	小山蒜	Liliaceae 百合科	鳞茎近球状至卵球状；叶3～5枚，半圆柱状，上面具沟槽；花葶1/4～1/2被叶鞘；伞形花序球状或半球状，具多而密集的花，花淡红色至淡紫色；子房近球形，表面具细的疣状突起	蔬菜	中国	新疆西北部
504	*Allium platyspathum* Schrenk	宽苞韭	Liliaceae 百合科	具短的直生根状劲；叶宽条形，扁平，钝头；花葶中部以下或仅下部被叶鞘；伞形花序球状或半球状，具多而密集的花，花紫红色至淡红色；子房近球形，腹锋线基部具凹陷的蜜穴	蔬菜	中国	新疆、甘肃西北部
505	*Allium polyrhizum* Turcz. ex Regel	碱韭（碱葱，多根葱）	Liliaceae 百合科	多年生草本；鳞茎成丛簇生，外皮近网状；叶半圆柱形，粗0.25～1mm；花丝近等长于花被片，基部1/6～1/2合生成筒	饲用及绿肥		东北、华北、西北
506	*Allium porrum* L.	韭葱（扁叶葱，洋大蒜）	Liliaceae 百合科	二年生草本；叶身扁平似韭；假茎洁白如葱；花茎心部充实而有髓，似大蒜花薹	蔬菜	欧洲中南部	全国各地均有分布
507	*Allium prattii* C. H. Wright ex F. B. Forbes et Hemsl.	太白韭	Liliaceae 百合科	鳞茎外皮黑褐色；叶2枚，对生，条状披针形至椭圆状披针形，与花葶近等长；花葶高10～40cm；花紫红色或淡红色	蔬菜，药用	中国	陕西、甘肃、青海、安徽、河南、四川、西藏、云南
508	*Allium przewalskianum* Regel	青甘韭	Liliaceae 百合科	多年生草本；鳞茎外皮红色，网状；内轮花丝基部扩大部分为花丝的1/3～1/2，每侧各1齿，子房基部无凹陷的蜜穴	饲用及绿肥		宁夏、内蒙古、陕西、甘肃、青海、新疆、四川、西藏
509	*Allium ramosum* L.	野韭	Liliaceae 百合科	多年生草本；鳞茎近圆柱状；叶三棱状条形，背面具纵棱，中空；小花梗比花被片长2～4倍，花白色，花被片具红色中脉	饲用及绿肥		东北、华北、西北及山东

（续）

序号	拉丁学名	中文名	所属科	特征及特性	类别	原产地	目前分布/种植区
510	*Allium roborowskianum* Regel	新疆蒜	Liliaceae 百合科	具直生根状茎；鳞茎单生，近球状；叶宽条形，向两端渐狭；伞形花序半球状，具多而密集的花；子房倒卵状球形，具3缘棱，外壁具细的疣状突起，腹锋线基部无凹陷的蜜穴	蔬菜	中国	新疆霍城地区
511	*Allium sativum* L.	大蒜（蒜，胡蒜）	Liliaceae 百合科	一、二年生草本；鳞茎球状，被数层白色至紫色的膜质鳞茎外皮；鳞芽形成一个多瓣或一瓣的鳞茎；叶扁平狭长	蔬菜，药用	地中海和西亚	全国各地均有分布
512	*Allium saxatile* Bieb.	长喙葱	Liliaceae 百合科	鳞茎常数枚聚生，卵状圆柱形；叶4～6枚，半球柱形；花紫红色或淡红色，稀白色	蔬菜		新疆天山和阿尔泰
513	*Allium schoenoprasoides* Regel	类北葱	Liliaceae 百合科	鳞茎近球状或宽卵状；叶2～3枚，半圆柱状；伞形花序球状，具多而密集的花，花紫红色，有光泽	蔬菜		新疆天山北麓山区
514	*Allium schoenoprasum* L.	细香葱（四季葱，香葱）	Liliaceae 百合科	多年生草本；植株矮小；叶直立簇生；鳞茎白色；分蘖力强，约形成20个分蘖；花薹高30～40cm，花球直径5～5.5cm，小花淡紫色	蔬菜，经济作物（调料类）	地中海沿岸	长江以南地区
515	*Allium senescens* L.	山韭	Liliaceae 百合科	多年生草本；具粗壮横生的根状茎；叶狭条形，无纵棱；花葶成二棱柱状；小花紫红色，花丝内轮扩大成披针状狭三角形	饲用及绿肥		东北、华北、西北
516	*Allium siphonanthum* J. M. Xu	管花葱	Liliaceae 百合科	直生根状茎，鳞茎单生或少数聚生，圆锥状；叶半圆柱状，光滑或边缘具细糙齿；伞形花序球状，花紫红色	蔬菜		云南西北部中甸、丽江一带
517	*Allium tenuissimum* L.	细叶韭	Liliaceae 百合科	多年生草本；鳞茎外皮紫褐色，膜质；小花梗近等长，长0.5～1.5cm，基部无小苞片，花白色，花被片长2.8～4mm	饲用及绿肥		黑龙江、内蒙古、河北、河南、甘肃、四川、浙江
518	*Allium tuberosum* Rottler ex Spreng.	韭菜（草钟乳，起阳草）	Liliaceae 百合科	多年生草本；易分蘖；根系逐年上移形成跳根；叶子长条形，扁平，实心；有特殊的辛辣味	蔬菜，药用	中国	全国各地均有分布

（续）

序号	拉丁学名	中文名	所属科	特征及特性	类别	原产地	目前分布/种植区
519	*Allium victorialis* L.	茖葱	Liliaceae 百合科	鳞茎单生或2～3枚聚生，近圆柱形；叶2～3枚，倒披针状椭圆形至椭圆形；伞形花序球状，花白色或带绿色，极稀带红色	蔬菜		东北及河北、山西、内蒙古、陕西、甘肃、四川、湖北、河南、浙江
520	*Allium wallichii* Kunth	多星韭	Liliaceae 百合科	多年生草本；叶扁平条形，华葶三棱状柱形，伞形花序，花红色至紫红色，花被片6，狭长圆形	观赏	中国云南西北部、西藏、四川西南部、广西北部、湖南南部	
521	*Allium yanchiense* J. M. Xu	白花葱	Liliaceae 百合科	鳞茎具直生根状茎，单生或数枚聚生，狭卵状；叶圆柱状，中空；伞形花序球状，花白色至淡红色，有时为淡绿色，长具淡红色中脉	蔬菜		青海、甘肃、宁夏、陕西、山西、河北
522	*Allophylus viridis* Radlk.	异木患（大果小叶枫）	Sapindaceae 无患子科	大灌木至小乔木；全株薄被柔毛；叶掌状3小叶，顶生小叶椭圆形	药用		广东、海南
523	*Allostigma guangxiense* W. T. Wang	异片苣苔	Gesneriaceae 苦苣苔科	多年生草本；茎具4条棱，密被灰色柔毛，叶对生，卵形或椭圆形，背被黄色腺点和短毛，聚伞花序腋生，花冠淡紫色，漏斗状筒形，花萼钟状，5深裂	观赏	中国广西	
524	*Alniphyllum eberhardtii* Guillaumin	牛角树	Styracaceae 安息香科	落叶乔木；高15m，叶革质矩圆形至椭圆状矩圆形，花白色，总状圆锥花序；蒴果，种子两端有翅	蜜源		云南、广西
525	*Alniphyllum fortunei* （Hemsl.）Makino	拟赤杨	Styracaceae 安息香科	落叶乔木；树皮灰褐色，细纵裂，叶互生，椭圆形至倒卵形、卵状椭圆形，顶生圆锥花序，腋生总状花序，花白色	林木		云南、贵州、广西、广东、福建、江西、浙江、湖北、台湾
526	*Alnus cremastogyne* Burkill	桤木（牛屎树，水青冈）	Betulaceae 桦木科	乔木；雌、雄花序单生叶腋间，长3～4cm；果序下垂，单生叶腋，卵状圆筒形，长1～3.5cm	林木，蜜源	中国	贵州、四川、陕西
527	*Alnus ferdinandi-coburgii* C. K. Schneid.	川滇桤木	Betulaceae 桦木科	乔木；高达20m；叶卵形、长卵形；雄花序单生；果序直立，单生，近球形至矩圆形	林木		云南、四川西南部、贵州西部

（续）

序号	拉丁学名	中文名	所属科	特征及特性	类别	原产地	目前分布/种植区
528	*Alnus formosana* (Burkill) Makino	台湾桤木	Betulaceae 桦木科	落叶乔木；高 20m；树皮暗灰褐色；叶椭圆形至矩圆披针形，较少卵状矩圆形；雄花序春季开放；果序总状，椭圆形；小坚果椭圆形	观赏	中国台湾	台湾、四川
529	*Alnus hirsuta* Turcz. ex Rupr.	水冬瓜（辽宁桤木）	Betulaceae 桦木科	常绿乔木；高 11m，叶对生，纸质，卵形或椭圆形，头状花序球形，花冠漏斗状，近紫色	蜜源		东北及内蒙古
530	*Alnus incana* (L.) Moench.	毛赤杨	Betulaceae 桦木科	落叶乔木；高 6～15m，树皮灰褐色，光滑；叶近圆形，很少近卵形；果序近球形或矩圆形；小坚果宽卵形	观赏	中国东北及山东崂山	
531	*Alnus japonica* (Thunb.) Steud.	赤杨	Betulaceae 桦木科	落叶乔木；高约 20m，单叶互生，椭圆形或卵状长披针形，花冠暗紫色；果椭圆形，密生鳞片似松球	蜜源		东北及广东、江苏、山东
532	*Alnus lanata* Duthie ex Bean	毛桤木	Betulaceae 桦木科	乔木；高 20m 以上；叶倒卵状矩圆形或矩圆形；雄花序单生叶腋；果序单生叶腋，矩圆形；小坚果长卵形	林木		四川西部
533	*Alnus mandshurica* (Callier ex C. K. Schneid.) Hand.-Mazz.	东北桤木	Betulaceae 桦木科	落叶乔木；高 3～8m；树皮暗灰色，平滑；叶宽卵形、卵形、椭圆形或宽椭圆形；果序总状矩圆形或近球形	观赏	中国黑龙江、吉林	
534	*Alnus nepalensis* D. Don	旱冬瓜	Betulaceae 桦木科	落叶乔木；叶椭圆状倒卵形、椭圆形或卵形；果序集生成圆锥状；坚果倒卵状长圆形	林木	中国广西、四川、贵州、云南、西藏	
535	*Alnus sieboldiana* Matsum.	旅顺桤木	Betulaceae 桦木科	灌木或小乔木；叶近革质，三角状披针形或卵状披针形；果序单生，矩圆形；小坚果狭椭圆形	林木	日本	辽宁抚顺
536	*Alnus trabeculosa* Hand.-Mazz.	江南桤木	Betulaceae 桦木科	落叶乔木；高 10m；树皮灰色或灰褐色，平滑；叶倒卵状矩圆形、倒披针状矩圆形或矩圆形；果序矩圆形；小坚果宽卵形	林木	中国华东及湖北、湖南、广东、湖北、河南	

（续）

序号	拉丁学名	中文名	所属科	特征及特性	类别	原产地	目前分布/种植区
537	*Alocasia amazonica* Andre	黑叶芋	Araceae 天南星科	多年生草本；叶紫黑色，有光泽，具朱红色条斑；佛焰苞片乳白色	观赏		
538	*Alocasia cucullata* （Lour.）Schott	尖尾芋（老虎芋，卜芋）	Araceae 天南星科	多年生直立大型草本；根茎肉质；叶常丛生，宽卵状心形；佛焰苞管部长圆状卵形；附属器狭圆锥形；浆果	有毒		华东、华南、西南
539	*Alocasia cuprea* Koch	龟甲芋	Araceae 天南星科	多年生草本；叶片卵圆形，盾状，上面绿色有金属光泽，下面紫色，佛焰苞具紫色筒，苞片绿色至紫色	观赏	马来西亚	
540	*Alocasia lowii* Hook. f.	娄氏芋（罗伟芋）	Araceae 天南星科	多年生草本；叶片长箭形，下部呈长圆三角形，上面茶青绿色，下面紫色，叶柄淡红色，佛焰苞白绿色	观赏	马来西亚	
541	*Alocasia sanderiana* Bull.	美叶芋	Araceae 天南星科	多年生草本；地上茎短；叶狭三角形，薄纸质，边缘深裂，叶面墨绿色有金属光泽；叶脉及叶缘为鲜明的白色；佛焰苞长，乳白色，肉穗花序长	观赏	菲律宾南部	
542	*Aloe aristata* Haw.	绫锦	Liliaceae 百合科	多浆植物；高 10cm 以下，无地上茎；叶扁平，叶尖有长须，叶面有突起的白点，叶缘有刺；花橙黄色；花期夏季	观赏	南非	
543	*Aloe excelsa* A. Berger.	针仙人	Liliaceae 百合科	多浆植物；叶呈座状，常披针形，边缘有尖齿状刺；花序伞形、总状、穗状、圆锥形；花红、黄或具赤色斑纹	观赏	南非	
544	*Aloe ferox* Mill.	好望角芦荟（开普芦荟，巨芦荟）	Liliaceae 百合科	多浆植物；高 3～6m，茎秆木质化；叶片披针形，正、背两面及叶缘均有刺，深绿色到蓝绿色；花序圆锥状；花淡红色至黄绿色，带绿色条纹	观赏	地中海地区	
545	*Aloe humilis* Haw.	木锉芦荟	Liliaceae 百合科	多浆植物；叶多而短，形似莲座，叶面有乳状突起小点，形如木锉，叶尖长一根须	观赏	非洲南部及地中海沿岸	

（续）

序号	拉丁学名	中文名	所属科	特征及特性	类别	原产地	目前分布/种植区
546	*Aloe marlothii* A. Berger.	鬼切芦荟	Liliaceae 百合科	多浆植物；1.8～5.4m；叶披针形，表面及边缘有红棕色的刺；花黄色至橙黄色	观赏	热带干旱地区（南非）	北京
547	*Aloe saponaria* Haw.	花叶芦荟	Liliaceae 百合科	多浆植物；叶较宽，密集，具多数不整齐白斑点，边缘具三角形角质细刺；花赤黄色	观赏	南非	
548	*Aloe speciosa* Bak.	艳丽锦	Liliaceae 百合科	多浆植物；株高 7.5m；叶剑形，边缘有粉色或浅红色的齿；花白绿色	观赏	非洲南部	
549	*Aloe striata* Haw.	艳芳锦芦荟	Liliaceae 百合科	多浆植物；株高 90cm；叶披针形，全缘，边缘粉红色；花珊瑚红色	观赏	非洲南部	
550	*Aloe suprafoliata* Pole-Evans.	两列叶芦荟	Liliaceae 百合科	多浆植物；无茎；叶披针状，绿灰色的，覆有白粉的，叶缘红棕色；花猩红色，顶端绿色	观赏	非洲南部	
551	*Aloe* variegata L.	翠花掌	Liliaceae 百合科	多浆植物；叶三角形略长，顶端有锯齿，浓绿色，有不规则的白色横斑纹	观赏	非洲南部	
552	*Aloe vera* (L.) Burm. f.	库拉索芦荟	Liliaceae 百合科	多浆植物；茎较短，叶直立或近于直立，呈狭披针形，粉绿色；花序总状，花黄色或有赤色斑点；花期 2～3 月	观赏	美洲西印度群岛的库拉索群岛、巴巴多斯岛	
553	*Aloe vera* var. *chinensis* (Haw.) Berg.	中国芦荟	Liliaceae 百合科	茎较短；叶近簇生或稍二列，条状披针形，粉绿色；总状花序具几十朵花，花点垂，淡黄色而有红斑	观赏	中国	南方各省份和温室常见栽培
554	*Alopecurus aequalis* Sobol.	看麦娘	Gramineae (Poaceae) 禾本科	越年或一年生草本；秆高 15～40cm；叶扁平质薄；圆锥花序圆柱状，灰绿色，小穗椭圆形或卵状长圆形；颖果线状披针形	杂草		华东、中南及陕西
555	*Alopecurus arundinaceus* Poir.	苇状看麦娘	Gramineae (Poaceae) 禾本科	多年生，具根状茎；秆高 20～80cm；颖两侧无芒或疏生短毛，芒长 1～5mm，自外稃中部伸出，隐藏或稍外露	饲用及绿肥		东北及内蒙古、甘肃、青海、新疆
556	*Alopecurus brachystachyus* Bieb.	短穗看麦娘	Gramineae (Poaceae) 禾本科	多年生，具短根茎；秆高 15～65cm；花序长 1.5～4cm，颖尖端钝，两侧密生柔毛，外稃等长于颖，芒膝曲	饲用及绿肥		东北及内蒙古、河北、青海

（续）

序号	拉丁学名	中文名	所属科	特征及特性	类别	原产地	目前分布/种植区
557	*Alopecurus himalaicus* Hook. f.	喜马拉雅看麦娘	Gramineae (Poaceae) 禾本科	多年生；秆高约 15cm；花序长约 2.5cm，颖先端呈芒尖两侧具柔毛，外稃短于颖长，芒劲直	饲用及绿肥		新疆
558	*Alopecurus japonicus* Steud.	日本看麦娘	Gramineae (Poaceae) 禾本科	一年或两年生草本；秆高 20～50cm；叶质地柔软，叶舌薄膜质；圆锥花序圆柱状，黄绿色，小穗长圆状卵形；颖果半圆球形	饲用及绿肥		西南、华中、华东及广东、陕西
559	*Alopecurus longiaristatus* Maxim.	长芒看麦娘	Gramineae (Poaceae) 禾本科	一年生；秆高 15～30cm；花序稍瘦小，小穗长约 5mm，颖脊和脉上具柔毛，外稃芒长 5～8mm，花药橙黄色	饲用及绿肥		东北
560	*Alopecurus myosuroides* Huds.	大穗看麦娘	Gramineae (Poaceae) 禾本科	一年生草本；秆高 10～50(～80)cm；叶线形至披针形，叶舌膜质；圆锥花序紧密，圆柱形，小穗披针形，含 1 小花；颖果卵形	杂草		吉林、贵州、台湾
561	*Alopecurus pratensis* L.	大看麦娘（草原看麦娘）	Gramineae (Poaceae) 禾本科	多年生草本；秆高 50～80cm；叶线形，腹面粗糙，叶舌膜质；圆锥花序圆柱形，小穗长椭圆形，颖下部 1/3 互相连合；颖果纺锤形	饲用及绿肥		东北、西北
562	*Alphonsea hainanensis* Merr. et Chun	海南阿芳	Annonaceae 番荔枝科	常绿乔木；高达 20m；花序短，着花 2～3 朵；萼片肾形，外面被短柔毛；外轮花瓣卵形或长卵形，两面均被短柔毛，内轮花瓣稍小，内面近无毛；药隔顶端急尖；每朵花有心皮 3～5 枚，心皮密被短柔毛	果树		海南
563	*Alphonsea mollis* Dunn	石密	Annonaceae 番荔枝科	常绿乔木；高达 20m；叶椭圆形或卵状长圆形；花黄白色，单生或双生；果成熟时黄色，单个或双个，卵状或椭圆形	果树		云南、广东、海南、广西
564	*Alphonsea monogyna* Merr. et Chun	藤春	Annonaceae 番荔枝科	常绿乔木；高 12m；叶椭圆形至长圆形；花黄色；果近圆球状或椭圆状；花期 1～9 月；果期 9 月至第二年春季	观赏	中国广东、广西、云南	
565	*Alpinia brevis* T. L. Wu et S. J. Chen	小花山姜	Zingiberaceae 姜科	多年生草本；株高 1～2m；叶片线状披针形；花序总状；花白色略带粉红；果球形；花期 8 月；果期 9～10 月	观赏	中国广东、广西、云南	

（续）

序号	拉丁学名	中文名	所属科	特征及特性	类别	原产地	目前分布/种植区
566	*Alpinia calcarata* Roscoe	距花山姜	Zingiberaceae 姜科	多年生草本；叶无柄，线状披针形，圆锥花序直立，小苞片长圆形膜质，唇瓣卵形，白色，有玫瑰红色与紫堇色斑纹；果红色	观赏	中国广西、广东、海南	
567	*Alpinia chinensis*（J. Konig）Roscoe	华山姜	Zingiberaceae 姜科	多年生草本；株高 1m；叶披针形或卵状披针形；花序狭圆锥形；花白色；果球形；花期 5～7 月；果期 6～12 月	观赏	中国东南部至西南部各省份	
568	*Alpinia galanga*（L.）Willd.	大高良姜（大良姜，良姜，山姜）	Zingiberaceae 姜科	多年生丛生草本；根状茎粗壮，横走，块状，有节，有辛辣味；蒴果不开裂，中部稍收缩；种子多角形	药用		台湾、广东、海南、广西、云南
569	*Alpinia hainanensis* K. Schum.	草豆蔻（草寇，草寇仁，扣仁）	Zingiberaceae 姜科	多年生草本；丛生；生于沟谷、河边、林缘阴湿处或草丛中；种子为卵圆状多面体，外皮淡棕色膜质假种皮，种脊有一条纵沟，一端有种脐；质坚，种仁灰白色	药用		台湾、海南、云南
570	*Alpinia japonica*（Thunb.）Miq.	山姜（鸡爪莲，土砂仁，九姜连）	Zingiberaceae 姜科	多年生草本；株高 35～70cm；叶片披针形、倒披针形或狭长椭圆开；花序总状顶生；花冠长圆形，白色带红色；果球形或椭圆形；花期 4～8 月；果期 7～12 月	观赏	中国东南部、南部至西南部	
571	*Alpinia kwangsiensis* T. L. Wu et S. J. Chen	长柄山姜	Zingiberaceae 姜科	直立草本；高 2～3m；叶长圆状披针形；叶舌 2 裂；总状花序，密被黄色粗毛；花稠密，黄色，有红条纹，花冠管白色，喉部红色	蔬菜	中国	广东、广西、贵州、云南
572	*Alpinia officinarum* Hance	高良姜（良姜）	Zingiberaceae 姜科	多年生草本；叶片条形，总状花序顶生，花冠白色；果球形，红色	观赏	中国广西、云南	
573	*Alpinia oxyphylla* Miq.	益智（益智仁，益智子）	Zingiberaceae 姜科	多年生草本；茎丛生，叶二列，披针形，边缘具小刚毛，总状花序顶生，花冠白色；果球形，红色	观赏	中国海南、广东、广西	
574	*Alpinia pumila* Hook. f.	花叶山姜（野姜黄，竹节风）	Zingiberaceae 姜科	多年生草本；总状花序自叶鞘间抽出，花冠白色，裂片长圆形，钝，较花冠管稍长，侧生退化雄蕊钻状；唇瓣卵形，先端短 2 裂，反折，边缘具粗锯齿，白色，有红色脉纹；子房被绢毛	观赏	中国湖南、广东、广西、云南	

（续）

序号	拉丁学名	中文名	所属科	特征及特性	类别	原产地	目前分布/种植区
575	*Alpinia zerumbet* (Pers.) B. L. Burtt et R. M. Sm.	艳山姜（熊竹兰，月桃）	Zingiberaceae 姜科	多年生常绿草本；叶革质，具短柄，矩圆状披针形，表面深绿色，边缘具短柔毛，圆锥花序，花冠和苞片白色，顶端或基部粉红色	观赏	中国南部、华东、华南及西南	
576	*Alseodaphne hainanensis* Merr.	油丹（黄丹，黄丹公，三次番）	Lauraceae 樟科	常绿乔木；高达 25m，胸径达 80cm；叶互生，多聚生枝顶，长椭圆形，有蜂巢状浅窝穴；圆锥花序，花被内面被白色绢毛；浆果球形或卵圆形	林木，观赏		海南
577	*Alsophila costularis* Baker	中华桫椤	Cyatheaceae 桫椤科	蕨类植物；茎干高 5m 或更高；叶柄长达 4cm，近基部深红棕色，具短刺和疣突；叶片长 2m，宽 1m，长圆形，三回羽状深裂，羽片约 15 对，披针形	观赏	中国广西、云南、西藏	
578	*Alsophila loheri* (Christ) R. M. Tryon	南洋桫椤	Cyatheaceae 桫椤科	茎干高 5m，直径达 15cm；叶轴和羽轴下被有细小鳞片和大而薄的灰白色披针形鳞片；叶裂片全缘，边缘内卷；孢子囊群圆形，大，囊群盖杯状或球形	蔬菜，药用	中国	台湾
579	*Alsophila podophylla* Hook.	黑桫椤	Cyatheaceae 桫椤科	蕨类植物；叶柄、叶轴和羽轴均为栗黑色至深紫红色；叶大，一回、二回深裂至二回羽状，羽片互生，长圆状披针形，小羽片 20 对，互生条状披针形，坚纸质，孢子囊群圆形	观赏	中国台湾、福建、广东、香港、海南、广西、云南、贵州	
580	*Alsophila spinulosa* (Wall. ex Hook.) Tryon	桫椤（龙骨风）	Cyatheaceae 桫椤科	树形蕨类植物；叶螺旋状排列于茎顶端，长矩圆形，三回羽状深裂；孢子囊群着生于侧脉分叉处，囊托突起，囊群盖球形	药用，观赏		华南、西南及福建
581	*Alstonia mairei* H. Lév.	羊角棉	Apocynaceae 夹竹桃科	直立灌木；具乳汁；叶 3～5 片轮生，披针形或倒披针形；花白色，多朵组成顶生或近顶生的总状式聚伞花序，花冠筒细长，子房由 2 枚离生心皮组成；蓇葖双生，线形	有毒		云南、贵州、四川
582	*Alstonia rostrata* C. E. C. Fisch.	盆架树（岭刀柄，山苦常）	Apocynaceae 夹竹桃科	常绿；叶 3～4 枚轮生，矩圆状椭圆形，薄革质；叶面亮绿色；顶生聚伞花序；花冠高脚蝶状；蓇葖果合生	观赏	中国、印尼、缅甸	广东、云南

（续）

序号	拉丁学名	中文名	所属科	特征及特性	类别	原产地	目前分布/种植区
583	*Alstonia scholaris*（L.）R. Br.	糖胶树	Apocynaceae 夹竹桃科	乔木；叶3～8片轮生，倒卵状长圆形、倒披针形或匙形；花冠高脚碟状；子房由2枚离生心皮组成；蓇葖双生，线形	有毒，观赏	斯里兰卡、澳大利亚昆士兰州	云南、广西、广东、台湾
584	*Alstonia yunnanensis* Diels	鸡骨常山	Apocynaceae 夹竹桃科	直立灌木；叶3～5片轮生，倒卵状披针形；花紫红，多朵组成聚伞花序；花盘由2枚舌状鳞片组成；蓇葖双生，线形	药用，有毒		云南、贵州、广西
585	*Alstroemeria aurantiaca* D. Don	黄六出花	Amaryllidaceae 石蒜科	多年生草本；伞形花序顶生，着花10～30朵，花序下为一轮苞状叶，2轮花被片不整齐，内轮常具深褐色斑点，花橙色；花期12月至翌年2月	观赏	南美	
586	*Alstroemeria haemantha* Ruiz et Pav.	红六出花	Amaryllidaceae 石蒜科	多年生草本；叶披针形至线形，花深红色，有玫瑰红色栽培品种	观赏	智利	
587	*Alstroemeria ligtu* L.	粉花六出花	Amaryllidaceae 石蒜科	多年生草本；叶线状披针形，全缘；总花梗6～7，各具2～3朵花，花粉色或橙粉色	观赏	智利	
588	*Alstroemeria pelegrina* L.	淡紫六出花	Amaryllidaceae 石蒜科	多年生草本；伞形花序，花小而多，喇叭形，花黄色，具紫色或紫红色斑点；可周年开花	观赏	秘鲁	
589	*Alstroemeria pulchella* L. f.	美丽六出花	Amaryllidaceae 石蒜科	多年生草本；叶多数，互生，披针形，呈螺旋状排列；花深红色；可周年开花	观赏		
590	*Alstroemeria versicolor* Ruiz. et Pav.	多色六出花	Amaryllidaceae 石蒜科	多年生草本；花黄色，伞形花序，花小而多，喇叭形，花橙黄色，内轮具红褐色条纹斑点	观赏	智利	
591	*Alternanthera bettzickiana*（Regel）G. Nicholson	五色草	Amaranthaceae 苋科	一、二年生草本；茎多分枝，直立或斜出成丛状，节膨大；叶小，对生，舌状，全缘，绿色常具彩斑或色晕	观赏	南美巴西	
592	*Alternanthera philoxeroides*（Mart.）Griseb.	空心莲子草（水花生）	Amaranthaceae 苋科	多年生草本；茎长50～150cm；着地生根，茎中空；叶对生，长圆形至倒卵状披针形；头状花序由10～20朵白色小花集生而成；胞果扁平	药用，饲用及绿肥	巴西	华东、华中、华南、西南

（续）

序号	拉丁学名	中文名	所属科	特征及特性	类别	原产地	目前分布/种植区
593	*Alternanthera sessilis*（L.）R. Br. ex DC.	莲子草（满天星）	Amaranthaceae 苋科	一年生草本；高 10～45cm，根圆锥形，茎常匍匐；叶对生线状披针形至卵状长圆形；头状花序 1～2 个，花密生；胞果倒心形	药用，饲用及绿肥		华东、华中、西南、华南及台湾
594	*Althaea officinalis* L.	药蜀葵	Malvaceae 锦葵科	多年生直立草本；全株密被星状长糙毛，叶卵圆形或心形，3 裂或不分裂，两面密被星状绒毛，花冠淡红色，花瓣 5 倒卵状长圆形，萼杯状，5 裂，裂片披针形；果圆肾形	观赏	中国新疆	北京、南京、昆明、西安等植物园已引种栽培
595	*Altingia obovata* Merr. et Chun	倒卵阿丁枫（山海棠，山包密，海南阿丁枫）	Hamamelidaceae 金缕梅科	常绿树种、乔木；高 30m；叶互生，常簇生于小枝顶端，叶脉羽状，叶柄粗壮；单性花；蒴果；种子多数，有翅，发育，上部有翅不发育	观赏	中国	海南
596	*Alysicarpus bupleurifolius*（L.）DC.	柴胡叶链荚豆	Leguminosae 豆科	多年生，高 25～120cm；小叶线形至线状披针形；花萼远较荚果第一荚节长，5 深裂，花冠淡黄色	饲用及绿肥		广东、广西、云南
597	*Alysicarpus rugosus*（Willd.）DC.	皱缩链荚豆	Leguminosae 豆科	多年生，高达 1.5 m；小叶长圆形；花萼比下部第一荚节长，5 深裂，花冠白色	饲用及绿肥		云南
598	*Alysicarpus vaginalis* Chun	链荚豆	Leguminosae 豆科	多年生草本；茎高 30～90cm，叶卵形至卵状长圆形、披针形；托叶线状披针形；总状花序，紫蓝色花成对排在花序轴节上；荚果密集	药用，饲用及绿肥		广东、福建、台湾、云南、江西
599	*Alysicarpus yunnanensis* Yen C. Yang et P. H. Huang	云南链荚豆	Leguminosae 豆科	多年生，高约 22cm；小叶圆形；花萼等长于荚果第一荚节；荚果圆柱念珠状，被短钩状柔毛	饲用及绿肥		云南
600	*Alyssum alpestre* Willd.	高山庭荠	Cruciferae 十字花科	多年生花卉；植株极低矮，呈垫状；叶互生，倒卵形至线形，灰绿色；总状花序很短，花小，黄色；花期春季	观赏	南欧	
601	*Alyssum argenteum* Boiss.	黄花庭荠	Cruciferae 十字花科	多年生花卉；株高 30～45cm，株幅 22～30cm；花序径 7～10cm，花鲜黄色；花期 6～8 月	观赏	欧洲东部	

（续）

序号	拉丁学名	中文名	所属科	特征及特性	类别	原产地	目前分布/种植区
602	*Alyssum montanum* L.	山庭荠	Cruciferae 十字花科	多年生花卉；植株低矮，株丛紧密；叶互生，倒卵状长圆形至线形，被银灰色毛；花黄色，芳香；花期6～7月	观赏	高加索、西伯利亚	
603	*Alyssum saxatilis* L.	岩生庭芥	Cruciferae 十字花科	多年生草本；茎丛生呈垫状，基部木质化；叶互生，倒披针形，有浅齿，被长柔毛，灰绿色；花金黄色；花期4～5月	观赏	欧洲	
604	*Alyxia odorata* Wall. ex G. Don	串珠子	Apocynaceae 夹竹桃科	藤状灌木；对生或3叶轮生，3～7cm；花序顶生或腋生，淡黄绿色；核果球状椭圆	观赏		湖南、广东、广西、海南、四川
605	*Alyxia sinensis* Champion ex Bentham	念珠藤（满山香，链珠藤）	Apocynaceae 夹竹桃科	藤状灌木；革质，对生或3叶轮生，圆形，卵圆，微卷，侧脉不明显；花序腋生或近顶生，花冠淡红至白色，花冠筒1.5cm；核果卵圆形	药用		浙江、江西、福建、台湾、湖南、两广、贵州
606	*Amalocalyx microlobus* Pierre	毛车藤（酸扁果，酸果藤）	Apocynaceae 夹竹桃科	藤本；全株有乳汁，披浓锈色柔毛；叶对生，宽倒卵形，长5～15cm；聚伞花序；花冠红色，近钟状；蓇葖果并生	果树	中国	云南
607	*Amaranthus albus* L.	白苋	Amaranthaceae 苋科	一年生草本；高20～50cm，直根系；叶互生，小形，倒卵形或匙形；短穗状花序，苞片钻形；胞果扁平，倒卵形	饲用及绿肥		黑龙江、河北、新疆
608	*Amaranthus blitoides* S. Watson	北美苋（美苋）	Amaranthaceae 苋科	一年生草本；高15～50cm，直根系；叶密生，倒卵形，匙形或长圆状披针形；花腋生，少数花形成花簇；胞果椭圆形	饲用及绿肥		辽宁、河北
609	*Amaranthus blitum* L.	凹头苋（野苋）	Amaranthaceae 苋科	一年生草本；高10～30cm，茎伏卧而上升；叶卵形或菱状卵形；枝顶花集成直立穗状或圆锥状花序；胞果扁卵形	药用，饲用及绿肥		除内蒙古、宁夏、青海、西藏外，其他省份均有分布
610	*Amaranthus caudatus* L.	尾穗苋（老枪谷）	Amaranthaceae 苋科	一年生草本；高达1.5m，茎具棱角；叶菱状卵形或菱状披针形；多数穗状花序组成顶生圆锥花序，单性花，雌雄同株；胞果近球形	药用，观赏，饲用及绿肥	热带	我国各地均有栽培

（续）

序号	拉丁学名	中文名	所属科	特征及特性	类别	原产地	目前分布/种植区
611	*Amaranthus cruentus* L.	繁穗苋（西天谷）	Amaranthaceae 苋科	一年生草本；高1～2m，茎具条纹；茎中叶菱状卵形，上部叶菱状披针形；多数穗状花序组成顶生圆锥花序；胞果菱状卵形	饲用及绿肥		全国各地均有分布
612	*Amaranthus hybridus* L.	绿穗苋	Amaranthaceae 苋科	一年生草本；高30～50cm；单叶互生，卵形或菱状卵形；数个穗状花序组成顶生圆锥花序，苞片钻状披针形；胞果卵形	杂草	热带美洲	华东、华中、西南及陕西
613	*Amaranthus hypochondriacus* L.	千穗谷	Amaranthaceae 苋科	一年生草本；茎绿色或紫红色；圆锥花序直立，圆柱形，苞片卵状钻形，长4～5mm，为花被片长的2倍，顶端急尖	饲用及绿肥	北美	我国各地均有栽培
614	*Amaranthus retroflexus* L.	反枝苋（西番谷，西风谷）	Amaranthaceae 苋科	一年生草本；植株密生短柔毛；圆锥花序直立，直径2～4cm，苞片钻形，长4～6mm，胞果扁卵形，包裹在宿存的花被片内	饲用及绿肥	美洲热带	东北、华北、西北
615	*Amaranthus roxburghianus* H. W. Kung	腋花苋	Amaranthaceae 苋科	一年生草本；高30～65cm；茎有条纹；叶菱状卵形或倒卵形；花簇生叶腋，花少数；胞果卵形，种子近球形	杂草		河北、河南、陕西、山西、甘肃、宁夏、新疆
616	*Amaranthus spinosus* L.	刺苋（勒苋菜）	Amaranthaceae 苋科	一年生草本；高30～100cm；叶菱状卵形或卵状披针形；花单性或杂性，雌花簇生叶腋，雄花集成顶生圆锥花序；胞果长圆形	药用，饲用及绿肥	热带美洲	华东、华中、华南及陕西、四川、云南、贵州、台湾
617	*Amaranthus tricolor* L.	苋（雁来红，老来少）	Amaranthaceae 苋科	一年生草本；高80～150cm；叶卵形或椭圆状披针形；花单性或杂性，下垂穗状花序；胞果卵状长圆形花簇集成	药用，观赏，蔬菜		全国各地均有分布
618	*Amaranthus viridis* L.	绿苋（皱果苋，野苋菜）	Amaranthaceae 苋科	一年生草本；植株无毛；茎直立，稍分枝；圆锥花序顶生，有分枝，顶生者比侧生者长；胞果不裂，极皱缩	饲用及绿肥	非洲热带	西北、东北、华东及南方各省份
619	*Amberboa moschata* (L.) DC.	香矢车菊	Compositae (Asteraceae) 菊科	多年生草本；株高60cm，光滑；花白、乳黄或淡紫色，芳香；花期春夏季	观赏	欧洲	
620	*Ambroma augusta* (L.) L. f.	昂天莲（野枇杷藤，刺果藤）	Sterculiaceae 梧桐科	灌木；叶互生；花序与叶对生，萼片5，花瓣5，紫色；蒴果膜质，具五条纵翅	观赏	中国云南、广东、广西、贵州	

（续）

序号	拉丁学名	中文名	所属科	特征及特性	类别	原产地	目前分布/种植区
621	*Ambrosia artemisiifolia* L.	豚草（艾叶破布草）	Compositae（Asteraceae）菊科	一年生草本；高40～100cm；叶下部对生，上部互生，二至三回羽状深裂；头状花序单性，雄花高脚碟状，雌花序腋生苞腋；瘦果倒卵形	饲用及绿肥	北美	东北、华东、西南、华北
622	*Ambrosia trifida* L.	三裂叶豚草	Compositae（Asteraceae）菊科	一年生草本；高50～180cm；茎具沟槽，被短糙毛；叶掌状3～5深裂；雄头状花序于枝顶作总状排列，雌头状花序位于下方；瘦果为总苞包被	饲用及绿肥	北美	辽宁、黑龙江、河北
623	*Amelanchier alnifolia*（Nutt.）Nutt.	赤杨叶唐棣	Rosaceae 蔷薇科	落叶灌木或小乔木；顶生总状花序，具数朵花，花瓣白色或粉红色花白色或粉红色；梨果状浆果，果实球形、近扁球形，蓝黑色或紫黑色	观赏		
624	*Amelanchier asiatica*（Siebold et Zucc.）Endl. ex Walp.	东亚唐棣	Rosaceae 蔷薇科	落叶乔木或灌木；高达12m；总状花序，下垂；花瓣细长，长圆披针形或卵状披针形，先端急尖，白色；雄蕊15～20，较花瓣短约5～7倍	观赏	中国安徽黄山、浙江天目山、江西幕阜山	
625	*Amelanchier canadensis*（L.）Medic.	加拿大唐棣	Rosaceae 蔷薇科	落叶灌木或小乔木；株高6～9m；叶卵形至卵状矩圆形，缘具细锯齿；总状花序，小花白色或淡粉色；花期4～5月	观赏		
626	*Amelanchier laevis* Wieg.	平骨唐棣	Rosaceae 蔷薇科	落叶性小乔木，树型优美，高4～7m，枝繁叶茂，叶片椭圆倒卵形，秋季叶片呈黄色或红色，白花，蓝黑色果实	观赏		
627	*Amelanchier ovalis* Med.	卵叶唐棣	Rosaceae 蔷薇科	落叶小乔木或灌木；花小，白色，有香气，5～15朵组成总状花序；浆果球形，径1.5cm，紫色或黑色	果树		新疆
628	*Amelanchier sinica*（C. K. Schneid.）Chun	唐棣（红枸子）	Rosaceae 蔷薇科	落叶小乔木；枝条细长，单叶互生，卵形或长卵圆形，边缘中部以上有锯齿，总状花序下垂，花瓣细长，白色；果篮黑色	观赏	中国陕西秦岭、甘肃南部、山西、河南、湖北、四川、浙江	

（续）

序号	拉丁学名	中文名	所属科	特征及特性	类别	原产地	目前分布/种植区
629	*Amentotaxus argotaenia* (Hance) Pilg.	穗花杉（喜杉）	Taxaceae 红豆杉科	常绿小乔木或灌木；高 7～10m；叶对生，排成 2 列，线状披针形；雌雄异株，雄球花交互对生，穗状，雌球花胚珠单生；种子被囊状假种皮所包	观赏		华东、华中、华南、西南、甘肃
630	*Amentotaxus formosana* H. L. Li	台湾穗花杉	Taxaceae 红豆杉科	常绿小乔木；叶列成两列，披针形或条状披针形，通常微弯镰状，背具宽白色气孔带，雄球花穗 2～4 穗，假种皮成熟时深红色	林木，观赏	中国台湾南部	
631	*Amentotaxus yunnanensis* H. L. Li	云南穗花杉	Taxaceae 红豆杉科	常绿小乔木；高 5～12m；叶交互对生，二列，线形或披针状线形；雌雄同株；雄球花生于枝顶，雌球花单生于叶腋或苞腋；种子椭圆形	林木		云南东南部、贵州西南部
632	*Amesiodendron chinense* (Merr.) Hu	细子龙（瑶果，荔枝公）	Sapindaceae 无患子科	常绿乔本；偶数羽状复叶，小叶长椭圆形或圆状披针形；圆锥花序近顶生；花白色，小而密集，杂性；蒴果近球形	有毒		广东、广西、贵州、云南
633	*Amesiodendron tienlinense* H. S. Lo	田林细子龙	Sapindaceae 无患子科	常绿乔木；偶数羽状复叶，小叶 37 对；聚伞状圆锥花序腋生，花单性，白色，花瓣内侧有鳞片，鳞片顶端 2 裂；蒴果，种子扁球形	林木，观赏		广西、贵州
634	*Amethystea caerulea* L.	水棘针（土荆芥）	Labiatae 唇形科	一年生草本；高 0.3～1m；叶多为 3 深裂，裂片披针形；二歧聚伞花序排成松散圆锥花序，花冠蓝色或紫蓝色；小坚果	药用		东北、华北、西北及安徽、湖北、四川、云南
635	*Amitostigma bifoliatum* T. Tang et F. T. Wang	二叶无柱兰（棒距无柱兰）	Orchidaceae 兰科	地生兰；茎圆柱形，叶基生 3 枚，下面 1 枚宽卵形或卵形，上面 2 枚叶近对生，卵状披针形或披针形；总状花序，花冠紫红色或淡紫色	观赏	中国四川北部、甘肃东南部	
636	*Amitostigma faberi* (Rolfe) Schltr.	峨眉无柱兰	Orchidaceae 兰科	地生兰；叶 1 枚，狭矩圆状披针形，生于茎中部；花序有花 1～5 朵，花多偏于花序一侧，粉红色或淡紫色，唇瓣宽卵形，4 裂	观赏	中国四川、贵州、云南	
637	*Amitostigma gonggashanicum* K. Y. Lang	贡嘎无柱兰	Orchidaceae 兰科	地生兰；叶 1 枚，狭矩圆形，生于茎中下部；花序具 10 余朵花，花紫红色，唇瓣 4 裂，基部密生柔毛	经济作物（纤维类）	中国四川西部	

（续）

序号	拉丁学名	中文名	所属科	特征及特性	类别	原产地	目前分布/种植区
638	*Ammannia auriculata* Willd.	耳叶水苋	Lythraceae 千屈菜科	一年生湿生草本；茎高 15～40cm，具 4 棱；叶对生，无柄，狭披针形；聚伞花序腋生，有总花梗，花瓣 4，淡紫色；蒴果球形	杂草		浙江、江苏、河南、河北、陕西、甘肃
639	*Ammannia baccifera* L.	水苋菜（细叶水苋，浆果水苋）	Lythraceae 千屈菜科	一年生草本；高 7～30cm；叶对生，线状披针形至狭倒卵形；聚伞花序腋生，花密集，无花瓣，子房球形；蒴果球形	杂草		云南、华南、华东至秦岭地区
640	*Ammannia multiflora* Roxb.	多花水苋	Lythraceae 千屈菜科	一年生草本；茎高 8～35cm，有 4 棱；叶对生，线状披针形；聚伞花序腋生，花瓣紫色，子房球形；蒴果球形	杂草		华东、华南及台湾
641	*Ammobium alatum* R. Br.	银苞菊	Compositae（Asteraceae）菊科	一年生草本；茎枝有白色柔毛和翼翅，基生叶卵形，茎生叶披针形，头状花序顶生，黄色	观赏	澳大利亚	我国有引种栽培
642	*Ammopiptanthus mongolicus*（Maxim. ex Kom.）S. H. Cheng	沙冬青（蒙古黄花木）	Leguminosae 豆科	常绿灌木；高 12m，树皮黄色；三出复叶，小叶菱状椭圆形或卵形；总状花序顶生，苞片卵形，被白色绢毛，花冠黄色，子房披针形；荚果扁平，线状长圆形	林木		内蒙古、宁夏、甘肃
643	*Ammopiptanthus nanus*（Popov）S. H. Cheng	小沙冬青	Leguminosae 豆科	常绿灌木；高 40～80cm；单叶宽椭圆形或近卵形；总状花序顶生，苞片卵形，被白色短柔毛，花瓣黄色，有爪；荚果扁平，长圆形，微膨胀	生态防护		新疆
644	*Amomum compactum* Sol. ex Maton	爪哇白豆蔻（白豆蔻）	Zingiberaceae 姜科	多年生草本；根茎匍匐、粗壮；叶鞘边缘薄，纸质，无毛；叶舌先端圆形，无毛；几无叶柄	药用，经济作物（油料类、香料类）	印度尼西亚、泰国	海南、云南省西双版纳
645	*Amomum coriandriodorum* S. Q. Tong et Y. M. Xia	荽味砂仁	Zingiberaceae 姜科	直立草本；高 1.5～1.7m，直径 1.7～2cm；根茎与叶具芫荽味，基部具无叶片的红色叶鞘；叶片椭圆形或狭椭圆形，长 20～28cm，宽 5～6cm	经济作物（香料类）	中国	云南
646	*Amomum longiligulare* T. L. Wu	海南砂仁	Zingiberaceae 姜科	株高 1～1.5m；叶片线形或线状披针形；总花梗长 1～3cm；蒴果卵圆形	药用		海南、徐闻、遂溪

（续）

序号	拉丁学名	中文名	所属科	特征及特性	类别	原产地	目前分布/种植区
647	*Amomum maximum* Roxb.	九翅豆蔻（九翅砂仁）	Zingiberaceae 姜科	多年生丛生草本；高 2～3m；叶长 30～90cm，宽 10～20cm；花基生，穗状花序近圆球形，白色；成熟果实三棱，果皮有九翅	蔬菜，药用，观赏	中国	广东、广西、海南、西藏、云南
648	*Amomum muricarpum* Elmer	疣果豆蔻	Zingiberaceae 姜科	多年生草本；根状茎，花杏黄色；果具片状分裂的柔刺	药用	中国广西、广东、海南	
649	*Amomum subulatum* Roxb.	香豆蔻	Zingiberaceae 姜科	粗壮草本；株高 1～2m；叶片长圆状披针形；穗状花序近陀螺形；蒴果球形，紫色或红褐色	药用，经济作物（调料类）		西藏、云南、广西
650	*Amomum tsaoko* Crevost et Lem.	草果（老扣，白草果，那吼）	Zingiberaceae 姜科	多年生草本；茎丛生，基部具无叶片的红色叶鞘，叶椭圆形或长圆形，穗状花序近头状，花杏黄色，唇瓣中央两侧各具 1 条红色带；蒴果深红色	生态防护		云南、广西、贵州
651	*Amomum villosum* Lour.	阳春砂（春砂仁，砂仁）	Zingiberaceae 姜科	多年生草本；根茎横走；叶披针形，叶鞘开放，抱茎；花茎由根茎上抽出；穗状花序，萼 3 浅裂，花冠先端 3 裂；蒴果	药用	中国	广东、广西、云南、四川、福建
652	*Amorpha fruticosa* L.	紫穗槐（椒条，穗花槐）	Leguminosae 豆科	落叶灌木；高 1～4 m；叶片背面有白色柔毛，具黑色腺点；穗状花序，花退化仅存旗瓣 1 枚，紫色	饲用及绿肥		全国各地均有分布
653	*Amorphophallus albus* P. Y. Liu et J. F. Chen	白魔芋	Araceae 天南星科	球茎顶芽肥大，为白色；叶柄和花序柄绿色或有灰色斑块，较短，长 30～40cm；中性花序长 1cm，白色	蔬菜，经济作物（调料类）	中国	四川、云南
654	*Amorphophallus corrugatus* N. E. Br.	田阳魔芋	Araceae 天南星科	叶片无珠芽；叶柄和花序绿色或灰色具斑块；附属器短圆锥形、圆柱形，先端截平，长 7.5～8.5cm，表面具脑状皱纹	蔬菜，经济作物（调料类）	中国	广西、云南
655	*Amorphophallus dunnii* Tutcher	南蛇棒	Araceae 天南星科	块茎扁球形；鳞叶多数，线形，膜质；叶 3 全裂，裂片离基 10cm 以上两次分叉，小裂片互生；佛焰苞绿色，浅绿白色；肉穗花序短于佛焰苞；子房倒卵形；浆果蓝色，种子黑色	蔬菜	中国	湖南、广西、广东及沿海岛屿、云南东南部

（续）

序号	拉丁学名	中文名	所属科	特征及特性	类别	原产地	目前分布/种植区
656	*Amorphophallus henryi* N. E. Br.	台湾魔芋	Araceae 天南星科	块茎近球形；叶片直径 45～60cm；佛焰苞下部席卷，内面基部具疣；肉穗花序无梗，雌花序长 1.2～2cm，圆柱形，雄花序长 2～4cm，到卵圆形；附属器长纺锤形或长圆柱形，尖锐	蔬菜	中国	台湾
657	*Amorphophallus hirtus* N. E. Br.	硬毛魔芋	Araceae 天南星科	块茎近球形；叶未见；花序连柄高 1m，油块茎中央伸出；佛焰苞下部席卷为倒圆锥状；肉穗花序长圆柱形；雄花序深黄色	药用		台湾高雄
658	*Amorphophallus kachinensis* Engl. et Gehrmann	勐海魔芋	Araceae 天南星科	多年生草本；块茎扁球形，肉穗花序，下部为雌花，上部为雄花，顶端附属器短圆锥形、卵形，长 3cm，表面具纵沟	蔬菜，经济作物（调料类）	中国	云南
659	*Amorphophallus kiusianus* (Makino) Makino	东亚魔芋	Araceae 天南星科	块茎扁球形；叶单一，小裂片长椭圆形或披针形；肉穗花序无梗；雌花序花密；雄花小，黄色；果近球形，红至蓝色	药用		台湾
660	*Amorphophallus konjac* K. Koch	花魔芋	Araceae 天南星科	球茎顶芽肥大，为粉红色；肉穗花序明显长于佛焰苞；附属器紫色；长圆锥形；佛焰苞漏斗形，舟状；附属器无毛，长 20～35cm	蔬菜，经济作物（调料类）	中国	秦岭以南地区
661	*Amorphophallus krausei* Engl.	西盟魔芋	Araceae 天南星科	块茎扁球形，花时无叶；叶柄和花序柄绿色，具暗绿色长圆形斑块，长 70cm；中性花序白色，长达 8cm 以上	蔬菜，经济作物（调料类）	中国	云南
662	*Amorphophallus mekongensis* Engl. et Gehrm.	湄公魔芋	Araceae 天南星科	块茎球形；叶片 3 裂；佛焰苞绿白色，长圆披针形，锐尖，下部席卷成筒状；肉穗花序略短于佛焰苞；附属器长圆锥状，先端钝	有毒		云南澜沧江沿岸
663	*Amorphophallus nanus* H. Li et C. L. Long	矮魔芋	Araceae 天南星科	块茎扁球形；鳞叶 3～4，膜质，红色具绿或蓝绿色斑块；肉穗花序于佛焰苞近等长或稍长；雌雄花序均黄色；附属器长圆锥形	蔬菜		云南
664	*Amorphophallus oncophyllus* Prain ex Hook. f.	香港魔芋	Araceae 天南星科	块茎球形，具小球茎；叶片 3 次羽状全裂；佛焰苞宽卵圆形；肉穗花序比佛焰苞约长 1/3，雄花序与雌花序近等长；附属器长圆锥形，金黄色	有毒		广东沿海岛屿

（续）

序号	拉丁学名	中文名	所属科	特征及特性	类别	原产地	目前分布/种植区
665	*Amorphophallus paeoniifolius* (Dennst.) Nicolson	疣柄魔芋	Araceae 天南星科	花序柄具疣刺；肉穗花序无柄；佛焰苞檐部展开成荷叶状，边沿波状；附属器呈不规则球状圆锥形，长 20cm，直径 22cm	蔬菜，经济作物（调料类）	中国	云南
666	*Amorphophallus pingbianensis* H. Li et C. L. Long	节节魔芋	Araceae 天南星科	常绿草本；根茎不规则念珠状；叶 2～3，每节生 1 叶；佛焰苞披针形；肉穗花序长 10～15cm；果淡蓝紫色，卵形或卵状椭圆形	有毒		云南东南部
667	*Amorphophallus stipitatus* Engl.	梗序魔芋	Araceae 天南星科	块茎球形；叶片 3 裂；佛焰包长于肉穗花序，长圆形；肉穗花序具长达 2cm 的花梗；附属器圆锥状；子房暗青紫色；花柱与子房等长，柱头柱状，稍浅裂	蔬菜	中国	广东
668	*Amorphophallus yuloensis* H. Li	攸乐魔芋	Araceae 天南星科	叶片具珠芽；叶面和花序绿色无斑块；佛焰苞舟状，肉红色；附属器短圆锥状，长 1.5～2.8cm	蔬菜，经济作物（调料类）	中国	云南
669	*Amorphophallus yunnanensis* Engl.	滇魔芋	Araceae 天南星科	多年生草本；块茎扁球形；叶 1 枚，有白绿色斑纹，具 3 小叶，二歧分叉；佛焰苞卵状矩圆形，肉穗花序短于佛焰苞，下部雌花部分长约 1.5cm，紧接的雄花部分长约 2.5cm，顶端附属体柱状圆锥	观赏	中国广西西部、贵州南部和云南部中部、西部及南部	
670	*Ampelocissus sikkimensis* (M. A. Lawson) Planch.	锡金葡萄	Vitaceae 葡萄科	攀缘藤本；花序圆锥花序，复二歧聚伞花序，或聚伞圆锥花序，与叶对生，卷须着生；花瓣 4 或 5，平展，离生；雄蕊 4 或 5；花盘发育良好，具角，贴生于子房，通常 5～10 具凹槽	果树		云南
671	*Ampelopsis aconitifolia* Bunge	乌头叶蛇葡萄	Vitaceae 葡萄科	多年生木质藤本；茎攀缘；叶互生，掌状复叶，小叶 3～5，全裂；二歧聚伞花序与叶对生，花小，黄绿色，子房 2 室；浆果近球形	杂草		东北、华北及陕西、甘肃、河南、湖北、山东、江苏、四川
672	*Ampelopsis delavayana* Planch. ex Franch.	三裂叶蛇葡萄（绿葡萄）	Vitaceae 葡萄科	木质藤本；聚伞花序与叶对生；花淡绿色；花萼边缘稍分裂；花瓣 5，镊合状排列；雄蕊 5	蜜源		中南、西南及陕西、甘肃

（续）

序号	拉丁学名	中文名	所属科	特征及特性	类别	原产地	目前分布/种植区
673	*Ampelopsis glandulosa* var. *brevipedunculata*（Maxim.）Momiy.	蛇葡萄（野葡萄，蛇白蔹）	Vitaceae 葡萄科	多年生木质藤本；具卷须；叶宽卵形，3浅裂；聚伞花序，花黄绿色，花瓣5，镊合状排列，花盘杯状，子房2室；浆果近球形	观赏		东北、华南
674	*Ampelopsis humulifolia* Bunge	葎叶蛇葡萄	Vitaceae 葡萄科	木质藤本；单叶，3～5浅裂或中裂；多歧聚伞花序与叶对生；果实近球形，有种子2～4颗	蜜源		内蒙古、辽宁、青海、河北、山西、陕西、河南、山东
675	*Ampelopsis japonica*（Thunb.）Makino	白蔹（山地瓜，见肿消，穿山老鼠）	Vitaceae 葡萄科	攀缘性藤本；有块根；掌状复叶，小叶3～5，羽状分裂或羽状缺刻；聚伞花序，花小，黄绿色，花盘边缘稍分裂；浆果球形	药用		东北、华北、华东、中南
676	*Amphicarpaea bracteata* subsp. *edgeworthii*（Benth.）H. Ohashi	线苞两型豆	Leguminosae 豆科	缠绕草质藤本；茎纤细；顶生小叶卵形至宽卵形；花两型，苞片线形，长约4～5mm，被毛	饲用及绿肥		海南
677	*Amphicarpaea edgeworthii* Benth.	两型豆（阴阳豆，三籽两型豆）	Leguminosae 豆科	一年生缠绕草本；茎纤细，密被倒生毛；三出羽状复叶，小叶广卵形或菱状卵形；花两型，地上茎上花序为短总状，另一种为闭锁花；荚果二型	饲用及绿肥		东北、华东及山西、陕西、河南、湖南、四川、贵州
678	*Amygdalus communis* L.	扁桃（巴旦杏）	Rosaceae 蔷薇科	常绿乔木；叶狭披针形或线状披针形；圆锥花序顶生，单生或2～3朵簇生，花黄绿色，花瓣4～5，长圆状披针形；果桃形	林木	中亚	新疆、陕西、甘肃、山东、北京
679	*Amygdalus davidiana*（Carrière）de Vos ex Henry	山桃（野山桃，花桃）	Rosaceae 蔷薇科	落叶小乔木；叶卵状披针形；花单生，先叶开放；花萼钟形，5裂；花瓣5，粉红或白色，倒卵形；果实圆形，黄色，离核，核果球形，核有纹孔和沟纹	果树	中国	东北、华东及陕西、山西、甘肃、宁夏、河北、河南、湖北、贵州
680	*Amygdalus davidiana* var. *potaninii*（Batalin）T. T. Yu et L. T. Lu	陕甘山桃	Rosaceae 蔷薇科	叶片基部圆形至宽楔形，边缘锯齿较细钝；果实及核均为椭圆形或长圆形	果树	中国	陕西、甘肃

（续）

序号	拉丁学名	中文名	所属科	特征及特性	类别	原产地	目前分布/种植区
681	*Amygdalus ferganensis* (Kostina et Rjabov) T. T. Yu et L. T. Lu	新疆桃（大宛桃）	Rosaceae 蔷薇科	乔木；枝条红褐色；叶披针形；花单生，萼筒钟形，萼片卵形或卵状长圆形，花瓣近圆形或长圆形，粉红色；果实扁圆或近圆形	果树	中国	新疆
682	*Amygdalus kansuensis* (Rehder) Skeels	甘肃桃	Rosaceae 蔷薇科	乔木或灌木；叶卵状披针形；花单生，萼筒钟形，萼片卵状长圆形，花瓣近圆形或宽卵圆形，白色或浅粉红；果实圆形，果皮黄色	果树，观赏	中国	陕西、甘肃、湖北、四川
683	*Amygdalus mira* (Koehne) Ricker	光核桃（西藏桃）	Rosaceae 蔷薇科	乔木；叶披针形；花单生，萼筒钟形，紫褐色，萼片卵形，紫绿色；花瓣白色，卵圆形，一般5瓣，也有重瓣者；果实椭圆、圆或扁圆形，阳面有红晕	果树，经济作物（油料类）	中国	四川、西藏
684	*Amygdalus mongolica* (Maxim.) Ricker	蒙古扁桃（古杏，野樱桃）	Rosaceae 蔷薇科	落叶小灌木；叶卵圆形或倒卵形，托叶条状披针形；花单生，无梗，粉红色；果实扁圆形，果核表面光滑，有浅沟，果仁味苦	生态防护	中国	内蒙古、宁夏、甘肃
685	*Amygdalus nana* L.	新疆野扁桃（矮扁桃）	Rosaceae 蔷薇科	落叶灌木；叶狭披针形或椭圆形；花单生，梗短，粉红色；果实扁圆形，果核表面浅沟纹，果仁味苦	果树	中国	新疆阿尔泰、塔城
686	*Amygdalus pedunculata* Pall.	长柄扁桃（毛樱桃，野樱桃）	Rosaceae 蔷薇科	落叶灌木；单叶互生或簇生短枝上，倒卵形，椭圆形至长圆形，托叶条裂；花单生，粉红色；果卵形，果核壳具稀浅沟纹，果仁味苦	果树	中国	内蒙古、陕西、宁夏
687	*Amygdalus persica* L.	桃（普通桃）	Rosaceae 蔷薇科	落叶乔木；叶长披针形或倒卵披针形，花蔷薇形、铃形或菊花形，粉色红色或白色；花瓣5瓣或重瓣；果实卵圆、椭圆、近圆、扁圆或扁平形，果皮被短茸毛或无毛	果树	中国	我国北方
688	*Amygdalus spinosissima*	多刺扁桃	Rosaceae 蔷薇科	矮小灌木，高约1m；花单生于叶腋或有时2～3朵集生；无苞片；花瓣白色、粉色至淡黄色，宽倒卵形，先端微凹，基部宽楔形；花柱离生，被白色柔毛，比雄蕊短很多；果实近球形，黑色或暗褐色	果树	中国	内蒙古、新疆

（续）

序号	拉丁学名	中文名	所属科	特征及特性	类别	原产地	目前分布/种植区
689	*Amygdalus tangutica* (Batalin) Korsh.	西康扁桃（唐古特扁桃）	Rosaceae 蔷薇科	中型或大型落叶灌木；叶常丛生，倒披针形；花单生，无梗，白色或粉红；果实圆球形，果核表面有皱纹，果仁味苦	果树	中国	四川、青海、甘肃
690	*Amygdalus triloba* (Lindl.) Ricker	榆叶梅（榆梅）	Rosaceae 蔷薇科	落叶灌木；叶宽椭圆形至倒卵形；花单生或两朵一丛，粉红色；果实近球形，果核具厚壳，表面具浅沟纹，果仁味苦	果树	中国	东北及河北、山西、山东、浙江
691	*Anabasis aphylla* L.	无叶假木贼（毒藜，无叶毒藜）	Chenopodiaceae 藜科	半灌木；枝条灰白色；叶不明显或鳞片状，腋内生绵毛；花两性，1～3 朵生于叶腋；小苞片 2 枚，舟形；胞果肉质	有毒		甘肃西部、新疆
692	*Anabasis brevifolia* C. A. Mey.	短叶假木贼	Chenopodiaceae 藜科	落叶半灌木；高 5～20cm，树皮灰白色，木质茎多数形成密丛，通常中下部以下木质化，叶对生，肉质，叶腋长有绵毛，半圆柱形，具半透明的刺尖，易脱落，花两性，胞果卵形至宽卵形	饲用及绿肥		内蒙古、甘肃西部、新疆、西藏
693	*Anabasis cretacea* Pall.	白垩假木贼	Chenopodiaceae 藜科	落叶半灌木；高 5～15cm，茎基褐色至暗褐色，当年枝黄绿色，木质化瘤粗大，多头，当年生枝着生生处有白色长绒毛，叶对生，鳞片状，花两性，单生叶腋，小苞膜质，卵状矩圆状，粉红色，胞果浆果状	药用		新疆北部（福海、精河）
694	*Anabasis elatior* (C. A. Mey.) Schischk.	毛足假木贼	Chenopodiaceae 藜科	落叶半灌木；高 15～30cm，蓝绿色，茎基头状，木质化，密生白色小绒毛，叶对生，鳞片状，花两性，单生叶腋，小苞稍短于花被，先端有刺，椭圆状，胞果宽卵形或近球形	药用		新疆北部准噶尔盆地
695	*Anabasis salsa* (C. A. Mey.) Benth. ex Volkens	盐生假木贼	Chenopodiaceae 藜科	落叶半灌木；高 10～25cm，茎灰褐色或灰白色，当年枝多数，直立或斜伸，上部有分枝，具 5～10 节，节间通常长 6～15mm，叶对生，肉质，下部或中上部叶条形，半圆柱状，花两性，胞果宽卵形	观赏，饲用及绿肥		新疆北部

（续）

序号	拉丁学名	中文名	所属科	特征及特性	类别	原产地	目前分布/种植区
696	*Anabasis truncata* （Schrenk）Bunge	展枝假木贼	Chenopodiaceae 藜科	落叶半灌木；高 10～20cm，茎基褐色至暗褐色；叶对生，鳞片状，宽三角形至半圆形，先端稍钝或锐尖，无刺尖，花两性，单生叶腋，于枝端或分枝端形成短穗花序，胞果近球形，稍扁	药用		新疆布尔津、乌鲁木齐
697	*Anacampseros arachnoides* （Hawi）Sims.	回欢草	Portulacaceae 马齿苋科	多浆植物；叶倒卵状圆形，绿色，叶尖外弯，有蛛丝状毛，叶腋有少数刚毛状毛；花葶高 10cm；花序总状；花色白色带粉；花期夏季	观赏	南非	我国有引种
698	*Anacampseros filamentosa* （Haw.）Sims.	蛛丝回环草	Portulacaceae 马齿苋科	多浆植物；叶腋毛长于托叶的蛛丝状毛；花朵粉色，较大	观赏	南非	
699	*Anacampseros rufescens* （Haw.）Sweet	红叶回欢草	Portulacaceae 马齿苋科	肉质灌木或小乔木；株高 2～3m；单叶互生，倒披针形至倒卵形，深绿色；伞形花序顶生；小花桃红色	观赏	南非	
700	*Anacardium occidentale* L.	腰果（鸡腰果，槚如树）	Anacardiaceae 漆树科	小乔木；树干有乳状液汁；叶倒卵形；圆锥花序顶生；花瓣具紫红色条纹；坚果着生花托膨大而成肉质的假果上	果树，有毒	美洲热带	福建、台湾、广东、广西、云南
701	*Anagallis arvensis* L.	琉璃繁缕（火金姑）	Primulaceae 报春花科	一年或两年生草本；高 10～30cm；单叶，交互对生或有时 3 枚轮生，狭卵形，下面有黑斑点；花腋生，花冠辐状，淡红色或蓝色；蒴果球形	杂草		浙江、福建、广东、台湾
702	*Anagallis monelli* L.	蓝琉璃繁缕	Primulaceae 报春花科	一年或二年生草本，花冠钟状，五深裂，裂片倒卵形，顶端圆钝，常有疏缘毛；雄蕊五枚，黄色，生于花冠基部，花丝丝状，具柔毛；子房球形，上位，一室，花柱丝状，略长于雄蕊，无毛，宿存	观赏	地中海	我国有引种
703	*Ananas bracteatus* （Lindl.）Schult.	斑叶红凤梨（苞凤梨）	Bromeliaceae 凤梨科	多年生草本；株高宽均可达 1m；带状密莲座形叶弓形，边缘有刺	观赏	巴西	
704	*Ananas comosus* （L.）Merr.	凤梨（菠萝，黄梨）	Bromeliaceae 凤梨科	草本；叶莲座状排列，狭长，剑形；头状花序球果状，从叶丛中生出，花稠密，紫红色，两性，生于苞片腋内；聚花果，松球果状，顶端有退化的螺旋状排列的叶片	果树	南美	广东、福建、广西、云南、台湾

（续）

序号	拉丁学名	中文名	所属科	特征及特性	类别	原产地	目前分布/种植区
705	*Anaphalis contorta* (D. Don) Hook. f.	旋叶香青	Compositae (Asteraceae) 菊科	多年生草本；高15～80cm；根状茎木质；叶线形基部有抱茎小耳；头状花序多数密集成复伞房状；瘦果长圆形	药用		云南、贵州、四川、西藏
706	*Anaphalis margaritacea* (L.) Benth. et Hook. f.	珠光香清	Compositae (Asteraceae) 菊科	多年生草本；头状花序多数，排成复伞房状；总苞宽钟状或半球状，直径8～13mm，长5～8mm；总苞片乳白色，顶端钝或圆形	观赏		
707	*Anaphalis triplinervis* (Sims) C. B. Clarke	三脉香清	Compositae (Asteraceae) 菊科	多年生草本；花茎直立，茎部叶长圆形或椭圆形，顶端尖，上面被蛛丝状毛，下面被白色茸毛，无柄，抱茎或有时几围茎，下部叶有柄（有时长柄）或渐狭成柄；头状花序大；总苞片白色，顶端尖，内层椭圆状或长圆状披针形	观赏		
708	*Anchusa azurea* Mill.	天蓝牛舌草	Boraginaceae 紫草科	多年生草本；圆锥花序顶生或腋生，花冠蓝色，管状或漏斗状，花径2cm，花萼线状，裂片裂至基部；花期6～8月	观赏	北美	
709	*Anchusa capensis* Thunb.	南非牛舌草	Boraginaceae 紫草科	多年生草本；叶狭披针形至线形；萼片三角形，花蓝色带红边，喉部白色；花期7～8月	观赏	克利特岛	
710	*Anchusa officinalis* L.	药用牛舌草	Boraginaceae 紫草科	多年生草本；花萼裂至2/3，与花冠筒等长，裂片卵状披针形；花冠蓝色，裂片阔卵形，开展；雄蕊着生于喉部之下，花丝极短，花柱长约5mm，柱头头状	观赏	欧洲	我国有栽培
711	*Anchusa ovata* Lehm.	狼紫草（水私利）	Boraginaceae 紫草科	二年生或一年生草本；茎自基部分枝，高20～40cm；基生叶具柄，茎生叶无柄，匙形或倒披针形；蝎尾状聚伞花序；小坚果4，肾形	药用，经济作物（油料类）		西北、华北及西藏
712	*Ancylostemon convexus* Craib	凸瓣苣苔	Gesneriaceae 苦苣苔科	多年生草本；叶基生，两面被柔毛，聚伞花序，苞片条形对生，花冠紫、橙黄或黄白色，花萼5裂近基部或中部，花冠管状	观赏	中国云南大理	
713	*Andrographis laxiflora* (Blume) Lindau	疏花穿心莲	Acanthaceae 爵床科	一年生草本；叶薄纸质或近膜质，卵形；总状花序顶生和腋生；花冠白色；蒴果线状长圆形	药用		云南、贵州、海南

（续）

序号	拉丁学名	中文名	所属科	特征及特性	类别	原产地	目前分布/种植区
714	*Andrographis paniculata* (Burm. f.) Nees	穿心莲（一见喜，斩蛇剑，苦草）	Acanthaceae 爵床科	一、二年生草本；茎高 50～80cm；叶卵状矩圆形至矩圆状披针形；花序总状成大型圆锥形；花冠白色而小；蒴果扁，有皱纹	观赏	南亚	福建、广东、海南、广西、云南、江苏、陕西
715	*Androsace bulleyana* Forrest	景天点地梅	Primulaceae 报春花科	多年生草本；莲座叶丛单生，叶匙形，花葶被硬毛状长毛，伞形花序，花萼钟状，花冠紫红色，喉部色较深	观赏	中国云南	
716	*Androsace delavayi* Franch.	滇西北点地梅	Primulaceae 报春花科	多年生草本；莲座状叶丛顶生，叶近同型，内层叶阔倒卵形至舌状倒卵形，外层叶边缘具缘毛，花单生，苞片 2 长圆状披针形，花冠白色或粉红色	观赏	中国云南西北部、四川西南部、西藏东南部	
717	*Androsace lactiflora* Ball.	乳花点地梅	Primulaceae 报春花科	越年生小草本；植株矮小，叶基生，匙形至倒披针形；花葶多数，暗红色；伞形花序，花小，粉红色，子房球形；蒴果球形	杂草		陕西
718	*Androsace rigida* Hand.-Mazz.	硬枝点地梅	Primulaceae 报春花科	多年生草本；叶 3 型，外层叶卵状披针形，中层叶舌状长圆形或匙形，背面被硬毛，内层叶椭圆形至倒卵形椭圆形，苞片线形，萼片杯状，花冠深红色或粉红色；蒴果	观赏	中国云南西北部、四川西南部	
719	*Androsace robusta* (R. Knuth) Hand.-Mazz.	粗状点地梅（雪球点地梅）	Primulaceae 报春花科	多年生垫状草本；叶两型，外层叶长圆形或狭倒卵状长圆形，内层叶舌状长圆形至舌状倒披针形，背密被白色绵毛，伞形花序，密被白色长柔毛，花冠紫红色，喉部黄色；蒴果	观赏	中国西藏西南部	
720	*Androsace spinulifera* (Franch.) R. Knuth	刺叶点地梅	Primulaceae 报春花科	多年生草本；叶基生，长圆状倒卵形或倒披针形，两面被腺体刚毛；伞形花序球形，苞片长卵状披针形，花冠高脚碟状，紫红至粉红色，裂片 5 倒卵形	观赏	中国云南西北部、四川西南部	
721	*Androsace tapete* Maxim.	垫状点地梅	Primulaceae 报春花科	多年生垫状草本；叶两型，外层叶卵状披针形或卵状三角形，内层叶线形或狭倒披针形，顶端具白色毛，萼片筒状具 5 棱，花冠粉红色，裂片倒卵形，边缘具微波	观赏	中国西藏、新疆南部、甘肃南部、青海、四川西部、云南西北部	

（续）

序号	拉丁学名	中文名	所属科	特征及特性	类别	原产地	目前分布/种植区
722	*Androsace umbellata* (Lour.) Merr.	点地梅（喉咙草，铜钱草）	Primulaceae 报春花科	越年生或一年生草本；全株被节状细柔毛；叶基生，圆形至心状圆形，边缘三角裂齿；花葶多数；伞形花序顶生，花冠白色；蒴果近球形	药用		我国南北各省份均有栽培
723	*Androsace yargongensis* Petitm.	雅江点地梅	Primulaceae 报春花科	多年生垫状草本；叶呈不明显的两型，外层叶线形至舌状长圆形，内层叶匙状倒披针形或长圆状匙形，黄绿色，伞形花序，苞片常对折成舟状，花冠白色或粉红色，裂片阔倒卵形	观赏	中国四川西部、青海、甘肃	
724	*Androsace zambalensis* (Petitm.) Hand.-Mazz.	高原点地梅	Primulaceae 报春花科	多年生草本；叶近两型，外层叶长圆形或舌形，两面被毛，内层叶狭舌状至倒披针形，伞形花序，花萼阔钟形或杯状，密被柔毛，花冠白色，喉部周围粉红色，裂片阔倒卵形	观赏	中国云南西北部、四川西部、西藏东南部、青海南部	
725	*Anemarrhena asphodeloides* Bunge	知母（山韭菜，蒜辫子草）	Liliaceae 百合科	多年生草本；根茎横走，叶线形基生；花葶上生有尖尾状苞片，花被6，2轮，雄蕊3，子房上位，3室；蒴果具6条棱	药用	中国	东北、华北、西北及河南、山东
726	*Anemoclema glaucifolium* (Franch.) W. T. Wang	罂粟莲花	Ranunculaceae 毛茛科	多年生草本；基生叶4～7枚，羽状深裂或全裂，被柔毛，聚伞花序，着花2～4朵，萼片5枚，花瓣状，蓝紫色	观赏	中国云南、四川	
727	*Anemone altaica* Fisch. ex C. A. Mey.	阿尔泰银莲花	Ranunculaceae 毛茛科	多年生草本；基生叶1枚或不存在，叶薄草质，宽卵形，3全裂，苞片3，萼片白色，倒卵状长圆形或长圆形，瘦果卵球形	观赏	中国湖北西北部、河南西部、陕西南部、山西南部	
728	*Anemone blanda* Schott et Kotschy.	希腊银莲花	Ranunculaceae 毛茛科	多年生；具带节块根；花朵单生，直立，扁平，碟形，花蓝色，早春开放，颇为醒目；叶片具深裂，半直立	观赏	地中海地区	
729	*Anemone cathayensis* Kitag.	银莲花	Ranunculaceae 毛茛科	多年生草本；基生叶圆肾形，3全裂，花2～5朵成伞形花序，白色或带粉晕	有毒，观赏	中国山西、河北	内蒙古、河北、山西
730	*Anemone coronaria* L.	欧洲银莲花	Ranunculaceae 毛茛科	多年生草本；株高30～40cm；花有黄、白、粉、橙、红、紫或复色花；花期4～5月	观赏	地中海沿岸	

（续）

序号	拉丁学名	中文名	所属科	特征及特性	类别	原产地	目前分布/种植区
731	*Anemone demissa* Hook. f. et Thomson	展毛银莲花	Ranunculaceae 毛茛科	草本；叶卵形，3 全裂，各回裂片相互稍有覆压，背被长柔毛，苞片 3 深裂，萼片蓝色或紫色，倒卵形或椭圆状倒卵形，瘦果椭圆形或倒卵形	有毒，观赏	中国四川西部、甘肃西南部、青海东南部、西藏东部和南部	
732	*Anemone eranthoides* Regel	菟丝状银莲花	Ranunculaceae 毛茛科	多年生草本；具根状茎，叶基生，花径 12cm，萼片花瓣状，黄绿色或金黄色，花瓣无	观赏	中国	
733	*Anemone flaccida* F. Schmidt	鹅掌草	Ranunculaceae 毛茛科	多年生草本；叶片薄草质，五角形，3 全裂，中全裂片菱形，侧全裂片表面有疏毛，苞片 3 深裂，萼片 5，白色，倒卵形或椭圆形	观赏	中国云南、四川、贵州、湖北、湖南、江西、浙江、江苏、安徽、陕西、甘肃	
734	*Anemone hortensis*（A. Stellata Ham.）L.	宽叶秋牡丹	Ranunculaceae 毛茛科	多年生草本；株高 25cm，具块茎；总苞叶元柄，叶全裂或浅裂；花有红、粉、玫瑰红、白、黄、淡紫色；花期夏季	观赏	地中海沿岸	
735	*Anemone hupehensis*（Lemoine）Lemoine	打破碗花花（野棉花）	Ranunculaceae 毛茛科	多年生草本；高 30～120cm；基生叶 3～5，常为三出复叶，小叶卵形；花葶直立，聚伞花序 2～3 回分枝，心皮多数，聚合果球形	有毒		西南及陕西、湖北、广西、广东
736	*Anemone narcissiflora* L.	水仙银莲花	Ranunculaceae 毛茛科	多年生草本；株高 45cm；总苞叶无柄；花序伞形；花白色；花期 5～7 月	观赏	欧洲中部	华北的雾灵山上
737	*Anemone nemorosa* L.	荫蔽银莲花	Ranunculaceae 毛茛科	多年生草本；株高 15～25cm，细弱，有软毛；叶 1～2 枚，叶柄长；花白色或玫瑰红色，花瓣椭圆形，有重瓣	观赏	欧洲	
738	*Anemone raddeana* Regel	多被银莲花（竹节香附，老鼠屎）	Ranunculaceae 毛茛科	根状茎横走；基生叶 1 枚，叶 3 全裂；花葶近无毛，苞片 3；萼片 9～15，白色，长圆形或线状长圆形；心皮约 30	药用，有毒		东北、河北、山西、山东
739	*Anemone rivularis* Buch.-Ham. ex DC.	草玉梅	Ranunculaceae 毛茛科	多年生草本；叶肾状五角形，3 深裂，侧全裂片有白色柔毛，聚伞花序，萼片白色，倒卵形或椭圆状倒卵形，瘦果狭卵球形	有毒，观赏	中国四川、云南、贵州、甘肃、青海、西藏、湖北、广西	河南、陕西、湖南、四川、贵州、云南

（续）

序号	拉丁学名	中文名	所属科	特征及特性	类别	原产地	目前分布/种植区
740	*Anemone smithiana* Lauener et Panigrahi	红萼银莲花	Ranunculaceae 毛茛科	多年生草本；基生叶 4～6，圆肾形或圆五角形，3 深裂；苞片 4，3 深裂；萼片 5，紫红色或粉红色，宽卵圆形或宽卵形	观赏	中国西藏	
741	*Anemone sylvestris* L.	雪花银莲花	Ranunculaceae 毛茛科	多年生草本；株高 40cm；总苞叶具长柄；花白色，轮生，芳香	观赏	欧洲中部	新疆、内蒙古、河北、辽宁、吉林、黑龙江、山西
742	*Anemone tomentosa*（Maxim.）C. P'ei	大火草	Ranunculaceae 毛茛科	多年生草本；基生叶 3～4 枚，3 出复叶，小叶卵形，3 裂，背密生白绒毛，聚伞花序，花粉红色或白色	有毒	中国河北、山西、陕西、河南、甘肃、湖北、四川、青海	四川、甘肃、陕西、河南、山西、河北
743	*Anemone trullifolia* Hook. f. et Thomson	匙叶银莲花	Ranunculaceae 毛茛科	多年生草本；基生叶 5～10，叶菱状倒卵形或宽菱形，3 浅裂，两面密被长柔毛，花梗 1，萼片 5，黄色，倒卵形，外中部有柔毛	观赏	中国四川西南部、西藏南部	
744	*Anethum graveolens* L.	莳萝	Umbelliferae（Apiaceae）伞形科	一、二年生草本；叶二至三回羽状复叶，裂片羽状细裂；复伞形花序顶生，无总苞和小总苞；花小，黄色；花期夏秋	经济作物（香料类）	地中海地区、南俄罗斯	
745	*Angelica anomala* Avé Lall.	川白芷	Umbelliferae（Apiaceae）伞形科	多年生草本；复伞形花序；无总苞或 1 片早落；小总苞片 3～7，线状锥形，膜质，被短毛；小伞形花序有花 20～40；花白色，萼齿不明显，花瓣倒卵形，花柱比短圆锥状的花柱基长 2 倍	蜜源		东北及四川、江西、浙江、江苏、山东、河北
746	*Angelica biserrata*（Shan et C. Q. Yuan）C. Q. Yuan et Shan	重齿毛当归	Umbelliferae（Apiaceae）伞形科	多年生高大草本；茎中空；叶二回三出式羽状全裂，宽卵形；复伞形花序顶生和侧生，有花 17～28（～36）朵，花白色，无萼齿，花瓣倒卵形，顶端内凹；果实椭圆形，背棱线形，隆起	药用	中国	浙江、安徽、湖北、四川、陕西、江西
747	*Angelica dahurica*（Fisch. ex Hoffmann）Benth. et Hook. f. ex Franch. et Sav.	白芷	Umbelliferae（Apiaceae）伞形科	多年生草本；根粗大长圆锥形，有分枝，外皮黄褐色，茎圆柱形，中空，常带紫色，有纵沟纹	有毒	中国	河北、河南

（续）

序号	拉丁学名	中文名	所属科	特征及特性	类别	原产地	目前分布/种植区
748	*Angelica decursiva* （Miq.） Franch. et Sav.	前胡	Umbelliferae（Apiaceae）伞形科	多年生草本；基生叶具长柄，茎下部叶具短柄，茎上部叶无柄；复伞形花序多数，总苞片线形，花瓣卵形；果实卵圆形	药用，有毒		河南、山东及长江以南地区
749	*Angelica morii* Hayata	福参	Umbelliferae（Apiaceae）伞形科	多年生草本；高 50～100cm；叶片轮廓为卵形至三角状卵形；复伞形花序；花黄白色；果实长卵形	药用		浙江、福建、台湾
750	*Angelica omeiensis* C. Q. Yuan et Shan	峨眉当归（野当归，当归）	Umbelliferae（Apiaceae）伞形科	多年生草本；茎中空，根粗大圆锥形；叶二至三回羽状分裂；复伞形花序，无总苞片；花黄绿色；果实近圆形	有毒	中国	四川
751	*Angelica polymorpha* Maxim.	拐芹	Umbelliferae（Apiaceae）伞形科	多年生草本；高 0.5～1.5m；叶片轮廓为卵形至三角状卵形；复伞形花序；花瓣白色；果实长圆形至近长方形	蔬菜		东北、河北、山东、江苏
752	*Angelica sinensis* （Oliv.） Diels	当归（秦归，云归）	Umbelliferae（Apiaceae）伞形科	多年生草本；主根粗短；叶互生，二至三回奇数羽状复叶，小叶 3 对；复伞形花序顶生，花白色；双悬果，分果具 5 棱	药用	中国	陕西、甘肃、湖北、四川、云南、贵州
753	*Angiopteris esculenta* Ching	食用观音座莲	Angiopteridaceae 观音座莲科	蕨类植物；根状茎肥大；叶片广卵形，光滑，绿色；孢子囊卵圆形或短长圆形	观赏	中国云南西北部	
754	*Angiopteris fokiensis* Hieron.	福建观音座莲	Angiopteridaceae 观音座莲科	蕨类植物；根茎块状，直立，叶簇生，二回羽状复叶，羽片 5～7 对，互生，顶生小羽片与侧生小羽片同形，孢子囊群褐色	观赏	中国福建、广东、广西、贵州、湖南、湖北	
755	*Angraecum distichum* Ldl.	权枝凤兰	Orchidaceae 兰科	小型种，茎高 30cm，花序腋生，只有 1 朵花，花小，花径 2cm，白色，唇瓣 3 裂，白色，呈星状；花期 8～10 月	观赏	非洲热带	
756	*Angraecum sesquipedale* Thouars	长距凤兰	Orchidaceae 兰科	兰科花卉；株大茁壮；叶短而厚，深亮绿色；花序总状，花茎长 90cm；花乳黄白色，蜡状；花期冬季	观赏	马达加斯加	

（续）

序号	拉丁学名	中文名	所属科	特征及特性	类别	原产地	目前分布/种植区
757	*Anigozanthos flavidus* Redoute	袋鼠花	Haemodoraceae 血草科	多年生花卉；花茎自叶间抽出，呈扁侧状总状花序，穗状或圆锥状，被毛；花冠筒长达3cm，先端6裂片，黄绿色；花期春夏	观赏	南美洲巴西	
758	*Anigozanthos manglesii* D. Don	满氏袋鼠花	Haemodoraceae 血草科	多年生花卉，具根状茎；株高45cm，花红色或黄色，花朵和花茎上密被柔毛	观赏	澳大利亚西南部	
759	*Anigozanthos pulcherrimus* Hook.	美丽袋鼠花	Haemodoraceae 血草科	多年生花卉；叶片有灰绿色绢毛；花深黄色，花被片被长毛	观赏	澳大利亚西南部	
760	*Aniselytron treutleri* (Kuntze) Soják	沟稃草	Gramineae (Poaceae) 禾本科	多年生，秆75～110cm，节上具柔毛；叶片粗糙；小穗长2.5～3mm，第一颖长1～1.8mm，外稃基盘被短毛	饲用及绿肥		四川、云南、贵州、湖南、广西、台湾
761	*Anisodus acutangulus* C. Y. Wu et C. Chen	三分三（野烟）	Solanaceae 茄科	多年生草本；叶卵形或椭圆形；花萼漏斗状钟形，花冠漏斗状钟形，淡黄绿色；蒴果球形	有毒		云南丽江
762	*Anisodus luridus* Link	铃铛子（藏茄）	Solanaceae 茄科	多年生宿根草本；根粗壮，黄褐色；叶卵形至椭圆形；花下垂，花萼和花冠钟形；果球形	有毒		西藏、青海、四川、云南
763	*Anisodus tanguticus* (Maxim.) Pascher	山莨菪（樟柳参，藏茄）	Solanaceae 茄科	多年生草本；根近肉质；叶长圆形至狭长圆状卵形；花下垂或有时直立，花冠钟形或漏斗状钟形，花冠浅黄色；果球形	有毒		甘肃、青海、西藏、四川、云南
764	*Anisomeles indica* (L.) Kuntze	广防风（防风草）	Labiatae 唇形科	多年生直立草本；高1～2m；叶纸质，阔卵圆形；轮伞花序组成顶生穗状花序，花冠淡紫色，花盘平顶；小坚果近圆球形	药用		我国西南部、南岭附近及其以南各地至台湾
765	*Annamocarya sinensis* (Dode) J.-F. Leroy	喙核桃	Juglandaceae 胡桃科	落叶乔木；高达20m；奇数羽状复叶，小叶通常7～9；雄性葇荑花序生于花序总梗上，雌性穗状花序顶生；坚果核果状	林木		广西、贵州、云南
766	*Anneslea fragrans* Wall.	茶梨（猪头果，红楣）	Theaceae 山茶科	常绿小乔木；叶厚革质，簇生枝顶，花腋生，伞房状花序，花较大，白色，花萼肥厚，红色	观赏	中国云南、贵州、广西、广东、福建、江西、湖南	

（续）

序号	拉丁学名	中文名	所属科	特征及特性	类别	原产地	目前分布/种植区
767	*Annona cherimolia* Mill.	毛叶番荔枝	Annonaceae 番荔枝科	落叶小乔木；高 4～5m；叶薄纸质，卵圆形、卵状披针形或倒卵形；花单生或 2～3 朵与叶对生；果实圆锥状或心脏形，果皮凹凸状	果树	南美	广东、云南、台湾
768	*Annona glabra* L.	平滑番荔枝	Annonaceae 番荔枝科	常绿乔木；高 12m；叶长 18cm，广椭圆形；花芳香黄色；果黄色，光滑而多瘤，长 5～10cm，可食但无味	果树	中美	广西、云南、广东、台湾
769	*Annona montana*（L.）Macf	山地番荔枝	Annonaceae 番荔枝科	常绿乔木；单叶互生，叶缘全缘；花单生于叶腋，下垂，成熟开放时，花瓣呈橘色，长约 4cm；聚合果，长约 9cm	果树	印度	台湾
770	*Annona muricata* L.	刺果番荔枝（红毛榴莲）	Annonaceae 番荔枝科	常绿乔木；高达 8m；叶纸质，倒卵状长圆形至椭圆形；花淡黄色，外轮花瓣厚，阔三角形，内轮花瓣稍薄，卵状椭圆形；果卵圆状，种子肾形，多颗	果树	美洲	广西、云南、台湾
771	*Annona reticulata* L.	牛心番荔枝	Annonaceae 番荔枝科	乔木；株高约 6m；叶纸质，长圆状披针形；总花梗与叶对生或互生，有花 2～10 朵，外轮花瓣长圆形，黄色，基部紫色，内轮花瓣退化成鳞片状；果实由多数成熟心皮连合成肉质聚合浆果，球形	果树	热带美洲	广东 福建 广西 云南 台湾
772	*Annona squamosa* L.	番荔枝（绣球果，番梨）	Annonaceae 番荔枝科	落叶小乔木；高 3～5m；花青黄色，花瓣 2 轮，外轮 3 片镊合状排列，内轮极小，鳞片状	果树	热带美洲	广东、广西、福建、云南、贵州、台湾
773	*Anodendron affine*（Hook. et Arn.）Druce	鳝藤	Apocynaceae 夹竹桃科	攀缘灌木；叶长圆状披针形，3～10cm，侧脉 10 对；聚伞花序排成总状，顶生，白或黄绿；蓇葖果椭圆披针，13cm	观赏		浙江、台湾、福建、湖南、湖北、广西、广东
774	*Anoectochilus emeiensis* K. Y. Lang	峨眉金线兰	Orchidaceae 兰科	植株高 19～21cm；叶片卵形；总状花序；花瓣白色带紫红，斜歪的半卵形，镰状	观赏		四川峨眉山
775	*Anoectochilus formosanus* Hayata	台湾银线兰（金线莲）	Orchidaceae 兰科	植株高约 20cm；叶 2～4 枚，卵形或卵圆形；叶片上呈绒毛状墨绿色，具白色网脉，背面带红色；总状花序具 3～5 朵花；花瓣白色，斜歪镰状	观赏		台湾

（续）

序号	拉丁学名	中文名	所属科	特征及特性	类别	原产地	目前分布/种植区
776	*Anoectochilus roxburghii*（Wall.）Lindl.	金线莲（花叶开唇兰）	Orchidaceae 兰科	地生兰；叶椭圆形，表面黑紫色，有金黄色脉网，背面带淡紫红色，总状花序顶生，花淡紫红色，唇瓣白色，有流苏状细丝	观赏	中国广东、广西、福建、台湾、云南、四川、	
777	*Anredera cordifolia*（Ten.）Steenis	落葵薯（马德拉藤，藤三七）	Basellaceae 落葵科	多年生蔓性草本；宿根；叶互生，肉质肥厚，心形，光滑无毛；老茎灰褐色，皮孔外突，腋生大小不等的肉质珠芽；穗状花序；花小下垂，花冠白绿色	蔬菜，药用	南美热带	云南、四川、台湾
778	*Antennaria dioica*（L.）Gaertn.	碟须	Compositae（Asteraceae）菊科	多年生草本；头状花序小，盘状，排成顶生的伞房花序或有时单生；雌雄异株，雌株头状花序的花全部结实，花冠丝状；雄株头状花序的花全部管状，两性；雌蕊不育；花冠顶端4～5齿裂；总苞片多列，最内列有绵毛；瘦果小，圆柱形	观赏		
779	*Antenoron filiforme*（Thunb.）Roberty et Vautier	金线草（人字草，化血归，血经草）	Polygonaceae 蓼科	多年生草本；根茎横走，粗壮，常扭曲；茎直立，节膨大；叶互生，两面均有长糙伏毛，散布棕色斑点；瘦果卵圆形，棕色，表面光滑	药用		中南、西南及山西、陕西、山东、江苏、浙江、江西、福建、台湾
780	*Anthemis montana* L.	白花春黄菊（山春黄菊）	Compositae（Asteraceae）菊科	多年生花卉；株高10～20cm；全株被丝状短柔毛；花舌状，白色	观赏	南欧	
781	*Anthemis tinctoria* L.	春黄菊	Compositae（Asteraceae）菊科	多年生草本；株高60～90cm，具浓烈异味；花序头状；花金黄色；花期夏季	观赏	欧洲	
782	*Anthericum liliago* L.	蜘蛛百合	Liliaceae 百合科	多年生草本；株高45～90cm；叶窄线形；花序疏松总状，不分枝；花辐射状，白色；蒴果；花期5～6月	观赏	西印度群岛	
783	*Anthogonium gracile* Lindl.	筒瓣兰	Orchidaceae 兰科	陆生兰；叶纸质，狭椭圆形或狭披针形，叶柄和鞘包卷成假茎，总状花序，花瓣狭长圆状匙形，具紫色或白色带紫红色的唇瓣	观赏	中国广西西部、贵州西南部、云南和西藏东南部	

（续）

序号	拉丁学名	中文名	所属科	特征及特性	类别	原产地	目前分布/种植区
784	*Anthoxanthum glabrum* (Trin.) Veldkamp	光稃茅香	Gramineae (Poaceae) 禾本科	多年生草本；秆高 15～45cm，具节；叶披针形；圆锥花序卵形，小穗长 3～3.8mm，颖片宽卵形；颖果椭圆形	杂草		辽宁、河北、青海
785	*Anthoxanthum horsfieldii* (Kunth ex Bennet) Mez ex Reeder	台湾黄花茅	Gramineae (Poaceae) 禾本科	秆高 40～60cm；小穗长约 5mm，不孕花中性，外稃长约 4mm，第一外稃在中部以上着生约 2mm 的直芒	饲用及绿肥		台湾
786	*Anthoxanthum nitens* (Weber) Y. Schouten et Veldkamp	茅香	Gramineae (Poaceae) 禾本科	多年生草本；秆高 50～60cm，具节；叶披针形；圆锥花序卵形至金字塔形，小穗淡黄褐色，颖膜质，具 1～3 脉；颖果	观赏		华北、西北及云南
787	*Anthoxanthum odoratum* subsp. *alpinum* (Á. Love et D. Love) Tzvel.	高山黄花茅	Gramineae (Poaceae) 禾本科	植株高 20～40cm；叶鞘口无毛，叶舌长 2～3mm；小穗长约 6.5mm，小穗柄及颖均无毛，第一和第二不孕花均为中性	饲用及绿肥		新疆
788	*Anthriscus sylvestris* (L.) Hoffm.	峨参（土田七）	Umbelliferae (Apiaceae) 伞形科	多年生草本；生长于高寒潮湿环境；主根粗壮，圆锥形；茎圆柱形，中空；叶互生，边缘羽状缺裂或齿裂，下面疏生柔毛	药用		四川、江苏、浙江、贵州
789	*Anthurium andraeanum* Linden	花烛	Araceae 天南星科	多年生草本；叶自根颈抽出，单生，心形，鲜绿色，纸质；单花顶生，佛焰苞广心形，鲜红色；肉穗花序圆柱状，黄色；花期夏季	观赏	非洲南部和美洲热带地区	我国各地广为栽培
790	*Anthurium bakeri* Hook. f.	狭叶花烛	Araceae 天南星科	多年生草本；茎较短，叶狭长披针形，带状，革质，叶与叶柄处接节明显，深绿色，中脉粗壮，佛焰苞和肉穗花序绿色，花梗短	观赏	哥斯达黎加	
791	*Anthurium crystallinum* Linn. et Andre	水晶花烛	Araceae 天南星科	多年生草本；花超出叶上，佛焰苞外翻，褐色或绿色，条形，肉穗花序圆柱形，绿色	观赏	哥伦比亚的新格拉纳达	
792	*Anthurium hookeri* Kunth	胡克氏花烛	Araceae 天南星科	多年生草本；叶簇生，长椭圆形至宽披针形，佛焰苞反曲，佛焰花序，上生多数两性小花，外有一艳丽革质的佛焰苞	观赏	圭亚那	

（续）

序号	拉丁学名	中文名	所属科	特征及特性	类别	原产地	目前分布/种植区
793	*Anthurium magnificum* Lind.	华美花烛	Araceae 天南星科	多年生草本；叶脉白色，叶绿色，长 50cm，有光泽，佛焰花序，上生多数两性小花，外有一艳丽革质的佛焰苞	观赏	哥伦比亚	
794	*Anthurium polyschistum* R. E. Schult.	蔓性花烛	Araceae 天南星科	多年生草本；茎蔓性，叶盾状，小叶 12～15，亮绿色，佛焰苞较小	观赏	哥伦比亚南部	
795	*Anthurium scandens* (Aub.) Engl.	攀缘花烛	Araceae 天南星科	多年生草本；茎细长，下垂，叶柄细长，花梗为叶柄的 4 倍长，佛焰苞紫褐色	观赏	厄瓜多尔	
796	*Anthurium scherzerianum* Schott	火鹤花	Araceae 天南星科	多年生草本；叶簇生，长椭圆形至宽披针形，深绿色；花序由绯红佛焰苞和朱红色肉穗花序组成，高出叶面	观赏	哥斯达黎加、危地马拉	
797	*Anthurium warocqueanum* Moore	长叶花烛	Araceae 天南星科	多年生草本；茎蔓性，较短，叶 90cm 长，30cm 宽，苞片外翻较窄，绿色	观赏	哥伦比亚	
798	*Antiaris toxicaria* Lesch.	见血封喉（箭毒木，加毒）	Moraceae 桑科	乔木；具乳白色树液，树皮具泡沫状凸起；叶互生长椭圆形；雄花序头状，花黄色；果肉质，梨形，紫黑色	有毒		广东南部、广西西部、云南
799	*Antidesma bunius* (L.) Spreng.	五月茶	Euphorbiaceae 大戟科	乔木；高达 10m；叶纸质，长椭圆形、倒卵形或长倒卵形；雄花序为顶生的穗状花序，雌花序为顶生的总状花序；核果近球形或椭圆形	果树		江西、福建、海南、贵州、西藏、广东 云南
800	*Antidesma ghaesembilla* Gaertn.	方叶五月茶	Euphorbiaceae 大戟科	灌木或小乔木；高 1～6m；雄花序为分枝的穗状花序；雌花序为分枝的总状花序，全部被白柔毛；雄花黄绿色，卵形，密被短柔毛；雄蕊通常 4～5，花丝插生于分离的腺体之间，腺体被长柔毛；雌花梗极短；花萼与雄花的相似；花盘环状，子房被短柔毛，柱头 3 枚	蜜源		长江以南
801	*Antigonon leptopus* Hook. et Arn.	珊瑚藤	Polygonaceae 蓼科	多年生花卉；高 10m，有卷须；叶卵形至矩圆状卵形；花序总状；花淡红色或白色，丛生；瘦果圆锥形	观赏	墨西哥	

（续）

序号	拉丁学名	中文名	所属科	特征及特性	类别	原产地	目前分布/种植区
802	*Antiotrema dunnianum* (Diels) Hand.-Mazz.	长蕊斑种草（狗舌草）	Boraginaceae 紫草科	多年生草本；茎丛生，密生短柔毛，圆锥花序，花冠蓝、白或淡紫色，漏斗状；坚果肾形	观赏	中国云南、广西、贵州、四川	
803	*Antirrhinum asarina* L.	匍生金鱼草	Scrophulariaceae 玄参科	一、二年生草本；茎蔓柔软，低矮；叶片肾形有腺毛；花单生于叶腋，花冠唇形，淡黄色；花期夏季	杂草	西南欧	我国各地均可栽培
804	*Antirrhinum majus* Linn.	金鱼草	Scrophulariaceae 玄参科	一、二年生草本；总状花序顶生，苞片卵形，萼5裂；花冠筒状唇形，外被绒毛；花色有粉、红、紫、黄、白色或复色；花期5～6月	观赏	地中海沿岸、北非	
805	*Antirrhinum molle* L.	毛金鱼草	Scrophulariaceae 玄参科	一、二年生草本；花形奇特，花色除紫色外各色均有，花期5～6月	观赏	法国西南部	
806	*Aphanamixis polystachya* (Wall.) R. Parker	沙椤（山椤，山椤姑，山楝）	Meliaceae 楝科	落叶乔木；高20～30m；叶长椭圆形；雄花组成圆锥花序，雌花组成穗状花序花球形，无花梗；蒴果近卵形；花期5～9月；果期10月至翌年4月	观赏	中国广东、广西、云南	
807	*Aphananthe aspera* (Thunb.) Planch.	糙叶树	Ulmaceae 榆科	落叶乔木；高可达20m；单叶互生；卵形或狭卵形；花单性，雌雄同株；雄花成伞房花序，生于新枝基部的叶腋；雌花单生新枝上部的叶腋；核果被平伏硬毛	观赏	中国	除东北、西北地区外，全国各地均有分布
808	*Aphelandra squarrosa* Nees.	花叶爵床（银脉花）	Acanthaceae 爵床科	多年生草本；株高达1m；叶卵圆形或卵状椭圆形，全缘，深绿色；花序穗状；花冠黄色；花期7～9月	观赏	巴西	
809	*Aphyllorchis simplex* T. Tang et F. T. Wang	梅兰	Orchidaceae 兰科	多年生草本；根状茎稍粗；茎不分枝，圆柱状；鞘圆筒状，膜质，抱茎；总状花序顶生；花瓣近矩圆形，蕊柱前面上部具1～2枚条形附属物	观赏	中国特有	广东
810	*Apios americana* Medik.	菜用土栾儿（香芋，美洲土栾儿）	Leguminosae 豆科	一年生蔓性草本；块根圆球形，长3～8cm，皮黄褐色，肉色白；奇数羽状复叶，互生；蝶形花，绿白色，龙骨瓣紫红色	蔬菜，药用	北美洲	上海、江苏、湖南

（续）

序号	拉丁学名	中文名	所属科	特征及特性	类别	原产地	目前分布/种植区
811	*Apios fortunei* Maxim.	土圞儿	Leguminosae 豆科	缠绕草本；有球状或卵状块根；奇数羽状复叶，小叶3～7，卵形或菱状卵形；总状花序腋生，花带黄绿色或淡绿色；子房有疏短毛，花柱卷曲；荚果	蔬菜	中国	甘肃、陕西、河南、四川、贵州、湖北、湖南、江西、浙江、福建、广东、广西
812	*Apium graveolens* L.	旱芹（芹菜，药芹菜）	Umbelliferae (Apiaceae) 伞形科	二年生草本；高60～100cm；短缩茎；奇数二回羽状全裂复叶，边缘锯齿；叶柄长而肥大，叶柄内侧有腹沟；伞形花序，小花白色；双悬果；有馨香味	蔬菜，药用	地中海沿岸	全国各地均有分布
813	*Apium graveolens* var. *rapaceum* DC.	根芹	Umbelliferae (Apiaceae) 伞形科	二年生草本植物，肉质根黄褐色圆球形；复伞形花序，花小，白色；双悬果，有2个心皮，其内各含1粒种子，种皮呈褐色	蔬菜	地中海沿岸	我国已引进，少量种植
814	*Apluda mutica* L.	水蔗草（假雀麦，丝线草）	Gramineae (Poaceae) 禾本科	多年生草本；秆高1～2m；叶线状披针形；总状花序，穗轴扁平，第一颖革质，背部圆形，第二颖舟形，厚膜质；颖果	杂草		我国南部及西南部
815	*Apocopis paleacea* (Trin.) Hochr.	楔颖草	Gramineae (Poaceae) 禾本科	多年生；秆具3～7节；花序轴节间边缘具黄色长纤毛，无柄小穗长3.8～4.5mm，第一颖栗褐色，先端有黄棕色宽带，常具7脉	饲用及绿肥		四川、云南、海南、广东
816	*Apocynum pictum* Schrenk	白麻（紫斑罗布麻）	Apocynaceae 夹竹桃科	直立半灌木；具乳汁，高0.5～2m；叶线形至线状披针形；花萼5深裂，花冠宽钟状，粉红色，有3条深紫色条纹；蓇葖果双生，倒垂	经济作物（纤维类）		新疆、青海、甘肃
817	*Apocynum venetum* L.	罗布麻（茶叶花，野麻）	Apocynaceae 夹竹桃科	半灌木；高50～200cm，具乳汁；枝常对生，叶长椭圆形或卵状披针形；聚伞花序顶生，花冠粉红色或浅紫红色；蓇葖果双生下垂	药用，蜜源	中国	华北、西北及辽宁、江苏
818	*Aponogeton lakhonensis* A. Camus	水蕹（田干草）	Aponogetonaceae 水蕹科	水生植物；花葶长约21cm，穗状花序单一，顶生，花期挺出水面，佛焰苞早落；花两性，无梗；花被片2枚，黄色，离生，匙状倒卵形；花期4～10月	观赏	中国浙江、福建、江西、广东、海南、广西	

（续）

序号	拉丁学名	中文名	所属科	特征及特性	类别	原产地	目前分布/种植区
819	*Aponogeton madagascariensis* (Mirb.) Van Brugg.	网草	Aponogetonaceae 水蕹科	多年生水生草本，具块茎，直径 3cm；叶片矩圆形，长 15～55cm，宽 5～16cm，叶片只有网状的叶脉没有叶肉	观赏	马达加斯加	
820	*Aponogeton ulvaceus* Bak.	大浪草	Aponogetonaceae 水蕹科	水生植物；大块茎平滑、圆形、褐色；叶子短柄波浪状，淡绿色，叶长 30～0cm，宽 4～6cm，叶缘呈大波浪状，前端呈螺旋形	观赏	马达加斯加	
821	*Aporocactus conzatii* Britt. Et Rose	康氏鼠尾掌	Cactaceae 仙人掌科	多浆植物；花砖红色，花筒鳞片小，具鳞腋棉毛及少量刚毛状刺	观赏	墨西哥	
822	*Aporocactus flagelliformis* (Zucc.) Lem.	鞭形鼠尾掌	Cactaceae 仙人掌科	多年生肉质植物；刺座小，排列紧密；辐射刺 10～20 枚，针形；新刺红色，后变黄或褐色；花粉红色，两侧对称，昼开夜闭，可持续 7 天或更长；浆果球形，红色	观赏	墨西哥	
823	*Aporocactus leptophis* (DC.) Britt. et Rose	细蛇鼠尾掌	Cactaceae 仙人掌科	多浆植物；茎较短，多数簇生，尖端略细，具多排淡黄色短刺；花红色，漏斗状；花期春季	观赏	墨西哥	
824	*Aptenia cordifolia* (L. f.) Schwantes	露草	Aizoaceae 番杏科	多浆植物；茎高 60cm；叶心状卵形，鲜绿色；花形似菊花，紫红色；花期 7～8 月	观赏	南非	
825	*Apterosperma oblata* H. T. Chang	圆籽荷	Theaceae 山茶科	常绿小乔木；叶革质，窄长圆形；花两性，淡黄色，5～9 朵生于嫩枝顶，排成总状花序，子房 5 室，每室 3～4 个胚珠；蒴果扁球形	观赏		广东、广西
826	*Aquilaria sinensis* (Lour.) Spreng.	土沉香（白木香）	Thymelaeaceae 瑞香科	常绿乔木；单叶互生；伞状花序顶生或腋生；花被钟状，6 裂黄绿色；蒴果，种子基部有尾状附属体	药用	中国广东、广西、台湾、福建、云南	广东、广西、福建、台湾
827	*Aquilegia atrovinosa* Popov ex Gamajun.	暗紫耧斗菜	Ranunculaceae 毛茛科	多年生草本；基生叶少数，为二回三出复叶，宽卵状三角形，茎生叶少数，花 1～5 朵，萼片深紫色，狭卵形，花瓣与萼片同色	观赏	中国新疆北部	
828	*Aquilegia caerulea* James	蓝花耧斗菜	Ranunculaceae 毛茛科	多年生草本，花下垂，花序具少数花，美丽；萼片紫色，与花瓣同色；蓇突果，种子黑色，光滑	观赏	美国	

（续）

序号	拉丁学名	中文名	所属科	特征及特性	类别	原产地	目前分布/种植区
829	*Aquilegia canadensis* L.	加拿大耧斗菜	Ranunculaceae 毛茛科	多年生草本；茎高25～60cm；叶片深裂；花下垂，萼片黄或红色，花瓣柠檬黄色，距近直伸，绯红色；花期春至夏季	观赏	加拿大、美国	
830	*Aquilegia chrysantha* A. Gray.	黄花耧斗菜	Ranunculaceae 毛茛科	多年生草本；株高1m；花直立，萼片深黄色带红晕，花瓣淡黄色，距细长；花期夏季	观赏	北美	
831	*Aquilegia ecalcarata* Maxim.	无距耧斗菜	Ranunculaceae 毛茛科	多年生草本；基生叶为二回三出复叶，中央小叶3深裂或3浅裂，茎生叶较小，花瓣直立，长方状椭圆形，苞片线形，被白色柔毛，萼片紫色、椭圆形	观赏	中国西藏、四川、贵州、湖北、河南、陕西、甘肃、青海	
832	*Aquilegia flabellate* Siebold et Zucc.	洋牡丹	Ranunculaceae 毛茛科	多年生草本；株高20～40cm；叶灰绿色；花蓝、淡紫红或白色	观赏	日本	
833	*Aquilegia formosa* Fisch.	红花耧斗菜	Ranunculaceae 毛茛科	多年生草本；株高1m；花下垂，萼片戏色，花瓣黄色，距直伸，深红、黄色	观赏	北美、西伯利亚	
834	*Aquilegia hybrida* Sims.	杂种耧斗菜	Ranunculaceae 毛茛科	多年生草本；杂交一代种，株高35cm，株型一致且圆整，分枝性好；花径5～6cm，最花期早	观赏		
835	*Aquilegia incurvata* P. G. Xiao	秦岭耧斗菜	Ranunculaceae 毛茛科	多年生草本；二回三出复叶，小叶菱状倒卵形，聚伞花序，基部具叶状总苞，花紫色，萼片5花瓣状，椭圆形或卵形，花瓣5长圆形	观赏	中国陕西、甘肃、四川	
836	*Aquilegia japonica* Nakai et H. Hara	长白耧斗菜	Ranunculaceae 毛茛科	多年生草本；花大；萼片蓝紫色；瓣片淡黄色，下部蓝紫色，比萼片短近一半；距先端钩状弯曲	观赏		东北
837	*Aquilegia lactiflora* Kar. et Kir.	白花耧斗菜	Ranunculaceae 毛茛科	多年生草本；茎直立，高40～80cm；叶楔状倒卵形，表面绿色，背面淡绿色，被白色柔毛；花白色，有时带黄色；花期7～8月	观赏	中国新疆西北部（塔城地区）	
838	*Aquilegia moorcroftiana* Wall. ex Royle	腺毛耧斗菜	Ranunculaceae 毛茛科	多年生草本；茎直立，被腺状柔毛，基生叶数枚，二回三出复叶，茎生叶数枚，向上渐小，花2至数朵下垂，花瓣直立黄色或带蓝色，萼片蓝色	观赏	中国西藏西部	

（续）

序号	拉丁学名	中文名	所属科	特征及特性	类别	原产地	目前分布/种植区
839	*Aquilegia oxysepala* Trautv. et C. A. Mey.	尖萼耧斗菜	Ranunculaceae 毛茛科	多年生草本；基生叶、侧生叶和茎生叶各异；聚伞花序，花下垂，萼5，花瓣5，雄蕊多数，心皮通常5；蓇葖果	观赏		东北
840	*Aquilegia parviflora* Ledeb.	小花耧斗菜	Ranunculaceae 毛茛科	多年生草本；基生叶少数，二回三出复叶，叶三角形，近革质，花3～6朵，近直立，花瓣瓣片钝圆形，萼片蓝紫色卵形，种子黑色	观赏	中国黑龙江北部	
841	*Aquilegia rockii* Munz	直距耧斗菜	Ranunculaceae 毛茛科	多年生草本；基生叶少数，为二回三出复叶，茎生叶2～3枚，萼片紫红色或蓝色，长椭圆状狭卵形，花瓣与萼片同色，种子黑色	观赏	中国西藏东南部、云南西北部、四川西南部	
842	*Aquilegia viridiflora* Pall.	耧斗菜	Ranunculaceae 毛茛科	多年生草本；单歧聚伞花序；花黄绿色，萼片5，瓣片5，直伸或稍弯曲；雄蕊多数；心皮通常5；蓇葖果	有毒		东北、华北、西北、华东
843	*Aquilegia vulgaris* L.	普通耧斗菜	Ranunculaceae 毛茛科	多年生草本植物，株高50～70cm；茎直立，二回三出复叶，蓝绿色；花冠漏斗状、下垂，花瓣5枚，通常深蓝紫色或白色；蓇葖果深褐色；花期4～6月，果熟期5～7月	药用，观赏		全国各地
844	*Aquilegia yabeana* Kitag.	华北耧斗菜	Ranunculaceae 毛茛科	多年生草本；聚伞花序，花下垂；萼片5，淡紫色至黄色；花瓣紫色，比萼片短；距钩状弯曲	有毒		东北、华北、西北、华东
845	*Arabidopsis thaliana* (L.) Heynh.	拟南芥	Cruciferae 十字花科	二年生草本；高10～30cm；基生叶莲座状，倒卵形或匙形，茎生叶披针形或条形；总状花序顶生，花白色；长角果条形	经济作物		华东、中南、西南及新疆
846	*Arabis caucasia* Schlechtend.	高加索南芥菜	Cruciferae 十字花科	多年生草本，常绿，匍匐，高2～10cm；叶片灰绿色；总状花序，1～20朵花，直径2cm	观赏	欧洲东南部至伊朗	
847	*Arabis pendula* L.	垂果南芥	Cruciferae 十字花科	多年生草本；高20～80cm；基生叶有柄，茎生叶无柄，下部叶长圆形或长圆状卵形，上部叶狭椭圆形或披针形；总状花序顶生；长角果条形	杂草		东北、华北、西北、西南

（续）

序号	拉丁学名	中文名	所属科	特征及特性	类别	原产地	目前分布/种植区
848	*Arachis hypogaea* L.	落花生（花生，地豆）	Leguminosae 豆科	一年生草本；根部具根瘤；叶常具小叶2对，小叶卵状长圆形；苞片2，披针形，花冠黄色或金黄色；荚果膨胀	经济作物（油料类）	南美洲	辽宁、山东、河北、河南、江苏、福建、广东、广西、四川
849	*Arachniodes exilis*（Hance）Ching	花叶复叶耳蕨	Dryopteridaceae 鳞毛蕨科	蕨类植物；株高45～60cm；叶卵状三角形，叶革质；孢子囊群生于小脉顶部	观赏	中国浙江、江西、福建、湖南、广东、广西	
850	*Arachnis labrosa*（Lindl. et Paxton）Rchb. f.	窄唇蜘蛛兰	Orchidaceae 兰科	附生兰；茎粗状，叶线状矩圆状，革质，先端2圆裂，总状花序，花浅黄色，先端或边缘常带褐色斑	观赏		
851	*Aralia armata*（Wall. ex D. Don）Seem.	广东楤木（鹰不扑，小郎伞）	Araliaceae 五加科	灌木；具针刺及刚毛；三回羽状复叶，小叶5～9片，对生；花由多数伞形花序组成大形圆锥花序；浆果	有毒		华南、西南及江西
852	*Aralia atropurpurea* Franch.	浓紫龙眼独活	Araliaceae 五加科	多年生草本；地下有匍匐长根茎；叶一回或二回羽状复叶，小叶卵形或卵状披针形；圆锥花序伞房状，花瓣5，浓紫色，子房5室；果实球形	有毒		云南、四川、西藏
853	*Aralia chinensis* L.	楤木（刺老包，仙人杖）	Araliaceae 五加科	灌木或乔木；有刺，高5～10m；二回或三回单数羽状复叶伞形花序聚为大型圆锥花序，白色；浆果状核果，圆球形，熟后黑色	蜜源，有毒		华北、华东、华中、华南、西南
854	*Aralia continentalis* Kitag.	东北土当归	Araliaceae 五加科	多年生草本；根茎粗大，二至三回单数羽状复叶，小叶3～7；伞形花序排列成大型圆锥花序，两性花；浆果	有毒		东北、西南及河北、河南、陕西
855	*Aralia cordata* Thunb.	食用土当归（土当归，食用楤木）	Araliaceae 五加科	多年生草本；根粗大，短圆柱状；茎粗约2cm；二回羽状复叶，小叶有3～5片，阔卵形至长卵形，有锯齿；花白色；果球形，5棱，紫黑色，直径3mm	蔬菜，药用，经济作物（香料类）	中国	江西、安徽、湖南、湖北、江苏、福建、广西、台湾

（续）

序号	拉丁学名	中文名	所属科	特征及特性	类别	原产地	目前分布/种植区
856	*Aralia decaisneana* Hance	黄毛楤木	Araliaceae 五加科	灌木；高达 3m；花序为许多伞形花序组成的大型顶生圆锥花序，有曲柔长绒毛，分枝长达 50cm，伞形花序有花 30～50 朵；花瓣 5；雄蕊 5；子房 5 室，花柱基部合生，上部分离	蜜源		台湾、福建、江西、广东、广西、贵州、云南
857	*Aralia echinocaulis* Hand.-Mazz.	刺茎木	Araliaceae 五加科	小乔木；高 3m，二回羽状复叶，伞房花序，有花 20 朵，萼 5 齿裂，花瓣 5，覆瓦状排列；雄蕊 5	蜜源		广西、广东、湖南、江西、浙江、安徽
858	*Aralia elata*（Miq.）Seem.	辽东楤木（刺龙牙，龙牙楤木）	Araliaceae 五加科	乔木；叶二回或三回羽状复叶；圆锥花序伞房状，萼的边缘具 5 个卵状三角形小齿；花瓣 5，开花时反曲；子房 5 室，花柱 5；球形果实	蜜源		辽宁、吉林、黑龙江
859	*Aralia foliolosa* Seem. ex C. B. Clarke	澜沧楤木	Araliaceae 五加科	小乔木；高 3～6m，具刺；大圆锥花序顶生；伞形花序有花 10～15 朵，花瓣 5，长圆状卵形，长约 2.5mm，无毛；雄蕊 5，花丝长约 3mm	蜜源		云南
860	*Aralia spinifolia* Merr.	刺叶木	Araliaceae 五加科	灌木；高 2～3m；圆锥花序大，长达 35cm，花序轴和总花梗均密生刺和刺毛；花瓣 5，淡绿白色，卵状三角形，长约 1.5mm	蜜源		广西、广东、福建
861	*Araucaria araucana*（Mol.）Koch	智利南洋杉	Araucariaceae 南洋杉科	常绿乔木；高 30～50m，胸径 1～1.5m；树成球状圆锥形；种子无翅	观赏	智利、阿根廷	我国中亚热带偏南地区
862	*Araucaria bidwillii* Hook.	大叶南洋杉	Araucariaceae 南洋杉科	常绿乔木；叶形大，披针形或卵状披针形；雌雄株；球果大，宽椭圆形至近球形	观赏	大洋洲沿海岸地区	广州、厦门、云南西双版纳、海南、福建
863	*Araucaria cunninghamii* Aiton ex D. Don	肯氏南洋杉	Araucariaceae 南洋杉科	常绿乔木；针叶硬而尖，叶排列紧密，斜上伸展、微向上弯，卵形或三角状锥形；雌雄异株，稀同株；球果生小枝顶端椭圆状卵形；种子椭圆形，两侧具结合而生的薄翅	观赏	巴布亚新几内亚、澳大利亚东北部	广东、广西、福建、台湾、香港

（续）

序号	拉丁学名	中文名	所属科	特征及特性	类别	原产地	目前分布/种植区
864	*Araucaria heterophylla* (Salisb.) Franco	异叶南洋杉（诺福克南洋杉）	Araucariaceae 南洋杉科	常绿乔木；在原产地高达50m以上，胸径达1.5m；雄球花单生枝顶，圆柱形；球果近圆球形或椭圆状球形；种子椭圆形，稍扁，两侧具结合生长的宽翅	观赏	大洋洲诺福克群岛	广东、广西、福建、海南
865	*Arcangelisia gusanlung* H. S. Lo	古山龙	Menispermaceae 防己科	木质大藤本；叶阔卵形至阔卵状近圆形；雄花序为圆锥花序，常生于老枝叶痕上，雌花序和雌花均未见；果近球形	药用，有毒		海南、云南南部
866	*Archangiopteris henryi* Christ et Giesenh.	原始观音座莲	Angiopteridaceae 观音座莲科	多年生草本；根状茎近直立，肉质；叶簇生，卵形，草质，一回羽裂；孢子囊群线形，通直，由60～160个孢子囊组成	观赏		云南金平及屏边
867	*Archiboehmeria atrata* (Gagnep.) C. J. Chen	舌柱麻	Urticaceae 荨麻科	落叶灌木或半灌木；叶卵状长椭圆形或卵形；花序雌雄同株，二歧聚伞状，花单性或两性，子房被花被管所包裹；瘦果卵圆形	经济作物（纤维类）		广西、湖南
868	*Archontophoenix alexandrae* (F. Muell.) H. Wendl. et Drude	假槟榔	Palmae 棕榈科	棕榈类；株高25m，有环纹，干膨大；叶上面绿色，下面灰白色；花序肉穗，乳黄色，雌雄同株；花白色；果球形；花期4～5月及9～11月	观赏	大洋洲	广东、海南、台湾
869	*Archontophoenix cunninghamiana* H. Wendl. et Drude	阔叶假槟榔	Palmae 棕榈科	棕榈类；干不膨大；叶较宽大，叶背绿色；花淡紫色，芳香	观赏	澳大利亚	
870	*Arctium lappa* L.	牛蒡（恶实，大力子）	Compositae (Asteraceae) 菊科	二年生草本；有肉质根；基生叶丛生，茎生叶互生，叶宽卵形或心形；头状花序簇生，或排成伞房状；瘦果倒卵形	药用	中国	全国各地均有分布
871	*Arctium tomentosum* Mill.	毛头牛蒡	Compositae (Asteraceae) 菊科	二年生草本；全株被稀疏蛛丝毛和乳突状短毛，并杂有黄色腺点；基生叶卵形，背灰白色，上部茎生叶卵形或卵状长椭圆形；头状花序排成伞房状花序，小花紫红色，外有黄色腺点；瘦果浅褐色	观赏	中国新疆	

（续）

序号	拉丁学名	中文名	所属科	特征及特性	类别	原产地	目前分布/种植区
872	*Arctostaphylos uva-ursi* （L.） K. Spreng	熊果	Ericaceae 杜鹃花科	常绿灌木；株高 10～16cm，幅展达 1.2m；叶卵形，光滑，绿色；花序总状；花冠壶形，白色或粉色；核果红色，光滑；花期 4～5 月	观赏	北极圈及北半球，在北半球低纬度地区只分布在高海拔的	
873	*Arctotis stoechadifolia* Berg.	非洲灰毛菊（蓝目菊）	Compositae（Asteraceae）菊科	多年生草本；株高 40～60cm；叶长圆至倒卵形；花序头状；花舌状，表面白色，为淡紫色，管状花蓝紫色；花期 4～6 月	观赏	南非	我国各地广为栽培
874	*Arctous alpinus* （L.） Nied.	北极果（高山当年枯）	Ericaceae 杜鹃花科	落叶、垫状、稍铺散小灌木；叶倒卵形或倒披针形；花少数，组成短总状花序，花冠坛形，绿白色；浆果球形	有毒		新疆
875	*Arctous ruber* （Rehder et E. H. Wilson） Nakai	天栌（红北极果，当年枯）	Ericaceae 杜鹃花科	落叶矮小灌木；花少数，常 1～3 朵成总状花序，出自叶丛中；口部 5 浅裂；雄蕊 10 枚，花丝被微毛，花药背面具 2 个小凸起	果树		东北、西北、西南
876	*Ardisia brevicaulis* Diels	九管血（血猴爪，猴爪，乌肉鸡，矮凉伞子）	Myrsinaceae 紫金牛科	常绿灌木；10～15cm；叶坚纸质，狭卵形或卵状披针形，或椭圆形至近长圆形；伞形花序；果球形，直径约 6mm，鲜红色	药用，生态防护，观赏		江西、湖南、湖北、福建、台湾、广东、四川、贵州、云南
877	*Ardisia chinensis* Benth.	小紫金牛（石狮子，产后草）	Myrsinaceae 紫金牛科	常绿亚灌木；叶倒卵形或椭圆状倒卵形；亚伞形花序；果球形，鲜红至黑色	药用，生态防护，观赏		浙江、江西、广西、广东、福建、台湾
878	*Ardisia conspersa* E. Walker	散花紫金牛	Myrsinaceae 紫金牛科	常绿灌木；叶膜质，倒披针形至狭长圆状倒披针形，背被疏毛，圆锥状复伞房花序，被柔毛，花瓣粉红色，长圆状卵形至卵形，果红色	观赏	中国云南、广西	
879	*Ardisia crenata* Sims	朱砂根（圆叶紫金牛，大罗伞）	Myrsinaceae 紫金牛科	常绿灌木；叶互生，边缘有皱波状钝锯齿，齿间具隆起黑色腺点；伞形花序腋生，花冠白色或淡红色；浆果鲜红色	观赏	中国云南、江苏、浙江、西藏、福建、湖北、广东、西藏、台湾	

（续）

序号	拉丁学名	中文名	所属科	特征及特性	类别	原产地	目前分布/种植区
880	*Ardisia crispa* (Thunb.) A. DC.	百两金	Myrsinaceae 紫金牛科	常绿灌木；亚伞形花序，着生于特殊花枝顶端；花梗被微柔毛；花长4～5mm，花萼仅基部连合，萼片长圆状卵形或披针形；花瓣白色或粉红色，卵形，顶端急尖	观赏	中国长江流域以南各地区及日本、印度尼西亚	长江流域以南
881	*Ardisia densilepidotula* Merr.	密鳞紫金牛（罗芒树，山马皮，山龟）	Myrsinaceae 紫金牛科	常绿小乔木；叶互生，革质，倒卵形或宽倒披针形；两性花，圆锥花序，由聚伞花序组成，近顶生，萼片三角状卵形，无斑点，被缘毛；花冠红色或粉红色，裂片卵形；浆果状核果	药用	中国	海南
882	*Ardisia erythrocarpa* Small	红果天栌	Myrsinaceae 紫金牛科	灌木或小乔木，高3m；花5数，白色，萼片离生，披针形、卵形或披针状矩圆形，长2～4mm；花瓣基部合生，长6～9mm，宽3～4mm，钝，先端或凹陷；花丝长1.5～2mm	果树		新疆
883	*Ardisia escallonioides* Schiede et Deppe ex Schlecht. et Cham.	紫金牛（矮脚樟，矮地茶，矮茶风）	Myrsinaceae 紫金牛科	常绿亚灌木，茎长达10～30cm；单叶互生，叶片近革质，常成对或3～4片集生于茎顶，窄椭圆形以至宽椭圆形；核果球形，熟时红色	药用，生态防护，观赏		长江流域以南各地至华南、西南
884	*Ardisia faberi* Hemsl.	月月红（毛虫草，红毛走马胎，江南紫金牛）	Myrsinaceae 紫金牛科	常绿亚灌木；蔓生茎长15～30cm；叶对生或近轮生，卵状椭圆形或披针状椭圆形；亚伞形花序；果球形，径约6mm，红色	药用，生态防护，观赏		湖北、湖南、广东、广西、贵州、四川、云南
885	*Ardisia gigantifolia* Stapf	走马胎（山猪药，走马风）	Myrsinaceae 紫金牛科	常绿灌木；高3m；叶簇生茎端，椭圆形或倒卵状披针形；圆锥花序长20～35cm；果球形，径约6mm，红色	药用，生态防护，观赏		云南、广西、广东、海南、江西、福建
886	*Ardisia japonica* (Thunb.) Blume	矮地茶（紫金牛，老勿大，地茶）	Myrsinaceae 紫金牛科	常绿小灌木；高10～30cm，具地下匍匐茎，地上茎直立，不分支；单叶对生或近轮生，椭圆形，叶片有光泽；花小，白色或粉红色；核果球形	观赏	中国	我国各地区广泛分布
887	*Ardisia lindleyana* D. Dietr.	山血丹（小罗伞，活血胎，铁雨伞）	Myrsinaceae 紫金牛科	灌木或半灌木；高约1m；叶片革质或厚坚纸质，矩圆状狭椭圆形；近伞形极少复伞形花序，顶生，花冠裂片卵形，极钝，有腺点；果有腺点	药用，观赏		浙江、江西、福建、广东、广西

（续）

序号	拉丁学名	中文名	所属科	特征及特性	类别	原产地	目前分布/种植区
888	*Ardisia mamillata* Hance	虎舌红（红毛毡，老虎脷）	Myrsinaceae 紫金牛科	多年生矮小灌木；叶互生，椭圆形，两面有紫红色粗毛和黑色小腺体，花粉红色，果疏生红色毛	观赏	中国广西、广东、云南、四川、贵州	
889	*Ardisia pusilla* A. DC.	九节龙（矮茶子，蛇药，狮子头）	Myrsinaceae 紫金牛科	常绿灌木；伞形花序，单1，侧生，被长硬毛、柔毛或长柔毛；花长4mm，花萼仅基部连合，萼片披针状钻形；花瓣白色或带微红色，广卵形，顶端急尖	观赏	中国四川、贵州、湖南、广西、广东、江西、福建、台湾及日本、朝鲜	
890	*Ardisia solanacea* Roxb.	酸薹菜（帕累）	Myrsinaceae 紫金牛科	灌木或乔木；高6m以上；据大叶痕或皱纹；叶片坚纸质，椭圆状披针形或倒披针形，长12～20cm；花长约1cm，花萼分离	蔬菜	中国	广西、云南
891	*Areca catechu* L.	槟榔（槟榔子，青子）	Palmae 棕榈科	常绿乔木；树干笔直，圆柱形不分枝，茎干有明显的环状叶痕，幼龄树干呈绿色，随树龄的增长逐渐变为灰白色；叶丛生茎顶，羽状复叶	药用		海南、云南、台湾、福建、广西
892	*Areca triandra* Roxb. ex Buch.-Ham.	三药槟榔	Palmae 棕榈科	棕榈类；佛焰苞1个，革质，压扁，光滑，长30cm或更长，开花后脱落；雌雄同株，花序多分枝；雄花小，无梗；雌花较大，花瓣近圆形；果期8～9月	观赏	印度、中南半岛、马来半岛	台湾、广东、云南
893	*Arenaria balearica* L.	科西嘉蚤缀	Caryophyllaceae 石竹科	多年生草本；叶对生，卵形，无柄，聚伞花序，疏生枝端；萼片5，披针形；花瓣5，倒卵形，白色，全缘；雄蕊10，比花萼短；子房卵形，花柱3	杂草	墨西哥西部	
894	*Arenaria barbata* Franch.	髯毛蚤缀（髯毛无心菜）	Caryophyllaceae 石竹科	多年生草本；叶长圆形或长圆状倒卵形，边缘具白色长毛，两面密被腺毛；二歧状聚伞花序，花瓣5，白色或粉红色，顶端流苏状，萼片5披针形，外面密被腺柔毛；蒴果4裂	观赏	中国云南西北部、西川西南部	
895	*Arenaria bryophylla* Fernald	藓状雪灵芝（苔藓状蚤缀）	Caryophyllaceae 石竹科	垫状多年生草本；叶针状线性，膜质，边缘疏生缘毛稍内卷，花单生，花瓣5，白色狭倒卵形，苞片披针形，萼片5，椭圆状披针形	观赏	中国西藏、青海南部	

（续）

序号	拉丁学名	中文名	所属科	特征及特性	类别	原产地	目前分布/种植区
896	*Arenaria grandiflora* L.	大花蚤缀	Caryophyllaceae 石竹科	多年生草本；花大，单生枝顶；萼片卵形或椭圆状卵形；花瓣白色或淡黄色，倒卵形；花期7月	杂草	葡萄牙、捷克、斯洛伐克	
897	*Arenaria przewalskii* Maxim.	西北蚤缀	Caryophyllaceae 石竹科	多年生草本；花3朵，呈聚伞状花序；苞片卵状椭圆形，萼片5，紫色，宽卵形；花瓣5，白色，倒卵形；花期7～8月	观赏		
898	*Arenaria roseiflora* Sprague	粉花蚤缀（粉花无心菜）	Caryophyllaceae 石竹科	多年生草本；茎紫色，基生叶匙形，茎生叶披针形或椭圆形，中脉带紫色，花单生枝顶，花瓣粉红色，倒卵形，萼片披针形，紫色，外被紫色腺柔毛	观赏	中国云南西北部	
899	*Arenaria serpyllifolia* L.	小无心菜（蚤缀，鹅不食草）	Caryophyllaceae 石竹科	一年生草本；全株被毛；茎基部匍匐；单叶对生，卵形，无柄；聚伞花序；花白色；蒴果6瓣裂，种子肾形	有毒		我国南北各省份
900	*Arenga caudata* （Lour.）H. E. Moore	双籽棕（山棕，鸡罗）	Palmae 棕榈科	矮小灌木；叶一回羽状全裂；花序单生叶腋间；佛焰苞包着花序梗，花单性，雄花圆形，雌花球形，子房球形；果实卵球形	有毒		广东、广西、云南
901	*Arenga engleri* Becc.	山棕（矮桄榔）	Palmae 棕榈科	棕榈类；雌雄同株，雄花稍大，长约1.5cm，黄色，有香气，萼片3，花瓣3，长椭圆形；雌花近球形，花萼近圆形，花瓣三角形；花期5～6月	观赏	中国福建、台湾，日本	广东、云南
902	*Arenga westerhoutii* Griff.	桄榔（砂糖椰子，糖树）	Palmae 棕榈科	乔木；叶羽状全裂；圆钳花序；雄花萼片互叠成杯状，花瓣革质；雌花花瓣宽卵状三角形；子房具3棱；倒卵状球形果	有毒		广东、广西、云南
903	*Arequipa leucotricha* （Phil.）Kimnach	醉翁玉	Cactaceae 仙人掌科	多浆植物，高1.5m，柱状；花红色，花被多数，雄蕊多数，花药2室	观赏	秘鲁南部	
904	*Argemone grandiflora* Sweet	大花蓟罂粟	Papaveraceae 罂粟科	多年生草本；茎近无刺，叶片具白色叶脉；花3～6朵簇生，白色；花期6～7月	观赏	墨西哥	

（续）

序号	拉丁学名	中文名	所属科	特征及特性	类别	原产地	目前分布/种植区
905	*Argemone mexicana* L.	蓟罂粟（老鼠簕）	Papaveraceae 罂粟科	一年生草本；全株具白粉，茎叶均有黄色汁液；叶羽状深裂；花黄色，单顶生；萼片 2；花瓣 4～6；蒴果，种子多数	有毒		我国南部省份
906	*Argyranthemum frutescens* (L.) Sch. Bip.	木茼蒿	Compositae (Asteraceae) 菊科	多年生草本；株高 1m；花序头状，数多；花舌状，白色或淡黄色，管状花黄色；花期可近周年	观赏	北非加那利群岛	我国各地广为栽培
907	*Argyreia nervosa* (Burm. f.) Bojer	美丽银背藤	Convolvulaceae 旋花科	木质藤本；茎被白色或黄色绒毛；叶大卵圆形；聚伞花序密集近头状；花冠漏斗状，粉红至紫红；蒴果具细尖头	有毒		广东
908	*Argyreia pierreana* Bois	白花银背藤（山牡丹，葛藤）	Convolvulaceae 旋花科	木质藤本；茎被短绒毛，叶互生，宽卵形，背被灰白色绒毛，聚伞花序腋生，密被灰白色绒毛，花冠白色管状漏斗形，苞片紫色，萼片狭长圆形	观赏	中国云南东南部、贵州、广西	
909	*Argyroderma roseum* (Haw.) Schwant.	红银叶花	Aizoaceae 番杏科	多浆植物；植株非常肉质；叶卵形，灰绿白色无斑点；花大无柄，玫瑰红色；花期夏季	观赏	南非	
910	*Ariocarpus agavoides* E. D. Anderson	龙舌兰牡丹	Cactaceae 仙人掌科	多浆植物；花直径 3.5～4.2cm，内层花瓣 25mm；外层花洋红与绿色相间，长 15～20mm，宽 4～5.5mm；果实长 1～2.5mm，粉红色，球形	观赏	墨西哥塔毛利帕斯州	
911	*Ariocarpus fissuratus* (Engelm.) K. Schum.	龟甲牡丹	Cactaceae 仙人掌科	多浆植物；花顶生，钟状，粉红色，非常艳丽夺目，且常数朵同时开放	观赏	美国得克萨斯西南部、墨西哥北部	
912	*Ariocarpus retusus* Scheidw.	岩牡丹	Cactaceae 仙人掌科	多浆植物；植株有许多疣状突起三角形，似叶，被白粉，灰绿色；花生于近中心处，漏斗形，淡粉或肉红色；花期夏季	观赏	墨西哥北部	
913	*Ariocarpus scapharostrus* Bod.	龙角牡丹	Cactaceae 仙人掌科	多浆植物；植株疣状突起呈棱锥状，表面被白粉，花堇粉色；单生，老株偶尔从基部孳生个别仔球，体色灰表绿色	观赏	墨西哥北部	

（续）

序号	拉丁学名	中文名	所属科	特征及特性	类别	原产地	目前分布/种植区
914	*Ariocarpus trigonus* （A. web.）K. Schum.	三角牡丹	Cactaceae 仙人掌科	多浆植物；长三角形疣暗绿色，疣背呈很明显的龙骨凸；花黄色；花期夏季	观赏	墨西哥北部	
915	*Arisaema amurense* Maxim.	东北天南星（天南星）	Araceae 天南星科	多年生草本；块根近球形；假茎高5～15cm；叶1枚，鸟趾状全裂，小叶片5；雌雄异株，肉穗花序稍伸出佛焰苞口部；果序椭圆形，浆果	药用		东北及河北、河南、湖北、四川、山东
916	*Arisaema angustatum* Franch. et Sav.	蛇头草	Araceae 天南星科	多年生草本；叶2枚，鸟足状分裂，叶鞘筒状；佛焰苞紫色，檐部长渐尖；肉穗花序单生；附属器无中性花	有毒		浙江天目山、台湾、湖北巴东、四川巫山
917	*Arisaema bockii* Engl.	灯台莲	Araceae 天南星科	多年生草本；全株有毒，叶通常2枚，小叶5枚，佛焰苞深紫色，带白绿色条纹，肉穗花序，浆果红色	观赏	中国湖北、河南、安徽、浙江、江西、福建、湖南、四川、陕西、贵州	
918	*Arisaema calcareum* H. Li	红根南星（红根，长虫包谷）	Araceae 天南星科	多年生草本；鳞叶3，披针形；叶柄具淡绿色斑块；叶3全裂；雌雄异株，雄花序长，雌花序短；种子黄绿色	有毒		云南东南部
919	*Arisaema erubescens* （Wall.）Schott	一把伞南星（天南星）	Araceae 天南星科	多年生草本；块茎扁球形；叶常1枚，呈放射分裂；雌雄异株；佛焰苞绿色或紫色；肉穗花序单生；附属器棒状；浆果	有毒		除内蒙古、山东、江苏、新疆及东北外，全国其他省份都有分布
920	*Arisaema flavum* （Forssk.）Schott	黄苞南星	Araceae 天南星科	多年生草本；叶1～2，鸟足状分裂，裂片5～11，佛焰苞黄绿色，上部深紫色具纵条纹，檐部长圆状卵形，黄色或绿色；肉穗花序，浆果黄绿色，种子浅黄色	观赏	中国西藏南部至东南部、四川西部、云南西北部	
921	*Arisaema franchetianum* Engl.	象鼻花（象头花，红南星）	Araceae 天南星科	多年生草本；块茎扁球形；鳞叶2～3枚，叶1枚，成年叶3全裂；雌雄异株；肉穗花序单生；附属器圆锥状；浆果	有毒		云南、四川西南部、贵州西南部、广西西部
922	*Arisaema heterophyllum* Blume	天南星	Araceae 天南星科	块茎扁球形；叶常单1，鸟脚状分裂；佛焰苞管部圆柱形；肉穗花序两性（下部雌花序，上部雄花序）和雄花序单生；浆果圆柱形	药用，有毒		除新疆、西藏外，全国大部分地区都有分布

（续）

序号	拉丁学名	中文名	所属科	特征及特性	类别	原产地	目前分布/种植区
923	*Arisaema intermedium* Blume	高原南星	Araceae 天南星科	块茎扁球形；叶1～2，3全裂；佛焰苞暗紫色或绿色，具条纹；肉穗花序单生，雄花序花疏，雄花花药4，雌花序花密，雌花子房倒卵圆形	有毒		云南西南部、西藏南部
924	*Arisaema ringens* Thunb.	普陀南星（由跋）	Araceae 天南星科	多年生草本；块茎具小球茎；叶2枚，3全裂；佛焰苞檐部下弯成盔状；肉穗花序单生；附属器棒状或长圆锥状	有毒		江苏、浙江、台湾
925	*Arisaema smithii* K. Krause	相岭南星	Araceae 天南星科	叶片纸质，3全裂；花序柄圆柱形，佛焰苞上部内外深紫色，基部较淡，有明显的纵条纹；肉穗花序单性，雌花序长3.5cm，子房卵圆形	有毒		四川
926	*Arisaema tortuosum* (Wall.) Schott	曲序天南星	Araceae 天南星科	多年生草本；块茎内部白色；叶鸟足状分裂；佛焰苞檐部卵形略下弯；肉穗花序；附属器伸至喉部外弯，后直立或下垂	有毒		四川西南部、云南西北部、西藏南部
927	*Arisaema utile* Hook. f. ex Schott	网檐南星	Araceae 天南星科	多年生草本；叶1～2，3全裂，裂片无柄，边缘红色；佛焰苞管部圆柱形，紫褐色具白条纹，檐部倒卵形，暗紫褐色，背有白色纵；肉穗花序单性，雌花序圆锥形，浆果卵圆形，幼时具白色条纹	观赏	中国西藏南部、云南西北部和西部	
928	*Aristida adscensionis* L.	三芒草（三枪茅）	Gramineae (Poaceae) 禾本科	一年生草本；秆高15～45cm；叶纵卷如针状；圆锥花序，小穗线形，灰绿色或紫色，颖膜质，具1脉，主芒长1～2cm；颖果	杂草		西北、东北及内蒙古
929	*Aristida alpina* L. Liou	高原三芒草	Gramineae (Poaceae) 禾本科	多年生；花序狭窄，小穗常2～13mm，颖具1脉，外稃长约9mm，芒粗糙，主芒长8～9mm，侧芒长4～6mm	饲用及绿肥		西藏
930	*Aristida brevissima* L. Liou	短芒草	Gramineae (Poaceae) 禾本科	多年生；小穗长10～11cm，颖具1脉，外稃长8～9mm，芒粗糙，侧芒长0.1～0.4mm，芒柱不扭转	饲用及绿肥		西藏
931	*Aristida chinensis* Munro	华三芒草	Gramineae (Poaceae) 禾本科	多年生杂草；秆高30～60cm，丛生；叶纵卷如针；圆锥花序开展，枝腋生白柔毛，小穗线形，颖具1脉，外稃顶端具3芒；颖果长线形	杂草		华南及福建

（续）

序号	拉丁学名	中文名	所属科	特征及特性	类别	原产地	目前分布/种植区
932	*Aristida scabrescens* L. Liou	糙三芒草	Gramineae (Poaceae) 禾本科	多年生；叶鞘和叶片被丝状柔毛；颖和外稃微粗糙，侧芒长约 12mm，粗糙，芒柱扭转，花药 4～5.5mm	饲用及绿肥		西藏
933	*Aristida triseta* Keng	三刺草	Gramineae (Poaceae) 禾本科	多年生；花序狭窄，小穗长 7～10mm，颖具 1 脉，外稃长 6.5～8mm，芒粗糙，主芒长 4～8mm，侧芒长 1.5～3mm	饲用及绿肥		四川、西藏、云南及陕西
934	*Aristida tsangpoensis* L. Liou	藏布三芒草	Gramineae (Poaceae) 禾本科	多年生；叶鞘和叶片无毛；颖和外稃平滑，侧芒长 7～8mm，粗糙，芒柱微扭转，花药长约 3mm	牧草		西藏
935	*Aristolochia championii* Merr. et Chun	三筒管（长叶马兜铃，百解薯）	Aristolochiaceae 马兜铃科	本质藤本；根圆柱形或呈串珠状；单叶互生，窄披针形或线形；单生或数朵成花序；子房基部球状；蒴果	有毒		台湾、广东、广西
936	*Aristolochia contorta* Bunge	北马兜铃（茶叶苞）	Aristolochiaceae 马兜铃科	多年生攀缘草本；茎缠绕，长 2m 以上；叶三角状心形至宽卵心形；花 3～10 朵，簇生叶腋，花被喇叭状，子房下位；蒴果倒卵形	有毒		东北及内蒙古、河北、山东、安徽、山西、河南、陕西、甘肃
937	*Aristolochia debilis* Siebold et Zucc.	马兜铃（青木香）	Aristolochiaceae 马兜铃科	多年生草质藤本；茎缠绕，有细纵棱；叶互生，三角状椭圆形或卵状披针形；花单生叶腋，花被漏斗状，基部膨大；蒴果近球形	有毒		长江以南各省区及山东、河南
938	*Aristolochia fangchi* Y. C. Wu ex L. D. Chow et S. M. Hang	广防己（木防己，藤防己，水防己）	Aristolochiaceae 马兜铃科	木质藤本；花紫色带黄色斑点，着生老枝上，花序 1～3 花；花被管粗筒状，有纵脉 10～12 条，在 2～3cm 处反曲呈稍细筒状，然后平展成 3 浅裂的近三角圆形片部，外面被密毛，上部无毛，喉孔位近中央	药用		广东、广西
939	*Aristolochia fordiana* Hemsl.	通城虎	Aristolochiaceae 马兜铃科	草质藤本；根圆柱形；叶卵状心形或卵状三角形；总状花序常有花 3～4 朵，花被管基部膨大呈球形，子房圆柱形；蒴果长圆形或倒卵形	药用，有毒		湖北、四川、云南

（续）

序号	拉丁学名	中文名	所属科	特征及特性	类别	原产地	目前分布/种植区
940	*Aristolochia kaempferi* Willd.	大叶马兜铃	Aristolochiaceae 马兜铃科	草质藤本；叶纸质，叶形多样，卵形、卵状心形或戟状耳形等；花单生，花被管外黄绿色，有纵脉 10 条，密被白色长柔毛，檐部盘状黄绿色，基部具紫色短线条，喉部黄色；蒴果	观赏	中国福建、江苏、江西、广东、广西、贵州、云南、台湾	
941	*Aristolochia kwangsiensis* Chun et F. C. How	广西马兜铃（大叶马兜铃）	Aristolochiaceae 马兜铃科	本质大藤本；具黄色长毛；根簇生，椭圆状块状；叶卵状心形；花 1～2 朵，花梗弯曲，花被筒状具纵条纹；蒴果	有毒		广西北部
942	*Aristolochia manshuriensis* Kom.	东北木通（木通，马木通，苦木通）	Aristolochiaceae 马兜铃科	缠绕性木质大藤本；茎粗壮，栓皮发达；花被管向上渐膨大，外面淡绿色，有紫色条纹，内面有紫色圈及斑点	有毒		东北及山西、陕西、甘肃等省
943	*Aristolochia mollissima* Hance	绵毛马兜铃（白面风，毛香）	Aristolochiaceae 马兜铃科	攀缘状木质藤本；根状茎地下延伸；单叶互生；单花腋生，花被弯曲呈烟斗形，顶端 3 裂；雄蕊 6，子房 6 室；蒴果	有毒		华东、华中及山西、陕西
944	*Aristolochia moupinensis* Franch.	木香马兜铃	Aristolochiaceae 马兜铃科	木质藤本；长 3～4m；花单生或 2 朵聚生于叶腋；花被管中部急剧弯曲而略扁；花药长圆形，成对贴生于合蕊柱近基部，并与其裂片对生；子房圆柱形	有毒		云南
945	*Arivela viscosa*（L.）Raf.	黄花草（黄花菜，臭矢菜，羊角草）	Capparidaceae 白花菜科	一年生直立草本；茎基部常木质化，干后绿黄色，有纵细槽纹；花单生于茎上部逐渐变小与简化的叶腋内，但近顶部则成总状或散房花序	有毒		华东、华南及台湾、云南
946	*Armeniaca dasycarpa*（Ehrb.）Borkh	紫杏	Rosaceae 蔷薇科	落叶小乔木；叶卵形至椭圆状卵形；花常单生，花萼红褐色，萼筒钟形，花瓣宽卵形或匙形，白色或具粉红色斑点；果近球形或长圆形，暗紫色或黑紫色	果树	中国	华北
947	*Armeniaca holosericea*（Batalin）Kostina	藏杏	Rosaceae 蔷薇科	乔木；小枝红褐色或灰褐色；叶卵形或椭圆卵形，叶边具细小的小锯齿；果实卵球形或卵状椭圆形	果树，药用		四川、西藏

（续）

序号	拉丁学名	中文名	所属科	特征及特性	类别	原产地	目前分布/种植区
948	*Armeniaca limeixing* J. Y. Zhang et Z. M. Wang	李梅杏	Rosaceae 蔷薇科	落叶小乔木；叶长圆披针形或椭圆形；花(1)2～3朵簇生，花瓣白色，5瓣，稀8瓣，近圆形或椭圆形，顶端内扣，边缘有波状皱折，基部具短爪；雄蕊24～30枚；果实近圆形或卵圆形	果树	中国	
949	*Armeniaca mandshurica*（Maxim.）Skvortsov	东北杏（辽杏，毛叶杏）	Rosaceae 蔷薇科	落叶乔木；树皮木栓质；叶边缘具尖锐不整齐重锯齿；纯花芽，单生，先叶开放；萼片长圆形；花瓣宽倒卵形或近圆形，粉红或白色；雄蕊30余枚；果实近球形	果树，药用，观赏		东北、华北
950	*Armeniaca mume* Siebold	梅（春梅，干枝梅，酸梅）	Rosaceae 蔷薇科	落叶小乔木；高达10m；叶卵形或椭圆状卵形；先叶开花，花着生于一年生枝的叶腋，单生或两朵簇生，单瓣或重瓣；雄蕊一般40枚，多者达60～70枚；果实近球形，黄色	果树，药用		
951	*Armeniaca sibirica*（L.）Lam.	山杏（西伯利亚杏，蒙古杏）	Rosaceae 蔷薇科	落叶乔木；单叶互生，卵形或近圆形；花常单生，白色稍带粉色，花萼5裂，花瓣5；果实扁圆形；核果具明显纵沟	果树，药用		辽宁、河北、内蒙古、山西、陕西、新疆
952	*Armeniaca vulgaris* Lam.	普通杏（杏）	Rosaceae 蔷薇科	落叶乔木；叶宽卵形或圆卵形；花单性，花瓣圆形或倒卵形，白色或粉红色；果实球形或倒卵形，白色，酸甜多汁	果树，经济作物（饮料类）	中国	我国北方
953	*Armeniaca vulgaris* var. *zhidanensis*（C. Z. Qiao et Y. P. Zhu）L. T. Lu	志丹杏	Rosaceae 蔷薇科	叶柄具白色软毛，叶基部圆形至近心形，近轴面具白色软毛；花单生；核果直径1.5～2cm	果树		
954	*Armeniaca zhengheensis* J. Y. Zhang et M. N. Lu	政和杏	Rosaceae 蔷薇科	落叶乔木；花单生，先于叶开放花瓣椭圆形，蕾期粉红色，开后白色，具短爪，先端圆钝；雄蕊25～30枚，长于花瓣；雌蕊1枚，略短于雄蕊；果实卵圆形，黄色阳面有红晕	果树		
955	*Armeria maritime*（Mill.）Willd.	海石竹	Plumbaginaceae 白花丹科	多年生草本；高50cm；叶线状；花序头状；花白色或粉红色至玫瑰红色；花期5～6月	观赏	美国东西两岸、欧洲	

（续）

序号	拉丁学名	中文名	所属科	特征及特性	类别	原产地	目前分布/种植区
956	*Armillaria matsutake* S. Ito et Imai	松茸（松蘑）	Tricholomataceae 口蘑科	菌体单生或群生，肉质；菌盖展开成扁平球形；盖面具纤维状鳞片；菌肉厚而致密；菌柄圆柱形；菌褶弯生，孢子无色	药用		东北
957	*Armillaria mellea*（Vahl ex Fr.）Quél.	密环菌（密环蕈，榛蘑）	Tricholomataceae 口蘑科	子实体为一年生，菌盖肉质，半球形后变平展，有时稍呈脐状；表面多布以小鳞片或丛卷毛状鳞片或完全平滑；菌柄纤维质，内部松软，后期中空	药用	世界均有分布	几乎遍及全国
958	*Armoracia rusticana* P. Gaertn.，B. Mey. et Scherb.	辣根（马萝卜）	Cruciferae 十字花科	多年生草本；根肉质，长圆柱形，外皮粗糙，黄白色；叶披针形或长椭圆形，叶缘有缺刻；叶柄长；根有辛辣味	蔬菜，经济作物（调料类），药用	欧洲	黑龙江、吉林、辽宁、北京
959	*Arnebia euchroma*（Royle）I. M. Johnst.	软紫草	Boraginaceae 紫草科	多年生草本；基生叶线形至线状披针形；茎生叶披针形至线状披针形；镰状聚伞花序；小坚果宽卵形，黑褐色	药用		新疆及西藏西部
960	*Arrhenatherum elatius*（L.）P. Beauv. ex J. Presl et C. Presl	燕麦草	Gramineae（Poaceae）禾本科	多年生；花序疏松，小穗长 7～9mm，第一小花雄性，第二小花两性，花药长约 4mm，雌蕊顶端被毛	饲用及绿肥		
961	*Artabotrys hexapetalus*（L. f.）Bhandari	鹰爪（鹰爪兰，鹰爪花）	Annonaceae 番荔枝科	攀缘灌木；叶互生，全缘，纸质平滑，花 1～2 朵生于钩状总梗上，淡绿色或淡黄色	蜜源	中国福建、台湾、浙江、江西、广东、广西、云南	
962	*Artemisia anethifolia* Web. ex Stechm.	大莳萝蒿（碱蒿）	Compositae（Asteraceae）菊科	一年生或两年生草本；茎单一；茎上部和下部叶有长柄，二至三回羽状全裂，茎中叶一至二回羽状全裂；头状花序多数排成圆锥状；瘦果	杂草		东北、西北、西南及河南
963	*Artemisia anethoides* Mattf.	莳萝蒿	Compositae（Asteraceae）菊科	一年生或越年生草本；高 25～90cm；叶二至三回羽状全裂；复总状花序，花管状，小型淡黄色，外层雌性，内层两性；瘦果斜卵形	杂草		西北及吉林、辽宁、河北、内蒙古、山西、西藏

（续）

序号	拉丁学名	中文名	所属科	特征及特性	类别	原产地	目前分布/种植区
964	*Artemisia annua* L.	青蒿（臭蒿，苦蒿，草蒿）	Compositae (Asteraceae) 菊科	一年生或两年生草本；高 40～150cm；主根纺锤状；茎下部叶无柄，三回羽状深裂，上部叶羽状细裂；多数头状花序排成圆锥状；瘦果长圆形	药用，饲用及绿肥		全国各地均有分布
965	*Artemisia anomala* S. Moore	奇蒿（南刘寄奴，六月雪，六月霜）	Compositae (Asteraceae) 菊科	多年生草本；茎紫色，有白色细毛；头状花序钟状，无梗，花药先端有三角状附属物，柱头 2 裂，裂片先端画笔状外曲	药用		华东、中南及贵州、四川、云南等地区
966	*Artemisia argyi* H. Lév. et Vaniot	艾蒿（白艾，大叶艾）	Compositae (Asteraceae) 菊科	多年生草本；高 45～120cm；根茎匍匐；茎中叶基部常有线状披针形假托叶，叶羽状分裂；头状花序钟形，外围花雌性，中央花两性；瘦果	有毒		东北、华北、西北、华南、西南及安徽、江苏、湖北
967	*Artemisia capillaris* Thunb.	茵陈蒿	Compositae (Asteraceae) 菊科	多年生草本植物，高 40～100cm；基生叶披散于地，叶柄较宽，2 至 3 回羽状全裂或掌状裂；头状花序球形，多数集中成圆锥状；花淡绿色，外层雌花 6～10 朵，能育，柱头 2 裂叉状，中部两性花 2～7 朵，不育，柱头头状不分裂；瘦果长圆形，无毛	药用		南北各地及台湾
968	*Artemisia carvifolia* Buch.-Ham. ex Roxb.	青蒿（香蒿）	Compositae (Asteraceae) 菊科	二年生草本；高 40～150cm；叶常为二回羽状分裂；头状花序半球形，组成带叶大型圆锥花序，外层花雌性，内层花两性；瘦果长圆状倒卵形	饲用及绿肥，药用		几遍全国各地
969	*Artemisia dalai-lamae* Krasch.	驴驴蒿	Compositae (Asteraceae) 菊科	小半灌木状草本；根状茎粗短；茎多数，被柔毛；中部叶的小裂片狭状棒形，先端钝圆；头状花序半球形，总苞片微被短柔毛	饲用及绿肥		内蒙古（阿拉善）、甘肃、青海
970	*Artemisia desertorum* Spreng.	沙蒿	Compositae (Asteraceae) 菊科	落叶半灌木；高 30～80cm，黄色或褐色，有条棱，基部多分枝，无明显主茎；枝条常弯曲木质化，直立，叶互生，茎下部叶，头状花序，瘦果	生态防护		内蒙古、甘肃、青海、新疆
971	*Artemisia eriopoda* Bunge	南牡蒿	Compositae (Asteraceae) 菊科	多年生草本；茎具棱，高 70～130cm；基部叶具长柄，叶椭圆形，羽状分裂；头状花序卵形，多数排列成扩展圆锥状；瘦果长圆状	杂草		东北、西北、华北西南及陕西、河南

（续）

序号	拉丁学名	中文名	所属科	特征及特性	类别	原产地	目前分布/种植区
972	*Artemisia frigida* Willd.	冷蒿（小白蒿）	Compositae（Asteraceae）菊科	多年生草本或小半灌木；高30～60cm，植株密被黄绒毛；叶长圆形；头状花序半球形，在茎上排列成狭窄的圆锥花序	饲用及绿肥，生态防护		东北、华北、西北
973	*Artemisia giraldii* Pamp.	菱蒿（华北米蒿）	Compositae（Asteraceae）菊科	半灌木状草本；中部叶指状3深裂；头状花序多数，在茎上组成圆锥花序，中央两性花5～7朵，退化子房不明显	饲用及绿肥		华北及陕西、甘肃、宁夏、青海
974	*Artemisia gmelinii* Web. ex Stechm.	万年蒿（铁杆蒿，白莲蒿）	Compositae（Asteraceae）菊科	半灌木状草本；根状茎，木质；叶羽状分裂，侧裂片4～5枚，小裂片栉齿状短线形，背部密被蛛丝状柔毛；头状花序近球形	饲用及绿肥		东北、华北、西北
975	*Artemisia halodendron* Turcz. ex Besser	差巴嘎蒿（盐蒿，沙蒿）	Compositae（Asteraceae）菊科	小灌木；茎多数；叶二回羽状全裂，每侧有裂片3～4枚；头状花序卵球形，在分枝上端排列成大型开展的圆锥花序	饲用及绿肥，生态防护		内蒙古、辽宁
976	*Artemisia hedinii* Ostenf. et Paulson	臭蒿	Compositae（Asteraceae）菊科	一年生或两年生杂草；茎直立，高20～40（～60）cm；叶互生，二回羽状深裂；头状花序半球状，多数密集成总状或复总状；瘦果长圆状歪倒卵形	药用		西南及新疆、青海、甘肃
977	*Artemisia integrifolia* L.	柳叶蒿（柳蒿）	Compositae（Asteraceae）菊科	多年生草本；根茎匍匐；茎单一，高30～70cm；叶长圆形或披针形，具1～2对线形假托叶；头状花序钟形，多数密集成圆锥状；瘦果长圆形	杂草		东北、华北及甘肃、宁夏
978	*Artemisia japonica* Thunb.	牡蒿	Compositae（Asteraceae）菊科	多年生草本；茎直立，高60～150cm；叶匙形，无柄，茎生叶具假托叶；头状花序卵形，多数排成狭圆锥状；瘦果椭圆形	观赏		全国各地均有分布
979	*Artemisia lactiflora* Wall. ex DC.	白苞蒿（珍珠菜，白花蒿）	Compositae（Asteraceae）菊科	多年生草本；高80～150cm；叶片羽状分裂，裂片卵形至长椭圆状披针形，有锯齿；花黄白色，直径约2mm，密集成穗状	蔬菜，经济作物（香料类），药用	亚洲热带和亚热带地区	陕西、甘肃、四川、云南、贵州、湖南、广东、广西

（续）

序号	拉丁学名	中文名	所属科	特征及特性	类别	原产地	目前分布/种植区
980	*Artemisia lagocephala*（Fisch. ex Bess.）DC.	白山蒿	Compositae（Asteraceae）菊科	半灌木状草本；茎多数，丛生；叶厚纸质，叶背面密被灰白色平贴的短柔毛；头状花序大，在苞片叶腋内单生或在叶腋内2～5枚排成短的总状式花序，并在茎上组成总状花序的狭圆锥花序或为总状花序；瘦果	蜜源		东北
981	*Artemisia lancea* Vaniot	野艾蒿	Compositae（Asteraceae）菊科	多年生草本；根状茎横走，具多数纤维状根；茎高60～100cm；叶羽状深裂，腹面具腺点，背面具蛛丝状毛；头状花序筒形，多数排成圆锥状；瘦果	杂草		东北、华北、西北、华中及安徽、江苏
982	*Artemisia macrocephala* Jacquem. ex Bess.	大花蒿	Compositae（Asteraceae）菊科	一年生草本；中部叶二回羽状全裂，小裂片狭绒形；头状花序近球形，在茎上排列成疏松的总状花序或圆锥花序	饲用及绿肥		河北、宁夏、甘肃、青海、新疆、西藏
983	*Artemisia mongolica*（Fisch. ex Bess.）Nakai	蒙古蒿	Compositae（Asteraceae）菊科	多年生草本；茎单一；茎中叶羽状深裂，上部叶3裂或不裂；头状花序长圆形或钟形；多数排成圆锥状，外围雌花，中央两性花；瘦果	杂草		华北、华东、东北、西北及江西
984	*Artemisia moorcroftiana* Wall ex DC.	小球花蒿	Compositae（Asteraceae）菊科	多年生草本；茎直立，高50～70cm；下部叶有长柄，上部叶无柄，叶羽状分裂；头状花序无梗，密集排成圆锥花序，花黄色；瘦果卵形	杂草		甘肃、青海、四川、贵州、西藏
985	*Artemisia ordosica* Krasch.	油蒿（黑沙蒿，鄂尔多斯蒿）	Compositae（Asteraceae）菊科	半灌木；主根纺锤形；茎自根颈处分枝，高50～100cm；叶互生，羽状全裂；头状花序多数排成复总状，外围雌花，中央两性花；瘦果微细	饲用及绿肥，生态防护	中国	库布齐沙地、毛乌素沙地、乌兰布和沙漠、腾格里沙漠、河西走廊沙地
986	*Artemisia princeps* Pamp.	魁蒿（五月艾）	Compositae（Asteraceae）菊科	多年生草本；茎直立，高80～130cm；中部叶具线状披针形假托叶，叶羽状分裂；头状花序下垂密集成圆锥状；瘦果长圆形	杂草		东北、华北、西北、华东、西南
987	*Artemisia pubescens* Ledeb.	柔毛蒿（变蒿，柔毛变蒿）	Compositae（Asteraceae）菊科	多年生草本；茎基部被棕黄色绒毛；叶背面被短柔毛，叶二回羽状全裂，小裂片狭线形；头状花序长圆形，约1.5～2mm	饲用及绿肥		我国北部各省、自治区

（续）

序号	拉丁学名	中文名	所属科	特征及特性	类别	原产地	目前分布/种植区
988	*Artemisia rubripes* Nakai	红足蒿	Compositae (Asteraceae) 菊科	多年生草本；根茎匍匐；茎高 90～180cm；叶羽状分裂，背面密生蛛丝状毛；头状花序排成疏松圆锥花序；瘦果长圆状椭圆形	杂草		东北、华北、华南及宁夏、甘肃
989	*Artemisia sacrorum* Ledeb.	白莲蒿（万年蒿）	Compositae (Asteraceae) 菊科	半灌木；茎直立，高 50～100cm；叶椭圆形，羽状分裂；头状花序下垂，排列成圆锥状，外层雌花，内层两性花；瘦果椭圆形	杂草		东北、华北、西北
990	*Artemisia schmidtiana* Maxim.	线叶艾	Compositae (Asteraceae) 菊科	多年生草本；株高 60cm；羽状复叶，被银白色的柔毛；花序圆锥状，花托被白色柔毛	观赏	日本	
991	*Artemisia scoparia* Waldst. et Kit.	猪毛蒿（黄蒿）	Compositae (Asteraceae) 菊科	一年生或越年生杂草；高 30～120cm；基生叶具长柄，茎中叶无柄，羽状分裂；头状花序极多数，花黄绿色；瘦果	药用，饲用及绿肥，经济作物（香料类）		全国各地均有分布
992	*Artemisia selengensis* Turcz. ex Besser	蒌蒿（水蒿）	Compositae (Asteraceae) 菊科	多年生草本；茎直立，高 60～120cm；叶羽状深裂，背面密被白色薄茸毛；头状花序近钟形，花黄色；瘦果	杂草		东北、华北及陕西、安徽、江苏、云南
993	*Artemisia sieversiana* Ehrh. ex Willd.	大籽蒿（白蒿）	Compositae (Asteraceae) 菊科	二年生草本；茎直立，高 30～100cm；叶宽卵形或宽三角形，羽状分裂；头状花序较大半球形，多数排成圆锥状；瘦果	杂草		除华南外，遍布全国各地
994	*Artemisia sphaerocephala* Krasch.	白沙蒿（籽蒿，圆头蒿）	Compositae (Asteraceae) 菊科	半灌木；主根小，侧根非常发达；茎成丛，灰黄色；下、中部叶宽卵形，二回羽状全裂，每侧裂片 2～3 枚，小裂片弧曲近镰形，头状花序球形	饲用及绿肥，生态防护	中国	内蒙古、陕西、宁夏、甘肃
995	*Artemisia stellerana* Bess.	银叶艾	Compositae (Asteraceae) 菊科	多年生草本；高 70cm，全株有层毛毡状白毛；叶长圆或卵形，灰绿白色；花序头状，花黄色	观赏	亚洲东北部	
996	*Artemisia sylvatica* Maxim.	阴地蒿（林中蒿）	Compositae (Asteraceae) 菊科	多年生直立草本；高 70～100cm；叶羽状深裂，背面有灰色薄茸毛；头状花序多数，常下倾组成疏散复总状或总状花序；瘦果	杂草		东北、华北及河南、陕西、甘肃、江苏

（续）

序号	拉丁学名	中文名	所属科	特征及特性	类别	原产地	目前分布/种植区
997	*Artemisia wellbyi* Hemsl. et Pearson	藏沙蒿（西藏蒿，藏籽蒿）	Compositae（Asteraceae）菊科	半灌木状草本；茎多数；中部叶长卵形，一回羽状全裂；头状花序卵球形，在分枝上排列成总状花序，在茎上呈圆锥花序	牧草		西藏
998	*Artemisia xerophytica* Krasch.	旱蒿（内蒙古旱蒿）	Compositae（Asteraceae）菊科	小灌木状，根状茎粗短；中部叶二回羽状全裂，侧裂片3枚；小枝、叶面及总苞片被灰黄色绒毛；花冠背面疏被柔毛	饲用及绿肥，生态防护		内蒙古、宁夏、陕西、甘肃、青海、新疆
999	*Artemisia younghusbandii* J. R. Drumm. ex Pamp.	藏白蒿（细白蒿，藏南蒿）	Compositae（Asteraceae）菊科	半灌木状，根状茎粗，木质；中部叶一至二回羽状全裂；小枝，叶两面及总苞片被灰白色绒毛；花冠背部无毛	饲用及绿肥		西藏
1000	*Arthraxon castratus* (Griff.) V. Narayanaswami ex Bor	海南荩草	Gramineae（Poaceae）禾本科	一年生，总状花序轴被柔毛，无柄小穗长4～5mm，雄蕊3，花药长1～1.3mm，有柄小穗退化仅有被柔毛的柄	饲用及绿肥		海南
1001	*Arthraxon hispidus* (Thunb.) Makino	荩草（绿竹）	Gramineae（Poaceae）禾本科	一年生；叶片无毛；总状花序轴无毛，无柄小穗芒长6～9mm，雄蕊2，花药长0.7～1mm；有柄小穗退化	饲用及绿肥		几遍全国各地
1002	*Arthraxon lanceolatus* (Roxb.) Hochst.	矛叶荩草	Gramineae（Poaceae）禾本科	多年生草本；秆高45～60cm；叶披针形至卵状披针形；总状花序2至数个着生茎顶，呈指状排列，外稃与内稃透明膜质，无芒；颖果长圆形	杂草		华东、华北、华中、西南及陕西
1003	*Arthraxon lancifolius* (Trin.) Hochst.	小叶荩草	Gramineae（Poaceae）禾本科	一年生，秆基部匍匐地面；叶片两面被毛，基部抱茎；总状花序轴被白色纤毛，无柄小穗2.5～3mm，有柄小穗退化仅存2颖片	饲用及绿肥		福建、广西、贵州、云南
1004	*Artocarpus champeden* (Lour.) Spreng.	尖蜜拉	Moraceae 桑科	常绿乔木；有乳汁；叶厚革质，全缘，大而硬；花极多数，单性，雌雄异株，雄花序顶生或腋生，雌花序生在树干上或粗枝上，椭圆形，花被管状；聚花果	果树	马来西亚	海南、云南、广西、福建
1005	*Artocarpus communis* J. R. Forst. et G. Forst.	面包果（面包树，马槟榔）	Moraceae 桑科	常绿乔木；株高10～15m；雌雄同株，花单生，雄花小穗状花序，直生；雌花球状；复合果球，肥大肉质，黄绿色	果树	马来西亚	广东、台湾、海南及秦巴山区

（续）

序号	拉丁学名	中文名	所属科	特征及特性	类别	原产地	目前分布/种植区
1006	*Artocarpus heterophyllus* Lam.	木菠萝（菠萝蜜，树菠萝）	Moraceae 桑科	乔木；株高 8～15m；花极多，单性，雌雄同株；雄花序顶生或腋生，圆柱形；雌花序矩圆形，生于树干或主枝上，花被管状	果树，经济作物（特用类）	东亚	广东、福建、台湾、云南、广西
1007	*Artocarpus hypargyreus* Hance	白桂木	Moraceae 桑科	常绿乔木；花单性，雌雄同株，与盾形苞片混生，密集于倒卵形或球形的花序托上；总花梗长 1～3cm，有绒毛；雄花序长 1.2～1.6cm；花被片 2～3，雄蕊 1；雌花序较小，花被管状	果树		广西、广东、海南
1008	*Artocarpus integra* (Thunb.) Merr.	尖蜜粒	Moraceae 桑科	常绿乔木，花极多数，单性，雌雄异株，分别生在不同的花序上；雄花序顶生或腋生，生在小枝的末端，棒状，花被片 2，雄蕊 1；雌花序生在树干上或粗枝上，椭圆形，花被管状；密生着很多雌花；花生长在树干或粗枝上；聚花果，外形有六角形瘤状突起	果树		海南、云南
1009	*Artocarpus lakoocha* Wall. ex Roxb.	滇菠萝蜜	Moraceae 桑科	常绿大乔木；高 20～25m；叶互生，椭圆形；花单性，同株；雄花序椭圆形、卵形或为棒状，雌花序球形至椭圆形；聚合果近球形	果树		云南
1010	*Artocarpus nitidus* subsp. *lingnanensis* (Merr.) F. M. Jarrett	桂木（狗兰榕，大叶胭脂）	Moraceae 桑科	乔木；叶长圆状椭圆形至倒卵椭圆形；雄花序头状，倒卵圆形至长圆形，雄蕊 1，雌花序近头状，雌花花被管状；聚花果近球形	果树，经济作物（糖料类）		云南、广东、广西
1011	*Artocarpus nitidus* Tréc	光叶桂木	Moraceae 桑科	叶倒卵状长圆形；雄花序棒状；聚花果近球形，直径 1.5(～3)cm，包含核果 1～6	林木	菲律宾北部和中部	
1012	*Artocarpus petelotii* Gagnep.	短绢毛菠萝蜜	Moraceae 桑科	乔木；高达 10m；叶皮纸质，椭圆形至窄椭圆形；雄花序单生叶腋，雌花序头状；聚花果近球形或分裂；小核果椭圆状球形	果树		云南东南部
1013	*Artocarpus styracifolius* Pierre	二色菠萝蜜（小叶胭脂木）	Moraceae 桑科	乔木，高约 20m；花序腋生，单性；雄花椭圆形，花丝细，花药球状；雌花矩圆形	果树		海南

（续）

序号	拉丁学名	中文名	所属科	特征及特性	类别	原产地	目前分布/种植区
1014	*Artocarpus tonkinensis* A. Chev. ex Gagnep.	鸡脖子果（鸡脖子，胭脂）	Moraceae 桑科	乔木；高达 15m；花序单个腋生，雄花序倒卵形至椭圆形，长 10～25mm；雄蕊长 0.7mm，花丝上不渐狭	林木，观赏		广西、广东、海南
1015	*Artocarpus xanthocarpus* Merr.	细叶菠萝蜜（披针叶菠萝蜜）	Moraceae 桑科	为常绿乔木；单叶互生，叶片大如扇子，全缘或深缺刻；春天开花，雌雄同株，雄花序长条形，黄褐色，具短柄；雌花序椭圆球形	果树		台湾、海南
1016	*Aruncus sylvester* Kostel. ex Maxim.	假升麻	Rosaceae 蔷薇科	多年生草本；高达 1～3m；大型羽状复叶，小叶 3～9；大型穗状圆锥花序，花瓣白色，花盘盘状；蓇葖果	蜜源		东北及河南、甘肃、陕西、湖南、江西、安徽、四川、云南、西藏、广西
1017	*Arundina graminifolia* (D. Don) Hochr.	竹叶兰（竹叶七，竹兰）	Orchidaceae 兰科	地生兰；茎直立，叶互生长条形，革质，总状花序，花粉红色，萼片 3 长圆状披针形，花瓣卵状长圆形	观赏	中国云南、西藏、浙江、福建、台湾、江西、湖南、广东、广西、贵州、四川	
1018	*Arundinaria faberi* Rendle	冷箭竹	Gramineae (Poaceae) 禾本科	多年生木质化植物；新杆密被一层白色蜡粉，箨鞘深绿色宿存，箨片外翻	观赏	中国四川	
1019	*Arundinella bengalensis* (Spreng.) Druce	孟加拉野古草	Gramineae (Poaceae) 禾本科	多年生草本；秆高 2m；叶线形至披针形；圆锥花序紧缩而稠密，线形或狭长圆形，小穗密生，芒屈膝状下部扭转	杂草		四川、云南、广西、海南
1020	*Arundinella hirta* (Thunb.) Tanaka	野古草（硬骨草）	Gramineae (Poaceae) 禾本科	多年生草本；根茎密生多脉鳞片，秆高 60～110cm；叶线形，叶舌上缘圆凸；圆锥花序，孪生小穗柄无毛，第一小花雄性，第二小花两性；颖果	饲用及绿肥		全国各地均有分布
1021	*Arundinella hookeri* Munro ex Keng	喜马拉雅野古草	Gramineae (Poaceae) 禾本科	多年生；秆高 30～60cm；圆锥花序穗状，长 3～12cm，分枝多互生，小穗密被硬疣毛，芒宿存，长约 4mm	饲用及绿肥		云南、四川、贵州

（续）

序号	拉丁学名	中文名	所属科	特征及特性	类别	原产地	目前分布/种植区
1022	*Arundo donax* L.	芦竹（荻芦竹）	Gramineae (Poaceae) 禾本科	多年生草本；茎高2～6m，根茎多节；叶披针状线形；圆锥花序顶生，长30～70cm，小穗绿色或带紫红，有小花2～4朵；颖果长形	生态防护		华南、西南、华东、华中
1023	*Arundo formosana* Hack.	台湾芦竹	Gramineae (Poaceae) 禾本科	多年长于岩壁或干燥草地；秆高60～120cm，叶舌截平，叶披针形；圆锥花序较疏松，小穗有花2～5朵；颖果长形	杂草		台湾
1024	*Arytera littoralis* Blume	滨木患	Sapindaceae 无患子科	常绿树种、小乔木或灌木；高5～13(～20)m；叶近对生，长圆状披针形或披针状卵形；单性花，花序紧密多花，被锈色短绒毛，花芳香；蒴果，椭圆形，种子枣红色，卵状椭圆形	经济作物（油料类）	中国	海南、广东、广西、云南
1025	*Asarum caulescens* Maxim.	双叶细辛（乌金草）	Aristolochiaceae 马兜铃科	多年生草本；叶近心形，两面散生柔毛；花紫色，花被裂片三角状卵形；果近球形	观赏	中国陕西、甘肃、湖北、四川、贵州	
1026	*Asarum chinense* Franch.	川北细辛	Aristolochiaceae 马兜铃科	多年生草本；叶片椭圆形或卵形，稀心形；花紫色或紫绿色	药用		湖北西部、四川东北部
1027	*Asarum delavayi* Franch.	川滇细辛（牛蹄细辛）	Aristolochiaceae 马兜铃科	多年生草本；叶长卵形、阔卵形或近戟形，叶面深绿色或具白色云斑，花紫绿色，花被管圆筒状，花被裂片阔卵形	有毒，观赏	中国云南东北部、四川	云南
1028	*Asarum forbesii* Maxim.	杜衡（南细辛，马蹄香）	Aristolochiaceae 马兜铃科	多年生草本；根茎下有肉质须根；叶基生，心形；两性花，单生叶腋；花被筒钟状，顶端3裂；雄蕊12，花柱6；蒴果肉质	有毒		浙江、安徽、江苏、湖南、江西
1029	*Asarum heterotropoides*	辽细辛	Aristolochiaceae 马兜铃科	多年生草本；根状茎横走，根细长；叶卵状心形或近肾形；花紫棕色，稀紫绿色；果半球状	药用	中国	黑龙江、吉林、辽宁
1030	*Asarum himalaicum* Hook. f. et Thomson ex Klotzsch	单叶细辛（毛细辛，水细辛）	Aristolochiaceae 马兜铃科	多年生草本；叶互生，心形或圆心形，两面散生柔毛；花深紫红色，花被在子房以上有短管，上部外折，深紫色；果近球形	观赏	中国湖北、陕西、甘肃、四川、贵州、云南、西藏	

（续）

序号	拉丁学名	中文名	所属科	特征及特性	类别	原产地	目前分布/种植区
1031	*Asarum longepedunculatum* O. C. Schmidt	一块瓦	Aristolochiaceae 马兜铃科	多年生草本；叶三角状，基部心形，花紫红色，花单生，贴近地面；萼钟状，3 裂，辐射对称；雄蕊 12	观赏		
1032	*Asarum maximum* Hemsl.	大叶马蹄香（马蹄细辛）	Aristolochiaceae 马兜铃科	多年生草本；叶长卵形、阔卵形或近戟形，叶面深绿色，花紫黑色，花被管钟状，花被裂片宽卵形，中部以下有半圆状污白色斑块	观赏	中国湖北、四川东部	
1033	*Asarum sagittarioides* C. F. Liang	山慈菇	Aristolochiaceae 马兜铃科	多年生草本；叶片长卵形或近三角状卵形；花单生，紫绿色；果卵圆状	药用		广西
1034	*Asarum sieboldii* Miq.	细辛（万病草，细参）	Aristolochiaceae 马兜铃科	多年生草本；根茎，先端生 1～2 枚叶片，肾状心形，边缘有粗糙刺毛，两面疏生短柔毛，花单生叶腋，贴近地面，深紫色，钟形	观赏	中国甘肃、陕西、安徽、浙江、江西、湖北、湖南	
1035	*Asarum splendens*（F. Maek.）C. Y. Cheng et C. S. Yang	青城细辛（花脸细辛）	Aristolochiaceae 马兜铃科	多年生草本；叶卵状心形、长卵形或近戟形，叶面中脉旁有白色云斑，花紫绿色，花被管浅杯状或半球状，花被裂片宽卵形	观赏	中国湖北、四川、贵州、云南东北部	
1036	*Asclepias curassavica* L.	马利筋（水羊角，金凤花）	Asclepiadaceae 萝藦科	多年生直立草本；具白色乳汁；叶对生，披针形；聚伞花序顶生或腋生；花冠紫红色，副花冠黄色；蓇葖果刺刀形	有毒	美洲	我国南北各地
1037	*Asclepias grandiflora* Fourn.	大花马利筋	Asclepiadaceae 萝藦科	多年生草本；株高 1m；花大，径 3cm，花紫红色，排成伞形花序，花冠辐状，裂片镊合状排列，反折	观赏，地被	美国	
1038	*Asclepias tuberosa* L.	块茎马利筋	Asclepiadaceae 萝藦科	多年生草本；株高 90cm；叶互生；花序伞形，花多密生，橙黄色	观赏	美国缅因州至佛罗里达州和亚利桑那州	
1039	*Ascocentrum ampullaceum*（Roxb.）Schltr.	鸟舌兰	Orchidaceae 兰科	附生兰；叶厚革质，扁平，具黄绿色带紫红色斑点，背面淡红色；总状花序，花蕾时黄绿色，开放后朱红色，花序轴和花序柄深紫色或淡黄色带紫色，唇瓣 3 裂，侧裂片黄色，距淡黄色带紫晕	观赏	中国云南南部至东南部	

（续）

序号	拉丁学名	中文名	所属科	特征及特性	类别	原产地	目前分布/种植区
1040	*Asparagus acicularis* F. T. Wang et S. C. Chen	山文竹（天冬，假天冬，千条蜈蚣赶条蛇）	Liliaceae 百合科	多年生攀缘草本；根状茎粗壮，直生或者横生，肉质，通常向末端增粗；叶状枝近针状；茎上的鳞片状叶基部有硬刺	药用		江苏、江西、湖北、湖南、广东、广西
1041	*Asparagus angulofractus* Iljin	折枝天门冬	Liliaceae 百合科	直立草本；高 30～80cm；鳞片状叶基部无刺；花通常每 2 朵腋生，淡黄色	药用，观赏		新疆塔里木盆地西南部
1042	*Asparagus asparagoides* Wight	卵叶天门冬（垂蔓竹）	Liliaceae 百合科	藤本，多年生；枝蔓长达 3m 以上；叶互生，卵形，先端尖或钝；花 1～3 朵簇生叶腋，白色，浆果暗紫色	观赏	南非	
1043	*Asparagus brachyphyllus* Turcz.	攀缘天门冬	Liliaceae 百合科	攀缘植物；叶状枝每 4～10 枚成簇，近扁的圆柱形；花通常每 2～4 朵腋生，淡紫褐色	药用，观赏		吉林、辽宁、河北、山西、陕西、宁夏
1044	*Asparagus cochinchinensis* (Lour.) Merr.	天门冬（天冬，小叶青，三百棒）	Liliaceae 百合科	多年生攀缘草本；块根长椭圆形或纺锤形，肉质状，外皮灰黄色；茎细长常扭曲，具很多分枝；叶状枝镰刀状，叶呈鳞片状	药用	中国	四川、贵州、云南、浙江、广西
1045	*Asparagus dauricus* Link	兴安天门冬	Liliaceae 百合科	多年生草本；高 30～70cm；叶状枝；叶鳞片状基部无刺；花黄绿色；浆果；花期 5～6 月；果期 7～9 月	观赏	中国伊春	黑龙江、吉林、辽宁、内蒙古
1046	*Asparagus densiflorus* (Kunth) Jessop	非洲天门冬（天冬草）	Liliaceae 百合科	半灌木；多少攀缘，高可达 1m；叶状枝每 3（1～5）枚成簇，扁平，条形；总状花序单生或对生，花白色；浆果	观赏	非洲南部	我国各地公园都很常见
1047	*Asparagus falcatus* L.	镰状天门冬	Liliaceae 百合科	多年生草本；茎木质，攀缘高 10cm；叶退化为硬刺；叶线状披针形，亮绿色；花白色，两性，芳香；果棕色	观赏	斯里兰卡	
1048	*Asparagus filicinus* D. Don	羊齿天门冬	Liliaceae 百合科	直立草本；通常高 50～70cm；叶状枝每 5～8 枚成簇，扁平，镰刀状；花每 1～2 朵腋生，淡绿色，有时稍带紫色；浆果	药用		山西、河南、陕西、甘肃、湖北、湖南、浙江、四川、贵州、云南

（续）

序号	拉丁学名	中文名	所属科	特征及特性	类别	原产地	目前分布/种植区
1049	*Asparagus gobicus* Ivanova ex Grubov	戈壁天门冬	Liliaceae 百合科	半灌木；坚挺，近直立，高 15～45cm；叶状枝每 3～8 枚成簇，通常下倾或平展，和分枝交成钝角；花每 1～2 朵腋生；浆果	药用，观赏		
1050	*Asparagus kansuensis* F. T. Wang et Ts. Tang	甘肃天门冬	Liliaceae 百合科	多刺半灌木；高 17～27cm；叶状枝每 5～10 枚成簇，纤细，近针状；花每 1～2 朵腋生	药用		甘肃南部
1051	*Asparagus lycopodineus* (Baker) F. T. Wang et Ts. Tang	短梗天门冬	Liliaceae 百合科	直立草本；高 45～100cm；叶状枝通常每 3 枚成簇，扁平，镰刀状；花每 1～4 朵腋生，白色；浆果	药用		云南、广西、贵州、四川、湖南、湖北、陕西、甘肃
1052	*Asparagus meioclados* H. Lév.	密齿天门冬	Liliaceae 百合科	直立草本；高可达 1m；叶状枝通常 5～10 枚成簇，近扁的圆柱形，一般不具软骨质齿；雄花每 1～3 朵腋生，绿黄色；浆果	药用，观赏		四川、贵州和云南
1053	*Asparagus myriacanthus* F. T. Wang et S. C. Chen	多刺天门冬	Liliaceae 百合科	半灌木；披散，有时稍攀缘，多刺，高达 1～2m；叶状枝每 6～14 枚成簇，锐三棱形；雄花每 2～4 多腋生，黄绿色；浆果	药用，观赏		云南西北部、西藏东南部
1054	*Asparagus officinalis* L.	石刁柏（露笋，龙须菜）	Liliaceae 百合科	多年生草本；高 1～4m；根状茎上鳞芽聚生，称“鳞芽群”变态枝簇生，针状，真叶退化为膜状鳞片；虫媒花，钟形，雌雄异株，雌花绿白色，雄花淡黄色；浆果球形，幼果绿色，成熟果赤色	蔬菜，药用	地中海东部沿岸及小亚细亚	全国各地均有分布
1055	*Asparagus schoberioides* Kunth	龙须菜（雉隐天冬）	Liliaceae 百合科	根稍肉质；茎分枝有时有极狭的翅；叶状枝簇生，中央通过维管束部分具明显的中脉；叶鳞片状，基部无刺	药用		东北及河北、山西、陕西、甘肃、山东、河南
1056	*Asparagus setaceus* (Kunth) Jessop	文竹（蓬莱竹，小百部）	Liliaceae 百合科	多年生草本；高达多米；根稍肉质，细长；叶状枝；叶鳞片状，具刺状距或距不明显；花白色；浆果	观赏	南非	全国各地均有分布
1057	*Asparagus subscandens* F. T. Wang et S. C. Chen	滇南天门冬	Liliaceae 百合科	草本；下部直立，上部多少攀缘，高约 1m；叶状枝通常每 3～7 枚成簇，扁平或略呈锐三棱形，镰刀状；花每 1～2 朵腋生，黄绿色；浆果	药用，观赏		云南南部

（续）

序号	拉丁学名	中文名	所属科	特征及特性	类别	原产地	目前分布/种植区
1058	*Asparagus tibeticus* F. T. Wang et S. C. Chen	西藏天门冬	Liliaceae 百合科	半灌木;近直立,多刺,高 30～60cm;叶状枝每 4～7 枚成簇,近扁的圆柱形,略带条棱;雄花每 2～4 朵腋生,紫红色;浆果	药用,观赏		西藏
1059	*Asparagus trichophyllus* Bunge	曲枝天门冬	Liliaceae 百合科	草本;近直立,高 60～100cm;叶状枝通常每 5～8 枚成簇,刚毛状;花每 2 朵腋生,绿黄色而稍带紫色;浆果熟时红色	药用,观赏		内蒙古、辽宁、河北、山西
1060	*Asphodelus albus* Mill.	日影兰	Liliaceae 百合科	多年生草本;根状茎;叶剑形;花序总状;花白色或浅粉色	观赏	欧洲地中海沿岸	
1061	*Aspidistra caespitosa* C. Pei	丛生蜘蛛抱蛋	Liliaceae 百合科	多年生常绿草本;叶常 3 枚簇生,狭线形;总花梗平卧或膝曲状弯曲,花被坛状,外具紫色细点,内面暗紫色,浆果卵形紫色	观赏	中国四川南部至西南部	
1062	*Aspidistra elatior* Blume	蜘蛛抱蛋（一叶兰,箬叶）	Liliaceae 百合科	多年生常绿草本;根状茎,叶单生,深绿色,边缘具皱波状,花被钟状,外紫色,内深紫色,具 8 深裂裂片	观赏	中国南方各省份	
1063	*Aspidistra fimbriata* F. T. Wang et K. Y. Lang	流苏蜘蛛抱蛋	Liliaceae 百合科	多年生草本;根状茎;叶矩圆状披针形;苞片近卵形,黄绿色;花被钟形;花期 11～12 月	观赏	中国福建、广东、海南	长江以南各省份及北京
1064	*Aspidistra hainanensis* Chun et F. C. How	海南蜘蛛抱蛋	Liliaceae 百合科	多年生草本;根状茎;叶带形;苞片宽卵形;花被钟状;花期 3～4 月	观赏	中国广东、海南	北京
1065	*Aspidistra longiloba* G. Z. Li	巨型蜘蛛抱蛋	Liliaceae 百合科	多年生常绿草本;根茎圆柱状,直径 1.5cm;叶片倒披针形,花被紫色,雄蕊 12～14,花药矩圆形,直径 6mm	观赏	中国广西	
1066	*Aspidistra lurida* Ker Gawl.	九龙盘（赶山鞭,蜈蚣草,龙盘七）	Liliaceae 百合科	多年生常绿草本;叶鞘生于叶基部,枯后成纤维状,花杯状,褐紫色,底部淡黄色,具紫色细点	观赏	中国广东	

（续）

序号	拉丁学名	中文名	所属科	特征及特性	类别	原产地	目前分布/种植区
1067	*Aspidistra typica* Baill.	卵叶蜘蛛抱蛋	Liliaceae 百合科	多年生常绿草本；叶鞘生于叶基部，紫褐色，叶2～3枚簇生，两面鲜绿色，具稀疏黄色斑点，花坛状，外有紫色细点，内深紫色	观赏	中国云南	
1068	*Aspidocarya uvifera* Hook. f. et Thomson	球果藤（盾核藤）	Menispermaceae 防己科	藤本；叶卵圆状心形或阔卵状心形；圆锥花序长约30cm，雄花花瓣6，淡黄色；核果椭圆形	有毒		台湾、云南
1069	*Asplenium austro-chinense* Ching	华南铁角蕨	Aspleniaceae 铁角蕨科	蕨类植物；根状茎短粗，横走先端密被鳞片；鳞片披针形，膜质，褐棕色；叶近生，阔披针形，二回羽状；羽片10～14对，斜展，下部对生，向上互生	观赏	中国浙江、江西、福建、台湾、湖北、湖南、广东、广西、四川、贵州、云南	浙江、福建、广东、广西、云南、贵州、湖南、江西
1070	*Asplenium crinicaule* Hance	毛柄铁角蕨	Aspleniaceae 铁角蕨科	蕨类植物；根状茎短而直立，密被鳞片；鳞片披针形，虹色光泽；叶簇生，阔披针形或线状披针形，斜展	观赏	中国四川峨眉山	云南、四川、贵州、江西、湖南、广西、广东、福建
1071	*Asplenium ensiforme* Wall. ex Hook. et Grev.	剑叶铁角蕨	Aspleniaceae 铁角蕨科	蕨类植物；根状茎短而直立，黑色，密被鳞片；单叶，簇生，叶片披针形，长渐尖头，全缘，干后略反卷	观赏	中国台湾、江西、湖南、广东、广西、四川、贵州、西藏	台湾、广东、广西、贵州、云南、四川、西藏
1072	*Asplenium normale* D. Don	倒挂铁角蕨	Aspleniaceae 铁角蕨科	根状茎黑色，叶簇生，栗褐色至紫黑色，基部疏被黑色鳞毛，叶片草质披针形，一回羽状，羽片互生，叶轴栗褐色，孢子囊群椭圆形，囊群盖棕色，膜质	观赏		
1073	*Asplenium pekinense* Hance	北京铁角蕨	Aspleniaceae 铁角蕨科	根状茎短而直立；叶簇生坚草质，叶披针形，二回羽状或三回羽裂，羽片9～11对，叶轴、羽轴与叶片淡绿色，两侧有连续线状狭翅，孢子囊群近椭圆形，深棕色，囊群盖灰白色，膜质	观赏		
1074	*Asplenium prolongatum* Hook.	长叶铁角蕨	Aspleniaceae 铁角蕨科	叶簇生近肉质，线状披针形，二回羽状，羽片20～24对，小羽片互生，基部与羽轴合生并以阔翅相连，羽轴两侧有狭翅，孢子囊群狭线形，囊群盖灰绿色，膜质	观赏		

（续）

序号	拉丁学名	中文名	所属科	特征及特性	类别	原产地	目前分布/种植区
1075	*Asplenium sarelii* Hook.	华中铁角蕨	Aspleniaceae 铁角蕨科	根状茎短而直立，叶簇生，椭圆形，三回羽裂，叶柄淡绿色，羽片8～10对，叶轴两侧有线形狭翅，孢子囊群近椭圆形，囊群盖灰绿色，膜质	观赏		
1076	*Asplenium trichomanes* L.	铁角蕨	Aspleniaceae 铁角蕨科	常绿多年生草本蕨类植物；根茎直立，簇生，黑褐色，有15～35对对生无柄横列羽片，表面浓绿色	观赏		
1077	*Asplenium tripteropus* Nakai	三翅铁角蕨	Aspleniaceae 铁角蕨科	叶簇生，叶片长线形，一回羽状，羽片23～35对，叶柄和叶轴乌木色，具棕色膜质全缘阔翅，孢子囊群椭圆形，锈棕色，囊群盖灰绿色，膜质	观赏		
1078	*Asplenium unilaterale* Lam.	半边铁角蕨	Aspleniaceae 铁角蕨科	根状茎长而横走，叶疏生或远生，草质，一回羽状，叶片披针形，羽片20～25对，叶脉羽状，叶柄和叶轴栗褐色，孢子囊群线形，囊群盖线形，淡棕色膜质	观赏		
1079	*Asplenium wrightii* A. A. Eaton ex Hook.	狭翅铁角蕨	Aspleniaceae 铁角蕨科	根状茎短而直立，叶簇生，纸质椭圆形，一回羽状，羽片16～24对，叶脉羽状，叶柄淡绿色，叶轴有狭翅，孢子囊群线形，褐棕色，囊群盖线形，褐棕色膜质	观赏		
1080	*Asplenium yoshinagae* var. *indicum*（Sledge）Ching et S. K. Wu	虎尾铁角蕨	Aspleniaceae 铁角蕨科	蕨类植物；根状茎短而直立或横卧，先端密被鳞片；叶密集簇生，叶片阔披针形，两端渐狭，先端渐尖，二回羽状；羽片12～22对，下部对生或近对生，向上互生	观赏	中国华东、华中、西南、西北及辽宁、台湾	
1081	*Aster ageratoides* Turcz.	三褶脉紫菀（三脉紫菀）	Compositae（Asteraceae）菊科	多年生草本；茎高40～100cm；叶宽卵形，具离生三出脉；头状花序排成伞房或圆锥伞房，舌状花紫色、浅红色或白色，管状花黄色；瘦果	观赏		全国各地均有分布
1082	*Aster albescens*（DC.）Wall. ex Hand. -Mazz.	小舌紫菀	Compositae（Asteraceae）菊科	灌木；高30～180cm；叶卵圆、椭圆或长圆状，披针形；头状花序；瘦果长圆形	药用，观赏		西藏、云南、贵州、四川、湖北、甘肃、陕西

（续）

序号	拉丁学名	中文名	所属科	特征及特性	类别	原产地	目前分布/种植区
1083	*Aster alpinus* L.	高山紫菀	Compositae（Asteraceae）菊科	多年生草本；下部叶匙状或线状长圆形，中部叶长圆披针形或近线形，上部叶狭小，全部叶被柔毛，头状花序单生茎顶，舌状花紫色、蓝色或浅红色，管状花花冠黄色，瘦果	观赏	欧洲，亚洲中部、西部、北部和东北部，北美洲	
1084	*Aster asteroides*（DC.）Kuntze	星舌紫菀	Compositae（Asteraceae）菊科	多年生草本；茎被紫色腺毛，基部叶到卵圆形或长圆形，中部叶长圆形或长圆形匙形，上部叶线形；头状花序单生茎顶，舌状花蓝紫色，管状花橙黄色，具黑色或无色腺毛，瘦果	观赏		
1085	*Aster baccharoides*（Benth.）Steetz	白舌紫菀	Compositae（Asteraceae）菊科	木质草本或亚灌木；茎直立，高 50～100cm；头状花序成圆锥伞房状；瘦果狭长圆形	药用，观赏		广东、福建、江西、湖南、浙江
1086	*Aster diplostephioides*（DC.）C. B. Clarke	重冠紫菀	Compositae（Asteraceae）菊科	多年生草本；叶薄质，下部叶与莲座状叶长圆状匙形或倒披针形，中部叶长圆状或线状披针形，上部叶渐小；头状花序单生，舌状花蓝色或蓝紫色，线形，管状花上部紫褐色或紫色，后黄色；瘦果	观赏		
1087	*Aster flaccidus* Bunge	萎软紫菀（太白菊）	Compositae（Asteraceae）菊科	多年生草本；茎上部和总苞基部被较密的白色长毛，基部叶与莲座状叶匙形或长圆状匙形，茎部叶 3～5 枚，长圆形或长圆披针形；头状花序单生茎顶，舌状花紫色，管状花黄色；瘦果	观赏		
1088	*Aster indamellus* Grierson	意大利紫菀（雅美紫菀）	Compositae（Asteraceae）菊科	多年生草本；株高 1m；花序头状，花舌状，紫色	观赏	欧洲、亚洲	我国有引种栽培
1089	*Aster maackii* Regel	圆苞紫菀	Compositae（Asteraceae）菊科	多年生草本；株高 40～85cm；根状茎；叶长圆披针形或长椭圆状披针形；花序头状；花舌状，长圆状披针形，紫红色；瘦果倒卵圆形；花果期 7～10 月	观赏，地被		东北
1090	*Aster novae-angliae* L.	美国紫菀	Compositae（Asteraceae）菊科	多年生草本；全株具短柔毛；花序头状；花紫、粉红、堇、白等色	观赏，地被	北美东北部	

（续）

序号	拉丁学名	中文名	所属科	特征及特性	类别	原产地	目前分布/种植区
1091	*Aster novi-belgii* L.	荷兰菊	Compositae (Asteraceae) 菊科	多年生草本；株高 1m，全株光滑；叶长圆形或线状披针形；花序头状集成伞房状；花舌状，蓝紫或白色；花期夏季	观赏	北美	华北、东北、西北
1092	*Aster sampsonii* (Hance) Hemsl.	短舌紫菀	Compositae (Asteraceae) 菊科	多年生草本；茎直立，高 50～80cm；头状花序成疏散伞房状排列；瘦果长圆形	药用，观赏		广东、湖南
1093	*Aster souliei* Franch.	缘毛紫菀	Compositae (Asteraceae) 菊科	多年生草本；莲座状叶与茎基部的叶倒卵形，长圆状匙形或倒披针形，下部及上部叶长圆状线形，头状花序单生茎顶，总苞片线状长圆形，舌状花蓝色，管状花黄色，瘦果被密粗毛	观赏	中国西藏、云南、四川、甘肃	
1094	*Aster subulatus* Michx.	钻形紫菀（钻叶紫菀）	Compositae (Asteraceae) 菊科	一年生草本；茎高 25～100cm；茎中叶线状披针形；头状花序多数排成圆锥状，舌状花红色，管状花多数；瘦果	杂草	北美	河南、安徽、江苏、浙江、江西、湖北、贵州、云南
1095	*Aster tataricus* L.	紫菀	Compositae (Asteraceae) 菊科	多年生草本；基部叶矩圆状或椭圆状匙形，头状花序，排列成复伞房状，花冠蓝紫色	观赏	中国东北、内蒙古、山西、河北、河南、陕西、甘肃	东北、华北、西北
1096	*Aster tongolensis* Franch.	东俄洛紫菀	Compositae (Asteraceae) 菊科	多年生草本；基部叶与莲座状叶长圆状匙形或匙形，下部叶长圆状或线状披针形，半抱茎，中部及上部叶小；头状花序单生茎顶，总苞半球形，舌状花蓝色或浅红色，管状花黄色，冠毛紫褐色；瘦果被短粗毛	观赏	中国甘肃南部、四川西北部和西南部	
1097	*Aster yunnanensis* Franch.	云南紫菀	Compositae (Asteraceae) 菊科	多年生草本；茎单生或丛生，高 30～40（～70）cm；叶卵圆形、倒披针形或线形；头状花序单生，舌状花蓝色或淡蓝色，管状花黄色；瘦果	杂草		甘肃、青海、四川、云南、西藏
1098	*Asteropyrum peltatum* (Franch.) J. R. Drumm. et Hutch.	星果草	Ranunculaceae 毛茛科	多年生草本；单叶基生，圆形或五角形，叶柄基部具鞘，苞片对生或轮生，花顶生，辐射对称，花瓣 5，金黄色，萼片 5，白色，花瓣状倒卵形	观赏	中国四川、云南、广西、湖北	

（续）

序号	拉丁学名	中文名	所属科	特征及特性	类别	原产地	目前分布/种植区
1099	*Asterothamnus alyssoides* (Turcz.) Novopokr.	紫菀木	Compositae (Asteraceae) 菊科	半灌木；老枝灰褐色，小枝灰色，密被蛛丝状短绒毛；叶互生，叶密集，矩圆状倒披针形或条形，两面密被蛛丝状短绒毛，头状花序，瘦果矩圆状倒披针形	生态防护		内蒙古浑善达克沙地、乌兰布和沙地，新疆柯平
1100	*Astilbe chinensis* (Maxim.) Franch. et Sav.	落新妇（金毛三七，红升麻）	Saxifragaceae 虎耳草科	多年生草本；高40～80cm；基生叶二至三回三出复叶，小叶卵形至菱状卵形，茎叶2～3；圆锥花序密生褐色曲柔毛，花瓣5，紫红色；蓇葖果	药用，有毒		西南、华东及辽宁、河北、山西、河南、陕西、湖北
1101	*Astilbe japonica* (Merr. Et Decne) Asa Gray	泡盛草	Saxifragaceae 虎耳草科	多年生草本；株高90cm；叶片卵状披针形；花序圆锥状；花小，白色	观赏	东亚、北美	
1102	*Astilbe thunbergii* Miq.	堇氏落新妇	Saxifragaceae 虎耳草科	多年生草本；株高60cm；羽状复叶；花由白色变为粉红色	观赏	日本	
1103	*Astragalus adsurgens* Pall.	直立黄芪（沙打旺）	Leguminosae 豆科	一年生或多年生矮秆灌木；茎中空；奇数羽状复叶，小叶长椭圆形；总状花序，花序圆柱状；花蓝紫色；荚果矩形	饲用及绿肥	中国	东北、华北及河南、陕西、甘肃、四川、云南
1104	*Astragalus alpinus* L.	高山黄芪	Leguminosae 豆科	多年生；茎基部分枝，高20～50cm；总花梗腋生，较叶长或近等长，花白色，长10～13mm，翼瓣长7～9mm，较龙骨瓣短	饲用及绿肥		东北及新疆、内蒙古
1105	*Astragalus ammodytes* Pall.	喜沙黄芪	Leguminosae 豆科	多年生，颈部多头，形成垫状；茎平卧，高3～6cm，被白色绒毛；花单生于叶腋，粉红色；荚果密被短毛	饲用及绿肥		甘肃、新疆
1106	*Astragalus ammophilus* M. Bieb. ex Bess.	沙生黄芪	Leguminosae 豆科	一年生；茎平卧，高4～20cm；花序呈头状，3～10花，苞片卵形，花青紫色，旗瓣圆状卵形；荚果卵形，长7～9mm	饲用及绿肥		新疆
1107	*Astragalus bhotanensis* Baker	地八角	Leguminosae 豆科	多年生草本；茎长30～100cm；羽状复叶有19～29小叶，小叶对生，倒卵形或倒卵状椭圆形；总状花序头状，多数花；荚果圆筒形，种子多数	蜜源		云南、贵州、四川、陕西、甘肃

（续）

序号	拉丁学名	中文名	所属科	特征及特性	类别	原产地	目前分布/种植区
1108	*Astragalus capillipes* Fisch. ex Bunge	草珠黄芪（毛细柄黄芪）	Leguminosae 豆科	多年生；茎高 30～80cm；小叶 5～9 片；总状花序疏生多花，花白色，翼瓣先端微凹；荚果长 4～6mm，假 2 室	饲用及绿肥		东北、华北及黄土高原区
1109	*Astragalus chinensis* L. f.	华黄芪（地黄芪）	Leguminosae 豆科	多年生草本；茎高 30～90cm；叶互生，奇数羽状复叶，小叶 21～31 对，椭圆形；总状花序腋生，花黄色；荚果椭圆形	药用		东北及内蒙古、河北、河南、山东
1110	*Astragalus cicer* L.	鹰嘴紫云英（鹰嘴黄芪）	Leguminosae 豆科	多年生，高 7～150cm；小叶 15～35 片；总状花序腋生，具 10～50 花，花淡黄色；荚果膀胱状，膜质，密生茸毛	饲用及绿肥		辽宁、山西、陕西、河南
1111	*Astragalus cognatus* C. A. Mey.	沙丘黄芪	Leguminosae 豆科	落叶半灌木；高 30～50cm，老枝长达 12cm；一年生枝多数，开展，奇数羽状复叶，托叶长 3mm，鞘状合生膜质，花两性，总状花序；荚果	饲用及绿肥，生态防护		新疆（奇台、福海、察布查尔、霍城）
1112	*Astragalus complanatus* R. Br. ex Bunge	扁茎黄芪（沙苑子）	Leguminosae 豆科	多年生草本；茎高 30～100cm；羽状复叶，小叶 9～21，椭圆形；总状花序腋生，花冠碟形，浅黄色；荚果纺锤形	药用		内蒙古、河北、山西、陕西
1113	*Astragalus dahuricus*（Pall.）DC.	达呼里黄芪（驴干粮，兴安黄芪）	Leguminosae 豆科	一年或两年生草本；高 30～60cm；茎单一，具白色长柔毛；叶互生，奇数羽状复叶，小叶 11～21 对；总状花序腋生；荚果圆筒状	杂草，有毒		东北及内蒙古、河北、山西、陕西
1114	*Astragalus discolor* Bunge et Maxim.	灰叶黄芪	Leguminosae 豆科	多年生，高 30～50cm；小叶 9～25 片；总状花序，花蓝紫色；荚果线状长圆形，长 17～30mm，果颈长出于萼之外	饲用及绿肥		华北、宁夏、陕西、甘肃
1115	*Astragalus efoliolatus* Hand.-Mazz.	单叶黄芪	Leguminosae 豆科	多年生；茎缩短，密丛状，高 5～10cm；小叶 1 片；总状花序具 2～5 花，花淡紫色，长 8～11mm；荚果卵状长圆形	饲用及绿肥		宁夏、陕西、甘肃、内蒙古
1116	*Astragalus fangensis* N. D. Simpson	房县黄芪	Leguminosae 豆科	多年生；茎高 15～25cm；总花梗短，长 1～2cm，苞片小，长约 1mm，花梗长约 2mm，花淡黄色，长 10～12mm，子房被白色柔毛	饲用及绿肥		湖北

（续）

序号	拉丁学名	中文名	所属科	特征及特性	类别	原产地	目前分布/种植区
1117	*Astragalus fenzelianus* E. Peter	西北黄芪	Leguminosae 豆科	多年生；地上茎不明显；小叶 17～29 片；总状花序密生 10～20 花，花黄色，龙骨瓣较旗瓣和翼瓣长，翼瓣具长 1.5mm 短耳	饲用及绿肥		甘肃、青海、四川、西藏
1118	*Astragalus galactites* Pall.	乳白黄芪	Leguminosae 豆科	多年生；茎极缩短，高 5～15cm；小叶 9～37 片，上面无毛；花生于基部叶腋，乳白色；荚果卵形，先端有喙	牧草		东北、华北及甘肃
1119	*Astragalus heptapotamicus* Sumnev	七溪黄芪（七溪黄蓍）	Leguminosae 豆科	多年生草本；茎缩短接近地面丛生呈垫状，羽状复叶，小叶 3～9 枚，倒卵形或倒卵状长圆形，托叶合生，被白色状贴毛；总状花序近伞形，花冠白带紫色，萼片钟状；荚果	观赏	中国新疆北部	
1120	*Astragalus kifonsanicus* Ulbr.	鸡峰黄芪	Leguminosae 豆科	多年生草本；总状花序腋生；花萼筒状，长达 1cm，萼齿披针形，长为萼筒的 1/2，有白色丁字毛；花冠淡红色或白色，长约 2.5cm，旗瓣矩圆形，无爪，翼瓣和龙骨瓣有长爪，龙骨瓣较翼瓣短	蜜源		山西、河南、陕西、甘肃
1121	*Astragalus kuschakewiczi* B. Fedtsch. ex O. Fedtsch.	库沙克黄芪（帕米尔黄芪）	Leguminosae 豆科	多年生；茎密丛状，高 5～15cm；小叶 13～19 片；总状花序密生 3～10 花，花青紫色，翼瓣长 6～8mm，瓣柄长约 2mm	饲用及绿肥		新疆、西藏
1122	*Astragalus leansanicus* Ulbr.	莲山黄芪	Leguminosae 豆科	多年生草本；茎丛生，有角棱，被白花色丁字毛；羽状复叶，互生，小叶卵状披针形；总状花序腋生，花冠淡红色；荚果棍棒状	杂草		陕西、甘肃
1123	*Astragalus lepsensis* Bunge	伊犁黄芪	Leguminosae 豆科	落叶半灌木；高 30～80cm，茎粗壮，二年生木质化，一年生灰白色，奇数羽状复叶，托叶长 2～3mm，与叶柄结合；卵形或矩圆状卵形，花两性，总状花序；荚果矩圆状卵形	生态防护		新疆伊宁地区（霍城）
1124	*Astragalus melilotoides* Pall.	草木樨状黄芪	Leguminosae 豆科	多年生；茎高 30～50cm；小叶 5～7 片，两面被柔毛；总状花序多数花，稀疏，花白色翼瓣先端 2 裂；荚果长 2.5～3.5mm	饲用及绿肥		内蒙古、山西、河南、河北、山东、陕西、甘肃

（续）

序号	拉丁学名	中文名	所属科	特征及特性	类别	原产地	目前分布/种植区
1125	*Astragalus miniatus* Bunge	细弱黄芪（红花黄芪）	Leguminosae 豆科	多年生，高 7～15cm；小叶 5～11 片，丝状或狭线形；花粉红色，萼钟状，翼瓣先端微缺；荚果线状圆筒形	饲用及绿肥		东北及内蒙古
1126	*Astragalus monbeigii* N. D. Simpson	异长齿黄芪（异长齿黄蓍）	Leguminosae 豆科	多年生草本；奇数羽状复叶，小叶长圆形或宽披针形，托叶基部合生，总状花序密集呈头状或长圆形，花冠青紫色，被黑色或白色短柔毛，苞片白色膜质；荚果长圆形	饲用及绿肥	中国西藏东部、云南西北部、四川西南部、青海南部	
1127	*Astragalus penduliflorus* subsp. *mongholicus* var. *dahuricus*（Fisch. ex DC.）X. Y. Zhu	膜荚黄芪（黄芪）	Leguminosae 豆科	多年生草本；羽状复叶，小叶 13～27 枚椭圆形或长圆状卵形，托叶离生，总状花序，花冠黄色或淡黄色，苞片线状披针形，萼片钟状；荚果薄膜质	观赏	中国东北、华北、西北	东北、华北及甘肃、四川、西藏
1128	*Astragalus platyphyllus* Karel et Kir.	宽叶黄芪	Leguminosae 豆科	多年生草本；羽状复叶有 9～19 片小叶，小叶宽椭圆形或近圆形总状花序，花冠淡紫色，苞片披针形或钻形；荚果宽卵形	观赏	中国新疆北部，中亚	新疆
1129	*Astragalus polycladus* Bureau et Franch.	多枝黄芪	Leguminosae 豆科	多年生；茎平卧，高 5～35cm；总状花序多数花密集呈头状，花梗极短，花长 7～8mm；荚果 1 室，果颈较宿萼短	饲用及绿肥		四川、青海、甘肃、云南、西藏
1130	*Astragalus scaberrimus* Bunge	糙叶黄芪（春黄芪，掐不齐）	Leguminosae 豆科	多年生，根状茎短缩；分枝多，密被伏贴毛，茎伸长而匍匐；小叶 7～15 片；花序具 3～5 花，总花梗极短，花萼被伏贴毛	饲用及绿肥		东北及内蒙古、河北、山西、山东、河南、陕西、甘肃
1131	*Astragalus secundus* DC.	疯马豆	Leguminosae 豆科	多年生草本；叶为奇数羽状复叶，小叶椭圆形；总状花序，长过于叶；荚果，尖端具喙，有灰柔毛	有毒		山西、西藏、云南、四川
1132	*Astragalus sinicus* L.	紫云英（翘摇）	Leguminosae 豆科	一年或两年生草本；茎高 10～40cm；奇数羽状复叶，小叶 7～13，被白色长毛；总状花序近伞形，花冠紫色或白色；荚果线状长圆形	有毒，饲用及绿肥	中国	西南、华东、华中、华南及陕西、台湾

（续）

序号	拉丁学名	中文名	所属科	特征及特性	类别	原产地	目前分布/种植区
1133	*Astragalus souliei* N. D. Simpson	蜀西黄芪	Leguminosae 豆科	多年生；茎多分枝，高10～25cm；总花梗较叶短，花梗较苞片短，花黄色，长13～15mm，子房具柄，被白色柔毛	饲用及绿肥		四川
1134	*Astragalus strictus* Graham ex Benth.	劲直黄芪（笔直黄蓍）	Leguminosae 豆科	多年生草本；茎疏被白色伏毛，羽状复叶，总状花序，花冠紫红色，萼片钟状，被褐色或白色伏毛，苞片膜质	饲用及绿肥	中国西藏东部和南部、云南西北部	
1135	*Astragalus sutchuenensis* Franch.	四川黄芪	Leguminosae 豆科	多年生；茎高10～20cm；小叶具7～13片；花粉红色，长7～10mm，子房被毛	饲用及绿肥		甘肃、四川
1136	*Astragalus tataricus* Franch.	皱黄芪	Leguminosae 豆科	多年生草本；总状花序腋生；花萼钟状，萼齿披针形，有黑色和白色短柔毛；花冠白色，旗瓣与翼瓣近等长，翼瓣较龙骨瓣长；子房有毛，子房柄长；荚果长椭圆形，微膨胀，有淡黄色短柔毛	蜜源		内蒙古、河北、山西、陕西、甘肃
1137	*Astragalus tibetanus* Benth. ex Bunge	藏新黄芪	Leguminosae 豆科	多年生；茎被白色毛；苞片披针状卵形，旗瓣倒卵状披针形，子房假2室；荚果长圆形，长13～17mm，果颈长3～4mm	饲用及绿肥		新疆、西藏
1138	*Astragalus tsataensis* C. C. Ni et P. C. Li	扎达黄芪	Leguminosae 豆科	多年生；茎直立；小叶23～37枚，托叶分离；总状花序疏生15～20花，花黄色，旗瓣长9～10mm，翼瓣长约8mm	饲用及绿肥		西藏
1139	*Astragalus tungensis* N. D. Simpson	洞川黄芪	Leguminosae 豆科	多年生；茎丛生，高20～30cm；花序具6～10花，稍疏松呈伞形，子房线形，近无毛；荚果基部具短果颈，假2室	饲用及绿肥		四川
1140	*Astragalus uliginosus* L.	湿地黄芪	Leguminosae 豆科	多年生，高30～100cm；小叶15～23片，椭圆形，长20～30mm；花序排列紧密，花淡绿色；荚果长圆形，9～13mm，无毛	饲用及绿肥		东北及内蒙古、宁夏
1141	*Astragalus variabilis* Bunge ex Maxim.	变异黄耆（洁日图）	Leguminosae 豆科	多年生草本；植株具白色丁字毛；奇数羽状复叶；短总状花序腋生；花蓝紫色或淡紫红色；花萼钟状；荚果	有毒		西北

（续）

序号	拉丁学名	中文名	所属科	特征及特性	类别	原产地	目前分布/种植区
1142	*Astragalus wenxianensis* Y. C. Ho	文县黄芪	Leguminosae 豆科	多年生；茎常平卧，高 25～30cm；小叶 11～23 片；花序近伞形，花白色或淡黄色，长 8～10mm，翼瓣较旗瓣短，子房疏被柔毛	饲用及绿肥		四川、甘肃
1143	*Astragalus wushanicus* N. D. Simpson	巫山黄芪	Leguminosae 豆科	多年生；茎高近 12cm；总状花序具少数花，疏松近伞形，总花梗较叶短，花粉红色，长约 11.5mm，子房被柔毛，具短柄	饲用及绿肥		四川
1144	*Astragalus yangtzeanus* N. D. Simpson	扬子黄芪	Leguminosae 豆科	多年生，高约 25cm；总状花序具 9 花，疏松近伞形，总花梗与叶近等长，翼瓣与龙骨瓣近等长，子房密被白色柔毛	饲用及绿肥		四川
1145	*Astragalus yunnanensis* Franch.	云南黄芪	Leguminosae 豆科	多年生；地上茎缩短；有 11～27 片小叶，上面无毛，下面被白色长柔毛；花下垂，黄色，龙骨瓣与旗瓣和翼瓣近等长	饲用及绿肥		四川、云南、西藏
1146	*Astrantia major* L.	大星芹	Umbelliferae（Apiaceae）伞形科	多年生草本；复伞形花序，苞片紫色；花杂性，可育花花梗短；花小，粉红色、玫瑰色或白色；花萼裂片具针状尖，较花瓣长；花期夏秋	饲用及绿肥	欧洲	
1147	*Astridia verutina*（DC.）Drr.	鹿角海棠	Aizoaceae 番杏科	植株矮，分枝多呈匍匐状；叶片肉质具 3 棱，非常特殊；冬季开花，有白、红和淡紫色等颜色	观赏		
1148	*Astrocaryum mexicanum* Liebm. ex Mart.	星果棕	Palmae 棕榈科	棕榈类；干直立，具扁刺；羽状全裂叶簇生干顶；肉穗花序长约 1m，下垂，雄花在上方呈密穗状，雌花少，在下面	观赏	墨西哥至洪都拉斯	
1149	*Astrophytum asterias*（Zucc.）Lem.	星球	Cactaceae 仙人掌科	多浆植物；茎扁球形，具 6～8 条浅棱，刺座无刺，生白色星状棉毛；花着生于球顶部，阔漏斗形，黄色，花被片基部橙红色，昼开夜闭；花期春季	观赏	墨西哥北部和美国南部	
1150	*Astrophytum capricorne*（A. Dieter.）Britt. et Rose	瑞凤玉	Cactaceae 仙人掌科	多浆植物；幼株球形，后呈圆筒形，浅绿色，密被白色小鳞片，具 8～9 锐棱，刺座上有褐色绵毛及弯刺	观赏	墨西哥	

（续）

序号	拉丁学名	中文名	所属科	特征及特性	类别	原产地	目前分布/种植区
1151	*Astrophytum myriostigma* (Sale-Dyck) Lem.	鸾凤玉	Cactaceae 仙人掌科	多浆植物；茎圆球形至卵形，灰绿色，具5尖棱，棱间锐沟状；刺座褐色，无刺，着生白色棉毛；花黄色或有红心；花期夏季	观赏	墨西哥	
1152	*Astrophytum ornatum* (DC.) Britt. et Rose	般若	Cactaceae 仙人掌科	多浆植物；茎初球形，后呈长圆筒形；花黄色，常数朵同开；花期春夏间	观赏	墨西哥中部	
1153	*Atalantia buxifolia* (Poir.) Oliv.	酒饼簕（构橘刺）	Rutaceae 芸香科	灌木或小乔木；花冠白色，果卵形，熟时紫红色，肉质厚，芳香	蜜源		海南、云南
1154	*Atalantia kwangtungensis* Merr.	广东酒饼簕	Rutaceae 芸香科	灌木高1～2m；花4瓣；花瓣白色，3～5mm；雄蕊8，单体雄蕊或雄蕊束中花丝连着；花柱多少的等长于子房；柱头稍棍棒状	蜜源		华南
1155	*Athyrium niponicum* (Mett.) Hance	华东蹄盖蕨	Athyriaceae 蹄盖蕨科	蕨类植物；根状茎横卧，斜升；叶簇生，卵状长圆形，中部以上二回羽状至三回羽状	观赏		
1156	*Atractylodes japonica* Koidz. ex Kitam.	关苍术（东苍术，抢头菜）	Compositae (Asteraceae) 菊科	多年生草本；根茎横生；叶3出或3～5羽裂，具长柄；头状花序顶生；总苞钟形，花筒状白色；瘦果具白色柔毛	有毒		东北
1157	*Atractylodes lancea* (Thunb.) DC.	茅术（南苍术，苍术）	Compositae (Asteraceae) 菊科	多年生草本；根状茎结节状；叶互生；头状花序顶生，总苞片5～7层，花冠管状，白色；瘦果	药用	中国	华东及四川、湖北
1158	*Atractylodes macrocephala* Koidz.	白术	Compositae (Asteraceae) 菊科	多年生草本；高30～80cm，头状花序顶生，花冠紫红色，管状，瘦果，椭圆形或略扁	蜜源	中国	浙江、江西、湖南、河北、陕西
1159	*Atraphaxis bracteata* Losinsk.	沙木蓼	Polygonaceae 蓼科	灌木；枝顶端具叶或花；叶长圆形或披针形，侧脉明显；花被5，外轮花被肾状圆形，果时平展，不反折；瘦果具3棱	饲用及绿肥，生态防护		内蒙古、宁夏、甘肃
1160	*Atraphaxis compacta* Ledeb.	拳木蓼	Polygonaceae 蓼科	落叶小灌木；高10～30cm，树皮纵裂，枝干常弯曲，一年生枝短缩，单叶近簇生，灰蓝色，倒卵形、卵形至圆形，花两性，有时单性异株，瘦果	生态防护		准噶尔盆地、乌鲁木齐、达坂城、布尔津沙地

（续）

序号	拉丁学名	中文名	所属科	特征及特性	类别	原产地	目前分布/种植区
1161	*Atraphaxis decipiens* Jaub. et Spach	美丽木蓼	Polygonaceae 蓼科	落叶小灌木；高10～25cm，树皮灰白色，条状开裂，老枝短而弯拐，木质化，单叶互生，叶近无柄，叶片条形，绿色，花两性，总状花序生于当年枝的顶端，瘦果	生态防护		新疆阿勒泰、塔城、伊宁
1162	*Atraphaxis frutescens*（L.）Eversm.	木蓼	Polygonaceae 蓼科	灌木；高50～100cm；多分枝；树皮暗灰褐色；叶狭披针形、披针形或长圆形，蓝绿色至灰绿色；花序总状；花粉红色；瘦果狭卵形；花果期5～8月	饲用及绿肥		甘肃、青海、宁夏、内蒙古、新疆
1163	*Atraphaxis irtyschensis* Yang et Han	额河木蓼	Polygonaceae 蓼科	落叶灌木；高1～1.3m，树皮淡灰褐色不规则条裂，分枝开展，枝坚硬，无毛；小枝顶端刺状，叶互生，叶具短柄，叶片线形，常微弯，花两性，总状花序侧生，长3～10cm，稀疏，瘦果	生态防护		新疆布尔津
1164	*Atraphaxis laetevirens*（Ledeb.）Jaub. et Spach	绿叶木蓼	Polygonaceae 蓼科	落叶小灌木；高30～70cm，老枝皮灰色，新枝皮淡黄绿色，分枝开展，老枝皮灰色，新枝皮淡黄色，枝顶端具叶或花，无刺，单叶互生，叶近无柄，叶片革质，宽椭圆形，花两性，花序短总状近头状，瘦果	生态防护		新疆
1165	*Atraphaxis manshurica* Kitag.	东北木蓼（东北针枝蓼）	Polygonaceae 蓼科	灌木；叶倒披针状长圆形，网脉明显；花被5，外轮花被长圆形，果时向下反折；瘦果密被颗粒状小点	饲用及绿肥		东北（西部）、华北（北部）及西北（陕西和宁夏）
1166	*Atraphaxis pungens*（Bieb.）Jaub. et Spach	锐枝木蓼	Polygonaceae 蓼科	落叶灌木；高约1～3m，树皮褐色，叶互生，叶具短柄，狭倒卵形或宽披针形，花两性，花序短总状，瘦果卵状3棱形，黑褐色，有光泽	生态防护，饲用及绿肥		内蒙古、宁夏、甘肃、新疆、青海
1167	*Atraphaxis spinosa* L.	刺木蓼	Polygonaceae 蓼科	灌木；高30～100cm；叶灰绿色或蓝绿色，革质，圆形，椭圆形或宽卵形；花2～6朵，簇生当年生枝的叶腋；瘦果双凸镜状	生态防护		新疆
1168	*Atraphaxis virgata*（Regel）Krasn.	长枝木蓼	Polygonaceae 蓼科	落叶灌木；高1～2m，树皮灰褐色，分枝开展，单轴分枝，单叶互生，叶灰绿色，倒卵形或矩圆形，花两性，总状花序生于当年枝顶端，瘦果	生态防护		新疆吐鲁番盆地、准噶尔盆地、布尔津沙地

（续）

序号	拉丁学名	中文名	所属科	特征及特性	类别	原产地	目前分布/种植区
1169	*Atriplex centralasiatica* Iljin	中亚滨藜	Chenopodiaceae 藜科	一年生草本；茎高15～50cm；叶互生，卵状三角形至菱状卵形；团伞花序生于叶腋，雌花苞片边缘具波状或三角状牙齿；胞果扁平	杂草		华北、西北及吉林、辽宁、西藏
1170	*Atriplex dimorphostegia* Kar. et Kir.	犁苞滨藜	Chenopodiaceae 藜科	一年生草本；叶卵形，全缘；花常簇生于叶腋，雌花苞片果时心形，仅基部边缘合生，具3块隆起的附属物	饲用及绿肥		新疆
1171	*Atriplex fera*（L.）Bunge	野滨藜	Chenopodiaceae 藜科	一年生草本；茎有条纹，高20～80cm；叶互生，卵状长圆形至卵状披针形；团伞花序腋生，雌花无花被；胞果扁平	饲用及绿肥		西北、华北、东北
1172	*Atriplex hortensis* L.	榆钱菠菜（食用滨藜，洋菠菜）	Chenopodiaceae 藜科	一年生草本；茎有和纵沟；叶卵状三角形；穗状圆锥形花序，基部戟形，尖端微钝，似菠菜叶；雌雄异花同穗；种子似榆树果实	蔬菜，饲用及绿肥	中亚、西亚	青海、新疆、内蒙古、陕西、山西、河北
1173	*Atriplex patens*（Litv.）Iljin	滨藜（尖叶落藜）	Chenopodiaceae 藜科	一年生草本；叶互生，披针形；雌雄同株，花序穗状；雄蕊与花被片同数；雌花苞片在果时菱形；胞果	有毒		东北、华北、西北
1174	*Atriplex prostrata* Boucher ex Candolle	戟叶滨藜	Chenopodiaceae 藜科	一年生草本；茎具钝条纹，高30～100cm；叶三角状戟形至近截形；穗状或复穗状花序，花单性，雌花无花被；胞果	杂草		新疆北部、西藏
1175	*Atriplex repens* Roth	匍匐滨藜	Chenopodiaceae 藜科	小灌木；高20～50cm；叶互生，宽卵形至卵形，肥厚；花于枝的上部集成有叶的短穗状花序，雄花花被锥形，雌花的苞片果时三角形至卵状菱形；胞果扁，卵形	有毒		海南
1176	*Atriplex sibirica* L.	西伯利亚滨藜	Chenopodiaceae 藜科	一年生草本；茎钝四棱形，高20～50cm；叶互生，菱状卵形，叶缘有波状钝锯齿；团伞花序生于叶腋，雌花无花被；胞果扁平	饲用及绿肥		东北、西北、华北
1177	*Atriplex tatarica* L.	鞑靼滨藜	Chenopodiaceae 藜科	一年生草本；茎多分枝，高20～80cm；叶互生，宽卵形至宽披针形；花簇生叶腋，常集成穗状圆锥花序；胞果扁卵形	饲用及绿肥		新疆、青海、甘肃

（续）

序号	拉丁学名	中文名	所属科	特征及特性	类别	原产地	目前分布/种植区
1178	*Atropa belladonna* L.	颠茄（颠茄草）	Solanaceae 茄科	多年生草本；上部叶，一大一小双生，卵形或卵圆形；花单生腋叶，花萼钟状，花冠筒状钟形，淡紫褐色；浆果球形	有毒	欧洲	全国各地有栽培
1179	*Atropanthe sinensis*（Hemsl.）Pascher	天蓬子（搜山虎，白商路）	Solanaceae 茄科	多年生宿根草本或亚灌木；叶椭圆形至卵形；花下垂，花萼纸质，花冠漏斗状管形，黄绿色；蒴果球形	有毒		湖北、四川、云南、贵州
1180	*Aucuba chinensis* Benth.	桃叶珊瑚	Aucubaceae 桃叶珊瑚科	常绿灌木；单叶对生，长椭圆形或倒披针形，薄革质，背面有硬毛，花单性异株；核果深红色	观赏	中国台湾、广东、广西、云南、四川、湖北	
1181	*Aucuba filicauda* Chun et F. C. How	凹脉桃叶珊瑚	Aucubaceae 桃叶珊瑚科	常绿小乔木；叶厚革质，长椭圆形，侧脉在叶面显著下陷，叶边缘反卷，果梗黄褐色；果卵形或卵状椭圆形	观赏	中国云南南部	
1182	*Aucuba himalaica* Hook. f. et Thomson	狭叶珊瑚	Aucubaceae 桃叶珊瑚科	常绿灌木；高约 6m；树皮绿褐色有黑斑，老后有浅纵裂；叶长椭圆形，有时长圆状披针形；核果深红色，10 月成熟	观赏，地被	喜马拉雅山	
1183	*Aucuba japonica* Thunb.	东瀛珊瑚（青木）	Aucubaceae 桃叶珊瑚科	常绿灌木；叶对生，薄革质，椭圆状卵圆形至长椭圆形，顶生圆锥花序，紫红色或暗紫色；核果鲜红色	观赏	中国台湾	
1184	*Auricularia auricula*（L. ex Hook.）Underw.	木耳（黑木耳，黑菜，细木耳）	Auriculariaceae 木耳科	子实体薄有弹性，胶质，半透明，常生耳状，浅圆盘状或不规则形，平滑或有脉络状皱纹，红褐色；干燥子实体革质	药用	中国	全国大部分地区
1185	*Avena abyssinica* Hochst	阿比西尼亚燕麦	Gramineae（Poaceae）禾本科	一年生；花序不散开；外稃顶端具双芒，有 2 齿，外稃比颖片短	粮食	非洲	
1186	*Avena agadiriana* Baum et Fed	阿加迪尔燕麦	Gramineae（Poaceae）禾本科	小穗小，有 2 朵小花，仅低位小花成熟时脱节，颖片长 13～15mm	粮食		

（续）

序号	拉丁学名	中文名	所属科	特征及特性	类别	原产地	目前分布/种植区
1187	*Avena atlantica* Baum	大西洋燕麦	Gramineae (Poaceae) 禾本科	一年生；外稃顶端具双芒，有2齿，外稃与颖片等长或近似等长，第一小花瘢痕椭圆形；低位小花脱节	粮食		
1188	*Avena barbata* Pott	细燕麦	Gramineae (Poaceae) 禾本科	一年生；外稃顶端具双芒；每朵小花成熟时均脱节；外稃顶端具双芒，颖片具5～10个脉；胼胝体短，约2mm	粮食		
1189	*Avena bruhnsiana* Grun	布鲁斯燕麦	Gramineae (Poaceae) 禾本科	一年生；外稃顶端具双芒，颖片大小一致或基本一致；成熟时仅低位小花脱节；胼胝体长10mm，颖片长40mm	粮食		
1190	*Avena byzantina* Koch	地中海燕麦	Gramineae (Poaceae) 禾本科	一年生草本，主要小花基部断裂面倾斜；花序不散开，颖大而膜质，近相等，多脉	粮食	地中海沿岸	
1191	*Avena canariensis* Baum	加拿大燕麦	Gramineae (Poaceae) 禾本科	小穗小，有2～3朵小花，仅低位小花成熟时脱节，颖片长15～17mm	粮食		
1192	*Avena chinensis*（Fisch. ex Roem. et Schult.）Metzg.	莜麦（裸燕麦）	Gramineae (Poaceae) 禾本科	一年生；圆锥花序开展，小穗含3～6花，小穗轴无毛，弯曲；第一节间长达1cm，外稃草质，顶端浅裂	粮食	中国山西和内蒙古一带	西北、华北、西南及湖北
1193	*Avena clauda* Dur.	不完全燕麦	Gramineae (Poaceae) 禾本科	一年生；外稃顶端具双芒，短颖片为长颖片的1/2；每朵小花成熟时均脱节	粮食		
1194	*Avena damascena* Raj. et Baum	大马士革燕麦	Gramineae (Poaceae) 禾本科	一年生草本，直立，小穗长20mm，外稃具芒，颖片近等长；外稃顶端具双芒，没有齿，第一小花瘢痕为圆形	粮食		
1195	*Avena eriantha* Dur.	异颖燕麦	Gramineae (Poaceae) 禾本科	一年生；外稃顶端具双芒，短颖片为长颖片的1/2；成熟时仅低位小花脱节	粮食		

（续）

序号	拉丁学名	中文名	所属科	特征及特性	类别	原产地	目前分布/种植区
1196	*Avena fatua* L.	野燕麦（铃铛麦）	Gramineae (Poaceae) 禾本科	一年或两年生旱地杂草；秆高30～120（～150）cm；叶线形；圆锥花序开展，小穗含小花2～3，芒膝曲，下部扭转；颖果纺锤形	粮食		我国南北各省份
1197	*Avena hirtula* Lag	小硬毛燕麦	Gramineae (Poaceae) 禾本科	一年生；外稃顶端具双芒，有1齿，外稃顶端比颖片长，第一小花瘢痕窄且为椭圆形	粮食		
1198	*Avena insularis*	岛屿燕麦	Gramineae (Poaceae) 禾本科	小穗很大，有3～5朵小花，颖片长30～40mm；芒着生点低约1/3～1/2，胼胝体为椭圆形	粮食		
1199	*Avena macrostachya* Bal.	大穗燕麦	Gramineae (Poaceae) 禾本科	多年生草本，圆锥花序顶生，外稃质地多坚硬，顶端软纸质，齿裂，裂片有时呈芒状，雄蕊3，子房具芒；本种以其多年生的习性而区别于该属的其他种	粮食		
1200	*Avena magna* Mur. et Fed.	大燕麦	Gramineae (Poaceae) 禾本科	小穗很大，有3～5朵小花，颖片长30～40mm；外稃有大量茸毛	粮食		
1201	*Avena murphyi* Ladiz	墨菲燕麦	Gramineae (Poaceae) 禾本科	小穗很大，有3～5朵小花，颖片长30～40mm；芒着生点低1/4，胼胝体为卵圆形	粮食		
1202	*Avena occidentalis* Dur	西方燕麦	Gramineae (Poaceae) 禾本科	小穗具3～4朵小花，所有小花成熟时脱节，颖片长25～30mm	粮食		
1203	*Avena prostrata* Ladiz	匍匐燕麦	Gramineae (Poaceae) 禾本科	一年生；外稃顶端具双芒，没有齿，第一小花瘢痕为圆形；小穗很小，仅12～15mm	粮食		
1204	*Avena sativa* L.	燕麦	Gramineae (Poaceae) 禾本科	一年生；小穗含1～2花，小穗轴近无毛，不易断落，第一外稃无毛，第二外稃无毛，通常无芒	粮食	地中海沿岸	内蒙古、甘肃、云南、四川

（续）

序号	拉丁学名	中文名	所属科	特征及特性	类别	原产地	目前分布/种植区
1205	*Avena sterilis* L.	野红燕麦	Gramineae (Poaceae) 禾本科	小穗很大，有 3～5 朵小花，颖片长 30～40mm；外稃有轻度至中度茸毛	粮食		
1206	*Avena sterilis* subsp. *ludoviciana* (Durieu) Nyman	长颖燕麦	Gramineae (Poaceae) 禾本科	一年生；秆 50～100cm；叶舌膜质；叶片扁平；圆锥花序开展，小穗含 2～3 小花	粮食		云南
1207	*Avena strigosa*	沙燕麦	Gramineae (Poaceae) 禾本科	一年生；花序不散开；外稃顶端具双芒，有 1 齿，外稃和颖片等长或近似等长	粮食	地中海沿岸	
1208	*Avena vaviloviana* Mordv	瓦维洛夫燕麦	Gramineae (Poaceae) 禾本科	一年生；外稃顶端具双芒，长约 1mm，外稃与颖片等长或近似等长，第一小花瘢痕椭圆形	粮食		
1209	*Avena ventricosa* Bal.	偏凸燕麦	Gramineae (Poaceae) 禾本科	一年生；外稃顶端具双芒，颖片大小一致或基本一致；成熟时仅低位小花脱节；胼胝体长 5mm，颖片长 25～30mm	粮食		
1210	*Avena wiestii* Steud	威氏燕麦	Gramineae (Poaceae) 禾本科	一年生；外稃顶端具双芒，长 3～6mm，外稃与颖片等长或近似等长，第一小花瘢痕椭圆形	粮食		
1211	*Averrhoa bilimbi* L.	多叶酸杨桃	Oxalidaceae 酢浆草科	植株高 5～6m，圆锥花序，多花；花瓣紫红色；浆果黄绿色，矩圆形，圆柱形，具不明显的 5 角，肉质	果树	马来西亚	台湾
1212	*Averrhoa carambola* L.	阳桃	Oxalidaceae 酢浆草科	常绿乔木；高 10～12m，圆锥花序腋生，花冠白色至淡紫色，浆果肉质，卵形至 椭圆形，种子扁形，黑色	果树	马来西亚	广西、广东、福建、台湾、云南
1213	*Avicennia marina* (Forssk.) Vierh.	海榄雌（咸水矮让木，海豆）	Verbenaceae 马鞭草科	灌木；头状聚伞花序；花小，径约 5mm，花冠黄褐色；花果期 7～10 月；蒴果近球形，灰黄色	果树		

（续）

序号	拉丁学名	中文名	所属科	特征及特性	类别	原产地	目前分布/种植区
1214	*Axonopus compressus* (Sw.) P. Beauv.	地毯草	Gramineae (Poaceae) 禾本科	多年生草本；匍匐茎叶较秆生叶短；总状花序常3个，最上2个成对而生，小穗长圆状披针形，结实小花外稃硬革质；颖果椭圆形	生态防护，饲用及绿肥	美洲热带	我国南方各省份
1215	*Axonopus fissifolius* (Raddi) Kuhlm.	类地毯草	Gramineae (Poaceae) 禾本科	多年生，具匍匐茎，秆高15～50cm，节无柔毛；叶片宽3～5mm；总状花序，小穗长约2mm；柱头紫色	观赏，饲用及绿肥		华南
1216	*Axyris amaranthoides* L.	轴藜	Chenopodiaceae 藜科	一年生草本；茎高20～80cm；叶互生，披针形或卵状披针形；花单性，雌雄同株，雄花序穗状，雌花数个集生叶腋；胞果长圆状倒卵形	蔬菜，饲用及绿肥		东北、华北、西北
1217	*Azolla imbricate* (Roxb.) Nakai	满江红（红浮萍，绿浮萍）	Azollaceae 满江红科	一年生草本；浮水生小型蕨类，植株卵状三角形；根状茎横走，须根沉水；叶覆瓦状，排成3列，每叶3裂；孢子果球形	观赏	中国	我国南北各省份
1218	*Aztekium ritteri* (Bod.) Bod.	皱棱球	Cactaceae 仙人掌科	多浆植物；扁球形，灰绿色，9～11棱，棱脊上密生刺座，白色；花近顶生，白色或稍带粉色；花期初夏	观赏	墨西哥东北部	
1219	*Babiana stricta* (Ait.) Ker-Gawl.	狒狒花	Iridaceae 鸢尾科	多年生草本；具小球茎，茎分枝；叶剑形，叶脉有毛；顶生穗状花序，花漏斗状，黄色、粉红色、红色、紫堇色；花期春季	观赏	南非	
1220	*Baccaurea ramiflora* Lour.	木奶果（枝花木奶果，蒜瓣果，算盘果）	Euphorbiaceae 大戟科	常绿乔木；高5～15m；叶纸质，倒卵状长圆形、倒披针形或长圆形；总状花序腋生或茎生，雄花萼片4～5，长圆形，雌花萼片4～7，长圆状披针形；浆果状蒴果	观赏，果树，药用		广东、海南、广西和云南
1221	*Bacopa floribunda* (R. Br.) Wettst.	麦花草（多花假马齿苋）	Scrophulariaceae 玄参科	一年生直立草本；茎高15～40cm；叶无柄，线形至线状椭圆形；花单生叶腋或有时在茎顶集成总状花序，花冠白色；种子有格状饰纹	杂草		广东、福建
1222	*Bacopa monnieri* (L.) Pennell	假马齿苋	Scrophulariaceae 玄参科	匍匐草本；茎节上生根；叶无柄，长圆状倒披针形；花单生叶腋，萼下有一对线形小苞片；蒴果长卵状，4爿裂	药用		台湾、福建、广东、云南

（续）

序号	拉丁学名	中文名	所属科	特征及特性	类别	原产地	目前分布/种植区
1223	*Baeckea frutescens* L.	岗松（铁扫把）	Myrtaceae 桃金娘科	多分枝无毛灌木；叶对生，线形；花单生叶腋，白色，具钟状萼管；花瓣5，雄蕊10，具3室下位子房；花柱宿存；蒴果	蜜源		广西、广东、福建、江西
1224	*Balanophora involucrata* Hook. f.	筒鞘蛇菰	Balanophoraceae 蛇菰科	多年生寄生肉质草本；根状茎肥厚，近球形；花茎红色或黄色，中部有一总苞状的鞘，鞘筒状；花单性组成肉穗状花序；坚果近球形	药用，经济作物（特用类）		华中、西南及陕西、河南、江西、广西
1225	*Bambusa albolineata*（McClure）L. C. Chia	花竹	Gramineae (Poaceae) 禾本科	秆高6～8m，直径3.5～5.5cm；秆下部第一至第四节具黄白色纵条纹，并常环生一圈灰白色绢毛；叶片线形；假小穗常3～5簇生花枝各节；小穗含小花5～7，顶生小花不孕；颖果	观赏		浙江、江西、福建、台湾、广东
1226	*Bambusa angustiaurita* W. T. Lin	狭耳坭竹	Gramineae (Poaceae) 禾本科	秆高8～10m；箨鞘早落，厚革质；箨耳不相等，线形；箨舌齿裂；箨片直立，狭卵形至卵状披针形；叶舌远拱形；叶片线状披针形至披针形；花枝未见	林木，观赏		广东（栽培于广州华南农业大学竹园）
1227	*Bambusa beecheyana* Munro	吊丝球竹（吊丝丹行）	Gramineae (Poaceae) 禾本科	秆高8～12m，顶端弯曲弧形，下垂呈钓丝状，节间长30～35cm，壁厚1.5～2cm，幼时被白粉和易脱落的稀疏微毛；秆基部数节的秆环上有根点及毯毛状毛环	蔬菜	中国	广东、广西、海南
1228	*Bambusa blumeana* Schult. f.	簕竹	Gramineae (Poaceae) 禾本科	秆高15～24cm，下部略呈“之”字形曲折；叶片线状披针形至狭披针形，两表面均粗糙，近无毛；假小穗2至数枚簇生于花枝各节；小穗线形，带淡紫色，含小花4～12朵，其中2～5朵为两性花；子房瓶状	蔬菜	印度尼西亚和马来西亚东部	福建、台湾、广西、云南
1229	*Bambusa boniopsis* McClure	妈竹	Gramineae (Poaceae) 禾本科	秆高3～6m；箨鞘早落；箨耳不相等，微有褶皱；箨片直立，易脱落；叶鞘常无毛；叶耳倒卵状椭圆至镰刀形；叶片线状披针形；颖果幼时倒圆锥状	林木，观赏		海南

（续）

序号	拉丁学名	中文名	所属科	特征及特性	类别	原产地	目前分布/种植区
1230	*Bambusa cerosissima* McClure	单竹	Gramineae (Poaceae) 禾本科	秆直立高 3～7m；箨鞘迟落；箨耳在箨鞘顶端横卧，狭而长；箨片黑灰色，卵状披针形；叶鞘无毛；叶片长披针形；花枝无叶；颖果干燥后呈三角形	林木，观赏		广东、广西
1231	*Bambusa chungii* McClure	粉单竹	Gramineae (Poaceae) 禾本科	多年生木质化植物；竹秆粉绿色，箨鞘早落，箨耳窄带形，边缘有淡色縂毛，箨片卵状披针形，淡黄绿色，强烈外翻，秆的分枝习性高，花枝每节生 1 或 2 枚假小穗	观赏	中国广东、广西、湖南南部、福建	
1232	*Bambusa cornigera* McClure	牛角竹	Gramineae (Poaceae) 禾本科	秆高约 17m；箨叶长三角形或近披针形，基部不外延，与箨耳离生；箨耳小，近等长；次生枝成弯曲软刺；叶线状披针形或披针形	林木，观赏		广东及广西
1233	*Bambusa diaoluoshanensis* L. C. Chia et H. L. Fung	吊罗坭竹	Gramineae (Poaceae) 禾本科	秆高约 10m；箨鞘早落；箨耳极不相等，狭长圆；箨片直立，狭三角形；叶鞘无毛；叶耳近卵形；叶舌低矮，叶片线状披针形至披针形；花枝未见	林木，观赏		海南
1234	*Bambusa dissemulator* McClure	坭簕竹	Gramineae (Poaceae) 禾本科	秆高 10～18m；箨鞘早落，革质；箨耳不相等，常有褶皱；箨舌被白色短流苏状貌；箨片直立；叶片线状披针形至披针形；假小穗单生或簇生，披针形	林木，观赏		广东
1235	*Bambusa distegia* （Keng et Keng f.）L. C. Chia et H. L. Fung	料慈竹	Gramineae (Poaceae) 禾本科	秆直立，高 10m 左右；箨鞘坚韧，呈广长圆形；箨舌边缘具瀏鹕；箨片三角巷至披针形；叶鞘草黄色至棕色，无毛；叶耳、叶舌不发达；叶片长披针形；果为囊果状	林木，观赏		四川
1236	*Bambusa dolichoclada* Hayata	长枝竹	Gramineae (Poaceae) 禾本科	秆高 10～15m；箨鞘早落，革质；箨耳稍皱缩；箨片直立，呈不对称的卵状三角形；叶舌近截形；叶片线形至线状披针形；小穗线形	林木，观赏		福建、台湾
1237	*Bambusa duriuscula* W. T. Lin	蓬莱黄竹	Gramineae (Poaceae) 禾本科	秆高 6～7m；箨鞘早落；箨耳近相等，狭长圆形；箨片直立，卵状三角形；叶片线形；假小穗线状披针形；成熟颖果未见	林木，观赏		海南

（续）

序号	拉丁学名	中文名	所属科	特征及特性	类别	原产地	目前分布/种植区
1238	*Bambusa emeiensis* L. C. Chia et H. L. Fung	慈竹	Gramineae (Poaceae) 禾本科	箨鞘背部密被棕黑色刺毛；箨舌流苏状；箨叶先端尖，向外反倒，基部收缩略圆，正面多脉，密生白色刺毛，边缘粗糙内卷	蔬菜，观赏	中国	广西、湖南、湖北、四川、云南
1239	*Bambusa flexuosa* Munro	小簕竹	Gramineae (Poaceae) 禾本科	秆高 6～7m；箨鞘迟落，革质；箨耳微弱或缺；箨片直立或外展；叶片狭披针形或披针形；假小穗稍扁；颖常不存在	林木，观赏		广东南部、海南、香港
1240	*Bambusa funghomii* McClure	鸡窦簕竹	Gramineae (Poaceae) 禾本科	秆高 13～15m；节稍隆起，无毛；叶鞘无毛或疏毛短硬毛，后变无毛；叶耳常不存在；叶舌截平或稍圆拱；叶片线状披针形；花果未见	林木，观赏		广东
1241	*Bambusa gibba* McClure	坭竹	Gramineae (Poaceae) 禾本科	秆高 7～10m；节处稍隆起，无毛；叶鞘被微毛或近无毛；叶耳卵形、卵状长圆形或近镰形，有时无叶耳；叶舌截形；叶片线状披针形至狭披针形；小穗含小花 4～8 朵	林木，观赏		福建、广东、广西、香港
1242	*Bambusa guangxiensis* L. C. Chia et H. L. Fung	桂单竹	Gramineae (Poaceae) 禾本科	秆直立，高 2～5m；箨鞘先端纸质；箨耳稍延伸，略粗糙；箨舌极矮；箨片外翻，披针形；叶耳明显，呈镰刀形；叶片披针形或狭长披针形；花枝未见	林木，观赏		广西兴安县
1243	*Bambusa indigena* L. C. Chia et H. L. Fung	乡土竹	Gramineae (Poaceae) 禾本科	秆高 10～14m；箨鞘早落，厚革质；箨耳较小，不相等；箨片直立，呈不对称三角形或狭三角形；叶片线状披针形至披针形；假小穗线形；颖果未见	林木，观赏		广东
1244	*Bambusa lapidea* McClure	油簕竹	Gramineae (Poaceae) 禾本科	秆高 7～17m；箨鞘稍迟落，革质；箨耳有波状褶皱向外鼓出；箨片直立，卵形至光卵形；叶片相撞披针形至披针形；小穗含两性笑话	林木，观赏		广东、广西、四川、云南、香港
1245	*Bambusa malingensis* McClure	马岭竹	Gramineae (Poaceae) 禾本科	秆高 8～10m，箨鞘稍早落，背面无毛；箨耳不相等；箨舌惯性或近截形；箨片直立；叶片狭披针形；花枝未见	林木，观赏		海南

（续）

序号	拉丁学名	中文名	所属科	特征及特性	类别	原产地	目前分布/种植区
1246	*Bambusa multiplex* (Lour.) Raeusch. ex Schult. et Schult. f.	孝顺竹（蓬莱竹）	Gramineae (Poaceae) 禾本科	多年生木质化植物；竹秆绿色，箨鞘呈梯形，箨耳极小，箨舌边缘呈不规则的短齿裂，箨皮直立易脱落，叶片线形，叶耳肾形，假小穗生于花枝各节	观赏	越南	我国东南部至西南部
1247	*Bambusa mutabilis* McClure	黄竹仔	Gramineae (Poaceae) 禾本科	秆高 5～7m；箨鞘早落，革质；箨舌被短流苏状毛或无毛；箨片直立，呈不对称卵形至狭卵形；叶片线状披针形至狭披针形；花果未见	林木，观赏		海南
1248	*Bambusa pervariabilis* McClure	撑篙竹	Gramineae (Poaceae) 禾本科	秆高 7～10m；箨鞘早落，薄革质；箨耳不相等；箨舌先端不规则齿裂；箨片直立；叶鞘背面通常无毛；叶耳倒卵形至倒卵状椭圆形；叶片形状披针形；颖果幼时宽卵球形	林木，观赏		华南
1249	*Bambusa piscatorum* McClure	石竹仔	Gramineae (Poaceae) 禾本科	秆高 6～10m，箨鞘早落厚革质；箨舌被短流苏状毛或无毛；箨片直立，呈不对称的卵状三角形至卵状狭三角形；叶片线状披针形至披针形	林木，观赏		海南
1250	*Bambusa prominens* H. L. Fung et C. Y. Sia	牛耳竹	Gramineae (Poaceae) 禾本科	多年生木质化植物；秆圆筒形，箨鞘早落，状如牛耳，箨片卵状三角形，叶片上面绿色无毛，下面灰绿色	观赏	中国四川	
1251	*Bambusa remotiflora* Kuntze	甲竹	Gramineae (Poaceae) 禾本科	秆直立或近直立，通常高 8～12m；箨鞘厚革质；箨耳呈狭长圆形；箨片外翻，卵状披针形至披针形；叶片披针形或长圆状披针形；假小穗披针形	林木，观赏		华南
1252	*Bambusa rutila* McClure	木竹	Gramineae (Poaceae) 禾本科	秆高 8～12m；箨鞘迟落；箨片直立，宿存，近三角形或卵形；叶鞘通常无毛；叶片线状披针形至狭披针形；假小穗线状披针形，稍扁	林木，观赏		福建、广东、广西、四川
1253	*Bambusa sinospinosa* McClure	车筒竹	Gramineae (Poaceae) 禾本科	多年生木质化植物；秆亮绿色，无毛，箨鞘革质，两枚箨片近等大，箨片卵形	生态防护	中国广东、广西、四川、贵州	

（续）

序号	拉丁学名	中文名	所属科	特征及特性	类别	原产地	目前分布/种植区
1254	*Bambusa subaequalis* H. L. Fung et C. Y. Sia	锦竹	Gramineae (Poaceae) 禾本科	秆高 8～12m；箨鞘早落，背面无毛；箨耳不显著；箨片宿存，近三角形；叶鞘近无毛；叶片线形；花枝未见	林木，观赏		四川
1255	*Bambusa textilis* McClure	青皮竹	Gramineae (Poaceae) 禾本科	多年生木质化植物；竹秆幼时被毛和白粉，顶梢俯垂或稍下垂	林木，观赏	中国华南	
1256	*Bambusa tulda* Roxb.	马甲竹	Gramineae (Poaceae) 禾本科	秆高 8～10m；箨鞘早落，厚革质；箨耳显著不相等；箨舌全缘；箨片直立，近对称宽卵形；叶片宽线形至线状披针形；小穗线形至线状披针形；颖果长圆形	林木，观赏		广东、广西、西藏南部
1257	*Bambusa tuldoides* Munro	青秆竹	Gramineae (Poaceae) 禾本科	单丛生；节间壁厚，幼时被白粉，节稍隆起；分枝常于秆基部第一节开始分出，数枝簇生节上；秆箨早落	药用		广东
1258	*Bambusa variostriata* （W. T. Lin）L. C. Chia et H. L. Fung	钓丝单竹	Gramineae (Poaceae) 禾本科	多年生木质化植物；竹秆下部节间和箨鞘幼时绿色，具浅黄绿色条纹，箨鞘顶端弧形下凹，两枚箨耳不等大	林木，观赏	中国广东	
1259	*Bambusa ventricosa* McClure	佛肚竹	Gramineae (Poaceae) 禾本科	常绿；节短呈膨胀，形成佛肚状；箨表面平滑无毛；箨叶尖三角形；叶卵状披针形，表面无毛，背面有柔毛	观赏	中国华南、西南、福建、台湾	
1260	*Baolia bracteata* H. W. Kung et G. L. Chu	苞藜	Chenopodiaceae 藜科	一年生草本；茎下部分枝；叶卵状椭圆形，背面有污粉；花簇腋生；苞片狭卵形，花被裂片具膜质边缘；胞果具蜂窝状深洼	饲用及绿肥		甘肃（迭部县）
1261	*Barbarea orthoceras* Ledeb.	山芥菜	Cruciferae 十字花科	越年生草本；茎高 18～70cm；下部叶大头羽状分裂，广椭圆形，上部叶宽披针形或卵形；总状花序初呈伞房状，花黄色；长角果线状四棱形	杂草		东北及内蒙古、新疆
1262	*Barbella pendula* （Sull.） Fleisch.	悬藓	Meteoriaceae 蔓藓科	一年生草本，以孢子繁殖；植物体纤细，成束悬垂；主茎横展，支茎悬垂；茎叶狭披针形；中肋单一；雌雄同株，孢蒴椭圆形	杂草		我国长江流域以南各省份

（续）

序号	拉丁学名	中文名	所属科	特征及特性	类别	原产地	目前分布/种植区
1263	*Barleria cristata* L.	假杜鹃（蓝钟花，洋杜鹃）	Acanthaceae 爵床科	直立多枝亚灌木；枝被淡蓝色短毛，叶对生，全缘，两面无毛，穗状花序淡蓝色，小苞片线形	观赏	中国云南、四川、贵州、广西、广东	
1264	*Barnardia japonica* (Thunb.) Schult. et Schult. f.	绵枣儿（天蒜，地兰）	Liliaceae 百合科	多年生草本；鳞茎卵圆形和近球形；总状花序具多数花，花粉红色至紫红色；蒴果近倒卵形	药用，有毒		除内蒙古、青海、新疆、西藏外，各省都有分布
1265	*Barthea barthei* (Hance ex Benth.) Krasser	棱果花	Melastomataceae 野牡丹科	常绿灌木；枝略4棱，幼时被柔毛及糠秕状腺，单叶对生，下面被糠秕腺，聚伞花序顶生，初白色后转粉红至紫红色	疏林下，池畔	中国广东、台湾	
1266	*Basella alba* L.	白花落葵（白落葵，细叶落葵）	Basellaceae 落葵科	茎淡绿色；叶绿色，叶片卵圆、长卵圆披针形，边缘稍有波状，叶小；穗状花序有较长的花梗，花疏生，白色	蔬菜	亚洲热带地区	湖南、湖北、浙江、江苏、四川、云南、广东、广西、福建
1267	*Basella cordifolia* Lam.	广叶落葵（大叶落葵）	Basellaceae 落葵科	茎绿色，老茎局部或全部带粉红色至淡紫色；叶深绿色，叶片心脏形，叶柄有深而明显的凹槽，叶形大	蔬菜		湖南、湖北、浙江、江苏、四川、云南、广东、广西、福建
1268	*Bassia dasyphylla* (Fisch. et C. A. Mey.) Kuntze	雾滨藜	Chenopodiaceae 藜科	一年生草本；茎多分枝，高20～40cm；叶肉质，圆柱形或半圆柱形；花两性，单生或两朵簇生叶腋；胞果扁平卵圆形	杂草		东北、华北、西北及西藏
1269	*Batrachium bungei* (Steud.) L. Liou	水毛茛（梅花藻）	Ranunculaceae 毛茛科	多年生沉水草本；叶片近半圆形或扇状半圆形，三至五回2～3裂，小裂片近丝形，花瓣倒卵形，白色基部黄色，萼片反折，瘦果有横皱纹	水生园	中国辽宁、河北、山西、江西、江苏、甘肃、青海、四川、云南、西藏	
1270	*Batrachium trichophyllum* (Chaix ex Vill.) Bosch	毛柄水毛茛	Ranunculaceae 毛茛科	多年生沉水草本；茎无毛或节上具疏毛，叶片轮廓近半圆形，小裂片近丝状，叶柄短，花白色，下部黄色	水生园或沼泽园	中国黑龙江	

（续）

序号	拉丁学名	中文名	所属科	特征及特性	类别	原产地	目前分布/种植区
1271	*Bauhinia acuminata* L.	白花羊蹄甲	Leguminosae 豆科	常绿灌木或小乔木；幼枝明显有毛，叶近革质，卵圆形，裂片先端尖，背被灰色短柔毛，总状花序腋生，花瓣白色，倒卵状长圆形，萼片佛焰状	观赏	中国云南、广西、广东	
1272	*Bauhinia blakeana* Dunn	红花羊蹄甲	Leguminosae 豆科	常绿乔木；叶革质，近圆形或阔心形，先端2裂，裂片顶钝或狭圆，背被短柔毛，总状花序顶生或腋生，花瓣倒披针形，红紫色，通常不结果	观赏	中国	广州
1273	*Bauhinia bohniana* L. Chen	丽江羊蹄甲	Leguminosae 豆科	直立灌木；叶近革质，扁圆形，先端裂片圆钝，上被灰色短柔毛，背密被赤褐色柔毛，总状花序顶生或侧生，被锈色绒毛，花冠粉红色，花瓣外被金黄色丝质柔毛；荚果带状	观赏	中国云南	
1274	*Bauhinia brachycarpa* Wall. ex Benth.	鞍叶羊蹄甲	Leguminosae 豆科	直立或攀缘小灌木；叶纸质或膜质，近圆形，先端2裂达中部；伞房式总状花序侧生，萼片佛焰状；荚果长圆形	观赏	中国四川、云南、甘肃、湖北	四川、云南、湖北、甘肃
1275	*Bauhinia carcinophylla* Merr.	蟹钳叶羊蹄甲	Leguminosae 豆科	常绿灌木；幼枝被红褐色柔毛，后变无毛；小叶片卵状长圆形；花序总状；花瓣倒卵形或倒卵状长圆形，白色	观赏	越南	广西钦州
1276	*Bauhinia championii* (Benth.) Benth.	龙须藤	Leguminosae 豆科	常绿木质藤本；高2～7m，单叶互生，卵形或椭圆形，总状花序，顶生及腋生，花柱成喙状；荚果，种子黑色	蜜源		广西、广东、福建、四川、贵州、云南、湖北、湖南、浙江、江西、台湾
1277	*Bauhinia clemensiorum* Merr.	中越羊蹄甲	Leguminosae 豆科	常绿攀缘大藤本；总状花序顶生，黄白色，裂片长卵形，花瓣边缘皱曲；荚果长椭圆形，暗紫色	观赏	越南中部	广西平果县那录乡
1278	*Bauhinia glauca* subsp. *hupehana* (Graib) T. C. Chen	湖北羊蹄甲（马蹄）	Leguminosae 豆科	木质草本；叶近肾形，顶端2裂；伞房花序，总花梗和花序轴被红棕柔毛；花冠粉红，上有紫色脉纹；花瓣5；荚果	有毒		华中、西南及广东

（续）

序号	拉丁学名	中文名	所属科	特征及特性	类别	原产地	目前分布/种植区
1279	*Bauhinia japonica* Maxim.	广东羊蹄甲	Leguminosae 豆科	藤本；具卷须；单叶互生，纸质，心状卵形，深裂裂口成倒三角形，掌状脉；总状花序顶生；荚果	经济作物（橡胶类）		广东、福建
1280	*Bauhinia khasiana* Baker	牛蹄麻	Leguminosae 豆科	木质藤本；叶纸质至近革质，广卵形至心形，先端短2裂，伞房花序顶生，密被红棕色短绢毛，花瓣红色，阔匙形，萼裂片4～5；荚果长圆状披针形	观赏	中国海南	
1281	*Bauhinia lakhonensis* Gagnep.	耐看羊蹄甲	Leguminosae 豆科	常绿攀缘大藤本；总状花序顶生，黄白色，裂片长卵形，花瓣边缘皱曲；荚果长椭圆形，暗紫色	观赏	越南北部、老挝及泰国东北部	广西龙州
1282	*Bauhinia punctata* C. Bolle	橙红花羊蹄甲	Leguminosae 豆科	常绿灌木；叶深裂，为叶的1/2～1/3；花淡红色；花期夏秋季	观赏	热带美洲	
1283	*Bauhinia purpurea* L.	紫羊蹄甲	Leguminosae 豆科	常绿乔木；高4～8m；叶近革质，广椭圆形至近圆形；花淡玫瑰红色，有时白色，花瓣倒披针形；荚果扁条形	观赏	中国南部	福建、广东、广西、云南
1284	*Bauhinia tomentosa* L.	黄花羊蹄甲	Leguminosae 豆科	直立灌木；叶纸质，近圆形，先端2裂，花常2朵组成侧生的花序，花瓣淡黄色，阔倒卵形，上面一片基部中间有深黄色或紫色斑块，萼片佛焰状；荚果带形	观赏	印度	广东
1285	*Bauhinia variegata* L.	洋紫荆（红紫荆，羊蹄甲，红花紫荆）	Leguminosae 豆科	落叶乔木；叶革质，圆形或圆心形，先端2裂，状如羊蹄；总状花序具数花，序轴极缩短，紫红色，能育雄蕊5枚；荚果带状	药用，观赏		广东、广西、云南、福建、海南
1286	*Bauhinia wallichii* J. F. Macbr.	圆叶羊蹄甲	Leguminosae 豆科	常绿灌木；花梗直径1.5cm，花萼4或5裂，具卷须，花具2～3可育雄蕊，花瓣白色或亮黄色，子房被毛	观赏	印度东部、缅甸及越南北部	云南、海口
1287	*Bauhinia yunnanensis* Franch.	云南羊蹄甲	Leguminosae 豆科	藤本；叶膜质或纸质，阔椭圆形，全裂至基部，总状花序顶生或与叶对生，花瓣匙形，淡红色，顶部两面有黄色柔毛，上面3片各有3条玫瑰红色纵纹；荚果带状长圆形	观赏	中国云南、四川、贵州	

（续）

序号	拉丁学名	中文名	所属科	特征及特性	类别	原产地	目前分布/种植区
1288	*Beaumontia brevituba* Oliv.	断肠花（大果夹竹桃）	Apocynaceae 夹竹桃科	木质藤本；具乳汁；叶对生，倒披针形；聚伞花序伞房状；花冠钟状，裂片5；花盘为5肉质腺体组成；蓇葖果	有毒		海南
1289	*Beckmannia syzigachne*（Steud.）Fernald	菵草（水稗子）	Gramineae（Poaceae）禾本科	一年生，秆具2～4节；圆锥花序分枝稀疏，小穗常含1花，长约3mm，颖背部灰绿色，无毛	饲用及绿肥		全国各地均有分布
1290	*Begonia algaia* L. B. Sm. et Wassh.	美丽秋海棠	Begoniaceae 秋海棠科	多年生草本；根茎长，有1～3小叶，叶片圆心形，掌状深裂近中部，花粉红色	观赏		
1291	*Begonia boliviensis* A. DC.	玻利维亚秋海棠	Begoniaceae 秋海棠科	球根花卉；块茎呈扁球形，茎分枝性比较强，下垂，为绿褐色，叶较长，卵状披针形；花橙红色；花期夏季	观赏	玻利维亚	
1292	*Begonia boweri* Ziesenh.	眉毛秋海棠	Begoniaceae 秋海棠科	多年生草本；叶柄具直立，分离绒毛，叶窄而长，浅绿色；花粉红色，花被片倒卵形；花期冬季至翌年早春	观赏	墨西哥	
1293	*Begonia cathayana* Hemsl.	绒叶秋海棠	Begoniaceae 秋海棠科	多年生草本；茎直立，高40～90cm，分枝少；叶卵状斜形，有大齿裂，叶表有软红毛，叶脉红色，叶肉绿色，花橙红色，花序腋生，秋季或春季开花，花叶均美	观赏	中国云南、广西等西南部	
1294	*Begonia cavaleriei* H. Lév.	盾叶秋海棠	Begoniaceae 秋海棠科	多年生草本；花葶高达20cm，有纵棱，无毛；花4～8朵呈三至四回二岐聚伞花序，无毛或近无毛；苞片早落；雄花球状，雄蕊多数；雌花花被片2，近圆形；花期6～8月	观赏		云南、广西、贵州、海南
1295	*Begonia circumlobata* Hance	周裂秋海棠（石酸苔，野海棠）	Begoniaceae 秋海棠科	多年生草本；根茎长，叶基生，宽卵形至扁圆形，分裂几达基部，裂片披针形，花呈二至三回二歧聚伞状，花被片4粉红色，外2枚宽卵形，内2枚长圆形；蒴果具不等3翅	观赏	中国湖北、湖南、贵州、广西、广东、福建	
1296	*Begonia coccinea* Hook.	珊瑚秋海棠	Begoniaceae 秋海棠科	半灌木状，株高60～80cm，全株光滑；叶斜椭圆状卵形，先端尖，叶缘波状，鲜绿色；花成簇，下垂，鲜红色	观赏	巴西	

（续）

序号	拉丁学名	中文名	所属科	特征及特性	类别	原产地	目前分布/种植区
1297	*Begonia digyna* Irmsch.	槭叶秋海棠	Begoniaceae 秋海棠科	多年生草本；茎肉质，叶片近圆形，基部心形，叶面略有短柔毛，叶背叶脉上有微柔毛，聚伞花序，花粉红色	观赏	中国福建、湖南、浙江	
1298	*Begonia dregei* Otto et A. Dietr.	小叶球根秋海棠	Begoniaceae 秋海棠科	球根花卉；茎红色，叶具细齿，浅绿色；花少，白色；花期夏季	观赏	非洲南部	
1299	*Begonia elatior* Hort. ex Steud.	丽格秋海棠	Begoniaceae 秋海棠科	多年生草本植物，是球根海棠与野生秋海棠的杂交品系，无明显的球茎；叶片倒心脏形，单叶互生，青绿色，有光泽，须根系，花色丰富；有紫红、大红、粉红、黄、橙黄、白、复色	观赏		
1300	*Begonia fimbristipula* Hance	圆叶秋海棠（心叶海棠）	Begoniaceae 秋海棠科	多年生草本；叶片圆心形，基部近对称，脉上有长毛，聚伞花序，花淡红色	观赏	中国广东、广西	
1301	*Begonia grandis* Dryand.	秋海棠（八香，无名断肠草）	Begoniaceae 秋海棠科	多年生常绿草本；通常 80cm；雄药被片 4，外 2 片圆形较大，雄蕊多数，聚成头状，花丝成 1 总柄，花药黄色	药用，观赏	中国	全国各地均有分布
1302	*Begonia grandis* var. *sinensis*（A. DC.）Irmsch.	中华秋海棠	Begoniaceae 秋海棠科	多年生草本；茎直立，叶卵状心形，互生，叶片薄，表面绿色，背面淡绿色，花粉红色	观赏		
1303	*Begonia handelii* Irmsch.	香秋海棠（短茎秋海棠，铁米）	Begoniaceae 秋海棠科	多年生草本；叶长卵形，两侧不对称，全缘，绿色，花序腋生，花淡红色	观赏	中国广西、广东	
1304	*Begonia hemsleyana* Hook. f.	掌叶秋海棠（深裂秋海棠）	Begoniaceae 秋海棠科	多年生草本；茎肉质，粉红色，叶圆形，掌状全裂，小叶披针形，绿色；花序腋生，花粉红色	观赏	中国云南、广西	
1305	*Begonia henryi* Hemsl.	柔毛秋海棠（独牛）	Begoniaceae 秋海棠科	多年生无茎草本；根状茎球形，通常有 1 基生叶，叶片三角状卵形或宽卵形，花粉红色；常 2～4 朵呈二至三回二歧聚伞状；蒴果具不等 3 翅	观赏	中国云南、四川、贵州西南部、湖北、广西北部	
1306	*Begonia imperialis* Lem.	壮丽秋海棠（帝王秋海棠）	Begoniaceae 秋海棠科	多年生草本；叶心脏形，叶面鲜绿色，质厚，密生粗毛，花白色	观赏		

（续）

序号	拉丁学名	中文名	所属科	特征及特性	类别	原产地	目前分布/种植区
1307	*Begonia labordei* H. Lév.	心叶秋海棠	Begoniaceae 秋海棠科	多年生无茎草本；节明显，叶基生，卵状心形，两侧不相等，花粉红色或淡玫瑰色，呈二至三回二歧聚伞花序；蒴果具不等大3翅	观赏	中国云南、四川、贵州	
1308	*Begonia limprichtii* Irmsch.	蕺叶秋海棠	Begoniaceae 秋海棠科	多年生小草本；高8～15cm，聚伞花序从根状茎生出，有7～8花；花粉红色；雌雄花各有花被片4，外2片大，背面被柔毛	药用		
1309	*Begonia longifolia* Blume	粗喙秋海棠（红半边莲，红莲）	Begoniaceae 秋海棠科	多年生草本；高90～150cm；茎粉红色，节膨大；叶片矩圆形，歪斜，边缘生小齿；花单性，雌雄异株，聚伞花序；花白色；果实金三角球形，无翅，顶端有1短喙	蔬菜，药用，观赏	中国	广东、广西、云南、湖南、贵州、福建、海南
1310	*Begonia maculata* Raddi.	玻璃秋海棠（铁甲秋海棠）	Begoniaceae 秋海棠科	多年生草本；叶常1片基生，斜宽卵形至斜近圆形；花黄色，四至五回圆锥状二歧聚伞花序，花被片4，外轮2枚宽卵形或半圆形，内轮2枚长圆形	观赏	中国广西	昆明植物园有栽培
1311	*Begonia manicata* Brogn. ex Cels	长袖秋海棠	Begoniaceae 秋海棠科	多年生草本；茎较短，叶具齿，上面绿色，下面红色；花粉红色，雌雄花均具2花被片，子房具1等长的翅	观赏	墨西哥南部	
1312	*Begonia masoniana* Irmsch. ex Ziesenh.	铁十字秋海棠	Begoniaceae 秋海棠科	多年生草本；叶卵圆形，表面有皱纹和刺毛，淡绿色，中央呈马蹄形红褐色环带，花黄绿色	观赏	中国广西	昆明植物园有栽培
1313	*Begonia metallica* W. G. Sm	撒金秋海棠	Begoniaceae 秋海棠科	多年生草本；茎直立，紫色；叶卵形，叶面绿色，有金属光泽，叶背红色；花大，粉红色；花期夏季	观赏	巴西	
1314	*Begonia minor* Jacq. （B. nitida Ait.）	亮叶秋海棠	Begoniaceae 秋海棠科	多年生草本叶厚，肾状卵形，基部不对称，表面有光泽，绿色，叶背有斑点，花淡红色	观赏		
1315	*Begonia modestiflora* Kurz.	云南秋海棠（山海棠，野海棠）	Begoniaceae 秋海棠科	多年生草本；茎细无毛，生4～6片叶，上部叶片渐小，长卵形，绿色，膜质，花粉红色	观赏	中国云南、广西、贵州、四川	

（续）

序号	拉丁学名	中文名	所属科	特征及特性	类别	原产地	目前分布/种植区
1316	*Begonia nelumbifolia* Schlecht. et Cham.	莲叶秋海棠	Begoniaceae 秋海棠科	多年生草本，是阿拉伯秋海棠与小叶秋海棠的杂交种；叶小，心脏形，鲜绿色；圆锥花序，花多为雄花，深桃红色	观赏		
1317	*Begonia palmata* D. Don	裂叶秋海棠（红天葵，石莲）	Begoniaceae 秋海棠科	多年生草本；茎具褐色绵毛，叶宽卵形，叶背淡紫色，与叶柄均有褐色绒毛，聚伞花序腋生，花粉红色	观赏		
1318	*Begonia pedatifida* H. Lév.	掌裂叶秋海棠	Begoniaceae 秋海棠科	多年生草本；花葶疏被或密被长毛；花白色或带粉红色，二岐聚伞状，被毛或无毛；苞片早落；雄花雄蕊多数，花药倒卵长圆形；雌花花被片5，外面的阔卵形，内面的长圆形	观赏	中国湖北、湖南、贵州、四川	
1319	*Begonia rex* Putz.	蟆叶海棠	Begoniaceae 秋海棠科	多年生草本；叶基生，长卵形，两侧不相等，边缘具不等浅三角形齿，花2朵，生于茎顶，花被片4，外轮2枚长圆状卵形，内轮2枚，长圆状披针形；蒴果具3翅	观赏	中国云南、贵州、广西	
1320	*Begonia sanguinea* Raddi	牛耳秋海棠	Begoniaceae 秋海棠科	多年生草本；茎直立，绿色；叶互生，肾形，纸质，有光泽，腹面深绿色，叶背紫红色，全缘	观赏	巴西	
1321	*Begonia scharffiana* Regel.	毛叶秋海棠	Begoniaceae 秋海棠科	多年生草本；茎直立，分枝多，老茎深褐色，新枝浅绿，有红色柔毛；叶卵圆状心脏形，叶面浅绿带红晕，叶背红色；聚伞花序，长达20cm，花粉红色；子房有长的红色茸毛；花期4～12月	观赏	巴西	
1322	*Begonia semperflorens* Link et Otto	四季秋海棠	Begoniaceae 秋海棠科	多年生草本；聚伞花序，雌雄同株，花色红、粉红及白色，花瓣或重或单；花期长，可四季开放	观赏	巴西	
1323	*Begonia silletensis* subsp. *mengyangensis* Tebbitt et K. Y. Guan	厚壁秋海棠	Begoniaceae 秋海棠科	多年生草本；叶基生，卵形或宽卵形，叶两侧极不相等，边缘具稀疏浅三角形齿，背被褐色贴生柔毛，花红色，呈二歧聚伞状，花被片4，外轮2枚宽卵形，内轮2枚扁圆形；蒴果被褐色长硬毛	观赏	中国云南	

（续）

序号	拉丁学名	中文名	所属科	特征及特性	类别	原产地	目前分布/种植区
1324	*Begonia socotrana* Hook. f.	阿拉伯秋海棠	Begoniaceae 秋海棠科	多年生草本；叶小，心脏形，鲜绿色；圆锥花序，花多为雄花，深桃红色	观赏	索科特拉岛	
1325	*Begonia tuberhybrida* Voss	球根秋海棠	Begoniaceae 秋海棠科	球根花卉；花腋生，具梗；花色有白、黄、橙、紫色及复色；有单瓣及复瓣，花型多变，有茶花型、香石竹型、月季型、鸡冠型、镶边型	观赏		
1326	*Begonia ulmifolia* Willd.	榆叶秋海棠	Begoniaceae 秋海棠科	多年生草本；茎分枝，有毛茸，叶长椭圆形，边缘重锯齿，淡绿色，有毛，花白色	观赏		
1327	*Begonia veitchii* Hook f.	高山秋海棠	Begoniaceae 秋海棠科	多年生草本；茎具柔毛，叶具齿，暗橄榄绿色，背面红色；花白色至粉红色；花期秋季	观赏	秘鲁	
1328	*Begonia versicolor* Irmsch.	变色秋海棠（花叶酸筒）	Begoniaceae 秋海棠科	多年生常绿草本；叶基生，斜宽卵形，叶片两侧极不相等，花粉红色，常 2～3 朵呈二歧聚伞状，花被片 5，外 2 枚近圆形，内 3 枚长圆形；蒴果具 3 翅	观赏	中国云南	
1329	*Begonia wilsonii* Gagnep.	一点血（威尔逊海棠，网脉秋海棠）	Begoniaceae 秋海棠科	多年生肉质草本；根状茎断面呈红色，有 1～2 枚叶，叶近菱形，基部心形，背面带紫色，聚伞花序，花粉红色	观赏	中国四川	
1330	*Beilschmiedia appendiculata* (C. K. Allen) S. K. Lee et Y. T. Wei	山潺（稠琼楠）	Lauraceae 樟科	常绿乔木；叶革质，对生或互生，椭圆形、长椭圆形，稀倒卵形基部楔形或宽楔形；侧脉 7～10 条，在叶两面均凸起；两性花，聚伞花序有花少数，腋生；花黄色；浆果状核果	林木，观赏	中国	广东、海南
1331	*Beilschmiedia intermedia* C. K. Allen	琼楠（荔枝公，二色琼楠）	Lauraceae 樟科	常绿乔木；高 9～20m；圆锥花序腋生或顶生，长 1.5～2cm，少花；花绿白色，花梗长 2～3mm；花被片裂片椭圆形，有密集而显著的线状斑点；花期 8～11 月	观赏	中国广东、广西	海南、广西
1332	*Beilschmiedia percoriacea* C. K. Allen	厚叶琼楠	Lauraceae 樟科	常绿乔木；高 15～18m；花序圆锥状或总状，数个聚生于枝顶，粗壮；花被裂片卵形或卵圆形；花期 5 月	观赏	中国广东、广西、云南	

（续）

序号	拉丁学名	中文名	所属科	特征及特性	类别	原产地	目前分布/种植区
1333	*Belamcanda chinensis*（L.）DC.	射干（扁竹，蚂螂花）	Iridaceae 鸢尾科	多年生草本；叶广剑形，扁平，互生，二歧状伞房花序顶生，花黄色至橘黄色，有暗红色斑点	观赏	中国云南、长江以南地区、台湾、东北、西北	
1334	*Bellis perennis* L.	雏菊（马兰头花，延命菊	Compositae（Asteraceae）菊科	一、二年生草本；高10～15cm；叶匙形或倒卵形；花序头状；花舌状，白色、淡粉、深红或朱红、洒金、紫色；花期3～5月	观赏	西欧	我国各地广为栽培
1335	*Benincasa hispida*（Thunb.）Cogn.	冬瓜（枕瓜，白瓜）	Cucurbitaceae 葫芦科	一年生攀缘性草本；根系强大；茎蔓生；全株密被茸毛；叶掌状五裂；瓠果有大、中、小型之分，短圆柱、长圆柱或近球形，无棱无瘤状突起，有糙硬毛及白霜	蔬菜，药用	中国和东印度	全国各地均有分布
1336	*Berberis aggregata* C. K. Schneid.	锥花小檗（小黄檗刺，猫儿刺）	Berberidaceae 小檗科	落叶或半常绿灌木；叶4～15枚簇生，矩圆状倒卵形或披针形，圆锥花序无总梗，花浅黄色，浆果红色	观赏	中国甘肃、四川	
1337	*Berberis amurensis* Rupr.	黄栌木（大叶小檗，狗奶子）	Berberidaceae 小檗科	落叶小灌木；短枝基部生有锐刺；叶常簇生刺叶的短枝上；总状花序下垂；花淡黄色；浆果，常被白粉	观赏		东北、华北、西北及山东
1338	*Berberis brachypoda* Maxim.	毛叶小檗	Berberidaceae 小檗科	小枝黄灰色，有柔毛，刺常3叉；穗形总状花序直立，与叶等长；浆果血红色，稍有粉	药用，观赏		山西、陕西、甘肃
1339	*Berberis caroli* Schneid.	鄂尔多斯小檗	Berberidaceae 小檗科	落叶灌木，高1～2m，暗灰色，不规则条裂，单轴分枝，单叶簇生叶草质，倒披针形、倒卵形或椭圆形，边缘常有疏细锯齿，网脉明显；花单生于叶腋或集成具数朵花的聚伞花序；浆果矩圆形	观赏		贺兰山、嘉峪关
1340	*Berberis chingii* Cheng	安徽小檗	Berberidaceae 小檗科	落叶灌木；叶近圆形或宽椭圆形；总状花序具花10～27朵，花黄色，小苞片卵形，萼片2轮，花瓣椭圆形；浆果椭圆形	观赏		安徽、浙江、湖北
1341	*Berberis circumserrata*（C. K. Schneid.）C. K. Schneid.	秦岭小檗	Berberidaceae 小檗科	落叶灌木；高达1m；叶薄纸质，倒卵状长圆形或倒卵形；花黄色，2～5朵簇生；浆果椭圆形或长圆形，红色	蜜源		陕西、河南、甘肃

（续）

序号	拉丁学名	中文名	所属科	特征及特性	类别	原产地	目前分布/种植区
1342	*Berberis dasystachya* Maxim.	直穗小檗（黄刺）	Berberidaceae 小檗科	落叶灌木；叶长圆状椭圆形或近圆形；总状花序直立，花黄色，小苞片披针形，萼片 2 轮；花瓣倒卵形；浆果椭圆形	药用，经济作物（饮料类）		甘肃
1343	*Berberis diaphana* Maxim.	鲜黄小檗（黄花刺）	Berberidaceae 小檗科	半常绿灌木；叶长圆状倒卵形或倒卵形；圆锥花序，花黄色，小苞片三角形，萼片 2 轮，花瓣倒卵形；浆果狭卵形	药用		四川、西藏
1344	*Berberis dictyoneura* C. K. Schneid.	网脉小檗（黄刺）	Berberidaceae 小檗科	落叶灌木；叶倒卵形；伞形状总状花序由 5～8 朵花组成；花黄色，花瓣倒卵形；萼片 2 轮；胚珠 5～6 枚；浆果卵圆形	经济作物（饮料类）		甘肃
1345	*Berberis dielsiana* Fedde	首阳小檗	Berberidaceae 小檗科	落叶灌木；叶椭圆形或椭圆状披针形；总状花序具花 6～20 朵，花黄色，小苞片披针形，红色，花瓣椭圆形；浆果长圆形	药用		陕西、河南、山西
1346	*Berberis hemsleyana* Ahrendt	拉萨小檗	Berberidaceae 小檗科	落叶灌木；老枝暗灰色，幼枝淡红色，叶纸质，倒披针形，叶全缘，伞形状总状花序，花黄色，花瓣狭倒卵形，浆果长圆形	观赏	中国西藏	
1347	*Berberis henryana* Schneid.	巴东小檗（川鄂小檗）	Berberidaceae 小檗科	落叶灌木；老枝灰黄色或暗褐色，幼枝红色，叶坚纸质，边缘具细刺齿，总状花序，花黄色，花瓣长圆状倒卵形，浆果椭圆形，红色	观赏	中国四川、湖北、湖南、甘肃、贵州、河南	
1348	*Berberis heteropoda* Schrenk	黑果小檗	Berberidaceae 小檗科	落叶灌木；叶倒卵状椭圆形；总状花序或伞形状总状花序由 4～9 朵花组成；花黄色，花瓣倒卵状匙形，萼片 2 轮；浆果近球形	饲用及绿肥		新疆
1349	*Berberis iliensis* Popov	伊犁小檗	Berberidaceae 小檗科	落叶灌木；高 1～2.5m；枝圆柱形；总状花序具 10～25 朵花，长 3～5cm，具总梗，长约 5mm；花瓣倒卵形，长约 3.5mm，宽约 2mm，先端缺裂	药用		新疆
1350	*Berberis jamesiana* Forrest et W. W. Sm.	川滇小檗	Berberidaceae 小檗科	落叶灌木；老枝暗灰色或紫黑色，幼枝紫色，叶近革质，椭圆形或长圆状倒卵形，总状花序，花黄色，花瓣倒卵形或狭长圆状椭圆形，基部具 2 枚分离腺体，浆果亮红色	观赏	中国云南、四川、西藏	

（续）

序号	拉丁学名	中文名	所属科	特征及特性	类别	原产地	目前分布/种植区
1351	*Berberis julianae* C. K. Schneid.	蠔猪刺（山黄连，三甲刺）	Berberidaceae 小檗科	常绿灌木；老枝黄褐色或灰褐色，幼枝淡黄色，叶革质，狭卵形至倒披针形，常5叶簇生于节，花黄色簇生，基部具2枚长圆形腺体，浆果蓝黑色	有毒，生态防护，观赏	中国湖北、四川、贵州、湖南、广西	湖北、湖南、广西、四川、贵州
1352	*Berberis koreana* Palib.	朝鲜小檗（掌刺小檗）	Berberidaceae 小檗科	落叶灌木；成熟枝暗红色，叶长卵圆形至倒卵形，短总状花序下垂，花黄色	果树	中国东北、华北	
1353	*Berberis kunmingensis* C. Y. Wu	昆明鸡脚黄连	Berberidaceae 小檗科	常绿灌木；高约2m；小花20数朵簇生于叶腋，鲜黄色；花瓣6，卵圆形；浆果卵状矩圆形，柱头扁平，宿存；花期春季	蜜源		云南
1354	*Berberis lempergiana* Ahrendt	长柱小檗	Berberidaceae 小檗科	常绿灌木；叶革质而坚硬，长椭圆形至披针形，背面灰绿色，花黄色，浆果蓝紫色	观赏	中国浙江	
1355	*Berberis oblonga* Schneid.	长圆叶小檗	Berberidaceae 小檗科	落叶灌木，高1～2m；总状花序稀疏，具3～9花；花黄色；苞片披针形；萼片宽卵形，淡红色；花瓣6，基部具2个圆形腺体；雄蕊6；子房筒状，花柱先端盘状，胚珠6，有短柄	果树		新疆
1356	*Berberis poiretii* C. K. Schneid.	细叶小檗（三颗针，波氏小檗）	Berberidaceae 小檗科	落叶灌木；叶倒披针形至狭披针形；穗状总状花序具8～15朵花；花黄色，花瓣倒卵形或椭圆形，苞片条形；浆果长圆形	药用		吉林、辽宁、河北、山西、内蒙古
1357	*Berberis polyantha* Hemsl.	刺黄花	Berberidaceae 小檗科	落叶灌木；圆锥花序具30～100朵花，分枝多而斜生；花黄色，小苞片三角形，外萼片卵形，内萼片倒卵形；花瓣倒卵形；花期5～7月	观赏	中国四川、西藏	
1358	*Berberis pruinosa* Franch.	粉叶小檗（大黄连刺，三颗针）	Berberidaceae 小檗科	常绿灌木；叶长椭圆形，背面有白粉，花黄绿色，簇生或生于短总花梗上，浆果蓝紫色	蜜源	中国云南	云南、四川
1359	*Berberis sargentiana* C. K. Schneid.	刺黑珠	Berberidaceae 小檗科	常绿灌木；叶长圆状椭圆形；花4～10朵簇生，花黄色，小苞片红色，外萼片自基部向先端有1红色带条；浆果长圆形	药用		湖北、四川

（续）

序号	拉丁学名	中文名	所属科	特征及特性	类别	原产地	目前分布/种植区
1360	*Berberis sibirica* Pall.	西伯利亚小檗（刺叶小檗）	Berberidaceae 小檗科	落叶灌木；叶倒卵形，倒披针形或倒卵状长圆形；花单生，花瓣倒卵形；萼片 2 轮；胚珠 5～8 枚；浆果倒卵形	药用，果树		新疆、河北
1361	*Berberis silva-taroucana* C. K. Schneid.	华西小檗	Berberidaceae 小檗科	落叶灌木；叶倒卵形或近圆形；花序由 6～12 朵花组成疏松伞形状总状花序，花黄色，萼片 2 轮，花瓣倒卵形；浆果长圆形	药用		甘肃、四川、云南、湖北
1362	*Berberis thunbegii* DC.	日本小檗	Berberidaceae 小檗科	落叶灌木；花 2～5 朵组成具总梗的伞形花序；花黄色，外萼片卵状椭圆形，内萼片椭圆形；花瓣长圆状倒卵形，先端钝圆；花期 4～6 月	观赏	日本	我国各地广为栽培
1363	*Berberis tsarongensis* Stapf	察瓦龙小檗	Berberidaceae 小檗科	落叶灌木；叶薄纸质，倒卵形或长圆状椭圆形，伞形状总状花序，花黄色，花瓣长圆状倒卵形，基部具 2 枚卵形腺体，浆果红色	观赏	中国云南、西藏	
1364	*Berberis vernae* C. K. Schneid.	匙叶小檗（黄刺）	Berberidaceae 小檗科	落叶灌木；叶倒披针形或匙状倒披针形；穗状总状花序，花黄色，花瓣倒卵状圆形，苞片披针形，萼片 2 轮；浆果长圆形	药用，经济作物（染料类）		甘肃、青海、新疆
1365	*Berberis vinifera* T. S. Ying	可食小檗	Berberidaceae 小檗科	常绿灌木；老枝灰黑色，幼枝暗灰色，叶革质，椭圆形，花 4～20 朵簇生，浆果卵球形，紫黑色	观赏	中国西藏	
1366	*Berberis virescens* Hook.	变绿小檗	Berberidaceae 小檗科	落叶灌木；叶纸质，长圆状倒卵形，近伞形花序或伞形状总状花序，花黄色，花瓣倒卵形，基部具 2 枚分离腺体，浆果红色	观赏	中国西藏、云南	
1367	*Berberis virgetorum* C. K. Schneid.	庐山小檗（长叶小檗，刺黄连）	Berberidaceae 小檗科	落叶灌木；小枝红褐色，老枝灰黄色，叶长圆状菱形，背面有白粉，总状伞形花序，浆果红色	观赏	中国江西、浙江	
1368	*Berberis vulgaris* L.	欧洲小檗	Berberidaceae 小檗科	落叶灌木；总状花序花数较少，一般不超过 20 朵，浆果亦较小，不足 1cm	观赏	欧洲	

（续）

序号	拉丁学名	中文名	所属科	特征及特性	类别	原产地	目前分布/种植区
1369	*Berberis wilsonae* Hemsl.	金花小檗（小叶小檗）	Berberidaceae 小檗科	矮小灌木；茎丛生；叶簇生，倒卵状披针形或倒卵形；花簇生叶腋；花金黄色，花瓣 6，披针形；红色浆果，近椭圆形	药用，观赏		湖北、四川、云南、贵州
1370	*Berchemia flavescens*（Wall.）Brongn.	多花勾儿茶	Rhamnaceae 鼠李科	落叶攀缘藤状灌木；长达 6m，叶互生，卵形，宽圆锥花序；核果近圆柱形	蜜源		华东、中南、西南及陕西
1371	*Berchemia kulingensis* C. K. Schneid.	牯岭勾儿茶	Rhamnaceae 鼠李科	落叶缠绕灌木；叶卵形或卵状椭圆形，背面灰绿色，圆锥花序，花带绿色	攀附	中国江西	
1372	*Berchemia polyphylla* Wall. ex Lawson	多叶勾儿茶	Rhamnaceae 鼠李科	落叶缠绕灌木；叶卵状椭圆形、卵状矩圆形或椭圆形，背面淡绿色，总状花序，花黄绿色	攀附	中国陕西、甘肃、四川、贵州、云南、广西	
1373	*Berchemia sinica* C. K. Schneid.	云南勾儿茶	Rhamnaceae 鼠李科	攀缘藤状灌木；叶纸质，卵圆形或椭圆形，圆锥花序或总状花序顶生，花黄色	蜜源		湖南、湖北、江西、四川、贵州、云南、广西、广东
1374	*Berchemiella wilsonii*（C. K. Schneid.）Nakai	小勾儿茶	Rhamnaceae 鼠李科	落叶灌木；高 3～6m；叶纸质，互生，椭圆形；聚伞房状花序顶生，花淡绿色，花瓣宽倒卵形；花期 7 月	药用		湖北、湖南
1375	*Bergenia crassifolia*（L.）Fritsch	星叶梅	Saxifragaceae 虎耳草科	多年生草本；叶形较圆，并呈倒卵形，花萼裂片顶端平截，稀钝圆；叶边缘有时呈波状几为全缘	观赏	蒙古、西伯利亚	
1376	*Bergenia emeiensis* C. Y. Wu	娥眉岩白菜	Saxifragaceae 虎耳草科	多年生草本；叶基生，叶革质，狭倒卵形，托叶鞘边缘具硬睫毛，聚伞花序圆锥状，花瓣白色，狭倒卵形，萼片革质，近卵形	观赏	中国四川	
1377	*Bergenia purpurascens*（Hook. f. et Thomson）Engl.	岩白菜	Saxifragaceae 虎耳草科	多年生草本；地面茎多匍匐并有分枝，叶基生或生于枝顶；总状花序，花 5 瓣，玫瑰红色	观赏	中国云南、四川、西藏	
1378	*Bergia serrata* Blanco	田繁缕	Elatinaceae 沟繁缕科	多年生草本；高 15～30cm；茎下部伏地，有匍匐根；叶纸质，椭圆状披针形或披针形；花极小，粉红色，组成腋生小聚伞花序；蒴果近球形	杂草		广东、海南

（续）

序号	拉丁学名	中文名	所属科	特征及特性	类别	原产地	目前分布/种植区
1379	*Berneuxia thibetica* Decne.	岩匙（白奴花，岩菠菜，露寒草）	Diapensiaceae 岩梅科	多年生草本；叶基生，革质，倒卵状匙形，伞形总状花序顶生，萼片5，宽椭圆形或卵形，淡红色宿存，花冠钟状，白色或粉红色，5深裂	观赏	中国四川、云南、贵州	
1380	*Berteroa incana*（L.）DC.	团扇荠	Cruciferae 十字花科	二年生草本；高20～80cm，被星状毛；叶倒披针形、长圆形或长圆状倒披针形；总状花序初伞房状，花瓣白色；短角果椭圆形	杂草		辽宁、新疆
1381	*Bertholletia excelsa* H. B. K	巴西坚果	Lecythidaceae 玉蕊科	乔木，高达30～45m，直径1～2m；果球形，直径8～18cm，果皮坚硬，内含种子8～24枚，分室排列，如柑橘	果树	巴西	云南、台湾
1382	*Berula erecta*（Huds.）Coville	直立欧泽芹	Umbelliferae（Apiaceae）伞形科	多年生草本；复伞形花序多与叶对生，伞辐5～15，总苞片3～6，草质，边缘白色膜质；小伞形花序有花10～20，小总苞片5～6，花瓣白色，广卵形；分生果广卵形，外果皮木栓质增厚	有毒		新疆
1383	*Beta corolliflora* Zoss.	白花甜菜种	Chenopodiaceae 藜科	二年生或多年生草本；花柱与花丝较长，伸出萼片外，花被呈水平状，萼片白色或浅黄色；果实近三角形	经济作物（糖料类）		
1384	*Beta intermedia* Bunge.	中间型甜菜种	Chenopodiaceae 藜科	二年或多年生；根形为长纺锤形叉根；花萼白色，花被叶片边缘有白色透明的边线，花柱长；果实梨形或三角形	经济作物（糖料类）		
1385	*Beta lomatogona* Fisch et M.	花边果甜菜种	Chenopodiaceae 藜科	多年生；二倍体为单粒，开花时花药伸出萼片外，开花后，萼片闭合不脱落，单粒果实包含在内，果实似长圆柱形，定断宽，边缘有棱；四倍体类型一般为无融合生殖	经济作物（糖料类）		
1386	*Beta macrocarpa* Guss.	大果甜菜种	Chenopodiaceae 藜科	一年生，植物半匍匐；叶形似菱形，叶脉浅红色，叶片绿色；果实多汁	经济作物（糖料类）		
1387	*Beta macrorrhiza* Stev.	大根甜菜种	Chenopodiaceae 藜科	多年生；叶宽卵形或阔卵形，基部叶片近似心脏形；花萼白色，花柱头短；果大，椭圆形，由6～7朵花组成	经济作物（糖料类）		

（续）

序号	拉丁学名	中文名	所属科	特征及特性	类别	原产地	目前分布/种植区
1388	*Beta nanae* Boiss. et Heldreich	矮生甜菜种	Chenopodiaceae 藜科	多年生；株形平伏，呈小的莲座状；叶窄长，柳叶形，叶绿色，叶柄及叶缘红色；花单生，单粒	经济作物（糖料类）		
1389	*Beta patellaris* Moq.	碗状花甜菜种	Chenopodiaceae 藜科	叶心脏形或三角形、菱形，叶柄浅绿；根细长圆锥形，多侧根，有分叉；果实碗状	经济作物（糖料类）		
1390	*Beta patula* Ait.	岔根甜菜种	Chenopodiaceae 藜科	一年生；株型矮，叶形细长，似披针形，叶柄有红条纹；根系细长，种球大	经济作物（糖料类）		
1391	*Beta procumbens* Chr. Smith	平伏甜菜种	Chenopodiaceae 藜科	叶箭形，叶基部红色，叶丛匍匐；花柱长，单粒；果实扁碗状，边缘较圆	经济作物（糖料类）		
1392	*Beta trigyna* Waldt. et Kit.	三蕊甜菜种	Chenopodiaceae 藜科	多年生；苞叶匙状，花柱短，花丝长；果实由 3 粒种子构成，呈 3 棱状	经济作物（糖料类）		
1393	*Beta vulgaris* L.	甜菜	Chenopodiaceae 藜科	二年生草本；根圆锥状至纺锤状，多汁；基生叶矩圆形，具长柄；花 2～3 朵簇生，花被裂片条形，果时变为革质并向内拱曲	经济作物（糖料类）		我国南北各地广为栽培
1394	*Beta vulgaris* var. *cicla* L.	厚皮菜	Chenopodiaceae 藜科	根不肥大，有分枝	蔬菜		我国南方
1395	*Beta vulgaris* var. *rapacea* Koch	根甜菜	Chenopodiaceae 藜科	二年生草本；肉质根呈球形或卵形、扁圆形、纺锤形，紫红色；叶长圆形或近三角形，浓绿或赤红色，叶柄与叶脉紫红色。穗状花序，花白色；果实相互连生成球形；种子小，肾形，褐色	蔬菜		
1396	*Beta webbiana* Moq.	维比纳甜菜种	Chenopodiaceae 藜科	叶片箭形；单粒，果实扁碗状，果实基部呈五面形，骨状突起，圆形	经济作物（糖料类）		
1397	*Betula albosinensis* Burkill	红桦	Betulaceae 桦木科	大乔木；高达 30m；叶卵形或卵状矩圆形；雄花序圆柱形；果序圆柱形；小坚果卵形	林木		云南、四川东部、湖北西部、河南、河北、山西、陕西、甘肃、青海

（续）

序号	拉丁学名	中文名	所属科	特征及特性	类别	原产地	目前分布/种植区
1398	*Betula alnoides* Buch.-Ham. ex D. Don	西南桦（西桦，桦树，桦桃木）	Betulaceae 桦木科	乔木；高达16m；叶厚纸质，披针形或卵状披针形，顶端渐尖至尾状渐尖，基部楔形、宽楔形或圆形，少有微心形，边缘具内弯的刺毛状的不规则重锯齿	林木，经济作物（橡胶类），生态防护，观赏		云南、贵州、广西、浙江、湖北
1399	*Betula austrosinensis* Chun ex P. C. Li	华南桦	Betulaceae 桦木科	乔木；高达25m；果序单生，圆柱形，果序柄长5mm，被长粗毛；果苞3裂，中裂片较侧裂片稍长，裂片钝圆，具须毛；小坚果倒卵形，果翅较窄，约为果宽的1/2	蜜源		广西、广东、湖南、贵州、四川、云南
1400	*Betula calcicola* （W. W. Sm.）P. C. Li	岩桦	Betulaceae 桦木科	灌木；直立或匍匐，高0.4～4m；叶革质，近圆形或宽卵形；果序单生，矩圆状圆柱形；小坚果近圆形	林木		云南西北部、四川西南部
1401	*Betula chinensis* Maxim.	坚桦	Betulaceae 桦木科	灌木或小乔木；高2至5m；叶厚纸质，卵形、宽卵形；果序单生，近球形；小坚果宽倒卵形	林木，经济作物（染料类）		黑龙江、辽宁、河北、山西、山东、河南、陕西、甘肃
1402	*Betula costata* Trautv.	风桦（硕桦）	Betulaceae 桦木科	落叶乔木；高30m；树皮黄褐色或暗褐色；叶卵形或长卵形；果序矩圆形；小坚果倒卵形	观赏	中国东北及河北	
1403	*Betula dahurica* Pall.	黑桦	Betulaceae 桦木科	落叶乔木；高6～20m；树皮黑褐色，龟裂；叶长卵形，间有宽卵形、卵形、菱状卵或椭圆形；果序矩圆状圆柱形；小坚果宽椭圆形	观赏	中国黑龙江、辽宁北部、吉林东部、河北、山西、内蒙古	
1404	*Betula delavayi* Franch.	高山桦	Betulaceae 桦木科	乔木或小乔木；高3～15m；叶厚纸质，椭圆形、宽椭圆形、卵形；果序单生，矩圆状圆柱形；小坚果倒卵形或椭圆形	林木		四川、云南、西藏
1405	*Betula ermanii* Cham.	岳桦	Betulaceae 桦木科	落叶乔木；单叶互生，叶片三角状卵形至卵形，边缘有粗锯齿，齿端有短刺尖，下面有硬毛和腺点；球果直立，单生叶腋，短圆柱状或宽圆状	林木，经济作物（橡胶类），药用		东北、内蒙古

（续）

序号	拉丁学名	中文名	所属科	特征及特性	类别	原产地	目前分布/种植区
1406	*Betula fruticosa* Pall.	柴桦	Betulaceae 桦木科	灌木；高 0.5～2.5m；叶卵形或长卵形；果序单生，矩圆形或短圆柱形；小坚果椭圆形	林木		黑龙江北部
1407	*Betula halophila* Ching	盐桦	Betulaceae 桦木科	落叶小乔木或直立大灌木；高 3～4m；叶卵形或卵状菱形；果序长圆状圆柱形，单生，下垂，果苞长约 5～7mm；小坚果卵形	生态防护		新疆阿勒泰
1408	*Betula humilis* Schrank	甸生桦	Betulaceae 桦木科	灌木；高 1～2m；叶卵形、宽卵形或长卵形；果序直立，单生，矩圆形；小坚果矩圆形	林木		新疆阿尔泰山
1409	*Betula insignis* Franch.	香桦	Betulaceae 桦木科	乔木；高 10～25m；叶厚纸质，较大，椭圆形，卵状披针形；果序单生，矩圆形；小坚果狭矩圆形	经济作物（油料类）		四川、贵州、湖北、湖南
1410	*Betula jinpingensis* P. C. Li	金平桦	Betulaceae 桦木科	乔木；叶厚纸质，矩圆状披针形；果序单生兼有 2～3 枚簇生，圆柱形；小坚果椭圆形或宽椭圆形	林木		云南东南部金平
1411	*Betula luminifera* H. J. P. Winkl.	亮叶桦（光皮桦）	Betulaceae 桦木科	乔木；果序单生，长圆柱状，下垂；果序柄长 1～2cm；翅果倒卵形，长 2mm，膜质翅宽为果的 2～3 倍	生态防护，观赏		广东、广西、四川、贵州、云南
1412	*Betula microphylla* Bunge	小叶桦	Betulaceae 桦木科	小乔木；高 5～6m；叶菱形、菱状倒卵形；果序直立，单生，矩圆状圆柱形；小坚果卵形	林木		新疆阿尔泰山及哈密
1413	*Betula middendorfii* Trautv. Et C. A. Mey.	扇叶桦	Betulaceae 桦木科	灌木；高 0.5～2m；叶厚纸质，宽倒卵形；果序单生，矩圆形；小坚果卵形	林木		黑龙江大兴安岭
1414	*Betula ovalifolia* Rupr.	油桦	Betulaceae 桦木科	灌木；高 1～2m；叶椭圆形，宽椭圆形，菱状卵形；果序直立，单生，矩圆形；小坚果椭圆形	林木		黑龙江南部及东南部、吉林长白山
1415	*Betula pendula* Roth	垂枝桦	Betulaceae 桦木科	落叶乔木；高 25m；树皮灰色或黄白色；叶三角状卵形或菱状卵形；果序矩圆形至矩圆状圆柱形；小坚果长倒卵形	林木，生态防护	中国新疆北部至阿尔泰山区	新疆、黑龙江、辽宁

（续）

序号	拉丁学名	中文名	所属科	特征及特性	类别	原产地	目前分布/种植区
1416	*Betula platyphylla* Sukaczev	白桦（桦木，粉桦，臭桦，四川白桦）	Betulaceae 桦木科	乔木；高可达 27m；果序单生，圆柱形或矩圆状圆柱形，通常下垂，长 2～5cm，直径 6～14mm	生态防护，观赏	中国	东北、西北、西南各地
1417	*Betula potaninii* Batal. var. *tricogemma* Hu ex P. C. Li	峨眉矮桦	Betulaceae 桦木科	与原变种区别：芽鳞和小枝密被白色绒毛；叶缘两侧脉间具 1 枚较少为 2 枚钝齿，叶片背面密被黄褐色长柔毛，网脉间亦密被毛	林木		四川峨眉
1418	*Betula potaninii* Batalin	矮桦	Betulaceae 桦木科	灌木或小乔木；高 2～6m；叶革质，卵状披针形、矩圆披针形、椭圆形；果序单生，矩圆状圆柱形；小坚果倒卵形	林木		四川西部与北部、甘肃东南部
1419	*Betula rotundifolia* Spach	圆叶桦	Betulaceae 桦木科	灌木；高约 2m；叶小，圆形；果序单生，矩圆状圆柱形；小坚果矩圆形	林木		新疆阿尔泰山
1420	*Betula schmidtii* Regel	赛黑桦	Betulaceae 桦木科	乔木；高达 20～35m；叶厚纸质，卵形或宽椭圆形，很少椭圆形；果序单生，直立，短圆柱形；小坚果卵形	林木		吉林东部及东南部、辽宁东北部
1421	*Betula tianschanica* Rupr.	天山桦	Betulaceae 桦木科	落叶乔木；高 4～12m；树皮淡黄褐色或黄白色，偶有红褐色；叶宽卵状菱形或卵状菱形；果序矩圆状圆柱形；小坚果倒卵形	观赏	中国新疆天山，俄罗斯	
1422	*Betula utilis* D. Don	糙皮桦（喜马拉雅银桦）	Betulaceae 桦木科	乔木；果序单生或 2～4 个排成总状，圆柱状；果苞长 5～8mm；翅果卵形，长 2～3mm，翅为果宽的一半或近等宽	蜜源		四川、云南、西藏、青海、甘肃、陕西、河南、河北
1423	*Bhesa robusta*（Roxb.）Ding Hou	膝柄木	Celastraceae 卫矛科	半常绿乔木；高 13m，胸径 60cm；叶长圆形或长圆状披针形；总状花序生于枝梢叶腋，花淡白色；蒴果长卵圆形	林木，观赏		广西合浦
1424	*Bidens bipinnata* L.	鬼针草（婆婆针）	Compositae（Asteraceae）菊科	一年生草本；高 50～100cm；叶二回羽状深裂，下部和中部叶对生，上部叶互生；头状花序，总苞杯形，花黄色；瘦果线形	蔬菜，药用		全国各地均有分布

（续）

序号	拉丁学名	中文名	所属科	特征及特性	类别	原产地	目前分布/种植区
1425	*Bidens biternata* (Lour.) Merr. et Sherff	金盏银盘（鬼针草）	Compositae (Asteraceae) 菊科	一年生草本；高30～90cm；下部叶对生，上部叶长互生，一至二回羽状分裂；头状花序，舌状花白色不育，管状花两性，黄色；瘦果线形	杂草		华南、华东、华中、西南及辽宁、河北、山西
1426	*Bidens frondosa* L.	大狼把草（接力草）	Compositae (Asteraceae) 菊科	一年生草本；叶对生，奇数羽状复叶，小叶披针形；头状花序单生，花序全为两性管状花组成；瘦果楔形	药用	北美	辽宁、吉林、河北、浙江、江苏
1427	*Bidens maximowicziana* Oett.	羽叶鬼针草	Compositae (Asteraceae) 菊科	一年生草本；高15～70cm；叶羽状全裂；头状花序单生，总苞叶状，无舌状花，管状花两性；瘦果扁平	杂草		东北
1428	*Bidens parviflora* Willd.	小花鬼针草	Compositae (Asteraceae) 菊科	一年生草本；高40～70cm；茎常呈暗紫色；叶对生，具柄，二至三回羽状全裂；头状花序单生枝顶，管状花黄色；瘦果线形	药用，经济作物（油料类）		东北、华北、西北及江苏、四川
1429	*Bidens pilosa* L.	三叶鬼针草	Compositae (Asteraceae) 菊科	一年生草本；高30～100cm；叶对生或互生，3全裂或不裂；头状花序，无舌状花，管状花黄色；瘦果呈线形，具4棱	药用		华中、华东、华南、西南
1430	*Bidens tripartita* L.	狼把草	Compositae (Asteraceae) 菊科	一年生草本；高30～150cm；茎紫色直立；叶对生，羽状分裂或不裂，叶柄有狭翅；头状花序，花黄色，全为两性管状花；瘦果扁平	有毒		我国广布
1431	*Billbergia nutans* H. Wendl. ex Regel	垂花凤梨	Bromeliaceae 凤梨科	多年生草本；株高40cm；叶线状披针形；花苞片红粉色，花冠黄绿色，边缘为蓝紫色；花期春季	观赏	巴西	
1432	*Billbergia pyramidalis* (Sims) Lindl.	水塔凤梨	Bromeliaceae 凤梨科	多年生草本；无茎；叶阔条形或披针形，上面绿色，下面粉绿色；花序穗状，直立；苞片粉红色，萼片暗红色，被粉；花冠鲜红色；花期春季	观赏	秘鲁、巴西	
1433	*Billbergia zebrina* (Hreb.) Lindl.	斑马（缟）水塔花	Bromeliaceae 凤梨科	多年生草本；株高60cm；叶厚，叶尖反卷；花序穗状垂俯；苞片红色；花黄绿色或绿色；花期春季	观赏		

（续）

序号	拉丁学名	中文名	所属科	特征及特性	类别	原产地	目前分布/种植区
1434	*Biophytum sensitivum*（L.）DC.	感应草	Oxalidaceae 酢浆草科	一、二年生草本；高 5～20cm；茎单生，不分枝；小叶片矩圆形或倒卵状矩圆形；花序伞形；花苞片、萼片披针形；花瓣黄色；蒴果椭圆状倒卵形；花果期 7～12 月	观赏	中国台湾、广东、广西、贵州、云南	
1435	*Bischofia javanica* Blume	秋枫（水加，碰风，高根）	Euphorbiaceae 大戟科	常绿乔木；雌雄异株，圆锥花序腋生，浆果，圆球形，褐色或淡红色	林木，药用，观赏		四川、云南、贵州、广西、广东、湖北、湖南、福建、台湾、浙江
1436	*Bischofia polycarpa*（H. Lév.）Airy Shaw	乌杨（重阳木）	Euphorbiaceae 大戟科	落叶乔木；高 15m；树皮褐色纵裂；树冠伞形；三出复叶，小叶卵形或椭圆状卵形，有时长圆状卵形；花序总状；萼片半圆形；浆果圆球形	观赏	中国秦岭、淮河流域以南至福建和广东的北部	长江中下游平原
1437	*Bismarckia nobilis* Hildeber. et H. Wendl.	比斯马棕（霸王榈，美丽蒲葵）	Gramineae（Poaceae）禾本科	常绿乔木，高 60～79m；单干直立，叶掌状分裂，簇生干顶，蓝绿色；雌雄同株，肉穗花序下垂，花乳白色	观赏	马达加斯加	福建、广东、云南、台湾
1438	*Blastus cochinchinensis* Lour.	柏拉木（黄金梢，山甜娘，崩疮药）	Melastomataceae 野牡丹科	灌木；茎圆柱形，分枝多，幼时密被黄褐色小鳞片，以后脱落；叶片纸质或近坚纸质；茎、根均含鞣质	药用		福建、台湾、广东、海南、广西、云南
1439	*Bletilla formosana*（Hayata）Schltr.	小白及	Orchidaceae 兰科	多年生草本；花瓣先端稍钝；唇瓣椭圆形，中部以上 3 裂；侧裂片直立，斜的半圆形，围抱蕊柱；中裂片近圆形或近倒卵形，边缘微波状；唇盘上具 5 条纵脊状褶片；褶片从基部至中裂片上面均为波状	观赏	中国陕西、四川、云南、贵州、广西、台湾	
1440	*Bletilla ochracea* Schltr.	黄花白及（猫儿姜）	Orchidaceae 兰科	多年生草本；花序具 3～8 朵花；唇瓣椭圆形，在中部以上 3 裂；侧裂片直立，斜的长圆形，围抱蕊柱；中裂片近正方形，边缘微波状，先端微凹；唇盘上面具 5 条纵脊状褶片；褶片仅在中裂片上面为波状；蕊柱具狭翅，稍弓曲	观赏	中国甘肃、陕西、四川、湖北、湖南、云南、贵州、广西	
1441	*Bletilla sinensis*（Rolfe）Schltr.	华白及	Orchidaceae 兰科	植株高 15～18cm；假鳞茎近球形；叶 2～3 枚，基生，披针形或椭圆状披针形；花小，淡紫色，或萼片与护板白色，先端为紫色；花瓣披针形	观赏	中国	云南

（续）

序号	拉丁学名	中文名	所属科	特征及特性	类别	原产地	目前分布/种植区
1442	*Bletilla striata*（Thunb. ex A. Murray）Rchb. f.	白及（双肾草，呼良姜）	Orchidaceae 兰科	多年生草本；叶 4～6 枚，阔披针形，总状花序顶生，花紫红色或粉红色，唇瓣白色带紫红色，具紫色脉；蒴果圆柱形	观赏	中国华东及陕西、甘肃、湖北、湖南、广东、广西、四川、贵州	
1443	*Blumea balsamifera*（L.）DC.	大风艾（艾纳香）	Compositae（Asteraceae）菊科	一年生或多年生大草本或灌木；有时呈乔木状，全株密被黄白色绒毛，具香气；茎，木质化，多分枝；单叶互生，上面有短柔毛，下面密被银白色绒毛	药用	中国	广西、广东、云南、贵州
1444	*Blumea clarkei* Hook. f.	七里明	Compositae（Asteraceae）菊科	多年生草本；茎高 0.6～1.5m；叶片长圆形或长圆状披针形；头状花序成狭圆锥状；花黄色；瘦果圆柱形	观赏		广东、广西、福建
1445	*Blumea fistulosa*（Roxb.）Kurz	节节红	Compositae（Asteraceae）菊科	草本；茎高 0.5～1.5m；叶片倒卵形至倒披针形；头状花序成穗状圆锥状；花黄色；瘦果圆柱形	观赏		云南、贵州、广西、广东
1446	*Blumea hieracifolia*（D. Don）DC.	毛毡草（毛将军）	Compositae（Asteraceae）菊科	一年生草本；高 0.5～1m；叶互生，椭圆形、长圆形或长圆状披针形；头状花序多数，排成穗状圆锥花序，花黄色；瘦果圆柱形	杂草		台湾、福建、江西、湖南、广东、广西、四川、云南、贵州
1447	*Blumea lacera*（Burm. f.）DC.	见霜黄（生毛将军）	Compositae（Asteraceae）菊科	一年生草本；茎直立，高 18～100cm；叶倒卵形或倒卵状长圆形；头状花序，多数排列成圆锥花序，花黄色；瘦果圆柱状纺锤形	杂草		江西、福建、台湾、广东、广西、贵州、云南
1448	*Blumea laciniata*（Roxb.）DC.	六耳铃（吊钟黄）	Compositae（Asteraceae）菊科	一年生草本；高 0.3～1.5m；茎上部具长柔毛；叶卵形或倒卵形；头状花序多数，于茎顶排成长圆状圆锥花序；瘦果圆柱形	杂草		台湾、福建、广东、广西、云南、贵州
1449	*Blumea megacephala*（Randeria）C. C. Chang et Y. Q. Tseng	东风草	Compositae（Asteraceae）菊科	攀缘状草质藤本或基部木质；叶片卵形或长椭圆形；头状花序疏散成大型具叶的圆锥花序；花黄色；瘦果圆柱形	观赏		云南、四川、贵州、广西、广东、湖南南部、江西南部、福建、台湾

（续）

序号	拉丁学名	中文名	所属科	特征及特性	类别	原产地	目前分布/种植区
1450	*Blumea riparia* (Blume) DC.	假东风草	Compositae (Asteraceae) 菊科	攀缘状草质藤本或基部木质；叶片卵状长圆形或狭椭圆形；头状花序成圆锥状；花黄色；瘦果圆柱形	观赏		云南西南至东南部、广西西南部、广东西南部
1451	*Blumea sericans* (Kurz) Hook. f.	拟毛毡草	Compositae (Asteraceae) 菊科	粗壮草本；基部叶倒卵状匙形或倒披针形；头状花序排成穗状狭圆锥花序；花黄色；瘦果圆柱形	观赏		贵州、广西、广东、湖南、江西、浙江、福建、台湾
1452	*Blysmus compressus* (L.) Panz.	扁穗草	Cyperaceae 莎草科	多年生草本；具短的匍匐根状茎；叶条形，平展；穗状花序具小穗3～12枚；刚毛6条，长于小坚果近1倍，花药长约2mm	饲用及绿肥		甘肃、新疆、西藏
1453	*Blysmus sinocompressus* T. Tang et F. T. Wang	华扁穗草	Cyperaceae 莎草科	多年生草本；具长的匍匐根状茎；叶条形，平展；穗状花序具小穗3～10枚；刚毛3～6条，长出小坚果约2倍，花药长约3mm	饲用及绿肥		东北、华北、西北及西南
1454	*Blyxa aubertii* Rich.	无尾水筛	Hydrocharitaceae 水鳖科	一年生无茎草本；叶全部成簇基生，薄膜质，线形；花两性，单生；果线状圆柱形	饲用及绿肥		华南及湖南、福建、台湾
1455	*Blyxa echinosperma* (C. B. Clarke) Hook. f.	有尾水筛	Hydrocharitaceae 水鳖科	一年生沉水无茎草本；叶全部基生，线形或带状；花两性，子房具喙；果圆柱形	饲用及绿肥		湖南、江西、安徽、广西、台湾
1456	*Blyxa japonica* (Miq.) Maxim. ex Asch. et Gürke	水筛	Hydrocharitaceae 水鳖科	一年生纤细草本；叶互生，螺旋排列，线形；花两性，花瓣白色，线形；子房具长喙；果圆柱形	饲用及绿肥		我国东南部及西南部
1457	*Boehmeria allophylla* W. T. Wang	异叶苎麻	Urticaceae 荨麻科	多年生草本；上部叶互生，椭圆形，其余的叶对生；花序单条腋生，穗状	药用，经济作物		广西凌云
1458	*Boehmeria clidemioides* Miq.	白面苎麻	Urticaceae 荨麻科	多年生草本或亚灌木；叶片纸质或草质，卵形或长圆形；穗状花序单生叶腋	药用，经济作物		西藏东南部、云南、湖南西部
1459	*Boehmeria densiglomerata* W. T. Wang	密球苎麻	Urticaceae 荨麻科	多年生草本；叶片草质，心形或圆卵形；雄性花序分枝，雌性花序不分枝；瘦果卵球形或狭倒卵球形	药用		云南、四川、湖南、贵州、广西、广东、江西、福建

（续）

序号	拉丁学名	中文名	所属科	特征及特性	类别	原产地	目前分布/种植区
1460	*Boehmeria dolichostachya* W. T. Wang	长序苎麻	Urticaceae 荨麻科	亚灌木；高达 3m；叶片近圆形或圆卵形；穗状花序腋生；瘦果宽菱状倒卵形	药用，经济作物		广西龙州
1461	*Boehmeria formosana* Hayata	海岛苎麻	Urticaceae 荨麻科	多年生草本或亚灌木；高 80～150cm；叶长圆状卵形或披针形；穗状花序常单性，雌雄异株或同株，雄花无梗，雌花被椭圆形；瘦果	药用，经济作物		广西、广东、湖南、福建、台湾、浙江、安徽
1462	*Boehmeria glomerulifera* Miq.	腋球苎麻	Urticaceae 荨麻科	灌木；高 3～5m；叶互生，卵形或椭圆形；团伞花序腋生，单性，雌的生小枝顶部，雄的生于其下；瘦果宽倒卵球形	药用，经济作物		云南、西藏
1463	*Boehmeria hamiltoniana* Wedd.	细序苎麻	Urticaceae 荨麻科	灌木；叶对生不等大；叶片狭卵形或长圆形；花序两性或单性	药用，经济作物		云南南部
1464	*Boehmeria ingjiangensis* W. T. Wang	盈江苎麻	Urticaceae 荨麻科	灌木；茎高约 3m；叶对生，宽披针形；团伞花序具密集花，雌花序在基部上二歧状分枝，雌花被在果期狭菱状；瘦果椭圆球形	药用，经济作物		云南盈江
1465	*Boehmeria japonica*（L. f.）Miq.	大叶苎麻	Urticaceae 荨麻科	亚灌木或多年生草本；叶对生，近圆形或卵形；穗状花序单生叶腋，雌雄异株；雄团伞花序，雌花序有多数雌花；瘦果倒卵球形	饲用及绿肥		华东、华南、华中及贵州、台湾、四川、陕西
1466	*Boehmeria lanceolata* Ridl.	越南苎麻	Urticaceae 荨麻科	小灌木；高 1～3m；叶片长圆形或披针状长圆形；穗状花序腋生；瘦果椭圆球形或宽倒卵球形	药用，经济作物		云南东南部、海南
1467	*Boehmeria lohuiensis* S. S. Chien	琼海苎麻	Urticaceae 荨麻科	小灌木；叶片长椭圆形；穗状花序雌雄异株；瘦果卵球形	药用，经济作物		海南乐东
1468	*Boehmeria macrophylla* Hornem.	水苎麻	Urticaceae 荨麻科	亚灌木或多年生草本；高 1～2（～3.5）m；叶卵形或椭圆状卵形；穗状花序单生叶腋，雌雄同株或异株，雌花被纺锤形或椭圆形	经济作物（纤维类）		西藏、云南、广西、广东
1469	*Boehmeria nivea*（L.）Gaudich.	苎麻（白麻，线麻，野麻）	Urticaceae 荨麻科	半灌木；雌雄通常同株；花序圆锥状；雄花序通常位于雌花序之下；雄花小，花被片 4，雄蕊 4，有退化雌蕊；雌花簇球形，花被管状；瘦果小，椭圆形，密生短毛，宿存柱头丝形	药用	中国	陕西、山东及长江以南各地区

（续）

序号	拉丁学名	中文名	所属科	特征及特性	类别	原产地	目前分布/种植区
1470	*Boehmeria penduliflora* Wedd ex Long	长叶苎麻	Urticaceae 荨麻科	灌木；高1.5～4.5m；叶对生，披针形或条状披针形；穗状花序，雌雄异株或同株，雄团伞花序具少数雄花，雌花序具多数雌花；瘦果	经济作物（纤维类）		西藏、四川、云南、贵州、广西
1471	*Boehmeria pilosiuscula*（Blume）Hassk.	疏毛水苎麻	Urticaceae 荨麻科	亚灌木或多年生草本；高45～60cm；叶片纸质，斜椭圆形；穗状花序单生叶腋；瘦果倒卵球形	药用，经济作物		云南南部、海南、台湾
1472	*Boehmeria polystachya* Wedd.	歧序苎麻	Urticaceae 荨麻科	灌木；高1.5～4m；叶对生，叶片宽卵形或卵形；圆锥花序单生叶腋，单性并雌雄异株，团伞花序直径1～2mm；瘦果菱状倒卵球形	药用，经济作物		西藏东南部、云南西南部至东南部
1473	*Boehmeria siamensis* Craib	束序苎麻	Urticaceae 荨麻科	灌木；高1～3m；叶对生，狭卵形或椭圆形；穗状花序在当年生枝顶单生叶腋，团伞花序，苞片卵形或椭圆形；瘦果卵球形	药用，经济作物		云南、广西、贵州
1474	*Boehmeria silvestrii*（Pamp.）W. T. Wang	赤麻	Urticaceae 荨麻科	多年生草本或亚灌木；高60～100cm；茎中叶近五角形或圆卵形，上部叶顶部具3或1骤尖；穗状花序单生叶腋，雌雄同株或异株；瘦果	药用，经济作物		四川、湖北、甘肃、陕西、河南、河北、山东、辽宁
1475	*Boehmeria spicata*（Thunb.）Thunb.	细野麻（野麻）	Urticaceae 荨麻科	多年生草本；高60～90cm；对生叶序，叶卵形；雌雄异株或同株，团伞花序集成穗状花序，腋生，雌花簇球形；瘦果	经济作物（纤维类）		华北、西北、华东、华南、华中、西南
1476	*Boehmeria tomentosa* Wedd.	密毛苎麻	Urticaceae 荨麻科	灌木；高2～8m；叶对生；叶片纸质，近圆形或宽卵形；穗状花序	经济作物（纤维类）		云南西部及南部、四川西南部、广西西部
1477	*Boehmeria tricuspis*（Hance）Makino	悬铃叶苎麻	Urticaceae 荨麻科	亚灌木或多年生草本；高50～150cm；叶五角形或扁圆卵形；穗状花序单生叶腋，雄花被、雄蕊各4，雌花被果期呈楔形至倒卵状菱形	药用，经济作物		华东、华中、华南及贵州、四川、甘肃、陕西、山西、河北、辽宁
1478	*Boehmeria umbrosa*（Hand.-Mazz.）W. T. Wang	滇黔苎麻	Urticaceae 荨麻科	多年生草本；高80～90cm；叶宽椭圆形，顶端3骤尖；穗状花序单生叶腋，雌雄异株或同株，团伞花序在穗状花序上稀疏排列；瘦果	药用，经济作物		

（续）

序号	拉丁学名	中文名	所属科	特征及特性	类别	原产地	目前分布/种植区
1479	*Boehmeria zollingeriana* var. *blinii*（H. Lév.）C. J. Chen	黔桂苎麻	Urticaceae 荨麻科	灌木；高 1.5～2m；叶片披针形或狭卵形；雄团伞花序生雌团伞花序之下，腋生；瘦果褐色，椭圆球形	药用，经济作物		广西西北部、贵州
1480	*Boehmeria zollingeriana* Wedd.	帚序苎麻	Urticaceae 荨麻科	灌木；茎高达 3m；叶卵形或宽卵形；雄团伞花序生当年枝下部叶腋，雌团伞花生上部叶腋并多数组成长穗状花序花多数；瘦果	经济作物（纤维类）		云南
1481	*Boenninghausenia albiflora*（Hook.）Rchb. ex Meisn.	臭节草（臭虫草，蛇皮草）	Rutaceae 芸香科	多年生乔本；二至三回羽状复叶，小叶倒卵形或椭圆形；聚伞花序顶生；花两性，花瓣白色；子房具柄；蒴果	有毒		长江流域以南
1482	*Boenninghausenia sessilicarpa* H. Lév.	石椒草（九牛二虎）	Rutaceae 芸香科	多年生草本；顶生聚伞花序，花枝基部通常有小叶；花较小，白色及淡红色；花瓣 4，长圆形或倒卵状长圆形；果时花萼宿存；子房无柄或具极短的柄；种子肾形，褐黑色	药用，有毒		四川、贵州、云南
1483	*Boerhavia diffusa* L.	黄细心	Nyctaginaceae 紫茉莉科	多年生草本；茎披散，具疏散分枝，无毛或被疏柔毛；叶对生，卵形，花排列成顶生或腋生的聚伞花序或圆锥花序式的聚伞花序，花序梗纤细	药用		台湾、广东、广西、四川、贵州、云南
1484	*Bolboschoenus yagara*（Ohwi）Y. C. Yang et M. Zhan	荆三棱（三棱草，三棱，野荸荠）	Cyperaceae 莎草科	多年生草本；秆单生，高 70～120cm，锐三棱形；叶线形；长侧枝聚伞花序简单，具 3～8 个辐射枝，小穗椭圆形，鳞片椭圆形；小坚果	药用，经济作物（特用类）		东北、华北、西南、长江流域各省份及台湾
1485	*Bolbostemma paniculatum*（Maxim.）Franquet	假贝母	Cucurbitaceae 葫芦科	攀缘草本；叶近圆形或心形，雌雄异株，雄花为圆锥花序，雌花生于圆锥花序上；花冠辐状裂片 5，花黄绿色	攀附	中国云南、湖北、四川、甘肃、河北、河南	
1486	*Bolocephalus saussureoides* Hand.-Mazz.	丝苞菊	Compositae（Asteraceae）菊科	多年生草本；基生叶密，常椭圆形或宽线形，羽状浅裂，茎生叶钻形，背被蛛丝状绒毛，头状花序顶生，总苞球形，花紫红色，管状 5 裂	观赏	中国西藏	
1487	*Boltonia asteroides*（L.）L'Hér.	竹叶菊	Compositae（Asteraceae）菊科	多年生草本，高 10～100cm；叶互生；头状花序，总苞 2.4～3.8mm×3.7～8.7mm	观赏		

（续）

序号	拉丁学名	中文名	所属科	特征及特性	类别	原产地	目前分布/种植区
1488	*Bombax insigne* var. *tenebrosum* (Dunn) A. Robyns	长果木棉	Bombacaceae 木棉科	落叶大乔木;高达 20m;小叶近革质,倒卵形或倒披针形;花单生,花瓣红色、橙色或黄色;蒴果栗褐色,长圆筒形	林木		云南西部至南部
1489	*Bombax malabaricum* DC.	木棉（攀枝花,红棉）	Bombacaceae 木棉科	落叶乔木;高 30m,掌状复叶互生,花红色;蒴果,近圆形,种子多,黑色	药用,林木,经济作物(纤维类)	中国	海南、云南、四川、贵州、江西、福建、台湾及广西
1490	*Boniodendron minius* (Hemsl.) T. C. Chen	黄梨木	Sapindaceae 无患子科	落叶小乔木;偶数羽状复叶,小叶互生或近对生;花序顶生,稀腋生;果近球形,径 1.8～2.3cm	生态防护,观赏		广东、广西、湖南、贵州、云南
1491	*Borago officinalis* L.	琉璃苣	Boraginaceae 紫草科	一年生草本;高 30～50cm;叶粗糙如黄瓜叶,有长柄;聚伞花序;花冠蓝色,如星状辐射;具长柄;小坚果,平滑或有乳头状突起	药用,观赏	欧洲和非洲北部地区	四川、贵州、云南、广东、广西、福建、台湾
1492	*Borassus flabellifer* L.	糖棕	Palmae 棕榈科	植株粗壮高大;叶大型,掌状分裂,近圆形;雄花序具 3～5 个分枝;雄花小,黄色;雌花较大,每小穗轴约有 8～16 朵花;果实较大,近球形,压扁	果树	亚洲热带地区和非洲	云南西双版纳
1493	*Borreria stricta* (L. f.) G. Mey.	丰花草	Rubiaceae 茜草科	一年生草本;高 15～60cm;叶对生,条状披针形;托叶与叶柄合生;花小,白色,花基数 4,数朵花簇生或呈伞房花序腋生;蒴果	药用		西南、华南及台湾
1494	*Boschniakia rossica* (Cham. et Schltdl.) B. Fedtsch.	草苁蓉	Orobanchaceae 列当科	多年生寄生草本;直立,基部膨大,肉质粗壮;全株褐紫色;穗状花序,花较小,花冠暗红紫色,筒部膨大呈束状;蒴果卵球形	药用		黑龙江、吉林、内蒙古
1495	*Bothriochloa bladhii* (Retzius) S. T. Blake	臭根子草	Gramineae (Poaceae) 禾本科	多年生草本;秆高 60～100cm,具多节;叶狭线形;圆锥花序,每节具 1～3 枚单纯总状花序,无柄小穗两性,长圆状披针形,芒膝曲;颖果	生态防护,饲用及绿肥		广东、广西、福建、四川、云南、湖南、台湾、陕西

（续）

序号	拉丁学名	中文名	所属科	特征及特性	类别	原产地	目前分布/种植区
1496	*Bothriochloa ischaemum* （L.） Keng	白羊草（蓝茎草）	Gramineae（Poaceae）禾本科	多年生草本；秆丛生，高 25～80cm，具多节；叶狭条形；总状花序具多节，多数簇生茎顶，小穗成对生于各节，芒膝曲；颖果	杂草	中国	全国各地均有分布
1497	*Bothriochloa pertusa* （L.） A. Camus	孔颖草	Gramineae（Poaceae）禾本科	多年生草本；秆高约 100cm；叶狭线形；总状花序在秆顶呈指状排列，无柄小穗基部有白色髯毛，芒膝曲，有柄小穗雄性或中性；颖果	饲用及绿肥		广东、海南、云南
1498	*Bothriospermum kusnezowii* Bunge ex DC.	狭苞斑种草	Boraginaceae 紫草科	二年生草本；高 15～25cm；叶倒披针形或长匙形；镰状聚伞花序狭长，花冠蓝紫色，喉部具 5 个鳞片状附属物；小坚果 4，肾形	杂草		黑龙江、吉林、内蒙古、河北、山西、陕西、甘肃、青海
1499	*Bothriospermum secundum* Maxim.	多苞斑种草	Boraginaceae 紫草科	一年生或二年生草本；高 20～45cm；叶卵状披针形或狭椭圆形；镰状聚伞花序狭长，苞片狭卵形；小坚果 4，肾形或卵状椭圆形	杂草		辽宁、河北、山东、山西、陕西、甘肃、江苏、云南
1500	*Bothriospermum zeylanicum* （J. Jacq.） Druce	细茎斑种草	Boraginaceae 紫草科	一年生或二年生草本；高 10～30cm；叶卵状披针形或椭圆形；花序狭长，花小，花冠淡蓝色或近白色；小坚果 4，肾形	药用		长江中下游地区、华南、西南、东北及台湾
1501	*Bothrocaryum alternifolia* L. f.	北美灯台树	Cornaceae 山茱萸科	落叶乔木，高 10～15m；树皮光滑灰色，枝条紫红色；树干端直，分枝呈层状，单叶互生，椭圆状卵形	观赏		
1502	*Botrychium lanuginosum* Wall. ex Hook. et Grev.	独蕨萁（蕨萁参）	Botrychiaceae 阴地蕨科	多年生草本；须根多数，肉质；叶下部三至四回羽状；孢子叶自营养叶片基部以上伸出；孢子囊穗张开，疏松，有绒毛	有毒		湖南、贵州、广西、云南、台湾
1503	*Bouea macrophylla* Griff.	意大利杧果（檬栌，蛇果）	Anacardiaceae 漆树科	常绿乔木，圆锥花序 4～12cm，花黄色，后变褐色．果实未熟时浅绿色，后变深绿色，熟后橙黄色，圆形，直径 2.5～5cm	果树		广东、广西

（续）

序号	拉丁学名	中文名	所属科	特征及特性	类别	原产地	目前分布/种植区
1504	*Bouea microphylla* Engler.	李杧果	Anacardiaceae 漆树科	乔木；花杂性，小，排成腋生和顶生的圆锥花序；萼片3～5，脱落，镊合状排列；花瓣3～5，覆瓦状排列；花盘极小；雄蕊3～5，全部发育，着生于花盘的里面；子房无柄，柱头不明显的3裂	果树		广东、广西
1505	*Boueа oppositifolia* Meissm	对叶李杧果	Anacardiaceae 漆树科	乔木；花杂性，小，排成腋生和顶生的圆锥花序；萼片3～5，脱落，镊合状排列；花瓣3～5，覆瓦状排列；花盘极小；雄蕊3～5，全部发育，着生于花盘的里面；子房无柄，柱头不明显的3裂	果树	马来西亚	海南
1506	*Bougainvillea glabra* Choisy	光叶子花（三角花，九重葛）	Nyctaginaceae 紫茉莉科	藤状灌木；枝下垂，刺腋生，叶纸质，卵形或卵状披针形，花顶生枝端的3个苞片内，苞片叶状，紫色或洋红色，长圆形或椭圆形，花被管淡绿色，顶端5浅裂	观赏	巴西	我国南北方均有栽培
1507	*Bougainvillea spectabilis* Willd.	九重葛（三角梅，宝巾，叶子花，南美紫茉莉）	Nyctaginaceae 紫茉莉科	常绿藤状灌木；叶纸质、薄，有光泽，先端急尖，基部浑圆，叶腋常有刺；花期长，花为一疏松状圆锥花序或成圆球状	观赏	南美巴西、秘鲁、阿根廷、特立尼达等地	广东、福建、海南、广西、台湾
1508	*Bournea sinensis* Oliv.	四数苣苔	Gesneriaceae 苦苣苔科	多年生草本；叶基生，卵形至矩圆状卵形，花葶通常2条，密被柔毛，聚伞花序，苞片条状披针形，花辐射对称，紫色钟状，4～5裂	观赏	中国广东、福建	
1509	*Brachiaria brizantha* Stapf	旗草（珊状臂形草）	Gramineae (Poaceae) 禾本科	多年生，具匍匐茎；秆高80～120cm；圆锥花序由2～8枚总状花序组成，小穗交互成两行排列于穗轴一侧，含2花	饲用及绿肥		广东、海南
1510	*Brachiaria decumbens* Stapf	俯仰臂形草	Gramineae (Poaceae) 禾本科	多年生，具匍匐茎，秆高50～150cm；花序由2～4枚总状花序组成，小穗单生，椭圆形，长4～5mm，常具短柔毛	饲用及绿肥		海南
1511	*Brachiaria dictyoneura* Stapf	网脉臂形草	Gramineae (Poaceae) 禾本科	多年生，具短根状茎；高40～120cm；圆锥花序由3～8枚总状花序组成，小穗排列成2行，长4～7mm，被疏柔毛	饲用及绿肥		海南

（续）

序号	拉丁学名	中文名	所属科	特征及特性	类别	原产地	目前分布/种植区
1512	*Brachiaria eruciformis*（Sm.）Griseb.	臂形草	Gramineae（Poaceae）禾本科	一年生草本；茎节具白色柔毛；叶线状披针形；总状花序 4～5 枚，小穗单生，有小穗柄；颖果	饲用及绿肥		福建、云南
1513	*Brachiaria mutica*（Forssk.）Stapf	爬拉草（无芒臂形草，巴拉草）	Gramineae（Poaceae）禾本科	多年生；秆高 150～250cm；圆锥花序长约 20mm，由 10～15 枚总状花序组成	饲用及绿肥		广东、海南
1514	*Brachiaria ramosa*（L.）Stapf	多枝臂形草	Gramineae（Poaceae）禾本科	一年生；秆高 30～60cm；圆锥花序由 3～6 枚总状花序组成，小穗通常孪生，有时上部单生，疏生短硬毛	饲用及绿肥		广东、海南、贵州
1515	*Brachiaria ruziziensis* Germain et Evrard	刚果旗草	Gramineae（Poaceae）禾本科	多年生，具匍匐茎；秆密生柔毛；圆锥花序由 3～9 枚总状花序组成；小穗被柔毛，排列于穗轴一侧，穗轴具翅	饲用及绿肥		海南
1516	*Brachiaria subquadripara*（Trin.）Hitchc.	四生臂形草	Gramineae（Poaceae）禾本科	一年生草本；秆高 20～60cm；节上生根；叶披针形至线状披针形；圆锥花序由 3～6 枚总状花序组成，小穗长圆形；颖果卵圆形	饲用及绿肥		华南及江西、湖南、贵州、福建、台湾
1517	*Brachiaria urochlooides* S. L. Chen et Y. X. Jin	尾稃臂形草	Gramineae（Poaceae）禾本科	秆高 40～60cm；圆锥花序由 2～4 枚总状花序组成，小穗单生，稀基部孪生，长约 4mm，第一颖长为小穗的 1/2～3/5	饲用及绿肥		云南
1518	*Brachiaria villosa*（Lam.）A. Camus	毛臂形草	Gramineae（Poaceae）禾本科	一年生草本；秆高 10～20cm；叶卵状披针形；总状花序 4～8 枚，小穗卵形，第一小花外稃较狭小，第二外稃椭圆形；颖果	杂草		广东、广西、贵州、四川、福建、浙江、安徽
1519	*Brachyactis ciliata* Ledeb.	短星菊	Compositae（Asteraceae）菊科	一年生草本；茎直立，下部紫红色；叶互生，线形或线状披针形；头状花序多数，于茎顶排成总状或圆锥花序；瘦果长圆形	饲用及绿肥		黑龙江、辽宁、河北、山西、陕西、甘肃、宁夏、内蒙古、新疆
1520	*Brachypodium pinnatum*（L.）P. Beauv.	短芒短柄草（兴安短柄草）	Gramineae（Poaceae）禾本科	多年生，具发达的横走根状茎；穗形总状花序，小穗圆筒形，外稃长 8～10mm，顶端具芒，花药长 3～4mm	饲用及绿肥		华北、东北及新疆

（续）

序号	拉丁学名	中文名	所属科	特征及特性	类别	原产地	目前分布/种植区
1521	*Brachypodium pratense* Keng ex P. C. Keng	草地短柄草	Gramineae (Poaceae) 禾本科	多年生；秆直立丛生；小穗披针形，长25～40mm，含10～20花，外稃芒长3～8mm，花药长约4mm	饲用及绿肥		云南
1522	*Brachypodium sylvaticum* (Huds.) P. Beauv.	短柄草	Gramineae (Poaceae) 禾本科	多年生；小穗长20～30mm，含6～12(～16)花，外稃被短毛；芒长8～12mm，细直，花药长约3mm	饲用及绿肥		云南、新疆、贵州、四川、陕西、江苏
1523	*Brachyscome iberidifolia* Benth.	五色菊	Compositae (Asteraceae) 菊科	一、二年生草本；株高20～45cm；叶羽裂互生；花序头状；花舌状，蓝色、玫瑰粉或白色；花期5～6月	观赏	澳大利亚	
1524	*Brainea insignis* (Hook.) J. Sm.	苏铁蕨	Blechnaceae 乌毛蕨科	蕨类植物；叶簇生主轴顶部，革质，椭圆披针形，一回羽状，羽片30～50对，对生或互生，能育叶与不育叶同形，叶轴棕禾秆色	观赏	中国福建南部、台湾、广东、广西、海南、云南	
1525	*Brandisia discolor* Hook. f. et Thomson	异色来江藤	Scrophulariaceae 玄参科	木质藤本；花单生叶腋，花梗、小苞片及花萼均被黄褐色星状绒毛；萼片钟形，萼齿短；花冠污黄色或带紫棕色，上唇直立，下唇裂片3枚；花期11月至翌年2月	观赏	中国云南南部	
1526	*Brandisia hancei* Hook. f.	来江藤	Scrophulariaceae 玄参科	常绿灌木；花冠淡红色；蒴果，卵形，种子多而小，有蜡质延长翅	蜜源		广西、云南
1527	*Brandisia kwangsiensis* H. L. Li	广西来江藤	Scrophulariaceae 玄参科	木质藤本；花1或2朵生于叶腋，花梗、小苞片和花萼均被锈色星状绒毛；萼片钟形，上下唇浅裂；花冠紫红色，上唇2深裂，裂片圆卵形，下唇3裂，裂片卵圆形	观赏	中国广西、云南、贵州	
1528	*Brandisia rosea* W. W. Sm.	红花来江藤	Scrophulariaceae 玄参科	木质藤本；花常单个腋生或在小枝顶端几成总状；萼钟形，2裂达半，成二唇形；花冠玫瑰红色或橙红色，狭长管状，外面有星状绒毛，上唇2深裂，直立，下唇3裂，开展	观赏		云南西北部、四川西南部
1529	*Brasenia schreberi* J. F. Gmel.	莼菜（水案板，水荷叶）	Cabombaceae (Hydropeltidaceae) 莼菜科	多年生宿根水生草本；水中茎形成休眠芽；叶互生，盾圆形，全缘，浮于水面；叶面反卷，绿色，背面暗红色或仅叶缘及叶脉处为暗红色完全花，紫红、粉红或淡绿色	蔬菜，药用	中国	江西、江苏、浙江、湖南、四川、云南

（续）

序号	拉丁学名	中文名	所属科	特征及特性	类别	原产地	目前分布/种植区
1530	*Brassica campestris* subsp. *chinensis* var. *tai-tsai* Hort.	薹菜	Cruciferae 十字花科	一、二年生草本植物；叶长卵形或倒卵形，浅裂或深裂，叶缘波状或不规则的圆锯齿状，被刺毛，基部茎生叶似根出叶，抱茎，裂片数少；总状花序，花小，黄色；角果，喙粗短，锥形，先端扁，不易开裂	蔬菜	中国	我国黄河、淮河流域各省
1531	*Brassica campestris* var. *purpuraria* L. H. Bailey	紫菜薹	Cruciferae 十字花科	茎、叶片、叶柄、花序轴及果瓣均带紫色，基生叶大头羽状分裂，下部茎生叶三角状卵形或披针状长圆形，上部叶略抱茎	蔬菜		全国各地
1532	*Brassica carinata* Braun	埃塞俄比亚芥油菜	Cruciferae 十字花科	由甘蓝和黑芥自然杂交而后二倍化进化而来；2n＝34，花瓣具长爪；雄蕊 6，具蜜腺；长角果圆柱形，顶端具长喙；种子每室 1 列，近球形，子叶纵折	经济作物		
1533	*Brassica chinensis* L.	青菜	Cruciferae 十字花科	一年或二年生草本；总状花序顶生，呈圆锥状，花浅黄色；萼片长圆形，直立开展，白色或黄色；花瓣长圆形，顶端圆钝	蔬菜，蜜源	中国	长江流域
1534	*Brassica chinensis* var. *communis* M. Tsen et S. H. Lee	小白菜	Cruciferae 十字花科	一、二年生草本植物；植株较矮小，浅根系，须根发达；叶色淡绿至墨绿，叶片倒卵形或椭圆形，叶片光滑或褶缩，少数有绒毛；叶柄肥厚，白色或绿色；不结球；花黄色种子近圆形	蔬菜	中国	我国各地均有栽培
1535	*Brassica juncea* (L.) Czern.	芥菜型油菜（野油菜）	Cruciferae 十字花科	一年或二年生草本；幼茎及叶具刺毛，有辣味；叶宽卵形，大头羽裂，边缘具缺刻，具叶柄；花黄色；长角果线形	饲用及绿肥	亚洲（中国）	我国各地区均有栽培
1536	*Brassica juncea* var. *napiformis* (Palleux et Bois) Gladis	根用芥菜	Cruciferae 十字花科	二年生草本；亦为芥菜的一个变种；肉质根肥大，有圆锥形和圆筒形两种类型；叶部依缺刻的深浅而分为板叶与花叶两类	蔬菜		我国各地均有栽培
1537	*Brassica juncea* var. *tumida* M. Tsen et S. H. Lee	茎用芥菜	Cruciferae 十字花科	体常被单毛、分叉毛、星状毛或腺毛；花两性，通常成总状花序，花瓣 4，具爪，排成十字形花冠，雄蕊 6 枚，2 轮，外轮 2 枚较短，内轮 4 枚较长，四强雄蕊；角果	蔬菜		我国各地均有栽培

（续）

序号	拉丁学名	中文名	所属科	特征及特性	类别	原产地	目前分布/种植区
1538	*Brassica napus* L.	甘蓝型油菜	Cruciferae 十字花科	一年或二年生草本；黄色重瓣花冠，自交结实率高，角果较长，种子黑色或黑褐色，千粒重3～4g	经济作物（油料类）		全国各地均有分布
1539	*Brassica napus* var. *napobrassica*（L.）Rchb.	芜菁甘蓝（洋蔓菁，洋大头菜）	Cruciferae 十字花科	二年生草本；整个植株灰蓝色；根肥厚，根形为圆球或纺锤形，地上部有1紫色长根颈，根颈两侧各有一条纵沟	蔬菜	地中海沿岸或瑞典	全国各地均有分布
1540	*Brassica nigra*（L.）W. D. J. Koch	黑芥油菜	Cruciferae 十字花科	细胞遗传学和RFLP分子标记研究显示可能由野芥（*Sinapis arvensis* L.）进化而来；2n=16	经济作物（油料类）		
1541	*Brassica oleracea* L.	甘蓝（卷心菜，圆白菜，莲花白）	Cruciferae 十字花科	二年生草本植物；叶多数，纸质，带粉霜，层层包裹成球状体；总状花序顶生，花长1.5～2.5cm，淡黄色，长角果圆柱形，先端有短喙，种子球形	蜜源	地中海北岸	我国各地均有栽培
1542	*Brassica oleracea* var. *acephala* DC.	羽衣甘蓝	Cruciferae 十字花科	叶皱缩，呈白黄、黄绿、粉红或红紫等色，有长叶柄	观赏		全国各地
1543	*Brassica oleracea* var. *albiflora* Kuntze	芥蓝（白花芥蓝，盖蓝）	Cruciferae 十字花科	一、二年生草本植物；茎粗壮、直立，分枝性强，边缘波状或有小齿，总状花序，花白或黄色	蔬菜，药用	中国南部	广东、广西、福建、台湾
1544	*Brassica oleracea* var. *botrytis* L.	花椰菜	Cruciferae 十字花科	二年生草本；高60～90cm；基生叶及下部叶长圆形至椭圆形；总状花序顶生及腋生；花淡黄色，后变白色；长角果圆柱形	蔬菜		全国各地
1545	*Brassica oleracea* var. *capitata* L.	结球甘蓝	Cruciferae 十字花科	二年生草本；被粉霜；矮且粗壮一年生茎肉质，不分枝，绿色或灰绿色；基生叶多数，质厚，层层包裹成球状体，扁球形，乳白色或淡绿色	蔬菜	地中海沿岸	全国各地
1546	*Brassica oleracea* var. *gemmifera*（DC.）Zenker	抱子甘蓝	Cruciferae 十字花科	茎粗壮，直立，高0.5～1m，茎的全部叶腋有大的柔软叶芽，直径2～3cm	蔬菜		全国各地

（续）

序号	拉丁学名	中文名	所属科	特征及特性	类别	原产地	目前分布/种植区
1547	*Brassica oleracea* var. *gongylodes* L.	球茎甘蓝	Cruciferae 十字花科	根系浅，茎短缩，叶丛着生短缩茎上；叶片椭圆、倒卵圆或近三角形，叶面有蜡粉；叶柄细长，生长一定叶丛后，短缩茎膨大，形成肉质茎，圆或扁圆形	蔬菜	地中海沿岸	全国各地
1548	*Brassica rapa* L.	芜菁（地蔓菁，扁萝卜，蔓青）	Cruciferae 十字花科	二年生草本；具肉质膨大的块根，短圆锥形表面光滑；基生叶簇生，大头羽状分裂，疏被刺毛；伞房状总状花序顶生	饲用及绿肥		青海、四川、西藏
1549	*Brassica rapa* var. *chinensis* (L.) Kitam.	菜薹	Cruciferae 十字花科	一年生或两年生草本；基生叶长椭圆形或宽卵形，下部茎生叶和基生叶相似，宽卵形，叶柄无边缘，不抱茎；其他茎生叶卵形、披针形或狭长的圆形，除顶部叶外皆有叶柄且不抱茎	蔬菜	中国	各地栽培
1550	*Brassica rapa* var. *glabra* Regel	白菜	Cruciferae 十字花科	二年生草本；高30～40cm；无毛，有时叶下面有少数刺毛；花黄色；长角果粗短，种子球形至圆锥状球形	蔬菜，药用	中国华北	全国各地均有栽培
1551	*Brassica rapa* var. *oleifera* DC.	油白菜	Cruciferae 十字花科	基生叶有柄，大头羽状分裂，基生叶羽状半裂基部抱茎；花黄色，花冠十字形；雄蕊花丝四长两短；长角果	蜜源		长江流域、西北地区
1552	*Bredia fordii* (Hance) Diels	叶底红	Melastomataceae 野牡丹科	小灌木；叶对生，心形；伞形花序或由聚伞花序组成顶生的圆锥花序；花两性，紫色或紫红色；蒴果杯状	观赏	中国	浙江、福建、江西、广东、广西、贵州
1553	*Bredia sinensis* (Diels) H. L. Li	鸭脚茶（中华野海棠，雨伞子）	Melastomataceae 野牡丹科	常绿灌木；幼枝披星状毛，叶对生，披针形、卵形或椭圆形，聚伞花序顶生，花粉红色至紫色	观赏	中国浙江、福建、江西、广东	
1554	*Bredia tuberculata* (Guillaum.) Diels	红毛野海棠	Melastomataceae 野牡丹科	草本或小灌木；伞状聚伞花序；花瓣粉红色至紫红色；雄蕊4长4短，长者伸出花冠外，花药基部无瘤，药隔基部不膨大或微膨大，不成距；短者内藏或微露出花冠外，花药基部具小瘤，药隔基部膨大成短距	观赏	中国四川、云南	

（续）

序号	拉丁学名	中文名	所属科	特征及特性	类别	原产地	目前分布/种植区
1555	*Bretschneidera sinensis* Hemsl.	伯乐树（钟萼木，冬桃）	Bretschneideraceae 伯乐树科	落叶乔木；高达20m，胸径60cm；奇数羽状复叶，小叶7～13；大型总状花序顶生，花粉红色；蒴果近球形，棕色；种子橙红色	观赏，生态防护		华东、华中、华南、西南及台湾
1556	*Breynia fruticosa*（L.）Hook. f.	黑面神（鬼划符，暗鬼木）	Euphorbiaceae 大戟科	小灌木；单叶卵形；花单性同株，无花瓣；雌花常位小枝上部而雄花位下部；雄花花萼陀螺状，雌花花萼盘状；果肉质	有毒		浙江、福建、广东、广西、贵州、云南
1557	*Briggsiopsis delavayi*（Franch.）K. Y. Pan	筒花苣苔	Gesneriaceae 苦苣苔科	多年生草本；叶集生近顶端，卵形或近圆形，两面被柔毛，聚伞花序腋生，苞片2对生，花萼钟状5裂，花冠筒状漏斗形，白色内带紫色条纹，二唇形，上唇2列，下唇3裂	观赏	中国四川、云南	
1558	*Briza maxima* L.	大凌风草	Gramineae（Poaceae）禾本科	多年生草本植物，秆高45～60cm；圆锥花序开展，长8～10cm，小穗宽卵形，紫色，长4～6mm，含4～8枚水平开展的小花	观赏		我国各地广为栽培
1559	*Briza media* L.	凌风草	Gramineae（Poaceae）禾本科	多年生草本；高40～60cm；叶片扁平；花序卵状金字塔形；小穗小；花序成熟后带紫褐色；花果期7～9月	观赏		
1560	*Brodiaea californica* Lindl.	卜若地	Amaryllidaceae 石蒜科	多年生草本；花茎细，伞形花序，着生小花2～12朵，花被淡紫色至堇色，稀粉色	观赏	美国加利福尼亚北部	
1561	*Bromus arvensis* L.	田间雀麦	Gramineae（Poaceae）禾本科	一年生；叶鞘无毛；小穗长12～22mm，外稃长7～9mm，芒自顶端以下2mm出伸出；花药长约4mm	饲用及绿肥		甘肃、江苏
1562	*Bromus benekeni*（Lange）Trim.	密丛雀麦	Gramineae（Poaceae）禾本科	多年生，具短根状茎；圆锥花序各节具3～5枚分枝，外稃长11～14mm，花药长2.5～3mm	饲用及绿肥		新疆
1563	*Bromus biebersteinii* Roem. et Schulf.	草地雀麦	Gramineae（Poaceae）禾本科	多年生草本；圆锥花序开展，长15～20cm，每个小穗含小花6～10朵；种子暗褐色，千粒重约4.5g	饲用及绿肥		

（续）

序号	拉丁学名	中文名	所属科	特征及特性	类别	原产地	目前分布/种植区
1564	*Bromus brachystachys* Hornung	短轴雀麦	Gramineae (Poaceae) 禾本科	一年生；秆高约10cm；叶片两面密被柔毛；花序长约3cm，外稃长约6mm，芒长4～7mm，花药长1mm	饲用及绿肥		甘肃
1565	*Bromus carinatus* Hook. et Arn.	加州雀麦（里脊雀麦）	Gramineae (Poaceae) 禾本科	一年生；秆高40～50cm；叶鞘无毛或近鞘口出具柔毛，外稃无毛或仅背部粗糙，芒长4～10mm，内稃近等长于外稃	饲用及绿肥		
1566	*Bromus catharticus* Vahl	扁穗雀麦	Gramineae (Poaceae) 禾本科	一年生；秆高达1 m；叶鞘早期有毛，后期脱落而无毛；小穗两侧极压扁，外稃具11脉，无毛，无芒或仅具尖头	饲用及绿肥		华东、西南
1567	*Bromus confinis* Nees ex Steud.	毗邻雀麦	Gramineae (Poaceae) 禾本科	多年生，具短根状茎；秆高约60cm；外稃背部被柔毛，边脉密被柔毛，芒长2.5～6mm，直伸	饲用及绿肥		甘肃
1568	*Bromus danthoniae* Trin. ex C. A. Mey.	三芒雀麦	Gramineae (Poaceae) 禾本科	一年生；小穗长圆状披针形，长20～40mm，外稃先端2裂，具3芒，主芒长15～25mm，扭曲，侧芒细直	饲用及绿肥		西藏
1569	*Bromus epilis* Keng ex P. C. Keng	光稃雀麦	Gramineae (Poaceae) 禾本科	多年生草本；秆高60～75cm；叶鞘圆筒形，叶舌褐色膜质，叶线形；圆锥花序开展，下垂，有小花4～7，颖渐尖成短芒状；颖果	饲用及绿肥		云南、四川
1570	*Bromus erectus* Hudson	直立雀麦	Gramineae (Poaceae) 禾本科	多年生，丛生；秆高40～100cm；圆锥花序紧缩，外稃长10～20mm，具7脉，芒细直，长2～6mm	饲用及绿肥		西藏
1571	*Bromus fasciculatus* C. Presl	束生雀麦	Gramineae (Poaceae) 禾本科	一年生；秆高5～20(25)cm；花序呈总状密集，长约5cm，每节具1～2枚分枝，外稃长13～15mm，芒长13～18mm	饲用及绿肥		新疆
1572	*Bromus formosanus* Honda	台湾雀麦	Gramineae (Poaceae) 禾本科	多年生；秆高20～30cm；小穗长约20mm，含5～7花，外稃长15(18)mm，边缘密被柔毛，芒长3～7mm，直伸	饲用及绿肥		台湾

（续）

序号	拉丁学名	中文名	所属科	特征及特性	类别	原产地	目前分布/种植区
1573	*Bromus gracillimus* Bunge	细雀麦	Gramineae (Poaceae) 禾本科	一年生；小穗宽椭圆形，颖1～3脉，外稃长3.5～4.5mm，具5～7脉，芒长15～20mm，自外稃二微齿间伸出，细直	饲用及绿肥		西藏
1574	*Bromus grandis* (Stapf) Melderis	大花雀麦	Gramineae (Poaceae) 禾本科	多年生；秆高40～70cm，直立；圆锥花序分枝单一，第一外稃长8～10mm，背部无毛，芒与外稃近等长，反曲	饲用及绿肥		西藏、云南、四川
1575	*Bromus himalaicus* Stapf	喜马拉雅雀麦	Gramineae (Poaceae) 禾本科	多年生，疏丛，秆高50～70cm；第一颖长5～7.5mm，第二颖长7.5～8mm，外稃长8～10mm，芒长10～15mm，反曲	饲用及绿肥		西藏
1576	*Bromus hordeaceus* L.	大麦状雀麦	Gramineae (Poaceae) 禾本科	一年生；秆高30～80cm；花序稠密，小穗长12～25mm，外稃8～11mm，芒长5～10mm，直伸，花药长0.2～0.4mm	饲用及绿肥		甘肃、青海、河北
1577	*Bromus inermis* Leyss.	无芒雀麦（无芒草，禾萱草）	Gramineae (Poaceae) 禾本科	多年生草本；秆高45～80cm；叶鞘紧包茎，叶披针形；圆锥花序开展，每节具3～5分枝，每枝着生1～6小穗，小穗含小花4～8；颖果宽披针形	饲用及绿肥，生态防护		华北、东北及内蒙古
1578	*Bromus japonicus* Thunb.	雀麦（唐本草）	Gramineae (Poaceae) 禾本科	越年生或一年生草本；秆丛生，高30～100cm；叶鞘紧包茎，叶披针形；圆锥花序开展，小穗有7～14小花，颖披针形；颖果背腹压扁	饲用及绿肥		长江、黄河流域
1579	*Bromus korotkiji* Drobow	沙地雀麦（伊尔库特雀麦）	Gramineae (Poaceae) 禾本科	多年生，具发达的地下横走根茎；叶鞘多撕裂成纤维状；外稃基部边缘密生长柔毛，先端圆，无芒，花药长4～6mm	饲用及绿肥，生态防护		内蒙古
1580	*Bromus lanceolatus* Roth	大穗雀麦	Gramineae (Poaceae) 禾本科	一年生；小穗宽椭圆形，外稃12～15mm，无毛，芒自裂齿间伸出，长10～20mm，向外反曲，花药长约1.5mm	饲用及绿肥		新疆
1581	*Bromus magnus* Keng	大雀麦	Gramineae (Poaceae) 禾本科	多年生草本；秆高达1m以上；叶背面被白色柔毛；圆锥花序开展，分枝孪生，小穗有5～7小花，颖狭，边缘膜质，芒顶生；颖果	饲用及绿肥		山西、甘肃、贵州

（续）

序号	拉丁学名	中文名	所属科	特征及特性	类别	原产地	目前分布/种植区
1582	*Bromus mairei* Hack. ex Hand. -Mazz.	梅氏雀麦	Gramineae (Poaceae) 禾本科	多年生；第一颖长 8～10mm，第二颖长 10～13mm，外稃背部两侧及下部疏生糙毛，长 9～12mm，芒长 10～15mm，反曲	饲用及绿肥		云南、四川
1583	*Bromus marginatus* Nees ex Steud.	山地雀麦	Gramineae (Poaceae) 禾本科	多年生；秆高约 0.5m；叶鞘被柔毛；外稃被柔毛，芒长 5～7mm	饲用及绿肥，生态防护		
1584	*Bromus morrisonensis* Honda	玉山雀麦	Gramineae (Poaceae) 禾本科	多年生；叶鞘密被柔毛；花序分枝具 2～4 枚小穗，小穗长 20～25mm，外稃长 7～9mm，芒长 5～9mm，直伸	饲用及绿肥		台湾
1585	*Bromus nepalensis* Melderis	尼泊尔雀麦	Gramineae (Poaceae) 禾本科	多年生；叶鞘下部被短柔毛；花序分枝具 1～2 枚小穗，小穗长 30～40mm，外稃长 11～13mm，芒长 8～12mm	饲用及绿肥		西藏
1586	*Bromus oxyodon* Schrenk	尖齿雀麦	Gramineae (Poaceae) 禾本科	一年生；外稃长圆柱椭圆形，被柔毛，裂齿长 1.5～3mm，芒长 15～25mm，反曲，花药长 1.2～1.8mm	饲用及绿肥		新疆
1587	*Bromus paulsenii* Hack. ex Paulsen	波申雀麦	Gramineae (Poaceae) 禾本科	多年生，密丛，秆高 20～40cm，具 2 节；叶片密被柔毛；圆锥花序开展，长 10～12cm，外稃的芒长 3～5mm，直伸	饲用及绿肥		新疆
1588	*Bromus pectinatus* Thunb.	丽庆雀麦	Gramineae (Poaceae) 禾本科	一年生；叶鞘无毛；花序密集，分枝短，小穗含 6～8 花，外稃长 8～10(～12)mm，顶端齿裂，芒长约 10mm	饲用及绿肥		西藏
1589	*Bromus plurinodis* Keng	多节雀麦	Gramineae (Poaceae) 禾本科	多年生；秆高达 1 m，7～9 节；小穗轴节间长 2～2.5mm，外稃具 3 脉，顶端具 10～14mm 的直芒	饲用及绿肥		甘肃、四川、贵州、西藏
1590	*Bromus pseudoramosus* Keng ex P. C. Keng	假枝雀麦	Gramineae (Poaceae) 禾本科	多年生；秆高 70～120cm；花序分枝孪生，具小穗 1～3 枚，外稃长 12～15mm，边缘被柔毛，芒长 4～9mm	饲用及绿肥		云南、贵州、西藏

（续）

序号	拉丁学名	中文名	所属科	特征及特性	类别	原产地	目前分布/种植区
1591	*Bromus pumpellianus* Scribner	耐酸草	Gramineae (Poaceae) 禾本科	多年生；节密生倒毛；花序开展，小穗长25～40mm，含9～13花，外稃中部以下的脊及边缘卑柔毛，芒长2～5mm	饲用及绿肥		内蒙古
1592	*Bromus racemosus* L.	总状雀麦	Gramineae (Poaceae) 禾本科	一年生；秆高25～60cm；叶鞘被毛；小穗长12～16mm，外稃长6～8mm，芒长5～9mm，直伸	饲用及绿肥		新疆、西藏
1593	*Bromus ramosus* Hudson	类雀麦	Gramineae (Poaceae) 禾本科	多年生；秆高60～150cm，具7～8节；花序疏松，分枝每节2枚，长达20cm，具小穗2～9枚，外稃长10～13mm	饲用及绿肥		西藏
1594	*Bromus remotiflorus* (Steud.) Ohwi	疏花雀麦	Gramineae (Poaceae) 禾本科	多年生，根状茎短；秆高60～120cm；圆锥花序开展，外稃长10～12(～15)mm，芒长5～10mm	饲用及绿肥		西北、华东、西南
1595	*Bromus riparius* Rehmann	山丹雀麦（河边雀麦）	Gramineae (Poaceae) 禾本科	多年生，具短根状茎，密丛；秆高30～50cm；外稃长11～13mm，芒细直，长5～8mm	饲用及绿肥		甘肃
1596	*Bromus secalinus* L.	黑麦状雀麦	Gramineae (Poaceae) 禾本科	一年生；秆高30～60cm；花序分枝偏于一侧，下垂，小穗长15～20mm，外稃长8～9mm，芒长5～7mm，稍反折	饲用及绿肥		新疆、甘肃、西藏
1597	*Bromus sewerzowii* Regel	密穗雀麦（北疆雀麦）	Gramineae (Poaceae) 禾本科	一年生；花序紧缩，外稃长约9～12mm，芒直伸，长8～15mm，自裂齿间1mm处伸出，花药长约1mm	饲用及绿肥		新疆
1598	*Bromus sibiricus* Drobow	西伯利亚雀麦	Gramineae (Poaceae) 禾本科	多年生；秆高20～100cm，节被柔毛；花序紧缩，小穗长15～25mm，含4～8花，外稃边脉密被柔毛，芒长2～3mm	饲用及绿肥		东北及内蒙古、河北
1599	*Bromus sinensis* Keng ex P. C. Keng	华雀麦	Gramineae (Poaceae) 禾本科	多年生；秆高50～70cm；花序每节具分枝2～4枚，小穗长约15mm，外稃长10～15mm，被短毛，芒自先端伸出	饲用及绿肥		四川、贵州、西藏

（续）

序号	拉丁学名	中文名	所属科	特征及特性	类别	原产地	目前分布/种植区
1600	*Bromus staintonii* Melderis	大序雀麦	Gramineae (Poaceae) 禾本科	多年生；秆高 1 m 左右；叶片长约 20cm，宽 3～5mm；花序开展，每节具 2～5 分枝，外稃长 10～12mm	饲用及绿肥		西藏
1601	*Bromus stenostachyus* Boiss.	窄序雀麦	Gramineae (Poaceae) 禾本科	多年生，具细弱的匍匐根状茎；秆高达 1m；圆锥花序总状，外稃长 10～16mm，芒长 3～4mm	饲用及绿肥		新疆
1602	*Bromus tectorum* L.	旱雀麦	Gramineae (Poaceae) 禾本科	一年生草本；秆丛生，高 20～50cm，具 3～4 节；叶具柔毛，叶舌膜质；圆锥花序开展，每节具 3～5 分枝，小穗含 4～7 小花；颖果贴生内稃	饲用及绿肥		甘肃、青海、新疆、四川、辽宁
1603	*Broussonetia kaempferi* Siebold	藤构	Moraceae 桑科	蔓生藤状灌木；叶互生，近对称的卵状椭圆形；雄花序短穗状；雌花集生为球形头状花序	经济作物（纤维类）		华东、西南及湖北、湖南、广东、广西、台湾
1604	*Broussonetia kazinoki* Siebold et Zucc.	小构树	Moraceae 桑科	落叶灌木；花单性，雌雄同株；雄葇黄花序圆筒伏，长约 1cm；花被片和雄蕊均为 4；雌花序头状，径 5～6mm；花柱侧生，丝状，有刺	经济作物（纤维类），药用	亚洲东部、中太平洋群岛	长江中下游以南各省及陕西
1605	*Broussonetia kurzii*（Hook. f.）Corner	落叶花桑	Moraceae 桑科	大型攀缘灌木；叶互生，卵状椭圆形；雄花序长穗状；雌花序球形头状；小核果扁平	观赏		云南南部
1606	*Broussonetia latifolia* Benth.	鸳鸯茉莉	Moraceae 桑科	多年生常绿灌木，植株高 70～150cm；叶互生，长披针形；花单生或 2～3 朵簇生于叶腋，高脚碟状花，花冠五裂，初开时蓝色，后转为白色，芳香	观赏		
1607	*Broussonetia papyrifera*（Linn）L'Her. ex Vent.	构树（楮树，分浆树）	Moraceae 桑科	乔木；叶螺旋状排列，广卵形至长椭圆状卵形；雌雄异株，雄花序为葇黄花序，苞片披针形，雌花序头状，苞片棍棒状，子房卵圆形；聚合果	经济作物（纤维类），果树	中国	我国南北各省份
1608	*Browallia americana* L.	美洲蓝英花	Solanaceae 茄科	一、二年生草本；花冠筒长 1.2cm，径 1.2cm；花蓝、堇、白色	观赏	美洲热带地区	

（续）

序号	拉丁学名	中文名	所属科	特征及特性	类别	原产地	目前分布/种植区
1609	*Browallia grandiflora* D. Don.	大花蓝英花	Solanaceae 茄科	一、二年生草本；叶对生或互生，卵圆形；花单生于叶腋，上部大，花瓣蓝色或紫色，花径约5cm；花期春夏或夏秋	观赏	秘鲁	
1610	*Browallia speciosa* Hook.	蓝英花	Solanaceae 茄科	多年生草本；花单生叶腋，花冠筒长 2.5cm以上，为萼片长 2～3 倍，花瓣 5，开展，蓝紫色至白色；花期夏季	观赏	哥伦比亚	
1611	*Brucea javanica*（L.）Merr.	鸦胆子（苦参子，老鸦胆）	Simarubaceae 苦木科	灌木或小乔木；羽状复叶互生，小叶卵状披针形；圆锥花序腋生，花雌雄异株，雌花序约为雄花序的一半；花暗紫色；核果长卵形	有毒	中国	福建、台湾、广东、广西、云南
1612	*Brucea mollis* Wall. ex Kurz	柔毛鸦胆子（新拟）	Simarubaceae 苦木科	灌木或小乔木；高 1～2m；叶为奇数羽状复叶；小叶椭圆状披针形或阔披针形；圆锥花序；核果卵圆形	有毒		广西、广东、云南南部
1613	*Bruguiera gymnorrhiza*（L.）Savigny	木榄（包罗剪定，鸡爪浪，海榄）	Rhizophoraceae 红树科	常绿乔木；单花腋生；萼筒紫红色，钟形，常作 8～12 深裂，花瓣与花萼裂片同数，雄蕊约20 枚；具胎生现象，胚轴红色，繁殖体圆锥形	生态防护，药用，观赏		广西、广东、福建、台湾
1614	*Bruguiera sexangula*（Lour.）Poir.	海莲	Rhizophoraceae 红树科	乔木或灌木；高 1～4m；叶矩圆形或倒披针形；花单生花梗上，花瓣金黄色；花果期秋冬季至次年春季	蜜源		广东、海南
1615	*Brunfelsia americana* L.	番茉莉	Solanaceae 茄科	灌木；叶互生，多为椭圆形；花单生于枝或腋叶，萼钟状，花冠淡黄色，后变为白色；浆果淡黄色	有毒		云南西双版纳
1616	*Buchanania latifolia* Roxb.	山样子（赤南）	Anacardiaceae 漆树科	落叶乔木；高 13～15m；花白色，无花梗；花瓣 5，长圆形，顶端外卷；雄蕊 10，花丝线形，花药长圆形；心皮 5～6，分离，仅 1 个发育，不育心皮线状外弯，子房圆锥状，密被锈色长绒毛	果树		云南、广东
1617	*Buchloe dactyloides*（Nutt.）Engelm.	野牛草	Gramineae（Poaceae）禾本科	多年生草本；高 5～25cm；根状茎，匍匐枝；叶线形，叶色绿中透白；花序头状	观赏	美洲	

（续）

序号	拉丁学名	中文名	所属科	特征及特性	类别	原产地	目前分布/种植区
1618	*Buckleya henryi* Diels	撞羽	Santalaceae 檀香科	半寄生落叶灌木；高 1m 左右；花单性，雌雄异株；雄花序顶生或腋生，雄花小，浅黄棕色；雌花单生，花梗细长，花被漏斗形，苞片 4，披针形，位于子房上端，与花被裂片互生；花柱黄色，子房下位，无毛	观赏		陕西、甘肃、河南、安徽、河北、四川
1619	*Buckleya lanceolata* （Sieb. et Zucc.）Miq.	米面翁（九层皮，籽米驼）	Santalaceae 檀香科	半寄生灌木；叶对生，全缘，无柄或具短柄；花单性异株，雄花排成顶生或腋生的伞形花序；果为椭圆形核果	药用		山西、陕西、甘肃、安徽、浙江、河南、湖北、四川
1620	*Buddleja albiflora* Hemsl.	巴东醉鱼草（酒药花）	Loganiaceae 马钱科	灌木；叶对生，披针形，边缘具重锯齿；圆锥状聚伞花序顶生，花冠淡紫色后变白色，后部橙黄色，花萼钟状；蒴果长圆形	观赏	中国四川、湖北、陕西、甘肃、河南、湖南、贵州、云南	
1621	*Buddleja alternifolia* Maxim.	互叶醉鱼草	Loganiaceae 马钱科	半常绿或落叶灌木；单叶互生，狭披针形，表面深绿，背密生灰白色绒毛，花紫红色或蓝紫色	药用	中国华北及陕西、宁夏、甘肃、青海、河南、四川、西藏	
1622	*Buddleja asiatica* Lour.	狭叶醉鱼草（驳骨丹，白背枫）	Loganiaceae 马钱科	半常绿或落叶灌木；叶对生，膜质至纸质，披针形或狭披针形，总状或圆锥花序顶生或腋生，花冠芳香，白色，萼片钟状或圆筒状，外被星状短柔毛	药用，有毒		我国西南部、中部和东南部
1623	*Buddleja brachystachya* Diels	短序醉鱼草	Loganiaceae 马钱科	灌木；高 1m；对生，薄纸质，椭圆；聚伞圆锥花序，紫红；蒴果卵圆状；种子无翅	药用，观赏		云南、四川、甘肃
1624	*Buddleja candida* Dunn	蜜香醉鱼草（蜜香树）	Loganiaceae 马钱科	灌木；高 2m；对生，纸质，椭圆披针；紫色，聚伞花序总状或圆锥状；蒴果长圆形	药用，观赏		四川、云南、西藏
1625	*Buddleja crispa* Benth.	疣叶醉鱼草（山龙草）	Loganiaceae 马钱科	灌木；叶对生；圆锥状聚伞花序顶生；花冠紫红色，后变淡蓝色，花冠裂片近圆形；雄蕊着生于花冠管内壁中部，花丝极短，花药长圆形，顶端常有尖头	药用		四川、云南、西藏

（续）

序号	拉丁学名	中文名	所属科	特征及特性	类别	原产地	目前分布/种植区
1626	*Buddleja davidii* Franch.	大叶醉鱼草（大蒙花）	Loganiaceae 马钱科	灌木；叶对生，卵状披针形至披针形；由多数小聚伞花序集成穗状圆锥花序；花淡紫色；花冠筒细而直；蒴果条状短圆形	有毒，观赏		湖北、湖南、江苏、浙江、贵州、云南、四川、陕西、甘肃
1627	*Buddleja delavayi* Gagnep.	全缘叶醉鱼草	Loganiaceae 马钱科	灌木；高 1～2m；叶椭圆形或长椭圆状披针形；聚伞圆锥花序生于枝端，被毛，花冠淡红色，4 裂；子房被柔毛	药用，观赏		云南西北部
1628	*Buddleja fallowiana* I. B. Balf. f. et W. W. Sm.	紫花醉鱼草（白叶花）	Loganiaceae 马钱科	灌木或小乔木；高 6m；叶对生，披针形或卵状披针形；聚伞状花序顶生，花淡紫色；蒴果长卵圆形；种子细小，有翅	观赏		云南、四川、西藏
1629	*Buddleja forrestii* Diels	川滇醉鱼草（瑞丽醉鱼草）	Loganiaceae 马钱科	灌木或小乔木；高 5m；叶对生，披针形或长圆状披针形；聚伞花序总状，顶生，紫红；蒴果卵圆形；种子有翅	药用，观赏		云贵、四川
1630	*Buddleja lindleyana* Fortune	醉鱼草（闹鱼花，毒鱼藤）	Loganiaceae 马钱科	灌木；具棕黄色星状毛；花序顶生穗状；花萼和花冠密生细鳞片；花萼裂片三角形；花冠紫色；蒴果椭圆形	有毒，生态防护，观赏		长江以南各省区
1631	*Buddleja macrostachya* Wall. ex Benth.	大序醉鱼草（白叶子，长穗醉鱼草）	Loganiaceae 马钱科	灌木或小乔木；高 6m；对生，薄纸质，椭圆；淡紫或紫红色，聚伞总状花序；蒴果卵圆状；种子小，两端具长窄翅	药用		云贵、四川、西藏
1632	*Buddleja madagascariensis* Lam.	假黄花	Loganiaceae 马钱科	匍匐状灌木；高 2～4m；圆锥状聚伞花序顶生，花冠橘红色，花冠管长约 6mm，内面壁上被星状短柔毛，花冠裂片宽卵形或近圆形，内面无毛；雄蕊着生于花冠管内壁喉部，花丝极短，花药长圆形，长 1～1.4mm，基部 2 裂	蜜源		广西
1633	*Buddleja myriantha* Diels	酒药花醉鱼草（瑞丽醉鱼草）	Loganiaceae 马钱科	灌木；高 3m；叶对生，披针形或长圆状披针形；聚伞花序总状，顶生，紫红；蒴果长椭圆形	药用，观赏		云南、西藏、广东、广西、湖南、福建等

（续）

序号	拉丁学名	中文名	所属科	特征及特性	类别	原产地	目前分布/种植区
1634	*Buddleja nivea* Duthie	金沙江醉鱼草（雪白醉鱼草）	Loganiaceae 马钱科	灌木；高 8m；叶对生，披针形或卵状披针形；聚伞穗状花序，紫色；蒴果长卵圆形；种子细小，有翅	药用，观赏		云南、四川、西藏
1635	*Buddleja officinalis* Maxim.	密蒙花（米汤花，羊耳朵）	Loganiaceae 马钱科	灌木；叶狭椭圆形，长卵形或长圆状披针形；花多密集，组成顶生聚伞圆锥花序；萼钟状，花冠筒圆筒形，子房卵珠状；蒴果椭圆状	有毒、药用		西北、华南、西南及湖北
1636	*Buddleja paniculata* Wall.	喉药密蒙花（羊耳朵）	Loganiaceae 马钱科	灌木或小乔木；高 5m；对生，椭圆状披针或卵状披针；聚伞花序圆锥状，顶生，花冠紫或白色；蒴果椭圆形	药用		江西、湖南
1637	*Bulbinella floribunda*（Ait.）T.	黄花棒	Liliaceae 百合科	多年生草本；株高 75cm；叶带状；花序总状；花雌雄同株，乳黄色或白色	观赏	南非	
1638	*Bulbophyllum ambrosia*（Hance）Schltr.	芳香石豆兰（石枣子）	Orchidaceae 兰科	附生兰；根状茎纤细，假鳞茎矩圆形，顶生 1 叶，叶革质，矩圆形，华葶直立，顶生 1 朵淡黄色花	观赏	中国福建、广东、云南	
1639	*Bulbophyllum andersonii*（Hook. f.）J. J. Sm.	梳帽石豆兰	Orchidaceae 兰科	附生兰；顶生 1 枚叶，叶革质，长圆形，伞形花序，花浅白色密布紫红色斑点，花瓣长圆形，苞片淡黄色带紫色斑点，唇瓣肉质，茄紫色	观赏	中国广西、四川、贵州、云南	
1640	*Bulbophyllum crassipes* Hook. f.	麦穗石豆兰	Orchidaceae 兰科	附生兰；叶革质，矩圆形，华葶弯弓，总状花序顶生，橘红色带有紫黑色条纹	观赏	中国云南南部	
1641	*Bulbophyllum delitescens* Hance	直唇石豆兰	Orchidaceae 兰科	附生兰；顶生 1 枚叶，薄革质，长圆形或椭圆形，伞形花序，花茄紫色，花瓣镰状披针形，唇瓣肉质，舌状，苞片披针形，鞘筒状，紧抱于花序柄	观赏	中国福建南部、海南、广东东部、香港、云南东南部、西藏东南部	
1642	*Bulbophyllum drymoglossum* Maxim. ex M. Okubo	瓜子叶石豆兰	Orchidaceae 兰科	附生兰；植株约 3～10cm；根茎，没有假球茎；叶片椭圆至长椭圆形；花乳白色或白黄色；花期 12 月至翌年 2 月	观赏	中国云南南部和东南部	

（续）

序号	拉丁学名	中文名	所属科	特征及特性	类别	原产地	目前分布/种植区
1643	*Bulbophyllum emarginatum* (Finet) J. J. Sm.	匍茎卷瓣兰	Orchidaceae 兰科	附生兰；根状茎；假鳞茎狭卵形或近圆柱形；叶长圆形或舌状；花序伞状；苞片披针形；花紫红色，花瓣近圆形；花期10月	观赏	中国云南东南部至西北部、西藏东南部	云南、西藏
1644	*Bulbophyllum hastatum* T. Tang et F. T. Wang	箭唇石豆兰（石枣子）	Orchidaceae 兰科	附生兰；假鳞茎上顶生1叶，卵状披针形或矩圆形，花葶纤细，顶生1朵紫红色小花	观赏	中国广东	
1645	*Bulbophyllum nigrescense* Rolfe	钩梗石豆兰	Orchidaceae 兰科	附生兰；假鳞茎上顶生1叶，狭矩圆状披针形，总状花序，花紫色下垂，萼片黄色带紫色	观赏	中国云南西南部	
1646	*Bulbophyllum reptans* (Lindl.) Lindl.	伏生石豆兰	Orchidaceae 兰科	附生兰；假鳞茎上顶生1叶，狭披针形，总状花序，花淡黄色，带紫红色条纹	观赏	中国广东、海南、云南	
1647	*Bulbophyllum rothschildianum* (O'Brien) J. J. Sm.	美花卷瓣兰（卷瓣兰）	Orchidaceae 兰科	多年生草本；叶肉质，矩圆形，花葶直立，伞形花序顶生，花淡紫红色	观赏	中国云南	
1648	*Bulbophyllum shanicum* King et Pantl.	二叶石豆兰	Orchidaceae 兰科	附生兰；假鳞茎上顶生2叶，倒卵状披针形，总状花序，花淡黄色	观赏	中国云南西南部	
1649	*Bulbophyllum shweliense* W. W. Sm.	伞花石豆兰	Orchidaceae 兰科	附生兰；假鳞茎上顶生1叶，矩圆形，总状花序因花序轴缩短成伞状或头状，花淡黄色	观赏	中国云南南部	
1650	*Bulbostylis barbata* (Rottb.) C. B. Clarke	球柱草（球花柱）	Cyperaceae 莎草科	一年生草本；秆丛生，高8～25cm；叶着生秆基，线形；长侧枝聚伞花序由3～20个无柄小穗组成，紧密聚生成圆头状；小坚果	杂草		华北、华东、华南及辽宁、湖北、台湾
1651	*Bulleyia yunnanensis* Schltr.	蜂腰兰	Orchidaceae 兰科	附生兰；假鳞茎卵状椭圆形，叶2枚，披针形，苞片宿存近圆形，花倒垂，淡黄色，萼片卵状矩圆形，花瓣斜椭圆状矩圆形，纯瓣矩圆形	观赏	中国云南	
1652	*Bunias orientalis* L.	疣果匙芥	Cruciferae 十字花科	二年生至多年生草本；高50～80cm；下部叶大头羽状分裂，长圆形，上部叶披针形；总状花序，花黄色；短角果具少数疣状突起	杂草		东北

（续）

序号	拉丁学名	中文名	所属科	特征及特性	类别	原产地	目前分布/种植区
1653	*Bupleurum chaishoui* Shan et M. L. Sheh	柴首	Umbelliferae (Apiaceae) 伞形科	多年生草本；高 0.5～1m；基生叶倒披针形；茎生叶长圆状披针形；复伞形花序；花瓣黄色；果实卵状椭圆形，褐色	药用		四川阿坝藏族羌族自治州茂县、汶川、黑水
1654	*Bupleurum chinense* DC.	柴胡（硬苗柴胡，竹叶柴胡，北柴胡）	Umbelliferae (Apiaceae) 伞形科	多年生草本；茎直立丛生；茎生叶剑形、长圆状披针形至倒披针形，具平行脉；复伞花序，花瓣黄色；双悬果具果棱	药用	中国	东北、华北、西北、华东
1655	*Bupleurum densiflorum* Rupr.	密花柴胡	Umbelliferae (Apiaceae) 伞形科	多年生草本；基生叶狭披针形或线形，质薄；伞形花序顶生；果长圆形，暗棕色	药用		青海、新疆
1656	*Bupleurum longiradiatum* Turcz.	大叶柴胡	Umbelliferae (Apiaceae) 伞形科	多年生草本；根茎长圆柱形，坚硬；基生叶有长柄，茎中部叶狭卵形至广卵形；复伞形花序；花两性，黄色双悬果	有毒		东北及内蒙古、安徽、浙江、江西
1657	*Bupleurum scorzonerifolium* Willd.	狭叶柴胡（红柴胡）	Umbelliferae (Apiaceae) 伞形科	多年生草本；高 30～60cm；叶西线形；伞形花序成较疏松的圆锥花序；花瓣黄色；果广椭圆形，深褐色	药用		东北、华北及山东、陕西、江苏、安徽、广西、甘肃
1658	*Bupleurum smithii* H. Wolff	黑柴胡	Umbelliferae (Apiaceae) 伞形科	多年生草本；高 25～60cm；叶质较厚，狭长圆形或倒披针形；花瓣黄色；果棕色，卵形	药用		河北、山西、陕西、河南、青海、甘肃、内蒙古
1659	*Burmannia disticha* L.	水玉簪（苍山贝母）	Burmanniaceae 水玉簪科	一年生草本；茎粗壮，基生叶多数，剑状披针形，茎生叶卵状披针形，聚伞花序二叉状，花淡紫蓝色	观赏	中国广东、广西、福建、贵州、云南、	
1660	*Burretiodendron esquirolii* (H. Lév.) Rehder	柄翅果（心叶砚木）	Tiliaceae 椴树科	落叶乔木；高 20m；枝灰褐色；叶椭圆形、阔椭圆形或阔倒卵圆形；花序聚伞状；花瓣阔倒卵形；蒴果椭圆形；种子长倒卵形	观赏	中国云南东南部，贵州罗甸、册亨，广西红水河	贵州、广西、云南
1661	*Butia capitata* (Mart.) Becc.	果冻棕	Palmae 棕榈科	常绿乔木；高 3～6m；单干，粗壮；羽状复叶长约 2m，弯曲成弧形，叶柄有刺；肉穗花序长 1.2～1.5m，花红或黄色	观赏	中亚洲热带、非洲	我国引种栽培

（续）

序号	拉丁学名	中文名	所属科	特征及特性	类别	原产地	目前分布/种植区
1662	*Butomopsis latifolia* (D. Don) Kunth	拟花蔺	Butomaceae 花蔺科	一年生水生杂草；高 25～40cm；叶基生，6 枚，长圆形；花序 1～2，伞形花序顶生有花 3～4 朵，花瓣白色，子房具网纹；蓇葖果	杂草		云南南部
1663	*Butomus umbellatus* L.	花蔺（花蔺草）	Butomaceae 花蔺科	多年生水生草本；叶基生，条形，呈三棱状；花葶圆柱形；花两性，在花序顶端排成伞形花序，外轮花被紫色，内轮花被淡红色；蓇葖果	观赏		东北、华北及新疆、陕西、山东、河南、江苏
1664	*Butyrospermum parkii* Kotschy	牛油果	Sapotaceae 山榄科	落叶乔木；高 10～15m；叶长圆形；花有香甜味，花冠裂片卵形，全缘；浆果球形	果树		云南
1665	*Buxus hainanensis* Merr.	海南黄杨	Buxaceae 黄杨科	常绿灌木；高 1～2m；枝近圆柱形；叶菱状长圆形、长圆形或狭长圆形，稀椭圆形；花序头状；苞片卵形；萼片阔卵形；蒴果卵球形；花期 3～5 月；果期 6～9 月	观赏	中国广东	
1666	*Buxus harlandii* Hanelt	雀舌黄杨	Buxaceae 黄杨科	常绿矮小灌木；叶倒披针形或倒卵状椭圆形，两面中脉凸起，背面中脉密被白色钟乳体，头状花序腋生；蒴果卵形	有毒	中国云南、四川、贵州、广西、广东、江西、浙江、湖北、河南、甘肃、陕西	
1667	*Buxus megistophylla* H. Lév.	长叶黄杨	Buxaceae 黄杨科	常绿灌木或小乔木；高 5～6m；花绿白色，5～12 朵成聚伞花序，腋生于枝条顶部；10 月果熟；蒴果扁球形，粉绿色，成熟后四瓣裂，假种皮橘红色	观赏		
1668	*Buxus microphylla* subsp. *sinica* (Rehder et E. H. Wilson) Hatus.	黄杨（千年矮，瓜子黄杨）	Buxaceae 黄杨科	常绿灌木或小乔木；枝圆柱形，有纵棱；叶阔椭圆形或长圆形；花序腋生，花密集成头状；蒴果近球形	有毒		华东、华中、华南、西南、西北
1669	*Buxus myrica* H. Lév.	杨梅黄杨	Buxaceae 黄杨科	常绿灌木；高 1～3m；枝圆柱形；叶长圆状披针形或狭披针形；苞片卵形；萼片卵形或卵状椭圆形；蒴果近球形；花期 1～2 月或 3～5 月；果期 5～6 月或 7～9 月	观赏	中国贵州中南部、广西西部和北部、云南东北部、广东、湖南、四川	

（续）

序号	拉丁学名	中文名	所属科	特征及特性	类别	原产地	目前分布/种植区
1670	*Buxus rugulosa* Hatus.	皱叶黄杨	Buxaceae 黄杨科	常绿灌木；高 1～2m；枝近圆柱形；叶菱状长圆形、长圆形或狭长圆形，稀椭圆形；花序头状；苞片卵形；萼片阔卵形；蒴果卵球形；花期 3～5 月；果期 6～9 月	观赏	中国云南西北部、四川	
1671	*Buxus sempervirens* L.	常绿黄杨（锦熟黄杨，窄叶黄杨）	Buxaceae 黄杨科	灌木；小枝近四棱形，具条纹；叶卵形或卵状长圆形；总状花序腋生；蒴果，种子黑色	有毒	中欧、南欧至高加索	我国引种栽培
1672	*Buxus sinica* var. *vaccinifolia* M. Cheng	越橘叶黄杨	Buxaceae 黄杨科	常绿灌木；生长低矮，枝条密集；叶椭圆形至倒卵状椭圆形，端圆；蒴果卵状球形	观赏		
1673	*Cabomba aquatica* Aubl.	罗汉草	Cabombaceae（Hydropeltidaceae）莼菜科	水生植物；茎节上对生羽状绿叶，在水温高的夏天长出圆形的浮叶；小花黄色	观赏	圭亚那至亚马孙河入口	
1674	*Cabomba australis* Speg.	黄罗汉草	Cabombaceae（Hydropeltidaceae）莼菜科	水生植物，茎沉于水中直立，植株较细，有分枝，叶对生，线形，形似掌状，二裂 3～4 次分枝；叶色为略带茶黄色；花黄色	观赏	巴拉圭、巴西南部至阿根廷	
1675	*Cabomba caroliniana* A. Gray	卡罗罗汉草	Cabombaceae（Hydropeltidaceae）莼菜科	水生植物；沉水叶对生于茎上，先掌状分裂，再二叉分裂，裂片边缘无锯齿；茎上浮生叶基部 2 裂	观赏		
1676	*Caesalpinia bonduc*（L.）Roxb.	鹰叶刺（大托叶云实）	Leguminosae 豆科	有刺藤本；二回羽状复叶；总状花序腋生，具长梗；苞片开花时脱落；萼被黄柔毛；花瓣黄色，最上一片有红斑；荚果具刺	有毒		台湾、广东、广西
1677	*Caesalpinia decapetala*（Roth）Alston	云实	Leguminosae 豆科	藤本；二回羽状复叶，小叶长圆形；总状花序顶生，萼片 5，花瓣黄色，圆形或倒卵形；荚果长圆状舌形	药用，有毒		华东、华南、中南、西南
1678	*Caesalpinia mimosoides* Lam.	含羞云实	Leguminosae 豆科	木质藤本；小枝密被锈色腺毛和倒钩刺，二回羽状复叶，羽片对生，总状花序顶生，花瓣 5，鲜黄色，近圆形；荚果倒卵形，表面有刚毛	观赏	中国云南	

（续）

序号	拉丁学名	中文名	所属科	特征及特性	类别	原产地	目前分布/种植区
1679	*Caesalpinia pulcherrima* (L.) Sw.	金凤花	Leguminosae 豆科	落叶灌木；株高2～5m；枝有疏刺；二回羽状复叶；总状花序顶生或腋生；花瓣圆形有皱纹，具爪，橙色或黄色	观赏	西印度群岛	云南、广西广东、台湾
1680	*Caesalpinia sappan* L.	苏木（苏枋木，苏枋，苏红木）	Leguminosae 豆科	常绿小乔木；高5～10m，圆锥花序，顶生，花冠黄色；荚果长圆形，熟后暗红色	药用，观赏，经济作物（染料类）		广西、台湾、贵州、广东、云南、四川
1681	*Caesalpinia vernalis* Champion ex Bentham	春云实	Leguminosae 豆科	有刺藤本；各部被锈色绒毛；二回羽状复叶，小叶对生，革质，卵状披针形、卵形或椭圆形；圆锥花序于上部腋生或顶生；荚果斜长圆形；种子斧形	药用，观赏		广东、福建南部、浙江南部
1682	*Cajanus cajan* (L.) Huth	木豆（豆蓉，柳豆）	Leguminosae 豆科	矮灌木；高1～3m；小叶3枚，卵状披针形，全缘；总状花序，腋生；萼钟形，萼齿5，披针形；花冠黄红色	粮食	印度	江苏 广东 四川 云南 福建
1683	*Cajanus crassus* (Prain ex King) Maesen	虫豆	Leguminosae 豆科	小叶皮质状，叶背褐色柔毛，末端小叶横向大于纵向；3～5粒荚；1月开花	粮食		云南
1684	*Cajanus goensis* Dalzell	硬毛虫豆	Leguminosae 豆科	越年生；蔓延生长或缠绕生长；羽状复叶纤细，分散，绿色，苞叶毛茸茸；花冠开花后脱落	粮食		云南
1685	*Cajanus grandiflorus* (Benth. ex Baker) Maesen	大花虫豆	Leguminosae 豆科	木质缠绕藤本；顶生小叶卵状菱形；花序长达20cm，花黄色，长约2.5cm；荚果密被黄褐色长柔毛	饲用及绿肥		云南、浙江
1686	*Cajanus mollis* (Benth.) Maesen	长叶虫豆	Leguminosae 豆科	攀缘木质藤本；各部密被灰褐色短绒毛；羽状复叶具3小叶；总状花序腋生，粗壮；荚果长圆形，膨胀	饲用及绿肥		云南西部及南部
1687	*Cajanus niveus* (Benth.) Maesen	白虫豆	Leguminosae 豆科	直立小灌木；高约1m；羽状3小叶，小叶下面有腺状斑点；总状花序腋生；荚果倒卵状椭圆形	饲用及绿肥		云南南部元江河谷

（续）

序号	拉丁学名	中文名	所属科	特征及特性	类别	原产地	目前分布/种植区
1688	*Cajanus scarabaeoides*（L.）Thouars	蔓草虫豆	Leguminosae 豆科	蔓生草质藤本；小叶椭圆形至倒卵状椭圆形；花序长在 2cm 以下，花黄色，长约 1cm；荚果长 1.5～2.5cm，密被红褐色长毛	饲用及绿肥		海南、广东、广西、福建、云南、四川
1689	*Caladium bicolor*（Aiton）Vent.	五彩芋	Araceae 天南星科	多年生草本；叶柄上部被白粉，叶戟状卵形，表面满布各色透明或不透明斑点，肉穗花序，佛焰苞管部卵圆形，外绿内绿白色，基部常青紫色，檐部白色	药用，有毒，观赏	热带美洲	广东、福建、台湾
1690	*Caladium humboldtii* Schott	小叶花叶芋	Araceae 天南星科	多年生草本；叶片盾状，基圆形裂，沿主侧脉有白色斑块斑点；具长达 45cm 斑驳叶柄	观赏	委内瑞拉、巴西	
1691	*Caladium picturatum* C. Koch et Bouche.	箭叶芋	Araceae 天南星科	多年生草本；蔓性强，茎部常有气生根；叶大有长柄，幼叶呈箭头状或戟形，老叶 3 裂或 5 裂的掌状叶（掌状叶多至 9～11 裂）；近叶基之裂片左右两侧，常有小型耳垂状小叶；叶脉内叶基至叶端整齐而平行伸展，形成缘脉	观赏	巴西、秘鲁	
1692	*Calamagrostis epigeios*（L.）Roth	拂子茅（狼尾巴草）	Gramineae（Poaceae）禾本科	多年生粗壮草本；秆高 45～100cm；叶线形，叶舌膜质；圆锥花序挺直，圆筒形，小穗线形，芒自外稃中部伸出，子房卵圆形；颖果	饲用及绿肥，生态防护		全国分布
1693	*Calamagrostis pseudophragmites*（Haller f.）Koeler	假苇拂子茅	Gramineae（Poaceae）禾本科	多年生草本；秆高 40～100cm；叶线形；圆锥花序长圆状披针形，小穗长 5～7mm，颖线状披针形，芒自外稃顶端伸出；颖果	饲用及绿肥		东北、华北、西北及四川、云南
1694	*Calamintha debilis*（Bunge）Benth.	新风轮	Labiatae 唇形科	多年生植物，高 9～20cm；叶卵形或长圆状卵形；二歧聚伞花序 2～12 花，腋生，花冠白色；小坚果卵形	蜜源		新疆
1695	*Calamus acanthospathus* Griff.	云南省藤（省藤）	Palmae 棕榈科	攀缘藤本；单生；雌雄花序同型，二回至部分三回分枝，顶端具纤鞭，有 7～9 个分枝花序，顶端具短纤鞭；果被梗状；果实椭圆形至近球形，鳞片 15～18 纵列，中央有浅沟槽，边缘具啮蚀状的浅黄褐色带	观赏	中国云南	云南省勐腊、景洪

（续）

序号	拉丁学名	中文名	所属科	特征及特性	类别	原产地	目前分布/种植区
1696	*Calamus platyacanthoides* Merr.	省藤	Palmae 棕榈科	木质藤本；肉穗花序，长可达 70cm，分枝少，每一分枝上有小穗状花序约 9 个，总苞管状，长 6～8cm，具刺；花雌雄异株，花瓣长椭圆形	观赏	中国华南地区的山地密林中	
1697	*Calamus simplicifolius* Wei	单叶省藤（厘藤）	Palmae 棕榈科	常绿树种、藤本；叶羽状全裂，具爪状倒钩刺鞭；单性花，雌雄异株；圆锥状花序；浆果状核果，球形或近球形，黄白色，具光泽；种子褐色，圆形或近圆形	观赏	中国	海南、广东、广西、福建
1698	*Calamus tetradactylus* Hance	白藤（鸡藤，小白藤）	Palmae 棕榈科	常绿藤本；叶藤叶掌状或羽状全裂，叶轴两侧裂片单生或 2～3 片成束，每侧 7～11 片，裂片披针形，顶端和边缘具刚毛状刺，叶轴背被短钩刺；单性花，雌雄异株；圆锥状花序；浆果状核果，球形，种子黄褐色或褐色	药用，观赏	中国	海南、广东、广西、福建
1699	*Calanthe alismaefolia* Lindl.	泽泻虾脊兰	Orchidaceae 兰科	地生兰；叶椭圆形或卵状椭圆形，总状花序，花白色而带紫堇色，萼片上面被紫色糙伏毛，唇瓣较大	观赏	中国台湾、湖北、四川、云南、西藏东南部	
1700	*Calanthe alpina* Hook. f. ex Lindl.	流苏虾脊兰	Orchidaceae 兰科	地生兰；叶椭圆形或倒卵状椭圆形，总状花序，茄紫色，唇瓣近扇形，不裂具流苏	观赏	中国云南、陕西、西藏东南部、湖北、四川、甘肃	
1701	*Calanthe arcuata* Rolfe	弧距虾脊兰	Orchidaceae 兰科	地生兰；叶披针形或椭圆状披针形，总状花序，萼片和花瓣上面黄绿色，背面红褐色，萼片披针形，花瓣线形，唇瓣白色	观赏	中国台湾、甘肃、陕西、湖北、四川、云南、贵州	
1702	*Calanthe argenteostriata* C. Z. Tang et S. J. Cheng	银带虾脊兰	Orchidaceae 兰科	多年生常绿草本；花瓣先端近截形并具短凸，具 3 条脉；唇瓣白色，基部具 3 列金黄色的小瘤状物，3 裂；距黄绿色，细圆筒形，外面疏被短毛；蕊柱白色，蕊喙 2 裂，轭形	观赏	中国云南、广西	
1703	*Calanthe aristulifera* Rchb. f.	翘距虾脊兰	Orchidaceae 兰科	地生兰；叶倒卵状椭圆形或椭圆形，总状花序，花色淡粉红色或白色带淡紫色，唇瓣 3 裂	观赏	中国广东、广西、福建、台湾	
1704	*Calanthe brevicornu* Lindl.	肾唇虾脊兰	Orchidaceae 兰科	地生兰；叶椭圆形或卵状披针形，总状花序，萼片和花瓣下半部白色，上部黄绿色，花瓣椭圆状披针形，唇瓣紫红色 3 裂	观赏	中国云南、四川、湖北、广西、贵州、西藏东南部	

（续）

序号	拉丁学名	中文名	所属科	特征及特性	类别	原产地	目前分布/种植区
1705	*Calanthe clavata* Lindl.	棒距虾脊兰	Orchidaceae 兰科	地生兰；叶狭椭圆形，总状花序缩短成球形，叶柄基部扩大成鞘，互相迭抱，花淡黄色	观赏	中国福建、海南、广东、广西、云南、西藏	
1706	*Calanthe davidii* Franch.	剑叶虾脊兰	Orchidaceae 兰科	地生兰；叶3～4枚近基生，剑形或带形；总状花序，花黄绿色、白色，萼片和花瓣反折，花瓣狭长圆状倒披针形，苞片宿存草质，唇瓣3裂；蒴果卵球形	观赏	中国湖南、湖北、陕西、甘肃、台湾、贵州、四川、云南、西藏	
1707	*Calanthe densiflora* Lindl.	密花虾脊兰	Orchidaceae 兰科	地生兰；叶狭椭圆形，总状花序缩短成球形，花密集成球状，黄色，唇瓣3裂	观赏	中国台湾、海南、广东、广西、四川、云南、西藏	
1708	*Calanthe discolor* Lindl.	虾脊兰	Orchidaceae 兰科	地生兰；叶近基生，倒卵状矩圆形至椭圆状矩圆形，总状花序，萼片和花瓣褐紫色，唇瓣白色3深裂	观赏	中国江苏、福建、广东、湖北、贵州	
1709	*Calanthe graciliflora* Hayata	钩距虾脊兰	Orchidaceae 兰科	地生兰；叶椭圆形或椭圆状披针形，总状花序，萼片和花瓣黄绿色，唇瓣白色带紫红色斑点，3裂	观赏	中国长江以南各省份	
1710	*Calanthe griffithii* Lindl.	通麦虾脊兰	Orchidaceae 兰科	地生兰；叶3～4枚，长圆形或长圆状披针形，两面无毛，总状花序，萼片和花瓣浅绿色，花瓣倒披针形具3脉，唇瓣3裂	观赏	中国西藏东南部	
1711	*Calanthe hancockii* Rolfe	叉唇虾脊兰	Orchidaceae 兰科	地生兰；叶近椭圆形，背面被短毛，总状花序，萼片和花瓣黄褐色，唇瓣柠檬黄色3裂，具短爪	观赏	中国云南、广西、四川	
1712	*Calanthe mannii* Hook. f.	细花虾脊兰	Orchidaceae 兰科	地生兰；叶倒披针形，总状花序，萼片和花瓣暗褐色，唇瓣金黄色3裂带紫斑	观赏	中国广东、广西、贵州、江西、湖北、四川、云南、西藏	
1713	*Calanthe reflexa* Maxim.	反瓣虾脊兰	Orchidaceae 兰科	地生兰；叶椭圆形或椭圆状矩圆形，总状花序，花粉红色，萼片和花瓣向后反折，花瓣线形，唇瓣3裂	观赏	中国长江以南各地区	

（续）

序号	拉丁学名	中文名	所属科	特征及特性	类别	原产地	目前分布/种植区
1714	*Calanthe sylvatica* (Thouars) Lindl.	长距虾脊兰	Orchidaceae 兰科	植株高80cm；花玫瑰色；花瓣倒卵形或宽长圆形；唇瓣裂，侧裂片镰状，短小，中裂片近肾形，先端2浅裂，前部边缘具缺刻，基部具多数小肉瘤状突起；距圆筒形，末端稍膨大而弧曲；蕊柱粗短	观赏	中国广东、广西、福建、台湾、西藏	
1715	*Calanthe tricarinata* Lindl.	三棱虾脊兰	Orchidaceae 兰科	地生兰；叶椭圆形或倒卵状披针形，总状花序，花浅黄绿色，唇瓣红褐色	观赏	中国台湾、湖北、陕西、甘肃、四川、贵州、云南、西藏	
1716	*Calanthe triplicata* (Willemet) Ames	三褶虾脊兰	Orchidaceae 兰科	地生兰；叶椭圆形或椭圆状披针形，总状花序，花色纯白，花瓣倒卵状披针形，唇瓣深裂成重叠的双人字形	观赏	中国长江以南各地区	
1717	*Calathea lancifolia* Boom	箭羽肖竹芋	Marantaceae 竹芋科	多年生草本；叶基生，具硬而长的红褐色叶柄，叶披针形，全缘呈波状；叶绿色，叶缘色深，叶背紫红色；叶表及叶背均有光泽，革质而硬挺	观赏	热带美洲	
1718	*Calathea makoyana* E. Morr.	孔雀肖竹芋	Marantaceae 竹芋科	多年生草本；株形挺拔，密集丛生；叶簇生，卵形至长椭圆形，叶面乳白色或橄榄绿色，具浓绿色长圆形斑块及条纹，形似孔雀尾羽；叶背紫色，具同样斑纹；叶柄细长，深紫红色	观赏	巴西	
1719	*Calathea mediopicta* E. Morr.	银脉肖竹芋	Marantaceae 竹芋科	多年生草本；叶基生或茎生；花序为短总状或球花状，不分枝	观赏	巴西	
1720	*Calathea roseopicta* (Linden) Regel.	彩虹肖竹芋	Marantaceae 竹芋科	多年生草本；叶阔卵形，叶面青绿色或暗绿色，中脉淡粉色，叶脉及沿叶缘呈黄色条纹，叶背暗自红色，叶柄紫红色	观赏	巴西	
1721	*Calathea zebrina* (Sims) Lindl.	绒叶肖竹芋	Marantaceae 竹芋科	多年生草本；头状花序卵形，鹅蛋般大小单独生于花葶上；花冠紫堇色或白色，裂片长圆状披针形，长1.5cm；花期夏季	观赏	巴西	台湾、广东

（续）

序号	拉丁学名	中文名	所属科	特征及特性	类别	原产地	目前分布/种植区
1722	*Calathodes palmata* Hook. f. et Thomson	黄花鸡爪草	Ranunculaceae 毛茛科	多年生草本；单叶基生及茎生，掌状3全裂，五角形，花单生茎顶，辐射对称，萼片5花瓣状，黄色或白色，椭圆状或近倒卵形，无花瓣	观赏	中国西藏、云南、湖北	
1723	*Calcareoboea coccinea* C. Y. Wu ex H. W. Li	朱红苣苔	Gesneriaceae 苦苣苔科	多年生草本；叶基生，近革质，近伞形花序腋生，苞片6下卵形或披针形，花萼5裂，花冠朱红色，狭漏斗状筒形，二唇形，上唇具4齿，下唇较小	观赏	中国云南、广西	
1724	*Calceolaria crenatiflora* Cav.	蒲苞花	Scrophulariaceae 玄参科	一、二生草本；不规则伞形花序顶生，萼片4，花瓣2唇；上唇小，稍向前伸，下唇呈荷包状，有乳白、淡黄、粉、红、紫等花色及红、褐色斑点	观赏	墨西哥、智利	
1725	*Calceolaria integrifolia* J. Murr.	灌木蒲苞花	Scrophulariaceae 玄参科	半灌木；茎木质，叶面多皱；圆锥花序密集，花小，茎1.2厘cm，黄色或赤褐色	观赏	智利	
1726	*Calceolaria mexicana* Benth.	墨西哥蒲苞花	Scrophulariaceae 玄参科	一、二生草本；高30cm，茎上有软黏毛；下部叶3裂；花小，浅黄色	观赏	墨西哥	
1727	*Calendula arvensis* L.	小金盏菊	Compositae（Asteraceae）菊科	一、二生草本；高25cm；茎直立；叶长椭圆披针形；花序头状；花期夏季	观赏	南欧至伊朗	
1728	*Calendula officinalis* L.	金盏菊	Compositae（Asteraceae）菊科	一、二生草本；株高60cm；叶长圆倒卵形；花序头状；花舌状，乳黄或橘红色，有单瓣和重瓣；花期3～6月	观赏	地中海沿岸	我国各地广为栽培
1729	*Callerya bonatiana*（Pamp.）P. K. Loc	滇桂崖豆藤（大发汗）	Leguminosae 豆科	攀缘落叶藤本；叶互生，奇数羽状复叶，卵圆形；总状花序腋生，花淡紫白色或绿色；花冠蝶形；荚果线形	有毒		云南
1730	*Callerya cinerea*（Benth.）Schot	顺宁岩豆藤	Leguminosae 豆科	藤蔓植物，高5m；圆锥花序腋生，12～18cm，密被软毛；花1.8～2.3cm，花冠淡紫色至紫红色，旗瓣圆形，基部有2疣	有毒，观赏	中国西南、华南及陕西、甘肃、安徽、浙江、江西、福建、湖南	

（续）

序号	拉丁学名	中文名	所属科	特征及特性	类别	原产地	目前分布/种植区
1731	*Callerya reticulata* (Benth.) Schot	鸡血藤（三月黄，渣子树）	Leguminosae 豆科	常绿攀缘灌木或蔓生灌木；羽状复叶，卵状椭圆形，圆锥花序顶生，下垂，花冠紫色或玫瑰红色	观赏	中国长江流域及其南部各省份	
1732	*Callerya speciosa* (Champ. ex Benth.) Schot	牛大力藤	Leguminosae 豆科	木质藤本；小叶7～17片，奇数羽状复叶；花美丽，组成顶生的圆锥花序，嫩枝、叶柄、叶背面、花及果均被黄褐色或锈色柔毛；花白色	有毒		
1733	*Calliandra haematocephala* Hassk.	朱缨花	Leguminosae 豆科	常绿灌木；高3～5m，无刺，小枝灰褐色；叶二回羽状复叶，卵状披针形至椭圆状披针形；花序头状；花丝朱红色；荚果条状；花期8～10月；果期11～12月	观赏	美洲热带和亚热带	台湾、福建、广东
1734	*Calliandra riparia* Pittier	苏里南朱缨花	Leguminosae 豆科	常绿灌木；小枝灰白色，密生棕色皮孔；小叶5～10对；花丝粉红色；花期8～12月	观赏	巴西	
1735	*Callianthemum taipaicum* W. T. Wang	太白美花草	Ranunculaceae 毛茛科	短小草本；叶基生，多回复叶，茎叶极小或缺；花顶生，白色或玫瑰红色；果为多数、球果状的瘦果，有凸尖的宿存短花柱	药用		陕西秦岭
1736	*Callicarpa bodinieri* H. Lév.	紫珠（珍珠枫，爆竹紫）	Verbenaceae 马鞭草科	灌木；叶倒卵形或椭圆形；聚伞花序，花萼钟状，萼齿4，花冠4裂，雄蕊4，子房上位；紫色球形果	药用，生态防护，观赏		华东、华中、西南
1737	*Callicarpa brevipes* (Benth.) Hance	短柄紫珠	Verbenaceae 马鞭草科	灌木；叶披针或窄披针，长9～24cm；花序径1.5cm，花白无毛，子房无毛；核果球形，约3～4mm	药用		浙江南部、福建、广东、广西、江西、海南、湖南、贵州
1738	*Callicarpa candicans* (Burm. f.) Hochr.	白毛紫珠	Verbenaceae 马鞭草科	灌木；叶卵状椭圆形或宽卵形；聚伞花序紧密成球形，苞片细小，线形；花冠粉红或红色；果实球形，紫黑色	药用，有毒		湖南、广东、海南
1739	*Callicarpa cathayana* H. T. Chang	华紫珠（紫红鞭）	Verbenaceae 马鞭草科	落叶灌木；叶椭圆形至卵状披针形，花淡紫色，具红色腺点，果紫色	观赏	中国华东、华南、河南、云南	江苏、浙江、江西、福建、广东、广西、云南

（续）

序号	拉丁学名	中文名	所属科	特征及特性	类别	原产地	目前分布/种植区
1740	*Callicarpa collina* Diels	丘陵紫珠	Verbenaceae 马鞭草科	灌木；叶倒披针，长 12～19(～25)cm；花序紧密，径约 1～1.5cm，花白带紫，子房无毛；核果球形，约 2mm	药用，观赏		江西南部、广东
1741	*Callicarpa dichotoma*（Lour.）K. Koch	白棠子树（小叶鸦鹊饭）	Verbenaceae 马鞭草科	落叶灌木；小枝带紫红色，具星状毛，叶对生，狭倒卵形，聚伞花序腋生，花和果实紫红色	观赏	中国中部、东部	华东、华中及广西、广东
1742	*Callicarpa erythrosticta* Merr. et Chun	红线紫珠	Verbenaceae 马鞭草科	灌木；高 2m，叶线形，半圆柱形，为乳突突起所覆盖；花盘盘状，花紫红色，果圆状紫色	蜜源		广西
1743	*Callicarpa formosana* Rolfe	杜虹花	Verbenaceae 马鞭草科	灌木；叶卵状椭圆，长 6～15cm，有锯齿；花序径 3～4cm，花萼杯状，花紫色；核果近球，熟紫色，2mm	药用		浙江、江西、两广、福建等，菲律宾也有
1744	*Callicarpa giraldii* Hesse ex Rehder	老鸦糊	Verbenaceae 马鞭草科	灌木；高 3～5m；叶宽椭圆披针，长 5～15cm，有锯齿；花序径 2～3cm，花萼小，紫色；核果球，2.5～4mm，熟无毛，紫色	药用		甘肃、陕西、浙江、两广、两湖和云南等
1745	*Callicarpa gracilipes* Rehder	湖北紫珠	Verbenaceae 马鞭草科	灌木；叶卵状椭圆，长 3～6cm，宽 2～3cm；花序径 1～1.5cm，花萼杯状；核果长圆形，熟淡紫红色 2mm，微毛，黄色腺点	药用，观赏		湖北西部、四川东部
1746	*Callicarpa integerrima* Champion	全缘叶紫珠	Verbenaceae 马鞭草科	攀缘灌木；嫩叶披黄褐色绒毛，宽卵形，长 7～15cm；花序梗长 3～5cm，径约 8～11cm，花紫无毛；核果近球形	药用，观赏		浙江、江西、福建、两广、两湖和香港
1747	*Callicarpa integerrima* var. *chinensis*（C. P'ei）S. L. Chen	藤紫珠	Verbenaceae 马鞭草科	藤本或蔓性灌木；叶柄密生黄褐色星状毛和分枝茸毛，宽椭圆；花序径 6～9cm，花冠紫红或蓝紫；核果熟紫色	药用，观赏		浙江、两广、两湖、江西、四川
1748	*Callicarpa japonica* Thunb.	日本紫珠	Verbenaceae 马鞭草科	灌木；小枝无毛，叶变异大，卵形、倒卵形至卵状椭圆形，花淡紫红色或白色，果紫色	有毒，观赏	中国山东、安徽、浙江、江苏、湖南、湖北、陕西、甘肃	华东及辽宁、江西、湖南、四川

（续）

序号	拉丁学名	中文名	所属科	特征及特性	类别	原产地	目前分布/种植区
1749	*Callicarpa kochiana* Makino	枇杷叶紫珠	Verbenaceae 马鞭草科	灌木；高 4m；叶柄密生黄褐色分枝绒毛，长椭圆，长 12～22cm；花序密生黄褐色分枝绒毛，淡红或紫红色，花无梗；核果近球形	药用		河南、浙江、江西、湖南、台湾、福建、广东
1750	*Callicarpa lingii* Merr.	光叶紫珠	Verbenaceae 马鞭草科	灌木；倒卵状长椭圆或椭圆，长 13～18cm；花序径 2.5cm，花紫红，近无毛，花萼无毛或微；核果倒卵或卵圆，约 2.5mm，有黄色腺点	药用，观赏		江西、安徽南部、浙江
1751	*Callicarpa loboapiculata* F. P. Metcalf	尖萼紫珠	Verbenaceae 马鞭草科	灌木；叶椭圆，长 12～22cm，有浅锯齿；花序径 4～6cm，花紫，花萼钟状；核果 1.2mm，有黄色腺点，无毛	药用		湖南、两广、海南、广西、贵州
1752	*Callicarpa longipes* Dunn	长柄紫珠	Verbenaceae 马鞭草科	灌木；叶倒卵状椭圆或披针，长 6～13cm；花序径约 3cm，3～4 分枝，花红色，子房无毛；核果球形，成熟紫红色	药用，观赏		浙江、安徽、江西、福建、广东、广西
1753	*Callicarpa longissima*（Hemsl.）Merr.	尖尾枫（黏手枫，穿骨枫）	Verbenaceae 马鞭草科	小乔木或灌木状，高 7m；叶披针或椭圆披针，长 13～25cm；花序披毛、径 3～6cm，花萼无毛近平截，淡紫色；核果扁球形，1～1.5mm，无毛，有腺点	药用		台湾、福建、两广、海南
1754	*Callicarpa luteopunctata* H. T. Chang	黄腺紫珠	Verbenaceae 马鞭草科	灌木；叶长椭圆形，长 7～16cm；花序径 2～3cm，花萼杯状，紫色；核果近球形，1mm，有黄色腺点	药用，观赏		四川、云南
1755	*Callicarpa macrophylla* Vahl	大叶紫珠	Verbenaceae 马鞭草科	小乔木、常灌木状，高 5m；长椭圆，长 10～23cm；花序径 4～8cm，花紫、疏生星状毛，花萼有毛；核果球形，约 1.5mm，有腺点和微毛	药用，饲用及绿肥		两广、贵州、云南
1756	*Callicarpa pseudorubella* H. T. Chang	少花紫珠	Verbenaceae 马鞭草科	灌木；叶长椭圆披针，长 3～5.5cm；花序于叶腋稍上对生，径 1.5cm，花萼小，花粉红，单毛；核果球	药用，观赏		广东
1757	*Callicarpa rubella* Lindl.	红紫珠	Verbenaceae 马鞭草科	落叶灌木；高 2m；小枝被黄褐色星状毛；叶片倒卵形或倒卵状椭圆形；花序聚伞状；花冠紫红色、黄绿色或白色；果实紫红色；花期 5～7 月；果期 7～11 月	观赏	中国安徽、浙江、江西、湖南、广东、广西、四川、贵州、云南	

（续）

序号	拉丁学名	中文名	所属科	特征及特性	类别	原产地	目前分布/种植区
1758	*Calligonum alaschanicum* Losinsk.	阿拉善沙拐枣	Polygonaceae 蓼科	灌木；老枝灰色；果（包括刺）宽卵形，瘦果长卵形，肋极凸起，刺较细，每肋具2～3行	饲用及绿肥，生态防护		内蒙古、宁夏
1759	*Calligonum aphyllum*（Pall.）Güerke	无叶沙拐枣	Polygonaceae 蓼科	灌木；幼枝绿色，老枝灰褐色或带紫褐色，叶线形，花1～3朵生叶腋，花梗红色，花被片白色背部中央绿色或红色，果黄褐色或暗紫色，具4条钝肋	生态防护，观赏	中国新疆西部	
1760	*Calligonum arborescens* Litv.	乔木沙拐枣	Polygonaceae 蓼科	灌木；老枝黄白色；果卵圆形，瘦果椭圆形，4条果肋突出，刺在瘦果顶端束状，每肋2行	饲用及绿肥，生态防护	中亚	宁夏、甘肃、新疆
1761	*Calligonum calliphysa* Bunge	泡果沙拐枣	Polygonaceae 蓼科	灌木；老枝黄灰色；果（包括刺）圆球形，不扭转，肋较宽，每肋有刺3行，刺密柔软，外罩一层薄膜呈泡状果	饲用及绿肥，生态防护		新疆精河、吐鲁番、托克逊、鄯善
1762	*Calligonum caput-medusae* Schrenk	头状沙拐枣	Polygonaceae 蓼科	灌木；老枝淡灰色；果近球形，瘦果椭圆形，扭转，肋凸起，刺每肋2行，基部稍扁，极密	饲用及绿肥，生态防护		宁夏、甘肃、新疆
1763	*Calligonum chinense* Losinsk.	中国沙拐枣	Polygonaceae 蓼科	灌木；老枝淡灰色；花梗中部具关节；果近球形，瘦果椭圆形，有宽肋和深沟槽，每肋有刺3行	饲用及绿肥，生态防护	中国	内蒙古、甘肃
1764	*Calligonum cordatum* Korovin ex N. Pavlov	心形沙拐枣	Polygonaceae 蓼科	落叶灌木；高约0.6～2m，老枝淡黄色，幼枝淡绿色，分枝疏散，叶互生，退化成鳞片，与叶鞘结合，花两性，2～3朵生于叶腋，花被片果期反折，瘦果心状卵形	生态防护		新疆吐鲁番
1765	*Calligonum densum* E. Borszcow	密刺沙拐枣	Polygonaceae 蓼科	灌木；幼枝灰绿色，老枝淡灰色或黄灰色，叶鳞片状，花2～4朵簇生叶腋，花被片宽卵形，瘦果的肋突出，每肋生2翅	观赏，生态防护	中国新疆西部	
1766	*Calligonum ebinuricum* N. A. Ivanova ex Soskov	艾比湖沙拐枣	Polygonaceae 蓼科	落叶灌木；高0.8～1.5m，老枝皮褐色，分枝较少，舒展，叶互生，退化成鳞片，与叶鞘结合，花两性，花梗长3～6mm，关节在中下部，瘦果卵圆形或长圆形	生态防护		新疆沙湾、精河一带，吐鲁番有栽培

（续）

序号	拉丁学名	中文名	所属科	特征及特性	类别	原产地	目前分布/种植区
1767	*Calligonum gobicum* (Bunge ex Meisn.) Losinsk.	戈壁沙拐枣	Polygonaceae 蓼科	落叶灌木；高约 1m，老枝淡绿色或淡褐色，同化枝绿色，假二歧式分枝，叶互生，退化成鳞片状，花两性，单生，花被片边缘不整齐，果期反折，瘦果卵形	生态防护		甘肃河西走廊沙地
1768	*Calligonum klementzii* Losinsk.	奇台沙拐枣	Polygonaceae 蓼科	灌木；老枝黄灰色或灰色，叶线形，花 1～3 朵生叶腋，花被片深红色，宽椭圆形，果淡黄色或褐色，瘦果长圆形	观赏，生态防护	中国新疆东部	新疆阜康、奇台、北塔山及甘肃敦煌
1769	*Calligonum koslovi* Losinsk.	青海沙拐枣	Polygonaceae 蓼科	落叶灌木；高 1m，老枝灰黄色，老枝灰黄色，分枝向上，叶互生，条形，与叶鞘结合，花两性，瘦果卵圆形	生态防护		青海柴达木盆地
1770	*Calligonum leucocladum* (Schrenk) Bunge	白皮沙拐枣（淡枝沙拐枣）	Polygonaceae 蓼科	灌木；老枝黄灰色，拐曲；果（包括翅）宽椭圆形，瘦果窄椭圆形，4 条肋各具 2 翅，翅近膜质较软，边绿近全缘	饲用及绿肥，生态防护		新疆
1771	*Calligonum mongolicum* Turcz.	河西沙拐枣	Polygonaceae 蓼科	落叶灌木；高 30～50cm，老枝皮淡褐色，叶互生，退化成膜质鳞片，与叶鞘结合，花两性，花腋生，花被粉红色，瘦果圆卵形或椭圆形	生态防护	中国	甘肃河西走廊
1772	*Calligonum pumilum* Losinsk.	若羌沙拐枣	Polygonaceae 蓼科	落叶小灌木；高约 50cm，老枝黄灰色，合轴分枝，叶互生，退化成鳞片，花两性，花 2～3 朵腋生，花被淡红色，瘦果卵形	生态防护		新疆塔里木盆地
1773	*Calligonum roborowskii* Losinsk.	昆仑沙拐枣（塔里木沙拐枣）	Polygonaceae 蓼科	灌木；老枝灰白色；花 1～2 朵腋生；果（包括刺）宽卵形，瘦果长卵形，扭转，沟槽深，每肋中央刺 2 行，刺粗壮，坚硬	饲用及绿肥，生态防护		新疆、甘肃
1774	*Calligonum rubicundum* Bunge	红皮沙拐枣（红果沙拐枣）	Polygonaceae 蓼科	灌木；老枝木质化暗红色；花被粉红色；果实（包括翅）卵圆形，瘦果扭转，肋较宽，翅近革质，质硬，边缘有齿	饲用及绿肥，生态防护		新疆额尔齐斯河流域和沙地
1775	*Calligonum zaidamense* Losinsk.	柴达木沙拐枣	Polygonaceae 蓼科	落叶灌木；高约 1m，老枝淡褐色，同化枝淡绿色，节间长 2～3cm，叶互生，花两性，花腋生，花被粉红色，瘦果卵形	生态防护		青海柴达木盆地、甘肃河西走廊

（续）

序号	拉丁学名	中文名	所属科	特征及特性	类别	原产地	目前分布/种植区
1776	*Callipteris esculenta*（Retz.）J. Sm. ex T. Moore et Houlst.	菜蕨（过沟蕨菜）	Athyriaceae 蹄盖蕨科	多年生草本；高30～140cm；根状茎边缘有细齿；叶簇生，叶柄长50～60cm；孢子囊群生于裂片背面羽状脉上，呈褐色隆起条纹	蔬菜	中国	安徽、江西、贵州、浙江、广东、广西、福建、台湾
1777	*Callirhoe involucrata*（Torr. et A. Gray）A. Gray	蔓锦葵	Malvaceae 锦葵科	多年生草本；株高20～30cm，匍匐生长；多分枝；叶卵圆形，有粗锯齿；花浅粉色；花期5～7月	观赏		
1778	*Callistemon citrinus* Skeels	橙红红千层	Myrtaceae 桃金娘科	常绿灌林；叶线状披针形，下垂，枝顶嫩叶常带红色；穗状花序生于枝顶其雄蕊近黄色，很少淡粉红色的	观赏	澳大利亚	
1779	*Callistemon rigidus* R. Br.	红千层	Myrtaceae 桃金娘科	常绿灌木；穗状花序生于枝顶，长约10cm，花鲜红色，多数密生，雄蕊多数，亦为红色，长于花瓣，花期5～7月	观赏	大洋洲	广东、广西、云南、台湾
1780	*Callistemon salignus*（Sm.）Sweet	橙叶红千层	Myrtaceae 桃金娘科	常绿小乔木；树冠伞形，花期3～10月，花桃红色或暗红色，细枝倒垂如柳，花形奇特，似瓶刷	观赏		
1781	*Callistemon speciosus* DC.	美丽红千层	Myrtaceae 桃金娘科	灌木或小乔木，花艳丽而形状奇特，花序着生在树梢，只看雄蕊而不见花朵；雄蕊数量很多，花丝很长，颜色鲜艳，排列稠密，整个花序犹如一把瓶刷子	观赏		
1782	*Callistephus chinensis*（L.）Nees	翠菊	Compositae（Asteraceae）菊科	一年或二年生草本；叶片阔卵形或三角状卵形，头状花序单生枝顶，花色丰富	观赏	中国东北、华北、四川、云南	
1783	*Callitriche japonica* Engelm. ex Hegelm.	泡苔（栗苔）	Callitrichaceae 水马齿科	一年生草本；茎倾卧或匍匐，长1～5cm；常节处生根；叶对生，倒卵形或倒卵状匙形；花单性同株生于叶腋，无花萼和花瓣；果扁平心形	杂草		安徽、湖南、台湾
1784	*Callitriche palustris* L.	沼生水马齿（春水马齿）	Callitrichaceae 水马齿科	一年生草本；植株有水生及陆生两种类型，陆生型个体较水生小；叶对生，于茎顶密集呈莲座状；花单性单生叶腋；果扁平倒卵形	杂草		黑龙江、吉林、安徽、浙江、福建、台湾、四川

(续)

序号	拉丁学名	中文名	所属科	特征及特性	类别	原产地	目前分布/种植区
1785	*Callitriche stagnalis* Scop.	水马齿	Callitrichaceae 水马齿科	一年生或两年生草本；茎长 10～30cm；叶对生，顶端排列呈莲座状，倒卵形或倒卵状匙形；花单性，单生叶腋；果实近圆形	杂草		华南、西南及河北、河南、湖南、台湾
1786	*Calluna vulgaris* (L.) Hull.	彩萼石楠	Ericaceae 杜鹃花科	常绿灌木；株高 30～60cm；叶鳞状，多为线形，绿色，有时呈灰绿、黄、橙或红色；花序穗状；花冠钟状，单瓣或重瓣；花期 6～11 月	观赏	欧洲南部	我国各地均有栽培
1787	*Calocedrus decurrens* Florin	北美香翠柏	Cupressaceae 柏科	常绿乔木；鳞叶先端尖，较大，有香气紧贴小枝上；大树小枝多下垂	观赏	北美	海南、云南、广西、贵州
1788	*Calocedrus macrolepis* Kurz	翠柏	Cupressaceae 柏科	常绿乔木；树皮灰褐色，呈不规则纵裂；叶鳞形，两型，交互对生；雌雄同株，球花单生枝顶，球果长圆形或椭圆状圆柱形	林木，观赏		云南、贵州、广西、海南
1789	*Calochortus albus* Dougl. ex Benth.	白仙灯	Liliaceae 百合科	球根植物；株高 15～60cm；茎健壮，有分枝，具白霜；花下垂，白至淡粉色；花期春末初夏	观赏	美国加利福尼亚州	
1790	*Calochortus amabilis* Purdy.	金仙灯	Liliaceae 百合科	球根植物；株高 50cm；分枝疏散；有基生叶和茎生叶，披针形至线形；花朵钟形，下垂，深黄色，有时带绿色；花期春末初夏	观赏	美国加利福尼亚州	
1791	*Calochortus luteus* Dougl. ex Lindl.	黄堇花百合	Liliaceae 百合科	球根植物；株高 50cm，细弱；叶剑形；花钟状，深黄色	观赏	美国加利福尼亚州	
1792	*Calochortus splendens* Dougl. ex Benth.	蝶花百合	Liliaceae 百合科	球根植物；高 60cm；茎直立；基部叶线形，直立；花直立蝶形，淡紫色，3 个大花瓣基部有深色斑块；花期春末夏初	观赏	美国加利福尼亚州	
1793	*Calogyne pilosa* R. Br.	离根草(肉桂草)	Goodeniaceae 草海桐科	一年生小草本；茎数条，直立或斜升；叶脉不明显，茎上部叶的基部两侧各有 1 个耳片；花药有短尖，子房下位，花柱 3 裂，每分枝顶端有碗状突起；蒴果 2 瓣裂	药用		福建厦门
1794	*Calophaca chinensis* Boriss.	华丽豆	Leguminosae 豆科	落叶灌木；高 20～40cm；树皮光亮，具淡黄色纵裂纹；羽状复叶，小叶圆形或卵形灰白色；花序近头状；花萼宽钟状；花冠黄色，瓣片圆形；荚果；种子圆状肾形	观赏	中国新疆北部	

（续）

序号	拉丁学名	中文名	所属科	特征及特性	类别	原产地	目前分布/种植区
1795	*Calophaca sinica* Rehder	丽豆	Leguminosae 豆科	落叶灌木；高 2～2.5m；树皮剥落，淡棕白色；羽状复叶；小叶宽椭圆形或倒卵状宽椭圆形；花序短总状；花冠黄色，旗瓣近圆形；荚果狭长圆形；种子椭圆形	观赏	中国山西南部、内蒙古阴山山脉	
1796	*Calophaca soongorica* Kar. et Kir.	新疆丽豆	Leguminosae 豆科	落叶灌木；高 20～100cm；树皮淡灰黄色，开裂；羽状复叶，小叶圆形或长圆状宽椭圆形，蓝灰色；花序总状；花萼钟状；花冠黄色，瓣片圆形或长圆形；荚果细圆柱状；种子肾形；花期 5～7 月；果期 7～8 月	观赏	中亚	新疆塔城
1797	*Calophyllum inophyllum* L.	红厚壳（海棠果）	Guttiferae 藤黄科	常绿乔木；树皮暗褐色，幼枝圆柱形；叶对生，椭圆形；总状花序；花两性，白色，有香味；核果，肉质	有毒，观赏		台湾、广东、广西、海南
1798	*Calophyllum membranaceum* Gardner et Champ.	薄叶红厚壳	Guttiferae 藤黄科	灌木至小乔木；高 1～5m；叶薄革质，长圆形或长圆状披针形；聚伞花序腋生；花两性，白色略带浅红；果卵状长圆球形	药用		广东南部、海南、广西南部
1799	*Calophyllum polyanthum* Wall. ex Choisy	滇南红厚壳	Guttiferae 藤黄科	乔木；高约 25m；叶片革质，长圆状椭圆形或卵状椭圆形；圆锥花序或总状花序顶生；花白色；果椭圆球形	林木，观赏		云南南部
1800	*Calopogonium caeruleum* Benth.	蓝花毛蔓豆	Leguminosae 豆科	多年生缠绕草本；羽状 3 小叶，小叶菱形；总状花序腋生，花蓝色，长约 10mm；荚果条状矩圆形	饲用及绿肥		广东、广西、云南、海南
1801	*Calopogonium mucunoides* Desv.	毛蔓豆	Leguminosae 豆科	缠绕草本；全株密被黄褐色长毛；羽状 3 小叶；总状花序顶端具 5～6 花；荚果线状长椭圆形	饲用及绿肥		海南、广东、广西、福建、云南
1802	*Calotropis gigantea* （L.） W. T. Aiton	牛角瓜（断肠草，羊浸树）	Asclepiadaceae 萝藦科	直立灌木；有乳汁；叶对生，倒卵状长圆形；聚伞花序伞状；花冠宽钟状，紫蓝色；蓇葖果，种子宽卵形	有毒		广东、广西、云南、四川

（续）

序号	拉丁学名	中文名	所属科	特征及特性	类别	原产地	目前分布/种植区
1803	*Caltha palustris* L.	驴蹄草（马蹄叶，马蹄草）	Ranunculaceae 毛茛科	多年生草本；基生叶3～7，圆形或心形，边缘密生三角形齿，茎生叶渐小，圆肾形或三角状心形；单歧聚伞花序，萼片黄色，蓇葖具横脉；种子黑色	药用		东北及云南、四川、甘肃、陕西、山西、河北、内蒙古、新疆
1804	*Caltha scaposa* Hook. f. et Thomson	花葶驴蹄草	Ranunculaceae 毛茛科	多年生草本；全体无毛，基生叶3～10，心状卵形或三角状卵形，边缘全缘或带波状，茎生叶极小，通常茎顶端生1朵花，或2朵呈单歧聚伞花序，萼片黄色，蓇葖具明显横脉，种子黑色	观赏	中国西藏东南部、云南西北部、四川西部、青海南部、甘肃南部	
1805	*Calvatia gigantea* （Batsch ex Pers.）Lloyd	大马勃（巨马勃，无柄马勃，马勃）	Lycoperdaceae 灰包科	腐生菌，生于草地或竹林间；几无不育柄或不育基部很小；包被薄，易消失；内外包被间有褐色层，初生时内部含有多量水分	药用		华北、西北及辽宁江苏
1806	*Calycanthus chinensis*（Cheng et S. Y. Chang）P. T. Li	夏蜡梅	Calycanthaceae 蜡梅科	落叶灌木；高1～3m；大枝二歧状，小枝对生；叶对生，膜质；花单生嫩枝顶端，花被片螺旋状着生，两型；瘦果扁平或有棱	观赏		浙江临安龙荡山、天台县大雷山
1807	*Calycanthus floridus* L.	美国蜡梅	Calycanthaceae 蜡梅科	落叶灌木；叶卵形至长卵形；花色暗紫红色，花径5cm，无香气；花期夏季	观赏	北美	江西
1808	*Calycanthus occidentalis* Hook. et Arnott.	西美蜡梅	Calycanthaceae 蜡梅科	落叶灌木；株高3.6m；叶片卵状披针形，绿色；花浅红棕色	观赏	美国加利福尼亚的内华达山脉、喀斯喀特山脉	
1809	*Calypso bulbosa*（L.）Oakes	布袋兰	Orchidaceae 兰科	陆生兰；假鳞茎近椭圆形、狭长圆形或近圆筒状；叶卵形或卵状椭圆形；花苞片披针形；萼片线状披针形；花期4～6月	观赏	中国四川、甘肃南部、河南、内蒙古、吉林、黑龙江	
1810	*Calystegia hederacea* Wall.	打碗花（小旋花，兔耳草）	Convolvulaceae 旋花科	一年生缠绕或平卧草本；植株各部无毛；叶片三角状卵形，全缘；花单生于叶腋，淡粉红色，苞片宽卵形；蒴果卵圆形	饲用及绿肥，有毒		我国南北各省份
1811	*Calystegia pellita*（Ledeb.）G. Don	藤长苗	Convolvulaceae 旋花科	多年生草本；茎缠绕或下部直立；叶长圆形或长圆状线形；花单一，腋生，苞片卵形，花冠淡红色，漏斗状；蒴果近球形	有毒		我国大部分省份有分布

（续）

序号	拉丁学名	中文名	所属科	特征及特性	类别	原产地	目前分布/种植区
1812	*Calystegia sepium*（L.）R. Br.	篱打碗花（篱天剑）	Convolvulaceae 旋花科	多年生蔓生草本；根细长白色；茎缠绕或匍匐生长；叶互生，三角状卵形；花单生叶腋，花冠漏斗状，粉红色，子房 2 室；蒴果球形	生态防护		辽宁、河北、山东、江苏、浙江、福建、台湾
1813	*Calystegia sepium* subsp. *spectabilis* Brummitt	缠枝牡丹	Convolvulaceae 旋花科	草质藤本；花冠重瓣，撕裂状，形状不规则，花瓣裂片向内变狭，没有雄蕊和雌蕊	观赏	中国	黑龙江、河北、江苏、安徽、浙江、四川
1814	*Calystegia soldanella*（L.）R. Br.	肾叶打碗花	Convolvulaceae 旋花科	草质藤本；叶肾状圆形，边缘浅波状；花淡粉红色；花期 5～6 月	观赏，地被	中国辽宁、河北、山东、江苏、浙江、台湾	
1815	*Camassia quamash*（Pursh）Greene	卡马百合	Liliaceae 百合科	球根植物；株高 75cm；叶片绿灰色的，覆有白粉的；花白色、浅蓝色至蓝紫色	观赏	加拿大西南部、美国西北部平原	
1816	*Camelina microcarpa* DC.	小果亚麻荠	Cruciferae 十字花科	越年生草本；高 40～70cm；叶长圆状椭圆形、披针形或线状披针形；伞房状花序，果期呈总状，花小型，淡黄色；短角果倒卵形	杂草		东北及内蒙古、河南、新疆
1817	*Camelina sativa*（L.）Crantz	亚麻荠	Cruciferae 十字花科	越年生草本；高 30～71cm；叶互生，茎生叶披针形，全缘，具二叉状毛；疏松伞房状花序，花淡黄色；短角果倒卵形	饲用及绿肥		黑龙江、内蒙古、河北、新疆
1818	*Camellia brevistyla* var. *microphylla*（Merr.）Ming	细叶短柱茶	Theaceae 山茶科	常绿灌木；叶柄长 1～2mm，被柔毛；花白色，苞被片 6～7，宽倒卵形，近无毛，花瓣 5～7，宽倒卵形，长 0.8～1.1cm；果卵圆形，径 1.5cm；种子 2	生态防护，观赏		安徽、浙江、江西、湖南、贵州
1819	*Camellia caudata* Wall.	长尾毛蕊茶（尾叶山茶）	Theaceae 山茶科	常绿灌木或小乔木；嫩枝密被灰色柔毛，叶革质或薄质，长圆形、披针形或椭圆形，花腋生及顶生，花瓣 5，外侧有灰色短柔毛，苞片 3～5 片，萼杯状	观赏	中国海南、广东、广西、台湾、浙江	
1820	*Camellia chekiangoleosa* Hu	浙江红山茶（大茶梨，山茶梨）	Theaceae 山茶科	灌木或小乔木；高 3～8m；叶椭圆形或长椭圆形，叶缘有疏锯齿；花红色，无花梗，花瓣 6～8，阔倒卵圆形；子房 3 室；蒴果球形	生态防护，观赏	中国浙江	浙江、福建、江西、湖南

（续）

序号	拉丁学名	中文名	所属科	特征及特性	类别	原产地	目前分布/种植区
1821	*Camellia chrysanthoides* H. T. Chang	龙州金花茶	Theaceae 山茶科	常绿灌木；树皮灰褐色，顶芽被银色柔毛；叶革质，长椭圆形，背无毛散生黑腺点，花单生叶腋或顶生，花瓣金黄色；蒴果三球形	观赏	中国广西	
1822	*Camellia cordifolia*（F. P. Metcalf）Nakai	心叶毛蕊茶	Theaceae 山茶科	常绿小乔木；叶长圆状披针形或长卵形，长5～12cm，宽1.2～3cm；花瓣5，长1～1.5cm，下面被毛；雄蕊与花瓣近等长或稍长，花丝管长1.2cm；果近球形	观赏		广西、广东、江西、台湾
1823	*Camellia costata* Hu et S. Ye Liang ex H. T. Chang	突肋茶	Theaceae 山茶科	小乔木；叶革质，长圆形或披针形；花1～2朵腋生；蒴果球形	药用，观赏，经济作物		广西
1824	*Camellia costei* H. Lév.	贵州连蕊茶	Theaceae 山茶科	常绿灌木状或小乔木；高1.5～5m；叶纸质，长圆状椭圆形或椭圆形，长4.5～8cm，宽1.5～3cm；花单生叶腋，花梗长2～5mm；蒴果卵球形；种子球形，褐色	观赏		广西、广东、湖北、湖南、贵州
1825	*Camellia crapnelliana* Tutcher	红皮糙果茶（博白大果油茶）	Theaceae 山茶科	常绿乔木；高5～12m；叶革质，椭圆形；花白色，无花梗，苞片和萼片无明显的界限，花瓣5～7，倒卵形；蒴果球形	经济作物（油料类），生态防护，观赏		广西、广东、香港、福建、浙江
1826	*Camellia crassicolumna* H. T. Chang	厚轴茶	Theaceae 山茶科	小乔木或乔木；高3～10m；叶椭圆形或长椭圆形；花单生或2～3朵腋生，白色，花瓣9～12，子房5(4)室；蒴果圆球形	经济作物（茶类），药用		云南
1827	*Camellia cuspidata*（Kochs）Wright ex Gard	尖连蕊茶（尖叶山茶）	Theaceae 山茶科	常绿灌木至小乔木；叶革质，卵状披针形或椭圆形，花1朵顶生，花冠白色，花瓣6～7片，革质，苞片3～4卵形；蒴果圆球形，苞片和萼片宿存	观赏	中国江西、广西、湖南、贵州、安徽、陕西、云南、湖北、广东、福建	
1828	*Camellia drupifera* Lour.	越南油茶	Theaceae 山茶科	灌木至小乔木；高4～8m；叶革质，长圆形或椭圆形；花顶生；蒴果球形、扁球形或长圆形	经济作物（油料类）		广西柳州及陆川

（续）

序号	拉丁学名	中文名	所属科	特征及特性	类别	原产地	目前分布/种植区
1829	*Camellia edithae* Hance	尖萼红山茶（东南山茶）	Theaceae 山茶科	常绿灌木至小乔木；叶革质，卵状披针形或披针形，花1～2朵生枝顶，花瓣红色倒卵圆形，苞片和萼片9～10片；蒴果圆球形	观赏	中国福建南部、广东东部、江西东南部	
1830	*Camellia elongata*（Rehder et E. H. Wilson）Rehder	长管连蕊茶	Theaceae 山茶科	常绿灌木；叶椭圆形或卵形，长1～2cm，宽0.7～1.3cm；花梗长0.8～1cm；苞片5，宽卵形，长1mm，有睫毛，花瓣5～8，长1.5～2cm，白色；果球形或卵形	生态防护，观赏		四川、贵州
1831	*Camellia euphlebia* Merr. ex Sealy	显脉金花茶	Theaceae 山茶科	常绿灌木至小乔木；叶革质，椭圆形，花单生叶腋，花瓣金黄色，倒卵形，苞片8，半圆形至圆形，萼片5	观赏	中国广西	广西南部
1832	*Camellia euryoides* Lindl.	柃叶连蕊茶	Theaceae 山茶科	常绿灌木至小乔木；叶薄革质，椭圆形，背疏生长丝毛，花顶生或腋生，白色，花瓣5片有睫毛，白色，苞片半圆形至圆形，萼片5阔卵形；蒴果圆形	观赏	中国福建、广东、广西	
1833	*Camellia euryoides* var. *nokoensis*（Hayata）Ming	细萼连蕊茶	Theaceae 山茶科	常绿灌木；叶薄革质，卵状披针形，背面疏被绢状毛，花顶生，白色，花瓣5片，苞片近圆形，花萼杯状，萼片5片近圆形；蒴果圆球形	观赏	中国江西、湖南、四川	
1834	*Camellia fangchengensis* S. Yun Liang et Y. C. Zhong	防城茶	Theaceae 山茶科	小乔木；高3～5m；叶薄革质，椭圆形；花白色，生叶腋；蒴果三角状扁球形	药用，观赏，经济作物	中国	广西
1835	*Camellia flavida* H. T. Chang	弄岗金花茶	Theaceae 山茶科	灌木；嫩枝无毛；叶纸质或薄革质，椭圆形或倒卵状椭圆形，亦有长卵形；花单生于叶腋，黄色，花瓣7～9片，倒卵形，外侧有短柔毛，子房无毛，花柱3条，离生	林木，观赏	中国	广西龙州、宁明、崇左、扶绥等县
1836	*Camellia forrestii*（Diels）Cohen-Stuart	蒙自连蕊茶（小花山茶）	Theaceae 山茶科	常绿灌木；叶互生，革质，长卵圆形或卵圆形，苞片和萼片宿存，花小白色	观赏	中国云南中部	
1837	*Camellia fraterna* Hance	毛柄连蕊茶	Theaceae 山茶科	常绿灌木；叶卵状长椭圆形，背面有紧贴柔毛，花白色，花萼宿存	观赏	中国福建、江西、安徽、浙江、江苏	

（续）

序号	拉丁学名	中文名	所属科	特征及特性	类别	原产地	目前分布/种植区
1838	*Camellia grandibracteata* H. T. Chang et F. L. Yu	大苞茶	Theaceae 山茶科	乔木；高 12m，嫩枝有微毛，顶芽被毛；叶薄革质，椭圆形；花白色，生枝顶叶腋；蒴果近球形	药用，观赏，经济作物		云南
1839	*Camellia granthamiana* Sealy	大苞白山茶	Theaceae 山茶科	丛生常绿灌木；树皮灰白色；叶革质，椭圆形；花白色，顶生，无柄，花瓣 8～9，苞片与萼片未分化；蒴果球形	药用，观赏，经济作物		广东、广西
1840	*Camellia grijsii* Hance	长瓣短柱茶（闽鄂山茶）	Theaceae 山茶科	常绿小乔木；高 2～10m；叶互生，长圆形或椭圆状长圆形；花通常 1～2，无梗，白色，花瓣 5～6，倒卵形；蒴果球形	观赏		福建、江西、湖南、湖北、广西
1841	*Camellia grijsii* var. *shensiensis* (H. T. Chang) Ming	陕西短柱茶	Theaceae 山茶科	常绿灌木；叶革质，椭圆形，背面有黑腺点，花 1～2 朵顶生及腋生，白色，花瓣 5～7 片，先端 2 裂，苞片 7～8 阔卵形；蒴果卵圆形	观赏	中国陕西南部、湖北、四川	云南昆明
1842	*Camellia gymnogyna* H. T. Chang	秃房茶	Theaceae 山茶科	灌木或小乔木；高 3～10m；叶椭圆形或长椭圆形；花 1～2 朵腋生，白色，花瓣 7～10，阔倒卵形，子房 3 室；蒴果球形或铃形	药用，观赏，经济作物		云南、贵州、四川、重庆、广西
1843	*Camellia hirta* (Hand. -Mazz.) Li	粗毛石笔木	Theaceae 山茶科	常绿小乔木，高 8m；叶长圆形，长 6～1. cm，宽 2. 5～4cm；花径 2. 5～4. 5cm，白色或淡黄；花梗长 2～7mm，被毛；苞片卵形，长 4～5mm；果纺锤形	生态防护，观赏		江西、广东、广西、湖南、湖北、贵州、云南东部
1844	*Camellia hongkongensis* Seem.	香港红山茶	Theaceae 山茶科	常绿乔木；嫩枝红褐色，叶长圆形，花红色顶生，花瓣 6～7 片，倒卵形至长倒卵形，萼片及萼片 11～12 片；蒴果圆球形褐色	观赏	中国广东	
1845	*Camellia impressinervis* H. T. Chang et S. Y. Liang	凹脉金花茶	Theaceae 山茶科	常绿灌木；叶革质，背被柔毛，有黑腺点，花 1～2 朵腋生，花瓣 12 片，苞片 5 新月形，萼片 5 半圆形至圆形；蒴果扁圆形	观赏	中国广西龙州、大新县	
1846	*Camellia indochinensis* Merr.	柠檬黄金花茶	Theaceae 山茶科	常绿灌木；高 1～2m；叶薄革质，椭圆形或长圆形；花单生于叶腋，柠檬黄色，花瓣 8 片，外轮较小，近圆形，边缘有睫毛，内轮花瓣椭圆形至卵圆形，近平展，无毛，子房 3 室，无毛；花柱 3 条，离生	林木，观赏	中国	广西龙州、宁明、崇左、扶绥等县

（续）

序号	拉丁学名	中文名	所属科	特征及特性	类别	原产地	目前分布/种植区
1847	*Camellia indochinensis* var. *tunghinensis* (H. T. Chang) T. L. Ming et W. J. Zhang	东兴金花茶	Theaceae 山茶科	常绿灌木；叶薄革质，椭圆形，背面有黑腺点，花金黄色，苞片6～7片，萼片5近圆形，花瓣8～9片，倒卵形；蒴果球形	观赏		仅分布于广西十万大山南坡的东兴、防城
1848	*Camellia japonica* L.	山茶（晚山茶，茶花）	Theaceae 山茶科	灌木或小乔本；叶倒卵形或椭圆形；花单生或对生于叶腋或枝顶，大红色；雄蕊多数，萼笼2；雌蕊1；蒴果球形	生态防护，有毒，观赏	中国	西南及江西、广东、广西、福建、湖南、浙江
1849	*Camellia kissi* Wall.	落瓣油茶	Theaceae 山茶科	灌木或乔木；高达10m以上；叶距圆状披针形至窄椭圆形；花白色，1～2朵，顶生，花瓣7～8；子房密生丝状绒毛；蒴果近球形	药用，观赏，经济作物		广东、广西、云南
1850	*Camellia kwangsiensis* H. T. Chang	广西茶	Theaceae 山茶科	灌木或小乔木；叶革质，长圆形；花顶生；蒴果圆球形	药用，观赏，经济作物		广西田林、云南西畴
1851	*Camellia kwangsiensis* var. *kwangnanica* (H. T. Chang et B. H. Chen) T. L. Ming	广南茶	Theaceae 山茶科	小乔木；高5～6m；叶革质，长圆形；花白色，生枝顶叶腋；蒴果扁球形	药用，观赏，经济作物		云南
1852	*Camellia lawii* Sealy	四川毛蕊茶	Theaceae 山茶科	常绿灌木；叶椭圆形，长4～8cm，宽1.7～2.7cm；花梗长1～1.5mm；苞片4，长1mm，散生，有睫毛，花瓣5，长1.6cm	生态防护，观赏		四川、江苏
1853	*Camellia leptophylla* S. Ye Liang ex H. T. Chang	膜叶茶	Theaceae 山茶科	灌木；叶薄膜质，长圆形或狭圆形；花1～2朵顶生或腋生，白色；子房无毛	药用，观赏，经济作物		广西
1854	*Camellia longipedicellata* (Hu) H. T. Chang et D. Fang	长梗山茶（长柄山茶）	Theaceae 山茶科	常绿灌木；叶倒卵状椭圆形或宽卵形，长4～6cm，宽2～3.2cm；花白色，顶生，径4.5cm	药用，生态防护，观赏		广西沂城、都安等地

（续）

序号	拉丁学名	中文名	所属科	特征及特性	类别	原产地	目前分布/种植区
1855	*Camellia lutchuensis* T. Ito	台湾连蕊茶	Theaceae 山茶科	常绿小乔木；叶长圆形或与披针形，长 3～4.7cm，宽 1～1.8cm；花白色，花梗长 4～5mm；苞片 4，卵形，长 1mm，边缘有睫毛	生态防护，观赏		台湾、江苏
1856	*Camellia mairei*（H. Lév.）Melch.	毛蕊红山茶	Theaceae 山茶科	灌木或小乔木；花顶生，红色，无柄，花瓣 8 片，长 2～4cm，基部连生，内面花瓣上缘 2 裂；子房有毛，先端 3 浅裂；蒴果球形，3 室	生态防护，观赏		云南、四川、广西
1857	*Camellia oleifera* Abel	油茶（白花茶，茶子树）	Theaceae 山茶科	灌木或小乔木；叶椭圆形；花白色，花瓣 5～7，倒卵形至披针形；子房密生白色绒毛，花柱 4 浅裂；蒴果球形	有毒	中国	华东、西南、华中及广东
1858	*Camellia parvimuricata* H. T. Chang	小瘤果茶	Theaceae 山茶科	常绿灌木；叶卵形或长卵形，长 4～6cm，宽 1.5～2.5cm；花瓣 7，基部连生，长 1.2～2cm，被绢毛；蒴果，被瘤状凸起	观赏		湖南西南部、湖北西部、四川东南部
1859	*Camellia petelotii*（Merr.）Sealy	金花茶	Theaceae 山茶科	常绿小乔木；高 2.5～5m；叶革质，狭长圆形、倒卵状长圆形或披针形；花单生或之朵聚生叶腋，稍下垂；蒴果三棱状扁球形或四棱状扁球形；种子近球形或具角棱，淡黑褐色	药用		广西（南宁、邕宁、防城、扶绥、隆安）
1860	*Camellia pingguoensis* D. Fang	平果金花茶	Theaceae 山茶科	常绿灌木；叶革质，卵形或长卵形，背有黑腺点，花单生叶腋，黄色，花瓣 5～6 片，苞片 4～5 片，萼片 5～6 片近圆形，有睫毛；蒴果小	观赏	中国广西	广西平果、田林两县毗邻的地区
1861	*Camellia pitardii* Cohen-Stuart	西南红山茶（西南山茶）	Theaceae 山茶科	常绿灌木或小乔木；树皮光滑，淡黄褐色，叶革质，椭圆形或近倒卵形，花单生枝顶，深红色	观赏		四川、云南、贵州、广西
1862	*Camellia polyodonta* How ex Hu	多齿红山茶	Theaceae 山茶科	常绿小乔木；叶厚革质，椭圆形至卵圆形，背红褐色，花顶生或腋生，红色，花瓣 7，外 2 片倒卵形，内 5 片阔倒卵形，外侧有白毛；蒴果球形	观赏	中国湖南西部、广西	
1863	*Camellia ptilophylla* H. T. Chang	毛叶茶	Theaceae 山茶科	小乔木；高 5～6m；叶薄革质，长圆形；花单生于枝顶；蒴果圆球形	药用，观赏，经济作物		广东龙门

（续）

序号	拉丁学名	中文名	所属科	特征及特性	类别	原产地	目前分布/种植区
1864	*Camellia pubipetala* Y. Wan et S. Z. Huang	毛瓣金花茶	Theaceae 山茶科	常绿小乔木；嫩枝被毛，叶薄革质，长圆形至椭圆形，背被绒毛，花黄色，花瓣倒卵形，外被柔毛，苞片5～7半圆形，萼片5～6近圆形	观赏	中国广西隆林、大新	
1865	*Camellia reticulata* Lindl.	滇山茶	Theaceae 山茶科	常绿灌木或小乔木；叶薄革质，长圆状椭圆形至披针形，网脉明显，花1朵腋生，花冠白色，花瓣5片，苞片半圆形至阔卵形，萼片5片近圆形	观赏	中国云南	云南
1866	*Camellia rhytidocarpa* H. T. Chang et S. Y. Liang	皱果茶	Theaceae 山茶科	常绿小乔木；叶长圆形，长6～9.5cm，宽2.5～3.5cm；花白色，苞被片10，半月形至卵圆形，外被绢毛；果球形或双球形，径2～2.5cm，1～2室，被瘤状凸起和皱折	观赏		湖南西南部、广西、贵州
1867	*Camellia rosaeflora* Hook.	玫瑰连蕊茶	Theaceae 山茶科	常绿灌木；花顶生或近枝顶腋生，花柄长4～6mm；苞片6～8片，半月形至阔卵形；花萼杯状，萼片5～6片，阔卵形；玫瑰红色，花瓣6～9片	观赏	中国四川、江苏、湖北、浙江	
1868	*Camellia rosthorniana* Hand. -Mazz.	川鄂连蕊茶	Theaceae 山茶科	常绿灌木；叶薄革质，椭圆形或卵状长圆形，花白色腋生及顶生，苞片卵形或圆形，萼片杯状5片，花瓣5～7，有睫毛；蒴果圆球形	观赏	中国湖北、湖南、广西、四川	
1869	*Camellia salicifolia* Champion ex Bentham	柳叶毛蕊茶	Theaceae 山茶科	常绿小乔木；叶披针形，长0.6～10cm，宽1.4～2.5cm；花梗长3～4mm，被毛，苞片4～5，披针形，长1.4～1cm，被长毛；果球形或卵圆形	观赏		台湾、福建、江西、浙江、广东、广西
1870	*Camellia saluenensis* Stapf ex Bean	怒江山茶	Theaceae 山茶科	常绿灌木；叶互生，狭长圆形至椭圆形，花单生叶腋，花粉红色有红晕，花瓣5～7，先端圆而有凹陷	生态防护，观赏	中国云南中部和西南部	
1871	*Camellia sasanqua* Thunb.	茶梅	Theaceae 山茶科	常绿小乔木；叶革质，椭圆形，萼及苞片6～7，被柔毛，花瓣6～7，阔倒卵形，红色，近离生；蒴果球形	观赏	日本	我国有栽培

（续）

序号	拉丁学名	中文名	所属科	特征及特性	类别	原产地	目前分布/种植区
1872	*Camellia semiserrata* Chi	南山茶（广宁油茶）	Theaceae 山茶科	常绿小乔木；叶革质，椭圆形或长圆形，花顶生，红色，苞片和萼片11，半圆形至圆形，花瓣6～7片，红色，阔倒卵圆形；蒴果卵球形，红色	观赏	中国广东、广西东南部	
1873	*Camellia sinensis*（L.）O. Kuntze	茶（茶樹，茗，檟）	Theaceae 山茶科	多年生常绿灌木；叶互生，常椭圆形和披针形；假总状花序；花白色；蒴果，外表光滑，每室有种子1～2粒	生态防护，药用，观赏	中国	长江流域及以南各地栽培
1874	*Camellia sinensis* var. *assamica*（Mast.）Kitamura	阿萨姆（普洱茶）	Theaceae 山茶科	大乔木；高达16m；叶薄革质，椭圆形；花腋生；蒴果扁三角球形	药用，观赏，经济作物	中国	云南西南部
1875	*Camellia sinensis* var. *dehungensis*（H. T. Chang et B. H. Chen）T. L. Ming	拟细萼茶	Theaceae 山茶科	乔木；高9m；叶薄革质，倒卵状长圆形；花白色，3～5朵簇生；蒴果扁三角球形	药用，观赏，经济作物		云南思茅、广西
1876	*Camellia sinensis* var. *pubilimba* H. T. Chang	细萼茶	Theaceae 山茶科	灌木；叶倒卵形，薄革质；花腋生，细小，白色；子房被灰毛	药用，观赏，经济作物		云南思茅、广西
1877	*Camellia subintegra* P. C. Huang ex Hung T. Chang	全缘红山茶	Theaceae 山茶科	常绿小乔木；高8m；叶椭圆形，长椭圆形或长椭圆状倒卵形；花红色或淡红色，苞及萼10～12，宿存，萼红褐色，背部中央被银灰色绢毛；蒴果近球形或卵球形	观赏		江西西部武功山、明月山，湖南等地
1878	*Camellia szechuanensis* C. W. Chi	半宿萼茶	Theaceae 山茶科	常绿小乔木；叶长圆形，长8～11cm，宽2～4cm；花白色，苞被片10，长2～9mm，被柔毛；花瓣8，长约2cm；雄蕊长1.8cm，无毛；果球形	生态防护，观赏		四川峨眉山
1879	*Camellia tachangensis* F. C. Zhang	大厂茶	Theaceae 山茶科	乔木或小乔木；高4～12m；叶椭圆形或长椭圆形，叶缘有浅锐齿；花1～2(3)朵腋生，白色，花瓣9～12，阔倒卵形；蒴果扁球形	药用，观赏，经济作物		云南东部、贵州西南部、广西西北部
1880	*Camellia taliensis*（W. W. Sm.）Melch.	大理茶	Theaceae 山茶科	乔木或小乔木；高4～14m；叶椭圆形或长椭圆形；花单生或2～3朵腋生，白色，花瓣9～12，子房有毛，5室；蒴果扁球形	药用，观赏，经济作物		云南、贵州、广西

（续）

序号	拉丁学名	中文名	所属科	特征及特性	类别	原产地	目前分布/种植区
1881	*Camellia transarisanensis* (Hayata) Cohen-Stuart	岳麓连蕊茶	Theaceae 山茶科	常绿灌木;花顶生及腋生,有苞片 5 片;苞片长 1～1.5mm,有灰长毛;花萼长 2.5mm,萼片 5 片,圆形,密生灰毛;花冠白色,花瓣 5～6 片,基部与雄蕊相连约 4mm,革质	观赏	中国湖南、贵州、江西	
1882	*Camellia trichoclada* (Rehder) Chien	毛枝连蕊茶	Theaceae 山茶科	常绿灌木;叶宽卵形;花白色,花梗长 2～4mm;苞片 3～4,宽卵形,长 0.5～1mm,萼片 5,宽卵形,先端圆,长 1～2mm;果球形	观赏		浙江南部、福建北部
1883	*Camellia tsaii* Hu	云南连蕊茶	Theaceae 山茶科	常绿灌木至小乔木;叶薄革质,长圆状披针形至椭圆形,花独生叶腋,苞片 4～5,半圆形至阔卵形,萼片 5 近圆形,花冠白色,花瓣 5 片;蒴果圆球形	观赏	中国云南	
1884	*Camellia tuberculata* Chien	瘤果茶	Theaceae 山茶科	常绿小乔木;叶长圆形;花白色,苞被片 11,被微毛;花瓣倒卵形,长 3～3.4cm;蒴果球形,果皮被瘤状凸起	生态防护,观赏		四川
1885	*Camellia uraku* Kitam.	单体红山茶	Theaceae 山茶科	常绿小乔木;叶革质,椭圆形或长圆形,边缘有细锯齿,花粉红色或白色,顶生,花瓣 7 片,苞片及萼片 8～9 片,阔倒卵圆形	观赏	日本	我国有栽培
1886	*Camellia villicarpa* Chien	小果毛蕊茶	Theaceae 山茶科	常绿灌木;叶椭圆形,长 2～4cm,宽 1～1.5cm;花单生枝顶;梗长 2～3mm;苞片 2～3,无毛;果球形	观赏		四川峨眉山
1887	*Camellia wardii* var. *muricatula* (H. T. Chang) Ming	瘤叶短蕊茶	Theaceae 山茶科	小乔木;高 8～12m;叶椭圆形或长椭圆形,叶尖急尖;花白色,无花梗,花瓣 5;子房 5 室;果 3 室	观赏		云南
1888	*Camellia yunnanensis* (Pit. ex Diels) Cohen Stuart	五柱滇山茶	Theaceae 山茶科	常绿灌木;老枝黄褐色,叶互生,薄革质,椭圆形,花白色,常单生小枝端,苞片和萼片 10,花瓣椭圆形	观赏	中国云南中部高原至西部、四川西南部	
1889	*Campanula carpatica* Jacq.	欧风铃草	Campanulaceae 桔梗科	多年生草本;叶片三角卵圆形或卵圆状披针形;花冠钟状,蓝紫色	观赏	欧洲	

（续）

序号	拉丁学名	中文名	所属科	特征及特性	类别	原产地	目前分布/种植区
1890	*Campanula glomerata* L.	丛生风铃草	Campanulaceae 桔梗科	多年生草本；茎直立，茎叶几乎无毛至疏被白色硬毛，花多数聚生茎顶或分枝顶端，白或蓝色	观赏	中国新疆北部	
1891	*Campanula isophylla* Moretti	意大利风铃草	Campanulaceae 桔梗科	多年生草本；细弱，矮小；叶片卵圆状心脏形；花序伞状；花冠钟状，浅蓝紫色	观赏	欧洲	
1892	*Campanula latifolia* L.	阔叶风铃草	Campanulaceae 桔梗科	多年生草本，株高 80～120cm，茎直立；叶片卵状长圆形，下部叶具长柄；总状花序，花钟状五裂，花紫色，长 3～5cm	观赏	欧洲、亚洲	我国西南各省区
1893	*Campanula medium* L.	风铃草	Campanulaceae 桔梗科	多年生草本；株高 1.2m，全株具粗毛；花冠膨大，有白、粉、蓝及堇紫等色；花期 5～6 月	观赏	南欧	
1894	*Campanula persicifolia* L.	桃叶风铃草	Campanulaceae 桔梗科	多年生草本；株高 60～90cm；花大，花径 4cm，有蓝色、白色，有重瓣花；花期 5～7 月	观赏	欧洲	
1895	*Campanula portenschlagiana* Roem. et Schult.	南欧风铃草	Campanulaceae 桔梗科	多年生草本；株高 10～15cm；茎密生，斜出，无毛；叶心脏形；花序总状；小花雪青色；花期 5～6 月	观赏	欧洲	
1896	*Campanula punctata* Lam.	紫斑风铃草	Campanulaceae 桔梗科	多年生草本；莲座叶心状卵形，茎生叶无柄或具翅短柄，卵形至披针形，花冠管状钟形，白色有紫点	观赏	中国东北、华北、湖北、陕西、甘肃、四川	
1897	*Campanula rotundifolia* L.	圆叶风铃草	Campanulaceae 桔梗科	多年生草本；株高 45cm；基生叶卵圆或圆形；花朵稀疏或单生，浅蓝色或白色，有重瓣花；花期 6～9 月	观赏	欧洲、亚洲、北美洲	
1898	*Campanumoea javanica* Blume	大花金钱豹	Campanulaceae 桔梗科	草质缠绕藤本；长可达 2m，有乳汁，全体具白色粉霜；叶片卵状心形，边缘有浅钝齿；花 1～2 朵腋生，萼管短，与子房贴生；浆果近球形，熟时黑紫色	蜜源		广东、广西、贵州、云南
1899	*Camphorosma monspeliaca* L.	樟味藜	Chenopodiaceae 藜科	半灌木；营养枝长 2～12cm；花枝密被茸毛；花两性，无柄，花被筒状，上部具不等长的 4 齿；胞果椭圆形	饲用及绿肥		新疆北部准噶尔盆地

（续）

序号	拉丁学名	中文名	所属科	特征及特性	类别	原产地	目前分布/种植区
1900	*Campsis grandiflora* (Thunb.) K. Schum.	凌霄（紫葳）	Bignoniaceae 紫葳科	落叶攀缘藤本；羽状复叶对生，小叶长卵形，顶生圆锥花序，花冠漏斗状钟形，外橙红色，内鲜红色	观赏	中国中部	华中及河北、山东、江苏、福建、广东、广西、陕西、四川
1901	*Campsis radicans* (L.) Seen	美国凌霄	Bignoniaceae 紫葳科	落叶藤木；花冠漏斗形，长6～9cm，黄红色，花径4～5cm，花冠裂片橙红色；蒴果筒状长椭圆形，沿缝有龙骨状突起	观赏	美国西南部	我国各地均有栽培
1902	*Camptotheca acuminata* Decne.	喜树（旱莲木，千丈树，水栗子）	Nyssaceae 蓝果树科	落叶乔木；高达30m；球形头状花序，具长柄，雌花序顶生，雄花序腋生；瘦果窄矩圆形，具二三纵脊，有窄翅，褐色	林木，药用，观赏	中国	长江流域及南方各省份
1903	*Campylandra chinensis* (Baker) M. N. Tamura, S. Yun Liang et Turland	开口箭（竹根七，牛尾七，开喉箭）	Liliaceae 百合科	根状茎长圆柱形，多节；叶基生；穗状花序直立，花短钟状，子房近球形；浆果球形	有毒		我国中部及西南
1904	*Campylandra ensifolia* (F. T. Wang et Ts. Tang) M. N. Tamura, S. Yun Liang et Turla	剑叶开口箭	Liliaceae 百合科	根状茎圆柱形；茎长达10cm，多节；叶多数，明显成两列，带形；穗状花序侧生，密生多花，子房卵形；浆果干时红黑色	药用		云南
1905	*Campylotropis capillipes* (Franch.) Schindl.	细花梗杭子梢	Leguminosae 豆科	落叶灌木；小枝有细纵棱，贴生短柔毛，羽状复叶具3小叶，小叶倒卵形或近椭圆形，总状花序，花冠紫色或紫红色，苞片卵状披针形或披针形，花萼筒状钟形或狭钟形	饲用及绿肥		广西、云南、四川
1906	*Campylotropis delavayi* (Franch.) Schindl.	西南杭子梢	Leguminosae 豆科	灌木；小叶宽倒卵形，长2.5～6cm，下面具绢毛；花序长达10cm，苞片宿存，花萼长6.3～7.5mm，裂片长4.5～5.5mm	饲用及绿肥		贵州、云南、四川
1907	*Campylotropis hirtella* (Franch.) Schindl.	毛杭子梢（大红袍）	Leguminosae 豆科	落叶灌木；全株被黄褐色长硬毛，羽状复叶具3小叶，小叶近革质，三角状卵形或宽卵形，总状花序，花冠红紫色或紫红色，苞片披针形	观赏，生态防护，有毒	中国云南、四川、贵州、西藏	

（续）

序号	拉丁学名	中文名	所属科	特征及特性	类别	原产地	目前分布/种植区
1908	*Campylotropis macrocarpa* (Bunge) Rehder	杭子梢（壮筋草）	Leguminosae 豆科	灌木；3 出复叶，叶长圆形或椭圆形；总状花序顶生或腋生；花梗细长，有关节；花冠紫色；荚果，具网脉	有毒		华东
1909	*Campylotropis macrocarpa* var. *hupehensis* (Pamp.) Iokawa et H. Ohashi	太白山杭子梢	Leguminosae 豆科	茎多分枝，腋生的总状花序或顶生的圆锥花序，雌雄同株，长 10～12mm，花为紫红色（偶有粉红色）萼片 4 裂，齿状三角形，蝶形花冠为萼片之 3～4 倍长	观赏，生态防护		
1910	*Campylotropis polyantha* (Franch.) Schindl.	多花杭子梢（小雀花）	Leguminosae 豆科	落叶小灌木；小叶 3 枚，倒卵形或椭圆形，背面密被柔毛，圆锥花序，白色，粉红色或紫色	饲用及绿肥		陕西、四川、云南
1911	*Campylotropis trigonoclada* (Franch.) Schindl.	三棱杭子梢	Leguminosae 豆科	半灌木或灌木；枝具三棱并有狭翅；叶柄三棱形，常具宽翅；总状花序腋生，花黄色或淡黄色；荚果椭圆形	饲用及绿肥		贵州、四川、云南
1912	*Cananga odorata* (Lam.) Hook. f. et Thomson	依兰	Annonaceae 番荔枝科	常绿乔木；叶大互生；花腋生，似鹰爪形，两性花，下垂；萼片 3，花瓣 6 片，雄蕊多数；浆果，内含种子 6～12 粒	药用	印度尼西亚、菲律宾	云南、福建、广东、广西
1913	*Canarium album* (Loureiro) Raeuschel	橄榄（白榄，青果）	Burseraceae 橄榄科	常绿乔木；奇数羽状复叶，小叶披针形或椭圆形；花单性或杂性，花序腋生；雄花序聚伞圆锥花序，雌花序为总状；果实卵形或纺锤形	果树，有毒	中国	广东、广西、福建、云南、四川、贵州、浙江、台湾
1914	*Canarium bengalense* Roxb.	方榄（三角榄）	Burseraceae 橄榄科	乔木；高 15～25m；小叶长圆形至倒卵状披针形；花序腋上生，雌花序不详，雄花序为狭聚伞圆锥花序；果纺锤形具 3 凸肋	果树		云南、广西
1915	*Canarium parvum* Leenh.	小叶榄	Burseraceae 橄榄科	灌木或小乔木；高 3～8m；小叶卵形、椭圆状卵形至近圆形；花序腋上生，雄花序为狭的聚伞圆锥花序；果纺锤形，两端锐尖，横切面三角形	果树		云南河口

（续）

序号	拉丁学名	中文名	所属科	特征及特性	类别	原产地	目前分布/种植区
1916	*Canarium pimela* K. D. Koenig	乌榄（木威子，黑榄）	Burseraceae 橄榄科	常绿大乔木；高 10～16m；花两性或单性花与两性花共存；花序腋生，为疏散的聚伞圆锥花序；萼杯状，3～5 裂；雌蕊无毛，在雄花中不存在	果树	中国	华南、西南
1917	*Canarium strictum* Roxb.	滇榄（劲直橄榄）	Burseraceae 橄榄科	大乔木；高达 50m；小叶 5～6 对，卵状披针形至椭圆形；花序腋生，有时集为假顶生，狭聚伞圆锥花序，雌花序常为总状；果两端钝，横切面近圆形至圆三角形	果树		云南、广西
1918	*Canarium subulatum* Guillaumin	毛叶榄	Burseraceae 橄榄科	乔木；高 20～35m；小叶广卵形至披针形；花序腋生，为狭而稀疏的聚伞圆锥花序（雄）至总状花序（雌），被星散的柔毛；果卵形或椭圆形	果树		云南西双版纳、盈江
1919	*Canarium tonkinense* Engl.	越榄	Burseraceae 橄榄科	乔木；高 15m；小叶 5～7 对，卵形或长圆形；花序腋上生，雌花序不详，小聚伞花序有 3～4 花；核果椭圆形	果树		云南河口
1920	*Canavalia cathartica* Thouars	小刀豆	Leguminosae 豆科	二年生、粗壮、草质藤本；羽状复叶具 3 小叶，小叶纸质卵形；花 1～3 朵生于花序轴的每一节上；荚果长圆形；种子椭圆形	药用，饲用及绿肥		广东、海南、台湾
1921	*Canavalia ensiformis*（L.）DC.	刀豆（挟剑豆，刀豆子）	Leguminosae 豆科	一年生蔓性草本；蝶形花；荚果带状，窄长方形，长 25～30cm，宽 4～5cm，离缝线 5mm 处有棱；种皮红色或褐色，种脐约为种子周长的 3/4	药用，饲用及绿肥	亚洲热带地区和非洲	长江以南各省份
1922	*Canavalia gladiolata* J. D. Sauer	尖萼刀豆	Leguminosae 豆科	草质藤本；长达 2m；羽状复叶具 3 小叶，小叶纸质，宽卵形；总状花序腋生；荚果淡棕褐色；种子长圆形，淡棕色或具深色的斑纹	药用，饲用及绿肥		云南、广西及江西
1923	*Canavalia lineata*（Thunb.）DC.	狭刀豆	Leguminosae 豆科	多年生缠绕草本；羽状复叶具 3 小叶；总状花序腋生，花冠淡紫红色；荚果长椭圆形	药用，饲用及绿肥		浙江、福建、台湾、广东、广西
1924	*Canavalia maritima*（Aublume）Thouars	海刀豆（水流豆）	Leguminosae 豆科	攀缘藤本；3 出复叶，小叶倒卵形或宽椭圆形；总状花序；花 1～3 朵生于花序顶部，花冠粉红；荚果	有毒		广东、广西

（续）

序号	拉丁学名	中文名	所属科	特征及特性	类别	原产地	目前分布/种植区
1925	*Canna flaccida* Salisb.	柔瓣美人蕉	Cannaceae 美人蕉科	叶长圆状披针形，总状花序直立，苞片极小，花黄色，萼片披针形绿色，花冠裂片线状披针形，花后反折；蒴果椭圆形	观赏	南美洲	我国南北各地常有栽培
1926	*Canna generalis* L. H. Bailey	大花美人蕉	Cannaceae 美人蕉科	茎、叶和花序均被白粉，叶椭圆形，总状花序顶生，萼片披针形，花冠裂片披针形，唇瓣倒卵状匙形	观赏	园艺杂交种	我国南北各地常有栽培
1927	*Canna glauca* L.	白粉美人蕉	Cannaceae 美人蕉科	叶披针形，被白粉；总状花序，苞片褐色，花黄色，萼片卵形绿色，花冠裂片线状披针形，外轮退化雄蕊 3 枚，唇瓣倒卵状长圆形，黄色；蒴果	观赏	南美洲、西印度群岛	全国各地均有分布
1928	*Canna indica* L.	美人蕉（破血草，洋芭蕉）	Cannaceae 美人蕉科	叶卵状长圆形，总状花序，花红色，单生，花冠裂片披针形，唇瓣披针形，苞片卵形，萼片 3 披针形；蒴果长卵形，绿色	观赏	印度	我国南北各地常有栽培
1929	*Canna orchioides* Bailey	兰花美人蕉	Cannaceae 美人蕉科	叶椭圆形至椭圆状披针形，总状花序，花萼长圆形，花冠裂片披针形，浅紫色，外轮退化雄蕊倒卵状披针形，鲜黄至深红，具红色条纹或溅点	观赏	欧洲	我国南北各地常有栽培
1930	*Canna warszewiczii* A. Dietr.	紫叶美人蕉	Cannaceae 美人蕉科	球根植物（多年生花卉）；株高 1m 左右；茎叶均紫褐色；总苞褐色，花萼及花瓣均紫红色，瓣化瓣深紫红色，唇瓣鲜红色；果实为略似球形的蒴果，有瘤状突起，种子黑色，坚硬	观赏	南美洲	广东
1931	*Cannabis sativa* L.	大麻（线麻）	Cannabiaceae 大麻科	一年生草本；高 1～3m；茎灰绿色，具纵沟；叶掌状全裂，裂片披针形；花单性，雌雄异株，雄花序圆锥形，雌花腋生；瘦果两面凸	经济作物（纤维类），有毒	中国、中亚	全国各地均有分布
1932	*Canscora lucidissima* (H. Lév. et Vaniot) Hand. -Mazz.	穿心草（串钱草）	Gentianaceae 龙胆科	一年生柔弱草本；生于石灰岩山坡较阴湿岩壁下或石缝中；茎生叶圆形，茎贯穿其中	药用		广西、贵州

（续）

序号	拉丁学名	中文名	所属科	特征及特性	类别	原产地	目前分布/种植区
1933	*Capillipedium parviflorum* (R. Br.) Stapf	细柄草（吊丝草）	Gramineae (Poaceae) 禾本科	多年生、簇生草本；秆高30～100cm；叶线形；圆锥花序疏散，小穗长圆形，芒膝曲扭转；颖果	饲用及绿肥		长江以南各省份
1934	*Capparis chingiana* B. S. Sun	野槟榔	Capparaceae 山柑科	灌木或攀缘植物；叶倒卵状长圆形或倒卵状椭圆形；伞房状或短总状花序腋生及在枝端再组成圆锥花序；果球形	有毒		云南文山、广西西部
1935	*Capparis fengii* B. S. Sun	文山山柑（水槟榔）	Capparaceae 山柑科	攀缘灌木；枝上刺粗壮；叶长圆状披针形；伞房花序腋生及在枝端顶生；花初白色后转红色；近球形果	有毒		云南文山和屏边
1936	*Capparis masaikai* H. Lév.	水槟榔（马槟榔）	Capparaceae 山柑科	藤状灌木；叶革质，椭圆形；花序近伞形；萼片4，花瓣4；雄蕊多数，子房侧膜胎座；果先端具1喙	药用		广东、广西、云南、贵州
1937	*Capparis spinosa* L.	刺山柑子（老鼠瓜，马槟榔）	Capparaceae 山柑科	疏散有刺灌木；单叶互生，圆形或卵圆形，花单生叶腋，淡粉红色，浆果椭圆形	观赏	中国新疆	新疆、西藏
1938	*Capparis tenera* Dalzell	薄叶山柑	Capparaceae 山柑科	灌木或藤本灌木；叶椭圆形、卵形或倒卵形，叶柄纤细；花2～3朵，白色，腋生；球形浆果	有毒		云南西南和南部
1939	*Capparis urophylla* F. Chun	小绿刺	Capparaceae 山柑科	常绿灌木或小乔木；树皮黑色，有淡黄白色皮孔，叶卵形或椭圆形，花单出腋生或2～3朵排成一短纵列腋上生，花瓣白色内有绒毛，果球形	观赏	中国广西、云南南部和东南部	
1940	*Capparis versicolor* Griff.	锡朋槌果藤（屈头鸡）	Capparaceae 山柑科	攀缘灌木；枝有下弯的短刺；叶纸质椭圆形；伞形花序腋生或顶生；花白色或淡红色；球形果	有毒		广东、广西
1941	*Capparis yunnanensis* Craib et W. W. Sm.	苦子马槟榔	Capparaceae 山柑科	常绿灌木或藤本；叶椭圆形或椭圆状披针形，亚伞形花序腋生花枝中部，在顶部再组成圆锥花序，花瓣白色，倒卵形，萼片密被黄褐色绒毛	观赏	中国云南西部至南部	

（续）

序号	拉丁学名	中文名	所属科	特征及特性	类别	原产地	目前分布/种植区
1942	*Capsella bursa-pastoris*（L.）Medik.	荠菜（护生草，菱角菜）	Cruciferae 十字花科	一年生或二年生草本；茎枝疏被单毛；基生叶具长柄，大头羽状裂；总状花序顶生，花白色；短角果倒三角形，扁平无毛	药用，蔬菜	中国	全国各地均有分布
1943	*Capsicum annuum* L.	小米辣（野辣子，番椒）	Solanaceae 茄科	一年至多年生灌木状草本；叶卵形至卵状披针形，花数朵簇生于腋叶，花冠白色；果直立，茎纺锤状，种子多数	有毒，观赏	南美洲热带地区	全国各地均有栽培
1944	*Caragana acanthophylla* Kom.	刺叶锦鸡儿	Leguminosae 豆科	落叶灌木；高 70～150cm，树皮深灰色，一年生枝浅褐色，幼时被伏生短毛，具条棱，偶数羽状复叶，托叶在长枝者硬化成针刺，宿存，短枝者脱落，花两性；荚果圆筒形	生态防护		新疆
1945	*Caragana arborescens* Lam.	树锦鸡儿（骨担草）	Leguminosae 豆科	小乔木或大灌木；小叶 4～8 对，托叶针刺状，长 5～10mm；花梗 2～5 枚簇生，每梗 1 花，长 2～5cm，花萼钟状，花长 16～20mm	生态防护		黑龙江、内蒙古、河北、陕西、新疆
1946	*Caragana bicolor* Kom.	二色锦鸡儿	Leguminosae 豆科	灌木；老枝灰褐色或深灰色，小枝褐色，羽状复叶有 4～8 对小叶，小叶倒卵状长圆形或椭圆形，先端急尖，每花梗具 2 花，花冠黄色，旗瓣紫堇色，翼瓣金黄色；荚果圆筒状	观赏	中国四川西部、云南、西藏	
1947	*Caragana boisi* C. K. Schneid.	扁刺锦鸡儿（野皂荚）	Leguminosae 豆科	灌木；老枝深褐色，幼枝紫褐色，羽状复叶有 4～10 对小叶，背面略带白色，托叶硬化成扁状针刺，红褐色，花冠黄色，花萼钟状；荚果	观赏	中国陕西南部、四川	
1948	*Caragana brachypoda* Pojark.	短脚锦鸡儿	Leguminosae 豆科	矮灌木；小叶倒披针形，尖端锐尖；花梗粗短，长 2～5mm，花萼基部具囊状凸起，花长 20～25mm	饲用及绿肥		内蒙古、宁夏、甘肃
1949	*Caragana brevifolia* Kom.	短叶锦鸡儿（猪儿刺）	Leguminosae 豆科	丛生矮灌木；树皮深灰褐色，假掌状复叶有小叶 4 枚，披针形暗绿色，花冠黄色，花萼管状钟形，被白粉；荚果圆筒状，黑褐色	观赏		甘肃、青海、四川
1950	*Caragana camillischneideri* Kom.	库车锦鸡儿	Leguminosae 豆科	落叶矮灌木；高 30～80cm，皮褐色，老枝粗壮，具浮起条棱，叶假掌状，倒卵形，表面绿色，背面色淡，托叶针刺；花两性；荚果条状筒形	生态防护		新疆库车

（续）

序号	拉丁学名	中文名	所属科	特征及特性	类别	原产地	目前分布/种植区
1951	*Caragana davazamcii* Sanchir	沙地锦鸡儿	Leguminosae 豆科	灌木；老枝黄灰色；小叶两面密被长柔毛；翼瓣柄与瓣片近等长；花金黄色，长约 2cm，子房无毛；荚果披针形，长 2.5～3.5cm，宽 5～7mm	饲用及绿肥，生态防护		内蒙古
1952	*Caragana erinacea* Kom.	川西锦鸡儿	Leguminosae 豆科	丛生矮灌木；老枝绿褐色或褐色，常具黑色条棱，幼枝黄褐色或褐红色，羽状复叶有 2～4 对小叶，花梗常 1～4 簇生于叶腋，背伏贴短柔毛，花冠黄色，花萼筒状；荚果圆筒形	观赏	中国甘肃、青海、四川、西藏、云南	
1953	*Caragana franchetiana* Kom.	云南锦鸡儿	Leguminosae 豆科	灌木；老枝灰褐色，小枝褐色，羽状复叶有 5～9 对小叶，小叶倒卵状长圆形或长圆形，苞片披针形，花冠黄色，有时旗瓣带紫色；荚果圆筒状	观赏	中国云南东部、四川西部、西藏东部	
1954	*Caragana frutex*（L.）K. Koch	黄荆条	Leguminosae 豆科	落叶灌木；小枝具有四棱，枝条密生灰白色的细绒毛；掌状复叶、对生，前端长尖；花序圆锥状；花小型，花冠为淡紫色呈唇形 5 裂；核果卵状球形	观赏，生态防护	土耳其至西伯利亚	新疆
1955	*Caragana gerardiana* Royle ex Benth.	印度锦鸡儿	Leguminosae 豆科	灌木；老枝黄褐色或灰色，嫩枝红褐色，羽状复叶有 3～4 对小叶，小叶椭圆形或倒卵形，花冠黄色，花萼管状；荚果披针形或狭卵形	观赏	中国西藏、青海	
1956	*Caragana hololeuca* Bunge ex Kom.	绢毛锦鸡儿	Leguminosae 豆科	落叶灌木；高 0.5～2m，树皮灰白色，片状，单轴分枝，多分枝，偶数羽状复叶；托叶针刺状；小叶 1～3 对，倒披针形，花单性；荚果扁	生态防护		新疆北部
1957	*Caragana jubata*（Pall.）Poir.	鬼箭锦鸡儿	Leguminosae 豆科	多刺矮灌木；羽状复叶有 4～6 对小叶，小叶长圆形，被长毛，花冠玫瑰色、粉红色或近白色，苞片线形，花萼钟状管形；荚果	观赏	中国新疆、内蒙古、河北、山西	
1958	*Caragana kansuensis* Pojark.	甘肃锦鸡儿（母猪刺）	Leguminosae 豆科	灌木；枝条灰褐色，疏被伏生柔毛，假掌状复叶具 4 片小叶，小叶线状倒披针形，花冠黄色，花萼管状，萼齿三角形，旗瓣中央有土黄色斑点；荚果圆筒形	观赏	中国山西北部、甘肃东北、宁夏河东、陕西北部、内蒙古	

（续）

序号	拉丁学名	中文名	所属科	特征及特性	类别	原产地	目前分布/种植区
1959	*Caragana korshinskii* Kom.	柠条锦鸡儿（白柠条，毛条）	Leguminosae 豆科	落叶灌木；偶数羽状复叶，矩圆状倒披针形；花单生；花萼冠状，萼齿三角形；花冠浅黄色，旗瓣卵圆形；荚果	饲用及绿肥，生态防护	中国	内蒙古、宁夏、山西、陕西、甘肃、青海
1960	*Caragana leucophloea* Pojark.	白皮锦鸡儿	Leguminosae 豆科	落叶灌木；高1～1.5m，树皮淡黄色或金黄色，有光泽，单轴分枝，有光泽，假掌状复叶簇生，花两性，花梗单生；荚果圆柱形	生态防护		甘肃河西走廊、内蒙古、新疆
1961	*Caragana leveillei* Kom.	毛掌叶锦鸡儿	Leguminosae 豆科	灌木；高约1m；假掌状复叶有4片小叶，小叶楔状倒卵形；花冠黄色或浅红色，旗瓣倒卵状楔形；荚果圆筒状	饲用及绿肥		河北、山西、山东、陕西、河南
1962	*Caragana litwinowii* Kom.	金州锦鸡儿	Leguminosae 豆科	灌木；老枝淡褐色，有棱条；托叶针刺长10～13mm，小叶长6～7mm，两面无毛；翼瓣柄长为瓣片的1/3，子房无毛	饲用及绿肥		辽宁
1963	*Caragana microphylla* Lam.	小叶锦鸡儿（连针）	Leguminosae 豆科	灌木；老枝深灰色；花梗长约1cm，近中部具关节，被柔毛，翼瓣柄长为瓣片的1/2；荚果圆筒形，长4～5cm，宽4～5mm	饲用及绿肥，生态防护	中国	华北、东北及陕西
1964	*Caragana opulens* Kom.	甘蒙锦鸡儿	Leguminosae 豆科	灌木；树皮灰褐色；小叶2对假掌状，叶片先端圆形；花黄色，长20～25mm，旗瓣宽倒卵形；荚果无毛	生态防护		华北及宁夏、陕西、甘肃、青海、四川、西藏
1965	*Caragana pekinensis* Kom.	北京锦鸡儿	Leguminosae 豆科	灌木；老枝褐色；小叶两面密被灰白色柔毛；花萼管状钟形，子房被绢毛；荚果后期被柔毛	饲用及绿肥		河北、陕西
1966	*Caragana polourensis* Franch.	昆仑锦鸡儿	Leguminosae 豆科	落叶灌木；高0.4～1.2m，树皮绿黄色或淡褐色，单轴分枝，小枝粗壮，有突起的条棱，小叶假掌状，倒卵形，托叶针刺，叶轴硬化成针刺，花两性；荚果	饲用及绿肥，生态防护		昆仑山北坡
1967	*Caragana pruinosa* Kom.	粉刺锦鸡儿	Leguminosae 豆科	落叶矮灌木；高约1m，老枝粗壮，皮褐色，具浮起条棱，基部多分枝，枝绿褐色或黄褐色，有条纹，假掌状复叶簇生，托叶卵状三角形，褐色，倒披针形或倒卵状披针形；花两性；荚果条状筒形	饲用及绿肥，生态防护		新疆库车

（续）

序号	拉丁学名	中文名	所属科	特征及特性	类别	原产地	目前分布/种植区
1968	*Caragana purdomii* Rehder	秦晋锦鸡儿	Leguminosae 豆科	灌木；老枝深灰绿色；小叶 5～8 对，叶轴脱落，小叶两面被毛，淡绿色；萼钟状管形；荚果不弯曲	生态防护		内蒙古、山西、陕西
1969	*Caragana pygmaea* （L.） DC.	矮锦鸡儿	Leguminosae 豆科	灌木；树皮金黄色，有光泽；假掌状复叶 4 小叶，短枝上小叶无柄；子房被毛；荚果长 2～3cm，被柔毛	饲用及绿肥		内蒙古、河北、宁夏
1970	*Caragana roborovskyi* Kom.	荒漠锦鸡儿	Leguminosae 豆科	落叶灌木；高 20～80cm，老枝黄褐色，皮剥落，嫩枝密被白色绢毛，单轴分枝，直立或外倾，由基部多分枝，托叶膜质，被毛，先端具短刺尖；小叶 3～6 对，宽倒卵形或矩圆形，花两性；荚果圆柱形	生态防护		内蒙古、宁夏、甘肃、新疆、青海
1971	*Caragana rosea* Turcz. ex Maxim.	红花锦鸡儿（金雀儿）	Leguminosae 豆科	灌木；叶假掌状，小叶 4，楔状倒卵形；花萼管状，常紫红色，萼齿三角形，花冠黄色，常紫红或淡红，凋谢后变为红色；荚果圆筒形	饲用及绿肥		东北、华北、华东及河南、甘肃
1972	*Caragana sinica* （Buc'hoz） Rehder	金雀花（锦鸡儿，娘娘袜，地羊鹊）	Leguminosae 豆科	灌木；托叶三角形，硬化成针刺状；叶轴脱落或宿存变成针刺状；小叶 4，羽状排列，有针尖；花单生，长 2.8～3.1cm；花冠黄色带红色；荚果	蔬菜，药用，观赏	中国	云南、贵州、四川、湖南、江西、江苏、河南、陕西
1973	*Caragana spinifera* Kom.	西藏锦鸡儿	Leguminosae 豆科	灌木；树皮黄褐色，托叶硬化成针刺，小叶在长枝 2～4 对，羽状，短枝 2 对假掌状，花梗单生，花冠黄色，旗瓣常带紫红色，花萼管状	观赏	中国西藏、青海	
1974	*Caragana stenophylla* Pojark.	狭叶锦鸡儿（红柠角）	Leguminosae 豆科	矮灌木；树皮灰绿色；长枝托叶针刺长 4～7mm；花梗关节在中部稍下，花冠长 14～17mm；荚果长 2～2.5cm	饲用及绿肥		内蒙古、陕西、宁夏、甘肃、山西、新疆
1975	*Caragana stipitata* Kom.	柄荚锦鸡儿	Leguminosae 豆科	灌木；高 1～2m；羽状复叶有 4～6 对小叶，小叶长圆形、椭圆形或卵状披针形；花冠黄色，旗瓣菱状宽卵形；荚果披针形	饲用及绿肥		河北、山西、陕西、甘肃、河南
1976	*Caragana tangutica* Maxim. ex Kom.	甘青锦鸡儿	Leguminosae 豆科	直立灌木；高 1～4m，书树皮绿褐色；小叶 6，羽状排列，倒披针形或长椭圆形；花单生，花萼筒状，花冠黄色，旗瓣的阔卵形，翼瓣的耳条形，龙骨瓣的耳较短；夹果扁	饲用及绿肥		甘肃、青海、四川

（续）

序号	拉丁学名	中文名	所属科	特征及特性	类别	原产地	目前分布/种植区
1977	*Caragana tibetica* Kom.	垫状锦鸡儿（毛刺锦鸡儿）	Leguminosae 豆科	落叶小灌木；树皮灰黄色或灰褐色，多裂；枝短而密，密被长柔毛，托叶卵形或近圆形；叶轴幼时密被长柔毛，硬化，宿存，淡褐色；小叶 3～4 对，条形；花单生；荚果椭圆形	生态防护		内蒙古、宁夏、甘肃、青海、四川、西藏
1978	*Caragana versicolor* Benth.	变色锦鸡儿	Leguminosae 豆科	矮灌木；树皮褐色，有条棱；小叶 2 对假掌状，长枝托叶针刺长 1～4mm；花梗关节在基部，花冠长 11～12mm；荚果	饲用及绿肥		西藏、青海、新疆
1979	*Caragana zahlbruckneri* C. K. Schneid.	南口锦鸡儿	Leguminosae 豆科	灌木；高 0.8～1.5m；羽状复叶有 5～9 对小叶，小叶倒卵状长圆形；花梗单生或并生，花冠黄色，旗瓣倒卵形或近圆形；荚果扁	饲用及绿肥		河北北部、山西西北部
1980	*Carallia brachiata*（Lour.）Merr.	竹节树（鹅肾木，气管木，山竹公）	Rhizophoraceae 红树科	常绿乔木；树干基部有时有支柱根或板状根；叶近革质，倒卵形	药用		广东、海南沿海岛屿、广西
1981	*Carallia diphopetala* Hand.-Mazz.	锯叶竹节树	Rhizophoraceae 红树科	常绿灌木或乔木；高 2～13m；叶对生，长圆形或狭长圆形；聚伞花序腋生，花 1～3 朵生于花序分枝顶端，花瓣白色或淡红色；果球形	林木，观赏		广西十万大山、云南热带地区
1982	*Cardamine flexuosa* With.	弯曲碎米荠	Cruciferae 十字花科	一年或两年生草本；高 10～30cm；茎成之字形弯曲；奇数羽状复叶，小叶 4～6 对；总状花序有花 10～20 朵，花白色；长角果线形	蔬菜，药用，饲用及绿肥		全国各地均有分布
1983	*Cardamine hirsuta* L.	碎米荠	Cruciferae 十字花科	二年生草本；高 6～30cm；单数羽状复叶，小叶 2～5 对；总状花序在初期成伞房状，花瓣白色，倒卵状楔形；长角果线形	药用，饲用及绿肥		长江流域及福建、西南
1984	*Cardamine impatiens* L.	弹裂碎米荠（水花菜）	Cruciferae 十字花科	二年生草本；高 15～40cm；单数羽状复叶，小叶 4～9 对，卵形或披针形；总状花序，花小，白色；长角果狭线形而扁	药用，饲用及绿肥，经济作物（油料类）		东北、华北、西北、华东、西南及湖北、广西
1985	*Cardamine leucantha*（Tausch）O. E. Schulz	白花碎米荠	Cruciferae 十字花科	多年生草本；根茎短而匍匐，茎高 30～90cm；单数羽状复叶，小叶长卵形；总状花序，花白色；长角果扁平	药用		东北、华北、华东及湖北、甘肃、四川

（续）

序号	拉丁学名	中文名	所属科	特征及特性	类别	原产地	目前分布/种植区
1986	*Cardamine lyrata* Bunge	水田碎米荠	Cruciferae 十字花科	多年生草本；高 30～70cm；常具下部叶腋生出匍匐茎；茎生叶大头羽状复叶，小叶宽卵形；总状花序顶生，花白色；长角果线形	药用		东北、华东、华中及河北、广西
1987	*Cardamine macrophylla* Willd.	华中碎米荠（菜子七，半边菜）	Cruciferae 十字花科	多年生草本；茎有细纹条；单数羽状复叶，长圆形或披针形，边缘有锯齿；花瓣淡紫色，圆形，下部渐狭成爪；长角果稍扁平	蔬菜，药用，饲用及绿肥	中国	浙江、湖北、湖南、江西、陕西、甘肃、四川
1988	*Cardamine parviflora* L.	小花碎米荠	Cruciferae 十字花科	一年生矮小草本；高 7～20cm；根纤维状；叶羽状全裂；总状花序顶生，花极小，白色；长角果线形	杂草		黑龙江、内蒙古、台湾
1989	*Cardaria draba*（L.）Desv.	群心菜	Cruciferae 十字花科	多年生草本；茎高 20～50cm；叶倒卵状匙形或长圆形至披针形；头状花序排成圆锥状，花瓣白色；短角果卵形	蔬菜		辽宁、新疆
1990	*Cardaria pubescens*（C. A. Mey.）Jarm.	毛果群心菜（泡果荠）	Cruciferae 十字花科	多年生草本；高 15～35cm；下部叶具柄，长圆形，上部叶无柄，长圆形或披针形；短总状花序排成圆锥状；短角果近球形	杂草		内蒙古、陕西、甘肃、新疆、宁夏
1991	*Cardiocrinum cathayanum*（E. H. Wilson）Stearn	荞麦叶大百合（百合莲，号筒花）	Liliaceae 百合科	多年生草本；叶纸质，卵状心形或卵形，总状花序，花狭喇叭形，乳白色或淡绿色，内具紫色条纹，花被片条状倒披针形；蒴果红棕色	观赏	中国湖北、湖南、江西、浙江、安徽、江苏	
1992	*Cardiocrinum cordatum*（Thunb.）Mak.	心叶大百合	Liliaceae 百合科	球根植物；茎高大无毛；叶长圆状心形或卵状心形；花序总状；花狭喇叭形，白色具紫色条纹；蒴果长圆形；种子扁平红棕色	观赏	中国湖北、湖南、江西、浙江、安徽、江苏	
1993	*Cardiocrinum giganteum*（Wall.）Makino	大百合（云南大白合，荞麦叶贝母）	Liliaceae 百合科	多年生草本；叶基生和茎生，卵状心形，总状花序顶生，花狭喇叭状，白色带紫晕，苞片叶状，花被片 6，条状披针形	观赏	中国四川、贵州、云南、西藏、陕西、广西、湖南	
1994	*Cardiospermum halicacabum* L.	倒地铃（风船葛，棕子草，三角灯笼）	Sapindaceae 无患子科	一年生攀缘草本；茎具纵棱 5～6 条；叶互生，二回三出复叶，顶生小叶卵形或卵状披针形；聚伞花序腋生，花白色，杂性，子房 3 室；蒴果	蜜源		长江以南各省份及海南、台湾、四川、贵州、云南

（续）

序号	拉丁学名	中文名	所属科	特征及特性	类别	原产地	目前分布/种植区
1995	*Carduus crispus* L.	丝毛飞廉（飞廉）	Compositae (Asteraceae) 菊科	二年生或多年生草本；高 0.4～1.5m；茎具蛛丝状绵毛；叶椭圆形或倒披针形，两面异色；头状花序，花红色或紫色；瘦果楔状椭圆形	药用，蜜源		全国各地均有分布
1996	*Carex argyi* H. Lév. et Vaniot	红穗苔草	Cyperaceae 莎草科	多年生草本；秆高 30～60cm；叶纵脉间具横隔脉；小穗 5～7，线状圆柱形，上部 3～4 枚雄性，其余为雌性；小坚果菱状卵形	杂草		江苏、安徽、湖北、云南
1997	*Carex aridula* V. Krecz.	干生苔草	Cyperaceae 莎草科	多年生草本；具细长匍匐根状茎；小穗 2～3 枚，雄花鳞片宽倒卵形，先端近圆形；果囊棕绿色，无脉，顶端缩为短喙	饲用及绿肥		青海、西藏、甘肃、宁夏、内蒙古
1998	*Carex atrofusca* subsp. *minor* (Boott) T. Koyama	白尖苔草	Cyperaceae 莎草科	多年生草本；秆高 10～30cm；叶宽 3～5mm；小穗 2～5 枚，紧密，雄小穗花下垂，雌小穗柄长 2～3cm；果囊具 2 齿的短喙	饲用及绿肥		甘肃、四川、青海、西藏
1999	*Carex baccans* Nees	浆果苔草	Cyperaceae 莎草科	多年生草本；高 60～150cm；叶线形；圆锥花序，苞片叶状，具苞鞘；小穗从囊状的不具花的枝先出叶中生出，花两性；小坚果椭圆形	药用		西南、华南及福建、台湾
2000	*Carex breviculmis* R. Br.	青绿苔草	Cyperaceae 莎草科	多年生草本；秆丛生，高 10～40cm；叶淡绿色；小穗 2～4，雄小穗顶生，线状披针形，雌小穗侧生，果囊倒卵形或近椭圆形；小坚果	杂草		东北、华北、华东、华中、西南
2001	*Carex breviculmis* var. *fibrillosa* (Franch. et Sav.) Kükenth. ex Matsum. et Hayata	灰绿苔草	Cyperaceae 莎草科	多年生草本；秆高 25～30cm；叶灰绿色；小穗 3～4，雄小穗顶生，线形，雌小穗侧生，圆柱形；果囊椭圆形或倒卵形，小坚果	杂草		江苏、安徽
2002	*Carex callitrichos* V. Krecz.	卵穗苔草	Cyperaceae 莎草科	多年生草本；叶片细弱，穗状花序，卵形或宽卵形，小穗 3～6 枚，密生卵形	观赏，地被	中国东北、内蒙古	
2003	*Carex capricornis* Meinsh. et Maxim.	羊角苔草（弓嘴苔草）	Cyperaceae 莎草科	多年生草本；秆丛生，高 30～70cm，三棱形；叶线形，叶鞘紫红色；小穗 3～6，顶生小穗雄性，圆柱形，雌小穗椭圆形；小坚果	杂草		东北及江苏

（续）

序号	拉丁学名	中文名	所属科	特征及特性	类别	原产地	目前分布/种植区
2004	*Carex cinerascens* Kük.	灰化苔草	Cyperaceae 莎草科	多年生草本；高 30～50cm；苞片叶状，无鞘；小穗 3～5，顶生为雄小穗，线形或狭圆柱形，雌小穗侧生；果囊卵形	饲用及绿肥		东北、华东、华中
2005	*Carex crebra* V. Krecz.	密生苔草	Cyperaceae 莎草科	多年生草本；根状茎密丛；叶丝状，边缘内卷；小穗 2～4 枚，顶生 1 枚雄性；苞片鞘状，雌花鳞片长于果囊；果囊长约 4mm	饲用及绿肥		陕西、甘肃、四川、西藏
2006	*Carex duriuscula* C. A. Mey.	寸草苔（卵穗苔草）	Cyperaceae 莎草科	多年生草本；匍匐根状茎细长；秆纤细；小穗 3～6 枚；果囊革质，宽卵形，长 3～3.2mm，无脉，边缘无翅，顶端急缩成短喙	饲用及绿肥		东北、内蒙古、甘肃、宁夏、新疆
2007	*Carex duriuscula* subsp. *rigescens* (Franch.) S. Y. Liang et Y. C. Tang	白颖苔草	Cyperaceae 莎草科	多年生草本；秆高 5～40cm；叶扁平，线形；穗状花序卵形或长圆形，淡白色，小穗雄雌顺序；果囊卵形或椭圆形，小坚果	杂草		东北、华北、西北及江苏
2008	*Carex duriuscula* subsp. *stenophylloides* (V. I. Krecz.) S. Yun Liang et Y. C. Tang	砾苔草（中亚苔草）	Cyperaceae 莎草科	多年生草本；秆成束状丛生；穗状花序具 3～7 枚小穗；果囊卵形，常 3.5～4.5mm，具短柄，顶端渐狭成长喙，喙 2 齿裂	饲用及绿肥		东北、华北、西北、西南
2009	*Carex heterostachya* Bge.	异穗苔草	Cyperaceae 莎草科	多年生草本；基部叶鞘无叶，褐色；叶背面被乳头状突起；小穗 3～4 枚，雌小穗矩圆形，长 0.8～2.3mm；果囊无脉或近无脉	饲用及绿肥		东北、华北及山东、河南、四川、陕西、甘肃、青海
2010	*Carex idzuroei* Franch. et Sav.	马菅	Cyperaceae 莎草科	多年生草本；具匍匐根状茎，高 20～60cm；叶有 3 条显著叶脉；小穗 4～5，雄小穗顶生，细柱形，雌小穗侧生，卵形或长椭圆形；小坚果	杂草		江苏、安徽、山西
2011	*Carex korshinskyi* Kom.	黄囊苔草	Cyperaceae 莎草科	多年生草本；秆疏丛；小穗 2～3 枚，雄花鳞片狭长卵形，先端急尖；果囊金黄色，具多数脉，顶端收缩成短喙	饲用及绿肥，生态防护		东北及内蒙古、陕西、甘肃、新疆

（续）

序号	拉丁学名	中文名	所属科	特征及特性	类别	原产地	目前分布/种植区
2012	*Carex lanceolata* Boott	凸脉苔草（披针苔草）	Cyperaceae 莎草科	多年生草本；秆密丛，高13～36cm；雌小穗轴呈之字形膝曲，雌花鳞片披针形，先端渐尖，但不突出；果囊具8～9条明显凸脉	饲用及绿肥		东北、华北及甘肃、浙江、四川
2013	*Carex leiorhyncha* C. A. Mey.	尖嘴苔草	Cyperaceae 莎草科	多年生草本；秆丛生，三棱形，高20～70cm；叶线形；穗状花序略成圆柱状，雄花鳞片椭圆形，雌花鳞片卵形；小坚果	饲用及绿肥		东北、华北、西北及江苏
2014	*Carex liparocarpos* Gaudin	草原苔草	Cyperaceae 莎草科	多年生草本；小穗2～4枚，雄花鳞片长圆状卵形，雌花鳞片宽卵形，顶端钝，短于果囊；果囊卵形，凸三棱状，有光泽，具3～5脉	饲用及绿肥		新疆（天山）
2015	*Carex melanantha* C. A. Mey.	黑花苔草	Cyperaceae 莎草科	多年生草本；小穗3～6枚组成头状花序，雌花鳞片矩圆状卵形，约与果囊等长；果囊卵形，常3～3.5mm，具微小短喙	饲用及绿肥		四川、新疆
2016	*Carex meyeriana* Kunth	乌拉草	Cyperaceae 莎草科	多年生草本；根状茎短，形成踏头；秆密丛；苞片鳞片状，无苞鞘，具小穗2～3枚；果囊密生乳头状突起，具短喙	饲用及绿肥		东北、西南
2017	*Carex moorcroftii* Falc. ex Boott	青藏苔草	Cyperaceae 莎草科	多年生草本；具长而粗的匍匐根状茎；小穗3～5枚密生，顶端小穗多为雄性；雌小穗矩圆形，长0.7～1.8cm；果囊黄绿色	饲用及绿肥		青藏高原及新疆
2018	*Carex muliensis* Hand.-Mazz.	木里苔草	Cyperaceae 莎草科	多年生草本；秆三棱形，基部为褐色叶鞘所包；叶片扁平，宽3～5mm，小穗2～5枚，上部1～2枚为雄花，线形	饲用及绿肥		四川（凉山、甘孜、阿坝）、西藏、青海、甘肃
2019	*Carex neurocarpa* Maxim.	翼果苔草	Cyperaceae 莎草科	多年生草本；秆丛生，高30～60cm；花序圆柱状，小穗密集，卵形，上为雄花，下为雌花，果囊卵形或广卵形；小坚果	杂草		东北、华北及甘肃、四川、江苏、浙江、福建
2020	*Carex orbicularis* Boott	圆囊苔草	Cyperaceae 莎草科	多年生草本；具根状茎和匍匐枝；雌花鳞片长约1.5mm，短于果囊2～3倍；果囊倒卵形，双凸状，喙口疏生小刺	饲用及绿肥		内蒙古、甘肃、青海、新疆、西藏

（续）

序号	拉丁学名	中文名	所属科	特征及特性	类别	原产地	目前分布/种植区
2021	*Carex orthostachys* C. A. Mey.	直穗苔草	Cyperaceae 莎草科	多年生草本；秆高30～60cm；叶扁平，边缘外卷；小穗3～6，上部为雄小穗，披针形，雌小穗长圆形；果囊圆锥状卵形；小坚果	杂草		东北、华北
2022	*Carex pumila* Thunb.	矮生苔草	Cyperaceae 莎草科	多年生草本；秆高5～25cm；叶成束状集生；小穗3～5，雄小穗顶生，线状圆柱形，雌小穗圆柱状长圆形；果囊卵形或狭卵形，小坚果	杂草		东北及河北、山东、江苏、浙江、台湾
2023	*Carex scabrifolia* Steud.	糙叶苔草	Cyperaceae 莎草科	多年生草本；高40～60cm；叶线形；苞片叶状，长于花序；小穗3～5，雄小穗顶生，线形，雌小穗卵形或椭圆形；小坚果	茎和叶纤维强韧，适合做绳索		辽宁、河北、山东、江苏、浙江、台湾
2024	*Carex siderosticta* Hance	宽叶苔草（崖棕）	Cyperaceae 莎草科	多年生草本；秆侧生，基部叶鞘褐色，叶片背面疏生短柔毛，苞片佛焰苞状，绿色	观赏，地被	中国东北、华北、华中、华东	
2025	*Carex stenocarpa* Turcz. et V. Krecz.	细果苔草	Cyperaceae 莎草科	多年生草本；小穗3～5枚，雌小穗2～3枚，具长达5～6cm的柄，下垂；果囊长5～6mm，紫褐色，上部边缘具短刺毛	饲用及绿肥		新疆
2026	*Carex tangiana* Ohwi	东陵苔草	Cyperaceae 莎草科	多年生草本；高30～40cm；叶基生，线形；小穗2～5，雄小穗顶生，棍棒状，雌小穗圆柱形或长圆形；果囊宽卵状三棱形，小坚果	饲用及绿肥，观赏		河北、山西、陕西、河南、甘肃
2027	*Carex unisexualis* C. B. Clarke	单性苔草	Cyperaceae 莎草科	多年生草本；秆高20～50cm；叶宽1.5～2mm；雌雄异株，雌穗状花序圆柱形，雌小穗长圆状卵形，雄花序较狭，雄小穗椭圆形；小坚果	杂草		安徽、江苏、江西、湖南、湖北、云南
2028	*Carica papaya* L.	番木瓜（木瓜，乳瓜，万寿果）	Caricaceae 番木瓜科	常绿软木质小乔木；高7～9m，雌雄异株，花淡黄色，浆果肉质有乳汁，种子黑色	果树	墨西哥南部	福建、台湾、广东、广西、云南
2029	*Carissa macrocarpa*（Eckl.）A. DC.	大花假虎刺（加利沙）	Apocynaceae 夹竹桃科	直立灌木；枝近无毛；刺两叉状，长2～4cm；叶革质，广卵形；聚伞花序顶生，花冠高脚碟状，白色；花萼短，裂片披针形；花冠裂片长圆形；浆果卵圆形至椭圆形，亮红色	果树	南美	广东、台湾

（续）

序号	拉丁学名	中文名	所属科	特征及特性	类别	原产地	目前分布/种植区
2030	*Carissa spinarum* L.	假虎刺（克兰答，刺黄果）	Apocynaceae 夹竹桃科	常绿灌木；叶革质，卵形至椭圆形；花 3～7 朵组成聚伞花序顶生或腋生，花小，白色，花冠高脚碟状，花冠筒圆筒形；浆果紫黑色	观赏	印度、缅甸	广东
2031	*Carmona microphylla* (Lam.) G. Don	福建茶（基及树）	Boraginaceae 紫草科	常绿灌木；叶在长枝上互生，短枝上簇生，革质，倒卵形或匙状倒卵形，聚伞花序，花白色	观赏	中国广东、福建、台湾、广西	
2032	*Carpesium abrotanoides* L.	天名精（天蔓菁，地菘）	Compositae (Asteraceae) 菊科	二年生草本；有臭气；叶椭圆形；头状花序，沿茎枝腋生；总苞片 3 层；花黄色；瘦果条形，有腺点	有毒		遍布全国各地
2033	*Carpesium cernuum* L.	烟管头草（杓儿菜）	Compositae (Asteraceae) 菊科	多年生草本；高 50～100cm；须根状；茎被白色长柔毛；叶椭圆形或匙状椭圆形；头状花序单生，下垂，花黄色；瘦果线形	药用，饲用及绿肥		东北、华北、华中、华东、华南、西南及陕西、甘肃
2034	*Carpesium divaricatum* Siebold et Zucc.	金挖耳（滁州鹤虱）	Compositae (Asteraceae) 菊科	多年生草本；高 25～150cm；茎被白色短柔毛；叶卵状长圆形或椭圆形；头状花序单生，雌花狭管状，两性花管状；瘦果线形	药用		东北、华北、华中及浙江、广东、台湾、云南
2035	*Carpinus cordata* Blume	千金榆（半拉子，金丝榆，穗子榆）	Betulaceae 桦木科	落叶乔木；高 15m；树皮灰色，小枝棕色或橘黄色；叶卵形或矩圆状卵形少倒卵形；果序大；小坚果矩圆形	观赏	中国东北、华北、河南、陕西、甘肃	
2036	*Carpinus londoniana* H. J. P. Winkl.	短尾鹅耳枥	Betulaceae 桦木科	落叶乔木；高 10～13m；枝条下垂；叶狭椭圆形、狭矩圆形；小坚果宽卵圆形	观赏	中国云南、四川、贵州、湖南、广西、广东、福建、江西、浙江、安徽	
2037	*Carpinus putoensis* W. C. Cheng	普陀鹅耳枥	Betulaceae 桦木科	落叶乔木；高达 13m，胸径为 70cm；叶卵状椭圆形至宽椭圆形；花单性，雌雄同株，果序长 4～8cm；小坚果卵圆形	观赏		浙江舟山群岛普陀岛佛顶山
2038	*Carpinus turczaninowii* Hance	鹅耳枥（北鹅耳枥，小叶鹅耳枥）	Betulaceae 桦木科	落叶乔木；高 8m，花单形，长卵形，雌雄同株，果序下垂成短穗状	蜜源		我国南北各地

（续）

序号	拉丁学名	中文名	所属科	特征及特性	类别	原产地	目前分布/种植区
2039	*Carthamus lanatus* L.	毛红花（新拟）	Compositae（Asteraceae）菊科	一年生或二年生草本；高达 80cm；叶全形卵形或披针形；小花两性，黄色；瘦果 4 棱形，乳白色	观赏		
2040	*Carthamus tinctorius* L.	红花（草红花，刺红花，红蓝花）	Compositae（Asteraceae）菊科	一年生草本；叶长椭圆形或卵状披针形；头状花序再排成伞房状；花冠橘黄色，后变成橘红色；瘦果具 4 棱	经济作物（染料类），药用		东北、华北、西北、华中、华南、西南
2041	*Carum buriaticum* Turcz.	田葛缕子	Umbelliferae（Apiaceae）伞形科	二年生或多年生草本；高 30～70cm；基生叶呈莲座状，羽状全裂，上部叶叶柄成鞘状；伞形花序，花瓣白色；双悬果宽椭圆形	果树，经济作物（油料类）		东北、华北、西北及西藏、四川
2042	*Carum carvi* L.	葛缕子	Umbelliferae（Apiaceae）伞形科	二年至多年生草本；高 30～80cm；叶长圆状披针形或长圆形，羽状全裂；复伞形花序，小花序具 5～15 花，花杂性；双悬果宽椭圆形	果树，经济作物（油料类）		华北、西北及西藏、四川
2043	*Carya cathayensis* Sarg.	山核桃（小核桃，山核）	Juglandaceae 胡桃科	落叶乔木；高达 20m；奇数羽状复叶，小叶卵状披针形；雌雄同株异花，雄花为葇荑花序，雌花为穗状花序；核果状坚果，倒卵形	果树，林木	中国	浙江、安徽
2044	*Carya hunanensis* W. C. Cheng et R. H. Chang ex Chang et Lu	湖南山核桃	Juglandaceae 胡桃科	落叶乔木；高 12～14m；奇数羽状复叶，小叶长椭圆形；雌花序顶生，生花 1～2；果实倒卵形	果树，有毒		湖南、贵州、广西
2045	*Carya illinoinensis*（Wangenh.）K. Koch	长山核桃（薄壳山核桃）	Juglandaceae 胡桃科	落叶乔木；树皮粗糙、纵裂；小叶 11～17；雄葇荑花序每束 5～6 个，雌花序 1～6；果实长圆形或卵形	观赏，果树	北美	华东、华中及河北、四川
2046	*Carya kweichowensis* Kuang et A. M. Lu	贵州山核桃	Juglandaceae 胡桃科	落叶乔木；高达 20m；奇数羽状复叶，小叶椭圆形；雄性葇荑花序 1～3 条 1 束，雌性穗状花序顶生；果实扁球形	果树，有毒		贵州
2047	*Carya tonkinensis* Lecomte	越南山核桃（老鼠核桃）	Juglandaceae 胡桃科	落叶乔木；高达 10～15m；复叶具 5～7 枚小叶；雄性葇荑花序常 2～3 条 1 束，雌性穗状花序直立，具 2～3 雌花；果实近球状	果树，有毒		广西、云南

（续）

序号	拉丁学名	中文名	所属科	特征及特性	类别	原产地	目前分布/种植区
2048	*Caryopteris divaricata* Maxim.	叉枝莸	Verbenaceae 马鞭草科	落叶亚灌木；高 80cm；叶膜质，卵圆形或卵状长圆形；二歧聚伞花序有 5 至多花，腋生；蒴果熟时棕黑色	药用，观赏		陕西、甘肃、山西、河南、江西、湖南、四川、云南中部
2049	*Caryopteris incana*（Thunb. ex Houtt.）Miq.	兰香草（山薄荷）	Verbenaceae 马鞭草科	落叶小灌木；单叶对生，小叶披针形，卵形或长圆形，两面有黄色腺点，聚伞花序，花淡紫或淡蓝色	药用，观赏	中国华东及湖南、湖北、广东、广西、甘肃	华东及甘肃、陕西、湖北、四川
2050	*Caryopteris mongholica* Bunge	蒙莸（白沙蒿，山狼毒）	Verbenaceae 马鞭草科	小灌木；高 15～40cm；聚伞花序顶生或腋生，花萼钟状，顶端分裂，花冠蓝紫色，先端 5 裂，其中 1 裂片 较大，顶端撕裂，雄蕊 4，二强，伸出花冠筒外	蜜源		内蒙古、山西、陕西、甘肃
2051	*Caryopteris nepetifolia*（Benth.）Maxim.	单花莸（莸）	Verbenaceae 马鞭草科	落叶亚灌木；高 60cm；叶纸质，宽卵形或近圆形；花单生叶腋，花梗纤细，苞片小，锥形，花萼杯状，5 裂，花冠淡蓝色，二唇形；蒴果球形，熟时淡黄色	药用，观赏		江苏、安徽、浙江、福建
2052	*Caryopteris paniculata* C. B. Clarke	锥花莸（密花莸）	Verbenaceae 马鞭草科	落叶灌木；叶纸质，卵状披针形或宽披针形；聚伞圆锥花序紧密，通常腋生，花冠紫红色；蒴果球形，熟时橙黄色	药用，观赏		广西、贵州、四川、云南
2053	*Caryopteris tangutica* Maxim.	光果莸	Verbenaceae 马鞭草科	小灌木高 0.5～2m，直立；花序腋生或近顶生，紧密的伞房状聚伞花序，花冠蓝紫色；雄蕊和花柱外露	蜜源		湖北、河南、陕西、甘肃
2054	*Caryopteris terniflora* Maxim.	三花莸	Verbenaceae 马鞭草科	落叶亚灌木；高 70cm；叶卵形或长卵形；聚伞花序腋生，常 3 花；蒴果果瓣倒卵状舟形	药用，观赏		陕西、甘肃、河北、陕西、河南、江西、湖北、四川、云南
2055	*Caryopteris trichosphaera* W. W. Sm.	毛球莸	Verbenaceae 马鞭草科	落叶灌木；叶宽卵形至卵状长圆形；聚伞花序顶生或腋生；花萼钟状；花冠淡蓝色或蓝紫色；蒴果长圆球形	蜜源		西藏、云南、四川

（续）

序号	拉丁学名	中文名	所属科	特征及特性	类别	原产地	目前分布/种植区
2056	*Caryota mitis* Lour.	短穗鱼尾葵	Palmae 棕榈科	丛生，小乔木状；叶长3～4m；花序具密集穗状的分枝花序，雄花花瓣狭长圆形，雌花花瓣卵状三角形；果球形	果树，有毒	亚洲热带	广东、广西、云南
2057	*Caryota monostachya* Becc.	单穗鱼尾葵	Palmae 棕榈科	茎丛生，矮小；叶长2.5～3.5m，羽片楔形或斜楔形；佛焰苞管状，雄花花瓣长圆形，雌花花瓣狭卵形，子房卵状三棱形；果实球形	有毒		
2058	*Caryota obtusa* Griff.	董棕	Palmae 棕榈科	乔木状；叶长5～7m，宽3～5m，弓状下弯；花序长1.5～2.5m，具多数密集穗状分枝花序；果实球形至扁球形	林木，有毒，观赏		
2059	*Caryota ochlandra* Hance	鱼尾葵（桄榔）	Palmae 棕榈科	乔木状；叶长3～4m；花序具多数穗状分枝花序，雄花花瓣椭圆形，长约2cm，雌花花瓣长约5mm；子房近卵状三棱形；果实球形	有毒，观赏		广东、广西
2060	*Casearia membranacea* Hance	红花木	Flacourtiaceae 大风子科	常绿乔木或灌木；花两性，单生或数朵簇生于叶腋，绿色或黄绿色，有粉状毛或近无毛；苞片圆形，有绒毛；蒴果卵状或卵状椭圆形，通常有8棱，成熟时带黑色，无毛；种子卵形	蜜源		福建、广东、广西
2061	*Casimiroa edulis* La Llave et Lex.	加锡弥罗果	Rutaceae 芸香科	常绿乔木；花着生于新枝或叶腋，花小雌雄同花，黄色微带绿色，生于圆锥花序；果实暗绿或黄微带绿色，近球形、扁球形，直径5至10cm；果皮薄呈膜状	果树	墨西哥	云南 广东
2062	*Cassia agnes* （de Wit） Brenan	神黄豆	Leguminosae 豆科	乔木；高10余m；小叶对生，椭圆形或长圆状椭圆形；伞房状总状花序；花瓣淡红色；荚果圆柱形	药用		云南、广西
2063	*Cassia angustifolia* Vahl.	狭叶番泻叶（旃那，泻叶，泡竹叶）	Leguminosae 豆科	草本状小灌木，叶互生，偶数羽状复叶，具托叶；小叶卵状披针形至线状披针形，叶基稍不对称，无毛或几无毛，全缘	药用	印度、埃及、苏丹	广东、云南
2064	*Cassia auriculata* L.	耳叶决明	Leguminosae 豆科	灌木；小叶倒卵状长圆形，薄革质；花序生于枝条顶端叶腋；花瓣橙黄色；荚果扁平	药用，观赏		台湾

（续）

序号	拉丁学名	中文名	所属科	特征及特性	类别	原产地	目前分布/种植区
2065	*Cassia bicapsularis* L.	双荚决明	Leguminosae 豆科	直立灌木；小叶倒卵形或倒卵状长圆形，膜质；总状花序常集成伞房花序状；花鲜黄色；荚果圆柱状	饲用及绿肥，观赏		广东、广西
2066	*Cassia didymobotrya* Fresen.	长穗决明	Leguminosae 豆科	灌木；高 2.5～3m；小叶卵状长椭圆形或披针状长椭圆形；总状花序；花瓣苍黄色；荚果扁平，带状长圆形	药用，观赏	非洲、亚洲热带地区	海南
2067	*Cassia fistula* L.	腊肠树（黄花，阿勃勒）	Leguminosae 豆科	乔木；偶数羽状复叶；总状花序下垂，长 30cm；花淡黄色；荚果圆柱形，黑褐色，长 30～60cm，直径 2cm，有 3 条槽纹	蔬菜，有毒，观赏	印度、缅甸、斯里兰卡	我国南方各省份
2068	*Cassia floribunda* Cav.	光叶决明（光决明，怀花米）	Leguminosae 豆科	灌木；高 1～2m；小叶 3～4 对，小叶卵形至卵状披针形；总状花序生于枝条上部的叶腋或顶生，花瓣黄色，宽阔，钝头；荚果，果瓣稍带革质，呈圆柱形，2 瓣开裂	观赏	美洲热带地区	云南、广西、广东
2069	*Cassiope fastigiata*（Wall.）D. Don	扫帚岩须	Ericaceae 杜鹃花科	常绿丛生小灌木；茎细长，叶微小，暗绿色，叶缘银白色，花钟形下垂，白色，花瓣先端反折	观赏	中国云南和西藏东部至南部	
2070	*Cassiope selaginoides* Hook. f. et Thomson	草灵芝（岩须，长梗岩须）	Ericaceae 杜鹃花科	常绿半灌木；叶交互对生，披针状长圆形；花单生叶腋，下垂；萼 5 裂；花冠乳白色，宽钟状 15 裂；雄蕊 10；蒴果	有毒		四川、云南、西藏
2071	*Cassytha filiformis* L.	无根藤（无头草，无爷藤，无娘藤）	Lauraceae 樟科	寄生性、缠绕草质藤本杂草，借盘状吸器攀附在寄主上；茎线状极长；叶退化为微小鳞片；花极小，白色，组成疏花穗状花序；浆果状核果	药用		华南及江西、湖南、浙江、福建、台湾、云南、贵州
2072	*Castanea crenata* Siebold et Zucc.	日本栗	Fagaceae 壳斗科	乔木；叶长椭圆形至披针形；雄花序长 7～20cm，雄花簇有花 3～5 朵；每壳斗有雌花 3～5 朵；坚果	果树	日本	台湾、辽宁、山东
2073	*Castanea henryi*（Skan）Rehder et E. H. Wilson	锥栗（珍珠栗，尖栗）	Fagaceae 壳斗科	落叶乔木；叶短卵圆形至矩圆状披针形；雌雄同株，花序穗状，单生叶腋；雄花序雄花 12，雌花序基部有 5 枚苞片；坚果卵圆形	果树，药用	中国	华东、华中、西南、华南

（续）

序号	拉丁学名	中文名	所属科	特征及特性	类别	原产地	目前分布/种植区
2074	*Castanea mollissima* Blume	板栗（栗子，大栗）	Fagaceae 壳斗科	落叶乔木；叶片长椭圆形至长圆披针形；花序轴被毛，雄花3～5朵，聚生成簇，雌花2～3聚生于1总苞内，花柱不被毛，壳斗球形或扁圆形；坚果大型	果树	北半球温带地区	东北及山东、河北
2075	*Castanea seguinii* Dode	茅栗（毛栗，野栗）	Fagaceae 壳斗科	灌木或小乔木；新梢密生短绒毛；叶长椭圆形或倒卵形；总苞片近圆形，有稀疏毛刺；每总苞内有坚果常为2～3粒	果树	中国	西南、华东及河南、山西、湖南、河北
2076	*Castanopsis argyrophylla* King ex Hook. f.	银叶栲（慢蹬）	Fagaceae 壳斗科	乔木；高达25m；雄花序圆锥状；雌花序每1总苞内有雌花1朵；总苞近球形，不开裂，苞片针刺形，单生或有时基部结合成刺轴，排列成数条不规则和间断的环带，疏生，干后暗黑色	果树		云南
2077	*Castanopsis calathiformis* (Skan) Rehder et E. H. Wilson	环叶栲（枸丝栲，黄栗）	Fagaceae 壳斗科	乔木；高达20m；雄花序为圆锥状；每1总苞内有1朵雌花；果序长10～16cm	果树		云南
2078	*Castanopsis carlesii* (Hemsl.) Hayata	小红栲（小叶槠，米子紫）	Fagaceae 壳斗科	常绿乔木；穗状花序，果为坚果，1～5个藏于总苞内，苞外有刺	蜜源		广东、广西
2079	*Castanopsis chinensis* (Spreng.) Hance	桂林栲（米椎，栲栗）	Fagaceae 壳斗科	常绿乔木；高5～15m；雄花序圆锥状或穗状，花单生；每总苞有雌花1(～2)朵；壳斗球形，规则的3～4裂，内面密生黄褐色长绒毛；苞片刺形，中部以下合生成束，较密，常遮蔽壳斗	果树		广东、广西、贵州、湖南
2080	*Castanopsis concinna* (Champ. ex Benth.) A. DC.	华南栲（华南椎）	Fagaceae 壳斗科	常绿乔木；高达20m，胸径约50cm；叶革质，长椭圆状披针形；花单性同株，雄花有10～12枚雄蕊，雌花花柱3(～4)枚；坚果扁圆锥形	林木，果树		广西、广东、香港
2081	*Castanopsis delavayi* Franch.	高山栲（白猪栗，毛栗）	Fagaceae 壳斗科	常绿乔木；高达20m；叶倒卵形或卵形；雄花序长圆锥状，雌花单朵生于总苞内；坚果宽卵形至球形，果脐小	果树		云南、贵州、四川、广西

（续）

序号	拉丁学名	中文名	所属科	特征及特性	类别	原产地	目前分布/种植区
2082	*Castanopsis densispinosa* Y. C. Hsu et H. Wei Jen	密刺锥	Fagaceae 壳斗科	乔木；高 10～20m；叶较大且质地较厚而硬，生于枝顶部的叶有时为全缘；果序长达 18cm；坚果卵形，被棕色疏伏毛	林木		云南金平县
2083	*Castanopsis eyrei*（Champ. ex Benth.）Tutcher	甜槠栲（石栗子，甜槠）	Fagaceae 壳斗科	常绿乔木；高 20m，单叶卵状，总苞球形，苞外具刺；坚果	蜜源		除云南、海南以外，广布长江以南
2084	*Castanopsis fabri* Hance	罗浮栲	Fagaceae 壳斗科	常绿乔木；高 6～15m；雄花序穗状；雌花 3 朵生于总苞内；壳斗近球形，不规则瓣裂；苞片刺形，长达 8mm，中部以上合生成束，排成间断的 4～6 环；坚果二至三成熟，圆锥形，一侧扁平，无毛；果脐近三角形	蜜源		除四川、云南外，广布长江以南
2085	*Castanopsis fargesii* Franch	丝栗栲（大丝栗树，丝栗树）	Fagaceae 壳斗科	常绿乔木或稀灌木；小枝有顶芽，芽鳞多数；坚果 1～4 粒包藏于壳斗（总苞）内，壳斗外多呈刺状，稀呈鳞片状	果树，林木，观赏		安徽、福建、湖北、湖南、四川、贵州、云南
2086	*Castanopsis fissa*（Champ. ex Benth.）Rehder et E. H. Wilson	黧蒴栲	Fagaceae 壳斗科	常绿乔木；高达 20m；雌花序每 1 总苞内有雌花 1 朵；果序长 7～15cm；总苞卵形至椭圆形，全包坚果，苞片三角形，基部连生成 4～5 条同心环；坚果卵形或圆锥状卵形	蜜源		广东、广西、贵州、湖南、江西、福建
2087	*Castanopsis fordii* Hance	南岭栲（毛槠，水梨）	Fagaceae 壳斗科	常绿乔木；雄花序穗状或圆锥状，雌花单生于壳斗内；壳斗球形，刺略扁；红褐色，密生，全遮盖壳斗；坚果扁球形，密生棕色绒毛	果树		浙江、湖南、江西、福建、广东、广西
2088	*Castanopsis hainanensis* Merr.	海南栲	Fagaceae 壳斗科	常绿乔木；叶厚，革质，长椭圆形，壳斗球形；坚果圆锥形，暗褐色	蜜源		海南
2089	*Castanopsis hystrix* Hook. f. et Thomson ex A. DC.	红椎（红黎，锥栗）	Fagaceae 壳斗科	常绿树种、乔木；高 25～30m；叶互生，两列，薄革质，卵状披针形；单性花，雌雄同株；小，穗状花序；坚果，壳斗球形，4 瓣裂，密生锥状硬刺	果树，观赏	中国	我国南部各省份

（续）

序号	拉丁学名	中文名	所属科	特征及特性	类别	原产地	目前分布/种植区
2090	*Castanopsis indica* （Roxb. ex Lindl.）A. DC.	印度栲（红眉子，黄眉）	Fagaceae 壳斗科	常绿乔木；高 8～25m；雄花序圆锥状；雌花单生于总苞内；壳斗近球形，规则地 4 瓣裂，连刺直径 2～4cm，壁厚约 1mm；苞片针刺形，单生或仅基部合生成束，全部遮蔽壳斗，老时无毛	果树		云南、海南
2091	*Castanopsis jucunda* Hance	秀丽锥	Fagaceae 壳斗科	乔木；高达 26m；叶纸质或近革质，卵形、卵状椭圆形或长椭圆形；雄花序穗状或圆锥花序；雌花序单穗腋生；坚果阔圆锥形	林木		长江以南多数省份
2092	*Castanopsis kawakamii* Hayata	吊皮锥（格式栲，青钩栲）	Fagaceae 壳斗科	常绿大乔木；高可达 28m，胸径达 80cm；叶革质，长圆形至卵状披针形；雌花单生于总苞内，雄花序圆锥状或穗状；成熟壳斗近圆球形；坚果扁圆锥形	林木，果树	中国	台湾、福建、江西、广东
2093	*Castanopsis mekongensis* A. Camus	湄公栲（马格龙，澜沧栲）	Fagaceae 壳斗科	常绿乔木；高 25m；叶厚纸质或革质，卵状椭圆形或长椭圆形，基部近于圆或短尖、对称或一侧略短且稍偏斜；雄穗状花序多穗排成圆锥花序；壳斗有 1 坚果，圆球形；坚果扁圆形	观赏，林木	中国	产云南西部及南部等地区
2094	*Castanopsis platyacantha* Rehder et E. H. Wilson	扁刺栲（白石栗，猴栗）	Fagaceae 壳斗科	常绿乔木；花序通常单性，直立，或圆锥状；3～7 的雄花簇生，很少单生和星散；花被 5 或 6 有叶（～8）；雄蕊（8 或者）9～12；不发育雌蕊很小，密被弄弯具绵状毛的毛	果树		四川、贵州、云南
2095	*Castanopsis sclerophylla* （Lindl.）Schottky	苦槠（槠栗，槠树）	Fagaceae 壳斗科	常绿乔木；高达 20m；壳斗杯形，幼时全包坚果；成熟时包围坚果 3/4～4/5，直径 12～15mm；苞片三角形，顶端针刺形，排列成 4～6 个同心环带；坚果褐色，有细毛	林木，观赏		福建、广东、湖南、湖北、江苏、安徽、云南
2096	*Castanopsis tibetana* Hance	钩栲（钩栗，猴栗）	Fagaceae 壳斗科	常绿乔木；高达 30m；叶革质，椭圆形至长椭圆形；雄花序圆锥状或穗状；雌花每一总苞内有 1 朵雌花；总苞内有 1 个坚果，宽卵形	果树		我国长江流域以南各省份
2097	*Castanopsis tribuloides* （Sm.）A. DC.	蒺藜栲（元江栲）	Fagaceae 壳斗科	常绿乔木；单叶互生，卵状长椭圆形；单性花同株，雄花常 3 杂聚生，圆锥状；雌花被 6 裂，子房下位；坚果	经济作物（特用类）		云南、广东、广西

（续）

序号	拉丁学名	中文名	所属科	特征及特性	类别	原产地	目前分布/种植区
2098	*Castanospermum australe* A. Cunn. Et C. Fraser.	昆士兰黑豆树	Leguminosae 豆科	常绿乔木，高达 20m；圆锥花序，花橙红色；果为荚果，长 30cm，含种子 1～5 粒；种子卵状椭圆形	观赏	澳大利亚	
2099	*Casuarina cunninghamiana* Miq.	细枝木麻黄	Casuarinaceae 木麻黄科	常绿乔木；株高 25m；树冠呈尖塔形；小具浅沟槽及钝棱；叶鳞片状；花雌雄异株；果序球果状，椭圆形或近球形	观赏	澳大利亚	广东、福建、台湾
2100	*Casuarina equisetifolia* L.	木麻黄	Casuarinaceae 木麻黄科	常绿乔木；高 30m；树冠狭长圆锥形；小枝具沟槽及棱；叶鳞片状；花雌雄同株或异株；果序球果状椭圆形	观赏	澳大利亚、太平洋岛屿	广西、广东、福建、台湾
2101	*Casuarina glauca* Sieber ex Spreng.	粗枝木麻黄	Casuarinaceae 木麻黄科	常绿乔木；高 10～20m；树皮灰褐色或灰黑色；小枝长，具浅沟槽；叶鳞片状，狭披针形，棕色；花雌雄同株；果序广椭圆形至球形	观赏	澳大利亚	广东、福建、台湾
2102	*Casuarina junghuhniana* Miq. Casuarina montana Jungh.	山地木麻黄	Casuarinaceae 木麻黄科	常绿乔木，高 15～25m；具无数长的落叶小枝、上面长着鳞片状叶；雌"球果"生于鳞片叶轴内、雌株结实较多	生态防护，观赏，林木	印度尼西亚	海南、福建、广东、广西、云南、台湾
2103	*Catabrosa aquatica*（L.）P. Beauv.	沿沟草	Gramineae (Poaceae) 禾本科	多年生草本；秆高 20～60cm，节处生不定根；叶扁平，先端呈舟形；圆锥花序开展，小穗含 1～2 小花；颖果纺锤形	饲用及绿肥		西南及内蒙古、甘肃、青海
2104	*Catalpa bignonioides* Walt.	美国梓树	Bignoniaceae 紫葳科	落叶乔木；树冠圆锥形；树皮红褐色，鳞片状开裂；叶卵形或卵状长圆形；花白色，内面有 2 条黄色条纹和淡紫色斑点；蒴果	观赏		
2105	*Catalpa bungei* C. A. Mey.	楸树（梓桐，小叶梧桐）	Bignoniaceae 紫葳科	落叶乔木；单叶对生，三角状卵形或卵状椭圆形，总状花序顶生成伞房状，花冠唇形，白色，内有紫色斑点	观赏	中国长江流域及河南、河北、陕西	长江流域及河南、河北、陕西
2106	*Catalpa fargesii* Bureau	灰楸（川楸）	Bignoniaceae 紫葳科	落叶乔木；叶质薄，背面密生灰白色短柔毛，花冠粉红色或淡紫色	观赏		湖北、四川、甘肃、陕西、山西、河南

（续）

序号	拉丁学名	中文名	所属科	特征及特性	类别	原产地	目前分布/种植区
2107	*Catalpa ovata* G. Don	梓树（花楸，河楸）	Bignoniaceae 紫葳科	落叶乔木；叶宽卵形或近圆形；圆锥花序；花冠淡黄色，内有黄色线纹和紫色斑点；蒴果，种子椭圆形	有毒，饲用及绿肥，观赏		长江流域及以北地区
2108	*Catalpa speciosa* Ward.	黄金树	Bignoniaceae 紫葳科	落叶乔木；高达 15m；树冠开展，树皮厚鳞状开裂；单叶对生，广卵形至卵状椭圆形；圆锥花序顶生，花冠白色；蒴果	观赏	美国	辽宁、福建、上海、浙江、四川、云南、甘肃、广西、山东
2109	*Catalpa tibetica* Forrest	藏楸	Bignoniaceae 紫葳科	灌木或小乔木；高约 5m；叶片阔卵形，薄革质；伞房状圆锥花序顶生；蒴果圆柱形	林木		西藏东南部、云南西北部
2110	*Catananche caerulea* L.	蓝箭菊	Compositae（Asteraceae）菊科	多年生草本；株高 60cm；叶线形或倒披针形；花序头状；花舌状，蓝色；花托有刺毛；瘦果长圆形；花期 6～8 月	观赏	南欧	
2111	*Catharanthus roseus*（L.）G. Don	长春花（雁来红，日日草）	Apocynaceae 夹竹桃科	草本或半灌木；有水液；叶对生，倒卵状长圆形；聚伞花序；花冠红色，雄蕊 5 枚；花盘为 2 片舌状腺体组成；蓇葖果	有毒	非洲东部	西南、中南、华东
2112	*Cathaya argyrophylla* Chun et Kuang	银杉	Pinaceae 松科	常绿乔木；高 24m，胸径通常 40cm；叶螺旋状排列，辐射状散生；雌雄同株，雄球花通常单生于 2 年生枝叶腋，雌球花单生于当年生枝叶腋；球果卵圆形	生态防护		广西、湖南、四川、贵州
2113	*Cathayanthe biflora* Chun	扁蒴苣苔	Gesneriaceae 苦苣苔科	多年生草本；叶具长柄，倒卵形、狭倒卵形或椭圆形，花葶被褐色柔毛，花萼钟状，二唇形 5 裂，花冠紫色，二唇形，花冠筒管状钟形	观赏	中国海南	
2114	*Cattleya amethystoglossa* Linden et Rchb. f.	紫唇卡特兰	Orchidaceae 兰科	附生兰；具假鳞茎；叶片长椭圆形；花序总状；花萼片、花瓣白色，有深玫瑰红色斑纹，唇瓣中部蓝紫色	观赏	巴西	
2115	*Cattleya aurantiaca*（Batem. ex Lindl.）P. N. Don	红花卡特兰	Orchidaceae 兰科	附生兰；株高 30cm；具假鳞茎；叶 2 枚；花序总状；花钟状，深黄色；花期冬春季	观赏	巴西	

（续）

序号	拉丁学名	中文名	所属科	特征及特性	类别	原产地	目前分布/种植区
2116	*Cattleya bicolor* Lindl.	两色卡特兰	Orchidaceae 兰科	附生兰；株高38～76cm；叶片椭圆状披针形；花序总状；萼片、花瓣青绿色，唇瓣玫粉色，有时边缘白色具齿；花期春末、冬季	观赏	巴西	
2117	*Cattleya citrina* Lindl.	橙黄卡特兰	Orchidaceae 兰科	附生兰；具假鳞茎；叶带状；花钟状，橘黄色，芳香，唇瓣边缘的色；花期初夏	观赏	墨西哥	
2118	*Cattleya glanulosa* Lindl.	斑点卡特兰	Orchidaceae 兰科	附生兰；花单朵或数朵，着生于假鳞茎顶端，花大而美丽，色泽鲜艳而丰富；花萼与花瓣相似，唇瓣3裂，基部包围雄蕊下方，中裂片伸展而显著	观赏	巴西、危地马拉	
2119	*Cattleya labiata* Lindl.	白花卡特兰（秋卡特利亚兰）	Orchidaceae 兰科	附生兰；高12～24cm；假鳞茎；花粉红色，唇瓣中裂片大，紫色，边缘粉红，花喉黄色；花期9～11月	观赏	巴西	
2120	*Cattleya lawrenceana* Rchb. f.	劳氏卡特兰	Orchidaceae 兰科	附生兰；叶1枚；花丛生，玫瑰紫色，唇瓣紫色有斑纹，喉白色；花期2～4月	观赏	委内瑞拉、圭亚那	
2121	*Cattleya loddigesii* Lindl.	罗氏卡特兰	Orchidaceae 兰科	附生兰；叶2枚；花线不亢不卑紫色，唇瓣边缘皱波状，中裂片白色，喉部黄色；花期5～6月	观赏	巴西南部	
2122	*Cattleya maxima* Lindl.	大花卡特兰	Orchidaceae 兰科	附生兰；株高30cm；具假鳞茎；叶1枚；花序总状；花紫色或淡玫瑰红色，唇瓣白色至深紫红色；花期春末、秋季	观赏	厄瓜多尔、秘鲁	
2123	*Cattleya mossiae* Hook.	莫氏卡特兰	Orchidaceae 兰科	附生兰；叶1枚，长圆；花玫瑰红色，唇瓣大，中裂片有鲜紫纹，边缘粉红，喉黄色或橙色；花期3～8月	观赏	委内瑞拉	
2124	*Cattleya percivaliana* (Rchb. f.) O'Brien	珀氏卡特兰	Orchidaceae 兰科	附生兰；株高30cm，具假鳞茎；叶1枚；萼片、花瓣玫瑰紫色，唇瓣小，深紫红色，喉黄色至橘黄色；花期冬季	观赏	委内瑞拉	
2125	*Cattleya rex* O'Brien	王冠卡特兰	Orchidaceae 兰科	附生兰；株高26cm；叶1枚，椭圆形；花序总状；萼片、花瓣浅黄色；唇瓣黄色；花期秋季	观赏	秘鲁、哥伦比亚	

（续）

序号	拉丁学名	中文名	所属科	特征及特性	类别	原产地	目前分布/种植区
2126	*Cattleya schilleriana* Rchb. f.	席氏卡特兰	Orchidaceae 兰科	附生兰；株高 30cm；具假鳞茎；叶 1 枚，椭圆形；花序总状；花玫瑰红色，唇瓣深紫色，喉黄色；花期冬季	观赏	巴西	
2127	*Cattleya skinneri* Batem.	卷唇卡特兰	Orchidaceae 兰科	附生兰；叶 2 枚；花淡紫红色，唇瓣红紫色，喉白色；花期 3～6 月	观赏	墨西哥、哥斯达黎加	
2128	*Cattleya trianaei* Linden et Rchb. f.	冬卡特兰	Orchidaceae 兰科	附生兰；叶 1 枚；花淡红色，唇瓣中裂片先端深紫，喉部橙黄色；花期冬季	观赏	哥伦比亚	
2129	*Catunaregam spinosa*（Thunb.）Tirveng.	山石榴（山葡萄，刺榴）	Rubiaceae 茜草科	具刺灌木或小乔木；叶对生或簇生于短侧枝，常为宽短卵形至匙形；花冠钟状；白色或淡黄色；浆果，种子多数	有毒		台湾、广东、广西、云南
2130	*Caulophyllum robustum* Maxim.	红毛七（搜山猫，红毛细辛）	Berberidaceae 小檗科	多年生草本；根茎粗壮横走；三出复叶互生；短圆锥花序顶生；花黄绿色；蒴果早裂，种子圆球形	有毒		西南、东北、西北及湖北、浙江
2131	*Cayratia corniculata*（Benth.）Gagnep.	角花乌蔹莓	Vitaceae 葡萄科	攀缘藤本；聚伞花序腋生，具长柄，无毛；花小，萼浅杯状；花瓣 4，矩圆形，顶部稍合生，每花瓣顶端具一明显的小角，直立或弯曲；雄蕊 4；花柱短，锥形	蜜源		江西、福建、广东、广西
2132	*Cayratia japonica*（Thunb.）Gagnep.	乌敛莓（母猪藤，五爪金龙，五爪藤）	Vitaceae 葡萄科	多年生草质藤本；具卷须；掌状复叶，排成乌足状，小叶 5；伞房状聚伞花序腋生，花小，黄绿色，子房陷于花盘内；浆果倒卵形	药用		华东、中南
2133	*Cedrus atlantica*（Endl.）Manetti ex Carrière	北非雪松	Pinaceae 松科	常绿乔木；高达 30m，雄球花圆柱形，雌球花阔卵圆状，受精前带紫色；球果次年成熟	观赏	北非	
2134	*Cedrus brevifolia*（Hook. f.）Henry	短叶雪松	Pinaceae 松科	常绿乔木；高达 60～80m；枝条开展，树冠不规则；幼树树皮深灰色较平滑，成熟后呈棕色，龟裂成鳞片状；叶针状三棱形；雌球花绿色或带紫色，桶状；花期为 10～11 月	观赏	北非	

（续）

序号	拉丁学名	中文名	所属科	特征及特性	类别	原产地	目前分布/种植区
2135	*Cedrus deodara*（Roxb.）G. Don	雪松	Pinaceae 松科	常绿大乔木；叶针形，蓝绿色，长枝上螺旋状散生，短枝上簇生；雌雄异株，雌球花初紫红色，后淡绿，雄球花黄色	观赏	喜马拉雅山西部、喀喇昆仑山区	
2136	*Cedrus libani* Rich	黎巴嫩雪松	Pinaceae 松科	常绿乔木；高达 60～80m，胸径 3～4.5m；雌球花初紫红色，后转淡绿色；雄球花近黄色；花期 10～11 月，但雄球花较雌球花约早 7～15 天开放	观赏	小亚细亚	
2137	*Ceiba pentandra*（L.）Gaertn.	爪哇木棉	Bombacaceae 木棉科	落叶乔木；高达 45m；叶片卵状披针形；花开先于叶，花瓣浅黄色、玫瑰红色或白色，卵状椭圆形	观赏	美洲热带地区、非洲、亚洲	海南
2138	*Celastrus angulatus* Maxim.	苦皮藤	Celastraceae 卫矛科	藤状灌木；叶长方阔椭圆形、阔卵形或圆形；聚伞圆锥花序顶生，花瓣长方形，花盘肉质，盘状，子房球状；蒴果近球状	生态防护，有毒，观赏		西北、华中、华东、西南、华南
2139	*Celastrus flagellaris* Rupr.	刺苞南蛇藤（刺叶南蛇藤）	Celastraceae 卫矛科	落叶藤本灌木；叶阔椭圆形或卵状椭圆形，边缘锯齿，聚伞花序腋生，花瓣长方窄倒卵形，花盘浅杯状；蒴果球状	观赏	中国东北、河北	
2140	*Celastrus gemmatus* Loes.	大芽南蛇藤	Celastraceae 卫矛科	落叶藤本；冬芽大，圆锥状卵圆形，叶长方形，聚伞花序顶生或腋生，花瓣长方倒卵形，萼片卵圆形，花盘浅杯状；蒴果球形	观赏	中国华中、西南及陕西、甘肃、安徽、浙江、江西、台湾、福建、广东、广西	
2141	*Celastrus glaucophyllus* Rehder et E. H. Wilson	灰叶南蛇藤	Celastraceae 卫矛科	落叶藤本；叶长方椭圆形，背被白霜，顶生成总状圆锥花序，花瓣倒卵长方形，萼片椭圆形或卵形，花盘浅杯状，果黑色	观赏	中国陕西南部、湖北、湖南、贵州、四川、云南	
2142	*Celastrus hookeri* Prain	尖药南蛇藤	Celastraceae 卫矛科	小枝光滑；花序腋生及顶生，腋生者较短，3～5 花或稍多；花瓣长椭圆形或长方椭圆形，花盘杯状，裂片极浅，顶端平截或稍拱起；果近球形	有毒		福建

（续）

序号	拉丁学名	中文名	所属科	特征及特性	类别	原产地	目前分布/种植区
2143	*Celastrus hypoleucus* (Oliv.) Warb. ex Loes.	粉背南蛇藤（绵藤）	Celastraceae 卫矛科	叶椭圆形或长椭圆形，叶背粉灰色；顶生聚伞圆锥花序，多花，腋生者短小，花瓣长方形或椭圆形，子房椭圆状；蒴果疏生，球状，果瓣内侧有棕红色细点	蜜源		河南、陕西、甘肃、湖北、四川、贵州
2144	*Celastrus orbiculatus* Thunb.	南蛇藤（老牛筋，黄藤）	Celastraceae 卫矛科	藤状灌木；单叶互生，叶片宽椭圆形；花杂性，雄花雄蕊5，雌花子房基部包围杯状花盘中；蒴果，种子外被假种皮	有毒		东北、华北、华东、西北及四川
2145	*Celastrus paniculatus* Willd.	灯油藤（红果藤，打油果）	Celastraceae 卫矛科	藤状灌木；单叶互生；聚伞花序顶生，单性花，雌雄异株，雄花的雄蕊着生于杯状花盘边缘，雌花柱头3裂，雄蕊退化；蒴果3裂	有毒		台湾、广东、海南、广西、贵州、云南
2146	*Celastrus rosthornianus* Loes.	短梗南蛇藤	Celastraceae 卫矛科	叶长方椭圆形；花序顶生或腋生，顶生者为总状聚伞花序，腋生者短小；花瓣近长方形，花盘浅裂，子房球状；蒴果近球状	药用，有毒		华中、西南、华东、华南及陕西
2147	*Celastrus tonkinensis* Pitard	青江藤（野茶藤，黄果藤）	Celastraceae 卫矛科	藤状灌木；单叶互生，长椭圆形或椭圆状披针形；花数5；蒴果，种子具假种皮	经济作物（油料类）		华南、西南、华中及福建
2148	*Celastrus vaniotii* (Lév.) Rehder	长序南蛇藤	Celastraceae 卫矛科	落叶藤本；小枝具星散皮孔，叶卵形，腋生聚伞花序，一部分成下垂顶生总状花序，花瓣倒卵长方形，花盘浅杯状；蒴果近球形	观赏	中国湖北、湖南、贵州、四川、广西、云南	
2149	*Celosia argentea* L.	青葙（野鸡冠花）	Amaranthaceae 苋科	一年生草本；高60～100cm；茎具明显条纹；叶互生，披针形或椭圆状披针形；穗状花序顶生，花密生多数，初开淡红，后变白色；胞果卵形	药用，蔬菜，饲用及绿肥		几遍全国各地
2150	*Celosia cristata* L.	鸡冠花（鸡冠头花，鸡髻花，鸡公花）	Amaranthaceae 苋科	与青葙极相似，但叶卵形或披针形，花密生成扁平肉状鸡冠状、卷冠状或羽毛状穗状花序，花被片红色、紫色、黄色、橙色或红黄相间	观赏		全国各地皆有栽培
2151	*Celosia taitoensis* Hayata	台湾青葙	Amaranthaceae 苋科	直立草本；茎带白色，叶披针形或条状披针形，波状缘，花密生成顶生或腋生的卵形穗状花序，苞片背面具芒，花被片矩圆状卵形，蓝色透明	观赏	中国台湾	

（续）

序号	拉丁学名	中文名	所属科	特征及特性	类别	原产地	目前分布/种植区
2152	*Celtis biondii* Pamp.	紫弹树	Ulmaceae 榆科	落叶乔木；高达 18m，树皮暗灰色；果序单生叶腋，通常具 2 果（少有 1 或 3 果），被糙毛；果幼时被疏或密的柔毛，黄色至橘红色，近球形；花期 4～5 月；果期 9～10 月	观赏		
2153	*Celtis bungeana* Blume	黑弹朴（小叶朴）	Ulmaceae 榆科	落叶乔木；核果单生叶腋，球形，直径 4～7mm，紫黑色，果柄较叶柄长，长 1.2～2.8cm，果核平滑，稀有不明显网纹	观赏	中国东北南部、华北、长江流域、西南各地	科尔沁沙地、浑善达克沙地
2154	*Celtis chekiangensis* W. C. Cheng	天目朴	Ulmaceae 榆科	落叶乔木；当年生小枝密生灰褐色柔毛，叶纸质，卵状椭圆形至卵状长圆形，背面细脉明显，果单生，红褐色	观赏	中国浙江	
2155	*Celtis julianae* C. K. Schneid.	珊瑚朴（大果朴）	Ulmaceae 榆科	落叶乔木；小枝、叶背及叶柄密被黄褐色毛，叶较宽大，卵形至倒卵状椭圆形，花序肥大，红褐色；核果橙红色	观赏	中国长江流域、河南、陕西	安徽、浙江、江西、贵州、四川、湖北
2156	*Celtis koraiensis* Nakai	大叶朴	Ulmaceae 榆科	落叶乔木；当年生小枝老后褐色至深褐色，叶椭圆形至倒卵状椭圆形，有尾状尖头，果单生叶腋橙色	观赏	中国辽宁、河北、山东、安徽北部、山西南部、河南西部、陕西南部、甘肃东部	
2157	*Celtis philippensis* var. *wightii*（Planch.）Soepadmo	油朴	Ulmaceae 榆科	常绿乔木；高达 30m；叶革质，长圆形；花杂性，同株，小聚伞圆锥花序 1～2 生于叶腋；果序粗壮；核果卵球形	林木，经济作物（油料类）		云南
2158	*Celtis sinensis* Pers.	朴树（沙朴，朴榆）	Ulmaceae 榆科	落叶乔木；叶广卵形或椭圆状卵形，背面沿叶脉有疏毛，花淡绿色；核果橙红色	观赏	中国黄河流域以南、长江流域中下游、华南各省份	
2159	*Centaurea adpressa* Ledeb.	糙叶矢车菊	Compositae（Asteraceae）菊科	多年生草本；叶密被糙毛和黄色腺点，基生叶羽状全裂，茎生叶渐小；头状花序排成伞房花序或伞房状圆锥花序，小花紫色；瘦果淡白色	观赏	中国新疆	

（续）

序号	拉丁学名	中文名	所属科	特征及特性	类别	原产地	目前分布/种植区
2160	*Centaurea americana* Nutt.	美洲矢车菊	Compositae (Asteraceae) 菊科	多年生草本；株高 180cm；花序头状；花粉、红、紫色，鲜亮，有白色变种；花期春夏季	观赏	北美	
2161	*Centaurea cyanus* L.	矢车菊（兰芙蓉）	Compositae (Asteraceae) 菊科	一年生草本；茎生叶线形；头状花序顶生；总苞片边缘篦齿状；花冠近舌状，多裂；瘦果有毛，冠毛刺毛状	有毒	欧洲	全国各地庭院有栽培
2162	*Centaurea dealbata* Willd.	软毛矢车菊	Compositae (Asteraceae) 菊科	多年生草本；株高 40～60cm；叶羽状深裂，裂片具粗齿芽，叶背有白色软毛；花序头状；管状花红色或粉色或白色；花期 5～6 月	观赏	欧洲	
2163	*Centaurea macrocephala* Pushk. ex Willd.	大花矢车菊	Compositae (Asteraceae) 菊科	多年生草本；株高 60～90cm；叶卵状披针形，具锯齿；花序头状；筒状花黄、紫或粉色，花大；花期 6～7 月	观赏	欧洲	
2164	*Centaurea montana* L.	山矢车菊	Compositae (Asteraceae) 菊科	多年生草本；株高 30～40cm；嫩叶银白色；总苞片边缘具黑边；花舌状蓝、白色；花期春夏季	观赏	欧洲、小亚细亚	
2165	*Centaurium pulchellum* var. *altaicum* (Griseb.) Kitag. et H. Hara	百金花	Gentianaceae 龙胆科	一年生草本；高 10～30cm；叶对生，无柄，椭圆形或椭圆状披针形；二歧聚伞花序顶生疏散，花冠白色或粉红色；蒴果圆柱形	药用		东北、西北、华东及内蒙古
2166	*Centella asiatica* (L.) Urb.	积雪草（崩大碗）	Umbelliferae (Apiaceae) 伞形科	多年生草本及；茎匍匐，长 30～80cm，节下生根；叶肾形或近圆形，伞形花序单生或 2～3 个腋生，花瓣 5，紫红色；双悬果扁球形	蔬菜，药用		华东及广东、广西、云南、四川
2167	*Centipeda minima* (L.) A. Braun et Asch.	鹅不食草（砂药草，蚊子草，球子草）	Compositae (Asteraceae) 菊科	一年生草本；高 5～20cm；茎于节处生根；叶互生，匙形；头状花序单生叶腋，全为管状花，淡蓝色或黄绿色；瘦果椭圆形	药用		东北、华北、华东、中南及云南
2168	*Centotheca lappacea* (L.) Desv.	假淡竹叶（酸模芒）	Gramineae (Poaceae) 禾本科	多年生草本；秆高 40～100cm；叶广披针形；圆锥花序开展，小穗有小花 2～3 朵，第一颖椭圆状卵形，第二颖长圆状卵形；颖果	饲用及绿肥		广东、广西

（续）

序号	拉丁学名	中文名	所属科	特征及特性	类别	原产地	目前分布/种植区
2169	*Centrosema pubescens* Benth.	距瓣豆	Leguminosae 豆科	多年生草质藤本；叶具羽状 3 小叶，托叶卵状披针形，小叶薄纸质；总状花序腋生，花冠淡紫红色；荚果线形，扁平；种子长椭圆形	饲用及绿肥	美洲热带地区	广东、海南、台湾、江苏、云南
2170	*Cephalanthera erecta*（Thunb. ex A. Murray）Blume	银兰（白花草）	Orchidaceae 兰科	叶互生于茎上部，椭圆形或卵形，急尖，基部抱茎；总状花序，白色，唇瓣前部近心形，上表面具 3 条纵褶片，基部具囊	药用		陕西、浙江、江西、湖北、广东、广西、四川、贵州、西藏
2171	*Cephalanthera falcata*（Thunb. ex A. Murray）Blume	金兰（黄花兰）	Orchidaceae 兰科	具多数细长根；叶片先端渐尖或急尖，基部抱茎；总状花序顶生，唇瓣基部具囊；唇瓣前部近先端处密生乳突，后部凹陷，内无褶片；子房条形	药用		江苏、安徽、浙江、河南、湖北、湖南、四川、贵州、云南
2172	*Cephalanthus tetrandrus*（Roxb.）Ridsdale et Bakh. f.	风箱树（水杨梅）	Rubiaceae 茜草科	落叶小乔木或灌木状；叶薄革质，对生或 3 片轮生，卵形或椭圆形；头状花序单生或组成总状，顶生或上部腋生花白色；小坚果 4～6mm，萼檐宿存；褐色，具翅状苍白色假种皮	药用		浙江、台湾、江西、湖南、两广
2173	*Cephalocereus senilis*（Haw.）Pfeiff.	翁柱	Cactaceae 仙人掌科	多浆植物，顶部白毛多而长，好似白发老翁的头部；花漏斗形，花瓣白色，中脉红色	观赏	墨西哥	
2174	*Cephalomappa sinensis*（Chun et F. C. How）Kosterm.	肥牛树	Euphorbiaceae 大戟科	常绿乔木；高达 35m，胸径达 50cm；叶互生，先端急尖或渐尖；花单性，雌雄同株，无花瓣，排成腋生的总状花序；雄花顶生，雌花基生；蒴果近球形	林木，饲用及绿肥		广西西南部
2175	*Cephalonoplos segetum*（Bunge）Kitam.	刺儿菜（小蓟）	Compositae（Asteraceae）菊科	多年生草本；茎被白色蛛丝状毛；单叶互生，缘具刺状齿；雌雄异株，雄株头状花序较小，雌株较大，花冠紫红色；瘦果长卵形	药用，饲用及绿肥		全国各地均有分布
2176	*Cephalonoplos setosum*（Mb.）Kitam.	大刺儿菜（大蓟）	Compositae（Asteraceae）菊科	多年生草本；茎高 40～100cm，被蛛丝状毛；叶长圆形或椭圆状披针形；雌雄异株，头状花序多数排成疏松伞房状；瘦果具 4 棱	杂草		东北、华北、西北及四川、江苏

（续）

序号	拉丁学名	中文名	所属科	特征及特性	类别	原产地	目前分布/种植区
2177	*Cephalotaxus fortunei* Hook.	三尖杉（山榧树，狗尾松）	Cephalotaxaceae 三尖杉科	常绿乔木；叶螺旋状着生；雄球花 8～10 聚生成头状，雌球花由数对交互对生而各有 2 胚珠的苞片组成；种子呈椭圆状卵形	蜜源		华东、华中、西南、华南、西北
2178	*Cephalotaxus lanceolata* K. M. Feng	贡山三尖杉	Cephalotaxaceae 三尖杉科	乔木；高达 20m；叶薄革质，长 4.5～10cm，宽 4～7mm，排列成两列，披针形；种子倒卵状椭圆形	林木，药用，观赏	中国	云南西北部贡山县独龙江上游沿岸
2179	*Cephalotaxus mannii* Hook. f.	海南粗榧（红壳松，薄叶三尖杉）	Cephalotaxaceae 三尖杉科	常绿乔木；树干通直，叶交互对生，两列，线形；雌雄异株，雄球花 6～8 聚生，圆球状，雌球花具长梗，种子簇生于梗端	林木，药用		海南、广东、广西、云南、西藏
2180	*Cephalotaxus oliveri* Mast.	篦子三尖杉（阿里杉，梳叶圆头杉）	Cephalotaxaceae 三尖杉科	常绿灌木或小乔木；叶交互对生，排成二列，下表面有 2 条白色气孔带；雌雄异株；种子核果状，单个或 2～3 个簇生枝顶	药用		华南、华中、西南
2181	*Cephalotaxus sinensis*（Rehder et E. H. Wilson）H. L. Li	粗榧	Cephalotaxaceae 三尖杉科	常绿灌木；树皮灰褐色，薄片状剥落；叶条形，质硬，叶排列稀疏而明显有柄	林木，药用，观赏	中国秦岭南北坡以南各地	北京有引种
2182	*Cephalotaxus sinensis* var. *wilsoniana*（Hayata）L. K. Fu et Nan Li	台湾粗榧	Cephalotaxaceae 三尖杉科	常绿大乔木；伞房状圆锥花序顶生；萼长椭圆形；花瓣白或黄白；翅果半圆形，长约 2cm，黄褐色	林木，药用，观赏		
2183	*Cerastium arvense* L.	卷耳（婆婆指甲菜）	Caryophyllaceae 石竹科	多年生草本；高 10～35cm；叶线状披针形或长圆状披针形；二歧聚伞花序顶生，有 3～7 花，花瓣 5，白色；蒴果长圆筒形	杂草		华北、西北及黑龙江、吉林、西藏
2184	*Cerastium fontanum* subsp. *vulgare*（Hartm.）Greuter et Burdet	簇生卷耳	Caryophyllaceae 石竹科	常为多年生草本，高 10～30cm；茎单一或簇生；叶倒卵形至披针形，叶缘有睫毛；二歧聚伞花序顶生，花瓣 5，白色；蒴果圆柱形	药用		东北、华北、西北、西南、华中、华东
2185	*Cerastium tomentosum* L.	绒毛卷耳	Caryophyllaceae 石竹科	多年生草本；具白色绒毛，叶披针形；辙花序有花 3～15 朵，鲜艳；花瓣有缺刻	观赏	意大利西西里岛	

（续）

序号	拉丁学名	中文名	所属科	特征及特性	类别	原产地	目前分布/种植区
2186	*Cerasus avium* (L.) Moench	欧洲甜樱桃（大樱桃）	Rosaceae 蔷薇科	乔木；叶椭圆卵形；伞形花序，有花3～4朵；萼筒钟状，萼片长椭圆形；花瓣白色，倒卵圆形；核果卵球形	果树	欧洲及亚洲西部	华东、华北
2187	*Cerasus besseyi* (Bailey) Sok.	西沙樱桃（比西氏樱）	Rosaceae 蔷薇科	落叶乔木或灌木；叶有叶柄和脱落的托叶，具腺体；花单生，春季出叶前开花，花为伞状花序	果树		华北
2188	*Cerasus campanulata* (Maxim.) A. N. Vassiljeva	钟花樱桃	Rosaceae 蔷薇科	乔木或灌木；高3～8m；叶片卵形、卵状椭圆形或倒卵状椭圆形；伞形花序，有花2～4朵；花瓣倒卵状长圆形，粉红色；核果卵球形	果树		浙江、福建、台湾、广东、广西
2189	*Cerasus canescens* Bois	灰毛叶樱桃	Rosaceae 蔷薇科	落叶灌木，高达2m；伞房花序具花2～5朵，稀单生；花瓣长圆状倒卵形，淡红色，长约5mm，雄蕊多数，长约3mm，花柱基部有柔毛	果树		秦巴山区
2190	*Cerasus caudata* (Franch.) T. T. Yu et C. L. Li	尖尾樱桃	Rosaceae 蔷薇科	乔木；高约6m；叶片卵圆形、卵状椭圆形或卵状披针形；花单生或2～3朵成近伞形花序；花瓣白色；核果红色，椭圆形	果树		云南
2191	*Cerasus cerasoides* (Buch.-Ham. ex D. Don) S. Y. Sokolov	高盆樱桃	Rosaceae 蔷薇科	乔木；高3～10m；叶片卵状披针形或长圆披针形；总花苞片大形；花1～3，伞形排列；花瓣卵圆形，淡粉色至白色；核果圆卵形	果树		云南、西藏南部
2192	*Cerasus conadenia* (Koehne) T. T. Yu et C. L. Li	锥腺樱桃	Rosaceae 蔷薇科	乔木或灌木；叶卵形或卵状椭圆形；近伞房总状花序，总苞片褐色，倒卵状长圆形，花瓣白色，阔卵形；核果红色，卵球形	果树		陕西
2193	*Cerasus conradinae* (Koehne) T. T. Yu et C. L. Li	华中樱桃	Rosaceae 蔷薇科	乔木；高3～10m；叶片倒卵形、长椭圆形或倒卵状长椭圆形；伞形花序，有花3～5朵；花瓣白色或粉红色；核果卵球形	果树		陕西、河南、湖南、湖北、四川、贵州、云南、广西
2194	*Cerasus crataegifolia* (Hand.-Mazz.) Hand.-Mazz.	山楂叶樱桃	Rosaceae 蔷薇科	灌木；偃伏或上升；叶椭圆卵形或椭圆披针形；花单生或2朵簇生，萼筒管状，萼片三角形；花瓣粉红或白色；核果卵球形	观赏		云南、西藏

（续）

序号	拉丁学名	中文名	所属科	特征及特性	类别	原产地	目前分布/种植区
2195	*Cerasus cyclamina* (Koehne) T. T. Yu et C. L. Li	襄阳樱桃	Rosaceae 蔷薇科	乔木；高5～10m；花序近伞形，有花3～4朵，花叶同开；花瓣粉红色，长圆形，先端2裂；雄蕊约32枚，稍短于花瓣；花柱比雄蕊稍长，无毛	果树		
2196	*Cerasus dictyoneura* (Diels) Holub	毛叶欧李（网脉欧李）	Rosaceae 蔷薇科	灌木；叶倒卵状椭圆形；花单生或2～3朵簇生；萼筒钟状，萼片卵形；花瓣粉红或白色，倒卵形；核果球形	药用		河北、山西、河南、陕西、甘肃
2197	*Cerasus dielsiana* (C. K. Schneid.) T. T. Yu et C. L. Li	尾叶樱桃	Rosaceae 蔷薇科	落叶小乔木；花色粉红或深红，花朵较大而多，花序大型，近先叶后花	观赏		华中地区
2198	*Cerasus discadenia* (Koehne) C. L. Li et S. Y. Jiang	盘腺樱桃	Rosaceae 蔷薇科	落叶灌木或小乔木；高3～5m；花白色，3～9朵排列成总状花序，苞片叶状，缘具盘状腺；萼反卷，与筒部等长	果树		陕西、秦巴山区
2199	*Cerasus discoidea* T. T. Yu et C. L. Li	迎春樱桃	Rosaceae 蔷薇科	小乔木；高2～3.5m；叶片倒卵状长圆形或长椭圆形；伞形花序有花1～3朵；花瓣粉红色；核果红色	果树		安徽、浙江、江西
2200	*Cerasus dolichadenia* (Cardot) C. L. Li et S. Y. Jiang	长腺樱桃	Rosaceae 蔷薇科	小乔木或乔木状灌木；高2～8m；叶片宽椭圆形或倒卵状长圆形；花序伞形总状，有花4～5朵；花瓣白色或粉红色；核果椭圆状卵形	果树		山西、陕西
2201	*Cerasus fruticosa* (Pall.) Woronow	草原樱桃（灌木樱）	Rosaceae 蔷薇科	灌木；叶倒卵形或倒卵状长圆形至披针形；伞形花序，萼筒管形钟状，萼片卵圆形；花瓣白色，倒卵形；核果卵球形	果树，观赏		华北
2202	*Cerasus glandulosa* (Thunb.) Sokolovsk.	麦李	Rosaceae 蔷薇科	落叶灌木；单叶互生，叶片长圆状卵形至长圆披针形；纯花芽；小核果，果核椭圆形	果树，观赏		东北、华北及山东
2203	*Cerasus henryi* (C. K. Schneid.) T. T. Yu et C. L. Li	蒙自樱桃	Rosaceae 蔷薇科	乔木；高约3m；叶片长卵形或卵状长圆形；花序近伞房总状，有花3～7朵；花瓣白色	果树		云南

（续）

序号	拉丁学名	中文名	所属科	特征及特性	类别	原产地	目前分布/种植区
2204	*Cerasus humilis* (Bunge) Sokoloff	欧李	Rosaceae 蔷薇科	落叶小灌木；单叶互生，边缘浅细重锯齿；纯花芽，着生叶腋两侧，中间为叶芽；核果	果树，药用	中国	东北、华北及山东
2205	*Cerasus japonica* (Thunb.) Loisel.	郁李	Rosaceae 蔷薇科	落叶灌木；单叶互生，边缘具重锯齿，叶片初展时呈浅褐紫色，后变绿色；簇生纯花芽；核果	果树，药用，观赏		华东、华中及山西
2206	*Cerasus japonica* var. *nakaii* (H. Lév.) T. T. Yu et C. L. Li	长梗郁李	Rosaceae 蔷薇科	落叶灌木；与郁李主要区别是：花梗、叶柄均较长，叶缘重锯齿较深且不规则，叶片先端为较长的尾状渐尖	果树，药用，观赏		东北及内蒙古
2207	*Cerasus mahaleb* (L.) Mill.	圆叶樱桃	Rosaceae 蔷薇科	乔木；高达 10m；叶片卵形、近圆形或椭圆形；花序伞房总状，有花 5～8 朵；花瓣白色，倒卵形或短椭圆形；核果成熟后黑色，近圆形	果树	欧洲、亚洲西部	辽宁、河北
2208	*Cerasus maximowiczii* (Rupr.) Kom.	黑樱桃	Rosaceae 蔷薇科	乔木；叶倒卵形或倒卵状椭圆形；伞房花序，总苞片匙状长圆形，苞片卵圆形，萼片椭圆三角形，花瓣白色，椭圆形；核果卵球形	果树		东北北部、江西庐山
2209	*Cerasus mugus* (Hand.-Mazz.) Hand.-Mazz.	偃樱桃	Rosaceae 蔷薇科	灌木；高 1m；叶片倒卵形或倒卵状椭圆形；花常单生或 2 朵簇生；花瓣白色或粉红色；核果深红色	果树		云南西北部
2210	*Cerasus patentipila* (Hand.-Mazz.) T. T. Yu et C. L. Li	散毛樱桃	Rosaceae 蔷薇科	乔木或灌木；高 5～13m；叶片倒卵状长圆形或卵状椭圆形；花序近伞房总状，有花 2～4 朵；核果红色，卵球形	果树		云南西北部
2211	*Cerasus pilosiuscula* Koehne.	微毛樱桃（西南樱桃）	Rosaceae 蔷薇科	灌木或小乔木；叶卵形或卵状椭圆形；伞形或近伞形花序，总苞片褐色，匙形，花瓣白色或粉红色，倒卵形至近圆形；核果	果树		西藏、陕西及秦巴山区
2212	*Cerasus pleiocerasus* (Koehne) T. T. Yu et C. L. Li	雕核樱桃	Rosaceae 蔷薇科	乔木；高 3～7m；叶片卵状长圆形或倒卵状长圆形；花序近伞房总状，有 2～9 花；花瓣白色；核果红色或黑色，球形	果树		四川西部、云南北部
2213	*Cerasus pogonostyla* (Maxim.) T. T. Yu et C. L. Li	毛柱郁李	Rosaceae 蔷薇科	灌木或小乔木；高 0.5～1.5m；叶片倒卵状椭圆形；花瓣粉红色；核果椭圆形或近球形	果树		福建、台湾、江西

（续）

序号	拉丁学名	中文名	所属科	特征及特性	类别	原产地	目前分布/种植区
2214	*Cerasus polytricha* （Koehne）T. T. Yu et C. L. Li	多毛樱桃	Rosaceae 蔷薇科	乔木或灌木；叶倒卵形或倒卵长圆形；伞形或近伞形花序，总苞片倒卵状椭圆形，萼片卵状三角形，花瓣白色或粉红，卵形；核果	果树		陕西及秦巴山区
2215	*Cerasus pseudocerasus*（Lindl.）Loudon	樱桃（樱珠，莺桃）	Rosaceae 蔷薇科	乔木；叶卵形或长圆状卵形；伞房状或近伞形花序，总苞倒卵状椭圆形，褐色，萼筒钟状，花瓣白色，卵圆形；核果近球形	药用，果树		我国各地均有栽培
2216	*Cerasus pumila*（L.）Pall.	沙樱桃	Rosaceae 蔷薇科	一年生小灌木；花白色；果实可食，紫黑色至黑色；核果成熟时肉质多汁，不开裂	果树		华北
2217	*Cerasus pusilliflora* （Cardot）T. T. Yu et C. L. Li	细花樱桃	Rosaceae 蔷薇科	乔木或灌木；高 3～10m；叶片倒卵长圆形或卵状椭圆形；花序伞形总状，有花 3～5 朵；花瓣白色；核果红色，卵球形	果树		云南
2218	*Cerasus rufa* Wall.	红毛樱桃	Rosaceae 蔷薇科	乔木；高 8～16m；叶片倒卵状椭圆形或倒卵状披针形；花单生或 2 朵；花瓣白色或淡红色；核果红色，卵球形	果树		西藏南部
2219	*Cerasus sachalinensis* （F. Schmidt）Kom. & Aliss.	库页岛山樱桃（山樱桃）	Rosaceae 蔷薇科	落叶大乔木，高达 25m；花 2～4 朵，花萼筒狭钟状，无毛，花瓣倒卵形，蔷薇色，先端微凹；雄蕊多数，短于花瓣；花柱稍长于雄蕊或近等长，无毛，子房无毛	果树		吉林
2220	*Cerasus schneideriana*（Koehne）T. T. Yu et C. L. Li	浙闽樱桃	Rosaceae 蔷薇科	小乔木；高 2.5～6m；叶片长椭圆形、卵状长圆形或倒卵状长圆形；花序伞形，通常 2 朵；花瓣卵形；核果紫红色，长椭圆形	果树		浙江、福建、广西
2221	*Cerasus serrula* （Franch.）T. T. Yu et C. L. Li	细齿樱桃	Rosaceae 蔷薇科	乔木；高 2～12m；叶片披针形至卵状披针形；花单生或有 2 朵；花瓣白色；核果成熟时紫红色，卵圆形	果树		四川、云南、西藏
2222	*Cerasus serrulata* （Lindl.）Loudon	山樱花（青肤樱）	Rosaceae 蔷薇科	乔木；叶卵状椭圆形或倒卵椭圆形；伞房总状或近伞形花序，有花 2～3 朵，总苞片褐红色，倒卵长圆形，花瓣白色，倒卵形；核果	观赏		东北、华北、中南

（续）

序号	拉丁学名	中文名	所属科	特征及特性	类别	原产地	目前分布/种植区
2223	*Cerasus serrulata* var. *lannesiana* (Carrière) T. T. Yu et C. L. Li	日本晚樱	Rosaceae 蔷薇科	落叶小乔木；高达 10m；树皮淡灰色；叶倒卵形，先端长尾状，缘具长芒状单或重齿；花单或重瓣、下垂、粉红或近白色，芳香，2～5 朵聚生	观赏	日本	全国各地均有分布
2224	*Cerasus setulosa* (Batalin) T. T. Yu et C. L. Li	刺毛樱桃	Rosaceae 蔷薇科	灌木或小乔木；叶卵形或卵状椭圆形；伞形花序，有花 2～3 朵，总苞褐色，匙形，萼筒管状，花瓣倒卵形或近圆形；核果	果树		秦巴山区
2225	*Cerasus stipulacea* (Maxim.) T. T. Yu et C. L. Li	托叶樱桃	Rosaceae 蔷薇科	灌木或小乔木；叶卵形或倒卵状椭圆形；伞形花序，总苞片褐色，椭圆形，萼筒管形钟状，花瓣淡红或白色，宽倒卵形；核果	果树		秦巴山区
2226	*Cerasus subhirtella* (Miq.) S. Ya. Sokolov	日本早樱（彼岸樱）	Rosaceae 蔷薇科	落叶小乔木；高 3～10m；叶卵圆形至卵状长圆形；花序伞形，花先叶开放，花蕾粉色，卵圆形；核果卵球形、熟时紫黑色	药用，观赏，林木	日本	北京、上海
2227	*Cerasus szechuanica* (Batalin) T. T. Yu et C. L. Li	四川樱桃	Rosaceae 蔷薇科	乔木或灌木；叶卵状椭圆形或长椭圆形；近伞房总状花序；总苞片褐色，倒卵状长圆形，萼片三角披针形；花瓣白色或淡红，近圆形；核果	果树		四川
2228	*Cerasus tatsienensis* (Batalin) T. T. Yu et C. L. Li	康定樱桃（打箭炉樱）	Rosaceae 蔷薇科	灌木或小乔木；叶卵形或卵状椭圆形；伞形或近伞形花序，总苞片紫褐色，匙形，花瓣白色或粉红色，卵圆形	果树		陕西
2229	*Cerasus tianshanica* Pojarkov	天山樱桃	Rosaceae 蔷薇科	灌木；叶倒卵状披针形；花单生，萼筒管状，萼片卵状三角形；花瓣淡红色，倒卵形；核果近球形	果树，经济作物（饮料类），观赏		新疆
2230	*Cerasus tomentosa* (Thunb.) Wall.	毛樱桃（山樱桃，山豆子）	Rosaceae 蔷薇科	灌木；树冠广卵形；常 3 芽并生，两侧为花芽，中间为叶芽；叶侧卵形；花瓣白色，初时淡粉色；果实球形，果核椭圆形	药用		东北、华北、华东、西南及河南
2231	*Cerasus trichostoma* (Koehne) T. T. Yu et C. L. Li	川西樱桃	Rosaceae 蔷薇科	乔木或小乔木；高 2～10m；叶片卵形、倒卵形或椭圆披针形；花 2(～3)朵，稀单生；花瓣白色或淡粉红色；核果紫红色，多肉质，卵球形	果树		甘肃、四川、云南、西藏

（续）

序号	拉丁学名	中文名	所属科	特征及特性	类别	原产地	目前分布/种植区
2232	*Cerasus vulgaris* Mill.	欧洲酸樱桃	Rosaceae 蔷薇科	乔木；高达 10m，树冠圆球形；叶片椭圆倒卵形至卵形；花序伞形，有花 2～4 朵；花瓣白色；核果鲜红色，扁球形或球形	果树	欧洲、西亚	辽宁、山东、河北、江苏有少量引种栽培
2233	*Cerasus yedoensis* (Matsum.) A. N. Vassiljeva	东京樱花	Rosaceae 蔷薇科	乔木；叶椭圆卵形或倒卵形；伞形总状花序，总苞片褐色，椭圆卵形，萼筒管状，花瓣白色或粉红色，椭圆卵形；核果近球形	观赏	日本	东北
2234	*Cerasus yunnanensis* (Franch.) T. T. Yu et C. L. Li	云南樱桃	Rosaceae 蔷薇科	乔木；高 4～8m；叶片长圆形、倒卵长圆形或卵状长圆形；花序近伞房总状；花瓣白色；核果紫红色，卵球形	果树		云南、四川、广西
2235	*Ceratocarpus arenarius* L.	角果藜	Chenopodiaceae 藜科	一年生草本；茎密被星状毛，高 5～30cm；叶互生，无柄，线状披针形；花单性，雌雄同株，雌花无花被；胞果革质	杂草		新疆北部
2236	*Ceratoides intramongolica* H. C. Fu, J. Y. Yang et S. Y. Zhao.	内蒙古驼绒藜	Chenopodiaceae 藜科	半灌木；叶条形，具 1 脉；雌花管卵圆形，长 4～7mm，裂片为其管长的 1/3～1/2，果时管外被 4 束长毛；胞果密被毛	饲用及绿肥	中国	内蒙古（巴彦淖尔盟）
2237	*Ceratonia siliqua* L.	圭洛豆	Leguminosae 豆科	常绿小乔木；花瓣缺；雄蕊 5；子房具短柄，有胚珠多数；荚果延长，扁平，不开裂；种子间充满肉瓤状物质	果树	叙利亚	福建
2238	*Ceratophyllum demersum* L.	金鱼藻（扎毛，虾须草，细草）	Ceratophyllaceae 金鱼藻科	多年生沉水性草本；茎长 20～40cm；叶常 4～12 片轮生，常一至二回二叉状分枝；花单性，常 1～3 朵生于节部叶腋；坚果椭圆形	药用，饲用及绿肥		全国各地均有分布
2239	*Ceratophyllum muricatum* subsp. *kossinskyi* (Kuzen.) Les	东北金鱼藻	Ceratophyllaceae 金鱼藻科	沉水性多年生草本；茎丝状，长 20～30cm；叶轮生，开展，每轮具 5～8 叶，无柄；花单生叶腋，单性；坚果椭圆形	药用，饲用及绿肥		黑龙江、吉林、辽宁、内蒙古、四川
2240	*Ceratophyllum platyacanthum* subsp. *oryzetorum* (Kom.) Les	五针金鱼藻	Ceratophyllaceae 金鱼藻科	多年生沉水草本；叶与金鱼藻相似，但果除 1 顶刺，2 基刺外，尚有 2 侧刺	药用，饲用及绿肥		黑龙江、吉林、辽宁、河北、台湾

（续）

序号	拉丁学名	中文名	所属科	特征及特性	类别	原产地	目前分布/种植区
2241	*Ceratophyllum submersum* Linn.	细金鱼藻	Ceratophyllaceae 金鱼藻科	沉水性多年生草本；茎长 20～40cm；叶常 5～8 枚轮生，三至四回二叉状分歧；子房单生，仅具 1 花柱；坚果椭圆形或球形	杂草		台湾、福建、云南
2242	*Ceratopteris pteridoides* (Hook.) Hieron.	粗梗水蕨	Parkeriaceae 水蕨科	一年生水生；通常漂浮，植株高 20～30cm；叶二型；不育叶为深裂单叶，绿色；能育叶成熟时棕色叶柄成熟时棕色，光滑；孢子囊沿主脉两侧的小脉着生，幼时为反卷的叶缘覆盖	蔬菜，药用，饲用及绿肥	中国	安徽、江苏、湖北
2243	*Ceratopteris thalictroides* (L.) Brongn.	水蕨（萱）	Parkeriaceae 水蕨科	一年生草本；高 30～90cm；营养叶狭矩圆形，孢子叶矩圆形或卵状三角形，二至四回深裂；孢子囊生于裂片背面中肋两侧细脉上	蔬菜		华东、华南、西南及湖北、台湾
2244	*Ceratostigma plumbaginoides* Bunge	角柱花（蓝雪花，七星剑）	Plumbaginaceae 白花丹科	亚灌木；单叶互生，倒卵形；头状聚伞花序，腋生和顶生；花基部有 2～3 枚红色苞片；花冠高脚碟状；蒴果盖裂	有毒		河北、河南、山西、四川
2245	*Ceratostigma willmottianum* Stapf	紫金莲	Plumbaginaceae 白花丹科	落叶半灌木；高达 2m；花序顶生和腋生，通常含 3～7 花；花冠高脚碟状，筒部红紫色，裂片蓝色，5 裂，亮绿色，倒卵形，先端中央内凹而有小短尖；雄蕊着生于花冠管的中部，花药紫红色	有毒		四川、贵州、云南、西藏
2246	*Cerbera manghas* L.	牛心茄子（黄津茄，牛心荔）	Apocynaceae 夹竹桃科	乔木；具乳汁；叶互生；聚伞花序顶生；花冠高脚碟状；雄蕊 5 枚生于冠筒喉部；核果，外果皮纤维木质	有毒		台湾、广东、广西
2247	*Cercidiphyllum japonicum* Siebold et Zucc.	连香树（芭蕉香清）	Cercidiphyllaceae 连香树科	落叶乔木；高 10～20(～40)m，胸径达 1m；叶在长枝上对生，在短枝上单生，近圆形或宽卵形；花雌雄异株，无花瓣；蓇葖果 2～6	林木		华中、华东、西北及山西、四川
2248	*Cercis canadensis* L.	加拿大紫荆	Leguminosae 豆科	落叶灌木；高 6～7m；叶片心形；花序总状；花淡紫粉红色，4～6 朵；花期 3～5 月	观赏	美国东部和中部地区	北至华北、南至云南、广东、广西北部均有分布

（续）

序号	拉丁学名	中文名	所属科	特征及特性	类别	原产地	目前分布/种植区
2249	*Cercis chinensis* Bunge	紫荆（满条红，罗春桑，罗钱桑）	Leguminosae 豆科	落叶灌木或小乔木；叶互生近圆形，基部心形，主脉5出，花冠蝶形，玫瑰红色；荚果红紫色	观赏	中国	华北、华东、西南、中南及甘肃、陕西、辽宁
2250	*Cercis chingii* Chun	黄山紫荆	Leguminosae 豆科	丛生灌木；小枝曲折；叶互生，叶片近圆形，先端略尖，基部心形，全缘；花先叶开放，淡紫红色，2～3朵簇生	观赏	中国安徽	
2251	*Cercis chuniana* F. P. Metcalf	岭南紫荆	Leguminosae 豆科	落叶乔木或小乔木；高达10m；总状花序，花梗长8～11m；花冠紫红色，花瓣5枚，大小近相等，上升覆瓦状排列，成假蝶形，雄蕊10枚，花丝分离，花丝基部被淡褐色短柔毛	观赏	中国广东、广西、云南、福建	
2252	*Cercis gigantea* Cheng et Keng f.	巨紫荆（满条红）	Leguminosae 豆科	落叶乔木，高可达15m；巨紫荆花的特点是多着生于1年生的基部和2年生以上的老枝上，成簇开花，花冠紫红色，花梗细长，为下垂总状花序	观赏		浙江、河南、湖北、广东、贵州
2253	*Cercis glabra* Pamp.	湖北紫荆	Leguminosae 豆科	落叶小乔木；叶心形或卵圆形，短总状花序，花假蝶形，淡紫红色；荚果紫红色	观赏	中国湖北	
2254	*Cercis racemosa* Oliv.	垂丝紫荆	Leguminosae 豆科	落叶乔木；叶广卵圆形，背面有短柔毛，总状花序下垂，花假蝶形，玫瑰红色	观赏	中国湖北、四川、贵州、云南、陕西	
2255	*Cercis siliquastrum* L.	南欧紫荆	Leguminosae 豆科	落叶灌木；树高12m；冠幅达10m；叶心形至肾形，新叶青铜色，后变浅绿色，秋季变为黄色；花朵粉红色或玫瑰	观赏	巴基斯坦、阿富汗到地中海地区（法国、希腊、土耳其）	我国中南部
2256	*Cereus dayamii* Speg.	冲天柱	Cactaceae 仙人掌科	灌木状多浆植物；茎高大直立，5～6楞，楞脊略扁；花白色，长可达25cm	观赏	中南美洲	
2257	*Cereus hexagonus* (L.) Mill.	六角天轮柱	Cactaceae 仙人掌科	灌木状多浆植物；茎高大直立，具6楞；花白色，外面带紫红色，长25cm	观赏	中南美洲	

（续）

序号	拉丁学名	中文名	所属科	特征及特性	类别	原产地	目前分布/种植区
2258	*Cereus jamacaru* DC.	牙买加天轮柱	Cactaceae 仙人掌科	灌木状多浆植物；具4～5个分枝，淡灰绿色，棱4～10；刺黄色至褐色；花白色	观赏	巴西	
2259	*Cereus milesimus* Rost	山影拳	Cactaceae 仙人掌科	灌木状多浆植物；浓绿色，分枝长短不齐，聚簇直立；8～10楞，顶部常不规则皱状裂沟；花白色	观赏	南美阿根廷、巴西、乌拉圭一带	
2260	*Cereus peruvianus* （L.） Mill.	秘鲁天轮柱	Cactaceae 仙人掌科	灌木状多浆植物；茎多分枝，具褐色柔毛和刺，4～9楞；花大，喇叭状，长15～18cm，外面绿色，内红色；花期5～7月	观赏	南美洲东南部海边	
2261	*Ceriops tagal* （Perr.） C. B. Rob.	角果木	Rhizophoraceae 红树科	灌木或小乔木；叶对生；聚伞花序腋生，萼片5～6，花瓣5～6，雄蕊10～12，子房半下位，3室；花、果期全年	经济作物（橡胶类），药用		台湾、广东、海南
2262	*Ceropegia dolichophylla* Schltr.	长叶吊灯花	Asclepiadaceae 萝藦科	草质藤本；长约1m；茎柔细，缠绕；叶对生，膜质，条状披针形；花单生或2～3朵集生，花冠褐红色，筒状，裂片5；蓇葖果狭披针形	观赏		四川、西藏、贵州、广西
2263	*Cestrum aurantiacum* Lindl.	黄花夜香树	Solanaceae 茄科	常绿灌木；叶卵形或椭圆形；总状或聚伞花序顶生或腋生；花冠橙黄色；浆果梨状	观赏	南美洲	广东有栽培
2264	*Cestrum fasciculatum* （Schlechtend） Miers.	紫红夜香树	Solanaceae 茄科	直立灌木；圆锥花序顶生；花萼钟状5裂；茎部绿色，先端红色，宿存；花冠红色，圆形，内含种子数粒	观赏	南美洲	
2265	*Cestrum newellii* （Hort. Veitch） Nichols	红花夜香树	Solanaceae 茄科	常绿灌木，高达2～2.5m；花冠筒长2.5cm，在口部明显收缩成瓶状，亮深红色，外面有毛；顶生圆锥花序；几乎全年开花；浆果红色，圆球形	观赏	南美洲	
2266	*Cestrum nocturnum* L.	夜香树（洋素馨，夜来香）	Solanaceae 茄科	直立或近攀缘状灌木；叶矩圆状卵形或矩圆状披针形；伞房状花序；花绿白色至黄绿色，花冠狭长管状；浆果	有毒	美洲热带地区	福建、广东、广西、云南
2267	*Cestrum parqui* L'Her	绿花夜香树	Solanaceae 茄科	常绿灌木；淡灰绿色；叶狭披针形；花腋生或簇生顶端；夜间开放	观赏	南美洲南部	

（续）

序号	拉丁学名	中文名	所属科	特征及特性	类别	原产地	目前分布/种植区
2268	*Chaenomeles cathayensis* (Hemsl.) C. K. Schneid.	毛叶木瓜（木桃，木瓜海棠）	Rosaceae 蔷薇科	落叶灌木至小乔木；叶椭圆形或卵状披针形；花2～3朵簇生二年生枝上，花瓣倒卵形或近圆形，淡红或白色；果实卵球形	观赏		西北、西南
2269	*Chaenomeles japonica* (Thunb.) Lindl. ex Spach	日本木瓜（野木瓜，草木瓜）	Rosaceae 蔷薇科	矮灌木；叶倒卵形或匙形；花3～5朵簇生，萼筒钟状，萼片卵形；花瓣倒卵形或近圆形；果实近球形	观赏	日本	华北、华东
2270	*Chaenomeles sinensis* (Thouin) Koehne	木瓜（榠楂）	Rosaceae 蔷薇科	落叶灌木或小巧木；枝具明显皮孔；单叶互生，卵形至椭圆状披针形；花单生叶腋；梨果，卵形或长椭圆形	药用	中国	西南、华南、华东、华中
2271	*Chaenomeles speciosa* (Sweet) Nakai	皱皮木瓜（贴梗海棠，铁脚犁，宣木瓜）	Rosaceae 蔷薇科	落叶灌木；枝有刺，叶卵形至椭圆形，托叶肾形或半圆形；花簇生，绯红色或变成淡红色及白色；梨果黄绿色	观赏	中国	华东及广西、广东
2272	*Chaenomeles superba* Rehder	玮丽贴梗海棠	Rosaceae 蔷薇科	落叶灌木；丛生，冠密集，冬芽小，具2枚外露鳞片；单叶互生，叶有光泽，深绿色；花大而多，鲜红色，春季开放	观赏		
2273	*Chaenomeles thibetica* T. T. Yu	西藏木瓜	Rosaceae 蔷薇科	灌木或小乔木；叶卵状披针形或长圆状披针形；花3～4朵簇生，花柱5，基部合生；果实长圆形或梨形	药用		西藏
2274	*Chamaecrista mimosoides* (L.) Greene	含羞草决明（山扁豆，黄瓜番）	Leguminosae 豆科	半灌木状草本；茎高30～60cm；偶数羽状复叶，有1个盘状无柄腺体，小叶线形；花腋生，单生或排成短总状花序，花瓣黄色；果线形扁平	药用，饲用及绿肥	美洲	台湾、广东、广西、云南
2275	*Chamaecrista nictitans* subsp. *patellaris* var. *glabrata* (Vogel) H. S. Irwin et Barneby	短叶决明（地甘肃油）	Leguminosae 豆科	多年生半灌木状草本；茎密生黄色柔毛；羽状复叶，小叶16～25对，线形；花常单生叶腋，花冠黄色；荚果	药用，饲用及绿肥		华南、华东及四川

（续）

序号	拉丁学名	中文名	所属科	特征及特性	类别	原产地	目前分布/种植区
2276	*Chamaecrista nomame*（Siebold）H. Ohashi	豆茶决明（山扁豆）	Leguminosae 豆科	一年生草本；茎高30～60cm；叶互生，偶数羽状复叶，具8～28对小叶，托叶披针形；花腋生，黄色，单生或排成总状花序；荚果扁平	药用		东北、华北、华东、中南及台湾
2277	*Chamaecyparis formosensis* Matsum.	红桧	Cupressaceae 柏科	常绿大乔木；树皮淡红褐色；叶交互对生；雌雄同株，球花单生侧枝顶端，雄球花卵圆形或长圆形，雌球花具5～7对珠鳞；球果	林木		台湾
2278	*Chamaecyparis lawsoniana*（A. Murray）Parl.	美国扁柏	Cupressaceae 柏科	常绿乔木；高15～40m；树冠卵圆形；鳞叶下面白色粉腺或无，背部有腺点；球果稍大，红褐色	观赏	美国	四川庐山、南京、杭州
2279	*Chamaecyparis obtusa*（Siebold et Zucc.）Endl.	日本扁柏	Cupressaceae 柏科	常绿乔木；高40m；树冠尖塔形；干皮赤褐色；树皮红褐色，薄片状条裂；鳞叶肥厚，端钝；球果大	观赏	中国、日本	河南省及青岛、南京、上海、庐山、杭州、广州、台湾
2280	*Chamaecyparis pisifera*（Siebold et Zucc.）Endl.	日本花柏	Cupressaceae 柏科	常绿乔木；高达50m；树冠尖塔形；树皮红褐色，裂成薄片；初生叶多为卵状披针形或钻形，枝中部以为鳞叶，成扁平面，背面有白色粉腺；球果圆球形	观赏	日本	我国东部、中部及西南地区
2281	*Chamaecyparis thyoides*（L.）Britton, Sterns et Poggenb.	美国尖叶扁柏	Cupressaceae 柏科	常绿乔木；高25m；小枝着生鳞叶，扁平状排成扇面，鳞叶交叉对立生、排列紧密，先端尖，两侧叶与中间近等长，多数鳞叶背面有明显的圆形脂腺；雌雄同株，分别着生在不同枝端；球果圆球形；种子3对，顶部通常有反曲的尖头	用材	美国北部的缅因州直到东南部的佛罗里达州和密西西比州	江苏、浙江、湖北、云南、贵州、山东、安徽、河南、江西
2282	*Chamaedorea elegans*（Mart.）Liebm.	袖珍椰子	Palmae 棕榈科	常绿小灌木；雌雄异株，肉穗花序直立，有分枝、花小，黄绿色；花期3～4月	观赏	墨西哥北部、危地马拉	我国南北方均有栽培
2283	*Chamaedorea erumpens* H. E. Moore	竹茎玲珑椰子	Palmae 棕榈科	常绿小灌木；雌雄异株，花序腋生；雄花序有许多小分枝，花橙黄色；雌花序穗状，直立，花期4月	观赏	墨西哥、危地马拉	

（续）

序号	拉丁学名	中文名	所属科	特征及特性	类别	原产地	目前分布/种植区
2284	*Chamaedorea metallica* O. F. Cook et H. E. Moore	玲珑椰子	Palmae 棕榈科	常绿乔木；叶片深绿色，具金属光泽；雌花序穗状，直立；果实，黑色	观赏	墨西哥	
2285	*Chamaedorea seifrizii* Burret.	雪佛里椰子	Palmae 棕榈科	常绿小灌木；羽状复叶，小叶狭披针形，互生；肉穗花序，雄花淡绿色，雌花白色	观赏	墨西哥	
2286	*Chamaemelum nobile*（L.）All.	果香菊（白花春黄菊，黄金菊）	Compositae（Asteraceae）菊科	多年生草本；叶矩圆形，二至三回羽状全裂；末回裂片有软骨质肩头；头状花序；花托圆锥形	蔬菜，药用	南欧与北非	北京
2287	*Chamaerhodos erecta*（L.）Bunge	地蔷薇	Rosaceae 蔷薇科	二年生草本；高 10～60cm；茎单生，具长柔毛和腺毛；基生叶深 3 裂，每裂片再 3～5 深裂；圆锥花序多花，花瓣粉红色或白色；瘦果卵球形	杂草		西北及河北、河南、内蒙古
2288	*Chamaerops humilis* L.	欧洲矮棕	Palmae 棕榈科	常绿矮生灌木，常多干集（丛）生，干上宿存棕丝叶鞘；肉穗花序着生于叶腋间，鲜黄色，基部有单生龙骨突起的苞片，花单生；浆果	观赏	地中海地区	我国也有少量引种栽培
2289	*Chamerion angustifolium*（L.）Holub	柳兰（红筷子，糯芋，火烧兰）	Onagraceae 柳叶菜科	多年生草本；根茎匍匐，茎高约 1m；叶互生，披针形，侧脉明显；总状花序顶生，花两性，红紫色或淡红色，子房下位；蒴果圆柱形	经济作物（橡胶类）		东北、西北、华北、西南
2290	*Changium smyrnioides* H. Wolff	明党参	Umbelliferae（Apiaceae）伞形科	多年生草本；主根纺锤形或圆柱形；基生叶三出式二至三回羽状全裂，茎上叶鳞片状或鞘状；复伞形花序，花 5，白色；果实卵圆形	药用	中国	浙江、江苏、江西、
2291	*Changnienia amoena* S. S. Chien	独花兰（山慈姑，半边锣，长年兰）	Orchidaceae 兰科	陆生直立草本；假鳞茎淡黄白色，顶端生 1 叶；叶阔卵形或阔椭圆形，下面带紫红色；花单朵顶生，淡紫色或浅粉红色，唇瓣 3 裂；子房圆柱形	药用，观赏		江苏、安徽、江西、湖南、湖北、陕西
2292	*Chara braunii* Gmelin	布氏轮藻	Characeae 轮藻科	一年生杂草；植物光泽柔软，高 8～30cm；小枝常 8～10 枚 1 轮；雌雄同株；藏卵器通常单生，较藏精器大；藏精器珠形	杂草		辽宁、江苏、台湾、贵州、云南

（续）

序号	拉丁学名	中文名	所属科	特征及特性	类别	原产地	目前分布/种植区
2293	*Chara corallina* Willenow	珊瑚轮藻	Characeae 轮藻科	一年生杂草；高 10～25cm；小枝 6～10 枚 1 轮；节处内缢；雌雄同枝，藏卵器卵形，藏精器球形；小苞片 2～4 枚	杂草		台湾、四川
2294	*Chara fragilis* Desv	轮藻	Characeae 轮藻科	一年生杂草，高 18～30cm；茎具 3 列皮层，托叶双轮；小枝 7～8 枚 1 轮，由 8～11 个节片组成，每节通常具 7 枚苞片	杂草		辽宁、江苏、台湾、四川
2295	*Chara vulgaris* Linn	普生轮藻	Characeae 轮藻科	一年生杂草；常具恶臭；茎具 2 列式皮层；小枝 7～9 枚 1 轮；托叶 2 轮相等；雌雄同株，配子囊生于小枝基部 3～4 节；藏精器球形	杂草		我国各地水田均有分布
2296	*Chasallia curviflora* Thwaites	弯管花	Rubiaceae 茜草科	多年生草本；花序顶生，长 3～7cm，总轴和对生的分枝稍呈扁状，紫红色；苞片小，披针形；萼倒卵形，长 1～1.5mm，顶部 5 浅裂；花冠管弯曲，长 10～15mm，先端 4～5；花期 6～7 月，果期 8～9 月	观赏	中国广东、海南、广西、云南、西藏	
2297	*Cheiranthus cheiri* L.	桂竹香	Cruciferae 十字花科	二年或多年生草本；高 20～70cm，具伏生柔毛；叶披针形；总状花序顶生，花大，芳香；长角果条形，具扁 4 棱，种子 2 行，卵形	有毒	欧洲南部	我国各地均有栽培
2298	*Cheiridopsis bifida* N. E. Br.	虾蚶花	Aizoaceae 番杏科	多年生草本；植株肉质，丛生；叶形不一，暗灰绿色，有凸起透明的小点；花黄色；花期夏季	观赏	南非	
2299	*Cheiridopsis denticulata* (Haw.) N. E. Br.	白花虾蚶花	Aizoaceae 番杏科	多年生草本；叶片纤细半圆筒状，蓝灰色，顶部扁平；花朵白色，具光泽；花期春季	观赏	南非	
2300	*Cheiridopsis purpurea* L.	紫花虾蚶花	Aizoaceae 番杏科	多年生草本；植株网质毯状；叶片厚短半圆筒形，粉绿色，顶部扁平；花粉紫色；花期早春	观赏	南非	
2301	*Cheiropleuria bicuspis* (Blume) C. Presl	燕尾蕨	Cheiropleuriaceae 燕尾蕨科	多年生草本；叶近生，二型，不育叶卵圆形，厚革质，能育叶披针形	观赏	中国台湾、广东、广西	

（续）

序号	拉丁学名	中文名	所属科	特征及特性	类别	原产地	目前分布/种植区
2302	*Chelidonium majus* L.	白屈菜（地黄连，牛金花）	Papaveraceae 罂粟科	多年生草本；叶互生，一至二回羽状全裂，具白粉；花伞状排列；萼片2；花瓣4，黄色；蒴果条状圆筒形，种子多数	有毒		华北、东北及四川、新疆
2303	*Chenopodium acuminatum* Willd.	尖头叶藜	Chenopodiaceae 藜科	一年生草本；茎多分枝，具红色或绿色条纹，高20～80cm；叶卵形，叶背具白粉粒；穗状或圆锥状花序，花两性；胞果圆形	杂草		东北、华北、西北
2304	*Chenopodium album* L.	藜（灰灰菜，白藜）	Chenopodiaceae 藜科	一年生草本；高60～120cm；叶具长柄，菱状卵形至宽披针形；花两性，数花集成团伞花簇，再排成圆锥状花序；胞果，种子双凸镜形	有毒，饲用及绿肥		除西藏外，我国各地分布
2305	*Chenopodium bryoniifolium* Bunge	菱叶藜	Chenopodiaceae 藜科	一年生草本；高30～80cm；叶具细长柄，叶片卵状三角形至卵状菱形；花两性，单生于小枝或数朵聚生成团伞花序，全花序形成疏圆锥花序；种子暗褐色或近黑色	蔬菜		黑龙江、吉林、内蒙古
2306	*Chenopodium ficifolium* Smith	小藜	Chenopodiaceae 藜科	一年生草本；叶卵状矩圆形，常3浅裂，边缘具深波状锯齿；花被裂片卵形，不开展；种子表面具六角形细洼	饲用及绿肥		除西藏外的各省区
2307	*Chenopodium giganteum* D. Don	杖藜（红盐菜）	Chenopodiaceae 藜科	一年生草本；高可达3m；茎具条棱；叶互生，下部叶菱形，上部叶卵形至披针形；大型圆锥花序顶生，多粉，花两性；胞果双凸镜状	蔬菜		西南、华中及甘肃、陕西、辽宁、广西
2308	*Chenopodium glaucum* L.	灰绿藜（灰菜）	Chenopodiaceae 藜科	一年生或两年生草本；茎斜卧，高10～35cm；叶互生，长圆状卵形至披针形，叶背密被粉粒；团伞花序排列成穗状或圆锥状花序；胞果	饲用及绿肥，生态防护		东北、华北、西北、华东及河南、湖南、西藏
2309	*Chenopodium gracilispicum* H. W. Kung	细穗藜	Chenopodiaceae 藜科	年生草本；高40～70cm；叶片菱状卵形至卵形；花通常2～3成簇，间断排列于分枝上，构成穗状或狭圆锥状花序；胞果顶基扁，果皮与种皮贴生	蔬菜		山东、江苏、浙江、广东、湖南、湖北、江西、河南、陕西、四川、甘肃

（续）

序号	拉丁学名	中文名	所属科	特征及特性	类别	原产地	目前分布/种植区
2310	*Chenopodium hybridum* L.	杂配藜（大叶藜）	Chenopodiaceae 藜科	一年生草本；茎具黄色或紫色条纹，高40～120cm；叶互生，长柄，宽卵形或卵状三角形；圆锥状花序，花两性兼有雌性；胞果双凸镜状	药用		华北、东北、西北及云南、西藏
2311	*Chenopodium iljinii* Golosk.	小白藜	Chenopodiaceae 藜科	一年生草本；高10～30cm；叶卵形至卵状三角形；花簇生于枝端及叶腋的小枝上集成短穗状花序；胞果顶基扁	蔬菜		宁夏、甘肃、四川、青海、新疆
2312	*Chenopodium karoi*（Murr）Aellen	平卧藜	Chenopodiaceae 藜科	一年生草本；茎平卧或斜升，长20～40cm；叶互生，卵形至宽卵形，叶下面苍白色，有密粉；花数朵簇生排列圆锥花序；果皮与种子贴生	杂草		新疆、西藏、四川、青海、甘肃
2313	*Chenopodium quinoa* Wild	藜谷	Chenopodiaceae 藜科	一年生草本植物；一般为两性花，少数是单性雌花，多数花簇互生于花枝上，成聚伞花序或大圆锥花序；花枝腋生或顶生，茎、叶和花轴都覆有绿色或紫色粉状物；花丝基部较粗，花药纵裂，子房上位一室，扁圆形	粮食		
2314	*Chenopodium strictum* Roth	圆头藜	Chenopodiaceae 藜科	一年生草本；高20～50cm；叶卵状矩圆形至矩圆形；花两性，花簇于枝上部排列成狭的有间断的穗状圆锥状花序；苞果，果皮与种子贴生	蔬菜		河北、山西、陕西、甘肃、新疆
2315	*Chenopodium urbicum* L.	市藜	Chenopodiaceae 藜科	一年生草本；高20～100cm；叶片三角形；花两性兼有雄蕊不发育的雌花；胞果双凸镜形，果皮黑褐色	蔬菜		新疆北部
2316	*Chesneya nubigena*（D. Don）Ali	云雾雀儿豆	Leguminosae 豆科	矮灌木；茎极短缩；羽状复叶；小叶长圆形；花萼管状；花冠黄色，瓣片近宽卵形或近圆形；荚果长椭圆形	观赏	中国西藏、云南	
2317	*Chesneya nubigena* subsp. *purpurea*（P. C. Li）X. Y. Zhu	紫花雀儿豆	Leguminosae 豆科	半灌木；茎极短缩；羽状复叶；小叶长圆形或狭长圆形；花萼管状；花冠紫色，瓣片扁圆形；荚果长圆形	杂草	中国西藏	

（续）

序号	拉丁学名	中文名	所属科	特征及特性	类别	原产地	目前分布/种植区
2318	*Chiastophyllum oppositifolium*（Ledeb.）A. Berger.	对叶景天	Crassulaceae 景天科	多年生草本；根状茎，根须状；叶倒卵状匙形，有短距；花序聚伞状；苞片倒卵形；萼片长圆状线形；花瓣披针形，乳黄色	观赏		广西、广东、湖南、江西
2319	*Chimaphila maculata*（L.）Pursh	斑点梅笠草	Ericaceae 杜鹃花科	多年生草本；株高 25cm；叶片披针形至卵状披针形；花白色，有香气；花期夏季	杂草	美国东部	
2320	*Chimonanthus campanulatus* R. H. Chang et C. S. Ding	西南蜡梅	Calycanthaceae 蜡梅科	落叶灌木；叶椭圆形披针形，先端渐渐长尖，薄革质；叶柄长 5～8mm；果托稍薄，长 4～6cm，径 2.5～3.7cm，瘦果长圆形	观赏	中国云南禄劝、麻栗坡、会泽及贵州南部	云南、贵州
2321	*Chimonanthus nitens* Oliv.	山蜡梅（亮叶蜡梅）	Calycanthaceae 蜡梅科	常绿灌木；幼枝四方形，老枝近圆柱形；叶纸质近革质，椭圆形至卵状披针形；花小，黄色或黄白色，花被片圆形、卵形、倒卵形、卵状披针形或长圆形，果托坛状，灰褐色	观赏	中国安徽、浙江、江苏、江西、福建、湖北、湖南、广西、云南、贵州、陕西	
2322	*Chimonanthus praecox*（L.）Link	蜡梅（腊木，岩马桑）	Calycanthaceae 蜡梅科	落叶灌木；叶对生，椭圆状卵形至卵状披针形；花先叶开放；花被片外黄色内部短；雄蕊 5～6；心皮多数；瘦果	观赏，有毒	中国	江苏、浙江、湖北、四川、陕西
2323	*Chimonanthus salicifolius* Hu	柳叶蜡梅	Calycanthaceae 蜡梅科	灌木；幼枝四方形，老枝近圆柱形；叶近革质，线状披针形或长圆状披针形，背被短柔毛，花单朵腋生	观赏	中国江西	浙江
2324	*Chimonobambusa marmorea*（Mitford）Makino	寒竹	Gramineae（Poaceae）禾本科	多年生木质化植物；秆圆筒形，在分枝一侧有 2 纵脊和 3 纵沟槽，箨鞘紫褐色宿存，有灰白色斑块	观赏	中国浙江、福建、四川	
2325	*Chimonobambusa purpurea* Hsueh et T. P. Yi	刺黑竹	Gramineae（Poaceae）禾本科	多年生木质化植物；秆幼时具紫黑色条纹，箨鞘宿存，背面有不规则的白色小斑块	观赏	中国四川、湖北、陕西	
2326	*Chimonobambusa quadrangularis*（Franceschi）Makino	方竹	Gramineae（Poaceae）禾本科	多年生木质化植物；秆下部近方形，箨鞘纸质，纵肋清晰，小横脉紫色，呈极明显方格状，箨片极小，锥形；叶薄纸质，长椭圆状披针形，花枝总状或圆锥状排列	观赏	中国江苏、安徽、浙江、江西、福建、台湾、湖南、广西	

（续）

序号	拉丁学名	中文名	所属科	特征及特性	类别	原产地	目前分布/种植区
2327	*Chimonobambusa szechuanensis* (Rendle) Keng f.	四川方竹	Gramineae (Poaceae) 禾本科	多年生木质化植物；秆近方形，壁坚厚，箨鞘具紫黑色条纹，小而直立	观赏	中国四川	
2328	*Chimonobambusa tumidissinoda* J. R. Xue et T. P. Yi ex Ohrnb.	筇竹（罗汉竹）	Gramineae (Poaceae) 禾本科	灌木状竹类，地下茎复轴型，秆高 2～5m；叶狭披针形，横脉清晰；花序轴各节具一大型苞片，小穗含 3～8 花；坚果厚皮质	观赏		四川宜宾和云南昭通地区
2329	*Chimonocalamus delicatus* Hsueh et T. P. Yi	香竹	Gramineae (Poaceae) 禾本科	秆高 8～10m；叶片呈长皮针形，先端具芒尖；圆锥花序生于具叶小枝之顶端，小穗绿色，偶呈紫色；小穗轴节间长 4～6mm，腹面扁平；花药黄色，长约 6mm；子房瓶状，橘黄色	蔬菜	中国	云南
2330	*Chionanthus ramiflorus* Roxb.	枝花流苏树（枝花李榄）	Oleaceae 木犀科	乔木或灌木状，高 25m；厚纸质或薄革质，椭圆，无毛，侧脉 7～15 对；花序腋生、稀顶生；核果卵状椭圆，熟时蓝黑色，被白粉	经济作物（橡胶类），林木		台湾、广东、广西、云南、贵州、湖南、西藏等
2331	*Chionanthus retusus* Lindl. et Paxton	流苏树（繸花木，萝卜丝花）	Oleaceae 木犀科	落叶乔木；叶对生，革质，椭圆形或倒卵状椭圆形，雌雄异株，复伞房花序顶生，花白色；核果蓝黑色	观赏	中国辽宁、黄河流域以南	东北及甘肃、陕西、山西、河北、云南、广东、福建、台湾
2332	*Chionanthus virginicus* L.	北美流苏树	Oleaceae 木犀科	落叶乔木；高 9m；叶片椭圆形至方椭圆形；花序圆锥状；花瓣长 2.5cm	观赏	北美	
2333	*Chionodoxa luciliae* Boiss.	雪宝花	Liliaceae 百合科	球根植物；小鳞茎白色；叶狭条形；花序总状；花鲜蓝色，中央白色；花冠裂片舌状；花期夏季	观赏	东地中海区高山或亚高山	
2334	*Chirita eburnea* Hance	牛耳朵	Gesneriaceae 苦苣苔科	多年生草本；叶基生，肉质卵形，聚伞花序 2～6 条，花冠紫色，喉部黄色，苞片 2，对生，密被短柔毛，花萼 5 裂达基部，花盘斜，边缘有波状齿	观赏	中国广东、广西、湖南、贵州、湖北、四川	

（续）

序号	拉丁学名	中文名	所属科	特征及特性	类别	原产地	目前分布/种植区
2335	*Chirita macrophylla* Wall.	大叶唇柱苣苔	Gesneriaceae 苦苣苔科	多年生草本；基生叶 2 枚，草质，卵形或椭圆形，同一对茎生叶极不等大，花序腋生或顶生，花冠白色，苞片边缘有小齿，花萼钟状，不等 5 裂，裂片三角形；蒴果线形	观赏	中国云南南部、贵州西南部	
2336	*Chirita sinensis* Lindl.	两广唇柱苣苔	Gesneriaceae 苦苣苔科	多年生草本；具粗根状茎；叶片椭圆状卵形或近椭圆形；苞片对生，卵形或狭卵形；花冠白色或带淡紫色；蒴果	观赏	中国西南部至东部	
2337	*Chiritopsis repanda* W. T. Wang	小花苣苔	Gesneriaceae 苦苣苔科	多年生草本；叶基生，椭圆形、近圆形、菱状卵形或菱形，不裂或二回羽状分裂，聚伞花序，苞片 2，花萼钟状，5 全裂，花冠淡黄、淡紫色或白色，二唇形	观赏	中国广西、广东、安徽	
2338	*Chloranthus angustifolius* Oliv.	狭叶金粟兰（四叶细辛，小四块瓦）	Chloranthaceae 金粟兰科	多年生草本；茎下部节对生 2 片鳞片叶，叶 8～10 片，对生，纸质，披针形，穗状花序顶生，花白色，苞片全缘，宽卵形或近半圆形；核果	观赏	中国湖北、四川	
2339	*Chloranthus erectus*（Buch. -Ham.）Verdc.	鱼子兰	Chloranthaceae 金粟兰科	常绿半灌木；叶对生，坚纸质，宽椭圆形，穗状花序顶生，两歧或总状分枝，花白色，苞片三角形，果倒卵形	观赏	中国云南、四川、广西、贵州	
2340	*Chloranthus japonicus* Siebold	鬼督邮	Chloranthaceae 金粟兰科	多年生草本；穗状花序顶生，单条，下有 2～5cm 的柄，对生多数小花，花两性；苞片白色，无柄与花被；雄蕊 3，花丝线形，白色，基部愈合，着生手子房背面，上部分离，中间的雄蕊无花药	有毒		辽宁、河北、陕西、湖南、安徽、浙江
2341	*Chloranthus serratus*（Thunb.）Roem. et Schult.	及已（对叶细心）	Chloranthaceae 金粟兰科	多年生草本；根茎横走，茎节明显；叶对生，4～6 片，卵形；穗状花序生于茎顶；无花被和花柄；浆果梨形	有毒		华东、华南及湖北、贵州
2342	*Chloranthus spicatus*（Thunb.）Makino	金粟兰（珠兰，茶兰）	Chloranthaceae 金粟兰科	常绿多年生草本；茎节明显，叶对生，椭圆形，叶面光滑稍呈泡皱状，穗状花序顶生，花黄色	观赏	中国云南、四川、福建广东、贵州	

（续）

序号	拉丁学名	中文名	所属科	特征及特性	类别	原产地	目前分布/种植区
2343	*Chloris barbata* Sw.	孟仁草	Gramineae (Poaceae) 禾本科	一年生；第一小花两性，长芒约5mm，第二小花不孕，外稃长宽各约1.2mm，顶端圆形，芒长5～6mm	饲用及绿肥		广东
2344	*Chloris formosana* (Honda) Keng ex B. S. Sun et Z. H. Hu	台湾虎尾草	Gramineae (Poaceae) 禾本科	一年生；第一小花两性，芒长4～6mm，不孕小花2枚，第二不孕花，外稃长约1.5mm，宽约1mm，顶端平钝，芒长约4mm	饲用及绿肥		海南、广东、福建、台湾
2345	*Chloris gayana* Kunth	盖氏虎尾草	Gramineae (Poaceae) 禾本科	多年生；穗状花序多枚簇生于秆顶，小穗长4～4.5mm，第一外稃边缘及脊具短毛，不孕外稃狭窄，具2～3枚	饲用及绿肥		台湾、广东
2346	*Chloris pycnothrix* Trin.	异序虎尾草	Gramineae (Poaceae) 禾本科	多年生；秆高35～60cm；穗状花序7～11枚生于秆顶，小穗长2.5～3.2mm，第一外稃卵状披针形，无毛，不孕	饲用及绿肥		云南
2347	*Chloris virgata* Sw.	虎尾草（棒锤草）	Gramineae (Poaceae) 禾本科	一年生草本；秆丛生，高20～60cm；叶条状披针形；穗状花序4～10余枚簇生茎顶，呈指状排列，小穗含2小花，具芒；颖果	饲用及绿肥		我国南北各地均有分布
2348	*Chlorophytum capense* (L.) Voss	宽叶吊兰	Liliaceae 百合科	多年生草本；粗根状茎；叶片条形；花茎细长，高出叶面；花序总状；花小，白色；花期夏季	观赏	非洲南部	
2349	*Chlorophytum chinense* Bureau et Franch.	狭叶吊兰	Liliaceae 百合科	多年生草本；根状茎不明显；根肥厚，近纺锤状或圆柱状；叶禾状；花序总状或圆锥状；花白色带淡红色脉；花期6～8月	观赏	中国云南西北部、四川西南部	
2350	*Chlorophytum comosum* (Thunb.) Baker	吊兰（挂兰，倒挂兰，折鹤兰）	Liliaceae 百合科	多年生草本；根状茎短，根稍肥厚；叶剑形，绿色或有黄色条纹；花序总状或圆锥状；花白色；蒴果三棱状扁球形；花期5月；果期8月	观赏	南非	全国各地均有分布
2351	*Chlorophytum laxum* R. Br.	小花吊兰（三角草，山韭菜）	Liliaceae 百合科	多年生草本；叶禾状，长弧曲；花葶从叶腋抽出；花单生或成对着生；蒴果三棱状扁球形	有毒		广东、广西
2352	*Chlorophytum nepalense* (Lindl.) Baker	西南吊兰	Liliaceae 百合科	多年生草本；根状茎短；叶形有长条形、条状披针形到近披针形；花序圆锥状；花白色；蒴果三棱状，倒卵形	观赏	中国云南、西藏、贵州、四川及尼泊尔、印度	

（续）

序号	拉丁学名	中文名	所属科	特征及特性	类别	原产地	目前分布/种植区
2353	*Choerospondias axillaris* (Roxb.) B. L. Burtt et A. W. Hill	南酸枣（五眼果，四眼果）	Anacardiaceae 漆树科	落叶乔木；奇数羽状复叶，小叶卵状披针形；花杂性，两性花单生或成总状花序，雄花为聚伞状圆锥花序；核果，核坚硬	果树，有毒		浙江、福建、湖北、湖南、广东、广西、贵州、江西、安徽
2354	*Chonemorpha griffithii* Hook. f.	毛叶藤仲	Apocynaceae 夹竹桃科	粗壮木质藤本；叶对生，宽卵形或近圆形；聚伞花序顶生，花淡红色；蓇葖双生并行，种子扁平	有毒		云南西南部
2355	*Chonemorpha megacalyx* Pierre	大萼鹿角藤	Apocynaceae 夹竹桃科	粗壮木质藤本；长 15～20m；花红色；组成顶生的聚伞花序，总花梗被长硬毛，下部无小苞片；花萼具明显的萼筒，被绒毛，顶端具 5 裂齿；花冠裂片 5 枚，向右覆盖，张开时直径 4cm 以上	有毒		云南南部
2356	*Chorispora tenella* (Pall.) DC.	离子草（红花荠菜）	Cruciferae 十字花科	越年生或一年生杂草；茎自基部分枝，枝斜上或呈铺散状；叶长椭圆形或披针形；总状花序顶生，花瓣 4；长角果具横节	饲用及绿肥		辽宁、河北、山西、陕西、甘肃、青海、新疆
2357	*Chosenia arbutifolia* (Pall.) A. K. Skvortsov	钻天柳	Salicaceae 杨柳科	落叶乔木；高达 30m；叶长圆状披针形至披针形，无托叶；雌雄异株，葇荑花序先叶开放，雄花序下垂，雌花序直立或斜展；蒴果 2 瓣裂	林木		东北地区
2358	*Christolea crassifolia* Cambess.	高原芥	Cruciferae 十字花科	多年生草本；高 10～40cm，被白色单毛；茎生叶肉质，形态变化大；总状花序有花 10～25 朵，花瓣小，白色或淡紫色；长角果线形	杂草		青海、新疆、西藏
2359	*Chromolaena odoratum* (L.) R. King et H. Rob.	飞机草（香泽兰）	Compositae (Asteraceae) 菊科	多年生草本；叶对生，三角形或三角卵形，有长柄；头状花序排成伞房状；花黄色，有紫色柱头；瘦果	有毒	南美	台湾、广东、海南、广西、云南、贵州、香港、澳门
2360	*Chrysanthemum argyrophyllum* Ling	银背菊	Compositae (Asteraceae) 菊科	多年生草本；茎枝灰白色，密被长柔毛，基生叶圆形或近肾形，茎生叶渐小，全部叶两面异色，背被长柔毛，灰白色，3～4 个头状花序排成伞房花序，舌状花白色，总苞碟状，瘦果	观赏	中国河南西北部、陕西东南部	

（续）

序号	拉丁学名	中文名	所属科	特征及特性	类别	原产地	目前分布/种植区
2361	*Chrysanthemum arisanense* Hayata	阿里山菊	Compositae（Asteraceae）菊科	多年生草本；茎枝被柔毛，中部茎叶二回羽状分裂，上部茎叶渐小，同状花序在茎顶排成复伞房花序，舌状花黄色，总苞碟状，苞片边缘白色或褐色宽膜质	观赏	中国台湾	
2362	*Chrysanthemum carinatum* Schousboe	蒿子杆	Compositae（Asteraceae）菊科	二回羽状分裂，一回深裂或几全裂；舌状花，瘦果腹面的1条翅肋伸延于瘦果顶端并超出于花冠基部	蔬菜	地中海沿岸	全国各地均有分布
2363	*Chrysanthemum chanetii* H. Lév.	小红菊	Compositae（Asteraceae）菊科	多年生草本；高15～16cm；茎直立或基部弯曲；花序头状；花白色、粉红色或紫色，舌状花；花果期7～10月	观赏		黑龙江、吉林、辽宁、甘肃、内蒙古、山西、河北
2364	*Chrysanthemum coronarium* L.	茼蒿（艾菜，春菊）	Compositae（Asteraceae）菊科	一、二年生草本；茎直立；叶厚肉多，互生，二回羽状深裂叶，裂片呈倒披针形，分大叶和小叶茼蒿；头状花序，花黄色；瘦果	蔬菜，药用，观赏	中国	全国各地均有分布
2365	*Chrysanthemum dichrum* （C. Shih）H. Ohashi et Yonek.	异色菊	Compositae（Asteraceae）菊科	多年生草本；茎密被短柔毛，叶偏斜椭圆形，羽状分裂，两面异色，背被短柔毛，灰白色，头状花序单生枝端，舌状花黄色，总苞碟状	观赏	中国河北南部	
2366	*Chrysanthemum glabriusculum*（W. W. Sm.）Hand.-Mazz.	拟亚菊	Compositae（Asteraceae）菊科	多年生草本；茎枝全被短柔毛，叶两面异色，背被短柔毛，中部茎叶二回羽状分裂，头状花序多在茎端排成复伞房花序，舌状花黄色，总苞钟状，苞片边缘褐色或白色膜质	观赏	中国云南西北部、四川西部、陕西	
2367	*Chrysanthemum hypargyrum*（Diels）Ling et Shih	黄花小山菊	Compositae（Asteraceae）菊科	多年生草本；基生叶扇形或宽卵形，二回掌状或掌式羽状分裂，茎生叶小，全部叶背被短柔毛，头状花序单生茎顶，舌状花黄色，总苞浅碟形	观赏	中国四川、陕西	
2368	*Chrysanthemum indicum* L.	野黄菊（野菊花）	Compositae（Asteraceae）菊科	多年生宿根草本；高30～92cm；具地下匍匐茎，分枝性强；叶互生，卵圆形或长椭圆形；叶缘复锯齿或二回羽状深裂；小头状花序，舌状和管状花同生，花黄色，瘦果	蜜源		广西、贵州、云南、四川、广东、浙江、江苏、湖北、山东、山西、河北、陕西、辽宁

（续）

序号	拉丁学名	中文名	所属科	特征及特性	类别	原产地	目前分布/种植区
2369	*Chrysanthemum lavandulifolium* (Fisch. ex Trautv.) Makino	甘菊（甘野菊）	Compositae (Asteraceae) 菊科	多年生草本；高 25～150cm；茎密被白色叉状毛；叶互生，卵形或椭圆状卵形；头状花序多数排成复伞房状，舌状花雌性，管状花两性；瘦果	药用，饲用及绿肥		东北、西北、华东
2370	*Chrysanthemum maximowiczii* Kom.	细叶菊	Compositae (Asteraceae) 菊科	二年生草本；茎枝被稀疏柔毛，中下部叶卵形，二回羽状分裂，头状花序在枝端排成伞房花序，舌状花白色、粉红色，总苞浅碟形	观赏	中国东北、内蒙古	
2371	*Chrysanthemum mongolicum* Ling	蒙菊	Compositae (Asteraceae) 菊科	多年生草本；茎常簇生，全茎或中下部紫红色，中下部茎叶二回羽状或掌式羽状分裂，上部茎叶半羽裂，头状花序 2～7 排成伞房花序，舌状花粉红色或白色	观赏	中国内蒙古	
2372	*Chrysanthemum morifolium* Ramat.	杭菊（菊花）	Compositae (Asteraceae) 菊科	多年生宿根草本；顶生头状花序，四周的舌状花形大而美丽，中部为黄色筒状花，但花冠的颜色变化极大，除蓝色外，呈黄，白、红、橙、紫及各色混杂；花型变化也很大	蜜源	中国	全国
2373	*Chrysanthemum naktongense* Nakai	楔叶菊	Compositae (Asteraceae) 菊科	多年生草本；茎枝被柔毛，中部茎叶掌式羽裂，上部茎叶 3～5 裂或不裂，头状花序 2～9 排成伞房花序，舌状花白色、粉红色或淡紫色	观赏	中国东北及内蒙古、河北	
2374	*Chrysanthemum oreastrum* Hance	小山菊	Compositae (Asteraceae) 菊科	多年生草本；茎被短柔毛，基生和中部茎叶菱形，二回掌状或掌式羽状分裂，头状花序单生茎顶，舌状花白色、粉红色，总苞浅碟状	观赏	中国河北、山西、吉林	
2375	*Chrysanthemum pacificum* (Nakai.) Ktam.	矶菊	Compositae (Asteraceae) 菊科	一年生草本，直根系，常绿，植株矮小，叶互生，叶片边缘有白色细线，头状花序异形，总苞宽杯状	观赏		
2376	*Chrysanthemum potentilloides* Hand. -Mazz.	委陵菊	Compositae (Asteraceae) 菊科	多年生草本；全部茎枝灰白色，被短柔毛，基生叶及下部叶花期脱落，中部茎叶羽状分裂，上部叶渐小，全部叶两面异色，头状花序排成伞房花序，舌状花黄色	观赏	中国山西南部、陕西东部和西北部	

（续）

序号	拉丁学名	中文名	所属科	特征及特性	类别	原产地	目前分布/种植区
2377	*Chrysanthemum rhombifolium*（Ling et C. Shih）H. Ohashi et Yonek.	菱叶菊	Compositae（Asteraceae）菊科	多年生草本；茎枝被白色短柔毛，叶主要为菱形，背密被短柔毛，灰白色，头状花序排成伞房花序，舌状花白色，总苞碟状	观赏	中国四川	
2378	*Chrysanthemum segetum* L.	南茼蒿（大叶茼蒿，蓬蒿）	Compositae（Asteraceae）菊科	叶片大而肥厚，叶面皱缩，汤匙形，缺刻少而浅；叶柄浅绿色；茎短，节密而粗，淡绿色；叶肉厚，质地柔嫩；舌状花瘦果有 2 条具狭翅的侧肋，间肋不明显	蔬菜	地中海沿岸	全国各地均有分布
2379	*Chrysanthemum vestitum*（Hemsl.）Stapf	毛华菊	Compositae（Asteraceae）菊科	多年生草本；茎枝被稠密短柔毛，叶背被短柔毛，下部茎叶花期枯萎，中部茎叶卵形，上部叶渐小，头状花序排成伞房花序，舌状花白色，总苞碟状	观赏	中国河南南部、湖北西部、安徽西部	
2380	*Chrysanthemum zawadskii* Herbich	紫花野菊	Compositae（Asteraceae）菊科	多年生草本；全部茎枝中下部紫红色，叶两面同色，中下部茎叶卵形，二回羽状分裂，上部茎叶小；头状花序排成伞房花序，舌状花白色或紫红色，总苞浅碟状	观赏	中国东北及河北、山西、内蒙古、陕西、甘肃、安徽	
2381	*Chrysophyllum cainito* L.	星苹果（金星果，牛奶果）	Sapotaceae 山榄科	常绿中乔木；花数朵簇生于叶腋；花冠黄白色，长约 4cm，冠管长约 2cm，无毛，裂片 5 枚，卵圆形，长 1.5～2cm，宽 1.7～2.3cm，先端圆或钝，外面被灰色绢毛，内面和边缘无毛；能育雄蕊 5 枚，生于花冠喉部，花丝三角形，先端丝状	果树	中美洲及西印度	广东、云南、台湾
2382	*Chrysopogon aciculatus*（Retz.）Trin.	竹节草（黏人草）	Gramineae（Poaceae）禾本科	多年生草本；具根状茎和匍匐茎，秆高约 50cm；圆锥花序直立，长圆形，无柄小穗线形，第一颖具 2 脊，具芒；颖果	药用		华南及台湾、云南
2383	*Chrysopogon zizanioides*（L.）Roberty	香根草	Gramineae（Poaceae）禾本科	多年生草本；须根系，具浓郁檀香；叶狭长，叶鞘有中脊，叶舌小；圆锥花序顶生，无柄小穗均是两性，有柄小穗不孕	饲用及绿肥，药用，经济作物（香料类）	印度、斯里兰卡、马来西亚	广东、福建、台湾、浙江

（续）

序号	拉丁学名	中文名	所属科	特征及特性	类别	原产地	目前分布/种植区
2384	*Chrysosplenium sinicum* Maxim.	中华金腰	Saxifragaceae 虎耳草科	多年生草本；不育枝发达对生，叶常对生，近圆形至阔卵形；聚伞花序，花黄绿色，萼片阔卵形，苞叶阔卵形；蒴果两果瓣不等大	观赏	中国黑龙江、辽宁、吉林、河北、山西、河南、陕西、甘肃、青海、四川、湖北、江西、安徽	
2385	*Chuanminshen violaceum* M. L. Sheh et Shan	川明参（明参，明沙参）	Umbelliferae（Apiaceae）伞形科	多年生草本；根肉质，圆柱形，上部较小有细密环纹，表面黄褐色，内面白色；茎中空，基部紫红色，上部粉绿色	药用		四川成都市青白江、金堂
2386	*Chukrasia tabularis* A. Juss.	麻楝（铁罗槁，白皮香椿，母楹）	Meliaceae 楝科	落叶乔木；高 25m；小叶卵形至长圆状披针形；花序圆锥状；花瓣黄色或略带紫色，长圆形，有香味；蒴果灰黄色或褐色；花期 4～5 月；果期 7 月至翌年 1 月	观赏	中国广东、广西、云南、西藏	
2387	*Chunia bucklandioides* H. T. Chang	山铜材（陈木，假马蹄荷）	Hamamelidaceae 金缕梅科	常绿乔木；高达 20m，胸径 40cm；叶宽卵圆形，不分裂或掌状 3 浅裂；穗状花序肉质，生于新枝侧面，纺锤形，花两性；蒴果卵圆形	林木		海南
2388	*Chuniophoenix hainanensis* Burret	琼棕（桄榔木，陈棕）	Palmae 棕榈科	常绿丛生灌木至小乔木状，高 3～8m；叶团扇形，掌状深裂；肉穗花序腋生，花两性，紫红色，花瓣卵状长圆形；浆果球形	林木，观赏		海南
2389	*Chuniophoenix nana* Burret	矮琼棕	Palmae 棕榈科	丛生型常绿灌木；花序自叶腋抽出，长 20～27cm，花序轴上有苞片 3～5 枚，管状；花两性，淡黄色，略有香气；花萼膜质，筒状	观赏	中国海南陵水县	
2390	*Cibotium barometz*（L.）J. Sm.	金毛狗蕨（金毛狗，金毛狮子）	Dicksoniaceae 蚌壳蕨科	多年生树蕨；根状茎卧生，粗大，露出地面部分密被金黄色长茸毛；叶三回羽裂，长披针形，叶柄长可达 120cm，基部有金色茸毛；孢子囊群生于小脉顶端，囊群盖坚硬两瓣，成熟时张开	蔬菜，药用，观赏	中国	四川、贵州、云南、江西、浙江、湖南、广东、广西、福建、台湾
2391	*Cibotium cumingii* Kze.	菲律宾金毛狗蕨	Dicksoniaceae 蚌壳蕨科	多年生草本；株高 3m；根状茎粗大，密披金黄色长绒毛；叶片阔卵状三角形	观赏	东南亚	

（续）

序号	拉丁学名	中文名	所属科	特征及特性	类别	原产地	目前分布/种植区
2392	*Cicer arietinum* L.	鹰嘴豆（鸡豆）	Leguminosae 豆科	一年生攀缘草本；小叶狭椭圆形，边缘具密锯齿；花冠白色，长8～10mm，有腺毛；荚果卵圆形、膨胀、下垂，长约2cm	饲用及绿肥	西亚、地中海沿岸	西北、华北
2393	*Cicer microphyllum* Royle ex Benth.	小叶鹰嘴豆	Leguminosae 豆科	一年生草本；小叶倒卵形，上半部边缘具深锯齿；花冠大，长约2.4cm，蓝紫色；荚果椭圆形，长2.5～3.5cm	饲用及绿肥		西藏
2394	*Cichorium endivia* L.	苦苣	Compositae（Asteraceae）菊科	一、二年生草本；叶披针形；头状花序，每花序有16～22朵花；花冠淡紫色，雌蕊柱头双叉状，淡蓝色；种子短柱形，白色	蔬菜	东印度、欧洲南部	上海、湖北、贵州、山东、北京
2395	*Cichorium glandulosum* Boiss. et Huet.	毛菊苣（卡斯乃）	Compositae（Asteraceae）菊科	一年生草本；全株被糙毛，茎直立，多分枝；叶互生，卵形或长椭圆形，深裂，基部半抱茎	蔬菜		新疆
2396	*Cichorium intybus* L.	菊苣	Compositae（Asteraceae）菊科	多年生草本；茎高60～150cm；基生叶羽状分裂或不裂，茎生叶披针形；头状花序单生茎端，全为蓝色舌状花；瘦果宽楔形	蔬菜	欧洲	东北、西北、华北
2397	*Cicuta virosa* L.	毒芹（走马芹，野芹）	Umbelliferae（Apiaceae）伞形科	多年生草本；根茎笋形或球形，节间相接，内部有横隔；叶为二至三回或四回；复伞形花序，花白色；双悬果卵球形	有毒		东北、华北、西北及四川
2398	*Cimicifuga dahurica*（Turcz. ex Fisch. et C. A. Mey.）Maxim.	兴安升麻（地龙芽）	Ranunculaceae 毛茛科	多年生草本；基生叶为二回或三回三出复叶，三角形；复总状花序，雌雄异株，雄株花序大，雌株花序稍小；蓇葖果	有毒		东北、华北
2399	*Cimicifuga foetida* L.	升麻（绿升麻）	Ranunculaceae 毛茛科	多年生草本；叶为二至三回三出羽状复叶；花序具分枝3～30条；萼白色或绿白色；蓇葖果长圆形，种子椭圆形	有毒		西南、西北及山西、河南
2400	*Cimicifuga japonica*（Thunb.）Spreng.	金龟草（小升麻，独叶八角草，金丝三七）	Ranunculaceae 毛茛科	多年生草本；根茎横走，具多数须根；茎直立，中空，有纵沟；穗状花序细长	药用		河北、山西、陕西、甘肃、安徽、浙江、江西、河南、湖北、湖南、广东、四川、贵州

（续）

序号	拉丁学名	中文名	所属科	特征及特性	类别	原产地	目前分布/种植区
2401	*Cimicifuga simplex* (DC.) Wormsk. ex Turcz.	单穗升麻	Ranunculaceae 毛茛科	根状茎粗壮，横走；下部茎生叶为二至三回三出近羽状复叶，顶生小叶宽披针形至菱形；总状花序；蓇葖长7～9mm，种子4～8粒	蜜源		东北及四川、甘肃、陕西、河北、内蒙古
2402	*Cinchona ledgeriana* (Howard) Moens ex Trimen	金鸡纳树（莱氏金鸡纳树）	Rubiaceae 茜草科	灌木或小乔木；叶披针状椭圆形；聚伞花序；花黄白色，有强烈臭气；花冠筒状五角形；雄蕊5；雌蕊1；子房下位；蒴果	有毒	秘鲁、印度尼西亚	台湾、福建、广东、广西、云南
2403	*Cinnamomum appelianum* Schewe	毛桂	Lauraceae 樟科	小乔木；高4～6m；叶椭圆状披针形至卵形，革质；圆锥花序腋生；花白色；未成熟果椭圆形，绿色	药用，林木，经济作物（纤维类）		湖南、江西、广东、广西、贵州、四川、云南
2404	*Cinnamomum austrosinense* H. T. Chang	华南桂	Lauraceae 樟科	乔木；高5～8m；叶近对生或互生，椭圆形；圆锥花序；花黄绿色；果椭圆形	药用，经济作物（香料类，油料类）		广东、广西、福建、江西、浙江
2405	*Cinnamomum austroyunnanense* H. W. Li	滇南桂	Lauraceae 樟科	乔木；高达20m；叶长圆形至披针状长圆形；圆锥花序腋生及顶生；花淡黄褐色；果卵球形	林木，药用		云南南部、广西西南部、西藏东南部
2406	*Cinnamomum bejolghota* (Buch.-Ham.) Sweet	钝叶樟（香桂楠，山桂，大叶山桂）	Lauraceae 樟科	常绿树种、乔木；高25m；叶互生或假对生状，单叶、厚革质，长椭圆形，或卵长椭圆形，稀椭圆形，先端渐尖，稀钝短尖，基部阔楔尖、全缘；两性花，小，圆锥花序，黄绿色，芳香；浆果	观赏	中国	海南、广东、广西、云南
2407	*Cinnamomum bodinieri* H. Lév.	猴樟	Lauraceae 樟科	常绿乔木；高达16m；叶卵圆形或椭圆状卵圆形；圆锥花序腋生或侧生，长10～15cm，二回叉状分歧；花被6裂，花被管漏斗状，花绿白色；果球形	观赏	中国贵州、四川东部、湖北、湖南西部、云南东北和东南部	
2408	*Cinnamomum burmannii* (Nees et T. Nees) Blume	阴香（山玉桂，野玉桂）	Lauraceae 樟科	常绿大乔木；叶不规则对生或为散生，革质，卵形至长椭圆形，圆锥花序近顶生或腋生，花黄绿色	观赏	中国广东、广西、江西、福建、浙江、湖北、贵州	江西、福建、广东、广西

（续）

序号	拉丁学名	中文名	所属科	特征及特性	类别	原产地	目前分布/种植区
2409	*Cinnamomum camphora*（L.）Presl	樟（香樟，芳樟，油樟）	Lauraceae 樟科	常绿乔木；叶互生，羽状脉，背面微被白粉；圆锥花序腋生，花淡黄绿色，花被 6，花药 4 室，子房近圆球形；核果	经济作物（香料类）	中国东南和西南	华东、华中、华南、西南及台湾
2410	*Cinnamomum cassia*（L.）D. Don	肉桂（牡桂，筒桂，玉桂）	Lauraceae 樟科	常绿乔木；主干较通直，树干及老枝树皮深会褐色，幼枝略呈四棱形，被褐色茸毛；叶互生或近对生，革质；花小，白色；果紫黑色	蜜源	中国	江西、福建、广东、广西、云南
2411	*Cinnamomum contractum* H. W. Li	聚花桂	Lauraceae 樟科	小乔木；高达 8m；叶卵形至宽卵形，革质；圆锥花序腋生及顶生；花黄绿色；果未见	林木，药用		云南西北部、西藏东南部
2412	*Cinnamomum foveolatum*（Merrill）H. W. Li et J. Li	尾叶樟	Lauraceae 樟科	小乔木；高达 5m；叶卵圆形或卵状长圆形，近革质；圆锥花序腋生；果卵球形	林木，药用		贵州南部、云南东南部
2413	*Cinnamomum glanduliferum*（Wall.）Meisner	云南樟	Lauraceae 樟科	常绿乔木；高 5～15m；花小，淡黄色；花梗短，无毛；花被筒倒锥形，花被裂片 6，宽卵圆形；花期 3～5 月	观赏	喜马拉雅山中部地区	
2414	*Cinnamomum ilicioides* A. Chev.	八角樟	Lauraceae 樟科	乔木；高 5～18m；叶互生，卵形或卵状长椭圆形；花未见；果序圆锥状，腋生或近顶生；果倒卵形	林木，药用		广东、广西
2415	*Cinnamomum iners* Reinw. ex Blume	大叶桂	Lauraceae 樟科	乔木；高达 20m；叶卵圆形或椭圆形；圆锥花序腋生或近顶生；花淡绿色；果卵球形	林木，药用		云南南部、广西西南部、西藏东南部
2416	*Cinnamomum japonicum* Siebold	天竺桂	Lauraceae 樟科	常绿乔木；高 15m；树冠广卵形，小枝无毛；叶革质，近对生，离基三出脉，花序腋生；浆果状核果椭圆形，紫黑色	林木		我国东部沿海岛屿及台湾
2417	*Cinnamomum javanicum* Blume	爪哇肉桂	Lauraceae 樟科	常绿乔木；高达 20m；叶椭圆形或椭圆状卵形，坚纸质或近革质；花未见；果序圆锥状；果椭圆形	林木，药用		云南东南部

（续）

序号	拉丁学名	中文名	所属科	特征及特性	类别	原产地	目前分布/种植区
2418	*Cinnamomum jensenianum* Hand. -Mazz.	野黄桂	Lauraceae 樟科	小乔木；高达 6m；叶披针形或长圆状披针形，厚革质；花序伞房状；花黄色或白色；果卵球形	药用		湖南、湖北、四川、江西、广东、福建
2419	*Cinnamomum kotoense* Kaneh. et Sasaki	兰屿肉桂	Lauraceae 樟科	常绿乔木；高约 15m；叶卵圆形至长圆状卵圆形，革质；花未见；果卵球形	林木，药用		台湾兰屿
2420	*Cinnamomum liangii* C. K. Allen	软皮桂	Lauraceae 樟科	乔木；高 4～20m；叶椭圆状披针形，坚纸质；圆锥花序近总状；花淡黄色；果椭圆形	林木，药用		广东、广西
2421	*Cinnamomum longepaniculatum* (Gamble) N. Chao ex H. W. Li	油樟	Lauraceae 樟科	乔木；高达 20m；叶互生，卵形或椭圆形；圆锥花序腋生；花淡黄色；幼果球形，绿色	经济作物（香料类，油料类）		四川
2422	*Cinnamomum longipetiolatum* H. W. Li	长柄樟	Lauraceae 樟科	乔木；高达 35m；叶互生，卵圆形；花未见；果序圆锥状，侧生；果卵球形	林木，药用		云南南部及东南部
2423	*Cinnamomum mairei* H. Lév.	银叶桂	Lauraceae 樟科	常绿乔木；高达 18m，胸径达 30～80cm；叶披针形或椭圆形，三出脉或离基三出脉；圆锥花序腋生或着生于当年生枝基部；核果椭圆形	药用，林木		四川、云南
2424	*Cinnamomum micranthum* (Hayata) Hayata	沉水樟	Lauraceae 樟科	常绿乔木；高达 40m，胸径达 1.5m；叶两侧常略不对称；圆锥花序顶生，花白色或带紫色；核果椭圆形或扁圆形	经济作物（香料类）		台湾、浙江、江西、广西
2425	*Cinnamomum migao* H. W. Li	米槁	Lauraceae 樟科	常绿乔木；高达 20m；叶互生，卵圆形至卵圆状长圆形；花未见，果序圆锥状；果球形	林木，药用		云南东南部、广西西部
2426	*Cinnamomum mollifolium* H. W. Li	毛叶樟	Lauraceae 樟科	乔木；高 5～15m；叶互生，卵圆形或长圆状卵圆形；圆锥花序腋生；花淡黄色；果近球形	经济作物（香料类，油料类）		云南南部及西部
2427	*Cinnamomum parthenoxylon* (Jack.) Meissn	黄樟（香湖，黄槁，山椒）	Lauraceae 樟科	常绿乔木；树皮深纵裂，内皮带红色，具有樟脑气味；顶芽卵形，被绢状毛；叶互生，脉羽状；叶柄长腹凹背凸，无毛	药用		广东、广西、福建、江西、湖南、贵州、四川、云南

（续）

序号	拉丁学名	中文名	所属科	特征及特性	类别	原产地	目前分布/种植区
2428	*Cinnamomum pauciflorum* Nees	少花桂	Lauraceae 樟科	乔木；高3～14m；圆锥花序腋生，3～5（～7）花，常呈伞房状；花被片两面被灰白短丝毛，长圆形，长3～4mm；第三轮雄蕊腺体圆状肾形，具短柄；子房卵球形	蜜源		广西
2429	*Cinnamomum pingbienense* H. W. Li	屏边桂	Lauraceae 樟科	乔木；高5～10m；叶长圆形或长圆状卵圆形，薄革质；圆锥花序；花淡绿色；果未见	林木，药用		云南东南部、贵州南部、广西西南部
2430	*Cinnamomum pittosporoides* Hand. -Mazz.	刀把木	Lauraceae 樟科	乔木；高达25m；叶椭圆形或披针状椭圆形，薄革质；圆锥花序；花金黄色；果卵球形	林木，药用		云南中部至东南部、四川南部
2431	*Cinnamomum platyphyllum* (Diels) C. K. Allen	阔叶樟	Lauraceae 樟科	乔木；高5.5m；叶尖纸质，卵形或近椭圆形；花序长4.5～8.5cm，密被灰色柔毛，花淡黄色；果宽倒卵形或近球形	林木，经济作物（香料类，橡胶类）		华中
2432	*Cinnamomum reticulatum* Hayata	网脉桂	Lauraceae 樟科	小乔木；叶近对生，倒卵形；花序腋生，伞房状；果卵球形	林木，药用		台湾
2433	*Cinnamomum rigidissimum* H. T. Chang	卵叶桂	Lauraceae 樟科	小至中乔木；高3～22m；叶卵圆形、阔卵形或椭圆形；花序近伞形，腋生；花未见；成熟果卵球形	林木，药用		广西、广东、台湾
2434	*Cinnamomum saxatile* H. W. Li	岩樟	Lauraceae 樟科	乔木；高达15m；叶长圆形或卵状长圆形；圆锥花序近顶生；花绿色；果卵球形	林木，药用		云南东南部、广西
2435	*Cinnamomum septentrionale* Hand. -Mazz.	银木	Lauraceae 樟科	常绿乔木；高16～25m；圆锥花序腋生，多花密集，具分枝，分枝细弱，叉开，末端为3～7花的聚伞花序，总轴细长，长达6cm；花期5～6月	观赏	中国四川西部、陕西西部、甘肃南部	
2436	*Cinnamomum subavenium* Miq.	香桂	Lauraceae 樟科	乔木；高达20m；叶椭圆形、卵状椭圆形至披针形；花淡黄色；果椭圆形，熟时蓝黑色	药用，经济作物（香料类）		云南、贵州、四川、湖北、广西、广东、安徽、浙江、江西、福建、台湾

（续）

序号	拉丁学名	中文名	所属科	特征及特性	类别	原产地	目前分布/种植区
2437	*Cinnamomum tamala* （Buch.-Ham.）T. Nees et Nees	柴桂	Lauraceae 樟科	乔木；高达 20m；叶卵圆形或披针形，薄革质；圆锥花序腋生及顶生；花白绿色；成熟果未见	药用		云南西部
2438	*Cinnamomum tenuipile* Kos-term.	细毛樟	Lauraceae 樟科	小至大乔木；高 4～16m；叶倒卵形或近椭圆形；圆锥花序腋生或近顶生；花淡黄色；果近球形	林木，药用		云南南部及西部
2439	*Cinnamomum tonkinense* (Le-comte) A. Chev.	假桂皮树	Lauraceae 樟科	乔木；高达 30m；叶卵状长圆形或卵状披针形，革质；圆锥花腋生或近顶生；花白色；果卵球形	林木，药用		云南东南部
2440	*Cinnamomum tsangii* Merr.	辣汁树	Lauraceae 樟科	小乔木；叶披针形或长圆状披针形，薄革质；花序聚伞状，腋生；花绿白色；果未见	林木，药用		广东、湖南、江西、福建
2441	*Cinnamomum tsoi* C. K. Al-len	平托桂（左氏樟，乌身香槁）	Lauraceae 樟科	常绿树种、乔木；高 20m；叶革质，椭圆状披针形，先端渐尖，基部楔形；两性花，小，圆锥花序，黄绿色，芳香；浆果，果序圆锥状，种子圆球形	药用，观赏	中国	海南五指山、昌江、乐东、广西蒙山
2442	*Cinnamomum validinerve* Han-ce	粗脉桂	Lauraceae 樟科	枝条具棱角，变黑色，无毛或向顶端被极细的短绒毛；叶椭圆形，硬革质；圆锥花序疏花，三歧状，与叶等长，末端为 3 花的聚伞花序	林木，药用		广东、广西
2443	*Cinnamomum verum* Presl	锡兰肉桂	Lauraceae 樟科	常绿乔木；高 10～15m；叶为单叶对生，卵形或长椭圆形，革质；圆锥花序腋生两松散，花小而整齐，乳白色或淡黄色；浆果，卵圆形	经济作物（香料类）	斯里兰卡和印度西部海岸	广东、海南、广西、云南、福建、浙江
2444	*Cinnamomum wilsonii* Gam-ble	川桂	Lauraceae 樟科	乔木；高 25m；叶卵圆形或卵圆状长圆形，革质；圆锥花序腋生；花白色；成熟果未见	经济作物（香料类），药用		陕西、四川、湖北、湖南、广西、广东、江西
2445	*Circaea cordata* Royle	露珠草（夜麻光，都格里巴，牛泷草）	Onagraceae 柳叶菜科	多年生草本；具根状茎，常丛生；叶具柄，对生，花序轴上的叶则互生并呈苞片状，常平展，托叶常早落；蒴果，不开裂，外被硬钩毛	药用		东北、华北、西南及陕西、甘肃、安徽、浙江、江西、台湾

（续）

序号	拉丁学名	中文名	所属科	特征及特性	类别	原产地	目前分布/种植区
2446	*Circaeaster agrestis* Maxim.	星叶草	Circaeasteraceae 星叶草科	一年生小草本；宿存的子叶和叶簇生于茎顶，叶菱状倒卵形、匙形或楔形；花小，两性，单生叶腋，花瓣缺，子房上位；瘦果近纺锤形	药用		陕西、甘肃、青海、四川、云南、西藏、新疆
2447	*Cirsium chinense* Gardner et Champ.	刺蓟	Compositae (Asteraceae) 菊科	多年生草本；头状花序顶生，花冠紫红色，瘦果长卵形，暗褐色，具棕色冠毛	蜜源		江苏、湖南、广西、浙江
2448	*Cirsium esculentum* (Siev.) C. A. Mey.	莲座蓟	Compositae (Asteraceae) 菊科	多年生草本；无茎；基生叶簇生，形成莲座状叶丛；叶倒披针形或椭圆形，羽状分裂；头状花序集生茎顶莲座叶丛中；瘦果楔状长椭圆形	药用		东北及青海、西藏
2449	*Cirsium japonicum* (Thunb.) Fisch. ex DC.	蓟（大蓟，山萝卜）	Compositae (Asteraceae) 菊科	多年生草本；高50～100cm；具多数肉质纺锤状根；茎中叶抱茎，羽状分裂；头状花序单生茎顶，球形，花紫红色；瘦果长椭圆形	蜜源		华东、华南、华中、西南及陕西、台湾、河北
2450	*Cirsium leo* Nakai et Kitag.	魁蓟	Compositae (Asteraceae) 菊科	多年生草本；高1～1.5m；茎被皱缩毛；茎生叶无柄，披针形，羽状分裂；头状花序单生枝顶，紫红色管状花；瘦果长椭圆形	杂草		河北、山西、陕西、河南、甘肃、四川、西藏
2451	*Cirsium lineare* (Thunb.) Sch. -Bip.	线叶蓟（条叶蓟）	Compositae (Asteraceae) 菊科	多年生草本；根肉质，长纺锤形；茎高50～90cm；叶线形至线状披针形；头状花序单生枝顶，卵球形，花冠紫色；瘦果长圆形	杂草		浙江、福建、安徽、江西、四川
2452	*Cirsium maackii* Maxim.	野蓟	Compositae (Asteraceae) 菊科	多年生草本；茎高40～80cm，被蛛丝状毛；叶椭圆形或椭圆状披针形，羽状深裂；头状花序单生枝顶，花冠紫红色；瘦果长圆形	杂草		东北及内蒙古
2453	*Cirsium pendulum* Fisch. ex DC.	烟管蓟	Compositae (Asteraceae) 菊科	二年生或多年生草本；茎具沟棱，高0.5～2m；叶互生，椭圆形，羽状分裂；头状花序单生枝端，下垂，花两性，紫色；瘦果长圆形	杂草		华北、东北及内蒙古、陕西
2454	*Cirsium semenovii* Regel et Schmalh	新疆蓟	Compositae (Asteraceae) 菊科	多年生草本；叶两面同色，中下部茎叶披针形，羽状半裂，叶向上渐小，头状花序成总状或复头状花序，小花红色，总苞卵球状，苞片覆瓦状排列	观赏	中国新疆天山	

（续）

序号	拉丁学名	中文名	所属科	特征及特性	类别	原产地	目前分布/种植区
2455	*Cirsium souliei* (Franch.) Mattf. ex Rehder et Kobuski	葵花大蓟（聚头蓟）	Compositae (Asteraceae) 菊科	多年生铺散草本；具多数须状侧根；无主茎，叶基生，莲座状，长椭圆形或到披针形，羽状浅裂；头状花序集生叶丛中，花冠紫红色；瘦果	杂草		甘肃、青海、四川、西藏
2456	*Cissampelos pareira* L.	锡生藤（雅红隆，金丝荷叶）	Menispermaceae 防己科	草质藤本；叶心状圆形；花淡黄色；雄花的萼片、花瓣各为4，合生成一杯状体；雌花的萼片2，与苞片合生；蒴果	有毒		云南省河口、元江、西双版纳
2457	*Cissus assamica* (M. A. Lawson) Craib	苦郎藤	Vitaceae 葡萄科	藤本；花序与叶对生，二级分枝集生成伞形；花蕾卵圆形，萼蝶形，边缘全缘或成波状，进无毛；花瓣4，三角状卵形，无毛；花期5～6月	观赏	中国江西、福建、湖南、广东、广西、四川、贵州、云南、西藏	
2458	*Cissus javana* DC.	白粉藤	Vitaceae 葡萄科	多浆植物；茎蔓生，幼茎暗红色，具桃红色卷须；叶长椭圆形，基部心形，具细锯齿，叶柄红色，背面紫色，表面绿色，上有银灰色、桃红色、紫色等斑纹	观赏	印度尼西亚的爪哇岛	
2459	*Cissus juttae* Dinter et Gilg ex Gilg et M. Brandt.	肉瓶树（青紫葛）	Vitaceae 葡萄科	多浆植物；茎肉质，圆柱状，瓶型；三出叶，小叶具粗锯齿；背面的叶脉经常为淡红色	观赏	印度尼西亚的爪哇岛	
2460	*Cissus quadrangularis* L.	仙素莲	Vitaceae 葡萄科	常绿藤本；聚伞花序与叶对生，花小，黄白色；浆果扁球形，熟时紫黑色	观赏	非洲及亚洲热带地区	我国长江以南温暖亚热带地区
2461	*Cistanche deserticola* Ma	肉苁蓉（苁蓉，大芸，察干高要）	Orobanchaceae 列当科	多年生草本；叶宽卵形或三角状卵形；花序穗状，花冠筒状钟形，淡黄白色或淡紫色，花萼钟状，顶端5浅裂，裂片近圆形；蒴果卵球形	观赏	中国内蒙古、宁夏、甘肃、新疆	
2462	*Cistanche salsa* (C. A. Mey.) Beck	盐生肉苁蓉	Orobanchaceae 列当科	多年生寄生草本；高约50cm，穗状花柱顶生，花冠蓝紫色；蒴果，椭圆形，种子多数	蜜源		内蒙古、陕西、甘肃、新疆
2463	*Cistanche sinensis* Beck	沙苁蓉	Orobanchaceae 列当科	植株高15～70cm；下部叶卵状三角形，上部叶卵状披针形；穗状花序顶生；花冠淡黄色；蒴果长卵状球形或长圆形	药用，观赏		内蒙古、甘肃、宁夏

（续）

序号	拉丁学名	中文名	所属科	特征及特性	类别	原产地	目前分布/种植区
2464	*Cistanche tubulosa* (Schenk) Wight	管花肉苁蓉	Orobanchaceae 列当科	多年生寄生植物；叶乳白色，三角形，穗状花序，花萼筒状，顶端5裂至中部，裂片乳白色，花冠筒状漏斗状，顶端5裂；蒴果长圆形	观赏	中国新疆南部	
2465	*Cistus incanus* L.	毛岩蔷薇	Cistaceae 半日花科	常绿灌木；株高90cm；叶片椭圆形至方椭圆形；花玫粉色，卵状披针形，密被长毛	观赏	欧洲葡萄牙至法国一带	
2466	*Cistus ladaniferus* f. *immaculatus* (Dunal) Danser	岩蔷薇	Cistaceae 半日花科	常绿灌木；高1.5m；单叶，披针形，表面暗绿色，背面有白毛；花白色，基部有红色块	观赏	欧洲葡萄牙至法国一带及非洲西北部	浙江、江苏
2467	*Citrullus colocynthis* (L.) Schrad.	药西瓜	Cucurbitaceae 葫芦科	多年生草本；蔓生；茎细弱，匍匐，具棱；叶互生，具柄，三角状卵形、广卵形，3深裂或近3全裂；花单性，同株，单生于叶腋，花黄色，花冠5裂；果实球形，种子椭圆形	蔬菜，药用	地中海地区	西北、东北、华北地区及河南、湖北、新疆
2468	*Citrullus lanatus* (Thunb.) Matsum. et Nakai	西瓜（水瓜，寒瓜）	Cucurbitaceae 葫芦科	一年生蔓生草本；全株被长柔毛；卷须分2叉，叶互生，宽卵形，2～5深裂；花淡黄色；果实球形，表面平滑，具深绿色条纹	蔬菜	非洲南部	除西藏外各省份均有分布
2469	*Citrus aurantifolia* (Christm.) Swingle	来檬	Rutaceae 芸香科	常绿小乔木；叶卵形，翼叶明显，花小，白色，雄蕊20～25枚，1年多次开花，果小，球形，多胚，子叶绿色	经济作物（饮料类，香料类）	印度尼西亚、中国	广西、广东
2470	*Citrus aurantium* (Christm.) Swingle	酸橙（枳壳，皮头橙）	Rutaceae 芸香科	常绿小乔木；叶椭圆形或长卵圆形；花多而小，白色，单生或簇生叶腋间，萼片有毛；果实扁圆，果皮粗厚，橙红色，果肉酸	药用，有毒，观赏	中国、印度	江西、江苏、浙江、福建、四川、贵州、广东、湖南
2471	*Citrus daoxianensis* S. W. He et G. F. Liu	道县野橘	Rutaceae 芸香科	小乔木；高7～8m；叶宽披针形，叶长6～7.2cm，叶宽2.3～3.0cm；翼叶短窄，线形，与叶交接处具有明显的关节	果树		
2472	*Citrus hongheensis* Y. M. Ye, X. D. Liu, S. Ding, et M. Q. Liang	红河大翼橙	Rutaceae 芸香科	常绿乔木；树高约10m；单生复叶，翼叶大于叶身；花小，总状花序有花5～9朵；花白色；果大，椭圆形、圆球形或扁圆形，淡黄或黄绿色，皮厚，难剥离，果肉味酸	药用	中国云南	云南南部

（续）

序号	拉丁学名	中文名	所属科	特征及特性	类别	原产地	目前分布/种植区
2473	*Citrus hystrix* DC.	马蜂橙	Rutaceae 芸香科	常绿小乔木；高 3～6m；翼叶和叶身等大，叶革质，卵形或阔椭圆形；总状花序腋生及顶生，有花 3～5 朵；花瓣白色，背面淡紫红色；果阔椭圆形或近圆球形，柠檬黄色	果树		海南、云南
2474	*Citrus ichangensis* Swingle	宜昌橙	Rutaceae 芸香科	常绿小乔木或灌木；高 2～4m；翼叶很大，叶身卵状披针形；花通常单生于叶腋；花瓣淡紫红色或白色；果中等大，扁圆形、圆球形或梨形，果实黄色或橙色，油泡突出，囊瓣 9～10 瓣	药用		陕西、甘肃、湖北、湖南、广西、贵州、四川、云南
2475	*Citrus junos* Siebold ex Tanaka	香橙（橙子，罗汉橙）	Rutaceae 芸香科	常绿乔木；单小叶互生，具叶翼或无，稀为单叶，密被透明腺点，叶卵形或卵状披针形；花两性，花单生叶腋，下垂，花白色，芳香；浆果扁球形，淡黄色	药用		甘肃、陕西、湖北、湖南、四川、贵州、云南
2476	*Citrus limon*（L.）Burm. f.	柠檬	Rutaceae 芸香科	常绿小乔木或灌木；叶柄短，翼叶狭小，幼叶淡红色，花带紫色，1 年多次开花，果圆至椭圆形，皮厚，含芳香油，多胚，子叶白色	果树	印度、中国西南	主要在四川
2477	*Citrus limonia* Osb.	黎檬（宜母子，宜母果）	Rutaceae 芸香科	丛生性常绿灌木；叶中等大，有 1 枚小叶，叶柄无翅，小叶椭圆形，翼叶线形，花单生或簇生于叶腋，中大，内白色，外紫红色，果椭圆至扁圆，果肉酸，多汁	经济作物（饮料类、调料类）	中国华南、西南地区	广东、广西等地
2478	*Citrus mangshanensis* S. W. He et G. F. Liu	莽山野橘	Rutaceae 芸香科	常绿小乔木或灌木；花白色，单生或簇生于叶腋；柑果扁球形，果熟期 10～12 月，橙红或橙黄色，果皮疏松，内果皮极易分离	果树		
2479	*Citrus maxima*（Burm.）Merr.	柚（文旦）	Rutaceae 芸香科	常绿乔木；高 5～10m，叶、花、果、种子都大，花簇生于叶腋，花冠白色，翼叶发达，果球形或近球形，淡黄色，果皮厚，种子单胚	果树		华南、华东、西南
2480	*Citrus medica* L.	枸橼（香橼，拘橼，枸橼子）	Rutaceae 芸香科	常绿灌小乔木；叶柄与叶身间无节，翼叶不明显；花大，雄蕊数多，果皮厚，果肉白色，味酸，囊瓣 11 个	药用，观赏	中国	台湾、福建、广东、广西、云南

（续）

序号	拉丁学名	中文名	所属科	特征及特性	类别	原产地	目前分布/种植区
2481	*Citrus medica* var. *sarcodactylis* (Hoola van Nooten) Swingle	佛手	Rutaceae 芸香科	灌木或小乔木；叶片椭圆形或卵状椭圆形；花两性；子房在花柱脱落后分裂，在果的发育过程中成为手指状肉条	药用，有毒	中国	长江以南
2482	*Citrus paradisi* Macfad.	葡萄柚	Rutaceae 芸香科	常绿小乔木；嫩叶幼果不具茸毛，叶形与质地与柚叶类似，一般较小；总状花序，稀少或单花腋生；花瓣比柚花稍小；果小，扁圆至圆球形，种子多胚，子叶白色	果树	西印度、中国	浙江、广东、四川等省有少量栽种
2483	*Citrus reticulata* Blanco	宽皮柑橘	Rutaceae 芸香科	常绿小乔木；叶片先端有凹口，花单生或丛生，果扁圆至椭圆，黄色或红色，果皮薄易剥离；囊瓣 9～12 瓣	果树	中国	长江以南
2484	*Citrus reticulata* cv. Erythrosa	朱橘（朱红橘，迟红）	Rutaceae 芸香科	常绿乔木；单叶互生，叶片革质，卵状长椭圆形或椭圆形；果扁球形，径 4～5cm，朱红色	药用		长江流域均有栽培
2485	*Citrus reticulata* cv. Kinokuni	乳橘（南丰蜜橘）	Rutaceae 芸香科	常绿小乔木；叶小，卵状椭圆形，叶柄具细线性翼；果扁球形，径 3～4cm，橙黄色	药用		江西、浙江、湖北、四川、湖南、广西
2486	*Citrus reticulata* cv. Succosa	本地早橘（天台蜜橘）	Rutaceae 芸香科	常绿乔木；果扁圆形，果顶微凹，深橙黄色，略粗糙，皮中等厚，果心小，瓢囊 8～10 瓣，瓢壁薄，果肉橙黄色，柔嫩	药用		浙江（黄岩、临海）、福建、广东、福建、四川
2487	*Citrus reticulata* cv. Tangerina	红橘（福橘，漳橘）	Rutaceae 芸香科	常绿乔木；叶卵状椭圆形，先端钝尖，叶柄短于 1cm，翼窄线性；果扁球形，径 5～6cm，橙红或鲜红色	药用		福建、四川
2488	*Citrus reticulata* cv. Unshiu	温州蜜柑（温州蜜橘，无核蜜橘）	Rutaceae 芸香科	常绿小乔木；叶椭圆形，全缘或微具钝齿，翼叶为线性痕迹；花径约 3cm，白色；浆果扁球形，径 5～6cm，果皮橙黄色	药用		浙江南部、湖南、湖北、广西
2489	*Citrus sinensis*（L.）Osbeck	甜橙（橙）	Rutaceae 芸香科	常绿小乔木；叶互生，革质，叶柄具翼叶，总状花序或花单生，花中等大，花冠白色，果近球形，果皮薄，种子多胚，子叶白色	果树	中国	华南、华中、华东、西南

（续）

序号	拉丁学名	中文名	所属科	特征及特性	类别	原产地	目前分布/种植区
2490	*Citrus tachibana* (Makino) Tanaka	日本立花橘（台橙，日本橙）	Rutaceae 芸香科	灌木；花瓣白色，略带紫红色；果为圆球形，径约3.5～5cm，尾端略突出，成熟为黄色	果树		台湾
2491	*Cladrastis delavayi* (Franch.) Prain	小叶香槐	Leguminosae 豆科	乔木；奇数羽状复叶，小叶卵形；圆锥花序顶生，花萼浅杯状，花冠白色，旗瓣长圆形，翼瓣和龙骨瓣卵状长圆形；荚果	有毒，观赏		
2492	*Cladrastis lutea* K. Koch.	黄香槐	Leguminosae 豆科	落叶乔木；高15～20m；小叶椭圆形或卵形，秋叶鲜黄；花白色至鲜黄色	观赏	美国东南部	
2493	*Cladrastis platycarpa* (Maxim.) Makino	翅荚香槐	Leguminosae 豆科	乔木；高可达16m；圆锥花序腋生，长约10～30cm；萼钟状，长约4～5mm，密生棕色绢毛，萼齿5，三角形；花冠白色，基部有黄色小点，长约12～15mm	蜜源		广西
2494	*Cladrastis wilsonii* Takeda	香槐	Leguminosae 豆科	落叶乔木；高4～10m；树皮灰褐色；叶互生，奇数羽状复叶，小叶7～11；圆锥花序疏松，顶生或腋生，花冠蝶形，白色；荚果条形	观赏		山西、陕西、河南、安徽、浙江、江西、福建、湖北、湖南、广西、四川、贵州、云南
2495	*Claoxylon indicum* (Reinw. ex Blume) Hassk.	丢了棒（宝炉木，白桐树）	Euphorbiaceae 大戟科	灌木或小乔木；单叶互生，阔卵形；总状花序腋生，单性异株，无花瓣；雄花雄蕊18～22，雌花花柱3，离生；蒴果	有毒		广东、广西、云南
2496	*Clarkia elegans* Douglas.	山字草（有爪春再来）	Onagraceae 柳叶菜科	一年生草本；高50～80cm；茎少分枝带红色；叶卵圆至卵圆披针形，有疏齿；花序总状；花紫红、玫瑰红色，有爪；花期夏季	观赏	北美西南部	
2497	*Clarkia pulchella* Pursh	细叶山字草	Onagraceae 柳叶菜科	一年生草本；株高75cm；叶片剑形至倒披针形或卵形；花瓣淡紫色、粉色、紫色、淡红色稀有白色	观赏		
2498	*Clausena anisum-olens* (Blanco) Merr.	细叶黄皮	Rutaceae 芸香科	小乔木；高3～6m；叶有小叶5～11片，小叶镰刀状披针形或斜卵形；花序顶生，花白色；果圆球形，偶有阔卵形，淡黄色，偶有淡朱红色，半透明	果树	菲律宾	台湾、广东、广西、云南

（续）

序号	拉丁学名	中文名	所属科	特征及特性	类别	原产地	目前分布/种植区
2499	*Clausena dunniana* H. Lév.	齿叶黄皮（野黄皮）	Rutaceae 芸香科	常绿乔木；高2～5m；小叶5～15片，卵形至披针形；花序顶生兼有生于小枝的近顶部叶腋间；果近圆形，有种子1～2粒	果树		广东、广西、湖南、贵州、云南
2500	*Clausena dunniana* var. *robusta* C. C. Huang	川鄂黄皮	Rutaceae 芸香科	黑果黄皮 *Clausena dunniana* 的变种；与原种的区别在于：叶片覆绒毛；叶片和果实略大于原种	果树		四川、湖北
2501	*Clausena emarginata* C. C. Huang	小黄皮	Rutaceae 芸香科	乔木；高4～15m；叶有小叶5～11片，小叶无柄，斜卵状披针形或卵形；花序顶生或有时兼有腋生；果圆球形或略长	果树		广西西部及西南部、云南东南部
2502	*Clausena excavata* Burm.	假黄皮树（大果，山黄皮）	Rutaceae 芸香科	常绿灌木或小乔木；有强烈的气味；羽状复叶，小叶长卵状披针形；聚伞花序排列成圆锥状，顶生；花白色；浆果卵形	果树，有毒		福建、台湾、广东、广西、云南
2503	*Clausena lansium*（Lour.）Skeels	黄皮（黄枇，黄弹子）	Rutaceae 芸香科	常绿小乔木或灌木；奇数羽状复叶，小叶互生，长卵形，圆锥花序，花白色	果树	中国南部	华南、西南
2504	*Clausena lenis* Drake	光滑黄皮	Rutaceae 芸香科	树高2～3m；叶有小叶9～15片，小叶斜卵形、斜卵状披针形或近于斜的平行四边形；花序顶生；花瓣白色，基部淡红或暗黄色；果圆球形、稀阔卵形	果树		海南、广西西南部、云南南部
2505	*Clausena odorata* C. C. Huang	香花黄皮	Rutaceae 芸香科	树高约2m；叶有小叶19～25片，小叶斜长椭圆形或斜披针形；小叶柄长1～2mm；顶生圆锥花序或同时生于小枝上部的叶腋间；花瓣白色	果树		云南墨江
2506	*Clausena yunnanensis* C. C. Huang	云南黄皮	Rutaceae 芸香科	小乔木；高3～8m；叶有小叶5～11片，小叶长圆形或卵状椭圆形；顶生圆锥花序；果橙黄色，椭圆形	果树		广西、云南
2507	*Claviceps purpurea*（Fr.）Tul.	麦角	Clavicipitaceae 麦角菌科	寄生在麦类子房上所形成的一年生菌核；略具三棱形的圆柱状或角状物，稍弯曲，两端渐尖	药用	世界各地均有分布	河北、黑龙江、内蒙古

（续）

序号	拉丁学名	中文名	所属科	特征及特性	类别	原产地	目前分布/种植区
2508	*Cleidiocarpon cavaleriei*（Lév.）Airy Shaw	蝴蝶果（山板栗，麦别）	Euphorbiaceae 大戟科	常绿乔木；叶椭圆形；圆锥状花序顶生，由众多的雄花和 1～6 朵雌花组成，雄花生于花序上部，雌花生于花序下部；果为核果状	林木，经济作物（油料类）	中国	云南、广西、贵州
2509	*Cleisostoma paniculatum*（Ker Gawl.）Garay	大序隔距兰	Orchidaceae 兰科	常绿灌木；茎直立，扁圆柱形，叶革质，二列互生，狭长圆形或带状，圆锥花序腋生，萼片和花瓣背面黄绿色，内面紫褐色，边缘和中肋黄色，唇瓣黄色 3 裂，距黄色	观赏	中国江西、福建、台湾、广东、香港、海南、四川、贵州、云南	
2510	*Cleisostoma scolopendrifolium*（Makino）Garay	蜈蚣兰（瓜子菜）	Orchidaceae 兰科	多年生常绿附生草本；生于林中树上或岩石上；茎细长多节，质地较硬，有稀疏分枝，到处生根；叶革质多肉，上面有一纵沟	药用		山东、江苏、浙江、福建、湖北
2511	*Cleistanthus sumatranus*（Miq.）Müll. Arg.	闭花木（水柳树，假乌营）	Euphorbiaceae 大戟科	常绿树种、乔木；高 18m；叶纸质，互生、椭圆形或卵状椭圆形，顶端尾状渐尖，侧脉每边 5～7 条，网脉不明显；单性花，雌雄同株；小，单生或簇生于叶腋或退化叶的腋内；蒴果，近球形；种子近球形	观赏	中国	海南、广东、广西
2512	*Cleistocactus anguinus* Britt. et Rose.	蛇形柱	Cactaceae 仙人掌科	灌木状多浆植物；花长 7.5cm，花筒呈 S 形，花冠不整齐，橘红色，雄蕊伸出花冠之外	观赏		
2513	*Cleistocactus baumanii* Lem.	凌云柱	Cactaceae 仙人掌科	灌木状多浆植物；茎圆柱形，具棱 14，被黄色或棕色刺；花橙红色，弯曲	观赏	阿根廷北部、乌拉圭、巴拉圭	
2514	*Cleistocactus strausii*（Hease.）Backeb	吹雪柱	Cactaceae 仙人掌科	灌木状多浆植物；茎长柱状，绿色，27～30 棱；花大，红色至红堇色，细长管状；花期 4～6 月	观赏	玻利维亚、阿根廷	
2515	*Cleistogenes caespitosa* Keng	丛生隐子草	Gramineae（Poaceae）禾本科	多年生；秆高 20～45cm，纤细，叶片宽 2～4mm；第一外稃长 4～5.5mm，仅具 0.5～1mm 短尖头	饲用及绿肥		内蒙古、河北、山西、陕西、宁夏、甘肃和山东
2516	*Cleistogenes festucacea* Honda	长花隐子草	Gramineae（Poaceae）禾本科	多年生；秆纤细而劲直；叶片宽 0.5～2mm；圆锥花序伸出鞘外，小穗含 1～3 花，第一外稃长约 6mm，芒长 2～3mm	饲用及绿肥		华北

（续）

序号	拉丁学名	中文名	所属科	特征及特性	类别	原产地	目前分布/种植区
2517	*Cleistogenes hackeli*（Honda）Honda	朝阳隐子草	Gramineae (Poaceae) 禾本科	多年生草本；秆高30～60cm，多节；叶线状披针形；圆锥花序各节具1分枝，小穗有2～4小花；颖果	饲用及绿肥		辽宁、河北、山西、甘肃、四川、江苏
2518	*Cleistogenes hackelii*（Honda）Honda	中华隐子草	Gramineae (Poaceae) 禾本科	多年生；叶片宽1～2mm；圆锥花序分枝较长，具多数小穗，含3～5小花，第一外稃长5～6mm，芒长1～2(3)mm	饲用及绿肥		东北、华北、西北及河南、广西、云南
2519	*Cleistogenes mucronata* Keng ex P. C. Keng et L. Liu	细弱隐子草	Gramineae (Poaceae) 禾本科	多年生；叶片常内卷呈针状；小穗长10～14mm，含5～8花，第二颖具1脉，第一外稃长约5mm，仅具小尖头	饲用及绿肥		宁夏、陕西、山西
2520	*Cleistogenes polyphylla* Keng ex P. C. Keng et L. Liu	多叶隐子草	Gramineae (Poaceae) 禾本科	多年生；叶片宽2～4mm，小穗含3～7花；第一外稃长4～5mm，具0.5～1.5mm短尖头	饲用及绿肥		东北、华北及黄土高原区
2521	*Cleistogenes ramiflora* Keng et C. P. Wang	枝花隐子草	Gramineae (Poaceae) 禾本科	多年生，高25～35cm；花序狭窄，小穗长7～9mm，含3～4花，第二颖具1脉，第一外稃长约5mm，仅具小尖头	饲用及绿肥		内蒙古
2522	*Cleistogenes songorica*（Roshev.）Ohwi	无芒隐子草	Gramineae (Poaceae) 禾本科	多年生；高15～50cm；叶片扁平；圆锥花序开展，分枝平展，外稃卵状披针形，第一外稃长3～4mm，无芒	饲用及绿肥		
2523	*Cleistogenes squarrosa*（Trin.）Keng	糙隐子草	Gramineae (Poaceae) 禾本科	多年生，秆干后常成蜿蜒状或回旋状弯曲；第一外稃长5～6mm，先端具短于稃体	饲用及绿肥		东北、华北、西北
2524	*Clematis acerifolia* Maxim.	槭叶铁线莲	Ranunculaceae 毛茛科	直立小灌木；老枝灰色，有环状裂痕，叶五角形，常为不等的掌状5浅裂，花2～4朵簇生，萼片开展，白色或带粉红色，狭倒卵形至椭圆形	观赏	中国北京	
2525	*Clematis aethusifolia* Turcz.	芹叶铁线莲（透骨草）	Ranunculaceae 毛茛科	多年生草质藤本；二至三回羽状复叶或羽状细裂；聚伞花序腋生；花钟状下垂，萼片4，淡黄色；子房扁平，卵形；瘦果扁平	药用，有毒		东北、华北、西北

（续）

序号	拉丁学名	中文名	所属科	特征及特性	类别	原产地	目前分布/种植区
2526	*Clematis akebioides* (Maxim.) H. J. Veitch	甘川铁线莲	Ranunculaceae 毛茛科	木质藤本；茎圆柱形，具纵棱槽，绿色，无毛；叶面绿色，背面淡绿色，两面均无毛，小叶具柄；花苞片、萼片大，萼片黄色；瘦果倒卵形、椭圆形；花期7～9月；果期9～10月	观赏	中国云南、四川、青海、甘肃等	
2527	*Clematis apiifolia* DC.	女萎	Ranunculaceae 毛茛科	落叶藤本；叶对生，为三出复叶；圆锥花序具多数花；瘦果纺锤形或窄卵圆形，有柔毛	药用，生态防护，观赏		陕西、湖北、江西、福建、浙江、江苏、安徽
2528	*Clematis armandii* Franch.	小木通（威灵仙，山木通）	Ranunculaceae 毛茛科	常绿木质藤本；叶对生，三出复叶，小叶革质，卵圆形至披针形，圆锥花序顶生或腋生，花白色，萼片4，椭圆形至椭圆状倒卵形，无花瓣	观赏	中国云南、贵州、四川、陕西、湖北、广东、广西	
2529	*Clematis brevicaudata* DC.	短尾铁线莲	Ranunculaceae 毛茛科	多年生草质藤本；茎攀缘；叶对生，二回三出复叶，小叶卵状披针形至卵形；二歧聚伞花序圆锥形，花白色，心皮多数；瘦果卵形	药用，有毒		东北、华北、西北、华东、西南
2530	*Clematis cadmia* Buch.-Ham. ex Hook. f. et Thomson	短柱铁线莲	Ranunculaceae 毛茛科	多年生草质藤本；高约1m；茎有6条纵纹；二回三出复叶，小叶狭卵形或椭圆状披针形；花单生叶腋，淡紫色或白色，子房狭卵形；瘦果扁平	药用		安徽、浙江、江苏南部、江西北部
2531	*Clematis chinensis* Osbeck	威灵仙（老虎须，铁扫帚，百条根）	Ranunculaceae 毛茛科	藤本；地上部干时变黑；根丛生；花柱宿存于瘦果，延长成白色羽毛状	药用		华东、中南、西南及陕西
2532	*Clematis chrysocoma* Franch.	金毛铁线莲（金毛木通，风藤草）	Ranunculaceae 毛茛科	落叶灌木；茎密被平贴短柔毛，叶对生，三出复叶，两面密被黄色短柔毛，花白色或带粉红色，萼片4，椭圆形，外密被丝状毛	观赏	中国云南中、西部、四川西部	
2533	*Clematis courtoisii* Hand.-Mazz.	大花威灵仙（华东铁线莲）	Ranunculaceae 毛茛科	木质攀缘藤本；茎棕红色或深棕色，三出复叶至二回三出复叶，叶薄纸质，长圆形或卵状披针形，花单生叶腋，花大，萼片6枚白色，瘦果棕红色	观赏	中国湖南东部、安徽南部、河南南部、浙江北部、江苏南部	

（续）

序号	拉丁学名	中文名	所属科	特征及特性	类别	原产地	目前分布/种植区
2534	*Clematis crassipes* Chun et F. C. How	粗柄铁线莲	Ranunculaceae 毛茛科	木质藤本；枝暗黄色，三出复叶，小叶革质，长方卵圆形，圆锥花序腋生，萼片早落，肉质，外绿色内紫色，边缘被白色绒毛	观赏	中国广东、广西	
2535	*Clematis delavayi* Franch.	银叶铁线莲（德氏铁线莲，银叶大蓼）	Ranunculaceae 毛茛科	落叶灌木；叶对生，一回羽状复叶，椭圆形或狭卵形，背面密被银白色短柔毛，聚伞花序顶生，花白色，萼片4狭倒卵形，无花瓣	观赏	中国云南西部、四川西南部	
2536	*Clematis dilatata* Pei	舟柄铁线莲	Ranunculaceae 毛茛科	木质藤本；一至二回羽状复叶，有5～13革质小叶，叶柄基部扩大连合，抱茎，圆锥状聚伞花序顶生或腋生，萼片开展，白带红色，边缘密生绒毛	观赏	中国浙江	
2537	*Clematis finetiana* H. Lév. et Vaniot	山木通（老虎须，雪球藤）	Ranunculaceae 毛茛科	多年生木质藤本；茎长约4m；三出复叶，小叶狭卵形或披针形；花单生或为聚伞花序，花1～3朵成圆锥状聚伞花序，无花瓣；瘦果纺锤形	药用		华东及湖北、福建、广东、四川、贵州
2538	*Clematis florida* Thunb.	铁线莲	Ranunculaceae 毛茛科	落叶或半常绿藤本；二回三出复叶对生，小叶卵形至卵状披针形，花单生叶腋，具2叶状苞片，花瓣状萼片白色或淡黄白色，背有绿条纹	观赏，地被	中国广东、广西、湖南、江西	
2539	*Clematis fulvicoma* Rehder et E. H. Wilson	滇南铁线莲	Ranunculaceae 毛茛科	木质藤本；单叶对生，革质，卵圆形，基出弧形脉5～7，圆锥状聚伞花序或总状聚伞花序，花香，萼片6倒披针形，外被锈色绒毛	观赏	中国云南西部和南部	
2540	*Clematis fusca* Turcz.	褐毛铁线莲	Ranunculaceae 毛茛科	多年直立草本或藤本；茎暗棕色或紫红色，羽状复叶，小叶卵圆形，聚伞花序，花钟状下垂，萼片4枚，卵圆形，外被褐色柔毛，内淡紫色，边缘被白色毡绒毛	观赏	中国辽宁东部、吉林东北、黑龙江东部和北部	
2541	*Clematis gouriana* Roxb. ex DC.	小蓑衣藤	Ranunculaceae 毛茛科	落叶藤本；一回羽状复叶，小叶（3～）5（～7），纸质，卵形、长卵形或披针形；聚伞圆锥花序，花多数，花萼4，开展，白色，椭圆形或倒卵形；瘦果纺锤形或窄卵圆形	药用，生态防护，观赏		云南、贵州、四川、湖南、广西、湖北

（续）

序号	拉丁学名	中文名	所属科	特征及特性	类别	原产地	目前分布/种植区
2542	*Clematis grandidentata* (Rehder et E. H. Wilson) W. T. Wang	粗齿铁线莲	Ranunculaceae 毛茛科	落叶藤本；一回羽状复叶，小叶5，茎端有时具3小叶，卵形或椭圆状卵形；腋生聚伞花序，3～7花或顶生聚伞圆锥花序，花多数，花萼4，白色，长圆形；瘦果扁卵圆形	药用，生态防护，观赏		云南、贵州、四川、陕西、甘肃、青海、山西、湖北、湖南、安徽、浙江、江西、河南、河北、陕西
2543	*Clematis hancockiana* Maxim.	毛萼铁线莲	Ranunculaceae 毛茛科	木质攀缘藤本；茎棕红色或紫红色，茎上部叶为三出复叶，中下部叶为羽状或二回三出复叶，叶柄淡白色，花单生叶腋，萼片4枚，紫红色或蓝紫色	药用，生态防护及观赏	中国浙江东北部至河南南部、江苏西南部	
2544	*Clematis henryi* Oliv.	单叶铁线莲（雪里开）	Ranunculaceae 毛茛科	木质藤本；叶卵状披针形，基出弧形脉3～5条，聚伞花序腋生，常1钟状花，肥厚萼片4枚，白色或淡黄色，边缘具白色绒毛	药用，生态防护，观赏	中国云南、四川、贵州、广西、广东、湖南、湖北、安徽、浙江、江苏	
2545	*Clematis heracleifolia* DC.	大叶铁线莲	Ranunculaceae 毛茛科	直立草本或半灌木；茎有明显纵条纹，密生白色糙绒毛，三出复叶，小叶亚革质，聚伞花序顶生或腋生，萼片4枚蓝紫色，花萼下半部管状	观赏	中国华中、华东及陕西、河北、山西、辽宁、吉林	
2546	*Clematis hexapetala* Pall.	棉团铁线莲	Ranunculaceae 毛茛科	直立草本；叶近革质，单叶至复叶，一至二回羽状深裂，聚伞或总状、圆锥状聚伞花序顶生，萼片6，白色，外密生棉毛	观赏	中国甘肃东部、陕西、山西、河北、内蒙古、辽宁、吉林、黑龙江	
2547	*Clematis integrifolia* L.	全缘铁线莲	Ranunculaceae 毛茛科	直立草本或灌木；茎棕黄色，单叶对生，叶卵圆形，基出主脉3～5条，单花顶生，萼片4，紫红色、蓝色或白色，顶端反卷并有尖头状突起	观赏	中国新疆北部	
2548	*Clematis intricata* Bunge	黄花铁线莲	Ranunculaceae 毛茛科	草质藤本；一至二回羽状复叶，小叶2～3全裂或深裂；聚伞花序腋生，常3花，萼片4，黄色，狭卵形或长圆形	观赏	中国青海东部、甘肃南部、陕西、山西、河北、辽宁、内蒙古西部和南部	

（续）

序号	拉丁学名	中文名	所属科	特征及特性	类别	原产地	目前分布/种植区
2549	*Clematis jackmanii* T. Moore	杰克曼铁线莲	Ranunculaceae 毛茛科	木质藤本；为 *Clematis lanuginosa* 和 *C. viticella* 的杂交种；高 3～4m；花径 15cm；深紫花瓣，花药白色或米色	观赏	英国	西南
2550	*Clematis lancifolia* Bureau et Franch.	披针叶铁线莲	Ranunculaceae 毛茛科	直立小灌木；单叶对生，叶革质，披针形，聚伞花序或总状聚伞花序顶生，萼片 4～6，白色或外带淡红色，线状披针形，外边缘有短绒毛	观赏	中国云南、四川西部和西南部	
2551	*Clematis lanuginosa* Lindl.	毛叶铁线莲	Ranunculaceae 毛茛科	单叶，叶质厚，卵圆形，叶背密被灰色绒毛，假聚伞花序，花梗有绒毛，无苞片，具 6 或 8 枚萼片，轮状，白至淡雪青色	药用，生态防护，观赏	中国浙江	浙江东北部、宁波、镇海
2552	*Clematis lasiandra* Maxim.	毛蕊铁线莲（丝瓜花，小木通）	Ranunculaceae 毛茛科	落叶攀缘藤本；叶对生，二回羽状复叶，小叶卵形至披针形，聚伞花序腋生，苞片披针形，花萼钟状紫红色，花瓣状，萼片 4，无花瓣	观赏	中国东北及陕西、甘肃、湖北、河南、四川、云南、广东	
2553	*Clematis leschenaultiana* DC.	锈毛铁线莲	Ranunculaceae 毛茛科	藤本；叶对生，三出复叶，小叶椭圆状卵形，边缘生锯齿，基出脉 3 条，两面有贴生的锈色柔毛；聚伞花序具 3 花，腋生，苞片披针形；无花瓣	药用，生态防护，观赏		贵州南部、广西西南部、云南东南部
2554	*Clematis loureiriana* DC.	丝铁线莲	Ranunculaceae 毛茛科	木质藤本；茎光滑，三出复叶，小叶纸质，卵圆形，基出掌状脉 5，圆锥或总状花序腋生，萼片 4 白色，外被褐色绒毛	观赏	中国云南东部、广西、广东中部和南部	
2555	*Clematis macropetala* Ledeb.	大瓣铁线莲	Ranunculaceae 毛茛科	落叶藤本；叶对生，二回三出复叶，小叶长圆形至狭卵形；花单生，淡紫色至蓝色，退化雄蕊花瓣状，无花瓣	有毒，观赏		华北、西北及黑龙江
2556	*Clematis meyeniana* Walp.	毛柱铁线莲（吹风藤）	Ranunculaceae 毛茛科	常绿木质藤本；三出复叶，小叶近革质，卵形或卵状长圆形，圆锥状聚伞花序腋生或顶生，萼片 4，白色，长椭圆形，外边缘有绒毛	观赏	中国云南、四川、贵州南部、广西、广东、湖南南部、福建、台湾、广西、浙江	

（续）

序号	拉丁学名	中文名	所属科	特征及特性	类别	原产地	目前分布/种植区
2557	*Clematis montana* Buch.-Ham. ex DC.	山铁线莲	Ranunculaceae 毛茛科	落叶藤本；叶对生，三出复叶，小叶卵形或椭圆形，花白色至微淡红色，萼片4花瓣状，椭圆形	药用，生态防护，观赏	中国西藏、云南、贵州、四川、广西、甘肃、湖北、陕西、河南、江西、安徽	西南、华中、华东及西北南部
2558	*Clematis nannophylla* Maxim.	小叶铁线莲	Ranunculaceae 毛茛科	直立小灌木；枝带红褐色，单叶对生或簇生，羽状全裂，花单生或聚伞花序有3花，萼片4，斜上展呈钟状，黄色，长椭圆形至倒卵形，边缘密生绒毛	观赏	中国青海、甘肃、陕西	
2559	*Clematis napaulensis* DC.	合苞铁线莲	Ranunculaceae 毛茛科	藤本；三出复叶，数叶与1～9朵花簇生，或对生，小叶薄纸质，卵状披针形，苞片合生成杯状，顶端2裂，萼片4绿白色，长圆形，外密生绒毛	观赏	中国云南、贵州南部	
2560	*Clematis obscura* Maxim.	秦岭铁线莲（朦胧铁线莲）	Ranunculaceae 毛茛科	落叶攀缘灌木；叶对生，羽状复叶，小叶三角状卵形或卵形，聚伞花序腋生，苞片叶状，花白色，萼片花瓣状，椭圆形至倒卵状椭圆形	观赏	中国四川、湖北、甘肃、陕西、山西	
2561	*Clematis orientalis* L.	东方铁线莲	Ranunculaceae 毛茛科	多年生草质藤本；叶对生，一至二回羽状复叶，羽片常2对，小叶披针形至狭卵形；圆锥状聚伞花序或单聚伞花序腋生，无花瓣；瘦果	药用		新疆
2562	*Clematis otophora* Franch. ex Finet et Gagnep.	宽柄铁线莲	Ranunculaceae 毛茛科	攀缘草质藤本；茎有6条浅纵沟纹，三出复叶，小叶纸质，基出主脉3条，聚伞花序腋生，萼片4枚黄色，边缘密布短绒毛	观赏	中国湖北西部、四川东部	
2563	*Clematis paniculata* J. F. Gmel.	黄药子	Ranunculaceae 毛茛科	木质藤本；地下块茎单生，扁球形或圆锥形，肥大多肉；雄花白色，雌花较小	观赏		湖北、湖南、江苏
2564	*Clematis patens* C. Morren et Decne.	转子莲	Ranunculaceae 毛茛科	落叶藤本；羽状复叶，小叶卵形，基出3～5主脉，花单生枝顶，花瓣状萼片6～9，白色或淡黄白色	观赏	中国山东、辽宁	

（续）

序号	拉丁学名	中文名	所属科	特征及特性	类别	原产地	目前分布/种植区
2565	*Clematis peterae* Hand.-Mazz.	钝萼铁线莲（柴木通）	Ranunculaceae 毛茛科	落叶藤本；一回羽状复叶，小叶3(～5)，卵形或长卵形；聚伞圆锥花序，密被柔毛；瘦果卵圆形	药用，生态防护，观赏		云南、贵州、四川、湖北、甘肃、陕西、河南、陕西、河北
2566	*Clematis potaninii* Maxim.	美花铁线莲	Ranunculaceae 毛茛科	藤本；茎枝绿褐色，一至二回羽状复叶对生，或数叶与新枝簇生，花单生或聚伞花序腋生，萼片开展，白色，外被短柔毛	观赏	中国西藏东部、云南、四川、甘肃南部、陕西南部	
2567	*Clematis pseudopogonandra* Finet et Gagnep.	西南铁线莲	Ranunculaceae 毛茛科	木质藤本；老枝棕红色，二回三出复叶，小叶纸质卵状披针形，单花腋生，萼片钟状4枚，淡紫红色至紫黑色，内边缘密被淡黄色绒毛	观赏		
2568	*Clematis ranunculoides* Franch.	毛茛铁线莲	Ranunculaceae 毛茛科	直立草本或草质藤本；基生叶有长柄，茎生叶柄短，常为三出复叶，小叶薄纸质卵圆形，聚伞花序腋生，花钟状，萼片4，紫红色卵圆形，边缘密被淡黄色绒毛	观赏	中国云南西北部、四川西南部、广西西北部、贵州西南部	
2569	*Clematis rehderiana* Craib	长花铁线莲	Ranunculaceae 毛茛科	木质藤本；茎六棱形，一至二回羽状复叶，小叶卵状椭圆形，两面被平伏柔毛；聚伞圆锥花序腋生，花萼钟状芳香，萼片4枚，淡黄色，外边缘被白色绒毛	观赏	中国云南西北部、四川西部、青海南部、西藏	
2570	*Clematis repens* Finet et Gagnep.	曲柄铁线莲	Ranunculaceae 毛茛科	落叶藤本；单叶，稀3深裂或成3小叶，膜质，卵圆形或卵状椭圆形；花单生叶腋，具1对鳞状或钻形苞片；瘦果纺锤形或窄卵圆形	药用，生态防护，观赏		湖北、湖南、四川、贵州、云南、广西、广东
2571	*Clematis shensiensis* W. T. Wang	陕西铁线莲	Ranunculaceae 毛茛科	藤本；一回羽状复叶，常有5纸质小叶，聚伞花序顶生或腋生，萼片4，白色，倒披针形至倒卵状长圆形，外边缘密生绒毛	观赏	中国陕西南部、湖北西部、河南南部、山西南部	
2572	*Clematis sibirica*（L.）Mill.	西伯利亚铁线莲	Ranunculaceae 毛茛科	亚灌木；茎光滑，二回三出复叶，小叶纸质，卵状椭圆形，单花钟状下垂，萼片4枚，淡黄色，脉纹明显；外被稀疏短柔毛	观赏	中国新疆北部、吉林、黑龙江	

（续）

序号	拉丁学名	中文名	所属科	特征及特性	类别	原产地	目前分布/种植区
2573	*Clematis sibirica* var. *ochotensis*（Pall.）S. H. Li et Y. Hui Huang	半钟铁线莲	Ranunculaceae 毛茛科	木质藤本；茎幼时浅黄绿色，老后淡棕色至紫红色，三出至二回三出复叶，花钟状单生当年生枝顶，萼片 4 枚，淡蓝色，外边缘密被白色绒毛	观赏	中国山西北部、河北北部、吉林东部、黑龙江	
2574	*Clematis songorica* Bunge	准噶尔铁线莲	Ranunculaceae 毛茛科	直立小灌木或多年生草本；枝有棱，带白色，单叶对生或簇生，薄革质，线状披针形，灰绿色，聚伞或圆锥状聚伞花序顶生，萼片 4 枚，白色，外边缘密生绒毛	观赏	中国新疆	
2575	*Clematis tangutica*（Maxim.）Korsh.	甘青铁线莲	Ranunculaceae 毛茛科	落叶藤本；一回羽状复叶，花单生，有时为单聚伞花序腋生，萼片 4，黄色外带紫色，斜上展，外边缘有短绒毛，中间被柔毛	观赏		新疆、西藏、四川西部、青海、甘肃、陕西
2576	*Clematis tenuifolia* Royle	西藏铁线莲	Ranunculaceae 毛茛科	藤本；茎有纵棱，一至二回羽状复叶，两面被贴伏柔毛，花大单生，少数为聚伞花序，萼片 4，黄色、红褐色或紫褐色，内密生柔毛，外边缘有密绒毛	观赏	中国西藏南部和东部、四川西南部	
2577	*Clematis terniflora* DC.	圆锥铁线莲	Ranunculaceae 毛茛科	木质藤本；一回羽状复叶，通常 5 小叶，茎基部为单叶或三出复叶，圆锥聚伞花序顶生或腋生，萼片 4，白色，瘦果橙黄色	观赏	中国陕西东南部、河南南部、湖北、湖南北部、江西、浙江、江苏、安徽	
2578	*Clematis terniflora* var. *mandshurica*（Rupr.）Ohwi	东北铁线莲	Ranunculaceae 毛茛科	多年生蔓状草本；聚伞花序顶生或腋生；瘦果，卵形，花柱宿存	蜜源		东北及内蒙古
2579	*Clematis texensis* Buckl.	红花铁线莲	Ranunculaceae 毛茛科	木质藤本；小叶蜡质，广卵形；花肉质，钟状，红色；瘦果具淡黄色羽状花柱；花期夏、秋间	观赏	北美	西南
2580	*Clematis tsugetorum* Ohwi	台中铁线莲	Ranunculaceae 毛茛科	直立丛生小灌木；小枝有白色短绒毛，羽状复叶有 3 小叶，上面疏被柔毛，边缘有锐锯齿，单花钟状下垂，腋生或顶生，萼片 4，外密生柔毛	观赏	中国台湾	

（续）

序号	拉丁学名	中文名	所属科	特征及特性	类别	原产地	目前分布/种植区
2581	*Clematis urophylla* Franch.	尾叶铁线莲	Ranunculaceae 毛茛科	木质藤本；茎淡灰色，三出复叶，小叶狭卵形或卵状披针形，边缘有整齐锯齿，聚伞花序腋生，萼片 4，白色，直立不反卷，外面及边缘具短柔毛	观赏	中国四川西南部和东部、贵州、广西北部、广东北部、湖南、湖北西南部	
2582	*Clematis venusta* M. C. Chang	丽叶铁线莲	Ranunculaceae 毛茛科	藤本；茎枝带紫褐色，三出复叶，数叶与花1～3 朵簇生，或对生，小叶纸质，卵状披针形，萼片 4，白色外带紫色，外疏生柔毛	观赏	中国云南	
2583	*Clematoclethra scandens* subsp. *actinidioides* （Maxim.）Y. C. Tang et Q. Y. Xiang	藤山柳（铁线山柳）	Actinidiaceae 猕猴桃科	落叶木质藤本；叶互生，卵形，基部圆或近心形；聚伞花序，花白；果黑色	观赏	中国陕西、甘肃、四川、贵州	
2584	*Cleome lutea* Hook.	黄醉蝶花	Capparaceae 山柑科	一年生草本，株高可达 1.5m，叶互生，掌状复叶，具 3 小叶，花序顶生，花黄色，花被矩圆形	观赏	美国	
2585	*Clerodendranthus spicatus* (Thunb.) C. Y. Wu ex H. W. Li	肾茶（猫须草，猫须公）	Labiatae 唇形科	多年生草本；茎四棱形，常带淡紫色，质翠；叶对生，椭圆形或卵状披针形	药用	印度尼西亚、印度、缅甸、菲律宾	广东、广西、云南、福建、台湾
2586	*Clerodendrom speciosissimum* Van Geert.	爪哇常山	Verbenaceae 马鞭草科	落叶灌木；高 1m；叶长圆形，深绿色；花序圆锥状；花萼、花冠红色；花期夏秋季	杂草	亚洲热带、中国海南	
2587	*Clerodendron cyrtophyllum* Turcz.	大青木（淡婆婆，山靛青，靛青）	Verbenaceae 马鞭草科	灌木；树皮灰白色；枝黄褐色，幼时有柔毛；叶柄有白色沟状短柔毛；花芳香，萼红色，花冠白色；果紫色	蜜源		华东、中南、华南
2588	*Clerodendron fortunatum* L.	灯笼草（白花灯笼）	Verbenaceae 马鞭草科	落叶灌木，叶纸质，长椭圆形或倒卵状披针形，稀卵状椭圆形；聚伞花序较叶短，1～3 歧，具 3～9 花，苞片线性，花萼红紫色，花冠淡红色或白色稍带紫色；核果近球形，熟时深蓝绿色	药用，生态防护，观赏		江西、福建、广东、香港、海南、广西

（续）

序号	拉丁学名	中文名	所属科	特征及特性	类别	原产地	目前分布/种植区
2589	*Clerodendron lindleyi* Decene ex Planch.	尖齿臭茉莉（臭茉莉）	Verbenaceae 马鞭草科	落叶灌木，高 0.5～3m；叶纸质，宽卵形或心形；聚伞伞房花序密集，顶生，花冠紫红或淡红色；核果近球形，熟时蓝黑色	药用，观赏		浙江、江苏、安徽、福建、江西、湖南、广东、香港、海南、广西、贵州、云南、四川
2590	*Clerodendron mandarinorum* Diels	海通（牡丹树，白灯笼，鞋头树，臭梧桐）	Verbenaceae 马鞭草科	落叶乔木，高 20m；叶卵状椭圆形、卵形、宽卵形或心形；聚伞伞房花序顶生；核果近球形，宿萼红色	药用，观赏		西南及江西、湖南、湖北西部、广东、广西
2591	*Clerodendron thomsonae* Balf.	龙吐珠	Verbenaceae 马鞭草科	常绿蔓生灌木，高 5m；叶对生，卵状椭圆形；聚伞花序顶生，花萼合生，白色具 5 裂片，花冠红色，蕾时圆球形如珊瑚珠托于萼端，开后深红；核果，含种子 4 粒	药用，观赏	塞内加尔、几内亚、塞拉利昂及利比亚和加纳等国	广东、海南、广西、云南、福建、浙江、江苏、陕西
2592	*Clerodendrum bungei* Steud.	臭牡丹（大红花，臭八宝）	Verbenaceae 马鞭草科	灌木；茎高 1～2m；花序轴、叶柄密被褐色、黄褐色或紫色脱落性柔毛；叶广卵形，边缘有锯齿，深绿色，有短毛；伞房状聚伞花序顶生；果球形，有臭味	有毒，蔬菜	中国	华北、西北、西南及江苏、浙江、湖南、广西
2593	*Clerodendrum canescens* Wall. ex Walp.	灰毛大青（毛赪桐，六灯笼，狮子球，九连灯）	Verbenaceae 马鞭草科	落叶灌木；叶心形或宽卵形，稀卵形；聚伞头状花序 2～5 枝顶生；核果近球形，熟时深蓝至黑色	药用，观赏		浙江、江西、湖南、福建、台湾、广东、香港、广西、四川、贵州、云南
2594	*Clerodendrum chinense*（Osbeck）Mabb.	重瓣臭茉莉	Verbenaceae 马鞭草科	落叶灌木；叶片宽卵形或三角状卵形，揉之有臭味，两面多少有糙毛；聚伞花序顶生，下有不脱落苞片，苞片披针形，有大型腺点；花萼紫红色；花冠粉红色或近白色；果近球形	药用，观赏		湖北、福建、台湾、广东、香港、广西、云南
2595	*Clerodendrum colebrookianum* Walp.	腺茉莉（臭牡丹）	Verbenaceae 马鞭草科	小灌木；叶对生，具长柄；叶宽卵形、卵形或椭圆状心形，脉间有数个盘状腺体；伞房状聚伞花序顶生，花冠白色；果实近球形	杂草		广东、广西、云南、西藏

（续）

序号	拉丁学名	中文名	所属科	特征及特性	类别	原产地	目前分布/种植区
2596	*Clerodendrum cyrtophyllum* Turcz.	大青（山漆，猪屎青）	Verbenaceae 马鞭草科	落叶小乔木；叶纸质，椭圆形、卵状椭圆形、长圆形或长圆状披针形；聚伞花序顶生或腋生，苞片条形，花有香味，花冠白色；核果球形或倒卵圆形	药用，观赏		江苏、安徽、浙江、福建、台湾、江西、湖南、广东、香港、海南、广西、云南、贵州
2597	*Clerodendrum fortunatum* L.	白花灯笼（灯笼草，鬼灯笼）	Verbenaceae 马鞭草科	直立灌木；叶对生，长椭圆形至倒卵状披针形；聚伞花序腋生，花淡红色或白略带紫色；核果深蓝绿色	观赏	中国广西、海南、广东、福建、江西	
2598	*Clerodendrum inerme* (L.) Gaertn.	苦郎树	Verbenaceae 马鞭草科	落叶灌木；叶薄革质，卵形、椭圆形或椭圆状披针形，两面散生黄色腺点；聚伞花序通常具3花，花有香味，花冠白色，花丝紫红色；核果倒卵圆形，径0.7～1cm，熟时黄灰色	药用，观赏		浙江南部、福建、台湾、广东、香港、海南、广西
2599	*Clerodendrum japonicum* (Thunb.) Sweet	赪桐（百日红，贞桐花）	Verbenaceae 马鞭草科	多年生落叶或常绿灌木；幼茎四方形，深绿至灰白色；叶片宽卵形或心形，边缘有细齿，叶下部生土黄色腺点；聚伞圆锥花序；花萼、花冠、花梗均为深红色；果实蓝黑	蔬菜，药用，观赏	中国	浙江、江苏、江西、湖南、云南、四川、贵州、台湾、福建
2600	*Clerodendrum kaichianum* Hsu	浙江大青	Verbenaceae 马鞭草科	落叶小乔木或灌木状，叶厚纸质，椭圆状卵形或卵形；聚伞伞房花序顶生；核果熟时蓝绿色，径约1cm	药用，观赏		浙江、安徽、江西、福建
2601	*Clerodendrum kiangsiense* Merr. ex H. L. Li	江西大青	Verbenaceae 马鞭草科	落叶灌木；叶纸质，椭圆状卵形或椭圆形；聚伞伞房花序舒展，花冠淡红色；核果近球形，绿色	药用，观赏		浙江、江西
2602	*Clerodendrum kwangtungense* Hand.-Mazz.	广东赪桐	Verbenaceae 马鞭草科	落叶灌木；叶膜质，窄卵状披针形、卵状长圆形或长圆形；聚伞伞房花序生于枝顶叶腋；核果球形，熟时红色	药用		
2603	*Clerodendrum serratum* (L.) Moon	三台红花（三叶对，八棱麻）	Verbenaceae 马鞭草科	灌木；叶对生或3叶轮生，叶片长倒卵形或长椭圆形；疏锯齿山聚伞花序组成顶生的圆锥花序；花冠蓝紫色或白色，二唇形；核果	有毒，观赏		广西、贵州、云南、西藏

（续）

序号	拉丁学名	中文名	所属科	特征及特性	类别	原产地	目前分布/种植区
2604	*Clerodendrum thomsonae*（Venten.）R. Br.	龙吐珠	Verbenaceae 马鞭草科	落叶乔木；高 2～5m；幼株四棱形；叶狭卵形或卵状长圆形；花序聚伞状；花萼白色，花冠深红色；核果球形；花期 3～5 月；果期秋季	观赏	非洲热带西部	
2605	*Clerodendrum trichotomum* Thunb.	海州常山（臭梧桐）	Verbenaceae 马鞭草科	落叶灌木或小乔木；高 3～8m；叶对生，卵形或卵状椭圆形；伞房状聚伞花序较疏松，花大，花冠白色或带粉红色；核果扁球形	有毒，观赏		华北、华东、中南及西南
2606	*Clethra barbinervis* Siebold et Zucc.	华东山柳	Clethraceae 桤叶树科	落叶小乔木；高约 10m，总状花序，花梗被锈色硬毛；蒴果球形	蜜源		江西、浙江、安徽、湖北、台湾、山东
2607	*Clethra delavayi* Franch.	南岭山柳	Clethraceae 桤叶树科	落叶灌木；单叶互生，卵状椭圆形；总状花序顶生；蒴果，近圆形	蜜源		福建、广东、广西、湖南、湖北、贵州
2608	*Clethra fargesii* Franch.	华中山柳	Clethraceae 桤叶树科	落叶灌木或乔木；高 2.5～12m；总状花序 3～7 枝成近伞形圆锥花序；总轴有密棕色毛，毛是簇生的；花瓣倒卵形，长 5～6mm；雄蕊花丝近基部有疏长硬毛；花柱无毛，顶端 3 深裂	蜜源		江西、湖南、湖北、四川东部
2609	*Clethra kaipoensis* H. Lév.	嘉宝山柳	Clethraceae 桤叶树科	落叶灌木；高 1～3m；总状花序 4～8 枝成伞形花序（有时弱枝上只有 1 枝），总轴有金黄色的长硬毛；花瓣长 4～5mm，顶端啮蚀状；雄蕊花丝无毛，花药长 1.5mm，倒心形；花柱无毛，顶端稍膨大，3 浅裂，花后长 5～6mm	蜜源		广东、广西、云南
2610	*Cleyera japonica* Thunb.	红淡比（杨桐，红淡）	Theaceae 山茶科	常绿灌木；花常 2～4 朵腋生，苞片 2，早落；萼片 5，卵圆形或圆形，边缘又纤毛；花瓣 5，白色，倒卵状长圆形；花期 5～6 月	观赏	中国安徽南部、浙江南部和西部、江西、福建、湖南、广东、广西、贵州	长江以南各地、西至云南、东至台湾
2611	*Clinopodium chinense*（Benth.）Kuntze	风轮菜	Labiatae 唇形科	多年生草本；茎基部匍匐，高达 1m；叶卵圆形；轮伞花序，多花密集，常偏向一侧，花冠小，紫红色；小坚果倒卵形	药用		华东及台湾、湖南、湖北、广东、广西、云南

（续）

序号	拉丁学名	中文名	所属科	特征及特性	类别	原产地	目前分布/种植区
2612	*Clinopodium confine*（Hance）Kuntze	光风轮菜（四季草）	Labiatae 唇形科	二年生草本；多茎，铺散，基部生不定根；叶卵圆形，叶缘具圆齿状锯齿；轮伞花序常多花密集，近球形，花冠粉红至紫红色；小坚果	药用		华东、华南、西南及湖北、台湾
2613	*Clinopodium gracile*（Benth.）Matsum.	瘦风轮草（剪刀草）	Labiatae 唇形科	一年生纤细草本；茎多数，自匍匐茎生出，高8～30cm；叶卵圆形或卵形；轮伞花序分离，或密集茎端成短总状花序；小坚果卵球形	药用		华南、华东及湖北、台湾、贵州、云南
2614	*Clinopodium repens*（D. Don）Benth.	匍匐风轮菜	Labiatae 唇形科	多年生柔弱草本；茎匍匐生根，高约35cm，四棱形；叶卵圆形，长1～3.5cm，宽1～2.5cm，边缘具向内弯齿；轮伞花序，近球形；苞叶与叶相似，长3～5mm；花冠粉红色；小坚果近球形，直径约0.8mm，褐色	蔬菜	中国	甘肃、陕西、湖北、湖南、江苏、浙江、福建、台湾
2615	*Clinopodium urticifolium*（Hance）C. Y. Wu et Hsuan ex H. W. Li	麻叶风轮菜（紫苏）	Labiatae 唇形科	多年生草本；高20～70cm；茎钝四棱形；叶对生，卵形，基部楔形，边缘有锯齿；花密集成轮伞花序，腋生成顶生	蜜源		东北、华北及陕西、甘肃、山东、江苏、四川
2616	*Clitoria hanceana* Hemsl.	山岗夹	Leguminosae 豆科	直立半灌木状草本；高30～50cm；花成对生于叶腋或成极短的总状花序；蝶形花冠，白色或淡黄色，旗瓣外被粗毛；子房具柄，有多数胚珠，花柱扁平，内弯，沿内面有毛	有毒		
2617	*Clitoria mariana* L.	三叶蝶豆	Leguminosae 豆科	攀缘状亚灌木；羽状3小叶，叶片上面无毛，下面被疏毛，叶柄长4～11.5cm；苞片卵形，花冠浅蓝色；荚果长圆形	饲用及绿肥		四川、云南
2618	*Clitoria ternatea* L.	蓝蝴蝶（蝶豆，蓝花豆）	Leguminosae 豆科	多年生缠绕草本；羽状复叶，小叶卵形或宽椭圆形；花腋生；花冠蓝色、粉红或白色；荚果具长喙	饲用及绿肥，有毒，观赏		台湾、福建、广东、广西、云南
2619	*Clivia caulescens* R. A. Dyer.	有茎君子兰	Amaryllidaceae 石蒜科	多年生草本；叶舌形；花下垂，弯曲，深肉红色，上面有绿色和黄色条带	观赏	南非兰士瓦省	
2620	*Clivia cyrtanthiflora* Van Houtte	曲花君子兰	Amaryllidaceae 石蒜科	多年生草本；叶较大，花少，下垂，花的颜色及大小介于大花君子兰和垂笑君子兰之间	观赏	南非	

（续）

序号	拉丁学名	中文名	所属科	特征及特性	类别	原产地	目前分布/种植区
2621	*Clivia miniata* Regel	君子兰（大花君子兰）	Amaryllidaceae 石蒜科	多年生草本；伞形花序自叶腋抽出，花葶粗壮，直立，扁圆，常高于叶丛；每花序着花 30～40 朵，花冠漏斗状，常可达 10cm，橙红至橙黄色，内面黄色；花期 2～5 月	观赏	南非	我国各地均有分布
2622	*Clivia nobilis* Lindl.	垂笑君子兰	Amaryllidaceae 石蒜科	多年生草本；茎基部宿存的叶基呈鳞茎状，基生叶十几枚，质厚具光泽，带状，伞形花序顶生，花被狭漏斗形，橘红色，开花时稍下垂	观赏	非洲南部	
2623	*Cnesmone hainanensis*（Merr. et Chun）Croizat	粗毛藤（毛果，海南粗毛藤）	Euphorbiaceae 大戟科	攀缘藤本；叶长圆形；总状花序顶生或与叶对生，无花瓣；雄花花萼 3 裂，雄蕊 3，雌花花萼 3 片，子房 3 室；蒴果	有毒		广东、广西
2624	*Cnesmone tonkinensis*（Gagnep.）Croizat	异萼粗毛藤	Euphorbiaceae 大戟科	亚灌木；花序顶生或对生，不分枝，两性，上部的为雄花，下部的雌花；蒴果，3 室；种子球状，壳质的种皮	有毒		海南、广西
2625	*Cnidium monnieri*（L.）Cusson	蛇床（蛇床子，野茴香，蛇米）	Umbelliferae（Apiaceae）伞形科	二年生草本；茎高 30～80cm；叶二至三回三出式羽状分裂；复伞形花序，伞幅 15～30，花白色，花瓣倒卵形；双悬果长圆状卵形	饲用及绿肥		全国各地均有分布
2626	*Cobaea scandens* Cav.	电灯花	Polemoniaceae 花荵科	木质藤本；高达 8m，全株无毛；偶数羽状复叶，小叶椭圆形或长圆形；花较大，花冠钟状，由绿色渐变为紫色；花期夏秋季	观赏	墨西哥	云南南部、西北部、广东
2627	*Coccinia grandis*（L.）Voigt	红瓜（老鸦菜，狸红瓜）	Cucurbitaceae 葫芦科	攀缘草本；茎稍带分枝，卷须不分枝；叶片宽心形，长宽 5～10cm，两面有颗粒状凸点；花萼筒宽钟形，裂片线状披针形；花冠白色长 2cm，5 中裂；果实矩圆形，长 5cm，光滑，淡绿白，熟时深红色	蔬菜，药用	中国	广东、广西、云南
2628	*Cocculus laurifolius* DC.	衡州乌药（樟叶木防己）	Menispermaceae 防己科	常绿灌木；叶薄膜质，长圆形或长圆状披针形；聚伞花序复作总状花序排列；花被顶端 2 深裂；核果扁球形	有毒		我国南方各省份

（续）

序号	拉丁学名	中文名	所属科	特征及特性	类别	原产地	目前分布/种植区
2629	*Cocculus orbiculatus* (L.) DC.	木防己（日本木防己）	Menispermaceae 防己科	多年生草质或半木质藤本；叶形变化大，常为卵形或卵状长圆形，有时 3 裂；聚伞花序腋生，花淡黄色；核果近球形	药用		除西北外，其他地区皆有分布
2630	*Cocos nucifera* L.	椰子（可可椰子）	Palmae 棕榈科	多年生木本；羽状叶，辐射状丛生树干顶端；肉穗花序腋生，雌雄花同序，花单性，雄花三角筒状，雌花球状；核果	果树		海南、广东、广西、云南、福建、台湾
2631	*Codariocalyx microphyllus* (Thunb.) H. Ohashi	小叶三点金草	Leguminosae 豆科	多年生草本；多分枝，近无毛；小叶大的为长椭圆形，小的为倒卵形；花序密被柔毛，具 6～10 花；荚果长约 12mm	饲用及绿肥		华东、华中、华南、西南
2632	*Codariocalyx motorius* (Houtt.) H. Ohashi	舞草（风流草，电信草）	Leguminosae 豆科	小灌木；茎圆柱状，小叶 1～3 枚，顶生小叶长椭圆形或披针形，侧生小叶长圆形至线形，圆锥花序顶生，花紫红色	观赏	中国广西、云南、贵州、四川、福建、台湾	
2633	*Codonopsis clematidea* (Schrenk) C. B. Clarke	新疆党参	Campanulaceae 桔梗科	多年生草本；叶对生或互生，卵形或狭卵形，花顶生或腋生，钟状下垂，蓝色，筒有深蓝色脉纹，内中下部有 2 圈紫色环纹	观赏	中国西藏西部、新疆	新疆
2634	*Codonopsis convolvulacea* Kurz	鸡蛋参	Campanulaceae 桔梗科	茎缠绕或近于直立，叶互生，卵圆形，花单生主茎和侧枝顶端，花萼裂片狭三角状披针形，花冠幅状近于 5 全裂，淡蓝色或蓝紫色	观赏	中国云南东南部至中部、四川西南部	
2635	*Codonopsis henryi* Oliv.	川鄂党参	Campanulaceae 桔梗科	根未见；茎缠绕，长 1m 余；叶片长卵状披针形；花单生于侧枝顶端；果未见	药用，观赏		四川、湖北西部
2636	*Codonopsis lanceolata* (Sieb. et Zucc.) Benth. et Hook. f.	轮叶党参（羊乳，奶参）	Campanulaceae 桔梗科	多年生缠绕藤本；有白色乳汁；根肉质，圆锥形或纺锤形；叶披针形或狭卵形；花黄绿色或乳白色	蔬菜，药用	中国	东北、华北、华东、中南
2637	*Codonopsis pilosula* (Franch.) Nannf.	党参（合参，香草根）	Campanulaceae 桔梗科	多年缠绕草木；叶卵形或长卵形；花单生叶腋，花冠广钟状；雄蕊 5；蜜腺形成五角星状，略凸起；蒴果 3 瓣裂	药用，蜜源	中国	华北、西北及东北、河南

（续）

序号	拉丁学名	中文名	所属科	特征及特性	类别	原产地	目前分布/种植区
2638	*Codonopsis subscaposa* Kom.	抽葶党参	Campanulaceae 桔梗科	根常肥大呈圆锥状；茎直立，长 40～100cm；叶片卵形或披针形；花顶生或腋生；蒴果下部半球状，上部圆锥状	药用，观赏		云南西北部、四川西部
2639	*Codonopsis tangshen* Oliv.	川党参	Campanulaceae 桔梗科	根常肥大呈纺锤状；茎缠绕，长可达 3m；叶片卵形或披针形；花单生于枝端；蒴果下部近于球状	药用，观赏		四川、贵州、湖南、湖北、陕西
2640	*Codonopsis tubulosa* Kom.	管花党参	Campanulaceae 桔梗科	根不分枝，长 10～20cm；茎不缠绕，蔓生；叶片卵形、卵状披针形；花顶生；蒴果下部半球形，上部圆锥状	药用，观赏		贵州西部、四川西南部、云南
2641	*Coelachne simpliciuscula* （Wight et Arn. ex Steud.）Munro ex Benth.	小丽草	Gramineae（Poaceae）禾本科	一年生；秆基部伏卧，节处生根；圆锥花序狭窄，小穗常含 2 花，均为两性，颖宿存，长约为小穗的一半，外稃纸质	饲用及绿肥		云南、贵州、海南、广东、四川
2642	*Coeloglossum viride* （L.）Hartm.	凹舌兰（手参）	Orchidaceae 兰科	地生兰；茎生叶互生，狭椭圆形，总状花序顶生，苞片绿色，花黄绿色，唇瓣肉质，3 裂，裂片三角形	观赏	中国西北、东北、华北及四川、湖北、河南、台湾	
2643	*Coelogyne corymbosa* Lindl.	眼斑贝母兰	Orchidaceae 兰科	附生兰；叶 2 枚，矩圆状倒披针形至倒卵状矩圆形，花白色或稍带黄绿色，唇瓣 3 裂，有 2 块黄褐色斑	观赏	中国云南西部、西藏东南部	
2644	*Coelogyne cristata* Lindl.	贝母兰	Orchidaceae 兰科	附生兰；具假鳞茎；叶 2 枚，线状披针形，具短柄；花纯白色，芳香，唇瓣中裂片有金黄色脉；花期 12 月至翌年 4 月	观赏	中国西藏南部	
2645	*Coelogyne fimbriata* Lindl.	流苏贝母兰	Orchidaceae 兰科	附生兰；具假鳞茎；叶 2 枚，矩圆状披针形；花淡黄或近白色，唇瓣有红色斑纹；花期 7～11 月	观赏	中国江西南部、广东、海南、广西、云南、西藏东南部	
2646	*Coelogyne flaccida* Lindl.	栗鳞贝母兰	Orchidaceae 兰科	根状茎粗壮，坚硬；叶革质，长圆状披针形至椭圆状披针形；总状花序；花浅黄色至白色	药用，观赏		贵州南部、广西西北部、云南西南部至南部

（续）

序号	拉丁学名	中文名	所属科	特征及特性	类别	原产地	目前分布/种植区
2647	*Coelogyne leucantha* W. W. Sm.	白花贝母兰	Orchidaceae 兰科	附生兰；叶2枚，倒披针形至矩圆状披针形，花白色，萼片矩圆形，花瓣近丝状，唇瓣3裂	观赏	中国云南西部至东南部、四川西南部	
2648	*Coelogyne nitida*（Wall. ex D. Don）Lindl.	密茎贝母兰	Orchidaceae 兰科	附生兰；假鳞茎顶生2枚叶，狭椭圆形，革质，总状花序具2～3朵花，花白色或稍带淡黄色，唇瓣卵形有彩色眼斑，萼片长圆形，花瓣狭长圆形	观赏	中国云南南部和西北部	
2649	*Coelogyne occultata* Hook. f.	卵叶贝母兰	Orchidaceae 兰科	附生兰；叶2枚，卵形或椭圆状卵形，花白色，瓣3裂，有黄色眼斑和紫纹	观赏	中国西藏东部至南部、云南西北部	
2650	*Coelogyne ovalis* Lindl.	长鳞贝母兰	Orchidaceae 兰科	根状茎匍匐；假鳞茎近圆柱形；叶披针形或卵子披针形，纸质；总状花序；花绿黄色；蒴果近倒卵形	药用，观赏		云南西部、西藏
2651	*Coelogyne punctulata* Lindl.	斑唇贝母兰（果上叶，止血果）	Orchidaceae 兰科	附生兰；叶2枚革质，披针形或狭矩圆状披针形，花白色，花瓣披针形，唇瓣3裂卵形，具3个橙黄色斑块	观赏	中国云南、西藏	
2652	*Coelogyne suaveolens*（Lindl.）Hook. f.	疏茎贝母兰	Orchidaceae 兰科	附生兰；假鳞茎顶生2枚叶，倒披针形或长圆状倒披针形，厚纸质，总状花序，花白色，唇瓣长圆形有黄斑，花瓣长圆状披针形，萼片具5脉	观赏	中国云南南部	
2653	*Coffea arabica* L.	阿拉伯种咖啡（小粒种）	Rubiaceae 茜草科	常绿灌木；高4～5m；叶长椭圆形，叶缘有波纹；聚伞花序腋生，花冠白色，浆果，熟后紫红色	经济作物（饮料类）	埃塞俄比亚	云南、广西、海南
2654	*Coffea canephora* Pierre ex A. Froehner	中粒咖啡	Rubiaceae 茜草科	小乔木或灌木；高4～8m；叶厚纸质，椭圆形，卵状长圆形或披针形；聚伞花序1～3个，簇生与叶腋内；花冠白色；浆果近球形	果树	中非	广东、海南、云南
2655	*Coffea congensis* A. Froehner	刚果咖啡	Rubiaceae 茜草科	灌木；高2～6m；叶薄革质，长圆形或披针形；聚伞花序簇生于叶腋；浆果卵状长圆形	果树	非洲刚果	海南

（续）

序号	拉丁学名	中文名	所属科	特征及特性	类别	原产地	目前分布/种植区
2656	*Coffea liberica* W. Bull ex Hiern	利比里亚咖啡	Rubiaceae 茜草科	常绿乔木；高达约10m；叶椭圆形或长椭圆形，叶缘波纹不明显；枝条单节结果3～6个，果实大，长圆形，果顶大而凸起	经济作物（饮料类）	非洲利比里亚	云南、海南
2657	*Coffea stenophylla* G. Don	细叶咖啡	Rubiaceae 茜草科	灌木至小乔木；高3～6m；浆果具柄，初时球形，后变卵形，长12～13mm，直径8～10mm，外果皮平滑，成熟时蓝黑色	果树	西非	海南
2658	*Coix lacryma-jobi* L.	薏苡（川谷，菩提子）	Gramineae (Poaceae) 禾本科	一年生；小穗单生，雌小穗外包以骨质念珠状总苞，总苞卵圆形，长7～10mm，宽6～8mm，基部孔大	饲用及绿肥		华南、华东、华中、西南
2659	*Cola acuminata* (Beauv.) Schott & Endl.	可拉坚果（可乐果，红可腊）	Sterculiaceae 梧桐科	常绿大乔木，高可达20m；叶片革质，互生，深绿色；花黄白色，单生	果树	非洲	广东、云南
2660	*Colchicum autumnale* L.	秋水仙	Liliaceae 百合科	多年生草本；球茎圆锥球形，腹面簇生须根，外皮厚膜质，棕褐色；茎短或无，开花结实的植株一般无茎	观赏	欧洲和地中海沿岸	
2661	*Colchicum luteum* Bak.	黄秋水仙	Liliaceae 百合科	球根植物；花叶同放；花黄色；花期春季	观赏	法国、西班牙、葡萄牙	
2662	*Colchicum speciosum* Steven.	美丽秋水仙	Liliaceae 百合科	球根植物；鳞茎大；花紫红、浅粉色，白色喉部内部下面有黄点	观赏	意大利、阿尔及利亚	
2663	*Colchicum variegatum* L.	杂色秋水仙	Liliaceae 百合科	球根植物；株高7～8cm；花玫瑰红色；花冠筒白色，有红、白交错格	观赏	希腊及亚洲少部分地区	
2664	*Colebrookea oppositifolia* Sm.	羽萼木	Labiatae 唇形科	灌木；叶对生或3叶轮生；圆锥花序，雌花与两性花异株，雌花花萼钟状，雄蕊4；两性花花冠二唇形，雄蕊4；小坚果	观赏		云南南部
2665	*Coleus hybridus* Hort. ex Voss	杂种彩叶草	Labiatae 唇形科	一、二年生草本；花茎四棱形，叶子卵形或长卵形，叶缘有锯齿，全株覆盖着一层绒绒细毛；叶色有黄绿、深绿、大红、褐红、紫红、黄、淡黄、橙黄、褐紫等不同组合搭配	观赏	澳大利亚、马来西亚、爪哇、太平洋群岛亚热带或热带地区	我国各地均有种植

（续）

序号	拉丁学名	中文名	所属科	特征及特性	类别	原产地	目前分布/种植区
2666	*Coleus scutellarioides*（L.）Benth.	彩叶草	Labiatae 唇形科	多年生草本；高 1m，少分枝，茎四棱；叶卵圆形，叶面绿色，具黄、红、紫等斑纹；花序总状；花小，淡蓝色或白色；花期 8～9 月	观赏	印度尼西亚	我国各地均有种植
2667	*Collinsia grandiflora* Dougl. ex Lindl.	蓝唇花	Scrophulariaceae 玄参科	一、二生草本；茎上部叶披针形，下部叶卵圆形；上唇白至淡紫红色，下唇深紫红色；花期 6 月	观赏	美国加利福尼亚	
2668	*Collinsia verna* Nutt.	春蓝唇花	Scrophulariaceae 玄参科	一、二生草本；茎具绒毛；叶卵圆形至卵状披针形；花下唇亮蓝色，上唇白色或淡紫色	观赏	美洲	
2669	*Colocasia bicolor* L. M. Cao et C. L. Long	花叶芋	Araceae 天南星科	多年生草本；具块茎，有膜质鳞叶；叶基生，叶片质状着生，箭头状卵形、卵状三角形至圆卵形；花单性，无花被，雌花生于花序下部，雄花生于花序上部，中部为不育中性花所分隔，中性花具退化雄蕊；浆果白色	药用，观赏	南美热带地区	
2670	*Colocasia esculenta*（L.）Schott	芋（芋头，水芋）	Araceae 天南星科	多年生湿生草本；块茎常生小球茎；叶片盾状着生；很少开花；佛焰苞长短不一；肉穗花序顶端的附属器短	有毒	亚洲热带	我国长江以南各地
2671	*Colocasia esculentum* var. *antiquorum*（Schott）Hubbard et Rehder	野芋（红芋荷，野芋头）	Araceae 天南星科	多年生草本；块茎球形；叶片盾状着生，长圆状卵形；佛焰苞檐部线形披针形；肉穗花序顶端附属器细长；浆果	有毒		长江以南各省份
2672	*Colocasia fallax* Schott	假芋（野芋头，山芋）	Araceae 天南星科	多年生草本；常具匍匐茎；叶片薄革质，近圆形，盾状；佛焰苞淡绿色或黄色；管部短，椭圆状纺锤形；肉穗花序，花序柄细	蔬菜	中国	云南
2673	*Colocasia gigantea*（Blume）Hook. f.	大野芋	Araceae 天南星科	多年生常绿草本；叶丛生，叶柄具白粉，下部闭合；叶长圆状心形，鳞叶膜质，披针形，佛焰苞管部绿色，檐部粉白色，肉穗花序，雌花序圆锥状奶黄色	观赏	中国云南、广东、广西、江西、福建	云南、广西、广东、福建、江西、浙江、上海

（续）

序号	拉丁学名	中文名	所属科	特征及特性	类别	原产地	目前分布/种植区
2674	*Colocasia konishii* Hayata	红芋	Araceae 天南星科	叶片卵形，盾状；肉穗花序长 12cm，雌花序圆柱形，雄花序紧接向上渐狭的雌花序；附属器圆柱形，锐尖	蔬菜	中国	台湾
2675	*Colocasia yunnanensis* Colo-casiaL. Long et X. Z. Cai	云南芋	Araceae 天南星科	块茎扁球形；叶 1 枚；叶柄有白绿色斑纹，具 3 小叶，2 歧分叉；花葶约长达 60cm；佛焰苞卵状矩圆形；肉穗花序短于佛焰苞	药用，观赏		贵州、广西、云南
2676	*Columnea microphylla* Klo-tzsch et Hanst.	小叶金鱼花	Gesneriaceae 苦苣苔科	多年生草本；茎稀疏分株，下垂 1m 以上；叶圆形，浓绿色具红褐色毛；筒状花绯红色，具黄色喉；花期冬、春季	观赏	中美洲	
2677	*Coluria henryi* Batalin	大头叶无尾果	Rosaceae 蔷薇科	多年生草本；基生叶纸质，大头羽状全裂，小叶 4～10 对，叶轴和叶柄密被黄褐色长柔毛，茎生叶卵形，花瓣倒卵形，黄色或白色	观赏	中国湖北、四川、贵州	
2678	*Colutea arborescens* L.	鱼鳔槐	Leguminosae 豆科	落叶灌木；高 1～4m；羽状复叶；小叶长圆形至倒卵形；花序总状；花冠鳞黄色；荚果长卵形；种子扁；花期 5～7 月；果期 7～10 月	观赏	欧洲	辽宁、北京、山东、陕西、江苏
2679	*Colutea delavayi* Franch.	膀胱豆	Leguminosae 豆科	落叶灌木；树皮灰绿色；小叶 19～25 片；总状花序具 8～14（～31）花，翼瓣长约 8mm；荚果卵状纺锤形	饲用及绿肥		四川、云南
2680	*Colutea media* Willd.	杂种鱼鳔槐	Leguminosae 豆科	落叶灌木；高 1.8m；羽状复叶；小叶倒卵形；花序总状；花冠橙黄色至红褐镀，旗瓣反曲，瓣片横向椭圆形；荚果；花果期 5～10 月	观赏		山东青岛
2681	*Colutea nepalensis* Sims	尼泊尔膀胱豆	Leguminosae 豆科	落叶灌木；老枝红褐色，一年生枝白色；小叶 7～13 片；总状花序 3～10 花，花长 20～22mm，子房密被白毛；荚果长圆形	饲用及绿肥		西藏
2682	*Comarum salesovianum* （Ste-phan）Asch. et Graebn.	西北沼委陵菜	Rosaceae 蔷薇科	亚灌木；高 30～100cm；奇数羽状复叶，小叶 7～11，纸质，互生或近对生；聚伞花序顶生或腋生，有数朵疏生花，花瓣白色或红色；瘦果多数	蜜源		内蒙古、甘肃、青海、新疆、西藏

（续）

序号	拉丁学名	中文名	所属科	特征及特性	类别	原产地	目前分布/种植区
2683	*Comastoma traillianum* (Forrest) Holub	高杯喉花草	Gentianaceae 龙胆科	一年生草本；茎常带紫红色，基生叶花期凋落，茎生叶无柄，基部半抱茎，聚伞花序顶生和腋生，花冠蓝色，高脚杯状，冠筒喉部具一圈白色副冠	观赏	中国云南西北部、四川南部	
2684	*Combretum alfredii* Hance	风车子	Combretaceae 使君子科	常绿灌木；穗状花序腋生和顶生或组成圆锥状花序，纵轴被棕黄色的绒毛和金黄色与橙色的鳞片；小苞片线状，萼钟状，外面又黄色而有光泽的鳞片和被粗毛；花瓣长约 2mm，黄白色，长倒卵形；花期 5～8 月	观赏	中国广东、广西、江西、湖南	
2685	*Combretum latifolium* Blume	阔叶风车子	Combretaceae 使君子科	常绿灌木；叶片革质，阔椭圆形或椭圆形；总状花序腋生或组成顶生圆锥花序，密被绒毛状微柔毛；花缘白色至黄绿色，极香，极多；花期 1～4 月，果期 6～10 月	观赏	中国云南南部	
2686	*Combretum punctatum* Blume	盾鳞风车子	Combretaceae 使君子科	常绿攀缘灌木或藤本；花序为假头状的穗状花序组成顶生或腋生圆锥花序，被灰色或锈色鳞片；苞片叶状，椭圆形；花 4 数，无柄，无小苞片，黄色，芳香；花瓣 4，倒卵形，有爪，无毛；花盘漏斗状，边缘分离	观赏	中国云南西南部	
2687	*Commelina benghalensis* L.	饭包草（火柴头）	Commelinaceae 鸭跖草科	多年生匍匐草本；茎披散；叶鞘有疏长睫毛；叶卵形或宽卵形；总苞片佛焰苞状，数个集生枝顶；聚伞花序，花瓣 3，蓝色，具爪；蒴果	观赏		河北及秦岭、淮河以南各省份
2688	*Commelina coelestis* Willd.	蓝花鸭跖草	Commelinaceae 鸭跖草科	多年生草本，高约 20cm，匍匐枝长约 90cm，常在节处生根；叶片披针形至卵状披针形，花深蓝色	观赏	墨西哥	
2689	*Commelina communis* L.	鸭跖草（竹叶草）	Commelinaceae 鸭跖草科	一年生草本；茎披散；叶互生，披针形至卵状披针形；总苞片佛焰苞状；聚伞花序，花两性，花瓣 3，深蓝色；蒴果椭圆形	药用，饲用及绿肥		甘肃、云南以东的南北各省份
2690	*Commelina paludosa* Blume	大苞鸭跖草	Commelinaceae 鸭跖草科	多年生草本；苞片常数枚在顶端集成头状，下缘合生成扁漏斗形；花蓝色	观赏	热带、亚热带地区	我国东南、西南各地

（续）

序号	拉丁学名	中文名	所属科	特征及特性	类别	原产地	目前分布/种植区
2691	*Commelina undulata* R. Br.	波缘鸭跖草	Commelinaceae 鸭跖草科	多年生草本；茎披散或近直立；叶披针形，边缘波浪形；叶鞘口部疏被黄白色硬睫毛；聚伞花序有花4～6朵，花蓝色；蒴果3室	杂草		云南东北部、四川西部
2692	*Coniogramme emeiensis* Ching et K. H. Shing	长羽凤丫蕨	Hemionitidaceae 裸子蕨科	植株高约1.5m；叶柄长50～90cm，粗4.5mm，栗棕色或禾秆色；叶侧脉二回二叉，顶端的狭纺锤形水囊伸到锯齿基部以下；孢子囊群沿侧脉伸达离叶边不远处	药用，饲用及绿肥	中国	四川、湖北
2693	*Coniogramme japonica* (Thunb.) Diels	南岳凤丫蕨（四明山凤丫蕨）	Hemionitidaceae 裸子蕨科	植株高约80cm；叶柄长25～50cm，侧生小羽片2～3对，阔披针形，多少不对称；沿羽轴两侧有2～3行网眼，网眼外的小脉分离，小脉顶端的水囊短棒状；孢子囊群沿叶脉分布到离叶边3mm处	药用，饲用及绿肥	中国	河南、江西、贵州、安徽、湖南、江苏、浙江、福建
2694	*Coniogramme rosthornii* Hieron.	乳头凤丫蕨	Hemionitidaceae 裸子蕨科	植株高60～100cm；根状茎长而横走，粗5mm，密被棕色披针形鳞片；水囊细长，略加厚，伸达锯齿基部；叶干后密生乳头突起，突起上生灰白色短毛；孢子囊群伸达离叶边不远处	药用，饲用及绿肥	中国	陕西、甘肃、四川、贵州、云南、湖北
2695	*Coniogramme wilsonii* Hieron.	疏网凤丫蕨	Hemionitidaceae 裸子蕨科	植株高约70cm，叶柄长约40cm，粗3～5mm；叶脉仅靠羽轴两侧有少数不连续的网眼，其余分离，水囊略加厚，线形，不到锯齿基部；孢子囊群伸达离叶边不远处	蔬菜，药用，饲用及绿肥	中国	陕西、甘肃、河南、四川、贵州、湖北、湖南
2696	*Conium maculatum* L.	毒参	Umbelliferae（Apiaceae）伞形科	二年生草本；根圆锥形肥厚，茎中空；叶二回羽状分裂；复伞形花序生于茎和枝顶端呈聚伞状；总苞片5；果实近卵形	有毒		新疆
2697	*Conophytum auriflorum* Tisch.	肉锥花	Aizoaceae 番杏科	多年生多浆植物；植株肉质；叶圆锥形，2枚，常形成小丛，暗绿色，四周带红色，表面粗糙；花金黄色；花期8～10月	观赏	南非	
2698	*Conophytum griseum* N. E. Br.	银金肉锥花	Aizoaceae 番杏科	多年生多浆植物；植株呈裂开的棍棒状，铜锈色，有透明的“小窗”及黑色小点；花小，白色	观赏	南非	

（续）

序号	拉丁学名	中文名	所属科	特征及特性	类别	原产地	目前分布/种植区
2699	*Conophytum pearsonii* N. E. Br.	皮氏肉锥花	Aizoaceae 番杏科	多年生多浆植物；植株倒圆锥形；叶表面凸起，灰色，具蓝色小点；花粉紫红色	观赏	南非	
2700	*Consolida ajacis*（L.）Schur	飞燕草（彩雀）	Ranunculaceae 毛茛科	多年生草本；叶掌状细裂，小裂片线形；花序生茎或分枝顶端；萼紫色、粉红色或白色；花瓣距钻形；蓇葖果	有毒	欧洲南部和亚洲西南部	我国各城市
2701	*Convallaria majalis* L.	铃兰（草玉铃，香水花）	Liliaceae 百合科	多年生草本；根状茎匍匐；叶2枚，椭圆形；花葶由鳞片伸出；总状花序；苞片披针形；浆果	有毒	北半球温带地区	东北、华北及山东、河南、陕西
2702	*Convolvulus ammannii* Desr.	银灰旋花	Convolvulaceae 旋花科	多年生草本；被银灰色丝状毛；叶互生，无柄，狭披针形；花单生枝顶，花冠小，白色漏斗状，带有淡紫色条纹；蒴果球形	饲用及绿肥		华北、西北及河南、黑龙江、吉林、西藏
2703	*Convolvulus arvensis* L.	田旋花（箭叶旋花）	Convolvulaceae 旋花科	多年生缠绕草本；茎蔓生或缠绕；叶互生，戟形，全缘或3裂；花序腋生具花1～3朵，花冠漏斗状，粉红色；蒴果卵状球形或圆锥形	药用		东北、华北、西北及四川、西藏
2704	*Convolvulus gharbensis* Batt. et Pitard.	北非旋花	Convolvulaceae 旋花科	草质藤本，基生叶倒披针形，茎生叶椭圆形或倒披针形，花序顶生，子房2室，胚珠4颗，花柱1，柱头2；蒴果，4瓣裂或不规则开裂	观赏	摩洛哥	
2705	*Convolvulus gortschakovii* Schrenk	鹰爪柴	Convolvulaceae 旋花科	半灌木；分枝密集，小枝具硬刺，密被银色绢毛；叶倒披针形，基部渐狭；花单生于侧枝，侧枝末端具2小刺；蒴果宽椭圆形	饲用及绿肥		内蒙古、宁夏、甘肃、新疆
2706	*Convolvulus tragacanthoides* Turcz.	刺旋花	Convolvulaceae 旋花科	落叶小半灌木；高10～20cm，枝密集，形成垫状；小枝硬化，先端刺状，叶条形，窄披针形，先端钝，基部渐窄，无柄，两面被绢毛，花2～5朵密集枝端，稀单花；蒴果球形	饲用及绿肥，生态防护，蜜源		内蒙古、宁夏、甘肃、新疆
2707	*Convolvulus tricolor* L.	三色旋花	Convolvulaceae 旋花科	一年生草本植物，茎攀缘上升，叶片狭矩圆形，全缘；聚伞花序或单生，花冠钟形或漏斗形，粉红色	观赏		

（续）

序号	拉丁学名	中文名	所属科	特征及特性	类别	原产地	目前分布/种植区
2708	*Conyza blinii* H. Lév.	熊胆草（苦蒿头）	Compositae（Asteraceae）菊科	一年生草本；具多数纤维状根；茎高 40～90cm；叶密集，卵形或卵状长圆形，羽状深裂；头状花序排成圆锥花序，花黄色；瘦果长圆形	杂草		四川、贵州、云南、西藏
2709	*Conyza bonariensis* （L.） Cronq.	香丝草（野塘蒿）	Compositae（Asteraceae）菊科	一年或两年生草本；茎高 30～80cm；叶线形或披针形；头状花序再集成圆锥花序，外围花雌性，中央花两性；瘦果长圆形	杂草	南美洲	长江流域及其以南地区、陕西、甘肃
2710	*Conyza canadensis* （L.） Cronq.	小蓬草（小白酒草）	Compositae（Asteraceae）菊科	一、二年生草本；茎高 40～120cm；基生叶近匙形，上部叶线形或线状披针形；头状花序再密集圆锥或伞房状圆锥花序；瘦果长圆形	药用，饲用及绿肥		东北、华东、西南、华北、华中
2711	*Conyza japonica*（Thunb.） Less.	白酒草（假蓬）	Compositae（Asteraceae）菊科	一年生或两年生草本；茎高 20～40cm，具细条纹；基生叶莲座状，叶多形；头状花序密集成球状或伞房状花序；瘦果纺锤形	有毒		西南、华南及浙江、江西、湖南、福建、台湾
2712	*Copiapoa cinerea* （Phil.） Britt. et Rose.	黑王球	Cactaceae 仙人掌科	多浆植物；茎球形至圆筒状；蓝绿、灰绿至灰白色，具明显蜡质层；花阔漏斗形至钟形，黄色；春、夏季开花	观赏	智利北部	
2713	*Copiapoa coquimbana*（Karw.） Britt. et Rose.	龙爪	Cactaceae 仙人掌科	多浆植物；茎深灰绿色，棱 10～17，深褐色；花黄色；花期夏季	观赏	智利	
2714	*Copiapoa marginata* Brett. et . Rose.	龙鳞球	Cactaceae 仙人掌科	多浆植物；茎灰绿色，顶部被黄色绵毛；刺浅褐色；花黄色；春、夏季开花	观赏	智利	
2715	*Coptis chinensis* Franch.	黄连（味连，川连）	Ranunculaceae 毛茛科	多年生草本植物；根茎常有分枝；叶基生，具长柄，卵状三角形，3 全裂；聚伞花序顶生；心皮 8～12，离生；蓇葖果	观赏	中国	四川、湖北、湖南、贵州、陕西
2716	*Coptis deltoidea* C. Y. Cheng et P. G. Xiao	三角叶黄连（雅连，家连）	Ranunculaceae 毛茛科	多年生草本；根状茎单枝，稀分枝，有时节间细长，节上着生极多须根	药用		四川省洪雅、峨眉

（续）

序号	拉丁学名	中文名	所属科	特征及特性	类别	原产地	目前分布/种植区
2717	*Coptis omeiensis*（Chen）C. Y. Cheng	峨眉黄连	Ranunculaceae 毛茛科	多年生草本；根状茎黄色，圆柱形；叶片轮廓披针形或窄卵形；花序为多歧聚伞花序；苞片披针形；萼片黄绿色，狭披针形；花期2～3月；果期4～7月	药用	中国四川峨眉、峨边、洪雅	四川
2718	*Coptis quinquesecta* W. T. Wang	五裂黄连	Ranunculaceae 毛茛科	根状茎黄色，具多数须根；叶片近革质，卵形；多歧聚伞花序；聚合果稀疏	药用，观赏		云南金平
2719	*Coptis teeta* Wall.	云南黄连	Ranunculaceae 毛茛科	多年生草本；叶卵状三角形，3全裂，多歧聚伞花序有3～4朵花，苞片3深裂或羽状深裂，萼片黄绿色椭圆形，花瓣匙形，中部以下变成细长的爪	观赏	中国云南西北部、西藏东南部	
2720	*Coptosapelta diffusa*（Champ. ex Benth.）Steenis	流苏子	Rubiaceae 茜草科	攀缘状灌木；花5数或偶为4数，单生叶腋；花萼小，萼筒球状，裂片短，宿存；花冠白色或淡黄色，高脚碟状，长约15mm，被绢毛，裂片覆瓦状排列；花药伸出；子房下位，2室	蜜源		长江流域及以南
2721	*Corchoropsis crenata* Sieb. et Zucc.	田麻（毛果田麻）	Tiliaceae 椴树科	一年生草本；高40～60cm；叶卵形或长卵形，密生星状短柔毛；托叶钻形；花单生叶腋，花瓣5，黄色；蒴果圆筒形	经济作物（纤维类）		东北、华北及湖北、湖南、贵州、四川、广东
2722	*Corchoropsis crenata* var. *hupehensis* Pamp.	光果田麻	Tiliaceae 椴树科	一年生草本；高30～60cm；单叶互生，叶卵形或长卵形，基出脉3条；托叶钻形；花单生叶腋，花瓣5，黄色；蒴果角状圆柱形	饲用及绿肥		华北、华东及陕西、甘肃、河南、湖北、四川
2723	*Corchorus aestuans* L.	假黄麻（甜麻）	Tiliaceae 椴树科	一年生草本；高不足1m；叶卵圆形或长卵形，叶缘锯齿状；聚伞花序腋生，花小，淡黄色，簇生1～4朵，子房圆柱形；蒴果短圆柱形	经济作物（纤维类）		长江以南各省份
2724	*Corchorus aestuans* var. *brevicaulis*（Hosok.）Liu et Lo	短茎黄麻	Tiliaceae 椴树科	茎匍匐；与假黄麻的区别：节间较短；蒴果常有5角的10条翅或棱	经济作物（纤维类）		台湾
2725	*Corchorus axillaris* Tsen et Lee.	椏果黄麻	Tiliaceae 椴树科	一年生草本；高约1.5m；叶长卵圆形；花黄色，2～3朵丛生分枝顶端，常2～3丛聚集在一起，子房球形；蒴果5～9个簇生短果枝上	经济作物（纤维类）		四川荣昌、泸州

（续）

序号	拉丁学名	中文名	所属科	特征及特性	类别	原产地	目前分布/种植区
2726	*Corchorus brevicornutus* Vollesen	短角种	Tiliaceae 椴树科	一年生草本；高约 0.3m；叶卵圆或椭圆形，叶缘锯齿状；花 1～2 朵丛生，倒卵形，子房圆柱形；蒴果裂成 5～6 枚粗糙瓣片	经济作物（纤维类）		
2727	*Corchorus capsularis* L.	黄麻（络麻，圆蒴黄麻，圆果种黄麻）	Tiliaceae 椴树科	一年生草本；叶卵状披针形或披针形；聚伞花序；萼片淡紫色；花瓣黄色；蒴果球形，有纵棱和疣状突起物	有毒	中国、印度	长江以南各省份
2728	*Corchorus fascicularis* L.	梭状种	Tiliaceae 椴树科	一年生草本；高 0.4～1m；叶椭圆形或长披针形，叶缘有锯齿；花 2～5 簇生，花瓣 5；蒴果圆柱状，裂成 3 室	有毒		
2729	*Corchorus olitorius* L.	长蒴黄麻（长果黄麻）	Tiliaceae 椴树科	一年生草本；多分枝；叶长卵形至卵状披针形；聚伞花序有花 1～3 朵；花淡黄色；蒴果圆筒形，熟时 4～5 瓣裂	有毒	中国、印度	长江以南各省份
2730	*Corchorus pseudocapsularis* Schweinf.	假圆果种	Tiliaceae 椴树科	一年生草本；叶披针形，叶缘锯齿状，有叶须一对；花 1～3 朵簇生，子房球形有刺；蒴果 5 室，球形有硬刺，种子棱角形	药用，观赏		
2731	*Corchorus pseudo-olitorius* Islam et Zaid	假长果种	Tiliaceae 椴树科	一年生草本；高约 1m；叶狭披针形，叶缘锯齿状；花 1～3 朵簇生，子房圆柱状，有小刺；蒴果圆柱状，3 裂瓣，顶端有一渐狭短喙	观赏		
2732	*Corchorus quinquenervis* Hochst. ex A. Rich	荨麻叶种	Tiliaceae 椴树科	一年生草本；高 0.5m；叶窄卵形，叶缘锯齿状；花 1～3 簇生，花瓣 4，淡黄色，子房长椭圆形；蒴果圆柱状，种子棱角形	观赏		
2733	*Corchorus schimperi* Cufod.	木荷苞种	Tiliaceae 椴树科	一年生草本；茎半匍匐；叶下主脉和分枝脉部分散生柔毛，叶缘锯齿状；子房三角形或圆筒形，多毛；蒴果瓣膜有刺	观赏		
2734	*Corchorus tridens* L.	三齿种	Tiliaceae 椴树科	一年生草本；高 0.1～1m；叶披针形或长椭圆形，有叶须；花瓣 4～5，倒圆形，雄蕊 10，子房圆柱状；蒴果圆柱状，3 室末端具 3 个小角	观赏		

（续）

序号	拉丁学名	中文名	所属科	特征及特性	类别	原产地	目前分布/种植区
2735	*Corchorus trilocularis* L.	三室种	Tiliaceae 椴树科	一年生或多年生草本；茎高 0.5～1m；叶椭圆形或长卵圆形；聚伞花序单生，与叶对生，子房 3 室；蒴果 1～3 簇生，长圆柱形	药用，观赏		云南宾川
2736	*Cordia dichotoma* G. Forst.	破布木（风筝子）	Boraginaceae 紫草科	乔木；高 3～8m；叶卵形、宽卵形或椭圆形；聚伞花序；花冠白色；核果近球形，黄色或带红色	果树		西藏、云南、贵州、广西、广东、福建、台湾
2737	*Cordyceps sinensis*（Berk.）Sacc	冬虫夏草菌（冬虫夏草）	Clavicipitaceae 麦角菌科	为冬虫夏草菌寄生在蝙蝠蛾科昆虫蝙蝠蛾越冬幼虫体上的子座与虫体的复合体，子座出自寄生头部，子座头密生子囊壳	药用	中国西南部	西南、西北
2738	*Cordyline australis*（G. Forst.）Hook. f.	香朱蕉	Liliaceae 百合科	常绿灌木；树状，高 12m；顶端簇生细长剑形叶，叶片宽 1～3cm，长 50cm 以上，具有丰富叶色；花白色，芳香	观赏	新西兰	
2739	*Cordyline banksii* Hook. f.	斑克氏朱蕉	Liliaceae 百合科	常绿灌木；高 3m，多丛生；叶带状，具浅黄色中肋；花序圆锥状，下垂；花白色	观赏	新西兰	
2740	*Cordyline fruticosa*（L.）A. Chev.	朱蕉	Liliaceae 百合科	常绿灌木；株高 3m；叶剑形或阔披针形至长椭圆形，绿色或带紫红色；花序圆锥状；花小，淡红色或紫色，偶有黄色；花期春、夏季	观赏	亚洲热带及太平洋岛屿	广东、广西、福建、台湾
2741	*Cordyline indivisa*（G. Forst.）Steud.	绿玉蕉（蓝朱蕉）	Liliaceae 百合科	常绿灌木；高达 8m 以上；叶狭长，剑形，黄绿色；花序圆锥状；花白色	观赏	新西兰	
2742	*Cordyline stricta* Endl.	剑叶朱蕉	Liliaceae 百合科	常绿灌木；乔木状；叶剑形，无柄，嫩时带红色；花序圆锥状；花堇色	观赏	澳大利亚	广东、广西
2743	*Coreopsis basalis* Blake	金鸡菊	Compositae（Asteraceae）菊科	一、二年生草本；叶羽状全裂，小裂片线状披针形至长圆形；花序头状；花舌状，黄色，管状花紫色；花期夏秋季	观赏	北美、非洲及夏威夷群岛	
2744	*Coreopsis lanceolata* L.	大金鸡菊	Compositae（Asteraceae）菊科	多年生草本；叶在茎部成对簇生，匙形或线状倒披针形；头状花序单生茎端，舌状花黄色；瘦果，边缘具宽翅	药用		长江中下游地区

（续）

序号	拉丁学名	中文名	所属科	特征及特性	类别	原产地	目前分布/种植区
2745	*Coreopsis tinctoria* Nutt.	蛇目菊	Compositae（Asteraceae）菊科	一年生草本；茎高30～100cm；叶对生，线形；头状花序再排成伞房状花序，舌状花上部黄色，基部红褐色，管状花红褐色；瘦果纺锤形	杂草	北美	安徽、江苏
2746	*Coreopsis verticillata* L.	轮叶金鸡菊	Compositae（Asteraceae）菊科	一、二年生草本；叶无柄，掌状三出复叶；花序头状；花深黄色；花期夏秋季	观赏	北美、非洲及夏威夷群岛	
2747	*Coriandrum sativum* L.	芫荽（香菜，胡荽）	Umbelliferae（Apiaceae）伞形科	二年生草本；有香味；茎中空，高30～100cm；茎生叶丛生，一至二回羽状全裂；复伞形花序顶生，无总苞，花白色或淡紫色；双悬果近球形	蔬菜	地中海沿岸及中亚	我国各地有栽培
2748	*Coriaria intermedia* Matsum.	台湾马桑	Coriariaceae 马桑科	小灌木；叶卵状披针形；花单性同株，总状花序生于二年生的小枝上；花瓣5，小，线状长圆形，雄蕊10；果球形	有毒		台湾
2749	*Coriaria japonica* A. Gray	日本马桑（毒空木）	Coriariaceae 马桑科	落叶灌木；枝条方形；叶无柄对生；总状花序腋生；雌雄同株；花小黄绿色；花瓣5，肉质；球形果，红色或黑紫色	有毒		江苏、台湾
2750	*Coriaria nepalensis* Wall.	马桑（千年红，马鞍子）	Coriariaceae 马桑科	灌木；幼枝紫红；叶椭圆形对生；总状花序侧生前年枝上；花杂性，春季开绿紫色小花；浆果状瘦果，种子长圆形	有毒		西北、华中、西南及山西、广西、台湾
2751	*Coriolus versicolor*（L. ex Fr.）Quel	彩绒革盖菌	Polyporaceae 多孔菌科	子实体一般较小，无柄，平伏面反卷，或扇形，贝壳状，往往相互接在一起，呈覆瓦状排列	药用		几乎遍及全国
2752	*Corispermum candelabrum* Iljin	烛台虫实	Chenopodiaceae 藜科	一年生草本；高10～50cm；全株具疏生星状毛；叶互生，无柄，线形先端锐尖；穗状花序棍棒状或圆柱状，花两性；胞果扁平	杂草		东北、华北及陕西
2753	*Corispermum chinganicum* Iljin	兴安虫实	Chenopodiaceae 藜科	一年生草本；分枝较长，上升；穗状花序细圆柱状，直径约5mm；果实矩圆状倒卵形，无毛，果翅明显，不透明，全缘	饲用及绿肥		东北、华北、西北
2754	*Corispermum declinatum* Stephan ex Iljin	绳虫实（棉蓬）	Chenopodiaceae 藜科	一年生草本；高15～50cm；叶无柄，线形，具1脉；穗状花序有极稀疏的花；胞果直立，扁平，果喙明显	饲用及绿肥		华北、西北及河南

（续）

序号	拉丁学名	中文名	所属科	特征及特性	类别	原产地	目前分布/种植区
2755	*Corispermum dilutum*（Kitag.）C. P. Tsien et C. G. Ma	辽西虫实	Chenopodiaceae 藜科	一年生草本；穗状花序倒卵状；果实倒卵圆形，宽2.9～4mm，黄绿色，无毛，具少数褐色斑纹和泡状突起，果翅不透明	饲用及绿肥		内蒙古
2756	*Corispermum falcatum* Iljin	镰叶虫实	Chenopodiaceae 藜科	一年生草本；分枝少；苞片叶状，常呈镰刀状弯曲；果实无毛，矩圆状倒卵形，墨绿色，翅果窄，宽约0.5mm，不透明	饲用及绿肥		青海、西藏
2757	*Corispermum heptapotamicum* Iljin	中亚虫实	Chenopodiaceae 藜科	一年生草本；叶条形，1脉；果实椭圆形，长2.5～3mm，宽1.5～2mm，背部凸起，无毛，果翅稍宽，黄绿色	饲用及绿肥		内蒙古、宁夏、甘肃、新疆
2758	*Corispermum mongolicum* Iljin	蒙古虫实	Chenopodiaceae 藜科	一年生草本；果实较小，广椭圆形，长1.5～3mm，宽1～1.5mm，背部强烈凸起，果翅极窄，几无翅，浅黄绿色	饲用及绿肥		内蒙古、宁夏、甘肃、青海、新疆
2759	*Corispermum patelliforme* Iljin	碟果虫实	Chenopodiaceae 藜科	一年生草本；叶较大，倒披针形，3脉；果实圆形，背面平坦，光亮无毛，棕色，果翅极狭，向腹面反卷故果呈碟状	饲用及绿肥		内蒙古、宁夏、甘肃、青海
2760	*Corispermum platypterum* Kitag.	宽翅虫实	Chenopodiaceae 藜科	一年生草本；穗状花序上部花密集；果实圆形，长4～5mm，顶端下陷呈锐角状缺刻；果翅长约1mm，半透明	饲用及绿肥		吉林、辽宁、内蒙古、河北
2761	*Corispermum puberulum* Iljin	软毛虫实	Chenopodiaceae 藜科	一年生草本；高15～35cm；茎集中中部分枝；叶线形，具1脉；圆柱形或棍棒状穗状花序；果椭圆形，喙尖直立或分叉	饲用及绿肥		黑龙江、辽宁、山东、河北
2762	*Corispermum stauntonii* Moq.	华虫实	Chenopodiaceae 藜科	一年生草本；穗状花序，直径8～10mm，苞片条状披针形，边缘明显膜质；果实宽椭圆形，顶端圆，无毛，果翅宽	饲用及绿肥		黑龙江、辽宁、内蒙古、河北
2763	*Cornopteris decurrenti-alata*（Hook.）Nakai	角蕨	Athyriaceae 蹄盖蕨科	多年生草本；根状茎粗而横生；叶二回或三回羽状深裂；孢子囊群矩圆形或近圆形，生于小脉中部以下，无盖	观赏		浙江、福建、台湾、广东、广西、湖南

（续）

序号	拉丁学名	中文名	所属科	特征及特性	类别	原产地	目前分布/种植区
2764	*Cornulaca alaschanica* C. P. Tsien et G. L. Chu	阿拉善单刺蓬	Chenopodiaceae 藜科	一年生草本；叶针刺状，腋内具束生长柔毛；花2～3个簇生，小苞片舟状，花被裂片在果实增大生出刺状附属物	饲用及绿肥		内蒙古、甘肃
2765	*Cornus alba* L.	红瑞木（红梗木，凉子木）	Cornaceae 山茱萸科	落叶灌木；老干暗红色，枝桠血红色，叶对生，椭圆形，聚伞花序顶生，花乳白色，果乳白或蓝白色	果树	中国江苏、江西、陕西、甘肃、青海	内蒙古
2766	*Cornus bretschneideri* L. Henry	沙梾	Cornaceae 山茱萸科	灌木或小乔木；高1～6m；叶对生，纸质，椭圆状卵形或长圆形；伞房状聚伞花序顶生，被有贴生灰白色短柔毛，花小，白色；核果蓝黑色至黑色	蜜源		华北、西北及辽宁、湖北、四川
2767	*Cornus capitata* Wall.	云母树（野荔枝，山荔枝）	Cornaceae 山茱萸科	常绿乔木；叶对生，长圆状披针形至长圆形，两面密被白色柔毛，头状花序腋生，苞片4白色，花萼管状4裂，花瓣4	果树	中国云南、四川西南部、西藏东南部	西藏、四川、云南
2768	*Cornus chinensis* Wangerin	川鄂山茱萸	Cornaceae 山茱萸科	落叶乔木；枝对生，幼时紫红色，老时褐色，叶对生纸质，卵状披针形至长圆椭圆形，伞形花序侧生，总花梗紫褐色，花瓣4披针形，黄色，萼片4	观赏	中国陕西、甘肃、河南、湖北、四川、云南、贵州、广东	
2769	*Cornus controversa* Hemsl.	灯台树（瑞木，乌牙树，鸡肚皮）	Cornaceae 山茱萸科	落叶乔木；枝条紫红色，单叶互生，宽卵形至椭圆状卵形，聚伞花序顶生，花白色，果篮黑色	观赏	中国东北南部至长江流域以南、四川、云南、贵州	西南及广西、广东、浙江、江苏、江西
2770	*Cornus elliptica* (Pojarkova) Q. Y. Xiang et Bofford	狭叶四照花	Cornaceae 山茱萸科	常绿乔木；叶对生，长椭圆形至卵状披针形，背面密被灰白色丁字毛，头状花序具4枚白色苞片	观赏	中国陕西、浙江、安徽	
2771	*Cornus hemsleyi* C. K. Schneid. et Wangerin	红椋子	Cornaceae 山茱萸科	落叶乔木；高5～6m，枝带红色，老枝紫红，纵浅裂；叶卵状椭圆形；核果蓝紫色，卵圆形	观赏	中国河北、山西、陕西、甘肃、四川、贵州、湖北、河南	

（续）

序号	拉丁学名	中文名	所属科	特征及特性	类别	原产地	目前分布/种植区
2772	*Cornus hongkongensis* Hemsl.	香港四照花	Cornaceae 山茱萸科	常绿乔木或灌木；幼枝及幼叶疏被褐色细毛，叶革质，对生，椭圆形至长椭圆形，头状花序球形，花瓣4，长圆椭圆形，总苞片白色	观赏	中国浙江、江西、福建、湖南、广东、广西、四川、贵州、云南	
2773	*Cornus hongkongensis* subsp. *elegans*（W. P. Fang et Y. T. Hsieh）Q. Y. Xiang	秀丽四照花	Cornaceae 山茱萸科	落叶乔木；高3～8m，稀达15m，头状花序球形，约由45～55朵花聚集而成；总苞片倒卵状长圆椭圆形，花萼管状，花瓣4，卵状椭圆形，花期6月	观赏	中国浙江、江西、福建	
2774	*Cornus hongkongensis* subsp. *ferruginea*（Y. C. Wu）Q. Y. Xiang	褐毛四照花	Cornaceae 山茱萸科	常绿小乔木或灌木；幼枝、叶柄及叶背面均被褐色粗毛，老枝深灰色，叶对生纸质，狭长椭圆形或长椭圆形，头状花序球形，花瓣4，长椭圆形，总苞片黄白色	观赏	中国广东、广西、贵州	
2775	*Cornus hongkongensis* subsp. *gigantea*（Hand.-Mazz.）Q. Y. Xiang	大型四照花	Cornaceae 山茱萸科	常绿小乔木；小枝紫色，老枝灰绿色，叶对生，厚革质，倒卵形，头状花序球形，花瓣4，卵状披针形，总苞片白色，果黄红色	观赏	中国湖南、贵州、四川、云南	
2776	*Cornus hongkongensis* subsp. *melanotricha*（Pojark.）Q. Y. Xiang	光叶四照花	Cornaceae 山茱萸科	常绿乔木；叶椭圆形或长椭圆形，背面脉腋被黄褐或白色须毛，果序梗细	观赏	中国广西、贵州、四川、	
2777	*Cornus hongkongensis* subsp. *tonkinensis*（W. P. Fang）Q. Y. Xiang	东京四照花	Cornaceae 山茱萸科	常绿小乔木或灌木；幼枝绿色，老枝灰色，叶革质，对生，长圆倒卵形或长椭圆形，头状花序球形，花冠基部连合成管状，总苞片白色	观赏	中国广西、贵州、四川、云南	
2778	*Cornus macrophylla* Wall.	梾木（凉子）	Cornaceae 山茱萸科	落叶乔木；高8～10m；叶椭圆形或卵状长圆形，长3～9cm，宽1.85～5cm，叶面深绿；聚伞花序塔形	蜜源		西南、华中及山东、江苏、浙江、台湾、陕西、甘肃

（续）

序号	拉丁学名	中文名	所属科	特征及特性	类别	原产地	目前分布/种植区
2779	*Cornus mas* L.	欧洲山茱萸	Cornaceae 山茱萸科	株高 5m，树冠近圆形，叶片卵形；小型伞形花序，花小，黄色，两性花，萼 4 齿裂；花瓣 4，雄蕊 4，花药长圆形；花盘垫状	观赏	欧洲中南部、亚洲西部	
2780	*Cornus multinervosa* （Pojark.）Q. Y. Xiang	巴蜀四照花（多脉四照花）	Cornaceae 山茱萸科	落叶小乔木或灌木；幼枝绿色，老枝灰紫色，叶对生，纸质，长椭圆形；头状花序球形，花瓣 4，长圆形，总苞片黄白色	观赏	中国四川西部至西南部、云南东部和东北部	
2781	*Cornus oblonga* Wall.	长圆叶梾木	Cornaceae 山茱萸科	落叶乔木；高 2～6m；伞房状聚伞花序顶生，被平贴短柔毛；花小，白色；花期 6～9 月，果期 10 月至翌年 5 月	观赏	中国湖北、四川、贵州、云南、西藏	
2782	*Cornus officinalis* Sieb. et Zucc.	山茱萸（萸肉，山萸肉，药枣，枣皮）	Cornaceae 山茱萸科	落叶灌木或乔木；枝皮灰棕色、小枝无毛；单叶对生，叶片卵形或长椭圆形，全缘，上面疏生平贴毛，下面粉绿色，被白色毛，脉腋有黄褐色毛丛	药用，有毒		浙江、陕西、山西、河南、山东、安徽、四川
2783	*Cornus quinquenervis* Franch.	小梾木	Cornaceae 山茱萸科	落叶乔木；高约 4m，树皮黑褐色而平滑，小枝黄绿色，落叶后变粉红色至红色，具四棱并稍有浅翅；叶长椭圆形至广披针形	观赏	中国长江流域及以南地区	
2784	*Cornus schindleri* subsp. *poliophylla*（C. K. Schneid. et Wangerin）Q. Y. Xiang	黑椋子	Cornaceae 山茱萸科	落叶乔木，高达 7m；伞房状聚伞花序顶生，长 5～7cm；花白色，直径 7mm；花瓣卵状披针形，长 3mm；雄蕊 4，长 4.2mm	蜜源		河南、陕西、甘肃、湖北、四川
2785	*Cornus sericea* L.	偃伏梾木	Cornaceae 山茱萸科	干直立丛生；花小，白色，顶生聚伞花序；枝条由绿色变为橘红色，而且整株的颜色由下向上，逐渐加深，呈现出颜色的过渡，甚是美丽，直到第二年出新叶的时候，枝条的颜色才又变绿	观赏	美国中部	
2786	*Cornus walteri* Wangerin	毛梾（油树，小六谷）	Cornaceae 山茱萸科	落叶乔木；树冠广圆形；单叶对生，椭圆状卵形；伞房状聚伞花序，花白色，花瓣 4，披针形，雄蕊 5；核果圆球形	有毒	中国	西南、华中及河北、山西、陕西、辽宁、安徽、浙江、江苏、甘肃、青海

（续）

序号	拉丁学名	中文名	所属科	特征及特性	类别	原产地	目前分布/种植区
2787	*Cornus wilsoniana* Wangerin	光皮树（光皮梾木，斑皮抽水树）	Cornaceae 山茱萸科	落叶乔木；叶对生，椭圆形至卵状椭圆形，圆锥状聚伞花序顶生，花白色；核果紫黑色	观赏	中国长江流域以南以及西南各省份	
2788	*Coronilla emerus* L.	小冠花	Leguminosae 豆科	矮小灌木；茎直立，高 0.5～1m；奇数羽状复叶，具小叶 5～9；小叶薄纸质，粉绿色，倒卵形；花序比叶长；花冠淡黄色至黄色；荚果细长，圆柱形	观赏	欧洲中部	陕西
2789	*Coronilla varia* L.	多变小冠花	Leguminosae 豆科	多年生匍匐性草本；根系粗壮发达，密生根瘤；茎中空，奇数羽状复叶；伞形花序腋生，花多众多，粉红色或淡红色；荚果细瘦	饲用及绿肥，有毒，观赏	欧洲、亚洲	江苏、山西、陕西、甘肃
2790	*Coronopus didymus* （L.）Sm.	臭荠（肾果荠）	Cruciferae 十字花科	一年或两年生草本；具臭味；茎匍匐；叶一至二回羽状全裂；总状花序腋生，花小，白色；短角果肾形	杂草		华东及湖北、台湾、广东、四川、云南
2791	*Cortaderia selloana* (Schult. et Schult. f.) Asch. et Graebn.	蒲苇	Gramineae (Poaceae) 禾本科	多年生草本；茎秆高大粗壮，高 2～3m；叶片质硬，狭窄，长 1～3m；花序圆锥状，银白色至粉红色	观赏	巴西南部至阿根廷	上海、南京、北京
2792	*Cortiella hookeri* （C. B. Clarke）C. Norman	栓果芹	Umbelliferae (Apiaceae) 伞形科	多年生草本；基生叶有柄，长圆形，二至三回羽状分裂，伞形花序，总苞片叶状一至二回羽状分裂，花瓣卵形，白色带微红，果黄白色或略带紫色	观赏	中国西藏	
2793	*Cortusa matthioli* L.	假报春	Primulaceae 报春花科	多年生草本；叶基生，近圆形，边缘掌状浅裂，背被柔毛，伞形花序，花冠漏斗状钟形，紫红色，苞片狭楔形，萼片披针形	观赏	中国内蒙古、新疆	
2794	*Corydalis appendiculata* Hand. -Mazz.	小距紫堇	Papaveraceae 罂粟科	丛生草本；叶二回三出羽状分裂，基生叶 2～5 枚，圆形，茎生叶 1～3 枚，总状花序顶生，花瓣卵形，天蓝色，背部具鸡冠状突起，萼片鳞片状早落	观赏	中国云南西北部、四川西南部	

（续）

序号	拉丁学名	中文名	所属科	特征及特性	类别	原产地	目前分布/种植区
2795	*Corydalis bungeana* Turcz.	地丁草（苦地丁，小鸡菜）	Papaveraceae 罂粟科	多年生草本；茎生叶互生，具长柄；叶三至四回羽状全裂；总状花序；苞片叶状；花瓣淡紫色；蒴果狭椭圆形	有毒		甘肃、陕西、山西、山东、河北、辽宁
2796	*Corydalis decumbens*（Thunb.）Pers.	伏生紫堇（夏天无）	Papaveraceae 罂粟科	多年生草本；高17～30cm；基生叶有长柄，背面有白粉，茎生叶2～3片，叶二回三出全裂；总状花序，花冠壶形；蒴果	药用		江苏、安徽、浙江、江西、福建、台湾、湖南
2797	*Corydalis delavayi* Franch.	丽江紫堇	Papaveraceae 罂粟科	无毛草本；高15～25cm；总状花序顶生，长2～6cm，有时达10cm，花瓣黄色，上花瓣长2～2.5cm，花瓣片卵形，下花瓣长1～1.2cm，内花瓣长0.8～0.9cm	有毒		云南丽江
2798	*Corydalis edulis* Maxim.	紫堇	Papaveraceae 罂粟科	二年生草本；根绳索状；茎高10～30cm；叶二至三回羽状全裂；总状花序，花瓣紫色，上花瓣前端红紫色；蒴果线形	药用，有毒		陕西、河南、甘肃、安徽、江苏、浙江、江西、湖北、湖南
2799	*Corydalis gortschakovii* Schrenk	高山黄堇（新疆黄堇）	Papaveraceae 罂粟科	多年生草本；基生叶多数，二回羽状全裂，长圆形，茎生叶同形，总状花序，花冠橙黄色，花瓣具鸡冠状突起	观赏	中国新疆北部	
2800	*Corydalis incisa*（Thunb.）Pers.	刻叶紫堇（断肠草）	Papaveraceae 罂粟科	多年生草本；块茎椭圆形，叶三角形，二回三出羽状全裂；总状花序；苞片菱形或锲形；萼片小；花瓣紫色；种子黑色	有毒		华东及江西、河南、陕西、山西
2801	*Corydalis ledebouriana* Kar. et Kir.	薯根延胡索	Papaveraceae 罂粟科	多年生草本；高10～25cm，上升或近直立；末回小叶宽卵形至椭圆形；总状花序；花具淡紫色顶端和粉红色或近白色的距；蒴果椭圆形	药用		新疆北部
2802	*Corydalis linarioides* Maxim.	条裂黄堇	Papaveraceae 罂粟科	直立草本；基生叶二回羽状全裂，茎生叶一回奇数羽状全裂；总状花序顶生，多花，花瓣黄色，花瓣片舟状卵形；蒴果长圆形	药用		四川西部、青海、甘肃

（续）

序号	拉丁学名	中文名	所属科	特征及特性	类别	原产地	目前分布/种植区
2803	*Corydalis longibracteata* Ludlow	长苞紫堇	Papaveraceae 罂粟科	草本；基生叶小，叶柄丝状，叶 4 全裂，茎生叶 1 枚，5 全裂，裂片线形；总状花序顶生，花瓣天蓝色或蓝紫色，舟状宽卵形背部无鸡冠状突起	观赏	中国西藏东南部	
2804	*Corydalis ophiocarpa* Hook. f. et Thomson	蛇果黄堇	Papaveraceae 罂粟科	多年生草本；基生叶多数，一回至二回羽状全裂，长圆形，茎生叶同形，花淡黄色至苍白色，内花瓣具鸡冠状突起	观赏	中国西南、西北、华中及安徽、江西、山西、河北、台湾	
2805	*Corydalis pallida* (Thunb.) Pers.	黄堇（山黄堇）	Papaveraceae 罂粟科	多年生草本；叶二或三回羽状全裂，裂片卵形或菱形，小裂片卵形或狭卵形，总状花序，花淡黄色	观赏	欧洲	江苏、浙江、安徽
2806	*Corydalis pterygopetala* Hand. -Mazz.	翅瓣黄堇	Papaveraceae 罂粟科	直立草本；高 30～120cm；基生叶轮廓宽卵形；圆锥花序顶生和侧生；花瓣黄色；蒴果狭圆柱形	有毒		云南西北部至西南部、西藏东南部
2807	*Corydalis racemosa* (Thunb.) Pers.	小花黄堇（水黄连，猪肠草，虾子草）	Papaveraceae 罂粟科	一年生草本；高 10～55cm；叶二或三回羽状全裂，一回裂片 3～4 对，二或三回裂片卵形；总状花序，花小，花瓣黄色；蒴果线状	药用		长江中下游、珠江流域及河南、陕西
2808	*Corydalis saxicola* Bunting	石生黄堇	Papaveraceae 罂粟科	多年生草本；高达 40cm；基生叶长 10～15cm，小羽片楔形或倒卵形；总状花序长 7～15cm，多花密集；花冠金黄色；蒴果圆锥状镰形	药用		湖北、陕西、四川、云南、贵州、广西
2809	*Corydalis sheareri* Hand. -Mazz.	尖距紫堇（地锦花）	Papaveraceae 罂粟科	多年生草本；基生叶数枚，带紫色长柄，二回羽状全裂，茎生叶同形；总状花序生枝端，花瓣紫红色，外花瓣舟状卵形，背部具鸡冠状突起，内花瓣具 1 侧生囊	观赏	中国华东、西南及广东、广西、陕西、湖南、湖北	
2810	*Corydalis taliensis* Franch.	金钩如意草	Papaveraceae 罂粟科	一年生草本；茎淡绿带紫色，基生叶数枚，二至三回三出全裂，背被白粉，茎生叶数枚同形，总状花序生茎顶，花瓣紫色、红色或粉红色，外花瓣具鸡冠状突起	有毒，观赏	中国云南	云南

（续）

序号	拉丁学名	中文名	所属科	特征及特性	类别	原产地	目前分布/种植区
2811	*Corydalis wilsonii* N. E. Br.	威尔逊紫堇	Papaveraceae 罂粟科	多年生草本；总状花序密具多花，花金黄色，外花瓣顶端带绿色；蒴果线形，多少弧形弯曲，具4棱，长2.5～3cm，具1列种子；种子小，光亮，平滑	观赏	中国中部、北部温暖地区	
2812	*Corydalis yanhusuo* W. T. Wang ex Z. Y. Su et C. Y. Wu	延胡索（元胡，玄胡）	Papaveraceae 罂粟科	多年生草本；叶二回三出全裂；总状花序，苞片卵形，萼极小，花瓣4，雄蕊6枚，子房上位，2室；蒴果	药用		东北
2813	*Corylopsis multiflora* Hance	大果蜡瓣花（瑞木）	Hamamelidaceae 金缕梅科	落叶或半常绿灌木；叶薄革质背带粉白色，脉上有毛，总状花序，花瓣倒披针形，花芽和总苞片外有灰白色柔毛	观赏	中国福建、台湾、广东、贵州、云南、湖南、湖北、广西	
2814	*Corylopsis platypetala* Rehder et E. H. Wilson	阔瓣蜡瓣花	Hamamelidaceae 金缕梅科	落叶灌木；株高2.7m；茎和小叶柄有腺体；叶片卵形，具齿，无毛；总状花序；花淡黄色	观赏		贵州、四川、广东、广西、湖南、江西、安徽
2815	*Corylopsis sinensis* Hemsl.	蜡瓣花	Hamamelidaceae 金缕梅科	落叶灌木；叶互生，卵形或倒卵形，背面密被细柔毛，总状花序下垂，花黄色	观赏	中国长江流域以南各省份	
2816	*Corylopsis veitchiana* Bean	红药蜡瓣花	Hamamelidaceae 金缕梅科	落叶灌木；叶倒卵形或椭圆形，背灰色，总状花序，花瓣匙形，总苞片鳞片卵圆形无毛，雄蕊比花瓣长，花药红褐色	观赏	中国安徽、湖北、四川东部	
2817	*Corylopsis willmottiae* Rehder et E. H. Wilson	四川蜡瓣花（一串黄）	Hamamelidaceae 金缕梅科	落叶灌木；叶互生，卵形或倒卵形，托叶大，薄膜质，紫色，总状花序，花黄色	观赏	中国四川	
2818	*Corylopsis yunnanensis* Diels	云南蜡瓣花（滇蜡瓣花）	Hamamelidaceae 金缕梅科	落叶灌木；叶互生，倒卵状椭圆形，背面灰白色，脉上有星状毛，总状花序下垂，花黄色	观赏	中国云南、四川	
2819	*Corylus avellana* L.	欧榛（榛果，榛子娃）	Betulaceae 桦木科	乔木；叶椭圆形或宽卵形；雄花序2～8枚排成总状，苞鳞三角形；果2～6枚簇生成头状，果苞管状，于果的上部缢缩；坚果球形	经济作物（油料类）	欧洲	陕西、山西、辽宁

（续）

序号	拉丁学名	中文名	所属科	特征及特性	类别	原产地	目前分布/种植区
2820	*Corylus chinensis* Franch.	华榛（山白果，鸡栗子）	Betulaceae 桦木科	落叶乔木；高可达 20m，树冠呈广卵形或圆形；叶宽卵形、椭圆形或宽椭圆形；雄花序 2～8，排成总状；果 2～6 枚簇生；坚果近球形	林木，果树		河南、湖北、湖南、四川、云南
2821	*Corylus cornuta* Marshall	尖榛	Betulaceae 桦木科	灌木，高 4～6m；叶片卵形、倒卵形或窄椭圆形，边缘粗糙，常具重锯齿；柔荑花序	果树		
2822	*Corylus fargesii* C. K. Sch-neid.	绒苞榛	Betulaceae 桦木科	小乔木；高 5～10m；坚果常数个簇生；总苞管状，具纵条纹，被黄色细毛，稀有刺毛状腺体	果树		
2823	*Corylus ferox* Wall.	刺榛	Betulaceae 桦木科	乔木或小乔木；叶矩圆形或倒卵状矩圆形；雄花序 1～5 枚排成总状，花药紫红色；果 3～6 枚簇生，果苞钟状；坚果扁球形	果树		
2824	*Corylus formosana* Hayata	台湾榛	Betulaceae 桦木科	存疑种；无花，无果，无模式标本；记载仅提及其叶缘与 *Corylus rostrora* 有异	果树		台湾
2825	*Corylus heterophylla* Fisch. ex Trautv.	平榛（榛子，大叶蒿）	Betulaceae 桦木科	落叶灌木；叶圆形，宽卵形或长圆形，有长柄；花单生，雌雄异花同株；雄花序柔荑状，下垂，雌花序头状；坚果，果实 1～6 簇生	药用		西南、华东、华中、西北及山西
2826	*Corylus heterophylla* var. *sutchuenensis* Franch.	川榛	Betulaceae 桦木科	叶椭圆形、宽卵形或几圆形，顶端尾状；果苞裂片边缘具疏齿，很少全缘；花药红色	经济作物（油料类）		华东及贵州、四川、陕西、甘肃、河南
2827	*Corylus mandshurica* Max-im.	毛榛（角榛，火榛子）	Betulaceae 桦木科	灌木；叶宽卵形或倒卵状矩圆形；雄花序 2～4 枚排成总状，果单生或 2～6 枚簇生，果苞管状，在坚果上部缢缩；坚果几球形	果树		东北、华北及陕西、甘肃、四川
2828	*Corylus maxima* Mill.	大果榛	Betulaceae 桦木科	灌木或小乔木，单叶互生，边缘具重锯齿或浅裂，叶脉羽状，伸向叶缘，托叶膜质，分离，早落；花单性，雌雄同株	果树		
2829	*Corylus thibetica* Batalin	藏榛（刺榛）	Betulaceae 桦木科	落叶小乔木；高 7～8m；雄柔荑花序圆柱状；苞片先端渐尖，黑褐色，边缘有灰黄色毛	果树		西南及陕西秦巴山区

（续）

序号	拉丁学名	中文名	所属科	特征及特性	类别	原产地	目前分布/种植区
2830	*Corylus wangii* Hu	维西榛	Betulaceae 桦木科	小乔木；高约7m；叶厚纸质，矩圆形或卵状矩圆形，较少宽椭圆形；果4～8枚簇生；果苞钟状；坚果卵圆形	果树		云南西北部
2831	*Corylus yunnanensis*（Franch.）A. Camus	滇榛	Betulaceae 桦木科	灌木或小乔木；高1～7m；雄花序2～3枚排成总状，下垂，长2.5～3.5cm，苞鳞背面密被短柔毛	蜜源		四川、云南
2832	*Coryphantha andreae* A. Berger.	巨象球	Cactaceae 仙人掌科	多浆植物，株高8～15cm；植株呈球形，亮绿色；刺座生于疣突上；辐射刺8～14；中刺2～7；花单生，黄色；浆果；花期夏季至初秋	观赏	墨西哥西部	
2833	*Coryphantha elephantidens* Lem.	象牙球	Cactaceae 仙人掌科	多浆植物；植株扁球形至球形，深绿色；花漏斗形，着生于疣腋，粉红色，花被片中央有暗红条纹；花期夏季	观赏	墨西哥中部	
2834	*Coryphantha pycnacantha* Lem.	菠萝球	Cactaceae 仙人掌科	多浆植物；茎长圆，各突起部相连，形似菠萝；花黄色；花期夏、秋季	观赏	中、北美洲	
2835	*Cosmos sulphureus* Cav.	硫花菊	Compositae （Asteraceae） 菊科	一、二年生草本；叶羽状分裂，裂片披针形；花舌状，纯黄、金黄或橙黄色	观赏	墨西哥至巴西	
2836	*Costus lacerus* Gagnep.	莴笋花	Zingiberaceae 姜科	多年生草本；叶椭圆形或披针状椭圆形，在茎上螺旋状排列，背密被长绒毛，穗状花序顶生，苞片卵形，红色，覆瓦状排列，花粉红色	观赏	中国云南	
2837	*Costus speciosus*（Koen.）Sm.	闭鞘姜	Zingiberaceae 姜科	多年生草本；叶长圆形或披针形，背密被绢毛，穗状花序顶生，椭圆形或卵形，苞片卵形，红色，覆瓦状排列，花白色	有毒，观赏	中国云南、广东、广西、海南、江西、湖南	台湾、广东、广西、云南
2838	*Costus tonkinensis* Gagnep.	光叶闭鞘姜	Zingiberaceae 姜科	多年生草本；株高2～4m；叶片倒卵状长圆形；花序穗状；花黄色，花萼管状；蒴果球形；花期7～8月；果期9～11月	观赏	中国云南、广西、广东	
2839	*Cotinus coggygria* Scop.	黄栌 （红叶树，烟树）	Anacardiaceae 漆树科	落叶灌木或小乔木；小枝暗紫褐色，被蜡粉，单叶互生，宽卵形、倒宽卵形至圆形或宽椭圆形，圆锥花序顶生；核果红色	观赏	中国华北、西北、西南及浙江	东北及四川、云南、浙江

（续）

序号	拉丁学名	中文名	所属科	特征及特性	类别	原产地	目前分布/种植区
2840	*Cotinus nana* W. W. Sm.	矮黄栌	Anacardiaceae 漆树科	矮小灌木；高 0.5～1.5m；圆锥花序顶生，多分枝，被腺状疏柔毛；花小，单性异株或杂性，粉红色，花盘浅盘状，无毛；核果斜倒卵形或近肾形，疏被微柔毛，宿存花柱偏于一侧	观赏	欧洲	
2841	*Cotinus obovatus* Raf.	美洲黄栌	Anacardiaceae 漆树科	落叶灌木或小乔木，为黄栌的变种类型，树冠圆形，叶片紫红色，部分叶片具美丽的亮红色边缘，春夏叶色保持紫色或紫红色不变，秋季变为鲜红色	观赏	美国田纳西州、亚拉巴马州、新墨西哥州、得克萨斯州	
2842	*Cotinus szechuanensis* Pénzes	四川黄栌	Anacardiaceae 漆树科	落叶灌木；高 2～5m；聚伞圆锥花序顶生，分枝纤细，无毛；花杂性，雄花与两性花同株，雄花的萼片 5 枚，长卵形，无毛，花瓣 5，白色，矩圆形，无毛，雄蕊 5	观赏	中国西南部	
2843	*Cotoneaster acuminatus* Lindl.	尖叶栒子	Rosaceae 蔷薇科	落叶直立灌木；叶椭圆卵形至卵状披针形；花 1～5 朵成聚伞花序，苞片披针形，萼片三角形；花瓣直立，卵形；果实椭圆形	观赏		四川、云南、西藏
2844	*Cotoneaster acutifolius* Turcz.	灰栒子	Rosaceae 蔷薇科	落叶灌木；叶椭圆卵形至长圆卵形；花 2～5 朵成聚伞花序，苞片线状披针形，萼片三角形，花瓣直立，宽倒卵形或长圆形；果椭圆形	经济作物（橡胶类）		西北、华北、华中
2845	*Cotoneaster adpressus* Bois	匍匐栒子	Rosaceae 蔷薇科	落叶匍匐灌木；叶卵形；花 1～2 朵，萼筒钟状，萼片卵状三角形，花瓣直立，倒卵形，粉红色；果实近球形	果树		西北、西南及湖北
2846	*Cotoneaster affinis* Lindl.	藏边栒子	Rosaceae 蔷薇科	落叶灌木；叶卵形或椭圆状卵形；花多数成复聚伞花序，萼筒钟状，萼片宽三角形，花瓣平展，近圆形或卵形；果实卵形	果树		
2847	*Cotoneaster ambiguus* Rehder et E. H. Wilson	川康栒子（四川栒子）	Rosaceae 蔷薇科	落叶灌木；叶椭圆卵形或菱状卵形；聚伞花序有花 5～10 朵，苞片披针形，萼筒钟状，花瓣直立，宽卵形或近圆形；果实卵形	果树，观赏	中国	陕西、山西、甘肃、云南

（续）

序号	拉丁学名	中文名	所属科	特征及特性	类别	原产地	目前分布/种植区
2848	*Cotoneaster apiculatus* Rehder et E. H. Wilson	细尖栒子	Rosaceae 蔷薇科	落叶直立灌木；叶近圆形或圆卵形；花单生，萼片短渐尖，花瓣直立，淡粉色；果实单生，近球形	果树		甘肃、湖北、四川、云南
2849	*Cotoneaster bullatus* Bois	泡叶栒子	Rosaceae 蔷薇科	落叶开展灌木；叶长圆卵形或椭圆卵形；花5～13朵成聚伞花序，萼筒钟状，萼片三角形，花瓣直立，倒卵形；果球形或倒卵形	果树		湖北、四川、云南、西藏
2850	*Cotoneaster buxifolius* Wall. ex Lindl.	黄杨叶栒子（车轮棠）	Rosaceae 蔷薇科	常绿至半常绿矮生灌木；叶椭圆形至椭圆倒卵形；花3～5朵，萼筒钟状，萼片卵状三角形，花瓣平展，近圆形或宽卵形；果近球形	果树，观赏		四川、贵州、云南
2851	*Cotoneaster chengkangensis* T. T. Yu	镇康栒子	Rosaceae 蔷薇科	落叶灌木；叶卵形至近圆形；花2～3朵，萼筒钟状，萼片三角形，花瓣直立，卵形或倒卵形；果实椭圆形	果树		
2852	*Cotoneaster coriaceus* Franch.	厚叶栒子	Rosaceae 蔷薇科	常绿灌木；叶倒卵形至椭圆形；复聚伞花序，萼筒钟状，萼片三角形；花瓣平展，宽卵形，雄蕊20，花柱2；果实倒卵形	果树		
2853	*Cotoneaster dammeri* C. K. Schneid.	矮生栒子	Rosaceae 蔷薇科	常绿灌木；叶椭圆形至椭圆长圆形；花常单生，萼筒钟状，萼片三角形，花瓣平展，近圆形或宽卵形，白色；果近球形	果树		湖北、四川、贵州、云南
2854	*Cotoneaster dielsianus* E. Pritz.	木帚栒子	Rosaceae 蔷薇科	落叶灌木；叶椭圆形至卵形；花3～7朵，成聚伞花序，萼筒钟状，萼片三角形，花瓣直立，几圆形或倒卵形；果近球形	果树		湖北、四川、云南
2855	*Cotoneaster divaricatus* Rehder et E. H. Wilson	散生栒子（张枝栒子）	Rosaceae 蔷薇科	落叶直立灌木；叶椭圆形；花2～4朵，萼筒钟状，萼片三角形，花瓣直立，卵形或长圆形，粉红色；果实椭圆形	果树		陕西、湖北、江西、四川、西藏
2856	*Cotoneaster fangianus* T. T. Yu	恩施栒子	Rosaceae 蔷薇科	落叶灌木；叶宽卵形至近圆形；花10～15朵成聚伞花序，萼片三角形，花瓣直立，近圆形或宽倒卵形，粉红色；果长圆形	果树		

（续）

序号	拉丁学名	中文名	所属科	特征及特性	类别	原产地	目前分布/种植区
2857	*Cotoneaster foveolatus* Rehder et E. H. Wilson	麻核栒子（网脉灰栒子）	Rosaceae 蔷薇科	落叶灌木；叶椭圆形或椭圆倒卵形；聚伞花序有花3～7朵，苞片线形，萼筒钟状，萼片三角形，花瓣直立，近圆形；果近球形	果树	中国	陕西、甘肃、山西、湖北、四川、云南、贵州
2858	*Cotoneaster franchetii* Bois	西南栒子（佛氏栒子）	Rosaceae 蔷薇科	半常绿灌木；叶椭圆形至卵形；花5～11朵，成聚伞花序，苞片线形，萼片三角形，花瓣直立，宽倒卵形或椭圆形，粉红色；果实卵球形	果树	中国	四川、云南、贵州
2859	*Cotoneaster frigidus* Wall. ex Lindl.	耐寒栒子	Rosaceae 蔷薇科	落叶灌木或小乔木；叶狭椭圆形至卵状披针形；复聚伞花序有多数密集的花，萼片三角形，花瓣平展，宽卵形；果实椭圆形	果树		
2860	*Cotoneaster glabratus* Rehder et E. H. Wilson	光叶栒子	Rosaceae 蔷薇科	半常绿灌木；叶长圆披针形；复聚伞花序有多数密集的花，苞片披针形，萼筒钟状，花瓣平展，卵形或近圆形；果实球形	果树		
2861	*Cotoneaster glaucophyllus* Franch.	粉叶栒子	Rosaceae 蔷薇科	半常绿灌木；叶椭圆形至卵形；花多数而密集成复聚伞花序，苞片钻形，萼筒钟状，花瓣平展，近圆形或宽倒卵形；果卵形	果树		四川、贵州、云南、广西
2862	*Cotoneaster glomerulatus* W. W. Sm.	球花栒子	Rosaceae 蔷薇科	落叶灌木；叶卵状披针形至长圆卵形；聚伞花序生侧枝上，苞片线形，萼片三角形，花瓣直立，近圆形；果实近球形	果树		
2863	*Cotoneaster gracilis* Rehder et E. H. Wilson	细弱栒子（山东栒子）	Rosaceae 蔷薇科	落叶灌木；叶卵形至长圆卵形；聚伞花序具花3～7朵，萼筒钟状，萼片三角形，花瓣直立，近圆形，粉红色；果实倒卵形	果树		
2864	*Cotoneaster harrovianus* E. H. Wilson	蒙自栒子	Rosaceae 蔷薇科	常绿灌木；叶椭圆长圆形或卵形；复聚伞花序有密生花朵，苞片线状披针形，萼片三角形，花瓣平展，宽卵形；果实椭圆形	果树		
2865	*Cotoneaster harrysmithii* Flinck et B. Hylmo	丹巴栒子	Rosaceae 蔷薇科	落叶灌木；叶椭圆形至卵状椭圆形；聚伞花序有花2～4朵，苞片钻形，萼片三角形，花瓣直立，近圆形；果实卵形或近球形	果树		

（续）

序号	拉丁学名	中文名	所属科	特征及特性	类别	原产地	目前分布/种植区
2866	*Cotoneaster hebephyllus* Diels	钝叶栒子（云南栒子）	Rosaceae 蔷薇科	落叶灌木；叶椭圆形至广卵形；花5～15朵成聚伞花序，萼筒钟状，萼片宽三角形，花瓣平展，近圆形，花药紫色；果实卵形	果树		甘肃、四川、云南、西藏
2867	*Cotoneaster horizontalis* Decne.	平枝栒子（岩愣木，山头姑娘）	Rosaceae 蔷薇科	落叶或半常绿匍匐灌木；叶近圆形或宽椭圆形；花1～2朵，萼筒钟状，萼片三角形，花瓣直立，倒卵形，粉红色；果近球形	果树，观赏		陕西、甘肃、湖北、湖南、四川、贵州、云南
2868	*Cotoneaster integerrimus* Medik.	全缘栒子	Rosaceae 蔷薇科	落叶灌木；叶宽椭圆形或近圆形；聚伞花序有花2～5朵，下垂，萼片三角卵形，花瓣直立，近圆形；果实近球形	果树		内蒙古
2869	*Cotoneaster langei* G. Klotz	中甸栒子	Rosaceae 蔷薇科	落叶或半常绿灌木；叶宽卵形或近圆形；花单生，萼筒钟状，萼片三角形，花瓣直立，粉红色；果实卵球形	果树		
2870	*Cotoneaster melanocarpus* Lodd.	黑果栒子	Rosaceae 蔷薇科	落叶灌木；叶卵状椭圆形至宽卵形；花3～15朵成聚伞花序，萼筒钟状，萼片三角形，花瓣直立，近圆形；果实近球形	果树	中国	黑龙江、吉林、河北、山西、甘肃、新疆、内蒙古
2871	*Cotoneaster microphyllus* Wall. ex Lindl.	栒子（铺地蜈蚣）	Rosaceae 蔷薇科	落叶，常绿或半长绿灌木；叶互生，有时成两列状；花单生，聚伞花序；萼筒钟状，筒状或陀螺状；花瓣5；果实小形梨果状	药用		我国西部和西南部
2872	*Cotoneaster mongolicus* Pojark.	蒙古栒子	Rosaceae 蔷薇科	落叶灌木；叶长圆椭圆形；聚伞花序有花3～6朵，萼片三角形，花瓣平展，近圆形，雄蕊20，心皮2；果实倒卵形	果树		
2873	*Cotoneaster morrisonensis* Hayata	台湾栒子	Rosaceae 蔷薇科	半常绿匍匐性矮小灌木；叶卵形或广椭圆形；花单生，萼片三角形，花瓣长倒卵形，先端缺刻状，心皮2～3；果实卵形	果树		
2874	*Cotoneaster moupinensis* Franch.	宝兴栒子（穆平栒子）	Rosaceae 蔷薇科	落叶灌木；叶椭圆卵形或菱状卵形；聚伞花序有花多数，苞片披针形，萼片三角形，花瓣直立，卵形或近圆形，粉红色；果实近球形	果树		陕西、甘肃、四川、贵州、云南

（续）

序号	拉丁学名	中文名	所属科	特征及特性	类别	原产地	目前分布/种植区
2875	*Cotoneaster multiflorus* Bunge	水栒子（栒子木）	Rosaceae 蔷薇科	落叶灌木；叶卵形或宽卵形；花多数成疏松聚伞花序，苞片线形，萼筒钟状，萼片三角形，花瓣平展近圆形；果近球形	果树	中国	东北、华北、西南、西北及河南
2876	*Cotoneaster nitens* Rehder et E. H. Wilson	光泽栒子（光亮栒子）	Rosaceae 蔷薇科	落叶灌木；叶卵形或椭圆形；花 2～3 朵成聚伞花序，苞片线形，萼片三角形；花瓣近圆形或宽倒卵形，淡红色；果实椭圆形	果树		
2877	*Cotoneaster nitidifolius* C. Marquand	亮叶栒子	Rosaceae 蔷薇科	落叶直立灌木；叶椭圆状披针形，聚伞花序有花 3～9 朵，苞片线状披针形，萼片三角形，花瓣直立，近圆形或椭圆形；果实近球形	果树		
2878	*Cotoneaster nitidus* Jacquem.	两列栒子	Rosaceae 蔷薇科	落叶或半常绿直立灌木；小枝排列成二列状，叶宽卵形或倒卵形；花常单生，花瓣直立，卵形或近圆形，白色；果宽倒卵形	果树		
2879	*Cotoneaster obscurus* Rehder et E. H. Wilson	暗红栒子	Rosaceae 蔷薇科	落叶灌木；叶宽卵形或菱状卵形；聚伞花序生于侧生短枝上，萼筒钟状，萼片三角形，花瓣椭圆形至卵形；果实卵形	果树		
2880	*Cotoneaster oliganthus* Pojark.	少花栒子（少果栒子）	Rosaceae 蔷薇科	落叶灌木；叶椭圆形或卵圆形；花 2～4 朵成总状短花束，花朵小，萼片宽三角形，花瓣淡红色；果实近球形至椭圆形	果树		
2881	*Cotoneaster pannosus* Franch.	毡毛栒子	Rosaceae 蔷薇科	半常绿灌木；叶椭圆形或卵形；聚伞花序，苞片线形，萼筒钟状，萼片三角形，花瓣平展，宽卵形或近圆形；果球形或卵形	果树	中国	四川、云南
2882	*Cotoneaster reticulatus* Rehder et E. H. Wilson	网脉栒子	Rosaceae 蔷薇科	落叶灌木；叶椭圆卵形，托叶披针形；聚伞花序有花 3～6 朵；果实几球形，紫黑色	果树		
2883	*Cotoneaster rhytidophyllus* Rehder et E. H. Wilson	麻叶栒子	Rosaceae 蔷薇科	常绿或半常绿灌木；叶椭圆长圆形或长圆披针形；复聚伞花序具多数花朵，萼片三角形，花瓣平展，宽倒卵形至近圆形	果树		

（续）

序号	拉丁学名	中文名	所属科	特征及特性	类别	原产地	目前分布/种植区
2884	*Cotoneaster rotundifolius* Wall. ex Lindl.	圆叶栒子	Rosaceae 蔷薇科	常绿灌木；叶近圆形或广卵形；花1～3朵，苞片线状披针形，萼筒钟状，萼片三角形，花瓣平展，宽卵形至倒卵形；果实倒卵形	果树		
2885	*Cotoneaster rubens* W. W. Sm.	红花栒子	Rosaceae 蔷薇科	直立或匍匐落叶至半常绿灌木；叶近圆形或宽椭圆形；花多数单生，萼筒钟状，花瓣直立，深红色，圆形或宽倒卵形；果倒卵形	果树		
2886	*Cotoneaster salicifolius* Franch.	柳叶栒子（山米麻，木帚子）	Rosaceae 蔷薇科	半常绿或常绿灌木；叶椭圆形至卵状披针形；花多而密生成复聚伞花序，苞片细小，线形，花瓣平展，卵形或近圆形；果近球形	果树，观赏	中国	湖南、湖北、四川、贵州、云南
2887	*Cotoneaster sanguineus* T. T. Yu	血色栒子	Rosaceae 蔷薇科	落叶灌木；叶卵形或椭圆卵形；花顶生，单生，苞片披针形，萼筒钟状，红色，萼片三角形，花瓣宽卵形；子房先端具黄色柔毛	果树		
2888	*Cotoneaster sherriffii* G. Klotz	康巴栒子	Rosaceae 蔷薇科	半常绿灌木；叶螺旋状排列，叶长圆倒卵形；花序直立，有花3～9朵，花直径9～10mm，心皮1～2；果未见	果树		
2889	*Cotoneaster silvestrii* Pamp.	华中栒子（湖北栒子）	Rosaceae 蔷薇科	落叶灌木；叶椭圆形至卵形；聚伞花序有花3～7朵，萼筒钟状，萼片三角形，花瓣平展，近圆形；果实近球形	果树		中南、西北、西南
2890	*Cotoneaster soongoricus* (Regel et Herder) Popov	准噶尔栒子	Rosaceae 蔷薇科	落叶灌木；叶广椭圆形，近圆形或卵形；花3～12朵，成聚伞花序，萼筒钟状，萼片宽三角形，花瓣平展，卵形至近圆形；果卵形	果树		四川、甘肃、新疆、内蒙古
2891	*Cotoneaster subadpressus* T. T. Yu	高山栒子	Rosaceae 蔷薇科	落叶或半常绿矮小灌木；叶近圆形或宽卵形；花通常单生，萼片三角形，花瓣直立，倒卵形或近圆形；果实卵形	果树		
2892	*Cotoneaster submultiflorus* Popov	毛叶水栒子	Rosaceae 蔷薇科	落叶直立灌木；叶卵形至椭圆形；花多数成聚伞花序，苞片线形，萼筒钟状，萼片三角形，花瓣平展，卵形或近圆形；果实近球形	果树		内蒙古、山西、陕西、甘肃、新疆

（续）

序号	拉丁学名	中文名	所属科	特征及特性	类别	原产地	目前分布/种植区
2893	*Cotoneaster taylorii* T. T. Yu	藏南栒子	Rosaceae 蔷薇科	落叶灌木或小乔木；叶近圆形或宽卵形；花2～3朵，苞片披针形，萼片宽三角形，花瓣直立，近圆形，子房先端密生白色柔毛	果树		
2894	*Cotoneaster tenuipes* Rehder et E. H. Wilson	细枝栒子	Rosaceae 蔷薇科	落叶灌木；叶卵形或狭椭圆卵形；花2～4朵成聚伞花序，苞片线状披针形，萼片卵状三角形，花瓣直立，卵形或近圆形；果实卵形	果树		陕西、甘肃、湖北、四川
2895	*Cotoneaster turbinatus* Craib	陀螺果栒子	Rosaceae 蔷薇科	常绿灌木；叶倒卵状披针形至长圆披针形；花多数成复聚伞花序，苞片线形，萼片三角形，花瓣平展，卵形或近圆形；果实陀螺形	果树		
2896	*Cotoneaster uniflorus* Bunge	西藏栒子（单花栒子）	Rosaceae 蔷薇科	落叶矮小灌木；花单生，有时为2；花梗极短，有稀疏柔毛；花直径7～8mm；花瓣直立，近圆形，先端圆钝，基部具短爪，粉红色；雄蕊1～2，短于花瓣；花柱2～3，离生，比雄蕊短	果树		新疆
2897	*Cotoneaster verruculosus* Diels	疣枝栒子	Rosaceae 蔷薇科	落叶或半常绿直立灌木；叶几圆形或宽卵形；花通常单生，萼筒钟状，萼片卵状三角形，花瓣直立，近圆形；果实球形	果树		
2898	*Cotoneaster wardii* W. W. Sm.	白毛栒子	Rosaceae 蔷薇科	常绿灌木；叶卵形或椭圆形；聚伞花序具花9～15朵，苞片线形，带红褐色，萼片三角形，花瓣直立，几圆形或宽倒卵形；果实倒卵形	果树		
2899	*Cotoneaster zabelii* C. K. Schneid.	西北栒子	Rosaceae 蔷薇科	落叶灌木；叶椭圆形至卵形；花3～13朵成下垂聚伞花序，萼筒钟状，萼片三角形，花瓣直立，倒卵形或近圆形	果树		河北、山西、河南、陕西、甘肃、青海、湖北、湖南
2900	*Cotula anthemoides* L.	芫荽菊（山芫荽）	Compositae（Asteraceae）菊科	一年生小草本；茎具多数铺散分枝；叶互生，二回羽状分裂；头状花序单生枝顶，外围花雌性，无花冠，中央花两性，花冠管状；瘦果椭圆形	杂草		华南、西南
2901	*Cotula barbata* DC.	长毛山芫荽	Compositae（Asteraceae）菊科	一、二年生草本；茎被有柔毛；叶片基生，羽状复叶，剑形，有毛；花黄色	观赏	非洲南部	

（续）

序号	拉丁学名	中文名	所属科	特征及特性	类别	原产地	目前分布/种植区
2902	*Cotula coronopifolia* L.	芥叶山芫荽	Compositae（Asteraceae）菊科	多年生草本；株高 30cm，肉质；叶片倒卵状剑形，无毛；花亮黄色；瘦果	观赏	非洲南部	
2903	*Cotyledon orbiculata* L.	圆叶长筒莲	Crassulaceae 景天科	灌木状多浆植物；株高 120cm；膨大茎对生；叶薄广椭圆形，密被白色蜡质，有时边缘红色；花橙色；花期秋季	观赏	好望角及非洲南部、西部	
2904	*Cotyledon undulata* Haw.	银波锦	Crassulaceae 景天科	灌木状多浆植物；高 90cm，茎直立；叶倒卵形，肉质；花序聚伞状；花橙黄色，顶端红色；花期夏秋季	观赏	南非开普敦	
2905	*Craibiodendron henryi* W. W. Sm.	柳叶金叶子	Ericaceae 杜鹃花科	小乔木；叶互生，披针形；总状花序组成顶生大圆锥花序；萼 5 裂；花冠短钟状，白色；蒴果具纵棱，种子具翅	有毒		云南
2906	*Craibiodendron scleranthum* var. *kwangtungense*（S. Y. Hu）Judd	广东金叶子（广东假吊钟）	Ericaceae 杜鹃花科	常绿乔木；叶椭圆形或披针形；总状花序腋生，单一，方皮微柔毛；花萼杯状；花冠短钟状；蒴果，种子近卵形	有毒		广东、广西
2907	*Craibiodendron stellatum*（Pierre）W. W. Sm.	假木荷（火炭木，厚皮树）	Ericaceae 杜鹃花科	小乔木；叶厚革质，椭圆形；圆锥花序顶生，被微柔毛；花白色，有香气；花冠钟状；蒴果室背开裂	有毒		云南、贵州、广西、广东
2908	*Craibiodendron yunnanense* W. W. Sm.	金叶子（半天昏，芝柳叶）	Ericaceae 杜鹃花科	常绿小乔木；叶革质，椭圆状披针形；总状圆锥花序，多花无毛；花淡黄白色；花冠钟状，5 浅裂；蒴果具 5 棱	有毒		云南、广西
2909	*Craigia kwangsiensis* Hsue	桂滇桐	Tiliaceae 椴树科	乔木；高 12m，树皮褐色；叶互生，长椭圆状披针形或长椭圆形；果序生于上部叶腋，为二歧聚伞花序式；蒴果长圆状椭圆形	林木，观赏		广西田林平乡
2910	*Craigia yunnanensis* W. W. Sm. et W. E. Evans	滇桐	Tiliaceae 椴树科	乔木；高 6～11m；叶广卵形或椭圆形；聚伞状圆锥花序腋生，花两性，萼片 5，卵状披针形，无花瓣；蒴果具 5 个薄纸质翅	果树		云南、广西、贵州

（续）

序号	拉丁学名	中文名	所属科	特征及特性	类别	原产地	目前分布/种植区
2911	*Craspedolobium schochii* Harms	巴豆藤	Leguminosae 豆科	木质藤本；羽状3小叶，倒卵形至矩圆形，背被平贴丝状毛；总状花序，花萼杯状5裂，旗瓣具短爪，翼瓣斜长圆形，龙骨瓣近直立	观赏	中国云南、四川	
2912	*Crassocephalum crepidioides* (Benth.) S. Moore	野茼蒿（革命草）	Compositae (Asteraceae) 菊科	一年生草本；茎高30～80cm；叶互生，卵形，有时琴状分裂；头状花序排成伞房花序状，小花多数，两性；瘦果圆柱形	杂草		西南、华中、华南及陕西、甘肃、福建
2913	*Crassula argentea* Thunb.	燕子掌	Crassulaceae 景天科	多浆；高3m；茎粗壮；叶肥厚，倒卵圆形，灰绿色；花序圆锥状；花淡粉红或白色	观赏	南非南部	
2914	*Crassula falcata* H. Wendl.	神刀	Crassulaceae 景天科	多浆；高1m，肉质，少分枝；叶长圆斜镰刀状，灰绿色；花序聚伞状；花绯红色；花期6～8月（北京）	观赏	南非	我国各地广为栽培
2915	*Crassula lycopodioides* Lam.	青锁龙	Crassulaceae 景天科	多浆；高30cm，枝脆弱；叶交互对生，密抱茎；花小，绿白至黄色；花期春季	观赏	非洲热带	
2916	*Crassula perforata* L.	串钱景天	Crassulaceae 景天科	多浆；叶卵形，对生，基部相连，边缘具软骨质纤毛；花极小，黄棕色	观赏	南非	
2917	*Crassula tetragona* L.	玉树	Crassulaceae 景天科	多浆；高60cm；叶近四棱，基部近联合；花小白色	观赏	南非	
2918	*Crataegus altaica* (Loudon) Lange	阿尔泰山楂（黄果山楂）	Rosaceae 蔷薇科	中型乔木；叶宽卵形或三角卵形；复伞房花序，多花密集，苞片披针形，萼片三角卵形或三角披针形，花瓣近圆形；果球形	果树，药用		新疆
2919	*Crataegus aurantia* Pojark.	橘红山楂	Rosaceae 蔷薇科	落叶灌木至小乔木；高3～5m；复伞房花序，多花，直径34cm，花直径约1cm；花瓣近圆形，白色；雄蕊18～20，约与花瓣等长；花柱2～3稀4，基部被柔毛	果树		
2920	*Crataegus bretschneideri* Schneid	伏山楂	Rosaceae 蔷薇科	果皮鲜红色，果点小，黄白色；果面光洁艳丽；萼片残存开张；果肉粉白，微酸稍甜；肉细松软	果树		

（续）

序号	拉丁学名	中文名	所属科	特征及特性	类别	原产地	目前分布/种植区
2921	*Crataegus chlorosarca* Maxim.	绿肉山楂（黑果山楂）	Rosaceae 蔷薇科	小乔木；叶三角卵形至宽卵形；伞房花序，苞片披针形，萼片三角披针形，花瓣近圆形；果近球形，具绿色果肉	果树		东北
2922	*Crataegus chungtienensis* W. W. Sm.	中甸山楂	Rosaceae 蔷薇科	灌木；叶宽卵形；伞房花序直径3～4cm，多花密集，苞片线状披针形，萼筒钟状，花瓣宽倒卵形；果实椭圆形	果树		云南
2923	*Crataegus cuneata* Siebold et Zucc.	野山楂（红果子，山里红）	Rosaceae 蔷薇科	落叶灌木；叶宽倒卵形至倒卵状长圆形；伞房花序具花5～7朵，苞片披针形，条裂或有锯齿，花瓣近圆形或倒卵形；果实扁球形	果树，观赏		华中、华东、西南、华南
2924	*Crataegus cuneata* var. *tangchungchangii* (F. P. Metcalf) T. C. Ku et Spongberg	福建山楂	Rosaceae 蔷薇科	落叶小乔木；单叶互生，有锯齿，叶片长圆形，先端有少数锯齿而无分裂，伞房花序，萼筒均无毛；梨果，先端有宿存萼片	果树		
2925	*Crataegus dahurica* Koehne ex C. K. Schneid.	光叶山楂	Rosaceae 蔷薇科	落叶灌木或小乔木；叶菱状卵形；复伞房花序多花，苞片线状披针形，萼片线状披针形，花瓣近圆形或倒卵形；果实近球形	果树		黑龙江、内蒙古
2926	*Crataegus hupehensis* Sarg.	湖北山楂（猴楂子，猴楂）	Rosaceae 蔷薇科	乔木或灌木；叶卵形至卵状长圆形；伞形花序具多花，苞片线状披针形，萼片三角卵形，花瓣卵形，白色；果实近球形	果树		湖北、河南、江西、江苏、四川、陕西
2927	*Crataegus jozana* Schneid	虾夷山楂	Rosaceae 蔷薇科	小乔木；复伞房花序具多花；总花梗和花梗密被白色柔毛；萼筒钟状，外被白色柔毛；花瓣白色，雄蕊20；山花柱5	果树		
2928	*Crataegus kansuensis* E. H. Wilson	甘肃山楂（面丹子）	Rosaceae 蔷薇科	灌木或乔木；叶宽卵形；伞房花序具有8～18朵，苞片披针形，萼片三角形，花瓣近圆形，白色；果实近球形	药用，果树		甘肃、陕西、山西、四川、贵州
2929	*Crataegus maximowiczii* C. K. Schneid.	毛山楂	Rosaceae 蔷薇科	灌木或小乔木；叶宽卵形或菱状卵形；复伞房花序多花，苞片线状披针形，萼筒钟状，花瓣近圆形，白色；果实球形	果树，林木		黑龙江、吉林、辽宁、内蒙古

(续)

序号	拉丁学名	中文名	所属科	特征及特性	类别	原产地	目前分布/种植区
2930	*Crataegus oresbia* W. W. Sm.	滇西山楂	Rosaceae 蔷薇科	灌木;叶宽卵形;伞房花序多花密集,苞片线状披针形,萼片三角卵形,花瓣近圆形,白色,雄蕊20;果近球形	果树		云南
2931	*Crataegus pinnatifida* Bunge	山楂(山里红,山楂果)	Rosaceae 蔷薇科	落叶小乔木;幼枝灰白色,老枝深灰色;叶卵圆形;花瓣白色或淡粉红色,花药粉红色;梨果	果树,药用	中国	东北、华北、华东及陕西
2932	*Crataegus remotilobata* Raikova ex Popov	裂叶山楂	Rosaceae 蔷薇科	小乔木;叶宽卵形;伞房花序具多花,苞片线形,萼筒钟状,被白粉,萼片三角卵形,花瓣宽倒卵形,白色;果实球形	果树		新疆
2933	*Crataegus sanguinea* Pall.	辽宁山楂(牧狐梨,白海棠)	Rosaceae 蔷薇科	落叶灌木;稀小乔木;叶宽卵形或菱状卵形;伞房花序多花密集,苞片线形,萼片三角卵形,花瓣长圆形,白色;果实近球形	果树,药用		华北
2934	*Crataegus scabrifolia* (Franch.) Rehder	云南山楂(文林果,山林果)	Rosaceae 蔷薇科	落叶乔木;高达10m;叶片卵状披针形至卵状椭圆形,稀菱状卵形,先端急尖,基部楔形,无毛;托叶早落;伞房花序或复伞房花序;花瓣近圆形或倒卵形,白色;雄蕊20;果实扁球形,黄色或带红晕	药用,观赏	中国	云南、贵州、四川、广西
2935	*Crataegus shandongensis* F. Z. Li et W. D. Peng	山东山楂	Rosaceae 蔷薇科	落叶灌木;叶缘中部以上重锯齿,顶部3裂,复伞房花序,花筒外被白色柔毛,苞片早落,花朵7~18朵,果实球形	果树		
2936	*Crataegus shensiensis* Pojark.	陕西山楂	Rosaceae 蔷薇科	叶卵形或圆卵形,1~3对浅裂片;复伞房状花序,萼片三角形或披针形,花瓣圆形或宽卵形,雄蕊20,花柱5,子房顶端有柔毛	果树		陕西
2937	*Crataegus songarica* K. Koch	准噶尔山楂	Rosaceae 蔷薇科	小乔木或灌木;叶菱状卵形至宽卵形,常有2~3对深裂片;伞房花序具多花,苞片线形,萼片三角卵形或宽披针形;果球形	果树		新疆
2938	*Crataegus wattiana* Hemsl. et Lace.	黄果山楂	Rosaceae 蔷薇科	灌木或小乔木植物,复伞房花序;花白色,直径12~15mm;萼筒钟状,裂片三角状卵形或三角状披针形;花瓣近圆形	果树		

（续）

序号	拉丁学名	中文名	所属科	特征及特性	类别	原产地	目前分布/种植区
2939	*Crataegus wilsonii* Sarg.	华中山楂	Rosaceae 蔷薇科	落叶灌木；叶卵形或倒卵形；伞房花序具多花，苞片披针形，萼筒筒状，花瓣近圆形，白色，雄蕊 20，花柱 2～3，果椭圆形	果树		湖北、河南、陕西、甘肃、浙江、云南
2940	*Crateva magna* （Lour.）Candolle	刺籽鱼木	Capparaceae 山柑科	乔木；高 6～15m；花排成顶生的伞房花序；花瓣叶状，倒卵形至近心脏形，瓣爪长 5～12mm，瓣片长 15～30mm，宽 15～22mm，顶端微缺或截形；雄蕊的 20 枚，长于花瓣，花丝紫色，近基部处合生，花药长构 3mm；雌蕊柄长于雄蕊	有毒		广东、海南、广西
2941	*Crateva unilocularis* Buch.-Ham.	鱼木（虎王，四方灯盏）	Capparaceae 山柑科	乔木；枝有散生皮孔；小叶卵圆形；伞房花序顶生；近球形果，种子多数	有毒		广东、广西、云南
2942	*Cratoxylum cochinchinense* （Lour.）Blume	黄牛木（雀笼木）	Guttiferae 藤黄科	常绿乔木或灌木；叶纸质，椭圆形至矩圆形；聚伞花序腋生，花冠粉红色；蒴果，椭圆形，花萼宿存，种子具翅	观赏		广东、广西、云南
2943	*Crawfurdia campanulacea* Wall. et Griff. ex C. B. Clarke	云南蔓龙胆	Gentianaceae 龙胆科	多年生缠绕草本；茎常带紫色，叶宽卵形，花成对着生于叶腋或 3～5 朵呈聚伞花序，腋生或顶生，花冠紫色或蓝色，钟形，花萼筒形，基部合生呈杯状的檐部	观赏	中国云南西北部	
2944	*Cremanthodium phyllodineum* S. W. Liu	叶状柄垂头菊	Compositae（Asteraceae）菊科	多年生草本；茎上部被黑褐色有节短柔毛，丛生叶具长柄，叶肾形或三角状肾形，边缘锯齿，茎生叶 1～3，叶柄下部膨大呈叶片状，头状花序单生下垂，舌状花黄色	观赏	中国西藏东南部、云南西北部	
2945	*Cremanthodium potaninii* C. G. A. Winkl.	戟叶垂头菊	Compositae（Asteraceae）菊科	多年生草本；茎上部被白色蛛丝状柔毛，丛生叶和茎下部叶具柄，叶形多样，茎中上部叶线状披针形至线形，头状花序单生，舌状花黄色	观赏	中国甘肃西南部、四川西北部	
2946	*Cremanthodium rhodocephalum* Diels	红头垂头菊	Compositae（Asteraceae）菊科	多年生草本；丛生叶和茎基部叶具长柄，被白色蛛丝状柔毛，叶片肾形，叶缘具浅圆齿，茎中部叶肾形，叶柄扩大呈叶片状，上部叶宽卵形；总状花序单生，舌状花紫红色，管状花黄色	观赏	中国云南西部	

（续）

序号	拉丁学名	中文名	所属科	特征及特性	类别	原产地	目前分布/种植区
2947	*Crepis tectorum* L.	还阳参（屋根草）	Compositae（Asteraceae）菊科	一年生草本；茎高 30～100cm，具腺毛；叶线形或倒披针形；头状花序于茎顶排成复伞房状，舌状花黄色；瘦果窄纺锤形	杂草		东北及内蒙古、新疆、甘肃
2948	*Crescentia cujete* Linn.	葫芦树	Bignoniaceae 紫葳科	阔叶乔木；高达 18m，叶簇生枝上，阔倒披针形，具羽状脉；花单生小枝上，下垂，花冠钟形，左右对称，淡黄绿色，有褐色脉纹；夜间开放	观赏	美洲热带	我国南方有引种
2949	*Crinum amabile* J. Donn.	红花文殊兰	Amaryllidaceae 石蒜科	多年生常绿草本植物，顶生伞形花序，每花序有小花 20 余朵；花被筒暗紫色，花瓣 5 枚，长条形，红色，边缘为白色或浅粉色的宽条纹，具芳香	观赏		
2950	*Crinum americanum* L.	北美文殊兰	Amaryllidaceae 石蒜科	球根植物；叶较少而狭长，边缘具稀齿；有花 2～6 朵，花筒直，花被裂片线形，白色，芳香；花期冬、春季	观赏	美国佛罗里达州、得克萨斯州	
2951	*Crinum bulbispermum*（Burm. f.）Milne-Rehd. et Schweick	南非文殊兰	Amaryllidaceae 石蒜科	球根植物；叶狭窄，边缘粗糙或有小齿，具白霜；伞形花序有花 6～12 朵，花漏斗形，花粉色，外边色较深	观赏	南非	
2952	*Crinum latifolium* L.	西南文殊兰	Amaryllidaceae 石蒜科	多年生常绿草本；叶带状，伞形花序，下有佛焰苞状总苞片 2 枚，花高脚碟状，花被裂片披针形或长圆状披针形，白色有红晕	观赏	中国广西、贵州、云南	
2953	*Crinum moorei* Hook. f.	穆氏文殊兰	Amaryllidaceae 石蒜科	多年生球根花卉，叶基生，伞形花序，花冠杯形，6 瓣，白色；蒴果近球形，不规则开裂	观赏		
2954	*Crithopsis delileana*（Schult.）Roshev.	类大麦草	Gramineae（Poaceae）禾本科	一年生；总状花序 1，矩圆形，长 2～3.5cm；小穗具 1 小花；小穗披针形，长约 12mm，第一颖长 12mm，与第二颖等长，外稃椭圆型，长 5～7mm，长芒 6～7mm	粮食		
2955	*Crocosmia aurea* J. E. Planch.	黄花水仙菖兰	Iridaceae 鸢尾科	多年生草本；多数花组成穗状花序，花两侧对称，橙黄色，花被管弯曲，花被裂片 6，夏天开花，果期夏末或初秋，果为蒴果	观赏		

（续）

序号	拉丁学名	中文名	所属科	特征及特性	类别	原产地	目前分布/种植区
2956	*Crocosmia crocosmiflora*（Nichols）N. E. Br	雄黄兰（倒挂金钩，标竿花，黄大蒜）	Iridaceae 鸢尾科	球根植物；叶宽线形或剑形，花茎分枝多而纤细，花朵橙绯红色	观赏	非洲南部	我国北方盆栽、南方露地栽培
2957	*Crocosmia pottsii* N. E. Br.	橙花水仙菖兰	Iridaceae 鸢尾科	多年生草本；花多数，排列成复圆锥花序，从葱绿的叶丛中抽出，高低错落，疏密有致；花漏斗形，橙红色，园艺品种有红、橙、黄三色；花被筒细而略弯曲，裂片开展	观赏		
2958	*Crocus alatavicus* Semen. et Regel	西番红（花阿拉套番红花，雪花）	Iridaceae 鸢尾科	多年生草本；花白色，花被管细长，丝状，花被裂片 6，2 轮排列，狭倒卵形，内、外花被外侧的中脉上均有蓝色的纵条纹，雄蕊长约 2.5cm，花药橘黄色，条形，直立	蜜源		新疆北部
2959	*Crocus maesiacus* Ker-Gawl.	番黄花	Iridaceae 鸢尾科	球根植物；叶 6～8 枚，明显高于花葶；花杯形，金黄色至橙色；花期 2～3 月	观赏	捷克至土耳其	
2960	*Crocus sativus* L.	番红花（藏红花，西红花）	Iridaceae 鸢尾科	球根植物；叶片 9～15 枚，基生；花 1～3 朵顶生，花色变化多，有雪青、红紫或白色；昼开夜合，芳香；花期 9～11 月	观赏	小亚细亚	新疆北部
2961	*Crocus speciosus* Bieb.	美丽番红花	Iridaceae 鸢尾科	球根植物；叶 4～5 枚；花被内侧有深蓝色脉纹，外侧有深蓝色点；花期秋季	观赏	欧洲东部、小亚细亚	
2962	*Crocus susianus* Ker-Gawl.	高加索番红花	Iridaceae 鸢尾科	球根植物；叶 4～8 枚，狭线形；花冠内侧鲜橘黄色，外侧晕棕色，星形；花期冬末春初	观赏	高加索山区	
2963	*Crocus vernus*（L.）J. Hill.	番紫花	Iridaceae 鸢尾科	球根植物；叶 2～4 枚；花雪青或白色，带紫纹；花期春季	观赏	意大利南部	
2964	*Croomia japonica* Miq.	黄精叶钩吻（金刚大）	Stemonaceae 百部科	多年生宿根草本；根状茎横走，节间短而密；叶 3～5，卵形或卵状长圆形；花淡绿色，花被片 4，排成十字形；种子表面具纵皱纹	有毒		安徽、浙江、江西
2965	*Crossandra infundibuliformis*（L.）Nees	半边黄	Acanthaceae 爵床科	常绿灌木或半灌木，高达 45cm；叶全缘或有波状齿，狭卵形至披针形；花序穗状，顶生或腋生，花冠红色、橙色或肉色；蒴果长椭圆圆形，有棱	观赏		广东已引种

（续）

序号	拉丁学名	中文名	所属科	特征及特性	类别	原产地	目前分布/种植区
2966	*Crotalaria acicularis* Buch.-Ham. ex Benth.	针状猪屎豆	Leguminosae 豆科	草本;高20～60cm;叶椭圆形或斜圆形,青灰色;托叶线形细长,反折;总状花序有花6～30朵,花冠黄色;荚果无子房柄	杂草		云南南部
2967	*Crotalaria albida* B. Heyne ex Roth	响铃豆	Leguminosae 豆科	多年生草本;茎高45～150cm,被丝质白色柔毛;单叶互生,形状多样;托叶锥状极小;总状花序,花冠淡黄色或近白色;荚果圆柱形	有毒		华南、华中、西南
2968	*Crotalaria assamica* Benth.	大猪屎豆（大猪屎青海）	Leguminosae 豆科	半灌木状草本;高1～2m,被绢毛;单叶,倒披针状长圆形或长圆形;总状花序顶生具20～31朵花,花冠金黄色;荚果	饲用及绿肥,有毒		台湾、广东、广西、贵州、云南
2969	*Crotalaria chinensis* L.	中国猪屎豆（华野百合）	Leguminosae 豆科	多年生草本;高15～60cm;单叶互生,倒卵形至长圆形;无托叶;花数朵密集成顶生头状总状花序,花冠白色至淡黄色;荚果短圆柱形	杂草		华南、华东及云南、贵州、台湾
2970	*Crotalaria ferruginea* Graham ex Benth.	假地蓝（荷猪草,野花生）	Leguminosae 豆科	多年生灌木状直立草本;高30～100cm,具开展长糙毛;单叶互生,长椭圆形或长圆状卵形;总状花序具花2～6朵;荚果圆柱形	药用,饲用及绿肥		长江以南各省及西藏
2971	*Crotalaria incana* L.	圆叶猪屎豆	Leguminosae 豆科	草本或亚灌木;高1m;小叶椭圆状倒卵形、倒卵形或近圆形;花序总状;花萼近钟形;花冠黄色,旗瓣椭圆形;荚果长圆形;花果期10月至翌年2月	观赏	美洲	江苏、安徽、浙江、台湾、广东、广西、云南
2972	*Crotalaria juncea* L.	菽柽麻（太阳麻,柽麻）	Leguminosae 豆科	一年生草本;单叶,叶长圆状披针形或长圆形;总状花序;小苞片生于萼颈部;花冠黄色;雄蕊10,合成一组;荚果	饲用及绿肥,有毒		华南、西南、华中及安徽
2973	*Crotalaria mairei* H. Lév.	头花猪屎豆	Leguminosae 豆科	直立草本;高30～60cm;茎圆柱形;叶片披针形或长圆状披针形,稀为倒披针形;花序形似头状;苞片线形或线状披针形;花冠深紫蓝色,旗瓣卵圆形或圆形;荚果短圆柱形;花果其9月至翌年2月	观赏	中国广西、四川、贵州、云南、	

（续）

序号	拉丁学名	中文名	所属科	特征及特性	类别	原产地	目前分布/种植区
2974	*Crotalaria medicaginea* Lam.	假苜蓿	Leguminosae 豆科	草本；茎部木质；小叶倒卵形，宽 3～6mm；花萼近钟形，龙骨瓣具长喙；荚果圆球形，直径 3～4mm，具短喙；种子 2 粒	饲用及绿肥		华南、西南
2975	*Crotalaria micans* Link	三叶猪屎豆（阿字）	Leguminosae 豆科	一年生或多年生亚灌木；叶片由 3 个小叶组成，总状花序顶生，花冠黄色；花药二型，一为长圆形、一为卵球形	饲用及绿肥		台湾
2976	*Crotalaria pallida* Aiton	猪屎豆（猪屎青，野黄豆）	Leguminosae 豆科	多年生草本或呈灌木状；小叶长圆形，宽 1.5～3cm；花萼密被柔毛，花冠长于花萼近 1 倍；荚果长圆形；种子 20～30 粒	饲用及绿肥，有毒		华南、西南及山东、台湾
2977	*Crotalaria psoralioides* D. Don	黄雀儿	Leguminosae 豆科	亚灌木；三出叶，小叶长椭圆形；花序具 10～30 花，花萼 5 深裂，裂片与萼筒等长；荚果椭圆形，扁平，长约 3cm	饲用及绿肥		云南、西藏
2978	*Crotalaria retusa* L.	凹叶野百合（吊裙草）	Leguminosae 豆科	多年生亚灌木状草本；单叶互生，倒卵状长椭圆形；总状花序，有花 10～20 朵；花冠黄色，旗瓣有紫红色条纹；荚果	饲用及绿肥，有毒		广东、海南
2979	*Crotalaria sessiliflora* L.	野百合（农吉利，狗铃草）	Leguminosae 豆科	一年生草本；单叶互生，长圆状披针形；总状花序常顶生；花冠淡蓝色或紫色；雄蕊下部合生；荚果，种子多数	有毒		东北、华北、华东、华南、西南
2980	*Crotalaria spectabilis* Roth	美丽猪屎豆（响铃豆）	Leguminosae 豆科	一年生草本；也多而大，三出复叶，倒卵圆形或倒卵圆状长圆形；花顶生或侧生，黄色；荚果膨胀圆柱形	有毒	热带、亚热带	江西、云南
2981	*Crotalaria verrucosa* L.	多疣猪屎豆	Leguminosae 豆科	一年生直立草本；高 60～90cm；单叶互生，宽卵形，托叶反折，呈半月形；总状花序顶生或同时具有对叶而生总状花序；荚果圆柱形	杂草		我国南部各地
2982	*Crotalaria zanzibarica* Benth.	光萼猪屎豆（苦罗豆，宇字绿肥）	Leguminosae 豆科	草本或亚灌木；叶三出，小叶长椭圆形，总状花序顶生，有花 10～20 朵，苞片线形，花萼近钟形，花冠黄色，旗瓣圆形；荚果长圆柱形	饲用及绿肥，药用	南美洲	广东、广西、福建、台湾

（续）

序号	拉丁学名	中文名	所属科	特征及特性	类别	原产地	目前分布/种植区
2983	*Croton crassifolius* Geiseler	鸡骨香	Euphorbiaceae 大戟科	灌木；高20～50cm；叶卵形、卵状椭圆形至长圆形；总状花序、顶生；果近球形；种子卵圆状，褐色	药用		福建、广东、广西、海南
2984	*Croton guizhouensis* H. S. Kiu	荨麻叶巴豆	Euphorbiaceae 大戟科	灌木；高约1m；叶纸质，卵形或椭圆状卵形，稀卵状长圆形；总状花序，顶生；花瓣长圆状椭圆形，边缘有棉毛；蒴果近球形	有毒		贵州南部
2985	*Croton lachynocarpus* Benth.	毛果巴豆	Euphorbiaceae 大戟科	灌木；叶长圆形或椭圆状卵形；总状花序顶生，1～3个，雄花萼片卵状三角形，雌花萼片披针形；蒴果稍扁球形	有毒		广东、广西
2986	*Croton laevigatus* Vahl	光叶巴豆	Euphorbiaceae 大戟科	灌木至小乔木；高可达15m；叶密生于枝顶，纸质，椭圆形、长圆状椭圆形至披针形；总状花序，簇生于枝顶；蒴果倒卵形	有毒		海南、云南南部
2987	*Croton lauii* Merr. et F. P. Metcalf	海南巴豆	Euphorbiaceae 大戟科	落叶或半落叶灌木；叶纸质，顶端圆钝或急尖，基部渐狭；花雌雄同株，雌花着生花序轴下部，雄花生上部；种子椭圆形，腹面略扁	观赏		海南
2988	*Croton tiglium* L.	巴豆（猛子仁，毒鱼子）	Euphorbiaceae 大戟科	灌木或小乔木；植株被星毛状；叶互生，卵形；总状花序顶生；花单性同序；雄花在花序轴上部，雌花下部；蒴果	有毒		长江以南、华南、西南及台湾
2989	*Crypsis aculeata*（L.）Aiton	隐花草（扎股草）	Gramineae (Poaceae) 禾本科	一年生草本；叶披针形，先端呈针刺状；圆锥花序缩短，呈头状或压扁，小穗长约4mm；囊果楔形兼长圆形	饲用及绿肥		内蒙古、甘肃、陕西、山西、辽宁、江苏、河南、河北
2990	*Crypsis schoenoides*（L.）Lamarck	蔺状隐花草	Gramineae (Poaceae) 禾本科	一年生；秆高5～17cm；圆锥花序紧缩成穗状，长1～3cm，宽5～8mm，其下以一片膨大的苞片状叶鞘，小穗长约3mm，雄蕊3枚	饲用及绿肥		西北及内蒙古、河北
2991	*Cryptanthus acaulis*（Lindl.）Beer.	姬凤梨	Bromeliaceae 凤梨科	多年生草本；植株矮小，高8～10cm，无茎；叶密生莲座状，阔披针形，叶面绿色，背面白色；花序小头状；花白色，芳香；花期夏秋季	观赏	南美洲热带地区	我国南方广有种植

（续）

序号	拉丁学名	中文名	所属科	特征及特性	类别	原产地	目前分布/种植区
2992	*Cryptanthus bivittatus*（Hook.）Regel.	红叶姬凤梨	Bromeliaceae 凤梨科	多年生草本；无茎，高 20cm；叶渐尖，弓形，边缘波状，有细锯齿，叶上面有 2 条深浅不粉色或带红色的纵向条；花白色	观赏	巴西、圭亚那	
2993	*Cryptanthus zonatus*（Vis.）Beer.	虎斑姬梨（环带姬凤梨）	Bromeliaceae 凤梨科	多年生草本；高 15cm；叶上面有绿白或褐色横向波纹，叶背有银色斑驳	观赏	巴西	
2994	*Crypteronia paniculata* Blume	隐翼	Crypteroniaceae 隐翼科	常绿乔木；高 12～30m，胸径可达 50cm；树冠圆球形；雌雄异株或花杂性，圆锥花序由数总状花序组合而成，花无花瓣；蒴果扁球形	可作区系研究		云南
2995	*Cryptocarya chinensis*（Hance）Hemsl.	中华厚壳桂（香果，香花桂，铜锣桂）	Lauraceae 樟科	常绿树种、乔木；高 25m；叶互生或对生，革质，长椭圆形，先端长渐尖或短渐尖，基部宽楔形；两性花，花序长 1.5～4cm，被黄色小绒毛；花淡黄色；浆果状核果，果球形或扁球形，紫黑色，纵棱 12～15 条；种子扁圆形	林木，观赏	中国	四川、广西、广东、海南、福建、台湾
2996	*Cryptocarya concinna* Hance	黄果厚壳桂（香港厚壳桂，黄果桂，海南厚壳桂）	Lauraceae 樟科	常绿树种、乔木；高 25m；叶坚纸质，椭圆状长圆形或长圆形；两性花，花序被短柔毛；花长 3.5mm；花梗长 1～2mm；花被裂片长于花被筒；浆果状核果；种子椭圆形，黄褐至褐色	林木，观赏	中国	广东、海南、广西、江西、台湾
2997	*Cryptocarya densiflora* Blume	丛花厚壳桂（大叶樟，丛花桂，白面槁）	Lauraceae 樟科	常绿树种、乔木；高 20m；叶革质，长椭圆形或椭圆状卵形，先端突短渐尖，叶柄长 1～2cm；两性花，花小，圆锥花序，黄绿色；浆果，果偏球形	观赏	中国	广东、广西、海南、福建、云南
2998	*Cryptocarya impressinervia* H. W. Li	钝叶厚壳桂（大叶乌面槁，钝叶桂）	Lauraceae 樟科	常绿树种、乔木；高达 20m；单叶互生，长椭圆形，先端钝或短尖，叶柄长约 1cm，密被柔毛；两性花，花小，圆锥花序，黄绿色；浆果，椭圆形，成熟时紫黑色，干燥后呈黑色；种子圆球形	观赏	中国	海南
2999	*Cryptocoryne cordata* Griff.	克达辣椒草	Araceae 天南星科	多年生草本；叶片椭圆形，佛焰苞 9，紫色，喉部浅黄色	观赏	马来半岛	

（续）

序号	拉丁学名	中文名	所属科	特征及特性	类别	原产地	目前分布/种植区
3000	*Cryptocoryne crispatula* Engl.	隐棒花（沙滩草，岩榄）	Araceae 天南星科	多年生草本；佛焰苞长 9cm，管部含花序部分长圆状卵形，长 1.5cm，直径 4mm，檐部狭披针形，螺旋状扭曲；花期 11～4 月	观赏	中国广西、贵州	
3001	*Cryptocoryne retrospiralis* (Roxb.) Fisch. ex Wydler	旋苞隐棒花	Araceae 天南星科	多年生草本；肉穗花序；雌花序有心皮 4～6，绿色，与雄花序的间距约 6mm；雄花序短圆柱状，淡绿色，长约 2mm，花柱短，柱头近圆形；花期 11 月	观赏	中国广东从化县	
3002	*Cryptolepis buchananii* Schult.	古钩藤（牛奶藤，牛挂脖子藤）	Asclepiadaceae 萝藦科	藤本；叶长圆形或椭圆形，10～18cm；聚伞花序腋生；蓇葖果叉开，长圆状，6.5cm～8cm；种子卵圆形	药用，经济作物（纤维类）		西南、华南
3003	*Cryptolepis sinensis* (Lour.) Merr.	白叶藤（红藤子，飞扬藤）	Asclepiadaceae 萝藦科	木质藤本；具乳汁；叶对生，长圆形；聚伞花序；花冠筒圆筒状，花冠淡黄色；蓇葖果长披针形	有毒		贵州、云南、广西、广东、台湾
3004	*Cryptomeria japonica* (Thunb. ex L. f.) D. Don	柳杉	Taxodiaceae 杉科	乔木；高达 40m，雄球花黄色，雌球花淡绿色；球果熟时深褐色，径 1.5～2.0cm，种鳞约 20，苞鳞尖头与种鳞先端之裂齿均较短；每种鳞有 2 粒种子	蜜源	中国	河南
3005	*Cryptotaenia japonica* Hassk.	鸭儿芹（三叶，野蜀葵）	Umbelliferae (Apiaceae) 伞形科	多年生草本；茎具叉状分支；三出复叶，小叶广卵形，边缘为不规则尖锐深锯齿状；复伞形花序；花白色	蔬菜，药用，经济作物（油料类）	中国、日本	江苏、浙江、四川、广东、广西、福建、台湾
3006	*Ctenanthe oppenheimiana* (E. Morr.) Eichl.	栉花竹芋	Marantaceae 竹芋科	多年生草本；花序总状；成对生长，花朵排列紧密，萼片 3，花冠 3 裂，白色，有短冠筒	观赏	巴西东部	
3007	*Cucumis hystrix* Chakr.	野黄瓜（酸黄瓜，鸟苦瓜）	Cucurbitaceae 葫芦科	茎叶细小，分枝性强；果实和种子小，种子狭卵形，果皮粗糙，有瘤刺凸起，味苦不可食	药用	喜马拉雅山南麓的印度北部和锡金邦	云南
3008	*Cucumis melo* L.	甜瓜（香瓜）	Cucurbitaceae 葫芦科	一年蔓年生草本；叶心状圆形，3～5 掌状分裂；雌雄同株，雄花黄色，数朵簇生叶腋，雌花单生；果椭圆形有纵沟，种子淡白色	蔬菜，有毒	热带非洲	全国各地均有栽培

（续）

序号	拉丁学名	中文名	所属科	特征及特性	类别	原产地	目前分布/种植区
3009	*Cucumis melo* subsp. *melo* L.	厚皮甜瓜	Cucurbitaceae 葫芦科	藤蔓类草本植物	蔬菜	中国	
3010	*Cucumis melo* var. *conomon* (Thunb.) Makino	菜瓜	Cucurbitaceae 葫芦科	果实长圆状圆柱形或近棒状，淡绿色，果肉白色或淡绿色，无香甜味	蔬菜	中国	全国
3011	*Cucumis metuliferus* E. Meyer ex Naudin.	角瓜	Cucurbitaceae 葫芦科	一年生草质藤本（蔓生）具叶卷须；单叶，大型，掌状深裂，互生，叶面粗糙多刺；花单性，雌雄同株。花单生于叶腋，鲜黄或橙黄色；瓠果，种子为白色或淡黄色，长卵形	蔬菜	北美洲南部	全国各地均有栽培
3012	*Cucumis sativus* L.	黄瓜（王瓜，胡瓜）	Cucurbitaceae 葫芦科	一年生攀缘草本；叶五角掌状或心形，叶片大而薄；果面光滑或有瘤刺，刺色白、黄、棕、黑；果实圆筒或棒形；果色丰富多样；种子多数扁平光滑	蔬菜	喜马拉雅山南麓的印度北部地区	全国各地均有分布
3013	*Cucurbita ficifolia* Bouchè C. ficifolia Huber	黑籽南瓜	Cucurbitaceae 葫芦科	一年或多年生宿根蔓生草本；茎蔓粗壮，分枝强；叶有硬刺，深裂似无花果叶；瓜椭圆，果皮硬，果肉白色，有白色条纹及斑块；种子平滑，圆形，黑色	饲用及绿肥	中南美洲高原	云南
3014	*Cucurbita maxima* Duchesne ex Lam.	印度南瓜	Cucurbitaceae 葫芦科	一年生蔓性草本；叶片无白斑，肾形或卵形；果柄圆形，不具棱和槽；雌雄异花，也有两性花；瓜蒂不扩大或稍膨大；果形、果色、果大小差异极大	饲用及绿肥	中南美洲	全国各地均有分布
3015	*Cucurbita mixta* Pang	灰籽南瓜	Cucurbitaceae 葫芦科	一年生蔓性草本；叶大有毛，叶片有较少白斑；果柄圆形，瘤状组织发达，瓜蒂不扩张；果肉白或棕黄色；种子灰白色或有花纹	蔬菜	墨西哥及美国南部	浙江
3016	*Cucurbita moschata* (Duch. ex Lam.) Duch. ex Poir.	南瓜（金瓜，饭瓜）	Cucurbitaceae 葫芦科	一年生蔓生草本；叶片宽卵形或卵圆形，质稍柔软；花雌雄同株，雄花单生，雌花单生；瓠果形状多样	药用	墨西哥到中美洲一带	全国
3017	*Cucurbita pepo* L.	西葫芦	Cucurbitaceae 葫芦科	一年生蔓生草本植物；花雌雄同株，单生，黄色；果实形状因品种而异，种子白色	蜜源		全国南北都有栽培

（续）

序号	拉丁学名	中文名	所属科	特征及特性	类别	原产地	目前分布/种植区
3018	*Cunninghamia lanceolata* (Lamb.) Hook.	德昌杉木	Taxodiaceae 杉科	常绿乔木；高达50m，胸径可达3m；叶辐射伸展，线状披针形；雌雄同株，雄球花圆柱状长圆形；雌球花近球形；球果	林木	中国	四川
3019	*Cuphea hookeriana* Walp.	拉夫萼距花	Lythraceae 千屈菜科	落叶灌木；叶片卵圆形至披针形；总状花序顶生，萼管绿色至紫色；花瓣深红色	观赏	墨西哥	
3020	*Cuphea micropetala* Kunth	小瓣萼距花	Lythraceae 千屈菜科	多年生草本；叶片披针形；总状花序顶生，萼管红色，花瓣红色、白色或黄色	观赏	墨西哥	广州曾有栽培
3021	*Cuphea platycentra* Lem.	萼距花	Lythraceae 千屈菜科	多年生草本；花单生叶腋，有细长花梗；鲜红色，在花冠筒基部有深色晕圈，口部白色；自春至秋均有花可开	观赏	墨西哥	
3022	*Cuphea procumbens* Cav.	草紫薇	Lythraceae 千屈菜科	多年生草本；花单生叶腋，左右对称；萼筒花冠状，基部膨大，紫红色，先端绿色；花瓣6枚，上方2枚特大，玫瑰红或雪青色；花期夏秋间	观赏	墨西哥	
3023	*Cupressus arizonica* Greene	绿干柏	Cupressaceae 柏科	乔木；在原产地高达25m；鳞叶斜方状卵形，蓝绿色，微被白粉，先端锐尖，球果圆球形或矩圆球形，暗紫褐色；种子倒卵圆形，暗灰褐色	美洲		南京及庐山
3024	*Cupressus chengiana* S. Y. Hu	岷江柏木	Cupressaceae 柏科	常绿乔木；树皮条状纵裂；叶鳞形，交叉对生，排成紧密的4列；球果单生侧枝顶端，近球形；种鳞交互对生，4～5对，盾形	林木		四川岷江流域、甘肃白龙江流域
3025	*Cupressus duclouxiana* B. Hickel	干香柏	Cupressaceae 柏科	常绿乔木；高25m；树干端直，树皮灰褐色；树冠近圆形或广圆形；鳞叶近斜方形，蓝绿色；雄球近球形或椭圆形；球果圆球形	观赏	中国特有种	云南中部、西北部及四川西南部
3026	*Cupressus funebris* Endl.	柏木	Cupressaceae 柏科	常绿乔木；小枝细长下垂，生鳞片的小枝扁，排成一平面；鳞叶长1～1.5mm；球果，种鳞盾形，种子边缘具窄翅	经济作物（油料类）	中国	华东、华中、华南、西南及陕西、台湾
3027	*Cupressus lusitanica* Mill.	墨西哥柏木	Cupressaceae 柏科	常绿乔木；树皮红褐色，长条片状纵裂；鳞叶小枝下垂，鳞叶蓝绿色，被蜡质白粉，背部无腺体；球果圆球形	观赏	墨西哥中部至危地马拉和洪都拉斯山区	我国亚热带地区及南京

（续）

序号	拉丁学名	中文名	所属科	特征及特性	类别	原产地	目前分布/种植区
3028	*Cupressus sempervirens* L.	地中海柏木	Cupressaceae 柏科	常绿乔木；树冠柱形至圆锥形，树皮灰褐色，较薄，浅纵裂；鳞叶小枝成平面	观赏	欧洲南部地中海地区至亚洲西部	南京及庐山
3029	*Cupressus torulosa* D. Don ex Lamb.	西藏柏木	Cupressaceae 柏科	常绿乔木；高 20m；树皮裂成块状薄片；鳞叶近斜方形；球果宽卵圆形或近球形	观赏	中国西藏东部及南部	
3030	*Cupressus torulosa* var. *gigantea*（W. C. Cheng et L. K. Fu）Farjon	巨柏	Cupressaceae 柏科	常绿大乔木；树皮条状纵裂；叶鳞形，交叉对生，紧密排成四列；球果单生于侧枝顶端，种子两侧具窄翅	林木		西藏雅鲁藏布江流域
3031	*Curculigo capitulata*（Lour.）Kuntze	大叶仙茅	Amaryllidaceae 石蒜科	多年生草本；叶通常 4～7 枚，长圆状披针形或近长圆形，纸质，花茎被褐色长柔毛，总状花序缩短成头状，花黄色，花被裂片卵状长圆形，浆果白色	观赏	中国福建、台湾、广东、广西、四川、贵州、云南、西藏	
3032	*Curculigo crassifolia*（Baker）Hook. f.	绒叶仙茅	Amaryllidaceae 石蒜科	多年丛生草本；叶厚革质，长圆状披针形，具强烈折扇状脉，被密被白色绒毛，花茎被毛，总状花序，花黄色，花被裂片长圆形，浆果	观赏	中国云南东南部至西部	
3033	*Curculigo orchioides* Gaertn.	仙茅（山棕）	Amaryllidaceae 石蒜科	多年生草本；茎高 10～40cm；叶基生 3～6 片，披针形；总状花序有花 3～5 朵，花两性或有时杂性，花被管延伸呈喙状；浆果长矩圆形	药用		西南、华南、华东及福建、台湾、湖南
3034	*Curculigo sinensis* S. C. Chen	中华仙茅	Amaryllidaceae 石蒜科	多年生常绿草本；叶 5～9 枚披针形，纸质，花茎被锈色绒毛，总状花序，花黄色，花被裂片长圆形，浆果近瓶状	观赏	中国广西北部至西部、四川南部、贵州西部	
3035	*Curcuma aromatica* Salisb.	郁金	Zingiberaceae 姜科	多年生草本；叶长圆形，背被短柔毛，穗状花序，小花唇瓣淡黄色，基苞片淡绿色，上部苞片白带粉红色，较下部的大而美丽	观赏	中国云南、广东、广西、福建、江苏、江西、四川	
3036	*Curcuma kwangsiensis* S. G. Lee et C. F. Liang	广西莪术（桂莪术，毛莪术）	Zingiberaceae 姜科	多年生草本；株高 50～110cm；腋内有花 2 至数朵，苞片数枚，椭圆形；萼管白色，先端具三齿；花冠近漏斗形长约 2.5cm，花瓣 3，粉红色，长圆形，上方 1 片较大，先端成兜状，侧生退化雄蕊形状与花瓣相似，淡黄色；唇瓣近圆形，淡黄色，先端微凹	药用	中国广西	广西、云南、四川

（续）

序号	拉丁学名	中文名	所属科	特征及特性	类别	原产地	目前分布/种植区
3037	*Curcuma longa* L.	姜黄	Zingiberaceae 姜科	多年生宿根草本；根茎卵形，内面黄色；叶椭圆形，丛生；穗状花序稠密，花苞卵形；蒴果，种子具假种皮	经济作物（染料类），药用		西南、华中、华东及陕西、广东、台湾
3038	*Curcuma phaeocaulis* Valeton	莪术（桂莪术）	Zingiberaceae 姜科	多年生草本；主根茎肉质，侧根茎末端膨大成肉质纺锤形；叶长椭圆形；穗状花序，萼3裂，花瓣3；子房下位	药用		广西、云南、四川、浙江
3039	*Curcuma roscoeana* Wallich.	红苞姜黄	Zingiberaceae 姜科	多年生草本；株高0.9m；叶片长椭圆形，先端尖；花序穗状；苞片深猩红至深橙红，小花鳞黄色	观赏	印度	
3040	*Curcuma wenyujin* Y. H. Chen et C. Ling	温郁金	Zingiberaceae 姜科	株高约1m；根茎黄色，芳香；根端膨大呈纺锤状；叶片长圆形，叶背无毛；穗状花序圆柱形；花冠管漏斗形	药用		浙江瑞安
3041	*Cuscuta approximata* Bab.	苜蓿菟丝子	Convolvulaceae 旋花科	一年生，茎寄生杂草；茎缠绕，细丝状，常呈红色；无叶；花集成致密球状团伞花序，花冠白色，钟形；蒴果近球形	药用		新疆、西藏
3042	*Cuscuta australis* R. Br.	南方菟丝子	Convolvulaceae 旋花科	一年生寄生杂草；茎缠绕，金黄色；无叶；花簇生成球状团伞花序，花冠杯状，白色或淡黄色；蒴果扁球形	蜜源		东北、西北、华东、华中、华北、西南及台湾
3043	*Cuscuta chinensis* Lam.	菟丝子	Convolvulaceae 旋花科	一年生寄生藤本；茎缠绕，淡黄色；无叶；花多数簇生成团伞花序，花冠钟形，4～5裂，白色或略带黄色；蒴果球形	蜜源		吉林、辽宁、山西、河北、河南、山东、四川 贵州、广东
3044	*Cuscuta engelmanii* Korh.	恩氏菟丝子	Convolvulaceae 旋花科	一年生，茎寄生杂草；茎缠绕，红色或棕褐色；无叶；花簇生成较松散聚伞花序，有肉质小苞片，花冠筒状，常为白色；蒴果卵圆形	药用		新疆
3045	*Cuscuta epilinum* Weihe.	亚麻菟丝子	Convolvulaceae 旋花科	一年生，寄生杂草；茎缠绕，淡黄色；无叶；花密集成团伞花序，花冠壶形，淡黄色或白色，子房扁球形；蒴果球形	药用		黑龙江、吉林、内蒙古、甘肃、宁夏、青海、新疆、云南

（续）

序号	拉丁学名	中文名	所属科	特征及特性	类别	原产地	目前分布/种植区
3046	*Cuscuta epithymum* Murr.	百里香菟丝子	Convolvulaceae 旋花科	一年生，茎寄生杂草；茎细长缠绕，淡红色或淡紫色；无叶；花多数密集成团伞花序，花冠壶形，白色或淡红色；蒴果球形	药用		新疆、浙江
3047	*Cuscuta europaea* L.	欧洲菟丝子	Convolvulaceae 旋花科	一年生，茎寄生杂草；茎缠绕，黄色或淡红色；无叶；花大多为 4 出数，密集成球状团伞花序，花冠壶形，淡红色；蒴果近球形至圆锥形	药用		西南、华北、西北及黑龙江、江苏、台湾
3048	*Cuscuta europaea* var. *indica* Engelm.	印度菟丝子	Convolvulaceae 旋花科	一年生，茎寄生杂草；茎缠绕，细丝状，带暗红色；无叶；花多数密集成团伞花序，花冠壶形；蒴果近球形	杂草		新疆、西藏
3049	*Cuscuta japonica* Choisy	日本菟丝子（金灯笼）	Convolvulaceae 旋花科	一年生，茎寄生杂草；茎缠绕，黄色，常带紫红色瘤状斑点；无叶；穗状花序，花冠钟形，5 浅裂，绿白色或淡红色；蒴果卵球形	药用		全国各地均有分布
3050	*Cuscuta lupuliformis* Krock.	葎草菟丝子	Convolvulaceae 旋花科	一年生，茎寄生杂草；茎缠绕，淡红色；无叶；花簇生成穗状花序或短总状花序，花冠筒状，淡红色；蒴果卵球形	杂草		东北、华北、西北及山东
3051	*Cuscuta monogyna* Vahl	单柱菟丝子	Convolvulaceae 旋花科	一年生，茎寄生杂草；茎缠绕，多分枝，略带红色；无叶；花数朵集成松散或较密短穗状花序，花冠钟形，紫红色；蒴果近球形	药用		内蒙古、河北、新疆
3052	*Cuscuta reflexa* Roxb.	大花菟丝子	Convolvulaceae 旋花科	一年生，茎寄生杂草；茎缠绕，黄绿色，有褐斑；无叶；花较大，形成总状或圆锥状花序，花冠筒状，白色或淡黄色；蒴果圆锥状球形	药用		湖南、四川、云南、西藏
3053	*Cyananthus delavayi* Franch.	细叶蓝钟	Campanulaceae 桔梗科	多年生草本；茎被白色短柔毛，叶互生，近圆形，背被长白色伏毛，叶柄生开展柔毛，花单生，花冠深蓝色，筒状钟形，内喉部密生柔毛，花萼筒状	观赏	中国云南西北部、四川西南部	
3054	*Cyananthus flavus* C. Marquand	黄蓝钟	Campanulaceae 桔梗科	多年生草本；茎密生灰白色开展长柔毛，叶互生，椭圆形，两面生灰白色柔毛，自茎基部向上逐渐变大，花单生茎端，花冠黄色或淡黄色，内喉部密生白色柔毛	观赏	中国云南	

（续）

序号	拉丁学名	中文名	所属科	特征及特性	类别	原产地	目前分布/种植区
3055	*Cyananthus lobatus* Wall. ex Benth.	裂叶蓝钟花	Campanulaceae 桔梗科	多年生草本；叶互生，近革质，倒披针形，两面生短柔毛，花单生顶端，花萼密生棕红色至棕黑色刚毛，花冠紫蓝色至淡紫色，内喉部密生长柔毛	观赏	中国西藏东部至南部、云南	
3056	*Cyananthus microphyllus* Edgew.	小叶蓝钟花	Campanulaceae 桔梗科	多年生草本；鳞片卵形；叶互生，卵形、卵状披针形或长椭圆形；花萼筒状钟形；花冠筒状钟形，蓝紫色或蓝色；种子亮褐色，长圆状；花期9月	观赏	中国西藏及尼泊尔、印度	
3057	*Cyanotis arachnoidea* C. B. Clarke	露水草	Commelinaceae 鸭跖草科	多年生草本；全株被白色绵毛；基生叶带状；聚伞花序，萼片3，花瓣中部联合成筒，雄蕊6，子房3室；蒴果	有毒，药用		云南、广东、广西、台湾
3058	*Cyanotis cristata*（L.）D. Don	四孔草（竹夹草）	Commelinaceae 鸭跖草科	柔弱匍匐草本；叶互生，叶片狭长圆形；聚伞花序呈半圆形，通常顶生，少数腋生；蒴果近球形；种子褐黑色，先端有4个极小窝孔	药用		广东、海南、广西、云南
3059	*Cyanotis vaga*（Lour.）Roem. et Schult.	蓝耳草	Commelinaceae 鸭跖草科	多年生披散草本；高15～30cm，有球状鳞茎；叶披针形或近线形；聚伞花序，花瓣基部联合，天蓝色，子房长圆形；蒴果长圆形	杂草		西南及台湾、广东
3060	*Cyathula officinalis* K. C. Kuan	川牛膝（牛膝，大牛膝，甜牛膝）	Amaranthaceae 苋科	多年生草本；主根长圆柱形，粗壮，表面棕色；茎近四棱形，疏被糙毛；叶对生，椭圆形，长椭圆形	药用	中国	四川省天全、金口河
3061	*Cyathula tomentosa*（Roth）Moq.	绒毛杯苋	Amaranthaceae 苋科	小灌木；高1～2m；叶片椭圆形，基部圆形，两面密生绒毛；花球团紧密排列成穗状	蔬菜	中国	西藏西南部
3062	*Cycas guizhouensis* K. M. Lan et R. F. Zou	贵州苏铁	Cycadaceae 苏铁科	棕榈状常绿小乔木；叶羽状全裂，裂片条形或条状披针形；大孢子叶多数，密生茎顶呈球形；胚珠无毛，肉黄色，具短的小尖头	药用，观赏	中国	贵州
3063	*Cycas hainanensis* C. J. Chen	海南苏铁（刺柄苏铁）	Cycadaceae 苏铁科	棕榈状常绿小乔木；羽状叶，裂片近对生，条形，革质；大孢子叶下部柄状；胚珠卵圆形，无毛；种子宽倒卵圆形	药用，观赏	中国	海南

（续）

序号	拉丁学名	中文名	所属科	特征及特性	类别	原产地	目前分布/种植区
3064	*Cycas micholitzii* Dyer	叉叶苏铁（龙口苏铁）	Cycadaceae 苏铁科	常绿棕榈状乔木；高达 20～60cm；鳞叶和营养叶 2 种，营养叶叉状二回羽状分裂；两性花；胚珠；种子黄褐色，有光泽	观赏	中国	广西
3065	*Cycas panzhihuaensis* L. Zhou et S. Y. Yang	攀枝花苏铁（把关河苏铁）	Cycadaceae 苏铁科	棕榈状常绿植物；叶螺旋状排列，簇生茎顶，羽状全裂；雌雄异株，小孢子叶球单生茎顶，小孢子叶楔形，下面有小孢子囊群，大孢子叶球形或半球形	观赏	中国	四川南部、云南北部
3066	*Cycas pectinata* Buch.-Ham.	篦齿苏铁	Cycadaceae 苏铁科	棕榈状常绿小乔木；叶羽状全裂，裂片披针状线形；雌雄异株，雄球花单生茎顶；小孢子叶楔形，大孢子叶簇生茎顶；种子卵状球形	观赏	中国	云南西部
3067	*Cycas revoluta* Thunb.	苏铁（铁树，遮火蕉）	Cycadaceae 苏铁科	棕榈状常绿小乔木；大型羽状复叶，簇生茎顶，小叶条形，质坚硬；花单性，大小孢子叶异株；种子卵圆形，顶凹	有毒	中国	西南及广东、福建、台湾、湖南
3068	*Cycas rumphii* Miq.	华南苏铁（刺叶苏铁，龙尾苏铁）	Cycadaceae 苏铁科	棕榈状常绿小乔木；羽状叶，裂片长披针状条形或条形；雄球花椭圆状矩圆形；小孢子叶楔形，大孢子叶上部着生胚珠；种子扁圆形	有毒	中国	广东、广西、福建
3069	*Cycas siamensis* Miq.	山菠萝（铁树果，云南苏铁，神仙米）	Cycadaceae 苏铁科	常绿木本植物；树体矮小，叶柄较大，羽状叶片大，薄革质，具有较窄的小羽片，中部羽片稀疏	有毒，观赏	中国	云南西南部、广东、广西
3070	*Cycas szechuanensis* W. C. Cheng et L. K. Fu	四川苏铁	Cycadaceae 苏铁科	棕榈状常绿小乔木；羽状叶，裂片条形或披针状条形；大孢子叶上部顶片篦齿状分裂，先端具刺状长尖头，下部着生胚珠，上胚珠外侧常有钻石裂片生出	果树	中国	四川、福建
3071	*Cycas taiwaniana* Carruth.	台湾苏铁（海南苏铁，广东苏铁）	Cycadaceae 苏铁科	常绿树种、乔木；高达 3.5m；鳞叶披针形；羽叶长 150～300cm；雄球花近圆柱形至长椭圆形；胚珠 4～6 枚，宽倒卵圆形或圆球形；种子球形至倒卵状球形	观赏	中国	海南、广东

（续）

序号	拉丁学名	中文名	所属科	特征及特性	类别	原产地	目前分布/种植区
3072	*Cyclamen africanum* Boiss. et Reut.	非洲仙客来	Primulaceae 报春花科	球根植物；块茎达 20cm，浅棕色；叶片球形至肾形、心脏形，光滑，浅绿色；花冠深玫粉色或浅粉色，卵状披针形至披针形，具深红色斑纹；花期秋季	观赏	非洲阿尔及利亚、突尼斯、利比亚	
3073	*Cyclamen cilicicum* Boiss. et Heldr.	西西里仙客来	Primulaceae 报春花科	球根植物；块茎有毛；叶片近圆形，背面红色，边缘皱缩，有齿；花冠深玫粉色至白色，有深红色斑点，芳香；花期秋季	观赏	意大利西西里岛、土耳其南部、安纳托里亚森林地带	
3074	*Cyclamen coum* Mill.	小花仙客来	Primulaceae 报春花科	球根植物；块茎扁球形，具毛；叶片肾形至近圆形，有时椭圆形，紫红色，有齿；花冠椭圆形至卵形，白色、粉色或洋红色，有深红色斑点	观赏	伊朗北部、保加利亚、土耳其、叙利亚西部、黎巴嫩、以色列北部	
3075	*Cyclamen graecum* Link.	希腊仙客来	Primulaceae 报春花科	球根植物；块茎球形；叶片椭圆形，深绿色，正面有灰绿色斑纹，背面有深紫红色或淡灰绿色斑纹；花瓣长卵形，白色或粉色；花期秋季至初冬	观赏	希腊	
3076	*Cyclamen hederifolium* Ait.	地中海仙客来	Primulaceae 报春花科	球根植物；块茎扁球形，具毛；叶片心形，浅裂，绿色，具齿；花冠卵状披针形，玫粉色至白色；花期夏末至秋季	观赏	欧洲南部意大利的撒丁岛、科西嘉岛及法国南部、希腊	
3077	*Cyclamen libanoticum* Hildebrand.	黎巴嫩仙客来	Primulaceae 报春花科	球根植物；块茎近圆球形；叶片心形，深绿色；花冠卵形，顶部粉色，基部渐变为白色；花期冬末至初春	观赏	贝鲁特东北部	
3078	*Cyclamen persicum* Mill.	仙客来	Primulaceae 报春花科	多年生草本；叶和花葶同时自块茎顶部抽出，叶心状卵圆形，上面常有浅色斑纹，边缘有细圆齿，花冠白色或玫瑰红色，喉部深紫色，花萼常分裂达基部	观赏	希腊、叙利亚、黎巴嫩	全国各地均有栽培
3079	*Cyclamen pseudibericum* Hildebrand.	普斯迪贝拉仙客来	Primulaceae 报春花科	球根植物；块茎具毛；叶片心形，深绿色，紫色斑纹，具毛；花冠椭圆形，深红色、洋红色或浅紫色；花期冬春季	观赏	南小亚细亚	

（续）

序号	拉丁学名	中文名	所属科	特征及特性	类别	原产地	目前分布/种植区
3080	*Cyclamen purpurascens* Mill.	欧洲仙客来	Primulaceae 报春花科	球根植物；花长不足 2cm，玫红至洋红色，基部有深红斑点，具浓烈芳香	观赏	欧洲高原	
3081	*Cyclamen repandum* Sibth. et Sm.	波叶仙客来	Primulaceae 报春花科	球根植物；块茎球形或扁球形；叶片心形，背面浅紫红色，边缘有齿；花冠长圆形或披针形，洋红色、红色、粉色或白色；花期春季	观赏	地中海	
3082	*Cyclamen rohlfsianum* Asch.	罗尔夫斯仙客来	Primulaceae 报春花科	球根植物；块茎扁球形，具毛；叶片背面红色，具齿；花冠长椭圆形，玫粉色，有香气；花期秋季	观赏	利比亚东部	
3083	*Cyclea barbata* Miers	银不换（毛叶轮环藤）	Menispermaceae 防己科	缠绕藤本；叶盾状着生，三角状阔卵形；密伞花序复作圆锥花序式排列；雄花序直立；雌花序下垂；核果	有毒		广东南部、广西少数地区
3084	*Cyclea hypoglauca* (Schauer) Diels	金钱风	Menispermaceae 防己科	藤本；花序腋生，雄花序为间断的穗状花序状，花瓣 4～5，通常合生成杯状，较少分离；雌花序较粗壮，总状花序式，花序轴明显曲折；雌花：萼片 2，近圆形，花瓣 2，不等大，大的与萼片近等长	有毒		广东、广西
3085	*Cyclea polypetala* Dunn	海南轮环藤	Menispermaceae 防己科	木质大藤本；叶三角状宽卵形或近心形；密伞花序作圆锥花序排列；雄花花瓣 4；雌花萼片 2，花瓣 2，鳞片状；核果	有毒		海南
3086	*Cyclobalanopsis bella* (Chun et Tsiang) Chun ex Y. C. Hsu et H. W. Jen	槟榔椆（美栎，宜都子）	Fagaceae 壳斗科	常绿乔木；高 8～12m；雌花序常有花 2 朵；总花梗长约 1.2cm；壳斗盘形，包围坚果基部，中央隆起；苞片合生成 6～7 条同心环带，环带边缘齿蚀状	经济作物（特用类）		广东、广西
3087	*Cyclobalanopsis blakei* (Skan) Schottky	栎子椆（小叶岭椆，栎子树）	Fagaceae 壳斗科	常绿乔木；雌花序常在顶端有花 2 朵，长约 1cm；壳斗常 2 枚对生，盘形，包围坚果基部，中央隆起；苞片合生成 5～6 条同心环带，环带全缘	经济作物（特用类）		广东、广西、贵州

（续）

序号	拉丁学名	中文名	所属科	特征及特性	类别	原产地	目前分布/种植区
3088	*Cyclobalanopsis delavayi* (Franch.) Schottky	黄栎	Fagaceae 壳斗科	常绿乔木；叶革质，长椭圆形或卵状长椭圆形；雌花花柱分离；壳斗深盘状；苞片合生成6～7条同心环带，环带具浅齿；坚果，有微柔毛	观赏	中国	云南
3089	*Cyclobalanopsis delicatula* (Chun et Tsiang) Y. C. Hsu et H. W. Jen	粤桂	Fagaceae 壳斗科	常绿乔木；高达13m；壳斗杯形，内外壁均被灰褐色薄毛；小苞片合生成7～8条同心环带，除上部1～2环全缘外均有裂齿；坚果椭圆形，两端均圆形；至少顶端被短绒毛，果脐平，直径约5mm	蜜源		广西
3090	*Cyclobalanopsis fleuryi* (Hickel et A. Camus) Chun ex Q. F. Zheng	饭甑椆（金钟饭甑子）	Fagaceae 壳斗科	乔木；高达25m，雄花序长10～15cm；壳斗杯形，壁厚，包围坚果2/3以上，直径2.5～4cm，高3～4cm，被黄棕色厚绒毛；苞片合生成10～13条同心环带	经济作物（特用类）		广东、广西、云南、贵州
3091	*Cyclobalanopsis glauca* (Thunb.) Oerst.	铁椆（青冈树，青栲）	Fagaceae 壳斗科	常绿乔木；高15～20m；雌花序具花2～4朵；壳斗杯形，包围坚果1/3～1/2；苞片合生成5～8条同心环带，环带全缘；坚果卵形或近球形，无毛；果脐隆起	蜜源		除云南外广布长江流域及以南
3092	*Cyclobalanopsis glaucoides* Schottky	滇青冈	Fagaceae 壳斗科	常绿乔木；叶片革质，长椭圆形或倒卵状被针形，顶端渐尖或尾尖．基部楔形或近圆形，叶缘1/3以上有锯齿；雄花序长4～8cm，雌花序长1.5～2cm、花柱3，柱头圆形；坚果椭圆形至卵形	观赏	中国	四川、贵州、云南
3093	*Cyclobalanopsis hui* (Chun) Chun ex Y. C. Hsu et H. W. Jen	雷公椆（苦槠树，雷公果）	Fagaceae 壳斗科	常绿乔木叶狭长椭圆形至倒披针形；雄花序长约5cm；花聚集成团；壳斗盘形，有时为浅杯形，包围坚果基部，有时达1/2，外面有黄色绒毛，内面有深褐色绒毛；苞片合生成3～5条同心环带；坚果扁球形至球形，密生黄褐色绒毛；果脐平坦	经济作物（特用类）		广东、广西、福建、湖南
3094	*Cyclobalanopsis myrsinifolia* (Blume) Oerst.	青椆（苦槠，青栲）	Fagaceae 壳斗科	常绿乔木；高6～15m；壳斗半球形，质薄而脆，包围坚果约1/3，内面无毛，外面有灰白色微柔毛；苞片合生成6～9条同心环带，环带全缘；坚果卵形，顶端略有微柔毛；果脐平	经济作物（特用类）		长江以南各省份

（续）

序号	拉丁学名	中文名	所属科	特征及特性	类别	原产地	目前分布/种植区
3095	*Cyclobalanopsis oxyodon* (Miq.) Oerst.	曼稠（曼青冈，短槠树）	Fagaceae 壳斗科	常绿乔木；高 6～10m；壳斗半球形，包围坚果 1/2 以上，被灰褐色绒毛；苞片合生成 6～8 条同心环带，环带边缘粗齿状；坚果卵形至近球形，近无毛；果脐略隆起	经济作物（特用类）		西南及浙江、湖南、河北、广西
3096	*Cyclobalanopsis rex* (Hemsl.) Schottky	大果青冈	Fagaceae 壳斗科	常绿乔木；高达 20m；树皮粗糙，灰黑色；叶常聚生于枝端，坚纸质；壳斗深杯状，包围坚果达 1/3～1/2；坚果扁球形	林木		云南南部及西南部
3097	*Cyclobalanopsis sessilifolia* (Blume) Schottky	云山稠（红绸，亮叶栎）	Fagaceae 壳斗科	常绿乔木；高达 25m；壳斗杯形，包围坚果约 1/3，被灰褐色绒毛；苞片合生成 5～7 条同心环带；坚果倒卵形至长椭圆状倒卵形，无毛；果脐略突起	经济作物（特用类）		云南及长江以南各省份
3098	*Cyclocarya paliurus* (Batalin) Iljinsk.	青钱柳	Juglandaceae 胡桃科	落叶乔木；高达 10～30m；树皮灰色；枝条黑褐色，具灰黄色皮孔；羽状复叶；小叶长椭圆状卵形至阔披针形；花期 4～5 月；果期 7～9 月	观赏	中国安徽、江苏、浙江、江西、福建、台湾、湖北、湖南、四川、贵州、广西、广东、云南	
3099	*Cyclocodon lancifolius* (Roxb.) Kurz	长叶轮钟草	Campanulaceae 桔梗科	直立或蔓性草本；高可达 3m，中空；叶卵形，卵状披针形至披针形；花通常单朵顶生或兼腋生，有时 3 朵组成聚伞花序；浆果球状，紫黑色，种子多数	蜜源		福建、长江以南
3100	*Cyclorhiza waltonii* (H. Wolff) M. L. Sheh et Shan	环根芹	Umbelliferae (Apiaceae) 伞形科	多年生草本；叶轮廓三角状卵形，四回羽状全裂，具一回羽片 5～6 对，二回羽片 4 对，三回羽片 1～2 对；伞房花序；分生果卵形	有毒		四川、云南、西藏
3101	*Cyclosorus parasiticus* (L.) Farwell	华南毛蕨	Thelypteridaceae 金星蕨科	蕨类植物；叶近生，叶柄深禾秆色，略有柔毛，叶片革质，矩圆状披针形，二回羽裂	观赏	中国福建、台湾、广东、广西、云南、四川、湖南	
3102	*Cyclospermum leptophyllum* (Pers.) Sprague ex Britton et P. Wilson	细叶芹	Umbelliferae (Apiaceae) 伞形科	二年生草本；高 25～45cm；叶长椭圆形至长圆状卵形，羽状分裂；复伞形花序，小伞形花序有花 20～25 朵；双悬果圆心形	饲用及绿肥		江苏、台湾、福建、广东

（续）

序号	拉丁学名	中文名	所属科	特征及特性	类别	原产地	目前分布/种植区
3103	*Cydonia oblonga* Mill.	榅桲（木梨）	Rosaceae 蔷薇科	灌木或小乔木；叶卵形至长圆形；花单生，苞片卵形，萼筒钟状，萼片卵形至披针形，花瓣倒卵形，雄蕊 20，花柱 5；果梨形	药用		新疆、陕西、江西、福建
3104	*Cymbalaria muralis* P. G. Gaertn.，B. Mey. et Scherb.	梅花草	Saxifragaceae 虎耳草科	多年生草本；枝条蔓性伸展，茎光滑；叶心形；花堇紫色，喉部带黄色斑纹；花期夏季	观赏	加拿大至美国密苏里州、太平洋沿岸	
3105	*Cymbaria mongolica* Maxim.	光药大黄花	Scrophulariaceae 玄参科	多年生小草本；茎丛生，高 5～20cm，基部覆盖鳞片，密被短柔毛；叶对生，短圆状披针形至条状披针形；花腋生，每茎 1～4 朵；蒴果	杂草		内蒙古、陕西、山西、甘肃、青海
3106	*Cymbidium aloifolium*（L.）Sw.	纹瓣兰	Orchidaceae 兰科	附生兰；叶 4～5 枚，带状，硬革质，苞片近三角形，萼片卵状矩圆形，花淡黄色至奶油白色，中央有 1 条栗色带，唇瓣 3 裂	观赏	中国广东、广西、贵州、云南	
3107	*Cymbidium cochleare* Lindl.	垂花兰	Orchidaceae 兰科	附生兰；叶 6～13 枚，2 列带形，先端略 2 裂，花葶下垂，总状花序下垂，花狭钟形，奶油黄色至淡黄绿色，花瓣宽线状倒披针形，唇瓣 3 裂	观赏	中国四川、云南、西藏	
3108	*Cymbidium cyperifolium* Wall. ex Lindl.	莎叶兰	Orchidaceae 兰科	地生或半附生兰；叶 4～12 枚，带形而整齐 2 列，花葶直立，总状花序，花有柠檬香，萼片和花瓣黄绿色，唇瓣 3 裂，中裂片有紫色斑	观赏	中国广东、海南、广西南部、贵州西南部、云南东南部	
3109	*Cymbidium dayanum* Rchb. f.	冬凤兰	Orchidaceae 兰科	附生兰；叶 4～8 枚，带状，近两列，萼片近矩圆形或矩圆状披针形，花白色或奶油黄色，中央有 1 栗红色带，唇瓣 3 裂	观赏	中国台湾、福建、海南、广东、广西、贵州、云南	
3110	*Cymbidium defoliatum* Y. S. Wu et S. C. Chen	落叶兰	Orchidaceae 兰科	地生兰；叶 2～4 枚带状，冬季凋落，花葶直立，总状花序具 2～4 朵花，花小有香气，白色、淡绿色、浅红色、淡黄色或淡紫色等，唇瓣不明显 3 裂	观赏	中国四川、贵州、云南	
3111	*Cymbidium devonianum* Paxton	地旺兰	Orchidaceae 兰科	地生兰；具假鳞茎；叶片倒披针形；花序总状；萼片披针形，绿色或浅黄色；花瓣披针状卵形，绿色或浅黄色，唇瓣深或浅玫粉色；花期初春至夏季	观赏	中国喜马拉雅山地区	

（续）

序号	拉丁学名	中文名	所属科	特征及特性	类别	原产地	目前分布/种植区
3112	*Cymbidium eburneum* Lindl.	独占春	Orchidaceae 兰科	附生兰；叶6～11枚，带形，花葶直立，总状花序具1～2朵花，花较大稍有香气，萼片与花瓣白色，唇瓣3裂，中裂片有黄色斑块	观赏	中国云南西南部、广西南部、海南	
3113	*Cymbidium elegans* Lindl.	莎草兰	Orchidaceae 兰科	附生兰；叶7～13枚，带状，先端有不均等的2裂，萼片狭倒卵形，花下垂，狭钟形，奶油黄色至淡黄绿色，唇瓣3裂	观赏	中国四川、云南、西藏东南部	
3114	*Cymbidium ensifolium* (L.) Sw.	建兰（燕草，四季兰）	Orchidaceae 兰科	多年生常绿草本；叶根生成束，披针形；总状花序，花3～9朵，花瓣稍小而色淡，唇瓣卵状矩圆形，全缘或微3裂，向外反卷，绿黄色而有红色或褐色斑点	观赏	中国	西藏、云南、安徽、湖南、浙江、广东、广西、福建
3115	*Cymbidium erythraeum* Lindl.	长叶兰	Orchidaceae 兰科	附生兰；叶5～11枚，2列带形，基部紫色，花葶直立或外弯，总状花序具3～7朵花，萼片和花瓣绿色，有红褐色脉和斑点，唇瓣淡黄色至白色，3裂，花瓣镰刀状	观赏	中国四川西南部、云南西北部至东南部、西藏	
3116	*Cymbidium erythrostylum* Rolfe	红柱兰	Orchidaceae 兰科	地生兰；具假鳞茎，鳞片长卵形；叶片剑形；花序总状；花瓣白色，唇瓣浅黄色至白色，有粉红色斑点；花期深秋	观赏		云南
3117	*Cymbidium faberi* Rolfe	蕙兰（九子兰，九节兰）	Orchidaceae 兰科	多年生草本；叶7～9枚丛生，直立性强，常对褶，有明显透明脉；总状花序有花6～12朵或更多，花浅黄绿色；唇瓣不明显3裂，侧裂片有紫色斑点，中裂片，有白色带紫红斑点	观赏	中国	云南、四川、广东、广西、湖南、江西、安徽、浙江
3118	*Cymbidium feixiaense* F. C. Li	飞霞兰	Orchidaceae 兰科	腐生草本；无叶；唇瓣矩圆形，先端3裂，中裂片外反卷，唇盘上面具2条长约1cm的褶片，深紫色；花瓣卵形，先端急尖；合蕊柱长1～1.2cm，宽约7mm，黄白色，上部花药开花时脱落；花粉块2，黄色，黏盘及柄明显	观赏		
3119	*Cymbidium floribundum* Lindl.	多花兰	Orchidaceae 兰科	假鳞茎粗壮；叶3～6枚丛生，带形，长约40cm，花葶直立，花红褐色；萼片红褐色，向后反卷；花瓣与萼片等长；唇瓣3裂，上面具乳突，侧裂片有紫褐色条纹，中裂片紫红色	经济作物（香料类），观赏	中国	云南、贵州、四川、浙江、江西、广东、广西、福建、台湾

（续）

序号	拉丁学名	中文名	所属科	特征及特性	类别	原产地	目前分布/种植区
3120	*Cymbidium goeringii* (Rchb. f.) Rchb. f.	春兰（草兰，山兰）	Orchidaceae 兰科	假鳞茎集生成丛；叶狭带形；花葶直立，比叶短；花浅黄绿色，有清香气；萼片有紫褐色条纹；唇瓣不明显3裂	经济作物（香料类），观赏	中国	河南、陕西、云南、四川、湖南、浙江、江苏、广东、广西
3121	*Cymbidium hookerianum* Rchb. f.	虎头兰	Orchidaceae 兰科	附生兰；叶5～8枚，带状，萼片狭椭圆形或矩圆状椭圆形，花稍镰曲，蒴果绿色，基部有深红色斑点，唇瓣卵状椭圆形	观赏	中国云南、西藏、四川、贵州、广西	
3122	*Cymbidium hybrid* Hort.	大花蕙兰	Orchidaceae 兰科	常绿多年生附生草本；假鳞茎粗壮，属合轴性兰花；叶片2列，长披针形；花序较长，有小花数一般大于10朵；蒴果	观赏		
3123	*Cymbidium induratifolium* Z. J. Liu et J. Y. Zhang	硬叶夏兰	Orchidaceae 兰科	草本；地生，根粗壮；花葶直立，短于叶片，5～8朵花，花青绿色，具清香气；苞片长于子房连柄；萼片披针形；花瓣长圆形；唇瓣长于花瓣，淡黄色，具色斑，反卷明显；唇盘中央基部至中部具2条褶片	观赏	越南	
3124	*Cymbidium insigne* Rolfe	美花兰	Orchidaceae 兰科	附生兰；叶6～9枚，带形，花葶直立或外弯，总状花序具4～9朵花，萼片与花瓣白色或略带淡粉红色，唇瓣白色，3裂，唇盘上有3条褶片	观赏	中国海南	
3125	*Cymbidium iridioides* D. Don	黄蝉兰	Orchidaceae 兰科	附生兰；叶4～8枚，带状，萼片近矩圆形，花瓣稍镰曲，黄绿色具7～9条红褐色粗脉，唇瓣卵状椭圆形	观赏	中国云南、四川、贵州、西藏	
3126	*Cymbidium kanran* Makino	寒兰	Orchidaceae 兰科	叶3～7枚丛生，带形，直立，长35～70cm；花葶近等于叶，5～10朵花；花色多变，浓香气；花瓣向上外伸，中脉紫红色，基部有紫晕；唇瓣不明显3裂，侧裂片有紫红色条纹，中裂片乳白色	经济作物（香料类），观赏	中国	云南、四川、广东、广西、湖南、浙江、福建、湖北

（续）

序号	拉丁学名	中文名	所属科	特征及特性	类别	原产地	目前分布/种植区
3127	*Cymbidium lancifolium* Hook.	兔耳兰	Orchidaceae 兰科	地生兰或附生兰；叶倒披针形至近矩圆形，萼片金倒披针状矩圆形至狭矩圆形，花近矩圆形，白色至淡绿色，唇瓣近卵状矩圆形，3 裂	观赏	中国台湾、福建、浙江、湖南、海南、广东、广西、贵州、四川、云南、西藏	
3128	*Cymbidium lowianum*（Rchb. f.）Rchb. f.	碧玉兰	Orchidaceae 兰科	附生兰；叶 5～7 枚，带状，苞片三角形，萼片狭倒卵形，花镰曲，苹果绿或淡黄绿色，唇瓣 3 裂，中裂片中部有“V”字形紫红色斑块	观赏	中国云南东南部至西南部、广东	
3129	*Cymbidium macrorhizum* Lindl.	大根兰	Orchidaceae 兰科	地生兰；根状茎，无绿叶和假鳞茎；花葶直立紫红色；花序总状，花苞片线状披针形；花白色带黄色至淡黄色，花瓣狭椭圆形，唇瓣近卵形；花期 6～8 月	观赏	中国四川西南部至南部、贵州西南部、云南东北部	
3130	*Cymbidium madidum* Lindl.	澳洲凤兰	Orchidaceae 兰科	地生兰；总状花序，小花多花型，花径约 2.5cm，萼片与花瓣离生，多少相似，花黄绿色	观赏		
3131	*Cymbidium mastersii* Griff. ex Lindl.	大雪兰	Orchidaceae 兰科	附生兰；叶带状，先端常为 2 尖裂，萼片狭矩圆形，花宽线形，白色或稍带淡粉红色，唇瓣椭圆状倒卵形，3 裂	观赏	中国云南南部至西北部	
3132	*Cymbidium nanulum* Y. S. Wu et S. C. Chen	珍珠矮	Orchidaceae 兰科	地生兰；叶 2～3 枚，带形直立，叶鞘常带紫色，花葶直立，总状花序具 3～4 朵花，花黄绿色或淡紫色，萼片和花瓣有 5 条深色脉纹，唇瓣不明显 3 裂	观赏	中国海南、贵州西南部、云南东南部至西南部	
3133	*Cymbidium omeiense* Y. S. Wu et S. C. Chen	峨眉春蕙	Orchidaceae 兰科	植株矮小；叶 4～5 枚，长 15～20cm；花葶与叶近等长	观赏		四川峨眉山
3134	*Cymbidium qiubeiense* K. M. Feng et H. Li	邱北冬惠兰	Orchidaceae 兰科	地生兰；似蕙兰，唯叶的形态有别，叶下部收狭成圆形之叶柄，为识别本品的唯一特征	观赏	中国特有	
3135	*Cymbidium rigidum* Z. J. Liu et S. C. Chen	福兰	Orchidaceae 兰科	萼片与花瓣离生，唇瓣 3 裂，侧裂片直立，花粉团蜡质，花粉团柄接近于近三角形的黏盘上，本种叶倒披针形；花序具 20～40 朵花，花的唇瓣近菱形或近倒卵状菱形	观赏	中国云南	

（续）

序号	拉丁学名	中文名	所属科	特征及特性	类别	原产地	目前分布/种植区
3136	*Cymbidium sanderae* Sander ex Rolfe	单氏虎头兰	Orchidaceae 兰科	地生兰；叶片剑形；花序圆锥状；萼片与花瓣形状相似；花期初冬至初夏	观赏	印度	
3137	*Cymbidium schroederi* Rolfe	舒氏虎头兰	Orchidaceae 兰科	地生兰；叶片剑形；花小，花瓣狭窄，萼片、花瓣橄榄绿，有红棕色条纹，唇瓣线黄色	观赏	越南	
3138	*Cymbidium sinense* (Jack. ex Andrews) Willd.	墨兰	Orchidaceae 兰科	地生兰；叶3～5枚，带状，近革质，萼片狭椭圆形，花通常紫褐色而有深紫脉纹，唇瓣近卵状矩圆形或卵形，3裂	观赏	中国台湾、福建、江西、安徽、广东、海南、广西、四川南部、贵州、云南	
3139	*Cymbidium suavissimum* Sander ex C. H. Curtis	果香兰	Orchidaceae 兰科	体态十分接近多花兰 *C. floribundum*，但叶质地柔软，基部有紫晕，叶基部外的鞘紫色，花红褐色有水果香味	观赏	中国贵州西南部、云南西部	
3140	*Cymbidium tigrinum* Parish ex Hook.	斑舌兰	Orchidaceae 兰科	附生兰；叶2～6枚，狭椭圆形，萼片狭椭圆状矩圆形，花黄绿色具淡红褐色晕，唇瓣近倒卵形，3裂	观赏	中国云南西部	
3141	*Cymbidium tortisepalum* Fukuy.	管草兰	Orchidaceae 兰科	为多年生草本植物；假鳞茎稍呈球形；有叶3～5片，线状披针形或带形，边缘有细锯齿，叶质较软，弓形弯曲；花单生，黄绿色或白绿色，有清香	观赏	日本	
3142	*Cymbidium tracyanum* L. Castle	西藏虎头兰	Orchidaceae 兰科	附生兰；叶5～8枚，带状，萼片倒卵状矩圆形，花镰刀状黄绿色具暗红褐色纵纹，唇瓣卵状椭圆形	观赏	中国西藏东南部、云南西部至西北部	
3143	*Cymbidium wenshanense* Y. S. Wu et F. Y. Liu	文山红柱兰	Orchidaceae 兰科	附生兰；叶6～9枚，带状，近革质，苞片披针形，萼片狭倒卵形，花白色，具淡红褐色脉，唇瓣倒卵圆形，3裂	观赏	中国云南东南部	
3144	*Cymbidium wilsonii* (Rolfe ex Cook) Rolfe	短叶虎头兰	Orchidaceae 兰科	附生兰；叶7枚，花葶近直立、平展或下弯，总状花序具5～15朵花，萼片和花瓣黄绿色，有不明显的红褐色纵脉，唇瓣奶油黄色，授粉后变紫红色，唇瓣3裂	观赏	中国云南南部	

（续）

序号	拉丁学名	中文名	所属科	特征及特性	类别	原产地	目前分布/种植区
3145	*Cymbopogon caesius*（Nees ex Hook. et Arn.）Stapf	青香茅	Gramineae（Poaceae）禾本科	多年生，疏丛生，秆高 30～80mm，宽 2～6mm；无柄小穗长约 3.5mm；第一颖中部以下具一纵深沟	饲用及绿肥		华南及贵州、四川
3146	*Cymbopogon citratus*（DC.）Stapf	香茅（柠檬草）	Gramineae（Poaceae）禾本科	多年生草本；高 2m，有柠檬香气；叶片宽条形，长 230～70cm，宽 1～2cm，粗糙灰白色；总状花序组成圆锥花序；小穗长 5mm，宽 0.7mm	饲用及绿肥	墨西哥、洪都拉斯	海南、云南、广东、台湾
3147	*Cymbopogon distans*（Nees ex Steud.）Will. Watson	芸香草	Gramineae（Poaceae）禾本科	多年生，具短根状茎；叶鞘无毛，老后不向外反卷，内面浅红色，无柄小穗长约 7mm，芒长 15～18mm	饲用及绿肥		云南、四川、陕西、甘肃
3148	*Cymbopogon goeringii*（Steud.）A. Camus	桔草	Gramineae（Poaceae）禾本科	多年生；叶鞘老后向外反卷；总状花序轴节间具长 1～2mm 的长柔毛，无柄小穗长约 5.5mm，芒长约 12mm	饲用及绿肥		华北以南各省份
3149	*Cymbopogon nardus*（L.）Rendle	亚香茅	Gramineae（Poaceae）禾本科	密丛生大型草本；根系深；秆高达 2.5m；叶鞘平滑无毛；叶舌纸质无毛；叶片基部狭窄；伪圆锥花序大型；总状花序长 15～17mm	经济作物（香料类）	斯里兰卡	广东、海南、台湾
3150	*Cymbopogon tortilis*（J. Presl）A. Camus	扭鞘香茅	Gramineae（Poaceae）禾本科	多年生草本；秆高 50～100cm；圆锥花序线形或近塔形，总状花序成对叉开，无柄小穗具芒，长圆状披针形；颖果	饲用及绿肥		华南及台湾
3151	*Cynanchum acutum* subsp. *sibiricum*（Willd.）Rech. f.	戟叶鹅绒藤	Asclepiadaceae 萝藦科	多年生草本；茎缠绕，被柔毛；叶具长柄对生，戟形或戟状心脏形；伞房状聚伞花序腋生，花冠外面白色，内面紫色；蓇葖果单生，狭披针形	药用		新疆、甘肃、内蒙古
3152	*Cynanchum alatum* Wigh et Arh.	翅果杯冠藤（毒豹药）	Asclepiadaceae 萝藦科	草质攀缘藤本；叶对生，长圆状卵形；伞形聚伞花序腋生；花冠白色，副花冠杯状，内有 5 个褶皱；蓇葖果具狭翅	有毒		云南南部、东北部
3153	*Cynanchum amplexicaule*（Siebold et Zucc.）Hemsl.	合掌消（土胆草）	Asclepiadaceae 萝藦科	多年生草本；具乳汁；高 50～100cm；叶对生，抱茎，倒卵状椭圆形；多歧聚伞花序，花冠黄绿色或棕黄色；蓇葖果单生，披针形	药用		东北及内蒙古

(续)

序号	拉丁学名	中文名	所属科	特征及特性	类别	原产地	目前分布/种植区
3154	*Cynanchum atratum* Bunge	白薇（老鸹瓢根，山老鸹瓢）	Asclepiadaceae 萝藦科	直立多年生草本；叶卵形或卵状长圆形；伞形状聚伞花序，无总花梗，花深紫色，花冠辐状，副花冠5裂；蓇葖单生，种子扁平	药用，有毒		东北、华北、华东、中南、西南
3155	*Cynanchum auriculatum* Royle ex Wight	白首乌（飞来鹤，隔山消）	Asclepiadaceae 萝藦科	半灌木状藤本；具乳汁；根肥厚；叶对生，心形；聚伞花序伞房状；花冠辐状，副花冠杯状；蓇葖果双生	有毒		西北、西南、中南、华中、华东、华北
3156	*Cynanchum chinense* R. Br.	鹅绒藤（祖子花）	Asclepiadaceae 萝藦科	多年生草本；茎缠绕；叶对生，三角状卵形；伞形二歧聚伞花序腋生，花多数，花冠白色，副花冠二型，杯状；蓇葖果，种子长圆形	药用		辽宁、河北、山西、陕西、宁夏、甘肃、河南、山东、江苏、浙江
3157	*Cynanchum decipiens* C. K. Schneid.	豹药藤（西川鹅绒藤）	Asclepiadaceae 萝藦科	攀缘灌木；叶薄纸质，卵圆形；伞形或伞房状聚伞花序腋生；花冠白色或水红；蓇葖果单生，种子圆状匙形	有毒		西藏、四川、云贵、湖南
3158	*Cynanchum forrestii* Schltr.	大理白薇（群虎草，狗毒）	Asclepiadaceae 萝藦科	多年生直立草本；叶对生，薄纸质，卵形；伞形聚伞花序；花冠黄色、辐状；蓇葖果，种子扁平	有毒		西藏、甘肃、四川、云南
3159	*Cynanchum giraldii* Schltr.	峨眉牛皮消（峨眉白前）	Asclepiadaceae 萝藦科	攀缘灌木；戟状长圆形，7～14cm，基部耳状心形，两面被微毛；花萼近无毛，花冠深红或淡红；蓇葖果单生	杂草，有毒		四川、甘肃、陕西、河南
3160	*Cynanchum glaucescens*（Decne.）Hand. -Mazz.	白前（消结草）	Asclepiadaceae 萝藦科	小灌木；高50cm；长圆形或长圆披针形1～5cm，宽0.7～1.2cm；聚伞花序伞状，花冠黄色；蓇葖果单生，纺锤形	药用		江苏、安徽、浙江、福建、两广、四川、河南等
3161	*Cynanchum inamoenum*（Maxim.）Loes.	竹灵消（老君须）	Asclepiadaceae 萝藦科	多年生草本；高30～50cm；叶卵形，叶缘有睫毛；聚伞花序茎上部腋生，有8～10花，花冠辐状；蓇葖果双生，披针形	有毒		华东、西南、华中、华北、西北及辽宁
3162	*Cynanchum mongolicum*（Maxim.）Hemsl.	老瓜头（芦蕊草）	Asclepiadaceae 萝藦科	多年生直立半灌木；叶狭椭圆形或披针形；花抽生上部叶腋；花梗长状三角形；花冠5裂；子房坛状；匕首形蓇葖果	蜜源		内蒙古、宁夏、甘肃、陕西、青海、河北

（续）

序号	拉丁学名	中文名	所属科	特征及特性	类别	原产地	目前分布/种植区
3163	*Cynanchum officinale* (Hemsl.) Tsiang et H. D. Zhang	朱砂藤（朱砂莲，白敛）	Asclepiadaceae 萝藦科	藤状灌木；主根圆柱状；叶对生，薄纸质；聚伞花序腋生；花冠淡绿色或白色；蓇葖果常1枚发育，种子卵形	有毒		西北、华中、西南及安徽
3164	*Cynanchum otophyllum* C. K. Schneid.	青阳参（千年生，白药）	Asclepiadaceae 萝藦科	多年生草质藤本；根圆柱状；叶对生，卵状披针形；伞形聚伞花序腋生；花冠白色，副花冠杯状；蓇葖果，种子具种毛	有毒		湖南、广西、云南、四川、西藏
3165	*Cynanchum paniculatum* (Bunge) Kitag.	徐长卿（独脚虎）	Asclepiadaceae 萝藦科	多年生草本；含白色有毒乳汁，高60～80cm；须根系；单叶对生，狭披针形至线形；圆锥状聚伞花序，花冠黄绿色；蓇葖果单生，长角状	药用		华东、中南、西南及辽宁、河北、陕西
3166	*Cynanchum stauntonii* (Decne.) Schltr. ex H. Lév.	白前（水杨柳，鹅白前，草白前，白马虎，石蓝）	Asclepiadaceae 萝藦科	多年生草本；根茎匍匐；茎直立，单一，下部木质化；单叶对生，具短柄；叶片披针形至线状披针形；聚伞花序腋生，花萼绿色，花冠紫色	药用		江苏、安徽、江西、浙江、福建、湖北、贵州、云南
3167	*Cynanchum thesioides* (Freyn) K. Schum.	地梢瓜（女青）	Asclepiadaceae 萝藦科	多年生直立或半直立草本；高15～25cm；叶线形；伞形聚伞花序腋生，有花3～8朵，花冠绿白色；蓇葖果纺锤形	药用，经济作物（橡胶类）		东北、华北及内蒙古、江苏、甘肃、新疆
3168	*Cynanchum verticillatum* Hemsl.	轮叶白前（细叶蓼，细蓼仔）	Asclepiadaceae 萝藦科	直立半灌木；高40cm；叶3～6片轮生，线状披针形；伞形状或伞房状聚伞花序，着花10多朵；花冠白色，辐状，直径1cm；蓇葖果狭披针形	药用	中国	四川、贵州、云南、广西
3169	*Cynanchum vincetoxicum* (L.) Pers.	催吐白前（药用白前）	Asclepiadaceae 萝藦科	直立草本；须根丛生；叶薄纸质，卵形或卵圆状长圆形；伞形聚伞花序在茎梢腋生；花冠白色或黄绿色	有毒		四川、云南、江苏、台湾
3170	*Cynanchum wallichii* Wight	昆明杯冠藤	Asclepiadaceae 萝藦科	多年生草质藤本；叶卵状长圆形；伞房状聚伞花序腋生；花冠白色或黄白色，辐状或近钟形，副花冠杯状；蓇葖单生，种子宽卵形	有毒		广西、云南、贵州、四川
3171	*Cynara cardunculus* L.	大叶菜蓟	Compositae (Asteraceae) 菊科	多年生草本；株高1.5m；叶刺明显；总苞苞片先端有刺；花蓝紫色或红紫色；花期6～10月	观赏	地中海沿岸	

（续）

序号	拉丁学名	中文名	所属科	特征及特性	类别	原产地	目前分布/种植区
3172	*Cynara scolymus* L.	菜蓟（朝鲜蓟，洋蓟）	Compositae (Asteraceae) 菊科	多年生草本；叶大肥厚，披针形，密被白色茸毛，叶缘深裂；枝端生肥嫩花蕾，称王蕾；种子粒大，扁椭圆形，褐或白色	蔬菜，药用	地中海沿岸	上海、云南、北京
3173	*Cynodon dactylon* (L.) Persoon	狗牙根（绊跟草）	Gramineae (Poaceae) 禾本科	多年生草本；叶线形，互生；穗状花序，3～6枚呈指状簇生秆顶，小穗灰绿色或带紫色，常有1小花；颖果矩圆形	饲用及绿肥，药用		黄河流域及其以南各省份
3174	*Cynodon radiatus* Roth ex Roem. et Schult.	弯穗狗牙根（宽叶绊根草）	Gramineae (Poaceae) 禾本科	多年生；秆高30～50cm，叶舌膜质，上缘撕裂状；穗状花序5～7枚着生于秆顶，小穗长2.5mm，含1花	饲用及绿肥，观赏		广东、海南
3175	*Cynoglossum amabile* Stapf et Drummond	倒提壶（狗尿蓝花）	Boraginaceae 紫草科	二年生草本；高25～60cm；基生叶具长柄，茎生叶无柄，长圆形或披针形；聚伞花序组成圆锥状花序，花冠蓝色；小坚果4，卵形	药用		西藏、云南、贵州、四川、甘肃
3176	*Cynoglossum divaricatum* Stephan ex Lehm.	大果琉璃草	Boraginaceae 紫草科	二年生或多年生草本；高40～60cm；基生叶和茎下部叶有柄，茎上叶无柄，披针形；聚伞花序组成圆锥花序，花冠紫红色；小坚果卵形	药用		东北、华北及甘肃、新疆
3177	*Cynoglossum furcatum* Wall.	琉璃草（叉花倒提壶）	Boraginaceae 紫草科	二年生或多年生草本；高30～80cm；基生叶和茎下部叶有柄，长圆形；茎上叶无柄，披针形；聚伞花序组成圆锥花序，花冠紫红色；小坚果卵形	药用		华南、西南及河南、陕西、甘肃、安徽、台湾
3178	*Cynomorium songaricum* Rupr.	锁阳（地毛球，羊锁不拉，铁棒锤，黄骨狼，锈铁棒，锁严）	Cynomoriaceae 锁阳科	多年生肉质寄生草本；生于干燥多沙地区，多寄生于蒺藜科植物白刺的根上；无叶绿素，全株暗紫红色或棕红色；地下茎粗短，有多数瘤状吸收根	药用		内蒙古、宁夏、甘肃、山西、陕西、新疆、青海
3179	*Cyperus alternifolius* L.	伞莎草	Cyperaceae 莎草科	多年生草本；小花序穗状，扁平，多数聚成大型复伞形花序；花期6～7月	杂草	马达加斯加	
3180	*Cyperus amuricus* Maxim.	阿穆尔莎草	Cyperaceae 莎草科	一年生草本；秆丛生，高5～50cm；叶线形；聚伞花序具2～10个辐射枝，延长着生6～15个小穗，小穗线状披针形；小坚果	杂草		华东、西南及辽宁、河北、山西、陕西、河南

（续）

序号	拉丁学名	中文名	所属科	特征及特性	类别	原产地	目前分布/种植区
3181	*Cyperus compressus* L.	扁穗莎草	Cyperaceae 莎草科	一年生草本；秆丛生，高 5～30cm；叶鞘紫褐色；长侧枝聚伞花序具 1～7 个辐射枝，小穗密集成头状，有花 8～20 朵；小坚果	杂草		华北、华东、华中、西南及吉林、辽宁、广东、台湾
3182	*Cyperus difformis* L.	异穗莎草（密穗莎草）	Cyperaceae 莎草科	一年生草本；秆丛生，高 5～50cm；长侧枝聚伞花序，小穗于花序伞梗末端，披针形，密集成头状，有花 8～12 朵；小坚果	饲用及绿肥		除青海、新疆、西藏外的各省份
3183	*Cyperus distans* L. f.	疏穗莎草	Cyperaceae 莎草科	多年生草本；高 40～100cm；叶与秆等长；长侧枝聚伞花序复出，疏散，具 6～10 个伞梗，每个伞梗具 3～5 个小伞梗，小穗线形；小坚果	杂草		华南、西南及台湾
3184	*Cyperus duclouxii* E. G. Camus	云南莎草	Cyperaceae 莎草科	多年生草本；秆高 15～65cm；苞片叶状，长于花序；复出长侧枝聚伞花序具 4～6 个第一次辐射枝，小穗 3～16 个成指状排列；小坚果	杂草		云南、贵州、四川
3185	*Cyperus exaltatus* Retz.	高秆莎草	Cyperaceae 莎草科	多年生草本；高 0.3～2m；叶与秆等长；长侧枝聚伞花序复出或多处复出，伞梗 5～10；穗状花序圆锥形，小穗长圆状披针形；小坚果	杂草		安徽、江苏、广东、海南、台湾
3186	*Cyperus fuscus* L.	褐穗莎草	Cyperaceae 莎草科	一年生草本；高 15～30cm；长侧枝聚伞花序具 1～6 个辐射枝，小穗常多个聚集成头状，小穗线形，具 14～28 花；小坚果	杂草		东北、华北、西北及安徽、江苏、广西
3187	*Cyperus glomeratus* L.	聚穗莎草	Cyperaceae 莎草科	一年生草本；高 10～150cm；叶线形；长侧枝聚伞花序具 3～9 个辐射枝，多数小穗组成长圆形或卵形穗状小穗；小坚果	饲用及绿肥		东北、华北及甘肃、安徽、江苏
3188	*Cyperus haspan* L.	畦畔莎草	Cyperaceae 莎草科	一年生或多年生草本；高 10～60cm；叶线形；长侧枝聚伞花序具 8～12 辐射枝，小穗常 3～6 个，于辐射枝呈指状排列；小坚果	杂草		华南、西南及安徽、江苏、湖南、台湾
3189	*Cyperus imbricatus* Retz.	迭穗莎草	Cyperaceae 莎草科	多年生草本；高 1～1.5m；叶基生，短于秆；长侧枝聚伞花序复出，小穗多列，在辐射枝顶端排列成紧密的圆柱状穗状花序；小坚果	杂草		广东、台湾、云南

（续）

序号	拉丁学名	中文名	所属科	特征及特性	类别	原产地	目前分布/种植区
3190	*Cyperus iria* L.	碎米莎草（三方草）	Cyperaceae 莎草科	一年生草本；秆丛生，高可达 25cm；叶基生，短于秆；长侧枝聚伞花序复出，辐射枝 4～9，每枝具 5～10 个穗状花序；小坚果倒卵形	饲用及绿肥		全国各地均有分布
3191	*Cyperus michelianus* （L.） Link	旋鳞莎草	Cyperaceae 莎草科	一年生草本；高 20～30cm；叶鞘红紫色，叶片狭线形；长侧枝聚伞花序密集成头状，卵形或广卵形，小穗卵形或披针形；小坚果	杂草		东北、华北、华东及广东
3192	*Cyperus nipponicus* Franch. et Sav.	白鳞莎草	Cyperaceae 莎草科	一年生草本；秆密丛生，高 5～20cm；长侧枝聚伞花序缩短成头状，具多数密生小穗，小穗披针形或狭卵形；小坚果	杂草		东北、华北及安徽、江苏
3193	*Cyperus orthostachyus* Franch. et Sav.	三轮草（毛笠莎草）	Cyperaceae 莎草科	一年生草本；秆高 10～65cm，丛生；叶线形；长侧枝聚伞花序简单，具 4～9 辐射枝，小穗线形或线状披针形；小坚果倒卵状三棱形	杂草		东北及河北、山东、江苏、安徽、湖北、四川、贵州
3194	*Cyperus papyrus* L.	大伞莎草	Cyperaceae 莎草科	多年生常绿草本植物；花小，淡紫色，花期 6～7 月；瘦果三角形；其栽培品种有：细叶伞草植株较矮小，高 30～45cm；花叶伞草叶片具白色纵条纹，有时全为白色	杂草	非洲南部、佛得角	
3195	*Cyperus pilosus* Vahl	毛轴莎草	Cyperaceae 莎草科	多年生草本；秆高 25～80cm；叶短于秆；长侧枝聚伞花序复出，一级辐射枝 3～10 枚，二级 3～7 枚，小穗线形或线状披针形；小坚果	杂草		华东、华南、西南及甘肃、台湾
3196	*Cyperus pygmaeus* Rottb.	沙草	Cyperaceae 莎草科	一年生；小穗披针形到长椭圆形，呈压扁状，长 4～5 mm；鳞片长 1.5～2 mm；花柱短；瘦果浅棕色，长椭圆形	蜜源		东北及广东、浙江、江苏、安徽、河南、河北
3197	*Cyperus rotundus* L.	香附子（莎草）	Cyperaceae 莎草科	多年生草本；秆锐三棱形；叶基生，短于秆；长侧枝聚伞花序具 3～6 个辐射枝，辐射枝末端穗状花序有小穗 3～10，小穗线形；小坚果	药用，经济作物（油料类）		全国各地均有分布
3198	*Cyperus stoloniferus* Retz.	矮莎草	Cyperaceae 莎草科	一年生草本；秆丛生，高 12～18cm；叶短于秆；长侧枝聚伞花序聚缩成头状，具多数小穗，小穗长圆状披针形或近圆形；小坚果	杂草		江苏、安徽、广西

（续）

序号	拉丁学名	中文名	所属科	特征及特性	类别	原产地	目前分布/种植区
3199	*Cyperus tenuispica* Steud.	窄穗莎草	Cyperaceae 莎草科	一年生草本；秆丛生，高 3～27cm；长侧枝聚伞花序具 4～8 个辐射枝，小穗线形，常 3～12 个着生辐射枝顶穗轴上；小坚果	杂草		安徽、江苏、湖南、广西、贵州、台湾
3200	*Cyphomandra betacea* Sendtn.	树番茄（缅茄）	Solanaceae 茄科	小乔木或有时灌木；高达 3m；叶卵状心形；二至三歧分枝蝎尾式聚伞花序；花冠辐状，粉红色；果实卵状，橘黄色或带红色	果树	南美洲	云南、西藏南部
3201	*Cyphotheca montana* Diels	药囊花	Melastomataceae 野牡丹科	灌木；茎四棱形，单叶对生，聚伞花序顶生，花萼漏斗状钟形，具 8 条脉，萼片浅半圆形，花瓣百色至粉红色，广卵形	观赏	中国云南	
3202	*Cypripedium calceolus* L.	杓兰	Orchidaceae 兰科	地生兰；叶 3～4 枚互生于茎中部以上，背疏被短柔毛，花单朵红褐色，花瓣宽线形扭转，唇瓣黄色，苞片叶状	观赏	中国黑龙江、吉林东部、辽宁、内蒙古东部	东北及内蒙古
3203	*Cypripedium calcicolum* Schltr.	褐花杓兰	Orchidaceae 兰科	地生兰；体态十分接近西藏杓兰 *C. subtropicum*，区别是叶斜展，花深紫褐色，无深浅相间的纵条纹，萼片和花瓣上无明显的紫褐色和绿黄色相间的斑纹	观赏	中国陕西、四川、云南西北部	
3204	*Cypripedium cordigerum* D. Don	白唇杓兰	Orchidaceae 兰科	地生兰；叶 3～4 枚，椭圆形；花序具单朵花，苞片叶状，萼片和花瓣淡黄绿色，唇瓣灰白色，花瓣线状披针形，退化雄蕊金黄色	观赏	中国西藏南部	
3205	*Cypripedium debile* Rchb. f.	对叶杓兰	Orchidaceae 兰科	地生兰；叶 2 枚对生，近宽卵形，花单朵下垂，萼片和花瓣绿黄色，基部有紫色斑纹，唇瓣粉白色，囊内常有紫色斑纹，花瓣披针形，苞片线形，镰刀状	观赏	中国四川西部和东北部、台湾	
3206	*Cypripedium elegans* Rchb. f.	雅致杓兰	Orchidaceae 兰科	地生兰；茎与花序柄密被长柔毛，叶 2 枚对生，宽椭圆形至菱状卵形，花单朵褐色具暗色条纹，花瓣披针形，唇瓣上表面有 3 条平行的钝波状脊	观赏	中国云南西北部、西藏	

（续）

序号	拉丁学名	中文名	所属科	特征及特性	类别	原产地	目前分布/种植区
3207	*Cypripedium fargesii* Franch.	毛瓣杓兰	Orchidaceae 兰科	地生兰；叶2枚近于铺地，近对生，宽椭圆形至近圆形，表面有栗紫色斑块，花暗黄色具栗紫色斑纹，无苞片	观赏	中国甘肃南部、四川西北部至东北部、湖北西部	
3208	*Cypripedium farreri* W. W. Sm.	华西杓兰	Orchidaceae 兰科	地生兰；茎无毛，近中部具2枚互生叶，椭圆形，花单朵绿黄色而具紫色斑纹与斑点，花瓣披针形，内面基部具长柔毛，苞片叶状	观赏	中国四川西部、甘肃南部	
3209	*Cypripedium fasciolatum* Franch.	大叶杓兰	Orchidaceae 兰科	地生兰；叶3～4枚，互生，宽椭圆形，花宽线状披针形，黄色，稍具紫色条纹，苞片叶状，唇瓣球形	观赏	中国四川东北部至西南部、湖北西部	
3210	*Cypripedium flavum* P. F. Hunt et Summerh.	黄花杓兰	Orchidaceae 兰科	地生兰；叶3～4枚，互生，椭圆形，花黄色，近斜披针形，苞片叶状，舟形，唇瓣呈略扁的椭圆形	观赏	中国云南西北、四川西南、甘肃南部、湖北	
3211	*Cypripedium forrestii* Cribb	玉龙杓兰	Orchidaceae 兰科	地生兰；株高3～5cm；茎直立；叶近对生，叶片椭圆形或椭圆状卵形，具较多的黑斑点；花序顶生，不具花苞片；花小暗黄色，有栗色细斑点，花瓣卵形，唇瓣囊状；花期6月	观赏	中国云南西北部	
3212	*Cypripedium franchetii* E. H. Wilson	毛杓兰	Orchidaceae 兰科	地生兰；叶3～4枚，互生，菱状椭圆形或近宽椭圆形，花粉红色至紫红色，具紫色条纹，花瓣披针形，苞片叶状，唇瓣近球形	观赏	中国四川北部、湖北西部、河南西部、陕西西南部、山西南部、甘肃南部	湖北、四川、甘肃、陕西、河南、山西
3213	*Cypripedium guttatum* Sw.	紫点杓兰	Orchidaceae 兰科	地生兰；茎被短柔毛，近中部互生或近对生2枚叶，椭圆形，花单朵，淡黄白色至乳白色而具淡紫红色斑块，花瓣近于提琴形，苞片叶状	观赏	中国东北及河北、山西、山东、四川西部、云南、西藏	东北、华北、西南
3214	*Cypripedium henryi* Rolfe	绿花杓兰	Orchidaceae 兰科	地生兰；叶4～5枚，互生，椭圆形至卵状披针形，总状花序，花淡黄绿色，花瓣线状披针形，唇瓣黄绿色近球形	观赏	中国甘肃南部、陕西南部、湖北西部、云南、四川西北部	

（续）

序号	拉丁学名	中文名	所属科	特征及特性	类别	原产地	目前分布/种植区
3215	*Cypripedium himalaicum* Rolfe	高山杓兰	Orchidaceae 兰科	地生兰；叶 3～4 枚，互生，椭圆形，背面脉具短柔毛，花单朵，紫红色而有深色条纹，花瓣矩圆状披针形，苞片叶状	观赏	中国西藏南部	
3216	*Cypripedium japonicum* Thunb.	扇脉杓兰	Orchidaceae 兰科	地生兰；叶通常 2 枚近对生，菱状圆形或横椭圆形，具扇形辐射脉，花淡黄白色至淡绿白色，斜披针形，苞片叶状，唇瓣下垂	观赏	中国台湾、四川、贵州、陕西南部、湖北、湖南、江西、安徽、浙江	
3217	*Cypripedium lichiangense* S. C. Chen et Cribb	丽江杓兰	Orchidaceae 兰科	地生兰；叶 2 枚近铺地，卵形至圆形，有黑色粗斑点，花单朵较大，花瓣与退化雄蕊猪肝色，花瓣与唇瓣暗黄色并具紫褐色斑点，花瓣围抱唇瓣，唇瓣杓状	观赏	中国云南西北部、四川西南部	
3218	*Cypripedium ludlowii* Cribb	波密杓兰	Orchidaceae 兰科	地生兰；叶 3 枚，椭圆状卵形或椭圆形，两面疏被腺状短柔毛；花单朵，淡黄绿色，花瓣披针形，唇瓣浅囊状，苞片叶状，退化雄蕊近矩圆形	观赏	中国西藏东南部	
3219	*Cypripedium macranthum* Sw.	大花杓兰	Orchidaceae 兰科	多年生陆生草本；叶互生，被白毛，基部具短鞘；花常单生，紫红色，花瓣卵状披针形，唇瓣囊状；子房无毛	观赏		东北、华北及湖北
3220	*Cypripedium margaritaceum* Franch.	斑叶杓兰	Orchidaceae 兰科	地生兰；茎短具 2 枚近于铺地叶，叶近对生，宽卵形至近圆形，有栗紫色斑，花单朵，花瓣与唇瓣乳白色，花瓣围抱唇瓣，无苞片	观赏	中国云南西北部、四川西南部	
3221	*Cypripedium micranthum* Franch.	小花杓兰	Orchidaceae 兰科	地生兰；茎与花序柄密被锈色毛，具 2 枚对生叶，宽椭圆形至倒卵状椭圆形，花单朵较小，花瓣卵状披针形，唇瓣浅囊形，退化雄蕊近四方形	观赏	中国四川东北部	
3222	*Cypripedium palangshanense* T. Tang et F. T. Wang	巴郎山杓兰	Orchidaceae 兰科	地生兰；茎无毛，花序柄被短绒毛，叶 2 枚对生，椭圆形至近圆形，花单朵俯垂，深紫色，花瓣披针形，苞片狭披针形状，退化雄蕊线形	观赏	中国四川西部	

（续）

序号	拉丁学名	中文名	所属科	特征及特性	类别	原产地	目前分布/种植区
3223	*Cypripedium plectrochilum* Franch.	离萼杓兰	Orchidaceae 兰科	地生兰；茎纤弱，被短柔毛，叶常3枚，互生，椭圆形至椭圆状披针形，花单朵，萼片与花瓣褐黄色，唇瓣白色而具紫色斑纹，花瓣狭披针形，唇瓣近钝圆锥形，苞片叶状	观赏	中国湖北西部、四川西部、云南西北部、西藏东南部	
3224	*Cypripedium segawai* Masam.	宝岛杓兰	Orchidaceae 兰科	地生兰；茎被短柔毛，具3～4枚叶，叶椭圆状披针形；花单朵，黄色或绿黄色，花瓣狭矩圆状披针形，唇瓣近球形，退化雄蕊黄色而有紫色斑点，铲形	观赏	中国台湾	
3225	*Cypripedium shanxiense* S. C. Chen	山西杓兰	Orchidaceae 兰科	地生兰；茎被短柔毛，具3～4枚互生叶，椭圆形至卵状披针形，花常2朵，紫色，花瓣狭披针形，唇瓣近球形，退化雄蕊近椭圆形，苞片叶状	观赏	中国山西、青海、四川西北部、河北、内蒙古	
3226	*Cypripedium subtropicum* S. C. Chen et K. Y. Lang	暖地杓兰	Orchidaceae 兰科	地生兰；植株高1.5m；茎直立，被短柔毛；叶片椭圆状长圆形至椭圆状披针形；花序总状；花瓣近长圆状卵形，唇瓣深囊状，倒卵状椭圆形；花期7月	观赏	中国西藏东南部	
3227	*Cypripedium tibeticum* King ex Rolfe	西藏杓兰	Orchidaceae 兰科	地生兰；叶通常3枚，互生，卵状椭圆形，花紫色，与萼片有紫色与浅黄白色相间的条纹，花瓣矩圆状披针形，苞片叶状，唇瓣紫黑色	观赏	中国西藏东南部、云南西北部、四川西南部、甘肃南部	
3228	*Cypripedium wardii* Rolfe	宽口杓兰	Orchidaceae 兰科	地生兰；茎叶和苞片被短柔毛，叶2～3枚近基生，椭圆形至披针形状椭圆形，花单朵，白色或黄白色而具紫色斑点，苞片叶状，退化雄蕊舌状	观赏	中国云南西北部、西藏东南部	
3229	*Cypripedium wumengense* S. C. Chen	乌蒙杓兰	Orchidaceae 兰科	地生兰；叶2枚互生，卵状椭圆形，有紫色斑，花单朵，暗黄色具紫色斑点与条纹，花瓣倒卵状矩圆形，唇瓣小，前半部具小疣状突起，退化雄蕊宽卵形，无苞片	观赏	中国云南	

（续）

序号	拉丁学名	中文名	所属科	特征及特性	类别	原产地	目前分布/种植区
3230	*Cypripedium x ventricosum* Sw.	东北杓兰	Orchidaceae 兰科	地生兰；花的色泽接近大花杓兰 *C. macranthum*，但花瓣较长且扭转，合萼片明显长于唇瓣	观赏	中国黑龙江西北部、内蒙古东北部	
3231	*Cypripedium yunnanense* Franch.	云南杓兰	Orchidaceae 兰科	地生兰；叶3～4枚互生，椭圆形至椭圆状披针形，背疏被微柔毛，花单朵紫红色，有深浅相间的条纹，苞片叶状，退化雄蕊卵状三角形	观赏	中国云南西北部、四川西南部	
3232	*Cyrtanthera carnea*（Lindl.）Alph. Wood	珊瑚花	Acanthaceae 爵床科	多年生草本；叶对生，有少量短绒毛；短圆锥花序顶生，花玫瑰紫或粉红色	观赏	南美洲巴西等	
3233	*Cyrtanthus mackenii* Hook. f.	白花垂筒花	Amaryllidaceae 石蒜科	多年生草本；花葶短而中空，扁圆形，顶端着生单花或少数聚生成伞形花序，花钟状，下垂，花被片6，白色，先端具一黄绿斑点	杂草	非洲南部	
3234	*Cystoathyrium chinense* Ching	光叶蕨	Athyriaceae 蹄盖蕨科	多年生草木；根状茎粗短，横卧；叶密生，披针形，二回羽裂；孢子囊群圆形，囊群盖扁圆形，灰绿色，孢子卵圆形	蔬菜		四川
3235	*Cytisus scoparius*（L.）Link	金雀儿	Leguminosae 豆科	落叶灌木；高达1～2m；小枝细长，有棱；叶状复叶互生，小叶呈掌状排列，楔状倒卵形，具短刺尖；花橙黄带红色，谢时变紫红色；花期5～6月	观赏	欧洲	
3236	*Dacrydium pectinatum* de Laub.	陆均松（泪柏，卧子松，山松）	Podocarpaceae 罗汉松科	乔木；树干直；叶两型，螺旋状着生；雄球花穗状，雌球花单生枝顶，无梗；种子横生于杯状假种皮内	有毒		海南的五指山、吊罗山、尖峰岭
3237	*Dactylicapnos scandens*（D. Don）Hutch.	紫金龙	Papaveraceae 罂粟科	多年生草质藤本；叶三回三出复叶，轮廓三角形或卵形，小叶卵形；总状花序，花瓣黄色至白色，子房圆锥形；蒴果卵形	药用，有毒		云南、广西西部
3238	*Dactylis glomerata* L.	鸭茅（鸡脚草）	Gramineae（Poaceae）禾本科	多年生草本；秆高40～120cm；叶鞘闭合达中部以上；圆锥花序开展，小穗密集分枝上部一侧呈球形，颖披针形；颖果	饲用及绿肥		西南、西北

（续）

序号	拉丁学名	中文名	所属科	特征及特性	类别	原产地	目前分布/种植区
3239	*Dactyloctenium aegyptium* (L.) Willd.	龙爪茅	Gramineae (Poaceae) 禾本科	一年生草本；秆高15～60cm；叶开展，被疣基柔毛；穗状花序2～5个指状排列秆顶，小穗含小花3～4朵，具短芒；囊果	杂草		我国东南部
3240	*Daemonorops margaritae* (Hance) Beck.	黄藤（红藤）	Palmae 棕榈科	常绿藤本；雌雄异株，雄花序上的小穗轴密集，花密集，雄花长原状卵形，花萼杯状，浅3齿，花冠3裂，总苞浅杯状；雌花序小穗轴以明显之字形曲折，总苞托苞片状，花冠裂片2倍长于花萼，披针形，稍急尖；花期5月	观赏	中国广东东南部、香港、海南、广西西南部	云南西双版纳有栽培
3241	*Dahlia coccinea* Cav.	红大丽花	Compositae (Asteraceae) 菊科	球根；植株高0.9～1.2m，细弱，具白粉；叶片羽裂，小裂片卵圆；花上表面鲜红，下表面略浅	观赏	墨西哥	
3242	*Dahlia imperialis* Roezl. ex Ortg.	树状大丽花	Compositae (Asteraceae) 菊科	球根；高6m；羽状复叶；圆盘状花黄色或黄色有浅红色条纹，放射状花浅紫色或玫紫色	观赏	墨西哥南部、拉丁美洲、圣萨尔瓦多、哥斯达黎加、哥伦比亚	
3243	*Dahlia juarezii* Hort.	卷瓣大丽花	Compositae (Asteraceae) 菊科	球根；株高1.2m；叶羽状裂；花重瓣或半重瓣，舌状花大部分卷，洋红色	观赏	墨西哥高原地区	
3244	*Dahlia merkii* Lehm.	麦氏大丽花	Compositae (Asteraceae) 菊科	球根；株高0.6～0.9m，分枝小，全株光滑；叶细裂，长、宽近等，叶缘少锯齿；花序头状；花舌状淡紫色	观赏	墨西哥高原地区	
3245	*Dahlia pinnata* Cav.	大丽花（大理菊，西番莲，洋芍药）	Compositae (Asteraceae) 菊科	多年生草本；茎直立，叶二至三回羽状全裂，裂片卵形至长圆状卵形，头状花序，舌状花1层，白色、红色或紫色，常卵形，管状花黄色，总苞片卵状椭圆形	观赏	墨西哥	北京、河北、山东、山西、湖南、湖北、广东、广西
3246	*Dalbergia balansae* Prain	南岭黄檀	Leguminosae 豆科	乔木；奇数羽状复叶，小叶短圆形；圆锥花序，腋生，花紫白色；荚果舌状，通常1粒种子	经济作物（橡胶类）	中国	华东、华南、西南及湖南
3247	*Dalbergia benthamii* Prain	两粤黄檀	Leguminosae 豆科	藤木；有时为灌木；羽状复叶长12～17cm；圆锥花序腋生，花冠白色，旗瓣椭圆形；荚果薄革质，舌状长圆形，种子肾形，扁平	林木，有毒		广东、海南、广西

（续）

序号	拉丁学名	中文名	所属科	特征及特性	类别	原产地	目前分布/种植区
3248	*Dalbergia burmanica* Prain	缅甸黄檀	Leguminosae 豆科	乔木；高 7～10m；羽状复叶长 12～17cm；圆锥花序侧生，分枝呈伞房花序状；花冠紫色或白色；荚果很薄，舌状长圆形；种子狭长圆形	林木，有毒		云南
3249	*Dalbergia candenatensis* （Dennst.）Prain	弯枝黄檀	Leguminosae 豆科	常绿藤本；枝无毛；羽状复叶，小叶倒卵状长圆形；花萼阔钟状，阔三角形至卵形；花冠白色，旗瓣长圆形；荚果；种子肾形	观赏	中国广东、广西	
3250	*Dalbergia dyeriana* Prain ex Harms	大金刚藤	Leguminosae 豆科	大藤本；羽状复叶，小叶长圆形；圆锥花序腋生，花萼钟状，花冠黄白色；荚果长圆形或带状，扁平	有毒		
3251	*Dalbergia fusca* Pierre	黑黄檀	Leguminosae 豆科	高大乔木；羽状复叶长 10～15cm；圆锥花序腋生或腋下生，花冠白色，旗瓣阔倒新形；荚果长圆形至带状；种子肾形，扁平	木材		云南
3252	*Dalbergia hainanensis* Merr. et Chun	海南黄檀（海南檀，花梨公，牛筋树）	Leguminosae 豆科	落叶树种、乔木；高 20m；小叶 7～11 对，卵形或椭圆形；两性花；荚果；种子 1(～2)，扁平	观赏	中国	海南
3253	*Dalbergia hancei* Benth.	藤黄檀	Leguminosae 豆科	藤本；羽状复叶，小叶 3～6 对；总状花序远较复叶短，数个总状花序再集成腋生短圆锥花序；花冠绿白色；荚果扁平；种子肾形，极扁平	经济作物（编织），药用		安徽、浙江、江西、福建、广东、海南、广西、四川、贵州
3254	*Dalbergia henryana* Prain	蒙自黄檀	Leguminosae 豆科	大藤本；羽状复叶长 12～22cm，小叶革质，卵形；圆锥花序腋生，稍疏松，花冠白色；荚果薄，舌状至带状	林木，有毒	中国	云南蒙自、屏边、西畴、富宁
3255	*Dalbergia hupeana* Hance	黄檀（不知春，望水檀，硬檀柴）	Leguminosae 豆科	落叶乔木；高 20m；羽状复叶有小叶 9～11，长圆形或宽椭圆形；圆锥花序顶生或生在上部叶腋间；荚果长圆形，扁平	药用，有毒		浙江、江苏、安徽、山东、江西、湖北、湖南、广东、广西、四川、贵州

（续）

序号	拉丁学名	中文名	所属科	特征及特性	类别	原产地	目前分布/种植区
3256	*Dalbergia kingiana* Prain	滇南黄檀	Leguminosae 豆科	灌木；羽状复叶长 17～20cm，小叶 3～4 对，革质，卵状披针形；圆锥花序腋生，花冠白色，旗瓣圆形；荚果未见	林木，有毒	中国	云南思茅
3257	*Dalbergia millettii* Benth.	香港黄檀	Leguminosae 豆科	藤本；羽状复叶，小叶 3～6 对；总状花序远较复叶短，数个总状花序再集成腋生短圆锥花序；花冠绿白色；荚果扁平；种子肾形，极扁平	林木，有毒		广东、广西、浙江
3258	*Dalbergia mimosoides* Franch.	小黄檀（含羞草叶黄檀，象鼻藤）	Leguminosae 豆科	常绿藤本；高 4～6m；多分枝；羽状复叶；花序圆锥状；花萼钟形，略被毛；花冠白色或淡黄色；花瓣旗瓣长圆状倒形；荚果，长圆形至带状；种子肾形；花期 4～5 月	观赏	中国陕西、湖北、四川、云南、西藏	
3259	*Dalbergia obtusifolia*（Baker）Prain	钝叶黄檀（牛肋巴）	Leguminosae 豆科	小乔木；奇数羽状复叶；圆锥花序顶生或腋生，花冠淡黄色；荚果，具明显脉网，内有 1～2 粒种子	蜜源	中国	云南南部
3260	*Dalbergia odorifera* T. C. Chen ex Chun et al.	降香黄檀（花梨）	Leguminosae 豆科	半落叶乔木；高 10～20（～25）m，树冠广伞形；奇数羽状复叶，小叶卵形或椭圆形；圆锥花序腋生，由多数聚伞花序组成；荚果舌状，长椭圆形，扁平	林木，经济作物（香料类）	中国	海南、广东
3261	*Dalbergia peishaensis* Chun et T. Chen	白沙黄檀	Leguminosae 豆科	藤本；羽状复叶长 10～14cm；圆锥花序腋生，花萼浅钟状，旗瓣横椭圆形；荚果长圆形，尖端急尖	林木，有毒		海南
3262	*Dalbergia pinnata*（Lour.）Prain	斜叶黄檀	Leguminosae 豆科	乔木；高 5～13m；羽状复叶长 12～15cm，小叶纸质，斜长圆形；圆锥花序腋生，具伞房状分枝，花冠白色；荚果薄；种子狭长	药用		海南、广西、云南、西藏
3263	*Dalbergia polyadelpha* Prain	多体蕊黄檀	Leguminosae 豆科	乔木；高 4～10m；羽状复叶长 10～20cm，小叶皮纸质；圆锥花序腋生或腋下生，分枝短，呈聚伞花序状，花冠白色；荚果长圆形至带状，种子肾形至肾状长圆形	林木，有毒		广西、贵州、云南

（续）

序号	拉丁学名	中文名	所属科	特征及特性	类别	原产地	目前分布/种植区
3264	*Dalbergia rimosa* Roxb.	多裂黄檀	Leguminosae 豆科	藤本或有时为直立灌木或小乔木状；羽状复叶，小叶硬纸质；伞房状圆锥花序顶生或有时生于上部腋生，分枝呈二歧聚伞花序式，花冠白色；荚果无毛；种子肾形	林木，有毒		广西、云南
3265	*Dalbergia sericea* Spreng.	毛叶黄檀	Leguminosae 豆科	乔木；高 5～6m；羽状复叶长 15～25cm，小叶纸质，卵形或长圆形；圆锥花序腋生，花冠白色，旗瓣近圆形；荚果狭舌状；种子肾形，扁平	林木，有毒		西藏察隅
3266	*Dalbergia sissoo* Roxb. ex DC.	印度黄檀	Leguminosae 豆科	落叶乔木；高 30m；叶为奇数羽状复叶，叶柄扭曲，小叶互生，3～5 枚，全缘，略圆；圆锥花序，较羽状复叶更短，顶生或腋生；荚果带状，浅褐色	林木	印度、巴基斯坦、阿富汗	福建、广西、海南、浙江、云南
3267	*Dalbergia stenophylla* Prain	狭叶黄檀	Leguminosae 豆科	藤本；羽状复叶长 4～6cm，小叶两端钝或圆形；圆锥花序腋生，花冠白色或淡黄色，旗瓣阔卵形至近圆形；荚果舌状至带状；种子肾形，扁平	林木，有毒		湖北、广西、四川、贵州
3268	*Dalbergia stipulacea* Roxb.	托叶黄檀	Leguminosae 豆科	大藤本；有时呈小乔木状；羽状复叶；圆锥花序生于具内页的枝顶叶腋，花冠淡蓝色或淡紫红色，旗瓣圆形；荚果无毛；种子肾形	林木，有毒		云南
3269	*Dalbergia tonkinensis* Prain	越南黄檀	Leguminosae 豆科	乔木；高 5～13m；羽状复叶长 9～20cm，小叶 4～5 对，近革质，卵形；圆锥花序伞房状，腋生；荚果卵形或长圆形；种子肾形，扁平	林木，有毒		海南
3270	*Dalbergia tsoi* Merr. et Chun	红果黄檀	Leguminosae 豆科	藤本；羽状复叶长 8～10cm，小叶椭圆形至长圆形；圆锥花序腋生，分枝少，伞房状；荚果长圆形或带状，扁平；种子肾形，扁平	林木，有毒		海南
3271	*Dalbergia yunnanensis* Franch.	滇黔黄檀	Leguminosae 豆科	大藤本；有时呈大灌木或小乔木状；羽状复叶，小叶长圆形或椭圆状长圆形；聚伞状圆锥花序生于上部叶腋，花冠白色；荚果，种子圆肾形	有毒		广西、四川、贵州、云南

（续）

序号	拉丁学名	中文名	所属科	特征及特性	类别	原产地	目前分布/种植区
3272	*Damnacanthus indicus* C. F. Gaertn.	伏牛花（虎刺，绣花针）	Rubiaceae 茜草科	多枝有刺小灌木；叶对生，卵形，花白色，近枝顶腋生；核果鲜红色	观赏，地被	中国长江流域及其以南各省份	
3273	*Damnacanthus labordei*（H. Lév.）H. S. Lo	柳叶虎刺	Rubiaceae 茜草科	落叶有刺小灌木；高0.4～2m；叶薄纸质，披针形至披针状线形；花1～2对生于叶腋的短总梗上；核果红色，近球形	观赏，地被		湖南、广东、广西、四川、贵州、云南
3274	*Damnacanthus macrophyllus* Sieb. ex Miq.	浙皖虎刺（大叶伏牛花）	Rubiaceae 茜草科	多枝有刺小灌木；叶片较大，卵形至长圆状卵形，全缘具反卷线，托叶顶具刺状芒凸，花冠檐部4裂，果梗红色	观赏	中国浙江、安徽、福建、广东北部、贵州、云南	
3275	*Damnacanthus major* Sieb. et Zucc.	大卵叶虎刺	Rubiaceae 茜草科	多枝有刺小灌木；茎二叉分枝，叶常具小型叶，正常叶卵形，叶柄被短粗毛，托叶腋具1枚针刺，花1～2朵腋生，花冠白色，管状漏斗形	观赏	中国浙江、广东北部	
3276	*Daphne acutiloba* Rehder	尖瓣瑞香	Thymelaeaceae 瑞香科	常绿灌木；密分枝，老枝紫红色，幼枝贴生淡黄色绒毛，叶互生，革质，披针形，花5～7朵组成顶生头状花序，白色芳香，果红色	观赏	中国湖北、云南、四川	
3277	*Daphne aurantiaca* Diels	橙黄瑞香	Thymelaeaceae 瑞香科	常绿小灌木；叶对生，革质，长圆形至卵形或倒卵形，叶背被白霜，叶状苞片卵状披针形，花被管状，橙黄色，裂片4	观赏	中国云南西北部、四川西南部	
3278	*Daphne feddei* H. Lév.	短瓣瑞香	Thymelaeaceae 瑞香科	常绿灌木；小枝黄灰色，叶互生，倒披针形至狭披针形，头状花序，花白色，苞片被丝状微柔毛，花被管状	观赏	中国云南中部、西部东北部	
3279	*Daphne genkwa* Siebold et Zucc.	芫花（头疼花）	Thymelaeaceae 瑞香科	落叶灌木；高达1m；单叶，被绢状柔毛，椭圆形；花3～7朵簇生叶腋，先叶开放，粉红色或淡紫红色，无花瓣，子房1室；核果长圆形	有毒，经济作物（纤维类）		华北、华东、华中、西南
3280	*Daphne giraldii* Nitsche	黄瑞香（祖师麻，大救驾）	Thymelaeaceae 瑞香科	落叶灌木；老枝黄灰色；叶互生，常生于枝顶，倒披针形；花黄色，常3～8朵顶生；核果卵圆形，熟时红色	有毒		山西、陕西、宁夏、甘肃、青海、四川

（续）

序号	拉丁学名	中文名	所属科	特征及特性	类别	原产地	目前分布/种植区
3281	*Daphne koreana* Nakai.	长白瑞香	Thymelaeaceae 瑞香科	落叶灌木；枝条光滑，灰白色，干后有皱褶；叶互生，柄不明显；叶片倒披针形，长4～10cm，宽1～3cm，基部楔形，顶端锐尖或钝，全缘；花序腋生或顶生，具3～6花；花淡黄色，仅有花萼，无花瓣；花两性	药用		吉林
3282	*Daphne odora* Thunb.	瑞香（睡香，蓬莱紫，风流树）	Thymelaeaceae 瑞香科	常绿灌木；小枝带紫色，叶互生，长椭圆形，头状花序顶生，花白色或带红紫色	观赏	中国长江流域以南各省	
3283	*Daphne papyracea* Wall. ex Steud.	白瑞香（纸用瑞香，小构皮）	Thymelaeaceae 瑞香科	常绿灌木；叶椭圆形或椭圆状披针形；花白色，常数朵簇生于枝顶；总花梗短；花被筒状，裂片4；核果卵状球形	有毒		湖南、广东、广西、贵州、四川、云南
3284	*Daphne retusa* Hemsl.	凹叶瑞香	Thymelaeaceae 瑞香科	常绿灌木；一年生枝密被黄褐色糙毛，多年生枝无毛黑色，叶互生；花外紫红色，内粉红色，数朵组成顶生头状花序；果红色	观赏	中国陕西、甘肃、青海、湖北、四川、云南、西藏	
3285	*Daphne tangutica* Maxim.	甘肃瑞香（陕甘瑞香）	Thymelaeaceae 瑞香科	常绿灌木；叶互生革质，条状披针形至长圆状披针形或倒披针形，头状花序顶生，花被管状，外淡紫红色，内白色	观赏	中国陕西、甘肃、四川、云南	
3286	*Daphne tangutica* var. *wilsonii* (Rehder) H. F. Zhou	鄂西瑞香	Thymelaeaceae 瑞香科	灌木；花芳香，聚集成头状花序、聚伞花序或短总状花序，腋生或顶生；花萼管状或钟状，檐4裂，少有5裂	观赏	中国湖北西部	
3287	*Daphniphyllum calycinum* Benth.	牛耳枫（老虎耳）	Daphniphyllaceae 虎皮楠科	常绿灌木；叶革质，宽椭圆形至倒卵形，背面具白色细乳头状突起；总状花序腋生，雌雄异株；核果具白粉	有毒		江西、福建、广东、广西、云南
3288	*Daphniphyllum macropodum* Miq.	交让木（画眉珠，虎皮楠）	Daphniphyllaceae 虎皮楠科	常绿乔木；茎粗壮，树皮灰白色；叶簇生枝顶，长椭圆形；总状花序腋生，花淡绿色，单性异株；核果	有毒		长江以南及台湾
3289	*Daphniphyllum oldhami* (Hemsl.) Rosenthal	虎皮楠	Daphniphyllaceae 虎皮楠科	乔木或小乔木；叶披针形或长圆形；雄花序比雌花序短，雄花序萼片三角状卵形，雌花序萼片披针形；果椭圆或倒卵圆形	有毒		广东、广西、云南

（续）

序号	拉丁学名	中文名	所属科	特征及特性	类别	原产地	目前分布/种植区
3290	*Daphniphyllum paxianum* K. Rosenthal	粉缘虎皮楠	Daphniphyllaceae 虎皮楠科	常绿灌木；高约 30cm；小枝灰褐或浅褐色；叶片肉质，卵圆状半球形，暗绿色，具刺状小突起；花单生白或黄色；花期全年	观赏	中国长江以南各省份	
3291	*Darlingtonia californica* Torr.	眼镜蛇草	Sarraceniaceae 瓶子草科	多年生食虫植物；叶无柄从根状茎上长出，高 40～85cm；叶黄绿色有红脉，兜帽状，有一具紫斑的附属部酷似蛇舌；整株植物好像处于攻击中的眼镜蛇	观赏		
3292	*Dasypyrum villosum*（L.）Candargy	簇毛麦	Gramineae (Poaceae) 禾本科	一年生；总状花序 1，矩圆形，长 4～10cm；小穗含 2 可育花，颖片短语小穗，第一颖矩圆形，为第二颖的 2 倍；外稃披针形，长 10～13cm，无毛或具软毛，带芒长 20～50cm	粮食		
3293	*Datura inoxia* Mill.	毛曼陀罗（风茄花，串筋花）	Solanaceae 茄科	一年生草本；茎灰白色；叶宽卵形；花单生，花萼圆筒状，花冠漏斗状，花开放后呈喇叭状；蒴果近球形	有毒		辽宁、河北、江苏、浙江
3294	*Datura metel* L.	洋金花（金盘托荔枝）	Solanaceae 茄科	一年生草本；叶卵形或宽卵形；花单生，直立；花萼筒状，不紧贴花冠筒；花冠漏斗状；蒴果近球形	有毒	印度	全国各地有栽培或野生
3295	*Datura stramonium* L.	曼陀罗（醉心花，狗核桃）	Solanaceae 茄科	一年生直立草本；叶宽卵形；花常单生于枝分叉处或叶腋，直立；花萼筒状，花冠漏斗状；蒴果卵形	药用，有毒		全国各地均有分布
3296	*Daucus carota* L.	野胡萝卜（红胡萝卜，鹤虱草）	Umbelliferae (Apiaceae) 伞形科	二年生杂草；茎高 20～120cm；基生叶丛生，茎生叶互生，二至三回羽状全裂；复伞形花序顶生，花瓣 5，白色或淡红色；双悬果长圆形	药用，经济作物（香料类）		全国各地均有分布
3297	*Daucus carota* var. *sativa* Hoffm.	胡萝卜	Umbelliferae (Apiaceae) 伞形科	根肉质，长圆锥形，粗肥，呈红色或黄色	蔬菜		全国
3298	*Davallia mariesii* T. Moore ex Baker	骨碎补	Davalliaceae 骨碎补科	多年生草本；孢子囊群生于小脉顶端；囊群盖盅状，成熟时孢子囊突出口外，覆盖裂片顶部，仅露出外侧的长钝齿	观赏	中国辽宁、山东、江苏、浙江、台湾	

（续）

序号	拉丁学名	中文名	所属科	特征及特性	类别	原产地	目前分布/种植区
3299	*Davidia involucrata* Baill.	珙桐（水冬瓜，空桐，水梨子）	Nyssaceae 蓝果树科	落叶乔木；叶互生；花杂性，由多数雄花和一朵两性花组成顶生头状花序，雄花无花被，子房下位，6～10 室；核果	观赏，林木	中国	陕西、湖北、湖南、贵州、四川、云南
3300	*Dayaoshania cotinifolia* W. T. Wang	瑶山苣苔	Gesneriaceae 苦苣苔科	多年生草本；叶基生，圆卵形或近圆形，两面被白色短柔毛，叶柄密被短柔毛，聚伞花序，苞片 2 对生，花萼钟状，花冠淡紫色或白色，二唇形，花冠筒钟状	观赏	中国广西	
3301	*Debregeasia longifolia* (Burm. f.) Wedd.	长叶水麻	Urticaceae 荨麻科	小乔木或灌木；叶长圆状或倒卵状披针形；花常雌雄异株，雄花具短柄，雄蕊 4，雌花几无柄，子房倒卵珠形；瘦果	药用		秦巴山区
3302	*Debregeasia orientalis* C. J. Chen	水麻（水马麻，水麻柳，柳梅）	Urticaceae 荨麻科	落叶灌木或小乔木；叶披针形，托叶披针形；雌雄常为异株，聚伞花序腋生，总花梗两叉分枝，叉顶各生一球形花簇；瘦果	药用		秦巴山区
3303	*Decaisnea fargesii* Franch.	猫儿子（猫儿屎，胡瓜树）	Lardizabalaceae 木通科	落叶灌木；奇数羽状复叶；花杂性，圆锥花序，雌花和两性花着生花序上部，雄花生于花序基部或分枝上；聚合肉质膏葖果	药用		西北、西南、华中及安徽
3304	*Deinanthe caerulea* Stapf	叉叶蓝（银梅草，四块瓦）	Saxifragaceae 虎耳草科	多年生草本；叶膜质，常 4 片聚集于茎顶，阔椭圆形；伞房状聚伞花序顶生，花萼和花冠蓝色或稍带红色，萼筒宽陀螺状，花瓣 6～8	观赏	中国湖北西部	
3305	*Deinocheilos sichuanense* W. T. Wang	全唇苣苔	Gesneriaceae 苦苣苔科	多年生草本；叶基生，花葶被褐黄色柔毛，花冠白色或淡紫色，檐部二唇形，上唇不分裂，下唇 3 浅裂，花萼钟状，5 裂达基部	观赏	中国四川、江西	
3306	*Delonix regia* (Bojer ex Hook.) Raf.	凤凰木（红花楹树，火树）	Leguminosae 豆科	乔木；二回偶数羽状复叶，羽片对生；总状花序，花红色，有黄及白色斑点；雄蕊红色；花萼里深红外绿；荚果	有毒，观赏	非洲	台湾、福建、广东、广西、云南
3307	*Delosperma herbeum* N. E. Br.	露子花	Aizoaceae 番杏科	多年生多浆植物；株高 8～10cm；叶长舌形，鲜绿色；花鲜黄色，花托膨大；花期 5～7 月	观赏	南非东部	

（续）

序号	拉丁学名	中文名	所属科	特征及特性	类别	原产地	目前分布/种植区
3308	*Delosperma pruinosum*（Thunb.）J. Ingram	刺叶露子花	Aizoaceae 番杏科	多年生多浆植物；株高 30cm；叶片浅绿色，花瓣白色或浅黄色	观赏	南非干旱的亚热带地区	
3309	*Delphinium anthriscifolium* Hance	还亮草（野红萝卜，鱼灯苏，车子野芫荽）	Ranunculaceae 毛茛科	叶二至三回近羽状复叶，叶菱状卵形或三角状卵形；总状花序；萼片堇色或紫色；花瓣紫色，瓣片斧形；种子扁球形	药用，有毒		华中、华东、华南及山西、贵州
3310	*Delphinium bulleyanum* Forrest ex Diels	拟螺距翠雀	Ranunculaceae 毛茛科	多年生草本；茎下部常带紫色，基生叶开花时枯萎，叶五角形，两面被短伏毛，总状花序顶生，花瓣蓝色，顶端二浅裂，萼片蓝色	观赏	中国云南	
3311	*Delphinium candelabrum* Ostenf.	奇林翠雀花	Ranunculaceae 毛茛科	多年生草本；叶卵状五角形，3 全裂，花梗上部密被黄色柔毛，花瓣暗褐色，密被短毛或无毛，萼片蓝紫色外有黄色短柔毛	观赏	中国西藏	
3312	*Delphinium ceratophorum* Franch.	角萼翠雀	Ranunculaceae 毛茛科	多年生草本；茎下部有开展的白色糙毛，基生叶 5，叶五角形或五角状肾形，两面有糙毛，茎生叶 1～2，总状花序，萼片蓝紫色，退化雄蕊紫色	观赏	中国云南西北部	
3313	*Delphinium cheilanthum* Fisch. ex DC.	唇花雀翠	Ranunculaceae 毛茛科	多年生草本；茎等距地生叶，下部也开花时枯萎，叶五角形，总状花序有 10 朵花，花瓣蓝色，萼片蓝紫色，外密被短伏毛	观赏	中国黑龙江西部	
3314	*Delphinium davidii* Franch.	谷地翠雀花	Ranunculaceae 毛茛科	叶五角形，3 全裂；伞房花序有 2～5 花；苞叶叶状；萼片蓝色；花瓣顶端微凹；蓇葖长约 2cm，种子扁椭圆球形	有毒		四川、云南
3315	*Delphinium delavayi* Franch.	滇川翠雀花	Ranunculaceae 毛茛科	叶五角形，3 深裂；总状花序狭长；萼片蓝紫色，宽椭圆形；花瓣蓝色；蓇葖长 1.6～2.4cm，种子倒卵球形	药用		四川、云南
3316	*Delphinium elatum* L.	高翠雀花	Ranunculaceae 毛茛科	多年生草本；总状花序长达 20cm，有较密集的花；苞片线形；花梗向上斜展；萼片蓝紫色；花瓣黑色	观赏	中国内蒙古、新疆	

（续）

序号	拉丁学名	中文名	所属科	特征及特性	类别	原产地	目前分布/种植区
3317	*Delphinium forrestii* Diels	短距翠雀花（飞燕草）	Ranunculaceae 毛茛科	多年生草本；叶圆肾形，3 深裂；总状花序呈圆锥状或球状，具密集的花；萼淡灰蓝色或带淡绿色；花瓣距圆锥状	有毒		四川、云南
3318	*Delphinium grandiflorum* L.	翠雀（大花飞燕草）	Ranunculaceae 毛茛科	多年生草本；高 35～65cm；茎被反曲而贴伏短柔毛；叶轮廓多呈圆肾形，3 全裂；总状花序有 3～15 花，花瓣 2，蓝色，心皮 3；蓇葖果直立	药用，有毒，观赏		东北、华北及宁夏、四川、云南
3319	*Delphinium iliense* Huth	伊犁翠雀花	Ranunculaceae 毛茛科	多年生草本；茎疏被白色硬毛，基生叶数枚具长柄，茎生叶常 1 枚，叶肾形或近五角形，总状花序具 5～12 花，花瓣黑色，萼片蓝紫色	观赏	中国新疆	
3320	*Delphinium likiangense* Franch.	丽江雀翠	Ranunculaceae 毛茛科	多年生草本；茎被反曲短柔毛，叶 5～7 生于茎基部，叶五角状圆形，总状花序有 1～4 朵花，花瓣和萼片蓝色，退化雄蕊蓝色	观赏	中国云南	
3321	*Delphinium nudicaule* Torr. et Arayter.	裸茎翠雀花	Ranunculaceae 毛茛科	多年生草本；株高 60cm；叶片卵形；花瓣角形，萼片橙红色或暗红色，有时黄色	观赏	美国加利福尼亚州、俄勒冈州	
3322	*Delphinium potaninii* Huth	黑水翠雀花	Ranunculaceae 毛茛科	叶五角形，3 深裂；顶生总状花序长 20～30cm；萼片蓝紫色；花瓣紫色，瓣片 2 裂；蓇葖 1.4～1.7cm，种子倒卵球形	有毒		陕西、甘肃、四川
3323	*Delphinium potaninii* var. *bonvalotii* (Franch.) W. T. Wang	川黔翠雀花	Ranunculaceae 毛茛科	多年生草本；茎等距地生叶，叶五角形，两面疏被短糙毛，伞房状或短总状花序生茎顶，花瓣无毛，萼片蓝色，外被黄色短腺毛和白色短伏毛	观赏	中国四川、贵州	
3324	*Delphinium semibarbatum* Bienert ex Boiss.	扎里耳翠雀花	Ranunculaceae 毛茛科	多年生草本；株高 30～60cm；叶片掌状半裂，剑形；花序总状；花鲜黄色，萼片宽椭圆形，花瓣 2 裂，少毛	观赏	伊朗	
3325	*Delphinium tatsienense* Franch.	康定翠雀花	Ranunculaceae 毛茛科	叶五角形或近圆形，3 全裂；总状花序，苞叶线形；萼片深紫蓝色；花瓣蓝色，顶端圆形；蓇葖长约 1.2cm，种子倒卵状四面体形	药用，有毒		四川、云南、贵州

（续）

序号	拉丁学名	中文名	所属科	特征及特性	类别	原产地	目前分布/种植区
3326	*Delphinium tenii* H. Lév.	长距翠雀花	Ranunculaceae 毛茛科	多年生草本；茎无毛，等距地生叶，基生叶有长柄，叶五角状圆形或五角形，总状花序疏生数花，花瓣无毛，萼片蓝色，退化雄蕊蓝色	观赏	中国云南西北部	
3327	*Delphinium yunnanense*（Franch.）Franch.	云南翠雀	Ranunculaceae 毛茛科	多年生草本；茎高60～90cm；叶片五角形；花序总状狭长；萼片蓝紫色，椭圆状倒卵形，花瓣无毛，倒卵形；种子小，金字塔形；花期8～10月	药用，有毒	中国云南、四川、贵州	
3328	*Dendrobenthamia japonica*（Siebold et Zucc.）Hutch.	东瀛四照花	Cornaceae 山茱萸科	落叶乔木；头状花序球形，约由40～50朵花聚集而成；总苞片4，白色，卵形或卵状披针形；总花梗纤细，被白色贴生短柔毛；花小，花萼管状，花期不明	观赏	朝鲜、日本	我国东南各省份有引种
3329	*Dendrobium aduncum* Wall. ex Lindl.	钩状石斛	Orchidaceae 兰科	附生兰；叶2列，矩圆形，总状花序具1～4花，萼片和花瓣淡粉红色，萼囊坛状，唇瓣白色，舟状，先端短尾状反卷	观赏	中国广东、海南、广西、云南、贵州、湖南	
3330	*Dendrobium aphyllum*（Roxb.）C. E. C. Fisch.	兜唇石斛	Orchidaceae 兰科	附生兰；叶2列，卵状披针形，总状花序具1～3花，萼片和花瓣白色带淡紫色先端，唇瓣两侧包卷蕊柱成漏斗状	观赏	中国云南、贵州、广西	
3331	*Dendrobium aurantiacum* var. *denneanum*（Kerr）Z. H. Tsi	迭鞘石斛	Orchidaceae 兰科	附生兰；茎圆柱形或棒状，叶革质，狭披针形或矩圆形，总状花序顶生，花黄色	观赏	中国云南、台湾、广西、贵州、海南	
3332	*Dendrobium bellatulum* Rolfe	矮石斛	Orchidaceae 兰科	附生兰；茎纺锤形，叶2～4枚顶生，矩圆形，两面和叶鞘均被棕黑色毛；总状花序顶生，花白色	观赏	中国云南	
3333	*Dendrobium brymerianum* Rchb. f.	长苏石斛	Orchidaceae 兰科	附生兰；叶常2～5枚，狭矩圆形，总状花序生于叶腋，具1～2朵纯金黄色花，唇瓣中部以下两侧边缘具短流苏	观赏	中国云南	

（续）

序号	拉丁学名	中文名	所属科	特征及特性	类别	原产地	目前分布/种植区
3334	*Dendrobium capillipes* Rchb. f.	短棒石斛	Orchidaceae 兰科	茎肉质状；总状花序通常从落了叶的老茎中部发出，近直立，疏生二至数朵花；花瓣卵状椭圆形，先端稍钝，具 4 条脉；唇瓣的颜色比萼片和花瓣深，近肾形	观赏	中国云南南部	
3335	*Dendrobium cariniferum* Rchb. f.	翅萼石斛	Orchidaceae 兰科	茎肉质状粗厚，圆柱形或有时膨大呈纺锤形；叶革质，长圆形或舌状长圆形；总状花序；花瓣白色；蒴果卵球形	蔬菜		云南南部至西南部
3336	*Dendrobium chrysotoxum* Lindl.	鼓槌石斛	Orchidaceae 兰科	附生兰；茎棒状或卵状纺锤形，叶 2～3 枚，革质，近矩圆形，总状花序近顶生下垂，花黄色，唇瓣近圆形，基部两侧具红色条纹	观赏	中国云南南部	
3337	*Dendrobium crepidatum* Lindl. ex Paxton	玫瑰石斛	Orchidaceae 兰科	附生兰；茎圆柱形，淡青绿色，狭狭披针形至狭矩圆形，总状花序，淡玫瑰红色，花瓣宽倒卵形，唇瓣近圆形	观赏	中国云南、贵州	
3338	*Dendrobium crystallinum* Rchb. f.	晶帽石斛	Orchidaceae 兰科	附生兰；叶 2 列，矩圆状披针形，总状花序，花纸质，白色带淡紫红色先端，唇瓣近圆形，橘黄色	观赏	中国云南	
3339	*Dendrobium densiflorum* Lindl.	密花石斛	Orchidaceae 兰科	附生兰；茎丛生，棒状或近圆柱形，叶革质，距圆状披针形，总状花序顶生，花深黄色，唇瓣近圆形	观赏	中国海南、广西、西藏、云南	
3340	*Dendrobium devonianum* Paxton	齿瓣石斛	Orchidaceae 兰科	附生兰；茎圆柱形，叶 2 列，狭卵状披针形，总状花序侧生，花白色先端带紫色，唇瓣近圆形，白色带紫色先端	观赏	中国广西、云南、贵州、西藏东南部	
3341	*Dendrobium falconeri* Hook.	串珠石斛	Orchidaceae 兰科	附生兰；茎圆柱形，叶常 2～5 枚，线形或狭矩圆形，萼片粉红色，花常单生，白色先端深紫色，唇瓣卵状菱形，白色	观赏	中国台湾、广西、云南、湖南	
3342	*Dendrobium fimbriatum* Hook.	流苏石斛	Orchidaceae 兰科	附生兰；茎近圆柱形，叶 2 列，矩圆形或椭圆形，总状花序下垂，花椭圆状矩圆形，橘黄色，唇瓣近圆形，边缘具复流苏	观赏	中国广西、云南、贵州	

（续）

序号	拉丁学名	中文名	所属科	特征及特性	类别	原产地	目前分布/种植区
3343	*Dendrobium findlayanum* Parish et Rchb. f.	棒节石斛	Orchidaceae 兰科	附生兰；茎节间膨大成棍棒状或酒瓶状，叶披针形或矩圆状披针形，总状花序侧生，萼片和花瓣白色，唇瓣近圆形	观赏	中国云南南部	
3344	*Dendrobium gibsonii* Lindl.	曲轴石斛	Orchidaceae 兰科	附生兰；茎圆柱形，叶纸质，披针形或矩圆形，总状花序，花橘黄色，唇瓣近肾形，凹陷，密布乳突状毛	观赏	中国广西、云南	
3345	*Dendrobium gratiosissimum* Rchb. f.	杯鞘石斛	Orchidaceae 兰科	附生兰；茎圆柱形，叶2列，狭矩圆状，总状花序，花白色带淡紫色晕，唇瓣近圆形，基部中央具1条紫红色纵条纹	观赏	中国云南	
3346	*Dendrobium hainanense* Rolfe	海南石斛	Orchidaceae 兰科	附生兰；叶厚肉质，2列互生，半圆柱形，基部扩大成抱茎鞘，花小白色，单生茎，花瓣狭长圆形，唇瓣基部具爪	观赏	中国香港、海南	
3347	*Dendrobium hancockii* Rolfe	细叶石斛	Orchidaceae 兰科	附生兰；茎圆柱形或基部上方有数个节间呈纺锤形，叶狭矩圆形至线形，总状花序，花金黄色，唇瓣3裂	观赏	中国陕西、河南、广西、云南、贵州、四川、湖北、甘肃	
3348	*Dendrobium harveyanum* Rchb. f.	苏瓣石斛	Orchidaceae 兰科	附生兰；茎呈半月形弯曲，叶革质，2～3枚生于茎上部，矩圆形，总状花序具纯金黄色花，花瓣边缘具复式长流苏	观赏	中国云南	
3349	*Dendrobium henryi* Schltr.	疏花石斛	Orchidaceae 兰科	附生兰；叶2列，纸质，近矩圆形，总状花序具1～2纯黄色花，花瓣先端急尖，唇瓣边缘具细齿	观赏	中国湖南、广西、云南、贵州	
3350	*Dendrobium hercoglossum* Rchb. f.	重唇石斛	Orchidaceae 兰科	附生兰；茎悬垂，叶2列，矩圆状披针形，先端钝具不等2裂，总状花序具2～3花，萼片和花瓣淡粉红色，唇瓣白色带粉色先端	观赏	中国江西、湖南、海南、广东、广西、云南、贵州	
3351	*Dendrobium heterocarpum* Lindl.	尖刀唇石斛	Orchidaceae 兰科	附生兰；茎肥厚，叶革质，矩圆状披针形，总状花序，萼片和花瓣银白色或奶黄色，唇瓣近卵状披针形，密布红褐色短毛	观赏	中国云南	

（续）

序号	拉丁学名	中文名	所属科	特征及特性	类别	原产地	目前分布/种植区
3352	*Dendrobium hookerianum* Lindl.	金耳石斛	Orchidaceae 兰科	附生兰；茎下垂，叶2列，矩圆形或卵状披针形，总状花序具2～7朵金黄色花，唇瓣基部具短爪，边缘具复式流苏	观赏	中国云南、西藏东南部	
3353	*Dendrobium infundibulum* Lindl.	高山石斛	Orchidaceae 兰科	附生兰；茎下垂，叶2列，狭卵状披针形至线形，基部具关节和抱茎鞘，总状花序具2～3朵白色花，花瓣宽倒卵形，唇瓣3裂	观赏	中国云南南部	
3354	*Dendrobium lindleyi* Stend.	聚石斛	Orchidaceae 兰科	附生兰；茎肥厚，卵状矩圆形或纺锤形，顶生1叶，矩圆形，总状花序，花黄色，唇瓣近肾形	观赏	中国广东、海南、广西、贵州西南部	
3355	*Dendrobium lituiflorum* Lindl.	喇叭唇石斛	Orchidaceae 兰科	附生兰；茎悬垂，叶2列，纸质，狭矩圆形，总状花序具2淡紫色花，生于去年生无叶的茎上，花瓣全缘，唇瓣基部两侧向上包卷呈喇叭状	观赏	中国云南	
3356	*Dendrobium loddigesii* Rolfe	美花石斛（环草石斛）	Orchidaceae 兰科	附生兰；茎细圆柱形，叶舌形或矩圆状披针形，花单生，淡玫瑰色或浅白色，椭圆形，唇瓣近圆形，金黄色	观赏	中国海南、广东、广西、云南南部、贵州南部	
3357	*Dendrobium longicornu* Lindl.	长距石斛	Orchidaceae 兰科	附生兰；茎细圆柱形，叶2列，狭披针形，被黑色粗毛，萼片中肋在上部呈龙骨状突起，总状花序，花白色，唇瓣近3裂	观赏	中国广西、云南东南部至西北部、西藏东南部	
3358	*Dendrobium moniliforme*（L.）Sw.	细茎石斛	Orchidaceae 兰科	附生兰；茎丛生，圆柱形，叶矩圆状舌形，总状花序，花黄色或白色带淡红色	观赏	中国甘肃及西南、华南、华中、华东	
3359	*Dendrobium moschatum*（Buch.-Ham.）Sw.	杓唇石斛	Orchidaceae 兰科	附生兰；叶2列，矩圆形或卵状披针形，革质，总状花序，花蜡黄色，略具紫纹，唇瓣边缘向上弯卷成兜状，基部两侧各具1个淡褐色斑块	观赏	中国云南南部	
3360	*Dendrobium nobile* Lindl.	石斛（铁皮石斛）	Orchidaceae 兰科	多年生附生草本；具气生根；叶矩圆状披针形；总状花序自茎节生出，常具花3朵，花被片黄绿色，唇盘具紫红色斑点	药用	中国	西南、华东及陕西

（续）

序号	拉丁学名	中文名	所属科	特征及特性	类别	原产地	目前分布/种植区
3361	*Dendrobium officinale* Kimura et Migo	黑节草	Orchidaceae 兰科	多年生附生草本；高10～40cm；叶互生，窄长圆形至卵状长圆形；总状花序呈回折状弯曲，有2～5花，花淡黄绿色；蒴果内种子多数	药用		西藏、云南、广西
3362	*Dendrobium parishii* Rchb. f.	紫瓣石斛	Orchidaceae 兰科	附生兰；茎悬垂，叶矩圆形，先端不等2裂，总状花序具2～3朵花，花质地薄，纯紫色，花瓣边缘多具齿，唇瓣具短流苏，两侧各具1深紫色斑块	观赏	中国云南、贵州	
3363	*Dendrobium pendulum* Roxb.	肿节石斛	Orchidaceae 兰科	附生兰，茎圆柱形，节肿大呈球形，叶2列，矩圆形，总状花序，花白色带淡紫色先端，唇瓣近圆形，白色	观赏	中国云南	
3364	*Dendrobium phalaenopsis* R. Fitzg.	蝴蝶石斛	Orchidaceae 兰科	附生兰，假鳞茎棒状，长1m，叶窄，长圆状披针形；花序直立或稍弯曲；花白、玫瑰红、粉红、紫色等色，蜡质状；花期秋季	观赏	热带地区	
3365	*Dendrobium primulinum* Lindl.	报春石斛	Orchidaceae 兰科	附生兰；近似兜唇石斛 *D. aphyllum*，花序柄着生的茎节部位呈舟状凹陷	观赏	中国云南南部	
3366	*Dendrobium sulcatum* Lindl.	具槽石斛	Orchidaceae 兰科	附生兰；茎基部细圆柱形，叶狭卵状矩圆形，萼片矩圆形，花序下垂，花倒卵状匙形，白色，唇瓣近圆形，凹陷呈兜状，橘黄色	观赏	中国云南南部	
3367	*Dendrobium thyrsiflorum* Rchb. f.	球花石斛	Orchidaceae 兰科	附生兰；茎直立，黄褐色，叶3～4枚互生于茎端，革质，长圆形或长圆状披针形，总状花序下垂，苞片、萼片和花瓣白色，唇瓣金黄色	观赏	中国云南南部至西部	
3368	*Dendrobium trigonopus* Rchb. f.	翅梗石斛	Orchidaceae 兰科	附生兰；茎纺锤形或棒形，叶3～4枚近顶生，近矩圆形，萼片中肋在上面呈翅状隆起，总状花序，花黄色，唇瓣3裂	观赏	中国云南	
3369	*Dendrobium wardianum* Warner	大苞鞘石斛	Orchidaceae 兰科	附生兰；茎圆柱形，叶2列，矩圆形，总状花序，花白色先端带淡紫红色，唇瓣宽卵形，基部两侧各具1个倒卵状三角形暗紫色斑块	观赏	中国云南	

（续）

序号	拉丁学名	中文名	所属科	特征及特性	类别	原产地	目前分布/种植区
3370	*Dendrobium williamsonii* Day et Rchb. F.	黑毛石斛	Orchidaceae 兰科	附生兰；茎圆柱形，叶数枚互生于茎上部，革质，长圆形，叶鞘密被黑色粗毛，总状花序具1～2花，萼片、花瓣和唇瓣淡黄白色或白色	观赏	中国海南、广西西北部和北部、云南东南部和西部	
3371	*Dendrobium wilsonii* Rolfe	广东石斛	Orchidaceae 兰科	附生兰；茎细圆柱形，叶矩圆形，总状花序，花矩圆形白色，苞片浅白色，与唇瓣同为卵状披针形	观赏	中国福建、四川、广东、广西、湖南、湖北、贵州、云南	
3372	*Dendrocalamus barbatus* J. R. Xue et D. Z. Li	耳毛龙竹（小叶龙竹）	Gramineae (Poaceae) 禾本科	秆高 15～18m；花枝无叶，节间长 1.5～1.8cm，一侧扁平或具沟槽，其间密被黄棕色绒毛，每节着生 10～25 枚假小穗，其簇团的直径为 1～2.2cm；小穗倒卵形，黄绿色，近于无毛，含小花 2 朵；颖 2 或 3 片	观赏	中国云南	云南
3373	*Dendrocalamus birmanicus* A. Camus	缅甸龙竹	Gramineae (Poaceae) 禾本科	秆高 7～10m；叶耳缺，叶下表面的基部生有白色柔毛，次脉 6～9 对；每节着生 5～25 对假小穗；小穗具微毛，含 2～3 朵小花；颖 2 片，两面均具微毛；外稃与颖类似	蔬菜	缅甸	云南
3374	*Dendrocalamus brandisii* (Munro) Kurz	布郎龙竹（勃氏甜龙竹，勃氏麻竹）	Gramineae (Poaceae) 禾本科	笋材两用大型丛生竹，高 10～15m；箨鞘红棕色至鲜黄色；花枝呈鞭状；果实呈卵圆形，果皮硬壳质	林木，观赏	中国云南南部自东至西	
3375	*Dendrocalamus farinosus* (Keng et Keng f.) L. C. Chia et H. L. Fung	梁山慈竹	Gramineae (Poaceae) 禾本科	顶端细长，作弧形弯曲下垂；箨鞘略呈矩状三角形，黄绿色转淡棕色，背面具深棕色刺毛	蔬菜，观赏	中国	广西、贵州、四川
3376	*Dendrocalamus giganteus* Wall. ex Munro	厚毛龙竹（龙竹，大麻竹）	Gramineae (Poaceae) 禾本科	乔木；秆高 20～30m；竿箨早落，叶片长圆状披针形；花柱无叶；果实长圆形	林木，观赏		云南东南至西南部各地均有分布，台湾也有栽培
3377	*Dendrocalamus hamiltonii* Nees et Arn. ex Munro	版纳甜竹（甜竹，甜龙竹）	Gramineae (Poaceae) 禾本科	笋材两用大型丛生竹，高 12～18m；箨鞘早落性，革质，干后呈鲜黄色或枯草色；花柱一侧扁平或具沟槽；果实未见；种子未见	林木，观赏	中国云南思茅、西双版纳等地	

（续）

序号	拉丁学名	中文名	所属科	特征及特性	类别	原产地	目前分布/种植区
3378	*Dendrocalamus latiflorus* Munro	麻竹（甜竹，大叶乌竹）	Gramineae (Poaceae) 禾本科	秆高20～25m，直径15～30cm，梢端长下垂或弧形弯曲；节间长45～60cm，幼时被白粉，但无毛，仅在节内具一圈棕色绒毛环；壁厚1～3cm；分枝习性高，每节分多枝，主枝常单一	蔬菜	中国	广东、广西、福建、台湾、贵州、云南
3379	*Dendrocalamus membranaceus* Munro	花秆黄竹	Gramineae (Poaceae) 禾本科	多年生木质化植物；秆高8～15m，梢端弯曲，基部1～3节具气生根；箨鞘早落，背面被白粉及早落的黑褐色刺毛，无明显箨耳；箨舌高0.8～1cm，内面多毛；箨片外翻，两面具黄褐色刺毛	林木	中国云南	
3380	*Dendrocalamus peculiaris* J. R. Xue et D. Z. Li	金平龙竹（青壳大竹）	Gramineae (Poaceae) 禾本科	乔木；高13～18m；叶鞘被早落性的小刺毛，边缘具纤毛；花枝一侧具沟槽；果实未见；种子未见	林木，观赏		云南金平
3381	*Dendrocalamus semiscandens* J. R. Xue et D. Z. Li	野龙竹	Gramineae (Poaceae) 禾本科	笋材两用大型丛生竹，高10～18m；叶鞘被贴生的白色小刺毛；花枝一侧扁平或具沟槽；果实金黄色	观赏	中国云南南部（勐腊）至西南部	云南西盟勐县
3382	*Dendrocalamus sinicus* L. C. Chia et J. L. Sun	歪脚龙竹	Gramineae (Poaceae) 禾本科	乔木；高20～30m；叶鞘幼时被毛茸；花丝长1.5～3cm；果实未见；种子未见	林木，观赏	中国云南南部至西南部	
3383	*Dendrocalamus strictus* (Roxb.) Nees	牡竹	Gramineae (Poaceae) 禾本科	秆高5～15m，顶端劲直或微弯曲，竹壁甚厚，近实心；节稍隆起；箨鞘长三角状半圆形，两侧向上渐窄或急收缩，先端近圆形，背面被棕色硬刺毛，在干燥处可无毛；箨耳极微小；箨舌齿裂，箨叶狭三角形，直立；叶片线状披针形	林木，观赏	中国广西及云南南部（勐腊、勐海）	广东、台湾
3384	*Dendrocalamus yunnanicus* J. R. Xue et D. Z. Li	云南龙竹（大竹，大挠竹）	Gramineae (Poaceae) 禾本科	乔木；高18～25m；花枝有叶，一侧扁平，全体密被灰褐色柔毛；果实未见；种子未见	林木，观赏	中国云南东南部（勐腊、河口）和中部	
3385	*Dendrocnide basirotunda* (C. Y. Wu) Chew	圆基火麻树（电树，憨掌）	Urticaceae 荨麻科	乔木；树皮灰白；叶互生，纸质，阔卵圆形，基部心形，叶柄微紫红色雌雄异株，圆锥状花序，腋生瘦果圆卵形	有毒		云南南部

（续）

序号	拉丁学名	中文名	所属科	特征及特性	类别	原产地	目前分布/种植区
3386	*Dendrocnide meyeniana*（Walp.）Chew	咬人狗	Urticaceae 荨麻科	常绿乔木；高 5～7m；叶集生枝的顶端，卵形至椭圆形；花序雌雄异株，长圆锥状，雌花下部合生成杯状；瘦果近圆形	有毒		台湾
3387	*Dendrocnide sinuata*（Blume）Chew	圆齿树火麻（老虎俐）	Urticaceae 荨麻科	常绿灌木或小乔木；小枝粗壮；肉质；叶长椭圆形至椭圆形；花雌雄异株，二歧聚伞花序，花细小瘦果阔卵形，略偏斜	有毒		海南、广西、云南
3388	*Dendrocnide urentissima*（Gagnep.）Chew	树火麻	Urticaceae 荨麻科	乔木；树皮灰白色，高 5～10m；总状花序腋生，绿色；果实扁圆，紫黑色；枝、叶、花序均有小刺毛；有毒，其刺毛触及皮肤即可引起肿痛	有毒		云南南部和东南部
3389	*Dendrolobium triangulare*（Retz.）Schindl.	假木豆（野马蝗，千金不藤）	Leguminosae 豆科	灌木；叶三出羽状复叶，小叶倒卵状长椭圆形；花序腋生，伞形花序有花 20～30 朵，苞片披针形，花冠白色或淡黄色；荚果，种子椭圆形	药用，饲用及绿肥		华南、西南及台湾
3390	*Dendropanax chevalieri*（R. Vig.）Merr.	树参（半枫荷）	Araliaceae 五加科	乔木；叶二型，不裂叶生于枝下部，椭圆形，分裂叶生于枝顶，倒三角形；伞房花序，花黄色；雄蕊 5；果具 5 棱	蜜源		长江以南
3391	*Dennstaedtia scabra*（Wall. ex Hook.）T. Moore	碗蕨	Dennstaedtiaceae 碗蕨科	多年生草本；根茎匍匐，纤细；叶柄束生，与叶轴同为红褐色；叶纸质；孢子囊群细小，在小羽片下部的裂片上，子囊群盖杯状，开口处略有分裂	药用		西南及浙江、江西、台湾、湖南、广西
3392	*Derris elliptica*（Roxb.）Benth.	毛鱼藤（毒鱼藤）	Leguminosae 豆科	攀缘灌木；奇数羽状复叶，小叶 9～13 片；总状花序，花冠红色或近白色；荚果，背腹两缝有狭翅	有毒		广东、广西
3393	*Derris ferruginea* Benth.	锈毛鱼藤	Leguminosae 豆科	攀缘状灌木；羽状复叶，小叶椭圆形或倒卵状椭圆形；圆锥花序腋生，花冠淡红色或白色，雄蕊单体；荚果长椭圆形或舌状椭圆形	有毒		云南、广东、广西
3394	*Derris glauca* Merr. et Chun	粉叶鱼藤	Leguminosae 豆科	攀缘状灌木；聚伞花序组成圆锥花序，花通常 3 朵聚生于短枝顶端；花长 16～18mm；花冠玫瑰色，旗瓣阔卵形，先端 2 浅裂，近基部内侧有薄片状附属体 2，翼瓣和龙骨瓣约与翼瓣等长，基部有耳；雄蕊单体	观赏		

（续）

序号	拉丁学名	中文名	所属科	特征及特性	类别	原产地	目前分布/种植区
3395	*Derris malaccensis*（Benth.）Prain	边荚鱼藤	Leguminosae 豆科	攀缘状灌木；羽状复叶，小叶倒卵状椭圆形或倒卵形；圆锥花序腋生，花单生或2～3朵聚生；花冠白色淡红色；荚果舌状长椭圆形	有毒		
3396	*Derris robusta*（Roxb. ex DC.）Benth.	乔木鱼藤	Leguminosae 豆科	木质藤本；苞片小，早落花萼钟状或杯状，枝灰色，叶对生，叶片浅灰色，下面具丝状毛，总状花序，密集簇生，花白色	有毒		
3397	*Derris trifoliata* Lour.	鱼藤（篓藤，毒鱼藤）	Leguminosae 豆科	木质藤本；奇数羽状复叶，小叶卵状长圆形至长椭圆形；总状花序；花冠蝶形，白色或粉红；荚果，种子1～2颗	有毒		台湾、广东、广西
3398	*Deschampsia cespitosa*（L.）P. Beauv.	发草	Gramineae（Poaceae）禾本科	多年生；秆高30～150cm；花序疏松，分枝细弱，小穗较大，长4～4.5mm，第一颖1脉，芒自稃体基部伸出	饲用及绿肥		东北、华北、西北、西南各省份
3399	*Deschampsia cespitosa* subsp. *ivanovae*（Tzvelev）S. M. Phillips et Z. L. Wu	短枝发草	Gramineae（Poaceae）禾本科	多年生；基生叶多数，较短；花序开展，长5～10cm，分枝短，长2～7cm，小穗褐紫色	饲用及绿肥		青海、西藏、四川
3400	*Deschampsia koelerioides* Regel	穗发草	Gramineae（Poaceae）禾本科	多年生；圆锥花序紧缩，长2～7cm，小穗含2花，外稃长3～4mm，芒自稃体基部1/4处伸出，与稃体等长或略短	饲用及绿肥		甘肃、青海、新疆及西藏
3401	*Deschampsia littoralis*（Gaudin）Reut.	滨发草	Gramineae（Poaceae）禾本科	多年生，密丛；花序分枝细弱，长达10cm，具多数小穗，小穗长5～7mm，含2～3花，灰褐色	饲用及绿肥		西南及陕西、甘肃、青海
3402	*Descurainia sophia*（L.）Webb ex Prantl	播娘蒿（大蒜芥）	Cruciferae 十字花科	一年或两年生草本；高10～70cm，有叉状毛及单毛；叶狭卵形，二至三回羽状全裂；花淡黄色，花瓣4，长匙形；长角果狭条形	药用，有毒		华北、东北、西北、华东及四川
3403	*Desmodium elegans* DC.	圆锥山蚂蝗	Leguminosae 豆科	灌木；高1～2m；小叶3，顶生小叶阔菱状卵形；圆锥花序顶生，花冠紫色；荚果有5～8荚节	观赏	中国陕西、甘肃、四川、贵州、云南、西藏	云南、四川

（续）

序号	拉丁学名	中文名	所属科	特征及特性	类别	原产地	目前分布/种植区
3404	*Desmodium gangeticum*（L.）DC.	大叶山蚂蝗	Leguminosae 豆科	亚灌木；小叶长 3～13cm；花 2～6 朵密生于主轴上，花梗长 2～5mm，花冠绿白色；荚果密集，被钩状柔毛	饲用及绿肥		华中、华南、西南及台湾
3405	*Desmodium heterocarpon*（L.）DC.	假地豆	Leguminosae 豆科	小灌木；羽状三出复叶，顶生小叶椭圆形，长 2.5～6cm；花序长 2.5～7cm，总花梗密被钩状毛，雄蕊二体；荚果狭长圆形	饲用及绿肥		华南、西南、华东
3406	*Desmodium heterophyllum*（Willd.）DC.	异叶山蚂蝗	Leguminosae 豆科	草本；分枝近无毛；顶生小叶宽椭圆形；花单生于叶腋，花梗长 10～25mm，无毛或顶部有少数钩状毛；荚果宽长圆形，长 3.5～4mm	饲用及绿肥		海南、广东、广西、江西
3407	*Desmodium intortum*（Mill.）Urb.	绿叶山蚂蝗	Leguminosae 豆科	多年生攀缘草本；密生茸毛；三出复叶，小叶宽 1.5～5.5cm，具红棕色斑点；总状花序紧密，花冠淡红色；荚果弯曲	饲用及绿肥		广东、广西、海南、福建
3408	*Desmodium oblongum* Wall. ex Benth.	长圆叶山蚂蝗	Leguminosae 豆科	灌木；分枝细长，疏生钩状毛；小叶长圆形，宽 2.5～4.5cm；花稀疏生于主轴上，花梗长约 12mm，花冠紫色；荚果几无毛	饲用及绿肥		云南
3409	*Desmodium rubrum*（Lour.）DC.	赤山蚂蝗	Leguminosae 豆科	亚灌木；叶常具单叶，稀三出叶，小叶椭圆形，长 10～22mm，宽 7～12mm；荚果无毛	饲用及绿肥		广东、海南、云南
3410	*Desmodium sequax* Wall.	长波叶山蚂蝗	Leguminosae 豆科	直立灌木；叶羽状三出复叶，小叶 3，卵状椭圆形或圆菱形；总状花序，花冠紫色，子房线形；荚果腹背缝线缢缩呈念珠状	有毒		
3411	*Desmodium styracifolium*（Osbeck）Merr.	金钱草（落地金钱）	Leguminosae 豆科	灌木状草本；小叶厚纸质至近草质，圆形，长与宽均为 2～4.5cm，上面无毛，下面密被白色丝状毛，侧脉每边 8～10 条	饲用及绿肥		华南及浙江、贵州、云南
3412	*Desmodium triflorum*（L.）DC.	三点金	Leguminosae 豆科	多年生草本；茎枝被开展柔毛；顶生小叶倒卵形；花单生或 2～3 花腋生，花梗长 3～8mm，被开展毛；荚节长 2～2.5mm	饲用及绿肥		云南、贵州、广东、海南

（续）

序号	拉丁学名	中文名	所属科	特征及特性	类别	原产地	目前分布/种植区
3413	*Desmodium uncinatum* (Jacg.) DC.	银叶山蚂蝗（钩状山蚂蝗）	Leguminosae 豆科	多年生蔓生草本，茎上密被有钩短毛；三出复叶，小叶卵圆形；总状花序，花粉红色，开花后淡蓝色；荚镰形，棕色，成熟时易横裂为 4～8 个荚节，种子黄绿色	饲用及绿肥	巴西、委内瑞拉、澳大利亚北部	广东、广西、云南
3414	*Desmodium velutinum* (Willd.) DC.	绒毛山蚂蝗	Leguminosae 豆科	小灌木；茎被柔毛；小叶宽 2.5～8cm，两面被黄色绒毛；花序长 4～10cm，花密集，苞片钻形，长 2～3.5mm；荚果密被黄毛	饲用及绿肥		广东、海南、广西(南部)、云南
3415	*Desmos chinensis* Lour.	假鹰爪（酒柄叶，山指甲）	Annonaceae 番荔枝科	直立或攀缘灌木；花黄白色，下垂，单朵与叶对生或互生；花梗长 2～4cm；萼片 3，卵圆形；花瓣 6，2 轮，镊合状排列，外轮比内轮大，矩圆状披针形；药隔顶部截形；心皮多数，柱头 2 裂；果串珠状	观赏	中国云南、贵州、广西、海南、广东	
3416	*Desmos cochinchinensis* Merr.	狗落花	Annonaceae 番荔枝科	灌木；高 1～5m；穗状花序，直立或稍下垂；萼钟状，4 裂，裂片披针形，密被星状绒毛；花冠管状，4 裂，紫色，外面通常光滑或稍有柔毛，喉部为橙黄色；雄蕊 4，着生花冠中部；子房上位，柱头棒状	果树		广东 广西
3417	*Desmos yunnanensis* (Hu) P. T. Li	云南假鹰爪	Annonaceae 番荔枝科	灌木或小乔木；叶膜质；花单朵与叶对生；外轮花瓣小，内轮花瓣大；花托凸起，顶端平坦；心皮 13 个，密被柔毛；柱头圆球状，每心皮有胚珠 2～5 颗，1 排	观赏		云南、广东、广西、贵州、湖南
3418	*Deutzia baroniana* Diels	李叶溲疏	Saxifragaceae 虎耳草科	灌木；高 0.6～1m；花序通常有 1～3 花，稀 4～6 花；花瓣 5，白色，长椭圆形，长 1.2～2cm，宽 3～7mm，外面散生星状毛；雄蕊 10，花丝上部有 2 齿	观赏	中国河北、山东、辽宁	
3419	*Deutzia calycosa* Rehder	大萼溲疏	Saxifragaceae 虎耳草科	落叶灌木；老枝灰褐色，花枝紫褐色被星状毛，叶纸质，卵状长圆形，两面疏被星状毛，伞房状聚伞花序，花瓣白色或粉红色，外被星状毛	观赏	中国云南西部、四川南部	

（续）

序号	拉丁学名	中文名	所属科	特征及特性	类别	原产地	目前分布/种植区
3420	*Deutzia discolor* Hemsl.	长梗溲疏（毛脉溲疏，白面花）	Saxifragaceae 虎耳草科	落叶灌木；叶对生，长圆状披针形，两面被星状毛，伞房花序，花白色，萼片5披针形，花瓣5卵形	观赏	中国河南、湖北、四川、陕西、甘肃	
3421	*Deutzia glabrata* Kom.	光萼溲疏	Saxifragaceae 虎耳草科	落叶灌木；叶卵形、卵状椭圆形或椭圆状披针形，叶面疏被星状毛，伞房花序	观赏	中国河南、河北、山东	
3422	*Deutzia glauca* Kom.	黄山溲疏	Saxifragaceae 虎耳草科	落叶灌木；叶厚纸质，宽椭圆形、长圆状椭圆形或卵状菱形，背面疏生星状毛或无毛，圆锥花序，花白色	观赏	中国浙江、安徽、江西、	
3423	*Deutzia glomeruliflora* Franch.	球花溲疏	Saxifragaceae 虎耳草科	落叶灌木；花枝红褐色，被星状毛，叶纸质，卵状披针形或披针形，两面疏被辐线星状毛，聚伞花序，花瓣白色，萼筒杯状	观赏	中国四川、云南	
3424	*Deutzia grandiflora* Bunge	大花溲疏	Saxifragaceae 虎耳草科	落叶灌木；高约2m；叶卵形或卵状椭圆形，背面被灰白色星状毛；聚伞花序，花白色；蒴果，半球形	观赏		山东、山西、河北、陕西
3425	*Deutzia hypoglauca* Rehder	粉背溲疏	Saxifragaceae 虎耳草科	落叶灌木；叶薄，卵状长圆形或长圆状披针形，背面被白粉，无毛，伞房花序	观赏	中国云南、四川、湖北	
3426	*Deutzia longifolia* Franch.	长叶溲疏	Saxifragaceae 虎耳草科	灌木；高1～2m；花序伞房状，有星状毛；花萼密生星状毛，裂片5，披针形；花瓣5，粉红色，狭倒卵形；雄蕊10，外轮花丝上部有2长齿，内轮花丝的2齿合生呈舌状	观赏	中国四川、云南、河南	
3427	*Deutzia magnifica* Rehd.	壮丽溲疏	Saxifragaceae 虎耳草科	落叶灌木；叶卵状长圆形或长卵形，圆锥花序，花白色，外轮花瓣略带紫红色	观赏		江苏、浙江、上海、江西
3428	*Deutzia ningpoensis* Rehder	宁波溲疏	Saxifragaceae 虎耳草科	落叶灌木；叶卵状披针形或披针形，背面密生灰白色星状毛，圆锥花序，花白色，萼筒密生白色星状毛	观赏	中国浙江、安徽、江西、福建	
3429	*Deutzia parviflora* Bunge	小花溲疏	Saxifragaceae 虎耳草科	落叶灌木；叶卵形、椭圆形或窄卵形，两面疏生星状毛，伞房花序，花白色，花梗及萼密被星状毛	观赏	中国陕西、甘肃、河北、辽宁	

（续）

序号	拉丁学名	中文名	所属科	特征及特性	类别	原产地	目前分布/种植区
3430	*Deutzia parviflora* var. *amurensis* Regel	东北溲疏	Saxifragaceae 虎耳草科	落叶灌木；叶薄纸质，卵状椭圆形或长椭圆形，背面被星状毛，伞房花序；蒴果，扁球形，种子细小	观赏	中国辽宁、吉林、黑龙江	东北
3431	*Deutzia parviflora* var. *micrantha*（Engl.）Rehder	多花溲疏	Saxifragaceae 虎耳草科	灌木；高达 2m；花序宽伞房状，密被星状毛；花白色，花瓣 5 个，略呈狭菱状卵圆一形，背面有星状毛，自中部以下或其全长的 2/3 的部分宽展呈带状，无齿	观赏	中国陕西、山西、河北	
3432	*Deutzia pilosa* Rehder	褐毛溲疏	Saxifragaceae 虎耳草科	落叶灌木；小枝密被锈褐色长单毛，叶卵圆形或宽卵形，伞房花序	观赏	中国四川、贵州、甘肃	
3433	*Deutzia purpurascens*（Franch. ex L. Henry）Rehder	紫花溲疏	Saxifragaceae 虎耳草科	落叶灌木；叶对生，长圆状卵形或长圆状披针形，背面疏被星状毛，伞房花序，花紫色，萼片 5，披针形紫色，花瓣 5	观赏	中国云南	
3434	*Deutzia rubens* Rehder	粉红溲疏	Saxifragaceae 虎耳草科	灌木；花枝被星状短柔毛，叶膜质，长圆形或卵状长圆形，边缘具细锯齿，两面疏被星状毛，伞房状聚伞花序，花瓣粉红色，萼片紫色	观赏	中国云南、四川、湖北、陕西	
3435	*Deutzia scabra* Thunb.	溲疏（空疏）	Saxifragaceae 虎耳草科	落叶灌木；树皮薄片状剥落，叶对生，长卵状椭圆形，被星状毛，直立圆锥花序，花瓣 5 枚，白色或外面略带红晕	有毒，观赏		长江流域
3436	*Deutzia schneideriana* Rehder	长江溲疏	Saxifragaceae 虎耳草科	落叶灌木；叶厚纸质，叶椭圆状卵形或长圆状卵形，背面密被灰白色星状毛，圆锥花序宽塔形	观赏	中国湖北、浙江、江西	
3437	*Deutzia setchuenensis* Franch.	四川溲疏	Saxifragaceae 虎耳草科	灌木；高约 2m；伞房状聚伞花序有花 6～20 朵；花蕾内向镊合状排列；外轮雄蕊长 5～6mm，花丝先端 2 齿，齿长圆形，扩展，花药具短柄，从花丝裂齿间伸出，内轮雄蕊较短，花丝先端 2 浅裂，花药从花丝内侧近中部伸出	观赏	中国四川、湖北	
3438	*Deutzia taiwanensis*（Maxim.）C. K. Schneid.	台湾溲疏	Saxifragaceae 虎耳草科	落叶灌木；叶膜质至薄纸质，卵状长椭圆至卵状披针形，长 5～8cm，宽 2～3cm；顶生圆锥花序	观赏	中国台湾	

（续）

序号	拉丁学名	中文名	所属科	特征及特性	类别	原产地	目前分布/种植区
3439	*Deutzianthus tonkinensis* Gagnep.	东京桐	Euphorbiaceae 大戟科	乔木；高 8～14m，胸径达 30cm；叶多集生于枝端，椭圆形或近菱形；花单性，雌雄异株，排成顶生伞房花序式的圆锥花序，雌花花序较短；果近球形	经济作物（油料类）		云南东南部、广西西南部
3440	*Deyeuxia himalaica* L. Liu ex W. L. Chen	喜马拉雅野青茅	Gramineae (Poaceae) 禾本科	多年生；花序疏松；小穗含 2 花，外稃基部的柔毛长为稃体的 1/3，芒自稃体上部伸出，芒长约 3mm	饲用及绿肥		西藏
3441	*Deyeuxia holciformis* (Jaub. et Spach) Bor	高原野青茅	Gramineae (Poaceae) 禾本科	多年生；花序呈穗状，外稃长 3.5～4mm，基盘毛长 1.5～2mm，芒自稃体基部伸出于小穗之外，长 5～6mm，扭曲	饲用及绿肥		西藏
3442	*Deyeuxia korotkyi* (Litv.) S. M. Phillips et Wen L. Chen	兴安野青茅	Gramineae (Poaceae) 禾本科	多年生；花序紧缩呈穗状，外稃长 4～5mm，基盘毛长约 1.5mm，芒自近稃体基部伸出，芒长 7～9mm	饲用及绿肥		黑龙江、内蒙古、新疆
3443	*Deyeuxia macilenta* (Griseb.) Keng ex S. L. Lu	瘦野青茅	Gramineae (Poaceae) 禾本科	多年生；花序呈穗状，外稃长 3～4mm，基盘毛长约为稃体一半，芒自中部伸出，长 2.5～3mm，细直	饲用及绿肥		青海、新疆、内蒙古
3444	*Deyeuxia moupinensis* (Franch.) Pilg.	宝兴野青茅	Gramineae (Poaceae) 禾本科	多年生；外稃长约 3mm，基盘毛等长于稃体，顶端具深 2 裂，芒自裂齿间伸出小穗之外，长 5～6mm，细直	饲用及绿肥		四川
3445	*Deyeuxia neglecta* (Ehrh.) Kunth	忽略野青茅（小花野青茅）	Gramineae (Poaceae) 禾本科	多年生；花序呈穗状，外稃长 2～3mm，基盘毛长为稃体 2/3，芒自稃体基部 1/3～1/4 处伸出，长 1～2mm，细直	饲用及绿肥		东北及内蒙古、甘肃、四川、新疆
3446	*Deyeuxia petelotii* (Hitchc.) S. M. Phillips et W. L. Chen	异颖草	Gramineae (Poaceae) 禾本科	多年生，秆具 3～4 节；花序狭窄；小穗长约 3mm，外稃长约 3mm，基部两侧具长柔毛，小穗轴延长于内稃之后	饲用及绿肥		贵州、云南
3447	*Deyeuxia pulchella* (Griseb.) Hook. f.	大花野青茅	Gramineae (Poaceae) 禾本科	多年生；叶鞘内具隐藏的小穗；外稃基盘具长约 1mm 的短毛，于顶端稍下伸出长约 2.5mm 的直芒	饲用及绿肥		四川

（续）

序号	拉丁学名	中文名	所属科	特征及特性	类别	原产地	目前分布/种植区
3448	*Deyeuxia purpurea* (Trin.) Kunth	小叶章	Gramineae (Poaceae) 禾本科	多年生草本；具根状茎；圆锥花序，小穗含1枚小花；外稃膜质，先端2裂，中部伸出一细直芒，基部有丝状柔毛	牧草和绿肥		东北
3449	*Deyeuxia pyramidalis* (Host) Veldkamp	湖北野青茅	Gramineae (Poaceae) 禾本科	多年生；花序紧缩，小穗长3～4mm，外稃长约3mm，基盘毛长为稃体的1/4，芒近基部伸出，长约6mm	饲用及绿肥		湖北、陕西、贵州、湖南、江西、安徽、福建
3450	*Deyeuxia sinelatior* Keng	华高野青茅	Gramineae (Poaceae) 禾本科	多年生，高130～150cm；花序开展，外稃长3.5～4mm，基盘柔毛稍短于稃体，芒自基部伸出，长约5mm	饲用及绿肥		陕西、四川、河南
3451	*Dialium guineense* Willd.	几内亚蒜荚	Leguminosae 豆科	灌木或乔木，高1.8m；圆锥花序，花小而多，花瓣白色或粉色，花萼5；荚果黑色，无柄，果皮不裂，密被柔毛	果树	西非	云南
3452	*Dialium ovoides* Thw.	独酸荚	Leguminosae 豆科	高大乔木；羽状复叶；圆锥花序，多花，花萼5，花瓣不明显；果实成串，卵形豆荚，长1.5cm	果树	斯里兰卡	云南
3453	*Dianella ensifolia* (L.) DC.	山管花（老鼠砒，山猫儿）	Liliaceae 百合科	多年生草本；根状茎横走；叶二列互生，条状披针形；苞片匙形；子房上位；浆果	有毒		台湾、福建、广东、云南
3454	*Dianthus allwoodii* hort. Allw.	奥尔沃德石竹	Caryophyllaceae 石竹科	多年生草本；花色丰富，花瓣全缘或有齿牙；花期7～9月	观赏	英国	
3455	*Dianthus alpinus* L.	高山石竹	Caryophyllaceae 石竹科	多年生草本；叶片倒披针形；花瓣红紫色，具白色斑点，很少有全白	观赏	中国吉林长白山、朝鲜	
3456	*Dianthus barbatus* L.	须苞石竹	Caryophyllaceae 石竹科	多年生草本；叶披针形，基部合生成鞘，花多数集成头状，有数枚叶状总苞片，花萼筒状，花瓣具长爪，红紫色有白色斑纹，喉部具髯毛	观赏	欧洲	我国各地有栽培
3457	*Dianthus caryophyllus* L.	香石竹	Caryophyllaceae 石竹科	多年生草本；全株粉绿色，茎丛生，叶线状披针形，花常单生枝端，粉红、紫红或白色，花萼圆筒形，花瓣倒卵形	观赏	欧亚温带	我国各地有栽培

（续）

序号	拉丁学名	中文名	所属科	特征及特性	类别	原产地	目前分布/种植区
3458	*Dianthus chinensis* L.	石竹	Caryophyllaceae 石竹科	多年生草本；叶对生，线状披针形，基部抱茎，花单生或数朵成聚伞状花序，有白、红、粉红、紫红等色	观赏	中国东北、华北、西北、长江流域	
3459	*Dianthus deltoides* L.	少女石竹	Caryophyllaceae 石竹科	多年生草本；花单生，瓣端浅裂呈尖齿状，有须毛；花有粉、白或浅紫色喉部常有"一"或"V"形斑；芳香，苞片2枚狭而尖；花期6～9月	观赏	英国	
3460	*Dianthus latifolius* Willd.	石竹梅	Caryophyllaceae 石竹科	多年生草本；花瓣表面常有银白色边缘，背面全为银白色，多为复瓣或重瓣；花期5～6月	观赏	欧亚大陆	
3461	*Dianthus plumarius* L.	常夏石竹	Caryophyllaceae 石竹科	多年生草本；花2～3朵顶生；花瓣先端深裂呈流苏状，基部爪明显；化粉红、紫、白或复色，表面常有环纹或紫黑色的心；微香；花期5～10月	观赏	欧洲至西伯利亚地区	北京、山东
3462	*Dianthus superbus* L.	瞿麦（石竹子花，十样景花，野麦）	Caryophyllaceae 石竹科	多年生草本；茎丛生，叶线状披针形，基部合生成鞘状，花1或2朵生枝端，苞片2～3对，花萼圆筒形，常染紫红色晕，花瓣常淡红色或带紫色	观赏		广东、江西、浙江、湖南、贵州
3463	*Diapensia himalaica* Hook. f. et Thomson	喜马拉雅岩梅	Diapensiaceae 岩梅科	常绿平卧铺地半灌木；叶小，螺旋状互生，革质，倒卵形，花单生枝端，蔷薇色或白色，花冠钟状，萼片紫红色；蒴果紫红色	观赏	中国西藏东南部、云南西北部	
3464	*Diapensia purpurea* Diels	黄花岩梅	Diapensiaceae 岩梅科	常绿平卧或半直立半灌木；老枝紫黑色，叶螺旋状互生，长圆状披针形，花单生枝端，黄色，具1～2枚黄绿色苞片，花冠阔钟形，萼片黄绿色	观赏	中国云南西部和西北部	
3465	*Diarthron linifolium* Turcz.	草瑞香（粟麻）	Thymelaeaceae 瑞香科	一年生草本；茎高15～30cm；叶互生，线形或线状披针形；总状花序顶生，花被筒瓶状，子房椭圆形；果实卵状	饲用及绿肥		东北、华北、西北
3466	*Diascia barberae* Hook. f.	双距花	Scrophulariaceae 玄参科	一年生草本；总状花序顶生，花冠2唇形；玫瑰粉色，喉部具黄斑；花期5～9月	观赏	南非	

（续）

序号	拉丁学名	中文名	所属科	特征及特性	类别	原产地	目前分布/种植区
3467	*Dicentra canadensis* (J. Goldie) Walp.	加拿大荷包牡丹	Papaveraceae 罂粟科	多年生草本；总状花序有花4～8朵，花冠心脏状，绿白色带红晕，有短距，花梗短，花期4～6月	观赏	北美	
3468	*Dicentra chrysantha* (Hook. et Arn.) Walp.	华丽荷包牡丹	Papaveraceae 罂粟科	多年生草本；总状花序着花达50余朵，极美，花期4～6月	观赏	北美加利福尼亚	
3469	*Dicentra eximia* (Ker-Gawl.) Torr.	縫毛荷包牡丹	Papaveraceae 罂粟科	多年生草本；总状花序无分枝，花红紫色，下垂，长圆形，距稍内曲，急尖，花期5～8月	观赏	美洲东海岸	
3470	*Dicentra macrantha* Oliv.	大花荷包牡丹	Papaveraceae 罂粟科	多年生草本；叶2～4枚，互生于茎上部，三回三出分裂，总状花序聚伞状，与叶对生，花少数下垂，淡黄绿色或绿白色	观赏	中国四川南部、贵州、湖北、云南东北部和西北部	
3471	*Dicentra peregrina* (Rudolphi) Makino	奇妙荷包牡丹	Papaveraceae 罂粟科	多年生草本；叶基生，淡灰绿色，深裂；花白色至紫色；花期夏季	观赏	西伯利亚东部、堪察加半岛、日本	
3472	*Dicentra spectabilis* (L.) Lem.	荷包牡丹	Papaveraceae 罂粟科	直立草本；叶二回三出全裂，轮廓三角形；总状花序，萼片披针形，玫瑰色，外花瓣下部囊状，内花瓣片呈匙形；子房狭长圆形	药用，有毒，观赏		东北、西北、华北
3473	*Dichocarpum auriculatum* (Franch.) W. T. Wang et P. G. Xiao	耳状人字果	Ranunculaceae 毛茛科	多年生草本；基生叶少数，二回鸟趾状复叶，叶革质，茎生叶1枚，复单歧聚伞花序，花瓣金黄色，宽倒卵形，萼片白色	观赏	中国四川、云南东北部、贵州、湖北	
3474	*Dichocarpum basilare* W. T. Wang et P. G. Xiao	基叶人字果（地五加）	Ranunculaceae 毛茛科	多年生草本；叶为鸟趾状或掌状复叶，花少数组成单歧聚伞花序	药用		四川南部
3475	*Dichocarpum hypoglaucum* W. T. Wang et P. G. Xiao	粉背叶人字果	Ranunculaceae 毛茛科	多年生草本；叶4枚基生，二至三回鸟趾状复叶，叶五角形，复单歧聚伞花序，下部苞片一回三出，蓇葖深紫色	观赏	中国云南东南部	

（续）

序号	拉丁学名	中文名	所属科	特征及特性	类别	原产地	目前分布/种植区
3476	*Dichondra micrantha* Urb.	马蹄金（金钱草，荷苞草）	Convolvulaceae 旋花科	多年生草本；茎细长，节节生根，匍匐地面；叶互生，圆形或肾形，背面被丁字形毛，长0.5～2cm，宽0.8～2.5cm，顶端钝圆或微凹，全缘；花冠钟状，黄色，深5裂，裂片长圆状披针形	蔬菜，药用，观赏	中国	长江以南各省份
3477	*Dichotomanthes tristaniicarpa* Kurz	牛筋木	Rosaceae 蔷薇科	小乔木或灌木；顶生的伞房状聚伞花序，密集多花，花梗长2～4mm；萼筒钟状，外面密生绒毛，裂片卵形，比萼筒短，花后直立，宿存；花瓣白色，近圆形；雄蕊15～20，比花瓣短；心皮1，有长柔毛，花柱侧生，无毛	观赏		云南
3478	*Dichroa daimingshanensis* Y. C. Wu	大明山常山	Saxifragaceae 虎耳草科	直立生长亚灌木；花花瓣5～6，阔披针形，长5～6mm，无毛；雄蕊10～12，无毛，子房顶部有毛	蜜源		广西、四川
3479	*Dichroa febrifuga* Lour.	黄常山（鸡骨常山，常山）	Saxifragaceae 虎耳草科	落叶灌木；单叶对生，叶椭圆形；伞房状圆锥花序顶生或生于上部腋内；花淡蓝色；浆果，成熟时蓝色	有毒		长江以南各省份
3480	*Dichrocephala auriculata*（Thunb.）Druce	鱼眼草	Compositae（Asteraceae）菊科	一年生草本；高15～20cm；叶卵形或椭圆形，大头羽裂；头状花序球形，呈伞房状排列，外围雌花，中央花两性；瘦果压扁	药用		西南、华南、华中及浙江、陕西、福建、台湾
3481	*Dichrocephala benthamii* C. B. Clarke	小鱼眼草（小馒头草）	Compositae（Asteraceae）菊科	一年生草本；茎高15～35cm，单生或簇生；叶倒卵形，羽裂或大头羽裂；头状花序扁球形，外围雌花白色，多层，两性花近壶形；瘦果压扁	药用		云南、四川、贵州、广西、湖北
3482	*Dickinsia hydrocotyloides* Franch.	马蹄芹	Umbelliferae（Apiaceae）伞形科	一年生草本；茎直立光滑，叶柄基部有鞘，圆形或肾形，掌状脉，总苞片2叶状，对生，伞形花序，花瓣5白色或草绿色，卵形，覆瓦状排列	观赏	中国四川、湖南、湖北、云南、贵州	
3483	*Dicliptera chinensis*（L.）Juss.	狗肝菜	Acanthaceae 爵床科	一年生或二年生草本；茎具6条钝棱和浅沟；叶卵形；小聚伞花序常多个簇生，花冠淡紫红色，上唇有紫红色斑点；蒴果	药用		西南、华南及台湾

（续）

序号	拉丁学名	中文名	所属科	特征及特性	类别	原产地	目前分布/种植区
3484	*Dicranopteris pedata* (Houtt.) Nakaike	芒萁（芒萁骨，铁丝狼萁）	Gleicheniaceae 里白科	多年生杂草；株高30～80cm；根状茎横走，被棕色毛；叶轴二歧分叉，羽片披针形至阔披针形，羽状深裂；孢子囊群生裂片小脉中段	药用		我国长江以南各省份
3485	*Dicranostigma lactucoides* Hook. f. et Thomson	苣叶秃疮花	Papaveraceae 罂粟科	草本；基生叶丛生，背面具白粉，两面疏被短柔毛，叶柄具翅，聚伞花序，萼片淡黄色，花瓣宽倒卵形，橙黄色；蒴果被短柔毛	观赏	中国西藏南部、四川西北部	
3486	*Dicranostigma leptopodum* (Maxim.) Fedde	秃疮花（秃子花）	Papaveraceae 罂粟科	越年生或多年生草本；茎高20～30cm，常2～5条生于叶丛；基生叶莲座状，茎生叶无柄，叶羽状分裂；花1～3朵排成聚伞花序；蒴果线形	药用，有毒		西藏、云南、四川、青海、甘肃、陕西、河南
3487	*Dictamnus dasycarpus* Turcz.	白鲜（山牡丹，羊鲜草，八股牛）	Rutaceae 芸香科	小灌木；肉质根粗壮；羽状复叶，小叶卵形至卵状披针形；总状花序；花瓣无，白色，有淡红色条纹；雄蕊10；蒴果5裂	有毒		东北、华北、西北、华东、中南及四川、贵州
3488	*Didymocarpus hancei* Hemsl.	车南长蒴苣苔	Gesneriaceae 苦苣苔科	多年生草本；花葶2～4条，高7～18cm，有向上斜展的短毛；花冠二唇形，外面有疏绢状毛，筒部长约9mm，上唇长约4mm，2浅裂，下唇长约9mm，3裂；能育雄蕊2，花药连着；雌蕊无毛	观赏		
3489	*Didymocarpus primulifolius* D. Don	藏南长蒴苣苔	Gesneriaceae 苦苣苔科	多年生草本叶3～4枚生茎端，叶薄纸质，两面被短柔毛，散生黄色腺点；聚伞花序生茎顶叶腋，花冠深紫色，苞片红紫色，花萼钟状，二唇型	观赏	中国西藏南部	
3490	*Didymostigma obtusum* (C. B. Clarke) W. T. Wang	双片苣苔	Gesneriaceae 苦苣苔科	一年生草本；茎具4棱，叶对生，卵形，两面被毛，聚伞花序腋生，苞片叶状对生，花萼狭钟形，花冠淡紫色，檐部二唇形，上唇2浅裂，下唇3浅裂	观赏	中国福建、广东	
3491	*Dieffenbachia amoena* Bull.	巨花叶万年青	Araceae 天南星科	常绿草本；茎粗壮，直立；叶具柄，长椭圆形，渐尖，薄革质，叶深绿色，沿每个侧脉散步不规则的奶白或黄绿色斑纹及斑点，中脉及叶缘深绿色	观赏	美洲	

（续）

序号	拉丁学名	中文名	所属科	特征及特性	类别	原产地	目前分布/种植区
3492	*Dieffenbachia picta* （Lodd.） Schott	花叶万年青	Araceae 天南星科	亚灌木；茎竹节状；叶柄基部有鞘，叶表面具不规则斑点；总花柄由叶鞘抽出；佛焰苞长圆状披针形；肉穗花序；浆果	有毒，观赏	南美洲	广东、广西、福建、台湾
3493	*Dieffenbachia seguine* （Jacq.） Schott	哑蕉	Araceae 天南星科	常绿草本；叶阔椭圆形，叶缘波状，叶面绿色具浅绿色或白绿色斑纹	观赏	西印度群岛、南美	
3494	*Dietes vegeta* （L.） N. E. Br.	非洲鸢尾	Iridaceae 鸢尾科	多年生草本；花白色，外层花被具黄色或褐色斑点，花柱顶端蓝色	观赏	非洲南部	
3495	*Digitalis lanata* Ehrh.	毛花洋地黄（希腊洋地黄，狭叶洋地黄）	Scrophulariaceae 玄参科	多年生草本；茎直立，不分枝；叶互生，下部的常密集而伸长，下部叶有长柄，上部叶有短柄或无柄；叶边全缘并有白色长绵毛；总状花序有毛；花冠白色	药用	欧洲地中海地区	浙江、上海、河北、北京
3496	*Digitalis purpurea* L.	紫花洋地黄（毛地黄）	Scrophulariaceae 玄参科	一年或多年生草本；叶卵形或长椭圆形，基生叶多数成莲座状；总状花序顶生，花冠紫红，筒状钟形；蒴果卵形	有毒	欧洲	我国有栽培
3497	*Digitaria abludens* （Roem. et Schult.） Veldkamp	粒状马唐	Gramineae （Poaceae） 禾本科	一年生，秆直立，高30～60cm；叶披针形至线形；总状花序，2～4枚互生于较长主轴上，穗轴三棱形，无翼，小穗椭圆形至倒卵形；染色体2n＝36	杂草		海南、云南、河南
3498	*Digitaria bicornis* （Lam.） Roemer et Schultes	异马唐	Gramineae （Poaceae） 禾本科	一年生，秆下部匍匐，节上生根，高30～60cm；总状花序5～7枚，轮生主轴上呈伞房状；第一颖微小，第二颖具3脉；花期5～9月	杂草		福建、海南
3499	*Digitaria ciliaris* （Retz.） Koeler	升马唐	Gramineae （Poaceae） 禾本科	一年生草本；秆高30～90cm；叶线形或披针形；总状花序5～8枚，呈指状排列茎顶，小穗披针形；颖果	饲用及绿肥		我国南北各省份
3500	*Digitaria ciliaris* var. *chrysoblephara* （Figari et De Notaris） R. R. Stewart	毛马唐	Gramineae （Poaceae） 禾本科	一年生，秆倾卧，节易生根；轴的翼具细刺状粗糙，小穗孪生同型，第一外稃7脉，边缘及侧脉间具柔毛	饲用及绿肥		黑龙江、河北、河南、甘肃、四川

（续）

序号	拉丁学名	中文名	所属科	特征及特性	类别	原产地	目前分布/种植区
3501	*Digitaria cruciata* (Nees ex Steud.) A. Camus	十字马唐	Gramineae (Poaceae) 禾本科	一年生草本；秆高30～120cm，节披髯毛；叶线状披针形；总状花序，小穗孪生或3～4个簇生每节；颖果	杂草	中国	云南、四川
3502	*Digitaria decumbens* Stent.	俯仰马唐	Gramineae (Poaceae) 禾本科	多年生；叶鞘基部密生银色疣毛；花序4～7枚顶生呈指状，小穗长2～3mm，外稃5脉；柱头紫红色	饲用及绿肥		
3503	*Digitaria fibrosa* (Hackel) Stapf	纤维马唐	Gramineae (Poaceae) 禾本科	多年生；叶片线形，上面被柔毛；总状花序2～3枚，小穗长3～3.5mm，被棕褐色柔毛	饲用及绿肥		广西、广东、云南及四川
3504	*Digitaria hengduanensis* L. Liu	横断山马唐	Gramineae (Poaceae) 禾本科	一年生；秆高30～60cm，具2～4节；叶线状披针形；总状花序2～7枚，小穗疏生，椭圆形；第一颖短小，第二颖与小穗近等长；花果期8～10月	杂草		云南、四川
3505	*Digitaria henryi* Rendle	亨利马唐	Gramineae (Poaceae) 禾本科	一年生草本；秆高20～50cm，节处生根；总状花序3～9枚呈指状排列秆顶，小穗顶端尖；颖果	杂草		华南及台湾
3506	*Digitaria heterantha* (Hook. f.) Merr.	二型马唐	Gramineae (Poaceae) 禾本科	一年生；秆直立部分高50～100cm，下部匍匐地面，节上生根并分枝；叶下部两面生疣基柔毛；总状花序粗硬，2或3枚，穗轴具粗厚的白色中肋，有窄翅；花果期6～10月	杂草		
3507	*Digitaria ischaemum* (Schreb.) Muhl.	止血马唐	Gramineae (Poaceae) 禾本科	一年生草本；秆高30～40cm；叶披针形；总状花序2～4枚，指状排列茎顶，小穗椭圆形，每节着生2～3个；颖果卵形	杂草		我国南北各省份
3508	*Digitaria jubata* (Griseb.) Henrard	棒毛马唐	Gramineae (Poaceae) 禾本科	多年生；秆粗壮，高约80cm；总状花序5～8枚轮生，小穗柄长达6～10mm，小穗长约1.5mm，密生圆头状棒毛	饲用及绿肥		云南、四川
3509	*Digitaria longiflora* (Retzius) Pers.	长花马唐	Gramineae (Poaceae) 禾本科	多年生，具长匍匐茎；穗状花序2～3枚，小穗3枚簇生，椭圆形，长1.2～1.4mm，密被柔毛，毛端不膨大	饲用及绿肥		广东、广西、海南、贵州、云南及四川

（续）

序号	拉丁学名	中文名	所属科	特征及特性	类别	原产地	目前分布/种植区
3510	*Digitaria mollicoma* (Kunth) Henrard	绒马唐	Gramineae (Poaceae) 禾本科	多年生，秆下部倾卧地面或具长匍匐茎；叶披针形至线状披针形；总状花序 2～4(～7)枚，小穗椭圆形，第一颖存在，第二颖具 3～5 脉；果期 10 月	杂草		浙江、台湾、江西
3511	*Digitaria radicosa* (J. Presl) Miq.	红尾翎	Gramineae (Poaceae) 禾本科	一年生，秆匍匐地面，下部节生根；叶较小，披针形；总状花序 2～3(～4)枚，穗轴具翼，小穗狭披针形；第一颖三角形，第二颖长为小穗 1/3～2/3；花果期夏秋季	杂草		台湾、福建、海南、云南
3512	*Digitaria sanguinalis* (L.) Scopoli	马唐	Gramineae (Poaceae) 禾本科	一年生草本；秆丛生；叶线状披针形；总状花序 3～10 个，小穗披针形，常孪生，第一颖钝三角形；颖果椭圆形	饲用及绿肥，淀粉		长江流域、西南、华南
3513	*Digitaria setigera* Roth ex Roem. et Schult.	海南马唐	Gramineae (Poaceae) 禾本科	一年生草本；秆高 30～100cm；叶线状披针形；总状花序 5～12 枚着生主轴，腋间具长刚毛，小穗椭圆形；颖果长圆形	饲用及绿肥		海南、台湾
3514	*Digitaria smutsii* Stent.	南非马唐	Gramineae (Poaceae) 禾本科	秆高达 150cm，密集簇生；叶片条形，长约 60cm，宽 6～12mm；总状花序，种子长椭圆形，灰褐色至褐紫色	饲用及绿肥		广西、广东、湖北
3515	*Digitaria stewartiana* Bor	昆仑马唐	Gramineae (Poaceae) 禾本科	一年生，秆基部倾卧地面；叶基部圆形，顶端渐尖；总状花序 2～3 枚，穗轴具宽翼，小穗椭圆形，3 枚簇生；第二颖稍短于小穗，第二外稃紫褐色；花果期夏秋季	杂草		新疆、西藏
3516	*Digitaria stricta* Roth ex Roem. et Schult.	竖毛马唐	Gramineae (Poaceae) 禾本科	一年生，秆直立，高 20～40cm；叶线形，柔软，上面生有长疣毛；总状花序，4～8 枚着生短缩主轴上近指状排列，穗轴三棱形，每节着生 3 枚小穗；花果期秋季	杂草		云南
3517	*Digitaria stricta* var. *denudata* (Link) Henrard	露子马唐	Gramineae (Poaceae) 禾本科	一年生，秆少数丛生，高 10～30cm；具 2～4 节；总状花序，花 2～6 枚互生茎顶短缩之主轴上，小穗 2～3 枚簇生各节，顶端呈盘形，生有长糙毛；第一颖不存在，第二颖微小；花果 10 月	杂草		云南、四川、西藏

（续）

序号	拉丁学名	中文名	所属科	特征及特性	类别	原产地	目前分布/种植区
3518	*Digitaria stricta* var. *glabrescens* Bor	秃穗马唐	Gramineae (Poaceae) 禾本科	多年生，秆直立，高 30～40cm；下部节上有毛；叶扁平；总状花序 4～7 枚，小穗柄顶端有少数较长的糙毛，小穗椭圆形；第一颖不存在，第二颖长为小穗的 1/3～1/2；果期 8 月	杂草		福建
3519	*Digitaria ternata* (Hochst. ex A. J. Richards) Stapf	三数马唐	Gramineae (Poaceae) 禾本科	一年生；秆高 60～100cm；叶片宽 6～10mm；小穗密生白色圆头状棒毛，小穗柄长约 2mm，被糙毛	饲用及绿肥		广西、云南、福建
3520	*Digitaria thwaitesii* (Hack.) Henr.	宿根马唐	Gramineae (Poaceae) 禾本科	多年生，秆直立，高 60～80cm；叶纸质较厚，粗糙；总状花序 2～3 枚，花序以下散生柔毛，小穗椭圆形，密生柔毛；第二外稃栗褐色，有尖头；花果期 6～10 月	杂草		广东、海南、福建
3521	*Digitaria violascens* Link	紫马唐	Gramineae (Poaceae) 禾本科	一年生草本；秆高 20～70cm；叶披针状线形；总状花序 3～8 个呈指状排列秆顶，小穗椭圆形，每节着生 2～3 个；颖果长椭圆形	饲用及绿肥		我国中南部、东部、西南部
3522	*Dillenia indica* L.	五桠果（地伦桃）	Dichapetalaceae 毒鼠子科	常绿乔木；树皮红褐色，叶薄革质，矩圆形，花单生枝顶叶腋，萼片 5，肥厚肉质，花瓣白色，倒卵形	果树	马来西亚	云南、台湾
3523	*Dillenia pentagyna* Roxb.	小花五桠果（王室地伦桃）	Dichapetalaceae 毒鼠子科	落叶乔木；树皮灰色，叶薄革质，长椭圆形，花小簇生于老枝的短侧枝上，萼片绿色，椭圆形，花瓣黄色，长卵形，果黄红色	果树	中国广东、云南	广东、云南
3524	*Dillenia turbinata* Finet et Gagnep.	大花五桠果（枇杷果）	Dichapetalaceae 毒鼠子科	常绿乔木；叶革质，倒卵形，老叶背面被褐色柔毛，总状花序生枝顶，有 3～6 朵花；萼片肉质，花瓣薄，白色，果暗红色	果树		广东、海南、广西、云南
3525	*Dimeria ornithopoda* Trin.	觿茅	Gramineae (Poaceae) 禾本科	一年生草本；秆高 9～40cm，具节；叶细线形；总状花序 2～4 枚呈指状着生茎顶，小穗灰白而带红棕色，具芒；颖果长圆形	饲用及绿肥		四川、浙江、江苏、广东、广西、福建、湖南、江西、台湾

（续）

序号	拉丁学名	中文名	所属科	特征及特性	类别	原产地	目前分布/种植区
3526	*Dimocarpus confinis* （F. C. How et C. N. Ho）H. S. Lo	龙荔	Sapindaceae 无患子科	常绿大乔木；高 20m；小叶 3～5 对，第一对常较小，卵形，其余长椭圆状披针形或长圆状椭圆形；花序顶生和腋生；通常无花瓣；核果卵圆形	果树		云南南部、贵州南部、广西各地、广东西部和湖南西南部
3527	*Dimocarpus fumatus* subsp. *calcicola* C. Y. Wu	灰岩肖韶子（山龙眼、山荔枝、盲眼果）	Sapindaceae 无患子科	常绿乔木，羽状复叶，有小叶 3～5 片，叶形椭圆或长圆状披针形，圆锥花序，顶生，话白色，花萼 4～5 深裂，有 3～4 枚退化的小花瓣，雄蕊 5～7 枚，果实球形	果树		云南省西畴和麻栗坡一带
3528	*Dimocarpus longan* Lour.	龙眼（桂圆，荔枝）	Sapindaceae 无患子科	常绿乔木；偶数羽状复叶，小叶长椭圆形，2～3 片；聚伞圆锥花序；花小，杂性，黄白色；萼片和花瓣各为 5；雄蕊 6～10 枚；果球形，外皮黄褐色	果树	中国	台湾、福建、广东、广西、四川、海南
3529	*Dimocarpus yunnanensis* （W. T. Wang）C. Y. Wu et T. L. Ming	滇龙眼	Sapindaceae 无患子科	常绿乔木；高约 10m；小叶 4 对，互生，长圆状披针形或披针形；花和花序均未见；核果近球形或扁球形	果树		云南金平
3530	*Dimorphotheca aurantiaca* Hort.	大花异果菊	Compositae（Asteraceae）菊科	多年生草本；头状花序顶生，舌状花一轮，橙黄色，基部有时紫色，筒状花黄色；花期 4～6 月	观赏	南非	
3531	*Dimorphotheca pluvialis* （L.）Moench	雨菊	Compositae（Asteraceae）菊科	多年生草本；头状花序单生或数朵聚生；舌状花瓣宽，略下垂，玫瑰红色或淡紫红色，少数白色；管状花橙黄色，突出呈球形；花期夏秋季	观赏	南非	
3532	*Dimorphotheca sinuata* DC.	异果菊	Compositae（Asteraceae）菊科	多年生草本；头状花序顶生，舌状花一轮，橙黄色，基部有时紫色，筒状花黄色；花期 4～6 月	观赏	南非	
3533	*Dinetus racemosus* （Roxb.）Buch.-Ham. ex Sweet	飞蛾藤	Convolvulaceae 旋花科	草质藤本；被疏柔毛，长可达 10m；茎缠绕；叶互生，卵形或宽卵形；圆锥花序腋生，有 1 至多数花，花冠白色，漏斗状；蒴果卵形	观赏		四川、贵州、湖北、广西、广东、浙江、江苏

（续）

序号	拉丁学名	中文名	所属科	特征及特性	类别	原产地	目前分布/种植区
3534	*Dioscorea alata* L.	参薯	Dioscoreaceae 薯蓣科	多年生缠绕草质藤本；茎多角形而具棱翼；茎右旋，通常有4条狭翅；叶片绿色或带紫红色；苞片或花被片有紫褐色斑点	蔬菜，粮食，药用	中国	广东、广西、福建、台湾
3535	*Dioscorea bulbifera* L.	黄独（黄药子，零余薯）	Dioscoreaceae 薯蓣科	缠绕藤本；块茎卵圆形或梨形；叶腋内有珠芽；叶宽卵状卵形；雌雄异株，雄花序下垂，雄蕊6；蒴果反曲	有毒		华东、华中、华南、西南及陕西
3536	*Dioscorea chingii* Prain et Burkill	山葛薯	Dioscoreaceae 薯蓣科	缠绕草质藤本；单叶互生，茎基部叶卵状心形，中部以上长三角状心形；雌雄花序穗状或总状；蒴果三棱形	药用		广西
3537	*Dioscorea cirrhosa* Lour.	薯莨（红孩儿，红药子，朱砂莲）	Dioscoreaceae 薯蓣科	多年生缠绕藤本；块根肉质；单叶、单性花，雄花序穗状，雌花排成弯曲的穗状花序；蒴果，3瓣裂，种子有翅	经济作物（橡胶类），药用，提取淀粉		华中、华东、华南、西南
3538	*Dioscorea collettii* var. *hypoglauca*（Palib.）Pei et C. T. Ting	粉背薯蓣（黄草薢，黄姜，土黄连）	Dioscoreaceae 薯蓣科	多年生缠绕草本；根状茎横生，姜块状，断面黄色，生多数须根；茎左旋；蒴果有3翅，成熟后向上反曲	药用		长江以南各地区
3539	*Dioscorea deltoidea* Wall. ex Griseb.	三角叶薯蓣	Dioscoreaceae 薯蓣科	缠绕草质藤本；单叶互生，叶片三角状心形或三角状戟形，通长3裂；花单性，雌雄异株，雄花无梗，常2朵簇生，稀疏排列于花序轴上组成穗状花序，雌花序与雄花序基本相似，每花序有花4～6朵，具退化雄蕊；蒴果顶端凹入	蔬菜	中国	西藏
3540	*Dioscorea hispida* Dennst.	白薯莨（榜薯，野葛薯）	Dioscoreaceae 薯蓣科	多年生有刺藤本；块茎卵形或长卵形；掌状复叶，具长叶柄，3小叶；雌雄异株，雄花序被柔毛；蒴果反曲，种子具翅	有毒		福建、广东、广西、云南
3541	*Dioscorea nipponica* Makino	穿山龙薯蓣（穿地龙，穿龙骨）	Dioscoreaceae 薯蓣科	多年生缠绕性草本；根状茎横生，茎左旋；叶互生；雌雄异株，花集成穗状花序，雄蕊6，子房下位3室；蒴果具3宽翅	有毒		华北、东北、西北、华东、华中

（续）

序号	拉丁学名	中文名	所属科	特征及特性	类别	原产地	目前分布/种植区
3542	*Dioscorea panthaica* Prain et Burkill	黄山药（黄姜，老虎姜）	Dioscoreaceae 薯蓣科	草质藤本；喜温凉、湿润环境；根茎具有鱼鳞状裂痕；茎左旋；叶背面沿叶脉有极细的乳突	药用		云南、贵州、湖南、湖北、四川
3543	*Dioscorea pentaphylla* L.	五叶薯蓣（蒙弄）	Dioscoreaceae 薯蓣科	缠绕藤本；互生，有小叶5片（有时7片），纸质，两面被疏短柔毛；蒴果；扁卵圆形，具侧生翅	观赏	中国	云南、广东、广西、海南
3544	*Dioscorea persimilis* Prain et Burkill	褐苞薯蓣	Dioscoreaceae 薯蓣科	缠绕草质藤本；单叶，茎下部互生；叶片纸质，卵形或近圆形；雌雄花序均为穗状花序；蒴果三棱状扁圆形	有毒		湖南、广东、广西、贵州南部、云南南部
3545	*Dioscorea polystachya* Turcz.	普通山药（薯蓣，家山药）	Dioscoreaceae 薯蓣科	多年生缠绕草质藤本；块茎长圆柱形；茎紫红色右旋；薯皮褐色，密生须根，肉质洁白；花序轴明显呈"之"字形曲折	蔬菜，药用	亚洲、非洲及美洲的热带及亚热带地区	全国各地均有分布
3546	*Dioscorea zingiberensis* C. H. Wright	盾叶薯蓣（黄姜）	Dioscoreaceae 薯蓣科	草质缠绕藤本；根茎横生，有规则分叉；叶盾形；雌雄异株或同株，雄花序穗状腋生；蒴果	有毒		东北、华北、西北、华东及河南
3547	*Diospyros anisocalyx* C. Y. Wu	异萼柿	Ebenaceae 柿科	小乔木或乔木；高可达8m；叶薄革质，长圆形至长圆状披针形；雄聚伞花序生于幼枝基部；雌花单生	果树，药用		云南南部
3548	*Diospyros argentea* Griff.	法国柿	Ebenaceae 柿科	热带常绿乔本，果实为浆果，扁球形，果皮红色，不易剥离，表面被一层细毛所覆盖，果肉米黄色，成丝状，具芒果味，成熟时果实易脱落	果树	阿根廷	云南、海南
3549	*Diospyros armata* Hemsl.	瓶兰花	Ebenaceae 柿科	半常绿或常绿灌木；叶革质，倒披针形或长椭圆形，有微小透明斑点，上面黑绿色，下面有微柔毛，雄花集成小伞房花序，花乳白色，果黄色	观赏	中国湖北	上海及杭州有栽培
3550	*Diospyros balfouriana* Diels	大理柿	Ebenaceae 柿科	灌木或小乔木；高1.5～7m；叶互生，纸质，长椭圆形或卵状长圆形；雌、雄花未见；果圆球形，果梗极短；果萼盘状	果树		云南大理
3551	*Diospyros caloneura* C. Y. Wu	美脉柿	Ebenaceae 柿科	小乔木；高4～5m；叶薄革质，椭圆形或长圆形；雌雄聚伞花序均3花；果长圆形，绿色或浅黄色	果树，药用		云南

（续）

序号	拉丁学名	中文名	所属科	特征及特性	类别	原产地	目前分布/种植区
3552	*Diospyros cathayensis* Steward	乌柿（山柿，丁香柿）	Ebenaceae 柿科	半常绿灌木；叶亚革质，长圆状披针形，雄花生聚伞花序上，雌花单生，白色，花冠壶状，花萼4深裂，果黄色	果树	中国	华中、华西、华南
3553	*Diospyros chunii* F. P. Metcalf et L. Chen	崖柿	Ebenaceae 柿科	灌木或小乔木；高4～7m；叶薄纸质，长圆状椭圆形；花未见；果近球形，绿带黄色	果树，药用		海南
3554	*Diospyros corallina* Chun et L. Chen	五蒂柿	Ebenaceae 柿科	乔木；高8m；叶薄革质，长椭圆形；果单生，腋生，几无柄，扁球形	果树，药用		海南
3555	*Diospyros diversilimba* Merr. et Chun	光叶柿	Ebenaceae 柿科	灌木或乔木；高可达15m；叶纸质，多数长圆形或倒卵状长圆形；雌花腋生，单生，浅黄色；果球形	果树		广东西南部、海南
3556	*Diospyros dumetorum* W. W. Sm.	岩柿	Ebenaceae 柿科	小乔木或乔木；高达10～14m，通常高5～6m；叶薄革质，披针形、卵状披针形或倒披针形；雄花序单生；雌花单生，白色；果卵形	果树		云南、四川、贵州西南部
3557	*Diospyros ebenum* Koening	乌木	Ebenaceae 柿科	乔木；高约20m；叶互生；聚伞花序3～15朵，萼片4，花瓣4，雄蕊16；浆果肉质	果树	东印度及马来半岛	广东、海南
3558	*Diospyros ehretioides* Wall. ex A. DC.	红枝柿	Ebenaceae 柿科	乔木；高达16m；叶革质，椭圆形；雄花序腋生，单生，常为短小的三歧聚伞花序；雌花腋生，单生；果球形	果树，药用		海南
3559	*Diospyros eriantha* Champion ex Bentham	乌材（乌蛇）	Ebenaceae 柿科	常绿树种、乔木；高16m；叶长圆状披形，先端短尖，基部楔形或近圆；叶柄长5～6mm；单性花；种子椭圆形；雄花花萼4裂，花冠白色，4裂；雌花花萼4深裂，裂片卵形，花冠淡黄色，4裂；浆果，卵形或长圆形	林木	中国	台湾、广东、海南、广西
3560	*Diospyros esquirolii* H. Lév.	贵阳柿	Ebenaceae 柿科	乔木；高12～24m；叶卵形，长在6cm以下；雄花花冠外面无白色柔毛线	果树		贵州
3561	*Diospyros fanjingshanica* S. K. Lee	梵净山柿	Ebenaceae 柿科	灌木或小乔木；叶薄革质，长椭圆形；果单生，近球形	果树，药用		贵州梵净山

（续）

序号	拉丁学名	中文名	所属科	特征及特性	类别	原产地	目前分布/种植区
3562	*Diospyros fengii* C. Y. Wu	老君柿	Ebenaceae 柿科	乔木；高约 8m；叶近革质，椭圆形至长圆形；花未见；果单生，着生于幼枝基部，腋生，近球形	果树，药用		云南
3563	*Diospyros ferrea* （Willd.）Bakh.	象牙树	Ebenaceae 柿科	常绿小乔木或乔木；叶革质，倒卵形；花雌雄异株；花冠带白色或淡黄色；果椭圆形	果树		台湾南部的恒春半岛和兰屿
3564	*Diospyros forrestii* J. Anthony	腾冲柿	Ebenaceae 柿科	乔木；高达 6～12m；叶革质，长圆披针形；雄花 1～5 朵，腋生，聚伞花序；果球形，腋生，单生	果树		云南西部
3565	*Diospyros hainanensis* Merr.	海南柿（参巴，牛金木）	Ebenaceae 柿科	高大乔木；高达 20m；叶革质，长圆状椭圆形或披针状长圆形；雄花单生或集成聚伞花序，雌花腋生，单生；果卵形或近球形	果树		广东、海南
3566	*Diospyros hasseltii* Zoll.	黑毛柿	Ebenaceae 柿科	灌木或小乔木；高 2～4m；叶革质，长圆形；雌雄花均未见；果序伞房状，常 3 花；果圆球形	果树		云南
3567	*Diospyros hexamera* C. Y. Wu	六花柿	Ebenaceae 柿科	乔木；高 20m；叶革质，长圆状披针形；花未见；果单生，腋生，近球形，绿褐色	果树，药用		云南南部
3568	*Diospyros howii* Merr. et Chun	琼南柿	Ebenaceae 柿科	乔木；高可达 15m；叶薄革质，椭圆形或长圆状椭圆形；花冠白色；果卵形	果树，药用		海南
3569	*Diospyros japonica* Siebold et Zucc.	粉叶柿（浙江柿）	Ebenaceae 柿科	落叶乔木；高可达 15m；花单性，雌雄异株；雌花单生或 2～3 朵聚生叶腋，近于无梗；花萼 4 裂，裂片三角形，有疏毛；花冠无毛，边缘微具短柔毛	果树		浙江、江苏、安徽、江西、湖南、福建
3570	*Diospyros kaki* Thunb.	柿树（柿子）	Ebenaceae 柿科	叶长圆状倒卵形；花雌雄同株或异株，雄花为小聚伞花序，花冠钟状，黄白色；雌花单生叶腋，子房上位；卵形果	果树	中国	我国各地都有栽培
3571	*Diospyros kerrii* Craib	傣柿	Ebenaceae 柿科	小乔木或乔木；高可达 10m；叶硬纸质，披针形或长圆披针形；嫩果生新枝下部，单生，腋生，球形	果树		云南西双版纳小勐养和景洪

（续）

序号	拉丁学名	中文名	所属科	特征及特性	类别	原产地	目前分布/种植区
3572	*Diospyros kintungensis* C. Y. Wu	景东君迁子	Ebenaceae 柿科	乔木；叶近膜质，长圆状椭圆形；花未见；果腋生，单生，近球形，黄色	果树，药用		云南
3573	*Diospyros longibracteata* Lecomte	长苞柿（白春，乌木）	Ebenaceae 柿科	乔木；高达13m；叶革质，披针形或长圆状披针形；雄花序为聚伞花序；雌花生当年生枝叶腋，单生；果近球形	果树		广东、海南
3574	*Diospyros longshengensis* S. K. Lee	龙胜柿	Ebenaceae 柿科	灌木；高约3m；叶薄革质，长圆形或长椭圆形；花未见；果单生，腋生，球形	果树，药用		广西
3575	*Diospyros lotus* L.	君迁子（黑枣，软枣）	Ebenaceae 柿科	落叶乔木；叶椭圆形至长椭圆形；花单性，雄花较小，腋生或簇生，雌花较大，单生；浆果球形，种子长圆形	有毒，药用，林木	中国	华东、西南及辽宁、河北、河南、山西、甘肃、湖南
3576	*Diospyros maclurei* Merr.	琼岛柿	Ebenaceae 柿科	乔木；高达30m；叶长圆形或阔长圆状倒披针形，或椭圆形，偶或倒卵形；花簇生或生在短总状花序上；果长圆形或长圆状卵形，或近球形	果树		广东、海南
3577	*Diospyros maritima* Blume	海边柿	Ebenaceae 柿科	常绿小乔木；叶椭圆形至倒卵状长圆形；花雌雄异株；花序腋生，聚伞花序式；果扁球形，橙红色	果树		台湾北部
3578	*Diospyros metcalfii* Chun et L. Chen	圆萼柿	Ebenaceae 柿科	乔木；高15m；叶膜质，椭圆形或倒卵形；花未见；果单生，近球形或扁球形，绿色	果树，药用		海南
3579	*Diospyros miaoshanica* S. K. Lee	苗山柿	Ebenaceae 柿科	灌木或小乔木；叶革质，长圆形或长椭圆形；雌雄花均未见；果序为聚伞花序式；果球形，熟时橙黄色	果树，药用		广西、湖南黔阳
3580	*Diospyros morrisiana* Hance	罗浮柿（山柿，山红柿）	Ebenaceae 柿科	灌木或小乔木；花腋生，2～5朵成簇，雄花有长3～4mm的花梗；花萼4裂，裂片三角形，两面被毛或光滑；花冠4裂，光滑；雄蕊16，花丝多少被微柔毛	果树	中国	广东、福建、台湾

（续）

序号	拉丁学名	中文名	所属科	特征及特性	类别	原产地	目前分布/种植区
3581	*Diospyros nigricortex* C. Y. Wu	黑皮柿	Ebenaceae 柿科	乔木；高达 10～20m；叶薄革质，椭圆形至长圆形；雄花聚伞花序腋生，雌花 1～2 朵，腋生；果腋生，扁球形	果树		云南南部
3582	*Diospyros nitida* Merr.	黑柿	Ebenaceae 柿科	乔木；高达 20m；叶披针形或披针状椭圆形；雄花簇生或成集成紧密短小的聚伞花序；雌花单生；果球形	果树		广东、海南西南部
3583	*Diospyros oldhamii* Maxim.	山柿	Ebenaceae 柿科	乔木；高达 12m；叶近纸质或薄革质，通常倒卵形、卵形、椭圆形或长圆状披针形；雄花生聚伞花序上；雌花单生；果球形，红色或褐色	果树		台湾
3584	*Diospyros oleifera* Cheng	油柿（方柿）	Ebenaceae 柿科	落叶乔木；叶矩圆形或倒卵形，背两面被灰色或灰黄色毛，雄花成聚伞花序腋生，雌花单生叶腋，果暗黄色，宿存花萼花后增大	观赏	中国	西南
3585	*Diospyros philippensis* (Desr.) Gürke	毛柿（牛油柿，异色柿）	Ebenaceae 柿科	灌木或小乔木；高达 8m；叶革质或厚革质，长圆形、长椭圆形、长圆状披针形；花腋生，单生；花冠高脚碟状；果卵形	果树	南亚	广东、海南及雷州半岛
3586	*Diospyros potingensis* Merr. et Chun	保亭柿	Ebenaceae 柿科	乔木；高 5～7m；叶长圆形或长圆状椭圆形；果腋生或生在叶痕腋内，单生，卵形	果树		广东、海南、广西西南部
3587	*Diospyros punctilimba* C. Y. Wu	点叶柿	Ebenaceae 柿科	乔木；高 10m；叶革质，椭圆形；果序有果 1～2 个，果球形，幼时绿色	果树，药用		云南
3588	*Diospyros reticulinervis* C. Y. Wu	网脉柿	Ebenaceae 柿科	小乔木；高 6m；叶革质，椭圆形至长圆形；雌雄花未见；果褐色	果树，药用		云南南部
3589	*Diospyros rhombifolia* Hemsl.	老鸦柿（野柿，山柿）	Ebenaceae 柿科	落叶灌木；幼枝有柔毛，叶纸质，卵状菱形至菱状倒卵形，背面疏生毛，雄花和雌花生当年生枝下部，花冠壶形，成熟果橘红色	果树	中国	福建、江苏、浙江
3590	*Diospyros rubra* Lecomte	青茶柿	Ebenaceae 柿科	乔木；高约 7m；叶椭圆形或长椭圆形；雌雄花均未见；果单生，球形，橙红色	果树		广东、海南西南部和西部

（续）

序号	拉丁学名	中文名	所属科	特征及特性	类别	原产地	目前分布/种植区
3591	*Diospyros sichourensis* C. Y. Wu	西畴君迁子	Ebenaceae 柿科	乔木；高约 10m；叶纸质，椭圆形至长圆形；雄花序聚伞状，腋生；果单生，腋生，近无柄，球形	果树，药用		云南东南部
3592	*Diospyros sunyiensis* Chun et L. Chen	信宜柿	Ebenaceae 柿科	灌木或小乔木；高 4～6m；叶近革质或厚纸质，长圆形；花未见；果单生，球形	果树，药用		广东信宜、广西靖西
3593	*Diospyros susarticulata* Lecomte	过布柿	Ebenaceae 柿科	乔木；高 12m；叶薄革质，长椭圆形至椭圆状长圆形；雄花序单生，聚伞花序或短圆锥花序；雌花未见；果球形	果树		广东、海南
3594	*Diospyros sutchuensis* Yang	川柿（新拟）	Ebenaceae 柿科	乔木；高 7～8m；叶革质，长圆形或椭圆状长圆形；花未见；果腋生，单生，近球形，黄绿色	果树，药用		四川华釜山
3595	*Diospyros tsangii* Merr.	延平柿	Ebenaceae 柿科	灌木或小乔木；高可达 7m；叶纸质，长圆形或长圆椭圆形；聚伞花序短小；花冠白色；果扁球形	果树，药用		广东、福建、江西
3596	*Diospyros tutcheri* Dunn	岭南柿	Ebenaceae 柿科	小乔木；高约 6m；叶薄革质，椭圆形；雄聚伞花序由 3 花组成；雌花单生；果球形	果树，药用		广东、广西、湖南
3597	*Diospyros unisemina* C. Y. Wu	单子柿	Ebenaceae 柿科	乔木；高可达 12m；叶薄革质，椭圆形至长圆形；雌雄花均未见；果单生于幼枝下部叶腋，椭圆形	果树，药用		云南东南部
3598	*Diospyros vaccinioides* Lindl.	小果柿	Ebenaceae 柿科	多枝常绿矮灌木；叶通常卵形；花雌雄异株，腋生，单生；果小，球形	果树		广东省珠江口岛屿
3599	*Diospyros xiangguiensis* S. K. Lee	湘桂柿	Ebenaceae 柿科	灌木或小乔木；高 3～8m；叶厚纸质，卵状椭圆形；雄花成短小的聚伞花序；雌花单生，腋生；果近球形	果树，药用		广西、湖南
3600	*Diospyros yunnanensis* Rehder et E. H. Wilson	云南柿	Ebenaceae 柿科	乔木；高 5～15m；叶纸质，椭圆形；雄花序聚伞花序式；雌花单生，腋生；花冠钟状；果近球形	果树		云南南部

（续）

序号	拉丁学名	中文名	所属科	特征及特性	类别	原产地	目前分布/种植区
3601	*Diospyros zhenfengensis* S. K. Lee	贞丰柿	Ebenaceae 柿科	乔木；高约 13m；叶薄革质，长圆形；果扁球形	果树，药用		贵州梵净山
3602	*Dipelta elegans* Batalin	优美双盾木	Caprifoliaceae 忍冬科	落叶灌木；花单生或由 4 朵花组成伞房状聚伞花序生于枝顶部叶腋；花冠大，宽漏斗形，外面密被短绒毛；雄蕊与花柱等长；柱头头状，花柱被疏柔毛；花期 5～6 月	观赏	中国甘肃、陕西、四川、湖南、河南西南部	
3603	*Dipelta floribunda* Maxim.	双盾木（双楯，鸡骨木）	Caprifoliaceae 忍冬科	落叶小乔木；叶卵状披针形或卵形，花集生成伞房状，花白色至粉红色，萼筒密被糙毛；核果具棱角及盾形苞片	观赏	中国甘肃、陕西、湖北、湖南、四川、广西	
3604	*Dipelta yunnanensis* Franch.	云南双盾木	Caprifoliaceae 忍冬科	落叶灌木；叶对生，椭圆形至披针形，疏被微柔毛，聚伞花序，苞片 2，小苞片 2，萼裂片 5，花冠钟状，粉红色至淡白色	观赏	中国云南西北部、四川西南部、贵州	
3605	*Dipentodon sinicus* Dunn	十齿花（十萼花）	Celastraceae 卫矛科	落叶小乔木；高 3～5(～13)m，胸径 33cm；叶披针形至矩圆形；花两性，排成圆球状伞形聚伞花序，腋生，花白色；蒴果，种子 1 粒	观赏		西藏、云南、贵州、广西
3606	*Diphylleia sinensis* H. L. Li	中华山荷叶	Berberidaceae 小檗科	多年生草本；伞房花序顶生；花白色；萼片 6，卵圆形，早落；花瓣 6，椭圆形；雄蕊 6；雌蕊 1，柱头盾状；浆果蓝黑色，有种子数枚	有毒		湖北、四川、甘肃、陕西、云南
3607	*Diplandrorchis sinica* S. C. Chen	双蕊兰	Orchidaceae 兰科	多年生腐生草本；高 17～24cm；茎乳白色；无绿叶；鞘 4 枚；总状花序具花 17 朵，花直立，淡绿色，几不扭转；子房椭圆形，胚珠多数	观赏		辽宁
3608	*Diplazoptilon picridifolium* (Hand. -Mazz.) Ling	重羽菊	Compositae (Asteraceae) 菊科	多年生草本；叶基生，长椭圆形或倒披针形，头状花序单生或集生茎顶，总苞钟状，花冠紫色，管状 5 裂	观赏	中国云南、西藏	
3609	*Diploclisia glaucescens* (Blume) Diels	越南轮环藤	Menispermaceae 防己科	木质藤本；聚伞状圆锥花序，生于老干或落叶的老枝上；雄花序长达 20cm，雄花萼片 6，淡黄色，有黑色斑纹，卵状长圆形，花瓣 6，宽倒卵形，两侧边缘有耳而内折抱着花丝，雄蕊 6	有毒		广西

（续）

序号	拉丁学名	中文名	所属科	特征及特性	类别	原产地	目前分布/种植区
3610	*Diplocyclos palmatus*（L.）C. Jeffrey	毒瓜（花瓜，野西瓜）	Cucurbitaceae 葫芦科	多年生草质藤本；叶掌状 5 深裂；雌雄花常各数朵簇生同一叶腋；浆果，成熟时红色而带白色花纹，种子中间有一环带	有毒		台湾、广东、广西
3611	*Diplodiscus trichosperma*（Merr.）Y. Tang, M. G. Gilbert et Dorr	海南椴	Tiliaceae 椴树科	乔木或灌木；高 15m；圆锥花序顶生，花白色；萼筒钟形，花瓣 5，狭倒卵形；子房密生柔毛，五室；蒴果倒卵形，生短绒毛，有 5 或 4 棱，裂为 5 或 4 瓣；种子密生黄褐色长毛	林木，观赏		广西
3612	*Diplopanax stachyanthus* Hand. -Mazz.	马蹄参	Araliaceae 五加科	常绿乔木；高 15～25m；单叶互生，倒卵状椭圆形至倒卵状披针形；穗状圆锥花序顶生，花瓣 5，淡黄色，卵形；果稍侧扁	林木，我国单种属孑遗		云南、广西、湖南、广东
3613	*Diplopterygium chinense*（Rosenst.）De Vol	中华里白（华里白）	Gleicheniaceae 里白科	多年生蕨类植物；叶厚革质，矩圆形，小羽片平展，披针形，羽裂几达羽轴	观赏	中国福建、广东、广西、贵州、云南、台湾	
3614	*Diplospora dubia*（Lindl.）Masam.	狗骨柴（观音茶）	Rubiaceae 茜草科	小乔木或灌木；高 12m；叶革质，卵圆形，4～19.5cm，两面无毛；花密集成束，花梗短，有柔毛，白色或者黄色；核果近球形，熟时红色	林木，药用		江苏、安徽、浙江、两广、四川和云南等地
3615	*Diplospora fruticosa* Hemsl.	毛狗骨柴	Rubiaceae 茜草科	乔木或灌木；高 8～15m；叶革质，或者薄革质，长圆披针；聚伞花序，多花，白色，稀黄色；核果近球形，熟时红色	观赏		江西、湖北、湖南、广东、广西、云南、贵州
3616	*Dipsacus asper* Wall.	川续断（山萝卜根，和尚头，川断）	Dipsacaceae 川续断科	多年生草本；花白色或淡黄色，多朵结成顶生圆球状头状花序；萼碟状，极浅的 4 裂；花冠漏斗状．比苞片短，内外均被毛，裂片 4，其中 2 片稍大；雄蕊 4，稍伸出；子房下位，包于囊状小总苞内，瘦果包于四棱柱状的小总苞内，微露出	蜜源		湖北、四川、贵州、云南、西藏
3617	*Dipsacus atratus* Hook. f. et Thomson ex C. B. Clarke	紫花续断	Dipsacaceae 川续断科	多年生草本；高 1m；顶生球状花序，总包 5 或 6，卵圆形；花萼浅杯状，边缘多毛刺；花冠紫黑色，漏斗形，基部狭管状；雄蕊伸出	蜜源		西藏

（续）

序号	拉丁学名	中文名	所属科	特征及特性	类别	原产地	目前分布/种植区
3618	*Dipsacus chinensis* Batalin	大头续断	Dipsacaceae 川续断科	多年生草本；圆头状花序顶生或三出，总花梗粗壮；总苞片6～8，被粗毛；苞片披针形或倒卵状披针形，有粗壮针状长喙；花冠白色，被短毛，基部细筒状，中部以上突宽，顶端4裂，1裂稍大；雄蕊4，与花柱均稍伸出；果时苞片长达2.5cm，喙粗长针状；小总苞长卵柱状；瘦果窄椭圆形，被白色长毛，稍外露	蜜源		四川、云南、西藏
3619	*Dipsacus fullonum* L.	起绒草	Dipsacaceae 川续断科	一年生草本；花单生或朵生叶叶腋；花冠白色或淡紫色，长约2.5cm	蜜源	欧洲	华北
3620	*Dipsacus japonicus* Miq.	续断	Dipsacaceae 川续断科	多年生草本；头状花序顶生，圆球形，直径1.5～3.2cm；花冠管长5～8毫毛，基部细管明显，长3～4mm，4裂，裂片不相等，外被白色柔毛；雄蕊4，着生在花冠管上，稍伸出花冠外	蜜源		全国各地均有分布
3621	*Dipteris chinensis* Christ	中华双扇蕨	Dipteridaceae 双扇蕨科	蕨类植物；根状茎木质，具狭钻状披针形鳞片，叶柄灰棕色或棕黄色，叶片纸质，二裂成相等的扇形	观赏	中国西藏、云南、贵州、广西	
3622	*Dipterocarpus retusus* Blume	盈江龙脑香	Dipterocarpaceae 龙脑香科	常绿大乔木；具芳香树脂，高约40～50m；叶长圆形；总状花序腋生，花瓣5，白色或粉红色，线状匙形；果实圆形或卵圆形	林木		云南盈江
3623	*Dipteronia dyeriana* Henry	云南金钱槭（辣子树，飞天子）	Aceraceae 槭树科	落叶乔木；高13m；叶对生，奇数羽状复叶，小叶9～13(～15)，纸质，卵状披针形；圆锥花序顶生；小坚果扁圆形	生态防护，观赏		云南（文山、蒙自）
3624	*Dipteronia sinensis* Oliv.	金钱槭（双轮果）	Aceraceae 槭树科	落叶小乔木；高5～15m；奇数羽状复叶，小叶卵状长圆形或长圆状披针形；圆锥花序，花白色，杂性，雄花与两性花同株；翅果	观赏，我国特有寡种		河南、陕西、甘肃、湖北、湖南、四川、贵州
3625	*Dischidia chinensis* Champion ex Bentham	眼树莲	Asclepiadaceae 萝藦科	附生性藤本；有乳汁；茎肉质，节上生根，无毛；叶对生，肉质，卵状椭圆形；聚伞花序腋生，花小，花冠坛状，黄白色；蓇葖果披针状圆柱形，种子顶端具白绢质种毛	观赏		广西、广东

（续）

序号	拉丁学名	中文名	所属科	特征及特性	类别	原产地	目前分布/种植区
3626	*Disporum cantoniense* (Lour.) Merr.	万寿竹（距花万寿竹）	Liliaceae 百合科	多年生草本；根状茎呈结节状，叶薄如纸，披针形、卵状或椭圆状披针形，伞形花序腋生，花钟状紫色	观赏	中国广东、广西、福建、台湾、安徽、湖南、湖北、陕西、四川、云南、贵州、西藏	
3627	*Distylium chinense* (Franch. ex Hemsl.) Diels	中华蚊母树	Hamamelidaceae 金缕梅科	常绿灌木；高1m；雄花穗状花序，无花柄，雄蕊2～7个，花丝纤细，花药卵圆形	观赏		湖北、四川
3628	*Distylium myricoides* Hemsl.	杨梅叶蚊母树	Hamamelidaceae 金缕梅科	常绿灌木或小乔木；叶革质，矩圆形或倒披针形，总状花序腋生，两性花位于花序顶端，与雄性花同在1个花序上，果有黄褐色星毛	观赏	中国四川、安徽、浙江、福建、江西、广东、广西	
3629	*Distylium racemosum* Siebold et Zucc.	蚊母树	Hamamelidaceae 金缕梅科	常绿小乔木；小枝略折曲，具星状鳞毛，叶互生，倒卵状长椭圆形，厚革质，总状花序腋生，无花被，华药红色	观赏	中国东南沿海	
3630	*Diuranthera major* Hemsl.	鹭鸶草	Liliaceae 百合科	多年生草本；叶基生，条形或舌状，总状花序，苞片披针形或三角状披针形，花常2～3簇生，白色，花被片6，具3～5脉	观赏	中国云南、四川、贵州	
3631	*Dobinea delavayi* (Baill.) Baill.	羊角天麻（九子不离母）	Anacardiaceae 漆树科	多年生亚灌木状草本；花小，单性，雄花序为聚伞圆锥状或聚伞总状花序；花瓣4（稀5），绿白色，匙形，基部具爪；雄蕊8（稀10），4个较长，花丝长约2mm，线形	药用		四川西南部、云南中部至西北部
3632	*Docynia delavayi* (Franch.) C. K. Schneid.	云南移㭎	Rosaceae 蔷薇科	常绿乔木；叶卵状披针形或披针形，花冠白色，梨果，卵形或长椭圆形	蜜源		云南
3633	*Docynia indica* (Wall.) Decne.	移㭎（红叶移㭎，桃夷）	Rosaceae 蔷薇科	半常绿或落叶小乔木；叶坚纸质，椭圆形或长圆状披针形，花白色，果黄色	观赏	中国四川、云南	
3634	*Dodartia orientalis* L.	野胡麻（多得草）	Scrophulariaceae 玄参科	多年生草本；茎具多回细长分枝，呈扫帚状；叶无柄，条形；总状花序顶生，花数朵疏离，花冠深红紫色或紫色；蒴果圆球形	药用		新疆、甘肃、内蒙古、四川

（续）

序号	拉丁学名	中文名	所属科	特征及特性	类别	原产地	目前分布/种植区
3635	*Dodonaea viscosa* Jacquem.	车桑子（铁扫把，明子柴，坡柳）	Sapindaceae 无患子科	常绿乔本；叶椭圆状披针形至狭披针形；圆锥花序或总状花序，或退化为腋生花束；雌雄异株，花绿黄色；蒴果近圆形	有毒		西南、华南
3636	*Doellingeria scabra* （Thunb.） Nees	东风菜（山蛤芦，白云草）	Compositae （Asteraceae） 菊科	多年生草本；高 100～151cm；根状茎横卧；叶互生，心形或卵状三角形，背面灰白色；头状花序排成伞房状花序；瘦果	蔬菜，药用	中国	黑龙江、辽宁、湖南、湖北、浙江、江苏、广东、广西
3637	*Dolicholoma jasminiflorum* D. Fang et W. T. Wang	长檐苣苔	Gesneriaceae 苦苣苔科	多年生草本；叶基生，狭卵形或椭圆形，两面被白色柔毛，聚伞花序，苞片条形，花萼钟状 5 裂达基部，花冠淡红色，外被长柔毛，二唇形	观赏	中国广西	
3638	*Dolichos tenuicaulis* Craib	麻里麻（大麻药，大豆荚）	Leguminosae 豆科	多年生草质藤本；茎三棱形；三出复叶，小叶菱形或卵圆形；总状花序腋生；花冠白色；荚果，种子具紫斑点	有毒		广东、云南
3639	*Dolichothele longimamma* （DC.） Britt. et. Rose	金星	Cactaceae 仙人掌科	多浆植物；株高约 10cm；疣突长 5～7cm；辐射刺 9～10，呈莲座状；中刺 1～3；花单生，漏斗状，柠檬黄色	观赏	墨西哥伊达尔戈州	
3640	*Dolichothele sphaerica* （Dietr.） Britt. et. Rose	八卦掌	Cactaceae 仙人掌科	多浆植物；茎近球形，基部长生小球，淡绿色；花生疣腋间，白色捎带红晕，漏斗状；花期 6～8 月	观赏	墨西哥北部、美国得克萨斯州	
3641	*Dolomiaea souliei* （Franch.） C. Shih	川木香（木香）	Compositae （Asteraceae） 菊科	多年生草本；根圆柱形，坚硬，不分枝，外皮褐色，茎极短；叶莲座状平铺地面；管状花，紫色	药用		四川、云南、西藏等
3642	*Donax canniformis* （G. Forst.） K. Schum.	竹叶蕉（戈燕）	Marantaceae 竹芋科	亚灌木状直立草本；茎具分枝，分枝基部有一舌状苞片；叶羽状脉明显，先端有一锐尖头，叶鞘抱茎；花成对；果平滑，不开裂	药用		台湾、广东、海南、广西、云南
3643	*Dontostemon dentatus* （Bunge） Ledeb.	花旗竿	Cruciferae 十字花科	二年生草本；被白色弯曲柔毛；茎高 15～50cm；叶椭圆状披针形；总状花序顶生，花瓣淡紫色；长角果长圆柱形	杂草		东北、华北、华东

（续）

序号	拉丁学名	中文名	所属科	特征及特性	类别	原产地	目前分布/种植区
3644	*Dopatrium junceum*（Roxb.）Buch.-Ham. ex Benth.	虻眼	Scrophulariaceae 玄参科	一年生草本；高8～25cm；叶对生，无柄，长圆形或宽条形；花小，腋生，在茎顶的成疏花总状花序，花冠淡红色；蒴果球形	杂草		华南、西南
3645	*Doritis pulcherrima* Lindl.	五唇兰（五舌兰）	Orchidaceae 兰科	附生兰；叶丛生，肉质，矩圆形，总状花序顶生，花紫红色，萼片和花瓣矩圆形，唇瓣5裂	观赏	中国广东、海南	
3646	*Doronicum altaicum* Pall.	阿尔泰多榔菊	Compositae（Asteraceae）菊科	多年生草本；头状花序，舌状花黄色，管状花花冠黄色；花期6～8月	观赏	中国新疆北部、内蒙古	
3647	*Doronicum stenoglossum* Maxim.	狭舌多榔菊	Compositae（Asteraceae）菊科	多年生草本；头状花序，花序梗短；舌状化淡黄色，管状花花冠黄色；花期7～9月	观赏	中国四川、云南、甘肃、青海、西藏	
3648	*Doronicum thibetanum* Cavill.	西藏多榔菊	Compositae（Asteraceae）菊科	多年生草本；茎和花序被黄褐色长柔毛，基生叶常凋落，具长柄，茎生叶密集或疏生，头状花序单生茎端，舌状花和管状花黄色，总苞半球形	观赏	中国西藏东南部、云南西北部、四川西部至西南部、青海	
3649	*Doronicum turkestanicum* Cavill.	中亚多榔菊	Compositae（Asteraceae）菊科	多年生草本；茎被疏短腺状毛，叶全缘或具疏短齿，基生叶有具翅的叶柄，茎生叶4～6枚，达茎之半或2/3，头状花序单生茎端，舌状花淡黄色，管状花深黄色	观赏	中国新疆北部、内蒙古西部	
3650	*Dorotheanthus gramineus*（Haw.）Schwant.	禾叶多萝花	Aizoaceae 番杏科	一年生近肉质草本，株高10cm；花生枝顶，径3cm，头状花序，花瓣基部一半白色，先端一半为玫瑰紫或桃红色	观赏		
3651	*Dovyalis hebecarpa*（Gardner）Warb.	锡兰莓	Flacourtiaceae 大风子科	常绿小乔木；高3～10m；叶卵形、椭圆状卵形或卵状长圆形至长椭圆状披针形；花单性，雌雄异株；浆果近球形	果树	斯里兰卡和热带南部非洲	台湾、广东、福建
3652	*Draba alpina* L.	高山葶苈	Cruciferae 十字花科	多年生丛生草本；高2～21cm；总状花序，开始密集，以后略伸长；花瓣淡黄色，狭倒卵形，顶端微凹，基部爪短狭；雄蕊长2.5～3mm，花丝宽条形，基部扩大，花药近四方形；雌蕊瓶状，子房椭圆形	观赏		

（续）

序号	拉丁学名	中文名	所属科	特征及特性	类别	原产地	目前分布/种植区
3653	*Draba eriopoda* Turcz.	毛葶苈	Cruciferae 十字花科	二年生草本；高 7～30cm；有星状毛、叉状毛和单毛；基生叶狭披针形；总状花序顶生，花瓣黄色；短角果狭卵形或披针形	药用		西藏、四川、甘肃、青海、新疆
3654	*Draba nemorosa* L.	葶苈	Cruciferae 十字花科	一年生草本；高 5～30cm；基生叶莲座状，茎生叶卵状披针形或长圆形，两面密生毛；总状花序顶生，花小，黄色；短角果	药用，饲用及绿肥		东北、华北、西北及江苏、浙江、湖北、四川
3655	*Dracaena angustifolia* Roxb.	长花龙血树	Liliaceae 百合科	常绿乔木状灌木；株高 3～5m；叶线形，全缘，无柄，细长下垂状，圆锥花序，花绿白色，1～3 朵簇生，顶生，浆果橙黄色	观赏	中国云南、海南	
3656	*Dracaena cambodiana* Pierre ex Gagnep.	海南龙血树	Liliaceae 百合科	常绿乔木状灌木；株高 3～5m；叶线形，全缘，无柄，细长下垂状，圆锥花序，花绿白色，3～7 朵簇生，顶生，浆果橙黄色	有毒，观赏	中国海南	
3657	*Dracaena cochinchinensis* (Lour.) S. C. Chen	剑叶龙血树（木血竭，龙血木）	Liliaceae 百合科	乔木；高 5～15m，树皮灰白色；叶聚生茎或枝顶端，互相套叠，剑形；圆锥花序，花序轴密生乳突状短柔毛，花两性，每 2～5 簇生，乳白色；浆果近球形	药用，观赏		广西、云南
3658	*Dracaena deremensis* Engler.	异味龙血树	Liliaceae 百合科	常绿灌木，茎干直立，高 5～15m；叶具银白色纵纹；圆锥花序，花小，白色，具 6 个苞片；果实橘红色，球形	观赏		
3659	*Dracaena elliptica* Thunb.	细枝龙血树	Liliaceae 百合科	常绿乔木状灌木；圆锥花序生于分枝顶端，花常单生，绿白色	观赏	中国广西	
3660	*Dracaena fragrans* (L.) Ker-Gawl.	香龙血树	Liliaceae 百合科	常绿乔木，高 6m；叶多聚生于干顶，长圆披针形，绿色或有变色条纹；圆锥花序顶生，花小，黄色，极香	观赏	非洲西部的加那利群岛	云南西双版纳、广东、福建
3661	*Dracaena godseffiana* Hort. ex Bak.	星点木	Liliaceae 百合科	常绿灌木；轮状分枝，茎细长；叶轮生，长椭圆形，浓绿色；总状花序，小花黄绿色，微香，花期 5 月	观赏	新几内亚、萨伊	

（续）

序号	拉丁学名	中文名	所属科	特征及特性	类别	原产地	目前分布/种植区
3662	*Dracaena goldieana* Hort. ex Bak.	虎斑龙血树	Liliaceae 百合科	常绿灌木；单干细长，叶卵形，具鲜绿色或银灰色斑点和不规则横条，如虎斑状	观赏	非洲和亚洲热带地区	
3663	*Dracaena marginata* Lem.	缘叶龙血树	Liliaceae 百合科	株高可达5m，花被片6，不同程度的合生，雄蕊6，花丝着生于裂片基部，下部贴生于花被筒，花药背着	观赏		
3664	*Dracaena sanderiana* Sander. ex M. T. Mast.	金边富贵竹	Liliaceae 百合科	常绿灌木；植株细长，直立，不分枝；叶长披针形，抱茎，浓绿色，无斑纹	观赏	加那利群岛及非洲和亚洲的热带地区	广东、福建、海南
3665	*Dracaena terniflora* Roxb.	矮龙血树	Liliaceae 百合科	多年生常绿藤本；肉穗花序，开淡黄色的冠状花，单性，雌雄异株；花被6，排成2轮；雄花雄蕊6，花药长锥形；雌花有不育雄蕊6，雌蕊1，瓶状，子房略呈卵状，密被鳞片，花柱短，柱头3深裂	观赏	中国云南	
3666	*Dracocephalum forrestii* W. W. Sm.	松叶青兰	Labiatae 唇形科	多年生直立草本；叶几无柄，倒卵圆形，羽状全裂，裂片2～3对，轮伞花序生于茎分枝上部5～10节，常具2花，花冠蓝紫色	观赏	中国云南西北部	
3667	*Dracocephalum heterophyllum* Benth.	白花枝子花	Labiatae 唇形科	茎在中部以下具长的分枝，高10～15cm；叶宽卵形至长卵形；轮伞花序生于茎上部叶腋，具4～8花，花冠白色；花期6～8月	蜜源		四川、青海、甘肃、山西、宁夏、内蒙古、新疆、西藏
3668	*Dracocephalum imberbe* Bunge	无髭毛建草	Labiatae 唇形科	多年生草本；茎四棱形，基出叶多数，圆卵形或肾形，边缘具圆形波状牙齿，轮伞花序头状，花冠蓝紫色，苞片疏被短毛及睫毛	观赏	中国新疆	
3669	*Dracocephalum integrifolium* Bunge	全叶青兰	Labiatae 唇形科	多年生草本；穗状轮伞花序顶生；萼管状，2唇形，5齿裂，当中1齿较大，每裂基部有小瘤状突起；花冠蓝色，2唇形，上唇弯拱有缺刻，下唇3裂；雄蕊4；小坚果平滑	蜜源		新疆北部

（续）

序号	拉丁学名	中文名	所属科	特征及特性	类别	原产地	目前分布/种植区
3670	*Dracocephalum moldavica* L.	香青兰（枝子花，摩眼子）	Labiatae 唇形科	一年生草本；高约 45cm，被倒向绒毛，轮伞花序，花冠淡蓝紫色，小坚果，矩圆形	蜜源		东北、华北、西北
3671	*Dracocephalum peregrinum* L.	龙头花	Labiatae 唇形科	多年生草本；花大，二唇形，单朵顶生，花茎中空，带红色；栅焰苞状总苞片红褐色；花期春季	观赏	墨西哥、危地马拉	
3672	*Dracocephalum rupestre* Hance	毛建草	Labiatae 唇形科	多年生草本；茎四棱形，常带紫色，基出叶多数，被白色长柔毛，三角状卵形，轮伞花序成头状，花冠蓝紫色，花萼被短柔毛和睫毛	观赏	中国辽宁、内蒙古、河北、山西、青海	
3673	*Dracocephalum tanguticum* Maxim.	甘青青兰	Labiatae 唇形科	多年生草本；有臭味，高 35～55cm；叶椭圆状卵形或椭圆形，羽状全裂；轮伞花序生于茎顶部 5～9 节上，常具 4～6 花，花冠紫蓝色至暗紫色	蜜源		甘肃、青海、四川、西藏
3674	*Dracontomelon duperreanum* Pierre	人面子（人面树，银稔）	Anacardiaceae 漆树科	常绿乔木；奇数羽状复叶互生，小叶 5～7 对，互生，长圆形，圆锥花序顶生或腋生，花白色	果树		广东、广西、云南、海南
3675	*Dracontomelon macrocarpum* H. L. Li	大果人面子（人面树）	Anacardiaceae 漆树科	乔木；高 18m；小枝灰褐色；奇数羽状复叶长达 50cm，叶轴和叶柄圆柱形；圆锥花序顶生；核果近球形，表面不规则凹陷；种子椭圆状三棱形	林木，观赏	中国云南南部	
3676	*Dregea sinensis* Hemsl.	苦绳（奶浆藤，隔山撬）	Asclepiadaceae 萝藦科	攀缘木质藤本；茎具皮孔；叶卵状心形或近圆形；伞形聚伞花序腋生；花萼 5 裂；花冠内紫外白；蓇葖果，种子扁平	有毒		华东、西南、西北及湖北、广西
3677	*Dregea volubilis*（L. f.）Benth. ex Hook. f.	南山藤（苦凉菜，苦菜藤）	Asclepiadaceae 萝藦科	粗壮藤本；茎具皮孔；叶对生，宽卵形或近圆形，长 8～15cm，宽 5～12cm；伞形聚伞花序，倒垂，着花多朵；花冠黄绿色，夜有清香；蓇葖果披针状圆柱形，长 12cm，宽 3cm	蔬菜，药用	中国	云南、贵州、广东、广西、台湾
3678	*Drosera burmannii* Vahl	锦地罗（落地金钱，丝线串铜钱，一朵芙蓉花）	Droseraceae 茅膏菜科	草本；叶莲座状密集，楔形或倒卵状匙形；花序花葶状，红色或紫红色，苞片戟形，花瓣 5，倒卵形，子房近球形；蒴果	药用，有毒		福建、台湾、广东、广西

（续）

序号	拉丁学名	中文名	所属科	特征及特性	类别	原产地	目前分布/种植区
3679	*Drosera rotundifolia* L.	圆叶茅膏菜	Droseraceae 茅膏菜科	多年生草本；花葶高 10～20cm，纤细，无毛；花序具 3～8 花；苞片小，钻形；花萼钟形，长约 4mm，深裂至中部，无毛，裂片狭卵形；花瓣 5，白色，匙形；雄蕊 5	观赏		
3680	*Dryas octopetala* var. *asiatica* (Nakai) Nakai	仙女木	Rosaceae 蔷薇科	常绿匍匐亚灌木；单叶互生，背面有白色茸毛，花单生直立，白色，雄蕊群金黄色，瘦果具宿存羽毛状花柱	观赏	中国新疆	
3681	*Drymaria cordata* (L.) Willd. ex Schult.	荷莲豆草（圆叶繁缕）	Caryophyllaceae 石竹科	一年生草本；茎匍匐，节处生不定根；叶对生，卵形或圆形，托叶针形；聚伞花序，花瓣 5，白色；蒴果卵圆形	药用		西南、华南及台湾
3682	*Drynaria fortunei* (Kunze) J. Smith	槲蕨（猴姜，爬岩姜，毛姜，碎补）	Drynariaceae 槲蕨科	多年生常绿草本；根状茎上密被钻状披针形鳞片；孢子叶从营养叶中抽出，有柄，宽大，羽状深裂，裂片互生；孢子囊群着生在叶背小脉交叉点上，呈橘黄色	观赏		华东、华南、西南及台湾、湖北、湖南
3683	*Drynaria laeta* (Kom.) C. Chr.	美丽鳞毛蕨	Drynariaceae 槲蕨科	多年生常绿草本；叶簇生，卵状矩圆形，草质，长 25～45cm，宽 10～25cm，幼时下端有鳞毛，老时光滑，三回羽裂	观赏，地被	东半球热带地区	
3684	*Dryopteris championii* (Benth.) C. Chr.	阔鳞鳞毛蕨	Dryopteridaceae 鳞毛蕨科	多年生常绿草本；根状茎斜升，密生深棕色或栗黑色披针形鳞片；叶簇生；叶柄长 25～50cm，深禾秆色，密生棕色阔披针形鳞片；叶片矩圆形，厚纸质	观赏，地被	中国华北及河南、湖南、湖北、广东、香港、广西、四川、贵州、云南、西藏，日本，朝鲜	
3685	*Dryopteris chinensis* (Baker) Koidz.	中华鳞毛蕨	Dryopteridaceae 鳞毛蕨科	多年生草本蕨；叶簇生，三至四回羽裂，基部一对羽叶最大三角形，其他小羽片卵状三角形	观赏	中国辽宁、河南、山东、江苏、安徽、浙江、江西	
3686	*Dryopteris crassirhizoma* Nakai	贯众（粗茎鳞毛蕨）	Dryopteridaceae 鳞毛蕨科	多年生草本；茎生有卵状披针形大鳞片；叶二回羽裂，倒披针形；孢子囊群生于叶片中部以上的羽片上；囊群盖圆肾形，棕色	有毒		东北、华北

（续）

序号	拉丁学名	中文名	所属科	特征及特性	类别	原产地	目前分布/种植区
3687	*Dryopteris filix-mas* （L.） Schott	欧洲鳞毛蕨（锦马）	Dryopteridaceae 鳞毛蕨科	多年生草本；与贯众极相似，所不同的是体形较小，裂片边缘锐裂成粗齿	有毒		新疆
3688	*Drypetes hainanensis* Merr.	海南核果木（娇芭公）	Euphorbiaceae 大戟科	常绿树种、乔木；高 7～20m；叶互生，近革质，长圆形或卵形，基部宽楔形或尖，表面绿色有光泽叶柄长 8～10mm，绿色或紫绿色；单性花，雌雄异株；雄花常多数簇生于叶腋；核果，近球形；种子近椭圆形	观赏	中国	海南、台湾
3689	*Drypetes perreticulata* Gagnep.	白梨么	Euphorbiaceae 大戟科	乔木；高 12～16m；雄花，近于无花梗，常 2～3 朵簇生于叶腋，基部具几枚小苞片；雄蕊月 25 枚，花丝稍宽而扁，基部稍扩大，花药长圆形，无退化雄蕊，雌花未见	果树		海南
3690	*Duabanga grandiflora*（Roxb. ex DC.）Walp.	八宝树	Lythraceae 千屈菜科	高大乔木；花 5～6 基数，开放时长 2.2～2.8cm；雄蕊极多数，2 行排列；子房半下位，6 或，室，每室有很多胚珠；蒴果高 3～4cm，直径 3.2～3.5cm，成熟时从顶部向下开成 6～9 枚果爿	林木，观赏	中国	广西、云南南部
3691	*Duchesnea indica* （Andrews） Focke	蛇莓（三叶蛇，蛇不见，三脚虎）	Rosaceae 蔷薇科	多年生草本；高 3～4.5cm；茎匍匐，铺地生长；三出复叶，小叶菱状卵形或倒卵形；花单生叶腋，花瓣黄色，花托半圆球形；瘦果	药用		全国各地均有分布
3692	*Dumasia cordifolia* Benth. ex Baker	心叶山黑豆	Leguminosae 豆科	缠绕小藤本；三出复叶，小叶近心形，长 1～3cm，宽 1.2～2.8cm，两面无毛；花冠淡黄色，长 1.2～1.5cm；荚果倒披针形	饲用及绿肥		四川、云南
3693	*Dumasia forrestii* Diels	雀舌豆（小鸡藤）	Leguminosae 豆科	缠绕草本；全株无毛；小叶卵形，先端圆，两面无毛；总状花序，花密集，淡黄色，苞片与小苞片各 2 枚，具纵脉纹，宿存	饲用及绿肥		贵州、四川、云南、西藏
3694	*Dumasia villosa* DC.	柔毛山黑豆（爬地麻，瘦骨豆）	Leguminosae 豆科	缠绕状草质藤本；顶生小叶卵形，宽 2～3（～5）cm，基部圆形；苞片与小苞片刚毛状；荚果长椭圆形；种子 3～4 粒	饲用及绿肥		陕西、甘肃、湖北、四川、云南

（续）

序号	拉丁学名	中文名	所属科	特征及特性	类别	原产地	目前分布/种植区
3695	*Dunbaria podocarpa* Kurz	长柄野扁豆	Leguminosae 豆科	多年生缠绕藤本；顶生小叶菱形，长与宽约3～4cm，两面密被灰色柔毛；子房具柄；荚果密被灰色柔毛，果颈长1.5～1.7cm	饲用及绿肥		江西、福建、海南、四川、云南
3696	*Dunbaria rotundifolia*（Lour.）Merr.	圆叶野扁豆	Leguminosae 豆科	多年生缠绕藤本；顶生小叶圆菱形，长1.5～2.7cm，两面微被短柔毛；花1～2朵腋生，子房无柄；荚果无果颈	饲用及绿肥		四川、广东、江苏、海南
3697	*Dunbaria villosa*（Thunb.）Makino	毛野扁豆	Leguminosae 豆科	多年生缠绕草本；被锈色腺点；三出羽状复叶，顶生小叶近菱形；总状花序腋生，有2～7花，花冠黄色，子房基部有杯状腺体；荚果线形	药用，经济作物（油料类）		安徽、江苏、浙江、江西、湖南、广东、广西、贵州
3698	*Dunnia sinensis* Tutcher	绣球茜	Rubiaceae 茜草科	直立灌木；叶对生，长椭圆状倒披针形；伞房状聚伞花序顶生，花黄色，萼管陀螺形，花冠狭钟形，裂片5，镊合状排列；蒴果近球形	药用，观赏		广东
3699	*Duranta erecta* L.	假连翘	Verbenaceae 马鞭草科	常绿灌木或小乔木；高1.5～3m；总状花序顶生或腋生，花萼管状花冠昌蓝紫色；花果期5～10月，南方可为全年	观赏	南美洲	我国南部
3700	*Durio zibethinus* Rumph. ex Murray	榴莲（韶子，榴连）	Bombacaceae 木棉科	常绿乔木；高可达25m；叶片长圆形，有时倒卵状长圆形；聚伞花序，簇生于茎上或大枝上；花瓣黄白色；蒴果椭圆状，淡黄色或黄绿色	果树	印度尼西亚	广东、海南
3701	*Duvalia elegans*（Mass.）Haw.	玉牛角	Asclepiadaceae 萝藦科	多年生肉质草本，匍匐，茎屈折；花似蜡质，褐色，茎短而粗，4～6棱，棱缘有排列很稀的齿；花着生在新茎上	观赏		
3702	*Dyckia altissima* Ldl.	高茎十雀舌兰	Bromeliaceae 凤梨科	多年生常绿草本；叶蜡质，硬，边缘具褐色刺；花暗橘黄色，长于花苞片；花丝上部联合	观赏	巴西	
3703	*Dyckia brevifolia* Bak.	十雀舌兰	Bromeliaceae 凤梨科	多年生常绿草本；叶莲座状簇生，肥厚，质硬，外部叶反曲，先端尖刺，雀舌状；总状花序，有花30～40朵，橘黄色；雄蕊短于花瓣，花丝上部分离；花期春夏	观赏	巴西	

（续）

序号	拉丁学名	中文名	所属科	特征及特性	类别	原产地	目前分布/种植区
3704	*Dyckia rariflora* Schult.	疏花雀舌兰	Bromeliaceae 凤梨科	多年生常绿草本；叶长 3cm，下面色浅；花序单生，花橙色或火焰色；雄蕊短于花瓣，花丝上部分离	观赏	阿根廷、乌拉圭	
3705	*Dypsis lutescens*（H. Wendl.）Beentje et Dransf.	散尾葵	Palmae 棕榈科	从生型常绿灌木；株高 7～8m，肉穗花序圆锥状，生于叶鞘上，金黄色，花期 3～4 月	观赏	马达加斯加	我国南方
3706	*Dysolobium pilosum*（Klein ex Willd.）Maréchal	毛豇豆	Leguminosae 豆科	一年生缠绕草本；羽状复叶具 3 小叶；总状花序腋生，花冠紫色；荚果线状圆柱形	饲用及绿肥		台湾南部
3707	*Dysosma aurantiocaulis*（Hand. -Mazz.）Hu	多花八角莲	Berberidaceae 小檗科	多年生草本；花瓣 6，倒卵形或近圆形，先端圆形；雄蕊 6，花丝扁平，较花药短，花药顶端圆钝，药隔先端不延伸；雌蕊长约 8mm，子房近圆球形，花柱短，柱头盘状，边缘皱波状；浆果近球形	有毒		湖南
3708	*Dysosma pleiantha*（Hance）Woodson	八角莲（旱八角，叶下花）	Berberidaceae 小檗科	多年生草本；根茎横卧，茎直立；茎生叶 2 片，盾状亚圆形；花 5～8 朵簇生于两茎生叶柄的交叉处，紫红色；浆果	有毒		我国南部、西南部及东南部
3709	*Dysosma tsayuensis* Ying	西藏八角莲	Berberidaceae 小檗科	多年生草本；茎生 2 对生叶，纸质，圆形，两面被短伏毛，叶片 5～7 深裂，花 2～6 朵簇生叶柄交叉处，花瓣 6 白色，倒卵状椭圆形，浆果红色	观赏	中国西藏	
3710	*Dysosma veitchii*（Hemsl. et E. H. Wilson）Fu et Ying	川八角莲	Berberidaceae 小檗科	多年生草本；叶 2 枚，盾状，轮廓近圆形；伞形花序具 2～6 朵花，着生 2 叶柄交叉处，花瓣 6，紫红色；浆果椭圆形	药用，有毒		四川、贵州、云南
3711	*Dysosma versipellis*（Hance）M. Cheng	八角莲	Berberidaceae 小檗科	多年生草本；高 10～20cm；茎生叶常为 2，盾状，边缘有针刺状细齿；花两性，簇生于茎叶叶柄的交叉处，花瓣 6，紫红色；浆果长圆形	药用		西南、华中、华东及陕西、广西

（续）

序号	拉丁学名	中文名	所属科	特征及特性	类别	原产地	目前分布/种植区
3712	*Dysoxylum gotadhora* (Buch.-Ham.) Mabberley	红果樫木	Meliaceae 楝科	常绿乔木；高 20m；圆锥花序腋生，远短于叶，分枝短，被粉状微柔毛；花萼革质，杯状，4 浅裂，裂片三角形；花瓣 4，黄色；花期 3～4 月	观赏	中国龙陵、景东、普文、西双版纳和金平	广东、海南
3713	*Dysoxylum hongkongense* (Tutch.) Merr.	鸡实椤（香港坚木，合椤，假森木）	Meliaceae 楝科	常绿树种、乔木；高 25m；叶互生，羽状复叶，有小叶 10～16 枚；小叶薄革质或低质，对生或互生，长椭圆形，先端钝或阔短渐尖，基部极偏斜；侧脉每边 8～12 条；两性花，小，圆锥花序，黄褐色；蒴果，球形或近梨形，3 瓣裂	观赏	中国	海南、广东、广西、云南
3714	*Dysphania ambrosioides* (L.) Mosyakin et Clemants	土荆芥（臭草，鹅脚草）	Chenopodiaceae 藜科	一年生草本；具强烈气味；叶片长圆状披针形；穗状花序腋生；花绿色，两性或单性；胞果	有毒	热带美洲	长江以南各地
3715	*Dysphania aristata* (L.) Mosyakin et Clemants	刺藜（刺穗藜）	Chenopodiaceae 藜科	一年生草本；高 15～40cm；茎多分枝，具条纹；叶披针形或线形；二歧聚伞花序，最末端分枝针刺状，花两性，单生；胞果圆形	药用		东北、华北、西北及四川、江苏
3716	*Dysphania schraderiana* (Roem. et Schult.) Mosyakin et Clemants	菊叶香藜（臭藜）	Chenopodiaceae 藜科	一年生草本；高 20～60cm；全株疏生腺毛，具特殊芳香气味；叶具长柄，长圆形；二歧聚伞花序，花小，两性；胞果扁球形	杂草		西北、西南及辽宁、内蒙古、山西
3717	*Ecdysanthera aquea* Burn. F	水连雾	Myrtaceae 桃金娘科	常绿灌木或小乔木，高 3～10m；花序顶生，花 3～7，花白色，长 2.5～3.5cm，花瓣 4，雄蕊多数；浆果，红白色，果皮半透明	果树	马来西亚	台湾
3718	*Echeveria elegans* Rose	美丽石莲花	Crassulaceae 景天科	多浆植物；叶卵形，先端厚，蓝绿色，被白粉；叶缘略呈红色；花序顶部弯曲，小花铃状，1～1.2cm，黄色	观赏	墨西哥伊达尔戈州	
3719	*Echeveria glauca* Bak.	石莲花	Crassulaceae 景天科	多浆植物；叶倒卵形或近圆形，蓝灰色，无叶柄；花葶高 20～30cm，着花 8～12 朵，总状单岐聚伞花序；花外面粉红或红色，里面黄色；花期 6～8 月	观赏	墨西哥	

（续）

序号	拉丁学名	中文名	所属科	特征及特性	类别	原产地	目前分布/种植区
3720	*Echeveria leucotricha* J. Purp.	白毛莲花掌	Crassulaceae 景天科	多浆植物；多分枝，叶厚，披针形或椭圆形；圆锥花序穗状，花基部黄色，上部红色，边缘橘红色；花期冬末	观赏	墨西哥南部	
3721	*Echeveria pulvinata* Rose	绒毛掌	Crassulaceae 景天科	多浆植物；茎直立，全株密生棕褐色绒毛；叶片厚，卵状披针形，基部匙形，全缘，边缘及顶端红色；单侧聚伞花序，小花钟状，猩红色；花期1～3月	观赏	墨西哥	
3722	*Echeveria rosea* Lindl.	紫莲	Crassulaceae 景天科	多浆植物；叶15～30，常散生，基部圆柱形；总状花序，小花6～15朵，花萼红色，花冠浅黄色；花期春末	观赏	墨西哥东部	
3723	*Echeveria secunda* W. B. Booth.	八宝掌	Crassulaceae 景天科	多浆植物；叶密生枝顶，莲座状，叶片厚，倒卵形或狭倒卵形，亮绿色；花葶腋生，单侧聚伞花序，花冠红色，裂片带黄色；花期夏季	观赏	墨西哥	
3724	*Echidnopsis cereiformis* Hook. f.	柱状苦瓜掌	Asclepiadaceae 萝藦科	多浆植物；茎高15～30cm，6～20棱，棱又横分为六角状瘤块；花着生茎端，集生，内轮裂片反卷	观赏	非洲热带地区和阿拉伯地区	
3725	*Echinacea purpurea* Moench.	紫松果菊	Compositae（Asteraceae）菊科	多年生草本；头状花序单生枝顶，总苞5层，苞片披针形，革质，端尖刺状；舌状花一轮，瓣端2～3裂，淡粉、洋红色至紫红色；管状花深褐色，盛开时橙红色，突起；花期6～7月	观赏	美国中部地区	
3726	*Echinocactus grandis* Rose	弁庆	Cactaceae 仙人掌科	多浆植物；近球形至矮圆柱状；刺直立，淡黄色；花黄色	观赏	墨西哥南部	
3727	*Echinocactus grusonii* Hildm.	金琥	Cactaceae 仙人掌科	多浆植物；花钟形，长4～6cm，黄色，外瓣内侧带褐色；花期6～10月	观赏	墨西哥中部	
3728	*Echinocactus horizonthalonius* Lem.	太平球	Cactaceae 仙人掌科	多浆植物；花浅粉色；花瓣中央有深红条纹；花大，色美，但生长较慢	观赏	美国得克萨斯州西部、新墨西哥州	

（续）

序号	拉丁学名	中文名	所属科	特征及特性	类别	原产地	目前分布/种植区
3729	*Echinocactus polycephalus* Engelm. et Bigel.	大龙冠	Cactaceae 仙人掌科	多浆植物；株高 30～70cm；植株丛生；茎球形或短柱形，具 13～21 棱；刺座生于棱脊突起处；辐射刺 6～10；中刺 4，淡红色；花红色	观赏	美国犹他州、亚利桑那州	
3730	*Echinocactus xeranthemoides* (J. Coult.) Rydb.	龙女冠	Cactaceae 仙人掌科	多浆植物，球体比大龙冠（*E. polycephalus*）小，但刺多，并且茎部容易孳生小球；幼株的刺为鲜艳的红色	观赏	美国犹他州、亚利桑那州	
3731	*Echinocereus blanckii* (Poselg.) Rmpler	玄武	Cactaceae 仙人掌科	多浆植物；花着生柱顶，阔漏斗形，堇紫色，白天开放；花期春夏季	观赏	美国得克萨斯州、新墨西哥州	
3732	*Echinocereus delaetii* Cürke	老人掌（翁锦）	Cactaceae 仙人掌科	多浆植物，植株群生，茎直立，高 30cm，直径 3.5～5cm，直棱多而不明显；花大 6cm，漏斗状，淡紫色	观赏	墨西哥北部	
3733	*Echinocereus pectinatus* (Scheidw.) Engelm.	三光球	Cactaceae 仙人掌科	多浆植物；幼株球形，老株圆柱状；花粉红色，花大，色美；花期春季	观赏	美国亚利桑那州、得克萨斯州、新墨西哥州	
3734	*Echinocereus pentalophus* (Mart.) K. Schum.	鹿角柱	Cactaceae 仙人掌科	为多年生肉质植物；茎柱状、匍匐生长，长约 12cm，直径 2cm，具棱 6 条，有辐射刺；花喇叭形、紫红色	观赏	美国得克萨斯州南部、墨西哥	
3735	*Echinochloa caudata* Roshev.	长芒稗	Gramineae (Poaceae) 禾本科	秆高 1～2m；叶片线形，两面无毛，边缘增厚而粗糙；圆锥花序稍下垂，分枝密集，常再分小枝；小穗卵状椭圆形，常带紫色	杂草		华东、华北及黑龙江、吉林、新疆、湖南、四川、贵州及云南
3736	*Echinochloa colona* (L.) Link	光头稗子（芒稷）	Gramineae (Poaceae) 禾本科	一年生草本；茎高 15～61cm；叶线形或披针形；圆锥花序狭窄，分枝为穗形总状花序，小穗卵圆形，无芒；谷粒椭圆形	饲用及绿肥		华东、华南、西南及新疆
3737	*Echinochloa crusgalli* (L.) P. Beauv.	稗（稗子）	Gramineae (Poaceae) 禾本科	一年生草本；秆高 40～120cm；叶条形；圆锥花序尖塔形，分枝为穗形总状花序，小枝上有小穗 4～7 个，具芒；颖果椭圆形	饲用及绿肥，经济作物（特用类）	欧洲、印度、中国	我国水稻种植区均有分布

（续）

序号	拉丁学名	中文名	所属科	特征及特性	类别	原产地	目前分布/种植区
3738	*Echinochloa crusgalli* var. *mitis* (Pursh) Peterm.	无芒稗	Gramineae (Poaceae) 禾本科	秆高 50～120cm，直立，粗壮；叶片长 20～30cm；圆锥花序直立，分枝斜上举而开展，常再分枝；小穗卵状椭圆形，无芒或具极短芒	杂草		东北、华北、西北、华东、西南及华南
3739	*Echinochloa cruspavonis* (Kunth) Schultes	孔雀稗	Gramineae (Poaceae) 禾本科	一年生草本；高 120～180cm；叶线形；圆锥花序下垂，小穗卵状披针形，具芒；颖果椭圆形	杂草		河南、安徽、江苏、湖南、福建、广东、海南
3740	*Echinochloa esculenta* (A. Braun) H. Scholz	紫穗稗	Gramineae (Poaceae) 禾本科	秆粗壮，高 90～150cm；叶扁平，线形，边缘增厚呈皱波纹；圆锥花序直立，紧密，小穗倒卵形或倒卵状椭圆形，第一外稃顶端尖或具芒；花果期 8～10 月	饲用及绿肥，粮食		贵州
3741	*Echinochloa frumentacea* Link	湖南稷子	Gramineae (Poaceae) 禾本科	秆粗壮，高 100～150cm，径 5～10mm；叶鞘光滑无毛；叶舌缺；叶片扁平，线形；圆锥花序直立；小穗卵状椭圆形或椭圆形，绿白色，无芒	绿肥及饲草，粮食		河南、安徽、台湾、四川、广西、云南
3742	*Echinochloa glabrescens* Kossenko	硬稃稗	Gramineae (Poaceae) 禾本科	秆高 50～120cm；花序分枝不再分小枝，小穗长 3～3.5mm，第一颖长为小穗的 1/3～1/2，第二外稃革质，光滑	饲用及绿肥		江苏、四川、广西
3743	*Echinochloa oryzoides* (Ard.) Fritsch	水田稗	Gramineae (Poaceae) 禾本科	秆粗壮直立，高达 1m；叶扁平，线形；圆锥花序，小穗卵状椭圆形，第一颖三角形，第二颖长于小穗；鳞被 2，膜质，折叠；花果期 7～10 月	杂草		河北、江苏、安徽、台湾、广东、贵州、云南、西藏、新疆
3744	*Echinochloa zelayensis* (Kunth) Schultes	西来稗	Gramineae (Poaceae) 禾本科	秆高 50～75cm；叶片长 5～20cm；圆锥花序直立，分枝上不在分枝；小穗卵状椭圆形，顶端具小尖头而无芒，脉上无疣基毛，但疏生硬刺毛	杂草		华北、华东、西北、华南及西南各省份
3745	*Echinofossulocactus albatus* (A. Dietr) Britt. et Rose	雪溪	Cactaceae 仙人掌科	植株单生；球顶部交叉的刺往往最长；顶部开花，白色，漏斗形，长 2cm	观赏	墨西哥	

（续）

序号	拉丁学名	中文名	所属科	特征及特性	类别	原产地	目前分布/种植区
3746	*Echinofossulocactus multicostatus*（Hildm.）Britt. Et Rose	多棱球	Cactaceae 仙人掌科	多浆植物；具棱80～100，棱极薄，呈波状，每棱上有2个刺座；刺6～9，黄色，后变灰色；花着生在球体顶部，钟形，白色，有紫色脉；果具纸质鳞片，纵裂；春季开花种子黑色	观赏	墨西哥	
3747	*Echinofossulocactus phyllacanthus*（Mart.）Lawr.	太刀岚	Cactaceae 仙人掌科	单茎节肉质球状植物；花常数朵顶生于茎节中央，白色，中央有一淡紫色条	观赏	墨西哥中部	
3748	*Echinops gmelinii* Turcz.	沙蓝刺头	Compositae（Asteraceae）菊科	一年生草本；茎单生，高10～90cm；叶互生，无柄，线形或线状披针形；复头状花序球形，花冠檐白色或蓝色；瘦果倒圆锥形	杂草		东北、西北、华北及河南
3749	*Echinops latifolius* Tausch	蓝刺头（单州漏卢）	Compositae（Asteraceae）菊科	多年生草本；茎直立坚硬；叶羽状分裂；花单生，每一花外具小总苞，全部花聚成一稠密圆球状花序；瘦果	观赏		东北、华北及甘肃、陕西、山东、河南
3750	*Echinops ritro* L.	硬叶蓝刺头	Compositae（Asteraceae）菊科	多年生草本；茎枝白色或灰白色，被蛛丝状绵毛，叶革质，两面异色，复头状花序单生枝端，小花蓝色，5深裂，花冠外有腺点，总苞片龙骨状	观赏	中国新疆	
3751	*Echinopsis calochlora* K. Schum.	金盛球	Cactaceae 仙人掌科	多浆植物；细锥状黄褐色周刺4～5枚，长1.5～2cm；红褐色中刺1枚，长2～2.5cm；侧生白色漏斗状花，花径8～9cm	观赏	巴西	
3752	*Echinopsis oxygona*（Link）Zucc.	旺盛球	Cactaceae 仙人掌科	多浆植物，球状至长球状，单生或基部出仔球，群生，群生株的直径可大至30cm；花长22cm，长漏斗形，淡红色，从晚上开到次日中午	观赏	巴西南部	
3753	*Echinopsis tubiflora*（Pfeiff.）Zucc.	仙人球	Cactaceae 仙人掌科	幼株球形，老株圆筒状，高约75cm，径12～15cm；花生于球体侧方，喇叭状、白色，长约24cm，径约10cm	观赏	阿根廷、巴西南部的干旱草原	
3754	*Echium lycopsis* L.	地中海蓝蓟	Boraginaceae 紫草科	一年生直立草本；头状花序生茎枝顶端，花红色至蓝紫色，夏秋季开花；瘦果圆柱形，褐色	观赏	俄罗斯高加索山区	

（续）

序号	拉丁学名	中文名	所属科	特征及特性	类别	原产地	目前分布/种植区
3755	*Echium vulgare* L.	蓝蓟	Boraginaceae 紫草科	二年生草本；高约 100cm，花冠紫蓝色，斜漏斗状，小坚果，卵形，有疣状突起	蜜源		新疆、北京及南京等城市都有栽培
3756	*Eclipta prostrata*（L.）L.	鳢肠（墨旱莲）	Compositae（Asteraceae）菊科	一年生草本；具褐色水汁；茎节处生根；叶椭圆状披针形；头状花序有梗，外围花舌状，白色，雌性；中央花管状，黄色，两性；瘦果黑褐色	药用，经济作物（橡胶类）		几乎遍布全国
3757	*Edgeworthia chrysantha* Lindl.	结香（黄瑞香，打结花）	Thymelaeaceae 瑞香科	落叶灌木；叶互生，长椭圆形，常簇生枝顶，假头状花序，花黄色；核果状如蜂窝	观赏	中国长江流域以南各省份及河南、陕西、西南	广东、云南、广西及华东区
3758	*Edgeworthia gardneri*（Wall.）Meisn.	滇结香	Thymelaeaceae 瑞香科	落叶灌木；叶互生，花黄色有浓香，先叶开放，头状花序有 40～50 朵聚生枝顶，下垂；花期 3 月	观赏	中国云南、四川、西藏	
3759	*Ehretia acuminata*（DC.）R. Br.	厚壳树（柿叶树）	Boraginaceae 紫草科	半常绿乔木；高 5～15m，叶倒卵形至长椭圆形，花序圆锥状顶生或腋生，花冠白色，芳香；核果球形，熟时橙色	蜜源		自云南及华南至河南、山东，台湾也有
3760	*Ehretia dicksonii* Hance	粗糠树	Boraginaceae 紫草科	落叶乔木；高约 15m；叶宽椭圆形或倒卵形；聚伞花序顶生，呈伞房状或圆锥状，花冠筒状钟形，白色至淡黄色；核果黄色，近球形	蜜源		西南、华南、华中及台湾、陕西、甘肃、青海
3761	*Eichhornia crassipes*（Mart.）Solms	凤眼莲（水葫芦，凤眼兰，水浮莲）	Pontederiaceae 雨久花科	浮水草本；叶基生，莲座式排列；叶卵形或圆形；花葶单生，多棱角；花多数成穗状花序；蒴果卵形	饲用及绿肥	南美洲	南方各地普遍分布
3762	*Elaeagnus angustata*（Rehder）C. Y. Chang	窄叶木半夏	Elaeagnceae 胡颓子科	落叶直立灌木；高 2～4m；叶纸质或膜质，初生叶椭圆形，后生叶披针形或矩圆状披针形；花淡白色；果实椭圆形	果树		四川西部和西南部
3763	*Elaeagnus angustifolia* L.	沙枣（桂香柳，银柳）	Elaeagnceae 胡颓子科	叶椭圆状披针形；花两性，1～3 朵腋生，黄色；花被筒钟状，上端 4 裂；雄蕊 4；花柱顶端常呈环状弯曲；椭圆形果	生态防护，有毒，果树	中国	东北、华北及西北

（续）

序号	拉丁学名	中文名	所属科	特征及特性	类别	原产地	目前分布/种植区
3764	*Elaeagnus argyi* H. Lév.	佘山胡颓子	Elaeagnceae 胡颓子科	落叶或常绿灌木；幼枝密被淡黄白色鳞片，老枝灰黑色，叶大小不等，发于春季的为小型叶，秋季的为大型叶，叶背银白色，散生褐色鳞片，花淡黄色或土黄色，被银白色和淡黄色鳞片；果橘红色	果树		长江流域各省份
3765	*Elaeagnus bockii* Diels	长叶胡颓子	Elaeagnceae 胡颓子科	常绿直立灌木；高约 2m，花银白色，花被筒钟形，果实矩圆形，被银色鳞片，成熟时红色	果树		四川、贵州
3766	*Elaeagnus conferta* Roxb.	密花胡颓子（羊奶果）	Elaeagnceae 胡颓子科	常绿攀缘灌木；叶椭圆形；伞形短总状花序，小花银白色，每花具一小苞片，萼筒钟形，花柱直立；果实长椭圆形	果树，有毒		云南、海南、广西
3767	*Elaeagnus gaudichaudiana* Schlecht	海南胡颓子	Elaeagnceae 胡颓子科	攀缘状灌木；花单生于叶腋，或着生于比叶柄长的腋生腋生短枝上，下垂；花柱曲折，比雄蕊高，雄蕊近于无花丝	果树		海南
3768	*Elaeagnus glabra* Thunb.	蔓胡颓子（甜棒锤，牛奶子，抱君子）	Elaeagnceae 胡颓子科	常绿灌木；高 5m；叶互生，革质或薄革质，卵状椭圆形；花下垂，淡白色，密被锈色鳞片，3～7 朵生叶腋组成短总状花序；果圆柱形	药用		河南及长江流域各省份，南达广东、台湾
3769	*Elaeagnus gonyanthes* Benth.	角花胡颓子	Elaeagnceae 胡颓子科	常绿攀缘灌木；长达 4m 以上；叶革质，椭圆形或矩圆状椭圆形；花白色，被银白色和散生褐色鳞片；果实阔椭圆形或倒卵状阔椭圆形	果树		湖南南部、广东、广西、云南
3770	*Elaeagnus grijsii* Hance	多毛羊奶子	Elaeagnceae 胡颓子科	落叶或半常绿直立或蔓状小灌木；高 2m；叶纸质或膜质，卵形或宽卵形；花褐色；果实窄长椭圆形	果树		福建
3771	*Elaeagnus guizhouensis* C. Y. Chang	贵州羊奶子	Elaeagnceae 胡颓子科	落叶或半常绿直立灌木；高 2m；叶纸质，阔椭圆形；花淡褐白色，伞形总状花序；果实未见	果树		贵州江口
3772	*Elaeagnus henryi* Warb. ex Diels	宜昌胡颓子（红鸡踢香）	Elaeagnceae 胡颓子科	常绿灌木；高 3～5m；叶互生、叶片革质或厚革质，宽椭圆形或倒卵状椭圆形；花银白色，质厚，密被鳞片，1～5 朵簇生于叶腋的短枝上组成短总状花序；果实长圆形，淡黄白色或黄褐色，成熟时红色	药用		长江中下游及福建、广东、广西、贵州、云南及陕西

（续）

序号	拉丁学名	中文名	所属科	特征及特性	类别	原产地	目前分布/种植区
3773	*Elaeagnus jiangxiensis* C. Y. Chang	江西羊奶子	Elaeagnceae 胡颓子科	落叶或半常绿直立灌木；高 2m；叶厚纸质，卵形；花白色；幼果长椭圆形	果树		江西
3774	*Elaeagnus jingdonensis* C. Y. Chang	景东羊奶子	Elaeagnceae 胡颓子科	落叶或半常绿直立灌木；高 2～3m；叶纸质，阔椭圆形或宽卵状椭圆形；花白色；果实椭圆形，褐色	果树		云南
3775	*Elaeagnus lanceolata* Warb.	披针叶胡颓子	Elaeagnceae 胡颓子科	常绿灌木；高 1～4m；叶革质，披针形或椭圆状披针形；花淡黄白色，常 3～5 朵簇生叶腋成短总状花序，密被锈色或银白色鳞片；果实椭圆形	果树		广西、云南、湖北、贵州、四川
3776	*Elaeagnus loureirii* Champion	鸡柏紫藤（南胡颓子）	Elaeagnceae 胡颓子科	常绿直立或攀缘灌木；高 2～3m；叶椭圆形至长椭圆形或卵状椭圆形至披针形；花褐色或锈色；果实椭圆形，被褐色鳞片	果树		广东、广西、云南、江西
3777	*Elaeagnus macrantha* Rehder	大花胡颓子	Elaeagnceae 胡颓子科	常绿直立灌木；高 2～3m；叶椭圆形或椭圆状矩圆形；花白色，被银白色鳞片；果未见	果树		云南南部
3778	*Elaeagnus macrophylla* Thunb.	大叶胡颓子	Elaeagnceae 胡颓子科	常绿灌木；高 2～3m；花白色，被鳞片，略开展；花梗银白色或淡黄色；花期 9～10 月	观赏	中国山东、江苏、浙江的沿海岛屿、台湾	
3779	*Elaeagnus magna* (Servett.) Rehder	银果牛奶子（银果胡颓子）	Elaeagnceae 胡颓子科	落叶灌木；高 1～3m；花白色，被鳞片，1～3 朵生新枝基部；花被筒管状，长 8～10mm，裂片 4，卵形或卵状三角形，长 3～4mm，内侧黄色；雄蕊 4；花柱被星状柔毛	果树		江西、湖北、广东、湖南、广西、四川、贵州
3780	*Elaeagnus micrantha* C. Y. Chang	小花羊奶子	Elaeagnceae 胡颓子科	落叶或半常绿直立灌木；高 2～3m；叶纸质，椭圆形或倒披针形；花小，淡褐色，伞形总状花序；果实未见	果树		云南嵩明
3781	*Elaeagnus mollis* Diels	翅油果树	Elaeagnceae 胡颓子科	落叶乔木；高 11m；花两性，淡黄绿色，1～3 花生于新枝基部叶腋，花梗长 3～4mm；无花瓣；雄蕊 4，花丝短；子房上位，纺锤形，1 室，含 1 枚胚株，花柱细长，有绒毛，柱头头状	林木，蜜源	中国	全国各地均有分布

（续）

序号	拉丁学名	中文名	所属科	特征及特性	类别	原产地	目前分布/种植区
3782	*Elaeagnus multiflora* Thunb.	木半夏（多花胡颓子）	Elaeagnceae 胡颓子科	落叶灌木；小枝红褐色，叶椭圆形至披针形，背面银色，有褐色鳞毛，花黄白色，果红色	果树	中国东部	甘肃、陕西
3783	*Elaeagnus nanchuanensis* C. Y. Chang	南川牛奶子	Elaeagnceae 胡颓子科	落叶直立灌木；高达5m；叶纸质，阔椭圆形或倒披针状椭圆形；花褐色或淡黄褐色；果实椭圆形，成熟时红色	果树		四川南部、贵州北部
3784	*Elaeagnus oldhamii* Maxim.	福建胡颓子	Elaeagnceae 胡颓子科	常绿直立灌木；高1～2m；叶倒卵形或倒卵状披针形；花淡白色，被鳞片，数花簇生于叶腋极短小枝上成短总状花序；果实卵圆形	果树		台湾、福建、广东
3785	*Elaeagnus oxycarpa* Schltdl.	尖果沙枣	Elaeagnceae 胡颓子科	落叶乔木或小乔木；高5～20m；叶窄矩圆形至线状披针形；花白色，略带黄色；果实球形或近椭圆形，乳黄色至橙黄色，具有白色鳞片	果树		新疆、甘肃
3786	*Elaeagnus pungens* Thunb.	胡颓子（蒲颓子，半含春）	Elaeagnceae 胡颓子科	常绿灌木；叶椭圆形或阔椭圆形；花两性，白色或淡白色，萼筒圆筒形或漏斗状圆筒形，在子房上骤收缩，子房上位；浆果状核果	药用，有毒		长江流域以南各省份
3787	*Elaeagnus stellipila* Rehder	星毛羊奶子	Elaeagnceae 胡颓子科	落叶或部分冬季残存的散生灌木；高2m许；叶纸质，宽卵形或卵状椭圆形；花淡白色；果实长椭圆形或矩圆形，成熟时红色	药用		江西、湖北、湖南、四川、云南、贵州
3788	*Elaeagnus umbellata* Thunb.	牛奶子（剪子果，甜枣）	Elaeagnceae 胡颓子科	落叶灌木；叶卵状椭圆形或倒卵状披针形；花黄白色，单生或成对生于叶腋，萼筒圆筒状漏斗形；果实球形或卵圆形	药用，有毒		华北、华东、西南
3789	*Elaeagnus wushanensis* C. Y. Chang	巫山牛奶子	Elaeagnceae 胡颓子科	落叶直立灌木；高3～5m；叶纸质或膜质，椭圆形或卵状椭圆形；花淡白色；果实长椭圆形，成熟时红色	经济作物（特用类）		湖北西部、四川东部、陕西南部
3790	*Elaeis guineensis* Jacquem.	油棕（油椰）	Palmae 棕榈科	常绿乔木；植株高大，须根系，茎直立，不分枝，圆柱状；叶片羽状全裂，单叶，肉穗花序（圆锥花序），雌雄同株异序；核果	果树	非洲热带	广东、云南

（续）

序号	拉丁学名	中文名	所属科	特征及特性	类别	原产地	目前分布/种植区
3791	*Elaeocarpus chinensis*（Gardn. et Champ.）Hook. f. ex Benth.	华杜英（羊屎乌）	Elaeacarpaceae 杜英科	常绿乔木；总状花序腋生，长 2～5cm；花杂性，白色；萼片 5，长约 4mm，外面生短伏毛；花瓣比萼片稍短，顶部有数齿；雄蕊约 8，顶孔开裂；子房密生短毛	蜜源		广西、广东、湖南、江西、福建、浙江
3792	*Elaeocarpus hainanensis* Oliv.	水石榕	Elaeacarpaceae 杜英科	常绿小乔木；叶革质，聚生枝顶，窄倒披针形，总状花序腋生当年生枝，具 2～6 朵花，花瓣白色，先端撕裂，果纺锤状	观赏	中国海南、广西南部、云南东南部	云南、海南
3793	*Elaeocarpus japonicus* Siebold et Zucc.	薯豆（日本杜英）	Elaeacarpaceae 杜英科	常绿乔木；高 10m；总状花序，花序轴有短柔毛；花两性或单性；花期 4～5 月	观赏	中国长江以南各省份及台湾、四川、云南、海南	
3794	*Elaeocarpus lanceaefolius* Roxb.	狭叶杜英	Elaeacarpaceae 杜英科	乔木；高 20m；总状花序长 7～10cm，花瓣比萼片稍短，雄蕊 15 枚，花药顶端无附属物，子房被毛，3 室，有时 2 室	果树		广东、广西、福建
3795	*Elaeocarpus limitaneus* Hand.-Mazz.	毛叶杜英	Elaeacarpaceae 杜英科	常绿小乔木；总状花序生于枝顶叶腋内及无叶的上年枝条，长 5～7cm，花序轴被灰白色；花瓣白色，长 6～7mm，雄蕊 30 枚，长 4mm，有柔毛，花药无附属物	蜜源		广西、广东（海南）、湖南
3796	*Elaeocarpus nitentifolius* Merr. et Chun	亮叶杜英	Elaeacarpaceae 杜英科	常绿乔木；叶薄革质，椭圆形，背密被平伏的短绢毛，总状花序腋生，花淡绿色；核果蓝绿色	观赏	中国广东、广西	广东、广西、湖南
3797	*Elaeocarpus serratus* Benth.	锡兰杜英（锡兰橄榄）	Elaeacarpaceae 杜英科	常绿乔木；干直立，树冠圆形或伞形；叶翠绿至深绿，老叶焰红色，开花淡黄色或乳白色；果实绿色	果树		台湾、云南、广东
3798	*Elaeocarpus sylvestris*（Lour.）Poir.	山杜英（丹八树，羊屎树）	Elaeacarpaceae 杜英科	常绿乔木；叶薄革质，披针形或矩圆状披针形，总状花序腋生，花黄白色；核果暗紫色	观赏	中国浙江、福建、台湾、江西、广东、广西、贵州	广西、广东、湖南、江西、福建、台湾、浙江
3799	*Elatine triandra* Schkuhr	三蕊沟繁缕	Elatinaceae 沟繁缕科	一年生小草本；茎匍匐，多分枝；叶对生，披针形或线状披针形；花单生叶腋，花瓣 3，白色或淡红色，雄蕊 3；蒴果扁球形	杂草		广东、台湾、吉林、黑龙江

（续）

序号	拉丁学名	中文名	所属科	特征及特性	类别	原产地	目前分布/种植区
3800	*Elatostema involucratum* Franch. et Sav.	楼梯草	Urticaceae 荨麻科	多年生草本；茎肉质；叶斜倒披针状长圆形或斜长圆形；花序雌雄同株或异株，雄花序有梗，雌花序具极短梗；瘦果卵球形	药用，有毒		我国中部各地
3801	*Eleocharis acutangula*（Roxb.）Schult.	空心秆荸荠	Cyperaceae 莎草科	多年生草本；秆丛生，无横隔膜，高 14～70cm；小穗圆柱形，鳞片宽卵形，下位刚毛 6～7 条，有倒刺，铁锈色；小坚果倒卵形	杂草		广东、海南、福建、台湾
3802	*Eleocharis argyrolepis* Kierulff ex Bunge	银鳞荸荠	Cyperaceae 莎草科	有长的匍匐根状茎；秆单生或少数丛生，高 15～50cm；叶缺如；小穗圆筒状披针形或圆筒形；小坚果宽倒卵形或圆倒卵形	杂草		新疆
3803	*Eleocharis atropurpurea*（Retzius）J. Presl & C. Presl	紫果蔺	Cyperaceae 莎草科	一年生草本；秆高 2～15cm；秆基部有 1～2 个叶鞘；小穗顶生，卵形或长圆状卵形，小穗基部 2 片鳞片中空无花；小坚果	杂草		华南、西南及河南、江苏、湖南
3804	*Eleocharis attenuata*（Franch. et Sav.）Palla	渐尖穗荸荠	Cyperaceae 莎草科	多年生草本；秆丛生，高 20～50cm，无叶片，秆基有 2 个长叶鞘；小穗卵形或长卵形，小穗基部 1 片鳞片中空无花；小坚果	杂草，有毒		河南、陕西、江苏、安徽
3805	*Eleocharis congesta* D. Don.	密花荸荠	Cyperaceae 莎草科	具斜升根状茎；秆少数或多数，丛生；叶缺如；小穗长圆形或长圆状披针形；小坚果倒卵形或椭圆形，三棱形，淡黄色或橄榄绿色	杂草		云南
3806	*Eleocharis dulcis*（Burm. f.）Trin. ex Hensch.	荸荠（马蹄）	Cyperaceae 莎草科	多年生水生草本；秆丛生，高 30～100cm；叶退化，秆基有 2～3 个叶鞘；小穗 1 个，顶生，圆柱形，鳞片长卵形，下位刚毛 7；小坚果	蔬菜，药用		除东北、内蒙古外、其他各省份均有分布
3807	*Eleocharis equisetiformis* B. Tedtsch.	槽秆荸荠	Cyperaceae 莎草科	多年生草本；秆高 25～40cm；小穗单一，长圆状卵形或披针形，基部 2 枚空鳞片，下位刚毛 4 条，密生倒刺；小坚果广倒卵形	杂草		全国各地均有分布
3808	*Eleocharis equisetina* J. Presl et C. Presl	木贼状荸荠	Cyperaceae 莎草科	多年生草本；秆高 40～80cm；叶片退化，秆基有 2～3 个叶鞘；小穗圆柱形，下位刚毛 7～8 条，有倒刺；小坚果倒卵形	杂草		江苏、浙江、广东、海南、台湾、贵州

（续）

序号	拉丁学名	中文名	所属科	特征及特性	类别	原产地	目前分布/种植区
3809	*Eleocharis eupaluntris* Lindb. f.	沼泽荸荠	Cyperaceae 莎草科	秆少数，丛生，细长；秆基部有 1～2 个长叶鞘，鞘的下部血紫色，鞘口微斜；小穗有多数花；小坚果倒卵形、宽卵形或圆卵形，双凸状	杂草		新疆
3810	*Eleocharis fennica* Palla ex Kneuck	扁基荸荠	Cyperaceae 莎草科	秆直，长 10～50cm；叶缺如；小穗圆筒形，深血红色；小坚果倒卵形，双凸状	杂草		黑龙江
3811	*Eleocharis geniculata* （L.） Roem. et Schult.	黑籽荸荠	Cyperaceae 莎草科	一年生草本；无匍匐根状茎；叶缺如；小穗球形或卵形；小坚果宽倒卵形或圆卵形，双凸状，黑色微紫	杂草		台湾、福建、广东、海南
3812	*Eleocharis intersita* Zinserl.	中间型荸荠	Cyperaceae 莎草科	多年生草本；秆高 10～60cm；无叶片，秆基有 1～2 个叶鞘；小穗圆柱形或长圆状卵形，基部 2～3 片内无花，下位刚毛常 4 条；小坚果倒卵形	杂草		黑龙江、吉林、内蒙古
3813	*Eleocharis kamtschatica* （C. A. Mey）Kom.	无刚毛荸荠	Cyperaceae 莎草科	下位刚毛退化，只剩残余，甚至完全退化消失	杂草		东部各省份及河北
3814	*Eleocharis liouana* Tang et Wang	刘氏荸荠	Cyperaceae 莎草科	有匍匐根状茎；根缺如；小穗长圆形或长圆状披针形；小坚果多为椭圆形，双凸状	杂草		云南
3815	*Eleocharis mamillata* Lindb. f.	乳头基荸荠	Cyperaceae 莎草科	多年生草本；根状茎黑褐色，具长匍匐枝；叶鞘膜质，鞘口近截形，一端微凸起，基部带红褐色；小穗披针形至狭卵形，花密生；小坚果黄色或褐黄色	杂草		东北
3816	*Eleocharis migoana* Ohwi et T. Koyama	江南荸荠	Cyperaceae 莎草科	多年生草本；秆丛生，高 20～50cm；叶片退化，秆基部有 2 叶鞘；小穗长圆状披针形，鳞片长圆状披针形，下位刚毛 4；小坚果	杂草		江苏、安徽、浙江、江西
3817	*Eleocharis pellucida* Presl	透明鳞荸荠	Cyperaceae 莎草科	一年生或多年生草本；秆丛生，高 5～15cm；叶退化，秆基有 2 个叶鞘；小穗披针形，基部常生穗生苗，下位刚毛 6；小坚果	杂草		除新疆、西藏和青海外，其他各省份均有分布

（续）

序号	拉丁学名	中文名	所属科	特征及特性	类别	原产地	目前分布/种植区
3818	*Eleocharis plantagineiformis* T. Tang et F. T. Wang	野荸荠	Cyperaceae 莎草科	多年生草本；秆丛生，高 30～100cm；无叶，秆基部有 2～3 个叶鞘；小穗圆柱状，基部有 2 个不育鳞片，下位刚毛 6～8；小坚果	饲用及绿肥		长江中下游及其以南地区
3819	*Eleocharis quinqueflora*（Hartm.）O. Schwarz	少花荸荠	Cyperaceae 莎草科	具细的匍匐根状茎；叶缺如；小穗卵形或球形，淡褐色；小坚果倒卵形，平凸状，灰色微黄	杂草		新疆
3820	*Eleocharis retroflexa*（Poir.）Urban	贝壳叶荸荠	Cyperaceae 莎草科	无匍匐根状茎，有须根；叶鳞片状，膜质，阔卵形；小穗卵形，紫红色；小坚果宽倒卵形，淡奶油黄色	杂草		广东
3821	*Eleocharis soloniensis*（Dubois）Hara	卵穗荸荠	Cyperaceae 莎草科	无匍匐根状茎；叶缺如；小穗卵形或宽卵形；小坚果倒卵形，不平衡的双凸状	杂草		云南及东北各省
3822	*Eleocharis spiralis*（Rottb.）R. Br.	螺旋鳞荸荠	Cyperaceae 莎草科	有细而长的匍匐根状茎；叶缺如；小穗圆柱状，苍白微黄色；小坚果倒卵形或宽倒卵形	杂草		海南
3823	*Eleocharis tetraquetra* Nees	龙师草（蛾子草）	Cyperaceae 莎草科	多年生草本；秆丛生，高 25～90cm；无叶片，秆基部有 2～3 个叶鞘；小穗狭卵形或椭圆形，鳞片椭圆形，螺旋状排列；小坚果	杂草		华东及河南、湖南、广西、贵州、云南
3824	*Eleocharis trilateralis* Tang et Wang	三面秆荸荠	Cyperaceae 莎草科	有长的、粗铁丝状的匍匐根状茎；叶缺如；小穗圆柱状，淡褐色；小坚果宽倒卵形，双凸状，微白玉黄色	杂草		云南
3825	*Eleocharis uniglumis*（Link.）Schult.	单鳞苞荸荠	Cyperaceae 莎草科	具或长或短的匍匐根状茎；叶缺如；小穗狭卵形、卵形或长圆形；小坚果倒卵形或宽卵形，黄色，双凸状	杂草		新疆
3826	*Eleocharis valleculosa* Ohwi.	具刚毛荸荠	Cyperaceae 莎草科	有匍匐根状茎；叶缺如；小穗长圆状卵形或线状披针形；小坚果圆倒卵形，双凸状，淡黄色	杂草		全国
3827	*Eleocharis wichurai* Boeck.	羽毛荸荠	Cyperaceae 莎草科	多年生草本；秆丛生，高 30～50cm；无叶；秆基部有 1～2 个叶鞘；小穗长圆状披针形，鳞片长圆形或椭圆形，下位刚毛 6；小坚果	杂草		东北及内蒙古、山东、甘肃、江苏、浙江

（续）

序号	拉丁学名	中文名	所属科	特征及特性	类别	原产地	目前分布/种植区
3828	*Eleocharis yokoscensis* (Franch. et Sav.) Ts. Tang et F. T. Wang	牛毛毡（牛毛草）	Cyperaceae 莎草科	多年生湿生性草本；秆纤细密集如毡；叶退化成鳞片状；小穗卵形，顶生，鳞片卵形或卵状披针形，下位刚毛1～4条；小坚果	杂草		全国各地均有分布
3829	*Eleocharis yunnanensis* Svens.	云南荸荠	Cyperaceae 莎草科	匍匐根状茎粗，斜升；叶缺如；小穗狭长圆形或长圆形，紫褐色；小坚果倒卵形，黄绿色，三面微凸	杂草	中国云南	云南
3830	*Elephantopus scaber* L.	地胆草（地胆头，磨地胆，地苦胆）	Compositae (Asteraceae) 菊科	一年或两年生草本；高30～60cm；茎二歧分叉；叶大多数基生，长圆状匙形或长圆状披针形；头状花序，花冠筒状，淡紫色；瘦果长圆状线形	药用		云南、贵州、广西、广东、江西、福建
3831	*Elephantopus tomentosus* L.	白花地胆草（牛舌草）	Compositae (Asteraceae) 菊科	一年或两年生草本；高0.8～1m；叶互生，叶长圆状倒卵形或椭圆形；头状花序多数组成复头状花序，花冠白色；瘦果长圆状线形	药用		江西、福建、广东、广西、云南、贵州、台湾
3832	*Eleusine coracana* (L.) Gaertn.	龙爪稷	Gramineae (Poaceae) 禾本科	一年生草本；丛生；叶线状至线状披针形；指状花序，自花授粉	粮食，经济作物（特用类）	非洲、中国	广东、广西、海南、云南、贵州
3833	*Eleusine indica* (L.) Gaertn.	牛筋草（蟋蟀草）	Gramineae (Poaceae) 禾本科	一年生草本；秆丛生，高15～90cm；叶长披针形；穗状花序2至数个呈指状簇生秆顶，小穗含3～6小花，颖披针形；囊果	饲用及绿肥，药用		全国各地均有分布
3834	*Eleutharrhena macrocarpa* (Diels) Forman	藤枣（苦枣）	Menispermaceae 防己科	木质藤本；叶革质，卵形或卵状椭圆形；雄花序有花1～3，簇生状，着生落叶腋部；果序着生于无叶的老枝上；核果椭圆形	果树		云南
3835	*Eleutherine americana* Merr. ex K. Heyne	红葱	Iridaceae 鸢尾科	多年生宿根草本，叶基生，具折脉；花排成稀疏、曲折的总状花序，具佛焰苞	药用	美洲、印度	广西、云南
3836	*Eleutherococcus henryi* Oliv.	糙叶五加	Araliaceae 五加科	落叶灌木；叶具5纸质小叶，椭圆形或卵状披针形，背脉上具短柔毛，伞形花序组成短圆锥花序，花瓣5，果黑色椭圆球形	药用	中国山西、陕西、四川、湖北、河南、安徽、浙江	

（续）

序号	拉丁学名	中文名	所属科	特征及特性	类别	原产地	目前分布/种植区
3837	*Eleutherococcus lasiogyne* (Harms) S. Y. Hu	康定五加（箭炉五加）	Araliaceae 五加科	落叶乔木或灌木；叶有纸质3小叶，卵形至倒卵状长圆形，在长枝上互生，短枝上簇生，伞形花序组成短圆锥花序，花瓣5三角状卵形，果黑色	药用	中国四川、云南、西藏	
3838	*Eleutherococcus leucorrhizus* Oliver	藤五加	Araliaceae 五加科	落叶灌木；叶有纸质5小叶，长圆形至披针形或倒披针形，边缘具重锯齿，伞形花序顶生或组成短圆锥花序，花黄绿色，花瓣5长卵形	药用	中国陕西、甘肃、湖北、四川、云南、贵州、湖南、广东、江西、安徽、浙江	
3839	*Eleutherococcus nodiflorus* (Dunn) S. Y. Hu	五加（五加皮）	Araliaceae 五加科	灌木或藤状斜生，高2～3m，伞形花序单生或簇生枝顶，花冠黄绿色，浆果近球形	药用		华中、华东、华南、西南
3840	*Eleutherococcus senticosus* (Rupr. et Maxim.) Maxim.	刺五加	Araliaceae 五加科	落叶灌木；高1～6m；茎密生细长倒刺；掌状复叶互生，边缘具尖锐重锯齿或锯齿；伞形花序顶生，花多而密；浆果	药用		东北、华北及陕西、四川
3841	*Eleutherococcus sessiliflorus* (Rupr. et Maxim.) S. Y. Hu	无梗五加	Araliaceae 五加科	灌木或小乔木；树皮有纵裂痕；掌状复叶，小叶3～5；数个头状花序组成顶生圆锥花序；花暗紫色；果实黑色	有毒		东北、华北
3842	*Eleutherococcus trifoliatus* (H. L. Li) X. R. Ling	白簕（鹅掌簕）	Araliaceae 五加科	攀缘藤状灌木；掌状复叶；伞形花序，花黄绿色，果扁球形，熟时黑色	蜜源		华南、西南、华中
3843	*Ellipanthus glabrifolius* Merr.	单叶豆（知荆）	Connaraceae 牛栓藤科	常绿树种、乔木；高达25m；叶革质，长圆形或长圆状披针形，先端钝尖，基部近圆形，侧脉4～7对，细脉网状；两性花，花序腋生或顶生；萼片三角状卵形，花瓣5，卵状长圆形；骨突果，斜倒卵形	观赏	中国	海南
3844	*Elodea canadensis* Michx.	三轮水蕴草	Hydrocharitaceae 水鳖科	多年生草本；叶片长卵圆形，深绿色；雄花合生，雌花被管长27cm	观赏	南美洲	

（续）

序号	拉丁学名	中文名	所属科	特征及特性	类别	原产地	目前分布/种植区
3845	*Elodea densa* (Planch.) Caspary	四轮水蕴草	Hydrocharitaceae 水鳖科	多年生草本；雌雄异株，雄花生于茎上端，花成熟时，雄花的花柄会伸出水面，长约5cm，3片白色的花瓣宽椭圆形，表面有很多皱褶，雄蕊的花丝是鲜黄色的，花药是黄色的，花瓣下面有3片长椭圆形的花萼	观赏		
3846	*Elsholtzia argyi* H. Lév.	紫花香薷	Labiatae 唇形科	草本；高0.5～1m；茎四棱形，具槽，紫色，槽内生有白色短柔毛；叶卵形至阔卵形；穗状花序生于茎或枝的顶端，由8花的轮伞花序组成，花冠玫瑰红紫色；小坚果长圆形，深棕色	蜜源		长江流域及以南各省
3847	*Elsholtzia blanda* (Benth.) Benth.	四方蒿	Labiatae 唇形科	直立草本；高1～1.5m；茎、枝四稜形，具槽；叶椭圆形至椭圆状披针形，先端渐尖；穗状花序顶生或腋生，近偏向一侧，小坚果，长圆形	药用		云南、广西及贵州
3848	*Elsholtzia bodinieri* Vaniot	东紫苏	Labiatae 唇形科	多年生草本；单叶对生，披针形；由20～30朵花组成假穗状花序；花冠紫红，密生白色绒毛；苞片紫红，有白色绒毛	蜜源		云南、贵州
3849	*Elsholtzia ciliata* (Thunb.) Hyland.	香薷（山苏子，蜜蜂草）	Labiatae 唇形科	一年生草本；茎四棱形；叶卵形或椭圆状披针形；轮状花序，多花；苞片宽卵形；花冠淡紫色；小坚果，矩圆形	蜜源		除新疆及青海外，全国各地
3850	*Elsholtzia communis* (Collett et Hemsl.) Diels	吉龙草（暹罗香菜）	Labiatae 唇形科	直立灌木；高1～3m；叶对生或3叶轮生，长圆状椭圆形，多卷曲皱缩，多柔毛；轮伞花序，多花密集；花细小，白色；小坚果长圆形，有棕色毛	蔬菜，药用	中国	云南
3851	*Elsholtzia cypriani* (Pavol.) S. Chow ex P. S. Hsu	野苏麻（野草香）	Labiatae 唇形科	一年生草本；叶卵形至长圆形；穗状花序顶生；小花淡紫色；花柱先端两裂；萼管状钟形；小坚果长椭圆形	蜜源		贵州、云南、四川、陕西、湖南、湖北、河南、安徽
3852	*Elsholtzia densa* Benth.	密花香薷（咳嗽草，野紫苏）	Labiatae 唇形科	一年生草本；高20～61cm；叶长圆状披针形至椭圆形；穗状花序，密被紫色串珠状长柔毛，由密集轮伞花序组成，花淡紫色；小坚果	药用		河北、山西、西北、四川及云南、新疆、青海、宁夏、甘肃

（续）

序号	拉丁学名	中文名	所属科	特征及特性	类别	原产地	目前分布/种植区
3853	*Elsholtzia eriostachya* (Benth.) Benth.	毛穗香薷	Labiatae 唇形科	一年生草本；高15～37cm；茎四棱形；叶长圆形至卵状长圆形；穗状花序圆柱状，由多花密集的轮伞花序组成；小坚果椭圆形	蜜源		西藏、云南、甘肃、四川
3854	*Elsholtzia fruticosa* (D. Don) Rehder	鸡骨柴（酒药花）	Labiatae 唇形科	灌木；花冠白色至淡黄色，长约5mm，外被白色长柔毛，上唇直立，顶端微凹，下唇3裂，中裂片圆形；小坚果条状矩圆形，无毛	蜜源		湖北、四川、西藏、云南、贵州及广西
3855	*Elsholtzia kachinensis* Prain	水香薷	Labiatae 唇形科	柔弱平铺草本；长10～40cm；叶卵形；花冠白色至淡紫色，外面被疏柔毛，花冠管向上渐宽，至喉部达2mm，冠檐二唇形，上唇先端微缺，下唇3裂，中裂片稍大，边全缘至三角状浅裂，侧裂片半圆形；小坚果长圆形，栗子色，被微柔毛	蜜源		广西、广东、湖南、江西、四川、云南
3856	*Elsholtzia rugulosa* Hemsl.	野坝子	Labiatae 唇形科	草本至半灌木；轮伞花序多花，在茎及枝顶部排列成假穗状花序；小苞片钻形；花萼钟状，外被白色粗硬毛，齿5；花冠白色、淡黄色或紫色，花冠筒内具斜向毛环，檐部二唇形，上唇直伸，顶端微凹，下唇3裂，中裂片较大	蜜源		四川、贵州、云南、广西
3857	*Elsholtzia souliei* H. Lév.	川滇香薷	Labiatae 唇形科	草本；茎被白色弯卷短柔毛，叶披针形，背被柔毛和淡黄色透明腺点，轮伞花序组成的穗状花序顶生，花冠紫色，外被白色短柔毛和腺点	观赏	中国云南、四川西部	
3858	*Elsholtzia splendens* Nakai ex F. Maek.	海州香薷（香草，铜草，香薷）	Labiatae 唇形科	一年生草本；高40cm，茎直立多分枝，有强烈香气，通常呈紫红色，密披灰白色柔毛；叶对生，下面密布凹陷腺点；花淡紫色	药用	中国	辽宁、河北、山东、河南、江苏、江西、浙江及广东
3859	*Elsholtzia stachyodes* (Link) C. Y. Wu	穗状香薷	Labiatae 唇形科	柔弱草本；高0.3～1m；叶菱状卵圆形；穗状花序生于茎枝上的较长，腋生枝上最短，花冠白色，有时为紫色；小坚果椭圆形	蜜源		西南、华南、华中等
3860	*Elsholtzia stauntonii* Benth.	柴荆芥（香荆芥）	Labiatae 唇形科	半灌木；叶披针形或椭圆状披针形；轮伞花序排列成顶生；萼钟状；花冠玫瑰紫色，下唇3裂；蜜腺在花基部	蜜源		河北、河南、山西、陕西、甘肃

（续）

序号	拉丁学名	中文名	所属科	特征及特性	类别	原产地	目前分布/种植区
3861	*Elymus abolinii* (Drobow) Tzvelev	异芒鹅观草	Gramineae (Poaceae) 禾本科	多年生；秆高 80～115cm；小穗两侧排列，颖极粗糙，芒长 2～4mm，外稃被糙毛，具 3～20mm 的芒，反曲	饲用及绿肥		新疆
3862	*Elymus alashanicus* (Keng) S. L. Chen	阿拉善鹅观草	Gramineae (Poaceae) 禾本科	多年生；秆高 40～60cm；花序劲直，贴生小穗 3～7 枚，小穗无毛，小穗轴光滑，颖内侧无毛，短于第一外稃	饲用及绿肥		内蒙古、宁夏、甘肃、新疆
3863	*Elymus alienus* (Keng) S. L. Chen	多叶鹅观草	Gramineae (Poaceae) 禾本科	多年生；秆高 30～60cm，具 4～6 节；小穗轴节间长约 1mm，被柔毛，外稃背部平滑，芒长 10～18mm，劲直	饲用及绿肥		内蒙古、河北、山西、云南
3864	*Elymus anthosachnoides* (Keng) Á. Love ex B. Rong Lu	假花鳞草	Gramineae (Poaceae) 禾本科	秆单生或成疏从，高 60～75cm；叶鞘五毛，叶片扁平；穗状花序下垂，小穗含 5～7 小花，淡黄绿色或带紫色	粮食		云南、四川
3865	*Elymus antiquus* (Nevski) Tzvelev	小颖鹅观草	Gramineae (Poaceae) 禾本科	秆直立，高约 70cm，下部的节有时膝曲；叶鞘无毛或基部具柔毛；穗状花序稍弯曲成弧状	粮食		四川、云南
3866	*Elymus aristiglumis* (Keng et S. L. Chen) S. L. Chen	芒颖鹅观草	Gramineae (Poaceae) 禾本科	秆单生或基部具少数鞘内分蘖而丛生；叶鞘平滑无毛，叶片扁长；穗状花序 下垂，紫色；颖狭披针形；花药黑色	粮食		新疆、青海 、甘肃、四川、西藏
3867	*Elymus atratus* (Nevski) Hand. -Mazz.	黑紫披碱草	Gramineae (Poaceae) 禾本科	多年生；秆高 40～60cm；叶片常内卷，宽仅 2mm；穗状花序紧密而下垂；颖狭长圆形，常 2～4mm，先端渐尖	饲用及绿肥		四川、西藏、青海、甘肃、新疆
3868	*Elymus barbicallus* (Ohwi) S. L. Chen	毛盘鹅观草	Gramineae (Poaceae) 禾本科	秆高 0.7～1m，4～5 节，节与叶鞘均无毛；叶片粗糙，无毛；穗状花序绿色；小穗两侧排列，具 5～8 小花；颖披针形；外稃宽披针形	粮食作物		黑龙江、内蒙古、河北、山西、陕西、宁夏、甘肃、青海、四川
3869	*Elymus breviaristatus* Keng ex P. C. Keng	短芒披碱草	Gramineae (Poaceae) 禾本科	多年生；秆高约 70cm；穗状花序下垂，小穗含 4～6 花，颖显著短于第一小花，仅具短尖头，外稃芒长 2～5mm	饲用及绿肥		四川、西藏、青海

（续）

序号	拉丁学名	中文名	所属科	特征及特性	类别	原产地	目前分布/种植区
3870	*Elymus brevipes* (Keng) S. L. Chen	短柄鹅观草	Gramineae (Poaceae) 禾本科	多年生；秆高30～60cm；穗状花序弯曲，不呈蜿蜒状，小穗常排列两侧，含4～7花；第一颖长1.5～3mm	饲用及绿肥		青海、西藏、四川
3871	*Elymus burchan-buddae* (Nevski) Tzvelev	垂穗鹅观草	Gramineae (Poaceae) 禾本科	秆直立，基部稍倾斜上升；叶鞘无毛，叶片扁平或边缘内卷；穗状花序细弱，下垂；颖卵状披针形，先端锐尖，光滑无毛；花药黑色	饲用及绿肥		四川、云南、西藏、甘肃、青海、新疆及内蒙古
3872	*Elymus caesifolius* Á. Löve ex S. L. Chen	马格草	Gramineae (Poaceae) 禾本科	多年生；秆具2～3节；叶片内卷，宽2～3mm；颖先端急尖，外稃背部上部粗糙，芒长15～30mm，内稃脊具短纤毛	饲用及绿肥		西藏
3873	*Elymus canadensis* L.	加拿大披碱草	Gramineae (Poaceae) 禾本科	多年生，具短根状茎；秆高20～30cm；穗状花序紧密而下垂，小穗含(2)3～5花，颖长约10mm，芒长17～18mm	饲用及绿肥	北美	宁夏、河北、内蒙古
3874	*Elymus caninus* (L.) L.	犬草	Gramineae (Poaceae) 禾本科	多年生；秆高75～150cm；叶片宽5～11mm；花序密集，小穗两侧排列，外稃光滑，长9～11mm，芒长15～18mm	粮食		新疆
3875	*Elymus ciliaris* var. *amurensis* (Drobow) S. L. Chen	毛叶鹅观草	Gramineae (Poaceae) 禾本科	多年生；秆高80～130cm，径粗4～5mm；叶片宽4～8mm，两面密被柔毛；颖具5～7脉，外稃背部粗糙或具短硬毛	饲用及绿肥		东北及内蒙古
3876	*Elymus ciliaris* var. *hackelianus* (Honda) G. Zhu et S. L. Chen	竖立鹅观草	Gramineae (Poaceae) 禾本科	多年生；秆高70～90cm；叶片宽约9mm；颖先端锐尖，稍短于外稃，外稃边缘具短纤毛，芒长2～2.5mm，反曲	饲用及绿肥		华东、华中及黑龙江、山西
3877	*Elymus ciliaris* var. *hirtiflorus* (C. P. Wang et H. L. Yang) S. L. Chen	毛花鹅观草	Gramineae (Poaceae) 禾本科	多年生；秆高约100cm，径粗1～2mm；叶片两面被柔毛；颖脉及边缘具白色长硬毛，外稃背部及边缘被粗硬毛	饲用及绿肥		内蒙古
3878	*Elymus confusus* var. *breviaristatus* (Keng) S. L. Chen	紊草	Gramineae (Poaceae) 禾本科	多年生草本；为短芒紊草的原变种；下部叶鞘的上方不具倒生柔毛，芒长逾外稃的2倍；穗状花序顶生	粮食		

（续）

序号	拉丁学名	中文名	所属科	特征及特性	类别	原产地	目前分布/种植区
3879	*Elymus dahuricus* Turcz. ex Griseb.	披碱草（碱草）	Gramineae (Poaceae) 禾本科	多年生草本；秆高 70～140cm，具 3～5 节；叶长披针形；穗状花序直立，小穗有 3～5 小花，穗轴边缘具小纤毛，具芒；颖果长椭圆形	饲用及绿肥	中国	东北及内蒙古、河北、河南、山西、陕西、青海、四川
3880	*Elymus dahuricus* var. *cylindricus* Franch.	圆柱披碱草	Gramineae (Poaceae) 禾本科	多年生；秆高 40～80cm；叶片宽约 5mm；穗状花序狭瘦，宽约 5mm，颖先端渐尖，外稃芒长 6～13mm，直立	饲用及绿肥		内蒙古、河北、四川、青海、新疆
3881	*Elymus dolichatherus* (Keng) S. L. Chen	长芒鹅观草	Gramineae (Poaceae) 禾本科	多年生；秆高 60～90cm；小穗无柄，含 3～6 花，颖片边缘膜质，外稃芒长 15～30mm，劲直，内稃短于外稃	饲用及绿肥		陕西、青海、四川、贵州、云南
3882	*Elymus excelsus* Turcz. ex Griseb.	肥披碱草	Gramineae (Poaceae) 禾本科	多年生；秆高达 140cm；花序每节具 2～3（～4）枚小穗，外稃背部无毛，芒长 15～20mm，反曲	饲用及绿肥		东北、华北、西北及四川、河南
3883	*Elymus glaberrimus* (Keng et S. L. Chen) S. L. Chen	光穗鹅观草	Gramineae (Poaceae) 禾本科	秆丛生，通常灰绿色，直立；叶鞘平滑无毛或基部者被微毛；叶片质较硬，灰绿色，扁平或干后内卷；穗状花序直立，小穗淡绿色，成熟后呈草黄色	粮食		新疆
3884	*Elymus gmelinii* (Ledeb.) Tzvelev	直穗鹅观草	Gramineae (Poaceae) 禾本科	植株具根头；叶片质软而扁平；穗状花序直立，小穗黄绿色或微带蓝紫色；颖披针形，先端尖或渐尖	粮食		东北及内蒙古、河北、山西、陕西、新疆
3885	*Elymus intramongolicus* (Shan Chen et W. Gao) S. L. Chen	内蒙古鹅观草	Gramineae (Poaceae) 禾本科	多年生；花序直立，穗轴节间长 3～10mm，小穗两侧排列，含 3～6 花，颖背部密生微硬毛，外稃背部密生微柔毛	饲用及绿肥		内蒙古
3886	*Elymus jacquemontii* (Hook. f.) Tzvelev	低株鹅观草	Gramineae (Poaceae) 禾本科	植株低矮，秆细弱，高 12～20cm；叶片内卷，无毛；穗状花序，穗轴纤毛，无毛；颖披针形，边缘膜质	粮食		西藏
3887	*Elymus kamoji* (Ohwi) S. L. Chen	鹅观草	Gramineae (Poaceae) 禾本科	多年生草本；秆丛生，高 30～100cm；叶长 5～40cm；穗状花序长 7～20cm，小穗有 3～10 小花，颖卵状披针形，具芒；颖果	粮食		除青海、西藏外，分布几遍全国

（续）

序号	拉丁学名	中文名	所属科	特征及特性	类别	原产地	目前分布/种植区
3888	*Elymus leiotropis* (Keng) S. L. Chen	光脊鹅观草	Gramineae (Poaceae) 禾本科	多年生；秆高60～90cm；穗状花序稍下垂，弧状弯曲，外稃芒长25～40mm，反曲，内稃2脊光滑	饲用及绿肥		云南
3889	*Elymus mutabilis* (Drobow) Tzvelev	狭颖鹅观草	Gramineae (Poaceae) 禾本科	秆直立，高80～100cm；叶片扁平或内卷，幼时可分粉绿色；穗状花序，穗轴节间近四棱形，小穗粉绿色或带紫色；颖披针形	粮食		新疆
3890	*Elymus nakaii* (Kitag.) S. L. Chen	吉林鹅观草	Gramineae (Poaceae) 禾本科	秆直立，基部稍倾斜；叶鞘无毛或下部具倒生柔毛；叶片质较软而扁平，上面疏生柔毛；穗状花序直立；颖披针形，先端渐尖至具小尖头	粮食		东北及内蒙古、河北
3891	*Elymus nevskii* Tzvelev	乌岗姆鹅观草	Gramineae (Poaceae) 禾本科	多年生；秆高50～120cm；小穗紧密排列于一侧，含5～9花，颖片长12～15mm，具7～9脉，外稃被毛，具短芒	饲用及绿肥		新疆
3892	*Elymus nutans* Griseb.	垂穗披碱草（弯穗草）	Gramineae (Poaceae) 禾本科	多年生；花序常曲折而下垂，颖长4～5mm，先端渐尖或具短芒，外稃芒长12～20mm，反曲	饲用及绿肥	中国	内蒙古、河北、四川、新疆、西藏
3893	*Elymus pendulinus* (Nevski) Tzvelev	缘毛鹅观草	Gramineae (Poaceae) 禾本科	秆高60～80cm，节处平滑无毛，基部叶鞘具倒毛；叶片扁平，无毛或上面疏毛柔毛；穗状花序稍垂头；颖长圆状披针形，先端锐尖至长渐尖	粮食		辽宁、内蒙古、河北、山西、甘肃
3894	*Elymus pendulinus* subsp. *multiculmis* (Kitag.) Á. Löve	多秆鹅观草	Gramineae (Poaceae) 禾本科	多年生；叶鞘无毛；外稃上半部被柔毛或全部被短硬毛，芒长15～28mm，内稃与外稃近等长，脊上部1/3具纤毛	饲用及绿肥		东北及内蒙古、山西、青海、云南
3895	*Elymus pendulinus* subsp. *pubicaulis* (Keng) S. L. Chen	毛秆鹅观草	Gramineae (Poaceae) 禾本科	秆树丛生，高60～90cm；叶片扁平，两面粗糙；穗状花序细弱，先端垂头；小穗绿色而基部稍带紫色；颖长圆状披针形，先端锐尖或具1小尖头	饲用及绿肥		甘肃
3896	*Elymus platyphyllus* (Keng) Á. Löve ex D. F. Cui	宽叶鹅观草	Gramineae (Poaceae) 禾本科	秆直立，高约60～100cm；叶片扁平质韧；穗状花序直立，淡绿色	粮食		新疆

（续）

序号	拉丁学名	中文名	所属科	特征及特性	类别	原产地	目前分布/种植区
3897	*Elymus puberulus* (Keng) S. L. Chen	微毛鹅观草	Gramineae (Poaceae) 禾本科	多年生；小穗具被微毛，具2～3花，第一外稃长于颖片，芒长17～23mm，内稃仅于顶端被小刺毛	饲用及绿肥		四川
3898	*Elymus purpuraristatus* C. P. Wang et H. L. Yang	紫芒披碱草	Gramineae (Poaceae) 禾本科	多年生；植株皆被白粉；花序直立，颖及外稃先端边缘密被紫红色小点，芒短被毛，且呈紫色	饲用及绿肥		内蒙古
3899	*Elymus purpurascens* (Keng) S. L. Chen	紫穗鹅观草	Gramineae (Poaceae) 禾本科	秆单生或成疏丛，坚硬，直立；叶鞘光滑，叶片质硬，内卷；穗状花序下垂，部分带紫色；颖长圆状披针形，先端锐尖，	粮食		甘肃、内蒙古
3900	*Elymus schrenkianus* (Fisch. et C. A. Mey.) Tzvelev	扭轴鹅观草	Gramineae (Poaceae) 禾本科	多年生，秆高30～90cm；叶扁平；穗状花序偏于一侧，密集，垂头，小穗绿色带紫；颖线状披针形，具芒	粮食		新疆、西藏
3901	*Elymus sibiricus* L.	老芒麦（垂穗大麦草）	Gramineae (Poaceae) 禾本科	多年生草本；秆高60～90cm，具3～4节；叶长披针形；穗状花序下垂，通常每节具2小穗，含(3～)4～5小花，具芒；颖果长椭圆形	饲用及绿肥	中国	东北及内蒙古、河北、山西、陕西、甘肃、青海、四川
3902	*Elymus sinicus* (Keng) S. L. Chen	中华鹅观草	Gramineae (Poaceae) 禾本科	秆疏丛，基部膝曲；叶鞘无毛，叶片质硬，直立，内卷；穗状花序直立，小穗含4～5小花；颖长圆状披针形，常偏斜，先端锐尖	粮食		内蒙古、山西、甘肃、青海、四川
3903	*Elymus sinosubmuticus* S. L. Chen	无芒披碱草	Gramineae (Poaceae) 禾本科	多年生；秆高25～45cm；花序常弯曲，小穗含2～3花，颖显著短于第一小花，先端不具短尖头，外稃芒极短或无芒	饲用及绿肥		四川
3904	*Elymus strictus* (Keng) S. L. Chen	多变鹅观草	Gramineae (Poaceae) 禾本科	秆疏丛，直立或基部微膝曲；叶鞘光滑，叶片较硬而通常内卷；穗状花序直立，小穗两侧排列，绿色或于成熟时带紫色	粮食		甘肃、青海、内蒙古、山西、西藏
3905	*Elymus sylvaticus* (Keng et S. L. Chen) S. L. Chen	林地鹅观草	Gramineae (Poaceae) 禾本科	秆丛生，高约100cm；叶片扁平；穗状花序；通常含3小花	粮食		新疆

（续）

序号	拉丁学名	中文名	所属科	特征及特性	类别	原产地	目前分布/种植区
3906	*Elymus tangutorum*（Nevski）Hand.-Mazz.	麦蕒草	Gramineae（Poaceae）禾本科	多年生；秆高达120cm；花序直立，粗8～10mm，颖先端具长达7mm的芒，外稃芒长15～20mm，反曲	饲用及绿肥		内蒙古、陕西、青海、新疆、西藏
3907	*Elymus tianschanigenus* Czerep.	天山鹅观草	Gramineae（Poaceae）禾本科	秆直立，高50～100cm；叶片扁平；穗状花序；含3～5(～7)小花	粮食		新疆
3908	*Elymus tschimganicus*（Drobow）Tzvelev	高山鹅观草	Gramineae（Poaceae）禾本科	多年生低矮植物，高25～65cm；叶片稍内卷，灰绿色；穗状花序弯曲下垂，小穗含5～7小花	粮食		新疆
3909	*Elymus villifer* C. P. Wang et H. L. Yang	毛披碱草	Gramineae（Poaceae）禾本科	多年生；秆高60～75cm；叶鞘密被长柔毛；花序微弯曲，穗轴节处膨大，密生长硬毛，棱具窄翼，也被长硬毛	饲用及绿肥		内蒙古
3910	*Elymus viridulus*（Keng et S. L. Chen）S. L. Chen	绿穗鹅观草	Gramineae（Poaceae）禾本科	秆直立，高约80cm；叶片狭线形，扁平；穗状花序；含5～6小花	粮食		新疆
3911	*Elytrigia elongata*（Host）Nevski	长穗偃麦草	Gramineae（Poaceae）禾本科	多年生；秆高70～120cm；叶鞘无毛；穗轴棱边具小刺毛；外稃先端钝或截平，第一外稃长10～12mm	粮食		新疆、内蒙古
3912	*Elytrigia gmelinii*（Trin.）Nevski	曲芒偃麦草	Gramineae（Poaceae）禾本科	多年生；秆高35～65cm；穗状花序，颖先端渐尖呈短尖头至4mm长的芒；外稃狭披针形，芒长15～23mm，弯曲	饲用及绿肥		新疆
3913	*Elytrigia intermedia*（Host）Nevski	中间偃麦草	Gramineae（Poaceae）禾本科	多年生，具横走根茎；叶鞘外侧边缘具纤毛；穗轴棱边粗糙，颖无毛，先端截平，外稃无毛，先端钝	粮食		
3914	*Elytrigia juncea*（L.）Nevski	脆轴偃麦草（灯芯偃麦草）	Gramineae（Poaceae）禾本科	多年生；秆高30～60cm；穗轴粗而脆，成熟后易断落；颖与外稃先端钝，颖长11～16mm，第一外稃长约16mm	粮食		

（续）

序号	拉丁学名	中文名	所属科	特征及特性	类别	原产地	目前分布/种植区
3915	*Elytrigia repens* (L.) Desv. ex B. D. Jacks.	偃麦草	Gramineae (Poaceae) 禾本科	多年生草本；秆高 60～80cm；叶扁平柔软；穗状花序直立，小穗含 6～10 小花，颖披针形，子房上端有毛；颖果矩圆形	粮食		新疆、青海
3916	*Elytrigia smithii* (Rydb.) Nevski	硬叶偃麦草（史氏偃麦草）	Gramineae (Poaceae) 禾本科	多年生，具根茎；叶鞘无毛，叶片质硬；颖与外稃先端渐尖成短尖头，颖片 3～5 脉，外稃与内稃近等长	粮食		甘肃、新疆
3917	*Elytrigia trichophora* (Link) Nevski	毛偃麦草	Gramineae (Poaceae) 禾本科	多年生，具根茎；穗轴侧棱具细刺毛；颖的脉上与外稃上部及边缘密生柔毛，颖先端钝圆，第一外稃长 10～11mm	粮食		
3918	*Elytrophorus spicatus* (Willd.) A. Camus	总苞草	Gramineae (Poaceae) 禾本科	一年生丛生草本；秆高 6～20cm；叶舌薄膜质；穗状圆锥花序，花序下部小穗簇疏离，上部密集，小穗宽卵圆形；颖果	杂草		海南、云南
3919	*Embelia laeta* (L.) Mez	酸果藤（酸藤子）	Myrsinaceae 紫金牛科	攀缘木质藤本；总状花序腋生或侧生，花冠白色或淡黄色，浆果，球形光滑，种子近球形	果树		广东、广西、福建、江西、云南
3920	*Embelia parviflora* Wall. ex A. DC.	当归藤（小花酸藤子）	Myrsinaceae 紫金牛科	常绿灌木；长 3m 以上；叶 2 列，坚纸质，卵形，长 1～2cm，宽 0.6～1cm；亚伞形花序或聚伞花序腋生，通常下弯藏于叶下；果球形，暗红色	药用，观赏		西藏、贵州、云南、广西、广东、浙江、福建
3921	*Embelia ribes* Burm. f.	白花酸藤子（白花酸藤果，牛尾藤）	Myrsinaceae 紫金牛科	攀缘藤状灌木；高 3～6m，圆锥花序顶生，有褐色毛，果球形，有柄，皱缩	果树		福建、广东、广西、云南、海南
3922	*Embelia rudis* Hand. -Mazz.	网脉酸藤子（了哥脷，蚂蝗藤，老鸦果）	Myrsinaceae 紫金牛科	常绿灌木；叶坚纸质，稀革质，长圆状卵形或卵形，稀为宽披针形；总状花序腋生，被微柔毛；果球形，直径 4～5mm，蓝黑色或带红色	药用，观赏		浙江、江西、福建、台湾、湖南、广西、广东、四川、贵州、云南
3923	*Embelia sessiliflora* Kurz	短梗酸藤子（酸苔果，酸鸡藤，野猫酸）	Myrsinaceae 紫金牛科	攀缘灌木或藤本；长 3～5m；叶片坚纸质，椭圆状卵形或长圆状卵形；圆锥花序，顶生；花瓣淡绿色或白色；果球形，红色	果树		贵州、云南

（续）

序号	拉丁学名	中文名	所属科	特征及特性	类别	原产地	目前分布/种植区
3924	*Embelia undulata* (Wall.) Mez	大叶酸藤子（阿林稀，近革叶酸藤果）	Myrsinaceae 紫金牛科	攀缘灌木或小乔木状，高3～5m；叶片倒卵形或倒卵状椭圆形；总状花序；花瓣淡绿色或黄白色；果扁球形	果树		贵州、云南、广西
3925	*Embelia vestita* Roxb.	密齿酸藤子（打虫果，米汤果）	Myrsinaceae 紫金牛科	灌木或小乔木；高5m以上；叶片坚纸质，卵形至卵状长圆形，基部楔形或圆形；总状花序，花5数，花萼基部连合，萼片卵形，顶端急尖或钝；花瓣白色或粉红色，狭长圆形或椭圆形；果球形或略扁，红色	药用	中国	云南
3926	*Emilia javanica* (Burm. f.) C. B. Robinson	缨绒花	Compositae (Asteraceae) 菊科	一、二年生草本；叶稍肉质，基部和下部叶柄具狭翅，叶片披针状矩圆形；上部叶柄有阔翅，抱茎；头状花序，径1～1.3cm，单生或簇生于枝端呈伞房状；小花红色，管状，全为两性；花期6～9月	观赏	南美洲	
3927	*Emilia prenanthoidea* DC.	小一点红（细红背叶）	Compositae (Asteraceae) 菊科	一年生草本；高30～90cm；基部叶倒卵形；中部茎叶长圆形；上部叶小线状披针形；头状花序成疏伞房状；总苞短于小花；瘦果圆柱形，无毛	药用		云南、贵州、广东、广西、浙江、福建
3928	*Emilia sonchifolia* DC.	一点红（红背叶，叶下红，羊蹄草）	Compositae (Asteraceae) 菊科	一年生草本；茎疏被柔毛；茎部叶具柄，琴状分裂；头状花序，苞片与花冠等长，花紫红色；瘦果具白色冠毛	饲用及绿肥		华中、华南、东南
3929	*Emmenopterys henryi* Oliv.	香果树（丁木）	Rubiaceae 茜草科	落叶乔木；叶对生；聚伞花序排成顶生圆锥花序状，花萼5裂，花冠漏斗状顶端5裂，雄蕊5，子房下位，2室；蒴果	观赏，林木		华东、西南
3930	*Empetrum nigrum* var. *japonicum* K. Koch	东北岩高兰	Ericaceae 杜鹃花科	常绿匍匐状小灌木；高20～50cm；叶轮生或交互对生，下倾或水平伸展，线形；花单性异株；无花瓣；果径约5mm，成熟时紫红色至黑色	果树		东北大兴安岭
3931	*Endospermum chinense* Benth.	黄桐（黄虫）	Euphorbiaceae 大戟科	常绿树种、乔木；高25m；叶片薄革质、互生、近圆形至椭圆形，基部宽楔形或浑圆，全缘，侧脉每边5～7m；单性花，雌雄异株；总状花序，黄色；蒴果；种子略具三棱的长圆柱状，黄褐色	观赏	中国	海南、广东、广西

（续）

序号	拉丁学名	中文名	所属科	特征及特性	类别	原产地	目前分布/种植区
3932	*Endymion hispanicus* (Mill.) Chouard	聚钟花	Liliaceae 百合科	球根植物；叶 5～9 枚，带状；花钟状，蓝色，簇生；花葶直立，高约 30cm	观赏	葡萄牙、西班牙及附近北非地区	长江中下游各省份
3933	*Endymion non-scriptus* (L.) Garke	蓝铃花	Liliaceae 百合科	球根植物；总状花序顶生，花冠膨大、钟形，径 2～5cm，长 5cm，堇蓝色；花期春末夏初	观赏	欧洲、美国、俄罗斯及亚洲	
3934	*Engelhardtia roxburghiana* Wall.	黄杞（黄久，黄举）	Juglandaceae 胡桃科	常绿乔木；高 10m；雌雄同株或希异株，雌花序 1 条及雄花序数条常形成一个顶生的圆锥状花序束，顶端为雌花序；或雌花序单独顶生；花期 5～6 月	观赏	中国四川、贵州、云南、湖南、广东、海南、广西	
3935	*Enkianthus campanulatus* (Miq.) Nicols.	黄吊钟花	Ericaceae 杜鹃花科	落叶灌木；丛生；冠开展；小枝红色；叶成簇，哨绿色，秋季变为亮红色；花小，钟状，乳黄包，具红脉，春末开放	观赏		
3936	*Enkianthus chinensis* Franch.	灯笼花（钩钟，钩钟花，息利素落）	Ericaceae 杜鹃花科	落叶灌木；单叶互生，纸质，椭圆形至倒卵状椭圆形，伞形总状花序，萼片 5，裂片披针形，花冠钟形，橙色常有深色条纹	有毒，观赏	中国安徽、湖北、四川	长江以南各省、自治区
3937	*Enkianthus deflexus* (Griff.) C. K. Schneid.	毛叶吊钟花（小丁花）	Ericaceae 杜鹃花科	落叶灌木；小枝红色，叶互生，薄纸质，椭圆形至长圆状披针形，背面疏被黄色柔毛，伞形总状花序顶生，萼片 5，花冠宽钟形，红黄色	观赏	中国湖北西部、四川西南部	西藏、云南、四川、湖北西部
3938	*Enkianthus quinqueflorus* Lour.	吊钟花（铃儿花）	Ericaceae 杜鹃花科	落叶，半常绿灌木或小乔木；叶轮生，革质，长圆形至倒卵状长圆形，伞形花序，花钟状，粉红色	观赏	中国广西、广东、云南	
3939	*Enkianthus serrulatus* (E. H. Wilson) C. K. Schneid.	齿缘吊钟花（九节筋，山枝仁，莫铁硝，野支子，黄叶吊钟花）	Ericaceae 杜鹃花科	落叶灌木或小乔木；高约 3m；叶密集枝顶，厚纸质，椭圆状长圆形；伞形花序顶生，有花 6～16 朵，花下垂；花萼绿白色，裂片披针形；花冠钟形，绿白色；蒴果长圆形，长约 1～1.5cm，具棱，顶端有宿存花柱	观赏	中国四川、湖北、云南	
3940	*Enneapogon desvauxii* P. Beauv.	冠芒草	Gramineae (Poaceae) 禾本科	多年生；被柔毛；小穗顶端小花退化，第一外稃长 2～2.5mm，顶端具 9 条直立羽毛状芒，长 2～4mm	饲用及绿肥		内蒙古、河北、甘肃、四川、新疆

（续）

序号	拉丁学名	中文名	所属科	特征及特性	类别	原产地	目前分布/种植区
3941	*Ensete glaucum* (Roxb.) Cheesman	象腿蕉（象腿芭蕉，康光，柱丁掌）	Musaceae 芭蕉科	一次结实的高大草本；假茎单生，由叶鞘层层重叠而成，基部膨大；花序初时呈莲座状，后伸长成柱状，下垂；浆果厚革质，干瘪或有很少果肉	药用	亚洲南部和非洲热带	云南
3942	*Ensete wilsonii* (Tutcher) Cheesman	树头蕉	Musaceae 芭蕉科	多年生草本；花序下垂，花被片淡黄色，离生花被片倒卵状长圆形，先端具小尖头，合生花被片长为离生花被片的2倍或以上，先端3齿裂，中裂片两侧具小裂片	果树		
3943	*Entada phaseoloides* (L.) Merr.	榼藤（眼镜豆，过江龙）	Leguminosae 豆科	常绿大藤本；二回羽状复叶，常有羽片2对，顶生一对变为卷须；花淡黄色；荚果，由多数1粒种子组成，种子扁平	有毒		台湾、福建、广东、广西、云南
3944	*Enterolobium contortisiliquum* (Vell.) Morong	象耳豆	Leguminosae 豆科	落叶乔木；高10～20m；头状花序圆球形，花绿白色；花期4～6月	观赏	南美洲及中美洲	广东、广西、福建、江西、浙江
3945	*Enterolobium cyclocarpum* (Jacq.) Griseb.	环果番龟树（圆果象耳豆）	Leguminosae 豆科	落叶乔木；花两性，头状花序单生，或排成总状花序，着生叶腋；无花柄，花萼钟状；花瓣合生至中下部呈漏斗状，绿白色	观赏	美洲	
3946	*Enteropogon dolichostachyus* (Lagasca) Keng ex Lazarides	肠须草	Gramineae (Poaceae) 禾本科	多年生草本；茎高0.3～1m；叶细长，线形；穗状花序4至数个指状簇生秆顶，小穗具两性小花1朵，颖披针形，具芒；颖果	杂草		台湾、海南
3947	*Enydra fluctuans* Lour.	沼菊	Compositae (Asteraceae) 菊科	湿生或漂浮草本；长40～80cm；茎圆柱形，肉质；叶对生，条状矩圆形，基部骤狭，抱茎，中脉在上面平，下面明显凸起；头状花序；瘦果倒卵状圆柱形，具明显的纵棱	蔬菜，饲用及绿肥	中国	广东、海南、云南
3948	*Eomecon chionantha* Hance	血水草（广扁线，捆仙绳，水黄连）	Papaveraceae 罂粟科	多年生无毛草本；具红黄色液汁；叶心形或心状肾形；花3～5朵排列成聚伞状伞房花序，花瓣倒卵形，白色；蒴果狭椭圆形	药用，有毒		西南及湖南、湖北、广西

（续）

序号	拉丁学名	中文名	所属科	特征及特性	类别	原产地	目前分布/种植区
3949	*Ephedra distachya* L.	双穗麻黄	Ephedraceae 麻黄科	小灌木；高 15～25cm；叶基部结合成鞘，在 1/3～1/2 处 2 裂，裂片三角形；雌球穗单一或成束，顶生或生于节上，窄卵形；浆果状；种子通常 2 粒	药用		东北、华北、新疆、青海
3950	*Ephedra equisetina* Bunge	木贼麻黄（山麻黄）	Ephedraceae 麻黄科	直立小灌木；叶 2 裂，裂片短三角形；雄球花单生或 3～4 个集生节上，卵圆形，雌球花常 2 个对生节上，窄卵圆形或窄菱形；种子窄长卵圆形	药用，有毒		西北、华北及湖北
3951	*Ephedra fedtschenkoae* Paulsen	雌雄麻黄	Ephedraceae 麻黄科	落叶半灌木；高 3～10cm，栗色或灰棕色，光滑或微粗糙，具细沟纹，呈绳索状，在地面形成团状，当年枝轮生或对生，叶片 2 枚，对生，连合成 1～2mm 长的鞘筒，裂片钝三角，球花单性，果实肉质、红色或橙红色，长圆状卵形	生态防护		新疆（精河、博乐、温泉、尼勒克、鄯善、和田）
3952	*Ephedra gerardiana* Wall. ex C. A. Mey.	山岭麻黄	Ephedraceae 麻黄科	灌木；木质茎形如根状茎埋于土中，地上枝纵槽纹明显，叶 2 裂，雄球花单生小枝中部节，雌球花单生，成熟时肉质红色	观赏	中国西藏	
3953	*Ephedra intermedia* Schrenk ex C. A. Mey.	中麻黄（麻黄）	Ephedraceae 麻黄科	灌木；叶 3 裂或 2 裂；雄球花数个密集节上成团状，雌球花 2～3 成簇，对生或轮生节上；种子包于肉质红色的苞片内	药用，有毒		内蒙古、甘肃、新疆
3954	*Ephedra minuta* Florin	矮麻黄	Ephedraceae 麻黄科	矮小灌木；高 5～22cm；叶 2 裂；雌雄同株；种子矩圆形，黑紫色	药用		四川北部及西北部、青海南部
3955	*Ephedra monosperma* Gemlin ex C. A. Mey.	单子麻黄（小麻黄）	Ephedraceae 麻黄科	草本状矮小灌木；高 5～15cm；叶 2 裂，1/3 以下合生，裂片短三角形，先端钝或尖；雄球花生于小枝上下各部，单生枝顶或对生节上，多成复穗状，苞片 3～4 对；雌球花单生或对生节上，无梗，苞片 3 对；雌球花成熟时肉质红色椭圆形、卵圆形；种子多为 1，外露，三角状卵圆形或长圆状卵圆形	药用		山西、内蒙古、新疆、四川、黑龙江、河北、宁夏、甘肃、青海、新疆、西藏

（续）

序号	拉丁学名	中文名	所属科	特征及特性	类别	原产地	目前分布/种植区
3956	*Ephedra przewalskii* Stapf	膜果麻黄	Ephedraceae 麻黄科	落叶灌木；球花无梗，雄球花淡褐色或褐黄色，雌球花淡绿褐色或淡红褐色	生态防护		内蒙古西北部、甘肃西部、青海北部、新疆
3957	*Ephedra regeliana* Florin	细子麻黄	Ephedraceae 麻黄科	落叶小灌木；高 3～15cm，皮绿色，主枝不明显，同化枝假轮生，叶 2 片对生，膜质鞘状，下部 1/2 处合生，裂片三角形，黄白色、基部常带褐色，球花单性，果实卵形	生态防护		新疆北部
3958	*Ephedra rhytidosperma* Pachom.	斑子麻黄	Ephedraceae 麻黄科	落叶半灌木；高 20～30cm，同化枝细短，鲜绿色，多轮生分枝，呈“之”字形开展，叶膜质鞘状，极细小，长约 1mm，下部 1/2 合生，2 裂，裂片宽三角，先端钝球花单性，果实卵形	生态防护		贺兰山低山、宁夏中卫、腾格里沙漠，甘肃靖远
3959	*Ephedra sinica* Stapf	草麻黄（麻黄，川麻黄）	Ephedraceae 麻黄科	草本状小灌木；叶鳞片状，基部鞘状，雄球花常聚集成复穗状，具苞片 4 对；雌球花有苞片 4～5 对；浆果状，有种子 2 枚	药用，有毒	中国	东北、华北及河南、陕西
3960	*Epidendrum vitellinum* Ldl.	蛋黄色柱瓣兰	Orchidaceae 兰科	多年生附生兰，叶互生，矩圆状披针形，叶灰绿色；花长 3cm，橙色，唇和合蕊柱黄色	观赏		
3961	*Epilobium hirsutum* L.	柳叶菜（水接骨丹，光明草，水红花）	Onagraceae 柳叶菜科	多年生草本；高约 1m，花两性，花冠淡红或紫红色；蒴果柱形，顶端具一簇白 色长毛	蜜源		东北及河北、山西、陕西、新疆、贵州、四川、云南
3962	*Epilobium nankotaizanense* Yamam.	南湖柳叶菜	Onagraceae 柳叶菜科	多年生矮小草本；几成莲座状，茎极短；叶密生于茎；花两性，生于茎上部叶腋，花托萼管状，花瓣 4，玫瑰紫色；蒴果长而狭	观赏		台湾
3963	*Epilobium palustre* L.	沼生柳叶菜	Onagraceae 柳叶菜科	多年生草本；茎高 20～50cm，上部分枝；下部叶对生，上部叶互生，条状披针形至近条形；花两性，单生叶腋，子房下位；蒴果圆柱形	杂草		东北、华北、西北

（续）

序号	拉丁学名	中文名	所属科	特征及特性	类别	原产地	目前分布/种植区
3964	*Epilobium platystigmatosum* C. B. Rob.	阔柱柳叶菜	Onagraceae 柳叶菜科	多年生草本；茎常带紫红色，叶对生，茎上部互生，狭披针形至近线形，背面渐变紫色，花瓣白色、粉红色，花萼长圆状披针形	观赏	中国云南北部、四川、湖北、广西、台湾、青海、甘肃、陕西、河南、河北	
3965	*Epimedium acuminatum* Franch.	粗毛淫羊藿	Berberidaceae 小檗科	多年生草本；一回三出复叶基生和茎生，小叶3枚，薄革质，狭卵形或披针形，花茎具2枚对生叶；圆锥花序，黄、白、紫红或淡青色	药用，有毒	中国云南、四川、贵州、湖北、广西	云南
3966	*Epimedium brevicornu* Maxim.	淫羊藿	Berberidaceae 小檗科	多年生草本；基生叶柄长，二回三出复叶，总状花序，萼片花瓣状，红紫色，花瓣4枚，白色，有长距	观赏	中国辽宁、陕西、山西、山东、湖北、湖南、江苏、江西、广西、贵州、四川	
3967	*Epimedium koreanum* Nakai	朝鲜淫羊藿	Berberidaceae 小檗科	多年生草本；植株高15～40cm；小叶纸质，卵形；总状花序顶生；花颜色多样；蒴果狭纺锤形	药用		吉林、辽宁、浙江、安徽
3968	*Epimedium pubescens* Maxim.	柔毛淫羊藿	Berberidaceae 小檗科	多年生草本；植株高20～70cm；小叶片革质，卵形或披针形；圆锥花序；花瓣淡黄色；蒴果长圆形	药用		陕西、甘肃、湖北、四川、河南、贵州、安徽
3969	*Epimedium sagittatum* (Siebold et Zucc.) Maxim.	箭叶淫羊藿	Berberidaceae 小檗科	多年生草本；生于山坡阴湿地、林下或溪旁阴湿处；根茎结节状；三出复叶，小叶狭卵形或卵状披针形；叶较厚，革质	有毒		华东、华南
3970	*Epimedium simplicifolium* T. S. Ying	单叶淫羊藿	Berberidaceae 小檗科	多年生草本；植株高50cm；叶片纸质，卵形或卵状阔椭圆形；圆锥花序顶生；花黄色；蒴果斜圆柱状	药用		贵州
3971	*Epimedium sutchuenense* Franch.	四川淫羊藿	Berberidaceae 小檗科	多年生草本；植株高15～30cm；小叶薄革质，卵形或狭卵形；总状花序；花暗红色或淡紫色；蒴果	药用		四川、贵州、湖北
3972	*Epimedium wushanense* T. S. Ying	巫山淫羊藿	Berberidaceae 小檗科	多年生常绿草本；植株高50～80cm；小叶叶片革质，披针形至狭披针形；圆锥花序顶生；花淡黄色	药用	中国	四川、贵州、湖北、广西

（续）

序号	拉丁学名	中文名	所属科	特征及特性	类别	原产地	目前分布/种植区
3973	*Epipactis helleborine* (L.) Crantz	小花火烧兰（扫帚七）	Orchidaceae 兰科	地生兰；叶互生，3～7枚，卵形至卵状披针形，总状花序，苞片叶状，花绿色至淡紫色，花瓣卵状披针形，唇瓣半球形，前部三角形至心形	观赏	中国东北、华北、西北、西南各地	
3974	*Epipactis mairei* Schltr.	大叶火烧兰	Orchidaceae 兰科	地生兰；叶互生，卵形或卵状椭圆形，总状花序顶生，唇瓣后部近横椭圆形，前部卵状三角形	观赏	中国西藏、云南、四川、甘肃南部、陕西南部、湖北、湖南	
3975	*Epiphyllum crenatum* (Lindl.) G. Don	红昙花	Cactaceae 仙人掌科	多浆植物，茎直立，多分枝；花长18～29cm，宽（10～）15～20cm；内轮花被与外轮花被等长，匙形至倒披针形，白色	观赏	墨西哥、巴西、加勒比海沿岸	
3976	*Epiphyllum oxypetalum* (DC.) Haw.	昙花（琼花，风花，叶下莲）	Cactaceae 仙人掌科	多浆植物；花生于叶状枝边缘，大形，漏斗状；萼筒状，红色；花重瓣，花被片披针形，纯白色，具芳香；夏秋晚间开放数小时后凋谢	观赏	墨西哥、巴西、加勒比海沿岸	全国各地温室栽培
3977	*Epipremnum pinnatum* (L.) Engl.	麒麟叶（百宿蕉，百足藤）	Araceae 天南星科	大型藤本；茎圆柱形，叶薄革质，成熟叶沿中肋有两行星散小穿孔，肉穗花序，佛焰苞外绿色，内黄色	观赏	中国台湾、海南、广东、广西	
3978	*Episcia cupreata* Hanst.	火焰花（喜荫花）	Gesneriaceae 苦苣苔科	多年生常绿草本；叶对生，椭圆形，深绿色或棕褐色，叶面多皱，密生绒毛，叶背浅绿色或淡红色；花单生叶腋，有毛，花冠亮红色；花期夏秋季节	观赏	哥伦比亚、巴拿马、委内瑞拉	
3979	*Episcia reptans* Mart.	匍匐喜阴花	Gesneriaceae 苦苣苔科	多年生常绿草本；叶椭圆形，绿色有长绒毛，叶脉紫色或褐色；筒状花冠，白色，花被裂片具长喙毛，似石竹花瓣边缘	观赏	圭亚那至秘鲁	
3980	*Epithelantha micromeres* (Engelm.) A. Neb. ex. Britt. et Rose	月世界	Cactaceae 仙人掌科	多年生草本；茎球形；具棱20～24，密生绒毛，白色或金色	观赏	墨西哥北部	

（续）

序号	拉丁学名	中文名	所属科	特征及特性	类别	原产地	目前分布/种植区
3981	*Equisetum arvense* L.	问荆（节节草，笔头草）	Equisetaceae 木贼科	多年生草本；植株异型，营养茎在孢子茎枯萎后生出；叶退化，下部联合成鞘；孢子囊穗顶生	有毒		除华南外，几乎遍布全国
3982	*Equisetum diffusum* D. Don	散生木贼	Equisetaceae 木贼科	多年生杂草；地上茎一型，高可达 30cm 以上；叶鞘状，鞘齿通常三角形或钻形，鞘片背具2棱脊；孢子囊圆柱形；孢子叶钝六角形	杂草		湖南、广西、四川、贵州、云南、西藏
3983	*Equisetum pratense* Ehrhart	草问荆	Equisetaceae 木贼科	多年生近水草本；根状茎节上具球茎，地上茎二型，营养茎在孢子茎枯萎后生出；叶鞘状，紫色或带赤色；孢子叶六角形，盾状	药用		东北、华北、华中、西北、西南及江苏
3984	*Equisetum ramosissimum*（Desf.）Boerner	节节草（土木贼，锁眉草）	Equisetaceae 木贼科	多年生草本；植株同型，基部分枝，节间中空；叶退化，下部联合成鞘；孢子囊穗顶生，无柄	有毒		全国各地均有分布
3985	*Equisetum ramosissimum* subsp. *debile*（Roxb. ex Vauch.）Hauke	笔管草	Equisetaceae 木贼科	多年生草本；根状茎表面具硅质突起，地上茎一型，黄绿色；叶退化成鞘，鞘基有一黑色环纹，鞘片无沟；孢子囊长圆形，尖头	杂草，药用		华南、西南、长江上游各省、自治区
3986	*Eragrostis alta* Keng	高画眉草	Gramineae（Poaceae）禾本科	一年生；秆粗壮，高 120～150cm；圆锥花序不呈穗状，分枝腋间无柔毛，小穗轴节间断落，小穗黄绿色，内稃脊上无毛	饲用及绿肥		海南
3987	*Eragrostis atrovirens*（Desf.）Trin. ex Steud.	鼠妇草	Gramineae（Poaceae）禾本科	多年生；圆锥花序分枝腋间无毛；小穗柄长 0.5～1cm，小穗长 5～10mm，宽约 2.5mm，内稃与外稃同时脱落	饲用及绿肥		广东、广西、云南、四川
3988	*Eragrostis autumnalis* Keng	秋画眉草	Gramineae（Poaceae）禾本科	一年生草本；秆高 15～40cm，具节；叶舌为一圈纤毛；圆锥花序，小穗柄紧贴小枝，小穗有 3～10 小花，颖披针形；颖果	饲用及绿肥		河北、山东、安徽、江苏、江西、河南、福建、云南
3989	*Eragrostis brownii*（Kunth）Nees	长画眉草	Gramineae（Poaceae）禾本科	一、二年生草本；秆纤细，丛生，直立或基部稍膝屈；春季抽穗	观赏	中国华东、华南、西南	

（续）

序号	拉丁学名	中文名	所属科	特征及特性	类别	原产地	目前分布/种植区
3990	*Eragrostis cilianensis*（All.）Vignolo-Lutati ex Janch.	大画眉草	Gramineae (Poaceae) 禾本科	一年生草本；秆高30～90cm，具节，节下有一圈腺体；叶线形扁平；圆锥花序长圆形或尖塔形，小穗长圆形，有10～40小花；颖果	饲用及绿肥		全国各地均有分布
3991	*Eragrostis ciliata*（Roxb.）Nees	纤毛画眉草	Gramineae (Poaceae) 禾本科	多年生；秆簇生，坚硬，高30～90cm；圆锥花序紧缩呈穗状，分枝处密生长硬毛，内稃脊上被长纤毛	饲用及绿肥		海南
3992	*Eragrostis ferruginea*（Thunb.）P. Beauv.	知风草	Gramineae (Poaceae) 禾本科	多年生；秆高30～110cm；圆锥花序大而开展，分枝中部与小穗柄中部及中部偏上有腺体，内稃宿存	饲用及绿肥		几乎全国各地均有分布
3993	*Eragrostis fracta* S. C. Sun et H. Q. Wang	垂穗画眉草	Gramineae (Poaceae) 禾本科	多年生；圆锥花序分枝单一而纤细，腋间无毛；小穗长10～20mm，宽约3mm，内稃与外稃同时脱落	饲用及绿肥		云南
3994	*Eragrostis hainanensis* L. C. Chia	海南画眉草	Gramineae (Poaceae) 禾本科	多年生；秆高35～45cm；花序开展，基部分枝裸露，小穗深绿色或带紫红色，长7～15mm，含10～44花，内稃稍缓落	饲用及绿肥		海南
3995	*Eragrostis japonica*（Thunb.）Trin.	乱草	Gramineae (Poaceae) 禾本科	一年生草本；秆丛生，高30～100cm，具节；叶扁平，叶舌干膜质；圆锥花序长圆形，小穗卵圆形，含4～8小花，颖卵圆形；颖果	杂草		华南、华东、华中及台湾、四川
3996	*Eragrostis minor* Host	小画眉草	Gramineae (Poaceae) 禾本科	与大画眉草的区别是：小穗1.5～2mm，含3～10花；第一外稃长约2mm	饲用及绿肥		几乎全国各地均有分布
3997	*Eragrostis multicaulis* Steud.	美丽画眉草	Gramineae (Poaceae) 禾本科	一年生；秆高30～40cm；叶舌膜质，边缘具长约1mm的纤毛；圆锥花序分枝腋间无毛	饲用及绿肥		海南
3998	*Eragrostis nevinii* Hance	华南画眉草	Gramineae (Poaceae) 禾本科	多年生草本；秆簇生，叶鞘具长柔毛，叶线形，多内卷，两面被毛，圆锥花序密集呈穗状，小穗黄色或略带紫色，颖果褐色透明	观赏	中国华南各省份及上海、台湾	

（续）

序号	拉丁学名	中文名	所属科	特征及特性	类别	原产地	目前分布/种植区
3999	*Eragrostis nigra* Nees ex Steud.	黑穗画眉草	Gramineae (Poaceae) 禾本科	多年生；秆高30～60cm，基部常压扁；圆锥花序长10～23cm，分枝纤细，小穗长3～5mm，含3～8花，内稃宿存	饲用及绿肥		四川、云南、贵州、福建、甘肃
4000	*Eragrostis nutans* (Retzius) Nees ex Steud.	广西画眉草	Gramineae (Poaceae) 禾本科	多年生；秆高40～60cm；叶鞘光滑，叶片仅上面疏生柔毛；花序分枝稀少，小穗长约3mm，含2～5花	饲用及绿肥		广西
4001	*Eragrostis pilosa* (L.) P. Beauv.	画眉草（星星草）	Gramineae (Poaceae) 禾本科	一年生草本；秆丛生，高15～60cm；叶线形，叶舌为一圈纤毛；圆锥花序，小穗含小花4～14，颖膜质，披针形；颖果长圆形	杂草		全国各地均有分布
4002	*Eragrostis rufinerva* L. C. Chia	红脉画眉草	Gramineae (Poaceae) 禾本科	多年生；秆高20～35cm；花序开展，分枝与小穗不具腺体，分枝腋间有毛，小穗长3～7mm，内稃宿存	饲用及绿肥		海南
4003	*Eragrostis unioloides* (Retzius) Nees ex Steud.	牛虱草	Gramineae (Poaceae) 禾本科	一年生草本；秆高20～60cm；叶线形；圆锥花序，小穗卵状长圆形，含小花10～20朵，小花紧贴地覆瓦状排列；颖果椭圆形	饲用及绿肥		华南及云南
4004	*Eranthemum pulchellum* Andrews	可爱花（喜花草）	Acanthaceae 爵床科	常绿灌木；穗状花序顶生和腋生，花冠蓝色或白色，高脚碟状	观赏	亚洲热带	
4005	*Eranthis hyemalis* (L.) Salisb.	早春黄（冬菟葵）	Ranunculaceae 毛茛科	一年生草本；花簇生于叶腋，花梗短，花后伸长；小苞片线形；花萼5裂，裂片阔三角形，先端尖，密被长毛；花瓣5，淡紫红色，稍长于花萼，基部具爪，无毛；雄蕊多数，结合成一圆柱体，花药着生于顶端	杂草	西欧、北美	
4006	*Eranthis stellata* Maxim.	菟葵	Ranunculaceae 毛茛科	多年生草本；花葶高达20cm，花梗长4～10mm，萼片黄色；花期3～4月	观赏	中国辽宁、吉林，朝鲜北部、前苏联远东地区	
4007	*Erechtites hieraciifolius* (L.) Raf. ex DC.	梁子菜	Compositae (Asteraceae) 菊科	直立草本；茎具纵条纹；叶互生，椭圆形，边缘重锯齿；头状花序，总苞片1层，小花筒状，红色，瘦果冠毛，白色	饲用及绿肥		江西、湖北、福建、广东、贵州、云南

（续）

序号	拉丁学名	中文名	所属科	特征及特性	类别	原产地	目前分布/种植区
4008	*Erechtites valerianaefolia* (Wolf) DC.	菊芹	Compositae (Asteraceae) 菊科	一年生草本；茎簇生，高45～60cm，下部紫红；叶互生，长圆状卵形，羽状裂；头状花序集成伞房状，小花黄色；瘦果圆柱形	杂草	南美洲	台湾
4009	*Eremochloa bimaculata* Hack.	西南马陆草	Gramineae (Poaceae) 禾本科	多年生；总状花序单，第一颖先端钝，两侧具极窄的翅，背面无毛，两侧的刺较短，有柄小穗连柄长约3.5mm	饲用及绿肥		云南
4010	*Eremochloa ciliaris* (L.) Merr.	蜈蚣草	Gramineae (Poaceae) 禾本科	多年生，密丛；秆高40～60cm；总状花序单生，穗轴节间微被柔毛，第一颖先端突尖，无翅，背面密生柔毛	饲用及绿肥		海南、广东、广西、贵州、云南、福建
4011	*Eremochloa ophiuroides* (Munro) Hack.	假俭草（返魂草）	Gramineae (Poaceae) 禾本科	多年生草本；叶长2～5cm，顶生叶片常退化成小尖头；总状花序长4～6cm，无柄小穗长约5mm，第一颖长圆形，第二颖呈舟形；颖果	饲用及绿肥，生态防护	中国	长江流域以南各省份
4012	*Eremochloa zeylanica* (Hackel ex Trimen) Hackel	马陆草	Gramineae (Poaceae) 禾本科	多年生；秆高20～40cm；总状花序镰形弯曲，第一颖先端尖而具狭翅，两侧具较长的刺，有柄小穗连柄长2.2mm	饲用及绿肥		贵州、四川、云南、湖北
4013	*Eremopyrum bonaepartis* (Spreng.) Nevski	光穗旱麦草	Gramineae (Poaceae) 禾本科	一年生；秆高5～30cm；穗状花序长小穗长12～15mm，颖短于小穗，具龙骨状突起，外稃无毛或仅沿脉疏刺毛	饲用及绿肥		新疆
4014	*Eremopyrum distans* (K. Koch) Nevski	毛穗旱麦草	Gramineae (Poaceae) 禾本科	一年生；秆高20～45cm；花序被长柔毛，穗轴易断，小穗与穗轴呈直角排列，花药长0.5～0.9mm	粮食		新疆
4015	*Eremopyrum orientale* (L.) Jaubert et Spach	东方旱麦草	Gramineae (Poaceae) 禾本科	一年生；秆高4～25cm；穗状花序紧密，小穗与穗轴呈锐角排列；颖与外稃均密被柔毛，花药长0.8～1.5mm	饲用及绿肥		新疆
4016	*Eremopyrum triticeum* (Gaertner) Nevski	旱麦草	Gramineae (Poaceae) 禾本科	一年生；秆高5～20mm；穗状花序短小，小穗长6～10mm，与穗轴几呈直角排列，颖无毛，外稃疏被糙毛	饲用及绿肥		新疆

（续）

序号	拉丁学名	中文名	所属科	特征及特性	类别	原产地	目前分布/种植区
4017	*Eremosparton songoricum* (Litv.) Vassilcz.	准噶尔无叶豆	Leguminosae 豆科	落叶半灌木；高50～80cm，老枝黄褐色，皮剥落，茎由基部多分枝，向上直伸，叶退化，鳞片状呈披针形，花两性，花单生叶腋；荚果	生态防护		新疆北部
4018	*Eremurus chinensis* O. Fedtsch.	独尾草（龙须草）	Liliaceae 百合科	多年生草本；有短的根茎；花多数，排成稠密的总状花序，花被片分离；蒴果球形；种子具3棱，棱上具狭翅	药用		甘肃南部、四川西部、云南西北部、西藏
4019	*Eremurus stenophyllus* (Boiss. et Buhse) Bak.	独尾花	Liliaceae 百合科	多年生草本；花极多，总状花序；花被窄钟状，倾斜开展；花被片白色，长椭圆形，有1脉；花期6月	观赏	中亚、西亚	
4020	*Eria clausa* King et Pantl.	匍茎毛兰	Orchidaceae 兰科	附生兰；假鳞茎顶生1～3枚椭圆形叶，花序1个从叶内侧发出，疏生2～6朵浅黄绿色或浅绿色花，花瓣镰状长圆形，唇瓣倒卵形	观赏	中国西藏东南部、云南东南部至南部、广西西部	
4021	*Eria coronaria* (Lindl.) Rchb. f.	足茎毛兰	Orchidaceae 兰科	附生兰；假鳞茎顶端生2枚叶，一大一小，长椭圆形或倒卵状椭圆形，花序1个，长10～30cm，具2～6朵花，基部具1枚鞘状物，花白色，唇瓣上有紫色斑纹，花瓣长圆状披针形，唇瓣长圆形	观赏	中国海南、广西、云南南部和西北部、西藏东南部	
4022	*Erianthus stenophyllus* L.	窄叶蔗茅	Gramineae (Poaceae) 禾本科	多年生丛生型禾草；高1～1.5m；叶片狭窄，向上直伸或上部弯转，中脉在下面隆起，几近圆筒形，顶端长渐尖成丝形；圆锥花序	经济作物		
4023	*Erica carnea* L.	春花欧石南	Ericaceae 杜鹃花科	常绿灌木；多分枝，枝密集；叶4枚轮生，窄，条形，针状，灰绿色至深绿色；花冠钟状，粉红色至深红色，偶有白色，花朵下垂；花期11月至翌年4月	观赏	欧洲中部至阿尔卑斯山	
4024	*Erica tetralix* L.	轮生叶欧石南	Ericaceae 杜鹃花科	常绿灌木，高20～50cm；叶灰绿色具腺毛，花粉色；花期6～10月	观赏	欧洲东部和南部	

（续）

序号	拉丁学名	中文名	所属科	特征及特性	类别	原产地	目前分布/种植区
4025	*Erigeron acer* L.	飞蓬	Compositae (Asteraceae) 菊科	二年生草本；基部叶倒披针形，中部和上部叶披针形；头状花序；瘦果长圆披针形	饲用及绿肥，药用		新疆、内蒙古、吉林、辽宁、河北、山西、陕西、甘肃、宁夏、青海、四川、西藏
4026	*Erigeron altaicus* M. Pop.	阿尔泰飞蓬	Compositae (Asteraceae) 菊科	多年生草本；基部叶密集，莲座状，倒披针形或匙形，中、上部叶披针形；2～5个头状花序排成伞房状，舌状花淡紫色，管状花黄色	观赏	中国新疆北部	
4027	*Erigeron annuus* (L.) Pers.	一年蓬	Compositae (Asteraceae) 菊科	常为二年生草本；茎高30～120cm；基生叶卵形或卵状披针形，茎生叶披针形或长椭圆形；头状花序多数集成伞房状或近似圆锥状；瘦果	药用		东北、华北、华中、华东、华南、西南
4028	*Erigeron aurantiacus* Regel	橙舌飞蓬	Compositae (Asteraceae) 菊科	多年生草本；基生叶具柄，线状披针形，茎生叶3～12枚，头状花序单生茎顶，舌状花紫色，管状花黄色，总苞片顶端紫色	观赏	中国新疆北部	
4029	*Erigeron breviscapus* (Vaniot) Hand. -Mazz.	短葶飞蓬（灯盏细辛）	Compositae (Asteraceae) 菊科	多年生草本；基部叶密集，莲座状，倒卵状披针形，茎生叶2～4枚，狭长圆状披针形，总状花序单生茎枝顶端，舌状花蓝色或粉紫色，管状花黄色	观赏	中国云南、四川、西藏、贵州、湖南、广西	
4030	*Erigeron elongatus* Ledeb.	长茎飞蓬	Compositae (Asteraceae) 菊科	二年生或多年生草本；叶质较硬，基部及下部叶倒披针形，中部和上部叶长圆形；头状花序；瘦果长圆状披针形	饲用及绿肥，药用		新疆、内蒙古、河北、山西、甘肃、四川、西藏
4031	*Erigeron pseudoseravschanicus* Botsch.	假泽山飞蓬	Compositae (Asteraceae) 菊科	多年生草本；叶两面被长节毛和具柄腺毛，基部叶密集，莲座状，倒披针形；头状花序多数排成伞房状总状花序，外层舌状花淡红色或淡紫色，内层无色，管状花黄色	观赏	中国新疆北部	
4032	*Erigeron speciosus* (Lindl.) DC.	美丽飞蓬	Compositae (Asteraceae) 菊科	多年生草本；头状花序呈伞房状着生，总苞片具短毛，舌状花1～2轮，淡紫至红色，筒状花黄色；花期夏季	观赏	北美西海岸	

（续）

序号	拉丁学名	中文名	所属科	特征及特性	类别	原产地	目前分布/种植区
4033	*Eriobotrya bengalensis* （Roxb.）Hook. f.	南亚枇杷（云南枇杷，光叶枇杷）	Rosaceae 蔷薇科	常绿乔木；高可达 10m 以上；圆锥花序，花瓣白色，倒卵形或近圆形；顶端圆形或微缺，无毛或内面基部有柔毛；雄蕊约 20；花柱 2～3，基部有毛，子房顶端具毛	果树		云南
4034	*Eriobotrya cavaleriei* （H. Lév.）Rehder	大花枇杷	Rosaceae 蔷薇科	常绿乔木；高 4～6m；叶片集生枝顶，长圆形、长圆披针形或长圆倒披针形；圆锥花序顶生；花瓣白色；果实椭圆形或近球形，橘红色	果树		四川、贵州、湖北、湖南、江西、福建、广西、广东
4035	*Eriobotrya deflexa* （Hemsl.）Nakai	台湾枇杷（台广枇杷，山枇杷，赤叶枇杷）	Rosaceae 蔷薇科	常绿乔木；叶集生小枝顶端，长圆形或长圆披针形；圆锥花序顶生，苞片和小苞片披针形，花瓣白色，花柱 3～5，圆形或倒卵形；果近球形	果树，药用		广东、福建、广西
4036	*Eriobotrya elliptica* Lindl.	椭圆枇杷	Rosaceae 蔷薇科	常绿小乔木；叶革质，长圆形至长圆披针形，圆锥花序顶生，萼片三角形，花瓣圆形或椭圆形，雄蕊 20，花柱 5，果实倒卵形或近球形	果树		
4037	*Eriobotrya fragrans* Champion ex Bentham	香花枇杷	Rosaceae 蔷薇科	常绿小乔木或灌木；叶长圆椭圆形；圆锥花序顶生，萼筒杯状，萼片三角卵形，花瓣白色，椭圆形；雄蕊 20；果球形	果树		广东、广西
4038	*Eriobotrya henryi* Nakai	窄叶枇杷	Rosaceae 蔷薇科	常绿灌木或小乔木；高可达 7m；叶片革质，披针形或倒卵披针形；圆锥花序顶生，长 2.5～4.5cm；总花梗及花梗密生锈色绒毛；花瓣白色，倒卵形，先端圆钝或急尖，全缘或有齿，基部有毛；雄蕊 10，较花瓣短；花柱 2，离生，几与雄蕊等长；子房 2 室，被毛；果实卵形	果树		云南
4039	*Eriobotrya japonica* （Thunb.）Lindl.	枇杷（卢橘）	Rosaceae 蔷薇科	常绿小乔木；叶片革质，互生，披针形或椭圆状长圆形；圆锥花序顶生，具锈色绒毛；花白色；雄蕊 20 枚，柱头 5 枚，子房 5 室，每室 2 个胚珠；梨果卵形、扁圆形或长圆形	果树，有毒，林木	中国	长江流域以南及河南、陕西、甘肃
4040	*Eriobotrya malipoensis* K. C. Kuan	麻栗坡枇杷	Rosaceae 蔷薇科	常绿乔木；叶长革质，圆形或长圆倒卵形；圆锥花序顶生，苞片及小苞片披针形，萼筒杯状，萼片卵形，花瓣白色，倒卵形，雄蕊 20，花柱 3～5，离生	果树		云南

（续）

序号	拉丁学名	中文名	所属科	特征及特性	类别	原产地	目前分布/种植区
4041	*Eriobotrya obovata* W. W. Sm.	倒卵叶枇杷（云南枇杷）	Rosaceae 蔷薇科	常绿乔木；高约 10m；叶片倒卵形或倒披针形；圆锥花序顶生；萼片三角卵形，花瓣白色，倒卵形；雄蕊 20，花柱 2～3，果实未见	果树		云南
4042	*Eriobotrya prinoides* Rehder et E. H. Wilson	栎叶枇杷	Rosaceae 蔷薇科	常绿小乔木；叶片革质，长圆形或椭圆形；圆锥花序顶生，花柱 2～3，离生，苞片和小苞片卵形，萼筒杯状，花瓣白色，卵形；果卵形至卵球形	果树		云南、四川
4043	*Eriobotrya salwinensis* Hand.-Mazz.	怒江枇杷	Rosaceae 蔷薇科	小乔木；叶倒卵披针形；圆锥花序金字塔形，小苞片 2，卵形，萼片卵形，花瓣乳黄色，倒卵形，先端截形微缺；果球形	果树		云南
4044	*Eriobotrya seguinii* （H. Lév.）Cardot ex Guillaumin	小叶枇杷	Rosaceae 蔷薇科	常绿灌木；叶长圆形或倒披针形；圆锥花序或总状花序顶生，萼筒短钟状，花瓣近圆形或倒心形，雄蕊 15，花柱 3～4，子房 3～4 室；果卵形	果树		贵州、云南
4045	*Eriobotrya serrata* J. E. Vidal	齿叶枇杷	Rosaceae 蔷薇科	常绿乔木；高 10～20m；叶片革质，倒卵形或倒披针形；圆锥花序顶生；萼筒杯状，雄蕊 20，花柱 3～4，花瓣白色；果实卵球形或梨形	果树		云南、广西
4046	*Eriobotrya tengyuehensis* W. W. Sm.	腾越枇杷	Rosaceae 蔷薇科	常绿乔木；高达 20m；叶片集生小枝顶端，革质，长圆形、椭圆形或近倒卵形；圆锥花序顶生；花瓣乳黄色，倒铲形，花柱 2 或 3；果实近球形	果树		云南西部
4047	*Eriocaulon australe* R. Br.	毛谷精草	Eriocaulaceae 谷精草科	一年生草本；叶丛生，线形；头状花序扁球形或倒圆锥形，花瓣 3，离生，狭线形，子房 3 室；蒴果球形，3 裂	药用		广东、广西、海南
4048	*Eriocaulon buergerianum* Koern.	谷精草（谷精子，移星草，耳朵刷子）	Eriocaulaceae 谷精草科	一年生草本；叶基生，狭线形；花葶高出叶；花序头状近球形，花单性，雄花花萼合成倒卵形苞状，雌花花萼合成佛焰苞状；蒴果	药用		华东、华中、华南、西南及陕西

（续）

序号	拉丁学名	中文名	所属科	特征及特性	类别	原产地	目前分布/种植区
4049	*Eriocaulon cinereum* R. Br.	白药谷精草	Eriocaulaceae 谷精草科	一年生草本；叶基生，条线形；花葶高于叶；头状花序卵圆形，雄花序位于花序中央，雌花有 2 离生线形萼片；蒴果球形	药用		华中、华东、华南、西南及河北、台湾、陕西
4050	*Eriocaulon nantoense* Hayata	南投谷精草	Eriocaulaceae 谷精草科	多年生草本；茎短丛生；叶披针形；头状花序半圆球形，花序柄高出叶面，花冠合生成筒状，黄白色；蒴果近球形	杂草		广东、台湾、浙江、安徽、贵州
4051	*Eriocaulon setaceum* L.	丝叶谷精草	Eriocaulaceae 谷精草科	一年生水生草本；茎纤细，叶散生茎上，初时钻状线形，后沿平行脉纵裂而呈丝状；头状花序卵状球形，花瓣 3 白色；种子椭圆状球形	杂草		广东、广西、海南、云南
4052	*Eriocaulon sexangulare* L.	华南谷精草	Eriocaulaceae 谷精草科	草本；叶基生，条状披针形；花序半球形，花单性，花瓣 3，离生条形；蒴果，种子卵形	杂草		广东、广西、福建、台湾、海南
4053	*Eriochloa procera* (Retzius) C. E. Hubb.	高野黍	Gramineae (Poaceae) 禾本科	一年生草本；秆高 20～60cm；叶线形；圆锥花序，小穗卵状长圆形，含小花 10～20 朵，小花紧贴地覆瓦状排列；颖果椭圆形	饲用及绿肥		台湾、海南、广东
4054	*Eriochloa villosa* (Thunb.) Kunth	野黍	Gramineae (Poaceae) 禾本科	一年生草本；秆高 30～100cm；叶长 5～25cm；圆锥花序由 4～8 枚总状花序组成，小穗卵状椭圆形；颖果卵圆形	饲用及绿肥		东北、华北、华东、华中、西南、华南
4055	*Eriolaena candollei* Wall.	南火绳	Sterculiaceae 梧桐科	乔木；高达 6～12m；叶厚纸质，圆形或卵圆形；聚伞花序顶生或腋生；花瓣 5 片，黄色；蒴果卵圆形，顶端尖锐并具喙	林木		云南南部、广西
4056	*Eriolaena glabrescens* Aug. DC.	光叶火绳	Sterculiaceae 梧桐科	乔木；高达 10m；叶圆形或卵圆形；花序伞房状；花瓣黄色；蒴果卵形或卵状椭圆形	林木		云南南部
4057	*Eriolaena kwangsiensis* Hand.-Mazz.	广西芒木（桂火绳）	Sterculiaceae 梧桐科	乔木或灌木；高 11m；聚伞状总状花序腋生，具花数朵，花瓣 5 片稀为 4 片，白色，倒卵状匙形，顶端短尖；雄蕊筒长约 12mm；子房卵形，被淡黄色星状茸毛；柱头反曲；蒴果长椭圆状披针形，顶端尖而具喙，无瘤状凸起；种子具翅	蜜源	中国	广西

（续）

序号	拉丁学名	中文名	所属科	特征及特性	类别	原产地	目前分布/种植区
4058	*Eriolaena quinquelocularis* (Wight et Arn.) Wight	五室火绳	Sterculiaceae 梧桐科	乔木；高达 10m；叶厚纸质，圆形或广卵状圆形；聚伞花序顶生或腋生；花瓣淡黄色；蒴果长椭圆形	林木		云南南部
4059	*Eriolaena spectabilis* (DC.) Planch. ex Mast.	火绳树（泡火绳，接骨丹，火索树）	Sterculiaceae 梧桐科	落叶灌木或小乔木；高 3～8m；聚伞花序腋生，具 2～3 花，密生白色星状绒毛；萼片 5，狭披针形，长 1.8～2.5cm，密被星状短柔毛；花瓣 5，白色，与萼片近等长；雄蕊多数；子房无柄，密被短柔毛	林木，蜜源	中国	云南南部、贵州南部
4060	*Eriophorum vaginatum* L.	羊胡子草（白毛羊胡子草）	Cyperaceae 莎草科	多年生草本；根状茎短；秆丛生，苞片鳞片状，花序仅具 1 小穗，鳞片卵状披针形，下位刚毛多数，白色，上部边缘平滑	饲用及绿肥		东北及内蒙古
4061	*Eriosema chinense* Vogel	猪仔笠（毛瓣豆，鸡头薯）	Leguminosae 豆科	多年生草本；茎密被棕色长柔毛；小叶单生，披针形，下面被白色绒毛；总状花序具 1～2 花；荚果菱状椭圆形	饲用及绿肥		江西、福建、海南、贵州、云南
4062	*Erodium cicutarium* (L.) L'Hér. ex Aiton	芹叶牻牛儿苗	Geraniaceae 牻牛儿苗科	一年或越年生草本；茎高 10～45cm；叶长卵形，二回羽状深裂；伞形花序腋生，花瓣紫色或淡红色；蒴果具短伏毛	饲用及绿肥		西北及内蒙古、山东、江苏
4063	*Erodium stephanianum* Willd.	牻牛儿苗（太阳花）	Geraniaceae 牻牛儿苗科	一年生或越年生草本；高 15～45cm；叶对生，长卵形或长圆状三角形，二回羽状深裂或全裂；伞形花序腋生，花瓣淡紫蓝色；蒴果顶端有长喙	药用，饲用及绿肥，经济作物（橡胶类）		东北、华北、西北、西南及长江流域
4064	*Eruca vesicaria* subsp. *sativa* (Mill.) Thell.	芝麻菜（芸芥）	Cruciferae 十字花科	一年生草本；茎直立，疏被硬单毛；基生叶稍肉质，大头羽状分裂，全缘；萼片直立，倒披针形；长角果圆柱形	饲用及绿肥		华北、西北及黑龙江、四川
4065	*Erycibe hainanensis* Merr.	毛叶丁公藤	Convolvulaceae 旋花科	攀缘灌木；叶椭圆形至长圆状椭圆形；圆锥状花序顶生或腋生，腋生花序较短，花 3～4 朵密集成簇，黄色；浆果椭圆形	有毒		广东、海南

（续）

序号	拉丁学名	中文名	所属科	特征及特性	类别	原产地	目前分布/种植区
4066	*Erycibe myriantha* Merr.	多花丁公藤	Convolvulaceae 旋花科	攀缘灌木；叶长圆状倒卵形；圆锥花序疏散顶生，多花，花白色；萼片倒卵形或圆形；子房椭圆形；果椭圆形至长圆形	有毒		广东南部、海南
4067	*Erycibe obtusifolia* Benth.	丁公藤（包公藤，麻辣子）	Convolvulaceae 旋花科	木质藤本；叶革质，卵形至长圆形；狭圆锥花序腋生或顶生，密生锈色短绒毛；花冠黄白色；浆果卵圆形	有毒		广东、广西、云南、海南
4068	*Erycibe oligantha* Merr. et Chun	凹脉丁公藤	Convolvulaceae 旋花科	木质藤本；叶革质，狭卵形至椭圆形；总状花序腋生或顶生，密被长柔毛；花冠白色；浆果球形	有毒		广东、海南
4069	*Eryngium alpinum* L.	高山刺芹	Umbelliferae（Apiaceae）伞形科	多年生草本；茎叶阔心形，掌状裂；头状花由12～18枚总苞片包被；花蓝、白色	观赏	欧洲暖温带	
4070	*Eryngium foetidum* L.	刺芹（刺芫荽）	Umbelliferae（Apiaceae）伞形科	多年生草本；高10～60cm；基生叶披针形或倒披针形；聚伞花序具三至五回二歧分枝，由多数头状花序组成；双悬果球形	药用		广东、广西、云南
4071	*Eryngium planum* L.	澳大利亚刺芹（伞形蓟）	Umbelliferae（Apiaceae）伞形科	多年生草本；头状花序球形，深蓝色；总苞片披针形；花期6～8月	观赏	欧洲东部、亚洲	
4072	*Erysimum amurense* Kitag.	糖芥	Cruciferae 十字花科	一年或两年生草本；茎高30～60cm；密生伏贴2叉毛；叶披针形或长圆状披针形；总状花序顶生，花橘黄色；长角果线形	药用		东北、华北及江苏、陕西、四川
4073	*Erysimum cheiranthoides* L.	小花糖芥（桂竹糖芥，打水水花）	Cruciferae 十字花科	一年或二年生草本；叶互生，披针形；总状花序；花浅黄色；雄蕊6，4长2短；长角果具棱，种子扁卵形细小	有毒		除华南外，全国各地均有分布
4074	*Erysimum flavum*（Georgi）Bobrov	蒙古糖芥	Cruciferae 十字花科	多年生草本；根状茎缩短，顶部常具多头；茎直立，被丁字毛；叶狭条形，边缘内卷；花瓣淡黄色，长15～18mm	饲用及绿肥		黑龙江、内蒙古、新疆、西藏

（续）

序号	拉丁学名	中文名	所属科	特征及特性	类别	原产地	目前分布/种植区
4075	*Erythrina arborescens* Roxb.	鹦哥花（大叶刺桐）	Leguminosae 豆科	乔木；高7～8m，小总状花序腋生，花密集于总花梗上部，花序轴及花梗无毛；萼2唇形，无毛；花冠红色，长达4cm，翼瓣短，长仅为旗瓣1/4，龙骨瓣菱形，较翼瓣长，均无爪；雄蕊10，子房具柄，有黄色毛	观赏	中国云南、四川、西藏、贵州、湖北	
4076	*Erythrina caffra* Thunb.	火炬刺桐子（南非刺桐）	Leguminosae 豆科	落叶乔木；有皮刺，小叶宽三角形或宽卵形，顶生小叶较大；花红色，翼瓣及龙骨瓣很小；花期春季	观赏	非洲东南部	
4077	*Erythrina corallodendron* L.	龙牙花（珊瑚树）	Leguminosae 豆科	灌木；树干上有疏而粗的刺；小叶3，菱状卵形；总状花序腋生；萼钟状；花冠红色；荚果，在种子间收缢	有毒	美洲热带	北京、广州、云南
4078	*Erythrina secundiflora* Hassk.	硬核刺桐	Leguminosae 豆科	乔木；高12～15m；总状花序长7～10cm，有褐色绒毛；花红色，长4cm；花萼钟状，有绢毛，2裂；花瓣不等长，旗瓣椭圆形，先端钝，具短瓣柄，翼瓣倒卵形，龙骨瓣与翼瓣等长；子房有毛	有毒		
4079	*Erythrina stricta* Roxb.	劲直刺桐	Leguminosae 豆科	乔木；羽状复叶具3小叶；总状花序，花3朵1束，鲜红色，多数，密集；花萼佛焰苞状；荚果有种子1～3颗	有毒		
4080	*Erythrina variegata* L.	刺桐	Leguminosae 豆科	落叶乔木；高20m；总状花序顶生，总花梗木质；花萼栅焰苞状，花冠红色；花期3月	观赏	中国台湾、广东、广西、福建；印度至大洋海岸一带	
4081	*Erythronium grandiflorum* Pursh.	大齿堇花（大花猪牙花）	Liliaceae 百合科	多年生草本；花单生或2～6朵成总状花序，下垂，鲜黄色，基部较浅，花被片6，披针形，花药深红色；花期6月	观赏	加拿大西南至美国西北地区	
4082	*Erythronium japonicum* Decne.	猪牙花（山芋头）	Liliaceae 百合科	多年生草本；花单朵顶生，俯垂，花被片披针形长3.5～5cm，宽7～11mm，紫红色，下部有近三齿状的黑色斑纹，花药黑紫色	蜜源		吉林东部

（续）

序号	拉丁学名	中文名	所属科	特征及特性	类别	原产地	目前分布/种植区
4083	*Erythropalum scandens* Blume	赤苍藤（龙香藤，牛耳藤）	Olacaceae 铁青树科	木质藤本；全株有特殊臭味，枝有条纹，卷须腋生；叶互生，卵形或三角状卵形，基部平截或心形，叶背粉绿色	药用		广东、海南、广西、贵州、云南
4084	*Erythrophleum fordii* Oliv.	格木（赤叶木，铁木）	Leguminosae 豆科	常绿乔木；二回羽状复叶，小叶互生，卵形或卵状椭圆形；总状花序圆柱形，数枚组成腋生的圆锥花序，花瓣5，淡黄绿色；荚果扁平带状	有毒	中国	台湾、浙江、福建、广东、广西
4085	*Erythroxylum coca* Lam.	古柯（高根）	Erythroxylaceae 古柯科	小灌木；叶互生，椭圆形或倒卵形；花单生或数朵簇生叶腋；花瓣5，淡黄绿色；果具宿萼	有毒		台湾、广西、广东、海南
4086	*Eschscholtzia caespitosa* Benth.	丛生花菱草	Papaveraceae 罂粟科	一、二生草本，叶片分裂成细线，浅绿色；花瓣合生，浅杯形，直径3～5cm，有4个质地细致的花瓣，鲜黄色	观赏	美国中部、加利福尼亚州南部	
4087	*Eschscholzia californica* Cham.	花菱草	Papaveraceae 罂粟科	一、二生草本；花单生，着生于枝端，花梗长，纯黄色，具光泽，花期5～6月	观赏	美国加利福尼亚州	
4088	*Espostoa lanata*（H. B. K.）Britt. et Rose	老乐柱	Cactaceae 仙人掌科	多浆植物；植株圆柱状，被白色丝状长毛；花白色，开花前在茎上侧部形成由白色长软毛组成的假花座，花从假花座软毛中展出；夏季开花，花朵夜间开放，有特异臭味	观赏	秘鲁北部山区、厄瓜多尔南部低纬度高海拔地区	
4089	*Etlingera elatior*（Jack）R. M. Sm.	瓷玫瑰（火炬姜）	Zingiberaceae 姜科	多年生草本；高100～300cm；叶鞘抱茎；叶片披针形；花葶高60～100cm；头状花序；花淡红、深红、大红色，花瓣蜡质，唇瓣边缘金黄色	蔬菜，观赏	非洲和亚洲热带	云南、广东、广西、海南
4090	*Etlingera yunnanensis*（T. L. Wu et S. J. Chen）R. M. Sm.	茴香砂仁（麻亮不）	Zingiberaceae 姜科	茎粗壮，具匍匐状根茎；头状或穗状花序自根茎生出；蒴果肉质，不开裂，平滑或具纵棱，或具疣突	药用		云南南部西双版纳、勐仑
4091	*Eucalyptus alba* Reinw. ex Blume	白桉	Myrtaceae 桃金娘科	常绿乔木；树皮光滑，灰白色，大片状脱落；伞形花序腋生，有花3～7朵；花期5～8月	观赏	澳大利亚北部、巴布亚新几内亚、印度尼西亚的爪哇	广东、广西、江西

（续）

序号	拉丁学名	中文名	所属科	特征及特性	类别	原产地	目前分布/种植区
4092	*Eucalyptus amplifolia* Naudin	广叶桉	Myrtaceae 桃金娘科	常绿乔木；伞形花序有花7～20朵，总梗扁平或有棱；花蕾长卵形；萼管半球形；长3mm，帽状体比萼管长3～4倍，长锥形，渐尖；花期8月	观赏	澳大利亚东部沿海	广东 、广西、浙江
4093	*Eucalyptus botryoides* Sm.	葡萄桉	Myrtaceae 桃金娘科	常绿乔木；高20～30m，单叶互生，披针形或卵圆形，花聚生于叶腋，果筒状	蜜源		四川
4094	*Eucalyptus camaldulensis* Dehnh.	赤桉	Myrtaceae 桃金娘科	常绿乔木；高40m，皮灰色，伞形花序侧生或腋生；蒴果，近球形	林木		广西、云南、四川、陕西、广东、福建
4095	*Eucalyptus citriodora* Hook.	柠檬桉	Myrtaceae 桃金娘科	常绿大乔木；叶互生具柄；3～5朵小伞形花序，再集生成复伞形花序，花盖半球形，2层，雄蕊多数；蒴果，果瓣深藏	林木，观赏	澳大利亚	福建、广东、广西
4096	*Eucalyptus exserta* F. V. Muell.	窿缘桉（小叶桉）	Myrtaceae 桃金娘科	中等大乔木；叶狭披针形，具透明腺点；伞房花序；花蕾较萼管长；子房下位；深黄色蜜腺贴于花萼管内缘；蒴果	林木，观赏		海南、广东、广西、福建、江西、云南、四川、浙江
4097	*Eucalyptus globulas* Labill.	蓝桉（洋草果）	Myrtaceae 桃金娘科	常绿乔木；高40m，异叶对生，无柄，互生，花单朵腋生；蒴果大，果缘厚	蜜源		我国西南部和南部栽培
4098	*Eucalyptus grandis* W. Hill ex Maiden	巨桉	Myrtaceae 桃金娘科	常绿大乔木；高45～55cm，个别植株可高达15m；幼态叶椭圆形，灰青色；成熟叶披针形，暗绿色；蒴果梨形，灰青色	林木，生态防护	澳大利亚	浙江、福建、广东、广西、海南、云南、江西、台湾、四川、
4099	*Eucalyptus largiflorens* F. V. Muell.	二色桉	Myrtaceae 桃金娘科	常绿乔木；高12～18m，伞形花序聚生于枝顶，排成圆锥花序，每一伞形花序有花3～8朵，总梗长5～8mm，纤细，有楞；花蕾纺锤形，两端尖，长5～7mm，帽状体约与萼管等长或稍短；花期9月	观赏	澳大利亚东南部内陆平原	广东、广西

（续）

序号	拉丁学名	中文名	所属科	特征及特性	类别	原产地	目前分布/种植区
4100	*Eucalyptus maidenii* F. Muell.	直杆蓝桉	Myrtaceae 桃金娘科	大乔木；伞形花序有花 3～7 朵，总梗压扁或有棱；花梗长约 2mm；花蕾椭圆形，两端尖；萼管倒圆锥形，有棱；帽状体三角锥状，与萼冠等长；雄蕊多数，花药倒卵形，纵裂	观赏	威尔士南部、维多利亚	
4101	*Eucalyptus melliodora* A. Cunn. ex Schauer	蜜味桉	Myrtaceae 桃金娘科	乔木；异型叶，叶片窄披针形至披针形，7～13cm×1～1.5cm；花序腋生，伞形花序 3～7 朵花，雄蕊 4～6mm	蜜源		广东
4102	*Eucalyptus nitens* Maiden	亮果桉	Myrtaceae 桃金娘科	常绿大乔木，高 40～70m，偶尔高达可 90m；幼态叶对生，宽披针形至卵圆形；成熟叶互生，披针形至窄披针形；伞形花序有 7 个单花；果实圆柱形或卵形	林木	澳大利亚新南威尔士北部高地入海口到维多利亚州东南部山区	云南、贵州、浙江、四川、湖北、江西、江苏、福建、上海市
4103	*Eucalyptus robusta* Sm.	大叶桉	Myrtaceae 桃金娘科	常绿乔木；高 20m，伞形花序粗大，有花 4～8 朵；花梗短，粗而扁平；萼管半球形或倒圆锥形；帽状体约与萼管同长，先端收缩成喙；花期 4～9 月	观赏	澳大利亚	我国西南部和南部有栽培
4104	*Eucalyptus saligna* Sm.	柳桉	Myrtaceae 桃金娘科	大乔木；伞形花序腋生，有花 3～9 朵，总梗有棱，压扁，花蕾倒卵形，花梗短或近无柄；帽状体短三角状锥形，比萼管稍短或同长，先端略尖；雄蕊比花蕾略长，花药长椭圆形，纵裂，背部有腺体	蜜源		广西
4105	*Eucalyptus tereticornis* Sm.	细叶桉	Myrtaceae 桃金娘科	大乔木；伞形花序侧生，具花 4～8 朵；总花梗圆柱状；花直径约 1.5～2cm；萼筒近陀螺形，直径 4～6mm，萼帽状体长圆锥形，长 6～12mm，顶端钝或短尖；雄蕊多数，长 6～12mm	林木，蜜源		广东、广西、福建、海南、四川、江西、浙江、湖南、云南、湖北、台湾
4106	*Eucalyptus urophylla* S. T. Blake	尾叶桉	Myrtaceae 桃金娘科	常绿乔木；高可达 55m，叶披针形；花序腋生，有花 5～7 朵；花期 10 月	观赏	印度尼西亚	广东、海南、广西、四川、贵州、云南、台湾

（续）

序号	拉丁学名	中文名	所属科	特征及特性	类别	原产地	目前分布/种植区
4107	*Eucharis grandiflora* Planch. et Linden	南美水仙	Amaryllidaceae 石蒜科	多年生球根花卉；花葶高 60cm，直立生于叶丛中，伞形花序有花 3～6 朵，花冠筒状，裂片开张；花丝基部相连成明显的杯状；花纯白色，有香气；花期每年冬、春、夏 3 次开放	观赏	南美安第斯山脉	
4108	*Euchlaena mexicana* Schrad.	类蜀黍（大刍草）	Gramineae (Poaceae) 禾本科	一年生高大草本；高 2～3m；叶舌截形；叶宽大；花序单性，雌花序腋生，雄花序组成大型顶生圆锥花序	粮食	墨西哥	台湾
4109	*Euchresta japonica* Hook. f. ex Regel	胡豆莲（山豆根，三小叶山豆根，日本山豆根）	Leguminosae 豆科	常绿小灌木或亚灌木；高 30～100cm；茎基部稍呈匍匐状；叶椭圆形；总状花序长 7～14cm，总花梗长 3.5～7cm；花蝶形，白色；荚果肉质，椭圆形	药用		江西 浙江 广东 广西
4110	*Euclidium syriacum* (L.) R. Br.	乌头荠	Cruciferae 十字花科	一年生草本；高 10～20cm；茎被单毛或叉状毛；叶长圆形或长圆披针形；总状花序顶生，花白色或淡黄色；短角果	杂草		新疆北部
4111	*Eucommia ulmoides* Oliv.	杜仲（丝棉皮）	Eucommiaceae 杜仲科	落叶乔木；折断后具银白色胶丝；单叶互生；单性花，雌雄异株，无花被，雄蕊 6～10 枚，雌花 1 室，胚珠 2；扁翅果	药用	中国	西南、华中、西北、华南及河北、浙江
4112	*Eugenia aherniana* C. B. Rob.	吕宋番樱桃	Myrtaceae 桃金娘科	常绿灌木或乔木；高 3～9m；叶革质，椭圆形或卵状椭圆形；花顶生或腋生；浆果扁圆形	果树	菲律宾	广东
4113	*Eugenia brasiliensis* Lam	巴西番樱桃	Myrtaceae 桃金娘科	植株可达 15m，通常 7～10m，花白色聚生于枝梢顶端叶腋，微芳香，有 4 花萼及 4 花冠，雄蕊可达 100 枚，果实似樱桃	果树	巴西	台湾
4114	*Eugenia uniflora* L.	番樱桃（毕当茄，红果仔）	Myrtaceae 桃金娘科	常绿灌木或小乔木；花单生，白色，直径 1.5cm，有香气；果卵球形，有 8 条纵沟，直径 3.5cm，黄至红色	果树		
4115	*Eulalia brevifolia* Keng ex P. C. Keng	短叶金茅	Gramineae (Poaceae) 禾本科	多年生；秆基部的芽具鳞片；无柄小穗第一颖具 2 脊，脊有 1 脉，有柄小穗的第一颖具 2～4 脉	饲用及绿肥		云南

（续）

序号	拉丁学名	中文名	所属科	特征及特性	类别	原产地	目前分布/种植区
4116	*Eulalia micranthera* Keng et S. L. Chen	小花金茅（微药金茅）	Gramineae（Poaceae）禾本科	多年生；秆高约 90cm，具 9 节，节及其附近有柔毛，基部叶鞘的毛常密集成簇；叶片线形；小穗长 3～3.5mm	饲用及绿肥		海南
4117	*Eulaliopsis binata*（Retzius）C. E. Hubb.	龙须草（拟金茅，蓑草）	Gramineae（Poaceae）禾本科	多年生丛生草本；叶狭长线形；小穗成对着生，1 有柄，1 无柄，先总状花序排列，再指状排列，每小穗含 2 花；雄蕊 3，柱头 2 裂	杂草		西南、华南、西北及福建、台湾
4118	*Euonymus alatus*（Thunb.）Sieber	卫矛（鬼箭羽，四棱树）	Celastraceae 卫矛科	落叶灌木；小枝四棱形，叶对生，狭倒卵形或椭圆形，聚伞花序腋生，花黄绿色或淡绿色，果紫色，具红色假种皮	观赏	中国东北部及华南地区	自长江中下游各省份至吉林广布
4119	*Euonymus carnosus* Hemsl.	肉花卫矛	Celastraceae 卫矛科	半常绿灌木或小乔木；高 5m；叶长圆状椭圆形，长圆状倒卵形；聚伞圆锥花序一至二回分枝；蒴果近球形，4 棱角有时成翅状；种子具盔状红色肉质假种皮	药用，观赏		台湾、福建、浙江、江西、江苏、湖北东南部
4120	*Euonymus cornutoides* Hemsl.	角翅卫矛（小角果卫矛）	Celastraceae 卫矛科	落叶矮灌木；叶对生，条状披针形，聚伞花序常 3 处，花紫红色；蒴果紫红色	观赏	中国云南、四川、湖北、甘肃、陕西	
4121	*Euonymus fortunei*（Turcz.）Hand.-Mazz.	扶芳藤（爬行卫矛）	Celastraceae 卫矛科	常绿匍匐灌木；叶对生，薄革质，椭圆形或椭圆状披针形，聚伞花序，花绿白色，果淡黄紫色	观赏	中国江苏、浙江、安徽、江西、湖北、湖南、四川、陕西	
4122	*Euonymus grandiflorus* Wall.	大花卫矛（野杜仲）	Celastraceae 卫矛科	半常绿小乔木；叶对生，近革质，长倒卵形或近椭圆状披针形，聚伞花序，花黄白色，假种皮红色	药用，观赏	中国陕西、甘肃、湖北、湖南、四川、贵州、云南	
4123	*Euonymus hamiltonianus* Wall. et Roxb.	西南卫矛（桃叶卫矛）	Celastraceae 卫矛科	落叶小乔木；叶对生，矩圆状椭圆形至矩圆状披针形，聚伞花序，花绿白色，果倒三角形，粉红带黄	观赏		安徽、浙江、江西、湖北、湖南、广东、广西、四川、贵州、云南

（续）

序号	拉丁学名	中文名	所属科	特征及特性	类别	原产地	目前分布/种植区
4124	*Euonymus japonicus* Thunb.	冬青卫矛	Celastraceae 卫矛科	常绿灌木或小乔木；单叶对生，椭圆形至倒卵状椭圆形，革质，两面光滑；聚伞花序腋生，花绿白色；蒴果扁圆至圆形，种子假种皮橘红色	观赏	日本	我国各地均有分布
4125	*Euonymus laxiflorus* Champion et Bentham	疏花卫矛（山杜仲，丝棉木，飞天驳）	Celastraceae 卫矛科	常绿灌木；高 4m；叶卵状椭圆形、长圆状椭圆形；花序疏松，花序梗圆细；蒴果紫红色，倒锥形	药用，观赏		四川、云南、贵州、湖南、广西、广东、海南、台湾
4126	*Euonymus maackii* Rupr.	华北卫矛	Celastraceae 卫矛科	落叶灌木；单叶对生，叶片卵状菱形或披针状长圆形，先端渐尖或长渐尖，基部楔形，边缘为尖锐的细锯齿，稍革质，光滑；聚伞花序；花瓣白色；种子暗紫红色，假种皮橙红色，顶端不开裂	药用		北起辽宁、南至长江以南各地、西至甘肃、陕西、四川
4127	*Euonymus macropterus* Rupr.	大翅卫矛	Celastraceae 卫矛科	落叶小乔木或灌木；高达 4～5m；叶卵状长圆形或椭圆状倒卵形；花黄绿色，聚伞花序二歧分枝；蒴果具 4 个果翅	观赏		
4128	*Euonymus myrianthus* Hemsl.	大果卫矛	Celastraceae 卫矛科	常绿灌木；高 2～7m；叶对生，叶片革质，披针形或倒披针形；聚伞花序腋生或假顶生，有 3～7 花；蒴果浅黄色，倒卵形或倒心形，有四棱角，顶端凹入；种子卵圆形	药用，观赏		浙江、安徽、江西、福建、湖北、广东、广西、四川、云南
4129	*Euonymus nitidus* Benth.	中华卫矛（华卫矛）	Celastraceae 卫矛科	常绿灌木；高 5m；叶互生或 3 叶轮生，稀对生，线性或线装披针形；聚伞花序，1～3 蒿，花序梗及花梗均细长；蒴果熟时粉红色，扁球形；种子稍扁圆形，棕色	药用，观赏		浙江、福建、江西西部、广东、广西
4130	*Euonymus oxyphyllus* Miq.	垂丝卫矛	Celastraceae 卫矛科	落叶灌木或小乔木；聚伞花序宽疏，通常 7～20 花；花序梗细长，长 4～5cm，顶端 3～5 分枝，每分枝具一个三出小聚伞；化淡绿色；花瓣近圆形	观赏	中国秦岭、大巴山、伏牛山	辽宁、山东、安徽、浙江、江西

（续）

序号	拉丁学名	中文名	所属科	特征及特性	类别	原产地	目前分布/种植区
4131	*Euonymus phellomanus* Loes. ex Diels	栓翅卫矛	Celastraceae 卫矛科	落叶灌木或小乔木；聚伞花序 2～3 次分枝，有花 7～15 朵；花白绿色，4 树；花期 7 月	观赏	中国华北、华东、华中、秦岭南北山地	
4132	*Euonymus schensianus* Maxim.	陕西卫矛（金丝吊蝴蝶，金丝吊燕）	Celastraceae 卫矛科	落叶灌木；叶披针形或窄长卵形，聚伞花序，花黄绿色，果下垂如蝴蝶形	观赏	中国陕西、四川	
4133	*Euonymus verrucosus* Scop.	瘤枝卫矛	Celastraceae 卫矛科	落叶灌木；叶对生，叶片倒卵形或长圆形，基部广楔形或近圆形，先端锐尖或渐尖，边缘具钝锯齿；聚伞花序腋生 1～3 花，花带紫绿色，边缘灰白色，两性；种子每室有 1～2 粒，粉红色，后变成黑紫色，有光泽；假种皮橘红色，先端裂开	经济作物（橡胶类），观赏		东北
4134	*Euonymus yunnanensis* Franch.	金丝杜仲	Celastraceae 卫矛科	常绿或半常绿乔木；高达 12m；聚伞花序，1～3 花，偶为 5 花；花盘略呈五角圆形，厚垫状；雄蕊 5 个，花药扁卵形，两侧开裂，顶端药隔具小突起，内向，基部与花盘相连处呈肥厚肉质突起	有毒		云南
4135	*Eupatorium aromaticum* L.	香泽兰	Compositae（Asteraceae）菊科	多年生草本；叶对生，常具 3 脉，具钝牙；头状花序呈疏伞房状着生，小花 10～15 朵，白色，芳香；花期 8～10 月	观赏	北美洲南部	
4136	*Eupatorium coelestinum* L.	紫茎泽兰	Compositae（Asteraceae）菊科	半灌木；茎高 30～90cm；叶对生，卵形、三角状卵形或菱形；头状花序在茎顶排成伞房或复伞房花序，管状花两性，淡紫色；瘦果	杂草，有毒	美洲	云南南部
4137	*Eupatorium formosanum* Hayata	台湾泽兰	Compositae（Asteraceae）菊科	灌木状多年生草本；茎高 120cm，被稠密锈色短柔毛；叶对生，三深裂或全裂；头状花序多数排成伞房状，花冠白色；瘦果具 5 棱	生态防护		台湾
4138	*Eupatorium fortunei* Turcz.	佩兰（水香，杭佩兰，山兰）	Compositae（Asteraceae）菊科	多年生草本；头状花序，总苞钟状，苞片紫红色；花白色或带微红色；花果期 7～11 月	观赏	日本	河北、山东、江苏、广东、广西、四川

（续）

序号	拉丁学名	中文名	所属科	特征及特性	类别	原产地	目前分布/种植区
4139	*Eupatorium japonicum* Thunb.	华泽兰（兰草，大泽兰）	Compositae (Asteraceae) 菊科	多年生草本；茎、枝具柔毛；叶对生，卵形；每头状花序有管状花 5 朵；花冠白色；瘦果圆柱状	有毒		我国长江流域以南
4140	*Euphorbia antiquorum* L.	金刚纂（霸王鞭，火殃簕）	Euphorbiaceae 大戟科	常绿肉质灌木；具白色乳汁；单叶互生，肉质，托叶皮刺状；聚伞花序腋生，花黄色；子房 3 室；蒴果 3 瓣裂	有毒，观赏	印度	西南、华南及福建、台湾
4141	*Euphorbia cotinifolia* Linn.	紫锦木	Euphorbiaceae 大戟科	常绿乔木；叶 3 枚轮生，圆卵形，两面红色，花序生于二歧分枝顶端，总苞阔钟形，腺体 4～6 枚，深绿色边缘具白色附属物	观赏	热带美洲	福建、台湾有栽培
4142	*Euphorbia esula* L.	猫眼草（猫儿根，打盆打碗，猫儿眼）	Euphorbiaceae 大戟科	多年生草本；茎高 25～50cm；叶线形或披针形；多歧聚伞花序顶生，具 5～6 伞梗，子房 3 室；蒴果扁球形，3 瓣裂	有毒		东北、华北及山东
4143	*Euphorbia fischeriana* Steudel	狼毒大戟（狼毒疙瘩，狼毒）	Euphorbiaceae 大戟科	多年生草本；有白色乳汁；叶互生，叶片矩圆形至矩圆状披针形；总状花序多歧聚伞状，通常 5 伞梗；蒴果	有毒		东北、华北、西北、华东及河南
4144	*Euphorbia globosa* (Haw.) Sims.	枯球掌	Euphorbiaceae 大戟科	多浆植物；叶弧形，早落；花单生或 2 至数朵成聚伞花序，具长梗或短梗	观赏	南非	
4145	*Euphorbia griffithii* Hook. f.	雪山大戟	Euphorbiaceae 大戟科	多年生草本；单叶互生，纸质，披针形、长椭圆形，全缘；花有多种色，杯状花序集散状，顶生或叶腋侧生；花期 5～6 月	观赏	中国云南特有种	云南特有
4146	*Euphorbia helioscopia* L.	泽漆（五朵云，五风草）	Euphorbiaceae 大戟科	一年或两年生草本；叶互生，倒卵形或匙形；茎顶具 5 片轮生叶状苞片；多聚伞花序，花单性，黄绿色；蒴果 3 裂	有毒		除新疆、西藏和内蒙古外，其他省、自治区均有分布
4147	*Euphorbia heterophylla* L.	猩猩草	Euphorbiaceae 大戟科	一、二年生草本；花序单生，数枚聚散状排列于分枝顶端，总苞钟状，淡红色或仅基部红色；花果期 5～11 月	观赏	中南美洲	我国大部分省份有种植

（续）

序号	拉丁学名	中文名	所属科	特征及特性	类别	原产地	目前分布/种植区
4148	*Euphorbia hirta* L.	大飞扬草（大飞扬，脚癣草）	Euphorbiaceae 大戟科	一年生草本；茎分枝被毛；叶对生，卵形至椭圆形；聚伞花序腋生，花单性同株，绿色或紫红；蒴果卵状三棱形	有毒		华东、华中、华南、西南及台湾
4149	*Euphorbia humifusa* Willd. ex Schltdl.	地锦草（血见愁，红茎草，铺地锦）	Euphorbiaceae 大戟科	一年生草本；茎纤细匍匐，长约10～30cm；叶对生，长圆形；杯状花序单生叶腋，总苞倒圆锥形；蒴果三棱状球形	药用，有毒		除广东、广西外，几乎全国各地皆有分布
4150	*Euphorbia indica* Lam.	通奶草	Euphorbiaceae 大戟科	多年生草本；茎高25～40cm，含乳汁；叶互生，条状披针形或披针形；顶生总状花序有5～9伞梗，花单性，雌雄同序；蒴果近球形	药用		陕西、甘肃、河南、山西
4151	*Euphorbia jolkinii* Boiss.	大狼毒（五虎下山西）	Euphorbiaceae 大戟科	多年生草本；根肉质；叶无柄，长椭圆形至披针形；总花序有6～8伞梗；杯状聚伞花序顶生；花淡黄色；蒴果具软刺	有毒		广西、云南
4152	*Euphorbia kansui* Liou ex S. B. Ho	甘遂（猫儿眼，肿手花）	Euphorbiaceae 大戟科	多年生草本；单叶互生，披针形；总花序有5～9条伞梗，每伞梗再二叉状分枝；杯状花序总苞钟状；花黄色；蒴果	有毒		西北、华北及河南、四川
4153	*Euphorbia lacteal* Haw.	蛇皮掌	Euphorbiaceae 大戟科	肥厚多肉，有白色汁液；茎三棱或是缀化成鸡冠形、山峰形等，皱缩成团，具黄绿色斑纹和黄褐色短刺；叶退化成刺，刺座紫红色	观赏	南非	
4154	*Euphorbia lathyris* L.	续随子（千金子，小巴豆）	Euphorbiaceae 大戟科	二年生草本；有乳液；叶对生，卵状披针形；总花序2～4伞梗，伞梗分叉处有一对三角状卵形苞片；绿色单性花；蒴果	有毒	欧洲	全国大部分省份
4155	*Euphorbia maculata* L.	斑地锦	Euphorbiaceae 大戟科	一年生匍匐草本；茎匍匐，基部分枝；叶对生，椭圆形，中央有一紫斑；花序单生叶腋，总苞倒圆锥形；蒴果三棱状球形	杂草，有毒		湖南、湖北、江西、江苏、辽宁
4156	*Euphorbia mammillaris* L.	丝瓜掌	Euphorbiaceae 大戟科	多浆植物；茎圆柱形，7～17棱，具十字形突起和灰色短刺，叶片鳞形，花紫色	观赏	南非	
4157	*Euphorbia marginata* Pursh	银边翠	Euphorbiaceae 大戟科	一、二年生草本；总苞钟状，总苞片全缘，绿色具白边花果期6～9月	观赏	北美洲	

（续）

序号	拉丁学名	中文名	所属科	特征及特性	类别	原产地	目前分布/种植区
4158	*Euphorbia meloformis* Ait.	贵青玉	Euphorbiaceae 大戟科	多浆植物；球形，多单生，或基部长出仔球，肉质根，球体灰绿或绿色，具棱，棱脊上有圆叶痕	观赏	南非	
4159	*Euphorbia milii* Des Moul.	虎刺梅	Euphorbiaceae 大戟科	蔓生灌木；茎具纵棱，密生硬而尖的锥状刺，叶互生，倒卵形或长圆状匙形，花序2、4或8个组成二歧状复花序，苞叶2枚，上面鲜红色，下面浅红色，腺体5枚黄红色	观赏	非洲马达加斯加	我国南北方均有栽培
4160	*Euphorbia neriifolia* L.	霸王鞭（金刚纂）	Euphorbiaceae 大戟科	肉质灌木状小乔木；茎具5条隆起呈螺旋状旋转排列的绿色脊；叶互生，肉质，常呈5列生于嫩枝顶端脊上；花序二歧状，腋生	观赏	印度	我国南北方均有栽培
4161	*Euphorbia nutans* Lagasca	大地锦	Euphorbiaceae 大戟科	一年生草本；茎高8～80cm，被皱曲毛；叶长圆状披针形至长圆形；杯状花序单生节上及簇生于聚伞花序内；蒴果宽卵球形	杂草		辽宁、安徽、江苏
4162	*Euphorbia obesa* Hook. f.	布纹球	Euphorbiaceae 大戟科	多浆植物；单生，不产生仔球，球体灰绿，有红褐色纵横交错的条纹，近顶部条纹较密；具阔棱8，上有褐色小钝齿；雌雄异株	观赏	南非	
4163	*Euphorbia pekinensis* Rupr.	大戟（龙虎草，将军草，膨胀草）	Euphorbiaceae 大戟科	多年生草本；根圆锥形；叶互生，披针形；总花序常有5伞梗，分枝处有3枚卵圆形苞片；杯状聚伞花序；蒴果	有毒		除新疆和西藏外，全国各省份均有分布
4164	*Euphorbia prolifera* Buch.-Ham. ex D. Don	土瓜狼毒	Euphorbiaceae 大戟科	多年生草本；叶线状长圆形；花序单生二歧分枝顶端，总苞阔钟状，雄花多数，雌花1枚；蒴果卵球状	药用，有毒		云南
4165	*Euphorbia pulcherrima* Willd. ex Klotzsch	一品红（猩猩木，圣诞树）	Euphorbiaceae 大戟科	灌木；叶互生，卵状椭圆形，叶面被短柔毛或无毛，背被柔毛，苞叶朱红色5～7枚，总苞坛状，边缘齿状5裂，1枚黄色腺体，呈二唇状，苞片丝状，雌花1枚	观赏	中美洲	我国大部分省份均有栽培
4166	*Euphorbia stracheyi* Boiss.	小狼毒	Euphorbiaceae 大戟科	多年生草本植物，总苞半球状；腺体5枚，横长圆形；花柱基部连合，顶端多少头状而全缘；蒴果球形，直径约3mm；种子光滑	有毒		云南

（续）

序号	拉丁学名	中文名	所属科	特征及特性	类别	原产地	目前分布/种植区
4167	*Euphorbia thymifolia* L.	千根草（小飞扬草）	Euphorbiaceae 大戟科	一年生匍匐草本；茎匍匐，近基部多分枝；叶对生，长圆形或椭圆形；杯状花序单生或少数聚伞状排列叶腋，总苞陀螺状；蒴果三角状卵形	药用		江西、云南、福建、台湾、广东、广西
4168	*Euphorbia tirucalli* L.	绿玉树（光棍树，乳葱树）	Euphorbiaceae 大戟科	灌木或小乔木；叶稀少或退化为不明显鳞片状；杯状聚伞花序，簇生于枝顶或枝杈上；总苞陀螺状；腺体5；蒴果	有毒	非洲南部	我国长江以南各省份
4169	*Euphorbia wallichii* Hook. f.	云南大戟	Euphorbiaceae 大戟科	多年生草本植物，总苞半球状，裂片半圆形，边缘有白色棉状毛；腺体5枚，肾形；蒴果卵球形，长可达12cm，有皱纹；种子球状长圆形，长6mm	有毒		云南
4170	*Euphrasia pectinata* Ten.	小米草	Scrophulariaceae 玄参科	一年生草本；穗状花序顶生，花冠白色或淡紫色；蒴果长矩圆形，种子白色	蜜源		四川、西北、华北、山东、东北
4171	*Euphrasia regelii* Wettst.	短腺小米草	Scrophulariaceae 玄参科	一年生草本；茎高3～35cm，被白色柔毛；叶楔状卵形至卵圆形，被刚毛和顶端头状短腺毛；花序花冠白色；蒴果长矩圆形	杂草		西北及山西、河北、内蒙古、四川、湖北、云南
4172	*Euptelea pleiosperma* Hook. f. et Thomson	领春木（黄花树，扇耳树）	Eupteleaceae 领春木科	落叶小乔木；叶互生，卵形或椭圆形；花两性，先叶开放，6～12朵簇生，无花被，子房歪斜；翅果不规则倒卵圆形	观赏		西南及河北、河南、陕西、甘肃、湖北、安徽、浙江、江西
4173	*Eurya acuminatissima* Merr. et Chun	尖叶柃	Theaceae 山茶科	灌木或小乔木；高1～7m，嫩枝圆柱形，初时被短柔毛，后脱落；叶坚纸质或薄革质，卵状椭圆形，边缘有细锯齿	蜜源		广西
4174	*Eurya acutisepala* Hu et L. K. Ling	尖萼毛柃	Theaceae 山茶科	常绿灌木或小乔木；单叶互生；雌雄异株，其中雌花较小，雄花较大，花萼5片，花冠5瓣，雌花的花柱2～5枚，雄花的雄蕊5～35枚	观赏		湖南、江西、四川、福建、广东、广西、贵州

（续）

序号	拉丁学名	中文名	所属科	特征及特性	类别	原产地	目前分布/种植区
4175	*Eurya alata* Kobuski	翅柃	Theaceae 山茶科	常绿灌木或小乔木；花 1～3 朵簇生于叶腋，花梗长 2～3mm，无毛；雄花：小苞片 2，卵圆形；萼片 5，膜质或近膜质，卵圆形；花瓣 5，白色，倒卵状长圆形；雌花的小苞片和萼片与雄花同；花期 10～11 月	观赏	中国陕西、安徽、浙江、江西、福建、湖北、湖北、广东、广西、四川、贵州	秦岭以南各地
4176	*Eurya brevistyla* Kobuski	短柱柃	Theaceae 山茶科	灌木或小乔木；高 2～8(～12)m；叶革质，倒卵形至长圆状椭圆形；花 1～3 朵腋生，花瓣 5，白色；果实圆球形，蓝黑色	观赏		华南、西南及陕西、江西、湖南、福建、湖北
4177	*Eurya chinensis* R. Br.	米碎花（岗茶）	Theaceae 山茶科	常绿小灌木；小枝有短柔毛，叶革质，倒卵形，花单生或簇生叶腋，白色或黄绿色，果黑色	观赏	中国东南部、西南部各省份	江西、福建、台湾、广东、广西、湖南
4178	*Eurya ciliata* Merr.	华南毛柃	Theaceae 山茶科	灌木或小乔木；高 3～10m；叶坚纸质，披针形或长圆状披针形；花 1～3 朵簇生叶腋，雌花萼片略小于雄花；果实圆球形，种子圆肾形	蜜源		福建、广东、广西、云南
4179	*Eurya distichophylla* Hemsl.	二列叶柃	Theaceae 山茶科	灌木或小乔木；高 1.5～7m；叶卵状披针形或卵状长圆形；花 1～3 朵簇生叶腋，雄花花瓣倒卵状长圆形至倒卵形，雌花花瓣披针形；果实紫黑色，种子多数	观赏		广东、广西、福建、江西、湖南
4180	*Eurya emarginata* (Thunb.) Makino	槟柃（滨柃）	Theaceae 山茶科	常绿灌木；雌雄异株，花腋出；黄色浆果，球形；树冠多平展，树姿优美，叶细密墨绿色，有光泽	观赏		福建、浙江、台湾滨海山地
4181	*Eurya groffii* Merr.	岗柃	Theaceae 山茶科	灌木或小乔木；高 2～7m，嫩枝圆柱形，密被柔毛；叶纸质或薄革质，披针形或披针状长圆形，边缘密生细锯齿	观赏		福建、广东、广西、贵州、四川、云南
4182	*Eurya hebeclados* Ling	微毛柃	Theaceae 山茶科	灌木或小乔木；高 1.5～5m；叶革质，上面绿色，下面黄绿色；花 4～7 朵簇生叶腋，雄花花瓣长圆状倒卵形，雌花花瓣倒卵形或匙形；果实圆球形，种子每室 10～12 个	观赏		安徽、江西、湖南、贵州及东南沿海各地

（续）

序号	拉丁学名	中文名	所属科	特征及特性	类别	原产地	目前分布/种植区
4183	*Eurya japonica* Thunb.	柃木	Theaceae 山茶科	常绿小灌木；嫩枝黄绿色或淡褐色，具 2 棱，叶厚革质，倒卵形，侧脉 5～7 在上面明显下凹，花 1～3 朵腋生，雄花花瓣 5 白色，雌花花瓣 5	观赏	中国浙江、台湾	
4184	*Eurya kueichowensis* Hu et L. K. Ling ex P. T. Li, J. S. China	贵州毛柃	Theaceae 山茶科	灌木或小乔木；高 2～6m，嫩枝圆柱形，密被柔毛；叶革质，长圆形或长圆状披针形，边缘密生细锯齿	观赏		湖北、广西、贵州、云南、四川
4185	*Eurya loquaiana* Dunn	细枝柃	Theaceae 山茶科	灌木或小乔木；高 2～10m；叶薄纸质，窄椭圆形或长圆状窄椭圆形；花 1～4 朵簇生叶腋，花白色，雄花花瓣倒卵形，雌花花瓣卵形；果实圆球形，黑色	观赏		长江以南各地
4186	*Eurya macartneyi* Champion	黑柃	Theaceae 山茶科	灌木或小乔木；高 3～10m，胸径约 25cm，枝圆筒形，密被柔毛；叶坚叶质，披针形或长圆状披针形，边全缘，偶有细锯齿	观赏		江西、湖南、广东、广西
4187	*Eurya megatrichocarpa* H. T. Chang	大果毛柃	Theaceae 山茶科	灌木或小乔木；高 6～8m；叶长圆形或长圆状椭圆形；花通常 2～5 朵簇生于叶腋；雄花花瓣卵形，雌花花瓣长圆形；果实圆球形	蜜源		广西十万大山、宁明及防城一带
4188	*Eurya metcalfiana* Kobuski	从化柃	Theaceae 山茶科	常绿灌木；高 3m；叶革质，倒卵状窄椭圆形或倒卵状披针形至倒卵形，边缘具细锯齿	观赏		江西、福建、广东、湖南
4189	*Eurya muricata* Dunn	格药柃	Theaceae 山茶科	灌木或小乔木；高 2～6m；叶长圆状椭圆形或椭圆形；花 1～5 朵簇生叶腋；雄花花瓣白色，长圆形或长圆状倒卵形，雌花花瓣白色，卵状披针形；果实圆球形	观赏		江苏、安徽、浙江、江西、福建、广东、香港、湖北、湖南、四川、贵州
4190	*Eurya muricata* var. *huana* (Kobuski) L. K. Ling	光枝胡氏柃	Theaceae 山茶科	灌木或小乔木；雄花：小苞片 2，近圆形，雄蕊 17～20 枚，退化子房无毛；雌花：小苞片和萼片与雄花同，花瓣卵状披针形，子房圆球形，3 室，无毛，花柱长约 1.5mm，先端 3 裂	蜜源		广西、浙江

（续）

序号	拉丁学名	中文名	所属科	特征及特性	类别	原产地	目前分布/种植区
4191	*Eurya nitida* Korth.	细齿柃	Theaceae 山茶科	常绿灌木；花1～4朵簇生于叶腋，花梗较纤细；雄花：小苞片2，萼片状，近圆形，无毛；萼片5，几膜质，近圆形，无毛；花瓣5，白色，倒卵形；雌花的小苞片和萼片与雄花同；花瓣5，长圆形	观赏		长江流域及以南各地
4192	*Eurya oblonga* Yang	四川大头茶	Theaceae 山茶科	常绿乔木；高15m；叶长圆形，长7～14cm，宽3～4cm，叶柄长约1cm；花梗长6～8cm，外被毛，雄蕊离生；果长5cm，径2.5cm；种子长3cm，翅长2.5cm	观赏		四川峨眉山、广西北部
4193	*Eurya obtusifolia* H. T. Chang	钝叶柃	Theaceae 山茶科	常绿灌木或小乔木；单叶互生，排成一个平面的2列，多数种类叶缘有锯齿，锯齿有粗细、深浅、疏密之分，部分种类为全缘；雌雄异株，其中雌花较小，雄花较大，花萼5片，花冠5瓣，雌花的花柱2～5枚，雄花的雄蕊5～35枚；果实为浆果，呈球形或卵形	观赏		湖北、四川、贵州、湖南
4194	*Eurya obtusifolia* var. *aurea* (H. Lév.) Ming	金叶柃	Theaceae 山茶科	灌木或小乔木；高2～5m，嫩枝具2棱，密被微毛；叶革质，椭圆形或长圆状椭圆形至卵状披针形，边缘密生钝齿	蜜源		贵州、广西
4195	*Eurya semiserrulata* H. T. Chang	半齿柃	Theaceae 山茶科	灌木或小乔木；高2～10m；叶长圆形或倒披针状长圆形；花1～3朵腋生；雌花花瓣白色，长圆形或卵状长圆形；果实圆球形	蜜源		江西、广西、四川、贵州、云南
4196	*Eurya stenophylla* Merr.	窄叶柃	Theaceae 山茶科	灌木；高0.5～2.0m，全株无毛，嫩枝具2棱；叶革质，狭披针形或狭倒披针形，边缘具钝锯齿	蜜源		广西、广东
4197	*Eurya trichocarpa* Korth.	毛果柃	Theaceae 山茶科	灌木或小乔木；高2～13m；叶长圆形或长圆状倒披针形；花1～3朵腋生雌花的萼片略小于雄花；果实圆球形，种子肾形	蜜源		福建、广东、广西、云南、贵州、湖南
4198	*Eurya weissiae* Chun	单耳柃	Theaceae 山茶科	常绿灌木；高3m；叶革质，长圆形或椭圆状长圆形，边缘密生细锯齿；果卵球形，径3～4mm	观赏		江西、福建、湖南南部、广东、广西、贵州

（续）

序号	拉丁学名	中文名	所属科	特征及特性	类别	原产地	目前分布/种植区
4199	*Euryale ferox* Salisb. ex K. D. Koenig et Sims	芡实（鸡头，刺莲藕）	Nymphaeaceae 睡莲科	水生草本；叶圆形漂浮，叶柄、花梗多刺；单生花，萼片4，花瓣、雄蕊多数，子房下位，8室；浆果海绵质	蔬菜	中国	全国各地均有分布
4200	*Eurycorymbus cavaleriei*（H. Lév.）Rehder et Hand.-Mazz.	伞花木	Sapindaceae 无患子科	常绿乔木；叶互生，偶数羽状复叶；花小，单性异株，辐射对称，排成顶生、伞房花序式的圆锥花序；蒴果球形	观赏	中国云南、贵州、广西、湖南、江西、广东、福建、台湾	湖北、湖南、江西、福建、台湾、广东、广西、云南、贵州
4201	*Euryodendron excelsum* H. T. Chang	猪血木	Theaceae 山茶科	常绿乔木；高约15～20m；叶互生，长圆形或长圆状椭圆形；花两性，1～3朵簇生与叶腋或无叶小枝上，白色；果为浆果状，卵圆形有时近圆球形	林木		广东、广西
4202	*Euscaphis japonica*（Thunb.）Dippel	野鸦椿（鸟腱花，鸡眼椒）	Staphyleaceae 省沽油科	落叶灌木或小乔木；小枝及芽紫红色，奇数羽状复叶，对生，小叶披针状卵形，圆锥花序顶生，花黄绿色，果紫红色，假种皮蓝黑色	观赏	中国长江流域、北至河南、东南达台湾	
4203	*Eustachys tenera*（J. Presl）A. Camus	真穗草	Gramineae（Poaceae）禾本科	多年生，具匍匐茎；秆高15～30cm；穗状花序3～6枚着生于秆顶，穗轴三棱形，具柔毛，小穗具2花	饲用及绿肥		广东、福建、浙江、云南、台湾
4204	*Eustoma grandiflorum*（Raf.）Shinn.	草原龙胆	Gentianaceae 龙胆科	多年生草本；圆锥花序，花萼筒具狭龙骨状棱；花冠钟状，裂片直立或向外弯曲，边缘不整齐，有淡紫、淡红、白绿等色，或花中心暗紫色	观赏	美国内布拉斯加州、得克萨斯州	
4205	*Eutrema wasabi*（Siebold）Maxim.	山葵（山嵛菜）	Cruciferae 十字花科	多年生草本半阴生；根茎肥大呈圆柱形；叶片近圆形至心脏形；叶柄基部扁平；总状花序，花白色，花瓣四片	蔬菜，药用	日本和中国	陕西、山东、四川、贵州、上海、江苏、云南
4206	*Evodia daniellii*（Benn.）Hemsl.	臭檀	Rutaceae 芸香科	落叶灌木或小乔木；小枝密被短毛，小叶卵形至矩圆状卵形，聚伞状圆锥花序顶生，花白色	观赏	中国辽宁至湖北、甘肃	
4207	*Evodia lepta*（Spreng.）Merr.	三椏苦（三叉苦，三叉虎）	Rutaceae 芸香科	灌木或小乔木；全株味苦；复叶对生，小叶3片椭圆状披针形；伞房状圆锥花序腋生；花单性，乳白色，4数；蓇葖果	有毒		福建、台湾、广东、广西、云南

（续）

序号	拉丁学名	中文名	所属科	特征及特性	类别	原产地	目前分布/种植区
4208	*Evodia meliaefolia*（Hance ex Walp.）Benth.	楝叶吴茱萸（山苦楝，假苦楝）	Rutaceae 芸香科	常绿树种、乔木；高达 20m；叶为羽状复叶，对生，小叶通常 5～9 片稀为 3 或 11 片，对生，稀为不整的对生，卵状椭圆形，披针形或为卵形；两性花，聚伞圆锥花序，白色；骨突果，果熟时紫红色，干后淡灰红色，每分果片有 1 粒种子；种子卵球形	观赏	中国	海南、广东、云南、广西、贵州、江西、福建、台湾
4209	*Exacum affine* Balf. f.	爱克花	Gentianaceae 龙胆科	一、二年生草本；茎直立，基部多分枝；叶椭圆状卵圆形，有光泽；二歧聚伞花序，花碟形辐射状，淡蓝紫色；萼背有宽翼；花期夏秋季	观赏	索科特拉岛	
4210	*Exbucklandia populnea*（R. Br. ex Griff.）R. W. Br.	马蹄荷	Hamamelidaceae 金缕梅科	高达 20m，小枝被柔毛，节膨大；叶革质，阔卵圆形；头状花序单生或数枚排成总状花序，有花 8～12 朵；蒴果椭圆形，种子具窄翅	观赏	中国广西、云南、贵州	西藏、云南、贵州、广西
4211	*Excentrodendron obconicum*（Chun et F. C. How）H. T. Chang et R. H. Miao	长蒴蚬木	Tiliaceae 椴树科	常绿乔木；高 20m；叶革质，长圆形；花未见；蒴果长倒卵形；种子 1 颗，生于子房基部	林木		广西
4212	*Excentrodendron tonkinense*（A. Chev.）H. T. Chang et R. H. Miao	蚬木	Tiliaceae 椴树科	常绿大乔木；高达 30m 以上；雌雄异株，稀同株，聚伞花序，2 或 3 歧；花通常单性；花瓣通常 5，白色；雄花退化子房显著；雌花花药萎缩无花粉，子房 5 室，每室有 2 胚珠；蒴果椭圆形，熟时膜裂为 5 个果瓣	林木，观赏	中国	广西、云南
4213	*Excoecaria acerifolia* Didr.	刮金板	Euphorbiaceae 大戟科	灌木；高 1～2m；花小，单性，雌雄同株，无花瓣；穗状花序腋生；雄花着生于花序上端，多数，无花盘；萼片 3，几离生；雄蕊 3，无退化雌蕊；雌花生于花序的基部，少数；萼片 3，基部合生；子房 3 室，每室 1 胚珠；花柱 3，分离，向外卷曲	有毒		四川、云南
4214	*Excoecaria agallocha* L.	海漆	Euphorbiaceae 大戟科	常绿小乔木；叶互生，椭圆形；花单性异株；雄花序总状，雌花序较短；蒴果三棱状球形	有毒		福建、台湾、广东、广西

（续）

序号	拉丁学名	中文名	所属科	特征及特性	类别	原产地	目前分布/种植区
4215	*Excoecaria cochinchinensis* Lour.	红背桂花（青紫木，红背桂）	Euphorbiaceae 大戟科	常绿灌木；叶对生，矩圆形或倒披针矩圆形，表面绿色，背面紫红色，穗状花序腋生，花黄色	观赏	中国广东、广西	
4216	*Exochorda giraldii* Hesse	红柄白鹃梅（纪氏白鹃梅）	Rosaceae 蔷薇科	落叶灌木；小枝幼时绿色，老时红褐色，叶椭圆形，先端极尖，两面无毛活背被柔毛，总状花序有花 6～11 朵，花瓣基部具爪，白色，萼筒浅钟状	观赏		河北、河南、陕西、山西、甘肃、安徽、江苏、浙江、湖北、四川
4217	*Exochorda racemosa*（Lindl.）Rehder	白鹃梅（金瓜果，茧子花）	Rosaceae 蔷薇科	落叶灌木；单叶互生，椭圆形至矩圆状倒卵形，背面灰白色，总状花序顶生，花白色	观赏	中国浙江、江苏、江西、湖北	河南、江西、安徽、江苏、浙江
4218	*Exochorda serratifolia* S. Moore	齿叶白鹃梅	Rosaceae 蔷薇科	落叶灌木；叶椭圆形或长圆倒卵形，缘有锐锯齿，总状花序具花 4～7 朵，花瓣长圆形至倒卵形，基部具爪，白色，萼筒浅钟状	观赏	中国辽宁、河北	
4219	*Fagopyrum caudatum*（Sam.）A. J. Li	疏穗野荞麦	Polygonaceae 蓼科	一年生草本；茎高 30～50cm；叶片三角状箭形或长箭形；总状花序呈穗状；瘦果宽卵形	饲用及绿肥，药用		四川、云南、甘肃
4220	*Fagopyrum dibotrys*（D. Don）H. Hara	金荞麦（赤地利）	Polygonaceae 蓼科	多年生草本；花序腋生或顶生，为疏散的圆锥花序；花两性，有花梗，花单被，花被 5 深裂，白色裂片狭长圆形，宿存；瘦果卵形，具 2 棱，瘦长	药用	中国	华东、西南、华中、华南及陕西
4221	*Fagopyrum esculentum* Moench	荞麦	Polygonaceae 蓼科	下茎叶具长柄，三角形或箭形，上茎叶无柄；总状花序，花簇紧密着生；花被粉红或白色，卵形；卵形三棱状果实	粮食，蜜源	中国	我国各地都有栽培，华北、西北最多
4222	*Fagopyrum gilesii*（Hemsl.）Hedberg	岩野荞麦	Polygonaceae 蓼科	一年生草本；高 1m 以上；上部几无叶，节间很长，“木贼状”；叶心形；聚伞花序簇集生于顶部呈头状；花白色；果实露出于宿存花被之外	粮食		云南
4223	*Fagopyrum gracilipes*（Hemsl.）Dammer ex Diels	细柄野荞麦	Polygonaceae 蓼科	一年生草本；高 20～70cm；叶卵状三角形；总状花序腋生或顶生，花被片椭圆形；瘦果宽卵形	粮食		河南、陕西、甘肃、湖北、四川、云南、贵州

（续）

序号	拉丁学名	中文名	所属科	特征及特性	类别	原产地	目前分布/种植区
4224	*Fagopyrum leptopodum* (Diels) Hedberg	小野荞麦	Polygonaceae 蓼科	一年生细小小草本；高一般不超过 30cm；叶三角形，基部箭形或平截；聚伞花序簇生顶部，花白色或粉红色，花柱异长	粮食		云南
4225	*Fagopyrum lineare* (Sam.) Haraldson	线叶金荞麦	Polygonaceae 蓼科	一年生草本；高 30～40cm；叶线形，长 1.5～3cm；总状花序紧密，常由数个总状花序再组成圆锥状；瘦果	粮食		云南
4226	*Fagopyrum statice* (H. Lév.) H. Gross	抽葶野荞	Polygonaceae 蓼科	多年生，半灌木状，高约 50cm；叶宽卵形至卵状三角形，近花序的叶戟状披针形；聚伞花序簇疏离，花白色或粉红色；果实微露出于宿存花被之外	粮食		云南、贵州
4227	*Fagopyrum tataricum* (L.) Gaertn.	苦荞麦（野荞麦）	Polygonaceae 蓼科	一年生草本；高 30～60cm；叶片宽三角状戟形；总状花序腋生或项生，花被白色或淡粉红色；小坚果圆锥状卵形，具三棱	粮食	中国	东北、西北、华北、西南
4228	*Fagopyrum urophyllum* (Bureau et Franch.) H. Gross	硬枝万年荞	Polygonaceae 蓼科	多年生灌木；高约 2m；叶形变化大，基部叶为披针形；花序顶生或腋生，聚伞花序簇疏离，花白色；果实露出于宿有的花被之外	粮食		甘肃、云南、四川
4229	*Fagus engleriana* Seemen	米心水青冈	Fagaceae 壳斗科	落叶乔木；高 25m；叶菱状卵形，顶部短尖，叶缘波浪状；花期 4～5 月	观赏	中国秦岭以南、五岭北坡	湖北、四川
4230	*Fagus hayatae* Palib. ex Hayata	台湾水青冈	Fagaceae 壳斗科	落叶乔木；高达 10m，胸径达 70cm；树皮灰色，光滑；叶卵形至椭圆形；雄花花被 4 或 5 裂，雌花花被 5 或 6 浅裂；坚果常 2 枚	林木		台湾北部
4231	*Fagus longipetiolata* Seemen	水青冈（长柄山毛榉）	Fagaceae 壳斗科	落叶乔木；高达 25m；花单性同株；雄花排成下垂、头状花序；壳斗具长 4～6cm 的柄、外被反曲的线状鳞片，全包坚果，熟时 4 瓣裂，内有坚果 2 个	观赏，林木		湖北、湖南、四川、贵州、云南、广西、广东、福建、江西、浙江、安徽、陕西
4232	*Fagus lucida* Rehder et E. H. Wilson	亮叶水青冈	Fagaceae 壳斗科	落叶乔木；高 25m；叶卵形，顶部短至渐尖，叶缘有锐齿；4 瓣裂，小苞片钻尖状，伏贴；花期 4～5 月	观赏		

（续）

序号	拉丁学名	中文名	所属科	特征及特性	类别	原产地	目前分布/种植区
4233	*Fagus sylvatica* L.	欧洲山毛榉	Fagaceae 壳斗科	落叶乔木；高一般可达 30m；秋叶为金黄和红褐色，枯叶冬季宿存	观赏	欧洲	
4234	*Falcataria moluccana*（Miq.）Barneby et Grimes	南洋楹（仁人木）	Leguminosae 豆科	落叶乔木；高达 40m，穗状花序腋生，萼钟状，花冠淡白色；荚果，线形，开裂，种子多数	蜜源		广东、广西、福建
4235	*Fallopia aubertii*（L. Henry）Holub	山荞麦	Polygonaceae 蓼科	半灌木状藤本；茎缠绕或近直立；叶互生或簇生，长圆状卵形；圆锥状花序顶生；苞膜质；花小，白色；果实卵状三棱形，黑褐色	观赏	中国秦岭至青海、西藏等省、自治区	西北及内蒙古、山西、河南、云南、西藏
4236	*Fallopia convolvulus*（L.）Á. Löve	卷茎蓼（荞麦蔓）	Polygonaceae 蓼科	一年生草本；茎细弱缠绕；叶有柄，卵形；托叶鞘短，斜截形；穗状花序腋生，苞片卵形，花淡绿色；瘦果卵形	杂草，有毒		秦岭、淮河以北地区
4237	*Fallopia dentatoalata*（Schmidt）Holub	齿翅蓼	Polygonaceae 蓼科	一年生草本；茎缠绕，长达 1m；叶心形或宽卵形；托叶鞘管状，膜质；花序为带叶的总状或圆锥状花序，苞内有花 4～5 朵；瘦果卵状三棱形	杂草		东北、华北及陕西、甘肃
4238	*Farfugium japonicum*（L.）Kitam.	花叶如意	Compositae（Asteraceae）菊科	多年生常绿草本；叶深绿色具黄白色斑点，有光泽；头状花序多数，淡黄色；花期 4～5 月	观赏	日本、朝鲜	
4239	*Fargesia spathacea* Franch.	拐棍竹	Gramineae（Poaceae）禾本科	多年生木质化植物；秆黄绿或紫红色，箨鞘厚纸质，箨舌截形或微弧形，箨片披针形	绿化	中国陕西、甘肃、四川	
4240	*Fatoua villosa*（Thunb.）Nakai	水蛇麻	Moraceae 桑科	一年生草本；高 15～20cm；叶卵形或卵状披针形；复聚伞花序腋生，花单性，雌雄同株混生，子房斜卵圆形；瘦果小斜扁球形	杂草		河北、安徽、江苏、浙江、江西、福建、台湾、贵州
4241	*Fatsia japonica*（Thunb.）Decne. et Planch.	八角金盘（八金盘，手树）	Araliaceae 五加科	常绿灌木；叶大掌状，5～7 深裂，边缘有锯齿或波状，伞形花序集成顶生圆锥花丛，花白色，浆果紫黑色	观赏	日本本州、九州、四国等地区	浙江、江西、湖南、上海、江苏
4242	*Fatsia polycarpa* Hayata	多室八角金盘	Araliaceae 五加科	常绿小乔木或灌木；叶丛生枝顶，圆形，掌状 5～7 深裂；伞形花序排成圆锥状，有花约 20 朵，顶生；浆果球形	观赏		台湾

（续）

序号	拉丁学名	中文名	所属科	特征及特性	类别	原产地	目前分布/种植区
4243	*Faucaria felina*（Weston）Schwant. ex Jacobsen	猫肉黄菊	Aizoaceae 番杏科	多年生草本；叶十字交互对生，叶亮绿色，具白色斑点；花瓣金黄色	观赏	南非	
4244	*Faucaria longidens* L. Bolus.	长齿肉黄菊	Aizoaceae 番杏科	多年生草本；有旧叶脱落形成的短茎；叶披针形，先端细，边缘具刺状锯齿；单花黄色，径6～7cm	观赏	南非	
4245	*Faucaria tigrina*（Haw.）Schwant.	肉黄菊	Aizoaceae 番杏科	多年生草本；几无茎，叶簇生，菱形，鲜绿色，表面略凹下，具无数白色斑点；花大，径5～6cm，中午开放；花期5～7月	观赏	南非干旱的亚热带地区	
4246	*Feijoa sellowiana* Berg	南美稔（费约果）	Myrtaceae 桃金娘科	常绿乔灌木；通常高达5m；叶对生，羽状脉；花单生于叶腋，具长梗，花瓣4，外层花瓣像白色棉状物；浆果顶有宿存萼片，被白粉	果树	南美	云南
4247	*Fenestraria aurantiaca* N. E. Br.	橙黄棒叶花	Aizoaceae 番杏科	多年生多浆肉质植物；叶直立棍棒状，绿色；花茎长4～5cm，花朵大，径3～4cm，金黄色；花期夏末秋初	观赏	南非和纳米比亚接壤处	
4248	*Fenestraria rhopalophylla*（Schlechter et Diels）Diels	棒叶花	Aizoaceae 番杏科	多年生多浆肉质植物；叶直立棍棒状，稍短；花较小，径3cm以下，白色	观赏	南非	
4249	*Ferocactus acanthodes*（Lem.）Britt. et Rose	琥头	Cactaceae 仙人掌科	多浆植物；茎柱状，绿色；大漏斗形花，黄色或橙色，外部带绿色；夏季开花	观赏	加利福尼亚州南部	
4250	*Ferocactus chrysacanthus*（Orcutt）Britt. et Rose	金冠龙	Cactaceae 仙人掌科	多浆植物；植株球形，绿色；花漏斗形，浅黄色或红色；夏季开花；果实黄色	观赏	美国加利福尼亚州东南部地区	
4251	*Ferocactus covillei* Britt. et Rose	江守玉（柯氏仙人卷）	Cactaceae 仙人掌科	多浆植物；茎球形至短圆筒形；花漏斗状，黄色瓣尖带红色	观赏	墨西哥、美国亚利桑那州	
4252	*Ferocactus glaucesens*（DC.）Britt. et Rose	王冠花	Cactaceae 仙人掌科	多浆植物，植株球形或扁球形，单生，灰白绿色，有白霜；刺座具刺6～7根，细锥状，黄色，长2.5～3cm；花淡黄色，直径3cm	观赏	墨西哥高原东部	

（续）

序号	拉丁学名	中文名	所属科	特征及特性	类别	原产地	目前分布/种植区
4253	*Ferocactus gracilis* H. E. Gates	刈穗玉	Cactaceae 仙人掌科	多浆植物；白色刚毛状细刺 6～10 枚；紫红色的中刺 6～8 枚，中间 1 枚较强大，尖端向下弯曲；春季顶生黄色有红色中脉的钟状花，花径 5～5.5cm	观赏	加利福尼亚中部	
4254	*Ferocactus latispinus*（Haw.）Britt. et Rose	日出	Cactaceae 仙人掌科	多浆植物，植株呈扁球形，每个刺座有周刺 6～10 枚，长 2～2.5cm，很细，白色中微带红色；花钟状，直径 4～6cm，紫红色	观赏	墨西哥	
4255	*Ferocactus peninsulae*（A. Web.）Britt. Et Rose	巨鹫玉	Cactaceae 仙人掌科	多浆植物，植株初始为短圆筒形，长大后呈短圆柱状；球径 30cm 左右，高可达 80～100cm，具 13 个脊高且薄的棱，棱峰上的刺座大又突出；白色刚毛状的周刺 10～12 枚，中刺 4 枚，中间 1 枚主刺呈扁锥形，有环纹，末端具钩；新刺红褐色，老刺褐灰色	观赏	加利福尼亚	
4256	*Ferocactus viridescens*（Torr. et A. Gray）Br et R.	龙眼球	Cactaceae 仙人掌科	多浆植物；老株圆筒状丛生；幼嫩时球形，深绿色；花黄绿色	观赏	加利福尼亚州南部	
4257	*Feronia limonia*（L.）Swingle	印度木苹果（橘脂树）	Rutaceae 芸香科	乔木；高 9m，具刺；花暗红色，香；花瓣椭圆形；花丝锥形，基部具毛	果树	印度	台湾
4258	*Ferula bungeana* Kitag.	硬阿魏（沙茴香）	Umbelliferae（Apiaceae）伞形科	多年生草本；基生叶二至三回三出或羽状分裂；复伞形花序多数，常呈轮状排列，小伞形花序有花 6～12 朵，花黄色；双悬果长圆形	药用		东北、西北、华北及河南
4259	*Ferula fukanensis* K. M. Shen	阜康阿魏	Umbelliferae（Apiaceae）伞形科	多年生一次结果的草本；高 0.5～1.5m，全株有葱蒜样臭味；复伞形花序；花瓣黄色；分生果椭圆形，背腹扁压	药用		新疆
4260	*Ferula sinkiangensis* K. M. Shen	阿魏（新疆阿魏，阜康阿魏）	Umbelliferae（Apiaceae）伞形科	多年生一次结果草本；根粗大，纺锤形或圆锥形；叶片三出三回羽状全裂；复伞形花序，花瓣黄色；椭圆形果实，果棱突起	药用		新疆

（续）

序号	拉丁学名	中文名	所属科	特征及特性	类别	原产地	目前分布/种植区
4261	*Festuca alatavica* (Hackel ex St.-Yves) Roshev.	阿拉套羊茅（天山羊茅）	Gramineae (Poaceae) 禾本科	多年生，具短根茎；秆高 50～60cm；叶舌长 0.2mm；小穗长 10～12mm，外稃背部平滑，花药长约 4mm	饲用及绿肥		新疆
4262	*Festuca altaica* Trin.	阿尔泰羊茅	Gramineae (Poaceae) 禾本科	多年生；秆平滑，高约 65cm，具 2 节；叶片线形，纵卷；圆锥花序开展；枝顶着生少数小穗，含 3～5 小花	饲用及绿肥		新疆
4263	*Festuca amblyodes* V. I. Krecz. et Bobrov	葱岭羊茅	Gramineae (Poaceae) 禾本科	多年生，密丛，秆直立平滑，高 15～30cm，具 1 节；叶片细线形，纵卷；圆锥花序疏松；分枝单生，上部疏生少数小穗，绿色或紫色，含 3～4 小花	饲用及绿肥		新疆、青海、云南
4264	*Festuca arundinacea* Schreb.	苇状羊茅	Gramineae (Poaceae) 禾本科	多年生；秆高 80～100cm；叶鞘无毛；圆锥花序，小穗含 4～5 花，外稃背面上部及边缘粗糙，无芒或仅具短尖头	饲用及绿肥		新疆
4265	*Festuca brachyphylla* Schultes et Schult. f.	短叶羊茅	Gramineae (Poaceae) 禾本科	多年生；秆高 5～15cm；叶片对折；花序紧密呈穗状，长 2～3cm，花药长约 0.5mm，子房顶端无毛	饲用及绿肥		新疆、西藏
4266	*Festuca changduensis* L. Liu	昌都羊茅	Gramineae (Poaceae) 禾本科	多年生；秆高 60～100cm；叶舌长 3～5mm；圆锥花序长约 20cm，第一外稃长约 5mm，无芒，花药长 1.5～2mm	饲用及绿肥		西藏
4267	*Festuca coelestis* (St.-Yves) V. I. Krecz. et Bobrov	矮羊茅	Gramineae (Poaceae) 禾本科	多年生，密丛；秆高 4～10cm；叶片纵卷成刚毛状；小穗紫色或紫褐色，外稃长 3.5～4mm；花药长 1～1.4mm	饲用及绿肥		新疆、西藏
4268	*Festuca dahurica* (St.-Yves) V. I. Krecz. et Bobrov	达乌里羊茅	Gramineae (Poaceae) 禾本科	多年生，密丛；秆高 30～60cm；花序较紧密，颖片边缘窄膜质，外稃背部被短毛，无芒，花药长 2.5～3mm	饲用及绿肥		东北、内蒙古
4269	*Festuca dolichantha* Keng ex Keng f.	长花羊茅	Gramineae (Poaceae) 禾本科	多年生；秆高约 1 m；叶鞘光滑；小穗长 11～15mm，第一外稃长 9～11mm，花药长 3～4mm，子房顶端无毛	饲用及绿肥		云南

（续）

序号	拉丁学名	中文名	所属科	特征及特性	类别	原产地	目前分布/种植区
4270	*Festuca elata* Keng ex E. B. Alexeev	高羊茅	Gramineae (Poaceae) 禾本科	多年生，疏丛；秆高 90～120cm；花序分枝单生，小穗长 7～10mm，外稃先端 2 裂，花药长 2mm	饲用及绿肥		四川、广西
4271	*Festuca extremiorientalis* Ohwi	远东羊茅	Gramineae (Poaceae) 禾本科	多年生，具根茎；花序每节具 1～2 枚分枝，小穗长 5～7mm，花药长 1～1.8mm；子房顶端具短毛	饲用及绿肥		东北、华北、陕西及甘肃
4272	*Festuca fascinata* Keng ex S. L. Lu	蛊羊茅	Gramineae (Poaceae) 禾本科	多年生，疏丛；花序基部分枝孪生，外稃背部微粗糙，芒细弱，长 4～8mm，花药长 1.5～2mm，子房顶端无毛	饲用及绿肥		甘肃、四川、贵州、云南
4273	*Festuca gigantea* （L.）Vill.	大羊茅	Gramineae (Poaceae) 禾本科	多年生；花序长 20～30cm，第一颖长 2.5～3mm，具 1 脉，外稃芒长 8～18mm，花药长 2.8～4mm	饲用及绿肥		新疆
4274	*Festuca jacutica* Drobow	雅库特羊茅	Gramineae (Poaceae) 禾本科	多年生，密丛；秆高 50～80cm；叶片内卷呈丝状；圆锥花序较疏松，颖片边缘宽膜质，外稃背部平滑，无芒	饲用及绿肥		东北及内蒙古
4275	*Festuca japonica* Makino	日本羊茅	Gramineae (Poaceae) 禾本科	多年生；小穗长 4～5.5mm，颖片卵圆形，第一外稃长 3.5～4mm，无芒，花药长约 1.5mm，子房顶端具毛	饲用及绿肥		陕西、甘肃、贵州、四川、台湾
4276	*Festuca kryloviana* Reverdatto	寒生羊茅	Gramineae (Poaceae) 禾本科	多年生，密丛；叶片纵卷；花序紧缩呈穗状，外稃长 4.5～5.5mm，芒长 2～3（～4）mm，花药长 2～2.5mm	饲用及绿肥		新疆
4277	*Festuca kurtschumica* E. B. Alexeev	三界羊茅	Gramineae (Poaceae) 禾本科	多年生，丛生，秆直立，平滑无毛，高约 35cm，具 1～2 节；叶片纵卷，细线形；圆锥花序紧密狭窄，小穗褐色或黄褐色，含 3～5 小花	饲用及绿肥		新疆
4278	*Festuca leptopogon* Stapf	弱须羊茅	Gramineae (Poaceae) 禾本科	多年生；秆高 50～80cm；叶舌长 1～2mm；花序分枝单生，外稃芒长 6～10mm，花药长约 1mm，子房顶端具茸毛	饲用及绿肥		云南、四川西部

（续）

序号	拉丁学名	中文名	所属科	特征及特性	类别	原产地	目前分布/种植区
4279	*Festuca litvinovii* (Tzvelev) E. B. Alexeev	东亚羊茅	Gramineae (Poaceae) 禾本科	多年生，密丛；叶片纵卷成细丝状；颖与外稃背部被短毛，外稃芒长 1.5～2.5mm，花药长 2～2.5mm	饲用及绿肥		东北、华北
4280	*Festuca modesta* Nees ex Steud.	素羊茅	Gramineae (Poaceae) 禾本科	多年生草本；秆高约 1m；叶狭披针形；圆锥花序开展，小穗灰绿色，第一颖狭披针形，第二颖椭圆状披针形，无芒；颖果长圆形	杂草		陕西、湖北、四川
4281	*Festuca nitidula* Stapf	微药羊茅	Gramineae (Poaceae) 禾本科	多年生；秆高 10～40cm；叶片纵卷；圆锥花序疏松，长 5～12cm，常下垂，子房顶端被疏柔毛	饲用及绿肥		四川、西藏
4282	*Festuca olgae* (Regel) Krivot.	西山银穗草（银穗羊茅，西山羊茅）	Gramineae (Poaceae) 禾本科	多年生；秆高 40～80cm，下部为黄色枯鞘所包；花序长 8～10mm；颖于外稃先端尖，花药长 4～4.5mm，黄色	饲用及绿肥		新疆
4283	*Festuca ovina* L.	羊茅（狐草）	Gramineae (Poaceae) 禾本科	多年生，密丛；秆高 15～30cm；叶片内卷成针状；小穗长 4～6mm，紫红色，外稃长 3～3.5mm	饲用及绿肥		东北、西北、西南及安徽
4284	*Festuca parvigluma* Steud.	小颖羊茅	Gramineae (Poaceae) 禾本科	多年生，具细短根茎；秆高 30～80cm；小穗含 3～5 花，颖卵圆形，花药长约 1mm，子房顶端被柔毛	饲用及绿肥		华南、西南、华中、华东及陕西
4285	*Festuca pratensis* Huds.	草甸羊茅	Gramineae (Poaceae) 禾本科	多年生，具短根茎；秆高 30～60cm；叶耳边缘具短纤毛；圆锥花序长 10～20cm，外稃顶端无芒或仅具短尖头	饲用及绿肥		新疆
4286	*Festuca rubra* L.	紫羊茅	Gramineae (Poaceae) 禾本科	多年生草本；秆高 45～70cm；叶长 5～15cm；圆锥花序狭窄，小穗含 3～6 小花，颖狭披针形；颖果与内外稃相贴	饲用及绿肥		东北、华北、西南、西北、华中
4287	*Festuca sinensis* Keng ex E. B. Alexeev	中华羊茅	Gramineae (Poaceae) 禾本科	多年生，疏丛；秆高 50～80cm；小穗长 8～9mm，第一外稃长约 7mm，花药长 1.2～1.8mm	饲用及绿肥	中国	青海、四川

（续）

序号	拉丁学名	中文名	所属科	特征及特性	类别	原产地	目前分布/种植区
4288	*Festuca valesiaca* Schleicher ex Gaudin	瑞士羊茅	Gramineae (Poaceae) 禾本科	多年生，密丛；小穗长 4～5mm，颖片长 2～3.2mm，边缘窄膜质，外稃背部平滑，花药长 1.6～2.4mm	饲用及绿肥		青海、新疆、西藏
4289	*Festuca valesiaca* subsp. *sulcata*（Hackel）Schinz et R. Keller	沟羊茅（酥油草）	Gramineae (Poaceae) 禾本科	多年生，密丛；小穗长 7～8mm，颖片边缘窄膜质，外稃背部平滑或上部粗糙，花药长约 2mm	饲用及绿肥		吉林、内蒙古、新疆
4290	*Festuca vierhapperi* Hand.-Mazz.	藏滇羊茅	Gramineae (Poaceae) 禾本科	多年生，密丛；叶鞘被毛；小穗长 5～5.5cm，淡绿色，外稃披针形，长 3.2～3.8mm；花药长 1.1～1.5mm	饲用及绿肥		云南、贵州、西藏
4291	*Festuca wallichiana* E. B. Alexeev	藏羊茅	Gramineae (Poaceae) 禾本科	多年生，密丛；秆平滑或粗糙，高 15～35cm；叶片淡绿色，全部对折；圆锥花序紧密；小穗卵圆形，淡绿色带紫色或绿色	饲用及绿肥		西藏
4292	*Ficus altissima* Blume	高山榕	Moraceae 桑科	常绿乔木；高 25～30m，雄花散生榕果内壁，花被片 4，膜质，透明；雌花无柄，花被片与瘿花同数；花期 3～4 月	观赏	中国海南、广东、广西、云南、四川西昌	
4293	*Ficus auriculata* Lour.	馒头果（大果榕，木瓜榕）	Moraceae 桑科	小乔木或灌木；叶长圆形或长椭圆形；穗状团伞花序，雄花萼片披针形，雄蕊 5，花丝包围雌蕊，雌花萼片卵状三角形，子房圆球形；蒴果	果树，经济作物（特用类）		云南、贵州、广西
4294	*Ficus callosa* Willd.	厚皮榕（硬皮榕）	Moraceae 桑科	常绿乔木；高 25～35m；叶革质，广椭圆形或卵状椭圆形，先端钝或具短尖，基部圆形至宽楔形；叶柄长 3～9cm；雄花两型，花被片 3～5，匙形，雄蕊 2 枚，花丝细；榕果单生或成对生叶腋，梨状椭圆形	林木，观赏	中国	广东、云南
4295	*Ficus carica* L.	无花果（映日果，优昙钵）	Moraceae 桑科	落叶灌木；叶广卵圆形；雌雄异株，雄花和瘿花同生于榕果内壁，花被片 4～5，瘿花花柱侧生，雌花子房卵圆形；瘦果透镜状	观赏	西亚和地中海	山东、河北、新疆、江苏
4296	*Ficus concinna*（Miq.）Miq.	黄葛树（黄桷树，大叶榕树）	Moraceae 桑科	落叶乔木；叶互生，薄革质，长椭圆形或椭圆状卵形，果球形，生于叶腋，黄或紫红色	观赏	中国西南、华南、华东	东北、华东、中南、西南

（续）

序号	拉丁学名	中文名	所属科	特征及特性	类别	原产地	目前分布/种植区
4297	*Ficus elastica* Roxb.	橡皮树	Moraceae 桑科	常绿大乔木；叶片较大，厚革质，有光泽，圆形至长椭圆形；叶面暗绿色，叶背淡绿色，初期包于顶芽外，新叶伸展后托叶脱落，并在枝条上留下托叶痕	观赏	印度、缅甸和马来西亚	云南、广东、海南、广西、福建、江苏、上海、北京
4298	*Ficus erecta* Thunb.	天仙果（狭叶天仙果）	Moraceae 桑科	落叶小乔木或灌木；叶倒卵状椭圆形；雄花和瘿花生于同一榕果内壁，雌花生于另一植株榕果中，子房椭圆状球形；榕果球形或梨形	观赏		江苏、浙江、福建、广东
4299	*Ficus fistulosa* Reinw. ex Blume	水同木	Moraceae 桑科	常绿小乔木；叶倒卵形至长圆形；雄花和瘿花生于同一榕果内壁；雄花雄蕊1枚，瘿花子房光滑，倒卵形，雌花生于另一榕果内；瘦果	观赏		广东、广西、云南、台湾
4300	*Ficus formosana* Maxim.	台湾榕（小银茶匙）	Moraceae 桑科	灌木；高1.5～3m；叶膜质，倒披针形，全缘或在中部以上有疏钝齿裂，顶部渐尖，至基部成狭楔形；雄雌异株，雄蕊2；雌花，有柄或无柄，花被片4，花柱长，柱头漏斗形；榕果卵状球形，成熟时绿带红色；瘦果球形，光滑	观赏	中国	台湾、浙江、广东海南、广西、贵州、云南
4301	*Ficus henryi* Warb.	尖叶榕	Moraceae 桑科	小乔木；叶倒卵状长圆形之后长圆状披针形；榕果球形至椭圆形，单生叶腋，雄花生于榕果内壁的口部，瘿花生于雌花下部，雌花生于另一植株内壁；瘦果	观赏		云南、贵州、广西、四川、湖南、河北
4302	*Ficus hookeriana* Corner	大青树	Moraceae 桑科	常绿乔木；叶薄革质，长椭圆形至广卵状椭圆形，叶背白绿色，托叶深红色，榕果成对腋生，雄花散生榕果内壁，花被片4，雌花花被片4～5	观赏	中国云南、贵州、广西、	
4303	*Ficus microcarpa* L. f.	榕树（细叶榕，小叶榕）	Moraceae 桑科	常绿乔木；叶革质，椭圆形，卵状椭圆形或倒卵形，单叶互生，花序托单生或成对腋生，隐花果近球形	观赏	中国浙江、江西、福建、台湾、广东、广西、贵州、云南	
4304	*Ficus oligodon* Miq.	苹果榕（牛奶果，木瓜果）	Moraceae 桑科	小乔木；叶倒卵椭圆形；榕果簇生老枝发出的短枝，梨形或近球形；雄花生于榕果口部，瘿花生于内壁中下部；雌花生于另一植株榕果内壁；瘦果	药用，观赏		广东、广西、贵州、云南、四川、西藏

（续）

序号	拉丁学名	中文名	所属科	特征及特性	类别	原产地	目前分布/种植区
4305	*Ficus pumila* L.	薜荔（凉粉果，凉粉藤，木莲果）	Moraceae 桑科	常绿攀缘或匍匐灌木；叶两型，营养枝叶薄小，心状卵形，果枝叶厚大，革质，椭圆形，花序托倒卵形或梨形，单生叶腋	观赏	中国长江以南	长江以南各地区
4306	*Ficus pumila* var. *awkeotsang* (Makino) Corner	爱王子	Moraceae 桑科	常绿蔓性植物；气根多，易缠绕于岩石或树干上；叶互生，长椭圆状披针形，全缘，革质，密生淡茶褐色柔毛；果实长倒卵形，表面绿色，成熟时黄绿色或紫色，具白色斑点	经济作物（饮料类）		台湾
4307	*Ficus racemosa* L.	聚果榕（马郎果）	Moraceae 桑科	乔木；叶椭圆状倒卵形至长椭圆形；榕果梨形，聚生老茎瘤状短枝；雄花生于榕果内壁近口部，无柄；瘿花和雌花有柄，花被线形	观赏		云南、贵州、广西
4308	*Ficus religiosa* L.	菩提树	Moraceae 桑科	常绿乔木；高达 15～25m，基生苞片 3，卵圆形；雄花，瘿花和雌花生于同一榕果内壁；雄花少，无柄，花柄 2～3 裂，内卷，花丝短；瘿花具柄，花被 3～4 裂，球形，2 裂；雌花无柄，花被片 4，宽披针形，球形；花期 3～4 月	生态防护，饲用及绿肥，药用	中国浙江南部、江西南部、广东、广西、海南、云南、福建、台湾	
4309	*Ficus semicordata* Buch. -Ham. ex Sm.	鸡嗉子榕（鸡嗉子）	Moraceae 桑科	小乔木；高 3～10m；叶长圆状披针形，纸质，先端渐尖，基部偏心形；雄花，花被片 3 枚，红色，倒披针形，雄蕊 2 稀为 1，花药白色，花丝短；雌花花被片与瘿花同，子房卵状椭圆形，花柱侧生，浅 2 裂；榕果球形，紫红色；瘦果宽卵形	观赏	中国	广西、贵州、云南、西藏
4310	*Ficus simplicissima* Lour.	极简榕（新拟，粗叶榕）	Moraceae 桑科	灌木状，高 1～2.5m；叶倒卵形至长圆形；榕果成对腋生或簇生于无叶枝上，球形；瘦果近球形	观赏	中国	海南
4311	*Ficus subpisocarpa* Gagnep.	笔管榕	Moraceae 桑科	落叶乔木；叶互生或簇生，近纸质，椭圆形至长圆形；榕果单生或成对或簇生于叶腋或无叶枝上，扁球形	观赏，林木		台湾、福建、浙江、海南、云南南部
4312	*Ficus tikoua* Bureau	地瓜（地面松，地石榴）	Moraceae 桑科	常绿藤本；茎匍匐蔓生或半直立，长 1～7m；叶片有心脏形、肾形、三角形或掌状形；聚伞花序，腋生，淡红或紫红色；蒴果近圆形	药用		河北、湖南、广西、广东、云南、贵州

（续）

序号	拉丁学名	中文名	所属科	特征及特性	类别	原产地	目前分布/种植区
4313	*Ficus tinctoria* subsp. *gibbosa* (Blume) Corner	斜叶榕（斜脉榕）	Moraceae 桑科	常绿树种、乔木，达7～12m；叶互生，革质，卵状椭圆形、长椭圆形、倒卵状披针形或近菱形，顶端钝，圆形，急尖或短渐尖，基部楔形或钝，托叶卵状披针形；单性花，雌雄同株，单个或成对腋生；隐头果，果成熟时黄色	观赏	中国	我国西南部及南部各省份
4314	*Filifolium sibiricum* (L.) Kitam.	线叶菊（西伯利亚艾菊，兔毛蒿）	Compositae (Asteraceae) 菊科	多年生草本；基部密被纤维鞘；叶无毛，基生叶，具柄；头状花序，总苞球形；瘦果倒卵形，无毛	饲用及绿肥		我国内蒙古、东北、河北北部
4315	*Filipendula palmata* (Pall.) Maxim.	蚊子草（合叶子）	Rosaceae 蔷薇科	多年生草本；伞房状圆锥花序，顶生，花瓣5，白粉色；雄蕊多数，比花瓣长；瘦果半月形，有柄	蜜源		黑龙江、吉林、辽宁、内蒙古、河北、山西
4316	*Filipendula purpurea* Maxim.	槭叶蚊子草	Rosaceae 蔷薇科	多年生草本；顶生圆锥花序，花梗无毛；花瓣粉红色至白色，倒卵形；花期6～8月	观赏	日本	
4317	*Filipendula vestita* (Wall. ex G. Don) Maxim.	锈脉蚊子草	Rosaceae 蔷薇科	多年生草本；圆锥花序顶生，花梗密被绒毛；花瓣白色，倒卵形；花期5～8月	观赏	中国云南	
4318	*Fimbristylis aestivalis* (Retz.) Vahl	夏飘拂草	Cyperaceae 莎草科	一年生草本；秆密丛生，高3～12m；叶片丝状；长侧枝聚伞花序复出，具3～7个辐射枝，小穗单生辐射枝顶端，鳞片螺旋状排列；小坚果	杂草		浙江、福建、广东、广西、四川、云南、海南、台湾
4319	*Fimbristylis dichotoma* (L.) Vahl	两歧飘拂草	Cyperaceae 莎草科	一年生草本；秆丛生，高5～50cm；叶线形；长侧枝聚伞花序，小穗单生辐射枝顶端，卵形或卵状长圆形，鳞片广卵形；小坚果	杂草		除西北外、各地均有分布
4320	*Fimbristylis diphylloides* Makino ex Makino et Nemoto	拟二叶飘拂草	Cyperaceae 莎草科	多年生草本；秆丛生，高15～50cm；苞片刚毛状；长侧枝聚伞花序，小穗单生辐射枝顶端，卵形或长圆状卵形，鳞片宽卵形；小坚果	杂草		华东及湖南、湖北、四川、贵州、广东、广西
4321	*Fimbristylis henryi* C. B. Clarke	宜昌飘拂草	Cyperaceae 莎草科	一年生草本；秆丛生，高5～40cm；秆基有2叶，叶片扁平；长侧枝聚伞花序，小穗单生辐射枝顶端，鳞片卵形或卵状披针形；小坚果	杂草		华东及河南、陕西、湖北、四川、贵州

（续）

序号	拉丁学名	中文名	所属科	特征及特性	类别	原产地	目前分布/种植区
4322	*Fimbristylis miliacea* （L.） Vahl	水虱草（日照飘拂草）	Cyperaceae 莎草科	一年生草本；秆丛生，高 10～60cm；叶基生，叶片狭线形；长侧枝聚伞花序具辐射枝 3～6，小穗单生末级辐射枝顶端，鳞片卵形；小坚果	饲用及绿肥		全国各地均有分布
4323	*Fimbristylis ovata* （Burm. f.） Kern	独穗飘拂草	Cyperaceae 莎草科	多年生草本；秆丛生，高 15～30cm；基生叶细长；小穗单生秆顶，卵形或椭圆状卵形，上部鳞片螺旋状排列，下部呈 2 行排列；小坚果	杂草		华南及湖南、福建、台湾、四川、云南
4324	*Fimbristylis rigidula* Nees	结壮飘拂草	Cyperaceae 莎草科	多年生草本；秆横列状丛生，高 15～50cm；叶线形；长侧枝聚伞花序有 3～5 条辐射枝，小穗单生末级辐射枝顶端，鳞片卵形；小坚果	杂草		华东及河南、湖北、广东、四川、云南
4325	*Fimbristylis schoenoides* （Retz.） Vahl	少穗飘拂草	Cyperaceae 莎草科	多年生草本；秆丛生，高 5～40cm；叶基生，线形；长侧枝聚伞花序有 1～2 个小穗，小穗长圆状卵形，鳞片膜质，近圆形；小坚果	杂草		华南及浙江、江西、福建、台湾、云南
4326	*Fimbristylis spathacea* Roth	佛焰苞飘拂草	Cyperaceae 莎草科	多年生草本；秆高 4～40cm；叶基生，线形；长侧枝聚伞花序有辐射枝 3～6 个，小穗长圆形或卵形，鳞片宽卵形，子房长圆形；小坚果	杂草		华南及台湾、福建
4327	*Fimbristylis squarrosa* Vahl	畦畔飘拂草	Cyperaceae 莎草科	一年生草本；秆丛生，高 6～20cm；叶片丝状；长侧枝聚伞花序，小穗单生辐射枝顶端，披针形或卵形，鳞片椭圆形；小坚果	杂草		河北、河南、山东、安徽、江苏、广东、台湾、云南
4328	*Fimbristylis squarrosa* var. *esquarrosa* Makino	短尖飘拂草	Cyperaceae 莎草科	一年生草本；秆丛生，高 10～25cm；叶片狭；长侧枝聚伞花序疏散，小穗单生末端辐射枝顶端，长圆形或披针形，鳞片长圆形；小坚果	杂草		黑龙江、安徽、江苏
4329	*Fimbristylis stauntoni* Debeaux et Franch.	烟台飘拂草	Cyperaceae 莎草科	一年生草本；秆丛生，高 4～40cm；叶片线形；长侧枝聚伞花序，小穗单生辐射枝顶端，卵形或长圆形，鳞片长圆状披针形；小坚果	杂草		东北、华北、华东
4330	*Fimbristylis subbispicata* Nees et C. A. Mey.	双穗飘拂草	Cyperaceae 莎草科	一年生或多年生草本；秆丛生，高 10～40cm；叶片线形；长侧枝聚伞花序常具 1 个小穗，卵形或长椭圆形，鳞片卵形；小坚果	杂草		东北、华东及河北、山西、河南、广东

（续）

序号	拉丁学名	中文名	所属科	特征及特性	类别	原产地	目前分布/种植区
4331	*Firmiana hainanensis* Kosterm.	海南梧桐	Sterculiaceae 梧桐科	落叶乔木；高达18m；花黄白色，直径20mm；雌雄蕊柄与萼片等长，顶端5浅裂，花药15，聚集在雌雄蕊柄顶端，呈头状；两性花的子房卵圆形，具5条纵裂沟	林木，观赏		海南岛昌江和琼中嘉积
4332	*Firmiana kwangsiensis* Hsu	广西火桐	Sterculiaceae 梧桐科	落叶乔木；高达10m；聚伞状总状花序长5～7cm，雄花的雌雄蕊柄长28mm，雄蕊15枚，集生在雌雄蕊柄的顶端成头状	林木，观赏	中国	仅分布于广西靖西、上思
4333	*Firmiana major*（W. W. Sm.）Hand.-Mazz.	云南梧桐	Sterculiaceae 梧桐科	落叶乔木；树皮青带灰黑色，叶掌状3裂，被密被黄褐色短绒毛，圆锥花序顶生或腋生，花紫红色；蓇葖果膜质	观赏	中国云南中部、南部和西部、四川	
4334	*Firmiana simplex*（L.）W. Wight	梧桐（青桐）	Sterculiaceae 梧桐科	落叶乔木；高可达15m；圆锥花序顶生，6～7月开花，花单性，无花瓣；蓇葖果，成熟前开裂，9～10月果熟	果树		华东到华南
4335	*Fissistigma oldhamii*（Hemsl.）Merr.	瓜馥木（狐狸桃，藤龙眼，山龙眼藤）	Annonaceae 番荔枝科	攀缘灌木；小植被黄色柔毛，叶革质，倒卵状椭圆形或长圆形，花单生，密伞花序，果球形，密被黄棕色绒毛	观赏	中国浙江、江西、福建、台湾、湖南、广西、广东、云南	
4336	*Fittonia gigantea* Linden ex André.	大费通花	Acanthaceae 爵床科	多年生常绿草本；茎直立、多分枝，叶先端有短尖，叶暗绿色，椭圆形，叶脉洋红色	观赏	厄瓜多尔、秘鲁	
4337	*Fittonia verschaffeltii*（Lem.）Coem.	费通花（红网纹草）	Acanthaceae 爵床科	多年生常绿草本；叶对生，卵圆形，红色叶脉纵横交替，形成网状；叶柄与茎上有茸毛；顶生穗状花序，花黄色	观赏	热带地区	
4338	*Flacourtia indica*（Burm. f.）Merr.	刺篱木	Flacourtiaceae 大风子科	落叶灌木或小乔木；高2～4m；叶倒卵形至长圆状倒卵形，稀倒心形；花小，总状花序短，顶生或腋生；花瓣缺；浆果球形或椭圆形	果树		福建、广东、海南、广西
4339	*Flacourtia inermis* Roxb.	无刺篱木（罗比李，落皮果）	Flacourtiaceae 大风子科	常绿乔木；雌雄异株或杂性；花1～5朵呈总状挑列，腋生或顶生，绿色，径6～7mm，梗长7～9mm；果腋生，压缩球形	果树	马来西亚	台湾

（续）

序号	拉丁学名	中文名	所属科	特征及特性	类别	原产地	目前分布/种植区
4340	*Flacourtia jangomas*（Lour.）Raeusch.	罗旦梅（巴尼阿拉）	Flacourtiaceae 大风子科	大灌木或小乔木；高 5～10m；花序腋生，总状花序，花先叶开放，白色到绿色，雄花雄蕊 2～3mm，无毛；果实红褐色或紫色，后黑色，肉质	果树	马来西亚	台湾
4341	*Flacourtia rukam* Zoll. et Moritzi	卢甘果（罗庚梅，路卡姆）	Flacourtiaceae 大风子科	乔木；高 5～15m；总状花序长 4～10mm，有少数花；花淡黄绿色，无花瓣；雄花有肉质的腺体状花盘，雄蕊多数；雌花花盘圆盘伏，边缘稍成波状；子房瓶状，常 6 室，有 4～6(～8)花柱；柱头 2 浅裂	果树	菲律宾	广东、台湾
4342	*Flemingia macrophylla*（Willd.）Kuntze ex Prain	大叶千斤顶	Leguminosae 豆科	直立半灌木；高 1～3m；总状花序腋生，花多而密，序轴及花梗均密生淡黄色短柔毛；萼钟状，萼齿 5，披针形，最下面一齿较长，外面有毛；花冠紫红色，长约 1cm；子房有丝毛	有毒		
4343	*Flemingia prostrata* Roxb. f. ex Roxb.	千斤顶	Leguminosae 豆科	攀缘性灌木；被密毛；三出叶，顶小叶狭椭圆形，长 3～8cm，先端锐形或钝形；托叶早落，约长 7mm；总状花序；花紫色	有毒		
4344	*Floscopa scandens* Lour.	聚花草（紫竹叶草，水波草）	Commelinaceae 鸭跖草科	多年生草本植物，根状茎很长；叶鞘及花序各部分较密；叶无柄或有带翅的短柄，叶片上面有鳞片状突起；圆锥花序	药用		浙江、江西、福建、湖南、广东、海南、广西、云南
4345	*Flueggea suffruticosa*（Pall.）Baill.	叶底珠（一叶萩，假金柑藤）	Euphorbiaceae 大戟科	落叶灌木；多分枝，小枝有棱角；叶椭圆形或卵形；花单性异株；雄花簇生；雌花单生叶腋；子房 3 室；蒴果	有毒		东北、华北、华东、西南
4346	*Foeniculum dulce* Mill.	大茴香（八角茴香）	Umbelliferae (Apiaceae) 伞形科	植株较大，高 30～45cm；叶柄长；花梗长；聚合果有 8 个，红褐色；种子褐色，有光泽；耐阴	经济作物（调料类）	地中海沿岸及西亚	山西、内蒙古、天津、北京、辽宁、湖北
4347	*Foeniculum vulgare* Mill.	茴香（香丝菜，谷茴）	Umbelliferae (Apiaceae) 伞形科	多年生草本；全株有白粉；茎直立有棱；叶三至四回羽状分裂；复伞形花序顶生，无萼，花瓣 5；双悬果	蜜源		西北、华北、东北

（续）

序号	拉丁学名	中文名	所属科	特征及特性	类别	原产地	目前分布/种植区
4348	*Foeniculum vulgare* var. *azoricum* (Mill.) Thell.	大茴香	Umbelliferae (Apiaceae) 伞形科	常绿乔木；树皮灰色至红褐色，有不规则裂纹；单叶互生或3～6簇生于枝顶，叶片革质，长椭圆形或椭圆状披针形；花两性，单生于叶腋；聚合果，多由8个蓇葖果放射状排列成八角形	经济作物（调料）、药用		福建、台湾、广西、广东、贵州、云南
4349	*Foeniculum vulgare* var. *dulce* (Mill.) Battand. & Trabut	球茎茴香	Umbelliferae (Apiaceae) 伞形科	主根发达；二至四回羽状复叶，小叶丝状，叶柄基部的叶鞘开始变肥厚成肉质，并相互紧密抢合成扁圆形球状或近圆形的假茎；大型伞形花序，花黄色，有香气、花小；双悬果	经济作物（调料）、蔬菜	意大利南部	我国引种栽培
4350	*Fokienia hodginsii* (Dunn) A. Henry et H. H. Thomas	福建柏（建柏，扁柏）	Cupressaceae 柏科	常绿乔木；树皮紫褐色；叶交互对生，鳞形；雌雄同株，球花单生枝顶，球果球形，种子卵形，具大小不等的薄翅	观赏		浙江、福建、江西、湖南、广东、云南、四川、贵州
4351	*Fontanesia phillyreoides* subsp. *fortunei* (Carrière) Yalt.	雪柳（五谷树）	Oleaceae 木犀科	小乔木或灌木，高可达5m；花数朵组成聚伞花序，腋生，有短总梗；花冠漏斗状钟形，初时白色，淡红色渐变至深红色；花萼下部合生	观赏		河北、山西、陕西、河南、山东、安徽、江苏、浙江、江西
4352	*Fordia microphylla* Dunn ex Z. Wei	小叶干花豆	Leguminosae 豆科	常绿灌木；老茎黑褐色，羽状复叶集生枝梢，小叶8～10对，卵状披针形，背密被平伏细毛或绒毛，总状花序着生于当年生枝基部的叶腋，花冠红色至紫	观赏	中国广西、贵州、云南	
4353	*Fordiophyton faberi* Stapf	异药花	Melastomataceae 野牡丹科	直立草本或亚灌木；茎四棱形，叶膜质，广披针形至卵形，叶面被紧贴微柔毛，聚伞或伞形花序顶生，花瓣红色或紫红色，花萼被腺毛和白色小腺点	观赏	中国云南、四川、贵州	
4354	*Fordiophyton peperomiifolium* (Oliv.) Hansen	无距花（岩娇草）	Melastomataceae 野牡丹科	直立草本；茎钝四棱形；伞状聚伞花序组成圆锥花序，顶生；花瓣粉红色，卵形，花药长圆形或长圆状线形，单孔开裂，药隔基部不膨大，无距	观赏	中国特有，广东南部	广东、广西、湖南

（续）

序号	拉丁学名	中文名	所属科	特征及特性	类别	原产地	目前分布/种植区
4355	*Formanodendron doichangensis* (A. Camus) Nixon et Crepet	三棱栎	Fagaceae 壳斗科	常绿乔木；树皮深灰褐色，呈条状开裂；叶菱状椭圆形；花单性，雌雄同株；雄花序葇荑状，雌花序穗状；坚果生浅杯状壳斗内	林木		云南南部
4356	*Forsythia giraldiana* Lingelsh.	秦连翘	Oleaceae 木犀科	落叶灌木；幼枝常向上作镰刀状弯曲，髓呈薄片状，叶对生，花黄色，花冠裂片狭矩圆形	观赏	中国甘肃、陕西、湖北	
4357	*Forsythia intermedia* Zabel	金钟连翘	Oleaceae 木犀科	连翘与金钟花的杂交种，半常绿花灌木，高仅 50cm，性状介于两者之间，枝拱形，叶片椭圆形至披针形，花色金黄，早春开花	观赏		我国各地广为栽培
4358	*Forsythia likiangensis* Ching et Feng ex P. Y. Bai	丽江连翘	Oleaceae 木犀科	落叶灌木；高 1～3m；叶片近革质，卵形、卵状椭圆形至长椭圆形；花单生于叶腋；花冠黄色；果卵球形	观赏		云南西北部、四川木里
4359	*Forsythia mandschurica* Uyeki	东北连翘	Oleaceae 木犀科	落叶灌木；当年生枝和二年生枝分别疏生白色和褐色皮孔，叶纸质，椭圆形，叶缘具齿，背疏背柔毛，花单生叶腋，花冠黄色	观赏	中国辽宁	
4360	*Forsythia ovata* Nakai	卵叶连翘	Oleaceae 木犀科	落叶灌木；小枝灰黄色，老时灰色，髓部有褐色海绵状心髓，叶革质，卵形，花单生叶腋，花萼绿色或紫色，具睫毛，花冠琥珀黄色	观赏	朝鲜	我国东北各地有栽培
4361	*Forsythia suspensa* (Thunb.) Vahl	连翘（黄花杆，黄寿丹）	Oleaceae 木犀科	落叶灌木；单叶对生，花金黄色，卵形或椭圆状卵形；蒴果近球形，稍扁	药用，观赏		东北及河北、山东、河南、山西、陕西、甘肃、湖北、江苏、云南
4362	*Forsythia viridissima* Lindl.	金钟花（黄金条，单叶连翘，狭叶连翘，）	Oleaceae 木犀科	落叶灌木；小枝节间内髓薄片状，老枝红褐色，叶椭圆至披针形，花 1～3 朵生于叶腋，花冠深黄色，花冠管内面基部具橘黄色条纹	观赏	中国江苏、安徽、浙江、江西、福建、湖北、湖南、云南西北部	长江流域各省份
4363	*Fortunella hindsii* (Champ. ex Benth.) Swingle	山橘（山金橘）	Rutaceae 芸香科	有刺灌木；花冠白色，果球形或偏圆形，橙黄或朱红色，种子椭圆形	果树	中国南部	广东、福建、浙江、广西、海南

（续）

序号	拉丁学名	中文名	所属科	特征及特性	类别	原产地	目前分布/种植区
4364	*Fortunella japonica*（Thunb.）Swingle	圆金柑（圆金橘）	Rutaceae 芸香科	树高 2～5m，枝有刺；花单朵或 2～3 朵簇生，花梗长稀超过 6mm；花萼裂片 5 或 4 片；雄蕊 15～25 枚，比花瓣短，花丝不同程度合生成数束，间有个别离生，子房圆球形，4～6 室，花柱约与子房等长	果树		广东、福建、安徽、浙江、台湾
4365	*Fortunella margarita*（Lour.）Swingle	金橘（罗浮，牛奶金柑）	Rutaceae 芸香科	常绿灌木；叶长圆形，表面深绿光亮，背面散生油腺点，叶柄具狭翅，花白色，果矩圆形或倒卵形	果树	中国南部	浙江、湖南、广东、广西、台湾
4366	*Fortunella margarita* cv. Calamondin *	四季橘	Rutaceae 芸香科	常绿灌木；多分枝；叶长圆形，单花或 2～3 朵集生于叶腋，白色，有芳香；果实矩圆形或卵圆形，熟后金黄色	果树	中国南部	华南
4367	*Fortunella margarita* cv. Changshou jingan	月月橘（长寿金柑，四季金柑）	Rutaceae 芸香科	常绿灌木；小花白色、芳香，顶生或腋生；幼果绿色，熟果橙或橙黄色；果实倒卵形，果顶凹入；果皮薄，囊瓣 5～6 瓣，偶有 8 瓣	果树	中国南部	江苏、福建
4368	*Fortunella margarita* cv. Chintan	金弹（宁波金柑）	Rutaceae 芸香科	常绿灌木；树冠圆头形，枝梢粗壮、稀疏；果实倒卵形或圆球形，种子每果 4～9 粒	果树	中国南部	广东、广西、福建、浙江、江西、湖南
4369	*Fortunella polyandra*（Ridl.）Tanka	长叶金柑（长叶金橘）	Rutaceae 芸香科	灌木至小乔木；树皮间白斑；叶披针形或长椭圆形；花 1 朵或 2 朵，顶生或腋生，花瓣 5，窄长圆形，子房 5 室；花盘肉质，垫状；果阔椭圆形	果树，有毒，药用		海南
4370	*Fragaria ananassa*（Weston）Duchesne	草莓（地莓，凤梨草莓）	Rosaceae 蔷薇科	多年生草本；短缩茎和匍匐茎；匍匐茎形成分株；三出复叶，偶有 4～5 小叶，叶缘锯齿，小叶圆或椭圆；花白色，两性，有限二出聚伞形花序；浆果，果实由花托形成	果树	亚洲、美洲、欧洲	全国各地均有分布
4371	*Fragaria chiloensis* Duch.	智利草莓	Rosaceae 蔷薇科	多年生草本，高 15cm；叶片长 5cm，具 3 小叶；花 5～9 朵，白色，花瓣 5，长约 1cm	果树		有引种栽培

（续）

序号	拉丁学名	中文名	所属科	特征及特性	类别	原产地	目前分布/种植区
4372	*Fragaria daltoniana* J. Gay	裂萼草莓	Rosaceae 蔷薇科	多年生草本；高 4～6cm；茎纤细匍匐节处生根；叶为 3 出复叶，小叶片长圆形或卵形；花单生于叶腋；花瓣白色，近圆形；聚合果长圆锥形、卵球形，红色	果树		西藏
4373	*Fragaria gracilis* Losinsk.	纤细草莓	Rosaceae 蔷薇科	多年生草本；叶为 3 小叶或羽状 5 小叶，小叶椭圆形；聚伞状花序，有花 1～3 朵，萼片卵状披针形，花瓣近圆形；聚合果球形，瘦果卵形	果树		河南、陕西、甘肃、青海、湖北、四川、西藏
4374	*Fragaria moschata* Duch.	麝香草莓	Rosaceae 蔷薇科	多年生草本；花直径 2.5cm，萼片披针形，明显短于花瓣；果实卵形或球形，基部渐狭，白色或绿白色，渐渐变红或粉红	果树		
4375	*Fragaria moupinensis* (Franch.) Cardot	西南草莓	Rosaceae 蔷薇科	多年生草本；多为 5 小叶或 3 小叶，小叶椭圆形或倒卵形；聚伞状花序，有花 1～4 朵，花两性，花瓣白色；聚合果卵球形，瘦果卵形	果树		陕西、甘肃、四川、云南、西藏
4376	*Fragaria nilgerrensis* Schltdl. ex Gay	黄毛草莓（绣毛草莓）	Rosaceae 蔷薇科	多年生草本；叶三出，小叶倒卵形或椭圆形；聚伞花序下部具一或三出有柄小叶，花两性，花瓣白色，圆形；聚合果圆形	果树		湖北、四川、云南、湖南、贵州、台湾
4377	*Fragaria nubicola* (Hook. f.) Lindl. ex Lacaita	西藏草莓	Rosaceae 蔷薇科	多年生草本；叶为 3 小叶，小叶椭圆形或倒卵形；花序有花 1 至数朵，花瓣倒卵椭圆形；聚合果卵球形；瘦果卵珠形	果树		云南
4378	*Fragaria orientalis* Losinsk.	东方草莓（草果，野草莓）	Rosaceae 蔷薇科	多年生草本植物；细长匍匐茎；三出复叶；聚伞花序，线状披针形副萼；浆果状聚合瘦果	果树		东北及内蒙古
4379	*Fragaria ovalis* (Lehm.) Rydb.	椭圆草莓	Rosaceae 蔷薇科	叶片苍白绿色，被白粉，叶柄毛稀疏，紧贴叶柄，花小，花瓣长 5～10mm	果树		
4380	*Fragaria pentaphylla* Losinsk.	五叶草莓（泡儿，瓢泡儿）	Rosaceae 蔷薇科	多年生草本植物；匍匐茎阳面红色；羽状复叶，小叶 5 片；伞房花序，花白色，花瓣近圆形；聚合果，卵圆形	果树		中高山区、秦巴山区

（续）

序号	拉丁学名	中文名	所属科	特征及特性	类别	原产地	目前分布/种植区
4381	*Fragaria vesca* L.	野草莓（草莓，森林草莓）	Rosaceae 蔷薇科	多年生草本；3小叶稀羽状5小叶，小叶倒卵圆形，椭圆形；聚伞状花序，有花2～5朵，花瓣白色；聚合果卵球形，瘦果卵形	果树，生态防护		华北、东北、西北及内蒙古
4382	*Fragaria viridis* Duch.	绿色草莓	Rosaceae 蔷薇科	匍匐茎上从第二节开始每节均形成幼苗；花瓣显露时呈黄绿色，雄蕊花丝细长，高于雌蕊	果树		
4383	*Frailea asterioides* Werd.	士童	Cactaceae 仙人掌科	多浆植物；植株扁球形；体柔软多汁，绿褐色，棱10～15条；花黄色，花檐短，被褐色单毛，闭花受精，果实多汁，果壁厚	观赏		
4384	*Frankenia pulverulenta* L.	瓣鳞花	Frankeniaceae 瓣鳞花科	一年生矮小草本；叶通常4片轮生，倒卵形或窄倒卵形；花两性，辐射对称，无梗，花瓣5，粉红色，长披针形；蒴果包藏于宿萼内	生态防护，饲用及绿肥		新疆、甘肃、内蒙古
4385	*Fraxinus americana* L.	美国白蜡（大叶白蜡）	Oleaceae 木犀科	落叶乔木，高40m；主干端直，树皮灰绿色；羽状复叶有小叶5～9，卵形至卵状披针形；圆锥花序生近顶叶腋，花缺花冠，雌雄异株	林木，观赏	加拿大南部和美国	新疆、甘肃、内蒙古、河北、辽宁、江苏、浙江、山东、河南、北京
4386	*Fraxinus angustifolia* Vahl.	窄叶白蜡	Oleaceae 木犀科	落叶乔木；羽状小叶共13枚，叶披针形，细长，约15～25cm，叶色深绿，有光泽；先花后叶，雌雄异株，无花瓣	观赏	欧洲南部、非洲北部、亚洲西部	
4387	*Fraxinus baroniana* Diels	窄叶白蜡树（披针叶白蜡树，狭叶梣）	Oleaceae 木犀科	小乔木或灌木状，高4m；小叶7～9；花单性，花萼钟状，无花瓣；翅果倒披针匙状	林木		陕西、甘肃、四川
4388	*Fraxinus bungeana* A. DC.	小叶白蜡（苦枥）	Oleaceae 木犀科	小乔木；高达5m；圆锥花序长5～8cm，微被短柔毛；花萼小，4裂，裂片尖；花瓣4，条形，长约4mm，完全分离；雄蕊比花瓣长	林木，药用，观赏		辽宁、河北、河南、山西、山东、安徽、四川等
4389	*Fraxinus chinensis* Roxb.	白蜡（白荆树，尖叶岑，岑皮）	Oleaceae 木犀科	落叶乔木；叶对生，奇数羽状复叶，小叶椭圆形；圆锥花序顶生或腋生，萼钟状，无花瓣；翅果	药用，观赏		东北、华北、华中、华东、西南

（续）

序号	拉丁学名	中文名	所属科	特征及特性	类别	原产地	目前分布/种植区
4390	*Fraxinus chinensis* subsp. *rhynchophylla* (Hance) E. Murray	大叶白蜡树（花曲柳）	Oleaceae 木犀科	落叶乔木，高 20m；花序顶生及腋生，花杂性，无花冠；翅果线状倒披针形，翅延至果中部，萼宿存	林木，药用	中国	东北、山东、湖北、浙江、福建
4391	*Fraxinus excelsior* L.	欧洲白蜡	Oleaceae 木犀科	落叶乔木，高 30～40m；树干端直，树皮灰褐色；复叶有小叶 7～11，卵状椭圆形至卵状广披针形；花序近顶腋生，缺花冠，异株或杂性	观赏	北欧	
4392	*Fraxinus ferruginea* Lingelsh.	锈毛梣	Oleaceae 木犀科	落叶乔木；高达 15m；小叶薄革质，卵状披针形至斜长圆形；圆锥花序顶生；翅果线状匙形	林木		贵州南部、云南、西藏
4393	*Fraxinus floribunda* Wall.	多花白蜡（多花梣）	Oleaceae 木犀科	乔木；高 25m；小叶 5～7（～9），卵长圆，6～15cm；聚伞状圆锥花序，长 20～30cm，花序轴无毛，花萼钟状，白色；翅果条状钥形	林木		贵州、云南
4394	*Fraxinus griffithii* C. B. Clarke	光蜡树	Oleaceae 木犀科	落叶乔木；高 10～20m；圆锥花序顶生于当年生枝端，花序梗圆柱形，花萼杯状；花期 5～7 月	观赏	中国台湾	
4395	*Fraxinus hupehensis* S. T. Chu et C. B. Shang	湖北梣（对结白蜡）	Oleaceae 木犀科	落叶乔木；高 19m；羽状复叶，小叶 7～9，革质，披针形至卵状披针形；花杂性，簇生于上年枝上；翅果窄倒披针形	林木		湖北大洪山余脉
4396	*Fraxinus insularis* Hemsl.	苦枥木	Oleaceae 木犀科	乔木；高 20m；小叶 3～5，卵形，卵状披针；圆锥花序顶生及腋生，无毛，花萼杯状，白色；翅果条形	观赏		安徽、浙江、福建、台湾、湖南、湖北、广东、广西
4397	*Fraxinus malacophylla* Hemsl.	白枪杆	Oleaceae 木犀科	落叶乔木；高 10m；圆锥花序顶生于当年生枝端或上部叶腋，花冠白色；花期 6 月	观赏	中国云南、广西	
4398	*Fraxinus mandshurica* Rupr.	水曲柳	Oleaceae 木犀科	落叶的乔木；奇数羽状复叶；雄雌异株，圆锥花序生于叶腋，雄花具有 2 枚雄蕊，雌花具有 2 枚不发育的雌蕊；翅果稍有扭曲	林木	中国	我国东北及千山、燕山局部地区
4399	*Fraxinus ornus* L.	花白蜡树	Oleaceae 木犀科	落叶乔木乔木，高和冠幅均为 15m；小叶 7 枚，背面色浅，中脉处略有毛；腋生圆锥花序密集，花白色，芳香；花期春末	观赏	欧洲南部和亚洲西南部	

（续）

序号	拉丁学名	中文名	所属科	特征及特性	类别	原产地	目前分布/种植区
4400	*Fraxinus oxycarpa* Willd.	尖果白蜡	Oleaceae 木犀科	落叶乔木，高 10m；小枝，叶轴和小叶上面被毛；小叶 3、5 或 7 片，先端长渐尖或尾尖，下面常在中脉基部白色被毛；花无花冠，与叶同时开放；花萼杯状	观赏	南欧及西亚	
4401	*Fraxinus paxiana* Lingelsh.	秦岭白蜡树（秦岭梣）	Oleaceae 木犀科	乔木；高 20m；小叶 7～9，长圆状卵形；白色，圆锥花序着生在当年生枝上；翅果条状钥形	林木		两湖、陕西、甘肃、四川
4402	*Fraxinus pennsylvanica* Marsh.	绿梣（洋白蜡）	Oleaceae 木犀科	落叶乔木；高 10～20m；圆锥花序生于去年生枝上；花密集，雄花与两性花异株，与叶同时开放；花梗纤细，被短柔毛；花期 4 月	林木，观赏	美国西南	河北、陕西、山东、北京、天津
4403	*Fraxinus platypoda* Oliv.	象蜡树（宽果白蜡树）	Oleaceae 木犀科	落叶乔木；高达 28m，胸径达 1m；聚伞圆锥还需生于去年生枝上，无花冠；花期 4～5 月	林木，观赏	中国陕西、甘肃、湖北、四川、贵州、云南	陕西、甘肃、湖北、四川、贵州、云南
4404	*Fraxinus retusifoliolata* Feng ex P. Y. Bai	楷叶梣	Oleaceae 木犀科	落叶小乔木；高约 7m；小叶薄革质，椭圆形至长圆形；圆锥花序顶生或侧生于枝梢叶腋；翅果匙形	药用		云南
4405	*Fraxinus sieboldiana* Blume	庐山白蜡树（庐山梣）	Oleaceae 木犀科	小乔木；高 8m；小叶 3～5，倒卵状披针；圆锥花序顶生及腋生，白色；翅果长 1.5～3cm	观赏		安徽、江苏、浙江、福建、江西
4406	*Fraxinus sogdiana* Bunge	天山梣	Oleaceae 木犀科	落叶乔木；高 10～20m；羽状复叶在枝端呈螺旋状三叶轮生；聚伞圆锥花序；翅果倒披针形	生态防护		新疆西部
4407	*Fraxinus stylosa* Lingelsh.	户县白蜡树（宿柱梣）	Oleaceae 木犀科	小乔木；小叶 3～5，长圆；圆锥花序侧生，花萼钟状，裂片窄三角，淡黄绿色；翅果披针状匙形	药用		河南、陕西、甘肃、四川
4408	*Fraxinus trifoliolata* W. W. Sm.	三叶白蜡（见水蓝）	Oleaceae 木犀科	乔木、常灌木状，高 6m；小叶 3(～5)，卵状长圆，5～13cm；聚伞状圆锥花序顶生，无毛，花萼钟状，无毛，白色；翅果钥形，光滑	林木		四川、云南金沙江流域

（续）

序号	拉丁学名	中文名	所属科	特征及特性	类别	原产地	目前分布/种植区
4409	*Fraxinus xanthoxyloides* (G. Don) A. DC.	椒叶梣	Oleaceae 木犀科	灌木或小乔木；高达 7m；小叶近革质，卵状披针形或狭椭圆形；聚伞圆锥花序；翅果长圆状线形	林木		西藏
4410	*Freesia armstrongii* W. Wats.	红花小苍兰（红紫香雪兰）	Iridaceae 鸢尾科	有球茎，叶禾草状，穗状花序坚韧，花钟状，具柠檬香味，白色、黄色、橙色或蓝色；通常与茎垂直，花水平展开，花淡玫瑰紫色	观赏	南非好望角	
4411	*Freesia refracta* Klatt.	香雪兰（黄白香雪兰）	Iridaceae 鸢尾科	多年生草本；花茎细长，稍扭曲，着花部分横生，成单歧聚伞花序，小花横生一侧，直立；花狭漏斗状，端部 6 裂片，具浓香，花色有白、黄、粉、紫红、蓝等色	观赏	南非好望角	
4412	*Fritillaria cirrhosa* D. Don	川贝母（卷叶贝母，尖贝）	Liliaceae 百合科	多年生草本；下部叶对生，其余为 3～5 片近轮生，最上部 3 片成轮生叶状苞片，叶狭披针状条形，花钟状，花被片 6，黄绿色或黄色	观赏	中国云南及西藏、青海、甘肃、宁夏、陕西、山西	
4413	*Fritillaria davidii* Franch.	米贝母（米百合）	Liliaceae 百合科	草本；鳞茎莲座状，茎上无叶，基生叶 1～2 枚，椭圆形或卵形，花单朵，黄色有紫色小方格，内有许多小疣点，花被片 6	观赏	中国四川西部	
4414	*Fritillaria delavayi* Franch.	梭砂贝母	Liliaceae 百合科	植株长 17～35cm；鳞茎由 2 枚鳞片组成；叶 3～5 枚，全部散生或最上面 2 枚对生，狭卵形至卵状椭圆形；花单朵，浅黄色；蒴果	药用		云南、四川、青海、西藏
4415	*Fritillaria imperialis* L.	冠花贝母	Liliaceae 百合科	球根植物；伞形花序腋生，下具轮生的叶状苞；花大，下垂，紫红或橙红色，基部深褐色，具白色大型蜜腺；花期 4～5 月	观赏	印度北部、阿富汗、伊朗	
4416	*Fritillaria karelinii* (Fisch. ex D. Don) Baker	沙贝母	Liliaceae 百合科	植物长 12～35cm；鳞茎由 2 枚鳞片组成，叶散生，最下面的 2 枚较大，近矩圆形；总状花序，花较小，多少两侧对称，近浅红紫色；蒴果近扁球形	药用		新疆西北部

（续）

序号	拉丁学名	中文名	所属科	特征及特性	类别	原产地	目前分布/种植区
4417	*Fritillaria monantha* Migo	尖贝母（板贝，窑贝）	Liliaceae 百合科	多年生草本；茎直立；鳞茎白色，肉质肥厚；外层由大小二片鳞叶组成，扁圆形，顶端凹入，小者尖圆形，基圆顶尖，须根纤细，丛生，有肉质粗根4～5条	药用		湖北
4418	*Fritillaria pallidiflora* Schrenk ex Fisch. et C. A. Mey.	伊贝母	Liliaceae 百合科	多年生草本；鳞茎由2枚鳞片组成，叶常散生，花1～4朵，淡黄色，内有暗红色斑点，每花有1～2枚叶状苞片；蒴果棱上有翅	观赏	中国新疆西北部	
4419	*Fritillaria przewalskii* Maxim.	甘肃贝母	Liliaceae 百合科	植株长20～40cm；鳞茎由2枚鳞片组成；叶通常最下面的2枚对生，上面2～3枚散生，条形；花通常单朵，浅黄色，有黑紫色斑点；蒴果	药用	中国	甘肃南部、青海、四川
4420	*Fritillaria taipaiensis* P. Y. Li	太白贝母（太贝）	Liliaceae 百合科	多年生草本；鳞茎呈卵球形或近球形，外层两个鳞叶大小相近；茎单生，直立，不分枝，绿色或带微褐色，叶披针形	药用	中国	陕西秦岭太白山及四川大巴山区城口、巫溪等县
4421	*Fritillaria thunbergii* Miq.	浙贝母（象贝）	Liliaceae 百合科	多年生草本；叶无柄，狭披针形至条形；总状花序，花钟状下垂，花被6，雄蕊6；蒴果具宽翅，种子扁平具翅	药用	中国	江苏、浙江、湖南
4422	*Fritillaria unibracteata* P. K. Hsiao et K. C. Hsia	暗紫贝母（松贝，冲松贝，乌花贝母）	Liliaceae 百合科	多年生草本；花单生，叶状苞片深紫色，有黄褐色小方格；蒴果有棱，棱上具狭翅	药用	中国	甘肃南部、青海东南部、四川西北部
4423	*Fritillaria ussuriensis* Maxim.	平贝母	Liliaceae 百合科	多年生草本；鳞茎扁圆形；花单生叶腋，共着花1～3朵，花钟形，花被片6，外面污紫色，内面有近方形的黄色斑点；蒴果广倒卵圆形	药用	中国	黑龙江、吉林、辽宁、
4424	*Fritillaria walujewii* Regel	天山贝母（新疆贝母）	Liliaceae 百合科	多年生草本；鳞茎由2枚三角状的鳞片组成；花单生或数朵顶生，钟状，外面淡白绿色，里面深紫色而有黄色小方格及淡白色星点；蒴果圆柱形	蜜源	中国	新疆

（续）

序号	拉丁学名	中文名	所属科	特征及特性	类别	原产地	目前分布/种植区
4425	*Fuchsia fulgens* DC.	长筒倒挂金钟	Onagraceae 柳叶菜科	落叶或常绿灌木；总状花序顶生，萼筒长管状，基部细，萼筒长于裂片2～3倍，红色，裂片晕绿色；花瓣短，红色；花期夏季	观赏	墨西哥	
4426	*Fuchsia gracitis* Ldl.	细茎倒挂金钟	Onagraceae 柳叶菜科	落叶或常绿灌木；茎细弱，具绒毛；叶柄长；花萼深红色，长于花瓣；花瓣直立，紫红色	观赏	墨西哥	
4427	*Fuchsia hybrida* Hort. ex Sieber et Voss.	倒挂金钟	Onagraceae 柳叶菜科	半灌木；茎被短柔毛和腺毛，幼枝带红色，叶对生，卵形，花两性，单一，花梗淡绿色或带红色，花管和萼片红色，花瓣紫红、红、粉红或白色，覆瓦状排列，果紫红色	观赏	中美洲园艺杂交种	我国广为栽培
4428	*Fuchsia magellanica* Lam.	短筒倒挂金钟	Onagraceae 柳叶菜科	落叶或常绿灌木；花单生叶腋，下垂，萼裂片长于萼筒，筒部常呈圆球形，绯红色；花瓣短，稍反卷，蓝紫色；花期夏秋	观赏	秘鲁、智利南部	
4429	*Fuchsia procumbens* R. Cunn.	匍枝倒挂金钟	Onagraceae 柳叶菜科	落叶或常绿灌木；叶互生，具细长而稍扭曲的叶柄；花直立，萼杏黄色，萼裂片先端带紫色，基部绿色；花瓣常缺；花期夏秋	观赏	新西兰	
4430	*Fuchsia triphylla* L.	三叶挂金钟	Onagraceae 柳叶菜科	落叶或常绿灌木；叶椭圆形，表面绿色，背面古铜或赤褐色；花集生枝端，小而下垂，朱红色；花萼筒细长，花瓣短；花期全年	观赏	西印度群岛、南美的圣多明哥、海地	
4431	*Fuirena ciliaris*（L.）Roxb.	毛芙兰草	Cyperaceae 莎草科	一年生草本；秆丛生，高7～40cm；叶线形；长侧枝聚伞花序简单，小穗常3～15个簇生辐射枝顶端的穗轴上，小穗卵形；小坚果	杂草		江苏、福建、广东、广西、海南、台湾
4432	*Gagea filiformis*（Ledeb.）Kar. et Kir.	黑鳞顶冰花（雪翠）	Liliaceae 百合科	植株高4～6cm；鳞茎卵形，直径4～6mm，鳞茎皮黑褐色；基生叶1枚，条形；花通常2～5朵，排成伞形花序，少有单生或更多花；蒴果三棱状倒卵形或近球形	蜜源		新疆
4433	*Gagea lutea*（L.）Ker Gawl.	顶冰花（漉林）	Liliaceae 百合科	多年生草本；鳞茎卵形；基生叶条形；花葶无叶；花2～5朵，伞形排列；花被片6，黄绿色；蒴果	有毒		辽宁、吉林

（续）

序号	拉丁学名	中文名	所属科	特征及特性	类别	原产地	目前分布/种植区
4434	*Gaillardia amblyodon* F. Gay.	红花天人菊	Compositae (Asteraceae) 菊科	一、二年生草本；叶长圆形或匙形，有垂耳，无柄；舌状花红褐色；管状花裂片短钝，花径约5cm	观赏	美洲	
4435	*Gaillardia aristata* Pursh	宿根天人菊	Compositae (Asteraceae) 菊科	多年生草本；头状花序，总苞片披针形；舌状花黄色，管状花外面有腺点；花果期7～8月	观赏	北美西部	
4436	*Gaillardia lanceolata* Michx.	狭叶天人菊	Compositae (Asteraceae) 菊科	一、二年生草本；叶匙状线形，先端锐尖；头状花序花径7cm；舌状花黄色，管状花紫褐色，具香气	观赏	美洲	
4437	*Gaillardia pulchella* Foug.	天人菊	Compositae (Asteraceae) 菊科	一年生草本植物；头状花序顶生，舌状花黄色，基部褐紫色，管状花先端呈芒状，紫色	蜜源		四川、贵州、广东、广西
4438	*Galactia formosana* Matsum.	毛豆	Leguminosae 豆科	缠绕藤本；总状花序腋生，花冠蝶形，淡紫色；荚果，条状，扁平，种子，肾形	蜜源		云南
4439	*Galactia tenuiflora* (Klein ex Willd.) Wight et Arn.	乳豆（小花乳豆）	Leguminosae 豆科	攀缘半灌木；三出羽状复叶，小叶椭圆形，托叶披针形；总状花序腋生，花小，粉红色，子房密被长硬毛；荚果条形	杂草		广东、海南、云南
4440	*Galanthus elwesii* Hook.	大雪钟	Amaryllidaceae 石蒜科	多年生球根花卉；花葶实心，高出叶丛；着花1朵，下垂，外具纸质苞片；花被片长而分离，内轮花被片下部与弯处绿色，外被片纯白色；花大，径可达4cm；花期2月	观赏	小亚细亚	
4441	*Galanthus nivalis* L.	雪钟花（雪花莲）	Amaryllidaceae 石蒜科	多年生球根花卉；花葶实心，高出叶丛；单花顶生下垂；花被片2轮，外轮分离，内轮联合而直伸，较短；花白色；花期2～4月	观赏	欧洲中南部、高加索一带	
4442	*Galega officinalis* L.	山羊豆	Leguminosae 豆科	多年生草本；小叶5～10对，小叶长卵形至线状披针形；总状花序，苞片针刺状，基部卵状三角形，花冠翠蓝色、白色或桃红色；荚果狭圆锥状线形	饲用及绿肥		长江流域各省份

（续）

序号	拉丁学名	中文名	所属科	特征及特性	类别	原产地	目前分布/种植区
4443	*Galeola faberi* Rolfe	金刚一棵蒿（珊瑚兰）	Orchidaceae 兰科	腐生，多年生草本；茎具卵状披针形鳞片；圆锥花序由总状或复总状花序组成；苞片披针形；花黄色；子房条状	有毒		四川、贵州、云南
4444	*Galeola lindleyana*（Hook. f. et Thomson）Rchb. f.	毛萼珊瑚兰	Orchidaceae 兰科	腐生兰；茎圆柱形，黄褐色或红褐色，无绿叶，总状花序或圆锥花序顶生或侧生，花淡黄色或淡褐色	观赏	中美洲，中国云南、四川、贵州、湖北、陕西、广东、广西	
4445	*Galeopsis bifida* Boenn.	鼬瓣花（野芝麻）	Labiatae 唇形科	一年生草本；高 20～60cm；茎密被刚毛；叶卵圆状披针形或披针形；轮伞花序腋生，密集多花；花白色、黄色或粉红色；小坚果	经济作物（油料类）		东北、华北
4446	*Galinsoga parviflora* Cav.	辣子草（向阳花，珍珠草）	Compositae（Asteraceae）菊科	一年生草本；茎枝被贴伏短毛和腺毛；叶对生，卵形；头状花序，总苞片 1～2 层，舌状花 4～5 个，管状花黄色；瘦果常压扁	饲用及绿肥	墨西哥、中南美洲	西南及辽宁、安徽、江苏、浙江、江西
4447	*Galium aparine* var. *echinospermum*（Wallr.）Farw.	麦仁珠（三角猪殃殃）	Rubiaceae 茜草科	二年生或一年生蔓性草本；被倒生小刺毛；茎长 40～100cm；叶 6～8 片轮生，线形或线状披针形；聚伞花序常 3 朵，花绿白色；果实二珠状	杂草		华北、西北、华东及辽宁、西藏
4448	*Galium boreale* L.	北方拉拉藤（砧草）	Rubiaceae 茜草科	多年生草本；高 20～50cm；叶 4 片轮生，无柄，狭披针形；聚伞花序顶生，或在枝顶结成带叶圆锥花序状，花密，白色；小坚果	杂草		华北、东北
4449	*Galium bungei* Steud.	四叶葎	Rubiaceae 茜草科	多年生丛生草本；高 15～40cm；须根多数；叶 4 片轮生，披针状长圆形；聚伞花序，花小，黄绿色，子房下位；果实通常双生	药用		东北、华北、长江中下游
4450	*Galium elegans* Wall. ex Roxb.	西南猪殃殃（西南拉拉藤）	Rubiaceae 茜草科	多年生草本；茎高约 30cm；叶 4 片轮生，卵形至卵状披针形；聚伞花序，花小，单性，白色；果小，果爿单生或双生	药用		西南
4451	*Galium trifidum* L.	小叶猪殃殃	Rubiaceae 茜草科	多年生草本；高 15～50cm；叶 4 或 5 片轮生，倒披针形，叶缘具小倒生刺毛；聚伞花序，通常有花 3～4 朵，花小，白色；果小，果爿近球形	杂草		西南至东部各省份

（续）

序号	拉丁学名	中文名	所属科	特征及特性	类别	原产地	目前分布/种植区
4452	*Galium verum* L.	蓬子菜	Rubiaceae 茜草科	多年生草本；高 20～30cm；叶 6～10 片轮生，条形，边缘反卷；聚伞花序，在茎顶组成圆锥花序状，花小而多，花冠黄色；蒴果，果爿双生	药用		东北、西北、长江流域各省份
4453	*Galtonia candicans* (Bak.) Decne.	夏风信子	Liliaceae 百合科	多年生草本；鳞茎球形，基生叶带状，略肉质；花葶高 60～100cm，总状花序有花 20～30 朵，白色，略带绿色条纹，窄钟状，微具芳香；花期夏秋	观赏	南非	
4454	*Ganoderma lucidum* (Leyss. ex Fr.) Karst.	灵芝（木灵芝，菌灵芝，赤芝）	Ganodermataceae 灵芝科	一年或多年生真菌，菌丝无色透明、有分隔、分支；表面常分泌出白色草酸钙结晶；子实体分菌盖、菌柄和子实层	药用		河北、山西、山东、长江以南
4455	*Garcinia cowa* Roxb.	云树（云南山竹子）	Guttiferae 藤黄科	乔木；高 8～12m；叶片披针形或长圆状披针形；花单性，异株；花瓣黄色；果成熟时卵球形，暗黄色	果树	中美洲	云南
4456	*Garcinia esculenta* Y. H. Li	山木瓜	Guttiferae 藤黄科	乔木；高 15～20m；叶片椭圆形、卵状椭圆形或长圆状椭圆形；花单性，异株；雄花序聚伞状；花瓣淡黄色；雌花单生于嫩枝顶端，比雄花大；果大，成熟时卵球形	果树		云南
4457	*Garcinia hombroniana* Pierre	山凤果	Guttiferae 藤黄科	常绿中乔木；花雌雄异株，雄性花先开，簇生枝端叶腋间，花瓣与萼片各四枚，彼此互生作覆瓦状，白色，略带淡黄；浆果，球形，先端带凸头，如葫芦形	果树	马来西亚	台湾
4458	*Garcinia kwangsiensis* Merr. ex F. N. Wei	广西山竹子	Guttiferae 藤黄科	小乔木；高约 6m；雌雄异体；雄花 2～4 朵聚生于叶腋，花瓣近相等，卵形或倒卵形，雄蕊 4	果树		广西
4459	*Garcinia mangostana* L.	莽吉柿（倒捻子，都捻子）	Guttiferae 藤黄科	小乔木；高 12～20m；叶片椭圆形或椭圆状矩圆形；雄花 2～9 簇生枝条顶端；雌花单生或成对，着生于枝条顶端；果成熟时紫红色	果树	马鲁古	广东、台湾、福建和云南有引种或试种
4460	*Garcinia multiflora* Champion ex Bentham	多花山竹子（山橘子，白树仔）	Guttiferae 藤黄科	乔木或灌木；叶卵形或长圆状倒卵形；花单生或组成聚伞花序，花橙黄色，4 基数，花瓣倒卵形，子房长圆形；浆果球形	果树，有毒		华南及福建、台湾、江西、云南

（续）

序号	拉丁学名	中文名	所属科	特征及特性	类别	原产地	目前分布/种植区
4461	*Garcinia oblongifolia* Champion ex Bentham	岭南山竹子（倒穗子，黄牙果）	Guttiferae 藤黄科	乔木或灌木；高 5～15m；叶片长圆形、倒卵状长圆形至倒披针形；花小，单性，异株，单生或成伞形状聚伞花序；花瓣橙黄色或淡黄色；浆果卵球形或圆球形	有毒，观赏		广东、广西
4462	*Garcinia oligantha* Merr.	单花山竹子	Guttiferae 藤黄科	灌木；高 1～3m；叶片长圆状椭圆形至披针形；花杂性，异株；雄花未见；雌花单生叶腋，微紫色；果纺锤形或狭椭圆形	果树		广东、海南
4463	*Garcinia paucinervis* Chun ex F. C. How	金丝李	Guttiferae 藤黄科	常绿乔木；树高达 30m，胸径达 1.5m；叶长椭圆形；花杂性同株，雄花成腋生和顶生的聚伞花序，雌花通常单生于叶腋，子房圆球形；浆果	观赏		广西、云南
4464	*Garcinia pedunculata* Roxb. ex Buch. -Ham.	大果藤黄（奇尼昔）	Guttiferae 藤黄科	乔木；高约 20m；叶片椭圆形倒卵形或长圆状披针形；花杂性，异株；雄花序顶生，圆锥状聚伞花序；花瓣黄色；雌花成对或单生；果大，扁球形，两端凹陷	林木	中国	云南、西藏
4465	*Garcinia subfalcata* Y. H. Li et F. N. Wei	尖叶藤黄	Guttiferae 藤黄科	乔木；高约 7m；叶片狭椭圆形或椭圆状披针形；花杂性，异株；雄花未见；雌花单生或成对生于枝条顶端，有时腋生；果球形	果树		广西南部
4466	*Garcinia xanthochymus* Hook. f. ex T. Anderson	鸡蛋树（香港倒捻子）	Guttiferae 藤黄科	乔木；高 8～10m；叶对生，具柄，全缘，伞状花序 5～10 朵花，萼片和花瓣 3 大 2 小	果树	马来西亚	台湾
4467	*Garcinia xishuanbannaensis* Y. H. Li	版纳藤黄	Guttiferae 藤黄科	乔木；高 6～15m；叶片椭圆形、椭圆状披针形或卵状披针形；花杂性，同株，稀疏的圆锥状聚伞花序；花橙黄色；果圆球形	果树		云南南部西双版纳
4468	*Garcinia yunnanensis* Hu	云南藤黄	Guttiferae 藤黄科	乔木；高达 20m；叶片倒披针形、倒卵形或长圆形；花杂性，异株；雄花顶生或腋生，圆锥花序；花瓣黄色；雌花序腋生，圆锥状；幼果椭圆形	果树		云南西南部

（续）

序号	拉丁学名	中文名	所属科	特征及特性	类别	原产地	目前分布/种植区
4469	*Gardenia hainanensis* Merr.	海南栀子	Rubiaceae 茜草科	乔木；高3～12m；叶薄革质，倒卵状长圆形；花芳香；花冠白色；果球形或卵状椭圆形，黄色	药用		广西上思、海南
4470	*Gardenia jasminoides* J. Ellis	栀子（山栀子，黄栀子）	Rubiaceae 茜草科	常绿灌木；叶对生或3叶轮生，有短柄；花大白色，有短梗，单生枝顶；黄色果，种子多数	药用，观赏，林木	中国	华东、华中、华南、西南
4471	*Gardenia sootepensis* Hutch.	大黄栀子	Rubiaceae 茜草科	乔木；叶纸质或革质，倒卵形，背密被绒毛，托叶近膜质，花芳香单生枝顶，花冠黄色或白色，高脚碟状，裂片5，果绿色	观赏	中国云南	
4472	*Gardenia stenophylla* Merr.	狭叶栀子（野白蝉）	Rubiaceae 茜草科	常绿灌木；叶对生，常密集，条状披针形至披针形，边缘反卷；花大，白色，芳香，单生枝条顶端；花期夏季；果黄色或黄红色	观赏	热带、亚热带	安徽、浙江、两广和海南等
4473	*Gardneria angustifolia* Wall.	狭叶蓬莱葛（离药蓬莱葛）	Loganiaceae 马钱科	攀缘灌木；薄纸质，圆长；花单生、簇生叶腋，近钟状；浆果球形；种子1～2	药用		浙江、安徽、四川、云南、贵州、广西
4474	*Gardneria lanceolata* Rehder et E. H. Wilson	柳叶蓬莱葛（披针叶蓬莱葛）	Loganiaceae 马钱科	攀缘灌木；叶近革质，披针形至矩圆状披针形，顶端渐尖，基部楔形，全缘；花白色，5数，多为单独腋生，基部有长近1cm的钻形苞片；花冠辐状，筒长1mm，裂片披针形，顶端急尖；花药合生，近无柄；子房球形	药用		江苏、安徽、浙江、湖南、湖北、广东、广西、云贵等
4475	*Gardneria multiflora* Makino	蓬莱葛（多花蓬莱葛）	Loganiaceae 马钱科	攀缘灌木；高8m；纸质或薄革质，椭圆；花黄色，通常5～6朵组成腋生的歧聚伞花序；浆果球形，熟红色；种子球形，熟黑色	药用		江苏、浙江、湖南、湖北、广东、广西、云贵等
4476	*Gardneria nutans* Siebold et Zucc.	线叶蓬莱葛	Loganiaceae 马钱科	藤本或攀缘灌木；高4m；线状披针，网脉不明显；花单生叶腋或2并生，下垂，花5数，白至黄；浆果球形	药用		江苏、安徽、浙江、湖南、湖北、广东、广西、云贵等
4477	*Garnotia acutigluma*（Steud.）Ohwi	细弱耳稃草	Gramineae（Poaceae）禾本科	多年生；秆高25～50cm；叶鞘无毛；圆锥花序长2～5cm，颖先端渐尖，外稃芒长8～14mm，劲直	饲用及绿肥		贵州、云南

（续）

序号	拉丁学名	中文名	所属科	特征及特性	类别	原产地	目前分布/种植区
4478	*Garnotia ciliata* Merr.	纤毛耳稃草	Gramineae (Poaceae) 禾本科	一年生；秆细弱；叶片狭披针形，宽 2～5mm，两面均具疣基长柔毛；颖片背面具疣基长柔毛	饲用及绿肥		广东
4479	*Garnotia patula* (Munro) Benth.	耳稃草	Gramineae (Poaceae) 禾本科	多年生；秆高 60～130cm；圆锥花序 15～40cm，小穗长 4～4.5mm；颖先端渐尖或；外稃芒长 7～10mm，细弱	饲用及绿肥		福建、广东、广西
4480	*Gasteria marmorata* Bak.	虎皮掌	Liliaceae 百合科	多年生草本；叶深绿色，具浅绿色横纹点；总状花序，高 70～80cm，花冠筒长约 2cm	观赏	非洲西部热带地区	
4481	*Gasteria verrucosa* (Mill.) H. Duval.	沙鱼掌	Liliaceae 百合科	多年生草本；无茎，叶面粗糙，有多数硬质的白色小突起，叶背凸出；总状花序，花被上部绿色，下部微红	观赏	非洲西南部	
4482	*Gastrochilus bellinus* (Rchb. f.) Kuntze	大花盆距兰	Orchidaceae 兰科	附生兰；萼片和花瓣黄色并具大的栗色斑点，唇瓣白色，具少数紫色斑点	观赏	中国云南南部	
4483	*Gastrochilus calceolaris* (Buch.-Ham. ex J. E. Sm.) D. Don	盆距兰	Orchidaceae 兰科	附生兰；叶狭矩圆形，伞形花序，萼片和花瓣淡黄绿色具褐色或淡紫色斑点，萼片卵状矩圆形，花瓣近匙形	观赏	中国海南、云南、西藏东南部	
4484	*Gastrochilus obliquus* (Lindl.) Kuntze	无茎盆距兰	Orchidaceae 兰科	附生兰；茎短具数枚基生的叶，革质，矩圆形，伞形花序，花黄色具紫红色斑点，唇瓣白色，萼片与花瓣近矩圆状倒卵形	观赏	中国云南南部	
4485	*Gastrodia elata* Blume	天麻（赤箭）	Orchidaceae 兰科	多年生共生；块茎横生，具节痕；主芽萌发抽薹形成花茎；总状花序，雌雄蕊合生成圆柱状合蕊主；蒴果具 6 条纵缝线	药用	中国	西南、西北、东北及湖北
4486	*Gaultheria fragrantissima* Wall.	地檩香（岩子果，冬青叶）	Ericaceae 杜鹃花科	常绿灌木或小乔木；叶长圆形至披针状椭圆形，具浓厚香气；总状花序腋生；花冠白绿色，坛状无毛；浆果状蒴果	有毒		湖南、四川、云南
4487	*Gaultheria griffithiana* Wight	尾叶白珠	Ericaceae 杜鹃花科	常绿灌木或小乔木；枝条细长曲折；叶长圆形至椭圆形；总状花序腋生，多花；花冠白色，坛形卵状；浆果状蒴果	有毒		四川、云南、西藏

（续）

序号	拉丁学名	中文名	所属科	特征及特性	类别	原产地	目前分布/种植区
4488	*Gaultheria hookeri* C. B. Clarke	粉红白株	Ericaceae 杜鹃花科	常绿灌木；高约 50cm；总状花序顶生或腋生，花序轴长 3～4cm，被白色柔毛，基部具总苞，苞片长 4～5mm 椭圆形；花冠卵状坛形，粉红色或白色，雄蕊 8～10 枚	有毒		四川、云南、西藏
4489	*Gaultheria leucocarpa* var. *cumingiana*（Vidal）T. Z. Hsu	白珠树	Ericaceae 杜鹃花科	常绿灌木；花有时异型，单生或排成总状花序或圆锥花序；萼 5 深裂；花冠瓮状或钟状	观赏		江西、广东、台湾
4490	*Gaultheria leucocarpa* var. *yunnanensis*（Franch.）T. Z. Hsu et R. C. Fang	滇白珠（满山香）	Ericaceae 杜鹃花科	常绿小灌木；总状花序腋生，花冠壶状或钟状，花冠绿白色，浆果圆球形	蜜源	中国	西南、华南、华中
4491	*Gaultheria semi-infera*（C. B. Clarke）Airy Shaw	五雄白珠	Ericaceae 杜鹃花科	常绿灌木；高 2m，稀达 5m；叶椭圆形或披针状椭圆形；总状花序腋生，花 10～18 朵；花冠白色，坛状；浆果状蒴果近球形，蓝色	蜜源		四川、云南、西藏
4492	*Gaura lindheimeri* Engelm. et Gray	山桃草	Onagraceae 柳叶菜科	多年生草本；花序长穗状，生于茎枝顶部；花瓣白色，后变粉红，倒卵形或椭圆形；花期 5～8 月	观赏	北美	北京、南京、浙江、江西、香港
4493	*Gaura parviflora* Douglas	光果小花山桃草	Onagraceae 柳叶菜科	二年生或越年生草本；茎高 0.2～1m；基生叶丛生，莲座状，茎生叶互生，叶倒卵状披针形或椭圆形；穗状花序，花粉红色；蒴果坚果状	杂草		长江以南各省份及山东、辽宁
4494	*Gazania pinnata*（Thunb.）Less.	羽叶勋章菊	Compositae（Asteraceae）菊科	多年生草本；花径 7～8cm，舌状花白、黄、橙红色，有光泽，花期 4～9 月	观赏，地被	南非	
4495	*Gazania rigens*（L.）Gaertn.	勋章菊	Compositae（Asteraceae）菊科	多年生草本；头状花序单生，具长总梗；舌状花单轮或 1～3 轮，橙黄色或橘黄色，基部有棕棕黑色斑；筒状花黄色或黄褐色；花期 5～10 月	观赏，地被	南非	
4496	*Gelsemium elegans*（Gardner et Champ.）Benth.	钩吻（断肠草，毒根）	Loganiaceae 马钱科	缠绕常绿藤本；叶对生，卵形至卵状披针形；聚伞花序；花淡黄色；花冠漏斗状，内有淡红色斑点；蒴果卵形	有毒		浙江、福建、广东、广西、湖南、贵州、云南

（续）

序号	拉丁学名	中文名	所属科	特征及特性	类别	原产地	目前分布/种植区
4497	*Genista tinctoria* L.	染料木	Leguminosae 豆科	多年生落叶小灌木；高 1～1.5m；茎无刺，叶互生，披针形或椭圆形；花顶生，金黄色；豆荚略弯曲	观赏		
4498	*Gentiana aculis* L.	无茎龙胆	Gentianaceae 龙胆科	多年生草本；叶基生莲座状，叶片椭圆形至披针形；花单朵顶生，暗蓝色，花冠筒长 5cm	观赏	阿尔卑斯山、比利牛斯山	
4499	*Gentiana algida* Pall.	高山龙胆	Gentianaceae 龙胆科	多年生草本；高 8～20cm；叶大部分基生，线状椭圆形和线状披针形；花顶生；蒴果椭圆状披针形	药用		新疆、吉林
4500	*Gentiana angustifolia* Vill.	狭叶龙胆	Gentianaceae 龙胆科	多年生草本；叶线状披针形至披针形，叶长 3～5 倍于宽；花萼裂片开展至基部收缩	观赏	阿尔卑斯山	
4501	*Gentiana aperta* Maxim.	开张龙胆	Gentianaceae 龙胆科	一年生草本；茎黄绿色，基生叶花期枯萎，茎生叶疏离，椭圆形，花单生枝顶，花梗黄绿色，花冠开张，淡蓝色或蓝色而具深蓝色宽条纹，喉部具黄绿色斑点	观赏	中国青海	
4502	*Gentiana aristata* Maxim.	尖叶龙胆（刺芒龙胆）	Gentianaceae 龙胆科	一年生草本；叶对生，条状披针形，基部连合成鞘，花单生茎顶，萼漏斗状，裂片 5 披针形，花冠漏斗状，蓝紫色，裂片 5 椭圆形	观赏	中国云南、西藏、四川、青海、甘肃	
4503	*Gentiana atuntsiensis* W. W. Sm.	阿墩子龙胆	Gentianaceae 龙胆科	多年生草本；叶大多基生，狭椭圆形，茎生叶 3～4 枚；花顶生和腋生，聚成头状或在花枝上部作三歧分枝，花冠漏斗形深蓝色，有时具蓝色斑点	观赏	中国云南西北部、四川西南部、西藏东南部	
4504	*Gentiana caelestis*（C. Marquand）Harry Sm.	宽筒龙胆	Gentianaceae 龙胆科	多年生草本；花枝紫红色或黄绿色，叶先端急尖，莲座叶不发达，茎生叶多对，花单生枝顶，花冠淡蓝色具深蓝色条纹，筒状钟形，萼筒紫色	观赏	中国云南西北部	
4505	*Gentiana crassicaulis* Duthie ex Burkill	粗茎秦艽	Gentianaceae 龙胆科	多年生草本；高 30～40cm；莲座丛叶卵状椭圆形；茎生叶卵状椭圆形至卵状披针形；蒴果内藏，椭圆形	药用		西藏、云南、四川、贵州、青海、甘肃、云南

（续）

序号	拉丁学名	中文名	所属科	特征及特性	类别	原产地	目前分布/种植区
4506	*Gentiana dahurica* Fisch.	达乌里龙胆	Gentianaceae 龙胆科	多年生草本植物；花序聚伞状，顶生或腋生于上部叶腋，多花，稀1～3朵；花冠蓝色，筒状钟形，长3.5～4.5cm，裂片5，卵形，长7～9mm，稍尖，褶三角形，近全缘或有小齿；雄蕊5	蜜源		内蒙古、河北、山西、陕西、宁夏、甘肃、四川、青海、新疆
4507	*Gentiana davidii* Franch.	五岭龙胆	Gentianaceae 龙胆科	多年生草本；花枝紫色或黄绿色，叶线状披针形或椭圆状披针形，茎生叶多对，花簇生枝端呈头状，花冠蓝色无斑点和条纹，萼筒膜质，裂片绿色	观赏	中国湖南、江西、安徽、浙江、福建、广东、广西	
4508	*Gentiana delavayi* Franch.	微籽龙胆	Gentianaceae 龙胆科	一年生草本；茎密被紫红色乳突，叶常密集，基生叶花期枯萎，花簇生枝顶呈头状，无花梗，花冠蓝紫色具黑紫色宽条纹，花萼筒膜质，白色，裂片绿色	观赏	中国云南西北部和中部、四川南部	
4509	*Gentiana kaufmanniana* Regel et Schmalh	中亚秦艽	Gentianaceae 龙胆科	多年生草本；莲座叶宽披针形，茎生叶2～3对，线状披针形，聚伞花序顶生和腋生，花冠蓝紫色或深蓝色，花萼筒膜质，黄绿色或紫红色，裂片5	观赏	中国新疆北部	
4510	*Gentiana lawrencei* var. *farreri*（Balf. f.）T. N. Ho	线叶龙胆	Gentianaceae 龙胆科	多年生草本；花单生枝顶，花萼紫色或黄绿色，筒状；花冠上部亮蓝色，下部黄绿色，倒锥状筒形；花果期8～10月	观赏	中国西藏	西北及四川
4511	*Gentiana lhassica* Burkill	全萼秦艽	Gentianaceae 龙胆科	多年生草本；植株基部被枯存的纤维状叶鞘包裹，莲座叶和茎生叶椭圆形，单花顶生，花冠蓝色或内淡蓝色外紫褐色，花萼筒裂片5	观赏	中国西藏东部至南部、青海南部	
4512	*Gentiana loureirii*（G. Don）Griseb.	华南龙胆	Gentianaceae 龙胆科	多年生草本；茎紫红色，基生叶缺无或发达，莲座状，茎生叶疏离，椭圆形，花单生小枝顶，花冠紫色，花梗紫红色，花萼钟形	观赏	中国江西、湖南、浙江、福建、广西、广东、台湾	
4513	*Gentiana macrophylla* Pall.	秦艽	Gentianaceae 龙胆科	多年生草本；莲座叶卵状椭圆形，茎生叶椭圆状披针形，花簇生枝顶呈头状或腋生作轮状，花冠筒部黄绿色，冠檐蓝色或蓝紫色，花萼筒一侧开裂呈佛焰苞状	观赏	中国新疆、宁夏、陕西、山西、河北、内蒙古及东北地区	

（续）

序号	拉丁学名	中文名	所属科	特征及特性	类别	原产地	目前分布/种植区
4514	*Gentiana manshurica* Kitag.	条叶龙胆	Gentianaceae 龙胆科	多年生草本；茎下部叶膜质，淡紫红色鳞片形，中、上部叶革质，线状披针形，花1～2朵顶生或腋生，每花下具2苞片，花冠蓝紫色或紫色，筒状钟形	观赏		
4515	*Gentiana melandriifolia* Franch.	女娄菜叶龙胆	Gentianaceae 龙胆科	多年生草本；叶先端钝圆，基部狭缩成柄，莲座叶和4～5对茎生叶矩圆形，花1～3朵簇生枝端，无花梗，花冠蓝色，檐部具深蓝色斑点	观赏	中国云南西北部及中部	
4516	*Gentiana napulifera* Franch.	菊花参	Gentianaceae 龙胆科	多年生草本；高1～2cm；叶丛生呈莲座状，近革质，线状披针形；花顶生；蒴果矩圆状匙形	药用		云南、四川南部
4517	*Gentiana nubigena* Edgew.	云雾龙胆	Gentianaceae 龙胆科	多年生草本；枝2～5个丛生，叶大多基生，常对折，茎生叶1～3枚，花1～2顶生，无花梗或短花梗，花冠上部蓝色，下部黄白色，具深蓝色条纹，萼筒具绿色或蓝色斑点	观赏	中国西藏、四川西部、青海、甘肃	
4518	*Gentiana piasezkii* Maxim.	毛茎龙胆	Gentianaceae 龙胆科	一年生草本；茎和花梗、花萼密被紫红色乳突，基生叶花期枯萎，茎生叶小，花单生枝顶，花冠上部紫红色或紫色，下部黄白色，喉部具黑紫色条纹，高脚杯状	观赏	中国四川北部、甘肃东南部	
4519	*Gentiana prostrata* var. *karelinii*（Griseb.）Kusn.	新疆龙胆	Gentianaceae 龙胆科	一年生草本；叶外反，匙形，愈向茎上部叶愈大，基生叶花期枯萎，茎生叶疏离；花单生枝顶，花冠上部蓝色或蓝紫色，下部黄绿色，花萼筒状，常具5条白色膜质纵条纹	观赏	中国新疆	
4520	*Gentiana pterocalyx* Franch.	翼萼龙胆	Gentianaceae 龙胆科	一年生草本；茎具4条明显的翅，基生叶匙形，茎生叶无柄，心形或卵形，花单生茎顶，无梗，基部有一对叶状苞叶，花冠蓝色或蓝紫色，花萼筒状，上部具宽翅，沿翅密生紫色和白色柔毛	观赏	中国云南西北部和东北部、四川南部、贵州西部	
4521	*Gentiana pubigera* C. Marquand	柔毛龙胆	Gentianaceae 龙胆科	一年生草本；茎黄绿色，叶边缘密生长睫毛，背被柔毛，基生叶大，茎生叶小，花单生枝顶，花冠淡蓝色，外具黄绿色宽条纹，漏斗形，花梗黄绿色	观赏	中国云南西北部、四川西南部	

（续）

序号	拉丁学名	中文名	所属科	特征及特性	类别	原产地	目前分布/种植区
4522	*Gentiana purdomii* C. Marquand	岷县龙胆	Gentianaceae 龙胆科	多年生草本；枝 2～4 个丛生，叶大多基生，茎生叶 1～2 对，花 1～8 朵顶生和腋生，花冠淡黄色，具蓝灰色条纹，筒状钟形，花萼筒纸质，不开裂	观赏	中国四川西部、青海南部、甘肃南部	
4523	*Gentiana rhodantha* Franch.	红花龙胆	Gentianaceae 龙胆科	多年生草本；叶对生，卵形或卵状三角形，花单生，淡紫红色带深紫色条纹，萼筒状，裂片 5 条状披针形，花冠漏斗状，裂片 5 卵形	观赏	中国云南、四川、贵州、广西、陕西、湖北、甘肃、河南	河南、陕西、甘肃、湖北、广西、贵州、四川、云南
4524	*Gentiana rigescens* Franch.	贵州龙胆	Gentianaceae 龙胆科	多年生草本；高 7～10cm；叶略肉质，椭圆形或卵状椭圆形；花簇生枝端呈头状；蒴果卵状椭圆形	观赏		云南东北部、四川东南部、贵州
4525	*Gentiana rubicunda* Franch.	深红龙胆（二郎箭）	Gentianaceae 龙胆科	一年生草本；基生叶丛生，宽椭圆形，茎生叶对生，卵形或长卵形，萼漏斗状，裂片 5 披针形，花冠漏斗形，粉红色	观赏	中国湖北、甘肃、四川、云南	
4526	*Gentiana scabra* Bunge	龙胆	Gentianaceae 龙胆科	多年生草本；叶对生；花簇生茎顶或叶腋；苞片披针形；萼钟状；花冠具 5 裂片；雄蕊 5，花柱头 2 裂；蒴果	药用，观赏	中国	东北、华东
4527	*Gentiana sinoornata* Balf. f.	华丽龙胆	Gentianaceae 龙胆科	多年生草本；茎匍匐状，叶对生，条形或长圆状披针形，花单生，天蓝色，萼筒漏斗状，花冠漏斗形，裂片 5 卵状三角形	观赏	中国云南、西藏、四川、青海、甘肃	
4528	*Gentiana siphonantha* Maxim. ex Kusn.	管花秦艽（管花龙丹）	Gentianaceae 龙胆科	多年生草本；枝上部紫红色，下部黄绿色，两座叶丛线形，茎生叶相似，花簇生枝顶及上部叶腋呈头状，花冠深蓝色，筒状钟形，花萼筒紫红色	观赏	中国四川西北部、青海、甘肃、宁夏西南部	
4529	*Gentiana straminea* Maxim.	麻花艽	Gentianaceae 龙胆科	多年生草本；枝多数丛生黄绿色，莲座状叶宽披针形，茎生叶小线状披针形，聚伞花序顶生和腋生，花梗黄绿色，花冠黄绿色，喉部具多数绿色斑点，漏斗形，花萼筒膜质	观赏	中国西藏、四川、青海、甘肃、宁夏、湖北西部	

（续）

序号	拉丁学名	中文名	所属科	特征及特性	类别	原产地	目前分布/种植区
4530	*Gentiana szechenyii* Kanitz	大花龙胆	Gentianaceae 龙胆科	多年生草本；营养枝的叶莲座状，革质披针形，茎生叶交互对生，长圆状至卵状披针形；花单生茎顶，淡紫色具深蓝条纹，萼漏斗形，裂片5披针形，花冠钟形，裂片5椭圆形	观赏	中国西藏东南部、云南西北部、四川西部、青海南部、甘肃南部	
4531	*Gentiana triflora* Pall.	三花龙胆	Gentianaceae 龙胆科	多年生草本；花枝单生，茎下部叶膜质，淡紫红色，鳞片形，中上部叶革质，花多数簇生枝顶和叶腋，无花梗，花冠蓝紫色，花萼外紫红色，萼筒钟形	观赏	中国内蒙古、黑龙江、辽宁、吉林、河北	
4532	*Gentiana veitchiorum* Hemsl.	蓝玉簪龙胆	Gentianaceae 龙胆科	多年生草本；花枝多数丛生，叶先端极尖，边缘粗糙，莲座叶发达，茎生叶多对，花单生枝顶，无花梗，花冠上部深蓝色，下部黄绿色，具深蓝色条纹和斑点	观赏	中国云南西北部、四川西部、西藏、青海、甘肃	
4533	*Gentiana wardii* W. W. Sm..	矮龙胆	Gentianaceae 龙胆科	多年生草本；叶交互对生，倒卵形，花单生茎顶，蓝紫色，萼漏斗状，裂片5卵形，花冠钟形，裂片5卵圆形	观赏	中国云南西北部、西藏东南部	
4534	*Gentianella arenaria*（Maxim.）T. N. Ho	紫红假龙胆	Gentianaceae 龙胆科	多年生草本；花4数，单生于分枝顶端，花萼紫红色，花冠紫红色，筒状；花果期7～9月	观赏	中国西藏北部至东南部、青海、甘肃	
4535	*Gentianopsis grandis*（Harry Sm.）Ma	大花扁蕾	Gentianaceae 龙胆科	多年生草本；叶对生，无叶柄，下部叶匙形至椭圆形，上部叶线状披针形，萼圆柱状钟形，花冠钟状，蓝紫色，裂片4宽卵形	观赏	中国云南西北部、四川西南部	
4536	*Gentianopsis paludosa*（Munro ex Hook. f.）Ma	湿生扁蕾	Gentianaceae 龙胆科	一年生草本；高3.5～40cm；茎单生，直立或斜升；基生叶3～5对，匙形；茎生叶1～4对，矩圆形或椭圆状披针形；花单生茎及分枝顶端；花冠蓝色；蒴果具长柄，椭圆形	蜜源		陕西、甘肃、青海、四川、云南、西藏、宁夏、内蒙古、山西、河北
4537	*Geranium carolinianum* L.	野老鹳草	Geraniaceae 牻牛儿苗科	多年生草本；高20～50cm；叶圆肾形，5～7深裂，每裂又3～5裂；花成对集生茎端或叶腋，花瓣淡红色；蒴果先端有长喙	药用		河南、江苏、浙江、江西、四川、云南

（续）

序号	拉丁学名	中文名	所属科	特征及特性	类别	原产地	目前分布/种植区
4538	*Geranium dahuricum* DC.	粗根老鹳草	Geraniaceae 牻牛儿苗科	多年生草本；具纺锤状根，茎四棱形；基生叶7深裂或全裂，茎生叶5裂；花顶生或腋生；蒴果	经济作物（橡胶类），药用		东北、华北、西北
4539	*Geranium maximowiczii* Regel et Maack	兴安老鹳草	Geraniaceae 牻牛儿苗科	多年生草本；高20～60cm；叶基生和茎上对生；托叶狭披针形；叶片肾圆形；花序腋生和顶生；花瓣紫红色，倒圆卵形；蒴果长约2.5cm	蜜源		黑龙江、吉林东北部、内蒙古东北部
4540	*Geranium nepalense* Sweet	尼泊尔老鹳草	Geraniaceae 牻牛儿苗科	多年生分枝草本；高30～50cm；茎近方形，有节；叶肾状五角形，3～5裂；花序腋生，花瓣小，紫红色；蒴果	药用		西南、西北
4541	*Geranium pratense* L.	草原老鹳草	Geraniaceae 牻牛儿苗科	年生草本；高40～50cm，叶对生，肾状圆形，聚伞花序顶生；蒴果，具长喙，熟后裂开成弓状弯曲	蜜源		东北、华北、西北及四川
4542	*Geranium pseudosibiricum* J. Mayer	蓝花老鹳草	Geraniaceae 牻牛儿苗科	多年生草本；茎具明显棱槽，叶基生和茎上对生，叶肾圆形，掌状5～7深裂近基部，表面疏被伏毛，总状花序腋生，花瓣宽倒卵形，紫红色，背柔毛	观赏	中国新疆北部	新疆北部
4543	*Geranium robertianum* L.	纤细老鹳草（汉荭鱼腥草）	Geraniaceae 牻牛儿苗科	一年生草本；茎被绢状毛和腺毛；叶基生和茎上对生，叶五角形，二至三回三出羽状，花序顶生和腋生，花瓣粉红或紫红色，萼片外被疏柔毛和腺毛	观赏	中国西南、华中、华东及台湾	
4544	*Geranium rosthornii* R. Knuth	血见愁老鹳草	Geraniaceae 牻牛儿苗科	多年生草本；花序柄长短不一，每柄生2花，花柄长2～2.7cm，在果期向下弯；萼片长8mm，有疏长毛；花瓣蓝紫色，长1.5cm；花期7月	观赏	中国湖北、河南、四川	
4545	*Geranium sibiricum* L.	鼠掌老鹳草	Geraniaceae 牻牛儿苗科	多年生草本；茎伏卧，高30～100cm；叶对生，叶宽肾状五角形，掌状5深裂；花单生叶腋，花柄线状，花瓣白色，有深色条纹；蒴果	药用		东北、华北、西北、西南及湖北

（续）

序号	拉丁学名	中文名	所属科	特征及特性	类别	原产地	目前分布/种植区
4546	*Geranium wilfordii* Maxim.	老鹳草（鸭脚草）	Geraniaceae 牻牛儿苗科	多年生草本；高 40～80cm；茎细长，下部稍蔓生或匍匐；叶对生，肾状三角形；花序腋生，2花，花瓣淡红色；蒴果	药用		东北、华北、华东及湖北
4547	*Gerbera anandria*（Linn.）Sch. -Bip.	大丁草（翻白草，苦马菜，鸡毛蒿）	Compositae（Asteraceae）菊科	植株有白色绵毛后脱落；叶全部基生，顶端钝，基部心形或有时羽裂；头状花序紫红色	药用		全国各地
4548	*Gerbera aurantiaca* Sch. -Bip.	橙黄非洲菊	Compositae（Asteraceae）菊科	多年生草本；头状花序异型，花橙黄或深红色，背面黄或褐色	观赏	南非，少数分布在亚洲	
4549	*Gerbera jamesonii* Bolus	非洲菊	Compositae（Asteraceae）菊科	多年生草本；叶基生，莲座状，长椭圆形至长圆形，背被短柔毛；花葶单生，头状花序单生花葶顶部，舌状花淡红色至紫红色，或白色和黄色	观赏	非洲	我国各地均有栽培
4550	*Gerbera viridiflora* Sch. -Bip.	绿叶非洲菊	Compositae（Asteraceae）菊科	多年生草本；叶全缘、光滑；头状花序异型，花较小，白色，背面黄色	观赏	南非，少数分布在亚洲	
4551	*Getonia floribunda* Roxb.	萼翅藤	Combretaceae 使君子科	常绿蔓生大藤木；高 5～10m；叶卵形或椭圆形；总状花序腋生或集生枝顶，形成大型聚伞状花序；花小，苞片卵形或椭圆形；假翅果被柔毛	药用		云南盈江
4552	*Geum aleppicum* Jacquem.	路边青（水杨梅）	Rosaceae 蔷薇科	多年生草本；高 60～100cm；有多数须根；羽状复叶，小叶 3～5，3 浅裂或羽状分裂；花单生枝顶或 3 朵成伞房状；聚合果近球形	药用，观赏		东北、华北、西北、中南、西南
4553	*Geum japonicum* Thunb.	草本水杨梅（追风七，蓝布正）	Rosaceae 蔷薇科	多年生草本；全株密生白色长柔毛；根茎短，须根多，棕色；聚合果近球形，瘦果有宿存钩状花柱，散生淡黄色粗毛	药用		全国各地均有分布
4554	*Gigantochloa levis*（Blanco）Merr.	光巨竹	Gramineae（Poaceae）禾本科	多年生木质化植物；新杆节间的上半部被淡棕色毛，老杆光滑无毛而成暗绿色，箨鞘背面被暗褐色毛，箨片外展或外折	林木	中国广州	

（续）

序号	拉丁学名	中文名	所属科	特征及特性	类别	原产地	目前分布/种植区
4555	*Gilia achilleaefolia* Benth.	吉利花	Polemoniaceae 花荵科	一、二年生草本；茎丛生，叶二回羽状全裂，裂片线形；头状花序顶生，花冠蓝色；花期7～8月	观赏	美国加利福尼亚州	
4556	*Gilia densiflora* (Benth.) Greene	大吉利花	Polemoniaceae 花荵科	一、二年生草本；叶二回羽状全裂；顶生圆锥花序，花冠喇叭形，花董蓝色或天蓝色	观赏	美国加利福尼亚州	
4557	*Gilia lutea* Sims	黄吉利花	Polemoniaceae 花荵科	一、二年生草本；株高10～20cm，叶深裂；花亮丽，星状，花筒长；花色橙、黄、红、粉等；花期6～9月	观赏	美国加利福尼亚州	
4558	*Gilia rubra* Heller	红吉利花	Polemoniaceae 花荵科	一、二年生草本；叶螺旋排列，花外部红色，内具黄斑，花冠5裂；花期7月	观赏	美国中部	
4559	*Gilia tricolor* Benth.	三色吉利花	Polemoniaceae 花荵科	一年生，高30cm；花喇叭形，花色淡紫和白，中间金黄色，边缘紫色	观赏	北美洲西部	
4560	*Ginkgo biloba* L.	银杏（白果树，公孙树）	Ginkgoaceae 银杏科	落叶乔木；叶扇形；花雌雄异株，雄花为柔荑花序，雌花有长梗；种子核果，有肉质外种皮和骨质内种皮	林木，有毒，观赏	中国	华东、西南
4561	*Girardinia diversifolia* (Link) Friis	大蝎子草（火麻草）	Urticaceae 荨麻科	多年生直立草本；全株被疏糙毛和尖锐刺状刺毛叶互生，阔卵形至扁圆形；穗状花序腋生；瘦果扁圆形，花柱缩存种子扁形	有毒		湖北、四川、云南、贵州、广西
4562	*Gironniera subaequalis* Planch.	白颜树（大叶白颜，含沙）	Ulmaceae 榆科	常绿树种、乔木；高25m；叶互生，薄革质，椭圆形至长椭圆形，全缘；托叶披针形；单性花，雌雄异株，雄花为聚伞花序，雌花多为总状花序腋生；核果，椭圆形，稍压扁，成熟时呈橘黄色	观赏	中国	海南、广东、广西、云南
4563	*Gladiolus byzantinus* Mill.	罗马唐菖蒲	Iridaceae 鸢尾科	球根植物；叶剑形，灰绿色；穗状花序长50～100cm，花冠基部具短筒，成片漏斗状	观赏	非洲热带、地中海地区、南非好望角	

（续）

序号	拉丁学名	中文名	所属科	特征及特性	类别	原产地	目前分布/种植区
4564	*Gladiolus cardinalis* Ait.	绯红唐菖蒲	Iridaceae 鸢尾科	球根植物；球茎大型球状；株高 90～120cm，茎圆柱形，着花 6～7 朵，小花钟形，绯红色，具大型白色斑点	观赏	南非好望角	欧洲
4565	*Gladiolus carneus* D. Delar.	肉色唐菖蒲	Iridaceae 鸢尾科	多年生草本；鳞茎扁圆形，有膜质外皮；基生叶剑形，灰绿色；花葶直立，总状花序顶生，苞片卵状披针形，花白色，花被漏斗状	观赏		
4566	*Gladiolus gandavensis* Van Houtte	唐菖蒲（荸荠莲，十样景，十三太保）	Iridaceae 鸢尾科	多年生草本；球茎扁圆球形；叶剑形；顶生穗状花序，每朵花下有苞片 2，黄绿色，子房椭圆形，胚珠多数；蒴果椭圆形或倒卵形	药用，有毒，观赏		西南、广东
4567	*Gladiolus lemoinei* Hort.	莱氏唐菖蒲	Iridaceae 鸢尾科	球根植物；耐寒性强，球茎基部可以生出匍匐枝状的芽，伸长后 1 其端部形成子球，将子球栽植，次年即可开花；另外，其花序着花较密，花钟形，白色或鲜黄色，喉部具洋红紫色的形状斑点	观赏	非洲热带、地中海地区、南非好望角	
4568	*Gladiolus natalensis*（Eckl.）Reinw. ex Hook.	南非唐菖蒲	Iridaceae 鸢尾科	球根植物；叶剑形；两性花，为 2 片绿色革质的苞片所包被，花黄色和红色混合色	观赏		
4569	*Gladiolus primulinus* Bak.	报春花唐菖蒲	Iridaceae 鸢尾科	多年生草本；花茎直立，不分枝，花无梗，两侧对称，花被 6，2 轮排列，雄蕊 3，偏向花的一侧，花丝着生在花被管上	观赏	非洲热带雨林	欧洲
4570	*Gladiolus psittacinus* Hook. f.	鹦鹉唐菖蒲	Iridaceae 鸢尾科	球根植物，球大形扁球状，紫色，株高 1m 左右，着花 10～12 朵，侧向一方开放，花大型黄色，具深紫色斑点或紫晕	观赏	非洲热带、地中海地区、南非好望角	
4571	*Gladiolus segetum* Ker-Gawl.	意大利唐菖蒲	Iridaceae 鸢尾科	多年生草本，球根植物，茎直立；叶剑形；花 15～16，亮紫色；蒴果长 1cm	观赏		
4572	*Gladiolus tristis* L.	忧郁唐菖蒲	Iridaceae 鸢尾科	球根植物，花序较疏，着花 3～4 朵，侧向一方开放，花黄白色，具紫色或褐色毛刷状细纹和斑点；花被片反卷，有香味	观赏	南非纳塔木	欧洲

（续）

序号	拉丁学名	中文名	所属科	特征及特性	类别	原产地	目前分布/种植区
4573	*Glaucium corniculatum*（L.）J. H. Rudolph	红海罂粟	Papaveraceae 罂粟科	多年生草本，高约50cm；叶片长25cm，花朵绯红色，花瓣长15～30mm，橙色或红色，基部有深黑色斑点；花期6月	观赏	欧洲	
4574	*Glaucium elegans* Fisch. et C. A. Mey.	天山海罂粟	Papaveraceae 罂粟科	一年生草本；花单生在茎或分枝顶端，花蕾长椭圆形，长约1.5cm；萼片2，无毛，早落；花瓣4，黄色，基部带红色，宽倒卵形，长约2cm；雄蕊多数，长6～11mm，花药矩圆形，长约1.8mm；雌蕊近无毛，柱头2裂	观赏	中国新疆	
4575	*Glaucium flavum* Crantz	黄海罂粟	Papaveraceae 罂粟科	多年生草本；具橙色汁液；基部叶有柄，上部叶抱茎，叶具波状裂片，边缘有齿；单花顶生，金黄至橙色；花期6～9月	观赏	欧洲西部、北非	
4576	*Glaux maritima* L.	海乳草（西尚，野猫眼儿）	Primulaceae 报春花科	多年生草本；高10～25cm；叶密集，肉质，交互对生，条形或卵状披针形；花腋生，花瓣白色或淡红色，无花冠，子房球形；蒴果顶端6裂	蔬菜，药用	中国	西藏、新疆、陕西、甘肃、河北、山东、四川
4577	*Glechoma longituba*（Nakai）Kuprian.	活血丹（佛耳草，金钱草）	Labiatae 唇形科	多年生草本；具匍匐茎，逐节生根，高10～20cm；叶心形或近肾形；轮伞花序多2花，花冠淡蓝色至紫色，下唇具深色斑点；小坚果	蔬菜，药用	中国	除西北外，其他各省份均有分布
4578	*Gleditsia delavayi* Franch.	云南皂荚	Leguminosae 豆科	乔木；高7～15（～20）m，花白色，排成稀疏的穗状或总状花序；花梗短，长约1mm；萼片3～4；花瓣3～4，盔状；雄蕊6～8（～9），花丝中部以下被绵毛	果树，有毒		云南
4579	*Gleditsia fera*（Lour.）Merr.	华南皂荚（皂荚树，皂角，台树）	Leguminosae 豆科	乔木；高8～30m；一回羽状复叶，小叶5～9对，纸质或薄革质；花杂性，绿白色，组成圆锥花序；花瓣5，长椭圆形；两性花较大，集成总状花序；花瓣5，长圆形，稍长于萼片，钝，内面被粗毛；雄蕊5～6，花药顶尖	观赏		广东、海南、广西
4580	*Gleditsia japonica* Miq.	日本皂荚	Leguminosae 豆科	落叶乔木；小枝绿褐色至赤褐色；小叶较大而厚，新枝上叶多呈二回羽状复叶；荚果长而扁圆平、扭曲，且有泡状隆起	观赏	日本	河北、山东、江苏、安徽、浙江、江西、河南

（续）

序号	拉丁学名	中文名	所属科	特征及特性	类别	原产地	目前分布/种植区
4581	*Gleditsia japonica* var. *velutina* L. C. Li	绒毛皂荚	Leguminosae 豆科	落叶乔木；高 15～20m；偶数羽状复叶，常多叶簇生于短枝上；花两性、单性或杂性，排成总状花序，生于短枝上；荚果长条形	观赏		湖南
4582	*Gleditsia microphylla* D. A. Gordon ex Y. T. Lee	野皂荚	Leguminosae 豆科	灌木或小乔木；高 2～4m；花杂性，穗状花序；花冠白色；花瓣 4；雄花具雄蕊 6～8；雌花有退化雄蕊，子房具长子房柄，无毛	观赏	中国河北、山东、河南、山西、陕西、江苏、安徽	
4583	*Gleditsia sinensis* Lam.	皂荚（皂角，胰皂）	Leguminosae 豆科	高大乔木；羽状复叶簇生，小叶长卵形至卵状披针形；花杂性，总状花序腋生，萼钟状；花瓣白色；荚果，种子多数	有毒	中国	东北、华东、华南、西南
4584	*Gleditsia triacanthos* L.	美国皂荚	Leguminosae 豆科	落叶乔木；高可达 45m；花黄绿色，单生或簇生组成总状花序；花期 4～6 月	林木，观赏	北美地区	山东、新疆、辽宁、陕西
4585	*Glehnia littoralis* F. Schmidt ex Miq.	北沙参（莱阳沙参，珊瑚菜）	Umbelliferae（Apiaceae）伞形科	多年生草本；高 5～25cm；叶片轮廓卵形或宽三角状卵形；复伞形花序顶生，无总苞，花白色，花瓣 5，卵状披针形；双悬果圆球形	药用	中国	辽东半岛及河北、山东、江苏、福建、海南
4586	*Glinus lotoides* L.	星毛粟米草	Molluginaceae 粟米草科	一年生草本；多生于湿润空旷沙地上；全体有星状柔毛，茎匍匐，多分枝；基生叶成莲花状叶丛，早落；茎生叶假轮生或对生；种子有多数粒状突起，假种皮囊状，种阜条形	药用		台湾、海南、贵州
4587	*Glinus oppositifolius*（L.）Aug. DC.	簇花粟米草	Molluginaceae 粟米草科	一年生细弱草本；高 10～40cm；叶对生或 3～6 枚轮生，匙形或长椭圆状倒卵形；花绿白色，数朵丛生；蒴果，种子具假种皮	杂草		海南、广东、福建、台湾
4588	*Globba racemosa* Sm.	舞花姜	Zingiberaceae 姜科	直立草本；高 60～100cm；茎基部膨大；叶片长圆形或披针形，长 15～20cm；圆锥花序，长 15～20cm；花黄色，有橙色斑点；花萼漏斗状，先端有 3 齿	蔬菜，药用	中国	浙江、江苏、广东、广西、云南、四川、湖南、湖北
4589	*Glochidion puberum*（L.）Hutch.	算盘子（野南瓜，雷打柿，山橘子）	Euphorbiaceae 大戟科	灌木；高 1～2m；叶矩圆形至矩圆状披针形或倒卵状矩圆形，长 3～5cm，宽达 2cm；花小，单性，雌雄同株或异株	观赏		福建、广东、广西、贵州、四川、湖北、江西、浙江、江苏、安徽、陕西

（续）

序号	拉丁学名	中文名	所属科	特征及特性	类别	原产地	目前分布/种植区
4590	*Gloriosa rothschildiana* O. Brien.	宽瓣嘉兰	Liliaceae 百合科	多年生蔓性草本；叶卵状披针形；花绯红色，边缘或基部带白色，花瓣宽为长的1/4，强反折，边缘平展或少波皱	观赏	热带非洲	
4591	*Gloriosa simplex* L.	平瓣嘉兰	Liliaceae 百合科	多年生蔓性草本；叶宽披针形，花被阔披针形，花瓣橙红色，基部金黄色	观赏	热带非洲	
4592	*Gloriosa superba* L.	嘉兰	Liliaceae 百合科	蔓生草本；根茎块状横生；叶互生、对生或3叶轮生；伞形花序，花梗常从叶的一侧长出，花柱4裂；蒴果	有毒		西南、华南、华中及河北、山东、山西、陕西
4593	*Glossogyne tenuifolia*（Labill.）Cass.	香茹（鹿角草）	Compositae（Asteraceae）菊科	多年生草本；高15～40cm；基生叶较密集，羽状深裂，茎生叶3～5深裂；头状花序半球形，外围1层雌花，中央两性花；瘦果呈压扁状线形	杂草		福建、广东、海南、台湾
4594	*Glottiphyllum depressum*（Haw.）N. E. Br.	铺地舌叶花	Aizoaceae 番杏科	多年生常绿草本；叶近地表横生，长约7～8cm，宽约2cm，尖端内弯，花朵大，径约10cm	观赏	南非	
4595	*Glottiphyllum linguiforme*（L.）N. E. Br.	宝绿	Aizoaceae 番杏科	多年生常绿草本；茎短或无茎，肉质；叶对生，舌状，肥厚而光滑透明，鲜绿色；花似菊花状，黄色；花期3～4月	观赏	南非	
4596	*Glottiphyllum longum* N. E. Br.	长宝绿	Aizoaceae 番杏科	多年生常绿草本；叶长达10cm，基部常有疱疹状突起；花有长梗，花径约8cm	观赏	非洲南部	
4597	*Gloxinia perennis*（L.）Druce.	小岩桐	Gesneriaceae 苦苣苔科	多年生草本；叶对生，披针形或卵状披针形，翠绿色，花1～2朵腋生，花梗细长，花冠橙红色圆筒状，外唇短反卷呈星形赤红色	观赏	秘鲁	
4598	*Glyceria maxima*（Hartm.）Holmb.	水甜茅	Gramineae（Poaceae）禾本科	多年生草本；秆高约1m；叶长20～25cm；圆锥花序大型开展，小穗两侧压扁，有5～8小花，颖膜质，具1脉；颖果	饲用及绿肥		东北及云南
4599	*Glycine max*（L.）Merr.	大豆（黄豆，毛豆）	Leguminosae 豆科	一年生草本；被褐色或灰色茸毛；羽状三出复叶；短总状花序腋生，碟形花，紫色或白色；荚弯镰形或直筒形	经济作物（油料类）	中国	全国各地均有栽培，以东北最著名

（续）

序号	拉丁学名	中文名	所属科	特征及特性	类别	原产地	目前分布/种植区
4600	*Glycine soja* Siebold et Zucc.	野大豆（落豆秧，山黄豆）	Leguminosae 豆科	一年生草本；茎蔓生；羽状三出复叶；短总状花序腋生，碟形花，多弯镰形，紫色或紫红色；荚果狭长，多弯镰形	经济作物（油料类）	中国	东北、华北及陕西、甘肃、山东、湖南、安徽
4601	*Glycine soja* var. *gracilis* (Skvortsov) L. Z. Wang	宽叶蔓豆	Leguminosae 豆科	一年生草本；茎缠绕或匍匐，被淡黄色硬毛；荚果长 3～6cm，宽 5～7mm，黄至褐色；种子黄色，长 5～6mm，宽 4～4.5mm	饲用及绿肥		东北及河北
4602	*Glycine tabacina* （Labill.）Benth.	烟豆	Leguminosae 豆科	多年生草本；高 10～100cm，茎蔓生；基部叶卵形或椭圆形，上部叶披针形，小叶 3 枚；花序较长，碟形花，深紫红色；荚果线形	经济作物（油料类）		福建、广东
4603	*Glycine tomentella* Hayata	多毛豆	Leguminosae 豆科	多年生草本；被褐色茸毛，高 1～3m；羽状复叶，小叶 3；花多集中顶端，花色暗紫；荚果短直	经济作物（油料类）		广东、福建
4604	*Glycosmis esquirolii* （H. Lév.）Tanaka	锈毛黄皮	Rutaceae 芸香科	乔木；高 6～10m；叶片卵形至椭圆形，10～16cm×4～7cm，基部楔形；花序腋生或顶生，圆锥花序；花瓣浅黄色，3～4mm；雄蕊 10	果树		云南
4605	*Glycosmis montana* Pierre	海南山小橘	Rutaceae 芸香科	灌木；高 2～3m；聚伞花序排成圆锥状，腋生及顶生，萼片阔卵形，被毛，花瓣白色，椭圆形，长约 4mm，雄蕊 10 枚，近等长，药隔顶端有小腺体 1 颗	果树		海南
4606	*Glycosmis pentaphylla* Corrêa	酒饼叶（山橘，沙柑）	Rutaceae 芸香科	小乔木；圆锥花序腋生及顶生，位于小枝下部的较短，花较密集，呈团伞状；花瓣长 3～4mm，早落；雄蕊 10 枚，长短相间，花丝上部较狭，向下渐宽，顶端与花药连接处针尖状，药隔顶端有 1 油点	果树		海南
4607	*Glycyrrhiza aspera* Pall.	粗毛甘草	Leguminosae 豆科	多年生草本；根和根状茎较细瘦；托叶卵状三角形，小叶卵形、宽卵形、倒卵形或椭圆形；总状花序腋生，花冠淡紫色或紫色；荚果念珠状；种子黑褐色	药用		内蒙古、陕西、甘肃、青海、新疆
4608	*Glycyrrhiza glabra* L.	光果甘草	Leguminosae 豆科	多年生草本；根与根状茎粗壮；小叶卵状长圆形；荚果微镰形弯曲，有时被疏或密的刺毛状腺体	饲用及绿肥		东北、华北、西北

（续）

序号	拉丁学名	中文名	所属科	特征及特性	类别	原产地	目前分布/种植区
4609	*Glycyrrhiza inflata* Batalin	膨果甘草	Leguminosae 豆科	多年生草本；有甘草甜味；茎高 50～150cm；羽状复叶互生，小叶卵状长圆形；总状花序腋生，花冠淡紫色；荚果膨胀	杂草		新疆、甘肃
4610	*Glycyrrhiza pallidiflora* Maxim.	刺果甘草（马狼秆）	Leguminosae 豆科	多年生草本；茎具鳞片状腺体；羽状复叶，小叶 5～13，披针形；总状花序腋生，花紧密，花冠蓝色；荚果卵形，表面密生尖刺	经济作物（纤维类）		东北及河北、陕西、河南、山东、江苏
4611	*Glycyrrhiza squamulosa* Franch.	圆果甘草（马兰秆）	Leguminosae 豆科	多年生草本；根与根状茎细长，无甜味；小叶先端圆，常微凹；花序具多数花；荚果近圆形，表面具瘤状凸起；种子 2 粒	饲用及绿肥		内蒙古、河北、山西、宁夏、新疆
4612	*Glycyrrhiza uralensis* Fisch. ex DC.	甘草（国老，甜草）	Leguminosae 豆科	多年生草本；茎生有腺体；奇数羽状复叶互生，披针状锥形；总状花序腋生，花淡红紫色；荚果	药用	中国	西北、东北、华北及山东
4613	*Glyptostrobus pensilis* (Staunton ex D. Don) K. Koch	水松	Taxodiaceae 杉科	半常绿性乔木；高达 25m，胸径 60～120cm；叶延下生长，鳞形、线状钻形及线形；雌雄同株，球花单生枝顶；球果倒卵圆形	林木		广东、广西、福建、江西、四川、云南
4614	*Gmelina arborea* Roxb.	云南石梓（甑子木，酸树，滇石梓）	Verbenaceae 马鞭草科	落叶乔木；叶对生，宽卵形；聚伞状圆锥花序顶生，花冠黄色，间有褐色斑块，子房 4 室，有 4 胚珠；核果椭圆形	观赏		云南
4615	*Gmelina asiatica* L.	亚洲石梓	Verbenaceae 马鞭草科	攀缘灌木；高 1～10m；叶片纸质，卵圆形至倒卵圆形；聚伞花序组成顶生总状花序；核果倒卵形至卵形	果树		广东、广西南部
4616	*Gmelina chinensis* Benth.	石梓	Verbenaceae 马鞭草科	乔木；高 4～13m；叶对生，厚纸质或纸质，卵状椭圆形；聚伞花序组成顶生圆锥花序；核果倒卵形	观赏	中国福建、广东、广西、贵州	
4617	*Gmelina delavayana* P. Dop	小叶石梓	Verbenaceae 马鞭草科	落叶灌木；高 3m；叶宽卵形或卵状菱形；聚伞圆锥花序顶生或侧生；核果倒卵圆形，长 1～1.5cm	观赏		四川西南部至云南西北部

（续）

序号	拉丁学名	中文名	所属科	特征及特性	类别	原产地	目前分布/种植区
4618	*Gmelina hainanensis* Oliv.	海南石梓（苦梓，石积，个片公）	Verbenaceae 马鞭草科	半落叶乔木；叶对生，宽卵形；聚伞花序或再分枝排成圆锥花序，苞片叶状，花冠宽漏斗状，黄白色或淡紫色；果倒卵圆形	观赏		海南
4619	*Gmelina lecomtei* Dop	越南石梓	Verbenaceae 马鞭草科	乔木；高达 15m；叶片卵形或卵状椭圆形；聚伞花序成顶生圆锥花序；果长倒卵圆形	果树		云南东南部
4620	*Gmelina szechwanensis* K. Yao	四川石梓	Verbenaceae 马鞭草科	落叶乔木；高达 12m；叶片纸质，卵圆形或倒卵圆形；果序顶生；核果倒卵形	果树		四川西南
4621	*Gnaphalium adnatum*（Wall. ex DC.）Kitam.	宽叶鼠麹草	Compositae（Asteraceae）菊科	一年生草本；中下部叶倒披针状长圆形，3 脉，两面被绵毛；花序排列成伞房花序，总苞淡黄色，雌花花冠丝状，两性花花冠管状	饲用及绿肥		陕西、浙江、江西、福建、广东、贵州、四川
4622	*Gnaphalium affine* D. Don	鼠曲草（佛耳草）	Compositae（Asteraceae）菊科	二年生草本；高 10～50cm；茎簇生；叶互生，匙形或倒披针形；头状花序多数，在枝顶密集成伞房状，花黄色；瘦果椭圆形	药用，经济作物（香料类）		华东、华南、华中、西南及河北、陕西、台湾
4623	*Gnaphalium baicalense* Kirp.	贝加尔鼠麹草	Compositae（Asteraceae）菊科	茎直立，不分枝；头状花序密集成团伞状；总苞片 2～3 层，外层卵形，被蛛丝状毛，内层无毛；瘦果纺锤形，具棱角	饲用及绿肥		东北及内蒙古
4624	*Gnaphalium hypoleucum* DC.	秋鼠麹草	Compositae（Asteraceae）菊科	一年或两年生草本；高 30～61cm，茎叉状分枝；叶线形或线状披针形；头状花序多数集成伞房状，花黄色；瘦果长圆形	饲用及绿肥		华东、华中、华南、西南及陕西、甘肃、台湾
4625	*Gnaphalium japonicum* Thunb.	细叶鼠曲草	Compositae（Asteraceae）菊科	多年生草本；高 8～28cm，茎簇生，密生白色绵毛；基部叶莲座状，线状倒披针形；头状花序多数在茎顶密集成球状；瘦果长圆形	杂草		华东、华中、西南及台湾
4626	*Gnaphalium pensylvanicum* Willd.	匙叶鼠曲草	Compositae（Asteraceae）菊科	一年或两年生草本；高 30～45cm；叶倒披针形、匙形或匙状长圆形；头状花序多数，成束簇生，再排成紧密圆锥花序；瘦果长圆形	杂草		浙江、江西、湖南、福建、广东、广西、台湾、四川、云南

（续）

序号	拉丁学名	中文名	所属科	特征及特性	类别	原产地	目前分布/种植区
4627	*Gnaphalium polycaulon* Pers.	多茎鼠麴草	Compositae（Asteraceae）菊科	二年生草本；茎多分枝，高10～16cm，密生白色绵毛；叶倒披针形、卵状或匙状长圆形；头状花序多数密集成穗状花序，小花淡黄色；瘦果	饲用及绿肥		华南及浙江、江西、湖南、福建、台湾、云南、贵州
4628	*Gnaphalium tranzschelii* Kirp.	湿生鼠曲草	Compositae（Asteraceae）菊科	一年生草本；须根系，茎高15～25cm；叶长圆状线形或线状披针形；头状花序杯状，密集成团伞花序或近球状复式花序；瘦果纺锤形	杂草		东北、内蒙古、河北
4629	*Gnetum montanum* Markgr.	买麻藤（木花生，倪藤）	Gnetaceae 买麻藤科	藤本；叶长方形或卵状长方形；雄花序1～2次分枝，花穗圆柱形，花丝联合，雌花序有3～4对分枝花穗；种子长方状卵形或长方形	药用		云南、贵州、福建、广东、海南
4630	*Gnetum parvifolium*（Warb.）Chun	小叶买麻藤	Gnetaceae 买麻藤科	缠绕藤本；叶椭圆形，窄长椭圆形或长倒卵形，革质；雄球花具轮环状总苞；雌球花序轴较细；种子长椭圆形或窄矩圆状倒卵圆形	观赏		广东、广西、福建、云南、江西、湖南
4631	*Gnetum pendulum* C. Y. Cheng	垂子买麻藤	Gnetaceae 买麻藤科	藤本；叶革质，窄矩圆形至矩圆状卵形；雄球花序顶生，环状总苞将雄花包围；雌球花穗有环状总苞12～21轮；种子长椭圆形	药用，观赏		云南
4632	*Gochnatia decora*（Kurz）A. L. Cabrera.	白菊木	Compositae（Asteraceae）菊科	落叶小乔木；高2～4m，胸径15cm；叶椭圆形至长圆状披针形；头状花序生于枝顶排成伞房状，密集成宽复头状花序，花筒状，白色；瘦果长圆形	药用		云南
4633	*Godetia amoena* Don	古代稀	Onagraceae 柳叶菜科	一、二年生草本；穗状花序，稀疏，多叶；萼裂片连生；花冠紫红色或淡紫色，有丝光；花药底部着生；花期5～6月	观赏	北美洲西部	
4634	*Goldbachia laevigata*（Bieb.）DC.	四棱荠	Cruciferae 十字花科	一年生草本；茎高10～30cm；叶长圆状倒卵形、长圆状线形或披针形；总状花序，花稀疏，白色；短角果长圆形	杂草		西北及内蒙古、西藏
4635	*Gomphandra tetrandra*（Wall.）Sleum.	粗丝木（毛蕊木，海南粗丝木）	Icacinaceae 茶茱萸科	灌木至小乔木；小枝被短柔毛，叶纸质；花冠钟形，裂片近三角形，先端急渐尖，90°向内弯曲	药用		广东、海南、广西、贵州、云南

（续）

序号	拉丁学名	中文名	所属科	特征及特性	类别	原产地	目前分布/种植区
4636	*Gomphrena celosioides* C. Mart.	银花苋（鸡冠千日红）	Amaranthaceae 苋科	一年生草本；高约 35cm；茎被白色柔毛；叶长椭圆形至匙形；头状花序顶生，银白色，长圆形；胞果卵圆形，种子凸透镜状	杂草	美洲热带	广东、海南、台湾
4637	*Gomphrena globosa* L.	千日红（万年红，千日白，球形鸡冠花）	Amaranthaceae 苋科	多年生草本；头状花序球形，边开边伸长，成圆柱形；花小而密生，每小花具 2 枚膜质发亮的小苞片，紫红色，花期 8～10 月	观赏	热带	我国南北皆有栽培
4638	*Gomphrena haageana* Klotzsch.	细叶千日红	Amaranthaceae 苋科	一年生草本植物；椭圆形球状花序生于新梢顶端，苍片膜质，金橙红色；花小，黄色	观赏	美洲热带	我国有栽培
4639	*Goniothalamus chinensis* Merr. et Chun	哥纳香	Annonaceae 番荔枝科	常绿树种、灌木；高达 3m；叶纸质、长椭圆形或长圆状披针形；两性花，小果长椭圆形；种子椭圆形，一面略平，表面光滑，褐色至灰褐色	果树		海南、广西十万大山
4640	*Gonocarpus chinensis*（Lour.）Orchard	黄花小二仙草	Haloragidaceae 小二仙草科	多年生小草本；高 10～30cm；茎粗糙被粗毛；叶线状披针形至长圆形；花两性，极小，花瓣 4，黄色；核果近球形	杂草		我国南部各省份
4641	*Gonocormus minutus*（Blume）Bosch	团扇蕨（法螺苔）	Hymenophyllaceae 膜蕨科	小型附生蕨类；根状茎纤细，丝状交织成毡状，密被黑褐色短毛，叶远生，薄膜质，半透明，团扇性至圆肾形	观赏	中国东北、华东及湖南、台湾、广东、海南、四川、云南、贵州、台湾	
4642	*Gonostegia hirta*（Blume ex Hassk.）Miq.	糯米团（糯米草）	Urticaceae 荨麻科	多年生草本；茎长约 1m；叶对生，狭卵形、披针形或卵形，密生点状钟乳体；雌雄同株，花淡绿色，簇生叶腋；瘦果三角状卵形	药用，经济作物（纤维类）		华北、华东、华南、华中、西南
4643	*Goodyera procera*（Ker Gawl.）Hook.	高斑叶兰	Orchidaceae 兰科	地生兰；花茎长 12～50cm，具 5～7 枚鞘状苞片；总状花序具多数密生的小花，似穗状，花序轴被毛；花瓣匙形，白色，先端稍钝，具 1 脉，无毛；唇瓣宽卵形，基部凹陷，囊状，内面有腺毛，前端反卷，唇盘上具 2 枚胼胝体	观赏	中国安徽、浙江、福建、台湾、广东、香港、海南、广西、四川、贵州、云南、西藏	

（续）

序号	拉丁学名	中文名	所属科	特征及特性	类别	原产地	目前分布/种植区
4644	*Goodyera repens*（L.）R. Br.	小斑叶兰	Orchidaceae 兰科	植株高10～25cm；总状花序具几朵至10余朵、密生、多少偏向一侧的花；花瓣斜匙形，先端钝，具1脉；唇瓣卵形，基部凹陷呈囊状，前部短的舌状，略外弯；蕊柱短；蕊喙直立，叉状2裂；柱头1个，较大，位于蕊喙之下	观赏	中国各地	
4645	*Goodyera schlechtendaliana* Rchb. f.	大斑叶兰	Orchidaceae 兰科	多年生草本；总状花序具花5～20余朵，疏生，花序轴被长柔毛；苞片卵状披针形；花偏向一侧，白色或微带红色；萼片卵状披针形，外面被毛；花瓣卵状倒披针形，唇瓣与萼片等长，基部膨大成半球形的囊，囊内有毛，先端具长圆状披针形的长喙；蕊柱长约为萼片的3/5	观赏	中国西藏、长江以南各省份	
4646	*Gossypium anapoides* Stewart, CravenetWendel	脉似棉	Malvaceae 锦葵科	直立多茎灌木，全株基本无毛，偶有小星形毛；叶圆形、卵圆形，羽状脉，两面的叶脉突出；花白色，有红斑	经济作物（纤维类）		
4647	*Gossypium arboreum* L.	亚洲棉	Malvaceae 锦葵科	一年生亚灌木或多年生灌木；高50～150cm；叶5～7裂片；花小，黄、红、白色；棉铃圆锥形状	经济作物（纤维类），有毒	印度次大陆	全国棉区均有栽培
4648	*Gossypium arboreum* var. *obtusifolium*（Roxb.）Roberty	异常棉	Malvaceae 锦葵科	灌木；全株被星形毛；叶掌状，3～5深裂，有1～3个不明显的叶蜜腺；有苞外蜜腺，苞叶舌状，全缘或顶端有3齿；花淡黄色，深红斑；蒴果有嘴，3室	经济作物（纤维类）		
4649	*Gossypium areysianum* Defl.	亚雷西棉	Malvaceae 锦葵科	直立塔形灌木，茎被细短软毛；叶浅3裂片；叶蜜腺模糊；有苞外蜜腺，苞叶披针形，全缘或顶端不规则3裂；花黄色，深红斑；蒴果，顶短尖，3室	经济作物（纤维类）		
4650	*Gossypium aridum*（Rose et Standley）Skov.	旱地棉	Malvaceae 锦葵科	乔木，茎被细短软毛；叶蜜腺发育不完全或无；有苞外蜜腺，苞叶小，三角形，全缘；花玫瑰红或淡紫色，深红或紫斑；蒴果窄卵形，3～4室	经济作物（纤维类）		

（续）

序号	拉丁学名	中文名	所属科	特征及特性	类别	原产地	目前分布/种植区
4651	*Gossypium armourianum* Kearn.	辣根棉	Malvaceae 锦葵科	紧凑，扩展灌木；叶卵圆形、心脏形，尖或渐尖，叶组织厚，全缘，有叶蜜腺；苞外蜜腺明显，苞叶披针形，开花前脱落；花黄色，红斑；蒴果卵形，顶端有小尖，3～4 室	经济作物（纤维类）		
4652	*Gossypium australe* Muell.	澳洲棉	Malvaceae 锦葵科	灌木，茎、枝和叶被星形茸毛，蜜腺通常被毛遮盖；叶阔卵圆形，全缘，叶蜜腺深红色；苞外蜜腺凹陷，鲜红色，苞叶针状；花瓣淡紫色，深红斑；蒴果卵形或球形，3～4 室	经济作物（纤维类）		
4653	*Gossypium barbadense* L.	海岛棉	Malvaceae 锦葵科	多年生灌木或一年生亚灌木；高 100～300cm；叶 3～5 裂；花大，花冠超出苞叶，花瓣鲜黄色，有红斑；棉铃顶端尖锐	经济作物（纤维类），有毒	热带美洲	云南、广西、广东、福建、台湾、新疆
4654	*Gossypium benadirense* Mattei	贝纳狄尔棉	Malvaceae 锦葵科	直立灌木，茎和叶被星形茸毛；叶卵圆形，叶蜜腺模糊；有苞外蜜腺，苞叶阔心脏形，全缘、顶端钝；花黄色带微红，深红斑；蒴果 5 室，有硬毛	经济作物（纤维类）		
4655	*Gossypium bickii* Prokhanov	比克氏棉	Malvaceae 锦葵科	灌木，茎、枝和叶被星形毛；叶蜜腺不明显；苞外蜜腺淡红色，苞叶长条形；花粉红色或紫红色，深红斑；蒴果 3～4 室	经济作物（纤维类）		
4656	*Gossypium bricchettii*（Ulbr.）Vollesen	布里切特氏棉	Malvaceae 锦葵科	叶卵圆形，有叶蜜腺；有苞外蜜腺，苞叶阔卵圆形，深心脏形，5～9 锯齿；花黄色，深红斑；蒴果嘴长，4～5 室，密布长粗毛或硬毛	经济作物（纤维类）		
4657	*Gossypium capitis-viridis* Mauer	绿顶棉	Malvaceae 锦葵科	灌木，全株被星形毛；叶深 5～7 裂片，显，有 1～3 个不明显的叶蜜腺；苞外蜜腺发达，苞叶披针形，顶端有 2～3 齿；花黄色，深红斑；蒴果有嘴，3～5 室	经济作物（纤维类）		

（续）

序号	拉丁学名	中文名	所属科	特征及特性	类别	原产地	目前分布/种植区
4658	*Gossypium costulatum* Tod.	皱壳棉	Malvaceae 锦葵科	多茎亚灌木，被密到稀疏星形短茸毛；叶卵圆形或椭圆形，叶蜜腺不明显；无苞外蜜腺，苞叶窄椭圆形、卵圆形；花萼有中肋、短茸毛，深5裂片呈三角形，有时反折；花白色，紫酱斑；蒴果小，卵形，无毛，3室	经济作物（纤维类）		
4659	*Gossypium cunninghamii* Tod.	肯宁汉氏棉	Malvaceae 锦葵科	直立或斜倚，多茎灌木，无毛；叶阔椭圆形、窄卵圆形，全缘，尖，羽状脉，有叶蜜腺；苞外蜜腺发育不完全或无，苞叶披针形；花白色，深紫酱斑；蒴果卵形，无毛，3室，种子黑色，无毛	经济作物（纤维类）		
4660	*Gossypium darwinii* Watt.	达尔文氏棉	Malvaceae 锦葵科	灌木；有星形毛到无毛，蜜腺明显；叶心脏形，3～5裂片，叶密腺不明显；苞叶卵形，有齿；花黄色，有红斑；蒴果窄卵形，3室，有嘴	经济作物（纤维类）		
4661	*Gossypium davidsonii* Kell.	戴维逊氏棉	Malvaceae 锦葵科	灌木，茎被柔短软毛；叶两面具柔茸毛，叶蜜腺小；有苞外蜜腺，苞叶心脏形、卵圆形，7～11齿；花瓣黄色，红斑或无；蒴果顶端有小尖，3～5室	经济作物（纤维类）		
4662	*Gossypium enthyle* Fryx.，Craven et Stewart	林地棉	Malvaceae 锦葵科	直立多茎亚灌木，茎、枝和叶无毛；叶卵圆形，或心脏形，全缘，尖或渐尖，叶蜜腺长；有苞外蜜腺，苞叶长条形、披针形，反折；花白色，深紫酱斑；蒴果3室	经济作物（纤维类）		
4663	*Gossypium exiguum* Fryx.，Craven et Stewart	矮小棉	Malvaceae 锦葵科	平卧草本；叶两面无毛，叶缘有明显的细毛，有叶蜜腺；苞外蜜腺无或很小，苞叶窄三角形，反折；花白色，紫酱斑；蒴果亚球形，顶小尖，3室	经济作物（纤维类）		
4664	*Gossypium gossypioides*（Ulbr.）Standl	拟似棉	Malvaceae 锦葵科	大灌木或小乔木；叶心脏形，深3裂片，裂片全缘，渐尖，无叶蜜腺；无苞外蜜腺；苞叶心脏形、卵圆形，全缘，开花前边缘联结；花白色至淡紫色，紫红斑；蒴果卵圆形	经济作物（纤维类）		

（续）

序号	拉丁学名	中文名	所属科	特征及特性	类别	原产地	目前分布/种植区
4665	*Gossypium harknessii* Brandg	哈克尼西棉	Malvaceae 锦葵科	直立灌木；叶组织厚，深心脏形，浅3裂，有叶蜜腺；苞叶窄卵圆形，全缘，或顶端有2～5齿，开花时脱落；花黄色，红斑；蒴果，顶端有小尖，3～4室	经济作物（纤维类）		
4666	*Gossypium herbaceum* L.	草棉	Malvaceae 锦葵科	一年生草本至亚灌木；叶掌状5裂；花单生叶腋，小苞片阔三角形，花萼杯状，花黄色，里面基部紫色；蒴果卵球形	经济作物（纤维类），有毒	非洲南部	
4667	*Gossypium hirsutum* L.	陆地棉（高地棉，大陆棉）	Malvaceae 锦葵科	一年生草本；叶互生，宽卵形，掌状3裂；花单生；花冠白色或淡红，后变为淡红或紫色；蒴果3～4室，种子分离	经济作物（纤维类），有毒	中美洲	全国棉区普遍栽培
4668	*Gossypium incanum*（Schwartz）Hillc.	灰白棉	Malvaceae 锦葵科	直立灌木，茎被星形茸毛；叶椭圆形或卵圆形，浅2～3裂片，叶背和叶面有柔茸毛，叶蜜腺模糊；有苞外蜜腺，苞叶卵圆形，5～11齿；花黄色，深红斑；蒴果，有嘴，3室	经济作物（纤维类）		
4669	*Gossypium klotzschianum* Anderss	克劳茨基棉	Malvaceae 锦葵科	灌木或小乔木；叶阔卵圆形，全缘，渐尖，叶两面星形毛，叶蜜腺大；苞叶心脏形、卵圆形，9～12齿；花大黄色，红斑；蒴果卵形、纺锤形，4室	经济作物（纤维类）		
4670	*Gossypium laxum* Phillips	松散棉	Malvaceae 锦葵科	小乔木；叶掌状浅裂，3～5裂片，裂片渐尖，叶蜜腺发育不良或无；苞外蜜腺明显，苞叶三角形；花瓣粉红色，深红斑；蒴果3～5室	经济作物（纤维类）		
4671	*Gossypium lobatum* Gentry	裂片棉	Malvaceae 锦葵科	乔木，茎皮棕色，有皮孔；叶心脏形，3～5裂片，叶蜜腺小；苞外蜜腺凹陷；苞叶三角形，尖或纯；花淡紫色，紫红斑；蒴果卵形，3室	经济作物（纤维类）		
4672	*Gossypium londonderriense* Fryx.，CravenetStewart	伦敦德里棉	Malvaceae 锦葵科	半直立至匍匐多茎亚灌木，茎枝被密细毛；叶缘细毛，有叶蜜腺；无苞外蜜腺，苞叶披针形；花萼有中肋，星形毛，5裂片；花白色，深紫酱斑，花丝白色；蒴果卵形，顶端有尖嘴	经济作物（纤维类）		

（续）

序号	拉丁学名	中文名	所属科	特征及特性	类别	原产地	目前分布/种植区
4673	*Gossypium longicalyx* J. B. Hutch et Lee.	长萼棉	Malvaceae 锦葵科	攀缘灌木，茎半直立或平卧，茎有稀疏毛到无毛；叶卵圆形、心脏形，全缘，叶蜜腺不明显；无苞外蜜腺，苞叶卵圆形、心脏形，全缘；花黄色，无斑；蒴果3室	经济作物（纤维类）		
4674	*Gossypium marchantii* Fryx., Craven et Stewart	马全特氏棉	Malvaceae 锦葵科	半直立至匍匐亚灌木，茎枝被稀疏星形短软毛；叶卵圆形，叶蜜腺不明显；有苞外蜜腺；花白色或粉红色，深紫酱斑；蒴果卵形或亚球形，无毛，3室	经济作物（纤维类）		
4675	*Gossypium mustelinum* Miers et Watt.	黄褐棉	Malvaceae 锦葵科	灌木或小乔木，茎被星形茸毛；叶心脏形，3～5裂片，叶蜜腺1～3个不明显；有苞外蜜腺，苞叶卵圆形；花黄色，深红斑；蒴果4室，有嘴	经济作物（纤维类）		
4676	*Gossypium nandewarense* Derera	南岱华棉	Malvaceae 锦葵科	灌木，全株无毛，被蜡质粉；单叶全缘，或3裂片，裂片圆，顶端有小尖，有的叶基部有两个耳状的附加物，叶蜜腺无色；苞外蜜腺淡红色，苞叶顶端有小齿；花紫红色，深紫酱斑；蒴果卵形	经济作物（纤维类）		
4677	*Gossypium nelsonii* Fryx.	纳尔逊氏棉	Malvaceae 锦葵科	直立灌木，茎被密星形毛；叶蜜腺淡红色；苞外蜜腺玫瑰红色，苞叶长条状；蒴果3～5室	经济作物（纤维类）		
4678	*Gossypium nobile* Fryx., Craven et Stewart	显贵棉	Malvaceae 锦葵科	直立多茎灌木，全株被密短软毛，蜜腺时被毛遮掩；叶两面有短软毛，有叶蜜腺；有苞外蜜腺，苞叶三角形，有短软毛；花白或粉红色，深紫酱斑；蒴果3室	经济作物（纤维类）		
4679	*Gossypium pilosum* Fryx.	长茸棉	Malvaceae 锦葵科	半直立至匍匐亚灌木；叶卵圆形，全缘，尖或渐尖，叶蜜腺在中脉基部；苞外蜜腺发育不良或无，苞叶披针形，全缘，反折；花白色，深紫酱斑；蒴果3室	经济作物（纤维类）		
4680	*Gossypium populifolium* (Benth) Muell ex Tod	杨叶棉	Malvaceae 锦葵科	斜倚，向上，或半直立亚灌木，茎无毛；叶阔卵圆形，全缘，有叶蜜腺；有苞外蜜腺；苞叶披针形，顶尖反折；花粉红色，深红斑；蒴果卵形，无毛，3室	经济作物（纤维类）		

（续）

序号	拉丁学名	中文名	所属科	特征及特性	类别	原产地	目前分布/种植区
4681	*Gossypium pulchellum* (Gardn) Fryx.	小丽棉	Malvaceae 锦葵科	直立多茎亚灌木，被密短软毛；叶卵圆形至阔卵圆形，全缘，渐尖，叶两面有密短软毛；叶蜜腺靠近中脉基部；有苞外蜜腺，苞叶披针形，全缘（或顶端有3齿），有短软毛；花粉红色，深紫酱斑；蒴果卵形、球形	经济作物（纤维类）		
4682	*Gossypium raimondii* Ulbr.	雷蒙德氏棉	Malvaceae 锦葵科	大灌木，茎、叶被柔星形茸毛；叶阔卵形、心脏形，全缘，有1～3个叶蜜腺；苞外蜜腺经常被茸毛遮盖；苞叶阔卵圆形，深裂，具15～20个尾状渐尖的齿；花瓣乳白色，深红斑；蒴果4室	经济作物（纤维类）		
4683	*Gossypium robinsonii* Muell	鲁滨孙氏棉	Malvaceae 锦葵科	灌木，全株无毛，蜡质粉不明显；叶掌状深裂，3～5裂片，卵圆形、椭圆形，渐尖，每片主脉上半部有淡红色叶蜜腺；苞外蜜腺3个；花紫红色，斑小，深红色；蒴果卵形，4室	经济作物（纤维类）		
4684	*Gossypium rotundifolium* Fryx.，Craven et Stewart	圆叶棉	Malvaceae 锦葵科	平卧多年生草本，茎被细长毛；叶两面几乎无毛，叶缘有细毛，叶蜜腺在最基部；无苞外蜜腺，苞叶披针形，细毛不清楚至无毛，最后反折；花白或粉红色，深紫酱斑；蒴果3室	经济作物（纤维类）		
4685	*Gossypium schwendimanii* Fryx.	斯温迪芒氏棉	Malvaceae 锦葵科	乔木；叶阔卵圆形、深心脏形，基本无毛，叶蜜腺小；苞外蜜腺凹陷，苞叶三角形，全缘；花淡黄带紫，深紫斑，花药紫色；蒴果窄卵形，3室	经济作物（纤维类）		
4686	*Gossypium somalense* (Gürke) J. B. Hutch	索马里棉	Malvaceae 锦葵科	灌木，茎和叶被星形茸毛；叶浅3裂片，裂片钝圆或尖（有时具短尖），叶蜜腺模糊；有苞外蜜腺，苞叶阔卵形、深心脏形，有5～13齿；花黄色，深红斑；蒴果卵形，有嘴，3～4室	经济作物（纤维类）		
4687	*Gossypium stocksii* Mast in Hook	斯托克斯氏棉	Malvaceae 锦葵科	匍匐或蔓生灌木；叶心脏形、阔圆形，掌状深3～5裂片，叶蜜腺不明显；有苞外蜜腺，苞叶卵形、椭圆形，7～9齿；花黄色，红斑；蒴果小，亚球形，有嘴，3室	经济作物（纤维类）		

（续）

序号	拉丁学名	中文名	所属科	特征及特性	类别	原产地	目前分布/种植区
4688	*Gossypium sturtianum* Willis	斯特提棉	Malvaceae 锦葵科	直立灌木，全株无毛，被蓝色蜡质粉；叶阔卵圆形，全缘，叶蜜腺无色；苞外蜜腺淡红色，苞叶卵圆形，全缘；花紫红色，紫酱斑，花药淡红色；蒴果卵形	经济作物		
4689	*Gossypium thurberi* Tod.	瑟伯氏棉	Malvaceae 锦葵科	分枝灌木，幼茎呈五角；嫩枝和幼叶有稀疏茸毛，到几乎无毛；叶掌状深裂，3～5 宽披针形裂片，有叶蜜腺；苞外蜜腺明显，苞叶披针形；花瓣乳白色，微红斑；蒴果卵圆形	经济作物（纤维类）		
4690	*Gossypium tomentosum* Nutt et Seem	毛棉	Malvaceae 锦葵科	灌木，全株被有茸毛；叶深心脏形，叶蜜腺 1～3 个不明显；苞叶卵圆形，顶端有 3～9 齿；花黄色，有光泽，无斑点；蒴果顶端有尖嘴，3 室	经济作物（纤维类）		
4691	*Gossypium trifurcatum* Vollesen	三叉棉	Malvaceae 锦葵科	叶阔卵形，具有粗齿；苞叶叶状，每一片苞叶分裂深，3 长条形裂片，有短茸毛；花淡黄带红，深紫酱斑，花瓣边缘有不规则的锯齿；蒴果顶端微凹	经济作物（纤维类）		
4692	*Gossypium trilobum* Skov.	三裂棉	Malvaceae 锦葵科	灌木或小乔木；叶掌状深裂，3～5 裂，有叶蜜腺；有苞外蜜腺，苞叶心脏形、卵圆形，全缘；花淡黄色，红斑；蒴果椭圆形，有嘴，3 室	经济作物（纤维类）		
4693	*Gossypium triphyllum* （Harv, Sond） Hochr	三叶棉	Malvaceae 锦葵科	灌木，茎叶被星形茸毛；叶掌状 3 窄小叶，叶蜜腺 1～3 个，不明显；苞外蜜腺白色，苞叶三角形；花淡黄色带点紫，深紫斑，雄蕊管白色带紫；蒴果卵形，有嘴，3 室	经济作物（纤维类）		
4694	*Gossypium turneri* Fryx.	特纳氏棉	Malvaceae 锦葵科	灌木，茎皮红棕色，有明显的皮孔；叶组织厚，心脏形，浅 3 裂片，几乎光滑，有叶蜜腺；苞外蜜腺明显，苞叶卵圆形，开花时脱落；花黄色，红斑；蒴果 3～5 室	经济作物（纤维类）		
4695	*Gossypium vollesenii* Fryx.	佛里逊氏棉	Malvaceae 锦葵科	攀缘亚灌木，全枝被蛛网状短软毛；叶卵圆形或浅 3 裂片，全缘，顶端有小尖，主脉近基有 1～3 小叶蜜腺；苞外蜜腺凹陷，苞叶卵圆形；花黄色，深红斑；蒴果顶端有小尖，有粗硬毛，3 室	经济作物（纤维类）		

（续）

序号	拉丁学名	中文名	所属科	特征及特性	类别	原产地	目前分布/种植区
4696	*Graptopetalum paraguayense*（N. E. Br.）Walth.	风车草（宝石花）	Crassulaceae 景天科	多浆植物；茎多分枝，丛生；幼苗叶莲座状，老株叶抱茎；叶厚，卵形，先端尖，全缘，平滑有光泽，似宝石；聚伞花序腋生，花瓣与萼片白色，花瓣有红点	观赏	墨西哥	
4697	*Grevillea robusta* A. Cunn. ex R. Br.	银桦（凤尾七，银橡树）	Proteaceae 山龙眼科	常绿乔木；高可达 40m，总状花序，花橙、白色或红色，未开放时弯曲管状、长约 1cm；果有细长花柱宿存	林木	澳大利亚的昆士兰州南部和新南威尔士州北部的河流两侧	云南、福建、台湾、海南、广东、广西、四川、湖南、浙江
4698	*Grewia biloba* G. Don	扁担杆（孩儿拳头，山蹦枣）	Tiliaceae 椴树科	落叶灌木；单叶互生，菱状卵形，背面有星状毛，聚伞花序与叶对生，花淡黄绿色；核果橙黄色或红色	观赏	中国长江流域、台湾、香港	
4699	*Grewia eriocarpa* Juss.	毛叶解宝树（毛果扁担杆）	Tiliaceae 椴树科	灌木或小乔木；高 2～9m；聚伞花序 1 至数个腋生，长 1.5～3cm，有 3 至数朵花；花白或淡黄色；萼片 5，条形，长 6～8mm，外面密生，内面疏生星状毛；花瓣 5，长约 3mm；雄蕊多数	果树		海南
4700	*Grifola umbellata*（Pers.）Pilát	猪苓（野猪苓，猪屎苓，鸡屎苓）	Polyporaceae 多孔菌科	菌核埋于地下生长，不规则块状，半木质化，个体大小不等，表面凹凸不平，皱缩多疣状物	药用		河北、山西、陕西、河南、云南
4701	*Gueldenstaedtia verna*（Georgi）Boriss.	米口袋（紫花地丁，地丁，米布袋）	Leguminosae 豆科	多年生草本；被白色长柔毛；叶在根颈丛生，小叶 11～21，椭圆形或卵形；伞形花序具 4～6 花，花冠紫红或紫色；荚果圆筒状	药用		东北及河北、山东、山西、陕西、河南、湖北、甘肃、江苏
4702	*Guihaia argyrata*（S. K. Lee et F. N. Wei）S. K. Lee，F. N. Wei et J. Dransf.	石山棕（崖棕）	Palmae 棕榈科	常绿丛生灌木；叶扇状，聚生茎顶，裂片深裂，披针形或剑形，背面密被银灰色长柔毛，雌雄异株，圆锥花序，被银色柔毛	观赏	中国广东、广西	
4703	*Guihaia grossefibrosa*（Gagnep.）J. Dransf.，S. K. Lee et F. N. Wei	两广石山棕	Palmae 棕榈科	常绿丛生灌木；叶掌状深裂至 4/5 或基达基部，背具白粉和点状鳞片，叶鞘管状，花序具 2～5 个分枝，花冠里面具附属体，果蓝黑色	观赏	中国广东南部、广西西南部	

（续）

序号	拉丁学名	中文名	所属科	特征及特性	类别	原产地	目前分布/种植区
4704	*Guizotia abyssinia* Grass.	小葵子	Compositae（Asteraceae）菊科	一年生草本；头状花序异性；总苞钟状；总苞片1列；花序托凸起，具子膜质托片；花托托苞5～7mm，舌状花8～14mm，筒状花冠4～5mm，连萼瘦果4～5mm；缘花舌状，1列；雌性，盘花两性，管状，5浅裂	蜜源		西南、华南、华中、西北
4705	*Guzmania lingulata*（L.）Mez.	果子蔓	Bromeliaceae 凤梨科	多年生草本；叶莲座状着生，叶片带状，外曲，翠绿色有光泽；伞房花序，苞片阔披针形，鲜红色或桃红色，小花白色；单株花期50～70天，全年均有花开	观赏	哥伦比亚、厄瓜多尔	
4706	*Gymnadenia conopsea*（L.）R. Br.	手参（掌参，佛手参，手儿参）	Orchidaceae 兰科	地生兰；叶互生，线状披针形或带形，基部成抱茎的鞘，总状花序顶生，呈圆筒状，花粉红色，花瓣直立，唇瓣前部3裂，花苞片先端尾状	观赏		东北、西北、西南及湖北
4707	*Gymnema sylvestre*（Retz.）Schult.	匙羹藤（金刚藤）	Asclepiadaceae 萝藦科	藤本；4m；厚纸质，倒卵形或卵状长圆形；聚伞花序伞状，花冠绿白色；蓇葖果卵状披针形	药用		台湾、浙江、福建、广东、广西、海南、云南
4708	*Gymnocalycium anisitsii*（K. Schum.）Britt. Et Rose	翠晃锦	Cactaceae 仙人掌科	植株单生，扁圆球至圆球形，球径10～12cm，体色灰绿色；具11～13个脊疣突的棱；黄白色细针样刺5～7枚，长3～5cm；春夏季节顶生粉白色漏斗状花，花径3～4cm	观赏	巴拉圭	
4709	*Gymnocalycium baldianum*（Speg.）Speg.	绯花玉	Cactaceae 仙人掌科	多浆植物；花顶生，长和直径都是3～5cm，白色、红色或玫瑰红色；果纺锤状，深灰绿色	观赏	阿根廷	
4710	*Gymnocalycium bruchii*（Speg.）Hosseus	罗星球	Cactaceae 仙人掌科	多浆植物；小型球类，高3.5cm，直径6cm，非常易出子球而成群生植株，棱12；花筒很长，花淡粉红色	观赏	阿根廷	
4711	*Gymnocalycium damsii*（K. Schum.）Britt. et Rose	丽蛇球	Cactaceae 仙人掌科	多浆植物；植株球形，上部渐扁，灰白色；花白色，较外部花被片绿色带红；果红色	观赏	巴拉圭	

（续）

序号	拉丁学名	中文名	所属科	特征及特性	类别	原产地	目前分布/种植区
4712	*Gymnocalycium denudatum* (Link et Otto) Pfeiff.	蛇龙球	Cactaceae 仙人掌科	多浆植物；茎球形，灰绿色；花大，白色，略带红晕；花期5～6月	观赏	巴拉圭	
4713	*Gymnocalycium mihanovichii*（Fri et Gurke）Britt. et Rose	瑞云球	Cactaceae 仙人掌科	多浆植物；植株体扁球形，灰绿色略带红，具8条三角状阔棱；花漏斗状，内瓣黄白色，较外被片深红色；花期夏季，花朵昼开夜闭，延续数日	观赏	巴拉圭干旱亚热带	
4714	*Gymnocalycium mostii*（Gürke) Britt. et Rose	红蛇球	Cactaceae 仙人掌科	多浆植物；花细长，花冠筒漏斗状，着生于近端的刺座上，常数花同时开放；花淡红色或粉红色，花期春、夏季	观赏	巴拉圭	
4715	*Gymnocalycium multiflorum*（Hook.）Britt. et Rose	多花玉	Cactaceae 仙人掌科	多浆植物；茎丛生；具棱10～15，刺粗壮，暗褐色至黑色，老刺呈灰色；花白色或淡粉色	观赏	巴西至阿根廷	
4716	*Gymnocalycium quehlianum*（F. A. Haage,Jr.）Vaup. ex Hosseus	长刺龙头	Cactaceae 仙人掌科	多浆植物；茎球形，红绿色；具棱8～13；花色白色，中央有红晕	观赏	阿根廷	
4717	*Gymnocalycium saglione* (J. F. Cels) Britt. et Rose	新天地	Cactaceae 仙人掌科	多浆植物；花阔钟形，直径3.5cm，白或粉红；果实圆形，直径2cm，种子小，褐色	观赏	阿根廷北部	
4718	*Gymnocarpos przewalskii* Bunge ex Maxim.	裸果木	Caryophyllaceae 石竹科	落叶灌木；高20～80cm；叶线形；花单生或2至数朵排成腋生聚伞花序；苞片白色，膜质，椭圆形；瘦果包藏于宿存的萼内	生态防护		新疆、甘肃、青海、内蒙古
4719	*Gymnocladus chinensis* Baill.	肥皂荚	Leguminosae 豆科	落叶乔木；高5～12m；总状花序顶生；花杂性，白色或带紫色，有长梗，下垂；花瓣长圆形先端钝	观赏	中国	江苏、浙江、江西、安徽、福建、湖北、湖南、广东、广西、四川

（续）

序号	拉丁学名	中文名	所属科	特征及特性	类别	原产地	目前分布/种植区
4720	*Gymnopetalum chinensis*（Lour.）Merr.	越南裸瓣瓜（金瓜，野苦瓜）	Cucurbitaceae 葫芦科	纤细攀缘藤本；叶单生，卵状心形，不分裂或3～5裂，长6～13cm，宽4～9cm；卷须丝状；雄花单生或为总状花序；花冠白色，深5裂；雌花单生；果实长椭圆形，成熟时红色，有10条棱线	蔬菜，药用	中国	贵州、云南、广东、广西
4721	*Gymnotheca chinensis* Decne.	裸蒴（水百步还魂草，土细草，鱼腥草）	Saururaceae 三白草科	蔓生草本；穗状花序与叶对生；花小，白色，两性；雄蕊6，花药长圆形，花丝粗短；心皮4，合生为一室，花柱4，线形，外卷	药用		湖北、湖南、广西、四川、贵州、云南
4722	*Gymnotheca involucrata* S. J. Pei	白苞裸蒴	Saururaceae 三白草科	草本；叶纸质，心形或肾状心形，托叶膜质，基部扩大抱茎；花序单生通常在茎中部与叶对生，苞片白色，花序轴扁压，两侧具棱或几成翅状	观赏	中国四川南部	
4723	*Gynandropsis gynandra*（L.）Briq.	白花菜（羊角菜，五梅草）	Capparidaceae 白花菜科	一年生草本；高40～100cm；茎有纵槽纹；掌状复叶互生，小叶5，广倒卵形；总状花序顶生，花瓣白色或淡紫色；蒴果圆柱形	有毒		华东、华中、华南及河北、台湾
4724	*Gynocardia odorata* R. Br.	马旦果	Flacourtiaceae 大风子科	乔木；雌雄异株；雄花雄蕊多数，雌花有退化雄蕊10～15，雌蕊5，柱头大，心形	果树	印度	云南、西藏
4725	*Gynostemma burmanicum* King ex Chakr.	缅甸绞股蓝	Cucurbitaceae 葫芦科	攀缘藤本；叶纸质；花雌雄异株；花冠绿色；雌花未见；浆果球形，绿色	药用，观赏		云南南部
4726	*Gynostemma laxum*（Wall.）Cogn.	光叶绞股蓝	Cucurbitaceae 葫芦科	攀缘草本；叶纸质，鸟足状；雄圆锥花序顶生或腋生；花冠黄绿色；雌花序同雄花；浆果球形，黄绿色	药用，观赏		广东、广西、云南东南部
4727	*Gynostemma pentaphyllum*（Thunb.）Makino	绞股蓝（天堂草，南人参）	Cucurbitaceae 葫芦科	草质藤本；叶鸟足状，小叶5～9，矩圆状或披针形；圆锥花序，总花梗长10～20cm，花柱3，柱头2裂；果实球形，后变黑	蔬菜，药用	中国	陕西及长江以南各省份
4728	*Gynura aurantiaca*（Blume）DC.	紫鹅绒	Compositae（Asteraceae）菊科	多年生草本；头状花序顶生，全为两性的筒状花，黄色或橙黄色；花期4～5月	观赏	亚洲热带	

（续）

序号	拉丁学名	中文名	所属科	特征及特性	类别	原产地	目前分布/种植区
4729	*Gynura bicolor* (Roxb. ex Willd.) DC.	紫背天葵（血皮菜，观音苋）	Compositae (Asteraceae) 菊科	多年生草本；高 50～100cm；叶片倒卵形或倒披针形；头状花序成疏伞房状；小花橙黄色至红色；瘦果圆柱形，淡褐色	蔬菜		云南、贵州、四川、广西、广东、台湾
4730	*Gypsophila elegans* Bieb.	霞草	Caryophyllaceae 石竹科	多年生草本；聚伞花序顶生，稀疏而扩展，花小，花瓣先端微凹缺，花梗细长，花白色或粉红、玫红色；花期 5～6 月	观赏	小亚细亚、高加索	全国各地有栽培
4731	*Gypsophila licentiana* Hand.-Mazz.	尖叶丝石竹	Caryophyllaceae 石竹科	多年生草本；圆锥状聚伞花序呈疏松状排列；苞片卵状披针形或披针形，先端渐尖，基部连合，呈短鞘状，脉 1 条，具膜质边缘；萼钟状圆筒形，5 齿裂，萼齿三角形，先端尖，边缘膜质；花瓣 5，白色或粉红色，基部微凹或呈截形	观赏	中国特有，产于河北	
4732	*Gypsophila oldhamiana* Miq.	香丝石竹（欧石头花）	Caryophyllaceae 石竹科	多年生草本；伞房状聚伞花序较密集，顶生或腋生，无毛；花瓣粉红色，倒卵状长圆形，顶端截形或微凹；花期 6～9 月	观赏	中国北部	
4733	*Gypsophila paniculata* L.	锥花丝石竹	Caryophyllaceae 石竹科	多年生宿根草本；圆锥状聚伞花序顶生，疏散多分枝；花小，白色，芳香，花瓣长圆锥状扇形；花萼短钟形，5 裂；小花梗长，为萼的 2～3 倍，花期 6～8 月	观赏	欧洲、亚洲北部	
4734	*Gypsophila perfoliata* L.	抱茎丝石竹	Caryophyllaceae 石竹科	多年生宿根草本；圆锥花序或二歧聚伞花序；花小，白或粉红色；花期 5～6 月	观赏	保加利亚东部、罗马尼亚至亚洲中部	
4735	*Gyrocheilos chorisepalum* W. T. Wang	圆唇苣苔	Gesneriaceae 苦苣苔科	多年生草本；叶基生，革质或纸质，心形或肾形，掌状脉，两面被柔毛或短伏毛，聚伞花序，3 或 4 回分裂，苞片 2 对生，花萼宽钟状，花冠紫或淡红色，二唇形，上唇半圆形不裂，下唇 3 深裂	观赏	中国广西、广东	
4736	*Gyrogyne subaequifolia* W. T. Wang	圆果苣苔	Gesneriaceae 苦苣苔科	多年生草本；茎被淡褐色短柔毛，叶对生，卵形，聚伞花序顶生，花萼宽钟状外被短柔毛，5 裂，花冠外被短柔毛，二唇形，上唇 2 深裂，下唇 3 深裂	观赏	中国广西	

（续）

序号	拉丁学名	中文名	所属科	特征及特性	类别	原产地	目前分布/种植区
4737	*Hackelochloa granularis* (L.) Kuntze	球穗草	Gramineae (Poaceae) 禾本科	一年生草本；秆高 20～100cm；叶线状披针形，被疣基毛；总状花序数个聚生叶腋，小穗成对生于穗轴各节，无芒	杂草		我国南部各省份
4738	*Halenia elliptica* D. Don	椭圆叶花锚（黑及草）	Gentianaceae 龙胆科	一年生直立分枝草本；高 15～30cm；叶对生，椭圆形或卵形；伞形或聚伞新花序，花冠蓝色或蓝紫色，子房卵形；蒴果卵形	药用		西北、华北、华中、西南
4739	*Halerpestes cymbalaria* (Pursh) Greene	水葫芦苗（圆叶碱毛茛）	Ranunculaceae 毛茛科	多年生草本；茎匍匐；叶均基生，近圆形、肾形或宽卵形，掌状 3～5 裂；通常 2～3 花成聚伞状，花瓣 5，黄色，心皮多数；聚合果卵球形	药用		东北、西北及西藏、内蒙古、山西、河北、四川
4740	*Halerpestes ruthenica* (Jacq.) Ovcz.	长叶碱毛茛（金戴戴）	Ranunculaceae 毛茛科	多年生草本；有细长匍匐茎，长 3～30cm；叶簇生，卵形或卵状椭圆形；花葶有花 1～3，花瓣黄色，花托圆柱形；聚合果卵球形	有毒		东北、华北、西北
4741	*Halesia macgregorii* Chun	银钟花	Styracaceae 安息香科	落叶乔木；叶薄纸质，椭圆状长圆形至椭圆形；花白色，与叶同时开放，2～6 朵排成短缩的总状花序；核果椭圆形至倒卵形	林木，观赏		浙江、福建、江西、广东湖南、广西
4742	*Halimodendron halodendron* (Pall.) Voss	铃铛刺（盐豆木）	Leguminosae 豆科	落叶灌木；高 0.5～2m；羽状复叶，小叶 2～4 片，倒披针形；总状花序有花 3～6 朵，花冠碟形，淡紫色；荚果椭圆形	观赏，生态防护		新疆、内蒙古、甘肃河西走廊
4743	*Halogeton arachnoideus* Moq.	白茎盐生草（灰蓬）	Chenopodiaceae 藜科	一年生草本；高 10～40cm；茎灰白色；叶互生，圆柱形，叶腋生绵毛；花 2～3 朵簇生叶腋，小苞片 2，卵形；胞果卵形	杂草		山西、陕西、内蒙古、宁夏、甘肃、青海、新疆
4744	*Halogeton glomeratus* (Bieb.) C. A. Mey.	盐生草	Chenopodiaceae 藜科	一年生草本；高 5～30cm；枝互生；叶互生，圆柱形；花两性，腋生，常 4～6 朵聚集成团伞花序；胞果卵形	杂草，有毒		甘肃、青海、新疆、西藏
4745	*Haloragis micranthus* (Thunb.) R. Br. ex Siebold et Zucc.	小二仙草（蚁塔）	Haloragidaceae 小二仙草科	多年生小草本；高 10～40cm；茎丛生，具纵槽；叶小，卵形或宽卵形；多数下垂小花组成总状花序，花两性，红色；核果近球形	药用		华东、西南、华南及台湾、湖南

（续）

序号	拉丁学名	中文名	所属科	特征及特性	类别	原产地	目前分布/种植区
4746	*Halostachys caspica* C. A. Mey. ex Schrenk	盐穗木	Chenopodiaceae 藜科	灌木；茎多分枝，对生，小枝肉质，有关节，密生小突起；叶鳞片状，对生；花序穗状，柄具节关，花被倒披针形	饲用及绿肥		甘肃河西走廊、新疆塔克拉玛干沙漠、吐鲁番盆地、焉耆盆地
4747	*Haloxylon ammodendron*（C. A. Mey.）Bunge	梭梭（梭梭柴）	Chenopodiaceae 藜科	小乔木；叶鳞状，宽三角形，先端钝，腋间被棉毛，小苞片舟形；花被片矩圆形，花盘不明显；脆果黄褐色	饲用及绿肥	中国	内蒙古、宁夏、甘肃、青海、新疆
4748	*Haloxylon persicum* Bunge ex Boiss. et Buhse	白梭梭	Chenopodiaceae 藜科	落叶小乔木；高 1～5m；树皮灰白色；叶鳞片状；花黄色，成对或单生于二年生枝侧生短枝的叶腋；胞果淡黄褐色	饲用及绿肥，生态防护	中国	新疆古尔班通古特沙漠、甘肃河西走廊有引种
4749	*Hamamelis mollis* Oliv.	金缕梅（木里仙）	Hamamelidaceae 金缕梅科	落叶灌木或小乔木；细枝密生星状绒毛；裸芽有柄，叶倒卵圆形；蒴果卵球形	药用，观赏		安徽、浙江、江西、湖北、湖南、广西、四川
4750	*Handeliodendron bodinieri*（H. Lév.）Rehder	掌叶木	Hippocastanaceae 七叶树科	灌木或小乔木；高 4～8m；圆锥花序顶生，长约 10cm；花小，白色，两性；萼片 5，长约 2～3mm；花瓣 4～5，长为萼的 2～3 倍；雄蕊 7～8；蒴果梨形，红色，具长柄，直径 1～1.2cm	林木，观赏	中国	广西、贵州
4751	*Haplophyllum dauricum*（L.）G. Don	北芸香（草芸香）	Rutaceae 芸香科	多年生草本；全株有特殊香气；单叶互生，条状披针形，全缘，无柄，两面具腺点；花聚生于茎顶，黄色，花的各部具腺点	饲用及绿肥		东北、华北、西北
4752	*Harpachne harpachnoides*（Hackel）B. S. Sun et S. Wang	镰稃草	Gramineae (Poaceae) 禾本科	多年生；秆高 15～30cm；小穗柄长 1～3mm，基部扭曲具关节，成熟时与小穗自主轴上脱落，第一外稃长约 2.5mm	饲用及绿肥		云南、四川、贵州
4753	*Haynaldia* Brviaristata	短芒簇毛麦	Gramineae (Poaceae) 禾本科	为簇毛麦 *Dasypyrum villosum* 的野生四倍体，与簇毛麦的区别在于：该种为多年生	粮食		

（续）

序号	拉丁学名	中文名	所属科	特征及特性	类别	原产地	目前分布/种植区
4754	*Hedera helix* L.	洋常春藤	Araliaceae 五加科	常绿大型木质藤本；茎蔓可长 10m；叶互生具 2 形，在营养枝上呈广卵形或宽掌形，3～5 裂，裂片三角卵形或戟形；球状伞形花序，顶生；浆果状核果黑色、球形；种子扁平、椭圆形	观赏	欧洲至高加索	江苏、浙江、安徽、湖南、湖北、江西、河南、河北、北京
4755	*Hedera nepalensis* K. Koch	常春藤	Araliaceae 五加科	多年生常绿攀缘藤本；茎枝有气生根，幼枝被鳞片状柔毛；营养枝上的叶三角状卵形或近戟形，花枝上的叶椭圆状卵形或椭圆状披针形；子房下位，花柱合生成柱状	药用		华中、华南、西南、华北
4756	*Hedyotis acutangula* Champion ex Bentham	金草	Rubiaceae 茜草科	通常亚灌木状草本；叶革质，卵状披针形；聚伞花序复作圆锥花序式或伞房花序式排列；蒴果倒卵形	药用		广东、海南、香港
4757	*Hedyotis angustifolia* Cham. et Schltdl.	纤花耳草	Rubiaceae 茜草科	一年生草本；株形披散；叶对生，条形或条状披针形；花基数 4，无花梗，2～3 朵簇生叶腋，花冠白色，漏斗状；蒴果有宿存萼裂片	药用		我国东南至西南各省
4758	*Hedyotis biflora* （L.） Lam.	双花耳草	Rubiaceae 茜草科	一年生无毛柔弱草本；高 10～50cm；叶肉质，长圆形；花序近顶生或上部叶腋；蒴果膜质，陀螺形	杂草		广东、广西、云南、江苏、台湾
4759	*Hedyotis caudatifolia* Merr. et F. P. Metcalf	剑叶耳草	Rubiaceae 茜草科	直立灌木；高 30～90cm；叶对生，披针形；托叶阔卵形；聚伞花序排成疏散的圆锥花序式；花冠白色或粉红色；蒴果长圆形或椭圆形	蜜源		广西、广东、江西、福建、浙江、湖南
4760	*Hedyotis chrysotricha* （Palib.） Merr.	金毛耳草（伤口草）	Rubiaceae 茜草科	多年生草本；被金色柔毛；叶对生，椭圆形或卵形；花序有花 1～3 朵，无总梗，花冠漏斗状，淡紫红色；蒴果球形	药用		长江以南各省份
4761	*Hedyotis corymbosa* （L.） Lam.	伞房花耳草	Rubiaceae 茜草科	一年生草本；全株披散状；叶对生，条状披针形；托叶合生；伞房状花序腋生，花 2～4 朵，花小，白色或淡红色；蒴果膜质，球形	药用		东南、西南
4762	*Hedyotis costata* （Roxb.） Kurz	脉耳草（亚婆潮草）	Rubiaceae 茜草科	多年生披散草本；茎高 30～50cm，被金黄色疏长毛；叶对生，椭圆状披针形；聚伞花序腋生，密集成头状，单个或总状花序式排列；蒴果	杂草		广东、海南、云南

（续）

序号	拉丁学名	中文名	所属科	特征及特性	类别	原产地	目前分布/种植区
4763	*Hedyotis diffusa* Willd.	白花蛇舌草	Rubiaceae 茜草科	一年生铺散草本；根圆柱状，白色；叶对生，无柄，线形至线状披针形；花细小，从叶腋单生或成对生长，花冠白色；蒴果双生	药用	中国	广东、广西、云南、福建、浙江、江苏、安徽、湖南
4764	*Hedyotis hedyotidea*（DC.）Merr.	牛白藤	Rubiaceae 茜草科	藤状灌木；长 3～5m；叶膜质，长卵形或卵形；花序腋生和顶生；蒴果近球形	药用		广东、广西、云南、贵州、福建、台湾
4765	*Hedyotis mellii* Tutcher	卷毛耳草	Rubiaceae 茜草科	直立草本；花序密被毛，由多数小聚伞花序组成；花 4 数，被毛，具梗；萼筒陀螺状，长 1～1.5mm，裂片卵形，长 1.5～2mm；花冠白色或淡紫色，筒极短，裂片披针形，开放后外反；雄蕊生于花冠筒中部以下	蜜源		广西、广东、湖南、江西、福建
4766	*Hedyotis scandens* Roxb.	攀茎耳草（凉喉茶）	Rubiaceae 茜草科	多分枝藤状灌木；叶对生，近革质，长圆状披针形或狭椭圆形；聚伞花序排成扩展的圆锥花序式，顶生，罕有腋生；蒴果扁球形	杂草		云南
4767	*Hedyotis verticillata*（L.）Lam.	粗叶耳草	Rubiaceae 茜草科	一年生草本；茎高 20～30cm；叶对生，椭圆状披针形，上面有角质硬毛；团伞花序腋生，密集成头状，花 4，花冠白色；蒴果卵形	药用		广东、广西、云南、贵州
4768	*Hedysarum alpinum* L.	山岩黄芪（高山岩黄芪）	Leguminosae 豆科	多年生草本；小叶 9～17 片；花序具多数花，密集，花长 12～16mm，花冠紫红色，子房无毛；荚果 3～4 节，节荚椭圆形	饲用及绿肥		东北及新疆、内蒙古
4769	*Hedysarum brachypterum* Bunge	短翼岩黄芪	Leguminosae 豆科	多年生草本；高 20～30cm；萼齿披针状钻形，长为萼筒的 2 倍，花冠紫红色，翼瓣长为旗瓣的 2/5；荚果具毛和针刺	饲用及绿肥		河北、内蒙古、宁夏、甘肃
4770	*Hedysarum fruticosum* Pall.	山竹岩黄芪（山竹子）	Leguminosae 豆科	半灌木；小叶椭圆形；花与叶近等长，萼齿三角形，子房被短毛；荚果 2～3 节，节荚椭圆形，膨胀，具刺	饲用及绿肥，生态防护		东北、华北、西北
4771	*Hedysarum fruticosum* var. *laeve*（Maxim.）H. C. Fu ex L. Z. Shue	塔落岩黄芪（羊柴）	Leguminosae 豆科	半灌木；叶具小叶 7～23 片；萼齿三角形，锐尖，子房无毛；荚果常 1～2 节，节荚矩圆状椭圆形，扁平，具网纹，无毛	饲用及绿肥，生态防护	中国	内蒙古、陕西、宁夏（东部）

（续）

序号	拉丁学名	中文名	所属科	特征及特性	类别	原产地	目前分布/种植区
4772	*Hedysarum fruticosum* var. *lignosum*（Trautv.）Kitag.	木岩黄芪	Leguminosae 豆科	半灌木；奇数羽状复叶，小叶5～8对，矩圆形或条状矩圆形；总状花序与叶近等长，具4～10花，萼筒钟状筒形或钟形，蝶形花冠紫红色；荚果具2～3节	饲用及绿肥		内蒙古东部、辽宁西部
4773	*Hedysarum fruticosum* var. *mongolicum*（Turcz.）Turcz. ex B. Fedtsch.	内蒙古岩黄芪（马岭草，山竹子）	Leguminosae 豆科	半灌木；小叶多于19片，枝上部小叶倒卵形，枝下部小叶椭圆形；荚果无毛，荚节两面稍凸，中部具疣状突起	饲用及绿肥，生态防护		内蒙古
4774	*Hedysarum gmelinii* Ledeb.	华北岩黄芪（刺岩黄芪，矮岩黄芪）	Leguminosae 豆科	多年生草本；花玫瑰紫色，萼齿钻状披针形，长为萼筒的1.5～2.5倍；荚果2～3节，节荚圆形，具乳突和弯曲皮刺	饲用及绿肥		河北、内蒙古、甘肃、新疆
4775	*Hedysarum montanum*（B. Fedtsch.）B. Fedtsch.	山地岩黄芪	Leguminosae 豆科	多年生草本；小叶长圆状卵形；花长16～18mm，玫瑰紫色，萼齿长为萼筒的2倍，翼瓣长为旗瓣的1/2；荚果被毛和刺	饲用及绿肥		新疆（天山）
4776	*Hedysarum multijugum* Maxim.	红花岩黄蓍	Leguminosae 豆科	半灌木；小叶15～29片，宽卵形；萼齿深裂，花紫红色；荚果2～3节，具针刺，节荚椭圆形，被短毛，具细网纹	饲用及绿肥		华北、西北、河南、四川、西藏
4777	*Hedysarum polybotrys* Hand.-Mazz.	多序岩黄芪（晋芪，算盘子，纳佳善马）	Leguminosae 豆科	多年生草本；主根粗大，外皮红棕色；荚节边缘有窄翅，表面有疏网纹及贴伏短柔毛	药用		内蒙古、宁夏、甘肃南部、四川西部、西藏
4778	*Hedysarum scoparium* Fisch. et C. A. Mey.	细枝岩黄芪（花棒，花柴）	Leguminosae 豆科	半灌木；茎下部小叶7～11片，最上部叶轴无叶；翼瓣长为旗瓣的1/2；荚果2～4节，节荚宽卵形，膨胀，具细网纹和毡毛	饲用及绿肥，生态防护	中国	内蒙古、宁夏、甘肃、新疆
4779	*Hedysarum semenovii* Regel et Herder	天山岩黄芪	Leguminosae 豆科	多年生草本；小叶卵形；花序长不超出叶，下萼齿长于上萼齿1倍；荚果3～4节，节荚圆形，无毛，扁平，边缘具宽翅	饲用及绿肥		新疆
4780	*Hedysarum sikkimense* Benth. ex Baker	锡金岩黄芪	Leguminosae 豆科	多年生草本；高5～15cm；小叶常7～23片，卵状长圆形；花序具7～15花，花冠蓝紫色；荚果1～2节，节荚近圆形，被短毛	饲用及绿肥		西藏、四川、云南、青海

（续）

序号	拉丁学名	中文名	所属科	特征及特性	类别	原产地	目前分布/种植区
4781	*Hedysarum songaricum* Bong.	准噶尔岩黄芪	Leguminosae 豆科	多年生草本；小叶狭椭圆形，宽 3～5mm；萼齿披针状钻形，长为萼筒的 2～3 倍，翼瓣长为旗瓣的 1/2；荚果具短柔毛和细刺	饲用及绿肥		新疆
4782	*Hedysarum taipeicum*（Hand. -Mazz.）K. T. Fu	太白岩黄芪	Leguminosae 豆科	多年生草本；小叶 15～27 片；下萼齿长于上萼齿 1.5～2 倍，花冠淡黄色；荚果扁平，节荚倒卵形，具网纹，边缘具狭翅	饲用及绿肥		陕西、甘肃
4783	*Hedysarum vicioides* Turcz.	拟蚕豆岩黄芪	Leguminosae 豆科	多年生草本；小叶 11～19 片；下萼齿比上萼齿短 2.5～3 倍，花冠黄色，子房无毛；荚果节荚卵形，具网纹，边缘具狭翅	饲用及绿肥		东北、华北、西北、华东、西南
4784	*Helenium autumnale* L.	堆心菊	Compositae (Asteraceae) 菊科	多年生草本；叶披针线至卵状披针线，边缘具锯齿；头状花序，舌状花黄色，冠状花黄色或带红晕；花期夏末秋初	观赏	北美	
4785	*Helianthemum songaricum* Schrenk	半日花	Cistaceae 半日花科	落叶小灌木；高 10～15cm，多分枝，形成较紧密的灌丛；单叶对生，革质；花两性，单生枝顶，鲜黄色，花瓣 5；蒴果卵圆形	观赏		新疆、甘肃、内蒙古
4786	*Helianthus angustifolius* L.	狭叶向日葵	Compositae (Asteraceae) 菊科	多年生草本；头状花序少数或单生茎顶，直径 5～8cm；全缘，总苞片线状披针形，先端急尖或渐尖，被柔毛；舌状花亮黄色，管状花紫色；瘦果截形，光滑；冠毛具 2 短芒刺	观赏	北美	
4787	*Helianthus cucumerifolius* Torr. et Gray	瓜叶葵	Compositae (Asteraceae) 菊科	一年生草本，头状花序径 5～9cm，单生茎顶，或少数成伞房状；总苞片狭披针形，先端尾状渐尖，仅边缘疏被纤毛；舌状花 18～30 个；黄色，雌性或无性，具 2～4 鳞片状冠毛；管状花两性，紫褐色，具 2 鳞片状冠毛；托片先端 3 裂齿	观赏		
4788	*Helianthus decapetalus* L.	宿根向日葵（千瓣葵）	Compositae (Asteraceae) 菊科	多年生草本；茎直立；叶互生，质薄；叶面光滑，背面粗糙；头状花序顶生，多为舌状花；花黄色；花期 7～9 月	观赏	北美	
4789	*Helianthus giganteus* L.	大向日葵	Compositae (Asteraceae) 菊科	年生草本，高 1～3m；头状花序数个生于枝顶，具长梗，呈伞房状着生，花径 4～10cm；外轮为舌状花，淡黄色；管状花黄色	观赏	北美	

（续）

序号	拉丁学名	中文名	所属科	特征及特性	类别	原产地	目前分布/种植区
4790	*Helianthus rigidus*（Cass.）Desf.	坚硬向日葵	Compositae（Asteraceae）菊科	多年生草本；头状花序长1～10cm，总苞椭圆至卵圆，顶钝至尖，边缘具纤毛、无毛或背部具稀疏的硬毛，深绿色，短于花盘；花梗10～20个，花冠裂片红色至紫红色，冠毛常有附属的鳞状物	观赏	北美	
4791	*Helianthus salicifolius* A. Dietr.	柳叶向日葵	Compositae（Asteraceae）菊科	多年生草本；茎直立，无毛；叶被粗毛；头状花序单生，舌状花柠檬黄色，筒状花褐色或带紫色	观赏	北美	
4792	*Helianthus tuberosus* L.	菊芋（洋姜，鬼子姜）	Compositae（Asteraceae）菊科	多年生草本；具块状地下茎；基部叶对生，上部叶互生，叶柄具狭翅；舌状花淡黄色，筒状花黄色；瘦果楔形，有毛	饲用及绿肥		我国各地栽培
4793	*Helicia cochinchinensis* Lour.	红叶树（越南山龙眼）	Proteaceae 山龙眼科	常绿乔木；高10～12m，叶革质，狭椭圆形或倒卵披针形，总状花序腋生或顶生	果树		长江以南各省份
4794	*Helicia formosana* Hemsl.	山龙眼	Proteaceae 山龙眼科	乔木；叶长椭圆形或卵状长圆形；总状花序生于小枝已落叶腋部，花白色或淡黄色，苞片三角形，小苞片披针形；果球形	果树		台湾、广东、广西、海南
4795	*Helicia hainanensis* Hayata	海南山龙眼（火灰树）	Proteaceae 山龙眼科	常绿树种、乔木；高5～13m；叶纸质或薄革质，互生或近轮生；叶长11～23cm，宽3.9～6.5cm，叶柄长1～3mm；两性花，总状花序，白色；种子椭圆形	果树	中国	广东、广西、海南
4796	*Helicia nilagirica* Bedd.	母猪果	Proteaceae 山龙眼科	乔木；高5～12m，总状花序腋生或生于小枝已落叶腋部，密被锈色短毛；白色或浅黄色，无毛；花期5～8月	观赏		云南
4797	*Helicia obovatifolia* Merr. et Chun	倒卵叶山龙眼（红心割）	Proteaceae 山龙眼科	常绿树种、乔木；高20m；叶革质，倒卵形或卵形先端圆钝或具短尖，基部楔形，全缘或上部具疏齿，侧脉6～9对；两性花，花序长5～10cm；花被管黄褐色；坚果，倒卵形或长圆形，紫黑色或黑色	果树	中国	广东西南部、海南及广西西南部

（续）

序号	拉丁学名	中文名	所属科	特征及特性	类别	原产地	目前分布/种植区
4798	*Helicia reticulata* W. T. Wang	网脉山龙眼（山白果，色白）	Proteaceae 山龙眼科	灌木或小乔木；丛状，每丛5～10个枝条；叶互生，长倒卵形；总状花序腋生，有小花60～80朵；果实球状，果皮厚	果树		云南、贵州、湖南、广东、广西
4799	*Helicia shweliensis* W. W. Sm.	瑞丽山龙眼	Proteaceae 山龙眼科	常绿乔木；高5～10m；叶薄革质，无毛，全缘或具浅锯齿；总状花序，苞片显著，叶状，披针形至长圆形，花黄色；果顶端具细尖	果树		云南
4800	*Heliciopsis lobata*（Merr.）Sleum.	调羹树（拿托，定塑）	Proteaceae 山龙眼科	乔木；叶2形，全缘叶长圆形，分裂叶轮廓近椭圆形；花序生于小枝已落叶腋部，雄花序7～12cm，雌花序2～5cm；果椭圆形	果树		海南
4801	*Heliciopsis terminalis*（Kurz）Sleum.	假山龙眼	Proteaceae 山龙眼科	乔木；叶倒披针形或长圆形；雄花序17～30cm，雄花苞片披针形，花被管淡黄色，雌花序长15～20cm，雌花子房卵状；果椭圆状	果树		广东、广西、云南
4802	*Helicteres angustifolia* L.	山芝麻（山油麻，假芝麻）	Sterculiaceae 梧桐科	小灌木；叶线状披针形或长圆状线形；聚伞花序腋生，萼筒状；花瓣5，淡紫色；雄蕊10；子房5室；蒴果卵状长圆形	有毒		江西、福建、广东、广西、云南
4803	*Helictotrichon abietetorum*（Ohwi）Ohwi	冷杉异燕麦	Gramineae（Poaceae）禾本科	多年生；秆高20～40cm，具1～3节；叶长10～25cm，常纵卷；圆锥花序窄狭，线状披针形，小穗多含3小花，具芒	饲草		台湾
4804	*Helictotrichon altius*（Hitchc.）Ohwi	高异燕麦	Gramineae（Poaceae）禾本科	多年生；秆高100～120cm，具3～4节；叶长达15cm；圆锥花序长10～20cm，小穗含3～4（～5）小花，顶花甚小或退化，具芒	饲草		黑龙江、甘肃、青海、四川
4805	*Helictotrichon dahuricum*（Kom.）Kitag.	大穗异燕麦	Gramineae（Poaceae）禾本科	多年生；秆高50～80cm，具3～4节；叶片长7～15cm；圆锥花序较长12～25cm，具少数小穗，小穗含5～6小花，具芒	饲草		内蒙古东北部、黑龙江
4806	*Helictotrichon delavayi*（Hack.）Henrard	云南异燕麦	Gramineae（Poaceae）禾本科	多年生；秆高35～50cm，具2～3节；叶长6～11cm，边缘内卷；圆锥花序卵状长圆形，小穗长圆形，含3～4小花，颖披针形，具芒	饲草		陕西、云南

（续）

序号	拉丁学名	中文名	所属科	特征及特性	类别	原产地	目前分布/种植区
4807	*Helictotrichon hookeri* subsp. *schellianum* (Hack.) Tzvelev	异燕麦	Gramineae (Poaceae) 禾本科	多年生；秆高25～70cm，通常具2节；叶长5～10cm；圆锥花序长8～12cm，小穗含3～6小花，顶花退化，具芒	饲草		东北、华北及甘肃、新疆、青海、四川、云南
4808	*Helictotrichon junghuhnii* (Büse) Henrard	变绿异燕麦	Gramineae (Poaceae) 禾本科	多年生；圆锥花序开展，分枝细长；小穗轴节间被长达2mm的柔毛，小穗长10～14mm，外稃长9～11mm	饲用及绿肥		云南、四川、陕西、西藏
4809	*Helictotrichon leianthum* (Keng) Ohwi	光花异燕麦	Gramineae (Poaceae) 禾本科	多年生；秆高达70cm，具2～3节；叶长10～20cm；圆锥花序常下垂，小穗常含3～4小花，顶花渐不发育，具芒	饲草		甘肃、陕西、山西、浙江、湖北、四川
4810	*Helictotrichon mongolicum* (Roshev.) Henrard	蒙古异燕麦	Gramineae (Poaceae) 禾本科	多年生；秆高12～60cm，具1～2节；叶窄线形，常纵卷；圆锥花序常偏向一侧，小穗披针形	饲草		新疆
4811	*Helictotrichon polyneurum* (Hook. f.) Henr.	长稃异燕麦	Gramineae (Poaceae) 禾本科	多年生；秆高60～90cm，具2～3节；叶长达30cm；圆锥花序长15～25cm，顶端着生少数小穗，小穗含3～4小花，具芒	饲草		西藏、云南
4812	*Helictotrichon potaninii* Tzvelev	短药异燕麦	Gramineae (Poaceae) 禾本科	多年生；秆高25～50cm，具节；叶舌膜质，叶扁平；圆锥花序稠密紧缩似穗状，小穗红紫色	饲草		四川
4813	*Helictotrichon pubescens* (Huds.) Pilg.	毛轴异燕麦	Gramineae (Poaceae) 禾本科	多年生；秆高30～120cm，具3～4节；叶长达15cm；圆锥花序长圆形，长约15cm，小穗2～4小花，具芒	饲草		新疆
4814	*Helictotrichon tianschanicum* (Roshev.) Henrard	天山异燕麦	Gramineae (Poaceae) 禾本科	多年生；秆高14～50cm；叶细线形，纵卷如针；圆锥花序长4～8cm，小穗含2～3小花，具芒	饲草		新疆、内蒙古、甘肃
4815	*Helictotrichon tibeticum* (Roshev.) Holub	藏异燕麦	Gramineae (Poaceae) 禾本科	多年生草本；秆高60～80cm，具1～2节；叶片质硬，内卷如针；圆锥花序紧缩，黄褐色，小穗含2小花，具芒；颖果矩圆形	饲草		甘肃、新疆、青海、西藏、四川

（续）

序号	拉丁学名	中文名	所属科	特征及特性	类别	原产地	目前分布/种植区
4816	*Heliotropium ellipticum* Ledeb.	椭圆叶天芥菜	Boraginaceae 紫草科	多年生草本；高 20～60cm；叶具长柄，椭圆形至椭圆卵形；聚伞花序顶生，多二出，无苞叶，花冠白色；核果，分核卵形	杂草		新疆、甘肃
4817	*Heliotropium europaeum* L.	天芥菜	Boraginaceae 紫草科	一年生草本；高约 40cm；叶互生，椭圆状卵形或倒卵形；镰状聚伞花序，花冠白色或淡蓝色；核果扁卵形	杂草	欧洲	北京、河南
4818	*Heliotropium indicum* L.	大尾摇（象鼻草）	Boraginaceae 紫草科	一年生草本；高 15～40cm；茎具硬毛；叶互生，具长柄，常有狭翅，卵形；蝎尾状聚伞花序，花冠淡蓝色；核果卵形	药用		云南、广西、广东、福建、台湾
4819	*Helixanthera parasitica* Lour.	离瓣寄生（五瓣桑寄生）	Loranthaceae 桑寄生科	半寄生灌木；叶对生或互生，总状或穗状花序；花两性，花被片分离，花瓣状，花药长圆形或线形，浆果	药用		福建、广东、广西、贵州、云南、西藏
4820	*Helwingia chinensis* Batalin	叶长花（中华青荚叶，叶上珠）	Helwingiaceae 青荚叶科	落叶灌木；幼枝紫绿色，叶革质，条状披针形或披针形，雌雄异株，花淡绿色，果长圆形	观赏	中国	甘肃、湖北、湖南、陕西、四川、云南、广东
4821	*Helwingia himalaica* Hook. f. et Thomson ex C. B. Clarke	喜马拉雅青荚叶	Helwingiaceae 青荚叶科	落叶灌木植物，高 2～3m；雄花绿色带紫，8～20 枚呈密伞花序，生于叶上面主脉的 1/3 处，常为 4 数花；雌花 3～4（～5）数，柱头 3～4 裂、向外反卷	观赏	中国	云南、四川、湖南
4822	*Helwingia japonica*（Thunb. ex Murray）F. Dietr.	青荚叶	Helwingiaceae 青荚叶科	落叶小乔木或灌木；高 1～3m；雌雄异株，花小，黄绿色，雄花 2～12 朵，雌花 1～3 朵簇生于叶面主脉中部或近基部，或生于幼枝的叶腋	观赏	中国	黄河流域以南各省份
4823	*Helwingia omeiensis*（W. P. Fang）H. Hara et S. Kuros.	峨眉青荚叶	Helwingiaceae 青荚叶科	常绿小乔木或灌木；雄花多数簇生，常 5～20 枚，呈密伞花序，生于叶上面主脉的 1/4～1/3 处，或生于幼枝上，雄花紫绿色，雌花 1～4 枚，呈伞形花序，花绿色，柱头 3～4 裂，子房 3～4 室	观赏	中国	四川、贵州、湖南

（续）

序号	拉丁学名	中文名	所属科	特征及特性	类别	原产地	目前分布/种植区
4824	*Hemarthria altissima* (Poir.) Stapf et C. E. Hubb.	牛鞭草（脱节草）	Gramineae (Poaceae) 禾本科	多年生草本；根茎长而横走，秆高达 1m 左右；叶线形；总状花序较粗壮，无柄小穗长 6～8mm，有柄小穗长渐尖；颖果	饲用及绿肥		东北、华北、华东、华中
4825	*Hemarthria compressa* (L. f.) R. Br.	扁穗牛鞭草（牛仔草，扁担草）	Gramineae (Poaceae) 禾本科	多年生，具横走根茎；花序轴易脱落；颖无尾尖，无柄小穗陷入序轴凹穴中，长 4～5mm，有柄小穗先端尖	饲用及绿肥	中国	广东、广西、云南、四川
4826	*Hemarthria longiflora* (Hook. f.) A. Camus	长花牛鞭草	Gramineae (Poaceae) 禾本科	多年生，密丛；总状花序轴成熟后不易脱落；颖具尾尖，无柄小穗第一颖连同尾尖长达 16mm	饲用及绿肥		海南和云南
4827	*Hemarthria vaginata* Büse	小牛鞭草	Gramineae (Poaceae) 禾本科	多年生，密丛；总状花序轴成熟后不易脱落；颖先端渐尖，无柄小穗第一颖先端渐尖，具 2 微齿	饲用及绿肥		广东、广西
4828	*Hemerocallis citrina* Baroni	金针菜（黄花菜）	Liliaceae 百合科	多年生草本；高 30～90cm，花冠漏斗状，黄色；蒴果，三角状长圆形，种子具棱	蜜源		云南、四川、江西、安徽、江苏及华北地区
4829	*Hemerocallis dumortieri* C. Morren	小萱草	Liliaceae 百合科	常丛生；叶基生，宽 1～1.5cm；花数朵，密生，苞片卵形或长圆状卵形，膜质，先端锐尖；花被长 4～7cm，橙黄色，筒部长不过 1cm，内被片倒披针形，端钝尖，两侧细脉在顶端结合	蜜源		华北、东北及甘肃、陕西
4830	*Hemerocallis fulva* (L.) L.	萱草（宜男，鹿葱）	Liliaceae 百合科	多年生草本；叶线形基生；花茎圆柱状；苞片短卵状三角形；花被 6 裂；子房长圆形，3 室；蒴果	蔬菜，有毒，观赏	中国	云南南部
4831	*Hemerocallis lilioasphodelus* L.	北黄花菜	Liliaceae 百合科	多年生草本；肉质须根；圆锥花序，明显分枝，具 4 至多朵花；花淡黄色或黄色，芳香，花梗长短不一；蒴果宽椭圆形	蔬菜，药用，观赏	亚洲（中国）	黑龙江、辽宁、山西、陕西、甘肃、河北、山东、江苏
4832	*Hemerocallis middendorffii* Trautv. et C. A. Mey.	大苞萱草	Liliaceae 百合科	多年生草本；叶柔软，上部下弯，花葶不分枝，顶端聚生 2～6 朵花，花被金黄色或橘黄色，苞片宽卵形，先端长渐尖至近尾状	观赏	中国	东北

（续）

序号	拉丁学名	中文名	所属科	特征及特性	类别	原产地	目前分布/种植区
4833	*Hemerocallis minor* Mill.	小黄花菜（黄花菜，金针菜）	Liliaceae 百合科	多年生草本；花茎与叶面等高或略高；花1～5朵，下部筒状，上部漏斗状，裂片6，内轮裂片较外轮为宽，脉纹网结状；蒴果长3～4.5m	有毒		东北、华北、华东及陕西、江西
4834	*Hemerocallis multiflora* Stout	多花萱草	Liliaceae 百合科	花暗金黄色，白天开晚上谢，花序两次分枝，花最多可达75～100朵，相近于北黄花菜（*H. lilioasphodelus* L.），而花上午开，花色金黄可以区别	观赏	中国	湖北、河南
4835	*Hemerocallis nana* Forrest et W. W. Sm.	矮萱草	Liliaceae 百合科	草本；植株较矮小；花葶顶端生单花，花被金黄色或橘黄色，外稍带淡紫色，苞片披针形	观赏	中国	云南西北部
4836	*Hemerocallis plicata* Stapf	折叶萱草（黄花菜，金针菜）	Liliaceae 百合科	多年生草本；短根状茎，纺锤状块根肉质、肥大；叶基生，狭条形，常对褶；花橘黄色，花梗长1～1.5cm，有时花梗可达4cm	蔬菜，药用，观赏	中国	云南、四川
4837	*Hemiboea follicularis* C. B. Clarke	华南半蒴苣苔	Gesneriaceae 苦苣苔科	多年生草本；叶对生，稍肉质，聚伞花序假顶生，花冠隐藏总苞中，白色，萼片5白色	观赏	中国	贵州、广西、广东北部
4838	*Hemiboea subcapitata* C. B. Clarke	半蒴苣苔（山白菜，石麦菜）	Gesneriaceae 苦苣苔科	多年生草本；叶对生，花序二歧聚伞状或合轴或单歧聚伞状，花萼5裂，花冠漏斗状筒形，白、淡黄或粉红色	蔬菜，药用，饲用及绿肥	中国	陕西、甘肃、江苏、浙江、福建、湖北、湖南、江西、广西、四川、贵州
4839	*Hemipilia flabellata* Bureau et Franch.	扇唇舌喙兰	Orchidaceae 兰科	直立草本；高20～28cm；总状花序通常具3～15朵花；花瓣宽卵形，先端近急尖，具5脉；唇瓣基部具明显的爪；爪长圆形或楔形；爪以上扩大成扇形或近圆形，有时五菱形；近距口处具2枚胼胝体；蕊喙舌状，肥厚，先端浑圆，上面具细小乳突	观赏	中国	云南、四川
4840	*Hemiptelea davidii* (Hance) Planch.	刺榆	Ulmaceae 榆科	落叶小乔木；枝具长刺；叶互生，柄短，叶片椭圆形至长圆形，先端短锐尖，基部狭浅心形，边缘有整齐的单锯齿；花杂性，1～4朵簇生于新枝叶腋，萼杯状4～5裂，雄蕊通常4，雌蕊1，子房上位，花柱2裂；种子具直胚	林木，药用		东北、华北、华东、华中、西北

（续）

序号	拉丁学名	中文名	所属科	特征及特性	类别	原产地	目前分布/种植区
4841	*Hemisteptia lyrata* (Bunge) Bunge	泥胡菜	Compositae (Asteraceae) 菊科	一年或两年生草本；高30～80cm，茎具纵棱；基生叶莲座状，中部叶椭圆形，羽状分裂；头状花序多数排成伞房状；瘦果	饲用及绿肥		全国各地均有分布
4842	*Hemsleya amabilis* Diels	雪胆	Cucurbitaceae 葫芦科	多年生草质藤本；块根肥大，扁圆形或不规则状，表面粗糙；掌状复叶鸟足状；果实筒状倒圆锥形；种子周围有薄膜质翅，翅在两端较长	药用		四川、云南、贵州、广西
4843	*Hemsleya macrosperma* C. Y. Wu ex C. Y. Wu et C. L. Chen	罗锅底（大籽雪胆，曲莲）	Cucurbitaceae 葫芦科	多年生攀缘草本；叶互生，鸟足状5～9小叶；雌雄异株，3～5朵组成腋生聚伞花序；花冠5裂，肉红色；蒴果	有毒		云南
4844	*Henrardia persica* (Boiss.) C. E. Hubb.	波斯无芒草	Gramineae (Poaceae) 禾本科	一年生；圆柱状穗状花序；小穗披针状矩圆形，无芒，1～2两性小花，小穗轴有一退化的花；颖片等长，外稃与颖片等长，膜状	饲用及绿肥		
4845	*Heptacodium miconioides* Rehder	七子花（浙江七子花）	Caprifoliaceae 忍冬科	落叶小乔木；树高可达7m；树皮灰褐色，片状剥落；叶卵形或长圆形；圆锥花序顶生，花冠漏斗形、白色；瘦果状核果，长圆形	生态防护，观赏		湖北、浙江、安徽
4846	*Heracleum candicans* Wall. ex DC.	白亮独活	Umbelliferae (Apiaceae) 伞形科	多年生草本；高达1m；茎直立，中空；叶片轮廓为宽卵形或长椭圆形；复伞形花序顶生或侧生；花白色；果实倒卵形	有毒		四川、云南、西藏
4847	*Heracleum franchetii* M. Hiroe	渐尖叶独活	Umbelliferae (Apiaceae) 伞形科	多年生草本；叶轮廓为三角形或阔卵状三角形；复伞花序，无总苞，花白色，萼齿三角形；果实倒卵形	有毒		四川、云南
4848	*Heracleum moellendorffii* Hance	短毛独活（白芷）	Umbelliferae (Apiaceae) 伞形科	多年生草本；高1～2m；叶片轮廓广卵形；复伞形花序顶生和侧生；花瓣白色，二型；分生果圆状倒卵形	蜜源		东北及内蒙古、湖北、山东、河北、陕西、江苏、浙江、江西、湖南

（续）

序号	拉丁学名	中文名	所属科	特征及特性	类别	原产地	目前分布/种植区
4849	*Heracleum vicinum* H. Boissieu	牛尾独活	Umbelliferae (Apiaceae) 伞形科	多年生草本；根长圆锥形，有时有细长的支根数条；茎单一，疏生短柔毛；基生叶和茎下部的叶基部扩大成宽阔的叶鞘，边缘膜质	药用		湖北、四川、云南、甘肃
4850	*Hericium erinaceus* (Bull.) Pers.	猴头	Hericiaceae 猴头菌科	子实体头状或团块状，无柄；宽 10～25cm 或更大，以狭窄或短小似柄的基部着生并悬垂于树干表面，内部由肥厚粗短分枝相互融合，外形颇似猴头，白色	药用	世界性分布，主要在北温带	东北林区
4851	*Herissantia crispa* (Linn.) Brizicky	泡果苘	Malvaceae 锦葵科	多年生草本；高约 1m；叶心形，被星状长柔毛；托叶线形；花黄色，花梗丝状，花萼碟状；蒴果球形	经济作物	美洲热带和亚热带地区	海南
4852	*Heritiera parvifolia* Merr.	蝴蝶树（加卜，小叶达里木）	Sterculiaceae 梧桐科	常绿乔木；高达 35m；叶椭圆状披针形，下面密被银白色或褐色鳞；圆锥花序腋生；花小白色，单性，无花瓣；果有长翅，翅鱼尾状	观赏		海南
4853	*Heteranthelium piliferum* (Bankset Soland.) Hochst.	异形花草	Gramineae (Poaceae) 禾本科	密集簇生；高 12～30cm，可育小穗，颖片长 2.5～3mm，背面有毛；外稃黄色或黄褐色，长 4～6(～8)mm，背面乳头状突起	粮食		
4854	*Heteropappus altaicus* (Willd.) Novopokr.	阿尔泰狗娃花	Compositae (Asteraceae) 菊科	多年生草本；茎被向上弯曲短毛，高 20～60cm；叶线形、长圆状披针形或近匙形；头状花序单生或排成伞房状；瘦果倒卵形	杂草		东北、华北、西北
4855	*Heteropappus hispidus* (Thunb.) Less.	狗娃花	Compositae (Asteraceae) 菊科	一年或两年生草本；茎单生，高 30～50cm，叶倒卵形或长圆状披针形；头状花序单生或排成伞房状；瘦果倒卵形	杂草		东北、西北、华北及安徽、浙江、台湾、江西、湖北、四川
4856	*Heteroplexis microcephala* Y. L. Chen	小花异裂菊	Compositae (Asteraceae) 菊科	多年生草本；高 50～70cm；叶厚纸质；头状花序，盘状，单生于枝端叶腋或 2～4 个成总状伞房状；花两性，花冠管状，黄色；瘦果长圆形	观赏	中国特有寡种	广西阳朔
4857	*Heteropogon contortus* (L.) P. Beauv. ex Roemer	黄茅（地筋）	Gramineae (Poaceae) 禾本科	多年生草本；秆高 50～100cm；叶线形；总状花序，结实小穗褐色，基盘被红色须毛，不孕小穗绿色或带紫色，具芒	饲用及绿肥		长江以南各省份

（续）

序号	拉丁学名	中文名	所属科	特征及特性	类别	原产地	目前分布/种植区
4858	*Heterostemma alatum* Wight	醉魂藤	Asclepiadaceae 萝藦科	纤细攀缘木质藤本；具乳汁；茎具2列柔毛；叶对生，纸质，宽卵形或矩圆状卵形；伞形状聚伞花序腋生，有花10～15朵；蓇葖果双生，条状披针形	药用		四川、云南、广西、广东
4859	*Hevea brasiliensis*（Willd. ex A. Jussieu）Müll. Arg.	巴西橡胶树	Euphorbiaceae 大戟科	大乔木；高可达30m，有丰富乳汁；指状复叶具小叶3片；小叶椭圆形；花序腋生，圆锥状；蒴果椭圆状	经济作物（橡胶类）	巴西	台湾、福建、广东、广西、海南、云南
4860	*Hevea camargoana* Pires	矮生小叶橡胶	Euphorbiaceae 大戟科	矮生，高仅2～3m，矮生小叶橡胶分枝柔软，树冠疏朗，无明显的落叶期，早花早果，并且常年开花结果	经济作物（橡胶类）		
4861	*Hevea camporum* Ducke	坎普橡胶	Euphorbiaceae 大戟科	矮生种橡胶．叶片无毛，尖端胼胝质；花萼裂片被微绒毛，雄蕊和雌蕊均尖锐，雄花花萼长2mm，雌花无明显花托；蒴果椭圆形或球形	经济作物（橡胶类）		
4862	*Hevea guianensis* Aubl.	圭亚那橡胶	Euphorbiaceae 大戟科	乔木；雌雄同株；花序为腋生或假顶生圆锥花序；辐射状花，花萼5浅裂，镊合状，花瓣缺；雄花4～10雄蕊	经济作物（橡胶类）		
4863	*Hevea microphylla* Ule	小叶橡胶	Euphorbiaceae 大戟科	乔木，有丰富乳汁，具薄纸质荚膜，花雌雄同株，无花瓣；内果皮极薄，革质，果实慢慢裂开	经济作物（橡胶类）		
4864	*Hevea nitida* Mart. ex Müll. Arg.	光亮橡胶树	Euphorbiaceae 大戟科	乔木，有丰富乳汁，具储水短根；花雌雄同株，无花瓣；叶面富含蜡质，叶片下表面光滑，叶缘具有硬边	经济作物（橡胶类）		
4865	*Hevea paludosa* Ule	巴路多橡胶	Euphorbiaceae 大戟科	乔木，有丰富乳汁，叶片有光泽，有颜色，向下弯曲直近垂直；花雌雄同株，无花瓣	经济作物（橡胶类）		
4866	*Hevea pauciflora*（Spruce ex Benth.）Müll. Arg.	少花橡胶	Euphorbiaceae 大戟科	乔木，有丰富乳汁，叶大而叶蓬密闭，叶色浓绿；花雌雄同株，无花瓣；种子大型	经济作物（橡胶类）		

（续）

序号	拉丁学名	中文名	所属科	特征及特性	类别	原产地	目前分布/种植区
4867	*Hevea rigidifolia* (Spruce ex Bentham) Müll. Arg.	硬叶橡胶	Euphorbiaceae 大戟科	乔木，有丰富乳汁，具储水短根；花雌雄同株，无花瓣；叶面富含蜡质，叶片下表面光滑，叶缘具有硬边	经济作物（橡胶类）		
4868	*Hevea spruceana* (Benth.) Müll. Arg.	色宝橡胶	Euphorbiaceae 大戟科	乔木，有丰富乳汁；花雌雄同株，无花瓣，由多个聚伞花序组成圆锥花序，雌花生于聚伞花序的中央，其余为雄花；以起紫色或紫褐色的花而明显区别于该属的其他种	经济作物（橡胶类）		
4869	*Hewittia malabarica* (L.) Suresh	猪菜藤（野薯藤）	Convolvulaceae 旋花科	缠绕或平卧草本；叶卵形、心形或戟形；通常1朵花；花冠淡黄色或白色，喉部以下带紫色，钟状；蒴果近球形	蜜源		台湾、广东、云南、广西
4870	*Heynea trijuga* Roxb.	海木（鸡波，老虎楝）	Meliaceae 楝科	乔木；奇数羽状复叶，小叶披针形至卵状长圆形；圆锥花序腋生；花白色，花萼钟形；蒴果，种子具白色假种皮	有毒		广西、贵州、云南
4871	*Hibiscus acetosella* Welw. ex Hiern	红叶木槿	Malvaceae 锦葵科	一年生草本；整株红色；托叶小叶形；花红色或粉红色，苞片红色，顶端分杈；蒴果红色，种子不规则菱形	观赏，蔬菜	非洲中部和东部以及东南亚	广东、福建
4872	*Hibiscus calyphyllus* Cav.	柠檬黄木槿	Malvaceae 锦葵科	一年或多年生草本；茎表面有毛和刺；高1～1.5m；叶浅三裂或圆叶，叶背多白毛；花黄色，苞片突尖；种子灰色	观赏，蔬菜	非洲东部及中部	
4873	*Hibiscus cannabinus* L.	洋麻（黄红麻，红麻）	Malvaceae 锦葵科	一年生草本；高3～5m，花淡黄色；蒴果，圆球状，种子三角菱形，灰黑色	蜜源		全国各地均有分布
4874	*Hibiscus moscheutos* L.	大花秋葵	Malvaceae 锦葵科	为多年生草本植物，株高1～2m；花大，单生于叶腋，花径可达20cm，有白、粉、红、紫等色	观赏	美国	我国有栽培
4875	*Hibiscus mutabilis* L.	木芙蓉（芙蓉花，木莲花，拒霜花）	Malvaceae 锦葵科	落叶灌木或小乔木；高2～5m；花形大，单生于枝端叶腋，一般只开放1天，单瓣、重瓣或半重瓣，白色或淡红色，后变深红色	观赏	中国	云南、广西、广东
4876	*Hibiscus paramutabilis* L. H. Bailey	庐山芙蓉	Malvaceae 锦葵科	落叶灌木或小乔木；叶掌状，5～7浅裂，花单生枝端叶腋间，花冠白色，内基部紫红色	观赏	中国	江西、湖南、广西

（续）

序号	拉丁学名	中文名	所属科	特征及特性	类别	原产地	目前分布/种植区
4877	*Hibiscus radiatus* Cav.	金钱吊芙蓉	Malvaceae 锦葵科	多年生直立草本或亚灌木；高 1～2m；茎下部叶掌状 3 裂，上部叶掌状 3～5 深裂；花单生叶腋，花冠紫红色，基部深暗红色；蒴果	药用，观赏	非洲东部和中部以及亚洲东南部	我国南方各省份
4878	*Hibiscus rosa-sinensis* L.	扶桑	Malvaceae 锦葵科	为落叶或常绿大灌木；花大，单生叶腋，径 10～17cm，有红、粉、黄、白等色；单瓣者漏斗形，单体雄蕊伸出于花冠之外，重瓣者花形略似牡丹	观赏	中国	我国南部各省份
4879	*Hibiscus sabdariffa* L.	玫瑰茄（洛神葵，罗塞尔）	Malvaceae 锦葵科	一年生草本；茎淡紫色；花单生叶腋，茎无梗，花萼紫红色，花冠黄色；蒴果，果瓣 5，种子多数，肾形	果树	非洲东部和中部以及亚洲东南部	台湾、广东、广西、福建、云南、四川、海南
4880	*Hibiscus schizopetalus* (Dyer) Hook. f.	吊灯扶桑	Malvaceae 锦葵科	灌木；花瓣细裂，反卷，雄蕊和花柱细长，突出花外，形似带穗的花篮	观赏	东非热带	台湾、福建、广东、广西、云南南部
4881	*Hibiscus sinosyriacus* L. H. Bailey	中华木槿（大花木槿）	Malvaceae 锦葵科	落叶灌木；花单生小枝端叶腋，萼片 5 裂，密被黄色星状绒毛，花冠淡紫色	观赏	中国	江西、湖南、贵州、广西
4882	*Hibiscus surattensis* L.	刺芙蓉	Malvaceae 锦葵科	一年生亚灌木状草本；高 0.5～2m；叶掌状 3～5 裂；花单生叶腋，近中部具匙形附属物，被长刺，花黄色；蒴果卵球形	药用，蔬菜		海南、云南
4883	*Hibiscus syriacus* L.	木槿（木棉，喇叭花）	Malvaceae 锦葵科	落叶灌木；茎高 3～4m；叶卵形或菱状卵形，三裂，裂片缺刻为圆形或尖形齿牙；花单生，红色、白色、紫色，直径 5～6cm；花柄长 4～14mm；花钟状，有星状毛	蔬菜，药用，观赏	东亚	云南、贵州、四川、广西、福建
4884	*Hibiscus taiwanensis* S. Y. Hu	台湾芙蓉	Malvaceae 锦葵科	落叶灌木；叶近圆形，花单生枝端叶腋，花瓣近圆形，被长柔毛，花梗被长毛状糙毛	观赏	中国	台湾
4885	*Hibiscus tiliaceus* L.	黄槿（桐花，海麻，万年春）	Malvaceae 锦葵科	常绿灌木或小乔木；叶革质，背面密被星状绒毛，聚伞花序，黄色，瓣基暗紫色	观赏	中国	广西、广东、海南、福建、浙江、台湾

（续）

序号	拉丁学名	中文名	所属科	特征及特性	类别	原产地	目前分布/种植区
4886	*Hibiscus trionum* L.	野西瓜苗	Malvaceae 锦葵科	一年生草本；高 25～70cm；叶 2 型，下部叶圆形，上部叶掌状 3～5 深裂；花单生叶缘，淡黄色，内面基部暗紫色；蒴果	药用	非洲中部	几乎遍及全国各地
4887	*Hieracium aurantiacum* L.	橙黄山柳菊	Compositae（Asteraceae）菊科	多年生草本；头状花序径 3cm，伞房花序状，总苞先端黑色，有腺毛，花橙黄色或橙红色，全部为舌状花，两性	观赏	欧洲	
4888	*Hieracium umbellatum* L.	山柳菊	Compositae（Asteraceae）菊科	多年生草本；头状花序多数，排列成伞房状；总苞 3～4 层；外层总苞片短，披针形，内层总苞片矩圆状披针形；舌状花黄色，下部有白色软毛，舌片顶端 5 齿裂；瘦果圆筒形，紫褐色，具 10 条棱	观赏	中国	我国各地山野
4889	*Hippeastrum aulicum*（Ker-Gawl.）Herb	美丽朱顶红	Amaryllidaceae 石蒜科	球根花卉，茎直立；叶片中绿色；花色深红，喉部绿色，花瓣 6	观赏	巴西、巴拉圭	
4890	*Hippeastrum hybrid*	杂种朱顶红	Amaryllidaceae 石蒜科	球根花卉，花茎自鳞茎抽出，中空圆筒状，顶端着花 2～6 朵，伞形花序，形似大喇叭，花被 6 片	观赏		
4891	*Hippeastrum reginae*（L.）Herb.	短筒朱顶红	Amaryllidaceae 石蒜科	多年生草本；鳞茎圆球形，外被黑褐色膜；叶呈长披针形，小蕊 6 枚，子房 3 室，下位，花大型，径约 15cm，花色有白、粉红、大红及白底红纹等	观赏	墨西哥、西印度群岛至南美	
4892	*Hippeastrum reticulatum*（L'Hér.）Herb.	网纹朱顶红	Amaryllidaceae 石蒜科	多年生球根花卉；有肥大的鳞茎，近球形；叶片呈带状，与花茎同时或花后抽出；叶长约 35cm，宽约 8cm，翠绿色，叶片中央有一条宽 1cm 左右的纵向白条纹，从叶基直至叶顶	观赏	巴西南部	
4893	*Hippeastrum vittatum*（L'Hér.）Herb.	朱顶红	Amaryllidaceae 石蒜科	球根花卉；鳞茎球形，伞形花序有花 3～6 朵，红色，中心及边缘有白色条纹，佛焰苞状总苞片披针形	观赏	南美秘鲁	我国各地引种栽培
4894	*Hippochaete hiemale*（L.）Boerner	木贼（节节草，磨擦草）	Equisetaceae 木贼科	多年生常绿草本；地下茎横走，生不定根；地上茎丛生，中空有节；叶退化成鞘筒状，包在节上；孢子囊穗顶生	有毒		东北、华北、西北及河南、湖北、四川、重庆

（续）

序号	拉丁学名	中文名	所属科	特征及特性	类别	原产地	目前分布/种植区
4895	*Hippolytia trifida* (Turcz.) Poljak.	女蒿	Compositae (Asteraceae) 菊科	小半灌木；果茎细长，被绢状绒毛；叶3裂，被绢状绒毛；头状花序具短梗，排列成伞房状，花黄色，两性；瘦果污冠毛	饲用及绿肥		内蒙古
4896	*Hippophae neurocarpa* S. W. Liu et T. N. He	肋果沙棘（黑刺）	Elaeagnceae 胡颓子科	落叶灌木或小乔木；果实多圆柱形，弯曲，密被银白色鳞片；种子圆柱，稍弯曲	药用，经济作物（饮料类）		青海、四川
4897	*Hippophae rhamnoides* L.	沙棘（酸柳，黑刺）	Elaeagnceae 胡颓子科	落叶灌木或小乔木；叶条形或近条状披针形；花淡色，雌雄异株，短总状花序，腋生，花被筒囊状；果被肉质花被管包围	果树，药用，有毒	中国	山西、河北、陕西、青海、四川、甘肃、西藏、云南、内蒙古
4898	*Hippophae salicifolia* D. Don	柳叶沙棘	Elaeagnceae 胡颓子科	小乔木；枝多，刺少，叶长似柳树叶；花、果均较大，果圆形或椭圆形，种皮黑色，具光泽	果树		西藏
4899	*Hippophae thibetana* Schltdl.	西藏沙棘	Elaeagnceae 胡颓子科	矮小灌木；枝顶端呈刺状；叶对生或3叶轮生；果实多呈阔椭圆形，种子椭圆形，种皮黑色	果树		青海、四川、甘肃、西藏
4900	*Hippuris vulgaris* L.	杉叶藻	Hippuridaceae 杉叶藻科	多年生水生草本；高10～60cm；叶4～12片轮生，线形；花常为两性，单生叶腋，无花被，子房椭圆形；核果椭圆形	杂草		东北、西北、华北、西南
4901	*Hmagnolia officinalis* (Rehder et E. H. Wilson) N. H. Xia et C. Y. Wu	厚朴（川朴，紫油厚朴）	Magnoliaceae 木兰科	落叶乔木；树皮厚；单叶互生，叶片革质椭圆状倒卵形；花白色单生于幼枝顶端；蓇葖聚合果	有毒，观赏		西南、华东及湖北、甘肃
4902	*Hodgsonia macrocarpa* (Blume) Cogn.	油渣果（油瓜，猪油果）	Cucurbitaceae 葫芦科	常绿攀缘藤本；单叶互生，具深裂；单性花，雌雄异株，雄花伞房总状花序，雌花单生叶腋；瓠果，果肉含种子	果树	中国	西藏、云南、广东、广西
4903	*Holboellia angustifolia* Wall.	五叶瓜藤（紫花牛姆瓜，野人瓜）	Lardizabalaceae 木通科	常绿藤本；掌状复叶；伞房花序腋生；花单性，雌雄同株；雄花绿白，花萼6，雌花紫色，心皮3；长圆形果实	有毒		华南、西南及陕西、湖北、福建

（续）

序号	拉丁学名	中文名	所属科	特征及特性	类别	原产地	目前分布/种植区
4904	*Holboellia coriacea* Diels	鹰爪枫	Lardizabalaceae 木通科	常绿木质藤本；三出复叶，叶厚革质，椭圆形或卵状椭圆形，稀披针形；花杂性，雌雄同株；肉质蓇葖果，长圆柱形；种子椭圆形，略扁平，种皮黑色	药用，观赏		甘肃、陕西、河南、四川、贵州、湖南、安徽、浙江、江苏、江西、广东
4905	*Holboellia grandiflora* Réaub.	牛姆瓜	Lardizabalaceae 木通科	常绿木质大藤本；掌状复叶，小叶常倒卵状长圆形或长圆形；花淡绿白或淡紫，雌雄同株，数朵组成伞房式的总状花序；果长圆形，常孪生	经济作物（特用类、调料类、油料类）		四川及秦巴山区
4906	*Holboellia parviflora* (Hemsl.) Gagnep.	小花鹰爪枫	Lardizabalaceae 木通科	常绿灌木；叶为羽状 3 小叶，薄革质；花（仅见雄花）小，肉质，多花形成具短梗的伞房花序簇生叶腋；肉质蓇葖果，长圆柱形；种子椭圆形，略扁平	药用，观赏		云南、贵州、广西、湖南
4907	*Holcoglossum flavescens* (Schltr.) Z. H. Tsi	短距槽舌兰	Orchidaceae 兰科	附生兰；叶 2 列，总状花序腋生，萼片和花瓣白色，唇瓣白色，3 裂，基部有黄色褶片	观赏	中国	福建、湖北、四川、云南
4908	*Holcoglossum kimballianum* (Rchb. f.) Garay	管叶槽舌兰	Orchidaceae 兰科	附生兰；植株常下垂；叶圆柱状，总状花序，萼片和花瓣白色，有淡紫红色晕，唇瓣紫色，3 裂	观赏	中国、缅甸、印度	云南南部至西北部
4909	*Holopogon gaudissartii* (Hand. -Mazz.) S. C. Chen	无喙兰	Orchidaceae 兰科	多年生腐生草本；茎外包有几枚圆筒状的鞘；总状花序顶生，稍扭转；花紫红色，花被片不展开；萼片 3，狭长圆形；种子微小，无胚乳	观赏		山西中南部、河南西部
4910	*Holostemma ada-kodien* Schult.	铰剪藤	Asclepiadaceae 萝藦科	藤状灌木；具乳汁；叶对生，卵状心形；聚伞花序伞状或不规则总状；花萼 5 裂；蓇葖果披针形，种子具种毛	有毒		广西、贵州、云南
4911	*Homalium breviracemosum* F. C. How et W. C. Ko	短穗天料木	Flacourtiaceae 大风子科	灌木；高 1.5～2.5m；叶薄纸质，椭圆状长圆形或倒卵状长圆形；花白色，总状花序腋生	观赏		广东、广西

（续）

序号	拉丁学名	中文名	所属科	特征及特性	类别	原产地	目前分布/种植区
4912	*Homalium ceylanicum* (Gardner) Benth.	红花天料木（母生，海南天料木）	Flacourtiaceae 大风子科	常绿树种，乔木；高可达 40 余 m；单叶互生，薄革质，长 6～9cm，宽 2.5～4cm，叶柄长 8～10mm；两性花，小，直径<1cm，总状花序，粉红色；蒴果，纺锤形，长 2～2.5mm，褐色；种子椭圆形	观赏	中国	海南
4913	*Homalium cochinchinenense* (Lour.) Druce	天料木	Flacourtiaceae 大风子科	小乔木或灌木；高 2～10m；叶纸质，宽椭圆状长圆形至倒卵状长圆形；总状花序；蒴果倒圆锥状	林木	中国	湖南、江西、福建、台湾、广东、海南、广西
4914	*Homalium hainantense* Masam.	阔瓣天料木	Flacourtiaceae 大风子科	乔木；高 10～12m；叶纸质或近革质，椭圆长圆形或倒卵状椭圆形；花白色，总状花序腋生；蒴果倒圆锥形	观赏	中国海南	海南
4915	*Homalium kwangsiense* F. C. How et W. C. Ko	广西天料木	Flacourtiaceae 大风子科	小乔木；高约 7m；叶薄革质，长圆形；花乳白色，圆锥花序腋生；蒴果革质	观赏	中国广西	广西
4916	*Homalium mollissimum* Merr.	毛天料木	Flacourtiaceae 大风子科	灌木或小乔木；高 6～7m；叶革质，椭圆形；花白色，总状花序顶生或生于上部叶腋；蒴果倒圆锥形	林木		海南
4917	*Homalium paniculiflorum* F. C. How et W. C. Ko	广南天料木	Flacourtiaceae 大风子科	乔木或灌木；高 8～12m；叶薄革质，椭圆形；圆锥花序顶生或腋生；蒴果倒圆锥状	林木		广东、海南
4918	*Homalium phanerophlebium* F. C. How et W. C. Ko	显脉天料木	Flacourtiaceae 大风子科	常绿乔木；高 8～12m；叶革质，椭圆状长圆形；花芳香，白色，圆锥花序顶生或腋生；蒴果倒圆锥状	观赏		海南
4919	*Homalium sabiifolium* F. C. How et W. C. Ko	柳叶天料木	Flacourtiaceae 大风子科	灌木；高 2～3m；叶革质，披针形，稀披针状长圆形；总状花序顶生或腋生	观赏		广西
4920	*Homalium stenophyllum* Merr. et Chun	狭叶天料木	Flacourtiaceae 大风子科	乔木；高 6～15m；叶薄革质，狭长圆形或长圆状披针形；圆锥花序顶生或腋生；蒴果革质，倒圆锥状	观赏		海南

（续）

序号	拉丁学名	中文名	所属科	特征及特性	类别	原产地	目前分布/种植区
4921	*Homalomena occulta*（Lour.）Schott	千年健（一包针，千年见，团芋）	Araceae 天南星科	根状茎直径 1～2cm；总花梗 3～4 倍短于叶柄；肉穗花序下部具雌花，上部具雄花，两部分近相等长或雌花部分较短；雄花具 4 雄蕊；雌花具雌蕊和 1 退化雄蕊，花柱极短，柱头盘状	药用		广西南部、云南
4922	*Hopea chinensis* Hand. -Mazz.	狭叶坡垒（万年木，咪丁扒）	Dipterocarpaceae 龙脑香科	常绿乔木；高达 35m，胸径约 60cm；叶革质；复总状花序由上部及顶部叶腋伸出，花两性，花瓣 6；坚果卵圆形	观赏，林木		广西、广东南部
4923	*Hopea hainanensis* Merr. et Chun	坡垒（海南柯比木，海拇，石梓公）	Dipterocarpaceae 龙脑香科	常绿乔木；高 25～30m，胸径 60～85cm；叶革质；圆锥花序顶生或生于上部叶腋；花小，偏生于花序分枝的一侧；坚果卵圆形	林木	中国海南	海南、广东、云南、广西、福建
4924	*Hopea reticulata* Tardieu	无翼坡垒	Dipterocarpaceae 龙脑香科	常绿乔木；高 15m，胸径 50cm；树皮青灰褐色，具明显环纹，内皮黄白色至黄褐色；叶互生；圆锥花序顶生或生于上部叶腋；坚果卵圆形	林木		海南三亚
4925	*Hordeum agriocrithon* A. E. Aberg	六棱野生大麦	Gramineae (Poaceae) 禾本科	一年生草本；成熟时穗轴断裂，穗由自由脱落的三联小穗组成，侧部小穗为结实小穗；颖果长圆形	粮食		我国青藏高原
4926	*Hordeum arizonicum* Covas	亚桑大麦	Gramineae (Poaceae) 禾本科	一年生草本；第一颖长 15～20mm，第二颖与第一颖等长；外稃披针形，长 8～9mm，具芒，长 15～22mm；花药 3	粮食		
4927	*Hordeum bogdanii* Wilensky	短药大麦（布顿大麦草）	Gramineae (Poaceae) 禾本科	多年生；秆密被灰毛；三联小穗的颖同型，中间外稃背部密生细刺毛，长约 7mm，芒长约 7mm，花药长约 2mm	粮食		
4928	*Hordeum brevisubulatum* (Trin.) Link	短芒大麦草（野黑麦，野大麦）	Gramineae (Poaceae) 禾本科	多年生草本；常具根茎；秆丛生，高 40～80cm；叶耳淡黄色尖形；穗状花序灰绿色，成熟时带紫色，穗轴易断，颖针状	牧草	中国	东北、华北、西北及西藏
4929	*Hordeum brevisubulatum* subsp. *turkestanicum* Tzvelev	糙稃大麦草	Gramineae (Poaceae) 禾本科	多年生；颖芒状，长约 6mm，中间外稃长约 6mm，背部密生细毛，仅具长约 2mm 的尖头	牧草		新疆和西藏

（续）

序号	拉丁学名	中文名	所属科	特征及特性	类别	原产地	目前分布/种植区
4930	*Hordeum bulbosum* L.	球茎大麦	Gramineae (Poaceae) 禾本科	多年生；秆高70～90cm，具节；叶扁平，粗糙；穗状花序，具芒	粮食		江苏、北京、青海
4931	*Hordeum capense* Thunberg	南非大麦	Gramineae (Poaceae) 禾本科	多年生草本；第一颖锥形，长11～23mm，第二颖与第一颖等长；外稃披针形，长6～9.8mm，具芒长7～22mm；花药3，长1.6～4.3mm	粮食		
4932	*Hordeum chilense* Roemer. et Schultes	智利大麦	Gramineae (Poaceae) 禾本科	多年生草本；第一颖线形，长4.2～7.5mm，第二颖与第一颖等长；外稃披针形，长6.5～11.7mm，具芒，长4～12.5mm，花药3，长1.3～3mm	粮食		
4933	*Hordeum comosum* Presl	长毛大麦（顶芒大麦草）	Gramineae (Poaceae) 禾本科	多年生草本，第一颖长20～35mm，第二颖与第一颖等长；外稃披针形，长7～15mm，具芒长15～25mm；内稃长6～10.5mm；浆片2，长1～2mm；花药3，长2～4.3mm	粮食		
4934	*Hordeum cordobense* Bothmer. Jacobsenet Nicora	科多大麦	Gramineae (Poaceae) 禾本科	多年生草本；叶耳缺，叶舌膜状，长0.4～1.5mm；叶片长5～13cm，宽1.7～4.4mm；第一颖线形长4～6.5mm，第二颖与第一颖等长；外稃披针形，长5～8mm，具芒长1.5～5mm；花药3，长1.8～3mm	粮食		
4935	*Hordeum depressum*（Scrib.）Rydberg	平展大麦（下陷大麦草）	Gramineae (Poaceae) 禾本科	一年生；穗状花序，长1.5～6cm；穗轴结间易碎，第一颖锥形，长8.5～15mm，第二颖与第一颖等长；外稃卵形，长5～8mm，具芒	粮食		
4936	*Hordeum euclaston* Steudel	宽颖大麦（脆大麦草）	Gramineae (Poaceae) 禾本科	一年生；穗状花序；穗轴节间易碎，长1～1.5mm，三联小穗无柄；第一颖披针形，长8～12mm，第二颖于第一颖等长；外稃披针形，8～9mm，具芒；浆片2，花药3，长0.5mm	粮食		

（续）

序号	拉丁学名	中文名	所属科	特征及特性	类别	原产地	目前分布/种植区
4937	*Hordeum innermongolicum* P. C. Kuo et L. B. Cai	内蒙古大麦	Gramineae (Poaceae) 禾本科	多年生；具根茎；穗状花序直立或微弯，红褐色，棱数不分明；小穗常 3 枚联生于一节，其中间小穗无柄，常含不育第二花，颖针刺形，两侧生小穗常具 0.5～1mm 长的短柄，颖针刺形；花药黄色	粮食	中国内蒙古	内蒙古
4938	*Hordeum intercedens* Nevski	圣迭大麦（中间大麦草）	Gramineae (Poaceae) 禾本科	多年生；穗状花序，三联小穗，两侧生者具柄，中间小穗无柄；第一颖长约 17mm，第二颖与第一颖等长；外稃披针形，长 4.5～7.5mm；花药 3，长 0.6～1.2mm	粮食		
4939	*Hordeum jubatum* L.	芒颖大麦	Gramineae (Poaceae) 禾本科	多年生，须根性；秆丛生，高 20～60cm；叶片扁平，具叶耳，叶舌干膜质；穗状花序柔软，小穗 3 枚簇生每节，颖芒状，外稃宽披针形	粮食		我国东北部
4940	*Hordeum lagunculiforme* Bachteev	野生瓶形大麦	Gramineae (Poaceae) 禾本科	植株外形与栽培六棱大麦极近似，唯穗轴于成熟时逐节断落的野生习性与野生六棱大麦相同；另两侧生小穗亦可育，且具 1.5～2mm 长的短柄，与野生六棱大麦不具柄有别	粮食		四川西部、西藏
4941	*Hordeum lechleri* Schenck	李氏大麦	Gramineae (Poaceae) 禾本科	多年生草本；第一颖锥形，长 27～55mm，第二颖与第一颖等长；外稃披针形，长 8～10mm，具芒长 20～45mm，内稃长约 8mm	粮食		
4942	*Hordeum marinum* Hudson	海大麦（滨海大麦草）	Gramineae (Poaceae) 禾本科	一年生，穗状花序；穗轴结间易碎；三联小穗；第一颖锥形，长 10～24mm，第二颖与第一颖等长；外稃卵形，长 6～8mm，具芒，长 10～24mm；浆片 3，长 1.3～1.5mm	粮食		
4943	*Hordeum murinum* L.	灰鼠大麦	Gramineae (Poaceae) 禾本科	一年生，丛生，秆 6～60cm；叶片长 2～20cm，宽 2～8mm；复总状花序；颖片长 25～30cm；外稃粗糙，芒 18～50cm	粮食		
4944	*Hordeum mustersii* Nicora	毛稃大麦	Gramineae (Poaceae) 禾本科	多年生草本；穗状花序顶生，紫褐色；穗轴每节着生 3 枚小穗，两侧小穗颖针状，中间无柄小穗，颖针状，贴生微短硬毛，具 5 脉	粮食		

（续）

序号	拉丁学名	中文名	所属科	特征及特性	类别	原产地	目前分布/种植区
4945	*Hordeum muticum* Presl	微芒大麦（无芒大麦草）	Gramineae (Poaceae) 禾本科	多年生草本；外稃椭圆形，长 4～7mm，具或不具芒，长 0～4mm；浆片 2；花药 3，长 1～3mm	粮食		
4946	*Hordeum parodii* Covas	帕氏大麦（帕罗德大麦草）	Gramineae (Poaceae) 禾本科	多年生草本；叶耳缺或钩状，叶舌膜状；叶覆白粉；第一颖披针形，第二颖与第一颖等长；外稃披针形，革质，具芒长 2～3.5mm；内稃与外稃等长；浆片 2；花药 3	粮食		
4947	*Hordeum patagonicum* Covas	巴哥大麦	Gramineae (Poaceae) 禾本科	多年生草本；叶片弯曲；第一颖锥形，第二颖与第一颖等长；外稃披针形，具芒长 3～4mm；内稃长 4.5～5mm；浆片 2，长 0.75～0.85mm；花药 3，长 1.1～1.3mm	粮食		
4948	*Hordeum procerum* Nevski	硕穗大麦（高大麦草）	Gramineae (Poaceae) 禾本科	多年生草本，丛生；第一颖锥形，长 15～20mm，第二颖与第一颖等长；外稃披针形，长 7～8mm，黄色或绿色；内稃长 6.5～7.5mm；浆片 2，披针形；花药 3	粮食		
4949	*Hordeum pubiflorum* Hook. f.	毛花大麦	Gramineae (Poaceae) 禾本科	多年生草本；第一颖长 18～25mm，第一颖与第一颖等长；外稃披针形，长 7.5～10mm，浆片 2，长 0.7～1.3mm，花药 3，长 1～1.5mm	粮食		
4950	*Hordeum pusillum* Nuttall	窄小大麦（矮大麦草）	Gramineae (Poaceae) 禾本科	草本，高 20～40cm，叶舌膜质，小，长约 1.5mm，鞘无毛或被软毛；密集圆柱形穗，具很多小穗，2～8cm，直径 1cm；外稃的芒长 8mm	粮食		
4951	*Hordeum roshevitzii* Bowden	小药大麦（洛氏大麦草）	Gramineae (Poaceae) 禾本科	多年生，须根较稀疏；秆疏丛生，高 40～50cm；叶耳小，淡黄色；叶片狭线形；穗状花序，小穗 3 枚簇生于穗轴每节上；颖果顶端有毛	粮食		内蒙古、青海
4952	*Hordeum secalinum* Schreber	黑麦状大麦	Gramineae (Poaceae) 禾本科	一年生草本；穗状花序；第一颖长 7～14mm，第二颖与第一颖等长；外稃长 6～9mm，具芒，长 6～12mm；花药 3，长 3～4mm	粮食		

（续）

序号	拉丁学名	中文名	所属科	特征及特性	类别	原产地	目前分布/种植区
4953	*Hordeum spontaneum* K. Koch	二棱野生大麦	Gramineae (Poaceae) 禾本科	一年生；秆高 40～50cm，叶鞘包茎；穗状花序，成熟时穗轴断裂，穗由三联小穗组成，侧部小穗为不实小穗；颖果	粮食		我国青藏高原
4954	*Hordeum stenostachys* Godron	毛穗大麦	Gramineae (Poaceae) 禾本科	多年生，第一颖长 4～10mm，第二颖与第一颖等长；外稃披针形，长 5～9mm，具芒，长 2～8mm，花药 3，长 2.2～4.4mm	粮食		
4955	*Hordeum vulgare* L.	栽培大麦	Gramineae (Poaceae) 禾本科	一年生；高 50～100cm；叶鞘松弛抱茎，叶耳披针形，叶舌膜质；穗状花序，小穗稠密，每节着生 3 枚发育小穗，颖线状披针形，外稃具芒；颖果	粮食	西南亚、中国西藏	我国南北各地栽培
4956	*Horsfieldia glabra* (Reinw. ex Blume) Warb.	风吹楠（霍而飞，枯牛，丝迷罗）	Myristicaceae 肉豆蔻科	乔木；树皮灰白色，纵裂，分枝平展，小枝褐色，圆柱形，叶坚纸质，椭圆状披针形或长圆状椭圆形；雄花序腋生或从落叶的腋生出	药用		广西西南部、海南、云南
4957	*Horsfieldia kingii* (Hook. f.) Warb.	滇南风吹楠	Myristicaceae 肉豆蔻科	常绿乔木；高 12～25m；叶互生，长圆形或倒卵状长圆形；花单性，异株；雄花序圆锥状，花小橘红色；果椭圆形	观赏，经济作物（油料类）		云南、海南、广西
4958	*Horsfieldia prainii* (King) Warburg	琴叶风吹楠	Myristicaceae 肉豆蔻科	常绿乔木；高 10～24m；叶互生，倒卵状长圆形至提琴形；花单性，雌雄同株，圆锥花序腋生，花小；果序圆锥状，果卵状椭圆形	林木，观赏		云南
4959	*Hosta ensata* F. Maek.	东北玉簪	Liliaceae 百合科	根状茎，有长的走茎；叶矩圆状披针形。狭椭圆形至卵状椭圆形；花单生，紫色	有毒		吉林南部、辽宁南部
4960	*Hosta glauca* (Siebold ex Miq.) Stearn	粉叶玉簪（圆叶玉簪）	Liliaceae 百合科	多年生草本；叶片大，深绿色，心脏形或卵圆形；花白色，略带粉晕；花期 7 月	观赏	日本	
4961	*Hosta laneifolia* Engl.	狭叶玉簪	Liliaceae 百合科	多年生草本；叶卵状披针形至披针形；叶片绿色，至秋季变为黄绿色；花青色或淡紫色；花期 8 月中旬至 9 月初	观赏	日本	

（续）

序号	拉丁学名	中文名	所属科	特征及特性	类别	原产地	目前分布/种植区
4962	*Hosta plantaginea*（Lam.）Asch.	玉簪（玉春棒，白鹤花）	Liliaceae 百合科	多年生草本；叶基生成丛，总状花序，花白色，管状漏斗形；蒴果三棱状圆柱形	有毒，观赏	中国	四川、湖北、湖南、江苏、安徽、浙江、福建、广东
4963	*Hosta sieboldii*（Paxt.）J. Ingram	紫玉簪（嵌玉狭叶紫萼）	Liliaceae 百合科	多年生草本；叶狭椭圆形或卵状椭圆形，叶柄上部具狭翅，花葶具几朵至十几朵花，花单生，紫色	观赏	中国、日本	北京、江西有栽培
4964	*Hosta undulata*（Otto et A. Dietr.）L. H. Bailey	波叶玉簪	Liliaceae 百合科	多年生草本；叶片较小，卵形，叶缘微波状；叶面有乳黄色或银白色纵斑纹；花淡紫色，较小；花期7月	观赏	日本	
4965	*Hosta ventricosa*（Salisb.）Stearn	紫萼	Liliaceae 百合科	多年生草本；叶卵圆形至卵形，花紫色或浅紫色，花被管上部膨大成钟形，花被裂片6，长椭圆形	观赏	中国	华东及广东、广西、贵州、云南、四川、湖北、湖南
4966	*Houttuynia cordata* Thunb.	蕺菜（鱼腥草，鱼鳞草）	Saururaceae 三白草科	多年生草本；茎叶有腥臭气味；叶阔卵形或心脏形；穗状花序顶生或与叶对生，苞片白色；蒴果顶端开裂	药用，有毒		长江以南各省份
4967	*Hovenia acerba* Lindl.	枳椇（拐枣，南枳）	Rhamnaceae 鼠李科	落叶乔木；高达10m以上；两义式聚伞花序顶生和腋生；花小，黄绿色，直径约4.5mm；花瓣扁圆形；花柱常裂至中部或深裂	蜜源	中国	浙江、福建
4968	*Hovenia tomentella* Nakai	毛枳椇（拐枣，毛呆枳椇）	Rhamnaceae 鼠李科	落叶乔木，高达10m；两义式聚伞花序顶生和腋生；花小，黄绿色，直径约4.5mm；花瓣扁圆形；花柱常裂至中部或深裂	果树		我国南方各省份
4969	*Hovenia trichocarpa* Chun et Tsiang	黄果枳椇（毛果枳椇）	Rhamnaceae 鼠李科	高大落叶乔木；高达18m；花瓣卵圆状匙形，长2.8～3mm，宽1.8～2mm，具长0.8～1.1mm的爪，花盘被锈色密长柔毛	果树		安徽、浙江、江西、湖南、广东、贵州
4970	*Hovenia trichocarpa* var. *robusta*（Nakai et Y. Kimura）Y. L. Chou et P. K. Chou	北枳椇	Rhamnaceae 鼠李科	落叶乔木；叶卵形或卵圆形；复聚伞花序，花杂性同株，淡黄绿色；雄花有退化子房，两性花子房埋没于花盘中；果实球形	果树，药用，有毒		华北、华东、中南、西北、西南

（续）

序号	拉丁学名	中文名	所属科	特征及特性	类别	原产地	目前分布/种植区
4971	*Hoya bella* Hook.	矮球兰	Asclepiadaceae 萝藦科	亚灌木，枝稍下垂；叶片有时具银色斑点；花序直径曲 5cm，深玫瑰色至紫色，副花冠中心深玫瑰色或紫色，有香气	观赏	印度	
4972	*Hoya carnosa* （L. f.） R. Br.	球兰（樱花葛，蜡兰）	Asclepiadaceae 萝藦科	常绿藤本；叶厚肉质，聚伞花序腋生下垂，花冠蜡质白色，心部淡红色，副花冠放射呈星状	观赏	中国、大洋洲	广东、广西、福建、台湾、云南
4973	*Hoya lyi* H. Lév.	香花球兰	Asclepiadaceae 萝藦科	常绿藤本；茎被黄毛，叶对生，薄革质，椭圆状披针形或倒披针形，花白色	观赏	中国	四川、贵州
4974	*Hoya multiflora* Blume	蜂出巢	Asclepiadaceae 萝藦科	直立或附生蔓性灌木；叶坚纸质，椭圆状长圆形，伞形状聚伞花序腋生或顶生，花冠黄白色，5 深裂，副花冠 5 裂，裂片披针形，蓇葖线状披针形	观赏	中国云南、广西、广东	
4975	*Humulus lupulus* L.	啤酒花（忽布，香蛇麻）	Cannabiaceae 大麻科	多年生缠绕草本；全株密生细毛并有倒钩刺；叶片纸质，卵形，边缘具粗锯齿，上面密生小刺毛，下面有疏毛和黄色小油点	观赏，经济作物（特用类）	中国	河北、山西、陕西、甘肃、宁夏、新疆、浙江、四川
4976	*Humulus scandens* （Lour.） Merr.	葎草（拉拉秧）	Cannabiaceae 大麻科	一年生或多年生缠绕草本；茎蔓生，具密生倒钩刺；叶对生，掌状 5～7 裂；花单性，雌雄异株，雄花圆锥花序，雌花腋生；瘦果扁球形	药用		除新疆、青海外，各地均有分布
4977	*Hunteria zeylanica* （Retz.） Gardner ex Thwaites	仔榄榄	Apocynaceae 夹竹桃科	乔木；高达 8m，聚伞花序顶生或腋生，有花 10～15 朵；花白色，花萼 5 深裂，花冠高脚碟状，花冠筒喉部膨大，内面被长柔毛，花冠裂片 5 枚，向左覆盖	果树		海南
4978	*Hyacinthus amethystinus* L.	西班牙风信子	Liliaceae 百合科	球根花卉；鳞茎较小，卵状，具膜质鳞片；小花天蓝色，花期 5～6 月	观赏	西班牙、法国南部	
4979	*Hyacinthus azureus* Barker	天蓝风信子（短叶风信子）	Liliaceae 百合科	多年生草本；叶较短；总状花序小，花蓝色，略下垂	观赏	南欧、小亚细亚	
4980	*Hyacinthus orientalis* L.	风信子	Liliaceae 百合科	多年生草本；鳞茎球形；花茎中空，总状花序，上部密生小钟状花；花期春季	观赏	南欧、地中海东部沿岸及小亚细亚	

（续）

序号	拉丁学名	中文名	所属科	特征及特性	类别	原产地	目前分布/种植区
4981	*Hyacinthus romanus* L.	罗马风信子	Liliaceae 百合科	球根花卉；花较疏散；花冠筒较细；花形较小；花期稍早	观赏	地中海沿岸	
4982	*Hydnocarpus annamensis* (Gagnep.) Lescot et Sleum.	大叶龙角（麻波罗）	Flacourtiaceae 大风子科	常绿乔木；高 10～20m，胸径 20～35cm；叶长圆形；花单性；雄花多数，排成聚伞状伞形花序，成簇腋生，雌花单生；浆果	药用		云南、广西
4983	*Hydnocarpus anthelminthica* Pierre ex Laness.	大风子（泰国大风子）	Flacourtiaceae 大风子科	常绿乔木；叶互生，披针形或长椭圆形；花杂性或单性，5 基数，花瓣红或粉红；退化雄蕊鳞片状；浆果	有毒		台湾、广东、云南
4984	*Hydnocarpus hainanensis* (Merr.) Sleum.	海南大风子（龙角，乌果，高根）	Flacourtiaceae 大风子科	常绿乔木；高达 15m，胸径达 50cm；叶互生，长圆形；雌雄异株，总状花序腋生，雄花密集，雌花子房密生黄色茸毛；浆果球形	林木，药用		海南、广西
4985	*Hydrangea anomala* D. Don	蔓性八仙花	Saxifragaceae 虎耳草科	落叶藤本；叶纸质，伞房状聚伞花序生于侧枝顶端，孕性花多数密集，花瓣连合成一冠盖状花冠	观赏	中国	华中、华东、西南及甘肃、陕西、广东、广西
4986	*Hydrangea aspera* D. Don	马桑八仙花	Saxifragaceae 虎耳草科	落叶灌木或小乔木；伞房状聚伞花序密被褐黄色短粗毛，花瓣长卵形，孕性花萼筒钟状	观赏	中国	云南、四川、贵州、广西
4987	*Hydrangea bretschneideri* Dippel	东陵八仙花	Saxifragaceae 虎耳草科	落叶灌木；叶对生，背面被灰色卷曲长柔毛，伞房花序顶生，不孕花白色后变为淡紫色，孕形花白色，花瓣 5	观赏	中国	河北、山西、陕西、湖北、四川、甘肃
4988	*Hydrangea chinensis* Maxim.	伞形八仙花	Saxifragaceae 虎耳草科	落叶灌木；叶到卵状长椭圆形；伞状复伞花序；可育两性花黄色，不育边花白色；花期 5～6 月	观赏	中国	长江以南各地
4989	*Hydrangea davidii* Franch.	西南绣球	Saxifragaceae 虎耳草科	落叶灌木；叶纸质，伞房状聚伞花序顶生，密被褐黄色短粗毛，孕性花深蓝色，萼筒杯状，花瓣狭椭圆形	观赏	中国	云南、贵州、四川
4990	*Hydrangea hypoglauca* Rehder	白背绣球	Saxifragaceae 虎耳草科	落叶灌木；叶纸质，卵形，伞房状聚伞花序，不育花白色，孕性花密集，花瓣白色，种子两端具狭翅	观赏	中国	湖北、湖南、贵州

（续）

序号	拉丁学名	中文名	所属科	特征及特性	类别	原产地	目前分布/种植区
4991	*Hydrangea macrophylla*（Thunb.）Ser.	绣球（八仙花）	Saxifragaceae 虎耳草科	落叶灌木；叶对生，叶片厚，椭圆形；伞房花序顶生，球形；花白色，蓝色或粉红色，全为不育花	有毒	中国	各地庭院常见栽培
4992	*Hydrangea paniculata* Siebold	圆锥八仙花	Saxifragaceae 虎耳草科	落叶灌木或小乔木；叶纸质，2～3 片对生或轮生，圆锥状聚伞花序尖塔形，不孕花大，白色后变淡紫色，孕性花瓣白色，萼筒陀螺状	观赏	中国	西北、华东、华中、华南、西南等地区
4993	*Hydrangea strigosa* Rehder	腊莲八仙花	Saxifragaceae 虎耳草科	落叶灌木；叶纸质，伞房状聚伞花序密被灰白色糙毛，不育花白色或淡紫红色，孕性花淡紫红色	观赏	中国	陕西、四川、云南、贵州、湖北、湖南
4994	*Hydrilla verticillata*（L. f.）Royle	黑藻	Hydrocharitaceae 水鳖科	浸沉水中多年生草本；茎长达 2m；叶常 3～8 片轮生；花单性，雄花的佛焰苞近球形，雌花的先端 2 裂；果圆柱状	饲用及绿肥		华北、华东、华中、华南、西南
4995	*Hydrocharis dubia*（Blume）Backer	水鳖（白萍，天泡草，马尿花）	Hydrocharitaceae 水鳖科	浮水多年生草本；有匍匐茎；叶近圆形；花单性，雄花聚生苞片花梗，雌花单生苞片；果实肉质	饲用及绿肥		华东、华中及河北、山东、陕西、四川、云南
4996	*Hydrocotyle sibthorpioides* Lam.	天胡荽（野芫荽）	Umbelliferae（Apiaceae）伞形科	多年生草本；茎匍匐而细长，长 20～50cm，节上生根；叶圆形或近肾形；伞形花序单生茎上，与叶对生，有花 10～15 朵；双悬果心状椭圆形	药用		长江以南各省份，北达陕西南部
4997	*Hygrophila salicifolia*（Vahl）Nees	水蓑衣（大青草）	Acanthaceae 爵床科	一年生或二年生草本；高 30～80cm；叶披针形或线形；花 2～6 朵簇生叶腋，花冠淡紫红色；蒴果线形或长圆形	药用		长江流域以南各省份
4998	*Hylocereus undatus*（Haw.）Britton et Rose	量天尺（霸王鞭，三角火旺，七星剑花）	Cactaceae 仙人掌科	多年生攀缘状灌木；长 3～8m；茎三棱柱形，边缘波浪状，有凹陷，茎上生 1～3 枚不明显的刺；花萼片基部长管状、有披针形大鳞片，花外围黄绿色，内有白色	果树	墨西哥至巴西一带	海南
4999	*Hylodesmum podocarpum* subsp. *oxyphyllum*（DC.）H. Ohashi et R. R. Mill	山蚂蟥	Leguminosae 豆科	半灌木；高 0.5～2m；3 小叶，顶端小叶椭圆状菱形；顶生的花序圆锥状，腋生花序总状，花冠淡紫红色；荚果有 2 荚节	杂草		华东、西南及陕西、广东、广西

（续）

序号	拉丁学名	中文名	所属科	特征及特性	类别	原产地	目前分布/种植区
5000	*Hylomecon japonica* (Thunb.) Prantl et Kü k.	拐枣七（荷青花，鸡蛋黄草，补血草）	Papaveraceae 罂粟科	多年生草本；具黄色叶汁液，茎绿色转红色至紫色，茎生叶2，花1～2朵排成伞房状	观赏	中国	四川、陕西、湖南、浙江、山西、辽宁、吉林
5001	*Hylotelephium erythrostictum* (Miq.) H. Ohba	景天（宝石花，土三七）	Crassulaceae 景天科	多年生草本；野生于山坡草丛中，耐寒能力强；全株带粉白色；地下有块状根；茎圆柱形，茎节紫色，叶肉质	药用		辽宁、吉林、河北、山西、湖北、四川、浙江
5002	*Hylotelephium mingjinianum* (S. H. Fu) H. Ohba	紫花景天	Crassulaceae 景天科	多年生草本；全株无毛；茎直立，在节上稍呈之字形弯曲；叶互生，边缘上部有波状钝齿，无柄；花紫色，密生；种子小，褐色	观赏	中国原产	华中、华南
5003	*Hylotelephium spectabile* (Boreau) H. Ohba	八宝	Crassulaceae 景天科	多年生草本；有明显的根状茎；茎粗，直立；叶卵形，3叶轮生，先端稍尖，叶缘呈波浪状的浅锯齿，短柄；全株披白粉；花桃红色	观赏		东北、西南及湖北、安徽、浙江、江苏、陕西、河南、山东、山西、河北
5004	*Hylotelephium tatarinowii* (Maxim.) H. Ohba	华北景天	Crassulaceae 景天科	多年生草本；伞房花序，花紧密，花梗较花长；萼片5，披针形；花瓣5，浅红色，卵状披针形，开展；雄蕊10，较花瓣短，花丝白色，花药紫色；鳞片正方形，微小；心皮5，卵状披针形，花柱直立	观赏	中国	内蒙古、山西、河北
5005	*Hymenachne amplexicaulis* (Rudge) Nees	膜稃草	Gramineae (Poaceae) 禾本科	多年生；秆高达1m；圆锥花序紧缩呈穗状，宽1～2cm，小穗长4.5～5.5mm	饲用及绿肥		云南、海南
5006	*Hymenachne assamica* (Hook. F.) Hitchc.	弊草	Gramineae (Poaceae) 禾本科	多年生；圆锥花序紧缩呈穗状，宽约1cm，小穗柄长0.2～0.8mm，第一外稃长于第二颖	饲用及绿肥		海南
5007	*Hymenocallis americana* (Mill.) M. J. Roem.	水鬼蕉	Amaryllidaceae 石蒜科	多年生球根花卉；花葶扁平；花白色，无梗，呈伞状着生；有芳香；花筒部长短不一，带绿色；花被片线状，一般比筒部短；副冠钟形或阔漏斗形，具齿牙缘	观赏	美洲热带	

（续）

序号	拉丁学名	中文名	所属科	特征及特性	类别	原产地	目前分布/种植区
5008	*Hymenocallis calathina* （Ker-Gawl.）Nichols.	蓝花水鬼蕉	Amaryllidaceae 石蒜科	多年生常绿草本；副花冠漏斗形，花白色，有香气；花开前半透明的花萼裹住花瓣	观赏	秘鲁、玻利维亚	
5009	*Hymenocallis speciosa* （Salisb.）Salisb.	蜘蛛兰	Amaryllidaceae 石蒜科	多年生常绿草本；具鳞茎；叶基生；伞形花序顶生，花被白两色；花期夏、秋季	观赏	美洲西印度群岛	
5010	*Hymenodictyon flaccidum* Wall.	土连翘（红丁木）	Rubiaceae 茜草科	落叶乔木；高 20m；叶常聚生枝顶，倒卵形；总状花序掖生；蒴果倒垂，椭圆，1.5cm；种子连翘 1cm	药用		广西、四川、云南
5011	*Hymenodictyon orixense* （Roxb.）Mabb.	毛土连翘（猪肚树）	Rubiaceae 茜草科	落叶乔木；高达 25m；叶纸质或膜质；圆锥花序大，被柔毛，常下垂，密花，具 2～4 片叶状苞片；叶状苞片被柔毛，卵形或长圆形，具明显的羽状脉和网脉；花小，有短花梗；花冠白色或褐色	药用		四川、云南
5012	*Hyoscyamus niger* L.	莨菪（天仙子，山烟，牙痛子）	Solanaceae 茄科	二年生草本；叶矩圆形；花单生于叶腋，在茎上端聚集成顶生穗状聚伞花序；花萼筒状钟形，果实增大成壶状；花冠漏斗状；蒴果卵球状	药用，有毒		华北、西北、西南
5013	*Hypecoum erectum* L.	角茴香（咽喉草，雪里青，黄花草）	Papaveraceae 罂粟科	越年生或一年生草本；高 5.5～10cm；叶 12～18 片，被白粉，轮廓倒披针形，2～3 回羽状全裂；聚伞花序，花瓣 4，黄色；蒴果线形	杂草		华北及陕西、河南、内蒙古、新疆
5014	*Hypecoum leptocarpum* Hook. f. et Thomson	节裂角茴香	Papaveraceae 罂粟科	一年生草本；高 15～25cm，具白粉；叶轮廓长圆形，2 回羽状全裂；花葶 3～7 条，花瓣 4，淡紫色或白色；蒴果线形	杂草		河北、四川、青海、甘肃、陕西、西藏
5015	*Hypericum androsaemum* L.	土三金丝桃	Guttiferae 藤黄科	半常绿灌木；叶对生，卵形，浆果近球形，红色至紫色，后呈黑色	观赏	中国	
5016	*Hypericum ascyron* L.	黄海棠	Guttiferae 藤黄科	多年生草本；高 0.5～1.3m；叶片披针形、长圆状卵形至椭圆形；花序近伞房状至狭圆锥状；花瓣金黄色；蒴果卵珠形或卵珠状三角形	有毒		除新疆及青海外，全国各地均产

（续）

序号	拉丁学名	中文名	所属科	特征及特性	类别	原产地	目前分布/种植区
5017	*Hypericum attenuatum* Fisch. ex Choisy	赶山鞭	Guttiferae 藤黄科	多年生草本；高30～70cm；叶片卵状长圆形；花序近伞房状或圆锥花序；花瓣淡黄色；蒴果卵珠形	药用		东北、华北及陕西、甘肃、山东、江苏、安徽、浙江、江西、河南、广东、广西
5018	*Hypericum beanii* N. Robson	栽秧花	Guttiferae 藤黄科	灌木；高0.6～2m；叶片狭椭圆形；花序近伞房状；花瓣金黄色；蒴果狭卵珠状圆锥形	观赏		贵州西南部，云南中部及中南部
5019	*Hypericum calycinum* L.	大萼金丝桃	Guttiferae 藤黄科	多年生草本，茎具4纵线棱；叶狭卵形至长圆形；花序顶生，为1～3花聚伞状，花瓣倒卵状长圆形，子房卵珠形；蒴果	观赏		四川
5020	*Hypericum densiflorum* Pursh	密花金丝桃	Guttiferae 藤黄科	落叶灌木；单叶对生，线状倒披针形至线形，聚伞花序顶生，花小金黄色	观赏	美国南部	华北
5021	*Hypericum japonicum* Thunb.	地耳草（田基黄）	Guttiferae 藤黄科	一年生小草本；根多须状，高3～15cm；茎基部节处生不定根；叶无柄对生，卵形；聚伞花序顶生，花小，黄色；蒴果长圆形	药用		长江流域及以南各省份
5022	*Hypericum longistylum* Oliv.	长柱金丝桃	Guttiferae 藤黄科	落叶小灌木；茎红色，叶对生，背多少被白霜，花序1花，花瓣金黄色至橙色，无红晕，倒披针形	观赏	中国	安徽、河南、湖北、湖南
5023	*Hypericum patulum* Thunb.	金丝梅	Guttiferae 藤黄科	常绿、半常绿或落叶灌木；小枝具两棱，淡红色至紫色，伞房状花序具1～15花，花瓣金黄色，无红晕，雄蕊短，不露出花瓣	观赏	中国	华东及陕西、台湾、湖北、湖南、广西、四川、贵州
5024	*Hypericum perforatum* L.	贯叶连翘（千层楼，小树叶草）	Guttiferae 藤黄科	多年生草本；叶密生，椭圆形；聚伞花序顶生；黄黄色，花萼、花瓣、花药均有黑色腺点；雄蕊基部合成3束；蒴果	有毒		华东及河北、江西、陕西、四川
5025	*Hypericum sampsonii* Hance	元宝草（对月莲）	Guttiferae 藤黄科	多年生草本；高约65cm；单叶交互对生，二叶基部完全合生一体似船形，茎穿中间；茎顶抽生聚伞花序，花黄色；蒴果卵圆形	有毒		安徽、江苏、浙江、江西、湖南、四川、贵州

（续）

序号	拉丁学名	中文名	所属科	特征及特性	类别	原产地	目前分布/种植区
5026	*Hypoxis aurea* Lour.	小金梅草（山韭菜）	Amaryllidaceae 石蒜科	多年生草本；叶基生，狭条状披针形；花1～2朵，淡黄色，由叶丛抽出，子房下位，3室，棒状；蒴果棒状	药用		华东、华南、华中及云南、台湾
5027	*Hyptis brevipes* Poit.	短柄吊球草	Labiatae 唇形科	一年生直立草本；高50～100cm；叶纸质，卵状长圆形或披针形；头状花序腋生，花冠白色，花盘阔杯形；小坚果扁平长圆形	杂草	美洲墨西哥	海南、台湾
5028	*Hyptis rhomboidea* Mart. et Galeotti	吊球草（石柳）	Labiatae 唇形科	一年生草本；高0.5～1.5m；叶纸质披针形，花多数，密集成头状花序，单生具长梗，苞片长超过花序，花冠乳白色；小坚果	杂草	热带美洲	广西、广东、台湾
5029	*Hyptis suaveolens* (L.) Poit.	山香（假藿香）	Labiatae 唇形科	一年生草本；揉之有香气；茎直立，多分枝，具长刚毛；叶薄纸质，卵形；花2～6朵排成聚伞花序，花冠蓝紫色；小坚果长圆形	药用，经济作物（油料类）		华南及福建、台湾
5030	*Hystrix duthiei* (Stapf ex Hook. f.) Bor	猬草	Gramineae (Poaceae) 禾本科	多年生，高80～100cm，具4～5节；叶片较薄；穗状花序细弱下垂，穗轴节间被白色短柔毛；小穗孪生	粮食		西藏、陕西、浙江、湖北、湖南、四川、云南
5031	*Hystrix komarovii* (Roshev.) Ohwi	东北猬草	Gramineae (Poaceae) 禾本科	多年生，秆少数丛生或单生，高100～130cm，具4～6节；叶片扁平；穗状花序；小穗孪生，含2～3小花；颖呈锥状，具1脉；外稃披针形，具7脉	粮食		黑龙江、吉林、辽宁、陕西、河北
5032	*Iberis amara* L.	屈曲花（蜂室花）	Cruciferae 十字花科	一、二年生草本；总状花序，呈球形伞房状；花瓣4枚，白色，园艺品种有红、紫红等色；花具芳香；短角果，圆形，有翼	观赏	地中海	
5033	*Iberis saxatilis* L.	岩生屈曲花	Cruciferae 十字花科	常绿亚灌木；叶线形，花白色，顶生伞房花序；萼片近直立，倒卵形	观赏		
5034	*Iberis sempervirens* L.	常青屈曲花	Cruciferae 十字花科	多年生常绿亚灌木，疏生微毛；叶倒披针形至匙形，边缘粗糙有齿；大形总状花序；花初开时密集呈伞房状，旋即伸长；花白色，芳香	观赏		

（续）

序号	拉丁学名	中文名	所属科	特征及特性	类别	原产地	目前分布/种植区
5035	*Iberis umbellata* L.	伞形屈曲花	Cruciferae 十字花科	一年生草本，高30～60cm；总状花序伞房状，花粉红色、紫、红、不香；萼片近直立，倒卵形	观赏		
5036	*Ichnocarpus frutescens*（L.）W. T. Aiton	腰骨藤（羊角藤）	Apocynaceae 夹竹桃科	藤本；8m；叶卵圆椭圆，5～10cm，侧脉5～7对；白色，花序长3～8cm；蓇葖果双生，叉开，细圆柱状	药用		福建、湖南、广东、广西、海南、云南、贵州
5037	*Idesia polycarpa* Maxim.	山桐子（水冬瓜，椅桐）	Flacourtiaceae 大风子科	落叶乔木；叶卵形或卵状心形；圆锥花序下垂，花黄绿色，无花瓣，雌雄异株；浆果，种皮表面有白色蜡质	药用，有毒，林木		华东、华中、西北、西南
5038	*Ilex asprella*（Hook. et Arn.）Champ. ex Benth.	秤星树	Aquifoliaceae 冬青科	落叶灌木；叶膜质，雄花序2或3花呈束状或单生叶腋，花冠白色，雌花序单生叶腋，花瓣基部合生	观赏	中国和菲律宾	浙江、江西、福建、台湾、湖南、广东、广西、香港
5039	*Ilex bioritsensis* Hayata	刺叶冬青	Aquifoliaceae 冬青科	常绿灌木或小乔木；高达10m；雌雄异株，花序簇生二年生枝的叶腋内，每簇分枝仅具1花，花2～4数；雄花花萼直径3mm，花冠长约3mm；雌花花萼似雄花	蜜源		西南及台湾
5040	*Ilex buergeri* Miq.	毛枝冬青	Aquifoliaceae 冬青科	常绿乔木；高达26m；树皮灰色；叶革质，长圆形、卵形或披针形，长5～8cm，宽4～10cm，具浅疏锯齿；果实球形，红色	蜜源		浙江、福建
5041	*Ilex chinensis* Sims	四季青（冬青，冻青，大叶冬青）	Aquifoliaceae 冬青科	常绿乔木；高达13m；聚伞花序着生于新枝叶腋内或叶腋外，雄花序有花10～30朵，雌花序有花3～7朵；花瓣紫红色或淡紫色，向外反卷；果实椭圆形或近球形，成熟时深红色	药用		陕西、甘肃及长江以南各地区
5042	*Ilex cornuta* Lindl. et Paxton	枸骨（老虎刺，鸟不宿）	Aquifoliaceae 冬青科	常绿灌木或小乔木；叶硬革质雌雄异株，聚伞花序，花黄绿色，丛生于2年生小枝叶腋内	观赏	中国	长江流域各省份
5043	*Ilex crenata* Thunb.	钝齿冬青（波缘冬青）	Aquifoliaceae 冬青科	常绿灌木或小乔木；高5～10m；花白色，4数少为5数，雌雄异株，雄花1～7朵、雌花2～3朵排成腋生聚伞花序，但雌花通常是单生叶腋的，雄花也有近于簇生于二年生枝上的	观赏	日本	

（续）

序号	拉丁学名	中文名	所属科	特征及特性	类别	原产地	目前分布/种植区
5044	*Ilex ficoidea* Hemsl.	榕叶冬青	Aquifoliaceae 冬青科	常绿乔木；高 8～12m；叶片长圆状椭圆形，卵状或稀倒卵状椭圆形；聚伞花序或单花簇生于当年生枝的叶腋内，花白色或淡黄绿色；果球形或近球形	蜜源		安徽、浙江、湖北、福建、广东、湖南、江西、广西等
5045	*Ilex formosana* Maxim.	台湾冬青	Aquifoliaceae 冬青科	常绿；小枝光滑；叶革质，椭圆形或长椭圆状披针形，先端渐尖，光滑；花簇生；果球形	蜜源		华南、华东及贵州、湖南、台湾
5046	*Ilex godajam* （Colebr. ex Wall.）Wall. ex Hook. f.	米碎木	Aquifoliaceae 冬青科	常绿小乔木；高 5～12m；花黄白色，花瓣长圆形，长约 2mm，雄蕊和花瓣等长；雌花序伞形状，由 3～13 朵花组成，总花梗 10～13mm，苞片微小，花梗长 2～5mm	蜜源		广东、广西、云南
5047	*Ilex kwangtungensis* Merr.	广东冬青	Aquifoliaceae 冬青科	常绿灌木或小乔木；叶片卵状椭圆形或披针形；复合聚伞花序，雄花序为 2～4 次二歧聚伞花序；雌花序具一至二回二歧式聚伞花序；花淡紫色或淡红色；果椭圆形	蜜源		浙江、江西、福建、广东、广西、海南、云南
5048	*Ilex latifolia* Thunb.	大叶冬青（波罗树）	Aquifoliaceae 冬青科	常绿大乔木；雌雄异株，花多数排成假圆锥花序；雄花序每一分枝有 3～9 花成聚伞状，花瓣卵状长圆形；雌花序每一分枝有 1～3 花，花瓣卵形	蜜源		长江流域各地及福建、广东、广西
5049	*Ilex macrocarpa* Oliv.	大果冬青	Aquifoliaceae 冬青科	落叶乔木；花白而香；雄花序假簇生于二年生的长枝和短枝上，或单生于长枝的叶腋或基部鳞片内，具 1～5 朵花，花 5～6 数；雌花单生叶腋，花 7～9 数	观赏	中国	西南、华南、湖南、湖北、安徽
5050	*Ilex micrococca* Maxim.	毛梗冬青	Aquifoliaceae 冬青科	叶乔木；花白色，雌雄异株，排成二至三回三歧聚伞花序，花序的第二级主轴长于花梗	观赏	中国	云南、四川、贵州、广东、广西、湖北、湖南
5051	*Ilex pedunculosa* Miq.	具柄冬青	Aquifoliaceae 冬青科	常绿灌木；高达 5m；花 4～5 数，雌雄异株；雄花 3～9 朵排成聚伞花序，花冠直径 3mm；雌花单生叶腋，3 朵花组成的聚伞花序则少见，花梗细长，长 4～4.5cm	蜜源		广西、贵州、湖南、江西、浙江、湖北

（续）

序号	拉丁学名	中文名	所属科	特征及特性	类别	原产地	目前分布/种植区
5052	*Ilex pernyi* Franch.	猫儿刺（小叶枸骨，老鼠刺）	Aquifoliaceae 冬青科	常绿灌木或小乔木；叶互生，革质，雌雄异株，雄花花瓣4，宽椭圆形，雌花花瓣4，卵形	观赏	中国	长江流域
5053	*Ilex polyneura* (Hand.-Mazz.) S. Y. Hu	多脉冬青	Aquifoliaceae 冬青科	落叶乔木；叶纸质，假伞形花序单生当年生枝叶腋，花白色，雄花花瓣卵形，雌花花瓣长圆形	观赏	中国	云南、四川西南部、贵州西部
5054	*Ilex pubescens* Hook. et Arn.	毛冬青	Aquifoliaceae 冬青科	常绿灌木；高约3m；叶膜质或纸质，卵形、椭圆形或卵状长椭圆形；雌雄异株；花序簇生，花粉红或白色，雄花单生，雌花1～4朵簇生；核果浆果状	蜜源		华东、华南及台湾
5055	*Ilex rotunda* Thunb.	铁冬青（救必应，熊胆木）	Aquifoliaceae 冬青科	常绿乔木；高约10m，聚伞花序或呈伞房状腋生，花冠白色，具芳香味；核果球形，熟后红色	蜜源		长江流域以南、台湾
5056	*Ilex serrata* Thunb.	落霜红	Aquifoliaceae 冬青科	落叶灌木；高1～4m；花数朵簇生于叶腋；淡紫色或白色；核果球形，成熟时鲜红色	观赏	中国	浙江、江西、福建、湖南、四川
5057	*Ilex shennongjiaensis* T. R. Dudley	神农架冬青	Aquifoliaceae 冬青科	常绿乔木；叶革质，果序生当年生枝叶腋，宿存花萼平展	观赏	中国	湖北西部
5058	*Ilex triflora* Blume	三花冬青	Aquifoliaceae 冬青科	常绿灌木或乔木；高2～10m；叶片椭圆形、长圆形或卵状椭圆形；雄花1～3朵排成聚伞花序，花白色或淡红色；雌花1～5朵簇生于当年生或二年生枝的叶腋内；果球形	蜜源		安徽、浙江、江西、福建各地、湖北、广东、广西、四川、贵州、云南等
5059	*Iljinia regelii* (Bunge) Korovin	戈壁藜	Chenopodiaceae 藜科	小半灌木；老枝灰白色，平滑；叶互生，肉质，无毛；花单生于叶腋，小苞片短于花被，花被近圆形；胞果半球形	饲用及绿肥		新疆及甘肃（西部）
5060	*Illicium angustisepalum* A. C. Sm.	假地枫皮（百山祖八角）	Illiciaceae 八角科	乔木；高8～20m；叶狭椭圆形或长椭圆形；花白色或浅黄色，腋生或近顶生	药用		广西东北部、广东北部、湖南南部、江西

（续）

序号	拉丁学名	中文名	所属科	特征及特性	类别	原产地	目前分布/种植区
5061	*Illicium arborescens* Hayata	台湾八角	Illiciaceae 八角科	乔木；高达15m；叶互生，革质或薄革质，狭长圆形、披针形或倒卵状椭圆形；花簇生或近顶生	药用		台湾
5062	*Illicium brevistylum* A. C. Sm.	短柱八角	Illiciaceae 八角科	灌木或乔木；高可达15m；叶薄革质，狭长圆状椭圆形或倒披针形；花腋生或近顶生	药用		广东、广西、湖南及云南
5063	*Illicium burmanicum* Wilson	中缅八角	Illiciaceae 八角科	灌木或乔木；高4～12m；叶纸质，长圆状披针形至倒卵状长圆形，有时披针形；花白色带紫色，芳香，腋生	药用		云南腾冲、泸水高黎贡山
5064	*Illicium difengpi* K. I. B. et K. I. M. ex B. N. Chang	地枫皮（地枫，追地枫，钻地枫）	Illiciaceae 八角科	常绿灌木；高1～3m，叶互生，常3～5片聚生于枝的顶端或节上；花红色，腋生或近顶生，单生或2～4朵簇生；聚合果常由9～11个成熟心皮组成	药用，观赏		广西龙州、马山、天等、德保、靖西、田阳、都安
5065	*Illicium dunnianum* Tutcher	红花八角	Illiciaceae 八角科	常绿灌木；花单生或2～3朵簇生叶腋，花被片粉红色至红色、紫红色	观赏	中国	福建南部、湖南西部、贵州南部和西南部、广东、广西
5066	*Illicium henryi* Diels	红茴香	Illiciaceae 八角科	灌木或乔木；叶长披针形或倒卵状椭圆形；花粉红至深红，单生或2～3朵簇生，雄蕊11～14枚，花柱钻形	有毒，观赏		陕西、河南至长江中下游地区
5067	*Illicium lanceolatum* A. C. Sm.	莽草（山木蟹，山大茴）	Illiciaceae 八角科	常绿灌木或小乔木；高3～8m；叶互生或聚生于小枝上部，革质，倒披针形或披针形；花1～2朵腋生；蓇葖果木质，种子淡褐色	有毒		长江中下游以南
5068	*Illicium macranthum* A. C. Sm.	大花八角	Illiciaceae 八角科	灌木或小乔木；高3～8m；叶互生或向顶端2～4片稀疏聚生，长圆状或倒卵状椭圆形；花腋生，向小枝顶端密集排列；成熟蓇葖常减少至11枚；叶、花、果有剧毒	有毒		云南南部至西部
5069	*Illicium majus* Hook. f. et Thomson	匙叶八角	Illiciaceae 八角科	乔木或灌木状，高达20m；叶互生或3～5轮生状，薄革质或革质，倒卵形、倒披针形或窄长圆状椭圆形；花腋生或近顶生，单生；聚合果	药用，有毒		福建、湖南、广东、香港、广西、云南

（续）

序号	拉丁学名	中文名	所属科	特征及特性	类别	原产地	目前分布/种植区
5070	*Illicium micranthum* Dunn	小花八角	Illiciaceae 八角科	灌木或小乔木；高可达10m；叶革质或薄革质，倒卵状椭圆形、狭长园状椭圆形或披针形；花芳香，单生或假轮生	药用		湖北、湖南、广东、广西、四川、贵州、云南
5071	*Illicium oligandrum* Merr. et Chun	少药八角（野八角）	Illiciaceae 八角科	小乔木；叶长圆状倒卵形或椭圆形；花黄绿色，1～3朵腋生或近顶生；花被11～18，雄蕊4～7枚；心皮8～9枚	有毒		广东、广西
5072	*Illicium pachyphyllum* A. C. Sm.	厚叶八角	Illiciaceae 八角科	灌木状或小乔木；高达5m；叶4～7轮生状或簇生枝顶，革质或厚革质，椭圆形或近卵形；花单生叶腋或2～3簇生枝顶；聚合果	药用，有毒		湖南、广东、广西、贵州
5073	*Illicium simonsii* Maxim.	华中八角	Illiciaceae 八角科	乔木；高达15m；叶互生或3～5簇生枝顶，革质，长椭圆形、披针状椭圆形或倒披针状椭圆形；花单生叶腋、近顶生或生老枝上；聚合果	药用，有毒		安徽、浙江、江西、福建、湖北、湖南、广东、香港及广西
5074	*Illicium ternstroemioides* A. C. Sm.	厚皮香八角	Illiciaceae 八角科	乔木；高5～12m；叶3～5片簇生，长圆状椭圆形或倒披针形或狭倒卵形；花红色，单生或2～3朵聚生于叶腋或近顶生；蓇葖12～14，顶端渐狭尖，弯曲，果有毒	有毒		海南、福建
5075	*Illicium verum* Hook. f.	八角茴香（八角）	Illiciaceae 八角科	常绿乔木；叶互生革质，椭圆形披针形；花单生叶腋，花被3～12，数轮，雄蕊11～20，心皮8～9枚；聚合果	经济作物（调料类，特用类）	中国广西南部和西部	广西、广东、福建、贵州、云南
5076	*Illigera grandiflora* W. W. Sm. et Jeffrey	大花青藤（红豆七，通气跌打，风车藤，青藤）	Hernandiaceae 莲叶桐科	藤本；茎具槽棱，被黄褐色长柔毛，小叶纸质至近革质，卵形或倒卵形至披针状椭圆形，花序为较紧密的聚伞花序，腋生	药用		贵州南部、云南南部及西南部
5077	*Illigera rhodantha* Hance	红花青藤	Hernandiaceae 莲叶桐科	攀缘灌木；花排列成腋生的聚伞状圆锥花序，生黄褐色绒毛；花两性，具小苞片；花被片10，成2轮，外轮紫红色，内轮玫瑰红色	蜜源		贵州、广西、广东
5078	*Impatiens apalophylla* Hook. f.	大叶凤仙花	Balsaminaceae 凤仙花科	一年生草本；叶互生，总花梗腋生，4～10朵成总状花序，花黄色，萼片4，旗瓣椭圆形，翼瓣短，唇瓣囊状	观赏	中国	广西、贵州、云南

（续）

序号	拉丁学名	中文名	所属科	特征及特性	类别	原产地	目前分布/种植区
5079	*Impatiens balansae* Hook. f.	大苞凤仙花	Balsaminaceae 凤仙花科	一年至多年生草本；高 30～60cm；叶互生，纸质，长卵形，边缘有锯齿，齿端有齿尖；总花梗长 5～12cm；花多数，总状排，基部有苞片；花黄色	蔬菜，观赏	中国	云南
5080	*Impatiens balfourii* Hook. f.	喜马凤仙花（包氏凤仙）	Balsaminaceae 凤仙花科	多年生草本；叶缘有外弯之齿，花 6～8 多簇生成总状花序，粉红和黄色	观赏		喜马拉雅山西部
5081	*Impatiens balsamina* L.	急性子（凤仙花，指甲花）	Balsaminaceae 凤仙花科	多年生草本；茎光滑，肉质，有时红色，茎节略膨大，单叶互生，叶柄两侧有疣状突点（腺体）；叶片狭长披针形	药用	中国	全国各地均有分布
5082	*Impatiens chinensis* L.	华凤仙	Balsaminaceae 凤仙花科	一年生草本；茎下部平卧，叶对生，花单生或 2～3 朵簇生叶腋，紫红色或白色，唇瓣漏斗状，旗瓣圆形	观赏	中国	江西、福建、浙江、安徽、广东、广西、云南
5083	*Impatiens corchorifolia* Franch.	黄麻叶凤仙	Balsaminaceae 凤仙花科	一年生草本；叶互生，总花梗短于叶，花 2 朵，黄色，旗瓣圆形，翼瓣背部有较大的耳，唇瓣囊状	观赏	中国	云南西北部、四川西南部
5084	*Impatiens delavayi* Franch.	耳叶凤仙花	Balsaminaceae 凤仙花科	一年生草本；总花梗具 1～5 花，花淡紫红色或污黄色，侧生萼片 2，旗瓣圆形兜状，翼瓣基部楔形，唇瓣囊状	观赏	中国	云南、四川西南部、西藏东南部
5085	*Impatiens dicentra* Franch. ex Hook. f.	齿萼凤仙花	Balsaminaceae 凤仙花科	一年生草本；花梗较短，腋生，仅一朵花；花大，黄色；萼片 2，宽卵状圆形，旗瓣圆形；翼瓣无柄，2 裂；唇瓣囊状	观赏	中国	湖南、湖北、四川、贵州、陕西、湖南、河南
5086	*Impatiens epilobioides* Y. L. Chen	柳叶菜状凤仙花	Balsaminaceae 凤仙花科	多年生草本；块根近球形；茎上部具褐色短柔毛；叶互生；花粉红色；唇瓣檐部宽漏斗状；蒴果	有毒		四川
5087	*Impatiens fissicornis* Maxim.	裂距凤仙花	Balsaminaceae 凤仙花科	一年生草本；花单生叶腋，花黄色或橙黄色，侧生萼片 2，旗瓣近圆形，翼瓣长圆形，唇瓣囊状具褐色斑纹	观赏	中国	甘肃、陕西

（续）

序号	拉丁学名	中文名	所属科	特征及特性	类别	原产地	目前分布/种植区
5088	*Impatiens glandulifera* Royle	腺叶凤仙花（紫凤仙）	Balsaminaceae 凤仙花科	一年生草本；高 1m；叶卵形，60～150mm×18～65mm；花大，腋生，暗紫色，长 30mm；蒴果棒状，长 14～18（～25）mm	观赏		喜马拉雅山
5089	*Impatiens hawkeri* Bull.	新几内亚凤仙	Balsaminaceae 凤仙花科	多年生常绿草本；花单生或数朵成伞房花序，花柄长，花瓣桃红色、粉红色、橙红色、紫红、白色；花期夏季为主	观赏		
5090	*Impatiens noli-tangere* L.	水金凤	Balsaminaceae 凤仙花科	一年生草本；叶互生，卵形或椭圆形，花梗纤细、下垂，花黄色，喉部有红色斑点	观赏	中国	东北、华北、西北、华中及广西、贵州
5091	*Impatiens potaninii* Maxim.	陇南凤仙花	Balsaminaceae 凤仙花科	一年生草本；花淡黄色，侧生萼片 2，旗瓣圆形，翼瓣倒卵状长圆形，唇瓣漏斗状，喉部具褐色点	观赏	中国	甘肃、四川及秦岭南北坡
5092	*Impatiens pseudokingii* Hand. - Mazz.	直距凤仙花	Balsaminaceae 凤仙花科	一年生草本；叶片膜质，上面深绿色；花淡粉红色，喉部黄色；花期 8～9 月	观赏	中国	云南西北部
5093	*Impatiens radiata* Hook. f.	辐射凤仙花	Balsaminaceae 凤仙花科	一年生草本；总花梗生于上部叶腋，花轮生或近轮生，呈辐射状，每轮 3～5 朵，花黄色或淡紫色，翼瓣 3 裂	观赏	中国	西藏、云南、四川
5094	*Impatiens rostellata* Franch.	短喙凤仙花	Balsaminaceae 凤仙花科	一年生高大草本；叶互生，总花梗生于上部叶腋，具 2 花，花白色、粉红色、黄色或天蓝色，侧生萼片 2	观赏	中国	四川
5095	*Impatiens siculifer* Hook. f.	黄金凤	Balsaminaceae 凤仙花科	一年生草本；叶互生，常密集于茎或分枝上部，总花梗生于上部叶腋，花 5～8 多排成总状花序，花黄色	观赏	中国	江西、福建、湖南、湖北、广西、四川、云南、贵州
5096	*Impatiens stenosepala* Pritz. ex Diels	窄萼凤仙花	Balsaminaceae 凤仙花科	一年生草本；花大，紫红色；萼片 4，外面 2 个条状披针形，里面的 2 个条形；唇瓣囊状，基部圆形，有内弯的短距；花药钝	观赏	中国	四川、贵州、湖北、陕西、山西、河南

（续）

序号	拉丁学名	中文名	所属科	特征及特性	类别	原产地	目前分布/种植区
5097	*Impatiens urticifolia* Wall.	荨麻叶凤仙花	Balsaminaceae 凤仙花科	一年生草本；总花梗常腋生或近顶生，开展或多少呈弧形，具3～5花，花淡黄色或淡紫色，具红色条纹	观赏	中国	西藏南部
5098	*Impatiens walleriana* Hook. f.	非洲凤仙（玻璃翠）	Balsaminaceae 凤仙花科	多年生肉质草本；茎绿色或淡红色，总花梗生茎枝上部叶腋，具2花，花色多，红、紫红、淡紫、蓝紫色	观赏	东非	广东、香港、河北、北京、天津
5099	*Imperata cylindrica*（L.）Raeuschel	白茅（白茅花，丝茅草，茅草）	Gramineae (Poaceae) 禾本科	多年生，半常绿，叶丛生，剑形，常保持深血红色，圆锥花序，高20～30cm	饲用及绿肥		除东北外、各地均有分布
5100	*Incarvillea arguta*（Royle）Royle	两头毛（毛子草）	Bignoniaceae 紫葳科	多年生草本；高达1.5m；叶互生，羽状全裂；总状花序顶生，花冠淡红色或白色，略呈二唇形；蒴果线状圆柱形	观赏		甘肃、四川、贵州、云南、西藏
5101	*Incarvillea compacta* Maxim.	全缘角蒿（角蒿花）	Bignoniaceae 紫葳科	多年生草本；总状花序顶生，花萼钟状，具黑斑，唇形花冠紫色，筒内呈金黄色，有紫色条纹	观赏	中国	西藏、甘肃、四川、云南
5102	*Incarvillea delavayi* Bureau et Franch.	红花角蒿（红波罗花）	Bignoniaceae 紫葳科	多年生草本；丛生；茎直立；叶深裂；花数朵，喇叭状，淡粉红色至红色，初夏开放；果实引人注目	观赏	中国	云南西北部、四川
5103	*Incarvillea lutea* Bureau et Franch.	黄花角蒿	Bignoniaceae 紫葳科	多年生草本；顶生长总状花序，疏散，由10～17个多花组成，花淡红色，萼齿圆形或截形细尖	观赏	中国	云南、四川、西藏
5104	*Incarvillea mairei*（H. Lév.）Grierson	鸡肉参（滇川角蒿）	Bignoniaceae 紫葳科	多年生草本；叶基生，总状花序，苞片线形，花钟形，紫红色，萼钟形，花冠裂片5，圆形	观赏	中国	云南西北部、四川西南部、西藏
5105	*Incarvillea sinensis* Lam.	角蒿	Bignoniaceae 紫葳科	一年生直立草本；高15～80cm；叶二至三回羽状深裂或全裂，羽片4～7对；总状花序，花冠红或淡红紫色；蒴果圆柱形，长角状弯曲	药用，观赏		东北、华北及甘肃、四川、青海

（续）

序号	拉丁学名	中文名	所属科	特征及特性	类别	原产地	目前分布/种植区
5106	*Incarvillea younghusbandii* Sprague	藏波罗花	Bignoniaceae 紫葳科	多年生矮小草本；高 10～20cm，地下具垂直的长根茎；叶平铺地面，1 回羽状分裂；短总状花序顶生；花冠紫红色，稀粉红色，花冠管橘黄色；花期 6～7 月	观赏	中国、尼泊尔	青海、西藏
5107	*Indigofera amblyantha* Craib	多花木蓝（马黄梢，野绿豆）	Leguminosae 豆科	灌木；叶柄长 2～5cm，托叶长约 1.5mm，小叶长 1～3.7cm，上面被丁字毛，下面被短毛；荚果线状圆柱形，长 3.5～6cm	饲用及绿肥	中国	河北、山西、陕西、甘肃、江苏、四川、广东
5108	*Indigofera atropurpurea* Buch. -Ham. ex Hornem.	深紫木蓝	Leguminosae 豆科	灌木或小乔木；高 1.5～5m；羽状复叶长达 24cm；总状花序长达 28cm，花冠深紫色，旗瓣长圆状椭圆形；荚果圆柱形；种子赤褐色	饲用及绿肥		江西、福建、湖北、湖南、广东、广西、四川、贵州、云南及西藏
5109	*Indigofera australis* Willd.	澳洲木蓝	Leguminosae 豆科	常绿灌木，高 0.3～2m；小叶全缘，对生或互生，有小托叶；花紫红色，萼钟状，5 裂；雄蕊 10，二体(9+1)	观赏	澳大利亚	
5110	*Indigofera bracteata* Graham ex Baker	苞叶木蓝	Leguminosae 豆科	直立或匍匐状矮小灌木或亚灌木；高 20～40cm；小叶对生，膜质，椭圆形或倒卵状椭圆形；总状花序呈塔形；花冠淡紫色或白色	饲用及绿肥		西藏
5111	*Indigofera bungeana* Walp.	河北木蓝（铁扫帚）	Leguminosae 豆科	灌木；植株被白色丁字毛；花序长 4～6(～8)cm，长于复叶，萼齿近等长；花 5～10 朵，长达 5mm；荚果褐色，长在 2.5cm 以下	饲用及绿肥		内蒙古、河北、甘肃、山东、浙江、四川、云南
5112	*Indigofera carlesii* Craib	苏木蓝	Leguminosae 豆科	灌木；高达 1.5m；羽状复叶，托叶线状披针形，小叶 2～4 对，对生，坚纸质，椭圆形或卵状椭圆形；总状花序，花冠粉红色或玫瑰红色；荚果褐色	药用		陕西、江苏、安徽、江西、河南、湖北
5113	*Indigofera decora* Lindl.	胡豆（庭藤）	Leguminosae 豆科	落叶灌木；高 50～150cm；总状花序腋生；花冠淡紫色或白色；荚果圆柱形，棕褐色；种子棕褐色	观赏	中国	我国东南

（续）

序号	拉丁学名	中文名	所属科	特征及特性	类别	原产地	目前分布/种植区
5114	*Indigofera decora* var. *ichangensis*（Craib）Y. Y. Fang et C. Z. Zheng	宜昌木蓝	Leguminosae 豆科	灌木；小叶3～6对，长2～6.5cm，先端急尖，上面与下面均无毛；萼齿三角形，长约1mm；荚果圆柱形，长2.5～6cm，近无毛	饲用及绿肥		湖北、江西、浙江、河南、贵州、四川
5115	*Indigofera delavayi* Franch.	滇木蓝	Leguminosae 豆科	直立灌木；高达2m；羽状复叶长8～18cm，托叶钻形，小叶对生长圆形、稍倒卵形；总状花序，花冠白色或粉红色；荚果线形，无毛	饲用及绿肥		云南西北部、四川西南部
5116	*Indigofera densifructa* Y. Y. Fang et C. Z. Zheng	密果木蓝	Leguminosae 豆科	灌木；高达2m；羽状复叶长9～15cm；小叶卵形、长圆状披针形或披针形；总状花序，花密集；花冠淡紫色；荚果线状圆柱形，有时近镰形	饲用及绿肥		湖南、广东、广西、贵州
5117	*Indigofera esquirolii* H. Lév.	黔南木蓝	Leguminosae 豆科	灌木；高1～4m；羽状复叶，托叶线形，小叶对生，椭圆形、阔倒卵形、倒卵状椭圆形；总状花序长达12cm，花冠白色；荚果圆柱形	饲用及绿肥		广西、贵州、云南
5118	*Indigofera fera* bungeana Steud.	铁扫帚（野蓝枝子）	Leguminosae 豆科	多年生小灌木；高达2m；叶碎长浓绿；株幅80cm左右，呈纺锤形	蜜源		全国各地均有分布
5119	*Indigofera fortunei* Craib	华东木蓝	Leguminosae 豆科	灌木；高达1m；羽状复叶长10～15cm；总状花序长8～18cm，花冠紫红色或粉红色，旗瓣倒阔卵形；荚果褐色，线状圆柱形，无毛	饲用及绿肥		安徽、江苏、浙江、湖北
5120	*Indigofera galegoides* DC.	假大青叶	Leguminosae 豆科	灌木或亚灌木；高1～2m；羽状复叶长达20cm；小叶对生或近对生，膜质，长圆形或倒披针状长圆形；总状花序，花密集；花冠淡红色；荚果长圆柱形	经济作物（染料类）		台湾、广东、海南、广西、云南
5121	*Indigofera gerardiana* R. C. Grah.	吉氏多花木蓝	Leguminosae 豆科	落叶灌木；蝶形花长1～2cm，花深玫瑰红色，紧凑的总状花序长6～15cm	观赏		喜马拉雅
5122	*Indigofera hancockii* Craib	绢毛木蓝	Leguminosae 豆科	灌木；分枝密具皮孔；小叶长圆状倒卵形；萼长约2mm，萼齿三角形，花长约7mm；荚果圆柱形，长约3cm，被毛	饲用及绿肥		四川、云南

（续）

序号	拉丁学名	中文名	所属科	特征及特性	类别	原产地	目前分布/种植区
5123	*Indigofera henryi* Craib	长梗木蓝	Leguminosae 豆科	直立灌木；高30～60cm；羽状复叶长3～8cm；总状花序长4～9cm，花疏生，花冠红色，旗瓣倒卵形；荚果褐色，线状圆柱形；种子间具横隔	饲用及绿肥		云南、四川、贵州
5124	*Indigofera hirsuta* L.	刚毛木兰（毛木兰）	Leguminosae 豆科	直立灌木状草本；高30～100cm；奇数羽状复叶，小叶7～11，对生，倒卵状长圆形；花密生，红色，被红色绒毛；荚果条状圆筒形	杂草		广东、海南、台湾
5125	*Indigofera hosiei* Craib	陕甘木蓝	Leguminosae 豆科	小灌木；高约1m；羽状复叶长3～5cm，托叶钻形，小叶2～4对，对生；总状花序长7～9cm，花冠紫红色；荚果线状圆柱形；种子赤褐色，椭圆形	饲用及绿肥		陕西、甘肃
5126	*Indigofera kirilowii* Maxim. ex Palibin	花木蓝（吉氏木蓝）	Leguminosae 豆科	落叶小灌木；高30～100cm；总状花序腋生，花淡红色；荚果圆柱形，棕褐色	蔬菜，经济作物（特用类，油料类）	中国	东北、华北、华东
5127	*Indigofera lenticellata* Craib	岷谷木蓝	Leguminosae 豆科	直立灌木；高达1.2m；羽状复叶长8～20mm；总状花序短，长达2.7cm，花冠红色，旗瓣阔卵圆形；荚果暗紫色，圆柱形	饲用及绿肥		四川、云南及西藏
5128	*Indigofera linifolia* （L. f.）Retz.	单叶木兰	Leguminosae 豆科	一年生分枝草本；高15～50cm；单叶互生，线状披针形，全缘，两面有白色毛；花小，密生组成腋生总状花序，淡红色；荚果球形	杂草		四川、云南
5129	*Indigofera mengtzeana* Craib	蒙自木蓝	Leguminosae 豆科	灌木；小叶狭长圆形，长5～13mm，先端圆钝；花序轴疏生红色腺体，花长约6.5mm；荚果长达2.5cm；种子6～7粒	饲用及绿肥		云南
5130	*Indigofera monbeigii* Craib	西南木蓝	Leguminosae 豆科	灌木；高1～2m；羽状复叶长2.5～10cm；总状花序长2～8cm，花冠淡紫红色，旗瓣长圆状椭圆形；荚果褐色，圆柱形；种子6～7粒	饲用及绿肥		甘肃、四川、贵州、云南、西藏

（续）

序号	拉丁学名	中文名	所属科	特征及特性	类别	原产地	目前分布/种植区
5131	*Indigofera nigrescens* Kurz ex King et Prain	黑叶木蓝	Leguminosae 豆科	直立灌木高1～2m；羽状复叶长8～18cm；总状花序长达19cm，花密集，花冠红色或紫红色，旗瓣倒卵形；荚果圆柱形；种子赤褐色，卵形	饲用及绿肥		陕西、浙江、江西、福建、台湾、湖北、广东、广西、四川、贵州、云南及西藏
5132	*Indigofera nummulariifolia* (L.) Livera ex Alston	刺荚木蓝	Leguminosae 豆科	多年生草本；高15～30cm；单叶互生，倒卵形或近圆形；总状花序长1.5～3cm，花冠深红色，旗瓣倒卵形；荚果镰形；种子亮褐色	饲用及绿肥		台湾、海南
5133	*Indigofera pampaniniana* Craib	斑斑木蓝（昆明木蓝）	Leguminosae 豆科	灌木；小叶长圆形，长1.5～3cm；花序长3～6cm，序轴被短硬毛，花长13～15(～18)mm；荚果圆柱形，长约4.5cm	饲用及绿肥		云南
5134	*Indigofera parkesii* Craib	浙江木蓝	Leguminosae 豆科	小灌木；高30～60cm；羽状复叶8～15cm；总状花序长3～13cm，花冠淡紫色，稀白色，旗瓣倒卵状椭圆形；荚果圆柱形，无毛	饲用及绿肥		安徽、浙江、江西、福建
5135	*Indigofera perrottetii* DC.	铺地木蓝（九叶木蓝，爬地蓝）	Leguminosae 豆科	一年生或多年生草本；羽状复叶长1.5～2cm；总状花序短缩，密集，花冠紫红色；荚果长圆形，种子2粒	饲用及绿肥		浙江、福建、广东、广西、湖南
5136	*Indigofera potaninii* Craib	波氏木蓝	Leguminosae 豆科	小灌木；高至1.2m；腋生总状花序，长13cm，萼长2.5mm，最下面的萼齿稍长；花冠淡红色；旗瓣长8mm，宽5mm	观赏	中国	华北
5137	*Indigofera pseudotinctoria* Matsum.	马棘（狼牙草）	Leguminosae 豆科	半灌木；高60～90cm，枝上有丁字毛；奇数羽状复叶，小叶7～11；总状花序腋生，花密生，子房上有丁字毛；荚果圆柱状	药用		华北、华东、华南、西南
5138	*Indigofera reticulata* Franch.	网叶木蓝	Leguminosae 豆科	矮小灌木；有时平卧，高10～30cm；羽状复叶长2～6cm；总状花序长2～4cm，被毛，花冠紫红色，旗瓣阔卵形；荚果圆柱形，种子赤褐色	饲用及绿肥		四川、贵州、云南及西藏
5139	*Indigofera scabrida* Dunn	腺毛木蓝	Leguminosae 豆科	直立灌木；高达80cm；羽状复叶长达12cm；总状花序长6～12cm，花疏生，旗瓣倒卵状椭圆形；荚果线形，近无毛，种子赤褐色，长方形	饲用及绿肥		四川、云南

（续）

序号	拉丁学名	中文名	所属科	特征及特性	类别	原产地	目前分布/种植区
5140	*Indigofera spicata* Forssk.	穗序木蓝（十一叶木蓝）	Leguminosae 豆科	一年生草本；小叶倒卵形；花序与复叶等长，总花梗长约 1cm；荚果 4 棱，线形，长 10～25mm；种子 8～10 粒	饲用及绿肥		西南
5141	*Indigofera squalida* Prain	远志木蓝	Leguminosae 豆科	多年生直立草本或亚灌木状，高 30～60cm；叶为单叶，长圆形。披针形或倒披针形；总状花序，花密集，旗瓣披针形；荚果圆柱形；种子 4～5 粒	药用		广东、广西、贵州、云南
5142	*Indigofera stachyodes* Lindl.	茸毛木蓝	Leguminosae 豆科	灌木；高 1～3m；羽状复叶，托叶线形，小叶互生或近对生，长圆状披针形；总状花序，朵花，花冠深红色或紫红色；荚果圆柱形；种子方形	饲用及绿肥		广西、贵州、云南
5143	*Indigofera suffruticosa* Mill.	野青树（假蓝靛，菁子）	Leguminosae 豆科	灌木或半灌木；羽状复叶，小叶对生，有丁字毛；总状花序腋生；花萼钟状；花冠淡红色；荚果呈镰状弯曲	有毒		台湾、福建、广东、广西、云南
5144	*Indigofera sylvestris* Pamp.	刺序木蓝	Leguminosae 豆科	多枝灌木；高 0.6～1.5m；羽状复叶长 1～2cm；总状花序长 2～5cm，朵花，花冠紫红色，旗瓣倒阔卵形；荚果线状圆柱形；种子间有隔膜	饲用及绿肥		湖北、四川、贵州及西藏
5145	*Indigofera szechuensis* Craib	四川木蓝	Leguminosae 豆科	灌木；高达 2.5m；羽状复叶长达 10cm；总状花序长达 10cm，花冠红色或紫红色，旗瓣倒卵状椭圆形；荚果栗褐色；种子栗色	饲用及绿肥		四川、云南及西藏
5146	*Indigofera tinctoria* L.	木蓝（槐蓝）	Leguminosae 豆科	亚灌木；枝与叶轴被丁字毛；小叶倒卵形，长 1.5～3cm；花序长 2.5～5(～9)cm，稍短于复叶；荚果线形，长 2.5～3cm	饲用及绿肥	中国	福建、广东、河北、河南、山东、安徽、广西
5147	*Indigofera trifoliata* L.	三叶木蓝	Leguminosae 豆科	多年生草本；三出羽状或掌状复叶；总状花序近头状，远较复叶短，花冠红色，旗瓣倒卵形；荚果下垂，背腹两缝线有明显的棱脊；种子 6～8 粒	饲用及绿肥		广东、海南、广西、四川、云南

（续）

序号	拉丁学名	中文名	所属科	特征及特性	类别	原产地	目前分布/种植区
5148	*Indigofera zollingeriana* Miq.	尖叶木蓝	Leguminosae 豆科	直立亚灌木；高1～2m；羽状复叶长达25cm；总状花序长7～13cm，花多而稠密，花冠白色微带红色或紫色，旗瓣卵状椭圆形；荚果劲直，种子扁圆形	饲用及绿肥		台湾、广东、广西、云南
5149	*Indocalamus latifolius* (Keng) McClure	阔叶箬竹	Gramineae (Poaceae) 禾本科	多年生木质化植物；箨鞘宿存，质坚硬，背部常具棕色小刺毛，叶片巨大，1～3枚生于小枝顶端，有明显小横脉	观赏	中国	华东
5150	*Indocalamus longiauritus* Hand. -Mazz.	箬叶竹（长耳箬竹）	Gramineae (Poaceae) 禾本科	多年生木质化植物；箨鞘暗绿色，被白粉与棕褐色刺毛；叶片长椭圆形；笋期5月	观赏	中国台州	江西、福建、广西、四川、贵州、云南、陕西
5151	*Indocalamus sinicus* (Hance) Nakai	水银竹（中华箬竹）	Gramineae (Poaceae) 禾本科	多年生木质化植物；秆光亮无毛，叶片较狭小，竹秆高不足1m；每节一分枝，具大型椭圆状披针形叶片1～2枚	观赏	中国	广东
5152	*Indocalamus tessellatus* (Munro) Keng f.	箬叶	Gramineae (Poaceae) 禾本科	多年生木质化植物；箨鞘棕黄色，被薄白粉，叶片长椭圆形至披针线，叶大，表面绿色光滑	观赏	中国	江西、福建
5153	*Indosasa angustata* McClure	甜大节竹	Gramineae (Poaceae) 禾本科	秆高14cm；箨片披针形，淡紫红色，中间绿色；末级小枝具3～6叶；叶耳不发达；叶带状披针形，下表面灰绿色，疏生短硬毛，边缘均有小锯齿而粗糙	蔬菜	中国	广西南部
5154	*Indosasa crassiflora* McClure	大节竹	Gramineae (Poaceae) 禾本科	秆高5m；箨片窄三角状披针形；末级小枝具4～6叶；叶带状披针形；假小穗以1～3枚聚生于有叶小枝或无叶小枝之各节上；子房窄纺锤形，柱头3裂，羽毛状	蔬菜	中国	广西南部
5155	*Indosasa sinica* C. D. Chu et C. S. Chao	中华大节竹	Gramineae (Poaceae) 禾本科	秆高大10m；箨片绿色，三角状披针形，外翻；末级小枝具3～9叶；叶带状皮针形；假小穗以2或3枚集生或单生于具叶小枝的下部各节；颖果卵状椭圆形	蔬菜	中国	贵州南部、云南南部和东南部

（续）

序号	拉丁学名	中文名	所属科	特征及特性	类别	原产地	目前分布/种植区
5156	*Inula britannica* L.	大花旋覆花	Compositae (Asteraceae) 菊科	多年生草本；花序梗细，密被短毛或近无毛；边花1层，雌性，舌状，先端3齿，黄色，有时疏具腺点，中央花两性，管状，先端5齿裂	观赏	中国	全国各地均有分布
5157	*Inula cappa* (Buch.-Ham. ex D. Don) DC.	羊耳菊（白牛胆，见肿消，毛柴胡）	Compositae (Asteraceae) 菊科	亚灌木；头状花序倒卵圆形，多数密集于茎和枝端成聚伞圆锥花序；被绢状密茸毛	药用，观赏		云南、四川、贵州、广西、广东、福建、江西、湖南
5158	*Inula ensifolia* L.	剑叶旋覆花	Compositae (Asteraceae) 菊科	多年生草本；叶互生；头状花序，花黄色；缘花雌性，花冠具显著的舌片或管状，顶端具3小齿；盘花两性，管状；花冠顶端5齿裂，花药基部部形，具长尾部；两性花花柱枝扁，向上渐阔，顶端尖或钝	观赏	欧洲与亚洲北部	
5159	*Inula helenium* L.	土木香	Compositae (Asteraceae) 菊科	多年生草本植物；头状花序少数，直径6～8cm，排成伞房状，筒状花黄色；瘦果5面形，有肋和细沟	蜜源		四川、浙江、河北、西北区
5160	*Inula japonica* Thunb.	旋覆花（金沸草，金沸花，黄熟花）	Compositae (Asteraceae) 菊科	多年生草本；茎单生或2～3株簇生，高30～70cm；叶长圆形至线状披针形；头状花序常排成伞房状，花黄色；瘦果	药用		东北、西北、华东、华中、华南、西南
5161	*Inula linariaefolia* Regel	条叶旋覆花	Compositae (Asteraceae) 菊科	多年生草本；头状花序小，5～多数，排列成伞房状聚伞花序；总苞半球形，总苞片4层，覆瓦状排列，直立，有时反卷，外层较短，长圆状披针形；瘦果圆筒形	蜜源		我国北部、东北部、中部、东部
5162	*Inula neariifolia* Turcz.	线叶旋覆花	Compositae (Asteraceae) 菊科	多年生草本；茎单生或2～3株簇生，高30～80cm；叶线状披针形或线形；头状花序常3～5个排成伞房状，雌花舌状，两性花管状；瘦果	杂草		东北、华北、西北、华中、华东
5163	*Inula salsoloides* (Turcz.) Ostenf.	蓼子朴（秃女子草，沙地旋覆花）	Compositae (Asteraceae) 菊科	多年生草本；高达50cm；叶互生，披针形或长圆状线形；头状花序单生枝顶，花黄色；瘦果淡褐色	生态防护		华北、西北及辽宁
5164	*Iphigenia indica* Kunth	丽江山慈姑（草贝母）	Liliaceae 百合科	多年生草本；鳞茎圆珠形；叶线形；总状花序，花紫黑色；花被片6，分离；蒴果长圆形	有毒		云南、西藏

（续）

序号	拉丁学名	中文名	所属科	特征及特性	类别	原产地	目前分布/种植区
5165	*Ipomoea aculeata* var. *mollissima* (Zoll.) Hallier f. ex Ooststr.	夜花薯藤	Convolvulaceae 旋花科	茎有细棱，常具小皮刺；茎节通常增粗；萼片椭圆形至圆形，顶端圆，具小短尖头；花冠长12～17cm；花丝着生花冠管的喉部，雄蕊和花柱稍伸出	粮食		
5166	*Ipomoea alba* L.	月光花	Convolvulaceae 旋花科	多年生蔓性草本；叶互生，聚伞花序腋生，白色，瓣中常具淡绿色褶纹，芳香；花期7～9月	观赏	美洲热带	
5167	*Ipomoea aquatica* Forssk.	蕹菜	Convolvulaceae 旋花科	一年生蔓生草本；全株光滑；茎中空、匍匐；叶椭圆状卵形，顶端尖，全缘；聚伞花序腋生，花冠漏斗状；蒴果卵球形	饲用及绿肥，蔬菜	中国	我国南部常见栽培蔬菜
5168	*Ipomoea batatas* (Linn.) Lamarck	甘薯（红薯，白薯）	Convolvulaceae 旋花科	一年生或多年生蔓生草本；茎匍匐蔓生或半直立；叶有心脏形、肾形、三角形和掌状形；聚伞花序腋生，淡红或紫红色；蒴果	粮食，饲用及绿肥	热带美洲中部	我国南方及北方部分地区栽培
5169	*Ipomoea biflora* (L.) Pers.	心萼薯（白花牵牛）	Convolvulaceae 旋花科	攀缘或缠绕草本；被开展长硬毛；叶互生，心形或心状三角形；花序腋生，花常2朵，花冠白色，狭钟状，子房2室；蒴果近球形	药用		湖南、云南、江西、福建、贵州、广东、广西、台湾
5170	*Ipomoea cairica* Hand.-Mazz.	五爪金龙	Convolvulaceae 旋花科	多年生缠绕藤本；茎具瘤状突起；叶指状5深裂几达基部，全缘；花序有1～3花，腋生，花冠漏斗状，长5～7cm；蒴果瓣裂	饲用及绿肥	北美洲	我国南部有栽培
5171	*Ipomoea carnea* subsp. *fistulosa* (Mart. ex Choisy) D. F. Austin	树牵牛	Convolvulaceae 旋花科	直立或斜立灌木；叶卵状至长卵状心形，渐尖头；花冠漏斗形，粉红或淡紫红色；果卵形	粮食		
5172	*Ipomoea eriocarpa* R. Br.	毛果薯	Convolvulaceae 旋花科	一年生缠绕或平卧草本；茎纤细，被倒向或开展的硬毛；叶卵形或长圆状披针形；聚伞花序成簇腋生，无总花梗或具很短的总花梗，有1～3朵或更多的花；蒴果	粮食		
5173	*Ipomoea imperati* (Vahl) Griseb.	假厚藤（海滩牵牛）	Convolvulaceae 旋花科	多年生蔓性草本；茎平卧，节上生根；叶形多样，常卵形或长圆形；聚伞花序腋生，花常1朵，花冠漏斗状，白色；蒴果近球形	杂草		广东、海南、台湾

（续）

序号	拉丁学名	中文名	所属科	特征及特性	类别	原产地	目前分布/种植区
5174	*Ipomoea indica* (Burm.) Merr.	变色牵牛	Convolvulaceae 旋花科	一年生草本；茎缠绕，被疏柔毛或绢毛；叶卵形或圆形，全缘或3裂；花数朵聚生成伞形圆锥花序，花冠蓝紫色，后变成红紫或红色；蒴果近球形	药用	南美洲	台湾、广东东沙群岛及其沿海岛屿
5175	*Ipomoea lancunosa* L.	多洼野牵牛	Convolvulaceae 旋花科	草质藤本；叶轮生，叶柄长约3cm，叶片卵形；花腋生，花冠白色，略带紫色，漏斗状，5裂，长约2cm，顶部宽约1.5cm；雄蕊5	粮食		
5176	*Ipomoea littoralis* (Linn.) Blume	纤细野牵牛（南沙薯藤）	Convolvulaceae 旋花科	多年生草本；1到数朵花，花冠分红或粉红紫色，雄蕊内藏；种子黑色	粮食		
5177	*Ipomoea marginata* (Desr.) Verdc.	毛茎薯	Convolvulaceae 旋花科	草本；茎被开展的淡黄色长硬毛；花序梗近顶端增粗，与花梗、苞片均疏生小瘤突；外萼片背部增厚，具网状皱纹，无小短尖头	粮食		
5178	*Ipomoea mauritiana* Jacquin	七爪龙	Convolvulaceae 旋花科	多年生常绿蔓性草本植物；叶腋萌发1～3朵的紫红色花，花冠漏斗状，5浅裂，裂片扇折，呈聚伞花序排列；果实为黑褐色广卵形蒴果	有毒		广东、广西、云南、台湾
5179	*Ipomoea nil* (L.) Roth	裂叶牵牛（大花牵牛）	Convolvulaceae 旋花科	一年生缠绕草本；被粗硬毛；茎缠绕，多分枝；叶互生，宽卵形具柄，常3裂；花序有花1～3朵，花冠漏斗状，子房3室；蒴果近球形	药用，观赏	美洲热带	除东北、西北一些省（自治区）外，其他各地均有分布
5180	*Ipomoea obscura* (L.) Ker Gawl.	小心叶薯（紫心牵牛）	Convolvulaceae 旋花科	缠绕性草本；茎纤细；叶心状卵圆形；聚伞花序腋生，有花1～3朵，花冠漏斗状，白色或淡黄色，中央淡紫色；蒴果近球形	杂草，有毒		广东、海南西沙永兴岛等沿海岛屿
5181	*Ipomoea pes-caprae* (Linn.) R. Brown	厚藤（马鞍藤）	Convolvulaceae 旋花科	多年生匍匐草本；具乳汁；茎平卧，紫红色，节上生不定根；叶互生，宽椭圆形、长圆形或肾形；聚伞花序腋生，有花1～3朵；蒴果卵圆形	药用，饲用及绿肥		广东、广西、福建、台湾
5182	*Ipomoea pes-tigridis* L.	虎掌藤	Convolvulaceae 旋花科	一年生缠绕草本或有时平卧；聚伞花序有数朵花，密集成头状，腋生，花冠白色，漏斗状，瓣中带散生毛；蒴果卵球形2室；种子4，椭圆形	粮食		

（续）

序号	拉丁学名	中文名	所属科	特征及特性	类别	原产地	目前分布/种植区
5183	*Ipomoea pileata* Roxb.	帽苞薯藤	Convolvulaceae 旋花科	一年生缠绕草本；茎纤细，被倒向或开展的微硬毛；叶心状卵形；头状花序腋生，具菱形、舟状的总苞；花冠淡红色，高脚碟状；蒴果球形	粮食		云南、广东、广西
5184	*Ipomoea polymorpha* Roem. et Schult.	羽叶薯	Convolvulaceae 旋花科	年生直立草本；叶变异大，狭椭圆、倒卵或倒披针形，长 2～7.5cm；叶柄长 0.5～3cm；花单生，近无柄；花冠钟状，长约 1.3cm，红色	粮食		
5185	*Ipomoea purpurea*（Linn.）Roth	圆叶牵牛	Convolvulaceae 旋花科	一年生草本；茎缠绕，多分枝；叶互生，卵圆形，全缘；花序具 1～5 朵花，花冠漏斗状，子房 3 室；蒴果近球形	药用，观赏		全国各地均有分布
5186	*Ipomoea quamoclit* L.	茑萝	Convolvulaceae 旋花科	一年生缠绕草本；无毛，茎长达 4cm；单叶互生，羽状细裂，裂片线形；聚伞花序腋生，花小，花冠高脚碟状，深红色，外形似五角星；蒴果卵圆形，种子黑色	有毒，观赏	墨西哥等地	我国多数省份有栽培
5187	*Ipomoea soluta* Kerr	大花千斤藤	Convolvulaceae 旋花科	攀缘亚灌木；茎灰白色，具小瘤状皮孔；叶心状卵形；聚伞花序腋生，花冠白色，宽漏斗状；蒴果	粮食		
5188	*Ipomoea sumatrana*（Miq.）Ooststr.	海南薯	Convolvulaceae 旋花科	攀缘亚灌木；叶形较大；聚伞花序排列成总状；花冠淡紫色，长 2～2.5cm；种子顶端有一簇长绵毛	粮食		
5189	*Ipomoea tiliacea* Choisy	椴树野牵牛	Convolvulaceae 旋花科	缠绕藤本，具块茎；叶柄部有时绿色，叶片心形至箭头形，长 14cm，叶脉有时红色，花冠漏斗形，边缘浅紫色，中间深紫色	粮食		
5190	*Ipomoea trichocarpa* Ell	毛果野牵牛	Convolvulaceae 旋花科	灌木，花冠长 2.8～5cm，萼片 5，花冠整齐，雄蕊内藏，不等长，插生于花冠的基部，花丝丝状	粮食		
5191	*Ipomoea triloba* L.	三裂叶野牵牛	Convolvulaceae 旋花科	一年生草本；花序腋生，花序柄无毛；一朵花或数朵花成聚伞花序；外萼片长圆形，背部散生疏柔毛；花冠漏斗状，无毛，淡红色或淡紫红色；雄蕊内藏	粮食		

（续）

序号	拉丁学名	中文名	所属科	特征及特性	类别	原产地	目前分布/种植区
5192	*Ipomoea violacea* L.	管花薯	Convolvulaceae 旋花科	茎有纵皱纹或有小瘤体；萼片近圆形，顶端圆或微凹，结果时增大，初时包围蒴果，而后反折；花冠长 9～12cm，花丝着生花冠管近基部，雄蕊和花柱内藏	粮食		
5193	*Ipomoea wangii* C. Y. Wu	大萼山土瓜	Convolvulaceae 旋花科	草本；花较大，萼片卵形，长 1.5～19cm；花冠长 7.7cm；叶片圆心形，长 6～14cm，宽 4～10cm，顶端骤然渐尖	粮食		
5194	*Iresine herbstii* Hook. ex Lindl.	血苋（红苋菜，红叶苋，红洋苋）	Amaranthaceae 苋科	直立、粗壮草本；带红色；叶先端深凹或 2 裂，基部近截头形；胞果具一种子；不开裂	药用	巴西	江苏、上海、广东、海南、广西、云南
5195	*Iris bloudowii* Ledeb.	中亚鸢尾	Iridaceae 鸢尾科	多年生草本；叶灰绿色，苞片膜质，带红紫色，花鲜黄色，花被管漏斗形，外花被裂片上部反折	观赏	中国	黑龙江、吉林、新疆
5196	*Iris bulleyana* Dykes	西南鸢尾	Iridaceae 鸢尾科	多年生草本；叶条形；花茎中空，花天蓝色，花被管三棱状柱形，子房绿色，钝三角形；蒴果三棱状珠形	有毒		云南
5197	*Iris bungei* Maxim.	大苞鸢尾	Iridaceae 鸢尾科	多年生草本；密丛，根状茎块状；花茎不明显；苞片膨大，宽卵形，平行脉间无横脉相连，花被管丝状，长 6～7cm	饲用及绿肥		内蒙古、山西、宁夏、甘肃
5198	*Iris chrysographes* Dykes	金脉鸢尾	Iridaceae 鸢尾科	多年生草本；叶条形，纸质，具多条平行脉，苞片膜质，花深紫红色，花被片 6，2 轮，外轮 3 片具断续的金黄色条纹，花柱花瓣状	观赏	中国	云南西北部、东北部，四川
5199	*Iris clarkei* Baker	西藏鸢尾	Iridaceae 鸢尾科	多年生草本；花茎生有 2～3 枚茎生叶，鞘状抱茎，苞片绿色，花蓝色，花被管绿色，外花被片中部有白色环形斑纹	观赏	中国	云南、西藏
5200	*Iris collettii* Hook. f.	高原鸢尾	Iridaceae 鸢尾科	多年生草本；叶灰绿色，基部鞘状，花茎基部围有数枚膜质鞘状叶，苞片绿色，花深蓝色或蓝紫色	观赏	中国	云南、四川、西藏

（续）

序号	拉丁学名	中文名	所属科	特征及特性	类别	原产地	目前分布/种植区
5201	*Iris confusa* Sealy	扁竹兰	Iridaceae 鸢尾科	多年生草本；叶 10 余枚，密集于茎顶，排成扇形，叶宽剑形，黄绿色略带白粉，花茎总状分枝，每分枝处有 4～6 枚苞片，花浅蓝色或白色	观赏	中国	广西、四川、云南
5202	*Iris curvifolia* Y. T. Zhao	弯叶鸢尾	Iridaceae 鸢尾科	多年生草本；叶从基部叶鞘膨大，叶镰刀状弯曲或中部以上略弯曲，花茎无茎生叶，苞片 3 枚，内含 2 朵鲜黄色且具褐色条纹的花	观赏	中国新疆	
5203	*Iris decora* Wall.	尼泊尔鸢尾	Iridaceae 鸢尾科	多年生草本；花蓝紫色或淡紫色，花被 6 裂，排列成 2 轮；子房三棱状卵形，具三棱；蒴果，顶端有宿存的花被片，种子近扁平状盘形，黑褐色	观赏	中国	四川、云南、西藏
5204	*Iris delavayi* Micheli	长莛鸢尾	Iridaceae 鸢尾科	多年生草本；花深紫色或蓝紫色，具暗紫色或白色斑纹，外花被片有白色和深紫色斑纹	观赏	中国	云南、四川、西藏
5205	*Iris dichotoma* Pall.	野鸢尾	Iridaceae 鸢尾科	多年生草本；花茎实心，具 1～2 枚茎生叶，苞片绿色，花蓝紫色或浅蓝色，具棕褐色斑点	观赏	中国	东北、华北、西北及山东、河南、安徽、江苏、江西
5206	*Iris flavissima* Pall.	黄金鸢尾	Iridaceae 鸢尾科	多年生草本；花茎基部有膜质、黄白色的鞘状叶，苞片膜质，花黄色，花被管喇叭形，外花被片有棕褐色条纹	观赏	中国	宁夏、新疆
5207	*Iris formosana* Ohwi	台湾鸢尾	Iridaceae 鸢尾科	多年生草本；叶表面亮绿色，背面灰绿色，总状至圆锥状花序，花白色，具天蓝色条纹及黄色斑点，花被管白色	观赏	中国	台湾
5208	*Iris forrestii* Dykes	云南鸢尾	Iridaceae 鸢尾科	多年生草本；花茎黄绿色，有 1～3 枚茎生叶，苞片绿色，花黄色，花被管漏斗形，外花被片由紫褐色条纹和斑点	观赏	中国	四川、云南、西藏
5209	*Iris germanica* L.	德国鸢尾	Iridaceae 鸢尾科	多年生草本；花大鲜艳；花被管喇叭形，外花被顶端下垂，爪部狭蝎形，中脉上密生黄色的须毛状附属物，内花被裂片倒卵形或圆形，直立，顶端向内拱曲，中脉宽，并向外隆起，爪部狭楔形	观赏	地中海	

（续）

序号	拉丁学名	中文名	所属科	特征及特性	类别	原产地	目前分布/种植区
5210	*Iris goniocarpa* Baker	锐果鸢尾	Iridaceae 鸢尾科	多年生草本；叶黄绿色条形，花茎无茎生叶，苞片绿色，内含1朵蓝紫色花，外花被片有深紫色斑点	观赏	中国	西藏、云南、四川、陕西、甘肃、青海
5211	*Iris halophila* Pall.	喜盐鸢尾	Iridaceae 鸢尾科	多年生草本；花茎上部有1～4个分枝，中下部具1～2枚茎生叶，苞片绿色内有黄色花2朵，外花被裂片提琴形	观赏	中国	甘肃、新疆
5212	*Iris japonica* f. *pallescens* P. L. Chiu et Y. T. Zhao	白蝴蝶花	Iridaceae 鸢尾科	多年生草本；叶基生，剑形；叶片及苞片均为黄绿色；顶生稀疏总状聚伞花序；花白色	观赏		浙江
5213	*Iris japonica* Thunb.	蝴蝶花	Iridaceae 鸢尾科	多年生草本；总状聚伞花序顶生，花淡紫或淡蓝色，外花被片中脉上有隆起的黄色鸡冠状附属物	观赏	中国	华东及湖北、湖南、广东、广西、陕西、甘肃、贵州、四川、云南
5214	*Iris kemaonensis* Wall. ex Royle	库门鸢尾	Iridaceae 鸢尾科	多年生草本；花茎短，苞片绿色，内含1朵深紫色或蓝紫色花，花被管喇叭形，外花被片由深紫色斑纹和条纹	观赏	中国	四川、云南、西藏
5215	*Iris lactea* Pall.	马蔺（马莲，马兰）	Iridaceae 鸢尾科	多年生草本；根茎具多数不定根；叶条形；外轮3枚花被片匙形，内轮3枚倒披针形；雄蕊3，花柱顶端2裂；蒴果	饲用及绿肥	中国	东北、华北、西北、华东及河南
5216	*Iris laevigata* Fisch.	燕子花	Iridaceae 鸢尾科	多年生草本；叶灰绿色剑形或款条形，花茎实心，苞片膜质，内含2～4朵蓝紫色花	观赏	中国	黑龙江、吉林、辽宁、云南
5217	*Iris latistyla* Y. T. Zhao	宽柱鸢尾	Iridaceae 鸢尾科	多年生草本；叶灰绿色，基部鞘状，花蓝紫色，外花被片自中部向下反折，爪部有蓝白相间条纹	观赏	中国	西藏
5218	*Iris leptophylla* Lingelsh. ex H. Limpr.	四川鸢尾	Iridaceae 鸢尾科	多年生草本；根状茎暗褐色或黄褐色；花蓝紫色，花梗甚短；外花被片中脉上密生黄色须毛状附属物	观赏	中国	甘肃、四川等

（续）

序号	拉丁学名	中文名	所属科	特征及特性	类别	原产地	目前分布/种植区
5219	*Iris loczyi* Kanitz	天山鸢尾	Iridaceae 鸢尾科	多年生草本；残留叶鞘棕色；叶坚韧，条形，宽约 3mm；苞片 3 枚，花蓝紫色，外花被裂片倒披针形，宽 1～2cm	饲用及绿肥		内蒙古、青海、新疆和西藏
5220	*Iris mandshurica* Maxim.	长白鸢尾	Iridaceae 鸢尾科	多年生草本；花茎基部有鞘状叶，苞片绿色，花黄色，花被管狭漏斗形，外花被片有紫褐色网脉	观赏	中国	黑龙江、吉林、辽宁
5221	*Iris milesii* Baker ex Foster	红花鸢尾	Iridaceae 鸢尾科	多年生草本；苞片数枚，花淡紫红色，有较深的条纹和斑点，外花被片有紫褐色斑点	观赏	中国	四川、云南、西藏
5222	*Iris minutoaurea* Makino	小黄花鸢尾	Iridaceae 鸢尾科	多年生草本；花茎细弱，苞片 2，内包 1 朵黄色的花，花被管丝状，外花被片倒卵形，内花被片直立	观赏	中国	辽宁东南部
5223	*Iris narcissiflora* Diels	水仙花鸢尾	Iridaceae 鸢尾科	多年生草本；花茎纤细，苞片 2 内包 1 黄色花，外花被片中脉有须毛状附属物，内花被片狭卵形	观赏	中国	四川
5224	*Iris pallida* Lam.	香根鸢尾	Iridaceae 鸢尾科	多年生草本；叶剑形有白粉；花由苞片内抽出，花被片 6，雄蕊着生外轮花被片基部，花柱 3 分枝；蒴果	观赏	欧洲	浙江、云南、河北
5225	*Iris polysticta* Diels	多斑鸢尾	Iridaceae 鸢尾科	多年生草本；花茎黄绿色，苞片绿色，花黄色，有紫褐色网状花纹，外花被裂片提琴形，内花被片倒披针形	观赏	中国	四川、云南、西藏
5226	*Iris potaninii* Maxim.	卷鞘鸢尾	Iridaceae 鸢尾科	多年生草本；花茎极短，基部生有 1～2 枚鞘状叶，苞片 2 内含 1 黄色花，外花被片中脉上密生黄色须毛状附属物	观赏	中国	甘肃、青海、西藏
5227	*Iris proantha* Diels	小鸢尾	Iridaceae 鸢尾科	多年生草本；苞片绿色内有 1 淡蓝紫色花，外花被片上部有马蹄形斑纹，中脉有黄色鸡冠状附属物	观赏	中国	安徽、江苏、浙江、湖北、湖南
5228	*Iris pseudacorus* L.	黄菖蒲	Iridaceae 鸢尾科	多年生草本；花茎有明显的纵棱，苞片绿色，花黄色，外花被片中央有黑褐色条纹	观赏	欧洲	全国各地均有栽培

（续）

序号	拉丁学名	中文名	所属科	特征及特性	类别	原产地	目前分布/种植区
5229	*Iris pumila* L.	矮鸢尾	Iridaceae 鸢尾科	多年生草本；一茎一花，花小，外花被片下垂，具须毛；花紫、黄、白色及有斑点；花期4月	观赏	前苏联、罗马尼亚、保加利亚及澳大利亚	
5230	*Iris reticulata* Bieb.	网脉鸢尾	Iridaceae 鸢尾科	多年生草本；鳞茎被膜乳白色，被膜上具明显的网纹；花喉部白色，花蓝紫色，有香气；花期3～4月	观赏	高加索和小亚细亚	
5231	*Iris rossii* Baker	长尾鸢尾	Iridaceae 鸢尾科	多年生草本；叶条形，花茎短，苞片2，内含1蓝紫色花，外花被片倒卵形无附属物，内花被片倒卵形	观赏	中国	辽宁南部
5232	*Iris ruthenica* Ker Gawl.	紫苞鸢尾	Iridaceae 鸢尾科	多年生草本；花蓝紫色，花被片6，外轮3片具蓝紫色条纹和斑点，花柱花瓣状，先端2裂	观赏	中国	东北及云南、四川、西藏、河北、山西
5233	*Iris sanguinea* Donn ex Hornem.	溪荪	Iridaceae 鸢尾科	多年生草本；花茎实心，苞片绿色，内含2天蓝色花，外花被片基部有黑褐色网脉和黄色斑纹	观赏	中国	黑龙江、吉林、辽宁、内蒙古
5234	*Iris scariosa* Willd. ex Link	膜苞鸢尾	Iridaceae 鸢尾科	多年生草本；叶灰绿色，剑形或镰刀形弯曲，基部黄白色鞘状，花茎无茎生叶，苞片3，内含2蓝色花，外花被片中脉有黄色须毛状附属物	观赏	中国	新疆
5235	*Iris setosa* Pall. ex Link	山鸢尾	Iridaceae 鸢尾科	多年生草本；花茎有1～3枚茎生叶，苞片绿色略带红褐色，花蓝紫色，花被管短，外花被片黄色有紫红色斑纹	观赏	中国	吉林
5236	*Iris sibirica* L.	西伯利亚鸢尾	Iridaceae 鸢尾科	多年生草本；苞片绿色，内含2蓝紫色花，花被片上部反折下垂，中央有褐色网纹和黄色斑纹	观赏	欧洲	
5237	*Iris speculatrix* Hance	小花鸢尾	Iridaceae 鸢尾科	多年生草本；苞片绿色，内含1～2朵蓝紫色或淡蓝色花，外花被片深紫色环形斑纹，中脉具黄色鸡冠状附属物	观赏	中国	华东及湖北、湖南、广东、广西、四川、贵州

（续）

序号	拉丁学名	中文名	所属科	特征及特性	类别	原产地	目前分布/种植区
5238	*Iris tectorum* Maxim.	鸢尾（蓝蝴蝶）	Iridaceae 鸢尾科	多年生草本；根茎匍匐多节；叶剑状；花淡碧紫色，布有紫色小点，1～3 朵排成总状花序，花柄茎部有 1 佛焰花苞；蒴果	有毒		西南、华东及陕西、湖北
5239	*Iris tenuifolia* Pall.	细叶鸢尾	Iridaceae 鸢尾科	多年生草本；根状茎块状；叶丝状，宽 1.5～2mm；花茎不伸出地面，苞片 4 枚，花紫色，外花被裂片匙形	饲用及绿肥		东北、华北和西北
5240	*Iris tigridia* Bunge ex Ledeb.	粗根鸢尾	Iridaceae 鸢尾科	多年生草本；花茎黄绿色，内含 1 蓝紫色花，外花被片有紫褐色和白色斑纹，中脉有黄色须毛状附属物	观赏	中国	黑龙江、吉林、辽宁、内蒙古、山西
5241	*Iris typhifolia* Kitag.	北陵鸢尾	Iridaceae 鸢尾科	多年生草本；花茎中空，有 2～3 枚披针形茎生叶，苞片 3～4 枚有棕褐色或红褐色细斑点，花深蓝紫色	观赏	中国	东北及内蒙古
5242	*Iris wattii* Baker	扇形鸢尾	Iridaceae 鸢尾科	多年生草本；总状圆锥花序，花蓝紫色，外花被片有深紫色斑点和条纹，中肋上有不整齐黄色鸡冠状附属物	观赏	中国	云南、西藏
5243	*Iris wilsonii* C. H. Wright	黄花鸢尾	Iridaceae 鸢尾科	多年生草本；叶基生，宽条形；花黄色；蒴果椭圆状柱形	观赏		湖北、陕西、甘肃、四川、云南
5244	*Iris xiphioides* J. F. Ehrh.	英国鸢尾	Iridaceae 鸢尾科	多年生草本；花 2～3 朵；花梗极短；垂瓣较大，内花瓣短于外花瓣；花暗淡蓝色；花期较晚，5 月上中旬开放	观赏	法国及西班牙	
5245	*Iris xiphium* L.	西班牙鸢尾	Iridaceae 鸢尾科	多年生草本；鳞茎长卵圆形，外花瓣（垂瓣）圆形，中央有黄斑；内花瓣（旗瓣）长椭圆形；花期 4 月末至 6 月	观赏	西班牙、法国南部及地中海沿岸	
5246	*Isachne albens* Trin.	白花柳叶箬	Gramineae (Poaceae) 禾本科	多年生；叶鞘短于节间，仅边缘及鞘上具纤毛；花序开展，分枝及小穗柄无腺斑；小穗长 1～1.5mm	饲用及绿肥		广东、广西、云南、四川及台湾

（续）

序号	拉丁学名	中文名	所属科	特征及特性	类别	原产地	目前分布/种植区
5247	*Isachne globosa* (Thunb.) Kuntze	柳叶箬（百珠条，细叶条）	Gramineae (Poaceae) 禾本科	多年生；叶鞘无毛；圆锥花序开展，分枝及小穗柄均具腺斑，细而长，小穗长 2～2.5mm，颖 6～8 脉，先端钝或圆	饲用及绿肥		西南、华南、华东、华中
5248	*Isachne repens* Keng	匍匐柳叶箬	Gramineae (Poaceae) 禾本科	多年生，匍匐，节易生根；圆锥花序长 2.5～3.5cm，分枝粗壮而斜升，小穗长约 2mm，两花同质同型，颖 7～11 脉	饲用及绿肥		福建、广东及广西
5249	*Isachne truncata* A. Camus	平颖柳叶箬	Gramineae (Poaceae) 禾本科	多年生，丛生；秆直立；叶鞘长于节间；圆锥花序长 8～20cm，小穗长约 2mm，颖通常 10 脉，先端截平或微凹	饲用及绿肥		贵州、广东、四川及福建
5250	*Isatis costata* C. A. Mey.	三肋菘蓝	Cruciferae 十字花科	一年或二年生草本；高 40～120cm；基生叶倒卵状长圆形；茎生叶披针形；总状花序成大伞房状；短角果长圆状倒卵形	经济作物（染料类）		内蒙古
5251	*Isatis minima* Bunge	小果菘蓝	Cruciferae 十字花科	一年生草本；高达 50cm；基生叶长圆形；茎生叶线状披针形；总状花序具少数疏生花；花瓣黄色；短角果椭圆形	药用，经济作物		新疆
5252	*Isatis oblongata* DC.	长圆果菘蓝	Cruciferae 十字花科	二年生草本；高 30～70cm；茎下部叶卵状披针形；茎生叶披针形；总状花序顶生；花瓣黄色；短角果长圆形	药用，经济作物		辽宁、内蒙古、甘肃、新疆
5253	*Isatis tinctoria* L.	欧洲菘蓝	Cruciferae 十字花科	二年生草本；高 30～120cm；基生叶莲座状，长椭圆形至长圆状倒披针形；茎生叶基部耳状多变化；花瓣黄色；短角果宽楔形	药用	欧洲	西北、华北、华东及辽宁
5254	*Isatis violascens* Bunge	宽翅菘蓝	Cruciferae 十字花科	一年生草本；高 20～60cm；茎下部叶倒披针形；茎生叶长圆状倒卵形；圆锥花序疏生；花瓣白色；短角果提琴状	药用，经济作物		新疆
5255	*Ischaemum anthephoroides* (Steud.) Miq.	毛鸭嘴草	Gramineae (Poaceae) 禾本科	多年生；总状花序 2 枚合成圆柱形，无柄小穗长约 10mm，第一颖背部密被长柔毛，第二颖被微柔毛	饲用及绿肥		山东、江苏、安徽及贵州

（续）

序号	拉丁学名	中文名	所属科	特征及特性	类别	原产地	目前分布/种植区
5256	*Ischaemum aristatum* L.	芒穗鸭嘴草（有芒鸭嘴草）	Gramineae (Poaceae) 禾本科	多年生草本；秆高 70～90cm；叶线形或线状披针形；总状花序孪生秆顶，小穗披针形，第一颖有 2 齿，第二颖舟形，具芒；颖果	饲用及绿肥		安徽、江苏、浙江、江西、湖北、湖南、福建、海南、台湾
5257	*Ischaemum barbatum* Retz.	粗毛鸭嘴草	Gramineae (Poaceae) 禾本科	多年生；花序孪生于秆顶，序轴不肿胀，小穗孪生，各含 2 花，无柄小穗长 6～7mm，第一颖无毛，背面有 2～4 条横皱纹	饲用及绿肥		山东、广西、云南、四川
5258	*Ischaemum ciliare* Retz.	纤毛鸭嘴草（细毛鸭嘴草）	Gramineae (Poaceae) 禾本科	多年生草本；茎节上具毛；叶线形或线状披针形；总状花序 2 枚生于秆顶，无柄小穗倒卵状长圆形，具芒；有柄小穗稍短；颖果双凸镜形	饲用及绿肥		华东、华南
5259	*Isodon amethystoides* (Benth.) H. Hara	香茶菜	Labiatae 唇形科	多年生草本；夏季顶生聚伞圆锥花序，分枝疏散成窄圆锥形；花淡紫色，二唇形，上唇较短，直立，下唇平展、较长，花冠管基部向上肿胀；小坚果圆形	蜜源		广东、广西、湖北、华东区
5260	*Isodon eriocalyx* (Dunn) Kudo	毛萼香茶菜	Labiatae 唇形科	多年生草本或灌木；由聚伞花序组成的总状圆锥花序顶生及腋生；花冠淡紫色或紫色，外面被疏柔毛，花冠筒基部具浅囊状突起小坚果极小，卵形，污黄色	蜜源		云南、贵州、四川及广西
5261	*Isodon excisus* (Maxim.) Kudo	尾叶香茶菜	Labiatae 唇形科	多年生草本；总状圆锥花序顶生或于上部茎叶腋生，花冠白、淡红、淡紫至紫蓝色，冠筒基部上方浅囊状，冠檐二唇形，上唇外反，下唇近圆形，内凹	蜜源		东北区
5262	*Isodon lophanthoides* (Buch.-Ham. ex D. Don) H. Hara	线纹香茶菜（溪黄草，熊胆草，血风草）	Labiatae 唇形科	直立草本；根状茎匍匐，茎被柔毛；叶片卵形至长圆状卵形，两面密被微硬毛；圆锥花序顶生；花冠白或粉红色，具紫色斑点	观赏	中国、印度、不丹	西南及广西、广东、福建、江西、湖南、湖北、浙江
5263	*Isodon parvifolius* (Batalin) H. Hara	小叶香茶菜	Labiatae 唇形科	小灌木；高 0.5～5m；叶对生，小，长圆状卵形、卵形或阔卵形；聚伞花序腋生，1～7 花；花冠浅紫色；小坚果小，褐色，光滑	蜜源		四川西部、甘肃南部、陕西西南部及西藏

（续）

序号	拉丁学名	中文名	所属科	特征及特性	类别	原产地	目前分布/种植区
5264	*Isodon pharicus* (Prain) Murata	川藏香茶菜	Labiatae 唇形科	丛生小灌木；高30～50cm；茎叶对生，长圆状披针形或卵形；聚伞花序生于茎枝上部渐变小的苞叶或苞片腋内，3～7花；花冠浅紫色；小坚果卵状长圆形，灰白色	蜜源		西藏南部、四川西南部
5265	*Isodon rubescens* (Hemsl.) H. Hara	碎米桠（冬凌草，冰凌草，六月令）	Labiatae 唇形科	多年生半灌木；根茎木质，有细长须根；叶边缘有粗锯齿，齿尖有胼胝体	药用		河南、山西
5266	*Isodon rugosus* (Wall. ex Benth.) Codd	皱叶香茶菜	Labiatae 唇形科	灌木；直立，多分枝；茎叶对生，卵圆形或椭圆形，坚纸质；聚伞花序位于下部者腋生，长呈长二歧状，全体组成圆锥花序；小坚果栗褐色	饲用及绿肥		西藏、云南
5267	*Isodon sculponeatus* (Vaniot) Kudo	黄花香茶菜	Labiatae 唇形科	直立草本；茎丛生，四棱形，有纵槽；叶对生，阔卵状心形；聚伞花序组成圆锥花序；花冠黄色，上唇内具紫斑	观赏	中国	云南、四川、贵州、广西、陕西
5268	*Isodon ternifolius* (D. Don) Kudo	牛尾草	Labiatae 唇形科	多年生粗壮草本或半灌木至灌木；叶对生及3～4枚轮生，狭披针形，狭椭圆形，稀卵长圆形；聚伞花序组成的穗状圆锥花序极密集；小坚果卵圆形	蜜源		云南、西南、贵州、广西及广东
5269	*Isodon yuennanensis* (Hand.-Mazz.) H. Hara	不育红	Labiatae 唇形科	多年生草本；根茎木质，块茎状；茎叶对生，狭或阔卵形，先端锐尖稀钝；圆锥花序顶生，有时侧生，由聚伞花序组成；小坚果，卵形，深褐色	饲用及绿肥		云南、西北部及东北部，四川西南部
5270	*Isoetes japonica* A. Br.	宽叶水韭	Isoetaceae 水韭科	多年生水生草本；叶草质线形；植株外围叶生大孢子囊，内生白色粒状大孢子；植株内部叶生小孢子囊，内生多数灰色粉末状小孢子	饲用及绿肥		云南、贵州
5271	*Isoetes sinensis* Palmer	中华水韭	Isoetaceae 水韭科	多年生沼泽植物；叶多汁线形；大孢子囊内有少数白色粒状的四面形大孢子，小孢子囊内有多数灰色粉末状的两面形小孢子	饲用及绿肥		江苏、安徽、浙江

（续）

序号	拉丁学名	中文名	所属科	特征及特性	类别	原产地	目前分布/种植区
5272	*Ixeridium chinense* (Thunb.) Tzvelev	山苦荬（败酱草，苦叶苗，苦菜）	Compositae (Asteraceae) 菊科	多年生草本；具乳汁；茎基部多分枝，基生叶丛生，线状披针形；头状花序排列成疏生伞房花序，全为白色舌状花；瘦果狭披针形	药用，饲用及绿肥		全国各地均有分布
5273	*Ixeridium dentatum* (Thunb.) Tzvelev	齿缘苦荬	Compositae (Asteraceae) 菊科	多年生草本；茎高 25～50cm；叶倒披针形或倒披针状长圆形，有时羽状分裂；头状花序多数，在枝端密集伞房状；瘦果纺锤形	杂草		华东、华南、西南及河南、台湾
5274	*Ixeridium gracile* (DC.) Shih	细叶苦荬菜	Compositae (Asteraceae) 菊科	一年或两年生草本；高 16～51cm；叶线状披针形，基生叶丛生；头状花序多数，排成伞房状，舌状花黄色；瘦果纺锤形	杂草		华中、华南、西南及甘肃、江西
5275	*Ixeridium gramineum* (Fisch.) Tzvelev	禾叶苦荬菜	Compositae (Asteraceae) 菊科	多年生直立草本；茎高 10～30cm；基生叶多数丛生，线形，茎生叶几不抱茎；头状花序在枝端排成伞房状，舌状花黄色；瘦果纺锤状狭披针形	杂草		东北、华北、华东及陕西、贵州
5276	*Ixeridium sonchifolium* (Maxim.) C. Shih	抱茎苦荬菜	Compositae (Asteraceae) 菊科	多年生草本；茎生叶卵状矩圆形，先端锐尖，基部扩大成耳形而抱茎；瘦果长 2～3mm，黑褐色，喙短，常黄白色	饲用及绿肥		东北、华北及陕西、安徽
5277	*Ixeris japonica* (Burm. f.) Nakai	剪刀股	Compositae (Asteraceae) 菊科	多年生草本；茎高 10～30cm，有长匍匐茎；基生叶莲座状，倒披针形或长圆形；头状花序排成伞房状，全为黄色舌状花；瘦果披针形	药用		华东、华中、华南及贵州、甘肃
5278	*Ixeris polycephala* Cass.	多头苦荬菜（老鹳菜）	Compositae (Asteraceae) 菊科	二年生草本；高 10～30cm；基生叶线状披针形，茎生叶椭圆状披针形；头状花序密集排成伞房状或伞形状，舌状花黄色；瘦果纺锤形	杂草		华东、华南、华中、西南及陕西
5279	*Ixonanthes reticulata* Jack	黏木	Erythroxylaceae 古柯科	常绿乔木；树皮灰褐色；叶互生，叶柄有狭边；二歧聚伞花序生于枝的近顶叶腋内，花白色，花瓣 5，宽圆形，花盘杯状，有槽 10 条；蒴果卵状椭圆形	林木，观赏	中国	海南、广东、广西、福建、云南、湖南、贵州

（续）

序号	拉丁学名	中文名	所属科	特征及特性	类别	原产地	目前分布/种植区
5280	*Ixora chinensis* Lam.	龙船花	Rubiaceae 茜草科	常绿灌木；叶披针形或长圆状倒披针形；两性花，花序多花；花冠红或红苋色；核果近球形，双生，有沟，熟时红黑色，每果有种子1～2粒	药用，观赏	中国	福建、广东、香港、广西
5281	*Jacaranda acutifolia* Humb. et Bonpl.	蓝花楹（非洲紫葳）	Bignoniaceae 紫葳科	落叶乔木，高8～15m；叶对生二回羽状复叶，羽片通常在16对以上，每一羽片有小叶14～24对，小叶略被微柔毛，狭长圆形或长圆状菱形，先端锐长，其最顶一片较大，全缘；花两性，两侧对称，多数，圆锥花序顶生；蒴果木质，阔卵形，扁平；种子小、扁平	林木，观赏	巴西	广东、海南、广西、云南、福建
5282	*Jacquemontia paniculata* (Burm. f.) Hallier f.	小牵牛（假牵牛）	Convolvulaceae 旋花科	一年生缠绕草本；茎细弱，圆柱形；叶互生，卵形或卵状长圆形；聚伞花序腋生，花多数，花冠漏斗状，子房2室；蒴果球形	杂草		广东、海南、广西、云南、台湾
5283	*Jasminum beesianum* Forrest et Diels	红素馨（红花茉莉，红茉莉）	Oleaceae 木犀科	攀缘灌木；幼枝四棱形，单叶对生，卵状披针形，聚伞花序3花顶生，花冠红色至玫瑰紫色	观赏	中国	四川、云南、贵州
5284	*Jasminum floridum* Bunge	探春花（牛虱子）	Oleaceae 木犀科	半常绿灌木；枝条开展，拱形下垂，奇数羽状复叶互生，卵形或椭圆形，聚伞花序顶生，花黄色	观赏	中国	甘肃、陕西、河南、湖北、四川
5285	*Jasminum grandiflorum* L.	素馨花	Oleaceae 木犀科	直立灌木；枝下垂，叶对生，羽状复叶，椭圆形或卵形，聚伞花序顶生，花白色	观赏	中国	四川、云南、贵州
5286	*Jasminum humile* L.	矮探春（小黄馨）	Oleaceae 木犀科	常绿灌木或小乔木；伞状、伞房状或圆锥状聚伞花序顶生，花冠黄色，近漏斗状，果紫黑色	观赏	亚洲热带	甘肃、四川、云贵、西藏等
5287	*Jasminum lanceolarium* Roxb.	清香藤（川滇茉莉，北清香藤）	Oleaceae 木犀科	攀缘灌木；小枝圆柱形，叶对生或近对生，三出复叶，背具凹陷的小斑点，复聚伞花序常排列呈圆锥状，顶生或腋生，花萼筒状，花冠白色，高脚碟状，果黑色	观赏	中国	长江流域以南各地及四川、陕西
5288	*Jasminum mesnyi* Hance	野迎春（云南黄馨）	Oleaceae 木犀科	常绿或半常绿灌木；花单生叶腋，花萼裂片披针形，较萼管长；花冠黄色，高脚碟状，裂片6，有时为重瓣	观赏	中国	四川、云贵

（续）

序号	拉丁学名	中文名	所属科	特征及特性	类别	原产地	目前分布/种植区
5289	*Jasminum multiflorum* （Burm. f.）Andrews	毛茉莉	Oleaceae 木犀科	常绿攀缘灌木；头状花序或呈圆锥状聚伞花序顶生或腋生，花冠白色，高脚碟状，果褐色	观赏	印度	我国各地广泛栽培
5290	*Jasminum nudiflorum* Lindl.	迎春（金腰带，小黄花）	Oleaceae 木犀科	落叶灌木；高 0.4～0.5m；花黄色，外染有红晕，有叶状狭窄的绿色苞片，单生于去年生枝的叶腋	观赏		全国各地均有分布
5291	*Jasminum odoratissimum* L.	浓香探春	Oleaceae 木犀科	常绿灌木；羽状复叶互生；花冠黄色，顶生聚伞花序有花 3～7 朵，黄色，极香；花期 5～6 月	观赏	大西洋玛德拉岛	我国华东有栽培
5292	*Jasminum officinale* L.	素方花	Oleaceae 木犀科	常绿缠绕灌木；叶对生，羽状复叶聚伞花序顶生，花冠白色或外红内白，芳香	观赏	中国、印度	我国西南部
5293	*Jasminum polyanthum* Franch.	多花素馨	Oleaceae 木犀科	缠绕木质藤本；花多而美丽，花冠白色，外面带淡紫色，芳香；顶生或腋生复聚伞花序	观赏	中国	云南、贵州
5294	*Jasminum prainii* H. Lév.	披针叶素馨	Oleaceae 木犀科	缠绕藤本；单叶对生，革质，长披针形；伞房状花序较密集，每花序 3～9 朵花，白色；球形，无毛，黑色	药用		广西、贵州、四川
5295	*Jasminum sambac* （L.）Aiton	茉莉花（茉莉）	Oleaceae 木犀科	木质藤本或直立灌木；高 0.5～3m；单叶对生，宽卵形或椭圆形，长 3～9cm；聚伞花序，3 朵；花白色，清香，裂片 8～9	经济作物（香料类），有毒	印度	江苏、浙江、福建、台湾、广东、四川、云南
5296	*Jasminum seguinii* H. Lév.	亮叶素馨（亮叶茉莉）	Oleaceae 木犀科	缠绕木质藤本；单叶对生，革质卵形或椭圆形；总状或圆锥状聚伞花序，白色，芳香；浆果近球形、黑色	药用		湖南、海南、广西、四川、云贵
5297	*Jasminum sinense* Hemsl.	华素馨（华清香藤）	Oleaceae 木犀科	缠绕藤本；高 8m；对生，三出复叶，小叶革质，卵形，反卷，叶柄长 1～3cm；聚伞圆锥花序，多花密集，芳香；浆果球形、黑色	药用		浙江、江西、福建、台湾、广东、广西、湖北、湖南、四川、贵州、云南

（续）

序号	拉丁学名	中文名	所属科	特征及特性	类别	原产地	目前分布/种植区
5298	*Jasminum urophyllum* Hemsl.	川素馨（短萼素馨）	Oleaceae 木犀科	攀缘灌木；三出复叶对生或单叶对生，小叶革质；伞状花序或伞房状聚伞花序顶生及腋生，3～10 朵花，白色；浆果圆球、紫黑色	药用		福建、台湾、广东、广西、湖北、湖南、云南、贵州
5299	*Jatropha curcas* L.	麻疯树（羔桐，臭油桐）	Euphorbiaceae 大戟科	灌木或小乔木；树枝具突起的叶痕；叶互生，卵状圆形；花雌雄同株；聚伞花序；雌花无花瓣；子房 3 室；蒴果	有毒	美洲热带	广东、广西、四川、贵州、云南
5300	*Juglans cordiformis* Max.	心形核桃（姬核桃）	Juglandaceae 胡桃科	落叶乔木，形态与吉宝核桃相似，主要区别是本种核桃果实为扁心脏形，壳薄取仁容易	果树		
5301	*Juglans hopeiensis* Hu	麻核桃（河北核桃）	Juglandaceae 胡桃科	乔木；奇数羽状复叶，小叶长椭圆形至卵状椭圆形；雄性柔荑花序，雌性穗状花序约具 5 雌花；果序具 1～3 个果实，果实近球状	果树		河北、山西
5302	*Juglans mandshurica* Maxim.	核桃楸（山核桃，楸子）	Juglandaceae 胡桃科	落叶乔木；奇数羽状复叶，叶卵圆形；单性花，雌雄同株，雄花序柔荑状，着生雄花 230 多以上，雌花序穗状，着生雌花 5～10 朵；核果卵圆形，表面有棱角	林木，有毒	中国	黑龙江、吉林、辽宁、内蒙古、河北
5303	*Juglans nigra* L.	黑核桃	Juglandaceae 胡桃科	高大落叶乔木，高 40m；奇数羽状复叶，小叶 15～23 枚；雄花柔荑花序 5～10cm，每朵花 17～50 个雄蕊，雌花序顶生，2～5 朵雌花簇生，果实圆球形或长椭圆形	经济作物（油料类），药用	北美	东北、华北、华东
5304	*Juglans regia* L.	胡桃（核桃）	Juglandaceae 胡桃科	落叶乔木；奇数羽状复叶，小叶 5～13；花单性同株，雄花柔荑花序下垂，雌花单生或 2～3 聚生枝顶，具总苞，总苞上部有 4 裂花萼；坚果圆形或近圆形，种仁脑状	果树，林木，有毒	欧洲东南部及亚洲西部	华北、西北、西南、华中
5305	*Juglans sieboldiana* Maxim	吉宝核桃（鬼核桃，日本核桃）	Juglandaceae 胡桃科	落叶乔木，高约 5m；雄柔荑花序 15～20cm，下垂，花被片 4，苞片 1，小苞片 2，雄蕊 10～14；雌花序穗状，有柄，顶生，密被腺毛，着生（5～）10～20 个雌花花，花被片 4，比苞片长；坚果尖圆形	果树，经济作物（油料类）	日本	华北

（续）

序号	拉丁学名	中文名	所属科	特征及特性	类别	原产地	目前分布/种植区
5306	*Juglans sigillata* Dode	铁核桃（漾濞核桃，泡核桃）	Juglandaceae 胡桃科	落叶乔木；复叶 8～15 片，小叶卵状披针或椭圆状披针形，雄花序成柔荑状下垂，每小花有雄蕊 100～130 枚，雌花序穗状顶生；果实呈卵形或卵球形	果树	中国	云南、贵州、四川、西藏
5307	*Juncellus pannonicus*（Jacq.）C. B. Clarke	花穗水莎草	Cyperaceae 莎草科	多年生草本；秆多数丛生，高 10～20cm；叶基生，线形；长侧枝聚伞花序缩短成头状，小穗 1～12 个，鳞片广卵形；小坚果	杂草		东北及河北、山西、陕西、河南、新疆
5308	*Juncellus serotinus*（Rottb.）C. B. Clarke	水莎草	Cyperaceae 莎草科	多年生草本；根状茎细长而匍匐；苞片 3，叶状，开展，长侧枝聚伞花序复出，辐射枝 5～15 枚，小穗排列成穗状	饲用及绿肥		东北、华北、西北、华东、华中及云南
5309	*Juncus alatus* Franch. et Sav.	翅茎灯心草	Juncaceae 灯心草科	多年生草本；高 20～45cm；茎有 2 条狭翅；叶扁平；6～20 个小头状花序再组成复聚伞花序；蒴果	杂草		华东、华中、华南及陕西、四川
5310	*Juncus amplifolius* A. Camus	走茎灯心草	Juncaceae 灯心草科	多年生草本；具横走根状茎；茎直立，高 20～30cm；叶宽线形；聚伞花序头状，具 4～10 花，花被片 6，红褐色；蒴果卵状	饲用及绿肥		四川西北部、云南和陕西
5311	*Juncus bufonius* L.	小灯心草	Juncaceae 灯心草科	一年生草本；花序呈二歧聚伞状，每分枝上常顶生和侧生 2～4 朵花；总苞片叶状，较花序短；花淡绿色；先出叶卵形，膜质，花被片 6，披针形，外轮 3 枚顶端短尾尖，边缘膜质，内轮 3 枚短，顶端急尖或稍钝	杂草		长江以北各省份及四川、云南
5312	*Juncus diastrophanthus* Buchenau	星花灯心草	Juncaceae 灯心草科	多年生草本；高 20～30cm；花序宽大，花 7～15 朵聚生成星芒状的花簇，子房三棱形；果三棱形	杂草		江苏、浙江、江西、湖北、湖南、四川、陕西
5313	*Juncus effusus* L.	灯心草（野席草，龙须草，灯草）	Juncaceae 灯心草科	多年生草本；茎丛生，高 40～100cm；叶退化为芒刺状；花序假侧生，聚伞状，多花；蒴果长圆形	药用	中国	全国各地均有分布

（续）

序号	拉丁学名	中文名	所属科	特征及特性	类别	原产地	目前分布/种植区
5314	*Juncus gracillimus* (Buchenau) V. I. Krecz. et Gontsch.	细灯心草	Juncaceae 灯心草科	多年生草本；高 40～80cm；叶长 10～16cm；聚伞花序，花在分枝上单生；蒴果卵形	杂草		长江以北大部分各省
5315	*Juncus himalensis* Klotzsch	喜马灯心草	Juncaceae 灯心草科	多年生草本；高 30～70cm；叶基生和茎生，暗褐色或红褐色；花序由 3～7 个头状花序组成顶生聚伞花序；蒴果三棱状长圆形；种子长圆形	杂草		甘肃、青海、四川、云南、西藏
5316	*Juncus lampocarpus* Ehrh. ex Hoffm.	小花灯心草	Juncaceae 灯心草科	多年生草本；高 20～60cm；叶圆筒状，有显著横隔；花序由数小头状花序构成聚伞状；蒴果三角状	杂草		东北、华北、西北、华东及四川
5317	*Juncus leucanthus* Royle ex D. Don	甘川灯心草	Juncaceae 灯心草科	多年生草本；高 7～16cm；叶基生或茎生，叶片扁平，线形，叶耳明显，钝圆，淡褐色；头状花序单一顶生；蒴果三菱状卵形；种子斜卵形	杂草		云南
5318	*Juncus luzuliformis* Franch.	分枝灯心草	Juncaceae 灯心草科	多年生草本；高 10～20cm；叶基生或茎生，低处叶鞘状或鳞片状，黄褐色至褐色，光亮；花 3～5 朵排列成聚伞花序；蒴果三棱状卵形；种子长圆形	杂草		陕西、甘肃、湖北、四川、贵州
5319	*Juncus maximowiczii* Buchenau	长白灯心草	Juncaceae 灯心草科	多年生草本；高 6～15cm；叶基生和茎生，叶鞘边缘膜质；头状花序单一顶生，通常有 2～3 朵花；蒴果三棱状倒卵形或长圆形，淡褐色	杂草		吉林
5320	*Juncus minimus* Buchenau	矮灯心草	Juncaceae 灯心草科	多年生草本；高 3～7cm；叶通常基生，叶片扁平，宽线形至狭披针形，无叶耳；头状花序单一顶生；蒴果三棱状长圆形；种子长圆形	杂草		四川、西藏
5321	*Juncus modicus* N. E. Br.	多花灯心草	Juncaceae 灯心草科	多年生草本；高 4～15cm；叶基生和茎生，低出叶鞘状或鳞片状，褐色；头状花序单生茎顶；蒴果三棱状椭圆形，成熟时黄褐色；种子长圆形，黄褐色	杂草		陕西、甘肃、湖北、四川、贵州、西藏

（续）

序号	拉丁学名	中文名	所属科	特征及特性	类别	原产地	目前分布/种植区
5322	*Juncus potaninii* Buchenau	单枝灯心草	Juncaceae 灯心草科	多年生草本；高 6～15cm；叶基生和茎生，低出叶鞘状或鳞片状；头状花序单生于茎顶，通具 2 花；蒴果卵状长圆形，成熟时暗褐色；种子卵形，黄褐色	杂草		陕西、宁夏、甘肃、湖北、四川、贵州、西藏
5323	*Juncus przewalskii* Buchenau	长柱灯心草	Juncaceae 灯心草科	多年生草本；高 8～26cm；叶基生和茎生，叶片线形，叶鞘常带褐色，也而不明显；头状花序单一顶生，含 4～8 朵花；蒴果三棱状长圆形，种子长圆形	杂草		陕西、甘肃、青海、四川、云南
5324	*Juncus setchuensis* Buchenau ex Diels	野灯心草	Juncaceae 灯心草科	多年生草本；茎丛生，高 30～50cm；叶退化成芒刺状；聚伞状花序，假侧生；蒴果长于花被	杂草		西南
5325	*Juncus sikkimensis* Hook. f.	锡金灯心草	Juncaceae 灯心草科	多年生草本；高 10～26cm；叶全部基生，低出叶鞘状，棕褐色至红褐色；花序假侧生，通常由 2 个头状花絮组成；蒴果三棱状卵形；种子长圆形	杂草		甘肃、四川、云南、西藏
5326	*Juniperus chinensis* L.	圆柏（桧柏，刺柏，红心柏）	Cupressaceae 柏科	常绿乔木；叶二型，有 2 条白粉带，基部有关节并向下延伸；雌雄异株；球果浆质，被白粉	林木，药用，观赏		全国各地均有分布
5327	*Juniperus communis* L.	欧洲刺柏	Cupressaceae 柏科	常绿乔木；树冠圆锥形，叶钻形较扁平，有白色气孔带；球果 2 或 3 年成熟	观赏	欧亚、北美洲	内蒙古有分布，各地多栽培
5328	*Juniperus formosana* Hayata	刺柏（山刺柏，台桧）	Cupressaceae 柏科	常绿乔木；叶两条白色气孔带；果球形，红色或橙褐色，被白粉或白粉脱落	观赏	中国	甘肃、陕西、台湾
5329	*Juniperus gaussenii* W. C. Cheng	昆明柏	Cupressaceae 柏科	常绿乔木；高 5～8m，冠尖塔形，叶全为刺形，交叉对生或 3 枚轮生	观赏	中国	云南昆明及西畴
5330	*Juniperus pingii* W. C. Cheng ex Ferré	垂枝香柏	Cupressaceae 柏科	常绿匍匐状灌木；雄球花具多数雄蕊；球果卵形，黑褐色或黑色，微具光泽，基部有宿存苞片，直径 5～7mm，内含 1 粒种子	观赏	中国特有种	四川、云南
5331	*Juniperus procumbens*（Siebold ex Endl.）Miq.	铺地柏	Cupressaceae 柏科	常绿匍匐灌木；高达 75cm；刺形叶 3 叶交叉轮生，条状披针形；有两条白粉气孔带；球果近球形，被白粉	观赏	日本	大连、青岛、庐山、昆明及华东地区

（续）

序号	拉丁学名	中文名	所属科	特征及特性	类别	原产地	目前分布/种植区
5332	*Juniperus recurva* Buch.-Ham. ex D. Don	垂枝柏（曲枝柏，醉柏）	Cupressaceae 柏科	常绿乔木；罕为灌木；高 9～12m；树冠宽塔形；小枝细长、下垂	观赏	中国西藏、阿富汗、尼泊尔、印度、不丹	西藏
5333	*Juniperus rigida* Siebold et Zucc.	杜松（棒儿松，崩松）	Cupressaceae 柏科	常绿乔木；刺形叶条状、质坚硬、端尖，上面凹下成深槽，槽内有 1 条窄白粉带，背面有明显的纵脊；球果被白粉；种子近卵形顶端尖，有四条不显著的棱	观赏	中国	华北地区
5334	*Juniperus sabina* L.	沙地柏（叉子圆柏）	Cupressaceae 柏科	常绿低矮匍匐灌木；枝密集，小枝及叶有臭味；幼龄树上为刺叶，壮龄树为鳞叶；球果生于下弯的小枝顶端，倒三角状球形	观赏	中国原产	新疆、宁夏、内蒙古、甘肃、陕西
5335	*Juniperus sabina* var. *davurica* (Pall.) Farjon	兴安圆柏	Cupressaceae 柏科	匍匐灌木；树高 0.6～0.8m，冠幅 2.5～3.0m，老树多鳞叶，幼树之叶常针刺状；球果带蓝色，果有白粉，种子 3 粒	观赏	中国	大兴安岭
5336	*Juniperus sibirica* Burgsd.	西伯利亚刺柏（山桧，西伯利亚杜松）	Cupressaceae 柏科	匍匐灌木；高约 1m；雌、雄球生于去年生枝的叶腋；球果浆果状，球形，直径 5～7mm，熟时蓝黑色，顶部有 3 条浅沟，有白粉	观赏	中国	东北及新疆、西藏
5337	*Juniperus squamata* Buch.-Ham. ex D. Don	翠柏（粉柏）	Cupressaceae 柏科	直立多枝常绿灌木或小乔木；果单个腋生，呈椭圆形，内有种子 1 粒	观赏	中国	西北、华北
5338	*Juniperus virginiana* L.	北美圆柏（铅笔柏）	Cupressaceae 柏科	常绿乔木；高 10～30m，树冠柱状圆锥形；叶为鳞叶与针叶并存的二型叶；球果近卵圆形	林木，生态防护，观赏	北美	
5339	*Justicia adhatoda* L.	鸭嘴花	Acanthaceae 爵床科	常绿大灌木；叶对生，纸质；穗状花序生于叶腋；花冠白色有紫色或粉红色条纹	观赏	亚洲热带	云南、广东、广西、海南
5340	*Justicia brandegeana* Wassh. et L. B. Sm.	虾衣花	Acanthaceae 爵床科	多年生草本；叶卵形，穗状花序顶生，苞片砖红色，萼白色；花期春、夏、秋三季	观赏	墨西哥	

（续）

序号	拉丁学名	中文名	所属科	特征及特性	类别	原产地	目前分布/种植区
5341	*Justicia procumbens* L.	爵床	Acanthaceae 爵床科	一年生草本；高 20～50cm，多分枝；叶椭圆形，表面有钟乳体；穗状花序，花冠粉红色；蒴果线形，种子卵圆形	药用		秦岭以南，东至江苏和台湾、南至广东、西至云南
5342	*Justicia ventricosa* Wall. ex Sims.	大驳骨	Acanthaceae 爵床科	高 2～3m；叶对生，矩圆状披针形或矩圆状椭圆形；穗状花序顶生或近顶部腋生，常数个合生，花冠白色而有紫色线条；蒴果	观赏		广东、广西
5343	*Kadsura coccinea* （Lem.） A. C. Sm.	冷饭团（饭团藤，人地麝香，细风藤）	Schisandraceae 五味子科	常绿攀缘灌木；叶互生，长椭圆形至卵状披针形，先端尖，基部楔形至钝形，全缘，革质；花红色或黄色带红色，单性，雌雄同株，单生于叶腋；聚合果近球形	药用		长江以南各省份
5344	*Kadsura longipedunculata* Finet et Gagnep.	南五味子（大活血，紫金藤，钻骨风）	Schisandraceae 五味子科	藤本；叶长圆状披针形或卵状长圆形；花单生叶腋，雌雄异株，雄花具雄蕊 30～70，雌花子房宽卵形；小浆果倒卵圆形	药用，经济作物（香料类）		广东、台湾
5345	*Kaempferia galanga* L.	山柰（沙姜）	Zingiberaceae 姜科	多年生宿根草本；根茎块状肉质，表皮棕黄色；无地上茎；两片叶近地面生长，卵圆形，无柄；花白色，有香味	蔬菜，经济作物（香料类），药用	中国	广东、广西、海南、台湾
5346	*Kaempferia rotunda* L.	海南三七	Zingiberaceae 姜科	根茎块状，根粗；叶片长椭圆形；头状花序有花 4～6 朵	药用，观赏		云南、广西、广东、台湾
5347	*Kalanchoe blossfeldiana* V. Poelln.	长寿花	Crassulaceae 景天科	多年生肉质草本；叶对生，长圆状匙形或长圆状倒卵形，聚伞花序，花猩红色	观赏	非洲马达加斯加	南部
5348	*Kalanchoe daigremontiana* Hamte. et Perr.	大叶落地生根	Crassulaceae 景天科	多年生草本植物；叶交互对生，叶片肉质，长三角形，叶具不规则的褐紫斑纹，边缘有粗齿，缺刻处长出不定芽；复聚伞花序、顶生，花钟形，橙色	观赏	非洲马达加斯加	
5349	*Kalanchoe fedtschenkoi* Hamte. et Perr.	玉吊钟	Crassulaceae 景天科	多年生肉质草本植物，叶片交互对生，肉质扁平，卵形至长圆形，缘具齿，蓝或灰绿色，上有不规则的乳白、粉红或黄色斑块，新叶更是五彩斑斓，甚为美丽；松散的聚伞花序，小花红或橙色	观赏		

（续）

序号	拉丁学名	中文名	所属科	特征及特性	类别	原产地	目前分布/种植区
5350	*Kalanchoe flammea* Stapf	玉海棠（红花伽蓝菜，红川莲）	Crassulaceae 景天科	多年生草本；叶椭圆状卵形，灰绿色，花橘红色，萼和花冠4裂	观赏		我国南部
5351	*Kalanchoe integra* (Medik.) Kuntze	匙叶伽蓝菜	Crassulaceae 景天科	多年生草本；聚伞花序；萼片4，披针形；花冠黄色，高脚碟状，裂片4，卵形；雄蕊8，着生于花冠筒的喉部；心皮4；蓇葖果有种子多数	观赏		我国南部
5352	*Kalanchoe laciniata* (L.) DC.	伽蓝菜（鸡爪三七，土三七）	Crassulaceae 景天科	多年生草本；叶对生，茎中部叶片羽状分裂，聚伞圆锥花序，花高脚碟状，黄色	观赏	中国	我国南部
5353	*Kalanchoe marmorata* Bak.	大花伽蓝菜	Crassulaceae 景天科	为多年生肉质植物；肉质叶交互对生，无柄，叶片倒卵形，叶缘有不规则的波状齿，长约10cm，蓝灰至灰绿色，被有一层薄薄的白粉，表面有红褐至紫褐色斑点或晕纹；花白色	观赏		我国南部
5354	*Kalanchoe pinnata* (L. f.) Pers.	落地生根	Crassulaceae 景天科	多年生草本植物；茎上有落叶痕迹；叶肉质，单叶或奇数羽状复叶；花冠筒状、下垂，红色，顶生；蓇葖果卵形	观赏		我国南部
5355	*Kalanchoe synsepala* Bak.	趣蝶（趣蝶莲）	Crassulaceae 景天科	多年生草本；叶对生，黄绿色，边缘紫红色，聚伞花序顶生，花高脚碟状，白色有浅紫色条纹	观赏		我国南部
5356	*Kalanchoe thyrsifolia* Deflers	唐印	Crassulaceae 景天科	多年生肉质草本；叶色淡绿或黄绿，被有浓厚的白粉，叶缘呈红色；小花筒形，黄色	观赏	南非开普省东部和德兰士瓦省	
5357	*Kalanchoe tomentosa* Bak.	月兔耳（熊猫植物）	Crassulaceae 景天科	多年生草本植物；茎直立，多分枝，叶生枝端，叶片肉质，匙形，密被白色绒毛，叶端具齿，缺刻处有深褐色或者棕色斑	观赏		我国南部
5358	*Kalanchoe verticillata* Scott Ell.	细叶落地生根	Crassulaceae 景天科	肉质草本；叶具紫褐色斑纹；顶生聚伞花序，萼和花冠4裂；花冠壶状或高脚碟状；雄蕊8，着生于冠管上；心皮4；分离，花鲜亮红色	观赏		我国南部

（续）

序号	拉丁学名	中文名	所属科	特征及特性	类别	原产地	目前分布/种植区
5359	*Kalidium caspicum* （L.） Ung. -Sternb.	里海盐爪爪	Chenopodiaceae 藜科	落叶小灌木；树皮灰褐色，枝互生；叶不发育，互生，疣状，基部抱茎，下延，小枝上的叶成鞘状，排列紧密；花两性，紧密，花序穗状，胞果卵形，果皮膜质	饲用及绿肥，有毒		新疆
5360	*Kalidium cuspidatum* （Ung. -Sternb.） Grubov	尖叶盐爪爪	Chenopodiaceae 藜科	落叶小灌木；高10～40cm，老枝灰褐色，小枝黄绿色，茎直立，自基部多分枝，枝互生，叶互生，卵形，灰绿色或黄绿色，半抱茎，下延，花两性，胞果圆形	生态防护，饲用及绿肥		毛乌素沙地、乌兰布和沙漠、腾格里沙漠、河西走廊沙地、青海及新疆
5361	*Kalidium foliatum* （Pall.） Moq.	盐爪爪	Chenopodiaceae 藜科	落叶小灌木；高20～60cm，当年枝黄白色，老枝灰褐色，茎直立，自基部多分枝，当年枝黄白色，老枝灰褐色，枝互生，叶互生，圆柱形，肉质，灰绿色，半抱茎，胞果圆形	饲用及绿肥		内蒙古、新疆、甘肃河西走廊、青海、东北、河北
5362	*Kalidium gracile* Fenzl	细枝盐爪爪	Chenopodiaceae 藜科	落叶小灌木；高10～40cm，老枝灰褐色或红褐色，茎直立，多分枝，枝互生，叶片不发育，疣状，黄绿色，花两性，胞果卵形，果皮膜质	生态防护，饲用及绿肥		库布齐沙漠、科尔沁沙地、浑善达克沙地、毛乌素沙地、乌兰布和沙漠、腾格里沙漠、河西走廊沙地及新疆
5363	*Kalidium schrenkianum* Bunge ex Ung. -Sternb.	圆叶盐爪爪	Chenopodiaceae 藜科	落叶小灌木；高15～25cm，树皮灰褐色，茎自基部多分枝，较密集，叶互生，叶片不发育，倒圆锥状，黄绿色，花两性，紧密，花序穗状，胞果卵形，果皮膜质	生态防护，饲用及绿肥		甘肃河西走廊沙地、新疆
5364	*Kalimeris incisa* （Fisch.） DC.	裂叶马兰	Compositae （Asteraceae） 菊科	多年生草本；高60～120cm；叶披针形至长圆状披针形；头状花序单生枝顶排成伞房状，舌状花蓝紫色，管状花黄色；瘦果倒卵形	杂草		东北及内蒙古
5365	*Kalimeris indica* （L.） Sch. Bip.	马兰（鸡儿肠，马兰头）	Compositae （Asteraceae） 菊科	多年生草本；有匍匐根茎；茎高30～70cm；叶倒披针形或倒卵状长圆形；头状花序单生枝端排成疏伞房状；瘦果	药用，蔬菜		西南、华中、华南、华东及辽宁、陕西

（续）

序号	拉丁学名	中文名	所属科	特征及特性	类别	原产地	目前分布/种植区
5366	*Kalimeris integrifolia* Turcz. ex DC.	全叶马兰（全叶鸡儿肠）	Compositae（Asteraceae）菊科	多年生草本；直根纺锤形；茎高30～70cm，单生或丛生；叶互生，线状披针形或倒披针形；头状花序单生枝顶排成疏伞房状；瘦果倒卵形	杂草		华东、东北、华中、华北及四川、陕西
5367	*Kalimeris lautureana*（Debeaux）Kitam.	山马兰	Compositae（Asteraceae）菊科	多年生草本；茎中部叶披针形，全缘或具疏锯齿，疏被硬毛；头状花序直径2～3cm，总苞片2层	饲用及绿肥		东北、华北及陕西、山东、河南、江苏
5368	*Kalimeris shimadai*（Kitam.）Kitam.	毡毛马兰（毡毛鸡儿肠）	Compositae（Asteraceae）菊科	多年生草本；高50～120cm；叶互生，倒卵形或倒披针形；头状花序单生枝顶或排成疏伞房状，外围舌状花，中央管状花；瘦果极扁	杂草		华中、华东及台湾
5369	*Kalopanax septemlobus*（Thunb.）Koidz.	刺楸	Araliaceae 五加科	落叶乔木；叶圆形或近圆形，掌状5～7浅裂；伞形花序聚生为顶生圆锥花序，花冠白色；核果，近球形，熟时 黑色，花柱宿存	药用，林木，有毒		全国各地均有分布
5370	*Kandelia candel*（L.）Druce	秋茄（水笔仔，茄藤树，红浪）	Rhizophoraceae 红树科	灌木或小乔木；叶长圆形；花序有花4～9朵，总花梗1～3个生于上部叶腋；花白色；花、果期春秋两季	生态防护，观赏		广西、福建、台湾、海南
5371	*Karelinia caspia*（Pall.）Less.	花花柴（胖姑娘娘）	Compositae（Asteraceae）菊科	多年生草本；茎高50～100cm，中空；叶互生，无柄，长圆状卵形或长圆形；头状花序常3～7个枝顶排成伞房状，花紫红或黄色；瘦果圆柱形	杂草		新疆、宁夏、甘肃、青海、内蒙古
5372	*Kengyilia alatavica* var. *longiglumis*（Keng）C. Yen et al.	长颖鹅观草	Gramineae（Poaceae）禾本科	多年生；秆高50～70cm，节常膝曲，密生倒毛；叶鞘脊叶片下面密生柔毛；穗轴节间密生柔毛，颖无毛或上部疏生柔毛	饲用及绿肥		甘肃
5373	*Kengyilia geminata*（Keng et S. L. Chen）S. L. Chen	孪生鹅观草	Gramineae（Poaceae）禾本科	多年生；花序弯曲下垂；小穗含5～7花，颖片长5～8mm，第一外稃长9～10mm，芒紫色，长5～11mm	饲用及绿肥		青海
5374	*Kengyilia grandiglumis*（Keng）J. L. Yang et al.	大颖草	Gramineae（Poaceae）禾本科	多年生，疏丛；秆高40～70cm，光滑无毛；叶片宽1～4mm；颖无毛或上部疏生柔毛，长8～10mm，外稃长约9mm	饲用及绿肥		青海

（续）

序号	拉丁学名	中文名	所属科	特征及特性	类别	原产地	目前分布/种植区
5375	*Kengyilia hirsuta* (Keng) J. L. Yang et al.	糙毛鹅观草	Gramineae (Poaceae) 禾本科	多年生；花序长6～8cm；小穗长10～15mm，第一外稃长8～10mm，被长硬毛，黄棕色，芒长2～6mm	饲用及绿肥		青海、甘肃
5376	*Kengyilia laxiflora* (Keng) J. L. Yang et al.	疏花鹅观草	Gramineae (Poaceae) 禾本科	多年生；秆高50～70cm，具3～6节；穗状花序弯曲，基部节间长达2cm，小穗含6～9花，颖具膜质边缘	饲用及绿肥		甘肃、青海、四川
5377	*Kengyilia melanthera* (Keng) J. L. Yang et al.	黑药鹅观草	Gramineae (Poaceae) 禾本科	植株具倾斜下伸根茎；秆疏丛生，直立、有光泽；穗状花序直立或稍弯曲，出鞘外或基部为鞘口所包；颖长圆状披针形，无毛或被短柔毛；花药黑色	饲用及绿肥		青海
5378	*Kengyilia mutica* (Keng) J. L. Yang et al.	无芒鹅观草	Gramineae (Poaceae) 禾本科	多年生；秆高60～70cm；花序下具柔毛，颖无毛，先端锐尖，外稃密被柔毛，先端急尖，内稃先端钝，脊上部具纤毛	饲用及绿肥		四川、甘肃及青海
5379	*Kengyilia rigidula* (Keng) J. L. Yang et al.	硬秆鹅观草	Gramineae (Poaceae) 禾本科	植株具根头；秆成疏丛，质硬，具3～4节，紧接花序下无毛；叶片内卷，直立，两面具柔毛，边缘具纤毛；穗状花序弯曲，含4～6小花；颖卵状披针形	粮食		
5380	*Kengyilia thoroldiana* (Oliv.) J. L. Yang et al.	梭罗草	Gramineae (Poaceae) 禾本科	多年生，密丛；秆具1～2节；花序卵圆形，长1～4cm，颖先端锐尖至短尖头，上部被柔毛，外稃密生柔毛	饲用及绿肥		甘肃、青海及西藏
5381	*Kerria japonica* (L.) DC.	棣棠花（黄榆梅，黄度梅）	Rosaceae 蔷薇科	落叶丛生灌木；高1.5m左右；4～5月开金黄色花，单生于侧枝顶端，花瓣五；瘦果褐黑色	观赏	中国	华中、华东及甘肃、陕西、四川、贵州、云南
5382	*Keteleeria davidiana* (Bertrand) Beissn.	旱地油杉	Pinaceae 松科	常绿乔木；高达20m，胸径达90cm；冬芽卵圆形或近球形；叶线形，上面中脉两侧各具白色气孔线；球果圆柱形	林木		云南新平
5383	*Keteleeria davidiana* var. *calcarea* (C. Y. Cheng et L. K. Fu) Silba	黄枝油杉	Pinaceae 松科	常绿乔木；高28m，胸径可达1.3m；冬芽圆球形；叶线形，下面沿中脉两侧各有18～21条白粉气孔线；球果圆柱形	林木		广西、湖南、贵州

（续）

序号	拉丁学名	中文名	所属科	特征及特性	类别	原产地	目前分布/种植区
5384	*Keteleeria evelyniana* Mast.	滇油杉（杉松，杉树，黑杉松）	Pinaceae 松科	常绿乔木；叶条形，在侧枝上排列成两列，先端通常有微凸起的钝尖头，基部楔形，渐窄成短叶柄；球果圆柱形，卵圆形，中部的种鳞卵状斜方形或斜方状卵形	林木，观赏	中国	云南、贵州、四川
5385	*Keteleeria fortunei*（A. Murray）Carrière	油杉	Pinaceae 松科	常绿乔木；高达 30m，胸径达 1m 以上；叶线形，下面有两条微被白粉的气孔带；雌雄同株；雄球花簇生枝顶或叶腋；雌球花单生枝顶；球果圆柱形	林木		福建、广东、广西
5386	*Keteleeria hainanensis* Chun et Tsiang	海南油杉	Pinaceae 松科	常绿乔木；高达 30m，胸径达 1～2m；冬芽卵圆形；叶辐射状散生，线状披针形或线形；雄球花簇生枝顶或叶腋，雌球花单生枝顶；球果圆柱形	林木，观赏		海南昌江
5387	*Keteleeria pubescens* W. C. Cheng et L. K. Fu	柔毛油杉	Pinaceae 松科	乔木；高 30m；单叶，单性花，球果，种子带翅长 2.5～2.7cm，种子长 1.1～1.4cm	林木，观赏	中国	广西桂北的资源、兴安、罗城、恭城
5388	*Khaya senegalensis*（Desr.）A. Juss.	非洲楝（塞楝）	Meliaceae 楝科	常绿乔木；高 20～30m；偶数羽状复叶，花小，萼片淡绿色，花瓣奶黄色，雄蕊 8 枚，栓头圆盘状；蒴果木质，灰褐色，球形；种子淡褐色，扁平，长椭圆形	观赏，林木	塞内加尔、尼日利亚、刚果（金）往东伸延至苏丹、乌干达	广东、广西、福建、海南
5389	*Kigelia pinnata* DC. Kigelia Africana（Lam.）Benth.	吊瓜树（羽叶垂花树）	Bignoniaceae 紫葳科	落叶乔木，高 20m；叶为基数，一回羽状复叶，小叶 7～9 枚，椭圆、长椭圆式倒卵形；花紫红色，为长而悬垂的稀疏圆锥花序；果圆柱形；种子无翅	观赏	热带西部非洲，如莫桑比克等地	海南、广东、广西、福建、云南、台湾
5390	*Kingdonia uniflora* Balf. f. et W. W. Sm.	独叶草	Ranunculaceae 毛茛科	多年生小草本；高 3～10cm；基生叶 1，叉指状分裂，叶脉开放二歧式；花单生，萼片花瓣状，花瓣缺；瘦果狭倒披针形	药用		陕西、甘肃、四川、云南
5391	*Kingidium taeniale*（Lindl.）P. F. Hunt	小尖囊兰	Orchidaceae 兰科	腐生，多年生草本；叶无柄，椭圆状长圆形；苞片宽三角形；花淡紫色，花瓣倒卵形；唇瓣贴生于蕊柱脚上；花粉块 4 个	有毒		

（续）

序号	拉丁学名	中文名	所属科	特征及特性	类别	原产地	目前分布/种植区
5392	*Kirengeshoma palmata* Yatabe	黄山梅	Saxifragaceae 虎耳草科	多年生草本；单叶对生，圆心形，掌状分裂；聚伞花序常具 3 花，花两性，黄色，花瓣 5，长圆状倒卵形或近狭倒卵形；蒴果宽椭圆形	药用		浙江、安徽
5393	*Kmeria septentrionalis* Dandy	单性木兰（细蕊木兰）	Magnoliaceae 木兰科	乔木；高达 18m；树皮灰色；叶革质，长圆形或倒卵状长椭圆形；雌雄异株；雄花被片白色带淡黄色；倒卵形，内轮 8～10，线状披针形；聚合果近球形	林木，观赏	中国	广西的罗城县南部
5394	*Knema globularia* (Lam.) Warb.	小叶红光树（小叶拟肉豆蔻）	Myristicaceae 肉豆蔻科	小乔木；高 4～15m；叶膜质至坚纸质，全缘但有时不规则的波状；假伞形花序；雄花花蕾扁球形，外面密被锈色短绒毛；雌花序腋生，雌花长卵珠状	林木，观赏	中国	广西、云南
5395	*Knema linifolia* (Roxb.) Warb.	大叶红光树	Myristicaceae 肉豆蔻科	常绿乔木；叶倒卵状披针形；雌雄异株；雄花 2～5 花簇生于瘤状总梗；雌花 2～4 生于总梗上；果卵形，假种皮深红	有毒		云南沧源县
5396	*Kniphofia caulescens* Bak. et Hook. f.	灰叶火炬花	Liliaceae 百合科	多年生草本；具近木质化的分枝短茎；叶淡绿色；下部花乳白色，上部花蕾呈非红色	观赏	南非	
5397	*Kniphofia multiflora* J. M. Wood et M. Evans	多花火炬花	Liliaceae 百合科	多年生草本；花朵多，密集，白色，蕾时具绿或黄色晕，花丝长于花被片 2 倍	观赏	南非	
5398	*Kniphofia quartiniana* A. Rich.	多叶火炬花	Liliaceae 百合科	多年生草本；叶多，株丛密；花黄色，雄蕊伸出花冠筒很多	观赏	南非	
5399	*Kniphofia triangularis* Kunth	小火炬花	Liliaceae 百合科	多年生草本；植株较矮；叶具 3 脉，近三棱；花橙黄，色浓艳	观赏	南非	
5400	*Kniphofia uvaria* (L.) Oken	火炬花	Liliaceae 百合科	多年生常绿草本；根状茎稍带肉质；总状花序，顶部花绯红，下部花渐浅至黄色带红晕	观赏	南非	
5401	*Knoxia valerianoides* Thorel et Pitard	红大戟（红芽大戟，红芽戟，红萝卜）	Rubiaceae 茜草科	多年生草本；块根纺锤形或长圆锥形，红褐色或暗紫红色；花冠管状漏斗形，喉部附近有密生长毛	药用		福建、台湾、广东、广西、云南

（续）

序号	拉丁学名	中文名	所属科	特征及特性	类别	原产地	目前分布/种植区
5402	*Kobresia capillifolia* C. B. Clarke	线叶嵩草（毛状叶嵩草）	Cyperaceae 莎草科	多年生草本；密丛；叶片卷折，线形；支小穗多数，基部具1雌花和上部具1～4雄花；小坚果狭椭圆形，具三棱	饲用及绿肥		内蒙古、甘肃、青海、四川、新疆、西藏
5403	*Kobresia cuneata* Kük.	截形嵩草	Cyperaceae 莎草科	多年生草本；秆高25～55cm；花序简单穗状，棍棒状长圆形，顶生小穗雄性，侧生的雄雌顺序，鳞片长圆形；小坚果	杂草		四川、云南、西藏
5404	*Kobresia graminifolia* C. B. Clarke	禾叶嵩草	Cyperaceae 莎草科	多年生，具根状茎，基部具栗褐色枯死叶鞘；秆坚硬；花序圆柱形，雌雄异序，小穗含1花，柱头3；小坚果具3棱	饲用及绿肥		陕西、甘肃、青海、四川、西藏
5405	*Kobresia humilis*（C. A. Mey. et Trautv.）Sergiev.	矮生嵩草（矮嵩草）	Cyperaceae 莎草科	多年生草本；密丛；秆细，高8～13cm；叶外层分裂成纤维状，平展；花序顶生单一小穗，支小穗顶生雄性；小坚果倒卵形	饲用及绿肥		内蒙古、河北、甘肃、青海、四川、新疆、西藏
5406	*Kobresia kansuensis* Kük.	甘肃嵩草	Cyperaceae 莎草科	多年生草本；穗状花序，小穗密集，支小穗多数，顶生的雄性，鳞片矩圆形，具明显2脊；小坚果具长约0.5mm短喙	饲用及绿肥		甘肃、青海、四川、云南、西藏
5407	*Kobresia macrantha* Boeck.	大花嵩草	Cyperaceae 莎草科	多年生草，具匍匐根状茎，细长；小穗3～7个，复穗状，组成圆锥花序，卵形，密集，柱头2；小坚果近圆形，具柄	饲用及绿肥		西藏、青海、甘肃、四川、新疆
5408	*Kobresia myosuroides*（Vill.）Fiori	嵩草	Cyperaceae 莎草科	多年生草本；密丛，基部残留枯死叶鞘；小支穗5～15个，两性，含2花，下面1雌花和上部1雄花；小坚果倒卵形，具短喙	饲用及绿肥		
5409	*Kobresia pygmaea* C. B. Clarke	高山嵩草（小嵩草）	Cyperaceae 莎草科	多年生草本；秆矮小，高1～5cm；叶细，刚毛状；支小穗4～7个，每个含1雌花；小坚果倒卵形，有退化小穗轴	饲用及绿肥		华北及甘肃、青海、四川、云南、西藏
5410	*Kobresia royleana*（Nees）Boeck.	喜马拉雅嵩草	Cyperaceae 莎草科	多年生草本；密丛，具短根状茎；圆锥花序，长卵圆形，紧缩，密集，柱头3；小坚果倒卵状椭圆形，具短喙，喙长0.2～0.5mm	饲用及绿肥		青海、四川、西藏

（续）

序号	拉丁学名	中文名	所属科	特征及特性	类别	原产地	目前分布/种植区
5411	*Kobresia schoenoides* (C. A. Mey.) Steud.	丝叶嵩草	Cyperaceae 莎草科	多年生草本；叶丝状，宽约 1mm；花序卵状圆柱形，长 1.5～2cm，鳞片披针形，柱头 3；小坚果具 3 棱，有光泽	饲用及绿肥		西藏、青海、四川、甘肃
5412	*Kobresia setschwanensis* Hand.-Mazz.	四川嵩草	Cyperaceae 莎草科	多年生草本；叶基生，丝状；小穗密集，含花 4～5 朵，鳞片长圆状卵形，具 3 脉；小坚果长圆状倒卵形，具极短的喙	饲用及绿肥		四川、西藏、云南、青海
5413	*Kobresia tibetica* Maxim.	西藏嵩草	Cyperaceae 莎草科	多年生草本；秆粗，直径 1～3mm；花序顶生单一小穗，直径 3～4mm，支小穗密生；小坚果倒卵状长圆形，具短喙	饲用及绿肥		甘肃、青海、四川、西藏
5414	*Kochia krylovii* Litv.	全翅地肤	Chenopodiaceae 藜科	一年生草本；高 10～20cm；全株除花被外均有密长柔毛；叶圆柱状；花两性，无柄，通常 1～3 个团集，遍布叶腋；胞果宽卵形	饲用及绿肥，药用，观赏		新疆北部
5415	*Kochia laniflora* (S. G. Gmel.) Borbás	毛花地肤	Chenopodiaceae 藜科	一年生草本；叶半圆柱状，宽 0.5～1mm，稍被绢毛；花被片的翅状附属物膜质，菱状卵形，边缘齿蚀状	饲用及绿肥		内蒙古、新疆
5416	*Kochia melanoptera* Bunge	黑翅地肤	Chenopodiaceae 藜科	一年生草本；叶圆柱形，宽约 1mm，被疏毛或无毛；花被片 5，果时仅 3 个背部横生翅，翅披针形，全缘，另 2 个无翅	饲用及绿肥		宁夏、甘肃、新疆、内蒙古
5417	*Kochia odontoptera* Schrenk	尖翅地肤	Chenopodiaceae 藜科	一年生草本；高 15～30cm；叶条形；花两性，通常 2～3 朵团集于叶腋；胞果卵形，果皮膜质	饲用及绿肥，药用，观赏		新疆北部
5418	*Kochia prostrata* (L.) C. Schrad.	木地肤	Chenopodiaceae 藜科	小半灌木；分枝被柔毛；叶条形，两面疏被柔毛，花被片果时变革质，横生 5 个干翅，翅菱形，顶端边缘具钝齿	生态防护，饲用及绿肥	中国	东北、华北、西北及西藏
5419	*Kochia scoparia* (L.) Schrad.	地肤（扫帚菜）	Chenopodiaceae 藜科	一年生草本；高 50～120cm；茎多分枝，晚秋变为红色；叶披针形至线状披针形；花两性或雌性，疏穗状圆锥花序；胞果扁球形	药用，经济作物（油料类）		全国各地均有分布

（续）

序号	拉丁学名	中文名	所属科	特征及特性	类别	原产地	目前分布/种植区
5420	*Kochia stellaris* Moq.	伊朗地肤	Chenopodiaceae 藜科	一年生草本；高达 50cm；全株密被棉毛；叶无柄，茎上部叶卵形至椭圆形，下部叶条形至矩圆状条形；花两性，通常 2～3 朵团集叶腋；胞果卵形	饲用及绿肥，药用，观赏		新疆、甘肃西部
5421	*Koeleria altaica* (Domin) Krylov	阿尔泰䅟草	Gramineae (Poaceae) 禾本科	多年生；叶片上面被短柔毛，下面被长柔毛；小穗长 3.5～4mm，外稃背部被长柔毛，无芒	饲用及绿肥		内蒙古、新疆
5422	*Koeleria litvinowii* Dom.	芒䅟草（短芒三毛草）	Gramineae (Poaceae) 禾本科	多年生；小穗长 5～6mm，外稃顶端以下 1mm 处生出 1～2.5(～3)mm 的细短芒	饲用及绿肥		新疆、甘肃、青海、西藏、四川
5423	*Koeleria macrantha* (Ledeb.) Schult.	䅟草	Gramineae (Poaceae) 禾本科	多年生草本；秆高 25～45cm；叶线形；圆锥花序呈穗状，小穗无毛，颖倒卵状长圆形或长圆状披针形，无芒；颖果	饲用及绿肥		东北、华北、华东、西北
5424	*Koelreuteria bipinnata* Franch.	全缘叶栾树（黄山栾树，灯笼树）	Sapindaceae 无患子科	落叶乔木；高 17m；叶为二回羽状复叶，小叶 7～11，薄革质；花黄色，萼片 5，边缘有小睫毛，花瓣 5，瓣柄有长柔毛；蒴果椭圆形，熟时紫红色	生态防护，观赏		我国北部及中部、北自东北南部、南到长江流域及福建、西到甘肃东南部及四川中部
5425	*Koelreuteria integrifolia* Merr.	全缘栾树	Sapindaceae 无患子科	落叶乔木；高 10～20m；花黄色；萼片 5，边缘有小睫毛；花瓣 5，瓣柄有长柔毛；雄蕊 8，花丝有长柔毛	蜜源		江西、广东、湖南、广西
5426	*Koelreuteria paniculata* Laxm.	栾树（栾，黑色叶树，摇钱树）	Sapindaceae 无患子科	落叶乔木；高达 15m，圆锥花序，顶生，花小，金黄色；蒴果，果皮薄膜质，三角状卵形，状似灯笼	观赏，药用		东北、华北、华东、西南及陕西、甘肃
5427	*Kolkwitzia amabilis* Graebn.	猬实	Caprifoliaceae 忍冬科	落叶灌木；高 1.5～3m；叶互生，有短柄；伞房状圆锥聚伞花序生枝顶；每一聚伞花序有 2 花，花冠钟状，粉红色至紫色，喉部黄色；瘦果 2 个合生	观赏		西北、华中及山西、安徽

（续）

序号	拉丁学名	中文名	所属科	特征及特性	类别	原产地	目前分布/种植区
5428	*Krascheninnikovia arborescens*（Losinsk.）Mosyakin	华北驼绒藜（驼绒蒿）	Chenopodiaceae 藜科	落叶灌木；高 1～2m，灰白色，粗糙，中上不分枝，枝条较短，叶互生，条状披针形至矩圆状披针形，全缘，花单性，雌雄同株，胞果狭倒卵形，被毛	生态防护		内蒙古、辽宁、陕西等省（自治区）沙漠地区，河北、山西、甘肃、四川
5429	*Krascheninnikovia ceratoides*（L.）Gueldenst.	驼绒藜	Chenopodiaceae 藜科	灌木；高 10～100cm，具星状毛；叶较小，线形、长圆形或披针形；雄花数个成束，集成穗状花序，雌花管椭圆形；胞果直立	饲用及绿肥		新疆、青海、甘肃、内蒙古
5430	*Krascheninnikovia compacta*（Losina-Losinskaja）Grubov	垫状驼绒藜	Chenopodiaceae 藜科	小半灌木；垫状；叶小而密集，叶柄几与叶片等长；雌花管裂片兔耳状，几与管等长，果时管外被短毛	饲用及绿肥		甘肃、青海、新疆、西藏
5431	*Krascheninnikovia ewersmanniana*（Stschegl. ex Losinsk.）Grubov	心叶驼绒藜	Chenopodiaceae 藜科	半灌木；叶卵形，具明显的羽状脉；雌花管椭圆形，裂片角状，其长为管长的 1/5～1/6，果时管外具 4 束长毛	饲用及绿肥		新疆准噶尔盆地、伊犁盆地、焉耆盆地
5432	*Kummerowia stipulacea*（Maxim.）Makino	长萼鸡眼草（鸡眼草，掐不齐）	Leguminosae 豆科	一年生草本；长 10～30cm；3 小叶，小叶倒卵形；花 1～3 朵簇生于叶腋，花冠暗紫色，旗瓣椭圆形，短于龙骨瓣；荚果卵形	蔬菜，经济作物（茶类），饲用及绿肥	中国	东北、华北、华东、中南、西北
5433	*Kummerowia striata*（Thunb.）Schindl.	鸡眼草（掐不齐，白萹蓿）	Leguminosae 豆科	一年生草本；高 5～30cm；三出复叶，托叶长卵形；花腋生，1～3 朵，花冠淡红色；荚果卵状长圆形	药用，饲用及绿肥	中国	东北、西南及河北、江苏、福建、广东、湖南、湖北
5434	*Kydia calycina* Roxb.	翅果麻（桤的木，桤的槿）	Malvaceae 锦葵科	乔木；高 10～20m；圆锥花序顶生或腋生；宿存小苞片 4，矩圆形；萼浅杯状，裂片 5，三角形；花冠淡红色，花瓣倒卵形，顶端有腺状流苏	药用		云南
5435	*Kydia glabrescens* Mast.	光叶云南槿	Malvaceae 锦葵科	乔木；高达 10m；叶近圆形、卵形或倒卵形；花顶生或腋生，排列成圆锥花序；蒴果圆球形，直径约 4mm，宿存小苞片倒披针形	林木，观赏	中国	广西、云南

（续）

序号	拉丁学名	中文名	所属科	特征及特性	类别	原产地	目前分布/种植区
5436	*Kyllinga brevifolia* Rottb.	水蜈蚣（金钮草，疟疾草，姜虫草）	Cyperaceae 莎草科	一年生或多年生草本；高 7～20cm；叶线形；穗状花序常单一，顶生，球形，小穗长圆状披针形，小穗轴有鳞片 4；小坚果	药用		东北、华东、华中、华南及陕西、台湾、贵州、云南
5437	*Kyllinga squamulata* Thonn. ex Vahl	冠鳞水蜈蚣	Cyperaceae 莎草科	一年生草本；秆密丛生，高 2～20cm；穗状花序近球形，小穗紧密，宽卵形，具 1 朵花；鳞片膜质，舟状；小坚果椭圆形	杂草		云南
5438	*Kyllinga triceps* Rottb.	三头水蜈蚣	Cyperaceae 莎草科	多年生草本；秆丛生，高 8～25cm；叶边缘具疏刺；穗状花序排列成团聚状；小穗长圆形，具 1 朵花；小坚果长圆形	杂草		广东、云南
5439	*Lablab purpureus* (L.) Sweet	扁豆（鹊豆，鹏皮豆）	Leguminosae 豆科	多年生、缠绕藤本；羽状复叶具 3 小叶；总状花序直立，花冠白色或紫色，旗瓣圆形；荚果长圆状镰形，扁平；种子扁平，长椭圆形	蔬菜，药用	印度	我国各地广泛栽培
5440	*Lactuca altaica* Fisch. et C. A. Mey.	阿尔泰莴苣	Compositae (Asteraceae) 菊科	两年生草本；茎单生，有硬刺；头状花序多数，在茎枝的顶端排列成圆锥花序或总状圆锥花序，有 7～15 枚舌状小花；瘦果倒披针形压扁，浅褐色	蔬菜	中国	新疆
5441	*Lactuca dissecta* D. Don	裂叶莴苣	Compositae (Asteraceae) 菊科	一年生草本；高 40cm；中部与下部茎叶全形到披针形，羽状深裂或几全裂；头状花序多数，在茎枝顶端排列成疏松的伞房状花序；瘦果浅褐色，倒披针形	蔬菜	中国	西藏
5442	*Lactuca sativa* L.	莴苣（生菜，千金菜）	Compositae (Asteraceae) 菊科	一、二年生草本；茎短缩，抽薹后形成肉质茎；叶互生，叶色叶形多样；叶面平展或皱缩，以叶球或嫩茎供食，心叶松散或抱合；头状花序，花黄色；瘦果	蔬菜，药用	地中海沿岸	全国各地均有分布
5443	*Lactuca seriola* Torner	野莴苣	Compositae (Asteraceae) 菊科	一年生草本；高 50～80cm；中下部茎叶倒披针形或长椭圆形；头状花序多数，在茎枝顶端排列成圆锥状花序，舌状小花 15～25 枚，黄色；瘦果倒披针形	蔬菜	中国	新疆

（续）

序号	拉丁学名	中文名	所属科	特征及特性	类别	原产地	目前分布/种植区
5444	*Lactuca undulata* Ledeb.	飘带果	Compositae (Asteraceae) 菊科	一年生草本；叶羽状全裂；头状花序多数或少数在茎枝顶端排成伞房状或圆锥状花序，舌状小花8～12枚，淡蓝色或紫色；瘦果压扁，上部有宽扁的乳突状毛	蔬菜	中国	新疆
5445	*Lagarosiphon alternifolia* (Roxb.) Druce	软骨草（泥藻，鸭仔草）	Hydrocharitaceae 水鳖科	茎纤细，多分枝，叶线形，互生，花小，花单生，雌雄异株	药用		江西、广东、云南
5446	*Lagedium sibiricum* (L.) Soják	北山莴苣	Compositae (Asteraceae) 菊科	多年生草本；茎分枝；叶披针形或长椭圆状披针形，基部抱茎；头状花序排成疏伞房状或伞房圆锥状，舌状花蓝紫色；瘦果	杂草		东北及内蒙古、河北、山西、河南、甘肃
5447	*Lagenaria siceraria* (Molina) Standl.	葫芦（扁蒲，瓠）	Cucurbitaceae 葫芦科	一年生攀缘性草本；根系发达，再生性强；叶心形或肾形；叶柄顶端有腺体；果实扁圆、长圆或有束腰，嫩果绿色，果肉白色；老熟果外皮坚硬，黄褐色	蔬菜，药用	赤道非洲南部低地	湖北、浙江、江苏、福建、广东、湖南
5448	*Lagerstroemia balansae* Koehne	毛萼紫薇	Lythraceae 千屈菜科	小乔木；树皮浅黄色，间有绿色斑纹，幼枝密被黄褐色星状毛，后脱落，圆锥花序，淡紫红色	观赏	中国	华东浙江、福建
5449	*Lagerstroemia caudata* Chun et F. C. How ex S. K. Lee et L. F. Lau	尾叶紫薇	Lythraceae 千屈菜科	落叶乔木；高7～8m；总状花序腋生，花密集于总花梗上部；萼二唇形，为旗瓣1/4，龙骨瓣菱形，较翼瓣长，均无爪；雄蕊10，5长5短；子房具柄，有黄色毛	观赏	中国	广东、广西、江西
5450	*Lagerstroemia excelsa* (Dode) Chun ex S. Lee et L. F. Lau	川黔紫薇	Lythraceae 千屈菜科	落叶大乔木；叶对生，膜质，圆锥花序分枝具4棱，密被灰褐色星状柔毛，花基数6，黄斑黄白色	观赏	中国	贵州、四川、湖北
5451	*Lagerstroemia fordii* Oliv. et Koehne	广东紫薇	Lythraceae 千屈菜科	乔木；叶纸质互生，顶生圆锥花序被灰白色绒毛，花萼被灰白色柔毛，裂片6，三角形，内密被柔毛	观赏	中国	广东、福建
5452	*Lagerstroemia glabra* (Koehne) Koehne	光紫薇	Lythraceae 千屈菜科	乔木；树皮带白色，叶膜质，圆锥花序顶生，塔形，花萼钟形，花瓣矩圆形或椭圆形，边缘波状	观赏	中国	广西、湖北

（续）

序号	拉丁学名	中文名	所属科	特征及特性	类别	原产地	目前分布/种植区
5453	*Lagerstroemia guilinensis* S. K. Lee et L. F. Lau	桂林紫薇	Lythraceae 千屈菜科	乔木；枝褐色，叶纸质互生，顶生狭圆锥花序，有6条狭翅状棱，花瓣白色；花期5～6月	观赏	中国	广西桂林
5454	*Lagerstroemia indica* L.	紫薇（百日红，满堂红，痒痒树）	Lythraceae 千屈菜科	落叶灌木或小乔木；树皮灰色或灰褐色，叶纸质互生，圆锥花序顶生，花淡红色或紫色、白色	观赏	中国	全国
5455	*Lagerstroemia intermedia* Koehne	云南紫薇	Lythraceae 千屈菜科	常绿乔木；高6～8m；叶近对生，卵状椭圆形或宽椭圆形；圆锥花序顶生，花蓝紫色，花瓣6，近圆形或长圆形；蒴果长圆形	药用，观赏		云南、西藏
5456	*Lagerstroemia limii* Merr.	福建紫薇	Lythraceae 千屈菜科	灌木或小乔木；花淡红色至紫色；花萼杯状，有12条明显的棱，外面密被柔毛，5～6裂，裂片长圆状披针形或三角形，不外反；花瓣圆卵形，有皱纹	观赏	中国	福建、浙江、湖北
5457	*Lagerstroemia micrantha* Merr.	小花紫薇	Lythraceae 千屈菜科	小乔木或灌木；叶纸质黑褐色，圆锥花序顶生，塔形，密被灰色小柔毛，花萼钟形，裂片6近三角形，花瓣卵形	观赏	中国	台湾
5458	*Lagerstroemia siamica* Gagnep.	南洋紫薇	Lythraceae 千屈菜科	乔木或灌木；大型圆锥花序顶生，被黄色星状毛，花瓣近圆形，边缘波状	观赏	缅甸、泰国、马来西亚	
5459	*Lagerstroemia speciosa*（L.）Pers.	大花紫薇	Lythraceae 千屈菜科	落叶乔木；高可达15m；圆锥花序顶生，花序长15～25cm；花淡红色或紫红色，直径约5cm，花瓣6片，几乎皱缩，雄蕊多数，多达100～200枚	林木，观赏	中国	华南
5460	*Lagerstroemia subcostata* Koehne	南紫薇	Lythraceae 千屈菜科	落叶大灌木或小乔木；树皮薄，灰白色，叶长圆形或长圆形状披针形，花白色，萼片有10～12条棱	观赏	中国	台湾、广东、广西、湖南、湖北、江西、福建、浙江、江苏、安徽、四川
5461	*Lagerstroemia suprareticulata* S. K. Lee et L. F. Lau	网脉紫薇	Lythraceae 千屈菜科	乔木或小乔木；顶生圆锥花序，密被灰白色粉末状绒毛，花萼钟形，密被灰色绒毛，花瓣白色，边缘有皱褶	观赏	中国	广西

（续）

序号	拉丁学名	中文名	所属科	特征及特性	类别	原产地	目前分布/种植区
5462	*Lagerstroemia tomentosa* C. Presl	绒毛紫薇	Lythraceae 千屈菜科	乔木；高 20～30m；圆锥花序，花序和花萼密被草黄色绒毛；花白色，淡紫色或紫色；花萼圆锥形，有 12 棱，6 裂，裂片三角形；子房球形，密被黄色绒毛	观赏	中国	云南西双版纳
5463	*Lagerstroemia venusta* Wall. ex C. B. Clarke	西双紫薇	Lythraceae 千屈菜科	乔木；圆锥花序具白色柔毛，花萼半球状钟形，有 6～7 条纵棱，萼筒 6～7 裂，花瓣矩圆形边缘波状	观赏	中国	云南南部
5464	*Lagerstroemia villosa* Wall. ex Kurz	毛紫薇	Lythraceae 千屈菜科	乔木；小枝，花序和叶两面被灰色短柔毛，球状或塔状圆锥花序顶生，有 5～6 条翅状棱，花瓣缺或披针形	观赏	中国	云南
5465	*Laggera alata*（D. Don）Sch. -Bip. ex Oliv.	六棱菊	Compositae（Asteraceae）菊科	多年生草本；根状茎粗短，茎多分枝，4～6 棱，棱上具有绿色翅状附属物，全株密生淡黄色柔毛及腺点，有特殊气味	药用		华东、华南及湖北、贵州、云南
5466	*Lagopsis supina*（Stephan ex Willd.）Ikonn. -Gal. ex Knorring	夏至草（灯笼棵）	Labiatae 唇形科	多年生草本；高 15～45cm；叶近圆形或卵形，掌状 3 深裂；轮伞花序，花冠白色，花盘平顶；小坚果表面具鳞秕	药用		东北、西北、华东、西南、华北及河南、湖北
5467	*Lagotis humilis* P. C. Tsoong et H. P. Yang	矮兔耳草	Scrophulariaceae 玄参科	多年生矮小草本；叶卵形；穗状花序头状至矩圆形，花萼佛焰苞状，花冠天蓝色或紫色	观赏	中国	西藏西南部
5468	*Lamarckia aurea*（L.）Moench	拉马克草（金穗草）	Gramineae（Poaceae）禾本科	一年生草本；叶片圆形至肾形，长 0.5～8cm；圆锥花序，金黄色或略带紫色，花瓣无	观赏	美国	
5469	*Laminaria japonica* Aresch.	昆布（海带）	Laminariaceae 昆布科	多年生大型褐藻；生于海边大干潮线下 2～3m 深岩礁上；藻体扁平带状，革质坚韧，分为固着器、柄、叶片 3 部分	药用		辽宁、山东、浙江
5470	*Lamiophlomis rotata*（Benth. ex Hook. f.）Kudo	独一味	Labiatae 唇形科	草本；叶辐状两两相对；轮伞花序密集排列成有短葶的头状或短穗状花序，花冠筒管状	药用，有毒		四川、云南、西藏

（续）

序号	拉丁学名	中文名	所属科	特征及特性	类别	原产地	目前分布/种植区
5471	*Lamium album* L.	北野芝麻（白花菜，山芝麻）	Labiatae 唇形科	多年生草本；高 30～50cm，轮伞花序生于顶部，花冠白色，小坚果，三角形，暗褐色	蜜源		东北、西北、华北、华中、四川、贵州
5472	*Lamium amplexicaule* L.	宝盖草（佛座草）	Labiatae 唇形科	一年或两年生草本；高 10～30cm，茎中空；叶圆形或肾形，两面疏生小糙伏毛；轮伞花序 6～10 花，花冠紫红色；小坚果具三棱	药用		华东、华中、西北、西南
5473	*Lamium barbatum* Siebold et Zucc.	野芝麻	Labiatae 唇形科	多年生草本；高达 1m 左右，具根茎及其地下匍匐枝；叶卵圆形、心脏形或卵圆状披针形；轮伞花序 4～14 花，花冠白色；小坚果倒卵圆形	药用		东北、华北、华东、华中、西北、西南
5474	*Lampranthus spectabilis* （Haw.）N. E. Br.	美丽日中花（红冰花）	Aizoaceae 番杏科	多浆植物；亚灌木；叶绿色，光滑；花单生枝顶，红或玫瑰紫等色，强光时盛开，夜晚闭合	观赏	南非	
5475	*Lampranthus tenuifolius* （L.）Schwant.	细叶日中花（龙须海棠）	Aizoaceae 番杏科	多浆植物；亚灌木；叶近筒状；春、夏开花，花单生于枝顶，花红或玫瑰紫色	观赏	南非	
5476	*Lancea tibetica* Hook. f. et Thomson	肉果草	Scrophulariaceae 玄参科	多年生草本；茎高低于 10cm；根状茎节上有 1 对鳞片叶；叶倒卵形或匙形，叶尖有凸尖；总状花序具花数朵，花冠深蓝或紫色；果实肉质	杂草		甘肃、青海、四川、云南、西藏
5477	*Lannea coromandelica* （Houtt.）Merr.	厚皮树（胶皮树）	Anacardiaceae 漆树科	落叶乔木；高 4～10m；圆锥花序顶生，花小，单性同株或异株；雌花序较短；花瓣 4，黄色或带紫色，矩圆状卵形；雄蕊 8，在雌花中的较短且花药不发育	蜜源		云南、广东
5478	*Lansium domesticum* Corr.	莲心果（椰色果，杜古果）	Meliaceae 楝科	常绿乔木，10.5～15m，树皮红褐色或黄褐色，羽状叶，长 22.5～50cm. 果实簇生于老枝或枝干旁	果树	马来西亚	广东、云南、台湾、海南
5479	*Lantana camara* L.	马缨丹（五色梅，五彩花）	Verbenaceae 马鞭草科	灌木；枝条具倒钩状皮刺叶卵形；头状花序顶生或腋生；苞片多数；花黄色、橙黄色、粉红以至深红色核果球形	有毒，观赏	美洲热带	福建、台湾、广东、广西、云南

（续）

序号	拉丁学名	中文名	所属科	特征及特性	类别	原产地	目前分布/种植区
5480	*Lantana montevidensis* Briq.	小叶五色梅	Verbenaceae 马鞭草科	灌木；花密集成头状，有总梗，雄蕊 4，着生于花冠管中部，内藏，花药卵形，药室平行，子房 2 室，每室 1 胚珠，花玫瑰紫色，具黄色眼状斑	观赏	南美	
5481	*Lapageria rosea* Ruiz et Pav.	智利钟花	Liliaceae 百合科	常绿木质藤本；叶革质互生，卵状披针形；花下垂，单生或 2～3 朵集生	观赏	智利	
5482	*Lapeirousia cruenta*（Lindl.）Bak.	长筒鸢尾	Iridaceae 鸢尾科	多年生草本；叶基生，花着生于穗状或总状花序上，花红色，夏季开花	观赏	南非	
5483	*Laportea cuspidata*（Wedd.）Friis	蝎子草	Urticaceae 荨麻科	一年生草本；叶宽卵形或近圆形；花雌雄同株，雌花序单个或雌雄花序成对生于叶腋；雄花序穗状，雌花序短穗状；团伞花序；瘦果宽卵形，双凸透镜状	有毒		吉林、辽宁、内蒙古、河北、河南、陕西
5484	*Lappula consanguinea*（Fisch. et C. A. Mey.）Gürke	蓝刺鹤虱	Boraginaceae 紫草科	一年生或两年生草本；高达 60cm；茎常单生；基生叶长圆披针形，茎生叶披针形或线形；聚伞花序顶生，花冠淡蓝紫色；小坚果尖卵状	杂草		内蒙古、河北、甘肃、宁夏、青海、新疆、四川
5485	*Lappula myosotis* Moench	鹤虱（蓝花蒿）	Boraginaceae 紫草科	一年生草本；高 20～40cm；基生叶长圆状匙形，茎生叶披针形或线形；聚伞花序顶生，花冠淡蓝色；小坚果 4，卵形	药用，经济作物（油料类）		东北、华北及甘肃、宁夏
5486	*Lappula patula*（Lehm.）Asch. ex Gürke	卵盘鹤虱（蒙古鹤虱）	Boraginaceae 紫草科	一年生草本；高达 60cm；茎密被灰色糙毛；茎生叶较密，线形或狭披针形；聚伞花序顶生，花冠蓝紫色至淡蓝色；小坚果宽卵形	杂草		东北、华北、西北及西藏、四川
5487	*Lappula semiglabra*（Ledeb.）Gürke	狭果鹤虱	Boraginaceae 紫草科	一年生草本；高 15～30cm；茎具细糙毛；叶狭长圆形或线状倒披针形；花序狭长，花小，花冠淡蓝色；小坚果 4，狭披针形	杂草		新疆、西藏
5488	*Lapsanastrum apogonoides*（Maxim.）J. H. Pak et Bremer	稻槎菜	Compositae（Asteraceae）菊科	一年或两年生草本；高 10～20cm；叶多于基部丛生，羽状分裂；头状花序常下垂，再排成稀疏伞房状，花冠黄色；瘦果椭圆状披针形	饲用及绿肥		华东、华中、华南及四川、贵州

（续）

序号	拉丁学名	中文名	所属科	特征及特性	类别	原产地	目前分布/种植区
5489	*Larix gmelinii* (Rupr.) Kuzen.	落叶松（兴安岭松，意气松）	Pinaceae 松科	落叶乔木；叶条形，在长枝上疏生，在短枝上簇生；球果，种鳞 14～30 枚，中部种鳞五角状卵形	观赏		大、小兴安岭
5490	*Larix gmelinii* var. *principis-rupprechtii* (Mayr) Pilg.	华北落叶松	Pinaceae 松科	落叶乔木；球果长卵圆形或卵圆形，长 2～3.5cm，熟前淡绿色，熟时淡褐色或稍带黄色，有光泽；种鳞近五角状卵形，长 1.2～1.5cm	观赏	中国	华北
5491	*Larix griffithii* Hook. f.	乔松	Pinaceae 松科	常绿乔木；叶 5 针 1 束，细柔下垂；雌雄同株，球果圆柱形，具长柄下垂，种子有长翅	观赏		
5492	*Larix kaempferi* (Lamb.) Carrière	日本落叶松	Pinaceae 松科	为落叶针叶乔木；球花均单生于短枝顶端，球果小，卵圆形，种鳞薄革质，种鳞上部边缘明显向外反曲，鳞背有小疣状突起，密被腺毛；种子倒卵圆形，具膜质种翅	观赏	日本	东北及山东、河南、湖北
5493	*Larix mastersiana* Rehder et E. H. Wilson	四川红杉	Pinaceae 松科	落叶大乔木；高达 30m，胸径达 80cm；叶在长枝上螺旋状散生，在短枝上呈簇生状；雌球花淡红紫色，苞鳞向外反折；球果椭圆状圆柱形	林木		四川岷江流域、大渡河流域、青衣江上游
5494	*Larix olgensis* A. Henry	黄花落叶松	Pinaceae 松科	落叶针叶乔木；树冠塔形，树皮灰褐色；雌雄同株，雄、雌球花均生于短枝顶端	观赏	中国、朝鲜	长白山及黑龙江东部
5495	*Larix potaninii* var. *chinensis* (Beissn.) L. K. Fu et Nan Li	太白红杉	Pinaceae 松科	落叶乔木；高 8～15m，胸径可达 60cm；叶在长枝上螺旋状散生，在侧枝上呈簇生；雌雄同株，雄球花卵圆形，雌球花淡紫色；球果	林木	中国	陕西
5496	*Larix sibirica* Ledeb.	新疆落叶松（新拟）	Pinaceae 松科	乔木；高达 40m；叶倒披针状条形；雄球花近圆形；球果卵圆形或长卵圆形	林木，经济作物（橡胶类）	中国	新疆阿尔泰山及天山东部
5497	*Lasia spinosa* (L.) Thwaites	刺芋（旱茨菰，山茨菰）	Araceae 天南星科	多年生有刺草本；高 1m；茎有皮刺；叶戟形、箭形或鸟足状羽状深裂，上面绿色，下面淡绿且脉上疏生皮刺；佛焰苞血红色，上部旋卷；肉穗花序圆柱形，黄绿色	蔬菜，药用	中国	云南、广西、广东、台湾

（续）

序号	拉丁学名	中文名	所属科	特征及特性	类别	原产地	目前分布/种植区
5498	*Lasianthus henryi* Hutch.	西南粗叶木	Rubiaceae 茜草科	小乔木或灌木；叶纸质、长圆形或长圆状披针形；8～15cm，上面无毛；2～4 朵簇生叶腋，花萼筒状陀螺，被毛，白色；核果近球形，熟时蓝色	药用		广东、广西、云贵、四川
5499	*Lasianthus japonicus* Miq.	日本粗叶木	Rubiaceae 茜草科	灌木；叶纸质、长圆形或长圆状披针形；花白色，2～3 朵腋生，花萼钟状，被柔毛；核果球形，5 分核	药用		安徽、浙江、江西、湖北、湖南、广东、广西、四川
5500	*Latania loddigesii* Mart.	蓝脉葵（蓝拉坦棕）	Palmae 棕榈科	常绿乔木；高 8m；叶蓝绿色，叶掌状分裂，老叶表面有蓝灰色粉，叶茎有白毛，但幼株叶柄及叶脉为红色	观赏	毛里求斯	
5501	*Latania lontaroides* (Gaertn.) H. Moore	红脉葵（红拉坦棕）	Palmae 棕榈科	常绿乔木；高达 16m，掌状叶叶身直径 2m，裂片长 60cm，宽 8cm，叶柄长达 1.8m；播种苗期叶身、叶柄具红色（至幼苗）且裂片边缘具大量的锐齿，成株时，叶呈（灰）绿色	观赏	毛里求斯	
5502	*Latania verschaffeltii* Lem.	黄脉葵（黄拉坦棕）	Palmae 棕榈科	常绿乔木；叶掌状分裂，叶茎和叶柄均密生白色绒毛，幼株叶柄和叶脉为黄色	观赏	毛里求斯	
5503	*Lathyrus aphaca* L.	叶轴香豌豆（山黧豆）	Leguminosae 豆科	一年生草本；无小叶，仅有叶轴，叶轴末端有卷须；托叶叶状，卵形，基部两侧有不均等粗齿状耳；花黄色；荚果	有毒		广东
5504	*Lathyrus cicera* L.	扁荚山黧豆	Leguminosae 豆科	一年生；单花，花萼长 7～9mm，花冠红色或红紫色，长 10～16mm；果实长 2～4cm，宽 5～10.5mm，无毛	饲用及绿肥		江苏、四川、陕西
5505	*Lathyrus davidii* Hance	大山黧豆（茳芒香豌豆，山豇豆）	Leguminosae 豆科	多年生草本；高 80～100cm；偶数羽状复叶，有卷须；小叶 2～5 对，卵形或椭圆状卵形；叶轴有狭翅；托叶半箭头状；花黄色；荚果圆筒形	蔬菜，饲用及绿肥	中国	东北及河北、陕西、山西、甘肃、山东
5506	*Lathyrus grandiflorus* Sibth et Sm.	大花香豌豆（双花香豌豆）	Leguminosae 豆科	多年生草本；6～9 月开花繁密；玫瑰红色，旗瓣具短而阔的瓣柄；雄蕊 10，二体（9+1）或有时基部合生	观赏	南欧	

（续）

序号	拉丁学名	中文名	所属科	特征及特性	类别	原产地	目前分布/种植区
5507	*Lathyrus humilis*（Ser. ex D C.）Spreng.	矮山黧豆（矮香豌豆）	Leguminosae 豆科	多年生草本；托叶半箭形，小叶 3～4 对，卵形；花序具 2～4 花，萼齿最下面 1 个长约为萼筒之半，花紫红色	饲用及绿肥		东北
5508	*Lathyrus komarovii* Ohwi	三脉山黧豆（具翅香豌豆）	Leguminosae 豆科	多年生草本；根状茎细长，横走；茎有分枝，具狭翅，无毛；叶轴具狭翅，末端具短针刺，小叶具平行脉 3～5 条	饲用及绿肥		内蒙古及东北
5509	*Lathyrus latifolius* L.	宽叶香豌豆（宿根香豌豆）	Leguminosae 豆科	多年生攀缘草本；茎长达 2m，有翼，具白粉，多分枝；叶互生有 2 小叶，羽状，小叶披针形至椭圆形，叶柄有翼，卷须着生于两小叶之间；腋生总状花序，蝶形花	观赏	南欧	
5510	*Lathyrus maritimus*（L.）Bigelow	海滨山黧豆（海边香豌豆）	Leguminosae 豆科	多年生草本；根状茎极长，横走；托叶箭形，长 10～29mm，小叶 3～5 对，长椭圆形，长 25～33mm；花紫色；荚果长约 5cm	饲用及绿肥		东北、华东及河北
5511	*Lathyrus odoratus* L.	香豌豆（花豌豆）	Leguminosae 豆科	一年生草本；小叶 2 片，宽椭圆形或长圆状卵形；托叶半箭头状；总状花序，花多色；花柱扭转；荚果，种子多数	有毒	意大利	我国各地均有分布
5512	*Lathyrus palustris* L.	沼生山黧豆	Leguminosae 豆科	多年生草本；总状花序腋生，长约 6cm，花 2～4朵；花萼钟状，萼齿短，三角形；蝶形花紫红色，长约 1.5cm；雄蕊 10，二体；花柱近扁平；荚果圆柱形，无毛	饲用及绿肥		东北
5513	*Lathyrus pratensis* L.	牧地山黧豆（牧地香豌豆）	Leguminosae 豆科	多年生草本；具 1 对小叶，椭圆形，叶轴末端具卷须；总状花序具 5～12 花，花黄色，长 12～18mm；荚果线形，具网纹	饲用及绿肥		东北、西北及湖北、四川、云南、贵州
5514	*Lathyrus quinquenervius*（Miq.）Litv.	五脉山黧豆	Leguminosae 豆科	多年生草本；茎具棱和翅；叶轴末端卷须短，成针刺状，托叶披针形，小叶质坚硬，椭圆状披针形，具 5 条平行脉	饲用及绿肥		东北、华北及山东、甘肃、青海
5515	*Lathyrus sativus* L.	普通山黧豆（软扁豆）	Leguminosae 豆科	一年生草本；花腋生，通常为 1 朵花，稀为 2 朵，花白色或天蓝色；旗瓣的瓣片广椭圆形，顶端微缺，基部收缩成极短的瓣爪，翼瓣的瓣片长圆状，上端稍宽，基部具耳及爪，龙骨瓣显著短于翼瓣	饲用及绿肥，有毒		甘肃、陕西、山西、云南

（续）

序号	拉丁学名	中文名	所属科	特征及特性	类别	原产地	目前分布/种植区
5516	*Lathyrus tingitanus* L.	地中海香豌豆	Leguminosae 豆科	一、二年生草本；6～7 月开花，成对，有深紫和鲜红色 2 色，雄蕊 10，二体（9＋1）或有时基部合生	观赏	地中海	江苏、浙江、安徽
5517	*Lathyrus tuberosus* L.	玫红山黧豆（块茎香豌豆）	Leguminosae 豆科	多年生草本；具长圆形块根；茎无毛，无翅；小叶 1 对，叶轴末端具分枝卷须；花序具 2～7 花，花玫瑰红色	饲用及绿肥		新疆
5518	*Lathyrus vernus*（L.）Bernh.	矮生香豌豆	Leguminosae 豆科	多年生草本；偶数羽状复叶；4～5 月茎顶开花繁密，蓝色或紫色，雄蕊 10，二体（9＋1）或有时基部合生	观赏	欧洲	
5519	*Latouchea fokienensis* Franch.	匙叶草	Gentianaceae 龙胆科	多年生草本；叶基生，轮生聚伞花序，花萼 4 深裂，花冠钟状，淡绿色，4 浅裂，裂片卵状三角形	观赏	中国	湖南、福建、广西、贵州、云南
5520	*Laurocerasus zippeliana*（Miq.）T. T. Yu et L. T. Lu	大叶桂樱	Rosaceae 蔷薇科	常绿乔木；总状花序新枝条腋生；花白色；萼长椭圆形，外有微毛；花瓣广卵形，基部翼状联结；花柱短；核果椭圆形，尖头，红紫色熟	观赏	中国、日本、越南北部	西南、华南及甘肃、陕西、湖北、湖南、江西、浙江、福建、台湾
5521	*Laurus nobilis* L.	月桂	Lauraceae 樟科	常绿乔木；单叶互生，薄革质有光泽；圆锥花序生于新梢叶腋，花黄绿色	观赏	中国、日本	长江流域以南
5522	*Lavandula angustifolia* Mill.	薰衣草	Labiatae 唇形科	亚灌木；叶对生，线形或披针形；轮伞花序，花二唇，萼 5 齿，雄蕊 4，柱头棒状，子房 4 裂；坚果	经济作物（香料类）	地中海河沿岸阿尔卑斯山南麓	新疆、陕西、河南、河北、浙江
5523	*Lavandula latifolia* Vill.	宽叶薰衣草	Labiatae 唇形科	半灌木；分枝；叶在基部丛生，狭披针形或线状披针形及线形；轮伞花序具 4～6 花，疏松，由 7～8 轮组成顶生而间断的穗状花序	经济作物（香料）	欧洲南部及地中海	我国曾有栽培，但较少见
5524	*Lavatera arborea* L.	花葵	Malvaceae 锦葵科	多年生草本；全株被星状疏柔毛，近总状花序顶生或簇生叶腋，苞片基部合生成杯形，花冠淡紫红色	观赏	欧洲	

（续）

序号	拉丁学名	中文名	所属科	特征及特性	类别	原产地	目前分布/种植区
5525	*Lavatera cashemiriana* Cambess.	新疆花葵	Malvaceae 锦葵科	多年生草本；全株被柔毛，叶互生，花开于上部叶腋，卵形，基部合生，花瓣粉色，端深裂	观赏	地中海、亚洲、大洋洲	新疆
5526	*Lavatera thuringiaca* L.	欧亚花葵	Malvaceae 锦葵科	灌木状草本；叶互生；总状花序或丛生叶腋，花浅紫红色，花萼钟状，5浅裂	观赏	欧洲	新疆北部
5527	*Lavatera trimestris* L.	裂叶花葵	Malvaceae 锦葵科	一年生草本；花在上部叶腋间单生或数朵状聚生；花鲜玫瑰；花期夏、秋季	观赏	地中海	
5528	*Lawsonia inermis* L.	散沫花（指甲花）	Lythraceae 千屈菜科	落叶灌木；叶对生；顶生或近顶生圆锥状伞房花序，花白色、玫瑰色或朱砂红色，极芳香	观赏	美洲热带	
5529	*Lecythis zabucaja* Aubl	猴胡桃	Lecythidaceae 玉蕊科	大乔木，树可高达55m，直径约1.5m，树干直，圆柱形，基部膨大或具板根，心材红褐色，边材黄白色，宽约7m，生长轮不明显，有时明显	果树	中、南美洲	台湾
5530	*Ledum palustre* var. *angustum* E. A. Busch	细叶杜香	Ericaceae 杜鹃花科	常绿灌木；单叶互生，叶片狭线形，边缘反卷；伞形花序，生于去年枝顶，花白色，有细梗，长10～20mm，密生褐色绒毛，花冠5，深裂，裂片长卵形	药用，经济作物（油料类），观赏		东北
5531	*Leea amabilis* Veitch ex Mast.	美丽火筒树	Leeaceae 火筒树科	常绿灌木；小叶披针形，有白脉及宽的白色条纹，花瓣与萼片同数，基部合生且与雄蕊柱黏合	观赏	亚洲热带和非洲	
5532	*Leea guineensis* G. Don	火筒树	Leeaceae 火筒树科	常绿灌木；叶互生，羽状复叶，具粉红色脉，并有赤褐色晕；聚伞花序	观赏	亚洲热带及澳大利亚	我国有引种
5533	*Leersia hexandra* Sw.	六蕊假稻（李氏禾）	Gramineae (Poaceae) 禾本科	多年生草本；节处生根；叶披针形；圆锥花序长5～10cm，小穗两侧疏生微刺毛，具短柄；有6雄蕊；颖果	饲用及绿肥		福建、广东、台湾、海南、云南
5534	*Lemna minor* L.	青萍（小浮萍，浮萍，浮萍草）	Lemnaceae 浮萍科	飘浮水生草本；叶状体对称，近圆形，表面绿色，背面浅黄色具1条根，一侧具囊；雌花具弯生胚珠2枚	药用，饲用及绿肥		全国各地均有

（续）

序号	拉丁学名	中文名	所属科	特征及特性	类别	原产地	目前分布/种植区
5535	*Lemna trisulca* L.	品藻	Lemnaceae 浮萍科	浮水植物；根1条，常连叶状体脱落；叶状体椭圆形或倒披针形；胞果卵形	饲用及绿肥		水田常见杂草
5536	*Lens culinaris* Medik.	小扁豆（滨豆，鸡眼豆）	Leguminosae 豆科	直立小灌木；高约1m；3出复叶，小叶卵圆状披针形；总状花序顶生或侧生，花黄色；荚果	粮食	亚洲西南和地中海东部地区	云南
5537	*Leontopodium brachyactis* Gand.	高山火绒草	Compositae（Asteraceae）菊科	多年生草本；叶基生；头状花序小，多数密集于枝顶，成淡黄色球形	观赏	欧亚高山	
5538	*Leontopodium campestre*（Ledeb.）Hand.-Mazz.	山野火绒草	Compositae（Asteraceae）菊科	多年生草本；头状花序密集，被长柔毛或茸毛，总苞片黑色，雄花花冠漏斗状	观赏	中国	新疆北部
5539	*Leontopodium leontopodioides*（Willd.）Beauverd	火绒草（老头草，老头艾，火绒蒿）	Compositae（Asteraceae）菊科	多年生草本；全株密被白毛；茎通常从基部丛生，不分枝；叶互生，无柄，披针叶形或条形；头状花序	药用		东北、华北、西北及山东、江苏、河南
5540	*Leontopodium longifolium* Ling	长叶火绒草（兔耳子草）	Compositae（Asteraceae）菊科	多年生草本；具莲座状叶丛，叶狭长匙形，近基部扩大成长鞘，中部叶线形，两面被银白色柔毛，后脱落而无色	饲用及绿肥		西藏、青海、四川、甘肃、陕西、山西、河北、内蒙古
5541	*Leontopodium ochroleucum* Beauverd	黄白火绒草	Compositae（Asteraceae）菊科	多年生草本；具密集的莲座状叶丛，叶舌形，两面被灰白色的长柔毛；苞片椭圆形，两面密被柔毛	饲用及绿肥		陕西、甘肃、青海、新疆、西藏
5542	*Leonurus japonicus* Houtt.	益母草（茺蔚，益母蒿，坤草）	Labiatae 唇形科	一年或两年生草本；高30～120cm；茎有倒向糙伏毛；基生叶肾形至心形，浅裂，茎生叶卵形或菱形，分裂；轮伞花序腋生，多花；小坚果	有毒	中国	全国各地均有分布
5543	*Leonurus pseudomacranthus* Kitag.	錾菜（錾菜益母草）	Labiatae 唇形科	多年生草本；高60～100cm；叶片变异很大，最下部的叶通常脱落，近茎基部叶轮廓为卵圆形；轮伞花序腋生，多花；花冠白色；小坚果长圆状三棱形，黑褐色	蜜源		辽宁、山东、河北、河南、山西、陕西、甘肃、安徽、江苏

（续）

序号	拉丁学名	中文名	所属科	特征及特性	类别	原产地	目前分布/种植区
5544	*Leonurus sibiricus* L.	细叶益母草（四美草）	Labiatae 唇形科	一年或两年生草本；高 20～100cm；茎具槽，有糙伏毛；叶掌状 3 全裂，裂片再分小裂片；轮伞花序多花，向上密集成长穗状；小坚果	药用		华北、西北及辽宁、河南、安徽、江苏、湖北、台湾
5545	*Lepidium apetalum* Willd.	葶苈子［原植物：独行菜（辣辣菜，辣麻麻）］	Cruciferae 十字花科	一年或两年生草本；茎高 5～30cm，被乳头状腺毛；基生叶一回羽状分裂；茎生叶披针形至线形；总状花序顶生；短角果近圆形	药用，有毒，经济作物（油料类）		东北、华北、华东、西北、西南
5546	*Lepidium campestre* （L.） R. Br.	绿独行菜	Cruciferae 十字花科	一年或二年生草本；高 20～50cm；基生叶长圆形；茎生叶三角状长圆形；总状花序果期延长；短角果宽卵形	蔬菜		辽宁
5547	*Lepidium capitatum* Hook. f. et Thomson	头花独行菜	Cruciferae 十字花科	一年或两年生草本；茎高达 20cm；基生叶羽状深裂；茎生叶长圆形、倒披针形或线形；总状花序腋生，花瓣白色；短角果卵形	杂草		青海、新疆、四川、云南、西藏
5548	*Lepidium densiflorum* Schrad.	密花独行菜	Cruciferae 十字花科	一年或两年生草本；茎高 10～40cm，具疏生短柔毛；叶椭圆形、长圆状披针形或披针形；总状花序密生，花多数；短角果圆状倒卵形	杂草	北美	东北
5549	*Lepidium latifolium* L.	宽叶独行菜	Cruciferae 十字花科	多年生草本；高 30～60cm；基生叶长圆状披针形或卵形，茎生叶卵形或披针形；总状花序顶生，成圆锥状，花白色；短角果宽卵形	药用		内蒙古、西藏
5550	*Lepidium* ruderale L.	柱毛独行菜	Cruciferae 十字花科	一年或二年生草本；高 5～30cm；基生叶二回羽状分裂；茎生叶线形；总状花序果期延长；短角果卵形或近圆形	蔬菜		东北、西北及山东、河南、湖北
5551	*Lepidium sativum* L.	家独行菜	Cruciferae 十字花科	一年生草本；高 20～40cm；基生叶倒卵状椭圆形；茎生叶线形；总状花序果期伸长；短角果圆卵形或椭圆形	药用		黑龙江、吉林、山东、新疆、西藏
5552	*Lepidium virginicum* L.	北美独行菜	Cruciferae 十字花科	一年或两年生草本；茎高 20～50cm；叶倒披针形或线形；总状花序顶生，花瓣白色；短角果近圆形	药用，饲用及绿肥		全国各地均有分布

（续）

序号	拉丁学名	中文名	所属科	特征及特性	类别	原产地	目前分布/种植区
5553	*Lepironia articulata*（Retzius）Domin	蒲草	Cyperaceae 莎草科	多年生水生草本；地下生匍匐茎，多须根，茎出水面直立；叶二列式互生，狭长线形；花黄绿色，单性，穗状花序，似蜡烛状；小坚果，果穗似蜡烛状，赭褐色	经济作物（编织），蔬菜		东北、华北
5554	*Lepisanthes oligophylla*（Merr. et Chun）N. H. Xia et Gadek	赛木患（狗发癫）	Sapindaceae 无患子科	乔木；偶数羽状复叶，小叶长椭圆形；圆锥花序顶生或腋生，被褐黄色小柔毛；花单生，绿白色；果核果状	有毒		海南
5555	*Lepisanthes rubiginosa*（Roxb.）Leenh.	赤子（山荔枝，赛叶）	Sapindaceae 无患子科	灌木或乔木；花序被锈色绒毛；花具短梗，芳香；萼片近圆形，外面密被锈色短绒毛；花瓣白色，倒卵状长圆形，里面有被白毛、2 裂的鳞片	果树		广西、海南
5556	*Lepisanthes unilocularis* Leenh.	爪耳木	Sapindaceae 无患子科	常绿小乔木或大灌木状；一回奇数羽状复叶，小叶 15～29；果序近顶生，圆锥状，分枝近平叉开；果实浆果状	生态防护，观赏		海南
5557	*Lepisorus thunbergianus*（Kaulf.）Ching	瓦苇	Polypodiaceae 水龙骨科	蕨类植物；根状茎粗而横走；叶革质，条状披针形，叶脉不明显；孢子囊群大型	观赏	中国	华东、华南、西南
5558	*Leptochloa chinensis*（L.）Nees	千金子	Gramineae（Poaceae）禾本科	一年生草本；秆丛生，高 30～90cm；叶长 5～25cm；圆锥花序长 10～30cm，小穗多带紫色，有 3～7 个小花；颖果长圆形	饲用及绿肥		长江流域及其以南各省份及陕西
5559	*Leptochloa fusca*（L.）Kunth	双稃草	Gramineae（Poaceae）禾本科	多年生草本；高 45～90cm；叶线状披针形；圆锥花序，小穗灰绿色，具 5～10 小花，具短芒；颖果椭圆形	杂草		福建、台湾、湖北、安徽、江苏、浙江、山东、河北
5560	*Leptochloa panicea*（Retzius）Ohwi	虮子草	Gramineae（Poaceae）禾本科	一年生草本；本种与千金子主要区别为：小穗长 1～2mm，有 2～4 个小花，外稃脉上被短毛	饲用及绿肥		华东、华中、华南、西南及陕西
5561	*Leptocodon gracilis*（Hook. f.）Lemaire	细钟花	Campanulaceae 桔梗科	草质藤本；叶互生，膜质，下面灰色，花萼无毛，每边有 1～2 对深刻齿，基部具爪，花冠蓝色或紫蓝色	观赏	中国	云南中北部、四川西南部

（续）

序号	拉丁学名	中文名	所属科	特征及特性	类别	原产地	目前分布/种植区
5562	*Leptodermis oblonga* Bunge	薄皮木	Rubiaceae 茜草科	落叶或半常绿灌木；单叶对生，上面深绿，粗糙，下面浅绿；花堇紫色，外部及喉部有毛；花期夏季	观赏	中国	华北南部、西北东部及长江流域以南
5563	*Leptodermis ordosica* H. C. Fu et E. W. Ma	内蒙古野丁香	Rubiaceae 茜草科	落叶小半灌木；高 20～40cm；叶对生或近对生，椭圆状披针形至矩圆状卵形，全缘，常反卷；花两性；蒴果椭圆形	观赏		内蒙古的桌子山及贺兰山
5564	*Leptodermis potanini* Batalin	野丁香	Rubiaceae 茜草科	落叶或半常绿灌木；叶多簇生；花簇生枝顶，花紫色，外面密被绒毛	观赏	中国	西南、西北东部及华北
5565	*Leptopus chinensis* (Bunge) Pojark.	雀儿舌头	Euphorbiaceae 大戟科	小灌木；高达 1m；花小，雌雄同株，单生或 2～4花簇生叶腋，雄蕊 5 个，退化子房小，3 裂；雌花的花瓣较小，子房 3 室，无毛，花柱 3 个，各 2 裂	观赏	中国东北、山东及甘肃、四川	
5566	*Leptopyrum fumarioides* (L.) Rchb.	蓝堇草	Ranunculaceae 毛茛科	一年生小草本；茎高 8～35cm；叶轮廓为三角状卵形，3 全裂；单歧聚伞花序，花淡黄色，花瓣漏斗状，心皮 6～20；蓇葖果 5～15 个	药用		东北、华北、西北
5567	*Lepyrodiclis holosteoides* (C. A. Mey.) Fenzl ex Fisch. et C. A. Mey.	薄蒴草	Caryophyllaceae 石竹科	一年生或两年生草本；高 40～100cm；叶线状披针形或长圆状披针形；花多数成聚伞花序，花瓣 5，白色；蒴果卵形	药用		西藏、青海、新疆、甘肃、内蒙古、陕西、山西
5568	*Lespedeza bicolor* Turcz.	胡枝子（荻，胡枝条）	Leguminosae 豆科	多年生小灌木；羽状复叶具 3 小叶，小叶卵形或卵状长圆形；总状花序腋生，常构成大型、较疏松的圆锥花序，花冠常红紫色；荚果斜倒卵形	饲用及绿肥，经济作物（油料类）	中国	华北、东北、西北及江苏
5569	*Lespedeza buergeri* Miq.	绿叶胡枝子	Leguminosae 豆科	落叶灌木；枝灰褐色或淡褐色，小叶卵形，总状花序腋生，苞片 2，褐色密被柔毛，花冠淡黄绿色	观赏	中国	山西、陕西、甘肃、江苏、安徽、浙江、江西、台湾、河南、湖北、四川

（续）

序号	拉丁学名	中文名	所属科	特征及特性	类别	原产地	目前分布/种植区
5570	*Lespedeza caraganae* Bunge	长叶铁扫帚	Leguminosae 豆科	小灌木；茎高50～100cm；三出复叶互生，小叶线状长圆形；总状花序腋生，花冠碟形，白色；荚果卵圆形	杂草		河北、陕西、山东
5571	*Lespedeza chinensis* G. Don	中华胡枝子	Leguminosae 豆科	落叶灌木；全株被白色伏毛，羽状复叶背被白色伏毛，托叶钻状，总状花序腋生，花冠白色或黄色	观赏	中国	江苏、安徽、浙江、江西、福建、台湾、湖北、湖南、广东、四川
5572	*Lespedeza cuneata* （Dum. Cours.）G. Don	截叶铁扫帚（老牛筋）	Leguminosae 豆科	半灌木；高30～100cm；叶互生，羽状三出复叶，小叶倒披针形；总状花序有1～6花，常近于伞形；荚果卵形	饲用及绿肥，生态防护	中国	山东、河南、陕西中部以南，直至广东、云南
5573	*Lespedeza cyrtobotrya* Miq.	短穗胡枝子（老牛筋，圆叶胡枝子）	Leguminosae 豆科	落叶灌木；总状花序腋生，短于叶，单生或排成圆锥状；花萼筒状；花冠紫色；荚果斜卵圆形，扁，密生绢毛	饲用及绿肥		东北、华北及陕西
5574	*Lespedeza davidii* Franch.	大叶胡枝子	Leguminosae 豆科	落叶灌木；枝叶密被长柔毛，总状花序腋生或于枝顶形成圆锥花序，花萼阔钟形，花红紫色	观赏	中国	江苏、安徽、浙江、江西、福建、河南、湖南、广东、广西、四川、贵州
5575	*Lespedeza davurica* （Laxm.）Schindl.	达呼里胡枝子（牛枝子）	Leguminosae 豆科	半灌木；高60～100cm；叶互生，三出复叶，小叶披针状长圆形；总状花序腋生，花冠碟形，白色或淡黄色；荚果包于萼内	饲用及绿肥	中国	东北、华北、西北、华中及内蒙古至云南
5576	*Lespedeza dunnii* Schindl.	报春胡枝子	Leguminosae 豆科	灌木；茎微具条棱；小叶长倒卵形，宽约2cm，下面被丝状毛；花萼钟状，裂片线状披针形，花冠长约1cm	饲用及绿肥		浙江、福建
5577	*Lespedeza fasciculiflora* Franch.	束花铁马鞭	Leguminosae 豆科	多年生草本；全株密被白色长硬毛；茎平卧；小叶长4～9mm，宽4～7mm；花粉红色，长约1.3cm，闭锁花簇生于叶腋	饲用及绿肥		四川、云南、西藏
5578	*Lespedeza floribunda* Bunge	多花胡枝子	Leguminosae 豆科	小灌木；茎直立，分枝具条棱，被灰白色绒毛；总花梗细长，显著超出叶，花紫色，长约8mm；荚果宽卵形，具毛和网脉	观赏	中国	东北、华北、华东及四川、陕西、甘肃、青海

（续）

序号	拉丁学名	中文名	所属科	特征及特性	类别	原产地	目前分布/种植区
5579	*Lespedeza formosa* （Vogel） Koehne	美丽胡枝子（马扫帚）	Leguminosae 豆科	灌木；茎直立，多分枝；小叶先端稍尖；总状花序腋生，比叶长，花萼钟状，5深裂，萼齿长为萼筒2～4倍，花冠红紫色	蔬菜，药用，饲用及绿肥，经济作物（油料类）		华北、华东、华中、华南、西南
5580	*Lespedeza forrestii* Schindl.	矮生胡枝子	Leguminosae 豆科	多年生草本；全株密被白色长硬毛；茎多分枝，平卧；小叶倒心形，长4～9mm，宽4～7mm；花粉红色，长约10mm	饲用及绿肥		四川、云南
5581	*Lespedeza inschanica* （Maxim.） Schindl.	阴山胡枝子	Leguminosae 豆科	落叶灌木；茎上部被短柔毛，托叶丝状钻形，羽状复叶，背密被伏毛，总状花序腋生，花冠白色	观赏	中国	华北及辽宁、陕西、甘肃、山东、江苏、安徽、湖北、湖南、四川、云南
5582	*Lespedeza juncea* （L. f.） Pers.	黄蒿子（尖叶胡枝子，小枝亳）	Leguminosae 豆科	草本状半灌木；总状花序腋生，具3～5花朵；花萼杯状，萼片被针形，比花冠短；花冠蝶形，白色，有紫斑；荚果宽椭圆形或倒卵形，有短柔毛	饲用及绿肥		西北及河北、山东、内蒙古
5583	*Lespedeza patens* Nakai	展枝胡枝子	Leguminosae 豆科	小灌木；小叶长圆形，长2.5～4.5cm，宽1～1.5cm，下面被丝状毛；花序水平开展，花萼5深裂，裂片披针形	饲用及绿肥		江西
5584	*Lespedeza potaninii* Vassilcz	牛枝子（牛筋子）	Leguminosae 豆科	半灌木；小叶狭长圆形，长8～15mm，宽3～5mm；花序明显超出叶，花萼裂片披针形，花冠黄白色，闭锁花腋生	饲用及绿肥		内蒙古、宁夏、甘肃
5585	*Lespedeza tomentosa* （Thunb.） Siebold ex Maxim.	山豆花（绒毛胡枝子）	Leguminosae 豆科	灌木；全株密被黄褐色绒毛；小叶椭圆形；花萼长约6mm，裂片狭披针形，花冠黄色，闭锁花生于上部叶腋，簇生	饲用及绿肥		除青海、新疆、西藏外，几遍全国
5586	*Lespedeza viatorum* Champion ex Bentham	路生胡枝子	Leguminosae 豆科	灌木；小叶倒卵形，近革质，上面被疏柔毛，下面贴生短毛；花萼5裂至中部，裂片卵形；荚果长8～10mm	饲用及绿肥		江苏、广东

（续）

序号	拉丁学名	中文名	所属科	特征及特性	类别	原产地	目前分布/种植区
5587	*Lespedeza virgata* (Thunb.) DC.	细梗胡枝子	Leguminosae 豆科	小灌木；小叶椭圆形，长1～2cm，宽4～10mm，先端钝圆；总花梗纤细，被白色柔毛，花萼长4～6mm，花黄白色	饲用及绿肥		河北、陕西、山东、江苏、湖南、四川
5588	*Lespedeza wilfordii* Ricker	南湖胡枝子	Leguminosae 豆科	灌木；小叶长圆状椭圆形，长4.5～6cm，宽2.5～3.5cm，上面无毛，下面疏被柔毛；花萼微深裂；荚果长10～12mm	饲用及绿肥		甘肃、浙江、广东
5589	*Leucaena leucocephala* (Lam.) de Wit	新银合欢	Leguminosae 豆科	灌木或小乔木；高2～6m；羽片4～8对；小叶5～15对，线状长圆形；头状花序通常1～2个腋生；花白色；荚果带状	饲用及绿肥	热带美洲	台湾、广东、广西、福建、云南
5590	*Leucanthemum maximum* (Ramond) DC.	大滨菊	Compositae (Asteraceae) 菊科	多年生草本；植株高大；叶边缘细尖锯齿；花序头状，较大，直径达7cm	观赏	欧洲比利牛斯山	北京、陕西
5591	*Leucanthemum vulgare* Tourn. ex Lam.	牛眼菊	Compositae (Asteraceae) 菊科	多年生草本；高50～70cm；茎直立，紫红；花序头状；花暗黄色，舌状花；瘦果近圆柱形；冠毛的膜片冠状，具齿或短芒	观赏	欧洲	我国各地广为栽培
5592	*Leuchtenbergia principis* Hook.	光山	Cactaceae 仙人掌科	多浆植物；肉质根，柱状茎，顶端簇生棱锥状长疣突，刺座着生疣端，花大漏斗状，黄色，具香味	观赏	墨西哥	
5593	*Leucojum aestivum* L.	夏雪片莲	Amaryllidaceae 石蒜科	多年生小鳞茎草本；植株稍大，花葶有花2～8朵，花梗长短不一，花白色，花被片先端具绿色点；花期春末	观赏	中、南欧	
5594	*Leucojum autumnale* L.	秋雪片莲	Amaryllidaceae 石蒜科	多年生小鳞茎草本；植株更纤细；叶丝状，常花后抽出；花1～3朵，花被片先端具1浅红点；花期秋季	观赏	地中海沿岸	
5595	*Leucojum vernum* L.	雪花水仙（雪片莲）	Amaryllidaceae 石蒜科	多年生小鳞茎草本；花葶短而中空；顶端着生单花或极少聚生成伞形花序，花白色，芳香；花期春季	观赏	中欧	

（续）

序号	拉丁学名	中文名	所属科	特征及特性	类别	原产地	目前分布/种植区
5596	*Leucosceptrum canum* Sm.	米团花	Labiatae 唇形科	小乔木或灌木；高2～7m，基部楔形，假穗状花序，圆柱形顶生，花冠白色或淡紫色，小坚果，三棱形	蜜源		云南、四川
5597	*Leucothoe axillaris*（Lam.）D. Don	腋花木藜芦	Ericaceae 杜鹃花科	低矮常绿灌木；叶互生，叶柄红色；腋生总状花序，花白色	观赏	美国中部	
5598	*Levisticum officinale* W. D. J. Koch	欧当归（当归）	Umbelliferae（Apiaceae）伞形科	多年生草本；高达2m；叶暗绿色，卵形或椭圆形，二至三回羽状全裂；12～20伞幅；花瓣淡黄色，长约1mm；果实扁平，长5～7mm	药用，蔬菜	亚洲西部	陕西、山西、内蒙古、辽宁、河北、山东、河南、江苏
5599	*Lewisia cotyledon*（S. Wat.）B. L. Rob.	琉维草	Portulacaceae 马齿苋科	肉质多年生常绿草本；叶根出，多簇生；圆锥花序，花粉红色具白色脉纹或条纹	观赏	美国西北部	
5600	*Lewisia rediviva* Pursh.	苦根琉维草	Portulacaceae 马齿苋科	肉质多年生常绿草本；春末初夏开白色或粉色花；夏季落叶	观赏	美国西北部	
5601	*Leycesteria formosa* Wall.	鬼吹箫（风吹箫，野芦柴）	Caprifoliaceae 忍冬科	落叶灌木；叶对生，纸质，穗状花序顶生，由聚伞花序组成，花白色带粉红色，花冠漏斗状	观赏	中国	云南、贵州、西藏
5602	*Leymus angustus*（Trin.）Pilg.	窄颖赖草	Gramineae（Poaceae）禾本科	多年生；花序长15～20cm；颖线状披针形，向上渐狭呈芒，长10～13mm，外稃密被柔毛，长10～14mm	粮食		新疆、陕西、甘肃及内蒙古
5603	*Leymus arenarius*（L.）Hochst.	沙生赖草	Gramineae（Poaceae）禾本科	多年生草本；秆直立或膝状弯曲，长60～200cm；叶片无毛；叶耳钩状，叶舌膜状；穗状花序，第一颖披针形，第二颖具软毛，与第一颖等长，外稃披针形，内稃披针形，浆片2，椭圆形，膜状	粮食		
5604	*Leymus chinensis*（Trin. ex Bunge）Tzvelev	羊草（碱草）	Gramineae（Poaceae）禾本科	多年生草本；秆高30～90cm，具节；叶长7～14cm；穗状花序长12～18cm，小穗有5～10个小花，颖锥状，斜覆盖小穗	饲用及绿肥	中国	东北及河北、山西、陕西、新疆、内蒙古

（续）

序号	拉丁学名	中文名	所属科	特征及特性	类别	原产地	目前分布/种植区
5605	*Leymus mollis* (Trin.) Pilg.	滨麦	Gramineae (Poaceae) 禾本科	多年生草本；根须状，具砂套；叶片较厚而硬，通常内卷；穗状花序，小穗含2～4花	粮食		我国北方沿海地区
5606	*Leymus multicaulis* (Kar. et Kir.) Tzvelev	多枝赖草	Gramineae (Poaceae) 禾本科	多年生；叶舌长约1mm，叶片宽3～8mm；花序长5～12mm，颖细锥状，第一外稃长5～8mm，无毛，内稃脊具睫毛	饲用及绿肥		新疆和内蒙古
5607	*Leymus ovatus* (Trin.) Tzvelev	宽穗赖草	Gramineae (Poaceae) 禾本科	多年生；叶片被柔毛；花序密集，宽15～25mm；每节具4枚小穗，颖线状披针形，长10～13mm，外稃5～7脉	饲用及绿肥		新疆
5608	*Leymus paboanus* (Claus) Pilg.	毛穗赖草	Gramineae (Poaceae) 禾本科	多年生；秆高45～90cm；颖锥状，具1脉，6～12mm；第一外稃长6～10mm，背部被长1～1.5mm的白色柔毛	饲用及绿肥		新疆、甘肃
5609	*Leymus racemosus* (Lam.) Tzvelev	大赖草	Gramineae (Poaceae) 禾本科	多年生，具长的横走根茎；叶舌长2～3mm；花序长15～30cm，颖披针形，第一外稃长15～20mm，内稃无毛	饲用及绿肥		新疆及内蒙古
5610	*Leymus secalinus* (Georgi) Tzvelev	赖草（厚穗碱草）	Gramineae (Poaceae) 禾本科	多年生草本；根须状；秆高45～90cm，具2～3节；叶长8～30cm；穗状花序直立，小穗通常2～3个着生于一节，颖锥形，斜覆盖小穗；颖果	饲用及绿肥		东北、华北、西北及四川、西藏
5611	*Leymus tianschanicus* (Drobow) Tzvelev	天山赖草	Gramineae (Poaceae) 禾本科	多年生；花序宽约10mm，小穗长15～19mm，颖线状披针形，外稃长10～13mm，背部被短柔毛，先端成芒状尖头	饲用及绿肥		新疆及内蒙古
5612	*Liatris graminifolia* Willd.	细叶蛇鞭菊	Compositae (Asteraceae) 菊科	多年生草本，茎无毛；叶窄披针形，(50～)90～150mm×(2～)4～9(～12)mm；穗状花序	观赏	北美沿海地区	
5613	*Liatris scariosa* (L.) Willd.	膜苞蛇鞭菊	Compositae (Asteraceae) 菊科	多年生草本；头状花序集生成间断的总状长花序，花蓝紫色	观赏	北美	
5614	*Liatris spicata* (L.) Willd.	蛇鞭菊	Compositae (Asteraceae) 菊科	多年生草本；具地下块根；头状花序，全为两性管状花，紫红色或白色，紧密排列成穗状	观赏	北美东部和南部	

（续）

序号	拉丁学名	中文名	所属科	特征及特性	类别	原产地	目前分布/种植区
5615	*Libanotis seseloides*（Fisch. et C. A. Mey. ex Turcz.）Turcz.	香芹	Umbelliferae（Apiaceae）伞形科	多年生草本；基生叶有长柄，三回羽状全裂；茎生叶至顶部叶无柄，仅有叶鞘；复伞形花序，小伞形花序有花15～30，花瓣白色；分生果卵形，背腹略扁压	蔬菜	欧洲中部至亚洲东部，前苏联，朝鲜	黑龙江、吉林、辽宁、内蒙古、河南、山东、江苏
5616	*Licuala fordiana* Becc.	穗花轴榈	Palmae 棕榈科	从生灌木；茎干纤细柔韧；叶片半圆形放射状，裂片7～27枚；肉穗花序从基部叶腋中抽出；花小，2～3朵聚生；果球形，熟时红色	观赏	中国	海南、广东南部
5617	*Licuala grandis* H. Wendl.	圆叶轴榈（团扇棕）	Palmae 棕榈科	从生灌木；单干直立；叶掌状圆形至扇形，边缘多皱褶，有浅裂，具刺	观赏	新几内亚岛	
5618	*Licuala spinosa* Wurmb	刺轴榈	Palmae 棕榈科	常绿灌木；高2～5m；叶近扇形，掌状深裂几达基部；肉穗花序，花两性，2～3朵聚生于分枝上；核果球形或倒卵形	观赏	泰国、印度尼西亚、菲律宾	
5619	*Ligularia cymbulifera*（W. W. Sm.）Hand.-Mazz.	船叶橐吾	Compositae（Asteraceae）菊科	多年生草本；茎、叶两面和花序被白色蛛丝状柔毛，头状花序组成复伞房状花序，舌状花黄色，管状花深黄色	观赏	中国	四川西南部至西北部、云南西北部
5620	*Ligularia dentata*（A. Gray）Hara	齿叶橐吾	Compositae（Asteraceae）菊科	多年生草本；叶互生；头状花序，排列成伞房状，舌状花黄色，管状花多数	观赏	中国	西北、华北、华中、西南
5621	*Ligularia dictyoneura*（Franch.）Hand.-Mazz.	网脉橐吾	Compositae（Asteraceae）菊科	多年生灰绿色草，高33～124cm；丛生叶具柄，叶片卵形、长圆形或近圆形；总状花序长达30cm；舌状花黄色；管状花多数；瘦果（未熟）光滑	有毒		四川西南部、云南西北部
5622	*Ligularia duciformis*（C. G. A. Winkl.）Hand.-Mazz.	大黄橐吾	Compositae（Asteraceae）菊科	多年生草本；茎中部叶被黄绿色短柔毛，头状花序组成复伞房状花序被柔毛，小花全部为管状黄色花	观赏	中国	云南西北部、四川西南部至北部、湖北西部、甘肃南部、宁夏
5623	*Ligularia hodgsonii* Hook.	鹿蹄橐吾	Compositae（Asteraceae）菊科	多年生草本；茎被白色蛛丝状柔毛和黄褐色有节短柔毛，头状花序组成伞房状或复伞房状花序，舌状花黄色	观赏	中国	四川北部至东北部、云南东部、贵州西北部、广西西部、甘肃西南部、陕西南部

（续）

序号	拉丁学名	中文名	所属科	特征及特性	类别	原产地	目前分布/种植区
5624	*Ligularia lapathifolia* (Franch.) Hand.-Mazz.	牛蒡叶橐吾	Compositae (Asteraceae) 菊科	多年生草本；头状花序辐射状，舌状花黄色，管状花冠毛红褐色或淡黄红色	观赏	中国	云南西北部、四川西部
5625	*Ligularia macrophylla* (Ledeb.) DC.	大叶橐吾（大黄花）	Compositae (Asteraceae) 菊科	多年生灰绿色草本；高 56～110cm；叶片长圆形或卵状长圆形；圆锥总状花序；舌状花 1～3，黄色；管状花 2～7；瘦果（未熟）光滑	蜜源		新疆天山及阿勒泰地区
5626	*Ligularia nelumbifolia* (Bureau et Franch.) Hand.-Mazz.	莲叶橐吾	Compositae (Asteraceae) 菊科	多年生草本；茎、叶背和花序被白色蛛丝状柔毛和黄褐色，头状花序组成复伞房状花序，花序梗黑紫色	观赏	中国	云南、四川、湖北、甘肃
5627	*Ligularia pleurocaulis* (Franch.) Hand.-Mazz.	侧茎橐吾	Compositae (Asteraceae) 菊科	多年生草本；茎和花序被白色蛛丝状柔毛，茎生叶小，头状花序组成圆锥状总状花序或总状花序，舌状花黄色	观赏	中国	云南西北部、四川西南部至西北部
5628	*Ligularia przewalskii* (Maxim.) Diels	掌叶橐吾	Compositae (Asteraceae) 菊科	多年生草本；叶掌状深裂，头状花序多数，黄色，聚生成总状花序，花期 5～6 月	观赏	中国	山西、陕西、内蒙古、甘肃、青海、四川
5629	*Ligularia rumicifolia* (J. R. Drumm.) S. W. Liu	藏橐吾	Compositae (Asteraceae) 菊科	多年生草本；茎和花序被白色棉毛，头状花序组成复伞房状或圆锥状花序，舌状花黄色	观赏	中国	西藏东南部至西北部
5630	*Ligularia sagitta* (Maxim.) Mattf.	箭叶橐吾	Compositae (Asteraceae) 菊科	多年生草本；高 25～70cm；叶片箭形、戟形或长圆状箭形；总状花序长 6.5～40cm；头状花序多数，辐射状；舌状花 5～9，黄色；管状花多数；瘦果长圆形	蜜源		内蒙古、陕西、甘肃、青海、四川、西藏、山西、河北、宁夏
5631	*Ligularia veitchiana* (Hemsl.) Greenm.	离舌橐吾	Compositae (Asteraceae) 菊科	多年生草本；花序总状，头状花极多数，有短梗，花后渐下垂；总苞筒状，总苞片约 8～9 个，被短毛；舌状花 5 个或更多，舌片黄色，条形；筒状花 10 余个	观赏	中国	云南、贵州、四川、湖北、陕西、甘肃
5632	*Ligularia virgaurea* (Maxim.) Mattf.	黄帚橐吾	Compositae (Asteraceae) 菊科	多年生草本；丛生叶和茎下部叶具柄，头状花序组成总状花序，舌状花黄色，管状花冠毛白色	观赏	中国	西藏东北部、云南西北部、四川、甘肃、青海

（续）

序号	拉丁学名	中文名	所属科	特征及特性	类别	原产地	目前分布/种植区
5633	*Ligusticum acuminatum* Franch.	尖叶藁本	Umbelliferae (Apiaceae) 伞形科	多年生草本；高可达 2m；叶片纸质，轮廓宽三角状卵形；复伞形花序；分生果背腹扁压，卵形	药用		云南、四川、湖北、河南、陕西
5634	*Ligusticum brachylobum* Franch.	川防风	Umbelliferae (Apiaceae) 伞形科	多年生草本；复伞形花序顶生；无总苞；伞幅25～30，散生白色短柔毛；小总苞片数个，披针形，密生刺毛；花梗 25～30；花白色；双悬果扁压卵形，长 5mm，宽 2～3mm，棱侧棱有狭翅	有毒		四川、贵州、云南
5635	*Ligusticum daucoides* （Franch.）Franch.	羽苞藁本	Umbelliferae (Apiaceae) 伞形科	多年生草本；高 20～50cm；叶片轮廓长圆状卵形；复伞形花序；花瓣内面白色；外面紫色；分生果背腹扁压，长圆形	药用		云南、四川
5636	*Ligusticum delavayi* Franch.	丽江藁本	Umbelliferae (Apiaceae) 伞形科	多年生草本；高 30～70cm；叶片轮廓长圆状卵形至长圆状披针形；花瓣白色	药用		云南丽江
5637	*Ligusticum discolor* Ledeb.	异色藁本	Umbelliferae (Apiaceae) 伞形科	多年生草本；高 0.6～2m；叶片轮廓卵状三角形；复伞形花序顶生或侧生；花瓣白色；分生果长圆状卵形	药用		新疆北部
5638	*Ligusticum jeholense* （Nakai et Kitag.）Nakai et Kitag.	辽藁本	Umbelliferae (Apiaceae) 伞形科	多年生草本；高 30～80cm；叶片轮廓宽卵形；复伞形花序顶生或侧生；花瓣白色；分生果背腹扁压，椭圆形	药用		吉林、辽宁、河北、山西、山东
5639	*Ligusticum likiangense* （H. Wolff）F. T. Pu et M. F. Watson	美脉藁本	Umbelliferae (Apiaceae) 伞形科	多年生草本；高 15～40cm；叶片轮廓长卵形至卵形；复伞形花序；花瓣白色；分生果背腹扁压，卵形	药用		云南丽江
5640	*Ligusticum pteridophyllum* Franch.	蕨叶藁本	Umbelliferae (Apiaceae) 伞形科	多年生草本；高 30～80cm；叶片轮廓卵形；复伞形花序顶生或侧生；花瓣白色；分生果背腹扁压，椭圆形	药用		云南、四川
5641	*Ligusticum sinense* cv. Chuanxiong S. H. Qiu et al.	川芎（小叶穿芎）	Umbelliferae (Apiaceae) 伞形科	多年生草本；根茎呈不规则结节状团块；叶三出式羽状复叶；复伞形花序，总苞呈舟形；花白色，花蕾稍带紫色双悬果	有毒	中国	西南及湖北、陕西、甘肃、江西

（续）

序号	拉丁学名	中文名	所属科	特征及特性	类别	原产地	目前分布/种植区
5642	*Ligusticum sinense* Oliv.	藁本（西芎）	Umbelliferae（Apiaceae）伞形科	多年生草本；高1m；复伞形花序有乳头状粗毛；总苞片数个，狭条形；伞幅15～22，不等长；小总苞片数个，丝状条形；花梗多数；花白色	蜜源	中国	广西、云南、四川、湖南、江西、湖北
5643	*Ligusticum tenuissimum*（Nakai）Kitag.	细叶藁本	Umbelliferae（Apiaceae）伞形科	多年生草本；高60～100cm；复伞形花序顶生或侧生；花瓣白色；分生果椭圆形	药用		辽宁
5644	*Ligustrum compactum*（Wall. ex G. Don）Hook. f. et Thomson ex Brandis	长叶女贞	Oleaceae 木犀科	灌木或小乔木；高可达12m；叶片椭圆状披针形、卵状披针形或长卵形；圆锥花序疏松，顶生或腋生；果椭圆形或近球形，蓝黑色或黑色	蜜源		湖北、四川、云南、西藏
5645	*Ligustrum delavayanum* Har.	紫药女贞（瓦山蜡树）	Oleaceae 木犀科	常绿灌木；叶薄革质，椭圆，1.5～5cm；花无梗或长达3mm，无毛，花药紫色，花柱内藏；核果椭圆或球形，熟时黑色	有毒，蜜源		江西、湖北、湖南、四川、云贵
5646	*Ligustrum henryi* Hemsl.	丽叶女贞（兴山蜡树）	Oleaceae 木犀科	常绿灌木；高4m；叶薄革质，宽卵形；圆锥花序顶生，圆柱形，1.5～10cm，花柱内藏；核果近肾形，紫红至黑色	有毒，蜜源		陕西、河南、两湖、四川、云贵等地
5647	*Ligustrum japonicum* Thunb.	日本女贞（冬青树）	Oleaceae 木犀科	常绿灌木；叶卵形或稍呈圆形；圆锥花序顶生；花冠白色，漏斗状，筒部成长筒形，檐部先端稍反转；核果长椭圆形	有毒	日本、韩国及中国台湾	东北、长江流域及台湾、广东
5648	*Ligustrum leucanthum*（S. Moore）P. S. Green	蜡子树（水白蜡）	Oleaceae 木犀科	落叶小乔木或灌木状，叶纸质，椭圆，2.5～10cm，2～4.5cm；圆锥花序顶生，长1.5～4cm，茎1.5～2.5cm；核果近球形	药用		陕西、甘肃南部、河南、山东、江苏、浙江、两湖等地
5649	*Ligustrum lianum* P. S. Hsu	华女贞	Oleaceae 木犀科	常绿小乔木或灌木状，高7～15m；叶革质，椭圆，叶缘反卷，侧脉4～8；花序长4～12cm，茎2～11cm，花冠裂片长圆形；核果圆或近球形，熟时红褐、黑褐至黑色	有毒，蜜源		浙江、安徽、江西、福建、广东、广西、云贵等
5650	*Ligustrum longitubum*（P. S. Hsu）P. S. Hsu	长筒女贞（长筒亨氏女贞）	Oleaceae 木犀科	半常绿灌木；叶薄革质，卵形，长2～7.5cm，1～3cm，侧脉3～8对；圆锥花序顶生，长2～5cm，茎2～3cm；核果椭圆形	有毒，蜜源		安徽南部、浙江西部、江西东部

（续）

序号	拉丁学名	中文名	所属科	特征及特性	类别	原产地	目前分布/种植区
5651	*Ligustrum lucidum* W. T. Aiton	女贞（贞木，冬青）	Oleaceae 木犀科	常绿大灌木或小乔木；单叶对生，卵形至卵状披针形，叶柄有槽；圆锥花序顶生；花冠白色；萼钟状；浆果状核果	有毒，观赏		华东、华南、华中、西南
5652	*Ligustrum obtusifolium* Siebold et Zucc.	水蜡树	Oleaceae 木犀科	落叶、半常绿灌木；叶纸质，圆锥花序顶生下垂，花冠筒比花冠裂片长2～3倍；核果黑色	观赏	中国	华东、华中
5653	*Ligustrum ovalifolium* Hassk.	广椭圆叶女贞	Oleaceae 木犀科	叶对生；圆锥花序顶生，长约5cm，宽约2cm；花梗长0.5～1.5mm，无毛；花萼长约1.5mm，无毛；花冠长8～9mm，花冠长6～7mm，冠管与裂片近等长；雄蕊几与花冠裂片等长或略短	观赏	日本	
5654	*Ligustrum quihoui* Carrière	小叶女贞（小白蜡树）	Oleaceae 木犀科	落叶或半常绿灌木叶薄革质，圆锥花序顶生，花白色，花冠裂片与花冠筒等长	药用	中国	甘肃、陕西南部、湖北、湖南、云贵等地
5655	*Ligustrum robustum*（Roxb.）Blume	粗壮女贞（虫蜡树）	Oleaceae 木犀科	落叶小乔木或灌木状，高10m；叶纸质，椭圆披针；花序长5～15cm，茎3～11cm，花萼长1mm；核果肾形或长倒卵形，黑色	有毒，蜜源		湖北、湖南、广东、广西、安徽、云贵等
5656	*Ligustrum sinense* Lour.	小蜡树（黄心柳，水黄杨，千张树）	Oleaceae 木犀科	半常绿灌木或小乔木；叶薄革质，椭圆形，圆锥花序顶生，花白色，花冠裂片长与筒部	药用，观赏	中国长江流域	
5657	*Ligustrum strongylophyllum* Hemsl.	宜昌女贞	Oleaceae 木犀科	灌木；叶卵形，卵状椭圆，叶缘反卷，上面中脉凹下，两面无毛；花序疏散，长4.5～12cm，花冠常反折；核果倒卵圆形，稍弯，黑色	有毒，蜜源		陕西、甘肃、湖北西部、四川
5658	*Ligustrum vulgare* L.	欧洲女贞	Oleaceae 木犀科	落叶或半常绿灌木；嫩枝及花序均微被柔毛；叶长圆卵形至披针形，花序顶生	观赏	欧洲及北非	
5659	*Ligustrum xingrenense* D. J. Liu	兴仁女贞	Oleaceae 木犀科	直立灌木；高2～3m；圆锥花序着生小枝顶端；花冠长3～4mm，花冠管长约1.5mm，裂片长圆状椭圆形，先端锐尖或钝，反折；花丝伸出裂片外，花药长圆形	有毒，蜜源		贵州西部及东南部、云南东部

（续）

序号	拉丁学名	中文名	所属科	特征及特性	类别	原产地	目前分布/种植区
5660	*Lilium amoenum* E. H. Wilson ex Sealy	玫红百合	Liliaceae 百合科	多年生草本；茎有小乳头状突起，花钟形，紫红色或紫玫瑰色，有红色斑点	观赏	中国	云南
5661	*Lilium auratum* Lindley	天香百合	Liliaceae 百合科	蜜腺两边无乳头状突起；茎上部叶腋间无珠芽；叶披针形；花白色，具红褐色斑点，长 15cm 左右，径 23～30cm	观赏，经济作物（香料类）	亚洲东部的温带地区	云南、四川、安徽
5662	*Lilium bakerianum* Collett et Hemsl.	滇百合	Liliaceae 百合科	鳞茎卵状球形，花 1～4 朵，钟形，黄色，稀白色，近于直立；外轮花被片 3，披针形，稍弯不卷，具紫红色斑点，密腺两边无乳头状突起，内轮花被片 3，较宽；雄蕊向中心镊合，比雌蕊短	观赏	中国	云南西北部、四川西部
5663	*Lilium brownii* F. E. Br. ex Miellez	野百合	Liliaceae 百合科	鳞茎球形；叶散生，披针形、窄披针形至条形；花单生或几朵排成近伞形，花喇叭形，有香气，乳白色；硕果矩圆形，有棱	药用		广东、广西、湖南、湖北、江西、安徽、福建、浙江、四川、云南、贵州、陕西、甘肃、河南
5664	*Lilium brownii* var. *viridulum* Baker	百合（龙牙百合）（变种）	Liliaceae 百合科	鳞茎球形；鳞片披针形，无节，白色；叶散生，倒披针形至倒卵形；花单生或几朵排成近伞形；花喇叭形，有香气；蒴果矩圆形	药用	中国	华南、华东、西南及湖南、湖北、陕西、甘肃、河南
5665	*Lilium callosum* Siebold et Zucc.	条叶百合	Liliaceae 百合科	多年生野生球根花卉；花少数，下垂；花被片 6，倒披针状匙形，中部以上反卷，红色或黄红色，近无斑点；蒴果狭矩圆形	药用，观赏	亚洲东部的温带地区	东北及河南、安徽、江苏、浙江、广东、台湾
5666	*Lilium concolor* Salisb.	渥丹	Liliaceae 百合科	多年生草本；茎有小乳头状突起，花 1～5 朵排成近伞形或总状花序，花深红色，无斑点有光泽	观赏	中国	河南、河北、山西、陕西、山东、吉林
5667	*Lilium dauricum* Ker Gawl.	毛百合	Liliaceae 百合科	多年生草本；花 1～2 朵顶生，橙红色或红色，有紫红色斑点，直立，外轮花被片有白色绵毛	药用，观赏	亚洲东部的温带地区	黑龙江、吉林、辽宁、内蒙古、河北

（续）

序号	拉丁学名	中文名	所属科	特征及特性	类别	原产地	目前分布/种植区
5668	*Lilium davidii* Duch. ex Elwes	川百合	Liliaceae 百合科	多年生草本；叶条形，总状花序，花下垂橙黄色，花被片 6 具紫色斑点，外面背白色绵毛凡卷	观赏	亚洲东部的温带地区	云南、四川、陕西、甘肃、河南、山西、湖北
5669	*Lilium distichum* Nakai ex kamibayashi	东北百合	Liliaceae 百合科	叶轮生；花被为钟形，雄蕊向西方散开，花被片反卷，密腺两边无乳头状突起，淡橙红色，有斑点；鳞片白色，有节	药用，观赏，经济作物(香料类)	亚洲东部的温带地区	吉林、辽宁
5670	*Lilium duchartrei* Franch.	宝兴百合	Liliaceae 百合科	鳞茎卵圆形；茎高 50～85cm，淡紫色条纹；叶披针形，有 3～5 脉；花下垂，有香味，白色或粉红色，有紫色斑点	药用，观赏，（香料类）	亚洲东部的温带地区	西藏、四川、云南、甘肃
5671	*Lilium fargesii* Franch.	绿花百合（山百合，条叶百合）	Liliaceae 百合科	多年生草本；叶条形，生于中上部，先端反卷；花下垂，绿白色，有稠密的紫褐色斑点；花被片披针形，蜜腺有突起	药用，观赏，（香料类）	亚洲东部的温带地区	陕西、云南、四川、湖北
5672	*Lilium formosanum* Wallace	台湾百合	Liliaceae 百合科	多年生草本；花 1～2 朵排成近伞形，花筒部白色外带紫红色，花被片先端反卷	观赏	中国	台湾
5673	*Lilium henrici* Franch.	墨江百合	Liliaceae 百合科	多年生草本；叶散生，长披针形，具 3 条脉，花近钟形，常 5～6 朵排成总状花序，白色里面基部有明显的深紫红色斑块	观赏	中国	云南西北部、四川西部
5674	*Lilium henryi* Baker	湖北百合	Liliaceae 百合科	花不为淡喇叭形或钟形；花黄色或橘黄色，花被片全缘；花被片反卷或不反卷，边缘呈波状，雄蕊上端常向外张开花被片反卷，蜜腺两边有流苏状突起	药用，观赏	亚洲东部的温带地区	湖北、江西、贵州
5675	*Lilium leucanthum*（Baker）Baker	宜昌百合（白花百合）	Liliaceae 百合科	多年生草本；总状花序顶生，苞片绿紫色，花喇叭形，下垂，白色，里淡黄色，背脊淡黄绿色，花被片 6	观赏	中国	湖北、四川
5676	*Lilium longiflorum* Thunb.	麝香百合	Liliaceae 百合科	蜜腺两边无乳头状突起；茎上部叶腋间无珠芽；叶披针形；花白色，基部带绿晕，长 10～15cm，径 10～12cm	观赏，经济作物（香料类）	亚洲东部的温带地区	台湾

（续）

序号	拉丁学名	中文名	所属科	特征及特性	类别	原产地	目前分布/种植区
5677	*Lilium lophophorum* (Bureau et Franch.) Franch.	尖被百合	Liliaceae 百合科	多年生草本；花单生，黄色，常向中心镊合而不开展，内轮花被片蜜腺两边密被流速状突起	观赏	中国	云南西北部、四川西南部
5678	*Lilium nanum* Klotzsch et Garcke	小百合	Liliaceae 百合科	多年生草本；花单生，钟形下垂，花被片淡紫色或紫红色，内有深紫色斑点；蒴果黄色，棱带紫色	观赏	中国	西藏南部和东南部、云南西北部、四川西部
5679	*Lilium nepalense* D. Don	紫斑百合	Liliaceae 百合科	多年生草本；花单生或 3～5 朵排成总状花序，花淡黄色或绿黄色，喉部带紫色，花稍呈喇叭形	观赏	中国	西藏南部、云南
5680	*Lilium papilliferum* Franch.	乳头百合	Liliaceae 百合科	鳞茎卵圆形；茎高 60cm 带紫色；叶多，着生于中上部，条形；花 5 朵，芳香，下垂，紫红色；花丝长 2cm，花药淡褐色	药用，观赏，经济作物（香料类）	亚洲东部的温带地区	陕西、四川、湖北、云南
5681	*Lilium pumilum* Redouté	山丹（细叶百合）	Liliaceae 百合科	叶条形；蜜腺两边有乳头突起，但无鸡冠状突起；苞片先端不增厚；花紫红色或鲜红色，通常无斑点或偶见几个斑点	药用，观赏，经济作物（香料类）	亚洲东部的温带地区	东北、西北、华北
5682	*Lilium regale* E. H. Wilson	岷江百合	Liliaceae 百合科	多年生草本；叶散生，狭条形，花喇叭形，白色，喉部黄色，花被外略带红紫晕	观赏	亚洲东部的温带地区	四川
5683	*Lilium rosthornii* Diels	南川百合	Liliaceae 百合科	多年生草本；花单生或总状花序，花黄色或黄红色，有紫红色斑点，花被片 6，花丝淡绿色，花药橘黄色	观赏	中国	云南东北部、四川、贵州西北部、湖北
5684	*Lilium sargentiae* E. H. Wilson	通江百合	Liliaceae 百合科	多年生草本；茎淡紫绿色，叶披针形，花喇叭形，白色，外带淡红色，内下部带淡黄色，花被片 6	观赏	中国	四川、云南
5685	*Lilium souliei* (Franch.) Sealy	紫花百合	Liliaceae 百合科	多年生草本；叶披针形至条形或长椭圆形，花单生，钟形，紫红色，花被片 6，子房紫黑色	观赏	中国	云南西北部、四川西南部
5686	*Lilium sulphureum* Baker ex Hook. f.	淡黄花百合	Liliaceae 百合科	茎上部叶腋间常有珠芽；花喇叭形无斑点无毛，花被片长 17～20cm，先端外弯，雄蕊上部上弯	药用，观赏	亚洲东部的温带地区	云南、四川、贵州、广西

（续）

序号	拉丁学名	中文名	所属科	特征及特性	类别	原产地	目前分布/种植区
5687	*Lilium taliense* Franch.	大理百合	Liliaceae 百合科	鳞茎卵形；叶条状披针形，中脉明显，长8～10cm；花下垂，花被片反卷，白色；花丝钻状，长3cm，花柱与子房等长	药用，观赏，经济作物（香料）	亚洲东部的温带地区	云南、贵州、四川、陕西
5688	*Lilium tigrinum* Ker Gawl.	卷丹	Liliaceae 百合科	多年生草本；茎具白色绵毛；叶散生；苞片叶状，花下垂，花被片反卷，雄蕊四面张开，雌蕊1；蒴果	药用，观赏	亚洲东部的温带地区	全国各地均有分布
5689	*Lilium tsingtauense* Gilg	青岛百合（崂山百合）	Liliaceae 百合科	多年生草本；花直立，稍弯曲而不反卷，长椭圆形，花橙黄或橙红色，蜜腺两边无乳头状突起	观赏	中国	山东、安徽
5690	*Lilium wardii* Stapf ex Stern	卓巴百合	Liliaceae 百合科	多年生草本；总状花序有花2～10朵，花被片反卷，淡紫红色或粉红色，有紫色斑点	观赏	中国	西藏
5691	*Limnophila heterophylla* (Roxb.) Benth.	异叶石龙尾	Scrophulariaceae 玄参科	多年生水生草本；叶二型，沉水叶羽状全裂，气生叶长圆形，基部抱茎；穗状花序顶生，花冠淡紫色；蒴果近球形	杂草		广东、台湾、江西
5692	*Limnophila indica* (L.) Druce	有梗石龙尾	Scrophulariaceae 玄参科	多年生两栖草本；沉水茎多分枝，气生茎高可达15cm；沉水叶轮生，羽状全裂；气生叶通常轮生而开裂；花单生气生茎叶腋；蒴果	杂草		台湾、广东、云南
5693	*Limnophila rugosa* (Roth) Merr.	大叶石龙尾（水八角）	Scrophulariaceae 玄参科	一年生芳香草本；根状茎长而横走；叶对生，叶片卵形，边缘有锯齿；头状花序花冠2唇形，蓝紫色，口部黄色，上唇全裂或2裂，下唇3裂；蒴果椭圆形	蔬菜，经济作物（调料类），药用	中国	云南、广东、广西、湖南、福建
5694	*Limnophila sessiliflora* (Vahl) Blume	石龙尾（菊藻）	Scrophulariaceae 玄参科	多年生两栖草本；气生茎长可达6～40cm，常丛生；叶5～8枚轮生，轮廓长卵形至披针形；花单生叶腋，花冠紫蓝色或粉红色；蒴果	杂草		长江以南各省份及台湾
5695	*Limonium aureum* (L.) Hill	金色补血草（黄花矶松）	Plumbaginaceae 白花丹科	多年生草本；茎高10～30cm；基生叶长圆状匙形至倒披针形；花3～5（～7）朵组成聚伞花序，再形成伞房状圆锥花序，花萼金黄色；果藏于萼内	杂草		新疆、青海、甘肃、陕西、山西、内蒙古

（续）

序号	拉丁学名	中文名	所属科	特征及特性	类别	原产地	目前分布/种植区
5696	*Limonium bicolor* (Bunge) Kuntze	二色补血草（矶松）	Plumbaginaceae 白花丹科	多年生草本；高20～70cm；叶基生，匙形或倒卵状匙形；聚伞花序组成圆锥花序，花葶单一或数条，花瓣黄色，基部合生；果具5棱	药用，观赏		东北、华北及甘肃、陕西、山东、江苏
5697	*Limonium coralloides* (Tausch) Lincz.	珊瑚补血草	Plumbaginaceae 白花丹科	多年生草本；高20～50cm；基生叶倒卵形或长圆状匙形；花葶具疣状小突起；花1～2朵排成穗状花序，再组成圆锥花序，花淡蓝紫色	杂草		新疆
5698	*Limonium flexuosum* (L.) Kuntze	曲枝补血草	Plumbaginaceae 白花丹科	多年生草本；伞房状花序，穗状花序由7～9小穗组成，每穗含2～3花，花冠淡紫色	观赏	中国	内蒙古
5699	*Limonium gmelinii* (Willd.) Kuntze	大叶补血草	Plumbaginaceae 白花丹科	多年生草本；叶基生，伞房状或圆锥状花序，穗状花序由2～7小穗组成，每穗含1～2朵花，花冠蓝紫色	观赏	中国	新疆北部
5700	*Limonium latifolium* (Sm.) O. Kuntze	宽叶补血草	Plumbaginaceae 白花丹科	多年生草本；叶基生呈莲座状；聚伞花序多数，花萼与花冠同色，淡堇蓝色；花期5～6月	观赏	俄罗斯、罗马尼亚、保加利亚	
5701	*Limonium leptolobum* (Regel) Kuntze	清河补血草	Plumbaginaceae 白花丹科	多年生草本；叶基生，花序伞房状，穗状花序短，每穗含2～3朵花，花冠黄色	观赏	中国	新疆
5702	*Limonium otolepis* (Schrenk) Kuntze	耳叶补血草（野茴香）	Plumbaginaceae 白花丹科	多年生草本；茎数条生于叶丛；基生叶倒卵状匙形，茎生叶肾圆形或圆耳状；花1～3朵集生穗状花序，再排成圆锥花序；种子卵形	杂草		甘肃、新疆
5703	*Limonium sinense* (Girard) Kuntze	中华补血草（华矶松）	Plumbaginaceae 白花丹科	多年生草本；高15～60cm；基生叶莲座状，叶长圆状披针形至倒卵状披针形；花2～3朵组成聚伞花序，穗状排列成圆锥花序，花黄色；蒴果	有毒		辽宁、河北、山东、江苏、福建、广东
5704	*Limonium sinuatum* (L.) Limm.	深波叶补血草	Plumbaginaceae 白花丹科	二年生或多年生草本；全株具毛，小枝具明显翼；聚伞状圆锥花序，小花白色	观赏	地中海至小亚细亚地区	
5705	*Limonium suworowii* O. Kuntze	高加索补血草	Plumbaginaceae 白花丹科	多年生草本；穗状花序多数，花絮轴有沟槽；花萼筒状，与花瓣同色，玫红色，干膜质，可长期观赏；花期5～6月	观赏	中亚、伊朗	

（续）

序号	拉丁学名	中文名	所属科	特征及特性	类别	原产地	目前分布/种植区
5706	*Limonium tataricum*（L.）Mill.	鞑靼补血草	Plumbaginaceae 白花丹科	多年生草本；花序二歧分枝；每小穗具2～3花，单侧生，花瓣粉色，长于花萼	观赏	北非、南欧及俄罗斯	
5707	*Linaria alpina*（L.）Mill.	高山柳穿鱼	Scrophulariaceae 玄参科	多年生草本；丛生，茎柔弱；叶条形；花冠淡粉或堇紫色；花期6～8月	观赏	阿尔卑斯山	
5708	*Linaria bipartita* Willd.	弯距柳穿鱼	Scrophulariaceae 玄参科	一年生草本；叶条形至条状披针形；花冠紫色，喉部附属物橙色	观赏	葡萄牙及北非	
5709	*Linaria moroccana* Hook. f.	摩洛哥柳穿鱼	Scrophulariaceae 玄参科	一年生草本；叶狭条形；花冠蓝紫色，花色丰富；花期5～6月	观赏	摩洛哥	
5710	*Linaria purpurea*（L.）Mill.	不列颠柳穿鱼	Scrophulariaceae 玄参科	多年生草本；叶狭披针形至线形；花冠蓝紫色，喉部附属物白色；花期7～9月	观赏	英国南部	
5711	*Linaria vulgaris* Mill.	柳穿鱼	Scrophulariaceae 玄参科	多年生草本；高20～60cm；叶条形至条状披针形；总状花序顶生，花多数，花冠黄色；蒴果卵球形	药用	欧洲、亚洲	东北、华北、华东及山西、陕西
5712	*Lindera aggregata*（Sims）Kosterm.	天台乌药	Lauraceae 樟科	常绿灌木；叶革质，椭圆形或卵形，背面密生辉白色柔毛	观赏		
5713	*Lindera angustifolia* W. C. Cheng	狭叶山胡椒	Lauraceae 樟科	落叶灌木或小乔木；冬芽紫褐色，叶互生，硬纸质，伞形花序2～3生于冬芽基部，雄花序有花3～4朵	观赏	中国	华东及河南、陕西、湖北、广东、广西
5714	*Lindera communis* Hemsl.	香叶树（红果树，红油果）	Lauraceae 樟科	常绿灌木或乔木；单叶互生；单性花，雌雄异株，花被片6，雄花能育雄蕊9，雌花具退化雄蕊9；浆果状核果	药用，观赏		西南、华南、华中及福建
5715	*Lindera erythrocarpa* Makino	红果钓樟（红果山胡椒）	Lauraceae 樟科	落叶灌木或小乔木；树皮灰褐色，幼枝常灰白或灰黄色，叶互生，纸质，伞形花序生于腋芽两侧各一，雄花花被片6黄绿色	观赏	中国	华东、华中及陕西、台湾、广东、广西、四川
5716	*Lindera fragrans* Oliv.	香叶子	Lauraceae 樟科	常绿灌木；树皮黄绿色，叶散生，薄革质，披针形或椭圆状披针形，伞状花序腋生，花黄色，果实紫黑色	观赏	中国	湖北、四川、云南、贵州

（续）

序号	拉丁学名	中文名	所属科	特征及特性	类别	原产地	目前分布/种植区
5717	*Lindera glauca* (Sieb. et Zucc.) Blume	山胡椒（牛筋条，雷公树）	Lauraceae 樟科	落叶灌木或小乔木；叶互生或近对生；伞形花序腋生，单性花，雌雄异株，花被片 6，雄花有雄蕊 9，雌花的雌蕊单一；核果	经济作物（香料类），药用		华东、华中、西南、华南及陕西、台湾
5718	*Lindera kwangtungensis* (H. Liou) C. K. Allen	广东钓樟（青线）	Lauraceae 樟科	常绿树种、乔木；高 25m 以上；叶螺旋状互生，椭圆形或长椭圆披针形；两性花，花小，圆锥花序，绿白色或淡黄绿色；核果，近球形，熟时黑褐色；胚淡黄色，富含芳香油分；种子圆球形	观赏	中国	广东、海南、广西、贵州
5719	*Lindera obtusiloba* Blume	三桠乌药	Lauraceae 樟科	落叶乔木或灌木；树皮黑棕色，雄花和雌花花被片均 6，果熟时红色，后变紫黑色	观赏	中国	华中、华东及辽宁、陕西、甘肃、四川、西藏
5720	*Lindera rubronervia* Gamble	庐山乌药（红脉钓樟）	Lauraceae 樟科	落叶灌木或小乔木；叶互生，纸质，伞形花序腋生，常 2 个着生于叶芽两侧，雄花和雌花花被片内被白色柔毛	观赏	中国	河南、安徽、江苏、浙江、江西
5721	*Lindernia anagallis* (Burm. f.) Pennell	长蒴母草	Scrophulariaceae 玄参科	一年生草本；高 10～40cm；叶三角状卵形或矩圆形；花单生叶腋，花冠白色或淡紫色；蒴果线状披针形	药用		四川、贵州、云南、广东、广西、湖南、江西、福建、台湾
5722	*Lindernia antipoda* (L.) Alston	泥花草	Scrophulariaceae 玄参科	一年生草本；高 10～20cm；茎匍匐生长；叶长圆形至长圆状披针形；花单生叶腋或形成顶生总状花序，花冠淡紫色；蒴果条状披针形	杂草		华东、西南及广东、湖南、湖北
5723	*Lindernia crustacea* (L.) F. Muell.	母草	Scrophulariaceae 玄参科	一年生草本；高 10～20cm；叶三角状卵形或宽卵形；花单生叶腋或在茎枝顶端成极短的总状花序，花冠紫色；蒴果椭圆形	杂草		华东、华南、西南、华中及台湾
5724	*Lindernia micrantha* D. Don	狭叶母草	Scrophulariaceae 玄参科	一年生草本；茎长 40cm 以上；叶条状披针形至线形；花单生叶腋，有长梗，花冠紫色、蓝紫色或白色；蒴果线形	杂草		华中、华东及广东、广西、贵州、云南
5725	*Lindernia nummulariifolia* (D. Don) Wettst.	宽叶母草	Scrophulariaceae 玄参科	一年生草本；茎高 5～15cm，四方形；叶圆形或倒卵形；伞形花序顶生或腋生，花冠紫色，唇形；蒴果长椭圆形	饲用及绿肥		华中、西南及浙江、江西、甘肃、陕西、江苏

（续）

序号	拉丁学名	中文名	所属科	特征及特性	类别	原产地	目前分布/种植区
5726	*Lindernia procumbens*（Krocker）Philcox	陌上菜	Scrophulariaceae 玄参科	一年生草本；茎高 5～20cm；叶无柄，椭圆形至长圆形；叶单生叶腋，花梗纤细，花冠粉红色或紫色；蒴果卵圆形	杂草		全国各地均有分布
5727	*Lindernia ruellioides*（Colsm.）Pennell	旱田草	Scrophulariaceae 玄参科	一年生草本；高 10～15cm；叶矩圆形、椭圆形至圆形；总状花序顶生有花 2～10 朵，花冠紫红色；蒴果圆柱形	药用		西南及台湾、福建、江西、湖北、湖南、广东、广西
5728	*Linnaea borealis* L.	北极花	Caprifoliaceae 忍冬科	常绿灌木；茎细，被稀短柔毛；叶近圆形或广倒卵形，先端微尖，茎部圆形或楔形，仅上部疏生圆齿，通常有长纤毛，表面散生毛；花为粉白色，具紫色条纹，生于细长的总花梗上，有腺毛，花冠钟形，小型白色	观赏		东北、华北及云南西北部
5729	*Linum altaicum* Ledeb. ex Juz.	阿尔泰亚麻	Linaceae 亚麻科	多年生草本；高 30～60cm；叶散生或螺旋状排列，条形或狭披针形；聚伞花序花少数，花瓣蓝色或蓝紫色；蒴果卵球形	经济作物		新疆北部
5730	*Linum amurense* F. G. C. Alef.	黑水亚麻	Linaceae 亚麻科	多年生草本；高 25～60cm；叶狭条形或条状披针形；聚伞花序花多数，花瓣蓝紫色，倒卵形；蒴果近球形	经济作物		西北及吉林、黑龙江、内蒙古
5731	*Linum corymbulosum* Rchb.	长萼亚麻	Linaceae 亚麻科	一年生草本；高 10～30cm；茎中部以上假二歧分枝；叶狭长披针形；花单生叶腋或与叶对生，花多数，花瓣黄色；蒴果圆卵形	经济作物（纤维类）		新疆西部和西南部
5732	*Linum flavum* L.	金黄亚麻（黄花亚麻）	Linaceae 亚麻科	多年生草本；花金黄色；耐寒，萼片 5；花瓣 5，易凋；雄蕊 5；子房 5 室或 10 室而有假隔膜，每室有胚珠 2 颗；花柱 5	观赏	中欧至俄罗斯	
5733	*Linum grandiflorum* Desf.	大花亚麻	Linaceae 亚麻科	一年生草本，花单生，花瓣 5 枚，红色、猩红色；花径 2.5～3.8cm；蒴果球形，种子倒卵形，灰褐色	观赏	北非	
5734	*Linum heterosepalum* Regel	异萼亚麻	Linaceae 亚麻科	多年生草本；高 20～50cm；叶条状披针形或狭披针形；聚伞状花序顶生，花瓣淡蓝色或紫红色，上部具明显冠檐；蒴果	经济作物		新疆

（续）

序号	拉丁学名	中文名	所属科	特征及特性	类别	原产地	目前分布/种植区
5735	*Linum nutans* Maxim.	垂果亚麻	Linaceae 亚麻科	多年生草本；高 20～40cm；茎多数丛生；叶狭条形或条状披针形；聚伞花序，花蓝色或紫蓝色，子房 5 室；蒴果	经济作物		吉林、黑龙江、内蒙古、宁夏、陕西、甘肃
5736	*Linum pallescens* Bunge	短柱亚麻	Linaceae 亚麻科	多年生草本；高 10～30cm；叶散生线状条形；花腋生或组成聚伞花序，花瓣淡黄色、白色或淡蓝色；蒴果近球形	经济作物		内蒙古、宁夏、陕西、甘肃、青海、新疆、西藏
5737	*Linum perenne* L.	宿根亚麻	Linaceae 亚麻科	多年生草本；高 20～90cm；叶互生，全缘内卷；聚伞花序花多数，蓝色、蓝紫色或淡蓝色，子房 5 室；蒴果近球形	药用，观赏		华北、西北、西南
5738	*Linum stelleroides* Planch.	野亚麻	Linaceae 亚麻科	一年或二年生草本；高 50～100cm；叶互生，线形或狭倒披针形；单花或多花组成聚伞花序，花瓣 5，淡红色或蓝紫色；蒴果	药用		东北、西北、华中及江苏、广东、山东、山西、贵州、四川、内蒙古
5739	*Linum usitatissimum* L.	亚麻（胡麻，山西胡麻）	Linaceae 亚麻科	一年生草本；叶无柄，互生，线状披针形；花生于枝顶或上部叶腋内；花瓣蓝色或蓝紫色；蒴果球形	经济作物，有毒	中国	全国各地均有栽培
5740	*Lipocarpha microcephala* (R. Br.) Kunth	湖瓜草（华湖瓜草）	Cyperaceae 莎草科	一年生或多年生草本；秆丛生，高 3～15cm；叶线形；花序头状，常 3 个穗状花序组成，穗状花序卵圆形，小穗无柄；小坚果长圆形	杂草		全国各地均有分布
5741	*Liquidambar formosana* Hance	枫香（三角枫，百日材，枫树）	Hamamelidaceae 金缕梅科	落叶树种、乔木；高 40m；叶纸质至薄革质，互生，掌状 3 裂；单性花，雌雄同株，雄花排成稠密的总状花序，雌花为 1 单生的头状花序；蒴果，有刺；能育种子有短翅	药用，观赏	中国	广东、广西、江西、江苏、浙江、福建、贵州、四川、河南、陕西、湖北、湖南、云南
5742	*Liquidambar orientalis* Mill.	苏合香树	Hamamelidaceae 金缕梅科	乔木；叶互生，具长柄，托叶小，早落，叶片掌状 5 裂，偶为 3 或 7 裂；花小单性，雌雄同株，多数成圆头状花序，黄绿色	药用		我国南部有少量栽培
5743	*Liquidambar styraciflua* L.	胶皮枫香树	Hamamelidaceae 金缕梅科	落叶乔木，生长极迅速，年平均生长量 0.5m，树高可达 15～30m，冠幅为株高的 2/3；叶片夏季为亮深绿色，秋季有红、黄、紫多色混合	观赏	北美	

（续）

序号	拉丁学名	中文名	所属科	特征及特性	类别	原产地	目前分布/种植区
5744	*Lirianthe albosericea*（Chun et C. H. Tsoong）N. H. Xia et C. Y. Wu	绢毛木兰	Magnoliaceae 木兰科	常绿小乔木；叶革质，椭圆形或倒披针状椭圆形，背被白色柔毛，花单生枝顶，花被片 9 白色	观赏	中国	海南
5745	*Lirianthe championii*（Bentham）N. H. Xia et C. Y. Wu	长叶木兰	Magnoliaceae 木兰科	常绿小乔木；高达 11m；叶薄革质，狭椭圆形或倒卵状披针形；花芳香；聚合果褐色，椭圆体形	观赏		贵州南部、海南、广西
5746	*Lirianthe coco*（Loureiro）N. H. Xia et C. Y. Wu	夜香木兰	Magnoliaceae 木兰科	常绿灌木或小乔木；叶革质，边缘稍卷，花单朵顶生，花被片 9，外轮淡绿色，内两轮白色，花梗下垂	观赏	中国	广东、广西、福建、浙江、台湾、云南东南部
5747	*Lirianthe delavayi*（Franch.）N. H. Xia et C. Y. Wu	山玉兰	Magnoliaceae 木兰科	常绿乔木；小枝生密毛；叶互生，革质，椭圆形；上有光泽；花单生于枝顶，乳白色；聚合果卵状圆柱形	有毒		四川、贵州、云南
5748	*Lirianthe henryi*（Dunn）N. H. Xia et C. Y. Wu	大叶木兰（大叶玉兰）	Magnoliaceae 木兰科	常绿乔木；高达 20m；叶革质，通常倒卵状长圆形；花乳白色，花被外轮 3 片，中、内两轮倒卵状椭圆形或倒卵状匙形；聚合果	观赏	中国	云南南部和东南部
5749	*Lirianthe odoratissima*（Y. W. Law et R. Z. Zhou）N. H. Xia et C. Y. Wu	麝香玉兰	Magnoliaceae 木兰科	常绿小乔木；叶革质，花单生枝顶，花被片 9 乳白色，外轮 3 片较薄；	观赏	中国	云南东南部
5750	*Liriodendron chinense*（Hemsl.）Sarg.	鹅掌楸（马褂木，野厚朴，马褂树）	Magnoliaceae 木兰科	落叶乔木；树皮纵裂，灰色；叶马褂状；花两性，单生枝顶，杯状，花被片 9，排成 3 轮；聚合果纺锤形	林木，观赏	中国	安徽、浙江、福建、江西、湖北、陕西、四川、广西、贵州、云南
5751	*Liriodendron tulipifera* L.	美国鹅掌楸	Magnoliaceae 木兰科	落叶乔木；株高可达 30m；花单生枝端，杯状，长 6cm，基部有橘红色带，淡绿，于夏季中期开放	林木，药用，观赏	加拿大、美国东部	北京、青岛、南京、上海、武汉、杭州、庐山、昆明

（续）

序号	拉丁学名	中文名	所属科	特征及特性	类别	原产地	目前分布/种植区
5752	*Liriope graminifolia* (L.) Baker	禾叶土麦冬（寸冬，麦门冬）	Liliaceae 百合科	多年生常绿草本；总状花序具许多花，常3～5朵簇生于苞片内，花被片狭矩圆形，白色或淡紫色	观赏	中国、越南	华东及河北、山西、陕西、甘肃、河南、湖北、贵州、四川、台湾、广东
5753	*Liriope muscari* (Decne.) L. H. Bailey	阔叶山麦冬（阔叶土麦冬）	Liliaceae 百合科	多年生常绿草本；叶、革质，有明显横脉，总状花序，花淡紫色或红紫色；	观赏	中国、日本	华东、华中及广东、广西、四川、贵州、安徽
5754	*Liriope spicata* (Thunb.) Lour.	山麦冬（土麦冬，麦门冬）	Liliaceae 百合科	根稍粗；总状花序，具多数花；花通常（2～）3～5朵簇生于苞片腋内，苞片披针形；花被片6，矩圆形或矩圆状披针形，顶端圆，淡紫色或淡蓝色；雄蕊6，花丝长约2mm；花药短条形	观赏	中国、越南	全国各地（除东北、内蒙古、青海、新疆、西藏）
5755	*Litchi chinensis* Sonn.	荔枝（离枝，丹荔）	Sapindaceae 无患子科	常绿乔木；羽状复叶互生，小叶2～4对，长圆状披针形；聚伞花序顶生；花小，杂性，淡黄白色；花萼杯状，4片；子房2～3裂，2～3室，每室有胚珠1个，无花瓣；花盘肉质；核果	果树	中国	广东、福建、广西、四川、云南、台湾
5756	*Litchi philippinensis* Radlk.	菲律宾荔枝	Sapindaceae 无患子科	常绿乔木；复叶，小叶1～2对；花小，无花瓣，成顶生圆锥花序；果球形或卵形，熟时红色，果皮有显著突起小瘤体，种子棕红色	果树		
5757	*Lithocarpus corneus* (Lour.) Rehder	烟斗石栎（烟斗柯，杯果，细叶马泽树）	Fagaceae 壳斗科	乔木；叶常聚生枝顶部，椭圆形或卵形；雌花常着生雄花序轴的下段；壳斗碗状或半圆形；坚果半圆形或宽陀螺形	观赏		福建、广西、广东
5758	*Lithocarpus dealbatus* (Hook. f. et Thomson ex Miq.) Rehder	白皮柯（白栎，猪栎）	Fagaceae 壳斗科	常绿乔木；单叶互生，长椭圆状披针形；单性花同株，直立穗状花序，雄花少数簇生于基部；雌花序长达10～15cm；坚果	药用，林木		云南、贵州、四川
5759	*Lithocarpus elizabethae* (Tutcher) Rehder	厚斗柯（贵州石栎）	Fagaceae 壳斗科	乔木；叶狭长椭圆形或披针形；雄穗状花序3穗排成圆锥花序，雌花序2～4穗聚生枝顶部，雌花常3朵1簇；坚果扁圆或圆球形	经济作物（特用类）		福建、广西、云南、贵州

（续）

序号	拉丁学名	中文名	所属科	特征及特性	类别	原产地	目前分布/种植区
5760	*Lithocarpus fenestratus* (Roxb.) Rehder	泥椎柯（华南柯）	Fagaceae 壳斗科	乔木；叶长披针形或卵状长椭圆形；雄穗状花序常多穗排成圆锥花序，雌花序基部一段无花；坚果扁圆形或宽圆锥状	经济作物（特用类）		广东、贵州、云南
5761	*Lithocarpus glaber* (Thunb.) Nakai	柯（石栎，白椆树）	Fagaceae 壳斗科	乔木；叶倒卵形或长椭圆形；雄穗状花序多排成圆锥花序或单穗腋生，雌花序雌花多3朵1簇；坚果椭圆形	经济作物（特用类）		广东、福建、浙江
5762	*Lithocarpus grandifolius* (D. Don) S. N. Biswas	粗穗柯（槠栎树）	Fagaceae 壳斗科	常绿乔木；雄花序有分枝，基部有雌花；果序长至18cm，轴比枝粗，壳斗碗形，直径1.4cm，高约7mm，苞片鳞状，三角形	经济作物（特用类）		长江以南各省份
5763	*Lithocarpus henryi* (Seemen) Rehder et E. H. Wilson	绵柯（绵椎，绵绸，灰柯）	Fagaceae 壳斗科	乔木；叶狭长椭圆形；雄穗状花序单穗腋生，雌花序雌花3朵1簇，壳斗浅碗斗，包着坚果很少到一半，小苞片三角形；坚果	经济作物（特用类）		福建、广东
5764	*Lithocarpus longipedicellatus* (Hickel et A. Camus) A. Camus	柄果柯（柄果石栎）	Fagaceae 壳斗科	乔木；叶椭圆形，卵形或卵状椭圆形；雄穗状花序多穗排成圆锥花序或单穗腋生，雌花单朵散生花序轴上；坚果扁圆形或近球形	经济作物（特用类）		广东、广西
5765	*Lithocarpus pachylepis* A. Camus	厚鳞石栎（捻碇果，辗垫栗，厚鳞柯）	Fagaceae 壳斗科	常绿乔木；高10～20m；叶纸质，倒卵状长椭圆形或长椭圆形；雄穗状花序单穗腋生或多穗排成圆锥花序；雌花序长3～5cm，雌花每3朵1簇；坚果幼嫩时宽圆锥形	观赏，林木	中国	广西西部（那坡）、云南东南部（屏边、金平）
5766	*Lithocarpus polystachyus* (Wall.) Rehd.	多穗柯（多穗石柯）	Fagaceae 壳斗科	常绿乔木；叶卵状披针形至近椭圆形；雌花序常顶生，果密集，壳斗3～5枚联合；坚果，果脐深陷	经济作物（染料类）		长江以南各省份
5767	*Lithocarpus vestitus* A. Camus	茸果柯（毛茸石柯）	Fagaceae 壳斗科	乔木，高10～15m；叶椭圆形、卵状椭圆形；雄穗状花序单穗腋生或3～5穗排成圆锥花序；雌花序上段常着生雄花及雌花中兼有2～4枚雄蕊，每3朵1簇；坚果扁圆形或果脐凹陷	经济作物（特用类）		海南、广西、云南东南部
5768	*Lithocarpus xylocarpus* (Kurz) Markgr.	木果石栎（木壳柯，木果柯）	Fagaceae 壳斗科	乔木；高达30m；叶革质，狭长椭圆形，基部楔形，全缘，侧脉每边12～15条；雄穗状花序通常单穗腋生；雌花每3朵1簇，花柱长达2mm；坚果近圆球形或宽椭圆形	观赏，林木	中国	云南、西藏

（续）

序号	拉丁学名	中文名	所属科	特征及特性	类别	原产地	目前分布/种植区
5769	*Lithops aucampiae* L. Bolus	日轮玉（日轮生石花）	Aizoaceae 番杏科	草本多浆植物，植株易群生；单株通常仅一对对生叶，组成直径 2～3cm 的倒圆锥体；叶表面基本色调为褐色，也是深浅不一，有深色的斑点	观赏	非洲南部、西部	
5770	*Lithops bella* N. E. Br.	琥珀玉（琥珀生石花）	Aizoaceae 番杏科	多年生小型多浆植物；植株浅黄色，顶部凹纹褐黄色；花白色	观赏	非洲南部、西部	
5771	*Lithops eberlanzii* N. E. Br.	福寿玉（圣典生石花）	Aizoaceae 番杏科	多年生小型多浆植物；植株浅青灰色，顶部紫褐色，凹纹红褐色；花大，白色	观赏	非洲南部、西部	
5772	*Lithops marmorata* N. E. Br.	圣典玉（圣典生石花）	Aizoaceae 番杏科	多年生小型多浆植物；植株灰绿色，凹纹乳白或黄色；花白色，芳香	观赏	非洲南部、西部	
5773	*Lithops peersii* N. E. Br.	丽春玉（丽春生石花）	Aizoaceae 番杏科	多年生小型多浆植物；植株褐绿色，顶部红褐色，凹纹细；花黄色	观赏	非洲南部、西部	
5774	*Lithops pseudotruncatella* (A. Berger) N. E. Br.	生石花	Aizoaceae 番杏科	多年生小型多浆植物；植株灰绿色，花自顶部中央抽出，黄色；花期 4～6 月	观赏	非洲南部、西部	
5775	*Lithops turbiniformis* (Haw.) N. E. Br.	露美玉（露美生石花）	Aizoaceae 番杏科	多年生小型多浆植物，植株近似陀螺状，高 2～2.5cm，顶部扁平或稍凸起，近圆形；花黄色，花径 3.5～4cm	观赏	非洲南部、西部	
5776	*Lithospermum arvense* L.	麦家公（田紫草）	Boraginaceae 紫草科	一年生或二年生草本；高 20～40cm；茎具糙伏毛；叶倒披针形或线形；聚伞花序，花冠白色或淡蓝色；小坚果灰白色	杂草		江苏、浙江、湖北、四川、云南
5777	*Lithospermum erythrorhizon* Siebold et Zucc.	紫草（硬紫草，大紫草）	Boraginaceae 紫草科	多年生草本；根含紫红色物质；叶披针形；花萼裂片线形，花冠白色，喉部有 5 鳞片；小坚果	药用	中国	华北、东北
5778	*Lithospermum hancockianum* Oliv.	石生紫草	Boraginaceae 紫草科	多年生草本；叶宽线形至线状披针形；花冠紫红色或淡紫红色；小坚果三角状卵球形，褐色或白色	观赏		云南及贵州的西部
5779	*Lithospermum officinale* L.	小花紫草	Boraginaceae 紫草科	多年生草本；叶披针形至卵状披针形；花冠白色或淡黄绿色；小坚果乳白色或带黄褐色，卵球形	药用		新疆北部、甘肃中部、宁夏、内蒙古

（续）

序号	拉丁学名	中文名	所属科	特征及特性	类别	原产地	目前分布/种植区
5780	*Lithospermum zollingeri* A. DC.	梓木草（地仙桃）	Boraginaceae 紫草科	多年生草本；匍匐茎长 15～30cm，被伸展的糙毛；叶倒披针形或匙形；花茎高 5～20cm，花冠蓝紫色；小坚果斜卵球形	药用		四川、湖北、安徽、浙江、江苏、河南、陕西、甘肃
5781	*Litsea auriculata* S. S. Chien et W. C. Cheng	天目木姜子	Lauraceae 樟科	落叶乔木；高达 25m；叶常聚生新技顶端，倒卵状椭圆形；花两性，雌雄异株，雄花先叶开放；雌花与叶同时出现；果椭圆形	观赏		浙江、江西
5782	*Litsea baviensis* Lecomte	大萼木姜（托壳槁，白面槁，白肚槁）	Lauraceae 樟科	常绿树种、乔木；高达 20m；叶互生，椭圆形或长椭圆形；单性花，雌雄异株；伞形花序，黄绿色；浆果状核果，果单生或丛生，熟时黑色，椭圆形，种子圆球形	观赏	中国	海南、广西、云南东南部
5783	*Litsea cubeba*（Lour.）Per.	山鸡椒（山苍树，赛樟树，香叶）	Lauraceae 樟科	落叶灌木或小乔木；高 4～7m，雌雄异株，呈伞形束状聚伞花序，花冠淡黄色，核果，圆球形	林木，药用，观赏		长江以南各省份
5784	*Litsea dilleniifolia* P. Y. Pai et P. H. Huang	五桠果叶木姜子	Lauraceae 樟科	常绿乔木；高 20～30m；叶互生，革质，先端短渐尖或钝圆；伞形花序 6～8，排成总状花序，被裂边缘有睫毛；核果扁球形	林木，经济作物（香料类）		云南、广西
5785	*Litsea elongata*（Wall. ex Ness）Benth. et Hook. f.	黄丹木姜子（毛丹，红由）	Lauraceae 樟科	常绿小乔木或中乔木；高达 12m；叶互生，长圆形、长圆状披针形至倒披针形；伞形花序单生，少簇生；果长圆形	果树		西南、华东及广东、广西、湖北、湖南
5786	*Litsea glutinosa*（Lour.）C. B. Rob.	潺槁木	Lauraceae 樟科	常绿桥木；伞形花序腋生，单生或簇生；花单性，雄异株，辐射对称，绿白色，细小，花被缺；浆果球形，褐色至黑色	蜜源		云南、广东、福建、广西
5787	*Litsea mollis* Hemsl.	毛叶木姜子（木姜子，香桂子）	Lauraceae 樟科	落叶灌木或小乔木；叶长圆形或椭圆形；伞形花序腋生，每一花序有花 4～6 朵；花被裂片 6，黄色，宽倒卵形；果球形	药用，经济作物（香料类）		贵州、湖北、四川、湖南
5788	*Litsea pungens* Hemsl.	木姜子（木香子，山胡椒）	Lauraceae 樟科	落叶小乔木；叶披针形或倒卵状披针形；伞形花序腋生，每一花序有雄花 8～12 朵；花被片 6，黄色，倒卵形；果球形	经济作物（香料类）		西南、华中、西北及江苏

（续）

序号	拉丁学名	中文名	所属科	特征及特性	类别	原产地	目前分布/种植区
5789	*Litsea rubescens* Lecomte	红叶木姜子	Lauraceae 樟科	落叶灌木或小乔木；叶椭圆形或披针状椭圆形；伞形花序腋生，花被裂片 6，黄色，宽椭圆形，柱头 2 裂；果球形	果树		贵州、云南、四川、陕西
5790	*Litsea veitchiana* Gamble	木香木姜子（木香子）	Lauraceae 樟科	落叶灌木或小乔木；伞形花序单生于二年生枝顶叶腋，每一伞形花序有花 10～13 朵，雄花中能育雄蕊 9；雌花中退化雄蕊基部具柔毛，子房卵圆形，花柱短	蜜源		四川中部
5791	*Litsea verticillata* Hance	轮叶木姜子（槁树）	Lauraceae 樟科	常绿灌木或小乔木；叶披针形或倒披针状长椭圆形；伞形花序 2～10 个集生于小枝顶部；花被片披针形；果卵形或椭圆形	药用，林木		贵州、广东、广西、云南
5792	*Livistona australis*（R. Br.）Mart.	澳洲蒲葵	Palmae 棕榈科	常绿乔木；树干细；叶浓绿色；圆锥花序，小花乳白色，两性，具下垂的裂片，掌状叶分裂至一半	观赏	大洋洲	广东、广西、台湾、云南、福建
5793	*Livistona rotundifolia*（Lam.）Mart.	圆叶蒲葵	Palmae 棕榈科	常绿乔木；具不规则环纹，干细长；叶近圆形，两面绿色；肉穗花序，多分枝	观赏	马来西亚	
5794	*Livistona saribus*（Lour.）Merr. ex A. Chev.	高山蒲葵（大叶蒲葵）	Palmae 棕榈科	常绿乔木；高 1.8～2m，叶大，直径可达 2m，两面绿色，顶端 2 裂，不下垂	观赏	中国	广东、海南、云南南部
5795	*Lloydia ixiolirioides* Baker ex Oliv.	紫斑洼瓣花	Liliaceae 百合科	多年生草本；基生叶常 4～8 枚，边缘疏生柔毛，茎生叶 2～3 枚，狭条形，花单朵或 2 朵，内外花被片相似，白色，中部至基部有紫红色斑	观赏	中国西藏、云南西北部、四川西南部	
5796	*Lloydia serotina*（L.）Salisb. ex Rchb.	洼瓣花	Liliaceae 百合科	多年生草本；基生叶常 2 枚；花白色而有紫斑，花丝无毛，子房近矩圆形，花柱与子房近等长，柱头 3 裂不明显	饲用及绿肥		西南、西北、华北、东北及西藏
5797	*Lobelia angulata* Forst.	铜锤玉带草（水珍珠，小铜锤，铜锤草）	Campanulaceae 桔梗科	多年生平卧草本；茎匍匐，长 30～50cm，绿紫色；叶互生，圆卵形或心形；花单生叶腋，花冠紫色，近二唇形；浆果紫红色	药用		西南、华南、华中及浙江、福建、台湾
5798	*Lobelia chinensis* Lour.	半边莲（急解索，细米草）	Campanulaceae 桔梗科	多年生蔓性草本；具白色乳汁；茎平卧；叶线形；两性花，单花腋生；花冠近唇形；雄蕊 5，子房下位；蒴果	有毒		长江流域以南各省份

（续）

序号	拉丁学名	中文名	所属科	特征及特性	类别	原产地	目前分布/种植区
5799	*Lobelia clavata* E. Wimm.	大将军	Campanulaceae 桔梗科	半灌木状草本；高 1.5～2m；总状花序多个集成圆锥花序，花密集；花梗长 5～8mm；花冠白色；雄蕊基部以上合生成筒状	有毒		贵州、云南
5800	*Lobelia sequinii* H. Lév. et Vaniot	西南山梗菜（大将军）	Campanulaceae 桔梗科	亚灌木状草本；有白色乳汁；叶长圆形或披针形；总状花序；花密生一侧；花冠淡蓝色，近唇形；雄蕊 5；蒴果	有毒		西南及台湾、湖北、广西
5801	*Lobelia zeylanica* L.	卵叶半边莲	Campanulaceae 桔梗科	一年生矮小草本；茎四棱形，长达 40cm，多汁；叶三角状阔卵形；花单生叶腋，基部有 2 枚苞片；蒴果圆锥状至长圆形	杂草		云南、广西、广东、福建、台湾
5802	*Lobivia aurea* Backeb.	黄丽球	Cactaceae 仙人掌科	多浆植物；球茎状之圆柱状，亮绿色，中刺浅灰白色，周刺黄褐色；花柠檬黄色，具光泽；花期夏季	观赏	阿根廷	
5803	*Lobivia hermanniana* Backeb.	朱丽球	Cactaceae 仙人掌科	多浆植物；茎丛生，球形至圆筒形，亮绿色；中刺灰色；花紫红色至洋红色	观赏	玻利维亚	
5804	*Lobularia maritima* （L.） Desv.	香雪球（小白花，庭荠）	Cruciferae 十字花科	多年生草本；全株被"丁"字毛；叶披针形；花序伞房状，花梗丝状，无毛或上半部有"丁"字毛；小花密集呈球状；短角果，椭圆形	观赏	地中海沿岸	新疆、陕西、山西、河北、江苏、浙江
5805	*Lolium multiflorum* Lamk.	多花黑麦草（意大利黑麦草，一年生黑麦草）	Gramineae (Poaceae) 禾本科	一年生草本；秆高 50～70cm；叶长 10～15cm；穗状花序长 10～20cm；小穗长 10～18mm，有 10～15 小花，芒细弱；颖果	饲用及绿肥		长江以南各省份
5806	*Lolium perenne* L.	黑麦草（多年生黑麦草）	Gramineae (Poaceae) 禾本科	多年生；小穗长 10～14mm，含 5～10 小花（可育），颖披针形，长为小穗长的 1/3，外稃长 5～9mm，无芒	饲用及绿肥	亚洲温暖热带及非洲北部	我国南方各省份
5807	*Lolium persicum* Boiss. et Hoh.	欧黑麦草	Gramineae (Poaceae) 禾本科	一年生，秆高 20～70cm；叶片线形，扁平；穗形总状花序长 10～20cm；小穗含 5～7 小花；颖长约 1cm，具 5 脉；外稃披针形，长 9～15cm，具 5 脉	饲用及绿肥		新疆、青海、甘肃、陕西

（续）

序号	拉丁学名	中文名	所属科	特征及特性	类别	原产地	目前分布/种植区
5808	*Lolium remotum* Schrank	疏花黑麦草	Gramineae (Poaceae) 禾本科	一年生；秆高30～80cm；穗形总状花序；小穗长8～16mm，含5～7花；颖短于小穗；外稃长4～5mm，无芒	饲用及绿肥		新疆、黑龙江
5809	*Lolium rigidum* Gaudich.	硬直黑麦草	Gramineae (Poaceae) 禾本科	一年生；花序长5～20cm，小穗长10～15mm，含5～10花；颖长约为小穗的一半，外稃长圆形，长5～8mm，先端钝	饲用及绿肥		甘肃、河南
5810	*Lolium temulentum* L.	毒麦	Gramineae (Poaceae) 禾本科	越年生或一年生草本；秆高20～120cm；叶长6～40cm；穗状花序有12～14个小穗，小穗有2～6个小花，具芒；颖果长椭圆形	有毒		除华南外，全国内地均有分布
5811	*Lolium temulentum* var. *arvense* Lilj.	田野黑麦草	Gramineae (Poaceae) 禾本科	一年生；穗形总状花序，小穗长11～15mm，含4～6花，颖长于小穗，外稃长6～8mm，无芒或具长约3mm的短芒	饲用及绿肥		浙江、湖南
5812	*Lomatogoniopsis alpina* T. N. Ho et S. W. Liu	辐花	Gentianaceae 龙胆科	一年生草本；单叶对生，花单生或呈伞房状聚伞花序，花梗紫红色，5深裂，蓝色或下部黄色带蓝色脉纹	观赏	中国	西藏、青海
5813	*Lomatogonium lijiangense* T. N. Ho	丽江肋柱花	Gentianaceae 龙胆科	一年生草本；茎密被乳突，常带紫红色，基生叶早落，茎生叶无柄，圆锥状复聚伞花序密集，花冠蓝色	观赏	中国	云南
5814	*Lomatogonium rotatum* (L.) Fries ex Nyman	辐状肋柱花	Gentianaceae 龙胆科	一年生草本；茎近四棱，叶无柄，花顶生和腋生，花冠淡蓝色，具深色脉纹，裂片椭圆状披针形	观赏	中国	西南、西北、华北、东北
5815	*Lonas annua* (L.) Vines et Druce	罗纳菊	Compositae (Asteraceae) 菊科	一年生草本；叶互生，羽状分裂；头状花序密集成伞房花序；小花全部为管状花；花期8～10月	观赏	地中海地区	
5816	*Lonicera acuminata* Wall.	淡红忍冬	Caprifoliaceae 忍冬科	落叶或半常绿藤本；叶薄革质至革质，卵状矩圆形、条状披针形；双花在小枝顶集成近伞房状花序或单生于小枝上部叶腋；果实蓝黑色，卵圆形	药用		西南及陕西、甘肃、安徽、浙江、江西、福建、台湾、湖北、湖南、广东、广西

（续）

序号	拉丁学名	中文名	所属科	特征及特性	类别	原产地	目前分布/种植区
5817	*Lonicera bournei* Hemsl.	西南忍冬（新拟）	Caprifoliaceae 忍冬科	藤本；叶薄革质，卵状矩圆形或矩圆状披针形；花有香味，双花密集于小枝或侧生短枝成短总状花序；果实红色	蔬菜，药用		广西、云南
5818	*Lonicera chrysantha* Turcz. ex Ledeb.	金花忍冬	Caprifoliaceae 忍冬科	落叶灌木；单叶对生；花成对生于叶腋，花冠先白后黄；花期5～6月；果实红色	观赏	中国	亚洲
5819	*Lonicera confusa* (Sweet) DC.	华南忍冬（山银花）	Caprifoliaceae 忍冬科	半常绿灌木；叶卵形或卵状矩圆形，双花腋生或侧生小枝集合成短总状花序，苞片披针形，花冠白色，后变黄色；果椭圆形	药用		广东、广西
5820	*Lonicera dasystyla* Rehder	水忍冬（毛花柱忍冬）	Caprifoliaceae 忍冬科	藤本；叶卵形或卵状矩圆形；双生花于小枝梢叶腋，集合成总状花序；花冠白色，近基部带紫红色，后变淡黄色；果实黑色	蔬菜，药用		广东、广西
5821	*Lonicera ferdinandii* Franch.	秦岭忍冬（葱皮忍冬）	Caprifoliaceae 忍冬科	灌木；高达3m；总花梗极短；花冠黄色，长1.5～2cm，外面生柔毛并杂有腺毛或倒生小刺刚毛，唇形，上唇具4裂片	观赏	中国	河南、河北、内蒙古、陕西、甘肃、四川、山西
5822	*Lonicera ferruginea* Rehder	锈毛忍冬	Caprifoliaceae 忍冬科	藤本；总花梗多个集合呈伞房状；萼筒有小硬毛或无毛，萼齿卵状披针形，有小硬毛；花冠黄色，外密生锈色硬毛，唇形，上唇具4裂片，下唇反转，2倍短于花冠筒；雄蕊5，与花柱均稍超过花冠	蜜源		广西、云南、贵州
5823	*Lonicera fragrantissima* Lindl. et Paxton	郁香忍冬（香吉利子，羊奶子）	Caprifoliaceae 忍冬科	半常绿灌木；叶卵状椭圆形至卵状披针形，花成对腋生，包片线状披针形，花冠唇形，粉红色或白色，浆果红色	果树	中国	安徽、江西、湖北、河南、河北、山西
5824	*Lonicera fragrantissima* subsp. *phyllocarpa* (Maxim.) P. S. Hsu et H. J. Wang	樱桃忍冬	Caprifoliaceae 忍冬科	落叶灌木；叶纸质，被刚毛和柔毛；花芳香，花冠白色或淡红色；花期3～4月	观赏	中国	河北、陕西、山西、甘肃、江苏、安徽、河南等
5825	*Lonicera fragrantissima* subsp. *standishii* (Carrière) P. S. Hsu et H. J. Wang	杈杷果（斯坦氏忍冬，苦糖果）	Caprifoliaceae 忍冬科	落叶灌木；叶长披针形；花着生幼枝基部苞腋内，花冠5裂，花瓣白色或紫红，子房下位；果实分叉状，种子扁圆形	有毒，药用		华中

（续）

序号	拉丁学名	中文名	所属科	特征及特性	类别	原产地	目前分布/种植区
5826	*Lonicera hildebrandiana* Collett et Hemsl.	大果忍冬	Caprifoliaceae 忍冬科	常绿藤本；小枝暗红色或淡褐色，叶革质，椭圆形，双花单生叶腋或在小枝顶集合成短总状花序，花冠白色后变黄色，果实梨状	观赏	中国	广西、云南东南部至西南部
5827	*Lonicera hispida* Pall. ex Roem. et Schult.	刺果忍冬（刚毛忍冬）	Caprifoliaceae 忍冬科	灌木；高达1.5m；花冠白色或淡黄色，漏斗状，长（1.5～）2.5～3cm，外面有短柔毛，基部具囊；浆果红色，椭圆形，长约1cm	果树		河北、山西、陕西、甘肃、四川
5828	*Lonicera hypoglauca* Miq.	菰腺忍冬	Caprifoliaceae 忍冬科	落叶藤本；叶卵形至卵状矩圆形；花集生侧生短枝上，或遇小枝顶集合成总状，苞片条状披针形，花冠白色；果近圆形	药用		华东、华南及江西、四川
5829	*Lonicera japonica* Thunb.	忍冬（鸳鸯藤，茶叶花，金银花）	Caprifoliaceae 忍冬科	多年生半常绿木质藤本；茎中空；叶对生卵形；花成对腋生，萼片齿裂5，花冠上唇4浅裂，雄蕊5，雌蕊1；浆果	药用，观赏	中国	全国
5830	*Lonicera lanceolata* Wall.	柳叶忍冬	Caprifoliaceae 忍冬科	落叶灌木；高达4m；叶纸质，卵形至卵状披针形或菱状矩圆形；花冠淡紫色或紫红色；果实黑色，圆形	蔬菜，药用		四川、云南、西藏
5831	*Lonicera maackii* （Rupr.）Maxim.	金银木（金银忍冬）	Caprifoliaceae 忍冬科	落叶小灌木；株高约6m；小枝中空；单叶对生，卵状椭圆形至卵状披针形，花成对腋生，花冠先白后黄	观赏	中国	东北、华北、华中、华东、西南
5832	*Lonicera macrantha* （D. Don）Spreng.	大花忍冬	Caprifoliaceae 忍冬科	藤本；总花梗多个集生呈伞房状；萼齿披针形，有小硬毛；花冠先白色后转黄色，有微香，外具小硬毛、微毛和腺毛，唇形，上唇具4裂片，下唇反卷	蜜源		全国
5833	*Lonicera macranthoides* Hand.-Mazz.	灰毡毛忍冬	Caprifoliaceae 忍冬科	藤本；叶卵形、卵状披针形、矩圆形至宽披针形；花有香味，双花常密集于小枝梢成圆锥状花序；花冠白色，后变黄色；果实黑色，圆形	蔬菜，药用		安徽、浙江、江西、福建、湖北、湖南、广东、广西、四川、贵州
5834	*Lonicera microphylla* Willd. ex Roem. et Schult.	小叶忍冬	Caprifoliaceae 忍冬科	矮小灌木；总花梗单生叶腋，下垂；相邻两花的萼筒几乎全部合生，萼檐呈环状；花冠黄白色，里面生柔毛，基部浅囊状，唇形，上唇具4裂片；浆果红色	观赏	中国、蒙古、中亚、俄罗斯西伯利亚地区	新疆、甘肃、青海、宁夏、内蒙古

（续）

序号	拉丁学名	中文名	所属科	特征及特性	类别	原产地	目前分布/种植区
5835	*Lonicera modesta* Rehder	下江忍冬	Caprifoliaceae 忍冬科	灌木；幼枝密生短柔毛；叶对生；两花合生叶腋，花冠白色，基部带淡紫色；浆果红色；花期3～4月	观赏	中国	长江流域中、下游地区
5836	*Lonicera myrtillus* Hook. f. et Thomson	越橘叶忍冬	Caprifoliaceae 忍冬科	落叶灌木；叶、叶柄和苞片疏生红褐色微腺缘毛，幼枝灰褐色或带红紫色，叶纸质，花冠白、淡紫或紫红色	观赏	中国	云南、四川、西藏
5837	*Lonicera pekinensis* Rehder	北京忍冬	Caprifoliaceae 忍冬科	落叶灌木；高3m多；叶卵状椭圆形至卵状披针形或椭圆状矩圆形；花冠白色或带粉红色；果实红色，椭圆形	果树		河北、山西、陕西、甘肃、安徽、浙江、河南、湖北、四川东部
5838	*Lonicera rhytidophylla* Hand.-Mazz.	网脉忍冬	Caprifoliaceae 忍冬科	攀缘藤本；花管状，白、黄色，芳香，萼齿矩圆状披针形，密生短硬毛；花冠先白色变黄色，外密生短柔毛，花柱无毛，浆果	蜜源		广西
5839	*Lonicera rupicola* Hook. f. et Thomson	西藏忍冬	Caprifoliaceae 忍冬科	落叶灌木；叶对生或三叶轮生，矩圆状披针形；花冠高脚蝶形，粉红至紫色	观赏	中国	西藏、云南、四川、甘肃
5840	*Lonicera rupicola* var. *syringantha* (Maxim.) Zabel	粉红金银花	Caprifoliaceae 忍冬科	直立或披散灌木；花序生于分枝基部叶腋中，总花梗极短，花冠高脚碟形，淡紫红色，外面疏生微柔毛，裂片5，几相等，长为管的一半；浆果红色，球形	观赏	中国	
5841	*Lonicera ruprechtiana* Regel	长白忍冬	Caprifoliaceae 忍冬科	落叶灌木幼枝被毛；单叶对生，叶长圆形，倒卵形至披针形，表面无毛，背面有短柔毛；花腋生，两性	观赏		东北
5842	*Lonicera sempervirens* L.	贯月忍冬	Caprifoliaceae 忍冬科	常绿藤本；叶宽椭圆形、卵形至矩圆形；花轮生，每轮通常6朵，2至数轮组成顶生穗状花序；果实红色	观赏	北美洲	上海、杭州
5843	*Lonicera similis* Hemsl.	细毡毛忍冬	Caprifoliaceae 忍冬科	落叶藤本；叶卵形、卵状矩圆形至卵状披针形或披针形；双花单生于叶腋或少数集生枝端成总状花序；花冠先白色后变淡黄色；果实蓝黑色，卵圆形	果树		陕西、甘肃、浙江、福建、湖北、湖南、广西、贵州、四川、云南

（续）

序号	拉丁学名	中文名	所属科	特征及特性	类别	原产地	目前分布/种植区
5844	*Lonicera spinosa* Jacquem. ex Walp.	棘枝忍冬	Caprifoliaceae 忍冬科	落叶灌木；常具坚硬、刺状、无叶小枝，叶对生，花生短枝叶腋，苞片叶状，花冠初淡紫红色后变白色	观赏	中国	西藏西南部和东北部、新疆
5845	*Lonicera tangutica* Maxim.	袋花忍冬	Caprifoliaceae 忍冬科	落叶灌木；老枝褐色或灰黑色，总花梗生幼枝基部叶腋，花冠黄、白或淡黄白色，裂片边缘带紫色，果红色	观赏	中国	四川、湖北、安徽、陕西、甘肃、青海、贵州、云南、西藏
5846	*Lonicera tatarica* L.	新疆忍冬	Caprifoliaceae 忍冬科	灌木；高达 3m；花冠粉红色或白色，唇形，上唇具 4 裂片，中间 2 裂片之间比与侧裂片要裂得较浅，花冠筒较短于唇瓣，基部具浅囊；雄蕊 5，短于花冠；花柱短于花冠，有短柔毛	观赏	俄罗斯、土耳其	新疆
5847	*Lonicera tragophylla* Hemsl.	盘叶忍冬	Caprifoliaceae 忍冬科	落叶缠绕藤本；叶长椭圆形，花在小枝端轮生，头状，花冠黄色至橙黄色，浆果红色	观赏	中国	长江流域山野间
5848	*Lophatherum gracile* Brongn.	淡竹叶（长竹叶，淡竹米，竹叶麦冬）	Gramineae (Poaceae) 禾本科	多年生直立草本；秆高 50～100cm，具肥厚的块状根；叶披针形，长 5～12cm；圆锥花序，小穗疏离，颖宽长圆形，具短芒；颖果	药用		长江流域和江苏、安徽、浙江、江西、福建、台湾、湖南、广东、广西、四川、云南西南部
5849	*Lophophora williamsii* (Lem.) J. Coult.	僧冠拳（乌羽玉）	Cactaceae 仙人掌科	多浆植物；花冠漏斗形，顶生，淡粉红色，稍带白色；花期 4～6 月	观赏	墨西哥、美国得克萨斯州南部	
5850	*Lophostemon confertus* (R. Br.) Peter G. Wilson et Waterh.	红胶木	Myrtaceae 桃金娘科	常绿乔木；叶互生，椭圆形或椭圆状披针形；聚伞花序侧生于新枝上；花白色；蒴果半球形或杯形	观赏	澳大利亚	广州、海南、广西、台湾
5851	*Loranthus tanakae* Franch. et Sav.	北桑寄生（桑寄生）	Loranthaceae 桑寄生科	有正常叶地半寄生性灌木；茎常二歧分叉，有蜡纸层；叶对生，全缘纸质；穗状花序顶生，花常两性，黄绿色；果为浆果状	药用		河北、山西、陕西、甘肃、新疆
5852	*Loropetalum chinense* (R. Br.) Oliv.	檵木（檵花，桎木）	Hamamelidaceae 金缕梅科	常绿灌木或小乔木；花 4～8 朵簇生于总状花梗上，呈顶生头状或短穗状花序，花瓣 4 枚，淡紫红色，带状线形；蒴果木质，倒卵圆形	观赏	中国	长江流域以南地区

（续）

序号	拉丁学名	中文名	所属科	特征及特性	类别	原产地	目前分布/种植区
5853	*Loropetalum subcordatum* (Benth.) Oliv.	四药门花	Hamamelidaceae 金缕梅科	常绿灌木或小乔木；高 12m；叶互生，卵形或椭圆形；头状花序腋生，花白色，两性，花瓣 5，带状；蒴果近球形	林木，我国特有残遗单种		香港、广西
5854	*Lotus alpinus* (Ser.) Schleicher ex Ramond	高原百脉根	Leguminosae 豆科	多年生草本；全株被白色长柔毛；总花梗长 1～2cm，具 2～4 花，长 8～11mm，黄色，苞片长为萼的 1/4～1/3	饲用及绿肥		青海、西藏
5855	*Lotus angustissimus* L.	尖叶百脉根	Leguminosae 豆科	一、二年生草本；总花梗长 2.5～4cm，具 1～2 花，长 5～7mm，橙黄色，苞片长与萼几相等；荚果细，圆柱形	饲用及绿肥		新疆
5856	*Lotus australis* Andrews	兰屿百脉根	Leguminosae 豆科	多年生草本；茎圆柱形，高 50～80cm；具 3～4(8)花，长 14～20mm，白色；荚果线状圆柱形，长 3～5cm，无翅	饲用及绿肥		台湾（兰屿）
5857	*Lotus corniculatus* L.	百脉根（鸟趾豆，五叶草）	Leguminosae 豆科	多年生草本；茎丛生，高 11～45cm；叶互生，奇数羽状复叶，小叶 5，卵形；花常 3～4 朵排成顶生伞形花序，花冠黄色；荚果	饲用及绿肥，有毒	马达加斯加	湖北、湖南、四川、云南、贵州、甘肃、陕西、广西
5858	*Lotus corniculatus* var. *japonicus* Regel	光叶百脉根	Leguminosae 豆科	多年生草本；高 20～100cm；羽状复叶小叶 5 枚；伞形花序，花冠黄色带细红脉纹，旗瓣圆形；荚果直，圆柱形；种子球形	饲用及绿肥		西北
5859	*Lotus frondosus* (Freyn) Kupr.	新疆百脉根（密叶百脉根）	Leguminosae 豆科	多年生草本；茎高 10～35cm，无毛；伞形花序，总花梗纤细，长 2～5cm，具 1～2(3)花，橙黄色，苞片 3 枚，与萼等长	饲用及绿肥		新疆
5860	*Lotus praetermissus* Kupr.	短果百脉根	Leguminosae 豆科	一二年生草本；茎直立或平卧上升，基部分枝；伞形花序，花 1～2 朵，花冠鲜黄色；花期 6～9月	观赏	中国新疆	
5861	*Lotus tenuis* Waldst. et Kit. ex Willd.	细叶百脉根	Leguminosae 豆科	一年生草本；高 10～30cm；小叶 5，披针形或倒披针形；花 1～3 朵排为伞形花序，具叶状总苞，花冠黄色；荚果圆柱形	药用		新疆、甘肃、陕西、山西、贵州

（续）

序号	拉丁学名	中文名	所属科	特征及特性	类别	原产地	目前分布/种植区
5862	*Lotus tetragonolobus* L.	翅荚百脉根	Leguminosae 豆科	一年生草本；茎高 15～40cm，具棱；具 5 小叶；具 1～2 花，长达 2cm，深红色；荚果圆柱形，内壁具隔膜，具 4 翅	饲用及绿肥		
5863	*Lotus uliginosus* Schk.	湿地百脉根	Leguminosae 豆科	多年生草本；叶片倒卵形，先端钝；伞形花序 1～2 枚腋生，具 5～12(15)花，花萼 5 深裂，萼片等长于萼筒	饲用及绿肥		
5864	*Loxogramme grammitoides* (Baker) C. Chr.	匙叶剑蕨	Loxogrammaceae 剑蕨科	多年生草本；叶远生或近生，近纸质两面近光滑，孢子囊群长圆形，孢子圆球形	观赏	中国	华东、西南及台湾、湖南、湖北、甘肃、陕西、河南
5865	*Luculia pinceana* Hook.	滇丁香	Rubiaceae 茜草科	常绿灌木或乔木；叶纸质长圆形，背面较苍白，托叶三角形，伞房状聚伞花序顶生，花冠红色	观赏	中国	广西西部和西北部、贵州、云南、西藏
5866	*Luculia yunnanensis* S. Y. Hu	鸡冠滇丁香	Rubiaceae 茜草科	常绿灌木；叶革质或纸质，房状聚伞花序顶生，花梗密被绒毛，花冠红色，冠管圆柱形；蒴果有毛，卵形	观赏	中国	云南
5867	*Lucuma nervosa* DC.	蛋黄树（桃榄）	Sapotaceae 山榄科	常绿小乔木；高 7～9m；花聚生于枝顶叶腋，每叶腋有花 1～2 朵；花细小，约 1cm；肉质浆果，长 5～8cm，果肉橙黄色	果树	南美	广东、台湾
5868	*Ludisia discolor* (Ker Gawl.) A. Rich.	血叶兰	Orchidaceae 兰科	总状花序顶生，具几朵至 10 余朵花；花白色或带淡红色，花瓣近半卵形；唇瓣下部与蕊柱的下半部合生成管，基部具囊，囊 2 浅裂，囊内具 2 枚肉质的胼胝	观赏	中国	广东、云南
5869	*Ludwigia adscendens* (L.) Hara	水龙（过江藤）	Onagraceae 柳叶菜科	多年生水生草本；节上生根，浮水茎节上常有圆柱状白色囊状浮器——呼吸根；叶互生，倒卵形；花两性，白色，单生叶腋；蒴果圆柱形	药用		长江以南各省份
5870	*Ludwigia caryophyllea* (Lam.) Merr. et F. P. Metcalf	细花丁香蓼	Onagraceae 柳叶菜科	一年生草本；高 10～30cm；叶互生，草质，狭披针形；花两性，单生叶腋，黄色，萼筒与子房贴生，子房下位；蒴果长圆柱状	杂草		广东、广西、湖南、福建

（续）

序号	拉丁学名	中文名	所属科	特征及特性	类别	原产地	目前分布/种植区
5871	*Ludwigia epilobiloides* Maxim.	丁香蓼（红豇豆）	Onagraceae 柳叶菜科	一年生草本；茎高 30～80（～100）cm；叶互生，披针形或长圆状披针形；花单生叶腋，无梗，花瓣 4，黄色，子房下位；蒴果线状柱形	药用		几遍全国，但主要分布长江以南各省份
5872	*Ludwigia hyssopifolia*（G. Don）Exell	草龙	Onagraceae 柳叶菜科	一年生草本；高 20～60cm；茎聚 3～4 纵棱；叶互生，狭条状披针形或长圆状披针形；花单生叶腋，黄色；蒴果长圆柱形	药用		长江以南各省份
5873	*Ludwigia octovalvis*（Jacq.）P. H. Raven	水丁香	Onagraceae 柳叶菜科	多年生草本；茎高 30～90cm，全株密生细毛；叶互生，披针形；花单生叶腋，花瓣 4，黄色，花盘有 4 个毛丛；蒴果狭圆柱形	杂草		台湾
5874	*Ludwigia ovalis* Miq.	卵叶丁香蓼	Onagraceae 柳叶菜科	一年生草本；茎柔软匍匐，节上生根；叶互生，宽卵形至卵状圆形；花单生叶腋，黄绿色，萼筒椭圆形，无花瓣；蒴果椭圆形	杂草		江苏、安徽
5875	*Luffa acutangula*（L.）Roxb.	有棱丝瓜（棱角丝瓜，胜瓜）	Cucurbitaceae 葫芦科	一年生蔓性草本；花黄色；生长势稍弱；果实具 9～11 棱；种皮厚，有皱网纹	蔬菜，药用	亚洲热带	广东、广西、福建、上海、江苏、浙江、湖南、湖北
5876	*Luffa cylindrica* Roem.	丝瓜	Cucurbitaceae 葫芦科	一年生攀缘性草本；根系发达；分枝性强，茎每节有分歧卷须；叶掌状或心脏形；雄花为穗状花序；果实长棒形、梭形、圆柱形，有数条墨绿色纵纹，表面粗糙	蔬菜	亚洲亚热带	全国各地均有分布
5877	*Luisia morsei* Rolfe	钗子股	Orchidaceae 兰科	茎直立或斜立；总状花序与叶对生，通常具 4～6朵花，花瓣近卵形；后唇围抱蕊柱，稍凹陷；前唇近肾状三角形，先端凹缺并且其背面具 1 枚圆锥形的乳突，边缘多少具圆缺刻	观赏	中国	广东、广西、浙江、云南
5878	*Lumnitzera littorea*（Jack）Voigt	红榄李	Combretaceae 使君子科	常绿小乔木；有时灌木状，高 1～6m；叶密集枝顶，倒卵形或倒披针形；总状花序顶生，花两性，花瓣红色，长圆形或椭圆形；果纺锤形	林木		海南陵水、三亚
5879	*Lumnitzera racemosa* Willd.	榄李	Combretaceae 使君子科	常绿灌木或小乔木；叶互生，稍肉质；总状花序腋生，花小，两性，白色，有香味；花期冬季	观赏	中国	台湾、海南、广东、广西

（续）

序号	拉丁学名	中文名	所属科	特征及特性	类别	原产地	目前分布/种植区
5880	*Lunaria annua* L.	缎花	Cruciferae 十字花科	一年生至三年生草本；叶单生；总状花序顶生，花堇色，紫色或白色，萼常为紫色，有香气；花期5～6月	观赏	欧洲东部	
5881	*Lupinus bicolor* Lindl.	双色羽扇豆	Leguminosae 豆科	一年生草本；掌状复叶，5～7小叶，仅上面被柔毛；花序长约30cm，花常复色，花梗具毛，花长5～6mm	观赏	墨西哥	
5882	*Lupinus hartwegii* Lindl.	三色羽扇豆（墨西哥羽扇豆）	Leguminosae 豆科	一年生草本，株高60～90cm；掌状复叶，小叶7～9枚、多毛；总状花序，长20～30cm；花蓝色；有白、玫红色和矮生等园艺品种	观赏	墨西哥	
5883	*Lupinus hirsutus* L.	毛羽豆	Leguminosae 豆科	一年生；顶生总装花序；花萼丝状被软毛，花冠蓝色；果实长3.7～7.5cm，宽1.8～2cm，密被柔毛	蜜源		湖北、湖南、江苏、安徽
5884	*Lupinus luteus* L.	黄花羽扇豆	Leguminosae 豆科	一年生草本；小叶倒披针形，两面被伏贴绢毛；花序轴长于复叶，花轮生，黄色，花萼二唇形，上唇2尖齿，宿存	饲用及绿肥		
5885	*Lupinus nanus* Dougl.	矮羽扇豆	Leguminosae 豆科	一年生草本；托叶与叶柄的基部合生，花蓝色，芳香，萼二唇形，深5裂；旗瓣直立，阔，边缘背弯；龙骨瓣有喙，内弯；雄蕊单体，花药异型；花柱内弯，柱头有毛；荚果扁平，种子间有缢纹	观赏	美国加利福尼亚州	
5886	*Lupinus perennis* L.	宿根羽扇豆	Leguminosae 豆科	多年生草本；高50～90cm；掌状复叶，叶具长柄；总状花序，花白、粉、蓝等	观赏	北美	
5887	*Lupinus polyphyllus* Lindl.	多叶羽扇豆	Leguminosae 豆科	多年生草本；茎直立，全株无毛；小叶9～15片，长4～10cm，宽1～2.5cm；花序多花而稠密，花蓝色，梗长4～10mm	饲用及绿肥	北美西部	西藏有栽培
5888	*Luzula multiflora*（Ehrh.）Lej.	多花地杨梅	Juncaceae 灯心草科	多年生草本；叶线形；花序常由5～12个小头状花序集生成聚伞花序；蒴果近卵形	杂草		我国南北各地区普遍分布

（续）

序号	拉丁学名	中文名	所属科	特征及特性	类别	原产地	目前分布/种植区
5889	*Lychnis chalcedonica* L.	皱叶剪秋罗（鲜红剪秋罗）	Caryophyllaceae 石竹科	多年生草本；花序顶生，呈头状，具多数花；花萼筒状棒形，具10条纵脉，脉上被长毛，萼齿5，三角状披针形；花瓣5，红色，深2裂，瓣爪具缘毛，副花冠2，管状	观赏		
5890	*Lychnis cognata* Maxim.	浅裂剪秋罗	Caryophyllaceae 石竹科	多年生草本；根肥厚成纺锤形，叶对生；花聚集茎顶，萼筒状棍棒形；雄蕊10，子房棍棒形，花柱5；蒴果	观赏		东北、华北
5891	*Lychnis coronaria* (L.) Desr.	毛叶剪秋罗（粉红剪秋罗，毛缕）	Caryophyllaceae 石竹科	多年生草本；全株被白绒毛，叶对生，基生叶多密，茎生叶疏小，抱茎，花单生，鲜红	观赏	南欧	
5892	*Lychnis coronata* Thunb.	剪夏罗（剪红罗，碎剪罗）	Caryophyllaceae 石竹科	多年生草本；叶交互对生，卵状椭圆形，有细锯齿，无柄，花顶生，浅橙红色或白色	观赏	中国长江流域至秦岭	
5893	*Lychnis fulgens* Fisch.	大花剪秋罗（光辉剪秋罗）	Caryophyllaceae 石竹科	多年生草本；全株被长柔毛，聚伞花序顶生，花瓣5，先端有2深裂，深红色	观赏	中国东北及河北、山西、内蒙古、云南、四川	
5894	*Lychnis senno* Siebold et Zucc.	剪秋罗	Caryophyllaceae 石竹科	多年生草本；叶对生，无柄，两面被柔毛，二歧聚伞花序顶生，花萼筒状，花瓣深红色	观赏	长江流域和秦岭以南	
5895	*Lychnothamnus barbartus* (Meyen) von Leonhardi	有芒松藻	Characeae 轮藻科	一年生草本；高25～40cm；茎下部节具淀粉球茎；托叶单轮；小枝5～9枚一轮，小枝节具2～6枚苞片；雌雄同株，藏卵器的冠部小尖嘴状	杂草		辽宁、四川、云南
5896	*Lycium barbarum* L.	宁夏枸杞（茨果子，明目子）	Solanaceae 茄科	灌木或小乔木；叶互生或丛生于短枝上；花腋生，花冠漏斗状，5裂，雄蕊5，雌蕊1；浆果，种子扁肾形	药用	中国	西北、华北
5897	*Lycium chinense* Mill.	枸杞（枸杞菜，枸杞子）	Solanaceae 茄科	多分枝灌木；高0.5～1m；单叶互生或2～4枚簇生，卵形、卵状菱形、长椭圆形、卵状披针形；花冠漏斗状，淡紫色；浆果红色，卵状	果树，药用，有毒	中国	东北及河北、山西、陕西、甘肃、华中、华南、华东各省份

（续）

序号	拉丁学名	中文名	所属科	特征及特性	类别	原产地	目前分布/种植区
5898	*Lycium chinense* var. *potaninii* (Pojark.) A. M. Lu	波氏枸杞	Solanaceae 茄科	枸杞 *Lycium sinensis* 的变种；不同于枸杞在于：叶通常为披针形、矩圆状披针形或条状披针形；花冠裂片的边缘缘毛稀疏，基部耳不显著；雄蕊稍长于花冠	果树		新疆
5899	*Lycium cylindricum* Kuang et A. M. Lu	柱筒枸杞	Solanaceae 茄科	灌木；叶单生在短枝上 2～3 枚簇生；花单生或有时 2 朵同叶簇生，花萼钟状，花冠筒部圆柱形状；子房卵状；果实卵形	蔬菜	中国	新疆
5900	*Lycium dasystemum* Pojark.	新疆枸杞	Solanaceae 茄科	多分枝灌木；高达 1.5m；叶形状多变，倒披针形，椭圆状倒披针形或宽披针形；花多 2～3 朵同叶簇生于短枝上或在长枝上单生于叶腋，花冠漏斗状；浆果卵圆状或矩圆状	药用	中国	新疆、甘肃、青海、中亚
5901	*Lycium ruthenicum* Murray	黑果枸杞	Solanaceae 茄科	灌木；高 20～70cm，小枝顶端成棘刺状，叶 2～6枚簇生于短枝上，花 1～2 朵生于短枝上；花梗细，花萼窄钟状，浆果球形	药用		陕西北部、宁夏、甘肃、青海和新疆等地沙漠地区
5902	*Lycium truncatum* Y. C. Wang	截萼枸杞	Solanaceae 茄科	灌木；高 1～1.5m；叶在长枝上通常单生，在短枝上则数枚簇生，条状披针形或披针形；花 1～3朵生于短枝上同叶簇生；浆果矩圆状或卵状矩圆形，顶端有小尖头	蔬菜	中国	陕西、山西、内蒙古、甘肃
5903	*Lycium turcomanicum* Turcy	中亚枸杞	Solanaceae 茄科	灌木，花冠钟状、花冠漏斗状，浅紫色；浆果卵形或卵状球形，成熟时红色	果树		陕西、甘肃、青海、宁夏
5904	*Lycium yunnanense* Kuang et A. M. Lu	云南枸杞	Solanaceae 茄科	直立灌木；丛生；叶在长枝和棘刺上单生，在极端的瘤状短枝上二至数枚簇生；花通常是由于节间极短缩而叶簇生，淡蓝紫色，子房卵状；果实球状	蔬菜	中国	云南
5905	*Lycopersicon cheesmanii* Riley	契斯曼尼番茄	Solanaceae 茄科	一年生或多年生草本，成熟果肉为黄或橙色；种子长 1.0mm 或更短，浆果呈扁圆、圆或樱桃状，红色、黄色或粉红色；种子扁平，有毛茸，灰黄色	蔬菜	南美洲的安第斯山地带	

（续）

序号	拉丁学名	中文名	所属科	特征及特性	类别	原产地	目前分布/种植区
5906	*Lycopersicon chilense* Dun	智利番茄	Solanaceae 茄科	成熟果肉为绿或白色；种子大小变化大；两叶合轴分枝；花序具大苞叶；花药相互黏连形成筒状，花药侧裂；直立生长，花梗长度超过15cm，花密生，花药筒顶端无弯曲	蔬菜	智利	
5907	*Lycopersicon chmielewskii* C. M. Rick, E. Kesicki, J. F. Forbes, & M. Holle	克梅留斯基番茄	Solanaceae 茄科	成熟果肉为绿或白色；花较大；种子大小变化大；两叶合轴分枝；花序具小苞叶或者无苞叶；花较大（花冠直径大于等于2cm）；种子长度大于等于1.5mm	蔬菜	南美洲的安第斯山地带	
5908	*Lycopersicon esculentum* Mill.	番茄（西红柿，洋柿子）	Solanaceae 茄科	一年生草本；根系再生力强；茎半蔓生或半直立，分枝性强；不规则羽状复叶，小叶卵形或椭圆形；总状花序或复总状花序，花黄色，花瓣5～6出；果实为红或黄色的多汁浆果	蔬菜，观赏	南美洲的安第斯山地带	全国各地均有分布
5909	*Lycopersicon hirsutum* Humb et Bompl	多毛番茄	Solanaceae 茄科	一年生或多年生草本，成熟果肉为绿或白色；种子大小变化大；三叶合轴分枝，浆果呈扁圆、圆或樱桃状，红色、黄色或粉红色；种子扁平，有毛茸，灰黄色	蔬菜	南美洲的安第斯山地带	
5910	*Lycopersicon parviflorum* C. M. Rick, E. Kesicki, J. F. Forbes, & M. Holle	小花番茄	Solanaceae 茄科	成熟果肉为绿或白色；花较小；种子大小变化大；两叶合轴分枝；花序具小苞叶或者无苞叶；花较小（花冠直径小于或等于1.5cm）；种子长度小于1mm或更短	蔬菜	南美洲的安第斯山地带	
5911	*Lycopersicon pennellii* (Corr) D'Arcy	潘那利番茄	Solanaceae 茄科	成熟果肉为绿或白色；种子大小变化大；两叶合轴分枝；花序具大苞叶；花药不相互粘连，顶端开裂	蔬菜	南美洲的安第斯山地带	
5912	*Lycopersicon peruvianum* (L.) Mill.	秘鲁番茄	Solanaceae 茄科	成熟果肉为绿或白色；种子大小变化大；两叶合轴分枝；花序具大苞叶；花药相互粘连形成筒状，花药侧裂；匍匐生长，花梗长度短于15cm，花松散排列，花药筒顶端通常弯曲	蔬菜	秘鲁	
5913	*Lycopersicon pimpinellifolium* (Jusl.) Mill.	醋栗番茄	Solanaceae 茄科	成熟果肉为红色；果实直径小于1.5cm，通常约为1.0cm；叶缘呈波浪状或全缘；种子长1.5mm或者更长	蔬菜	南美洲的安第斯山地带	

（续）

序号	拉丁学名	中文名	所属科	特征及特性	类别	原产地	目前分布/种植区
5914	*Lycopodium japonicum* Thunb.	石松（金毛狮子草）	Lycopodiaceae 石松科	多年生常绿草本；主茎匍匐；叶螺旋排列，针形；孢子囊穗生于总梗顶部，孢子叶卵状三角形；孢子囊肾形	有毒		全国除东北、华北外
5915	*Lycopus lucidus* Turcz. ex Benth.	地笋（地瓜苗，地参）	Labiatae 唇形科	多年生草本；匍匐根状茎，密生须根，块茎短圆柱形；叶长圆状披针形，叶缘粗齿状锯齿；花白色，轮伞花序	蔬菜，药用	中国	东北及陕西、河北、四川、贵州、云南
5916	*Lycoris albiflora* Koidz.	乳白石蒜	Amaryllidaceae 石蒜科	多年生草本；春季出绿色带状叶，顶端钝圆，伞形花序有花6～8朵，初奶黄色，后乳白色	观赏	中国	江苏
5917	*Lycoris anhuiensis* Y. Hsu et G. J. Fan	安徽石蒜	Amaryllidaceae 石蒜科	多年生草本；叶带状，中间淡色带明显；伞形花序有4～6朵花，花黄色，基部微皱缩	观赏	中国	安徽、江苏
5918	*Lycoris aurea* （L'Hr.） Herb.	忽地笑（黄花石蒜，铁色箭）	Amaryllidaceae 石蒜科	多年生草本；鳞茎肥大；叶基生，宽条形；先花后叶；伞形花序，花鲜黄或橘黄；蒴果	有毒		陕西、河南以及长江以南
5919	*Lycoris caldwellii* Traub	短蕊石蒜	Amaryllidaceae 石蒜科	多年生草本；春季出带状绿色叶，中间淡色带不明显，伞形花序花被裂片倒卵状披针形	观赏	中国	江苏、浙江、江西
5920	*Lycoris chinensis* Traub	中国石蒜	Amaryllidaceae 石蒜科	多年生草本；春季出带状绿色叶，中间淡色带明显，伞形花序有黄色花6～8朵	观赏	中国	河南、江苏、浙江
5921	*Lycoris guangxiensis* Y. Xu et G. J. Fan	广西石蒜	Amaryllidaceae 石蒜科	多年生草本；春季出狭带状深绿色叶，中间淡色带明显，淡棕色，披针形，伞形花序，花蕾黄色	观赏	中国	广西
5922	*Lycoris houdyshelii* Traub	江苏石蒜	Amaryllidaceae 石蒜科	多年生草本；秋季出带状深绿色叶，中间淡色带明显，伞形花序，花被裂片背具绿色中肋	观赏	中国	江苏、浙江
5923	*Lycoris incarnata* Comes ex Sprenger	香石蒜	Amaryllidaceae 石蒜科	多年生草本；春季出带状绿色叶，初开白色，后变肉红色，花被裂片腹面散生红色条纹，背面具紫红色中肋	观赏	中国	湖北、云南
5924	*Lycoris longituba* Y. Hsu et G. J. Fan	长筒石蒜	Amaryllidaceae 石蒜科	多年生草本；春季出披针形绿色叶，中间淡色带明显，总苞片2，披针形，伞形花序花被裂片腹面具淡红色条纹，边缘不皱缩	观赏	中国	江苏

（续）

序号	拉丁学名	中文名	所属科	特征及特性	类别	原产地	目前分布/种植区
5925	*Lycoris radiata* （L'Hr.）Herb.	石蒜（老鸦蒜）	Amaryllidaceae 石蒜科	多年生草本；鳞茎椭圆形；叶线形；花茎单生，伞形花序有花6～7朵，花鲜红色，子房下位，3室；蒴果	药用，经济作物（特用类）	中国	西南、华南、华东、华中及台湾
5926	*Lycoris rosea* Thunb. et Moldenke	玫瑰石蒜	Amaryllidaceae 石蒜科	多年生草本；秋季出带状淡绿色叶，伞形花序，花被裂片倒披针形，中度反卷和皱缩	观赏	中国	江苏、浙江
5927	*Lycoris sanguinea* Maxim.	血红石蒜	Amaryllidaceae 石蒜科	鳞茎卵球形；伞形花序有花3～8朵，花被左右对称，红色，花被筒长达1.5cm，裂片倒披针形，先端钝；雄蕊集于下方，先端上弯，花丝长6.5cm，与花被近等长；花柱长8cm	观赏	日本	
5928	*Lycoris shaanxiensis* Y. Hsu et Z. B. Hu	陕西石蒜	Amaryllidaceae 石蒜科	多年生草本；春季出带状叶，伞形花序，花被裂片腹面散生淡红色条纹，背具红色中肋，反卷和微皱缩	观赏	中国	陕西、四川
5929	*Lycoris sprengeri* Comes ex Baker	换锦花	Amaryllidaceae 石蒜科	多年生草本；春季出带状绿色叶，伞形花序，花淡紫色，花被裂片顶端蓝色，倒披针形，边缘不皱缩	观赏	中国	安徽、江苏、浙江、湖北
5930	*Lycoris squamigera* Maxim.	鹿葱	Amaryllidaceae 石蒜科	多年生草本；秋季出叶，立即枯萎，春季再抽带状绿色叶，伞形花序有淡紫色	观赏	日本	山东、江苏、浙江
5931	*Lycoris straminea* Lindl.	麦秆石蒜	Amaryllidaceae 石蒜科	多年生草本；秋季出带状绿色叶，伞形花序，花被裂片腹面散生红色条纹或斑点，强度反卷和皱	观赏	中国	江苏、浙江
5932	*Lygodium circinnatum* （Burm. f.）Sw.	海南海金沙	Lygodiaceae 海金沙科	多年生攀缘蕨类植物；叶二型，厚纸质，不育叶生茎下部，掌状深裂，能育叶生茎上部，二叉掌状深裂，裂片均披针形	观赏	中国	广东、海南、广西、云南
5933	*Lygodium japonicum* （Thunb.）Sw.	海金沙（铁线藤，落网藤）	Lygodiaceae 海金沙科	多年生攀缘草本；叶羽片生于叶轴短枝两侧，营养叶羽片尖三角形，二回羽状复叶，孢子叶羽片卵状三角形，裂片边缘生流苏状孢子囊穗	杂草		长江以南各省份，北达秦岭南坡

（续）

序号	拉丁学名	中文名	所属科	特征及特性	类别	原产地	目前分布/种植区
5934	*Lygodium microphyllum* (Cav.) -R. Br.	小叶海金沙	Lygodiaceae 海金沙科	多年生攀缘蕨类；叶近二型，不育叶矩圆形，奇数羽状，羽片心形，能育叶同形，羽片三角形	观赏	中国暖温带及亚热带	
5935	*Lyonia ovalifolia* (Wall.) Drude	米饭花（乌饭草，饱饭花）	Ericaceae 杜鹃花科	落叶小乔木；常为灌木；叶坚纸质，椭圆形；总状花序腋生；花梗下弯；花冠白色，椭圆状坛形；蒴果，室背开裂	有毒		西南及台湾、广西
5936	*Lyonia popowii* (Palib.) Chun	波氏米饭花	Ericaceae 杜鹃花科	常绿灌木；高1～3m；总状花序；每一花序有3～4花枝，密生壶状小花，悬垂性，花冠白或白绿；蒴果球形	有毒		福建
5937	*Lyonia villosa* (Wall. ex C. B. Clarke) Hand. -Mazz.	毛叶米饭花	Ericaceae 杜鹃花科	落叶灌木；高2～3m；总状花序腋生，通常有花8～12(～15)朵，密生于有黄褐色细毛的总轴上；萼片狭披针形，绿色，有毛；花冠卵状坛形，乳黄色，向下，外面有灰色细毛，口部5裂，裂片尖头；子房有毛	有毒		四川、云南、西藏
5938	*Lysidice rhodostegia* Hance	龙眼参（单刀根，仪花）	Leguminosae 豆科	小乔木；叶纸质；圆锥花序，总轴、苞片被短疏柔毛，苞片粉红色，花瓣紫红色，阔倒披针形	药用，观赏	中国	云南、广东、广西
5939	*Lysimachia candida* Lindl.	泽珍珠菜（泽星宿菜）	Primulaceae 报春花科	一年或两年生草本；高15～30cm；基部叶匙形或倒披针形，茎生叶互生，倒卵形或条形；总状花序顶生，花冠白色；蒴果圆球形	药用		长江以南各省份及河南
5940	*Lysimachia christiniae* Hance	过路黄（金钱草）	Primulaceae 报春花科	多年生草本；茎单一，平卧匍匐，长20～60cm；叶对生，质薄心脏形，具黑色腺条；花成对腋生，花冠6裂，黄色，子房卵圆形；蒴果球形	观赏	中国	长江流域及山西、陕西、甘肃、四川、贵州、云南
5941	*Lysimachia clethroides* Duby	矮桃（珍珠菜，山高粱，狗尾巴草）	Primulaceae 报春花科	多年生草本；被黄褐色卷毛；叶互生，有黄色卷毛，黑色斑点；总状花序长20～40cm，花冠白色；蒴果球形，瓣裂，有宿存花柱	药用，经济作物（油料类），饲用及绿肥	中国	除西北地区外，其他各省份均有分布
5942	*Lysimachia congestiflora* Hemsl.	聚花过路黄	Primulaceae 报春花科	多年生草本；茎高15～25cm，初被黄褐色皱曲柔毛；叶对生，卵形至宽卵形；花常2～4朵集生茎端，花冠黄色，喉部紫色；蒴果球形	药用		华东、华南、华中、西南及陕西、甘肃

（续）

序号	拉丁学名	中文名	所属科	特征及特性	类别	原产地	目前分布/种植区
5943	*Lysimachia foenum-graecum* Hance	灵香草（零陵草，香草）	Primulaceae 报春花科	多年生草本；叶互生，椭圆或卵形；花单生茎上部叶腋，萼宿存，花冠5深裂，雄蕊5，子房上位；球形果	药用		西南、华南及湖北
5944	*Lysimachia fortunei* Maxim.	星宿菜	Primulaceae 报春花科	多年生草本；根状茎横走；茎高30～70cm，有黑色腺点；叶长椭圆形至宽披针形；总状花序顶生，花冠白色，喉部有腺毛；蒴果球形	药用，饲用及绿肥		华东、华中、华南
5945	*Lysimachia grammica* Hance	金瓜儿	Primulaceae 报春花科	多年生草本；高14～30cm；有多细胞柔毛和显著的黑紫色腺条；茎丛生；叶三角状卵形；花单生叶腋，花冠黄色，子房圆形；蒴果球形	药用		华东及山西、陕西、云南、四川、贵州、湖北
5946	*Lysimachia hemsleyana* Maxim. ex Oliv.	点腺过路黄	Primulaceae 报春花科	多年生匍匐草本；被短柔毛，有紫色或黑色腺点；叶对生，心形或宽卵形，具点状突起；花单生叶腋，花冠黄色，钟状辐形；蒴果球形	杂草		陕西、江苏、安徽、浙江、江西、湖北、湖南、四川
5947	*Lysimachia heterogenea* Klatt	黑腺珍珠菜	Primulaceae 报春花科	多年生草本；高40～80cm；茎4棱形；叶对生，披针形至椭圆状披针形，密生黑色腺点；总状花序数个再组成广阔圆锥花序；蒴果球形	药用，饲用及绿肥		河南、湖北、安徽、江苏、浙江、福建、江西、湖南、广东
5948	*Lysimachia japonica* Thunb.	小茄	Primulaceae 报春花科	多年生草本；高7～30cm，被灰白色细柔毛；叶对生，宽卵形至近圆形，密生半透明腺点；花单生叶腋，花冠黄色；蒴果球形	杂草		安徽、浙江、江苏、广东、海南、湖南、台湾
5949	*Lysimachia klattiana* Hance	轮叶过路黄（轮叶排草）	Primulaceae 报春花科	多年生草本；高15～40cm，密被多细胞锈色长毛；叶多为3叶轮生，在茎顶部甚密集；花密集茎顶，花冠黄色，5深裂；蒴果近球形	药用		华东、西南及河南、湖北
5950	*Lysimachia parvifolia* Franch.	小叶珍珠菜（小叶排草）	Primulaceae 报春花科	多年生草本；茎基部发匍匐枝，茎高10～30cm；基生叶匙形，茎生叶长椭圆形至卵状披针形；总状花序顶生，常近伞房状，花冠白色；蒴果	杂草		华东、西南
5951	*Lysimachia pentapetala* Bunge	狭叶珍珠菜	Primulaceae 报春花科	一年生草本；高30～60cm；叶互生，条状披针形，背面具赤褐色腺点；总状花序顶生，初花时密集成头状，花冠白色；蒴果5瓣裂	观赏，饲用及绿肥		东北、华东及内蒙古、陕西、河北、河南、湖北、四川

（续）

序号	拉丁学名	中文名	所属科	特征及特性	类别	原产地	目前分布/种植区
5952	*Lysimachia pumila* (Baudo) Franch.	矮星宿菜	Primulaceae 报春花科	多年生草本；茎密被褐色短柄腺体，两面有暗紫色或黑色短线条和腺点，花4～8朵生茎端，花冠淡红色	观赏	中国	云南西北部、四川西部
5953	*Lysionotus pauciflorus* Maxim.	石吊兰（吊石苣苔，岩头三七）	Gesneriaceae 苦苣苔科	常绿附生小灌木；花单生或集成聚伞花序，花冠筒状，淡红色，有蓝紫色纵条纹	观赏	中国	华东及湖南、湖北、四川、贵州、云南、广西、广东、江苏、陕西
5954	*Lythrum salicaria* L.	千屈菜（水柳）	Lythraceae 千屈菜科	多年生草本；高约1m；叶对生或3叶轮生，无柄，狭披针形；大型穗状花序顶生，花两性，花瓣6，紫色，子房上位；蒴果外有萼片包藏	药用		西南及辽宁、河北、河南、山东、安徽、山西、陕西、湖南
5955	*Lythrum salicaria* var. *intermedium* (Ledeb. ex Colla) Koehne	中千屈菜	Lythraceae 千屈菜科	多年生草本；茎高达1m，被白色柔毛；叶对生，狭披针形；叶缘具短硬睫毛；总状花序顶生，数朵簇生叶状苞片腋内；蒴果包于萼筒内	药用		河北、内蒙古、河南、四川、陕西、新疆
5956	*Lythrum virgatum* L.	多枝千屈菜	Lythraceae 千屈菜科	多年生灌木状草本；全株淡绿色；叶对生，歧伞花序，花瓣紫红色	观赏	中国	
5957	*Maackia amurensis* Rupr. et Maxim.	朝鲜槐（山槐）	Leguminosae 豆科	乔木；羽状复叶互生，卵状或倒卵状椭圆形；复总状花序，花萼被红棕色柔毛；花冠白色；荚果，种子长椭圆形	有毒		东北及内蒙古、河北、山东
5958	*Maackia hupehensis* Takeda	马鞍树	Leguminosae 豆科	落叶乔木；奇数羽状复叶，互生，小叶对生；花白色，密生呈复总状圆锥花序	观赏	中国	江西、湖北、四川等
5959	*Maackia tenuifolia* (Hemsl.) Hand. -Mazz.	光叶马鞍槐	Leguminosae 豆科	灌木；高约2m；总状花序顶生，长达10cm；花稀疏，长18～20mm；萼筒状，长约9mm，萼齿4，短，边缘有柔毛；花冠绿白色；子房条形，密生短柔毛，有子房柄	观赏	中国	陕西、江苏、浙江、江西、河南、湖北

（续）

序号	拉丁学名	中文名	所属科	特征及特性	类别	原产地	目前分布/种植区
5960	*Macadamia ternifolia* F. J. Muell	澳洲坚果	Proteaceae 山龙眼科	高大乔木；高18～19m；叶披针形，3～4片叶轮生，革质；花序无分枝，着生于二年生叶片脱落处，每个花序有100～200朵单花，单花乳白色；果圆形，外果皮革质	果树	澳大利亚	福建、海南、广东、广西
5961	*Macaranga denticulata* (Blume) Müll. Arg.	中平树（灯笼树）	Euphorbiaceae 大戟科	乔木；高4～10m；花单性，雌雄异株，无花瓣；圆锥花序腋生，雄者较长，雌者较短，长3～5cm；雄花萼片3～4，镊合状；无退化子房；雌花萼片4，子房2～3室，花柱2～3，不分裂	蜜源		广东、广西、云南
5962	*Macfadyena unguis-cati* (L.) A. Gentry	猫爪藤	Bignoniaceae 紫葳科	常绿木质藤本，借气根攀缘；叶对生，顶端具3枚钩状卷须；长圆形，先端渐尖，基部钝；花单生或2～5朵组成圆锥花序；蒴果线形	药用，观赏	热带美洲	广东、福建
5963	*Machilus chinensis* (Champ. ex Benth.) Hemsl.	华润楠（黄槁，山椒果，荔枝槁）	Lauraceae 樟科	常绿树种、乔木；高达25m，叶革质，倒卵状长椭圆形或椭圆状倒披针形，先端钝或短渐尖；两性花，花序顶生，2～4个集生，上部分枝，有花6～10果球形；种子球形	林木，观赏	中国	广东、海南、广西
5964	*Machilus japonica* var. *kusanoi* (Hayata) J. C. Liao	大叶楠（大叶润楠）	Lauraceae 樟科	常绿乔木；高7～15m；圆锥花序，总苞早落，总花梗细，红色，花白色；花被片6，外面有丝毛；能育雄蕊9，花药4室，第三轮雄蕊花药外向瓣裂；子房近球形	观赏	中国	台湾
5965	*Machilus leptophylla* Hand.-Mazz.	薄叶润楠（华东楠，大叶楠）	Lauraceae 樟科	小乔木；圆锥花序腋生，花被片6；能育雄蕊9，花药4室，2上2下排列，第三轮雄蕊花药外向瓣裂	林木，观赏	中国	江苏、安徽、浙江、福建、江西、湖南、广东、广西和贵州
5966	*Machilus nanmu* (Oliv.) Hemsl.	滇楠（楠木）	Lauraceae 樟科	绿乔木；高达30m，胸径可达1.6m；叶互生，倒卵状宽披针形；圆锥花序生于新枝下部，被黄色或灰白色柔毛；浆果状核卵圆形	观赏	中国	云南南部、四川、贵州、广西、湖南、西藏东南部

（续）

序号	拉丁学名	中文名	所属科	特征及特性	类别	原产地	目前分布/种植区
5967	*Machilus pauhoi* Kaneh.	刨花楠（楠木，竹叶楠，刨花树）	Lauraceae 樟科	常绿乔木；叶革质互生，狭椭圆形或倒披针形，羽状脉；两性花，细小、黄白色，为腋生的圆锥花序；果熟呈蓝黑色，果下有宿存反曲的花被裂片	林木，观赏	中国	安徽、浙江、福建、江西、湖南、广东和广西
5968	*Machilus robusta* W. W. Sm.	粗壮润楠	Lauraceae 樟科	乔木；花序生枝顶和先端叶腋，花灰绿、黄绿或黄色，花梗被短柔毛，带红色	观赏	中国	云南南部、贵州南部、广西、广东
5969	*Machilus thunbergii* Siebold et Zucc.	红楠（小楠木，红润楠）	Lauraceae 樟科	常绿阔叶乔木；高达 20m，胸径 1m；树冠浓密优美，新生叶、果梗及刚出土幼茎均为鲜红色；叶片倒卵状椭圆形，叶表面有光泽，背面有粉绿色，全缘，革质；圆锥花序，花期 4 月；果实球形，熟时蓝黑色	药用，观赏	中国、日本、朝鲜	山东、安徽、浙江、福建、湖南、广东等
5970	*Machilus yunnanensis* Lecomte	滇润楠	Lauraceae 樟科	乔木；高达 30m，花淡绿色、黄绿色或黄玉白色；花被外面无毛，内面被柔毛，筒倒锥形，花被裂片长圆形，外轮稍短；花丝基部被柔毛，第三轮雄蕊稍长	观赏	中国	云南
5971	*Macleaya cordata*（Willd.）R. Br.	博落回（号筒杆，黄薄荷）	Papaveraceae 罂粟科	多年生草本或呈亚灌木状；茎圆柱状，中空，含橙色液汁；叶互生宽卵形；大型圆锥花序；花黄白色；蒴果近圆形	有毒		长江流域中、下游地区
5972	*Macleaya microcarpa*（Maxim.）Fedde	小果博落回	Papaveraceae 罂粟科	直立草本；具乳黄色浆汁；叶宽卵形或近圆形；大型圆锥花序多花，萼片舟状，无花瓣；子房倒卵形；蒴果近圆形	药用，有毒		甘肃、陕西、湖北、河南
5973	*Maclura cochinchinensis*（Lour.）Corner	畏芝（构棘，饭团筋）	Moraceae 桑科	常绿灌木；花单性，雌雄异株；球状花序单个或成对腋生，具短柄，被柔毛；雄花序雄花具花被片 3～5，楔形，被毛；雌花序雌花具花被片 4，先端厚有绒毛	经济作物（特用类）		台湾、海南
5974	*Maclura pomifera*（Raf.）C. K. Schneid.	柘橙（橙桑）	Moraceae 桑科	落叶乔木或小乔木；树冠疏展，叶厚纸质；圆锥花序；聚花果肉质，近球形，有香味	观赏	美洲	河北

（续）

序号	拉丁学名	中文名	所属科	特征及特性	类别	原产地	目前分布/种植区
5975	*Maclura tricuspidata* Carrière	柘树（柘桑，柞刺，刺桑）	Moraceae 桑科	落叶灌木或乔木；高可达8m或更高，枝有硬刺；叶卵形或倒卵形，全缘或有时3裂；花单性，雌雄异株，排列成头状花序；聚花果近球形	药用，经济作物（桑类）		中南、华东、西南及河北
5976	*Macroptilium atropurpureum* (Moc. et Sessé ex DC.) Urban	大翼豆（紫花大翼豆）	Leguminosae 豆科	多年生蔓生草本；羽状3小叶；托叶卵形，长4～5mm，小叶卵形，上面被短柔毛，下面被银色茸毛；花深紫色；荚果线形	饲用及绿肥	美洲热带	广东、广西、云南、江西、台湾
5977	*Macroptilium lathyroides* (L.) Urb.	紫花豆（大翼豆）	Leguminosae 豆科	一年生或二年生直立草本；有时攀缘；托叶披针形，长5～10mm，小叶狭椭圆形，上面无毛，下面密被短柔毛；花紫红色	饲用及绿肥		广东、福建
5978	*Macrosolen cochinchinensis* (Lour.) Tiegh.	鞘花（寄生果）	Loranthaceae 桑寄生科	灌木；高0.5～1m；叶对生，革质，阔椭圆形至披针形；总状花序，有时呈伞形花序状，有花4～8朵，花冠橙色；浆果近球形	药用		云南、四川、贵州、广西、广东、福建
5979	*Madhuca hainanensis* Chun et F. C. How	海南紫荆木（子京木，子京，毛兰胶根）	Sapotaceae 山榄科	乔木；高9～30m；叶聚生于小枝顶端，长圆状倒卵形或长圆状倒披针形；花1～3朵腋生；花冠白色；果绿黄色，卵球形至近球形	观赏		海南
5980	*Madhuca pasquieri* (Dubard) H. J. Lam	紫荆木（滇木花生）	Sapotaceae 山榄科	高大乔木；高达30m；叶互生，星散或密聚于分枝顶端，倒卵形或倒卵状长圆形；花数朵簇生叶腋；花冠黄绿色；果椭圆形或小球形	林木，观赏	中国	广东西南部、广西南部、云南东南部
5981	*Maesa japonica* (Thunb.) Moritzi et Zoll.	杜茎山	Myrsinaceae 紫金牛科	常绿灌木；有时攀缘状；叶互生，总状花序，白色或浅黄色；果球形，肉质	观赏	中国、日本、越南	长江流域以南至台湾、福建、广东、海南、广西、云南
5982	*Maesa montana* A. DC.	金珠柳（野兰，白子木，普洱茶）	Myrsinaceae 紫金牛科	灌木或乔木；高2～3m；叶片坚纸质，椭圆状或长圆状披针形或卵形；总状花序或圆锥花序，常于基部分枝，腋生；花冠白色，钟形，具脉状腺条纹，裂片卵形	药用	中国	我国西南各省份至台湾以南地区
5983	*Maesa perlarius* (Lour.) Merr.	鲫鱼胆（空心花，冷饭果）	Myrsinaceae 紫金牛科	落叶灌木；高3m；叶膜质或近坚纸质，广椭圆状卵形至椭圆形；总状花序或圆锥花序腋生；果球形，直径约3mm	药用		四川、贵州、广西、广东、海南、台湾、东南沿海各地

（续）

序号	拉丁学名	中文名	所属科	特征及特性	类别	原产地	目前分布/种植区
5984	*Magnolia acuminata* (L.) L.	黄瓜木兰	Magnoliaceae 木兰科	落叶乔木，高约30m；花直径6～9cm，佛焰苞2，花被片无毛，绿色或黄色	观赏	美国	
5985	*Magnolia campbelli* Hook. F. et Thomson	滇藏木兰	Magnoliaceae 木兰科	落叶乔木；嫩枝黄绿色，老枝红褐色，叶椭圆形、长圆状卵形或宽倒卵形，花被片12～16，深红色或粉红色	观赏	中国	西藏南部、云南西北部和西部
5986	*Magnolia grandiflora* L.	荷花玉兰（广玉兰）	Magnoliaceae 木兰科	常绿乔木；叶厚革质，叶大荫浓，花大似荷，白色，花被片9～12，厚肉质，倒卵形；初夏开放	观赏	北美洲东南部	长江流域以南各城市有栽培
5987	*Magnolia obovata* (Thunberg) N. H. Xia et C. Y. Wu	日本厚朴	Magnoliaceae 木兰科	落叶乔木；叶假轮生集聚枝端，倒卵形，花乳白色，浓香，花被片9～12，聚合果鲜红色	观赏		东北及青岛、北京、广州
5988	*Magnolia rostrata* (W. W. Sm.) N. H. Xia et C. Y. Wu	长喙厚朴	Magnoliaceae 木兰科	落叶乔木；高15～25m，树皮灰褐色；叶互生，倒卵形；花大，花梗粗壮，花被外轮3片，反卷，内两轮白色，倒卵状匙形；聚合果圆柱形	观赏		云南、西藏
5989	*Magnolia soulangeana* Soul.-Bod.	二乔玉兰	Magnoliaceae 木兰科	落叶小乔木；高6～10m；花大而芳香，花瓣6，外面呈淡紫红色，内面白色，萼片3，花瓣状，稍短	观赏	中国	北京、上海、杭州、武汉
5990	*Mahonia bealei* (Fortune) Carrière	十大功劳（黄天竹）	Berberidaceae 小檗科	常绿灌木；奇数羽状复叶，厚革质，总状花序簇生，黄褐色，浆果暗蓝色，有白粉；耐阴	药用，有毒	中国	长江以南各地有栽培
5991	*Mahonia conferta* Takeda	密叶十大功劳	Berberidaceae 小檗科	常绿灌木或小乔木；叶厚革，8～18对小叶，总状花序3～6个簇生，花黄色，浆果被白粉	观赏	中国	云南
5992	*Mahonia eurybracteata* Fedde	湖北十大功劳	Berberidaceae 小檗科	常绿灌木；高2～4m，小叶9～17枚，卵状椭圆形或长椭圆形，先端长尖，基部楔形；总状花序3～7个簇生	观赏	中国湖北	湖北
5993	*Mahonia fortunei* (Lindl.) Fedde	十大功劳	Berberidaceae 小檗科	灌木；叶倒卵形至倒卵状披针形；总状花序4～10簇生，花黄色，花瓣长圆形；子房无花柱，胚珠2枚；浆果球形	药用		我国南部、中部及华东

（续）

序号	拉丁学名	中文名	所属科	特征及特性	类别	原产地	目前分布/种植区
5994	*Mahonia gracilipes* (Oliv.) Fedde	刺黄柏（细柄十大功劳）	Berberidaceae 小檗科	常绿灌木；小叶5～7枚，椭圆状倒卵形或椭圆形，先端具刺状尖头；总状花序簇生，花具黄色花瓣和紫色萼片	观赏	中国	四川、云南
5995	*Mahonia japonica* (Thunb.) DC.	华南十大功劳（台湾十大功劳）	Berberidaceae 小檗科	常绿灌木；小叶4～6对无柄，长圆形，边缘具齿，总状花序下垂，5～10个簇生，花黄色	观赏	中国台湾	台湾
5996	*Maianthemum japonicum* (A. Gray) La Frankie	鹿药	Liliaceae 百合科	植株高30～60cm；茎中部以上或仅上部具粗伏毛，具4～9叶；叶纸质，卵状椭圆形、椭圆形或矩圆形，长6～13（～15）cm，宽3～7cm，先端近短渐尖，两面疏生粗毛或近无毛，具短柄	观赏	中国	全国各地均有分布
5997	*Maianthemum purpureum* (Wall.) La Frankie	紫花鹿药	Liliaceae 百合科	植株高25～60cm；通常为总状花序，极罕基部具1～2个侧枝而成圆锥花序；花单生，紫色；花被片完全离生，近椭圆形或矩圆状卵形；浆果近球形	观赏	中国西藏东部和南部、云南西北部，尼泊尔、印度	西藏、云南
5998	*Malania oleifera* Chun et S. K. Lee	蒜头果（山桐果，马兰后）	Olacaceae 铁青树科	常绿乔木；叶卵形或卵状披针形；伞房花序组成总状花序，腋生；萼三角状卵形，花瓣镊合状排列，子房上位；核果，蒜头状	林木		云南、贵州、广西
5999	*Malcolmia africana* (L.) R. Br.	涩芥（离蕊芥）	Cruciferae 十字花科	二年生草本；茎高8～35cm；叶卵状长圆形或披针形；总状花序，花瓣4，粉红色至蓝紫色，中间有一深红色圆点；长角果圆柱状	饲用及绿肥，经济作物（油料类）		西北、华北及内河南、江苏、安徽、四川
6000	*Mallotus apelta* (Lour.) Müll. Arg.	白背叶（野枸麻，野梧桐，白桐子）	Euphorbiaceae 大戟科	落叶灌木或小乔木；高4～7m，雌雄异株，穗状花序；蒴果，圆球形，种子圆形，黑色	观赏		河南、安徽、浙江、江西、湖南、广东、广西
6001	*Mallotus philippinensis* (Lam.) Müll. Arg.	粗糠柴（香桂树）	Euphorbiaceae 大戟科	常绿灌木或小乔木；高10m，雌雄同株，穗状花序顶生或腋生；蒴果，三棱状近球形，种子黑色	蜜源，有毒		浙江、福建、台湾、广东广西、云南、贵州、四川、湖南、湖北

（续）

序号	拉丁学名	中文名	所属科	特征及特性	类别	原产地	目前分布/种植区
6002	*Mallotus repandus*（Willd.）Müll. Arg.	石岩枫	Euphorbiaceae 大戟科	攀缘状灌木；叶互生，卵形或椭圆状卵形；花雌雄异株，总状花序或下部有分枝；雄花序顶生，雌花序顶生；蒴果具2～3个分果爿	有毒		广西、广东南部、海南和台湾
6003	*Malope trifida* Cav.	马络葵	Malvaceae 锦葵科	一、二年生草本，植株高度约70cm；茎光滑，叶互生，花单生叶腋，花瓣5，深红色，基部红紫色	观赏	西班牙、北非	华北
6004	*Malpighia glabra* L.	西印度樱桃（光滑金虎尾）	Malpighiaceae 金虎尾科	常绿灌木；枝条上皮孔显著；伞形花序，花5瓣离生，雄蕊多数，粉红色，花瓣将转淡变白，夏秋结果；核果球形鲜红色	果树	印度群岛	台湾
6005	*Malus asiatica* Nakai	花红（沙果，林檎）	Rosaceae 蔷薇科	小乔木；高4～6m；伞房花序有花4～7朵，生在小枝顶端；花梗长1.5～2cm，密生柔毛；花直径3～4cm；雄蕊17～20；花柱4（～5）	果树，药用	中国	华北、西北
6006	*Malus baccata*（L.）Borkh.	山荆子（山定子，林荆子）	Rosaceae 蔷薇科	落叶乔木；高达10m；枝光滑无毛；叶椭圆或卵圆形；混合花芽，小花3～5朵伞形状着生枝顶，花瓣白色；梨果近圆形	果树，观赏		东北、华北、西北
6007	*Malus doumeri*（Bois）A. Chev.	台湾海棠	Rosaceae 蔷薇科	乔木；花两性；花序近似伞形，有花4～5朵，花黄白色，萼筒倒钟形，外面有绒毛；萼片卵状披针形，全缘，内面密被白色绒毛；花瓣5，卵形，基部具短爪	观赏	中国台湾	
6008	*Malus halliana* Koehne	垂丝海棠（南京海棠）	Rosaceae 蔷薇科	乔木；叶卵形或椭圆形至长椭卵形；伞房花序，具花4～6朵，萼片三角卵形，花瓣倒卵形；果梨形或倒卵形	观赏		长江流域
6009	*Malus honanensis* Rehder	河南海棠（大叶毛茶，牧狐梨）	Rosaceae 蔷薇科	灌木或小乔木；叶宽卵形或长椭圆形；伞形总状花序，具花5～10朵，萼片三角卵形，花瓣卵形，基部近心形；果近球形	果树		河南、河北、山西、陕西、甘肃
6010	*Malus hupehensis*（Pamp.）Rehder	湖北海棠（花红茶）	Rosaceae 蔷薇科	乔木；叶卵形或卵状椭圆形；伞房花序，具花4～6朵，苞片披针形，萼片三角卵形，花瓣倒卵形；果椭圆形或近球形	药用，经济作物（特用类），观赏	中国湖北	西南、华中、华东、华南、西北

（续）

序号	拉丁学名	中文名	所属科	特征及特性	类别	原产地	目前分布/种植区
6011	*Malus kansuensis* (Batalin) C. K. Schneid.	陇东海棠（大石枣，甘肃海棠）	Rosaceae 蔷薇科	灌木至小乔木；叶卵形或宽卵形，伞形总状花序具花 4～10 朵，苞片线状披针形，花瓣宽倒卵形，白色；果椭圆形或倒卵形	观赏		河南、甘肃、陕西、四川
6012	*Malus komarovii* (Sarg.) Rehder	山楂海棠（山苹果，薄叶山楂）	Rosaceae 蔷薇科	落叶乔木或小乔木；单叶互生，宽卵圆形，中部裂片深，边缘有尖锐重锯齿；白色混合花芽；梨果	果树		吉林长白
6013	*Malus leiocalyca* S. Z. Huang	尖嘴林檎（山楂）	Rosaceae 蔷薇科	灌木或小乔木；叶椭圆形至卵状椭圆形；近伞形花序，有花 5～7 朵，萼片三角披针形，花瓣倒卵形，花柱 5；果球形	果树		中南、西南
6014	*Malus mandshurica* (Maxim.) Kom. ex Juz.	毛山荆子（辽山荆子，棠梨木）	Rosaceae 蔷薇科	落叶乔木；高达 15m；幼枝短柔毛，叶椭圆形至倒卵形；混合花芽，花白色；梨果红色，椭圆形	果树，观赏		黑龙江、吉林、辽宁、内蒙古、山西、陕西、甘肃
6015	*Malus micromalus* Makino	西府海棠（海红，小果海棠）	Rosaceae 蔷薇科	小乔木；叶椭圆形；伞形总状花序，有花 4～7 朵，集生小枝顶端，苞片线状披针形，花瓣近圆形或长椭圆形；果近球形	果树	中国	辽宁、河北、山西、山东、甘肃、陕西
6016	*Malus ombrophila* Hand.-Mazz.	沧江海棠	Rosaceae 蔷薇科	乔木；叶卵形；伞形总状花序，有花 4～13 朵，萼筒钟状，萼片三角形，花瓣卵形，基部有短爪，白色；果近球形	观赏		云南、四川、西藏
6017	*Malus prattii* (Hemsl.) C. K. Schneid.	川滇海棠（西蜀海棠）	Rosaceae 蔷薇科	落叶灌木；叶卵状椭圆形；伞房花序有 4～7 朵花，花瓣深粉红色；果扁形至球形，熟时红色	观赏	中国西南	四川、云南
6018	*Malus prunifolia* (Willd.) Borkh.	海棠果（楸子，奈子）	Rosaceae 蔷薇科	小乔木；单叶互生，卵形或椭圆形；近伞形花序，有花 4～10 朵；花蕾粉红色；花白色或带粉红；雄蕊 20 枚，花柱 4～5；萼片宿存；果实卵圆形或近圆形，红色	药用，观赏	中国北部	西北、华北、东北以及长江以南各地
6019	*Malus pumila* Mill.	苹果（奈）	Rosaceae 蔷薇科	乔木；叶椭圆形或卵形；伞房花序，具花 3～7 朵，集生小枝顶端，苞片线状披针形，花瓣倒卵形，基部具短爪；果扁球形	果树		各地栽培

（续）

序号	拉丁学名	中文名	所属科	特征及特性	类别	原产地	目前分布/种植区
6020	*Malus rockii* Rehder	丽江山荆子	Rosaceae 蔷薇科	乔木；叶椭圆形或长圆卵形；近似伞形花序，具花 4～8 朵，苞片披针形，萼筒钟形，花瓣倒卵形；果实卵形或近球形	果树		云南、四川、西藏
6021	*Malus sieboldii*（Regel）Rehder	三叶海棠（野黄子，山楂果）	Rosaceae 蔷薇科	灌木；叶卵形或长椭圆形；花 4～8 朵，集生小枝顶端，苞片线状披针形，萼片三角卵形，花瓣长椭倒卵形；果近球形	药用，果树		华南、华中、华东、西北及辽宁、四川
6022	*Malus sieversii*（Ledeb.）M. Roem.	新疆野苹果（塞威氏苹果）	Rosaceae 蔷薇科	落叶乔木；常多主干丛生，花蕾初放时呈玫瑰紫色，开花后呈粉红色；果实多有红晕，萼片宿存	果树		新疆天山山脉
6023	*Malus sikkimensis*（Wenz.）Koehne	锡金海棠	Rosaceae 蔷薇科	落叶小乔木；单叶互生，边缘具尖锐锯齿；混合花芽，伞房花序，花蕾初放时呈粉红色，开放后为白色；梨果	果树		云南、西藏
6024	*Malus soulardii* Brit.	大鲜果（洋白海棠，小海棠）	Rosaceae 蔷薇科	人工杂交种 *Malus ioensis* × *Malus pumila* 落叶灌木；伞形花序总状；梨果，通常不具石细胞	果树		华北
6025	*Malus spectabilis*（Ait.）Borkh.	海棠花（海棠，海红）	Rosaceae 蔷薇科	落叶小乔木；花 4～8 朵簇生，未开时红色，开后渐变粉色；多复瓣，也有单瓣；果近球形，黄绿色或黄红色	观赏	中国	陕西、甘肃、辽宁、河北、河南、山东、江苏、浙江、云南、四川
6026	*Malus sylvestris* Mill.	森林苹果	Rosaceae 蔷薇科	落叶小乔木；高达 8～10m，具有强大的根系；叶片、花柄、萼筒无毛或微具柔毛，花柱常无毛；树冠和果实形态多种多样	观赏		
6027	*Malus toringoides*（Rehder）Hughes	变叶海棠（大白石枣）	Rosaceae 蔷薇科	灌木或小乔木；叶常卵形至长椭圆形；花 3～6 朵，近似伞形排列，萼筒钟状，花瓣卵形或长椭倒卵形；果倒卵形或长椭圆形	果树		甘肃、四川、西藏
6028	*Malus transitoria*（Batalin）C. K. Schneid.	花叶海棠（马杜梨，涩枣子）	Rosaceae 蔷薇科	灌木或小乔木；叶卵形至广卵形；伞形花序具花 3～6 朵，苞片线状披针形，萼筒钟状，萼片三角卵形，花瓣卵形；果近球形	果树		甘肃、陕西、青海、四川、内蒙古

（续）

序号	拉丁学名	中文名	所属科	特征及特性	类别	原产地	目前分布/种植区
6029	*Malus xiaojinensis* Cheng et Jiang	小金海棠	Rosaceae 蔷薇科	落叶乔木；花为白色或淡红色，直径 2～3.5cm，花瓣倒卵形；果实近球形，红色或黄色，味酸而涩	果树		
6030	*Malus yunnanensis* (Franch.) C. K. Schneid.	滇池海棠（云南海棠）	Rosaceae 蔷薇科	落叶乔木；小枝粗壮，幼时被柔毛，渐脱落；叶卵形至长椭圆状卵圆形，先端短而渐尖；基部圆形或近心脏形，边缘有尖锐重锯齿，一部分叶常具 3(5)对阔而短的裂	果树	中国中部	云南、四川、陕西
6031	*Malus zumi* (Matsum) Reh.	朱眉海棠	Rosaceae 蔷薇科	落叶灌木；伞形花序总状；梨果，通常不具石细胞；是毛山荆子和三叶海棠野生杂交种，乔木，高可达 10m	果树		
6032	*Malva alcea* L.	小锦葵	Malvaceae 锦葵科	多年生草本；叶亮绿，5 裂，叶片有齿或深缺刻，初夏开花，单瓣红色	观赏	欧洲	
6033	*Malva cathayensis* M. G. Gilbert, Y. Tang et Dorr	锦葵	Malvaceae 锦葵科	二年生或多年生草本；茎被粗毛，叶肾形，花数朵腋生，花瓣 5，匙形，紫红色或白色	观赏	中国	全国各地均有分布
6034	*Malva moschata* L.	香葵	Malvaceae 锦葵科	一年生草本，雌雄同株，单生腋出；上萼片线形；萼被绒毛状星状毛；蒴果卵形或椭圆形，长 5～8cm，熟时褐色	观赏	欧洲	
6035	*Malva pusilla* Sm.	圆叶锦葵（野锦葵）	Malvaceae 锦葵科	多年生草本；高 25～50cm；叶互生，肾形，托叶小；花在上部 3～5 朵簇生，在基部单生，花冠白色或粉红色；果实扁圆形	药用		我国广布
6036	*Malva verticillata* L.	野葵（菟葵，旅葵）	Malvaceae 锦葵科	一、二年生草本；叶互生，叶圆状肾形，花簇生叶腋，花瓣 5，白色有紫晕或浅红色	蔬菜，药用	中国	全国各地均有分布
6037	*Malva verticillata* var. *crispa* L.	冬葵	Malvaceae 锦葵科	一年生草本；高 1m；叶圆形；花小，白色，单生或几个簇生于叶腋；果扁球形	蔬菜，观赏	中国	湖南、四川、贵州、云南、江西、甘肃
6038	*Malvastrum coromandelianum* (L.) Gürcke	赛葵（黄花菜）	Malvaceae 锦葵科	半灌木状多年生草本；茎高达 1m；叶卵状披针形或卵形，托叶披针形；花 1～2 朵单生叶腋，花黄色，花瓣 5；分果，分果爿 8～12	药用		广东、广西、福建、台湾、云南

（续）

序号	拉丁学名	中文名	所属科	特征及特性	类别	原产地	目前分布/种植区
6039	*Malvaviscus arboreus* Cav.	悬铃花	Malvaceae 锦葵科	小灌木；高 1m；叶互生卵形，浅裂或不分裂；花单生叶腋，有长柔毛，小苞片 7～12，匙形；肉质浆果状；	观赏	墨西哥、古巴、哥伦比亚	广东、广西、云南
6040	*Mammea americana* L.	曼密苹果（牛油果）	Guttiferae 藤黄科	常绿乔木；聚伞状圆锥花序，多数生于小枝的下部，具梗，被短柔毛；苞片及小苞片线形，被短柔毛；花淡绿带黄色，花被两面被毛，裂片 6，长圆形，外轮 3 枚略小；能育雄蕊 9，排成轮 3，花药 4 室，退化雄蕊 3，位于最内轮，箭头状心形	果树	中美	台湾
6041	*Mammillaria bocasana* Poselg.	棉花球	Cactaceae 仙人掌科	多浆植物；小球丛生，疣状突起腋部无毛；花黄白色	观赏	墨西哥中部	
6042	*Mammillaria compressa* DC.	白龙球	Cactaceae 仙人掌科	多浆植物；茎球形至棒状，淡灰绿色，球顶部被白色绵毛；花小，钟形，着生于球顶部，呈环状排列，粉红色	观赏	墨西哥中部	
6043	*Mammillaria elongata* DC.	金筒球	Cactaceae 仙人掌科	多浆植物；植株密集丛生，茎筒状，直立或匍匐，鲜绿色；辐射刺 15～20 排列成星状，黄色；小花白或黄色	观赏	墨西哥中部	
6044	*Mammillaria geminispina* Haw.	白玉兔	Cactaceae 仙人掌科	多浆植物；茎球形，蓝绿或灰绿色，刺伤球体后白色乳汁流出；球顶部有刺并密被白绵毛；花红色	观赏	墨西哥中部	
6045	*Mammillaria gracilis* Pfeiff.	银毛球	Cactaceae 仙人掌科	多浆植物；单体球径 2～3cm，体色灰绿色；白色刚毛样短小周刺 12～15 枚；白色细针样中刺 1 枚；春季侧生小型淡黄色钟状花，花径约 1cm	观赏	墨西哥中部	
6046	*Mammillaria hahniana* Werd-erm.	玉翁	Cactaceae 仙人掌科	多浆植物；植株球形或扁球形，淡蓝色，疣突圆锥形，腋部有白毛，花紫红色	观赏	墨西哥	
6047	*Mammillaria magnimamma* Haw.	金刚球	Cactaceae 仙人掌科	多浆植物；植株扁球形，丛生，茎有白色乳汁，疣突具四棱，腋部有白色绵毛；花深红色	观赏	墨西哥	

（续）

序号	拉丁学名	中文名	所属科	特征及特性	类别	原产地	目前分布/种植区
6048	*Mammillaria multiceps* Salm-Dyck	绒毛球	Cactaceae 仙人掌科	多浆植物；植株丛生，疣突腋部有长软毛；周刺毛状白色，中刺细针状；花黄色，果红色	观赏	美国得克萨斯州、墨西哥北部	
6049	*Mammillaria perbella* Hildm	大福球	Cactaceae 仙人掌科	多浆植物；球体单生或有分枝，疣突腋部有绵毛，周刺针状白色，中刺锥形白色；花粉或红色	观赏	墨西哥中部	
6050	*Mammillaria plumosa* A. Web	白星	Cactaceae 仙人掌科	多浆植物；植株球形丛生，疣突腋部被白色绵毛，周刺柔软，羽毛状；花黄至绿白色	观赏	墨西哥北部	
6051	*Mammillaria prolifera* （Mill.） Haw	松霞（黄毛球）	Cactaceae 仙人掌科	多浆植物；茎小球形或短筒状；辐射刺多数，毛状，白色，中刺初为深黄色；花小，钟形，白天开放	观赏	西印度群岛	
6052	*Mandragora caulescens* C. B. Clarke	青海茄参	Solanaceae 茄科	多年生草本；茎下部散生鳞片状叶，叶集生茎定点，花单生叶腋，花冠钟形，黄色，浆果球状	观赏	中国	青海、西藏
6053	*Mangifera altissima* Blanco	巴禾杧果	Anacardiaceae 漆树科	乔木，高可达 30m，花萼肉质，杯状，5 裂，黄绿色；花瓣肉质，白色或黄色，2～3mm×4～5mm	果树		
6054	*Mangifera austro-yunnanensis* Hu	滇南杧果	Anacardiaceae 漆树科	常绿大乔木；花杂性，圆锥花序，萼片卵形或长椭圆形，5 裂；花瓣 5，淡黄色；花盘肉质，5 裂；雄蕊 5，4 枚退化，花药紫红色；雌蕊 1，位于花盘中央	果树		云南
6055	*Mangifera beccarii* Ridl.	毕加杧果	Anacardiaceae 漆树科	常绿乔木，单叶互生，全缘，具柄；圆锥花序顶生，花小，杂性，花梗具节；苞片小，早落；乔木；叶片长 7～10cm，宽 3～5cm；球状花序，萼片 4，披针形，具柔毛；花瓣 4	果树		
6056	*Mangifera caloneura* Kurz.	美脉杧果	Anacardiaceae 漆树科	常绿乔木，单叶互生，全缘，具柄；圆锥花序顶生，花小，杂性，花梗具节；苞片小，早落；乔木；叶互生，革质，全缘；花小，杂性，排成顶生的圆锥花序；花盘宽于子房	果树		

（续）

序号	拉丁学名	中文名	所属科	特征及特性	类别	原产地	目前分布/种植区
6057	*Mangifera camptosperma* Pierre	弯籽杧果	Anacardiaceae 漆树科	*M. gedebe* 之异名；1 可育雄蕊，4 或 5 花瓣，种子"曲折型"；植株有乳状汁，茎、枝有大而明显的叶痕	果树		
6058	*Mangifera cochinchinensis* Engl.	越南杧果	Anacardiaceae 漆树科	常绿乔木，单叶互生，全缘，具柄；圆锥花序顶生，花小，杂性，花梗具节；苞片小，早落；乔木；叶互生，革质，全缘；花小，杂性，排成顶生的圆锥花序；花瓣 5，可育雄蕊 5	果树		
6059	*Mangifera duperreana* Pierre	杜柏杧果	Anacardiaceae 漆树科	高达 20m，具板根；奇数羽状复叶互生，小叶 11～17，长椭圆形，长 6～12cm，全缘；圆锥花序，花小，绿白色，花期 5～6 月	果树		
6060	*Mangifera foetida* Lour.	臭杧	Anacardiaceae 漆树科	植株有乳状汁；花雌雄同株，花萼钟状，有彩色斑，呈花瓣状，5 裂，树干直，刺激性白色汁液；叶柄基部肿大，花粉红色至红色，5 数	果树		
6061	*Mangifera gedebe* Miq.	吉地杧果	Anacardiaceae 漆树科	常绿乔木，单叶互生，全缘，具柄；具 1 可育雄蕊，4 或 5 花瓣，种子弯曲成角	果树		
6062	*Mangifera hiemalis* J. Y. Liang	冬杧果	Anacardiaceae 漆树科	本种与林生杧果（*M. sylvatica* Roxb.）相近似，但花淡黄色，果肾形，果先端的喙较短，长 3～5mm，不弯曲，核压扁而不同；果实成熟时淡黄色	果树		
6063	*Mangifera indica* L.	杧果	Anacardiaceae 漆树科	常绿大乔木；叶聚生枝顶，革质，长圆形，长披针形；圆锥花序生枝顶，花小、淡黄色；核果	蜜源		云南、广西、广东、福建、台湾
6064	*Mangifera kemanga* Bl.	褐杧果	Anacardiaceae 漆树科	常绿乔木，单叶互生，全缘，具柄；圆锥花序顶生，花小，杂性，花梗具节；苞片小，早落；乔木；无叶柄，叶片边缘下垂；圆锥花序长约 75cm；果实黄褐色，基部突起，具屑	果树		
6065	*Mangifera longipes* Griff.	长梗杧果	Anacardiaceae 漆树科	乔木；高达 25m；叶长圆状披针形或椭圆状披针形；圆锥花序；花瓣线状长圆形；核果球形或偏斜	果树		云南东南部至西南部

（续）

序号	拉丁学名	中文名	所属科	特征及特性	类别	原产地	目前分布/种植区
6066	*Mangifera minor* BL.	小杧果	Anacardiaceae 漆树科	乔木，高10～35m；叶螺旋形排列，全缘；花被片4～5，雄蕊5；核果长5～10mm，深绿色	果树		
6067	*Mangifera odorata* Griff.	香杧果	Anacardiaceae 漆树科	人工杂交种 *Mangifera indica* × *Mangifera foetida*；常绿乔木；圆锥花序顶生，花小，杂性，花梗具节；苞片小，早落	果树		
6068	*Mangifera pentandra* Hook. f.	五蕊杧果	Anacardiaceae 漆树科	常绿乔木，单叶互生，全缘，具柄；圆锥花序顶生，花小，杂性，花梗具节；苞片小，早落；乔木；叶互生，革质，全缘；花小，杂性，排成顶生的圆锥花序；花瓣5，可育雄蕊5	果树		
6069	*Mangifera persiciformis* C. Y. Wu et T. L. Ming	扁桃杧果	Anacardiaceae 漆树科	常绿乔木；圆锥花序顶生；花小，杂性，黄绿色；核果桃形，稍压扁，熟时淡黄色	果树	中国	广西、贵州、云南、海南
6070	*Mangifera sclerophylla* Hook. f.	硬叶芒果	Anacardiaceae 漆树科	常绿乔木，单叶互生，全缘，具柄；圆锥花序顶生，花小，杂性，花梗具节；苞片小，早落；乔木；叶互生，革质，全缘；花小，杂性，排成顶生的圆锥花序	果树		
6071	*Mangifera siamensis* Warb. ex Craib	泰国杧果	Anacardiaceae 漆树科	乔木；叶长圆形或披针形；圆锥花序长达14cm；花瓣5，长圆形或长圆状披针形；果椭圆状肾形	果树		云南南部
6072	*Mangifera similis* Bl.	小叶杧果	Anacardiaceae 漆树科	高大乔木，叶片楔状倒披针形，钝．圆锥花序顶生，淡紫色，花萼5，卵状披针形，花被为花萼的2倍长，披针形，雄蕊退化	果树		
6073	*Mangifera superba* Hook. f.	华丽杧果	Anacardiaceae 漆树科	植株有乳状汁；花雌雄同株，花萼钟状，有彩色斑，呈花瓣状，5裂，果实倒卵状椭圆形，10～15cm×7.5～9cm	果树		
6074	*Mangifera sylvatica* Roxb.	林生杧果（尼泊尔杧果）	Anacardiaceae 漆树科	常绿乔木；高达25m；树皮里层分泌白色树脂；叶披针形或长圆状披针形；圆锥花序顶生，小苞片卵状披针形；花白色；核果斜长卵形	果树		云南、广西

（续）

序号	拉丁学名	中文名	所属科	特征及特性	类别	原产地	目前分布/种植区
6075	*Mangifera zeylanica* Hook. f.	锡兰杧果	Anacardiaceae 漆树科	常绿乔木，单叶互生，全缘，具柄；圆锥花序顶生，花小，杂性，花梗具节；苞片小，早落；高1.8～3m；叶彩色，花黄绿色	果树		
6076	*Manglietia aromatica* Dandy	香木莲	Magnoliaceae 木兰科	常绿乔木；高达30m；叶革质，倒披针状长圆形至倒披针形；花芳香，花被片11～12，外轮3片淡绿色，内轮3片纯白色；聚合果近球形	林木，观赏		云南、广西
6077	*Manglietia conifera* Dandy	桂楠木莲	Magnoliaceae 木兰科	常绿乔木；高可达20m；叶革质，倒披针形或狭倒卵状椭圆形；聚合果卵圆形	林木，观赏		广东、云南、广西、贵州
6078	*Manglietia dandyi*（Gagnep.）Dandy	大叶木莲（大毛叶木莲）	Magnoliaceae 木兰科	常绿大乔木；高30～40m；叶集生枝端，倒卵形至倒卵状长圆形；花紧靠花被下的佛焰苞；花被片9～13；聚合果	林木，观赏	中国	云南东南部、广西西南部
6079	*Manglietia duclouxii* Finet et Gagnep.	小叶木莲（川滇木莲，古蔺木莲）	Magnoliaceae 木兰科	常绿乔木；叶互生，薄革质，花顶生，花被片9，外轮3片红色，内两轮倒卵形，紫红色，果红色	观赏	中国	云南东北部和东南部、四川东南部
6080	*Manglietia fordiana* Oliver	乳源木莲（狭叶木莲，野厚朴）	Magnoliaceae 木兰科	常绿乔木；叶革质，背疏生红褐色短毛，花单生枝顶，花被片9，白色，外轮3片较薄，内两轮6片稍小	观赏	中国	福建、广东、香港、广西、湖南、江西、贵州、云南
6081	*Manglietia fordiana* var. *hainanensis*（Dandy）N. H. Xia	海南木莲	Magnoliaceae 木兰科	乔木；高达20m；叶薄革质，倒卵形、狭椭圆状倒卵形；聚合果褐色，卵圆形或椭圆状卵圆形	林木		海南
6082	*Manglietia forrestii* W. W. Sm. ex Dandy	滇桂木莲	Magnoliaceae 木兰科	乔木；高达25m；叶革质，倒卵形、长圆状倒卵形；花白色，芳香；聚合果卵圆形或卵球形	林木		云南西部及南部、广西西南部
6083	*Manglietia glauca* Law et Y. F. Wu	灰木莲	Magnoliaceae 木兰科	常绿乔木；叶薄革质，叶下面背平伏褐色毛；花被片9，外轮黄绿色，内2轮乳白色，花径18cm；花期2～4月	观赏，林木	东南亚	广东、广西、云南、海南、福建
6084	*Manglietia grandis* Hu et W. C. Cheng	大果木莲	Magnoliaceae 木兰科	常绿乔木；高10～20m；叶革质，椭圆状长圆形；花被片9～11，雄蕊药室内向裂，药隔及花丝红色；聚合果长圆状卵圆形或长椭圆形	林木，观赏		云南、广西

（续）

序号	拉丁学名	中文名	所属科	特征及特性	类别	原产地	目前分布/种植区
6085	*Manglietia hainanensis* Dandy	绿楠（海南木莲，莺哥绿）	Magnoliaceae 木兰科	常绿树种、乔木；高 30m，单叶互生，薄革质至革质倒卵状长椭圆形，先端后尖；两性花，大，单生，白色；骨突果，果实卵形或长椭圆状卵形	观赏	中国	海南
6086	*Manglietia hookeri* Cubitt et W. W. Sm.	中滇木莲（虎克木莲）	Magnoliaceae 木兰科	常绿乔木；叶革质，花被片 9～12，外轮 3 片基部绿色，上部白色，内两轮厚肉质，基部狭长成爪	观赏	中国	云南、贵州
6087	*Manglietia insignis*（Wall.）Blume	红花木莲	Magnoliaceae 木兰科	常绿乔木；高达 30m；叶倒披针形或长圆状椭圆形；花单生枝顶；花被片 9～12，外轮 3 片，黄绿色，中内轮淡红或黄白色；聚合果卵状长圆形	林木，观赏	中国、缅甸、印度	河南、贵州、广西、云南、西藏
6088	*Manglietia kwangtungensis*（Merr.）Dandy	毛桃木莲	Magnoliaceae 木兰科	常绿乔木；叶倒卵状椭圆形，花被片 9，三轮，乳白色，芳香；花期 5～6 月	观赏	中国	湖南南部及广东、广西
6089	*Manglietia patungensis* Hu	巴东木莲	Magnoliaceae 木兰科	常绿乔木；高 15～25m；叶互生，长 7～20cm，全缘；花单生枝顶，白色，芳香；聚合果圆柱状椭圆形	观赏，经济作物（香料类）、林木		湖北、湖南及四川
6090	*Manglietia szechuanica* Hu	四川木莲（野茶花，瓢儿花）	Magnoliaceae 木兰科	常绿乔木；叶革质，花单生枝顶，花被片 9，外轮 3 片浅绿带紫色，内两轮紫红色	观赏	中国	四川中部和南部、云南北部
6091	*Manihot aesculifolia*（Kunth）Pohl	七叶木薯	Euphorbiaceae 大戟科	人工杂交种；叶片无毛，3～5 裂，裂片阔卵形或椭圆状披针形，全缘；子房无毛	粮食		
6092	*Manihot dichotoma* Ule	叉枝木薯	Euphorbiaceae 大戟科	乔木，高 3～12m，花雌雄同株，花萼钟状，有彩色斑，呈花瓣状，5 裂，裂片覆瓦状；花瓣缺；植株有乳状汁，茎、枝有大而明显的叶痕	粮食		
6093	*Manihot esculenta* Crantz	木薯（树薯，臭薯）	Euphorbiaceae 大戟科	直立亚灌木；块根肉质；叶互生掌状；圆锥花序，花单性同株；花萼钟状；雄花雄蕊 10，雌花子房 3 室；蒴果	粮食，饲用及绿肥	巴西	我国南方各地区

（续）

序号	拉丁学名	中文名	所属科	特征及特性	类别	原产地	目前分布/种植区
6094	*Manihot glaziovii* Müll. Arg.	橡胶木薯	Euphorbiaceae 大戟科	乔木；高 1～1.5m；花大，花单性，花序中雄花在上，雌花在下，早于雄花数天开放	粮食		
6095	*Manihot melanobasis* Muell. Arg.	黑柄木薯	Euphorbiaceae 大戟科	灌木或乔木，花单性同株，无花瓣，排成顶生或腋生的总状花序或圆锥花序；萼钟状，5 裂；花盘分裂成腺体；着生于花盘的裂片或腺体之间；子房 3 室，每室 1 胚珠，花柱 3，基部合生，上部开展	粮食		
6096	*Manilkara hexandra*（Roxb.）Dubard	铁线子	Sapotaceae 山榄科	灌木或乔木；高 3～12m；叶倒卵形或倒卵状椭圆形；花数朵簇生于叶腋；花冠白色；浆果倒卵状长圆形或椭圆形	果树		广东海南西南部、广西南部
6097	*Manilkara zapota*（L.）P. Royen	人心果（赤铁果）	Sapotaceae 山榄科	含胶状乳液；叶片长椭圆形，浓绿色；枝条脆，易折；茎干和枝条有明显叶痕；果为浆果，椭圆形，有石细胞	药用	美洲热带	广东、广西、云南
6098	*Mannagettaea labiata* H. Sm.	豆列当	Orobanchaceae 列当科	寄生草本；常寄生于豆科锦鸡儿属植物的根部；茎粗壮，根短；叶少数，鳞片状，花冠二唇形，干后黄色，花药密被黄白色长绵毛；子房卵球形	药用		湖北、四川
6099	*Mappianthus iodoides* Hand.-Mazz.	甜果藤（定必藤）	Icacinaceae 茶茱萸科	木质藤本；雄花序腋生，长 1～2cm，有糙伏毛；花黄色，有微香；萼齿 5；花冠钟状漏斗形，长 4～6mm，裂片 5，卵形，内面有疏柔毛；雄蕊 5	果树		云南、海南
6100	*Maranta arundinacea* L.	竹芋	Marantaceae 竹芋科	多年生常绿草本；根状茎肥厚；叶片卵状矩圆形或卵状披针线；总状花序顶生，花小，白色	观赏	美洲热带	云南、广东
6101	*Maranta bicolor* Ker Gawl.	花叶竹芋	Marantaceae 竹芋科	多年生草本；茎基部块状，叶中脉两侧有暗褐色斑块，叶缘波状，粉绿色；花序纤细，花白色	观赏	巴西、圭亚那	广东、广西、云南
6102	*Maranta leuconeura* E. Morrt	条纹竹芋（豹纹竹芋，白脉竹芋）	Marantaceae 竹芋科	多年生草本；株高 40～100cm；叶长椭圆形，先端渐尖，基部浑圆，长 30～40cm，宽 10～12cm，绿色，具白色或黄色纵条或斑块	观赏	巴西	

（续）

序号	拉丁学名	中文名	所属科	特征及特性	类别	原产地	目前分布/种植区
6103	*Marchantia polymorpha* L.	地钱（脓痂草，地梭罗）	Marchantiaceae 地钱科	生于阴湿土坡和岩石上；叶状体扁平，带状，多回二歧分枝，多交织成片生长；背面具六角形气室界限，气孔口为烟突式，内着生多数直立的营养丝	药用		全国各地均有分布
6104	*Mariscus compactus*（Retz.）Druce	密穗砖子苗	Cyperaceae 莎草科	多年生草本；秆高 50～90cm；叶平展，叶鞘长，圆筒形；苞片叶状；长侧枝聚伞花序复出，穗状花序近球形，小穗具 3～7 花；小坚果	杂草		华南及台湾、云南
6105	*Mariscus sumatrensis*（Retz.）J. Raynal	砖子苗	Cyperaceae 莎草科	多年生草本；高 10～50cm；苞片叶状；长侧枝聚伞花序简单，穗状花序圆筒形或长圆形，小穗线状披针形，鳞片长圆形；小坚果	杂草		华东、华南、西南、华中
6106	*Markhamia stipulata* var. *kerrii* Sprague	猫尾木（猫尾树）	Bignoniaceae 紫葳科	乔木；奇数羽状复叶；总状花序；花萼芽时封闭，开花时成佛焰苞状，花裂片 5，雄蕊 4；果长披针形，种子每室 2 粒	观赏，林木		云南、广东、海南、广西
6107	*Marsdenia griffithii* Hook. f.	大白药	Asclepiadaceae 萝藦科	粗壮木质藤本；叶宽卵形；团集聚伞花序腋生，多数叠生；花冠白色，近钟形，副花冠裂片钻状或狭披针形；蓇葖木质，长圆状	药用，有毒		云南南部
6108	*Marsdenia longipes* W. T. Wang ex Tsiang et P. T. Li	百灵草	Asclepiadaceae 萝藦科	攀缘灌木；叶长圆形至披针状长圆形；伞房状聚伞花序腋生，花冠紫蓝色，副花冠 5 裂；子房 2 枚离生心皮组成	药用，有毒		云南
6109	*Marsdenia oreophila* W. W. Sm.	喙柱牛奶菜	Asclepiadaceae 萝藦科	攀缘灌木；叶椭圆形；伞形状聚伞花序腋生；花萼 5 裂；花冠内橘红外白；蓇葖果纺锤状，种子具白色绢质种毛	有毒		四川、云南、西藏
6110	*Marsdenia tenacissima*（Roxb.）Moon	通光散（大苦藤，乌骨藤）	Asclepiadaceae 萝藦科	坚韧木质藤本；叶宽卵形；伞形状复聚伞花序腋生；花萼内有腺体，花冠黄紫色；蓇葖果长披针形，种子具白绢质毛	经济作物（纤维类），有毒		广东、四川、云南和贵州
6111	*Marsdenia tinctoria* R. Br.	蓝叶藤（软木通）	Asclepiadaceae 萝藦科	攀缘藤本；5m；叶长圆形 5～12cm，宽 2～5cm；圆锥状聚伞花序，花冠黄白色；蓇葖果长圆状披针形	经济作物（染料类），药用		台湾、两湖、两广、海南、云贵

（续）

序号	拉丁学名	中文名	所属科	特征及特性	类别	原产地	目前分布/种植区
6112	*Marsilea quadrifolia* L.	苹（四叶菜，夜合草）	Marsileaceae 苹科	多年生草本；高 5～25cm；根状茎二叉分枝，茎节向下生须根，向上生叶，小叶 4 片十字形排列；孢子果着生叶柄基部	蔬菜，药用，饲用及绿肥		长江以南、华北及辽宁、陕西
6113	*Mastixia caudatilimba* C. Y. Wu ex Soong	长尾单室茱萸	Cornaceae 山茱萸科	常绿乔木；花未见；果长圆形，干后暗褐色，长 2cm，直径 9mm，顶端宿存 4 枚萼齿，花盘环状，微 4 裂，具 4 枚雄蕊着生痕迹，花柱长 2mm，无毛	果树		云南南部
6114	*Matricaria recutita* L.	母菊	Compositae (Asteraceae) 菊科	一年生草本；舌状花 1 列，舌片白色，反折，长约 6mm，宽 2.5～3mm；管状花多数，花冠黄色，长约 1.5mm，中部以上扩大，冠檐 5 裂	观赏	欧洲、亚洲西部	新疆北部和西部
6115	*Matteuccia struthiopteris* (L.) Tadaro	荚果蕨（黄瓜香，野鸡膀子，小叶贯众）	Onocleaceae 球子蕨科	多年生草本；叶簇生，有叶柄；营养叶幼嫩时掌状卷曲，绿色；孢子叶从叶簇中间抽出，向下反卷成有节荚果状	蔬菜	中国	东北、华北、西南
6116	*Matthiola bicornis* DC.	夜香紫罗兰	Cruciferae 十字花科	一年生草本，高约 45cm；多分枝；花瓣 4，紫色至白色，花淡紫色浓香，傍晚开放，日间闭合	观赏	希腊	
6117	*Matthiola incana* (L.) R. Br.	紫罗兰	Cruciferae 十字花科	二年或多年生草本；高 30～60cm，有灰色星状毛；叶矩圆形或倒披针形；总状花序，花紫红、淡红或白色；长角果圆柱形	经济作物，观赏	欧洲南部	全国各地均有栽培
6118	*Mayodendron igneum* (Kurz) Kurz	火烧花	Bignoniaceae 紫葳科	乔木；叶对生，三回羽状复叶；短总状花序，花萼佛焰苞状，花冠裂片 5，雄蕊 4，着生于花冠管近基部；蒴果	观赏		云南、广西、广东、台湾
6119	*Maytenus hookeri* Loes.	美登木	Celastraceae 卫矛科	无刺灌木；高达 4m；圆锥聚伞花序 2～7 枝丛生，常无明显总花梗，每花序有 3 至多花；花白绿色，5 数，径 3～4mm；雄蕊 5，生于花盘之下	观赏	中国	广西、云南及亚热带地区
6120	*Mazus gracilis* Hemsl.	纤细通泉草	Scrophulariaceae 玄参科	多年生草本；茎匍匐，节上生根；基生叶匙形或卵形，茎生叶倒卵状匙形或近圆形；总状花序通常侧生，花稀疏；蒴果球形	杂草		湖北、河南、江西、浙江、江苏

（续）

序号	拉丁学名	中文名	所属科	特征及特性	类别	原产地	目前分布/种植区
6121	*Mazus miquelii* Makino	通泉草	Scrophulariaceae 玄参科	一年生草本；茎高 5～30cm；叶倒卵形至匙形，边缘具锯齿；总状花序顶生，常在基部即生花，花稀疏，花冠紫色或蓝色；蒴果球形	药用		全国各地均有分布
6122	*Mazus stachydifolius* (Turcz.) Maxim.	弹刀子菜	Scrophulariaceae 玄参科	多年生草本；全株被白色长柔毛基生叶匙形，茎生叶长椭圆形至倒卵状披针形；总状花序顶生，花稀疏，花冠紫色；蒴果	药用，饲用及绿肥		东北、华北、华东、华中及广东、广西、台湾、四川、西藏
6123	*Meconopsis aculeata* Royle	皮刺绿绒蒿	Papaveraceae 罂粟科	一年生草本；基生叶形多变，叶两面、花茎、子房和蒴果密被黄褐色皮刺，总状花序，花瓣4，天蓝色	观赏	中国	西藏
6124	*Meconopsis chelidonifolia* Bureau et Franch.	黄花绿绒蒿（断肠草，蒿枝七，椭果绿绒蒿）	Papaveraceae 罂粟科	多年生草本；茎绿色带紫，花1或2朵生茎和分枝最上部叶腋，成聚伞状圆锥花序，花瓣4黄色	观赏	中国	四川、云南
6125	*Meconopsis grandis* Prain	大花绿绒蒿	Papaveraceae 罂粟科	多年生草本；基生叶具不规则锯齿，上部茎生叶丛生成假轮生状，花生最上部假轮生状叶腋内，紫色或蓝色	观赏	中国	西藏中南部
6126	*Meconopsis henricii* Bureau et Franch.	川西绿绒蒿	Papaveraceae 罂粟科	一年生草本；叶集生，叶两面、花葶、萼片和蒴果外被黄褐色硬毛，花单生，花瓣5～9，深蓝紫色或紫色	观赏	中国	甘肃西南部、四川西部
6127	*Meconopsis horridula* Hook. f. et Thomson	多刺绿绒蒿	Papaveraceae 罂粟科	一年生草本；叶基生，披针形；花单生花葶上，半下垂；花瓣宽倒卵形，蓝紫色；子房圆锥状；蒴果倒卵形或椭圆状长圆形	有毒		西藏、云南、四川、青海
6128	*Meconopsis integrifolia* (Maxim.) Franch.	全缘绿绒蒿	Papaveraceae 罂粟科	一年生草本；花黄色，常3～5朵生茎上部叶腋，花瓣6～8枚；花期5～6月；	观赏	中国云南	西藏、四川、甘肃、青海
6129	*Meconopsis napaulensis* DC.	尼泊尔绿绒蒿	Papaveraceae 罂粟科	一年生草本；全株被黄褐色长柔毛，花在茎、枝端排成总状圆锥花序，花下垂，花瓣4，蓝色	观赏	中国	四川、云南、西藏

（续）

序号	拉丁学名	中文名	所属科	特征及特性	类别	原产地	目前分布/种植区
6130	*Meconopsis oliverana* Franch. et Prain ex Prain	柱果绿绒蒿	Papaveraceae 罂粟科	多年生草本；叶互生，基生和茎生，卵状长圆形，羽状深裂，叶背面被白粉；萼片 2，椭圆形，花瓣 4 黄色	观赏	中国	四川、湖北、陕西
6131	*Meconopsis pseudohorridula* C. Y. Wu et H. Chuang	拟多刺绿绒蒿	Papaveraceae 罂粟科	一年生草本；花葶数枚，粗壮，长 5～9cm，被黄褐色坚硬而平展的刺，花下刺尤密；花单生于花葶上，花瓣宽倒卵形，淡青紫色；	观赏	中国	西藏东南部
6132	*Meconopsis punicea* Maxim.	红花绿绒蒿	Papaveraceae 罂粟科	多年生草本；叶基生，莲座状，全株密被淡黄色或棕褐色刚毛，花单生花葶，下垂，花瓣深红色	观赏	中国	四川、青海、甘肃
6133	*Meconopsis quintuplinervia* Regel	五脉绿绒蒿	Papaveraceae 罂粟科	多年生草本；叶基生，莲座状，狭倒披针形或椭圆状披针形，花单生茎顶，淡蓝色或紫色	观赏	中国	甘肃、陕西、湖北、四川、青海、西藏
6134	*Meconopsis simplicifolia* (D. Don) Walp.	单叶绿绒蒿	Papaveraceae 罂粟科	一年生或多年生草本；叶集生，莲座状，花单生花葶，花葶、萼片和蒴果外密被刚毛，花瓣 5～8，紫色至天蓝色	观赏	中国	西藏东南部至中南部
6135	*Meconopsis smithiana*（Hand.-Mazz.）Taylor ex Hand.-Mazz.	贡山绿绒蒿	Papaveraceae 罂粟科	多年生草本；茎被长硬毛，茎生叶具羽状 3 小叶，两面被长硬毛，总状花序，花瓣 4，黄色	观赏	中国	云南西北部
6136	*Meconopsis speciosa* Prain	美丽绿绒蒿	Papaveraceae 罂粟科	一年生草本；全株被锈色或淡黄色刺毛，花多数生上部茎生叶腋内，花瓣 4～8，蓝色至鲜紫红色	观赏	中国	四川西部、云南西北部、西藏东南部
6137	*Meconopsis wumungensis* K. M. Feng et H. Chuang	乌蒙绿绒蒿	Papaveraceae 罂粟科	一年生草本；花瓣 4，倒卵形，蓝紫色；花丝丝状，花药长圆形；子房狭椭圆形，疏被黄褐色的硬毛，花柱柱头头状，4 裂下延于花柱上	观赏	中国	云南
6138	*Medicago alaschanica* Vassilcz.	阿拉善苜蓿	Leguminosae 豆科	多年生草本；小叶矩圆状倒卵形；花梗明显，长 2～5mm，花冠白色，稀黄色；荚果马蹄形或至卷曲，圈成环形，直径约 4mm	饲用及绿肥		内蒙古、宁夏

（续）

序号	拉丁学名	中文名	所属科	特征及特性	类别	原产地	目前分布/种植区
6139	*Medicago arabica* (L.) Huds.	褐斑苜蓿	Leguminosae 豆科	一年生草本；托叶深裂齿，叶柄长2～8cm，小叶具深色斑纹；荚果旋转3～7圈，直径5～7mm，无色，具棘刺	饲用及绿肥		长江流域可秋播、北方春播
6140	*Medicago arborea* L.	木本苜蓿	Leguminosae 豆科	灌木；高1～2(～4)m；总状花序腋生，花萼钟状，花冠橙黄色；花期5月	观赏	欧洲地中海地区	我国各地均有栽培
6141	*Medicago archiducis-nicolai* G. Sirjaev	矩镰荚苜蓿	Leguminosae 豆科	一年生或多年生草本；高30～80cm；总状花序，具3～5朵花，腋生；总花梗长1～2cm；花萼宽钟形，萼齿三角形，有柔毛；花白色带紫色	饲用及绿肥		青海、甘肃、新疆、四川
6142	*Medicago aschersoniana* Urb.	阿歇逊氏苜蓿	Leguminosae 豆科	一年生草本；茎多分枝，粗壮；叶片具白色条纹，背面具紫条纹；花序具2～3花，黄色；荚果盘绕5圈，边缘钩刺	饲用及绿肥		江苏
6143	*Medicago falcata* L.	野苜蓿（黄苜蓿）	Leguminosae 豆科	多年生杂草；茎高30～60cm；三出复叶，小叶椭圆形至倒披针形；短总状花序有花10余朵，簇生，花冠黄色；荚果弯曲呈镰形	饲用及绿肥	中国新疆	东北、华北、西北
6144	*Medicago falcata* var. *romanica* (D. Brondză) Hayek	罗马苜蓿（草原苜蓿）	Leguminosae 豆科	多年生草本；茎直立，密被黄色绒毛；小叶线形，叶缘仅具2～3锯齿，上面疏被伏毛，下面密被柔毛；荚果挺直	饲用及绿肥		新疆
6145	*Medicago lupulina* L.	天蓝苜蓿（黑荚苜蓿）	Leguminosae 豆科	一或二年生草本；高5～45(60)cm；羽状复叶，具3小叶，小叶广倒卵形、倒卵形或倒卵状楔形；总状花序腋生，超出叶，花很小，10～20余朵，花黄色；荚果肾形	饲用及绿肥		全国各地均有分布
6146	*Medicago minima* (L.) L.	小苜蓿（野苜蓿）	Leguminosae 豆科	一年或越年生杂草；茎铺散，长15～50cm；三出复叶，顶小叶，倒卵形；花1～8朵集生成头状总状花序，花冠黄色；荚果盘曲成球状	饲用及绿肥		西北及河南、江苏、湖北、湖南、四川
6147	*Medicago orbicularis* (L.) Bart.	圆苜蓿	Leguminosae 豆科	一年生草本；茎多分枝，茎叶密被柔毛；荚果大，边缘无刺，盘绕紧密，3～4圈，直径1.5～1.8cm；种子约13粒	饲用及绿肥		江苏
6148	*Medicago platycarpos* (L.) Trautv.	阔荚扁蓿豆（扁荚豆）	Leguminosae 豆科	多年生草本；茎无毛；小叶倒卵形；花序具5～8花，黄色带紫色条纹；荚果长圆状镰形，扁平，长12～18mm	饲用及绿肥		新疆

（续）

序号	拉丁学名	中文名	所属科	特征及特性	类别	原产地	目前分布/种植区
6149	*Medicago polymorpha* L.	南苜蓿（草头，金花菜）	Leguminosae 豆科	一年生或越年生杂草；茎长30～100cm；三出复叶，小叶宽倒卵形；总状花序腋生，有花1～8朵，花冠黄色；荚果螺旋形	饲用及绿肥	印度	我国南方各地多栽培或野生
6150	*Medicago praecox* DC.	早花苜蓿	Leguminosae 豆科	一年生草本；羽状三出复叶，小叶倒心形或倒卵形；伞形花序，具花1～2朵，花小，花冠黄色；荚果卵状盘形	饲用及绿肥	地中海东部沿岸及欧洲东部	我国各地均有栽培
6151	*Medicago rivularis* Vassilcz.	小花苜蓿	Leguminosae 豆科	多年生草本；茎多分枝，常呈垫状；花小，长4～7mm，紫色或杂色	饲用及绿肥		新疆
6152	*Medicago ruthenica* (L.) Trautv.	花苜蓿	Leguminosae 豆科	多年生直立草本；高30～100cm；叶具3小叶，中间小叶卵形、狭卵形或倒卵形；总状花序腋生，花冠黄色，有紫纹；荚果扁平，矩圆形，种子2～4个，矩形	饲用及绿肥		华北、东北及陕西、甘肃、四川
6153	*Medicago sativa* L.	紫苜蓿（紫花苜蓿，蓿草）	Leguminosae 豆科	多年生栽培植物，常逸生为杂草；茎高50～100cm；三出复叶，小叶倒卵状长圆形；总状花序腋生，花密集，花冠紫色；荚果螺旋形	饲用及绿肥	西亚	东北、华北、华东、西北
6154	*Medicago schischkinii* Sumnev.	扭果苜蓿	Leguminosae 豆科	多年生草本；茎具短枝，被伏毛；小叶倒卵形；花序短，头状，花长8～10mm，淡黄色；荚果扭曲1～2圈，被伏毛	饲用及绿肥		新疆
6155	*Medicago scutellata* Mill.	蜗牛苜蓿	Leguminosae 豆科	一年生草本；高约0.5m，直径0.45m；穗状花序，黄色；花被2轮，花萼长约5，4mm，花冠长6～7mm，花瓣5；雄蕊10，9+1式	饲用及绿肥		长江流域
6156	*Medicago trautvetterii* Sumnev.	大花苜蓿	Leguminosae 豆科	多年生草本；多分枝，几无毛；小叶长圆状倒楔形；花序梗长于叶，花紫蓝色，长7～10mm；荚果镰状，无毛	饲用及绿肥		新疆
6157	*Medicago tuberculata* Willd.	小瘤苜蓿（光荚金花菜）	Leguminosae 豆科	一年生，羽状3小叶，小叶小，有小齿，叶脉伸入齿端；总状花序腋生，萼钟形成筒形，萼齿5，等长	饲用及绿肥		长江、淮河流域

（续）

序号	拉丁学名	中文名	所属科	特征及特性	类别	原产地	目前分布/种植区
6158	*Medicago varia* Martyn	杂交苜蓿	Leguminosae 豆科	多年生草本；花序具 8～15 花，花由黄色转蓝色、紫色至深紫色；荚果旋转 1～1.5 圈，直径 7～9mm，中央有孔	饲用及绿肥		
6159	*Megacarpaea delavayi* Franch.	高河菜	Cruciferae 十字花科	多年生草本；高 30～70cm；根肉质，肥厚；基生叶倒卵状矩圆形；总状花序顶生，花白色；短角果，种子 5～10 个	药用，经济作物（油料类）		全国各地均有分布
6160	*Megacodon stylophorus* （C. B. Clarke） Harry Smith	大钟花	Gentianaceae 龙胆科	多年生草本；叶对生，基部合生，卵形至卵状椭圆形，单花顶生或腋生，漏斗状淡绿色，花冠 5 裂	观赏	中国	云南西北部、西藏
6161	*Melaleuca cajuputi* subsp. *cumingiana* （Turcz.） Barlow	白千层	Myrtaceae 桃金娘科	常绿乔木；树皮疏松，剥落而成白色，叶厚革质，揉碎时有极浓香味；穗状花序顶生	观赏，林木，经济作物（香料类）	大洋洲	广东、广西、重庆、福建、云南
6162	*Melaleuca hypericifolia* Sm.	金丝桃叶白千层	Myrtaceae 桃金娘科	常绿乔木，2m 或更高；叶片小，长约 5cm；花鲜红色，花序直径 5～6cm，花期夏季	观赏	澳大利亚东南部	
6163	*Melaleuca parviflora* Lindl.	小花白千层	Myrtaceae 桃金娘科	乔木；高 12m；花白色，密集于枝顶组成 3～5cm 的穗状花序；萼管卵形，雄蕊多数，成束，花柱稍超出	观赏		
6164	*Melampyrum roseum* Maxim.	山萝花	Scrophulariaceae 玄参科	一年生草本；全株被鳞片状短毛；茎高 15～60cm；叶卵状披针形至长条形；总状花序顶生，花冠红色或紫色；蒴果	药用，观赏		云南、湖北、河南、甘肃
6165	*Melastoma candidum* D. Don	野牡丹	Melastomataceae 野牡丹科	常绿灌木；茎上有紧贴的鳞片状粗毛，叶阔卵形，背面被长柔毛，花紫红色，3 朵聚生枝顶	观赏	澳大利亚	
6166	*Melastoma dodecandrum* Lour.	地菍（地茄子，铺地锦，地葡萄）	Melastomataceae 野牡丹科	常绿匍匐状亚灌木；叶卵形至椭圆形，叶面、叶背脉和叶柄被疏生粗毛，花紫红色，1～3 朵生枝顶	果树	中国	广东、台湾、福建至云南
6167	*Melastoma malabathricum* L.	多花野牡丹	Melastomataceae 野牡丹科	常绿灌木；全株密被糙伏毛，茎钝四棱形，伞房花序生分枝顶端，花瓣粉红色至红色	观赏	中国	西藏、四川、福建至台湾以南各地

（续）

序号	拉丁学名	中文名	所属科	特征及特性	类别	原产地	目前分布/种植区
6168	*Melastoma normale* D. Don	展毛野牡丹	Melastomataceae 野牡丹科	直立灌木；茎钝四棱形，叶坚纸质，全缘，两面密被糙伏毛，伞房花序生分枝顶端，花瓣紫红色，具缘毛	观赏	中国	华南、东南
6169	*Melastoma sanguineum* Sims	毛稔（大红英，甜娘，开口枣）	Melastomataceae 野牡丹科	常绿直立灌木；叶卵状披针形至披针形，叶背脉被疏长毛，花紫红色，3～5 朵聚生枝顶，果紫黑色	药用	中国	云南、贵州、广东至台湾以南
6170	*Melia azedarach* L.	苦楝（楝树，森树）	Meliaceae 楝科	落叶乔木；叶为 2～3 回奇数羽状复叶，小叶卵形、椭圆形至披针形；圆锥花序，花瓣淡紫色；核果，种子椭圆形	有毒，观赏	中国	黄河以南地区
6171	*Melica scabrosa* Trin.	臭草（肥马草）	Gramineae（Poaceae）禾本科	多年生草本；秆丛生，高 30～70cm；叶长 6～15cm；圆锥花序窄狭，小穗有 2～4 朵孕性小花；颖果纺锤形	饲用及绿肥		华北、西北
6172	*Melica virgata* Turcz. ex Trin.	抱草	Gramineae（Poaceae）禾本科	多年生；叶常纵卷；圆锥花序细长狭窄，着生少数小穗，小穗含孕性小花 2～5 枚；颖果倒卵形	有毒		华北
6173	*Melilotoides pubescens*（Edgew. ex Baker）Yakovlev	毛荚扁蓿豆	Leguminosae 豆科	多年生草本；茎密被柔毛；花序具 2～3 花，花长约 5mm，黄色；荚果长圆形，长 12～16mm，宽 4～5mm，密被贴伏毛	饲用及绿肥		西藏
6174	*Melilotus albus* Desr.	白香草木犀	Leguminosae 豆科	一年或二年生草本；茎高 1～4m，有香气；羽状复叶，小叶 3，椭圆形或倒卵状长圆形；总状花序腋生，花小，多数，花冠白色；荚果	饲用及绿肥，有毒	亚洲西部	东北及河北、陕西、山西、甘肃、四川、云南、江苏、福建
6175	*Melilotus dentatus*（Waldst. Et Kit.）Pers.	细齿草木樨（马层，臭苜蓿）	Leguminosae 豆科	二年生草本；托叶披针形，长 6～12mm，具 2～3尖齿；花黄色，长 3～4mm；荚果近圆形，先端圆，腹缝呈龙骨状增厚	饲用及绿肥	地中海地区	东北、华北、西北、华东
6176	*Melilotus indicus*（L.）All.	印度草木犀	Leguminosae 豆科	二年生草本；高 10～50cm；叶互生，羽状复叶，小叶 3，倒披针状长圆形至宽倒卵形；总状花序腋生，花冠黄色；荚果果皮网纹凸出	饲用及绿肥		华东及河南、陕西、河北、云南、湖北、台湾

（续）

序号	拉丁学名	中文名	所属科	特征及特性	类别	原产地	目前分布/种植区
6177	*Melilotus officinalis* (L.) Pall.	黄花草木樨（金花草）	Leguminosae 豆科	三出复叶，小叶椭圆形，托叶三角形；总状花序腋生；花萼钟状；花冠黄色，旗瓣与翼瓣近等长；荚果，种子1粒	饲用及绿肥，有毒		东北、华北、西北、西南
6178	*Melilotus wolgicus* Poiret	伏尔加草木樨	Leguminosae 豆科	二年生草本，花小，组成腋生、纤弱的总状花序；萼齿短，近相等；翼瓣长于龙骨瓣；雄蕊10，二体(9+1)，花药同型；花柱上部内弯，无毛	饲用及绿肥		东北及内蒙古
6179	*Melinis minutiflora* P. Beauv.	糖蜜草	Gramineae (Poaceae) 禾本科	多年生；秆高110～150cm；叶鞘和叶片均密被腺毛；圆锥花序长16～20cm，颖果狭椭圆形	饲用及绿肥		广东、四川
6180	*Melinis repens* (Willd.) Zizka	红毛草	Gramineae (Poaceae) 禾本科	多年生草本；秆高可达1m；叶线形，长可达20cm；圆锥花序长10～15cm，小穗长被粉红色绢毛，具短芒；颖果长圆形	饲用及绿肥	南非	广东、台湾
6181	*Meliosma alba* (Schltdl.) Walp.	珂楠树	Sabiaceae 清风藤科	落叶乔木；奇数羽状复叶，小叶5～13枚，纸质，卵形，圆锥花序生枝上部叶腋，花淡黄色	观赏	中国	云南、贵州、四川、湖南、湖北、江西、浙江
6182	*Meliosma cuneifolia* Franch.	泡花树（降龙木，龙须木，黑木）	Sabiaceae 清风藤科	落叶乔木；圆锥花序长宽约20cm；分枝开展，被锈色短柔毛；花小，有香气，花瓣白色略带黄色	观赏	中国	陕西、河南、山东、江西、浙江、湖北、四川、云南
6183	*Meliosma flexuosa* Pamp.	垂枝泡花树	Sabiaceae 清风藤科	落叶小乔木；高5m；叶膜质或纸质，倒卵形或倒卵状椭圆形；圆锥花序顶端下垂，花白色；萼片5，圆卵形，有毛；核果球形，黑色	药用，观赏		江苏、浙江、安徽、江西、四川、广东、陕西
6184	*Meliosma fordii* Hemsl.	香皮树（罗浮泡花树，花木香，果甘）	Sabiaceae 清风藤科	常绿乔木；高18m；叶纸质或薄革质，倒披针形或长圆状倒披针形；圆锥花序广展，花白色；果近球形，径3～5mm，熟时蓝黑色	药用，观赏		江西、福建、湖南、广东、海南、广西、贵州、云南
6185	*Meliosma henryi* Diels	贵州泡花树	Sabiaceae 清风藤科	常绿乔木；叶革质，披针形或窄椭圆形；圆锥花序直立，花白色；核果倒卵圆形，径约7mm	药用，观赏		湖北、广西、四川、贵州、云南
6186	*Meliosma kirkii* Hemsl. et E. H. Wilson	山青木	Sabiaceae 清风藤科	落叶乔木；高16m；奇数羽状复叶，小叶7～15，纸质，下部小叶卵形、中部小叶窄卵形或窄长圆形，顶端小叶窄椭圆形；圆锥花序长15～20cm，被褐色短柔毛，花淡黄色	药用，观赏		四川中南部、西南部

（续）

序号	拉丁学名	中文名	所属科	特征及特性	类别	原产地	目前分布/种植区
6187	*Meliosma myriantha* Sieb. et Zucc.	多花泡花树（山东泡花树）	Sabiaceae 清风藤科	落叶乔木；单叶，膜质或薄纸质，背被柔毛，圆锥花序顶生，花绿黄色，花瓣外面 3 片，内 2 片，果红色	观赏	中国	山东、浙江北部
6188	*Meliosma myriantha* var. *pilosa*（Leconte）Law	浙江泡花树	Sabiaceae 清风藤科	落叶乔木；叶膜质或薄纸质，倒卵状长圆形或长圆形，先端锐渐尖，基部圆钝，叶缘锯齿常在中部以上；圆锥花序顶生	观赏	中国	
6189	*Meliosma oldhamii* Miq. et Maxim.	红柴枝（南京珂楠树）	Sabiaceae 清风藤科	落叶乔木；奇数羽状复叶，薄纸质，圆锥花序顶生，花白色，果紫红转黑色	观赏	中国	贵州、广西东、广东、江西、浙江、江苏、安徽、湖北、河南、陕西
6190	*Meliosma parviflora* Lecomte	细花泡花树	Sabiaceae 清风藤科	落叶灌木或小乔木；树皮灰色，鳞片状或条状脱落，单叶，纸质，圆锥花序顶生，花白色，果红色	观赏	中国	四川西部至东部、湖北西部、江苏南部、浙江北部
6191	*Meliosma paupera* Hand.-Mazz.	窄序泡花树（狭序泡花树）	Sabiaceae 清风藤科	常绿小乔木；叶纸质或薄革质，倒披针形或窄椭圆形；圆锥花序呈松散扫帚状，长 7～15cm，花黄白色，径约 1mm；核果球形，幼果绿黄色，后渐变黑色	药用，观赏		江西南部、广东、广西、贵州、云南
6192	*Meliosma rigida* Siebold et Zucc.	笔罗子（野枇杷）	Sabiaceae 清风藤科	常绿乔木；高 10m；单叶互生，革质，倒披针形或狭倒披针形；圆锥花序顶生，花小，白色；核果近球形	药用，观赏		云南、广西、贵州、湖北、湖南、广东、福建、江西、浙江、台湾
6193	*Meliosma squamulata* Hance	绿樟（野木棉，绿樟泡花）	Sabiaceae 清风藤科	常绿乔木；高 18m；叶薄革质，椭圆形或卵形；圆锥花序长 7～20cm，密被褐色毛、花白色；核果球形或倒卵形	药用，观赏		浙江、江西、福建、台湾、湖南、广东、海南、广西、贵州、云南
6194	*Meliosma veitchiorum* Hemsl.	暖木	Sabiaceae 清风藤科	乔木；树皮灰色，奇数羽状复叶，纸质，圆锥花序顶生直立，花白色，果黑色	观赏	中国	云南、贵州、四川、陕西、河南、湖北、湖南、安徽、浙江

（续）

序号	拉丁学名	中文名	所属科	特征及特性	类别	原产地	目前分布/种植区
6195	*Melissa axillaris* (Benth.) Bakh. f.	黄蜜蜂花	Labiatae 唇形科	多年生草本；轮伞花序腋生；苞片近条形，具睫毛；花萼钟状，上唇3齿裂短，下唇2深裂，齿披针形；花冠白色或淡红色，上唇直立，下唇3裂，中裂片较大	蜜源		西南、中南
6196	*Melissa officinalis* L.	香蜂花（柠檬留兰香，蜜蜂花）	Labiatae 唇形科	多年生宿根草本；株高50～100cm；茎叶有柠檬香气，茎四棱状；叶对生，黄绿色，长椭圆形，两面疏生柔毛及透明腺点；轮伞形花序；花白色	经济作物（调料类、香料类），药用，蜜源	前苏联、伊朗、地中海及大西洋沿岸	安徽、四川、云南、贵州、江苏、浙江、台湾
6197	*Melissa yunnanensis* C. Y. Wu et Y. C. Huang	云南蜜蜂花	Labiatae 唇形科	草本；轮伞花序腋生，有花2～16朵，多数；花冠黄色，长达1.5cm；雄蕊4，2强，内藏；花盘浅4裂	蜜源		云南
6198	*Melliodendron xylocarpum* Hand.-Mazz.	陀螺果（鸦头梨，白花树）	Styracaceae 安息香科	落叶乔木；叶互生，膜质，背被星状柔毛，花1～2朵腋生，花白色，裂片5，长圆形，两面密被簇状绒毛	观赏		湖南、江西、福建、广西、广东、贵州、云南
6199	*Melocactus amoenus* (Hoffmanns.) Pfeiff.	层云球	Cactaceae 仙人掌科	多浆植物；花座紫红色与白色交杂，开桃红色小轮花，花后结紫红色果实	观赏	哥伦比亚北部	
6200	*Melocactus communis* (Art.) Link. et Otto	光云球	Cactaceae 仙人掌科	多浆植物；仙人掌科植物；株高20～30cm；花生于茎项，粉红色	观赏	牙买加	
6201	*Melocactus neryi* K. Schum.	卷云球	Cactaceae 仙人掌科	多浆植物；球体扁球形，深绿色，具棱10；辐射刺7～9；花淡粉色，浆果棍棒状，洋红色	观赏	巴西	
6202	*Melochia corchorifolia* L.	马松子（野路葵）	Sterculiaceae 梧桐科	一年生直立草本；茎不高于1m；叶具柄，阔卵形至距圆状卵形；花无柄，密集成头状花序，花瓣5，白色或淡紫色，子房5室；蒴果近球形	经济作物（纤维类）		长江流域及其以南各省份
6203	*Melodinus angustifolius* Hayata	台湾山橙	Apocynaceae 夹竹桃科	木质攀缘藤本；叶近革质，披针形，边缘略反卷，聚伞花序顶生，有花3～12朵，花冠裂片圆形，浆果橙红色	观赏	中国台湾	
6204	*Melodinus cochinchinensis* (Lour.) Merr.	思茅山橙	Apocynaceae 夹竹桃科	粗壮木质藤本；叶椭圆状长圆形至披针形；聚伞花序生于顶端的叶腋内；花冠白色；浆果橙红色	果树		云南南部

（续）

序号	拉丁学名	中文名	所属科	特征及特性	类别	原产地	目前分布/种植区
6205	*Melodinus fusiformis* Champion ex Bentham	尖山橙（竹藤，腾皮黄）	Apocynaceae 夹竹桃科	木质藤本；具乳汁；叶对生；花序顶生；花萼、花冠裂片及雄蕊均为5；花冠高脚碟状；雄花生花冠筒下部；浆果	有毒		广东、广西、贵州
6206	*Melodinus hemsleyanus* Diels	川山橙	Apocynaceae 夹竹桃科	木质攀缘藤本；叶近革质，椭圆形，背被短柔毛，聚伞花序生于侧枝顶端，花白色，副花冠小，鳞片状，果橙黄色或橘红色	观赏		贵州、四川南部和东南部
6207	*Melodinus khasianus* Hook. f.	景东山橙	Apocynaceae 夹竹桃科	木质藤本；叶椭圆状长圆形；聚伞花序生于侧枝顶端的叶腋内，着花稀疏；花冠白色，冠片卵圆形；副花冠着生于冠筒喉部成鳞片状；浆果卵圆状，橙红色	药用，观赏		云南
6208	*Melodinus suaveolens*（Hance）Champ. ex Benth.	山橙（马榴橙）	Apocynaceae 夹竹桃科	木质攀缘藤本；叶对生，半革质，椭圆形至卵形，聚伞花序顶生，花白色，花冠高脚碟状，浆果橙黄	果树		广东、广西、海南
6209	*Melodinus yunnanensis* Tsiang et P. T. Li	雷打果（云南山橙）	Apocynaceae 夹竹桃科	攀缘状灌木；叶纸质，长圆形，聚伞花序伞形状，顶生或腋生，花冠白色，浆果绿色，干后紫褐色	观赏		云南南部
6210	*Memecylon scutellatum*（Lour.）Hook. Et Arn.	细叶谷木（螺丝木，铁木，苦脚树）	Melastomataceae 野牡丹科	常绿小乔木；叶椭圆形或卵状披针，先端钝圆或微凹，基部宽楔形，两面密被小突起，粗糙，无光泽，无毛，全缘，边缘反卷，侧脉不明显，上面中脉下凹	观赏	中国	广西、广东、海南
6211	*Menispermum dauricum* DC.	蝙蝠葛（蝙蝠藤，山豆秧根，苦豆根）	Menispermaceae 防己科	缠绕性藤本；叶盾状着生；圆锥花序腋生；萼片6，花瓣6～9；雄花常有雄蕊20，雌花心皮3；核果圆肾形	有毒，观赏		我国大部分地区均有分布
6212	*Mentha asiatica* Boriss.	假薄荷	Labiatae 唇形科	多年生草本；高50～120cm；叶片长圆形，椭圆形或长圆状披针形；轮伞花序在茎及分枝的顶端集合成圆柱状先端急尖的穗状花序；小坚果褐色	蔬菜，药用		新疆、四川西北部及西藏

（续）

序号	拉丁学名	中文名	所属科	特征及特性	类别	原产地	目前分布/种植区
6213	*Mentha canadensis* L.	薄荷（水薄荷，接骨草）	Labiatae 唇形科	多年生宿根草本；高30～100cm；地上茎横切面方形；叶对生，卵形或长圆形，有腺点；轮伞花序，球形；花唇形，浅紫色；小坚果	蔬菜，有毒，药用		全国各地均有分布
6214	*Mentha dahurica* Fisch. ex Benth.	兴安薄荷	Labiatae 唇形科	多年生草本；叶片卵形或长圆形，先端锐尖或钝，近膜质；轮伞花序，通常茎顶2个轮伞花序聚集成头状花序；花盘平顶；子房褐色，无毛	蔬菜，药用	中国	黑龙江、吉林、内蒙古东北
6215	*Mentha longifolia* (L.) Huds.	欧薄荷	Labiatae 唇形科	多年生草本；全株有毛；茎直立，锐四棱形，带白色，具条纹；叶卵圆形至披针形；轮伞花序组成圆柱形先端锐尖的穗状花序，长2mm；花冠淡紫色	经济作物（香料类），药用	欧洲	上海、南京
6216	*Mentha piperita* L.	辣薄荷	Labiatae 唇形科	多年生草本；叶片披针形至卵状披针形；轮伞花序在茎及分枝顶端集合成圆柱形先端锐尖的穗状花序；小坚果倒卵圆形，褐色，顶端具腺点	蔬菜，药用	欧洲	北京、南京
6217	*Mentha pulegium* L.	唇萼薄荷	Labiatae 唇形科	多年生草本；芳香；叶片卵圆形或卵形，先端钝，草质；轮伞花序多花，圆球状，疏散；花冠鲜玫瑰红、紫色或稀有白色	蔬菜，药用	中欧及西亚	北京、南京
6218	*Mentha sachalinensis* (Briq. ex Miyabe et Miyake) Kudo	东北薄荷	Labiatae 唇形科	多年生草本；叶片椭圆状披针形，先端变锐尖，基部渐狭；轮伞花序腋生，多花密集，轮廓球形，花冠淡紫或浅紫红色；小坚果长圆形	蔬菜，药用		黑龙江、吉林、辽宁、内蒙古
6219	*Mentha spicata* L.	留兰香（薄荷，绿薄荷）	Labiatae 唇形科	多年生草本；茎钝四棱形，具槽和条纹，叶边缘有尖锐而不规则锯齿，草质，花冠淡紫色	观赏	南欧、加那利群岛、马德拉群岛、前苏联	河北、江苏、浙江、四川、贵州、云南、广东、广西
6220	*Mentha suaveolens* Ehrhart	圆叶薄荷	Labiatae 唇形科	多年生草本；具地下及地上不结实枝；叶通常无柄，圆形，卵形或长圆状卵形；轮伞花序在茎及分枝顶端密集成圆柱形穗状花序；小坚果	蔬菜，药用	中欧	北京、江苏、上海、云南
6221	*Menyanthes trifoliata* L.	睡菜	Menyanthaceae 睡菜科	多年生沼生草本；总状花序，花白色；花梗长约1cm，苞片披针形；萼5深裂，裂片卵状披针形；里面密生白色长毛；雄蕊5；花柱长，柱头2裂	药用	中国东北及西藏、云南、四川、贵州、河北、浙江	北半球温带地区

（续）

序号	拉丁学名	中文名	所属科	特征及特性	类别	原产地	目前分布/种植区
6222	*Mercurialis leiocarpa* Siebold et Zucc.	山靛	Euphorbiaceae 大戟科	草本；叶卵状长圆形或卵状披针形；雌雄同株，雄花序穗状，雄花雄蕊 12～20，雌花序总状，雌花子房近球形；蒴果双球形	有毒		西南部、中部及台湾
6223	*Merremia boisiana*（Gagnep.）Ooststr.	金钟藤	Convolvulaceae 旋花科	常绿缠绕草本或亚灌木；茎圆柱形，幼枝中空，叶近圆形，全缘；聚伞花序腋生，花冠黄色；蒴果，卵状圆锥形	观赏		云南、广东、广西、海南
6224	*Merremia quinata*（R. Br.）Ooststr.	指叶山猪菜	Convolvulaceae 旋花科	多年生直立或披散草本；茎缠绕，被淡黄色开展长硬毛；叶掌状全裂；花序梗腋生，常有花 1～2 朵，花冠白色或淡黄色；蒴果卵球形	杂草		广东、海南、广西、台湾
6225	*Merremia sibirica*（L.）Hallier f.	西伯利亚鱼黄草	Convolvulaceae 旋花科	缠绕草本；茎多分枝，有棱角；叶互生，心形；花序腋生，具一至多花，花后下垂，花冠漏斗状钟形，淡红色，顶端 5 浅裂；蒴果近球形	杂草		四川、云南、湖南、浙江、甘肃、陕西、山西、山东、河北、吉林
6226	*Merremia umbellata*（L.）Hallier f.	伞花鱼黄草	Convolvulaceae 旋花科	草质缠绕藤本；聚伞花腋生，花冠白色或微黄色；蒴果卵形，种子，黑褐色	蜜源		广东、广西、云南、海南
6227	*Mesua ferrea* L.	铁力木（三角子，铁栗木，铁棱）	Guttiferae 藤黄科	常绿乔木；单叶对生，披针形或长椭圆形，叶背具蜡质白粉；两性花，单生，白色，具浓烈香味；核果蒴果状，果皮坚硬；种子扁圆形，种皮褐棕色，坚硬	观赏	亚洲热带地区	云南、广西、广东
6228	*Metabriggsia ovalifolia* W. T. Wang	单座苣苔	Gesneriaceae 苦苣苔科	多年生草本；叶对生，两面被短柔毛，聚伞花序腋生，花冠白色，花冠筒漏斗形，檐部二唇形	观赏		广西
6229	*Metanemone ranunculoides* W. T. Wang	毛茛莲花	Ranunculaceae 毛茛科	多年生草本；单叶基生，草质，花 1 朵顶生，萼片 19 枚，花瓣状淡蓝白色，倒披针形或狭倒卵形，外疏被绢状柔毛	观赏		云南
6230	*Metapanax davidii*（Franch.）J. Wen ex Frodin	异叶梁王茶（梁王茶，大卫梁王茶）	Araliaceae 五加科	无刺灌木或乔木；叶革质，二型，掌状复叶或单叶而常分裂；单叶长椭圆形或椭圆状披针形，2～3 裂；伞形花序；花瓣 5，镊合状排列，花白或黄色，有香气	药用，蔬菜	中国	陕西、甘肃、云南、贵州、湖北、四川、湖南

（续）

序号	拉丁学名	中文名	所属科	特征及特性	类别	原产地	目前分布/种植区
6231	*Metapetrocosmea peltata* (Merr. et Chun) W. T. Wang	盾叶苣苔	Gesneriaceae 苦苣苔科	多年生草本；叶基生，叶基部盾形，聚伞花序腋生，花冠白色，二唇形，上唇2深裂，下唇3深裂	观赏		海南
6232	*Metaplexis japonica* (Thunb.) Makino	萝藦（哈利瓢，羊角，奶浆藤）	Asclepiadaceae 萝藦科	多年生草本；具乳汁；茎缠绕，长可达2m以上；叶对生，卵状心形；总状式聚伞花序腋生，花冠白色，有淡紫红色斑纹；蓇葖果叉生	有毒，经济作物（纤维类）		东北、华北、华东及甘肃、贵州、湖北
6233	*Metasequoia glyptostroboides* Hu et W. C. Cheng	水杉	Taxodiaceae 杉科	落叶乔木；高达35～41.5m，胸径达1.6～2.4m；叶交互对生，线形；雌雄同株，雄球花单生叶腋或苞腋，雌球花单生枝顶；球果，种鳞极薄，透明	林木，观赏	中国	湖北、四川、湖南
6234	*Michelia alba* DC.	白兰花（白缅花，缅桂）	Magnoliaceae 木兰科	常绿乔木；单叶互生，薄革质，长椭圆形或披针状椭圆形，花单生叶腋，白色或略带黄色	观赏	印度尼西亚	广东、广西、云南、福建、台湾、浙江
6235	*Michelia baillonii* (Pierre) Finet et Gagnep.	合果木	Magnoliaceae 木兰科	常绿大乔木；花芳香，淡黄色；聚合果肉质，椭圆状圆柱形，熟后不规则小块状开裂脱落，木质化心皮宿存于粗壮果柄上	观赏	中国	云南
6236	*Michelia balansae* (Aug. DC.) Dandy	苦梓含笑（厚皮树，八角苦梓）	Magnoliaceae 木兰科	常绿乔木；叶互生，革质，背被褐色绒毛，花腋生，白色带淡绿色，花被片6，倒卵状椭圆形，雄蕊黄色	观赏	中国云南东南部、广西南部、广东东南部和西南部、海南	海南、福建、广东、广西
6237	*Michelia cavaleriei* var. *platypetala* (Hand.-Mazz.) N. H. Xia	阔瓣含笑（阔瓣白兰花，广东香子）	Magnoliaceae 木兰科	常绿乔木；叶薄革质，长圆形或椭圆状长圆形，背被灰白色平伏柔毛，花被片9，白色	观赏	中国湖北、湖南、贵州、广东、广西、贵州	
6238	*Michelia champaca* L.	黄兰（黄玉兰，黄缅桂）	Magnoliaceae 木兰科	常绿乔木；花黄色，极香，倒卵状长圆形；蓇葖果倒卵状矩圆形；种子2～4粒，红色，呈不规则的菱形，有皱纹	观赏，林木	中国西藏东南部、云南西南部和南部	广东、广西、福建

（续）

序号	拉丁学名	中文名	所属科	特征及特性	类别	原产地	目前分布/种植区
6239	*Michelia chapensis* Dandy	乐昌含笑	Magnoliaceae 木兰科	常绿乔木；叶革质，窄椭圆状卵形或披针形；两性花，花被片 9～12，外轮椭圆形或倒卵状椭圆形，雌蕊群圆柱形；聚合果，蓇葖长圆形，倒卵状球形或扁球形	林木，观赏	中国	江西、湖南、广西、广东
6240	*Michelia compressa* （Maxim.） Sarg.	台湾含笑	Magnoliaceae 木兰科	常绿乔木；高 17m，胸径 1m；花蕾具金黄色平伏绢毛，花被片 12，淡黄白色，或近基部带淡红色，狭倒卵形；花期 1 月	观赏	中国台湾	
6241	*Michelia crassipes* Y. W. Law	紫花含笑（粗柄含笑）	Magnoliaceae 木兰科	常绿小乔木或灌木；叶革质，披针形或狭椭圆形，背脉被长柔毛，花单生叶腋，花被片 6，紫红色或深紫色，椭圆形	观赏	中国广东北部、湖南南部、广西东北部	
6242	*Michelia doltsopa* Buch.-Ham. ex DC.	南亚含笑（宽瓣含笑，印缅含笑）	Magnoliaceae 木兰科	常绿乔木；叶互生，革质，背被白霜，花单生叶腋，花被片 12～16，白色	观赏	中国云南西南部、西藏东南部	
6243	*Michelia figo* （Lour.） Spreng	含笑（香蕉花，含笑花）	Magnoliaceae 木兰科	常绿灌木；叶革质，椭圆形或倒卵状椭圆形，花单生叶腋，花被片 6，肉质，淡黄色或乳白色，缘带紫红色	观赏		华南各省份
6244	*Michelia flaviflora* Y. W. Law et Y. F. Wu	素黄含笑	Magnoliaceae 木兰科	常绿乔木；小枝被褐色微柔毛，叶纸质，披针形或狭椭圆形，背被褐色绢毛，花被片 15，淡黄色，倒披针形	观赏	中国云南	
6245	*Michelia floribunda* Finet et Gagnep.	多花含笑（多花黄心树）	Magnoliaceae 木兰科	常绿乔木；叶互生，革质，长椭圆形或长椭圆披针形，背被白色长毛，花单生叶腋，花被片 11～13，白色	观赏		云南、四川、湖北西部
6246	*Michelia foveolata* Merr. ex Dandy	金叶含笑（金叶白兰花，广东含笑）	Magnoliaceae 木兰科	常绿乔木；叶厚革质，背被红铜色短柔毛，花单生叶腋，花被片 9～12，淡黄色，基部带紫色	林木，观赏		湖南、江西、贵州、湖北、广东、广西、云南
6247	*Michelia fujianensis* Q. F. Zheng	福建含笑	Magnoliaceae 木兰科	常绿乔木；高达 16m；叶片狭椭圆形或狭倒卵状椭圆形；聚合果多数不育	观赏		福建

（续）

序号	拉丁学名	中文名	所属科	特征及特性	类别	原产地	目前分布/种植区
6248	*Michelia fulva* Chang et B. L. Chen	灰岩含笑（石灰含笑，钙土含笑）	Magnoliaceae 木兰科	常绿小乔木；小枝被淡黄色绒毛，叶革质，长圆形或卵状长圆形，背灰白色；花被片9，黄色，长圆形或倒卵状长圆形	观赏	中国云南东南部、广西	
6249	*Michelia gioii*（A. Chev.）Sima et H. Yu	香籽含笑（香子楠）	Magnoliaceae 木兰科	常绿乔木；高30～40m；叶薄革质，揉碎后有八角气味；花芳香，花被片9，外轮3，线形，中、内两轮狭椭圆形；聚合果具约3环佛焰苞片脱落痕	林木，观赏		广西、云南
6250	*Michelia macclurei* Dandy	醉香含笑（火力楠）	Magnoliaceae 木兰科	常绿乔木；叶革质，背被灰色毛，花单生或2～3朵集成聚散花序，花被片9，乳白色	观赏	中国广东、广西北部、海南	广东、海南、广西
6251	*Michelia martinii*（H. Lév.）Lév.	黄心夜合（光叶黄心树，马氏含笑）	Magnoliaceae 木兰科	常绿乔木；鳞芽密被黄褐色柔毛，叶薄革质，倒披针形或狭倒卵状椭圆形，花被片6～8，淡黄色	观赏	中国四川、云南、贵州、河南、湖北	
6252	*Michelia maudiae* Dunn	深山含笑（光叶木兰，莫夫人玉兰）	Magnoliaceae 木兰科	常绿乔木；叶互生，革质，背被白粉；花单生叶腋，花被9，白色，基部稍带淡红色	林木，药用，观赏	中国广东、福建、广西、湖南、贵州、浙江、江西、香港	
6253	*Michelia mediocris* Dandy	白花含笑	Magnoliaceae 木兰科	常绿乔木；高达25m；叶薄革质，菱状椭圆形；花白色；聚合果熟时黑褐色	观赏		广东东南部、海南东部至西南部、广西
6254	*Michelia odora*（Chun）Noot. et B. L. Chen	观光木（观光木兰，香花木）	Magnoliaceae 木兰科	常绿大乔木；小枝、叶柄、芽、叶背和花枝均被毛；叶倒卵圆形；花两性，单生叶腋，白色，花被片9；雄蕊多数；聚合果长椭圆形	观赏	中国福建、江西、广东、广西、海南、云南	福建、江西、广东、广西、海南、云南
6255	*Michelia shiluensis* Chun et Y. F. Wu	石碌含笑（乌皮苦梓，石碌苦梓）	Magnoliaceae 木兰科	常绿乔木；单叶互生，革质，长圆状椭圆形至倒卵状椭圆形；两性花；聚合果，膏葖倒卵状长圆形，有种子2～3颗，果皮厚革质，暗褐色，成熟时背缝开裂为2个果瓣	观赏	中国	海南
6256	*Michelia skinneriana* Dunn	野含笑	Magnoliaceae 木兰科	常绿乔木；高15m；花梗细长，花淡黄色，芳香，花被片6，倒卵形；花期5～6月	观赏	中国浙江、江西、福建、湖南、广东、广西	

（续）

序号	拉丁学名	中文名	所属科	特征及特性	类别	原产地	目前分布/种植区
6257	*Michelia sphaerantha* C. Y. Wu ex Y. W. Law et Y. F. Wu	毛果含笑（球花含笑）	Magnoliaceae 木兰科	常绿乔木；小枝深褐色或黄褐色，叶革质，倒卵状长圆形或长圆形，背被短柔毛，花被片 12，白色，花梗下垂	观赏		
6258	*Michelia wilsonii* Finet et Gagnep.	峨眉含笑（黄木兰）	Magnoliaceae 木兰科	常绿乔木；高达 20m；叶革质，上面绿色，下面灰绿色，微被白霜；花单生叶腋，淡黄色；花被片 9～12，倒卵形或倒披针形；聚合果下垂	观赏		四川、湖北
6259	*Michelia wilsonii* subsp. *szechuanica*（Dandy）J. Li	川含笑	Magnoliaceae 木兰科	乔木，高可达 25m；叶革质，狭倒卵形；花蕾卵圆形；聚合果长 6～8cm	观赏		湖北、四川、贵州、云南
6260	*Michelia yunnanensis* Franch. ex Finet et Gagnep.	云南含笑（山栀子，十里香）	Magnoliaceae 木兰科	常绿灌木；叶互生，革质，倒卵状形或狭倒卵状椭圆形，背被白色绒毛，花单生叶腋，花被片 6～12，白色	观赏	中国云南中部和南部	
6261	*Microchloa indica* var. *kunthii*（Desv.）B. S. Sun et Z. H. Hu	小草	Gramineae（Poaceae）禾本科	多年生；秆矮小；穗状花序单生于秆顶，小穗长 2.2～2.8mm，外稃膜质透明，背部具柔毛，边缘具纤毛	饲用及绿肥		海南、广东及云南
6262	*Microcos chungii*（Merr.）Chun	海南布渣叶（心煊破布叶，锍子柴，打锍树）	Tiliaceae 椴树科	常绿乔木；单叶互生，纸质；两性花，花通常 3 朵结成小聚伞花序式的圆锥花序，顶生和在枝上部成腋生，花黄白色；核果或肉质浆果，椭圆形或倒卵形	药用，观赏	中国	广东、海南、江苏、安徽、四川
6263	*Microcos paniculata* L.	破布叶（布渣叶）	Tiliaceae 椴树科	灌木或小乔木；高 3～12m，树皮灰黑色；叶纸质，互生，卵形或卵状长圆形；圆锥花序顶生或腋生，花瓣 5，淡黄色	果树		云南、广东、广西、海南
6264	*Microlepia hancei* Prantl	华南鳞盖蕨	Dennstaedtiaceae 碗蕨科	陆生蕨类；叶片卵状长圆形，三回羽状深裂，羽片 10～16 对，互生，两侧有狭翅；叶脉上面不太明显，下面稍隆起，侧脉纤细，羽状分枝，不达叶边；叶草质，干后绿色或黄绿色，两面沿叶脉有刚毛疏生	药用		长江以南各地
6265	*Microlepia marginata*（Panz.）C. Chr.	边缘鳞盖蕨	Dennstaedtiaceae 碗蕨科	陆生蕨类；叶片长圆三角形，羽状深裂，一回羽状，羽片 20～25 对；侧脉明显，在裂片上为羽状，2～3对；叶纸质，叶轴密被锈色开展的硬毛	药用，观赏		长江以南各地

（续）

序号	拉丁学名	中文名	所属科	特征及特性	类别	原产地	目前分布/种植区
6266	*Microlepia strigosa* (Thunb.) C. Presl	粗毛鳞盖蕨	Dennstaedtiaceae 碗蕨科	根状茎粗壮；孢子囊群生于小脉顶端；囊群盖杯形，以基部及两侧着生，被棕色短毛	药用	亚洲东部、东南部、中太平洋群岛	长江以南各地
6267	*Micropolypodium sikkimense* (Hieron.) X. C. Zhang	西南禾叶蕨	Grammitidaceae 禾叶蕨科	蕨类植物；根状茎短，鳞片小，淡棕色，卵形，叶簇生，叶柄线状，栗褐色，叶片条形，羽状深裂，裂片互生，长圆形或卵形	观赏	中国广西、云南、四川、湖南	
6268	*Microstegium ciliatum* (Trin.) A. Camus	刚莠竹	Gramineae (Poaceae) 禾本科	多年生草本；秆高约 1m；叶线形或线状披针形；总状花序 5～20 个呈指状排列秆顶，小穗基盘具毛，第一颖长圆形，第二颖舟形；颖果	饲用及绿肥		我国南部
6269	*Microstegium fasciculatum* (L.) Henrard	蔓生莠竹	Gramineae (Poaceae) 禾本科	多年生草本；高约 1m，总状花序，小穗成对生于穗轴的各节	蜜源		
6270	*Microstegium nudum* (Trin.) A. Camus	竹叶茅（竹叶草）	Gramineae (Poaceae) 禾本科	一年生蔓生草本；第一颖披针形，背部具一浅沟，具 2 脊；第二颖背部近圆形，或稍有脊；第一外稃膜质，披针；第二外稃线形，全缘，顶端延伸为细芒，第二内稃短小	蜜源		华东、华中、西南
6271	*Microstegium vimineum* (Trin.) A. Camus	柔枝莠竹	Gramineae (Poaceae) 禾本科	一年生草本；秆长 50～100cm；叶线状披针形；总状花序（1～）2～6 枚，小穗长 4～5mm，第一颖披针形，第二颖舟形，具芒；颖果纺锤形	饲用及绿肥		华南、西南、华中、华北及山西
6272	*Microtropis biflora* Merr. et Freem.	双花假卫矛	Celastraceae 卫矛科	灌木；花序顶生、腋生或侧生，通常 2 花，稀为 3 花，花白色或淡黄白色；花冠不很开展，花瓣长方形；花盘薄环状；子房卵圆形，花柱短粗	蜜源		西南区
6273	*Microula pseudotrichocarpa* W. T. Wang	甘青微孔草	Boraginaceae 紫草科	茎直立或渐升，高 10～44cm；基生叶和茎下部叶有长柄，披针状长圆形或匙状狭倒披针形，或长圆形；花序腋生或顶生，初密集，近球形；小坚果卵形	蜜源		西藏东部、四川西北部、甘肃、青海东部
6274	*Microula sikkimensis* (C. B. Clarke) Hemsl.	微孔草	Boraginaceae 紫草科	一年生草本；高 15～40cm；茎具开展刚毛；茎中叶卵形或椭圆状卵形，基生叶和茎下部叶无柄；花密集，花冠蓝色；小坚果卵形	杂草		甘肃、青海、云南、四川、西藏

（续）

序号	拉丁学名	中文名	所属科	特征及特性	类别	原产地	目前分布/种植区
6275	*Microula tibetica* Benth.	西藏微孔草	Boraginaceae 紫草科	茎缩短，高约 1cm；叶均平展并铺地面上，匙形；花序不分枝或分枝；花冠蓝色或白色；小坚果卵形或近菱形	蜜源		西藏
6276	*Microula trichocarpa*（Maxim.）I. M. Johnst.	长叶微孔草	Boraginaceae 紫草科	二年生草本；茎长 10～40cm；基生叶和茎下部叶有柄，匙形或匙状倒披针形；花序基部有叶状苞片，花冠蓝色；小坚果灰白色	杂草		西藏、四川、青海、甘肃、陕西
6277	*Mikania cordata*（Burm. f.）B. L. Rob.	假泽兰（羹箕藤）	Compositae（Asteraceae）菊科	二年生草本；茎高 30～150cm，被钩状硬毛；叶互生，披针形至线状披针形，基部抱茎；头状花序枝端排成疏伞房状，舌状花黄色；瘦果纺锤形	杂草		东北、华北、华东、华中、西南
6278	*Mikania micrantha* H. B. K.	薇甘菊	Compositae（Asteraceae）菊科	多年生草质或稍木质藤本；茎细长，匍匐或攀缘，多分枝；茎中部叶三角状卵形至卵形，基部心形；花白色、头状花序	观赏	中美洲	广东、香港、澳门
6279	*Milium effusum* L.	粟草	Gramineae（Poaceae）禾本科	多年生；圆锥花序开展，长 5～20cm；小穗长 3～3. 5mm，外稃软骨质，乳白色，长约 3mm，内稃于外稃同质同长	饲用及绿肥		东北、华北、西北、华中、西南
6280	*Miliusa chunii* W. T. Wang	野独活（木吊灯，铁皮青，算盘子密榴木）	Annonaceae 番荔枝科	灌木；幼枝生柔毛；叶膜质，矩圆形或椭圆状矩圆形；花红色，单生于叶腋，花梗纤细，无毛，果球形，果柄柔弱	药用		广东、广西、云南
6281	*Millettia ichthyochtona* Drake	冲天果	Leguminosae 豆科	乔木；高达 15m；总状花序近枝端腋生，花序轴被细毛；花疏生，玫瑰红色；花萼钟状，被疏毛，5 齿裂；蝶形花冠，芳香；雄蕊 10，二体	有毒		云南
6282	*Millettia lasiophylla*（Hayata）Merr.	毛蕊鸡血藤	Leguminosae 豆科	高大攀缘灌木；总状花序 2～3 个腋生或为顶生的圆锥花序；花长约 1. 5cm，3～5 朵簇生于序轴的短枝上；花冠紫色或淡红色，旗瓣背面有金黄色茸毛，无胼胝体附属物，翼瓣和龙骨瓣背面有一束长硬毛；雄蕊二组，其单独一枚的花丝有毛	有毒		

（续）

序号	拉丁学名	中文名	所属科	特征及特性	类别	原产地	目前分布/种植区
6283	*Milletia pachycarpa* Benth.	台湾崖豆藤（鱼藤，华鱼藤）	Leguminosae 豆科	灌木；羽状复叶互生，小叶椭圆状披针形；总状成圆锥花序；花冠紫红至带红白色；荚果表面具瘤状突起	有毒		台湾
6284	*Millingtonia hortensis* L.	烟筒花	Bignoniaceae 紫葳科	乔木；圆锥花序，多花，顶生于下垂的枝上；花冠白色，筒极长成高脚碟状，裂片5；雄蕊4，2长2短，着生于花冠喉部之下；子房近无柄，胚珠数列	观赏	中国云南南部	
6285	*Miltonia candida* Lindl.	堇兰	Orchidaceae 兰科	附生兰；疏散总状花序，直立，有花2～8朵；萼片与花瓣近相等，栗褐色，有亮黄色斑，开展；唇瓣明显扩大，白色，基部有2个紫褐色斑点；花期7～10月	观赏	巴西	
6286	*Miltonia laevis* (Lindl.) Rolfe	早花堇兰	Orchidaceae 兰科	气生或石生兰，高可达lm，花序圆锥状，竖立可达lm，有花约20余朵，花瓣黄绿色有深褐红色斑块，唇瓣白色，基部红色，肉质	观赏	墨西哥、拉丁美洲	
6287	*Miltonia phalaenopsis* (Linden & Rchb. f.) G. Nicholson	蝴蝶堇兰	Orchidaceae 兰科	附生兰，鳞茎卵形，浅绿色；叶线形，浅绿色，渐尖；花腋生，总状花序，花3～5，长5～5.75cm	观赏	美国加利福尼亚州	
6288	*Mimosa bimucronata* (DC.) Kuntze	簕仔树	Leguminosae 豆科	落叶或半落叶性小乔木；高12m；二回羽状复叶，有羽片4～8对，偶数，每一羽片上有小叶10～25对；荚果长4～6cm，宽0.7cm，每荚有种子5～9粒；种子小而壳硬	观赏	南美洲巴西	广东、广西、海南、福建
6289	*Mimosa invisa* Mart. ex Colla	巴西含羞草	Leguminosae 豆科	直立、亚灌木状草本；茎攀缘或平卧长达60cm；二回羽状复叶；羽片7～8对；小叶20～30对；头状花序花时连花丝，1或2个生于叶腋；花紫红色；荚果长圆形	蜜源	巴西	广东
6290	*Mimosa pudica* L.	含羞草	Leguminosae 豆科	多年生半灌木状草本；高30～100cm，枝散生倒刺毛和锐刺；复叶，掌状排列，小叶14～48个，触它时小叶闭合；头状花序，花冠淡红色；荚果扁	药用	热带美洲	云南、台湾、广东、广西、海南、福建、江西

（续）

序号	拉丁学名	中文名	所属科	特征及特性	类别	原产地	目前分布/种植区
6291	*Mimulus cardinalis* Dougl. ex Benth	红花猴面花	Scrophulariaceae 玄参科	多年生草本；小花梗长，花大型，檐部二唇形，上唇外翻，绯红色，稀有黄色，花期 6～8 月	观赏	美国俄勒冈州、墨西哥	我国西北部最多
6292	*Mimulus cupreus* Dombr.	铜黄猴面花	Scrophulariaceae 玄参科	多年生草本；花腋生，着花 1～6 朵，初开始黄色，后变成鲜铜黄色，花期 7～9 月	观赏		
6293	*Mimulus luteus* L.	猴面花	Scrophulariaceae 玄参科	多年生草本；稀疏总状花序，或单朵生于叶腋；花冠钟形略成 2 唇状；花黄色，具大小不同的红、褐、紫色斑点；花期冬季	观赏	智利	
6294	*Mimulus moschatus* Dougl. ex Lindl.	香猴面花	Scrophulariaceae 玄参科	多年生草花，常作一、二年生栽培；高30～40 cm，茎粗壮，中空；中交互对生，宽卵圆形；4～5 月开花，对生在叶腋内，漏斗状，黄色	观赏	北美	我国西北部最多
6295	*Mimulus tenellus* Bunge	沟酸浆	Scrophulariaceae 玄参科	一年生柔弱草本；茎长可达 40cm；叶卵形或卵状三角形至卵状矩圆形；花单生叶腋，花冠漏斗状，黄色，喉部有红色斑点；蒴果	观赏		秦岭、淮河以北，陕西以东各省份
6296	*Mimusops kauki* L.	猴喜果（枪弹木）	Sapotaceae 山榄科	大乔木，高达 30～45m，直径达 0.6～1.2m；叶坚硬，钝，上面暗绿色，下面白色；果实橙红色，长 3～4cm	果树	马来西亚	台湾
6297	*Mina lobata* Cerv.	金鱼花	Convolvulaceae 旋花科	多年生向左旋缠绕草本；二歧蝎尾状聚伞花序，各花偏向一侧；花冠管状，具棱，口部略膨大呈坛状，初红色，渐转为淡黄色至白色；雄蕊及花柱伸出花冠之外	观赏		
6298	*Minuartia kryloviana* Schischk.	新疆米努草	Caryophyllaceae 石竹科	多年生草本；茎平卧，基部木质化，叶线形，具 3 脉，聚伞花序，花瓣白色，长圆状倒卵形，萼片卵状披针形	观赏	中国新疆	
6299	*Mirabilis jalapa* L.	紫茉莉（胭脂花，夜娇娇，白胭脂花）	Nyctaginaceae 紫茉莉科	一年生草本；叶卵形或卵状三角形；花傍晚开放；苞片 5 裂；萼片状；花被管圆柱形，顶端 5 裂；卵形果具棱	有毒	美洲热带	我国各地栽培

（续）

序号	拉丁学名	中文名	所属科	特征及特性	类别	原产地	目前分布/种植区
6300	*Mirabilis longiflora* L.	长筒紫茉莉	Nyctaginaceae 紫茉莉科	多年生草本；主根粗壮，圆锥形，黑褐色，新鲜断面白色；茎多分枝，节部膨大，无毛或有疏短柔毛；花冠长 10～15cm，粉红、白、堇色等	观赏	墨西哥	拉丁美洲
6301	*Miscanthus floridulus* (Labill.) Warburg ex K. Schumann	五节芒（芭茅）	Gramineae (Poaceae) 禾本科	多年生常绿草本；芒节有白粉；叶互生，叶缘含有制造玻璃原料的硅质；大型圆锥花序，小穗成对着生，成熟时全穗呈淡黄色	观赏，饲用及绿肥，药用		华东、华中、华南、西南
6302	*Miscanthus nepalensis* (Trin.) Hack.	尼泊尔芒	Gramineae (Poaceae) 禾本科	多年生草本；秆高 60～120cm，具 4 节；叶条形，宽 3～10mm；圆锥花序较小，扇形，小穗孪生，一长柄，一短柄；颖果细小	杂草		四川、云南、甘肃
6303	*Miscanthus nudipes* (Griseb.) Hackel	川芒	Gramineae (Poaceae) 禾本科	多年生草本；秆高 80～100cm；叶线形，扁平，平时对折；圆锥花序扇形，污白色，小穗披针形，第一颖有纤毛，第二颖舟形	杂草		四川
6304	*Miscanthus sacchariflorus* (Maxim.) Hackel	荻	Gramineae (Poaceae) 禾本科	多年生草本；具发达被鳞片的长匍匐根状茎，节处生粗根与幼芽；总状花序；花果期 8～10 月	观赏	中国东北及河北、山西、河南、山东、甘肃、陕西	
6305	*Miscanthus sinensis* Andersson	芒（芭茅）	Gramineae (Poaceae) 禾本科	多年生丛生高大草本；秆高 1～2m；叶长 20～50cm；圆锥花序扇形，每节具 1 短柄和 1 长柄小穗，小穗披针形，具芒；颖果	药用，饲用及绿肥		东北、华北、华东、中南、西南
6306	*Mitragyna umbellata* L.	鸡眼藤	Rubiaceae 茜草科	藤本，叶倒卵形，2～7cm，两面毛；花序 3～9 伞形簇生枝顶，白色，稍微钟状；聚花核果近球形成熟红色至橘红色	药用		江西、福建、台湾、香港、广东、广西和海南
6307	*Mitrastemon kawasasakii* Hayata	台湾帽蕊草	Rafflesiaceae 大花草科	一年生矮小直立寄生草本；植物体圆柱形；花两性，单生茎顶，花被下位，有黏液，杯形；子房上位，1 室，侧膜胎座；果浆果状	杂草		台湾
6308	*Mitrephora thorelii* Pierre	银钩花（定春，大叶杂古）	Annonaceae 番荔枝科	常绿树种、乔木；高 25m；叶近革质，卵形或长圆状椭圆形；两性花；聚合浆果；种子半月形	观赏	中国海南	云南
6309	*Mollugo stricta* L.	粟米草（降龙草）	Molluginaceae 粟米草科	一年生草本；高 10～30cm；叶常 3～5 片轮生或对生，披针形；二歧聚伞花序，花小淡绿色，缺花瓣；蒴果 3 瓣裂	药用		淮河、秦岭以南各省份

（续）

序号	拉丁学名	中文名	所属科	特征及特性	类别	原产地	目前分布/种植区
6310	*Moluccella laevis* L.	贝壳花（领圈花）	Labiatae 唇形科	一、二年生草本；花轮生，多数而呈轮生状，节间较长；花小，白色，具贝壳状大花萼，翠绿色，为主要观赏部位；花期春至秋季	观赏	亚洲西部	我国各地均有种植
6311	*Momordica charantia* L.	苦瓜（癞葡萄，凉瓜）	Cucurbitaceae 葫芦科	一年生攀缘草本；雌雄花同柱，单花腋生；雄蕊3，贴生在萼筒喉部，离生，药室S形折曲；子房纺锤形，密生多数小凸起；柱头3，膨大	蔬菜，药用		各地普遍栽培
6312	*Momordica cochinchinensis* (Lour.) Spreng.	木鳖（土木鳖，漏苓子）	Cucurbitaceae 葫芦科	粗壮大藤本；叶3～5裂；雌雄异株，雄花梗顶端有大形苞片，雌花梗近中部有一小形苞片；子房密生刺状凸起；卵形果	有毒		华南、华中及浙江、四川
6313	*Momordica dioica* Roxb. ex Willd.	云南木鳖	Cucurbitaceae 葫芦科	攀缘草本；具块状根；叶卵状心形，膜质；雌雄异株，雄花长8～14cm，顶端生一黄绿色的叶状苞片；雌花长6～10cm；种子长圆形、黄褐色，边缘不拱起，两面又不规则的雕纹	蔬菜	中国	云南
6314	*Momordica grosvenorii* Swingle	罗汉果	Cucurbitaceae 葫芦科	多年生攀缘藤本；叶互生；单性花，雄花腋生，雄蕊3，花冠5深裂；雌花单生叶腋，花柱3裂；瓠果	果树		广西、广东、湖南、江西、福建、浙江
6315	*Momordica subangulata* Blume	凹萼木鳖	Cucurbitaceae 葫芦科	纤细攀缘草本；叶片膜质卵状心形或宽卵状心形；雌雄异株，雄花单生于叶腋，长5～8(～10)cm，被段柔毛；果实卵球状或卵球状长圆形；种子灰色，卵圆形或圆球形	蔬菜	中国	云南、贵州、广东、广西
6316	*Monarda didyma* L.	马薄荷	Labiatae 唇形科	多年生草本；茎四棱形，叶对生，有薄荷味；轮伞花序聚生枝顶成头状，苞片红色，花冠猩红色；花期6～9月	观赏	美洲	我国各地均有分布
6317	*Monarda fistulosa* L.	堇花薄荷（拟美国薄荷）	Labiatae 唇形科	多年生草本；茎钝四棱形；轮伞花序多花，花梗短，苞片叶状，萼片管状；花期6～7月	观赏	北美洲	我国各地均有分布
6318	*Monarda punctata* L.	斑花马薄荷（美国薄荷）	Labiatae 唇形科	多年生草本；茎锐四棱形；轮伞花序多花，苞片叶状，红色，花萼管状，干时紫红色；花期7月	观赏	美洲	我国各地均有分布

（续）

序号	拉丁学名	中文名	所属科	特征及特性	类别	原产地	目前分布/种植区
6319	*Moneses uniflora* (L.) A. Gray	独丽花（独立花）	Ericaceae 杜鹃花科	多年生常绿草本；叶基生于茎基部，卵圆形或近圆形，边缘具细锯齿，花白色，花瓣4～5，近圆形	观赏，地被	中国东北及内蒙古、陕西、甘肃、新疆、台湾、云南	
6320	*Monimopetalum chinense* Rehder	永瓣藤	Celastraceae 卫矛科	落叶藤状灌木；高6m以上；叶窄卵形或长圆形；聚伞花序侧生上年枝上；花瓣4，白绿色，子房与花盘合生，4室；蒴果4深裂	观赏，我国特有单种属		安徽、江西
6321	*Monochoria hastata* (L.) Solms	箭叶雨久花（戟叶小兰花，烟梦花）	Pontederiaceae 雨久花科	多年生粗壮水生草本；高0.5～1m；叶长10～31cm；花多朵组成总状花序或近伞形花序；蒴果	蔬菜	中国	云南、广东、广西、海南、贵州
6322	*Monochoria korsakowii* Regel et Maack	雨久花（田菜，福菜，雨韭）	Pontederiaceae 雨久花科	一年生水生草本；叶宽卵状心形，长5～8cm，宽3.5～5cm；圆锥花序长出于叶，花直径约2cm；蒴果卵状椭圆形	饲用及绿肥		东北、华北、华东及陕西
6323	*Monochoria vaginalis* (Burm. f.) C. Presl ex Kunth	鸭舌草（水锦葵，猪耳草）	Pontederiaceae 雨久花科	水生草本；叶卵状披针形，长5～12cm，宽1.5～3cm；圆锥花序短于叶，花直径约1.5cm；蒴果卵形	饲用及绿肥		华东、华中、华南、西南
6324	*Monstera deliciosa* Liebm.	龟背竹	Araceae 天南星科	攀缘灌木；茎具半月形叶迹，具气生根；叶轮廓心状卵形；佛焰苞舟状；肉穗花序单黄色；浆果	有毒	墨西哥	福建、广东、云南
6325	*Moraea neopavonia* R. Foster	孔雀鸢尾	Iridaceae 鸢尾科	多年生草本；株高30～60cm，具球茎；叶仅1枚，狭条形，通常多毛；花疏散簇生于圆柱形茎顶，橙红色，长2.5～3cm，柱头瓣化	观赏	非洲南部	
6326	*Morina nepalensis* D. Don	刺萼参	Dipsacaceae 川续断科	多年生草本；基生叶丛生，叶片窄披针形，基部渐窄成鞘状抱茎，边缘具刺状硬纤毛，花萼疏被白色糙毛，假头状花序，花冠漏斗状，粉红色或紫红色，瘦果	观赏	中国云南、四川、西藏、陕西、甘肃、青海	
6327	*Morina nepalensis* var. *delavayi* (Franch.) C. H. Hsing	大花刺萼参	Dipsacaceae 川续断科	多年生草本；基生叶丛生，叶片线状披针形，茎生叶对生，叶片卵状长圆形至长圆状披针形，边缘有刺毛；假头状花序疏松，花冠长漏斗形，粉红色或紫红色；瘦果略呈四棱形	观赏	中国云南、四川、西藏	

（续）

序号	拉丁学名	中文名	所属科	特征及特性	类别	原产地	目前分布/种植区
6328	*Morinda citrifolia* L.	海巴戟天	Rubiaceae 茜草科	常绿小乔木或灌木；高 9m，花白色，萼管彼此间多少黏合，萼檐近截平；雄蕊与花冠裂片同数，着生于冠管喉部，花丝短，花药中部背着；花盘环状	果树		海南
6329	*Morinda howiana* S. Y. Hu	羊角藤	Rubiaceae 茜草科	藤本、攀缘或缠绕，有时呈披散灌木状；叶倒卵形、倒卵状披针形或倒卵状长圆形；花序 3～11 伞状排列于枝顶；花冠白色；聚花核果由 3～7花发育而成，近球形或扁球形	蜜源		江苏、安徽、浙江、江西、福建、台湾、湖南、广东、香港、海南、广西
6330	*Morinda officinalis* F. C. How	巴戟天	Rubiaceae 茜草科	藤木；叶长圆形、卵状长圆形或倒卵状长圆形；花序 3～7 伞形排列与枝顶；花冠白色；聚花核果由多花或单花发育而成，熟时红色，扁球形或近球形	药用	中国	福建、广东、海南、广西
6331	*Morinda parvifolia* Bartl. ex DC.	鸡眼藤（百眼藤）	Rubiaceae 茜草科	攀缘、缠绕或平卧藤本；叶形多变；头状花序近球形或稍呈圆锥状，罕呈柱状；花冠白色；聚花核果近球形，熟时橙红至橘红色	药用		江西、福建、台湾、广东、香港、海南、广西
6332	*Morus alba* L.	桑（白桑，果桑）	Moraceae 桑科	乔木或灌木；叶卵形或广卵形；花单性，雄花序下垂，雄花花被片宽椭圆形，雌花序雌花花被片倒卵形；聚合果卵状椭圆形	果树，经济作物（特用类）	中国	华北、华东、华南、西南
6333	*Morus alba* var. *multicaulis* (Perr.) Loudon	鲁桑	Moraceae 桑科	大灌木或乔木；叶大，多为心脏形，叶尖锐头，叶缘多为圆齿；雌雄同株或异株，雄花序长圆柱形，雌花无花柱；聚花果	经济作物（桑类）	中国	浙江、江苏、山东
6334	*Morus australis* Poir.	唐鬼桑	Moraceae 桑科	枝条灰色；叶广心脏形，叶缘有整齐的钝锯齿；花序柄细，比花序长，雌花长花柱，内侧密生乳头状突起；聚花果球形	经济作物（桑类）	中国南部	华南
6335	*Morus cathayana* Hemsl.	华桑（葫芦桑）	Moraceae 桑科	乔木或灌木；叶大，心脏形或广心脏形，叶缘具圆状齿或钝齿；雌雄同株或异株，花序圆筒形；聚合果圆筒形	经济作物（特用类）	中国	西南、华东、华中、华南及陕西

（续）

序号	拉丁学名	中文名	所属科	特征及特性	类别	原产地	目前分布/种植区
6336	*Morus macroura* Miq.	长果桑	Moraceae 桑科	乔木；树皮灰白色；叶卵圆形或广卵圆形，叶缘为小形锯齿；花多为雌雄异株，雄花序细长，雌花序窄长圆柱形；聚花果	果树	中国、印度、马来西亚	贵州、云南、广东、广西、西藏
6337	*Morus mizuho* Hotta.	瑞穗桑	Moraceae 桑科	小乔木或灌木；叶心脏形，叶尖长锐头或尾状；雌雄异株或同株，雌花长花柱，柱头内侧密生乳头状突起；聚花果	果树	中国	浙江、江苏、安徽、湖北
6338	*Morus mongolica* （Bureau） C. K. Schneid.	蒙桑	Moraceae 桑科	乔木或灌木；叶卵圆形或卵状椭圆形，叶缘三角形大锯齿；雌雄异株，雄花序圆筒形，雌花序短圆筒形；聚花果	经济作物（特用类）	中国、朝鲜北部	东北、华北、华中、西南及广西
6339	*Morus nigra* L.	黑桑	Moraceae 桑科	乔木；叶广卵形至近心形；花雌雄异株或同株，雄花序圆柱形，雌花序短椭圆形；聚花果短椭圆形	果树，经济作物（特用类）	亚洲西部、南高加索、叙利亚及黎巴嫩	华东及新疆
6340	*Morus notabilis* C. K. Schneid.	川桑	Moraceae 桑科	乔木；树皮灰褐色；叶亚圆形，叶缘细锯齿，齿尖有短突起；雌雄异株，雄花序窄长圆筒形，雌花序圆筒形；聚花果圆筒形	经济作物（桑类）	中国	四川、云南、贵州
6341	*Morus serrata* Roxb.	细齿桑	Moraceae 桑科	乔木；叶广卵形或近心脏形，叶缘三角形锯齿，齿尖有短芒刺；雌雄异株，雄花序圆筒形，雌花序短圆筒形；聚花果	果树	温带喜马拉雅、印度、巴基斯坦及中国西藏	
6342	*Morus wittiorum* Hand. -Mazz.	长穗桑	Moraceae 桑科	乔木或灌木；叶椭圆形或长椭圆形，叶尖渐尖或尾状；雌雄异株，雄花序长 8～11cm，雌花序长 5～16cm；聚花果	果树	中国	湖北、湖南、贵州、广西、云南
6343	*Mosla chinensis* Maxim.	石香薷（细叶香薷）	Labiatae 唇形科	一年生草本；高 9～40cm；茎纤细，被柔毛；叶线状长圆形或线状披针形；花序头状或假穗状，花冠红色或白色；小坚果近球形	药用		华东、华中、华南及山东、台湾、贵州、四川
6344	*Mosla dianthera* （Buch. -Ham. ex Roxb.）Maxim.	小鱼仙草（月味草）	Labiatae 唇形科	一年生草本；高达 1m；茎基部常匍匐生根；叶卵状披针形或菱状披针形，具凹陷腺点；总状花序顶生，具多数花，淡紫色；小坚果	药用		陕西及长江以南各省份

（续）

序号	拉丁学名	中文名	所属科	特征及特性	类别	原产地	目前分布/种植区
6345	*Mosla grosseserrata* Maxim.	荠苎	Labiatae 唇形科	一年生草本；叶卵形，先端锐尖；总状花序短顶生，苞片披针形，花萼2唇形；小坚果近球形，表面具疏网纹	饲用及绿肥		东北及安徽、浙江、江苏
6346	*Mosla hangchowensis* Matsuda	杭州荠苎	Labiatae 唇形科	一年生草本；花冠紫色，冠檐二唇形，上唇微缺，下唇3裂；雄蕊4，后对着生于上唇基部，微伸出，花丝扁平无毛，较花药为短，花药线形，2室，室略叉开，药隔明显，前对雄蕊较小，着生于下唇中裂片摹部，不育	蜜源		浙江
6347	*Mosla scabra*（Thunb.）C. Y. Wu et H. W. Li	石荠苎	Labiatae 唇形科	一年生草本；高20～100cm；叶卵形或卵状披针形，密布凹陷腺点；总状花序，花冠粉红色，花盘前方呈指状膨大；小坚果球形	药用		华东、华中、华南及辽宁、陕西、甘肃、河南
6348	*Mosla soochowensis* Matsuda	苏州荠苎	Labiatae 唇形科	一年生草本；高12～50cm；叶线状披针形或披针形，下面密布凹陷腺点；总状花序，花冠粉红色，花盘前方呈指状膨大；小坚果球形	杂草		江苏、浙江、安徽、江西
6349	*Mucuna birdwoodiana* Tutcher	白花油麻藤	Leguminosae 豆科	常绿藤本；总状花序生于老枝或叶腋，有花20～30朵，常呈束状；花冠白色或带绿白色；花期4～6月	观赏	中国江西、福建、广东、广西贵州、四川	
6350	*Mucuna championii* Benth.	毒毛麻雀豆	Leguminosae 豆科	攀缘藤本；总装花序生于老茎上，长约3cm；花萼被浅褐色毛；花冠蝶形，紫色，旗瓣圆形，直径约2.5cm，翼瓣和龙骨瓣长约4cm，均具瓣柄；雄蕊2体(9+1)	有毒		
6351	*Mucuna deeringiana*（Bort）Merr.	绒毛黎豆（茸毛黎豆）	Leguminosae 豆科	一年生蔓性匍行草本；荚果长5～7.5cm，种子8～5颗，近似圆球形，白底而有棕色或黑色斑点条理和云纹，种脐不及种子一半长	饲用及绿肥		广东、广西、云南
6352	*Mucuna hainanensis* Hayata	海南黎豆（水流藤，荷包豆）	Leguminosae 豆科	攀缘灌木；纸质小叶3；总状花序腋生；花萼阔钟状，被灰色柔毛或橙黄色刺毛；花冠深紫色；荚果，种子2～3颗	有毒		广东、广西
6353	*Mucuna macrocarpa* Wall.	老鸦花藤	Leguminosae 豆科	藤本；复叶互生，小叶椭圆形，下面密被棕黄色绒毛；总状花序着生在老茎上；花黄紫色；荚果，密被棕色绒毛，有种子6～8枚	有毒		

（续）

序号	拉丁学名	中文名	所属科	特征及特性	类别	原产地	目前分布/种植区
6354	*Mucuna pruriens*（L.）DC.	刺毛黎豆（毛黎豆）	Leguminosae 豆科	一年生缠绕藤本；小叶卵状菱形；总状花序腋生；花冠暗紫色；荚果稍成S形，压扁，种子扁椭圆形	有毒	中国	海南、云南
6355	*Mucuna pruriens* var. *utilis*（Wall. ex Wight）Baker ex Burck	头花黎豆（猫豆，虎豆）	Leguminosae 豆科	一年生缠绕草本；全体被疏柔毛；三出复叶，小叶片卵形；花冠深紫色；荚果深棕色，长约9cm，密被银灰色茸毛；种子2～5颗	饲用及绿肥		广东、浙江、安徽
6356	*Mucuna sempervirens* Hemsl.	常春油麻藤	Leguminosae 豆科	常绿藤本；羽状复叶，纸质或革质，顶生小叶椭圆形，侧生小叶极偏斜，总状花序生老茎上，花冠深紫色，干后黑色	有毒，观赏	中国云南、四川、贵州、陕西、湖北、福建、江西、浙江、广东、广西	
6357	*Muhlenbergia japonica* Steud.	日本乱子草	Gramineae（Poaceae）禾本科	多年生，常无根茎；秆高15～50cm，基部斜卧，节上生根；圆锥花序每节具1分枝，颖长1.5～2.2mm	饲用及绿肥		华北、华东、中南及西南
6358	*Muhlenbergia ramosa*（Hackel ex Matsum.）Makino	多枝乱子草	Gramineae（Poaceae）禾本科	多年生，匍匐根茎长达11～30cm；秆高30～120cm；花序每节分枝单生，颖披针形，先端尖，具1脉，长1.5～2.2mm	饲用及绿肥		华东及贵州、云南、湖南
6359	*Mukia maderaspatana*（L.）M. J. Roem.	帽儿瓜（野苦瓜，毛花红钮子）	Cucurbitaceae 葫芦科	一年生平卧或攀缘草本；全体密披黄褐色硬毛；茎有棱沟及疣状突起；叶片3～5裂，宽卵状五角形或卵状心形；花冠黄色，5裂；浆果球状，熟后深红色；种子表面具显著的蜂窝状皱纹	药用，蔬菜	中国	云南、贵州、广东、广西、台湾
6360	*Mulgedium tataricum*（L.）DC.	蒙山莴苣	Compositae（Asteraceae）菊科	多年生草本；含乳汁；茎高30～80cm；基生叶簇生具柄，茎生叶互生无柄，叶长圆状披针形；头状花序于枝端排成圆锥状；瘦果长圆状线形	饲用及绿肥		东北、华北、西北及四川、西藏
6361	*Munronia pinnata*（Wall.）W. Theobald	云南地黄连（矮陀陀）	Meliaceae 楝科	矮小灌木；奇数羽状复叶，侧生小叶倒卵形至近圆形；聚伞花序腋生，有花1～5朵，白色；蒴果扁球形	有毒		云南

（续）

序号	拉丁学名	中文名	所属科	特征及特性	类别	原产地	目前分布/种植区
6362	*Muntingia calabura* L.	文定果（文丁果，牙买加樱桃）	Elaeacarpaceae 杜英科	常绿小乔木；株高可达 6m，侧枝呈水平展开；叶互生，长椭圆状卵形，先端尖，基部稍歪，边缘锯齿，两面密被短毛，纸质；花腋生，白色；浆果球形，熟时鲜红色	果树		台湾、广东、云南
6363	*Murdannia keisak*（Hassk.）Hand. -Mazz.	疣草	Commelinaceae 鸭跖草科	一年生草本；茎长而倾卧；叶互生，披针形，基部有闭合短鞘；聚伞花序有花 1～3 朵，花瓣 3，粉红或蓝紫色；蒴果长椭圆形	饲用及绿肥		东北及浙江、江西、福建、台湾
6364	*Murdannia nudiflora*（L.）Brenan	裸花水竹叶（山韭菜）	Commelinaceae 鸭跖草科	匍匐茎草本；叶线形或线状披针形；伞形花序有花数朵，再排成圆锥花序，花瓣小，天蓝色或紫色，子房近球形；蒴果卵圆状三棱形	药用		西南、华南、华东、华中
6365	*Murdannia triquetra*（Wall. ex C. B. Clarke）Brückner	水竹叶（肉草）	Commelinaceae 鸭跖草科	多年生水生或沼泽生草本；叶线状披针形；花单生分枝顶端叶腋，花瓣蓝紫色或粉红色，子房长圆形；蒴果长圆状三角形	饲用及绿肥，药用		西南、华中、华南、华东
6366	*Murraya euchrestifolia* Hayata	豆叶九里香（山黄皮，满山香，满天香）	Rutaceae 芸香科	常绿小乔木；高 7m；奇数羽状复叶，小叶 5～11，幼时紫红色，卵形或披针形；花两性，聚伞花序排成伞房状或圆锥状复花序；浆果球形，鲜红至暗红色；种子 1～2	药用		台湾、广东、广西西部、贵州西南部、云南东南部
6367	*Murraya exotica* L.	千里香（万里香，黄金桂，九里香）	Rutaceae 芸香科	常绿灌木；高 3m；奇数羽状复叶互生，小叶互生、小叶 3～7；花两性，聚伞花序排成伞房状或圆锥状复花序；坚果，有胶液，宽卵形或纺锤形，稀球形，朱红色；种子 1～4	药用，观赏		台湾、福建、广东、湖南南部、广西、贵州西南部、云南南部
6368	*Murraya koenigii*（L.）Spreng.	咖喱叶	Rutaceae 芸香科	常绿灌木；木材古铜色；羽状复叶，小叶椭圆形，互生，叶具香料气味；圆锥花序，花小，白色；浆果初时青绿色，成熟时红色	果树		广东、云南
6369	*Murraya kwangsiensis*（C. C. Huang）C. C. Huang	广西九里香（广西黄皮，假鸡皮）	Rutaceae 芸香科	常绿灌木；高 2m；奇数羽状复叶，宽卵形、斜长卵形或斜椭圆状卵形；花两性，聚伞花序排成伞房状或圆锥状复花序；浆果，有胶液，球形，红色至暗紫色；种子 1～4	药用		广西西部及西南部

（续）

序号	拉丁学名	中文名	所属科	特征及特性	类别	原产地	目前分布/种植区
6370	*Murraya paniculata* (L.) Jack	九里香（千里香，过山香）	Rutaceae 芸香科	常绿灌木或小乔木；羽状复叶，互生，小叶椭圆形；聚伞花序；萼片5，花瓣无，白色；雄蕊10，5长5短；子房2室；浆果	有毒，观赏		福建、台湾、湖南、广东、广西、贵州、云南
6371	*Musa acuminata* Colla	香蕉（牙蕉，粉蕉，矮脚蕉）	Musaceae 芭蕉科	多年生草本；假茎淡黄绿色而带紫红色斑纹；叶柄和叶基部的边缘有红色条纹；叶柄和叶鞘被白粉；叶长卵形或阔卵形；花单性，雄花苞片外面呈红，黄色；雌花柱头乳白，淡黄；果实短柱形至长柱形	果树，有毒		云南
6372	*Musa balbisiana* Colla	野蕉	Musaceae 芭蕉科	假茎丛生；叶卵状长圆形；合生花被片具条纹，离生花被片先端内凹，在凹陷处有一小尖头；浆果	果树，有毒		广东、广西、云南西部
6373	*Musa basjoo* Siebold et Zucc.	芭蕉（板蕉，牙蕉，大叶芭蕉）	Musaceae 芭蕉科	多年生草本；叶长圆形，基部圆形或不对称；花序顶生，下垂，苞片红褐色或紫色，雄花生于花序上部，雌花生于花序下部；淡黄色的大型花从叶丛中抽出	果树	琉球群岛	台湾、秦岭淮河以南可露地栽培
6374	*Musa coccinea* Andrews	红蕉（指天蕉，芭香红，野蕉）	Musaceae 芭蕉科	多年生草本；叶长圆形；苞片鲜红，内面粉红；花被乳黄色；浆果果身直，在序轴上向上直伸	果树，有毒		广东、广西、云南东南部
6375	*Musa itinerans* Cheesman	阿宽蕉（黑芭蕉）	Musaceae 芭蕉科	直立散生草本；花序半下垂，被毛；合生花先端5齿裂，离生花被片长为合生花被片1/3	观赏	中国云南西南部，印度、缅甸北部、泰国	云南、海南
6376	*Musa rubra* Wall. ex Kurz	阿希蕉	Musaceae 芭蕉科	根茎芋状；假茎暗紫色；叶卵状长圆形；花序直立或上举，合生花被片金黄色；果序直立，浆果圆柱形	有毒		云南
6377	*Musa textilis* Née	焦麻	Musaceae 芭蕉科	多年生草本；高2.5～4m；叶大，长圆形；复穗状花序，下垂，雄花着生花序上部苞片，雌花着生下部；浆果	果树	菲律宾	台湾、海南、广东、广西、云南

（续）

序号	拉丁学名	中文名	所属科	特征及特性	类别	原产地	目前分布/种植区
6378	*Musa troglodytarum* L.	肥蕉（斐希蕉）	Musaceae 芭蕉科	假茎丛生；花序下垂；花序梗和轴无毛；正面的两性和雄花的苞片是紫红色，雌花的苞片落叶；雄花可达20每苞片，在2排内；正面浅紫色的复合花被片，背面浅紫色白色，具条纹，齿黄色到橙；离生花被片乳白色，半透明，倒卵形，先端微缺，短尖具细尖	果树	南太平洋群岛	
6379	*Musa velutina* Wend	毛果蕉	Musaceae 芭蕉科	高1.5m；雄花5苞片；花瓣长约3.5cm，宽约1cm，椭圆形，先端或具齿，果实粉红色，长约7cm，直径3～4cm	果树	印度	
6380	*Musa xparadisiaca* L.	大蕉（高脚蕉）	Musaceae 芭蕉科	多年生草本；叶鞘紧密包围集合成伪茎，真茎极短；叶片由伪茎顶端抽出，作螺旋状排列；总状花序，顶生，花轴基部披有蓖苞1枚，其内有小苞片多枚，小花着生于苞腋	果树	印度、马来西亚等	福建、台湾、广东、广西、云南
6381	*Muscari azureum* Fenzl	天蓝葡萄风信子	Liliaceae 百合科	球根花卉；总状花序，花朵密生花葶上部，花冠小坛状，顶端紧缩；花期春季	观赏	地中海地区、亚洲西南部	
6382	*Muscari botryoides* （L.） Mill.	葡萄风信子	Liliaceae 百合科	球根花卉；花葶长10～30cm，高于叶丛；小花多而密，呈圆锥状顶生总状花序，小花坛状下垂，碧蓝色；花期3～5月	观赏		
6383	*Muscari comosum* （L.） Mill.	大蓝壶花	Liliaceae 百合科	球根花卉；花葶高30～45cm，有花40～100朵，上部花蓝色或紫色，不育，下部花淡黄绿色，可育	观赏	南欧、亚洲	
6384	*Musella lasiocarpa* （Franch.） C. Y. Wu ex H. W. Li	地涌金莲（地金莲，地涌莲）	Musaceae 芭蕉科	多年生草本；地上部为假茎，叶大型，长椭圆形，花序莲座状，苞片黄色，有花两列，花被带紫色，浆果	蜜源	中国云南中部至西部	四川、云南、贵州、广西
6385	*Mussaenda decipiens* H. Li	墨脱玉叶金花	Rubiaceae 茜草科	常绿攀缘灌木；小枝暗绿色，叶对生，纸质，背有硬毛，多歧聚伞花序顶生，花冠裂片黄色，内密被橙黄色小疣突	观赏	中国西藏、云南	
6386	*Mussaenda divaricata* Hutch.	展叶玉叶金花	Rubiaceae 茜草科	常绿攀缘灌木；叶对生，薄纸质，聚伞花序，花萼管陀螺形，花叶广椭圆形，花冠黄色，外被短柔毛，内上部密被黄色棒状毛	观赏	中国云南、四川、贵州、广西、湖北	

（续）

序号	拉丁学名	中文名	所属科	特征及特性	类别	原产地	目前分布/种植区
6387	*Mussaenda esquirolii* H. Lév.	异形玉叶金花	Rubiaceae 茜草科	攀缘灌木；叶对生，椭圆形至椭圆状卵形；三歧聚伞花序顶生，萼筒裂片5，扩大成花瓣状，白色，子房2室；浆果	药用		广西
6388	*Mussaenda frondosa* L.	白纸扇	Rubiaceae 茜草科	半落叶性常绿灌木；叶对生，长卵形，革质；聚伞花序顶生，花冠长漏斗状、金黄色，先端5裂；浆果椭圆形	观赏		长江以南各省份
6389	*Mussaenda macrophylla* Wall.	大叶玉叶金花	Rubiaceae 茜草科	常绿攀缘灌木；聚伞花序有短总花梗；花大，橙黄色；花萼管钟形；花期6～7月	观赏	中国台湾、广东、广西、云南	
6390	*Mussaenda parviflora* Miq.	狭叶玉叶金花	Rubiaceae 茜草科	常绿攀缘灌木；聚伞花序顶生或生于上部叶腋；花叶白色，宽卵形或椭圆形，花冠管圆筒形，花期4～5月	观赏		
6391	*Mussaenda pubescens* W. T. Aiton	玉叶金花（白纸扇）	Rubiaceae 茜草科	常绿攀缘灌木；叶对生或轮生，膜质，聚伞花序顶生，花萼管陀螺形，被柔毛，花叶阔椭圆形，花冠黄色，内密生金黄色小疣突，浆果	观赏		广东、香港、海南、广西、福建、湖南、江西、浙江、台湾
6392	*Myoporum bontioides*（Siebold et Zucc.）A. Gray	苦槛蓝（苦蓝盘，又蓝盘）	Myoporaceae 苦槛蓝科	常绿灌木；生于海边潮界线上；叶互生，肉质；花1～3朵腋生，花梗细，花萼短钟状，裂片5，三角形至卵形，宿存；二强雄蕊，生在花冠筒基部；核果球形	药用		浙江、福建、台湾、广东、广西
6393	*Myosotis alpestris* F. W. Schmidt	高山勿忘草	Boraginaceae 紫草科	多年生草本；叶片长椭圆形至披针形；花冠蓝色，喉部黄色，具香味；花期4～6月	观赏	欧洲山地	
6394	*Myosotis caespitosa* Schultz	湿地勿忘草	Boraginaceae 紫草科	多年生草本；茎下部叶具柄，长圆形至倒披针形，两面被糙伏毛，茎中部以上叶无柄，倒披针形，花冠淡蓝色	蜜源		云南、甘肃、新疆、河北、东北
6395	*Myosotis silvatica* Ehrh. ex Hoffm.	勿忘草	Boraginaceae 紫草科	多年生草本；叶互生，两面被毛，卷伞花序，花冠高脚碟状，裂片5平展，蓝、粉或白色	观赏，地被		华北、东北、西北及云南、四川、江苏

（续）

序号	拉丁学名	中文名	所属科	特征及特性	类别	原产地	目前分布/种植区
6396	*Myosoton aquaticum* (L.) Moench	鹅肠菜［原植物：牛繁缕（鸡卵菜，石灰菜）］	Caryophyllaceae 石竹科	一年、两年或多年生草本；高 30～80cm；植株形似繁缕而较粗大，根须状，茎紫色圆柱状；二歧聚伞花序多花；蒴果卵圆形	蔬菜，药用，饲用及绿肥		全国各地均有分布
6397	*Myrica adenophora* Hance	青杨梅（青梅，坡梅）	Myricaceae 杨梅科	常绿灌木；叶薄革质，椭圆状倒卵形至短楔状倒卵形；雄花序雄花无小苞片，雌花序常具 2 小苞片	果树		海南、广东、广西
6398	*Myrica esculenta* Buch.-Ham. ex D. Don	毛杨梅（杨梅豆）	Myricaceae 杨梅科	常绿乔木；穗状圆锥花序腋生；雄花序苞片密，覆瓦状排列，每苞片腋内有一雄花，雄蕊 3～7；雌花序因分枝极缩短，仅有 1～4 枚能孕苞片而似穗状，每苞片腋内生一雌花，子房有 2 枚细长鲜红色花柱枝	果树		云南、四川、贵州、广西
6399	*Myrica nana* A. Chev.	矮杨梅（云南杨梅，滇杨梅）	Myricaceae 杨梅科	常绿灌木；叶长椭圆状倒卵形至短楔状倒卵形；雌雄异株，单生于叶腋；雄花序雄花无小苞片，雌花序雌花具 2 小苞片；核果红色，球状	果树		云南
6400	*Myrica rubra* (Lour.) Siebold et Zucc.	杨梅（龙眼，朱红）	Myricaceae 杨梅科	常绿乔木；树冠圆球形；叶长椭圆状，楔状披针形或楔状倒卵形；雌雄异株，雄花序雄花 4～6 枚雄蕊，雌花序雌花子房卵形；核果球状	果树	中国	华东、华南、华中及台湾、云南
6401	*Myricaria bracteata* Royle	河柏	Tamaricaceae 柽柳科	落叶灌木；总状花序顶生于当年生枝条，密集呈穗状；苞片宽卵形或椭圆形，花瓣倒卵形或倒卵状长椭圆形，具脉纹，粉红色、淡红色或淡紫色；花期 6～7 月	饲用及绿肥		华北、西北及西藏
6402	*Myricaria elegans* Royle	秀丽水柏枝	Tamaricaceae 柽柳科	落叶灌木；高约 5m；总状花序常侧生，稀顶生；苞片卵形或卵状披针形，萼片卵状披针形或三角状卵形，花瓣倒卵形，倒卵状椭圆形或椭圆形，白色、粉红色或紫红色；花期 6～7 月	观赏	中国西藏西北部、新疆西南部	
6403	*Myricaria paniculata* P. Y. Zhang et Y. J. Zhang	三春水柏枝	Tamaricaceae 柽柳科	落叶灌木；叶披针形，大型圆锥花序生当年生枝顶端，花瓣粉红色或淡紫红色	观赏	中国河南、山西、陕西、宁夏、甘肃、四川、云南、西藏	

（续）

序号	拉丁学名	中文名	所属科	特征及特性	类别	原产地	目前分布/种植区
6404	*Myricaria platyphylla* Maxim.	宽叶水柏枝	Tamaricaceae 柽柳科	灌木；老枝紫褐色；叶大，卵形，长5～12mm；总状花序顶生，苞片先端渐尖	饲用及绿肥		内蒙古、陕西、宁夏、新疆
6405	*Myricaria prostrata* Hook. f. et Thomson	匍匐水柏枝	Tamaricaceae 柽柳科	落叶匍匐矮灌木；叶在当年生枝上密集，总状花序圆球形，侧生去年生枝，花瓣淡紫色至粉红色，种子被白色长柔毛	观赏	中国西藏、青海、甘肃、新疆西南部	
6406	*Myricaria rosea* W. W. Sm.	卧生水柏枝	Tamaricaceae 柽柳科	落叶仰卧灌木；叶披针形，呈镰刀状弯曲，总状花序顶生，苞片叶状，黄绿色，花瓣狭倒卵形，粉红色或紫红色	观赏	中国西藏东南部、云南西北部	
6407	*Myriophyllum spicatum* L.	杂（泥茜）	Haloragidaceae 小二仙草科	多年生沉水草本；茎长1～2m；叶常4～6片轮生，羽状深裂；穗状花序顶生，雌雄同株，常4朵轮生花序轴；果卵圆状壶形	饲用及绿肥		全国各地均有分布
6408	*Myriophyllum ussuriense* (Regel) Maxim.	三裂狐尾藻	Haloragidaceae 小二仙草科	多年生沉水草本；根茎匍匐于泥中，节外生须根；茎单一，长5～50cm；叶3或4枚轮生，篦齿状羽状深裂；花单性，紫色；果有4条浅沟	杂草		华东及黑龙江、台湾、安徽
6409	*Myriophyllum verticillatum* L.	轮叶狐尾藻	Haloragidaceae 小二仙草科	多年生水生草本；茎圆柱形，多分枝；叶轮生，无柄，羽状全裂，裂片线形；雌雄同株，雌花在下，花瓣小，子房下位；果近球形	饲用及绿肥		全国各地均有分布
6410	*Myripnois dioica* Bunge	蚂蚱腿子	Compositae (Asteraceae) 菊科	落叶小灌木；叶互生，头状花序，雌花和两性花异株，总苞钟状，雌花花冠舌状，淡紫色，两性花花冠管状，白色二唇形	观赏	中国山西、北京、陕西、内蒙古	
6411	*Myristica cagayanensis* Merr.	台湾肉豆蔻	Myristicaceae 肉豆蔻科	常绿乔木；高约20m，直径约100cm；雄花序腋生，假伞形；花钟状；花被裂片3，镊合状排列，三角状卵形；果卵状椭圆形，假种皮红色，条裂状；果熟期12月至翌年1月	观赏	中国台湾南部	菲律宾
6412	*Myristica fragrans* Houtt.	肉豆蔻（肉果，玉果）	Myristicaceae 肉豆蔻科	常绿乔木；叶卵状椭圆形；总状花序，雌雄异株；雄花被3裂，雄蕊8～12枚；雌花子房1室；梨形果具红色假种皮	有毒	印度尼西亚马鲁吉群岛	台湾、广东、云南

（续）

序号	拉丁学名	中文名	所属科	特征及特性	类别	原产地	目前分布/种植区
6413	*Myristica yunnanensis* Y. H. Li	云南肉豆蔻	Myristicaceae 肉豆蔻科	常绿乔木；高 15～30m；叶长圆状披针形或长圆状倒披针形；花单性，异株；雄花序腋生，2～3歧假伞形排列，雄花壶形；浆果椭圆形	药用，经济作物（油料类）		云南
6414	*Myrsine africana* L.	铁仔（碎米棵）	Myrsinaceae 紫金牛科	常绿灌木；花单性，雌雄异株，花冠白色，浆果圆球形，熟时红色或紫色	药用，观赏		西藏、云南、贵州、四川、陕西、甘肃、湖北、湖南、广西、台湾
6415	*Myrsine seguinii* H. Lév.	密花树（狗骨头，打铁树，大明橘）	Myrsinaceae 紫金牛科	大灌木或小乔木；小枝无毛；叶片革质；伞形花序或花簇生；花瓣白色或淡绿色；果球形或近卵形；花期 4～5 月	药用，观赏	中国、缅甸、越南、日本	西南各省份至台湾
6416	*Myrsine semiserrata* Wall.	针齿铁仔（齿叶铁仔）	Myrsinaceae 紫金牛科	常绿灌木或小乔木；高 2m；叶坚纸质至近革质，椭圆形至披针形，有时呈菱形；伞形花序或花簇生，腋生，有花 3～7 朵；果球形，直径 5～7mm，红色变紫黑色	药用，观赏		湖北、湖南、广西、广东、四川、贵州、云南、西藏
6417	*Myrsine stolonifera* (Koidz.) E. Walker	光叶铁仔（蔓竹杞，匍匐铁仔）	Myrsinaceae 紫金牛科	常绿灌木；高 2m；叶坚纸质至近革质，椭圆状披针形；伞形花序或花簇生，腋生或生于裸枝叶痕上，有花 3～4 朵，每花基部具 1 苞片，苞片戟形或披针形；果球形，径达 5mm，红色至紫黑色	药用，观赏		浙江、安徽、江西、四川、贵州、云南、广西、广东、福建、台湾
6418	*Mytilaria laosensis* Lecomte	米老排（壳菜果，三角枫，马蹄荷）	Hamamelidaceae 金缕梅科	常绿树种、乔木；叶卵圆形，全缘或 3 浅裂，掌状 5 出主脉，表面深绿色，有光泽；托叶合生；两性花，穗状花序，顶生或近顶生；蒴果，种子无翅多角形，黑褐色	观赏	中国	广东、广西、云南、海南、湖南
6419	*Nageia fleuryi* (Hickel) de Laub.	长叶竹柏（大叶竹柏）	Podocarpaceae 罗汉松科	常绿乔木；高 20～30m，径 50～70cm；叶交叉对生，宽披针形或椭圆状披针形，无中脉；雌雄异株，雄球花穗状；种子核果状，圆球形	林木，观赏		广东、海南、广西、台湾
6420	*Nageia nagi* (Thunb.) Kuntze	竹柏（宝芳，竹叶球，铁甲树）	Podocarpaceae 罗汉松科	常绿乔木；叶对生，长椭圆披针形至卵圆披针形，基部渐挟成一短柄；单性花，雌雄异株，雄球花穗状，常成分枝状；雌球花常单生叶腋；坚果，圆球形；种子球形	蜜源，观赏	中国	海南、广东、浙江、江西、福建、台湾、广西、四川

（续）

序号	拉丁学名	中文名	所属科	特征及特性	类别	原产地	目前分布/种植区
6421	*Najas ancistrocarpa* A. Braun ex Magnus	多孔茨藻	Najadaceae 茨藻科	一年生沉水草本；茎长15～30cm；叶线形；花单性，雌雄同株，腋生；瘦果，种子椭圆形	饲用及绿肥		华东、华中、华南、西南及辽宁、台湾
6422	*Najas gracillima*（A. Braun ex Engelm.）Magnus	草茨藻	Najadaceae 茨藻科	一年生沉水草本；茎长10～70cm；叶狭线形，叶鞘两侧延伸成耳状；花单性，雌雄同株；果长圆形	饲用及绿肥		华东、华南、华中及辽宁、河北、四川、云南、贵州
6423	*Najas marina* L.	大茨藻	Najadaceae 茨藻科	一年生沉水草本；茎长30～70cm；叶对生，长圆形；花单性，雌雄异株，单生叶腋；果实花柱及柱头宿存	饲用及绿肥		东北、华北、华东及台湾
6424	*Najas minor* All.	小茨藻	Najadaceae 茨藻科	一年生沉水草本；叶线形，分枝下部3叶轮生，上部对生；花单性，生于叶鞘；种子线状长椭圆形	饲用及绿肥		东北、华北、长江流域及西南、广东
6425	*Najas mutabile* Bl.	葡萄丹（金毛丹，易变韶子）	Najadaceae 茨藻科	乔木，高10～15m，小枝幼时多毛；叶互生，17～45 cm；花小，簇生，绿色，4～5多毛萼片；果实卵形，长5～7.5 cm，暗红色	果树	马来西亚	海南
6426	*Nandina domestica* Thunb.	南天竹（红杷子，天烛子）	Berberidaceae 小檗科	常绿灌木；叶互生，2～3回单数羽状复叶，小叶对生，椭圆状披针形；圆锥花序顶生；花白色；浆果鲜红色	有毒，观赏		江苏、安徽、江西、四川、陕西、广西
6427	*Nanocnide japonica* Blume	花点草（油点草，幼油草）	Urticaceae 荨麻科	多年生草本；高10～25cm；叶互生，菱状卵形，三角形或近扇形；雌雄同株或异株，花序腋生，雄花序常具长梗；瘦果卵形	药用		华东、华中及台湾
6428	*Nanocnide lobata* Wedd.	毛花点草	Urticaceae 荨麻科	多年生草本；高10～25cm；叶三角形至扇形；雌雄同株，花绿白色，雄花序生于枝鞘叶腋，雌花序生于上部叶腋；瘦果	药用，饲用及绿肥		华东、华中、华北、西南
6429	*Nanophyton erinaceum*（Pall.）Bunge	小蓬	Chenopodiaceae 藜科	垫伏半灌木；老枝繁密；叶先端呈钻状，背面具乳头状凸起；花单生叶腋，花被片外轮2片，内轮3片，果实呈扭曲圆锥体	生态防护，饲用及绿肥		新疆焉耆盆地、乌鲁木齐、查布查尔等地

（续）

序号	拉丁学名	中文名	所属科	特征及特性	类别	原产地	目前分布/种植区
6430	*Narcissus barrii* Hort. Ex Brub.	贝尔水仙	Amaryllidaceae 石蒜科	球根植物；花单生，黄色或复色，花被高脚碟状，下有一管状的佛焰苞	观赏		
6431	*Narcissus bulbocodium* L.	围裙水仙	Amaryllidaceae 石蒜科	球根植物；叶近圆柱形，纤细；花单生，形小，副冠喇叭筒形；花被片窄，鲜黄色	观赏	法国南部、摩洛哥、葡萄牙、西班牙	
6432	*Narcissus cyclamineus* DC.	仙客来水仙	Amaryllidaceae 石蒜科	球根植物；叶窄线形；花葶纤细；花单朵或2～3朵聚生，形小，下垂或侧生；柠檬黄色，副冠窄，圆柱形；有橙黄色波状边	观赏	葡萄牙、西班牙	
6433	*Narcissus poeticus* L.	红口水仙	Amaryllidaceae 石蒜科	球根植物；花葶二棱形，与叶等长；花单生，平伸或斜向开放，纯白的，芳香；副冠浅杯状，黄色；边缘干膜质而起皱，橘红色；苞片干膜质，花期4～5月	观赏	法国、希腊	我国有引种
6434	*Narcissus pseudo-narcissus* L.	喇叭水仙	Amaryllidaceae 石蒜科	球根植物；叶4～6枚，宽线形，花茎顶端生花1朵，总苞佛焰苞状，花被管倒圆锥形，花被裂片长圆形，淡黄色，副花冠与花被等长	观赏	欧洲	
6435	*Narcissus tazetta* L.	多花水仙（法国水仙）	Amaryllidaceae 石蒜科	球根植物；伞形花序，着花4～12朵，小花梗不等长；花被筒三棱状，白色，芳香；副冠碗状，明显短于花被片，黄色；花期1～4月	观赏	地中海沿岸地区	
6436	*Narcissus triandrus* L.	三蕊水仙	Amaryllidaceae 石蒜科	球根植物；叶与花葶纤细，花1～6朵聚生，下垂或水平，白色至淡黄色；副冠杯状，白色或黄色	观赏	西班牙、葡萄牙	
6437	*Nardostachys jatamansi* （D. Don）DC.	甘松（甘松香）	Valerianaceae 败酱科	多年生草本；聚伞花序多呈紧密圆头状；花冠淡红色；瘦果倒卵形，长约3mm，顶端有细小宿存花萼	药用		甘肃、青海、四川、云南
6438	*Nasturtium officinale* R. Br.	豆瓣菜（西洋菜）	Cruciferae 十字花科	多年生草本；植株无毛；大头羽状复叶，有3～9小叶或仅有1小叶；花白色，直径约3mm；长角果圆柱形，无毛	饲用及绿肥		河北、山西、陕西、河南、江苏、四川、云南、贵州、西藏

（续）

序号	拉丁学名	中文名	所属科	特征及特性	类别	原产地	目前分布/种植区
6439	*Nauclea officinalis* (Pierre ex Pit.) Merr. et Chun	乌檀（胆木，细叶黄梁木，黄羊木）	Rubiaceae 茜草科	常绿乔木；高 4～12m；叶薄革质或纸质，椭圆形，少有倒卵形；两性花，头状花序圆球形；坚果，坚果合成球状体，成熟时由青转黄褐色；种子椭圆形	观赏	中国	广东、广西、海南
6440	*Nechamandra alternifolia* (Roxb.) Thwaites	虾子草（软骨草）	Hydrocharitaceae 水鳖科	一年生沉水草本；茎纤细；叶互生；雌雄异株，雄花极小，多数；果圆柱形	杂草		云南、广东等我国南部地区
6441	*Neillia affinis* Hemsl.	川康绣线梅	Rosaceae 蔷薇科	落叶灌木；叶卵形或三角状卵形，边缘有尖锐重锯齿和浅裂，顶生总状花序，具花 6～15 朵，花瓣倒卵形，粉红色	观赏	中国四川、云南、西藏	
6442	*Neillia rubiflora* D. Don	粉花绣线梅	Rosaceae 蔷薇科	落叶灌木；幼枝黄褐色，老枝灰褐色，叶宽卵形或三角状卵形，边缘具尖锐重锯齿，通常 3 深裂，顶生总状花序，白色	观赏	中国云南、四川、西藏	
6443	*Neillia sinensis* Oliv.	中华绣线梅（绣线梅，华南梨）	Rosaceae 蔷薇科	落叶灌木；叶互生，卵形或卵状长椭圆形，边缘具重锯齿和不规则缺刻，总状花序顶生，花粉红色	观赏		华北、华东、西南及河南、陕西、湖北、湖南、广东、广西
6444	*Neillia uekii* Nakai	东北绣线梅	Rosaceae 蔷薇科	落叶灌木；叶柄密被短柔毛，叶片卵形至椭圆状卵形；总状花序，具 10～25 朵花，被星状毛和短柔毛，花白色，两性；种子 1 粒，黄褐色光亮	观赏		吉林东部
6445	*Nelumbo lutea* Pers	黄色莲（莲，水芙蓉）	Nelumbonaceae 莲科	根状茎较小，皮黄，繁殖成活率低；花径较小，单瓣，仅有黄色；品质粗劣	观赏	北美洲	全国各地均有分布
6446	*Nelumbo nucifera* Gaertn.	莲（荷花，藕）	Nelumbonaceae 莲科	常见多年生水生草本；根茎粗大，叶大盾状近圆形；花单生在花梗顶端，花大，萼片 4～5，心皮埋藏于蜂窝状的花托；坚果	蔬菜	印度、中国	全国南北各省份
6447	*Nemesia strumosa* Benth.	龙面花	Scrophulariaceae 玄参科	一、二年生草本；叶对生，基生叶倒匙形，茎生叶披针形；花冠为偏斜两唇状，基部袋状；有白、淡黄、黄、橙红、红及玫瑰紫等色，喉部黄色；花期 6～9 月	观赏	南非	

（续）

序号	拉丁学名	中文名	所属科	特征及特性	类别	原产地	目前分布/种植区
6448	*Nemesia versicolor* E. H. Mey ex Benth.	彩色龙面花	Scrophulariaceae 玄参科	一、二年生草本，多分枝，总状花序钟状，花色蓝、黄、白、堇等，株高 20～40cm，花径 2～3cm	观赏	非洲	
6449	*Nemophila maculata* Benth. ex Lindl.	紫点幌菊	Compositae (Asteraceae) 菊科	多年生草本；多分枝，茎基部开展，上部直立；叶羽状深裂，裂片再 2～3 浅裂；花阔钟形	观赏	美国加利福尼亚州	
6450	*Nemophila menziesii* Hook. et Arn.	幌菊	Compositae (Asteraceae) 菊科	多年生草本；花单生，花梗纤细，花萼钟状，花冠白色，漏斗状；花果期 7～9 月	观赏	美国加利福尼亚州	台湾、江西、贵州、云南、西藏、四川、甘肃、河北
6451	*Neoalsomitra integrifoliola* (Cogn.) Hutch.	棒槌瓜（苦藤）	Cucurbitaceae 葫芦科	草质藤本；叶鸟足状 5 小叶；雌雄异株，圆锥花序；雄花序被黄褐色长柔毛，雌花序被短柔毛；蒴果形似棒槌	有毒		台湾、广东、云南
6452	*Neocheiropteris palmatopedata* (Baker) Christ	扇蕨	Polypodiaceae 水龙骨科	多年生草本；根状茎粗而横走，密被鳞片；叶片扇形，鸟足状分裂，裂片披针形；孢子囊群圆形或长圆形，生于裂片下部紧靠主脉	药用，观赏		四川、云南、贵州
6453	*Neodypsis decaryi* Jumelle	三角椰子	Palmae 棕榈科	常绿小乔木，单干直立，干外形略呈三角形；叶为羽状复叶，丛生于茎顶，新叶直立伸展，老叶向四周开张；雌雄同株，果实褐色	观赏		
6454	*Neolamarckia cadamba* (Roxb.) Bosser	团花（黄梁木，麦格冬，咪亚昔）	Rubiaceae 茜草科	落叶乔木树高 30m，胸径可达 1m 以上；树冠呈圆形，叶片大而光亮	观赏		广东、广西、云南
6455	*Neolitsea aurata* (Hay) Koidz.	新木姜子	Lauraceae 樟科	乔木；叶长圆形或长圆状披针形或长圆状倒卵形；伞形花序 3～5 个簇生枝顶或节间，苞片圆形，每一花序有花 5 朵；果椭圆形	药用		华南、华东、西南及台湾、江西
6456	*Neolitsea obtusifolia* Merr.	钝叶新木姜［黄果（海南尖峰岭）］	Lauraceae 樟科	常绿树种、乔木；高达 20m；叶互生或轮生，长圆状披针形或长圆状窄倒卵形；单性异株，伞形花序单生或 2～3 簇生，花被裂片长圆状卵形；浆果球形，种子球形	林木，观赏	中国	海南

（续）

序号	拉丁学名	中文名	所属科	特征及特性	类别	原产地	目前分布/种植区
6457	*Neolitsea sericea* (Blume) Tokyo	舟山新木姜子	Lauraceae 樟科	常绿乔木；高达 12m；叶互生，两端渐狭，先端渐尖，尖头钝；花单性，雌雄异株；伞形花序簇生于枝端叶腋，无总梗；核果，种子近球形	观赏		浙江
6458	*Neopallasia pectinata* (Pall.) Poljakov	栉叶蒿（蓖齿蒿，恶臭蒿，黏蒿）	Compositae (Asteraceae) 菊科	草本或灌木状；叶互生，一或二回栉齿状羽状分裂，小裂片刺芒状，头状花序异性，数枚集生小枝端或在茎、枝端排成密穗状花序或单生叶腋	药用		东北、华北、西北、西南
6459	*Neopicrorhiza scrophulariiflora* (Pennell) D. Y. Hong	胡黄连（假黄连）	Scrophulariaceae 玄参科	多年生草本；根状茎粗而长；叶密集于根状茎顶端，莲座状，叶匙形至卵形；穗状花序生于花葶顶端，花冠深紫色，外面被毛	观赏	中国西藏、云南；印度、越南及喜马拉雅山区	四川、云南
6460	*Neoporteria ebenacantha* Neoporteria	秋仙玉	Cactaceae 仙人掌科	多浆植物，针状刺多，向上弯曲；秋天开花，原种黄色，本变种略带粉色	观赏		
6461	*Neoporteria napina* (Phil.) Backeb.	豹头	Cactaceae 仙人掌科	多浆植物；夏、秋开黄色花，花漏斗形长 3～3.5cm，果实小，圆形，质干；种子褐色，具小瘤	观赏	智利中部	
6462	*Neoporteria nidus* Br. et R.	银翁球	Cactaceae 仙人掌科	多浆植物；植株单生，幼嫩期球形，后呈近圆筒形；花淡红色；植株密生白刺	观赏	智利	
6463	*Neoregelia carolinae* (Beer) L. B. Sm.	赪凤梨	Bromeliaceae 凤梨科	多年生草本；叶片光滑，上面绿色，下面色较深；开花期中央叶片色变鲜红或紫红；中心头状花序径约 5cm，花堇蓝色	观赏	南美热带地区	
6464	*Neoregelia spectabilis* (T. Moore) L. B. Sm.	指红凤梨（艳凤梨）	Bromeliaceae 凤梨科	多年生草本；头状花序密生于莲座叶中央，小花多，径约 2.5cm，白色，逐渐变为浅蓝色，苞片紫褐色	观赏	巴西、阿根廷	
6465	*Neosinocalamus rectocuneatus* W. T. Lin	孖竹	Gramineae (Poaceae) 禾本科	秆高达 14m；箨鞘脱落性，厚革质；箨耳和箨口繸毛不发达；箨萼边缘细齿裂，无流苏；箨片直立或外翻；叶鞘被白色柔毛；叶片长圆状披针形；花枝未见	林木		广东英德县岩背

（续）

序号	拉丁学名	中文名	所属科	特征及特性	类别	原产地	目前分布/种植区
6466	*Neottopteris antiqua*（Makino）Masam.	大鳞巢蕨	Aspleniaceae 铁角蕨科	植株高 80～100cm；鳞片薄膜质，深棕色；叶簇生；叶革质，干后棕绿色或浅棕色	观赏		台湾、海南、云南
6467	*Neottopteris antrophyoides*（Christ）Ching	狭基巢蕨	Aspleniaceae 铁角蕨科	蕨类植物；叶簇生，叶柄短或近无柄，叶倒披针形，全缘并有软骨质狭边，近革质，孢子囊群线形，囊群盖浅棕色	观赏	中国湖南西南部、广东西北部、广西、云南东南部和南部、贵州南部	
6468	*Neottopteris nidus*（L.）J. Sm.	巢蕨	Aspleniaceae 铁角蕨科	蕨类植物；叶辐射状环生于根状茎周围，中空如鸟巢；叶阔披针形，革质，有软骨质的边，孢子囊群线形	观赏	中国台湾、广东、广西、云南	
6469	*Nepenthes mirabilis*（Lour.）Druce	猪笼草	Nepenthaceae 猪笼草科	多年生草本；叶互生，长椭圆形，先端成囊状，囊的边缘外翻、加厚，上具一舌状小盖；囊色苍绿泛红或全成红色；囊底能分泌黏液和消化液，有气味引诱和溶解虫体	观赏	中国南部、马来西亚群岛、菲律宾	广东南部
6470	*Nepeta cataria* L.	荆芥（小荆条）	Labiatae 唇形科	多年生草本；高 40～150cm；茎被白色短柔毛；叶卵状至三角状心形；聚伞花序二歧分枝，组成顶生分枝圆锥花序；小坚果	药用，蜜源		西北、西南及山西、河南、山东、湖北
6471	*Nepeta coerulescens* Maxim.	蓝花荆芥	Labiatae 唇形科	多年生草本；茎高 25～42cm；叶披针状长圆形；轮伞花序生于茎端 4～5 节上，密集成长 3～5cm 卵形的穗状花序；花冠蓝色；小坚果卵形，褐色	蜜源		甘肃西部、青海东部、四川西部、西藏南部
6472	*Nepeta densiflora* Kar. et Kir.	密花荆芥	Labiatae 唇形科	多年生植物；茎高 25～40cm；叶鲜绿色，茎生叶披针形或长圆状卵形；穗状花序花时卵形至圆筒形；花冠蓝色；小坚果深棕色，宽卵形	蜜源		新疆北部
6473	*Nepeta fordii* Hemsl.	心叶荆芥	Labiatae 唇形科	多年生草本；也三角状卵形，先端急尖或尾状短尖，基部心形，近膜质；由小聚伞花序组成的复合聚伞花序在基部腋生；小坚果卵状	蔬菜		广东、湖南、湖北、四川及陕西

（续）

序号	拉丁学名	中文名	所属科	特征及特性	类别	原产地	目前分布/种植区
6474	*Nepeta laevigata* (D. Don) Hand. -Mazz.	穗花荆芥	Labiatae 唇形科	草本；茎高 20～80cm；叶卵圆形或三角状心形；穗状花序顶生，密集成圆筒状；花冠蓝紫色；小坚果卵形，灰绿色	蜜源		西藏东部、四川西部、云南西北至东北部
6475	*Nepeta mussinii* K. Spreng. ex Henckel	倒伏荆芥	Labiatae 唇形科	多年生草本；叶对生，多已脱落；穗状轮伞花序顶生，长 2～9cm，直径约 7mm；花冠多脱落，宿萼钟状；气芳香，味微涩而辛凉	杂草	高加索	
6476	*Nepeta nuda* L.	直齿荆芥	Labiatae 唇形科	多年生草木；茎坚硬四棱形；复伞花序组成顶生圆锥花序；花萼管状，萼片 5；花冠淡紫色，冠檐二唇形；雄蕊 4；小坚果	蜜源		新疆
6477	*Nepeta prattii* H. Lév.	康滇荆芥（野藿香）	Labiatae 唇形科	多年生直立草本；轮伞花序生于茎上部；苞叶具齿至全缘，苞片条形，被睫毛；花萼长 11～13mm，喉部极斜，上唇 3 齿披针状三角形，下唇 2 齿狭披针形；花冠紫或蓝色，下唇 3 裂，中裂片近圆形	蜜源		四川、青海、甘肃、陕西、山西、河北
6478	*Nepeta sibirica* L.	大花荆芥	Labiatae 唇形科	多年生植物；茎高 40cm；叶三角状长圆形至三角状披针形；轮伞花序稀疏排列于茎顶部；花冠蓝色或淡紫色；成熟小果未见	蜜源		内蒙古西部、宁夏、甘肃中部、青海
6479	*Nepeta stewartiana* Diels	多花荆芥	Labiatae 唇形科	多年生直立草本；轮伞花序生于茎及分枝上部，稀疏排列；花萼喉部极斜，上唇 3 裂，齿披针状三角形，下唇 2 齿较长，狭披针形；花冠紫色或蓝色，上唇直立，2 圆裂，下唇 3 裂，中裂片最大，顶端 2 裂	蜜源		云南、四川
6480	*Nepeta tenuifolia* Benth.	裂叶荆芥（荆芥，小茴香）	Labiatae 唇形科	一年生草本；高 50～100cm，穗状轮伞花序顶生，花冠青紫色，小坚果，长圆状三棱形	蔬菜，药用，经济作物（香料类）		东北、华北、华中、华东
6481	*Nepeta yanthina* Franch.	淡紫荆芥	Labiatae 唇形科	多年生草本；叶具柄，有不规则圆齿状牙齿和泡状隆起，小苞片被紫色绵毛，轮伞花序腋生，花萼淡紫色，明显二唇形，花冠小	观赏	中国西藏西部	

（续）

序号	拉丁学名	中文名	所属科	特征及特性	类别	原产地	目前分布/种植区
6482	*Nephelium lappaceum* L.	红毛丹（韶子）	Sapindaceae 无患子科	多年生常绿乔木；树干粗大多分枝，树冠开张，树叶深绿；果实呈球形、长卵行或椭圆形，串生于果梗上，外表呈黄色，果肉为白色	果树	马来西亚	云南、广东、台湾
6483	*Nephelium topengii* (Merr.) H. S. Lo	毛荔枝（海南韶子，毛肖，山荔枝）	Sapindaceae 无患子科	常绿乔木；叶互生，羽状复叶，通常有小叶2～3对；小叶对生或互生，近革质，椭圆形至矩形；单性花，雌雄异株，排成腋生或顶生的圆锥花序，锈色；核果状，椭圆形至椭圆状球形	果树，观赏	中国	海南、广东、广西、云南
6484	*Nephrolepis acuminata* (Houtt.) Kuhn	尖叶肾蕨	Nephrolepidaceae 肾蕨科	土生或附生蕨类，多年生，具有地下根茎，直立，下部向四面生出粗铁丝状的长匍匐茎，有纤细的须根，末端着生圆形的块茎，直径约1～1.5cm	观赏		南方各省份
6485	*Nephrolepis biserrata* (Sw.) Schott	长叶肾蕨	Nephrolepidaceae 肾蕨科	蕨类植物；叶簇生，羽片互生，叶薄纸质，孢子囊群圆形，成整齐的一行生于叶缘到中脉1/3处，囊群盖圆形，棕褐色	观赏		台湾、广东、香港、海南、云南
6486	*Nephrolepis cordifolia* (L.) C. Presl	肾蕨（凤凰卵，圆羊齿，天鹅抱蛋）	Nephrolepidaceae 肾蕨科	蕨类植物；根状茎直立，匍匐茎棕褐色，叶簇生，狭披针形，羽片互生，叶坚草质，孢子囊群肾形，囊群盖褐棕色	观赏		中南、西南及江西、福建、台湾、海南
6487	*Nephrolepis exaltata* (L.) Schott.	高大肾蕨	Nephrolepidaceae 肾蕨科	多年生草本，四季常绿；叶呈短三角状，三回羽状复叶，叶细而分裂，黄绿色；	观赏		我国南方各省份
6488	*Nerine bowdenii* W. Wats	鲍氏娜丽花	Amaryllidaceae 石蒜科	球根花卉；伞形花序，有花5～12朵，水平状，鲜玫瑰粉红色；花瓣6，带状；花丝粉红色；花期秋季	观赏	南非	
6489	*Nerine flexuosa* (Jacq.) Herb.	曲娜丽花	Amaryllidaceae 石蒜科	株高45cm，具被膜鳞茎；花冠淡猩红色，漏斗形，长约4.5cm，裂片6，稍起皱，先端外翻；雄蕊鲜红，直伸花外	观赏		

（续）

序号	拉丁学名	中文名	所属科	特征及特性	类别	原产地	目前分布/种植区
6490	*Nerine sarniensis* (L.) Herb.	娜丽花	Amaryllidaceae 石蒜科	球根花卉；花后出叶，叶带状；伞形花序有花多达20朵，密聚成圆球形；花瓣绯红色；秋季开花	观赏	南非	
6491	*Nerium oleander* L.	夹竹桃（红花夹竹桃）	Apocynaceae 夹竹桃科	常绿大灌木；叶片窄披针形；聚伞花序顶生；花萼直立；花冠白色重瓣；副花冠鳞片状；种子顶端具黄褐色种毛	有毒	地中海地区	我国南方各省份有栽培
6492	*Nertera granadense* (Mutis ex L. f.) Druce	苔珊瑚	Rubiaceae 茜草科	多年生草本；花绿色极小，但结成橙红色念珠形浆果，布满枝头，径6mm，能保持数月不衰，果内有2粒种	观赏	美国南部、新西兰、塔斯马尼亚岛	
6493	*Nervilia fordii* (Hance) Schltr.	毛唇芋兰（青天葵，独叶莲）	Orchidaceae 兰科	多年生宿根草本；全株光滑无毛；球茎白色，肉质，表面具数条环状节痕和圆点须根痕，球茎顶端着生直立茎或二至数条于地下的横走根茎	药用		广西、广东
6494	*Neslia paniculata* (L.) Desv.	球果荠	Cruciferae 十字花科	一年生草本；高20～80cm；被2～3分叉的叉状毛；基生叶长圆形，茎生叶长圆状披针形；花序初期呈伞房状，花小黄色；短角果扁球形	杂草		东北及内蒙古、新疆、西藏
6495	*Neyraudia reynaudiana* (Kunth) Keng ex Hitchc.	类芦（石珍茅）	Gramineae (Poaceae) 禾本科	多年生，具木质根茎；秆高2～3 m；叶鞘颈部被柔毛，叶片长30～60cm；小穗长6～8mm，含5～8花，第一外稃不孕	饲用及绿肥		长江流域以南各省份
6496	*Nicandra physalodes* (L.) Gaertn.	假酸浆（冰粉，鞭打绣球）	Solanaceae 茄科	一年生草本；主根长锥形；茎高40～150cm；叶互生，卵形或椭圆形；花单生叶腋，有长梗，淡紫色，子房3～5室；浆果球状	果树	美洲	我国有栽培或逸野生
6497	*Nicotiana acaulis* Spegazzini	丛生烟草	Solanaceae 茄科	多年生草本；气茎几近消退；花冠瓣片的浅裂片宽钝或呈截形	经济作物（嗜好类）		
6498	*Nicotiana acuminata* (Graham) Hooker	渐尖叶烟草	Solanaceae 茄科	下部叶片卵圆形或近圆形至卵圆形；花冠长25～90mm，花冠瓣片浅裂，开展；雄蕊不伸出；蒴果略叉开	经济作物（嗜好类）		

（续）

序号	拉丁学名	中文名	所属科	特征及特性	类别	原产地	目前分布/种植区
6499	*Nicotiana africana* Merxmuller	非洲烟草	Solanaceae 茄科	多年生灌木；高约 1m；叶椭圆形，簇生于茎，有叶耳；圆锥花序圆柱状，聚生花枝顶部，花瓣淡黄色，反折，凹缘	经济作物（嗜好类）	非洲纳米比亚中部山区	
6500	*Nicotiana ameghinoi* Spegazzini	阿米基诺氏烟草	Solanaceae 茄科	花冠长 12～20mm，瓣片宽 3～7mm，花冠瓣片的浅裂片急尖	经济作物（嗜好类）		
6501	*Nicotiana amplexicaulis* Burbidge	抱茎烟草	Solanaceae 茄科	草本，叶莲座状着生，花序顶生，花萼 5 裂，雄蕊 5，插生在花冠筒中部以下，子房 2 室，花柱，具 2 裂柱头	经济作物（嗜好类）		
6502	*Nicotiana arentsii* Goodspeed	阿伦特氏烟草	Solanaceae 茄科	茎上有短毛，常常是平均分布；花冠宽5～17mm，瓣片开展，花冠瓣片接近整齐；叶片长 8～25cm；花萼裂片大而平	经济作物（嗜好类）		
6503	*Nicotiana attenuata* Torry ex Watson	渐狭叶烟草	Solanaceae 茄科	最下部叶片椭圆形、卵圆形至椭圆形或椭圆形至长圆形；花冠长 20～27(32)mm；蒴果紧紧遮围着枝条	经济作物（嗜好类）		
6504	*Nicotiana benavidesii* Goodspeed	贝纳末特氏烟草	Solanaceae 茄科	半木本灌木；高 1m 以上；叶心脏形，叶面黏滞；长圆锥形花序，花束集中，花多，花冠淡黄绿色；蒴果	经济作物（嗜好类）	秘鲁	
6505	*Nicotiana benthamiana* Domin	本塞姆氏烟草	Solanaceae 茄科	一年生草本；花与叶或叶状苞片伴联，叶互生，单叶；萼管状钟形，5 裂；花盆环状；子房 2 室，花柱具 2 裂的柱头；果为一蒴果	经济作物（嗜好类）		
6506	*Nicotiana bigelovii* (Torry) Watson	毕基劳氏烟草	Solanaceae 茄科	叶互生，单叶；萼管状钟形，5 裂；花盆环状；子房 2 室，花柱具 2 裂的柱，花冠长(17)25～50mm，雄蕊着生部位不等；蒴果长 15mm 以上；果为一蒴果	经济作物（嗜好类）		
6507	*Nicotiana bonariensis* Lehmann	博内里烟草	Solanaceae 茄科	一年生草本；高约 80cm；叶披针形，叶尖挺；假总状花序短而松散，花朵下悬，花冠筒圆柱状，花瓣表面呈带红紫色斑的浅绿色	经济作物（嗜好类）	巴西、乌拉圭及阿根廷	

（续）

序号	拉丁学名	中文名	所属科	特征及特性	类别	原产地	目前分布/种植区
6508	*Nicotiana cavicola* Burbidge	洞生烟草	Solanaceae 茄科	一年生或多年生直立草本；高 0.13～1m；花白色，花序顶生，花萼 5 裂，雄蕊 5，插生在花冠筒中部以下，子房 2 室，花柱，具 2 裂柱头	经济作物（嗜好类）		
6509	*Nicotiana clevelandii* Gray	克利夫兰氏烟草	Solanaceae 茄科	一年生草本，高 30～60cm；叶片卵形或披针形，长 5～15cm，叶柄极短或近无柄；花丝无毛或基部微柔毛	经济作物（嗜好类）		
6510	*Nicotiana cordifolia* Philippi	心叶烟草	Solanaceae 茄科	花萼齿线形，消退；圆锥花序疏松，长圆形或卵圆形；花冠瓣片灰黄色或紫色；雄蕊花丝的基部覆被着微柔毛	经济作物（嗜好类）		
6511	*Nicotiana corymbosa* Remy	伞状烟草	Solanaceae 茄科	根生叶椭圆形、长椭圆形至披针形或菱状的卵圆形，接近无毛；花在花序上间隔地簇生；花萼有短齿	经济作物（嗜好类）		
6512	*Nicotiana debneyi* Domin	迪勃纳氏烟草	Solanaceae 茄科	草本，叶莲座状着生，具黏性软毛，花冠两侧对成；花序顶生，花萼 5 裂，雄蕊 5，插生在花冠筒中部以下，子房 2 室，花柱，具 2 裂柱头	经济作物（嗜好类）		
6513	*Nicotiana excelsior* J. M. Black	高烟草	Solanaceae 茄科	一年生草本；茎生叶无毛，在茎上下延；花冠长(20)35～90mm，包在花萼内的部分与露在花萼外的部分等长，紧接瓣片之下对称地膨大或漏斗式地展开	经济作物（嗜好类）		
6514	*Nicotiana exigua* Wheeler	稀少烟草	Solanaceae 茄科	植株无毛或接近无毛；茎生叶卵圆形至膀胱状或椭圆形至膀胱状；花冠长 12～17mm；蒴果 6～10mm	经济作物（嗜好类）		
6515	*Nicotiana forgetiana* Hort ex Hemsley	福尔吉特氏烟草	Solanaceae 茄科	茎生叶不下延，莲座丛显著，宿存；花冠长 20～33mm；瓣片内面红色；雄蕊着生在花冠的下半部	经济作物（嗜好类）		
6516	*Nicotiana fragrans* Hooker	香烟草	Solanaceae 茄科	多年生草本，有发育良好的茎基，叶互生，单叶；萼管状钟形，5 裂；花盆环状；子房 2 室，花柱具 2 裂的柱头；果为一蒴果	经济作物（嗜好类）		

（续）

序号	拉丁学名	中文名	所属科	特征及特性	类别	原产地	目前分布/种植区
6517	*Nicotiana glauca* Graham	粉蓝烟草	Solanaceae 茄科	软木本灌木；高可达 3～5m；叶厚具有弹性，无茸毛，心脏形或长卵圆形，蓝绿色；花冠黄色，圆筒状，花瓣联合为圆形 5 裂	经济作物，有毒	阿根廷、秘鲁及北美洲等	
6518	*Nicotiana glutinosa* L.	黏烟草	Solanaceae 茄科	一年生草本，全株具黏茸毛；高 50～100cm；叶心脏形，叶尖扭曲；假总状花序花枝分散，花瓣外层红黄色，内层粉红色	经济作物，有毒	秘鲁、厄瓜多尔及玻利维亚	
6519	*Nicotiana goodspeedii* Wheeler	古德斯皮德氏烟草	Solanaceae 茄科	植株无毛或接近无毛；茎生叶倒披针形；花冠长 12～17mm；蒴果 6～10mm	经济作物（嗜好类）		
6520	*Nicotiana gossei* Domin	哥西式烟草	Solanaceae 茄科	一年生草本；叶椭圆形，叶翼宽；圆锥花序短而紧凑，花枝短而上竖，花朵聚生花枝顶端，花冠圆柱形，花瓣白色，裂片钝	经济作物（嗜好类）	澳大利亚	
6521	*Nicotiana hesperis* Burbidge	西烟草	Solanaceae 茄科	一年生或数年生草本；花白色；叶互生，不裂，花序顶生，花萼 5 裂，雄蕊 5，插生在花冠筒中部以下，子房 2 室，花柱，具 2 裂柱头	经济作物（嗜好类）		
6522	*Nicotiana ingulba* J. M. Black	因古儿巴烟草	Solanaceae 茄科	植株无毛或接近无毛；叶互生，单叶；花冠长 30～50mm；蒴果长 11～12mm，萼管状钟形，5 裂；花盆环状；子房 2 室，花柱具 2 裂的柱头；果为一蒴果	经济作物（嗜好类）		
6523	*Nicotiana kawakamii* Y. Ohashi	卡瓦卡米氏烟草	Solanaceae 茄科	柔软灌木或小乔木，叶大，叶柄具翅，密被软毛，黏性；花两侧对称，钟状浅杯状，红色或粉色或暗白色，花管弯曲，花白天开放或部分夜晚开放，黎明花不枯萎	经济作物（嗜好类）		
6524	*Nicotiana knightiana* Goodspeed	奈特氏烟草	Solanaceae 茄科	粗草本；花冠覆被着短柔毛，花冠瓣片绿色或亮黄绿色；花萼齿三角形	经济作物（嗜好类）		
6525	*Nicotiana langsdorffii* Weinmann	蓝格斯多夫烟草	Solanaceae 茄科	花冠瓣片绿色，接近全缘，花粉蓝色；花冠在张口之下有壳斗状或短的一面膨的膨大	经济作物（嗜好类）		
6526	*Nicotiana linearis* Philippi	狭叶烟草	Solanaceae 茄科	花萼半裂或接近半裂；根生叶线形至披针形，覆被着疏柔毛或疏柔毛至粗硬毛；蒴果	经济作物（嗜好类）		

（续）

序号	拉丁学名	中文名	所属科	特征及特性	类别	原产地	目前分布/种植区
6527	*Nicotiana longibracteata* Philippi	长苞烟草	Solanaceae 茄科	株高 10～50(60)cm；花冠长 8～18mm；花萼几乎全是膜质的；蒴果长 12～15mm	经济作物（嗜好类）		
6528	*Nicotiana longiflora* Cavanilles	长花烟草	Solanaceae 茄科	一年生草本；高约 1m；叶厚而粗糙，椭圆形，叶缘波浪状，有叶耳；假总状花序分枝少，花冠筒管形，白色或淡紫色	经济作物（嗜好类）	玻利维亚、阿根廷、巴拉圭、乌拉圭及巴西	
6529	*Nicotiana maritima* Wheeler	海滨烟草	Solanaceae 茄科	一年生草本；茎生叶无小提琴形或下延的，叶子少许覆被着短柔毛以至长柔毛，叶柄不明显或有宽翼；花与小苞片伴联；花冠在花萼顶部的直径 3～5mm，成熟花序总是比叶茎要长些	经济作物（嗜好类）		
6530	*Nicotiana megalosiphon* Burbidge	拟似烟草	Solanaceae 茄科	一年生草本；茎生叶有柄；花冠长(20)35～90mm，包在花萼内的部分与露在花萼外的部分等长，紧接瓣片之下对称地膨大或漏斗式地展开	经济作物（嗜好类）		
6531	*Nicotiana miersii* Remy	摩西氏烟草	Solanaceae 茄科	叶子或大苞片伴随着一些或全部花朵；花单生，与叶子相对、假总状花序或在后来表现为平的圆锥花序；蒴果	经济作物（嗜好类）		
6532	*Nicotiana nesophila* Johnston	内索菲拉烟草	Solanaceae 茄科	草本，莲座状叶，花高脚碟状，白色，花管极窄，叶互生，不裂，花序顶生，花萼 5 裂，雄蕊 5，插生在花冠筒中部以下，子房 2 室，花柱，具 2 裂柱头	经济作物（嗜好类）		
6533	*Nicotiana noctiflora* Hooker	夜花烟草	Solanaceae 茄科	一年生草本；高 30～100cm；圆锥花序短，花枝少，花芽簇生花枝顶端，花瓣白色，瓣片端部钝，微凹或倒心脏形	经济作物（嗜好类）	阿根廷及智利	
6534	*Nicotiana nudicaulis* Watson	裸茎烟草	Solanaceae 茄科	一年生草本；高约 60cm；叶椭圆形；初生花聚生于花轴顶端，后生花错落有致而构成假总状花序，花冠淡绿色略带紫红	经济作物（嗜好类）	墨西哥	
6535	*Nicotiana occidentalis* Wheeler	西方烟草	Solanaceae 茄科	一年生草本；植株覆被着短柔毛；花冠瓣片宽 10～12mm；蒴果长 10～11mm	经济作物（嗜好类）		

（续）

序号	拉丁学名	中文名	所属科	特征及特性	类别	原产地	目前分布/种植区
6536	*Nicotiana otophora* Grisebach	耳状烟草	Solanaceae 茄科	软木质近乔本灌木；高 3m 以上；叶椭圆形，叶翼明显下延成耳状；花序松散弯曲，花枝顶端为拳卷状；蒴果单列排于花枝朝上一面	经济作物（嗜好类）	玻利维亚及阿根廷	
6537	*Nicotiana paniculata* L.	圆锥烟草	Solanaceae 茄科	一年生草本；高约 100cm；叶卵圆形至心脏形，绿色；圆锥花序，花冠黄绿色，细纺锤形，瓣片黄绿色，浅裂	经济作物（嗜好类）	秘鲁西部	
6538	*Nicotiana pauciflora* Remy	少花烟草	Solanaceae 茄科	最下部叶片卵圆形或近圆形至卵圆形；花冠长 25～90mm，雄蕊伸出；花冠瓣片接近全缘、下弯；蒴果略叉开	经济作物（嗜好类）		
6539	*Nicotiana petunioides* (Grisebach) Millan	碧冬烟草（矮牵牛状烟草）	Solanaceae 茄科	一年生草本；气茎高 15～40cm；花冠瓣片的浅裂片宽钝或呈截形，叶互生，单叶；萼管状钟形，5 裂；花盆环状；子房 2 室，花柱具 2 裂的柱头；果为一蒴果	经济作物（嗜好类）		
6540	*Nicotiana plumbaginifolia* Viviani	蓝茉莉叶烟草	Solanaceae 茄科	一年生草本；高约 80cm；叶匙形，叶缘波浪状，有叶耳，茎生叶卵圆形；假总状花序，花枝交错，花瓣象牙色或浅紫至白色	经济作物（嗜好类）	阿根廷、玻利维亚及秘鲁等	
6541	*Nicotiana raimondii* Macbride	雷蒙德氏烟草	Solanaceae 茄科	圆锥花序紧密，柱状；雄蕊花丝的基部呈棉状；花萼齿线形，短或消退；花冠瓣片灰黄色或紫色	经济作物（嗜好类）		
6542	*Nicotiana repanda* Willdenow ex Lehmann	浅波烟草	Solanaceae 茄科	一年生草本；高约 80cm；叶宽匙形，茎生叶提琴形；圆锥花序短，呈聚伞状，花多，簇生花枝顶端，花瓣白色，卵圆形缺裂	经济作物（嗜好类）	美国、墨西哥及古巴	
6543	*Nicotiana rosulata* (S. Moore) Domin	莲座叶烟草	Solanaceae 茄科	一年生草本，高约 1.2m；花白色，被白粉；叶互生，不裂，花序顶生，花萼 5 裂，雄蕊 5，插生在花冠筒中部以下，子房 2 室，花柱，具 2 裂柱头	经济作物（嗜好类）		
6544	*Nicotiana rotundifolia* Lindley	圆叶烟草	Solanaceae 茄科	植株覆被着短柔毛；花冠瓣片宽 3～5mm；蒴果长 6～9mm；蒴果卵球形以至窄椭圆形，长为宽的 3 倍	经济作物（嗜好类）		

（续）

序号	拉丁学名	中文名	所属科	特征及特性	类别	原产地	目前分布/种植区
6545	*Nicotiana rustica* L.	黄花烟草	Solanaceae 茄科	一年生草本;高约1m,具茸毛;叶厚,卵圆形或心脏形;圆锥花序紧凑或膨松,花冠淡黄绿色,花冠筒圆柱形,冠喉部皱缩;蒴果	经济作物(嗜好类),药用,有毒	厄瓜多尔、秘鲁及玻利维亚	
6546	*Nicotiana setchellii* Goodspeed	赛特氏烟草	Solanaceae 茄科	聚伞圆锥花序;叶无柄或为有翼叶柄,叶片卵圆以至披针形;花柱和雄蕊排在花冠下部	经济作物(嗜好类)		
6547	*Nicotiana simulans* Heurck et Mueller	特大管烟草	Solanaceae 茄科	草本,高1.2m;圆锥花序,少分枝,花白色,花萼长5～7mm,花冠筒长20mm,宽3.5mm;蒴果卵形至椭圆形	经济作物(嗜好类)		
6548	*Nicotiana solanifolia* Walpers	茄叶烟草	Solanaceae 茄科	灌木;茎生叶片沿着枝条簇生在短枝上;花冠长35～50mm,花萼齿三角形;雄蕊不伸出	经济作物(嗜好类)		
6549	*Nicotiana spegazzinii* Millan	斯佩格茨氏烟草	Solanaceae 茄科	株高10～50(～60)cm;不明显的小苞片伴随着花朵;花冠长8～18mm;花萼部分是膜质的;蒴果长4～9mm	经济作物(嗜好类)		
6550	*Nicotiana stocktonii* Brandegee	斯托克通化烟草	Solanaceae 茄科	草本,叶莲座状,花序顶生,花萼5裂,雄蕊5,插生在花冠筒中部以下,子房2室,花柱,具2裂柱头	经济作物(嗜好类)		
6551	*Nicotiana suaveolens* Lehmann	香甜烟草	Solanaceae 茄科	一年生草本;高约1m;叶匙形,茎生叶少而窄,披针形;圆锥花序松散,花冠圆柱状,花瓣白色,外侧米黄色并带有绿脉和紫色斑纹	经济作物(嗜好类)	澳大利亚	
6552	*Nicotiana sylvestris* Spegazzini et Comes	美花烟草(林烟草)	Solanaceae 茄科	一年或两年生草本;高1～2m;叶椭圆形,有叶耳;圆锥花序,花枝稠密,花瓣白色,缺裂阔三角形,花冠具茸毛	经济作物(嗜好类)	阿根廷及玻利维亚	
6553	*Nicotiana tabacum* L.	普通烟草(红花烟草)	Solanaceae 茄科	一年生草本;叶长圆状披针形;顶生圆锥花序;花萼圆筒状,花冠漏斗状,淡红色;蒴果卵形或长圆形	经济作物(嗜好类),有毒	南美洲	全国各地均有栽培
6554	*Nicotiana thyrsiflora* Bitter ex Goodspeed	拟穗状烟草	Solanaceae 茄科	多年生草本,高1～3m,花梗长8～15mm,花萼长1～1.5cm,深钟状;花冠无毛,黄绿色,9～15mm	经济作物(嗜好类)		

（续）

序号	拉丁学名	中文名	所属科	特征及特性	类别	原产地	目前分布/种植区
6555	*Nicotiana tomentosa* et Pavon	绒毛烟草	Solanaceae 茄科	软木本灌木；高 2～3m；叶卵圆至椭圆形，叶背面被绒毛；圆锥花序松散，十多个花枝交错或密生，花冠淡黄色，花瓣粉红色；蒴果	经济作物（嗜好类）	秘鲁、玻利维亚	
6556	*Nicotiana tomentosiformis* Goodspeed	绒毛状烟草	Solanaceae 茄科	软木本灌木；高 3m 以上；叶椭圆形，绿色，下垂；圆锥花序松散，花朵簇生枝头，花冠黄绿色，花瓣鲜红色，浅 5 裂	经济作物（嗜好类）	玻利维亚	
6557	*Nicotiana trigonophylla* Donal	三角叶烟草	Solanaceae 茄科	花冠长 12～23mm，瓣片宽 3～4mm，瓣片在蕾期是直立的；茎生叶钝以至渐尖	经济作物（嗜好类）		
6558	*Nicotiana umbratica* Burbidge	阴生烟草	Solanaceae 茄科	草本，莲座状叶；花序顶生，花萼 5 裂，雄蕊 5，插生在花冠筒中部以下，子房 2 室，花柱，具 2 裂柱头	经济作物（嗜好类）		
6559	*Nicotiana undulata* Ruiz et Pavon	波叶烟草	Solanaceae 茄科	一年生草本；高约 100cm；叶卵圆形，皱褶，叶表面有灰白色茸毛；圆锥花序，花冠 m 黄色，圆柱形，花瓣反折；蒴果宽卵圆形	经济作物（嗜好类）	秘鲁、玻利维亚及阿根廷	
6560	*Nicotiana velutina* Wheeler	颤毛烟草	Solanaceae 茄科	一年生草本；叶子覆被着茸毛，叶柄明显或裸露，或少许有点边缘；花与小苞片伴联，花冠长 14～25(30)mm，常常是花萼长的 2～2.5 倍	经济作物（嗜好类）		
6561	*Nicotiana wigandioides* Koch et Fintelman	芹叶烟草	Solanaceae 茄科	灌木或小乔木，花序顶生，花萼 5 裂，雄蕊 5，插生在花冠筒中部以下，子房 2 室，花柱，具 2 裂柱头	经济作物（嗜好类）		
6562	*Nidularium fulgens* Lem.	巢凤梨	Bromeliaceae 凤梨科	多年生草本；圆锥花序着生于莲座状叶中央基部，径约 8cm，每朵花有一红色或紫红色苞片，花堇蓝色	观赏		
6563	*Nierembergia hippomanica* Miers.	赛亚麻	Solanaceae 茄科	多年生草本；花单生枝顶或腋生，花冠筒细长，约 2cm，花径约 4cm，深蓝堇色，花期夏、秋季	观赏	阿根廷、美国	

（续）

序号	拉丁学名	中文名	所属科	特征及特性	类别	原产地	目前分布/种植区
6564	*Nigella glandulifera* Freyn et Sint.	黑种草	Ranunculaceae 毛茛科	一、二年生草本；花直径约 2.8cm，下有叶状总苞，萼片蓝色，卵形，顶端锐渐尖，花瓣有短爪，披针形	观赏	欧洲南部	新疆、云南、西藏
6565	*Nigella hispanica* L.	西班牙黑种草	Ranunculaceae 毛茛科	一、二年生草本；花蓝色，径 6～7cm，有鲜红色雄蕊，无总苞	观赏	西班牙	
6566	*Nitella acuminata* Braun ex Wallman	尖头丽藻	Characeae 轮藻科	一年生杂草；高 10～30cm；无皮层和托叶；小枝 6～8 枚一轮；雌雄同株，藏卵器常 2 个生于分叉下方，冠细 10 个 2 轮，8～9 圈螺纹	杂草		四川、贵州、云南
6567	*Nitraria roborowskii* Kom.	大白刺	Zygophyllaceae 蒺藜科	落叶灌木；枝平卧，不孕枝先端刺针状，嫩枝白色，叶 2～3 片簇生，全缘或先端具不规则 2～3齿裂；核果深红色	生态防护，药用		内蒙古西部、宁夏、甘肃、新疆、青海各沙漠区
6568	*Nitraria schoberi* L.	白刺（酸胖，哈蟆儿）	Zygophyllaceae 蒺藜科	灌木或小灌木；分枝密集，匍匐丛生；果实为浆果状核果，外果皮薄，中果皮肉质多浆，内果皮由石质细胞组成坚硬的核，内有种子	药用，有毒		西北及内蒙古
6569	*Nitraria sibirica* Pall.	小果白刺	Zygophyllaceae 蒺藜科	灌木；叶 4～6 个簇生，倒卵状匙形，长 0.6～1.5cm，宽 0.2～0.5cm，全缘；核果近球形，长 6～8mm，果汁蓝紫色	生态防护		东北、华北、西北
6570	*Nitraria sphaerocarpa* Maxim.	球果白刺	Zygophyllaceae 蒺藜科	灌木；高 30～40cm；叶 2～3 个簇生，宽条形，长 0.5～2.5cm，宽 0.2～0.4cm；果在未成熟时披针形，密被柔毛；成熟时膨胀成球形，膜质	饲用及绿肥		西北
6571	*Nitraria tangutorum* Bobrov	唐古特白刺	Zygophyllaceae 蒺藜科	落叶灌木；高 1～2m，多分枝，平卧，先端刺针状，叶通常 2～3 片簇生，宽倒披针形或倒披针形，先端圆钝，花两性；核果卵形	生态防护，经济作物（饮料类），药用		陕西、内蒙古、宁夏、甘肃、青海、新疆、西藏
6572	*Nomocharis aperta*（Franch.）E. H. Wilson	开瓣豹子花	Liliaceae 百合科	多年生草本；花 1～5 朵，单生叶腋；花梗绿色，长达 1.4cm，下弯，无毛；花下垂，白色、淡黄色；花期 6～7 月	观赏	中国云南特有	云南贡山、福贡、兰坪、洱源、大理

（续）

序号	拉丁学名	中文名	所属科	特征及特性	类别	原产地	目前分布/种植区
6573	*Nomocharis basilissa* Farrer ex W. E. Evans	美丽豹子花	Liliaceae 百合科	多年生草本；叶互生或轮生，背面蓝灰色，花单生或 2～5 朵排列成总状花序，花红色，基部带紫色，花被片 6	观赏	中国云南西北部	
6574	*Nomocharis farreri* (W. E. Evans) Hatus.	片马豹子花	Liliaceae 百合科	多年生草本；总状花序．本变种与豹子花的区别在于它的叶狭长，全为狭披针形，长 5～9cm，宽 0.6～0.8cm	观赏	缅甸	云南
6575	*Nomocharis meleagrina* Franch.	多斑豹子花（珠鸡斑花）	Liliaceae 百合科	多年生草本；茎紫绿色，叶 5～8 枚轮生，总状花序下垂，白色或粉红色，花被片 6，具紫红色斑块	观赏	中国云南西北部、四川西南部、西藏东南部	
6576	*Nomocharis pardanthina* Franch.	豹子花	Liliaceae 百合科	多年生草本；叶互生和轮生；花常单生，粉红色或红色，花被片 6，内轮被片有紫红色斑点，基部有深紫色垫状隆起	观赏	中国云南西北部	
6577	*Nomocharis saluenensis* Balf. f.	怒江豹子花	Liliaceae 百合科	多年生草本；花通常 1～2 朵，也有 5～7 朵的；花梗斜伸，顶部稍下弯，长 4～9cm；花稍低垂，红色、粉红色，碟状，阔钟状；花期 5～8 月	观赏	中国云南贡山、碧江、腾冲、德钦、中甸、维西	云南、西藏
6578	*Nopalxochia ackermannii* (Haw.) F. M. Kunth.	令箭荷花	Cactaceae 仙人掌科	多浆植物；花大，漏斗形，花被片开展，花色有玫瑰红、紫红、大红、粉红、洋红、黄、白等品种，花白天开放；花期春夏	观赏	墨西哥热带地区	全国各地有栽培
6579	*Nopalxochia phyllanthoides* (DC.) Britt. et Rose	小朵令箭荷花	Cactaceae 仙人掌科	多浆植物；茎扁平多分枝；花单生刺丛间，漏斗形，玫瑰红色；花朵白天开放；花期 6～8 月	观赏	墨西哥热带地区	全国各地有栽培
6580	*Nothodoritis zhejiangensis* Z. H. Tsi	象鼻兰	Orchidaceae 兰科	多年生草本；叶 2 列，近丛生，总状花序，花白色，花瓣倒卵形，基部收缩成爪，唇瓣无爪，3 裂	观赏	浙江	
6581	*Notholirion bulbuliferum* (Lingelsh. ex H. Limpr.) Stearn	假百合	Liliaceae 百合科	多年生草本；基生叶数枚，带形，茎生叶条状披针形，总状花序具花 10～24 朵，苞片叶状，花淡蓝色或蓝紫色	观赏	中国云南、四川、西藏、甘肃、陕西	

（续）

序号	拉丁学名	中文名	所属科	特征及特性	类别	原产地	目前分布/种植区
6582	*Notholirion campanulatum* Cotton et Stearn	钟花假百合	Liliaceae 百合科	多年生草本；总状花序具花10～16朵，苞片叶状，花钟形，红、暗红、粉红至红紫色，下垂，花被片倒卵状披针形	观赏	中国云南西北部、四川、西藏	
6583	*Notocactus graessneri*（K. Schum.）A. Berger	黄雪光	Cactaceae 仙人掌科	植株单生，扁圆形至圆球形，体色暗青绿色，在球体顶端成群开放小型漏斗状黄 绿色花，花径2～2.5cm	观赏	巴西南部	
6584	*Notocactus haselbergii*（F. A. Haage. jr.）A. Berger	雪光	Cactaceae 仙人掌科	多浆植物；球体单生，扁球形至球形，直径6～10cm，具棱30枚；小的疣状突起螺旋状排列；花漏斗状，橙红至红色；单多花可开放7～10d	观赏	巴西南部	
6585	*Notocactus leninghausii*（F. A. Haage，jr.）A. Berger	黄翁	Cactaceae 仙人掌科	多浆植物；茎圆柱形，高60～70cm；周刺15，刚毛状，长0.3～0.7cm，黄白色；中刺3～4，长4cm，黄色，细针状；花着生茎顶端，长4cm，直径5cm，黄色；植株高20cm左右才开花，开花时球端白毛增多	观赏	巴西	
6586	*Notocactus ottonis*（Lehm.）A. Berger	青王球	Cactaceae 仙人掌科	多浆植物；茎丛生，半球形，茎球上有许多窄而明显的棱；具棱10～13；花黄色	观赏	巴西南部、乌拉圭、阿根廷	
6587	*Notocactus scopa*（K. Spreng.）A. Berger	小町	Cactaceae 仙人掌科	多浆植物；茎球上有许多窄而明显的棱，花柠檬黄色，顶生，短漏	观赏	巴西西部、巴拉圭	
6588	*Notocactus submammulosus*（Lem.）Backeb	细粒玉	Cactaceae 仙人掌科	植株单生；具13～15个疣状突起的厚棱，针状辐射刺5～6枚，扁锥形中刺2枚，淡黄褐色，基部赤褐色；春季顶生金黄色漏斗	观赏	阿根廷北部	
6589	*Notopterygium franchetii* H. Boissieu	宽叶羌活	Umbelliferae（Apiaceae）伞形科	多年生草本；高80～180cm；复伞形花序顶生和腋生；花瓣淡黄色；分生果近圆形，背腹稍压扁	药用		陕西、山西、湖北、四川、内蒙古、甘肃、青海
6590	*Notopterygium incisum* Ting ex H. T. Chang	羌活（竹节羌活，蚕羌）	Umbelliferae（Apiaceae）伞形科	多年生草本；根茎粗壮，圆柱形或不规则块状，暗棕色或棕红色，有香气；茎直立，中空，淡紫色，有纵直细条纹	药用		青海、四川、云南、甘肃

（续）

序号	拉丁学名	中文名	所属科	特征及特性	类别	原产地	目前分布/种植区
6591	*Nouelia insignis* Franch.	栌菊木	Compositae (Asteraceae) 菊科	落叶灌木或小乔木；高可达 5m，胸径达 15cm；叶椭圆形或长圆状披针形；头状花序单生于小枝顶，花两性，白色，边花 2 唇形；瘦果长椭圆形	观赏，我国特有单种属		四川、云南
6592	*Nuphar advena* (Ait.) Ait. f.	美国萍蓬草	Nymphaeaceae 睡莲科	多年生水生草本；叶绿色，光滑，浮于水面；花萼片 6；花被和雄蕊淡黄色或淡红色	观赏	美国东部、中部	
6593	*Nuphar japonicum* DC.	日本萍蓬草	Nymphaeaceae 睡莲科	多年生水生草本；深埋在水中的根部外观及颜色像白色的骨头，根状茎粗大，其前端长出根叶；水中叶为淡绿色，以略微透明的叶缘缀饰椭圆形叶面，呈放射状基部，有裂缝；以根状茎的侧枝繁殖，花黄色	观赏	日本	
6594	*Nuphar lutea* (L.) Sm.	欧亚萍蓬草	Nymphaeaceae 睡莲科	多年生水生草本；叶近革质，椭圆形，基部弯缺约占全叶 1/3～1/4，叶柄三棱形，花瓣条形，萼片宽卵形至圆形	观赏	中国新疆	
6595	*Nuphar pumila* (Timm) DC.	萍蓬草（黄金莲，叶骨，冷骨风）	Nymphaeaceae 睡莲科	多年生水生草本；浮水叶纸质或近革质，叶面光亮，背紫红色，密被柔毛，花单生，黄色	观赏	中国福建、广东、江西、江苏、浙江、河北、吉林、黑龙江	
6596	*Nuphar pumila* subsp. *sinensis* (Hand.-Mazz.) D. E. Padgett	中华萍蓬草	Nymphaeaceae 睡莲科	多年生水生草本；花黄色，直径 5～6cm；花瓣多数，甚短小，倒卵状楔形，先端微凹，长 5～7mm，宽 2～3mm，雄蕊多数，花丝扁平，长 5～7mm	观赏	中国江西、湖南、贵州、浙江	
6597	*Nuphar shimadae* Hayata	台湾萍蓬草	Nymphaeaceae 睡莲科	多年生水生草本；叶纸质，矩圆形或卵形，基部箭状心形，裂片近三角形，背被长硬毛，花瓣倒卵状菱形	观赏	中国台湾	
6598	*Nyctanthes arbor-tristis* L.	夜花	Oleaceae 木犀科	小乔木或直立灌木；小枝锐角四方形，密被极细刺毛；头状花序复排成具叶的圆锥状三歧聚伞花序；蒴果两侧具翅	药用	印度南部	云南

（续）

序号	拉丁学名	中文名	所属科	特征及特性	类别	原产地	目前分布/种植区
6599	*Nyctocereus serpentinus* Br. et R.	仙人杖	Cactaceae 仙人掌科	多浆植物；茎浓绿色，顶端尖头；花生顶周围，长漏斗形，筒部绿色；花瓣白色带红晕，柱头黄色；具香气；花期夏季，夜间开放；果熟时红色，具刺，可食	观赏	墨西哥	
6600	*Nymphaea alba* L.	欧洲白睡莲	Nymphaeaceae 睡莲科	多年生水生草本；叶纸质，近圆形，基部具深弯缺，裂片尖锐，两面有小点，花瓣20～25，白色，卵状矩圆形	观赏		河北、山东、陕西、浙江
6601	*Nymphaea candida* C. Presl	雪白睡莲	Nymphaeaceae 睡莲科	多年生水生草本；与白睡莲相似，区别是根状茎直立或斜出，叶长圆形，花托四方形，萼片矩圆状卵形	观赏	中国新疆	
6602	*Nymphaea capensis* Thunb	蓝冠睡莲	Nymphaeaceae 睡莲科	多年生水生草本；花蓝色，花瓣15～20枚，花径15cm，花瓣星状，顶端蓝色较深，基部渐淡，雄蕊金黄；萼片狭窄，呈线形或长圆状披针形	观赏	南非	
6603	*Nymphaea crassifolia* (Hand. Mazz.) Nakai	厚叶睡莲	Nymphaeaceae 睡莲科	大花睡莲（*Nymphaea tetragona*）之变种，本变种与原变种主要区别为花、种子及叶均较大	观赏	中国云南	
6604	*Nymphaea lotus* L.	埃及睡莲	Nymphaeaceae 睡莲科	多年生水生草本；花白色至淡雪青色，外瓣平展，内瓣直立，花瓣成窄矩形，先端圆；傍晚开花，午前闭合；花期7～8月	观赏	印度、缅甸、泰国、菲律宾、匈牙利及非洲北部（埃及尼罗河）	
6605	*Nymphaea mexicana* Zucc.	墨西哥黄睡莲	Nymphaeaceae 睡莲科	多年生水生草本；花浅黄色略挺出水面，花径10～15cm，与白睡莲花大小相似，中午开放，傍晚闭合；花期7～8月	观赏	墨西哥	
6606	*Nymphaea odorata* Ait.	香睡莲	Nymphaeaceae 睡莲科	多年生水生草本；花上午开放，午后闭合，浮水；单朵花期3～4d，群体花期5月中下旬至9月中旬；花杯状，粉白色，浓香	观赏	美国东部和南部	

（续）

序号	拉丁学名	中文名	所属科	特征及特性	类别	原产地	目前分布/种植区
6607	*Nymphaea rubra* Roxb	红花睡莲	Nymphaeaceae 睡莲科	叶圆形或近圆形；老时上面转为墨绿色，有光泽，下面暗紫红色，叶缘有浅三角形齿牙；花大，径 30～34cm，玫瑰红色	观赏		
6608	*Nymphaea stellata* Willd.	蓝睡莲（延药睡莲）	Nymphaeaceae 睡莲科	多年生水生草本；根状茎粗壮，叶圆形或近圆形，纸质，两面无毛，上绿色，背带紫色，花青紫色或鲜蓝色、紫红色，萼片线形或长圆状披针形；	观赏		广东、湖北
6609	*Nymphaea tetragona* Georgi	睡莲（子午莲）	Nymphaeaceae 睡莲科	常见多年生水生草本；叶漂浮；花单生花梗顶端；萼片 4，花瓣 8～15，子房半下位，5～8 室；浆果，种子有肉质囊状假种皮	药用，经济作物（特用类）		全国各地均有
6610	*Nymphaea tuberosa* Paine	块茎睡莲	Nymphaeaceae 睡莲科	根茎平卧；花朵纯白色，呈杯状，花药黄色，花径约 16cm，花瓣数 27～31 枚，有淡香或无香味；花萼内面纯白色，外面绿色，萼片 4 枚	观赏	美国东南	
6611	*Nymphoides cristata* (Roxb.) Kuntze	水皮莲	Menyanthaceae 睡莲科	多年生水生草本；花多数，簇生节上，5 数；花梗细弱，花萼分裂至基部，花冠白色，基部黄色，分裂至基部，冠筒短；花果期 9 月	观赏	中国广东、台湾、湖南、福建、江苏	四川、湖北、湖南、江苏、福建、广东、台湾
6612	*Nymphoides indica* (L.) Kuntze	金银莲花（印度荇菜）	Menyanthaceae 睡莲科	多年生草本；顶生一单叶，叶近圆形，漂浮水面；花序簇生叶腋，花数朵至数十多朵，花冠白色，5 深裂；蒴果长椭圆形	观赏		辽宁、吉林、江苏、安徽、浙江、台湾、广东、云南
6613	*Nymphoides peltatum* (Gmel.) Kuntze	荇菜（莕菜，莲叶荇菜，金莲子）	Menyanthaceae 睡莲科	多年生水生草本；地下茎横走，沉水中；叶圆形；花序束生于叶腋，花萼和花冠具 5 深裂；雄蕊 5；子房柱头 2 裂；蒴果	观赏		全国各地均有分布
6614	*Nypa fruticans* Wurmb	水椰（扎子，烛子）	Palmae 棕榈科	丛生常绿灌木；大型互生羽状复叶，小叶片狭长披针形；佛焰花序顶生，单性，雌雄同株，雄花序生于雌花序下；果序球形，种子圆形	果树		海南
6615	*Nyssa javanica* (Blume) Wangerin	华南蓝果树（华南紫树）	Nyssaceae 蓝果树科	落叶乔木；常高 30m；叶矩圆状披针形或矩圆状倒卵形；头状花序近球形；雄花头状花序有花 20～40 朵；两性花和雌花花序有花 3～8 朵；果实椭圆形，稍扁	果树		云南、广西、广东

（续）

序号	拉丁学名	中文名	所属科	特征及特性	类别	原产地	目前分布/种植区
6616	*Nyssa sinensis* Oliver	蓝果树（紫树）	Nyssaceae 蓝果树科	落叶乔木；树皮薄片状剥落，小枝紫褐色，叶纸质，椭圆形或卵状椭圆形，表面暗绿色，背面脉上有毛，聚伞总状花序腋生，花绿白色；核果蓝黑色	观赏	中国华东及湖北、四川、湖南、贵州、广东、广西、云南	
6617	*Nyssa yunnanensis* W. Q. Yin ex H. N. Qin et Phengklai	毛叶紫树（云南蓝果树）	Nyssaceae 蓝果树科	落叶乔木；叶坚纸质，先端突尖，基部楔形；多花组成腋生球形径头状伞形花序，花瓣5，长圆形；头状果序腋生，果椭圆形	林木		云南
6618	*Obregonia denegrii* Fric.	帝冠	Cactaceae 仙人掌科	多浆植物；植株萝卜形；叶疣状突起排成莲座状，疣状突起顶端有刺座，花生于顶部绵毛丛中，短漏斗形，白色	观赏	墨西哥	
6619	*Ochna integerrima*（Lour.）Merr.	金莲木	Ochnaceae 金莲木科	落叶灌木至小乔木；小枝暗褐色；叶矩圆状或倒披针形；边缘具小矩齿；花序顶生，近伞房状	观赏	中国	广东、广西
6620	*Ochroma lagopus* Sw.	轻木	Bombacaceae 木棉科	常绿乔木；叶互生，宽心形；叶柄长，带红色；花生枝端，有长梗，钟形或喇叭形，黄色或黄白色	林木	美洲热带	广东、海南、云南、台湾
6621	*Ochrosia borbonica* J. F. Gmel.	玫瑰树（波旁玫瑰树）	Apocynaceae 夹竹桃科	常绿小乔木；小枝灰白，叶在小枝上部轮生；聚伞花序伞状或伞房状，花白色，高脚碟状	观赏	马达加斯加、斯里兰卡、越南、马来西亚、新加坡及印度尼西亚	广东南部
6622	*Ochrosia elliptica* Labill.	古城玫瑰树	Apocynaceae 夹竹桃科	乔木；有丰富乳汁，无毛；伞房状聚伞花序生于最高的叶腋内；无花梗；花萼裂片卵状长圆形，先端钝，中间增厚，花冠筒细长，裂片线形，花药披针形，先端锐尖；花盘不显著	观赏	澳大利亚及太平洋诸岛屿	台湾、广东沿海
6623	*Ocimum basilicum* L.	罗勒（毛罗勒，兰香）	Labiatae 唇形科	多年生草本或亚灌木；茎及枝具4棱；叶卵形或卵状披针形；总状花序顶生，苞片卵形或披针形；小坚果	经济作物（香料类）		全国各地均有分布

（续）

序号	拉丁学名	中文名	所属科	特征及特性	类别	原产地	目前分布/种植区
6624	*Ocimum basilicum* var. *pilosum* (Willd.) Benth.	疏柔毛罗勒	Labiatae 唇形科	一年生草本；叶卵形至卵状长圆形，基部楔形；总状花序顶生，由许多具6花的轮伞花序组成，花冠淡紫色或上唇白色，下唇紫红色；小坚果卵珠形	经济作物（可提芳香油）		华北至江南各省份
6625	*Ocimum gratissimum* L.	丁香罗勒	Labiatae 唇形科	直立亚灌木；叶卵形或卵状椭圆形；轮生花序6花，密集组成圆锥花序；萼钟状5齿，花冠具浅裂，雄蕊4；小坚果	经济作物（香料类）	塞尔舍、科摩罗	广东、广西、江苏、上海
6626	*Ocimum sanctum* L.	圣罗勒	Labiatae 唇形科	半灌木；高达1m；叶长圆形，先端钝，基部楔形至近圆形；总状花序纤细，着生于茎及枝顶；小坚果卵珠形，褐色	药用，经作（饮料）		广东海南、台湾、四川
6627	*Ocimum tashiroi* Hayata	台湾罗勒	Labiatae 唇形科	茎四棱形，直立，枝纤细；下部叶未见，上部叶椭圆形；总状花序顶生或在枝条顶端呈圆锥状着生，轮伞花序生于总状花序节上；小坚果	蔬菜，药用		台湾
6628	*Odontoglossum crispum* Ldl.	皱波齿瓣兰（瘤瓣兰）	Orchidaceae 兰科	多年生草本；附生性，假鳞茎卵圆形，稍扁；圆锥花序，唇瓣有爪，花白色有红或褐色的斑纹	观赏	美洲热带	
6629	*Odontoglossum grande* Lindl.	大齿瓣兰	Orchidaceae 兰科	花序比叶大，有花4～7朵，萼片黄色，花瓣基部红棕色，上部黄色，唇乳白色，边缘有棕点	观赏		
6630	*Odontoglossum pendulus* (Lali. et Lex.) Batem.	垂花齿瓣兰	Orchidaceae 兰科	花序下垂，长于叶片，多花，花白色或玫瑰红色，其唇瓣胼胝体形状似齿状凸起	观赏		
6631	*Oenanthe benghalensis* (Roxb.) Kurz	短辐水芹	Umbelliferae (Apiaceae) 伞形科	多年生草本；高20～40cm；叶一至二回羽状分裂；复伞形花序，无总苞，伞辐4～10，花白色，略带紫色晕；双悬果椭圆形	药用		台湾、江西、广东、广西、云南、四川、贵州
6632	*Oenanthe javanica* (Blume) DC.	水芹	Umbelliferae (Apiaceae) 伞形科	多年生草本；高30～60cm，基生叶轮廓三角形或三角状卵形，一至二回羽状分裂；复伞形花序顶生，伞辐6～20，花白色；果实椭圆形	药用，蔬菜，饲用及绿肥	中国	全国各地均有分布

(续)

序号	拉丁学名	中文名	所属科	特征及特性	类别	原产地	目前分布/种植区
6633	*Oenanthe linearis* Wall. ex DC.	中华水芹	Umbelliferae (Apiaceae) 伞形科	多年生湿生或水生草本；高 30～50cm；茎中空，单生；叶二回三出式羽状分裂；复伞房花序，伞辐 12～14，花瓣 5，白色；果实长圆形	药用，蔬菜，饲用及绿肥		华东、华中及四川、云南、广东、广西
6634	*Oenanthe thomsonii* subsp. *stenophylla*（H. Boissieu）F. T. Pu	细叶水芹	Umbelliferae (Apiaceae) 伞形科	多年生草本，高 50～80cm；叶片有较多回的羽状分裂，末回裂片线形；小伞形花序；果实长圆形	蔬菜		江西、湖北、四川、贵州
6635	*Oenothera biennis* L.	月见草（山芝麻，夜来香）	Onagraceae 柳叶菜科	一年生或多年生草本；叶片披针形；花单生于枝上部叶腋，萼片 4 裂，花瓣 4，柱头 4 裂；蒴果，种子具棱	药用，观赏		东北、华北及江苏
6636	*Oenothera odorara* Jacquem	待霄草（月见草）	Onagraceae 柳叶菜科	一年生草本；高 70～100cm；叶矩圆状披针形，茎生叶三角状线形；花两性，单生于叶腋，黄色；蒴果	观赏	美国南部	东北、山东、江苏
6637	*Oenothera rosea* L'Hér. ex Aitch.	红花柳叶菜	Onagraceae 柳叶菜科	二年生或多年生草本；茎高 20～120cm；基生叶倒披针形，羽状深裂，茎生叶互生，披针形；花单生叶腋，子房倒圆锥形；蒴果棒头状	药用		云南、贵州、江西
6638	*Oenothera speciosa* Nutt.	美丽月见草	Onagraceae 柳叶菜科	多年生作二年生栽培；株高 50cm，具羊毛状毛；叶线形至线状披针形，基生叶羽裂；花白至水红色	观赏	美国南部	
6639	*Ohwia caudata*（Thunb.）Ohashi	小槐花（拿身草，味增草）	Leguminosae 豆科	直立灌木或亚灌木；叶羽状三出复叶，小叶 3；总状花序顶生或腋生，花序轴每节生 2 花，苞片钻形，花萼窄钟形，花冠绿白或黄白；荚果线形	饲用及绿肥，药用		华东、西南、华中及广东、河北
6640	*Olea brachiata*（Lour.）Merr.	滨木犀榄（白茶木，广东木犀榄）	Oleaceae 木犀科	灌木；高 1～9m；叶椭圆形、长椭圆形或椭圆状披针形；花序腋生，圆锥状，有时成总状或伞状；花白色，杂性异株；果球形	观赏		广东、海南
6641	*Olea caudatilimba* L. C. Chia	尾叶木犀榄	Oleaceae 木犀科	小乔木；高 3～8m；叶片革质，长圆形或椭圆状披针形；圆锥花序呈总状花序式；花淡黄色；果长椭圆形	果树		云南

（续）

序号	拉丁学名	中文名	所属科	特征及特性	类别	原产地	目前分布/种植区
6642	*Olea dentata* Wall.	齿叶木犀榄	Oleaceae 木犀科	小乔木，枝无毛；圆锥花序腋生，4～12cm；花萼4；花冠2.5～3mm；核果窄卵形，1.2～1.5cm×5～7mm	果树		云南
6643	*Olea dioica* Roxb.	异株木犀榄	Oleaceae 木犀科	灌木或小乔木；高2～12m；叶片披针形、倒披针形或长椭圆状披针形；聚伞花序圆锥状，有时成总状或伞状，腋生；花杂性异株；果椭圆形或卵形	果树		广东、广西、贵州东南部、云南南部
6644	*Olea europaea* L.	油橄榄（泽橄榄，木犀榄）	Oleaceae 木犀科	常绿乔木；树干有树瘤，树皮粗糙；单叶对生，叶背密生银白色鳞片；腋生圆锥花序，白色，芳香	果树，经济作物（油料类）	地中海	陕西、湖北、四川、贵州、云南、广西、台湾
6645	*Olea europaea* subsp. *cuspidata*（Wall. ex G. Don）Cif.	尖叶木犀榄	Oleaceae 木犀科	小乔木，高3～10m；圆锥花序腋生，长2.5～5cm，有锈色皮屑状鳞毛；花两性；花冠长2.5mm，裂片4，椭圆形，长约2mm；雄蕊2，花丝极短；子房近圆状、无毛，2室，每室2胚珠	果树		云南
6646	*Olea gamblei* Clarke	喜马木犀榄	Oleaceae 木犀科	小乔木；高约5m；叶片革质，长圆形或椭圆状披针形至披针形；圆锥花序腋生，交互对生；花雌雄异株或杂性异株；果椭圆形	果树		西藏
6647	*Olea guangxiensis* B. M. Miao	广西木犀榄	Oleaceae 木犀科	灌木或小乔木；高2～4m；叶片革质，披针形或长椭圆形；圆锥花序腋生；果圆球形	果树		广西、贵州东南部
6648	*Olea hainanensis* H. L. Li	海南木犀榄	Oleaceae 木犀科	灌木或小乔木；高3～30m；叶片革质或薄革质，长椭圆状披针形或卵状长圆形；圆锥花序顶生或腋生；花白色或黄色；果长椭圆形，紫黑色或紫红色	果树		海南
6649	*Olea laxiflora* H. L. Li	疏花木犀榄	Oleaceae 木犀科	灌木；高约2.5m；叶片革质，长椭圆形或披针形；圆锥花序腋生；花白色；果未见	果树		云南
6650	*Olea neriifolia* H. L. Li	狭叶木犀榄	Oleaceae 木犀科	常绿灌木或乔木；叶柄被微柔毛；花簇生叶腋，花萼4裂，裂片啮蚀状；花冠黄白色，裂片5	果树		广西、贵州、云南

（续）

序号	拉丁学名	中文名	所属科	特征及特性	类别	原产地	目前分布/种植区
6651	*Olea parvilimba*（Merr. et Chun）B. M. Miao	小叶木犀榄	Oleaceae 木犀科	乔木；高12～15m；叶片硬革质，椭圆形或长圆状椭圆形；圆锥花序顶生或近顶生；果长椭圆形	果树		海南
6652	*Olea rosea* Craib	红花木犀榄	Oleaceae 木犀科	灌木或小乔木；高2～15m；叶片革质，披针形或卵状椭圆形；圆锥花序顶生或腋生；果长椭圆形	果树		云南
6653	*Olea tetragonoclada* L. C. Chia	方枝木犀榄	Oleaceae 木犀科	灌木；高1.2～6m；叶片革质，长圆形或披针形；圆锥花序腋生或顶生；花淡黄色；果椭圆形	果树		广西
6654	*Olea yuennanensis* Hand.-Mazz.	云南木犀榄	Oleaceae 木犀科	灌木或乔木；高3～15m；叶片倒披针形、倒卵状椭圆形或椭圆形；花序腋生，圆锥状，有时呈总状或伞状；花白色、淡黄色或红色，杂性异株；果卵球形、长椭圆形或近球形	果树		四川、云南、贵州西南部
6655	*Olgaea tangutica* Iljin	刺疙瘩（青海鳍蓟）	Compositae（Asteraceae）菊科	多年生草本；无明显主根，不定根多数；茎基部被密厚的棕色的纤维状撕裂的柄基	药用		内蒙古乌审旗、河北张家口、陕西北部、甘肃合水及定西、宁夏海源
6656	*Omphalogramma brachysiphon* W. W. Sm.	钟状独花报春（短筒钟花报春）	Primulaceae 报春花科	多年生草本；花葶与叶同时抽出，花萼绿色或深红色，被毛，分裂近达基部，花冠钟状，暗紫色，无毛或外面微被毛	观赏	中国	西藏东部
6657	*Omphalogramma vinciflorum*（Franch.）Franch.	毛独花报春	Primulaceae 报春花科	多年生草本植物，全体被毛；鳞片膜质，阔卵状长圆形；叶长圆形至倒披针形；花葶高5～20cm，花冠深蓝紫色，花期6月	观赏	中国	云南西北部、四川西部
6658	*Oncidium ampliatum* Lindl.	大型文心兰	Orchidaceae 兰科	附生兰；假鳞茎1～2叶，花茎直立或弯曲，有时分枝，鲜黄色，中央有棕红色斑块，背面白色	观赏	中美洲特立尼达和哥伦比亚	
6659	*Oncidium gardneri* Lindl.	葛氏文心兰	Orchidaceae 兰科	附生兰；假鳞茎具2叶，花序圆锥状，多花，萼片棕色具黄色线条，唇瓣黄色，边缘有红棕色斑点	观赏	巴西	

（续）

序号	拉丁学名	中文名	所属科	特征及特性	类别	原产地	目前分布/种植区
6660	*Oncidium lanceanum* Lindl.	美丽文心兰	Orchidaceae 兰科	附生兰；假鳞茎小；总状或圆锥状花序，萼片与花瓣黄色或绿色，有棕色斑点；唇瓣基部堇紫红色，上面玫红色	观赏	圭亚那、特立尼达和多巴哥	
6661	*Oncidium macranthum* Lindl.	大花文心兰	Orchidaceae 兰科	附生兰；假鳞茎形体变化大；圆锥花序，萼片有爪，黄色上泛棕褐色，花瓣与萼片相似，唇瓣较其它裂片短	观赏	厄瓜多尔、秘鲁的高海拔地区	
6662	*Oncidium papilio* Lindl.	文心兰（金蝶兰，蝶花文心兰）	Orchidaceae 兰科	附生兰；具紫褐色斑纹；花序长，花背萼片和花瓣线形，红棕色，带黄色，唇瓣提琴形	观赏	巴西、委内瑞拉、秘鲁	
6663	*Oncoba spinosa* Forssk.	翁姑巴	Elaeagnceae 胡颓子科	灌木或乔木；高 5m；花瓣 8～10，白色；果实直径 5cm，球形，暗绿色，或变黄	果树	热带非洲	云南
6664	*Oncodostigma hainanense* (Merr.) Tsiang et P. T. Li	蕉木	Annonaceae 番荔枝科	常绿乔木；高达 16m，胸径达 50cm；叶长圆形或长圆状披针形；花 1～2 朵腋生或腋外生，黄绿色；花瓣 6，2 轮，镊合状排列；果坚硬不裂	果树		海南、广西
6665	*Onobrychis coerulea* DC.	人头草（蓝花棘头）	Leguminosae 豆科	多年生草本；花组成腋生、具柄的穗状花序或总状花序；萼钟状，裂齿锥尖，近相等；花冠淡紫色、玫瑰红色、白色或淡黄色，旗瓣倒卵形或倒心形；几无柄，翼瓣短，龙骨瓣约与旗瓣等长或更长；雄蕊 10，二体(9+1)	饲用及绿肥		东北及河北、山西、内蒙古
6666	*Onobrychis pulchella* Schrenk	美丽红豆草	Leguminosae 豆科	一年生草本；托叶宽三角形，长 8～11mm，光滑，小叶狭披针形；花长 6～7mm，玫瑰紫色；荚果半圆形，边缘膜质透明	饲用及绿肥		新疆
6667	*Onobrychis sibirica* Turcz. ex Besser	西伯利亚红豆草	Leguminosae 豆科	多年生草本；小叶长圆状椭圆形，托叶卵状三角形，边缘常被长柔毛；花淡红色至红色，长 9～10mm；荚果卵状半圆形	饲用及绿肥		新疆
6668	*Onobrychis tanaitica* Spreng.	顿河红豆草（旱红豆草）	Leguminosae 豆科	多年生草本；托叶三角状卵形，长 6～8mm，被柔毛，小叶狭长椭圆形；花长 9～11mm，玫瑰紫色；荚果半圆形，被短柔毛	饲用及绿肥		新疆

（续）

序号	拉丁学名	中文名	所属科	特征及特性	类别	原产地	目前分布/种植区
6669	*Onobrychis viciaefolia* Scop.	红豆草（驴食草）	Leguminosae 豆科	多年生直立草本；奇数羽状复叶，小叶长圆形；总状花序；花两性多粉红；花冠蝶形；雄蕊10；子房具1室；荚果	饲用及绿肥		西北、华北
6670	*Onosma cingulatum* W. W. Sm. et Jeffrey	昆明滇紫草	Boraginaceae 紫草科	多年生草本；叶面被硬毛，叶背具柔毛；聚伞花序，花萼5裂，花冠漏斗状，紫红或粉红色	观赏	中国	云南
6671	*Onosma confertum* W. W. Sm.	密花滇紫草	Boraginaceae 紫草科	草本；茎不分枝，被硬毛；基生叶多数在花期枯萎；聚伞花序多数，排列成开展、延长的圆锥花序，疏被硬毛	观赏	中国	云南、四川
6672	*Onosma hookeri* C. B. Clarke	细花滇紫草	Boraginaceae 紫草科	多年生草本；花冠紫红色，筒状，长约3cm，浅5裂；雄蕊5，无毛，花药藏于花冠中，只在基部合生	观赏	中国	西藏东部至南部
6673	*Onosma paniculatum* Bureau et Franch.	滇紫草	Boraginaceae 紫草科	草本；基生叶和茎下部叶丛生，条状披针形或狭披针形；圆锥花序，苞片三角形；花萼裂片5，披针状条形；小坚果有疣状突起	药用		四川西部、西藏、云南、贵州西部
6674	*Ophioglossum reticulatum* L.	尖头瓶尔小草（有梗瓶尔小草）	Ophiogiossaceae 瓶尔小草科	植株高14～26cm；孢子囊穗条形，长3～4cm，顶端具小突尖，从总柄顶端生出，有8～16cm长的柄	观赏	中国	安徽、江西、福建、台湾、广东、四川、贵州、云南
6675	*Ophioglossum thermale* Kom.	狭叶瓶尔小草	Ophiogiossaceae 瓶尔小草科	植株高20～70cm；孢子叶狭缩成线形，特化成两行孢子囊的穗，顶端有小突尖，生孢子15～23对，孢子圆形，有细网状纹饰	药用		东北、华北、华中、西南
6676	*Ophioglossum vulgatum* L.	瓶尔小草（一枝箭）	Ophiogiossaceae 瓶尔小草科	多年生矮小蕨类；根状茎圆柱形；叶单生，营养叶肉质，卵状长椭圆形或狭卵形，全缘，网状脉	观赏	中国	长江下游、西南及湖北、广西、陕西、台湾
6677	*Ophiopogon bockianus* Diels	连药沿阶草	Liliaceae 百合科	根稍粗，末端有时膨大成纺锤形小块根；茎较短；叶丛生，多少呈剑形；总状花序，花每2朵着生于苞片腋内；种子椭圆形或近球形	有毒		四川、云南

（续）

序号	拉丁学名	中文名	所属科	特征及特性	类别	原产地	目前分布/种植区
6678	*Ophiopogon bodinieri* H. Lév.	沿阶草	Liliaceae 百合科	根细；花草较叶短或几等长于叶，具几朵至十几朵花；花常单生或2朵簇生于苞片腋内；花被片6，卵状披针形，披针形或近矩圆形，长4～6mm，白色或稍带紫色；雄蕊6，花丝很短，长不及1mm；花药狭披针形，长约2.5mm，常呈绿黄色	观赏	中国	西南及湖北、河南、陕西、甘肃、台湾
6679	*Ophiopogon japonicus*（L. f.）Ker Gawl.	麦冬 （麦门冬）	Liliaceae 百合科	多年生草本；须根顶部或中部膨大成纺锤状肉质小块根；匍匐茎细长；总状花序顶生；花常俯垂	药用	中国、日本、越南、印度	华南、华东、华中及台湾、四川、云南、贵州、陕西、河北
6680	*Ophiopogon platyphyllus* Merr. et Chun	宽叶沿阶草	Liliaceae 百合科	多年生草本；叶条状披针形；花白色，子房下位，花被裂片着生于子房的近顶部，花丝极短，短于花药	观赏	中国	广东、海南
6681	*Ophiopogon stenophyllus*（Merr.）L. Rodr.	狭叶沿阶草	Liliaceae 百合科	多年生草本；叶丛生，禾叶状，常有9条明显的脉；总状花序；花白色或淡紫色	观赏	中国	广东、广西、云南、江西、
6682	*Ophiopogon tonkinensis* L. Rodr.	多花沿阶草	Liliaceae 百合科	多年生草本；总状花序具几十朵花；花2～7朵成簇着生；苞片卵形，卵状披针形或披针形，花被片6，矩圆形，淡紫色；雄蕊6；子房半下位；种子椭圆形或近球形	观赏	中国	云南、广西
6683	*Ophiuros exaltatus*（L.）Kuntze	蛇尾草	Gramineae （Poaceae） 禾本科	多年生草本；秆高1～2m；叶线形，长约60cm；总状花序常腋生成束，无柄小穗卵状长圆形，第一颖革质，第二颖与第一颖几等长	杂草		广东、海南、广西
6684	*Opilia amentacea* Roxb.	山柚子	Opiliaceae 山柚子科	灌木或柔弱的小乔木；叶革质，卵形成卵状披针形；花序长2～4cm，密被淡红褐色短柔毛；花萼小，全绿；花瓣5枚，黄绿色，外面被短柔毛，早落；核果卵球形、球形或椭圆状，红色	经济作物（橡胶类）	中国	

（续）

序号	拉丁学名	中文名	所属科	特征及特性	类别	原产地	目前分布/种植区
6685	*Opithandra pumila*（W. T. Wang）W. T. Wang	裂檐苣苔	Gesneriaceae 苦苣苔科	多年生草本；叶基生；叶片椭圆状卵形或椭圆形；花葶2条，被锈色长柔毛；聚伞花序伞状；花冠淡黄色，花冠筒近筒状；花柱细，柱头点状	观赏	中国特有，广西大新	广西
6686	*Oplismenus compositus*（L.）P. Beauv.	竹叶草	Gramineae（Poaceae）禾本科	多年生草本；叶长3～8cm，具横脉；圆锥花序，小穗孪生稀上部者单生，第一颖先端芒长0.7～2cm，第二颖芒长1～2mm；颖果	杂草		江西、四川、贵州、台湾、广东、海南、云南
6687	*Oplismenus undulatifolius*（Ard.）Roemer et Schuit.	求米草（皱叶草，皱叶茅）	Gramineae（Poaceae）禾本科	秆纤细，基部平卧，节生根；叶鞘密被疣基毛；花序轴密被疣基毛，分枝缩短，有时下部者长达2cm，小穗簇生	饲用及绿肥		华东、中南、西南及辽宁、河北
6688	*Oplopanax elatus*（Nakai）Nakai	刺参（东北刺人参）	Araliaceae 五加科	落叶灌木；高1～2.5m；叶掌状，裂片5～7；伞形花序聚合为总状或圆锥状；主轴密生短刺和刺毛；果球形，鲜红色	药用		吉林、辽宁
6689	*Opuntia cylindrica*（Lam.）DC.	锁链掌	Cactaceae 仙人掌科	灌木或乔木状；花红色，直径约2.5cm，花瓣近直立；果黄绿色，长约5cm，具瘤突	观赏	秘鲁、厄瓜多尔	
6690	*Opuntia ficus-indica*（L.）Mill.	梨果仙仁掌（仙人掌，仙桃）	Cactaceae 仙人掌科	肉质灌木或小乔木；高1.5～5m；浆果椭圆球形至梨形；种子多数、肾状椭圆形	观赏	南美	四川、云南、广西、贵州、西藏
6691	*Opuntia leucotricha* DC.	棉花掌	Cactaceae 仙人掌科	多分枝；茎节椭圆形，扁平，暗绿色；刺座密被白色细长软刺；花黄色	观赏	墨西哥	
6692	*Opuntia microdasys*（Lehm.）Pfeiff.	黄毛掌	Cactaceae 仙人掌科	灌木状；茎节呈较阔的椭圆形或广椭圆形；刺座密被金黄色钩毛；夏季开花，淡黄色；浆果圆形，红色，果肉白色	观赏	墨西哥北部	
6693	*Opuntia monacantha*（Willd.）Haw.	单刺仙人掌（绿仙人掌，月月掌）	Cactaceae 仙人掌科	肉质灌木或小乔木；高1.3～7m；刺针状，单生或2(或3)根聚生，直立，灰色；花托倒卵形，基部渐狭，疏生小窠；浆果梨形或倒卵球形；种子多数、肾状卵圆形	观赏	巴西、巴拉圭、乌拉圭及阿根廷	云南、广西、福建、台湾

（续）

序号	拉丁学名	中文名	所属科	特征及特性	类别	原产地	目前分布/种植区
6694	*Opuntia salmiana* Parm.	大珊瑚枝	Cactaceae 仙人掌科	灌木状，多分枝；茎细圆柱形，绿色略带红紫色晕；刺丛稀，刺短，灰色，基部具锐毛刺；花粉红或黄白色	观赏	巴西南部至阿根廷北部	
6695	*Opuntia stricta* var. *dillenii* (Ker Gawl.) L. D. Benson	仙人掌	Cactaceae 仙人掌科	多年生常绿肉质植物，茎直立，扁平多枝，扁平枝密生刺窝，花色鲜艳，肉质浆果，成熟时暗红色	观赏，药用	亚洲、美洲	云南、四川、贵州、广东、广西、福建
6696	*Opuntia vulgaris* Mill.	月月掌	Cactaceae 仙人掌科	灌木；茎扁平，倒卵形，略扭曲；花大，亮黄色或稍带红色；果梨形，无刺，长 5～7cm，红色	观赏	巴西、巴拉圭、乌拉圭、阿根廷等	
6697	*Orchidantha chinensis* T. L. Wu	兰花蕉	Lowiaceae 兰花蕉科	多年生草本；高约 45cm，根茎横生；叶 2 列，椭圆状披针形；花紫色，1～2 朵自根茎生出，花柱背面具“V”形附属物；蒴果卵圆形	观赏		广东、广西
6698	*Orchis latifolia* L.	宽叶红门兰	Orchidaceae 兰科	地生兰；植株高 12～40cm；块茎下部 3～5 裂呈掌状，肉质；茎直立，粗壮，中空，基部具 2～3 枚筒状鞘，鞘之上具叶	观赏	中国、俄罗斯的西伯利亚至欧洲、克什米尔地区至不丹、巴基斯坦、阿富汗至北非	西北及黑龙江、吉林、内蒙古、四川、西藏
6699	*Oreocereus hendriksenianus* Backeb.	圣云锦	Cactaceae 仙人掌科	有较长的光滑丝状毛，金黄色或稍带红色，后变白；花朵洋红色，果黄绿色；	观赏	秘鲁南部	
6700	*Oreocereus trollii* (Kupper) Backeb.	白云锦	Cactaceae 仙人掌科	茎基部小球丛生，不分枝，丝状毛浅灰色或乳白色，中刺 1～3，刺初为红褐色或红黄色，后呈白色；花淡褐红色	观赏	玻利维亚南部和阿根廷北部	
6701	*Oreorchis fargesii* Finet	长叶山兰	Orchidaceae 兰科	地生兰；具根状茎；花葶侧生于假鳞茎上部，总状花序密生多数花，橘黄色；花期 7 月	观赏	中国	浙江、湖北、四川、西藏
6702	*Oreosolen wattii* Hook. f.	藏玄参	Scrophulariaceae 玄参科	低矮草本；全体被粒状腺毛；花数朵簇生叶腋，花梗极短；花黄色；花期 5～6 月	观赏	中国、尼泊尔、印度、不丹	西藏、青海
6703	*Oresitrophe rupifraga* Bunge	独根草	Saxifragaceae 虎耳草科	多年生草本；叶基生；复聚伞花序圆锥状，密生腺毛；萼管短，狭卵形，花瓣状，粉红色；无花瓣；蒴果	观赏	中国	北京、河北、河南、湖南、山西、湖南

（续）

序号	拉丁学名	中文名	所属科	特征及特性	类别	原产地	目前分布/种植区
6704	*Origanum vulgare* L.	牛至（滇香薷，满坡香）	Labiatae 唇形科	多年生草本或半灌木；高25～60cm；茎节上具多数不定根；叶对生，卵圆形或长圆状卵形；多数小穗状花序组成伞房状圆锥花序；小坚果	药用，经济作物（香料类），蜜源		华东、华中、西南、西北及台湾
6705	*Orinus anomala* Keng ex P. C. Keng et L. Liu	鸡爪草	Gramineae (Poaceae) 禾本科	多年生，根茎多节，密被鳞片；秆高35～50cm；叶鞘无毛；小穗长5～6mm，含1～2花，外稃仅边缘及沿脊疏生柔毛	饲用及绿肥，生态防护		四川及青海
6706	*Orinus kokonorica*（K. S. Hao）Keng ex X. L. Yang	青海固沙草	Gramineae (Poaceae) 禾本科	多年生；秆高30～50cm；叶鞘无毛；小穗长(4)7～8.5mm，含2～3(5)花；外稃下部疏生柔毛	饲用及绿肥，生态防护		青海
6707	*Orinus thoroldii*（Stapf ex Hemsl.）Bor	固沙草	Gramineae (Poaceae) 禾本科	多年生；秆高12～25cm；叶鞘被长柔毛；小穗长5～6.5mm，含(2)3～5花，外稃密被长柔毛	饲用及绿肥，生态防护		西藏
6708	*Orixa japonica* Thunb.	日本常山（臭山羊，臭常山）	Rutaceae 芸香科	落叶灌木；叶互生，菱状卵形至卵状椭圆形；雌雄异株；雄花总状花序，腋生；雌花单生；蓇葖果，2瓣裂开	有毒		华东、华中、西南
6709	*Ormosia apiculata* L. Chen	喙顶红豆	Leguminosae 豆科	常绿乔木；高约19m；奇数羽状复叶，小叶1～2对，革质；圆锥花序顶生；荚果阔圆形或斜椭圆形；种子扁圆形，稀横椭圆形	有毒		广西凌云
6710	*Ormosia balansae* Drake	长眉红豆（长脐红豆，鸭公青）	Leguminosae 豆科	常绿乔木；树干通直；奇数羽状复叶；大型圆锥花序顶生，花冠白色，旗瓣近圆形；荚果阔卵形、近圆形或倒卵形；种子红色或深红色	木材		江西、海南、广西、云南
6711	*Ormosia elliptica* Q. W. Yao et R. H. Chang	厚荚红豆	Leguminosae 豆科	乔木；高15m；羽状复叶，小叶长椭圆形；总状花序，顶生或腋生；荚果椭圆形，果瓣肥厚木质；种子椭圆形	有毒		福建、广东、广西
6712	*Ormosia emarginata*（Hook. et Arn.）Benth.	凹叶红豆	Leguminosae 豆科	常绿小乔木；通常高约6m；奇数羽状复叶，小叶厚革质；圆锥花序顶生，花冠白色或粉红色，旗瓣半圆形；荚果扁平；种子近圆形或椭圆形	木材		广东、海南、广西

（续）

序号	拉丁学名	中文名	所属科	特征及特性	类别	原产地	目前分布/种植区
6713	*Ormosia fordiana* Oliv.	肥荚红豆（小孔雀豆，青皮木）	Leguminosae 豆科	常绿乔木；高 15m；羽状复叶，小叶 7～9 片，侧卵状椭圆形、倒披针形或长椭圆形；两性花，圆锥花序顶生，紫红色；荚果，扁椭圆形，种子 1～4，椭圆形	观赏	中国	海南、广西、广东、云南
6714	*Ormosia formosana* Kaneh.	台湾红豆	Leguminosae 豆科	常绿乔木；高 5～15m；奇数羽状复叶，小叶薄革质；圆锥花序顶生，花冠黄白色，旗瓣近圆形；荚果椭圆形；种子近圆形、微扁	木材		台湾中部以及南部
6715	*Ormosia glaberrima* Y. C. Wu	光叶红豆	Leguminosae 豆科	常绿乔木；高可达 15m；奇数羽状复叶，小叶革质或薄革质；圆锥花序顶生或腋生，旗瓣近圆形；荚果扁平；种子扁圆形或长圆形	木材		湖南、江西、广东、海南、广西
6716	*Ormosia henryi* Prain	花榈木（花梨木）	Leguminosae 豆科	常绿乔木；高 16m；奇数羽状复叶；圆锥花序顶生，或总状花序腋生；花冠中央淡绿色，边缘绿色微带淡紫；荚果扁平，种子椭圆形或卵形	木材，药用，生态防护	中国	安徽、浙江、江西、湖南、湖北、广东、四川、贵州、云南
6717	*Ormosia hosiei* Hemsl. et E. H. Wilson	红豆树	Leguminosae 豆科	常绿或落叶乔木；奇数羽状复叶，小叶薄革质；圆锥花序顶生或腋生，花冠白色或淡紫色，旗瓣倒卵形；荚果扁平；种子近圆形或椭圆形	林木，药用，观赏		陕西、甘肃、江苏、安徽、浙江、江西、福建、湖北、四川、贵州
6718	*Ormosia howii* Merr. et Chun et Merr. ex L. Chen	缘毛红豆	Leguminosae 豆科	常绿乔木；高 9～10m，胸径 8cm；羽状复叶，小叶 5～7；圆锥花序顶生；荚果熟时青黑色，干后黑色，压扁	林木，药用		海南、广东
6719	*Ormosia indurata* L. Chen	韧荚红豆	Leguminosae 豆科	常绿乔木；高 5～9m；奇数羽状复叶，小叶对生；圆锥花序顶生，花瓣白色；荚果木质，倒卵形或长圆形；种子椭圆形，微压扁	有毒		福建华安、广东罗浮山
6720	*Ormosia inflata* Merr. et Chun	胀荚红豆	Leguminosae 豆科	常绿乔木；高 6～10m；奇数羽状复叶；圆锥花序顶生，花冠白色，旗瓣近圆形；荚果卵形或椭圆形；种子近椭圆形或近圆形，栗褐色	有毒		海南

（续）

序号	拉丁学名	中文名	所属科	特征及特性	类别	原产地	目前分布/种植区
6721	*Ormosia longipes* L. Chen	纤柄红豆	Leguminosae 豆科	乔木；高约 6～30m；奇数羽状复叶，小叶纸质；圆锥花序顶生，花冠赤褐色，旗瓣近圆形；荚果椭圆形或长圆状椭圆形；种子椭圆形或卵形	有毒		云南东南部
6722	*Ormosia microphylla* Merr. et L. Chen	小叶红豆	Leguminosae 豆科	大乔木；高可达 55m；外皮表面灰色或青灰色，内部浅锈褐色，皮孔多，圆形及椭圆形；内皮淡黄褐色；石细胞色浅，星散状、片状及环状排列	林木	中国	广西、广东北部的大埔也有分布
6723	*Ormosia nanningensis* L. Chen	南宁红豆	Leguminosae 豆科	常绿乔木；奇数羽状复叶，小叶薄革质，长椭圆形或长椭圆状披针形；荚果近圆形或椭圆形；种子近圆形，微扁	有毒		广西（十万大山）
6724	*Ormosia nuda* （K. C. How）R. H. Chang et Q. W. Yao	秃叶红豆	Leguminosae 豆科	常绿乔木；高 7～27m；奇数羽状复叶，小叶革质，椭圆形；荚果长椭圆形或椭圆形，黑色；种子椭圆形	有毒		湖北、广东、贵州、云南
6725	*Ormosia pachycarpa* Champion ex Bentham	茸荚红豆	Leguminosae 豆科	常绿乔木；高达 15m；奇数羽状复叶	有毒		
6726	*Ormosia pachyptera* L. Chen	菱荚红豆	Leguminosae 豆科	乔木；高约 8m；奇数羽状复叶，小叶革质；圆锥状果序生于叶腋；荚果菱形，压扁；种子横椭圆形，微扁	有毒		广西西南部
6727	*Ormosia pinnata* （Lour.）Merr.	海南红豆（食虫树，胀果红豆）	Leguminosae 豆科	常绿乔木；羽状复叶，有小叶 7～9 枚，薄革质，披针形；圆锥花序顶生，花冠黄白色，略带粉红，花期秋季	观赏	中国、越南、泰国	南方
6728	*Ormosia purpureiflora* L. Chen	紫花红豆	Leguminosae 豆科	灌木或小乔木；高约 3m；奇数羽状复叶，小叶革质；圆锥花序，花冠紫色，旗瓣阔卵形；荚果椭圆形或长圆形；种子椭圆形	有毒		广东
6729	*Ormosia saxatilis* K. M. Lan	岩生红豆	Leguminosae 豆科	常绿乔木；树干端直；奇数羽状复叶，小叶薄革质；果序顶生及腋生；荚果长方形或菱形，压扁；种子近圆形	绿化		贵州贵阳黔灵山

（续）

序号	拉丁学名	中文名	所属科	特征及特性	类别	原产地	目前分布/种植区
6730	*Ormosia semicastrata* f. *litchiifolia* F. C. How	荔枝叶红豆（红豆相思子，青同，软荚红豆）	Leguminosae 豆科	常绿乔木；叶互生，奇数羽状复叶，小叶通常5～9枚，革质；两性花，淡粉红色带黄白色；圆锥花序顶生；荚果，近圆形；种子单生，鲜红而有光泽	观赏	中国	海南
6731	*Ormosia semicastrata* Hance	苍叶红豆	Leguminosae 豆科	乔木；高达12m；圆锥花序腋生，总花梗、序轴、花梗密生黄色柔毛；花萼钟状，长约4～5mm，密生棕色柔毛；花瓣白色，长为萼的2倍	蜜源		广西
6732	*Ormosia sericeolucida* L. Chen	亮毛红豆	Leguminosae 豆科	常绿乔木；高达24m；奇数羽状复叶，小叶革质；圆锥花序顶生，花冠白色；荚果略扁，椭圆形或倒卵形；种子斜菱方形或倒卵形	有毒		广东（阳春）、广西（上思）
6733	*Ormosia simplicifolia* Merr. et Chun	单叶红豆	Leguminosae 豆科	灌木或小乔木；高2～5m；单叶，互生或有时在顶端近对生；花序顶生或生于上部叶腋内，成疏松的圆锥花序或总状花序；荚果扁；种子椭圆形	有毒		海南、广西
6734	*Ormosia striata* Dunn	槽纹红豆	Leguminosae 豆科	乔木；高7～30m；奇数羽状复叶；总状花序生于上部叶腋内，花冠黄色，旗瓣有条纹；荚果斜方状卵形或椭圆形；种子椭圆形	有毒		云南（思茅、普洱、西双版纳、屏边）
6735	*Ormosia xylocarpa* Chun ex Merr. et L. Chen	木荚红豆	Leguminosae 豆科	常绿乔木；高12～20m；奇数羽状复叶，小叶厚革质；圆锥花序顶生，花冠白色或粉红色；荚果倒卵形至长椭圆形或菱形；种子微扁	木材		江西、福建、湖南、广东、海南、广西、贵州
6736	*Ormosia yunnanensis* Prain	云南红豆	Leguminosae 豆科	常绿乔木；高达25m；奇数羽状复叶，小叶4～6对；圆锥花序顶生，花冠粉红色或橙红色；荚果倒卵形；种子卵形或扁圆形	有毒		云南南部
6737	*Ornithogalum arabicum* L	阿拉伯鸟乳花	Liliaceae 百合科	多年生草本；花被片中央不具绿色带脊，花具苞片；花被片6，离生，宿存；雄蕊6，花丝扁平，基部扩大，花药背着，内向开裂	观赏	地中海	
6738	*Ornithogalum caudatum* Jacquem.	虎眼万年青（鸟乳花）	Liliaceae 百合科	多年生草本；具卵圆状淡灰绿色大鳞茎；叶带状，近肉质；长总状花序具花50～60朵，边开边伸长，花星形，花被片白色，中间一绿色带	观赏	南非	南北各地

（续）

序号	拉丁学名	中文名	所属科	特征及特性	类别	原产地	目前分布/种植区
6739	*Ornithogalum thyrsoides* Jacq.	好望角鸟乳花	Liliaceae 百合科	多年生，具鳞茎；叶片基生，狭披针形，在开花前枯萎，油绿色；花朵星状杯形，簇状密生，白色	观赏	南非西部好望角	
6740	*Ornithogalum umbellatum* L.	伞形鸟乳花	Liliaceae 百合科	多年生肉质草本；株高20～30cm；具鳞茎；叶基生，狭带形，全缘，深绿色；伞形花序；蒴果	观赏	地中海、北非	
6741	*Ornithopus sativus* Brot.	乌足豆（赛拉台拉）	Leguminosae 豆科	一年生，高约1m；伞形花序，花粉红色；花萼5，长约4mm，花冠5，长7～8mm；雄蕊10；果实10～27	饲用及绿肥		华北
6742	*Orobanche aegyptiaca* Pers.	分枝列当（瓜列当）	Orobanchaceae 列当科	一年生寄生草本；高15～60cm；茎肉质，有条纹；叶稀疏，鳞片状，卵状披针形；穗状花序顶生，花冠唇形，蓝紫色；蒴果长圆形	杂草		新疆、西藏
6743	*Orobanche caryophyllacea* Sm.	丝毛列当	Orobanchaceae 列当科	寄生草本植物；植株高35～50cm；花序穗状，圆柱形，具多数花；花冠黄色，直立地展开，二唇形，上唇龙骨状，下唇3裂，裂片近圆形，边缘具不规则圆齿状小牙齿或波状	观赏	中国	新疆
6744	*Orobanche clarkei* Hook. f.	弯管列当（二色列当）	Orobanchaceae 列当科	一年、两年或多年生草本；高15～40cm，全株密被腺毛；叶鳞片状，三角状卵形或卵状披针形；穗状花序顶生，子房卵状长圆形；蒴果	杂草		吉林、内蒙古、河北、陕西、山西、甘肃、青海、新疆
6745	*Orobanche coerulescens* Stephan	列当（独根草，兔子拐棒，鬼见愁）	Orobanchaceae 列当科	二年或多年生寄生草本；高15～40cm，被蛛丝状白色长绵毛；叶互生，鳞片状，卵状披针形；穗状花序顶生，苞片卵状披针形；蒴果	药用		东北、华北、西北、西南及山东、湖北、江苏
6746	*Orobanche pycnostachya* Hance	黄花列当	Orobanchaceae 列当科	一年生寄生草本；高10～30cm，全株被腺毛；叶鳞片状，卵状披针形或披针形；穗状花序顶生，花冠黄色，二唇形；蒴果长圆形	杂草		东北及河北、河南、内蒙古、山东、陕西、安徽
6747	*Orostachys fimbriata*（Turcz.）A. Berger	瓦松（石塔花，瓦塔，瓦宝塔）	Crassulaceae 景天科	二年生肉质草本；莲座叶宽条形至倒披针形，边缘流苏状；总状花序塔形，花瓣5，粉红至紫红色；蓇葖果长圆形	药用，有毒		长江中下游地区及以北各省份

（续）

序号	拉丁学名	中文名	所属科	特征及特性	类别	原产地	目前分布/种植区
6748	*Orostachys iwarenge* Hara	日本瓦松	Crassulaceae 景天科	常绿多年生草本植物；叶肉质肥厚，粉白色；花白色，具苞片；花被片 6，离生，宿存；雄蕊 6，花丝扁平，基部扩大，花药背着，内向开裂	观赏	日本	
6749	*Orostachys malacophylla* (Pall.) Fisch.	钝叶瓦松	Crassulaceae 景天科	二年生草本；花序密集，穗状或总状；无梗或具短梗；苞片宽卵形或卵形；萼片 5，长圆形，急尖头；花瓣 5，白色或带绿色；基部微连合，花药黄色	观赏	中国、西伯利亚	
6750	*Orostachys spinosa* (L.) Sweet	黄花瓦松	Crassulaceae 景天科	二年生草本；花茎高 10～30cm；叶互生，宽线形至倒披针形；花序顶生，狭长，穗状或呈总状；花瓣黄绿色；蓇葖 5，椭圆状披针形	蜜源		西藏、新疆、内蒙古、吉林、甘肃、辽宁、黑龙江
6751	*Oroxylum indicum* (L.) Benth. ex Kurz	木蝴蝶（千张纸，王蝴蝶，海船）	Bignoniaceae 紫葳科	落叶乔木；叶对生，二至三回羽状复叶；总状花序顶生；花大，紫红色；蒴果	观赏	中国、越南、老挝、泰国、柬埔寨、缅甸、印度、马来西亚、菲律宾、印度尼西亚（爪哇）	四川、贵州、云南、广西、海南、广东、福建、台湾
6752	*Orychophragmus violaceus* (L.) O. E. Schulz	诸葛菜（二月兰）	Cruciferae 十字花科	一年或二年生草本；高 10～50cm；下部叶具叶柄，大头羽状分裂；总状花序顶生，花深紫色；长角果	观赏，经济作物（油料类）		辽宁、河北、山东、山西、陕西、江苏
6753	*Oryza alta* Swallen	高秆野生稻	Gramineae (Poaceae) 禾本科	一年生草本；具根茎，叶长，扁平；不育外稃短于孕花外稃，质地不同；叶宽超过 5cm，小穗超过 7mm	粮食		
6754	*Oryza australiansis* Domin	澳洲野生稻	Gramineae (Poaceae) 禾本科	一年生草本；具根茎，叶长，扁平；小穗侧向压扁，有 3 小花，圆锥花序主轴向顶端渐增粗糙毛；颖极退化，仅在小穗柄端呈 2 半月形；不孕花的外稃极小，结实花的外稃硬，5 脉，外脉靠近旋卷的边缘，有时有芒；内稃与外稃相似，但背无中肋；雄蕊 6	粮食		
6755	*Oryza barthii* A. Chev.	巴蒂野生稻	Gramineae (Poaceae) 禾本科	一年生草本；具根茎，叶长，扁平；小穗有毛（10cm 或更长）；内、外稃被粗糙硬毛；成熟时谷粒脱落	粮食		

（续）

序号	拉丁学名	中文名	所属科	特征及特性	类别	原产地	目前分布/种植区
6756	*Oryza brachyantha* A. Chev. et Rochr	短药野生稻	Gramineae (Poaceae) 禾本科	一年胜，穗状花序，长13～30cm，宽2.5～5cm；颖片无或不明显；不孕外稃长1.3～2.5mm；可孕外稃椭圆形，长6.5～9.25mm，具芒；内稃与外稃等长	粮食		
6757	*Oryza eichingeri* A. Peter	紧穗野生稻	Gramineae (Poaceae) 禾本科	圆锥花序分枝较紧缩；小穗长4.5～6.0mm；芒长可达3cm；有叶耳；叶舌长可达3.5mm；二倍体	粮食	非洲	
6758	*Oryza glaberrima* Steud.	非洲栽培稻	Gramineae (Poaceae) 禾本科	小穗常无芒或具短芒；内、外稃通常无粗糙硬毛；成熟时谷粒不脱落或部分脱落	粮食	非洲	
6759	*Oryza glumaepatula* Steud	展颖野生稻	Gramineae (Poaceae) 禾本科	多年生；秆匍匐或半直立；无浮水生茎，不具根茎；圆锥花序通常疏散；不育外稃线形或线状披针形	粮食	美洲	
6760	*Oryza grandiglumis* (Doell) Prod	重颖野生稻（大护颖野生稻）	Gramineae (Poaceae) 禾本科	一年生草本；具根茎，叶长，扁平；叶舌顶缘具流苏状毛；不育外稃与孕花外稃的长度和质地相似	粮食		
6761	*Oryza latifolia* Desv.	阔叶野生稻	Gramineae (Poaceae) 禾本科	圆锥花序，小穗柄微粗糙；不孕外稃针状，中脉与边缘微粗糙；外稃表面具纵行疣状突起，疏生疣基糙毛，脊部毛较长而密，顶端渐尖具芒；内稃狭窄，顶端具尖头	粮食		
6762	*Oryza longiglumis* Jansen	长护颖野生稻	Gramineae (Poaceae) 禾本科	多年生；外稃沿脊有纤毛；不育外稃等长或较长于孕花外稃；芒长16～36mm	粮食		
6763	*Oryza longistaminata* A. Chev. et Roehr	长雄蕊野生稻（长药野生稻）	Gramineae (Poaceae) 禾本科	多年生；秆直立，具分枝的、伸展的根茎；圆锥花序通常疏散；不育外稃线形或线状披针形	粮食		
6764	*Oryza meridionalis* N. Q. Ng	南方野生稻	Gramineae (Poaceae) 禾本科	一年生（偶有多年生）；秆直立或半直立生长；圆锥花序较密，圆锥花序第一分枝紧缩或直立上伸；不育外稃线形或线状披针形	粮食	大洋洲	

（续）

序号	拉丁学名	中文名	所属科	特征及特性	类别	原产地	目前分布/种植区
6765	*Oryza meyeriana* Baill	疣粒野生稻	Gramineae (Poaceae) 禾本科	多年生草本；植株矮小，茎基部节间实心；叶短呈披针形，叶耳不明显，叶舌短而平；小穗紧贴穗轴而生，颖无芒，颖面有不规则的疣粒	药用		海南、云南
6766	*Oryza meyeriana* subsp. *granulata*（Nees et Arn. ex Watt）Tateoka	颗粒野生稻	Gramineae (Poaceae) 禾本科	稃表面电镜扫描的钩毛为雀嘴形；钩毛周围的硅质突起为火山顶状，顶端具星状冠；小穗长圆形或椭圆状长圆形	粮食	东南亚	
6767	*Oryza minuta* J. S. Presl ex C. B. Presl	小粒野生稻	Gramineae (Poaceae) 禾本科	圆锥花序分枝开展；小穗长 3.7～4.7mm；有芒或无芒；无叶耳；叶舌长达 1.5mm；四倍体	粮食	亚洲	
6768	*Oryza nivara* Sharma et Shastry	尼瓦拉斑点野生稻	Gramineae (Poaceae) 禾本科	通常一年生；秆半直立至倾斜生长；圆锥花序较密，圆锥花序第一分枝较开展而斜生；不育外稃线形或线状披针形	粮食	亚洲	我国南部
6769	*Oryza officinalis* Wall. ex G. Watt	药用野生稻	Gramineae (Poaceae) 禾本科	多年生草本；高 1.5～3m；叶片宽大，线状披针形；圆锥花序大型疏散，小穗柄顶端具 2 枚半月形退化颖片，具芒；颖果扁平	药用		广东、广西、海南、云南
6770	*Oryza punctata* Kotshy ex Steud.	斑点野生稻	Gramineae (Poaceae) 禾本科	一年生草本；具根茎，叶长，扁平；小穗长超过 6mm；芒长超过 2cm；无根茎；叶舌长 3～4mm	粮食	非洲	
6771	*Oryza ridleyi* Hook f.	马来野生稻	Gramineae (Poaceae) 禾本科	一年生草本；具根茎，叶长，扁平；多年生；外稃沿脊有纤毛；不育外稃短于孕花外稃；四倍体	粮食		
6772	*Oryza rufipogon* Griff.	普通野生稻	Gramineae (Poaceae) 禾本科	多年生草本；秆匍匐或半直立，有浮水生茎；叶披针形狭长，叶耳黄绿或淡紫色，具茸毛，叶舌顶部尖 2 裂；圆锥花序；小穗具浅红色硬芒或无芒	粮食		广东、海南、广西、云南、江西、福建、湖南、台湾

（续）

序号	拉丁学名	中文名	所属科	特征及特性	类别	原产地	目前分布/种植区
6773	*Oryza sativa* L.	亚洲栽培稻	Gramineae (Poaceae) 禾本科	一年生水生草本；小穗含1成熟花，两侧甚压扁，颖极小，仅在小穗柄先端留下半月形的痕迹，退化外稃2枚，锥刺状，两侧孕性花外稃质厚，具5脉，中脉成脊，表面有方格状小乳状突起	粮食	印度、中国	我国广泛栽培
6774	*Oryza schleteri* Pilger	极短粒野生稻	Gramineae (Poaceae) 禾本科	一年生草本；叶长，扁平；小穗侧向压扁，有3小花，排成圆锥花序；颖极退化，仅在小穗柄端呈两半月形；小穗通常不超过2mm	粮食		
6775	*Osbeckia chinensis* L.	金锦香	Melastomataceae 野牡丹科	常绿亚灌木或多年生草本；全株被粗糙平伏毛；聚伞状头状花序顶生，花瓣粉红至玫瑰紫色	观赏	中国、东南亚、澳大利亚、日本	长江流域以南
6776	*Osbeckia crinita* Benth.	假朝天罐（罐罐花，茶罐花）	Melastomataceae 野牡丹科	灌木；有平展刺毛；叶对生，全缘，被糙伏毛；萼管密生紫红色刺毛状的长柄星状毛；花大，花瓣4；蒴果	观赏	中国、印度、缅甸	云南、四川、贵州
6777	*Osbeckia nepalensis* Hook. f.	蚂蚁花	Melastomataceae 野牡丹科	直立亚灌木；茎四棱，被糙伏毛；叶对生，聚伞花序组成圆锥花序顶生；花梗短，花瓣5，红至粉红色	观赏	中国、泰国	云南、喜马拉雅山脉东部
6778	*Osbeckia opipara* C. Y. Wu et C. Chen	朝天罐	Melastomataceae 野牡丹科	常绿亚灌木、灌木；茎4～6棱，被平伏或直立糙毛；聚伞花序顶生，花瓣4，深红至紫红色，具缘毛	观赏	中国	长江以南各地
6779	*Oscularia caulescens* (Mill) Schwant.	覆盆花（光淋菊）	Aizoaceae 番杏科	肉质亚灌木；肉质叶具3棱，龙骨脊边全缘，具灰白粉，叶缘及齿浅红色，花粉色	观赏	南非	
6780	*Oscularia deltoides* (L.) Schwant.	三角覆盆花	Aizoaceae 番杏科	直立或近直立，叶肉质，三角形，蓝灰色，具白粉及尖齿，花粉色	观赏		
6781	*Osmanthus armatus* Diels	红柄木犀	Oleaceae 木犀科	常绿灌木或乔木；叶厚革质，叶缘具硬而尖的刺状齿；聚伞花序簇生叶腋；花芳香，白色；果黑色	观赏	中国	四川、湖北

（续）

序号	拉丁学名	中文名	所属科	特征及特性	类别	原产地	目前分布/种植区
6782	*Osmanthus cooperi* Hemsl.	宁波木犀	Oleaceae 木犀科	常绿灌木或小乔木；小枝灰白色，幼枝黄白色，具较多皮孔；叶革质，全缘；聚伞花序成簇腋生，白色；核果 1.5～2cm，蓝黑色	观赏	中国	江苏南部、安徽、浙江、江西、福建
6783	*Osmanthus delavayi* Franch.	山桂花（管花木犀，长管木犀）	Oleaceae 木犀科	常绿灌木；幼枝密被短柔毛；单叶对生，革质，边缘有锯齿；花序簇生叶腋或枝顶；花萼钟形，花冠白色	观赏	中国	云南、四川、贵州
6784	*Osmanthus didymopetalus* P. S. Green	离瓣木犀	Oleaceae 木犀科	常绿灌木或乔木；花数朵至多朵簇生枝顶和叶腋；花白色；核果灰绿色，干时紫红色	观赏	中国	
6785	*Osmanthus enervius* Masam. et K. Mori	无脉木犀	Oleaceae 木犀科	常绿小乔木；树皮灰白，小枝有毛有棱；叶革质，披针形全缘；花序成簇腋生，每腋内有花多朵	观赏	中国	台湾
6786	*Osmanthus fordii* Hemsl.	石山桂花	Oleaceae 木犀科	常绿灌木；小枝灰褐色，幼枝淡灰黄色，具皮孔均无毛；花序成簇腋生，每腋有花 6～12 朵，花白色	观赏	中国	广东、广西
6787	*Osmanthus fragrans*（Thunb.）Lour.	桂花（丹桂，木犀）	Oleaceae 木犀科	常绿灌木或小乔木；叶革质，椭圆或椭圆披针形；花序簇生叶腋，花萼 4 裂，花冠近基部 4 裂；核果	观赏	中国西南部	四川、云南、广东、广西、湖北
6788	*Osmanthus gracilinervis* L. C. Chia ex R. L. Lu	细脉木犀	Oleaceae 木犀科	小乔木或灌木状；叶椭圆，5～9cm，2～3.5cm，侧脉 5～8 对；5～13 朵簇生叶腋，白色；核果椭圆形，绿黑色	果树		浙江、江西、湖南、广东、广西
6789	*Osmanthus hainanensis* P. S. Green	显脉木犀	Oleaceae 木犀科	常绿灌木或小乔木；高 5～6m；叶片厚革质，椭圆形、长圆形至倒披针形；花序簇生于叶腋；花芳香；果椭圆形或卵子椭圆形，绿色	果树		海南
6790	*Osmanthus heterophyllus*（G. Don）P. S. Green	柊树	Oleaceae 木犀科	常绿灌木或小乔木；树皮光滑，灰白色；花序成簇生于叶腋，每腋内有花 5～8 朵，花略芳香，白色	观赏	中国、日本	南北各地

（续）

序号	拉丁学名	中文名	所属科	特征及特性	类别	原产地	目前分布/种植区
6791	*Osmanthus marginatus* (Champ. ex Benth.) Hemsl.	厚边木犀	Oleaceae 木犀科	常绿灌木；叶柄坚硬；聚伞花序呈近总状式排列，腋生；花密	观赏	中国	安徽、浙江、江西、台湾、湖南、广东、广西、四川、贵州、云南
6792	*Osmanthus matsumuranus* Hayata	牛矢果（大果木犀）	Oleaceae 木犀科	常绿灌木或乔木；树皮粗糙，淡灰色；叶全缘或微波状或上半部有疏齿；聚伞花序腋生；白色，芳香	观赏	中国、越南、老挝、柬埔寨、印度	安徽、浙江、江西、台湾、广东、广西、贵州、云南
6793	*Osmanthus minor* P. S. Green	小叶月桂（尖尾木犀）	Oleaceae 木犀科	小乔木或灌木状，高5(～10)m；叶薄革质，窄椭圆形；圆锥花序腋生；核果椭圆、稍棱，黑色	果树		安徽、浙江、江西、福建、广东、广西等
6794	*Osmanthus pubipedicellatus* L. C. Chia ex H. T. Chang	红柄木犀（毛梗木犀）	Oleaceae 木犀科	灌木；高3m；叶厚革质，窄椭圆形；聚伞花序簇生叶腋，5花，苞片被柔毛，芳香	果树		广东
6795	*Osmanthus reticulatus* P. S. Green	网脉木犀	Oleaceae 木犀科	常绿灌木或小乔木；枝灰白色，小枝淡黄白色，具较多皮孔；花序成簇腋生，花白色	观赏	中国	湖南、广东、广西、贵州、四川
6796	*Osmanthus serrulatus* Rehder	细齿桂	Oleaceae 木犀科	常绿灌木或小乔木；小枝灰棕色，无毛或稀有被柔毛，具皮孔；花序成簇腋生，每腋内有花4～9朵，花芳香白色	观赏	中国	
6797	*Osmanthus urceolatus* P. S. Green	坛花木犀（壶冠木犀）	Oleaceae 木犀科	常绿灌木；高达3m；叶片薄革质，基部宽楔形或圆楔形；花序簇生于叶腋，有花3～4朵；花冠坛状，长，5～7mm，裂片宽三角形，长1～1.5mm	果树		湖北西部、四川东南部
6798	*Osmanthus venosus* Pamp.	毛木犀（毛桂花，平叶桂）	Oleaceae 木犀科	常绿灌木；枝灰色，小枝被柔毛；花序腋生，每腋内有花4～10朵，花期5～6月，果期10～11月	观赏	中国	湖北西部
6799	*Osmanthus yunnanensis* (Franch.) P. S. Green	野桂花（滇木犀）	Oleaceae 木犀科	常绿灌木或小乔木；花微香，簇生叶腋；花萼边缘啮蚀状；花冠白或乳黄色	观赏	中国	云南、四川、西藏

（续）

序号	拉丁学名	中文名	所属科	特征及特性	类别	原产地	目前分布/种植区
6800	*Osmunda japonica* Thunb.	紫萁（老虎牙，水骨菜）	Osmundaceae 紫萁科	多年生草本；高 50～80cm；叶簇生，二回奇数羽状，羽片 3～5 对；小羽片为矩圆状，5～9 对；孢子叶羽片条形，长 1.5～2cm；孢子叶与营养叶等高或稍高，羽片或小羽片均稍短	蔬菜	中国	四川、贵州、云南、广东、广西、福建
6801	*Osmunda vachellii* Hook.	华南紫萁	Osmundaceae 紫萁科	植株高 1m；叶片矩圆形，厚纸质，光滑，长 40～90cm，宽 20～30cm，一回羽状，中部以上的羽片不育	观赏	中国、印度、缅甸、越南	福建、广东、广西、云南、贵州、四川、浙江、湖南
6802	*Osteomeles anthyllidifolia* (Sm.) Lindl.	小石积	Rosaceae 蔷薇科	灌木；高达 1～3m；伞房花序，密具多花，直径 2～3cm；花瓣匙形，白色；雄蕊 20，比花瓣稍短	观赏	中国	台湾至小笠原诸岛
6803	*Osteomeles schwerinae* C. K. Schneid.	华西小石积（砂糖果）	Rosaceae 蔷薇科	灌木；高 1m，伞房花序，花冠淡红或白色，顶生或腋生，果近圆球形，蓝黑色 味甜可食	蜜源		云南、四川、贵州、甘肃
6804	*Ostodes katharinae* Pax et Hoffm.	滇叶轮木	Euphorbiaceae 大戟科	常绿乔木；单叶互生；花雌雄异株；总状花序腋生，密生黄褐色短柔毛；花白色，2 轮，雄蕊数层轮生	观赏	中国、泰国北部	云南、西藏
6805	*Ostrya japonica* Sarg.	铁木	Betulaceae 桦木科	乔木；高约 20m；雌花序顶生，呈穗状，连总梗长 5～8cm，穗轴密生细毛，总苞膀胱状，长约 1.5cm，直径约 6mm，被细毛，纵脉纹显著	观赏	中国	河北、河南、陕西、甘肃、湖北、四川
6806	*Ostrya multinervis* Rehder	多脉铁木	Betulaceae 桦木科	落叶乔木；叶长卵形至卵状披针形，边缘密具不规则锐齿，下面密被短柔毛，叶柄密被短柔毛	观赏	中国	湖北、湖南、四川、贵州
6807	*Ostrya rehderiana* Chun	天目铁木	Betulaceae 桦木科	落叶乔木；高 21m，胸径达 1m；叶长椭圆形；花单性，雌雄同株，雄葇荑花序多 3 个簇生，雌花序单生；果多数，聚生成稀疏的总状，小坚果有细纵肋	林木，我国特有种		浙江西天目山

（续）

序号	拉丁学名	中文名	所属科	特征及特性	类别	原产地	目前分布/种植区
6808	*Ostryopsis davidiana* Decne.	虎榛	Betulaceae 桦木科	高1～3m,果4枚至多枚排成总状,下垂,着生于当年生小枝顶端;果梗短(有时不明显);序梗细瘦,长可达2.5cm,密被短柔毛,间有稀疏长硬毛	蜜源		东北及四川、甘肃、陕西
6809	*Otochilus porrectus* Lindl.	耳唇兰	Orchidaceae 兰科	附生兰;假鳞茎圆柱形;总状花序,疏生数朵花,花白色,有时萼片背面和唇瓣略带黄色	观赏	中国、印度、缅甸、泰国、越南	云南
6810	*Ottelia acuminata* (Gagnep.) Dandy	海菜花(异叶水车前,龙爪菜)	Hydrocharitaceae 水鳖科	多年生水生草本;茎短缩;叶基生,沉水,先端钝或渐尖;花单性,雌雄异株,雄株佛焰苞内有雄花40～50,雌株含花2～10;果三棱状纺锤形	药用		云南、四川、贵州、广西
6811	*Ottelia alismoides* (L.) Pers.	水车前(龙舌草,水白菜)	Hydrocharitaceae 水鳖科	沉水草本;茎短或无;叶形多变,沉水生者狭矩圆形,浮于水面的为阔卵圆形;花两性,白或浅蓝色	观赏	中国、日本至澳大利亚	华东至西南各省份
6812	*Oxalis bowiei* Lindl.	大花酢浆草	Oxalidaceae 酢浆草科	多年生草本;具肥厚纺锤形根茎;叶基生,小叶3枚,倒卵形,先端微凹;花大,紫红色	观赏	南非	
6813	*Oxalis corniculata* L.	酢浆草(老鸭嘴,满天星)	Oxalidaceae 酢浆草科	一年生草本;茎匍匐或斜生,节上生不定根;三出复叶,互生,倒心形或倒宽心形;花1～数朵形成腋生伞形花序,子房5室;蒴果	有毒		全国各地均有分布
6814	*Oxalis corymbosa* DC.	红花酢浆草(三叶草,铜锤草)	Oxalidaceae 酢浆草科	多年生无茎草本;高达35cm;指状三出复叶,均基生,小叶宽倒卵形;伞形花序基生,有花5～10朵,淡紫红色;蒴果短条形	药用,观赏	南美巴西	河北、陕西、华东、华南、四川、云南
6815	*Oxalis griffithii* Edgeworth et Hook. f.	山酢浆草	Oxalidaceae 酢浆草科	草本;根状茎斜卧;复叶基生;花白或淡黄,单生梗端;蒴果成熟后自行弹裂	观赏	中国、尼泊尔、印度	长江流域以南地区
6816	*Oxalis pes-caprae* L.	黄花酢浆草	Oxalidaceae 酢浆草科	多年生草本;地下部分生长鳞茎,掌状三出复叶,小叶倒心形(个别叶片具紫色斑点),伞形花序,花数朵,鲜黄色	观赏	南非	南北各地

（续）

序号	拉丁学名	中文名	所属科	特征及特性	类别	原产地	目前分布/种植区
6817	*Oxalis stricta* L.	直立酢浆草	Oxalidaceae 酢浆草科	多年生草本；茎高12～30cm；根茎细长横卧；叶互生，指状复叶，小叶宽倒心形；伞形花序腋生，花有小梗，黄色；蒴果近圆柱形	杂草		东北、华北、华东
6818	*Oxalis tetraphylla* Cav.	四叶酢浆草	Oxalidaceae 酢浆草科	多年生草本；小叶4枚，倒三角形，花红色，梗短	观赏	墨西哥	南北各地
6819	*Oxalis triangularis* A. St. Hil.	三角紫叶酢浆草	Oxalidaceae 酢浆草科	多年生常绿草本；小叶3枚，阔倒三角形，紫红色；花1～8朵组成腋生花序，淡紫色	观赏	热带美洲	南北各地均有分布
6820	*Oxygraphis glacialis* (Fisch. ex DC.) Bunge	鸦跖花	Ranunculaceae 毛茛科	木质藤本；叶基生，三出复叶；聚伞花序，花钟状，淡黄色，直径约1.5cm；花期5月	观赏	中国	西藏、云南、四川、甘肃、青海、新疆
6821	*Oxyria digyna* (L.) Hill	山蓼（肾叶山蓼）	Polygonaceae 蓼科	多年生草本；叶肾形或近圆形；花序圆锥状，淡绿色；花期6～7月；果边缘有膜质翅，翅淡红色	观赏		吉林、山西、四川、云南、西藏、新疆
6822	*Oxyspora paniculata* (D. Don) DC.	尖子木	Melastomataceae 野牡丹科	灌木；茎四棱；叶对生，坚纸质；伞房花序组成的圆锥花序顶生，粉红色，狭漏斗状；蒴果	盆栽	中国、尼泊尔、缅甸、越南	云南、四川、贵州、广西、西藏
6823	*Oxytropis aciphylla* Ledeb.	刺叶柄棘豆	Leguminosae 豆科	落叶垫状小灌木；高20～30cm，皮灰绿色，基部多分枝，枝多数，开展，偶数羽状复叶，花两性，总状花序；荚果硬革质	生态防护		内蒙古、陕西、宁夏、甘肃、青海
6824	*Oxytropis bicolor* Bunge	二色棘豆（地角兒苗）	Leguminosae 豆科	多年生草本；密被白色长柔毛；羽状复叶长4～20cm；花萼长9～12mm，花冠紫红色，旗瓣中部黄色；荚果几革质、坚硬	饲用及绿肥		华北及山东、河南、陕西、内蒙古、甘肃
6825	*Oxytropis caerulea* (Pall.) DC.	紫花棘豆	Leguminosae 豆科	多年生草本；花萼长3～4mm，花紫色，长10～12mm，龙骨瓣的喙长2.5～3mm；荚果革质，膨胀，先端具喙	饲用及绿肥		内蒙古、河南、甘肃、青海
6826	*Oxytropis deflexa* (Pall.) DC.	急弯棘豆	Leguminosae 豆科	多年生草本；羽状复叶，小叶卵状长圆形或长圆状披针形；多花组成穗形总状花序，花排列较密；花冠淡蓝紫色；荚果	有毒		

（续）

序号	拉丁学名	中文名	所属科	特征及特性	类别	原产地	目前分布/种植区
6827	*Oxytropis falcata* Bunge	镰形棘豆	Leguminosae 豆科	茎短粗，丛生；托叶大而明显，密被白柔毛；奇数羽状复叶多破碎，小叶展开呈线状披针形，长 7～12mm，宽 2～3mm，两面密被白色长柔毛和腺体；总状花序由 6～10 朵花组成，花序梗被白色绵毛；花冠黄白色；稀见幼嫩荚果，密被白色绵毛和疣状腺点	蜜源，有毒		甘肃、青海、新疆、四川
6828	*Oxytropis filiformis* DC.	线叶棘豆	Leguminosae 豆科	多年生草本；花萼长 2.5～3mm，花蓝紫色，长 6～7mm，龙骨瓣的喙长约 1.5mm；荚果直，宽椭圆形、先端具喙	饲用及绿肥		东北及华北
6829	*Oxytropis glabra*（Lam.）DC.	醉马豆（醉马草，小花棘豆）	Leguminosae 豆科	多年生草本；羽状复叶，披针形或卵状披针形；总状花序；花蓝紫色；荚果椭圆形，顶端有 1 弯曲的喙	有毒		西北及山西、内蒙古
6830	*Oxytropis globiflora* Bunge	球花棘豆	Leguminosae 豆科	多年生草本；被银白色绢毛；花长约 9mm，蓝紫色，龙骨瓣喙长约 2.5mm；荚果下垂，宽 2.5～3mm，密被白色短柔毛	饲用及绿肥		新疆
6831	*Oxytropis grandiflora*（Pall.）DC.	大花棘豆	Leguminosae 豆科	多年生草本；高 20～40cm；羽状复叶；托叶宽卵形；小叶长圆状披针形；多花组成穗形或头形总状花序；花冠红紫色或蓝紫色；荚果革质，长圆形、长圆状卵形	蜜源		东北及内蒙古
6832	*Oxytropis hirta* Bunge	硬毛棘豆	Leguminosae 豆科	多年生草本；轮生羽状复叶，小叶长圆状披针形；8 花组成穗状总状花序，花萼筒状，花冠红紫色；荚果长圆形	有毒		
6833	*Oxytropis kansuensis* Bunge	甘肃棘豆（色舍乐）	Leguminosae 豆科	多年生草本；奇数羽状复叶；总状花序近头状；花萼筒状；花冠黄色；荚果长圆形	有毒		青海、甘肃、四川、云南
6834	*Oxytropis latibracteata* Jurtzev	宽苞棘豆	Leguminosae 豆科	多年生草本；高 10～25cm；羽状复叶；托叶卵形或宽披针形；小叶对生或有时互生，椭圆形、长卵形、披针形；5～9 花组成头形或长总状花序；荚果卵状长圆形	蜜源		宁夏、甘肃、青海、四川

（续）

序号	拉丁学名	中文名	所属科	特征及特性	类别	原产地	目前分布/种植区
6835	*Oxytropis melanocalyx* Bunge	黑萼棘豆	Leguminosae 豆科	多年生草本；高10～15cm；羽状复叶；托叶卵状三角形，小叶卵形至卵状披针形；3～10花组成腋生几伞形总状花序；荚果纸质，宽长椭圆形，膨胀，下垂	蜜源		陕西、甘肃、青海、四川、云南、西藏
6836	*Oxytropis merkensis* Bunge	密花棘豆	Leguminosae 豆科	多年生草本；高10～15cm，丛生，呈球状；羽状复叶；托叶线状披针形；小叶长椭圆形或卵状披针形；多花组成紧密总状花序；荚果宽卵形或近圆形	蜜源		宁夏、甘肃、青海等
6837	*Oxytropis microphylla* (Pall.) DC.	小叶棘豆（瘤果棘豆，奴奇哈）	Leguminosae 豆科	多年生草本；花5～15组成疏总状花序，苞片卵形，被白色长柔毛和黄色腺点；花萼筒状，被白色、黑色长柔毛和腺点；花冠紫色或蓝紫色、稀白色；花期5～7月	观赏，地被	中国	西藏、新疆
6838	*Oxytropis myriophylla* (Pall.) DC.	狐尾藻棘豆	Leguminosae 豆科	多年生丛生草本；高约20cm，被长柔毛；羽状复叶，小叶3～6片轮生，线形；花多数排成总状花序，花冠紫色；荚果长椭圆形	杂草		河北、内蒙古
6839	*Oxytropis ochrantha* Turcz.	黄毛棘豆	Leguminosae 豆科	多年生草本；轮生羽状复叶；托叶宽卵形，小叶对生或4片轮生，卵形、长椭圆形、披针形或线形；多花组成密集圆筒形总状花序；荚果卵形，膨胀成囊状而略扁	蜜源		河北、山西、内蒙古、陕西、甘肃、四川、西藏
6840	*Oxytropis ochrocephala* Bunge	黄花棘豆	Leguminosae 豆科	多年生草本；高约40cm；茎密生黄色长柔毛；小叶对生，17～29片，卵状披针形；总状花序腋生，成圆筒状，花密集，花冠黄色；荚果长圆形	杂草，有毒		甘肃、青海、宁夏、四川
6841	*Oxytropis racemosa* Turcz.	沙珍棘豆	Leguminosae 豆科	多年生草本；羽状复叶密集，小叶对生或4～6片轮生，线形或线状倒披针形；托叶三角形；总状花序近头状，花多数；荚果卵形	杂草		华北及河南、陕西、甘肃、内蒙古

（续）

序号	拉丁学名	中文名	所属科	特征及特性	类别	原产地	目前分布/种植区
6842	*Oxytropis sericopetala* Prain ex C. E. C. Fisch.	毛瓣棘豆（哲玛）	Leguminosae 豆科	多年生草本；高 10～40cm；多花组成密穗形总状花序；花冠紫红色，蓝紫色，稀白色；子房密被绢状长柔毛，胚珠 8；荚果椭圆状卵形，扁、微膨胀，几无梗，密被白色绢状长柔毛	观赏	中国西藏南部	西藏
6843	*Oxytropis squammulosa* DC.	鳞萼棘豆	Leguminosae 豆科	多年生草本；茎极缩短；叶柄呈棘状，宿存；总花梗、花萼及荚果密被色腺体，花乳白色，长 25～29mm；荚果球形	饲用及绿肥		内蒙古、陕西、甘肃、宁夏、青海
6844	*Oxytropis subfalcata* var. *subfalcata* Hance	蓝花棘豆	Leguminosae 豆科	多年生草本；花萼长 4～5mm，花天蓝色，长 8～15mm，龙骨瓣的喙长 2～3mm；荚果长圆状卵形，喙长 7～9mm	饲用及绿肥	中国	黑龙江、内蒙古、河北、山西
6845	*Oxytropis tragacanthoides* Fisch. ex DC.	胶黄芪状棘豆	Leguminosae 豆科	丛生矮小半灌木；总状花序有 2～5 朵花；总花梗较叶短，有密绢毛，花萼筒状，密生长柔毛，萼齿三角形，花冠紫红色，旗瓣长椭圆形，龙骨瓣有长约 1mm 的喙	蜜源		甘肃、青海、新疆
6846	*Oyama globosa*（Hook. f. et Thomson）N. H. Xia et C. Y. Wu	毛叶木兰	Magnoliaceae 木兰科	落叶灌木或小乔木；叶纸质，被密被银灰色平伏长柔毛，叶柄和花梗密被褐色长柔毛，花白色，芳香	观赏	中国	四川中部和西部、云南北部
6847	*Oyama sieboldii*（K. Koch）N. H. Xia et C. Y. Wu	小花木兰（天女花）	Magnoliaceae 木兰科	落叶小乔木；树皮灰白色；叶宽倒卵形；花单生枝顶，俯倾或下垂，花被片 9，外轮 3 片，淡粉红色，内 2 轮白色，倒卵形；聚合果卵圆形	林木，观赏		吉林、辽宁、山东、浙江、江西、福建、湖南、广西
6848	*Oyama sinensis*（Rehder et E. H. Wilson）N. H. Xia et C. Y. Wu	圆叶玉兰	Magnoliaceae 木兰科	落叶小乔木；高达 6m；叶纸质，宽倒卵形；花白色杯状，下垂，花被片 9，外轮 3 片，椭圆形，内两轮倒卵形；聚合果长圆状圆柱形	药用，观赏		四川
6849	*Oyama wilsonii*（Finet et Gagnep.）N. H. Xia et C. Y. Wu	西康玉兰	Magnoliaceae 木兰科	落叶小乔木；高 8m；叶纸质，椭圆状卵形或长圆状卵形；花与叶同时开放，下垂，白色；聚合果下垂，椭圆状圆柱形	观赏		云南北部、四川西部和中部
6850	*Pachira aquatica* AuBlume	瓜栗（马拉巴栗）	Bombacaceae 木棉科	常绿小乔木；掌状复叶，小叶长椭圆形或倒卵状长椭圆形；花单生叶腋，花瓣淡黄色，上部反卷	观赏	墨西哥至哥斯达黎加	海南、广东、云南西双版纳

（续）

序号	拉丁学名	中文名	所属科	特征及特性	类别	原产地	目前分布/种植区
6851	*Pachycereus pringlei* (S. Wats.) Britt. et Rose	武伦柱	Cactaceae 仙人掌科	树状种类的多浆植物；多分枝，具棱；刺座上具短灰绵毛，刺初为红色，后变褐；花钟形，白色	观赏	墨西哥及加利福尼亚半岛	
6852	*Pachylarnax sinica* (Law) N. H Xia et C. Y. Wu	华盖木	Magnoliaceae 木兰科	常绿大乔木；高可达40m；叶长圆状倒卵形；花芳香，花被片9～11，外轮3片长圆形，外面深红色，内面白色，内2轮白色；聚合果倒卵圆形	林木，观赏		云南
6853	*Pachyphytum oviferum* J. Purpus.	厚叶草（铜锤掌，星美人）	Crassulaceae 景天科	多浆植物；叶互生，呈较长莲座状，倒卵形，肥厚肉质，灰绿或被白粉；花钟形，红色	观赏	墨西哥	
6854	*Pachyrhizus erosus* (L.) Urb.	豆薯（地瓜，凉薯）	Leguminosae 豆科	一年生缠绕性草质藤本；块根纺锤形或扁球形，表皮淡黄色；三出复叶；花蝶形，紫色或白色；荚果扁平，条形	蔬菜，饲用及绿肥，有毒	热带美洲、中国	长江流域以南
6855	*Pachysandra axillaris* Franch.	板凳果（山板凳，白金三角咪，小清喉）	Buxaceae 黄杨科	亚灌木；下部匍匐，上部直立；叶多为卵形或长圆形；花序腋生，花白色或蔷薇色，雄花5～10，雌花1～3；球形果	有毒		四川、云南
6856	*Pachysandra procumbens* Michx.	匍匐富贵草	Buxaceae 黄杨科	常绿小灌木，高20～30cm；穗状花序顶生；花单性，雌雄同株；花细小，白色；核果卵形，无毛；枝铺散，有乳汁；花单生枝顶或数朵组成总状花序；含苞时花冠形似僧冠；花钟状，蓝紫色或白色	观赏	美国	
6857	*Pachysandra terminalis* Siebold et Zucc.	富贵草（顶花板凳果）	Buxaceae 黄杨科	常绿小灌木；高20～30cm；穗状花序顶生；花单性，雌雄同株；花细小，白色；核果卵形，无毛；枝铺散，有乳汁；花单生枝顶或数朵组成总状花序；含苞时花冠形似僧冠；花钟状，蓝紫色或白色	观赏	中国	长江流域及陕西、甘肃
6858	*Pachystachys coccinea* Nees	红花厚穗爵床（红珊瑚）	Acanthaceae 爵床科	常绿灌木；穗状花序，顶生，花冠2唇状，花瓣管状弯曲，小花鲜红色，花期极长	观赏	西印度群岛及南美	

（续）

序号	拉丁学名	中文名	所属科	特征及特性	类别	原产地	目前分布/种植区
6859	*Pachystachys lutea* Nees	金苞花（黄虾花）	Acanthaceae 爵床科	多年生草本；叶对生，长卵形，叶脉纹理鲜明；穗状花序顶生，由金黄色苞片组成四棱形，花冠乳白色	观赏	秘鲁	南北各地
6860	*Padus avium* Mill.	稠李	Rosaceae 蔷薇科	落叶乔木；高 10m 余，单叶互生，具柄，椭圆形或单卵形，下垂；萼筒膜质钟状；花瓣白色，长圆形；核果，果顶凹入，种核 1 粒	蜜源		东北及内蒙古、河北、河南、山西、陕西、甘肃
6861	*Padus brachypoda* (Batalin) C. K. Schneid.	短梗稠李	Rosaceae 蔷薇科	落叶乔木；高 8～10m；单叶互生，具柄，椭圆形或单卵形，下垂；总状花序具多花，花瓣白色，倒卵形；核果球形	蜜源		华中、西南、陕西、甘肃
6862	*Padus buergeriana* (Miq.) T. T. Yu et T. C. Ku	木稠李	Rosaceae 蔷薇科	落叶乔木；叶倒卵形至长椭圆形，先端渐尖，细锐锯齿缘，下表面中脉被绵毛；总状花序，被毛；花白色，渐变淡紫色	观赏	中国浙江、陕西、甘肃、江苏、湖北、湖南、广东、广西、贵州、西藏	
6863	*Padus maackii* (Rupr.) Kom.	山桃稠李（山桃）	Rosaceae 蔷薇科	乔木；高 6～16m；总状花序；总花梗和花梗有短柔毛；萼筒筒状钟形，裂片卵状披针形，边缘有腺齿，比萼筒短；花瓣白色，长倒卵形	蜜源		黑龙江、吉林、辽宁
6864	*Paederia scandens* (Lour.) Merr.	鸡矢藤（牛皮陈，女青，解暑藤）	Rubiaceae 茜草科	藤本；叶对生，纸质或近单质，卵形、卵状长圆形至披针形；圆锥花序式的聚伞花序腋生和顶生；萼檐裂片 5，裂片三角形，花冠浅紫色；果球形，成熟时近黄色	有毒		除东北和西北外，其余各省均有分布
6865	*Paeonia anomala* L.	新疆芍药	Paeoniaceae 芍药科	多年生宿根草本；一至二回三出复叶，小叶羽状分裂，裂片线状披针形，两面无毛；花单生茎顶，紫红色；心皮 2(～3)，无毛	观赏	中国、欧洲东部、俄罗斯西伯利亚及中亚、蒙古	新疆西北部及阿尔泰天山地区
6866	*Paeonia baokangensis* Z. L. Dai et T. Hong	保康牡丹	Paeoniaceae 芍药科	落叶灌木，高 2m；2 回羽状复叶；花单生枝顶，径约 18cm；花单瓣、粉红色，基部有一块红斑	药用，观赏		湖北保康后坪镇车风沟
6867	*Paeonia decomposita* Hand.-Mazz.	四川牡丹	Paeoniaceae 芍药科	落叶小灌木；茎干灰黑色，叶片多裂，细小；花较小，粉红色至淡紫色；复瓣，心皮无毛；花期 4～6 月	观赏	中国	四川

（续）

序号	拉丁学名	中文名	所属科	特征及特性	类别	原产地	目前分布/种植区
6868	*Paeonia decomposita* subsp. *decomposita* Hand. -Mazz.	四川牡丹	Paeoniaceae 芍药科	落叶灌木，高 2m；三回或二回羽状复叶，羽片具 5 或 3 小叶；花单生枝顶，径 12～13cm；蓇葖果深紫或紫褐色	药用，观赏		四川
6869	*Paeonia delavayi* Franch.	紫牡丹（野牡丹）	Paeoniaceae 芍药科	亚灌木；全株无毛；二回三出复叶；花 2～5 朵，花瓣红色、红紫色，倒卵形；花期 5 月	观赏	中国	云南、四川、西藏
6870	*Paeonia emodi* Wall. ex Royle	多花芍药	Paeoniaceae 芍药科	多年生宿根草本；小叶较狭长，花 3～4 朵生茎顶与叶腋，花瓣白色；心皮密生淡黄色糙伏毛，2 枚，成熟时果皮不反卷	观赏	中国、尼泊尔、印度北部	云南、贵州、四川、甘肃、陕西
6871	*Paeonia intermedia* C. A. Mey.	块根芍药	Paeoniaceae 芍药科	多年生宿根草本；心皮 3（或 2），密被黄色柔毛；叶裂片狭窄，一般在 1cm 以下	观赏	中国、俄罗斯西伯利亚及中亚	新疆
6872	*Paeonia jishanensis* T. Hong et W. Z. Zhao	矮牡丹	Paeoniaceae 芍药科	落叶小灌木；叶背和叶轴均生短柔毛，顶生小叶，宽卵圆形或近圆形，3 裂至中部，裂片再浅裂	观赏	中国	山西永济、蒲县和稷山、河南的济源以及陕西华山和铜川一带
6873	*Paeonia lactiflora* Pall.	芍药	Paeoniaceae 芍药科	多年生宿根草本；根粗壮；二回三出复叶，叶缘具白色骨质细齿，两面无毛；茎顶盒叶腋着生花数朵，花白色或粉红色；蓇葖无毛	观赏	中国、朝鲜、日本、蒙古及俄罗斯西伯利亚	四川、贵州、安徽、山东、浙江
6874	*Paeonia ludlowii* (Stern et Taylor) D. Y. Hong	大花黄牡丹	Paeoniaceae 芍药科	落叶小灌木；每枝着花 2～4 朵，通常为 3 朵，花大，金黄色；花丝黄色，花盘肉质，黄色；柱头黄色；蓇葖果圆柱形	观赏	中国	西藏东南部藏布峡谷、林芝、米林
6875	*Paeonia mairei* H. Lév.	美丽芍药（粉丹，臭牡丹）	Paeoniaceae 芍药科	多年生草本；花单生茎顶；花瓣 7～9，红色，倒卵形，顶端圆形，有时稍具短尖头；花盘浅杯状，仅包裹基部；心皮通常 2～3，密生黄褐色短毛，少有无毛，花柱短，柱头外弯，干时紫红色	观赏	中国	云南、四川、贵州、甘肃、陕西
6876	*Paeonia obovata* Maxim.	草芍药（山芍药，野芍药）	Paeoniaceae 芍药科	多年生宿根草本；茎基着生数枚鞘状鳞片，二回三出复叶，叶背有毛；单花顶生，白、红或紫红色；蓇葖果成熟时果皮反卷呈红色	观赏	中国、日本	华北、西南、华中及浙江、安徽、陕西、宁夏、甘肃、辽宁、黑龙江

（续）

序号	拉丁学名	中文名	所属科	特征及特性	类别	原产地	目前分布/种植区
6877	*Paeonia ostii* T. Hong et J. X. Zhang	杨山牡丹	Paeoniaceae 芍药科	落叶灌木；二回羽状复叶，5 小叶，小叶窄卵状披针形或窄长卵形；花单生枝顶，白色，先端凹缺，内面基部有淡紫红色晕	观赏	中国	甘肃、湖北、湖南、安徽、河南
6878	*Paeonia qiui* Y. L. Pei et D. Y. Hong	卵叶牡丹	Paeoniaceae 芍药科	落叶灌木；二回三出复叶，小叶 9，卵形或卵圆形，表面多紫红色，背面浅绿色；花单生枝顶，粉或粉红色，花蕊黄色；柱头紫红色、扁平、反卷成耳状	观赏	中国	湖北西北部及河南西部
6879	*Paeonia rockii*（S. G. Haw et Lauener）T. Hong et J. J. Li ex D. Y. Hong	紫斑牡丹	Paeoniaceae 芍药科	落叶灌木；高 50～150cm；花大，单生枝端；花瓣 10～12，白色，宽倒卵形，内面基部具有深紫色斑块；雄蕊多数，黄色；花盘杯状，革质，包围心皮；心皮 5～7，密被黄色短硬毛	观赏	中国	陕西、甘肃、四川、青海
6880	*Paeonia sterniana* H. R. Fletcher	白花芍药	Paeoniaceae 芍药科	二回三出复叶，顶生小叶 3 裂至中部或 2/3 处，侧生小叶不等 2 裂，裂片再分裂；花单朵开放，上部叶腋有发育不全的花芽，花瓣白色	观赏	中国	西藏东南部（波密）
6881	*Paeonia suffruticosa* Andrews	牡丹（木芍药，富贵花）	Paeoniaceae 芍药科	落叶小灌木；叶互生，二回三出羽状复叶；花单，两性，顶生；花有黄、白、粉、紫、红、绿等；蓇葖果密生短柔毛	观赏	中国	西北
6882	*Palaquium formosanum* Hayata	台湾胶木	Sapotaceae 山榄科	乔木；高 5～7m；叶互生，倒卵状长圆形、倒卵形或匙形；花单生或 3～6 朵簇生于叶腋；花冠淡黄灰白色；浆果椭圆形，通常偏斜	果树		台湾
6883	*Paliurus hemsleyanus* Rehder	铜钱树	Rhamnaceae 鼠李科	乔木或大乔木；小枝光滑无毛；叶互生，椭圆状卵形或宽卵形，拖叶变成刺；花两性，小，腋生或顶生聚伞花序	观赏	中国	
6884	*Paliurus ramosissimus*（Lour.）Poir.	马甲子（铁篱笆）	Rhamnaceae 鼠李科	落叶灌木；叶广卵形至卵圆形，托叶刺紫红色，直硬；聚伞花序腋生；翅状核果满被黄色绒毛	蜜源		华东、中南、西南及陕西
6885	*Paliurus spina-christi* Mill.	滨枣（斯氏铜钱树）	Rhamnaceae 鼠李科	落叶灌木；枝干暗褐色，幼枝被锈色柔毛；叶卵形，托叶刺 1 枚直伸，1 枚钩状下弯	观赏	东南欧至西亚	青岛、上海

（续）

序号	拉丁学名	中文名	所属科	特征及特性	类别	原产地	目前分布/种植区
6886	*Panax ginseng* C. A. Mey.	人参（山参）	Araliaceae 五加科	多年生草本；主根肥大，地上茎单生；掌状复叶轮生茎顶；伞形花序单个顶生，淡绿色花瓣；浆果状核果	药用	中国	东北长白山地区
6887	*Panax japonicus* (T. Nees) C. A. Mey.	竹节参	Araliaceae 五加科	多年生草本；根茎短，簇生多数须根；茎细，有分枝；叶互生，质薄；卵状披针形，伞形花序顶生或叶对生，花序柄短	药用		安徽、浙江、广西、四川、贵州、云南
6888	*Panax pseudoginseng* Wall.	三七（假人参）	Araliaceae 五加科	多年生草本；伞形花序顶生，花序梗从茎顶中央抽出，长 20～30cm；花小，黄绿色；花萼 5 裂；花瓣、雄蕊皆为 5；核果浆果状，近肾形，熟时红色	蜜源	中国	四川、湖南、广西、云南
6889	*Panax quinquefolius* L.	西洋参（花旗参，美国人参，广东人参）	Araliaceae 五加科	多年生草本；根肉质、长纺锤形，下部有分枝，外皮淡黄色，有密集细环纹；茎圆柱形，具纵条纹，掌状复叶	药用	北美洲（美国、加拿大）	北京、吉林、山东、陕西
6890	*Panax zingiberensis* C. Y. Wu et K. M. Feng	姜状三七	Araliaceae 五加科	多年生草本；高 30～60cm；根茎肉质，姜块状；叶为掌状复叶，小叶长圆状倒卵形；伞形花序单一，顶生，花小，紫色；浆果卵圆形	药用		云南东南部、南部
6891	*Pandanus fibrosus* Gagnep. ex Humbert.	小露兜	Pandanaceae 露兜树科	多年生草本；株高不及 1m；叶革质，条形，边缘和背中脉有刺；雄花序由数个穗状花序组成	观赏	中国、越南	广东、台湾
6892	*Pandanus pygmaeus* Thouars	狭叶露兜树（矮露兜树）	Pandanaceae 露兜树科	叶狭长，边缘有利刺；叶狭长，花单性异株，均为穗状花序；聚合果，由多数、木质、有角的核果组成	观赏	马达加斯加	
6893	*Pandanus sanderi* Mast.	金边露兜树（桑得露兜树）	Pandanaceae 露兜树科	常绿灌木；叶中脉至边缘有金黄色斑带，雌雄异株，具苞片，果球形	观赏	帝汶岛、东印度群岛	
6894	*Pandanus tectorius* Sol.	露兜树（野菠萝蜜，香露兜，林茶）	Pandanaceae 露兜树科	常绿灌木或小乔木；干分枝，常具气根；叶簇生枝顶，带状；花单性异株，无花被，芳香；聚合果头状，悬垂	观赏	中国广东、海南、福建；亚洲热带其他地区及澳大利亚南部	广东、海南、福建、台湾、云南、广西

（续）

序号	拉丁学名	中文名	所属科	特征及特性	类别	原产地	目前分布/种植区
6895	*Pandanus utilis* Bory.	红刺露兜树（有用露兜树）	Pandanaceae 露兜树科	常绿灌木或小乔木；叶直立，具白粉，边缘和背面中脉有带红色锐刺	观赏	马达加斯加	
6896	*Pandorea jasminoides* (Lindl.) Schum.	粉花凌霄	Bignoniaceae 紫葳科	常绿藤本；奇数羽状复叶对生，椭圆形至披针形；顶生圆锥花序，花冠白色，喉部红色，漏斗状	观赏	澳大利亚	广州、上海
6897	*Panicum amoenum* Balansa	可爱黍（拟）	Gramineae (Poaceae) 禾本科	多年生草本；茎节生气生根；叶长10～20cm；穗长30～40cm，小穗宽卵形	粮食		云南西双版纳
6898	*Panicum bisulcatum* Thunb.	糠稷	Gramineae (Poaceae) 禾本科	一年生草本；高0.5～1m；叶条状披针形，长5～20cm；穗长约30cm，疏生小穗，小穗含两小花	饲用及绿肥		华南、西南、东北及湖北
6899	*Panicum brevifolium* L.	短叶黍	Gramineae (Poaceae) 禾本科	一年生草本；秆节上生根，高10～50cm；叶卵形或卵状披针形；圆锥花序卵形开展，小穗椭圆形，具长柄；颖果卵圆形	杂草		广东、广西、海南、福建、云南
6900	*Panicum cristatellum* Keng	冠黍	Gramineae (Poaceae) 禾本科	多年生草本；茎匍匐蔓生，长30～60cm；叶长圆状披针形，着生茸毛；穗分枝散开	粮食		江苏
6901	*Panicum curviflorum* Hornem.	旱黍草（毛叶黍）	Gramineae (Poaceae) 禾本科	多年生簇生草本；高20～60cm；叶线形，长7～25cm；花序绿色，成熟时紫褐色，穗周散，籽粒椭圆形	粮食		广东、广西、台湾、西藏
6902	*Panicum dichotomiflorum* Michx.	洋野黍（禾草）	Gramineae (Poaceae) 禾本科	一年生草本；株高30～100cm；叶长15～40cm；花序绿色，穗周散型，小穗稀疏	饲用及绿肥	北美	台湾引种
6903	*Panicum incomtum* Trin.	藤竹草	Gramineae (Poaceae) 禾本科	多年生草本；茎攀缘似藤，长1～10m；叶披针形，长8～20cm，叶面着生茸毛；穗周散型，长10～15cm	粮食		海南、广东、广西、江西、福建

（续）

序号	拉丁学名	中文名	所属科	特征及特性	类别	原产地	目前分布/种植区
6904	*Panicum khasianum* Munro ex Hook. f.	滇西黍	Gramineae (Poaceae) 禾本科	多年生草本；茎节生气生根，高1～2m；叶线状披针形，长10～20cm，茎叶密生纤毛；花序深绿色，成熟紫色；穗分枝长，小穗椭圆形	粮食	中国云南	云南西部
6905	*Panicum luzonense* J. Presl	大罗网草（网脉稷）	Gramineae (Poaceae) 禾本科	一年生草本；高30～60cm，茎叶密生茸毛；叶披针形，叶长5～15cm；花序绿色，成熟时带紫色；周散穗型，小穗椭圆形	粮食		台湾、广东、广西
6906	*Panicum maximum* Jacquin	大黍（羊草）	Gramineae (Poaceae) 禾本科	多年生丛生高大草本；高1～3m；秆节密被柔毛；叶鞘疏生疣基毛；叶宽线形，长20～60cm；花序大而周散，长20～35cm	饲用及绿肥		广东、台湾、广西、海南
6907	*Panicum miliaceum* L.	黍稷	Gramineae (Poaceae) 禾本科	一年生草本；圆锥花序开展或较紧密，小穗含2小花，仅第二小花结实，第一颖具5～7脉，先端尖，第二颖与小穗等长，具11脉，第一外稃具18脉，第二外稃革质，成熟后呈乳白色或褐色，边缘卷包内稃	粮食	中国	我国分布广泛
6908	*Panicum notatum* Retz.	心叶稷（山黍）	Gramineae (Poaceae) 禾本科	多年生草本；高60～120cm，叶披针形，长5～12cm；穗周散型，小穗椭圆形	粮食		福建、台湾、广东、广西、云南、西藏
6909	*Panicum repens* L.	铺地黍（枯骨草）	Gramineae (Poaceae) 禾本科	多年生草本；具地下根茎，高50～100cm；叶硬，线形，长5～15cm，茎叶密生纤毛；花序绿色；穗分枝聚合，小穗长圆形	饲用及绿肥		我国东南各地
6910	*Panicum sumatrense* Roth ex Roem. et Schult.	小黍	Gramineae (Poaceae) 禾本科	一年生；秆直立或斜上，节暗褐色；圆锥花序开展，长5～15cm；小穗长约2.5mm；外颖长为小穗之1/3以上；上位外稃光滑，成熟褐色	粮食		
6911	*Panicum trichoides* Sw.	发枝稷	Gramineae (Poaceae) 禾本科	一年生草本；茎匍匐，长15～40cm；叶片薄，卵状披针形；穗长10～15cm，周散型，小穗卵形	粮食		海南、广东
6912	*Panicum virgatum* L.	柳枝稷	Gramineae (Poaceae) 禾本科	多年生草本；高1～2m；叶线形，长20～40cm；花序绿色，成熟时浅紫色，穗为周散穗型	粮食	北美	我国有引种

（续）

序号	拉丁学名	中文名	所属科	特征及特性	类别	原产地	目前分布/种植区
6913	*Panicum walense* Mez.	南亚稷（矮黍）	Gramineae (Poaceae) 禾本科	一年生簇生草本；高10～40cm；叶狭长线形，长3～15cm；花序绿色，成熟时紫红色；穗分枝散开，着生稀疏小穗	粮食		广东、广西、海南、台湾、西藏
6914	*Panzeria alaschanica* Kuprian.	脓疮草（野芝麻）	Labiatae 唇形科	多年生草本；茎高30～35cm；叶轮廓为宽卵圆形，茎生叶掌状5裂；轮伞花序多花，多数密集排列成顶生长穗状花序；小坚果卵圆状三棱形，具疣点，顶端圆	蜜源		内蒙古西南部、陕西、宁夏
6915	*Papaver canescens* Tolm.	天山罂粟	Papaveraceae 罂粟科	多年生草本；花葶直立，被直或弯曲的单毛，毛下部土黄色，向上渐成黑褐色；花蕾长圆形或卵圆形，密被黑褐色单毛；花瓣黄色，顶端呈近截形的浅弧状；花丝黑绿色，花药黄色，矩形	观赏	中国	新疆
6916	*Papaver nudicaule* L.	野罂粟（山大烟）	Papaveraceae 罂粟科	多年生草本；高15～60cm；根长锥形；叶基生，羽状深裂；花葶单一或数条丛生；花瓣4，倒卵形；蒴果倒卵形至长圆形	杂草		黑龙江、内蒙古
6917	*Papaver orientale* L.	东方罂粟	Papaveraceae 罂粟科	多年生草本；花梗上有一层白色茸毛，花通常单朵，直径10～12cm或更大；花色鲜艳娇丽，有白、粉红、红和紫等色；花瓣通常6枚，有重瓣者，花瓣基部有黑色斑块	观赏	地中海及伊朗	
6918	*Papaver pavoninum* Fisch. et C. A. Mey.	黑环罂粟	Papaveraceae 罂粟科	一年生草本；全体被长刚毛；基生叶片轮廓狭卵形至狭披针形；花瓣红色；蒴果卵圆形或长圆形	有毒		新疆
6919	*Papaver rhoeas* L.	虞美人（丽春花，赛牡丹）	Papaveraceae 罂粟科	一年生草本；叶互生，羽状深裂，裂片披针形；花蕾卵球形，向下；萼片绿色，花瓣紫红色；蒴果	有毒	欧洲	我国庭院有栽培
6920	*Papaver somniferum* L.	罂粟（罂子粟，阿芙蓉，御米）	Papaveraceae 罂粟科	一年生草本；花蕾卵球形，有长梗，萼片绿色，椭圆形，花瓣4，紫红色，基部常具深紫色斑，宽倒卵形或近圆形，雄蕊多数，花丝深红紫色，花药黄色；雌蕊倒卵球形，柱头辐射状	观赏	南欧	

（续）

序号	拉丁学名	中文名	所属科	特征及特性	类别	原产地	目前分布/种植区
6921	*Paphiopedilum appletonianum* (Gower) Rolfe	卷萼兜兰	Orchidaceae 兰科	陆生兰；须根具淡棕色绵毛；叶基生，2 列，具暗紫色斑点；花茎紫红色，叶较长，花紫色，花期 4～5 月	观赏	中国、越南、老挝、柬埔寨和泰国	海南、广西
6922	*Paphiopedilum armeniacum* S. C. Chen et F. Y. Liu	杏黄兜兰	Orchidaceae 兰科	附生或半附生兰；叶基生，常绿，有斑，花单朵，杏黄色，花瓣宽卵形，兜无耳，基部内有白色长柔毛和紫色斑点	观赏	中国	云南西部
6923	*Paphiopedilum barbigerum* T. Tang et F. T. Wang	小叶兜兰	Orchidaceae 兰科	地生或半附生兰；叶基生，宽线形，基部收狭成叶柄状对折而互相套叠；花葶有紫褐色斑点，苞片绿色，花瓣缘奶油黄至淡黄绿色，唇瓣浅红褐色	观赏	中国	贵州、广西
6924	*Paphiopedilum bellatulum* (Rchb. f.) Stein	巨瓣兜兰	Orchidaceae 兰科	地生或半附生兰；叶基生，近肉质，有斑；花茎紫色具白色长节毛兜状苞片，阔形；花白或奶油黄色，生紫褐色粗大斑点，唇瓣狭椭圆形囊状	观赏	中国、缅甸和泰国	云南、广西
6925	*Paphiopedilum concolor* (Bateman) Pfitzer	同色兜兰	Orchidaceae 兰科	地生或半附生兰；花葶紫色，有白色短柔毛，花浅黄色，有紫色细点，花瓣椭圆形，唇瓣狭椭圆形的囊状，整个囊口边缘内弯	观赏	中国、缅甸、泰国、越南、老挝和柬埔寨	云南、广西、贵州
6926	*Paphiopedilum dianthum* T. Tang et F. T. Wang	长瓣兜兰	Orchidaceae 兰科	陆生或半附生兰；须根具棕色绵毛；叶粗厚，带状狭椭圆形，无毛；苞片兜状，宽卵形；花黄绿色，花瓣极长，垂悬、扭曲，条形	观赏	中国	云南、广西、贵州
6927	*Paphiopedilum emersonii* Koop. et Cribb	白花兜兰	Orchidaceae 兰科	地生或半附生兰；叶基生，2 列，狭长圆形；花大，白色，有时带极淡的紫蓝色晕，基部有少量栗色或红色细斑点，唇瓣上有时有淡黄色晕	观赏	中国	贵州、广西
6928	*Paphiopedilum henryanum* Braem	亨氏(利)兜兰	Orchidaceae 兰科	半附生或附生草本；叶基生，带状，2 列；中萼片与花瓣具紫褐色粗斑点，斑点直径 2～3mm；唇瓣上下等宽	观赏	中国云南东南部（麻栗坡与马关一代）、越南	广西、广西
6929	*Paphiopedilum hirsutissimum* (Lindl. ex Hook. f.) Stein	带叶兜兰	Orchidaceae 兰科	附生或半附生兰；须根具淡棕色绵毛；叶带形，深绿，基部有紫色斑点，顶端急尖或渐尖，无毛；花苞片兜状，宽卵形	观赏	中国、泰国、越南、老挝和印度阿萨姆	云南、广西、贵州

（续）

序号	拉丁学名	中文名	所属科	特征及特性	类别	原产地	目前分布/种植区
6930	*Paphiopedilum insigne* (Wall. ex Lindl.) Pfitzer	波瓣兜兰（美花兜兰）	Orchidaceae 兰科	地生兰；叶背面近基部有紫褐色斑点；花葶被紫色短柔毛；花瓣黄绿或黄褐色具红褐色脉及斑点，狭矩圆形至近匙形，边缘稍波状	观赏	中国、印度	云南
6931	*Paphiopedilum malipoense* S. C. Chen et Z. H. Tsi	麻栗坡兜兰	Orchidaceae 兰科	地生或半附生兰；叶 7～8 枚，叶面绿色具网格斑，叶背紫色；花瓣黄绿色带紫色脉，唇瓣灰黄绿色，囊内具紫点	观赏	中国	云南、贵州
6932	*Paphiopedilum markianum* Fowlie	虎斑兜兰	Orchidaceae 兰科	地生或半附生植物；花瓣基部至中部黄绿色并在中央有 2 条紫褐色粗纵条纹，唇瓣淡黄绿色而有紫褐色晕；中萼片宽卵形至极宽的倒卵形；合萼片椭圆状卵形；花瓣近匙形，边缘波状；唇瓣倒盔状	观赏	中国	云南
6933	*Paphiopedilum micranthum* T. Tang et F. T. Wang	硬叶兜兰	Orchidaceae 兰科	地生或半附生植物；花大单朵，中萼片与花瓣通常白色而带有黄色晕和淡紫红色粗条纹，唇瓣白色至淡粉红色；花瓣宽卵形、宽椭圆形或近圆形；唇瓣深囊状，卵状椭圆形至近球形	观赏	中国、越南	广西、云南、贵州
6934	*Paphiopedilum parishii* (Rchb. f.) Stein	飘带兜兰	Orchidaceae 兰科	附生兰；叶基生，2 列，宽带形，厚革质；花瓣基部至中部淡绿黄色有栗色斑点和边缘，唇瓣绿色有栗色晕，花瓣长带形下垂扭转，下部边缘波状	观赏	中国、缅甸和泰国	云南
6935	*Paphiopedilum purpuratum* (Lindl.) Stein	紫纹兜兰	Orchidaceae 兰科	地生兰；叶上面具暗绿色与浅黄色相间的网格斑；花葶紫色，被紫色短柔毛；花瓣近矩圆形，紫栗色有绿白色晕和黑色疣点	观赏	中国、越南	云南、广东、广西、香港
6936	*Paphiopedilum venustum* (Wall. ex Sims) Pfitzer	秀丽兜兰	Orchidaceae 兰科	地生或半附生兰；叶长圆形至椭圆形，上面有深浅绿色相间的网格斑，背面有紫色斑点；花瓣黄白色油绿色脉、暗红色晕和黑色粗疣点	观赏	中国、印度、尼泊尔、孟加拉国和不丹	西藏
6937	*Paphiopedilum villosum* (Lindl.) Stein	紫毛兜兰	Orchidaceae 兰科	地生或附生植物；花瓣具紫褐色中脉，中脉的上侧为淡紫褐色，唇瓣亮褐黄色而有暗色脉纹；囊近椭圆状圆锥形，囊口两侧各有 1 个直立的耳；退化雄蕊先端近截形而略有凹缺，基部有耳，中央有脐状突起	观赏	中国、越南、老挝、泰国和缅甸	云南

（续）

序号	拉丁学名	中文名	所属科	特征及特性	类别	原产地	目前分布/种植区
6938	*Paphiopedilum wardii* Summerh.	彩云兜兰	Orchidaceae 兰科	植株丛生；花单朵，背萼白色有绿色条纹，花瓣绿白色有许多紫红色斑点，边缘有长毛，唇兜盔状，绿黄色有紫红色晕和网纹，退化雄蕊半月状倒心形	观赏	中国、缅甸	云南
6939	*Papilionanthe biswasiana*（Ghose et Muker.）Garay	白花凤蝶兰	Orchidaceae 兰科	附生或半附生兰；叶互生，疏离，肉质；花乳白色或有时染有淡粉红色，花期4月	观赏	中国、缅甸、泰国	云南南部
6940	*Papilionanthe teres*（Roxb.）Schltr.	棒叶万带兰	Orchidaceae 兰科	多年生草本；叶肉质，圆柱状，绿色，先端钝；总状花序，疏生数花；花大，紫红色	观赏	中国云南南部、喜马拉雅地区	云南
6941	*Parabaena sagittata* Miers	连蕊藤（滑板菜）	Menispermaceae 防己科	草质藤本；茎有沟纹，长3～5m；叶片矩圆形、卵圆状矩圆形，先端长渐尖，基部心形或箭形；叶柄7～12cm，基部弯拐；聚伞花序；核果外果皮薄，内果皮密生短刺	观赏	中国	云南、贵州、西藏、广西
6942	*Paradisea liliastrum* Bert	天堂百合（天堂莲）	Liliaceae 百合科	多年生草本；叶基生，条形；疏散总状花序，花葶细长，漏斗形，白色，花冠顶端有绿斑	观赏	南欧	
6943	*Paradisea lusitanica*（Coutinho）Samp.	小花天堂百合	Liliaceae 百合科	茎高可达1.5m；叶片宽1.8cm，花聚生成对称总状花序，花朵白色，花梗具关节	观赏	葡萄牙	
6944	*Paraixeris denticulata*（Houtt.）Nakai	苦荬菜（野曲曲菜，苦菜）	Compositae（Asteraceae）菊科	多年生草本；茎高30～80cm，常带紫红色；基生叶长圆形或披针形，齿裂或提琴状羽裂，茎生叶倒长卵形；头状花序排成伞房状；瘦果	药用，饲用及绿肥		全国
6945	*Parakmeria baillonii*（Pierre）Hu	假含笑	Magnoliaceae 木兰科	常绿大乔木；枝具白色气孔，嫩枝、叶背被毛；叶椭圆形；单花腋生，芳香，黄白色；聚合果肉质，椭圆状圆柱形	观赏		云南
6946	*Parakmeria lotungensis*（Chun et C. H. Tsoong）Y. W. Law	乐东拟单性木兰（乐东木兰）	Magnoliaceae 木兰科	常绿乔木；花杂性，花被片顶端钝圆或尖；叶倒卵状椭圆形或狭倒卵状椭圆形；雄花花托顶端长锐尖，有时具雌蕊群柄	观赏	中国	海南、广东、广西、贵州、湖南、江西、福建、浙江

（续）

序号	拉丁学名	中文名	所属科	特征及特性	类别	原产地	目前分布/种植区
6947	*Parakmeria nitida*（W. W. Sm.）Y. W. Law	光叶拟单性木兰	Magnoliaceae 木兰科	常绿乔木；叶硬革质，卵状椭圆形或卵形；花乳黄色，具芳香，花被片9～12，稍具肉质；聚合果卵状长圆形椭圆状卵形	观赏	中国	云南、广西
6948	*Parakmeria omeiensis* W. C. Cheng	峨眉拟单性木兰	Magnoliaceae 木兰科	常绿乔木；高达25m；叶革质；雄性花和两性花异株；雄花：花被片12，外轮3片浅黄色较薄，内3轮较狭小，乳白色，肉质；两性花：花被片与雄花同，雄蕊16～18枚	观赏	中国	四川、贵州、广西、福建、浙江、湖南、广东、海南、台湾
6949	*Parakmeria yunnanensis* Hu	云南拟单性木兰	Magnoliaceae 木兰科	常绿乔木；高达40m；叶薄革质，卵状长圆形或卵状椭圆形；雄花及两性花异株，白色，芳香；聚合果长圆状卵圆形	林木，观赏		云南、广西
6950	*Paramignya confertifolia* Swingle	密叶藤橘（节蒂木，藤橘）	Rutaceae 芸香科	攀缘灌木；枝生弯刺；叶卵形或椭圆形；密伞花序，腋生；萼片5；花瓣白色，5片；雄蕊10；子房5室；浆果近球形	有毒		广东、广西、云南
6951	*Paranephelium hainanensis* H. S. Lo	海南假韶子	Sapindaceae 无患子科	常绿乔木；高3～9m；小叶长圆形或长圆状椭圆形；花序顶生或近枝顶腋生，常较阔大，多花；花瓣5，卵形蒴果近球形	果树		广东、海南岛崖县
6952	*Paraphlomis javanica*（Blume）Prain	假糙苏	Labiatae 唇形科	多年生草本；轮伞花序多花，其下有钻形被小硬毛的小苞片；花萼筒状，不连齿长约7mm，初时被小硬毛，肋不明显，齿5，近相等，钻形或三角状钻形；花冠黄色至白色，筒内有毛环，下唇3裂，中裂片较大	蜜源		云南、广西、广东、台湾
6953	*Paraquilegia microphylla*（Royle）J. R. Drumm. et Hutch.	拟耧斗菜（榆莫得乌锦，益母宁精，假耧斗菜）	Ranunculaceae 毛茛科	多年生草本；单花顶生，直径2.8～5cm，萼片堇色或淡紫红色，花瓣黄色，花期6月	观赏	中国、不丹、尼泊尔、前苏联中亚地区	西藏、云南、四川、甘肃、青海、新疆
6954	*Parashorea chinensis* H. Wang	望天树（擎天树）	Dipterocarpaceae 龙脑香科	常绿大乔木；高40～50（～80）m，胸径达1.5～3m；叶互生，革质；花序腋生或顶生，被柔毛；花瓣5，黄白色；坚果卵状椭圆形	林木		云南、广西

（续）

序号	拉丁学名	中文名	所属科	特征及特性	类别	原产地	目前分布/种植区
6955	*Parathelypteris glanduligera* (Kunze) Ching	金星蕨	Thelypteridaceae 金星蕨科	多年生杂草；高 30～60cm；根状茎横走；叶阔披针形，二回羽状深裂，羽片无柄；孢子囊群生于侧脉近顶处；囊群盖圆肾形	杂草		长江以南各省份，西至云南，南至海南
6956	*Parathelypteris nipponica* (Franch. et Sav.) Ching	中日金星蕨	Thelypteridaceae 金星蕨科	多年生杂草；根状茎横走；叶柄基部被红棕色卵形鳞片；叶披针形，二回羽状深裂；孢子囊群生于侧脉中部以上；囊群盖圆肾形	杂草		华东、华中、西北、西南
6957	*Parepigynum funingense* Tsiang et P. T. Li	富宁藤	Apocynaceae 夹竹桃科	粗壮藤本；花序及幼嫩部分被毛，叶腋间及腋内有钻状腺体；叶对生，长圆状椭圆形；聚伞花序伞房状；果熟时上部开裂，狭披针形	观赏	中国	云南、贵州
6958	*Paris fargesii* Franch.	球药隔重楼	Liliaceae 百合科	植株高 50～100cm；根状茎直径粗达 1～2cm；叶 4～6 枚，宽卵圆形，先端短尖，基部略呈心形；外轮花被片卵状披针形	有毒		江西、湖北、广东、西川和贵州
6959	*Paris mairei* H. Lév.	花叶重楼	Liliaceae 百合科	多年生直立草本；高 7～18cm；根状茎粗短；叶 5～6 枚轮生，披针形或狭披针形；外轮花被片狭披针形，内轮花被片条形；蒴果深紫色	有毒		四川会理、云南西部、西藏东部
6960	*Paris polyphylla* Sm.	七叶一枝花（重楼）	Liliaceae 百合科	多年生直立草本；叶轮生茎顶，长椭圆形；花单生顶端；花丝扁平；蒴果球形	药用，有毒	中国	华东、西南、华中、华南
6961	*Paris verticillata* Bieb.	北重楼	Liliaceae 百合科	茎绿白色；叶轮生；外轮花被片叶状，内轮花被片条形；子房近球形；蒴果浆果状	有毒	中国	东北、华北及甘肃
6962	*Parnassia delavayi* Franch.	突隔梅花草（芒药苍耳七）	Saxifragaceae 虎耳草科	多年生草本；基生叶近心形，厚纸质，茎生叶 1 片；花单生茎顶，白色；花瓣匙形，全缘，基部稀疏睫毛状细裂；蒴果椭圆形	观赏	中国	云南、甘肃、陕西、河南、湖北、湖南、四川
6963	*Parnassia wightiana* Wall. ex Wight et Arn.	鸡肫梅花草（鸡眼草）	Saxifragaceae 虎耳草科	多年生草本；基生叶丛生，肾脏形或宽心形，花茎中部以上具一无柄叶片；花顶端单生，白色或淡黄色；花期 5 月	观赏	中国	陕西、甘肃、四川、贵州、云南、湖北、广东、福建、西藏

(续)

序号	拉丁学名	中文名	所属科	特征及特性	类别	原产地	目前分布/种植区
6964	*Parochetus communis* Buch. -Ham. ex D. Don	蓝雀花(血心草,紫雀花)	Leguminosae 豆科	多年生匍匐草本;节生根,疏被柔毛;掌状三出叶,小叶倒心形;花序具1～3花,花淡蓝色;荚果线形,无毛	饲用及绿肥		贵州、云南、西藏
6965	*Parodia aureispina* Backeb.	锦绣玉	Cactaceae 仙人掌科	多浆植物;植株小球形,单生或基部孳生仔球,密被金黄色细刺;棱螺旋状排列,具小疣状突起;辐射刺短,刺毛状,白色,中刺金黄色,花生球顶,钟形,金黄色	观赏	阿根廷北部	
6966	*Parodia catamarcensis* Backeb.	罗绣玉	Cactaceae 仙人掌科	植株球形,后呈圆筒形,棱16～20,上有扁圆的疣状突起;辐射刺约为9,细,白色,中刺4,暗红色,弯曲或具钩,花淡黄色	观赏	阿根廷北部	
6967	*Parodia erythrantha* (Speg.) Backeb.	彩绣玉	Cactaceae 仙人掌科	植株球形,高5cm,疣状突起螺旋状排列,辐射刺约20,中刺4,红色,基部白色,其中1具钩;花红色	观赏	阿根廷北部	
6968	*Parodia maassii* (Heese) Backeb. et F. M. Kunth.	魔神球	Cactaceae 仙人掌科	植株球形或短圆筒状,黄绿色;棱13,辐射刺8～10,黄褐至白色,中刺长7～8cm,弯曲或具钩;花橙红色	观赏	阿根廷北部	
6969	*Parodia mutabilis* Backeb.	丽绣玉	Cactaceae 仙人掌科	植株球形,顶部具白绵毛,棱上具小疣状突起;辐射刺约50,刺毛状,白色,中刺常为4,其中1根具钩,白至橙红色;花金黄色,花心红色	观赏	阿根廷北部	
6970	*Parodia stuemeri* (Werderm.) Backeb.	橙绣玉	Cactaceae 仙人掌科	球形,棱20;辐射刺约25,白色;中刺4,褐色,花橙黄色	观赏	阿根廷北部	
6971	*Parthenium argentatum* A. Gray	灰白银胶菊	Compositae (Asteraceae) 菊科	多年生草本或亚灌木状;高30～70cm;叶披针形或匙形或椭圆形;头状花序较多;舌状花,淡黄色;雌花瘦果略扁,倒圆锥形	经济作物	美洲中部和北部	我国南部
6972	*Parthenium hysterophorus* L.	银胶菊	Compositae (Asteraceae) 菊科	一年生草本;茎直立,高0.6～1m;头状花序多数,成伞房花序;舌状花,白色;雌花瘦果倒卵形	经济作物		广东、广西、贵州、云南

（续）

序号	拉丁学名	中文名	所属科	特征及特性	类别	原产地	目前分布/种植区
6973	*Parthenocissus henryana* (Hemsl.) Graebn. ex Diels et Gilg	花叶爬山虎	Vitaceae 葡萄科	落叶木质藤本；叶有 5 小叶，叶正面主侧脉浅乳白色，形成规则的美丽斑纹，叶背紫红色，花序狭；果蓝黑色，常具 3 粒种子	观赏	中国	湖北、陕西
6974	*Parthenocissus heterophylla* (Blume) Merr.	异叶爬山虎	Vitaceae 葡萄科	藤本；叶异型，营养枝上单叶，心形，较小；果枝上三出复叶，中间小叶长卵形至长卵状披针形，侧生小叶斜卵形	观赏	中国、越南、印度尼西亚	湖北、安徽、湖南、江西、福建、广东
6975	*Parthenocissus laetevirens* Rehder	亮绿爬山虎	Vitaceae 葡萄科	木质藤本；卷须顶端嫩时膨大呈块状，后成吸盘；叶掌状 5 小叶，多歧聚伞花序圆锥状	观赏	中国	河南、安徽、江西、江苏、浙江、湖南、湖北、福建、广东、广西
6976	*Parthenocissus quinquefolia* (L.) Planch.	美国地锦（五叶地锦）	Vitaceae 葡萄科	落叶木质藤本；掌状复叶，具 5 小叶，小叶长椭圆形至倒长卵形，先端尖，基部楔形；聚伞花序集成圆锥状；浆果近球形	观赏	美国	北京、上海、山东、江苏、安徽
6977	*Parthenocissus semicordata* (Wall.) Planch.	三叶爬山虎	Vitaceae 葡萄科	落叶木质藤本；聚伞花序常生于短枝的顶端或与叶对生；花两性 5 数，有时 4 数；花瓣短圆形；花盘不明显；雄蕊和花瓣对生；花柱短圆柱形，花瓣脱落后顶端常扩大成盘状	观赏	中国	西南、华中至陕甘南部
6978	*Parthenocissus tricuspidata* (Siebold et Zucc.) Planch.	爬山虎（爬墙虎，地锦）	Vitaceae 葡萄科	落叶大藤本；具分枝卷须，卷须顶端有吸盘；叶宽卵形，边缘有粗锯齿；聚散花序；花小，黄绿色；浆果球形	药用，观赏	中国、朝鲜、日本	东北至华南各省份
6979	*Paspalidium flavidum* (Retzius) A. Camus	类雀稗	Gramineae (Poaceae) 禾本科	多年生；花序 6～9 枚稀疏排列于主轴上，小穗长 1.5～2.5mm，第二颖长为小穗的 2/3，第二外稃骨质，具细点	饲用及绿肥		云南
6980	*Paspalum conjugatum* Bergius	两耳草	Gramineae (Poaceae) 禾本科	多年生，具长达 1m 的匍匐茎；总状花序长 6～12cm，2 枚，小穗卵形，长 1.5～1.8mm，第二颖边缘具丝状长柔毛	饲用及绿肥		海南、广东、福建、广西、云南
6981	*Paspalum delavayi* Henrard	云南雀稗	Gramineae (Poaceae) 禾本科	多年生；秆高 50～70cm，具 4～6 节；叶扁平；总状花序 2～3 枚，小穗宽卵状长圆形，无毛；花果期 5～9 月	饲用及绿肥		云南

（续）

序号	拉丁学名	中文名	所属科	特征及特性	类别	原产地	目前分布/种植区
6982	*Paspalum dilatatum* Poir.	毛花雀稗（宜安草，大利草）	Gramineae (Poaceae) 禾本科	多年生，具短根状茎；总状花序4～10枚，长5～8cm，小穗长3～3.5mm，第二颖边缘具长纤毛	饲用及绿肥	南美洲	广西、湖南、福建、海南、广东
6983	*Paspalum fimbriatum* Kunth	裂颖雀稗	Gramineae (Poaceae) 禾本科	一年生，秆高50～100cm；叶狭线形；总状花序3～8枚，成总状排列，小穗卵形，有短尖头；第二外稃稍短于小穗；花果期夏秋季	饲用及绿肥		台湾
6984	*Paspalum hirsutum* Retz.	台湾雀稗	Gramineae (Poaceae) 禾本科	多年生，秆丛生，高20～40cm；叶披针形，生柔毛；总状花序2～4枚，小穗椭圆状圆形，成2行排列于具翼轴之一侧；花果期5～10月	饲用及绿肥		台湾、广西、广东
6985	*Paspalum longifolium* Roxb.	长叶雀稗	Gramineae (Poaceae) 禾本科	多年生；总状花序6～20枚着生于主轴上，小穗孪生，呈4行排列于穗轴一侧，第二颖和第一外稃具3脉	饲用及绿肥		云南、广东、广西、贵州、台湾
6986	*Paspalum malacophyllum* Trin.	棱稃雀稗	Gramineae (Poaceae) 禾本科	多年生，具短的根状茎，高1～2m；花序轴4～20cm；小穗成对，略带紫色，矩圆状舟形，1.5～2.5 mm，无毛，无颖片	饲用及绿肥		
6987	*Paspalum notatum* Flüggé	百喜草（巴喜亚雀稗）	Gramineae (Poaceae) 禾本科	多年生，具根状茎；总状花序2枚对生，小穗长3～3.5mm；第二外稃长约2.8mm，先端尖	饲用及绿肥，生态防护		台湾、甘肃、河北、湖北
6988	*Paspalum paspalodes* (Michx.) Scribn.	双穗雀稗	Gramineae (Poaceae) 禾本科	多年生，具长达1 m的横走匍匐茎；总状花序长2～6cm，2枚对生，小穗倒卵状长圆形，长约3mm，第二颖贴生柔毛	饲用及绿肥		江苏、湖北、云南、广西
6989	*Paspalum plicatulum* Michx.	皱稃雀稗	Gramineae (Poaceae) 禾本科	多年生；花序3～7枚互生于主轴上，腋间被长柔毛，第二颖5脉，背部贴生微毛，第一外稃3脉，内侧具横走皱纹	饲用及绿肥	北美	广东、广西、甘肃
6990	*Paspalum scrobiculatum* L.	鸭乸草	Gramineae (Poaceae) 禾本科	多年生或一年生；秆高30～90(150)cm；叶披针形或线状披针形；总状花序2～5(8)枚，小穗圆形至宽椭圆形；第二外稃革质，暗褐色；花果期5～9月	饲用及绿肥		台湾、云南、广西、海南

（续）

序号	拉丁学名	中文名	所属科	特征及特性	类别	原产地	目前分布/种植区
6991	*Paspalum scrobiculatum* var. *bispicatum* Hack.	南雀稗	Gramineae (Poaceae) 禾本科	多年生；秆丛生，直立，高 30～50cm；叶片线形；总状花序 2～3 枚；第一颖有时存在；第二颖与第一外稃具 5 或 7 脉；第二外稃褐色，顶端钝圆	饲用及绿肥		云南、四川、江苏、浙江、福建、台湾、广西、广东
6992	*Paspalum scrobiculatum* var. *orbiculare* (G. Forst.) Hack.	圆果雀稗	Gramineae (Poaceae) 禾本科	多年生；花序 2～8 枚排列于主轴，小穗椭圆形，单生于穗轴一侧，小穗柄微粗糙；第二颖和第一外稃均具 3 脉	饲用及绿肥	中国	华中、华南及四川、云南
6993	*Paspalum thunbergii* Kunth ex Steud.	雀稗	Gramineae (Poaceae) 禾本科	多年生；叶片被长柔毛；花序 3～6 枚排列呈总状圆锥花序，小穗单生，长约 3mm，第二颖和第一外稃均具微柔毛	饲用及绿肥		华东、华中、华南及贵州、云南、四川
6994	*Paspalum urvillei* Steud.	丝毛雀稗	Gramineae (Poaceae) 禾本科	多年生，秆高 50～150cm；叶鞘密生糙毛；总状花序 10～20 枚，组成大型总状圆锥花序，小穗卵形，顶端尖；第二外稃椭圆形；花果期 5～10 月	饲用及绿肥		台湾
6995	*Paspalum vaginatum* Sw.	海雀稗	Gramineae (Poaceae) 禾本科	多年生，具匍匐茎；花序常 2 枚对生，小穗卵形，长约 3.5mm，第二颖膜质，第二外稃骨质，明显短于小穗	饲用及绿肥，生态防护		海南、广东、台湾
6996	*Paspalum virgatum* L.	粗秆雀稗	Gramineae (Poaceae) 禾本科	多年生；秆丛生，高 1～1.5m；叶边缘粗糙；花序由多数总状分枝组成，小穗倒卵形，具柔毛，密集排列成 4 行；花果期夏秋季	饲用及绿肥	美洲牙买加	台湾
6997	*Paspalum wettsteinii* Hock.	宽叶雀稗	Gramineae (Poaceae) 禾本科	多年生，具短根状茎；叶片条形，密被白色柔毛；花序常 4～5 枚排列于主轴上，小穗单生，呈 2 行排列于穗轴一侧	饲用及绿肥		云南、广东、广西
6998	*Passiflora caerulea* L.	西番莲（转心莲，西洋鞠，转枝莲，时计草）	Passifloraceae 西番莲科	藤本；无毛，被白粉；叶片掌状 5 深裂；聚伞花序常退化仅存 1 花，花大，淡绿色；萼片外淡绿，内绿白，背部顶端具 1 角状附属器	观赏	南美洲	广西、江西、四川、云南

（续）

序号	拉丁学名	中文名	所属科	特征及特性	类别	原产地	目前分布/种植区
6999	*Passiflora cochinchinensis* Spreng.	甜果西番莲（甜西番莲）	Passifloraceae 西番莲科	草质藤本；花两性，白色，1～2 朵腋生；花瓣 5，长圆形；副花冠由许多丝状裂片组成，青紫色或黄色，长 1.2～1.5cm；雄蕊 5，花丝合生，紧贴蜂蕊柄，花药长圆形；子房密被柔毛，花柱 3 枚	果树		广东
7000	*Passiflora cupiformis* Mast.	西番莲	Passifloraceae 西番莲科	草质藤本；叶基部心形；托叶较大，肾形，聚伞花序退化仅存 1 花，与卷须对生；花瓣 5 枚，淡绿色；浆果卵圆球形至近圆球形	果树	南美洲	广西、江西、四川、云南
7001	*Passiflora edulis* Sims	紫果西番莲（鸡蛋果，西番果）	Passifloraceae 西番莲科	茎长 7m；叶掌状 3～5 深裂；花白色带紫，径 5～7cm；果紫色	果树	巴西	广东、福建、广西
7002	*Passiflora foetida* L.	龙珠果（龙须果，龙眼果）	Passifloraceae 西番莲科	草质藤本；叶膜质，括卵形至长圆状卵形，花冠白色或淡紫色，浆果，圆形或卵形	果树	西印度群岛	海南、云南、广东、广西、台湾
7003	*Passiflora henryi* Hemsl.	云南西番莲	Passifloraceae 西番莲科	草质藤本；花序成对生于纤细、不开展的卷须两侧，被毛，有 2～6 花；花绿白色；萼片背部顶端无角状附属器；花瓣略窄于萼片；副花冠 2 轮，丝状；内花冠褶状；具花盘	果树		云南
7004	*Passiflora incarnata* L.	矮西番莲（粉色西番莲）	Passifloraceae 西番莲科	攀缘藤本植物；花瓣蓝白色，副花冠淡紫色；果实初为绿色，熟后橙色；	果树		广东、福建
7005	*Passiflora laurifolia* L.	樟中西番莲	Passifloraceae 西番莲科	草质藤本；花序退化仅存 1 花，总苞 3，花白色，有红斑；花瓣 5 枚；外副花冠 6 轮，紫色带有白色条纹；雄蕊 5 枚；浆果卵球形	果树		广东
7006	*Passiflora mollissima* Bailey	毛鸡蛋果	Passifloraceae 西番莲科	茎长 5～7m，叶 3 裂，被白毛；花紫红色，果长卵形，黄色，有毛	观赏		
7007	*Passiflora quadrangularis* L.	黄鸡蛋果（大西番莲）	Passifloraceae 西番莲科	茎四棱状；雄蕊 5 枚分离，花柱 3 枚，紫红色，子房上位；花径 8～10cm	果树	美洲热带	台湾、云南、海南

（续）

序号	拉丁学名	中文名	所属科	特征及特性	类别	原产地	目前分布/种植区
7008	*Pastinaca sativa* L.	欧防风（美洲防风，欧独活）	Umbelliferae（Apiaceae）伞形科	二年生草本；肉质根形似胡萝卜，长 40cm；根皮浅黄色，肉白色；二回羽状复叶，小叶卵形；复伞形花序；双悬果，米黄色，有弧状花纹	蔬菜，经济作物（调料类），饲用及绿肥	欧洲、西亚、古希腊	上海
7009	*Patrinia heterophylla* Bunge	异叶败酱（墓回头）	Valerianaceae 败酱科	多年生草本；高 30～80cm；茎生叶对生，基生叶丛生，常 2～3 对羽状深裂；伞房状聚伞花序，花密集，花冠黄色；瘦果长方形	药用		东北及河北、河南、山西、陕西
7010	*Patrinia scabiosifolia* Fisch. ex Trevir.	败酱草（黄花龙牙，野黄花）	Valerianaceae 败酱科	多年生草本；高 30～150cm；基生叶丛生，茎生叶对生，羽状分裂；二歧聚伞花序常 5～9 个枝端集合成伞房状，花黄色；瘦果椭圆形	药用		除西北及海南外，全国均有分布
7011	*Patrinia scabra* Bunge	糙叶败酱	Valerianaceae 败酱科	多年生草本；高 20～40cm；叶对生，革质，羽状分裂；聚伞花序顶生，呈伞房状排列，花小，黄色，花冠合瓣，5 裂；果实翅状，有网纹	蜜源		河北、山西、内蒙古、甘肃
7012	*Patrinia villosa*（Thunb.）Juss.	攀倒甑（白花败酱，胭脂麻）	Valerianaceae 败酱科	多年生草本；茎被倒生粗白毛；基生叶丛生，宽卵形或近圆形，边缘有齿；茎生叶对生，卵形、菱状卵形或窄椭圆形；花序呈伞房状圆锥聚伞花序；花白色	蔬菜，有毒	中国	东北、华北、华东、华南、西南
7013	*Paulownia catalpifolia* T. Gong ex D. Y. Hong	楸叶泡桐	Scrophulariaceae 玄参科	落叶乔木；叶似楸树叶，花序有明显总梗，花萼浅裂 1/3～2/5，花序淡紫色，筒内密布紫斑；果纺锤状	观赏	中国	河北、山西、山东、河南、陕西
7014	*Paulownia elongata* S. Y. Hu	兰考泡桐	Scrophulariaceae 玄参科	落叶乔木；叶卵形；花序狭圆锥形；花萼钟状倒圆锥形；花冠钟状漏斗形，淡紫色；蒴果，种子椭圆形	林木，观赏		河北、河南、山西、陕西、山东、湖北、安徽
7015	*Paulownia fargesii* Franch.	四川泡桐	Scrophulariaceae 玄参科	落叶乔木；花序无总梗或下部有短总梗，花萼裂近一半，不脱毛，花冠白至紫色；果椭圆形	林木，观赏	中国	云南、贵州、四川、湖南、湖北
7016	*Paulownia fortunei*（Seem.）Hemsl.	白花泡桐（泡桐）	Scrophulariaceae 玄参科	落叶乔木；高可达 27m；圆锥状聚伞花序，大型，3～4 月先叶开花，花冠乳白色，内有紫斑，有香气	林木，药用，观赏	中国	长江以南各省份及台湾

（续）

序号	拉丁学名	中文名	所属科	特征及特性	类别	原产地	目前分布/种植区
7017	*Paulownia tomentosa* (Thunb.) Steud.	泡桐（绣毛泡桐，桐树，大接骨木）	Scrophulariaceae 玄参科	落叶乔木；叶全被绒毛，花序有明显总梗，花萼裂过半，花冠淡蓝紫色，筒内有黄条纹和线状紫斑；果卵状	观赏	中国、日本、朝鲜	东北、华北、华中及华东
7018	*Paulownia tomentosa* var. *tsinlingensis* (Pai) T. Gong	光叶泡桐	Scrophulariaceae 玄参科	落叶乔木；小枝、叶无毛或有极少的疏毛；花冠蓝紫色，果卵状	观赏	中国	
7019	*Pavetta arenosa* Lour.	大沙叶	Rubiaceae 茜草科	灌木；小枝稍扁；叶对生，矩圆形至倒卵状矩圆形；伞房式聚伞花序顶生，花白色芳香	观赏	中国、越南	广西、广东、海南
7020	*Pavetta hongkongensis* Bremek.	满天星	Rubiaceae 茜草科	灌木；叶对生，薄纸质，矩圆形至矩圆状披针形，叶面常有固氮菌形成的菌瘤，呈点状；聚伞花序，花稠密、多、大，花冠筒细长，裂片向外反卷，白色	观赏	中国	广东
7021	*Pedicularis bella* Hook. f.	美丽马先蒿	Scrophulariaceae 玄参科	一年生低矮草本；花均腋生，约1～14枚，有梗，密生长白毛；花冠为美丽的深玫瑰紫色，管色较浅，外面有毛，近端处稍稍扩大以速于下唇与盔，后者几不膨大	观赏	中国	西藏
7022	*Pedicularis davidii* Franch.	扭盔马先蒿	Scrophulariaceae 玄参科	多年生草本；花冠紫色或红色，盔的直立部分在自身的轴上扭旋两整转，复在舍有雄蕊部分的基部强烈扭折，使其细长的喙指向后方，喙常捲成半环形，或近端处略作S形，顶端2浅裂	观赏	中国	四川、甘肃、陕西、湖北
7023	*Pedicularis densispica* Franch. ex Maxim.	密穗马先蒿	Scrophulariaceae 玄参科	一年生草本；茎四棱，有成行之毛4条；叶卵状长圆形，被毛，羽状深裂至全裂；穗状花序顶生，稠密；花冠玫瑰色至浅紫色	观赏	中国	云南、四川
7024	*Pedicularis holocalyx* Hand.-Mazz.	全萼马先蒿	Scrophulariaceae 玄参科	一年生草本；花序生于主茎与短枝之端，长不超过5～6cm，一般仅2～4cm；花冠长达15mm	观赏	中国	湖北西部、四川东部

（续）

序号	拉丁学名	中文名	所属科	特征及特性	类别	原产地	目前分布/种植区
7025	*Pedicularis kansuensis* Maxim.	甘肃马先蒿	Scrophulariaceae 玄参科	一年或两年生草本；高 40cm 以上；叶 4 片轮生，羽状全裂，裂片再 10 对羽状深裂；花轮极多，可达 20 余轮；蒴果斜卵形	杂草		甘肃、青海、四川、西藏
7026	*Pedicularis leptosiphon* H. L. Li	纤管马先蒿	Scrophulariaceae 玄参科	多年生草本；叶互生，长圆形或线状长圆形；花腋生，近无梗；苞片叶状，有柄；萼圆筒形，膜质；花冠带白色，冠管圆筒形；蒴果	观赏	中国	云南、四川
7027	*Pedicularis likiangensis* Franch. ex Maxim.	丽江马先蒿	Scrophulariaceae 玄参科	多年生草本；高 9～18cm；花淡紫色；花在很小的植株中仅 1 轮，含有 4 花，在较大植株中总状，长达 8cm，花轮多至 6 枚，疏距；花期 8 月	观赏	中国	西藏、云南、四川
7028	*Pedicularis microchilae* Franch. ex Maxim.	小唇马先蒿	Scrophulariaceae 玄参科	一年生草本；花序由 1～8 个花轮组成，每轮 2～4 花，花淡红色，盔紫色；花期 6～7 月	观赏	中国	云南西北部、四川西南部
7029	*Pedicularis monbeigiana* Bonati	蒙氏马先蒿	Scrophulariaceae 玄参科	多年生草本；茎不分枝，被毛；基生叶边缘有重锯齿，齿尖具小刺尖；上部茎生叶变为苞片；总状花序顶生，多花；花冠白至紫红色；蒴果斜卵形	观赏	中国	云南、四川
7030	*Pedicularis omiiana* Bonati	峨眉马先蒿	Scrophulariaceae 玄参科	多年生草本；花腋生，花冠紫红色，管纤细而长，长可达 30～45mm，下唇大，3 裂，中裂倒卵形，向前凸出；蒴果斜长卵圆形，顶端渐尖	观赏	中国	四川
7031	*Pedicularis resupinata* L.	马先蒿（马尿蒿，马尿泡）	Scrophulariaceae 玄参科	多年生草本；茎中空，方形有棱；叶卵形至长圆状披针形；总状花序，苞片叶状；花冠淡紫红色；蒴果斜长圆状披针形	有毒		东北、华北、西北、西南、华东
7032	*Pedicularis rupicola* Franch. ex Maxim.	岩居马先蒿	Scrophulariaceae 玄参科	多年生草本；根茎稀有；叶卵状长圆形或长圆状披针形；穗状花序顶生，花冠黄或黄白色，盔略作镰刀状弓曲；蒴果变异大	观赏	中国	
7033	*Pedicularis siphonantha* D. Don	管花马先蒿	Scrophulariaceae 玄参科	多年生草本；根茎短；叶披针状长圆形；花单生叶腋，萼圆筒形，被毛，花冠玫瑰红色，管有细毛，盔的直立部分前缘耳状突起，前端强扭曲成半环状的喙	观赏	中国	云南、四川、西藏

（续）

序号	拉丁学名	中文名	所属科	特征及特性	类别	原产地	目前分布/种植区
7034	*Pedicularis striata* Pall.	红纹马先蒿	Scrophulariaceae 玄参科	多年生草本；基生叶成丛发出，茎生叶叶柄短羽状深裂；穗状花序，中花轴生密帽；花冠管状黄色，上有红色脉纹，花丝一对有毛	观赏	中国、蒙古、俄罗斯	北方山区
7035	*Pedicularis verticillata* L.	轮叶马先蒿	Scrophulariaceae 玄参科	多年生草本；高5～35cm基生叶长圆形至线状披针形，羽状全裂，茎生叶一般4枚轮生；总状花序，花冠紫红色；蒴果	杂草	中国、北半球寒温带	东北及内蒙古、河北、四川
7036	*Peganum harmala* L.	骆驼蓬（臭古都，老哇草）	Zygophyllaceae 蒺藜科	多年生草本；茎有棱；叶肉质，3～5全裂，裂片线形，有托叶花单生，与叶对生；花瓣白色或浅黄色；子房3室蒴果近球形	生态防护，经济作物（染料类），有毒	中国	宁夏、甘肃河西走廊、新疆
7037	*Peganum nigellastrum* Bunge	骆驼蒿（匍根骆驼蓬）	Zygophyllaceae 蒺藜科	多年生草本；茎高10～25cm，密生短硬毛；叶二回或三回羽状全裂；花单生，花瓣白色或黄色，倒披针形，子房3室；蒴果近球形	饲用及绿肥，药用		西北及内蒙古
7038	*Pelargonium domesticum* L. H. Bailey	蝴蝶天竺葵（大花天竺葵，洋蝴蝶）	Geraniaceae 牻牛儿苗科	灌木状草本；基部木质；叶广心脏状卵形，叶片微皱，边缘锯齿较锐；花大，径约5cm，有白、淡红、粉红、深红等色，上面两瓣较大，具有深色斑纹	观赏	非洲南部	南北各地
7039	*Pelargonium graveolens* L'Hér.	香叶天竺葵	Geraniaceae 牻牛儿苗科	多年生直立草本；叶对生，近掌状5～7裂；伞形花序与叶对生，花小，花瓣5，雄蕊10，雌蕊1，子房5室，花柱5；蒴果	经济作物（香料类）	南非	华东、西南及广东
7040	*Pelargonium hortorum* L. H. Bailey	天竺葵	Geraniaceae 牻牛儿苗科	多年生草本；茎直立，具明显的节，密被短柔毛，具浓烈鱼腥味；叶互生；圆形或肾形，伞形花序腋生，花瓣红色、橙色、粉红或白色，宽倒卵形	观赏	非洲南部好望角	全国各地均有分布
7041	*Pelargonium odoratissimum* Ait.	芳香天竺葵	Geraniaceae 牻牛儿苗科	茎细弱蔓性；伞形花序，花小，白色，上2瓣具红紫色斑纹；含芳香油；叶片有诱人香气	观赏	南非	
7042	*Pelargonium peltatum*（L.）Aitch.	盾叶天竺葵	Geraniaceae 牻牛儿苗科	茎半蔓生，多分枝，茎枝棕色，嫩茎绿色或具红晕；叶卵形或倒卵形，光滑，厚革质，边缘具疏齿；伞形花序，花有深红、紫、粉红及白色等	观赏	非洲好望角	全国各地均有分布

（续）

序号	拉丁学名	中文名	所属科	特征及特性	类别	原产地	目前分布/种植区
7043	*Pelargonium radula*（Cav.）L'Hér.	菊叶天竺葵	Geraniaceae 牻牛儿苗科	全株被白粉，茎上具长毛，叶片似香叶天竺葵，但裂片更狭窄，叶三角形或五角形，二回羽状深裂；花小，淡红色，中心有紫红色斑点及条纹	观赏	非洲南部	全国各地均有分布
7044	*Pelargonium tetragonum* Ait.	四角天竺葵	Geraniaceae 牻牛儿苗科	茎略肉质；叶少，心形，蓝绿色；伞形花序腋生，花瓣4，粉红色，上2瓣自基部向上有紫红色条纹；下2瓣匙形	观赏	非洲南部	
7045	*Pelargonium zonale* Aif.	马蹄纹天竺葵	Geraniaceae 牻牛儿苗科	多年生草本；茎直立，圆柱形近肉质，叶卵状盾形或倒卵形，叶面上有深褐色马蹄纹状环纹，叶缘具钝锯齿；花深红到白色，伞形花序腋生	观赏	非洲南部	全国各地均有分布
7046	*Pelecyphora aselliformis* C. A. Ehrenb.	精巧球	Cactaceae 仙人掌科	多浆植物；植株小球形至棍棒形，单生或成丛，灰绿色；疣状突起呈斧头状；刺座上密生白色小刺；花生球顶疣状突起腋部，白天开花，漏斗形，紫红色	观赏	墨西哥	
7047	*Pellacalyx yunnanensis* H. H. Hu	山红树	Rhizophoraceae 红树科	常绿乔木；高达30m；叶对生，倒卵状披针形至椭圆形；花单生或2～5(～6)丛生叶腋，花瓣白色，子房球形；果陀螺状	林木		云南
7048	*Pellaea mairei* Brause	滇西旱蕨	Sinopteridaceae 中国蕨科	植株高10～16cm，土生；孢子囊群生在叶边小脉的顶端，圆形，成熟后靠合，断，边缘有啮蚀状小齿，膜质，黄褐色	观赏	中国	云南西部
7049	*Pellaea nitidula*（Hook.）Baker	旱蕨	Sinopteridaceae 中国蕨科	蕨类植物；叶簇生，革质，叶片三角状披针形，二回深羽裂，叶脉羽状分叉；孢子囊群生小脉顶部	观赏	中国、日本、印度、尼泊尔	河南、湖北、湖南、江西及华南、西南
7050	*Pellionia latifolia*（Blume）Boerl.	长柄赤车	Urticaceae 荨麻科	多年生草本；叶有长柄，雌雄异株，聚伞花序，具多数密集的花，花被片5	观赏	中国、越南、柬埔寨	云南南部、广西、广东、海南

（续）

序号	拉丁学名	中文名	所属科	特征及特性	类别	原产地	目前分布/种植区
7051	*Pellionia radicans*（Siebold et Zucc.）Wedd.	赤车	Urticaceae 荨麻科	近直立多年生草本；叶互生，偏斜，略肉质，正面粗糙，背面被柔毛；聚伞花序，单性异株	观赏	亚洲热带及中国	长江以南地区
7052	*Pellionia scabra* Benth.	蔓赤车	Urticaceae 荨麻科	多年生草本；通常分枝，叶无柄或近无柄，不对称，狭卵形或狭椭圆形；雌雄异株	观赏	中国、越南、日本	云南、贵州、广西、广东、江西、福建、台湾
7053	*Pellionia viridis* C. H. Wright	绿赤车	Urticaceae 荨麻科	多年生草本；叶具细柄，雌雄异株，雄聚伞花序具密集的花，雌花序无柄	观赏	中国	四川、湖北西部
7054	*Peltophorum dasyrrhachis* var. *tonkinensis* (Pierre) K. Larsen et S. S. Larsen	银珠（双翼豆，田螺掩）	Leguminosae 豆科	乔木；高12～20m；总状花序近顶生，花黄色，大而芳香；花瓣5，倒卵状圆形，具柄，边缘波状，两面中脉被锈色长柔毛；雄蕊10枚，基部膨大，密被锈色毛	观赏		海南、广东、广西
7055	*Pennisetum alopecuroides*（L.）Spreng.	狼尾草（芦草）	Gramineae（Poaceae）禾本科	多年生，圆锥花序主轴密生柔毛；小穗单生，偶有双生，总梗长2～3(5)mm，刚毛粗糙，长1.5～3mm	饲用及绿肥		全国各地均有分布
7056	*Pennisetum clandestinum* Hochst. ex Chiov.	东非狼尾草（铺地狼尾草）	Gramineae（Poaceae）禾本科	多年生，具长的匍匐茎；花序包藏在上部叶鞘中，仅柱头、花药伸出鞘外，小穗长达15mm，刚毛短于小穗，粗糙	饲用及绿肥		广西、湖南及台湾
7057	*Pennisetum flaccidum* Griseb.	白草	Gramineae（Poaceae）禾本科	多年生，具地下横走根茎；花序紧密，宽约10mm，主轴无毛，残留在主轴上的总梗长0.5～1mm，刚毛柔软而细弱	饲用及绿肥		东北、华北、西北、西南
7058	*Pennisetum glaucum*（L.）R. Br.	御谷（珍珠粟）	Gramineae（Poaceae）禾本科	一年生；秆高约2 m；圆锥花序紧密呈柱状，长40～50cm，小穗长3.5～4.5mm，刚毛短于小穗，粗糙或基部生柔毛	饲用及绿肥		全国
7059	*Pennisetum polystachion*（L.）Schultes	多穗狼尾草	Gramineae（Poaceae）禾本科	一年生；秆高2～3 m；叶片长披针形，长60～80cm，宽1.5cm；圆锥花序呈圆柱状，紫红色，长11～13cm	饲用及绿肥	中国	海南

（续）

序号	拉丁学名	中文名	所属科	特征及特性	类别	原产地	目前分布/种植区
7060	*Pennisetum purpureum* Schumach.	象草	Gramineae (Poaceae) 禾本科	多年生；秆高 2～4m；小穗长 5～8mm；刚毛长 10～20mm，常生柔毛而呈羽毛状；花药顶端具毫毛	饲用及绿肥		华南、西南及华东
7061	*Pennisetum setaceum* (Forssk.) Chiov.	喷泉草	Gramineae (Poaceae) 禾本科	多年生草本，宿根；叶嫩绿色，丝状，花序形似狼尾，细而长，淡粉色	狼尾草的近缘		
7062	*Pennisetum villosum* R. Br. ex Fresen.	长柔毛狼尾草	Gramineae (Poaceae) 禾本科	多年生草本；株高可达 1m；穗长 10cm，秋季圆锥状小穗呈浅粉色逐渐褪为浅褐色，具美丽髯毛状长刺毛	观赏	非洲阿比西尼亚	
7063	*Penstemon angustifolius* Nutt. ex Pursh	狭叶钓钟柳	Scrophulariaceae 玄参科	多年生草本；全株光滑无毛；叶线状披针形；花冠 2cm，蓝色、堇色至白色	观赏	北美东部及西南部	
7064	*Penstemon barbatus* Nutt.	红花钓钟柳（五蕊花，草本象牙红）	Scrophulariaceae 玄参科	多年生直立草本；除花冠外，全株无毛；单叶对生，倒披针形至条形；聚伞圆锥花序顶生，狭长，花冠红色	观赏	中美洲及墨西哥	
7065	*Penstemon campanulatus* Willd.	钓钟柳	Scrophulariaceae 玄参科	多年生草本；全株被绒毛；叶交互对生，卵形至披针形；花单生或 3～4 多生叶腋或总梗上，组成顶生长圆锥花序，有紫、玫瑰红、紫红或白色等，内有白色条纹	观赏	墨西哥及危地马拉	
7066	*Penstemon centranthifolius* Benth.	败酱叶钓钟柳	Scrophulariaceae 玄参科	短命多年生草本；叶匙形至披针形或卵状披针形；总状花序顶生，花冠红、粉、黄、紫、白色	观赏	北美	
7067	*Penstemon grandiflorus* Nutt.	大花钓钟柳	Scrophulariaceae 玄参科	多年生草本；叶片长卵形至卵形；总状花序，花冠钟状，蓝色；有一定耐盐碱能力	观赏	北美中部	
7068	*Penstemon ovatus* Dougl. ex Hook.	卵叶钓钟柳	Scrophulariaceae 玄参科	亚灌木；叶卵形、革质；松散圆锥花序，花冠蓝或蓝紫色	观赏	美国	
7069	*Pentanema indicum* (L.) Ling	苇谷草（野罗伞，草金沙，止血草）	Compositae (Asteraceae) 菊科	一年或二年生草本；茎有细沟，从基部起多分枝，上部有伞房状花序枝；叶开展，长圆状披针形或线状披针形	药用		广西西部和南部、云南

（续）

序号	拉丁学名	中文名	所属科	特征及特性	类别	原产地	目前分布/种植区
7070	*Pentapetes phoenicea* L.	夜落金钱（午时花）	Sterculiaceae 梧桐科	一年生草本；花腋生，开时下垂，红色，花瓣5，花朵正午开放，夜间落下	观赏	印度	华南
7071	*Pentaphylax euryoides* Gardner et Champ.	五列木（毛生木）	Theaceae 山茶科	常绿乔木；叶薄革质至革质、互生、单生；表面深绿色，有光泽，背面浅绿色而表面背面均无毛；两性花，通常排成总状花序、多蔟生于枝的上部，也有少量腋生或近顶生，白色；蒴果，卵状圆形	观赏	中国	海南、广东
7072	*Pentarhizidium intermedium*（C. Chr.）Hayata	中华荚果蕨	Onocleaceae 球子蕨科	叶轴和羽轴有披针形鳞片，二回深羽裂，下部数对羽片略短；羽片向下反卷成有节荚果状；孢子囊群圆形，生于侧脉分枝的中部，成熟时汇合成条形；孢子囊群无盖	蔬菜	中国	河北、山西、陕西、甘肃、湖北、四川、云南
7073	*Pentas lanceolata*（Forssk.）K. Schum.	五星花	Rubiaceae 茜草科	常绿草本或亚灌木；叶对生，卵形至卵状披针形，有毛；顶生伞房花序，花朵二形，花萼裂片不等长，冠筒长短不一，花色多变	观赏	东非热带至阿拉伯一带	
7074	*Penthorum chinense* Pursh	扯根菜	Saxifragaceae 虎耳草科	多年生草本；高60～90cm；叶互生，狭披针形或披针形；花单生茎或枝顶端，聚伞花序2～3分枝，无花瓣，子房5室，胚珠多数；蒴果	药用，饲用及绿肥		华南、西南、东北
7075	*Peperomia argyreia* E. Morr.	西瓜皮椒草（西瓜皮叶豆瓣绿，银斑叶豆瓣绿）	Piperaceae 胡椒科	多年生常绿草本；茎矮，茎基抽叶，叶盾状，宽卵形，上面深绿，有银白色斑纹，叶柄红色，肉质；穗状花序	观赏	巴西、南美及中美热带地区	全国各地均有分布
7076	*Peperomia bicolor* Sodiro.	双色椒草	Piperaceae 胡椒科	多年生草本；无主茎，叶簇生，近肉质较肥厚，倒卵形，灰绿色杂以深绿色脉纹；穗状花序	观赏	南美热带	
7077	*Peperomia caperata* Yunck.	皱叶椒草	Piperaceae 胡椒科	多年生草本；株高20cm；叶面皱褶，整个叶面呈波浪状起伏，皱褶基部几乎呈黑色；穗状花序白色或淡绿色，长短不等	观赏	南美热带	
7078	*Peperomia griseoargentea* Yunck.	银叶豆瓣绿	Piperaceae 胡椒科	多年生草本；植株高可达15cm；肉穗花序绿白色，花茎淡红色，花序高可达20～25cm	观赏	南美热带	

（续）

序号	拉丁学名	中文名	所属科	特征及特性	类别	原产地	目前分布/种植区
7079	*Peperomia maculosa* L.	斑叶豆瓣绿	Piperaceae 胡椒科	多年生草本，茎直立；叶肉质. 卵状披针形，有红晕，叶脉绿色，叶柄长绿，有红褐色斑；穗状花序长，红褐色	观赏	南美热带	
7080	*Peperomia obtusifolia* A. Dietr.	卵叶椒草（卵叶豆瓣绿）	Piperaceae 胡椒科	多年生草本植物；叶长 5～6cm，宽 4～5cm，叶柄较短，只有 1cm，但生根容易；节间较短，节间处也极易生根	观赏	南美热带	
7081	*Peperomia rotundifolia*（L.）HBK	圆叶椒草（圆叶豆瓣绿）	Piperaceae 胡椒科	多年生草本，叶互生，顶生叶有时对生，椭圆形或圆形，长约 12mm，肉质，先端有小凸尖，两面微被柔毛，全缘；花序绿色	观赏	南美热带	
7082	*Peperomia tetraphylla*（G. Forst.）Hook. et Arn.	豆瓣绿	Piperaceae 胡椒科	多年生草本；穗状花序，灰白色；栽培种有斑叶型，其叶肉质有红晕；花叶型，其叶中部绿色，边缘为一阔金黄色镶边；亮叶型，叶心形，有金属光泽；皱叶型，叶脉深深凹陷	观赏		
7083	*Peracarpa carnosa*（Wall.）Hook. f. et Thomson	袋果草（肉荚草）	Campanulaceae 桔梗科	多年生草本；有细长根状茎；茎肉质，基部匍匐状，无毛；叶互生，卵圆形；果实卵圆形，顶端稍收缩，形如袋	药用		西南及江苏、浙江、台湾、湖北、广西
7084	*Pereskia aculeata* Mill.	叶仙人掌	Cactaceae 仙人掌科	多浆植物；有正常叶片，呈灌木状；叶片厚，披针形至卵圆形；花簇生成圆锥状或伞房状花序，白色；果实黄，有刺	观赏	美国佛罗里达州至西印度群岛、墨西哥及阿根廷	
7085	*Pereskia grandifolia* Haw.	大叶仙人掌	Cactaceae 仙人掌科	植株灌木或乔木状；高可达 4m 以上，新分枝上刺常单生而直；花略大，顶生簇生，玫瑰粉或白色，柱头裂片白色	观赏	美洲	
7086	*Pericallis hybrida* B. Nord.	瓜叶菊	Compositae（Asteraceae）菊科	全株密被柔毛；叶肾形至宽心形，似瓜叶；头状花序呈单瓣状或重瓣状，在茎端排成宽伞房状；花紫红、淡蓝、粉红或近白色；管状花黄色	有毒，观赏	大西洋加那利群岛	全国各地均有分布
7087	*Pericampylus glaucus*（Lam.）Merr.	细圆藤（广藤）	Menispermaceae 防己科	落叶藤本；长达 10m 或更长；叶纸质至薄革质，三角状卵形至三角状近圆形，很少卵状阔椭圆形；聚伞花序或伞房状聚伞圆锥花序长2～10cm；核果红色或紫色，内果皮直径约 5～6mm	观赏		长江流域以南及台湾、广东、广西、云南

（续）

序号	拉丁学名	中文名	所属科	特征及特性	类别	原产地	目前分布/种植区
7088	*Perilepta auriculatus*（Nees）Bremek.	耳叶马蓝	Acanthaceae 爵床科	灌木状草本；高1m；叶椭圆状矩圆形至矩圆状披针形；穗状花序圆柱状；花冠淡紫色，漏斗形；蒴果近棒形	观赏		云南、广西
7089	*Perilla frutescens*（L.）Britton	紫苏（白苏）	Labiatae 唇形科	一年生草本；高0.3～2m；茎绿色或紫色；叶宽卵形或卵形；轮伞花序2花，组成偏向一侧的总状花序，花冠白色或紫红色；小坚果	药用	亚洲东部地区	全国各地均有分布
7090	*Periploca calophylla*（Wight）Falc.	青蛇藤（黑骨头，鸡骨头）	Asclepiadaceae 萝藦科	藤状灌木；具乳汁；叶对生，披针形；聚伞花序腋生；花萼内部具腺体；花冠深紫色；蓇葖果双生，种子具绢质种毛	有毒，观赏		西南及湖北、广西
7091	*Periploca forrestii* Schltr.	黑龙骨（铁散沙，青蛇胆）	Asclepiadaceae 萝藦科	藤状灌木；具乳汁；叶对生，狭披针形；聚伞花序腋生；花冠黄绿色；蓇葖果双生，种子具白绢质种毛	有毒		西南及广西
7092	*Periploca sepium* Bunge	杠柳（北加皮，香加皮）	Asclepiadaceae 萝藦科	蔓生灌木；具乳汁；叶对生，卵状长圆形；聚伞花序腋生；花冠紫红；蓇葖果双生，圆箸状，种子具白绢质种毛	有毒，观赏		东北、华北、西北、华东、西南及河南
7093	*Peristrophe bivalvis*（L.）Merr.	观音草（染色九头狮子草，山蓝）	Acanthaceae 爵床科	草本；叶常卵状矩圆形，顶端渐尖；花序由聚伞花序组成，每个花序下托以2枚总苞状苞片；花冠外疏生短柔毛，种子有小瘤状突起	药用		广东、海南、广西、云南
7094	*Peristrophe japonica*（Thunb.）Bremek.	九头狮子草	Acanthaceae 爵床科	一年生或二年生草本；高达80cm；叶卵形或卵状椭圆形；小聚伞花序具花2～8朵；花冠淡红色；蒴果椭圆形，种子4粒	药用		长江以南各省份及河南、台湾
7095	*Persea americana* Mill.	鳄梨（樟梨）	Lauraceae 樟科	常绿乔木；树皮灰绿、纵裂；单叶互生、革质，椭圆形、卵形、倒卵形，叶脉下凹；圆锥花序，花小、淡黄绿色	观赏	美洲热带	海南、广东、福建、台湾、云南、四川

（续）

序号	拉丁学名	中文名	所属科	特征及特性	类别	原产地	目前分布/种植区
7096	*Persea leiogyna* Blake	樟梨（穗柏油梨）	Lauraceae 樟科	常绿乔木；聚伞状圆锥花序，多数生于小枝的下部，具梗，被短柔毛；苞片及小苞片线形，被短柔毛；花淡绿带黄色，花被两面被毛，裂片6，长圆形，外轮3枚略小；能育雄蕊9，排成轮3，花药4室，退化雄蕊3，位于最内轮，箭头状心形	果树		台湾
7097	*Pertusadina hainanensis*（F. C. How）Ridsdale	海南槽裂木	Rubiaceae 茜草科	乔木；高30m；叶纸质、椭圆披针形；头状花序单生叶腋，花冠黄色、芳香，高脚碟状，无毛；果序径4～6mm	林木		浙江、贵州、广东、海南、广西、福建、湖南
7098	*Petasites japonicus*（Siebold et Zucc.）Maxim.	蜂斗菜（舌头草，葫芦叶，蛇头草）	Compositae（Asteraceae）菊科	多年生草本；叶心形或肾形，灰绿色，边缘有重复锯齿；茎上互生鳞片状大苞片，有平形脉；头状花序，花白色	蔬菜，药用	中国	陕西、江西、安徽、浙江、四川、湖北、福建
7099	*Petrea volubilis* L.	蓝花藤（紫霞藤）	Verbenaceae 马鞭草科	木质藤本；叶对生，革质，卵形，两面粗糙；花聚生7～30cm的花序上，腋生，花萼管有毛，具5枚蓝紫色裂片；花冠管状，裂片偏斜，5裂，浅蓝至紫色	观赏	中美洲及西印度群岛	我国南方
7100	*Petrorhagia saxifraga*（L.）Link	膜萼花（洋石竹）	Caryophyllaceae 石竹科	多年生草本；茎丛生，叶片狭线形，聚伞状圆锥花序，花瓣淡红色或白色，花期6～7月	观赏	欧洲（巴尔干半岛、高加索）、亚洲（西北部）	
7101	*Petroselinum crispum*（Mill.）Nyman ex A. W. Hill	香芹菜（欧，洋芹菜）	Umbelliferae（Apiaceae）伞形科	一、二年生草本；根出叶深绿，三回羽状复叶，叶缘锯齿状卷曲，分皱叶和平叶两种；伞形花序，花小；香味浓	蔬菜，经济作物（香料类）	地中海沿岸	全国各地均有分布
7102	*Petroselinum crispum* var. *tuberosum*（Bernh.）Mart. Crov.	根香芹	Umbelliferae（Apiaceae）伞形科	直根肉质化，表皮白黄色，肉白色；叶基生，3半裂三回羽状复叶；复伞形花序，带细条形总苞，每花序着生小花的20朵，花二性，花瓣5裂，黄绿色或白色；双悬果，表面有棱，长形	蔬菜		
7103	*Petunia axillaris*（Lam.）B. S. P.	腋花矮牵牛	Solanaceae 茄科	多年生草本；植株高30～60cm；花冠筒长6cm，纯白色，花有芳香	观赏	南美洲	

（续）

序号	拉丁学名	中文名	所属科	特征及特性	类别	原产地	目前分布/种植区
7104	*Petunia hybrida* (Hook.) Vilm.	矮牵牛（碧冬茄）	Solanaceae 茄科	多年生草本；全株被腺毛；叶卵形、全缘，近无柄，互生和对生；花单生叶腋，单瓣者漏斗形，重瓣者半球形；花瓣边缘多变化	观赏	南美洲	全国各地均有分布
7105	*Petunia violacea* Lindl.	撞羽矮牵牛	Solanaceae 茄科	多年生草本；植株高15～25cm，茎柔细；花堇紫或淡粉红色	观赏	南美洲	
7106	*Peucedanum elegans* Kom.	刺尖前胡	Umbelliferae (Apiaceae) 伞形科	植株高50～80cm；基生叶片轮廓卵状长圆形；复伞形花序略呈伞房状分枝；花瓣白色或淡紫色；分生果长圆形	有毒		黑龙江、吉林
7107	*Peucedanum praeruptorum* Dunn	白花前胡（棕色前胡，鸡脚前胡，官前胡）	Umbelliferae (Apiaceae) 伞形科	多年生草本；高30～120cm；基生叶和下部叶纸质，二至三回三出式羽状分裂；复伞形花序，顶生或腋生，花瓣白色；双悬果椭圆形或卵圆形	药用，有毒	中国	陕西、山东及长江以南地区
7108	*Peucedanum terebinthaceum* (Fisch. ex Treviranus) Ledeb.	石防风	Umbelliferae (Apiaceae) 伞形科	多年生草本；高30～120cm；基生叶片轮廓为椭圆形至三角状卵形；复伞形花序；花瓣白色；分生果椭圆形，背部扁压	有毒		黑龙江、吉林、辽宁、内蒙古、河北
7109	*Peucedanum turgenii folium* H. Wolff	长前胡	Umbelliferae (Apiaceae) 伞形科	多年生草本；高40～70cm；复伞形花序顶生和侧生；花瓣白色；分生果卵状椭圆形，背部扁压	有毒		甘肃、四川
7110	*Phaius flavus* (Blume) Lindl.	黄花鹤顶兰	Orchidaceae 兰科	假鳞茎卵状圆锥形；总状花序具数朵至20朵花；花柠檬黄色，上举，不甚张开，干后变靛蓝色；花瓣长圆状倒披针形，约等长于萼片，比萼片狭或有时稍宽，先端钝，具7条脉	观赏	中国	长江以南大部分地区
7111	*Phaius tankervilliae* (Banks ex L'Hér.) Blume	鹤顶兰	Orchidaceae 兰科	附生兰；地生活半附生，假鳞茎簇生；叶大型，在芽时旋卷，矩圆状披针形；花葶侧生，总状花序，花被外白色，内暗黄褐色，唇瓣腹面内侧紫色带白色条纹	观赏	中国、日本及亚洲热带地区	台湾、广东、云南

（续）

序号	拉丁学名	中文名	所属科	特征及特性	类别	原产地	目前分布/种植区
7112	*Phalaenopsis aphrodite* Rchb. f.	蝴蝶兰	Orchidaceae 兰科	附生兰；茎不明显，具肥厚的气生根；叶肥厚，近肉质，椭圆形或矩圆形；花葶常伸长，多少弯垂；花序总状，花多色，花瓣近圆形；唇瓣3裂，基部具长爪	观赏	菲律宾、中国台湾（恒春半岛、兰屿、台东）	台湾
7113	*Phalaenopsis equestris* (Schauer) Rchb. f.	桃红蝴蝶兰	Orchidaceae 兰科	附生兰；茎短，叶卵圆形，叶端有一纵沟；总状或圆锥花序常下垂，有花10余朵，桃红色，唇瓣色较深，三角状，肉质，中裂片先端不具2条卷须状附属物	观赏	菲律宾和中国	台湾东南部（小兰屿岛）
7114	*Phalaenopsis hainanensis* T. Tang et F. T. Wang	海南蝴蝶兰	Orchidaceae 兰科	附生兰；叶近基生，稍肉质，椭圆状矩圆形或倒卵状；花葶从基部发出，直立；总状花序，花数朵至10余朵；花淡粉红色，花瓣匙形	有毒，观赏	中国	海南岛（白沙、乐东）
7115	*Phalaenopsis lueddemanniana* Rchb. f.	路易德氏蝴蝶兰（菲律宾蝴蝶兰）	Orchidaceae 兰科	附生兰；叶长至35cm，宽7～8cm；花序与叶等长，花数朵，黄白色有紫斑，唇瓣紫色，内面白色	观赏	菲律宾	
7116	*Phalaenopsis mannii* Rchb. f.	版纳蝴蝶兰	Orchidaceae 兰科	附生兰；茎短，具发达的气生根；叶近基生，数枚，矩圆形；花葶从基部发出，伸长；花序疏生数朵花；萼片和花瓣橘红色并带褐紫色横纹；唇瓣白色	观赏	中国、印度、尼泊尔、缅甸、越南	我国云南南部（勐腊）
7117	*Phalaenopsis schilleriana* Rchb. f.	花叶蝴蝶兰	Orchidaceae 兰科	附生兰；叶大，有灰绿色斑纹，背面紫色；花多，粉玫瑰紫色	观赏	菲律宾	
7118	*Phalaenopsis stobartiana* Rchb. f.	滇西蝴蝶兰	Orchidaceae 兰科	附生兰；茎短，叶卵状披针形、斜长圆形或椭圆形；花序侧生茎基部，萼和花瓣褐绿色，花瓣椭圆状倒卵形；唇瓣3裂，侧裂片上半部淡紫色，下半部黄色	观赏	中国	云南
7119	*Phalaenopsis wilsonii* Rolfe	华西蝴蝶兰	Orchidaceae 兰科	附生兰；唇瓣在两侧裂片基部之间向背面隆起，呈小乳头状，中裂片倒卵形，先端稍2裂，上面中央具纵向的龙骨状脊，到达近先端处增厚而高高隆起	观赏	中国	云南、广西、四川、西藏

（续）

序号	拉丁学名	中文名	所属科	特征及特性	类别	原产地	目前分布/种植区
7120	*Phalaris aquatica* L.	球茎虉草（喜湿虉草，大虉草）	Gramineae (Poaceae) 禾本科	与虉草的区别：茎基部具膨大球茎，呈红色；外稃急尖，上部具翼，最下部的外稃微小	饲用及绿肥		江苏、浙江、江西、湖南、广西
7121	*Phalaris arundinacea* L.	虉草（草芦）	Gramineae (Poaceae) 禾本科	多年生草本；秆高 60～140cm，具节；叶长 6～30cm；圆锥花序长 8～15cm，分枝有角棱，密生小穗，小穗披针形；颖果	饲用及绿肥		东北、华北、华东、华南、西南
7122	*Phalaris canariensis* L.	金丝雀虉草	Gramineae (Poaceae) 禾本科	一年生丛生草本；茎秆高度一般不超过 1 m；与虉草的区别：一年生，花序不分枝	饲用及绿肥		
7123	*Phaseolus acutifolius* A. Gray.	宽叶菜豆	Leguminosae 豆科	矮生或半直立一年生草本；萼钟状，下有明显、宿存的小苞片，雄蕊 10，二体(9+1)；主要食用其干籽粒	粮食	美国、墨西哥及古巴	
7124	*Phaseolus coccineus* L.	多花菜豆（红花菜豆，荷包豆）	Leguminosae 豆科	一年生缠绕草本；有块根，可食用；总状花序，花对生，多朵花着生于长花梗上，花萼鲜红色；荚果镰状长圆形；种子深紫色而具红斑、黑色或红色	蔬菜，药用，观赏	中美洲	全国各地均有分布
7125	*Phaseolus lunatus* L.	利马豆	Leguminosae 豆科	一年生攀缘状草本；三出复叶，顶生小叶卵形，侧生叶斜三角状卵形；总状花序，花白色或淡黄色；荚果，种子肾形	粮食，有毒	中南美洲	云南、广西、广东、江西、山东
7126	*Phaseolus polyanthus* Greenman	丛林菜豆	Leguminosae 豆科	与多花菜豆(*Phaseolus multiflorus* Willd)相似，两者有时混生，本种子叶出土	粮食	墨西哥到危地马拉一带	
7127	*Phaseolus vulgaris* L.	菜豆（四季豆，云藊豆）	Leguminosae 豆科	一年生缠绕性草本；根上有根瘤；半蔓生或蔓生；叶为三出复叶；总状花序腋生，花冠蝶形，龙骨瓣呈螺旋状卷曲；荚果条形	蔬菜，粮食，有毒	中南美洲	全国各地均有分布
7128	*Phedimus aizoon* (L.) Hart	土三七（费菜，见血散）	Crassulaceae 景天科	多年生草本；茎高 20～50cm；叶互生，大小变异甚大，长披针形至倒披针形；聚伞花序顶生，花密生，花瓣 5，黄色；蓇葖果星芒状排列	蔬菜，药用，观赏		西北、华北、东北至长江流域

（续）

序号	拉丁学名	中文名	所属科	特征及特性	类别	原产地	目前分布/种植区
7129	*Phedimus hybridus* (L.) Hart	德国景天	Crassulaceae 景天科	茎直立或横卧，长约 15cm；叶轮生，叶片倒卵状匙形，端部圆钝，基部较窄，早春晚秋呈红色；聚伞花序顶生，花黄色，花期 5～7 月	观赏	东欧及俄罗斯西伯利亚、蒙古	
7130	*Phedimus kamtschaticus* (Fisch.) Hart	堪察加景天	Crassulaceae 景天科	多年生草本；根状茎粗而木质化，茎直立；叶互生，倒披针形至狭匙形，顶部钝，基部渐狭；聚散花序顶生；花橙黄色	观赏	中国	陕西、山西、河北、内蒙古
7131	*Phellodendron amurense* Rupr.	黄檗（黄菠萝）	Rutaceae 芸香科	落叶乔木；高 15m，聚伞状圆锥花序顶生，小花淡绿色，浆果状核果，熟时黑色，种子偏平	蜜源	中国	东北、华北
7132	*Phellodendron chinense* C. K. Schneid.	黄皮树（黄檗，川黄柏）	Rutaceae 芸香科	落叶乔木；树皮木质，内层黄色；奇数羽状复叶，对生；单性花，雌雄异株，排成顶生圆锥花序；浆果状核果	药用	中国	西南、西北、华中及广西
7133	*Philadelphus coronarius* L.	欧洲山梅花	Saxifragaceae 虎耳草科	两面脉腋均有毛；花萼亦有毛，花纯白色有香气，花瓣较开张	观赏	南欧及小亚细亚	长江下游及北京
7134	*Philadelphus delavayi* L. Henry	云南山梅花	Saxifragaceae 虎耳草科	落叶灌木；叶背面密被柔毛；总状花序，具花 5～11 朵，最下面一对有时呈聚伞状，花有芳香	观赏	中国	四川、云南和西藏
7135	*Philadelphus henryi* Koehne	卷毛山梅花	Saxifragaceae 虎耳草科	植株落叶灌木；高 3～5m；叶对生，单叶；花白色，径 2.5～3.0cm，无香味；蒴果	观赏	中国	四川、贵州、云南
7136	*Philadelphus incanus* Koehne	山梅花	Saxifragaceae 虎耳草科	落叶灌木；幼枝生柔毛，后渐光滑；叶对生，卵形至卵状长椭圆形；花白色，总状花序；蒴果倒卵形	观赏	中国	陕西、甘肃、四川、湖北、河南
7137	*Philadelphus kansuensis* (Rehder) S. Y. Hu	甘肃山梅花（甘肃太平花）	Saxifragaceae 虎耳草科	落叶灌木；叶背面近无毛或中脉北平伏粗毛；总状花序，具花 5～7(11)朵	观赏	中国	甘肃
7138	*Philadelphus laxiflorus* Rehder	疏毛山梅花	Saxifragaceae 虎耳草科	灌木；高 2～3m；总状花序，有花 7～9 朵，有时达 11 朵，花冠白色，盛开时盘形，萼筒、萼片光滑无毛，花瓣近画卵形，雄蕊约 30～35 枚，花盘、花柱光滑，花柱上部 3 裂，柱头棒状	观赏	中国陕西、甘肃、青海、河南、山西、湖北	吉林、辽宁

（续）

序号	拉丁学名	中文名	所属科	特征及特性	类别	原产地	目前分布/种植区
7139	*Philadelphus pekinensis* Rupr.	披针叶山梅花	Saxifragaceae 虎耳草科	落叶灌木；高达2m；叶对生，单叶；花5朵～9朵成总状花序，乳黄色，微有香气	观赏	中国	河北、陕西、湖北
7140	*Philadelphus purpurascens* (Koehne) Rehder	紫萼山梅花	Saxifragaceae 虎耳草科	灌木；高2～4m；花序有5～9花，花序轴和花梗都无毛；花梗长2.5～6mm；花萼外面无毛，裂片4，紫色，三角状卵形，长4～6mm，内面边缘生有短柔毛；花瓣4，白色，椭圆状卵形，长1.5～2cm；雄蕊多数；子房下位，4室，花柱无毛，上部4裂，柱头线形	观赏	中国	四川、云南、西藏
7141	*Philadelphus schrenkii* Rupr.	东北山梅花（辽宁山梅花，石氏山梅花）	Saxifragaceae 虎耳草科	灌木；高2～4m；花序具5～7花，花序轴和花梗有短柔毛，萼筒疏被柔毛，裂片4，宿存，三角状卵形，外面无毛或变无毛；花瓣4，白色，倒卵形，子房下位，4室，花柱下部被毛，上部4裂	观赏	中国、朝鲜、俄罗斯东南部	辽宁、吉林、黑龙江
7142	*Philadelphus sericanthus* Koehne	绢毛山梅花（土常山，探花）	Saxifragaceae 虎耳草科	灌木；高1～3m；花序有7～15花；花序轴无毛或变无毛；花萼外面稍密或疏被贴伏的短柔毛，裂片4，宿存，三角状卵形；花瓣4，倒卵形；雄蕊多数；子房下位，4室，花柱无毛，上部4裂，柱头匙形	观赏	中国陕西、甘肃、江苏、安徽、浙江、江西、河南、湖北、湖南、广西、四川、贵州、云南	云南、四川、贵州、湖北、湖南、江西、浙江
7143	*Philadelphus subcanus* Koehne	毛柱山梅花（河南山梅花）	Saxifragaceae 虎耳草科	灌木；高3～6m；总状花序，有时下部1～3对分枝顶端具3至多花排成聚伞状或圆锥状，花冠盘状，花瓣白色，倒卵形或椭圆形，背面基部有时被刚毛；雄蕊25～33	观赏	中国	四川、云南、湖北
7144	*Philadelphus tenuifolius* Rupr. ex Maxim.	薄叶山梅花（堇叶山梅花）	Saxifragaceae 虎耳草科	落叶灌木；叶大，质薄，在初放时有时带青莲色；总状花序，具花5～7朵	观赏	中国	辽宁、吉林、黑龙江
7145	*Philadelphus tomentosus* Wall. ex G. Don	绒毛山梅花（毛叶山梅花）	Saxifragaceae 虎耳草科	落叶灌木；高2～3m；二年生小枝灰褐色或灰色，表皮片状脱落，当年生小枝栗色；叶卵形或卵状披针形；总状花序有花5～7条，花冠十字形，花瓣白色倒卵状长圆形，花盘无毛	观赏	中国	云南、西藏
7146	*Philodendron bipinnatifidum* Schott	羽叶喜林芋	Araceae 天南星科	常绿藤本；叶片羽状深裂，裂片长圆形，底边裂片又二次裂，裂片1～4，裂片大小不一	观赏	巴西南部	

（续）

序号	拉丁学名	中文名	所属科	特征及特性	类别	原产地	目前分布/种植区
7147	*Philodendron cordatum* (Vell.) Kunth.	心叶喜林芋（心叶喜树蕉）	Araceae 天南星科	常绿藤本；攀缘植物，常绿藤本；叶片长10～40cm，心状长圆形，分裂	观赏	巴西	
7148	*Philodendron erubescens* K. Koch et Augustin	红苞喜林芋	Araceae 天南星科	攀缘植物；茎幼龄绿至红色，老龄灰色；叶片长楔形，基部半圆，有深红紫色晕，边缘为透明的玫瑰色；幼龄叶深紫褐色	观赏	哥伦比亚	
7149	*Philodendron scandens* C. Koch. et Sello	藤叶喜林芋	Araceae 天南星科	多年生的附生草本植物；叶柄半圆形，全缘，互生叶呈卵形，长约10cm，先端渐尖，基部心形，侧脉2～3对，叶柄长柱状但较叶身短；佛焰苞绿色，长约15cm，基部内侧常带紫红色	观赏	牙买加、波多黎各、多米尼加	
7150	*Philodendron selloum* C. Koch.	裂叶喜林芋（春芋，春羽）	Araceae 天南星科	多年生常绿植物；茎木质状，有气生根；叶羽状分裂；花单性，佛焰苞肉质，白色或黄色，肉穗花序直立	观赏	巴西、巴拉圭	
7151	*Philydrum lanuginosum* Gaertn.	田葱（水芦荟，水葱，中葱，扇合草）	Philydraceae 田葱科	多年生草本；基生叶剑形，海绵质；穗状花序顶生，密被白色绵毛；苞片顶端具尾状渐尖；蒴果矩圆形，被绵毛；种皮上有螺旋状条纹	药用		福建、台湾、广东、海南、广西
7152	*Phleum alpinum* L.	高山梯牧草（高山猫尾草）	Gramineae (Poaceae) 禾本科	多年生，具短根茎；秆高14～60cm；圆锥花序长圆状圆柱形，暗紫色，小穗长圆形，颖具长1.5～3mm的短芒	饲用及绿肥		东北、西北、西南及台湾
7153	*Phleum paniculatum* Huds.	鬼蜡烛（假看麦娘）	Gramineae (Poaceae) 禾本科	越年生或一年生草本；秆高10～45cm，具节；叶长3～15cm；圆锥花序紧密呈柱状，小穗楔状兼倒卵形；颖果	杂草		长江流域及山西、陕西、甘肃
7154	*Phleum phleoides* (L.) H. Karst.	假猫尾草	Gramineae (Poaceae) 禾本科	多年生，具短根茎；秆高15～75cm；圆锥花序紧密呈狭圆柱状，小穗长圆形，颖的脊粗糙，先端延伸呈短尖头	饲用及绿肥		内蒙古、新疆
7155	*Phleum pratense* L.	梯牧草（猫尾草）	Gramineae (Poaceae) 禾本科	多年生，具短根茎；秆高40～120cm，基部常球状膨大；花序圆柱状，颖脊具硬纤毛，具长0.5～1mm的尖头	饲用及绿肥		新疆

（续）

序号	拉丁学名	中文名	所属科	特征及特性	类别	原产地	目前分布/种植区
7156	*Phlomis medicinalis* Diels	萝卜秦艽	Labiatae 唇形科	多年生草本；高 20～75cm；基生叶卵形或卵状长圆形，茎生叶卵形或三角形；轮伞花序多花，花紫红色或粉红色；花期 7～9 月	蜜源		西藏
7157	*Phlomis megalantha* Diels	大花糙苏	Labiatae 唇形科	多年生直立草本；轮伞花序多花，1～2 个生于主茎顶部，下有被具节缘毛的条状钻形苞片；花冠黄色，花冠筒内无毛环，上唇边缘具小齿，下唇 3 圆裂，中裂片圆卵形；花丝具长毛，无附属器	观赏	中国	陕西、山西、四川
7158	*Phlomis oreophila* Kar. et Kir.	山地糙苏	Labiatae 唇形科	多年生草本；轮伞花序多花，生于茎端；花冠紫色，上唇边缘自内面被髯毛，具不等的牙齿，下唇中裂片倒卵状宽心形，侧裂片宽卵形；雄蕊花丝插生于喉部，具长柔毛	观赏	中国、前苏联、蒙古	新疆北部
7159	*Phlomis pratensis* Kar. et Kir.	草原糙苏	Labiatae 唇形科	多年生草本植物；基生叶和下部的茎生叶具长柄，心状卵圆形，茎生叶较小；轮伞花序具多数花，生于主茎或分枝的上部，花冠紫红色	蜜源		新疆
7160	*Phlomis tuberosa* L.	块根糙苏	Labiatae 唇形科	多年生草本；具块根，茎四棱；基生叶和茎下部叶三角形，中部叶三角状披针形，叶片被硬毛，周身较粗糙；轮伞花序，花冠紫红色	观赏	中国、中欧和东南欧至伊朗、俄罗斯西伯利亚和蒙古	黑龙江、内蒙古、新疆
7161	*Phlomis umbrosa* Turcz.	糙苏	Labiatae 唇形科	多年生直立草本；轮伞花序多数，生于主茎及分枝上，花冠通常粉红；小坚果无毛	观赏	中国	西北、华北、东北及四川、贵州
7162	*Phlomis younghusbandii* Mukh.	螃蟹甲	Labiatae 唇形科	多年生草本；高 15～70cm；基生叶多数，茎生叶对生，较基生叶小，叶片卵状长圆形至长圆形，上面均被星状糙硬毛及腺柔毛；花冠淡紫红色；小坚果卵状三棱形，先端被颗粒状毛	蜜源		西藏
7163	*Phlox amoena* Sims.	可爱福禄考	Polemoniaceae 花荵科	有毛的多年生草本；叶长圆状披针形；花紫色或粉红色，偶为堇色或白色，顶生紧密如毯	观赏	美国中部	

（续）

序号	拉丁学名	中文名	所属科	特征及特性	类别	原产地	目前分布/种植区
7164	*Phlox divaticata* L.	穗花福禄考	Polemoniaceae 花荵科	多年生草本；茎细而直立，具黏毛；不育枝叶片卵形、无柄，可育枝叶片长椭圆、无梗；花具梗、花瓣楔状倒心形，有缺刻，花蓝紫色至淡紫色	观赏		
7165	*Phlox drummondii* Hook.	福禄考	Polemoniaceae 花荵科	一年生草本；下部叶对生，上部叶互生，宽卵形、长圆形和披针形；聚伞花序顶生，花梗短，花萼筒状；花冠高脚碟状，花筒部细长，有柔毛，红色	观赏	墨西哥	
7166	*Phlox maculate* L.	斑茎福禄考	Polemoniaceae 花荵科	宿根草本；地下茎细而横走，地上茎直立，自基部分枝，茎部有紫色斑点；叶线形至卵圆形；圆锥花序长达 30cm，单花茎达 1.3cm，花紫色至白色，芳香	观赏	北美	
7167	*Phlox nivalis* Lodd.	蔓生福禄考	Polemoniaceae 花荵科	多年生草本；蔓生，植株低矮；花红、白色，花茎约 2cm；花期春夏	观赏	北美	
7168	*Phlox paniculata* L.	天蓝绣球（宿根福禄考）	Polemoniaceae 花荵科	茎直立粗壮，不分枝；叶呈十字状对生，长椭圆形或卵状披针形；圆锥花序顶生呈锥形，花萼筒状，花冠高脚碟状，粉紫色	观赏	北美洲东部	
7169	*Phlox subulata* L.	丛生福禄考	Polemoniaceae 花荵科	匍匐型多年生草本；茎丛生密集成垫状，基部稍木质化；叶常绿，质硬，钻形簇生；花瓣倒心形，有深缺刻，花色有白、粉红、粉紫及条纹	观赏	以美国纽约为中心的北美干燥原野及堤岸	
7170	*Phoebe angustifolia* Meissn.	沼楠	Lauraceae 樟科	小灌木；叶革质，披针形或狭披针形；圆锥花序近顶生；果卵珠形	观赏，蜜源		云南东南部
7171	*Phoebe bournei* （Hemsl.）Yang	闽楠（桢楠，楠木，黄楠）	Lauraceae 樟科	常绿大乔木；高达 40m，胸径可达 1.5m；叶披针形或倒披针形；圆锥花序生于新枝中下部叶腋，紧缩不开展，花小，黄色；果椭圆形或长圆形	林木，观赏		浙江、江西、广东、广西、湖北、贵州

（续）

序号	拉丁学名	中文名	所属科	特征及特性	类别	原产地	目前分布/种植区
7172	*Phoebe chekiangensis* P. T. Li	浙江楠	Lauraceae 樟科	常绿乔木；树干通直；叶倒卵状椭圆形或倒卵状披针形；圆锥花序腋生，花被片卵形，子房卵圆形；核果椭圆状卵圆形	林木，观赏		浙江、江西、福建
7173	*Phoebe chinensis* Chun	山楠	Lauraceae 樟科	常绿小乔木；高达 18m；花序顶生，花黄绿色，聚伞状圆锥花序与叶同长，总梗粗，花被片卵圆状长圆形，有缘毛，内面有硬毛，花丝基部稍被毛，子房无毛	观赏		
7174	*Phoebe faberi* （Hemsl.）Chun	竹叶楠	Lauraceae 樟科	乔木；高 10～15m；叶厚革质或革质，长圆状披针形或椭圆形；花序多个，腋生；花黄绿色；果球形	林木		陕西、四川、湖北、贵州、云南
7175	*Phoebe formosana* （Matsum. et Hay.）Hay	台楠	Lauraceae 樟科	常绿乔木；圆锥花序枝端生，长 10～15cm；花被片 6，近相等，直立，椭圆形，长约 2.5mm；能育雄蕊 9，花药 4 室，第三轮雄蕊花药外向瓣裂并各具 2 腺体	观赏	中国	台湾、安徽
7176	*Phoebe forrestii* W. W. Sm.	长毛楠	Lauraceae 樟科	乔木；高达 15m；叶革质，狭披针形或倒狭披针形；花序数个，近总状；果近球形	观赏，蜜源		西藏东南部、云南中部至西部
7177	*Phoebe glaucophylla* H. W. Li	粉叶楠	Lauraceae 樟科	乔木；高可达 20m；叶革质，倒卵状阔披针形或近长圆形；聚伞状圆锥花序；花淡黄绿色；果长卵形	观赏，蜜源		云南东南部
7178	*Phoebe hui* Cheng ex Yang	细叶楠	Lauraceae 樟科	大乔木；高达 25m；叶革质，椭圆形或椭圆状披针形；圆锥花序；果椭圆形	林木		陕西南部、四川、云南东北部
7179	*Phoebe hunanensis* Hand. -Mazz.	湘楠	Lauraceae 樟科	灌木或小乔木；高 3～8m；叶革质或近革质；倒阔披针形；花序近总状；果卵形	观赏，蜜源		甘肃、陕西、江西西南部、江苏、湖北、湖南中、东南及西部、贵州东部

（续）

序号	拉丁学名	中文名	所属科	特征及特性	类别	原产地	目前分布/种植区
7180	*Phoebe hungmoensis* S. K. Lee	毛丹（红丹，红毛山楠，黄丹母）	Lauraceae 樟科	常绿树种、乔木；高 25m；叶革质、倒披针形或椭圆状，叶柄长 0.8～2.7cm；两性花，圆锥花序，黄绿色；浆果状核果，果椭圆形，长约 1cm，径 5～6mm，圆球形种子	观赏	中国	海南、广西
7181	*Phoebe kwangsiensis* H. Liou	桂楠	Lauraceae 樟科	乔木；圆锥花序腋生，纤细，稍有短柔毛，在上部 1/4 处分枝；花小，花被片 6，稍膜质，三角形，近相等，无毛；能育雄蕊 9，花药 4 室，第三轮雄蕊花药外向瓣裂并各有 2 个几无柄的腺体	蜜源		广西
7182	*Phoebe lanceolata* （Nees） Nees	披针叶楠	Lauraceae 樟科	乔木；高 4～15m；叶披针形或椭圆状披针形；圆锥花序数个；花淡绿色或黄绿色；果卵形	林木		云南南部
7183	*Phoebe legendrei* Lecomte	雅砻江楠	Lauraceae 樟科	乔木；叶革质，披针形或倒披针形，少为倒卵形；花序疏散，少数；花被片近相等，卵状长圆形；果卵形	观赏，蜜源		四川西部、西南部及云南西北部
7184	*Phoebe macrocarpa* C. Y. Wu	大果楠	Lauraceae 樟科	大乔木；高 15～20m；叶近革质，椭圆状倒披针形或披针形；圆锥花序；花黄绿色；果椭圆形或近长圆形	林木		云南东南部
7185	*Phoebe megacalyx* H. W. Li	大萼楠	Lauraceae 樟科	小乔木；高约 5m；叶薄革质，倒阔披针形或倒披针形；圆锥花序；果倒卵状长圆形或倒卵形	观赏，蜜源		云南东南部
7186	*Phoebe microphylla* H. W. Li	小叶楠	Lauraceae 樟科	乔木；高约 10m；叶革质，卵状椭圆形或披针形；果序生新枝下部；果球形	观赏，蜜源		云南东南部
7187	*Phoebe minutiflora* H. W. Li	小花楠	Lauraceae 樟科	乔木；高 7～15m；叶革质，长圆形或长圆状披针形；聚伞状圆锥花序，近顶生；花淡黄绿色；果球形	观赏，蜜源		云南南部
7188	*Phoebe sheareri* （Hemsl.） Gamble	紫楠	Lauraceae 樟科	常绿乔木；高 16m，单叶互生革质，倒披卵形至披针形，圆锥花序腋生，果肉质	蜜源		长江以南、西南广泛种植

（续）

序号	拉丁学名	中文名	所属科	特征及特性	类别	原产地	目前分布/种植区
7189	*Phoebe zhennan* S. K. Lee et F. N. Wei	楠木（桢楠）	Lauraceae 樟科	常绿大乔木；高达 30m，胸径 1m；叶先端渐尖，基部楔形；圆锥花序腋生，花被裂片 6，椭圆形；子房近球形；核果椭圆形	林木，观赏		四川、贵州、湖北、湖南
7190	*Phoenix canariensis* Chabaud	长叶刺葵（长叶针葵）	Palmae 棕榈科	常绿乔木；单干而粗，密生叶柄残基；叶羽状全裂，常弯曲下垂，羽片不同平面排列，最下部退化为刺；雌雄异株，肉穗花序生叶丛	果树	加那利群岛	广东
7191	*Phoenix dactylifera* L.	枣椰子（波斯枣，海枣）	Palmae 棕榈科	海枣为乔木；高 10m；雄花卵形，黄白色，雌花球形，黄绿色；果枣红色，果皮厚肉质，含糖分，果生食或制蜜枣	药用，观赏	波斯湾沿岸	广东、台湾、广西、云南、四川
7192	*Phoenix loureiroi* Kunth	刺葵（针葵，糖椰）	Palmae 棕榈科	常绿灌木至小乔木；叶羽状全裂，羽片线形，内向折叠；佛焰苞褐色；分枝花序穗状，花黄色，无梗，花瓣圆形；心皮 3，卵形	有毒，观赏	中国	海南、广东、广西、台湾、云南
7193	*Phoenix roebelenii* O'Brien	江边刺葵（软叶刺葵）	Palmae 棕榈科	常绿灌木；叶羽状全裂，背面沿叶脉被灰白色鳞秕，下部裂片退化成细长的软刺；肉穗花序生于叶丛；雌雄异株，果矩圆形	观赏	中国、缅甸、越南、印度	云南、广东、广西
7194	*Phoenix sylvestris* （L.） Roxb.	林刺葵	Palmae 棕榈科	乔木状，高达 16m；叶长 3～5m；羽片剑形，互生或对生；花序长 60～100cm；雄花狭长圆形或卵形，白色；雌花近球形；果实长圆状椭圆形或卵球形，橙黄色	果树	印度、缅甸	福建、广东、广西、云南
7195	*Pholidota cantonensis* Rolfe	细叶石仙桃	Orchidaceae 兰科	根状茎匍匐，花瓣宽卵状菱形或宽卵形；唇瓣宽椭圆形，整个凹陷而成舟状，先端近截形或钝，唇盘上无附属物；蕊柱粗短，长约 2mm，顶端两侧有翅；蕊喙小	观赏	中国	浙江、江西、福建、台湾、湖南、广东、广西
7196	*Pholidota chinensis* Lindl.	石仙桃	Orchidaceae 兰科	附生草本；根茎短匍匐状；假鳞茎矩圆形或卵状矩圆形，肉质；叶椭圆状披针形或倒披针形；总状花序，绿白色	观赏	中国、越南、缅甸	广东、广西、福建、贵州、云南
7197	*Pholidota imbricata* Hook.	密花石仙桃	Orchidaceae 兰科	假鳞茎 1 叶；花序花朵密集，淡褐色或白色，侧萼片有狭翅	观赏	中国	西南、华南

（续）

序号	拉丁学名	中文名	所属科	特征及特性	类别	原产地	目前分布/种植区
7198	*Phormium tenax* J. R. Forst.	新西兰麻	Agavaceae 龙舌兰科	多年生常绿草本；叶基生，强直厚革质；圆锥花序，生于无叶的花茎上；高达 4.5m；秆暗红色；夏季开花	观赏	新西兰	
7199	*Photinia bodinieri* H. Lév.	石楠（凿木，千年红）	Rosaceae 蔷薇科	常绿小乔木；叶革质，长椭圆形，幼叶红色，后渐变为绿色有光泽；花小，白色，复伞房花序顶生；梨果球形，红色	观赏	中国、日本、印度尼西亚	华东、中南、西南及陕西
7200	*Photinia glabra* （Thunb.）Maxim.	光叶石楠（光凿）	Rosaceae 蔷薇科	常绿小乔木；叶革质，长椭圆形，伞房状圆锥花序，果实圆球形，暗红色，种子卵形	蜜源		华东及湖南、湖北、广东、广西、四川、云南、贵州
7201	*Photinia lasiogyna* （Franch.）C. K. Schneid.	倒卵叶石楠	Rosaceae 蔷薇科	灌木或小乔木；高 1～2m；复伞房花序顶生，总花梗和花梗有绒毛，花梗长 3～4mm；花白色，萼筒杯状，外面有绒毛，裂片宽三角形，外面有绒毛；花瓣倒卵形，基部有短爪	观赏	中国	西南地区
7202	*Photinia parvifolia* （E. Pritz.）C. K. Schneid.	小叶石楠	Rosaceae 蔷薇科	落叶灌木；叶椭圆形、椭圆状卵形或菱状卵形；伞形花序，花梗被疣点；果椭圆形或卵形，红色或紫红色	观赏	中国	长江中下游至广东、广西
7203	*Photinia prunifolia* （Hook. et Arn.）Lindl.	桃叶石楠	Rosaceae 蔷薇科	常绿乔木；叶长圆形或长圆状广披针形，缘密生细腺齿；复伞房花序，果红色，椭圆形	观赏	中国、越南及日本	浙江、福建、江西、湖南、贵州、云南、广东、广西、台湾
7204	*Photinia villosa* （Thunb.）DC.	毛叶石楠（细毛扇骨木，活鸡丁）	Rosaceae 蔷薇科	落叶灌木或小乔木；幼枝、叶柄、花梗均有长柔毛；伞房花序顶生，有花 10～20 朵，花白色，花期 5 月	观赏	中国、朝鲜、日本	山东、江苏、安徽、浙江
7205	*Phragmites australis* （Cav.）Trin. ex Steud.	芦苇（苇子，苇子根，芦秆）	Gramineae（Poaceae）禾本科	多年生草本；具根状茎；圆锥花序，小穗通常 4～7 枚小花，第一小花常为雄性；颖及外稃均具 3 条脉；外稃无毛	药用，观赏，经济作物	中国	全国各地均有

（续）

序号	拉丁学名	中文名	所属科	特征及特性	类别	原产地	目前分布/种植区
7206	*Phragmites karka* (Retz.) Trin. ex Steud.	大芦（卡开芦）	Gramineae (Poaceae) 禾本科	多年生簇生草本；秆高 2～5m；叶舌先端具纤毛；圆锥花序大型，长 40～60cm，小穗含 4～6 小花；颖果长椭圆形	药用		云南、四川、贵州、台湾、广东、广西、海南
7207	*Phryma leptostachya* subsp. *asiatica* (Hara) Kitamura	透骨草（仙人一把遮，接生草，毒蛆草）	Phrymaceae 透骨草科	多年生草本；茎四棱形；叶对生，卵形或卵状披针形；穗状花序，花唇形，粉红色或白色，花期向上平展；瘦果	有毒		东北、华北及陕西至江南
7208	*Phrynium oliganthum* Merr.	少花柊叶	Marantaceae 竹芋科	直立草本；高 1～1.5m；头状花序矩圆形或卵形，苞片无毛，稍皱折，最外的 3 片矩圆形或卵形，顶端常有短突尖，内面能育的苞片较小，顶端无短突尖，有花 1 对；花黄色	观赏	中国广东、海南、福建，越南	海南、广东、福建
7209	*Phrynium placentarium* (Lour.) Merr.	尖苞柊叶（小花柊叶）	Marantaceae 竹芋科	多年生草本；叶基生；头状花序无总花梗，自叶鞘生出；子房仅 1 室发育，另 2 室的胚珠退化；种子被红色假种皮	药用		广东、海南、广西、贵州、云南
7210	*Phrynium rheedei* Suresh et Nicolson	柊叶（棕叶）	Marantaceae 竹芋科	多年生草本；根状茎块状，叶基生，矩圆或矩圆状披针形；头状花序近球形；每一苞片中有花 3 对；花冠紫色；蒴果矩圆形	观赏	中国，亚洲南部	云南、广西、广东
7211	*Phtheirospermum japonicum* (Thunb.) Kanitz	松蒿（糯蒿，土茵陈）	Scrophulariaceae 玄参科	一年生直立草本；被腺毛，有黏性；茎高 15～80cm；叶对生，卵形至卵状披针形，羽状全裂；穗状花序顶生，花冠粉红至紫红色；蒴果	药用，观赏		我国大部分地区均有分布
7212	*Phygelius aequalis* Hiern	黄花南非吊金钟	Scrophulariaceae 玄参科	小型亚灌木；圆锥花序长 20～30cm，花冠筒长 2.5～4cm，花冠橙黄色或黄色	观赏	南非	
7213	*Phygelius capensis* Benth.	南非吊金钟（南非金钟花）	Scrophulariaceae 玄参科	亚灌木；全株近光滑，有稀疏分枝；单叶对生，卵形至卵状披针形；圆锥花序顶生，小花下垂，花冠橙红至深红色，喉部黄色	观赏	南非	
7214	*Phyla nodiflora* (L.) E. L. Greene	过江藤（蓬莱草）	Verbenaceae 马鞭草科	多年生草本；具紧贴“丁”字状短毛；叶匙形，倒卵形至倒披针形；穗状花序腋生，花冠唇形，白色、粉红至紫红色；小坚果淡黄色	药用		华南、华中、西南及安徽、福建、台湾

（续）

序号	拉丁学名	中文名	所属科	特征及特性	类别	原产地	目前分布/种植区
7215	*Phyllagathis ovalifolia* H. L. Li	卵叶锦香草（酸猪草）	Melastomataceae 野牡丹科	灌木；茎四棱形，具分枝；单叶对生，纸质，卵形或长椭圆状卵形；伞形花序顶生，花瓣红色，宽卵形；蒴果杯形	观赏	中国、越南北部	云南
7216	*Phyllagathis wenshanensis* S. Y. Hu	猫耳朵	Melastomataceae 野牡丹科	草本；匍匐茎，四棱形，逐节生根；全株近肉质；单叶对生，膜质，圆形或卵状圆形；伞形花序顶生，红色，宽卵形；蒴果浅杯形	观赏	中国	云南
7217	*Phyllanthus acidus* Skeels	印度油柑	Euphorbiaceae 大戟科	灌木或小乔木，穗状花序，附于树干旁或新枝旁；淡黄色外皮呈扁球形，6～8 个角	果树		广东 台湾 海南
7218	*Phyllanthus emblica* L.	余甘子（油甘，余甘）	Euphorbiaceae 大戟科	落叶小乔木或灌木；叶互生，条状短圆形；单性花，雌雄同株，小而无花瓣；蒴果，果皮肉质呈浆果状	果树，药用，有毒		华南、西南及福建、台湾
7219	*Phyllanthus urinaria* L.	叶下珠（红珍珠草）	Euphorbiaceae 大戟科	一年生草本；高达 30cm；分枝倾卧而后上升；单叶，2 列互生，像羽状复叶，叶长椭圆形；花单性，雌雄同株，无花瓣；蒴果近球形	药用		华东、华南及湖南、台湾、贵州、云南
7220	*Phyllanthus ussuriensis* Rupr. et Maxim.	蜜柑草（蓖棵棵）	Euphorbiaceae 大戟科	一年生草本；茎高 15～60cm；单叶互生，2 列，叶线形或披针形；花腋生，单性，雌雄同株，无花瓣，无退化子房；蒴果球形	药用，饲用及绿肥		河南、安徽、江苏、浙江、江西、福建、贵州
7221	*Phyllanthus virgatus* G. Forst.	黄珠子草	Euphorbiaceae 大戟科	一年生草本；茎高 20～50cm；单叶互生，2 列，极似羽状复叶，叶长圆形；花单性，雌雄同株，雌花稍大于雄花，无花瓣；蒴果扁球形	杂草		广东、云南
7222	*Phyllitis scolopendrium* (L.) Newm.	对开蕨（日本对开蕨，东北对开蕨）	Aspleniaceae 铁角蕨科	多年生草本；根状茎横卧或斜升；叶近生，阔披针形或线状披针形；孢子囊群盖线形，膜质，淡棕色，孢子圆肾形	观赏	中国、俄罗斯、日本、朝鲜、北美及欧洲（西南部与中部）	吉林
7223	*Phyllodoce caerulea* (L.) Bab.	松毛翠	Ericaceae 杜鹃花科	常绿矮小灌木；高 10～30cm；叶螺旋状排列，线形；花生枝端，具赤褐色腺毛；花冠钟状或卵状壶形，粉红色或微紫革色；蒴果近球形	观赏		吉林、新疆

（续）

序号	拉丁学名	中文名	所属科	特征及特性	类别	原产地	目前分布/种植区
7224	*Phyllostachys acuta* C. D. Chu et C. S. Chao	尖头青竹	Gramineae (Poaceae) 禾本科	秆高 8cm，径粗 4～6cm；笋壳底色青带紫，有褐色小斑点及云纹状斑块，上部的箨鞘两侧褐紫色，中段的箨鞘两侧淡褐色	蔬菜	中国	浙江、江苏
7225	*Phyllostachys angusta* McClure	黄苦竹	Gramineae (Poaceae) 禾本科	常绿竹类，秆高 8m；叶带状披针形或秆针形，长 6～16cm，宽 1～2cm，下面近基部有白毛	蔬菜，生态防护，观赏		浙江、福建、江苏、安徽
7226	*Phyllostachys arcana* McClure	石绿竹	Gramineae (Poaceae) 禾本科	秆高 8m；箨片带状，绿色，有紫色纵脉纹，平直或竿下部者微皱曲，外翻；末级小枝具 2～3 叶；叶片带状披针形，两面无毛，或于下表面的基部偶有长柔毛	蔬菜	中国	黄河及长江流域各省
7227	*Phyllostachys aurea* Riviere et C. Rivière	人面竹（罗汉竹）	Gramineae (Poaceae) 禾本科	多年生木质化植物；新秆绿色，老秆渐变灰绿色，竹秆下部数节间常畸形缩短而使节间肿胀如人面	蔬菜，生态防护，观赏	中国	长江中下游
7228	*Phyllostachys aureosulcata* McClure	黄槽竹	Gramineae (Poaceae) 禾本科	多年生木质化植物；高可达 9m；节间纵沟槽为黄色；有的基最下两三节有曲折	观赏	中国	
7229	*Phyllostachys bissetii* McClure	蓉城竹	Gramineae (Poaceae) 禾本科	末级小枝具 2 叶；幼秆深绿略带紫色，被白粉；叶耳及鞘口繸毛通常存在，但易脱落；叶舌中度伸出；叶片长 7～11cm，宽 1.2～1.6cm	林木		浙江、四川
7230	*Phyllostachys circumpilis* C. Y. Yao et S. Y. Chen	毛壳花哺鸡竹	Gramineae (Poaceae) 禾本科	秆高 5～7m，幼秆深绿色，无白粉；秆环隆起；末级小枝具 2 或 3 叶；叶鞘有毛；叶耳半圆形，有长繸毛；叶舌隆起，边缘生白色长纤毛；叶片下表面密生短柔毛	林木		浙江
7231	*Phyllostachys dulcis* McClure	白哺鸡竹	Gramineae (Poaceae) 禾本科	幼秆逐渐被白粉，老秆灰绿色；箨鞘质薄，背面淡黄色或乳白色；箨耳卵状至镰形，绿或绿带紫色	蔬菜	中国	江苏、浙江
7232	*Phyllostachys edulis* (Carrière) J. Houz.	花毛竹（花竿毛竹）	Gramineae (Poaceae) 禾本科	多年生木质化植物；大型竹秆，在分枝以下无明显的秆环，挺拔直立，但顶梢下垂而叶细柔，状如美丽的鸵鸟羽毛；竹质柔软；颖果	观赏		浙江、台湾

（续）

序号	拉丁学名	中文名	所属科	特征及特性	类别	原产地	目前分布/种植区
7233	*Phyllostachys elegans* McClure	甜笋竹	Gramineae (Poaceae) 禾本科	幼秆被白粉，节间短而长度均匀；秆环稍隆起；秆鞘背面绿色带紫，被白粉及脱落性细刺毛；箨舍狭，拱形，淡绿紫色	蔬菜	中国	浙江、湖南、广东
7234	*Phyllostachys fimbriligula* T. W. Wen	角竹	Gramineae (Poaceae) 禾本科	常绿竹类，秆高 9m；每小枝 3～5 叶；披针形，长 8～15cm，宽 1～1.8cm，上面绿色，下面灰绿色，有细柔毛，侧脉 4～5 对	蔬菜，生态防护，观赏		浙江上虞及绍兴等地
7235	*Phyllostachys glabrata* S. Y. Chen et C. Y. Yao	花哺鸡竹（红壳竹）	Gramineae (Poaceae) 禾本科	秆灰绿色，秆环较平坦或稍隆起而与箨环同高；箨鞘背面密被紫褐色小斑点，形成云斑状；箨片狭三角形	蔬菜	中国	浙江
7236	*Phyllostachys glauca* McClure	淡竹	Gramineae (Poaceae) 禾本科	常绿竹类，秆高 18cm；每小枝 2～3 叶，叶片披针形，长 8～16cm，宽 1.2～2.4cm；叶背基部有细毛，叶舌紫色	蔬菜，生态防护，观赏	中国	黄河流域至长江流域，河南、山东、江苏、浙江、安徽、陕西、山西等地
7237	*Phyllostachys guizhouensis* C. S. Chao et J. Q. Zhang	贵州刚竹	Gramineae (Poaceae) 禾本科	秆高 16m，粗 8cm；竹箨紫黄色，具紫色脉纹；箨片窄三角形至带状，直立或开展，紫褐色具绿色纵条纹；叶鞘无毛；叶片披针形	生态防护		贵州
7238	*Phyllostachys heteroclada* Oliv.	水竹	Gramineae (Poaceae) 禾本科	秆可高 6m；小穗含 3～7 朵小花，上部小花不孕；颖 0～3 片；外稃披针形；内稃多少短于外稃，除基部外均被短柔毛；鳞被菱状卵形；柱头 3，有时 2，羽毛状	蔬菜，生态防护，观赏		河南、安徽、江苏、浙江、福建、江西、湖北、湖南、贵州、四川、广西、广东、云南
7239	*Phyllostachys incarnata* T. W. Wen	红壳雷竹	Gramineae (Poaceae) 禾本科	秆高达 8m；箨耳镰形，紫褐色；箨舌拱形或有时近于截形；箨片三角形至线状三角形；叶耳发达，卵形或半圆形；叶片上表面无毛；小穗含 2 或 3 朵小花	生态防护		浙江

（续）

序号	拉丁学名	中文名	所属科	特征及特性	类别	原产地	目前分布/种植区
7240	*Phyllostachys iridescens* C. Y. Yao et S. Y. Chen	红哺鸡竹（红壳竹）	Gramineae (Poaceae) 禾本科	笋壳底色褐红，脉浅紫褐，有很多黑色斑点和小斑块，表面无毛，边缘有很短的白毛，无箨耳，箨舌紫黑色	蔬菜，生态防护，观赏	中国	浙江、江苏
7241	*Phyllostachys kwangsiensis* W. Y. Hsiung, Q. H. Dai et J. K. Liu	假毛竹	Gramineae (Poaceae) 禾本科	秆高8～16m；秆径较细，节间长度均匀；箨鞘之斑点较小而稀疏，箨舌截平或呈拱形，叶片较大，两表面均疏生绒毛	生态防护		湖南、广东、广西
7242	*Phyllostachys makinoi* Hayata	台湾桂竹	Gramineae (Poaceae) 禾本科	秆高10～20m；箨鞘背面呈乳黄色，无毛；箨舌深紫色，截形或微拱形，具紫红色长纤毛；箨片带状；叶片长8～14cm	林木	中国	台湾、福建
7243	*Phyllostachys mannii* Gamble	美竹	Gramineae (Poaceae) 禾本科	秆高8～10m；箨鞘革质，硬而脆；箨舌宽短，紫色，截形或常微呈拱形；箨片三角形至三角状带形，但绿黄色或紫绿色；叶片披针形至带状披针形	林木		我国黄河至长江流域以及西南直到西藏的南部
7244	*Phyllostachys meyeri* McClure	毛环竹（浙江淡竹）	Gramineae (Poaceae) 禾本科	秆高5～11m；叶舌显著突出，叶片披针形至带状披针形；花被呈穗状；佛焰包5～8片；小穗长披针形，含小花1朵至2朵；小穗轴最后延伸成针状，其节间具短柔毛；颖片1，披针形	蔬菜，生态防护，观赏	中国	河南、陕西、长江流域及以南各地
7245	*Phyllostachys mitis* A. et. C.	刚竹（斑竹，台竹）	Gramineae (Poaceae) 禾本科	秆环在较粗大的秆中于不分枝的各节上不明显；箨鞘背面呈乳黄色或绿黄褐色稍带灰色，有绿色脉纹，无毛，有圆形斑点	蔬菜	中国	黄河至长江流域及福建
7246	*Phyllostachys nidularia* Munro	篌竹	Gramineae (Poaceae) 禾本科	多年生木质化植物；小枝梢常仅1枚叶片，箨鞘橄榄绿色至淡绿色而有白色纵条，其箨鞘顶端两侧的箨耳特大，与箨片基部相连	观赏	中国	长江流域及其以南地区
7247	*Phyllostachys nigra* (Lodd. ex Lindl.) Munro	紫竹（黑竹，乌竹）	Gramineae (Poaceae) 禾本科	多年生木质化植物；新竹深绿色，有细毛茸，多少薄铺白粉，以后逐渐变紫，而成紫黑色，无毛	蔬菜，生态防护及观赏	中国	华北、长江流域以至西南地区
7248	*Phyllostachys nuda* McClure	石竹	Gramineae (Poaceae) 禾本科	常绿竹类，秆高4～9m；小枝有叶3～4片，叶带状披针形或披针形，长8～16cm，宽1.5～2cm，质较薄，下面近基部有毛	蔬菜，生态防护，观赏		江苏、浙江、安徽、河南等地

（续）

序号	拉丁学名	中文名	所属科	特征及特性	类别	原产地	目前分布/种植区
7249	*Phyllostachys parvifolia* C. D. Chu et H. Y. Chou	安吉金竹	Gramineae (Poaceae) 禾本科	秆高 8m；箨鞘背面淡褐色或淡紫红色，无毛；箨舌宽，拱形或尖拱形，暗绿至紫红色；箨片三角形或三角状披针形，绿色；叶片较小，披针形或带状披针形	林木		浙江
7250	*Phyllostachys platyglossa* C. P. Wang et Z. H. Yu	灰水竹	Gramineae (Poaceae) 禾本科	秆高约 8m；节间长达 35cm；箨鞘厚纸质；箨舌宽而低，截形至拱形，紫色；箨片三角状带形，绿紫色至绿色；叶舌截形	林木		江苏南部、浙江安吉
7251	*Phyllostachys prominens* W. Y. Xiong	高节竹	Gramineae (Poaceae) 禾本科	秆高 10m；箨鞘背面淡褐黄色；箨耳发达，镰状，紫色或带绿色；箨舌紫褐色；箨片带状披针形；叶舌伸出，黄绿色；小穗披针形	林木		浙江
7252	*Phyllostachys propinqua* McClure	早园竹（沙竹）	Gramineae (Poaceae) 禾本科	秆一般高 2～6m，绿色，秋季变黄绿色，节下具显著白边，每节聚 2～3 小枝	观赏	中国	浙江、江苏、安徽、江西
7253	*Phyllostachys reticulata* (Rupr.) K. Koch	斑竹（湘妃竹）	Gramineae (Poaceae) 禾本科	多年生木质化植物，秆高达 18m，中部节间长达 40cm，秆绿色无毛，无白粉，秆环和箨环均隆起；叶长椭圆状披针形，下面粉绿色，在叶耳和长肩毛；花药长 11～14mm	观赏	中国	黄河、长江流域
7254	*Phyllostachys robustiramea* S. Y. Chen et C. Y. Yao	芽竹	Gramineae (Poaceae) 禾本科	秆高达 10m；箨鞘淡绿紫色，绿紫色乃至黑绿带紫色；箨耳在竿下部的箨上不发达；箨舌淡绿色，截形或略呈拱形；箨耳小	林木		浙江安吉、杭州植物园有引种栽培
7255	*Phyllostachys rubicunda* T. W. Wen	红后竹	Gramineae (Poaceae) 禾本科	秆高约 5m；箨鞘被白粉；箨舌高 1～1.5mm；箨片三角形、狭三角形或披针形，淡绿色；无叶耳而有鞘口缝毛；叶舌不伸出；花枝未见	林木		浙江、福建
7256	*Phyllostachys rubromarginata* McClure	红边竹	Gramineae (Poaceae) 禾本科	秆高约 6m；鞘背面淡绿色，被白粉；无箨耳；箨舌绿色；箨片三角形。狭三角形或披针形，淡绿色，先端淡紫色；无叶耳；叶舌不伸出；花枝未见	林木		浙江、福建

（续）

序号	拉丁学名	中文名	所属科	特征及特性	类别	原产地	目前分布/种植区
7257	*Phyllostachys sulphurea* （Carrière）Riviere et C. Rivière	金竹	Gramineae (Poaceae) 禾本科	多年生木质化植物；秆金黄色，箨鞘呈黄并具绿纵纹及不规则的淡棕色斑点	蔬菜，生态防护，观赏	中国	长江流域以南各地
7258	*Phyllostachys sulphurea* var. *viridis* R. A. Young	黄皮刚竹	Gramineae (Poaceae) 禾本科	多年生木质化植物；新秆绿底色上有深绿色纵条，节下有深绿色环带，绿色叶片上也常有乳脂色条纹	观赏	中国	长江流域
7259	*Phyllostachys varioauriculata* S. C. Li et S. H. Wu	乌竹	Gramineae (Poaceae) 禾本科	秆直立，高3～4m，表面有不规则细纵沟；秆环隆起，高于箨环；箨鞘薄纸质，暗绿紫色；箨舌截平或微呈拱形，暗紫色；箨片直立，狭三角形至披针形；叶片线形或线状披针形；笋期4月中旬	生态防护及观赏		安徽
7260	*Phyllostachys veitchiana* Rendle	硬头青竹	Gramineae (Poaceae) 禾本科	秆高3～5m；箨鞘被白粉；箨耳紫色，三角形、阔镰形至镰形，斜上举；箨舌紫色，拱形；箨片三角形至狭三角形；叶舌明显；小穗通常具4或5朵小花；果实未见	林木		湖北西部及四川
7261	*Phyllostachys violascens* （Carrière）Riviere et C. Rivière	早竹	Gramineae (Poaceae) 禾本科	中部节间常在沟槽的一侧膨大，秆环与箨环均中度隆起	蔬菜，生态防护，观赏	中国	浙江、江苏、安徽、江西、湖南、福建
7262	*Phyllostachys viridiglaucescens* Riviere et C. Rivière	粉绿竹	Gramineae (Poaceae) 禾本科	秆高约8m，幼秆被白粉；秆环隆起；末级小枝具1～3叶；叶耳不明显；叶舌强烈伸出；叶片披针形至带状披针形；花枝呈穗状；小穗含1或2朵小花	观赏		江苏、浙江、江西
7263	*Phyllostachys vivax* McClure	乌哺鸡竹（蚕哺鸡竹）	Gramineae (Poaceae) 禾本科	笋壳底色黄褐，密布黑褐色到黑微带古铜色的大斑块，先端的几片壳几乎完全被褐色大斑块遮盖；无箨耳	蔬菜，生态防护，观赏	中国	浙江、江苏、河南、山东、河北
7264	*Phymatopteris hastata* （Thunb.）Pic. Serm.	金鸡脚	Polypodiaceae 水龙骨科	常绿多年生蕨类植物；根状茎细长，横走，被红棕色鳞片；叶疏生，厚纸质；叶柄稻秆色，基部与根状茎间有关节；孢子囊在近主脉处着生	观赏	中国	长江以南各省份及陕西、河南、山东

（续）

序号	拉丁学名	中文名	所属科	特征及特性	类别	原产地	目前分布/种植区
7265	*Physalis alkekengi* L.	酸浆（红姑娘，锦灯笼）	Solanaceae 茄科	多年生草本；具根茎；茎高 40～80cm；叶长卵形至宽卵形；花梗密生柔毛，花冠辐状，白色；浆果球形	果树		我国各地均有分布
7266	*Physalis angulata* L.	苦蘵	Solanaceae 茄科	一年生草本；茎高 30～50cm；叶卵形至卵状椭圆形；花单生于叶腋，较小，花冠淡黄色，喉部常带有紫色斑纹；浆果球形	药用		华东、华中、华南、西南
7267	*Physalis minima* L.	小酸浆	Solanaceae 茄科	一年生草本；主轴短，顶端多二歧分枝，植株铺散于地或斜向上升；叶卵形或卵状披针形，顶端尖，基部斜楔形；花冠黄色；浆果球形	观赏	中国	河北、云南、广西、四川
7268	*Physalis peruviana* L.	灯笼果（小果酸浆）	Solanaceae 茄科	多年生草本；匍匐根；花冠黄色而喉部有紫色斑纹，花丝与花药蓝紫色；果萼薄纸质，淡绿色或淡黄色	蔬菜，果树	南美洲	广东 、云南
7269	*Physalis pubescens* L.	毛酸浆（黄果酸浆，洋姑娘）	Solanaceae 茄科	一年生草本；茎生柔毛；叶顶端急尖，边缘通常有不等大的尖牙齿；雄蕊短于花冠；浆果黄色或有时带紫色斑纹	蔬菜，果树	美洲	黑龙江、吉林
7270	*Physocarpus amurensis* （Maxim.）M-axim.	风箱果（托盘幌）	Rosaceae 蔷薇科	落叶灌木；小枝幼时紫红色，老时为灰褐色，叶三角状卵形或宽卵形；伞形总状花序顶生，花瓣白色，花药紫色	观赏	中国、朝鲜北部及前苏联远东地区	黑龙江、河北
7271	*Physocarpus opulifolius* （L.）Maxim.	美国风箱果	Rosaceae 蔷薇科	灌木，高达 2～3m；伞房花序，花白色，花蕾稍粉红色，花径 5～10mm，萼筒杯状，萼片三角形，均密被星状绒毛，花瓣倒卵形，雄蕊 20～30，长于花瓣，花药紫色，子房 2～3，外被密毛	观赏	美国	
7272	*Physochlaina infundibularis* Kuang	华山参（漏斗泡囊草，华参）	Solanaceae 茄科	多年生草本；根圆锥状；叶心形或戟形；顶生伞房或聚伞花序；花萼筒状钟形；花冠漏斗状；蒴果近球形	有毒		陕西、山西、河南
7273	*Physochlaina physaloides* （L.）G. Don	泡囊草	Solanaceae 茄科	叶卵形；伞房式聚伞花序；花萼筒状狭钟形；花冠漏斗状，紫色，5 浅裂；花柱显著伸出花冠；蒴果，种子扁肾状	药用，有毒		东北、华北

（续）

序号	拉丁学名	中文名	所属科	特征及特性	类别	原产地	目前分布/种植区
7274	*Physochlaina praealta* (Decne.) Miers	西藏泡囊草	Solanaceae 茄科	多年生草本；叶卵形；花疏散生于圆锥式聚伞花序上；苞片叶状，卵形；花萼短钟状，花冠钟状；蒴果聚圆状	有毒		西藏西部和中部
7275	*Physostegia virginiana* Beath.	假龙头花（随意草）	Labiatae 唇形科	多年生草本；具匍匐状根茎；叶披针形；穗状花序顶生，小花花冠唇形，花粉红、白色或淡紫色	观赏	北美	
7276	*Phyteuma comosum* L.	角钟花	Campanulaceae 桔梗科	多年生草本；密头状或伞形花序，花淡紫色至深紫色，花柱纤细长而突出	观赏	阿尔卑斯山区	
7277	*Phyteuma orbiculare* L.	球花牧根草	Campanulaceae 桔梗科	多年生草本；球形头状花序，具短苞片；花冠深蓝色，花冠筒上部稍弯曲，裂片5，深达基部	观赏	阿尔卑斯山区	
7278	*Phytolacca acinosa* Roxb.	商陆（野胡萝卜，山萝卜）	Phytolaccaceae 商陆科	多年生草本；主根肉质肥厚，圆锥形；叶互生，卵状椭圆形；总状花序，花被5；雄蕊8～10；心皮8～10；分果浆果状	有毒		我国大部分地区
7279	*Phytolacca americana* L.	花商陆（美洲商陆，美商陆）	Phytolaccaceae 商陆科	多年生草本；高1～2m；根肉质，圆锥形；叶卵状长圆形至长圆状披针形；总状花序下垂，花白色，心皮10个，合生；浆果扁球形	有毒	北美	山东、江苏、安徽、浙江、江西
7280	*Picea abies* (L.) H. Karst.	欧洲云杉（挪威云杉）	Pinaceae 松科	常绿乔木；叶片深绿色，有光泽，四棱状条形；冬芽圆锥形，芽鳞淡红褐色；球果圆柱形	林木，观赏	欧洲北部及中部	华东、华北及吉林、甘肃、陕西、河南、辽宁
7281	*Picea asperata* Mast.	云杉	Pinaceae 松科	常绿乔木；树冠圆锥形；叶四棱状条形，无柄，螺旋状排列，辐射伸展；雌雄同株；雄球花单生叶腋；球果圆柱状或圆柱状椭圆形	观赏	中国特有	四川、陕西、甘肃、青海
7282	*Picea asperata* var. *aurantiaca* (Masters) Boom	白皮云杉	Pinaceae 松科	常绿乔木；高达25m，胸径50cm；冬芽圆锥形，褐色；叶钻形，每边有4～6条气孔线；球果长椭圆状圆柱形	林木，观赏	中国	四川西部
7283	*Picea brachytyla* (Franch.) E. Pritz.	麦吊云杉	Pinaceae 松科	常绿大乔木；高达30m，胸径达1m以上；叶在小枝上面密集，在下面梳状排列；雌雄同株，雄球花单生叶腋，雌球花单生枝顶；球果	林木		河南、湖北、陕西、四川、甘肃

（续）

序号	拉丁学名	中文名	所属科	特征及特性	类别	原产地	目前分布/种植区
7284	*Picea crassifolia* Kom.	青海云杉	Pinaceae 松科	常绿乔木；叶在小枝顶端直立，中下部均向上弯曲；球果种鳞熟前绿色，但上部边缘紫红色	观赏	中国	祁连山、贺兰山及甘肃东南白龙江流域、内蒙古大青山及宁夏六盘山
7285	*Picea jezoensis* （Siebold et Zucc.）Carrière	鱼鳞云杉	Pinaceae 松科	乔木；高达 50m；小枝叶上面有 2 条白粉气孔带，每带 5～8 条气孔线；球果矩圆状圆柱形或长卵圆形	林木，经济作物（橡胶类，油料类）		东北大兴安岭至小兴安岭南端及松花江流域中下游
7286	*Picea koraiensis* Nakai	红皮云杉	Pinaceae 松科	树高达 30m；球果比较小，长 5～8cm，果鳞先端圆形，露出部分平滑，无明显纵槽，球果成熟前绿色	观赏	中国、朝鲜	东北、河北
7287	*Picea likiangensis* （Franch.）E. Pritz.	丽江云杉	Pinaceae 松科	常绿乔木；高达 50m，胸径 2.6m，浅根性；树皮深灰或暗褐色；深裂成不规则的厚块片	观赏	中国	云南、四川
7288	*Picea likiangensis* var. *montigena* （Mast.）W. C. Cheng	康定云杉	Pinaceae 松科	乔木；小枝有密毛，叶下面每边有 1～4 条气孔线；球果在成熟前种鳞露出部分背部绿色，卵状矩圆形或圆柱形	林木		四川康定折多山
7289	*Picea likiangensis* var. *rubescens* Rehder et E. H. Wilson	川西云杉	Pinaceae 松科	乔木；一年生枝较粗，有密毛；叶下面每边常有 3～4 条完整或不完整的气孔线；球果较小，卵状矩圆形或圆柱形	林木		四川、青海、西藏
7290	*Picea meyeri* Rehder et E. H. Wilson	白杄（白儿松，红杆，红杄云杉）	Pinaceae 松科	常绿针叶乔木；幼枝黄褐色；叶四棱状条形，四面均有白色气孔带，顶钝或钝尖，在枝上放射状螺旋排列；雌雄同株	木材，观赏	中国	华北
7291	*Picea morrisonicola* Hayata	台湾云杉	Pinaceae 松科	乔木；高达 50m；主枝两侧及下面之叶上面每边约 5 条气孔线，下面每边 2～3 条；球果矩圆状圆柱形	林木，经济作物（纤维类）		台湾
7292	*Picea neoveitchii* Mast.	大果青杄（青扦杉，瓜松，大果云杉）	Pinaceae 松科	常绿乔木；高 15～25m，胸径 50cm；小枝上面之叶向上伸展，下面之叶辐射伸展；球果长圆状圆柱形或卵状圆柱形，下垂	木材，观赏		河南、湖北、陕西、甘肃

（续）

序号	拉丁学名	中文名	所属科	特征及特性	类别	原产地	目前分布/种植区
7293	*Picea obovata* Ledeb.	西伯利亚云杉	Pinaceae 松科	常绿乔木；高达 35m，胸径 60cm；叶宿存数年，小枝上面的叶向上和向前伸展，下面的叶呈梳状排列；雄球花黄色或深红色，雌球花红紫色；球果	林木，观赏		新疆阿尔泰山
7294	*Picea polita*（Sieb. et Zucc.）Carr.	日本云杉（叶枞）	Pinaceae 松科	常绿乔木；球果卵圆形或柱状椭圆形、长卵圆形，无梗，绿色，成熟后淡红褐色；种鳞近圆形或倒卵形，上端边缘有微缺齿；苞鳞短小；种子连同种翅长约 2cm	观赏	日本	杭州、青岛、大连有栽培
7295	*Picea purpurea* Mast.	紫果云杉	Pinaceae 松科	常绿乔木；球果单生侧枝顶端，下垂，卵圆形或椭圆形，成熟前后均为紫黑色或淡红紫色；种鳞斜方状卵形，中上部所窄成三角状，排列疏松，边缘波状有细缺齿；种子上端有膜质长翅	观赏	中国	青海、甘肃、四川等地
7296	*Picea schrenkiana* Fisch. et C. A. Mey.	雪岭杉	Pinaceae 松科	乔木；高达 35～40m；小枝叶四面均有气孔线；球果成熟前绿色，椭圆状圆柱形或圆柱形	林木，经济作物（橡胶类，纤维类），生态防护		新疆天山
7297	*Picea smithiana*（Wall.）Boiss.	长叶云杉	Pinaceae 松科	常绿大乔木；高达 50m，胸径达 1m 以上；叶辐射状伸展，内曲，钻形细长，球果下垂，圆柱形，两端渐窄	林木		西藏吉隆
7298	*Picea spinulosa*（Griff.）A. Henry	西藏云杉（新拟）	Pinaceae 松科	乔木；高达 60m；小枝叶上面有 2 条白粉带；球果矩圆状圆柱形或圆柱形，成熟前背面露出部分绿色，边缘紫色	林木，生态防护		西藏南部
7299	*Picea wilsonii* Mast.	青杄（黑扦松，细叶松，方叶杉）	Pinaceae 松科	常绿乔木；小枝灰色，叶深绿，四棱稍扁，在枝上螺旋状排列，但中下部扭转使成半圆形辐射	林木，观赏	中国湖北及西北高山	华北、西北
7300	*Picrasma chinensis* P. Y. Chen	常绿苦树（常绿苦木）	Simarubaceae 苦木科	常绿乔木；高 20m；奇数羽状复叶，小叶 5～9，全缘，长圆形或卵状长圆形，稀倒卵形；圆锥花序长 5～12cm，花 4 数，黄绿色；核果卵球形，熟时红褐色	药用		西藏、云南、广西

（续）

序号	拉丁学名	中文名	所属科	特征及特性	类别	原产地	目前分布/种植区
7301	*Picrasma quassioides* (D. Don) Benn.	苦木（黄楝树，黄檀木）	Simarubaceae 苦木科	灌木或小乔木；羽状复叶，小叶卵形或长圆状卵形；聚伞花序腋生，花杂性异株，黄绿色；核果倒卵形	有毒		黄河流域以南各省份
7302	*Pieris formosa* (Wall.) D. Don	美丽马醉木（泡泡花）	Ericaceae 杜鹃花科	常绿灌木或小乔木；叶椭圆状长圆形至披针形；圆锥花序顶生；苞片线状三角形；花白色或粉红；花冠坛状；蒴果	有毒，观赏		西南、华中、华南及福建
7303	*Pieris japonica* (Thunb.) D. Don ex G. Don	马醉木	Ericaceae 杜鹃花科	灌木或小乔木；叶密集枝顶，椭圆状披针形；总状花序或圆锥花序顶生或腋生；花冠白色，坛状，子房近球形；蒴果近于扁球形	有毒，观赏		安徽、浙江、福建、江西
7304	*Pilea cavaleriei* H. Lév.	波缘冷水花（石油菜，肉质冷水花）	Urticaceae 荨麻科	多年生肉质草本；高 8～15cm；叶对生，宽卵形或菱状宽卵形；雌雄同株；花极小，白色；雄花序梗长 1.8cm，雌花序无梗或梗极短；瘦果长 0.8mm	药用，蔬菜	中国	四川、贵州、湖南、湖北、浙江、广东、广西、福建
7305	*Pilea depressa* (Swartz) Blume	平卧冷水花	Urticaceae 荨麻科	多年生草本植物，茎呈匍匐性，叶呈圆倒卵形，叶片直径约 0.6cm，极小，薄肉质，对生，浅绿色，密集着生于茎蔓上，叶面光滑且有光泽，叶端呈浅钝锯齿，叶片晶莹翠绿	观赏	西印度群岛	
7306	*Pilea involucrata* Urb.	巴拿马冷水花	Urticaceae 荨麻科	多年生草本；茎蔓生至直立；叶丛生茎端，叶片卵圆形至宽倒卵圆形，先端圆，有圆锯齿，叶背紫色	观赏	印度至南美	
7307	*Pilea monilifera* Hand.-Mazz.	念珠冷水花	Urticaceae 荨麻科	草本；具匍匐根状茎，茎肉质；叶椭圆形或卵状长圆形；雌雄同株或异株；雄花具梗，雌花近无梗；瘦果卵形	有毒		云南、贵州、四川
7308	*Pilea notata* C. H. Wright	冷水花	Urticaceae 荨麻科	多年生富含汁液草本；茎高 25～65cm；叶对生，卵形或斜卵形；雌雄异株，聚伞花序疏松，生于叶腋；瘦果卵形	药用		华东、华中、华南、西南
7309	*Pilea nummularifolia* Wedd.	铜钱叶冷水花	Urticaceae 荨麻科	多年生草本；茎低矮匍状，线状分枝，节上生根；叶有细柄、圆形，亮绿色，两面有毛，边缘有锯齿，叶面生有小水泡状	观赏	南美	

（续）

序号	拉丁学名	中文名	所属科	特征及特性	类别	原产地	目前分布/种植区
7310	*Pilea peperomioides* Diels	镜面草	Urticaceae 荨麻科	多年生草本；老茎呈木质化，褐色，叶近圆形，浅绿色，有光泽，呈盾状着生，似圆镜	观赏	中国云南	
7311	*Pilea pumila* (L.) A. Gray	透茎冷水花	Urticaceae 荨麻科	一年生草本；高10～32cm；叶对生，菱状卵形或宽卵形；雌雄同株或异株，雄花被片常2，雌花被片3；瘦果卵形	药用		东北、华北、西北、华东、华中、华南、西南
7312	*Pilea repens* Liebm.	泡叶冷水花	Urticaceae 荨麻科	多年生草本；茎匍匐，节处生根，全株被短毛；叶对生，卵圆形，缘由齿，叶面有泡状突起	观赏	亚洲热带	南方
7313	*Pimenta dioica* Merr.	众香树	Myrtaceae 桃金娘科	乔木；叶互生，单叶，革质，长圆披针形，叶脉显著，有香味，伞形花序，花小，白色，萼4裂	观赏	中美	
7314	*Pimpinella anisum* L.	茴芹	Umbelliferae (Apiaceae) 伞形科	一年生草本；高10～80cm；复伞形花序顶生或腋生；花瓣白色；果实卵状长圆形	蔬菜	埃及	新疆
7315	*Pimpinella brachycarpa* (Kom.) Nakai	山芹菜（大叶芹，假茴芹）	Umbelliferae (Apiaceae) 伞形科	多年生草本；根状茎短而粗；叶质较薄，通常3出；复伞花序顶生；萼披针形；花瓣5，顶端具1小舌片，花柱丝状；双悬果	蔬菜		东北
7316	*Pimpinella diversifolia* DC.	异叶茴芹（鹅脚板，八月白）	Umbelliferae (Apiaceae) 伞形科	多年生草本；高40～120cm；下部叶三出羽状分裂；中部叶卵形，茎上部叶披针形，基部楔形，边缘具深缺刻；伞形花序有花15朵，花白色；双悬果圆卵形	蔬菜，药用	中国	广东、广西、浙江、江苏、湖北、湖南、四川、云南
7317	*Pinanga discolor* Burret	异色山槟榔	Palmae 棕榈科	丛生常绿灌木；茎干纤细，有不整齐褐色斑纹；羽状复叶，叶轴背面具暗褐色鳞片；肉穗花序下垂	观赏	中国台湾、广东、海南、广西及云南	我国南部、台湾
7318	*Pinellia cordata* N. E. Br.	滴水珠（石半夏，水滴珠）	Araceae 天南星科	多年生草本；块茎球形；叶柄下部及顶部有1珠芽；叶1枚，心形或心状戟形；佛焰苞多为紫色；顶端附属器细长	药用，有毒		华东、华中、华南及贵州
7319	*Pinellia integrifolia* N. E. Br.	石蜘蛛	Araceae 天南星科	块茎小，扁球形，颈部周围生根；鳞叶1，披针形；叶片卵形；肉穗花序；浆果卵形，具长喙	药用		湖北、四川

（续）

序号	拉丁学名	中文名	所属科	特征及特性	类别	原产地	目前分布/种植区
7320	*Pinellia pedatisecta* Schott	天南星（掌叶半夏，狗爪半夏，虎掌南星）	Araceae 天南星科	块茎近圆球形；叶鸟足状分裂；佛焰苞淡绿色，管部长圆形，檐部长披针形；肉穗花序；附属器细线形；浆果卵圆形	药用，有毒		除内蒙古、青海、新疆、西藏外，全国各地都有分布
7321	*Pinellia ternata* （Thunb.）Breitenb.	半夏（三步跳，裂刀草）	Araceae 天南星科	多年生草本；块茎近球形；叶柄基部具鞘，鞘内或叶片基部具珠芽；佛焰苞绿色；雌花序较雄花序短，附属器细柱状；浆果	有毒	中国	除内蒙古、新疆、青海、西藏除外，全国其他省、份都有分布
7322	*Pinguicula alpina* L.	捕虫堇（高山捕虫堇）	Lentibulariaceae 狸藻科	多年生食虫草本；叶基生，淡绿色，叶面具大量腺毛，能分泌黏液，以捕捉昆虫；花葶1至数条，顶生1花，花淡黄色	观赏	中国	四川、云南、西藏
7323	*Pinus armandii* Franch.	华山松（白山松，五须松）	Pinaceae 松科	乔木；树冠圆锥状或柱状塔形；针叶常5针1束；雄球花黄色，卵状圆柱形，基部有卵状匙形鳞片；球果圆锥状长卵圆形，种子黄褐色	经济作物（橡胶类、香料类、油料类），观赏，林木	中国	西北、西南、河南、河北
7324	*Pinus banksiana* Lamb.	班克松	Pinaceae 松科	常绿乔木，有时成灌木状，高25m；针叶2针1束，短粗，常扭曲，全缘；雌雄同株；球果窄圆锥状椭圆形，不对称，常弯曲，熟时淡绿黄色或淡褐黄色	林木	北美洲中部以北	辽宁、吉林、山东、北京、江苏、江西
7325	*Pinus bungeana* Zucc. ex Endl.	白皮松（白骨松，三针松）	Pinaceae 松科	常绿乔木；大树树皮剥落处白色；冬芽卵形，不被松脂；叶3针1束，粗硬无叶鞘，花雌雄同株；球果卵形	林木，观赏	中国山西、河南、陕西秦岭、甘肃、四川、湖北西部	全国各地均有分布
7326	*Pinus caribaea* Morelet	加勒比松	Pinaceae 松科	树皮平滑或纵裂或成片状剥落；冬芽有鳞片；长枝有鳞片状叶，小枝生于长枝的鳞片状叶的腋内，顶生针状叶，2、3或5针1束，每束基部为芽鳞的鞘所包围	林木	加勒比海地区	广东、海南、广西、四川、湖北、湖南、福建、江西、云南
7327	*Pinus contorta* Loud.	旋叶松（扭松）	Pinaceae 松科	常绿乔木，高6～24m；树冠圆锥形，窄而密集；叶粗壮，黄绿色至暗绿色，2针1束	观赏	阿拉斯加至加利福尼亚、哥伦比亚	

（续）

序号	拉丁学名	中文名	所属科	特征及特性	类别	原产地	目前分布/种植区
7328	*Pinus densata* Mast.	高山松	Pinaceae 松科	乔木；高达 30m；针叶 2 针 1 束；叶鞘初呈淡褐色，老则暗灰褐色或黑褐色；球果卵圆形	林木，经济作物（橡胶类）		四川西部、青海南部、西藏东部、云南西北部
7329	*Pinus densiflora* Siebold et Zucc.	赤松（辽东赤松，短叶赤松）	Pinaceae 松科	乔木；树皮橘红色，树冠伞状；针叶 2 针 1 束；雄球花淡红黄色，圆筒形，聚生新枝下部呈短穗状；雌球花淡红紫色；球果卵圆形，种鳞盾扁菱形	林木，药用，观赏		东北、华北、华南
7330	*Pinus densiflora* var. *ussuriensis* Liou et Z. Wang	兴凯湖松	Pinaceae 松科	常绿乔木；高 15～20m，胸径 30～50cm；针叶 2 针 1 束；雄球花黄褐色，雌球花紫色，1～3 个近顶生；球果，种鳞卵状长圆形	林木		黑龙江南部
7331	*Pinus echinata* Mill.	短叶松（萌芽松）	Pinaceae 松科	乔木；树皮淡栗褐色，纵裂成鳞状块片；针叶 2～3 针 1 束，深蓝色；球果圆锥状卵圆形，熟时种鳞张开，种鳞的鳞钝平或微肥厚，暗褐色，鳞脐突起，有极短的刺	林木，观赏	美国东南	浙江、江苏、福建、广东
7332	*Pinus elliottii* Engelm.	湿地松	Pinaceae 松科	常绿大乔木；高 30～36m；树皮灰褐色；冬芽圆柱状，红褐色，粗壮，无树脂；针叶 2 针或 3 针 1 束，深绿色，腹背两面均有气孔线，边缘有细锯齿	林木，观赏	美国东南部	华中、华南、西南及福建、江西、浙江、江苏、安徽
7333	*Pinus fenzeliana* Hand.-Mazz.	海南五针松（葵花松）	Pinaceae 松科	乔木；针叶 5 针 1 束；雄球花卵圆形，多数聚生新枝下部成穗状；球果长卵圆形或椭圆状卵圆形，种鳞盾扁菱形，种子栗褐色	林木，观赏		广东、广西、贵州、湖南
7334	*Pinus fenzeliana* var. *dabeshanensis* (C. Y. Cheng et Y. W. Law) L. K. Fu et Nan Li	大别山五针松	Pinaceae 松科	常绿乔木；高达 30m，胸径约 50cm；冬芽长卵圆形，无树脂，针叶 5 针 1 束，腹面两侧具 3～4 条白色气孔线；球果圆柱状椭圆形	林木		安徽、湖北、河南
7335	*Pinus gerardiana* Wall. ex D. Don	西藏白皮松（新拟）	Pinaceae 松科	乔木；针叶 3 针 1 束，坚硬；叶鞘早落，鳞叶不下延、脱落；球果矩圆形至卵圆形	林木		西藏

（续）

序号	拉丁学名	中文名	所属科	特征及特性	类别	原产地	目前分布/种植区
7336	*Pinus kesiya* Royle ex Gordon	卡西松	Pinaceae 松科	乔木；高达 30m；一年生枝淡黄褐、淡褐或橘黄色；东芽红褐色，圆锥形，微被树脂；针叶 3 针 1 束；球果卵圆形	林木		云南南部及西部
7337	*Pinus koraiensis* Siebold et Zucc.	红松（果松，海松）	Pinaceae 松科	常绿乔木；叶针形，5 针 1 束；球果大，成熟后种鳞不张开或稍张开露出种子，种鳞先端向外反曲，种子无翅	经济作物（油料类）	中国、前苏联、朝鲜、日本	长白山、小兴安岭、张广才岭及完达山
7338	*Pinus kwangtungensis* Chun et Tsiang	华南五针松（广东松）	Pinaceae 松科	常绿乔木；高达 30m，胸径 50～150cm；叶针形，5 针 1 束，腹面每侧有 4～5 条白色气孔线；球果圆柱状长圆形或卵圆形	林木，观赏		湖南、广西、广东、贵州、海南
7339	*Pinus massoniana* Lamb.	马尾松（青松，松树）	Pinaceae 松科	常绿乔木；树皮鳞片状，枝轮生，叶细长柔软；球果，种鳞鳞盾菱形平或微隆起，鳞脐微凹，种子翅条形	经济作物（橡胶类）	中国	华东、西南及河南、陕西、台湾
7340	*Pinus nigra* J. F. Arnold	欧洲黑松	Pinaceae 松科	常绿乔木；高 50m，一般 30m；针叶 2 针 1 束，刚硬而直，深绿色；球果卵圆形，淡黄褐色；种子黑灰色或黑褐色、具长翅	林木，观赏		辽宁、北京
7341	*Pinus palustris* Mill.	长叶松	Pinaceae 松科	常绿乔木；高 45m；针叶 3 针 1 束；球果窄卵状圆柱形；种子长约 10mm、宽 6～8mm、种翅长 3.5～5cm	林木，生态防护	沿大西洋及墨西哥湾海岸平原	江苏、福建、浙江、湖南、江西、山东、西藏、湖北
7342	*Pinus parviflora* Siebold et Zucc.	日本五针松	Pinaceae 松科	常绿乔木；树冠圆锥形，老后广卵形，幼枝灰绿色，平滑；叶 5 针 1 束；球果卵形至卵状椭圆形，无柄，种鳞先端稍内曲	观赏	日本	山东、江苏、浙江、安徽、湖南、湖北、江西、上海、四川
7343	*Pinus ponderosa* C. Lawson	西黄松（美国黄松，美国长三叶松）	Pinaceae 松科	乔木；针叶通常 3 针束或 2、3 针并存，稀有 5 针 1 束；球果卵圆形，成熟时开裂；鳞盾红褐色或淡红褐色，有光泽，沿横脊隆起，鳞脐有向后弯的粗刺	林木，观赏	加拿大南部到墨西哥、美国内布拉斯加州和俄克拉何马州到太平洋沿岸	四川、云南、贵州、北京、上海、江西、湖北、辽宁、内蒙古

（续）

序号	拉丁学名	中文名	所属科	特征及特性	类别	原产地	目前分布/种植区
7344	*Pinus pumila* (Pall.) Regel	偃松（爬松，倭松）	Pinaceae 松科	灌木；树干常伏卧状；针叶5针1束；雄球花椭圆形，黄色，雌球花紫色或红紫色；球果直立，圆锥状卵圆形或卵圆形，种鳞近宽菱形	观赏		东北及内蒙古
7345	*Pinus rigida* Mill.	刚松	Pinaceae 松科	常绿乔木；高25m；针叶3针1束；雌雄同株；球果圆锥状卵形；种子长卵圆形	林木，观赏		东北、华北及山东、河南、湖北、陕西、浙江、四川、甘肃、安徽、江西、云南、江苏
7346	*Pinus roxburghii* Sarg.	喜马拉雅长叶松	Pinaceae 松科	常绿乔木；高达30～45m，胸径40～100cm；针叶3针1束，细长；雄球花单生幼枝基部的苞片腋部，雌球花近顶生；球果长卵圆形	林木，经济作物（油料类，橡胶类）		西藏吉隆
7347	*Pinus serotina* Michx.	晚松	Pinaceae 松科	常绿乔木；高12～30m；针叶3针1束；雌花橘红色、雄球花黄绿色；球果近椭圆形	林木	美国东南部沿海	湖南、湖北、安徽、江苏、浙江、山东、河南、广西、广东、重庆、云南
7348	*Pinus sibirica* Du Tour	新疆五针松（西伯利亚红松）	Pinaceae 松科	乔木；树冠尖塔形；针叶5针1束；球果直立，圆锥状卵圆形，种鳞宽楔形，种子生于种鳞腹面下部凹槽中，黄褐色	林木		山东、陕西、江西、新疆
7349	*Pinus strobus* L.	美国白松（北美乔松，美国五针松）	Pinaceae 松科	常绿乔木；树皮平滑或纵裂或成片状剥落；针状叶，2、3或5针1束，每束基部为芽鳞的鞘所包围；冬芽卵圆形渐尖，叶5针1束；球果熟时红褐色	林木，观赏	北美	北京、江苏、浙江、辽宁
7350	*Pinus sylvestris* L.	欧洲赤松	Pinaceae 松科	常绿乔木；高25～32m；雌球花暗紫红色，幼果淡褐色，有梗，下垂；球果锥状卵圆形，长4～5cm，直径3～4.5cm，成熟时淡褐灰色	观赏	欧洲	江苏、上海、辽宁、北京、内蒙古
7351	*Pinus tabuliformis* Carrière	油松（红皮松，短叶松）	Pinaceae 松科	乔木；叶2针1束，树脂道5～8，边生；叶鞘宿存；雄球花橙黄色，雌球花绿紫色；球果卵形，种子卵形	蜜源	中国	华北及辽宁、陕西、甘肃、青海、四川

（续）

序号	拉丁学名	中文名	所属科	特征及特性	类别	原产地	目前分布/种植区
7352	*Pinus tabuliformis* var. *henryi* (Mast.) C. T. Kuan	巴山松（短叶马尾松）	Pinaceae 松科	常绿乔木；高达30m；针叶2针1束，长7～12cm；球果圆卵形或圆锥状卵形；种子椭圆状卵圆形，长6～7mm，连翅长2cm	生态防护，林木		陕西、四川
7353	*Pinus taeda* L.	火炬松	Pinaceae 松科	常绿大乔木；高30～40m；叶3针1束，偶见2针或4针1束；球果侧生，有时近顶生，长卵圆形；种子近菱形，暗棕色，有黑色斑点，具明显的隆脊	林木		华东及广西、四川、河南、重庆、湖南、湖北、广东、云南
7354	*Pinus taiwanensis* Hayata	台湾松（黄山松）	Pinaceae 松科	常绿乔木；树皮鳞状脱落；冬芽深褐色，微被树脂；2针1束，叶鞘数丛，球果卵圆形或圆卵形；鳞盾扁鳞形	观赏	中国	台湾、浙江、安徽、江西、福建、河南、湖北、湖南、贵州
7355	*Pinus thunbergii* Parl.	黑松	Pinaceae 松科	常绿乔木；一年生枝淡黄褐色，冬芽银白色，针叶粗硬，2针1束，叶鞘宿存，球果圆锥状卵形，或卵圆形	林木，生态防护	朝鲜、日本	辽东半岛、山东、江苏、浙江、福建
7356	*Pinus wangii* Hu et W. C. Cheng	毛枝五针松	Pinaceae 松科	常绿乔木；高达20m，胸径达60～100cm；针叶5针1束；雄球花呈穗状，雌球花具2胚珠的珠鳞；球果，种鳞近倒卵形	林木，观赏		云南西畴和麻栗
7357	*Pinus yunnanensis* Franch.	云南松	Pinaceae 松科	乔木；高达30m；针叶通常3针1束；叶鞘宿存；雄球花圆柱状；球果圆锥状卵圆形	林木，经济作物（橡胶类）	中国云南	云南、西藏东南部、四川、贵州、广西
7358	*Piper attenuatum* Buch.-Ham. ex Miq.	卵叶胡椒	Piperaceae 胡椒科	攀缘藤本；叶膜质，卵状圆形、阔卵形或卵形；花单性，穗状花序；浆果球形	经济作物，药用		云南西部
7359	*Piper austrosinense* Y. C. Tseng	华南胡椒	Piperaceae 胡椒科	木质藤本；叶卵形或卵状披针形至披针形；花单性，雌雄异株，雄花序密花，雌花序白色，子房顶端狭；浆果	经济作物，药用		广东、海南、广西
7360	*Piper bambusifolium* Y. C. Tseng	竹叶胡椒	Piperaceae 胡椒科	攀缘藤本；叶纸质，披针形至狭披针形；花单性，穗状花序；浆果球形，干时红色	经济作物，药用		江西、湖北、四川、贵州

（续）

序号	拉丁学名	中文名	所属科	特征及特性	类别	原产地	目前分布/种植区
7361	*Piper betle* L.	蒌叶（芦子）	Piperaceae 胡椒科	攀缘藤本；叶阔卵形；花单性，雌雄异株，雄花序开花时几与叶等长，雌花序长3～5cm，子房下部嵌生花序轴中；浆果顶端稍凸	药用，观赏，经济作物（香料类）		广东、海南、台湾、云南
7362	*Piper boehmeriifolium* (Miq.) Wall. ex C. DC.	苎叶蒟	Piperaceae 胡椒科	直立亚灌木；叶薄纸质，形状多变异；花单性，穗状花序；浆果近球形	经济作物，药用		云南东南、西南和西北部
7363	*Piper bonii* C. DC.	复毛胡椒	Piperaceae 胡椒科	攀缘藤本；叶硬纸质，卵形或卵状披针形；花单性，穗状花序；浆果倒卵形	经济作物，药用		广西西南部和西北部、云南东南部
7364	*Piper cathayanum* M. G. Gilbert et N. H. Xia	华山蒌	Piperaceae 胡椒科	攀缘藤本；长约5m；叶纸质，卵形、卵状长圆形或长圆形；花单性，穗状花序	经济作物，药用		四川、贵州、广西、广东
7365	*Piper flaviflorum* C. DC.	黄花胡椒（野芦子，黄花野蒌）	Piperaceae 胡椒科	大型藤本；常攀缘；叶互生，近纸质，卵状椭圆形，两侧不对称；花黄色，雌雄异株；穗状花序与叶对生；浆果状核果，球形，淡黄色，干后常皱缩	药用，观赏	中国	云南
7366	*Piper hainanense* Hemsl.	海南蒟	Piperaceae 胡椒科	木质藤本；叶卵状披针形或狭披针形；花单性，雌雄异株，雄花序长7～12cm，雌花序长8～15cm，子房倒卵形；浆果纺锤形	药用		广东、海南、广西
7367	*Piper hancei* Maxim.	山蒟	Piperaceae 胡椒科	攀缘藤本；长10m多；叶纸质或近革质，卵状披针形或椭圆形；花单性，穗状花序；浆果球形，黄色	药用		浙江、福建、江西、湖南、广东、广西、贵州及云南
7368	*Piper hongkongense* C. DC.	毛蒟	Piperaceae 胡椒科	攀缘藤本；叶硬纸质，卵状披针形或卵形；花单性，穗状花序；浆果球形	经济作物，药用		广西、广东及其南部沿海岛屿
7369	*Piper kadsura* (Choisy) Ohwi	小叶爬崖香	Piperaceae 胡椒科	藤本；叶薄，膜质，卵形或卵状长圆形；花单性，穗状花序；浆果倒卵形	药用		东南至西南部各省份，东起台湾，西至西藏

（续）

序号	拉丁学名	中文名	所属科	特征及特性	类别	原产地	目前分布/种植区
7370	*Piper laetispicum* C. DC.	大叶蒟	Piperaceae 胡椒科	木质攀缘藤本；叶革质，有透明腺点；花单性，雌雄异株，聚集成与叶对生的穗状花序，子房卵形；浆果近球形	经济作物，药用		广东、海南
7371	*Piper lingshuiense* Y. Q. Tseng	陵水胡椒	Piperaceae 胡椒科	木质攀缘藤本；叶薄革质，阔卵形或近圆形；花单性，穗状花序；浆果球形	经济作物，药用		广东海南南部
7372	*Piper longum* L.	筚拨（鼠尾，鸡屎芦子）	Piperaceae 胡椒科	多年生攀缘状藤本；茎长数米，圆形，幼时被疏毛，节部略膨大；叶互生，纸质，叶片卵圆形或狭卵形	药用		云南省
7373	*Piper macropodum* C. DC.	粗梗胡椒（思茅胡椒）	Piperaceae 胡椒科	攀缘藤本；叶硬纸质，卵状长圆形、狭椭圆形至椭圆形；花单性，穗状花序；浆果卵形	经济作物，药用		云南东南至西南部
7374	*Piper methysticum* F.	卡瓦胡椒	Piperaceae 胡椒科	多年生野生灌木；高 3～5m，叶心脏形，全缘；肉穗花序，花穗上开黄绿色小花，无种子形成	药用	南太平洋诸岛	
7375	*Piper mullesua* Buch.-Ham. ex D. Don	短蒟	Piperaceae 胡椒科	木质攀缘藤本；叶椭圆形、狭椭圆形或卵状披针形；花两性；花序近球形；浆果倒卵形	药用		广东南部、云南东南至西南和西北部
7376	*Piper mutabile* C. DC.	变叶胡椒	Piperaceae 胡椒科	攀缘藤本；叶薄纸质，形状多变异；花黄色，单性；浆果椭圆状球形	经济作物，药用		广东、广西
7377	*Piper nigrum* L.	胡椒（白胡椒，黑胡椒）	Piperaceae 胡椒科	木质藤本；节膨大，叶互生，茎革质；通常单性花，雌雄异株，无花被；穗状花序；浆果球形	观赏	东南亚	广东、广西、云南、台湾、海南
7378	*Piper ornatum* N. E. Br.	观赏胡椒	Piperaceae 胡椒科	藤本；叶互生，全缘，卵圆形，叶形较小，叶面绿色具淡粉色斑；花被缺，雄蕊 2～6，花药 2 室，子房 1 室，有胚珠 1 颗	观赏		
7379	*Piper pedicellatum* C. DC.	角果胡椒	Piperaceae 胡椒科	多年生草本；茎单生，直立，上部总状或圆锥状花序分枝，全部花序分枝被头状具柄的短或长腺毛	药用		云南

（续）

序号	拉丁学名	中文名	所属科	特征及特性	类别	原产地	目前分布/种植区
7380	*Piper pleiocarpum* C. C. Chang ex Y. Q. Tseng	线梗胡椒	Piperaceae 胡椒科	攀缘藤本；叶薄纸质；花单性，穗状花序；浆果球形，花期 10 月，果期翌年 5 月	经济作物，药用		云南西南部
7381	*Piper polysyphonum* C. DC.	樟叶胡椒（新拟）	Piperaceae 胡椒科	直立亚灌木；高约 1m；叶纸质，椭圆形或阔椭圆形；花单性，穗状花序；浆果卵形	经济作物，药用		贵州西南部、云南东南至西南部
7382	*Piper puberulilimbum* C. DC.	毛叶胡椒	Piperaceae 胡椒科	攀缘藤本；叶硬纸质，卵状长圆形或椭圆形；花单性，穗状花序；浆果近球形	经济作物，药用		云南东南至西南部
7383	*Piper rubrum* C. DC.	红果胡椒	Piperaceae 胡椒科	攀缘藤本；叶硬纸质，长圆形或卵状披针形；花单性，雌雄异株；浆果球形，鲜时红色，干后褐色	经济作物，药用		云南南部
7384	*Piper sarmentosum* Roxb.	假蒟	Piperaceae 胡椒科	多年生匍匐草本；下部叶阔卵形或近圆形，上部叶卵形或卵状披针形；花单性，雌雄异株，雄穗状花序较雌花序长；浆果近球形	蔬菜，药用		广东、福建、广西、云南、海南、台湾
7385	*Piper semiimmersum* C. DC.	缘毛胡椒	Piperaceae 胡椒科	攀缘藤本；叶纸质，长圆状卵形或卵状披针形；花单性，穗状花序；浆果	经济作物，药用		广西、贵州、云南
7386	*Piper stipitiforme* C. C. Chang ex Y. C. Tseng	短柄胡椒	Piperaceae 胡椒科	攀缘藤本；叶纸质，椭圆形；花单性，穗状花序；未成熟浆果近球形，干时变黑色	经济作物，药用		云南西南部
7387	*Piper submultinerve* C. DC.	多脉胡椒	Piperaceae 胡椒科	攀缘藤本；长 3～12m；叶纸质，卵形；花单性，穗状花序；浆果球形	经济作物，药用		云南南部和东南部
7388	*Piper thomsonii* (C. DC.) Hook. f.	球穗胡椒	Piperaceae 胡椒科	草质攀缘藤本；长 1～2m 许；叶纸质，有细腺点，卵形、卵状披针形或椭圆形；花雌雄异株，聚成与叶对生的穗状花序；浆果球形	经济作物，药用		云南中南部至东南部
7389	*Piper tsangyuanense* P. S. Chen et P. C. Zhu	粗穗胡椒	Piperaceae 胡椒科	攀缘藤本；叶纸质，椭圆形；花单性，粗壮穗状花序；幼果顶部有菱状四角	经济作物，药用		云南西部

（续）

序号	拉丁学名	中文名	所属科	特征及特性	类别	原产地	目前分布/种植区
7390	*Piper umbellatum* L.	大胡椒	Piperaceae 胡椒科	直立亚灌木；高 1～2m；叶膜质，阔卵形或近圆形；穗状花序；浆果倒卵形或楔状倒卵形	经济作物，药用		台湾中南部
7391	*Piper wallichii* (Miq.) Hand. -Mazz.	毛山蒟（石南藤，巴岩香，丁公藤）	Piperaceae 胡椒科	攀缘木质藤本；生于林中荫处或湿润地，攀缘于石壁或树上；叶硬纸质，无明显腺点；浆果有疣状突起	药用		甘肃、湖北、湖南、广西、四川、贵州、云南
7392	*Piper yunnanense* Y. C. Tseng	蒟子	Piperaceae 胡椒科	直立亚灌木；高 1～3m；叶薄纸质，卵圆形、阔圆形；花单性，穗状花序；浆果球形，成熟时红色	药用		云南南部、西南部和西北部
7393	*Piptanthus concolor* Harrow ex Craib	黄花木	Leguminosae 豆科	灌木；总状花序顶生，具花 3～7 轮，每轮有花 3～7 朵；苞片轮生，下面密生白色平伏长柔毛，萼筒状，花冠黄色；子房条形	观赏	中国陕西、甘肃、四川、云南、西藏	西藏、云南、四川、陕西、甘肃
7394	*Piptatherum aequiglume* (Duthie ex Hook. f.) Roshevitz	等颖落芒草	Gramineae (Poaceae) 禾本科	多年生；叶鞘无毛；叶舌长 3～5mm；圆锥花序每节 3～5 枚分枝，小穗长 5～7mm，外稃长 5～6mm	饲用及绿肥		西藏、云南、四川
7395	*Piptatherum grandispiculum* (P. C. Kuo et Z. L. Wu) S. M. Phillips et Z. L. Wu	大穗落芒草	Gramineae (Poaceae) 禾本科	多年生；小穗长 7～9mm，颖与小穗等长，无毛，外稃长 5～6mm，贴生柔毛，芒长 4～7mm	饲用及绿肥		西藏
7396	*Piptatherum songaricum* (Trin. et Rupr.) Roshev. ex Nikitina	准噶尔落芒草（新疆落芒草）	Gramineae (Poaceae) 禾本科	多年生；叶舌 5～8mm；花序每节具分枝 2 枚，小穗卵状披针形，颖膜质，长 7～10mm，外稃背面被毛	饲用及绿肥		新疆
7397	*Pistacia chinensis* Bunge	黄连木（楷木，木橑）	Anacardiaceae 漆树科	落叶乔木；偶数羽状复叶，小叶披针形；花单生，雌雄异株，腋生，圆锥花序；雄花序排列紧密，雌花序排列疏松；核果卵球形	林木，药用，有毒	中国	华北、华南、西南、
7398	*Pistacia vera* L.	阿月浑子（皮斯特，胡榛子）	Anacardiaceae 漆树科	落叶小乔木；高 5～7m；花雌雄异株，圆锥花序；雄花花被 3～5，长圆形，雄蕊 5～6；雌花花被 3～5，长圆形，膜质，边缘具卷曲睫毛	果树	地中海及中亚	新疆、陕西、甘肃、山东、河北、北京

（续）

序号	拉丁学名	中文名	所属科	特征及特性	类别	原产地	目前分布/种植区
7399	*Pistacia weinmannifolia* J. Poiss. ex Franch.	清香木（细叶楷木，香叶树）	Anacardiaceae 漆树科	常绿灌木或小乔木；叶为偶数羽状复叶，有清香，嫩叶呈红色，精致，生长习性及栽培特点与黄连木十分相近，挂果期 8～10 月，果呈红色	林木，观赏		云南、广西、贵州、四川、西藏
7400	*Pistia stratiotes* L.	水浮莲（大漂，大浮莲）	Araceae 天南星科	浮水草本；植物体具多数悬垂的根和羽状须根；叶簇生莲座状，倒卵形，被毛；佛焰苞白色，长于肉质花序，花单性同序	饲用及绿肥	中国	华南、西南及长江流域
7401	*Pisum fulvum* Sibth et Sm.	野豌豆	Leguminosae 豆科	多年生草本，高 30～100cm；偶数羽状复叶长 7～12cm；短总状花序，花冠红色或近紫色至浅粉红色，稀白色；荚果宽长圆状；种子扁圆球形	饲用及绿肥		西北、西南
7402	*Pisum sativum* L.	豌豆	Leguminosae 豆科	一年生或越年生攀缘性草本；草质茎；偶数羽状复叶；总状花序腋生，蝶形花，花有白色、淡红色、紫色；荚果	粮食	亚洲西部、地中海地区、埃塞俄比亚	全国各地均有分布
7403	*Pithecellobium bigemum*（L.）Mart.	亮叶围涎树（羊角，黑汉豆）	Leguminosae 豆科	乔木；二回羽状复叶，小叶互生斜卵形；头状花序排成圆锥花序状；花白色无柄；花萼、花冠密生锈色柔毛；荚果带形	有毒		华东、华南、西南及台湾
7404	*daphniphylloides* var. *adaphniphylloides*（Hu et F. T. Wang）W. T. Wang	大叶海桐（山枝仁，山枝茶）	Pittosporaceae 海桐花科	灌木或小乔木；叶厚革质无毛，长圆形，顶端尖或渐尖，基部阔楔形，全缘，叶柄被褐色细柔毛	药用		四川、贵州
7405	*Pittosporum glabratum* Lindl.	光叶海桐	Pittosporaceae 海桐花科	常绿灌木；高 0.8～2m；叶散生或聚生于枝顶，呈假轮生状，叶狭披针形、披针形或条形；伞形花序生于枝端，花淡黄色，花瓣 5，雄蕊 5	观赏	中国华中、华南、西南	
7406	*Pittosporum heterophyllum* Franch.	异叶海桐（臭皮）	Pittosporaceae 海桐花科	灌木；叶革质，形多变，狭披针形至卵状披针形；伞形花序生枝顶；花淡黄色，芳香，花瓣 5；蒴果扁球形，黄绿褐色	观赏	中国西藏东南部、云南北部、四川木里	云南、四川
7407	*Pittosporum illicioides* Makino	崖花海桐	Pittosporaceae 海桐花科	小乔木或灌木；叶倒卵状披针形，缘微波状；伞形花序有花 2～12 朵；蒴果倒卵状球形，花柱宿存	观赏	中国长江流域以南；朝鲜南部及日本	长江流域以南

（续）

序号	拉丁学名	中文名	所属科	特征及特性	类别	原产地	目前分布/种植区
7408	*Pittosporum kerrii* Craib	羊翠木	Pittosporaceae 海桐花科	灌木；单叶互生，革质，倒披针形；顶生圆锥花序有明显总花序柄，由多数伞形花序组成，花淡黄色，芳香；蒴果卵圆形	观赏	中国云南景东、蒙自、石屏、峨山、新平、玉溪	云南
7409	*Pittosporum tobira*（Thunb.）W. T. Aiton	海桐	Pittosporaceae 海桐花科	常绿灌木或小乔木；单叶互生，或在枝顶轮生，倒卵形，厚革质；伞形花序顶生，白色，稍带黄绿，芳香；蒴果卵形有棱角	观赏	中国长江以南滨海各省份，日本及朝鲜	长江流域、东南沿海各省份
7410	*Plagiorhegma dubium* Maxim.	鲜黄连（森黄利嗯，岗岗伊浦尔）	Berberidaceae 小檗科	多年生草本；生于山坡灌木丛中或针阔混交林下湿润出；根茎地下横生部分较长，地上部分密生鳞片状叶，须根细长，多分枝，密集	药用		黑龙江、吉林、辽宁
7411	*Planchonella clemensii*（Lecomte）P. Royen	海南山榄（水石子，酒楠）	Sapotaceae 山榄科	乔木；高5～20m；花成簇腋生，花冠白色，冠管几乎缺，裂片5；雄蕊5枚，花丝短，退化雄蕊披针形，子房近球形，无毛，5室	果树		海南
7412	*Planchonella obovata*（R. Br.）Pierre	羔涂木	Sapotaceae 山榄科	常绿中乔木；花雌性或两性，绿色或白色，数朵成簇腋生，5或6数，两性花较雌花大；花冠钟状；浆果椭圆形，长12mm，种子1或2个	果树		海南
7413	*Plantago asiatica* L.	车前（车前子）	Plantaginaceae 车前科	多年生草本；高20～60cm，具须根；叶基生，卵形或宽卵形；花葶数个；穗状花序，花疏生，绿白色或淡绿色；蒴果椭圆形	药用	中国	全国各地均有分布
7414	*Plantago depressa* Willd.	平车前	Plantaginaceae 车前科	一年或两年生草本；高5～20cm；叶基生，卵状披针形至椭圆形；花葶少数；穗状花序直立，上端密生，下部花较疏；蒴果圆锥状	药用		全国各地均有分布
7415	*Plantago lanceolata* L.	长叶车前	Plantaginaceae 车前科	多年生草本；高30～50cm；基生叶披针形至椭圆状披针形；花葶少数，有长柔毛；穗状花序圆柱形，花密集，花冠裂片开展；蒴果	饲用及绿肥		辽宁、山东、江苏、浙江、江西、台湾
7416	*Plantago major* L.	大车前（车轮菜，钱冠草）	Plantaginaceae 车前科	多年生草本；高15～20cm，须根发达；叶基生，卵形或宽卵形；花葶数条；穗状花序，花密生，两性；蒴果圆锥状	药用		华东、华南、华中、西南及新疆、陕西、台湾

（续）

序号	拉丁学名	中文名	所属科	特征及特性	类别	原产地	目前分布/种植区
7417	*Plantago minuta* Pall.	条叶车前（细叶车前）	Plantaginaceae 车前科	一年生草本；高4～13cm，密生柔毛；基生叶平铺地面，线形或狭披针形；穗状花序，苞片圆卵形或三角状卵形；蒴果卵圆形	杂草		西北及内蒙古
7418	*Platanthera metabifolia* F. Maek.	细距舌唇兰	Orchidaceae 兰科	地生兰；花瓣直立，线状披针形；唇瓣向前伸，舌状，肉质；距细圆筒状，向后水平伸展，弧曲，末端稍尖	观赏		吉林、河北、河南、山西、山东、甘肃、青海
7419	*Platanus acerifolia* (Aiton) Willd.	二球悬铃木（英国梧桐）	Platanaceae 悬铃木科	落叶乔木；树皮褐色，片状剥落，内皮灰绿；叶互生，三角状广卵形或广卵形；单性花，雌雄同株，密集成球形花序下垂；聚合果2球1串	林木	欧洲	华东、华中、华西及华北
7420	*Platanus occidentalis* L.	一球悬铃木（美国梧桐）	Platanaceae 悬铃木科	落叶乔木；树皮褐色，裂片较小，主枝分叉角度小，球状果序单生；叶掌状3～5浅裂	林木，观赏		江苏、山东、北京、安徽
7421	*Platanus orientalis* L.	三球悬铃木（法国梧桐）	Platanaceae 悬铃木科	落叶乔木；高20～30m；花序头状，黄绿色；多数坚果聚全叶球形，3～6球成一串，宿存花柱长，呈刺毛状，果柄长而下垂	林木，观赏		全国各地均有分布
7422	*Platea parvifolia* Merr. et Chun	东方肖榄（木胆，毡树，坡气）	Icacinaceae 茶茱萸科	常绿乔木；高22m；叶互生，椭圆形或倒卵圆形；单性花，雌雄异株，雄花序腋生，雌花是短的总状花序式的穗状花序；核果，长卵形；种子含有白色胚乳	林木，观赏	中国	海南、广西、广东
7423	*Platycarya strobilacea* Siebold et Zucc.	化香树（化香）	Juglandaceae 胡桃科	落叶灌木或小乔木；树皮纵裂；奇数羽状复叶互生；单性花，雌雄同株；伞状花序排立在小枝顶部；小坚果具2狭翅	经济作物（染料类），有毒，观赏		长江沿岸各省份和以南地区
7424	*Platycerium angolense* Welw. ex Bak.	安哥拉鹿角蕨	Platyceriaceae 鹿角蕨科	多年生附生植物，根状茎短而横卧，粗肥，营养叶巨大，达1m，呈扇形，形似象耳	观赏	非洲乌干达、刚果（金）和尼日利亚	
7425	*Platycerium coronarium* Desv.	冠状鹿角蕨	Platyceriaceae 鹿角蕨科	多年生附生植物，根状茎短而横卧，粗肥，全株淡绿色，营养叶盾状，孢子叶下垂，长达4m	观赏	马来西亚、印度尼西亚、菲律宾	
7426	*Platycerium ellisii* Bark.	肾形鹿角蕨	Platyceriaceae 鹿角蕨科	多年生附生植物，根状茎短而横卧，粗肥，孢子叶直立生长，营养叶肾状	观赏	马达加斯加东岸	

（续）

序号	拉丁学名	中文名	所属科	特征及特性	类别	原产地	目前分布/种植区
7427	*Platycerium grande* John Sm. ex K. Presl.	大鹿角蕨	Platyceriaceae 鹿角蕨科	全株光滑无毛茸；裸叶呈覆瓦状紧贴附生物，呈扇形，顶端呈二叉状分裂，形如鹿角，全体群聚成一华丽王冠般；另一型叶称实叶，呈下垂状叉状对分裂，随龄而裂面增加且变长，其上形成孢子囊	观赏		
7428	*Platycerium hillii* T. Moore	硬叶鹿角蕨	Platyceriaceae 鹿角蕨科	孢子叶深绿色，宽，质地坚硬，直立生长呈扇形，到分裂处下垂；营养叶圆	观赏	澳大利亚、新几内亚	
7429	*Platycerium madagascariense* Bak.	马达加斯加鹿角蕨	Platyceriaceae 鹿角蕨科	盾状叶圆形，叶脉明显隆起为最大特征；生殖叶宽且上扬，顶端有浅裂，孢子囊斑生于殖叶之尖端	观赏	马达加斯加东岸	
7430	*Platycerium sternaria* Desv.	三角叶鹿角蕨	Platyceriaceae 鹿角蕨科	全株灰绿色，孢子叶和营养叶向上生长，营养叶长圆形，顶部呈波浪状；孢子叶宽短而亮，叶背多毛	观赏	非洲中西部	
7431	*Platycerium vassei* Poiss.	瓦斯鹿角蕨	Platyceriaceae 鹿角蕨科	营养叶棕色，呈鸟巢状；孢子叶大，扇形；孢子囊在叶背以“V”字状排列	观赏	非洲	
7432	*Platycerium veitchii* C. Chr.	银叶鹿角蕨	Platyceriaceae 鹿角蕨科	营养叶上部分叉呈指状；孢子叶被有白色细毛，直立生长，长 70cm，非常窄，深裂呈长带状	观赏	澳大利亚东部	
7433	*Platycerium wallichii* Hook.	鹿角蕨	Platyceriaceae 鹿角蕨科	多年生附生草本；叶排成 2 列，二型；孢子囊散生于主裂片的第一次分叉的凹缺处以下，初时绿色，后变黄色，成熟孢子绿色	观赏	澳大利亚	云南盈江
7434	*Platycerium willinkii* T. Moore	重裂鹿角蕨	Platyceriaceae 鹿角蕨科	营养叶深绿色具深裂；孢子叶被满银色短柔毛，下垂，长 70cm，深裂呈带状	观赏		
7435	*Platycladus orientalis* （L.） Franco	侧柏（柏树，扁柏）	Cupressaceae 柏科	常绿乔木或灌木；树皮纵裂成条片状脱落；单性花，雌雄同株；球花单生枝顶；球果具种鳞 4 对	林木，有毒，经济作物（油料类）	中国	除新疆、青海外，全国各地均有分布

（续）

序号	拉丁学名	中文名	所属科	特征及特性	类别	原产地	目前分布/种植区
7436	*Platycodon grandiflorus* (Jacquin) A. DC.	桔梗（地参，铃当花）	Campanulaceae 桔梗科	多年生草本；0.5～1m，有白色乳汁；根肉质，长圆锥形，黄褐色；叶3枚轮生，卵形或披针形，边缘有齿，下面有白粉；花冠钟形，蓝色或紫蓝色、白色	蔬菜，药用	中国	东北、华北、华中及广东、广西
7437	*Platycrater arguta* Siebold et Zucc.	蛛网萼（盾儿花）	Saxifragaceae 虎耳草科	落叶灌木；叶对生，膜质，边缘有锯齿；伞房花序顶生，花二型，不孕花绿黄色，孕性花白色；蒴果倒圆锥形或倒卵圆形	观赏		浙江、安徽、江西、福建
7438	*Plectocomia microstachys* Burret	钩叶藤	Palmae 棕榈科	攀缘藤本；雄花序长约70便m，上有多个穗状的分枝花序，穗轴细弱曲折，被短而密的锈色的柔毛状鳞披，二级佛焰苞两面无毛，较小	观赏	中国	海南
7439	*Plectranthus australis* R. Br.	澳洲香茶菜	Labiatae 唇形科	多年生草本植物；茎秆微紫褐色，多分枝，匍匐生长；单叶对生，缘具粗锯齿，草绿色；栽培条件下通常不见开花、结果	观赏	澳大利亚	
7440	*Plectranthus oertendahlii* T. C. E. Fries.	垂枝香茶菜	Labiatae 唇形科	多年生常绿草本；茎匍匐，叶近圆形，具圆齿，叶背带紫色；总状花序，花小、淡紫色	观赏	南非	
7441	*Pleioblastus fortunei* (Van Houtte ex Munro) Nakai	菲白竹	Gramineae (Poaceae) 禾本科	多年生常绿草本；矮小混生竹种，高常不足50cm；叶片上具宽窄不等的白色纵条纹	观赏	日本	
7442	*Pleioblastus gramineus* (Bean) Nakai	大明竹	Gramineae (Poaceae) 禾本科	多年生木质化植物；多数竹秆密集成丛，或伞生于竹园，每节有3～5分枝，枝着优美狭长而似河草的叶片	观赏	日本	
7443	*Pleioblastus simonii* (Carrière) Nakai	川竹（女竹）	Gramineae (Poaceae) 禾本科	竹鞭节间长约2～8cm，粗约11mm，圆筒形，近于实心，表面光滑；秆高可达3～5(～8)m，粗0.7～3cm；节间一般长16～17cm，圆筒形	观赏	中国、日本	华东地区
7444	*Pleione albiflora* Cribb et C. Z. Tang	白花独蒜兰	Orchidaceae 兰科	附生兰；假鳞茎卵球状圆锥形，上端有长颈；顶生1叶，叶披针形；花单朵，白色，有时唇瓣上有染红色或褐色斑	观赏	中国云南西北部（大理）、缅甸北部	云南

（续）

序号	拉丁学名	中文名	所属科	特征及特性	类别	原产地	目前分布/种植区
7445	*Pleione bulbocodioides* （Franch.）Rolfe	独蒜兰	Orchidaceae 兰科	附生兰；叶和花同时出现，叶椭圆状披针形，基部抱花葶，花葶顶生一朵花，淡紫色或粉红色	观赏	中国	长江流域以南各省份
7446	*Pleione formosana* Hayata	台湾独蒜兰	Orchidaceae 兰科	半附生草本；花玫瑰红色或白色，唇瓣具黄色和红褐色斑块，偶有香气；花期4～5月	观赏	中国台湾、福建西、浙江南部和江西东南部	台湾、福建、江西南部、浙江南部
7447	*Pleione forrestii* Schltr.	黄花独蒜兰	Orchidaceae 兰科	半附生草本；花期无叶；花黄色或白色，唇瓣上有紫色或褐色斑块；花期3～5月	观赏	中国云南西北部（大理、漾濞、大姚）	云南
7448	*Pleione hookeriana* （Lindl.）B. S. Williams	毛唇独蒜兰	Orchidaceae 兰科	地生兰；高7～15cm；假鳞茎顶生叶片1枚；花葶顶生1花，淡紫色，唇瓣有毛；花期5～6月	观赏		云南、西藏、广西、广东、贵州、湖北
7449	*Pleione limprichtii* Schltr.	四川独蒜兰	Orchidaceae 兰科	半附生草本；花紫红色至玫瑰红色；花瓣镰刀状倒披针形；唇瓣近圆形，上面具4裂褶片，褶片具不规则齿或呈啮蚀状；蕊柱两侧具翅，翅在顶端围绕蕊柱	观赏	中国四川西南部（康定）、云南西北部	四川、云南
7450	*Pleione maculata* （Lindl.）Lindl.	秋花独蒜兰	Orchidaceae 兰科	附生兰；假鳞茎陀螺状，顶端喙状，顶生2叶；叶椭圆状披针形，花葶具1花，花白色或略带淡紫红色晕，有香味	观赏	中国云南西部（高黎贡山）；尼泊尔、不丹、印度、缅甸和泰国	云南
7451	*Pleione praecox* （J. E. Sm.）D. Don	疣鞘独蒜兰	Orchidaceae 兰科	附生草本；花大，淡紫红色，稀白色，唇瓣上的褶片黄色；花瓣线状披针形，多少镰刀状，先端急尖；蕊柱多少弧曲，顶端有不规则齿缺	观赏		云南南部至西北部
7452	*Pleione scopulorum* W. W. Sm.	二叶独蒜兰	Orchidaceae 兰科	陆生兰，高13～33cm；花茎直立，高12～20cm，通常开花时无幼叶，罕有具小的幼叶，顶生1朵花；花淡紫色	观赏	中国云南西北部、西藏东南部；印度、缅甸	西藏东南部、云南西北部、四川西南部

(续)

序号	拉丁学名	中文名	所属科	特征及特性	类别	原产地	目前分布/种植区
7453	*Pleione yunnanensis* (Rolfe) Rolfe	云南独蒜兰	Orchidaceae 兰科	陆生兰，高 13～33cm；花茎直立，高 12～20cm，通常开花时无幼叶，罕有具小的幼叶，顶生 1 朵花；花淡紫色	观赏		云南
7454	*Pleiospilos bolusii* (Hook. f.) N. E. Br	对叶花(凤卵)	Aizoaceae 番杏科	多浆植物；无茎；非常肉质的卵形叶对生，灰绿色，具暗绿斑点，上部新叶长出时，下部老叶皱缩，每对叶子着花 1～4 朵，花金黄色	观赏	南非	
7455	*Pleurospermum uralense* Hoffmann	棱子芹	Umbelliferae (Apiaceae) 伞形科	多年生草本；高 1～1.5m；复伞形花序；总苞片条形或披针形，羽状分裂，外折，伞幅 25～50，有粗硬毛；小总苞片 8，条状披针形；花梗多数；花白色	观赏	中国吉林、辽宁、内蒙古、河北、山西	吉林、辽宁、内蒙古、河北、山西
7456	*Pluchea indica* (L.) Less.	阔苞菊(鲤鱼胆)	Compositae (Asteraceae) 菊科	灌木；茎高 1～3m；叶倒卵形或倒卵状长圆形；头状花序于枝端伞房状排列，雌花花冠丝状，两性花花冠管状；瘦果圆柱形	药用		台湾、广东
7457	*Plumbagella micrantha* (Ledeb.) Spach	小蓝雪花(鸡窝草)	Plumbaginaceae 白花丹科	一年生草本；高 20～50cm，全株带红色；茎棱上疏生小皮刺；叶卵状或长圆状披针形；穗状花序，花小，淡蓝紫色；蒴果	杂草		甘肃、青海、新疆、四川、云南、西藏
7458	*Plumbago auriculata* Lam.	蓝雪花	Plumbaginaceae 白花丹科	常绿灌木；高 1～2m；穗状花序顶生或腋生，花序轴被毛，花萼具黏质腺毛；花冠高脚碟状，浅蓝色，筒长约 3cm；蒴果盖裂	观赏	非洲南部	江苏、浙江、广东
7459	*Plumbago indica* L.	紫雪花	Plumbaginaceae 白花丹科	直立或攀缘状植物；茎绿色，无毛；叶互生；穗状花序顶生和腋生，花冠高脚蝶状，红色	有毒，观赏	热带亚洲	广东、云南
7460	*Plumbago zeylanica* L.	白花丹(白雪化，白皂药)	Plumbaginaceae 白花丹科	攀缘状亚灌木；叶互生，长圆状卵形至卵形；穗状花序；花冠高脚碟状，白色，顶端 5 裂；雄蕊 5；花柱合生；蒴果盖裂	有毒，观赏		西南、华南及福建、台湾
7461	*Plumeria rubra* L.	红鸡蛋花	Apocynaceae 夹竹桃科	高达 6～8m，聚伞花序顶生，花冠漏斗状，外面乳白色，内面基部鲜黄色，芳香，着花 20～40 余朵	观赏	美洲热带	华南

（续）

序号	拉丁学名	中文名	所属科	特征及特性	类别	原产地	目前分布/种植区
7462	*Poa acroleuca* Steud.	白顶早熟禾	Gramineae (Poaceae) 禾本科	两年生草本；秆高 25～45cm；叶鞘紧密抱秆，叶长 7～15cm；圆锥花序每节有 2～5 分枝，小穗卵圆形，有 2～4 小花；颖果	饲用及绿肥		华北、华东、华中、西南
7463	*Poa albertii* subsp. *lahulensis* (Bor) Olonova et G. Zhu	藏北早熟禾	Gramineae (Poaceae) 禾本科	多年生；秆 1～2 节；花序主枝长约 2mm，小穗长 4.5～6mm，含 3～6 花，外稃脊及边脉中部以下密被柔毛，基盘无毛	饲用及绿肥		西藏
7464	*Poa albertii* subsp. *poophagorum* （Bor） Olonova et G. Zhu	波伐早熟禾	Gramineae (Poaceae) 禾本科	多年生，密丛；秆高 15～18cm；叶舌长 2～3.5mm；花序长 2～5mm，小穗长 3～4mm，外稃无毛，基盘无毛	饲用及绿肥		新疆、青海、西藏
7465	*Poa alpina* L.	高山早熟禾	Gramineae (Poaceae) 禾本科	多年生；叶舌长 3～5mm；花序长 3～7cm，分枝孪生，小穗长 4～8mm，外稃背部呈弧形弯拱，基盘无绵毛	饲用及绿肥		新疆、青海
7466	*Poa alta* Hitchc.	高株早熟禾	Gramineae (Poaceae) 禾本科	多年生；叶舌长约 2mm；圆锥花序长 12～15cm，宽 2～4mm，分枝长 5mm，第一颖长 3.5～4mm，外稃长约 4mm	饲用及绿肥		山西
7467	*Poa annua* L.	早熟禾（小鸡草）	Gramineae (Poaceae) 禾本科	两年生草本；秆高 7～25cm；叶鞘长于节间，叶长 2～10cm；圆锥花序每节有 1～3 分枝，小穗有 3～5 小花；颖果纺锤形	饲用及绿肥，观赏		全国各地均有分布
7468	*Poa araratica* subsp. *psilolepis* (Keng) Olonova et G. Zhu	光稃早熟禾	Gramineae (Poaceae) 禾本科	多年生，密丛；叶舌长 1～2mm；花序主枝长 2～4mm，小穗长 3.5～5.5mm，含 2～4 花；外稃无毛，基盘无绵毛	饲用及绿肥		甘肃、青海、贵州、四川
7469	*Poa araratica* Trautv.	冷地早熟禾	Gramineae (Poaceae) 禾本科	多年生；花序狭窄，小穗长 3～4mm，含 2～3 花，外稃脊及边脉既基部被短毛，基盘无毛；花药长 1～1.5mm	饲用及绿肥	中国	青海、甘肃、新疆、西藏及四川

（续）

序号	拉丁学名	中文名	所属科	特征及特性	类别	原产地	目前分布/种植区
7470	*Poa arctica* subsp. *caespitans* Simmons ex Nannfeldt	极地早熟禾	Gramineae (Poaceae) 禾本科	多年生，具发达的根状茎；花序长3～6cm，小穗长5～6mm，外稃下部被柔毛，基盘具大量绵毛，花药长2.5mm	饲用及绿肥		内蒙古、河北、宁夏、青海
7471	*Poa attenuata* Trin.	渐尖早熟禾（葡系早熟禾，北疆早熟禾）	Gramineae (Poaceae) 禾本科	多年生；秆4～5节；小穗长4～5mm，含2～4花，两颖近等长，长约3mm，外稃脊和边脉具柔毛，基盘有绵毛	饲用及绿肥		东北、华北及西藏、新疆
7472	*Poa bactriana* Roshev.	荒漠早熟禾	Gramineae (Poaceae) 禾本科	多年生，密丛；花序长2～10cm，小穗长4～7mm，含2～4(～6)花，外稃背部及基盘无毛，花药长1.2～2mm	饲用及绿肥		新疆、西藏
7473	*Poa binodis* Keng ex L. Liu	双节早熟禾	Gramineae (Poaceae) 禾本科	多年生，具下伸根状茎；秆具2节；花序开分枝每节2～3枚，主枝长7～9cm，小穗长5～7mm，含3～4花	饲用及绿肥		四川
7474	*Poa bomiensis* C. Ling	波密早熟禾	Gramineae (Poaceae) 禾本科	多年生；花序狭长7～10cm，下垂；分枝孪生；小穗长5～6mm，含2～3花；第一颖长3～3.5mm，第二颖长4～4.5mm	饲用及绿肥		西藏
7475	*Poa compressa* L.	加拿大早熟禾	Gramineae (Poaceae) 禾本科	多年生，具匍匐根状茎；秆高30～50cm，扁平；叶鞘压扁成脊；小穗含2～4花，颖3脉，外稃长约3mm	饲用及绿肥		北京、河北、山东及长江中下游地区
7476	*Poa faberi* Rendle	华东早熟禾	Gramineae (Poaceae) 禾本科	多年生草本；秆高45～60cm；叶鞘常逆向粗糙，叶长7～15cm；圆锥花序长10～12cm，小穗倒卵状披针形，有3～4小花，颖披针形；颖果	饲用及绿肥		华北、华东、华中、西南
7477	*Poa faberi* var. *longifolia* (Keng) Olonova et G. Zhu	毛颖早熟禾	Gramineae (Poaceae) 禾本科	多年生，具短根状茎；秆高25～40cm；叶舌长4～6mm；小穗长3～4mm，小穗疏生细毛，颖片全部贴生柔毛	饲用及绿肥		青海、四川
7478	*Poa glauca* subsp. *altaica* (Trin.) Olonova et G. Zhu	阿尔泰早熟禾	Gramineae (Poaceae) 禾本科	多年生，具匍匐根状茎；叶舌常2～3mm；圆锥花序开展，小穗长4～4.5mm，含2～3花，外稃长3.5～4mm	饲用及绿肥		新疆

（续）

序号	拉丁学名	中文名	所属科	特征及特性	类别	原产地	目前分布/种植区
7479	*Poa hirtiglumis* var. *nimuana* (C. Ling) Soreng et G. Zhu	大颖早熟禾	Gramineae (Poaceae) 禾本科	一年生；叶舌长 2～4（～7）mm；花序每节分枝 2 枚，小穗含 3 花，颖长 4～5mm，外稃与颖等长，基盘具绵毛	饲用及绿肥		西藏
7480	*Poa hisauchii* Honda	久内早熟禾	Gramineae (Poaceae) 禾本科	一年生；叶片宽 1～3mm；花序分枝每节 2～3 枚；小穗长约 4mm，外稃长约 3mm，基盘具绵毛	饲用及绿肥		贵州、四川
7481	*Poa irrigata* Lindm.	湿地早熟禾	Gramineae (Poaceae) 禾本科	多年生，具匍匐根状茎；花序长 3～7cm，小穗长 5.5～6.5mm，颖片长 3.5～4.5mm，外稃长约 5mm	饲用及绿肥		新疆
7482	*Poa litvinoviana* Ovcz.	中亚早熟禾	Gramineae (Poaceae) 禾本科	多年生，密丛；花序紧缩，长 2～4cm，小穗轴被短毛，外稃长 3.5～4mm，脊及边脉下部具纤毛，基盘疏被绵毛	饲用及绿肥		甘肃、青海、新疆、西藏
7483	*Poa nemoralis* L.	林地早熟禾	Gramineae (Poaceae) 禾本科	多年生；秆 3～5 节；叶舌短，仅 0.5～1mm；小穗点状粗糙，外稃长约 4mm，脊及边脉下部被柔毛，基盘具绵毛	饲用及绿肥		东北、华北及西北
7484	*Poa pagophila* Bor	紫黑早熟禾	Gramineae (Poaceae) 禾本科	多年生，全株干后呈紫黑色；花序分枝每节 2 枚，小穗含 2～3 花，颖长 3～4mm，外稃脉间无毛，花药白色	饲用及绿肥		西藏
7485	*Poa polycolea* Stapf	疏花早熟禾	Gramineae (Poaceae) 禾本科	多年生，具短根状茎；秆具 2 节；花序长 5～9cm；分枝孪生，小穗长 6～7mm，含 2～4 花，外稃脉间贴生短毛	饲用及绿肥		四川
7486	*Poa pratensis* L.	草地早熟禾	Gramineae (Poaceae) 禾本科	多年生草本；秆高 50～75cm；具 2～3 节；叶片线形，长 6.5～18cm；圆锥花序卵圆形或金字塔形，小穗卵圆形；颖果纺锤形	饲用及绿肥		东北及山东、江西、河北、山西、甘肃、四川、内蒙古
7487	*Poa pratensis* subsp. *alpigena* (Lindm.) Hiitonen	高原早熟禾	Gramineae (Poaceae) 禾本科	多年生，具地下根状茎；秆单一，高约 15cm，基部倾卧；圆锥花序稠密而狭窄，长 3～5cm，花药长约 1.2mm	饲用及绿肥		四川、西藏、青海、河北

（续）

序号	拉丁学名	中文名	所属科	特征及特性	类别	原产地	目前分布/种植区
7488	*Poa pratensis* subsp. *angustifolia* (L.) Lejeun.	细叶早熟禾	Gramineae (Poaceae) 禾本科	多年生，具匍匐根状茎；叶片狭线形，宽1～2mm；圆锥花序长圆形，长5～10mm；外稃脊及边脉下部具长柔毛	饲用及绿肥		黄河流域、东北、西南
7489	*Poa pratensis* subsp. *pruinosa* (Korotky) W. B. Dickoré	密花早熟禾	Gramineae (Poaceae) 禾本科	多年生，根状茎纤细；小穗长5～7mm，含5～7花，带紫色，第一颖长约2.5mm，外稃长约3mm	饲用及绿肥		云南、四川、内蒙古
7490	*Poa prolixior* Rendle	细长早熟禾	Gramineae (Poaceae) 禾本科	多年生；叶舌长2～4mm；小穗长2.5～3mm，含2～3花，颖片长2.5～3mm，先端渐尖，粗糙，外稃长2～2.5mm	饲用及绿肥		浙江、湖北、福建、四川、云南
7491	*Poa sabulosa* (Roshev.) Turcz. ex Roshev.	砾沙早熟禾	Gramineae (Poaceae) 禾本科	多年生，具匍匐根状茎；小穗长2.5～3mm，含2花，颖长2～2.5mm，外稃长2.4～2.8mm	饲用及绿肥		黑龙江
7492	*Poa sibirica* Trin.	西伯利亚早熟禾	Gramineae (Poaceae) 禾本科	多年生；叶片宽2～5mm；圆锥花序开展，长10～15cm，每节具2～5枚分枝，小穗长4～5mm，外稃长～3.5mm	饲用及绿肥		东北、华北、新疆
7493	*Poa sikkimensis* (Stapf) Bor	锡金早熟禾	Gramineae (Poaceae) 禾本科	一年生或越年生；花序分枝孪生，小穗长4～5mm，含3～5花，外稃长2.7～3mm，脊及边脉无毛，基盘不具绵毛	饲用及绿肥		甘肃、青海、四川、西藏
7494	*Poa sphondylodes* Trin.	硬质早熟禾	Gramineae (Poaceae) 禾本科	多年生；叶舌长约4mm；花序紧缩，小穗含4～6花，外稃脊下部2/3及边脉下部1/2具长柔毛，基盘具中量绵毛	饲用及绿肥		东北、华北、西北、华东及四川
7495	*Poa sphondylodes* var. *erikssonii* Melderis	多叶早熟禾	Gramineae (Poaceae) 禾本科	多年生；秆具6～8节；叶片对折；花序紧缩，小穗含3～4花，第一外稃长约3.5mm，花药长约2mm	饲用及绿肥		河北、宁夏、内蒙古、山西、河南
7496	*Poa subfastigiata* Trin.	散穗早熟禾	Gramineae (Poaceae) 禾本科	多年生，具粗壮的匍匐根状茎；花序大型，开展，长与宽均达20cm，颖片长3～5mm，外稃全部无毛，基盘无绵毛	饲用及绿肥		东北及内蒙古

（续）

序号	拉丁学名	中文名	所属科	特征及特性	类别	原产地	目前分布/种植区
7497	*Poa supina* Schrad.	仰卧早熟禾	Gramineae (Poaceae) 禾本科	二年生；外稃长约3.5mm，脊及边脉具柔毛，基盘无毛，内稃两脊具纤毛，花药长1.2～1.8mm	饲用及绿肥		新疆、青海、四川、云南
7498	*Poa szechuensis* var. *debilior* (Hitchc.) Soreng et G. Zhu	垂枝早熟禾	Gramineae (Poaceae) 禾本科	多年生；花序分枝每节2～3枚，弯曲而下垂，小穗含3花，外稃长3～3.5mm，脊及边脉下部1/4具短柔毛	饲用及绿肥		甘肃及四川
7499	*Poa szechuensis* var. *rossbergiana* (K. S. Hao) Soreng et G. Zhu	青海早熟禾（罗氏早熟禾）	Gramineae (Poaceae) 禾本科	多年生；花序长2～4cm，分枝多单生，小穗长3.5～4mm，含4花，外稃长约2.2mm，基盘无绵毛；内稃两脊具纤毛	饲用及绿肥		甘肃、青海
7500	*Poa trivialis* L.	普通早熟禾	Gramineae (Poaceae) 禾本科	多年生草本；秆高45～75cm；叶舌长圆形，叶长8～15cm；圆锥花序长圆形，长6～15cm，小穗含2～3小花，颖披针形；颖果	杂草	欧洲	我国庐山有栽培
7501	*Poa versicolor* subsp. *orinosa* (Keng) Olonova et G. Zhu	硬叶早熟禾	Gramineae (Poaceae) 禾本科	多年生；秆高5～6节；小穗含2～3花，外稃脊及边脉下部具短柔毛，基盘无绵毛，花药长约1mm	饲用及绿肥		宁夏、青海
7502	*Poa versicolor* subsp. *relaxa* (Ovcz.) Tzvelev	新疆早熟禾	Gramineae (Poaceae) 禾本科	多年生；花序分枝长2～3cm，小穗长5～6mm，含3～5花，第一颖长约3.5mm，第二颖长4～4.5mm	饲用及绿肥		新疆
7503	*Poa versicolor* subsp. *reverdattoi* (Roshev.) Olonova et G. Zhu	额尔古纳早熟禾	Gramineae (Poaceae) 禾本科	多年生；秆具2～3节；花序长3～4cm，小穗含2～4花，外稃脊间下部1/3贴生微毛，基盘具柔毛，花药长2mm	饲用及绿肥		内蒙古
7504	*Podocarpus annamiensis* N. E. Gray	海南罗汉松	Podocarpaceae 罗汉松科	常绿乔木；高达16m，胸径60cm；叶辐射状散生，线状披针形或线形；雌雄异株，雄球花穗状，雌球花具梗；种子卵圆形	林木		海南南部
7505	*Podocarpus brevifolius* (Stapf) Foxw.	小叶罗汉松（小叶竹柏松）	Podocarpaceae 罗汉松科	常绿乔木；枝密生，叶密集小枝顶端，呈螺旋状着生，窄椭圆形，先端微尖或钝	林木，观赏		广西、广东、海南、云南

（续）

序号	拉丁学名	中文名	所属科	特征及特性	类别	原产地	目前分布/种植区
7506	*Podocarpus costalis* C. Presl	兰屿罗汉松	Podocarpaceae 罗汉松科	小乔木；叶革质，倒披针形或条状倒披针形；雄球花单生，穗状圆柱形；种子椭圆形	林木		台湾兰屿岛沿岸
7507	*Podocarpus forrestii* Craib et W. W. Sm.	大理罗汉松	Podocarpaceae 罗汉松科	常绿灌木或小乔木；花与叶同时开放、下垂，花为乳白色，花大美丽，芳香；雌蕊突出，雄蕊深紫色	观赏	中国云南大理	云南
7508	*Podocarpus imbricatus* Blume.	鸡毛松（爪哇松，异叶罗汉松）	Podocarpaceae 罗汉松科	常绿乔木；高达 35m，胸径达 2m；叶二型，螺旋状排列，下延生长；雌雄异株，雄球花穗状；种子核果状，全部被肉质假种皮所包	林木		海南、广西、云南
7509	*Podocarpus macrophyllus* (Thunb.) Sweet	罗汉松（罗汉杉，土杉）	Podocarpaceae 罗汉松科	常绿乔木；叶螺旋状互生，条状披针形；雄球花穗状；雌球花单生叶腋，有梗；种子核果状，卵圆形，深绿色	观赏		长江流域、东南沿海
7510	*Podocarpus nakaii* Hayata	台湾罗汉松	Podocarpaceae 罗汉松科	乔木；高约 18m；树皮浅灰色，纤维状；分枝圆柱状，无毛；叶芽球状；鳞片完全重叠，钝尖在先端，三角形的初级鳞片，圆形的次生鳞片	观赏	中国	台湾
7511	*Podocarpus neriifolius* D. Don	百日青（竹叶松）	Podocarpaceae 罗汉松科	乔木；高达 25m；雄球花单生或 2～3 穗簇生叶腋，长 2.5～5cm，具短梗；雌花单生叶腋	林木，观赏		广东、广西、云南、福建、四川
7512	*Podocarpus wallichianus* C. Presl	肉托竹柏	Podocarpaceae 罗汉松科	乔木；叶对生或近对生，厚革质，披针状卵形或卵形；雄球花穗状、腋生；雌球花单生叶腋；种子近球形	林木		云南西双版纳
7513	*Pogonatherum crinitum* (Thunb.) Kunth	金丝草（黄毛草）	Gramineae (Poaceae) 禾本科	多年生草本；秆高 4～30cm；叶长 2～5cm；穗形总状花序单生秆顶，长 1.5～3cm，无柄小穗，长不及 2mm，具芒；颖果	药用		长江以南各省份

（续）

序号	拉丁学名	中文名	所属科	特征及特性	类别	原产地	目前分布/种植区
7514	*Pogonatherum paniceum* (Lam.) Hackel	金发草（竹篙草）	Gramineae (Poaceae) 禾本科	多年生草本；秆高 30～60cm；叶线形，长 1.5～5.5cm；总状花序一枚顶生，乳黄色，长 1.3～3cm，无柄小穗长 2.5～3mm；颖果	杂草		广东、云南、台湾、四川
7515	*Pogostemon auricularius* (L.) Hassk.	水珍珠菜	Labiatae 唇形科	一年生草本；叶长圆形或卵状长圆形，先端钝或急尖，草质；穗状花序，花期先端尾状渐尖；小坚果近球形，褐色，无毛	蔬菜		江西、福建、台湾、广东、广西、云南
7516	*Pogostemon cablin* (Blanco) Benth.	广藿香（藿香，枝香）	Labiatae 唇形科	直立分枝草本；主茎基部木质化；叶对生，卵圆形绿色；穗状花序顶生或腋生，萼齿 5，花冠淡紫红色；小坚果	药用	菲律宾、马来西亚、印度尼西亚	广东、台湾、四川
7517	*Poikilospermum suaveolens* (Blume) Merr.	锥头麻	Urticaceae 荨麻科	攀缘状灌木；叶椭圆形或卵状长圆形；雌雄异株，花序二歧聚伞状，雄花序二至三回分枝，雌花序一至二回分枝；瘦果卵状	观赏		云南、西藏
7518	*Polemonium caeruleum* L.	花荵	Polemoniaceae 花荵科	多年生草本；茎直立，全株有腺毛；奇数羽状复叶，互生；聚伞圆锥花序顶生，花萼钟状，裂片卵形或卵状披针形，花冠蓝紫色	观赏		内蒙古、东北、山西、河北、新疆、云南
7519	*Polemonium chinense* (Brand) Brand	中华花荵	Polemoniaceae 花荵科	多年生草本；根状茎短横生；奇数羽状复叶，顶生圆锥花序，花冠钟状，蓝色	观赏	中国	陕西、山西、甘肃、青海、四川、湖北
7520	*Polianthes tuberosa* L.	晚香玉	Amaryllidaceae 石蒜科	多年生草本；地下部鳞茎状块茎；基生叶带状披针形，茎生叶越向上越短，总状花序，有花 10～20 朵，成对着生，白色，芳香	观赏	墨西哥	
7521	*Poliothyrsis sinensis* Oliv.	山拐枣	Flacourtiaceae 大风子科	落叶乔木；小枝有细毛，叶互生，卵形或卵状长椭圆形，边缘有锯齿；花绿白色，渐变为黄色，成直立疏生圆锥花序	观赏	中国	湖北、湖南、四川、云南、贵州
7522	*Pollia hasskarlii* R. S. Rao	粗柄杜若	Commelinaceae 鸭跖草科	粗壮大草本；茎上根可粗达 3mm；叶大型，椭圆形或倒卵状披针形；圆锥花序，花白色；花期 5～6 月	观赏	中国云南、广西、广东、贵州、四川；尼泊尔、不丹、孟加拉国、印度东北部、缅甸、泰国和越南	西藏东南部

（续）

序号	拉丁学名	中文名	所属科	特征及特性	类别	原产地	目前分布/种植区
7523	*Pollia japonica* Thunb.	杜若（竹叶莲，山竹壳菜，竹叶花，地藕）	Commelinaceae 鸭跖草科	多年生草本；细长根茎横走，叶常聚于茎顶，表面粗糙，背面有细毛；圆锥花序顶生	药用		华东、中南及四川、贵州
7524	*Polyalthia cerasoides*（Roxb.）Benth. et Hook. f. ex Bedd.	细基丸（山芭蕉，红英）	Annonaceae 番荔枝科	灌木或乔木；高 2～10m；花单生于叶腋，绿色；萼片 3，矩圆状卵形或宽披针形，花瓣 6，2 轮，镊合状排列，内外轮近相等，或内轮的稍短，厚革质，长卵圆形，药隔顶端截平	果树	中国	广西、云南
7525	*Polyalthia laui* Merr.	海南暗罗	Annonaceae 番荔枝科	乔木；高达 25m，花淡黄色，花瓣长圆状卵形或卵状披针形，外轮花瓣稍短于内轮花瓣；雄蕊楔形，药隔顶端截形；心皮密被短柔毛，内有胚珠 1 颗	观赏	中国云南	
7526	*Polyalthia nemoralis* A. DC.	陵水暗罗	Annonaceae 番荔枝科	灌木或小乔木；高达 5m；花白色，单生，与叶对生，花瓣长圆状椭圆形，内外轮花瓣等长或内轮的略短些，顶端急尖或钝；果卵状椭圆形	观赏		广东、海南
7527	*Polyalthia plagioneura* Diels	斜脉暗罗（九重波）	Annonaceae 番荔枝科	乔木；高达 15m；花大形，黄绿色，单生于枝端与叶对生；内外轮花瓣近等大，两面均被短毡毛；药隔顶端截形，被短柔毛；心皮被丝毛	观赏	中国	
7528	*Polyalthia rumphii*（Blume ex Hensch.）Merr.	香花暗罗（大花暗罗）	Annonaceae 番荔枝科	乔木；树皮暗灰色；单叶互生，长圆状披针形；花单生叶腋，具芳香，花瓣 2 轮，每轮 3 瓣，淡绿色，后变黄绿色；聚合浆果	观赏	中国、马来西亚、菲律宾、印度尼西亚	海南
7529	*Polyalthia suberosa*（Roxb.）Thwaites	鸡爪树	Annonaceae 番荔枝科	小乔木；高达 5m；花淡黄色，1～2 朵与叶对生；萼片卵状三角形；内轮花瓣长于外轮花瓣1～2倍；花药隔截形；心皮被柔毛，内有基生胚珠 1 颗	果树		广西 海南
7530	*Polygala arcuata* Hayata	巨花远志	Polygalaceae 远志科	矮小灌木；高约 30cm，几具葡萄茎；单叶互生，椭圆状披针形；总状花序腋生，花两性，花瓣 3，紫色，与花丝鞘贴生；蒴果扁平	药用，观赏		台湾
7531	*Polygala arillata* Buch.-Ham. ex D. Don	荷包山桂花	Polygalaceae 远志科	灌木或小乔木；叶纸质，椭圆形至矩圆状披针形；总状花序，花瓣黄色，龙骨瓣短盔形，背面顶部有细裂成 8 条鸡冠状附属物；蒴果	观赏	中国及尼泊尔、印度、缅甸、越南北方	云南、陕西、湖北、江西、安徽、福建、广东

（续）

序号	拉丁学名	中文名	所属科	特征及特性	类别	原产地	目前分布/种植区
7532	*Polygala hybrida* DC.	新疆远志	Polygalaceae 远志科	多年生草本；总状花序顶生，顶生花稠密，下部花较松散；花瓣3；中间龙骨瓣背面顶部有撕裂成条的鸡冠状附属物，两侧花瓣2/3部分与花丝鞘贴生	观赏	中国新疆；蒙古、俄罗斯	新疆北部
7533	*Polygala japonica* Houtt.	瓜子金（小叶地丁草，小远志，瓜子莲）	Polygalaceae 远志科	多年生草本；根有纵横纹和结节；茎铺散丛生；叶互生，卵状披针形或椭圆形；总状花序具多数花，花淡紫色或白色；蒴果圆形	药用		除西北地区外，全国均有分布
7534	*Polygala karensium* Kurz	密花远志	Polygalaceae 远志科	灌木；叶椭圆状披针形；总状花序密生枝顶，被短伏毛，花瓣白带紫或紫红色；蒴果四方状圆形，绿色带紫具宽翅	观赏	中国广西、云南、西藏东南部；越南北方	云南
7535	*Polygala sibirica* L.	西伯利亚远志	Polygalaceae 远志科	多年生草本；高10～30cm；茎丛生；叶披针形或长圆形；总状花序最上一个假顶生，花蓝紫色，子房倒卵形；蒴果近倒心形	药用		全国各地均有分布
7536	*Polygala subopposita* S. K. Chen	合叶草	Polygalaceae 远志科	一年生直立草本；高10～40cm；叶纸质，阔卵形；总状花序腋上生；花瓣白色或黄色；蒴果近圆形	药用		贵州、云南
7537	*Polygala tatarinowii* Regel	小扁豆	Polygalaceae 远志科	一年生直立草本；高5～15cm；叶片纸质，卵形或椭圆形；总状花序顶生；花瓣红色至紫红色；蒴果扁圆形	药用		东北、华北、西北、华东、华中、西南
7538	*Polygala tenuifolia* Willd.	远志（细叶远志）	Polygalaceae 远志科	多年生草本；茎丛生，高20～40cm；叶互生，狭条形；总状花序外生，最上一个花序假顶生，花瓣3，淡紫色；蒴果扁平	药用	中国	长江流域以北及甘肃以东地区
7539	*Polygonatum acuminatifolium* Kom.	五叶黄精	Liliaceae 百合科	根状茎细圆珠形；叶互生，椭圆形至矩圆状椭圆形；花序具2花，花被白绿色	蔬菜		吉林、河北（北部）
7540	*Polygonatum alternicirrhosum* Hand. -Mazz.	互卷黄精	Liliaceae 百合科	根状茎连珠状；叶互生，矩圆状披针形至披针形，边缘略呈皱波状；花序具1～5花，呈总状	蔬菜		四川西南部

（续）

序号	拉丁学名	中文名	所属科	特征及特性	类别	原产地	目前分布/种植区
7541	*Polygonatum cathcartii* Baker	棒丝黄精	Liliaceae 百合科	根状茎连珠状，结节不规则球形；叶极大部分对生，披针形或矩圆状披针形；花序具2～3花，花被淡黄色或白色；浆果	蔬菜		西藏东部、云南西北部、四川西部
7542	*Polygonatum cirrhifolium* (Wall.) Royle	卷叶黄精（鄂西黄精，老虎姜，鸡头参）	Liliaceae 百合科	根状茎肥厚圆柱形或连珠状茎高30～90cm；叶为3～6枚轮生，细条形至披针形，顶端拳卷或弯曲成钩状；花序腋生，通常有2花，花被淡紫色；浆果	蔬菜	中国	西藏、云南、四川、陕西、甘肃、青海、宁夏、湖北等省
7543	*Polygonatum curvistylum* Hua	重叶黄精	Liliaceae 百合科	根状茎圆柱状；茎高15～35cm，具很多轮叶；叶条状披针形至条形；单花或2朵成花序；花被淡紫色；浆果红色	蔬菜		四川西部、云南西北部
7544	*Polygonatum cyrtonema* Hua	多花黄精（山捣臼，山姜）	Liliaceae 百合科	根状茎肥厚，连珠状或结节成块直径1～2cm；茎高50～100cm；叶互生，椭圆形至披针形；花序腋生，伞形；总花梗下垂，花被黄绿色；浆果	蔬菜，药用，粮食	中国	河南、贵州、四川、浙江、江苏、广东、广西、福建
7545	*Polygonatum filipes* Merr. ex C. Jeffrey et McEwan	长梗黄精	Liliaceae 百合科	根状茎连珠状或有时“节间”稍长；叶互生、矩圆状披针形至椭圆形，先端尖至渐尖；花序具2～7朵，花被淡黄绿色；浆果	蔬菜		
7546	*Polygonatum hookeri* Baker	独花黄精	Liliaceae 百合科	多年生草本；叶有数枚至10余枚，常紧挨在一起，为条形至矩圆形，长2～4.5cm；通常全株仅开有1朵花，生于最下的1个叶腋内，花被紫色	观赏	中国	西藏、云南、四川、甘肃、青海
7547	*Polygonatum humile* Fisch. ex Maxim.	小玉竹	Liliaceae 百合科	根状茎细圆柱形；叶互生，椭圆形、长椭圆形或卵状椭圆形；花序通常仅具1花，花被白色，顶端带绿色；浆果	蔬菜		黑龙江、吉林、辽宁、河北、陕西
7548	*Polygonatum inflatum* Kom.	毛筒玉竹	Liliaceae 百合科	块状茎圆柱形；叶互生，卵形。卵状椭圆形或椭圆形；花絮具有2～3花，总花梗长2～4cm；浆果	蔬菜		黑龙江、吉林、辽宁

（续）

序号	拉丁学名	中文名	所属科	特征及特性	类别	原产地	目前分布/种植区
7549	*Polygonatum involucratum* (Franch. et Sav.) Maxim.	二苞黄精	Liliaceae 百合科	多年生草本；叶卵形或卵状椭圆形，叶顶端短而渐尖，互生；花序腋生，白绿色至淡黄色，花背合成筒状	观赏	中国黑龙江、吉林、辽宁、河北、山西、河南；朝鲜、前苏联远东地区、日本	东北、华东及河南、河北、湖南、湖北、山西、广东、广西、
7550	*Polygonatum kingianum* Collett et Hemsl.	滇黄精（节节高，仙人饭）	Liliaceae 百合科	多年生草本；茎高1～3m，顶部成攀缘状，叶条形或条状披针形，轮生，每轮3～10枚，花序腋生，花被粉红色，合生成筒状	观赏	中国云南、四川、贵州；越南、缅甸	云南、四川、贵州
7551	*Polygonatum macropodum* Turcz.	热河黄精	Liliaceae 百合科	根状茎圆柱形，茎高30～100cm；叶互生，卵形至卵状椭圆形，稍有卵状矩圆形；花序具5～12花，近伞房状，花被白色或带红色；浆果	蔬菜		辽宁、河北、山西、山东
7552	*Polygonatum nodosum* Hua	节根黄精	Liliaceae 百合科	根状茎较细，节结膨大呈连珠状或多少呈连珠状；叶互生，卵状椭圆形或椭圆形；花序具1～2花，花被蛋黄绿色；浆果	蔬菜		湖北、甘肃、四川、云南
7553	*Polygonatum odoratum* (Mill.) Druce	玉竹（地管子，铃铛菜）	Liliaceae 百合科	多年生草本；根茎横生，长柱形，黄白色；单叶互生，呈2列；花腋生，花丝白色；浆果黑紫色	有毒		东北、华北、西北、华东、华中及四川
7554	*Polygonatum odoratum* var. *pluriflorum* (Miq.) Ohwi	阿里黄精	Liliaceae 百合科	根状茎多少呈连珠状；叶互生，卵状披针形至披针形；花序具2～4花，多少伞形，花丝下部两侧扁，上部丝状，近光滑	观赏		江苏、安徽、浙江、江西、湖南、福建、广东
7555	*Polygonatum oppositifolium* (Wall.) Royle	对叶黄精	Liliaceae 百合科	多年生草本；叶对生，老叶近革质，有光泽，卵状矩圆形至卵状披针形；花白色或淡黄绿色；花序腋生	观赏	中国西藏南部；尼泊尔、不丹、印度北部	东北、西北及湖北、四川
7556	*Polygonatum prattii* Baker	康定玉竹	Liliaceae 百合科	根状茎细圆柱形，近等粗；叶4～15枚，椭圆形至矩圆形；花序通常具2朵花，俯垂，花被淡紫色；浆果	蔬菜		四川西部、云南西北部
7557	*Polygonatum punctatum* Royle ex Kunth	点花黄精	Liliaceae 百合科	多年生草本；叶互生，幼时近肉质，老时革质，有光泽，卵形，卵状矩圆形至矩圆状披针形，花白色，略呈总状花序，腋生	观赏	中国西藏南部、四川、云南、贵州、广西西南部、海南；越南、尼泊尔、不丹、印度	东北、华北、西南及河南、陕西、广西、西藏

（续）

序号	拉丁学名	中文名	所属科	特征及特性	类别	原产地	目前分布/种植区
7558	*Polygonatum roseum* (Ledeb.) Kunth	新疆黄精	Liliaceae 百合科	根状茎细圆柱形，茎高 40～80cm；叶大部分每 3～4 枚轮生，披针形至条状披针形；总花梗平展或俯垂，花被淡紫色；浆果	蔬菜		新疆塔里木盆地以北
7559	*Polygonatum sibiricum* Redouté	黄精（鸡头黄精，黄鸡菜）	Liliaceae 百合科	根状茎肥大肉质；叶轮生，每轮 4～6 枚；条状披针形；花序伞形，俯垂；花被乳白色至淡黄色，全长 9～12mm，浆果	蔬菜，药用，经济作物（特用类）	中国	宁夏、甘肃、陕西、山西、河北、辽宁、河南、安徽、浙江
7560	*Polygonatum tessellatum* F. T. Wang et Ts. Tang	格脉黄精	Liliaceae 百合科	根状茎粗壮；叶轮生，矩圆状披针形至披针形；花轮生叶腋，花被淡黄色；浆果	蔬菜		云南西部和西北部
7561	*Polygonatum zanlanscianense* Pamp.	湖北黄精	Liliaceae 百合科	根状茎连珠状或姜块状，肥厚；叶轮生，叶形变异较大，椭圆形、矩圆形披针形、披针形至条形；花序具 2～6 花，近伞形；浆果紫红色或黑色	蔬菜		甘肃、陕西、四川、贵州、湖北、湖南、河南、江西、江苏
7562	*Polygonum amphibium* L.	两栖蓼	Polygonaceae 蓼科	多年生草本；根状茎横走；叶长圆形或椭圆形；总状花序呈穗状；瘦果近圆形，黑色	有毒		东北、华北、西北、华东、华中、西南
7563	*Polygonum argyrocoleon* Steud. ex Kunze	帚蓼	Polygonaceae 蓼科	一年生草本；茎直立，高 50～90cm；叶披针形或线状披针形；穗状花序；瘦果卵形	有毒		内蒙古、甘肃、青海、新疆
7564	*Polygonum aviculare* L.	萹蓄（萹竹，猪芽草，地蓼	Polygonaceae 蓼科	一年生草本；茎长 10～40cm；叶互生，狭椭圆形或线状披针形，叶基具关节；花常 1～5 朵簇生叶腋，全露或半露托叶鞘之处；瘦果	药用，饲用及绿肥		全国各地均有分布
7565	*Polygonum barbatum* L.	毛蓼	Polygonaceae 蓼科	茎高 40～100cm；叶披针形，有时椭圆形；托叶鞘筒状，先端有硬睫毛；穗形总状花序，苞片斜漏斗状；瘦果卵状三角形	药用		我国西南部至东南部及海南
7566	*Polygonum bistorta* L.	拳蓼（倒根草，山虾，虾参）	Polygonaceae 蓼科	多年生草本；根状茎肥厚，叶披针形或狭卵形；穗状花序顶生，苞片卵形，花被片 5 深裂，雄蕊 8，花柱 3；瘦果具 3 棱	经济作物（橡胶类），药用		东北、华北、华东、西北、华中及贵州

（续）

序号	拉丁学名	中文名	所属科	特征及特性	类别	原产地	目前分布/种植区
7567	*Polygonum bungeanum* Turcz.	柳叶刺蓼	Polygonaceae 蓼科	一年生草本；茎高30～60cm，疏生倒向钩刺；叶长圆状披针形；托叶鞘圆筒形，截平；数个花穗组成圆锥花序，苞内有3～4花；瘦果	杂草		黑龙江、辽宁、河北、山西、内蒙古
7568	*Polygonum chinense* L.	火炭母（赤地利，白饭菜，晕药）	Polygonaceae 蓼科	多年生草本或半灌木；茎长可达1m；叶卵形或长圆状卵形，上有“人”字形褐色斑；头状花序顶生，再排成伞房或圆锥状花序；瘦果	药用		我国西南部至东南部及海南和台湾
7569	*Polygonum cognatum* Meissn.	岩蓼	Polygonaceae 蓼科	多年生草本；叶椭圆形；花几遍生于植株；瘦果卵形	有毒		新疆、内蒙古、西藏
7570	*Polygonum criopolitanum* Hance	蓼子草（胡花，半年粮）	Polygonaceae 蓼科	一年生匍匐状草本；茎簇生，有粗毛；叶狭披针形，有粗毛与白色小斑点；头状花序顶生，花密生；瘦果卵形	杂草		江苏、江西
7571	*Polygonum dissitiflorum* Hemsl.	稀花蓼	Polygonaceae 蓼科	一年生草本；茎高40～100cm，疏生小刺和星状毛；叶卵状椭圆形或心形，有短而宽的耳片；圆锥状花序，苞内有花1～3朵；瘦果	杂草		东北、华北、华东、华中
7572	*Polygonum divaricatum* L.	叉分蓼（酸不溜）	Polygonaceae 蓼科	多年生草本；茎高70～150cm，叉状分枝；叶披针形，长圆形披针形至椭圆形；大型圆锥花序顶生，苞内有2～3花；瘦果	药用，饲用及绿肥，经济作物（橡胶类）		东北及内蒙古、河北、山西
7573	*Polygonum ellipticum* Willd. ex Spreng.	椭圆叶蓼	Polygonaceae 蓼科	多年生草本；基生叶纸质；总状花序长2～3cm，直径1.5～2cm，花被淡红色，花被片长3～3.5mm	饲用及绿肥		新疆、吉林
7574	*Polygonum filicaule* Wall. ex Meisn.	细茎蓼	Polygonaceae 蓼科	一年生草本；高10～30cm；叶卵形或披针卵形；花序头状，腋生或顶生；瘦果椭圆状	有毒		四川、云南、西藏
7575	*Polygonum forrestii* Diels	大铜钱叶蓼	Polygonaceae 蓼科	多年生草本；根茎木质强壮；茎高5～20cm，常二叉分枝；叶圆形或肾形；伞房状花序再组成顶生圆锥花序，常密集成近头状；瘦果	药用		四川、贵州、云南、西藏

（续）

序号	拉丁学名	中文名	所属科	特征及特性	类别	原产地	目前分布/种植区
7576	*Polygonum glabrum* Willd.	光蓼	Polygonaceae 蓼科	一年生草本;高70～100cm;叶披针形或长圆状披针形;总状花序呈穗状;瘦果卵形,黑褐色	有毒		湖南、湖北、福建、广东、海南、广西
7577	*Polygonum hastatosagittatum* Makino	戟状箭叶蓼	Polygonaceae 蓼科	一年生草本;高30～80cm;茎下部伏卧,节上生不定根,疏生倒钩刺;叶戟状箭形;短穗状圆锥花序顶生,苞片漏斗状;瘦果卵形	杂草		江苏、浙江、江西、福建、云南、台湾
7578	*Polygonum hydropiper* L.	辣蓼（水蓼,辣蓼草,白辣）	Polygonaceae 蓼科	一年生野生草本;叶披针形,顶端渐尖,基部锲形;穗状花序,顶生或腋生;苞叶钟形;花疏生,淡红或粉红;瘦果	蜜源,有毒		全国各地均有分布
7579	*Polygonum intramongolicum* A. J. Li ex Borodina	圆叶蓼	Polygonaceae 蓼科	小灌木;高40～50cm;叶圆形或宽椭圆形,近革质;花序总状,顶生;瘦果宽卵形	有毒		内蒙古
7580	*Polygonum japonicum* Meissn.	蚕茧草	Polygonaceae 蓼科	一年生草本;茎高达1m;叶长椭圆状披针形,被短伏毛;托叶鞘筒状;花序穗状,常2～3穗排成圆锥状,苞腋漏斗状;瘦果卵圆形	有毒		陕西、安徽、江苏、湖北、四川、浙江、福建、台湾、广东、云南
7581	*Polygonum japonicum* var. *conspicuum* Nakai	显花蓼	Polygonaceae 蓼科	多年生草本;根状茎匍匐,高50～100cm;叶披针形至长圆状披针形;托叶鞘圆柱形;穗状花序具花多数,花被常红色;瘦果扁三角形	杂草		安徽、浙江、台湾
7582	*Polygonum jucundum* Meissn.	愉悦蓼	Polygonaceae 蓼科	一年生草本;茎高达1m;叶长椭圆状披针形,被白色腺点;托叶鞘筒状;花序穗状,常2～3个生于枝顶,苞片漏斗状;瘦果三棱形	杂草		西南、华南、华东
7583	*Polygonum lapathifolium* L.	酸模叶蓼（大马蓼）	Polygonaceae 蓼科	一年生草本;茎高30～120cm;叶互生,披针形,柄上有短刺毛;茎和叶上有新月形黑褐色斑点;数个花穗构成圆锥花序;瘦果卵圆形	杂草		东北、长江流域地区及河北、山西、河南、广东、福建、广西
7584	*Polygonum longisetum* Bruijn	长鬃蓼	Polygonaceae 蓼科	一年生直立草本;茎高30～60cm,下部伏卧;叶披针形;托叶鞘筒状,具伏毛,有长睫毛;穗状花序较紧密,苞片漏斗状;瘦果	杂草		东北、华北、华东

（续）

序号	拉丁学名	中文名	所属科	特征及特性	类别	原产地	目前分布/种植区
7585	*Polygonum maackianum* Regel	长戟叶蓼	Polygonaceae 蓼科	一年生直立草本；茎高 50～90cm，具倒生刺和密生星状毛；叶狭长戟形；托叶鞘膜质；聚伞状花序，花淡红色或白色；瘦果卵形	杂草		东北、华北、华东及台湾
7586	*Polygonum macrophyllum* D. Don	圆穗蓼	Polygonaceae 蓼科	多年生草本；高 15～35cm；基生叶具长柄，茎生叶近无柄，叶矩圆形或卵状披针形；穗状花序紧密，顶生，近圆形；花白色或粉红色；瘦果卵形，具 3 棱	蜜源		云南、贵州、四川、青海、甘肃、陕西、西藏
7587	*Polygonum minus* Huds.	小蓼	Polygonaceae 蓼科	直立或披散纤弱草本；茎高 50～60cm；叶线状披针形；托叶鞘筒状；总状花序顶生，不分枝或分 2 枝，苞片斜漏斗状，有睫毛；瘦果两凸形	杂草		东北、华北、西南至东南
7588	*Polygonum molle* var. *rude* (Meisn.) A. J. Li	九牯牛	Polygonaceae 蓼科	直立草本；茎有毛；叶互生，长椭圆形，先端渐尖；托叶鞘状膜质；总状花序，呈圆锥花序式排列，顶生；花序柄红色，有毛；苞片鞘状，红褐色；花瓣 5，白色	药用		贵州、云南、西藏
7589	*Polygonum multiflorum* Thunb.	何首乌（夜交藤）	Polygonaceae 蓼科	多年生缠绕草本；根细长，顶端有膨大块根；茎中空；叶卵圆形或三角状卵形；圆锥状花序，花小，白色；瘦果卵状三棱形	蜜源	中国	山西、陕西、甘肃、河南、湖北、江西、广东、四川、云南
7590	*Polygonum muricatum* Meissn.	小蓼花	Polygonaceae 蓼科	一年生草本；茎具倒生短皮刺；叶卵形，基部宽截形，托叶鞘顶端截形，具长缘毛；花梗比苞片短；瘦果长 2～2.5mm	饲用及绿肥		华东、华中、华南和黑龙江
7591	*Polygonum nepalense* Meissn.	尼泊尔蓼（野荞麦草）	Polygonaceae 蓼科	一年生草本；茎高 20～60cm；叶卵形或卵状披针形，下面密生黄色腺点；头状花序，苞片边缘白色，中央绿色，内含 1 花；瘦果扁卵圆形	药用		华东、西南、东北及河北、山西、陕西、甘肃、广东
7592	*Polygonum orientale* L.	荭草（狗尾巴花，蓼实子，红蓼）	Polygonaceae 蓼科	一年生草本；茎高 1～2m，密生柔毛；叶宽卵形或卵形；托叶鞘筒状，具缘毛；穗状花序圆柱形，花被淡红色；瘦果近圆形	药用，观赏，饲用及绿肥		全国各地均有分布
7593	*Polygonum paleaceum* Wall. ex Hook. f.	草血竭	Polygonaceae 蓼科	多年生草本；根状茎肥厚；基生叶披针形或长椭圆形；茎生叶较狭，呈条形；穗状花序，淡红色；瘦果包于宿存花被内	观赏	中国云南、四川、贵州；印度东北部、泰国北部	云南、四川、贵州

（续）

序号	拉丁学名	中文名	所属科	特征及特性	类别	原产地	目前分布/种植区
7594	*Polygonum perfoliatum* L.	杠板归（河白草）	Polygonaceae 蓼科	一年生攀缘性草本；茎沿棱有倒生钩刺；叶近三角形，盾状着生；托叶鞘叶状草质，近圆形；短穗状花序，花淡红色或白色；瘦果近球形	药用，经济作物（橡胶类）		华东及吉林、内蒙古、河北、陕西、湖北、云南、台湾、广东
7595	*Polygonum persicaria* L.	桃叶蓼（春蓼）	Polygonaceae 蓼科	一年生直立草本；茎高 20～80cm；叶披针形或狭披针形；托叶鞘短筒状，具短睫毛；花穗圆柱形，排列紧密；苞片紫红色；瘦果扁圆形	饲用及绿肥，有毒		吉林、河北、河南、陕西、湖北、江西、四川、贵州
7596	*Polygonum plebeium* R. Br.	习见蓼（小萹蓄）	Polygonaceae 蓼科	一年生匍匐草本；茎多分枝，呈丛生状；叶线状长圆形、狭倒卵形或匙形；花小，簇生叶腋，粉红色；瘦果卵状三棱形	药用，饲用及绿肥		长江以南及台湾、陕西、河北
7597	*Polygonum posumbu* Buch.-Ham. ex D. Don	丛枝蓼（簇蓼）	Polygonaceae 蓼科	一年或两年生草本；茎高 30～50cm；叶卵形或卵状披针形；托叶鞘短筒状，先端截形；穗状花序，苞内有花 1～3 朵；瘦果	杂草		除内蒙古、新疆、西藏外，几乎遍布全国
7598	*Polygonum pubescens* Blume	伏毛蓼	Polygonaceae 蓼科	一年生草本；茎疏被硬伏毛；叶卵状披针形，无辛辣味，叶腋无闭花受精花；花被上部红色，密生淡紫色腺点	饲用及绿肥		华东、华南、西南及辽宁、甘肃
7599	*Polygonum runcinatum* Buch.-Ham. ex D. Don	赤胫散（散血丹）	Polygonaceae 蓼科	多年生草本；茎高 30～50cm；叶卵形或三角状卵形，在基部常内凹成 1～3 对圆形裂片；头状花序顶生，花白色或淡红色；瘦果卵圆形	药用，经济作物（橡胶类）		河南、陕西、甘肃、台湾、湖北、湖南、四川、贵州、云南
7600	*Polygonum sagittatum* L.	箭叶蓼（大箭叶蓼）	Polygonaceae 蓼科	一年生草本；茎蔓生，长可达 1m，沿棱散生倒钩刺；叶三角状箭形，3 裂状；总状花序呈头状，花白色或淡红色；瘦果近球形	药用		河南、陕西、安徽、福建、浙江、湖北、贵州、四川
7601	*Polygonum senticosum* (Meisn.) Franch. et Sav.	刺蓼	Polygonaceae 蓼科	多年生蔓性草本；茎长达 1m，四棱形，沿棱倒生钩刺；叶三角状戟形或三角形；头状花序，花粉红色；瘦果近球形	药用		辽宁、河北、山东、江苏、浙江、福建、台湾
7602	*Polygonum sibiricum* Laxm.	西伯利亚蓼	Polygonaceae 蓼科	多年生草本；根状茎细长，茎高 10～30cm；叶长椭圆形、披针形或线形；托叶鞘筒状，有短睫毛；圆锥状花序顶生，花黄绿色；瘦果卵圆形	饲用及绿肥，药用		东北、华北、西南及陕西、甘肃

（续）

序号	拉丁学名	中文名	所属科	特征及特性	类别	原产地	目前分布/种植区
7603	*Polygonum sieboldii* Meissn.	雀翘（箭叶蓼）	Polygonaceae 蓼科	一年生草本；茎高50～100cm；叶长卵状披针形，有粒状细点，叶缘反卷；托叶鞘三角状披针形；头状花序，花白色或淡紫红色；瘦果	药用		东北、华北、华中、华东
7604	*Polygonum songaricum* Schrenk	准噶尔蓼	Polygonaceae 蓼科	多年生草本；圆锥花序，花小，粉红色，花被4～5裂；瘦果，棱形，先端尖，形似荞麦	观赏	中国新疆，哈萨克斯坦	新疆
7605	*Polygonum strigosum* R. Br.	水湿蓼	Polygonaceae 蓼科	一年生草本；茎细长，沿棱密生倒钩刺；叶互生，长卵状披针形；总状花序短穗状或近头状，常成对，花密集；瘦果宽卵形	杂草		广东、广西、云南、四川
7606	*Polygonum taquetii* H. Lév.	穗下蓼	Polygonaceae 蓼科	一年生草本；茎高20～40cm；叶披针形或宽线形；托叶鞘筒形，有长睫毛；穗状花序，下垂，花极疏生，淡绿色或淡红色；瘦果卵形	杂草		安徽、江苏、浙江、江西
7607	*Polygonum thunbergii* Siebold et Zucc.	戟叶蓼（水麻）	Polygonaceae 蓼科	一年生草本；茎长30～70cm，生倒生小钩刺；叶戟形，叶耳平展；托叶鞘斜圆筒状，有睫毛；头状花序聚伞状，花白色或淡红色；瘦果	杂草		河北、山东、陕西、甘肃、湖北、江苏、浙江
7608	*Polygonum tinctorium* Aiton	蓼蓝	Polygonaceae 蓼科	一年生草本；叶卵形或宽椭圆形；总状花序呈穗状，苞片漏斗状，每苞内含花3～5，花被5深裂，淡红色；瘦果宽卵形	观赏	中国	河北、山东、辽宁
7609	*Polygonum viscoferum* Makino	黏液蓼	Polygonaceae 蓼科	一年生草本；茎高40～80cm；叶线状披针形或披针形；托叶鞘细筒状，有睫毛；穗状花序顶生，花序轴常分泌黏液；瘦果三棱形	杂草		东北及江苏、贵州
7610	*Polygonum viscosum* Buch.-Ham. ex D. Don	黏毛蓼（香蓼）	Polygonaceae 蓼科	一年生草本；茎高50～120cm，密生长毛，常分泌黏液；叶披针形；托叶鞘筒形；穗状花序紧密，花被红色；瘦果宽卵形	经济作物（香料类，特用类）		吉林、辽宁、河南、浙江、福建、江西、江苏、广东、云南、贵州
7611	*Polygonum viviparum* L.	珠芽蓼（山高粱，山谷子）	Polygonaceae 蓼科	多年生草本；基生叶长圆形，宽0.5～3cm，茎生叶披针形无柄；总状花序下部生珠芽；瘦果卵形，具3棱	饲用及绿肥		东北、华北、西北及四川、云南、西藏

（续）

序号	拉丁学名	中文名	所属科	特征及特性	类别	原产地	目前分布/种植区
7612	*Polyosma cambodiana* Gagnep.	多香木（绿楠公，金烛，甘笋）	Saxifragaceae 虎耳草科	常绿树种、乔木；高达 25m；叶长圆形或长圆状倒披针形，前端急尖，基部楔尖，全缘，叶对生，侧脉 8～12 对，羽状；两性花，顶生总状花序，白色；浆果；种子卵形	观赏	中国	海南
7613	*Polypodium virginianum* L.	东北多足蕨	Polypodiaceae 水龙骨科	蕨类植物；根茎长，横生，密被暗褐色、卵状披针形鳞片；叶疏生；叶柄细，光滑无毛	观赏	中国、朝鲜、日本、蒙古、俄罗斯西伯利亚及北美	东北及河北
7614	*Polypodium vulgare* L.	多足蕨（欧亚水龙骨）	Polypodiaceae 水龙骨科	蕨类植物；根状茎长而横走；叶柄以关节和根状茎相连，叶宽披针形羽状深裂；孢子囊群生于每组侧脉基部上侧小脉顶端，无盖	观赏	中国、北半球温带	新疆东北部
7615	*Polypogon fugax* Nees ex Steud.	棒头草	Gramineae (Poaceae) 禾本科	一年生；花序紧缩呈穗状，小穗长约 2.5mm，灰绿色，颖被短纤毛，先端 2 裂，芒从裂口处伸出，长 1～3mm，细直	饲用及绿肥		我国南北各地
7616	*Polypogon maritimus* Willd.	裂颖棒头草	Gramineae (Poaceae) 禾本科	一年生；花序呈穗状，小穗长 2.5～3mm，草黄色，颖先端 2 深裂，芒自裂口处伸出，长达 7mm，外稃无芒	饲用及绿肥		新疆及青海
7617	*Polypogon monspeliensis* (L.) Desf.	长芒棒头草	Gramineae (Poaceae) 禾本科	一年生；小穗 2～2.5mm，灰绿色，颖先端 2 浅裂，芒自裂口处伸出，长达 3～7mm，外稃具 1～1.2mm 的短芒	饲用及绿肥		我国南北各地
7618	*Polyporus mylittae* Cook et Mass.	雷丸（竹苓，雷实，竹苓子）	Polyporaceae 多孔菌科	跨年生或多年生，主要以菌核出现，不易发现其子实体；菌核体表凹陷处有一条至数条菌索，还有一些菌丝体缠绕，是其营养器官	药用		华东、西南及广西、湖北、湖南
7619	*Polyscias fraticosa* (Linn.) Harms	南洋参	Araliaceae 五加科	灌木或乔木；叶变化大，三回羽状复叶或不规则形，小叶卵圆形至披针形；伞形花序呈圆锥状，花朵、小、绿色	观赏	印度至太平洋地区	
7620	*Polyscias guilfoylei* (W. Bull.) L. H. Bailey	银边南洋参	Araliaceae 五加科	常绿性灌木；株高 1～3m，分枝皮孔显著；叶互生，奇数羽状复叶，小叶 3～4 对，对生，椭圆形或长椭圆形，锯齿缘，叶缘附件常有白斑	观赏	太平洋波利尼西亚群岛	

（续）

序号	拉丁学名	中文名	所属科	特征及特性	类别	原产地	目前分布/种植区
7621	*Polyspora axillaris* (Roxb. ex Ker Gawl.) Sweet	大头茶（大山皮，楠木树）	Theaceae 山茶科	灌木或小乔木；叶互生，倒披针形；花单生或簇生小枝顶端，白色；蒴果矩圆形	观赏	中国云南、四川、广西、广东、海南和台湾	
7622	*Polyspora chrysandra* (Cowan) Hu ex Barthol. et Ming	黄药大头茶	Theaceae 山茶科	常绿灌木或小乔木；高达 4～6m；叶薄革质，狭倒卵形；花生于枝顶叶腋，淡黄色；蒴果	观赏	中国云南	云南西部至南部、四川南川、贵州遵义
7623	*Polyspora speciosa* (Kochs) Bartholo et T. L. Ming	广西大头茶	Theaceae 山茶科	常绿乔木；高 11m；叶长圆形；花无梗；苞片 2～3；萼片 5，近圆形，无毛；花瓣 5；果长 2.5cm	观赏		广西、贵州、四川、云南
7624	*Polystichum craspedosorum* (Maxim.) Diels	鞭叶耳蕨（华北耳蕨）	Dryopteridaceae 鳞毛蕨科	多年生草本；根状茎直立，呈小块状；叶簇生，披针形，一次羽状复叶；孢子囊群生侧脉顶端；囊群盖达，圆盾形	观赏	中国、日本、朝鲜、前苏联	辽宁、河北、山东、甘肃、湖南、湖北、四川、贵州、浙江
7625	*Pomatosace filicula* Maxim.	羽叶点地梅	Primulaceae 报春花科	一年或二年生草本；叶基生，羽状深裂，全缘或具不整齐的疏齿；伞形花序生于花葶端，花冠白色，坛状，喉部收缩且具环状附属物	观赏	中国	甘肃、青海、四川、西藏
7626	*Pometia pinnata* J. R. Forst. et G. Forst.	绒毛番龙眼	Sapindaceae 无患子科	常绿大乔木；具大板根；羽状复叶，小叶 4～13 对；圆锥花序，花黄色，花萼浅杯状，花瓣 5，倒卵形或卵圆形；果核果状	果树		云南
7627	*Poncirus trifoliata* (L.) Raf.	枸橘（土枳实，铁篱寨，臭枳子）	Rutaceae 芸香科	落叶小乔木或灌木；三出复叶，小叶无叶柄，长卵圆形或倒卵圆形；两性花，花白色，单生或簇生叶腋；柑果球形	药用，经济作物（香料类），有毒		长江流域各省
7628	*Populus adenopoda* Maxim.	响叶杨（风想树）	Salicaceae 杨柳科	落叶乔木；喜光、耐低温；小枝具顶芽，芽鳞 2 枚以上；葇花序，雌雄异株，不具花瓣，有环花盘及苞片；苞片顶端分裂；蒴果具冠毛	生态防护，观赏		华北、西北、华东、西南及河南、湖北、湖南
7629	*Populus afghanica* (Aiton et Hemsl.) C. K. Schneid.	阿富汗杨	Salicaceae 杨柳科	中等乔木；萌枝叶菱状卵圆形或倒卵形；雄花序轴无毛；雌花序轴光滑；蒴果长 5～6mm	林木		新疆南部

（续）

序号	拉丁学名	中文名	所属科	特征及特性	类别	原产地	目前分布/种植区
7630	*Populus alaschanica* Kom.	阿拉善杨	Salicaceae 杨柳科	乔木；高 6～18m；叶卵形，边缘有锯齿，上面黄绿色，叶脉突出；果柄与果序轴具长柔毛	林木		内蒙古阿拉善左旗和阿拉善右旗
7631	*Populus alba* L.	银白杨	Salicaceae 杨柳科	落叶乔木；成熟树皮白或灰白色，平滑有白粉，老树暗灰白色有不规则浅方块状裂；叶广卵圆形，叶下密生白绒毛；雌雄异株	有毒，观赏	中国新疆额尔齐斯河流域；中亚及东欧	新疆
7632	*Populus alba* var. *pyramidalis* Bunge	新疆杨	Salicaceae 杨柳科	落叶乔木；树冠圆柱形；短枝之叶近圆形，有缺刻状粗齿，背面幼时密生白色绒毛，后渐脱落近无毛	观赏	中国新疆	新疆
7633	*Populus amurensis* Kom.	黑龙江杨	Salicaceae 杨柳科	乔木；叶卵形至阔卵圆形，先端短渐尖，基部圆形或心形；雌花序轴密生白色柔毛；蒴果球形	林木	中国黑龙江	黑龙江省北部、内蒙古东部扎兰屯一带
7634	*Populus canescens* (Aiton) Sm.	银灰杨	Salicaceae 杨柳科	乔木；高达 20m；萌条或长枝叶宽椭圆形；短枝叶卵圆形或菱状卵圆形；蒴果细长卵形	林木		新疆
7635	*Populus cathayana* Rehder	青杨	Salicaceae 杨柳科	落叶乔木；树冠广卵形，树皮平滑，老后暗灰色纵裂；叶椭圆状卵形至椭圆状窄卵形，秋季变金黄色	观赏	中国东北南部、华北及西北东南部	
7636	*Populus charbinensis* C. Wang et Skvortsov	哈青杨	Salicaceae 杨柳科	落叶乔木；树冠广卵形；叶近圆形，中部稍宽，先端短渐尖，基部圆或阔楔形	观赏		
7637	*Populus ciliata* Wall. ex Royle	缘毛杨	Salicaceae 杨柳科	乔木；高达 20m；叶卵状心形；雄花序轴无毛；雌花序轴无毛或有疏柔毛；蒴果 4 瓣裂	林木		西藏、云南
7638	*Populus davidiana* Dode	山杨	Salicaceae 杨柳科	乔木；树冠圆形；短枝叶三角状卵圆形或近圆形，边缘具波状浅齿，萌生枝叶大，三角状卵圆形，背面被灰绒毛	观赏	中国、朝鲜半岛、俄罗斯西伯利亚地区	华北、东北、西北、西南
7639	*Populus deltoides* Marsh.	美洲黑杨	Salicaceae 杨柳科	落叶大乔木，高 32～35m；放叶期叶呈古铜色；成熟花序长 7～9cm、花絮量很少	林木		江苏、湖北、湖南、山东、安徽、陕西、四川、贵州、云南、河北、山西、辽宁、北京、天津

（续）

序号	拉丁学名	中文名	所属科	特征及特性	类别	原产地	目前分布/种植区
7640	*Populus euphratica* Oliv.	胡杨	Salicaceae 杨柳科	乔木；高达 30 m；叶柄长 1～3cm，叶片边缘为全缘，两面同为灰色；苞片近菱形，长约 3mm，花盘杯状，干膜质	饲用及绿肥，生态防护		新疆、宁夏、青海、甘肃和内蒙古（西部）
7641	*Populus girinensis* Skv-ortsov	东北杨	Salicaceae 杨柳科	乔木；高 12m；叶阔卵形或长卵形；雌花序无毛；蒴果无柄，无毛，长圆形	生态防护		吉林、黑龙江
7642	*Populus glauca* H. H. Haines	灰背杨	Salicaceae 杨柳科	乔木；高 10m；叶卵形；叶柄短而圆，被密毛；花通常两性；蒴果近圆球形	林木		西藏、四川、云南
7643	*Populus haoana* Cheng et C. Wang	德钦杨	Salicaceae 杨柳科	乔木；高 20m；短枝叶卵圆形至卵状长椭圆形；果序轴被柔毛；蒴果卵圆形	林木	中国	云南西北部
7644	*Populus hsinganica* C. Wang et Skvortsov	兴安杨	Salicaceae 杨柳科	乔木；高 20m；叶近圆形、圆状心形；雄花序轴无毛；果序轴无毛；蒴果 3 瓣裂	林木		内蒙古、河北
7645	*Populus iliensis* Drobow	伊犁杨	Salicaceae 杨柳科	乔木；高 10～15m；萌枝叶或长枝叶卵圆形或阔卵圆形；短枝叶卵圆形或卵形；蒴果卵圆形	林木	中国	新疆
7646	*Populus kangdingensis* C. Wang et S. L. Tung	康定杨	Salicaceae 杨柳科	乔木；高 10m；叶菱状椭圆形或长椭圆状披针形；叶柄长，具毛	林木		四川西部
7647	*Populus koreana* Rehder	香杨	Salicaceae 杨柳科	乔木；雄花序长 3.5～5cm；苞近圆形或肾形；雄蕊 10～30，花药暗紫色；雌花序长 3.5cm，轴无毛	观赏	中国、朝鲜半岛、俄罗斯远东地区	小兴安岭至长白山一带
7648	*Populus lasiocarpa* Oliv.	大叶杨	Salicaceae 杨柳科	落叶乔木；树冠宽塔形，树皮深灰色，老后纵裂，小枝圆；叶广卵形，特大；上面深绿，脉网下陷；下面苍白，中脉带红色，被柔毛	观赏	中国陕西南部、四川、贵州、云南及湖北西部	
7649	*Populus laurifolia* Ledeb.	苦杨	Salicaceae 杨柳科	乔木；高 10～15m；树冠宽阔；萌枝叶披针形或卵状披针形；蒴果卵圆形	林木		新疆
7650	*Populus manshurica* Nakai	热河杨	Salicaceae 杨柳科	乔木；叶菱状三角形、菱状椭圆形或广菱状卵圆形；叶柄长，圆柱形	林木		辽宁西部、内蒙古东部

（续）

序号	拉丁学名	中文名	所属科	特征及特性	类别	原产地	目前分布/种植区
7651	*Populus maximowiczii* A. Henry	辽杨	Salicaceae 杨柳科	乔木；树冠开展；果枝叶椭圆形或椭圆状卵形，萌枝叶较大，阔卵圆形；雄花序5～10cm，雌花序细长；蒴果卵球形	林木，有毒		东北及内蒙古、河北、陕西
7652	*Populus nakaii* Skvortsov	玉泉杨	Salicaceae 杨柳科	乔木；高达13m；叶卵形至卵状披针形；果序有短柔毛；蒴果卵圆形	林木		黑龙江至河北一带
7653	*Populus nigra* L.	黑杨	Salicaceae 杨柳科	落叶乔木；树冠长卵形至椭圆形，树皮灰褐色，老后纵裂；小枝圆而光滑，白色皮孔明显；叶宽卵形至三角状菱形	观赏	中国新疆西北部；东欧至中亚	东北、华北及新疆
7654	*Populus ningshanica* C. Wang et S. L. Tung	汉白杨	Salicaceae 杨柳科	乔木；高18m；芽卵形；叶阔卵形；果序长10cm左右；蒴果2瓣裂	林木		陕西、湖北
7655	*Populus pamirica* Kom.	帕米杨	Salicaceae 杨柳科	乔木；萌枝叶长椭圆形；短枝叶圆形；果序轴有毛；蒴果卵圆形，3瓣裂	林木		新疆
7656	*Populus pilosa* Rehder	柔毛杨	Salicaceae 杨柳科	乔木；高5～12m；叶卵形或广卵形；花盘具波状齿；蒴果2瓣裂，无柄，圆球状卵圆形	林木		新疆
7657	*Populus pruinosa* Schrenk	灰胡杨	Salicaceae 杨柳科	落叶乔木；高达20m；树冠开展，树皮灰白色；叶肾形，被灰白色绒毛；雌雄异株，雌花序长达5cm；果穗、果梗和果实被灰白色绒毛；蒴果卵状长圆形	生态防护，林木		分布于塔克拉玛干沙漠边缘、准噶尔盆地
7658	*Populus przewalskii* Maxim.	青甘杨	Salicaceae 杨柳科	乔木；高达20m；叶菱状卵形；雌花序细，花序轴有毛；果序轴及蒴果被柔毛；蒴果卵形，2瓣裂	观赏，林木，生态防护		青海、甘肃、内蒙古
7659	*Populus pseudoglauca* C. Wang et P. Y. Fu	长序杨	Salicaceae 杨柳科	乔木；高6～7m；叶卵形至宽卵形；果序长达40cm，轴有毛；蒴果3～4瓣裂，被绒毛	林木		西藏
7660	*Populus pseudomaximowiczii* C. Wang et S. L. Tung	梧桐杨	Salicaceae 杨柳科	落叶乔木；高10～15m；萌枝叶宽卵形或卵状椭圆形，短枝叶宽卵形或卵形；雄花序长3～5cm；果序长达15cm，序轴无毛，果卵形	林木生态防护		河北、陕西

（续）

序号	拉丁学名	中文名	所属科	特征及特性	类别	原产地	目前分布/种植区
7661	*Populus pseudosimonii* Kitag.	小青杨	Salicaceae 杨柳科	落叶乔木；叶菱状椭圆形及菱状卵圆形，中部以下最宽，叶基楔形稀近圆形，叶缘细钝锯齿，背面淡绿色，无毛，叶柄圆柱形，长1～5cm，顶端有时有短毛；萌枝叶较大；果序轴无毛	林木，药用，观赏，生态防护		东北及内蒙古、河北、山西、陕西、甘肃、青海、四川
7662	*Populus purdomii* Rehder	冬瓜杨	Salicaceae 杨柳科	乔木；高达30m；叶卵形或宽卵形；萌枝叶长卵形；蒴果球状卵形	林木		河北、河南、陕西、甘肃、湖北、四川
7663	*Populus qamdoensis* C. Wang et S. L. Tung	昌都杨	Salicaceae 杨柳科	大乔木；高25m；叶卵形果序长达15cm，果序轴光滑；蒴果卵形，2瓣裂	林木		西藏
7664	*Populus shanxiensis* C. Wang et S. L. Tung	青毛杨	Salicaceae 杨柳科	乔木；高15m；叶卵形至宽卵形，革质，较厚，先端短渐尖，基部心形，边缘圆锯齿，具缘毛，上面暗绿色，下面苍白色；叶柄圆柱形，有短柔毛，叶柄先端近叶基部具2腺点，腺点表面凹下	林木，生态防护		山西
7665	*Populus simonii* Carr.	小黑杨	Salicaceae 杨柳科	乔木；高20m；长枝叶为广卵形或菱状三角形；短枝叶菱状椭圆形；蒴果卵状椭圆形	林木，观赏	中国	北起黑龙江爱辉县，南到黄河流域各省份
7666	*Populus tomentosa* Carrière	毛白杨	Salicaceae 杨柳科	落叶乔木；树冠卵圆形或卵形；树皮灰绿色至灰白色，皮孔鞭形；芽卵形略有绒毛；叶卵形、宽卵形或三角状卵形；蒴果	蜜源	中国	辽宁、华北、西北、华东
7667	*Populus ussuriensis* Kom.	大青杨	Salicaceae 杨柳科	乔木；高达30m，花序长12～18cm，花序轴密生短柔毛，基部更为明显；蒴果无毛，近无柄，长约7mm，3～4瓣裂	观赏	中国东北	
7668	*Populus wilsonii* C. K. Schneid.	椅杨	Salicaceae 杨柳科	落叶乔木；高达30m；雌花序长7cm，被柔毛；果序长达15cm；蒴果几无毛	观赏	中国陕西、甘肃、湖北、四川、云南及西藏	

（续）

序号	拉丁学名	中文名	所属科	特征及特性	类别	原产地	目前分布/种植区
7669	*Populus yunnanensis* Dode	滇杨（云南白杨，白泡桐，大叶杨柳，东川杨柳）	Salicaceae 杨柳科	落叶乔木；高达 25m；雌雄异株，雌花序长 10～15cm；蒴果近无柄，熟后 3～4 瓣裂	观赏	中国四川、贵州、云南	
7670	*Poria cocos*（Schw.）Wolf	茯苓（松茯苓，不死面）	Polyporaceae 多孔菌科	兼性腐生真菌；寄生或腐寄生，菌核埋在土内，断面近外皮处带粉红色，内部白色；子实体平伏地生菌核表面，伞形	药用		西南、华中、华北、华东、华南及陕西
7671	*Porolabium biporosum*（Maxim.）T. Tang et F. T. Wang	孔唇兰	Orchidaceae 兰科	陆生小草本；叶 1 枚，茎生，条状披针形，基部成鞘抱茎；总状花序；花淡绿色，中萼与花瓣靠合成兜；花瓣斜卵形；花药近兜状	观赏	中国特有；青海、山西五台山	山西、青海
7672	*Portulaca grandiflora* Hook.	大花马齿苋	Portulacaceae 马齿苋科	一年生肉质草本；茎光滑；叶互生或散生，圆柱形；花顶生，基部有 8～9 枚轮生叶状苞片与白柔毛；花瓣 5 或多数，花多色	观赏	南美巴西	浙江、广西
7673	*Portulaca oleracea* L.	马齿苋（马齿草）	Portulacaceae 马齿苋科	一年生草本；茎伏卧，肉质；单叶肉质，楔状长圆形或倒卵形；花小，3～5 朵生枝顶端，花瓣黄色，先端凹；蒴果盖裂	药用，蔬菜，饲用及绿肥		全国各地均有分布
7674	*Portulacaria afra*（L.）Jacq.	马齿苋树（树马齿苋，小银杏木）	Portulacaceae 马齿苋科	多年生肉质灌木；老茎淡褐色，嫩茎绿色，节间明显，分枝近水平，叶对生，很小，质厚多肉，倒卵形；花小，淡粉色	观赏	南非干旱地区	
7675	*Potamogeton crispus* L.	菹草（鹅草，丝草，扎草）	Potamogetonaceae 眼子菜科	沉水性多年生草本；根茎匍匐于水下泥中，茎细长；叶互生，线状长圆形；穗状花序生于枝梢叶腋，花绿色；小核果宽卵形	饲用及绿肥		我国南北各省份
7676	*Potamogeton distinctus* A. Benn.	眼子菜（案板菜，鸭吃草，牙齿草）	Potamogetonaceae 眼子菜科	多年生草本；根状茎匍匐，茎细长；浮水叶宽椭圆形，沉水叶线状椭圆形；花序生于枝梢叶腋，基部有佛焰苞；小坚果倒卵形	饲用及绿肥		东北、华北、西北、西南、华中、华东

（续）

序号	拉丁学名	中文名	所属科	特征及特性	类别	原产地	目前分布/种植区
7677	*Potamogeton lucens* L.	光叶眼子菜	Potamogetonaceae 眼子菜科	沉水性多年生草本；根茎细长；叶长椭圆状披针形；穗状花序，雄蕊 4，无花丝；小核果斜倒卵形	饲用及绿肥		东北、西北、华东、中南
7678	*Potamogeton natans* L.	浮叶眼子菜	Potamogetonaceae 眼子菜科	多年生水生草本；根状茎匍匐于泥中，茎长1～2cm；沉水叶叶柄状，狭线形，浮水叶椭圆形至卵形；穗状花序，花两性；小核果广卵形	杂草		南、北各省均有分布
7679	*Potamogeton perfoliatus* L.	穿叶眼子菜	Potamogetonaceae 眼子菜科	沉水性多年生草本；根茎匍匐于水下泥中，茎长 30～50cm；叶宽卵形或卵状披针形；穗状花序，花密生；小核果倒卵形	杂草		东北、华北、西北、华中、西南
7680	*Potamogeton pusillus* L.	小眼子菜	Potamogetonaceae 眼子菜科	多年生沉水性草本；茎长 70～100cm；叶细线形，全缘；穗状花序具 3～13 朵；小核果斜椭圆形	杂草		东北、华北、华中、华东、西北及云南、台湾、四川
7681	*Potamogeton wrightii* Morong	竹叶眼子菜	Potamogetonaceae 眼子菜科	沉水性多年生草本；根茎匍匐水下泥中，节处生根；叶长圆形或线状长圆形；穗状花序生于茎顶叶腋，花绿色；小核果倒卵形	饲用及绿肥		东北、华北、华中、华东、华南及台湾
7682	*Potaninia mongolica* Maxim.	绵刺	Rosaceae 蔷薇科	落叶矮小灌木；三出复叶，顶生小叶 3 全裂；花单生叶腋，苞片 3，卵形，花瓣 3，圆形，白色或浅粉红色；瘦果长圆形	观赏		腾格里沙漠(阿拉善左旗、民勤)和巴丹吉林沙漠(阿拉善右旗)
7683	*Potentilla anserina* L.	鹅绒委陵菜（人参果）	Rosaceae 蔷薇科	多年生草本；高约 7cm；匍匐茎细长，节上生根；基生叶羽状复叶，小叶卵状长圆形或椭圆形；花单生叶腋，花冠黄色；瘦果	蜜源，药用		东北、华北、西北、西南
7684	*Potentilla argentea* L.	银叶委陵菜	Rosaceae 蔷薇科	多年生半灌木；全体被毛，叶基生，掌状分裂，小叶 5 片，倒卵状楔形，羽状分裂，表面绿或灰绿，背面有白毛；聚伞花序，少数，硫黄色	观赏		
7685	*Potentilla bifurca* L.	二裂委陵菜	Rosaceae 蔷薇科	多年生草本；高 10～30cm；羽状复叶，小叶椭圆形或卵状长圆形，先端 2 裂或钝圆；聚伞花序有花 3～5 朵，花黄色；瘦果小	杂草		西北及吉林、内蒙古、河北、山西、四川

（续）

序号	拉丁学名	中文名	所属科	特征及特性	类别	原产地	目前分布/种植区
7686	*Potentilla centigrana* Maxim.	蛇莓委陵菜	Rosaceae 蔷薇科	二年生草本；茎细长，匍匐；三出复叶，小叶倒卵形；托叶卵形，膜质；花单生叶腋，花黄色；瘦果宽卵球状，黄褐色	杂草		吉林、陕西、云南、浙江
7687	*Potentilla chinensis* Ser.	委陵菜（白头翁，痢疾草，老鸹爪）	Rosaceae 蔷薇科	多年生草本；茎高20～70cm；奇数羽状复叶，小叶长圆形至长圆状披针形，边缘分裂较浅；伞房状聚伞花序顶生，花黄色；瘦果卵球形	药用，经济作物（橡胶类）		东北、华北、西北、华中、华东、华南、西南
7688	*Potentilla cryptotaeniae* Maxim.	狼牙委陵菜	Rosaceae 蔷薇科	多年生草本；聚伞花序生于茎顶；花黄色，径1～1.2cm；萼片倒卵形，长5～6mm，先端微缺；瘦果卵圆形，径0.5～1mm，花柱侧生	蜜源		四川、东北区
7689	*Potentilla discolor* Bunge	翻白草（鸡腿儿，鸡脚草）	Rosaceae 蔷薇科	多年生草本；根膨大纺锤状，密生白色绒毛和混生长柔毛；羽状复叶，小叶长圆形至长椭圆形；聚伞花序疏展，花瓣黄色；瘦果卵形	蔬菜，药用，饲用及绿肥		全国各地均有分布
7690	*Potentilla flagellaris* Willd. ex Schltdl.	匐枝委陵菜	Rosaceae 蔷薇科	多年生草本；茎匍匐；掌状复叶，小叶5，菱状倒卵形；花单生叶腋，花黄色，花瓣5；瘦果长圆状卵形，花柱近顶生	药用，饲用及绿肥		黑龙江、河北、山东、山西、江苏
7691	*Potentilla fragarioides* L.	莓叶委陵菜	Rosaceae 蔷薇科	多年生草本；高10～25cm；羽状复叶，基生小叶5～7，茎生小叶3～5；伞房状聚伞花序多花，花黄色，花瓣5；瘦果长卵圆形，黄白色	药用，饲用及绿肥		华中、华东、西南及黑龙江、内蒙古、河北、甘肃
7692	*Potentilla fruticosa* L.	金露梅（金老梅）	Rosaceae 蔷薇科	落叶小灌木；高20～100cm，树皮灰褐色，片状脱落，单轴分枝，多分枝，奇数羽状复叶，小叶通常5片，椭圆形，稀倒卵形或倒披针形，全缘，瘦果近卵形	药用		内蒙古浑善达克沙地、毛乌素沙地、青海柴达木盆地、共和沙珠玉、甘肃河西走廊沙地、准噶尔盆地
7693	*Potentilla glabra* Lodd.	银露梅	Rosaceae 蔷薇科	灌木；高0.3～2m；羽状复叶有小叶3～5枚，椭圆形或倒卵圆形；花单生枝端，直径约1.5～2.5cm，花瓣白色	观赏	中国陕西、甘肃、四川、云南高山	

（续）

序号	拉丁学名	中文名	所属科	特征及特性	类别	原产地	目前分布/种植区
7694	*Potentilla hololeuca* Boiss. ex Lehm.	白毛委陵菜	Rosaceae 蔷薇科	多年生草本；全株密被灰白色长绒毛；小叶片羽状浅裂或深裂；花 3～7 朵顶生成聚伞花序	饲用及绿肥		新疆
7695	*Potentilla kleiniana* Wight et Arn.	蛇含委陵菜（蛇含）	Rosaceae 蔷薇科	多年生草本；高 20～40cm；茎细长匍匐，被丝状柔毛；掌状复叶，基生小叶 5，茎生小叶 1～3；伞房状聚伞花序顶生，花黄色；瘦果宽卵形	药用		东北、华北、华南及江苏
7696	*Potentilla lancinata* Cardot	丽江委陵菜	Rosaceae 蔷薇科	多年生草本；花茎被短柔毛；羽状复叶，小叶对生，椭圆形；基生叶托叶膜质，茎生叶托叶大，被短柔毛，聚伞花序，花瓣黄色，倒卵形	观赏	中国云南西北部至四川西南部	云南、四川
7697	*Potentilla lineata* Trevir.	西南委陵菜（地槟榔，银毛委陵菜）	Rosaceae 蔷薇科	多年生草本；高 10～60cm；伞房状聚伞花序顶生，花直径 1.2～1.5cm，花瓣 5，先端圆钝，黄色；花柱近基生，呈梭形	观赏		西藏、云南、四川、贵州、广西、湖北
7698	*Potentilla longifolia* Willd. ex Schltdl.	腺毛委陵菜（黏委陵菜）	Rosaceae 蔷薇科	多年生草本；茎高 20～50cm，被弯曲腺毛及长柔毛；奇数羽状复叶，小叶倒卵形；托叶小，披针形；花单生叶腋，黄色；瘦果长圆形	经济作物（油料类）		华北及河南、甘肃、陕西、山东、江苏、浙江、四川、云南
7699	*Potentilla multifida* L.	多裂委陵菜	Rosaceae 蔷薇科	多年生草本；基生叶羽状复叶，小叶 3～5 对，茎生叶 2～3；伞房状聚伞花序，花瓣黄色，倒卵形；瘦果，花期 5～8 月	蜜源		西北、西南、东北及内蒙古、河北
7700	*Potentilla pamiroalaica* Juz.	高原委陵菜（帕米尔委陵菜）	Rosaceae 蔷薇科	多年生草本；根状茎短缩，高 5～12cm；小叶片卵形、羽状深裂、被白色绒毛；聚伞花序，花少，直径 12～15mm	饲用及绿肥		新疆、西藏
7701	*Potentilla parvifolia* Fisch. ex Lehm.	小叶金露梅	Rosaceae 蔷薇科	落叶小灌木；高 15～80cm，树皮灰褐色；单数羽状复叶，小叶 5～7 片，近革质；花两性，单生叶腋或数朵集成伞房状花序；瘦果近卵形	药用		内蒙古浑善达克沙地、毛乌素沙地、青海柴达木盆地、甘肃河西走廊沙地、新疆焉耆盆地及塔城、伊犁

（续）

序号	拉丁学名	中文名	所属科	特征及特性	类别	原产地	目前分布/种植区
7702	*Potentilla saundersiana* Royle	钉柱委陵菜	Rosaceae 蔷薇科	多年生草本；基生叶3～5掌状复叶，小叶长圆倒卵形，茎生叶1～2；聚伞花序顶生疏散具多数花，花黄色；瘦果光滑	蜜源		甘肃、四川、云南、西藏
7703	*Potentilla sericea* L.	绢毛委陵菜	Rosaceae 蔷薇科	多年生草本；高5～10cm，叶卵状长圆形，花冠黄色，聚合瘦果多数，长卵形	蜜源		东北、西北
7704	*Potentilla sericea* var. *polyschista* (Boiss.) Lehm.	高山委陵菜	Rosaceae 蔷薇科	多年生垫状或丛生草本；花数朵，聚伞状，稀单生，花瓣黄色，先端凹，基部楔形	观赏	中国	西藏、新疆、青海
7705	*Potentilla stenophylla* (Franch.) Diels	狭叶委陵菜	Rosaceae 蔷薇科	花茎直立，高4～20cm，被伏生绢状疏柔毛；基生叶为羽状复叶，有小叶7～21；单花顶生或2～3朵成聚伞花序；瘦果表面光滑或有皱纹	观赏	中国西藏、云南、四川	西藏、云南、四川
7706	*Potentilla supina* L.	朝天委陵菜	Rosaceae 蔷薇科	一年或两年生草本；高10～50cm；羽状复叶，小叶倒卵形或长圆形；托叶阔卵形，草质；花单生叶腋，花黄色；瘦果卵形	杂草		东北、西北、华北及河南、山东、安徽、江苏、四川
7707	*Potentilla tanacetifolia* Willd. ex Schltdl.	菊叶委陵菜	Rosaceae 蔷薇科	多年生草本；羽状复叶，基生叶的小叶5～8对，茎生叶通常有小叶2～5对；伞房状聚伞花序，大形，多花，花黄色；瘦果矩圆状卵形，黄绿色	蜜源		内蒙古、河北、陕西、山西
7708	*Potentilla turfosa* var. *gracilescens* (Soják) H. Ikeda et H. Ohba	纤细委陵菜	Rosaceae 蔷薇科	多年生草本；花茎直立或上升，高7～10cm，被伏生疏柔毛；基生叶羽 状复叶，有小叶4～6对；顶生单花；花瓣倒卵形；花期8月	观赏	中国西藏	西藏
7709	*Pothos scandens* L.	螳螂跌打	Araceae 天南星科	附生藤本；叶披针形至线状披针形；佛焰苞极小，紫色，舟状；肉穗花序近圆球形或椭圆形；浆果长圆状卵形	药用，有毒		云南南部至东南部
7710	*Pottsia grandiflora* Markgr.	大花帘子藤	Apocynaceae 夹竹桃科	藤本；卵圆形，6～13cm，侧脉6对；花序长19cm，紫红或粉红；蓇葖果长达25cm，无毛	观赏		浙江、湖南、广东、广西、云南南部
7711	*Pottsia laxiflora* (Blume) Kuntze	帘子藤	Apocynaceae 夹竹桃科	藤本；叶卵圆形，6～12cm，侧脉4～6对；花序长8～25cm，紫红或粉红；蓇葖果双生，下垂，长达40cm	药用		福建、湖南、广东、广西、贵州、云南等

（续）

序号	拉丁学名	中文名	所属科	特征及特性	类别	原产地	目前分布/种植区
7712	*Pouteria annamensis* (Pierre) Baehni	桃榄（榄果，大核果树）	Sapotaceae 山榄科	大乔木；高15～20m；叶幼时披针形，成熟时长圆状倒卵形或长椭圆状披针形；花小，通常1～3朵簇生叶腋；花冠白色；浆果球形	果树		广东、海南、广西西南部
7713	*Pouteria grandifolia* (Wall.) Baehni	龙果（马鸡康，康克桑，买雄）	Sapotaceae 山榄科	常绿乔木；高可达40m；叶互生，薄革质，长圆状倒卵形，先端钝渐尖；花3～10朵簇生叶腋；花萼裂片圆形至广卵形；果球形	果树	中国	云南西双版纳
7714	*Pouzolzia sanguinea* (Blume) Merr.	大火麻	Urticaceae 荨麻科	常绿乔木；团伞花序腋生，被灰白色柔毛及刺毛；雄花序雄花5基数；雌花序长达50cm，雌花无梗，数朵呈一列、着生于稍膨大的花序托上	有毒		
7715	*Pouzolzia zeylanica* (L.) Benn. et R. Br.	雾水葛	Urticaceae 荨麻科	多年生草本；茎高12～40cm；叶互生，卵形；花序腋生，花常两性，苞片三角形，雄花4个雄蕊，雌花被椭圆形或近菱形；瘦果	饲用及绿肥		华东、华中、西南
7716	*Premna acutata* W. W. Sm.	尖齿豆腐柴	Verbenaceae 马鞭草科	灌木（攀缘）或小乔木；高2～5m；叶卵形或卵状披针形；聚伞头状花序径1.5～3.5cm，花冠玫瑰红色；核果倒卵圆状，熟时黑色	药用		四川西南部、云南西北部
7717	*Premna cavaleriei* H. Lév.	黄药	Verbenaceae 马鞭草科	落叶乔木；高9m；叶薄纸质，卵形或卵状长圆形；聚伞花序顶生，花冠淡黄色；核果卵圆形，径约2mm	药用		江西西部、湖南、广东、广西、贵州
7718	*Premna crassa* Hand.-Mazz.	石山豆腐柴	Verbenaceae 马鞭草科	灌木（攀缘）或小乔木；高2～5m；叶坚纸质，卵形或卵圆形；伞房状聚伞花序径不及6cm；果球形或倒卵形，熟时暗黑色	药用		广西西部、贵州西南部、云南东南部
7719	*Premna flavescens* Buch.-Ham. ex C. B. Clarke	淡黄豆腐柴	Verbenaceae 马鞭草科	灌木（攀缘）或小乔木；叶坚纸质，卵形至卵圆形；伞房状聚伞花序顶生或腋生；核果球形，核密被瘤突，4室；每室含种子1个	药用		云南、广西、广东
7720	*Premna fordii* Dunn	长序臭黄荆	Verbenaceae 马鞭草科	落叶小乔木或攀缘灌木状；叶坚纸质，卵形或卵状长圆形；聚伞花序顶生，花冠白或淡黄色；核果近球形	药用		福建、广东、海南、广西

（续）

序号	拉丁学名	中文名	所属科	特征及特性	类别	原产地	目前分布/种植区
7721	*Premna fulva* Craib	黄毛豆腐柴	Verbenaceae 马鞭草科	灌木(攀缘)或小乔木；高 2～5m；叶纸质；伞房状聚伞花序顶生，花冠绿白色；核果卵圆形或球形，干时黑色	药用		贵州南部、广西西南部、云南南部及东南部
7722	*Premna ligustroides* Hemsl.	豆腐柴（臭黄荆，止血草，腐婢）	Verbenaceae 马鞭草科	落叶灌木；叶有臭味，卵形、卵状披针形、倒卵形或椭圆形；圆锥花序顶生；核果熟时紫色，球形或倒卵圆形	药用		华南、华东及河南、台湾、湖北、湖南、四川、贵州
7723	*Premna microphylla* Turcz.	豆腐柴（腐婢，臭黄荆）	Verbenaceae 马鞭草科	落叶灌木；高 2～3m；叶揉之有臭味，叶形多样；塔形圆锥花序；花萼绿色，有时带紫色；花冠漏斗状，淡黄色	蔬菜，药用	中国	四川、贵州、云南、湖南、湖北、江苏、广东、广西
7724	*Premna octonervia* Merr. et F. P. Metcalf	少花豆腐柴	Verbenaceae 马鞭草科	灌木(攀缘)或小乔木；2～5m；叶纸质，卵状披针形、卵圆形或近圆形；聚伞头状花序具 2～6 花，花冠淡紫色，雄蕊 2 长 2 短	药用		四川、云南西北部、西藏东南部
7725	*Premna puberula* Pamp.	狐臭柴（臭树，长柄臭黄荆）	Verbenaceae 马鞭草科	落叶小乔木或攀缘灌木状；叶纸质至坚纸质；聚伞花序组成塔形圆锥花序，顶生；核果熟时紫至黑色，倒卵圆形	药用		甘肃、陕西、湖北、湖南、四川、贵州、云南、福建、广东、广西
7726	*Premna steppicola* Hand.-Mazz.	草坡豆腐柴	Verbenaceae 马鞭草科	灌木(攀缘)或小乔木；高 2～5m；叶宽卵形；伞房状聚伞花序约 12 花；核果径约 2.5mm，熟时紫黑色	药用		四川西南部、云南西北部金沙江河谷
7727	*Premna sunyiensis* C. P'ei	塘虱角（大蛇药）	Verbenaceae 马鞭草科	落叶灌木；叶纸质，下面有褐色腺点；顶生塔形圆锥花序，花萼 5 浅裂，花冠淡黄色；核果倒卵圆形，有褐色腺点，熟时暗红色	药用		广东
7728	*Premna szemaoensis* C. P'ei	思茅豆腐柴	Verbenaceae 马鞭草科	乔木；叶卵形或卵状椭圆形；聚伞花序在小枝顶端排成伞房状，花小，花冠白色，喉部密生一圈白色长柔毛；核果	林木		云南南部、思茅等地
7729	*Premna yunnanensis* W. W. Sm.	云南豆腐柴	Verbenaceae 马鞭草科	灌木(攀缘)或小乔木；高 2m；叶纸质，卵形或卵状披针形；聚伞头状花序径 1～2cm，少花，花冠淡红至紫红色；核果熟时黑色	药用		四川西南部、云南西部

（续）

序号	拉丁学名	中文名	所属科	特征及特性	类别	原产地	目前分布/种植区
7730	*Primula alpicola* (W. W. Sm.) Stapf	杂色钟报春	Primulaceae 报春花科	多年生粗壮草本；根状茎粗短；叶片矩圆形至矩圆状椭圆形；伞形花序2～4轮，每轮5至多花，花冠黄色、紫色或白色	观赏	中国西藏东南部（朗县、米林、林芝）	西藏东南部
7731	*Primula atrodentata* W. W. Sm.	白心球花报春	Primulaceae 报春花科	多年生草本；叶粗糙，有厚粉末；花葶高约15cm，花朵束生于花葶顶端成球形，花紫色	观赏	中国西藏东南部，东达察隅，北至嘉黎；不丹、尼泊尔和印度西北部	西藏东南部至南部
7732	*Primula auricula* L.	高山报春	Primulaceae 报春花科	早春始花，黄色，有香气，冠檐直径约1.2～2cm；伞形花序多花，筒部比花萼长，喉部不收缩	观赏	阿尔卑斯山	
7733	*Primula bathangensis* Petitm.	巴塘报春	Primulaceae 报春花科	多年生草本；叶簇生，肾形，两面被硬毛；花葶粗壮直立，顶生总状花序，花冠金黄色，杯状；蒴果近球形	观赏	中国云南和四川西部	云南、四川
7734	*Primula beesiana* Forrest	霞红灯台报春	Primulaceae 报春花科	多年生草本；叶丛自粗短的根茎发出，叶片狭长圆状倒披针形至椭圆状倒披针形；伞状花序，花萼钟状	观赏		云南北部、四川南部
7735	*Primula bulleyana* Forrest	橘红灯台报春	Primulaceae 报春花科	多年生草本；根状茎极短和成丛的粗长支根；叶椭圆状倒披针形；伞形花序5～7轮，花未开放时深橙红色，开后深橙黄色	观赏	中国云南西北部（丽江）和四川西南部（盐源）	云南、四川
7736	*Primula calderiana* Balf. f. et E. Cooper	暗紫脆蒴报春（卡德报春）	Primulaceae 报春花科	多年生草本；花深紫色或暗红紫色，筒部比花萼长，喉部不收缩；花期5～6月	观赏	中国西藏	西藏东部至南部
7737	*Primula calliantha* Franch.	美花报春（雪山厚叶报春）	Primulaceae 报春花科	多年生草本；叶丛基部具覆瓦状排列的鳞片，叶狭长形至倒披针形，背面被黄粉；花葶上部被淡黄色粉；伞形花序1轮，花冠淡紫红色至深蓝色	观赏	中国云南大理、巍山、泸水	云南
7738	*Primula cawdoriana* Kingdon-Ward	条裂垂花报春（芳香垂花报春）	Primulaceae 报春花科	低矮多年生草本；头状花序，下垂；花萼杯状，裂片大小不相等，花冠狭钟状，上部蓝紫色，下部绿白色	观赏	中国西藏东南部（隆子、朗县、林芝）	西藏东南部

（续）

序号	拉丁学名	中文名	所属科	特征及特性	类别	原产地	目前分布/种植区
7739	*Primula chionantha* Balf. f. et Forrest	紫花雪山报春（华紫报春）	Primulaceae 报春花科	多年生草本；叶丛基部由鳞片、叶柄包叠成假茎状；叶坚纸质，短圆状卵形至宽披针形；伞形花序，花葶被鲜黄色粉，花冠紫蓝色或淡蓝色	观赏	中国四川西南部、云南北部至西北部和西藏东部类乌齐	云南、四川、西藏
7740	*Primula chionata* W. W. Sm.	裂叶脆蒴报春	Primulaceae 报春花科	多年生草本；花淡黄色，花心黄色，筒部比花萼长，喉部不收缩；花期7月	观赏	中国	西藏东南部
7741	*Primula chungensis* Balf. f. et Kingdon-Ward	中甸报春	Primulaceae 报春花科	多年生草本；叶薄膜质，椭圆形，花葶自叶丛抽出，节上被粉，伞形花序，花萼内密被乳黄色粉；花冠橘黄色，高脚碟状，喉部具环状附属物	观赏	中国云南西北部、四川北部和西藏南部	云南、四川、西藏
7742	*Primula denticulata* Sm.	球花报春	Primulaceae 报春花科	多年生草本；根状茎粗短；叶多枚形成叶丛，叶片矩圆形至倒披针形；花葶高5～30cm，花序近头状，花冠蓝紫色或紫红色	观赏	中国西藏（聂拉木、亚东、错那）、克什米尔地区沿喜马拉雅山至印度、尼泊尔	西藏南部
7743	*Primula dryadifolia* Franch.	石岩报春	Primulaceae 报春花科	低矮多年生草本；花葶高3～6cm，花高脚碟状，紫红色，筒部比花萼长，喉部不收缩；花期6～7月	观赏	中国四川西部（灌县、大金、康定、九龙、木里）、云南西北部和西藏东南隅	四川西部、云南西北部、西藏东南部
7744	*Primula efarinosa* Pax	无粉报春	Primulaceae 报春花科	多年生草本；伞形花序有花6～20朵，花冠堇蓝色，冠筒喉部具环状附属物，冠檐直径1.2～1.5cm，裂片阔倒卵形，先端2深裂	观赏	中国湖北西部（巴东、兴山、房县）和四川东部（巫山、巫溪）	湖北西部
7745	*Primula epilosa* Craib	二郎山报春（西南报春）	Primulaceae 报春花科	低矮多年生草本；叶面粗糙，有深锯齿，叶柄不明显；伞形花序1轮，花紫红色；花期4～5月	观赏	中国四川西部	湖北、四川
7746	*Primula faberi* Oliv.	峨眉报春（峨山雪莲花）	Primulaceae 报春花科	多年生草本；叶纸质，长椭圆形或倒卵形，两面有褐色小斑点；伞形花序有花5～10朵，花冠黄色，窄钟状；蒴果长圆形	观赏	中国四川西南部、云南东北部	云南、四川

（续）

序号	拉丁学名	中文名	所属科	特征及特性	类别	原产地	目前分布/种植区
7747	*Primula fasciculata* Balf. f. et Kingdon-Ward	束花粉报春（束花报春）	Primulaceae 报春花科	小草本；高不超过 3cm；花淡紫红色，筒部比花萼长，喉部不收缩；花期 6 月	观赏	中国甘肃、青海、四川西部、云南西北部和西藏东部	西藏、云南、四川、甘肃、青海
7748	*Primula florindae* Kingdon-Ward	巨伞钟报春	Primulaceae 报春花科	多年生草本；叶片阔卵形至卵状矩圆形或椭圆形；伞形花序多花，花冠鲜黄色，裂片卵状矩圆形至阔倒卵形	观赏	中国西藏东部（朗县、米林、工布江达、林芝、波密）	西藏东南部
7749	*Primula forbesii* Franch.	小报春	Primulaceae 报春花科	二年生草本；具细弱的根状茎；叶通常多数簇生，叶片矩圆形、椭圆形或卵状椭圆形；伞形花序，花冠粉红色，冠檐直径约 1cm	观赏	中国云南（鹤庆、邓川、洱源、昆明、宜良、澄江、蒙自）	
7750	*Primula forrestii* Franch.	灰岩皱叶报春（松打七）	Primulaceae 报春花科	多年生草本；叶卵形至倒卵状披针形，有隆起皱纹，下面被黄色粉末；伞形花序，花萼钟状，被黄色粉末，花冠高脚碟状，金黄色	观赏	中国云南西北部（鹤庆、丽江、维西）	云南、四川
7751	*Primula japonica* A. Gray	日本报春	Primulaceae 报春花科	叶片长而大，倒卵形至长椭圆形或阔匙形；伞形花序 6 轮，冠檐直径约 4.5cm，花冠紫红色；花期 6～7 月	观赏	日本	
7752	*Primula jucunda* W. W. Sm.	山南脆蒴报春（欢喜报春）	Primulaceae 报春花科	多年生草本；叶丛基部外围有多数鳞片；花葶近顶端被粉；伞形花序 5～7 花，花冠金黄色，冠筒口周围橙黄色	观赏	中国西藏东南部（朗县）	西藏东南部至南部
7753	*Primula latisecta* W. W. Sm.	宽裂掌叶报春	Primulaceae 报春花科	多年生草本；具细长匍匐的根状茎，叶 2～4 枚丛生；伞形花序 2～4 花，花冠淡红色或紫红色，冠筒口周围白色或黄色	观赏	中国西藏工布江达、米林、林芝、波密	西藏
7754	*Primula malacoides* Franch.	报春花	Primulaceae 报春花科	多年生草本；全株被白粉，叶卵形或矩圆状卵形，有 6～8 浅裂，边缘浅波状，轮伞花序 2～7 层，每轮具花 4～6 朵，有香气	观赏	中国云南、贵州、广西西部（隆林）；缅甸北部	云南、贵州
7755	*Primula maximowiczii* Regel	胭脂花	Primulaceae 报春花科	多年生；高 30～40cm；叶长圆状倒披针形，端钝圆；伞形花序 2 层，花红色	观赏	中国华北、西北、东北	吉林、河北、内蒙古、山西、陕西

（续）

序号	拉丁学名	中文名	所属科	特征及特性	类别	原产地	目前分布/种植区
7756	*Primula obconica* Hance	鄂报春	Primulaceae 报春花科	多年生草本；全株被白绒毛，叶椭圆至长卵形，叶缘有浅波状裂或缺刻，叶背生白色柔腺毛，伞形花序，着花一轮，具花 10～15 朵	观赏	中国云南、四川、贵州、湖北、湖南、广西、广东、江西	湖北、湖南、广西、广东、江西、贵州、云南、西藏、
7757	*Primula ovalifolia* Franch.	卵叶报春	Primulaceae 报春花科	多年生草本；叶革质，卵形；花葶高 8～15cm，伞形花序 1 轮，有花 4～8 朵，花淡紫红色；花期 3～4 月	观赏		四川、湖北、云南
7758	*Primula poissonii* Franch.	海仙报春	Primulaceae 报春花科	多年生草本；基生叶束生，冬季不枯；叶矩圆状披针形；伞形花序，花萼杯状，花冠紫红色或深红色，冠筒口周围黄色，喉部具环状附属物	观赏	中国云南西北部（昆山至中甸）、四川西南部（木里至康定）	云南、四川
7759	*Primula polyneura* Franch.	多脉报春	Primulaceae 报春花科	多年生草本；叶基生，薄膜质，羽状脉；伞形花序 1～3 轮，有花 10～40 朵，紫红色，高脚碟状，花径约 2cm；花期 6 月	观赏	中国云南西北部、四川西部和甘肃东南部	甘肃、四川、云南、西藏
7760	*Primula pseudodenticulata* Pax	海水仙	Primulaceae 报春花科	多年生草本；叶倒披针形至狭倒卵状矩圆形，背面被粉质腺体；花葶顶端被淡黄色粉；伞形花序近头状；花冠粉红至淡紫蓝色	观赏	中国云南（蒙自、昆明、大理、丽江）和四川（木里）	云南
7761	*Primula pulchella* Franch.	丽花报春	Primulaceae 报春花科	多年生草本；叶披针形或线状披针形，背面被黄粉或白粉；伞形花序，花梗被黄粉，花冠高脚碟状，紫蓝色至深紫蓝色，冠筒口黄绿色	观赏	中国四川西南部（乡城、稻城、九龙以南）、云南西北部和西藏东部（左贡）	云南、四川、西藏
7762	*Primula pulverulenta* Duthie	粉被灯台报春	Primulaceae 报春花科	多年生草本；叶椭圆形至椭圆状倒披针形；花葶节上被粉，伞形花序，花紫红色；花期 5～6 月	观赏	中国四川西部	四川
7763	*Primula reticulata* Wall.	网叶钟报春	Primulaceae 报春花科	多年生草本；叶基生成莲座状叶丛，花淡黄色，花心黄色，筒部比花萼长，喉部不收缩，花期 6 月	观赏	中国西藏南部（聂拉木）；尼泊尔、不丹	西藏南部
7764	*Primula secundiflora* Franch.	偏花报春	Primulaceae 报春花科	多年生草本；叶丛生，矩圆形至狭椭圆形；花葶顶端被白粉，伞形花序，整个花萼形成紫白相间的 10 条纵带；花冠红紫色至深玫瑰红色	观赏	中国青海东部、四川西部、云南西北部和西藏东部	云南

（续）

序号	拉丁学名	中文名	所属科	特征及特性	类别	原产地	目前分布/种植区
7765	*Primula sieboldii* E. Morren	翠南报春	Primulaceae 报春花科	多年生草本；叶3～8枚，卵状矩圆形至矩圆形；伞形花序顶生5～15花，花冠紫红色至淡红色、稀白色，冠檐直径1～2cm；花期5月	观赏	中国东北和内蒙古东部	
7766	*Primula sikkimensis* Hook.	钟花报春	Primulaceae 报春花科	多年生草本；叶长披针形或狭倒卵形，基部有叶鞘；花葶顶端被黄粉；伞形花序1轮；花梗被黄粉，开花时下弯，花冠黄色，钟状	观赏	中国四川西部、云南西北部和西藏；尼泊尔、印度、不丹	云南、四川、西藏
7767	*Primula sinensis* Sabine ex Lindl.	藏报春	Primulaceae 报春花科	多年生草本；全株被腺状刚毛；叶椭圆或卵状心脏形，边缘有缺刻，叶柄长于叶片；轮伞花序2～3层，各有6～10朵小花，花冠高脚碟状	观赏	中国陕西南部、湖北西部、四川峨眉山和贵州安顺	四川、湖北、陕西
7768	*Primula sonchifolia* Franch.	苣叶报春	Primulaceae 报春花科	多年生草本；叶基部具覆瓦状膜质鳞片，叶丛生，纸质，矩圆形至倒卵状矩圆形；花葶近顶端被黄粉，花萼钟状，绿色；花冠蓝色至紫红色	观赏	中国四川、云南	云南、四川、西藏
7769	*Primula spicata* Franch.	穗状垂花报春（穗花报春）	Primulaceae 报春花科	多年生草本；花序穗状，长2～3cm，花冠淡蓝色，漏斗状；花期6月	观赏	中国云南大理	云南西北部、四川西南部
7770	*Primula stenocalyx* Maxim.	狭萼粉报春	Primulaceae 报春花科	低矮多年生草本；叶薄膜质，全缘或有细锯齿，叶柄短；花萼长筒形，花紫红色；花期5～7月	观赏	中国原产	甘肃南部、青海东部、四川西部、西藏东部
7771	*Primula stenodonta* Balf. f. ex W. W. Sm. et H. R. Fletcher	凉山灯台报春	Primulaceae 报春花科	多年生草本；叶倒披针形至倒卵状椭圆形；伞形花序，花冠鲜红色，筒口周围黄色	观赏	中国云南东北部大关、四川西南部昭觉和贵州西部威宁	云南、四川、贵州
7772	*Primula tibetica* Watt	西藏报春（藏东报春）	Primulaceae 报春花科	多年生草本；伞形花序1轮，苞片具耳状附属物，花紫红色；花期5～6月	观赏	中国西藏、印度、尼泊尔、不丹	西藏东部至南部
7773	*Primula veris* L.	黄花九轮草	Primulaceae 报春花科	多年生草本；全株被细柔毛；叶片皱、卵形或卵状椭圆形；伞形花序，花金黄色、有橘黄色花眼；花期春季；品种有橙黄、鲜红等色，稀紫色，具芳香	观赏	欧洲	

（续）

序号	拉丁学名	中文名	所属科	特征及特性	类别	原产地	目前分布/种植区
7774	*Primula vulgaris* Huds.	欧洲报春	Primulaceae 报春花科	多年生草本；叶基生，叶面皱，背有毛；原种花硫黄色，栽培品种花色丰富，喉部多黄色	观赏	西欧和南欧	
7775	*Primula walshii* Craib	腺毛小报春	Primulaceae 报春花科	多年生矮小草本；伞形花序具1～4花；苞片卵状披针形或长披针形，先端渐尖，基部不膨大，被短腺毛；花冠粉红色或淡蓝紫色；子房卵圆形；蒴果短柱状	观赏	中国西藏南部、四川西部；尼泊尔、印度、不丹	西藏、四川
7776	*Primula watsonii* Dunn	靛蓝穗花报春（短柄穗花报春）	Primulaceae 报春花科	多年生草本；花冠深紫蓝色，花冠管圆筒状，雄蕊在长花柱花中着生在花冠管中部，在短花柱花中着生在花冠管上部近花冠管口处	观赏	中国（理县、康定、木里）、云南西北部（德钦）和西藏东部（类乌齐）	西藏东部、云南西北部、四川西部
7777	*Primula yunnanensis* Franch.	云南报春	Primulaceae 报春花科	多年生矮小草本；叶矩圆状倒卵形或匙形，下面具黄色粉；花葶被黄粉，伞形花序，花萼具5条粗脉，花冠粉红或白色	观赏	中国四川西南部（木里）和云南西北部	云南、四川
7778	*Primulina tabacum* Hance	报春苣苔	Gesneriaceae 苦苣苔科	多年生草本；叶基生，圆卵形，叶柄两侧有波状翅；聚伞花序伞状，花冠紫色，高脚碟状，被短毛和腺毛；种子密集小乳头状突起	观赏	中国特有，广东北部连县、阳山一带	广东
7779	*Prinsepia sinensis* (Oliv.) Oliv. ex Bean	东北扁核木（扁胡）	Rosaceae 蔷薇科	小灌木；叶卵状披针形或披针形；花1～4朵，簇生于叶腋，萼筒钟状，萼片三角状卵形，花瓣黄色，倒卵形；核果近球形或长圆形	果树		东北
7780	*Prinsepia uniflora* Batalin	单花扁核木（马茹）	Rosaceae 蔷薇科	落叶灌木；高达1.5m；单叶互生或丛生，线状长圆形，狭倒卵形或卵状披针形；花1～3朵簇生叶腋，花瓣5，近圆形，有爪，白色；核果球形	经济作物（饮料类）		甘肃、山西、陕西、内蒙古、河南
7781	*Prinsepia utilis* Royle	扁核木（青刺尖，打油果）	Rosaceae 蔷薇科	灌木；叶长圆形或卵状披针形；花多数成总状花序，萼筒杯状，花瓣白色，宽倒卵形，花盘圆盘状，紫红色；核果长圆形	药用	中国内蒙古、陕西、山西、甘肃	河南、江苏、浙江、四川、内蒙古、陕西、山西、甘肃
7782	*Prismatomeris tetrandra* (Roxb.) K. Schum.	南山花（三角瓣花）	Rubiaceae 茜草科	常绿小乔木或灌木状；高8m；叶近革质；两性花，稀单性，5数；伞形花序顶生或侧生，具3～16花；花冠白色；核果，种子近球形	药用	中国	福建、广东、广西

（续）

序号	拉丁学名	中文名	所属科	特征及特性	类别	原产地	目前分布/种植区
7783	*Protowoodsia manchuriensis* (Hook.) Ching	膀胱岩蕨（东北岩蕨）	Woodsiaceae 岩蕨科	蕨类植物；根状茎短而直立，被棕色、卵状披针形全缘的鳞片；叶簇生，光栗色，茎部以上疏生鳞片及短毛，叶披针形，二回羽状深裂	观赏	中国吉林、辽宁、山东、安徽、浙江、江西；朝鲜、日本、俄罗斯远东	东北、华北、西北、中南、华东
7784	*Prunella asiatica* Nakai	山菠菜（夏枯草）	Labiatae 唇形科	多年生草本；高10～15cm；具匍匐根状茎，节部密生不定根；叶长圆形或卵状长圆形；轮伞花序6花，花冠唇形，淡紫色；小坚果	药用		东北及山东、山西、安徽、江苏、浙江、江西
7785	*Prunella grandiflora* (L.) Jacq.	大花夏枯草	Labiatae 唇形科	多年生草本；根茎匍匐地下，茎四棱形；叶卵状长圆形，两面疏生硬毛；轮伞花序密集，花冠具向上弯曲的冠筒，花冠蓝紫色	观赏	欧洲经巴尔干半岛及西亚至亚洲中部	
7786	*Prunella hispida* Benth.	硬毛夏枯草	Labiatae 唇形科	多年生草本；叶卵形至卵状披针形；轮伞花序通常6花，多数密集组成顶生长的穗状花序，花冠深紫至蓝紫色；小坚果卵珠形	杂草		云南、四川西南部
7787	*Prunella vulgaris* L.	夏枯草（铁线夏枯）	Labiatae 唇形科	多年生草本；高20～30cm；根状茎匍匐；叶卵状圆形或卵圆形；轮生花序密集成顶生穗状花序，花冠紫红色，花盘近平顶；小坚果	药用	中国	华中、华南、西南、西北、华东及台湾
7788	*Prunus americana* Marsh.	美洲李	Rosaceae 蔷薇科	植株为乔木或灌木；花通常呈白或粉红色，包含5瓣花瓣和5个萼片；花为单生花、伞形花序或总状花序；果实为核果，内有1个由石细胞组成的硬核	果树		东北
7789	*Prunus cerasifera* Ehrh.	樱桃李（樱李）	Rosaceae 蔷薇科	灌木或小乔木；叶椭圆形，卵形或倒卵形；花1朵，稀2朵，萼筒钟状，萼片长卵形，花瓣白色，长圆形或匙形；核果近球形	观赏		新疆
7790	*Prunus domestica* L.	欧洲李（西洋李，洋李）	Rosaceae 蔷薇科	落叶乔木；叶椭圆形或倒卵形；花1～3朵簇生短枝顶端，花瓣白色，有时带绿晕；果实卵圆、长圆或近圆形，果粉蓝灰色	果树		华北及新疆
7791	*Prunus insititia* L.	乌荆子李	Rosaceae 蔷薇科	灌木或小乔木；叶倒卵形或椭圆形；花常2朵簇生，萼筒钟状，萼片长卵形或长圆形，花瓣白色，宽倒卵形；核果近球形	果树	西亚和欧洲	华北

（续）

序号	拉丁学名	中文名	所属科	特征及特性	类别	原产地	目前分布/种植区
7792	*Prunus ledebouriana* L.	野扁桃	Rosaceae 蔷薇科	落叶灌木，高 1.5～2m，树皮红棕色、光滑，单轴分枝，枝条开展，叶互生或簇生在短枝上，叶片披针形，矩圆状卵形，窄椭圆形，花两性，果实近卵圆形或稍扁	观赏		塔城盆地、伊犁盆地
7793	*Prunus nipponica* Matsum	日光樱（峰樱）	Rosaceae 蔷薇科	落叶灌木至小乔木，高 2～6m；叶倒卵形、先端尾状；花单瓣，白色、微红或红色，伞房花序，2～3 朵，与叶同放，萼筒钟形，无毛，红紫色；果实球形、黑紫色	药用，观赏，林木	日本	北京、天津、陕西
7794	*Prunus pseudocerasus* var. *jamasakura* （Siebold et Zucc.）Makino	山樱	Rosaceae 蔷薇科	落叶乔木；高 15～20m；叶长圆形或卵状长圆形；伞形花序，有花 3～5 个；核果、球形、黑紫色、有苦味	药用，观赏，林木	日本本州、四国、九州，朝鲜半岛南部	北京、天津
7795	*Prunus salicina* Lindl.	中国李（玉皇李，山李子）	Rosaceae 蔷薇科	落叶乔木；叶长圆倒卵形，长椭圆形；花常 3 朵并生，萼筒钟状，萼片长圆卵形，花瓣白色，长圆倒卵形；果实球形、椭圆形或心脏形	果树		华中、华东、东北、西南及河北
7796	*Prunus sargentii* Rehd.	大山樱	Rosaceae 蔷薇科	落叶乔木，高 12～20m；叶互生，椭圆形或卵状椭圆形；花 2～4 朵，呈伞形花序，花瓣开时平展，卵圆形，萼筒呈筒状或略呈倒圆锥状，萼片全缘；果实球形、紫黑色味苦	药用，观赏，林木	日本	北京、辽宁、陕西、浙江、天津、江苏
7797	*Prunus simonii* Carrière	杏李（红李，秋根子）	Rosaceae 蔷薇科	落叶乔木；叶长圆倒卵形或长圆披针形；花 2～3朵簇生，萼筒钟状，萼片长圆形，花瓣白色，长圆形；果实扁圆或圆形	果树		华北
7798	*Prunus spinosa* L.	黑刺李	Rosaceae 蔷薇科	灌木；极少乔木；叶长圆倒卵形或椭圆状卵形；花单生，萼筒钟状，萼片三角状卵形，花瓣白色，长圆形；核果球形或圆锥形	果树，经济作物（染料类）	欧洲、北非和西亚	
7799	*Prunus ussuriensis* Kovalev et Kostina	乌苏里李	Rosaceae 蔷薇科	乔木；高 2.5～3m；花 2～3 朵簇生，有时单朵；花瓣白色，长圆形，先端波状，花丝排成紧密 2 轮，着生于萼筒上，雌蕊 1，柱头盘状	观赏	中国东北，前苏联远东沿海、西伯利亚东部	东北

（续）

序号	拉丁学名	中文名	所属科	特征及特性	类别	原产地	目前分布/种植区
7800	*Prunus verecunda*（Koidz.）Koehne	霞樱	Rosaceae 蔷薇科	落叶乔木，高 15～20m；叶互生，倒卵形至倒卵状椭圆形；花序伞房至伞形，4 月花叶同放，花白色带淡红色；核果球形、熟时黑紫色、味苦	药用，观赏，林木	日本	浙江
7801	*Prunus virginiana* L.	紫叶稠李	Rosaceae 蔷薇科	落叶灌木或小乔木；总状花序，花朵白色，4 月底到 5 月开花；果实为红色，到后来为黑紫色，果实为核果，深红色，成熟后为紫黑色	观赏	美国	
7802	*Przewalskia tangutica* Maxim.	马尿泡（羊尿泡）	Solanaceae 茄科	多年生草本；茎下部叶为鳞片状，上部叶常椭圆形至倒卵形；花序腋生，花萼筒状钟形；花冠筒状；蒴果球形	有毒		青海、甘肃、四川
7803	*Psammochloa villosa*（Trin.）Bor	沙鞭	Gramineae（Poaceae）禾本科	多年生，根茎型；花序长达 50cm，小穗长 10～16mm，颖近等长，外稃长 10～12mm，背部密生柔毛，内稃背部被长柔毛	饲用及绿肥，生态防护		内蒙古、陕西、宁夏、甘肃、青海、新疆
7804	*Psammosilene tunicoides* W. C. Wu et C. Y. Wu	金铁锁（独定子，白马分鬃）	Caryophyllaceae 石竹科	多年生匍匐草本；根圆锥形；单叶对生，卵圆形；聚伞花序顶生；花管状；花冠紫色；果实长棒状，种子 1 枚	有毒		西南
7805	*Psathyrostachys huashanica* Keng	华山新麦草	Gramineae（Poaceae）禾本科	多年生，具根茎；秆高 40～60cm；穗状花序，颖片长 10～12mm，外稃无毛，长 8～10mm，芒长 5～7mm	饲用及绿肥		陕西
7806	*Psathyrostachys juncea*（Fisch.）Nevski	新麦草（俄罗斯新麦草）	Gramineae（Poaceae）禾本科	多年生；穗轴脆而易断，侧棱具纤毛，小穗含 2～3 花，外稃被短柔毛，长 7～10mm，花药黄色，长 4～5mm	饲用及绿肥		新疆、内蒙古
7807	*Psathyrostachys kronenburgii*（Hackel）Nevski	单花新麦草	Gramineae（Poaceae）禾本科	多年生；秆高 30～60cm；花序下部被短柔毛，花序长 5～7cm，小穗仅含 1 可孕花，另 1 花不孕	饲用及绿肥		新疆、甘肃、内蒙古
7808	*Psathyrostachys lanuginosa*（Trin.）Nevski	毛新麦草	Gramineae（Poaceae）禾本科	多年生；秆高 25～40cm；穗轴很脆，逐节断落至基部，侧棱具 0.5mm 宽的翅，被长柔毛，颖和外稃密被长柔毛	饲用及绿肥		甘肃、新疆

（续）

序号	拉丁学名	中文名	所属科	特征及特性	类别	原产地	目前分布/种植区
7809	*Pseudelephantopus spicatus* (Juss. ex Aubl.) Gleason	假地胆草	Compositae (Asteraceae) 菊科	多年生草本；茎高 40～100cm；叶互生，长圆状倒卵形、匙形或披针形；头状花序常 1～6 个聚集成复头状花序，作穗状排列；瘦果线状长圆形	杂草	美洲热带及非洲	台湾、广东
7810	*Pseuderanthemum polyanthum* (C. B. Clarke) Merr.	多花山壳骨（多花可爱花）	Acanthaceae 爵床科	多年生直立灌木；高 2～3m；幼茎暗紫色，节膨大；叶对生，长卵形，尾尖，长 3～5cm；花序顶生，花瓣上部联合成筒状	蔬菜	中国	云南、广东、广西
7811	*Pseudochirita guangxiensis* (S. Z. Huang) W. T. Wang	异裂苣苔（广西唇柱苣苔）	Gesneriaceae 苦苣苔科	多年生草本；密被柔毛；叶对生，不等大，椭圆形，边缘具锯齿；聚伞花序具梗，腋生；花萼钟状，淡黄色；花冠白色，二唇形	观赏	中国特有；广西（龙州、靖西、上林、来宾、融水）	广西
7812	*Pseudodrynaria coronans* (Wall. ex Mett.) Ching	崖姜蕨	Drynariaceae 槲蕨科	多年生常绿草本；植株常簇生成大丛；根状茎横走、粗肥；叶线状披针形，羽状深裂，叶脉明显；孢子囊群线形，每对侧脉间 1 行	观赏	中国、缅甸、印度、尼泊尔、马来西亚	台湾、广东、广西和云南
7813	*Pseudolarix amabilis* (J. Nelson) Rehder	金钱松（金松，水树）	Pinaceae 松科	落叶乔木；高达 40m；叶在长枝螺旋状散生，在短枝簇生、伞状平展，倒披针状线形；雌雄同株；球果，种鳞木质，卵状披针形	林木，观赏	中国	华东及河南、江西、湖北、湖南、四川
7814	*Pseudolysimachion incanum* (L.) Holub	白婆婆纳	Scrophulariaceae 玄参科	多年生草本；高 10～40cm；叶对生；花序长穗状；花无梗或梗极短；蒴果近圆形	观赏	中国黑龙江及内蒙古	
7815	*Pseudolysimachion linariifolium* (Pall. ex Link) T. Yamaz.	细叶婆婆纳	Scrophulariaceae 玄参科	多年生草本；根须状，茎高 30～87cm，被白色伏毛；叶线形或线状倒披针形；总状花序顶生，细长，单生或复出，花冠蓝色；蒴果	杂草		东北及内蒙古
7816	*Pseudolysimachion longifolium* (L.) Opiz	长尾婆婆纳	Scrophulariaceae 玄参科	多年生草本；根状茎长而斜走；叶对生，偶有 3～4 叶轮生；叶片披针形；总状花序顶生，单生或复出；蒴果卵球形	观赏	中国、朝鲜、前苏联亚洲部分	新疆、内蒙古及东北
7817	*Pseudolysimachion rotundum* subsp. *subintegrum* (Nakai) D. Y. Hong	柯氏威灵仙	Scrophulariaceae 玄参科	多年生草本；叶对生，总状花序，管状，花冠管极短，近辐状，雄蕊 2，突出，药室顶部贴连；子房上位，2 室	蜜源		华北区、东北区、中南区、西南区、西北区

（续）

序号	拉丁学名	中文名	所属科	特征及特性	类别	原产地	目前分布/种植区
7818	*Pseudoroegneria cognata* (Hackel) A. Love	费尔干偃麦草	Gramineae (Poaceae) 禾本科	多年生；秆高40～70cm；穗轴无毛，棱边粗糙；小穗长椭圆形，含5～7花；外稃长8～10mm，边缘具纤毛	粮食		新疆
7819	*Pseudosasa acutivagina* T. H. Wen et S. C. Chen	尖箨茶秆竹	Gramineae (Poaceae) 禾本科	秆高4m；秆环平；小枝具2或3叶；叶鞘具纵肋；无叶耳与鞘口繸毛；叶舌质薄，破碎；叶片椭圆状披针形至卵状披针形；花枝未见	林木		浙江
7820	*Pseudosasa aeria* T. H. Wen	空心竹	Gramineae (Poaceae) 禾本科	秆直立，高约6m；节平坦；小枝具3～5叶；叶鞘表面无毛，边缘有纤毛；叶耳不明显；叶舌截形，矮短；叶片披针形；花序位于侧生小枝顶端	林木		浙江平阳县天井乡
7821	*Pseudosasa amabilis* (McClure) P. C. Keng ex S. L. Chen et al.	茶秆竹（青篱竹，沙白竹）	Gramineae (Poaceae) 禾本科	中型竹；秆环平，箨环呈线状，竹竿节间通常为圆筒或分枝一侧上部节间微具沟槽；箨舌弧形，褐色；箨叶带形，边缘粗糙而内卷	观赏	中国广东、广西、湖南	广东、广西、湖南、江苏、浙江
7822	*Pseudosasa cantorii* (Munro) P. C. Keng ex S. L. Chen et al	托竹	Gramineae (Poaceae) 禾本科	竹鞭的节间呈圆筒形；箨鞘厚纸质或薄革质；箨耳半月形或镰形；箨舌拱形或截平面微凸起；叶片狭披针形至长圆状披针形；圆锥状或总状花序	林木		广东、香港、海南、江西、福建
7823	*Pseudosasa gracilis* S. L. Chen et G. Y. Sheng	纤细茶秆竹	Gramineae (Poaceae) 禾本科	植株纤细，秆高约1.6m；秆环平坦；小枝具2或3叶；叶鞘枯草色；叶耳不明显；叶舌长0.5～1.5mm；叶片披针形，狭长披针形	林木		湖南宜章县莽山
7824	*Pseudosasa hindsii* (Munro) C. D. Chu et C. S. Chao	彗竹	Gramineae (Poaceae) 禾本科	秆高3～5m；箨鞘宿存，革质；箨耳镰形；箨舌拱形；箨片直立，宽卵状披针形；叶片线状披针形或狭长椭圆形；总状或圆锥花序	林木		香港
7825	*Pseudosasa hirta* S. L. Chen et G. Y. Sheng	庐山茶秆竹	Gramineae (Poaceae) 禾本科	秆高约3.5m；秆环平坦；小枝具1或2叶；叶鞘密被棕色细小刺毛；叶耳卵状椭圆形，边缘生繸毛；叶舌截形；叶片较薄，纸质，椭圆状披针形	林木		江西庐山

（续）

序号	拉丁学名	中文名	所属科	特征及特性	类别	原产地	目前分布/种植区
7826	*Pseudosasa japonica* (Siebold et Zucc. ex Steud.) Makino ex Nakai	矢竹（箭竹）	Gramineae (Poaceae) 禾本科	竹秆纤细圆筒形，每节有1分枝或上部有2～3分枝，分枝较主秆为细；小枝约5～9枚大型长圆状披针形叶片	观赏	日本北纬39°以南各地	江苏、上海、浙江、台湾
7827	*Pseudosasa longiligula* T. H. Wen	广竹	Gramineae (Poaceae) 禾本科	秆高约8m；节间绿色无毛；叶耳点状至椭圆状，横卧；叶舌发达，呈山峰状突起；叶片长椭圆状披针形至狭长披针形	林木		广西全州县才湾
7828	*Pseudosasa maculifera* J. L. Lu	鸡公山茶秆竹	Gramineae (Poaceae) 禾本科	秆高2～4m；小枝具2～4叶；叶耳椭圆形或镰形；叶舌拱形；叶片椭圆状披针形；总状花序着生在侧枝顶端，有1～2枚小穗；小穗黄绿色；颖果长圆形	林木		河南鸡公山周河乡
7829	*Pseudosasa magilaminaria* B. M. Yang	江永茶秆竹	Gramineae (Poaceae) 禾本科	秆直立，高2.5m；节间长20～30cm，圆筒形，无沟槽，节下方有白粉和柔毛；小枝具3～7叶；叶鞘绿色，略带紫色；叶片椭圆状披针形；花枝未见	林木		湖南江永
7830	*Pseudosasa orthotropa* S. L. Chen et T. H. Wen	面秆竹	Gramineae (Poaceae) 禾本科	秆高约4m，节下方具粉圈和向下的短毛；小枝具6至10多叶；叶鞘枯草色带紫色；幼叶有点状叶耳和曲屈縫毛；叶舌极短，截形；叶片狭长披针形	林木		浙江、江西、福建
7831	*Pseudosasa pubiflora* (Keng) Keng f. ex D. Z. Li et L. M. Gao	少花茶秆竹	Gramineae (Poaceae) 禾本科	秆直立，高达1m；秆环稍隆起；秆每节分1～3枝；叶枝具1或2叶；叶鞘背部无毛，叶舌极短，叶片披针形或椭圆状披针形；圆锥花序	林木		广东
7832	*Pseudosasa subsolida* S. L. Chen et G. Y. Sheng	近实心茶秆竹	Gramineae (Poaceae) 禾本科	秆高达2.5m，全秆计14～16节；秆壁厚，近实心；秆环平坦；秆每节分1～3枝；叶枝具6或7叶；叶耳不明显，具数条短縫毛；叶片长圆状披针形	林木		湖南益阳县大鳊鱼山
7833	*Pseudosasa usawae* (Hayata) Makino et Nemoto	矢竹仔	Gramineae (Poaceae) 禾本科	地下竹鞭细长，秆直立，高1～5m；节间深绿带紫色，无毛，秆壁厚；叶片椭圆状披针形，先端渐尖，上表面暗绿，下表面粉绿	林木		台湾

（续）

序号	拉丁学名	中文名	所属科	特征及特性	类别	原产地	目前分布/种植区
7834	*Pseudosasa viridula* S. L. Chen et G. Y. Sheng	笔竹	Gramineae (Poaceae) 禾本科	秆直立，高约 4m；节间圆筒形，在分枝的近基处稍扁，中空；节被白粉，老秆的节则变为黑色；叶舌极短，叶片淡绿色，长圆状披针形	林木		浙江杭州
7835	*Pseudosasa wuyiensis* S. L. Chen & G. Y. Sheng	武夷山茶秆竹	Gramineae (Poaceae) 禾本科	秆高 2.5～3.5m；秆上部髓部有薄片状横隔；秆环稍隆起；小枝具 3 或 4 叶，叶鞘基部被微毛；叶舌隆起呈山字形或拱形，薄纸质；叶片狭长披针形	林木		福建武夷山老鼠峰
7836	*Pseudosasa yuelushanensis* B. M. Yang	岳麓山茶秆竹	Gramineae (Poaceae) 禾本科	秆高 2～3m；秆每节分 1～3 枝；叶鞘有稀疏短柔毛；无叶耳；叶舌拱形；叶片披针形或长圆形；圆锥花序由 3～8 枚小穗组成；颖果长椭圆形，白色	林木		湖南岳麓山
7837	*Pseudosclerochloa kengiana* (Ohwi) Tzvelev	硬草	Gramineae (Poaceae) 禾本科	一年或两年生草本；秆高 15～40cm；叶长 4～10cm，边缘呈波状；圆锥花序较密集而紧缩，小穗有 2～7 小花；颖果纺锤形	杂草		江苏、安徽、江西、广西
7838	*Pseudostachyum polymorphum* Munro	泡竹	Gramineae (Poaceae) 禾本科	秆壁极薄，箨鞘背面被棕色毛，先端截平或稍下凹，其宽度约与箨片基部近相等；箨片直立，近基部向外臌凸	观赏	中国广东、广西、云南；印度、缅甸、越南	云南、广东、广西
7839	*Pseudostellaria davidii* (Franch.) Pax	蔓孩儿参	Caryophyllaceae 石竹科	多年生草本；块根纺锤形；茎匍匐；叶片卵形或卵状披针形；开花受精花单生于茎中部以上叶腋；花瓣白色；蒴果宽卵圆形	杂草，药用		东北、华北、西北及浙江、山东、安徽、河南、四川、云南、西藏
7840	*Pseudostellaria heterantha* (Maxim.) Pax	矮小孩儿参	Caryophyllaceae 石竹科	多年生草本；高 8～10cm；块根近球形；叶片宽卵形或披针形；花瓣白色；蒴果卵圆形	杂草，药用		内蒙古、陕西、青海、河南、四川、西藏
7841	*Pseudostellaria heterophylla* (Miq.) Pax	异叶假繁缕（孩儿参，太子参）	Caryophyllaceae 石竹科	多年生草本；块根长纺锤形；下部叶匙形或倒披针形，上部叶卵状披针形、长卵形或菱状卵形；花二型，1～3 朵顶生，白色	观赏	中国华北、东北、西北和华中；朝鲜、日本	东北、华北、西北、华中

（续）

序号	拉丁学名	中文名	所属科	特征及特性	类别	原产地	目前分布/种植区
7842	*Pseudostellaria sylvatica* (Maxim.) Pax	细叶孩儿参	Caryophyllaceae 石竹科	多年生草本；高达 25cm；块根长卵形或短纺锤形；叶线形或披针状线形；开花受精花单生茎顶或成二歧聚伞花序；花瓣白色；蒴果卵圆形	药用		东北及河北、河南、陕西、甘肃、青海、西藏、四川、云南、贵州、湖北
7843	*Pseudostreblus indicus* Bureau	滑叶跌打（青树跌打，止血树）	Moraceae 桑科	常绿乔木；有白色乳汁，生于杂木林或灌丛中；树皮灰褐色，平滑，近无毛；叶互生，革质	药用		广东、广西、云南南部
7844	*Pseudotaxus chienii* (W. C. Cheng) W. C. Cheng	白豆杉	Taxaceae 红豆杉科	常绿灌木或小乔木；高达 4m；叶条形，螺旋状着生，排成两列；雌雄异株，球花单生叶腋，无梗；雄球花圆球形；种子坚果状，卵圆形	观赏		浙江、江西、湖南、广西、广东
7845	*Pseudotsuga brevifolia* W. C. Cheng et L. K. Fu	短叶黄杉（米松京，红松，天枕）	Pinaceae 松科	常绿小乔木；高 6～10m；叶螺旋排列，长 0.7～1.5cm，先端钝圆有凹缺；雌雄同株，雄球花单生叶腋，雌球花单生枝顶；球果卵状椭圆形	林木		广西西南部、贵州南部
7846	*Pseudotsuga forrestii* Craib	澜沧黄杉	Pinaceae 松科	常绿乔本；高达 40m，胸径 80cm；叶多少呈二列，线形；雄球花单生叶腋；雌球花单生枝顶；球果，种鳞木质，蚌壳状	林木		云南、西藏、四川
7847	*Pseudotsuga macrocarpa* (Vasey) Mayr	北美大果黄杉（大果黄杉，大果花旗松）	Pinaceae 松科	常绿乔木；高 30m；叶先端突尖，下面有两条白色气孔带，有明显的传色边带；球果大，卵状圆柱形或椭圆状圆柱形；种子大而重，具圆翅长 13mm	林木，生态防护，观赏	美国加利福尼亚南部山区	福建、广东、海南、广西、云南、台湾、香港
7848	*Pseudotsuga menziesii* (Mirb.) Franco	北美黄杉（花旗杉）	Pinaceae 松科	常绿针叶大乔木；树干通直高大，树冠尖塔形；树皮幼时平滑，老则裂成鳞状，小枝灰黄色，略下垂；叶长 1.5～3cm，叶背气孔带灰绿色	观赏	美国太平洋沿岸	陕西、江西、北京
7849	*Pseudotsuga sinensis* Dode	黄杉（红岩杉）	Pinaceae 松科	常绿乔木；高达 50m，胸径达 1m；叶线形，有两条白色气孔带；球果单生枝顶，种鳞坚硬，蚌壳状	林木		湖南、湖北、陕西、四川、云南、贵州

（续）

序号	拉丁学名	中文名	所属科	特征及特性	类别	原产地	目前分布/种植区
7850	*Pseudotsuga sinensis* var. *wilsoniana*（Hayata）L. K. Fu et Nan Li	台湾黄杉	Pinaceae 松科	常绿乔木；雄球花腋生，圆筒状；接近末端从腋芽那里发育的球果第2年小枝；种鳞木质，边缘圆形的向先端，宿存；苞片发育良好，外露或包括，3浅裂，直或反折，具一尖突长于侧面裂片	观赏	中国台湾	
7851	*Psidium cattleianum* Sabine	草莓番石榴	Myrtaceae 桃金娘科	灌木或小乔木；高达7m；叶片椭圆形至倒卵形；花白，腋生单花；花瓣倒卵形；浆果梨形或球形	果树	巴西	我国南部有栽培
7852	*Psidium guajava* L.	番石榴（黄肚子，鸡矢果）	Myrtaceae 桃金娘科	灌木或小乔木；高4～10m，花冠白色，芳香，浆果，球形或卵形，熟时淡黄或粉红色，具香气，种子多，肾形	有毒，药用，生态防护	美洲热带	广东、广西、福建、云南、四川、海南
7853	*Psilotum nudum*（L.）Beauv.	石刷把（松叶蕨）	Psilotaceae 松叶蕨科	多年生纤细草本；茎上部多回两歧分枝；叶退化为细小鳞片；孢子叶有2个深裂齿；孢子囊纵裂，3室	药用，有毒		江苏、浙江、福建、台湾、广东、广西、四川、贵州、云南
7854	*Psophocarpus tetragonolobus*（L.）DC.	四棱豆（四角豆，热带大豆）	Leguminosae 豆科	缠绕草本；羽状复叶具3小叶，小叶卵状三角形；总状花序腋生，小苞片近圆形，花萼钟状，子房胚珠多颗；荚果四棱状	饲用及绿肥		广东、广西、云南
7855	*Psoralea corylifolia* L.	补骨脂（破故纸，怀故子）	Leguminosae 豆科	一年生草本；全体被白色柔毛及黑棕色腺点；茎上部多分枝，单叶互生，叶片近圆形或卵圆形，边缘有稀粗锯齿	药用		四川、河南、安徽
7856	*Psychotria rubra*（Lour.）Poir.	九节（刀伤木）	Rubiaceae 茜草科	小乔木；高5m；叶纸质或者革质，长圆，5～23.5cm，2～9cm；多花，白色，聚伞花；核果球形或者宽椭圆形，成熟红色	药用		浙江、广东、广西、云贵
7857	*Psychotria serpens* L.	蔓九节（蜈蚣藤）	Rubiaceae 茜草科	攀缘藤本；叶对生，厚纸质，椭圆形至卵形；聚伞花序顶生，有花多朵；花白色；萼檐碟状，有5个不很明显的裂片；浆果状核果常近球状，白色	药用		浙江、广东、广西、云贵

（续）

序号	拉丁学名	中文名	所属科	特征及特性	类别	原产地	目前分布/种植区
7858	*Ptelea trifoliata* L.	三叶椒（橘榆）	Rutaceae 芸香科	落叶灌木或小乔木；树皮褐色，光滑；掌状复叶互生，小叶多3枚，卵形至椭圆状短圆形，侧生者多偏斜；伞房花序生侧枝顶端，花绿白色	观赏	北美	北京、南京、杭州、武汉
7859	*Pteridium aquilinum*（L.）Kuhn	欧洲蕨	Pteridiaceae 蕨科	多年生草本；根状茎长而横走，具锈黄色茸毛；叶草革质；孢子囊群盖条形	观赏	中国长江流域以北；热带及温带	全国各地均有分布
7860	*Pteris biaurita* L.	狭眼凤尾蕨	Pteridaceae 凤尾蕨科	株高100～150cm，叶一型，二回羽裂，裂片间的基部1对叶脉出自主脉基部，网眼狭长	观赏	中国台湾、海南岛、广东、广西和云南	
7861	*Pteris cretica* var. *intermedia*（Christ）C. Chr.	凤尾蕨	Pteridaceae 凤尾蕨科	植株高40～80cm；根茎短而直立或斜升，被黑褐色鳞片；叶簇生，二型或近二型；叶片卵圆形；叶干后纸质，绿或灰绿色，无毛	观赏		西南、华东、华中及陕西、甘肃、台湾、广东、广西
7862	*Pteris deltodon* Baker	岩凤尾蕨	Pteridaceae 凤尾蕨科	高15～30cm；根状茎短，直立，先端有钻形鳞片；叶二型，簇生，纸质，无毛；叶柄禾秆色；叶片和叶柄等长，卵状三角形，长10～20cm，宽4～7cm，单数一回羽状	观赏		
7863	*Pteris dispar* Kunze	刺齿半边旗	Pteridaceae 凤尾蕨科	茎短直立或斜生；与半边羽裂凤尾蕨很相似；两者最大的区别是，半边羽裂凤尾蕨的小羽片是镰刀形，末端尖，小脉明显，整棵植株较大	观赏		
7864	*Pteris ensiformis* Burm. f.	剑叶凤尾蕨（三叉草，小凤尾草）	Pteridaceae 凤尾蕨科	中小型陆生蕨；叶簇生，二型，草质；能育叶矩圆状卵形，小羽片披针形或条形；不育叶较小，小羽片矩圆形或卵状披针形，边缘有尖锯齿	观赏	中国福建、台湾、广东、广西、云南和四川；印度北部、斯里兰卡、马来西亚	
7865	*Pteris excelsa* Gaud.	溪边凤尾蕨	Pteridaceae 凤尾蕨科	植株高80～180cm；叶一型，簇生，厚草质，羽轴上面两侧有隆起的狭边、狭边每到裂片主脉基部即形成软尖刺	观赏		

（续）

序号	拉丁学名	中文名	所属科	特征及特性	类别	原产地	目前分布/种植区
7866	*Pteris fauriei* Hieron.	金钗凤尾蕨	Pteridaceae 凤尾蕨科	中型陆生蕨类；叶一型，簇生，纸质，卵状三角形，二回羽裂，顶端呈长尾状，羽轴在靠近裂片主脉处形成软刺	观赏	中国浙江、福建、台湾、广东、安徽、湖南和江西等地；日本	
7867	*Pteris henryi* Christ	狭叶凤尾蕨	Pteridaceae 凤尾蕨科	植株高30～60cm；根茎短，斜出，被黑褐色鳞片；叶簇生，一型或近二型；叶片长圆状卵形；叶干后纸质，灰绿色，两面光滑	药用		河南、陕西、甘肃、湖南、广西、贵州、四川、云南
7868	*Pteris multifida* Poir.	井栏边草（凤尾草）	Pteridaceae 凤尾蕨科	多年生草本；高20～71cm；根状茎直立；叶簇生，孢子叶长卵形，营养叶边缘有尖锯齿；孢子囊群线形；囊群盖狭，灰色	药用，观赏	中国华东、中南、西南和河北等地；朝鲜南部和日本	华东、中南、西南及河北
7869	*Pteris oshimensis* Hieron.	斜羽凤尾蕨	Pteridaceae 凤尾蕨科	中型陆生蕨；叶簇生，长圆形，二回深羽裂，侧羽片对生，篦齿状深羽裂，最下一对羽片基部下侧，有1片篦齿状深羽裂的小羽片；叶脉明显，斜展	观赏		
7870	*Pteris semipinnata* L.	半边旗（甘草蕨，单边旗，半边蕨）	Pteridaceae 凤尾蕨科	中型陆生蕨；叶二型，近簇生，草质；二回半边羽状深裂，羽片三角形或半三角形；上侧全缘，下侧羽裂几达羽轴	观赏	中国江西、福建、广东、广西和西南；亚洲热带其他地区	
7871	*Pteris vittata* L.	舒筋草（蜈蚣草）	Pteridaceae 凤尾蕨科	植株高0.2～1.5m；根茎短而直立，密被疏散黄褐色鳞片；叶簇生，一型；叶片倒披针状长圆形；叶干后纸质或薄革质，绿色	观赏		西南、华南及河南、陕西、甘肃、江苏、安徽、浙江、台湾、福建、江西、湖北、湖南、香港
7872	*Pterocarpus indicus* Willd.	青龙木（印度紫檀）	Leguminosae 豆科	树皮灰褐，具板根；奇数羽状复叶，小叶7～9枚，互生，长圆形或长圆状倒卵形；圆锥花序顶生或腋生，花黄色，具芳香，花瓣边缘皱折	林木，观赏	马来西亚、菲律宾、印度	广西、广东、云南、福建、台湾
7873	*Pterocarya hupehensis* Skan	湖北枫杨	Juglandaceae 胡桃科	乔木；单数羽状复叶，小叶长卵形至卵状椭圆形；薄革质；花单性，雌雄同株，柔荑花序	有毒	中国	湖北、四川西部、陕西南部、贵州北部

（续）

序号	拉丁学名	中文名	所属科	特征及特性	类别	原产地	目前分布/种植区
7874	*Pterocarya macroptera* Batalin	甘肃枫杨	Juglandaceae 胡桃科	乔木；高 15m；花单性，雌雄同株；雄葇荑花序 3～4 条各自芽鳞痕腋生出，长 10～12cm；雌葇荑花序单生于枝顶，长 20cm	观赏		
7875	*Pterocarya macroptera* var. *delavayi*（Franch.）W. E. Manning	云南枫杨	Juglandaceae 胡桃科	乔木；高约 10～15m；奇数羽状复叶，雄性葇荑花序下垂；雌性葇荑花序顶生俯垂；果序长达 50～60cm	经济作物（纤维类）		湖北西部、四川西部、云南西北部
7876	*Pterocarya macroptera* var. *insignis*（Rehder et E. H. Wilson）W. E. Manning	华西枫杨	Juglandaceae 胡桃科	乔木；高 12～15m；奇数羽状复叶；雄性葇荑花序腋生，雌性葇荑花序顶生；果序长达 45cm	观赏		陕西秦岭、湖北西部、四川、云南西北部、浙江
7877	*Pterocarya rhoifolia* Siebold et Zucc.	水胡桃	Juglandaceae 胡桃科	乔木；高达 30m；奇数羽状复叶；雄性葇荑花序位于顶生的叶丛下方；雌性葇荑花序单独顶生；果实基部圆，顶端钝锥形	林木		山东胶州湾
7878	*Pterocarya stenoptera* C. DC.	枫杨（麻柳，蜈蚣柳）	Juglandaceae 胡桃科	大乔木；多为偶数羽状复叶，小叶长椭圆形至长椭圆状披针形；雄性葇荑花序单生去年枝条叶痕腋内，雌雄葇荑花序顶生；果实长椭圆形	果树，有毒		河南、陕西及长江流域以南
7879	*Pterocarya tonkinensis*（Franch.）Dode	越南枫杨	Juglandaceae 胡桃科	乔木；高约 15～30m；偶数或稀奇数羽状复叶；果序长 13～30cm，坚果菱形	林木		云南东南部
7880	*Pteroceltis tatarinowii* Maxim.	青檀（翼朴）	Ulmaceae 榆科	落叶乔木；叶互生，边缘具锐锯齿；花单性同株，雄花簇生，花被 5 裂；雄蕊 5，子房偏向压扁，花柱 2，小坚果有刺	经济作物（纤维类），林木	中国	华北、华南、西北、西南
7881	*Pterocephalus bretschneideri*（Batalin）E. Pritz.	裂叶翼首花	Dipsacaceae 川续断科	多年生草本；高 30cm；叶密集丛生成莲座状，对生，狭长圆形至倒披针形；头状花序扁球形，单生花葶顶端，花冠淡粉色至紫红色；瘦果椭圆形	蜜源		云南、四川、西藏

（续）

序号	拉丁学名	中文名	所属科	特征及特性	类别	原产地	目前分布/种植区
7882	*Pterocephalus hookeri* (C. B. Clarke) Diels	匙叶翼首花	Dipsacaceae 川续断科	多年生草本；叶基生，匙形或倒披针形，头状花序生茎顶，花冠白色至淡紫色	观赏	中国云南、四川高山上	
7883	*Pterocypsela elata* (Hemsl.) C. Shih	高莴苣	Compositae (Asteraceae) 菊科	一、二年生草本；茎单生，不分枝；叶菱形，边缘具锯齿；头状花序具8～10朵花，花黄色；瘦果具3条纵肋，喙粗短	饲用及绿肥		东北、西南、华北
7884	*Pterocypsela formosana* (Maxim.) C. Shih	台湾莴苣	Compositae (Asteraceae) 菊科	一年或两年生草本；主根圆锥形；茎高80～120cm，单生；叶无柄，长圆状披针形，羽状分裂；头状花序排成复伞房状；瘦果椭圆形	药用		华东及河北、山西、陕西、甘肃、台湾、湖北、江西、四川
7885	*Pterocypsela indica* (L.) C. Shih	山莴苣（鸭子食）	Compositae (Asteraceae) 菊科	二年生草本；叶条状披针形，无柄，羽状全裂；头状花序具25朵花，花淡黄色；瘦果具1条纵肋，喙短而明显	饲用及绿肥		除青海、新疆、西藏外，其他各省均有分布
7886	*Pterocypsela raddeana* (Maxim.) C. Shih	毛脉山莴苣	Compositae (Asteraceae) 菊科	二年生草本；叶具柄，有翅，叶片卵形，边缘具不等的齿缺；头状花序具9～10花，花黄色；瘦果具5～6条纵肋，喙极短	饲用及绿肥		东北及华北、山东、江苏
7887	*Pterocypsela triangulata* (Maxim.) C. Shih	翼柄山莴苣	Compositae (Asteraceae) 菊科	二年生草本；叶三角状卵形，叶柄具宽翅；头状花序具10～15花，花黄色；瘦果具1条纵肋，无喙	饲用及绿肥		东北、华北、西北
7888	*Pterolobium punctatum* Hemsl.	老虎刺（倒爪刺）	Leguminosae 豆科	攀缘灌木或藤本；枝条、叶轴、叶柄基部散生下弯的黑色钩刺；总状花序腋生，或顶生的圆锥花序，花白色	观赏	中国云南、四川、贵州、广东、广西、湖南、湖北、江西、福建；老挝	云南、四川、贵州、广东、广西、湖南、湖北、江西、福建
7889	*Pterospermum acerifolium* Willd.	翅子树	Sterculiaceae 梧桐科	大乔本；叶近圆形或长圆形，托叶条裂；花单生，白色；萼片5；花瓣比萼稍短；蒴果木质，长圆状圆筒形	有毒	中国、越南、老挝、泰国	云南、福建、台湾
7890	*Pterospermum heterophyllum* Hance	异叶翅子树（半枫荷，翻白叶树）	Sterculiaceae 梧桐科	乔木；高20m，小枝被红、黄毛，幼枝叶3～5深裂，老枝叶长卵形，花白色；蒴果	药用，观赏		福建、广东、广西

（续）

序号	拉丁学名	中文名	所属科	特征及特性	类别	原产地	目前分布/种植区
7891	*Pterospermum kingtungense* C. Y. Wu ex Hsue	景东翅子树	Sterculiaceae 梧桐科	常绿乔木；花单生叶腋；萼裂5，线状披针形；花瓣5，白色，倒卵形，基部微被星状柔毛；退化雄蕊线状棒形，上半部密生瘤状突起	观赏	中国云南景东县把边江	云南
7892	*Pterospermum lanceifolium* Roxburgh	窄叶翅子树（窄叶半枫荷）	Sterculiaceae 梧桐科	常绿乔木；高达30m；叶披针形或长圆状披针形，下面密被黄褐色或黄白色绒毛；两性花，白色，单生叶腋；蒴果，长圆状卵形，每室种子2～4	观赏	中国	广东、海南、广西、云南
7893	*Pterospermum menglunense* Hsue	勐仑翅子树	Sterculiaceae 梧桐科	常绿乔木；高达20m；叶厚纸质，披针形或椭圆状披针形；花单生于小枝上部叶腋，白色，子房卵圆形；蒴果长椭圆形	林木		云南
7894	*Pterospermum niveum* Vidal	台湾翅子树	Sterculiaceae 梧桐科	落叶性；花单生叶腋；萼淡黄褐色；花瓣歪卵形；果椭圆，长达9cm	观赏	中国台湾（红头屿）、菲律宾群岛	
7895	*Pterospermum yunnanense* Hsue	云南翅子树	Sterculiaceae 梧桐科	常绿小乔木；高约4m；叶革质，二型，掌状5深裂；蒴果卵状椭圆形，具5条明显的棱和5个凹陷面，种子具翅	药用，有毒		云南
7896	*Pterostyrax corymbosus* Siebold et Zucc.	小叶白辛树	Styracaceae 安息香科	落叶小乔木；高4～10m；圆锥花序，花黄白色，生于分枝的一侧；核果倒卵状，具4～5狭翅；花大，芳香植物	观赏		安徽、江苏、浙江、江西、湖南、福建、广东
7897	*Pterostyrax psilophyllus* Diels ex Perkins	白辛树	Styracaceae 安息香科	落叶乔木；叶倒卵形或长椭圆形，被星状柔毛；圆锥花序顶生，下垂，花小，黄白色；核果具5～10棱	林木，观赏		贵州、四川、湖北、湖南、广西
7898	*Pteroxygonum giraldii* Damm. et Diels	翼蓼	Polygonaceae 蓼科	多年生蔓性或缠绕性草本；长可达2m；单叶互生或2～4片簇生，有细长柄，叶片三角形或三角状卵形；总状花序腋生；瘦果卵形，紫黑色	蜜源		山西、河南、四川、陕西、宁夏
7899	*Pterygiella nigrescens* Oliv.	翅茎草	Scrophulariaceae 玄参科	一年生草本；茎实心，基部木质化，具四棱角，沿棱有4条狭翅；叶交互对生，披针形；总状花序顶生；花对生；花冠黄或深棕色	观赏	中国云南特有，产于蒙自、洱源、宾川	云南、四川、广西、贵州

（续）

序号	拉丁学名	中文名	所属科	特征及特性	类别	原产地	目前分布/种植区
7900	*Pterygocalyx volubilis* Maxim.	翼萼蔓	Gentianaceae 龙胆科	一年生草本；茎缠绕；单叶对生；花单生或2～3朵生于叶腋；花萼筒状，花冠筒状，雄蕊4，内藏；花柱头2裂；蒴果	观赏		东北、华北、中南、西南
7901	*Ptilagrostis dichotoma* Keng ex Tzvelev	双叉细柄茅	Gramineae (Poaceae) 禾本科	多年生；圆锥花序，小穗长5～6mm，外稃长4～5mm，芒长12～15mm，芒柱具长约3mm的柔毛，芒针被短毛	饲用及绿肥		甘肃、西藏、青海、四川
7902	*Ptilagrostis junatovii* Grubov	窄穗细柄茅	Gramineae (Poaceae) 禾本科	多年生；花序狭窄，基部分枝处无膜质苞片；小穗长6～7mm；外稃长4.5～6mm，芒长1.5～1.7cm，一回膝曲	饲用及绿肥		青海、新疆、四川、西藏
7903	*Ptilagrostis mongholica* (Turcz. ex Trin.) Griseb.	细柄茅（蒙古细柄茅）	Gramineae (Poaceae) 禾本科	多年生；秆高20～60cm；圆锥花序开展，长5～15cm，分枝常孪生，外稃长5～6mm，芒长2～3cm，全被长柔毛	饲用及绿肥		东北、华北、西北、西南
7904	*Ptilagrostis pelliotii* (Danguy) Grubov	中亚细柄茅	Gramineae (Poaceae) 禾本科	多年生；秆高20～50cm；圆锥花序疏松，长达10cm，小穗常5～6mm，外稃长3～4mm，芒长2～2.5cm，全被毛	饲用及绿肥		内蒙古、宁夏、甘肃、青海、新疆
7905	*Ptilopteris maximowiczii* (Baker) Hance	岩穴蕨	Monachosoraceae 稀子蕨科	多年生草本；根状茎短而斜升；叶簇生，近膜质；披针形，一回羽状复叶；叶柄红棕色，光滑；叶孢子囊群圆形	观赏	中国安徽黄山、江西庐山、湖南衡山、贵州梵净山、湖北、台湾；日本	安徽、江西、湖南、贵州、湖北、台湾
7906	*Ptychosperma elegans* Blume	优雅皱子棕	Palmae 棕榈科	茎纤细，高12m，具环纹；羽状复叶，7～11片生茎顶，羽片叶带灰白或灰褐色，穗状花序，多分枝，小花白绿色；果卵形，鲜红色	观赏	澳大利亚昆士兰州	
7907	*Ptychosperma macarthurii* Nichols.	青棕（马卡氏皱子棕）	Palmae 棕榈科	常绿丛生灌木；茎纤细，具节状环纹；羽状复叶，8～10片生茎顶，羽片条形；花雌雄同株，穗状花序，花小，乳白色	观赏	澳大利亚、巴布亚新几内亚	
7908	*Puccinellia altaica* Tzvelev	阿尔泰碱茅	Gramineae (Poaceae) 禾本科	多年生；秆高20～30cm；圆锥花序长5～15cm，小穗长约4.5mm，外稃长2.3～2.8mm，先端尖，背部近无毛	饲用及绿肥		西藏、新疆

（续）

序号	拉丁学名	中文名	所属科	特征及特性	类别	原产地	目前分布/种植区
7909	*Puccinellia bulbosa* (Grossh.) Grossh.	鳞茎碱茅	Gramineae (Poaceae) 禾本科	多年生；秆高20～30cm，基部增厚较粗；叶片长4～6cm，宽1～2mm；第一颖长约1mm，外稃长2～2.5mm	饲用及绿肥		新疆
7910	*Puccinellia chinampoensis* Ohwi	朝鲜碱茅（羊胡墩子，毛边碱茅）	Gramineae (Poaceae) 禾本科	多年生；叶片宽1.5～3mm；花序分枝长6～8cm，小穗长5～6mm，含5～7花，外稃长1.6～2mm，脉基部被短毛	饲用及绿肥	中国	黑龙江、吉林、内蒙古
7911	*Puccinellia degeensis* L. Liu	德格碱茅	Gramineae (Poaceae) 禾本科	多年生；秆高15～20cm；圆锥花序长2～4cm，小穗长2～4mm，含2～3花，第一颖长0.6～1mm，外稃无毛	饲用及绿肥		四川
7912	*Puccinellia diffusa* (Krecz.) Krecz.	展穗碱茅	Gramineae (Poaceae) 禾本科	多年生；基部增厚为稠密叶鞘所包；花序的分枝纤细，小穗含4～8花，第一颖长约1.2mm，外稃长2～2.3mm	饲用及绿肥		西藏、青海、新疆
7913	*Puccinellia distans* (Jacq.) Parl.	碱茅（铺茅）	Gramineae (Poaceae) 禾本科	多年生草本；秆高20～30cm，具3节；叶长2～6cm；圆锥花序开展，长5～15cm，小穗长4～6mm，有5～7小花；颖果纺锤形	杂草		华北
7914	*Puccinellia koeieana* Melderis	科氏碱茅	Gramineae (Poaceae) 禾本科	多年生；叶片宽约2mm；花序宽约5cm，小穗长4.5～5mm，含4～7花，第一颖约1mm，外稃长1.5～2mm	饲用及绿肥		西藏
7915	*Puccinellia limosa* (Schur.) Holmb.	沼泞碱茅	Gramineae (Poaceae) 禾本科	多年生；小穗长4～4.5mm，含3～5花，第一颖长约1mm，外稃长2.2～2.5mm，基部被柔毛	饲用及绿肥		内蒙古
7916	*Puccinellia manchuriensis* Ohwi	东北碱茅（柔枝碱茅）	Gramineae (Poaceae) 禾本科	多年生，秆丛生，高20～40cm；叶上面密生小刺而粗糙；圆锥花序着生多数小穗，小穗含3～5花；颖果卵球形	饲用及绿肥		内蒙古、黑龙江、山西、江苏
7917	*Puccinellia tenuiflora* (Griseb.) Scribn. et Merr.	小花碱茅（星星草）	Gramineae (Poaceae) 禾本科	多年或越年生草本；秆丛生，高30～60cm，具3～4节；叶条形；圆锥花序长10～14cm，小穗长3～4mm，含3～4小花；颖果	杂草	中国	华北、东北及陕西

（续）

序号	拉丁学名	中文名	所属科	特征及特性	类别	原产地	目前分布/种植区
7918	*Puccinellia tenuissima* Litv. ex V. I. Kreczetowicz	纤细碱茅	Gramineae (Poaceae) 禾本科	多年生；秆高 20～40cm；叶鞘宿存包围秆茎；圆锥花序具少数小穗，小穗长 3～4mm，含 3～5 花，外稃长约 2mm	饲用及绿肥		青海
7919	*Puccinellia tianschanica* (Tzelev) Ikonn.	吉隆碱茅	Gramineae (Poaceae) 禾本科	多年生；秆高 8～18cm；叶片宽约 1mm；花序宽 1～2cm；小穗含 3～4 花，外稃长约 2mm，无毛	饲用及绿肥		西藏
7920	*Pueraria alopecuroides* Craib	密花葛藤	Leguminosae 豆科	攀缘灌木；3 小叶，托叶，箭头形，小叶卵形；花序的花排列极稠密，苞片比花蕾长，被硬毛，花白色	饲用及绿肥		云南
7921	*Pueraria calycina* Franch.	黄毛萼葛藤	Leguminosae 豆科	木质攀缘植物，植被黄棕色柔毛；小叶近圆形，边缘 5～7 浅裂；花萼内外均被锈色糙毛，旗瓣倒卵形，长约 1.6cm	饲用及绿肥		云南
7922	*Pueraria edulis* Pamp.	食用葛藤	Leguminosae 豆科	藤本；具块根；托叶背着小叶宽卵形，侧生者 2 裂；苞片无毛或具缘毛，花萼裂片长 4～7mm，旗瓣长 14～18mm	饲用及绿肥		福建、广西、贵州、四川、云南
7923	*Pueraria montana* var. *lobata* (Willd.) Maesen et S. M. Almeida ex Sanjappa et Predeep	野葛（葛条，葛藤，粉葛）	Leguminosae 豆科	多年生大藤本；块根肥厚，圆柱形，茎木质化；叶互生，小叶 3，顶生小叶菱状卵形；总状花序腋生，花冠蝶形，紫红色；荚果狭长形	药用，观赏	中国	除新疆、西藏外、全国各地均有分布
7924	*Pueraria montana* var. *thomsonii* (Benth.) Wiersema ex D. B. Ward	甘肃葛藤（粉葛）	Leguminosae 豆科	多年生藤本；总状花序腋生，小苞片卵形；萼钟状，萼齿 5，披针形，有黄色长硬毛；花冠紫色，长约 1.3cm	饲用及绿肥，药用		西南、华南
7925	*Pueraria peduncularis* (Graham ex Benth.) Benth.	苦葛藤	Leguminosae 豆科	缠绕藤本；托叶基着，小叶卵形，两面被粗硬毛；花萼被长柔毛，花长约 1.4cm，白色；荚果线形，长 5～8cm，宽 6～8mm	饲用及绿肥，有毒		云南
7926	*Pueraria phaseoloides* (Roxb.) Benth.	爪哇葛藤（三裂叶野葛）	Leguminosae 豆科	草质藤本植物；茎与叶柄密生开展锈色硬毛；三出复叶，托叶基生，披针形；总状花序腋生，花排列较疏；荚果近圆柱形	饲用及绿肥	东南亚	浙江、台湾、广东、广西、海南

（续）

序号	拉丁学名	中文名	所属科	特征及特性	类别	原产地	目前分布/种植区
7927	*Pueraria pulchellum*（L.）Drab.	牌钱草	Leguminosae 豆科	落叶小灌木，高可达1m；叶互生，3小叶，顶生小叶长椭圆形或卵形；花白色，蝶形，包夹于1对圆形叶状苞片内，聚集成叶生总状或顶生总状花；荚果扁平，2节	有毒		
7928	*Pueraria stricta* Kurz	小花野葛藤	Leguminosae 豆科	蔓生灌木；托叶基着；花白色或粉红色，长5～8mm，旗瓣倒卵形；荚果长圆形，长3.5～6cm；有种子5～10粒	饲用及绿肥		云南
7929	*Pueraria wallichii* DC.	喜马拉雅葛藤（须弥葛）	Leguminosae 豆科	灌木状缠绕藤本；托叶基着，小叶倒卵形；花淡红色，长1.2cm，旗瓣倒卵形；荚果长7.5～12.5cm，无毛	饲用及绿肥		云南、西藏
7930	*Pugionium cornutum*（L.）Gaertn.	沙芥（沙萝卜，沙白茶）	Cruciferae 十字花科	一年或二年生草本；高50～100cm；叶肉质，下部叶有柄，羽状分裂；总状花序顶生，排成圆锥状，花白色；短角果具种子1个	药用，蔬菜，饲用及绿肥		内蒙古、宁夏、陕西
7931	*Pulicaria chrysantha*（Diels）Ling	金仙草（金花蚤草）	Compositae（Asteraceae）菊科	根状茎粗厚，木质，有几个簇生的茎和被密生长柔毛的芽；叶线状披针形至长圆状披针形，基部圆形或稍心形，头状花序在茎端和枝端单生	药用		四川、广东、云南
7932	*Pulicaria prostrata*（Gilib.）Asch.	蚤草	Compositae（Asteraceae）菊科	一年生草本；茎直立，或平卧而上部斜升，柔弱，常弯曲，被柔毛；叶长圆形，披针形，或倒披针形，全缘，头状花序	药用		新疆西部和北部
7933	*Pulmonaria mollissima* A. Kern.	腺毛肺草	Boraginaceae 紫草科	多年生草本；具匍匐根茎；单叶，基生叶长圆形，两面有毛；茎生叶互生，长圆状倒披针形；聚伞花序，全部有腺毛，花冠紫蓝色，筒状	观赏	中国、欧洲	山西、内蒙古
7934	*Pulmonaria officinalis* L.	蓝花肺草	Boraginaceae 紫草科	具粗毛的多年生草本；叶单生，绿色有白点，基生叶卵形、心脏性；茎生叶卵形、耳状心脏形；花玫瑰堇色至蓝色，多数有苞片，成分叉的聚伞花序	观赏	欧洲	
7935	*Pulsatilla cernua*（Thunb.）Bercht. et Presley	朝鲜白头翁	Ranunculaceae 毛茛科	多年生草本；叶基生，叶背密生柔毛；萼片紫红色；花期4～5月	观赏	中国、朝鲜、日本、俄罗斯远东	辽宁、吉林

（续）

序号	拉丁学名	中文名	所属科	特征及特性	类别	原产地	目前分布/种植区
7936	*Pulsatilla chinensis* (Bunge) Regel	白头翁（老冠花，老公花）	Ranunculaceae 毛茛科	多年生草本；叶宽卵形，3全裂或3深裂；花葶1～2；花直立；萼蓝紫色；聚合果，瘦果纺锤形，具宿存花柱	有毒		东北、华北、华中、西北
7937	*Pulsatilla millefolium* (Hemsl. et E. H. Wilson) Ulbr.	川滇白头翁	Ranunculaceae 毛茛科	植株高3.5～20cm；花直立，萼片淡黄绿色、黄色或红紫色，卵状椭圆形，长0.9～2cm，宽4～8mm，外面有密柔毛；雄蕊长约为萼片之半；聚合果直径约7cm，瘦果长约4mm	观赏	中国四川、云南	
7938	*Pulsatilla sukaczevii* Juz.	黄花白头翁	Ranunculaceae 毛茛科	多年生草本；高5～15cm；基生叶4～6，二至三回羽状复叶；花葶1，直立，花黄色；瘦果密被长柔毛	观赏	中国内蒙古、黑龙江，前苏联西伯利亚	内蒙古、黑龙江
7939	*Pulsatilla vulgaris* Mill.	欧洲白头翁	Ranunculaceae 毛茛科	多年生草本；全株被长软毛，叶二至三回羽状裂，裂片线形，花蓝色至紫红色，花期4月	观赏	欧洲	
7940	*Punica granatum* L.	石榴（安石榴，丹若）	Punicaceae 石榴科	落叶灌木或小乔木；叶对生，倒卵形或长椭圆形；花两性；花萼钟形，常6裂；花瓣常红色；子房下位；浆果近球形	果树，观赏	伊朗、阿富汗	我国南北各省份
7941	*Puya alpestris* (Poepp. C. Gay.)	高山普亚凤梨	Bromeliaceae 凤梨科	多年生草本；叶狭长，密生莲座状，叶缘有刺，弯曲，灰绿色，背面银灰色；花大，花序长1m，筒状，金属蓝色	观赏	智利	
7942	*Puya chilensis* Mol.	智利普亚凤梨	Bromeliaceae 凤梨科	茎单生或分枝；叶灰绿色，多汁，长达90cm，宽5cm，叶缘钩状，具齿刺；花朵金属黄绿色，夏季开花	观赏		
7943	*Puya raimondii* Harms.	芮氏普亚凤梨	Bromeliaceae 凤梨科	高达8m；叶刺刀形，密生莲座状，革质，草绿色，被白粉，边缘有褐刺，花白色，花序长3m以上	观赏	玻利维亚、秘鲁	
7944	*Pycnospora lutescens* (Poir.) Schindl.	密子豆	Leguminosae 豆科	多年生半灌木状草本；茎丛生，高15～60cm；三出羽状复叶，小叶倒卵形或倒卵状长圆形；总状花序，花2朵聚生花序节上；荚果肿胀	杂草		云南、广西、广东、台湾

(续)

序号	拉丁学名	中文名	所属科	特征及特性	类别	原产地	目前分布/种植区
7945	*Pycreus flavidus* (Retz.) T. Koyama	球穗扁莎	Cyperaceae 莎草科	一年生草本；秆丛生，高7～50cm；叶线形，叶鞘下部红棕色；长侧枝聚伞花序简单，辐射枝2～6，小穗线形或长圆状线形；小坚果	杂草		东北、华东、华中、华南及河北、陕西、贵州、四川
7946	*Pycreus polystachyus* (Rottb.) P. Beauv.	多枝扁莎	Cyperaceae 莎草科	一年生或多年生草本；秆丛生，高20～60cm；苞片叶状；长侧枝聚伞花序简单，具5～8个辐射枝，小穗线形，鳞片狭卵形；小坚果	杂草		广东、海南、福建、台湾
7947	*Pycreus pumilus* (L.) Domin	矮扁莎	Cyperaceae 莎草科	一年生草本；秆丛生，高2～20cm；苞片叶状，长侧枝聚伞花序简单，具3～6个辐射枝，小穗密集成近头状穗状花序，鳞片卵形；小坚果	杂草		安徽、江西、福建、广东、海南、湖南
7948	*Pycreus sanguinolentus* (Vahl) Nees	红磷扁莎	Cyperaceae 莎草科	一年生草本；秆丛生，高5～50cm；叶线形；长侧枝聚伞花序简单，具2～5条辐射枝，小穗长卵形或长圆形，鳞片卵形；小坚果	杂草		全国各地均有分布
7949	*Pyracantha angustifolia* (Franch.) C. K. Schneid.	窄叶火棘(火把果，火棘)	Rosaceae 蔷薇科	常绿灌木或小乔木；叶窄长圆形至倒披针状长圆形；复伞房花序，萼筒钟状，花瓣近圆形，白色；果扁球形，砖红色	经济作物(特用类)		云南、四川、湖北、西藏
7950	*Pyracantha atalantioides* (Hance) Stapf	全缘火棘(救军粮，木瓜刺)	Rosaceae 蔷薇科	常绿灌木或小乔木；叶椭圆形或长圆形；复伞房花序，萼筒钟状，萼片浅裂，广卵形，花瓣白色，卵形；梨果扁球形	经济作物(特用类)		陕西、四川、贵州、湖南、湖北、广西、广东
7951	*Pyracantha crenulata* (D. Don) M. Roem.	细圆齿火棘(火棘，红子)	Rosaceae 蔷薇科	常绿灌木或小乔木；叶长圆形或倒披针形；复伞房花序，萼筒钟状，萼片三角形，花瓣圆形；梨果几球形	经济作物(特用类)		江苏、广西、广东、云南、贵州、四川
7952	*Pyracantha densiflora* T. T. Yu	密花火棘	Rosaceae 蔷薇科	常绿灌木；具短枝刺；叶倒卵形至倒卵状椭圆形；花6～10朵密集，成伞房花序，萼筒钟状，花瓣卵形，白色；果近球形	果树		
7953	*Pyracantha fortuneana* (Maxim.) H. L. Li	火棘(全缘火棘，火把果，红子)	Rosaceae 蔷薇科	常绿灌木；单叶互生，倒卵形或倒卵状长圆形；两性花，集成复伞房花序；萼片5，三角卵形；花瓣常见白色；梨果近圆形	药用		西南、华东、华中、华南及陕西、西藏

（续）

序号	拉丁学名	中文名	所属科	特征及特性	类别	原产地	目前分布/种植区
7954	*Pyracantha inermis* J. E. Vidal	澜沧火棘	Rosaceae 蔷薇科	常绿灌木；叶长圆形至长圆状倒卵形；伞房花序密集生于短枝枝端，萼筒钟状，花瓣卵形，白色，有短爪；果近球形	经济作物（特用类）		
7955	*Pyracantha koidzumii*（Hayata) Rehder	台湾火棘	Rosaceae 蔷薇科	常绿丛生灌木；叶常 3～5，长椭圆形至窄倒卵形；伞房花序，萼筒钟状，萼片三角形，花瓣近圆形或广卵形；梨果扁球形	经济作物（特用类）		
7956	*Pyrenaria microcarpa* Keng	小果石笔木	Theaceae 山茶科	常绿乔木；高 17m；叶椭圆形或长圆形，长 5～12cm，宽 4cm；花白色，径 1.5～3cm；花梗极短，花瓣被绢毛；蒴果三角状球形	林木，经济作物（油料类），观赏		广东、福建、湖南、江西
7957	*Pyrenaria multisepala*（Merr. et Chun) S. X. Yang	多瓣核果茶	Theaceae 山茶科	常绿小乔木；叶互生，革质；单花顶生，两性；花瓣似萼片，基部略合生，苞片及萼片外面被茸毛；果不开裂，被毛	观赏	中国	海南
7958	*Pyrenaria spectabilis* (Champ.) C. Y. Wu et S. X. Yang ex S. X. Yang	石笔木	Theaceae 山茶科	常绿小乔木；叶互生，椭圆形；花单生枝顶，淡黄色至白色；蒴果球形，密生金黄色绒毛	林木，经济作物（油料类），观赏	中国	云南、四川、广西、湖南、广东、浙江、台湾
7959	*Pyrenaria spectabilis* var. *greeniae*（Chun）S. X. Yang	长柄石笔木（薄瓣石笔木）	Theaceae 山茶科	常绿乔木；高 18m；叶长圆形，长 9～14cm，宽 2.5～4cm；花黄色，径 3～5cm，花梗长 0.6～1cm，被毛；果椭圆形，3～5 室	林木，经济作物（油料类），观赏		广东、广西、湖南、江西、福建
7960	*Pyrethrum cinerariifolium* Trevis.	除虫菊（白花除虫菊）	Compositae（Asteraceae）菊科	多年生草本；全株乳白色；叶一至二回羽状深裂；头状花序单生；总苞片 3～4 层；舌状花白色，管状花两性；瘦果	有毒	欧洲	全国各地庭院有栽培
7961	*Pyrethrum coccineum*（Willd.）Worosch.	红花除虫菊	Compositae（Asteraceae）菊科	多年生草本；头状花序单生茎顶；舌状花白色、粉色、紫红色、洋红色或暗红色，有时重瓣；瘦果有 5～8 个纵肋	观赏		
7962	*Pyrethrum parthenifolium* Willd.	小白菊	Compositae（Asteraceae）菊科	多年生草本；株高 30～90cm；叶卵形至矩圆状卵形，羽状分裂；花序头状；舌状花白色，筒状花黄色；花期 7～8 月	观赏	欧洲	

（续）

序号	拉丁学名	中文名	所属科	特征及特性	类别	原产地	目前分布/种植区
7963	*Pyrethrum richterioides*（C. Winkl.）Krasn.	单头匹菊	Compositae（Asteraceae）菊科	多年生草本；高 20～40cm；头状花序单生茎顶，舌状花粉色或淡紫红色；花期 7 月	观赏	中国新疆（天山及准噶尔盆地）	新疆西部
7964	*Pyrgophyllum yunnanense*（Gagnep.）T. L. Wu et Z. Y. Chen	苞叶姜	Zingiberaceae 姜科	多年生草本；茎基部膨大呈球形；叶片长圆状披针形，叶舌膜质；花序顶生，苞片显著，基部与花序轴贴生成囊状，上部叶片状	观赏	中国	云南、四川
7965	*Pyrola alboreticulata* Hayata	花叶鹿蹄草（白脉鹿蹄草）	Ericaceae 杜鹃花科	多年生常绿草本；总状花序有花 2～3 朵，花葶中部有苞片 1 个；花俯垂，广开，花瓣倒卵圆形，花柱外倾，上部弯向上，顶端膨大，柱头 5 浅裂	观赏	中国台湾	台湾
7966	*Pyrola morrisonensis*（Hayata）Hayata	台湾鹿蹄草（新高山鹿蹄草）	Ericaceae 杜鹃花科	多年生常绿草本；总状花序有花 8～11 朵；苞片狭矩圆形，急尖头；花略俯垂，广开，直径 1.5cm；萼片卵形，顶端急尖或钝，基部最宽；花瓣宽卵形	观赏	中国台湾	台湾
7967	*Pyrola rotundifolia* L.	圆叶鹿蹄草	Ericaceae 杜鹃花科	常绿草本状小半灌木；总状花序具花 6～18 朵，花倾斜，稍下垂，花冠白色，直径 1.5～2cm；花柱上部向上弯曲，伸出花冠，顶端有明显的环状突起	观赏	中国新疆的阿尔泰山区；蒙古、前苏联、欧洲	东北、西北
7968	*Pyrola rugosa* Andres	皱叶鹿蹄草	Ericaceae 杜鹃花科	多年生常绿草本；叶厚而硬，宽卵形，叶脉上面深凹入，呈粗皱纹，下面强度隆起，淡红色	观赏	中国陕西、甘肃、四川、云南	四川、陕西、甘肃、云南
7969	*Pyrostegia venusta*（Ker-Gawl.）Miers.	炮仗花（黄鳝藤，黄金珊瑚）	Bignoniaceae 紫葳科	常绿藤本；茎粗壮有棱，长达 8m；叶对生，羽状复叶，小叶 1～3 片，顶生小叶变为 3 分叉的卷须；圆锥花序，下垂，花数多；花橘黄或橙红，长约 6cm，萼钟形	药用，观赏	南美巴西	云南、广东、广西、福建、海南
7970	*Pyrrosia davidii*（Baker）Ching	华北石韦	Polypodiaceae 水龙骨科	多年生常绿草本蕨类植物，叶软革质，表面绿色，下面密生淡金黄色短星状毛，干后叶缘向上内卷	观赏		华北

（续）

序号	拉丁学名	中文名	所属科	特征及特性	类别	原产地	目前分布/种植区
7971	*Pyrrosia drakeana* (Franch.) Ching	毡毛石韦	Polypodiaceae 水龙骨科	根状茎密被棕色鳞片；叶近生，一型，阔披针形；孢子囊群近圆形，整齐多行排列侧脉之间，成熟时孢子囊开裂	观赏		陕西、甘肃、湖北、广西、四川
7972	*Pyrrosia lingua* (Thunb.) Farwell	石韦（金背茶匙）	Polypodiaceae 水龙骨科	多年生常绿草本蕨类植物，根状茎如粗铁丝，密生鳞片；叶厚革质，疏生，表面绿色，有小凹点，叶背生灰棕色星状毛；叶柄基部有关节	观赏	中国长江以南；日本、朝鲜	长江以南各省份及台湾
7973	*Pyrrosia petiolosa* (Christ) Ching	有柄石韦	Polypodiaceae 水龙骨科	多年生常绿草本蕨类植物，叶片长圆形或卵状长圆形，厚革质，下面密覆灰棕色星状毛，干后通常向上内卷几成筒状，叶柄较叶片长	观赏	中国	东北、华北、西北、西南和长江中下游地区
7974	*Pyrrosia sheareri* (Baker) Ching	庐山石韦（大叶石韦，金石韦，叶下红）	Polypodiaceae 水龙骨科	多年生常绿草本；根茎横走，密被鳞片；叶一型，阔披针形，簇生，基部圆耳形或心形；孢子囊群在侧脉间排列成多行	药用		华东、华中、西南、华南
7975	*Pyrularia edulis* (Wall.) A. DC.	檀梨（油葫芦）	Santalaceae 檀香科	小乔木或灌木；高 3～10m；叶卵状长圆形；雄花：集成总状花序顶生或腋生，雌花或两性花：单生，子房棒状；核果梨形	果树		云南、广西、广东、福建、四川、河北
7976	*Pyrus armeniacifolia* T. T. Yu	杏叶梨	Rosaceae 蔷薇科	落叶乔木；小枝稍带棱条；单叶互生，边缘具圆钝锯齿；伞形总状花序，花白色；梨果，石细胞多	果树		新疆塔城
7977	*Pyrus betulifolia* Bunge	杜梨（灰梨，梨丁子）	Rosaceae 蔷薇科	乔木；叶菱状卵形至长圆卵形；伞形总状花序有花 10～15 朵，苞片线形，萼片三角卵形，花瓣宽卵形；梨果近球形	经济作物（橡胶类）		辽宁、河北、山西、河南、陕西、甘肃、安徽、江苏、江西、湖北
7978	*Pyrus bretschneideri* Rehder	白梨（白挂梨）	Rosaceae 蔷薇科	乔木；叶卵形或椭圆卵形；伞形总状花序有花 1～10 朵，苞片线形，萼片三角形，花瓣卵形；果卵形或近球形，种子倒卵形	果树	中国	华北、西北、华东及河南、辽宁
7979	*Pyrus calleryana* Decne.	豆梨（鹿梨，犬梨）	Rosaceae 蔷薇科	乔木；叶宽卵形至卵形；伞形总状花序具花 6～13朵，苞片线状披针形，萼片披针形，花瓣卵形，基部具短爪，白色；梨果球形	药用		长江流域各省份

（续）

序号	拉丁学名	中文名	所属科	特征及特性	类别	原产地	目前分布/种植区
7980	*Pyrus communis* L.	西洋梨	Rosaceae 蔷薇科	乔木;叶卵形、近圆形至椭圆形;伞形总状花序具花6～9朵,苞片线状披针形,花瓣倒卵形,雄蕊20;果倒卵形或近球形	果树		华北
7981	*Pyrus hopeiensis* T. T. Yu	河北梨（黑丁子,红杜梨）	Rosaceae 蔷薇科	乔木;叶卵形至近圆形;伞形总状花序具有6～8朵,萼片三角卵形,花瓣椭圆倒卵形;果褐色,4室,果肉白色,种子倒卵形	果树		
7982	*Pyrus pashia* Buch.-Ham. ex D. Don	棠梨（川梨,棠梨刺）	Rosaceae 蔷薇科	乔木;叶卵形至长卵形;伞形总状花序具花7～13朵,苞片线形,萼筒杯状,萼片三角形,花瓣倒卵形;果近球形	观赏		四川、贵州、云南
7983	*Pyrus phaeocarpa* Rehder	褐梨（灌儿梨,红丁子）	Rosaceae 蔷薇科	乔木;叶椭圆卵形至长卵形;伞形总状花序有花5～8朵,苞片线状披针形,萼片三角披针形,花瓣卵形;果球形或卵形	果树		华北、西北
7984	*Pyrus pseudopashia* T. T. Yu	滇梨	Rosaceae 蔷薇科	乔木;叶卵形或长卵形;伞形总状花序有花5～7朵,萼片三角卵形,花瓣宽卵形,基部有短爪,白色;果近球形	果树		
7985	*Pyrus pyrifolia* (Burm. f.) Nakai	沙梨	Rosaceae 蔷薇科	落叶乔木;幼枝被黄褐色绒毛;叶卵圆形,先端长尖,基部圆或近心形,花白色,有花6～9朵组成伞房花序;果近球形,浅褐色	观赏	中国长江流域、华南、西南	长江流域以南各省份
7986	*Pyrus serrulata* Rehder	麻梨（麻棠梨）	Rosaceae 蔷薇科	乔木;叶卵形至长卵形;伞形总状花序有花6～11朵,苞片线状披针形,萼片三角卵形,花瓣宽卵形,基部具短爪,果近球形	果树		湖北、湖南、四川、广西
7987	*Pyrus sinkiangensis* T. T. Yu	新疆梨（酸梨）	Rosaceae 蔷薇科	乔木;叶卵形或椭圆形;伞形总状花序有花4～7朵,苞片线状披针形,萼片三角卵形,花瓣倒卵形,先端啮腐蚀状;果卵形	果树		
7988	*Pyrus ussuriensis* Maxim.	山梨（沙果梨,酸梨,秋子梨）	Rosaceae 蔷薇科	乔木;树冠宽卵,广圆锥形;单叶,卵形至宽卵形;伞形总状花序密集,有花5～7朵;花白色,子房5室;蔷薇果	药用	中国北部	东北、华北、西北

（续）

序号	拉丁学名	中文名	所属科	特征及特性	类别	原产地	目前分布/种植区
7989	*Pyrus xerophila* T. T. Yu	木梨（野梨，棠梨）	Rosaceae 蔷薇科	乔木；叶卵形至长卵形；伞形总状花序有花3～6朵，苞片线状披针形，萼片三角卵形，花瓣宽卵形；果卵球形或椭圆形	果树		山西、陕西、河南、甘肃
7990	*Quamoclit coccinea* Moench	圆叶茑萝	Convolvulaceae 旋花科	一年生草本；茎缠绕；叶互生，卵形；聚伞花序腋生，有花3～6朵，花冠高脚碟状，洋红色，喉部带黄色；蒴果小，种子卵圆形或球形	观赏	南美洲	我国各地庭园常栽培
7991	*Quamoclit sloteri* House	槭叶茑萝	Convolvulaceae 旋花科	一年生草本；茎缠绕；叶互生，掌状分裂；聚伞花序腋生，有1～3花，花冠高脚碟状，红色；蒴果圆锥形或球形	有毒	南美洲	我国有栽培
7992	*Quercus acutissima* Carruth.	麻栎（青冈）	Fagaceae 壳斗科	落叶乔木；叶椭圆披针形；壳斗包围坚果约1/2；总苞片披针形，反曲，有灰白色绒毛；坚果，果脐突起	林木，观赏		华中、西南、西北、华北、华东及辽宁、广东、台湾
7993	*Quercus aliena* Blume	槲栎（细枝青冈，硬脚栎）	Fagaceae 壳斗科	落叶乔木；叶长椭圆状倒卵形至倒卵形；雄花序雄花单生或数朵簇生花序轴，雌花序生于新枝叶腋；壳斗杯形，小苞片卵状披针形；坚果椭圆形至卵形	经济作物（特用类）		华南、西南及辽宁、河北
7994	*Quercus aquifolioides* Rehder et E. H. Wilson	川滇高山栎（巴郎栎）	Fagaceae 壳斗科	常绿乔木；叶片椭圆形或倒卵形；花序轴及花序均被疏毛；坚果卵形或长卵形；花期5～6月	观赏	中国	四川、贵州、云南、西藏
7995	*Quercus bambusifolia* Hance	竹子稠（竹叶稠，竹叶栎）	Fagaceae 壳斗科	常绿乔木；高10～15m，叶薄，革质，狭披针形或披针形，壳斗盘状或杯状，坚果阔卵形或椭圆形	经济作物（特用类）		广东、广西
7996	*Quercus baronii* Skan	橿子栎	Fagaceae 壳斗科	半常绿灌木或乔木；叶片卵状披针形；雄花序轴被绒毛；坚果卵形或椭圆形；花期4月	观赏	中国	陕西、山西、甘肃、河南、湖北、四川
7997	*Quercus chenii* Nakai	小叶栎	Fagaceae 壳斗科	落叶乔木；小枝较细；叶片宽披针形至卵状披针形；雄花序被绒毛；坚果椭圆形；花期3～4月	观赏	中国	江苏、安徽、浙江、江西、福建、河南、湖北、四川

（续）

序号	拉丁学名	中文名	所属科	特征及特性	类别	原产地	目前分布/种植区
7998	*Quercus dentata* Thunb.	槲树（橡树）	Fagaceae 壳斗科	落叶乔木；小枝粗壮，有灰黄色星状柔毛；叶倒卵形至倒卵状楔形，幼时有毛，老时仅下面有灰色柔毛和星状毛；壳斗杯形；苞片狭披针形，反卷，红棕色；坚果卵形至宽卵形，无色	有毒，观赏		黑龙江至华中和西南
7999	*Quercus dolicholepis* A. Camus	匙叶栎	Fagaceae 壳斗科	常绿乔木；高达12m；坚果卵形至近球形，直径1.3～1.5cm，高1.2～1.7cm，顶部有绒毛，果脐微凸	观赏	中国	河南、山西、陕西、甘肃、湖北、四川、云南、贵州
8000	*Quercus fabri* Hance	白栎（白皮栎，青冈栎）	Fagaceae 壳斗科	落叶乔木或灌木状；叶倒卵形或椭圆状倒卵形；雄花序长6～9cm，雌花序长1～4cm，生2～4朵花；壳斗杯形；坚果长椭圆形	有毒		华南及长江流域各省份
8001	*Quercus mongolica* Fisch. ex Ledeb.	蒙古栎（橡子）	Fagaceae 壳斗科	落叶乔木；叶片椭圆状倒卵形；单性花，雌雄同株，雄花葇荑花序，花被6～7，雄蕊8，雌花2～3朵，集生；坚果	蜜源		东北、华北、华东
8002	*Quercus palustris* Münchh.	沼生栎	Fagaceae 壳斗科	落叶乔木；主枝近轮状，小枝青灰色；叶卵状椭圆形至倒卵形；坚果椭圆形	林木，观赏	中国、美国	山东泰安、北京
8003	*Quercus phillyreoides* A. Gray	乌冈栎（石南紫）	Fagaceae 壳斗科	常绿灌木或小乔木；叶倒卵形或窄椭圆形；雄花序长2.5～4cm，雌花序长1～4cm；壳斗杯形，小苞片三角形；果长椭圆形	经济作物（特用类）		长江中下游及南部各省份
8004	*Quercus robur* L.	夏栎（欧洲栎）	Fagaceae 壳斗科	落叶乔木；小枝有明显长圆形皮孔；叶倒卵形或倒卵状长椭圆形；坚果卵圆至椭圆形	观赏	中国	
8005	*Quercus semecarpifolia* Sm.	高山栎	Fagaceae 壳斗科	常绿乔木；小枝幼时被星状毛；叶片椭圆形或长椭圆形；雄花序生于新枝基部；坚果近球形	观赏	中国	西藏的波密、吉隆、错那、聂拉木
8006	*Quercus serrata* Thunb.	枹栎（枹树，青冈树）	Fagaceae 壳斗科	落叶乔木；叶倒卵形或倒卵状椭圆形；雄花序8～12cm，雄蕊8，雌花序1.5～3cm；壳斗杯状，小苞片长三角形；坚果卵形	经济作物（特用类）		山东、河南、陕西
8007	*Quercus spinosa* David ex Franch.	刺叶栎	Fagaceae 壳斗科	常绿灌木或小乔木；幼枝有黄色星状毛，后渐脱净；叶倒卵形至椭圆形；壳斗杯状，内面有灰色绒毛；苞片三角形，背面隆起；坚果卵形至椭圆形	观赏	中国	陕西、甘肃、湖北、四川、云南

（续）

序号	拉丁学名	中文名	所属科	特征及特性	类别	原产地	目前分布/种植区
8008	*Quercus suber* L.	欧洲栓皮栎	Fagaceae 壳斗科	常绿乔木，高 20m；叶对生，革质，卵形或卵状长圆形；雌雄异花、雄花柔荑花序生叶腋、雌花单生；坚果长卵形	林木	中国	四川、江苏、浙江、广西、湖北、重庆
8009	*Quercus variabilis* Blume	栓皮栎（栓皮）	Fagaceae 壳斗科	落叶乔木；木栓层发达；单叶互生；单性花，雌雄同株，雄花为葇荑花序；雌花单生于新枝叶腋；坚果	林木，经济作物（特用类），药用		华北、华东、华中、华南、西南及辽宁、陕西
8010	*Quercus wutaishanica* Mayr	辽东栎（紫树，青冈柳）	Fagaceae 壳斗科	落叶乔木；叶倒卵形至长倒卵形；雄花序生于新枝基部，长 5～7cm，雌花序生于新枝上端叶腋，长 0.5～2cm；坚果卵形	经济作物（特用类）		东北及黄河流域各省份
8011	*Quisqualis indica* L.	使君子（君子，留求子）	Combretaceae 使君子科	落叶性藤本状灌木；叶对生，叶脉上有宿存毛；穗状花序顶生，两性花，花瓣 5；果实具 5 条棱角	有毒，观赏		西南、华南及江西、福建、台湾
8012	*Rabdosia serra* （Maxim.）Hara	溪黄草（毛果香茶菜）	Labiatae 唇形科	多年生草本；高 1.5～2m，根茎肥大；叶卵形或卵状披针形；聚伞花序 5 至多花组成顶生疏松的圆锥花序，花冠紫色；小坚果	药用		东北、华东、华南及山西、河南、陕西、四川、贵州、甘肃、湖南、台湾
8013	*Radermachera hainanensis* Merr.	海南菜豆树（大叶牛尾林，牛尾林）	Bignoniaceae 紫葳科	乔木；高 6～13m；叶为一至二回羽状复叶，小叶纸质，长圆状卵形或卵形；花序腋生或侧生，少花，总状花序或少分枝的圆锥花序，花冠淡黄色钟状；蒴果	药用，观赏		海南、广东（阳江）、云南（景洪）等地
8014	*Radermachera sinica* （Hance）Hemsl.	菜豆树（豆角木）	Bignoniaceae 紫葳科	落叶乔木；树皮灰褐色，纵裂；叶对生，革质，小叶椭圆或披针形；圆锥花序顶生，花冠漏斗状，黄白色	观赏	中国、不丹	台湾、广东、广西、贵州、云南
8015	*Ranalisma rostratum* Stapf	长喙毛茛泽泻	Alismaceae 泽泻科	多年生沼生植物，具细匍枝；叶基生，宽椭圆形或卵状椭圆形，膜质，具纤毛；花葶有花 1～3 朵；瘦果偏扁	观赏	中国浙江丽水四明山；越南、印度、马来西亚及非洲热带地区	我国南部

（续）

序号	拉丁学名	中文名	所属科	特征及特性	类别	原产地	目前分布/种植区
8016	*Ranunculus asiaticus* L.	花毛茛	Ranunculaceae 毛茛科	地上茎中空有毛；基生叶3浅裂或深裂，有柄；茎生叶无柄，二至三回羽状深裂，叶缘齿状；每花葶着花1～4朵，萼绿色，花瓣5至数十枚；花白至黄色	观赏	土耳其、叙利亚、伊朗等中近东地区直至欧洲东南部	我国南北各地
8017	*Ranunculus cantoniensis* DC.	禺毛茛	Ranunculaceae 毛茛科	一年或两年生草本；茎高25～80cm，分枝与叶柄密生黄白色糙毛；三出复叶，小叶宽卵形；聚伞花序，花托长圆形；聚合果近球形	药用		华东、华南、西南、华中及台湾
8018	*Ranunculus chinensis* Bunge	回回蒜（黄花草，土细辛）	Ranunculaceae 毛茛科	一年生草本；茎中空；三出复叶，宽卵形至三角形；花序有较多疏生的花；花黄色或白色；聚合果长圆形，瘦果扁平	有毒		我国大部分地区
8019	*Ranunculus japonicus* Thunb.	五虎草（水茛，鹤膝草）	Ranunculaceae 毛茛科	多年生草本；茎中空，有槽；基生叶圆心形或五角形；聚伞花序有花多数，疏散；萼生白柔毛；聚合果近球形，瘦果扁平	有毒		除西藏外，广布全国各省份
8020	*Ranunculus lingua* L.	长叶毛茛	Ranunculaceae 毛茛科	多年生草本；单叶全部茎生、披针形；花大，单生于茎顶和分枝茎顶端，萼片宽卵圆形，花瓣5枚，近圆形，花期夏季	观赏	中国新疆；前苏联西伯利亚和中亚及欧洲、北美洲	新疆
8021	*Ranunculus muricatus* L.	刺果毛茛	Ranunculaceae 毛茛科	二年生草本；须根扭转伸长；茎高10～30cm；叶近圆形，3分裂；花直径1～2cm，花梗与叶对生，花瓣5，狭倒卵形；聚合果球形	杂草		安徽、江苏、浙江、广西
8022	*Ranunculus polii* Franch. ex Hemsl.	肉根毛茛	Ranunculaceae 毛茛科	多年生草本；须根肥厚，肉质；茎高5～15cm，茎节着地生不定根；叶常二回三出似羽状分裂；花稀疏，花瓣5，心皮多数；聚合果球形	杂草		长江中下游各省份
8023	*Ranunculus repens* L.	匍枝毛茛	Ranunculaceae 毛茛科	多年生草本；枝条匍匐；株高15～50cm；3出复叶掌状，具长柄；小叶3深裂或3全裂；聚伞花序；小花黄色，径2.5cm	观赏	中国、欧洲	新疆、山西、河北、东北
8024	*Ranunculus rubrocalyx* Regel ex Kom.	红萼毛茛	Ranunculaceae 毛茛科	多分枝，花黄色、单生；萼片紫红或黄褐色、花径2cm，花期夏季	观赏	中国新疆（天山一带），前苏联中亚地区	东北及新疆、山西、河北

（续）

序号	拉丁学名	中文名	所属科	特征及特性	类别	原产地	目前分布/种植区
8025	*Ranunculus sceleratus* L.	石龙芮（野芹菜）	Ranunculaceae 毛茛科	一年生草本；须根簇生；基生叶肾状圆形，3生叶；聚伞花序有花多数，花小；聚合果长圆形，瘦果极多数	有毒		全国各地均有分布
8026	*Ranunculus sieboldii* Miq.	扬子毛茛（辣子草）	Ranunculaceae 毛茛科	多年生草本；须根簇生；茎高20～50cm，密生长柔毛；三出复叶，叶圆形至宽卵形，3分裂；花与叶对生，花瓣5，黄色；聚合果圆球形	药用，有毒		华东、西南、华中及台湾、甘肃、陕西
8027	*Ranunculus tanguticus*（Maxim.）Ovcz.	高原毛茛	Ranunculaceae 毛茛科	多年生草本；茎、叶柄均生短柔毛；三出复叶，叶宽卵形，小叶常2回3细裂；花较多，单生茎顶或分枝顶端，萼片淡绿色，船形；花瓣5，黄色	观赏	中国、尼泊尔、印度北部	云南、四川、西藏、青海、新疆、甘肃、陕西、河北、山西
8028	*Ranunculus ternatus* Thunb.	猫抓草（小毛茛）	Ranunculaceae 毛茛科	一年生草本；块根卵球形或纺锤形，茎铺散；单叶或三出复叶；花单生茎和分枝顶；花瓣黄色或后变白色；聚合果近球形	有毒		华东、华中、华南
8029	*Raphanus raphanistrum* L.	野萝卜	Cruciferae 十字花科	一年生草本；直根细弱，不呈肉质肥大；花瓣白色、淡红色、黄色或紫堇色；种子间缢缩，顶端有一细长喙	蔬菜，有毒	欧亚温暖海岸	四川
8030	*Raphanus sativus* L.	萝卜（莱菔）	Cruciferae 十字花科	二年或一年生草本；高20～100cm；直根肉质，粗壮；下部叶大头状羽状分裂；总状花序顶生，花淡紫红色或白色；长角果圆柱形	蔬菜，有毒	地中海	全国各地均有栽培
8031	*Raphanus sativus* var. *oleifera* Makino	蓝花子（油萝卜）	Cruciferae 十字花科	根非肉质，不增粗；茎高30～50cm；花淡红紫色；花瓣倒卵形；长角果长1～2cm，直立，稍革质	蔬菜，有毒	中国	浙江、台湾、广西、四川、云南
8032	*Raphia vinifera* Beauverd	酒椰	Palmae 棕榈科	常绿乔木；叶羽片线形，叶面绿色，背面灰白；大型穗状花序生于叶腋；果椭圆形或倒卵形	观赏	非洲热带	台湾、云南及广西
8033	*Raphistemma pulchellum*（Roxb.）Wall.	大花藤	Asclepiadaceae 萝藦科	藤状灌木；具乳汁；叶膜质，对生，心形；聚伞花序腋生，黄白色；蓇葖果纺锤形，下垂；种子卵圆形，顶端具白毛	观赏	中国云南南部；印度、缅甸、泰国	云南

（续）

序号	拉丁学名	中文名	所属科	特征及特性	类别	原产地	目前分布/种植区
8034	*Ratibida columnifera* (Nutt.) Woot. Et Standl.	草原松果菊（棒菊）	Compositae (Asteraceae) 菊科	二年生或多年生草本；具粗毛；叶互生，羽状分裂，裂片线性或狭披针形；舌状花3～7枚，黄色，花瓣中心红色，宽广卵圆形；中盘花柱状	观赏	加拿大	
8035	*Rauvolfia serpentina* (L.) Benth. ex Kurz	印度萝芙木（蛇根木）	Apocynaceae 夹竹桃科	多年生常绿灌木；根圆柱形，蛇状扭曲，外表土黄色；叶对生，椭圆状披针形至长倒卵形，全缘	观赏	印度、斯里兰卡、巴基斯坦、缅甸	广东、广西、云南
8036	*Rauvolfia verticillata* (Lour.) Baill.	萝芙木	Apocynaceae 夹竹桃科	灌木；茎皮幼时绿色，后变灰白色；单叶对生或3～4叶轮生，长椭圆状披针形；聚伞花序；花冠高脚碟状；核果卵形或椭圆形，紫黑色	观赏	中国、越南	广东、广西、台湾、云南、海南、贵州
8037	*Rauvolfia vomitoria* Afzel.	催吐萝芙木（非洲萝芙木）	Apocynaceae 夹竹桃科	直立灌木；具乳汁，无毛；聚伞花序顶生；花冠淡红色，高脚碟状，花冠筒喉部膨大，裂片5枚，向左覆盖，雄蕊5枚，着生于花冠筒喉部，花盘环状；心皮离生，花柱基部膨大，柱头棍棒状	药用	非洲热带	云南、广东、广西、浙江
8038	*Rauvolfia yunnanensis* Tsiang	云南萝芙木（麻山端，矮陀陀，辣多）	Apocynaceae 夹竹桃科	灌木；高达2m；聚伞花序腋生，着花密集，多达120朵；花冠白色；花盘环状，高达子房一半；心皮无毛，花柱丝状，柱头棍棒状，基部有环状薄膜	药用		云南思茅、西双版纳、临沧及文山等地州
8039	*Ravenala madagascariensis* Adans.	旅人蕉	Musaceae 芭蕉科	高大树状植物；叶大，芭蕉状；穗状花序，腋生；花两性；蒴果木质化；种子多	果树	马达加斯加	海南
8040	*Reaumuria soongarica* (Pall.) Maxim.	红沙（枇杷柴，红虱）	Tamaricaceae 柽柳科	小灌木；高10～30cm，老枝灰黄色；叶肉质，长1～5mm；花单生叶腋，无柄；苞片3，披针形，萼中下部合生，花粉红色	生态防护，观赏，林木		西北及内蒙古
8041	*Reaumuria trigyna* Maxim.	长叶红沙（黄花枇杷柴）	Tamaricaceae 柽柳科	小灌木；老枝灰白色；叶肉质，圆柱形，长5～10mm；花单生，花梗纤细，长8～10mm，苞片10，宽卵形，花黄白色	饲用及绿肥		内蒙古、甘肃
8042	*Rebutia chrysacantha* Backeb.	锦宝球	Cactaceae 仙人掌科	多浆植物；植株近圆筒状，单生，刺毛状，白色，后变黄，花橙黄色	观赏	阿根廷西北部	

（续）

序号	拉丁学名	中文名	所属科	特征及特性	类别	原产地	目前分布/种植区
8043	*Rebutia grandiflora* Backeb.	伟宝球	Cactaceae 仙人掌科	多浆植物；球形至扁球形；辐射刺25，短刺毛状，白至黄色，中刺4，花鲜红至砖红色	观赏	阿根廷西北部	
8044	*Rebutia minuscula* K. Schum	子孙球	Cactaceae 仙人掌科	多浆植物；植株小，扁球形，草绿或淡绿色；春、夏从球体基部开花，小花漏斗形，红色；果为小浆果，种子黑色	观赏	阿根廷西北部	
8045	*Rebutia senilis* Backeb.	翁宝球	Cactaceae 仙人掌科	多浆植物；植株扁球形；刺毛状，灰白色；花鲜红色，密被细长的白刺，红色花较大	观赏	阿根廷西北部	
8046	*Rebutia xanthocarpa* Backeb.	熏宝球	Cactaceae 仙人掌科	多浆植物；植株球形，白色刺较短且红花较小，密被白色短刺，红色花较小	观赏	阿根廷西北部	
8047	*Reevesia longipetiolata* Merr. et Chun	长柄梭罗（硬壳果树，白皮岭麻，麻树）	Sterculiaceae 梧桐科	常绿乔木；高达20～30m；叶互生，全缘，长圆状或长圆状卵形，顶端急尖或钝，基部急尖；两性花，排成伞房花序式的聚伞花序或圆锥花序，白色；蒴果，长圆状梨形，具5棱	观赏	中国	海南、广东、广西
8048	*Reevesia pubescens* Mast.	梭罗树（野梦花，毛叶梭罗）	Sterculiaceae 梧桐科	常绿乔木；树皮灰色，幼枝有黄褐色星状毛，老时脱落；叶长椭圆形至椭圆形；花白色，伞房花序；蒴果	观赏	中国	西南各省
8049	*Reevesia rotundifolia* Chun	粗齿梭罗	Sterculiaceae 梧桐科	常绿乔木；高约16m；叶互生，薄革质，圆形或倒卵圆形；蒴果梨形，木质，有5棱，熟时室背开裂成5果瓣，种子卵状长圆形	林木，观赏		广西十万大山（目前是我国唯一的分布区）
8050	*Reevesia thyrsoidea* Lindl.	两广梭罗（油在树，牛关麻，脆皮树）	Sterculiaceae 梧桐科	常绿树种、乔木；高达25m；叶革质，椭圆形，长圆形或卵状椭圆形；两性花，聚伞状伞房花序顶生，被毛；花密生，花瓣白色，匙形；蒴果，长圆状梨形，具5棱	观赏	中国	云南、广西、福建、江西、贵州、广东、海南
8051	*Rehderodendron kweichowense* Hu	贵州木瓜红（毛果木瓜红）	Styracaceae 安息香科	落叶乔木；除子房、花柱外，全株基密被星状毛；单叶互生，阔椭圆状长圆形；总状花序腋生，花黄白色；核果椭圆形	观赏	中国云南东南部、贵州，越南北部	云南、广西、贵州、广东

（续）

序号	拉丁学名	中文名	所属科	特征及特性	类别	原产地	目前分布/种植区
8052	*Rehderodendron macrocarpum* Hu	木瓜红	Styracaceae 安息香科	落叶乔木；高可达 20m；叶互生，长圆形；花5～10朵排成腋生的短总状花序或窄圆锥花序，花冠钟形 5 裂，白色；核果长圆形	观赏		四川、贵州、云南、广西
8053	*Rehmannia chingii* H. L. Li	天目地黄	Scrophulariaceae 玄参科	植体被多细胞长柔毛，高 30～60cm；叶片椭圆形，纸质；花单生；花冠紫红色；蒴果卵形	药用		浙江、安徽
8054	*Rehmannia elata* N. E. Br. ex Prain	高地黄	Scrophulariaceae 玄参科	叶片卵形至椭圆形；基部下延楔形，边缘有齿状分裂；花冠长 6cm，花筒红色，内部有黄点，唇片玫瑰紫色，下唇内部深紫红色，腺毛少，花期长	观赏		
8055	*Rehmannia glutinosa* (Gaertn.) Libosch. ex Fisch. et C. A. Mey.	地黄（山烟，山白菜）	Scrophulariaceae 玄参科	多年生草本；被长柔毛；叶多基生，莲座状，倒卵状披针形至长椭圆形；总状花序顶生，花冠外面紫红色，内面黄色有紫斑；蒴果卵球形	有毒	中国	东北、华北、华东
8056	*Rehmannia henryi* N. E. Br.	湖北地黄	Scrophulariaceae 玄参科	多年生直立草本；总状花序顶生，花少；花冠黄色，有红色斑点，花冠筒长约 4.5～5cm，背腹略扁，稍弓曲，外被腺毛，内仅腹部两皱褶处及花丝着生处有毛，上唇 2 裂，向外反卷，下唇 3 裂，两面疏被毛	观赏	中国湖北	湖北
8057	*Rehmannia piasezkii* Maxim.	裂叶地黄	Scrophulariaceae 玄参科	多年生直立草本；叶片倒卵状椭圆形，羽状深裂，总状花序顶生，疏花；花冠紫红色	观赏	中国陕西南部	
8058	*Reineckia carnea* (Andr.) Kunth	吉祥草（观音草，松寿木）	Liliaceae 百合科	多年生草本植物；叶簇生，条形或披针形；穗状花序，花紫红色，芳香；浆果球形，鲜红色	药用，有毒，观赏	中国、日本	华东、华北
8059	*Reinwardtia indica* Dumort.	石海椒（黄亚麻，迎春柳）	Linaceae 亚麻科	常绿小灌木；小枝绿色；单叶互生，椭圆形或倒卵状椭圆形；花黄色；蒴果球形	观赏	中国	四川、云南、贵州、湖北
8060	*Reinwardtiodendron humile* (Hassk.) Mabberley	椰色木	Meliaceae 楝科	乔木；花小，近球形，杂性异株；雄花为圆锥花序；雌花为腋生或茎生的总状花序；萼片 5，花瓣 5；雄蕊 10，花丝合生成一管；子房 3～5 室，每室有胚珠 2 颗	果树		海南

（续）

序号	拉丁学名	中文名	所属科	特征及特性	类别	原产地	目前分布/种植区
8061	*Remusatia pumila* (D. Don) H. Li et A. Hay	曲苞芋（天叶箭，野木鱼）	Araceae 天南星科	草本；块茎球形；叶柄下部具鞘；叶盾状着生；佛焰苞檐部淡黄色；雌、雄花序之间有不育雄花序；浆果	有毒		西藏南部、云南
8062	*Remusatia vivipara* (Roxb.) Schott	岩芋	Araceae 天南星科	块茎扁球形，紫红；叶阔心状卵形；佛焰苞管部狭长圆形，檐部梯形，反折；雌花序绿色，能育雄花序黄色	药用，有毒		云南南部至东南部
8063	*Renanthera coccinea* Lour.	火焰兰	Orchidaceae 兰科	附生兰，茎粗壮，攀缘，长达 1m；总状花序疏生多数花，红色，带橘黄色斑点；花期 4～6 月	观赏	中国、缅甸、泰国、老挝、越南	海南、广西
8064	*Renanthera imschootiana* Rolfe	云南火焰兰	Orchidaceae 兰科	总状花序或圆锥花序具多数花；花瓣黄色带红色斑点，狭匙形；唇瓣 3 裂；中裂片卵形，深红色，反卷，基部具 3 个肉瘤状突起物	观赏	中国、越南	云南南部
8065	*Reseda odorata* L.	木犀草（香木犀）	Oleaceae 木犀科	一、二年生草本植物；匙状叶互生；总状花序顶生；小花淡黄白色，香气浓郁；花期 3～5 月；三角形蒴果	观赏	北非	
8066	*Reynoutria japonica* Houtt.	虎杖（活血龙，阴阳莲）	Polygonaceae 蓼科	多年生草本；茎空心；叶宽卵形或卵状椭圆形；花单性，雌雄异株，花序圆锥状，雄花雄蕊 8，雌花花柱 3；瘦果卵形	药用，有毒		全国大部分地区
8067	*Rhabdothamnopsis chinensis* (Franch.) Hand. -Mazz.	长冠苣苔	Gesneriaceae 苦苣苔科	小灌木；小枝被疏柔毛；叶对生，斜椭圆形、椭圆状卵形或倒卵形；单花腋生，花冠紫色，钟状筒形；蒴果螺旋状扭曲	观赏	中国	四川、云南、贵州
8068	*Rhamnus arguta* Maxim.	锐齿鼠李	Rhamnaceae 鼠李科	灌木或小乔木；小枝常对生或近对生；叶薄纸质或纸质，近对生或对生；花单性，雌雄异株；核果球形或倒卵状球形；花期 5～6 月	有毒，观赏	中国	黑龙江、辽宁、河北、山西、山东、陕西
8069	*Rhamnus crenata* Siebold et Zucc.	黎辣根	Rhamnaceae 鼠李科	落叶灌木或小乔木；幼株红褐色；叶互生，长椭圆状披针形或倒卵形；聚伞花序腋生；花单性，淡绿色；核果近球形	有毒，观赏		长江以南地区、台湾

（续）

序号	拉丁学名	中文名	所属科	特征及特性	类别	原产地	目前分布/种植区
8070	*Rhamnus diamantiaca* Nakai	圆叶鼠李	Rhamnaceae 鼠李科	灌木；稀小乔木；小枝对生或近对生，灰褐色；叶纸质或薄纸质，对生或近对生；花单性，雌雄异株；核果球形或倒卵状球形；花期4～5月；果期6～10月	观赏	中国	辽宁、河北、山西、陕西、山东、安徽、江苏、浙江、江西、湖南、甘肃
8071	*Rhamnus leptophylla* C. K. Schneid.	薄叶鼠李（效李子）	Rhamnaceae 鼠李科	落叶灌木；高达5m；叶常对生，薄纸质，倒卵形或椭圆形；花单性，绿色，成聚伞花序或簇生于短枝；核果有2核，种子宽倒卵形，背面有纵沟	蜜源		陕西、甘肃、河南、湖北、湖南、广东、广西、四川、贵州、云南
8072	*Rhamnus parvifolia* Bunge	小叶鼠李	Rhamnaceae 鼠李科	灌木；小枝对生或近对生，紫褐色；叶纸质，对生或近对生；花单性，雌雄异株；核果倒卵状球形；花期4～5月；果期6～9月	观赏	中国、蒙古、朝鲜、前苏联西伯利亚地区	东北及内蒙古、河北、山西、山东、河南、陕西
8073	*Rhamnus rugulosa* Hemsl. ex Forbes et Hemsl.	皱叶鼠李	Rhamnaceae 鼠李科	乔木或灌木；高约2m；叶互生或束生于短枝顶端，纸质，卵形或椭圆形；花单性，单生于叶腋或2～3个排成聚伞花序；核果有2核；种子倒卵形，背面有纵沟	蜜源		山西、陕西
8074	*Rhamnus ussuriensis* J. J. Vassil.	乌苏里鼠李	Rhamnaceae 鼠李科	灌木；叶狭椭圆形或狭矩形；花单性，雌雄异株，雌花数个簇生长枝下部叶腋或短枝顶端，萼片卵状披针形；核果球形	林木，有毒		黑龙江、吉林、内蒙古
8075	*Rhamnus utilis* Decne.	鼠李（老鸹眼）	Rhamnaceae 鼠李科	小乔木或灌木；高5～10m，单叶对生，花冠漏斗状；核果球形，熟时紫黑色，种子卵圆形	有毒		黑龙江、吉林、辽宁、内蒙古、河北、山西、河南
8076	*Rhaphidophora hongkongensis* Schott	狮子尾（过山龙，大青蛇）	Araceae 天南星科	多年生附生藤本；茎具节，有气生根；叶片常镰状椭圆形；花序顶生或腋生；肉穗花序向上略狭；浆果	有毒		福建、广东、广西、贵州、云南
8077	*Rhaphidophora megaphylla* H. Li	大叶崖角藤	Araceae 天南星科	藤本植物；花序顶生；佛焰苞狭长、席卷；肉穗花序圆柱形，绿黑色；花两性，密集；雌蕊角柱状，顶部截平，柱头头状，突起，无柄；胚珠多数	观赏	中国云南	云南西双版纳勐海、景洪、勐腊

（续）

序号	拉丁学名	中文名	所属科	特征及特性	类别	原产地	目前分布/种植区
8078	*Rhaphiolepis indica* (L.) Lindl.	石斑木（车轮梅，春花）	Rosaceae 蔷薇科	常绿灌木；圆锥花序或总状花序顶生，花冠白色或淡红色，梨果，球形，紫黑 色	果树		安徽、浙江、江西、湖南、贵州、云南、福建、广东、广西、台湾
8079	*Rhapis excelsa* (Thunb.) Henry ex Rehder	棕竹（观音竹，虎散竹）	Palmae 棕榈科	丛生常绿灌木；茎圆柱形，有节，上部具褐色粗纤质叶鞘；叶掌状；肉穗花序，多分枝；雌雄异株；浆果球形	观赏	中国	广东、广西、海南、云南、贵州
8080	*Rhapis gracilis* Burret	细棕竹	Palmae 棕榈科	丛生灌木；高1～1.5m；肉穗花序分枝少，总苞2～3枚，管状，长4～7cm；花小，雌雄异株；果球形，直径8～9mm，宿存的花冠管变成实心的柱状体	观赏	中国	广东西部、海南及广西南部
8081	*Rhapis humilis* Blume	矮棕竹	Palmae 棕榈科	常绿丛生灌木；肉穗花序较长且分枝多，腋生，花单性，雌雄异株；果球形，单生或成对着生于宿存的花冠管上，且花冠管变成一实心的柱状体；种子1颗，球形	观赏	中国	全国各地均有分布
8082	*Rhapis robusta* Burret	粗棕竹（龙州棕竹）	Palmae 棕榈科	丛生灌木；高约2m；肉穗花序腋生，三歧分枝，花序轴被淡棕色粃糠状毛；花雌雄异株，雌花花萼浅杯状，3齿裂，裂齿三角形，有短缘毛	观赏	中国	广西西南部
8083	*Rheum alexandrae* Batalin	水黄（苞叶大黄）	Polygonaceae 蓼科	多年生中型草本植物，高40～80cm，花序分枝腋生，常2～3枝成丛生，直立总状，花小绿色，数朵簇生，花梗具关节；花被片(4～)5～6，基部合生成杯状	观赏	中国	西藏东部、四川西部及云南西北部
8084	*Rheum officinale* Baill.	大黄（四川大黄，将军）	Polygonaceae 蓼科	多年生草本；叶近圆形，掌状浅裂，花序大圆锥状；花淡黄绿色；花被6，成2轮；雄蕊通常9；花柱3，柱头头状；瘦果	蔬菜，有毒	中国	陕西、湖北、四川、云南
8085	*Rheum palmatum* L.	掌叶大黄（北大黄，将军）	Polygonaceae 蓼科	多年生高大草本；茎中空，基生叶具长柄；掌状叶片中裂；圆锥花序顶生，花被片6，雄蕊9，花柱3；瘦果具3棱	药用	中国	西南、西北

（续）

序号	拉丁学名	中文名	所属科	特征及特性	类别	原产地	目前分布/种植区
8086	*Rheum rhabarbarum* L.	华北大黄（大黄，山大黄）	Polygonaceae 蓼科	多年生草本；根肥厚；茎粗壮，有纵沟纹；叶片卵形；叶脉3～5条，由基部发出，带紫红色；花序圆锥状，花白色；瘦果3棱，沿棱生翅	蔬菜，药用	中国	内蒙古、河北、山西、河南
8087	*Rheum rhomboideum* Losinsk.	菱叶大黄	Polygonaceae 蓼科	多年生矮草本植物；花序为穗状的总状花序；花密集；花被片紫红色；雄蕊6～7，与花被片近等长，瘦果连翅近圆形，宽大于长，顶端微凹，基部心形	观赏	中国	西藏中部到东部
8088	*Rheum tibeticum* Maxim. ex Hook. f.	西藏大黄	Polygonaceae 蓼科	矮小粗壮草本；高15～25cm；叶片革质，近心形或心状圆形；圆锥花序；果实卵圆形	药用		西藏西部
8089	*Rhinacanthus nasutus*（L.）Kurz	白鹤灵芝	Acanthaceae 爵床科	灌木；幼枝有毛，叶卵圆形，聚伞花序紧缩，顶生或生上部叶腋而似圆锥状，花冠白色	观赏	中国、越南、印度	云南、华南
8090	*Rhipsalidopsis rosea*（Lagerh.）Britt. Et Rose	假昙花	Cactaceae 仙人掌科	多浆植物；附生类型，灌木状，多分枝；茎节扁平或3～5棱，刺座上有刺毛；花着生于茎节顶部刺座上，整齐化，具短花筒，白或红色	观赏	巴西南部原始森林	
8091	*Rhipsalis cassutha* Gaertn	丝苇	Cactaceae 仙人掌科	多浆植物；悬垂灌木状；茎节棍状，淡绿色；刺座小；花小，侧生，绿或黄白色；果圆，白色；种子小	观赏	美国佛罗里达州至巴西南部，热带非洲及斯里兰卡也有	
8092	*Rhipsalis crispata*（Haw.）Pfeiff.	窗之梅	Cactaceae 仙人掌科	附生型灌木；花侧生，1～4朵簇生在一个刺座上，长1.4cm，奶黄色，于房淡绿色，果实白色	观赏	巴西	
8093	*Rhipsalis paradoxa* Salm-Dyck.	玉柳	Cactaceae 仙人掌科	多浆植物；悬垂丛生；具多数气生根；茎节拧钮成链状；小花白色	观赏	美洲	
8094	*Rhipsalis regnellii* Lindb.	丽人柳	Cactaceae 仙人掌科	附生性多浆植物；茎细柱状，具气生根；花小，钟状，顶生或侧生刺座，白色；花期春夏；浆果红色，种子细小	观赏	巴西	
8095	*Rhizophora apiculata* Blume	红树（鸡塔答）	Rhizophoraceae 红树科	常绿灌木至小乔木；枝状根，枝具叶痕；叶交互对生，椭圆或长圆状椭圆形，革质；聚伞花序，花两性，花瓣线形，几膜质	观赏	中国、东南亚热带、美拉尼西亚、密克罗尼西亚及澳大利亚北部	海南琼山、文昌、乐东、崖县

（续）

序号	拉丁学名	中文名	所属科	特征及特性	类别	原产地	目前分布/种植区
8096	*Rhizophora stylosa* Griff.	红海榄（鸡爪榄，厚皮）	Rhizophoraceae 红树科	乔木或灌木；叶阔椭圆形；花瓣密被白色长毛；雄蕊 8，4 枚着生花瓣上，4 枚生于萼片上；花、果期春秋两季	生态防护，观赏		广西、台湾
8097	*Rhodiola crenulata*（Hook. f. et Thomson）H. Ohba	圆齿红景天（大红花景天）	Crassulaceae 景天科	多年生草本；花序伞房状；花瓣 5，红色，狭倒披针形或狭长圆状倒披针形，先端圆或钝，全缘，伸展；鳞片 5，红色，长方形至近正方形	观赏	中国	西藏、云南、四川
8098	*Rhodiola dumulosa*（Franch.）S. H. Fu	小丛红景天（香景天）	Crassulaceae 景天科	多年生草本；花茎 10～24cm，聚生主茎顶端，花序顶生，花红色或白色；花期 7 月	观赏	中国	四川、青海、甘肃、陕西、湖北、山西、河北、内蒙古、吉林
8099	*Rhodiola fastigiata*（Hook. f. et Thomson）S. H. Fu	长鞭红景天（大理红景天）	Crassulaceae 景天科	花茎 5～10 个着生主轴顶端，花序伞房状排列，花红色或紫红色；花期 6～7 月	观赏	中国、尼泊尔、印度和不丹	西藏、云南、四川
8100	*Rhodiola himalensis*（D. Don）S. H. Fu	喜马拉雅红景天	Crassulaceae 景天科	多年生草本；花序伞房状，花梗细；雌雄异株；萼片 4 或 5，狭三角形，基部合生；花瓣 4 或 5，深紫色，长圆状披针形，雄蕊 8 或 10，鳞片长方形，先端有微缺	观赏	中国	西藏、云南、四川
8101	*Rhodiola kirilowii*（Regel）Maxim.	狭叶红景天（高壮红景天）	Crassulaceae 景天科	多年生草本；雌雄异株；花茎 15～40cm，花序伞房状，花橘红色或黄色；花期 6～7 月	观赏	中国	西藏、四川、青海、新疆、甘肃、陕西、山西、河北
8102	*Rhodiola quadrifida*（Pall.）Schrenk	四裂红景天（四裂景天）	Crassulaceae 景天科	多年生草本；伞房花序具少数花，花单性，雌雄异株，花瓣 4，黄色，矩圆状倒卵形	观赏	中国、巴基斯坦、印度、尼泊尔、前苏联、蒙古	西藏、四川、青海、新疆、甘肃
8103	*Rhodiola rosea* L.	红景天	Crassulaceae 景天科	多年生草本；根粗壮，直立；叶疏生；花序伞房状，雌雄异生；花瓣 4，黄绿色；蓇葖披针形或线状披针形；花期 4～6 月；果期 7～9 月	观赏	中国、欧洲北部至前苏联、蒙古、朝鲜、日本	新疆、山西、河北、吉林

（续）

序号	拉丁学名	中文名	所属科	特征及特性	类别	原产地	目前分布/种植区
8104	*Rhodiola subopposita* (Maxim.) Jacobsen	对叶红景天	Crassulaceae 景天科	植株淡绿色；聚伞花序有小苞片；雌雄异株，雄花序宽1cm，花多数，花瓣5，黄色，长圆形；果序直径4cm；蓇葖5，先端及短喙水平张开；种子有翅	观赏	中国	青海
8105	*Rhododendron aberconwayi* Cowan	蝶花杜鹃	Ericaceae 杜鹃花科	常绿灌木或小乔木；叶较宽，质厚，卵状椭圆形，叶柄扁平而短，花冠深裂，开展成蝶形	观赏	中国云南中部	云南中部
8106	*Rhododendron adenogynum* Diels	腺房杜鹃	Ericaceae 杜鹃花科	常绿灌木；叶革质，矩圆状披针形；顶生总状伞形花序，有绒毛和腺体；有香，淡蔷薇色至白色；子房密生短柄腺体，花柱近基疏生腺体	观赏	中国	四川西部和西南部、云南西北部和西藏东南部
8107	*Rhododendron aganniphum* Balf. f. et Kingdon-Ward	白雪杜鹃	Ericaceae 杜鹃花科	灌木；叶革质，长圆状椭圆形或卵状披针形，叶背灰白至淡黄肉色；短总状伞形花序，花冠白或淡粉红色，筒上方具紫红色斑点，花丝下部被白色微柔毛	观赏	中国	云南、四川、西藏
8108	*Rhododendron ambiguum* Hemsl.	承先杜鹃	Ericaceae 杜鹃花科	常绿灌木；高达1.8m；顶生花序总状，通常有花5～7朵；花冠宽钟状，绿黄色或淡黄色，外面有疏鳞片，筒部里面基部有疏柔毛，上方有绿点	有毒		四川西南部
8109	*Rhododendron amesiae* Rehder et E. H. Wilson	紫花杜鹃	Ericaceae 杜鹃花科	常绿灌木；高2～4m；叶革质，卵形、椭圆形，常集生枝顶；花2～3朵生于枝顶；蒴果，密被棕色鳞片	蜜源，观赏		四川、广西、湖南、浙江、江西、福建、安徽、湖北、贵州
8110	*Rhododendron annae* Franch.	桃叶杜鹃	Ericaceae 杜鹃花科	常绿灌木；叶狭窄披针形，总状伞形花序，有花7～10朵，花冠开展成宽钟状，花冠白色至淡蔷薇色，花期3～4月	观赏	中国	云南西部、贵州
8111	*Rhododendron anthopogon* D. Don	髯花杜鹃	Ericaceae 杜鹃花科	常绿灌木；高达1m；顶生花序近伞形有花数朵，花粉红色，花冠狭筒状，外面无鳞片，喉部有密柔毛；子房有鳞片，4～5室	观赏	中国、不丹、尼泊尔、印度东北部	西藏南部
8112	*Rhododendron anthopogonoides* Maxim.	烈香杜鹃	Ericaceae 杜鹃花科	常绿灌木；叶卵状椭圆形至卵形；花序头状顶生，花密集，花冠狭筒状漏斗形，淡黄绿或绿白色；蒴果卵形	药用，经济作物（香料类），有毒		甘肃、青海、四川

（续）

序号	拉丁学名	中文名	所属科	特征及特性	类别	原产地	目前分布/种植区
8113	*Rhododendron anthosphaerum* Diels	团花杜鹃	Ericaceae 杜鹃花科	灌木或小乔木；叶椭圆状倒披针形或长椭圆形；总状伞形花序，花冠管状钟形，玫瑰色；子房圆柱状；蒴果圆柱状	有毒		云南西北部
8114	*Rhododendron arboreum* Sm.	红花杜鹃	Ericaceae 杜鹃花科	小乔木；叶倒卵状椭圆形或椭圆状披针形；总状伞形花序，花冠钟状，红色，基部具紫色斑块；子房圆柱状锥形	有毒		西藏南部
8115	*Rhododendron argyrophyllum* Franch.	银叶杜鹃	Ericaceae 杜鹃花科	常绿灌木或小乔木；幼枝被灰或灰白色绒毛；叶革质，背面被银白色薄毛；顶生总状伞形花序，白或粉红色，有紫色斑点	观赏	中国	四川西部及西南部、贵州西北部及云南东北部
8116	*Rhododendron augustinii* Hemsley	毛肋杜鹃	Ericaceae 杜鹃花科	常绿灌木；花紫蓝色或丁香紫，上方有黄绿色点，花冠钟状，花冠筒裂片5，开展，钝头，子房密生鳞片和柔毛或无毛	观赏	中国	陕西南部、湖北西部、四川中至东部
8117	*Rhododendron aureum* Gemerk	牛皮杜鹃（牛皮茶）	Ericaceae 杜鹃花科	常绿小灌木；茎粗横生；叶宽倒披针形或倒卵形；伞房花序顶生，有花5～8朵；花冠宽钟状，黄色；蒴果长圆形	观赏		东北
8118	*Rhododendron auriculatum* Hemsl.	耳叶杜鹃	Ericaceae 杜鹃花科	常绿灌木或小乔木；幼枝被长腺毛；叶革质，长圆或披针形，基部圆形或浅心形；顶生伞形花序大；花冠漏斗形，银白色，有香味	观赏	中国	陕西南部、湖北西部、四川东部、贵州东北部
8119	*Rhododendron bachii* H. Lév.	腺萼马银花（石壁杜鹃）	Ericaceae 杜鹃花科	常绿灌木；花芽圆锥形，鳞片长圆状倒卵形；花1朵侧生于上部枝条叶腋；花冠淡紫色，淡紫红色或淡紫白色，辐状，5深裂，上方3裂片内面近基部具深红色斑点	药用，观赏	中国	广东、广西、贵州、四川、湖北、湖南、江西、安徽、浙江、福建
8120	*Rhododendron balfourianum* Diels	腺萼杜鹃	Ericaceae 杜鹃花科	灌木；叶革质；总状伞形花序，轴具腺体，萼大，不等5裂，裂片外疏生短柄腺体，边缘密生线状缘毛；花冠钟形，粉红色	观赏	中国	云南
8121	*Rhododendron barbatum* Wall. ex G. Don	硬刺杜鹃	Ericaceae 杜鹃花科	常绿灌木或小乔木；幼枝具硬的须状毛；叶革质，长圆至倒卵状长圆形；顶生花序密，花冠管状钟形，肉质朱红色至血红色	观赏	中国、印度西北部、尼泊尔和不丹	西藏南部

（续）

序号	拉丁学名	中文名	所属科	特征及特性	类别	原产地	目前分布/种植区
8122	*Rhododendron beesianum* Diels	宽钟杜鹃	Ericaceae 杜鹃花科	常绿灌木或小乔木；顶生总状伞形花序，花冠宽钟状，白色或蔷薇色，内有少数深红色斑点	观赏	中国、缅甸东北部	四川西南部、云南西北部和西藏东南部
8123	*Rhododendron bracteatum* Rehder et E. H. Wilson	苞叶杜鹃（红点杜鹃）	Ericaceae 杜鹃花科	常绿灌木侧枝斜升；叶倒披针形，长2.5～5cm，宽1～2.5cm，叶柄短；伞房花序有花3～5朵，花梗包于宿存的芽鳞及苞片内，花冠黄色	观赏，生态防护		长白山高山冻原带
8124	*Rhododendron calophytum* Franch.	美容杜鹃（美丽杜鹃）	Ericaceae 杜鹃花科	常绿灌木或小乔木；叶长圆状倒披针形或长圆状披针形；短总状伞形花序顶生；花冠阔钟形，红色或粉红至白色；子房圆屋顶形；蒴果	有毒		陕西、甘肃、湖北、四川、贵州、云南
8125	*Rhododendron calostrotum* Balf. f. et Kingdon-Ward	溪畔杜鹃（贵州杜鹃）	Ericaceae 杜鹃花科	常绿灌木；全体被毛，叶纸质，卵状披针形；顶生总状花序，有花5～12朵，花紫红色，花期5～6月	观赏	中国	湖北、湖南、广东、广西、四川及贵州
8126	*Rhododendron campanulatum* D. Don	钟花杜鹃	Ericaceae 杜鹃花科	常绿灌木；高3～6m；顶生总状伞房花序，有花8朵左右，花宽钟状，白色或带蔷薇色；花期5～6月	观赏	中国、尼泊尔、不丹、印度	西藏南部
8127	*Rhododendron cavaleriei* H. Lév.	多花杜鹃	Ericaceae 杜鹃花科	常绿灌木；高达5m；叶薄革质，倒披针形；伞形花序生于枝顶的叶腋，多花，花白色至蔷薇色；蒴果	蜜源		贵州、广西北部
8128	*Rhododendron championae* Hook.	刺毛杜鹃（太平杜鹃）	Ericaceae 杜鹃花科	常绿灌木；高4m；叶厚纸质，矩圆状倒披针形，长7～15cm，宽2.5～5cm；花序腋生于枝顶的叶腋，有花数朵花梗长1.8cm，花粉红色；蒴果狭长椭圆形	药用，观赏		浙江、福建、江西、广东、广西
8129	*Rhododendron chihsinianum* Chun et Fang	红滩杜鹃	Ericaceae 杜鹃花科	常绿小乔木；叶长圆形，革质，背面被粉末状柔毛；总状花序顶生，有花8～10（～12）朵，花淡紫色；花期4～5月	观赏	中国	广西北部和东北部
8130	*Rhododendron cinnabarinum* Hook.	朱砂杜鹃	Ericaceae 杜鹃花科	常绿灌木；高1～3（～5）m；叶革质，椭圆形至长圆状披针形；伞形花序顶生有花2～4朵，花冠筒状，常为朱砂红色；蒴果长圆状卵形	有毒		西藏南部

（续）

序号	拉丁学名	中文名	所属科	特征及特性	类别	原产地	目前分布/种植区
8131	*Rhododendron concinnum* Hemsl.	秀雅杜鹃	Ericaceae 杜鹃花科	常绿灌木；花 2～4 朵生于枝顶；花冠漏斗状，红紫色或 深紫色，花冠管外面密生金黄色鳞片，裂片 5，有鳞片	观赏	中国	陕西、河南、湖北、四川、贵州水城、云南
8132	*Rhododendron crinigerum* Franch.	长粗毛杜鹃（刚毛杜鹃）	Ericaceae 杜鹃花科	常绿灌木；幼枝被具腺头的刚毛，有黏质；叶革质，披针形，叶背被白至黄褐色绵毛状毛；顶生总状伞形花序，花冠白带粉红色	观赏	中国	四川西北部、云南西北及西藏东南部
8133	*Rhododendron cyanocarpum* (Franch.) W. W. Sm.	蓝果杜鹃	Ericaceae 杜鹃花科	常绿灌木或小乔木；高约 2～4m；叶常 5～6 枚密生于枝顶，革质；总状伞形花序有花 5～9，花冠白色或淡红色；蒴果圆柱状	有毒，观赏		云南大理、四川木里
8134	*Rhododendron dauricum* L.	兴安杜鹃（映山红，迎山红）	Ericaceae 杜鹃花科	半常绿草本；叶近革质，长椭圆形，散生于小枝上部；花先叶开放，粉红色；花冠阔漏斗状；蒴果具鳞片	有毒		黑龙江、吉林、辽宁、内蒙古
8135	*Rhododendron davidii* Franch.	腺果杜鹃	Ericaceae 杜鹃花科	常绿灌木或小乔木；叶厚革质，长圆倒披针形或倒披针形；顶生总状花序，花冠阔圆形，雪青或紫红色；蒴果短圆柱形，褐色	有毒，观赏		四川西部及云南东北部、贵州
8136	*Rhododendron davidsonianum* Rehder et E. H. Wilson	凹叶杜鹃	Ericaceae 杜鹃花科	常绿灌木；顶生伞形花序，约有花 6 朵，花淡蔷薇色，带黄色斑点；花期 4～5 月	观赏	中国	四川西南或西北部
8137	*Rhododendron decorum* Franch.	大白花杜鹃（大白花，羊角菜）	Ericaceae 杜鹃花科	常绿灌木至小乔木；叶簇生枝顶，长圆形或短长状卵形；伞房状花序；花冠漏斗状钟形；花柱和子房密生腺体；蒴果	有毒，观赏		西南
8138	*Rhododendron delavayi* Franch.	马缨花	Ericaceae 杜鹃花科	常绿灌木至乔木；叶革质，长圆状披针形，背面被灰白至淡褐色海绵状薄绒毛；顶生圆球形伞形花序，花冠钟形，肉质，深玫瑰红色	有毒，观赏	中国、越南北部、泰国、缅甸及印度东北部	云南、贵州、四川、广西
8139	*Rhododendron dendrocharis* Franch.	树生杜鹃	Ericaceae 杜鹃花科	常绿附生小灌木；幼枝有红棕色刚毛；花宽钟状，蔷薇色，内上方有深红色斑点；花期 4～6 月	观赏	中国	四川、云南、西藏

（续）

序号	拉丁学名	中文名	所属科	特征及特性	类别	原产地	目前分布/种植区
8140	*Rhododendron discolor* Franch.	喇叭杜鹃	Ericaceae 杜鹃花科	常绿灌木或小乔木；叶革质，长圆椭圆形至长圆披针形；顶生短总状花序，花冠漏斗状钟形，淡红至白色；蒴果长圆柱形，微弯曲	观赏	中国	浙江、安徽、江西、湖北、湖南、陕西、四川、贵州、云南东北部
8141	*Rhododendron edgeworthii* Hook.	泡泡叶杜鹃	Ericaceae 杜鹃花科	常绿灌木；叶革质；花序顶生，花梗密被绵毛；花冠钟状或漏斗状钟形；蒴果长圆状卵形或近球形	观赏	中国、不丹、印度东北部、缅甸东北部	四川、云南、西藏
8142	*Rhododendron excellens* Hemsl. et E. H. Wilson	大喇叭杜鹃	Ericaceae 杜鹃花科	常绿灌木；叶大，革质；伞形花序顶生，花梗有深红色鳞片；花萼发达；花冠白色，漏斗状，外面鳞片极多，筒部5裂	观赏	中国	云南东南部和贵州南部
8143	*Rhododendron faberi* Hemsl.	金顶杜鹃	Ericaceae 杜鹃花科	常绿灌木；叶革质，卵状椭圆形，叶背有两层毛被；顶生总状伞形花序；花冠钟状，白至淡红色，基部有紫色斑块	观赏	中国	四川
8144	*Rhododendron facetum* Balf. f. et Kingdon-Ward	绵毛房杜鹃（文雅杜鹃）	Ericaceae 杜鹃花科	灌木或小乔木；叶背具细小红点；总状伞形花序，花萼杯状，肉质，红色，边缘具腺体，花冠筒状钟形，鲜红色；子房、花柱及果被星状毛	观赏	中国	云南西北部、缅甸东北部
8145	*Rhododendron forrestii* Balf. f. ex Diels	紫背杜鹃	Ericaceae 杜鹃花科	常绿匍生灌木；茎可自由生根；叶背紫红或淡绿色，有白色微柔毛；单花顶生；花冠管状钟形，深红色至鲜红色	观赏	中国、缅甸东北部	云南西北部和西藏东南部
8146	*Rhododendron fortunei* Lindl.	云锦杜鹃（天目杜鹃，云锦花）	Ericaceae 杜鹃花科	常绿灌木或小乔木；叶厚革质，长圆形至长圆椭圆形；顶生总状伞形花序，有香味；花冠漏斗状钟形，粉红色；蒴果长圆卵形，褐色	观赏	中国	安徽、浙江、河南、江西、湖北、福建、广东、广西、四川、贵州、云南
8147	*Rhododendron griersonianum* Balf. f. et Forrest	朱红大杜鹃	Ericaceae 杜鹃花科	常绿灌木；叶革质，叶背被一层白至淡黄色松软绒毛；顶生总状伞形花序，花冠长漏斗状，亮深红色；蒴果长圆椭圆形	观赏	中国、缅甸东北部	云南西部
8148	*Rhododendron haematodes* Franch.	似血杜鹃	Ericaceae 杜鹃花科	常绿灌木；高13m；叶革质，先端圆钝，有凸尖头；顶生伞形花序有花4～10，花冠筒状钟形，深红色；蒴果	观赏		云南大理

（续）

序号	拉丁学名	中文名	所属科	特征及特性	类别	原产地	目前分布/种植区
8149	*Rhododendron hanceanum* Hemsl.	疏叶杜鹃	Ericaceae 杜鹃花科	常绿灌木；叶卵状披针形至倒卵形；总状花序顶生，花冠漏斗状钟形，白色；子房密生鳞片，花柱紫色；蒴果长椭圆形	有毒		四川西部
8150	*Rhododendron hancockii* Hemsl.	滇南杜鹃（蒙自杜鹃）	Ericaceae 杜鹃花科	常绿灌木；叶革质，倒卵形；花单生枝顶叶腋，花芽鳞宿存，花芳香，白色，上方裂片带黄色；蒴果先端变细呈喙状，稍有柔毛	观赏	中国	云南中部及东南部、广西中部及西北部
8151	*Rhododendron haofui* Chun et Fang	光枝杜鹃	Ericaceae 杜鹃花科	常绿灌木；幼枝无毛；叶革质，密生枝端，椭圆披针形或长倒卵披针形；顶生总状伞形花序，白或微带玫瑰色	观赏	中国	西南、长江流域以南各省区
8152	*Rhododendron hippophaeoides* I. B. Balfour et W. W. Sm.	灰背杜鹃	Ericaceae 杜鹃花科	常绿矮灌木；叶沿幼枝散生；上面灰绿，具淡色鳞片，柄被淡色鳞片；顶生伞形花序，花冠颜色多变，冠筒短钟状，喉部有柔毛，子房有鳞片	有毒，观赏	中国	四川西南部、云南西北部
8153	*Rhododendron huianum* W. P. Fang	凉山杜鹃	Ericaceae 杜鹃花科	常绿灌木或小乔木；叶革质，长圆披针形；顶生总状花序，花冠钟形，淡紫色或暗红色；蒴果长圆柱形，暗绿色	观赏	中国	四川西部和东南部、贵州东北部及云南东北部
8154	*Rhododendron hypoglaucum* Hemsl.	粉白杜鹃	Ericaceae 杜鹃花科	常绿大灌木；叶背被银白色、有光泽、紧贴的毛；花白色带蔷薇红，内上方有红点；花期4～5月	观赏	中国	陕西南部、湖北西部、四川东部
8155	*Rhododendron impeditum* I. B. Balfour et W. W. Sm.	易混杜鹃	Ericaceae 杜鹃花科	常绿灌木；花序顶生，伞形总状，（2～）3～4朵花；花冠宽漏斗状，紫色．紫堇色至玫瑰淡紫色，罕白色；子房被灰白色鳞片，花柱长度多变，长于雄蕊或较短，基部有毛或无	有毒		
8156	*Rhododendron indicum*（L．）Sweet	皋月杜鹃	Ericaceae 杜鹃花科	半常绿灌木；高1～2m；叶集生枝端，近于革质，狭披针形或倒披针形；花1～3朵生枝顶，花冠鲜红色，有时玫瑰红色；蒴果长圆状卵球形	观赏	日本	我国广为栽培
8157	*Rhododendron irroratum* Franch．	露珠杜鹃	Ericaceae 杜鹃花科	常绿灌木或小乔木；叶厚革质，披针形或长椭圆形，花冠钟形，白色或乳白色	蜜源		四川西南部、贵州西北部及云南北部

（续）

序号	拉丁学名	中文名	所属科	特征及特性	类别	原产地	目前分布/种植区
8158	*Rhododendron kwangtungense* Merr. et Chun	广东杜鹃	Ericaceae 杜鹃花科	落叶灌木；枝被刚毛；叶集生枝顶，革质；花芽圆锥形，鳞片三角状卵形或卵形；伞形花序顶生，花冠狭漏斗形，紫红色或白色	观赏	中国湖南南部、广东北部和西部、广西东北部	
8159	*Rhododendron lacteum* Franch.	乳黄杜鹃	Ericaceae 杜鹃花科	常绿小乔木或大灌木；叶厚革质，簇生枝顶，椭圆状矩圆形，下面密生淡黄棕色细绒毛；花絮紧缩，密集，花冠钟状，乳黄色，花冠筒内有紫红点	观赏	中国	云南西部
8160	*Rhododendron lapponicum* (L.) Wahlenb.	小叶杜鹃	Ericaceae 杜鹃花科	常绿小灌木；高 50～100cm；叶小，互生，近革质，密集于幼枝顶端；叶片长椭圆形；顶生伞形花序，排成头状，有花 5～8 朵，花冠钟状，蓝紫色；蒴果卵形	蜜源		陕西、甘肃、青海、四川、云南
8161	*Rhododendron latoucheae* Franch.	鹿角杜鹃（岩杜鹃）	Ericaceae 杜鹃花科	常绿灌木至小乔木；花序腋生；花单一，即每 1 腋生花芽生出花 1 朵；花芽鳞在花期宿存；花冠狭漏斗状，粉红色	药用，观赏	中国	浙江、江西、福建、湖北、湖南、广东、广西、四川和贵州
8162	*Rhododendron liliiflorum* H. Lév.	百合花杜鹃	Ericaceae 杜鹃花科	常绿灌木；顶生伞形花序有花 3～5 朵；花白色，花冠宽漏斗状，花冠筒 5 裂，外面有较密的鳞片，裂片边缘稍有短睫毛	观赏	中国	湖南、广西、贵州、云南
8163	*Rhododendron linearilobum* R. C. Fang et A. L. Chang	线萼杜鹃	Ericaceae 杜鹃花科	常绿灌木；顶生伞形花序，萼 5 裂至基部，裂片带粉红色，线形，花白色或乳白色，漏斗状	观赏	中国	云南屏边、西畴
8164	*Rhododendron longesquamatum* C. K. Schneid.	长鳞杜鹃	Ericaceae 杜鹃花科	常绿灌木或小乔木；叶长圆状倒披针形至狭倒卵形；顶生总状伞形花序；花冠钟形，红色；蒴果圆柱形，微弯曲	观赏	中国	四川西部
8165	*Rhododendron lulangense* L. C. Hu et Tateishi	鲁浪杜鹃	Ericaceae 杜鹃花科	常绿小乔木或灌木. 高 3～4m；顶生短总状伞形花序，有花 6～10 朵；苞片脱落，小苞片条形，花冠漏斗状钟形，淡粉红色或白色；雄蕊 10	观赏	中国	西藏南部

（续）

序号	拉丁学名	中文名	所属科	特征及特性	类别	原产地	目前分布/种植区
8166	*Rhododendron lutescens* Franch.	黄花杜鹃	Ericaceae 杜鹃花科	灌木；叶散生，披针形或卵状披针形；花1～3朵顶生或生枝顶叶腋；花冠宽漏斗状，黄色；子房5室；蒴果圆柱形	蜜源，有毒，观赏		贵州、四川、云南
8167	*Rhododendron maculiferum* Franch.	麻花杜鹃	Ericaceae 杜鹃花科	常绿灌木；幼枝棕红色，密被白色绒毛；叶长圆形、椭圆形或倒卵形，叶背被淡褐色绒毛；顶生总状伞形花序，红至白色	观赏	中国	陕西、甘肃、湖北、四川、贵州
8168	*Rhododendron mariesii* Hemsl. et E. H. Wilson	满山红（山石榴，马礼士杜鹃，守城满山红）	Ericaceae 杜鹃花科	落叶灌木；叶厚纸质或近于革质，常2～3集生枝顶；花芽卵球形，鳞片阔卵形，花通常2朵顶生，先花后叶，出自于同一顶生花芽；蒴果椭圆状卵球形	药用，观赏		华东、华中及河北、陕西、台湾、广东、广西、四川和贵州
8169	*Rhododendron micranthum* Turcz.	照山白（万径棵，蓝金子）	Ericaceae 杜鹃花科	常绿灌木；叶互生，倒披针形或狭卵圆形；总状花序顶生；萼5裂；花冠钟状，外有鳞片；雄蕊10，子房5；蒴果	有毒，经济作物（香料类）		东北、华北及甘肃、四川、山东、湖北
8170	*Rhododendron molle* (Blume) G. Don	闹羊花（黄花杜鹃，羊踯躅）	Ericaceae 杜鹃花科	落叶灌木；单叶互生；伞形总状花序顶生；萼片边缘有睫毛；花冠漏斗形，裂片5；雄蕊5；蒴果	有毒，观赏	中国	华东、华中及广东
8171	*Rhododendron moulmainense* Hook.	线丝吊杜鹃（毛棉杜鹃花）	Ericaceae 杜鹃花科	常绿灌木或小乔木；叶薄革质，长圆状披针形；花序1～3个生枝顶或叶腋，花冠白色或带粉红色，内基部有一黄斑，芳香，漏斗状	观赏	中国、中南半岛、印度尼西亚	江西、福建、湖南、广东、广西、四川、贵州和云南
8172	*Rhododendron mucronatum* (Blume) G. Don	白花杜鹃	Ericaceae 杜鹃花科	半常绿灌木；叶纸质；伞形花序顶生，具花1～3朵；花萼大，绿色；花冠白色，有时淡红色，阔漏斗形	有毒，观赏	中国	江苏、浙江、江西、福建、广东、广西、四川、云南
8173	*Rhododendron mucronulatum* Turcz.	迎红杜鹃（迎山红，蓝荆子，尖叶杜鹃）	Ericaceae 杜鹃花科	落叶灌木；叶片质薄，椭圆形或椭圆状披针形；花序腋生枝顶或假顶生，1～3花，伞形着生；花冠宽漏斗状，淡红紫色	观赏	中国、蒙古、日本、朝鲜、俄罗斯	内蒙古（北达满洲里）、辽宁、河北、山东、江苏北部
8174	*Rhododendron neriiflorum* Franch.	火红杜鹃	Ericaceae 杜鹃花科	常绿灌木；叶硬革质，长圆至倒卵形；顶生伞形花序，花冠管状钟形，肉质，亮深红色；蒴果圆柱形，弯曲	观赏	中国	云南西部和西藏东南部

（续）

序号	拉丁学名	中文名	所属科	特征及特性	类别	原产地	目前分布/种植区
8175	*Rhododendron nivale* subsp. *boreale* Philipson et M. N. Philipson	紫丁杜鹃	Ericaceae 杜鹃花科	常绿小灌木；叶长圆形至卵状长圆形；总状伞形花序顶生，有花4～7朵；花冠钟形，红色，内面基部具深红色斑	观赏	中国	甘肃南部、四川西部
8176	*Rhododendron nuttallii* Booth	木兰杜鹃	Ericaceae 杜鹃花科	常绿灌木至小乔木；顶生伞形花序有花约5朵，花白色，花筒带黄色；花期5月	观赏	中国	西藏东部和东南部（察隅、波密县通脉）
8177	*Rhododendron obtusum*（Lindl.）Planch.	石岩杜鹃	Ericaceae 杜鹃花科	常绿灌木；枝黄褐色，幼枝密生绒毛；叶互生，叶质较厚，叶全缘，缘有睫毛；2～3朵着生于枝顶；花冠漏斗型；花萼片小，卵形；蒴果卵形	观赏	日本	山东
8178	*Rhododendron ochraceum* Rehder et E. H. Wilson	峨马杜鹃	Ericaceae 杜鹃花科	常绿灌木；幼枝被黄白色短柔毛和腺毛；叶薄革质，倒披针形；顶生短总状伞形花序，花冠宽钟形；深紫红或深鲜红色	观赏	中国	四川东南部和西南部、云南东北部
8179	*Rhododendron oldhamii* Maxim.	砖红杜鹃	Ericaceae 杜鹃花科	半常绿灌木；叶椭圆形或椭圆状披针形；伞房花序顶生，有花2～4朵花冠砖红色，阔漏斗形，子房卵球形；蒴果阔卵球形	有毒		台湾
8180	*Rhododendron oligocarpum* Fang et X. S. Zhang	稀果杜鹃	Ericaceae 杜鹃花科	常绿灌木或小乔木；幼枝密被白色柔毛；叶长圆椭圆形；顶生短总状伞房花序；花冠钟形，紫红至粉红色；蒴果长圆柱形，深褐色	观赏	中国	广西东北部和贵州东北部
8181	*Rhododendron orbiculare* Decne.	团叶杜鹃	Ericaceae 杜鹃花科	常绿灌木；叶厚革质，常3～5枚在枝顶近于轮生，阔卵形至圆形；顶生伞房花序，花冠钟形，桃红至红蔷薇色；蒴果圆柱形，弯曲	观赏	中国	四川西部和南部、广西
8182	*Rhododendron orbiculare* subsp. *cardiobasis*（Sleumer）D. F. Chamb.	心基杜鹃	Ericaceae 杜鹃花科	常绿小乔木或灌木，高2～3m，叶近革质，卵圆形；顶生伞房花序有花6～7朵，花蔷薇色；花期6月	观赏	中国	广西东部及东北部

（续）

序号	拉丁学名	中文名	所属科	特征及特性	类别	原产地	目前分布/种植区
8183	*Rhododendron oreodoxa* Franch.	山光杜鹃	Ericaceae 杜鹃花科	常绿灌木或小乔木；叶革质，5～8 枚生于枝顶，狭椭圆形或倒披针状椭圆形；顶生总状伞形花序，花冠钟形，淡红色；蒴果长圆柱形	观赏	中国	甘肃南部、湖北西部和四川西部至西北部、陕西
8184	*Rhododendron oreodoxa* var. *fargesii*（Franch.）D. F. Chamb.	粉红杜鹃	Ericaceae 杜鹃花科	常绿灌木至小乔木；枝叶无毛；花宽钟状，粉红至白色，有红点，花柱洋红色；花期 5～6 月	观赏	中国	甘肃、陕西、湖北、四川
8185	*Rhododendron oreotrephes* W. W. Sm.	山生杜鹃（山育杜鹃）	Ericaceae 杜鹃花科	常绿灌木；叶片下面密被等大的鳞片；顶生总状伞形花序，总轴、花萼、子房、蒴果被鳞片；花冠淡紫、淡红或深紫色，宽漏斗状	观赏	中国	云南、四川、西藏
8186	*Rhododendron ovatum*（Lindl.）Planch. ex Maxim.	马银花（清明花）	Ericaceae 杜鹃花科	常绿灌木；叶革质，卵形或椭圆状卵形；花单生枝顶叶腋，花冠淡紫色、紫色或粉红色，辐状，5 深裂，裂片长圆状倒卵形或阔倒卵形，内面具粉红色斑点	有毒，观赏	中国	安徽、江苏、浙江、江西、福建、台湾、湖北、湖南、广东、广西、四川和贵州
8187	*Rhododendron pachypodum* I. B. Balfour et W. W. Sm.	粗柄杜鹃	Ericaceae 杜鹃花科	常绿灌木；叶硬革质；伞形花序顶生，花梗密被鳞片，花萼不明显；花冠白色，花瓣外面带红色晕，内有一瓣带黄色斑块，宽漏斗状	观赏	中国	云南
8188	*Rhododendron pachytrichum* Franch.	绒毛杜鹃	Ericaceae 杜鹃花科	常绿灌木；幼枝密被淡褐色粗毛；叶常数枚生于枝顶，近轮生，狭长圆形、倒披针形或倒卵形；顶生总状花序，花冠钟形，淡红至白色	有毒，观赏	中国	陕西南部、四川东南部和西南部、云南东北部、甘肃
8189	*Rhododendron phaeochrysum* I. B. Balfour et W. W. Sm.	栎叶杜鹃	Ericaceae 杜鹃花科	常绿灌木；高 1.5～4.5m；顶生总状伞形花序，有花 8～15 朵；花冠漏斗状钟形，白色或淡粉红色，筒部上方具紫红色斑点，内面基部被白色微柔毛，裂片 5，扁圆形，顶端微缺	观赏	中国	四川、云南、西藏

（续）

序号	拉丁学名	中文名	所属科	特征及特性	类别	原产地	目前分布/种植区
8190	*Rhododendron platypodum* Diels	阔柄杜鹃	Ericaceae 杜鹃花科	常绿灌木或小乔木；叶厚革质，集生枝顶，宽椭圆形或近圆形，基部下延于叶柄呈翅状；顶生总状伞形花序，粉红色；蒴果长圆形	观赏	中国	四川东南部及北部
8191	*Rhododendron polycladum* Franch.	多枝杜鹃	Ericaceae 杜鹃花科	常绿直立灌木；叶狭椭圆形、长圆形或披针形；伞形花序顶生，有花 2～5 朵；花冠宽漏斗形，紫色；蒴果长圆形	有毒		
8192	*Rhododendron polylepis* Franch.	多鳞杜鹃	Ericaceae 杜鹃花科	灌木或小乔木；叶长圆形或长圆状披针形；花序常顶生，3～5 花，伞形着生或短总状，花冠宽漏斗状，紫色；蒴果长圆形或圆锥状	有毒		四川西南部、云南北部
8193	*Rhododendron potaninii* Batalin	甘肃杜鹃	Ericaceae 杜鹃花科	常绿灌木；叶对生，叶片无毛；花 5 数，钟状，白色，喉部有红色斑点；花期 5 月	观赏	中国	甘肃东部、青海
8194	*Rhododendron praevernum* Hutch.	早春杜鹃（映山红，山踯躅，红踯躅，山石榴，山鹃）	Ericaceae 杜鹃花科	常绿灌木；叶革质，椭圆状倒披针形；顶生短总状伞形花序，花冠钟形，白或蔷薇红色；蒴果长圆形，木质，褐色	蜜源，观赏	中国	陕西、湖北西部、四川、贵州和云南东北部
8195	*Rhododendron protistum* var. *giganteum* (Forrest ex Tagg) D. F. Chamb.	大树杜鹃	Ericaceae 杜鹃花科	常绿大乔木；高 20～27m；树皮褐色，片状剥落；叶厚革质；顶生总状伞形花序约有 24 花，花蔷薇色带紫色；蒴果长圆柱形	观赏		云南西南部
8196	*Rhododendron przewalskii* Maxim.	陇蜀杜鹃（光背杜鹃）	Ericaceae 杜鹃花科	灌木；叶簇生枝顶，椭圆锥形至长圆形；伞房状花序；花冠钟状，白色至粉红；花丝下部具柔毛；子房无毛；蒴果	有毒		陕西、甘肃、青海、四川
8197	*Rhododendron pubescens* Balf. f. et Forrest	柔毛杜鹃	Ericaceae 杜鹃花科	常绿小灌木；花序伞形，有花 2～3 朵，生于枝近顶处 2～4 叶的腋间；花萼不等地 5 裂，有毛、腺体和长睫毛；花冠蔷薇色，5 裂；雄蕊 10，基部有毛；子房有密毛和鳞片	蜜源		云南及西南、华北
8198	*Rhododendron pulchrum* Sweet	锦绣杜鹃（鲜艳杜鹃）	Ericaceae 杜鹃花科	常绿灌木；叶纸质，二型，椭圆至椭圆状披针形；花 1～3 朵，顶生枝端，密生红棕色扁平毛；蔷薇色、粉红色，有深紫色点	观赏	中国	全国各地均有分布

（续）

序号	拉丁学名	中文名	所属科	特征及特性	类别	原产地	目前分布/种植区
8199	*Rhododendron qinghaiense* Ching ex W. Y. Wang	青海杜鹃	Ericaceae 杜鹃花科	常绿灌木；叶革质，长圆形，上面被灰白色鳞片，下面被锈色鳞片；花序伞房状球形，有花12～15朵，淡黄色，花期5～6月	观赏	中国	四川西部至西北部、甘肃南部、青海东部
8200	*Rhododendron racemosum* Franch.	腋花杜鹃	Ericaceae 杜鹃花科	小灌木；叶长圆形或长圆状椭圆形；花序有花2～3朵，花冠小，宽漏斗状，粉红或淡紫红色；蒴果长圆形	有毒		云南中部和北部、四川西南部
8201	*Rhododendron redowskianum* Maxim.	叶苞状杜鹃	Ericaceae 杜鹃花科	低矮落叶小灌木；叶簇生，纸质，匙状倒披针形；总状伞形花序顶生，有花1～3朵；花梗被腺毛，具几个被毛的叶状苞片；花萼大，花冠辐状	观赏	中国	吉林东南部（长白山）
8202	*Rhododendron rex* H. Lév.	大王杜鹃	Ericaceae 杜鹃花科	常绿小乔木；高3～7m；叶革质，倒卵状长圆形至倒披针形；伞形总状花序圆球状，顶生，花筒粉红色至蔷薇色；蒴果	观赏		云南、四川西南部
8203	*Rhododendron rex* subsp. *fictolacteum* (I. B. Balfour) D. F. Chamb.	棕背杜鹃	Ericaceae 杜鹃花科	常绿乔木，高5～15m；叶互生，厚革质，长圆状倒卵形至倒披针形；伞房花序顶生，花冠歪钟形，基部有紫斑；蒴果圆柱形	观赏		云南西北部、四川西南部
8204	*Rhododendron ririei* Hemsl. et E. H. Wilson	大钟杜鹃（来丽杜鹃）	Ericaceae 杜鹃花科	常绿灌木或小乔木；叶3～5枚密生枝端，长椭圆或倒卵椭圆形；顶生总状伞形花序；花冠钟形，紫红色；蒴果圆柱状，有白色薄毛被	观赏	中国	四川西南部、峨眉山，贵州
8205	*Rhododendron rubiginosum* Franch.	红棕杜鹃（茶花叶杜鹃）	Ericaceae 杜鹃花科	常绿灌木或小乔木；叶集生枝顶，叶背密生锈棕色覆瓦状鳞片；顶生总状花序，花序轴缩短成伞形花序；花冠漏斗状，花色多变	观赏	中国	四川、云南、西藏
8206	*Rhododendron rufum* Batalin	黄毛杜鹃（红毛杜鹃）	Ericaceae 杜鹃花科	常绿灌木或小乔木；叶背有锈黄色厚绒毛；花漏斗状钟形，白或粉色，有深红色斑点；花期5月	观赏	中国	陕西、甘肃、青海、四川
8207	*Rhododendron rupicola* W. W. Sm.	多色杜鹃	Ericaceae 杜鹃花科	常绿矮灌木；叶密生枝顶，两面暗褐色或金黄色鳞片重叠混生；伞形花序顶生，花萼裂片圆形，淡红色；花冠深紫、深血红或洋红色，宽漏斗状	观赏	中国、缅甸东北部	四川、云南、西藏

（续）

序号	拉丁学名	中文名	所属科	特征及特性	类别	原产地	目前分布/种植区
8208	*Rhododendron saluenense* Franch.	怒江杜鹃	Ericaceae 杜鹃花科	直立灌木；花冠宽漏斗状，紫色、紫红色或深红色，内有紫色斑点，外面密被短柔毛	观赏	中国、缅甸东北部	四川西南、云南西北、西藏东南（察隅）
8209	*Rhododendron sanguineum* Franch.	血红杜鹃	Ericaceae 杜鹃花科	常绿小灌木；幼枝绿色，具白色薄毛被，叶4～5枚集生枝顶，倒卵形、宽椭圆形至狭长圆形；顶生伞形花序，亮深红色	观赏	中国	云南西北部和西藏东南部
8210	*Rhododendron selense* subsp. *jucundum* （I. B. Balfour et W. W. Sm.）D. F. Chamb.	和蔼杜鹃	Ericaceae 杜鹃花科	常绿灌木或小乔木，高可达21m；叶革质，先端钝，有凸尖头；顶生伞形花序，有花5～8，花冠漏斗状钟形，洋红色；蒴果长圆柱形	观赏		云南大理
8211	*Rhododendron setosum* D. Don	刚毛杜鹃	Ericaceae 杜鹃花科	常绿小灌木；花序顶生，伞形，具1～3（～8）花，；花冠宽漏斗状，紫红色，花管较裂片稍短，内面被短柔毛，裂片开展	观赏	中国、尼泊尔、不丹、印度	西藏东部及南部
8212	*Rhododendron siderophyllum* Franch.	锈叶杜鹃	Ericaceae 杜鹃花科	常绿灌木；叶散生，椭圆状披针形，上面密被下陷小鳞片，下面密生锈黄色鳞片；花序顶生或腋生枝顶叶腋，短总状，花冠钟状，白至蔷薇色	有毒，观赏	中国	四川西南部、贵州、云南（西、中、东北、东南部）
8213	*Rhododendron sikangense* W. P. Fang	川西杜鹃	Ericaceae 杜鹃花科	小乔木或灌木；高3～5m；叶革质，长圆状椭圆形或椭圆状披针形；总状伞形花序有花8～12朵，花冠钟状，淡紫红色，有斑点；蒴果圆柱状	有毒		西部
8214	*Rhododendron simiarum* Hance	猴头杜鹃（南华杜鹃）	Ericaceae 杜鹃花科	常绿灌木；叶厚革质，倒卵状披针形至长椭圆形；顶生总状伞形花序；乳白至粉红色，具紫红色斑点；蒴果圆柱状，有锈色毛	蜜源，观赏	中国	浙江南部、江西南部、福建、湖南南部、广东及广西
8215	*Rhododendron simiarum* var. *versicolor* （Chun et Fang）M. Y. Fang	变色杜鹃	Ericaceae 杜鹃花科	常绿小灌木；叶薄革质，长方椭圆形或倒卵形；顶生伞形花序；花冠漏斗状，白、粉红至蔷薇色；蒴果圆柱形，弯曲，有腺体	观赏	中国	西藏、四川、云南

（续）

序号	拉丁学名	中文名	所属科	特征及特性	类别	原产地	目前分布/种植区
8216	*Rhododendron simsii* Planch.	杜鹃（杜鹃花，山石榴，映山红）	Ericaceae 杜鹃花科	落叶灌木；叶纸质卵形；花 2～4 朵簇生枝顶，花萼 5 深裂，花冠具裂片 5；雄蕊 10，子房 10 室；蒴果	药用，观赏	中国	长江流域各省份，东至台湾、西至四川、云南
8217	*Rhododendron sinonuttallii* Balf. f. et Forrest	大果杜鹃	Ericaceae 杜鹃花科	常绿灌木；叶与花似木兰杜鹃，主要区别是花梗有软柔毛，萼片外面有毛；蒴果较大，长达 6cm；花期 4～5 月	观赏	中国	云南西北部、西藏东南部（察瓦龙）
8218	*Rhododendron souliei* Franch.	白碗杜鹃	Ericaceae 杜鹃花科	常绿灌木；叶卵形至矩圆状椭圆形；钟状伞形花序，有花 5～7 朵，花冠钟状，碗状或碟状，乳白或粉红色，子房圆锥形；蒴果圆柱状	有毒		四川西部
8219	*Rhododendron spiciferum* Franch.	碎米杜鹃（毛叶杜鹃）	Ericaceae 杜鹃花科	常绿小灌木；枝条有开展的灰白色短柔毛和长刚毛；叶散生，厚纸质，叶背生灰白色软柔毛和金黄色腺鳞；花腋生枝顶部，粉红，花冠外有淡黄腺鳞	观赏	中国	云南、贵州
8220	*Rhododendron spinuliferum* Franch.	炮仗花杜鹃	Ericaceae 杜鹃花科	灌木；高 0.5～1(～3.5)m；花序腋生枝顶成假顶生；花序伞形，有 2～4 花；雄蕊 10，不等长，略伸出花冠之外，花药紫黑色，稀基部有短柔毛	蜜源，有毒		云南、四川、广西
8221	*Rhododendron stamineum* Franch.	长蕊杜鹃	Ericaceae 杜鹃花科	常绿灌木或小乔木；枝条细瘦、光泽；叶轮生于枝端或节上，椭圆形至卵状椭圆形；花白色，芳香，常 4～5 朵生于枝端侧方的叶腋内	观赏	中国	安徽、浙江、江西、湖北、湖南、广东、广西、陕西、四川、贵州和云南
8222	*Rhododendron strigillosum* Franch.	芒刺杜鹃	Ericaceae 杜鹃花科	常绿灌木；幼枝被褐色有腺头的刚毛；叶集生枝顶，披针形；顶生短总状伞形花序；花冠深红色；蒴果有肋纹及棕色刚毛	有毒，观赏	中国	四川西西南部、南部及云南东北部
8223	*Rhododendron sulfureum* Franch.	硫磺杜鹃	Ericaceae 杜鹃花科	常绿灌木；通常附生，高 0.3～1.6m；叶革质，先端圆或钝，具小短尖头；顶生伞形花序，有 4～8 花，花冠上方有橙黄色斑点；蒴果	观赏		云南西北部

（续）

序号	拉丁学名	中文名	所属科	特征及特性	类别	原产地	目前分布/种植区
8224	*Rhododendron sutchuenense* Franch.	四川杜鹃（山枇杷）	Ericaceae 杜鹃花科	常绿灌木或小乔木；幼枝被有白色绒毛；叶倒披针状长圆形；顶生短总状花序；花冠漏斗状钟形，蔷薇红色；蒴果长圆椭圆形，绿色，有浅肋纹	观赏	中国	陕西南部、甘肃东南部及西北部、湖北西北部、湖南西北部、四川东部及贵州
8225	*Rhododendron tanastylum* Balf. f. et Kingdon-Ward	光柱杜鹃	Ericaceae 杜鹃花科	常绿小乔木或灌木；总状伞形花序，有花4～7朵，花序总轴粗壮；花冠管状钟形，粉红色至深红色，有深紫红色的斑点，微肉质，5裂，裂片宽卵形	观赏	中国、缅甸和印度东北部	云南西部、四川和西藏
8226	*Rhododendron taronense* Hutch.	薄皮杜鹃	Ericaceae 杜鹃花科	常绿附生灌木；顶生伞形花序有花5朵，花白色，近基部有1黄色大斑，稍带肉质；花萼波状，外面有鳞片；花冠筒部外面有疏鳞片，5裂	蜜源		云南
8227	*Rhododendron tatsienense* Franch.	硬叶杜鹃	Ericaceae 杜鹃花科	灌木；高1～3m；叶椭圆形或椭圆状披针形；花序顶生或同时枝顶腋生，短总状，2～4花，花冠小，淡红色或玫瑰红色；蒴果长圆形	有毒		云南西北部
8228	*Rhododendron telmateium* I. B. Balfour et W. W. Sm.	草原杜鹃（豆叶杜鹃）	Ericaceae 杜鹃花科	矮灌木；多分枝，密集成垫状；叶片小，上面暗灰绿色被淡金色鳞片，下面被淡金黄褐色至淡橙色或红褐色重叠的两色鳞片；花冠淡紫或玫瑰粉红色，宽漏斗状	观赏	中国	云南、四川
8229	*Rhododendron temenium* Balf. f. et Forrest	滇藏杜鹃	Ericaceae 杜鹃花科	常绿灌木；高0.6～1m；叶小，革质，常5～7枚簇生枝顶；顶生总状伞形花序有花4～6朵，子房卵圆形；蒴果圆柱形	有毒		云南、西藏
8230	*Rhododendron thymifolium* Maxim.	千里香杜鹃	Ericaceae 杜鹃花科	常绿直立小灌木；花冠宽漏斗状，鲜紫蓝以至深紫色，花管外面散生鳞片或无，内面被柔毛	观赏	中国	四川西部和西南部、青海、甘肃
8231	*Rhododendron traillianum* Forrest et W. W. Sm.	川滇杜鹃	Ericaceae 杜鹃花科	常绿灌木或小乔木；叶上面有细皱纹，下面生灰至黄色微绒毛，柄生灰白至灰褐色丛卷毛；总状伞形花序；花冠漏斗状钟形，白或带蔷薇色，有红色斑点	有毒，观赏	中国	四川西南部和云南西北部

（续）

序号	拉丁学名	中文名	所属科	特征及特性	类别	原产地	目前分布/种植区
8232	*Rhododendron trichocladum* Franch.	糙毛杜鹃	Ericaceae 杜鹃花科	落叶灌木；叶倒卵形或长圆状披针形；伞形花序顶生，有花 2～5 朵，花冠漏斗状钟形，淡黄至橘黄色；蒴果长圆状卵形	有毒		云南南部
8233	*Rhododendron trichostomum* Franch.	毛嘴杜鹃	Ericaceae 杜鹃花科	常绿灌木；高 0.3～1（～1.5）m；叶革质，卵形或卵状长圆形；花序顶生，头状，有花 6～10（～20）朵，花冠狭筒状，白色、粉红色或蔷薇色；蒴果	有毒		四川、云南
8234	*Rhododendron triflorum* Hook.	三花杜鹃	Ericaceae 杜鹃花科	常绿灌木；顶生伞形花序，有花 3 朵，花黄色，上方有绿色斑点，有香味；花期 4～5 月	观赏	中国	西藏东部至南部
8235	*Rhododendron tutcherae* Hemsl. et E. H. Wilson	毛叶滇南杜鹃（蒙自杜鹃）	Ericaceae 杜鹃花科	常绿乔木；叶聚生幼枝顶似轮生，叶背被短刚毛，在中脉较密，侧脉纤细；花序 2～3 个生枝顶叶腋，花冠淡紫色，漏斗状	观赏	中国	云南
8236	*Rhododendron vernicosum* Franch.	亮叶杜鹃（光泽杜鹃）	Ericaceae 杜鹃花科	常绿灌木；叶散生，椭圆形；总状伞形花序顶生；花冠宽漏斗状钟形，白色至蔷薇色；子房和花柱密生红色腺体；蒴果	有毒		四川、西藏、云南
8237	*Rhododendron vialii* Delavay et Franch.	红马银花	Ericaceae 杜鹃花科	常绿灌木；叶薄革质，上面中脉及柄密生微柔毛；花单生枝顶或叶腋，花深红色；花梗有黏性腺头的毛；花萼大，深红色，花冠朱红色，肉质	观赏	中国、老挝和越南北部交界地区	云南
8238	*Rhododendron wardii* W. W. Sm.	黄杯杜鹃	Ericaceae 杜鹃花科	常绿灌木；叶矩圆形或卵状椭圆形；顶生总状伞形花序；花冠杯状，黄色；蒴果圆柱状，弯曲	药用，观赏	中国	西藏、四川、云南
8239	*Rhododendron westlandii* Hemsl.	丝线吊芙蓉	Ericaceae 杜鹃花科	常绿灌木或小乔木；幼枝无毛；叶宽倒披针型或椭圆披针型；花序生于枝顶侧芽，有花 5 朵；花期 4～5 月，果期 7～12 月	观赏	中国	湖南、江西、广东
8240	*Rhododendron williamsianum* Rehder et E. H. Wilson	圆叶杜鹃	Ericaceae 杜鹃花科	常绿小灌木；叶宽椭圆形或近圆形，先端圆形，总状伞形花序；花冠宽钟状，粉红色；蒴果圆柱状	观赏	中国四川峨眉山、贵州西部、云南东北部、西藏东南部	四川

（续）

序号	拉丁学名	中文名	所属科	特征及特性	类别	原产地	目前分布/种植区
8241	*Rhododendron wiltonii* Hemsl. et E. H. Wilson	皱皮杜鹃	Ericaceae 杜鹃花科	常绿灌木；叶厚，革质，叶面呈泡状粗皱纹；花漏斗状钟形，红色，内有深红色斑点；花期5～6月	观赏	中国四川西部和西南部	四川
8242	*Rhododendron yunnanense* Franch.	云南杜鹃	Ericaceae 杜鹃花科	落叶、半落叶或常绿灌木；叶长圆形、倒卵形或长圆状披针形；花序伞形着生或成短总状，花冠淡红淡紫或白色；蒴果长圆形	有毒		云南、四川
8243	*Rhodoleia championii* Hook. f.	红花荷（红苞木）	Hamamelidaceae 金缕梅科	常绿乔木；单叶互生，革质，矩圆状椭圆形，叶背粉白色；头状花序，总苞由覆瓦状苞片组成，花瓣2～4，匙形，有爪；头状果序	药用，观赏	中国广东中部和西部、香港	云南、贵州、广东、广西、香港
8244	*Rhodoleia parvipetala* Tong	小花红花荷（红苞木）	Hamamelidaceae 金缕梅科	常绿乔木；高20m；叶革质，长圆形或长圆状椭圆形；头状花序长2～2.5cm；头状果序宽2～2.5cm，有蒴果5枚；种子多数，扁平，黑色	药用，观赏		云南东南部、贵州东南部、广西及广东
8245	*Rhodomyrtus tomentosa* (Aiton) Hassk.	桃金娘（岗菍，山菍）	Myrtaceae 桃金娘科	小灌木；叶对生，椭圆形或倒卵圆形，有离基3出脉；密伞花序腋生，花紫红色，萼筒钟状；浆果	药用		华南、西南及福建、湖南、台湾
8246	*Rhodotypos scandens* (Thunb.) Makino	鸡麻	Rosaceae 蔷薇科	落叶小灌木；枝细长开展；单叶对生，叶片卵形至椭圆状卵形，边缘有尖锐重锯齿；花白色，花瓣4；果黑色，光亮	观赏	中国辽宁、陕西、甘肃、山东、河南、江苏、安徽、浙江、湖北、日本、朝鲜	辽宁、山东、山西、河南、江苏、浙江、安徽、湖北、陕西、甘肃
8247	*Rhoiptelea chiliantha* Diels et Hand. -Mazz.	马尾树	Rhoipteleaceae 马尾树科	落叶乔木；奇数羽状复叶，小叶9～17；复圆锥花序腋生，花杂性，无柄，常3朵集成二歧聚伞花序，中间为两性花，两侧为雌花；小坚果卵圆形	林木		贵州、广西、云南
8248	*Rhus chinensis* Mill.	盐肤木（五倍子树）	Anacardiaceae 漆树科	落叶小乔木或灌木；奇数羽状复叶，小叶7～13；圆锥花序顶生，花序梗密生柔毛，花乳白色；核果	药用，观赏	中国	全国各地均有（除青海、新疆外）
8249	*Rhus potaninii* Maxim.	青麸杨	Anacardiaceae 漆树科	落叶乔木；高5～8m；圆锥花序顶生，长10～20cm，有毛；花小，杂性，白色；果序下垂；核果近球形，直径3～4mm	药用，观赏	中国华北南部以南至广东、广西、西南	长江中下游及华北

（续）

序号	拉丁学名	中文名	所属科	特征及特性	类别	原产地	目前分布/种植区
8250	*Rhus typhina* L.	火炬树	Anacardiaceae 漆树科	落叶小灌木；树皮暗褐色，不规则浅纵裂，枝被红色绒毛；奇数羽状复叶，小叶长卵状披针形；圆锥花序，雌雄异株或杂性，花序被绒毛	观赏	北美东北部	全国各地均有分布
8251	*Rhynchosia acuminatissima* Miq.	紫脉花鹿藿（密果鹿藿）	Leguminosae 豆科	缠绕藤本；花序具 40～80 花，极密集，花淡紫色；荚果长圆形，长 1.7～2cm，密被黄绿色绒毛；种子 2 粒	饲用及绿肥		海南
8252	*Rhynchosia dielsii* Harms	菱叶鹿藿	Leguminosae 豆科	缠绕藤本；茎密被黄褐色长柔毛；顶生小叶卵形，长 5～9cm；两面密被柔毛；总状花序，花黄色；荚果长圆形，被柔毛	饲用及绿肥		西南各省份及陕西、湖北
8253	*Rhynchosia minima* (L.) DC.	小鹿藿（小叶括根）	Leguminosae 豆科	攀缘半灌木；茎缠绕；三出复叶，小叶近圆形；总状花序，花黄色，子房有胚珠 2 个；荚果近于倒披针形	杂草		云南、四川、湖北、台湾
8254	*Rhynchosia volubilis* Lour.	鹿藿（老鼠眼）	Leguminosae 豆科	多年生缠绕草本；茎密被开展的柔毛；小叶 3，顶生小叶卵状菱形；总状花序腋生，1 个或 2～3个花序同生一叶腋，花冠黄色；荚果	药用		华东、华中、华南及台湾、四川
8255	*Rhynchosia yunnanensis* Franch.	云南鹿藿	Leguminosae 豆科	草质藤本；全株密被灰色柔毛；顶生小叶肾形；花长 1.4～2cm，黄色；荚果倒卵状椭圆形，长 2～2.5cm，先端具喙	饲用及绿肥		四川、云南
8256	*Rhynchospora rubra* (Lour.) Makino	刺子莞	Cyperaceae 莎草科	多年生草本；秆高 30～60cm；叶基生，线形；头状花序顶生，小穗狭披针形，鳞片卵状披针形至椭圆状卵形；小坚果双凸状	杂草		安徽、江苏、江西、湖北、福建、海南、台湾、四川
8257	*Rhynchostylis retusa* (L.) Blume	钻喙兰	Orchidaceae 兰科	附生兰；根肉质；茎粗壮；叶肉质；花葶腋生，总状花序，密生多数花，花白色带紫色斑点；花期 5～6 月	观赏	中国，从斯里兰卡、印度到热带喜马拉雅经老挝、越南、柬埔寨、马来西亚至印度尼西亚和菲律宾	云南、贵州
8258	*Ribes aciculare* Sm.	阿尔泰醋栗（西伯利亚醋栗）	Saxifragaceae 虎耳草科	落叶小灌木；叶近圆形或宽卵圆形，掌状 3～5 裂；花两性，常单生叶腋；苞片卵形，萼筒宽钟形，花瓣倒卵形，白色；果圆球形	果树		新疆阿尔泰和哈密山区

（续）

序号	拉丁学名	中文名	所属科	特征及特性	类别	原产地	目前分布/种植区
8259	*Ribes alpestre* Wall. ex Decne.	高山醋栗（大刺茶藨）	Saxifragaceae 虎耳草科	落叶灌木；高1.5～3m；花瓣长圆状披针形，白色，长约4mm；花丝白色，披针形；子房密被腺体刺毛；花柱棒状，较雄蕊微长，伸出，长约6mm	果树		陕西、甘肃、湖北、四川、云南及西藏
8260	*Ribes altissimum* Turcz. ex Pojark.	高茶藨子	Saxifragaceae 虎耳草科	落叶灌木；叶近圆形，掌状3～5浅裂；花两性，总状花序长3～8cm；花瓣近扇形或倒卵形，花萼浅黄色，萼筒钟形；果近球形	观赏		新疆
8261	*Ribes ambiguum* Maxim.	四川蔓茶藨子	Saxifragaceae 虎耳草科	落叶小灌木；叶圆形或近圆形，掌状3～5裂；花两性，1朵或2朵簇生，花瓣近匙形，花萼绿色，萼筒盆形；果实近球形	果树		四川
8262	*Ribes aureum* Pursh.	金花茶藨子（黄花穗状醋栗）	Saxifragaceae 虎耳草科	落叶灌木；高2m，枝褐色；叶圆肾形至倒卵圆形，3裂，缘具2～3粗齿；花黄色，果长圆形至倒卵形	观赏	北美	华北
8263	*Ribes burejense* F. Schmidt	刺李（山醋栗，野灯笼果）	Saxifragaceae 虎耳草科	落叶小灌木；高可达1m；单叶互生，掌状3～5裂，具短柔毛和腺点；淡红褐色混合花芽，小花1～2朵簇生；浆果近圆形	果树		黑龙江、吉林、内蒙古、辽宁、河北、山西
8264	*Ribes davidii* Franch.	黄杨茶藨	Saxifragaceae 虎耳草科	常绿灌木；高0.5～1.5m；总状花序腋生，长约5cm，被腺毛；花瓣5，白色，倒卵形，长约1.5mm；雄蕊5，与花瓣互生；子房下位，1室，花柱1，柱头2裂	果树		四川
8265	*Ribes diacanthum* Pall.	二刺茶藨（楔叶茶藨）	Saxifragaceae 虎耳草科	灌木；高1～1.5m；花绿黄色，单性，雌雄异株；总状花序具花10～20朵，雄花萼5深裂，裂片卵形，花瓣5；雌花比雄花小，雄蕊退化（无花丝），子房近球形	果树		内蒙古东部、黑龙江大兴安岭
8266	*Ribes dikuscha* Fisch.	阿尔丹茶藨	Saxifragaceae 虎耳草科	茎颜色较浅，直立，高1～1.8m；叶片圆心形，5浅裂；总状花序直立，花白色；子房具蜜腺；浆果黑色，球形，有臭味	果树		
8267	*Ribes fargesii* Franch.	花茶藨子	Saxifragaceae 虎耳草科	落叶灌木；叶近圆形或近卵圆形；花两性，总状花序短，花瓣倒三角形，花萼绿色或略带红色，萼筒盆形；果实近圆形	果树		四川东部

（续）

序号	拉丁学名	中文名	所属科	特征及特性	类别	原产地	目前分布/种植区
8268	*Ribes fasciculatum* Siebold et Zucc.	蔓茶藨	Saxifragaceae 虎耳草科	高 1～2m，花簇生，单性，雌雄异株，雄花 4～9 朵，雌花 2～4 朵，生于叶腋，花黄绿色，花瓣 5，极小，半圆形，雄蕊 5，花丝极短	果树		山东、江苏、浙江、江西
8269	*Ribes floribundum* Jessn.	多花刺果茶藨	Saxifragaceae 虎耳草科	灌木，高 1～1.5m；花两性，1～2 朵；花瓣 5，菱形或披针形，长约 3mm，淡粉红色；雄蕊 5，比花瓣长；子房下位，有刺毛，花柱单 1，柱头 2 裂	果树		四川
8270	*Ribes formosanum* Hayata	台湾醋栗	Saxifragaceae 虎耳草科	落叶灌木；花单生，白色，萼淡绿，单出腋生，悬垂于枝条下方；萼筒与子房合生，4～5 裂；花瓣 4～5，周位；雄蕊 4～5，周位；子方下位，1 室；花期 4～5 月	观赏		台湾
8271	*Ribes franchetii* Jancz.	鄂西茶藨子（云南茶藨）	Saxifragaceae 虎耳草科	落叶小灌木；叶宽卵形或长卵圆形；花单性，雌雄异株，组成总状花序，雌花序较雄花序短，花瓣近扇形；果球形	果树		湖北西部、四川东部
8272	*Ribes giraldii* Jancz.	陕西茶藨	Saxifragaceae 虎耳草科	落叶灌木；高 2～3m；叶宽卵圆形；花单性，雌雄异株，形成总状花序；雄花序具花 8～20 朵；雌花序具花 2～6 朵；果实卵球形，红色	果树		山西、陕西、甘肃及哈尔滨有栽培
8273	*Ribes glaciale* Wall.	冰川茶藨子	Saxifragaceae 虎耳草科	落叶灌木；叶长卵圆形；花单性，雌雄异株，总状花序，花瓣近扇形或楔状匙形，花丝红色，花药紫红或紫褐色	观赏	中国、缅甸北部、不丹至克什米尔	陕西、甘肃、河南、湖北、四川、贵州、云南、西藏
8274	*Ribes graveolens* Bge.	臭茶藨	Saxifragaceae 虎耳草科	落叶灌木，总状花序下垂或开展；花具梗，两性，白色；花托平坦碟形；子房下半位	果树		新疆阿尔泰西北部山区
8275	*Ribes haoi* C. Y. Yang et Han	细穗茶藨	Saxifragaceae 虎耳草科	落叶灌木；花两性，总状花序下垂，具花 15～20 朵，花萼绿色带紫红色，萼筒钟状短圆筒形，带红色，萼片绿色；花瓣近扇形，长约萼片之半	果树		甘肃
8276	*Ribes henryi* Franch.	华中茶藨子	Saxifragaceae 虎耳草科	常绿小灌木；叶椭圆形或倒卵状椭圆形；花单性，雌雄异株，组成总状花序，雌花序较短；花瓣楔状匙形或近圆形；果倒卵状长圆形	果树		湖北、四川

（续）

序号	拉丁学名	中文名	所属科	特征及特性	类别	原产地	目前分布/种植区
8277	*Ribes heterotrichum* C. A. Mey.	小叶茶藨	Saxifragaceae 虎耳草科	落叶矮灌木；花单性，雌雄异株；总状花序直立，雄花序长 2～5cm，雌花序长 2～3cm，具花 6～10 朵	果树		新疆阿尔泰、塔城及天山
8278	*Ribes himalense* Royle ex Decne.	糖茶藨子	Saxifragaceae 虎耳草科	落叶小灌木；叶卵圆形或近圆形，掌状 3～5 裂；花两性，总状花序，苞片卵圆形，萼筒钟形，花瓣近匙形或扇形；果球形	果树		内蒙古、山西、陕西、河北、四川、云南及西藏
8279	*Ribes hirtellum* Michx.	美洲茶藨	Saxifragaceae 虎耳草科	落叶直立灌木，高 1～2m；叶近圆形或宽卵圆形；花两性；总状花序具花 8～20 朵；花瓣浅黄白色；果实近球形，黑色	果树	北美洲	辽宁和河北等地栽植
8280	*Ribes humile* Jancz.	矮醋栗	Saxifragaceae 虎耳草科	低矮丛生小灌木；高约 1m；叶近圆形或卵圆形；花单性，雌雄异株，排成短总状花序；花瓣极小；果实圆形，红色	果树		四川
8281	*Ribes kialanum* Jancz.	川边茶藨	Saxifragaceae 虎耳草科	灌木；总状花序直立，雄花密集，3.5～7cm，雌花稍短；苞片披针形至椭圆形，4～8mm；花瓣绿色，带淡紫红色；雄蕊略长于花瓣	果树		四川
8282	*Ribes komarovii* Pojark.	长白茶藨子	Saxifragaceae 虎耳草科	落叶灌木；叶宽卵圆形或近圆形；花单性，雌雄异株，排成直立短总状花序，雌花序短，花瓣小，倒卵圆形或近扇形；果球形	果树		吉林长白山、辽宁东南及黑龙江
8283	*Ribes latifolium* Jancz.	阔叶茶藨	Saxifragaceae 虎耳草科	落叶灌木；高 1～2m；叶基部心脏形；花两性；总状花序；花瓣近扇形或近匙形；果实圆形，红色	果树		吉林
8284	*Ribes laurifolium* Jancz.	桂叶茶藨子	Saxifragaceae 虎耳草科	常绿灌木；叶卵圆形或卵状长圆形；花单性，雌雄异株，组成总状花序，雌花序较短，雄花较雌花大，花瓣楔状匙形；果椭圆形	果树		四川、云南
8285	*Ribes lioui* C. Wang et C. Y. Yang	密穗茶藨	Saxifragaceae 虎耳草科	灌木；高 0.5～1m；果序总状，长 4～7cm，浆果多而密；果序轴及果柄被密毛，浆果红色，直径约 8mm	果树		内蒙古

（续）

序号	拉丁学名	中文名	所属科	特征及特性	类别	原产地	目前分布/种植区
8286	*Ribes longiracemosum* Franch.	长串茶藨（黑果茶藨）	Saxifragaceae 虎耳草科	灌木；小枝灰褐色，平滑无毛；叶心脏形，长与宽几相等；叶柄有稀疏的短柔毛；总状花序下垂，有短柔毛；花疏生，淡红色或带绿色，管状钟形；果实黑色	观赏	中国	湖北、四川、云南
8287	*Ribes luridum* Hook. f. et Thomson	紫花茶藨子	Saxifragaceae 虎耳草科	落叶灌木；叶近圆形或宽卵圆形；花单性，雌雄异株，总状花序直立；花瓣甚小，近扇形或楔状匙形；果近球形	果树		江西、湖北、四川、云南
8288	*Ribes mandshuricum*（Maxim.）Kom.	东北茶藨子（狗葡萄，小樱桃）	Saxifragaceae 虎耳草科	落叶小灌木；高 1～2m，多丛生；小枝无毛；单叶互生，掌状 3 裂；总状花序，多下垂，小花 20～31 朵；浆果圆形	果树	中国、朝鲜、俄罗斯	东北及河北、河南、山西、陕西、甘肃
8289	*Ribes maximowiczianum* Kom.	北方茶藨（尖叶茶藨）	Saxifragaceae 虎耳草科	灌木；总状花序，花稀疏，单性，雌雄异株；雄花子房不发育，花瓣近扇形，小，先端截形，雄蕊 5；雌花未见	果树		东北及河北、山西、陕西、甘肃
8290	*Ribes maximowiczii* Batalin	尖叶茶藨	Saxifragaceae 虎耳草科	落叶小灌木；高约 1m；叶宽卵圆形或近圆形；花单性，雌雄异株，组成短总状花序；花瓣极小；果实近球形，红色	果树		黑龙江、吉林、辽宁
8291	*Ribes meyeri* Maxim.	天山茶藨	Saxifragaceae 虎耳草科	落叶灌木；叶近圆形；花两性，总状花序下垂，苞片卵圆形，萼片匙形或倒卵形，花瓣狭楔形或近线形；果圆形，紫黑色	果树		新疆天山和昆仑山
8292	*Ribes moupinense* Franch.	宝兴茶藨子	Saxifragaceae 虎耳草科	落叶灌木；叶卵圆形或宽三角状卵圆形；花两性，总状花序下垂，苞片宽卵圆形或近圆形，萼筒钟形，花瓣倒三角状扇形；果球形	果树		陕西、甘肃、宁夏、四川、湖北、云南
8293	*Ribes moupinense* var. *tripartitum*（Batalin）Jancz.	三裂茶藨	Saxifragaceae 虎耳草科	落叶灌木；高达 2m；花序总状，下垂，长达 5～12cm；花两性，近无梗，陀螺状钟形，红色或绿色，带有红晕；雄蕊长为萼片的 1/2；子房无毛；花柱比雄蕊短	果树		甘肃
8294	*Ribes multiflorum* Kit. ex Roem. et Schult.	多花茶藨	Saxifragaceae 虎耳草科	落叶灌木；高达 2m；叶近圆形，基部截形至浅心脏形；花两性，总状花序长 5～8cm；花瓣近匙形或倒卵圆形；果实近球形，暗红色	果树	欧洲东南部山地	华北地区庭园引种栽培

（续）

序号	拉丁学名	中文名	所属科	特征及特性	类别	原产地	目前分布/种植区
8295	*Ribes nigrum* L.	醋栗（灯笼果，茶藨子）	Saxifragaceae 虎耳草科	落叶灌木；叶掌状分裂，无托叶；花两性或雌雄异株，总状花序；雄蕊与花瓣同数；子房下位，1室，有胚珠多数；果实小浆果状	药用		
8296	*Ribes odoratum* H. L. Wendl.	香茶藨	Saxifragaceae 虎耳草科	直立丛生落叶灌木；高2m；花萼黄色，萼筒管状、长1.2～1.5cm；花瓣5、小形、长约2mm、紫红色，与萼片互生；花芳香	观赏	北美	华北
8297	*Ribes orientale* Desf.	东方茶藨	Saxifragaceae 虎耳草科	落叶低矮灌木；高0.5～2m；叶近圆形或肾状圆形；花单性，雌雄异株，组成总状花序；花瓣近扇形或近匙形；果实球形，红色至紫红色	果树		四川、云南、西藏
8298	*Ribes palczewskii* （Jancz.）Pojark.	毛茶藨子	Saxifragaceae 虎耳草科	落叶灌木；叶近圆形或肾状圆形，常掌状5；花两性，总状花序，花瓣楔形或近扇形，花萼绿色，萼筒盆形；果球形	果树		东北大兴安岭
8299	*Ribes pauciflorum* Turcz. ex Ledeb.	兴安茶藨	Saxifragaceae 虎耳草科	灌木；高1～2m；总状花序具5～20（～28）朵花，花有两性，钟形，萼片5，带紫红色，被短柔毛；花瓣5，白色，比萼片小；雄蕊5；花柱基部合生，中部2裂	果树		辽宁 内蒙古
8300	*Ribes procumbens* Pall.	水葡萄茶藨子	Saxifragaceae 虎耳草科	落叶蔓性小灌木；叶圆状肾形，掌状3～5裂；花两性，总状花序，花瓣近扇形或倒卵圆形，苞片宽三角状卵圆形；果卵球形	果树，经济作物（饮料类）		内蒙古大兴安岭、黑龙江
8301	*Ribes pseudofasciculatum* K. S. Hao	青海茶藨子	Saxifragaceae 虎耳草科	落叶小灌木；叶宽卵圆形；花单性，雌雄异株，雄花序比雌花序长，花萼紫红色，萼筒盆形；花瓣小，匙形或扇形；果实球形	果树		青海
8302	*Ribes pulchellum* Turcz.	美丽茶藨子	Saxifragaceae 虎耳草科	落叶灌木；叶宽卵圆形，掌状3裂；花单性，雌雄异株，形成总状花序，雌花序短，花萼浅绿黄色至浅红褐色，花瓣小，鳞片状；果球形	观赏		内蒙古、山西、河北、甘肃
8303	*Ribes reclinatum* L.	欧洲醋栗	Saxifragaceae 虎耳草科	落叶灌木；高1～1.5m；叶圆形或近肾形，稍后，近革质；花两性，2～3朵组成短总状花序或单生于叶腋；果实球形，黄绿色或红色	果树	欧洲	黑龙江、吉林、辽宁、新疆、河北、山东

（续）

序号	拉丁学名	中文名	所属科	特征及特性	类别	原产地	目前分布/种植区
8304	*Ribes rosthornii* Jancz	南川茶藨	Saxifragaceae 虎耳草科	落叶小灌木，高 1～3m；花单性，雌雄异株，组成直立总状花序；雄花序生于侧生小枝顶端，长 1.5～2.5cm，具花数朵至 10 余朵；雌花序较短，长 1～1.5cm，具花 2～7 朵；花瓣扇状近圆形，长约 1.5mm，先端圆截形；雄蕊短，几与花瓣等长	果树		四川
8305	*Ribes rubrum* L.	桑毛茶藨	Saxifragaceae 虎耳草科	灌木；高约 1m；花两性，总状花序具 8～22 花，花较小，花萼绿色，具褐色条纹，花瓣与花萼同样颜色	果树		东北大兴安岭
8306	*Ribes sativum* Syme	茶藨	Saxifragaceae 虎耳草科	直立灌木；总状花序下垂，无毛，花绿黄色或淡紫色，花期 5 月；果实红色、多汁，果熟期 7 月	果树	西欧	各地
8307	*Ribes saxatile* Pall.	石生茶藨子	Saxifragaceae 虎耳草科	落叶低矮灌木；叶倒卵圆形；花单性，雌雄异株，组成总状花序，花瓣小，扇形，先端平截；萼筒盆形或浅杯状；果球形	果树		新疆阿尔泰、塔城及天山
8308	*Ribes setchuense* Jancz.	四川茶藨子	Saxifragaceae 虎耳草科	落叶灌木；叶卵圆形或宽三角状卵圆形；花两性，总状花序长 5～10cm；萼筒钟状，花瓣倒三角状伞形；果实球形	果树		四川
8309	*Ribes stenocarpum* Maxim.	长果醋栗（狭果茶藨）	Saxifragaceae 虎耳草科	落叶灌木；总状花序短，顶生，在其下部常有较小腋生花序；花白色，直径约 1.5cm；萼裂片卵状披针形，先端尾尖，内外两面有柔毛	果树		陕西、甘肃、青海
8310	*Ribes takare* D. Don	川西尖叶醋栗	Saxifragaceae 虎耳草科	落叶灌木；总状花序短，顶生，在其下部常有较小腋生花序；花白色，直径约 1.5cm；萼裂片卵状披针形，先端尾尖，内外两面有柔毛	果树		秦巴山区、海南
8311	*Ribes tanguticum* （Jancz.） A. Pojark.	甘青茶藨	Saxifragaceae 虎耳草科	落叶灌木；叶近圆形；花两性，总状花序下垂，苞片卵圆形，萼片匙形或倒卵形，花瓣狭楔形或近线形；果圆形，紫黑色	果树		陕西、甘肃、四川、云南
8312	*Ribes tenue* Jancz.	细枝茶藨子	Saxifragaceae 虎耳草科	落叶灌木；叶长卵圆形，掌状 3～5 裂；花单性，雌雄异株，组成直立总状花序，雌花序短，花瓣楔状匙形或近倒卵圆形；果球形	果树		陕西、甘肃、浙江、安徽、湖北、四川、云南

（续）

序号	拉丁学名	中文名	所属科	特征及特性	类别	原产地	目前分布/种植区
8313	*Ribes tricuspe* Nakai	三尖叶茶藨	Saxifragaceae 虎耳草科	灌木；高约 1m；总状花序，花稀疏，单性，雌雄异株；雄花子房不发育，花瓣近扇形，小，先端截形；雌花未见	果树		内蒙古
8314	*Ribes triste* Pall.	矮茶藨子	Saxifragaceae 虎耳草科	落叶矮小灌木；叶肾形或圆肾形；花两性，总状花序短而疏松，苞片小，卵状圆形，花瓣近扇形或倒卵状四边形；果卵球形	果树		黑龙江大、小兴安岭及吉林、内蒙古
8315	*Ribes triste* var. *repens*（A. I. Baranov）L. T. Lu	伏生茶藨子	Saxifragaceae 虎耳草科	灌木；总状花序，较短，通常具(3～)5～7 花，两性花，直立，花瓣小，扇形或长圆状扇形，长约为萼裂片的 1/3 或 1/4，与雄蕊近等长，花柱 2，中裂至深裂	果树		黑龙江
8316	*Ribes ussuriense* Jancz	乌苏里茶藨	Saxifragaceae 虎耳草科	灌木，高约 1m；叶互生，基部心形；总状花序，花淡黄色；花瓣长倒披针形或椭圆形；浆果球形	果树		黑龙江
8317	*Ribes villosum* Wall.	西藏茶藨	Saxifragaceae 虎耳草科	落叶灌木，高 1～3m；叶宽卵圆形；花较大，单性，雌雄异株，组成直立或微下垂的总状花序；果实球形，橘红色至紫红色	果树		西藏东北部、东部和南部
8318	*Ribes vilmorinii* Jancz.	小果茶藨子	Saxifragaceae 虎耳草科	落叶灌木；叶卵圆形或近圆形；花单性，雌雄异株，组成直立总状花序，雌花序较雄花序短，花萼近辐状，花瓣扇状近圆形；果卵球形	果树		陕西、甘肃、四川、云南
8319	*Riccia fluitans* L.	叉钱苔	Ricciaceae 钱苔科	一年生草本；叶状体扁平带状，常重复叉状分枝，枝线形，通常密集丛生；腹面具假根；雌雄同株，在外凸球形蒴面上生假根	杂草		秦岭以南各省份
8320	*Riccia glauca* L.	钱苔	Ricciaceae 钱苔科	一年生杂草；叶状体扁平倒心脏形，先端二至三回叉状分枝，背面具一宽阔沟槽；雌雄同株，精子器和颈卵器深陷叶状体内；孢蒴球形	杂草		长江流域及台湾
8321	*Ricciocarpus natans*（L.）Corda.	浮苔	Ricciaceae 钱苔科	一年生杂草；叶状体倒心脏形，先端二歧分叉，腹面具多数须根状鳞片；雌雄同株，精子器与颈卵器单个陷于叶状体内	杂草		我国秦岭以南各省份

（续）

序号	拉丁学名	中文名	所属科	特征及特性	类别	原产地	目前分布/种植区
8322	*Ricinus communis* L.	蓖麻（红麻，金豆）	Euphorbiaceae 大戟科	一年或多年生高大灌木状草本；茎具白粉；叶盾状着生；圆锥花序，雌花在上，雄花在下；子房3室；蒴果具软刺	经济作物（油料类），有毒	非洲	全国各地均有分布
8323	*Robinia hispida* L.	毛刺槐（江南槐）	Leguminosae 豆科	落叶灌木或小乔木；小枝、叶柄及花梗均密生紫红色刺毛；奇数羽状复叶，小叶7～13枚，椭圆形至长圆形；花粉红或紫红色，2～7朵组成稀疏的总状花序	观赏	北美	华北及东北
8324	*Robinia pseudoacacia* L.	洋槐（刺槐，槐树）	Leguminosae 豆科	落叶乔木；小枝常具托叶状刺；羽状复叶，互生，小叶椭圆形至卵形；总状花序腋生，下垂；花冠白色；荚果扁平	林木，蜜源，有毒，经济作物（香料类）		全国各地
8325	*Rodgersia aesculifolia* Batalin	鬼灯擎	Saxifragaceae 虎耳草科	多年生草本；掌状复叶，小叶狭倒卵形或倒披针形；圆锥花序顶生，花萼白色或淡黄色，宽卵形；无花瓣；心皮2，下部合生，子房半下位，2室，胚珠多数	观赏	中国	甘肃、陕西、河南西部、湖北、云南、四川、西藏
8326	*Roegneria ciliaris* (Trin. ex Bunge) Nevski	纤毛鹅观草	Gramineae (Poaceae) 禾本科	多年生；秆被白粉；叶片两面无毛；颖边缘及脉具纤毛，外稃背部被毛，边缘具纤毛，芒长10～30mm，反曲	粮食	中国	我国南北各省份
8327	*Roegneria dura* (Keng) Keng	岷山鹅观草（变颖鹅观草，耐久鹅观草）	Gramineae (Poaceae) 禾本科	多年生；秆高55～80cm；穗状花序下垂，小穗具长0.8～1.5mm的短柄，颖先端尖或渐尖，花药黑色，长约1.5mm	饲用及绿肥		甘肃、青海、四川、新疆
8328	*Roegneria hondae* Kitag.	五龙山鹅观草	Gramineae (Poaceae) 禾本科	秆高70～100cm，无毛；基部的叶鞘常具倒毛，叶片扁平；穗状花序长约15cm，多少带紫色；颖宽披针形，先端渐尖或具小尖头	饲用及绿肥		河北、内蒙古
8329	*Roegneria pauciflora* (Schwein.) Hyl.	贫花鹅观草	Gramineae (Poaceae) 禾本科	多年生；秆高60～90cm；穗状花序直立，小穗长10～16mm，含3～6花，外稃背部无毛，先端无芒或仅具尖头	饲用及绿肥		青海、宁夏、甘肃、河北

（续）

序号	拉丁学名	中文名	所属科	特征及特性	类别	原产地	目前分布/种植区
8330	*Roegneria abolinii* (*Drob.*) *Nevski* Kit.	鹅冠草（阿波林鹅观草）	Gramineae (Poaceae) 禾本科	多年生草本植物；丛生，不具根状茎，茎秆直立，株高 80～115cm，无毛；穗状花序，穗轴细弱，直立或下垂；外稃顶端有芒	饲用及绿肥		东北、华北、西南及长江中下游地区
8331	*Roegneria semicostata* Kit.	鹅冠草（强脉鹅冠草）	Gramineae (Poaceae) 禾本科	多年生草本植物；茎秆直立或基部倾斜，疏丛型，株高 80～100cm；穗状花序，穗轴细弱，通常弯曲，外稃顶端有芒	饲用及绿肥		东北、华北、西南及长江中下游地区
8332	*Rohdea japonica* (Thunb.) Roth	万年青（铁扁担，开口剑）	Liliaceae 百合科	多年生常绿草本；根茎黄白色；叶自根状丛生；长葶从叶丛中生出；花排列呈穗状；花淡绿色；浆果	有毒		华东、华南、西南、华中
8333	*Rorippa cantoniensis* (Lour.) Ohwi	细子蔊菜	Cruciferae 十字花科	二年生草本；茎高 10～25cm；叶羽状分裂，基生叶有柄，茎生叶无柄；总状花序顶生，花黄色；短角果圆柱形	饲用及绿肥		华北、华中、华东、华南及辽宁、四川、云南、台湾
8334	*Rorippa dubia* (Pers.) H. Hara	无瓣蔊菜（蔊菜，野雪里蕻）	Cruciferae 十字花科	一年生草本；高 10～51cm；单叶互生，叶倒卵形或倒卵状披针形；总状花序，无花瓣（偶有不完全花瓣）；长角果线形	蔬菜，药用		华东、华中、华南、西南及陕西、甘肃
8335	*Rorippa globosa* (Turcz. ex Fisch. et C. A. Mey.) Hayek	球果蔊菜	Cruciferae 十字花科	一年或二年生草本；高 25～80cm；叶长圆形或倒卵状披针形，下延成短耳状而半抱茎；总状花序顶生，花黄色；短角果球形	饲用及绿肥，经济作物（油料类）		东北、华中、华南、华东及河北、山西、云南
8336	*Rorippa indica* (L.) Hiern	蔊菜（水辣辣，野油菜，青蓝菜）	Cruciferae 十字花科	一年或二年生草本；高 15～51cm；下部叶有柄大头羽状分裂，上部叶长圆形无柄；总状花序顶生，花小，黄色，花瓣匙形；长角果圆柱形	饲用及绿肥，经济作物（油料类）		东北、华北、西北、西南及江苏
8337	*Rorippa islandica* (Oed.) Borb.	沼生蔊菜	Cruciferae 十字花科	二年生草本；高 20～50cm；基生叶具柄，长圆形至狭长圆形，茎生叶羽状深裂或具齿，基部耳状抱茎；总状花序，花黄色或淡黄色；短角果	药用，饲用及绿肥，经济作物（油料类）		东北、华北、西北及安徽、江苏、湖南、贵州、云南
8338	*Rosa acicularis* Lindl.	尖刺蔷薇（多刺大叶蔷薇）	Rosaceae 蔷薇科	小灌木；小叶 7～9，小叶长圆形或椭圆形；花常单生，苞片卵形，萼片披针形，先端扩展成叶状，花瓣粉红色，倒卵形；果长圆形	果树		

（续）

序号	拉丁学名	中文名	所属科	特征及特性	类别	原产地	目前分布/种植区
8339	*Rosa albertii* Regel	腺齿蔷薇（阿瓦蔷薇）	Rosaceae 蔷薇科	灌木；小叶5～7，小叶卵形，椭圆形或近圆形；花单生或2～3朵簇生，苞片卵形，萼片卵状披针形，花瓣白色，宽卵形；果梨形	果树		新疆、青海、甘肃
8340	*Rosa banksiae* Aiton	木香花（木香）	Rosaceae 蔷薇科	攀缘小灌木；小叶常3～5，椭圆状卵形或长圆状披针形；花小，多朵成伞形花序，花瓣重瓣至半重瓣，白色，倒卵形	观赏，经济作物（香料类）		全国各地均有分布
8341	*Rosa banksiopsis* Baker	拟木香（假木香蔷薇）	Rosaceae 蔷薇科	小灌木；小叶7～9，小叶卵形或长圆形；花多数成伞形花序，苞片卵形或披针形，萼片卵状披针形，花瓣粉红或玫瑰红；果卵球形	果树		陕西、甘肃、江西、四川、湖北
8342	*Rosa beggeriana* Schrenk	弯刺蔷薇（柏格蔷薇）	Rosaceae 蔷薇科	灌木；小叶5～9，广椭圆形或椭圆状倒卵形；花数朵排列成伞房状或圆锥状花序，苞片卵形，萼筒近球形，花瓣多白色；果近球形	果树		新疆、甘肃
8343	*Rosa bella* Rehder et E. H. Wilson	山刺玫（美蔷薇）	Rosaceae 蔷薇科	直立灌木；小叶7～9，叶长圆形或阔披针形；花单生叶腋，或2～3朵簇生，苞片卵形，萼筒近圆形，花瓣粉红色；果近球形	观赏		河南、陕西、甘肃、安徽、湖北、四川、云南、西藏
8344	*Rosa berberifolia* Pall.	小檗叶蔷薇（单叶蔷薇）	Rosaceae 蔷薇科	低矮铺散灌木；单叶，叶椭圆形、长圆形；花单生，花瓣黄色，基部有紫红色斑点，倒卵形；果实近球形，直径约1cm，紫褐色	观赏	中国新疆，前苏联	新疆
8345	*Rosa bracteata* J. C. Wendl.	硕苞蔷薇	Rosaceae 蔷薇科	铺散常绿灌木；有常匍枝；小枝粗壮，密被黄褐色柔毛，混生针刺和腺毛；小叶5～9，小叶片革质，椭圆形、倒卵形；花单生或2～3朵集生，乳白色，单瓣	观赏	中国江苏、浙江、台湾、福建、江西、湖南、贵州、云南	
8346	*Rosa brunonii* Lindl.	复伞房蔷薇（白刺玫）	Rosaceae 蔷薇科	攀缘灌木；下叶长圆形或长圆披针形；花多朵排成复伞房状花序，萼筒倒卵形，花瓣白色，宽倒卵形，花柱结合成柱；果卵形	果树		西藏、云南
8347	*Rosa caudata* Baker	尾萼蔷薇	Rosaceae 蔷薇科	灌木；小叶7～9，卵形或椭圆卵形；花多朵成伞房状，有数个苞片，苞片卵形，萼筒长圆形，花瓣红色，宽倒卵形；果长圆形	果树		湖北、四川、陕西

（续）

序号	拉丁学名	中文名	所属科	特征及特性	类别	原产地	目前分布/种植区
8348	*Rosa centifolia* L.	洋蔷薇（百叶蔷薇）	Rosaceae 蔷薇科	小灌木;小枝上有不等皮刺;小叶5～(～7),小叶片薄;花单生,无苞片;常重瓣,花瓣直立重叠如包心菜状;芳香且香味浓;花梗细长,弯曲,密被腺毛	观赏	中国、中欧、南欧、西亚	全国各地均有分布
8349	*Rosa chinensis* Jacquem.	月季花（月月花）	Rosaceae 蔷薇科	直立灌木;小叶常3～5,宽卵形至卵状长圆形;花几朵集生,萼片卵形,花瓣重瓣至半重瓣,倒卵形;果卵球形或梨形	药用	中国	
8350	*Rosa corymbulosa* Rolfe	伞房蔷薇（白斑蔷薇）	Rosaceae 蔷薇科	小灌木;小叶3～5,卵状长圆形;花多数排成伞形的伞房花序,苞片卵形或卵状披针形,花瓣红色,基部白色;果卵球形	果树		湖北、四川、陕西、甘肃
8351	*Rosa cymosa* Tratt.	小果蔷薇	Rosaceae 蔷薇科	攀缘灌木;羽状复叶,椭圆形至卵状披针形,先端渐尖,伞房花序,花多数	蜜源		华东、中南、西南
8352	*Rosa damascena* Mill.	突厥蔷薇	Rosaceae 蔷薇科	灌木;小枝常有粗壮皮状钩刺;小叶通常5,卵形、卵状长圆形;花6～12朵成伞房状;粉红至白色,复瓣至重瓣,芳香浓郁	观赏	小亚细亚	
8353	*Rosa davidii* Crép.	西北蔷薇	Rosaceae 蔷薇科	直立开展灌木;小叶5～9,常7,椭圆形或倒卵形;伞形花序,萼片卵形,花瓣黄白色,倒卵形,心皮多数;果近球形	果树		四川、西藏、云南、安徽
8354	*Rosa davurica* Pall.	野玫瑰（刺玫果,野蔷薇）	Rosaceae 蔷薇科	落叶灌木;奇数羽状复叶,小叶宽卵形或长椭圆形;花单生或2～3朵聚生,紫红色;花托内含多数瘦果,种子卵圆形或椭圆形	药用		东北、华北、西北
8355	*Rosa fedtschenkoana* Regel	腺果蔷薇	Rosaceae 蔷薇科	小灌木;小枝有淡黄色大小不等的皮刺;小叶通常7;花单生,有时2～4朵集生;花筒卵球形;花瓣白色;果长圆形或卵球形	观赏	中国新疆、中亚、帕米尔	新疆
8356	*Rosa filipes* Rehder et E. H. Wilson	腺梗蔷薇	Rosaceae 蔷薇科	灌木;小枝有粗短弯曲的皮刺;小叶5～7;花复伞房状或圆锥状花序;花瓣白色;果近球形	观赏	中国甘肃、陕西、四川、云南、西藏	甘肃、陕西、四川、云南、西藏

（续）

序号	拉丁学名	中文名	所属科	特征及特性	类别	原产地	目前分布/种植区
8357	*Rosa foetida* Herrm.	异味蔷薇	Rosaceae 蔷薇科	灌木；小枝细，红褐色；花单生，罕数朵，花梗长4～5cm，花径4～6cm；花瓣深黄色；开花时散发一种令人不愉快的香气	观赏		
8358	*Rosa gallica* L.	法国蔷薇	Rosaceae 蔷薇科	直立灌木；小枝常有大小不等的皮刺并混生刺毛；小叶3～5，革质，卵形或宽椭圆形；花单生，稀3～4；花大，粉红或大红；花梗直立粗壮，被腺毛	观赏	中欧、南欧及西亚	
8359	*Rosa gigantea* Collett ex Crepin	巨花蔷薇	Rosaceae 蔷薇科	落叶或半常绿藤本；具粗大而均匀钩状皮刺；小叶7；花单生，稀2～3朵；花直径10～15cm，乳白至乳黄色，单瓣，芳香；果大	观赏	中国、缅甸	云南
8360	*Rosa giraldii* Crép.	陕西蔷薇	Rosaceae 蔷薇科	落叶灌木；小枝有疏生直立皮刺；小叶片近圆形，倒卵形；花单生或2～3朵簇生；苞片卵形；花柱离生；果卵球形，暗红色，萼片常直立宿存	观赏	中国山西、河南、陕西、甘肃、湖北、四川	
8361	*Rosa helenae* Rehder et E. H. Wilson	卵果蔷薇	Rosaceae 蔷薇科	铺散灌木；皮刺短粗，基部膨大，稍弯曲，带黄色；小叶(5～)7～9，长圆卵形或卵状披针形；顶生伞房花序，部分密集近伞形，花瓣倒卵形，白色	观赏	中国	湖北、陕西、甘肃、四川、云南、贵州
8362	*Rosa henryi* Boulenger	软条七蔷薇	Rosaceae 蔷薇科	灌木；高3～5m；小叶片长圆形或椭圆状卵形；伞形伞房状花序；花瓣白色；果近球形	蜜源		华中、华东及陕西、广东、广西、四川、云南、贵州
8363	*Rosa hugonis* Hemsl.	黄蔷薇（马红刺）	Rosaceae 蔷薇科	灌木；高约2m，单数羽状复叶，倒卵形，先端圆钝，花黄色，蔷薇果，球形，红褐色	蜜源		东北、华北及山东、陕西、甘肃
8364	*Rosa hybrida* Hort. ex Lavallée	现代月季（杂交月季）	Rosaceae 蔷薇科	落叶灌木、藤状蔓生灌木；羽状复叶互生，卵形、阔卵形、椭圆状卵形至卵状长圆形；花数朵簇生成伞房状，罕单花；花型、花色不一，通常羽状裂，雌雄蕊均多数，通常雄蕊瓣花为重瓣花；假果黄色、橙黄色或红色、橘红色	观赏		华北、华东、华中及辽宁、陕西、云南、广东、甘肃、四川

（续）

序号	拉丁学名	中文名	所属科	特征及特性	类别	原产地	目前分布/种植区
8365	*Rosa laevigata* Michx.	金樱子（山石榴，刺梨子）	Rosaceae 蔷薇科	常绿蔓性灌木；小枝密生刺；花单生于叶腋，花梗和萼筒外密被腺毛，落花后发育成细针刺；蔷薇果	果树，药用		华东、华中、华南、西南及陕西
8366	*Rosa laxa* Retz.	疏花蔷薇	Rosaceae 蔷薇科	落叶灌木；小叶 7～9，椭圆形、长圆形或卵形；花 3～6 朵组成伞房状或单生；花瓣白色，倒卵形，先端凹凸不平	观赏	中国新疆阿尔泰山，西伯利亚中部	新疆北部
8367	*Rosa macrophylla* Lindl.	大叶蔷薇	Rosaceae 蔷薇科	常绿灌木；小枝粗壮，小叶（7～）9～11，长圆形或椭圆状卵形；花单生或 2～3 朵簇生，花瓣深红色，倒三角卵形；果紫红色，有光泽	观赏	中国、印度	西藏、云南西北部
8368	*Rosa mairei* H. Lév.	毛叶蔷薇	Rosaceae 蔷薇科	落叶灌木；茎圆柱形，散生扁平翼状皮刺；复叶，小叶长圆状倒卵形，两面被柔毛，背面更密，托叶贴生叶柄，被毛；花单生叶腋，白色	观赏	中国云南、四川、西藏、贵州	云南、四川、西藏、贵州
8369	*Rosa maximowicziana* Regel	伞花蔷薇	Rosaceae 蔷薇科	小灌木；枝上散生短小而弯曲皮刺；小叶 7～9，卵形、椭圆形或长圆形；花数朵成伞房排列，花瓣白色或带粉红色，倒卵形	观赏	中国、朝鲜及前苏联远东地区	辽宁、山东
8370	*Rosa moyesii* Hemsl. et E. H. Wilson	红花蔷薇（华西蔷薇）	Rosaceae 蔷薇科	灌木；小枝圆柱形，有皮刺；小叶 7～13；卵形、椭圆形或长圆状卵形；花单生或 2～3 朵簇生；花瓣深红色，宽倒卵形	观赏	中国云南、四川、陕西	河南、陕西、甘肃、安徽、湖北、四川、云南、西藏
8371	*Rosa multiflora* Thunb.	多花蔷薇（野蔷薇，刺梅花）	Rosaceae 蔷薇科	攀缘灌木；小枝有短粗、稍弯的皮刺；小叶 5～9；小叶倒卵形、长圆形或卵形；花多朵，排成圆锥状花序；花瓣白色，宽倒卵形	观赏	中国、日本和朝鲜	华北、华东、华中及西南
8372	*Rosa odorata* （Andrews） Sweet	香水月季	Rosaceae 蔷薇科	常绿亚半常绿攀缘灌木；羽状复叶，小叶 5～9；花单生或 2～3 朵，花瓣倒卵形，芳香，白色、淡黄或带粉红色；蔷薇果呈扁球形	药用，观赏	中国	云南
8373	*Rosa omeiensis* Rolfe	峨眉蔷薇	Rosaceae 蔷薇科	直立灌木；小叶 9～13，长圆形或椭圆状长圆形；花单生叶腋；萼片、花瓣 4；花瓣白色，倒三角状卵形，先端微凹；花柱离生，被长柔毛	观赏	中国云南、四川、湖北、陕西、宁夏、甘肃、青海、西藏	云南、四川、湖北、甘肃、西藏

（续）

序号	拉丁学名	中文名	所属科	特征及特性	类别	原产地	目前分布/种植区
8374	*Rosa platyacantha* Schrenk	宽刺蔷薇	Rosaceae 蔷薇科	小灌木；枝条皮刺多；小叶 5～7，小叶片革质；花单生于叶腋或 2～3 朵集生；花瓣黄色，倒卵形；果球形至卵球形，暗红色至紫褐色	观赏	中国新疆	新疆
8375	*Rosa primula* Boulenger	报春刺玫	Rosaceae 蔷薇科	灌木；小枝细瘦，被多数基部宽大的皮刺；小叶 7～15 枚，椭圆形至倒卵状椭圆形；花单生枝顶，淡黄色；果红色	观赏	中国西北及山西、河南、四川	
8376	*Rosa roxburghii* Tratt.	刺梨（缫丝花，刺蘼）	Rosaceae 蔷薇科	落叶灌木；奇数羽状复叶，小叶椭圆形或长圆形；花单生或 2～3 朵着生短枝顶端；花瓣重状或半重状，淡红或粉红；蔷薇果	果树，药用，观赏	中国	西南、华东、西北、华中及江西
8377	*Rosa rubus* H. Lév. et Vaniot	悬钩子蔷薇（荼蘼花）	Rosaceae 蔷薇科	匍匐灌木；高可达 5～6m；小叶片卵状椭圆形、倒卵形或椭圆形；花 10～25 朵排成圆锥状伞房花序；花瓣白色；果近球形，猩红色至紫褐色	观赏		甘肃、陕西、湖北、四川、云南、贵州、广西、广东、江西、福建、浙江
8378	*Rosa rugosa* Thunb.	玫瑰	Rosaceae 蔷薇科	直立灌木；具皮刺；奇数羽状复叶，互生；花单生或 3～5 朵簇生，单瓣或重瓣，萼片 5，雄蕊、雌蕊多数，包于壶状花托底部	经济作物（香料类）	中国北部	山东、江苏、浙江、广东
8379	*Rosa sambucina* var. *pubescens* Koidz.	麝香蔷薇	Rosaceae 蔷薇科	藤本；花白色，花径 3～5cm，花瓣 5 枚，芳香，常 7 朵以上聚生成伞房花序，花期 6～7 月；果小，卵圆形	观赏	欧洲南部、非洲北部、伊朗至印度北部	
8380	*Rosa saturata* Baker	大红蔷薇	Rosaceae 蔷薇科	灌木；小叶卵形或卵状披针形；叶轴有柔毛和稀疏小皮刺；花单生，稀 2 朵，萼外面近无毛，内面密被柔毛；花瓣红色，倒卵形；果卵球形，砾红色	观赏	中国湖北、四川、浙江	
8381	*Rosa sericea* Lindl.	绢毛蔷薇	Rosaceae 蔷薇科	灌木；皮刺散生或对生；羽状复叶，小叶下面被丝状柔毛，叶柄、叶轴散生小皮刺和腺毛，花单生叶腋，无苞片；花瓣 4，白色，倒卵形	观赏	中国云南、贵州、四川、西藏	云南、四川、贵州、西藏

（续）

序号	拉丁学名	中文名	所属科	特征及特性	类别	原产地	目前分布/种植区
8382	*Rosa sertata* Rolfe	钝叶蔷薇	Rosaceae 蔷薇科	灌木；高约 2m；花单生或数朵聚生，有苞片；花红色或紫红色，径 4～6cm；萼裂片卵状披针形，全缘，先端尾状；花瓣倒卵形	观赏	中国	陕西、山西、甘肃、湖北、四川、云南
8383	*Rosa setigera* Michx	刚毛蔷薇	Rosaceae 蔷薇科	灌木；具蔓性或拱曲长达 5m 之茎，枝茎平滑；小叶 3，稀 5；花玫瑰粉色，将谢褪为近白色，近于无香，少数几朵成伞房花序；花丛大而色艳丽	观赏	美国东部至中部	
8384	*Rosa setipoda* Hemsl. et E. H. Wilson	刺梗蔷薇（刺毛蔷薇）	Rosaceae 蔷薇科	灌木；小枝散生宽扁皮刺；小叶 5～9；花为稀疏伞房花序；花瓣粉红色或玫瑰紫色；果长圆状卵球形，深红色	观赏	中国	湖北、四川
8385	*Rosa spinosissima* L.	密刺蔷薇	Rosaceae 蔷薇科	灌木；枝直立，具若干短小枝，混被细长皮刺及粗刚毛；小叶 5～9；花单生叶腋，多两面集生，甚丰繁，花径 3.5～5cm，橙白、乳白或淡粉等色	观赏	中国，自欧洲经小亚细亚、高加索、西部西伯利亚至中亚	新疆
8386	*Rosa sweginzowii* Koehne	扁刺蔷薇	Rosaceae 蔷薇科	灌木；基部具膨大而扁平皮刺；小叶 7～11，椭圆形至卵状长圆形；花单生或 2～3 朵簇生；花瓣粉红色；果紫红色，外常有腺毛，萼片直立宿存	观赏	中国云南、四川、湖北、陕西、甘肃、青海、西藏	
8387	*Rosa tsinglingensis* Pax et K. Hoffm.	秦岭蔷薇	Rosaceae 蔷薇科	小灌木；小枝散生浅色皮刺；小叶通常 11～13；花单生于叶腋，无苞片；花瓣白色；果倒卵圆形至长圆倒卵圆形，红褐色，有宿存直立萼片	观赏	中国	陕西、甘肃
8388	*Rosa wichurana* Crép.	光叶蔷薇	Rosaceae 蔷薇科	攀缘灌木；枝条平卧；小叶 5～7；椭圆形、卵形或倒卵形；花多朵成伞房状花序；花瓣白色，有香味，倒卵形；果实球形或近球形，紫黑褐色，有光泽	观赏	中国、日本、朝鲜	浙江、广东、广西、福建、台湾
8389	*Rosa willmottiae* Hemsl.	小叶蔷薇	Rosaceae 蔷薇科	灌木；小枝有成对或散生、直细或稍弯皮刺；小叶 7～9；花单生，苞片卵状披针形；花瓣粉红色；果长圆形或近球形，橘红色	观赏	中国	四川、陕西、甘肃、青海、西藏

（续）

序号	拉丁学名	中文名	所属科	特征及特性	类别	原产地	目前分布/种植区
8390	*Rosa xanthina* Lindl.	黄刺玫	Rosaceae 蔷薇科	直立灌木；枝粗壮，密集，披散，有散生皮刺；小叶 7～13，宽卵形或近圆形；花单生叶腋；花瓣黄色，重瓣或半重瓣，宽倒卵形	观赏	中国	云南、四川、贵州、湖北、陕西、甘肃、青海、西藏
8391	*Roscoea cautleoides* Gagnep.	早花象牙参	Zingiberaceae 姜科	多年生直立草本；无叶片的叶鞘被紫红色斑点；叶 1～3 枚线形，披针形，膜质；花黄色或带紫色，单花，苞片淡绿色，膜质，花萼淡黄绿色	药用	中国	云南、四川
8392	*Roscoea schneideriana*（Loes.）Cowley	无柄象牙参	Zingiberaceae 姜科	直立草本；叶 3～4 枚在茎顶成莲座状；花序梗藏叶鞘内，花深紫红或紫红色，单花开放，苞片线状针形，绿色，花冠管上部淡紫，下部白色	观赏	中国云南德钦、中甸、丽江、洱源，四川木里、盐源、攀枝花，西藏错那	云南、四川、西藏
8393	*Roscoea scillifolia*（Gagnep.）Cowley	绵枣象牙参	Zingiberaceae 姜科	直立生草本；叶片线形，下部有时镰刀状；花序梗伸出叶鞘，具肋；花单生，鲜紫红色、淡紫红色或白色；苞片具睫毛，绿色	观赏	中国丽江、大理、洱源	云南
8394	*Rosmarinus officinalis* L.	迷迭香（海洋之露，圣母玛利亚的玫瑰）	Labiatae 唇形科	多年生常绿灌木；茎方形；叶在枝上丛生，叶片线形，先端钝，革质，叶缘反卷；小花由叶腋着生为总状花序，花色有蓝、淡蓝、紫、粉红及白色；全株有芳香	经济作物（香料类、调料类），观赏	欧洲及北非地中海沿岸	台湾、黑龙江、吉林、辽宁、云南、湖南、四川、贵州
8395	*Rotala densiflora*（Roth）Koehne	密花节节菜	Lythraceae 千屈菜科	一年生草本；茎高 7～10cm；叶对生，无柄，椭圆状长圆形或披针形；花无梗，单生叶腋，花瓣极小，狭长圆形；蒴果半球形	杂草		贵州、广东、广西、海南、台湾
8396	*Rotala indica*（Willd.）Koehne	节节菜（节节草，水马兰，碌耳草）	Lythraceae 千屈菜科	一年生矮小草本；茎高 5～15cm；叶对生，无柄，倒卵形或近匙状长圆形；穗状花序腋生，花瓣 4，淡红色；蒴果椭圆形	饲用及绿肥		秦岭、淮河一线以南地区
8397	*Rotala mexicana* Cham. ex Schltdl.	轮叶节节菜（水松叶）	Lythraceae 千屈菜科	一年生草本；高 3～10cm；茎下部水中无叶，茎上部露出水面，叶长披针形，常 4 片轮生，花小，腋生，无花瓣；蒴果球形	杂草		浙江、江苏、陕西、河南
8398	*Rotala rosea*（Poir.）C. D. K. Cook ex H. Hara	细萼节节菜	Lythraceae 千屈菜科	一年生草本；茎高 8～30cm；叶对生，披针状长圆形；花单生枝鞘和侧枝叶腋，无柄，花瓣 3～5，狭长圆形；蒴果近球形	杂草		广东、海南、福建、广西、贵州、云南

（续）

序号	拉丁学名	中文名	所属科	特征及特性	类别	原产地	目前分布/种植区
8399	*Rotala rotundifolia* (Buch. -Ham. ex Roxb.) Koehne	圆叶节节菜	Lythraceae 千屈菜科	一年生草本；高 10～30cm；叶对生，近圆形；花小，两性，穗状花序顶生，花瓣 4，倒卵形，淡紫色；蒴果椭圆形	杂草		长江以南各省份
8400	*Rottboellia cochinchinensis* (Lour.) Clayton	筒轴茅（罗氏草）	Gramineae (Poaceae) 禾本科	一年生草本；秆高达 2m；叶长 20～50cm；总状花序 长 8～15cm，无柄小穗卵形，长 4～5mm，有柄小穗较小；颖果	饲用及绿肥		浙江、广东、广西、福建、台湾、云南、四川、西藏
8401	*Roystonea oleracea* (Jacq.) O. F. Cook	菜王棕（西印度椰子）	Palmae 棕榈科	高大乔木；高达 15m，胸径 20～30cm，茎灰色具较密的环纹，基部与中部膨大；叶鞘绿色光滑，叶羽状裂	观赏	西印度群岛	
8402	*Roystonea regia* (Kunth) O. F. Cook	大王椰子（王棕）	Palmae 棕榈科	常绿乔木；树干中部以下膨大，灰褐色，光滑，有环纹；叶羽状全裂，聚生茎顶，弓形并常下垂，羽片线状披针形；花单性，雌雄同株	观赏	古巴	我国南方
8403	*Rubia alata* Roxb.	金剑草	Rubiaceae 茜草科	草质攀缘藤本；叶薄革质，线形或狭披针形；花序腋生或顶生；花冠白色或淡黄色；浆果球形或双球形	观赏		长江流域及其以南各省份
8404	*Rubia argyi* (Lév. et Vant) Hara ex Lauener	东南茜草（新拟）	Rubiaceae 茜草科	多年生草质藤本；叶片纸质，心形至阔卵状心形；聚伞花序分枝成圆锥花序式；浆果近球形	杂草		华东、华中及陕西、台湾、广东、广西、四川
8405	*Rubia chinensis* Regel et Maack	中国茜草	Rubiaceae 茜草科	多年生直立草本；高 30～60cm；叶薄纸质或近膜质，卵形至阔卵形；聚伞花序排成圆锥花序式；浆果近球形	杂草		东北、华北
8406	*Rubia cordifolia* L.	茜草	Rubiaceae 茜草科	多年生攀缘性草质藤本；茎棱生小刺；叶常 4 片轮生，卵形至卵状披针形；聚伞花序排成大而疏松圆锥花序；花小，花冠黄白色；浆果果爿双生	药用，经济作物（染料类）	中国	我国东北至华南大部分地区
8407	*Rubia crassipes* Collett et Hemsl.	厚柄茜草（新拟）	Rubiaceae 茜草科	草质攀缘藤本；高达 3m；叶片厚，革质，卵形至披针形；聚伞圆锥花序；花未见；果绿色，球形	杂草		云南玉溪河临沧

（续）

序号	拉丁学名	中文名	所属科	特征及特性	类别	原产地	目前分布/种植区
8408	*Rubia edgeworthii* Hook. f.	川滇茜草（新拟）	Rubiaceae 茜草科	攀缘草本；叶纸质，披针形或狭披针形；聚伞花序排成圆锥花序式；果未见	杂草		广西西北部、四川西南部、云南西北部
8409	*Rubia mandersii* Collett et Hemsl.	黑花茜草	Rubiaceae 茜草科	直立或上部柔弱草本；高 20～60cm；叶坚纸质，很厚，阔椭圆形；聚伞花序；花绿白色或绿黄色；果球形	杂草		四川、云南
8410	*Rubia manjith* Roxb. et Desv.	梵茜草（新拟）	Rubiaceae 茜草科	草质攀缘藤本；叶片纸质，长圆状披针形至卵状披针形；聚伞花序；花冠红色或紫红色；果球形，暗红色	药用，经济作物（染料类）		西藏
8411	*Rubia oncotricha* Hand.-Mazz.	钩毛茜草	Rubiaceae 茜草科	多年生披散草本或稍作藤状；高约 1m，密生钩状刺毛；叶 4 片轮生，披针形或卵状披针形；聚伞花序，花小，黄绿色；浆果常 1 室发育	杂草		云南、贵州、广西
8412	*Rubia ovatifolia* Z. Y. Zhang	卵叶茜草	Rubiaceae 茜草科	草本；攀缘，长 1～2m；叶片薄纸质，卵状心形至圆心形；聚伞花序排成疏花圆锥花序式；浆果球形	杂草		陕西、甘肃、浙江、湖南、四川、贵州、云南
8413	*Rubia podantha* Diels	柄花茜草	Rubiaceae 茜草科	草质攀缘藤本；叶纸质，狭披针形或披针形；聚伞花序排成圆锥花序式；浆果球形	杂草		广西西部、四川西南部、云南
8414	*Rubia schumanniana* E. Pritz.	大叶茜草	Rubiaceae 茜草科	草本；高 1m 左右；叶厚纸质至革质，披针形、长圆状卵形；聚伞花序排成圆锥花序式；浆果球形，黑色	杂草		我国西南部
8415	*Rubia siamensis* Craib	对叶茜草（新拟）	Rubiaceae 茜草科	草质攀缘藤本；高达 3m；叶片厚纸质或近革质，卵形或卵状披针形；花未见；果绿色	杂草		云南双江和孟连
8416	*Rubia wallichiana* Decne.	多花茜草（新拟）	Rubiaceae 茜草科	草质攀缘藤本；叶极薄纸质至近膜质；小聚伞花序排成圆锥花序式；花冠紫红色、绿黄色或白色；浆果球形，黑色	杂草		江西、湖南、广东、香港、海南、广西、四川、云南
8417	*Rubia yunnanensis* (Franch. ex Diels) Diels	紫参	Rubiaceae 茜草科	草本；茎长 10～50cm；叶纸质，线状披针形或倒卵形；聚伞花序三歧分枝成圆锥花序状	杂草		四川西南部、云南

（续）

序号	拉丁学名	中文名	所属科	特征及特性	类别	原产地	目前分布/种植区
8418	*Rubus acuminatus* Sm.	尖叶悬钩子	Rosaceae 蔷薇科	攀缘灌木；高可达8m；单叶，卵状长圆形或披针形；花成狭长圆锥花序，腋生花序有时伞房状；花瓣白色；果实由较大的小核果组成，红色	果树		云南
8419	*Rubus adenophorus* Rolfe	腺毛悬钩子	Rosaceae 蔷薇科	攀缘灌木；高0.5～2m；总状花序顶生或腋生，花梗、苞片和花萼均密被带黄色长柔毛和紫红色腺毛；花较小，花瓣倒卵形或近圆形，基部具爪，紫红色	果树		江西、湖北、湖南、浙江、福建、贵州及华南
8420	*Rubus alceifolius* Poir.	粗叶悬钩子	Rosaceae 蔷薇科	攀缘灌木；高达5m；单叶，近圆形或宽卵形；花成顶生狭圆锥花序或近总状，也成腋生头状花束；花瓣白色；果实近球形，红色	果树		江西、湖南、江苏、福建、台湾、广东、广西、贵州、云南
8421	*Rubus alexeterius* Focke	刺萼悬钩子	Rosaceae 蔷薇科	灌木；高1～2m；小叶3枚，顶生小叶菱形，侧生小叶长卵形或椭圆形；花1～4朵，花瓣白色；果实球形，黄色	果树		四川、云南西北部、西藏南部
8422	*Rubus allegheniensis* Porter	美洲黑树莓	Rosaceae 蔷薇科	二年生藤本；总状花序，花白色，花被5，花萼5，雄蕊多数；核果初为白色或绿色，后转为红色以至黑色	果树		
8423	*Rubus alnifoliolatus* H. Lév.	桤叶悬钩子	Rosaceae 蔷薇科	小灌木；小叶7～9枚，顶端1对小叶较小，卵状披针形至长椭圆状披针形；圆锥花序顶生；花瓣白色，果实长圆形或椭圆形	果树		台湾
8424	*Rubus amabilis* Focke	秀丽莓	Rosaceae 蔷薇科	落叶灌木；老枝褐色，嫩枝绿色，疏生小皮刺；奇数羽状复叶，小叶7～13枚，花单朵与叶对生，花冠白色，聚合果红色	观赏	中国河南、陕西、山西、甘肃、青海、江西、湖北、四川	陕西、甘肃、四川、湖北、江西
8425	*Rubus amphidasys* Focke	周毛悬钩子	Rosaceae 蔷薇科	蔓性小灌木；高0.3～1m；单叶，宽长卵形；花常5～12朵成近总状花序，顶生或腋生；花瓣白色；果实扁球形，暗红色	果树		江西、湖北、湖南、安徽、浙江、福建、广东、广西、四川、贵州

（续）

序号	拉丁学名	中文名	所属科	特征及特性	类别	原产地	目前分布/种植区
8426	*Rubus angustibracteatus* T. T. Yu et L. T. Lu	狭苞悬钩子	Rosaceae 蔷薇科	攀缘灌木；单叶，卵状披针形或长圆披针形；花成狭窄圆锥花序或短总状花序，顶生和腋生；花瓣小，近圆形；果实由少数小核果组成	果树		四川
8427	*Rubus arcticus* L.	北悬钩子	Rosaceae 蔷薇科	草本；高 10～30cm；复叶具 3 小叶，小叶片菱形至菱状倒卵形；花常单生，顶生，两性或不完全单性；花瓣紫红色；果实暗红色，宿存萼片反折	果树		黑龙江、吉林、辽宁
8428	*Rubus argutus* L.	丛叶黑莓	Rosaceae 蔷薇科	灌木；总状花序，花梗长 1.5～5cm；花被白色，长 13～20mm；果实成熟后黑色	果树		
8429	*Rubus assamensis* Focke	西南悬钩子	Rosaceae 蔷薇科	攀缘灌木；单叶，长圆形、卵状长圆形或椭圆形；圆锥花序顶生或腋生；常无花瓣；果实近球形，由数个小核果组成	果树		广西、四川、贵州、云南、西藏
8430	*Rubus aurantiacus* Focke	橘红悬钩子	Rosaceae 蔷薇科	灌木；高 1～3m；小叶常 3 枚，卵形或椭圆形；花生于侧枝顶端成伞房状或近短总状花序或 1～3 朵腋生；花瓣白色稀浅红色；果实半球形橘黄色或橘红色	果树		四川西部、云南中部至西北部、西藏东南部
8431	*Rubus austrotibetanus* T. T. Yu et L. T. Lu	藏南悬钩子	Rosaceae 蔷薇科	灌木；高 1～2m；小叶通常 3 枚，宽卵形，顶生小叶有时卵状披针形；花 5～10 朵成顶生伞房状花序或 1～3 朵腋生；花瓣紫红色；果实长卵形，红色	果树		云南西部、西藏南部
8432	*Rubus bambusarum* Focke	竹叶悬钩子	Rosaceae 蔷薇科	常绿攀缘灌木；花成顶生和腋生总状花序，花萼密被绢状长柔毛，萼片卵状披针形，在果期常反折；花瓣紫红色至粉红色	果树		陕西、湖北、四川、贵州
8433	*Rubus biflorus* Buch. -Ham. ex Sm.	粉枝莓	Rosaceae 蔷薇科	攀缘灌木；高 1～3m；小叶常 3 枚，顶生小叶宽卵形或近圆形，侧生小叶卵形或椭圆形；花常 4～8 朵簇生或成伞房状花序；花瓣白色；果实球形，黄色	果树		陕西、甘肃、四川、云南、西藏

（续）

序号	拉丁学名	中文名	所属科	特征及特性	类别	原产地	目前分布/种植区
8434	*Rubus bonatianus* Focke	滇北悬钩子	Rosaceae 蔷薇科	灌木或匍匐灌木；小叶7～9枚，菱形、卵状披针形或长圆形；花常单生；花瓣白色；果实未见	果树		云南北部
8435	*Rubus brevipetiolatus* T. T. Yu et L. T. Lu	短柄悬钩子	Rosaceae 蔷薇科	灌木；单叶，长圆披针形；托叶离生，长圆披针形或椭圆披针形；顶生狭圆锥花序，具少数花朵，腋生花序短小或花数朵簇生；果实未见	果树		广西
8436	*Rubus buergeri* Miq.	寒梅悬钩子	Rosaceae 蔷薇科	蔓性常绿小灌木；总状花序短，腋生，有花4～10朵，密集；花白色，直径约1cm；萼裂片披针形，外面淡黄色长毛	果树		华东、华中、西南及台湾、四川
8437	*Rubus caesius* L.	欧洲木莓（欧洲悬钩子）	Rosaceae 蔷薇科	蔓生灌木；茎长0.5～1.5m；伞房或短总状花序，或少花腋生；花瓣白色，宽椭圆形，基部具短爪，雄蕊多数，花丝线形，几与花柱等长；花柱与子房均无毛	果树		新疆
8438	*Rubus calycacanthus* H. Lév.	猥莓	Rosaceae 蔷薇科	攀缘状灌木；窄圆锥花序或总状花序顶生，长可达10cm，或者在其下的叶腋中常有短总状花序；花白色，直径约1cm，花萼外面密被绒毛和直刺毛，花瓣近圆形	果树		广西、云南、贵州
8439	*Rubus calycinus* Wall. ex D. Don	齿萼悬钩子	Rosaceae 蔷薇科	匍匐草本；高约15cm；单叶，心状圆卵形或近圆形；托叶卵圆形；花1或2朵顶生；花瓣白色；果实球形，深红色，由少数小核果组成	果树		四川、云南、西藏
8440	*Rubus caudifolius* Wuzhi	尾叶悬钩子	Rosaceae 蔷薇科	攀缘灌木；单叶，长圆状披针形或卵状披针形；托叶长圆披针形；花成顶生或腋生总状花序；花瓣红色；果实扁球形	果树		湖北、湖南、广西、贵州
8441	*Rubus chamaemorus* L.	兴安悬钩子	Rosaceae 蔷薇科	多年生低矮草本；雌雄异株；基生叶肾形或心状圆形；托叶离生，叶状，长圆形；花单生，顶生，单性；花瓣白色；果实近球形橙红色或带黄色	果树		东北

（续）

序号	拉丁学名	中文名	所属科	特征及特性	类别	原产地	目前分布/种植区
8442	*Rubus chiliadenus* Focke	长序莓	Rosaceae 蔷薇科	灌木；高 1～2m；小叶卵形至卵状披针形；托叶线形；顶生花序近圆锥状，腋生花序总状或近伞房状；花白色或顶端微红	果树		湖北西部、四川、贵州
8443	*Rubus chingii* Hu	槭叶莓	Rosaceae 蔷薇科	灌木；单花，花冠白色；花瓣 5；雄蕊多数，着生在花萼口部；花柱近顶生，子房 1 室，每室 2 胚珠；果实为小核果，集生于花托上而成之聚合果	药用，蜜源	中国	江西、江苏、湖南、湖北、山西
8444	*Rubus chroosepalus* Focke	毛萼莓	Rosaceae 蔷薇科	半常绿灌木；圆锥花序顶生，无花瓣；聚合果球形，黑色，花托有白色长毛	果树	中国	华中 华东 华南 西南
8445	*Rubus cinclidodictyus* Cardot	网纹悬钩子	Rosaceae 蔷薇科	攀缘灌木；高达 2m；单叶，宽卵形；托叶离生，长圆形或舌状；圆锥花序常顶生；花小；无花瓣；果实近球形	果树		四川、云南
8446	*Rubus clivicola* E. Walker	矮生悬钩子	Rosaceae 蔷薇科	多年生矮草本；高 3～10cm；复叶具小叶 5 枚；小叶片倒卵形至近圆形；托叶离生，卵圆形或近圆形；花常单生于枝顶；成熟果实未见	果树		云南西北部
8447	*Rubus cochinchinensis* Tratt.	蛇泡筋	Rosaceae 蔷薇科	攀缘灌木；掌状复叶常具 5 小叶，小叶片椭圆形、倒卵状椭圆形或椭圆状披针形；花顶生圆锥花序或腋生近总状花序；花瓣白色；果实球形	果树		广东、广西
8448	*Rubus cockburnianus* Hemsl.	华中悬钩子	Rosaceae 蔷薇科	灌木高 1.5～3m；小叶长圆披针形或卵状披针形；圆锥花序顶生，侧生花序为总状或近伞房状；花瓣粉红色；果实近球形，紫黑色	果树		河南、陕西、四川、云南、西藏
8449	*Rubus columellaris* Tutcher	小柱悬钩子	Rosaceae 蔷薇科	攀缘灌木；高 1～2.5m；小叶 3 枚，椭圆形或长卵状披针形；花 3～7 朵成伞房状花序，着生于侧枝顶端或腋生；果实近球形或稍呈长圆形	果树		湖南、江西、福建、广东、广西、四川、贵州、云南
8450	*Rubus corchorifolius* L. f.	山莓	Rosaceae 蔷薇科	蔓生灌木高 1～2m；花白色，直径约 2cm，通常单生在短枝上；萼片卵状披针形，有柔毛，宿存	果树		除东北及甘肃、青海、新疆外，各地均有

（续）

序号	拉丁学名	中文名	所属科	特征及特性	类别	原产地	目前分布/种植区
8451	*Rubus coreanus* Miq.	插田泡	Rosaceae 蔷薇科	灌木；高1～3m；小叶通常5枚，卵形、菱状卵形或宽卵形；伞房花序生于侧枝顶端；花瓣淡红色至深红色；果实近球形，深红色至紫黑色	果树		西北、华中、华东及四川、贵州
8452	*Rubus crassifolius* T. T. Yu et L. T. Lu	厚叶悬钩子	Rosaceae 蔷薇科	蔓性或攀缘小灌木；高达0.5m；单叶，近圆形；托叶离生，近圆形或宽卵形；花常单生，顶生或腋生；果实近球形，红色	果树		江西、湖南、广东、广西
8453	*Rubus crataegifolius* Bunge	蓬蘽悬钩子（牛迭肚，托盘，马林果）	Rosaceae 蔷薇科	落叶直立亚灌木；植株丛生，具根状茎；单叶互生，呈掌状；伞房聚伞花序；浆果状聚合核果	果树，经济作物（特用类）		东北、华北及山东
8454	*Rubus croceacanthus* H. Lév.	薄瓣悬钩子	Rosaceae 蔷薇科	半直立矮小灌木；小叶5～7枚；花常单生，稀2～5朵成伞房状花序，花瓣卵状椭圆形，白色；果实近球形，红色，核具窝孔	果树		台湾
8455	*Rubus delavayi* Franch.	三叶悬钩子	Rosaceae 蔷薇科	直立矮小灌木；高0.3～1cm；小叶披针形至狭披针形；花单生或2～3朵；花瓣白色；果实球形，橙红色	果树		云南
8456	*Rubus dolichophyllus* Hand.-Mazz.	长叶悬钩子	Rosaceae 蔷薇科	藤状灌木；高达7m；单叶，披针形；花成大型圆锥花序，顶生或腋生；无花瓣；果实紫黑色，由少数小核果组成	果树		广西、贵州
8457	*Rubus doyonensis* Hand.-Mazz.	白蕾悬钩子	Rosaceae 蔷薇科	攀缘灌木；总状花序较短小，生于侧生小枝顶端，常具花6～15朵；苞片与托叶相似，花瓣倒卵形或圆形，白色	果树		云南
8458	*Rubus dunnii* F. P. Metcalf	闽粤悬钩子	Rosaceae 蔷薇科	攀缘灌木；单叶，宽卵形；花成总状花序，顶生和腋生；果实近球形，红色	果树		福建、广东
8459	*Rubus ellipticus* Sm.	椭圆悬钩子	Rosaceae 蔷薇科	灌木；高1～3m；小叶3枚，椭圆形；花数朵至十几朵密集成顶生短总状花序，或腋生成束；花瓣白色或浅红色；果实近球形，金黄色	果树		四川、云南、西藏

（续）

序号	拉丁学名	中文名	所属科	特征及特性	类别	原产地	目前分布/种植区
8460	*Rubus erythrocarpus* T. T. Yu et L. T. Lu	红果悬钩子	Rosaceae 蔷薇科	灌木；高1～2m；小叶常3枚，顶生小叶卵形至卵状披针形；侧生小叶卵形或椭圆形；花3～4朵成伞房状花序，顶生或腋生；花瓣粉红色；果实近球形，红色	果树		云南西北部高黎贡山
8461	*Rubus eucalyptus* Focke	桉叶悬钩子	Rosaceae 蔷薇科	灌木；高1.5～4m；小叶3～5枚，顶生小叶卵形、菱状卵形或菱状披针形，侧生小叶菱状卵形或椭圆形；花1～2朵，花瓣白色；果实近球形	果树		陕西、甘肃、湖北、四川、贵州
8462	*Rubus eustephanos* Focke	大红泡	Rosaceae 蔷薇科	灌木；高0.5～2m；小叶3～5枚，卵形、椭圆形、稀卵状披针形；花常单生，花大；花瓣白色；果实近球形，红色	果树		陕西、浙江、湖北、湖南、四川、贵州
8463	*Rubus faberi* Focke	峨眉悬钩子	Rosaceae 蔷薇科	灌木；单叶，宽卵形；花成圆锥花序，顶生或腋生，腋生花序较狭小；花瓣白色；果实近球形，红色	果树		四川
8464	*Rubus feddei* H. Lév. et Vaniot	黔桂悬钩子	Rosaceae 蔷薇科	攀缘灌木；单叶，卵形至长卵形；圆锥花序顶生，有时似伞房状；花瓣白色；果实由少数小核果组成	果树		贵州、广西、云南
8465	*Rubus flagellaris* Willd	北方露莓	Rosaceae 蔷薇科	匍匐藤本；花白色，花被5，花萼5；雄蕊多数；成熟果实黑色或紫黑色	果树		
8466	*Rubus flagelliflorus* Focke	攀枝莓	Rosaceae 蔷薇科	攀缘或匍匐小灌木；单叶，叶片卵形或长卵形；花成腋生短总状花序或数朵簇生；花瓣白色；果实半球形	果树		陕西、湖北、湖南、福建、四川、贵州
8467	*Rubus flosculosus* Focke	弓茎悬钩子	Rosaceae 蔷薇科	灌木；高1.5～2.5m；小叶5～7枚，卵形、卵状披针形或卵状长圆形；顶生花序为狭圆锥花序，侧生者为总状花序；花瓣粉红色；果实球形，红色至红黑色	果树		河南、山西、陕西、甘肃、湖北四川、西藏
8468	*Rubus fockeanus* Kurz	凉山悬钩子	Rosaceae 蔷薇科	多年生匍匐草本；复叶具3小叶，小叶片近圆形至宽倒卵形；花单生或1～2朵，顶生；花瓣白色；果实球形，红色	果树		湖北、四川、云南、西藏

（续）

序号	拉丁学名	中文名	所属科	特征及特性	类别	原产地	目前分布/种植区
8469	*Rubus foliaceistipulatus* T. T. Yu et L. T. Lu	托叶悬钩子	Rosaceae 蔷薇科	灌木；高达2m；掌状复叶具3小叶，小叶片椭圆形或长圆状椭圆形；花常3～5朵簇生或成短总状花序；花瓣白色	果树		云南
8470	*Rubus formosensis* Kuntze	台湾悬钩子	Rosaceae 蔷薇科	直立或近蔓性灌木；单叶，宽卵形或近圆形；单花腋生或数朵成顶生短总状花序；果实圆形或宽卵形，红色	果树		台湾、广东、广西
8471	*Rubus fragarioides* Bertol.	莓叶悬钩子	Rosaceae 蔷薇科	草本；高6～16cm；复叶具小叶5或3枚，小叶片倒卵形至近圆形；花常单生于枝顶；花瓣白色；果实由几个小核果组成	果树		
8472	*Rubus fuscifolius* T. T. Yu et L. T. Lu	诱叶悬钩子	Rosaceae 蔷薇科	灌木；高达1m以上；花瓣宽倒卵形或近圆形，无毛，基部具短爪，顶端缺刻状，短于萼片；雄蕊多数，花丝线形；雌蕊多数，子房无毛，花柱明显长于雄蕊	果树		云南
8473	*Rubus fuscorubens* Focke	黄毛悬钩子	Rosaceae 蔷薇科	灌木；叶片长卵形；圆锥花序通常顶生；花瓣很小或无；果实近球形，黑色	果树		湖北
8474	*Rubus glabricarpus* W. C. Cheng	光果悬钩子	Rosaceae 蔷薇科	灌木；高达3m；单叶，卵状披针形；花单生，顶生或腋生；花瓣白色；果实卵球形，红色	果树		浙江、福建
8475	*Rubus glandulosocalycinus* Hayata	腺萼悬钩子	Rosaceae 蔷薇科	亚灌木；高达50cm；小叶3～7枚，卵状长圆形或卵状披针形；花常单生，稀2～5朵成顶生伞房状花序；花瓣卵形；果实近球形，红色	果树		台湾北部和中部
8476	*Rubus gongshanensis* T. T. Yu et L. T. Lu	汞山悬钩子	Rosaceae 蔷薇科	灌木；高1～1.5m；花序顶生，有时腋生，圆锥状复伞花序；红色聚合果球状，无毛	果树		云南
8477	*Rubus grandipaniculatus* T. T. Yu et L. T. Lu	大序悬钩子	Rosaceae 蔷薇科	灌木；高1～3m；小叶5～7枚，卵形至卵状披针形；花多数，成大型圆锥花序；花瓣粉白色至紫红色；果实近球形，红色	果树		陕西、四川
8478	*Rubus grayanus* Maxim.	中南悬钩子	Rosaceae 蔷薇科	灌木；高0.5～2m；单叶，卵形至椭圆形；花单生于短枝顶端；花瓣红色；果实卵球形，黄红色	果树		江西、湖南、浙江、福建、广东、广西

（续）

序号	拉丁学名	中文名	所属科	特征及特性	类别	原产地	目前分布/种植区
8479	*Rubus gressittii* F. P. Metcalf	江西悬钩子	Rosaceae 蔷薇科	攀缘灌木；高达 2.5m；单叶，披针形至椭圆状披针形；花 4～9 朵成总状花序；花瓣白带黄色；果实圆球形，暗红色	果树		江西、广东
8480	*Rubus gyamdaensis* L. T. Lu et Boufford	毛果悬钩子	Rosaceae 蔷薇科	灌木高 1～2m；小叶 7～11 枚，卵形、卵状披针形或菱状卵形；花 1～3 朵顶生，子房密被灰黄色或灰白色细柔毛；果实近球形，黑红色	果树		四川、西藏、云南
8481	*Rubus hanceanus* Kuntze	华南悬钩子	Rosaceae 蔷薇科	藤状或攀缘小灌木；高约 1m；单叶，心状宽卵形；顶生总状花序，有少数花；花瓣未开时红色；果实近球形，黑色	果树		湖南、广东、广西、福建
8482	*Rubus hastifolius* H. Lév. et Vaniot	戟叶悬钩子	Rosaceae 蔷薇科	常绿攀缘灌木；长达 12m；单叶，长圆披针形或卵状披针形；花 3～8 朵成伞房状花序，顶生或腋生；花瓣白色；果实近球形，稍压扁，红色	果树		湖南、江西、广东、贵州、云南
8483	*Rubus henryi* Hemsl. et Kuntze	鸡爪茶	Rosaceae 蔷薇科	常绿攀缘灌木；高达 6m；单叶，基部较狭窄，宽楔形至近圆形；花常 9～20 朵，成顶生和腋生总状花序；花瓣粉红色；果实近球形，黑色	果树		湖南、湖北
8484	*Rubus hirsutus* Thunb.	蓬蘽（秧泡）	Rosaceae 蔷薇科	小灌木；被腺毛及柔毛和散生弯皮刺；单数羽状复叶，小叶 3～5，阔卵形；花单生枝顶，白色，花瓣倒卵状椭圆形；聚合果近球形	果树		湖北、河南、安徽、江苏、浙江、福建、广东
8485	*Rubus howii* Merr. et Chun	裂叶悬钩子	Rosaceae 蔷薇科	攀缘灌木；单叶，长圆形至卵状长圆形；花成顶生近总状花序，也常数朵簇生或 1～2 朵；花瓣浅黄褐色	果树		广东
8486	*Rubus huangpingensis* T. T. Yu et L. T. Lu	黄平悬钩子	Rosaceae 蔷薇科	攀缘灌木；单叶，宽几与长相等；总状花序生于侧生小枝顶端；果实扁球形，红色	果树		贵州南部
8487	*Rubus hunanensis* Hand.-Mazz.	湖南悬钩子	Rosaceae 蔷薇科	攀缘小灌木；高 0.3～2m；单叶，近圆形或宽卵形；花数朵生于叶腋或成顶生短总状花序；花瓣白色；果实半球形，黄红色	果树		江西、浙江、湖南、湖北、福建、台湾、广东、广西、四川、贵州

（续）

序号	拉丁学名	中文名	所属科	特征及特性	类别	原产地	目前分布/种植区
8488	*Rubus hypopitys* Focke	滇藏悬钩子	Rosaceae 蔷薇科	矮小半灌木；近平卧；单叶，近圆形；花2～3朵或稍多，顶生或单花腋生；花瓣白色或浅粉色；成熟果实未见	果树		云南西南部、西藏南部
8489	*Rubus ichangensis* Hemsl. et Kuntze	黄泡子	Rosaceae 蔷薇科	常绿乔木；花小，在腋生的总状花序或圆锥花序上的单生或簇生；苞片小，三角形；萼片5，圆形，覆瓦状；花冠宽钟状；裂片5，卵形；雄蕊5	果树		湖南、江西、福建、台湾、四川、云南、贵州
8490	*Rubus idaeopsis* Focke	拟覆盆子	Rosaceae 蔷薇科	灌木；高1～3m；花形成较短总状花序或近圆锥状花序；总花梗和花梗均具绒毛状柔毛和短腺毛；花萼外面密被绒毛状柔毛和短腺毛	果树		西北、西南
8491	*Rubus idaeus* L.	欧洲红树莓（覆盆子）	Rosaceae 蔷薇科	落叶灌木；总状花序短，顶生，在其下部常有较小腋生花序；花白色，直径约1.5cm；萼裂片卵状披针形，先端尾尖，内外两面有柔毛	果树		分布于东北小兴安岭、张广才岭及长白山
8492	*Rubus illecebrosus* Focke	草莓树莓	Rosaceae 蔷薇科	灌木，叶互生，托叶与叶柄合生，不分裂，宿存或着生在叶柄基部及茎上，花瓣5，下位，雄蕊多数而分离；果鲜红色	果树		
8493	*Rubus impressinervus* F. P. Metcalf	陷脉悬钩子	Rosaceae 蔷薇科	草本；高0.5～1m；单叶，披针形或长圆披针形；花常单生，顶生或腋生；花瓣白色；果实大，近球形，褐红色	果树		江西、湖南、浙江、福建、广东
8494	*Rubus innominatus* S. Moore	白叶莓	Rosaceae 蔷薇科	灌木；高1～3m；小叶常3枚，顶生小叶卵形或近圆形；总状或圆锥状花序，顶生或腋生，腋生花序常为短总状；花瓣紫红色；果实近球形，橘红色	果树		华东、华南、华中、西南及陕西、甘肃
8495	*Rubus inopertus* (Focke) Focke	红花悬钩子	Rosaceae 蔷薇科	攀缘灌木；高1～2m；小叶7～11枚，卵状披针形或卵形；花数朵簇生或成顶生伞房花序；花瓣粉红至紫红色；果实球形	果树		陕西、湖北、湖南、广西、四川、云南、贵州
8496	*Rubus irenaeus* Focke	灰毛泡	Rosaceae 蔷薇科	常绿矮小灌木；高0.5～2m；单叶，近圆形；花数朵成顶生伞房状或近总状花序，也常单花或数朵生于叶腋；花瓣白色；果实球形，红色	果树		江西、湖北、湖南、江苏、浙江、福建、广东、广西、四川、贵州

（续）

序号	拉丁学名	中文名	所属科	特征及特性	类别	原产地	目前分布/种植区
8497	*Rubus irritans* Focke	紫色悬钩子	Rosaceae 蔷薇科	矮小半灌木或近草本状；花下垂，常单生或2～3朵生于枝顶；花瓣宽椭回形或匙形，白色，具柔毛；基部有短爪，短于萼片；子房具灰白色绒毛；果实近球形，红色，被绒毛	果树		甘肃、青海、四川、西藏
8498	*Rubus jambosoides* Hance	蒲桃叶悬钩子	Rosaceae 蔷薇科	攀缘灌木；高1～3m；单叶，披针形；花单生于叶腋；花瓣白色；果实卵球形，红色	果树		湖南、福建、广东
8499	*Rubus jianensis* L. T. Lu et Boufford	常绿悬钩子	Rosaceae 蔷薇科	常绿灌木；高1～3m；单叶，革质，长卵形或宽卵状披针形；圆锥花序顶生；果实半球形，包藏于萼内，红色	果树		江西
8500	*Rubus jinfoshanensis* T. T. Yu et L. T. Lu	金佛山悬钩子	Rosaceae 蔷薇科	攀缘灌木；高2～5m；单叶，长卵形；花多数，成大型顶生圆锥花序，腋生花序较小；常无花瓣；果实未见	果树		四川
8501	*Rubus kawakamii* Hayata	桑叶悬钩子	Rosaceae 蔷薇科	灌木；高达1.5m；单叶，长圆形或卵状长圆形；花常5～9朵成顶生伞房状总状花序；果实半球形	果树		台湾
8502	*Rubus komarovii* Nakai	绿叶悬钩子	Rosaceae 蔷薇科	灌木；高达1m；小叶3枚，稀有5枚，卵形，稀卵状披针形；花数朵成伞房花序或生于枝下部成花束；果实卵形，红色	果树		黑龙江、吉林
8503	*Rubus kulinganus* L. H. Bailey	牯岭悬钩子	Rosaceae 蔷薇科	灌木；高1～2m；小叶常3枚，披针形或长圆披针形；花数朵成伞房状花序或成短总状花序，通常生于侧枝顶端，花瓣紫红色；果实近球形，核有浅网纹	果树		江西、安徽、浙江
8504	*Rubus kwangsiensis* H. L. Li	广西悬钩子	Rosaceae 蔷薇科	攀缘灌木；具钩状皮刺；单叶，长圆状卵形；花单生，生于侧枝顶端或叶腋，花瓣倒卵形，红色；果实未见	果树		广西
8505	*Rubus laciniatus* Willd	裂叶黑莓	Rosaceae 蔷薇科	灌木，高0.5～2m；具钩状刺；掌状复叶；叶片深裂，边缘锯齿；雌雄同株，花白色至粉红色；聚合果黑色，直径3cm	果树		

（续）

序号	拉丁学名	中文名	所属科	特征及特性	类别	原产地	目前分布/种植区
8506	*Rubus lambertianus* Ser.	高粱泡	Rosaceae 蔷薇科	半常绿蔓生灌木；茎有棱，散生钩状皮刺；单叶，长圆状卵形或卵形；花序圆锥形，花白色，花梗散生小皮刺；聚合果卵状球形	药用		江苏、浙江、江西、湖南、湖北、福建、广东、安徽、四川、台湾
8507	*Rubus lasiostylus* Focke	绵果悬钩子	Rosaceae 蔷薇科	灌木；高达 2m；小叶常 3 枚，顶生小叶宽卵形，侧生小叶卵形或椭圆形；伞房状花序顶生，有花 2～6 朵，有时 1～2 朵腋生；果实球形	果树		陕西、湖北、四川
8508	*Rubus lasiotrichos* Focke	多毛悬钩子	Rosaceae 蔷薇科	攀缘灌木；单叶，心状近圆形；花团聚生于叶腋或成短总状花序，具少数花，花瓣白色，基部具短爪；果实近球形，由多数小核果组成	果树		四川、云南
8509	*Rubus latoauriculatus* F. P. Metcalf	耳叶悬钩子	Rosaceae 蔷薇科	灌木；高达 2m；单叶，披针形或长圆披针形；狭圆锥花序顶生，花小；果实小，红色	果树		广西
8510	*Rubus laxus* Focke	疏松悬钩子	Rosaceae 蔷薇科	攀缘灌木；单叶，长卵形；顶生花序大而疏松，顶端近总状，花序轴呈之字弯曲；花期 7～8 月	果树		云南
8511	*Rubus leucanthus* Hance	白花悬钩子	Rosaceae 蔷薇科	攀缘灌木；花 2～5 朵成伞房花序，有时单生；花梗长 5～15mm，总花梗和花梗无毛；花白色，直径 1～1.5cm；萼裂片卵形，锐尖或有短尖头，边缘有绒毛	蜜源		湖南、福建、广东、广西、云南
8512	*Rubus lichuanensis* T. T. Yu et L. T. Lu	黎川悬钩子	Rosaceae 蔷薇科	攀缘灌木；高约 2m；单叶，卵形至卵状披针形；总状花序具数朵；果实近球形，黑色，由很多小核果组成	果树		江西
8513	*Rubus lineatus* Reinw.	绢毛悬钩子	Rosaceae 蔷薇科	灌木；高 1～2m；掌状复叶具 3～5 小叶，披针形至倒披针形；伞房状聚伞花序顶生或成束于叶腋，花白色；果实半球形，小核果多数	果树		云南、西藏
8514	*Rubus lishuiensis* T. T. Yu et L. T. Lu	丽水悬钩子	Rosaceae 蔷薇科	藤状灌木；攀缘；小叶常 5～7 枚，卵状披针形或长卵形；短总状花序；果实近球形，核卵球形，有明显小孔穴	果树		浙江

（续）

序号	拉丁学名	中文名	所属科	特征及特性	类别	原产地	目前分布/种植区
8515	*Rubus lobatus* T. T. Yu et L. T. Lu	五裂悬钩子	Rosaceae 蔷薇科	攀缘灌木；高 1～2m；单叶，近圆形；花成大型圆锥花序；花瓣白色；果实近球形，红色	果树		广东、广西
8516	*Rubus lobophyllus* Y. K. Shih ex F. P. Metcalf	角裂悬钩子	Rosaceae 蔷薇科	攀缘灌木；高达 3m；单叶，卵形或长卵形；顶生花序狭圆锥状或近总状，腋生者近伞房状或数朵簇生，花瓣白色；果实小，红色	果树		湖南、广东、广西、贵州、云南
8517	*Rubus lucens* Focke	光亮悬钩子	Rosaceae 蔷薇科	常绿攀缘灌木；高约 4m；复叶具 3 小叶，革质，宽椭圆形或卵状披针形；圆锥花序顶生或腋生，花瓣白色或浅红色；果实近球形	果树		云南
8518	*Rubus luchunensis* T. T. Yu et L. T. Lu	绿春悬钩子	Rosaceae 蔷薇科	攀缘灌木；疏生钩状皮刺；单叶，近革质，宽卵形或卵圆形；大型圆锥花序顶生，花瓣小，椭圆形；果实小，由少数小核果组成	果树		云南
8519	*Rubus lutescens* Franch.	黄色悬钩子	Rosaceae 蔷薇科	低矮亚灌木；高 10～50cm；小叶 7～11 枚，宽卵形或菱状卵形；花常 1～2 朵顶生或腋生，有时 3～4 朵生于枝顶；果实黄红色，核卵球形	果树		云南、四川、西藏
8520	*Rubus macilentus* Cambess.	细瘦悬钩子	Rosaceae 蔷薇科	灌木；高 1.2m；小叶 3 枚，披针形或卵形；花常 1～3 朵着生于侧生小枝顶端，花瓣宽卵形，白色；果实橘黄色或红色，包藏于萼内	果树		云南、四川、西藏
8521	*Rubus malifolius* Focke	棠叶悬钩子	Rosaceae 蔷薇科	落叶灌木；枝下部具锐刺；也互生，掌状深裂；花两性，单生，白色；聚合果近球形或卵形	果树		云南、西藏
8522	*Rubus malipoensis* T. T. Yu et L. T. Lu	麻栗坡悬钩子	Rosaceae 蔷薇科	灌木；高达 2m；单叶，卵形；短总状花序顶生或腋生，有少数花；果实小，包藏于宿萼内	果树		云南东南部
8523	*Rubus mallotifolius* C. Y. Wu ex T. T. Yu et L. T. Lu	楸叶悬钩子	Rosaceae 蔷薇科	攀缘灌木；疏生钩状小皮刺；单叶，革质，三角状宽卵形或近圆形；圆锥花序疏松，顶生或腋生，腋生花序有时呈总状，花瓣白色；花期 6～7月	果树		云南东南部

（续）

序号	拉丁学名	中文名	所属科	特征及特性	类别	原产地	目前分布/种植区
8524	*Rubus menglaensis* T. T. Yu et L. T. Lu	勐腊悬钩子	Rosaceae 蔷薇科	灌木；高约1m；单叶，长卵形或宽长圆形；近总状或狭圆锥状花序，顶生或腋生，具少数花朵；果实红色	果树		云南南部
8525	*Rubus mesogaeus* Focke	喜阴悬钩子	Rosaceae 蔷薇科	攀缘灌木；高1～4m；小叶常3枚，顶生小叶菱状卵形，侧生小叶斜椭圆形；伞房花序生于侧生小枝顶端或腋生，具花数朵至20几朵；果实扁球形，核三角卵球形	果树		陕西、河南、湖北、四川、云南
8526	*Rubus metoensis* T. T. Yu et L. T. Lu	墨脱悬钩子	Rosaceae 蔷薇科	小灌木；具柔毛和针刺；小叶3枚，顶生小叶菱状卵形，侧生小叶卵形或椭圆形；花单生叶腋，子房被灰白色绒毛状毛	果树		西藏
8527	*Rubus multisetosus* T. T. Yu et L. T. Lu	刺毛悬钩子	Rosaceae 蔷薇科	矮灌木；高达50cm；单叶，心状卵形至近圆形；短总状花序顶生或腋生，花瓣白色，基部有短爪；果实近球形，由小核果组成	果树		云南西北部
8528	*Rubus nagasawanus* Koidz.	高沙悬钩子	Rosaceae 蔷薇科	蔓性灌木；圆锥花序顶生，长8～10cm，多花；花直径约1cm；花瓣短，倒卵形，白色，基部具爪；雄蕊多数；花药无毛；心皮多数	果树		台湾
8529	*Rubus neglectus* Peck	紫树莓	Rosaceae 蔷薇科	*Rubus occidentalis* 之异名；落叶灌木，高2～3m；叶羽状深裂；萼细长，6～8mm，为花被片的2倍长；聚合果，圆形，直径12～15mm	果树		
8530	*Rubus neoviburnifolius* L. T. Lu et Boufford	荚叶悬钩子	Rosaceae 蔷薇科	攀缘灌木；顶生圆锥花序短而多花，腋生花序近总状或成束；花萼外有浅黄色绒毛和长柔毛；萼片卵状披针形；花瓣白色，匙形或椭圆形	果树		云南
8531	*Rubus niveus* Thunb.	红泡悬钩子	Rosaceae 蔷薇科	灌木；聚伞花序腋生或顶生，花冠浅红色或白色，聚合果扁球形，熟时紫红色	果树		西北、西南
8532	*Rubus nyalamensis* T. T. Yu et L. T. Lu	聂拉木悬钩子	Rosaceae 蔷薇科	多年生草本；匍匐生根；复叶具3小叶，小叶宽卵形或近圆形；花常2～4朵，顶生或腋生，花瓣宽倒卵形，白色；果实由多数小核果组成	果树		西藏

（续）

序号	拉丁学名	中文名	所属科	特征及特性	类别	原产地	目前分布/种植区
8533	*Rubus oblongus* T. T. Yu et L. T. Lu	短圆叶悬钩子	Rosaceae 蔷薇科	攀缘灌木；短总状花序顶生或腋生；总花梗、花梗和花萼均密被浅黄色绒毛状柔毛；花瓣近圆形；雄蕊多数	果树		云南、贵州
8534	*Rubus odoratus* L	香花悬钩子	Rosaceae 蔷薇科	多年生灌木；高 3m，无刺；叶掌状 5 浅裂，长约 25cm；花瓣紫色，花瓣 5；雄蕊多数，着生在花萼口部	果树	北美	华北
8535	*Rubus ourosepalus* Cardot	宝兴悬钩子	Rosaceae 蔷薇科	藤状小灌木；高 0.4～1m；单叶，心状宽卵形；花 1～4 朵，生于枝顶成花序或单花腋生；果实包藏宿存花萼内	果树		四川
8536	*Rubus pacificus* Hance	太平莓	Rosaceae 蔷薇科	常绿矮小灌木；高 40～40cm；单叶互生，革质，卵状心形或心形；花白色，3～6 朵成总状花序或单生于叶腋，花瓣 5，广圆形或广卵形；聚合果球形	果树		湖北、安徽、浙江、江西、广东
8537	*Rubus panduratus* Hand.-Mazz.	琴叶悬钩子	Rosaceae 蔷薇科	攀缘灌木；高达 5m；单叶卵状披针形；圆锥花序顶生，常无花瓣或具小而几退化的花瓣；果实较小，核有皱纹	果树		广东、广西、贵州
8538	*Rubus paniculatus* Sm.	圆锥悬钩子	Rosaceae 蔷薇科	攀缘灌木；高达 3m；单叶，心状卵形至长卵形；顶生圆锥花序宽广而开展，腋生花序较小，近总状；果实球形	果树		云南、西藏
8539	*Rubus parkeri* Hance	乌泡子	Rosaceae 蔷薇科	攀缘灌木；茎密生灰色绒毛和红紫色腺毛，散生短弯皮刺；单叶，矩圆状卵形或披针形，先端锐尖或圆钝，基部心形，边缘有细牙齿和浅裂，上面具柔毛	果树		陕西、湖北、江苏、四川、云南、贵州
8540	*Rubus parvifolius* L.	茅莓（红梅消）	Rosaceae 蔷薇科	落叶灌木；高 1～2m，枝呈弓形弯曲，被柔毛和倒生钩状皮刺；单数羽状复叶，小叶 3，菱状宽卵形；伞形花序，花粉红或紫红色；聚合果卵球形	果树		全国各地均有分布
8541	*Rubus paucidentatus* T. T. Yu et L. T. Lu	少齿悬钩子	Rosaceae 蔷薇科	藤状亚灌木；小花 3 枚，狭披针形；花单生或 2～3 朵顶生，花瓣宽倒卵形，白色；花期 5～6 月	果树		广东

（续）

序号	拉丁学名	中文名	所属科	特征及特性	类别	原产地	目前分布/种植区
8542	*Rubus pectinarioides* H. Hara	匍匐悬钩子	Rosaceae 蔷薇科	匍匐半灌木；花单生或 2～3 朵，顶生，苞片常 2 枚对生于花梗中部；花萼外面密被红褐色软刺毛和柔毛；花瓣近圆形或宽倒卵形，粉红色基部具爪	果树		云南、西藏
8543	*Rubus pectinaris* Focke	梳齿悬钩子	Rosaceae 蔷薇科	匍匐草本；高达 40cm；单叶，心状近圆形；花 1 或 2 朵顶生，白色；果实由少数小核果组成；花期 6～7 月，果期 8～9 月	果树		四川
8544	*Rubus pedunculosus* D. Don	纤细悬钩子	Rosaceae 蔷薇科	灌木；小叶 3 枚，卵形、宽卵形；花常 2 朵生于叶腋；花瓣粉红色；果实卵球形，黄色	果树		西藏有一变种
8545	*Rubus peltatus* Maxim.	盾叶莓	Rosaceae 蔷薇科	落叶灌木；高达 2m；花白色，茎约 5cm；花期 3～4 月；聚合果长圆形、橘红色	果树	中国	安徽、浙江、江西、湖北、四川、贵州
8546	*Rubus penduliflorus* C. Y. Wu ex T. T. Yu et L. T. Lu	河口悬钩子	Rosaceae 蔷薇科	直立或攀缘灌木；高达 3m；单叶长卵形；大型圆锥花序顶生，有多数花，腋生花序较小，有时近总状；花瓣白色，花期 6 月	果树		云南
8547	*Rubus phoenicolasius* Maxim.	多腺悬钩子	Rosaceae 蔷薇科	灌木；高 1～3m；小叶 3 枚，卵形或菱形；短总状花序有花少数，顶生或部分腋生，花瓣紫红色；果实半球形	果树		山西、河南、陕西、甘肃、山东、湖北、四川
8548	*Rubus pileatus* Focke	菰帽悬钩子	Rosaceae 蔷薇科	攀缘灌木；高 1～3m；小叶常 5～7 枚，两面沿叶脉有短柔毛；伞房花序顶生，具花 3～5 朵，花瓣倒卵形，白色；果实卵球形，红色	蜜源		陕西、甘肃、湖北、四川
8549	*Rubus piluliferus* Focke	陕西悬钩子	Rosaceae 蔷薇科	灌木；枝拱曲，高达 2m；小叶 3～5 枚，菱状卵形或卵状披针形；伞房状花序有花 5～15 朵，着生侧生短枝顶端，花瓣浅红色；果实近球形	果树		陕西、甘肃、湖北、四川
8550	*Rubus pinnatisepalus* Hemsl.	羽萼悬钩子	Rosaceae 蔷薇科	藤状灌木；高达 1m；单叶，圆形或宽卵形；总状花序顶生，或数朵腋生或单生，花瓣白色；果实近球形	果树		台湾、四川、贵州、云南

（续）

序号	拉丁学名	中文名	所属科	特征及特性	类别	原产地	目前分布/种植区
8551	*Rubus pirifolius* Sm.	梨叶悬钩子	Rosaceae 蔷薇科	攀缘灌木；单叶，近革质，卵形或椭圆状长圆形；圆锥花序顶生或生于上部叶腋内，花瓣小，白色；果实由数个小核果组成	果树		福建、台湾、广东、广西、贵州、四川、云南
8552	*Rubus playfairianus* Hemsl. ex Focke	五叶鸡爪茶	Rosaceae 蔷薇科	落叶或半常绿攀缘或蔓性灌木；小叶片椭圆披针形或长圆披针形；花成顶生或腋生总状花序；果实近球形	经济作物（橡胶类）		陕西、湖北、四川、贵州
8553	*Rubus pluribracteatus* L. T. Lu et Boufford	大乌泡悬钩子（多苞片悬钩子）	Rosaceae 蔷薇科	灌木；密被黄褐色绒毛，花冠白色或淡红色，聚合果，圆球状，熟时红色	果树		广西、云南、四川、贵州、湖南、湖北
8554	*Rubus poliophyllus* Kuntze	毛叶悬钩子	Rosaceae 蔷薇科	攀缘灌木；高 2～5m；单叶较厚，长圆形或椭圆形；大型圆锥花序顶生，侧生花序较小形似总状，花瓣白色；果实近球形，红色	果树		云南
8555	*Rubus polyodontus* Hand.-Mazz.	多齿悬钩子	Rosaceae 蔷薇科	小灌木；高 10～25cm；单叶，心状宽卵形；花单生或 3～4 朵，顶生或腋生，花瓣倒卵形，玫瑰红色；果实由少数小核果组成	果树		云南西北部
8556	*Rubus potentilloides* W. E. Evans	委陵悬钩子	Rosaceae 蔷薇科	多年生矮小草本；花常单生，花瓣宽椭圆形，白色，顶端圆钝或截形，全缘或波状，稀浅裂；雄蕊约 30，无毛，排成两列	果树		云南
8557	*Rubus preptanthus* Focke	早花悬钩子	Rosaceae 蔷薇科	攀缘灌木；单叶，厚纸质，长圆卵形或宽卵状披针形；总状花序顶生，有花 3～10 朵；果实有多数小核果组成	果树		四川、云南
8558	*Rubus pseudopileatus* Cardot	假帽莓	Rosaceae 蔷薇科	攀缘灌木；高 1～2m；小叶 5～7 枚，卵形或卵状披针形；花 3～5 朵成伞房状花序；花瓣粉红色或白色转红色；果实卵球形	果树		四川
8559	*Rubus pungens* Cambess.	针刺悬钩子	Rosaceae 蔷薇科	落叶小灌木；高 50cm；奇数羽状复叶，小叶 5～7枚，花粉红色，1～3 朵腋生；聚合果半球形，红色	观赏		陕西、甘肃、四川、云南

（续）

序号	拉丁学名	中文名	所属科	特征及特性	类别	原产地	目前分布/种植区
8560	*Rubus quinquefoliolatus* T. T. Yu et L. T. Lu	五叶悬钩子	Rosaceae 蔷薇科	攀缘灌木；高约1.5m，疏生皮刺；掌状5小叶，椭圆状披针形或菱状披针形；花单生侧生小枝顶端；果实半球形	果树		云南、贵州
8561	*Rubus raopingensis* T. T. Yu et L. T. Lu	饶平悬钩子	Rosaceae 蔷薇科	攀缘灌木；疏生钩状皮刺；单叶纸质，披针形或长圆状披针形；大型圆锥花序顶生或腋生，有多数花；果实小，由少数小核果组成	果树		广东、福建
8562	*Rubus reflexus* Ker Gawl.	锈毛莓	Rosaceae 蔷薇科	攀缘灌木；高达2m；单叶，心状长卵形；花数朵团集生于叶腋或成顶生短总状花序；花瓣长圆形至近圆形，白色；果实近球形，深红色	果树		江西、湖南、浙江、福建、台湾、广东、广西
8563	*Rubus refractus* H. Lév.	曲萼悬钩子	Rosaceae 蔷薇科	攀缘灌木；高达3m；单叶，长卵形；总状花序疏松，顶生或腋生，花瓣白色；花期3～4月	果树		贵州、云南
8564	*Rubus reticulatus* Wall. ex Hook. f.	网脉悬钩子	Rosaceae 蔷薇科	攀缘灌木；高达1m；单叶，宽卵形或近圆形；顶生花序为狭长圆锥花序或近总状，腋生花序总状或团聚成束；果实球形，红色	果树		西藏东南部
8565	*Rubus rolfei* S. Vidal	玉山悬钩子	Rosaceae 蔷薇科	矮小半灌木；高达12cm；单叶，心状宽卵形至近圆形；托叶分离，倒卵形至近长圆形；花单生或1～2朵，顶生或腋生；花瓣白色；果实近球形，浅红色	果树		台湾
8566	*Rubus rosifolius* Sm.	空心泡	Rosaceae 蔷薇科	直立或蔓生灌木；羽状复叶，小叶披针形或卵状披针形，两面均有突起的紫褐色或黄色腺点，花白色，1～3朵腋生；聚合果	观赏	中国	华东、中南、西南
8567	*Rubus rubrisetulosus* Cardot	红刺悬钩子	Rosaceae 蔷薇科	多年生草本；高10～20cm；复叶具3小叶，小叶近圆形；花单生，顶生或腋生，花瓣白色；果实球状，红色	果树		四川、云南
8568	*Rubus sachalinensis* H. Lév.	库页悬钩子	Rosaceae 蔷薇科	灌木或矮小灌木；花5～9朵成伞房状花序，顶生或腋生，稀单花腋生；花瓣舌状或匙形，白色；短于萼片；基部具爪；花丝几与花柱等长；花柱基部和子房具绒毛	蜜源		东北

（续）

序号	拉丁学名	中文名	所属科	特征及特性	类别	原产地	目前分布/种植区
8569	*Rubus salwinensis* Hand.-Mazz.	怒江悬钩子	Rosaceae 蔷薇科	攀缘灌木；高达 2m；单叶，宽卵形或圆卵形；圆锥花序顶生，花瓣长圆形，白色；果实由少数小核果组成，包藏于宿萼内	果树		云南
8570	*Rubus saxatilis* L.	石生悬钩子	Rosaceae 蔷薇科	草本；高 20～60cm；复叶长具 3 小叶，小叶卵状菱形至长圆状菱形；花常 2～10 朵成束或成伞房状花序，花小；果实球形，红色	果树		东北及内蒙古、河北、新疆、山西
8571	*Rubus setchuenensis* Bureau et Franch.	川莓悬钩子	Rosaceae 蔷薇科	落叶灌木；高 2～3m；花成狭圆锥花序；花直径 1～1.5cm；花瓣倒卵形或近周形，紫红色，基部具爪，比萼片短很多；雄蕊较短，花丝线形；雌蕊无毛，花柱比雄蕊长	果树		华中、西南
8572	*Rubus shihae* F. P. Metcalf	桂滇悬钩子	Rosaceae 蔷薇科	攀缘灌木；花序短总状，顶生和腋生或花数朵团集于叶腋；花瓣近圆形或倒卵形，微具柔毛，顶端缺刻状，基部具短爪；雄蕊多数；雌蕊长于雄蕊	果树		广西、云南
8573	*Rubus sikkimensis* Hook. f.	锡金悬钩子	Rosaceae 蔷薇科	矮灌木；高达 2m；小叶 3 枚，卵形至宽卵形；花 1～2 朵生于叶腋，花瓣紫红色；果实近球形	果树		西藏
8574	*Rubus simplex* Focke	单茎悬钩子	Rosaceae 蔷薇科	低矮半灌木；高 40～60cm；小叶 3 枚，卵形至卵状披针形；花 2～4 朵腋生或顶生，花瓣白色；果实球形，橘红色	果树		陕西、甘肃、江苏、湖北、四川
8575	*Rubus stans* Focke	直立悬钩子	Rosaceae 蔷薇科	灌木；高 1～2m；小叶 3 枚，宽卵形或长卵形；花 3～4 朵着生于侧生小枝顶端或单花腋生，花瓣白色或带紫色；果实近球形	果树		四川、云南、西藏
8576	*Rubus stimulans* Focke	华西悬钩子	Rosaceae 蔷薇科	灌木；高 1～2m；小叶卵形或卵状披针形；托叶披针形或线状披针形；花 2～3 朵顶生或单花生于叶腋；花浅红色或白色带红色；果实近球形	果树		云南西北部、西藏
8577	*Rubus stipulosus* T. T. Yu et L. T. Lu	巨托悬钩子	Rosaceae 蔷薇科	攀缘灌木；单叶，近圆形或宽卵形；花成顶生近总状花序，有少数花朵，或数朵簇生于叶腋；花期 5～6 月	果树		广西

（续）

序号	拉丁学名	中文名	所属科	特征及特性	类别	原产地	目前分布/种植区
8578	*Rubus stoliotosuas* D. Dvn	灰花果莓	Rosaceae 蔷薇科	灌木；花冠淡白色；花瓣 5；雄蕊多数，着生在花萼口部；花柱近顶生，子房 1 室，每室 2 胚珠；果实为小核果，集生于花托上而成之聚合果	蜜源		华北、东北
8579	*Rubus strigosus* Michx.	美洲红树莓	Rosaceae 蔷薇科	具有二年生的茎和多年生的根系统；一年生茎不分枝，高 0.5～2m；二年生茎分枝；花白色，花被 5，长 4～7mm；聚合果红色，直径 1～1.2cm	果树		
8580	*Rubus subcoreanus* T. T. Yu et L. T. Lu	柱序悬钩子	Rosaceae 蔷薇科	直立灌木；高 1～2m；小叶常 5 枚，卵形或菱状卵形；总状花序短缩成圆柱形，生于侧枝顶端；花瓣紫红色；果实近球形	果树		陕西、甘肃、河南
8581	*Rubus subinopertus* T. T. Yu et L. T. Lu	紫红悬钩子	Rosaceae 蔷薇科	灌木；高 1～3m；小叶(5～)7～9(～11)，卵形至卵状披针形；花数十朵成顶生短总状花序或伞房状花序，腋生花序具花 3～5 朵；果实半球形	果树		四川、云南、西藏
8582	*Rubus subornatus* Focke	美饰悬钩子	Rosaceae 蔷薇科	灌木；高 1～3m；小叶常 3 枚，宽卵形至长卵形；花 6～10 朵成伞房状花序，生于侧生小枝顶端或 1～3 朵簇生于叶腋，花瓣紫红色；果实卵球形	果树		四川、云南、西藏
8583	*Rubus subtibetanus* Hand.-Mazz.	密刺悬钩子	Rosaceae 蔷薇科	攀缘灌木；高 1～2m；小叶 3～5 枚，顶生小叶宽卵形至卵状披针形；伞房状花序顶生或腋生，花瓣白色带红色或紫红色；果实近球形	果树		陕西、甘肃、四川
8584	*Rubus sumatranus* Miq.	红腺悬钩子	Rosaceae 蔷薇科	直立或攀缘灌木；小叶 5～7 枚，卵状披针形至披针形；花 3 朵或数朵成伞房状花序，花瓣白色；果实长圆形	果树		华东、中南、西南
8585	*Rubus swinhoei* Hance	木莓	Rosaceae 蔷薇科	落叶或半常绿灌木；花白色，径约 2cm，由 3～9朵组成顶生总状花序，花期 5 月；果黑紫色，7 月成熟	果树	中国	华东、中南、西南
8586	*Rubus taitoensis* var. *aculeatiflorus* (Hayata) H. Ohashi et C. F. Hsieh	刺花悬钩子	Rosaceae 蔷薇科	攀缘灌木；单叶，宽卵形或三角状卵形；花单生或 2～3 朵，腋生或顶生；花瓣宽卵形，白色；果实球形	果树		台湾

（续）

序号	拉丁学名	中文名	所属科	特征及特性	类别	原产地	目前分布/种植区
8587	*Rubus taiwanicolus* Koidz. et Ohwi	小叶悬钩子	Rosaceae 蔷薇科	矮小半灌木；高约 10cm；小叶 9～15，椭圆形或长圆形；花单生或成对，花瓣白色；果实球形，红色	果树		台湾
8588	*Rubus taronensis* C. Y. Wu ex T. T. Yu et L. T. Lu	独龙悬钩子	Rosaceae 蔷薇科	攀缘灌木；单叶，卵状披针形；顶生花序为狭圆锥花序，腋生花序近总状，花瓣长圆形，浅绿色；果实未见	果树		云南西北部
8589	*Rubus tephrodes* Hance	灰白悬钩子	Rosaceae 蔷薇科	攀缘灌木；大型圆锥花序顶生；花瓣小；白色，近圆形至长圆形，比萼片短；雄蕊多数，花丝基部稍膨大	果树		中南、华东、华南、贵州
8590	*Rubus tinifolius* C. Y. Wu ex T. T. Yu et L. T. Lu	截叶悬钩子	Rosaceae 蔷薇科	直立或攀缘灌木；高达 2m；单叶，三角状宽卵形；顶生花序狭圆锥状或近总状，腋生花序近伞房状或数朵簇生；果实小，包藏在宿萼内	果树		云南东南部
8591	*Rubus treutleri* Hook. f.	滇西悬钩子	Rosaceae 蔷薇科	矮小灌木；花常 4～12 朵生于侧生短枝顶端成 短缩花序或数朵簇生于叶腋；花瓣近圆形，粉红色，稍短或几与萼片等长，基部几无爪；雌蕊多数	果树		云南
8592	*Rubus trianthus* Focke	三花悬钩子	Rosaceae 蔷薇科	藤状灌木；高 0.5～2m；单叶，卵状披针形或长圆披针形；花常 3 朵成短总状花序，常顶生，花瓣白色；果实近球形	果树		华中、华东、西南及台湾
8593	*Rubus tricolor* Focke	三色莓	Rosaceae 蔷薇科	灌木；高 1～4m；单叶，卵形至长圆形；花单生于叶腋或数朵生于枝顶成短总状花序；花瓣白色；果实鲜红色，较大	果树		四川
8594	*Rubus trijugus* Focke	三对叶悬钩子	Rosaceae 蔷薇科	灌木；高达 2m；小叶 7～9，卵形或卵状椭圆形；花 3～4 朵簇生或成伞房状花序，常侧生小枝顶端，花瓣白色；果实近球形	果树		四川、云南、西藏
8595	*Rubus trivalvis* Michx.	南方露莓	Rosaceae 蔷薇科	二年生藤本；花瓣 5；雄蕊多数，着生在花萼口部；心皮多数或少数，着生于球形或圆锥形的花托上，花柱近顶生，子房 1 室，每室 2 胚珠	果树		

（续）

序号	拉丁学名	中文名	所属科	特征及特性	类别	原产地	目前分布/种植区
8596	*Rubus tsangii* Merr.	光滑悬钩子	Rosaceae 蔷薇科	攀缘灌木；高约 1m；小叶通常 7～9，披针形或卵状披针形；花 3～5 朵成顶生伞房状花序；果实近球形	果树		华南、西南及浙江、福建
8597	*Rubus vitifolius* Cham. et Shlecht	西方露莓	Rosaceae 蔷薇科	灌木；花密集成头状；花瓣 5；雄蕊多数，着生在花萼口部；心皮多数或少数，着生于球形或圆锥形的花托上，花柱近顶生，子房 1 室，每室 2 胚珠；果实为小核果	果树		
8598	*Rubus wallichianus* Wight et Arn.	红毛悬钩子	Rosaceae 蔷薇科	攀缘灌木；高 1～2m；小叶 3 枚，椭圆形或卵形；花数朵在叶腋团聚成束，花瓣长倒卵形；果实球形	果树		湖北、湖南、台湾、四川、云南、贵州
8599	*Rubus wangii* F. P. Metcalf	大苞悬钩子	Rosaceae 蔷薇科	攀缘灌木；高达 5m，疏生钩状小皮刺；叶近圆形；顶生花序狭圆锥形，腋生的近总状，花瓣倒卵形，白色；果实近球形	果树		广东、广西
8600	*Rubus wardii* Merr.	大花悬钩子	Rosaceae 蔷薇科	平卧矮小灌木或半灌木；高约 80cm；小叶 3 枚，顶生小叶菱状卵形；花常单生，花瓣绿白色；果实球形	果树		云南、西藏
8601	*Rubus wawushanensis* T. T. Yu et L. T. Lu	瓦屋山悬钩子	Rosaceae 蔷薇科	直立开展灌木；小叶 5～7，卵形、菱状卵形或长圆形；花单生或 2～3 朵，常顶生于侧生小枝顶端，花瓣白色；果实近球形	果树		四川
8602	*Rubus wushanensis* T. T. Yu et L. T. Lu	巫山悬钩子	Rosaceae 蔷薇科	灌木高达 2m；小叶常 5 枚，顶生小叶椭圆形，侧生小叶长圆形或卵状披针形；花数朵成顶生伞房状花序；果实近球形	果树		四川
8603	*Rubus wuzhianus* L. T. Lu et Boufford	锯叶悬钩子	Rosaceae 蔷薇科	藤状蔓性灌木；疏生钩状皮刺；单叶，卵状披针形或椭圆披针形；花成大型疏松顶生圆锥花序，花瓣白色；果实近球形，红黑色	果树		湖南、湖北
8604	*Rubus xanthocarpus* Bureau et Franch.	黄果莓（黄果悬钩子，黄莓子，地莓子）	Rosaceae 蔷薇科	低矮半灌木；高 15～50cm；小叶 3 枚，有时 5 枚，长圆形或椭圆状披针形；花 1～4 朵成伞房状，顶生或腋，花瓣白色；果实扁球形	药用		陕西、甘肃、青海、四川、安徽

（续）

序号	拉丁学名	中文名	所属科	特征及特性	类别	原产地	目前分布/种植区
8605	*Rubus xanthoneurus* Focke	黄脉悬钩子	Rosaceae 蔷薇科	攀缘状灌木；圆锥花序顶生或腋生，总花梗和花梗被短柔毛，花白色，花瓣小，长约 3mm，近圆形，雌雄蕊均无毛	果树		中南、西南、华东
8606	*Rubus xichouensis* T. T. Yu et L. T. Lu	西畴悬钩子	Rosaceae 蔷薇科	攀缘灌木；高约 0.5～1m；单叶，革质，长圆披针形；花序具少数花朵，顶生花序呈短圆锥状，腋生呈短总状或伞房状，花瓣白色；果实未见	果树		云南东南部
8607	*Rubus yiwuanus* W. P. Fang	奕武悬钩子	Rosaceae 蔷薇科	灌木；高 2～3m；单叶，革质，椭圆形，卵状椭圆形；顶生为狭圆锥花序，近总状花序为腋生，花瓣倒卵形，白色；果实近球形，黄红色	果树		四川
8608	*Rubus yunnanicus* Kuntze	云南悬钩子	Rosaceae 蔷薇科	灌木；单叶，椭圆形或长圆形；花多数，成顶生狭长圆锥花序，腋生花序有时近总状，花瓣倒卵形或长圆形；果实未见	果树		云南西北部
8609	*Rubus zhaogoshanensis* T. T. Yu et L. T. Lu	草果山悬钩子	Rosaceae 蔷薇科	灌木；高 0.8～1m；小叶 3～5 枚，近革质，狭椭圆形至椭圆状披针形；花 2～3 朵顶生或单花腋生，花瓣白色；果实卵球形	果树		云南
8610	*Rudbeckia bicolor* Nutt.	二色金光菊	Compositae（Asteraceae）菊科	一年生草本，边花舌状，长 1.2～2.5cm，全为黄色或下半部黑色；盘花管状，全为黑色；花柱分枝钻形；无冠毛；花期 7～9 月	观赏	北美	
8611	*Rudbeckia fulgida* Ait.	全缘叶金光菊	Compositae（Asteraceae）菊科	多年生草本；基生叶及下部茎生叶矩圆形至卵形，上部茎生叶卵状披针形，具不整齐齿牙；舌状花纯黄色，基部橙黄色，管状花褐紫色，总苞片紫色	观赏	北美	
8612	*Rudbeckia hirta* L.	毛叶金光菊	Compositae（Asteraceae）菊科	一、二年生草本；株被粗毛，枝叶粗糙；头状花序，舌状花金黄色，基部色较深，管状花暗褐色	观赏	北美	
8613	*Rudbeckia hybrida* Hort.	黑心菊	Compositae（Asteraceae）菊科	多年生草本，全株被粗毛；叶互生，长椭圆形，头状花序，舌状花金黄色，瓣基部棕红色或无，管状花古铜色，半球形	观赏	北美	全国各地均有分布

（续）

序号	拉丁学名	中文名	所属科	特征及特性	类别	原产地	目前分布/种植区
8614	*Rudbeckia laciniata* L.	金光菊（黑眼菊）	Compositae（Asteraceae）菊科	叶阔披针形至矩圆形，有时分裂；头状花序，舌状花稍反卷，黄色，管状花黄绿色	有毒，观赏	北美	全国各地均有分布
8615	*Rudbeckia maxima* Nutt.	大金光菊	Compositae（Asteraceae）菊科	多年生草本；叶广卵形至长椭圆形；头状花序，舌状花黄色，管状花近圆柱形，带褐色，花期8月	观赏	北美	
8616	*Rudbeckia speciosa* Wender.	美丽金光菊	Compositae（Asteraceae）菊科	株高约90cm；舌状花黄色，基部橘黄色，长达3.7cm，管状花紫黑色	观赏	北美	
8617	*Rumex acetosa* L.	酸模（山菠菜，野菠菜）	Polygonaceae 蓼科	多年生草本；基生叶卵状长圆形；花序圆锥状顶生；雌雄异株；花被6，成2轮；柱头3，画笔状；瘦果椭圆形	有毒		东北、西北、华南、西南、华东及河北、湖北
8618	*Rumex acetosella* L.	小酸模	Polygonaceae 蓼科	多年生草本；茎高15～50cm，常"之"形弯曲；叶戟形中裂，线状披针形；由花簇再组成顶生圆锥花序，花单性，雌雄异株；瘦果	饲用及绿肥		东北及内蒙古
8619	*Rumex amurensis* F. Schmidt ex Maxim.	黑龙江酸模	Polygonaceae 蓼科	一年生草本；叶片披针形，基部渐狭面成叶柄；叶鞘膜质；花簇生于叶腋，花小；果实卵形，具网纹	有毒		长江流域以北地区
8620	*Rumex crispus* L.	皱叶酸模（羊蹄叶）	Polygonaceae 蓼科	多年生草本；茎高40～80cm；叶长圆状披针形，边缘皱波状；总状花序腋生，再组成狭圆锥花序，花两性；瘦果卵状三棱形	有毒		东北、华北、西北及福建、广西、台湾、四川、云南
8621	*Rumex dentatus* L.	齿果酸模	Polygonaceae 蓼科	一年生或多年生草本；高15～80cm；叶有长柄，长圆形，边缘波状；花簇轮生茎上部和枝的叶腋，再组成顶生带叶圆锥花序，花两性；瘦果	药用，有毒		河北、山西、陕西、河南、甘肃、江苏、湖北、浙江、台湾、四川、云南
8622	*Rumex japonicus* Houtt.	羊蹄（野菠菜，牛舌条，土大黄）	Polygonaceae 蓼科	多年生草本；根黄色，长圆锥形；叶长椭圆形；托叶鞘筒状；花序顶生狭长，圆锥状，花两性，淡绿色；瘦果宽卵形	药用，有毒		华东及台湾、湖南、湖北、四川、广东、广西

（续）

序号	拉丁学名	中文名	所属科	特征及特性	类别	原产地	目前分布/种植区
8623	*Rumex maritimus* L.	海滨酸模（长刺酸模）	Polygonaceae 蓼科	一年生草本；高 19～100cm；茎中空，有显著棱条；叶狭披针形或长椭圆形；花两性，轮生茎上部叶腋，组成顶生具叶圆锥花序；瘦果	饲用及绿肥，药用		东北、华北、长江流域及东南沿海各省份
8624	*Rumex nepalensis* Spreng.	尼泊尔酸模	Polygonaceae 蓼科	多年生草本；茎高 50～70cm，中空，有沟槽；叶卵状长圆形或长圆形；花簇生茎和枝上部，组成圆锥状花序，花两性；瘦果卵状三棱形	药用，经济作物（橡胶类）		西南及陕西、甘肃、青海、湖北、江西
8625	*Rumex patientia* L.	巴天酸模（牛西西）	Polygonaceae 蓼科	多年生草本；根肥厚，茎高 1～1.5m；叶长圆状披针形或长椭圆形；大型圆锥花序，狭长而紧密，花两性，多数花簇集轮生；瘦果	药用，经济作物（橡胶类，油料类）		西北及黑龙江、辽宁、内蒙古、河北、山西、山东、河南
8626	*Rumex thianschanicus* Losinsk.	天山酸模	Polygonaceae 蓼科	多年生草本；基生叶宽卵形，基部深心形，边缘微波状；内花被片果时增大，宽心形，边缘近全缘，只 1 片具小瘤	饲用及绿肥		新疆
8627	*Rungia chinensis* Benth.	中华孩儿草	Acanthaceae 爵床科	一年生草本；高达 70cm，茎下部匍匐，节上生根；叶椭圆状长圆形；穗状花序较疏松，花冠淡紫蓝色；蒴果具种子 4 粒	药用		华东、华南、西南
8628	*Rungia pectinata* (L.) Nees	孩儿草（积药草，土夏枯草，蓝色草）	Acanthaceae 爵床科	一年生草本；高达 50cm；茎下部叶常卵形，上部叶椭圆状披针形；穗状花序，花密集，花冠淡蓝色或白色；蒴果具种子 4 粒	药用		台湾、广东、广西、云南
8629	*Ruppia maritima* L.	川蔓藻	Potamogetonaceae 眼子菜科	多年生沉水性草本；茎长 30～100cm；叶线形；穗状花序常有 2 朵两性花组成	杂草		
8630	*Ruscus aculeatus* L.	假叶树	Liliaceae 百合科	常绿小灌木；根状茎粗壮；叶状枝卵形，先端渐尖，针刺状；花常 1～2 朵生于叶状枝中脉下部，浆果红色	观赏	欧洲	
8631	*Russelia equisetiformis* Schlecht. et Cham.	炮仗竹	Scrophulariaceae 玄参科	直立灌木；茎绿色，枝细长，轮生，具纵棱；叶小，对生或轮生，退化为披针形鳞片；聚伞圆锥花序，花红色，花冠长筒形	观赏	墨西哥	广东、福建

（续）

序号	拉丁学名	中文名	所属科	特征及特性	类别	原产地	目前分布/种植区
8632	*Ruta graveolens* L.	芸香（臭草，臭艾）	Rutaceae 芸香科	多年生木质草本；叶互生，2～3回羽状全裂至深裂；聚伞花序顶生；花两性，花瓣黄色；雄蕊8；雌花有4～5心皮组成；蒴果	有毒	欧洲南部	我国南方各省份
8633	*Sabal minor*（Jacq.）Pers.	矮萨巴棕（小箬棕）	Palmae 棕榈科	常绿灌木；高约1m，无茎或具短茎；叶掌状分裂，淡蓝绿色；花序直立	观赏	美国东南部	广东、广西、台湾、福建、云南
8634	*Sabal palmetto*（Walter）Lodd. ex Schult. et Schult. f.	箬棕（甘蓝棕）	Palmae 棕榈科	常绿乔木；叶掌状深裂，两面绿色；叶柄无刺；肉穗花序复合圆锥状，黄绿色，果球形或梨形	观赏	美国东南部北卡罗来纳至佛罗里达	云南西双版纳有零星栽植
8635	*Sabia campanulata* subsp. *ritchieae*（Rehder et E. H. Wilson）Y. F. Wu	鄂西清风藤	Sabiaceae 清风藤科	落叶藤本；叶纸质，长圆状卵形、长圆状椭圆形卵形；花叶同放，单生叶腋，深紫色；果扁球形或宽卵形，径5～7mm，熟时蓝色	药用，观赏		江苏、浙江、福建、江西、湖北、湖南、广东、四川、贵州
8636	*Sabia coriacea* Rehder et E. H. Wilson	革叶清风藤（厚叶清风藤）	Sabiaceae 清风藤科	常绿藤本；叶薄革质，长圆形或椭圆形；聚伞花序具5～10朵花，呈伞状，萼片宽卵形；果倒卵形或近圆形形，径5mm，熟时红色	药用，观赏		福建中部以南、江西南部、广东
8637	*Sabia discolor* Dunn	白背清风藤（灰背清风藤）	Sabiaceae 清风藤科	落叶藤本；叶纸质，宽卵形、卵形或椭圆状卵形；聚伞花序具4～5朵花，先叶开花，绿色；果倒卵形或近扁球形，径5mm，熟时红色	药用，观赏		浙江、江西、湖北、福建、广东、广西
8638	*Sabia japonica* Maxim.	清风藤（寻风藤）	Sabiaceae 清风藤科	木质藤本；茎缠绕；叶互生，单叶，卵状椭圆形，具短柄；圆锥花序；花小，黄绿色；果为核果	药用，观赏	中国、日本	陕西、安徽、浙江、江苏、福建、江西、广东、广西
8639	*Sabia schumanniana* Diels	四川清风藤（和尚叶，女儿藤，林林树，清香木）	Sabiaceae 清风藤科	落叶藤本；叶纸质，窄长圆状卵形、窄椭圆状披针形或条状披针形；聚伞花序具1～3朵花，淡绿色，萼片三角状卵形，花瓣长圆形或宽倒卵形；果倒卵形或近圆形，蓝色	药用，观赏		陕西南部 、湖北西部、四川东部及南部、贵州北部及西部

（续）

序号	拉丁学名	中文名	所属科	特征及特性	类别	原产地	目前分布/种植区
8640	*Sabia swinhoei* Hemsl.	尖叶清风藤（毛枝清风藤）	Sabiaceae 清风藤科	常绿向左旋转缠绕木质藤本；单叶互生，薄革质，椭圆形至长圆状披针形；聚伞花序腋生或生新枝基部，具花1～7朵，通常为4～5朵，花小，黄色或黄绿色，辐射状；小核果状，分果压扁，蓝黑色	药用，观赏		重庆、四川、贵州、广东、广西、湖北、湖南、江西、福建、浙江、台湾
8641	*Sabia yunnanensis* subsp. *latifolia* (Rehder et E. H. Wilson) Y. F. Wu	宽叶清风藤（毛清风藤）	Sabiaceae 清风藤科	落叶藤本；叶薄纸质或膜质，椭圆状长圆形或椭圆形，稀椭圆状倒卵形；聚伞花序具3～5朵花，花黄绿色，萼片半圆形或宽卵形，花瓣卵形或倒卵形；果倒卵形或近圆形形	药用，观赏		四川、贵州
8642	*Sabina sino-alpina* Cheng et W. T. Wang	香柏（小果香柏）	Cupressaceae 柏科	常绿灌木；枝常匍匐，小枝较粗直伸或斜展，梢部常下垂；刺叶排列紧密使小枝呈六棱柱状	药用，经济作物（香料类），生态防护	中国	湖北、陕西、甘肃、四川、云南、西藏
8643	*Saccharum arundinaceum* Retz.	斑茅（大密）	Gramineae (Poaceae) 禾本科	多年生草本；秆高2～4m；叶线状披针形，长60～150cm花序大而稠密，长20～100cm，小穗披针形，颖密被白色丝状毛	饲用及绿肥，经济作物（纤维类）		秦岭以南各省份
8644	*Saccharum arundinaceum* var. *trichophyllum* (Hand.-Mazz.) S. M. Phillips et S. L. Chen	毛叶蔗茅	Gramineae (Poaceae) 禾本科	多年生草本；秆高70～150cm；叶鞘草黄色，背部脉间贴生长柔毛；叶舌长约1.5mm，具短纤毛；基部簇生5～8叶，叶长70～100cm	饲用及绿肥，经济作物（纤维类）		
8645	*Saccharum barberi* Jeswiet	印度甘蔗	Gramineae (Poaceae) 禾本科	多年生；秆直立，细长；圆锥花序，具多数分枝；小穗成对，一有柄另一无柄；无柄小穗基盘具白长毛；颖膜质至纸质；花序总柄具毛；叶片宽超过1cm	经济作物（糖料类）		
8646	*Saccharum edule* Hassk	食穗种甘蔗	Gramineae (Poaceae) 禾本科	多年生草本，高2.5～4m，茎直立，黄色、绿色或红色；茎节被叶鞘覆盖，叶片渐尖；花序包于叶鞘，白色至浅黄色，纤维质	经济作物（糖料类）		
8647	*Saccharum fallax* Balansa	金猫尾	Gramineae (Poaceae) 禾本科	秆直立，高达3m；叶片长达80cm，宽1～1.5cm；圆锥花序大型；花果期8～10月	杂草		云南、广西、广东、海南

（续）

序号	拉丁学名	中文名	所属科	特征及特性	类别	原产地	目前分布/种植区
8648	*Saccharum formosanum* (Stapf) Ohwi	台蔗茅	Gramineae (Poaceae) 禾本科	多年生草本；秆高70～100cm，具多节；叶线形，扁平或内卷；圆锥花序伞房状，无柄小穗披针形，第一颖厚纸质，第二颖舟形	杂草		台湾
8649	*Saccharum longesetosum* (Andersson) V. Naray.	滇蔗茅	Gramineae (Poaceae) 禾本科	多年生草本；秆高1～1.5m；叶鞘紧密包茎；叶线状披针形；圆锥花序较密，顶端下垂，小穗披针形，第一颖革质，第二颖先端膜质	杂草	中国四川、云南、贵州	
8650	*Saccharum narenga* (Nees ex Steudel) Wall. ex Hackel	河王八	Gramineae (Poaceae) 禾本科	多年生；秆高1～3m；叶条形，最上一片退化成锥状；圆锥花序紫色，狭长，总状花序多节，小穗成对一有柄一无柄	杂草		华东、华南、西南
8651	*Saccharum officinarum* L.	甘蔗	Gramineae (Poaceae) 禾本科	一年生宿根热带和亚热带草本植物；叶为互生，边缘具小锐齿；花穗为复总状花序	经济作物（糖料类）		华南各地栽培
8652	*Saccharum ravennae* (L.) L.	沙生蔗茅	Gramineae (Poaceae) 禾本科	多年生；根状茎粗短，常形成大丛；秆丛生，具多数节，下部节上生有黄色柔毛；叶鞘圆筒形，紧密包秆，下部密生淡黄色柔毛	杂草		
8653	*Saccharum robustum* Brandes et Jeswiet	大茎野生种甘蔗	Gramineae (Poaceae) 禾本科	多年生；圆锥花序，小穗披针形，长3～3.5mm，小穗基盘有毛，为小穗的2～3倍长；第一颖片披针形，与小穗等长，2脊，2脉；第二颖披针形，与小穗等长，无脊，1脉；浆片2，无毛，楔形	经济作物（糖料类）		
8654	*Saccharum rufipilum* Steud.	蔗茅	Gramineae (Poaceae) 禾本科	多年生草本；秆高1～2.5m；叶线形，中脉白色，边缘内卷；圆锥花序紧密成穗状，浅白色或浅紫色，小穗长圆形；颖果倒卵形	杂草	中国四川、云南、贵州、湖北、陕西	
8655	*Saccharum sinense* Roxb.	甘蔗	Gramineae (Poaceae) 禾本科	高约3m，多年生草本；秆直立，高4m，圆锥花序白色，长达80cm，在花序以下有白色丝状毛	经济作物（糖料类）	中国	
8656	*Saccharum spontaneum* L.	甜根子草（割手密）	Gramineae (Poaceae) 禾本科	多年生草本；秆高1～4m，节上有绢毛；叶线形；圆锥花序白色，长20～60cm，小穗卵状长圆形，第一颖披针形，第二颖舟形；颖果	药用		华南、华东、西南

（续）

序号	拉丁学名	中文名	所属科	特征及特性	类别	原产地	目前分布/种植区
8657	*Sacciolepis indica* (L.) Chase	囊颖草（滑草，鼠尾黍）	Gramineae (Poaceae) 禾本科	一年生草本；秆高 20～70cm；叶线形，长 5～20cm；圆锥花序柱形，长 3～10cm，小穗卵状披针形，背部弓形；颖果	饲用及绿肥		华东、华南、西南
8658	*Sacciolepis myosuroides* (R. Br.) Chase ex E. G. Camus	鼠尾囊颖草	Gramineae (Poaceae) 禾本科	一年生；叶片线形；花序长 6～20cm，小穗卵状椭圆形，长 1.5～2mm，第一颖长为小穗长的 1/2～2/3	饲用及绿肥		广东、广西、海南、云南及西藏
8659	*Saccopetalum prolificum* (Chun et How) Tsiang	囊瓣木	Annonaceae 番荔枝科	常绿乔木；高达 25m，胸径 50cm；叶椭圆形；花暗红色，单生或 2～3 朵簇生叶腋，花瓣 6，2 轮，镊合状排列；果 15～30，球形或近球形	林木		海南
8660	*Sageretia lucida* Merr.	梗花雀梅藤（红雀梅藤）	Rhamnaceae 鼠李科	有刺攀缘灌木；叶长椭圆形或卵状披针形，先端渐尖或尾状渐尖，边缘有细锯齿；花小，绿白色；核果近球形，红色	观赏	中国湖南、湖北、四川、贵州、云南、广西、陕西、甘肃和浙江南部	湖南、湖北、四川、贵州、云南、广西、陕西、甘肃和浙江
8661	*Sageretia paucicostata* Maxim.	少脉雀梅藤（对节木）	Rhamnaceae 鼠李科	木质攀缘灌木；叶互生，近革质，倒卵形、卵状椭圆形或椭圆形；花小，排成腋生穗状花序或顶生穗状花序；核果球形	观赏	中国	山西、河北、河南、陕西、甘肃、四川
8662	*Sageretia pycnophylla* C. K. Schneid.	对节刺	Rhamnaceae 鼠李科	常绿灌木；高 2m；具枝刺，干皮灰色；叶对生、近对生，椭圆形、卵状椭圆形，长 0.6～2cm，端钝，基近圆；穗状花序；果黑紫	观赏	中国	四川、陕西、甘肃
8663	*Sageretia theezans* (L.) Bro.	雀梅藤	Rhamnaceae 鼠李科	有刺攀缘灌木；叶卵形或椭圆形；花小，淡黄色，芳香，排列成穗状分枝的圆锥花序；核果近球形，紫黑色	观赏		东南沿海各省份
8664	*Sagina japonica* (Sw.) Ohwi	漆姑草	Caryophyllaceae 石竹科	一年生或两年生草本；高 5～10cm；茎绿色，节膨大，多数簇生；叶对生，圆柱状线形；花小，白色，花瓣 5；蒴果广卵形	药用		东北、华北、华东、华中、西南
8665	*Sagina subulata* Presl	钻叶漆姑草	Caryophyllaceae 石竹科	多年生草本；高 12cm；叶片对生，基部连合；花单生，白色；花梗有腺毛；花瓣卵形，有腺体；蒴果	观赏	地中海科西嘉岛	

（续）

序号	拉丁学名	中文名	所属科	特征及特性	类别	原产地	目前分布/种植区
8666	*Sagittaria pygmaea* Miq.	矮慈姑（瓜皮草）	Alismaceae 泽泻科	多年生沼生草本；叶基生，线状披针形；花葶直立，花轮生，单性，雌花1朵，无梗，雄花2～5朵，花白色；瘦果阔卵形	饲用及绿肥		长江流域及其以南地区、陕西、河南
8667	*Sagittaria trifolia* L.	野慈姑（慈姑）	Alismaceae 泽泻科	多年生水生草本；叶型变化大，通常三角箭形；总状花序，3～5朵轮生轴上，花单性，下部为雌花，上部为雄花；聚合果圆头状	药用	中国长江以南，日本、朝鲜	全国各地均有分布（西藏除外）
8668	*Saintpaulia ionantha* Wendl.	非洲紫罗兰	Gesneriaceae 苦苣苔科	无茎多年生草本；全体被软毛；叶基生，肉质，圆形或长圆状卵形，叶背常带紫色；花聚伞状排列，花冠2唇形，堇紫色	观赏	东非热带	全国各地均有分布
8669	*Salacca edulis* Reinw	蛇皮果	Palmae 棕榈科	大型灌木；雌雄异株，肉质穗状花序腋生；果球形、卵形或宽橄榄形	果树	马来西亚	广东、云南
8670	*Salacca secunda* Griff.	滇西蛇皮果	Palmae 棕榈科	植株丛生，几无茎；叶羽状全裂；一级佛焰苞被脱落性的锈色鳞秕，穗状花序从二级佛焰苞口伸出；果实球状陀螺形	果树		云南西部
8671	*Salacia prinoides*（Willd.）DC.	五层龙	Hippocrateaceae 翅子藤科	攀缘状灌木；花小，两性，黄色，常少数簇生或单生于叶腋；萼片5；花瓣5，覆瓦状排列；雄蕊通常3，着生于花盘上，外弯；子房埋藏于花盘内，3室，每室有胚珠4～6颗，花柱极短	药用		广东、海南
8672	*Salicornia europaea* L.	盐角草（海蓬子）	Chenopodiaceae 藜科	一年生草本；高10～35cm；枝肉质，苍绿色；叶退化成鳞片状，对生；穗状花序，花腋生，每1肉质苞片内有3朵花；果卵形	饲用及绿肥，有毒		西北及辽宁、河北、山西、山东、江苏
8673	*Salix argyracea* E. L. Wolf	银柳	Salicaceae 杨柳科	落叶灌木；基部抽枝，新枝有绒毛；叶互生，披针形；雌雄异株；葇荑花序，花芽肥大，银白色	观赏	中国新疆（天山北坡由东至西和南坡至喀什阿克陶山区），前苏联	全国各地均有分布
8674	*Salix babylonica* L.	垂柳（水柳）	Salicaceae 杨柳科	落叶乔木；树冠伞盖形，树皮灰褐色，不规则纵裂，小枝细长下垂；叶披针形；柔荑花序生小枝顶，雌雄异株	有毒，观赏		全国各地均有分布

（续）

序号	拉丁学名	中文名	所属科	特征及特性	类别	原产地	目前分布/种植区
8675	*Salix capitata* Y. L. Chou et Skvortsov	圆头柳	Salicaceae 杨柳科	乔木；大枝斜上，枝质脆；树冠圆形；树皮暗灰色，有纵沟裂；叶披针形；雌花仅有腹腺；蒴果淡黄褐色	观赏		
8676	*Salix cavaleriei* H. Lév.	云南柳	Salicaceae 杨柳科	乔木；叶宽披针形或椭圆状披针形；叶柄上部边缘有腺点；托叶三角状卵形，具细腺齿；蒴果卵形	观赏	中国	云南、广西、贵州、四川
8677	*Salix chaenomeloides* Kimura	河柳（腺柳）	Salicaceae 杨柳科	小乔木；树冠半球形；叶椭圆形至椭圆状披针形，腹背腺基部连合成假花盘状	观赏	中国	河北、山东、山西、河南、陕西、安徽、江苏、浙江
8678	*Salix cheilophila* C. K. Schneid.	沙柳	Salicaceae 杨柳科	灌木或小乔木；高可达 4m；花序先叶开放，圆柱形，花序轴具柔毛，苞片侧卵状椭圆形，黄褐色，雄蕊 2，完全合生，花丝无毛，花药球形，黄色；腹腺 1	蜜源		西北、华北及四川
8679	*Salix dahurica* Turcz.	达佛利亚柳	Salicaceae 杨柳科	落叶乔木；冬芽有鳞片一；叶互生，单叶，柔荑花序，花冠白色；蒴果 2 裂；种子有绵毛	蜜源		华北、东北
8680	*Salix floderusii* Nakai	崖柳	Salicaceae 杨柳科	落叶小乔木或灌木；叶革质，椭圆形或狭卵形，先端渐尖；托叶仅生萌发枝上，圆形，肾形或半月形；花序基部有小形叶；总花梗有长绢状毛；苞片披针形，有毛，且有长睫毛；腹面有一腺体；子房有长柔毛	经济作物（橡胶类）		东北
8681	*Salix fragilis* L.	爆竹柳	Salicaceae 杨柳科	乔木；树冠圆形或长圆形；叶披针形或宽披针形；叶柄上部有腺点及短柔毛或无毛；花序与叶同时开放；花期 5 月	观赏	欧洲沿高加索经中亚至西伯利亚	黑龙江、辽宁有引种，哈尔滨常见栽培
8682	*Salix gordejevii* Y. L. Chang et Skvortsov	黄柳	Salicaceae 杨柳科	灌木；枝直立丛生，黄色，嫩枝染红晕；叶条形或梗条状披针形，下面稍灰白色；花序无总梗	饲用及绿肥，生态防护		辽宁、吉林、宁夏及内蒙古
8683	*Salix gracilistyla* Miq.	细柱柳	Salicaceae 杨柳科	灌木；小枝黄褐色或红褐色；叶椭圆状长圆形或倒卵状长圆形；花序先叶开花；蒴果被密毛	观赏	中国、前苏联东部、朝鲜、日本	黑龙江、吉林、辽宁

（续）

序号	拉丁学名	中文名	所属科	特征及特性	类别	原产地	目前分布/种植区
8684	*Salix leucopithecia* Kimura	银芽柳	Salicaceae 杨柳科	落叶灌木；枝稀疏，绿色被红晕，冬芽红紫色，芽体大；叶长椭圆形，叶背被白色绵柔毛	观赏	日本	长江流域及北京、青岛
8685	*Salix luctuosa* H. Lév.	丝毛柳	Salicaceae 杨柳科	灌木；花序轴有白色长柔毛；雄花序长1～3cm；苞片宽卵形，外面有绢状毛或近无毛，边缘有睫毛；雌花序长3cm；苞片卵形，有柔毛或绒毛；子房无毛，近无梗，花柱长	观赏	中国西藏东部、云南、四川、陕西（太白山）	
8686	*Salix magnifica* Hemsl.	大叶柳	Salicaceae 杨柳科	灌木；叶成熟时几呈革质，椭圆形或倒卵形；花枝上的叶较小，倒卵形或矩圆形；雌雄异株；蒴果2瓣裂开	观赏	中国	四川西部
8687	*Salix matsudana* Koidz.	旱柳	Salicaceae 杨柳科	乔木；叶披针形，上面绿色，下面苍白色或带白色；花序与叶同时开放；花期4月，果期4～5月	观赏	中国	东北、华北、西北黄土高原、西至甘肃、青海，南至淮河流域以及浙江、江苏
8688	*Salix maximowiczii* Kom.	大白柳	Salicaceae 杨柳科	乔木；叶质厚，卵状长圆形或卵状披针形；雄花序直立，雌花序长、下垂；果序可长达15cm	观赏	中国	黑龙江、吉林
8689	*Salix microstachya* Turcz. ex Trautv.	小红柳	Salicaceae 杨柳科	灌木；高1～2m；小枝黄绿色或紫褐色，常弯下垂；叶条形或条状披针形；花序与叶同时开放，细圆柱形，花红色；蒴果	蜜源		辽宁、内蒙古、宁夏、甘肃、青海、新疆
8690	*Salix pentandra* L.	五蕊柳	Salicaceae 杨柳科	灌木或小乔木；高1～5m；叶革质，宽披针形、卵状长圆形或椭圆状披针形；柔荑花序，花冠白色；蒴果卵状圆锥形	蜜源		东北
8691	*Salix pierotii* Miq.	白皮柳	Salicaceae 杨柳科	乔木或灌木；叶披针形或披针状长圆形；叶中部以下最宽，沿叶脉有柔毛；花序无梗；花期4月，果期5月	观赏	中国	东北
8692	*Salix psammophila* C. Wang et C. Y. Yang	北沙柳	Salicaceae 杨柳科	灌木；树皮灰色；叶边缘具稀疏腺齿，托叶条形，常早落；苞片卵状矩圆形，先端钝圆，基部具长柔毛	饲用及绿肥，生态防护		内蒙古、宁夏、陕西

（续）

序号	拉丁学名	中文名	所属科	特征及特性	类别	原产地	目前分布/种植区
8693	*Salix pseudolasiogyne* H. Lév.	朝鲜垂柳	Salicaceae 杨柳科	乔木;叶披针形或狭长披针形,稍呈镰状弯曲;花序先叶开放,有短梗;子房中下部有毛,花柱明显	观赏	中国、朝鲜特产	辽宁
8694	*Salix raddeana* Lacksch. ex Nas.	大黄柳	Salicaceae 杨柳科	落叶小乔木或灌木;托叶大,叶革质,先端突然渐短尖或急尖,先端扭曲,全缘或内卷;柔荑花序,先叶开放,基部有长柔毛;苞卵椭圆形	饲用及绿肥,生态防护		东北
8695	*Salix rorida* Lacksch.	粉枝柳	Salicaceae 杨柳科	乔木;高达15m,树冠塔形或圆形;叶片披针形或倒披针形;花序先于叶开放,雄花序圆柱形,长1.5～3.5cm,雌花序圆柱形,长3～4cm;蒴果	蜜源		华北、东北
8696	*Salix schwerinii* E. L. Wolf	蒿柳	Salicaceae 杨柳科	灌木或乔木;叶条状披针形,全缘或稍波状,托叶披针形,叶缘下面密被银白色绢状毛;花初开时灰毛先出,后变白色	观赏	中国	东北及内蒙古、河北、新疆、西藏
8697	*Salix serpyllum* Anderss.	多花小垫柳	Salicaceae 杨柳科	垫状灌木;花与叶同时开放,花序生于当年生枝的顶端,基部有数枚正常的叶片,轴有短柔毛;雄花序长约1cm,雄蕊2;雌花序长约1cm,但至果期迅速伸长	观赏	中国西藏、印度北部	西藏
8698	*Salix siuzevii* Seemen	卷边柳	Salicaceae 杨柳科	灌木或乔木;花先叶开放;花序无梗,长2～3cm,粗6～10mm;雄蕊2,花丝无毛;苞片披针形或舌状,先端黑色,有长毛;具1腹腺;子房卵状圆锥形,花柱明显	蜜源		华北、东北
8699	*Salix triandra* L.	三蕊柳	Salicaceae 杨柳科	灌木或小乔木;高达6～10m;叶广长圆状披针形、披针形至倒披针形;花序与叶同时开放,有花序梗,着生有2～3有锯齿缘的小叶;花期4月,果期5月	蜜源		广东、广西、安徽
8700	*Salix wilhelmsiana* f. *ciliuensis* C. F. Fang et H. L. Yang	刺柳	Salicaceae 杨柳科	落叶灌木,高1～3m,当年生枝细长,红色或红褐色,当年枝细长,红色或红褐色,小枝较短,叶互生,叶条形,柔荑花序直立,花叶同开;蒴果	生态防护		甘肃民勤、金塔、玉门

（续）

序号	拉丁学名	中文名	所属科	特征及特性	类别	原产地	目前分布/种植区
8701	*Salix wilsonii* Seemen ex Diels	紫柳	Salicaceae 杨柳科	乔木；叶广椭圆形、椭圆形至长圆形；花序长、花疏；蒴果卵状长圆形；花期 3 月底至 4 月上旬，果期 5 月	观赏	中国	湖北、湖南、江西、安徽、浙江、江苏等省
8702	*Salix yanbianica* C. F. Fang et Ch. Y. Yang	白柳（白河柳）	Salicaceae 杨柳科	落叶乔木；树冠卵形；叶披针形至卵状披针形或条状披针形；叶柄顶有腺点；花序梗有 2～4 小叶，雄蕊 3	蜜源		西北、华北、东北
8703	*Salomonia cantoniensis* Lour.	齿果草（一碗泡）	Polygalaceae 远志科	一年生直立草本；高 5～20cm；穗状花序顶生，长 1～6cm；花极小，长约 2mm，淡红色；小苞片极小，早落；萼片 5，线状钻形，基部合生，宿存；花瓣 3，下部连合，其侧生的一对较短	药用		华东、中南、西南
8704	*Salpiglossis sinuata* Ruiz et Pav.	智利喇叭花（朝颜烟草，美人襟）	Solanaceae 茄科	株高 30～100cm，下部叶椭圆形或长椭圆状形. 有波状齿缘或状中裂，上部叶近全缘；花冠斜漏斗形，具天鹅绒般光泽	观赏	智利	
8705	*Salsola arbuscula* Pall.	木本猪毛菜	Chenopodiaceae 藜科	落叶灌木；高 20～80cm，黑褐色或棕褐色，粗糙，有纵裂纹，老枝先端常成锥刺状，小枝苍白色，无毛或有小突起，叶互生，老枝上的叶簇生于短枝顶端，半圆柱状，肉质，花两性，胞果倒圆锥形	饲用及绿肥，观赏		内蒙古、宁夏、甘肃、新疆
8706	*Salsola collina* Pall.	猪毛菜（扎蓬棵，牛尾巴，猪毛缨）	Chenopodiaceae 藜科	一年生草本；高 20～100cm；茎具条纹；叶肉质，丝状圆柱形；细长穗状花序生于枝上部，花被着生鸡冠状突起；胞果倒卵形	药用，饲用及绿肥		东北、华北、西北、西南及江苏
8707	*Salsola dschungarica* Iljin	准噶尔猪毛菜	Chenopodiaceae 藜科	落叶半灌木；高 10～30cm，灰褐色或黑褐色，老枝木质，粗壮，多分枝，叶互生，有时近簇生状，近圆柱形，花两性，果实为胞果，果皮膜质	饲用及绿肥		新疆北部（乌鲁木齐）
8708	*Salsola ikonnikovii* Iljin	展苞猪毛菜	Chenopodiaceae 藜科	一年生草本；全株呈灰蓝色，茎枝粗短；叶条形，扁平，中脉明显，白色；苞片及小苞片强烈向下反折，果时背侧横生干膜质翅	饲用及绿肥		内蒙古、宁夏

（续）

序号	拉丁学名	中文名	所属科	特征及特性	类别	原产地	目前分布/种植区
8709	*Salsola intramongolica* H. C. Fu et Z. Y. Chu	内蒙古猪毛菜（红翅猪毛菜）	Chenopodiaceae 藜科	一年生草本；茎枝具紫红色条纹，疏生硬毛；苞片果时开展；花被片果时横生翅，革质，红色，其中3翅为三角状倒卵形	饲用及绿肥		内蒙古
8710	*Salsola junatovii* Botschantz.	天山猪毛菜	Chenopodiaceae 藜科	小半灌木；老枝灰褐色，具纵纹；叶互生，半圆柱形；苞片叶状，花被片果时变硬，自背面中下部生翅，其中3翅半圆形	饲用及绿肥		新疆的天山南坡，为我国特有种
8711	*Salsola laricifolia* Turcz. ex Litv.	松叶猪毛菜	Chenopodiaceae 藜科	落叶小灌木；高20～50cm，老枝黑褐色或纵褐色；当年生枝乳白色，或灰白色；叶互生，老枝上的叶簇生于短枝顶端，半圆柱状，肉质，先端钝或稍尖；花两性；胞果倒卵形	饲用及绿肥		内蒙古、宁夏、甘肃、新疆
8712	*Salsola monoptera* Bunge	单翅猪毛菜	Chenopodiaceae 藜科	一年生草本；植株矮小，分枝平卧；叶丝状三棱形；花序穗状，苞片披针形，有刺尖，花被片长卵形，仅1个背面生翅	饲用及绿肥		青海、西藏、内蒙古、甘肃等省份
8713	*Salsola orientalis* S. G. Gmel.	东方猪毛菜	Chenopodiaceae 藜科	落叶半灌木；高20～50cm，皮灰褐色，木质茎低矮，自基部强烈分枝；一年生枝绿色，有分枝，无毛，叶互生或簇生，半圆柱形，直伸，密生柔毛，花两性，果实为胞果，果皮膜质	观赏		新疆北部
8714	*Salsola passerina* Bunge	珍珠柴（珍珠，雀猪毛菜）	Chenopodiaceae 藜科	小半灌木；植株密被鳞片状丁字毛；叶锥形，花被片果时自背中部横生膜质翅，其中3个较大，肾形，花药条形	经济作物（油料类），饲用及绿肥		内蒙古、甘肃、宁夏
8715	*Salsola pellucida* Litv.	薄翅猪毛菜	Chenopodiaceae 藜科	一年生草本；茎枝灰褐色，被乳头状硬毛；叶条状披针形，主脉1条隆起；苞片及小苞片果时均开展，花被透明膜质	饲用及绿肥		内蒙古、宁夏、甘肃、青海、新疆
8716	*Salsola tragus* L.	刺沙蓬（刺蓬）	Chenopodiaceae 藜科	一年生草本；高30～100cm；茎具白色或紫红色条纹；叶肉质，圆柱形；花单生苞腋，形成穗状花序；胞果近球形	杂草		东北、华北、西北及西藏、山东、江苏
8717	*Salsola zaidamica* Iljin	柴达木猪毛菜	Chenopodiaceae 藜科	落叶半灌木；高10～30cm，茎自基部多分枝，密集，基部枝近对生，枝与叶稍有棱，叶互生，密集，叶片狭披针形，或条形，质厚，平或龙骨形，无柄，花两性，果实为胞果，外形似盘状	饲用及绿肥		内蒙古、甘肃、新疆、青海

（续）

序号	拉丁学名	中文名	所属科	特征及特性	类别	原产地	目前分布/种植区
8718	*Salvia bowleyana* Dunn	南丹参	Labiatae 唇形科	多年生草本；茎高约1m，被长柔毛；羽状复叶；轮散花序8至多花；花淡紫色至蓝紫色；小坚果椭圆形，顶端有毛	观赏	中国江西、安徽、广东、广西、湖南、浙江	广西、广东、福建、湖南、江西
8719	*Salvia castanea* Diels	栗色鼠尾草	Labiatae 唇形科	多年生草本；叶片椭圆状披针形或长圆状卵圆形，轮伞花序2～4花，疏离，排列成总状或总状圆锥花序；花冠紫褐色、栗色或深紫色；小坚果倒卵圆形	蜜源	中国	云南西北部及四川西南部
8720	*Salvia chinensis* Benth.	华鼠尾	Labiatae 唇形科	一年生草本；轮伞花序6花，组成假总状或圆锥状花序；花冠蓝紫色或紫色，筒内有毛环，下唇中裂片倒心形；花丝短，药隔长，关节处有毛，上臂伸长，下臂小，彼此分离	蜜源		华东、湖北、湖南、广东、广西、四川
8721	*Salvia coccinea* Buc'hoz ex Etl.	朱唇	Labiatae 唇形科	一年生或多年生亚灌木；全株被毛；叶卵形或三角形；花萼筒状钟形，花冠鲜红色，花多密集，花冠紫蓝或白色	观赏	北美洲热带	云南南部及东南部
8722	*Salvia deserta* Schangin	新疆鼠尾草	Labiatae 唇形科	多年生草本；高50～70cm；叶卵状长圆或披针卵形；轮伞花序具4～6朵花，密集成顶生假总状或圆锥状花序，花冠紫红色至紫色	蜜源		产新疆
8723	*Salvia digitaloides* Diels	毛地黄鼠尾（银紫丹参）	Labiatae 唇形科	多年生直立草本；叶长圆状椭圆形，总状花序，花萼钟形，花冠黄色，有淡紫色斑点	观赏	中国云南西北部	云南
8724	*Salvia evansiana* Hand.-Mazz.	雪山鼠尾草	Labiatae 唇形科	多年生草本；叶有根出叶和茎生叶两种，叶片均卵圆形或三角状卵圆形；轮伞花序6花，组成总状花序或总状圆锥花序；花冠蓝紫色或紫色	药用		云南西北部、四川南部
8725	*Salvia farinacea* Benth.	一串蓝	Labiatae 唇形科	多年生做一年生栽培；株高60～90cm，多分枝；花多密集，花冠紫蓝或白色，长1.2～2.0cm；花期7～10月	观赏	北美南部	
8726	*Salvia flava* Forrest ex Diels	黄花鼠尾草	Labiatae 唇形科	多年生草本；叶纸质；轮伞花序通常4花，4～8个稍疏离组成顶生总状花序，或总状花序基部少分枝而组成总状圆锥花序；苞片卵圆形；花萼钟状，先端锐尖；花冠黄色，上唇盔状，下唇3裂	观赏	中国云南西北部、四川西南部	云南、四川

（续）

序号	拉丁学名	中文名	所属科	特征及特性	类别	原产地	目前分布/种植区
8727	*Salvia japonica* Thunb.	鼠尾草（秋丹参）	Labiatae 唇形科	多年生直立草本；茎高 30～100cm，钝四棱形；叶对生，轮伞花序 2～6 花，组成顶生的总状花序或圆锥花序；花淡红紫色，稀白色	蜜源		华东、华南及湖北、台湾
8728	*Salvia kiaometiensis* H. Lév.	土丹参	Labiatae 唇形科	多年生草本；全株被长柔毛；单叶具叶柄，叶片窄长三角形至卵状三角形，边缘有粗齿牙；根粗壮，表面有纵沟纹	观赏	中国	四川
8729	*Salvia lankongensis* C. Y. Wu	洱源鼠尾草	Labiatae 唇形科	多年生草本；叶片椭圆状卵圆形；轮伞花序 6 花，组成总状花序或总状圆锥花序；花冠蓝色；成熟小坚果未见	蜜源		云南西北部
8730	*Salvia miltiorrhiza* Bunge	丹参（血生根，大红袍，血参，紫丹参）	Labiatae 唇形科	多年生草本；单数羽状复叶；轮伞花序 6 至多花组成假总状花序，密生腺毛或长柔毛；苞片披针形；花萼紫色，2 唇形；花冠蓝紫色	观赏	中国陕西、山东、河南、江苏、浙江、安徽、江西、湖南，日本	河北、山西、陕西、山东、河南、江苏、浙江、安徽、江西
8731	*Salvia nemorosa* Pobed.	林地鼠尾草	Labiatae 唇形科	苞片比花萼长，密覆瓦状，淡紫色，下部稀紫色；花序劲直，具分枝，雄蕊内藏或比花柱稍伸出，花冠上唇略呈镰刀状，植株无腺毛或下部具腺毛	观赏		新疆
8732	*Salvia officinalis* L.	撒尔维亚（鼠尾草，一串红，墙下红）	Labiatae 唇形科	一年生草本；须根密集；茎四棱，茎节为紫红色；下部二回羽状复叶，上部一回羽状；总状花序，被红色柔毛；苞片深红色；花萼里面喉部有白色长硬毛环	经济作物（香料类），药用，观赏	欧洲	安徽、江西、湖北、浙江、江苏、广东、广西、福建、台湾
8733	*Salvia plebeia* R. Br.	荔枝草（雪见草，野芥菜，过冬草）	Labiatae 唇形科	一年生或二年生草本；高 15～90cm，主根肥厚；叶长圆状披针形，背面具金黄色腺点；轮伞花序密集成总状或总状圆锥花序；小坚果	药用		除新疆、青海、甘肃及西藏外，分布于各地
8734	*Salvia potaninii* Krylov	洪桥鼠尾草	Labiatae 唇形科	多年生；轮状聚伞花序 6 花，总状花序顶生；轴密被柔毛；苞片卵形到长圆形卵形；上唇宽三角状卵形，边缘全缘；花冠淡黄色，具长柔毛；筒部里面具柔毛有环，直立，从花萼伸出	蜜源		四川

（续）

序号	拉丁学名	中文名	所属科	特征及特性	类别	原产地	目前分布/种植区
8735	*Salvia pratensis* L.	草地鼠尾草	Labiatae 唇形科	多年生草本；叶片长椭圆形，基部心形，茎生叶无柄；轮伞花序，花冠蓝色，偶有红或白色	观赏	欧洲	
8736	*Salvia prionitis* Hance	黄埔鼠尾（小丹参，一根苗）	Labiatae 唇形科	一年生草本；轮伞花序具6～14花；花冠蓝或紫色，筒内有毛环，下唇中裂片倒心形；花丝长约3mm，药隔长约5mm，上臂较长，下臂短而扁，顶端联合	蜜源		浙江、安徽、江西、湖南及广东
8737	*Salvia przewalskii* Maxim.	甘肃丹参（甘溪鼠尾草）	Labiatae 唇形科	多年生草本；单叶，三角状卵形或卵状披针形，基部心形至戟形，边缘有钝锯齿，下面被白色绒毛	观赏	中国	甘肃、四川、云南、西藏
8738	*Salvia roborowskii* Maxim.	粘毛鼠尾草	Labiatae 唇形科	一年生或二年生草本；高30～90cm；叶对生，戟形或戟状三角形，两面被粗伏毛；轮伞花序4～6花，上部密集下部疏离组成顶生或腋生的总状花序，花冠黄色；小坚果倒卵圆形	蜜源		甘肃、四川、云南、青海、西藏
8739	*Salvia sclarea* L.	香紫苏	Labiatae 唇形科	二年生或多年生草本；具龙涎香气；叶对生，卵圆形；轮伞花序，6～12轮花，苞片宽卵形，花冠雪青色；小坚果	经济作物（油料类）	欧洲	陕西、河北、河南
8740	*Salvia sinica* Migo	浙皖丹参	Labiatae 唇形科	多年生草本；基出叶不存在，茎生叶为具5或7小叶的羽状复叶，小叶卵圆形，草质；轮伞花序4花，组成顶生总状或总状圆锥花序；小坚果椭圆形，暗褐色	药用		浙江、安徽、湖北
8741	*Salvia splendens* Ker Gawl.	一串红	Labiatae 唇形科	叶对生，卵形或三角状卵圆形；总状花序，遍被红色柔毛；小花2～6朵轮生，苞片红色，花萼钟状，宿存，鲜红色，花冠唇形筒状	观赏	南美巴西	全国各地均有分布
8742	*Salvia subpalmatinervis* E. Peter	近掌脉鼠尾	Labiatae 唇形科	多年生直立草本；密被长柔毛；茎生叶心形，边缘具重锯齿，叶脉自基部近掌状伸展；轮伞花序密集成顶生的总状花序，花冠紫色、淡紫色	观赏	中国云南西北部	云南
8743	*Salvia yunnanensis* C. H. Wright	滇丹参	Labiatae 唇形科	多年生草本；全株被长柔毛；根状茎短缩，茎直立；叶基生，单叶或3裂；轮散花序4～6朵，组成顶生假总状花序；小坚果椭圆形	观赏	中国	云南、贵州、四川

（续）

序号	拉丁学名	中文名	所属科	特征及特性	类别	原产地	目前分布/种植区
8744	*Salvinia natans*（L.）All.	槐叶蘋	Salviniacae 槐叶萍科	一年生漂浮水生杂草；茎细长横走；三叶轮生，呈三列，二列叶矩圆形，在茎的两侧排成羽状；另一列叶悬垂水中；孢子果球形	药用，饲用及绿肥	各大洲，以美洲和非洲热带为主	长江以南、华北、东北、秦岭等地区
8745	*Salweenia wardii* Baker f.	冬麻豆	Leguminosae 豆科	常绿灌木；羽状复叶，小叶贝合状，线形至线状披针形；花 3～7 朵簇生小枝顶端，花萼钟状，花冠黄色；荚果线状长圆形	有毒		云南、四川、西藏
8746	*Samanea saman*（Jacq.）Merr.	雨树	Leguminosae 豆科	落叶大乔木；高 40m；叶为二回羽状复叶，互生；花为头状花序，两性花；荚果，坚硬，无柄，笔直，边缘厚，略呈圆柱形；种子棕黑色，种子正面和背面均有一淡棕色圆环	林木，观赏	西印度群岛及中美洲，多见于开旷地或林内的河湾	海南、广东、福建
8747	*Sambucus adnata* Wall. ex DC.	血满草	Caprifoliaceae 忍冬科	直立草本；根状茎横走，折断后流出红色汁液；奇数羽状复叶，互生，叶轴有杯形腺体；圆锥花序顶生，伞房状，两性花，花冠白或淡黄色	观赏	中国陕西、宁夏、甘肃、青海、四川、贵州、云南和西藏	甘肃、贵州、青海、陕西、
8748	*Sambucus buergeriana* Blume	毛接骨木	Caprifoliaceae 忍冬科	落叶大灌木；高 1.5～3.5m；花有毛或无毛，花药黄色，柱头短圆锥形，有浅裂，紫色；核果浆果状，球形，径达 5mm	蜜源		东北
8749	*Sambucus canadensis* L. Aurea	金叶接骨木	Caprifoliaceae 忍冬科	落叶灌木，高 2～3m，冠幅 1.8～2.5m；奇数羽状复叶，对生，初生叶金黄色，成熟叶黄绿色，花白色，5～6 月开花	观赏	美国	
8750	*Sambucus chinensis* Lindl.	接骨草（陆英，走马风）	Caprifoliaceae 忍冬科	草本或半灌木；髓心白色；单数羽状复叶；小叶 5～9，披针形，有齿；复伞房状花序顶生；花白色，直径约 0.3cm，不孕花变为黄色杯状腺体；核果，成熟时黄红色	蔬菜，药用	中国	陕西、甘肃、西藏、江苏、浙江、云南、广东、广西
8751	*Sambucus coreana* Kom.	朝鲜接骨木	Caprifoliaceae 忍冬科	落叶灌木；高 3m，复伞房花序，花冠黄色，圆锥状聚伞花序生于枝顶，花冠裂片 5，雄蕊 5，与花冠近等长	蜜源		黑龙江
8752	*Sambucus latipinna* Nakai	宽叶接骨木	Caprifoliaceae 忍冬科	落叶灌木；高 2～4m，圆锥状聚伞花序生于枝顶，花冠裂片 5，雄蕊 5，与花冠近等长	蜜源		东北

（续）

序号	拉丁学名	中文名	所属科	特征及特性	类别	原产地	目前分布/种植区
8753	*Sambucus nigra* L.	西洋接骨木	Caprifoliaceae 忍冬科	落叶灌木或小乔木；聚伞花序，5分枝，呈扁平球状；花小，黄白色；萼筒杯状，5齿裂；花冠辐状，有5片长圆形裂片；雄蕊5，与花冠裂片近等长而互生；子房下位，3室	药用，观赏	欧洲、北非及西亚	上海、杭州、南京、北京及庐山
8754	*Sambucus williamsii* Hance	接骨木（扦扦活，舒筋树）	Caprifoliaceae 忍冬科	落叶灌木或小乔木；奇数羽状复叶对生，小叶长圆形或椭圆形至卵状披针形；圆锥花序顶生，花白色至淡黄色；浆果状核果	药用，经济作物（油料类），有毒		东北、华北、西南、华中、华东及甘肃
8755	*Sanchezia nobilis* Hook. f.	黄脉爵床（金脉爵床）	Acanthaceae 爵床科	常绿丛生灌木；高约1.5m；叶大，革质，长圆状卵形，暗绿色，长可达30cm；穗状花序顶生，花黄色	观赏	热带美洲	
8756	*Sandersonia aurantiaca* Hook.	灯笼百合	Liliaceae 百合科	具有块根的多年生草本；叶片互生，线性或披针形；花冠球状钟形；花柄下垂，腋生；蒴果3瓣	观赏	南非	
8757	*Sandoricum indicum* Cav.	仙陀果（仙都果）	Meliaceae 楝科	乔木，高15～45m，分泌汁液；叶长25～45cm；果肉白色透明	果树	马来西亚	台湾
8758	*Sanguisorba alpina* Bunge	高山地榆	Rosaceae 蔷薇科	多年生草本；基生叶椭圆形，基部截形；穗状花序粗大，下垂，花由下向上逐渐开放，萼片白色、比雄蕊短2～3倍	饲用及绿肥		新疆、甘肃、宁夏及内蒙古
8759	*Sanguisorba filiformis* (Hook. f.) Hand.-Mazz.	虫莲	Rosaceae 蔷薇科	多年生草本；高8～35cm；基生叶羽状复叶，有小叶3～5对，茎生叶具小叶1～3；花单性，雌雄同株；花序头状，近球形，周围为雄花，中央为雌花；果有4棱	有毒		云南、四川
8760	*Sanguisorba officinalis* L.	地榆（一枝箭）	Rosaceae 蔷薇科	多年生草本；茎高1～2m；单数羽状复叶，小叶5～11，圆状卵形至长椭圆形；穗状花序顶生，萼片花瓣状，暗紫红色，无花瓣；瘦果	药用，经济作物（橡胶类）		全国各地均有分布
8761	*Sanguisorba stipulata* Raf.	大白花地榆	Rosaceae 蔷薇科	多年生草本；高50～100cm；羽状复叶，小叶4～6对，椭圆形、长圆状卵形；穗状花序直立，长圆柱形，花白色，有时稍带紫红色；瘦果近圆形	蜜源		东北

（续）

序号	拉丁学名	中文名	所属科	特征及特性	类别	原产地	目前分布/种植区
8762	*Sanguisorba tenuifolia* Fisch. ex Link	细叶地榆	Rosaceae 蔷薇科	多年生草本；高 60～100cm；叶互生，奇数羽状复叶，小叶 5～15，长椭圆形；穗状花序，花红色；瘦果卵状	杂草		东北及内蒙古
8763	*Sanguisorba tenuifolia* var. *alba* Trautv. et C. A. Mey.	小花白地榆（细叶地榆）	Rosaceae 蔷薇科	多年生草本；穗状花穗生于分枝顶端，长圆柱形，长 3～7cm，径约 5mm，下垂，先从顶端开花；花两性；苞片长圆形，长 1mm，内弯，上部紫色，下部密被毛，萼片近圆形，白色，长约 2mm，宽 1～1.5mm，花丝上部膨大，长约 6mm；花柱长约 1.5mm；瘦果近球形，具翅	蜜源		东北及内蒙古
8764	*Sanicula astrantiifolia* H. Wolff ex Kretschmer	川滇变豆菜	Umbelliferae（Apiaceae）伞形科	多年生草本；叶圆肾形或宽卵状心形；花序呈二歧叉状分枝，总苞片 2，披针形；花瓣绿白或粉红；果实倒圆锥形	药用，有毒		四川、云南、西藏
8765	*Sanicula chinensis* Bunge	变豆菜（三芹菜）	Umbelliferae（Apiaceae）伞形科	多年生草本；茎高 30～100cm；叶近圆形，常 3 裂；伞形花序二至三回叉状分枝，花瓣白色或绿白色；双悬果卵圆形	蜜源		遍及全国
8766	*Sanicula elata* Buch.-Ham. ex D. Don	软雀花	Umbelliferae（Apiaceae）伞形科	多年生草本；基生叶具长柄，茎生叶具短柄或无柄；花序二至四回叉状分枝，总苞片 2，披针形；花瓣白色，淡黄色；果实球状卵形	药用，有毒		云南、西藏
8767	*Sanicula rubriflora* F. Schmidt ex Maxim.	红花变豆菜（鸡爪芹）	Umbelliferae（Apiaceae）伞形科	多年生草本；高 33～90cm；基生叶多数，掌状 3 全裂，茎生叶 2 个，对生，无柄，3 深裂；伞形花序 3 出，花暗红色至紫红色；双悬果卵形	蜜源		东北及内蒙古
8768	*Sansevieria cylindrica* Bojer.	圆柱（叶）虎尾兰（鹿角掌）	Agavaceae 龙舌兰科	多年生常绿草本；叶 3～4 枚丛生，圆筒形或稍扁平，长可达 150cm，有暗绿色或浅色纵斑及横纹	观赏	非洲热带	
8769	*Sansevieria nilotica* Baker.	千岁兰	Agavaceae 龙舌兰科	叶片内曲，下部有深沟，斑纹淡绿或深绿，有不规则横纹；花葶超出叶丛之上	观赏	非洲	
8770	*Sansevieria trifasciata* Prain	虎尾兰（弓弦麻，龙舌兰，花蛇草）	Agavaceae 龙舌兰科	多年生常绿草本；叶簇生，厚硬革质，扁平狭披针形或基部具凹沟或呈圆筒状，两面具白色和深绿色相间的横带状斑纹	观赏	非洲西部	广西

（续）

序号	拉丁学名	中文名	所属科	特征及特性	类别	原产地	目前分布/种植区
8771	*Santalum album* L.	檀香（白檀）	Stemonaceae 百部科	半寄生性常绿小乔木；根具吸盘，附着寄主根上；单叶对生；圆锥花序，萼钟状，萼 4～5 裂，花瓣 4～5 片，雄蕊 4～5；核果	药用，经济作物（油料类）	印度	广东
8772	*Santolina chamaecyparissus* L.	棉香菊	Compositae（Asteraceae）菊科	常绿亚灌木；株被银灰色绒毛；单叶互生，羽状裂，裂片卵状长圆形，芳香；头状花序纽扣状球形，黄色，具长梗	观赏	地中海	
8773	*Sanvitalia procumbens* Lam.	匍匐蛇目菊	Compositae（Asteraceae）菊科	匍匐性一年生草本；单叶对生，卵状圆形，3 主脉明显；头状花序单生茎顶，舌状花单性，黄色，筒状花暗紫色，两性	观赏	墨西哥	
8774	*Sapindus delavayi*（Franch.）Radlk.	川滇无患子（胰哨子果）	Sapindaceae 无患子科	落叶乔木；叶轴有疏柔毛；小叶对生或有时近对生，纸质，卵形或卵状长圆形；花序顶生；花蕾球形	药用，观赏	中国	云南、四川、贵州、湖北北部
8775	*Sapindus saponaria* L.	无患子（油患子，菩提子）	Sapindaceae 无患子科	乔木；偶数羽状复叶；圆锥花序顶生；花常两性，萼片与花瓣各 5，边缘具细睫毛；核果，种子坚硬	有毒，观赏		长江以南及台湾、浙江、湖北
8776	*Sapium baccatum* Roxb.	浆果乌桕	Euphorbiaceae 大戟科	乔木；高可达 30m；叶互生，纸质，叶片卵形或长卵形；花单生，雌雄同株，密集成顶生或兼有腋生，成总状花序或圆锥花序排列；蒴果浆果状	林木		云南南部（思茅至西双版纳）
8777	*Sapium discolor*（Champ. ex Benth.）Müll. Arg.	山乌桕（山柳）	Euphorbiaceae 大戟科	落叶乔木或灌木；叶椭圆或卵圆；花单性，雌雄同株；穗状花序顶生；雄花生于花序上部，雌花在近基部；蒴果	蜜源，有毒		广东、广西、云南、贵州、江西、浙江、福建、台湾
8778	*Sapium japonicum*（Siebold et Zucc.）Pax et K. Hoffm.	白木乌桕（白乳木）	Euphorbiaceae 大戟科	乔木或灌木；叶卵形、椭圆状卵形至倒卵形；穗状花序顶生；花药球形；蒴果	有毒，观赏	中国	云南、四川、贵州、湖南、湖北
8779	*Sapium rotundifolium* Hemsl.	圆叶乌桕	Euphorbiaceae 大戟科	灌木或乔木；高达 12m；叶近圆形，革质；花单性；无花瓣及花盘；穗状花序顶生；蒴果近球形	观赏	中国	广东、广西、湖南、贵州、云南

（续）

序号	拉丁学名	中文名	所属科	特征及特性	类别	原产地	目前分布/种植区
8780	*Sapium sebiferum* (L.) Roxb.	乌桕（桕子树，木子树）	Euphorbiaceae 大戟科	乔木；叶棱形至宽棱状卵形；花单性，雌雄同株；穗状花序顶生，雄花密生花序上部，雌花生在基部；蒴果	有毒		我国东南、西南各省份
8781	*Saponaria ocymoides* L.	岩生肥皂草	Caryophyllaceae 石竹科	多年生草本，成聚伞状圆锥花序；萼管状，先端5齿裂；花瓣5枚，较萼片长；花粉红色，长1至2cm，花期5～6月	观赏	欧洲	
8782	*Saponaria officinalis* L.	肥皂草	Caryophyllaceae 石竹科	多年生草本；根茎肥厚；叶长圆状披针形；聚伞花序；花淡红或白色；花瓣顶端凹入，基部具爪；蒴果顶端4裂	有毒，观赏	欧洲	我国北方庭院常见栽培
8783	*Saposhnikovia divaricata* (Turcz.) Schischk.	防己（汉防己，青藤）	Umbelliferae (Apiaceae) 伞形科	多年生草本；根粗壮，茎二歧分枝；基生叶羽状分裂，顶生叶简化；复伞花序顶生成聚伞状圆锥花序；双悬果分果具棱	药用	中国	长江流域以南各地及河南、陕西南部
8784	*Saraca dives* Pierre	中国无忧花	Leguminosae 豆科	常绿乔木；叶大型羽状复叶；大型顶生圆锥花序，花橙红色；荚果扁平；种子长椭圆形微扁，棕褐色	观赏	中国云南东南部至广西西南部、南部和东南部，越南，老挝	广东、广西、云南
8785	*Sarcandra glabra* (Thunb.) Nakai	草珊瑚（肿节风，九节茶，观音茶）	Chloranthaceae 金粟兰科	半灌木；茎与枝均有膨大的节；叶对生，近革质，卵状披针形或卵状椭圆形；穗状花序顶生；花两性，无花被，黄绿色；核果球形	药用，观赏	中国	长江以南各地
8786	*Sarcandra glabra* subsp. *brachystachys* (Blume) Verdc.	海南草珊瑚	Chloranthaceae 金粟兰科	常绿半灌木，高1～1.5m；叶纸质，椭圆形至长圆形；穗状花序顶生；核果卵形	药用		广东、广西、云南
8787	*Sarcococca longipetiolata* M. Cheng	东方野扇花	Buxaceae 黄杨科	灌木；叶椭圆状长卵形或倒卵状披针形，上面中脉凸起；花具芳香；果熟前先红色渐变黑紫色	观赏	中国	浙江南部、福建北部及江西北部、贵州
8788	*Sarcococca ruscifolia* Stapf	野扇花	Buxaceae 黄杨科	常绿灌木；单叶花生，卵形或椭圆状卵形，有明显3出主脉；花单性同株；总状花序；花瓣缺；花丝白色；有香气；果核果状，近球形，猩红色；花期秋季，果熟期10～11月	观赏	中国	华中、西南

（续）

序号	拉丁学名	中文名	所属科	特征及特性	类别	原产地	目前分布/种植区
8789	*Sarcopyramis bodinieri* H. Lév. et Vaniot	小肉穗草	Melastomataceae 野牡丹科	草本；叶纸质，叶面被糙伏毛；聚伞花序顶生，花萼杯形，棱上有狭翅，顶端增宽而成垂直的长方形4裂，花瓣4，粉红或紫红色	观赏	中国云南东南部	云南
8790	*Sarcosperma laurinum* (Benth.) Hook. f.	水石梓（山苦瓜，肉实树）	Sapotaceae 山榄科	乔木；总状花序或为圆锥花序腋生；花芳香，1～3朵簇生于花序轴上，花冠绿色转淡黄色，花冠裂片阔倒卵形或近圆形；能育雄蕊着生于冠管喉部，与花冠裂片对生	观赏		海南
8791	*Sargassum fusiforme* (Harv.) Setch.	羊栖菜（鹿角尖，海大麦，秧菜，玉茜）	Sargassaceae 马尾藻科	多年生褐藻，生于低潮带和大干潮线海水激荡的岩石上；藻体多分枝，肥厚多汁；固着器盘状或圆锥状，由许多圆柱形假根组成；后生叶先端膨大中空	药用		华东及辽宁、广东、海南
8792	*Sargentodoxa cuneata* (Oliv.) Rehd. et E. H. Wilson	大血藤（红皮藤，大活血）	Lardizabalaceae 木通科	落叶攀缘藤本；茎折断有红色汁液溢出；三出复叶互生；花序总状，生上年茎的叶腋基部，下垂；花黄色，有香气	药用，观赏	中国陕西、四川、贵州、湖北、湖南、云南、广西、广东、海南、江西、浙江、安徽，老挝，越南北部	河南、江苏、安徽、江西、浙江、湖南、湖北、四川、广西、云南
8793	*Sarracenia flava* L.	黄瓶子草	Sarraceniaceae 瓶子草科	多年生草本食虫植物；叶直立，喇叭形，黄绿色；喉部有时红色；唇直立，有时反折	观赏	美国	
8794	*Sarracenia leucophylla* Raf.	长瓶子草	Sarraceniaceae 瓶子草科	多年生草本食虫植物；叶片直立，喇叭形，绿色，上部与唇边直立，波状边缘，白色，具红紫色脉；花红紫色，径可达10cm	观赏	美国佐治亚州至佛罗里达州与密西西比州	
8795	*Sarracenia purpurea* L.	瓶子草	Sarraceniaceae 瓶子草科	多年生草本食虫植物；无茎；叶基生，顶上有盖；花单性，大，紫色，有伞状柱头；果为蒴果	观赏	北美洲	
8796	*Saruma henryi* Oliv.	马蹄香	Aristolochiaceae 马兜铃科	多年生野生草本花卉；花两性，外轮花被分裂，结果时增大且宿存，内轮花被3裂，黄色，与外轮花被互生；雄蕊12枚，心皮6，下部与花萼合生，上部离生	观赏	中国特有，江西、湖北、河南、陕西、甘肃、四川及贵州	湖北、四川、江西、甘肃、陕西、贵州

（续）

序号	拉丁学名	中文名	所属科	特征及特性	类别	原产地	目前分布/种植区
8797	*Sasa auricoma*（Mitford）E. G. Camus	菲黄竹	Gramineae（Poaceae）禾本科	多年生常绿草本；竹株矮小，混生状；新叶黄色具绿色纵条，老叶转绿	观赏	日本	
8798	*Sasa palmata* E. Camus	黄脉赤竹	Gramineae（Poaceae）禾本科	多年生常绿草本；高 2m，具蔓生性，常具紫色条纹；叶狭长，可达 30cm，上面亮绿色，中脉黄色	观赏		
8799	*Sasa sinica* Keng	华赤竹	Gramineae（Poaceae）禾本科	多年生常绿草本；竹秆圆形，每节有 1 分枝；小枝顶具大型长圆状披针形叶片 1～2 枚	观赏	中国安徽黄山、浙江天目山	安徽、浙江
8800	*Sasa veitchii*（Carr.）Rehd.	维奇赤竹	Gramineae（Poaceae）禾本科	多年生常绿草本；高 20～80cm，秆绿色；叶片长 20cm，长椭圆形，具 12～18 条叶脉，先端长尖状，叶面暗绿；秋冬叶绿变黄或白边	观赏	日本	
8801	*Sassafras randaiense*（Hayata）Rehder	台湾檫木	Lauraceae 樟科	中等大的落叶乔木；叶互生，菱状卵圆形；总状花序顶生或近顶生；花雌雄异株；果球形	林木		台湾中南部
8802	*Sassafras tzumu*（Hemsl.）Hemsl.	檫木（檫树，南树，山檫）	Lauraceae 樟科	落叶乔木；高达 35m；短圆锥花序顶生，先于叶发出；花两性，或功能上的雌雄异株；花被片 6，披针形，相等，长 3.5mm；能育雄蕊 9，花药 4 室，均内向瓣裂，不育雄蕊 3，与第三轮雄蕊互生	林木，观赏	中国	长江流域及以南
8803	*Satyrium ciliatum* Lindl.	缘毛鸟足兰	Orchidaceae 兰科	地生兰；块茎矩圆状椭圆形，叶肥厚，边缘稍具皱波状；总状花序，花粉红色，萼片顶端边缘具细缘毛	观赏		云南、四川、湖南、西藏、贵州
8804	*Saurauia napaulensis* DC.	尼泊尔水东哥	Actinidiaceae 猕猴桃科	灌木或小乔木；叶狭长圆形，边缘有细锯齿；圆锥花序单生于叶腋，疏被鳞片和短柔毛；花粉红色	观赏	中国及印度、尼泊尔、缅甸、老挝、泰国、越南和马来西亚	广西、云南
8805	*Saurauia tristyla* DC.	水东哥	Actinidiaceae 猕猴桃科	灌木或小乔木；小枝被爪甲状鳞片；叶互生，倒卵状椭圆形，边缘有刺状锯齿；聚散花序簇生叶腋，有毛，花粉红或白色	观赏	中国广西、云南、贵州、广东，印度，马来西亚	广东、海南、广西、贵州、云南

（续）

序号	拉丁学名	中文名	所属科	特征及特性	类别	原产地	目前分布/种植区
8806	*Sauropus androgynus*（Linn.）Merr.	守宫木（越南菜，甜菜）	Euphorbiaceae 大戟科	灌木；小枝绿色；叶互生，二列，卵形、披针状卵形或卵状矩圆形；花单性，雌雄同株，无花瓣，花萼淡紫红色；蒴果扁球形，直径1.7cm，灰白色	药用	西藏东南部及云南西北部德钦	云南、广东、海南
8807	*Sauropus spatulifolius* Beille	龙利叶	Euphorbiaceae 大戟科	常绿小灌木；小枝梢有“之”字状折曲；单叶互生，常聚生于小枝顶端，叶片卵状披针形至倒卵状披针形；花丛生于叶腋内或排成一极短的总状花序	药用		广东、广西、台湾
8808	*Saururus chinensis*（Lour.）Baill.	三白草（庄稼老）	Saururaceae 三白草科	多年生草本；高30～90cm；根状茎白色，有须状根；单叶互生，表面有条纹，卵形或披针状卵形；总状花序于茎端与叶对生；蒴果圆形	饲用及绿肥		东北、华北、华中、西南
8809	*Saussurea amara*（L.）DC.	驴耳风毛菊	Compositae（Asteraceae）菊科	多年生草本；基生叶和下部叶具长柄，椭圆形至长圆状椭圆形，上部叶披针形；头状花序多数排成伞房状，管状花粉红色；瘦果长圆形	杂草		东北、西北、华北及内蒙古
8810	*Saussurea arenaria* Maxim.	沙生风毛菊	Compositae（Asteraceae）菊科	多年生草本；茎极短，被白色绒毛；叶狭矩圆形，长4～7cm，宽1.2～1.8cm，上面密被腺毛；总苞卵形，花深紫色	饲用及绿肥		甘肃和青海
8811	*Saussurea aster* Hemsl.	云状雪兔子（绵毛雪莲）	Compositae（Asteraceae）菊科	多年生草本；叶莲座状排列，线状匙形、椭圆形或线形，顶端钝，全缘；头状花序无小花梗，多数，在莲座状叶丛中密集成半球形、直径2.5cm的总花序；小花紫红色；花果期6～8月	观赏	中国青海、西藏（日土、班戈、双湖、南木林、比如、定情、把宿、芒康、左贡）	西藏、青海
8812	*Saussurea bullockii* Dunn	庐山风毛菊	Compositae（Asteraceae）菊科	多年生草本；根状茎斜升；叶近革质，下部叶三角形；头状花序较多数；总苞倒锥状或狭钟状；瘦果	观赏	中国	江西、湖北西部、陕西
8813	*Saussurea chinnampoensis* H. Lév. et Vaniot	京风毛菊	Compositae（Asteraceae）菊科	二年生草本；根状茎纺锤形；茎高20～50cm；基生叶和下部叶倒披针形，中部和上部叶线形或披针形；头状花序排成疏伞房状；瘦果	杂草		内蒙古、辽宁、河北

（续）

序号	拉丁学名	中文名	所属科	特征及特性	类别	原产地	目前分布/种植区
8814	*Saussurea costus* (Falc.) Lipsch.	云木香（木香，广木香）	Compositae (Asteraceae) 菊科	多年生高大草本；根圆柱形，稍木质、具特殊香气；茎有细纵棱，被疏短柔毛；基生叶具长柄，叶片三角状卵形	药用	印度	云南、四川
8815	*Saussurea gossipiphora* D. Don	白絮风毛菊（棉青木香）	Compositae (Asteraceae) 菊科	株高 30cm；叶片长圆形，有深波形齿，革质，基部叶片表面光滑，背面多毛；头状花序全部为管状花，呈圆柱状，无柄，多数集生为头状聚伞花序，在大量白毛中成管状陷入	观赏	中国	喜马拉雅山
8816	*Saussurea grandiflora* Maxim.	大花风毛菊	Compositae (Asteraceae) 菊科	多年生草本；根状茎匍匐；叶硬质，下部和中部茎叶卵形或三角形；头状花序；瘦果；冠毛白色	观赏		东北
8817	*Saussurea involucrata* (Kar. et Kir) Sch. -Bip.	雪莲（雪荷花，白雪莲，红雪莲）	Compositae (Asteraceae) 菊科	多年生草本；高 15～25(～35)cm；茎直立单生，中空；叶密集，近革质；头状花序 10～30，聚集于茎端呈球状；瘦果长圆形	药用	中国	新疆
8818	*Saussurea japonica* (Thunb.) DC.	风毛菊	Compositae (Asteraceae) 菊科	二年生草本；根纺锤状；茎高 50～150cm；叶椭圆形或线状披针形，羽状分裂；头状花序枝顶排成密伞房状，小花紫红色；瘦果近楔形	杂草		东北、华北、华东、华南
8819	*Saussurea laniceps* Hand. -Mazz.	绵头雪兔子（绵头雪莲花）	Compositae (Asteraceae) 菊科	多年生草本；根状茎粗；茎直立，上部有白色密绵毛；头状花序多数，在茎上部排成椭圆形穗状；花白色，花期 8 月	观赏	中国四川、云南（贡山、德钦、中甸、丽江）、西藏（错那、察隅）	西藏东部至南部、云南西北部、四川西南部
8820	*Saussurea leucoma* Diels	羽裂雪兔子	Compositae (Asteraceae) 菊科	多年生草本；茎直立，叶片长椭圆形，羽状半裂或深裂；头状花序多数，在茎顶密集成圆锥状或球形的总花序，为白色或灰褐色的长棉毛所覆盖；小花紫黑色；花果期 8～10 月	观赏	中国四川（盐源、木里）、云南（丽江、永宁、中甸、德甸）、西藏左贡	云南西北部、四川西南部
8821	*Saussurea likiangensis* Franch.	丽江风毛菊	Compositae (Asteraceae) 菊科	多年生草本；高 15～25cm；茎直立，被白色蛛丝状绵毛；基生叶窄矩圆形，茎生叶 3～4；头状花序几无梗，通常 6～8 个在茎端密集成球状；瘦果，冠毛污褐色	蜜源		西藏、青海、甘肃、陕西、四川、云南

（续）

序号	拉丁学名	中文名	所属科	特征及特性	类别	原产地	目前分布/种植区
8822	*Saussurea medusa* Maxim.	水母雪兔子（水母雪莲花）	Compositae (Asteraceae) 菊科	多年生草本；根状茎细长，有褐色残叶基，自颈部发出莲座状叶丛；茎直立，被蛛丝状绵毛；头状花序多数，在茎端密集成球状；花冠紫色	观赏	中国甘肃、青海祁连、四川（茂县、康定、稻城）、云南（德钦、中甸）、西藏	西藏、云南、四川、甘肃、青海
8823	*Saussurea nidularis* Hand. -Mazz.	巢状雪莲	Compositae (Asteraceae) 菊科	无茎；头状花序，同型花，头状花序无梗或近无梗，单生于叶丛中，总苞钟状，总苞片近等长，外层基部卵形，内层狭，先端长渐尖，边缘褐色，背面被长柔毛和小粗毛；小花多数，冠毛有时白色	观赏	中国	西藏东部至东南部、云南西北部
8824	*Saussurea nigrescens* Maxim.	瑞苓草	Compositae (Asteraceae) 菊科	多年生宿根性草木；叶披针形或条状披针形；顶生伞房状头状花序；花冠暗紫色；雄花舌状位外轮，雌花筒状在中央；瘦果	蜜源		青海、四川、甘肃、陕西、河南
8825	*Saussurea obvallata* (DC.) Edgew.	苞叶雪莲（苞叶风毛菊）	Compositae (Asteraceae) 菊科	多年生草本；根状茎粗，颈部被纤维状残叶柄；茎直立，最上部有 6～8 个膜质黄绿色苞片，多个头状花序密集呈球状；花冠紫色	观赏	中国甘肃天水、青海、四川、云南、西藏，尼泊尔，印度西北部	西藏、云南、四川、青海
8826	*Saussurea oligocephala* (Ling) Ling	破血丹	Compositae (Asteraceae) 菊科	多年生草本；高 10～20cm；基生叶纸质，椭圆形或倒卵形；中部茎叶倒卵状披针形；头状花序单生茎端；小花紫色；瘦果圆柱状	观赏		陕西
8827	*Saussurea pulchella* (Fisch.) Fisch.	美花风毛菊	Compositae (Asteraceae) 菊科	多年生草本；高 25～100cm，根状茎纺锤状；叶片矩圆形或椭圆形，羽状深裂或全裂；头状花序多数在茎枝顶端排成密伞房状或圆锥状，有长梗；瘦果圆柱形	蜜源		东北、华北及内蒙古
8828	*Saussurea salsa* (Pall.) Spreng.	盐地风毛菊	Compositae (Asteraceae) 菊科	多年生草本；茎高 15～50cm；基生叶和下部叶琴状羽状分裂，茎生叶长圆形或披针形；头状花序多数排成开展圆锥状；瘦果圆柱形	杂草		新疆、内蒙古
8829	*Saussurea stella* Maxim.	星状风毛菊	Compositae (Asteraceae) 菊科	一年或二年生草本；叶多数，草质，条形；头状花序；花冠檐部狭钟形；瘦果，无毛；冠毛白色	观赏	中国	青海、甘肃、四川、云南、西藏

（续）

序号	拉丁学名	中文名	所属科	特征及特性	类别	原产地	目前分布/种植区
8830	*Saussurea tibetica* C. G. A. Winkl.	矮丛风毛菊	Compositae (Asteraceae) 菊科	多年生草本；茎直立，密被白色绢状毛；叶窄条形，长 2～3cm，宽 1～1.5cm，上面无毛；总苞钟形，花紫花色	饲用及绿肥		青海、西藏北部
8831	*Saussurea wellbyi* Hemsl.	羌塘雪兔子	Compositae (Asteraceae) 菊科	多年生草本；叶莲座状，无叶柄，叶片线状披针形，顶端长渐尖，基部扩大，卵形，全缘；头状花序无小花梗或有近 2mm 的小花梗，多数在莲座状叶丛中密集成半球形总花序；总苞紫红色，小花紫红色	观赏	中国青海、新疆若羌、四川、西藏（双湖、班戈、安多）	西藏北部、四川、青海
8832	*Sauvagesia rhodoleuca* (Diels) M. C. E. Amaral	合柱金莲木	Ochnaceae 金莲木科	落叶小灌木；直立，茎不分枝或近顶部分枝；叶狭披针形或狭椭圆形；花序顶生，狭圆锥状，花瓣 5 枚，白色，椭圆形；蒴果卵球形	药用		广西、广东
8833	*Saxifraga cernua* L.	零余虎耳草（点头虎耳草）	Saxifragaceae 虎耳草科	多年生草本；高 10cm；花单朵顶生；萼片 5，直立，卵形，长约 3mm，外面有微柔毛；花瓣 5，白色，狭倒卵形，长约 8mm，先端圆形；雄蕊 10，较萼片稍长；心皮 2，大部合生	观赏		西藏、云南、四川、新疆、青海、宁夏、陕西、山西、河北、内蒙古、吉林
8834	*Saxifraga diapensia* Harry Sm.	岩梅虎耳草	Saxifragaceae 虎耳草科	多年生草本；丛生；基生叶密集呈莲座状，具柄，叶片近椭圆形至狭卵形；花单生于茎顶，花梗被褐色短腺毛，杯托基部囊状，花瓣黄色，卵形、椭圆形至近长圆形，花丝钻形，花柱 2；花期 7～8 月	观赏	中国四川西部和西藏东部	西藏、四川
8835	*Saxifraga giraldiana* Engl.	秦岭虎耳草（太白虎耳草）	Saxifragaceae 虎耳草科	多年生草本；单花生于茎顶，或聚伞花序伞房状，具 2～6 花；花瓣黄色，具褐色斑点，卵形、椭圆形至长圆形，先端急尖或钝；雄蕊长 4.5～5.5mm，花丝钻形	观赏		陕西、四川、云南、湖北
8836	*Saxifraga hirculus* L.	山羊臭虎耳草	Saxifragaceae 虎耳草科	多年生草本；基生叶具长柄；单花生于茎顶，或聚伞花序具 2～4 花，花梗被褐色卷曲柔毛，花瓣黄色，椭圆形、倒卵形至狭卵形，先端急尖或稍钝，花丝钻形，花柱 2	观赏		新疆、四川、云南、西藏、山西

（续）

序号	拉丁学名	中文名	所属科	特征及特性	类别	原产地	目前分布/种植区
8837	*Saxifraga melanocentra* Franch.	黑蕊虎耳草（黑心虎耳草）	Saxifragaceae 虎耳草科	年生草本；圆锥花序呈伞房状；萼片5，三角形，长约3mm；花瓣5，白色、粉红色或紫红色，卵形或狭卵形，长3.5～5mm，有短爪；雄蕊10，花丝钻形；心皮2，合生至上部	观赏	中国陕西太白山、甘肃南部、青海、四川西部、云南西北部，尼泊尔，印度	陕西、甘肃、青海、四川、云南
8838	*Saxifraga mengtzeana* Engl. et Irmsch.	蒙自虎耳草（云南虎耳草）	Saxifragaceae 虎耳草科	多年生草本；叶背紫红色，有斑点；圆锥花序，花白色或粉红色；花期4～5月	观赏	中国云南（砚山、蒙自）	云南、西藏
8839	*Saxifraga oppositifolia* L.	挪威虎耳草	Saxifragaceae 虎耳草科	多年生草本；花茎疏被褐色柔毛，花单生于茎顶，紫色，花梗疏生褐色柔毛，花萼革质，卵形至椭圆状卵形，花瓣狭倒卵状匙形，花丝钻形；花期7～8月	观赏	中国新疆托木尔峰和西藏西部，蒙古，前苏联，欧洲和北美	新疆、西藏
8840	*Saxifraga paniculata* Mill.	圆锥虎耳草	Saxifragaceae 虎耳草科	多年生草本；花乳白色，带紫斑，花瓣通常5，全缘；雄蕊10，稀8；子房2室，有时2心皮近分离；果为蒴果，有种子多数	观赏	北美南部、欧洲及亚洲	
8841	*Saxifraga rufescens* Balf. f.	红毛虎耳草	Saxifragaceae 虎耳草科	多年生草本；叶肾形、圆肾形至心形；多歧聚伞花序圆锥状，花瓣白至粉红色	观赏	中国湖北西部、四川、云南和西藏东南部（察隅）	云南、四川
8842	*Saxifraga stolonifera* Curtis	虎耳草（疼耳草）	Saxifragaceae 虎耳草科	多年生常绿杂草；高14～45cm，匍匐茎细长，节上生不定根；叶常数枚基生，叶广卵形或肾形；圆锥花序稀疏，花瓣5，有红色斑点；蒴果	药用，有毒，观赏		长江流域、华南、西南、华东及陕西
8843	*Saxifraga tigrina* Harry Sm.	米林虎耳草	Saxifragaceae 虎耳草科	多年生草本；多歧聚伞花序，约具11花，花序分枝通常具2花，花梗被黑褐色腺毛，花瓣黄色，腹面具紫红色斑点，卵形、阔卵形至椭圆形，花药紫色，花丝钻形；花期8月	观赏	中国西藏东南部	西藏
8844	*Scabiosa atropurpurea* L.	松虫草（紫盆花）	Dipsacaceae 川续断科	一年生草本；茎多分枝；茎生叶对生，叶片矩圆状倒卵形；花序圆头状；花冠黑紫色或淡红色至白色	观赏	南欧	

（续）

序号	拉丁学名	中文名	所属科	特征及特性	类别	原产地	目前分布/种植区
8845	*Scabiosa caucasica* Bieb.	高加索蓝盆花	Dipsacaceae 川续断科	多年生草本；株高达 60cm；基生叶披针状线形，全缘，茎生叶分裂；叶有白粉；花序扁平；花淡蓝色；总苞有灰毛	观赏	高加索	
8846	*Scabiosa columbaria* L.	小轮锋菊	Dipsacaceae 川续断科	二年生或多年生草本，高约 40～50cm；基生叶倒披针形或倒卵形；茎生叶线性；头状花蓝、粉、白色	观赏	欧洲、非洲及亚洲	
8847	*Scabiosa comosa* Roem. et Schult.	窄叶蓝盆花（细叶山萝卜）	Dipsacaceae 川续断科	多年生草本；高 30～80cm；基生叶成丛，羽状全裂，茎生叶对生；头状花序单生或 3 出，花冠蓝紫色；瘦果长圆形	蜜源		东北、内蒙古、河北、陕西、宁夏
8848	*Scabiosa japonica* var. *tschiliensis*（Grüning）Hurus.	华北蓝盆花	Dipsacaceae 川续断科	多年生草本；基生叶有疏钝锯齿或浅裂，偶为深裂；花序柄上具纵沟及卷曲伏柔毛；花序径 2.5～4(～5)cm	观赏	中国	吉林、辽宁、河北、山西、内蒙古
8849	*Scabiosa ochroleuca* L.	黄盆花	Dipsacaceae 川续断科	多年生草本；叶一至二回羽状深裂，裂片 2～7 对，条形；总花梗长 8～15cm；花萼裂片 5，刺毛状，花冠黄色，5 裂不等大	饲用及绿肥		新疆
8850	*Scaevola sericea* Vahl	草海桐（大网梢）	Goodeniaceae 草海桐科	多年生小灌木；茎粗大平滑；抗盐性强；叶互生，肉质；花冠具软毛状突起；呈半圆形撕裂状向下开展	药用		福建、台湾、广东、广西
8851	*Scaphium lychnophorum* Pierre	胖大海（大海子，安南子，大桐果）	Sterculiaceae 梧桐科	多年生常绿乔木，主干直为圆柱状，幼龄期少分枝，木质部松脆，树皮具有纵向沟纹；叶互生，叶片革质，长卵圆形或三角状卵形	药用	印度、缅甸、泰国、马来西亚、越南、柬埔寨、老挝	广东湛江、海南、广西东兴、云南西双版纳
8852	*Schefflera actinophylla*（Endl.）Harms	辐叶鹅掌柴（澳洲鹅掌柴）	Araliaceae 五加科	常绿乔木，高 20m；叶为大型掌状复叶，有小叶 5～8 枚，小叶长椭圆形，长 10～20cm，深绿色有光泽；圆锥花序顶生，小花白色；浆果球形，熟时红色	观赏	大洋洲	
8853	*Schefflera arboricola*（Hayata）Merr.	鹅掌藤	Araliaceae 五加科	攀缘性灌木；掌状复叶，小叶 6～9 枚，花青白色，秋季开青白色小花，果实成熟呈球形红黄色	观赏	中国台湾、广西及海南	海南、台湾、广西

（续）

序号	拉丁学名	中文名	所属科	特征及特性	类别	原产地	目前分布/种植区
8854	*Schefflera bodinieri* (H. Lév.) Rehder	短序鹅掌柴	Araliaceae 五加科	灌木或小乔木；圆锥花序短小，密生灰白色星状短柔毛；伞形花序单个或数个总状排列在分枝上，有花约 20 朵，花白色，5 基数；萼与花瓣密生灰白色星状短柔毛；花柱合生成柱状	观赏	中国四川、湖北、贵州、云南、广西	云南、贵州、四川、湖北
8855	*Schefflera chapana* Harms	异叶鹅掌柴（鸭脚木）	Araliaceae 五加科	灌木或小乔木；小叶 8～14 枚，小叶柄部等长，叶纸质至薄革质，椭圆状长圆形；圆锥花序顶生，花瓣 5；果实球形	观赏	中国云南东南部	云南
8856	*Schefflera delavayi* (Franch.) Harms	穗序鹅掌柴	Araliaceae 五加科	乔木或灌木；叶有小叶 4～7，小叶椭圆状长圆形至长圆状披针形；花无梗，密集成穗状花序，再组成大圆锥花序；花白色，花瓣 5，三角状卵形；果实球形	药用，有毒		长江流域以南各省份
8857	*Schefflera elegantissima* (Mast.) Lowry et Frodin	孔雀木	Araliaceae 五加科	常绿灌木；掌状复叶有小叶 9～12 枚，小叶长条形，长 12～15cm，边缘有疏锯齿	观赏	斯里兰卡	
8858	*Schefflera elliptica* (Blume) Harms	密脉鹅掌柴	Araliaceae 五加科	灌木或小乔木；叶常有小叶 5～7，小叶椭圆形或长圆形；圆锥花序顶生；伞形花序有花 7～10 朵，花瓣 5；果实卵形或近球形	药用		湖南、广西、贵州、云南
8859	*Schefflera hoi* (Dunn) Vig.	红河鹅掌柴	Araliaceae 五加科	小乔木；叶有小叶 5～9，小叶狭长圆形或倒披针形；圆锥花序顶生；花单生或 2～3 朵聚生于苞腋，花瓣 5，子房 5 室；果实球形	有毒		云南、四川、西藏
8860	*Schefflera hypoleuca* (Kurz) Harms	白背鹅掌柴	Araliaceae 五加科	小乔木；叶有 7 小叶，小叶卵形或长圆形；圆锥花序顶生，长 30～40cm；伞形花序直径 3～3.5cm，有花多数，花瓣 5，子房 5 室	有毒		云南东南部和南部
8861	*Schefflera leucantha* R. Vig.	白花鹅掌柴	Araliaceae 五加科	灌木；圆锥花序顶生，多呈伞房状，幼时被绒毛，老时变稀至无毛；伞形花序；花瓣 5；雄蕊 5，花丝长约 3.5mm；子房下位，5 室，无花柱；花盘稍隆起	观赏	中国	云南、广西

（续）

序号	拉丁学名	中文名	所属科	特征及特性	类别	原产地	目前分布/种植区
8862	*Schefflera minutistellata* Merr. ex H. L. Li	小星鸭脚木	Araliaceae 五加科	灌木或小乔木；花序为伞形花序组成圆锥花序顶生，密被黄棕色星状绒毛；花瓣5，三角形至三角状卵形；花绿白色；雄蕊5；子房下位，5室，花柱合生成柱状，花盘扁平	蜜源		云南、贵州、广西
8863	*Schefflera pauciflora* R. Vig.	球序鸭脚木	Araliaceae 五加科	小乔木或灌木；花几无梗，5～8朵密集成簇，再由此组成圆锥花序；萼长1mm，无毛，全缘或几全缘；花瓣5；雄蕊5；子房下位，5室，无花柱，有不明显柱头5个；花盘稍隆起	蜜源		广西、贵州、云南、广东
8864	*Schefflera taiwaniana*（Nakai）Kaneh.	台湾鹅掌柴	Araliaceae 五加科	小乔木；无分枝，小叶4～7枚，先端尾尖，全缘，叶痕明显，掌状复叶，叶背常有粉白；秋天开花，花淡黄色，花小数目多，花萼浅杯状	观赏	中国原产	台湾
8865	*Schima argentea* E. Pritz.	银木荷	Theaceae 山茶科	常绿乔木；高30m；叶薄革质，长圆形至披针形；花腋生，单生或3～8朵排列成伞房状总状花序；蒴果球形；种子肾形	观赏		四川、云南、贵州、广西、广东、湖南、江西
8866	*Schima khasiana* Dyer	齿叶木荷	Theaceae 山茶科	树常绿乔木；叶互生，薄革质，边缘具整齐锯齿，花白色，生于小枝上部叶腋，花梗密被灰黄色细绒毛，花萼5，杯状；花瓣5，阔倒卵形	观赏	中国云南、西藏，印度，缅甸，越南	云南、西藏
8867	*Schima sinensis*（Hemsl. et E. H. Wilson）Airy Shaw	西南木荷（峨眉木荷）	Theaceae 山茶科	常绿乔木；高30m；叶椭圆形，长10～17cm，宽5～7.5cm，下面有灰白色蜡被及柔毛，全缘；花数朵生于近枝顶叶腋，径3～4cm；果梗有皮孔，径1.5～2cm	观赏		云南、贵州、广西西南部
8868	*Schima superba* Gardner et Champ.	木荷（何树，木艾树，果槁）	Theaceae 山茶科	乔本；叶革质，两面无毛，花白色，腋生或顶生呈总状花序；花梗直立；萼片5；花瓣5，倒卵形；蒴果5裂	有毒，观赏	中国	华东、华中、华南、西南及台湾
8869	*Schima wallichii*（DC.）Korth.	红荷木（红毛树，木烟）	Theaceae 山茶科	乔木；高约7～12m；花白色，簇生于枝端叶腋；花梗长1～1.5cm；萼片4，外面密生短丝毛，宿存；花瓣5，外面一瓣兜形；雄蕊多数；子房5室	有毒，观赏	中国	云南、贵州、广西

（续）

序号	拉丁学名	中文名	所属科	特征及特性	类别	原产地	目前分布/种植区
8870	*Schisandra chinensis*（Turcz.）Baill.	北五味子（五味子）	Schisandraceae 五味子科	落叶木质藤本；叶在幼枝上互生，在老枝的短枝上簇生；雌雄同株，单性花，花被片 6～9，雄花雌蕊 5，无花柱；肉质浆果	药用	中国	东北、华北、华中及四川
8871	*Schisandra grandiflora*（Wall.）Hook. f. et Thomson	大花五味子	Schisandraceae 五味子科	木质藤本；花多单生叶腋；花期 4～6 月；果熟时成长穗状聚合果	观赏	中国西藏南部、云南西南部及尼泊尔、不丹、印度北部、缅甸、泰国	西藏、云南
8872	*Schisandra propinqua*（Wall.）Baill.	合蕊五味子（满山香）	Schisandraceae 五味子科	落叶灌木或小乔木；高 2～5m；花着生枝端或单生叶腋；花冠白色或淡红色，后变深红色，单瓣或生瓣，直径约 8cm；雄蕊多数，花丝结合成圆筒包围花柱；子房 5 室，花柱顶端 5 裂，柱头头状	观赏	中国云南西北部、西藏南部及尼泊尔、不丹	西藏、云南
8873	*Schisandra propinqua* subsp. *sinensis*（Oliv.）R. M. K. Saunders	铁箍散	Schisandraceae 五味子科	落叶木质藤本；叶坚纸质，卵形、长圆状卵形；花橙黄色；花被片椭圆形，雄蕊较少；成熟心皮亦较少；种子较小，肾形，种皮灰白色	药用		陕西、甘肃、江西、河南、湖北、湖南、四川、贵州、云南
8874	*Schisandra sphaerandra* Stapf	球蕊五味子（新拟）	Schisandraceae 五味子科	落叶木质藤本；全株无毛；叶纸质，倒披针形、狭椭圆形；花深红色；聚合果柄长 3～6cm；小浆果椭圆形；种子椭圆形	药用，蜜源		四川西南部、西藏东北部
8875	*Schisandra sphenanthera* Rehd. et E. H. Wilson	华中五味子	Schisandraceae 五味子科	落叶木质藤本；叶互生，椭圆形、倒卵形或卵状披针形；花单性，雌雄异株；聚合果长 6～9cm；浆果近球形	观赏	中国	山西、陕西、甘肃、华中和西南
8876	*Schismatoglottis hainanensis* H. Li	广东万年青（亮丝草，万年青）	Araceae 天南星科	多年生常绿草本；茎直立，不分枝，粗壮，节明显，叶互生，长卵形；肉穗花序	观赏	中国广东	
8877	*Schizachyrium brevifolium*（Sw.）Nees ex Büse	裂稃草	Gramineae（Poaceae）禾本科	一年生纤细草本；秆高 30～70cm；叶线形，长 1.5～4cm；总状花序 1～2cm，无柄小穗线状披针形，具柄小穗常退化；颖果	饲用及绿肥		我国东北的南部至广东各省份

（续）

序号	拉丁学名	中文名	所属科	特征及特性	类别	原产地	目前分布/种植区
8878	*Schizachyrium delavayi* (Hackel) Bor	旱茅	Gramineae (Poaceae) 禾本科	多年生；鞘状佛焰苞紧抱花序基部，无柄小穗两性，第二外稃先端2裂齿，齿间芒长8～10mm，膝曲	饲用及绿肥		云南、西藏、四川、贵州
8879	*Schizaea digitata* (L.) Sw.	莎草蕨	Schizaeaceae 莎草蕨科	常绿草本；根状茎短而横卧；叶丛生，条形，顶部簇生5～15条能育裂片，孢子囊生于裂片下面主脉两侧，成熟时满布裂片下面	药用		广东、海南
8880	*Schizanthus grahamii* Gillies ex Hook.	格氏蛾蝶花	Solanaceae 茄科	植株高约50cm，花淡紫色至玫瑰红色，上唇黄或橙黄色；花瓣5	观赏	智利	
8881	*Schizanthus pinnatus* Ruiz. et Pav.	蛾蝶花（蝴蝶草）	Solanaceae 茄科	一、二年生草本；叶一至二回羽状全裂；总状圆锥花序；花冠漏斗状，略2唇，冠筒比萼片短；花径2～4cm；花色变化大；蒴果；花期4～6月	观赏	智利	
8882	*Schizanthus retusus* Hook.	尖裂蛾蝶花	Solanaceae 茄科	花冠与花萼等长或长于花萼，下唇短，上唇浅黄色；花冠玫红，淡紫	观赏	智利	
8883	*Schizoloma heterophyllum* (Dryand.) J. Sm.	异叶双唇蕨	Lindsaeaceae 陵齿蕨科	蕨类植物；根状茎短，横走，密生赤褐色钻形鳞片；叶近生，草质，一回羽状复叶，羽叶阔披针形；孢子囊群条形	观赏		福建、台湾、广东、广西、云南
8884	*Schizomussaenda henryi* (Hutch.) X. F. Deng et D. X. Zhang	裂果金花（大树甘草）	Rubiaceae 茜草科	常绿小乔木；小枝散生淡黄色皮孔；单叶对生，纸质；聚伞花序顶生圆锥花序，宽大多花，花金黄色；萼白色；蒴果黄褐色，室背开裂	观赏	中国广东、广西、云南及中南半岛	云南、广西、广东
8885	*Schizophragma integrifolium* Oliv.	小齿钻地风	Saxifragaceae 虎耳草科	落叶藤本；叶对生，厚纸质，卵状椭圆形，边缘疏生小锐齿；伞房花序顶生；不孕花乳白色；孕性花淡绿色；蒴果陀螺状	观赏	中国原产	浙江、安徽、四川、湖北、湖南、广东
8886	*Schizostachyum chinense* Rendle	薄竹	Gramineae (Poaceae) 禾本科	秆高5～8m；箨片窄三角形，先端长渐尖；叶片披针形至长圆状披针形；假小穗先端渐尖先出叶作现状披针形，小穗长达14mm，先端渐尖；颖2片，呈卵状披针形乃至宽披针形	蔬菜	中国	云南

（续）

序号	拉丁学名	中文名	所属科	特征及特性	类别	原产地	目前分布/种植区
8887	*Schizostachyum dumetorum* (Hance) Munro	苗竹仔	Gramineae (Poaceae) 禾本科	多年生木质化植物；竹秆藤状，满布硅质体，其顶梢长下垂，常攀缘或悬挂于邻近的乔木或灌木上	观赏	中国广东	广东、香港
8888	*Schizostylis coccinea* Backh. et Harvey.	丝柱鸢尾	Iridaceae 鸢尾科	多年生草本植物；具肉质根；叶直立剑形；总状花序穗状；花猩红色，直立；花冠钟状；花柱3歧，丝状，长而略卷曲，先端膨大呈钻状	观赏	南非	
8889	*Schlumbergera bridgesii* (Lem.) Lofgr.	圣诞仙人指	Cactaceae 仙人掌科	附生性多浆植物；茎节扁平，绿色，边缘略带渐尖齿；花紫色至绯红色，长达7cm	观赏	巴西、玻利维亚	
8890	*Schlumbergera russelliana* Lem.	仙人指	Cactaceae 仙人掌科	附生性多浆植物；茎节长椭圆至倒卵形，叶状，鲜绿色；花冠筒状，近规则；单花顶生；花瓣红紫色，由长度不同，分成两轮，不反卷；雄蕊而型；花期2～4月	观赏	巴西热带林下层	
8891	*Schoenoplectus juncoides* (Roxb.) Palla	萤蔺	Cyperaceae 莎草科	一年生草本；秆丛生，高20～30cm；秆基有2～3个叶鞘，无叶片；小穗2～7个聚成头状，卵形或长圆状卵形；小坚果平凸状	药用		全国各地均有分布
8892	*Schoenoplectus lineolatus* (Franch. et Sav.) T. Koyama	线状匍匐茎藨草	Cyperaceae 莎草科	多年生草本；匍匐根状茎细长，秆高12～24cm；单个小穗假侧生，长圆形或宽披针形，鳞片长圆形，下位刚毛4～5条；小坚果宽倒卵形	杂草		浙江、台湾
8893	*Schoenoplectus mucronatus* subsp. *robustus* (Miq.) T. Koyama	水毛花	Cyperaceae 莎草科	多年生草本；秆丛生，高60～120cm；无叶片；长侧枝聚伞花序缩成头状，假侧生，小穗卵形或披针形，鳞片卵形或广椭圆形；小坚果	饲用及绿肥		全国各地均有分布
8894	*Schoenoplectus planiculmis* (F. Schmidt) Egorova	扁秆藨草	Cyperaceae 莎草科	多年生草本；秆单一，高30～80cm，扁三棱形；叶长线形；长侧枝聚伞花序短缩成头状，小穗卵形，鳞片椭圆形或椭圆状披针形；小坚果	药用，经济作物（特用类）		东北、华北、华东、华南、西北
8895	*Schoenoplectus tabernaemontani* (Gmel.) Palla	水葱（水丈葱）	Cyperaceae 莎草科	多年生草本；秆高1～2m；顶生叶鞘有狭线形叶片；长侧枝聚伞花序假侧生，小穗长圆形或卵形，鳞片椭圆形；小坚果	药用，观赏		除华南外，其他各省份均有分布

（续）

序号	拉丁学名	中文名	所属科	特征及特性	类别	原产地	目前分布/种植区
8896	*Schoenoplectus triqueter* （L.）Palla	藨草（三棱藨草）	Cyperaceae 莎草科	多年生草本；秆散生，三棱形，高30～100cm；上方叶鞘顶部有小形叶片；长侧枝聚伞花序假侧生，小穗卵形或长圆形，鳞片椭圆形；小坚果	药用，饲用及绿肥		除广东、海南外，其他省份均有分布
8897	*Schoenoplectus wallichii* (Nees) T. Koyama	猪毛草	Cyperaceae 莎草科	一年生草本；秆丛生，高10～40cm；无叶片，叶鞘管状；小穗单生或2～3个簇生，长圆卵形，鳞片长圆卵形；小坚果	药用		华东及台湾、广东、广西、贵州、云南
8898	*Sciadopitys verticillata* （Thunb.）Siebold et Zucc.	金松（日本金松）	Sciadopityaceae 金 Pinaceae 松科	常绿大乔木；树皮淡红褐或灰色，树冠圆锥形；鳞叶小，脱落，合生叶条形；花单性，雄球花卵状矩圆形；花期2～3月，果熟10～11月	林木，观赏	日本	山东、上海、江苏、台湾、江西
8899	*Scilla autumnalis* L.	秋绵枣儿	Liliaceae 百合科	株高15cm；叶5～10片，线形，部分圆筒形；总状花序，小花20余多，辐射状，红紫色径1.2cm；花期7～9月，花后发叶	观赏	南欧及北非	
8900	*Scilla bifolia* L.	双叶绵枣儿	Liliaceae 百合科	叶通常2枚，对生，先端盔状；总状花序正三角形，宽约3.8cm，有小花3～8朵；蓝色，带红色或带白色，有纯白、玫红及鲜蓝色品种；花期3月	观赏	地中海地区	
8901	*Scilla hispanica* Mill.	聚铃花	Liliaceae 百合科	多年生草本；鳞茎卵状，白色光滑；叶窄带状；总状花序自鳞茎抽出，有花10～30朵，小花钟形，下垂；花被片开张不外弯，蓝色至玫瑰紫色或白色；花期5～6月	观赏	葡萄牙及西班牙	
8902	*Scilla peruviana* L.	地中海绵枣儿（海葱）	Liliaceae 百合科	株高45cm以上；叶5～15片，带状；总状花序，正三角形；小花50～100余朵，径2.5cm，堇蓝、紫或白色，并有红色品种	观赏	地中海地区	
8903	*Scindapsus aureus* （Linden et André）Engl. et K. Krause	绿萝（黄金葛）	Araceae 天南星科	高大攀缘植物；有气生根，茎节间具有沟槽；叶革质，卵圆形至长圆形，基部近心脏形，先端短尖，叶面有光泽，具不规则的浅黄色斑点和条纹；不开花	观赏	所罗门群岛	

（续）

序号	拉丁学名	中文名	所属科	特征及特性	类别	原产地	目前分布/种植区
8904	*Scindapsus pictus* Hassk.	彩叶绿萝	Araceae 天南星科	叶厚，斜卵状长圆形，基部宽圆形或稍为心脏形，先端狭窄或稍凹陷；叶浓绿色，有不规则的蓝色或蓝白色斑点及条纹	观赏	印度及马来西亚	
8905	*Scirpus karuizawensis* Makino	华东藨草	Cyperaceae 莎草科	多年生草本；秆丛生，高80～150cm；叶线形；苞片叶状；长侧枝聚伞花序2～4个，小穗卵形或长圆形，常5～10个聚成头状；小坚果	杂草		东北及河北、河南、安徽、江苏
8906	*Scirpus lushanensis* Ohwi	庐山藨草	Cyperaceae 莎草科	多年生草本；秆散生，高100～150cm；叶广线形；长侧枝聚伞花序顶生，多次复出，小穗单生或2～4个簇生末级辐射枝顶端；小坚果	杂草		东北、华北、华中、西南及台湾
8907	*Scirpus schoofii* Beetle	滇藨草	Cyperaceae 莎草科	一年生草本；秆丛生，高30～60cm；无叶片；小穗8～20簇生成头状，假侧生，卵形或长圆状卵形，鳞片椭圆形或近倒卵形；小坚果	杂草		云南
8908	*Scleria biflora* Roxb.	二花珍珠茅	Cyperaceae 莎草科	一年生草本；秆丛生，高30～40cm；秆生叶线形；圆锥花序由2～4个支花序组成，小穗披针形，单性，鳞片卵形至披针形；小坚果	杂草		广东、海南、台湾、贵州、云南
8909	*Scleria parvula* Steud.	小型珍珠茅	Cyperaceae 莎草科	多年生草本；秆丛生，高40～60cm；叶线形；圆锥花序有2～4个相互远离的支花序，小穗披针形，单性，鳞片卵形或披针形；小坚果	杂草		浙江、湖南、福建、广东、贵州、云南
8910	*Scleria terrestris*（L.）Fass	高秆珍珠茅	Cyperaceae 莎草科	多年生草本；秆散生，高60～100cm；叶线形；圆锥花序由1个顶生和3～5个侧生支圆锥花序组成，小穗常单生，单性；小坚果	杂草		华南、西南及福建、台湾
8911	*Scleropyrum wallichianum*（Wight et Arn.）Arn.	硬核（拉蕾，海南毛蕊木）	Santalaceae 檀香科	常绿树种、乔木；高5～10m；叶互生，纸革质，长圆形或椭圆形，先端钝，基部近于心形；花杂性，总花序腋生，花序有黄色绒毛、单生、腋生、双生或多数聚生；核果，梨形，种子近球形	观赏	中国	海南、广东、云南
8912	*Scoparia dulcis* L.	野甘草（冰糖草）	Scrophulariaceae 玄参科	草本或亚灌木；叶对生或轮生；花单一或成对生于叶腋；萼片4，分生；花冠辐射状深4裂；雄蕊4；蒴果	药用	美洲热带	广东、广西、云南

（续）

序号	拉丁学名	中文名	所属科	特征及特性	类别	原产地	目前分布/种植区
8913	*Scopolia japonica* Maxim.	日本莨菪	Solanaceae 茄科	多年生草本；花单生于叶腋，有细花梗，下垂；花萼钟形，萼筒短，先端有 5 齿；花冠阔钟形，先端 5 浅裂，紫褐色；雄蕊 5，着生于花冠筒的基部；子房近 2 室，花柱线形，柱头扩大，胚珠极多数	有毒		东北
8914	*Scorzonera albicaulis* Bunge	笔管草（黄花地丁）	Compositae (Asteraceae) 菊科	多年生草本；茎单一，多不分枝；叶条形，无毛；头状花序数个，在茎顶和侧生花梗顶端排列呈伞房状，花冠黄褐色	饲用及绿肥		东北、黄河流域以北各省份及江苏、四川
8915	*Scorzonera austriaca* Willd.	鸦葱（羊角菜，滨鸦葱）	Compositae (Asteraceae) 菊科	多年生草本；茎高 15～35cm；叶常基部丛生，披针形，茎生叶鳞片状；头状花序单生枝端，舌状花黄色；瘦果圆柱形	药用，饲用及绿肥		东北、华北、西北、华东、中南
8916	*Scorzonera capito* Maxim.	头序鸦葱	Compositae (Asteraceae) 菊科	多年生草本；根颈被枯叶鞘；叶革质，卵形，两面被蛛丝状短柔毛；头状花序单生于茎顶或枝端，花冠白色	饲用及绿肥		内蒙古
8917	*Scorzonera divaricata* Turcz.	叉枝鸦葱（苦葵鸦葱，女苦奶）	Compositae (Asteraceae) 菊科	多年生草本；茎多数铺散，自基部多分枝，形成半球形株丛；头状花序具 4～5 花，冠毛基部不连合成环，非整体脱落	饲用及绿肥		内蒙古、甘肃、宁夏、青海、新疆
8918	*Scorzonera hispanica* L.	黑婆罗门参（菊牛蒡，鸦葱）	Compositae (Asteraceae) 菊科	一、二生草本；肉质根较肥大，圆柱形，皮黑肉白；叶鞘大，披针形；花黄色；瘦果，长 10～13mm，有纵肋；辣味浓	蔬菜	欧洲中部和南部	大城市郊区
8919	*Scorzonera mongolica* Maxim.	羊角菜（蒙古鸦葱）	Compositae (Asteraceae) 菊科	多年生草本；叶肉质，茎生叶无柄，互生或对生；头状花序单生于茎顶或枝端；舌状花黄色；瘦果，冠毛羽状	有毒		华北、西北、华东
8920	*Scorzonera pseudodivaricata* Lipsch.	假叉枝鸦葱	Compositae (Asteraceae) 菊科	多年生草本；根颈被鞘状残叶；茎多数直立，自中部分枝呈帚状；头状花序具 7～12 花，冠毛污白色	饲用及绿肥		内蒙古、新疆
8921	*Scorzonera sinensis* Krasch. ex Lipsch.	桃叶鸦葱	Compositae (Asteraceae) 菊科	多年生草本；根颈被纤维状残叶；叶常呈镰状弯曲或披针形，边缘显著呈波状皱曲；头状花序单生于茎顶，外层苞片三角形	饲用及绿肥		东北、华北及陕西、甘肃

（续）

序号	拉丁学名	中文名	所属科	特征及特性	类别	原产地	目前分布/种植区
8922	*Scrofella chinensis* Maxim.	细穗玄参	Scrophulariaceae 玄参科	多年生草本；无毛；叶互生，长矩圆形至披针形；穗状花序顶生，花序轴和苞片被细腺毛；花萼5深裂，花冠筒瓮状，白色；蒴果卵状锥形	观赏		四川、甘肃、青海
8923	*Scrophularia fargesii* Franch.	长梗玄参	Scrophulariaceae 玄参科	多年生草本；高可达60cm以上；叶片质较薄，卵形至卵圆形；聚伞花序；蒴果尖卵形	药用，杂草		四川、湖北西部
8924	*Scrophularia kakudensis* Franch.	丹东玄参	Scrophulariaceae 玄参科	高大草本；高达1m以上；叶片卵形至狭卵形；花序顶生和腋生，集成一大型圆锥花序；蒴果宽卵形	药用，杂草	中国	辽宁
8925	*Scrophularia macrocarpa* P. C. Tsoong	大果玄参	Scrophulariaceae 玄参科	多年生草本；高15～35cm；叶片卵形或三角状卵形；花序顶生短总状或短而狭的圆锥状；花黄绿色；蒴果卵圆形	药用	中国	四川西南部、云南北部
8926	*Scrophularia ningpoensis* Hemsl.	玄参（浙玄参）	Scrophulariaceae 玄参科	多年生草本；根纺锤形或胡萝卜状；茎高约1m；叶卵形或卵状椭圆形；圆锥状聚伞花序，花暗紫红色，花冠管近球形；蒴果卵圆形	药用，蜜源	中国	安徽、江苏、浙江、江西、湖北、福建、贵州、四川
8927	*Scurrula parasitica* L.	红花寄生（马桑寄生）	Loranthaceae 桑寄生科	常绿寄生小灌木；叶革质，卵形；聚伞花序1～3个聚生于叶腋，具1～3朵花；花冠狭筒状，紫红色；浆果椭圆形	有毒		台湾、福建、广东、广西、云南
8928	*Scutellaria alpina* L.	高山黄芩	Labiatae 唇形科	多年生具地下茎的草本；高25cm；单叶对生，叶卵形；花多数集生枝顶成总状花序，萼片钟形二唇，全缘，苞片紫色，花冠长2.5cm，紫色	观赏	欧亚山地	
8929	*Scutellaria altaica* Fisch. ex Sweet	阿尔泰黄芩	Labiatae 唇形科	多年生半灌木；花序在开花时长3～3.5cm；冠檐2唇形，上唇盔状，先端微缺，下唇中裂片宽卵圆形，先端微缺；小坚果三棱状卵圆形，腹面基部具果脐，密被灰色绒毛	观赏植	中国新疆（阿尔泰山）	新疆
8930	*Scutellaria baicalensis* Georgi	黄芩（香水水草）	Labiatae 唇形科	多年生草本；茎基部伏地，高30～120cm；叶披针形至线状披针形，下面密布凹陷的腺点；总状花序顶生，偏向一侧，常聚成圆锥状；小坚果	药用，经济作物（香料类）	中国	东北、华北及甘肃、四川、江苏

（续）

序号	拉丁学名	中文名	所属科	特征及特性	类别	原产地	目前分布/种植区
8931	*Scutellaria barbata* D. Don	半枝莲（并头草，赶山鞭，牙刷草）	Labiatae 唇形科	多年生草本；茎下部匍匐生根，上部直立；茎方形，绿色；叶对生，三角状卵形或卵圆形	药用		我国南方各省份
8932	*Scutellaria discolor* Wall. ex Benth.	异色黄芩	Labiatae 唇形科	多年生草本；茎连花序高 5.5～38cm；茎叶叶片坚纸质椭圆形、卵圆形或宽椭圆形；花互生或少数在花序下部对生；花冠紫色；小坚果卵状椭圆形	药用		云南、广西、贵州
8933	*Scutellaria franchetiana* H. Lév.	岩藿香	Labiatae 唇形科	多年生上升草本；总状花序在茎中部以上叶腋内腋生，向茎端渐变短；苞片均叶状，细小，小苞片条形；花冠筒基部前方膝曲，微囊状增大，下唇中裂片三角状卵圆形；花盘前方稍隆起	观赏	中国	四川东部、贵州东北及中部、湖北西部、陕西南部
8934	*Scutellaria indica* L.	耳挖草（韩信草）	Labiatae 唇形科	多年生草本；根茎有簇生的纤维状须根，茎高 12～28cm；叶肾形、卵圆形至椭圆形；花对生，于茎及分枝顶上排成总状花序；小坚果	药用		华东、华南、西南及河南、陕西
8935	*Scutellaria rehderiana* Diels	甘肃黄芩	Labiatae 唇形科	多年生草本；花冠粉红色、淡紫色至紫蓝色，长 1.8～2.2cm，花冠筒近基部膝曲，下唇中裂片三角状卵圆形；雄蕊 4，2 强；花盘环状，前方稍隆起	蜜源		甘肃、陕西、山西及宁夏
8936	*Scutellaria sessilifolia* Hemsl.	石蜈蚣	Labiatae 唇形科	多年生草本；茎上升，下部长伏地，高约 50cm；叶无柄或几无柄，卵圆形，近革质；花序总状，3～7 花，顶生或腋生	药用		四川西南部
8937	*Scutellaria tuberifera* C. Y. Wu et C. Chen	假活血草	Labiatae 唇形科	一年生草本；块茎球形或卵球形；茎下部的叶圆形、圆状卵圆形或肾形，先端钝或圆形；花单生于茎中部以上或茎上部的叶腋内小坚果黄褐色，卵球形	杂草		江苏、浙江、安徽及云南
8938	*Secale cereale* L.	黑麦	Gramineae (Poaceae) 禾本科	一年生或越年生；秆高约 100cm；穗状花序长 5～10cm，穗轴节间长 2～4mm，两颖几等长，长约 10mm，无芒	饲用及绿肥		内蒙古、黑龙江、青海

（续）

序号	拉丁学名	中文名	所属科	特征及特性	类别	原产地	目前分布/种植区
8939	*Secale montanum* Grossh.	山地黑麦	Gramineae (Poaceae) 禾本科	禾本科一年生栽培谷物；秆直立，分蘖多，成熟期不一；叶片线形扁平；穗状花序细长；小穗含 3～5 花，单生于穗轴各节；颖片狭窄呈锥状，具 1 脉；颖果狭长圆形，淡褐色，腹面具纵沟，成熟后与内、外稃分离	粮食		
8940	*Secale segetale* (Zhukovsky) Roshevitz	杂草黑麦	Gramineae (Poaceae) 禾本科	越年生；须根外常具砂套；两颖几相等，两侧膜质，沿中脉对折成脊；外稃具 5 脉，中脉成锐利之脊，其脊以及边缘之上部具刺状纤毛；内稃通常与外稃等长；颖果淡褐色	粮食		
8941	*Secale sylvestre* Host	林地黑麦	Gramineae (Poaceae) 禾本科	多年生；外稃无芒，长达 6mm；中间小穗无柄，颖针状，长 4～6mm；外稃长 6～7mm，顶端渐尖成短芒，芒长 1～2mm	粮食		
8942	*Secale vavilovii* Grossh.	瓦维洛夫黑麦	Gramineae (Poaceae) 禾本科	秆簇生，小穗长 1cm，披针形，12～15(～17) mm；颖片 9～12mm，无毛或稀疏被毛；外稃长披针形，8～12mm，无毛；内稃与外稃等长	粮食		
8943	*Secamone minutiflora* (Woodson) Tsiang	催吐鲫鱼藤	Asclepiadaceae 萝藦科	柔弱藤状灌木；具乳汁；叶对生，椭圆状卵形；聚伞花序假伞房状；花萼 5 裂；花冠近辐状；蓇葖果厚而狭长	有毒		云南、四川、广西
8944	*Sechium edule* (Jacq.) Sw.	佛手瓜（洋丝瓜，丰收瓜）	Cucurbitaceae 葫芦科	根块状；雌雄同株，雄花 10～30 朵生于总花梗的上部成总状花序；雌花单生或双生	蔬菜	南美洲	云南、四川、广东、广西、福建
8945	*Sedum album* L.	玉米石	Crassulaceae 景天科	常绿垫状高山肉汁植物；叶线状长圆形至倒卵形，长 1.5cm，株形，似玉米粒	观赏	欧洲、北非	
8946	*Sedum alfredii* Hance	东南景天（石板菜）	Crassulaceae 景天科	多年生草本；茎高 10～20cm；叶互生，匙形至倒卵形；聚伞花序有多花，花瓣黄色，有短尖；蓇葖果斜叉开	药用		华东及广东、广西、台湾、贵州、四川、湖北、湖南

（续）

序号	拉丁学名	中文名	所属科	特征及特性	类别	原产地	目前分布/种植区
8947	*Sedum bulbiferum* Makino	珠芽景天（马屎花）	Crassulaceae 景天科	一年生草本；根须状；茎高 7～20cm；叶腋常有圆形肉质小珠芽，叶卵状匙形或匙状倒披针形；聚伞花序疏散顶生，花黄色；蓇葖果星状排列	药用		华东、华中、华南及四川、台湾、云南
8948	*Sedum emarginatum* Migo	凹叶景天（马牙苋）	Crassulaceae 景天科	多年生肉质草本；叶对生，匙状倒卵形或宽匙形；复聚伞花序顶生，花瓣 5，黄色；蓇葖果略叉开	药用，饲用及绿肥		江苏、浙江、云南、四川、陕西、河南、湖北
8949	*Sedum lineare* Thunb.	佛甲草（鼠牙半支莲）	Crassulaceae 景天科	多年生肉质草本；根须状，茎高 10～20cm；叶线形，常为 3 叶轮生；聚伞花序顶生，中心有一个短梗的花，花小，黄色；蓇葖果叉开	药用，饲用及绿肥		江苏、广东、四川、云南、甘肃
8950	*Sedum morganianum* Walth.	翡翠景天	Crassulaceae 景天科	植株匍匐状，叶小纺锤形，紧密重叠，多汁而脆；花小，浅粉红色，花期春季	观赏	墨西哥	
8951	*Sedum nicaeense* All.	松塔景天	Crassulaceae 景天科	常绿草本；全株光滑，茎直立或略平卧，呈垫状；叶椭圆状圆柱形，肉汁，长约 1.2cm，螺旋状紧密排列；花茎高 20～30cm，花小，淡黄色	观赏	小亚细亚、南欧、北美	
8952	*Sedum rubrotinctum* Clausen	虹之玉	Crassulaceae 景天科	多年生草本；老茎木质化，多分枝，分枝以上部分直立；叶互生，圆柱形，圆头，无柄；叶近尖处略呈透明状；花黄色，心形	观赏	中国	
8953	*Sedum sarmentosum* Bunge	垂盆草（狗牙齿，鼠牙半支，白蜈蚣）	Crassulaceae 景天科	多年生草本；茎斜升，匍匐生根；叶 3 枚轮生，倒披针形至长圆形；二歧聚伞花序顶端疏散排列，花瓣 5，淡黄色；蓇葖果叉开状	药用，饲用及绿肥		辽宁、吉林、河北、河南、陕西、安徽、浙江、湖北、四川、江西、福建
8954	*Sedum sexangulare* L.	六棱景天	Crassulaceae 景天科	低矮常绿草本，茎匍匐呈垫状；叶圆柱状线形，长 0.6cm，螺旋状 6 列；花黄色	观赏	欧洲和亚洲西南部	
8955	*Selaginella delicatula* (Desv.) Alston	薄叶卷柏	Selaginellaceae 卷柏科	多回分枝，营养叶二型；背叶（侧叶）矩圆形；孢子囊穗顶生，四棱形；孢子叶卵圆三角形，龙骨状，渐尖头，全缘，有狭边，孢子囊近圆形	观赏	中国长江以南各省份	

（续）

序号	拉丁学名	中文名	所属科	特征及特性	类别	原产地	目前分布/种植区
8956	*Selaginella doederleinii* Hieron.	深绿卷柏	Selaginellaceae 卷柏科	株高 15～50cm；营养叶上面深绿色，下面灰绿色；孢子囊穗常双生于枝顶，四棱柱形	观赏	中国长江以南	
8957	*Selaginella frondosa* Warb.	粗茎卷柏	Selaginellaceae 卷柏科	形体很近薄叶卷柏，陆生，植株粗壮，小枝密而整齐，小枝连叶宽 1cm，腹叶卵圆形，有缘毛或细齿	观赏	中国云南	
8958	*Selaginella involvens*（Sw.）Spring	兖州卷柏	Selaginellaceae 卷柏科	茎枝绿色；茎细长直立，下部不分枝，上部有复叶状分枝；主茎上叶阔卵形，分枝上叶二型，侧叶斜卵状披针形；中叶斜卵形；中脉较明显	观赏	中国华南地区	华南
8959	*Selaginella labordei* Hieron. ex Christ	细叶卷柏	Selaginellaceae 卷柏科	陆生小型蕨；主茎禾秆色，营养叶二型，腹叶卵圆形；侧叶矩圆披针形；孢子囊穗扁；孢子叶二型，腹叶卵状披针形，龙骨状；背叶卵状三角形	观赏	中国广西、贵州、云南、四川、湖南、湖北、安徽和陕西	
8960	*Selaginella moellendorffii* Hieron.	江南卷柏	Selaginellaceae 卷柏科	主茎直立，下部不分枝，有卵状三角形的叶，复叶状，呈卵状三角形，分枝上的营养叶二型；孢子囊穗短，四棱形；孢子叶卵状三角形；孢子二形	观赏	中国长江以南各省份，北到陕西南部；越南	
8961	*Selaginella picta* A. Braun ex Baker	黑顶卷柏	Selaginellaceae 卷柏科	形体很近薄叶卷柏，植株粗壮，小枝密而整齐；茎顶部肉质，干后变黑，连叶宽 4～6mm	观赏	中国广东、广西、海南、云南	
8962	*Selaginella pulvinata*（Hook. et Grev.）Maxim.	垫状卷柏	Selaginellaceae 卷柏科	形态特征近似卷柏，但腹叶并行，指向上方，肉质，全缘	观赏	中国	
8963	*Selaginella tamariscina*（Beauv.）Spring	卷柏（还魂草，长生草）	Selaginellaceae 卷柏科	常绿多年生草本；主茎顶端丛生小枝，莲座状，扇形分叉；叶交叉密覆小枝上，叶端急尖，有长芒；小枝顶端有四棱状孢子囊穗	观赏	中国	全国各地均有分布
8964	*Selaginella uncinata*（Desv.）Spring	翠云草	Selaginellaceae 卷柏科	伏地蔓生草本蕨类植物；主茎柔细，有棱，分枝处常生不定根；侧叶长圆形，中叶卵形，孢子叶卵状三角形；叶密生，有蓝绿色荧光	观赏	中国中、南及西南部各省份	我国中部、南部及西南部

（续）

序号	拉丁学名	中文名	所属科	特征及特性	类别	原产地	目前分布/种植区
8965	*Selenicereus coniflorus* (Weing.) Br. et R.	锥花蛇鞭柱	Cactaceae 仙人掌科	攀缘性多浆植物；茎浅绿色，4～6浅细棱，周刺4～6，黄色，中刺1；花白色，外面黄色，长达25cm	观赏	墨西哥东部	
8966	*Selenicereus grandiflorus* (L.) Br. et Rose	大花蛇鞭柱	Cactaceae 仙人掌科	攀缘性多浆植物；茎细长圆柱形，茎上多具白色气生根；棱上刺座稀疏，每丛刺3～5枚，黄色并混生白毛；花冠漏斗状，花冠筒基部有暗黄色绵毛；花期5～7月，夜间开放，浓烈芳香	观赏	牙买加、古巴、海地及墨西哥东部沿海地带	
8967	*Selenicereus hamatus* (Scheidw.) Br. et R.	钩状蛇鞭柱	Cactaceae 仙人掌科	攀缘性多浆植物；茎绿色，3～5棱，刺5～6，坚硬短；花冠漏斗状，筒部鳞腋具长腋毛；花白色，外面略带黄晕，长达25cm	观赏	墨西哥南部和东部	
8968	*Selenicereus macdonaldiae* (Hook.) Br. et R.	马氏蛇鞭柱	Cactaceae 仙人掌科	攀缘性多浆植物；茎可达8m，茎粗1cm，茎暗灰绿色，带紫晕，具棱5～7；刺非常短，褐色；夏夜开乳白色花；花径30～40cm	观赏	中美洲	
8969	*Selenicereus pteranthus* (Link et Otto) Br. et R.	翼花蛇鞭柱	Cactaceae 仙人掌科	攀缘性多浆植物；茎较粗，直径2.5～4cm；棱4～6；刺1～4，短，暗褐色；花白色，非常香，直径30cm以上	观赏	墨西哥	
8970	*Semiaquilegia adoxoides* (DC.) Makino	天葵（小乌头）	Ranunculaceae 毛茛科	多年生小草本；茎高10～32cm；一回三出复叶，小叶扇状棱形或倒卵状菱形，3深裂；花梗端生一花，花瓣匙形，心皮3～5；蓇葖果	药用，有毒		华东、华中及四川、贵州、广西、河南、陕西
8971	*Semiarundinaria densiflora* (Rendle) T. H. Wen	短穗竹	Gramineae (Poaceae) 禾本科	多年生木质化植物；箨鞘背面有白色纵条纹，边缘生紫色纤毛，箨耳椭圆形，褐棕色或绿色，箨舌拱形，箨片绿色带紫色，叶片长卵状披针形，假小穗2～9枚	观赏		江苏、安徽、浙江、江西、湖北、广东
8972	*Semiliquidambar cathayensis* H. T. Chang	半枫荷	Hamamelidaceae 金缕梅科	常绿大乔木；树皮灰色；叶簇生枝顶，卵状椭圆形，雄花头状花序排成总状，无花瓣，雌花头状花序单生；蒴果	林木，观赏		福建、江西、湖南、广东、海南、贵州

（续）

序号	拉丁学名	中文名	所属科	特征及特性	类别	原产地	目前分布/种植区
8973	*Senecio argunensis* Turcz.	额河千里光（大蓬蒿）	Compositae（Asteraceae）菊科	多年生草本；根状茎斜升；茎高60～150cm；叶羽状分裂；头状花序多数枝顶排成复伞房状；瘦果圆柱形	有毒		东北、华北、华东、中南及内蒙古、陕西、甘肃、四川
8974	*Senecio articulatus*（L. f.）Schultz-Bip.	仙人笔	Compositae（Asteraceae）菊科	多浆植物；茎短圆柱状，节较细；肉质茎顶端簇生肉质小叶，叶扁平；头状花序，黄色	观赏	南非	
8975	*Senecio cannabifolius* Less.	麻叶千里光	Compositae（Asteraceae）菊科	多年生根状茎草本；中部叶长圆状披针形；头状花序辐射状，多数排列成顶生宽复伞房花序；瘦果圆柱形	有毒		东北、华北
8976	*Senecio cineraria* DC.	雪叶菊	Compositae（Asteraceae）菊科	多年生草本植物；株高30～60cm，茎直立，全株被白色绒毛；叶羽状深裂，头状花序，花黄或奶白色	有毒，观赏	地中海	
8977	*Senecio dubitabilis* C. Jeffrey et Y. L. Chen	北千里光	Compositae（Asteraceae）菊科	一年生草本；茎单生，高5～30cm；叶无柄，匙形，长圆状披针形至线形；头状花序无舌状花，排列成顶生疏散伞房花序，花冠黄色；瘦果圆柱形	蜜源		新疆、青海、甘肃、西藏、河北、陕西
8978	*Senecio laetus* Edgew.	菊状千里光	Compositae（Asteraceae）菊科	多年生草本；茎上部被蛛丝状毛；叶形多变异，有浅齿或羽状深裂；头状花序复伞房状排列，总苞片钟状，舌片黄色，筒状花多数	观赏	中国西藏、重庆、贵州、湖北、湖南、云南，巴基斯坦，印度，尼泊尔和不丹	云南、四川、贵州、广西
8979	*Senecio nemorensis* L.	森林千里光	Compositae（Asteraceae）菊科	多年生草本；头状花序多数，排列成复伞房状，梗细长，具条状苞叶，总苞近圆柱形，总苞片1层，舌状花约5个，黄色；盘花管状	有毒		东北、华北、西北
8980	*Senecio pendulus*（Forssk.）Schultz-Bip.	泥鳅掌	Compositae（Asteraceae）菊科	肉质灌木；茎具节，圆筒形，平卧外倾，变态茎上有干的宿存退化小叶，灰绿或褐色，有深色线纹；头状花序，花橙红或血红色	观赏	阿拉伯南部、东非	
8981	*Senecio platyphyllus*（Bieb.）DC.	阔叶狗舌草	Compositae（Asteraceae）菊科	草本，叶不分裂，叶片心形、三角形或肾形，掌状脉；头状花序，花冠浅裂，总苞5，花5～8；瘦果圆柱形，具肋	有毒		

（续）

序号	拉丁学名	中文名	所属科	特征及特性	类别	原产地	目前分布/种植区
8982	*Senecio radicans* （L. f.）Schultz-Bip.	菱角掌	Compositae（Asteraceae）菊科	茎细长，平卧；叶朝一面互生、向上，卵圆形，两端尖，灰绿色，具深色纵线；头状花序，花白色	观赏	南非	
8983	*Senecio raphanifolius* Wall. ex DC.	异叶千里光	Compositae（Asteraceae）菊科	多年生草本；头状花序多数，排列成复伞房状花序，总苞宽钟状，基部具线形小苞片；总苞片12～14个，宽披针形；舌状花12～14个，有几条冠毛或无冠毛；管状花多数，有冠毛，全部花黄色，冠毛红色	观赏	中国	西藏东南部至南部、云南、四川、贵州、湖北
8984	*Senecio rowleyanus* Jacobsen	翡翠珠（绿铃）	Compositae（Asteraceae）菊科	茎极细，匍匐生长；叶肉质，圆如豌豆，直径0.6～1cm，有微尖的刺状凸起，绿色中有一条透明纵纹；小花白色	观赏	非洲西南部	
8985	*Senecio scandens* Buch. Ham. ex D. Don	千里光（九里香，九里光）	Compositae（Asteraceae）菊科	攀缘状多年生草本；具木质的茎；叶卵状三角形或椭圆状披针形；头状花序排成松散的伞房状；舌状花黄色；瘦果	有毒		西北、华东、华南、西南
8986	*Senecio stauntonii* DC.	闽粤千里光	Compositae（Asteraceae）菊科	多年生根状茎草本；高30～60cm；基生叶花期枯萎，茎生叶卵状披针形至狭长圆状披针形；头状花序有舌状花，排列成顶生疏伞房花序，花冠黄色；瘦果圆柱形	蜜源		福建、广东、香港、澳门、湖南、广西
8987	*Senecio vulgaris* L.	欧洲千里光	Compositae（Asteraceae）菊科	一年生草本；茎高20～40cm；叶互生，基生叶倒卵状匙形，茎生叶长圆形，羽状分裂；头状花序多数伞房状排列，管状花黄色；瘦果圆柱形	杂草	欧洲	东北、华东及内蒙古、河北、山西、陕西、贵州、云南
8988	*Senna alata*（L.）Roxb.	对叶豆	Leguminosae 豆科	灌木或小乔木；小叶5～12对，矩圆形；总状花序生于茎顶，花黄色，有很多明显的脉；荚果长舌状	药用		云南西双版纳
8989	*Senna hirsuta*（L.）H. S. Irwin et Barneby	毛荚决明	Leguminosae 豆科	灌木；高0.6～2.5m；小叶卵状长圆形或长圆状披针形；花序生于枝条顶端的叶腋；荚果细长扁平	饲用及绿肥，药用	美洲热带地区	广东、云南德宏自治州和西双版纳

（续）

序号	拉丁学名	中文名	所属科	特征及特性	类别	原产地	目前分布/种植区
8990	*Senna occidentalis* (L.) Link	望江南（金花豹子，金豆子）	Leguminosae 豆科	亚灌木状草本或灌木；偶数羽状复叶，小叶卵形或卵状披针形；总状花序伞房状；花瓣黄色，具脉纹；荚果带状	果树，有毒		华东、华南及河北、河南、台湾、云南
8991	*Senna occidentalis* var. *sophera* (L.) X. Y. Zhu	茳芒决明（野苦参，豆瓣叶，苦参）	Leguminosae 豆科	灌木或亚灌木；高1～2m；双数羽状复叶互生，小叶4～9对，长椭圆形或长卵形；伞房总状花序腋生或顶生，花黄色；荚果，种子间缢缩	药用	亚洲热带地区	长江以南各省份
8992	*Senna siamea* (Lam.) H. S. Irwin et Barneby	铁刀木（挨刀树，黑心树）	Leguminosae 豆科	乔木；偶数羽状复叶，6～10对，长20～30cm，叶轴顶端有尖头；小叶长3.5～7cm，宽1.5～2cm；花黄色；荚果扁条形，紫褐色	蔬菜，观赏	中国	我国南方各省份
8993	*Senna surattensis* subsp. *glauca* (Lam.) X. Y. Zhu	黄槐	Leguminosae 豆科	落叶乔木；高5～7m；羽状复叶，叶柄及总轴基部有腺体；小叶，长椭圆形至卵形；花朵为五瓣花	观赏	印度、斯里兰卡、印度尼西亚、菲律宾、澳大利亚、波利尼西亚	广西、广东、福建、台湾
8994	*Senna tora* (L.) Roxb.	决明（假花生，圆草决）	Leguminosae 豆科	一年生半灌木状草本；高1～2m；偶数羽状复叶，具小叶3对，有一钻形腺体；花常3朵生于叶腋，花冠黄色，花瓣倒卵形；荚果条形	蔬菜，有毒，药用	美洲热带地区	长江以南各省份
8995	*Sequoia sempervirens* (D. Don) Endl.	北美红杉（红杉，长叶世界爷）	Taxodiaceae 杉科	常绿针叶大乔木；大枝平展；鳞叶条形，无柄，背部有两条白色气孔带；雌球花单生短枝顶端；球果褐色；种子椭圆状长圆形，两侧有翅	林木，观赏	美国太平洋沿岸	浙江、江苏、四川、云南、上海、贵州、福建
8996	*Sequoiadendron giganteum* (Lindl.) J. Buchholz	巨杉（世界爷，北美巨杉）	Taxodiaceae 杉科	常绿针叶大乔木；叶鳞状锥形，螺旋状着生；雌雄同株，球果椭圆形，下垂，翌年成熟；种子长椭圆行，淡褐色，两侧有宽翅	观赏	美国加利福尼亚州内华达山脉的西坡	
8997	*Seriphidium borotalense* (Poljakov) Ling et Y. R. Ling	博洛塔绢蒿	Compositae (Asteraceae) 菊科	多年生草本；茎少数，常不分枝，茎枝被白色蛛丝状绒毛；叶二回羽状全裂，每侧具4～5枚裂片	饲用及绿肥	中国	新疆天山及阿尔泰山
8998	*Seriphidium cinum* (Berg ex Poljakov) Poljakov	蛔蒿	Compositae (Asteraceae) 菊科	多年生亚灌木；根粗大而略扭曲；茎基部木质；头状花序集成复总状花序；总苞覆瓦状排列	药用	中国	华北、西北、西南

（续）

序号	拉丁学名	中文名	所属科	特征及特性	类别	原产地	目前分布/种植区
8999	*Seriphidium finitum* (Kitag.) Ling et Y. R. Ling	东北蛔蒿（北蛔蒿）	Compositae (Asteraceae) 菊科	多年生草本；全株被丝状绵毛；叶宽椭圆状卵形，二至三回羽状分裂；头状花序筒状钟形，排成紧密圆锥花序；瘦果	有毒	中国	东北及内蒙古、新疆
9000	*Seriphidium gracilescens* (Krasch. et Iljin) Poljakov	纤细绢蒿（纤细蒿）	Compositae (Asteraceae) 菊科	半灌木状草本；茎多数，呈矮小密丛；叶两面被灰绿色柔毛，裂片2～3枚，有腺点；花序长圆形，两性花2～5朵，黄色	饲用及绿肥	中国	新疆天山及阿尔泰山
9001	*Seriphidium kaschgaricum* (Krasch.) Poljakov	新疆绢蒿	Compositae (Asteraceae) 菊科	半灌木状草本；叶一至二回羽状全裂，裂片具2～3枚小裂片；圆锥花序，两性花4～6朵，花色	饲用及绿肥	中国	新疆
9002	*Seriphidium santolinum* (Schrenk) Poljakov	沙漠绢蒿	Compositae (Asteraceae) 菊科	多年生草本；茎多数，下部木质，自上半部分枝，被珠丝状绒毛，淡绿色；中部叶羽状全裂；两性花4～5朵，红色	饲用及绿肥	中国	新疆
9003	*Seriphidium terrae-albae* (Krasch.) Poljakov	白茎绢蒿（白茎蒿）	Compositae (Asteraceae) 菊科	多年生草本；茎多数，下部木质，自上半部分枝，被珠丝状绒毛，淡绿色；中部叶羽状全裂；两性花4～5朵，红色	饲用及绿肥	中国	新疆
9004	*Seriphidium transiliense* (Poljakov) Poljakov	伊犁绢蒿（伊犁蒿）	Compositae (Asteraceae) 菊科	半灌木；茎具褐色剥落外皮；叶两面被珠丝状柔毛，中部叶一至二回羽状全裂；总苞面背面具囊状突起，两性花3～5朵	饲用及绿肥	中国	新疆
9005	*Serissa japonica* (Thunb.) Thunb.	六月雪（白马骨，满天星，节节草）	Rubiaceae 茜草科	落叶小灌木；根细长，质坚，皮黄色；枝粗壮，坚硬，幼枝有柔毛，揉碎有臭味；叶对生或丛生于短枝上	药用		江苏、浙江、江西、广东、台湾等东南及中部省份
9006	*Serissa serissoides* (DC.) Druce	白马骨（满天星，节节草）	Rubiaceae 茜草科	常绿小灌木；小枝密生；叶狭椭圆形或椭圆状披针形；托叶顶端有刺齿；花单生或数朵簇生，花冠淡红白色，子房下位；小坚果球形	药用		安徽、江苏、浙江、江西、湖北、湖南
9007	*Serratula centauroides* L.	麻花头（苦郎头，和尚头）	Compositae (Asteraceae) 菊科	多年生草本；根须状，茎高30～60cm；叶椭圆形，羽状分裂；头状花序数个单生枝端，管状花淡紫色；瘦果长圆形	杂草		河北、山西、陕西、甘肃、内蒙古、山东

（续）

序号	拉丁学名	中文名	所属科	特征及特性	类别	原产地	目前分布/种植区
9008	*Serratula coronata* L.	伪泥胡菜	Compositae (Asteraceae) 菊科	多年生草本；高 50～100cm；叶椭圆形或卵形，羽状全裂；头状花序单生枝端，管状花紫红色，中央花两性；瘦果长圆形	杂草		东北及河北、内蒙古、新疆、陕西、湖北、江苏
9009	*Sesamum indicum* L.	芝麻（胡麻，油麻）	Pedaliaceae 胡麻科	一年生直立草本；高 60～150cm；下部叶掌状 3 裂，上部叶全缘；花单生或 2～3 朵同生叶腋，花冠白色带有彩晕；蒴果矩圆形	经济作物（油料类）	印度	南北各地广泛栽培，其中河南、湖北、江西、安徽、山东、河北等省较多
9010	*Sesbania bispinosa* (Jacq.) W. Wight	刺田菁	Leguminosae 豆科	灌木状草本；枝、叶轴、总花梗均具皮刺；复叶具小叶 20～40 对，小叶两面密生腺点；花黄色，长约 10mm；荚果圆柱形	饲用及绿肥		福建、广东、四川、云南
9011	*Sesbania cannabina* (Retz.) Poir.	田菁（咸青，海松柏）	Leguminosae 豆科	小灌木；羽状复叶，小叶 20～60 对；花 2～6 朵排成腋生疏松的总状花序；花黄色，旗瓣有紫斑或无；荚果	饲用及绿肥，有毒	中国	华东及广东、台湾
9012	*Sesbania grandiflora* (L.) Pers.	大花田菁	Leguminosae 豆科	小乔木；小叶长圆形，先端钝圆，两面被紫褐色腺点；总状花序腋生，具 2～4 花；花冠白色或粉红色，有时呈玫瑰红色；荚果线形	饲用及绿肥		云南、四川、广东、台湾
9013	*Sesbania javanica* Miq.	沼生田菁	Leguminosae 豆科	一年生草本；具小叶 10～30 对；花序具 5～12 花，花黄色，长 18～20mm，花萼长 6～7mm；荚果近串珠状，宽 4～4.5mm	饲用及绿肥		广东、广西
9014	*Sesbania sesban* (L.) Merr.	印度田菁	Leguminosae 豆科	灌木状草本；小枝节间长 0.5～2.5cm，节上隆起；花长 11～13mm，黄色，旗瓣的胼胝体呈 S 型弯曲；荚果宽 3～4mm	饲用及绿肥		海南、台湾
9015	*Sesbania sesban* var. *bicolor* (Wight et Arn.) F. W. Andews	元江田菁	Leguminosae 豆科	本变种与原变种不同为：本变种花萼、旗瓣全为紫黑色，翼瓣与龙骨瓣部分紫黑色或红色，胼胝体顶端钝头，易于区别	饲用及绿肥		云南（元江）
9016	*Setaria anceps* Stapf	非洲狗尾草（蓝绿狗尾草）	Gramineae (Poaceae) 禾本科	多年生；花序紧密呈圆柱状，长达 35cm，小穗含 1～2 花，被刚毛包围，第一颖宽卵形，长为小穗的 1/3	饲用及绿肥		广西、广东、江西

（续）

序号	拉丁学名	中文名	所属科	特征及特性	类别	原产地	目前分布/种植区
9017	*Setaria arenaria* Kitag.	断穗狗尾草	Gramineae (Poaceae) 禾本科	一年生；花序紧缩呈圆柱状，基部间断；小穗托以1～4枚刚毛，刚毛长2～8mm，第一颖为小穗的1/2或更短	饲用及绿肥		东北及内蒙古、山西、宁夏、甘肃
9018	*Setaria chondrachne*（Steud.）Honda	莩草	Gramineae (Poaceae) 禾本科	多年生草本；茎细长，高1m左右；叶片扁平，条状披针形；圆锥花序，小穗椭圆形	粮食		江苏、江西、湖北、湖南
9019	*Setaria faberi* R. A. W. Herrmann	法式狗尾草	Gramineae (Poaceae) 禾本科	一年生草本；秆高20～60cm；叶长10～40cm；圆锥花序长2～10cm，小穗椭圆形，第一颖具3脉，第二颖具6脉；颖果椭圆形	粮食		东北及江苏、浙江、湖北、四川、贵州
9020	*Setaria forbesiana*（Nees ex Steud.）Hook. f.	西南莩草（福勃狗尾草）	Gramineae (Poaceae) 禾本科	多年生；花序狭尖塔形；小穗均具1枚刚毛，长为小穗的3倍，第一花常为雄性，第二外稃具点状皱纹	饲用及绿肥		广西、贵州、云南、四川、湖北、陕西
9021	*Setaria geniculata*（Lam.）Beauv	莠狗尾草	Gramineae (Poaceae) 禾本科	多年生草本；秆高30～90cm；叶长5～30cm；圆锥花序稠密呈圆柱状，长2～7cm，小穗椭圆形；颖果卵状圆形	饲用及绿肥，药用		广东、广西、福建、台湾、云南、江西、湖南
9022	*Setaria glauca*（L.）Beauv.	狗尾草（谷莠子）	Gramineae (Poaceae) 禾本科	一年生草本；秆高20～60cm；叶线状披针形，叶舌膜质；圆锥花序紧密，呈圆柱状；小穗椭圆形，刚毛金黄色或稍带褐色	粮食		荒野、路边等生境发生最多
9023	*Setaria guizhouensis* S. L. Chen et G. Y. Sheng	贵州狗尾草	Gramineae (Poaceae) 禾本科	多年生；秆直立，高约37cm；叶片扁平，线状披针形；圆锥花序鼠状线形；花期9月	杂草		贵州
9024	*Setaria intermedia* Roem. et Schult.	间序狗尾草	Gramineae (Poaceae) 禾本科	秆高40～60cm；叶片线形，质薄；圆锥花序，呈狭披针形或线形；颖果卵球形	杂草		云南
9025	*Setaria italica*（L.）P. Beauv.	粟（小米，谷子，粟米）	Gramineae (Poaceae) 禾本科	一年生栽培种，高50～150cm；叶线状披针形；圆锥花序穗状，长10～40cm，小穗椭圆形，刚毛长于小穗	粮食	中国	东北、华北、西北

（续）

序号	拉丁学名	中文名	所属科	特征及特性	类别	原产地	目前分布/种植区
9026	*Setaria lutescens* Hubb.	金狗草	Gramineae (Poaceae) 禾本科	多年生草本；茎实心，无叶柄，两端渐尖；穗状花序腋生或顶生，花黄白色	饲用及绿肥		全国各地均有分布
9027	*Setaria pallidefusca* (Schumach.) Stapf et C. E. Hubb.	褐毛狗尾草	Gramineae (Poaceae) 禾本科	一年生；秆高20～80cm；叶片线状披针形；花序为紧缩的圆柱状圆锥花序；颖果浅黄色	杂草		福建、台湾、湖南、广东、广西、四川、贵州、云南
9028	*Setaria palmifolia* (J. Konig) Stapf	棕叶狗尾草	Gramineae (Poaceae) 禾本科	多年生草本；秆高1～1.5m；叶长20～40cm，宽披针形；圆锥花序伸出甚长，小穗卵状披针形	粮食		华南、西南及浙江
9029	*Setaria plicata* (Lam.) T. Cooke	皱叶狗尾草	Gramineae (Poaceae) 禾本科	多年生草本；秆高45～130cm；叶长4～43cm；圆锥花序狭长圆形，长15～33cm，小穗卵状披针形；颖果近卵形	粮食		我国西南部、中南部和东部各地
9030	*Setaria verticillata* (L.) P. Beauv.	倒刺狗尾草	Gramineae (Poaceae) 禾本科	一年生草本；秆高20～100cm；叶长5～18cm，披针形；圆锥花序紧缩呈圆柱状，长2～10cm，小穗托以1～4枚具倒小刺毛的刚毛；颖果	杂草		云南、台湾
9031	*Setaria viridis* (L.) P. Beauv.	青狗尾草（狗尾草）	Gramineae (Poaceae) 禾本科	一年生草本；高30～100cm；叶长5～30cm；圆锥花序紧密圆柱形，小穗椭圆形，刚毛长4～12mm	粮食	中国云南	我国南北各省份均有
9032	*Setaria yunnanensis* Keng et G. D. Yu ex P. C. Keng et Y. K. Ma	云南狗尾草	Gramineae (Poaceae) 禾本科	一年生；秆直立或基部膝曲生根，高70cm；叶片线状披针形；圆锥花序直立狭长圆形；未见成熟颖果	杂草		云南、四川、西藏
9033	*Setcreasea pallida* Rose. 'PH'	紫鸭跖草（紫叶草，紫竹梅）	Commelinaceae 鸭跖草科	多年生常绿草本植物；茎下垂或匍匐；叶披针形，基部抱茎；茎与叶均为暗紫色，被有短毛；小花生于茎顶端，鲜紫红色	观赏	墨西哥	
9034	*Setiacis diffusa* (L. C. Chia) S. L. Chen et Y. X. Jin	刺毛头黍	Gramineae (Poaceae) 禾本科	多年生，基部平卧，节生根；花序开展，分枝上再分枝；小穗单生，长约3.2mm，第一小花中性，第二小花两性	饲用及绿肥		海南

（续）

序号	拉丁学名	中文名	所属科	特征及特性	类别	原产地	目前分布/种植区
9035	*Sheareria nana* S. Moore	虾须草（沙小菊，绿绿草，草麻黄）	Compositae（Asteraceae）菊科	一年生草本；茎高15～40cm；叶线形，全缘；头状花序细小，外围花2～4朵，舌状，中央花1～2朵，两性；瘦果长椭圆形	饲用及绿肥		华东、华中、西南
9036	*Shibataea chinensis* Nakai	鹅毛竹（倭竹）	Gramineae（Poaceae）禾本科	多年生木质化植物；体态矮小，株高尺余，叶大而茂，每节常有5～6分枝，分枝等长，梢端具叶片1枚	观赏	中国江苏、安徽、江西、福建	华东
9037	*Shorea assamica* Dyer	云南婆罗双	Dipterocarpaceae 龙脑香科	常绿大乔木；具白色芳香树脂；叶卵状椭圆形或卵状琴形；圆锥花序，花瓣5，白色或淡黄色，具纵脉11条；果具萼片增大的翅	林木	中国云南	云南盈江
9038	*Shuteria involucrata*（Wall.）Wight et Arn.	宿苞豆	Leguminosae 豆科	草质缠绕藤本；小叶宽卵形，先端圆；花序轴基部2～3节上具缩小的3小叶，花红色，长约10mm；荚果线形	饲用及绿肥		四川、云南
9039	*Sibbaldia omeiensis* T. T. Yu et C. L. Li	峨眉山莓草	Rosaceae 蔷薇科	多年生草本；基生叶为5出掌状复叶，茎生叶1，退化成苞叶状；花2～3顶生，花瓣白色，倒心形；花期7月	药用		四川
9040	*Sida acuta* Burm. f.	黄花稔	Malvaceae 锦葵科	半灌木状草本或半灌木；高不及1m；叶披针形，边缘有锯齿；托叶线状披针形；花腋生，单生或成对，花冠黄色；种子近球形	杂草		云南、广西、广东、台湾
9041	*Sida cordifolia* L.	心叶黄花稔	Malvaceae 锦葵科	直立半灌木；高约1m；叶卵形，密被星状柔毛；花单生或簇生叶腋或枝端，花黄色，花瓣长圆形；蒴果顶端具2长芒	杂草		台湾、福建、广东、广西、四川、云南
9042	*Sida mysorensis* Wight et Arn.	粘毛黄花稔	Malvaceae 锦葵科	多年生直立草本或半灌木状；高约1m；叶卵心形，被星状柔毛；花排成总状花序或圆锥花序，花黄色；蒴果近球形	杂草		台湾、广东、广西、云南
9043	*Sida rhombifolia* L.	白背黄花稔	Malvaceae 锦葵科	多分枝半灌木；茎高0.5～1m；叶长圆形至菱形，被星状柔毛；花单生叶腋，花冠黄色，花梗中部以上有节；蒴果盘状	药用，经济作物（纤维类）		云南、贵州、四川、湖南、广东、广西、台湾、福建
9044	*Sida szechuensis* Matsuda	拔毒散（尼马庄可）	Malvaceae 锦葵科	直立半灌木；高约1m，被星状柔毛或毡毛；下部叶宽菱形或扇形，上部叶长圆形至椭圆形；花生于枝端叶腋，花冠黄色；蒴果近球形	药用，经济作物（纤维类）		四川、贵州、云南、广西

（续）

序号	拉丁学名	中文名	所属科	特征及特性	类别	原产地	目前分布/种植区
9045	*Sidalcea malviflora* (DC.) A. Gray.	西达葵	Malvaceae 锦葵科	多年生草本；茎细长直立；叶掌状深裂（下部叶不分裂或5～9浅裂）；疏散总状花序单生或分枝；花瓣5、开展；花期夏季	观赏	美国加利福尼亚	
9046	*Sideroxylon rostrata* Merr.	五指山榄	Sapotaceae 山榄科	乔木；高达12m，雄花序为被紧贴短柔毛的聚伞花序，或由聚伞花序再组成短圆锥花序；萼裂片4，近半圆形或钝三角形，被缘毛；花冠白色，冠管壶形，裂片4，阔卵形或近圆形	果树		海南
9047	*Siegesbeckia glabrescens* (Makino) Makino	毛梗豨莶	Compositae (Asteraceae) 菊科	一年生草本；茎高30～80cm；叶互生，卵形，有时琴状分裂；头状花序排成伞房花序状，小花多数，两性；瘦果圆柱形	杂草		东北、华北、华东、华中、华南、西南
9048	*Siegesbeckia orientalis* L.	豨莶	Compositae (Asteraceae) 菊科	一年生草本；茎高30～100cm；叶三角状卵形或卵状披针形；头状花序多数排成圆锥状，花黄色；瘦果倒卵形	药用		华东、华中、华南、西南及陕西、河南、台湾
9049	*Siegesbeckia pubescens* Makino	腺梗豨莶	Compositae (Asteraceae) 菊科	一年生草本；茎高30～110cm；叶卵圆形或卵状披针形；头状花序排成二歧聚伞花序，花序梗密生腺毛和长柔毛；瘦果倒卵圆形	药用		全国各地均有分布
9050	*Silene aprica* Turcz. ex Fisch. et C. A. Mey	女娄菜（小猪耳朵，大叶金石榴，野罂粟）	Caryophyllaceae 石竹科	二年生草本；高20～70cm；叶线状披针形；聚伞花序顶生，花序分枝斜向上，花瓣5，粉红或白色；蒴果椭圆形	饲用及绿肥		东北、华北、西北、华东、西南
9051	*Silene armeria* L.	高雪轮（捕虫瞿麦）	Caryophyllaceae 石竹科	一、二年生草本；茎细、直立，上部有一段具黏液；叶对生，卵状披针形；复聚伞花序，花瓣粉红色、雪青色或白色、玫瑰红色	观赏	南欧	
9052	*Silene compacta* Fisch.	密麦瓶草	Caryophyllaceae 石竹科	茎顶部叶形成1总苞；花序径可达8cm；花瓣先端平，粉红色；花期6～7月	观赏	欧洲东南部、亚洲西南部	
9053	*Silene conoidea* L.	米瓦罐（麦瓶草）	Caryophyllaceae 石竹科	越年生或一年生草本；高15～60cm；全株有腺毛；叶对生，基生叶匙形，茎生叶长圆形或披针形；聚伞花序具少数花；蒴果圆锥形	药用，饲用及绿肥		华北、西北

（续）

序号	拉丁学名	中文名	所属科	特征及特性	类别	原产地	目前分布/种植区
9054	*Silene fortunei* Vis.	蝇子草	Caryophyllaceae 石竹科	多年生草本；高 30～100cm；茎单生有分枝；基生叶匙状披针形，茎生叶线状披针形；聚伞花序顶生，花瓣淡红或白色；蒴果长圆形	药用		华北、华东、中南及台湾
9055	*Silene hupehensis* C. L. Tang	湖北蝇子草	Caryophyllaceae 石竹科	多年生草本；花两性；聚伞花序具 1～3 花，稀更多；花瓣 5，淡红色，瓣片倒卵形，2 深裂，爪披针形，无毛，微露出花萼外；副花冠卵圆形，顶端条裂；雄蕊 10，外露，无毛；花柱 3	观赏	中国湖北、河南、陕西、甘肃、四川	湖北、四川、河南、陕西、甘肃
9056	*Silene pendula* L.	矮雪轮（小红花，大蔓樱草）	Caryophyllaceae 石竹科	茎基匍匐、丛生状，全株具短柔毛；蝎尾状聚伞花序伸展成疏总状，粉红色；萼筒膨大，有胶黏质	观赏	俄罗斯高加索山脉、土耳其	
9057	*Silene schafta* C. C. Gmel. ex Hohen.	夏弗塔雪轮	Caryophyllaceae 石竹科	多年生草本；基生叶莲座状，卵圆形；萼片毛状；花瓣粉或紫色	观赏	高加索	
9058	*Silene vulgaris* (Moench) Garcke	狗筋麦瓶草	Caryophyllaceae 石竹科	多年生草本；高 40～90cm；根多数丛生，呈纺锤形；叶披针形至卵状披针形；聚伞花序顶生，花梗常下垂；蒴果略成球形	药用	欧洲	黑龙江、内蒙古、西藏
9059	*Silene yunnanensis* Franch.	云南蝇子草	Caryophyllaceae 石竹科	多年生草本；茎单生，自基部分枝，多叶；二歧或多歧聚伞花序生茎和分枝顶端，花瓣粉红或淡紫色，花药长圆形，黄色	观赏	中国云南（洱源、鹤庆、丽江、中甸、德钦）	云南
9060	*Silphium perfoliatum* L.	松香草	Compositae (Asteraceae) 菊科	多年生草本，根茎肥大，茎高 1.5～3 m；叶长卵形，边缘具缺刻；头状花序，外层雌性花，中央两性花，黄绿色	饲用及绿肥		辽宁、北京、山西、湖北、陕西
9061	*Silybum marianum* (L.) Gaertn.	水飞蓟	Compositae (Asteraceae) 菊科	一年或两年生草本；茎高 1～2m，具白色丝状毛；叶椭圆形或披针形羽状分裂或不裂；头状花序生枝端，全为红紫色管状花；瘦果压扁	观赏	地中海地区	全国各地均有分布
9062	*Simmondsia chinensis* (Link) Schneider	浩浩芭（油油芭，焦焦芭）	Buxaceae 黄杨科	常绿灌木，雌雄异株，可高至 5m；坚韧的对生叶，卵形，长 2～4cm，宽 1.5～3cm；花小，黄绿色，萼片 5～6，无花瓣	果树	美国、墨西哥	我国中南部

（续）

序号	拉丁学名	中文名	所属科	特征及特性	类别	原产地	目前分布/种植区
9063	*Sinacalia tangutica*（Maxim.）B. Nord.	中华蟹甲草	Compositae（Asteraceae）菊科	多年生草本；头状花序多数，花序梗粗壮，花絮轴被褐色短毛，花冠黄色或淡紫色，花药伸出花冠，花柱分枝外弯；花期7～8月	观赏	中国	四川、湖北西部、青海、甘肃、陕西、宁夏、山西、河北
9064	*Sinapis alba* L.	白芥（芥菜，蜀菜）	Cruciferae 十字花科	一年或二年生草本；植株被白色粗毛；叶互生，宽椭圆形；总状花序；花瓣乳黄色；雄蕊4长2短；长角果具喙	有毒	欧亚大陆	我国部分地区有栽培
9065	*Sinapis arvensis* L.	田芥菜	Cruciferae 十字花科	二年生草本；高20～90cm；下部叶具柄，羽状分裂或具粗齿，上部叶具疏齿；总状花序，花黄色；长角果线形	杂草	欧洲	台湾
9066	*Sindora glabra* Merr. ex de Wit.	油楠（蚌壳树），科楠，曲脚楠）	Leguminosae 豆科	常绿树种、乔木；高达30m；小叶椭圆形或卵状椭圆形；两性花；荚果；种子半圆形	观赏	中国海南	海南及西沙群岛
9067	*Sinephropteris delavayi*（Franch.）Mickel	水鳖蕨（荷叶对开盖蕨）	Aspleniaceae 铁角蕨科	蕨类植物；根状茎短而直立，密被黑色鳞片，披针形；叶簇生，叶柄亮栗褐色；叶片圆形如水鳖；囊群盖条形，膜质，全缘	观赏	中国甘肃南部、四川、贵州南部	甘肃、四川、贵州、云南
9068	*Sinningia barbata*（Ness et Mart.）Nichols.	喉毛大岩桐	Gesneriaceae 苦苣苔科	亚灌木；茎直立；叶长披针形；花白色；花冠内有红色斑点；喉部有密毛，冬季不休眠，几乎全年开花	观赏	巴西	
9069	*Sinningia eumorpha* H. E. Moore.	美花大岩桐	Gesneriaceae 苦苣苔科	茎短，具带红色毛；花一至数朵腋生；花萼红绿色；花冠白色或带淡堇色，筒内带红点黄纹	观赏	巴西	
9070	*Sinningia regina* T. Sprague	王大岩桐	Gesneriaceae 苦苣苔科	株高约25cm；地下有块茎；叶长椭圆形，褐绿色；叶背红色，有天鹅绒状毛茸；叶脉乳白色；花淡紫色	观赏	巴西	
9071	*Sinningia speciosa*（Lodd.）Hiern.	大岩桐	Gesneriaceae 苦苣苔科	茎短；叶卵圆至长圆形，上面绿色，下面红色；花1～3朵腋生于长梗上，花冠偏斜，直立钟形，堇色至红色或白色，花盘腺5个	观赏	巴西	

（续）

序号	拉丁学名	中文名	所属科	特征及特性	类别	原产地	目前分布/种植区
9072	*Sinoadina racemosa* (Siebold et Zucc.) Ridsdale	鸡仔木	Rubiaceae 茜草科	半常绿或落叶乔木；高6～14m；头状花序球形，总状花序式顶生，盛开时直径2～2.3cm；花5数，被毛，淡黄色；蒴果楔形	蜜源		云南、四川、贵州、湖南、广西、广东、台湾、浙江、江苏、安徽
9073	*Sinobambusa tootsik* (Siebold) Makino	唐竹	Gramineae (Poaceae) 禾本科	多年生木质化植物；枝叶茂盛；主秆每节具3分枝，其中主枝远较侧枝为长	观赏	中国	广东、广西、福建
9074	*Sinocalamus oldhamii* (Munro) McClure	绿竹（毛绿竹，乌药竹）	Gramineae (Poaceae) 禾本科	植物木质化；箨鞘脱落性，无端近截形；箨耳近等大，椭圆形或近圆形，边缘生纤毛；箨舌高约1mm，近全缘或上缘呈波状	蔬菜	中国	福建、台湾、广东、广西、浙江
9075	*Sinochasea trigyna* Keng	三蕊草	Gramineae (Poaceae) 禾本科	多年生；小穗含1花，外稃背部被长柔毛，芒自裂齿间伸出，长9～13mm，雄蕊3，花药长约1mm，黄色	饲用及绿肥		青海、西藏和甘肃
9076	*Sinocrassula densirosulata* (Praeger) A. Berger	密叶石莲	Crassulaceae 景天科	二年生草本；圆锥花序或近伞房状花序顶生；苞片叶状，较小；花瓣5，粉红色、红色或紫红色，三角状卵形至披针形；雄蕊5，稍短于花瓣；鳞片5，正方形或长方形；心皮5，卵形	观赏	中国云南东川至四川会理及康定	云南、四川
9077	*Sinocrassula indica* (Decne.) A. Berger	石莲	Crassulaceae 景天科	二年生草本；基生叶莲座状，匙状矩圆形，肉质；茎生叶与基生叶相似，但较狭小；伞房花序，花小，粉红色；花后全株枯死	观赏	中国西藏、云南、广西、贵州、四川、湖南、湖北、陕西、甘肃，印度，尼泊尔	云南、四川、贵州、湖南、湖北、陕西
9078	*Sinocrassula yunnanensis* (Franch.) A. Berger	云南石莲	Crassulaceae 景天科	二年生草本；基生叶倒披针形至匙形，茎生叶倒披针形，被毛；伞房花序小，花瓣5，黄绿色，外面被乳头状突起	观赏	中国云南大理	云南
9079	*Sinofranchetia chinensis* (Franch.) Hemsl.	串果藤	Lardizabalaceae 木通科	落叶大藤本；长达10m；羽状3小叶，纸质，上面色，下面苍白色，全缘；花单性，雌雄异株，总状花序腋生；果椭圆形；种子近椭圆形，压扁	有毒，观赏		甘肃、陕西、四川、湖北、湖南、云南、江西、广东

（续）

序号	拉丁学名	中文名	所属科	特征及特性	类别	原产地	目前分布/种植区
9080	*Sinojackia dolichocarpa* C. J. Qi	长果秤锤树	Styracaceae 安息香科	落叶小乔木；叶互生，长圆形；伞形总状花序具花5～6，花冠黄白色，4深裂，裂片覆瓦状排列；坚果倒圆锥形	观赏		湖南
9081	*Sinojackia henryi* (Dummer) Merr.	棱果秤锤树	Styracaceae 安息香科	灌木至小乔木；高1.5～4m；总状聚伞花序，具3～6朵花，花冠裂片倒卵形或长圆形，两面密被星状短柔毛，雄蕊10～13枚，花丝长约5mm，基部联合成短管，被星状长柔毛	观赏	中国特产，四川康定、湖北武汉、湖南宜章、广东乐昌	四川、湖北、湖南、广东
9082	*Sinojackia rehderiana* Hu	江西秤锤树	Styracaceae 安息香科	小乔木或灌木；总状聚伞花序疏松，有花4～6朵，生于侧生小枝顶端；花白色	观赏	中国	江西、湖南
9083	*Sinojackia xylocarpa* Hu	秤锤树（捷克木）	Styracaceae 安息香科	落叶乔木；高达6m；叶椭圆形至椭圆状倒卵形；花两性，白色，3～5朵组成总状花序，花冠6～8裂，裂片长圆形；坚果下垂	观赏	中国特产，南京、杭州、上海、武汉	江苏、杭州、上海、武汉
9084	*Sinolimprichtia alpina* H. Wolff	舟瓣芹	Umbelliferae (Apiaceae) 伞形科	多年生草本；根圆锥形；茎直立中空，光滑；叶二回三出羽状分裂或多裂；复伞形花序，花密集，淡黄或白色；花瓣舟形、卵形至倒卵形	观赏	中国特有，四川、云南、青海、西藏	四川、西藏、云南
9085	*Sinomenium acutum* (Thunb.) Rehder et E. H. Wilson	青风腾（青藤，汉防已）	Menispermaceae 防已科	常绕藤本；叶近圆形或卵圆形，上面绿色下面苍白色；圆锥花序；花淡绿色；核果扁球形	有毒		华东、华南及陕西、四川、湖北、河南
9086	*Sinopodophyllum hexandrum* (Royle) T. S. Ying	桃儿七	Berberidaceae 小檗科	多年生草本；高40～80cm；叶片轮廓心脏形，3或5深裂几达基部；花两性，6基数，单生茎端，先叶开放；浆果卵圆形	有毒		陕西、甘肃、青海、四川、云南
9087	*Sinopteris grevilleoides* (Christ) C. Chr. et Ching	中国蕨	Sinopteridaceae 中国蕨科	多年生草本；根状茎短而直立，密被鳞片；叶簇生，五角形，近三等裂；孢子囊球形，囊群盖线形，孢子圆形，表面具颗粒状纹饰	观赏		云南西部、四川北部
9088	*Sinosassafras flavinervia* (C. K. Allen) H. W. Li	黄脉钓樟	Lauraceae 樟科	常绿乔木；枝近圆柱形，芽鳞外密被金黄色绢质柔毛，叶薄革质，互生，宽椭圆形或近圆形，伞形花序有花5～6朵，雄花绿或绿黄色，花梗被淡黄色微柔毛，雌花绿色	观赏	中国	云南西部、西藏东南部

（续）

序号	拉丁学名	中文名	所属科	特征及特性	类别	原产地	目前分布/种植区
9089	*Sinosenecio oldhamianus* (Maxim.) B. Nord.	蒲儿根	Compositae (Asteraceae) 菊科	一年或两年生草本；高40～80cm；根须状，茎中空；叶近圆形；头状花序复伞房状排列，舌状花1层，管状花多数；瘦果倒卵状圆柱形	饲用及绿肥		华东、华中、西南及陕西、甘肃
9090	*Sinowilsonia henryi* Hemsl.	山白树	Hamamelidaceae 金缕梅科	落叶小乔木或灌木；高可达10m；叶倒卵形；花单性，雌雄同株，无花瓣；雄花排列总状花序，雌花排成穗状花序；蒴果无柄	药用，观赏，林木		河南、陕西、甘肃、湖北、四川
9091	*Siphonostegia chinensis* Benth.	阴行草（刘寄奴，除毒草，五毒草）	Scrophulariaceae 玄参科	一年生草本；高30～80cm，被锈色短毛；叶对生，二回羽状全裂；花集生枝梢，成带叶疏生总状花序，花冠2唇形；蒴果包于萼内	药用		全国各地均有分布
9092	*Siraitia siamensis* (Craib) C. Jeffrey ex S. Q. Zhong et D. Fang	翅子罗汉果	Cucurbitaceae 葫芦科	草质攀缘藤本；长达20余m；多年生；叶片膜质，卵状心形；雌雄异株；花冠浅黄色；果实近球形，味甜	药用		广西西部、云南东南部
9093	*Sisymbrium heteromallum* C. A. Mey.	垂果蒜芥	Cruciferae 十字花科	一年或二年生草本；高10～90cm；叶互生，长圆形或长圆状披针形，大头羽状分裂；总状花序密集成伞房状，花黄色；长角果线形	杂草		东北、西北及内蒙古、河北、山西、四川
9094	*Sisyrinchium angustifolium* Mill.	草菖蒲（狭叶庭菖蒲）	Iridaceae 鸢尾科	多年生宿根草本；叶基生，深绿色，线形；花梗有翅或扁平；花冠钟状6裂；蒴果	观赏	北美	
9095	*Sisyrinchium bermudiana* L.	庭菖蒲（百慕大蓝眼草）	Iridaceae 鸢尾科	多年生草本；花2或3朵簇生，花被片倒卵形，蓝紫色，基部黄色，长约0.5cm；蒴果含种子多数	观赏	百慕大群岛	
9096	*Sisyrinchium californicum* Dry.	加州庭菖蒲（加州蓝眼草）	Iridaceae 鸢尾科	多年生草本，丛生，高62cm；叶全缘；花黄色；蒴果褐色至黑色，6～13mm	观赏	美国加利福尼亚	
9097	*Sisyrinchium montanum* Greene	山草菖蒲（山蓝眼草）	Iridaceae 鸢尾科	多年生草本；聚伞花序，有佛焰苞，每花序有2～5朵花，花的直径2cm，花被片6，紫色，基部微黄色，雄蕊黄色，花期6月	观赏	美国、加拿大	

（续）

序号	拉丁学名	中文名	所属科	特征及特性	类别	原产地	目前分布/种植区
9098	*Sium latifolium* L.	大叶泽芹	Umbelliferae（Apiaceae）伞形科	多年生草本；复伞形花序顶生和侧生；总苞片数片，线形或披针形，尖锐，全缘反折；伞辐8～10，直立，不等长；花白色，花瓣倒卵形，顶端窄狭内折，长不及1mm；果实椭圆形，果棱显著	有毒		新疆
9099	*Sium suave* Walt.	泽芹	Umbelliferae（Apiaceae）伞形科	多年生草本；有成束纺锤状根和须根；叶长圆形至卵形，一回羽状分裂；复伞房花序，伞辐10～20，花白色；双悬果卵形	有毒，饲用及绿肥		东北、华北、华东
9100	*Skimmia reevesiana*（Fortune）Fortune	茵芋Ⅴ（黄山桂）	Rutaceae 芸香科	常绿灌木；单叶，狭椭圆形或椭圆形；圆锥花序顶生；花两性，白色，5数；子房4～5室；浆果状核果	有毒，经济作物（香料类）		华东、华中、华南、西南
9101	*Sloanea hemsleyana*（Ito）Rehder et E. H. Wilson	仿栗	Elaeacarpaceae 杜英科	常绿乔木；叶坚纸质，狭卵形或矩圆状狭卵形；花绿白色；萼片卵形；花瓣与萼片；蒴果木质近球形	观赏	中国	贵州、湖南、湖北西部、四川
9102	*Sloanea sinensis*（Hance）Hemsl.	猴欢喜	Elaeacarpaceae 杜英科	乔木；叶薄革质，花多朵簇生与枝顶叶腋；花瓣白色；蒴果大小不一；种子黑色，有光泽；花期9～11月，果期翌年6～8月	观赏		广东、广西、贵州、湖南、江西、福建、浙江、安徽
9103	*Smilacina racemosa* Desf.	锥花鹿药	Liliaceae 百合科	多年生草本；根状茎厚肉质；叶互生，无柄；叶片长圆披针形至广椭圆形，浅绿色；锥状花序；花白色；浆果红色	观赏	北美加拿大魁北克省至美国亚利桑那州一带	
9104	*Smilacina stellata* Desf.	星花鹿药	Liliaceae 百合科	叶片长圆披针形；总状花序，花数朵；花被裂片深，开张汝星；浆果绿色，有深蓝色条纹，后转为暗红色	观赏	北美	
9105	*Smilax aberrans* Gagnep.	弯梗菝葜	Liliaceae 百合科	灌木；叶纸质，椭圆形卵状椭圆形 椭圆状圆形；伞形花序，无毛，花3～20，花序梗较叶柄长，花序托不膨大	经济作物		福建、广东、广西 湖南南、四川、贵州、云南
9106	*Smilax arisanensis* Hayata	尖叶菝葜	Liliaceae 百合科	落叶灌木或半灌木；叶纸质或薄革质，长圆形、长圆状披针形或卵状披针形；伞形花序	药用，观赏		

（续）

序号	拉丁学名	中文名	所属科	特征及特性	类别	原产地	目前分布/种植区
9107	*Smilax bracteata* C. Presl	圆锥菝葜（背憨叶，狭瓣菝葜）	Liliaceae 百合科	攀缘藤本；茎枝有短刺；叶宽椭圆形或卵形，长5～25cm，宽3～20cm，掌状脉5～7条；叶柄长1～1.5cm，下部1/3有狭鞘，具卷须；花暗红，雌雄同株；花梗基部有卵形苞片	蔬菜	中国	云南、贵州广西、广东、福建、台湾
9108	*Smilax chapaensis* Gagnep.	密疣菝葜	Liliaceae 百合科	落叶灌木或半灌木；叶纸质，椭圆形、卵状长圆形或披针形；伞形花序单生叶腋	观赏		湖北、湖南、四川、贵州至广西西南部和云南东部
9109	*Smilax china* L.	菝葜（金刚头，金刚刺，九牛力）	Liliaceae 百合科	落叶攀缘灌木；茎上疏生倒钩状刺；叶革质；伞形花序单生叶腋；浆果球形	药用，观赏		华东、中南、西南
9110	*Smilax chingii* F. T. Wang et Ts. Tang	柔毛菝葜	Liliaceae 百合科	灌木；叶革质，卵状椭圆形或披针形；伞形花序，花序梗较叶柄长，雌花有6退化雄蕊	药用，观赏		福建、江西、广东、广西、湖南、湖北、四川、贵州、云南
9111	*Smilax davidiana* A. DC.	小果菝葜	Liliaceae 百合科	落叶灌木或半灌木；叶片小；雄花花被片长约4mm，花药长不到1mm；雌花花被片长约2.5mm；浆果	观赏		安徽、浙江、江西、福建、广东
9112	*Smilax discotis* Warb.	托柄菝葜	Liliaceae 百合科	灌木；叶纸质，椭圆形，长4～10cm；伞形花序，花序梗较叶柄长花数朵，雌花有3退化雄蕊	经济作物		河南、陕西、甘肃、安徽、江西、浙江、福建、台湾、湖南、湖北、四川、贵州、云南
9113	*Smilax ferox* Wall. ex Kunth	长托菝葜	Liliaceae 百合科	灌木；叶革质或厚纸质，椭圆形或卵状椭圆形；近伞形花序具数至10余花，花序梗长1～2.5cm，花序托长，椭圆形	经济作物		安徽西南部、广东、广西、湖南、湖北、四川、贵州、云南

（续）

序号	拉丁学名	中文名	所属科	特征及特性	类别	原产地	目前分布/种植区
9114	*Smilax glabra* Roxb.	土茯苓（连饭，山归来，饭团根）	Liliaceae 百合科	攀缘灌木；高1～4m；根状茎粗短，不规则块状；叶狭椭圆状至狭卵状披针形；叶柄1～2cm，翅状，叶鞘先端常变2卷须；花单性，雌雄异株，绿白，六棱状球形；浆果球形，成熟时紫黑色	药用，观赏	中国	甘肃及长江流域以南各省份
9115	*Smilax glaucochina* Warb.	粉菝葜	Liliaceae 百合科	攀缘灌木；叶柄有卷须；单性花，雌雄异株，伞形花序；雄花花被片6；雌花具3枚退化雄蕊；浆果具粉霜	药用		华中、华东、华南、西南及陕西
9116	*Smilax hypoglauca* Benth.	粉背菝葜（牛尾结，克贺山）	Liliaceae 百合科	落叶灌木或半灌木；叶薄纸质，卵形、卵状椭圆形或椭圆状披针形；伞形花序有10～20花	药用，观赏		江西、福建、广东、贵州和云南等地
9117	*Smilax lanceifolia* Roxb.	马甲菝葜	Liliaceae 百合科	落叶灌木或半灌木；叶纸质或薄革质，卵状长圆形、窄椭圆形或披针形；伞形花序有10余花	观赏		
9118	*Smilax lebrunii* H. Lév.	粗糙菝葜	Liliaceae 百合科	攀缘状灌木；叶互生，有掌状脉核网状脉；花单性异株排成腋生的伞形花序；浆果	经济作物		甘肃南部、广西东北部、湖南、湖北西南部、四川、贵州、云南
9119	*Smilax microphylla* C. H. Wright	小叶菝葜	Liliaceae 百合科	落叶灌木或半灌木；叶革质，披针形、卵状披针形或条状披针形；伞形花序有数至多花，花序梗较叶柄短，花淡绿色，球形；雌花具3退化雄蕊	药用，观赏		
9120	*Smilax outanscianensis* Pamp.	武当菝葜	Liliaceae 百合科	落叶灌木或半灌木；叶草质，干后膜质或膜纸质，椭圆形、卵形或长圆形，长4～10cm，基脉3；伞形花序有数花	药用，观赏		湖北西部、四川、江西西部
9121	*Smilax polycolea* Warb.	红果菝葜	Liliaceae 百合科	灌木；叶草质，干后薄纸质，椭圆形、长圆形或卵形，长5～7cm	经济作物		广东、湖北、四川、贵州

（续）

序号	拉丁学名	中文名	所属科	特征及特性	类别	原产地	目前分布/种植区
9122	*Smilax riparia* A. DC.	牛尾菜（草菝葜）	Liliaceae 百合科	草质藤本；具根状茎；花单性，雌雄异株，淡绿色，多朵排成伞形花序；总花梗较纤细；雄花：花被片6；雄蕊长2～3mm；花药条形，多少弯曲，长约1.5mm；雌花比雄花略小	药用		长江流域各省，南延至广东、西南各省份
9123	*Smilax scobinicaulis* C. H. Wright	短梗菝葜	Liliaceae 百合科	落叶藤本；叶薄纸质，宽卵形或宽椭圆状卵形，长4～13cm，宽2.5～8cm；伞形花序，花序梗极短无毛，无鳞片	药用		河北、山西、河南、陕西、甘肃、安徽、福建、江西、湖南、湖北、四川、贵州、云南
9124	*Smilax sieboldii* Miq.	华东菝葜（钻鱼须）	Liliaceae 百合科	落叶攀缘状灌木；茎枝有刺，刺带黑褐色，近直立；叶片纸质；花淡黄绿色；浆果蓝黑色	药用，观赏	中国辽东半岛南端、山东半岛、江苏、安徽、浙江、福建和台湾，朝鲜，日本	江苏、辽宁、山东、安徽、浙江、福建、台湾
9125	*Smilax stans* Maxim.	鞘柄菝葜	Liliaceae 百合科	落叶灌木或半灌木；叶纸质，卵形，卵状披针形或近圆形，长1.5～6cm，宽1.2～5cm，下面粉白色，基脉5；伞形花序具1～3花或更多	药用，观赏		河北、山西、河南、甘肃等地
9126	*Smilax trachypoda* J. B. Norton	糙柄菝葜	Liliaceae 百合科	落叶灌木或半灌木；叶纸质，椭圆形、卵状长圆形或披针形；伞形花序单生叶腋	药用，观赏		
9127	*Smilax trinervula* Miq.	三脉菝葜	Liliaceae 百合科	灌木；叶厚纸质，椭圆形，长2～5cm；总状花序具3～5花，或1～2朵腋生，花序梗长3～7mm，稍长于叶柄；花绿黄色，雌花有退化雄蕊6	药用，观赏		安徽、浙江、江西、福建、湖南、湖北、贵州
9128	*Smilax vanchingshanensis* (F. T. Wang et Ts. Tang) F. T. Wang et Ts. Tang	梵净山菝葜	Liliaceae 百合科	落叶灌木或半灌木；叶革质，卵状长圆形、窄卵形或卵状披针形；伞形花序1～2个腋生，有多花	药用，观赏		

（续）

序号	拉丁学名	中文名	所属科	特征及特性	类别	原产地	目前分布/种植区
9129	*Smithia ciliata* Benth.	缘毛施氏豆（缘毛合叶豆）	Leguminosae 豆科	一年生草本；小叶长6～12mm；花序具1～3花，花萼具网状脉纹，花冠白色，稍长于萼；荚果具荚节6～8个	饲用及绿肥		贵州、四川、云南
9130	*Smithia sensitiva* Aiton	坡油甘	Leguminosae 豆科	一年生灌木状草本；花序具1～6花或更多密集于总花梗的顶部，花萼纸质，具纵脉纹，花冠淡黄色；荚果有荚节4～6节	饲用及绿肥		江西、福建、台湾、广东、海南、四川、云南
9131	*Smithorchis calceoliformis* (W. W. Sm.) T. Tang et F. T. Wang	反唇兰	Orchidaceae 兰科	地生兰；根状茎纤细，匍匐；叶基生，狭披针形；总状花序；花小，芳香，橙黄色，唇瓣拖鞋状，不裂，基部囊状	观赏	中国特有，云南西北部	云南
9132	*Sobralia macrantha* Lindl.	苏伯兰（大花折叶兰）	Orchidaceae 兰科	多年生草本；地生兰；叶禾草状，宽披针形，叶脉显著；花数朵，红紫色，唇瓣深紫色；蒴果；花期5～7月	观赏	墨西哥、危地马拉	
9133	*Solanum aculeatissimum* Jacquem.	颠茄（野颠茄，丁茄）	Solanaceae 茄科	直立草本或半灌木；全株有纤毛或细刺；叶宽卵形；聚伞花序，腋外生；花萼杯状；花冠白色；浆果扁球形	有毒		我国江南各省份及辽宁
9134	*Solanum aethiopicum* L.	红茄	Solanaceae 茄科	一年生草本；高约0.7m；叶片卵形至长圆状卵形；花序腋外生；花冠白色；浆果橙黄色或猩红色，圆形，顶基压扁	观赏	非洲	河南嵩县、云南昆明及西双版纳
9135	*Solanum americanum* Mill.	少花龙葵（衣纽扣）	Solanaceae 茄科	一年生草本；茎高0.3～1m；叶卵形；伞形聚伞花序腋生，由1～6(～10)朵花组成，花冠白色，子房卵形；浆果球形	药用，蔬菜		全国各地均有分布
9136	*Solanum anguivi* Lam.	刺天茄（金纽扣，钮子茄）	Solanaceae 茄科	小灌木，高80～100cm，枝上有倒向的皮刺；单叶互生，卵形，边缘浅裂或深波状；蝎尾状花序，花蓝紫色；果实成熟时橙红色	蔬菜，有毒		四川、贵州、云南、广西、广东、福建、台湾
9137	*Solanum barbisetum* Nees	刺苞茄	Solanaceae 茄科	直立草本至亚灌木；高约1m；叶双生，卵状椭圆形至椭圆形；蝎尾状花序腋外生；浆果圆球形	蔬菜		云南南部

（续）

序号	拉丁学名	中文名	所属科	特征及特性	类别	原产地	目前分布/种植区
9138	*Solanum berthaultii*	腺毛薯	Solanaceae 茄科	二倍体；叶片上有长和短两种腺毛，花药侧面复合，顶孔开裂；心皮2，2室；浆果	粮食		
9139	*Solanum bulbocastanum*	球栗薯	Solanaceae 茄科	植株较高；节间长，无茎翼；单叶，叶片椭圆形或披针形；花冠白色；浆果圆形	粮食		
9140	*Solanum capsicoides* All.	牛茄子（番鬼茄，大颠茄，颠茄子）	Solanaceae 茄科	多年生草本或亚灌木；高30～100cm；叶宽卵形；花序总状腋外生，花少；浆果扁球状，橙红色；种子边缘翅状	有毒	巴西	福建、江西、广东、香港、海南、台湾、湖南、贵州、四川、云南
9141	*Solanum coagulans* Forsk.	野茄（黄天茄，丁茄）	Solanaceae 茄科	直立草本或半灌木；叶卵形或卵状椭圆形；蝎尾状花序，腋外生；花萼钟状；花冠辐状，紫蓝色；浆果球形	有毒		云南、广西、广东、台湾
9142	*Solanum dulcamara* L.	欧白英（苦茄，蜀羊泉）	Solanaceae 茄科	草质藤本；叶戟形；聚伞花序腋外生，多花；花萼杯状；花冠紫色；浆果球形或卵形	有毒		云南西北部、四川西南部
9143	*Solanum erianthum* D. Don	假烟叶（土烟叶，茄树）	Solanaceae 茄科	小乔本；叶大而厚，卵状矩圆形；复聚伞花序成平顶状，多花，侧生或顶生；花萼钟状，花白色；浆果球形	有毒		我国南部和西南部
9144	*Solanum ferox* Linn. Sp. Pl.	毛茄（野茄）	Solanaceae 茄科	直立灌木至亚灌木；高约1～1.5m；叶大而厚，卵形；蝎尾状花序腋外生，疏花，花冠白色近辐形；浆果球状	果树		海南、云南、广西、台湾、广东
9145	*Solanum griffithii* (Prain) C. Y. Wu et S. C. Huang	膜萼茄	Solanaceae 茄科	草本至亚灌木；高0.5～1m；叶卵形至倒卵状椭圆形；花白色；浆果球形	蔬菜		云南景洪、勐仑
9146	*Solanum japonense* Nakai	野海茄	Solanaceae 茄科	一年生草质藤本；茎蔓生，长0.5～1.2m；叶三角状披针形；聚伞花序顶生或腋外生，花冠5深裂，紫色，子房卵形；浆果球形	杂草，有毒		东北、西北华东、华南、西南及河北、河南
9147	*Solanum laciniatum* Aiton	澳洲茄	Solanaceae 茄科	灌木；高达3m；叶二型；蝎尾状花序顶生，后来腋生或近腋生；浆果卵状椭圆形	药用	大洋洲	云南、河北、湖北、江苏

（续）

序号	拉丁学名	中文名	所属科	特征及特性	类别	原产地	目前分布/种植区
9148	*Solanum lyratum* Thunb.	白英（山甜菜，蔓茄）	Solanaceae 茄科	草质藤本；叶多为琴形；聚伞花序，顶生或腋外生，疏花；花萼杯状；花冠蓝紫色或白色；浆果球形	有毒		甘肃、陕西、河南、山东及长江以南各省
9149	*Solanum macaonense* Dunal	山茄	Solanaceae 茄科	草本至亚灌木；高 1～1.5m；叶卵状椭圆形；二歧伞房状聚伞花序；花冠辐状紫色；浆果红色，球形	蔬菜		广东、广西、海南
9150	*Solanum macranthum* Dunal	喀西茄	Solanaceae 茄科	直立草本至亚灌木，高 1～2m；叶阔卵形；蝎尾状花序腋外生，单生或 2～4 朵，花冠筒淡黄色，隐于萼内，冠檐白色；浆果球状	有毒		云南、广西
9151	*Solanum mammosum* L.	乳茄	Solanaceae 茄科	直立草本；叶卵形；蝎尾状花序腋外生；花冠紫堇色；浆果倒梨状，黄色或橙色	观赏	美洲热带	
9152	*Solanum melongena* L.	茄（落苏，矮瓜）	Solanaceae 茄科	一年生草本；高 40～110cm；假轴分枝；叶卵圆形至长椭圆形；花单生或簇生，紫色或白色；浆果	蔬菜，药用	亚洲东南热带地区	全国各地均有分布
9153	*Solanum nienkui* Merr. et Chun	疏刺茄	Solanaceae 茄科	直立灌木；高 0.5～1m；叶卵形至长圆状卵形；蝎尾状花序顶生或腋外生；花冠蓝紫色；浆果圆球形	蔬菜		海南
9154	*Solanum nigrum* L.	龙葵（野海椒）	Solanaceae 茄科	一年生直立草本；高 0.3～1m；叶卵形；短蝎尾状聚伞花序腋外生，通常着生 4～10 朵花，花冠白色，辐状，5 深裂，子房卵形；浆果球形	有毒		我国各地均有分布
9155	*Solanum pseudocapsicum* L.	珊瑚樱（珊瑚豆，红珊瑚）	Solanaceae 茄科	直立分枝小灌木；茎半木质化；叶互生，狭矩形至倒披针形；花单生或成蝎尾状花序腋生；花冠檐部 6 裂；浆果留枝经久不落	有毒	南美洲	安徽、江西、广东、广西和云南
9156	*Solanum septemlobum* Bunge	青杞（野茄子）	Solanaceae 茄科	多年生草本或亚灌木状；高 20～60(80)cm；叶卵形；二歧聚伞花序顶生或腋外生，花萼小，花冠蓝紫色，子房卵形；浆果近球形	有毒，药用		东北、华北、西北、华东及四川

（续）

序号	拉丁学名	中文名	所属科	特征及特性	类别	原产地	目前分布/种植区
9157	*Solanum sisymbriifolium* Lam.	蒜芥茄	Solanaceae 茄科	一年生草本；茎叶花序及萼外面均被长柔毛状腺毛及黄色或橘黄色的钻形皮刺；叶长圆形或卵形，羽状深裂或半裂；蝎尾状花序顶生或侧生，近对叶生或腋外生，花冠星形，亮紫色或白色；浆果近圆形	蔬菜	中国	广东、云南
9158	*Solanum spirale* Roxb.	旋花茄（理肺散，山烟木）	Solanaceae 茄科	直立灌木；高 0.8～1.2m；叶椭圆状披针形，长 5～20cm，宽 3～8cm；聚伞花序螺旋状，对叶生或腋外生；花冠白色，筒长 1mm，冠檐长 6～7mm；浆果球形，橘黄色，直径 7～8mm	药用，观赏	中国	湖南、广西、云南
9159	*Solanum texanum* Dunal.	金银茄	Solanaceae 茄科	一年生草本；花白色；浆果椭圆形，果皮光滑，常白色和淡黄色相间同株生长	观赏	非洲	
9160	*Solanum torvum* Sw.	水茄（山颠茄，金衫扣）	Solanaceae 茄科	灌木；高 1～3m，具皮刺和星状绒毛；叶卵形至椭圆形；聚伞式圆锥花序侧生，与叶远离，花白色，花冠辐状，5 裂，子房卵形；浆果圆球形	药用，观赏		广东、广西、台湾、云南
9161	*Solanum tuberosum* L.	马铃薯（阳芋，土豆）	Solanaceae 茄科	草本；地下茎块状、扁球状或矩圆状；单束羽状复叶，小叶卵形或矩圆形；伞房花序；花萼钟状，花冠辐状；浆果	有毒		全国各地均有分布
9162	*Solanum undatum* Lam.	菲岛茄	Solanaceae 茄科	小枝草质，褐色；叶二型；花梗单生，单花；花冠具折，反折	蔬菜		海南
9163	*Solanum verbascifolium* L.	野茄树［原植物：假烟叶树（土烟叶，野烟叶）	Solanaceae 茄科	灌木或小乔木；叶互生，卵状矩；复聚伞花序成平顶状；花冠白色；浆果球形，黄褐色	观赏	中国，广布于亚洲、大洋洲和美洲热带地区	西南、华南及福建、台湾
9164	*Solanum verrucosum* Schltdl.	多疣薯	Solanaceae 茄科	二倍体；小叶、有叶柄；花冠裂片界限明显，边沿向内卷曲；浆果有白色疣状突起	粮食		
9165	*Solanum villosum* Mill.	红果龙葵（红葵）	Solanaceae 茄科	一年生草本；茎高 30～100cm；叶互生，具长柄，卵形；伞形聚伞花序短蝎尾状，腋外生，有花 4～10 朵，花冠淡紫色；浆果球形	杂草		全国各地均有分布

（续）

序号	拉丁学名	中文名	所属科	特征及特性	类别	原产地	目前分布/种植区
9166	*Solanum violaceum* Ortega	雪山茄	Solanaceae 茄科	直立小灌木；高约0.5～0.7m；叶卵形；聚伞花序腋外生；花冠亮紫色；浆果圆形	蔬菜		云南凤庆
9167	*Solanum virginianum* L.	黄果茄（大苦茄，野茄果）	Solanaceae 茄科	直立或匍匐草本；高50～70cm；被星状绒毛和细长针状皮刺；叶互生，卵状矩圆形，分裂；聚伞花序腋外生，花冠蓝紫色；浆果球形	有毒		湖北、四川、云南、广东、海南、台湾
9168	*Solanum wrightii* Benth.	大花茄	Solanaceae 茄科	小枝及叶柄具刚毛及星状分枝的硬毛；大叶片常羽状半裂；花非常大成二歧侧生聚伞花序	蔬菜	南美玻利维亚至巴西	广东
9169	*Solena amplexicaulis*（Lam.）Gandhi	茅瓜	Cucurbitaceae 葫芦科	多年生攀缘草本；块根纺锤状；叶卵形、长圆形、卵状三角形或戟形；雌雄异株，雄花10～20朵成伞房状花序，雌花单生叶腋；瓠果红褐色	药用		西南及台湾、福建、江西、广东、广西
9170	*Solidago altissima* L.	高茎一枝黄花	Compositae（Asteraceae）菊科	株高可达3m，全株被灰色毛；头状花序向一侧下弯成宽圆锥伞房状；花期秋季	观赏	美国、加拿大	
9171	*Solidago canadensis* L.	加拿大一枝黄花	Compositae（Asteraceae）菊科	多年生草本；根状茎水平生长；茎高0.3～2m；叶披针形或线状披针形；头状花序着生花序分枝一侧；瘦果长圆形	观赏	加拿大和美国	全国各地均有分布
9172	*Solidago decurrens* Lour.	一枝黄花（金锁匙，满山黄）	Compositae（Asteraceae）菊科	多年生草本；茎高30～100cm；叶质地较厚，卵圆形或披针形；头状花序多数排成总状或圆锥状花序；瘦果圆筒状	药用		华东、华中、华南、西南
9173	*Solidago odora* Ait.	芳香一枝黄花	Compositae（Asteraceae）菊科	多年生草本，叶互生，头状花序，株高可达1.2m；茎叶被毛，叶全缘40～110mm×5～15（～20）mm，有茴香子味油腺点	观赏	美国佛罗里达州、俄克拉何马州、得克萨斯州	
9174	*Solidago virgaurea* L.	毛果一枝黄（一枝黄花）	Compositae（Asteraceae）菊科	多年生草本；茎下部叶卵形，茎中叶卵形、长圆形或披针形；头状花序排成总状；舌片黄色；花冠黄色筒状，瘦果	有毒		新疆
9175	*Soliva anthemifolia*（Juss.）R. Br.	裸柱菊（座地菊）	Compositae（Asteraceae）菊科	一年生草本；茎铺散或平卧；叶二至三回羽状全裂；头状花序聚生短茎，近球形；外围雌花无花冠；瘦果扁平	杂草	南美洲	安徽、江西、福建、广东、海南、台湾

（续）

序号	拉丁学名	中文名	所属科	特征及特性	类别	原产地	目前分布/种植区
9176	*Sonchus arvensis* L.	苣荬菜	Compositae (Asteraceae) 菊科	多年生草本；茎具纵沟棱，叶宽披针形，基部呈耳状抱茎，羽状浅裂；总苞片背部被短柔毛；瘦果两面各具2～5条纵肋	饲用及绿肥		我国东南及陕西、新疆、安徽
9177	*Sonchus asper*（L.）Hill	续断菊（石白头）	Compositae (Asteraceae) 菊科	二年生草本；根纺锤状或圆锥状；茎高30～70cm；叶长椭圆形或披针形；头状花序数个成伞房状排列，花黄色；瘦果椭圆状倒卵形	杂草	欧洲	长江流域各省份
9178	*Sonchus brachyotus* DC.	曲荬菜	Compositae (Asteraceae) 菊科	多年生草本；含乳汁；茎高30～100cm；基生叶簇生，有柄，茎生叶互生，无柄，基部抱茎；头状花序顶生，花全为鲜黄色舌状花；瘦果	药用，饲用及绿肥		全国各地均有分布
9179	*Sonchus oleraceus* L.	苦苣菜（苦菜，小鹅菜）	Compositae (Asteraceae) 菊科	一年生草本；叶羽状深裂，基部扩大戟耳形；花序梗及总苞下部被蛛丝状毛，总苞宽6～10mm；瘦果肋间具细皱纹	饲用及绿肥		全国各地均有分布
9180	*Sonchus palustris* L.	沼生苦苣菜	Compositae (Asteraceae) 菊科	多年生草本；茎直立，不分枝；叶基部箭形抱茎，茎上部条状披针形；总苞片外层密被腺毛，全部舌状花，黄色	饲用及绿肥		新疆
9181	*Sonneratia caseolaris*（L.）Engl.	海桑	Lythraceae 千屈菜科	乔木；高5～6m；叶形状变异大，阔椭圆形、距圆形至倒卵形；花具短而粗壮的梗，花瓣条状披针形，暗红色	果树		海南
9182	*Sonneratia x hainanensis* W. C. Ko et al.	海南海桑	Lythraceae 千屈菜科	常绿乔木；高4～8m；花通常3朵簇生，稀单生，花瓣6，白色，线形，先端渐尖，基部渐窄呈柄状，远比雄蕊短；花柱长约4cm，柱头头状，胚珠多数	果树		海南
9183	*Sophora alopecuroides* L.	苦豆子（西豆根，苦甘草）	Leguminosae 豆科	小灌木；茎高30～80cm，密被灰白色平贴绢毛；奇数羽状复叶，小叶15～25；总状花序顶生，花密集，花冠淡黄色；荚果串珠状	药用，有毒	中国	河北、河南、山西、陕西、内蒙古、甘肃、新疆、西藏

（续）

序号	拉丁学名	中文名	所属科	特征及特性	类别	原产地	目前分布/种植区
9184	*Sophora davidii*（Franch.）Skeels	白刺花（狼牙刺）	Leguminosae 豆科	灌木或小乔木；高1～2m；羽状复叶，托叶钻形，小叶形态多变；总状花序，花小，花冠白色或淡黄色；荚果非典型串珠状；种子卵球形	观赏，生态保护		华北、西南及陕西、甘肃、河南、江苏、浙江、湖北、湖南、广西
9185	*Sophora flavescens* Aiton	苦参（地槐，牛人参）	Leguminosae 豆科	多年生草本；羽状复叶，小叶卵状椭圆形或披针形；总状花序顶生；花冠淡黄色；荚果呈不明显串珠状，种子球形	有毒，饲用及绿肥		全国各地均有分布
9186	*Sophora japonica* L.	龙爪槐（槐树）	Leguminosae 豆科	乔木；奇数羽状复叶，小叶对生，全缘；花浅黄绿色，排成圆锥花序；荚果串珠状，肉质	有毒，观赏	中国	
9187	*Sophora moorcroftiana*（Benth.）Benth. ex Baker	沙生槐（西藏狼牙刺）	Leguminosae 豆科	小灌木；具刺；小枝被茸毛；托叶成刺状；花长8～18mm，蓝紫色；荚果稍压扁；种子1～4粒	饲用及绿肥，生态防护		西藏
9188	*Sophora praetorulosa* Chun et T. C. Chen ex P. T. Li	疏节槐	Leguminosae 豆科	亚灌木；高20～100cm；羽状复叶，无托叶，小叶对生，近革质；总状花序顶生，花冠紫色，旗瓣倒卵形；荚果疏串珠状；种子椭圆形	蜜源		海南
9189	*Sophora prazeri* Prain	锈毛槐	Leguminosae 豆科	灌木；高1～3m；羽状复叶；总状花序侧生或与叶对生，花冠白色或淡黄色，旗瓣倒卵形或长圆状倒卵形；荚果串珠状；种子卵球形或椭圆形	蜜源		云南、贵州、广西
9190	*Sophora tomentosa* L.	绒毛槐	Leguminosae 豆科	灌木或小乔木；高2～4m；羽状复叶长12～18cm；通常为总状花序，有时分枝成圆锥状，花冠淡黄色或近白色；荚果为典型串珠状；种子球形	蜜源		台湾、广东、海南
9191	*Sophora tonkinensis* Gagnep.	山豆根（广豆根，小黄连，岩黄连）	Leguminosae 豆科	小灌木；生于石灰岩山地或岩石缝中；根圆柱状，少分枝，根皮黄褐色；茎少分枝，密生短柔毛	药用		江西、广东、广西、贵州、云南
9192	*Sophora velutina* Lindl.	短绒槐	Leguminosae 豆科	灌木；高约2m；羽状复叶，托叶线形，小叶对生或近对生；总状花序，与叶对生或假对生，花冠紫红色；荚果串珠状，稍压扁；种子长圆形	蜜源		四川、贵州、云南

（续）

序号	拉丁学名	中文名	所属科	特征及特性	类别	原产地	目前分布/种植区
9193	*Sophora wightii* Baker:Dunn	广西槐	Leguminosae 豆科	乔木;羽状复叶,小叶对生,全缘,花冠黄色,萼5齿裂,雄蕊10;荚果	蜜源		广西
9194	*Sorbaria arborea* C. K. Schneid.	高丛珍珠梅（野生珍珠梅）	Rosaceae 蔷薇科	落叶灌木;大形圆锥花序顶生;花瓣5,近圆形,长3～4mm,白色;雄蕊30,长于花瓣;心皮5,无毛,花柱侧生	观赏	中国陕西、甘肃、新疆、湖北、江西、四川、云南、贵州、西藏	陕西、甘肃、湖北、四川
9195	*Sorbaria kirilowii* (Regel et Tiling) Maxim.	华北珍珠梅	Rosaceae 蔷薇科	灌木;羽状复叶,小叶片对生;圆锥花序密集顶生,华南倒卵形或宽卵形,白色	观赏		河北、河南、山东、陕西、山西、甘肃、青海、内蒙古
9196	*Sorbaria sorbifolia* (L.) A. Braun	珍珠梅	Rosaceae 蔷薇科	落叶丛生灌木;冬芽红色,奇数羽状复叶,小叶边缘有尖锐重锯齿;花白色,大型圆锥花序顶生;蓇葖果长圆形,无毛	观赏		华北
9197	*Sorbaria tomentosa* (Lindl.) Rehd.	毛叶珍珠梅	Rosaceae 蔷薇科	灌木,高1～1.5(～6)m;顶生大型圆锥花序,花瓣近圆形,白色,雄蕊约20,与花瓣近等长,着生在花盘边缘;心皮5,无毛;花柱反折,顶生	观赏		喜马拉雅山区
9198	*Sorbus alnifolia* (Siebold et Zucc.) C. Koch	水榆花楸	Rosaceae 蔷薇科	落叶乔木;树干通直;树皮光滑,灰色;小枝有皮孔,暗红褐色或暗灰褐色;单叶,卵形;复伞房花序,白色	果树		长江流域、黄河流域、东北
9199	*Sorbus amabilis* Cheng ex T. T. Yu et K. C. Kuan	黄山花楸	Rosaceae 蔷薇科	落叶小乔木;奇数羽状复叶,小叶下面沿中脉有褐色柔毛;复伞房花序顶生,总花梗和花梗密被褐色柔毛,花瓣宽卵形或近圆形,白色	观赏,林木,经济作物（橡胶类）,药用	中国安徽、浙江	安徽、浙江、福建
9200	*Sorbus aronioides* Rehder	毛被花楸	Rosaceae 蔷薇科	灌木乔木;高4～12m;复伞房花序多花,总花梗和花梗均光滑无毛;花瓣卵形,先端圆钝,白色;雄蕊20,几与花瓣等长或稍长于花瓣;花柱2～3,稀4,在中部以下合生	果树		云南、四川、贵州、广西

（续）

序号	拉丁学名	中文名	所属科	特征及特性	类别	原产地	目前分布/种植区
9201	*Sorbus caloneura* （Stapf）Rehder	美脉花楸	Rosaceae 蔷薇科	乔木或灌木；高达 10m；叶长椭卵形或长椭倒卵形；复伞房花序多花，花瓣宽卵形，白色；果实球形	果树		湖南、湖北、四川、云南、贵州、广西、广东
9202	*Sorbus corymbifera* （Miq.）Khep et Yakovlev	疣果花楸	Rosaceae 蔷薇科	乔木；高达 18m；叶卵形或椭圆形；复伞房状花序，花瓣卵形，白色；果实球形至卵球形	果树		广东、云南、贵州、广西
9203	*Sorbus discolor* （Maxim.）Maxim.	北京花楸（黄果臭山槐）	Rosaceae 蔷薇科	乔木；高达 10m；奇数羽状复叶，小叶 5～7 对；复伞房状花序较疏松，有多数花，花瓣白色；果实卵形	果树		河北、河南、山西、山东、甘肃、内蒙古
9204	*Sorbus ferruginea* （Wenz.）Rehder	锈色花楸	Rosaceae 蔷薇科	乔木或灌木；高 4～10m；叶卵形，椭圆形或倒卵形；复伞房状花序多花，花瓣宽长圆形或卵形，白色；果实球形	果树		云南
9205	*Sorbus folgneri* （C. K. Schneid.）Rehder	石灰花楸（石灰树）	Rosaceae 蔷薇科	乔木；高 10m，叶卵形或长椭圆形，花冠白色，复伞房花序，梨果，圆形，熟后红色	果树		华中、陕西、甘肃、江西、安徽、四川、贵州、云南、广东、广西
9206	*Sorbus globosa* T. T. Yu et Tsai	圆果花楸	Rosaceae 蔷薇科	乔木；高达 7m；叶卵状披针形或椭圆披针形；复伞房状花序具花 15～21 朵，花瓣卵形至倒卵形，白色；果实球形	果树		云南、贵州、广西
9207	*Sorbus glomerulata* Koehne	球穗花楸	Rosaceae 蔷薇科	灌木或小乔木；高 3～7m；奇数羽状复叶，小叶 10～14(18)对；复伞房状花序具多数密集花朵，花瓣卵形；果实卵形	果树		湖北、四川、云南
9208	*Sorbus hemsleyi* （C. K. Schneid.）Rehder	黄脉花楸	Rosaceae 蔷薇科	乔木；高达 15m；叶长椭圆形或长椭卵形；复伞房花序具花 15～20 朵，微具灰白色绒毛；果实近球形，红色，3 室	果树		陕西、甘肃、湖北 、四川、贵州
9209	*Sorbus hupehensis* C. K. Schneid.	湖北花楸（雪压花）	Rosaceae 蔷薇科	落叶乔木；奇数羽状复叶，小叶长圆状披针形或卵状披针形，常基部 1/3 处全缘，上部有锐锯齿；花白色，复伞房花序	果树	中国湖北、江西、安徽、山东、四川、贵州、陕西、甘肃、青海	湖北、江西、安徽、四川

（续）

序号	拉丁学名	中文名	所属科	特征及特性	类别	原产地	目前分布/种植区
9210	*Sorbus keissleri* （C. K. Schneid.）Rehder	毛序花楸	Rosaceae 蔷薇科	乔木；高达15m；叶倒卵形或长圆倒卵形；复伞房状花序有多数密集花，花瓣卵形或近圆形，白色；果实卵形	果树		江西、湖北、湖南、广西、贵州、云南、四川、西藏
9211	*Sorbus koehneana* C. K. Schneid.	陕甘花楸（昆氏花楸）	Rosaceae 蔷薇科	落叶灌木或小乔木；奇数羽状复叶，小叶长圆形或长圆状披针形，叶背灰绿色；花白色，复伞房花序；果球形，白色	果树		山西、河南、陕西、甘肃、青海、湖北、四川
9212	*Sorbus ochracea* （Hand.-Mazz.）J. E. Vidal	褐毛花楸	Rosaceae 蔷薇科	乔木或灌木；高10～15m；叶卵形、椭圆卵形；复伞房花序有花20～30朵，花瓣宽卵形或椭圆形，黄白色；果实近球形	果树		云南
9213	*Sorbus oligodonta* （Cardot）Hand.-Mazz.	少齿花楸	Rosaceae 蔷薇科	乔木；奇数羽状复叶，基部小叶较中部稍小，两侧有锯齿2～10，侧脉在叶缘弯曲成网状；复伞房花序顶生，花梗极短，花瓣黄白色	观赏	中国云南西北部和四川西部	云南、四川、西藏
9214	*Sorbus pohuashanensis* （Hance）Hedl.	花楸树	Rosaceae 蔷薇科	落叶小乔木；芽有白色绒毛；奇数羽状复叶，背面粉白色，有绒毛；花白色，复伞房花序	观赏	中国东北、内蒙古、河北、山西、甘肃、山东	华北、东北
9215	*Sorbus prattii* Koehne	西康花楸（蒲氏花楸）	Rosaceae 蔷薇科	灌木；奇数羽状复叶，小叶边缘有尖锯齿；复伞房花序多生在侧枝短枝上，花瓣宽卵形，白色	观赏	中国四川西部、云南西北部和西藏东南部	云南、四川、西藏
9216	*Sorbus reducta* Diels	铺地花楸	Rosaceae 蔷薇科	矮小灌木；高15～60cm；奇数羽状复叶，小叶4～6对，长圆椭圆形或长圆形；伞房状或复伞房状花序，有少数花，花瓣卵形或宽卵形，白色；果实球形	果树		云南、四川
9217	*Sorbus rehderiana* Koehne	西南花楸	Rosaceae 蔷薇科	灌木或小乔木；高3～8m；奇数羽状复叶，小叶7～9（～10）对；复伞房花序具密集的花朵，花瓣白色；果实卵形，粉红色至深红色	果树		四川 云南、西藏
9218	*Sorbus rufopilosa* C. K. Schneid.	红毛花楸	Rosaceae 蔷薇科	灌木或小乔木；冬芽鳞片、小叶片、中脉、叶轴、总花梗和花梗有锈红色柔毛；单数羽状复叶；复伞房花序	果树	中国四川、贵州、云南、西藏，缅甸，尼泊尔，印度	云南、四川、西藏、贵州

（续）

序号	拉丁学名	中文名	所属科	特征及特性	类别	原产地	目前分布/种植区
9219	*Sorbus scalaris* Koehne	梯叶花楸	Rosaceae 蔷薇科	灌木或小乔木；奇数羽状复叶，小叶长圆形或近宽线形；伞形花序具多数密集的花；萼筒钟状；花瓣卵形，白色；果实卵球形	有毒		
9220	*Sorbus sibirica* Medl.	西伯利亚花楸	Rosaceae 蔷薇科	小乔木，高 4～8m；复伞房花序，花稠密；花直径 7～9mm；花瓣白色，圆形；萼筒钟状；雄蕊短于花瓣；雌蕊 3～4	果树		新疆
9221	*Sorbus tianschanica* Rupr.	天山花楸	Rosaceae 蔷薇科	落叶小乔木；高达 5m；小枝粗；奇数羽状复叶，小叶 5～15 枚；花白色；果鲜红	果树	中国	甘肃、青海、新疆
9222	*Sorbus tsinlingensis* C. L. Tang	秦岭花楸	Rosaceae 蔷薇科	落叶乔木；高 5～8m；复伞房花序较紧密，花 20～35 朵，密被灰白色绒毛；花瓣白色，近圆形，雄蕊约 20 枚，花药黄色；花柱 2 个，中部以下合生，无毛	蜜源		陕西、甘肃
9223	*Sorbus wilsoniana* C. K. Schneid.	华西花楸	Rosaceae 蔷薇科	乔木；高 5～10m；大形奇数羽状复叶，小叶 6～7对；复伞房花序具多数密集的花，花瓣卵形，白色；果实卵形	果树		湖北、湖南、四川、贵州、云南、广西
9224	*Sorbus zahlbruckneri* C. K. Schneid.	长果花楸	Rosaceae 蔷薇科	乔木或灌木；高达 15m；叶长椭圆形或长圆卵形；复伞房花序具多数花，总花梗和花梗均被白色绒毛；果长卵形至长椭圆形	果树		湖北、四川、贵州、广西
9225	*Sorghum aterrimum* Stapf	深黑高粱	Gramineae (Poaceae) 禾本科	一年生草本，高大；叶鞘具斑点或有大片黑紫色，叶舌黑紫色，小穗孪生，一无柄，一有柄	粮食		
9226	*Sorghum basutorum* Snowden	巴苏陀高粱	Gramineae (Poaceae) 禾本科	一年生或数年生，无根茎，秆高 0.3～4m；小穗披针形至窄卵形，长 4～9mm，无毛或白色软毛，无芒或芒长 5～30mm	粮食		
9227	*Sorghum bicolor* (L.) Moench	高粱	Gramineae (Poaceae) 禾本科	栽培一年生谷物；秆高 2～4m；叶舌硬膜质，半圆形；叶长可达 1m，叶宽 6～10cm；圆锥花序圆筒形或椭圆状长圆形；颖果成熟时外露	粮食		东北、华北及黄河流域以南

（续）

序号	拉丁学名	中文名	所属科	特征及特性	类别	原产地	目前分布/种植区
9228	*Sorghum caffrorum*（Thunb.）P. Beauv.	卡佛尔高粱	Gramineae（Poaceae）禾本科	栽培一年生谷物，秆高1～3m叶长可达1m，淡黄色；圆锥花序紧密，椭圆形至圆筒形，无柄小穗长圆状卵形或卵状披针形；颖果，两面平凹	粮食	南非	我国各地引种栽培
9229	*Sorghum caudatum* Stapf	有尾高粱	Gramineae（Poaceae）禾本科	高粱 *Sorghum bicolor* 之异名；一年生草本；秆实心，中心有髓；分蘖或分枝；叶片厚而窄，被蜡粉，平滑，中脉呈白色；圆锥花序，穗形有带状和锤状两类；颖果呈褐、橙、白或淡黄等色；种子卵圆形，微扁，质黏或不黏	粮食		
9230	*Sorghum conspicuum* Snowden	显著高粱	Gramineae（Poaceae）禾本科	高粱 *Sorghum bicolor* 之异名；一年生草本；秆实心，中心有髓；分蘖或分枝；叶片厚而窄，被蜡粉，平滑，中脉呈白色；圆锥花序，穗形有带状和锤状两类；颖果呈褐、橙、白或淡黄等色；种子卵圆形，微扁，质黏或不黏	粮食		
9231	*Sorghum coriaceum* Snowden	革质高粱	Gramineae（Poaceae）禾本科	一年生或几年生，无根状茎；秆0.3～4m；圆锥花序线形或散开，长10～60cm；小穗披针形或狭卵形，长4～9mm，无毛或白色软毛，无刺或具5～30mm的短刺	粮食		
9232	*Sorghum drummondii* Millspaugh et Chase	德拉蒙高粱	Gramineae（Poaceae）禾本科	高粱 *Sorghum bicolor* 之异名；一年生草本；秆实心，中心有髓；分蘖或分枝；叶片厚而窄，被蜡粉，平滑，中脉呈白色；圆锥花序，穗形有带状和锤状两类；颖果呈褐、橙、白或淡黄等色；种子卵圆形，微扁，质黏或不黏	粮食		
9233	*Sorghum dulcicaule* Snowden	甜秆高粱	Gramineae（Poaceae）禾本科	一年生；秆高2～4m，多汁液，味甜；叶长约1m，宽约8cm；叶舌硬膜质；花序椭圆形或椭圆状长圆形或长圆形；颖果成熟时顶端或两侧裸露	粮食		全国各地均有栽培，以黄河流域以南各省份最多
9234	*Sorghum durra*（Forssk.）Stapf	都拉高粱	Gramineae（Poaceae）禾本科	秆实心；圆锥花序，穗形有带状和锤状两类；颖果呈褐、橙、白或淡黄等色；种子卵圆形，微扁，质黏或不黏	粮食		

（续）

序号	拉丁学名	中文名	所属科	特征及特性	类别	原产地	目前分布/种植区
9235	*Sorghum elegans* Snowden	美丽高粱	Gramineae (Poaceae) 禾本科	茎秆高大，一般为 2.5～3.0m；分枝上着生的小穗有无柄和有柄两种；无柄小穗为两性花；颖内有 3 枚雄蕊，雄蕊下方有 1 雌蕊，由子房、花柱、柱头组成；大多数品种无柄小穗内的两枚小花中，下位花退化；有柄小穗为退化的不育小穗，只有雄蕊，没有雌蕊，不能结实	粮食		
9236	*Sorghum exsertum* Snowden	裸露高粱	Gramineae (Poaceae) 禾本科	一年生；圆锥花序，长 22～34cm，宽 3～5cm；第一颖宽于第二颖，第一颖卵形，与小穗等长，暗褐色毛	粮食		
9237	*Sorghum gambicum* Snowden	冈比亚高粱	Gramineae (Poaceae) 禾本科	高粱 *Sorghum bicolor* 之异名；一年生草本；秆实心，中心有髓；分蘖或分枝；叶片厚而窄，被蜡粉，平滑，中脉呈白色；圆锥花序，穗形有带状和锤状两类；颖果呈褐、橙、白或淡黄等色；种子卵圆形，微扁，质黏或不黏；	粮食		
9238	*Sorghum guineense* Stapf	几内亚高粱	Gramineae (Poaceae) 禾本科	高粱 *Sorghum bicolor* 之异名；一年生草本；秆实心，中心有髓；分蘖或分枝；叶片厚而窄，被蜡粉，平滑，中脉呈白色；圆锥花序，穗形有带状和锤状两类；颖果呈褐、橙、白或淡黄等色；种子卵圆形，微扁，质黏或不黏	粮食		
9239	*Sorghum halepense* (L.) Persoon	假高粱（石茅高粱，蒋森草，约翰逊草）	Gramineae (Poaceae) 禾本科	多年生草本；秆高 100～150cm；叶线状披针形，长 20～60cm；圆锥花序长 10～46cm，小穗孪生，穗轴顶节为 3 枚共生，具芒；颖果	饲用及绿肥		海南
9240	*Sorghum margaritiferum* Stapf	珍珠米高粱	Gramineae (Poaceae) 禾本科	高粱 *Sorghum bicolor* 之异名；一年生草本；秆实心，中心有髓；分蘖或分枝；叶片厚而窄，被蜡粉，平滑，中脉呈白色；圆锥花序，穗形有带状和锤状两类；颖果呈褐、橙、白或淡黄等色；种子卵圆形，微扁，质黏或不黏	粮食		
9241	*Sorghum melaleucum* Stapf	黑白高粱	Gramineae (Poaceae) 禾本科	高粱 *Sorghum bicolor* 之异名；一年生草本；秆实心，中心有髓；分蘖或分枝；叶片厚而窄，被蜡粉，平滑，中脉呈白色；圆锥花序，穗形有带状和锤状两类；颖果呈褐、橙、白或淡黄等色；种子卵圆形，微扁，质黏或不黏	粮食		

（续）

序号	拉丁学名	中文名	所属科	特征及特性	类别	原产地	目前分布/种植区
9242	*Sorghum mellitum* Snowden	甜蜜高粱	Gramineae (Poaceae) 禾本科	茎秆高大，一般为 2.5～3.0m；分枝上着生的小穗有无柄和有柄两种；无柄小穗为两性花；颖内有 3 枚雄蕊，雄蕊下方有 1 雌蕊，由子房、花柱、柱头组成；大多数品种无柄小穗内的两枚小花中，下位花退化；有柄小穗为退化的不育小穗，只有雄蕊，没有雌蕊，不能结实	粮食		
9243	*Sorghum membranaceum* Chiov	膜质高粱	Gramineae (Poaceae) 禾本科	一年生或几年生，无根状茎；秆 0.3～4m；圆锥花序线形或散开，长 10～60cm；小穗披针形或狭卵形，长 4～9mm，无毛或白色软毛，无刺或具 5～30mm 的短刺	粮食		
9244	*Sorghum miliiformis* Snowden	粟型高粱	Gramineae (Poaceae) 禾本科	高粱 *Sorghum bicolor* 之异名；一年生草本；秆实心，中心有髓；分蘖或分枝；叶片厚而窄，被蜡粉，平滑，中脉呈白色；圆锥花序，穗形有带状和锤状两类；颖果呈褐、橙、白或淡黄等色；种子卵圆形，微扁，质黏或不黏	粮食		
9245	*Sorghum nigricans* Snowden	浅黑高粱	Gramineae (Poaceae) 禾本科	高粱 *Sorghum bicolor* 之异名；一年生草本；秆实心，中心有髓；分蘖或分枝；叶片厚而窄，被蜡粉，平滑，中脉呈白色；圆锥花序，穗形有带状和锤状两类；颖果呈褐、橙、白或淡黄等色；种子卵圆形，微扁，质黏或不黏	粮食		
9246	*Sorghum nitens* Snowden	光泽高粱	Gramineae (Poaceae) 禾本科	多年生，圆锥花序或仅由少数小穗组成，小穗由 4～6 可育小花组成，小穗楔形，长 6.5～7.5mm，颖片长于小花，第一颖披针形，长 6.5～7.5mm，为第二颖的 2 倍长，膜质，外稃椭圆型长 4～5.25mm，纸质，浆片 2	粮食		
9247	*Sorghum nitidum* (Vahl) Pers.	光高粱（草蜀黍）	Gramineae (Poaceae) 禾本科	多年生草本；高 0.6～1.5m；叶线形，长 10～50cm；圆锥花序分枝单纯，花序毛棕色，无柄小穗卵状披针形	粮食		华东及台湾、广东、广西、湖北、云南、贵州
9248	*Sorghum notabile* Snowden	贵重高粱	Gramineae (Poaceae) 禾本科	一年生草本；秆实心，中心有髓；分蘖或分枝；叶片厚而窄，被蜡粉，平滑，中脉呈白色；圆锥花序，穗形有带状和锤状两类；颖果呈褐、橙、白或淡黄等色；种子卵圆形，微扁，质黏或不黏；	粮食		

（续）

序号	拉丁学名	中文名	所属科	特征及特性	类别	原产地	目前分布/种植区
9249	*Sorghum propinquum* (Kunth) Hitchc.	拟高粱	Gramineae (Poaceae) 禾本科	多年生，根茎粗壮；节具灰白色柔毛；圆锥花序开展，长 30～50cm，宽 6～15cm，无柄小穗椭圆形，先端尖	饲用及绿肥		海南、广东、贵州、福建、湖南、江西
9250	*Sorghum rigidum* Snowden	硬粒高粱	Gramineae (Poaceae) 禾本科	多年生草本，花序圆锥状，长约 25cm，分枝轮状着生；小穗成对，一大一小，上位者有柄，下位者无柄；颖革质，内侧者具有光泽且呈棕色	粮食		
9251	*Sorghum roxburghii* Stapf	罗氏高粱	Gramineae (Poaceae) 禾本科	高粱 *Sorghum bicolor* 之异名；一年生草本；秆实心，中心有髓；分蘖或分枝；叶片厚而窄，被蜡粉，平滑，中脉呈白色；圆锥花序，穗形有带状和锤状两类；颖果呈褐、橙、白或淡黄等色；种子卵圆形，微扁，质黏或不黏	粮食		
9252	*Sorghum sudanense* (Piper) Stapf	苏丹草	Gramineae (Poaceae) 禾本科	一年生草本；秆高 1～2m 或更高；叶长 20～75cm；圆锥花序长 20～50cm，小穗孪生，穗轴顶节为 3 枚共生；颖果	饲用及绿肥	非洲	广东、江苏、四川、河北、新疆、内蒙古、台湾
9253	*Sorghum vulgare* Pers.	高粱	Gramineae (Poaceae) 禾本科	一年生高型草本；高 3～4m，叶长线形，圆锥花序，芒子第二外稃裂齿间伸出	粮食		东北、华北、西北
9254	*Sorolepidium glaciale* Christ	玉龙蕨	Dryopteridaceae 鳞毛蕨科	多年生草本；根状茎短而直立或斜升；叶片线状披针形，一回或二回羽裂；孢子囊群圆形，在主脉两侧各排成一行；无盖	观赏		西藏、云南、四川
9255	*Soroseris gillii* (S. Moore) Stebbins	金沙绢毛菊	Compositae (Asteraceae) 菊科	多年生草本；高 15cm；头状花序多数，密集于茎端成宽球圆状，花全部舌状，黄色；花期 8 月	观赏	中国	西藏、四川、云南
9256	*Sparaxis grandiflora* Ker.-Gawl.	大魔杖花（裂缘莲）	Iridaceae 鸢尾科	多年生草本；叶披针状剑形；穗状花序有花 3～5朵；花葶圆柱形；花冠筒漏斗形；花期 4 月	观赏	南非	
9257	*Sparaxis tricolor* Ker.	三色裂缘莲	Iridaceae 鸢尾科	株高 45cm 左右；叶线形或披针形；穗状花序，花 3～6 朵，花橙色，喉部黄色	观赏	南非	

（续）

序号	拉丁学名	中文名	所属科	特征及特性	类别	原产地	目前分布/种植区
9258	*Sparganium stoloniferum* (Graebn.) Buch.-Ham. ex Juz.	黑三棱	Sparganiaceae 黑三棱科	多年生沼生草本；高 60～100cm；叶丛生，线形；花序常 3～5 分枝，分枝着生单性头状花序；核果	药用		东北、华北、西北、华东
9259	*Spartina anglica* C. E. Hubb.	大米草	Gramineae (Poaceae) 禾本科	多年生；秆分蘖多而密集成丛，无毛；穗状花序长 7～11cm，先端延伸成芒刺状，2～6 枚着生于主轴上，小穗单生	饲用及绿肥		我国沿海海滩
9260	*Spartium junceum* L.	鹰爪豆	Leguminosae 豆科	落叶灌木；单叶互生，倒披针形或条形；总状花序顶生；花萼及花冠鲜黄色，芳香；荚果条形；花期 5～9 月	观赏	地中海、大洋洲加罗林群岛	陕西、河南、江苏、浙江、上海
9261	*Spathiphyllum floribundum* N. E. Br.	翼柄白鹤芋（和平芋）	Araceae 天南星科	多年生常绿草本；株高 40～60cm；叶长椭圆状披针形；肉穗状花序圆柱状，小花白色，微香；花期 5～8 月	观赏	哥伦比亚	
9262	*Spathiphyllum wallisii Clevelandii'* Hieron.	白鹤芋（和平芋，白火焰花）	Araceae 天南星科	多年生常绿草本，高达 60cm；叶长椭圆状披针形，长 30cm；佛焰苞多，卵形，稍卷，乳白色，微香，肉穗花序有柄，雄蕊伸出	观赏	热带非洲	
9263	*Spathiphyllum wallisii* Regel	矮小苞叶芋	Araceae 天南星科	多年生常绿草本，高达 60cm；叶长椭圆状披针形，长 30cm；佛焰苞多，卵形，稍卷，乳白色，微香，肉穗花序有柄，雄蕊伸出	观赏	哥伦比亚、委内瑞拉	
9264	*Spathodea campanulata* Beauv.	火焰树	Bignoniaceae 紫葳科	常绿乔木；奇数羽状复叶，对生，卵圆形至倒卵形；伞房状的总状花序生于枝顶；蒴果；种子具膜质翅	观赏	非洲热带	
9265	*Spathoglottis pubescens* Lindl.	苞舌兰	Orchidaceae 兰科	多年生草本；假鳞茎扁球形，具 1～3 枚叶；叶狭披针形；总状花序顶生，疏生 2～8 朵花；花黄色	观赏	中国、印度东北部、缅甸、柬埔寨、越南、老挝和泰国	浙江、江西、福建、湖南、广东、香港、广西、四川、贵州、云南
9266	*Spatholobus suberectus* Dunn	密花豆（猪血藤，血龙藤，九层风）	Leguminosae 豆科	攀缘木质大藤本；老茎扁圆柱形，折断时流出鲜红色汁液；横断面可见数圈偏心环，周围同心圈明显，干时为赤褐色	药用		福建、广东、广西、云南、贵州

（续）

序号	拉丁学名	中文名	所属科	特征及特性	类别	原产地	目前分布/种植区
9267	*Speirantha gardenii*（Hook.）Baill.	白穗花	Liliaceae 百合科	多年生常绿草本；具粗短圆柱形根状茎及细长匍匐茎；叶基生，旋叠状，倒披针形至长椭圆形，总状花序，花单生，白色	观赏	中国特产，江苏、浙江昌化、安徽黄山和江西	江苏、安徽、浙江、江西、
9268	*Spenceria ramalana* Trimen	马蹄黄	Rosaceae 蔷薇科	多年生草本；高 18～32cm；总状花序顶生，总花梗和花梗均有长柔毛；花黄色；副萼 5，3 大 2 小，总苞状；雄蕊多数，花丝宿存；心皮 2，顶端有长柔毛	观赏	中国特有，四川、云南、西藏	云南、四川、西藏
9269	*Spergula arvensis* L.	大爪草	Caryophyllaceae 石竹科	一年生草本；高 15～30cm；茎丛生；托叶鳞片状；叶假轮生，线形；花排列形成稀疏总状聚伞花序，白色；蒴果宽卵形	杂草	欧洲	黑龙江、山东、福建、云南、西藏
9270	*Spergularia marina*（L.）Griseb.	拟漆姑	Caryophyllaceae 石竹科	一年生草本；高 10～30cm；茎细弱铺散；叶肉质线形；花单生叶腋，花瓣 5，白色或淡红色，子房卵形；蒴果卵形	蔬菜		东北、华北、西北、华中
9271	*Sphaeranthus africanus* L.	戴星草（田艾草，三点花）	Compositae（Asteraceae）菊科	一年生草本；茎和枝有 3 条明显的翅；叶互生，茎下部叶沿茎下延成阔翅；头状花序常密集成椭圆状至球状，单生于枝顶；花冠钟状，有腺点	药用		台湾、广东、海南、广西、贵州、云南
9272	*Sphaerocaryum malaccense*（Trin.）Pilg.	稗荩	Gramineae（Poaceae）禾本科	一年生，基部卧伏；叶片基部抱茎；小穗含 1 花，自小穗柄关节处脱落，小穗长 1～3mm，中部具黄色腺点	饲用及绿肥		浙江、福建、广东、广西、海南、云南、台湾
9273	*Sphaerophysa salsula*（Pall.）DC.	苦马豆	Leguminosae 豆科	半灌木或多年生草本；小叶倒卵形至倒卵状长圆形；总状花序，花萼钟状，花冠初呈鲜红，后变紫红，子房近线形；荚果椭圆形至卵圆形	有毒		河北、河南、陕西、山西、甘肃、内蒙古
9274	*Sphaeropteris lepifera*（J. Sm. ex Hook.）R. M. Tryon	笔筒树	Cyatheaceae 桫椤科	乔木；叶螺旋状排列茎顶端，长矩圆形，三回羽状深裂；孢子囊群着生侧脉分叉处，囊托突起，囊群盖特化为简单的鳞毛状	观赏		台湾、福建
9275	*Sphagnum palustre* L.	泥炭藓	Sphagnaceae 泥炭藓科	生于沼泽地；原丝体呈片状；植物体柔软，高可达数十厘米而呈垫状生长；叶细胞具水孔和螺纹加厚，间有狭长形的绿色细胞；孢子四分型	药用		全国各地

（续）

序号	拉丁学名	中文名	所属科	特征及特性	类别	原产地	目前分布/种植区
9276	*Sphallerocarpus gracilis* (Bess. ex Trevir.) Koso-Pol.	迷果芹	Umbelliferae (Apiaceae) 伞形科	二年生草本；高40～100cm；茎生叶卵形或三角状卵形，二至三回羽状分裂；复伞房花序，伞辐5～10，花白色；果椭圆状长圆形	杂草		东北、华北、西北
9277	*Sphenoclea zeylanica* Gaertn.	尖瓣花	Campanulaceae 桔梗科	一年生草本；高20～60cm；叶披针形或长圆状披针形；穗状花序，花排列紧密，花冠白色，子房下位；蒴果扁球形	杂草		台湾、广东、广西、云南
9278	*Sphenomeris chinensis* (L.) Maxon	乌蕨（花叶凤尾草，万能解毒草，金花草）	Lindsaeaceae 陵齿蕨科	常绿多年生蕨类；根状茎短而横走；叶厚草质，光泽无毛，叶片三至四回羽状细裂，羽片互生	观赏	中国	长江以南各省份
9279	*Spilanthes callimorpha* A. H. Moore	小麻药	Compositae (Asteraceae) 菊科	多年生疏散草本；头状花序卵状圆锥形，有或无舌状花；雌花舌状长约4mm，舌片短，宽倒卵形，顶端3浅裂；两性花花冠管状，长约2mm，具4～5个短裂片	有毒		云南
9280	*Spilanthes oleracea* L.	桂圆菊	Compositae (Asteraceae) 菊科	一年生草本；植株铺散；叶对生，广卵形，缘具波状浅锯齿；头状花序卵圆形，黄带绿色，后转褐，无舌状花，总苞片长圆形	观赏	亚洲热带	南北各地
9281	*Spilanthes paniculata* Wall. ex DC.	金纽扣（红细水草，散血草，天文草）	Compositae (Asteraceae) 菊科	一年生草本；茎高15～70cm；叶对生，卵形或卵状披针形；头状花序作二歧聚伞花序排列，雌花舌状，两性花花冠管状；瘦果长圆形	药用		台湾、海南、广西、云南
9282	*Spinacia oleracea* L.	菠菜（赤根菜，角菜）	Chenopodiaceae 藜科	一、二年生草本；直根似鼠尾，红色；叶圆形、戟形或箭形；植株性型分绝对，雄株、营养雄株、雌株、雌雄同株；风媒花，无花瓣，胞果	蔬菜	亚洲东部	全国各地均有分布
9283	*Spinifex littoreus* (Burm. f.) Merr.	老鼠芳	Gramineae (Poaceae) 禾本科	多年生小灌木状草本；秆高30～100cm；叶线形，长5～20cm；花单性，雌雄异株，雄小穗单生具柄穗状花序，雌小穗单生穗轴基部；颖果	杂草		台湾、福建、广东、广西
9284	*Spiraea alpina* Pall.	高山绣线菊	Rosaceae 蔷薇科	灌木；枝直立或拱曲，幼时红褐色，叶簇生或部分互生，倒披针形，线状披针形至长圆状倒卵形，伞形总状花序侧生于小枝顶端，花白色	观赏	中国、蒙古、前苏联西伯利亚	西藏、四川、甘肃、青海、新疆、陕西

（续）

序号	拉丁学名	中文名	所属科	特征及特性	类别	原产地	目前分布/种植区
9285	*Spiraea aquilegiifolia* Pall.	耧斗菜叶绣线菊	Rosaceae 蔷薇科	矮小灌木；枝细瘦而多，小枝圆柱形；花枝上的叶常为倒卵形，不育枝上的叶常为扇形，先端3～5浅圆裂；伞形花序生于侧生短枝上；花白色	观赏	中国、蒙古、前苏联	黑龙江、陕西、山西、甘肃
9286	*Spiraea bella* Sims	藏南绣线菊	Rosaceae 蔷薇科	落叶灌木；高达2m；叶片卵形，椭圆卵形至卵状披针形；复伞房花序顶生，花淡红色，稀白色；蓇葖果开展	观赏	中国云南西北、西藏东南，印度，不丹，尼泊尔	云南、西藏
9287	*Spiraea blumei* G. Don	绣球绣线菊（绣球珍珠梅）	Rosaceae 蔷薇科	灌木；枝细，微拱曲，幼时褐色，叶菱状卵形至倒卵形，背面灰蓝色，伞形花序如绣球状，花白色	观赏		辽宁至四川、广东
9288	*Spiraea canescens* D. Don	楔叶绣线菊	Rosaceae 蔷薇科	落叶丛生灌木；叶宽长圆形至倒卵形，近中部以上有圆齿；花小，白色，成密生半球形，有细毛的伞房花序	观赏	中国西藏南部及东南部，尼泊尔，印度北部	西藏
9289	*Spiraea cantoniensis* Lour.	麻叶绣线菊	Rosaceae 蔷薇科	落叶灌木；高1.5m；4～5月开白色小花，花10～30朵集成半球状伞形花序，着生于新枝顶端	观赏	中国	河北、山东、江苏、安徽、河南、陕西、广东、广西、福建、浙江、江西、四川
9290	*Spiraea chamaedryfolia* L.	石蚕叶绣线菊	Rosaceae 蔷薇科	灌木；小枝稍有棱角，有时呈“之”字形弯曲，褐色，叶宽卵形或椭圆形，叶缘有锯齿，伞形总状花序，花白色，花期5月，果熟期9月	观赏	中国	东北
9291	*Spiraea chinensis* Maxim.	中华绣线菊	Rosaceae 蔷薇科	灌木；高1.5～3m；叶片菱状卵形至倒卵形；伞形花序；蓇葖果	观赏		内蒙古、河北、河南、陕西、湖北、湖南、安徽、江西、江苏、浙江、贵州、四川、云南、福建、广东、广西
9292	*Spiraea compsophylla* Hand.-Mazz.	粉叶绣线菊	Rosaceae 蔷薇科	嫩枝和叶片下面无毛而有蜡粉，常呈蓝灰色；伞形花序具花3～13朵	观赏	中国云南西北部高山地区	云南

（续）

序号	拉丁学名	中文名	所属科	特征及特性	类别	原产地	目前分布/种植区
9293	*Spiraea dasyantha* Bunge	毛花绣线菊	Rosaceae 蔷薇科	灌木;枝呈“之”字形弯曲,叶菱状卵形,边缘基部1/3处以上具缺刻状锯齿或浅裂,伞形花序具总梗,花白色	观赏	中国	河北、山西、江西、湖北、内蒙古、辽宁、河北、江苏
9294	*Spiraea elegans* Pojark.	美丽绣线菊	Rosaceae 蔷薇科	灌木;高1～1.5m;伞形总状花序,无毛,具花6～16朵;花梗长7～12mm,无毛;花直径10～15mm	观赏	中国、蒙古、前苏联西伯利亚	云南、黑龙江、吉林、内蒙古
9295	*Spiraea fritschiana* C. K. Schneid.	华北绣线菊	Rosaceae 蔷薇科	灌木;小枝有棱角,叶卵形或椭圆状长圆形,边缘具不整齐的重锯齿或单锯齿,表面无毛,复伞房花序顶生于当年生新枝上,花白色	观赏	中国、朝鲜	河北、山东、浙江、河南、陕西、江苏
9296	*Spiraea henryi* Hemsl.	翠蓝绣线菊	Rosaceae 蔷薇科	灌木;小枝有棱角,叶卵形或椭圆状长圆形,边缘具不整齐的重锯齿或单锯齿,表面无毛,复伞房花序顶生于当年生新枝上,花白色	观赏	中国	陕西、湖北、四川、云南、甘肃
9297	*Spiraea hirsuta* (Hemsl.) C. K. Schneid.	疏毛绣线菊	Rosaceae 蔷薇科	灌木;枝圆柱形,拱曲,幼时黄褐色,叶倒卵形或菱状卵,有疏毛,伞形花序,花白色	观赏	中国	陕西、湖北、江西、四川、云南、河北、河南、山西、湖南
9298	*Spiraea hypericifolia* L.	金丝桃叶绣线菊	Rosaceae 蔷薇科	灌木;枝拱形,小枝灰褐色;叶长圆状倒卵形至倒卵状披针形;伞形花序着生于去年生枝条的侧生短枝上,花白色	观赏	中国、蒙古、苏联西伯利亚、中亚至欧洲	内蒙古、黑龙江、陕西、甘肃、山西、新疆
9299	*Spiraea japonica* L. f.	粉花绣线菊（日本绣线菊）	Rosaceae 蔷薇科	直立灌木;高约1.5m;枝细长开展,叶卵形至卵状椭圆形;复伞房花序生当年直立新枝顶端,花密集,密被短绒毛,花瓣粉红色至紫红色	观赏	日本、朝鲜	全国各地均有分布
9300	*Spiraea longigemmis* Maxim.	长芽绣线菊	Rosaceae 蔷薇科	落叶丛生灌木;叶长卵形、卵状披针形或长圆状披针形,边缘有缺刻状重锯齿或锯齿;复伞房花序生于侧枝顶端,多花,花瓣白色	观赏	中国	陕西、四川、云南、甘肃
9301	*Spiraea martini* H. Lév.	毛枝绣线菊	Rosaceae 蔷薇科	落叶丛生灌木;幼枝密被绒毛;叶椭圆形或倒卵形,先端急尖或圆钝,常3浅裂;伞形花序密集,无总梗,具花5～18朵,花白色	观赏	中国	四川、云南、贵州、广西

（续）

序号	拉丁学名	中文名	所属科	特征及特性	类别	原产地	目前分布/种植区
9302	*Spiraea media* Schmidt	欧亚绣线菊	Rosaceae 蔷薇科	灌木；高 0.5～2m；小枝灰褐色，叶椭圆形至披针形，花白色，伞形总状花序生于侧	观赏	中国、朝鲜、蒙古、前苏联及亚洲中部及欧洲东南部	东北、内蒙古、新疆
9303	*Spiraea mollifolia* Rehder	毛叶绣线菊（丝毛叶绣线菊）	Rosaceae 蔷薇科	落叶丛生灌木；叶长圆形，全缘或先端具少数钝齿，两面被丝毛；伞形总状花序具总梗，着花 10～18 朵，花瓣白色	观赏	中国	甘肃、四川、云南、西藏
9304	*Spiraea mongolica* Maxim.	蒙古绣线菊	Rosaceae 蔷薇科	落叶灌木；高 1～2m，枝皮条状剥落，枝条曲折或平直，叶互生，叶片矩圆形，椭圆形或椭圆状倒披针形，花两性，伞房花序具总梗；蓇葖果直立	观赏		内蒙古、甘肃、宁夏、新疆、四川、西藏
9305	*Spiraea morrisonicola* Hayata	新高山绣线菊	Rosaceae 蔷薇科	落叶亚灌木；高不及 20cm；枝条细瘦，圆柱形，复伞房花序着生在侧生小枝顶端，花白色	观赏	中国特产，台湾新高山	台湾
9306	*Spiraea prostrata* Maxim.	平卧绣线菊	Rosaceae 蔷薇科	矮小灌木；伞形总状花序具花 7～15 朵，花瓣圆形，白色；雄蕊稍短于花瓣；花盘圆环形，具 10 个三角状、卵形的裂片；荚果开张，沿腹缝线具短柔毛	观赏	中国	甘肃、陕西、湖北
9307	*Spiraea prunifolia* Siebold et Zucc.	笑靥花	Rosaceae 蔷薇科	落叶灌木；高可达 3 m；伞形花序无总梗，具花 3～6 朵，基部着生数枚小形叶；花重瓣，直径达 1cm，白色	观赏	中国、朝鲜、日本	华东及陕西、台湾、湖北、贵州、四川
9308	*Spiraea pubescens* Turcz.	柔毛绣线菊	Rosaceae 蔷薇科	落叶灌木；花小而白色，雄蕊 25～40，伞形花序半球形，无毛；4 月底至 5 月初开花	观赏	中国、蒙古、俄罗斯	黄河流域及东北，内蒙古、安徽、湖北
9309	*Spiraea purpurea* Hand.-Mazz.	紫花绣线菊	Rosaceae 蔷薇科	落叶灌木；顶生复伞房花序密集，具长总梗；苞片线形，花瓣深胭脂红，花药紫褐色	观赏	中国云南、四川、西藏	云南、四川、西藏
9310	*Spiraea rosthornii* E. Pritz. ex Diels	南川绣线菊	Rosaceae 蔷薇科	灌木；高达 2m；叶卵状长圆形至卵状披针形；复伞房花序生在侧枝先端，花瓣卵形至圆形，花盘圆环形；蓇葖果开张	蜜源		河南、陕西、甘肃、青海、安徽、四川、云南

(续)

序号	拉丁学名	中文名	所属科	特征及特性	类别	原产地	目前分布/种植区
9311	*Spiraea salicifolia* L.	绣线菊(柳叶绣线菊)	Rosaceae 蔷薇科	直立灌木；高 1～2m；花序为矩圆形或金字塔状圆锥花序，着生在当年生具叶长枝的顶端，长 6～13cm，被细短柔毛；花粉红色，直径 5～7mm	观赏	中国、蒙古、日本、朝鲜、前苏联西伯利亚及欧洲东南	东北及内蒙古、河北
9312	*Spiraea sargentiana* Rehder	茂汶绣线菊	Rosaceae 蔷薇科	灌木；高可达 2m，新稍被微毛；叶片狭椭圆形至狭卵形，具细齿，两面有毛；花乳白色	观赏	中国西部	
9313	*Spiraea schneideriana* Rehder	川滇绣线菊	Rosaceae 蔷薇科	落叶丛生灌木叶；卵形或卵状长圆形，全缘；复伞房花序着生侧枝顶端，具多花	观赏	中国四川、云南、西藏	四川、云南、西藏
9314	*Spiraea sericea* Turcz.	绢毛绣线菊	Rosaceae 蔷薇科	灌木；小枝近圆形，红褐色；叶卵状椭圆形或椭圆形，叶背及叶柄有绢毛；伞形花序着生于侧枝顶端，花白色	观赏	中国	黑龙江、辽宁、内蒙古、山西、陕西、甘肃、四川
9315	*Spiraea thunbergii* Siebold ex Blume	珍珠绣线菊	Rosaceae 蔷薇科	落叶小灌木；枝细长，弯曲而茂密，叶线状披针形，早春及晚秋淡红色；花期 4 月下旬至 5 月上旬，伞形花序，花朵密生、白色	观赏	中国华东，日本	华东及浙江、江西、云南、陕西、山东、辽宁
9316	*Spiraea trichocarpa* Nakai	毛果绣线菊	Rosaceae 蔷薇科	灌木；复伞房花序着生；花瓣宽倒卵形或近圆形，先端微凹或圆钝，白色；雄蕊 18～20，约与花瓣等长；花盘圆环形，有不规则的裂片，裂片先端常微凹	观赏	中国辽宁、内蒙古，朝鲜	辽宁、内蒙古
9317	*Spiraea trilobata* L.	三桠绣线菊	Rosaceae 蔷薇科	灌木；枝细，圆柱形，幼时黄褐色，叶近圆形，先端圆钝，常分裂，伞房花序，白花多数密集	观赏		黑龙江、辽宁、内蒙古、河北、山东、山西、河南、安徽、陕西、甘肃
9318	*Spiraea vanhouttei* (Briot) Carrière	菱叶绣线菊	Rosaceae 蔷薇科	落叶灌木；叶互生，单叶，花密集，萼片 5，花瓣 5，花纯白色，径约 8mm，伞形花序，花期 5～7 月	观赏	中国	华东、西南
9319	*Spiraea veitchii* Hemsl.	鄂西绣线菊	Rosaceae 蔷薇科	灌木；高达 4m；复伞房花序着生在侧生小枝顶端，直径 4.5～6cm，花小而密集；蓇葖果小，开张	观赏	中国陕西、湖北、四川、云南	陕西、湖北、四川、云南

（续）

序号	拉丁学名	中文名	所属科	特征及特性	类别	原产地	目前分布/种植区
9320	*Spiraea wilsonii* Duthie	陕西绣线菊（威氏绣线菊）	Rosaceae 蔷薇科	落叶丛生灌木；叶长圆形、倒卵形或椭圆状长圆形，全缘；复伞房花序着生侧枝顶端，花白色	观赏	中国陕西、甘肃、湖北、四川、云南	陕西、甘肃、湖北
9321	*Spiranthes sinensis*（Pers.）Ames	盘龙参（盘龙棍，盘龙箭）	Orchidaceae 兰科	地生兰；花序顶生，长10～20cm，具多数密生小花，似穗状，花紫红色或白色，呈螺旋状排列；花期5～8月	观赏		广布于我国各地
9322	*Spirodela polyrrhiza*（L.）Schleiden	紫萍（浮萍草，红萍，水萍草）	Lemnaceae 浮萍科	水生飘浮草本；叶状体扁平，宽倒卵形，表面绿色，背面紫色，具5～15条根，根长2～5cm；花藏于叶状体的侧囊内	饲用及绿肥		南北各省份
9323	*Spirogyra communis*（Lass.）Kütz	普通水绵	Zygnemataceae 双星藻科	一年生杂草；藻体不分枝丝状体，手触摸黏滑；配子囊圆柱形，接合管由雌雄配子囊构成，接合孢子椭圆形或长圆形，成熟时黄色	杂草		我国南北各地
9324	*Spodiopogon ludingensis* L. Liou	泸定大油芒	Gramineae (Poaceae) 禾本科	多年生草本；秆高约80cm，具3～5节；叶片披针形；圆锥花序长具3～5枚簇生于各节，中部以下裸露，上部具2～3对小穗；小穗较小，长约4mm	饲用及绿肥		四川
9325	*Spodiopogon sibiricus* Trin.	大油芒	Gramineae (Poaceae) 禾本科	多年生草本；秆高约1m，具7～9节；叶阔线形，长15～28cm；圆锥花序长圆形，分枝茎棱生，每节有2小穗；颖果长圆形	饲用及绿肥		华北、东北、华东、西北
9326	*Spodiopogon sibiricus* var. *grandiflorus* L. Liu ex S. M. Phillips et S. L. Chen	长花大油芒	Gramineae (Poaceae) 禾本科	多年生草本；秆高70～100cm；叶片线状披针形；圆锥花序较密集，第一颖具7～9脉，脉间具柔毛，第二颖具5～7脉；第二外稃长约2mm，先端伸出长芒，中部膝曲，下部扭转	饲用及绿肥		四川
9327	*Spodiopogon tainanensis* Hayata	分枝大油芒	Gramineae (Poaceae) 禾本科	多年生；秆高20～50cm，多分枝；叶片宽2～8mm；圆锥花序狭窄，第二外稃芒长7～10mm	饲用及绿肥		四川、云南、陕西及甘肃
9328	*Spondias cytherea* Sonn.	金酸枣（加耶杧果）	Anacardiaceae 漆树科	落叶乔木，树干直立；奇数羽状复叶，小叶椭圆状披针形，细锯齿缘；圆锥花序，黄至淡黄色，于5月间开放，抽生于新生枝端；核果呈球形或椭圆形，熟果黄橙色	果树	马来西亚	台湾

（续）

序号	拉丁学名	中文名	所属科	特征及特性	类别	原产地	目前分布/种植区
9329	*Spondias lakonensis* Pierre	岭南酸枣（假酸枣，五眼果）	Anacardiaceae 漆树科	落叶乔木；高达12～28m；叶互生，奇数羽状复叶，小叶长圆状披针形或披针形；圆锥花序顶生，花小，白色；核果肉质	果树		海南、广东、广西、福建
9330	*Spondias mombin* L.	黄酸枣（猪李）	Anacardiaceae 漆树科	乔木；花小，杂性，排成总状花序或圆锥花序；萼小；4～5裂；花瓣4～5；雄蕊8～10；子房上位，4～5室；花柱4～5	果树	美洲	台湾
9331	*Spondias pinnata*（L. f.）Kurz	红酸枣（槟榔青，九叶树）	Anacardiaceae 漆树科	落叶乔木；高10～15m；圆锥花序顶生，长25～35cm，无毛；花小，无梗或近无梗；花萼5裂，无毛；花瓣5；雄蕊10；花盘10裂；子房无毛	果树	马来西亚	广西、云南、海南
9332	*Sporobolus diandrus*（Retzius）P. Beauv.	双蕊鼠尾粟	Gramineae（Poaceae）禾本科	多年生草本；高30～90cm；叶线形，多数内卷；圆锥花序狭窄，小穗深灰绿色；囊果	饲用及绿肥		广东、广西、福建、台湾、云南、贵州、四川
9333	*Sporobolus fertilis*（Steud.）Clayton	鼠尾粟	Gramineae（Poaceae）禾本科	多年生草本；秆高25～120cm；叶长15～65cm；圆锥花序长7～44cm，分枝密生小穗，小穗灰绿色且略带紫色；囊果	饲用及绿肥，药用		华东、华中、西南及陕西、甘肃、西藏
9334	*Sporobolus virginicus*（L.）Kunth	盐地鼠尾粟	Gramineae（Poaceae）禾本科	多年生草本；秆高15～60cm，根茎被鳞片；叶长3～10cm；圆锥花序紧缩穗状，狭窄呈线形，长3.5～10cm，小穗披针形；囊果	生态防护		广东、福建、浙江、台湾
9335	*Sprekelia formosissima*（L.）Herb.	火燕兰	Amaryllidaceae 石蒜科	多年生草本；叶线形；花单生；花冠倾斜，形成二唇状；花鲜绯红色；花期春夏季	观赏	墨西哥、危地马拉	
9336	*Stachyopsis oblongata*（Schrenk ex Fisch. et C. A. Mey.）Popov et Vved.	假水苏	Labiatae 唇形科	多年生草本；茎高25～90cm；叶具柄，茎中长圆状卵形；轮伞花序腋生，远离而组成假穗状花序，花冠紫红色；小坚果	杂草		新疆
9337	*Stachys adulterina* Hemsl.	少毛甘露子（蚕子）	Labiatae 唇形科	一年生草本；块茎；茎无毛；叶片锯齿状圆齿，两面无毛；花冠白色或红色；坚果圆球形	蔬菜，药用	中国	四川
9338	*Stachys baicalensis* Fisch. ex Benth.	毛水苏（水苏草）	Labiatae 唇形科	多年生草本；高50～100cm；茎单一，具槽；茎叶长圆状线形；轮伞花序通常具6花，多数组成穗状花序，花冠淡紫色至紫色；小坚果棕褐色	蜜源		东北及内蒙古、山东、山西、陕西

（续）

序号	拉丁学名	中文名	所属科	特征及特性	类别	原产地	目前分布/种植区
9339	*Stachys byzantina* C. Koch.	绵毛水苏	Labiatae 唇形科	多年生草本；叶柔软，对生，基部叶为长圆状匙形；轮伞花序；小坚果卵圆形；花期6～9月	观赏	土耳其北部及亚洲西南一带	
9340	*Stachys chinensis* Bunge ex Benth.	华水苏（水苏）	Labiatae 唇形科	多年生草本；茎高约60cm，茎单一或基部分枝；叶长圆状披针形，疏被小刚毛；轮伞花序常具6花，远离而组成穗状花序；小坚果	杂草		东北、华北及陕西、甘肃
9341	*Stachys japonica* Miq.	水苏（鸡苏）	Labiatae 唇形科	多年生草本；茎高20～80cm，节上具小刚毛；叶长圆状宽披针形；轮伞花序6～8花，下部远离，上部稍密集排成假穗状花序；小坚果	药用，经济作物（香料类）		华东及辽宁、内蒙古、河北、河南
9342	*Stachys oblongifolia* Wall. ex Benth.	针筒菜（长圆叶水苏）	Labiatae 唇形科	多年生草本；高0.5～1m，根状茎横走；叶长圆状披针形；轮伞花序有7～13轮，下部疏离，上部密集成假穗状花序；小坚果	药用		长江流域及以南各省份
9343	*Stachys sieboldii* Miq.	草石蚕（螺丝菜，甘露子）	Labiatae 唇形科	多年生草本；根状茎匍匐；株高30～120cm；茎生叶长椭圆状卵形；轮伞花序；花萼狭钟状；花冠粉红至紫红色	观赏	中国	华北、西北
9344	*Stachyurus chinensis* Franch.	中国旌节花（水凉子，萝卜药）	Staphyleaceae 旌节花科	落叶灌木；树皮紫褐色，平滑；叶互生，纸质，卵形至卵状矩圆形，叶缘具粗大锯齿；总状花序下垂，花瓣4，黄色；浆果球形	观赏		除东北、华北外，其他各省份均有分布
9345	*Stachyurus retusus* Y. C. Yang	凹叶旌节花	Staphyleaceae 旌节花科	灌木；总状花序腋生，下垂，无柄，基部具叶或果时无叶；苞片1枚，三角形，急尖，宿存；花瓣4枚，淡黄色，倒卵形；雄蕊8枚，外轮4枚，内轮4枚短	观赏	中国	四川、云南
9346	*Stachyurus salicifolius* Franch.	柳叶旌节花	Staphyleaceae 旌节花科	常绿灌木；高2～3m；叶坚纸质，条状披针形；总状花序腋生，花瓣4枚，淡绿色，倒卵形；浆果球形	观赏	中国四川、云南、贵州	
9347	*Stachyurus yunnanensis* Franch.	云南旌节花	Staphyleaceae 旌节花科	灌木；高1.5～3m；穗状花序腋生，直立或下垂，长6～10cm；小苞片2，卵形，宿存；花淡黄绿色，长约6mm；萼片4，卵形，绿色；花4瓣呼，倒卵形	观赏	中国四川、云南、贵州、广东、广西	

（续）

序号	拉丁学名	中文名	所属科	特征及特性	类别	原产地	目前分布/种植区
9348	*Stahlianthus involucratus* (King ex Baker) R. M. Smith	土田七（姜三七）	Zingiberaceae 姜科	多年生草本；根状茎块状；叶基生，倒卵状长圆形至披针形，绿或紫色；头状花序生于钟状总苞中；花两性，白色	观赏	中国云南、广西、广东、福建，印度	福建、广东、海南、广西、云南
9349	*Stanhopea oculata* (G. Lodd.) Lindl.	香老虎兰（香金鱼兰）	Orchidaceae 兰科	附生或地生兰；花序下垂，长达 25cm，有花 5～8朵，花肉质，芳香，花色多变，白色或黄色，并满布红色斑点，唇瓣两边并各有 1 个紫黑色斑点，犹如一对眼睛	观赏	哥伦比亚、委内瑞拉、圭亚那	
9350	*Stanhopea tigrina* Batem. et Lindl.	老虎兰（金鱼兰）	Orchidaceae 兰科	附生兰；有根状茎，卵圆形，顶生一叶；花序单一；花大而香；花瓣边缘反卷；唇瓣宽卵形	观赏	墨西哥东部	
9351	*Stanhopea wardii* Lodd. ex Lindl.	华氏老虎兰（华氏金鱼兰）	Orchidaceae 兰科	附生兰；花 5～7 朵，黄色或橙色，有红或红紫色斑纹；萼片长圆形至椭圆形，端急尖	观赏	尼加拉瓜、委内瑞拉	
9352	*Stapelia gigantea* N. E. Br.	大豹皮花（大犀角）	Asclepiadaceae 萝藦科	多浆植物；茎长，棍状，具明显四枝；叶退化；花 1～2 朵，花大型，五裂，亮橘黄色，有深红脊，内面具褐色细条纹	观赏	南非、热带	
9353	*Stapelia grandiflora* Mass.	大花犀角	Asclepiadaceae 萝藦科	多年生肉质草本；茎直立，灰绿色，4 棱；花基生，淡黄色，边缘具有白色长柔毛；花期 7～10 月	观赏	南非	
9354	*Stapelia nobilis* N. E. Br.	王犀角	Asclepiadaceae 萝藦科	茎丛生，绿色，4 棱；花淡黄色；花冠裂片上还具有多数紫红色波状突起与细紫色毛；花期夏、秋	观赏	南非、莫桑比克	
9355	*Stapelia pulchela* Masson	豹皮花	Asclepiadaceae 萝藦科	多年生肉质草本；花基生，单生或 2～3 朵并生；花冠辐射状，五角星形，内面黄色，满布暗紫色横纹或斑块	观赏	南非	
9356	*Stapelia variegata* L.	国章（杂色豹皮花，牛角）	Asclepiadaceae 萝藦科	茎光滑，灰绿色或红紫色；花 1～5 朵，黄色具暗紫褐色斑点或横皱纹，边缘淡绿；花期 8～10 月	观赏	南非	
9357	*Staphylea bumalda* DC.	省沽油（水条，双蝴蝶）	Staphyleaceae 省沽油科	落叶灌木；枝细瘦而开展；叶 3 出对生，小叶椭圆形至椭圆状卵形，边缘有细尖锯齿；花黄白色，芳香，直立圆锥花序	药用，观赏	中国东北及河北、山西、陕西、浙江、湖北、安徽、江苏、四川	东北及河北、河南、湖北、浙江

（续）

序号	拉丁学名	中文名	所属科	特征及特性	类别	原产地	目前分布/种植区
9358	*Staphylea holocarpa* Hemsl.	膀胱果（大果省沽油）	Staphyleaceae 省沽油科	小乔木；顶生小叶；先花后叶，下垂圆锥花丛，花白色或粉红色；蒴果膨大为梨状	药用，观赏	中国陕西、甘肃、湖北、湖南、广东、广西、贵州、四川、西藏东部	湖北、四川、陕西
9359	*Stauntonia chinensis* DC.	野木瓜（七叶莲，山芭蕉）	Lardizabalaceae 木通科	常绿藤本；掌状复叶有小叶5～7；小叶革质，长圆形、椭圆形或长圆状披针形；花雌雄异株；肉质蓇葖果，长圆柱形	药用，观赏		福建、广东、海南、香港、广西、云南东南部
9360	*Stauntonia hexaphylla* Dcne	野木瓜（日本野木瓜）	Lardizabalaceae 木通科	木质藤本；掌状复叶，小叶长圆形，椭圆形或长圆状披针形；花雌雄同株，雌花萼片外轮比雄花的长；果长圆形	药用		广东
9361	*Stauropsis undulata* （Lindl.）Benth. ex Hook. f.	船唇兰	Orchidaceae 兰科	附生兰；叶片舌状矩圆形，叶鞘表面具疣状突起；花葶粗壮，花大，白色带紫褐色，唇瓣中裂片船状，肉质	观赏	中国	云南
9362	*Stellaria alsine* Grimm	雀舌菜（滨繁缕）	Caryophyllaceae 石竹科	二年生草本；高15～30cm；茎疏散分枝；叶无柄，长圆形至卵状披针形；二歧聚伞花序顶生，花白色；蒴果，种子肾形	饲用及绿肥		东北、华北、华中、华东、华南
9363	*Stellaria dichotoma* L.	叉歧繁缕	Caryophyllaceae 石竹科	多年生草本；高达30cm；茎丛生；数回叉状分枝；叶卵形或卵状披针形；二歧聚伞花序有多数花，白色；蒴果顶端6瓣裂	杂草		东北、华北、西北
9364	*Stellaria dichotoma* var. *lanceolata* Bunge	银柴胡	Caryophyllaceae 石竹科	叶片线状披针形、披针形或长圆状披针形，长5～25mm，宽1.5～5mm；蒴果常具1种子	药用	中国	内蒙古、辽宁、陕西、甘肃、宁夏
9365	*Stellaria discolor* Turcz.	异色繁缕（翻白繁缕）	Caryophyllaceae 石竹科	多年生草本；高10～30cm；茎节上具退化鳞片状叶；叶长圆披针形；二歧聚伞花序，花瓣白色，子房卵圆形；蒴果长圆形	杂草		东北、华北
9366	*Stellaria media* （L.）Vill.	繁缕（鹅肠菜）	Caryophyllaceae 石竹科	一年或两年生草本；高10～30cm；茎常假二叉分枝，被1列纵柔毛；叶卵形；二歧聚伞花序顶生，花瓣白色；蒴果卵圆形	饲用及绿肥，有毒		全国各地均有分布

（续）

序号	拉丁学名	中文名	所属科	特征及特性	类别	原产地	目前分布/种植区
9367	*Stellaria neglecta* Weihe ex Bluff et Fingerh.	赛繁缕（鹅肠繁缕）	Caryophyllaceae 石竹科	二年生或一年生草本；全株黄绿色；茎丛生，被1列纵行短柔毛；叶卵形或卵状披针形；二歧聚伞花序，花瓣5，白色；蒴果卵形	药用，饲用及绿肥		华东、西南及黑龙江
9368	*Stellaria pallida*（Dumort.）Crép.	小繁缕	Caryophyllaceae 石竹科	二年生草本；茎下部平卧，多分枝；叶倒卵形至倒卵状披针形；二歧聚伞花序，无花瓣，子房卵形；蒴果长圆形	杂草	地中海地区	安徽、江苏、浙江、江西
9369	*Stellaria vestita* Kurz	石生繁缕（抽筋菜，疏花繁缕）	Caryophyllaceae 石竹科	多年生草本；株高30～50cm；茎细，折断能抽出茎内中轴；茎浅绿色，节处淡紫色；叶柄短，花轴上无叶柄；复聚伞花序，有细长花梗；花白色	蔬菜，药用	中国	黄河、长江、珠江流域
9370	*Stellera chamaejasme* L.	瑞香狼毒（红狼毒，一把香）	Thymelaeaceae 瑞香科	多年生草本；根圆柱形，有绵性纤维；叶披针形至椭圆状披针形；头状花序顶生；花具绿色总苞；果实圆锥形	有毒		东北、华北、西南、西北及西藏
9371	*Stemmacantha uniflora*（L.）Dittrich	漏芦	Compositae（Asteraceae）菊科	多年生草本；茎单一，被绵毛，叶长椭圆形，羽状深裂，两面被蛛丝状毛；头状花序径3～6cm，花均为两性花，深紫红色	饲用及绿肥		东北、华北及陕西、甘肃、青海、山东、河南、四川
9372	*Stemona japonica*（Blume）Miq.	百部（蔓生百部，泼妇草）	Stemonaceae 百部科	多年生攀缘性草本；块根肉质，纺锤形；茎常缠绕；叶3～4片轮生；花常单生于叶腋，花被片4，雄蕊5；蒴果	有毒		江苏、安徽 浙江、江西
9373	*Stemona sessilifolia*（Miq.）Miq.	直立百部	Stemonaceae 百部科	多年生直立草本；块根肉质，纺锤形，簇生；叶卵状长圆形或卵状披针形；花被片披针形；蒴果	有毒		河南、山东、江苏、安徽、浙江、江西
9374	*Stemona tuberosa* Lour.	大百部（对叶百部，九重根）	Stemonaceae 百部科	多年生攀缘性草本；块根肉质；叶卵状披针形或宽卵形；总状花序，花被片黄绿色；蒴果	有毒，观赏		长江流域以南各省份
9375	*Stenosolenium saxatile*（Pall.）Turcz.	紫筒草	Boraginaceae 紫草科	多年生草本；高15～25cm；茎被开展白色硬毛；叶无柄，披针状线形；聚伞花序具密生糙毛，花冠紫色，堇色或白色；小坚果4，卵形	杂草		东北、华北及内蒙古、甘肃
9376	*Stenotaphrum helferi* Munro ex Hook. f.	钝叶草	Gramineae（Poaceae）禾本科	多年生，基部匍匐，节处生根；花序主轴扁平呈叶状，小穗长4～4.5mm；颖草质，第一颖长为小穗的1/2～2/3	饲用及绿肥		广东、海南及云南

（续）

序号	拉丁学名	中文名	所属科	特征及特性	类别	原产地	目前分布/种植区
9377	*Stenotaphrum secundatum* (Walter) Kuntze	澳洲金丝草（条纹纯叶草）	Gramineae (Poaceae) 禾本科	多年生草本；具匍匐枝；叶片带状，色泽碧绿，镶嵌白色条纹；钝叶草叶环很窄，但叶片和叶梢较宽	观赏	大洋洲	
9378	*Stephanachne monandra* (P. C. Kuo et S. L. Lu) P. C. Kuo et S. L. Lu	单蕊冠毛草	Gramineae (Poaceae) 禾本科	多年生；秆高 30～50cm；小穗长 7～9mm，颖披针形，先端渐尖，外稃长 6～7mm，芒长 8～9mm，雄蕊 1	饲用及绿肥		西藏
9379	*Stephanachne pappophorea* (Hack.) Keng	冠毛草	Gramineae (Poaceae) 禾本科	多年生；小穗长 5～7mm，颖狭披针形，外稃长 3～4mm，先端 2 裂，裂片基部有一圈冠毛状柔毛，雄蕊 3	饲用及绿肥		青海、甘肃、新疆
9380	*Stephanandra chinensis* Hance	野珠兰（华空木）	Rosaceae 蔷薇科	落叶灌木；枝细长，小枝屈曲；叶互生，卵形至长卵形，叶背脉上疏生银灰色柔毛；圆锥花序顶生；花小，白色	观赏	中国	湖北、湖南、四川、福建、广东
9381	*Stephanandra incisa* (Thunb.) Zabel	小野珠兰	Rosaceae 蔷薇科	灌木；高达 2.5m；顶生疏松的圆锥花序，具花多朵；花瓣倒卵形，先端钝，白色；雄蕊 10，短于花瓣，着生在萼筒边缘；心皮 1，花柱顶生；直立，子房被柔毛	观赏	中国	辽宁、山东、台湾
9382	*Stephania brachyandra* Diels	白线薯	Menispermaceae 防已科	草质，落叶藤本；叶三角形或微圆；复伞形聚伞花序，雄花序雄花萼片 6，花瓣 3，雌花序紧密呈头状，雌花萼片 1，花瓣 2；核果	有毒		广东、广西、云南
9383	*Stephania cephalantha* Hayata	金线吊乌龟（大还魂）	Menispermaceae 防已科	多年生缠绕性落叶藤本；根肥厚；叶三角状阔卵形至近圆形；雄花序为小头状聚伞花序组成总状花序，花被黄绿色；核果近球形	药用，观赏		长江以南各省份及台湾
9384	*Stephania delavayi* Diels	一文钱	Menispermaceae 防已科	纤细草质藤本；长约 1～2m；叶薄纸质，三角状近圆形；复伞形聚伞花序腋生或生于腋生、具小型叶的短枝上；核果红色，无毛；果核倒卵形	观赏		云南
9385	*Stephania dicentrinifera* H. S. Lo et M. Yang	荷包地不容	Menispermaceae 防已科	草质、落叶藤本；叶三角状近圆形；复伞形聚伞花序，雄花萼片 6，花瓣 3，绿黄色，阔楔形，雌花萼片 1，花瓣 2，阔卵状圆形；核果	有毒		云南东部

（续）

序号	拉丁学名	中文名	所属科	特征及特性	类别	原产地	目前分布/种植区
9386	*Stephania dielsiana* Y. C. Wu	黔桂千斤藤（血散薯）	Menispermaceae 防己科	多年生草质叶藤本；伞形聚伞花序腋生，雌雄异株；雄花序复伞状，小聚伞花序有明显的梗，疏松簇生于假伞梗的末端；雄蕊花丝合生成柱状；雌花序头状，花期不见假伞梗，花被左右对称，萼片1，花瓣2	有毒		贵州、广西
9387	*Stephania epigaea* H. S. Lo	地不容（山乌龟，地芙蓉）	Menispermaceae 防己科	草质藤本；块根硕大；叶盾状着生，扁圆形，小聚伞花序腋生；花紫色；雄花萼片6，花瓣3；雌花萼片1；核果	有毒		四川南部、云南
9388	*Stephania hernandifolia*（Willd.）Walp.	桐叶千金藤	Menispermaceae 防己科	藤本；根条状；叶三角状近圆形或近三角形；复伞形聚伞花序，雄花萼片6或8，雌花萼片3～4；核果倒卵状近球形	有毒		四川、贵州、广西
9389	*Stephania japonica*（Thunb.）Miers	千金藤（青藤）	Menispermaceae 防己科	缠绕木质藤本；叶盾状，阔卵形，下面粉白色；伞形至聚伞状花序腋生，雌雄异株，花小，淡绿色；核果近球形	药用，有毒，观赏		华东、华中、华南及台湾
9390	*Stephania kwangsiensis* H. S. Lo	广西地不容	Menispermaceae 防己科	草质、落叶藤本；叶三角状圆形至近圆形；复伞形聚伞花序腋生，雄花萼片6，花瓣3，雌花萼片1，花瓣2；核果	有毒		广西西南部、云南东南部
9391	*Stephania micrantha* H. S. Lo et M. Yang	小花地不容	Menispermaceae 防己科	草质藤本；叶三角状扁圆形至近圆形；雄花序为复伞形聚伞花序，雄花花瓣3，橙黄色，早期雌花序头状；核果倒卵圆形	有毒		广西
9392	*Stephania rotunda* Lour.	圆叶千金藤	Menispermaceae 防己科	多年生缠绕藤本，全体无毛；茎下部木质化，小枝纤细，圆柱形，具纵直而扭曲的沟纹；叶互生，盾叶，三角状圆形，长宽各约2.5～4cm；先端圆形，基部截形，上面绿色，背面粉绿色	观赏		
9393	*Stephania sinica* Diels	汝兰（华千金藤，金不换）	Menispermaceae 防己科	木质藤本；块根硕大；叶阔三角状近圆形；聚伞花序；雄花序肉质，花瓣内面有2腺体；雌花萼片1，花瓣2；核果	有毒		湖北、四川、贵州、云南

（续）

序号	拉丁学名	中文名	所属科	特征及特性	类别	原产地	目前分布/种植区
9394	*Stephania tetrandra* S. Moore	粉防己（汉防己，石蟾蜍，金丝吊鳖）	Menispermaceae 防己科	多年生草质藤本；叶盾状着生，宽三角状卵形；头状聚伞花序；萼片、花瓣各为4；雄花有雄蕊4，雌花心皮1；核果	药用，有毒，观赏	中国	华东、华中、华南及台湾
9395	*Stephania viridiflavens* H. S. Lo et M. Yang	黄花地不容	Menispermaceae 防己科	落叶草质藤本；复伞形聚伞花序腋生或生于腋生的短枝上；花瓣橙黄色，聚药雄蕊长0.5～0.7mm，雌花序与雄花序异形	有毒		云南南部
9396	*Stephanotis floribunda* Brongn.	蜡花黑鳗藤（马岛茉莉）	Asclepiadaceae 萝藦科	木质藤本；单叶对生，厚革质；叶片宽卵状长圆至椭圆形；花序腋生，聚伞状；蓇葖果	观赏	马达加斯加	
9397	*Sterculia brevissima* H. H. Hsue ex Y. Tang, M. G. Gilbert et Dorr	短柄苹婆	Sterculiaceae 梧桐科	小乔木或灌木；叶集生于小枝顶端，纸质，倒披针形或倒披针状狭椭圆形；花序柔弱，为总状花序或圆锥花序；花粉红色；骨突果椭圆形，红褐色	观赏	中国	云南南部等地（西双版纳）
9398	*Sterculia ceramica* R. Br.	吕宋苹婆（沙拉苹婆，红头苹婆）	Sterculiaceae 梧桐科	小枝叶痕明显，冠幅大而圆润；圆锥花序腋生，杂性花；蓇葖果镰刀状肥厚，长约4cm，3～5个合生，成熟时由绿转红，内有1～2枚的种子，椭圆形	果树	菲律宾	台湾
9399	*Sterculia euosma* W. W. Sm.	粉苹婆	Sterculiaceae 梧桐科	乔木；叶革质，卵状椭圆形；总状花序聚生于小枝上部；花暗红色；蓇葖果矩圆形或矩圆状卵形	果树		云南腾冲、广西靖西、罗城、柳州
9400	*Sterculia foetida* L.	香苹婆（臭苹婆）	Sterculiaceae 梧桐科	乔木；枝轮生，平伸；叶聚生小枝顶端，掌状复叶，小叶7～9，小叶椭圆状披针形；圆锥花序直立，着生新枝的近顶部；蓇葖果木质	果树	马来西亚	云南、广西、广东、海南
9401	*Sterculia lanceolata* Cav.	假苹婆（鸡冠皮，山木锦）	Sterculiaceae 梧桐科	乔木；单叶互生，披针形或椭圆状披针形；圆锥花序腋生，淡红色，萼基部连合，向外开展如星状	观赏		云南、四川、贵州、广西、广东、
9402	*Sterculia monosperma* Vent.	苹婆（凤眼果，七姐果）	Sterculiaceae 梧桐科	亚热带常绿乔木；叶宽大，互生；圆锥花序从2年生枝条抽出，数十朵小花集成一穗；花有单性和两性，全花外观成四面玲珑的灯笼状	药用，观赏		广东、福建、台湾、云南

（续）

序号	拉丁学名	中文名	所属科	特征及特性	类别	原产地	目前分布/种植区
9403	*Sterculia pexa* Pierre	家麻树（棉毛苹婆）	Sterculiaceae 梧桐科	乔木；掌状复叶，小叶倒卵状披针形，叶背密被短柔毛；总状花序聚生小枝顶，花萼钟形，两性花；蓇葖果红褐色	观赏		云南、广西
9404	*Sterculia principis* Gagnep.	基苹婆	Sterculiaceae 梧桐科	灌木；单叶互生，椭圆形或条状椭圆形，柄及叶背有黑褐色的乳头状小斑点；总状花序或少分枝的圆锥花序；两性花；蓇葖果革质	观赏	中国云南金平、老挝、缅甸、泰国	云南
9405	*Stereospermum colais*（Buch.-Ham. ex Dillwyn）Mabb.	羽叶楸	Bignoniaceae 紫葳科	乔木；奇数羽状复叶；顶生圆锥花序；花小，黄色或淡红色；蒴果；花期5～7月，果期9～11月	观赏	中国	云南、广西
9406	*Steudnera colocasiifolia* K. Koch	泉七	Araceae 天南星科	多年生草本；茎短圆柱形；叶卵形，背面绿白色；佛焰苞卵状披针形或长圆披针形；雌花序圆柱形，背面3/4与佛焰苞合生，雄花序椭圆形	药用，有毒		云南西双版纳、广西金锈
9407	*Steudnera discolor* Bull.	斑叶香芋	Araceae 天南星科	多年生草本；叶薄革质，广卵形；叶背脉间有紫棕色斑；佛焰苞开展呈卵形；肉穗状花序	观赏	印度阿萨密、中国云南南部、缅甸、越南	云南
9408	*Stevia rebaudianum* Bertoni	甜叶菊（甜菊，甜草，糖草）	Compositae（Asteraceae）菊科	多年生半木质草本植物；须根系，茎单生或丛生；叶对生或轮生；两性花，由4～6朵小花集成头状花序；瘦果	经济作物（糖料类）	南美洲	江苏、福建、广东、浙江
9409	*Stewartia rostrata* Spongberg	长柱紫茎	Theaceae 山茶科	落叶小乔木；叶椭圆形，长6～9cm，宽2.5～3.6cm；苞片长卵形，长1.8cm；蒴果，卵形；种子具窄翅	生态防护，药用，观赏		江西、浙江
9410	*Stewartia rubiginosa* H. T. Chang	长叶紫茎	Theaceae 山茶科	落叶乔木；高15m；叶长圆形，长9～15cm，宽4～6cm；花梗长0.6～1cm；苞片肾形，长5～6mm，外被疏柔毛；果球形，无毛	药用，观赏		湖南西南部（紫云山）
9411	*Stewartia sinensis* Rehd. et E. H. Wilson	紫茎 （帽兰）	Theaceae 山茶科	乔木；树皮光滑而有斑驳；叶互生，纸质，椭圆形；花白色，单生叶腋；蒴果木质，尖圆锥形或卵状圆锥形	木材类，观赏	中国四川东部、安徽、江西、浙江、湖北	四川、湖南、湖北、江西、安徽、福建

（续）

序号	拉丁学名	中文名	所属科	特征及特性	类别	原产地	目前分布/种植区
9412	*Stipa baicalensis* Roshev.	贝加尔针茅（狼针草）	Gramineae (Poaceae) 禾本科	多年生；花序基部常藏于鞘内，外稃长 11～14mm，第一芒柱长 3～5cm，第二芒柱 1.5～2cm，芒针长约 10mm	饲用及绿肥		东北、华北、西北及西藏
9413	*Stipa breviflora* Griseb.	短花针茅	Gramineae (Poaceae) 禾本科	多年生；花序基部常为叶鞘所包，颖长 1～1.5cm，外稃长 5.5～7mm，芒两回膝曲，全被羽状毛	饲用及绿肥		华北、西北及四川、西藏
9414	*Stipa bungeana* Trin.	长芒草（本氏羽茅）	Gramineae (Poaceae) 禾本科	多年生草本；秆紧密丛生，高 20～60cm，具 2～5节；叶纵卷成针状；圆锥花序常为叶鞘所包，2～4 枚簇生，具芒；颖果	杂草		西北、华北
9415	*Stipa capillacea* Keng	丝颖针茅	Gramineae (Poaceae) 禾本科	多年生；基生和秆生叶舌长约 0.6mm，先端截平；花序紧缩，芒常扭结如鞭，颖长 2.5～3cm，先端伸出如丝状	饲用及绿肥		四川、西藏、青海及甘肃
9416	*Stipa capillata* L.	针茅	Gramineae (Poaceae) 禾本科	多年生草本；秆丛生，高 40～80cm；叶卷折成细丝状；圆锥花序下部包藏于叶鞘内，小穗草黄色，颖尖披针形，具芒；颖果	杂草		甘肃、新疆
9417	*Stipa caucasica* Schmalh.	镰芒针茅	Gramineae (Poaceae) 禾本科	多年生；颖先端丝芒状；外稃芒一回膝曲，芒柱长 1.6～2.2cm，芒针呈镰状弯曲，羽状毛长 3～5mm	饲用及绿肥		新疆、西藏及青海
9418	*Stipa caucasica* subsp. *glareosa*（P. A. Smirn.）Tzvelev	沙生针茅	Gramineae (Poaceae) 禾本科	多年生；外稃长 7～9mm，背部的毛呈条状，芒柱长约 1.5cm，具长柔毛，芒针长约 3cm，具长柔毛	饲用及绿肥		内蒙古、河北、西北及西藏
9419	*Stipa grandis* P. A. Smirn.	大针茅	Gramineae (Poaceae) 禾本科	多年生；秆生叶舌 3～10mm；外稃长 1.5～1.6 cm，第一芒柱长 7～10cm，第二芒柱长 2～2.5cm，芒针长 11～18cm	饲用及绿肥		东北、华北、西北
9420	*Stipa przewalskyi* Roshev.	甘青针茅（勃氏针茅）	Gramineae (Poaceae) 禾本科	多年生；基生叶舌长 0.5～1mm，秆生叶舌长 2～3mm；颖长 1.2～1.5cm，先端尖细呈尖尾状，外稃长 8～9mm	饲用及绿肥		华北、西北、四川、西藏

（续）

序号	拉丁学名	中文名	所属科	特征及特性	类别	原产地	目前分布/种植区
9421	*Stipa purpurea* Griseb.	紫花针茅	Gramineae (Poaceae) 禾本科	多年生；花序开展；小穗长1.3～1.8cm，颖长1.3～1.8cm，外稃长约1cm，芒两回膝曲	饲用及绿肥		四川、甘肃、青海、新疆和西藏
9422	*Stipa sareptana* A. K. Becker	新疆针茅	Gramineae (Poaceae) 禾本科	多年生；叶片下面被细刺毛；外稃长9～11mm，第一芒柱长约2.5mm，第二外稃长约10mm，芒针长约9cm	饲用及绿肥		新疆
9423	*Stipa subsessiliflora* (Rupr.) Roshev.	座花针茅	Gramineae (Poaceae) 禾本科	多年生；小穗长6～7mm；颖披针形，外稃长约5mm，芒两回膝曲，长2.2～2.7cm，芒柱具3mm的羽状毛，芒针无毛	饲用及绿肥		青海、甘肃及新疆
9424	*Stipa tianschanica* var. *gobica* (Roshev.) P. C. Kuo et Y. H. Sun	戈壁针茅	Gramineae (Poaceae) 禾本科	多年生；外稃长7.5～8.5mm；芒柱无毛，长1～1.5cm，芒针长4～6cm，具1mm以上的羽状毛	饲用及绿肥		华北、西北
9425	*Stipa tianschanica* var. *klemenzii* (Roshev.) Norl.	小针茅（石生针茅，克列门茨针茅）	Gramineae (Poaceae) 禾本科	多年生；颖长3～3.5cm；外稃顶端光滑，长约10mm，不具环毛，芒柱无毛，长1～2cm，芒针长10～15cm，具羽状毛	饲用及绿肥		内蒙古和宁夏
9426	*Stipagrostis grandiglumis* (Roshev.) Tzvelev	大颖三芒草	Gramineae (Poaceae) 禾本科	多年生；小穗长2.5～3cm，第一颖5～7脉，第二颖3脉，外稃长8～9mm，顶端2裂无毛，芒被羽状柔毛	饲用及绿肥		新疆、甘肃
9427	*Stipagrostis pennata* (Trin.) De Winter	羽毛三芒草	Gramineae (Poaceae) 禾本科	多年生；小穗长1.5～1.7cm，第一颖3～5脉，第二颖3脉，外稃长5～7mm，顶端平截并具一圈短毛，芒被羽状柔毛	饲用及绿肥，生态防护		新疆
9428	*Stizolobium hassjoo* Piper et Tracy	黄毛藜豆	Leguminosae 豆科	花萼密被柔毛或散生黄褐色刺毛；荚果被黑褐色刺毛；种子带褐黑色，具斑点	蔬菜，药用，饲用及绿肥	亚洲南部	云南、海南、广东
9429	*Stranvaesia amphidoxa* C. K. Schneid.	毛萼红果树	Rosaceae 蔷薇科	常绿灌木；叶椭圆形、长圆形或长圆状倒卵形；伞形花序，花萼密被黄色柔毛；果卵形，红黄色	观赏	中国浙江、江西、湖北、四川、贵州、云南、广西、湖南	浙江、江西、湖北、四川、贵州、云南

（续）

序号	拉丁学名	中文名	所属科	特征及特性	类别	原产地	目前分布/种植区
9430	*Stranvaesia davidiana* Decne.	红果树	Rosaceae 蔷薇科	常绿小乔木；叶革质，长圆形、长圆状披针形或倒披针形；复伞房花序；花朵白色，花药紫红色；果近球形，橘红色	观赏	中国云南、广西、贵州、四川、江西、陕西、甘肃、越南北部	陕西、甘肃、四川、贵州、云南、广西
9431	*Streblus asper* Lour.	鹊肾树（鸡仔，鸡琢树，加底）	Moraceae 桑科	常绿树种、乔木；叶革质，椭圆状倒卵形、椭圆形或倒卵形；单性花，雌雄同株，雄花排成头状花序，雌花单生或2～4朵聚生于叶腋；隐头果；核果，近球形；核果，种皮黄色	观赏	中国	西南部及华南各省份
9432	*Strelitzia angusta* Thunb.	白花鹤望兰	Musaceae 芭蕉科	树状，茎高达10m；叶生茎顶，形似芭蕉叶；叶柄具深沟槽；佛焰苞深紫色，长30～40cm，内外花被片皆白色	观赏	南非	
9433	*Strelitzia caudate* R. A. Dyer.	尾状鹤望兰	Musaceae 芭蕉科	似树状，茎高2～5m；叶片大，似芭蕉叶，革质；花序大，佛焰苞船形，粉红色，萼片白色，花瓣纯白色，与白花鹤望兰很相像；花期秋冬季	观赏	南非德兰市瓦省和斯威士兰	
9434	*Strelitzia nicolai* Regel et Korn.	尼古拉鹤望兰	Musaceae 芭蕉科	树状；叶长圆形；花序腋生，有2个大型佛焰苞，佛焰苞绿色染红棕色，舟状；萼片披针形，白色，下方1枚背具龙骨状脊突，箭头状花瓣天蓝色	观赏	南非纳塔尔省和开普敦省东部海岸	
9435	*Strelitzia reginae* Aiton	鹤望兰	Musaceae 芭蕉科	叶革质，长椭圆状；数朵花生于一总花梗上，下托一佛焰苞，佛焰苞舟状，绿色，边缘紫红，萼片橙黄，箭头状花瓣暗蓝色；花柱突出	观赏	南非开普敦省的东部和南部以及纳塔尔省	广东、福建、云南
9436	*Streptocaulon juventas* (Lour.) Merr.	马连鞍（南苦参，古羊藤）	Asclepiadaceae 萝藦科	木质藤本；具乳汁；具黄色绒毛；根圆柱状具瘤状突起和纵横纹；叶对生；花冠外黄绿内黄红；蓇葖果叉生	有毒		广西、云南
9437	*Streptolirion volubile* Edgew.	竹叶子（竹叶菜）	Commelinaceae 鸭跖草科	缠绕草本；常无毛或叶鞘疏被白色长柔毛；蝎尾状聚伞花序具1至数花，下部花两性，上部花为雄花，花无梗；蒴果卵状三棱形	饲用及绿肥	中国	华中、西南及辽宁、内蒙古、河北、山西、陕西、甘肃、浙江

（续）

序号	拉丁学名	中文名	所属科	特征及特性	类别	原产地	目前分布/种植区
9438	*Streptopus simplex* D. Don	腋花扭柄花	Liliaceae 百合科	多年生草本；花大，单生于叶腋，下垂；花被片 6，卵状长圆形，粉红色或者白色，具紫色斑点；子房近球形，3 室，花柱细长，柱头先端 3 裂，裂片向外反卷；浆果球形	观赏	中国云南西北部和西藏，尼泊尔，缅甸和印度	西藏、云南西北部
9439	*Striga asiatica*（L.）Kuntze	独脚金 （干草，矮脚子）	Scrophulariaceae 玄参科	一年生半寄生草本；高 10～20cm，被刚毛；基部叶狭披针形，其余的叶线形；花单朵腋生或茎顶端形成穗状花序，花冠常黄色；蒴果卵状	药用		云南、贵州、广西、广东、湖南、江西、福建、台湾
9440	*Striga masuria*（Buch.-Ham. ex Benth.）Benth.	大独脚金	Scrophulariaceae 玄参科	多年生草本；高 30～60cm，被刚毛；叶线形；花单生，少在茎顶端集成穗状花序，花冠上唇叉状凹缺；蒴果卵圆形	杂草		云南、四川、贵州、广西、广东、湖南、福建、台湾、江苏
9441	*Strobilanthes affinis*（Griff.）Terash. ex J. R. I. Wood et J. R. Benett.	顶头马蓝	Acanthaceae 爵床科	草本；茎基部多膝曲；叶对生，卵形；穗状花序圆柱状，顶生，花冠淡紫色；蒴果有微毛，种子 4 颗	观赏		贵州、云南
9442	*Strobilanthes atropurpurea* Nees	三花马蓝	Acanthaceae 爵床科	草本；叶卵形至椭圆状卵形；花 1～3 朵成紧缩的聚伞花序，花冠淡紫色；蒴果，种子 4 颗，有微毛	观赏		西藏、贵州、四川、广东、湖南、湖北、广西、江西、福建
9443	*Strobilanthes auriculata* var. *dyeriana*（Masters）J. R. Wood	红背马蓝	Acanthaceae 爵床科	多年生草本或常绿小灌木；叶椭圆状披针形或披针状卵圆形；穗状花序，花不显	观赏	缅甸	
9444	*Strobilanthes claviculatus* C. B. Clarke ex W. W. Sm.	棒果马蓝	Acanthaceae 爵床科	草本；高 70cm，直立；叶等大或不等大；花序顶生或腋生；花冠淡白色；蒴果棒状矩圆形	观赏		云南、四川、广东

（续）

序号	拉丁学名	中文名	所属科	特征及特性	类别	原产地	目前分布/种植区
9445	*Strobilanthes cusia* (Nees) Kuntze	马蓝（靛蓝）	Acanthaceae 爵床科	多年生草本；单叶对生，叶片卵状椭圆形；穗状花序顶生或腋生，花冠漏斗状，淡紫色；蒴果匙形，种子卵形，褐色	观赏		西南、华南及浙江、江西、湖南
9446	*Strobilanthes forrestii* Diels	腺毛马蓝	Acanthaceae 爵床科	草本；植株遍生柔毛和腺毛；单叶对生，卵形或卵状矩圆形；穗状花序，基部分枝，花冠紫色带白色	观赏	中国云南大理、丽江、中甸	云南、四川
9447	*Strobilanthes helicta* T. Anderson	曲序马蓝	Acanthaceae 爵床科	多年生；茎直立；叶片卵状披针形；穗状花序腋生；蒴果披针形	观赏		云南、西藏
9448	*Strobilanthes henryi* Hemsl.	南一笼鸡	Acanthaceae 爵床科	多年生草本；茎被毛；叶卵形或卵状椭圆形，具圆锯齿，两面被毛；假穗状花序；花萼线状披针形，连同苞片、小苞片被腺毛或柔毛	观赏	中国	云南、四川、贵州
9449	*Strobilanthes oligantha* Miq.	少花马蓝	Acanthaceae 爵床科	草本；叶宽卵形至椭圆形；花数朵集生成头形的穗状花序，花冠淡紫色；蒴果近顶端有短柔毛，种子4颗，有微毛	观赏		浙江、安徽、福建、湖南、湖北、四川
9450	*Strobilanthes pentstemonoides* (Nees) T. Anderson	球花马蓝	Acanthaceae 爵床科	多年生草本；叶对生，卵状椭圆形或椭圆形；花3～5朵集成头状的穗状花序，花冠深紫色；蒴果有腺毛，种子4，有微毛	观赏		西藏、云南、贵州、四川、浙江、广西、湖南、湖北
9451	*Strobilanthes tetrasperma* (Champ. Ex Benth.) Druce	四子马蓝	Acanthaceae 爵床科	直立或匍匐草本；叶纸质，卵形或近椭圆形；穗状花序短而紧密，通常仅有花数朵，花冠淡红色或淡紫色；蒴果顶部被柔毛	观赏		华南及四川、重庆、贵州、湖北、湖南、江西、福建、香港
9452	*Strobilanthes versicolor* Diels	变色马蓝	Acanthaceae 爵床科	草本或半灌木；叶卵形或椭圆状卵形；花1～3朵成紧缩的聚伞花序，花冠白色至全蓝色；花期6～7月	观赏	中国云南（丽江、中甸、大理、洱源）、西藏（吉隆、聂拉木、亚东）	西藏南部、云南西北部
9453	*Strobilanthes yunnanensis* Diels	云南马蓝	Acanthaceae 爵床科	灌木；高0.5～1.5m；叶膜质至草质，卵形；花序顶生和腋生于总花梗上部叶腋；花冠淡白，蓝色	观赏		云南

（续）

序号	拉丁学名	中文名	所属科	特征及特性	类别	原产地	目前分布/种植区
9454	*Stromanthe amabilis* (Linden) E. Moor.	可爱卧花竹芋	Marantaceae 竹芋科	株丛密实；叶片长圆状椭圆形，末端近截形；叶面绿色，侧脉间有宽灰色斑；叶背灰绿色	观赏	巴西	
9455	*Stromanthe porteana* Gris	波特卧花竹芋	Marantaceae 竹芋科	株高可达 2m；叶长可达 30cm，基部圆形，叶面亮绿色，沿侧脉有银白色条纹，叶背紫红色；花序苞片血红色	观赏	巴西	
9456	*Stromanthe sanguinea* Sond.	紫背竹芋（红背卧花竹芋）	Marantaceae 竹芋科	多年生常绿草本；根状茎肉质；叶椭圆至长圆形，厚革质，叶背紫红色或有绿色条纹；花序圆锥状，苞片及萼片樱桃红色，花瓣白色	观赏	巴西	
9457	*Strophanthus divaricatus* (Lour.) Hook. et Arn.	羊角拗（羊角扭，猫屎壳）	Apocynaceae 夹竹桃科	灌木；具乳汁；叶对生，椭圆状长圆形；聚伞花序顶生；花萼、花冠裂片及雄蕊 5；花冠漏斗状；副花冠 10 枚；蓇葖果	有毒		福建、广东、广西、贵州
9458	*Strophanthus hispidus* DC.	箭毒羊角拗	Apocynaceae 夹竹桃科	灌木；叶对生，椭圆形或椭圆状长圆形；聚伞花序顶生或生于枝端叶腋间；花冠黄色，副花冠有紫色斑点；蓇葖木质，狭披针形	药用，有毒	非洲	广东、广西、云南
9459	*Strophanthus sarmentosus* DC.	西非羊角拗	Apocynaceae 夹竹桃科	木质藤本；枝条顶部蔓延，有乳汁，全株无毛；茎有皮孔；叶薄纸质，卵圆形或椭圆形；聚伞花序生于侧枝的顶端	有毒，药用	西非	海南、云南西双版纳
9460	*Strophioblachia fimbricalyx* Boerl.	宿萼木	Euphorbiaceae 大戟科	灌木；高 2～4m；叶膜质，倒卵形、倒卵状披针形或椭圆形；花单性，雌雄同株；总状花序伞房状，顶生；雄花花萼 4～5 裂，无退化子房；雌花萼片 5，无花瓣；花盘环状，全缘；子房 3 室，近球形；蒴果钝三棱状球形	观赏	中国	广西、云南、海南
9461	*Strychnos angustiflora* Benth.	牛眼马钱（牛眼珠，高眼睛）	Loganiaceae 马钱科	藤状灌木；小枝变态成为螺旋状曲钩；叶对生，圆形至卵状渐尖；聚伞花序顶生，三歧；花冠白色或淡黄色；浆果	有毒		广东、广西、云南
9462	*Strychnos cathayensis* Merr.	牛耳椒三脉马钱	Loganiaceae 马钱科	攀缘灌木；除花序被极稀疏的柔毛外，余均无毛，枝圆柱状；聚伞花序稠密，花冠白色；果球形	有毒		广东、广西、云南

（续）

序号	拉丁学名	中文名	所属科	特征及特性	类别	原产地	目前分布/种植区
9463	*Strychnos ignatii* P. J. Bergius	马金长子	Loganiaceae 马钱科	木质大藤本；花序为复聚伞圆锥状，大多腋生，三歧分枝，稀疏，有10～20朵花；花5数，花冠白色，苍白色或淡黄色；子房卵圆形，无毛	有毒		海南、云南
9464	*Strychnos nitida* G. Don	长籽马钱（马钱藤）	Loganiaceae 马钱科	木质大藤本；树皮灰白色；叶对生，革质，椭圆形；花冠管圆筒状，白色；浆果球形，种子长圆形而扁	有毒		云南
9465	*Strychnos nux-vomica* L.	马钱（番木鳖，苦实）	Loganiaceae 马钱科	乔木；叶对生，革质，广卵形或近于圆形；聚伞花序顶生枝端；花白色，花冠筒状；浆果球形，种子圆盘形	有毒，药用		云南、海南
9466	*Strychnos ovata* A. W. Hill	密花马钱	Loganiaceae 马钱科	木质大藤本；叶卵形或长椭圆形；聚伞花序，花萼裂片宽卵形，花冠黄绿色；子房卵形；浆果圆球状	药用		海南
9467	*Strychnos umbellata* （Lour.） Merr.	伞花马钱	Loganiaceae 马钱科	木质藤本；叶卵形或卵状椭圆形；圆锥状聚伞花序；花常4数，花冠钟状，裂片长圆状披针形；子房卵形；浆果圆球状	药用，有毒		我国南部，以海南最多
9468	*Strychnos wallichiana* Steud. ex A. DC.	尾叶马钱（云南马钱）	Loganiaceae 马钱科	木质大藤本；树皮灰白色；卷须腋生，单生或成对；叶椭圆形；圆锥花序顶生；浆果球形，种子长圆形而扁	有毒		云南
9469	*Stylidium uliginosum* Sw.	花柱草（红口锁）	Stylidiaceae 花柱草科	一年生或多年生草本；单叶，对生，互生或簇生于茎上，或基生而呈莲座状排列，无托叶或托叶退化成鳞片状；花两性或单性，常左右对称	药用		广东、广西等沿海地区
9470	*Stylosanthes capitata* Vog.	头状柱花草	Leguminosae 豆科	多年生草本，基部木质化；小叶椭圆形，顶端急尖；花序多数花簇生，花小，黄色；荚果2节，具网脉，无毛	饲用及绿肥	南美洲	海南、广东等栽培
9471	*Stylosanthes guianensis* （AuBl-ume） Sw.	圭亚那柱花草（笔花豆）	Leguminosae 豆科	多年生草本；茎多分枝，密被茸毛；掌状三出叶；花序具2～40花，密集，花黄色；荚果扁平，具荚节1～2个	饲用及绿肥	南美洲	云南、广西、广东、福建、海南、台湾

（续）

序号	拉丁学名	中文名	所属科	特征及特性	类别	原产地	目前分布/种植区
9472	*Stylosanthes hamata* (L.) Taub.	有钩柱花草（加勒比柱花草）	Leguminosae 豆科	一年或越年生草本；茎被短绒毛；小叶披针形；花淡黄色；荚果具2荚节，顶端具2～5mm的环状小钩	饲用及绿肥		海南、广西、云南
9473	*Stylosanthes humilis* H. B. K.	矮柱花草（矮笔花豆）	Leguminosae 豆科	一年生草本；茎细长，平卧或斜升；三出叶，小叶披针形，先端渐尖；花序腋生，花小，黄色；荚果呈镰形，先端具短喙	饲用及绿肥	南美洲	广西、广东、海南
9474	*Stylosanthes scabra* Vog.	粗糙柱花草（西卡柱花草）	Leguminosae 豆科	多年生亚灌木状草本；茎多分枝，被刚毛；小叶长椭圆形，侧脉羽状；花黄色；荚果具2节荚，具短喙	饲用及绿肥	南美洲	广东、海南、广西、云南
9475	*Styrax confusus* Hemsl.	赛山梅	Styracaceae 安息香科	落叶灌木或小乔木；总状花序顶生，小枝上部常有单花，腋生或2～3朵集生叶腋，花白色	观赏		四川、广西、贵州、广东、湖南、湖北、安徽、江苏、江西、浙江、福建
9476	*Styrax dasyanthus* Perkins	垂珠花	Styracaceae 安息香科	落叶灌木或小乔木；圆锥花序顶生，小枝上部叶腋有单花或数朵花聚生，花白色	观赏		华中及山东、安徽、江苏、浙江、四川、贵州、福建、广西、云南
9477	*Styrax faberi* Perkins	白花龙	Styracaceae 安息香科	落叶灌木；幼枝密被星状柔毛；叶椭圆形、倒卵形或长圆状披针形；总状花序顶生，着花3～5朵，下部常单花腋生，白色；较耐旱	观赏		华东及四川、贵州、广西、广东、湖南、湖北、台湾
9478	*Styrax hemsleyanus* Diels	老鸹铃	Styracaceae 安息香科	落叶灌木或小乔木；总状花序顶生或腋生，顶生的基部有时具2～3分枝，花白色；	观赏	中国四川、贵州、陕西、湖北、湖南、河南	
9479	*Styrax japonicus* Siebold et Zucc.	野茉莉	Styracaceae 安息香科	小乔木；高达10m；总状花序顶生，长5～8cm，具花3～4，下部常有单花腋生；花白色，长1～2.5cm；花蕾时覆瓦状排列；雄蕊花丝分离部分下部被白色长柔毛，上部无毛，花柱近无毛	观赏	中国云南、贵州、广西，缅甸	秦岭、黄河以南，东起山东，西至云南东北部，南达台湾、广东

（续）

序号	拉丁学名	中文名	所属科	特征及特性	类别	原产地	目前分布/种植区
9480	*Styrax macranthus* Perkins	禄春安息香（大蕊野茉莉）	Styracaceae 安息香科	落叶小乔木；叶膜质至薄纸质，叶背脉腋具明显腋窝，被淡黄色簇毛；花单生叶腋，白色，雄蕊 10，花丝分离，被白色星状毛	观赏	中国云南文山、元阳、玉溪、双柏、景东、双江、耿马	云南
9481	*Styrax obassis* Siebold et Zucc.	玉铃花	Styracaceae 安息香科	落叶灌木或小乔木；小枝最下两叶对生，上部叶互生，背面被灰白色星状绒毛；总状花序顶生，白或粉红色，芳香；果卵形	观赏	中国北达辽宁凤城，南见山东烟台，安徽（荒山、岳西）、浙江、湖北、江西，以及朝鲜、日本	辽宁、山东、江苏、浙江、安徽、江西、湖南
9482	*Styrax odoratissimus* Champion ex Bentham	芳香安息香（郁香野茉莉）	Styracaceae 安息香科	落叶灌木或小乔木；总状花序，具花 10 余朵或更多，单花腋生或 2～4 朵花聚生，花白色	观赏	中国浙江、安徽、江苏、江西、湖北、福建、广东、广西、贵州	
9483	*Styrax roseus* Dunn	粉花安息香（粉花野茉莉）	Styracaceae 安息香科	落叶灌木或小乔木；总状花序顶生，具花 2～4 朵，小枝上部有单花腋生或 2 花并生，花白色稍带粉红色	观赏	中国云南彝良、大关、永善、盐津、镇雄、贡山	云南、四川西南部、贵州西部
9484	*Styrax suberifolius* Hook. Et Arn.	红皮树	Styracaceae 安息香科	灌木或乔木；高达 15m；花长 12～15mm，6 至多花集成总状花序或狭的圆锥花序；花冠裂片 4～5，长 8～10mm，在花蕾中作镊合状排列；雄蕊 8～10	蜜源		
9485	*Styrax tonkinensis* (Pierre) Craib ex Hartwich	滇安息香（白花树）	Styracaceae 安息香科	乔木；叶纸质，卵形；聚伞总状或圆锥状花序，被淡黄色星状毛，白色，具紫罗兰香味	观赏	中国云南景东、西双版纳、屏边、金平、河口、绿春，越南	云南、贵州、广西、广东、湖南
9486	*Styrax wilsonii* Rehder	小叶安息香（矮茉莉）	Styracaceae 安息香科	小灌木；株高 1～2m；叶小，椭圆形至倒卵形，长 2～3cm，上部边缘有疏而大的锯齿	观赏	中国四川西部	
9487	*Suaeda glauca* (Bunge) Bunge	碱蓬（碱蒿，盐蒿）	Chenopodiaceae 藜科	一年生草本；高 40～80cm；茎上部多分枝；叶丝状线形，半圆柱状；花两性或雌性，单生或2～6朵簇生叶近基部；胞果包于花被内	蔬菜，经济作物（油料类），饲用及绿肥	中国	东北、西北、华北及河南、山东、江苏、浙江

（续）

序号	拉丁学名	中文名	所属科	特征及特性	类别	原产地	目前分布/种植区
9488	*Suaeda paradoxa* (Bunge) Bunge	奇异碱蓬	Chenopodiaceae 藜科	一年生草本;高40～80cm;茎斜升或开展;叶互生,无柄,线形;花3～4朵成簇,单生或2～5个排列成团伞花序;胞果包于花被内	杂草		新疆、青海
9489	*Suaeda physophora* Pall.	囊果碱蓬	Chenopodiaceae 藜科	半灌木;木质茎分枝,灰褐色;花序圆锥状,生于苞腋及分枝的顶端,花被片果时被膨胀呈囊状,红色	饲用及绿肥		新疆(北部)和甘肃(西部)
9490	*Suaeda rigida* H. W. Kung et G. L. Chu	硬枝碱蓬	Chenopodiaceae 藜科	一年生草本;茎木质化,多分枝;叶线形,半圆柱状;团伞花序腋生,花两性兼有雌性,多数密集;胞果包于花被内	经济作物(油料类)		新疆南部
9491	*Suaeda salsa* (L.) Pall.	盐地碱蓬(翅碱蓬)	Chenopodiaceae 藜科	一年生草本;高20～80cm;茎具红紫色条纹;叶线形半圆柱形;花两性或兼有雌性,常3～5朵簇生叶腋,构成间断穗状花序;胞果	蜜源		东北、华北、西北及山东、江苏、浙江
9492	*Suaeda stellatiflora* G. L. Chu	星花碱蓬	Chenopodiaceae 藜科	一年生草本;高20～80cm;茎平卧或外倾;叶线形,半圆柱状,先端具芒尖;团伞花序腋生,常2～5花,花两性,单被;胞果双凸镜形	杂草		甘肃、宁夏、新疆
9493	*Suzukia shikkunensis* Kudo	台钱草	Labiatae 唇形科	草本;具匍匐茎;茎和叶两面被白色长硬毛;叶圆形、宽卵形或心形;轮生聚伞花序组成间断的总状花序;花冠鲜红色,筒状,近基部具毛环,冠檐二唇形	观赏	中国	台湾
9494	*Swertia bimaculata* (Siebold et Zucc.) Hook. f. et Thomson ex C. B. Clarke	獐牙菜	Gentianaceae 龙胆科	一年生草本;高0.3～1.4(～2)m;叶椭圆形至卵状披针形;大型圆锥状复聚伞花序疏松,开展,花冠黄色,具紫色小斑点;蒴果无柄	蜜源		西南、华中、华东、华南及甘肃、陕西、山西、河北
9495	*Swertia diluta* (Turcz.) Benth. et Hook. f.	当药(獐牙菜,淡味当药,地格达)	Gentianaceae 龙胆科	一年生草本;高20～40cm,复总状聚伞花序,花冠紫白色;蒴果卵形,种子近圆形	蜜源		吉林、河北、河南、山东、山西、陕西、甘肃、青海、内蒙古、浙江、四川

（续）

序号	拉丁学名	中文名	所属科	特征及特性	类别	原产地	目前分布/种植区
9496	*Swertia leducii* Franch.	青叶胆（肝炎草）	Gentianaceae 龙胆科	根长圆锥形，有的有分枝；表面黄绿色或黄棕色，下部常显红紫色，断面中空；叶对生，无柄；叶片多皱缩或破碎，完整者展平后呈条形或狭披针形	药用		云南
9497	*Swertia macrosperma* （C. B. Clarke）C. B. Clarke	大籽獐牙菜	Gentianaceae 龙胆科	多年生草本；高30～60cm；叶对生，卵状披针形或卵状三角形；复总状聚伞花序，花小，淡紫色，子房上位；蒴果圆锥形	杂草		四川、贵州、云南
9498	*Swertia marginata* Schrenk	膜边獐牙菜	Gentianaceae 龙胆科	多年生草本；花着生在顶端，圆锥花序；花冠淡黄色或淡绿蓝色，沿中脊为深蓝色或黑色，边缘膜质，花瓣5个，放射状开展，里面有两个并排的圆形或卵形的密腺，顶端梳苏状丝，淡黄色	观赏	中国新疆北部、克什米尔、前苏联、蒙古	新疆北部
9499	*Swietenia macrophylla* King	大叶桃花心木	Meliaceae 楝科	常绿乔木，间有旱季短期落叶，高40m；偶数羽状复叶，革质，对生或近对生，卵形；圆锥花序，腋生或近顶生，花小，黄绿色；蒴果大，木质，褐色，形似牛心，卵状；种子长菱形	林木，观赏	热带美洲，天然分布地域宽广，从墨西哥东部，直延伸至巴西西部	广东、广西、福建、海南、四川
9500	*Swietenia mahagoni* （L.）Jacq.	桃花心木	Meliaceae 楝科	常绿乔木；树冠圆球形，树皮红褐色；偶数羽状复叶；圆锥花序腋生；花小，黄绿色；蒴果木质，卵状矩圆形	观赏	美洲热带	广东、广西、云南、福建
9501	*Syagrus romanzoffiana* （Cham.）Glassman	金山葵（皇后葵）	Palmae 棕榈科	常绿乔木；叶羽状全裂，小叶多数，线形，绿色；雌雄同株；肉穗花序生于下部叶腋间；果球形或近倒卵形	观赏	巴西	
9502	*Sycopsis sinensis* Oliv.	水丝梨	Hamamelidaceae 金缕梅科	常绿乔木；雄花呈短穗状花序，花药红色，雌花6～14朵排列成头状花序，无花瓣	观赏	中国陕西、四川、云南、贵州、湖北、安徽、浙江、江西、福建、台湾、湖南、广东、广西	安徽、浙江、四川、贵州

（续）

序号	拉丁学名	中文名	所属科	特征及特性	类别	原产地	目前分布/种植区
9503	*Sympegma regelii* Bunge	合头草	Chenopodiaceae 藜科	落叶半灌木；高 30～100cm，花枝灰褐色，当年枝灰绿色，被乳头状毛；茎直立，多分枝，花枝灰褐色；叶互生，灰绿色，肉质，圆柱形，先端略尖；花两性；胞果扁圆形	饲用及绿肥		内蒙古、甘肃河西走廊、青海、新疆
9504	*Symphoricarpos albus*（L.）Blake	雪果	Caprifoliaceae 忍冬科	落叶小灌木；叶对生，卵形至卵状广椭圆形；短穗状花序顶生；花冠粉红色，裂片圆而短，反卷；浆果白色，球形	观赏	北美	
9505	*Symphoricarpos orbiculatus* Moench	圆叶雪果（山花毛核木）	Caprifoliaceae 忍冬科	落叶灌木，株高 0.6～1.5m，冠幅 1.2～2.4m；枝条呈红白色；花黄白色，略带粉色；果实呈紫红色，10 月成熟	观赏	北美	北京、上海
9506	*Symphoricarpos sinensis* Rehder	毛核木	Caprifoliaceae 忍冬科	叶菱状卵圆形；聚集成穗状花序顶生小枝端；花冠白色，钟形；果卵形，蓝黑色而被白粉	观赏	中国	甘肃、陕西、四川、云南西北部、贵州、广西
9507	*Symphyandra hoffmannii* Pant.	环铃花	Campanulaceae 桔梗科	多年生草本；叶倒卵形；顶生总状或圆锥花序；花白至乳白色，下垂；花期夏季	观赏	南斯拉夫西部	
9508	*Symphytum peregrinum* Ledeb.	聚合草（爱国草，友谊草）	Boraginaceae 紫草科	多年生草本，全株密被糙毛；基生叶密集成莲座状，长卵状披针形；花萼深 5 裂，花冠筒状钟形，浅 5 裂；小坚果斜卵形	饲用及绿肥	俄罗斯高加索地区	全国各地均可栽培
9509	*Symplocarpus foetidus*（L.）Salsb. ex W. Barton	臭菘（黑瞎子白菜）	Araceae 天南星科	多年生宿根草本；根茎粗壮，叶茎生；花序柄外围具鳞片；佛焰苞有线纹，暗青紫色；肉穗花序青紫色	有毒		黑龙江、松花江和乌苏里江流域
9510	*Symplocos anomala* Brand	台湾山矾	Symplocaceae 山矾科	常绿灌木；叶薄革质，卵形或矩圆形；总状花序腋生；花萼裂片长于萼筒，有睫毛；核果圆状状椭圆形	观赏	中国台湾	台湾
9511	*Symplocos lancifolia* Siebold et Zucc.	光叶山矾（甜茶）	Symplocaceae 山矾科	灌木或乔木；高约 20m；穗状花序腋生，花冠黄色，2.5～4 mm，雄蕊 15～40 个；核果椭圆体或球形，3～5mm×2～5mm	蜜源		长江以南

（续）

序号	拉丁学名	中文名	所属科	特征及特性	类别	原产地	目前分布/种植区
9512	*Symplocos lucida*（Thunb.）Siebold et Zucc.	棱角山矾（留春树）	Symplocaceae 山矾科	乔木；叶革质，狭椭圆形；穗状花序基部有分枝；花冠白色，裂片椭圆形；核果长圆形；花期3～4月，果期8～10月	观赏	中国	河南（道县）、江西（庐山）、浙江（杭州玉泉山）
9513	*Symplocos paniculata*（Thunb.）Miq.	白檀（碎米子树，乌子树）	Symplocaceae 山矾科	常绿灌木或小乔木；叶椭圆形或倒卵形；圆锥花序生于新枝顶端；花萼裂片有睫毛；核果蓝色，卵形	观赏	中国	东北、华北、长江以南各省份及台湾
9514	*Symplocos stellaris* Brand	老鼠矢（老鼠刺，毛灰树，羊舌树）	Symplocaceae 山矾科	常绿乔木；叶厚革质，下面灰白色，披针状椭圆形或狭矩圆状椭圆形；团伞花序着生于二年生枝的叶痕上；核果狭卵形	观赏	中国	长江以南各省份
9515	*Symplocos sumuntia* Buch.-Ham. ex D. Don	美丽山矾	Symplocaceae 山矾科	常绿乔木；叶厚革质，卵形或椭圆形；总状花序聚生于枝端叶腋；花萼裂片卵形；花冠白色；核果壶形	观赏	中国	广东、广西
9516	*Syncalathium kawaguchii*（Kitam.）Ling	合头菊	Compositae（Asteraceae）菊科	多年生草本；叶互生；头状花序含少数两性舌状花，密集成球形的复头状花序；总苞圆柱形；花冠舌片紫红色或粉红色；瘦果	观赏		四川、青海、云南、西藏
9517	*Synedrella nodiflora*（L.）Gaertn.	金腰箭（黑点旧）	Compositae（Asteraceae）菊科	一年生草本；茎高30～100cm，假二歧分枝；叶卵形或卵状披针形；头状花序常2～6个簇生叶腋；瘦果椭圆形	杂草		广东、海南、台湾、云南
9518	*Syneilesis aconitifolia*（Bunge）Maxim.	兔儿伞（贴骨伞，铁雨伞，一把伞）	Compositae（Asteraceae）菊科	多年生草本；根状茎匍匐；茎叶2枚，互生，叶片圆盾形，掌状深裂；头状花序多数，在顶端密集成复伞房状，淡红色；瘦果	观赏	中国东北、华北、华中及陕西、甘肃、贵州，俄罗斯远东，朝鲜和日本	东北、华北、华中
9519	*Syngonium auritum*（L.）Schott	牙买加合果芋	Araceae 天南星科	叶掌状分裂，幼株3裂，成年株5裂，肉质，平滑，有光泽，浓绿色	观赏	牙买加	
9520	*Syngonium macrophyllum* Engl.	大叶合果芋	Araceae 天南星科	叶大而厚，淡绿色，有光泽，叶片呈心形，较大，长22～30cm，宽15～20cm，先端渐尖，基心形，不分裂	观赏		

（续）

序号	拉丁学名	中文名	所属科	特征及特性	类别	原产地	目前分布/种植区
9521	*Syngonium podophyllum* Schott	合果芋（长柄合果芋，紫梗芋）	Araceae 天南星科	多年生常绿蔓性草本植物；茎节具气生根；含乳汁；叶片呈两型性；佛焰苞浅绿色或黄色；花期夏季	观赏	中美、南美热带雨林	
9522	*Synsepalum dulcificum* Daniell. ex Bell.	神秘果	Sapotaceae 山榄科	小乔木或灌木；叶片宽披针形；花白色，腋生；浆果长卵形，果皮红色，果肉白色	观赏	西非热带雨林	
9523	*Syringa chinensis* Willd.	什锦丁香	Oleaceae 木犀科	落叶灌木；枝条灰褐色，细长而直立向上；叶卵状披针形，半革质；圆锥花序由侧芽抽生，长8～17 cm或更长，花香，淡紫色、粉红色等	观赏	法国	
9524	*Syringa emodi* Wall.	喜马拉雅丁香	Oleaceae 木犀科	落叶灌木；小枝灰褐色，具明显疣状突起；叶长圆形；圆锥花序，被短柔毛；花瓣 4 裂片，披针形，花药黄色；蒴果光滑无疣	观赏	中国	西藏
9525	*Syringa josikaea* Jacq. f. ex Kchb.	匈牙利丁香	Oleaceae 木犀科	落叶灌木；枝黄褐色；叶宽卵圆形至长椭圆形或卵形；圆锥花序由顶芽抽生，长 10～22 cm，花序轴被毛；花冠紫色或淡紫，花冠管漏斗形	观赏	欧洲喀尔巴阡山及阿尔卑斯山	
9526	*Syringa komarowii* C. K. Schneid.	西蜀丁香	Oleaceae 木犀科	落叶灌木或小乔木；幼枝粗壮被柔毛；叶卵状长椭圆至披针形，叶背有柔毛，圆锥花序下垂；花紫红至淡粉紫色，花冠瓣片直立	观赏	中国甘肃南部、陕西南部、云南北部及四川	甘肃、陕西、云南、四川
9527	*Syringa komarowii* subsp. *reflexa*（C. K. Schneid.）P. S. Green et M. C. Chang	垂丝丁香	Oleaceae 木犀科	落叶灌木；叶卵状椭圆至长椭圆状披针形或椭圆状倒卵形；圆锥花序窄圆筒形，下垂或倒挂如藤萝；花冠淡粉紫或外红内白	观赏	中国四川东北部及湖北西部	广西、四川、湖北
9528	*Syringa mairei*（H. Lév.）Rehder	皱叶丁香	Oleaceae 木犀科	落叶灌木；小枝密生绒毛；叶椭圆形或卵形，叶面密生毛并呈皱状，叶背密被长柔毛，中脉及侧脉突出；圆锥花序序轴密被灰色柔毛；花白色，萼密被柔毛	观赏	中国四川西部、云南北部、西藏东南部	云南、四川、西藏

（续）

序号	拉丁学名	中文名	所属科	特征及特性	类别	原产地	目前分布/种植区
9529	*Syringa meyeri* C. K. Schneid.	蓝丁香	Oleaceae 木犀科	落叶灌木；叶椭圆状卵形或椭圆状倒卵形，叶脉基部合生，有毛；圆锥花序，花蓝紫色，花萼深蓝紫色，花药紫色	观赏	中国河南、河北	华北山区
9530	*Syringa oblata* Lindl.	华北紫丁香	Oleaceae 木犀科	落叶灌木；叶卵圆形或肾形，宽常大于长，先端锐尖，基部心形或截形；圆锥花序由枝端的侧芽发出，花堇紫色、紫色或蓝紫	观赏	中国	吉林、辽宁、内蒙古、河北、河南、山西、陕西、山东、甘肃、青海、四川
9531	*Syringa oblata* subsp. *dilatata* (Nakai) P. S. Green et M. C. Chang	朝鲜丁香	Oleaceae 木犀科	落叶灌木；幼枝淡红褐色，平滑无毛；叶卵圆形，叶柄细长，淡红色；圆锥花序由侧芽发出，大而疏松，花冠紫色或白色	观赏	朝鲜中、北部，中国青海	青海
9532	*Syringa persica* L.	花叶丁香	Oleaceae 木犀科	丛生灌木；枝直立；叶卵状披针形至长椭圆状卵形；花序圆锥状，松散，顶生和梢部腋生呼喝组成；花紫堇色	观赏	中国	我国西部至中部
9533	*Syringa pinetorum* W. W. Sm.	松林丁香	Oleaceae 木犀科	落叶灌木；叶卵状披针形至卵形，叶面疏生毛或平滑无毛，叶背仅沿叶脉有毛；圆锥花序侧生，花淡粉红色，花药黄色，内藏	观赏	中国云南西北部、四川西部、西藏东南部	云南、四川、西藏
9534	*Syringa pinnatifolia* Hemsl.	羽叶丁香	Oleaceae 木犀科	落叶灌木；高 1～3m；奇数羽状复叶，小叶7～9；圆锥花序侧生于去年生小枝上，花冠筒白色或粉红色，檐部 4 裂；蒴果圆锥状	药用，观赏		陕西、四川、青海
9535	*Syringa potaninii* C. K. Schneid.	山丁香	Oleaceae 木犀科	落叶灌木；高 3 m；小枝密生绒毛；叶卵形，叶面疏生短柔毛，叶背密生柔毛；蒴果光滑	观赏	中国甘肃、云南、四川	甘肃、云南、四川
9536	*Syringa protolaciniata* P. S. Green et M. C. Chang	华丁香	Oleaceae 木犀科	落叶灌木；叶全缘或分裂，披针形、长圆状椭圆形或倒卵形，叶背具明显的黑色腺点；圆锥花序，花淡紫色或紫色，花药黄绿色	观赏	中国甘肃东部和南部、青海东部	我国北方

（续）

序号	拉丁学名	中文名	所属科	特征及特性	类别	原产地	目前分布/种植区
9537	*Syringa pubescens* subsp. *julianae* (C. K. Schneid.) M. C. Chang et X. Y. Chen	光萼丁香	Oleaceae 木犀科	落叶灌木；叶椭圆状卵形，有柔毛；圆锥花序，序轴被柔毛；花青堇色，芳香，萼堇紫色；花药位于花冠筒口内，果实表面多疣状突起	观赏	中国湖北西部、秦岭北坡	湖北、陕西、河南
9538	*Syringa pubescens* subsp. *microphylla* (Diels) M. C. Chang et X. L. Chen	秦岭丁香	Oleaceae 木犀科	落叶灌木或小乔木；叶椭圆形，沿中脉有柔毛；圆锥花序，粉紫色，总序轴被柔毛；花药紫色；蒴果镰刀状，被星状毛	观赏	中国	湖北、陕西
9539	*Syringa pubescens* subsp. *patula* (Palib.) M. C. Chang et X. L. Chen	关东丁香	Oleaceae 木犀科	灌木或小乔木；叶薄革质或厚革质，圆卵形至肾形；圆锥花序发自侧芽；花冠紫色；蒴果压扁状，顶端尖，光滑	观赏	中国	吉林、辽宁、华北、山东、陕西、甘肃、四川
9540	*Syringa pubescens* Turcz.	巧玲花	Oleaceae 木犀科	落叶灌木；叶卵形、菱状卵形或椭圆状卵形，叶背疏生柔毛或沿叶脉有柔毛；圆锥花序较密，花紫或淡紫色，花筒细长，具浓香，花药紫色	观赏	中国辽宁、河北、河南、山西、陕西、甘肃、青海	
9541	*Syringa reticulata* (Blume) H. Hara	日本丁香	Oleaceae 木犀科	落叶灌木；叶片大型，宽卵形，基部圆形或稍心形，叶背具短柔毛，沿中脉尤密；蒴果具稀疏皮孔	观赏	日本	
9542	*Syringa reticulata* subsp. *amurensis* (Rupr.) P. S. Green et M. C. Chang	暴马丁香	Oleaceae 木犀科	落叶小乔木或大乔木，高 4～10m；叶片厚纸质，宽卵形或长圆状披针形；圆锥花序；果长椭圆形	药用，经济作物（香料类）	中国	黑龙江、吉林、辽宁
9543	*Syringa reticulata* subsp. *pekinensis* (Rupr.) P. S. Green et M. C. Chang	北京丁香	Oleaceae 木犀科	落叶灌木或小乔木；叶卵形至卵状披针形，叶背侧脉不隆起或略隆起；圆锥花序由侧芽发出，花白色，花冠管短	观赏	中国河北、河南、山西、陕西、甘肃、内蒙古	河北、河南、山西、陕西、甘肃、青海
9544	*Syringa sweginzowii* Koehne et Lingelsh.	四川丁香	Oleaceae 木犀科	落叶灌木或小乔木；叶长椭圆形；花淡紫色，甜香；花药在花冠筒口之下；蒴果顶端尖，表面光滑	观赏	中国四川西部、西北部、湖北、陕西、甘肃、青海	四川、湖北、陕西、甘肃、青海

（续）

序号	拉丁学名	中文名	所属科	特征及特性	类别	原产地	目前分布/种植区
9545	*Syringa tibetica* P. Y. Bai	藏南丁香	Oleaceae 木犀科	落叶小乔木；小枝红褐色，密被短柔毛；叶长椭圆形，叶背密被柔毛，或沿叶脉被柔毛；圆锥花序，花冠白色，花药黄色	观赏	中国西藏吉隆	西藏
9546	*Syringa tomentella* Bureau et Franch.	毛丁香	Oleaceae 木犀科	落叶灌木；幼枝疏生短柔毛；叶椭圆或椭圆状披针形，叶面脉上生柔毛，叶背有短柔毛；圆锥花序，花淡紫或近白色	观赏	中国云南、四川的高山	云南、四川
9547	*Syringa villosa* Vahl	红丁香（香多罗）	Oleaceae 木犀科	落叶灌木；叶椭圆形，叶背有白粉，沿中脉有毛；圆锥花序密集，序轴有柔毛，基部具2对小叶；花冠堇紫色、紫或白色，芳香	观赏	中国辽宁、河北、山西、陕西	辽宁、河北、山西、陕西
9548	*Syringa vulgaris* L.	欧洲丁香	Oleaceae 木犀科	落叶灌木；叶卵形或广卵形，羽状脉，中脉表面平，背面稍凸起；圆锥花序由侧芽发出，花淡蓝紫色、白色，花药黄色	观赏	乌克兰以西、喀尔巴阡山及整个巴尔干半岛	
9549	*Syringa wardii* W. W. Sm.	圆叶丁香	Oleaceae 木犀科	落叶灌木或小乔木；叶圆形，叶背稍白，叶柄稍带红色；圆锥花序，序轴被浅灰色短柔毛，花冠瓣片顶端呈钩状；花药黄色，果不显	观赏	中国	云南、四川
9550	*Syringa wolfii* C. K. Schneid.	辽东丁香	Oleaceae 木犀科	落叶灌木；树皮灰色有沟；叶对生，长圆形；顶生圆锥花序大而松散；花深红色，芳香；蒴果	观赏		东北及内蒙古
9551	*Syringa yunnanensis* Franch.	云南丁香	Oleaceae 木犀科	落叶灌木；幼枝红褐色，具明显皮孔；叶椭圆形或椭圆状披针形；圆锥花序顶生，被稀疏短柔毛；花冠漏斗状，淡粉紫色，芳香；花萼无毛	观赏	中国云南中甸、丽江，四川西南，西藏	云南、四川、西藏
9552	*Syzygium acuminatissimum* (Blume) DC.	肖蒲桃（岭模，高根段，火炭木）	Myrtaceae 桃金娘科	乔木；高7～15m；小枝无毛；圆锥花序顶生或腋生，无毛；花白色；花萼杯状，顶部近截平；花瓣4，近圆形；雄蕊多数；子房下位，花柱短，近圆柱形	观赏		广东、广西
9553	*Syzygium araiocladum* Merr. et L. M. Perry	线枝蒲桃	Myrtaceae 桃金娘科	常绿树种、乔木；叶革质，卵状披针形，顶端长尾状渐尖；聚伞花序顶生或生于上部腋内，花蕾长梨形，萼管粉白色；果近球形，熟时灰白色；种子圆球形	观赏	中国	海南、广西

（续）

序号	拉丁学名	中文名	所属科	特征及特性	类别	原产地	目前分布/种植区
9554	*Syzygium aromatica* Baill.	丁香（丁子香，鸡舌香）	Myrtaceae 桃金娘科	常绿乔木；叶对生，卵状长圆形；聚伞圆锥花序顶生；花萼长管状，绿色转紫色；花瓣白色稍带淡紫；浆果红棕色	有毒	印度尼西亚马鲁古群岛	海南、广东、广西
9555	*Syzygium bullockii*（Hance）Merr. et L. M. Perry	黑嘴蒲桃（黑嘴树，碎叶子）	Myrtaceae 桃金娘科	灌木或小乔木；高约5m，聚伞状花序顶生，花无梗，浆果，卵形，成熟后红色	果树		海南岛
9556	*Syzygium buxifolioideum* H. T. Chang et R. H. Miao	赤楠蒲桃（榆林木，山乌株）	Myrtaceae 桃金娘科	常绿灌木；小枝有棱，分枝密，叶对生近似黄杨，高1～5m，长椭圆形，长1.5～3cm，宽1～2cm；聚伞花序生枝顶；果球形，直径5～7mm	果树		华南
9557	*Syzygium buxifolium* Hook. et Arn.	赤楠	Myrtaceae 桃金娘科	灌木或小乔木；叶片革质，阔椭圆形至椭圆形，上面干后暗褐色，下面稍浅色，有腺点；聚伞花序顶生；果实球形	观赏	中国	安徽、浙江、台湾、福建、江西、湖南、广东、广西、贵州
9558	*Syzygium chunianum* Merr. et L. M. Perry	乌营（密脉蒲桃，焕镛蒲桃，陈氏蒲桃）	Myrtaceae 桃金娘科	常绿树种、乔木；达25～30m；叶革质，单叶对生，椭圆或长椭圆形；表面深绿色，背面浅绿；两性花，圆锥花序顶生和腋生，白色；浆果，球形	观赏	中国	海南、广西
9559	*Syzygium claviflorum*（Roxb.）Wall. ex Steud.	棒花蒲桃	Myrtaceae 桃金娘科	灌木至小乔木；叶薄革质，狭长圆形至椭圆形；聚伞花序或伞形花序腋生于无叶老枝上，有花3～9朵，花白色；果长椭圆形或长壶形	果树		海南
9560	*Syzygium conspersipunctatum*（Merr. et L. M. Perry）Craven et Biffin	多腺水翁（山双本，山乌墨）	Myrtaceae 桃金娘科	常绿乔木；叶对生，单叶、倒卵椭圆形；两性花，小，聚伞花序顶生，圆锥花序式排列，白色；浆果，球形至扁球形，成熟时紫褐色；种子球形至扁球形	观赏	中国	海南
9561	*Syzygium cumini*（L.）Skeels	乌墨蒲桃（海南蒲桃，海南莲雾）	Myrtaceae 桃金娘科	常绿乔木；高7～14m，聚伞花序侧生或顶生，花白色，芳香，浆果，长圆形至圆球形，紫红或黑色	观赏	中国	福建、广东、广西、云南
9562	*Syzygium euonymifolium*（F. P. Metcalf）Merr. et L. M. Perry	卫矛叶蒲桃	Myrtaceae 桃金娘科	乔木；高达12m；叶薄革质，阔椭圆形；聚伞花序腋生，花瓣分离，圆形；果实球形	果树		海南、广东、广西

（续）

序号	拉丁学名	中文名	所属科	特征及特性	类别	原产地	目前分布/种植区
9563	*Syzygium fluviatile* (Hemsl.) Merr. et L. M. Perry	水边蒲桃	Myrtaceae 桃金娘科	灌木；高1～3m；花瓣多少粘合成帽状体，早落，雄蕊多数，花柱长5～6mm；浆果近球形，成熟时黑色	果树		海南、云南
9564	*Syzygium formosanum* (Hayata) Mori	尖萼蒲桃	Myrtaceae 桃金娘科	灌木；叶革质，长圆形；聚伞花序顶生于枝顶叶腋，3次分枝，花瓣4，近圆形，多少连合成帽状	果树		台湾
9565	*Syzygium fruticosum* (Roxb.) DC.	灌木蒲桃	Myrtaceae 桃金娘科	乔木；高达12m；圆锥花序生于无叶老枝上，长4～7cm；花无梗，5～7朵簇生；花瓣4，分离，圆形，宽1～1.5mm，雄蕊多数，长1.5～2.5mm；子房下位，花柱与雄蕊等长	果树		云南
9566	*Syzygium jambos* (L.) Alston	蒲桃（香果，风鼓）	Myrtaceae 桃金娘科	乔木；叶披针形或长圆形；聚伞花序顶生，萼筒倒圆锥形，花瓣分离，阔卵形；果实果心空，有种子1～2粒	果树，有毒		台湾、福建、广东、海南、广西、贵州、云南
9567	*Syzygium kusukusense* (Hayata) Mori	台湾蒲桃	Myrtaceae 桃金娘科	灌木；叶革质，椭圆形或倒卵状椭圆形；聚伞花序排成圆锥花序，生于枝顶叶腋内，常3朵簇生，花瓣圆形	果树		台湾
9568	*Syzygium levinei* (Merr.) Merr. et L. M. Perry	山蒲桃	Myrtaceae 桃金娘科	常绿乔木；高达24m；叶革质，椭圆形或卵状椭圆形；圆锥花序顶生和上部腋生，多花，白色，花序轴多糠秕或乳状突；果近球形，种子1颗	果树		广东、广西
9569	*Syzygium malaccense* (L.) Merr. et L. M. Perry	马六甲蒲桃（大果莲雾）	Myrtaceae 桃金娘科	乔木；高15m；叶革质，狭椭圆形至椭圆形；聚伞花序生于无叶老枝上，花4～9朵簇生，花红色；果实卵圆形或壶形	果树	马六甲	台湾、云南
9570	*Syzygium megacarpum* (Craib) Rathakr. et N. C. Nair	阔叶蒲桃	Myrtaceae 桃金娘科	常绿乔木；叶对生，革质，狭矩圆状椭圆形，叶柄粗；聚伞花序生枝顶，花大，白色，芳香，花瓣4，分离；核果状浆果，近球形，红色；	观赏	中国广西、广东、云南南部及西南部	云南、广东、海南、广西
9571	*Syzygium nervosum* DC.	水翁（水榕）	Myrtaceae 桃金娘科	常绿乔木；花圆锥花序，淡白色，花萼钟状，浆果，近球形，熟后紫黑色	果树		广东、广西、云南、海南

（续）

序号	拉丁学名	中文名	所属科	特征及特性	类别	原产地	目前分布/种植区
9572	*Syzygium oblatum*（Roxb.）Wall. ex Steud.	帽瓣蒲桃	Myrtaceae 桃金娘科	乔木；高12～20m；花序顶生或少许腋生，圆锥聚伞花序；花瓣4，白色，卵形；雄蕊长于花被片；花柱与雄蕊近等长	果树		云南
9573	*Syzygium odoratum*（Lour.）DC.	香花蒲桃（白兰，白赤榔，红三门）	Myrtaceae 桃金娘科	常绿树种、乔木；高达15～20m；叶革质，长椭圆形至卵状披针形；两性花，聚伞花序顶生或腋生，白色；浆果，核球形，顶冠以宿存的短萼裂片、被白粉	观赏	中国	海南、广西
9574	*Syzygium polyanthum* Walp	多花蒲桃	Myrtaceae 桃金娘科	常绿小乔木；叶有对生、互生或丛生枝顶，披针形，全缘，革质；春季至夏季开花，聚伞花序，花丝金黄色	果树	马来西亚	广东
9575	*Syzygium polypetaloideum* Merr. et L. M. Perry	假多瓣蒲桃	Myrtaceae 桃金娘科	灌木；高2～3m；叶片狭披针形；聚伞花序通常顶生，有时腋生；花白色；果实球形	果树		广西百色至云南西双版纳一带
9576	*Syzygium rysopodum* Merr. et L. M. Perry	皱萼蒲桃	Myrtaceae 桃金娘科	乔木；高达20m；叶片革质，椭圆形；聚伞花序通常顶生；果实梨形或椭圆形，成熟时红色	果树		海南
9577	*Syzygium samarangense*（Blume）Merr. et L. M. Perry	洋蒲桃（金山蒲桃，莲雾）	Myrtaceae 桃金娘科	乔木；叶片薄革质，椭圆形至长圆形；聚伞花序顶生或腋生；花白色；萼管倒圆锥形；果实梨形或圆锥形，肉质，洋红色	果树	马来西亚	广东、福建、云南、台湾
9578	*Syzygium szemaoense* Merr. et L. M. Perry	矛蒲桃	Myrtaceae 桃金娘科	常绿小乔木或乔木；花序较短，花柄短或无，花瓣分离；果椭圆状卵形、熟时紫色；	果树		云南
9579	*Tabebuia argentea*（Bur. et K. Schum.）Britt.	银叶钟花树	Bignoniaceae 紫葳科	常绿乔木，高8m；掌状复叶，有小叶5～7片，全缘，具长柄，银白色，两面密生鳞片；圆锥花序，花大，黄色；花期夏春；蒴果	观赏	南美热带的巴拉圭	
9580	*Tabernaemontana bovina* Lour.	药用狗牙花	Apocynaceae 夹竹桃科	常绿灌木；高2～4m；聚伞花序腋生，着花月9朵，花蕾圆筒形，花冠白色	观赏	中国广东、海南、云南	

（续）

序号	拉丁学名	中文名	所属科	特征及特性	类别	原产地	目前分布/种植区
9581	*Tabernaemontana bufalina* Lour.	单根木	Apocynaceae 夹竹桃科	灌木；高1～3m；假伞房多歧聚伞花序腋生，稀假顶生；花蕾圆筒状，顶端急尖；花萼5裂，内面有腺体；花冠白色，花冠裂片5枚	有毒		广东、海南
9582	*Tabernaemontana divaricata* （L.）R. Br. ex Roem. et Schult.	单瓣狗牙花（白狗牙，狮子花）	Apocynaceae 夹竹桃科	灌木或小乔木；叶对生，椭圆形；聚伞花序常成双腋生；花萼5裂，花瓣边缘皱褶；蓇葖果，种子3～6颗	有毒		台湾、云南、广东
9583	*Tabernaemontana pandacaqui* Lam.	毛叶狗牙花	Apocynaceae 夹竹桃科	灌木；聚伞花序伞房伏，三歧，腋生，被短柔毛，着花多朵；花冠无毛，花冠筒圆筒状，近花冠喉部膨大，裂片倒三角形，向左覆盖；雄蕊近花冠喉部着生	观赏	广东	
9584	*Tacca chantrieri* André	箭根薯（老虎花，山大黄）	Taccaceae 蒟蒻薯科	多年生草本；根茎圆柱形；叶长圆形或长椭圆形；总苞4片，小苞片线形；伞形花序，花被裂片6；子房下位；浆果	有毒		江西、湖南、广东、广西、云南
9585	*Tacitus bellus* Moran et Meyrán	齐花山景天	Crassulaceae 景天科	多浆多年生草本；叶簇生，倒卵形下延；花茎腋生，上面生一个或数个聚伞花序；花有长柄，5数；花瓣5；种子小	观赏	墨西哥西部	
9586	*Tadehagi triquetrum* （L.） H. Ohashi	葫芦茶（百劳舌，牛虫草，懒加舌）	Leguminosae 豆科	半灌木状草本或半灌木；茎高40～90cm；叶互生，狭披针形至卵状披针形；总状花序腋生，花冠紫红色；荚果线状长圆形	药用，观赏		云南、广东、广西、台湾、福建
9587	*Taeniatherum caput-medusae* （L.）Nevski	带芒草	Gramineae （Poaceae） 禾本科	草本，高18～75cm；秆细弱，通常基部分枝；外稃和颖片均具芒，外稃的芒明显长于颖片的芒	粮食		
9588	*Taeniophyllum glandulosum* Blume	带叶兰	Orchidaceae 兰科	植株体很小，无绿叶，具发达的根；几无茎，被多数褐色鳞片；总状花序1～4个，具1～4朵小花，花黄绿色，很小；蒴果椭圆状椭圆形	易危种		四川、云南及华南
9589	*Tagetes erecta* L.	万寿菊（臭芙蓉）	Compositae （Asteraceae） 菊科	叶羽状全裂，裂片披针形或长矩圆形，叶缘背面具数个大油腺点，有异味；头状花序，花色有淡黄、金黄、橙黄、橘红至复色，舌状花有长爪，边缘皱曲	观赏	墨西哥	全国各地均有分布

（续）

序号	拉丁学名	中文名	所属科	特征及特性	类别	原产地	目前分布/种植区
9590	*Tagetes lucida* Cav.	香叶万寿菊	Compositae (Asteraceae) 菊科	多年生宿根草本，茎高 30～50cm；叶长圆状披针形，有尖细锯齿，具芳香；头状花序，直径约 1.5cm，在枝顶端簇生；舌状花金黄色或橙黄色，管状花黄色	观赏	墨西哥	
9591	*Tagetes patula* L.	孔雀草	Compositae (Asteraceae) 菊科	一年生草本植物；茎带紫色；叶对生或互生，羽状全裂，叶具油腺点，有异味；头状花序单生，舌状花黄色，基部或边缘红褐色	观赏	墨西哥	全国各地均有分布
9592	*Tagetes tenuifolia* Cav.	细叶万寿菊	Compositae (Asteraceae) 菊科	一年生草本；株高 30～60cm，叶羽裂，线形至长圆形；头状花序顶生，径约 2.5cm. 舌状花淡黄色或橙黄色，基部色深或有赤色条斑	观赏	墨西哥	
9593	*Taihangia rupestris* T. T. Yu et C. L. Li	太行花	Rosaceae 蔷薇科	多年生草本；根状茎粗壮；基生叶为单叶；单花顶生，雄花和两性花同株或异株；托杯倒圆锥形或陀螺形；花盘环状，无毛；花柱顶生；瘦果被柔毛	观赏	中国河南北部（太行山）	河南、河北
9594	*Tainia dunnii* Rolfe	带唇兰	Orchidaceae 兰科	地生兰；假鳞茎圆柱状；叶椭圆状披针形；总状花序疏生；花苞片披针形；花淡黄色，萼片和花瓣等长	观赏	中国	江西、浙江、福建、广东、四川中部和东南部
9595	*Tainia emeiensis* (K. Y. Lang) Z. H. Tsi	峨眉带唇兰	Orchidaceae 兰科	植株高 23cm；假鳞茎弧曲上举，顶生 1 枚叶，叶椭圆形；花葶被 2～3 枚筒状鞘；总状花序具 3 朵花	观赏		四川
9596	*Tainia latifolia* (Lindl.) Rchb. f.	宽叶带唇兰	Orchidaceae 兰科	地生兰；假鳞茎圆柱状；叶单生，矩圆形或椭圆形；总状花序疏生；花苞片小，卵状披针形；花淡黄色，萼片条形	观赏	中国	广东、海南、云南
9597	*Tainia ruybarrettoi* (S. Y. Hu et Barretto) Z. H. Tsi	南方带唇兰	Orchidaceae 兰科	附生兰；假鳞茎暗绿色或暗紫色，卵球形；叶深绿色，披针形；花葶长 30～45cm；总状花序，疏生 5～28 朵花；花暗红黄色；花瓣带紫条纹，唇瓣白色，亦具紫条纹	观赏	中国海南琼中、陵水、乐东等地	

（续）

序号	拉丁学名	中文名	所属科	特征及特性	类别	原产地	目前分布/种植区
9598	*Taiwania cryptomerioides* Hayata	秃杉	Taxodiaceae 杉科	常绿大乔木；高达 75m，胸径 3.65m；雌雄同株，雄球花 27 簇生枝顶，雌球花单生枝顶，每球鳞具 2 枚胚珠；球果，种鳞宽倒三角形	林木，观赏	中国	云南、湖北、贵州
9599	*Talinum paniculatum* (Jacq.) Gaertn.	土人参（土洋参）	Portulacaceae 马齿苋科	一年生草本；全株肉质，高达约 60cm；主根粗壮，形似人参；叶互生，倒卵形或倒卵状披针形；花小，常为淡紫红色；瘦果近球形	药用，观赏	中国中南部、热带拉丁美洲	我国中部和南部以至台湾各省份
9600	*Tamarindus indica* L.	罗望子（酸角，酸梅）	Leguminosae 豆科	常绿乔木；偶数羽状复叶，互生，小叶长圆形，夜间合上；花两性，花序生于枝顶，花黄色或杂以紫红色条纹；荚果圆柱状长圆形	果树，药用，有毒		台湾、海南、福建、广东、广西、四川、云南、贵州
9601	*Tamarix androssowii* Litv.	白花柽柳	Tamaricaceae 柽柳科	落叶小乔木；常灌木状丛生生长；花序总状，单生或 2～4 穗簇生于上年生枝上；具总花梗；花白色；花基 4	饲用及绿肥，生态防护，观赏	中国	内蒙古西部至宁夏、甘肃西北部、青海、新疆
9602	*Tamarix arceuthoides* Bunge	山川柽柳	Tamaricaceae 柽柳科	落叶灌木或小乔木；老枝淡红色或淡灰色木质化枝向上直伸，红紫色，老枝淡红色或淡灰色，木质化枝向上直伸，红紫色，老枝淡红色或淡灰色，木质化枝向上直伸，红紫色；总状花序；蒴果	生态防护		塔里木盆地、吐鲁番盆地、河西走廊沙地
9603	*Tamarix austromongolica* Nakai	甘蒙柽柳	Tamaricaceae 柽柳科	落叶灌木或小乔木；高 2～4(～6)m，老枝褐红色，直立，老枝褐红色，直立，叶灰绿色，木质化枝基部叶宽卵形，上部叶披针形，先端尖刺状，向外斜，总状花序；蒴果	生态防护		乌鞘岭以东、甘肃、宁夏、内蒙古南部、陕西北部、青海东部
9604	*Tamarix chinensis* Lour.	柽柳（西河柳，山川柳，观音柳）	Tamaricaceae 柽柳科	落叶灌木或小乔木；树皮红褐色；枝细长，多下垂；叶钻形或卵状披针形；总状花序合成圆锥花序；花小，粉红色	生态防护，观赏	中国辽宁、河北、河南、山东、江苏北部、安徽北部	华北至长江流域及华南、西南各地
9605	*Tamarix elongata* Ledeb.	长穗柽柳	Tamaricaceae 柽柳科	灌木；茎枝灰色；总状花序侧生于老枝上，长 5～14cm，花序梗长 1～4mm，向下反折，花梗长约 1mm，花 4 数，粉红色	饲用及绿肥		内蒙古、青海、新疆、西藏

（续）

序号	拉丁学名	中文名	所属科	特征及特性	类别	原产地	目前分布/种植区
9606	*Tamarix gansuensis* H. Z. Zhang	甘肃柽柳	Tamaricaceae 柽柳科	落叶灌木；高 2～3(～4)m，老枝紫褐色或灰褐色，枝条稀疏，营养枝绿色或灰绿色，老枝紫褐色或灰褐色，枝条稀疏，营养枝绿色或灰绿色，叶披针形，总状花序；蒴果圆锥形	生态防护		塔里木盆地中下游、柴达木盆地、河西走廊沙地、乌兰布和沙漠、巴丹吉林沙漠
9607	*Tamarix gracilis* Willd.	异花柽柳	Tamaricaceae 柽柳科	落叶灌木；高 1～3(～4)m，枝粗短，灰绿色或灰褐色，具淡色木栓质斑点，枝粗短，灰绿色或灰褐色，具淡色木栓质斑点，在当年生绿色枝上条形或卵形，长短不一；总状花序；蒴果	生态防护		河西走廊沙地、柴达木盆地、准噶尔盆地
9608	*Tamarix hispida* Willd.	刚毛红柳	Tamaricaceae 柽柳科	灌木；枝条棕褐色，密生短直毛或柔毛；叶卵形，长 0.5～2mm；总状花序在秋夏季出自当年枝上，花 5 数，紫红色	饲用及绿肥		内蒙古、甘肃、青海、新疆
9609	*Tamarix hohenackeri* Bunge	多花柽柳	Tamaricaceae 柽柳科	灌木或小乔木；高 1～3(～6)m；木质化生长的枝叶几抱茎，卵状披针形；总状花序顶生，集生成疏松或稠密的短圆锥花序；花盘肥厚，暗紫红色；蒴果	生态防护		甘肃、青海、新疆、内蒙古
9610	*Tamarix jintaenia* P. Y. Zhang et M. T. Liu	金塔柽柳	Tamaricaceae 柽柳科	落叶灌木；茎直立，老枝灰褐色，单轴分枝，当年木质化枝深红色或深红紫色，有光泽，在绿色营养枝上卵状披针形，锐尖，下延，基部抱茎，总状花序；蒴果	生态防护		甘肃金塔营盘附近
9611	*Tamarix karelinii* Bunge	盐地柽柳	Tamaricaceae 柽柳科	落叶灌木或小乔木；杆灰褐色，一年生木质化枝灰紫色或淡紫色，长被短腺毛，杆灰褐色；叶宽卵形，基部下延，半抱茎，具耳，先端锐尖，总状花序；蒴果	生态防护，观赏		塔里木盆地、准噶尔盆地、河西走廊沙地、巴丹吉林沙漠、柴达木盆地
9612	*Tamarix laxa* Willd.	短穗柽柳	Tamaricaceae 柽柳科	灌木；总状花序长 1～3cm，花梗长 2～3mm，苞片长卵形，长不过花梗的一半，花紫红色，两型，春花 4 数，秋花 5 数	饲用及绿肥		内蒙古、甘肃、青海、新疆

（续）

序号	拉丁学名	中文名	所属科	特征及特性	类别	原产地	目前分布/种植区
9613	*Tamarix leptostachys* Bunge	细穗柽柳	Tamaricaceae 柽柳科	灌木；老枝浅灰色；叶卵形；总状花序细长，长5～15cm，花瓣紫蓝色，开张，花后脱落	饲用及绿肥		内蒙古、甘肃、新疆
9614	*Tamarix parviflora* DC.	湖北柽柳	Tamaricaceae 柽柳科	灌木，高约4m，树皮红褐色；叶互生，卵形，先端渐尖，长3～5mm，宽1～1.5mm；总状花序，长约24cm，直径5cm；花粉红色	观赏	欧洲	湖北
9615	*Tamarix ramosissima* Ledeb.	红柳（多枝柽柳）	Tamaricaceae 柽柳科	灌木；多分枝，老枝紫红色；叶披针形，几乎贴于茎上；总状花序生于当年枝上，长2～5cm，花瓣5，粉红色	饲用及绿肥	中国	西北、华北、东北
9616	*Tamarix taklamakanensis* M. T. Liu	沙生柽柳（塔克拉玛干柽柳）	Tamaricaceae 柽柳科	灌木；稀呈小乔木状，树皮常黑紫色；叶片显著退化，呈鞘状；多数总状花序组成大圆锥花序，花两性，花瓣淡粉红色；蒴果圆锥形	生态防护，饲用及绿肥	中国	新疆
9617	*Tanacetum vulgare* L.	菊蒿（菊艾）	Compositae（Asteraceae）菊科	多年生草本；叶2回羽状分裂；头状花序异型，排成复伞房状；总苞片革质；边花黄色，盘花黄色；瘦果5棱	有毒		东北及内蒙古、新疆
9618	*Tangtsinia nanchuanica* S. C. Chen	金佛山兰（进兰）	Orchidaceae 兰科	多年生草本；高15～35cm；叶椭圆形，上部者近披针形，无鞘而抱茎；总状花序具3～5花，花瓣3，倒卵状椭圆形；蒴果直立长圆形	观赏		四川、贵州
9619	*Tapiscia lichunensis* W. C. Cheng et C. D. Chu	利川银鹊树（利川瘿椒树）	Staphyleaceae 省沽油科	落叶乔木；幼树及萌条有二回奇数羽状复叶，顶生小叶椭圆状卵形或椭圆形，侧生小叶椭圆状卵形或椭圆状披针形；果近球形或椭圆状球形	观赏		四川东部、湖北西部利川、陕西秦岭南坡宁陕
9620	*Tapiscia sinensis* Oliv.	银鹊树（瘿椒树）	Staphyleaceae 省沽油科	落叶乔木；高达28m；奇数羽状复叶，小叶卵形或长卵形；圆锥花序腋生，雄花与两性花异株，花小，黄色，花瓣具缘毛；浆果状核果	观赏		安徽、浙江、福建、江西、湖南、湖北、四川、贵州、广西
9621	*Taraxacum borealisinense* Kitam.	华蒲公英	Compositae（Asteraceae）菊科	多年生草本；根茎部有褐色残叶基；叶基生，莲座状，倒卵状披针形；花葶一至数个，头状花序，舌状花黄色；瘦果淡褐色	杂草		东北、华北、西北、西南

（续）

序号	拉丁学名	中文名	所属科	特征及特性	类别	原产地	目前分布/种植区
9622	*Taraxacum kok-saghyz* L. E. Rodin	橡胶草	Compositae（Asteraceae）菊科	多年生草本；根圆柱状；叶基生，莲座状平展，狭倒卵形或宽披针形；头状花序；舌状花黄色；瘦果淡褐色	观赏	中国新疆的特克斯河流域，塔吉克斯坦、哈萨克斯坦天山山谷	新疆、甘肃、陕西、河北、黑龙江
9623	*Taraxacum leucanthum*（Ledeb.）Ledeb.	白花蒲公英	Compositae（Asteraceae）菊科	多年生草本；根茎有褐色残留叶基；基生叶呈莲座状，羽状深裂；花葶数个，上端被疏卷毛；舌状花冠白色或淡黄色；瘦果黄褐色	药用		东北、西北及河北、内蒙古、四川
9624	*Taraxacum mongolicum* Hand.-Mazz.	蒲公英（蒙古蒲公英，婆婆丁，姑姑英）	Compositae（Asteraceae）菊科	多年生草本；叶莲座状；矩圆状倒披针形，羽状深裂，顶裂片，具波状齿；外层总苞片卵状披针形，花黄色；瘦果长约 4mm	饲用及绿肥		东北、华北、西北、西南、华东及华中
9625	*Tarenaya hassleriana*（Chodat）Iltis	醉蝶花	Capparidaceae 白花菜科	一年生草本；高 60～100cm，总状花序顶生；蒴果，细长柱形，种子小，平滑	蜜源		广西
9626	*Tarenna acutisepala* How ex W. C. Chen	尖萼乌口树	Rubiaceae 茜草科	灌木；叶长圆形或者披针形；花序长 2.5～3cm，径 4cm，总花梗短，有柔毛浆果近球形；种子 9～11	观赏		江苏、江西、福建、湖南、两广和四川
9627	*Tarenna depauperata* Hutch.	白皮乌口树（白骨木）	Rubiaceae 茜草科	小乔木或灌木；叶椭圆倒卵形，长 4～15cm，宽 2～6.5cm；花白色，0.8～1cm，外无毛，内有长柔毛；浆果球形，熟黑；种子 1～2	观赏		江西、湖南、两广、贵州和云南
9628	*Tarenna mollissima*（Hook. et Arn.）Rob.	白花苦灯笼（密毛乌口树）	Rubiaceae 茜草科	灌木或小乔木；叶对生，长椭圆形，矩圆状披针形至卵形；聚伞花序顶生，伞房状；花白色；浆果近球状	药用	中国	长江以南各地（唯在云南尚未发现）
9629	*Tavaresia grandiflora*（K. Schum.）A. Berger.	丽钟角（丽钟阁）	Asclepiadaceae 萝藦科	多浆植物；肉质茎细柱状，深绿色，丛生；花着生于茎基部，漏斗形；花筒，黄绿色，有褐红斑	观赏	非洲西南部	
9630	*Taxillus caloreas*（Diels）Danser	松寄生	Loranthaceae 桑寄生科	灌木；高 0.5～1m；幼枝密被褐色星状毛；叶小，互生或簇生，倒披针形或长椭圆形；叶柄短；伞形花序腋生，具花 2～3 朵	观赏	中国、不丹	西藏、云南、贵族、四川、湖北、广西、广东、福建、台湾

（续）

序号	拉丁学名	中文名	所属科	特征及特性	类别	原产地	目前分布/种植区
9631	*Taxillus chinensis*（DC.）Danser	桑寄生（广寄生）	Loranthaceae 桑寄生科	常绿寄生小灌木；叶卵形至长圆状卵形；聚伞花序1～3个聚生叶腋，每花序具1～3花，花两性，花冠狭圆筒状，紫红色；浆果椭圆形	药用		福建、广东、云南、广西、台湾
9632	*Taxillus delavayi*（Tiegh.）Danser	树钝果（柳）	Loranthaceae 桑寄生科	半寄生灌木；叶互生，有时对生或簇生，全缘；叶卵形至长椭圆形；伞形花序，腋生；花橘红色，花期5月	观赏	中国、缅甸、越南	西藏、云南、四川、贵州、广西
9633	*Taxillus nigrans*（Hance）Danser	毛叶钝果寄生	Loranthaceae 桑寄生科	具走茎的寄生灌木；高0.5～2m，密被星状毛；叶革质，长卵形或长椭圆形，密被茸毛；聚伞花序有花2～5朵，密集呈伞形；浆果长圆形	药用		我国西南至东南各省
9634	*Taxillus sutchuenensis*（Lecomte）Danser	四川寄生	Loranthaceae 桑寄生科	常绿灌木；叶近对生，卵形、长卵形或椭圆形；花序腋生，具花3～4，密集，总梗长1～2mm，花红色；果长原状，长6～7mm，被颗粒状体，疏被毛	药用，经济作物（纤维类）		秦岭以南、至浙江、福建、广东北部、云南
9635	*Taxodium distichum*（L.）Rich.	落羽杉（落羽松）	Taxodiaceae 杉科	落叶乔木；树冠塔形；叶条形；侧生小枝及叶均互生；花雌雄同株异生；球果种鳞木质，成熟时与种子同时脱落	观赏	美国东南部	广西、河南、广东
9636	*Taxodium distichum* var. *imbricatum*（Nutt.）Croom	池杉（池柏）	Taxodiaceae 杉科	落叶乔木树干基部膨大；球果圆球形或长圆状球形，有短梗，种子不规则三角形，略扁，红褐色，边缘有锐脊	观赏	美国	
9637	*Taxodium mucronatum* Ten.	墨西哥落羽杉	Taxodiaceae 杉科	落叶或半常绿乔木；高可达50m，树冠广圆锥形；树干尖削度大，基部膨大；树皮黑褐色，作长条状脱落	观赏	中国新疆的特克斯河流域、福建、广东、广西及长江流域	
9638	*Taxus baccata* L.	浆果红豆杉（欧洲红豆杉）	Taxaceae 红豆杉科	常绿乔木；树冠圆锥形；叶先端尖，深绿色，有光泽；芽鳞宿存于小枝基部，不脱落；假种皮红色	观赏	欧洲、北非及西亚	
9639	*Taxus cuspidata* Siebold et Zucc.	东北红豆杉（赤柏松，紫杉）	Taxaceae 红豆杉科	常绿乔本；叶线形，微呈镰状；花雌雄异株；球花单生于叶腋；种子卵圆形或三角形，生于红色肉质的杯状假种皮	有毒	中国	东北及山东、江苏、江西

（续）

序号	拉丁学名	中文名	所属科	特征及特性	类别	原产地	目前分布/种植区
9640	*Taxus wallichiana* var. *chinensis*（Pilg.）Florin	红豆杉（卷柏，扁柏，红豆树）	Taxaceae 红豆杉科	常绿乔木；高 30m；叶条形，长 1～3.2cm（多为 1.5～2.2cm）宽 2～4mm，排成 2 列；雄雌异株，异花授粉，球花单生于叶腋间，假种皮深红色；种子卵圆形	药用，观赏，林木	中国	华东、西南及陕西、河南、甘肃、湖南、广西
9641	*Taxus wallichiana* var. *mairei*（Lemée et H. Lév.）L. K. Fu et Nan Li	南方红豆杉	Taxaceae 红豆杉科	常绿乔木；小枝互生，稠密；树皮红褐色；叶螺旋状着生，排成 2 列，条形，近镰状；雌雄异株，球花单生	观赏	中国	华东、华中、西南华南及台湾、陕西、甘肃
9642	*Taxus wallichiana* Zucc.	喜马拉雅红豆杉	Taxaceae 红豆杉科	常绿小乔本或灌木；高达 2～10m；叶螺旋状着生，不规则二列，线形；雌雄异株，球花单生叶腋，雄球花圆球形；种子坚果状，柱状长圆形	林木，药用，观赏，经济作物（油料类）	中国	西藏吉隆
9643	*Tecoma stans* H. B. K.	黄钟花	Bignoniaceae 紫葳科	常绿灌木或小乔木；奇数羽状复叶，对生；小叶披针形至长圆状披针形；顶生总状花序或圆锥花序；蒴果	观赏	南美洲和西印度群岛	
9644	*Tecomaria capensis*（Thunb.）Spach	硬骨凌霄（南非凌霄，四季凌霄）	Bignoniaceae 紫葳科	常绿半蔓性灌木；枝具小瘤状突起；奇数羽状复叶对生，小叶卵形至宽椭圆状卵形；总状花序，花冠漏斗状，橙红具深红纵纹	观赏	南非西南部	我国各地均有栽培
9645	*Tectona grandis* L. f.	柚木	Verbenaceae 马鞭草科	落叶或半落叶大乔木；高 50m；叶交互对生，近圆形或椭圆形，全缘、纸质；两性花，由二歧聚伞小花序组成大圆锥花序，顶生或腋生；坚果近球形	林木	印度、缅甸、泰国、老挝	海南、广东、福建、广西、云南、四川、江西、浙江、台湾
9646	*Telosma cordata*（Burm. f.）Merr.	夜来香	Asclepiadaceae 萝藦科	常绿木质藤本；叶对生，长圆形，具短绒毛，质薄；伞形状聚伞花序腋生，花冠黄绿色，极芳香，花冠 5 裂	观赏	中国华南	
9647	*Telosma procumbens*（Blanco）Merr.	华南夜来香	Asclepiadaceae 萝藦科	藤状灌木；叶对生，薄膜质，矩圆形或矩圆状椭圆形；伞形状聚伞花序腋生；花萼具睫毛；花冠淡青白色，芳香	观赏	中国	广东、广西

（续）

序号	拉丁学名	中文名	所属科	特征及特性	类别	原产地	目前分布/种植区
9648	*Tenacistachya minor* L. Liou	小坚轴草	Gramineae (Poaceae) 禾本科	多年生密丛草本；具短根状茎；秆高10～20cm；叶舌具一圈长2～3mm的纤毛；叶片扁平；圆锥花序紧缩成穗状，由3～5枚总状分枝组成；小穗长4.5～5mm	杂草		四川
9649	*Tenacistachya sichuanensis* L. Liou	坚轴草	Gramineae (Poaceae) 禾本科	多年生丛生草本；秆高70～100cm，具3～4节；叶片线形，扁平；圆锥花序常狭窄，小穗孪生	杂草		四川、云南
9650	*Tengia scopulorum* Chun	黔苣苔	Gesneriaceae 苦苣苔科	多年生草本；根状茎短；叶基生，椭圆形、狭椭圆形或狭倒卵形，被毛；叶柄被柔毛；花葶密被锈色伏毛；聚伞花序，花辐射对称；花冠白带粉红色	观赏	中国贵州贵定、都匀	贵州
9651	*Tephrosia candida* DC.	山毛豆（灰叶豆）	Leguminosae 豆科	株高1～3m，枝有棱；总状花序顶生或腋生，长15～20cm；花冠长约2cm；荚果长7～10cm	饲用及绿肥		广东、广西、云南
9652	*Tephrosia kerrii* J. R. Drumm. et Craib	银灰毛豆	Leguminosae 豆科	多年生灌木状草本；小叶长圆披针形；花梗密被绢毛，萼齿尖三角形，长约6mm，花红色，长约2.2cm；荚果被绢毛	饲用及绿肥		云南
9653	*Tephrosia purpurea* (L.) Pers.	灰叶（野蓝，野青树）	Leguminosae 豆科	亚灌木；羽状复叶互生，小叶长椭圆状倒披针形，托叶线状锥形；总状花序与叶对生；花冠淡紫色；荚果，种子肾形	有毒		台湾、福建、广东、广西、云南
9654	*Tephrosia vestita* Vogel	黄毛灰叶（狐狸射草，假乌豆）	Leguminosae 豆科	半灌木；总状花序顶生或与叶对生，每节有2～3朵花；总花梗及序轴有黄色丝毛；花冠白色或淡红色，有香气，旗瓣近圆形，外面密生丝毛；荚果扁，密生黄色丝质柔毛	饲用及绿肥		福建、台湾、广东、广西、云南
9655	*Terminalia bellirica* (Gaertn.) Roxb.	毗黎勒	Combretaceae 使君子科	落叶乔木；高18～35m；叶螺旋状聚生枝顶，叶阔卵形或倒卵形，纸质；穗状花序腋生，在茎上部常聚成伞房状，基部为两性花，花5数，淡黄色；假核果卵形，具5棱，种子1粒	有毒，林木，观赏		云南南部

（续）

序号	拉丁学名	中文名	所属科	特征及特性	类别	原产地	目前分布/种植区
9656	*Terminalia catappa* L.	榄仁树（山枇杷）	Combretaceae 使君子科	大乔木；高 15m 或更高；叶片倒卵形；穗状花序，腋生；花瓣缺；果椭圆形，常稍压扁	林木，观赏		广东、台湾、云南
9657	*Terminalia chebula* Retz.	诃子	Combretaceae 使君子科	半常绿灌木；小枝被绒毛；叶互生或近对生，卵形或椭圆形；穗状花序或再组成圆锥花序；花小，两性	有毒，观赏	中国云南，越南，泰国，老挝，缅甸，马来西亚，印度，柬埔寨，尼泊尔	广东、广西、云南
9658	*Terminalia chebula* var. *tomentella* (Kurz) C. B. Clarke	银叶诃子	Combretaceae 使君子科	乔木；高 10～15m；叶对生，叶片卵形至长圆状披针形；穗状花序顶生；果长卵圆形	林木		云南西南部
9659	*Terminalia franchetii* Gagnep.	滇榄仁	Combretaceae 使君子科	落叶乔木；高 4～10m；叶互生，叶片纸质，椭圆形至阔卵形；穗状花序腋生或顶生；果具等大的 3 翅，倒卵形	果树	中国	四川西南部、云南西北部
9660	*Terminalia franchetii* var. *intricata* (Hand.-Mazz.) Turland et C. Chen	错枝榄仁	Combretaceae 使君子科	灌木；高达 2m；穗状花序短小；雄蕊 10，花丝无毛，伸出萼外；花柱短于雄蕊；果小，红褐色，被毛，具相等的 3 翅	果树		云南
9661	*Terminalia myriocarpa* Van Heurck et Müll. Arg.	千果榄仁（多果榄仁，大红花树，大马樱子花）	Combretaceae 使君子科	常绿大乔木；高 25～35m，具大形板状根；叶长椭圆形；顶生或腋生总状花序组成大形圆锥花序，花两性，红色；瘦果具 3 翅	林木		云南、广西、西藏
9662	*Terminalia nigrovenulosa* Pierre ex Lanessen	鸡尖（海南榄仁）	Combretaceae 使君子科	乔木或灌木；叶互生或枝端近对生，半革质；花序顶生或腋生，有多数穗状花序组成圆锥花序；果椭圆形或倒卵形	果树		海南
9663	*Ternstroemia gymnanthera* (Wight et Arn.) Bedd.	厚皮香	Theaceae 山茶科	常绿小乔木；树皮灰绿色，具隆起皱纹；小枝粗壮，近轮生；叶肉革质，互生，矩圆状倒卵形；花淡黄色，浓香，数朵聚生枝梢	林木	中国安徽、浙江、江西、福建、湖北、湖南、广东、广西，越南，泰国，老挝，缅甸，印度，柬埔寨，尼泊尔，不丹	华东、华中、华南及西南、上海、南京、浙江

（续）

序号	拉丁学名	中文名	所属科	特征及特性	类别	原产地	目前分布/种植区
9664	*Ternstroemia nitida* Merr.	亮叶厚皮香	Theaceae 山茶科	常绿小乔木；高 7m；叶椭圆形，倒卵状椭圆形，先端短渐尖，基部楔形，全缘；花单生于叶腋，白色；苞片三角形，萼片大小不等，长圆形，花瓣卵形；果长卵形	林木，观赏		云南、广西、广东、湖南、福建、江西、浙江
9665	*Tetracentron sinense* Oliv.	水青树	Tetracentraceae 水青树科	落叶乔木；高可达 40m；树皮淡褐色或赤褐色，光滑；叶互生，纸质，边缘密生具腺锯齿；穗状花序生于短枝顶，下垂；花小，无梗；蒴果褐色	林木，观赏		陕西、甘肃、四川、云南、湖南、湖北、河南
9666	*Tetracera sarmentosa* （Linn.） Vahl.	锡叶藤（涩叶藤，水车藤，涩沙藤）	Araceae 天南星科	常绿木质藤本；叶革质，极粗糙，矩圆形；圆锥花序顶生或生于侧枝顶，花多数，花瓣常 3 个，白色；果实黄红色，种子 1 个	蜜源		广东、广西
9667	*Tetradium glabrifolium* （Champ. ex Benth.） Hartley	臭辣树	Rutaceae 芸香科	落叶乔木；聚伞圆锥花序顶生；花白色或淡绿色，5 基数；蒴果分裂成 4～5 果瓣，成熟时紫红色或淡红色	观赏	中国秦岭以南至广东、广西	
9668	*Tetradium ruticarpum* （A. Juss.） Hartley	吴茱萸（臭辣子树，曲药子）	Rutaceae 芸香科	灌木或小乔木；羽状复叶对生，小叶椭圆形至卵形；聚伞状圆锥花序顶生，雌雄异株；花白色，5 数；蓇葖果紫红色	药用，有毒		长江流域以南及陕西、甘肃
9669	*Tetraena mongolica* Maxim.	四合木	Zygophyllaceae 蒺藜科	落叶小灌木；叶对生或簇生于短枝上，小叶 2 片，肉质；花 1～2 朵着生于短枝上；果常下垂，具 4 个不裂的分果瓣	饲用及绿肥，生态防护		内蒙古鄂托克期西北部黄河东岸由海勃湾到石嘴山
9670	*Tetragonia tetragonides* （Pall.） Kuntze	番杏（洋菠菜，白番杏，白红菜）	Aizoaceae 番杏科	一年或多年半蔓生草本；茎匍匐丛生，易分枝；叶片略似三角形，叶面有银色细粉；黄色小花，无花瓣；坚果，菱角形	蔬菜	澳大利亚、东南亚、智利	福建、浙江、江苏、台湾、广东、云南
9671	*Tetrameles nudiflora* R. Br.	四数木	Datiscaceae 短序花科	落叶大乔木；高 25～45m，具明显而巨大的板状根；叶互生；花单性，雌雄异株，4 基数，无花瓣，雄花序圆锥状，雌花序通常穗状；蒴果坛状	林木		云南

（续）

序号	拉丁学名	中文名	所属科	特征及特性	类别	原产地	目前分布/种植区
9672	*Tetrapanax papyrifer* (Hook.) K. Koch	通脱木（木通树，通草）	Araliaceae 五加科	无刺灌木；掌状叶集生于茎的顶端，裂片5～7个，叶背被白色星状绒毛；圆锥花序；花白色；果球形，紫黑色	药用，观赏	中国	陕西、贵州以南至台湾
9673	*Tetrastigma hemsleyanum* Diels et Gilg	三叶青（石老鼠，金线吊葫芦，三叶崖爬藤）	Vitaceae 葡萄科	攀缘藤本；掌状复叶；小叶草质；聚伞花序腋生；花小，黄绿色；花瓣4，近卵形；浆果球形，红褐色	观赏	中国	四川、湖北、湖南、江西、浙江、福建、广东
9674	*Tetrastigma hypoglaucum* Planch.	狭叶崖爬藤（白背崖爬藤）	Vitaceae 葡萄科	攀缘藤本；鸟足状复叶；小叶薄革质，披针形或狭卵形；聚伞花序近伞状；花小；花萼小，盘状；浆果暗红色	观赏	中国	云南、四川
9675	*Tetrastigma pachyphyllum* (Hemsl.) Chun	厚叶葡萄	Vitaceae 葡萄科	木质藤本；长3m以上；聚伞花序伞状，腋生，有锈色短毛；花小，淡绿色，4数；花瓣狭卵形，外面顶端有短角；柱头4裂	果树		广东
9676	*Tetrastigma papillatum* (Hance) C. Y. Wu	疣点葡萄	Vitaceae 葡萄科	攀缘灌木；伞房花序三歧分枝，由多花的聚伞花序组成，苞片小，卵形，干膜质；花瓣长圆形	果树		广东
9677	*Tetrastigma planicaule* (Hook. f.) Gagnep.	扁担藤	Vitaceae 葡萄科	大木质藤本；叶为掌状复叶，小叶革质，矩圆状披针形；复伞形聚伞花序腋生，花小，绿色；花萼全缘；浆果较大	观赏	中国、越南、印度	福建、广州、广西、贵州、云南
9678	*Teucrium japonicum* Willd.	穗花香料（野藿香）	Labiatae 唇形科	多年生草本；茎高50～80cm，具匍匐茎；叶卵状长圆形至卵状披针形；假穗状花序，花密集，由2花轮伞花序组成；小坚果倒卵形	药用		江苏、浙江、江西、湖南、四川、贵州、广东
9679	*Thalictrum acutifolium* (Hand. Mazz.) B. Boivin	尖叶唐松草	Ranunculaceae 毛茛科	多年生草本；复单歧聚伞花序稍呈伞房状，无毛；花梗长3～8mm；花直径6～7mm；萼片4，白或带粉红色，狭卵形；无花瓣；雄蕊多数，长达5mm，花丝上部倒披针形，下部丝形；心皮6～12	蜜源		广西、广东、江西、湖南、四川

（续）

序号	拉丁学名	中文名	所属科	特征及特性	类别	原产地	目前分布/种植区
9680	*Thalictrum aquilegifolium* L.	细叶白蓬草	Ranunculaceae 毛茛科	掌状三出复叶，仅有3片小叶着生在总叶柄的顶端，且3小叶柄等长，小叶厚膜质，倒卵形或近圆形，复单歧聚伞花序，萼白色或带紫色	观赏	欧洲、亚洲	
9681	*Thalictrum delavayi* Franch.	偏翅唐松草（马尾黄连）	Ranunculaceae 毛茛科	多年生草本；叶革质，大小变异大；圆锥花序，萼片4，紫色，椭圆形，无花瓣，雄蕊多数，花丝丝状；瘦果具柄，斜倒卵形，沿腹缝和背缝有翅	观赏	中国云南、四川西部和西藏东部	云南、四川、西藏、
9682	*Thalictrum flavum* L.	黄花唐松草	Ranunculaceae 毛茛科	株高1.2～1.5m；叶二至三回羽裂，叶片绿色；花序径15cm；萼片浅黄色，短生于鲜黄色雄蕊；花期7～8月	观赏	西班牙、葡萄牙、北非	
9683	*Thalictrum fortunei* S. Moore	华东唐松草	Ranunculaceae 毛茛科	茎高20～60cm；小叶宽倒卵形或近圆形；单歧聚伞花序；萼片绿白色，宿存花柱卷曲	观赏	中国江西、安徽、江苏、浙江	
9684	*Thalictrum petaloideum* L.	瓣蕊唐松草	Ranunculaceae 毛茛科	多年生草本；小叶倒卵形、近圆形或菱形；复单歧聚伞花序；萼片白色，卵形；无花瓣；瘦果卵形	有毒，观赏	中国、朝鲜半岛、蒙古、西伯利亚	东北、西北及四川、河南、安徽、河北、内蒙古
9685	*Thalictrum reticulatum* Franch.	网脉唐松草（草黄连）	Ranunculaceae 毛茛科	多年生草本；基生叶常为三回三出复叶，小叶宽卵形或宽菱形，3浅裂；复单歧聚伞花序生茎及枝顶，伞房状；萼白色，瘦果狭椭圆球形	有毒		四川西部、云南西北部
9686	*Thalictrum simplex* L.	箭头唐松草（水黄连）	Ranunculaceae 毛茛科	多年生草本；基生叶为二回羽状复叶，小叶圆菱形或倒卵形，3裂；圆锥花序；瘦果狭椭圆形，具8条纵肋	有毒		内蒙古、新疆
9687	*Thamnocharis esquirolii* （H. Lév.）W. T. Wang	辐花苣苔	Gesneriaceae 苦苣苔科	多年生草本；叶基生，椭圆形，密被贴伏白色短柔毛；花葶与花梗均被短柔毛，聚伞花序，花小，近辐射对称；花冠紫或蓝色；蒴果条状披针形	观赏	中国贵州	贵州
9688	*Thellungiella salsuginea* （Pall.）O. E. Schulz	盐芥	Cruciferae 十字花科	一年生草本；高10～35cm；基生叶近莲座状，茎生叶长圆状卵形；总状花序成伞房状，花小，白色；长角果线形	杂草		内蒙古、河南、山东、新疆、江苏

（续）

序号	拉丁学名	中文名	所属科	特征及特性	类别	原产地	目前分布/种植区
9689	*Thelocactus bicolor* (Galeotti) Britt. et Rose.	大统领	Cactaceae 仙人掌科	多浆植物；植株球形或筒状，单生，蓝绿或灰绿色；具棱 8，疣状突起明显；花大，钟形，堇紫色	观赏	美国得克萨斯南部到墨西哥中部	
9690	*Thelocactus lophothele* (Salm-Dyck) Britt. et Rose.	狮子头	Cactaceae 仙人掌科	多浆植物；植株球形或短圆筒状，丛生，灰绿色；棱 15～20，疣状突起角锥形；花橙红或黄色，直径 5cm；	观赏	美国、墨西哥	
9691	*Thelocactus nidulans* (Quehl) Britt. et Rose.	雀巢球	Cactaceae 仙人掌科	多浆植物；植株扁球形，球体蓝灰；刺约 15，长 5～6cm，黄褐色；花黄白色，长约 4cm	观赏	美国、墨西哥	
9692	*Themeda minor* L. Liu	小菅草	Gramineae (Poaceae) 禾本科	多年生；叶鞘上部及边缘具疣基柔毛；花序由 7 小穗组成，总苞状小穗长 4～5mm，密生白色疣基柔毛	饲用及绿肥		西藏
9693	*Themeda triandra* Forssk.	黄背草	Gramineae (Poaceae) 禾本科	多年生、簇生草本；秆高 0.5～1.5m；叶线形长 8～20cm；总状花序常呈硕大圆锥花序式排列，每总状花序有 7 小穗，具芒；颖果	药用		全国各地均有分布
9694	*Theobroma cacao* L.	可可（虎豆）	Sterculiaceae 梧桐科	常绿乔木；花淡黄色，叶具短柄，卵状长椭圆形至卵状长椭圆形，托叶线形，早落；聚伞状花序；果成熟时深黄色或近于红色，干燥后成褐色；果长 21cm	果树	美洲热带	广东、福建、云南、台湾
9695	*Thermopsis alpina* (Pall.) Ledeb.	高山黄华	Leguminosae 豆科	多年生草本；高 15～20cm；三出复叶互生；小叶片长椭圆形或长椭圆状卵形；花 2～3 朵轮生，花冠黄色；荚果扁平，种子 4～8 颗，卵状肾形	饲用及绿肥，有毒		内蒙古、山西、陕西、河北、新疆
9696	*Thermopsis barbata* Benth.	紫花黄华	Leguminosae 豆科	多年生草本；总状花序顶生；苞片每 3～5 个轮生；花轮生，长约 3cm；萼筒状，密生长柔毛；花冠蓝紫色	观赏	中国西藏、印度	云南、四川、西藏
9697	*Thermopsis chinensis* Benth. ex S. Moore	黄华	Leguminosae 豆科	多年生丛生草本；宿根花卉，株高 40～80cm；由 3 枚小叶组成复叶；总状花序硕大，着生于茎的上部，蝶形花黄色	饲用及绿肥		河北、陕西、江苏、浙江、西藏

（续）

序号	拉丁学名	中文名	所属科	特征及特性	类别	原产地	目前分布/种植区
9698	*Thermopsis lanceolata* R. Br.	披针叶黄花（牧马豆）	Leguminosae 豆科	多年生草本；三出复叶，小叶倒披针形或长圆形，托叶披针形；总状花序顶生，苞片叶状；花冠黄色；荚果扁平	有毒		东北、华北、西北及四川
9699	*Thermopsis lupinoides*（L.）Link	野决明	Leguminosae 豆科	多年生草本；顶生小叶常为阔披针形；总状花序，苞片披针形，萼钟形，子房密被白色绢毛；荚果线形	有毒		
9700	*Thesium chinense* Turcz.	白蕊草（草檀）	Santalaceae 檀香科	多年生半寄生柔弱草本；高 15～40cm，直根黄色，茎簇生，有纵沟；叶线形，具单脉；花单生叶腋，花被绿白色，子房无柄；坚果球形	药用		几遍全国各地
9701	*Thesium refractum* C. A. Mey.	急折白蕊草	Santalaceae 檀香科	多年生半寄生草本；高 20～40cm，茎有纵沟；叶线形；具单脉；总状花序，总花梗呈之字形弯曲，苞片 1，小苞片 2；坚果卵形	杂草		东北、华北、西北、西南
9702	*Thespis divaricata* DC.	歧伞菊	Compositae（Asteraceae）菊科	一年生草本；具多数纤维状根；茎高 4～23cm；叶倒卵状披针形或匙形；头状花序极小，常 5～10 个簇生二歧伞分枝的顶端；瘦果长圆状纺锤形	杂草		云南西南部及南部
9703	*Thevetia peruviana*（Pers.）K. Schum.	黄花夹竹桃（黄花状元竹，酒杯花）	Apocynaceae 夹竹桃科	小乔木；富乳汁；叶互生，条形；聚伞花序顶生；花萼、花冠均为 5 裂；雄蕊 5 枚，生于花冠喉部；核果肉质	药用，有毒，观赏	美洲热带地区	我国南部各省份
9704	*Thinopyrum bessarabicum* Live	百萨偃麦草	Gramineae（Poaceae）禾本科	多年生草本，小穗 14～30mm，小花 4～8，颖片钝或尖锐，外稃长 10～16mm，具芒，花药 6～12mm；	粮食		
9705	*Thladiantha cordifolia*（Blume）Cogn.	大苞赤瓟	Cucurbitaceae 葫芦科	草质攀缘藤本；叶片卵状心形，长 7～15cm，宽 5～11cm，边缘有齿；总花梗长 5～13cm，苞片覆瓦状排列；花冠黄色；果实矩圆状	蔬菜	中国	广东、广西、贵州、云南
9706	*Thladiantha dubia* Bunge	赤瓟（王瓜）	Cucurbitaceae 葫芦科	多年生攀缘草本；茎攀缘，具纵棱；卷须单一，与叶对生；单叶互生，宽卵状心形；雌雄异株，雄花单生叶腋，雌花子房长圆形；果具 10 条纵纹	药用		东北、西北及河北、山西、山东

（续）

序号	拉丁学名	中文名	所属科	特征及特性	类别	原产地	目前分布/种植区
9707	*Thladiantha nudiflora* Hemsl. ex Forbes et Hemsl.	南赤瓟	Cucurbitaceae 葫芦科	茎草质攀缘状，密被柔毛状硬毛，卷须分2叉；叶宽卵状心形或近圆心形；雌雄异株，雄花生在总状花序上，雌花单生；果卵圆形	药用，观赏		长江流域各省份及陕西、河南
9708	*Thladiantha villosula* Cogn.	长毛赤瓟	Cucurbitaceae 葫芦科	草质藤本；叶片宽卵状心形或近圆形；雌雄异株，花托浅杯状；花冠裂片卵形；花柱柱头膨大肾形	观赏	中国	湖北、四川、云南
9709	*Thlaspi arvense* L.	菥蓂（败酱草）	Cruciferae 十字花科	一年或二年生草本；茎高10～60cm；单叶互生，叶倒卵状长圆形或长圆状披针形；总状花序顶生，花白色；种子具“V”形棱	药用，饲用及绿肥		全国各地均有分布
9710	*Thuarea involuta* (G. Forst.) R. Br. ex Sm.	蒭雷草（常宫草）	Gramineae (Poaceae) 禾本科	多年生草本；叶披针形，长2～3.5cm；穗状花序长1～2cm，佛焰苞长约2cm，穗轴下部具1两性小花，上部具4～5雄性小穗	杂草		台湾、海南、广东
9711	*Thuja koraiensis* Nakai	朝鲜崖柏	Cupressaceae 柏科	常绿小乔木；叶鳞形，交互对生，排成4列；雌雄同株，球花单生顶端，雄球花卵圆形，雌球花有4～5对珠鳞；球果椭圆形	林木		吉林长白、抚松
9712	*Thuja occidentalis* L.	北美香柏	Cupressaceae 柏科	常绿乔木；树冠塔形，老树卵形至广卵形；鳞叶小枝排列成平面；雌雄同株；球果长圆形	林木，经济作物（油料类），观赏	北美	华东、华中及辽宁、广东、广西、四川、贵州、云南、台湾
9713	*Thuja plicata* Donn ex D. Don	乔柏	Cupressaceae 柏科	常绿大乔木；高可达70m；树皮棕红色，条状浅裂；鳞叶长1～3mm，端尖，微被白粉；球果长圆形	观赏	美国、加拿大东部	
9714	*Thuja standishii* (Gordon) Carrière	日本崖柏（香柏）	Cupressaceae 柏科	乔木；树皮红褐色，裂成鳞状薄片脱落，大枝开张，小枝稍下垂；鳞叶无腺毛；球果卵圆形	林木，观赏	日本	江西、安徽、江苏、湖南、贵州、云南、山东、湖北
9715	*Thuja sutchuenensis* Franch.	崖柏	Cupressaceae 柏科	高5～6(～10)m；雌雄同株，花单性，单生小枝顶端；球果椭圆形至卵圆形，长6.0～6.5mm，当年成熟；种子扁平，两侧具薄翅	观赏	中国重庆城口	

（续）

序号	拉丁学名	中文名	所属科	特征及特性	类别	原产地	目前分布/种植区
9716	*Thujopsis dolabrata* （Thunb. ex L. f.）Siebold et Zucc.	罗汉柏	Cupressaceae 柏科	常绿乔木；树冠尖塔形，大枝斜上伸展，小枝平展；鳞叶厚大，交互对生；雌雄同株，球果近圆形	林木，观赏	日本	山东、江苏、上海、福建、安徽、湖北、湖南、云南、贵州、河南、台湾
9717	*Thunbergia alata* Bojer ex Sims	翼柄山牵牛（黑眼花）	Acanthaceae 爵床科	缠绕草本；叶对生，叶柄具翼，叶片卵状箭头形，两面有毛；花单生叶腋，漏斗状；花冠黄色，喉蓝紫色	观赏	非洲热带	
9718	*Thunbergia erecta* （Benth.）T. Anderson	蓝吊钟（直立山牵牛）	Acanthaceae 爵床科	直立常绿灌木；叶卵形，近革质；花单生叶腋；花冠二唇形，花冠筒白色，喉黄色；冠檐蓝紫色；	观赏	非洲热带西部	
9719	*Thunbergia grandiflora* Roxb.	大花老鸦嘴（大青）	Acanthaceae 爵床科	常绿木质藤本；叶对生，阔卵形，两面糙、有毛，叶缘有角或浅裂；花大，腋生，有柄，多朵单生下垂成总状花序，花冠喇叭状	观赏	印度	云南、广西、广东
9720	*Thunia alba* （Lindl.）Rchb. f.	笋兰	Orchidaceae 兰科	地生兰；根状茎粗短；茎粗壮具节，如竹笋；叶互生，基部具关节；总状花序顶生，花大，芳香，苞片大，花瓣、花萼白色；唇瓣淡黄色	观赏		云南、四川、西藏
9721	*Thylacospermum caespitosum* （Cambess.）Schischk.	簇生柔子草	Caryophyllaceae 石竹科	年生垫状草本植物；花单生于枝端，无梗、藏于叶中；萼片5，披针形，顶端钝或渐尖，上部增厚；花瓣5，卵状长圆形，顶端钝圆、基部稍窄；雄蕊10	观赏	中国西藏、青海、新疆；中亚，尼泊尔，印度	西藏、青海、新疆
9722	*Thymus disjunctus* Klokov	长齿百里香	Labiatae 唇形科	多年生半灌木；茎纤细，弓形弯曲；叶常长圆状椭圆形；花序头状，常具有不发育而疏离的轮伞花序；小坚果短椭圆形	蜜源		在黑龙江、吉林、辽宁
9723	*Thymus marschallianus* Willd.	异株百里香	Labiatae 唇形科	半灌木；叶长圆状椭圆形或线状长圆形；轮伞花序沿着花枝的上部排成间断或近连续的穗状花序，两性花，雌雄异株，两性花发育正常，雌性花较退化；小坚果卵圆形	蜜源		新疆等地

（续）

序号	拉丁学名	中文名	所属科	特征及特性	类别	原产地	目前分布/种植区
9724	*Thymus mongolicus* (Ronniger) Ronniger	百里香（地姜，千里香）	Labiatae 唇形科	半灌木；茎多数，花枝高 2～10cm；叶卵圆形，全缘或 1～2 对小锯齿；头状花序，花冠紫红色至粉红色；小坚果压扁	药用，经济作物（香料类）		陕西、甘肃、宁夏、新疆、内蒙古、山西、河北
9725	*Thymus proximus* Serg.	拟百里香	Labiatae 唇形科	半灌木；花序头状或稍伸长，有时在下面具有不发育的轮伞花序；花萼钟形，下部被疏柔毛，花冠外被短柔毛；雄蕊稍外伸；花柱外伸，先端 2 浅裂，裂片近相等	观赏	中国新疆北部、前苏联	新疆
9726	*Thymus quinquecostatus* Celak.	五肋百里香	Labiatae 唇形科	矮小亚灌木；茎直立或匍匐；叶对生或数叶集生；穗状轮伞花序，萼钟状二唇形，雄蕊 4，2 强，小坚果	蜜源		黄河以北及吉林、辽宁、河北、山东
9727	*Thymus serpyllum* L.	地椒（地花椒）	Labiatae 唇形科	多年生小灌木状草本；茎匍匐状，随处生根，多分枝，下部木质化，红棕色；花枝直上，有强烈芳香气；叶对生，细小，长椭圆形或卵形	有毒		华北、西北
9728	*Thyrocarpus glochidiatus* Maxim.	弯齿盾果草（盾荚果）	Boraginaceae 紫草科	二年生或一年生草本；高 10～40cm；茎具开展糙毛；叶匙形或倒披针形；花序狭长，花冠淡蓝色或近白色小坚果略成盘状	杂草		江苏、安徽、江西、河南、陕西、甘肃、四川、广东
9729	*Thyrocarpus sampsonii* Ha-nce	盾果草	Boraginaceae 紫草科	二年生或一年生草本；高 20～40cm；茎具开展糙毛；基生叶丛生具柄，茎生叶互生无柄，叶倒披针形至狭长圆形；花序狭长；小坚果 4	杂草		西南、华南、华东、华中及辽宁、台湾
9730	*Thyrsostachys oliveri* Gamble	大泰竹	Gramineae (Poaceae) 禾本科	竹丛密集，秆茎挺直，顶端稍弯曲；叶片细长，长 15～18cm，宽 12～18mm	观赏	缅甸、泰国	
9731	*Thyrsostachys siamensis* Gamble	泰竹（条竹）	Gramineae (Poaceae) 禾本科	秆直立，具多数纤细分枝，其每节丛生有少数假小穗，假小穗丛下方托以一船形、无毛、先端平截之苞片；具花小枝的节间平滑，极细，具沟槽；小穗几为白色	观赏	缅甸、泰国	台湾、福建、广州及云南
9732	*Thysanolaena latifolia* (Roxb. ex Hornem.) Honda	棕叶芦	Gramineae (Poaceae) 禾本科	多年生高大草本；叶片宽披针形；圆锥花序，柔软；小穗小，含 2 小花，边缘疏生丝状长柔毛；小穗柄短	观赏	中国华南、西南，印度，印度尼西亚	华南、西南

（续）

序号	拉丁学名	中文名	所属科	特征及特性	类别	原产地	目前分布/种植区
9733	*Tibetia himalaica* (Baker) H. P. Tsui	异叶米口袋	Leguminosae 豆科	多年生草本；伞形花序有花 2～3 朵，总花梗长 5～14cm；花萼钟状，密生长柔毛，上 2 萼齿较大；花冠深蓝紫色，旗瓣卵状圆形，翼瓣长约 7mm，宽约 3mm，龙骨瓣长 4mm	蜜源		甘肃、青海、四川
9734	*Tibetia tongolensis* (Ulbr.) H. P. Tsui	黄花高山豆（黄花米口袋）	Leguminosae 豆科	多年生草本；分茎纤细；花萼钟状或宽钟状，上 2 萼齿先端分离，花冠黄色，子房光滑无毛	饲用及绿肥		四川、云南
9735	*Tibetia yadongensis* H. P. Tsui	亚东米口袋	Leguminosae 豆科	多年生草本；伞形花序，腋生，生 1～2 朵花，苞片条形；小苞片 2 枚，披针形；旗瓣近圆形，先端凹，具爪；翼瓣与旗瓣近等长，龙骨瓣极短小，雄蕊 10 枚，成 2 组(9+1)；子房上部与花柱基部密被长柔毛，其余部分无毛	观赏		
9736	*Tibetia yunnanensis* (Franch.) H. P. Tsui	云南高山豆（云南米口袋）	Leguminosae 豆科	多年生草本；主根上部增粗，常呈纺锤状；小叶 3～7 片，倒卵形，先端截形或微缺；子房被长柔毛	饲用及绿肥		云南和四川（西部）
9737	*Tibetia yunnanensis* var. *coelestis* (Diels) X. Y. Zhu	蓝花高山豆	Leguminosae 豆科	多年生草本；分茎纤细；花萼狭钟状，上 2 萼齿合生，花蓝色，子房无毛	饲用及绿肥		云南（北部）和四川（西部）
9738	*Tigridia pavonia* (L. f.) Ker-Gawl.	虎皮花	Iridaceae 鸢尾科	多年生草本；具鳞茎；茎圆柱形；基生叶少数，披针状剑形；花具花被片 6 枚，外 3 枚阔卵形，内 3 枚披针状长圆形	观赏	墨西哥、危地马拉	
9739	*Tigridiopalma magnifica* C. Chen	虎颜花（熊掌）	Melastomataceae 野牡丹科	多年生草本；直立茎短，被毛，匍匐茎基部略木质化；叶膜质，被毛，边缘具细齿、缘毛；蝎尾状聚伞花序，具长花序柄，花瓣倒卵形；蒴果漏斗状杯形	观赏	广东西南部	广东
9740	*Tilia amurensis* Rupr.	紫椴	Tiliaceae 椴树科	落叶乔木；树皮纵裂；单叶互生，卵形或近圆形；聚伞花序；苞片披针形，花梗有 1/2 与之合生；花冠淡黄色；坚果	蜜源	中国	东北
9741	*Tilia callidonta* H. T. Chang	美齿椴	Tiliaceae 椴树科	乔木；高 10m；叶阔卵形，上面无毛，下面黄绿色；聚伞花序长 5～8cm；果实窄倒卵形	林木		云南西北部

（续）

序号	拉丁学名	中文名	所属科	特征及特性	类别	原产地	目前分布/种植区
9742	*Tilia chinensis* Maxim.	亮绿叶椴	Tiliaceae 椴树科	乔木；叶膜质，阔卵形，叶柄纤细，无毛；聚散花序长 4～6cm，花序柄纤细，有星状茸毛；果实倒卵形	林木	中国	甘肃、陕西、四川
9743	*Tilia chinensis* var. *intonsa* (Rehder et Wilson) Hsu et Zhuge	多毛椴	Tiliaceae 椴树科	乔木；高 20m；叶膜质，卵圆形，上面脉上有柔毛；聚伞花序长 6～10cm，萼片长卵形；果实卵圆形，被星状茸毛	林木	中国	四川西部的康定至宝兴一带，南至云南南北部
9744	*Tilia chingiana* Hu et W. C. Cheng	短毛椴	Tiliaceae 椴树科	乔木；高 15m；聚伞花序长 5～8cm，有花 4～10 朵；花瓣长 7mm，宽 3mm；退化雄蕊花瓣状，比花瓣稍短；雄蕊长约 4mm；子房有毛，花柱无毛	蜜源		浙江、江西、广西
9745	*Tilia cordata* Mill.	心叶椴	Tiliaceae 椴树科	叶近圆状心形，端突尖，基心形，上面光滑，下面有白粉；花序下垂，有香气；果近球形，无明显棱	林木，观赏	欧洲	北京、山东、陕西、上海
9746	*Tilia endochrysea* Hand.-Mazz.	湘椴	Tiliaceae 椴树科	落叶乔木；叶阔卵圆形，先端短渐尖，边缘疏生波状齿，背面密生白色茸毛；花黄色，5～15 朵成聚伞花序	观赏	中国	湖南
9747	*Tilia henryana* Szyszyl.	糯米椴	Tiliaceae 椴树科	落叶乔木；叶阔卵圆形或卵圆形，先端短渐尖，边缘有刺毛状小齿；花白色，20 朵以上，成下垂聚伞花序	观赏	中国河南、湖北、湖南、陕西、江西	河南、湖北、江西
9748	*Tilia japonica* (Miq.) Simonk.	日本椴	Tiliaceae 椴树科	落叶乔木；叶近圆形，先端渐尖，边缘有深锯齿；花 7～40 朵成下垂聚伞花序	观赏	中国山东、江苏、安徽、浙江	江苏、安徽、浙江
9749	*Tilia kueichouensis* Hu	黔椴	Tiliaceae 椴树科	乔木；高 10m；叶纸质，斜卵形，上面绿色，无毛，稍发亮；花未见；果实球形	林木	中国	贵州北部遵义及云南东北部大关
9750	*Tilia mandshurica* Rupr. et Maxim.	辽椴	Tiliaceae 椴树科	落叶乔木幼枝密生黄褐色星状毛，单叶互生，叶圆状心形，聚伞花序，花 7～12 朵，萼片 5，花瓣 5，雄蕊发育成花瓣状，子房球形，密被褐色毛	林木，蜜源	中国	东北、河北、山东、江西

（续）

序号	拉丁学名	中文名	所属科	特征及特性	类别	原产地	目前分布/种植区
9751	*Tilia miqueliana* Maxim.	南京椴	Tiliaceae 椴树科	落叶乔木；叶卵圆形或三角状卵圆形，边缘有粗刺状锯齿，花10～20朵成下垂聚伞花序	观赏	中国江苏、浙江、安徽、江西、广东，日本	山东、江苏、安徽、四川
9752	*Tilia mongolica* Maxim.	蒙椴	Tiliaceae 椴树科	落叶乔木；叶近圆形或卵圆形，边缘有粗齿，表面暗绿色，背面带白霜；花6～20朵成聚伞花序	观赏	中国河北、河南、内蒙古	河北、河南、内蒙古
9753	*Tilia nobilis* Rehder et E. H. Wilson	大叶椴	Tiliaceae 椴树科	乔木；高12m；幼枝无毛；顶芽被毛；叶宽卵圆形；聚伞花序长7～12cm，有2～5花，无毛；花瓣长圆形；果椭圆状卵圆形	林木		河南西部、四川、云南北部
9754	*Tilia oliveri* Szyszyl.	粉椴	Tiliaceae 椴树科	落叶乔木；叶阔卵圆形至圆卵形，先端短渐尖，边缘为刺针状锯齿；花小，7～20朵成聚伞花序；坚果球形	观赏	中国甘肃、四川、湖南、江西、湖北、陕西、浙江	湖北、陕西、浙江
9755	*Tilia paucicostata* Maxim.	少脉椴	Tiliaceae 椴树科	落叶乔木；叶卵圆形，先端短渐尖，边缘为刺针状锯齿；花带黄色，7～15朵成聚伞花序	观赏	中国甘肃、陕西、河南、四川、云南	陕西、湖北、安徽
9756	*Tilia platyphyllos* Scop.	欧洲大叶椴（阔叶椴）	Tiliaceae 椴树科	小枝绿褐色被黄色星状毛；叶圆卵形，长6～13cm，上面平滑，下面被白星毛；花多数稀少	观赏	欧洲	
9757	*Tilia tuan* Szyszyl.	椴树	Tiliaceae 椴树科	乔木；高20m；树皮灰色，小枝近秃净；叶卵圆形；聚伞花序；萼片长圆状披针形；果实球形；花期7月	观赏	中国	湖北、四川、云南、贵州、广西、湖南、江西
9758	*Tillandsia caputmedusae* E. Morr.	银叶紫凤梨	Bromeliaceae 凤梨科	多年生草本植物，株高10～40cm；叶簇生，满布银白毛茸；总苞呈扇状，粉红色，花小，淡紫色	观赏	墨西哥、美洲中部	
9759	*Tillandsia cyanea* Linden ex C. Koch	紫凤梨（铁兰）	Bromeliaceae 凤梨科	多年生草本；株高约30cm；莲座状叶丛；花梗粗，斜出，总苞呈扇状，粉红色	观赏	厄瓜多尔、危地马拉	
9760	*Tillandsia fasciculata* Sw.	束花凤梨	Bromeliaceae 凤梨科	多年生草本；三角状线状披针形叶，灰绿色；花穗扁筒状，苞片红色或带红黄色，花蓝紫色	观赏	中美洲	

（续）

序号	拉丁学名	中文名	所属科	特征及特性	类别	原产地	目前分布/种植区
9761	*Tillandsia flabellate* Bak.	歧花紫凤梨	Bromeliaceae 凤梨科	多年生草本；株型中大；叶绿色至灰绿色，质薄但坚挺；叶背有灰粉；总苞橙红色叠生成扁棒状，小花深紫色	观赏	墨西哥、危地马拉	
9762	*Tillandsia lindeniana* Regel.	长苞花凤梨（铁兰）	Bromeliaceae 凤梨科	多年生草本；叶莲座状；叶片长 30cm，反曲；穗状花序大，有深红色苞片；花蓝紫色，深出苞片外	观赏	厄瓜多尔、秘鲁	
9763	*Tillandsia usneoides* L.	苔花凤梨（老人须）	Bromeliaceae 凤梨科	多年生草本，附生性；叶散生，窄线形，灰绿白色；花小，鲜黄绿色或蓝色，单生叶腋；花期夏季	观赏	美国东南部、阿根廷、智利	
9764	*Tinomiscium tonkinense* Gagnep.	大叶藤	Menispermaceae 防己科	木质藤本；叶阔卵形；总状花序自老枝生出，雄花花瓣 6，倒卵状椭圆形至椭圆形，雄蕊 6，雌花未见；核果长圆形	有毒，药用		贵州、云南、广西
9765	*Tinospora sagittata* (Oliv.) Gagnep.	青牛胆（山慈姑，地苦胆，金古榄）	Menispermaceae 防己科	落叶藤本；具黄色块根；茎圆柱形；叶互生，单叶，长椭圆状披针形，全缘；总状花序；核果红色	观赏	中国	湖北、四川、湖南、广西
9766	*Titanopsis calcarea* (Marloth) Schwant.	天女	Aizoaceae 番杏科	多年生多浆植物；非常肉质的叶 6～8 对，匙形伸展，呈三角形；花黄色至橘黄色	观赏	南非	
9767	*Tithonia diversifolia* A. Gray	肿柄菊（假向日葵）	Compositae (Asteraceae) 菊科	一年或多年生草本；叶卵形或卵状三角形或近圆形；头状花序顶生假轴分枝总花梗上，花黄色；瘦果长椭圆形	观赏	中美洲及墨西哥	我国各地均有分布
9768	*Tithonia rotundifolia* S. F. Blake	圆叶肿柄菊（墨西哥向日葵）	Compositae (Asteraceae) 菊科	一年生草本；叶互生，宽卵圆形，3 主脉，脉上有毛；头状花序，舌状花单性，橙黄色；管状花两性，近花序处肿大	观赏	墨西哥及中美洲	
9769	*Toddalia asiatica* (L.) Lam.	飞龙掌血（见血飞，散血丹）	Rutaceae 芸香科	木质藤本；三出复叶复生，小叶倒卵形；花单性；雄花常存腋生的伞房状圆锥花序；雌花常存聚伞状圆锥花序；核果	有毒，蜜源，经济作物（香料类）		华东、西南、华南、华中及陕西、台湾
9770	*Tofieldia thibetica* Franch.	岩菖蒲	Liliaceae 百合科	多年生草本；总状花序稍稀疏至稀疏；花梗长(2～)5～12mm，开花后斜升上举而不下垂	观赏	中国云南、四川、贵州	云南、四川、贵州

（续）

序号	拉丁学名	中文名	所属科	特征及特性	类别	原产地	目前分布/种植区
9771	*Tolmiea menziesii* （Pursh） Torr. et A. Gray	千母草（负儿草）	Saxifragaceae 虎耳草科	多年生草本；具地下根茎；茎叶均覆毛；叶心脏形；花萼绿紫色；花瓣 4，紫色；蒴果	观赏	北美	
9772	*Toona ciliata* M. Roem.	小果香椿（紫椿）	Meliaceae 楝科	常绿大乔木；高 26m；叶长 70～90cm，具长柄，总轴和时柄被微柔毛，具皮孔；小叶 9～12 对，互生，坚纸质，卵状披针形；圆锥花序；蒴果椭圆状，褐色；种子褐色，两端具翅	林木，观赏		福建、广东、广西、四川、云南
9773	*Toona sinensis* （Juss.） Roem.	香椿（香芽树）	Meliaceae 楝科	落叶乔木；高约 20m，圆锥花序顶生，花冠白色，芳香；蒴果狭椭圆形，种子具膜翅，褐色	林木，观赏，蔬菜	中国	我国南北各省份均产
9774	*Toona sureni* (Blume) Merr.	红椿（红楝子）	Meliaceae 楝科	落叶或近常绿乔木；高可达 35m；羽状复叶，小叶 7～14 对；圆锥花序顶生，花两性，白色，有香气；蒴果长椭圆形	林木，经济作物（橡胶类）		云南、广西、广东、贵州福建、海南、湖南
9775	*Torenia asiatica* L.	光叶蝴蝶草	Scrophulariaceae 玄参科	多年生匍匐或披散草本；茎四方形；叶卵状三角形至卵形；花单朵腋生或 1～4 朵在枝顶集成伞形花序，花冠多为紫色；蒴果包于萼内	杂草		西南及广东、广西、福建、江西、浙江、湖南、湖北
9776	*Torenia bailloni* Godefr.	黄筒夏堇	Scrophulariaceae 玄参科	草本，叶对生，花冠黄色、上端红紫，冠檐具紫色眼点，花冠二唇形，下唇 3 浅裂，上唇直立	观赏	印度	
9777	*Torenia fournieri* Linden ex E. Fourn.	夏堇（蓝猪耳）	Scrophulariaceae 玄参科	多年生草本；茎具四棱，多分枝；叶对生，叶片卵形或卵状心脏形；上部叶生或顶生短总状花序	观赏	亚洲和非洲热带地区	
9778	*Torenia violacea* （Azaola ex Blanco） Pennell	紫萼蝴蝶草	Scrophulariaceae 玄参科	一年生草本；茎四方形，高 8～35cm；叶卵形或长卵形；伞形花序，萼长圆状纺锤形，果期变为紫红色，花冠淡蓝色或白色；蒴果包于萼内	杂草		华东、华南、华中及台湾
9779	*Torilis japonica* （Houtt.） DC.	小窃衣（破子草）	Umbelliferae （Apiaceae） 伞形科	一年或两年生草本；高 20～120cm，具贴生短硬毛；叶长卵形，一至二回羽状分裂；复伞房花序，伞辐 4～12；果实圆卵形	药用，饲用及绿肥		全国各地均有分布

（续）

序号	拉丁学名	中文名	所属科	特征及特性	类别	原产地	目前分布/种植区
9780	*Torreya fargesii* Franch.	巴山榧（球星杉，崖头杉）	Taxaceae 红豆杉科	乔木；叶多为条形；雄球花卵圆形，基部苞片背部具纵脊，雄花常具 4 个花药，花丝短；肉质假种皮微被白粉，骨质种皮内壁平滑	经济作物（油料类）		河北、陕西、四川
9781	*Torreya fargesii* var. *yunnanensis*（C. Y. Cheng et L. K. Fu）N. Kang	云南榧	Taxaceae 红豆杉科	常绿乔木；高 15～20m；叶二列，线状披针形；雌雄异株；雄球花单生叶腋，雌球花无柄，成对生于叶腋	林木		云南
9782	*Torreya grandis* Fortune ex Lindl.	香榧（玉山果，赤果）	Taxaceae 红豆杉科	常绿乔木；叶线状披针形；雌雄异株，稀同株，雄花单生，雌花常两两成对着生在新梢中下部叶腋处；种子外种皮有棱纹种脐	药用，林木	中国	浙江、安徽、江苏、福建、江西、湖北、湖南
9783	*Torreya jackii* Chun	长叶榧	Taxaceae 红豆杉科	乔木；高达 12m；叶列成两列，质硬，条状披针形；种子倒卵圆形	林木，观赏		浙江南部
9784	*Torreya nucifera*（L.）Siebold et Zucc.	油榧（日本榧）	Taxaceae 红豆杉科	常绿乔木；树皮灰褐色；叶条形；种子椭圆状倒卵形，成熟时假种皮紫红色；花期 4～5 月，种子翌年 11 月熟	观赏	日本	山东、江西、江苏
9785	*Torreya taxifolia* Arn.	美洲榧树（豆杉榧）	Taxaceae 红豆杉科	常绿乔木；叶条形；种子倒卵形，假种皮熟时紫色；花期 3 月，果熟 8 月	观赏	美国	
9786	*Torulinium odoratum*（L.）S. Hooper	断节莎	Cyperaceae 莎草科	一年生草本；秆丛生，高 20～50cm；长侧枝聚伞花序具 3～12 个初级辐射枝；穗状花序长圆形或卵形，小穗线形，鳞片卵状椭圆形；小坚果	杂草		台湾
9787	*Toumeya papyracantha*（Engelm.）Britt. et Rose.	月童子	Cactaceae 仙人掌科	多浆植物；植株小球形或短圆筒状；刺扁平，且薄，纸质，白色；花着生于顶部，白色	观赏	墨西哥北部	
9788	*Toxicodendron acuminatum*（DC.）C. Y. Wu et T. L. Ming	尖叶漆	Anacardiaceae 漆树科	乔木；高 4～7.5m；小叶对生，纸质，椭圆形或长圆形；圆锥花序；花黄绿色；果横椭圆形	林木		云南、西藏

（续）

序号	拉丁学名	中文名	所属科	特征及特性	类别	原产地	目前分布/种植区
9789	*Toxicodendron delavayi* (Franch.) F. A. Barkley	山漆树（小漆树）	Anacardiaceae 漆树科	灌木或小乔木；高 2～4m，圆锥花序，花小；核果扁球形，光滑，黄绿色	蜜源		四川、贵州、云南
9790	*Toxicodendron delavayi* var. *quinquejugum* (Rehder et E. H. Wilson) C. Y. Wu et T. L. Ming	大花漆	Anacardiaceae 漆树科	落叶乔木或灌木；高 3～8m；小叶对生，纸质，倒卵状椭圆形或披针形；圆锥花序；花淡黄色；果偏斜，压扁	林木		云南、四川
9791	*Toxicodendron fulvum* (Craib) C. Y. Wu et T. L. Ming	黄毛漆	Anacardiaceae 漆树科	乔木；高约 10m；奇数羽状复叶互生；小叶对生，革质，长圆形；圆锥花序腋生；核果近球形	林木		云南南部
9792	*Toxicodendron griffithii* (Hook. f.) Kuntze	裂果漆	Anacardiaceae 漆树科	小乔木；奇数羽状复叶互生；小叶革质，长圆形或卵状长圆形；圆锥花序腋生；果近球形，淡黄色	林木		云南、贵州
9793	*Toxicodendron succedaneum* (L.) Kuntze	野漆树（大木漆，山漆树）	Anacardiaceae 漆树科	落叶乔木；奇数羽状复叶，常聚生枝顶；小叶背面被粉质；圆锥花序腋生，花黄绿色；核果	林木，生态防护，有毒，观赏		华北至江南各省份
9794	*Toxicodendron sylvestre* (Siebold et Zucc.) Kuntze	木蜡树（野毛漆，野漆树）	Anacardiaceae 漆树科	落叶乔木；高 10m；奇数羽状复叶；花序长 8～15cm，密被锈色绒毛，花黄绿色；果偏斜，径 6～7mm，无毛，熟时不裂	林木，观赏		长江以南各地
9795	*Toxicodendron trichocarpum* (Miq.) Kuntze	毛漆树	Anacardiaceae 漆树科	落叶乔木或灌木；奇数羽状复叶互生；小叶纸质，卵形或椭圆形；圆锥花序；花黄绿色；核果扁圆形	林木		贵州、湖南、湖北、江西、福建、浙江、安徽
9796	*Toxicodendron vernicifluum* (Stokes) F. A. Barkley	漆树（干漆，大木漆）	Anacardiaceae 漆树科	落叶乔木；树皮灰白色，幼枝具皮孔和叶痕，顶芽大；奇数羽状复叶；圆锥花序腋生，花黄绿色；核果	有毒		除黑龙江、吉林、内蒙古、青海、宁夏和新疆外，其他各省份均有分布

（续）

序号	拉丁学名	中文名	所属科	特征及特性	类别	原产地	目前分布/种植区
9797	*Toxicodendron wallichii* (Hook. f.) Kuntze	绒毛漆	Anacardiaceae 漆树科	乔木；高 5～7m 或更高；奇数羽状复叶互生；小叶对生，革质；圆锥花序腋生；花淡黄白色；果球形	林木	中国	西藏南部
9798	*Trachelium caeruleum* L.	蓝喉草	Campanulaceae 桔梗科	多年生草本；茎直立；单叶互生，卵形至椭圆形；伞房状聚伞花序；花小而多；花期 6 月中旬至 7 月中旬	观赏	南欧	
9799	*Trachelospermum asiaticum* (Siebold et Zucc.) Nakai	亚洲络石（细梗络石）	Apocynaceae 夹竹桃科	攀缘灌木；高 10m；叶椭圆或卵状椭圆，长 4～8.5cm，无毛；聚伞花序顶生，花多朵，花白色，芳香；蓇葖果双生，叉开，线状披针形；条状长圆形	有毒		浙江、台湾、福建、江西、两广、海南、云贵
9800	*Trachelospermum axillare* Hook. f.	紫花络石（车藤）	Apocynaceae 夹竹桃科	粗壮藤本；叶倒披针形，8～15cm，侧脉 9～15 对；聚伞花序排成伞形，腋生或近顶生，紫色；蓇葖果双生，圆柱状长圆形；种子暗紫色	经济作物（橡胶类），药用		安徽、浙江、湖南、湖北、广东、广西、云贵、云南
9801	*Trachelospermum bodinieri* (H. Lév.) Woodson	贵州络石（乳儿绳）	Apocynaceae 夹竹桃科	攀缘灌木；高 10m；叶长圆形，长椭圆形，4～10cm；聚伞圆锥花序，长 10cm，白色，无毛；蓇葖果叉开，线状披针形 12～40cm；种子线状长圆形	绳索，藤具，芳香油		浙江、台湾、湖南、湖北、广东、广西、四川、云贵、西藏
9802	*Trachelospermum brevistylum* Hand. -Mazz.	短柱络石	Apocynaceae 夹竹桃科	木质藤本；叶薄纸质；花序顶生及腋生；花白色，花冠筒基部向花喉部渐细而具微毛，裂片斜倒卵形，广展；雄蕊着生于花筒的基部；子房长椭圆状，柱头近头状；花盘裂片离生	有毒		安徽、福建、湖南、广东、广西、贵州、四川
9803	*Trachelospermum jasminoides* (Lindl.) Lem.	络石（爬墙虎，钻骨风）	Apocynaceae 夹竹桃科	常绿木质藤本；具乳汁；茎赤褐色长 10cm，攀缘；叶卵圆形或卵状披针形；聚伞花序，花冠白色，高脚碟状；蓇葖果双生	有毒，观赏		除东北、新疆、青海、西藏、内蒙古外，全国各地均有分布
9804	*Trachycarpus fortunei* (Hook.) H. Wendl.	棕榈（棕树）	Palmae 棕榈科	常绿乔木；叶掌状深裂，叶鞘纤维质丝状；肉穗花序排成圆锥花序式；雌雄异株，萼和花冠 3 裂，雄蕊 6，子房 3；核果	药用，观赏，经济作物（纤维类）	中国	西南、华中、华南、华东、西北

（续）

序号	拉丁学名	中文名	所属科	特征及特性	类别	原产地	目前分布/种植区
9805	*Trachycarpus nanus* Becc.	龙棕	Palmae 棕榈科	常绿状小乔木；植株高 50～80cm；叶簇生于地面，掌状深裂；花序复圆锥状，雄花黄色，雌花淡绿色；核果肾形	药用，观赏		云南
9806	*Trachymene coerulea* R. C. Grah.	蓝带花	Umbelliferae (Apiaceae) 伞形科	一年生草本；叶片二回至三回分裂的复叶，裂片狭；花淡蓝色，成单伞形花序；苞片披针形，有长花梗	观赏	澳大利亚	
9807	*Tradescantia albiflora* Kunth	绿紫露草	Commelinaceae 鸭跖草科	年生花卉，茎细弱，节部明显；小叶抱茎，绿色；小花白色，花期 2 个月，花呈梅花形，不结种子；花期 7～8 月	观赏	南美洲	
9808	*Tradescantia fluminensis* Vell.	白花紫露草（白花紫鸭跖草）	Commelinaceae 鸭跖草科	多年生常绿草本；茎匍匐；叶互生，长圆形或卵状长圆形；花小，多朵聚生成伞形花序，白色；耐半阴，不耐霜寒	观赏	巴西、乌拉圭	
9809	*Tradescantia ohiensis* Raf.	奥西紫露草	Commelinaceae 鸭跖草科	多年生草本；总苞片佛焰苞状，花蓝色，玫瑰色或近白色，雄蕊 6，子房 3 室，每室 2 胚株	观赏	北美	全国各地均有分布
9810	*Tradescantia spathacea* Sw.	紫背万年青	Commelinaceae 鸭跖草科	多年生草本；茎直立，高 20cm；叶长约 30cm，披针形，叶面灰绿色，叶背紫色；花序腋生，苞片蚌壳状，紫色；蒴果	观赏	中美洲热带	全国各地均有分布
9811	*Tradescantia virginiana* L.	紫露草	Commelinaceae 鸭跖草科	多年生草本；茎直立；叶线形，淡绿色；顶生花序多花，有线状披针形苞片所包被；花蓝紫色，花萼淡绿色；花期 4～7 月	观赏	北美	
9812	*Tradescantia zebrina* Bosse	吊竹梅（水竹草，红莲，鸭舌红）	Commelinaceae 鸭跖草科	多年生常绿草本；茎稍肉质；叶互生，卵圆形或长椭圆形；叶背紫色；花序腋生；花小，玫红到粉色	观赏	墨西哥	
9813	*Tragopogon pratensis* L.	婆罗门参（草地婆罗门参，西洋牛蒡）	Compositae (Asteraceae) 菊科	二年生草本；肉质根，长圆锥形，长 33cm，皮色黄白；线形或披针形叶，叶伤后有乳白色汁液，牡蛎气味；瘦果沿肋有小而钝的疣状突起	蔬菜	欧洲南部希腊及意大利	大城市郊区、新疆

（续）

序号	拉丁学名	中文名	所属科	特征及特性	类别	原产地	目前分布/种植区
9814	*Tragus berteronianus* Schult.	虱子草	Gramineae (Poaceae) 禾本科	一年生草本；秆斜生，高 10～40cm；叶披针形；圆锥花序紧缩呈穗状，长 4～10cm，小穗背腹压扁；颖果卵状圆形	杂草		东北、西北、华北及陕西、四川
9815	*Tragus racemosus* Scop	锋芒草	Gramineae (Poaceae) 禾本科	一年生草本；秆高 15～35cm；叶长 3～8cm，边缘具刺毛；圆锥花序紧密呈穗状，长 3～6cm，小穗长 4～4.5mm；颖果卵圆形	杂草		西北、华北及四川
9816	*Trapa incisa* Siebold et Zucc.	野菱	Trapaceae (Hydrocaryaceae) 菱科	浮水叶互生，聚生茎顶形成莲座状的菱盘，斜方形或三角状菱形，沉水叶早落；花单生叶腋，花小，两性，花瓣 4，白色；果三角形，具 4 刺角	杂草		江苏、浙江、安徽、湖南、江西、福建、台湾
9817	*Trapa natans* L.	菱（菱角）	Trapaceae (Hydrocaryaceae) 菱科	一年生浮水草本；茎细长匍匐，节明显，顶端丛生浮水叶成莲座状，叶菱状三角形；花两性，白色，单生叶腋，花盘鸡冠状；坚果	蔬菜，药用，饲用及绿肥	亚洲东部	华北、华东、华中、华南
9818	*Trapella sinensis* Oliv.	茶菱	Pedaliaceae 胡麻科	一年生水生草本；茎细长；叶对生，沉水叶披针形，浮水叶肾状卵形或心形；花单生叶腋，子房下位；蒴果狭长	杂草	中国	华东、华中及吉林、辽宁、河北
9819	*Trema levigata* Hand. -Mazz.	麻椰树	Ulmaceae 榆科	灌木或乔木；聚伞花序腋生；花单性，雌雄同株；花被片 5；雄蕊与花被片同数；子房无毛，柱头 2，多少被毛	蜜源		湖北西部、四川、云南、贵州西南部
9820	*Trema orientalis* (L.) Blume	山黄麻（山麻，麻材，麻布树）	Ulmaceae 榆科	落叶小乔木；高 5～8m；叶二列，长椭圆状卵形至披针形；花序稠密，被柔毛，通常稍长于叶柄，多花；雄花长约 1mm，雌花长 2mm；核果，种子球形	药用，观赏	中国	我国西南部至东南部各省份
9821	*Tremacron forrestii* Craib	短檐苣苔	Gesneriaceae 苦苣苔科	多年生无茎草本；花葶 1～5 条，被柔毛或短腺毛，聚伞花序被短腺毛或长柔毛；花萼 5 裂几达基部；花冠黄、白或红色，檐部短，二唇形	观赏	中国四川西南部、云南中部及西北部	四川、云南
9822	*Tremella fuciformis* Berk.	银耳（白木耳，白耳子）	Tremellaceae 银耳科	有菌丝体和子实体；菌丝体纤细有分枝及隔膜，灰白色；子实体纯白色，似菊花状或鸡冠花状，表面光滑，富含胶质，具有弹性，半透明	药用	中国	西南、华东及湖北、广西、陕西、台湾

（续）

序号	拉丁学名	中文名	所属科	特征及特性	类别	原产地	目前分布/种植区
9823	*Trevesia palmata* (DC.) Vis.	刺通草（广叶参）	Araliaceae 五加科	常绿小乔木；叶大掌状，5～9深裂；伞形花序，花瓣6～10，先端钩曲，雄蕊6～10，子室6～10；核果	观赏		云南、贵州、广西
9824	*Trewia nudiflora* L.	滑桃树（苦皮树）	Euphorbiaceae 大戟科	落叶乔木；叶卵形或长圆形，近基部最外一侧一对叶脉上或其附近有2～4枚斑点状腺体；单性花，雌雄异株，雄花序长6～18cm，雌花序轴长2～3cm；核果，近球形，种子近球形，深褐色	药用	中国	广东、海南、广西南部、云南南部
9825	*Triaenophora rupestris* (Hemsl.) Soler.	崖白菜	Scrophulariaceae 玄参科	多年生草本；全体被白色绵毛；基生叶排成莲座状，卵状矩圆形或长椭圆形；茎生叶与基生叶相似；总状花序，花具短梗，花冠深红色	观赏	中国湖北、四川	湖北、四川
9826	*Tribulus terrestris* L.	蒺藜（野菱角，七里丹）	Zygophyllaceae 蒺藜科	一年生草本；植株平卧，长约1m；双数羽状复叶互生，小叶6～14，长圆形；花小，黄色，单生叶腋，子房5棱；蒴果，由5个分果瓣组成	有毒，经济作物（油料类）		全国各地均有分布
9827	*Trichocereus macrogonus* (Salm Dyck.) Riccob.	钝角毛花柱	Cactaceae 仙人掌科	柱高2～3m，蓝绿色，有钝棱7；刺针状，褐色；大型白色花常2～4朵或更多簇生柱顶部	观赏	厄瓜多尔东部、秘鲁北部	
9828	*Trichocereus pachanoi* Britt. et Rose.	毛花柱（毛鞭柱）	Cactaceae 仙人掌科	多浆植物；植株自基部分分枝成丛，暗绿至蓝绿色；刺黄或褐色，有时无刺；夏季晚间开花，花大型，漏斗状，白色，着生于茎顶部	观赏	厄瓜多尔东部、秘鲁北部	
9829	*Trichocereus spachianus* Riccob.	黄大文字	Cactaceae 仙人掌科	多浆植物；茎柱状，自基部多分枝，亮绿色，具钝棱10～15；刺黄色；花生于茎顶部，白色	观赏	厄瓜多尔东部、秘鲁北部	
9830	*Trichophorum pumilus* (Vahl) Schinz et Thell.	矮藨草	Cyperaceae 莎草科	多年生小草本；具细长匍匐根状茎；叶基生，边缘内卷呈半圆柱形；叶鞘淡棕色；小坚果矩圆状倒卵形	观赏	中国	河北西部、内蒙古、新疆、西藏
9831	*Trichosanthes anguina* L.	蛇瓜（蛇豆，蛇丝瓜）	Cucurbitaceae 葫芦科	一年生攀缘性草本；茎五棱，卷须分枝；雌雄异花同株，腋生；果肉白色，有鱼腥味；果实长条形，似蛇状；自果柄开始有数条绿色条纹，果实光滑	蔬菜，饲用及绿肥，药用，观赏	印度和马来西亚	零星分布

（续）

序号	拉丁学名	中文名	所属科	特征及特性	类别	原产地	目前分布/种植区
9832	*Trichosanthes cucumeroides* (Ser.) Maxim.	王瓜	Cucurbitaceae 葫芦科	多年生攀缘藤本；块根纺锤形，肥大；叶片纸质，轮廓阔卵形或圆形；花雌雄异株，白色；果实卵圆形、卵状椭圆形或球形，成熟时橙红色	蔬菜		华东、华中、华南、西南
9833	*Trichosanthes dunniana* H. Lév.	红花栝楼	Cucurbitaceae 葫芦科	草质攀缘藤本；单叶互生，纸质，阔卵形；雌雄异株；雄花总状花序，深红色，花梗被短柔毛，红色；雌花单生；果实卵球形，熟时红色	观赏	中国云南、广东、广西、贵州、西藏，印度，缅甸，泰国，中南半岛，印度尼西亚爪哇	云南、广东、广西、贵州、西藏
9834	*Trichosanthes kerrii* Craib	密毛栝楼（毛栝楼）	Cucurbitaceae 葫芦科	多年生大型草质攀缘藤本；茎、叶片、花序、花梗、花冠等都密被柔毛；叶长宽10～15cm；雄花花冠白色至粉红色，流苏长2～3cm；果实直径10～18cm，灰白色，有10条白色条纹	蔬菜，药用	中国	云南、广西
9835	*Trichosanthes kirilowii* Maxim.	栝楼（药瓜）	Cucurbitaceae 葫芦科	多年生攀缘草本；块根圆柱状，内贮白色淀粉；茎攀缘，多分枝，卷须分2～5叉；叶近圆形，常3～7浅或中裂；雌雄异株，花冠白色；果近球形	药用	中国	东北、华东、华中及河北、山西、四川、贵州
9836	*Trichosanthes ovigera* Blume	喜马拉雅栝楼	Cucurbitaceae 葫芦科	多年生草质藤本；块根粗大；叶掌状3～5深裂，长7～15cm，宽4～13cm，有卷须；花瓣6，白色；果长7～10cm，宽2.5～4cm，熟后橙红色	药用	中国	云南、贵州、广东
9837	*Trichosanthes rosthornii* Harms	中华栝楼（双边栝楼）	Cucurbitaceae 葫芦科	攀缘藤本；叶片纸质，轮廓阔卵形至近圆形；花雌雄异株；雄花或单生或为总状花序或两者并生；雌花单生；果实球形或椭圆形	药用		甘肃东南部、陕西南部、湖北西南部、四川东部、贵州、云南东北部、江西
9838	*Tricyrtis formosana* Baker	台湾油点草（蟾蜍花）	Liliaceae 百合科	多年生草本植物；叶互生，倒披针形；疏散聚伞花序顶生；花少数，白色或淡紫，有少量紫斑，钟形	观赏	中国台湾	
9839	*Tricyrtis latifolia* Maxim.	黄花油点草	Liliaceae 百合科	多年生草本；叶互生，无柄，矩圆形、椭圆形至倒卵形；聚伞花序疏生少花；蒴果棱状矩圆形	观赏	中国	西南、华中、甘肃、陕西、河南、河北

(续)

序号	拉丁学名	中文名	所属科	特征及特性	类别	原产地	目前分布/种植区
9840	*Tricyrtis macropoda* Miq.	油点草(红酸七,粗轴油点草,牛尾参)	Liliaceae 百合科	多年生草本;根状茎厚肉质;叶互生,无柄;叶片长圆披针形至广椭圆形;大圆锥花序;浆果红色	观赏	北美加拿大魁北克省至美国亚利桑那州一带	
9841	*Tridax procumbens* L.	羽芒菊	Compositae (Asteraceae) 菊科	多年生草本;茎平卧,节处常生多数不定根;叶对生,卵形或披针形;头状花序单生,花序托凸起;瘦果陀螺形	杂草		云南、广东、台湾
9842	*Trientalis europaea* L.	七瓣莲	Primulaceae 报春花科	多年生草本;地下茎;叶互生,矩圆状披针形,无毛;花萼钟状,宿存;花冠辐射状,白色;蒴果球形	观赏	中国、日本、前苏联西伯利亚及北美	黑龙江、辽宁、吉林
9843	*Trifolium alexandrinum* L.	埃及三叶草(埃及车轴草)	Leguminosae 豆科	一年生草本;茎直立;托叶离生部分钻形;总状花序卵形,总花梗长达3cm,萼筒被绢毛,花长8～13mm,淡黄色	饲用及绿肥	北非	我国引进栽培
9844	*Trifolium eximium* Stephan ex DC.	大花三叶草(大花车轴草)	Leguminosae 豆科	多年生草本;茎平卧;托叶先端离生呈急尖,小叶侧脉 6 对;具 1～6 花,花大,长 18～20mm,粉红色	饲用及绿肥		新疆(北部)
9845	*Trifolium fragiferum* L.	草莓三叶草(草莓车轴草)	Leguminosae 豆科	多年生草本;叶具 3 小叶;小叶倒卵形、广椭圆形,头状花序;花萼钟状,有毛;花冠淡红色;荚果矩形	观赏	地中海	东北、华北及新疆
9846	*Trifolium gordejevii* (Kom.) Z. Wei	延边车轴草	Leguminosae 豆科	多年生草本;茎匍匐上升,细长;托叶大部分与叶柄连合,小叶倒卵形,具 18～24 对侧脉;花 1～3 朵,红色	饲用及绿肥		黑龙江和吉林(东北部)
9847	*Trifolium hybridum* L.	杂种车轴草(金花豆)	Leguminosae 豆科	多年生草本;叶具 3 小叶,卵形至宽卵形,近无柄;花密集成头状花序;花冠红色或紫红色;荚果有种子 2～3 粒	饲用及绿肥,有毒	欧洲	东北、华北
9848	*Trifolium incarnatum* L.	绛车轴草(猩红苜蓿)	Leguminosae 豆科	一年生草本;叶具 3 小叶;小叶宽倒卵形,至近圆形;花序圆筒状;花萼筒状;花冠绛红色;荚果倒卵形	有毒,观赏	欧洲	华北

（续）

序号	拉丁学名	中文名	所属科	特征及特性	类别	原产地	目前分布/种植区
9849	*Trifolium lupinaster* L.	野火球（野车轴草）	Leguminosae 豆科	多年生草本；茎直立，被柔毛；小叶 5～7 片，叶柄全部与托叶合生；头状花序，花冠淡红色；荚果长圆形；种子 3～6 粒	饲用及绿肥		新疆及东北、华北
9850	*Trifolium pratense* L.	红车轴草（红三叶，红菽草）	Leguminosae 豆科	多年生草本；三出复叶，小叶卵形或椭圆形；花头状，密生茎顶，花序包于顶部叶的叶托内；花冠紫红；荚果倒卵形	饲用及绿肥，有毒	欧洲	东北、华北、华东及江西
9851	*Trifolium repens* L.	白车轴草（白三叶）	Leguminosae 豆科	多年生草本；具匍匐茎；三出掌状复叶，小叶倒卵形或近倒心形；托叶椭圆形；头状花序，花冠多为白色；荚果倒卵状椭圆形	药用，饲用及绿肥	欧洲	东北、华北、华中、华东、西南
9852	*Trifolium resupinatus* L.	波斯三叶草	Leguminosae 豆科	一、二年生草本；茎直立，中空；小叶倒卵形，托叶膜质；头状花序腋生，花梗长 2～4cm，花冠粉红色；荚果球形	饲用及绿肥	小亚细亚	华北、华北
9853	*Trifolium subterraneum* L.	地三叶草	Leguminosae 豆科	一年或越年生草本；茎匍匐；花序腋生，花梗长 20～30cm，花序有锚状钩爪，爪 2 分枝，把荚果围成刺球钻入土中	饲用及绿肥	欧洲	华北、华东、中南
9854	*Triglochin maritima* L.	海韭菜（圆果水麦冬，三尖草，那冷门）	Potamogetonaceae 眼子菜科	多年生沼生草本；根茎斜生或横生；叶基生；总状花序密生；花被片 6，2 轮着生；雄蕊 6，心皮 6；蒴果 6 棱椭圆形	有毒		东北、华北、西南、西北及山东
9855	*Triglochin palustre* L.	水麦冬（小麦冬，牛毛墩，长果水麦冬）	Potamogetonaceae 眼子菜科	多年生湿生草本；叶全部基生，条形；总状花序，花被片 6，绿紫色，椭圆形或舟形；雌蕊柱头毛笔状；蒴果棒状条形	有毒		东北、华北、西北
9856	*Trigonella foenum-graecum* L.	葫芦巴（芦巴子，香草子，苦豆）	Leguminosae 豆科	草本；茎、枝有疏毛；叶具 3 小叶；中间小叶倒卵形或倒披针形；花 1～2 朵生于叶腋；花冠白色；荚果条状圆筒形	观赏	中国	新疆、甘肃、陕西、河北
9857	*Trigonella pamirica* Boriss.	帕米尔扁蓿豆	Leguminosae 豆科	多年生草本；茎直立或斜升，无毛；小叶倒卵形；花序具 4～8 花，花鲜黄色；荚果长圆形，扁平，无毛，有细脉纹	饲用及绿肥		新疆、西藏

（续）

序号	拉丁学名	中文名	所属科	特征及特性	类别	原产地	目前分布/种植区
9858	*Trigonotis peduncularis* (Trevis.) Benth. ex Baker et S. Moore	附地菜（地胡椒）	Boraginaceae 紫草科	二年生或一年生草本；高 5～35cm；茎被短糙伏毛；叶匙形或椭圆状卵形；花序顶生，花冠淡蓝色；小坚果 4，三角状锥形	药用		华北、东北、西北、西南、华东、华中及广西
9859	*Trigonotis peduncularis* var. *amblyosepala* (Nakai et Kitag.) W. T. Wang	钝萼附地菜	Boraginaceae 紫草科	一年生或两年生草本；高 10～35cm；茎被短伏毛；叶狭椭圆形或匙形；花序顶生，花冠蓝色；小坚果四面体形	药用		陕西、河南、山西、河北、山东、辽宁
9860	*Trikeraia hookeri* (Stapf) Bor	三角草	Gramineae (Poaceae) 禾本科	多年生；秆高 60～80cm；花序狭窄，分枝长 2～5cm，小穗长约 8mm，褐紫色，外稃背部密生长约 2mm 的柔毛	饲用及绿肥		西藏
9861	*Trikeraia hookeri* var. *ramosa* Bor	展穗三角草	Gramineae (Poaceae) 禾本科	与三角草的区别：花序长达 30cm，分枝长达 15cm，小穗长约 11mm，背部被长 3～4mm 的柔毛	饲用及绿肥		青海和西藏
9862	*Trillium erectum* L.	褐花延龄草（直立延龄草）	Liliaceae 百合科	多年生草本；叶片 3 裂，阔斜方卵形，无柄；花单生；花褐红色，外花被 3 片略带绿色，内花被 3 片略长	观赏	美国东南部	
9863	*Trillium grandiflorum* Salisb.	大花延龄草	Liliaceae 百合科	根状茎短而壮；花朵在叶丛生，花萼窄披针形，绿色，开展；花瓣直立，边缘波状开展，白色，凋萎时转为玫瑰红	观赏	美国明尼苏达州至加拿大魁北克省、南至密苏里州和佐治亚州	
9864	*Trillium tschonoskii* Maxim.	延龄草（芋儿七，狮儿七，头顶一颗株）	Liliaceae 百合科	多年生草本；叶纸质，3 片，轮生于茎顶端；花两性，单生于叶轮中央，花被片 6，两轮排列，外轮绿色，内轮白色；浆果球形	观赏		西藏、四川、陕西、湖北、安徽、浙江、福建
9865	*Triosteum himalayanum* Wall.	穿心莛子镳	Caprifoliaceae 忍冬科	多年生草本；茎基部具褐色鳞片，中部以上具叶；叶对生，纸质，相对叶基部合生，茎贯穿其中；穗状花序，花冠淡绿或黄绿，喉部带紫色	观赏	中国云南、四川、西藏、陕西、湖北	云南、四川、西藏、陕西、湖北

（续）

序号	拉丁学名	中文名	所属科	特征及特性	类别	原产地	目前分布/种植区
9866	*Tripleurospermum ambiguum* (Ledeb.) Franch. et Sav.	褐苞三肋果	Compositae (Asteraceae) 菊科	多年生草本；头状花序单生茎端，总苞半球形，总苞片约3层，覆瓦状排列，外层披针形，中层矩圆形，内层倒披针形，全部有狭的深褐色波状的膜质边缘；舌状花舌片白色，平展；管状花黄色，5裂，裂片顶端有红色腺	观赏	中国、前苏联、蒙古	新疆、甘肃、黑龙江、内蒙古
9867	*Tripleurospermum inodorum* (L.) Sch. Bip.	新疆三肋果（无臭母菊）	Compositae (Asteraceae) 菊科	一年或两年生草本；茎高10～70cm；叶互生无柄二回羽状全裂；头状花序，花序托半球形或宽圆锥形；瘦果楔形	杂草		新疆北部
9868	*Tripleurospermum limosum* (Maxim.) Pobed.	三肋果（幼母菊）	Compositae (Asteraceae) 菊科	一年或两年生草本；茎高10～35cm；叶倒披针状长圆形，三回羽状全裂；头状花序生于枝端，花序托圆锥形；瘦果具3条淡白色宽肋	杂草		东北及河北
9869	*Tripleurospermum maritimum* (L.) W. D. J. Koch	西洋甘菊	Compositae (Asteraceae) 菊科	一、二年生草本；植株具香气；叶二至三回羽状分裂，裂片线形、肉质；头状花序，舌状花白色，管状花黄色	观赏	北美	
9870	*Triplostegia glandulifera* Wall. ex DC.	双参（西南囊苞花，都拉参，对对参）	Dipsacaceae 川续断科	多年生草本；主根粗壮，肉质；茎略呈四棱形，四边有沟槽，叶呈羽状深裂，裂片边缘有大锯齿，齿微凸成腺体；副萼为囊状，有8个小尖裂齿；瘦果有短喙，藏于囊状副萼内	药用		西南及陕西南部、甘肃南部、台湾玉山、湖北西部
9871	*Tripogon chinensis* (Franch.) Hackel	中华草沙蚕	Gramineae (Poaceae) 禾本科	多年生；秆高10～30cm；穗状花序细弱，小穗长5～8(～10)mm，含3～5花，外稃长3～4mm，主芒1～2mm	饲用及绿肥		黑龙江、内蒙古、新疆、四川、江苏
9872	*Tripolium vulgare* Nees	碱菀（竹叶菊）	Compositae (Asteraceae) 菊科	一年生草本；茎高30～80cm；叶互生，线形或长圆状披针形；头状花序排成伞房状，总苞近管状；瘦果狭长圆形	杂草		西北、华东及内蒙古、山西、辽宁、吉林

（续）

序号	拉丁学名	中文名	所属科	特征及特性	类别	原产地	目前分布/种植区
9873	*Tripterospermum chinense* (Migo) Harry Sm.	双蝴蝶（肺形草）	Gentianaceae 龙胆科	多年生缠绕草本；根细圆柱形；基部叶密集呈莲座状，茎生叶对生，卵状披针形至卵形；花顶生或1～3朵簇生叶腋，紫色；蒴果长圆形	杂草		陕西、安徽、浙江、福建、江西、湖南、四川、贵州、云南
9874	*Tripterygium wilfordii* Hook. f.	雷公藤	Celastraceae 卫矛科	落叶藤状灌木；高3m；叶厚革质或近革质，单叶互生；叶片椭圆形或宽卵形；聚伞圆锥花序，花白绿色，杂性；蒴果长圆形，黄褐色；种子1枚，黑色	有毒，经济作物（纤维类）	中国	台湾、长江以南各地和西南
9875	*Trisetum spicatum* (L.) K. Richt.	穗三毛草	Gramineae (Poaceae) 禾本科	多年生；圆锥花序紧缩呈穗状，小穗长4～6mm，含2～3花，小穗轴节间被长柔毛，第一外稃长4～5mm	饲用及绿肥		东北、华北、西北、西南
9876	*Triteleia hyacinthina* (Lindl.) Greene	野风信子	Amaryllidaceae 石蒜科	多年生草本；叶基生1～2枚，狭条形、扁平，叶背中肋隆起；伞形花序顶生；花白色，有时蓝或淡堇色	观赏	北美西部	
9877	*Triticum aestivum* L.	普通小麦	Gramineae (Poaceae) 禾本科	秆直立，丛生，高60～100cm，具节；叶鞘松弛包茎，叶长披针形；穗状花序直立，小穗含花3～9小花；颖卵圆形	粮食	西南亚	我国南北各地
9878	*Triticum aethiopicum* Jakubz.	埃塞俄比亚小麦	Gramineae (Poaceae) 禾本科	一年生草本，丛生；秆高60～100cm；叶片长10～60cm，宽10～15mm；颖片卵形，外稃卵形，长12～15mm，纸质，具芒；花药3	粮食	埃塞俄比亚	
9879	*Triticum araraticum* Jakubz.	阿拉拉特小麦	Gramineae (Poaceae) 禾本科	一年生或二年生草本；顶生的穗状花序，穗长一般在8cm以下，每小穗具2芒；结实2粒；芒较细不粗糙；颖卵形，3至多脉，与外稃常有芒；果与稃离生或藏于其内	粮食	亚美尼亚、阿塞拜疆、伊拉克、土耳其、伊朗	
9880	*Triticum boeoticum* Boiss.	野生一粒小麦	Gramineae (Poaceae) 禾本科	穗细，长小于13cm，侧面压扁，每小穗具2花；结实1粒或2粒，护颖有颖脊及颖嘴；内稃成熟时纵裂；叶上有长毛	粮食	伊朗、土耳其、叙利亚、巴勒斯坦、以色列	

（续）

序号	拉丁学名	中文名	所属科	特征及特性	类别	原产地	目前分布/种植区
9881	*Triticum dicoccoides* Schweinf.	野生二粒小麦	Gramineae (Poaceae) 禾本科	穗较密，穗长一般为 8～10cm；每小穗具 2 芒，结实 2 粒，芒长而粗并生有明显的刺；内稃成熟时不纵裂	粮食	土耳其、叙利亚、伊拉克	
9882	*Triticum dicoccum* Schuebl.	栽培二粒小麦	Gramineae (Poaceae) 禾本科	穗较宽，侧面宽 0.8～1.2cm，正面宽 0.5～0.8cm；每小穗通常结实 2 粒；外稃突起，内稃 2 脊，成熟时不纵裂	粮食	伊朗、土耳其、前苏联、伊拉克	
9883	*Triticum ispahanicum* Heslot	依斯帕汗小麦	Gramineae (Poaceae) 禾本科	护颖延长达 12～15mm，护颖较窄，较软而光滑，具短颖嘴；芒短，长 6～8cm	粮食		
9884	*Triticum karamyschevii* Nevski	卡拉米舍维小麦	Gramineae (Poaceae) 禾本科	随粗纺锤形，穗轴的节片较短且细，穗轴上有毛；小穗多花（4～5 朵），常发育 3～4 粒种子；护颖短于外稃	粮食		
9885	*Triticum macha* Dek. et Men	玛卡小麦	Gramineae (Poaceae) 禾本科	穗断时穗轴节片在小穗之侧，但成熟后上部小穗脱落时节片在小穗之下；穗侧面较正面宽 1.5～2 倍；护颖较外稃略短	粮食	格鲁吉亚	
9886	*Triticum monococcum* L.	栽培一粒小麦	Gramineae (Poaceae) 禾本科	秆高 70～100cm，具节；叶鞘边缘具细柔毛；穗状花序细长；外稃具芒；颖果	粮食	叙利亚、土耳其等国	我国引种
9887	*Triticum paleo colchicum* Men.	科尔希二粒小麦	Gramineae (Poaceae) 禾本科	秆高而壮，叶和茎节均有长毛；穗扁平，小穗排列很密，穗轴呈曲折状，芒细软而短；幼苗匍匐，分蘖多；穗长 7～8cm，侧面宽于正面，每穗 30～40 个小穗	粮食	格鲁吉亚	
9888	*Triticum persicum* Vav. ex Zhuk.	波斯小麦	Gramineae (Poaceae) 禾本科	护颖光滑，基部稍宽，颖脊短而不明显；颖嘴延长成芒状，外颖具细软的长芒；幼苗多为直立，个别匍匐，茎秆细，易倒伏；穗轴细，约为普通小麦 1/3～1/2，柔韧不易折断，茸毛少或无毛	粮食	前苏联、土耳其	

（续）

序号	拉丁学名	中文名	所属科	特征及特性	类别	原产地	目前分布/种植区
9889	*Triticum petropavlovskyi* Udacz. et Migusch.	新疆小麦	Gramineae (Poaceae) 禾本科	植株较高大，110～130cm，内外颖（稃）大而质软，外颖较内颖长，外颖具长芒，易脱粒	粮食	中国新疆	
9890	*Triticum sinskajae* A. Filat	辛斯卡娅小麦	Gramineae (Poaceae) 禾本科	一年生或二年生草本；顶生的穗状花序，穗细，穗形很像栽培一粒小麦，但为裸粒；颖卵形，3 至多脉，与外稃常有芒；果与稃离生或藏于其内	粮食	土耳其	
9891	*Triticum spelta* L.	斯卑尔脱小麦	Gramineae (Poaceae) 禾本科	一年生或二年生草本；顶生的穗状花序，穗很稀，穗横断面呈圆形或近方形；护颖铲形，顶端截平；颖卵形，3 至多脉，与外稃常有芒；果与稃离生或藏于其内	粮食	伊朗、土耳其	
9892	*Triticum sphaerococcum* Perc.	印度圆粒小麦	Gramineae (Poaceae) 禾本科	护颖和外稃均为圆形，明显凸起直至成半球形；粒圆形，杆较矮；芒较短硬	粮食	印度	
9893	*Triticum timopheevii* Zhuk.	提莫菲维小麦	Gramineae (Poaceae) 禾本科	穗相对较宽而较短，侧面扁平而略呈金字塔形，小穗排列紧密；护颖较硬，有毛，颖脊不突出，顶部形成尖而向外翻的三角形颖嘴，护颖的侧脉明显，侧脉顶端形成第二小颖嘴，两颖嘴之间有一尖角的凹槽；叶上有毛	粮食	格鲁吉亚	
9894	*Triticum turanicum* Jakubziner	东方小麦	Gramineae (Poaceae) 禾本科	一年生或二年生草本；顶生的穗状花序，穗长（10～12cm）而很稀，横断面几近方形；护颖长 12～15mm；颖卵形，3 至多脉，与外稃常有芒；果与稃离生或藏于其内	粮食	伊朗、伊拉克、土耳其	
9895	*Triticum turgidum* L.	圆锥小麦	Gramineae (Poaceae) 禾本科	秆直立，光滑无毛，高 100～130cm；叶片上面被毛或无毛；穗状花序短粗而密聚，小穗含 5～7 小花；颖革质，宽卵形；颖果细长或椭圆形	粮食	土耳其、伊朗、伊拉克	四川
9896	*Triticum turgidum durum* Desf.	硬粒小麦	Gramineae (Poaceae) 禾本科	外形上与圆锥小麦很相似，主要区别是比圆锥小麦的护颖大而长、籽粒长而大；芒较圆锥小麦的粗而长	粮食	土耳其、叙利亚、伊拉克、伊朗	内蒙古、甘肃、新疆、云南

（续）

序号	拉丁学名	中文名	所属科	特征及特性	类别	原产地	目前分布/种植区
9897	*Triticum turgidum* L. var. *polonicum*(L.)Yan ex P. C. Kuo	波兰小麦	Gramineae (Poaceae) 禾本科	株高约120～160cm;幼苗直立,分蘖性差;叶片长而披垂,大部分品种具细软长芒;小穗基部具明显颖托;颖壳(稃)多为白色,颖脊明显	粮食	地中海沿岸	新疆
9898	*Triticum urartu* Thum. et Gandil.	乌拉尔图小麦	Gramineae (Poaceae) 禾本科	一年生草本,秆膝状弯曲,高60～100cm;每小穗具双长芒;小穗茎部茸毛多;叶片有柔软短茸毛;冬性,成株的叶片用手摸有茸毛感;穗扁平,短而窄,穗轴脆弱,成熟时节片自然脱落,折断方式为上节位;每小穗有两个芒,多数结实1粒;护颖脊明显;籽粒带皮(稃),难脱粒	粮食	亚美尼亚、伊朗、伊拉克、叙利亚、黎巴嫩、土耳其	
9899	*Triticum vavilovii* Jakubz.	瓦维洛夫小麦	Gramineae (Poaceae) 禾本科	一年生或二年生草本;顶生的穗状花序,小穗轴延长形成穗似分枝状,由此造成小穗上有许多花;颖卵形,3至多脉,与外稃常有芒;果与稃离生或藏于其内	粮食	亚美尼亚	
9900	*Triticum zhukovskyi* Men. et Er.	茹科夫斯基小麦	Gramineae (Poaceae) 禾本科	穗部似提莫菲维小麦,但颖较其长,密度较其稀;植株较高,茎秆较其粗	粮食	格鲁吉亚	
9901	*Triticum aestivum* subsp. *yunnanense* King	云南小麦	Gramineae (Poaceae) 禾本科	春性,株高110cm左右;穗扁平,每穗约有24个小穗,每小穗具2芒,芒与穗轴平行,每小穗2～3粒;颖壳坚硬;穗轴易折断,护颖脊窄	粮食	中国云南	
9902	*Tritonia crocata* (Thunb.) Ker-Grawl.	观音兰(射干水仙)	Iridaceae 鸢尾科	多年生草本;叶线形或剑形;顶生穗状花序;花被片6. 蒴果膜质卵形	观赏	南非好望角	
9903	*Triumfetta rhomboidea* Jacquem.	刺蒴麻	Tiliaceae 椴树科	亚灌木;高0.5～1.5m;叶常圆形或斜方状卵形,先端3裂;聚伞花序稠密,花黄色,子房有刺毛;蒴果小,球形	药用,经济作物(纤维类)		云南、广西、广东、福建、台湾
9904	*Trochodendron aralioides* Siebold et Zucc.	昆栏树(木柯子)	Trochodendraceae 昆栏树科	常绿乔木;高达20m;叶互生,常4～12聚生枝顶;总状花序顶生,有花10～20;花两性或杂性,无花被;聚合蓇葖放射状	林木		台湾

（续）

序号	拉丁学名	中文名	所属科	特征及特性	类别	原产地	目前分布/种植区
9905	*Trollius altaicus* C. A. Mey.	阿尔泰金莲花	Ranunculaceae 毛茛科	植株全体无毛；茎高26～70cm；叶片五角形；花单独顶生，橙色；聚合果，椭圆球形，黑色	药用		新疆北部、内蒙古西部
9906	*Trollius asiaticus* L.	金梅草（宽瓣金莲花）	Ranunculaceae 毛茛科	多年生草本；基生叶有长柄，花单独生茎或分枝顶端，花黄色，花大；雄蕊多数；心皮5至多数，有胚珠多颗，成熟时变为一束蓇葖	观赏	中国黑龙江、新疆	
9907	*Trollius buddae* Schipcz.	川陕金莲花	Ranunculaceae 毛茛科	植株全体无毛；茎高60～70cm；叶片五角形；花序具2～3朵花	药用		四川北部、甘肃南部、陕西南部
9908	*Trollius chinensis* Bunge	金莲花（金梅草，金疙瘩）	Ranunculaceae 毛茛科	多年生草本；叶片五角形，3全裂；花单生顶端或聚伞花序；萼片10～15，花瓣状，雄蕊多数，心皮多数；蓇葖果	药用，有毒，观赏		华北、东北及内蒙古
9909	*Trollius dschungaricus* Regel	准噶尔金莲花	Ranunculaceae 毛茛科	植株全部无毛；茎高20～50cm；叶片五角形；花单独顶生或2～3朵成聚伞花序；种子椭圆球形，黑色	药用		新疆天山和昭苏
9910	*Trollius europaeus* L.	欧洲金莲	Ranunculaceae 毛茛科	多年生草本；叶深绿色，花瓣黄色，花大；雄蕊多数；心皮5至多数，有胚珠多颗，成熟时变为一束蓇葖	观赏	欧洲	
9911	*Trollius japonicus* Miq.	长白金莲花	Ranunculaceae 毛茛科	植株全体无毛；茎高26～55cm；叶片五角形；花单生或2～3朵组成聚伞花序；种子椭圆球形，黑色	药用		吉林长白山
9912	*Trollius lilacinus* Bunge	淡紫金莲花	Ranunculaceae 毛茛科	多年生草本；须根粗壮；花单独顶生，花萼淡紫色，淡蓝色或白色	观赏	中国新疆	
9913	*Trollius ranunculoides* Hemsl.	毛茛状金莲花	Ranunculaceae 毛茛科	植株全部无毛；茎1～3条，高6～18cm，不分枝；基生叶数枚茎生叶1～3枚；叶片圆五角形或五角形；花单独顶生；聚合果直径约1cm	药用		云南、西藏、四川、青海、甘肃

（续）

序号	拉丁学名	中文名	所属科	特征及特性	类别	原产地	目前分布/种植区
9914	*Trollius yunnanensis*（Franch.）Ulbr.	云南金莲花	Ranunculaceae 毛茛科	多年生草本；叶片五角形，花单生茎顶或2～3朵聚生茎顶，萼片花瓣状，黄色；花瓣线形；聚合果近球形	观赏	中国云南西部及西北部、四川西部	云南、四川
9915	*Tropaeolum majus* L.	旱金莲（旱荷花）	Tropaeolaceae 旱金莲科	一年或多年生草本；茎蔓生，灰绿色；叶互生，近圆形，盾状；叶绿色，有波状钝角；花腋生；花瓣，有距	观赏	南美洲	全国各地均有分布
9916	*Tropaeolum minus* L.	小旱金莲	Tropaeolaceae 旱金莲科	植株矮小；叶圆状肾形；花径4cm以下；花瓣窄，下3瓣中央有深色斑；茎半直立或匍地	观赏	南美洲	
9917	*Tropaeolum peltophorum* Benth.	盾叶旱金莲	Tropaeolaceae 旱金莲科	茎长，蔓性，全株具毛；花橙黄色，距长2.5cm，下3瓣具长爪与粗齿缘	观赏	哥伦比亚	
9918	*Tropaeolum peregrinum* L.	五裂旱金莲	Tropaeolaceae 旱金莲科	茎细长，蔓性；叶深5裂；花黄色，径约2.5cm，下3瓣小，边缘具毛	观赏	秘鲁、厄瓜多尔	
9919	*Tropaeolum polyphyllum* Cav.	多叶旱金莲	Tropaeolaceae 旱金莲科	多年生蔓性小草本；叶片呈倒卵形；花黄色或橙色，上花瓣具微缺刻	观赏	智利	
9920	*Tropaeolum tuberosum* Ruiz et Pav.	球根旱金莲	Tropaeolaceae 旱金莲科	草本，蔓性，地下具大型块茎；具卷须，块茎多汁；叶圆盾形，具长柄，无托叶；花大，花瓣黄色，长花距红色	观赏	南美洲西部玻利维亚等地	
9921	*Tropidia angulosa*（Lindl.）Blume	阔叶竹茎兰	Orchidaceae 兰科	多年生草本；根状茎稍膨大，粗短；茎直立，似竹茎，顶生叶2片，近对生；叶卵状椭圆形，边缘波状；花序顶生，绿白色	观赏	中国台湾、广西、云南、西藏，印度，缅甸，越南，泰国，马来西亚，印度尼西亚	云南、广西、台湾、西藏
9922	*Tropidia curculigoides* Lindl.	短穗竹茎兰	Orchidaceae 兰科	陆生兰，高30～70cm；茎直立，具节，生多叶，似竹，故名竹茎兰；叶互生，二列，矩圆状披针形或条状披针形；花序顶生或与叶对生并穿鞘而出，极细，常具数花	观赏		西南、华南

（续）

序号	拉丁学名	中文名	所属科	特征及特性	类别	原产地	目前分布/种植区
9923	*Tropidia emeishanica* K. Y. Lang	峨眉竹茎兰	Orchidaceae 兰科	植株高 22cm；茎下部具圆筒状鞘，节间长 2～3cm；叶 2 枚，互生于茎上部；叶片卵形或椭圆形，薄纸质；总状花序顶生，具 13 朵花	观赏		四川
9924	*Tsaiorchis neottianthoides* T. Tang et F. T. Wang	长喙兰	Orchidaceae 兰科	多年生草本；叶矩圆状椭圆形；花葶直立；总状花序具 5～7 朵常偏向一侧的花；花淡紫色，花瓣斜椭圆形；蕊喙伸长，略高过花药，中部两侧各具 1 齿	观赏	中国云南、广西	云南、广西
9925	*Tsuga chinensis*（Franch.）Pritz.	铁杉	Pinaceae 松科	常绿大乔木；树皮暗灰褐色，纵裂成块片脱落；树冠塔形；叶螺旋状着生，基部扭转排成 2 列，条形；球果下垂，有光泽	观赏	中国甘肃、陕西、湖北、河南、安徽、浙江、福建、广东、广西、四川、云南、贵州	甘肃、陕西、湖北、河南、安徽、浙江、福建、广东、广西、四川、云南、贵州
9926	*Tsuga chinensis* var. *forrestii*（Downie）Silba	丽江铁杉	Pinaceae 松科	常绿乔木；高 20～30m，胸径达 1m；叶不规则二列，线形；雌雄同株，雄球花腋生，雌球花顶生；球果，苞鳞不露出	林木		云南西北部、四川西南部
9927	*Tsuga diversifolia*（Ma-xim.）Mast.	日本铁杉	Pinaceae 松科	叶条状长椭圆形，背具狭气孔带；球果卵圆形；果鳞椭圆状卵形、光泽	观赏		
9928	*Tsuga dumosa*（D. Don）Eichler	云南铁杉	Pinaceae 松科	常绿乔木；雄球花单生叶腋；雌球花单生侧枝顶端，下垂，由多数螺旋状排列的苞鳞与腹面基部有 2 胚珠的珠鳞所组成；球果下垂；种鳞卵状矩圆形或倒卵状矩圆形，上部边缘薄，微向外反曲；种子上端有膜质长翅	观赏	中国、印度、尼泊尔	云南、西藏、四川
9929	*Tsuga longibracteata* W. C. Cheng	长苞铁杉（油铁杉，贵州铁杉）	Pinaceae 松科	常绿乔木；高达 30m，胸径达 1m；叶辐射伸展，线形；雄球花单生叶腋；雌球花单生枝顶，苞鳞大于珠鳞；球果圆柱形	林木		华南、福建、江西、贵州
9930	*Tsuga oblongisquamata*（W. C. Cheng et L. K. Fu）L. K. Fu et Nan Li	矩鳞铁杉	Pinaceae 松科	常绿乔木；冬芽卵圆形或球形，无树脂道；叶条形，长 1～3cm，宽 2～2.2mm 扁平；雄球花单生叶腋，雌球花单生侧枝顶端；球果下垂或直立，种鳞薄木质；种子连翅较种鳞短，腹面有油点	药用，观赏，林木，经济作物（油料）		四川、甘肃、内蒙古

（续）

序号	拉丁学名	中文名	所属科	特征及特性	类别	原产地	目前分布/种植区
9931	*Tugarinovia mongolica* Iljin	革苞菊	Compositae（Asteraceae）菊科	多年生草本；根顶部包被多层棉毛状枯叶柄纤维；叶基生，莲座状；雌雄异株；雄株头状花序较小，雌株头状花序较大；瘦果长圆形	观赏	内蒙古高原特有单种属	内蒙古
9932	*Tulipa acuminata* Vahl ex Hornem.	尖瓣郁金香	Liliaceae 百合科	球根花卉；叶2～7枚，线形至戟形；叶灰绿色；单花，花色浅红或黄色，常有红色或绿色花边；雄蕊带棕红色花药，花丝黄色至白色	观赏	土耳其	
9933	*Tulipa altaica* Pall. ex Spreng.	阿尔泰郁金香	Liliaceae 百合科	球根花卉；叶3～4枚，灰绿色；花单朵顶生，黄色；外花被片背面绿紫红色，内花被片有时也带淡红色，凋萎时变深	观赏	中国新疆西北部	
9934	*Tulipa anhuiensis* X. S. Sheng	皖郁金香	Liliaceae 百合科	球根花卉；茎单一，不分枝；叶2枚，对生，倒披针形，质厚；花1朵，苞片3枚，轮生，带状，花被片白色，基部淡绿色，有条纹，花药淡紫色	观赏		
9935	*Tulipa aucherana* Bak.	奥金郁金香	Liliaceae 百合科	球根花卉；株高10～25cm；叶长15cm；花星型，花色粉红，雄蕊黄色，多数单生，少有2朵和3朵	观赏	伊朗	
9936	*Tulipa batalinii* Regel.	巴塔林郁金香	Liliaceae 百合科	球根花卉；叶片灰绿色，带红边，镰刀形；花碗形，浅黄色，花瓣基部钝圆，内里带深黄色和棕色条纹，雄蕊带黄色花药，花丝黑色和黄色	观赏	乌兹别克斯坦	
9937	*Tulipa biflora* Pall.	柔毛郁金香	Liliaceae 百合科	球根花卉；鳞茎皮纸质，内面上部有柔毛；叶2枚，条形；花单朵顶生；花被片鲜时乳白色，基部鲜黄色；外花被片被面紫绿色或黄绿色，内花被片基部有毛	观赏	中国新疆北部（富蕴）和西部（伊宁）	新疆
9938	*Tulipa bifloriformis* Vved.	二型花郁金香	Liliaceae 百合科	球根花卉，高15～20cm；花1～5，白色；花丝和花药黄色；多年生草本，具鳞茎；花被6，离生，易脱落，雄蕊6枚，花药基着，向内开裂	观赏		天山西部
9939	*Tulipa clusiana* DC.	克鲁西郁金香	Liliaceae 百合科	球根花卉；鳞茎外皮褐色革质，端部附近地内面有毛，具有匍匐枝；叶2～5枚，狭线形；花冠漏斗状，芳香，白带黄晕，基部紫黑色，叶侧带红晕；花药紫色	观赏	葡萄牙、地中海地区以及希腊、波斯湾地区	

（续）

序号	拉丁学名	中文名	所属科	特征及特性	类别	原产地	目前分布/种植区
9940	*Tulipa dasystemon* (Regel) Regel	毛蕊郁金香	Liliaceae 百合科	球根花卉；鳞茎皮纸质，内面上部有伏毛；叶2枚，条形；花单朵顶生，乳白或淡黄；外花被片被面紫绿色，内花被片背面中央有紫绿色纵条纹，基部有毛	观赏	中国新疆西部（察布查尔、乌恰）	新疆
9941	*Tulipa edulis* (Miq.) Baker	老鸦瓣（光菇，双鸭子）	Liliaceae 百合科	多年生纤弱草本；鳞茎卵圆形；叶条形，常2片；花单朵顶生，白色带紫色条纹；蒴果，种子红色	有毒，经济作物（特用类）		东北、长江流域各省份
9942	*Tulipa erythronioides* Baker	二叶郁金香	Liliaceae 百合科	本种与老鸦瓣的区别在于茎下部的一对叶片较为宽短，长圆形或者长圆状倒披针形，不等宽；宽的宽15～25mm，窄的宽9～15mm；茎上部的苞片状叶通常3～4枚轮生	观赏	中国浙江、安徽	
9943	*Tulipa gesneriana* L.	郁金香	Liliaceae 百合科	多年生草本；鳞茎扁圆锥形；茎、叶光滑，被白粉；叶披针形；花单生茎顶，大形，直立杯状，花被片6枚，离生	观赏	欧洲	新疆
9944	*Tulipa hageri* Heldr.	哈格氏郁金香	Liliaceae 百合科	叶片浅绿色，2～7枚，戟形，常有紫红色边缘；花朵星形，花瓣外观为有绿色花边，内面带红黑色条纹，深绿色或棕色花药，花丝绿色，时有紫色	观赏	保加利亚、希腊、土耳其西部	
9945	*Tulipa heteropetala* Ledeb.	异瓣郁金香	Liliaceae 百合科	叶2～3枚，条形；花单朵顶生，黄色；花被片先端渐尖或钝，外花被片背面绿紫色，内花被片基部渐窄成近柄状，背面有紫绿色纵条纹	观赏	中国新疆北部（阿尔泰）、东北部（北塔山）和内蒙古（锡林郭勒盟）	新疆
9946	*Tulipa heterophylla* (Regel) Baker	异叶郁金香	Liliaceae 百合科	叶2枚对生，宽窄不等，条形或条状披针形；花单朵顶生，黄绿色，披针形；外花被片背面紫绿色，内花被片背面中央有紫绿色宽纵条纹	观赏	中国新疆天山北坡（巴里坤、昭苏、察布查尔）和南坡（和靖）	
9947	*Tulipa humilis* Herb.	湿地草郁金香	Liliaceae 百合科	叶片较宽，2～5枚，灰绿色；花星形，单生，时有2或3朵；花浅粉红至洋红，花被片背面常带灰绿色边缘，有黄色和橄榄绿和蓝绿色的条纹	观赏	土耳其东部、伊拉克北部、伊朗北部至西部、阿塞拜疆	

（续）

序号	拉丁学名	中文名	所属科	特征及特性	类别	原产地	目前分布/种植区
9948	*Tulipa iliensis* Regel	伊犁郁金香	Liliaceae 百合科	叶 3～4 枚，条形或条状披针形；花单朵顶生，黄色；背面有绿紫红色、紫绿色或黄绿色，内花被片黄色，花凋谢时颜色变深，几乎无花柱	观赏	中国新疆天山北坡、东从乌鲁木齐、玛纳斯、沙弯、精河、西到伊犁	新疆
9949	*Tulipa kolpakovskiana* Regel	迟花郁金香	Liliaceae 百合科	与伊犁郁金香（*T. iliensis* Regel）相近，区别是：本种花丝从基部向上逐渐变窄（后者花丝中部稍扩大，向两端变窄）；茎无毛；开花较晚，花期短	观赏	中国新疆乌苏	新疆
9950	*Tulipa linifolia* Regel.	细叶郁金香	Liliaceae 百合科	叶片镰刀形，3～9 枚，灰绿色碗形，红色，花基部圆形，带黑紫色或黄色条纹，花药紫黑色或黄色，花色黑色或黄色	观赏	乌兹别克斯坦、伊朗北部、阿富汗	
9951	*Tulipa marjolettii* Perr. et Song.	马乔郁金香	Liliaceae 百合科	叶片灰绿色，戟形至卵状戟形，2～7 枚；花茎无毛，单花，碗状，花色乳白色，花基部圆形，花被片深粉红色至紫色，花药黄色，花丝蓝黑色	观赏	欧洲西南部	
9952	*Tulipa montana* Lindl.	山郁金香	Liliaceae 百合科	叶片戟形 3～6 枚，叶面有沟，灰绿色，花单生、碗形，红色，有时在每朵花的花心部分有黑绿色的小斑点，花药黄色，花丝红色	观赏	土耳其、伊朗北部	
9953	*Tulipa orphanidea* Boiss ex Heldr.	矮小郁金香	Liliaceae 百合科	株高 35cm；叶片戟形，2～7 枚，常有紫红色边；花星形，黄色，花被绿色，花朵内浅红或红棕色，基部带黑至黑绿色条纹	观赏	保加利亚、希腊、土耳其西部	
9954	*Tulipa patens* C. Agardh ex Schult. et Schult. f.	垂蕾郁金香	Liliaceae 百合科	花单朵顶生，蕾期和凋萎时下垂；花被片白色，基部黄色或淡黄色，外花被片被面紫绿色或淡绿色，内花被片背面中央有紫绿色或淡绿色条纹	观赏	中国新疆西北部（塔城、温泉、霍城）	新疆
9955	*Tulipa praestans* Hoog	尖被郁金香	Liliaceae 百合科	叶椭圆形至戟形，3～6 枚直立，有深沟，灰绿色带绒毛；花碗状，花大红至橘红，单生，有时也多达 5 朵，花药黄或紫红色	观赏	帕米尔高原、塔吉克斯坦	

（续）

序号	拉丁学名	中文名	所属科	特征及特性	类别	原产地	目前分布/种植区
9956	*Tulipa pulchella* Fenzl ex Bak.	矮郁金香	Liliaceae 百合科	叶戟形，2～5 枚，灰绿色叶面带白粉，无毛；花星形，基部带蓝黑色斑纹，多为单生，但也有 2 朵或 3 朵出现，花药紫色，花丝蓝色	观赏	土耳其、伊朗北部、乌兹别克斯坦、阿富汗	
9957	*Tulipa saxatilis* Sieber ex K. Spreng	岩生郁金香	Liliaceae 百合科	中绿色叶片 2～4 枚，线形，无毛；花星形，有香味，单生，也有多达 4 朵，花色粉红至浅紫色，带白色或黄色边，花药黄色或紫色、棕色，花丝黄色	观赏	地中海中部克里特岛、土耳其西部	
9958	*Tulipa schrenkii* Regel	准噶尔郁金香	Liliaceae 百合科	鳞茎皮薄革质，内面上部有伏毛；叶 3～4 枚，披针形或条状披针形；花单朵顶生，花被片黄色；外花被片椭圆形，内花被片长卵形	观赏	中国新疆西北部（裕民、拖里、伊犁和温泉一带）	
9959	*Tulipa sinkiangensis* Z. M. Mao	新疆郁金香	Liliaceae 百合科	叶 3 枚，彼此紧靠，反曲，边缘呈皱波状；花单朵顶生，黄色或暗红色；外花被片背面紫绿、暗紫或黄绿色，内花被片有时也带淡红色	观赏	中国新疆天山西北部（乌鲁木齐、玛纳斯、奎屯）	
9960	*Tulipa sprengeri* Bak.	窄尖叶郁金香	Liliaceae 百合科	叶片 5～6 枚直立无毛，中绿色，长 25cm；花单朵，花形酒杯状，红色或橘红，长 4.5～6cm，花基部黄色，花药黄色，花丝红色，茎干无毛	观赏	土耳其	
9961	*Tulipa suaveolens* Roth	香花郁金香	Liliaceae 百合科	叶 3～4 枚，多生于茎的基部，最下部呈带状披针形；花冠钟状，花被片长椭圆形，鲜红色，边缘黄色，有芳香；雄蕊黄色，子房圆柱形	观赏	俄罗斯南部至伊拉克	
9962	*Tulipa sylvestris* L.	欧洲郁金香	Liliaceae 百合科	叶戟形 2～4 枚，有深沟，绒毛；花星形，有香味，蕾期花朵下垂，开放后直立，花单生或对生，黄色，有时乳白色，外基部带绿色，花药黄色	观赏	欧洲，以及北非至中东、俄罗斯（西伯利亚）	
9963	*Tulipa tarbagataica* D. Y. Tan et X. Wei	塔城郁金香	Liliaceae 百合科	多年生草本；茎有毛；叶 3 枚，最下面叶宽披针形，上面叶线状披针形；钟形花单朵顶生；深黄色，背面青绿或淡红色；内花被片深黄；花丝深黄	观赏		
9964	*Tulipa tarda* Stapf.	埃尔达郁金香	Liliaceae 百合科	叶 3～7 枚，反卷，戟形，亮绿色带皱边；每枝 4～6 朵花，星形，花径 6cm，花白色带绿色边，外有时带红色花纹，内里基部一半为黄色，雄蕊黄色	观赏		天山山脉

（续）

序号	拉丁学名	中文名	所属科	特征及特性	类别	原产地	目前分布/种植区
9965	*Tulipa thianschanica* Regel	天山郁金香	Liliaceae 百合科	茎无毛，花丝中上部突然扩大，向基部逐渐变窄；植株通常矮小，茎长10～15cm，有时内花被片红色，叶彼此紧靠而反曲	观赏	中国新疆西部（察布查尔）	
9966	*Tulipa turkestanica* Regel	土耳其斯坦郁金香	Liliaceae 百合科	茎秆有毛；叶线形2～4枚，灰绿色；每枝可达12朵花，花星型，花心黄色或橘红色，外灰绿色或绿粉色；花药紫色、棕色或紫色带黄边，花丝黄色	观赏		西北
9967	*Tulipa urumiensis* Stapf.	伊朗郁金香	Liliaceae 百合科	叶片线形2～4枚，微被绒毛，中绿色，长12cm；花星型黄色，花径5～7cm，花被外面有紫色或棕红色晕斑，雄蕊黄色，花1～2朵	观赏	伊朗西北部	
9968	*Tulipa violacea* Boiss. et Buhse.	堇花郁金香	Liliaceae 百合科	叶片线形有沟，灰绿色无毛，2～5枚，长15cm；花星型，紫红色，花径7cm，基部带黄色或蓝黑色斑块，雄蕊紫色，花通常单生，有时3朵	观赏	土耳其南部和东北、伊朗北部和西北部、阿塞拜疆	
9969	*Tulipa viridiflora* Hort.	绿花郁金香	Liliaceae 百合科	多年生草本；叶大部基生；花葶单生，通常顶生1花；花大，绿色或黄绿色，花瓣上带有黄色纹或条带；果为一蒴果，室背开裂	观赏		
9970	*Tulipa whittallii* A. D. Hall.	惠托儿郁金香	Liliaceae 百合科	叶片2～7枚，戟形，中绿色，常带紫红色边；花星型，单生和丛生4朵于花枝上，花亮棕红色，花被外面带绿色条纹，内里基部带黄色和黑色色块	观赏	保加利亚、希腊和土耳其西部	
9971	*Tulotis fuscescens*（L.）Czer.	蜻蜓兰	Orchidaceae 兰科	植株高20～60cm；茎基部具1～2枚筒状鞘，鞘之上具叶，茎下部的2（～3）枚叶较大；总状花序狭长，具多数密生的花；距细长，细圆筒状，下垂	药用		西南、华中、东北
9972	*Tupidanthus calyptratus* Hook. et Thomson	多蕊木	Araliaceae 五加科	常绿灌木；掌状复叶；小叶7～9，革质，倒卵状矩圆形至矩圆形；伞形花序；花瓣合生成帽状体；果扁球形	观赏	中国	云南

（续）

序号	拉丁学名	中文名	所属科	特征及特性	类别	原产地	目前分布/种植区
9973	*Tupistra pachynema* Wang et Tang	心不干	Liliaceae 百合科	多年生宿根草本；穗状花序，自叶丛中抽出，白色；浆果近球形，有种子1粒	有毒		云南
9974	*Turczaninovia fastigiata* (Fisch.) DC.	女菀	Compositae (Asteraceae) 菊科	多年生草本；茎高30～100cm，上部有伞房分枝；叶线状披针形或线形；头状花序密集成伞房状，花白色；瘦果长圆形	杂草		东北、华北、华东、华中及陕西
9975	*Turpinia montana* (Blume) Kurz	山香圆（锐尖山香圆，五寸铁树，尖树，黄柿）	Staphyleaceae 省沽油科	常绿小乔木；高10m；单叶，椭圆形、矩圆状卵形或椭圆状披针形；花序顶生，花白色或微带紫红色；果径0.7～1cm，橙黄、红紫或黑色	药用，观赏		江西、福建、湖南、广东及广西北部、贵州、四川东部
9976	*Turpinia ovalifolia* Elmer	大果山香圆（山麻风树）	Staphyleaceae 省沽油科	常绿乔木；高18m；奇数羽状复叶，小叶3～9，矩圆状椭圆形或卵状长椭圆形；花序顶生，长达20cm；果径1.5～2.5cm，黄色至紫红色，肉质	林木，药用，观赏		广东、广西南部、四川、贵州南部、云南东南部、西藏
9977	*Turritis glabra* L.	南芥菜	Cruciferae 十字花科	二年生草本；总状花序顶生；花瓣淡黄白色，狭倒卵状长圆形，长约5mm，基部渐狭；短雄蕊基部有环状蜜腺，但内侧开口与长雄蕊的蜜腺汇合	观赏		
9978	*Tussilago farfara* L.	款冬（款冬花，款冬露）	Compositae (Asteraceae) 菊科	多年生草本；高约20cm，头状花序顶生，花舌状，黄色，瘦果长椭圆形，冠毛黄色	蜜源	中国	西北区、华北区
9979	*Tylophora floribunda* Miq.	多花娃儿藤（七层楼，老君须）	Asclepiadaceae 萝藦科	多年生缠绕藤本；具乳汁；叶卵状披针形；聚伞花序广展，花序轴曲折，每一曲度生有一至二回伞房式花序；蓇葖双生，线状披针形	药用，有毒		华东、华中及贵州
9980	*Tylophora ovata* (Lindl.) Hook. ex Steud.	娃儿藤（白龙须，三十六荡）	Asclepiadaceae 萝藦科	攀缘灌木；须根丛生；叶对生卵形；聚伞花序伞房状腋生；花冠淡黄色或黄绿色，辐状；蓇葖果，种子卵形	有毒		台湾、广东、广西、云南
9981	*Typha angustata* Bory et Chaub.	长苞香蒲（蒲笋，蒲芽）	Typhaceae 香蒲科	多年生沼生草本；高1～3m；叶条形；穗状花序圆柱状，粗壮，雌雄花序长达50cm，雄花序在上，长20～30cm；柱头条状矩圆形，小苞片及柱头均比毛长；坚果无沟	蔬菜，药用，饲用及绿肥	中国	东北、华北、华东、陕西、甘肃、新疆、河南、四川

（续）

序号	拉丁学名	中文名	所属科	特征及特性	类别	原产地	目前分布/种植区
9982	*Typha angustifolia* L.	窄叶蒲菜（水烛，狭叶香蒲）	Typhaceae 香蒲科	多年生草本；高 1.5～3m；叶互生，二列；叶鞘紧抱花茎；穗状花序圆柱形；小坚果纺锤形	蔬菜，药用	中国	东北、华北、华东及河南、湖北、四川、云南、陕西、甘肃、青海
9983	*Typha davidiana*（Kronf.）Hand.-Mazz.	达香蒲（大卫香蒲）	Typhaceae 香蒲科	多年生草本；高 1～1.5m；叶互生，二列，狭线形；穗状花序细长；小坚果纺锤形	杂草		东北、华北
9984	*Typha gracilis* Jord.	短序香蒲（新拟）	Typhaceae 香蒲科	多年生沼生或水生草本；鞘状叶基生，红棕色；条形叶窄条形；雌雄花序远离；小坚果椭圆形	杂草		内蒙古、新疆、河北、山东
9985	*Typha latifolia* L.	宽叶蒲菜（宽叶香蒲，甘蒲，象牙菜）	Typhaceae 香蒲科	多年生草本；根茎横走；叶扁平条形；单性花，花小无花被，穗状花序，雄花序生于上部，雌花序下部；小坚果	药用，观赏		全国各地均有分布
9986	*Typha laxmannii* Lepech.	无苞香蒲	Typhaceae 香蒲科	多年生沼生或水生草本；叶片窄条形；雌雄花序远离；果实椭圆形	杂草		黑龙江、吉林、辽宁、内蒙古、河北、河南、山西、山东、陕西、青海、甘肃、宁夏、新疆、江苏、四川
9987	*Typha minima* Funck	小香蒲	Typhaceae 香蒲科	多年生沼生草本；叶通常基生，鞘状，无叶片，若叶片存在，长 15～40cm，宽 1～2mm，短于花葶；雌雄花序远离，雄花序长 3～8cm，雌花序长 1.6～4.5cm	药用，饲用及绿肥	中国	东北、华北、华东、陕西、甘肃、新疆、河南、四川
9988	*Typha orientalis* C. Presl	香蒲（东方香蒲）	Typhaceae 香蒲科	多年生草本；高 1～1.5m；根茎横卧泥中，于节处生根；叶狭线形，扁平；花序直立，质硬；小坚果纺锤形	药用		东北、华东及陕西、湖南、云南、广东
9989	*Typha pallida* Pobed.	球序香蒲	Typhaceae 香蒲科	多年生沼生或水生草本；鞘状叶黄棕色；条形叶呈窄条形；雌雄花序远离或接近；果实褐色	杂草		新疆、内蒙古、河北

（续）

序号	拉丁学名	中文名	所属科	特征及特性	类别	原产地	目前分布/种植区
9990	*Typha przewalskii* Skvortsov	晋香蒲	Typhaceae 香蒲科	多年生水生或沼生草本；根状茎圆柱状，白色或灰红色；叶条形，斜上；雌雄花序分离，或多少靠近但不相接；小坚果纺锤形，褐色，纵裂	药用，经济作物（纤维类），观赏		黑龙江、吉林
9991	*Typhonium blumei* Nicolson et Sivadasan	犁头尖（犁头七，土半夏）	Araceae 天南星科	多年生草本；块茎头状或椭圆形；叶戟状三角形；花序柄从叶腋抽出；佛焰苞卷成长角状；肉穗花序；附属器有臭味；浆果	有毒		浙江、安徽、福建、广东、广西
9992	*Typhonium flagelliforme* (Lodd.) Blume	鞭檐犁头尖	Araceae 天南星科	块茎近圆形、圆柱形或倒卵形；叶戟状长圆形；佛焰苞管部卵圆形或长圆形，檐部披针形；雄花雄蕊2，雌花花柱不存在，中性花中部以下棒状，上部锥形；浆果卵圆形	药用，有毒		广东
9993	*Typhonium giganteum* Engl.	独角莲（大禹白附属，白附子）	Araceae 天南星科	多年生草本；叶基出，初生时旋转成尖角状；花葶从块茎基生出，圆柱形；花单性，雌雄同株，雄花序在上部，雌花序下部；浆果	药用，有毒	中国	河北、山西、河南、陕西、甘肃、四川、山东、江苏
9994	*Typhonium trilobatum* (L.) Schott	三叶犁头尖（金慈姑）	Araceae 天南星科	多年生草本；块茎长圆形或圆球形；叶丛生，常3深裂；佛焰苞深紫色；肉穗花序全长13～17cm，下部雌花序5mm，中性花序长1.4cm，雄花序8～18mm；浆果卵球形	药用，有毒		河北、山西、内蒙古、陕西
9995	*Ulex europaeus* L.	荆豆	Leguminosae 豆科	灌木；高50～200cm；多刺，茎圆柱形，具纵棱，多分枝，微被毛；叶通常退化，簇生的叶柄变为尖刺，密集；荚果狭卵形；种子卵圆形、黑褐色、具光泽	药用	巴西	重庆、四川、北京、湖北、山东
9996	*Ulmus americana* L.	美洲榆（美国白榆）	Ulmaceae 榆科	落叶乔木；叶卵形至卵状椭圆形；花簇生，先叶开放，无花被；翅果椭圆形至广椭圆形	观赏	美国东部	辽宁，山东，北京
9997	*Ulmus bergmanniana* C. K. Schneid.	兴山榆	Ulmaceae 榆科	落叶乔木；高达26m；叶椭圆形、长圆状椭圆形或卵形；簇状聚伞花序；翅果宽倒卵形或长圆形	林木		甘肃、陕西、山西、河南、安徽、浙江、江西、湖南、湖北、四川、云南

（续）

序号	拉丁学名	中文名	所属科	特征及特性	类别	原产地	目前分布/种植区
9998	*Ulmus changii* W. C. Cheng	杭州榆	Ulmaceae 榆科	落叶乔木；花簇生于去年枝的叶腋，呈聚伞花序状或短总状；翅果长1.5～2.5cm，两面均有疏毛，有缘毛；种子位于翅果的中部	蜜源		广西、贵州、湖南、江西、浙江、福建
9999	*Ulmus chenmoui* W. C. Cheng	榔琊榆	Ulmaceae 榆科	落叶乔木；高15～20m，叶阔倒卵形至椭圆形，叶片下面密生软绒毛；树皮淡褐灰裂成薄片脱落	观赏	中国安徽、江苏	安徽、江苏
10000	*Ulmus davidiana* var. *japonica* (Rehder) Nakai	春榆（白榆）	Ulmaceae 榆科	落叶乔木；高达25m，叶2列，互生，有锯齿，羽状脉，花簇生；翅果近圆形，熟时黄白色，无毛	蜜源		东北、华北、西北
10001	*Ulmus densa* Litvin.	圆冠榆	Ulmaceae 榆科	落叶乔木；树冠球形；叶卵状椭圆形至椭圆形；花簇生；翅果宽卵形至椭圆形	观赏	中亚	新疆
10002	*Ulmus elongata* L. K. Fu et C. S. Ding	长序榆（野榔）	Ulmaceae 榆科	落叶乔木；高20m；叶互生，椭圆形至披针状椭圆形；花两性，先叶开放；总状聚伞花序长4～8cm，下垂；翅果窄长，两端渐尖，果核位于翅果中部，椭圆形	林木，观赏，经济作物（纤维类）		浙江、安徽（祁门、绩溪）、福建（莱州）、江西（资溪、铅山）
10003	*Ulmus gaussenii* W. C. Cheng	醉翁榆（毛榆）	Ulmaceae 榆科	落叶乔木；高25m；叶长圆状倒卵形或椭圆形；花先叶开放，成簇生状聚伞花序，花钟形，密被绣色毛；翅果圆形或近圆形	观赏		安徽
10004	*Ulmus glaucescens* Franch.	旱榆（灰榆，山榆）	Ulmaceae 榆科	乔木或灌木；叶卵形，宽1～2.5cm，两面光滑，边缘具单锯齿；花出自混合芽；翅果处缺口处具柔毛外，其余光滑	饲用及绿肥		华北及陕西、宁夏、甘肃、青海、山东、河南
10005	*Ulmus laciniata* (Trautv.) Mayr	裂叶榆	Ulmaceae 榆科	落叶乔木；叶先端具3～7裂，裂片三角形，基部不对称，边缘有重锯齿	观赏		山西、河北
10006	*Ulmus laevis* Pall.	大叶榆（欧洲榆）	Ulmaceae 榆科	落叶乔木；树冠广卵形或扁球形；叶卵状椭圆形、倒长卵形至椭圆形	观赏	欧洲东南至中亚	新疆
10007	*Ulmus lamellosa* C. Wang et S. L. Chang	脱皮榆	Ulmaceae 榆科	落叶乔木；树冠广卵形；叶卵形至卵状椭圆形；翅果较大，倒卵形；种子两面有凸起的棱纹	观赏	中国	华北、华东及辽宁南部

（续）

序号	拉丁学名	中文名	所属科	特征及特性	类别	原产地	目前分布/种植区
10008	*Ulmus macrocarpa* Hance	大果榆	Ulmaceae 榆科	落叶灌木或乔木；枝条两侧生有木栓质翅，翅果大，倒卵形，长达约 3cm	蜜源		江苏、山西、河北及华北区东北区
10009	*Ulmus parvifolia* Jacquem.	榔榆（小叶榆，脱皮榆，豹皮榆，秋榆，掉皮榆，蚊子树）	Ulmaceae 榆科	落叶乔木；树皮呈不规则鳞片状脱落，叶小质硬，基部偏斜，秋季开花	林木，经济作物（纤维类），药用，观赏		广西、广东、福建、湖南、江西及西南地区
10010	*Ulmus pseudopropinqua* F. T. Wang et Li	假春榆	Ulmaceae 榆科	落叶乔木；高约 10m；叶卵形或微倒卵形；簇状聚伞花序；翅果椭圆状长圆形或倒卵状圆形	林木		黑龙江哈尔滨
10011	*Ulmus pumila* L.	榆（白榆，家榆）	Ulmaceae 榆科	乔木；叶矩圆状卵形，宽 1.2～3cm，边缘具不规则的重锯齿；花先叶开放；翅果除顶端缺口处被毛外，其余无毛	饲用及绿肥，生态防护	中国	东北、华北、西北
10012	*Ulmus szechuanica* W. P. Fang	红果榆	Ulmaceae 榆科	落叶乔木；花在去年生枝上排成簇状聚伞花序；翅近圆形或倒卵状圆形，长 11～16mm，宽 9～13mm，无毛	观赏	中国安徽、江苏、浙江、江西、四川	安徽、江苏、浙江、江西、四川
10013	*Ulmus uyematsui* Hayata	阿里山榆	Ulmaceae 榆科	落叶乔木；高达 25m；叶椭圆形或长圆状椭圆形；簇状聚伞花序；翅果倒卵形或倒卵状圆形	林木		台湾中部山区
10014	*Uncaria hirsuta* Havil.	台钩藤	Rubiaceae 茜草科	蔓性藤本植物；花为球形头状花序，有花梗，腋生，苞片 5 个，密覆软毛，宿存；花冠筒漏斗状，绿白色，覆有软毛；喉部无毛，裂片 5 或 4；雄蕊在花冠的喉部，花丝很短；花柱长约 1.8～2cm，柱头头状	有毒		台湾
10015	*Uncaria macrophylla* Wall.	大叶钩藤	Rubiaceae 茜草科	大藤本；叶卵形或阔椭圆形；头状花序单生叶腋；花萼管漏斗状；花冠裂片长圆形；果序直径 8～10cm，小蒴果	药用，有毒		云南、广西、广东
10016	*Uncaria rhynchophylla* (Miq.) Miq. ex Havil.	钩藤（钩藤，双钩藤）	Rubiaceae 茜草科	常绿木质藤本；枝条四方形状；叶椭圆形或卵状披针形；头状花序单生叶腋或枝顶；花冠黄色；椭圆形蒴果	有毒		陕西、甘肃、四川、云南、福建、广东、广西

（续）

序号	拉丁学名	中文名	所属科	特征及特性	类别	原产地	目前分布/种植区
10017	*Uncaria sinensis* (Oliv.) Havil.	华钩藤	Rubiaceae 茜草科	藤本；叶薄纸质，椭圆形；头状花序单生叶腋，萼筒被苍白色毛；果序径2～3cm；	有毒		陕西、甘肃、两湖、广西、云贵和四川
10018	*Uraria crinita* (L.) Desv.	猫尾草	Leguminosae 豆科	亚灌木；茎直立，高1～1.5m；总状花序顶生，粗壮，密被灰白色长硬毛，苞片卵形或披针形，花萼浅杯状，被白色长硬毛，花冠紫色；花果期4～9月	饲用及绿肥		
10019	*Uraria lagopodioides* (L.) Desv. ex DC.	狸尾豆	Leguminosae 豆科	多年生草本；叶多为3小叶，偶有1小叶；总状花序长3～6cm，花萼下3裂片较上2裂片长3倍以上，花冠淡紫色	饲用及绿肥		华南及贵州、云南
10020	*Uraria picta* (Jacq.) Desv.	美花狸尾豆	Leguminosae 豆科	亚灌木；小叶线状长圆形，宽1～2cm；总状花序长10～30cm，下3裂片略长于上2裂片，花冠蓝紫色；荚果具3～5荚节	饲用及绿肥		广西、贵州、四川、云南
10021	*Urceola huaitingii* (Chun et Tsiang) D. J. Middleton	毛杜仲藤	Apocynaceae 夹竹桃科	攀缘灌木；高13m；叶卵圆椭圆，2.5～7.5cm，侧脉约10对；聚伞花序排成伞状房，长4～6cm，花冠黄色，微毛；蓇葖果卵圆披针形，基部膨大	药用		广东、广西、湖南和贵州
10022	*Urceola linearicarpa* (Pierre) D. J. Middleton	杜仲藤（牛角藤）	Apocynaceae 夹竹桃科	藤本；叶椭圆或卵形，长6～8cm，侧脉4对；花序腋生，较叶长，花小，淡黄色，子房被柔毛，柱头卵球形；蓇葖果条形	经济作物（橡胶类）		云南
10023	*Urceola rosea* (Hook. et Arn.) D. J. Middleton	酸叶胶藤（酸藤）	Apocynaceae 夹竹桃科	多年生木质藤本；具乳汁；茎皮深褐色；叶阔椭圆形；聚伞花序圆锥状，多歧，花小，粉红色，花盘环状；蓇葖果2个叉开成一条直线	经济作物（橡胶类），药用		长江以南各省份及台湾
10024	*Urena lobata* L.	肖梵天花（野棉花）	Malvaceae 锦葵科	直立半灌木；茎高达1m；单叶互生，叶近圆形、卵形或长圆形至披针形；花单生叶腋或2～3朵丛生，淡红色，子房5室；蒴果扁球形	药用，经济作物（纤维类）		长江以南各省份
10025	*Urena procumbens* L.	梵天花（狗脚迹）	Malvaceae 锦葵科	直立半灌木；高50～120cm；单叶互生，圆卵形或菱状卵形，3～5深裂或中裂；花1～2朵腋生，淡红色，子房5室；果扁球形	药用，经济作物（纤维类）		广西、广东、湖南、江西、福建、浙江、台湾

（续）

序号	拉丁学名	中文名	所属科	特征及特性	类别	原产地	目前分布/种植区
10026	*Urochloa panicoides* P. Beauv.	长叶尾稃草	Gramineae (Poaceae) 禾本科	多年生；秆高达 1 m 以上；圆锥花序由 5～11 枚总状花序组成，小穗单生，长约 4.3mm，无毛；第一颖长约 1.5mm	饲用及绿肥		云南
10027	*Urochloa paspaloides* J. Presl	雀稗尾稃草	Gramineae (Poaceae) 禾本科	一年生草本；高 30～60cm；叶线状披针形，两面均被疣基毛；总状花序常 2～4 个互生于主轴上，小穗长圆状披针形；颖果卵形	杂草		
10028	*Urochloa reptans* (L.) Stapf	尾稃草	Gramineae (Poaceae) 禾本科	一年生草本；高 15～50cm，节处生根；叶长 2～6cm；总状花序上升或开展，形成圆锥花序，小穗孪生	饲用及绿肥		云南、四川、广东、广西、台湾
10029	*Urochloa setigera* (Retzius) Stapf	心叶尾稃草	Gramineae (Poaceae) 禾本科	多年生；圆锥花序由 7～9 枚总状花序组成，小穗孪生，长 4～5mm，密生短茸毛，第一颖极短，长为小穗的 1/5	饲用及绿肥		海南及云南
10030	*Urophysa henryi* (Oliv.) Ulbr.	尾囊草（岩蝴蝶）	Ranunculaceae 毛茛科	多年生草本；叶基生，莲座状；花葶不分枝；聚伞花序，花辐射对称，天蓝色或粉红白色；花瓣 5，基部囊状或有距	观赏	中国四川东部、湖北西部、湖南北部、贵州	四川、贵州
10031	*Ursinia anethoides* (DC.) N. E. Br.	乌寝花（春黄熊菊）	Compositae (Asteraceae) 菊科	小灌木；叶互生，羽状细裂，裂片圆筒形；舌状花序，单生；舌状花金黄色，基部紫色	观赏	南非	
10032	*Urtica angustifolia* Fisch. ex Hornem.	狭叶荨麻	Urticaceae 荨麻科	多年生草本；高 40～150cm；单叶对生，叶披针形或狭卵形；托叶条形，离生；雌雄异株，花序狭长圆锥形，子房长圆形；瘦果卵形	有毒，经济作物（纤维类、橡胶类）		东北、华北、华东
10033	*Urtica atrichocaulis* (Hand.-Mazz.) C. J. Chen	小果荨麻（无刺茎荨麻，细荨麻）	Urticaceae 荨麻科	多年生草本；木质化根状茎；茎纤细，四棱形，有刺毛；叶卵形或狭卵形，两面疏生刺毛和细糙毛；雌雄花混生于同一花序，雄花生于花序上部，花序近穗；瘦果卵形，双凸透镜形	药用	中国	四川、云南、贵州
10034	*Urtica cannabina* L.	麻叶荨麻（哈拉盖）	Urticaceae 荨麻科	多年生草本；全株被柔毛和螯毛；茎直立，具纵棱；叶片掌状 3 深裂，裂片再成缺刻状羽状深裂；花单性，雌雄同株或异株	饲用及绿肥，有毒		东北、华北、西北

（续）

序号	拉丁学名	中文名	所属科	特征及特性	类别	原产地	目前分布/种植区
10035	*Urtica laetevirens* Maxim.	湖北红活麻	Urticaceae 荨麻科	草本；高 50～70cm；花雌雄异株或同株，花絮穗状，雄花序生于茎上叶腋，长约 2～3cm，雄花被片 4，雄蕊与花被同数而生，雌花被片 4	有毒		湖北、湖南
10036	*Urtica urens* L.	欧荨麻	Urticaceae 荨麻科	一年生草本；茎高 20～60cm；单叶对生，托叶长圆形；花单性，雌、雄花混生同一花序，花序密穗状，成对腋生；瘦果	饲用及绿肥，经济作物（纤维类）		东北、西南
10037	*Usnea diffracta* Vain.	松萝（节松萝，树挂，天蓬草）	Usneaceae 松萝科	藻和菌共生的地衣体，生于深山的老树枝干或高山岩石上，成悬垂条丝体；全体淡灰绿色，长丝体，呈二歧式分枝，枝体上有白色环状裂沟	药用		东北及陕西以及长江以南各地
10038	*Utricularia aurea* Lour.	黄花狸藻	Lentibulariaceae 狸藻科	一年生沉水草本；匍匐枝圆柱形；叶器多数，互生，三至四回羽状深裂；捕虫囊侧生叶器裂片；总状花序直立，花冠黄色；蒴果球形	杂草		华东、华南、西南及湖北、湖南、台湾
10039	*Utricularia australis* R. Br.	南方狸藻（鱼刺草）	Lentibulariaceae 狸藻科	水生食虫草本；茎浮水；叶器三至四回羽状细裂；捕虫囊侧生叶器裂片上；总状花序直立，花序梗具 1～3 个鳞片，花冠唇形；蒴果球形	杂草		华东、华南、西南及台湾、湖南、湖北
10040	*Utricularia bifida* L.	挖耳草（割鸡芒）	Lentibulariaceae 狸藻科	一年生沼生小草本；具多数乳头状分枝；叶器生于匍匐茎上，线形；捕虫囊生于叶器及匍匐茎上，球形；总状花序直立，花冠黄色；蒴果	杂草		华东、华中、华南、西南及台湾
10041	*Utricularia caerulea* L.	短梗挖耳草（密花狸藻）	Lentibulariaceae 狸藻科	一年生沼生小草本；叶器生于匍匐茎上，线形至狭倒卵状匙形；捕虫囊散生匍匐枝及侧生叶器上，卵球形；总状花序直立，子房球形；蒴果	杂草		华南及安徽、江苏、江西、湖南、福建、台湾、贵州、云南
10042	*Utricularia vulgaris* L.	狸藻（闸草）	Lentibulariaceae 狸藻科	多年生水生草本；匍匐茎圆柱形，长 15～20cm；叶器互生，二至四回二歧状深裂；捕虫囊侧生叶器裂片上，斜卵球状；总状花序直立；蒴果球形	杂草		东北、西北、华北及河南、山东

（续）

序号	拉丁学名	中文名	所属科	特征及特性	类别	原产地	目前分布/种植区
10043	*Uvaria grandiflora* Roxb.	山蕉子	Annonaceae 番荔枝科	攀缘灌木；花紫红色或深红色，大，单生，直径4～8cm，花瓣6片，卵圆形或椭圆形；雄蕊多数，雌蕊多数，柱头顶端明显两裂而内卷	果树		海南
10044	*Uvaria macrophylla* Roxb.	紫玉盘	Annonaceae 番荔枝科	直立灌木；幼枝密被黄色星状柔毛；叶革质，长倒卵形或矩圆形；花1～2朵与叶对生，暗紫红色或淡红褐色；成熟心皮暗紫褐色	观赏	中国广西、广东、台湾，越南，老挝	广西、广东、海南、台湾
10045	*Vaccaria hispanica*（Mill.）Rauschert	王不留行（麦蓝菜）	Caryophyllaceae 石竹科	一年生草本；叶卵状椭圆形至卵状披针形；聚伞花序，花瓣5，雄蕊10，子房长卵形，花柱2；蒴果	药用，经济作物（特用类）		除华南外，全国各地均有分布
10046	*Vaccinium ashei* Reade	兔眼越橘	Ericaceae 杜鹃花科	乔木，花淡粉红至鲜粉红色，花冠多为短壶形，呈吊钟状，长8～12mm；野生种的果实黑色或暗黑色	果树		
10047	*Vaccinium bracteatum* Thunb.	乌饭树（牛筋）	Ericaceae 杜鹃花科	常绿小乔木；枝条灰褐带红色；叶互生，卵状椭圆形至狭椭圆形；总状花序，苞片披针形；浆果	果树，有毒		江苏、浙江、江西、湖北、广东
10048	*Vaccinium carlesii* Dunn	短尾越橘	Ericaceae 杜鹃花科	常绿灌木；单叶互生，椭圆状卵形或狭椭圆形；总状花序腋生；花冠白色；萼筒钟状；雄蕊10；子房下位；浆果	果树		浙江、福建、江西、湖南、广东、广西、贵州
10049	*Vaccinium chunii* Merr. ex Sleum.	蓝果越橘	Ericaceae 杜鹃花科	常绿灌木；高约2m；叶革质，卵形、阔卵形至近圆形；总状花序腋生，花冠绿白色；浆果为不完全的10室	果树		广东、福建、海南
10050	*Vaccinium corymbosum* L.	北高丛越橘	Ericaceae 杜鹃花科	落叶灌木；直立；枝微拱形；花小，白色或淡粉红色，春末至初夏开放；浆果甜，蓝黑色，可食；叶秋季变为红色	果树		
10051	*Vaccinium delavayi* Franch.	苍山越橘	Ericaceae 杜鹃花科	常绿小灌木；有时附生，高0.5～1m；叶密生，革质，倒卵形或长圆状倒卵形；总状花序顶生，有多数花，花冠白色或淡红色，坛状；浆果球形	果树		云南、四川、西藏

（续）

序号	拉丁学名	中文名	所属科	特征及特性	类别	原产地	目前分布/种植区
10052	*Vaccinium falcatum* Merr.	镰叶乌饭树	Ericaceae 杜鹃花科	常绿灌木；高 1m，花筒状，花冠粉红色，浆果球形，顶部冠以宿存萼片；种子多数，细小，卵圆形或肾状侧扁，种皮革质，胚乳肉质，胚直，子叶卵形	蜜源		广西
10053	*Vaccinium fragile* Franch.	乌鸦果（乌饭果，毛叶乌饭）	Ericaceae 杜鹃花科	常绿丛生灌木；叶密生，硬革质，卵状长圆形；总状花序腋生于幼枝顶部；花冠粉红色，冠筒坛形；浆果，紫褐色	果树，有毒		西藏、云南、四川、贵州
10054	*Vaccinium gaultheriifolium* (Griff.) Hook. f. ex C. B. Clarke	软骨边越橘	Ericaceae 杜鹃花科	常绿灌木；叶薄革质，椭圆形；总状花序腋生，苞片早落；花冠淡红色，卵状坛形；浆果深蓝色，具白粉	果树，有毒		四川、云南、西藏
10055	*Vaccinium henryi* Hemsl.	无梗越橘	Ericaceae 杜鹃花科	落叶灌木；高(0.5～)1～3m；叶散生枝上，卵状长圆形；花单生叶腋，花冠黄绿色，钟状，5 浅裂；将果球形，熟时紫黑色	果树		浙江、福建、湖南、湖北、四川、陕西
10056	*Vaccinium iteophyllum* Hance	黄背越橘	Ericaceae 杜鹃花科	常绿灌木或小乔木；总状花序腋生，花冠筒状，白色或粉红色，浆果球形，熟后红色	蜜源		长江以南
10057	*Vaccinium japonicum* Miq.	深红越橘	Ericaceae 杜鹃花科	落叶灌木；高 0.4～2m；花单生叶腋，下垂；花冠白色，有时带淡红色，未开放时筒状，裂片线状披针形，花开后向外反卷；雄蕊 8 枚，花丝扁平，长 1～2mm，或疏或密被疏柔毛	果树		安徽、湖北、四川、贵州
10058	*Vaccinium macrocarpon* Ait.	大果蔓越橘	Ericaceae 杜鹃花科	匍匐常绿小半灌木；花通常一朵单生于枝顶；花萼裂片 4，宿存；花冠淡红色，4 深裂，裂片反卷，雄蕊 8，花丝分离，花药长形，顶孔开裂；子房下位，4 室，花柱细长	果树		
10059	*Vaccinium mandarinorum* Diels	小叶珍珠花	Ericaceae 杜鹃花科	常绿乔木或灌木；叶片薄革质；总状花序腋生和生枝顶叶腋；花冠白色，坛状或钟状，裂齿短小，狭三角形，直立或反折；雄蕊内藏；浆果成熟时紫红色	果树		四川、云南

（续）

序号	拉丁学名	中文名	所属科	特征及特性	类别	原产地	目前分布/种植区
10060	*Vaccinium microcarpum* (Turcz. ex Rupr.) Schmalh.	小果毛蒿豆	Ericaceae 杜鹃花科	常绿小灌木；花通常一朵单生于枝顶；花梗基部有鳞片状苞片，在中部以下有2片小苞片；花萼裂片4，宿存；花冠淡红色，4深裂，裂片反卷，雄蕊8；子房下位，4室，花柱细长，宿存	果树		东北及内蒙古
10061	*Vaccinium myrtillus* L.	黑果越橘	Ericaceae 杜鹃花科	落叶矮生灌木；具匍匐根茎，多分枝；叶散生枝上，卵形或椭圆形；花冠球状坛形；浆果	果树		新疆阿尔泰山
10062	*Vaccinium oldhamii* Miq.	腺齿越橘	Ericaceae 杜鹃花科	落叶灌木；高1～3m；叶散生枝上，纸质，卵形、椭圆形或长圆形；总状花序生于当年生枝的枝顶；浆果近球形，熟时紫黑色	果树		山东、江苏
10063	*Vaccinium oxycoccos* L.	蔓越橘（小越橘，酸果蔓）	Ericaceae 杜鹃花科	常绿匍匐半灌木；花(1～)2～4(～6)朵生去年的枝顶，伞形；花冠淡红色，4深裂，裂片矩圆形，外折；雄蕊8，花丝膨大，有毛，花药长形，有2个直立的鲜红色长角；子房下位，4室，花柱长超过花冠，宿存	果树		东北
10064	*Vaccinium trichocladum* Merr. et F. P. Metcalf	刺毛越橘	Ericaceae 杜鹃花科	常绿灌木；有时乔木状，高3～8m；叶密生，散生枝上，薄革质，卵状披针形；总状花序腋生或顶生，花冠白色，筒状坛形；浆果球形	果树		浙江、福建、江西、广东、广西、贵州、安徽
10065	*Vaccinium uliginosum* L.	笃斯越橘	Ericaceae 杜鹃花科	落叶灌木；多分枝；叶散生，倒卵形；花冠绿白色，宽坛状；浆果，成熟时蓝紫色，被白粉	果树，经济作物（饮料类，特用类）		吉林、黑龙江、内蒙古、新疆
10066	*Vaccinium vitis-idaea* L.	越橘（红豆越橘，牙疙瘩）	Ericaceae 杜鹃花科	常绿小灌木；单叶互生，网状脉；总状花序，花冠钟状，白色或粉色，花丝有毛；浆果	果树，药用，有毒		吉林、黑龙江、内蒙古、新疆
10067	*Valeriana fedtschenkoi* Coincy	新疆缬草	Valerianaceae 败酱科	小草本；高10～20cm；根状茎细柱状；基生叶1～2对，近圆形，顶端圆或钝三角形；聚伞花序顶生，花粉红色；果卵状椭圆形，光秃	杂草		新疆

（续）

序号	拉丁学名	中文名	所属科	特征及特性	类别	原产地	目前分布/种植区
10068	*Valeriana flaccidissima* Maxim.	柔垂缬草（岩边香）	Valerianaceae 败酱科	多年生草本；高 20～80cm；基生叶心形或 3 裂，基生叶羽状全裂；聚伞花序于茎顶排列成伞房状，花小，白色或粉红色；瘦果长卵形	杂草		陕西、甘肃、湖北、四川、云南、台湾
10069	*Valeriana jatamansi* Jones	蜘蛛香（马蹄香）	Valerianaceae 败酱科	多年生草本；根状茎横生；叶基生，卵状心形；顶生聚伞花序；花冠筒状；子房下位；瘦果	有毒		西南及河南、陕西、湖北、湖南
10070	*Valeriana montana* L.	亥山缬草	Valerianaceae 败酱科	草本；根有强烈的气味；株高 15cm；伞房花序，粉红花，开花繁多，花冠管纤弱，顶端 5 裂；雄蕊 3	观赏	欧洲	
10071	*Valeriana officinalis* L.	宽叶缬草	Valerianaceae 败酱科	多年生草本；高可达 100～150cm；叶裂较宽，中裂较大，裂片为具锯齿的宽卵形，裂片数通常 5～7 枚；花序顶生成伞房状三出聚伞圆锥花序；瘦果长卵形	药用	中国	东北至西南广大地区
10072	*Valeriana saliunca* All.	香缬草	Valerianaceae 败酱科	多年生草本；根有强烈的气味；株高 10cm；叶对生，聚伞花序，花粉红，芳香	观赏	南欧	
10073	*Vallaris indecora* (Baill.) Tsiang et P. T. Li	大纽子花	Apocynaceae 夹竹桃科	攀缘灌木；有乳汁，叶对生，宽卵形至倒卵形，具透明腺体，背面被短柔毛；伞房状聚伞花序腋生，通常有花 3 朵，花土黄色	药用	中国广西、贵州、四川、云南	广西、贵州、四川、云南
10074	*Vallisneria natans* (Lour.) H. Hara	苦草（带子孔，脚带小草，蓼萍草）	Hydrocharitaceae 水鳖科	多年生沉水草本；叶丛生，狭带形；花腋生，单性，雌雄异株，雄花极小；果实条形	药用，饲用及绿肥		华东、华南及云南、四川、河北、吉林、湖南、台湾
10075	*Vallota speciosa* (L. f.) T. Durand et Schinz	非洲石蒜	Amaryllidaceae 石蒜科	多年生草本；具被膜鳞茎；叶基生，阔条形，与花同时抽生；伞形花序，顶生于花葶；花猩红色，漏斗形，有白、肉红、樱红等花色品种	观赏	南非	
10076	*Vanda brunnea* Rchb. f.	白花万带兰	Orchidaceae 兰科	茎短；总状花序腋生，短于叶，具多数花；花苞片小，卵状三角形；花瓣具爪，匙形；唇瓣比萼片长，侧裂片大，近圆形，中裂片提琴形，顶端 2 圆裂，裂片略向外弯，基部具 2 个胼胝体；距长约 4mm；花粉块 2，半裂	观赏	中国云南	云南

（续）

序号	拉丁学名	中文名	所属科	特征及特性	类别	原产地	目前分布/种植区
10077	*Vanda coerulea* Griff. ex Lindl.	大花万带兰	Orchidaceae 兰科	多年生草本；花大，径约 8～10cm，天蓝色；茎伸长，叶带状，厚革质，先端具 2～3 个尖齿状缺刻；总状花序疏生多数花，花大直径约 7～10cm，蓝色或紫色	观赏	中国云南南部、印度东北部、缅甸、泰国	云南、贵州
10078	*Vanda concolor* Blume	琴唇万带兰	Orchidaceae 兰科	多年生草本；唇瓣 3 裂，侧裂片小，镰状三角形；中裂片近提琴形，上有疣状突起的条纹	观赏	中国广东、广西、贵州、云南	广西、云南、四川
10079	*Vanda subconcolor* T. Tang et F. T. Wang	黑珊瑚	Orchidaceae 兰科	茎攀缘状；叶狭长；总状花序腋生，黄绿色或淡蓝色，有褐色小格纹；花期 11 月至翌年 8 月	观赏	中国	华南与喜马拉雅地区
10080	*Vandopsis gigantea* (Lindl.) Pfitzer	假万带兰	Orchidaceae 兰科	附生兰；总状花序粗壮，下垂，短于叶，具多数花；花金黄色带红褐色斑点；唇瓣斧形，狭小，略朝上弯曲，顶端钝，侧裂片耳状，略叉开，唇盘上面凹陷呈槽，中央具 1 条纵贯全唇的高褶片；合蕊柱粗短；花粉块 4 个，扁的，成 2 对	观赏	中国广西、云南，老挝，越南，泰国，缅甸，马来西亚	广东、广西、云南南部
10081	*Vandopsis undulata* (Lindl.) J. J. Sm.	白花假万带兰	Orchidaceae 兰科	附生兰；茎斜立或下垂，质地坚硬，长达 1m，具分枝，具多枚叶；花白色，萼片和花瓣相似，唇瓣比花瓣小	观赏	中国云南、西藏，尼泊尔，不丹，印度	云南南部至西北部
10082	*Vanilla annamica* Gagnep.	西南香果兰	Orchidaceae 兰科	茎攀缘，长 6～20m；花序为圆锥花序状的伞房花序，密集，长和宽 4cm，罕为总状花，长 5～7cm；花苞片厚，宽椭圆形或椭圆形，舟状，顶端钝，长 7～12mm，伸展，彼此紧接	观赏	中国	云南
10083	*Vanilla fragrans* Ames.	香果兰	Orchidaceae 兰科	多年生攀缘草本；地生兰；茎粗长；叶互生，长圆形；总状花序，多花，黄绿色；蒴果三棱，长而肉质	观赏	墨西哥及中美洲	
10084	*Vatica guangxiensis* S. L. Mo	广西青梅	Dipterocarpaceae 龙脑香科	常绿乔木；树干创伤处有淡黄色透明树胶凝结；叶互生，革质；圆锥花序长 3～9cm，花瓣 5，旋转排列，略带淡紫红色；蒴果近球形	林木		广西那坡
10085	*Vatica mangachapoi* Blanco	青皮（青梅，苦香，青楣）	Dipterocarpaceae 龙脑香科	常绿乔木；树皮青灰色；叶长椭圆形，羽状叶脉；聚伞圆锥花序；花白色，雄蕊 15 枚，子房 3 室；果球形，具宿存萼 5 片，翅状	林木		海南

（续）

序号	拉丁学名	中文名	所属科	特征及特性	类别	原产地	目前分布/种植区
10086	*Veltheimia capensis* (L.) DC.	细叶维西美花（好望角伞兰）	Liliaceae 百合科	叶披针形，边缘皱波状；花葶高达 30cm；花粉红至红色，筒长 2.5cm；花开为总状花序，密生，花茎较长，直立，颜色多样	观赏	南非好望角	
10087	*Veltheimia viridifolia* Jacq.	维西美花（绿叶伞兰）	Liliaceae 百合科	多年生丛状草本；基生叶带状至长圆形；花葶深紫色具黄色斑点；顶生密总状花序；花筒状，下垂；花被合生，宿存	观赏	南非	
10088	*Venidium decurrens* Less.	拟金盏菊	Compositae（Asteraceae）菊科	多年生作一年生栽培；高 30～60cm；叶大头羽裂；叶背具白棉毛；叶柄基部有耳状附属物；头状花序金黄色	观赏	南非	
10089	*Venidium fastuosum* (Jacq.) Stapf.	南非王菊	Compositae（Asteraceae）菊科	一年生草本；叶大头羽裂；单花序顶生；头状花序，舌状花鲜黄色，花瓣基部有轮状斑纹，围绕深色花蕊，形似蛇目	观赏	南非	
10090	*Veratrum grandiflorum* (Maxim. ex Baker) Loes.	毛叶藜芦（蒜藜芦，人头发）	Liliaceae 百合科	多年生草本；植株高大；叶宽椭圆形至长圆状披针形；圆锥花序塔状；花绿白色；花被片边缘具啮蚀状牙齿；蒴果	有毒		华中、西南及浙江、台湾
10091	*Veratrum mengtzeanum* Loes.	蒙自藜芦（披麻草）	Liliaceae 百合科	多年生草本；根茎粗短；基生叶长带形，茎生叶互生；花白色至淡黄绿色；蒴果卵状三角形，种子多数	有毒		贵州、云南
10092	*Veratrum nigrum* L.	藜芦（黑藜芦，山葱）	Liliaceae 百合科	多年生草本；根茎粗短；叶互生，椭圆形；花密生成大型圆锥花序，两性花多数生于中部以上；蒴果	有毒		东北、华北、华中及陕西、山东、四川
10093	*Veratrum oblongum* Loes.	闽浙藜芦	Liliaceae 百合科	多年生草本；花被片 6，花被片淡绿色宿存；雄蕊 6，与花被片对生，花丝丝状，花药心形，药室贯连；子房上位，3 室；花柱 3，宿存	有毒		
10094	*Veratrum schindleri* Loes.	天目藜芦（牯岭藜芦）	Liliaceae 百合科	多年生草本；基部具棕褐色带网眼的纤维网；叶长圆形至椭圆形；圆锥花序，花淡紫色；蒴果直立	有毒		江苏、浙江、江西、广东、广西

（续）

序号	拉丁学名	中文名	所属科	特征及特性	类别	原产地	目前分布/种植区
10095	*Veratrum stamineum* Maxim.	小蒜藜芦	Liliaceae 百合科	多年生草本，花绿白色，圆锥花序顶生，长25～50cm，下部多分枝，密生短绵毛；花被6片，雄蕊6枚，子房上位，3室. 蒴果椭圆形	有毒		
10096	*Veratrum stenophyllum* Diels	狭叶藜芦	Liliaceae 百合科	叶带状、狭矩圆形或倒披针形；圆锥花序具密集的花，侧生总状花序轴常生雄性花，顶生总状花序生两性花；蒴果	有毒		云南、贵州
10097	*Veratrum taliense* Loes.	披麻草	Liliaceae 百合科	多年生宿根草本；花绿白色或暗紫色，两性或杂性，具短柄，排成顶生的大圆锥花序，花被片6，宿存；雄蕊6，与花被片对生，花丝丝状，花药心形，药室贯连	有毒		云南、贵州
10098	*Verbascum phoeniceum* L.	紫毛蕊花	Scrophulariaceae 玄参科	多年生草本；株高30～120cm；叶基生，卵形至矩圆形；总状花序；花萼5裂；花冠紫色；蒴果卵形	观赏	中国新疆	新疆
10099	*Verbascum thapsiforme* Schrad.	黄毛蕊花	Scrophulariaceae 玄参科	多年生草本；全株密被黄绒毛；花密集，常4朵集生成密的穗状花序；花冠黄色；花期6～8月	观赏	欧洲及西伯利亚	
10100	*Verbascum thapsus* L.	毛蕊花（一柱香）	Scrophulariaceae 玄参科	越年生草本；被淡黄色星状毡毛；茎高50～100cm；叶长圆形或倒卵形；穗状花序顶生，圆柱形，花数朵簇生，花冠黄色；蒴果椭圆形	药用		新疆、西藏、云南、四川、浙江、陕西
10101	*Verbena canadensis* (L.) Britt	加拿大美女樱	Verbenaceae 马鞭草科	多年生草本；叶长卵形，边缘具齿；穗状花序生于枝顶；花色白、玫瑰红、紫红、紫	观赏	北美洲	
10102	*Verbena officinalis* L.	马鞭草（铁马鞭，马鞭梢）	Verbenaceae 马鞭草科	多年生草本；茎四方形；叶倒卵形至长圆状披针形；穗状花序；花冠蓝紫色；蒴果，成熟时裂为4个小坚果	有毒		遍及全国，以长江以南、西南为最多
10103	*Verbena phlogiflora* Champ.	彩花马鞭草	Verbenaceae 马鞭草科	多年生草本花卉；穗状花序顶生，但开花部分呈伞房状，花小而密集，苞片近披针形，花萼细长筒形，花冠筒状；先端5裂，有白、粉、红、紫、蓝等不同花色，略具芳香	蜜源		广西

（续）

序号	拉丁学名	中文名	所属科	特征及特性	类别	原产地	目前分布/种植区
10104	*Verbena rigida* K. Spreng.	直立美女樱	Verbenaceae 马鞭草科	具块状根；叶长椭圆形，边缘具齿；穗状花序顶生；花冠紫色至洋红色	观赏	巴西、阿根廷	
10105	*Verbena tenera* K. Spreng.	细叶美女樱	Verbenaceae 马鞭草科	多年生草本植物，丛生匍匐于地；叶对生，羽状细裂，裂片狭线形；花序顶生，花多而密集，花冠筒状，先端5裂，紫红、玫红色	观赏	巴西	
10106	*Vernicia cordata* （Steud.）Siry-Shaw	日本罂子桐	Euphorbiaceae 大戟科	小乔木，高达9m；枝粗壮，无毛，皮孔灰色；花先叶开放，排列于枝端成短圆锥花序；单性，雌雄同株；萼不规则，2～3裂；花瓣5，白色，基部具橙红色的斑点与条纹；雄花具雄蕊8～20，排列成2轮，上端分离，且在花芽中弯曲；雌花子房3～5室，每室1胚珠，花柱2裂	有毒		
10107	*Vernicia fordii* （Hemsl.）Airy Shaw	油桐（桐子树，罂子桐）	Euphorbiaceae 大戟科	落叶小乔木；单叶互生；花同性同株，花大而具花瓣，雄花有雄蕊8～20枚，雌花子房3～8室，花柱2裂；核果	经济作物（油料类），有毒	中国	长江流域各省份及河南、陕西、甘肃
10108	*Vernicia montana* Lour.	千年桐（木油桐）	Euphorbiaceae 大戟科	落叶乔木；高8～12m，雌雄异株，聚伞花序顶生，果卵圆形	蜜源		广西、广东、云南、四川、湖南、江西、浙江、福建
10109	*Vernonia anthelmintica* （L.）Willd.	驱虫斑鸠菊（卡里孜力）	Compositae（Asteraceae）菊科	一年生草本；茎直立，上部分枝，全株密被短毛；单叶互生，薄纸质，卵状椭圆形，边缘锯齿状	观赏	巴基斯坦	新疆
10110	*Vernonia cinerea* （L.）Less.	夜香牛（斑鸠菊）	Compositae（Asteraceae）菊科	一年或多年生草本；高20～80cm；茎被伏贴短微毛；叶互生，披针形、菱形或线形；头状花序在枝顶排成疏伞房状；瘦果圆柱形	杂草		广东、广西、湖南、福建、江西、台湾、云南、四川
10111	*Vernonia cumingiana* Benth.	毒根斑鸠菊（过山龙）	Compositae（Asteraceae）菊科	攀缘藤本；叶披针状卵形；头状花序2～7个排成圆锥状；总苞片5层；花紫色管状；瘦果，冠毛红褐色	有毒		西南、华南及台湾、福建
10112	*Vernonia esculenta* Hemsl.	斑鸠菊	Compositae（Asteraceae）菊科	落叶灌木或小乔木；枝圆柱形，具棱，被灰色绒毛；叶纸质，长圆状披针形或披针形；圆锥花序，淡红紫色，花冠管状；瘦果淡黄褐色	观赏	中国四川、云南、贵州、广西	四川、云南、贵州、广西

（续）

序号	拉丁学名	中文名	所属科	特征及特性	类别	原产地	目前分布/种植区
10113	*Vernonia patula* (Dryand.) Merr.	咸虾花	Compositae (Asteraceae) 菊科	一年生草本；茎高30～90cm；叶有长柄，广卵形或椭圆状披针形；头状花序具40朵以上紫红色小花，花序常成对排列；瘦果近圆柱状	药用		广东、广西、台湾、贵州、云南
10114	*Vernonia saligna* DC.	柳叶斑鸠菊	Compositae (Asteraceae) 菊科	多年生草本；叶互生，椭圆状矩圆形或倒披针形；头状花序，在叶腋或枝端排成伞状花；瘦果无毛	观赏	中国	云南、贵州
10115	*Veronica anagallis-aquatica* L.	北水苦荬	Scrophulariaceae 玄参科	多年生草本；高30～60cm；叶对生，卵状长圆形至条状披针形；总状花序腋生，多花，花冠淡蓝紫色或白色；蒴果卵圆形	药用		长江以北及西北、西南
10116	*Veronica arvensis* L.	直立婆婆纳	Scrophulariaceae 玄参科	二年生草本；茎高5～30cm，有白色长柔毛；叶常3～5对，卵形至卵圆形；总状花序长而多花，花冠蓝紫色或蓝色；蒴果倒心形	杂草		华北、华中及福建、贵州
10117	*Veronica biloba* L.	两裂婆婆纳	Scrophulariaceae 玄参科	一年生草本；茎高10～30cm，单生，下部多分枝；叶对生，宽披针形；总状花序，花冠白色、紫色或蓝色；蒴果，种子舟状凹	杂草		四川、陕西以西各省、自治区
10118	*Veronica ciliata* Fisch.	长果婆婆纳（纤毛婆婆纳）	Scrophulariaceae 玄参科	多年生草本；叶无柄，叶卵形或卵状披针形；总状花序，短而花密集；花冠蓝色或蓝紫色；蒴果长圆形	有毒		青海、甘肃、四川、宁夏、内蒙古
10119	*Veronica didyma* Ten.	婆婆纳	Scrophulariaceae 玄参科	越年生或一年生草杂草；茎长10～40cm；叶对生，三角状卵形；总状花序顶生，苞片叶状，花生于苞腋，花冠淡蓝紫色；蒴果近肾形	杂草		华东、华中、西北、西南及河北
10120	*Veronica himalensis* D. Don	大花婆婆纳	Scrophulariaceae 玄参科	多年生草本；叶对生，无柄；总状花序2～4支侧生茎近顶端叶腋；花冠蓝色，大型；蒴果卵形	观赏	中国西藏、云南，尼泊尔，印度，不丹	西藏、云南
10121	*Veronica laxa* Benth.	疏花婆婆纳	Scrophulariaceae 玄参科	多年生草本；茎叶有柔毛，茎高50～80cm；叶对生，卵形；总状花序腋生，苞片条形，花冠蓝紫色或蓝色；蒴果扁平状	杂草		陕西、甘肃、湖北、湖南、广西、四川、贵州、云南

（续）

序号	拉丁学名	中文名	所属科	特征及特性	类别	原产地	目前分布/种植区
10122	*Veronica peregrina* L.	纹母草（仙桃草）	Scrophulariaceae 玄参科	二年生草本；根丛生；茎高10～25cm；叶对生，无柄，倒披针形或线状披针形；总状花序顶生，花冠白色或淡蓝色；蒴果倒心形	药用		东北、华东、华中、西南
10123	*Veronica persica* Poir.	阿拉伯婆婆纳	Scrophulariaceae 玄参科	二年或一年生草本；基部多分枝；叶卵形或肾状圆形；叶单生叶状苞片内，花冠淡蓝色，有放射状深蓝色条纹；蒴果倒扁心形	药用		长江流域沿岸及西南
10124	*Veronica undulata* Wall. ex Jack	水苦荬	Scrophulariaceae 玄参科	一年或两年生草本；根状茎倾斜，多节；茎高15～40cm；叶对生，无柄，长卵圆状披针形或长卵圆形；穗状总状花序腋生；蒴果球形	药用		除西藏、青海、宁夏、内蒙古外，全国均有分布
10125	*Veronicastrum sibiricum*（L.）Pennell	草本威灵仙（轮叶婆婆纳）	Scrophulariaceae 玄参科	多年生草本；根茎横走；叶广披针形或长椭圆形；穗状花序顶生，狗尾状；花筒状，红紫色；蒴果卵状圆锥形	蜜源，有毒		东北、华北及甘肃、陕西、山东
10126	*Vexillabium yakushimense*（Yamam.）F. Maek.	旗唇兰	Orchidaceae 兰科	植株高8～13cm；叶较密生于茎基部或疏生于茎上，叶片卵形，肉质；总状花序带粉红色，具3～7朵花，花苞片粉红色，宽披针形	观赏		华南及四川、陕西
10127	*Viburnum betulifolium* Batalin	桦叶荚蒾（山杞子）	Caprifoliaceae 忍冬科	落叶灌木或小乔木；小枝近褐色，叶卵形至菱状卵形，伞形花序；核果红色	观赏	中国西北、西南及中南各省份	湖北、陕西、甘肃、四川、贵州、云南
10128	*Viburnum burejaeticum* Regel et Herd.	暖木条荚蒾	Caprifoliaceae 忍冬科	落叶灌木；花冠白色，钟形，裂片平展；密集成5叉分枝的顶生聚伞花序，径约5cm；5～6月开花；核果蓝黑色，8～9月果熟	观赏	中国东北、华北和内蒙古，俄罗斯，日本和朝鲜	东北、华北及内蒙古
10129	*Viburnum chinshanense* Graebn.	金佛山荚蒾	Caprifoliaceae 忍冬科	常绿灌木；高达5m；叶厚纸质，上面无皱纹；聚伞花序，通常生于第二级辐射枝上，花冠白色，辐状；果先红色后变为黑色	观赏	中国陕西、甘肃、四川、贵州及云南东部（罗平）	陕西、甘肃、四川、贵州及云南
10130	*Viburnum cylindricum* Buch.-Ham. ex D. Don	水红木莲	Caprifoliaceae 忍冬科	常绿灌木至小乔木；高达7m；花序复伞形状，第一级辐射枝通常7条；萼筒长约1.5mm，具细小腺点，萼檐具不明显的齿；花冠白色或带粉红色，筒状钟形，裂片长约1mm而直立；雄蕊5，伸出花冠约3mm	果树		云南

（续）

序号	拉丁学名	中文名	所属科	特征及特性	类别	原产地	目前分布/种植区
10131	*Viburnum dilatatum* Thunb.	荚蒾	Caprifoliaceae 忍冬科	叶倒卵状椭圆形，下面被带黄或淡色透明腺点，脉腋有簇生毛；复伞形聚伞花序稠密，花冠外面被粗毛；果卵形或近球形，红色	有毒，观赏	中国河北南部以南、日本	华中、华东
10132	*Viburnum farreri* Stearn	香荚蒾	Caprifoliaceae 忍冬科	落叶灌木；枝褐色，幼时有柔毛，叶椭圆形，圆锥花序，花冠高脚碟状，蕾时粉红色，开后白色，芳香；核果鲜红	观赏	中国北部、河北、河南、甘肃等省	我国西北部
10133	*Viburnum foetidum* Wall.	直角荚蒾	Caprifoliaceae 忍冬科	植株直立或攀缘状；侧小枝常与主枝呈直角或近直角开展；叶厚纸质至薄革质，多形；总花梗通常很短；花期5～7月，果熟期10～12月	果树		西南及陕西、江西、湖北、湖南、广东、广西
10134	*Viburnum fordiae* Hance	南方荚蒾	Caprifoliaceae 忍冬科	灌木；叶卵形至矩圆状卵形；花序复伞形状，密生星状毛；花冠白色；核果红色，近圆球形	果树	中国	台湾、福建、江西、湖南、广东、广西、贵州
10135	*Viburnum glomeratum* Maxim.	球花荚蒾	Caprifoliaceae 忍冬科	落叶灌木或小乔木；高达3～5m；聚伞花序直径3～6cm，花冠白色，辐状，直径约5mm；雄蕊稍高出花冠裂片，花药近圆形	果树		云南
10136	*Viburnum inopinatum* Craib	厚绒荚蒾	Caprifoliaceae 忍冬科	常绿灌木或小乔木；高可达10m；叶革质，椭圆状矩圆形或矩圆状披针形；复伞形式聚伞花序，花冠白色或乳白色；果实红色，卵圆形至椭圆形	果树		云南、广西
10137	*Viburnum kansuense* Batalin	甘肃荚蒾	Caprifoliaceae 忍冬科	落叶灌木；高达3m；叶纸质，轮廓宽卵形至矩圆状卵形或倒卵形；复伞形式聚伞花序，花冠淡红色；果实红色，核扁，椭圆形	果树		云南、甘肃、陕西、四川、西藏
10138	*Viburnum lantana* L.	绵毛荚蒾	Caprifoliaceae 忍冬科	落叶灌木；叶卵形，边缘有细齿，双面具软毛；聚伞花序，花白色；果熟时由红色变黑色	观赏	欧洲、亚洲西部	
10139	*Viburnum leiocarpum* P. S. Hsu	光果荚蒾	Caprifoliaceae 忍冬科	灌木或小乔木；高达10(～15)m；叶椭圆状矩圆形至倒卵状矩圆形；复伞形式聚伞花序直径约9cm，花冠白色，辐状；果实卵圆形，红色	果树		云南东南部
10140	*Viburnum macrocephalum* Fort.	琼花	Caprifoliaceae 忍冬科	落叶或半常绿灌木；聚伞花序仅边缘有白色不育花，中间为可孕花；浆果状核果，椭圆形	观赏	中国	中国江苏、安徽、浙江、湖南、湖北、陕西

（续）

序号	拉丁学名	中文名	所属科	特征及特性	类别	原产地	目前分布/种植区
10141	*Viburnum mongolicum* (Pall.) Rehder	蒙古荚蒾	Caprifoliaceae 忍冬科	灌木；聚伞花序，具少数花，总花梗长5～15mm，第一级辐射枝5条或较少，花大部分生于第一级辐射枝上，花冠淡黄色，果实红色而后变黑色	观赏		
10142	*Viburnum nervosum* D. Don	心叶荚蒾	Caprifoliaceae 忍冬科	灌木；高3～4m；伞形聚伞花序，顶生，花小而密集，边缘花全部发育；苞片线状长圆形，长0.5cm；萼管近光滑，裂片披针形，被星状毛；雄蕊长为花冠的大半	果树		云南
10143	*Viburnum odoratissimum* Ker Gawl.	珊瑚树	Caprifoliaceae 忍冬科	常绿灌木或小乔木；树皮灰色，叶长卵圆形，圆锥状聚伞花序顶生，花冠辐状，白色，芳香，5裂；核果先红后黑	观赏	中国华南、华东、西南，日本，印度	华南、华东、西南
10144	*Viburnum opulus* L.	雪球（欧洲雪球，欧洲绣球）	Caprifoliaceae 忍冬科	灌木；高达4m，枝浅灰色，光滑，叶近圆形，聚伞花序，有白色大型不孕边花，花药黄色，果红色	观赏	欧洲、北非及亚洲北部、中国新疆	新疆塔城
10145	*Viburnum opulus* var. *sargentii* (Koehne) Takeda	天目琼花（鸡树条荚蒾）	Caprifoliaceae 忍冬科	落叶灌木；叶卵圆形，对生；复伞状花序外具一圈白色大型不育花，花萼5齿，花冠5裂，辐状；雄蕊5；核果	观赏		东北、华北、西北、华东及四川、湖北
10146	*Viburnum plicatum* Thunb.	蝴蝶荚蒾	Caprifoliaceae 忍冬科	灌木或小乔木；高达5m；叶宽卵形至矩圆状卵形；花序复伞形状；花冠淡黄色；核果椭圆形	观赏	中国、日本	华东、华中、华南、西南及陕西
10147	*Viburnum punctatum* Buch.-Ham. ex D. Don	鳞斑荚蒾	Caprifoliaceae 忍冬科	常绿灌木或小乔木；高可达9m；叶硬革质，矩圆状椭圆形或矩圆状卵形；复伞形式聚伞花序，花冠白色，辐状；果实先红色后转黑色	果树		云南、四川、贵州
10148	*Viburnum rhytidophyllum* Hemsl.	皱叶荚蒾（山枇杷）	Caprifoliaceae 忍冬科	常绿灌木或小乔木；叶大；厚革质；花序扁，径达20cm；花冠黄白色，裂片与筒部近等长；5月开花；核果小，由红变黑	观赏	中国陕西南部、湖北西部、四川及贵州	陕西、湖北、四川、贵州
10149	*Viburnum schensianum* Maxim.	陕西荚蒾	Caprifoliaceae 忍冬科	落叶灌木；聚伞花序5叉分枝，花冠辐状钟形，白色，子房光滑；果椭球形，由红变蓝黑色	观赏	中国河北、河南、山西、陕西、甘肃南部、四川北部	

（续）

序号	拉丁学名	中文名	所属科	特征及特性	类别	原产地	目前分布/种植区
10150	*Viburnum sempervirens* K. Koch	常绿荚蒾	Caprifoliaceae 忍冬科	落叶灌木；高 3～4m；聚伞花序，小花白色；核果椭圆状卵形，熟时呈殷红色，种子扁状有浅槽，背面 2 条、腹面 3 条	观赏	中国江西南部、广东和广西南部	江西、广东、广西
10151	*Viburnum setigerum* Hance	茶荚蒾	Caprifoliaceae 忍冬科	落叶灌木；冬芽大，具 2 对外鳞片；叶对生，卵状矩圆形；花序复伞形；花萼紫红色，花冠白色；核果球状卵形，红色	观赏	中国江苏、安徽、浙江、江西、福建、台湾、广东、广西、湖南、贵州、云南、四川、湖北、陕西	陕西及长江以南各省
10152	*Viburnum shweliense* W. W. Sm.	瑞丽荚蒾	Caprifoliaceae 忍冬科	落叶灌木或小乔木；高达 3m；叶纸质，宽椭圆形或矩圆状宽椭圆形；圆锥花序顶生或生于具 1 对叶的短枝之顶，花冠乳白色；果实不详	果树		云南西部
10153	*Viburnum subalpinum* Hand.-Mazz.	亚文山荚蒾	Caprifoliaceae 忍冬科	落叶灌木；高很少达 1m；圆锥花序生于具 1 对叶的侧生小枝之顶；花冠白色，漏斗形，裂片宽卵形，反曲，边缘具乳突状毛；雄蕊花药紫红色，椭圆形，外露	果树		云南
10154	*Viburnum tengyuehense*（W. W. Sm.）P. S. Hsu	腾冲荚蒾	Caprifoliaceae 忍冬科	落叶灌木；高达 1m；圆锥花序顶生或生于具 1 对叶的侧生短枝之顶，苞片宿存，花冠白色，雄蕊与花冠几等长，花药椭圆形，柱头稍 2 裂	果树		云南
10155	*Vicia amoena* Fisch. ex Ser.	山野豌豆（豆豆苗）	Leguminosae 豆科	多年生草本；茎 4 棱，高 50～100cm，有卷须；偶数羽状复叶，小叶 8～12，椭圆形或长圆形；总状花序腋生，花单生一侧；荚果长圆形	饲用及绿肥，药用	中国	分布几遍全国
10156	*Vicia amurensis* Oett.	黑龙江野豌豆	Leguminosae 豆科	多年生草本；小叶排列紧密，椭圆形，长 1.6～3cm，侧脉密，直达边缘；花长约 1cm，蓝紫色；荚果菱形	饲用及绿肥		内蒙古、黑龙江
10157	*Vicia atropurpurea* Desf.	深紫花苕子	Leguminosae 豆科	一年生或多年生，攀缘或匍匐，草本，高 0.4～3m；总状花序，花红色、紫色或褐色，花被 2 轮；花萼 5，长 6～11mm；花冠 5，长 11～18mm；雄蕊 10，2 强	饲用及绿肥		江苏、甘肃、四川

（续）

序号	拉丁学名	中文名	所属科	特征及特性	类别	原产地	目前分布/种植区
10158	*Vicia bakeri* Ali	察隅野豌豆（野豌豆）	Leguminosae 豆科	一年生草本；微被柔毛；小叶 7～11 对，倒卵形；花序具 10～14 花，花长约 9mm，紫色，旗瓣与翼瓣近等长	饲用及绿肥		西藏
10159	*Vicia bungei* Ohwi	三齿萼野豌豆（山黧豆）	Leguminosae 豆科	一年或越年生蔓性草本；高 10～30（～92）cm；茎具 4 棱；偶数羽状复叶，有卷须，小叶 4～10，长圆形；总状花序腋生，萼齿宽三角形；荚果	饲用及绿肥		东北、华北及陕西、四川、甘肃
10160	*Vicia costata* Ledeb.	新疆野豌豆（肋脉野豌豆）	Leguminosae 豆科	多年生攀缘草本；无毛；小叶长圆状披针形，叶脉明显凸；花序具 3～11 花，花长 1～2cm，黄色；荚果扁线形	饲用及绿肥	中国	内蒙古（西部）、新疆
10161	*Vicia cracca* L.	广布野豌豆（草藤）	Leguminosae 豆科	多年生蔓性草本；茎攀缘，具棱；偶数羽状复叶，小叶 8～24，有卷须；总状花序腋生，有花 7～16朵，花冠紫色或蓝紫色；荚果	药用，饲用及绿肥	中国	东北、华北及甘肃、四川、浙江
10162	*Vicia dichroantha* Diels	二色野豌豆	Leguminosae 豆科	多年生缠绕草本；小叶 4～6 对，下面苍白色；具 20～25 花，花长 7～12mm，黄色或橙色；荚被毛	饲用及绿肥		四川、云南
10163	*Vicia faba* L.	蚕豆	Leguminosae 豆科	越年或一年生草本；茎草质，多汁；偶数羽状复叶；短总状花序着生叶腋间花梗；荚果扁平椭圆形	粮食	西南亚	西北、西南及浙江、江苏、上海、山西、湖北、内蒙古、广西
10164	*Vicia geminiflora* Trautv.	索伦野豌豆	Leguminosae 豆科	多年生草本；小叶 2～5 对，线形；花序长于叶，具 2～3 花，花长 1.2～2.6cm，蓝紫色	饲用及绿肥		内蒙古及东北
10165	*Vicia gigantea* Hook.	大野豌豆（野豌豆）	Leguminosae 豆科	多年生灌木状草本；高 40～100cm，全株被白色柔毛；小叶 3～6 对，椭圆形；具 6～16 花，花长约 7mm，白色；荚果长圆形	蜜源		东北及山西、河北、河南、陕西、甘肃
10166	*Vicia hirsuta* (L.) Gray	小巢菜（野蚕豆）	Leguminosae 豆科	一年生草本；小叶 4～8 对，线形；花序明显短于叶，具 2～7 花，花长 3～5mm，白色；荚果长圆状菱形，密被棕褐色长硬毛	饲用及绿肥，有毒，药用		陕西、河南、江苏、安徽、江西、福建、四川、云南

（续）

序号	拉丁学名	中文名	所属科	特征及特性	类别	原产地	目前分布/种植区
10167	*Vicia japonica* A. Gray	东方野豌豆	Leguminosae 豆科	多年生蔓生草本；小叶椭圆形；花序与叶等长，被柔毛，花具长约3mm的花梗，蓝色；荚果长圆状菱形	饲用及绿肥		东北和华北
10168	*Vicia kioshanica* L. H. Bailey	确山野豌豆	Leguminosae 豆科	多年生草本；托叶半箭头形，2裂，小叶长圆形，叶脉密集而清晰；花序具6～16花，花长7～14mm，紫色；荚果菱形	饲用及绿肥		河北、陕西、山东、河南
10169	*Vicia kulingana* L. H. Bailey	牯岭野豌豆	Leguminosae 豆科	多年生直立草本；叶轴顶端无卷须，呈针刺状；花序具5～8花，花长1.5cm，紫色，小花梗基部具宿存小苞片	饲用及绿肥		河北、江苏、浙江、江西
10170	*Vicia megalotropis* Ledeb.	大龙骨野豌豆（大花野豌豆）	Leguminosae 豆科	直立草本；高50～80cm，被柔毛；托叶小，长仅0.5～0.8cm，小叶线形；具10～20花，密集，花长12～15mm，紫红色	饲用及绿肥		新疆
10171	*Vicia multicaulis* Ledeb.	多茎野豌豆	Leguminosae 豆科	多年生草本；茎多分枝，具棱；小叶长圆形，宽约0.3cm，叶脉羽状；花序长于叶，花紫色；荚果扁，先端具喙	饲用及绿肥		东北及内蒙古、宁夏、青海及西藏
10172	*Vicia nummularia* Hand.-Mazz.	西南野豌豆	Leguminosae 豆科	多年生草本；植株矮小，疏被柔毛；托叶2～4齿裂，小叶2～6对，椭圆形；具6～9花，长约9mm，黄色；荚果长圆状菱形	饲用及绿肥		四川、云南、西藏
10173	*Vicia pannonica* Crantz	匈牙利苕子	Leguminosae 豆科	一年生草本；叶片10～20，长卵形，托叶有黑色斑点；花紫色，长16～22mm，短柄，2～5朵簇生；果实密被毛，成熟后黄色	饲用及绿肥		国内为试种
10174	*Vicia pilosa* M. Beib.	窄叶野豌豆	Leguminosae 豆科	一、二年生草本；叶轴卷须发达，托叶半箭头形，小叶线形，两面疏被柔毛；花1～4朵腋生，红色；荚果线形	饲用及绿肥		西北、西南、华东、华中及华南
10175	*Vicia pseudorobus* Fisch. et C. A. Mey.	芦豆苗（槐花条，大叶草藤）	Leguminosae 豆科	多年生草本；羽状复叶，有卷须；小叶4～10，卵形或卵状矩圆形；萼圆筒状，倾斜；花冠紫色；花柱上部有淡黄色腺毛；荚果矩形	蔬菜，药用，饲用及绿肥	中国	云南、四川、湖南、江苏、陕西、山西、河北、东北
10176	*Vicia sativa* L.	救荒野豌豆（箭筈豌豆，大巢菜，野菜豆）	Leguminosae 豆科	一、二年生草本；叶轴卷须具2～3分枝，托叶戟形，小叶长椭圆形，两面被黄柔毛；花近无梗，紫红色；荚果有毛	饲用及绿肥	欧洲及亚洲西部	全国各地均有分布

（续）

序号	拉丁学名	中文名	所属科	特征及特性	类别	原产地	目前分布/种植区
10177	*Vicia sepium* L.	野豌豆	Leguminosae 豆科	多年生草本；短总状花序，花 2～4 朵腋生；花萼钟状，萼齿披针形或锥形，短于萼筒；花冠红色或近紫色至浅粉红色，稀白色；花期 6 月	药用		
10178	*Vicia tenuifolia* Roth	细叶野豌豆（线叶野豌豆）	Leguminosae 豆科	多年生草本；托叶 2 深裂，裂片锥形，小叶线形，宽约 2.5mm，下面被柔毛；具 20～30 花，花长约 1.5cm，鲜紫色	饲用及绿肥		新疆
10179	*Vicia tetrasperma* (L.) Schreb.	四籽野豌豆（鸟豆）	Leguminosae 豆科	一年生缠绕草本；小叶 2～6 对、长圆形；花序长约 3cm，具 1～2 花，花小，长约 3mm，淡蓝色；荚果长圆形，具网纹	饲用及绿肥		长江流域各省份
10180	*Vicia unijuga* A. Braun	歪头菜（草豆，两叶豆苗）	Leguminosae 豆科	一年生草本；茎粗壮近木质；叶轴末端呈刺头，小叶 1 对，卵状披针形；花序明显长于叶，具 8～20 花，密集，花蓝紫色	饲用及绿肥		东北、华北、华东、西南
10181	*Vicia varia* Host	毛荚苕子	Leguminosae 豆科	一年生蔓性草本植物，茎蔓生柔软光滑，可达约 2m；偶数羽状复叶，叶轴末端具有攀缘的卷须，小叶 14～16 片；花紫红色有柄，花序腋生，属总状花序	饲用及绿肥		江苏有少量栽培，其他省份有试种
10182	*Vicia venosa* (Willd. ex Link) Maxim.	柳叶野豌豆	Leguminosae 豆科	多年生草本；总状花序，花 4～9 朵稀疏着生于花序轴上部；花冠红色或紫红色至蓝色，旗瓣倒卵状长圆形，翼瓣龙骨瓣均短于旗瓣；子房无毛，胚珠 5～6；荚果长圆形，扁平	蜜源		东北
10183	*Vicia villosa* Roth	毛苕子（长柔毛野豌豆）	Leguminosae 豆科	一年生蔓生草本；植株密被长柔毛；小叶长圆形，长 1～3cm；花紫色，旗瓣中部缢缩；荚果长圆状菱形，先端具喙	饲用及绿肥	欧洲北部	华北、东北、西北及四川
10184	*Victoria amazonica* J. C. Sowerby	王莲（亚马孙王莲）	Nymphaeaceae 睡莲科	大型多年生水生植物；根状茎有刺；成熟叶大，叶缘直立，有皱纹；花两性，飘浮水面，芳香；颜色由白变粉至深红后沉入水中	观赏	南美亚马孙河流域	
10185	*Victoria cruziana* Orb.	克鲁兹王莲	Nymphaeaceae 睡莲科	叶背密生柔毛，叶缘直立高达 15～20cm，叶背脉为淡红色；花白色；萼片基部有刺	观赏	南美亚马孙河流域、巴拉圭	

（续）

序号	拉丁学名	中文名	所属科	特征及特性	类别	原产地	目前分布/种植区
10186	*Vigna aconitifolia* (Jacq.) Maréchal	乌头叶菜豆	Leguminosae 豆科	一年生草本；茎铺地蔓生；托叶盾状着生，披针形，小叶长 5～8cm，深裂成 3～5 裂片；荚果长圆柱形，被短硬毛	饲用及绿肥	印度	四川、云南
10187	*Vigna acuminata* Hayata	狭叶豇豆	Leguminosae 豆科	缠绕藤本；羽状复叶具 3 小叶；总状花序腋生，直立或斜举；荚果线形，密被长硬毛	饲用及绿肥		台湾
10188	*Vigna angularis* (Willd.) Ohwi et H. Ohashi	赤豆（小豆）	Leguminosae 豆科	一年生草本；植株疏被长柔毛；托叶盾状着生，箭头形，小叶卵形，全缘；具 5～6 花，黄色；荚果长 5～8cm，无毛	饲用及绿肥	中国	全国各地均有分布
10189	*Vigna gracilicaulis* (Ohwi) Ohwi et H. Ohashi	细茎豇豆	Leguminosae 豆科	一年生缠绕藤本；羽状复叶具 3 小叶，托叶披针形，小叶叶线形；总状花序腋生，花冠黄色，旗瓣近方形；荚果线形，无毛；有圆柱形种子 8～12 颗	饲用及绿肥		台湾南部
10190	*Vigna luteola* (Jacq.) Benth.	长叶豇豆	Leguminosae 豆科	多年生攀缘植物，长 1.2～2.4m；羽状复叶具 3 小叶；花序腋生，少花；荚果线形	饲用及绿肥		台湾南部
10191	*Vigna marina* (Burm.) Merr.	滨豇豆（豆仔藤）	Leguminosae 豆科	多年生匍匐性或蔓性藤本；花黄色，花冠蝶形；三出复叶，小叶阔卵形至长椭圆形；豆荚刀形	饲用及绿肥		台湾
10192	*Vigna minima* (Roxb.) Ohwi et H. Ohashi	贼小豆	Leguminosae 豆科	一年生缠绕草本；总状花序柔弱，通常有花 3～4朵，花黄色，花梗上具一腺体；荚果线形，长 4～6 cm，无毛	饲用及绿肥		我国北部、东南部至南部
10193	*Vigna mungo* (L.) Hepper: Hepper	黑吉豆	Leguminosae 豆科	与绿豆 *Vigna radiata* 为近似种；以其豆荚上的长毛，种脐上的假种皮，以及暗绿色的种子而区别于前者	粮食	东南亚	
10194	*Vigna radiata* (L.) R. Wilczek	绿豆	Leguminosae 豆科	一年生草本；叶卵圆或阔卵圆形，两片单叶上生三出复叶；总状花序，花黄色，生于叶腋和顶端；荚果	粮食	印度、中国	黄淮平原、南方

（续）

序号	拉丁学名	中文名	所属科	特征及特性	类别	原产地	目前分布/种植区
10195	*Vigna reflexopilosa* Hayata	卷毛豇豆	Leguminosae 豆科	一年生草本；茎直立，被硬糙毛和黄色柔毛；托叶长圆形，长约1cm，小叶菱状卵形，两面被硬糙毛；荚果线形	饲用及绿肥		台湾
10196	*Vigna riukiuensis* (Ohwi) Ohwi et H. Ohashi	琉球豇豆	Leguminosae 豆科	茎缠绕，被反卷硬糙毛；羽状复叶具3小叶；总状花序具5～8花，花冠黄色，旗瓣凹圆形；荚果近压扁，无毛；种子椭圆形，暗红色	饲用及绿肥		台湾
10197	*Vigna stipulata* Hayata	黑种豇豆	Leguminosae 豆科	缠绕草本；叶互生，具3小叶，托叶耳形，小托叶线形，小叶近棱形；穗状花序顶生；荚果线形；种子黑色，四棱形	饲用及绿肥		台湾
10198	*Vigna trilobata* (L.) Verdc.	三裂叶豇豆	Leguminosae 豆科	多年生或一年生蔓生草本；羽状复叶具3小叶，小叶菱形或卵形；花黄色，排成三角形、头状的总状花序；荚果圆柱形	饲用及绿肥		台湾
10199	*Vigna umbellata* (Thunb.) Ohwi et H. Ohashi	饭豆（赤小豆，爬豆）	Leguminosae 豆科	一年生缠绕草本；小叶菱状卵形，长5～8cm；总状花序腋生，花2～3朵生于序轴上部，花长约2cm，花冠黄白色带紫色；荚果柱形	饲用及绿肥	印度、中国	我国各地均有栽培
10200	*Vigna unguiculata* (L.) Walp.	豇豆（带豆，筷豆）	Leguminosae 豆科	一年生缠绕藤本；羽状复叶具4小叶，小叶披针形至线形；总状花序腋生，花冠黄色；荚果线形	蔬菜，粮食	西非、亚洲中南部	全国各地均有分布
10201	*Vigna unguiculata* subsp. *cylindrica* (L.) Verdc.	眉豆（短荚豇豆）	Leguminosae 豆科	一年生缠绕草本；总状花序腋生；花冠白色或紫红色，旗瓣基部两侧有2附属体；子房有绢毛，基部有腺体，花柱近顶端有白色髯毛	饲用及绿肥	印度	全国各地均有分布
10202	*Vigna unguiculata* subsp. *sesquipedalis* (L.) Verdc.	长豇豆	Leguminosae 豆科	一年生攀缘植物，长2～4m；荚果长30～70cm，宽4～8mm，下垂，嫩时多少膨胀；种子肾形，长8～12mm，花、果期夏季	蔬菜	中国	我国各地常见栽培
10203	*Vigna vexillata* (L.) A. Rich.	野豇豆	Leguminosae 豆科	多年生攀缘草本；托叶基着，小叶膜质；花序2～4花腋生，龙骨瓣白色、镰状，喙呈180°弯曲；荚果线状圆柱形	饲用及绿肥		华东、华南至西南

（续）

序号	拉丁学名	中文名	所属科	特征及特性	类别	原产地	目前分布/种植区
10204	*Vinca major* L.	蔓长春花	Apocynaceae 夹竹桃科	常绿蔓生亚灌木；叶对生，椭圆形至卵状椭圆形；花单生叶腋；花冠蓝色；蓇葖果双生	观赏	欧洲及西亚地区	
10205	*Vinca minor* L.	小长春蔓	Apocynaceae 夹竹桃科	高约 15cm；叶椭圆状卵形至椭圆状披针形，长 2～4cm；花蓝紫色，径约 2.5cm	观赏	欧洲和西亚	
10206	*Viola acuminata* Ledeb.	鸡腿堇菜（鸡蹬菜，胡森堇菜）	Violaceae 堇菜科	多年生草本；高 15～40cm；叶心状卵形或卵形，基部浅心型至深心型，边缘有钝齿；花瓣 5 片，白色或淡紫色，内侧下部有紫脉纹	蔬菜，药用	中国	东北、华北、西北及湖北、四川、浙江
10207	*Viola arcuata* Blume	堇菜（堇堇菜，葡堇菜）	Violaceae 堇菜科	多年生草本；高 8～20cm；叶柄长，有翼；叶片宽心形或肾形；托叶矩圆状披针形，一半以上与叶柄合生，褐色；长梗花；花瓣白色，有紫色条纹，距短，囊状	蔬菜，药用	中国	东北、华北及长江以南
10208	*Viola betonicifolia* Sm.	戟叶堇菜（箭叶堇菜）	Violaceae 堇菜科	多年生草本；基生叶狭披针形或长三角状戟形，托叶约 3/4 与叶柄合生；花有长梗，花白色或淡紫色，有深色条纹，子房卵球形；蒴果	药用，饲用及绿肥		华东、华北、华中、华南、西南
10209	*Viola biflora* L.	双花堇菜	Violaceae 堇菜科	多年生野生宿根草本花卉；花两侧对称；萼片 5 片，条形，顶端钝或圆，基部附器不显著，顶端钝；花瓣 5 片，黄色，下面 1 瓣近基部有紫色条纹，距短，长 2.5～3mm	观赏		东北、华北、西北及云南、四川西部、西藏
10210	*Viola cornuta* L.	角堇	Violaceae 堇菜科	株高 10～30cm；花堇紫色，也有复色、白色、黄色品种，花径 2.5～3.7cm，微香，距细长	观赏	北欧	
10211	*Viola inconspicua* Blume	长萼堇菜（犁头草）	Violaceae 堇菜科	多年生草本；叶基生，呈莲座状，叶三角状卵形，三角形或戟形；花梗细弱，花瓣淡紫色，距管状，子房球形；蒴果长圆形	蔬菜，药用		华东、华中、华南、西南
10212	*Viola mandshurica* W. Becker	东北堇菜（紫花地丁）	Violaceae 堇菜科	多年生草本；高 6～18cm；叶基生，长圆状或卵状披针形，托叶约 2/3 以上与柄合生；花较大，花瓣紫堇色或淡紫色，子房圆球形；蒴果长圆形	药用		东北、华北、西北及山东、台湾

（续）

序号	拉丁学名	中文名	所属科	特征及特性	类别	原产地	目前分布/种植区
10213	*Viola odorata* L.	香堇	Violaceae 堇菜科	多年生丛生草本；具匍匐茎；叶心状卵形，边缘具钝齿；花色深堇紫、浅堇紫，偶有玫瑰红色和白色，芳香，花径约 2cm	观赏	欧洲、非洲北部、亚洲西部	
10214	*Viola phalacrocarpa* Maxim.	茜堇菜（白果堇菜）	Violaceae 堇菜科	多年生草本；高 6～17cm；叶基生，莲座状，卵形或卵圆形；托叶约 1/2 以上与叶合生；花梗细弱，花瓣紫红色，子房卵球形；蒴果椭圆形	药用		东北、华北、西北
10215	*Viola philippica* Sasaki	紫花地丁（辽堇菜）	Violaceae 堇菜科	多年生草本；高 4～14cm；叶基生，三角状卵形或狭卵形；花梗多数，花瓣紫堇色或淡紫色，子房卵形；蒴果长圆形	药用		东北、华北、华东、西南及福建、台湾
10216	*Viola prionantha* Bunge	早开堇菜（光瓣堇菜）	Violaceae 堇菜科	多年生草本；高 9～13cm；叶基生，卵状长圆形或卵状披针形；花大，花瓣紫堇色或淡紫色，花冠喉部有紫色条纹，子房长椭圆形；蒴果	药用，观赏		东北、华北、华东、华中、西南
10217	*Viola tricolor* L.	三色堇	Violaceae 堇菜科	一、二年生或多年生草本；高 10～40cm；叶片卵形或长圆状披针形；每花有紫、白、黄三色；蒴果椭圆形	观赏	欧洲	全国
10218	*Viola variegata* Fisch. ex Link	斑叶堇菜	Violaceae 堇菜科	多年生草本；高 3～12cm；叶基生，呈莲座状，圆形或圆卵形，沿叶脉有白色斑纹；花瓣红紫色或暗紫色，子房近球形；蒴果椭圆形	药用		东北、华北及甘肃、安徽
10219	*Viscum coloratum*（Kom.）Nakai	槲寄生（冬青，冻青，桑寄生）	Viscaceae 槲寄生科	常绿半寄生灌木；高 30～60cm；茎常二叉或三叉分枝；单叶对生，倒披针形；花单性，雌雄异株，黄绿色，子房 1 室；浆果状球形	药用		东北、华北及山东、湖南、四川
10220	*Vitex canescens* Kurz	灰毛牡荆（薄姜木）	Verbenaceae 马鞭草科	常绿乔木；高 20m；掌状复叶，小叶背被灰黄色柔毛及黄色腺点；圆锥花序顶生；花白至淡黄色，5 裂呈 2 唇形；核果长圆状倒卵形，熟时淡黄至紫黑色	药用，观赏，林木		江西、湖北、湖南、广东、广西、贵州、四川、云南、西藏
10221	*Vitex negundo* L.	黄荆（五指柑，布荆）	Verbenaceae 马鞭草科	灌木或小乔木；掌状复叶，小叶椭圆状卵形至披针形；圆锥花序顶生；花萼钟状；花冠淡黄色，顶端 5 裂；球形果	药用，观赏		全国各地均有分布

（续）

序号	拉丁学名	中文名	所属科	特征及特性	类别	原产地	目前分布/种植区
10222	*Vitex quinata* （Lour.）F. N. Williams	山牡荆	Verbenaceae 马鞭草科	乔木；高达10m以上，聚伞花序对生于主轴上组成圆锥状，长10～20cm；苞片条形，易脱落；花冠黄白色	林木		广西、广东、福建、湖南、湖北
10223	*Vitex trifolia* L.	三叶蔓荆（蔓荆）	Verbenaceae 马鞭草科	落叶灌木；高1.5～5m，有香味；小叶片卵形或倒卵状长圆形；圆锥花序顶生；核果近圆形	药用，经济作物（油料类）	中国	福建、台湾、广东、广西、云南
10224	*Vitex tripinnata* （Lour.）Merr.	小叶莺哥（越南牡荆，五叶牡荆）	Verbenaceae 马鞭草科	常绿树种、乔木；高8～10m；叶为三出复叶，小叶长椭圆形或长圆形，基部阔楔形或近圆形；两性花，圆锥花序顶生，橙黄色至红色；核果，球形，种子球形	观赏	中国	沿海各省份及云南、江西等地
10225	*Vitis adenoclada* Hand.-Mazz.	腺枝葡萄	Vitaceae 葡萄科	木质粗壮藤本；花组成圆锥花序，与叶对生，花轴密被锈色短毛，花淡黄绿色，5数；浆果球形，熟时紫黑色	果树		
10226	*Vitis aestivalis* Michx.	夏葡萄	Vitaceae 葡萄科	卷须大多分叉，皮孔不明显，花和果通常成长串，叶暗绿色或茶色，叶具软毛，叶边缘粗糙锯齿状	果树	北美	
10227	*Vitis amurensis* Rupr.	山葡萄（野葡萄，东北山葡萄）	Vitaceae 葡萄科	落叶木质藤本；单叶互生，叶基分生掌状五脉；圆锥花序，雌雄异株，罕为两性花；浆果	有毒，药用，观赏		东北及河北、山东、陕西
10228	*Vitis balansana* Planch.	小果葡萄	Vitaceae 葡萄科	木质藤本；叶心状卵圆形或阔卵形；圆锥花序与叶对生，疏被蛛丝状毛或脱落无毛；果实球形，成熟时紫黑色，种子基部显著有喙	果树		广东、广西、海南
10229	*Vitis bashanica* P. C. He	麦黄葡萄	Vitaceae 葡萄科	木质藤本；叶卵圆形或卵椭圆形；圆锥花序长约3.6cm；果实近球形，成熟时紫黑色	果树		陕西
10230	*Vitis bellula* （Rehder）W. T. Wang	美丽葡萄	Vitaceae 葡萄科	木质藤本；叶卵圆形或卵椭圆形；圆锥花序狭窄，圆柱形，基部侧枝不发达；果实球形，紫黑色，种子倒卵形	果树		湖北、四川

（续）

序号	拉丁学名	中文名	所属科	特征及特性	类别	原产地	目前分布/种植区
10231	*Vitis betulifolia* Diels et Gilg	桦叶葡萄	Vitaceae 葡萄科	木质藤本；叶卵圆形或卵椭圆形；圆锥花序疏散，与叶对生；果实圆球形，成熟时紫黑色，种子基部有短喙	果树		四川、湖北、西藏、陕西、甘肃、湖南、云南
10232	*Vitis bryoniifolia* Bunge	蘡薁（野葡萄）	Vitaceae 葡萄科	多年生木质藤本；掌状裂叶，3深裂；狭圆锥花序与叶对生，花瓣5，顶端粘合呈冒状脱落，子房2室，每室2胚珠；浆果球形	药用，经济作物（特用类）		安徽、浙江、江苏、江西、湖北、福建
10233	*Vitis champinii* Planch.	山平氏葡萄（钱平氏葡萄）	Vitaceae 葡萄科	人工杂交种 *V. candicans*×*V. rupestris*；木质藤本，有卷须；叶有托叶；聚伞圆锥花序，萼呈碟状，萼片细小；花瓣凋谢时呈帽状粘合脱落，花盘明显，5裂，雄蕊与花瓣对生	果树	北美	
10234	*Vitis chunganensis* Hu	东南葡萄	Vitaceae 葡萄科	木质藤本；叶卵形或卵状椭圆形；花杂性异株，圆锥花序疏散；果实球形，成熟时紫黑色	果树		安徽、江西、浙江、福建、海南、广东、广西
10235	*Vitis chungii* F. P. Metcalf	闽赣葡萄	Vitaceae 葡萄科	木质藤本；叶片纸质或薄革质，形状变化较大，三角状卵形、宽卵形或披针形；圆锥花序初被锈色蛛丝状毛；浆果球形	果树		广西、广东、江西、福建
10236	*Vitis cordifolia* Michx.	心叶葡萄	Vitaceae 葡萄科	卷须大多分叉，皮孔不明显，花和果通常成长串，叶暗绿色或茶色，叶不裂或极少裂，嫩枝绿色至褐色	果树	北美	
10237	*Vitis davidii* （Romanet du Caillaud）Föex	刺葡萄	Vitaceae 葡萄科	木质藤本；叶卵圆形或卵椭圆形；花杂性异株，圆锥花序基部分枝发达，花蕾倒卵圆形，萼蝶形，子房圆锥形；果球形	药用，观赏		江苏、安徽、浙江、江西、贵州、四川、云南
10238	*Vitis erythrophylla* W. T. Wang	红叶葡萄	Vitaceae 葡萄科	木质藤本；叶卵圆形或卵披针形，3～5浅裂至中裂；圆锥花序与叶对生，下部分枝不发达，花蕾倒卵圆形	果树		江西、浙江
10239	*Vitis fengqinensis* C. L. Li	凤庆葡萄	Vitaceae 葡萄科	木质藤本；叶卵圆形或卵椭圆形；圆锥花序疏散，基部分枝发达，花蕾倒卵椭圆形，萼浅碟形	果树		云南

（续）

序号	拉丁学名	中文名	所属科	特征及特性	类别	原产地	目前分布/种植区
10240	*Vitis flexuosa* Thunb.	葛藟（千岁藟，芜，光叶葡萄，野葡萄）	Vitaceae 葡萄科	木质藤本；叶卵形、三角状卵形、卵圆形或卵椭圆形；圆锥花序疏散，与叶对生；果实球形，种子倒卵椭圆形	药用，观赏		华东、华南、西南、华中及陕西、甘肃
10241	*Vitis hancockii* Hance	菱状葡萄	Vitaceae 葡萄科	木质藤本；卷须2叉分枝或不分枝，每隔2节间断与叶对生；叶菱状卵形或菱状长椭圆形，不分裂；花杂性异株，圆锥花序疏散，与叶对生	果树		
10242	*Vitis heyneana* Roem. et Schult.	毛葡萄（小葡萄）	Vitaceae 葡萄科	木质藤本；叶卵圆形、长卵椭圆形或卵状五角形；花杂性异株，圆锥花序疏散，与叶对生；果实圆球形，种子基部有短喙	果树		华东、西南、华中、华南及陕西、甘肃
10243	*Vitis heyneana* subsp. *ficifolia* (Bunge) C. L. Li	毛叶葡萄（绵毛葡萄）	Vitaceae 葡萄科	叶片较小，近全缘；花丝较大蕊为短，开花后向外弯曲；新梢、叶柄、果柄、穗轴及小果梗均被褐色毛绒	果树		广东、西藏
10244	*Vitis hui* Cheng	庐山葡萄	Vitaceae 葡萄科	木质藤本；叶卵圆形或卵椭圆形；圆锥花序与叶对生，基部分枝短，花蕾倒圆卵形	果树		江西、浙江
10245	*Vitis jinggangensis* W. T. Wang	井冈葡萄	Vitaceae 葡萄科	木质藤本；叶卵圆形或卵椭圆形，常3浅裂；圆锥花序狭窄，几呈圆柱形，与叶对生；花蕾倒卵圆形，萼碟形	果树		江西、湖南
10246	*Vitis labrusca* L.	美洲葡萄	Vitaceae 葡萄科	落叶粗壮攀缘灌木；圆锥花序分枝少，长5～10cm；花瓣上部合生；子房基部有5蜜腺	果树	北美	华北
10247	*Vitis lanceolatifoliosa* C. L. Li	鸡足葡萄	Vitaceae 葡萄科	木质藤本；叶掌状3～5小叶；圆锥花序疏散，与叶对生；果实球形，种子倒卵形	果树		江西、湖南、广东
10248	*Vitis longquanensis* P. L. Chiu	龙泉葡萄	Vitaceae 葡萄科	木质藤本；叶两型，上部叶常分枝，下部叶常不分枝；圆锥花序疏散，与叶对生；果实圆球形，种子倒卵形	果树		浙江、江西、福建
10249	*Vitis luochengensis* W. T. Wang	罗城葡萄	Vitaceae 葡萄科	木质藤本；叶卵状长圆形或三角状长卵形；圆锥花序与叶对生；果实圆球形	果树		广西

（续）

序号	拉丁学名	中文名	所属科	特征及特性	类别	原产地	目前分布/种植区
10250	*Vitis menghaiensis* C. L. Li	勐海葡萄	Vitaceae 葡萄科	木质藤本；叶近圆形或五角状圆形；圆锥花序，花序梗密被锈色柔毛；萼碟形，边缘近波状	果树		云南
10251	*Vitis mengziensis* C. L. Li	蒙自葡萄	Vitaceae 葡萄科	木质藤本；叶卵圆形，圆锥花序长约12cm，与叶对生，花瓣5，长椭圆形，子房卵锥形	果树		云南
10252	*Vitis palmata* Vahl.	掌叶葡萄	Vitaceae 葡萄科	卷须大多分叉，皮孔不明显，花和果通常成长串，叶暗绿色或茶色，叶3深裂，嫩枝微红或略紫	果树	北美	
10253	*Vitis piasezkii* Maxim.	变叶葡萄（复叶葡萄，皮氏葡萄）	Vitaceae 葡萄科	木质藤本；圆锥花序与叶对生，长5～10cm，花序轴有柔毛；花小，直径约3mm；花萼盘形，无毛	果树		山西、陕西、甘肃、河南、湖北、四川
10254	*Vitis pseudoreticulata* W. T. Wang	华东葡萄	Vitaceae 葡萄科	木质藤本；叶柄长3～5cm，幼时有毛；花杂性同株，浆果球形，熟时蓝黑色	果树		华东、华南
10255	*Vitis retordii* Roman.	河口葡萄	Vitaceae 葡萄科	木质藤本；叶卵圆形；花杂性异株，圆锥花序与叶对生，狭窄，花序梗密被锈色柔毛，花蕾陀螺形；果实圆球形，种子倒卵形	果树		云南
10256	*Vitis riparia* Michx.	河岸葡萄	Vitaceae 葡萄科	落叶木质藤本；圆锥花序长8～18cm，雄花有长雄蕊，雌花有短弯雌蕊；浆果球形，紫黑色，径约8mm，有白粉，果皮厚	果树	北美	
10257	*Vitis romaneti* Rom. Caill.	秋葡萄（洛氏葡萄）	Vitaceae 葡萄科	木质藤本；叶卵圆形或阔卵形，微5裂或不分裂；花杂性异株，圆锥花序疏散；果实球形，种子倒卵形	药用，观赏		陕西、河南、湖北、四川、甘肃、江苏、安徽
10258	*Vitis rotundifolia* Micgx.	圆叶葡萄	Vitaceae 葡萄科	木质藤本；圆锥花序长3.5～5cm，花序轴和分枝被锈色绒毛；花小，淡绿色，无毛；花瓣5，雄蕊5	果树	北美	
10259	*Vitis rupestris* Scheele	沙地葡萄	Vitaceae 葡萄科	落叶灌木状或稍攀缘，高达2m；圆锥花序，长4～10cm；浆果紫黑色，被蜡粉	果树	北美	

（续）

序号	拉丁学名	中文名	所属科	特征及特性	类别	原产地	目前分布/种植区
10260	*Vitis ruyuanensis* C. L. Li	乳源葡萄	Vitaceae 葡萄科	木质藤本；叶戟形或卵状戟形，不分裂或3～5浅裂；花杂性异株，圆锥花序与叶对生；果实圆球形，种子倒卵形	果树		广东
10261	*Vitis shenxiensis* C. L. Li	陕西葡萄	Vitaceae 葡萄科	木质藤本；叶卵圆形，明显3～5浅裂；花杂性异株，圆锥花序疏散，与叶对生；果实球形，种子倒卵形	果树		陕西
10262	*Vitis silvestrii* Pamp.	湖北葡萄	Vitaceae 葡萄科	木质藤本；叶卵圆形，规则或不规则3～5浅裂或深裂；花杂性异株，圆锥花序狭窄	果树		湖北、陕西
10263	*Vitis sinocinerea* W. T. Wang	小叶葡萄	Vitaceae 葡萄科	木质藤本；叶卵圆形，3浅裂或不明显分裂；圆锥花序小，狭窄，与叶对生；果实成熟时紫褐色	果树		江苏、浙江、福建、江西、湖北、湖南、台湾、云南
10264	*Vitis tsoi* Merr.	狭叶葡萄	Vitaceae 葡萄科	木质藤本；叶卵披针形或三角状长卵形；花杂性异株，圆锥花序狭窄；果实圆球形	果树		福建、广东、广西
10265	*Vitis vinifera* L.	葡萄（欧洲葡萄）	Vitaceae 葡萄科	木质大型藤本；圆锥花序，花簇生黄绿色，浆果球形，熟后褐紫色，被白毛	果树		我国普遍栽培
10266	*Vitis wenchowensis* C. Ling	温州葡萄	Vitaceae 葡萄科	木质藤本；叶三角状戟形或三角状长卵形，不分裂或3～5浅裂；圆锥花序与叶对生；果实近球形	果树		浙江
10267	*Vitis wilsonae* H. J. Veitch	网脉葡萄	Vitaceae 葡萄科	木质藤本；圆锥花序长8～15cm；花小，淡绿色；花萼盘形，全缘，花瓣5；雄蕊5	果树		华东、西南、华中及陕西、甘肃
10268	*Vitis wuhanensis* C. L. Li	武汉葡萄	Vitaceae 葡萄科	木质藤本；叶卵形或卵圆形；圆锥花序狭窄，与叶对生；果实球形	果树		河南、湖北、江西
10269	*Vitis yunnanensis* C. L. Li	云南葡萄	Vitaceae 葡萄科	木质藤本；叶卵圆形；圆锥花序疏散，与叶对生；果实卵球形	果树		云南
10270	*Vitis zhejiang-adstricta* P. L. Chiu	浙江蘡薁	Vitaceae 葡萄科	木质藤本；单叶，卵形或五角状卵圆形，3～5浅裂至深裂；果序圆锥状；果实球形	果树		浙江

（续）

序号	拉丁学名	中文名	所属科	特征及特性	类别	原产地	目前分布/种植区
10271	*Vriesea carinata* Wawra.	莺歌凤梨	Bromeliaceae 凤梨科	叶片无带条，鲜绿色；花序分枝；苞片扁平，基部红色，上部为鲜黄色至黄绿色；花浅黄色	观赏	巴西	
10272	*Vriesea fenestralis* Linden et Andre.	网纹丽凤梨	Bromeliaceae 凤梨科	叶漏斗型莲座状密生，宽线形；叶色浅绿；花序不分枝；苞片绿色；花黄绿色；花期夏季	观赏	巴西	
10273	*Vriesea fosterana* L. B. Sm	福得丽凤梨	Bromeliaceae 凤梨科	株丛较大，高可达 2m；叶带黄至深绿色，有红褐色横带；穗状花序扁平；花浅黄色或带绿黄色	观赏	巴西	
10274	*Vriesea splendens* Lem.	丽穗凤梨（剑凤梨）	Bromeliaceae 凤梨科	附生性多年生草本；叶莲座状，条形，先端下弯，质硬，叶面有深紫褐色不规则横纹，背有白粉；穗状花序扁平，艳红色苞片大，花黄白色	观赏	圭亚那	
10275	*Vulpia myuros*（L.）C. C. Gmel.	鼠茅	Gramineae（Poaceae）禾本科	一年生草本；秆高 16～52cm；叶长 8～14cm；圆锥花序狭长如线形，小穗含 4～5 小花，颖线状披针形，具芒；颖果红棕色	杂草		江苏、浙江、江西
10276	*Wahlenbergia marginata*（Thunb.）A. DC.	蓝花参（牛奶草）	Campanulaceae 桔梗科	多年生草本；高 10～40cm；叶互生，线形、披针形或椭圆形；花顶生或腋生，花冠钟形，蓝色，子房下位；蒴果倒圆锥形	杂草		华南及河南、云南、陕西
10277	*Wallichia chinensis* Burret	小堇棕	Palmae 棕榈科	丛生灌木；高 2～3m；肉穗花序生于叶丛中；花雌雄同株，雄花左右对称，萼杯状，顶端 3 齿裂；花瓣 3 片，矩圆形，具条纹；雌花极小，近球形，萼片圆形；花瓣三角形；子房倒卵形，2～3 室	观赏	中国	云南南部、广西南部及湖南南部
10278	*Waltheria indica* L.	蛇婆子（和他草）	Sterculiaceae 梧桐科	直立、密被柔毛亚灌木；茎高 50～100cm；单叶，狭卵形或卵形；花黄色，排成稠密的腋生或顶生的头状聚伞花序，子房 1 室；蒴果	经济作物（纤维类）		华南及台湾、福建、云南
10279	*Washingtonia filifera*（Linden ex André）H. Wendl.	加州蒲葵（丝葵）	Palmae 棕榈科	常绿乔木；叶簇生茎顶，大型，掌状深裂至中部；叶柄下部边缘具小刺；花两性，肉穗花序下垂；花白色；核果卵球形	观赏	美国加利福尼亚州和亚利桑那州及墨西哥	全国各地均有分布

（续）

序号	拉丁学名	中文名	所属科	特征及特性	类别	原产地	目前分布/种植区
10280	*Washingtonia robusta* H. Wendl.	光叶加州蒲葵（大丝葵）	Palmae 棕榈科	常绿乔木；高达27m；树干基部膨大，环状叶痕明显；叶片掌状分裂至2/3，叶柄红褐色，边缘具钩刺	观赏	墨西哥西北部	南方
10281	*Watsonia densiflora* Bak.	喇叭鸢尾	Iridaceae 鸢尾科	球根花卉；叶基生，剑状刚直，花梗上花束多，花冠稍弯，花瓣开张如喇叭状，玫瑰红色	观赏	南非、马达加斯加	
10282	*Wedelia chinensis* (Osbeck) Merr.	蟛蜞菊（黄花墨菜，田黄菊，田乌草）	Compositae (Asteraceae) 菊科	多年生草本；茎基部匍匐；叶对生，无柄，椭圆形或线形；头状花序单生，花黄色，舌状花1层，管状花多数；瘦果倒卵形	杂草		辽宁、福建、广东、台湾
10283	*Wedelia prostrata* Hemsl.	卤地菊	Compositae (Asteraceae) 菊科	一年生草本；茎基部匍匐，上部斜升；叶对生，长圆状披针形；头状花序少数，花黄色，舌状花1层，管状花檐部5裂；瘦果倒卵状三棱形	杂草		江苏、浙江、福建、台湾、广东、广西
10284	*Wedelia trilobata* (L.) A. S. Hitchc.	美洲蟛蜞菊	Compositae (Asteraceae) 菊科	叶对生，阔披针形或倒披针形；头状花序单生叶腋；舌状花黄色，筒状花两性	观赏	美洲热带	
10285	*Weigela coraeensis cv. alba*	白海仙花	Caprifoliaceae 忍冬科	落叶灌木；冬芽具数枚鳞片；枝条较锦带花粗壮；叶片椭圆形，先端渐尖；花为淡红色，开后渐转深	观赏	中国	山东、浙江、江西
10286	*Weigela coraeensis* Thunb.	海仙花	Caprifoliaceae 忍冬科	落叶灌木；小枝粗壮；叶阔椭圆形至倒卵形，先端尾尖；萼线形；花淡红色，后渐转深	观赏		青岛、南京、上海、杭州及庐山
10287	*Weigela floribunda* (Sied. et Zucc.) Rehd.	路边花	Caprifoliaceae 忍冬科	落叶灌木，高3m；花生于侧枝顶上，有或无花柄；花冠筒状或漏斗形，长(1.5～)2.5～3cm，暗深红色，外部有短柔毛；雄蕊与花冠等长	观赏		东北及内蒙古、山西、陕西、河南、山东、江苏
10288	*Weigela floribunda* cv. Grandiflora	大花路边花	Caprifoliaceae 忍冬科	落叶灌木；高3m；花生于侧枝顶上，有或无花柄；花冠筒状或漏斗形，长(1.5～)2.5～3cm，暗深红色，外部有短柔毛；雄蕊与花冠等长	观赏	中国	东北及内蒙古、山西、陕西、河南、山东、江苏
10289	*Weigela floribunda* cv. Versicolor	变色路边花	Caprifoliaceae 忍冬科	落叶灌木；高3m；花生于侧枝顶上，有或无花柄；花冠筒状或漏斗形，长(1.5～)2.5～3cm，暗深红色，外部有短柔毛；雄蕊与花冠等长	观赏	中国	

（续）

序号	拉丁学名	中文名	所属科	特征及特性	类别	原产地	目前分布/种植区
10290	*Weigela florida* (Bunge) A. DC.	锦带花（锦带，海仙）	Caprifoliaceae 忍冬科	落叶灌木；幼枝有两行柔毛；叶对生，椭圆形或卵状椭圆形，边缘有锯齿；花冠漏斗状钟形，玫瑰红色；聚伞花序	观赏	中国东北及内蒙古、山西、陕西、河南、山东北部、江苏北部，前苏联，朝鲜，日本	东北及河北、山西、江苏
10291	*Weigela japonica* var. *sinica* (Rehder) Bailey	日本锦带花	Caprifoliaceae 忍冬科	灌木至小乔木；1～3 朵花的聚伞花序生短枝叶腋；花大，白色至红色；花冠漏斗状钟形，外疏生微毛或近无毛，裂片 5；雄蕊 5，着生近花冠中部	观赏	日本	
10292	*Weigela praecox* Bailey	毛叶锦带花	Caprifoliaceae 忍冬科	落叶灌木，高 1～2m；花冠漏斗状钟形，中部以下变狭；呈粉色或粉红色；蒴果无毛	观赏		
10293	*Wendlandia ligustrina* Wall. ex G. Don	馥郁滇丁香	Rubiaceae 茜草科	灌木或乔木；高 5m；顶生聚伞花序，花冠粉红色，径约 3～3.5cm，极芳香；蒴果倒卵状矩圆形，种子具翅	观赏	中国	
10294	*Wendlandia uvariifolia* Hance	水锦树	Rubiaceae 茜草科	灌木或乔木；叶对生，长椭圆形，圆锥花序顶生，花冠筒状漏斗形，白色，蒴果，球形	蜜源		广东、广西
10295	*Whytockia chiritiflora* (Oliv.) W. W. Sm.	异叶苣苔	Gesneriaceae 苦苣苔科	多年生草本；叶对生，每对叶不等大，小的似托叶，斜卵形；大的椭圆状卵形或卵形，稍斜，边缘有锯齿，上面疏被短毛，下面沿脉有短毛	观赏	中国云南蒙自	贵州、云南、四川、广西、湖南、湖北、台湾
10296	*Wikstroemia angustifolia* Hemsl.	岩杉树	Thymelaeaceae 瑞香科	灌木；高 0.3～1m，总状花序（或为小而简单的圆锥花序）无花序梗，雄蕊 8，2 列，花药略伸出，下列 4 枚着生于花萼筒的中部，花盘鳞片 1 枚，侧生，深 3 裂	观赏	中国川东、鄂西、陕南	陕西、湖北
10297	*Wikstroemia canescens* Wall. ex Meisner	荛花（土沉香，山皮条）	Thymelaeaceae 瑞香科	落叶灌木；叶椭圆形或长圆状披针形；穗状花序，或数个合成圆锥花序；花黄色；雄蕊二轮；核果狭卵形	有毒		陕西、江西、湖北、湖南、四川、云南
10298	*Wikstroemia chamaedaphne* Meissn.	河蒴荛花（药鱼梢）	Thymelaeaceae 瑞香科	灌木；叶长椭圆状披针形至披针形；穗状花序或圆锥花序；花黄色，花被筒状；雄蕊二轮；核果卵圆形	有毒		华北、华中、西北及四川

（续）

序号	拉丁学名	中文名	所属科	特征及特性	类别	原产地	目前分布/种植区
10299	*Wikstroemia indica* (L.) C. A. Mey.	了哥王（南岭荛花）	Thymelaeaceae 瑞香科	灌木；高 60～200cm；叶对生，卵形或椭圆形至长圆形；短总状花序顶生，花被黄绿色，花盘鳞片 4，常两两合生；核果卵形	有毒		华东、华南、华中、西南
10300	*Wikstroemia monnula* Hance	山棉皮	Thymelaeaceae 瑞香科	灌木；高 0.5～0.8m；总状花序顶生，有花 8～12朵；花细瘦，黄带紫色或淡红色，顶端 4 裂；果卵圆形，基部为宿存花萼所包被	蜜源		广东、广西、贵州、浙江
10301	*Wisteria brevidentata* Rehder	短梗紫藤	Leguminosae 豆科	藤本；小叶 9～13，卵形至卵状长圆形，端渐尖、基部圆；花序长 10～20cm，花朵长 1.5cm，花梗长 0.6～1.2cm，花冠紫色；果期 9～10 月，果密被柔毛	观赏	中国云南、福建，日本	云南、福建
10302	*Wisteria floribunda* (Willd.) DC.	多花紫藤	Leguminosae 豆科	落叶藤本；茎右旋性；小叶 13～19 枚；花序自叶腋抽生，长 20～50cm；花堇紫色，芳香；花序较紫藤为小，开于叶发之后	观赏	日本	江南各地
10303	*Wisteria formosa* Rhed.	美丽紫藤	Leguminosae 豆科	多花紫藤与紫藤的杂交种；小叶 9～15，花序 25cm 以上；品种多	观赏	美国	
10304	*Wisteria sinensis* (Sims) Sweet	紫藤（藤花，葛藤）	Leguminosae 豆科	攀缘灌木；羽状复叶，小叶卵形或卵状披针形；总状花序侧生，下垂；萼钟状；花冠紫色或深紫；荚果扁平	有毒	中国	我国大部分省份有栽培
10305	*Wisteria venusta* Rehder et E. H. Wilson	白花紫藤	Leguminosae 豆科	小叶 9～13 枚，茎、叶均有毛，花序长 10～15cm；花白色，开前略带粉晕，浓香，初夏开放	观赏	日本	北京、天津、青岛
10306	*Wisteria villosa* Rehder	藤萝	Leguminosae 豆科	大藤本；小枝密被平伏柔毛，后渐脱落，小叶 9～11(～13)，卵状长圆形，长 5～10cm；总状花序长 20～35cm，花冠淡紫色	观赏	中国河北、河南、山东、山西、江苏	河北、陕西、河南、山东、辽南（大连）
10307	*Wolffia arrhiza* (L.) Wimm.	芜萍（无根萍）	Lemnaceae 浮萍科	多年生浮生植物；植株体细小如沙；叶状体卵状半球形；胞果半球形	饲用及绿肥		东南各省份
10308	*Woodfordia fruticosa* (L.) Kurz	虾子花（红蜂蜜花，吴福花）	Lythraceae 千屈菜科	灌木；叶对生，披针形或卵状披针形；腋生聚伞花序；花萼瓶状，橙红色或鲜红色；蒴果狭椭圆形	观赏		云南、贵州、广西、广东

（续）

序号	拉丁学名	中文名	所属科	特征及特性	类别	原产地	目前分布/种植区
10309	*Woodsia ilvensis* （L.） R. Brown	岩蕨	Woodsiaceae 岩蕨科	植株高 12～18cm；叶丛生；叶片披针形，纸质；孢子囊群圆形，生小脉近顶处，囊群盖小，下位，浅蝶形	观赏	欧洲、亚洲、北美	吉林、黑龙江、内蒙古、河北、新疆
10310	*Woodsia polystichoides* A. A. Eaton	耳羽岩蕨	Woodsiaceae 岩蕨科	多年生草本；叶丛生，披针形一次羽状复叶，小叶长矩圆状披针形；孢子囊群近边缘一行着生	观赏	中国、朝鲜、日本	华北、东北、西北和长江流域
10311	*Woodwardia japonica* （L. f.） Sm.	狗脊蕨（狗脊，贯仲，贯众）	Blechnaceae 乌毛蕨科	植株高 65～90cm；叶簇生；叶片矩圆形，厚革质；孢子囊群长形，囊群盖长肾形，革质	观赏	中国、日本	长江以南各省份，向西南到云南
10312	*Woodwardia orientalis* var. *formosana* Rosenst.	胎生狗脊蕨	Blechnaceae 乌毛蕨科	植株高 1～1.2m；叶近生；叶片卵状矩圆形，厚革质；孢子囊群长形，囊群盖长肾形，革质	观赏	中国	浙江、福建、台湾、广东、广西、江西
10313	*Woodwardia unigemmata* (Makino) Nakai	单芽狗脊蕨（真虾公草，管仲，大叶贯众）	Blechnaceae 乌毛蕨科	植株高 1m 左右；叶近生；叶片卵状矩圆形，厚纸质；包子囊群长形；囊群盖长肾形，革质	观赏	中国、越南、印度东部、日本	云南、广西、广东、长江中游地区、陕西、甘肃、西藏
10314	*Wrightia arborea* （Dennst.） Mabb.	胭木	Apocynaceae 夹竹桃科	常绿乔木；叶对生，纸质，叶背密被绒毛；聚伞花序顶生；花冠淡黄色至红色，高脚碟状，花冠裂片 5，具颗粒状凸起，花药伸出花冠喉部	观赏	中国云南、贵州、广西，印度，缅甸，泰国，马来西亚	云南、贵州、广西
10315	*Wrightia laevis* Hook. f.	海南倒吊笔（苦常，刀柄）	Apocynaceae 夹竹桃科	落叶树种、乔木；高 8～20m；叶对生；两性花，黄色；蓇葖果，果灰褐色；种子带有白色种毛线形	观赏		广东、云南、广西
10316	*Wrightia pubescens* R. Br.	倒吊笔（屐木，神仙蜡烛）	Apocynaceae 夹竹桃科	落叶树种、乔木；高达 20m；叶长圆状披针形；两性花；蓇葖果，线状披针形；种子线状纺锤形	药用，工业，观赏	中国	广东、海南、广西、云南、贵州
10317	*Xanthium sibiricum* Patrin ex Widder	苍耳（苍耳子，老苍子）	Compositae (Asteraceae) 菊科	一年生草本；茎具短硬毛；单叶互生；单性花，雌雄同株，雄花序球状，雌花序椭圆形，总苞呈囊状；瘦果	经济作物（油料类），有毒		全国各地均有分布

（续）

序号	拉丁学名	中文名	所属科	特征及特性	类别	原产地	目前分布/种植区
10318	*Xanthoceras sorbifolia* Bunge	文冠果（文官果，木瓜）	Sapindaceae 无患子科	落叶灌木或小乔木；奇数羽状复叶，互生；总状花序顶生或腋生；萼片5，花瓣5，花盘5裂，雄蕊8，子房3室；蒴果	果树	中国	华北、东北、西北及河南、山东
10319	*Xanthopappus subacaulis* C. Winkl.	黄缨菊（黄冠菊）	Compositae (Asteraceae) 菊科	多年生无茎草本；叶基生，莲座状，羽状分裂，上面无毛，下面密被灰白色蛛丝状绒毛，边缘具硬翅；头状花序圆球状；总苞宽钟状，小花两性，管状，黄色	观赏	中国云南西北部、四川北部与西部、青海西部、甘肃东南部	云南、四川、青海、甘肃
10320	*Xanthophyllum hainanense* Hu	海南黄叶树（青蓝树，岭岛蛇，青栏木）	Polygalaceae 远志科	乔木；叶互生，革质，卵状椭圆形至矩圆状披针形；总状花序腋生或顶生；花淡黄色；核果球形	观赏	亚洲热带	广东、广西
10321	*Xantolis stenosepala* (Hu) P. Royen	狭萼荷苞果	Sapotaceae 山榄科	萼片卵形；花冠裂片长圆形；花柱4～7mm，基部无毛；果近无毛	果树		云南
10322	*Xeranthemum annum* L.	旱花（干花菊）	Compositae (Asteraceae) 菊科	一年生草本；叶长圆状披针形；头状花序；花全部为管状，管状花深紫色；瘦果上有丝状毛；花期7～9月	观赏	南欧	
10323	*Xerospermum bonii* (Lecomte) Radlk.	干果木（黄肉荔枝）	Sapindaceae 无患子科	乔木；偶数羽状复叶，有小叶2对；圆锥花序顶生，花萼4，覆瓦状排列，花瓣4，匙形，花盘环状；幼果具钝圆锥形小疣体	林木，观赏		广西、云南
10324	*Ximenia americana* L.	西门李	Olacaceae 铁青树科	灌木或低的乔木；花序一束簇或聚伞花序；花萼杯状，4或5具牙齿；花瓣离生，顶端的1/2外卷；雄蕊8或10；子房上位，(3或)4室，中轴胎座；胚珠3或4	果树		海南
10325	*Xizangia bartsioides* (Hand.-Mazz.) C. Y. Wu et D. D. Tao	马松蒿	Scrophulariaceae 玄参科	多年生草本；叶对生，卵形，具锯齿；总状花序顶生，花序轴被腺毛；花无梗，无小苞片；花萼不等分裂；花冠筒状，被腺毛，檐部极短，二唇形	观赏	中国西藏波密、易贡	西藏

（续）

序号	拉丁学名	中文名	所属科	特征及特性	类别	原产地	目前分布/种植区
10326	*Xylosma congestum* (Lour.) Merr.	柞木（蒙子树）	Flacourtiaceae 大风子科	常绿灌木或小乔木；树冠内部枝条上生有许多枝状短刺；叶小，宽卵形或卵圆形；叶柄与嫩叶呈红色；花单性，黄色，雌雄异株；浆果球形	观赏	中国秦岭以南和长江以南各省、自治区，朝鲜，日本	安徽、浙江、湖南、湖北、江西
10327	*Xyris pauciflora* Willd.	葱草（红头草，黄谷精，少花黄眼草）	Xyridaceae 黄眼草科	柔弱，直立，簇生或散生草本；叶革质，边缘有极微小的小齿；苞片边缘较薄且色较淡，顶端有一绿色的小突尖	药用		我国东南部和南部
10328	*Youngia erythrocarpa* (Vaniot) Babc. et Stebbins	红果黄鹌菜	Compositae (Asteraceae) 菊科	一年生草本；叶琴状羽裂，顶裂片三角形，基部截形，具齿；头状花序小，排列成圆锥花序；瘦果暗红色	饲用及绿肥		浙江、安徽、四川、贵州等省
10329	*Youngia heterophylla* (Hemsl.) Babc. et Stebbins	异叶黄鹌菜	Compositae (Asteraceae) 菊科	一年生或多年生草本；叶琴状羽裂，顶裂片大，椭圆形，具疏波状细齿；头状花序小，排列成聚伞状伞房花序；瘦果褐紫色	饲用及绿肥		湖北、湖南、贵州、四川等省
10330	*Youngia japonica* (L.) DC.	黄鹌菜	Compositae (Asteraceae) 菊科	二年生草本；基生叶常成莲座状，倒披针形，琴状羽裂，茎生叶互生；头状花序于茎顶排成聚伞状圆锥花序，花黄色；瘦果纺锤形	蜜源		除东北、西北以外，其他各地均有分布
10331	*Youngia simulatrix* (Babc.) Babc. et Stebbins	无茎黄鹌菜	Compositae (Asteraceae) 菊科	多年生草本；低矮簇生，无茎；叶莲座状，倒披针形，羽状半裂，基部渐狭成具翅的柄；头状花序大，多数密集于短茎	饲用及绿肥		甘肃、青海、云南、西藏
10332	*Youngia stenoma* (Turcz.) Ledeb.	碱黄鹌菜	Compositae (Asteraceae) 菊科	多年生草本；茎单一；茎生叶条形，全缘，两面无毛；头状花序多数，在茎顶排列成总状花序，总苞片无毛；瘦果纺锤形	饲用及绿肥		东北及内蒙古
10333	*Youngia tenuicaulis* (Babc. et Stebbins) Czer.	细茎黄鹌菜	Compositae (Asteraceae) 菊科	多年生草本；茎多数，由基部强烈分枝，二叉状；茎生叶羽状全裂，具长柄，柄基扩大；头状花序多数，排列成聚伞圆锥状	饲用及绿肥		我国北部各省份
10334	*Youngia tenuifolia* (Willd.) Babc. et Stebbins	细叶黄鹌菜	Compositae (Asteraceae) 菊科	多年生草本；茎木质，上部分枝；基部叶丛生，茎羽状全裂，上部叶线形或丝状；头状花序在枝端排成巨伞状或伞房状圆锥花序；瘦果纺锤形	杂草		东北、华北及内蒙古、新疆、西藏

（续）

序号	拉丁学名	中文名	所属科	特征及特性	类别	原产地	目前分布/种植区
10335	*Yua austro-orientalis* (F. P. Metcalf) C. L. Li	东南爬山虎	Vitaceae 葡萄科	落叶大藤本；聚伞花序，常生于短枝顶端两叶之间；花小，黄绿色；浆果球形，蓝黑色，被白粉	观赏	中国	福建、广东
10336	*Yua thomsonii* (Lawson) C. L. Li	粉叶爬山虎（粉叶地锦）	Vitaceae 葡萄科	木质藤本；聚伞花序与叶对生；花5数；萼盘状，全缘；花瓣椭圆形，开展；花盘与子房贴生，不明显；药黄色，花丝细弱；花柱钻状，子房3室	观赏	中国	四川、贵州、云南、广西、湖南、湖北、江西、浙江
10337	*Yucca aloifolia* L.	芦荟叶丝兰	Agavaceae 龙舌兰科	常绿木本植物，有茎，单干或有分枝，高达8m；叶坚硬，灰绿色，缘有齿；花钟状，白色，时有紫晕，下垂；果实肉质；花期夏秋	观赏	印度群岛、墨西哥、美国东南部	
10338	*Yucca filamentosa* L.	丝兰	Agavaceae 龙舌兰科	常绿木本；茎短或近无茎；叶基部簇生，匙形、线状披针形，革质，边缘有分离卷曲的白色纤维；圆锥花序，花杯形，下垂，白色	观赏	北美东南部	
10339	*Yucca gloriosa* L.	凤尾兰（凤尾丝兰，菠萝花，剑麻）	Agavaceae 龙舌兰科	多年生木本；常绿；叶多数，坚硬，剑形，密生莲座状；圆锥花序；花下垂，钟形，白色至黄白色；果实倒卵状矩圆形	观赏	北美东部和东南部沿海地区	长江流域以南各省份
10340	*Yucca recurvifolia* Salisb	卷叶丝兰	Agavaceae 龙舌兰科	灌木状，高1.5～2.4m；叶色蓝色，稍卷曲；圆锥花序长1.8m；花白色，钟状	观赏	美国东南部	
10341	*Yulania amoena* (W. C. Cheng) D. L. Fu	天目木兰	Magnoliaceae 木兰科	落叶乔木；叶宽倒披针状长圆形或长圆形；叶柄具沟；花先叶开放，单生枝顶呈杯状，花被片9，淡粉红色至粉红色；聚合果圆筒形	观赏		浙江、安徽、江西
10342	*Yulania biondii* (Pamp.) D. L. Fu	望春玉兰（华中木兰）	Magnoliaceae 木兰科	落叶乔木；顶芽密被淡黄色柔毛，叶纸质，花被片9，外轮3片萼片状紫红色，内两轮花瓣白色	药用，经济作物（香料类），林木，观赏	中国	陕西、甘肃、四川、湖北、湖南、河南
10343	*Yulania cylindrica* (E. H. Wilson) D. L. Fu	黄山木兰	Magnoliaceae 木兰科	落叶乔木；树皮灰白色，光滑；叶上面浓绿色，下面苍白色；花单生枝顶，直立，先叶开放，花被片9，外轮3，内两轮白色；聚合果圆柱形	观赏，经济作物（香料类），林木		安徽、浙江、湖北、福建

（续）

序号	拉丁学名	中文名	所属科	特征及特性	类别	原产地	目前分布/种植区
10344	*Yulania dawsoniana* (Rehder et E. H. Wilson) D. L. Fu	光叶木兰	Magnoliaceae 木兰科	落叶乔木；叶纸质，倒卵形，花芳香，花梗节上被长柔毛，花被片 9～12，白色，外面带红色	观赏	中国	四川中部
10345	*Yulania denudata* (Desr.) D. L. Fu	玉兰（白玉兰）	Magnoliaceae 木兰科	叶倒卵形至倒卵状矩圆形，先端阔而突尖，叶背被柔毛；花大，白色，萼与花瓣共 9 片而无明显区别	药用		华中及河北、山东、浙江、江西、云南
10346	*Yulania kobus* (DC.) Spach	日本辛夷	Magnoliaceae 木兰科	落叶乔木；花两性，单生，顶生，萼片 3，黄绿色、线形，约为花瓣的 1/5 长；花瓣 6，白色，基部淡绿色；雌雄蕊多数，雌蕊群无柄	观赏	日本	浙江、山东
10347	*Yulania liliiflora* (Desr.) D. C. Fu	辛夷（紫玉兰，迎春）	Magnoliaceae 木兰科	落叶灌木；小枝紫褐色，芽有细毛；叶倒卵形；花单生于枝顶，钟状，大型，外面紫色，内面白色；聚合果矩圆形	有毒，观赏	中国湖北	湖北、陕西、安徽、浙江、四川
10348	*Yulania sargentiana* (Rehder et E. H. Wilson) D. L. Fu	凹叶木兰	Magnoliaceae 木兰科	落叶乔木；叶集生枝端，革质，花单生，花被片 10～14，淡红色或淡紫红色	观赏	中国	四川中部和南部、云南东北部和北部
10349	*Yulania sprengerii* (Pamp.) D. L. Fu	武当木兰（湖北木兰，迎春树）	Magnoliaceae 木兰科	落叶乔木；高 6～12m；花被片 12～14，外面玫瑰红色，里面较淡，有深紫色纵纹	药用，观赏	中国	四川、湖北、湖南、河南、陕西、甘肃
10350	*Yulania stellata* (Siebold et Zucc.) N. H. Xia	星花玉兰（日本玉兰）	Magnoliaceae 木兰科	落叶灌木或小乔木；株形开展，小枝曲折，芽和幼枝密被柔毛；叶倒卵形，网脉明显；花具短柄，白色，有芳香	观赏	日本	浙江等地有栽培
10351	*Yulania zenii* (W. C. Cheng) D. L. Fu	宝华玉兰	Magnoliaceae 木兰科	落叶乔木；高约 11m；叶膜质，倒卵状长圆形；花芳香，花瓣近似匙形的花被片有 9 片；聚合果圆柱形	观赏		江苏
10352	*Yushania brevipaniculata* (Hand.-Mazz.) T. P. Yi	大箭竹	Gramineae (Poaceae) 禾本科	多年生木质化植物；光滑无毛，秆壁厚，每节多分枝；箨鞘革质，深绿或紫黑色，具黑褐色斑点；箨耳紫褐色，镰刀状弯曲，箨叶绿或微紫色，长披针形，外翻	观赏	中国四川西部	四川

（续）

序号	拉丁学名	中文名	所属科	特征及特性	类别	原产地	目前分布/种植区
10353	*Zamia pumila* L.	矮泽米	Cycadaceae 苏铁科	常绿木本；羽状复叶集生茎端，长60～120cm；小叶7～13对，近对生，长椭圆形至披针形，边缘中部以上有齿，常反卷，叶质厚且硬，有时被黄褐色鳞屑；小叶柄有刺	观赏	墨西哥、哥伦比亚	
10354	*Zannichellia palustris* L.	角果藻	Najadaceae 茨藻科	多年生沉水草本；根茎细长匍匐；叶对生，细线形；花微小，几无梗，单性，雌、雄花各1个；小坚果半圆形	杂草		我国各地均有分布
10355	*Zantedeschia aethiopica* (L.) Spreng.	马蹄莲	Araceae 天南星科	多年生粗壮草本；具块茎；叶柄下部具鞘，叶片箭形；佛焰苞管部黄色，檐部亮白或绿色；浆果	有毒，观赏	非洲东北部及南部	江苏、福建、台湾、四川、云南
10356	*Zantedeschia albomaculata* (Hook.) Baill.	银星马蹄莲	Araceae 天南星科	多年生草本；叶片稍下垂，具白色斑块，长戟形；佛焰苞长10cm，白色，有时绿色，内面基部深紫色	观赏	非洲纳塔尔	云南昆明
10357	*Zantedeschia elliottiana* Engl.	黄花马蹄莲	Araceae 天南星科	叶柄长约60cm，粗壮光滑，叶广卵状心脏形，端尖，鲜绿色，具白色透明斑点；佛焰苞大型，长约18cm，深黄色，基部没有条纹	观赏	南非	
10358	*Zantedeschia rehmannii* Engl.	红花马蹄莲	Araceae 天南星科	多年生草本；叶柄光滑，叶披针形，先于花序出现，全长具鞘，叶片两面绿色，有透明的线形斑纹；佛焰苞长7～11cm，桃红色，肉穗花序具梗	观赏	非洲纳塔尔	云南昆明
10359	*Zanthoxylum acanthopodium* DC.	刺花椒（野花椒）	Rutaceae 芸香科	灌木或小乔木；具皮刺；羽状复叶，小叶披针形；聚伞花序腋生；花单性；雄花雄蕊5～7；雌花心皮2～3；蓇葖果	有毒		云南南部
10360	*Zanthoxylum ailanthoides* Siebold et Zucc.	椿叶花椒（樗叶花椒，满天星，刺椒，食茱萸）	Rutaceae 芸香科	落叶乔木；高3～15m；伞房状圆锥花序顶生，长10～38cm，花小而多，淡青或白色，萼片5，长约1mm，花瓣5，长约2mm；雄花雄蕊5，药隔顶端有透明的腺点1颗	有毒，观赏，经济作物（香料类）		安徽、浙江、江西、福建、湖南、广西

（续）

序号	拉丁学名	中文名	所属科	特征及特性	类别	原产地	目前分布/种植区
10361	*Zanthoxylum armatum* DC.	竹叶椒（狗花椒，搜山虎）	Rutaceae 芸香科	灌木或小乔木；枝上常有对生的皮刺；羽状复叶，小叶3～9片，叶轴具翅；聚伞圆锥花序；花单性；蓇葖果，种子卵圆形，黑色	有毒		东南至西南各省份，南至广东、西北到秦岭
10362	*Zanthoxylum austrosinense* C. C. Huang	岭南花椒（收山虎，满山香，山胡椒）	Rutaceae 芸香科	落叶小乔木或灌木状，高2m；小叶7～11，卵形或卵状披针形；花白色；果球形，径5～6mm，散生微隆起油点	药用，林木		江西、湖南、广东北部
10363	*Zanthoxylum avicennae* (Lam.) DC.	簕欓（鹰不泊）	Rutaceae 芸香科	常绿灌木或乔木；高可达12m；伞房状圆锥花序，顶生；花小而多，淡青色；雌花较雄花稍大，无退化雄蕊，心皮2，分离至基部	蜜源		福建、广东、广西
10364	*Zanthoxylum bungeanum* Maxim.	花椒	Rutaceae 芸香科	小乔木或灌木；小叶卵形；圆锥花序顶生，雄花被片5～8一轮，雄蕊5～8，雌花心皮3～4；蓇葖果，种子圆卵形	药用	中国	陕西、河北、河南、山东、四川
10365	*Zanthoxylum calcicola* C. C. Huang	石山花椒	Rutaceae 芸香科	高2～3m直立或攀附性灌木；小叶披针形或斜长圆形；花序腋生；果序圆锥状	果树，药用		广西、贵州、云南
10366	*Zanthoxylum collinsae* Craib	糙叶花椒	Rutaceae 芸香科	攀缘藤本；小叶略硬纸质，宽卵形或卵状椭圆形；花序腋生	果树，药用		广西、贵州、云南
10367	*Zanthoxylum dissitum* Hemsl.	山枇杷（单面针）	Rutaceae 芸香科	木质藤本；聚伞状圆锥花序，腋生，较叶短，花4数；萼片宽卵形，长约1mm，边缘被短睫毛；花瓣卵状矩圆形，长4～5mm；雄花的雄蕊开花时伸出花瓣外，退化心皮小，顶端2～4叉裂；雌花无退化雄蕊	蜜源，有毒		西南及广东、广西、湖南、湖北、陕西
10368	*Zanthoxylum echinocarpum* Hemsl.	刺壳花椒	Rutaceae 芸香科	攀缘藤本；小叶厚纸质，卵形或长椭圆形；花序腋生，有时兼有顶生	药用		湖北、湖南、广东、广西、贵州、四川、云南
10369	*Zanthoxylum esquirolii* H. Lév.	贵州花椒（岩椒）	Rutaceae 芸香科	小乔木或灌木；小叶互生，卵形或披针形；伞房状聚伞花序顶生；分果瓣紫红色	果树，药用		贵州、四川、云南
10370	*Zanthoxylum khasianum* Hook. f.	云南花椒	Rutaceae 芸香科	小乔木；高约3m；小叶互生，纸质，斜卵形或偏斜的椭圆形；聚伞圆锥花序顶生兼有腋生	果树，药用		云南西南及西北部

（续）

序号	拉丁学名	中文名	所属科	特征及特性	类别	原产地	目前分布/种植区
10371	*Zanthoxylum kwangsiense* (Hand.-Mazz.) Chun ex C. C. Huang	广西花椒	Rutaceae 芸香科	攀缘藤本；小叶不整齐对生或个别互生，披针形或卵形；聚伞圆锥花序腋生及顶生	果树，药用		广西北部、贵州、四川
10372	*Zanthoxylum laetum* Drake	拟蚬壳花椒	Rutaceae 芸香科	攀缘藤本；高达 4m；小叶互生，卵形或卵状椭圆形；花序腋生；花瓣黄绿色；果红褐色	有毒，药用		广东、海南、广西、云南
10373	*Zanthoxylum macranthum* (Hand.-Mazz.) C. C. Huang	大花花椒	Rutaceae 芸香科	攀缘藤本；小叶厚革质，卵形或倒披针形；聚伞圆锥花序腋生；花瓣淡黄绿色；分果瓣红褐色	果树，药用		湖南、贵州、四川、云南、西藏
10374	*Zanthoxylum micranthum* Hemsl.	小花花椒	Rutaceae 芸香科	落叶乔木；高稀达 15m；小叶对生，披针形；花序顶生；花瓣淡黄白色；分果瓣淡紫红色	果树，药用		湖北、湖南、贵州、四川、云南
10375	*Zanthoxylum molle* Rehder	朵花椒（朵椒，刺风树，鼓钉皮）	Rutaceae 芸香科	落叶乔木；高 10m；小叶 13～19，宽卵形或宽椭圆形；花序轴有时被短刺；果球形，紫红色	药用，观赏，经济作物（香料类）		安徽南部、浙江、江西、贵州
10376	*Zanthoxylum motuoense* C. C. Huang	墨脱花椒	Rutaceae 芸香科	落叶小乔木；高达 15m；小叶阔倒卵形或阔椭圆形；果序圆锥状；分果瓣椭圆形	果树，药用		西藏墨脱
10377	*Zanthoxylum myriacanthum* Dunn et Tutch.	大叶臭花椒	Rutaceae 芸香科	落叶乔木；高稀达 15m；小叶对生，宽卵形或长圆形；花序顶生，花瓣白色；分果瓣红褐色	药用，经济作物（香料类）		福建、广东、广西、海南、贵州、云南
10378	*Zanthoxylum nitidum* (Roxb.) DC.	光叶花椒（两面针）	Rutaceae 芸香科	木质藤本；具钩状皮刺；羽状复叶，小叶卵形或卵状椭圆形；伞房状圆锥花序；花单性，4 数；蓇葖果	有毒，观赏，经济作物（香料类）		福建、台湾、湖南、广东、广西、云南
10379	*Zanthoxylum ovalifolium* Wight	异叶花椒	Rutaceae 芸香科	落叶乔木；高达 10m；小叶卵形、椭圆形，有时倒卵形；花序顶生；分果瓣紫红色	药用，经济作物（香料类）		秦岭南坡以南
10380	*Zanthoxylum oxyphyllum* Edgew.	尖叶花椒	Rutaceae 芸香科	小乔木或灌木；小叶互生或部分对生，略厚而硬，披针形；伞房状聚伞花序顶生；分果瓣紫红色	果树，药用		云南西部、西藏

（续）

序号	拉丁学名	中文名	所属科	特征及特性	类别	原产地	目前分布/种植区
10381	*Zanthoxylum piasezkii* Maxim.	川陕花椒	Rutaceae 芸香科	灌木；树皮灰褐色，通常具基部增大的皮刺；单数羽状复叶，小叶通常 11～17，对生；聚伞状圆锥花序，腋生或顶生，花单性；蓇葖果 1～2，紫红色，有凸起的腺点	果树		四川、陕西、甘肃
10382	*Zanthoxylum pilosulum* Rehd. et E. H. Wilson	微柔毛花椒	Rutaceae 芸香科	高 1～2m 的灌木；叶有小叶 7～11，小叶无柄，薄纸质，干后苍绿色，卵形或卵状椭圆形；花序顶生，花序轴被短粗毛；果紫红色	果树，药用		四川、陕西、甘肃
10383	*Zanthoxylum scandens* Blume	花椒簕	Rutaceae 芸香科	幼龄植株呈直立灌木状，成龄植株攀缘于它树上；小叶卵形或斜长圆形；花序腋生或兼有顶生；分果瓣紫红色	果树，药用		长江以南
10384	*Zanthoxylum schinifolium* Siebold et Zucc.	青花椒（香椒子）	Rutaceae 芸香科	灌木；高 1～2m；小叶纸质，宽卵形至披针形或阔卵状菱形；花序顶生；花瓣淡黄白色；分果瓣红褐色	药用，经济作物（调料类，油料类）	中国	五岭以北、辽宁以南省份
10385	*Zanthoxylum simulans* Hance	野花椒（崖椒，大花椒）	Rutaceae 芸香科	落叶灌木或小乔木；奇数羽状复叶，小叶椭圆状披针形或披针形；伞房状圆锥花序，花单性，黄绿色；果实圆形，种子蓝黑色	有毒，观赏，经济作物（香料类）		河北、河南及长江流域以南
10386	*Zanthoxylum stenophyllum* Hemsl.	狭叶花椒	Rutaceae 芸香科	小乔木或灌木；茎枝灰白色；小叶互生，有小叶 9～23 片，披针形；伞房状聚伞花序顶生，萼片及花瓣均为 4；分果瓣淡紫红色或鲜红色	蜜源		湖北西北部、陕西南部及四川
10387	*Zanthoxylum stipitatum* C. C. Huang	梗花椒	Rutaceae 芸香科	灌木或小乔木；高 1～3m；小叶对生，披针形或卵形；花序顶生；果轴、果梗、分果瓣均紫红色	果树，药用		福建、湖南、广东、广西
10388	*Zanthoxylum undulatifolium* Hemsl.	浪叶花椒	Rutaceae 芸香科	小乔木；高约 3m；小叶卵形或卵状披针形；顶生的伞房状聚伞花序；果梗及分果瓣红褐色	果树，药用		湖北、四川、陕西南部太白山至长江三峡一带

（续）

序号	拉丁学名	中文名	所属科	特征及特性	类别	原产地	目前分布/种植区
10389	*Zea diploperennis* L.	二倍体多年生大刍草	Gramineae (Poaceae) 禾本科	植株细小，茎秆瘦弱，丛生，植株顶端有一个很小的穗状花序，籽粒在一个脆弱的花轴上排成对生的单行，每一个籽粒就像小麦、燕麦或大麦那样容易脱落	粮食		
10390	*Zea luxurians* (Durieu & Asch.) Bird	繁茂大刍草	Gramineae (Poaceae) 禾本科	一年生，秆直立，高2～3m；叶茎生，披针形，20～80cm，叶鞘无毛；雌雄异株；花序总状，腋生，包于苞片内，苞片绿色	粮食		
10391	*Zea mays* L.	玉米（包谷）	Gramineae (Poaceae) 禾本科	一年生高大草本；秆直立，高1～4m；叶线状披针形，扁平宽大；雄性圆锥花序顶生，雌花序被鞘状苞片包藏，雌小穗孪生；颖果	粮食		我国各地均有栽培
10392	*Zehneria indica* (Lour.) Keraudren	马瓞儿	Cucurbitaceae 葫芦科	一年生蔓性草本；茎草质藤本；卷须不分叉，丝状；叶形状多变，三角形或心形；雌雄同株，雌花生于叶腋，雌花子房纺锤形；果狭卵状	果树		长江以南各省份及河南
10393	*Zehneria maysorensis* (Wight et Arn.) Arn.	钮子瓜（野杜瓜，红果果）	Cucurbitaceae 葫芦科	一年生草质藤本；茎有钩纹；叶宽卵形，基部内凹；花单性，雌雄同株，雄花3～9朵生总梗顶端，雌花单生；瓠果球形	药用，蔬菜		四川、贵州、云南、广西、广东、福建、台湾、江西
10394	*Zelkova schneideriana* Hand.-Mazz.	大叶榉（榉树）	Ulmaceae 榆科	落叶乔木，叶卵形至卵状椭圆形，端尖至渐尖，基部、宽楔；花单性同株；坚果偏斜	生态防护，观赏	中国	秦岭及淮河以南各地
10395	*Zelkova serrata* (Thunb.) Makino	光叶榉	Ulmaceae 榆科	落叶乔木；叶椭圆状卵形至卵状长圆形，端尖渐尖，基圆形至近心形；侧脉达8～14对	观赏	中国	中国河北南部太行山地区以南各地
10396	*Zelkova sinica* C. K. Schneid.	大果榉	Ulmaceae 榆科	落叶乔木；高达20m；小枝无毛；叶卵状长圆形或卵形，长2～6.5cm，宽1.5～2.6cm，具钝尖单锯齿；核果偏斜，近球形	观赏	中国	
10397	*Zenia insignis* Chun	翅荚木（任木，任豆，米单杠）	Leguminosae 豆科	落叶大乔木；高20～30m，胸径可达1m，树冠伞形；奇数羽状复叶，小叶长圆状披针形；花排列成疏松的顶生聚伞状圆锥花序，花红色，近辐射对称；荚果褐色	蜜源，饲用及绿肥		广西、云南、贵州、湖南、广东

（续）

序号	拉丁学名	中文名	所属科	特征及特性	类别	原产地	目前分布/种植区
10398	*Zephyranthes candida*（Lindl.）Herb.	葱兰（白花菖蒲莲）	Amaryllidaceae 石蒜科	多年生草本；叶自颈部丛生，暗绿色，细长，稍肉质，平滑而有光泽；花瓣呈漏斗状；蒴果三角状球形	观赏	南美洲及西印度群岛	
10399	*Zephyranthes citrina* Bak.	黄花葱兰	Amaryllidaceae 石蒜科	为多年生常绿草本植物；花单生，腋生，长15～20cm，花漏斗，金黄色，花瓣6枚；种子薄片状，黑色	观赏	南美	
10400	*Zephyranthes grandiflora*（Lindl.）Herb.	韭兰（红花菖蒲莲）	Amaryllidaceae 石蒜科	多年生草本；鳞茎卵型，外皮黑褐色，膜质，内侧基部生小鳞茎；叶线形，先端钝	观赏	墨西哥南部至危地马拉	
10401	*Zeuxine strateumatica*（L.）Schltr.	线柱兰	Orchidaceae 兰科	陆生兰，植株高4～28cm；叶互生，条形或条状披针形；总状花序顶生，由几朵至10余朵密集的花组成；蒴果椭圆形	观赏		四川、云南及东南
10402	*Zingiber corallinum* Hance	珊瑚姜	Zingiberaceae 姜科	株高约1.8m；穗状花序直立棒状；苞片肉革质，覆瓦状排列；花期7～8月，果期9～12月	观赏	亚洲热带地区	
10403	*Zingiber flavomaculosum* S. Q. Tong	黄斑姜	Zingiberaceae 姜科	直立草本；叶片狭披针形或狭椭圆形；穗状花序头状，唇瓣中裂片舌状，顶部具黄色斑点，侧裂片耳状，顶部具黄色斑点；子房淡绿色，密被淡褐色柔毛	蔬菜		云南南部
10404	*Zingiber laoticum* Gagnep.	梭穗姜	Zingiberaceae 姜科	株高约80cm；叶片线形；花序自根茎单独生出，纺锤形，紫红色	蔬菜		云南南部金平
10405	*Zingiber lingyunense* D. Fang	乌姜	Zingiberaceae 姜科	根茎肥厚，块状，外面白色，内面紫蓝色，味淡微甜，通常有块根；叶面密被紫褐色腺点；子房密被长柔毛	药用		广西禾业、凌云、田林
10406	*Zingiber mioga*（Thunb.）Roscoe	蘘荷（阳藿，洋姜）	Zingiberaceae 姜科	多年生草本；叶互生，二列，披针状椭圆形或线状披针形，背面散生长伏毛；穗状花序；苞片紫色；花淡黄色	蔬菜，药用	中国安徽、江苏、浙江、湖南、江西、广东、广西、贵州，日本	贵州、广西、海南、广东、湖南、江西、浙江、江苏、安徽

（续）

序号	拉丁学名	中文名	所属科	特征及特性	类别	原产地	目前分布/种植区
10407	*Zingiber officinale* Roscoe	姜（薑，生姜）	Zingiberaceae 姜科	多年生宿根；浅根茎黄色块状；叶片互生，披针形，有突出叶舌；花冠黄绿色；姜母连续萌发几次姜球；有辛香味	蔬菜，经济作物（调料类，香料类）药用	中国及东南亚	全国各地均有分布
10408	*Zingiber purpureum* Roxb	紫色姜	Zingiberaceae 姜科	直立草本；叶片长圆状披针形；穗状花序长圆形或流线形，花冠管苍白黄色，裂片苍白黄色，无斑点；蒴果卵形	蔬菜		我国南部与东南部
10409	*Zingiber striolatum* Diels	阳荷（野姜）	Zingiberaceae 姜科	多年生草本；株高1～1.5m；根茎白色，微有芳香味；叶片披针形，叶舌两裂；蒴果长3.5cm，内果皮红色	蔬菜	中国	云南、四川、贵州、广西、湖北、湖南、江西、广东
10410	*Zingiber zerumbet* （L.） Roscoe ex Sm.	红球姜	Zingiberaceae 姜科	根茎块状，内部淡黄色；株高0.6～2m；叶片披针形至长圆状披针形；花序球果状，顶端钝；蒴果椭圆形	药用，蔬菜，经济作物（香料类）		广东、广西、云南
10411	*Zinnia angustifolia* H. B. K.	小百日草	Compositae（Asteraceae）菊科	一年生草本；全株具毛；叶长圆形，头状花序小，紫色，花期夏秋；舌状花单轮，黄橙色，瓣端及基部色略深，中盘花突起，花开后转暗褐色	观赏	墨西哥	
10412	*Zinnia elegans* Jacquem.	百日草	Compositae（Asteraceae）菊科	叶对生，基部抱茎；头状花序单生枝端；舌状花深红、玫瑰色、紫堇色或白色；管状花黄或橙色；瘦果	观赏	墨西哥	
10413	*Zinnia linearis* Benth.	细叶百日草	Compositae（Asteraceae）菊科	一年生草本；枝叶纤细，全株紧密整齐；叶线形至披针形；头状花序，舌状花单轮，浓黄色，瓣端带橘黄色；中盘花黄色；总苞片全缘，端尖	观赏	墨西哥	
10414	*Zizania aquatica* L.	水生菰（茭儿菜，茭草）	Gramineae（Poaceae）禾本科	多年生宿根沼泽草本；不具根状茎，秆高1～3m；圆锥花序长约40cm；雄小穗长约8mm，黄绿色，雌小穗长约2cm，宽约1.5mm	蔬菜，粮食	中国	安徽、湖南、湖北、浙江、江苏、台湾、福建
10415	*Zizania latifolia* （Griseb.） Turcz. ex Stapf	茭白（茭瓜，菰瓜）	Gramineae（Poaceae）禾本科	多年生水生宿根草本；有短缩茎、肉质茎和根状茎；生长点产生分株（游茭）；肉质茎肥嫩，始终洁白；叶片与叶鞘相接处有三角形叶枕；圆锥花序，雌雄同穗异花；浅水植物	蔬菜	中国	安徽、湖南、湖北、浙江、江苏、台湾、福建

（续）

序号	拉丁学名	中文名	所属科	特征及特性	类别	原产地	目前分布/种植区
10416	*Zizania palustris* subsp. *interior* (Fassett) S. L. Chen	沼生菰	Gramineae (Poaceae) 禾本科	一年生，不具根状茎；秆高 70～150cm；叶舌长 5～10mm；叶片长 15～30cm；圆锥花序；雄小穗带紫色；雌小穗位于圆锥花序上部；颖果长圆柱形，紫黑色	蔬菜		台湾、江苏
10417	*Ziziphora bungeana* Juz.	新塔花	Labiatae 唇形科	多年生芳香半灌木；轮伞花序密集成顶生头状花序；花冠筒伸出或不伸出萼外，上唇直伸，顶端微凹，下唇开展，3 裂，中裂片较狭长，顶端微凹	观赏	中国新疆、前苏联、蒙古	新疆
10418	*Ziziphora clinopodioides* Lam.	唇香草（山薄荷）	Labiatae 唇形科	多年生半灌状草本；高约 45cm，轮伞花序顶生呈头状，花冠蓝、紫红、红等色，小坚果，卵圆形	蜜源		新疆
10419	*Ziziphus apetala* Hook. f.	无瓣枣	Rhamnaceae 鼠李科	多年生常绿阔叶灌木或小乔木，叶互生，具柄，边缘锯齿，叶背面有毛，枝有刺；花小，黄绿色，两性，5 基数	果树		云南
10420	*Ziziphus attopensis* Pierre	毛果枣（老鹰枣）	Rhamnaceae 鼠李科	攀缘灌木；叶距圆形或卵状椭圆形；花多数，黄色，在枝顶端排成聚伞总状花序或大聚伞圆锥花序；核果	果树		云南、广西
10421	*Ziziphus fungii* Merr.	滇南枣（褐果枣，花枣）	Rhamnaceae 鼠李科	藤状灌木；叶纸质或近革质；二歧聚伞花序，或顶生聚伞圆锥花序，被锈色柔毛，花黄绿色，两性，5 基数；花萼被锈色柔毛；核果褐色，扁球形，顶端有短尖头	果树		云南
10422	*Ziziphus incurva* Roxb.	毛脉枣（毛脉野枣）	Rhamnaceae 鼠李科	乔木或灌木；叶距圆状披针形或卵状椭圆形；花绿色，单生或 2～4 个排成具短总花梗的腋生聚伞花序；核果近卵球形	果树		广西、贵州
10423	*Ziziphus jujuba* Mill.	枣（大枣，红枣）	Rhamnaceae 鼠李科	落叶小乔木；稀灌木；高达 10m；叶卵形，卵状椭圆形；花黄绿色，两性，5 基数，单生或 2～8 个密集成腋生聚伞花序，花瓣乳白色，匙形；核果距圆形或长卵形	果树	中国	几乎遍及全国

（续）

序号	拉丁学名	中文名	所属科	特征及特性	类别	原产地	目前分布/种植区
10424	*Ziziphus jujuba* var. *spinosa* (Bunge) Hu ex H. F. Chow	酸枣（山枣仁，山酸枣）	Rhamnaceae 鼠李科	落叶乔木；长枝"之"字形曲折；叶长椭圆状卵形；聚伞花序，花小，黄绿色；核果长椭圆形，暗红色	有毒，药用，观赏		南北各地
10425	*Ziziphus laui* Merr.	球枣	Rhamnaceae 鼠李科	攀缘或直立灌木；稀小乔木；叶薄纸质或近膜质；花数个密集成腋生二歧聚伞花序，花小，两性；核果小，近球形	果树		海南
10426	*Ziziphus mairei* Dode	大果枣（鸡蛋枣）	Rhamnaceae 鼠李科	半常绿乔木；树高达15～20m；叶纸质，卵状披针形，花小，两性，花瓣倒卵状圆形；小枝紫红色，具刺；花期4～5月果期7～9月；核果大，球形或倒卵状球形	果树		云南
10427	*Ziziphus mauritiana* Lam.	滇刺枣（毛叶枣，酸枣）	Rhamnaceae 鼠李科	常绿或落叶乔木；叶卵形或矩圆状椭圆形；花绿黄色，两性，二歧聚伞花序腋生，花瓣矩圆状匙形，子房2室；核果矩圆形或球形，橙色或红色	果树，药用，有毒		台湾、广东、云南
10428	*Ziziphus montana* W. W. Sm.	山枣	Rhamnaceae 鼠李科	乔木或灌木；高达14m；叶椭圆形、卵状椭圆形或卵形；花绿色，两性，密集成腋生二歧聚伞花序；核果球形或近球形	果树		云南、四川、西藏
10429	*Ziziphus oenopolia* (L.) Mill.	麻核枣（毛脉野枣，小果枣）	Rhamnaceae 鼠李科	直立及藤状灌木或小乔木；聚伞花序腋生，花盘厚，常5裂，子房球形，2室，每室1胚珠，花柱2浅裂；核果小，球形或倒卵形，黑色	果树		云南、广西
10430	*Ziziphus rugosa* Lam.	皱皮枣（弯腰枣，弯腰树）	Rhamnaceae 鼠李科	直立灌木或小乔木；聚伞花序长约2cm，多花，密被淡黄褐色短绒毛，通常再组成顶生或腋生圆锥花序；花小，无花瓣；雄蕊常2.5mm	果树		云南、广东、广西
10431	*Ziziphus xiangchengensis* Y. L. Chen et P. K. Chou	蜀枣	Rhamnaceae 鼠李科	小乔木或灌木；高2～3m；叶纸质，互生或2～3叶簇生，卵形或卵状距圆形；花黄绿色，两性，5基数，簇生叶腋，萼片卵状，三角形，子房球形2室，花柱2浅裂；核果圆球形，黄绿	果树		四川

（续）

序号	拉丁学名	中文名	所属科	特征及特性	类别	原产地	目前分布/种植区
10432	*Zizyphus jujuba* Mill	龙爪枣	Rhamnaceae 鼠李科	落叶乔木，高可达 10m，聚伞花序腋生，花小，黄绿色；核果卵形至长圆形，8～9 月果熟，熟时暗红色	观赏		河北、河南、山东、北京、天津、江苏
10433	*Zizyphus jujuba* f. *lageniformis* (Nakai) Kitag	葫芦枣	Rhamnaceae 鼠李科	落叶乔木；高可达 10m，聚伞花序腋生，花小，黄绿色；核果卵形至长圆形，8～9 月果熟，熟时暗红色	观赏	中国河北古北口	河北、北京
10434	*Zornia diphylla*（L.）Pers.	丁癸草（人字草）	Leguminosae 豆科	多年生草本；高 15～20cm；茎丛生，小叶 2，披针形，生于叶轴顶端，排成“人”字形；总状花序腋生，花冠黄色；荚果具 2～6 荚节	药用，饲用及绿肥		江西、浙江、四川、云南、福建、广东、广西
10435	*Zoysia japonica* Steud.	结缕草（锥子草）	Gramineae (Poaceae) 禾本科	多年生草本；具横走根茎；高 15～20cm；叶扁平或稍内卷；总状花序穗形，小穗卵形；颖果卵形	观赏，生态防护	中国	东北、华东及河北、台湾
10436	*Zoysia macrostachya* Franch. et Sav.	大穗结缕草	Gramineae (Poaceae) 禾本科	多年生草本；具横走根茎；高 10～20cm；叶线状披针形；总状花序紧缩呈穗状；颖果	观赏，生态防护		山东、江苏、安徽、浙江
10437	*Zoysia matrella*（L.）Merr.	沟叶结缕草	Gramineae (Poaceae) 禾本科	多年生草本；具横走根茎；高 12～20cm；叶质硬，内卷；总状花序呈细柱形，小穗卵状披针形；颖果	观赏，生态防护		台湾、广东、海南
10438	*Zoysia sinica* Hance	中华结缕草	Gramineae (Poaceae) 禾本科	多年生草本；秆高 13～20cm；叶长达 10cm；总状花序穗形，小穗披针形；颖果棕黑色	观赏，生态防护		华东及辽宁、河北、广东、台湾
10439	*Zygia turgide*（Merr.）T. L. Wu	大合欢	Leguminosae 豆科	无刺乔木；花冠管状，5 齿裂；花暗红色，雄蕊略长于花瓣；荚果扁平或肿胀，劲直或微弯，熟时沿背腹两缝线开裂	有毒		云南、广西、广东
10440	*Zygocactus truncatus*（Haw.）K. Schum.	蟹爪兰（锦上添花，蟹足蟹王鞭）	Cactaceae 仙人掌科	附生类；铺散下垂；茎节扁平，截型，两端及缘有尖齿，似蟹爪；花生于茎节顶端，花瓣张开反卷，粉红、紫红、深红、淡紫、橙黄或白色	药用，观赏	巴西东部热带森林	全国各地温室栽培

（续）

序号	拉丁学名	中文名	所属科	特征及特性	类别	原产地	目前分布/种植区
10441	*Zygophyllum fabago* L.	驼蹄瓣（豆型霸王）	Zygophyllaceae 蒺藜科	多年生草本；茎高10～30cm；小叶2～3对，条状矩圆形；花1～2朵腋生，花瓣5，上部白色，下部黄色；蒴果具5棱	杂草		西北
10442	*Zygophyllum mucronatum* Maxim.	草霸王（蝎虎霸王）	Zygophyllaceae 蒺藜科	多年生草本；小叶2～3对，条形、先端具刺尖；蒴果弯垂、具5棱，圆柱形，顶端渐尖，上部常弯曲	饲用及绿肥		西北及内蒙古
10443	*Zygophyllum oxianum* Boriss.	骆驼蹄草	Zygophyllaceae 蒺藜科	多年生草本；花成对长于叶腋，花瓣5片，橙红色；雄蕊10；蒴果长纺锤形	蜜源		
10444	*Zygophyllum pterocarpum* Bunge	翼果霸王	Zygophyllaceae 蒺藜科	多年生草本；小叶2～3对，条状矩圆形；花瓣5，稍长于萼片；蒴果弯垂，矩圆状卵形，具5翅，翅宽2～3mm，膜质	饲用及绿肥		西北及内蒙古
10445	*Zygophyllum rosovii* Bunge	石生霸王	Zygophyllaceae 蒺藜科	多年生草本；小叶1对，近圆形，先端钝；花瓣5，与萼片近等长；蒴果弯垂，圆柱形，上端渐尖，常弯曲如镰刀状	饲用及绿肥		东北及内蒙古、新疆、西藏
10446	*Zygophyllum xanthoxylon* (Bunge) Maxim.	霸王	Zygophyllaceae 蒺藜科	灌木；小叶2枚，椭圆状条形，先端圆；花瓣4；蒴果通常具3宽翅，宽椭圆形，不开裂，常3室，每室1粒种子	生态防护		西北及内蒙古

中 文 索 引

（按汉语拼音字母排序）

E

F

K

L

M

W

Y

Z

主要参考文献

陈冀胜，郑硕．1987. 中国有毒植物．北京：科学出版社．
戴宝合．1993. 野生植物资源学．北京：农业出版社．
蒋尤泉．2007. 中国作物及其野生近缘植物：饲用及绿肥作物卷．北京：中国农业出版社．
傅立国，陈潭清，郎楷永，等．2012. 中国高等植物．青岛：青岛出版社．
傅立国．1987. 中国珍稀濒危植物．上海：上海教育出版社．
傅立国．1992. 中国植物红皮书．北京：科学出版社．
焦彬．1986. 中国绿肥．北京：农业出版社．
李扬汉．1998. 中国杂草志．北京：中国农业出版社．
刘孟军．1998. 中国野生果树．北京：中国农业出版社．
马德风，梁诗魁．1993. 中国蜜粉源植物及其利用．北京：农业出版社．
陶战．1993. 中国农业部门生物多样性保护行动计划．北京：中国农业出版社．
吴征镒．2004. 中国植物志．北京：科学出版社．